HOPPE-SEYLER / THIERFELDER

HANDBUCH DER PHYSIOLOGISCH- UND PATHOLOGISCH-CHEMISCHEN ANALYSE

FÜR ÄRZTE, BIOLOGEN UND CHEMIKER

ZEHNTE AUFLAGE

HERAUSGEGEBEN VON

KONRAD LANG
MAINZ

EMIL LEHNARTZ
MÜNSTER

UNTER MITARBEIT VON

GÜNTHER SIEBERT
MAINZ

FÜNFTER BAND

SPRINGER-VERLAG BERLIN HEIDELBERG GMBH
1953

UNTERSUCHUNG DER ORGANE KÖRPERFLÜSSIGKEITEN UND AUSSCHEIDUNGEN

BEARBEITET VON

F. BRUNS · H. D. CREMER · W. DIEMAIR · C. DITTMAR
J. FÜHR · W. GEINITZ · K. GEMEINHARDT†
K. HINSBERG · G. SCHMID

MIT 44 ABBILDUNGEN

SPRINGER-VERLAG BERLIN HEIDELBERG GMBH
1953

ISBN 978-3-662-13275-3   ISBN 978-3-662-13274-6 (eBook)
DOI 10.1007/978-3-662-13274-6

Inhaltsverzeichnis.

Untersuchung der Körperflüssigkeiten und Ausscheidungen.
Von Professor Dr. K. HINSBERG-Düsseldorf, Dr. F. BRUNS-Düsseldorf, Professor Dr. H. D.
CREMER-Mainz, Dr. W. GEINITZ-Düsseldorf und Dr. G. SCHMID-Düsseldorf.
Mit 34 Abbildungen.

1. Blut. Von K. HINSBERG. 1
   a) Allgemeines und physikalische Eigenschaften 1
   b) Anorganische Bestandteile 4
   c) Organische Bestandteile. 17
      α) Eiweiß 17
      β) Niedermolekulare stickstoffhaltige Bestandteile 32
      γ) Kohlenhydrate 65
      δ) Carbonylverbindungen außer Kohlenhydraten 89
      ε) Äthylalkohol 96
      ζ) Organische Säuren (ohne höhere Fettsäuren) 98
      η) Cholesterin 116
      ϑ) Gallensäuren 130
      ι) Lipoide 131
      κ) Pyrrolfarbstoffe und Abkömmlinge 143
      λ) Gerinnungszeit des Blutes 162
      μ) Fermente im Blut. 167
2. Harn. Von K. HINSBERG 181
   a) Allgemeines und physikalische Eigenschaften 181
      Diazoreaktion. 186
   b) Anorganische Bestandteile 186
   c) Organische Bestandteile. 187
      α) Neutralschwefel 187
      β) Stickstoff und organische Basen 187
      γ) Organische Säuren. 199
      δ) Eiweiß und Aminosäuren 214
      ε) Nucleotide und deren Bausteine 221
      ζ) Blut, Blutfarbstoff und Derivate 225
      η) Harnfarbstoffe außer Pyrrolderivaten 237
      ϑ) Kohlenhydrate 241
      ι) Glucuronsäuren 245
      κ) Phenole 247
      λ) Cholesterin 250
   d) Hormone 251
      α) Einleitung und Normalwerte 251
      β) Ketosteroide 258
      γ) Oestrogene 266
      δ) Nebennierenrindensteroide 276
      ε) Pregnandiol. 283
   e) Fermente 292
3. Liquor cerebrospinalis. Von K. HINSBERG und W. GEINITZ 300
   Anorganische Bestandteile S. 304. — Organische Bestandteile S. 309. — Fermente S. 332.
   Vitamine S. 334.
4. Pathologische Flüssigkeitsansammlungen. Von K. HINSBERG und W. GEINITZ 341
   a) Allgemeines und Unterscheidungsmerkmale zwischen Transsudat und Exsudat . . . 341
   b) Eigenschaften und Bestandteile pathologischer Ergüsse 342
      α) Seröse Ergüsse 342
      β) Hämorrhagische Ergüsse 348
      γ) Reine Blutergüsse 348
      δ) Eitrige Ergüsse 349

ε) Jauchige Ergüsse 349
ζ) Milchartige Ergüsse 349
c) Ergüsse in präformierten Körperhöhlen 350
α) Perikardialflüssigkeit. 350
β) Pleuraflüssigkeit 350
γ) Peritonealflüssigkeit 351
δ) Hydrocelenflüssigkeit 352
ε) Subduralflüssigkeit 352
d) Flüssigkeitsansammlungen in pathologisch entstandenen oder durch Stauung abnorm
vergrößerten Hohlräumen 352
α) Hydronephrosenflüssigkeit 353
β) Ovarialcystenflüssigkeit 353
γ) Spermatocelenflüssigkeit 353
δ) Pankreascystenflüssigkeit 354
ε) Flüssigkeit aus Milchcysten (Galaktocelen) 354
ζ) Flüssigkeit aus Milzcysten 354
η) Gehirncystenflüssigkeit 354
ϑ) Lymphcystenflüssigkeit 355
ι) Hautblasenflüssigkeit 355
$\varkappa$) Flüssigkeit aus parasitären Cysten 356
5. Speichel. Von K. HINSBERG und G. SCHMID 357
6. Sputum. Von K. HINSBERG und G. SCHMID 362
7. Magensaft und Mageninhalt. Von K. HINSBERG und F. BRUNS . . . 372
8. Darmsaft. Von K. HINSBERG und F. BRUNS 383
9. Pankreassaft. Von K. HINSBERG und F. BRUNS 389
10. Galle. Von K. HINSBERG und F. BRUNS 390
11. Faeces. Von K. HINSBERG, H. D. CREMER und G. SCHMID 401
a) Sammeln von Faeces für Stoffwechselversuche, Vorbereitung für die chemische Analyse 401
b) Eigenschaften und Untersuchung von Faeces 405
12. Konkremente. Von K. HINSBERG und W. GEINITZ 427
Harnsteine S. 429. — Gallensteine S. 436. — Pankreassteine S. 440. — Konkremente
des Magen-Darmtraktes S. 441. — Speichelsteine S. 443. — Nasensteine S. 444. — Bronchialsteine und Lungensteine S. 445. — Mandelsteine. Tränensteine. Milchsteine. Gehirnsteine S. 446.

Untersuchung der Organe.

Von Professor Dr. H. D. CREMER-Mainz und Dr. J. FÜHR-Hamburg. Mit 5 Abbildungen.

1. Allgemeines und Normalwerte 447
Bestimmung der anorganischen Bestandteile S. 450. — Besonderheiten bei der Bestimmung einiger anorganischer Bestandteilen S. 453. — Vorbereitung für die Bestimmung
von organischen Bestandteilen und zur Untersuchung des Gewebsstoffwechsels S. 454. —
Bestimmung organischer Stoffe S. 456. — p_H-Messungen in Organen S. 466.
2. Die einzelnen Organe 467
a) Leber 467
Anorganische Bestandteile S. 468. — Organische Bestandteile S. 475. — Fermente
und Gewebsstoffwechsel S. 499.
b) Niere und Harnorgane 501
Anorganische Bestandteile S. 501. — Organische Bestandteile S. 502. — Stoffwechsel
und Fermente S. 504. — Renin. Nephrin S. 506.
c) Milz und lymphatische Gewebe 507
Anorganische Bestandteile S. 507. — Organische Bestandteile S. 508. — Fermente
und Stoffwechsel S. 513.
d) Lunge 514
Anorganische Bestandteile S. 514. — Organische Bestandteile S. 516. — Gewebsstoffwechsel S. 518.
e) Magen und Darm 519
Vorbereitung zur Untersuchung. Anorganische Bestandteile S. 519. — Organische Bestandteile S. 521. — Fermente und Stoffwechsel. Gewebsstoffwechsel S. 521.
p_H-Werte S. 523.
f) Zentralnervensystem und periphere Nerven 524
Allgemeines. Anorganische Bestandteile S. 524. — Organische Bestandteile S. 527. —
Fermente und Stoffwechsel S. 538.

g) Muskel, Herz und Uterus 539
    Anorganische Bestandteile S. 539. — Organische Bestandteile S. 548. — Kohlen-
hydrate und organische Säuren S. 554. — Vitamine S. 559. — Gewebsstoffwechsel S. 560.
h) Auge 560
    Anorganische Bestandteile S. 560. — Organische Bestandteile des Auges S. 565. —
Organische Bestandteile von einzelnen Augenteilen S. 566. — Fette und Lipoide.
Farbstoffe S. 570. — Vitamine S. 571. — Fermente und Gewebsstoffwechsel S. 572. —
Wasserstoffionenkonzentration S. 574.
i) Sexualorgane und Fortpflanzung 574
    α) Sperma 574
        Gesamtsperma und Seminalplasma S. 574. — Spermien S. 576.
    β) Akzessorische Sexualdrüsen und ihre Sekrete 582
    γ) Hoden 583
        Anorganische Bestandteile S. 583. — Organische Bestandteile S. 584.
    δ) Prostata 584
    ε) Vagina, Sekrete von Vagina und Cervix uteri, Fruchtwasser 585
    ζ) Placenta und Nabelschnur 587
        Placenta S. 587. — Nabelschnur S. 589.
    η) Tube und Ovar 591
3. Haut, Hautsekrete, Haare und Hornsubstanzen 592
    α) Haut 592
        Anorganische Bestandteile S. 592. — Organische Bestandteile S. 594.
    β) Schweiß 603
        Anorganische Bestandteile S. 603. — Organische Bestandteile S. 604.
    γ) Haare und Hornsubstanzen 606
        Anorganische Bestandteile S. 606. — Organische Bestandteile S. 608.
4. Bindegewebe, Fettgewebe und Gefäße 613
    Anorganische Bestandteile S. 613. — Organische Bestandteile S. 614. — Fett-
gewebe S. 618.
5. Knochen, Knochenmark, Knorpel, Gelenke und Gelenkflüssigkeit 622
    α) Knochen 622
        Anorganische Bestandteile S. 623. — Organische Bestandteile S. 629.
    β) Knochenmark 632
        Anorganische Bestandteile. Organische Bestandteile S. 633. — Gewebsstoff-
wechsel S. 637.
    γ) Knorpel und Gelenke 638
        Anorganische Bestandteile S. 638. — Organische Bestandteile S. 639. — Stoff-
wechsel und Fermente S. 641.
    δ) Gelenkflüssigkeit 641
        Anorganische Bestandteile S. 641. — Organische Bestandteile S. 642. — Fermente
S. 644.
6. Zähne 644
    Anorganische Bestandteile S. 645. — Organische Bestandteile S. 647.
7. Innersekretorische Drüsen (ausschließlich Hormone) 650
    a) Hypophyse 655
        Anorganische Bestandteile. — Organische Bestandteile S. 655. — Fermente S. 656.
    b) Schilddrüse 656
        Anorganische Bestandteile S. 656. — Organische Bestandteile S. 657.
    c) Nebenschilddrüsen 658
    d) Thymusdrüse 658
        Anorganische Bestandteile. Organische Bestandteile S. 659.
    e) Nebennieren 660
        Anorganische Bestandteile. Organische Bestandteile S. 660.
    f) Pankreas 662
        Anorganische Bestandteile S. 662. — Organische Bestandteile S. 663.
8. Drüsen ohne endokrine Funktion 664
    a) Speicheldrüsen 664
    b) Brustdrüse 665
    c) Bürzeldrüse 665
    d) Tränendrüse und Tränen 665

Untersuchung der Milch.
Von Professor Dr. Dr. W. Diemair-Frankfurt a. M. Mit 2 Abbildungen.
1. Beschaffenheit und Zusammensetzung 666

a) Bestandteile der Kuhmilch 667
b) Andere Milcharten 671
c) Besondere Eigenschaften der Milch 672
2. Untersuchungsmethoden 673

Untersuchung von Tumoren.
Von Dr. C. DITTMAR-Frankfurt a. M.
1. Einleitung und vollständige Analysen 683
2. Wasser und Mineralbestandteile 685
3. Lipoide 692
4. Kohlenhydrate und Intermediärprodukte des Kohlenhydratstoffwechsels 694
5. Proteine und Aminosäuren 697
6. Nucleotide und Nucleoproteide 707
7. Fermente und Stoffwechsel 714
   a) Fermente der biologischen Oxydation 714
   b) Hydrolasen 724
   c) Aktivität von Fermenten der Leber und in Hepatomen 732
   d) Verteilung der Fermente in der Tumorzelle 733
8. Tumorerregende Agentien 736

Nachweis wichtiger Arzneimittel und Gifte.
Von Professor Dr. K. GEMEINHARDT †-Berlin. Mit 3 Abbildungen.
A. Vorbemerkungen und Allgemeines 738
B. Vorproben 740
   a) Äußere Beurteilung des Untersuchungsmaterials 740
   b) Isolierung nicht unmittelbar erkennbarer, fremder Bestandteile 741
   c) Die mikroskopische Prüfung 741
   d) Schnellnachweis häufig vorkommender Gifte 742
C. Hauptprüfung auf die wichtigsten Gifte 743
   1. Erste Hauptgruppe. Flüchtige Gifte 743
   2. Hauptgruppe. Ausschüttelungsgifte 765
      a) Vorbemerkungen und Allgemeines 765
      b) Ausschüttelung der weinsauren Lösung mit Äther oder Chloroform 768
      c) Ausschüttelung aus alkalischer Lösung mit Äther 784
      d) Ausschüttelung aus ammoniakalischer Lösung mit Äther bzw. mit Chloroform . 806
         α) Ätherausschüttelung 807
         β) Chloroformausschüttelung 807
   3. Dritte Hauptgruppe. Metallgifte 813
      a) Zerstörungsverfahren 813
      b) Analysengang 814
   4. Vierte Hauptgruppe. Gifte, die besonders isoliert und nachgewiesen werden müssen 817
D. Verzeichnis gebräuchlicher Reagentien 823
E. Tabelle der Mikroschmelzpunkte und besonderen Kennzeichen 825

Namenverzeichnis 831
Sachverzeichnis 885

Verzeichnis der in diesem Band über die in DIN 1502 und DIN 1502, Beiblatt hinaus besonders stark gekürzten Buch- und Zeitschriftentitel.

Bücher.

d'Ans-Lax: Taschenbuch für Chemiker und Physiker. Hrsg. D'Ans, J., u. E. Lax. 2. Aufl. Berlin, Göttingen, Heidelberg 1949.

Autenrieth-Bauer: Autenrieth, W.: Die Auffindung der Gifte und stark wirkender Arzneistoffe. 6. Aufl. bearb. von Bauer, K. H. Dresden, Leipzig 1943.

Bersin, Enzymologie: Bersin, Th.: Kurzes Lehrbuch der Enzymologie. Leipzig. 2. Aufl. 1939. 3. Aufl. 1951.

Flaschenträger-Lehnartz: Physiologische Chemie, Bd. 1. Hrsg. Flaschenträger, B., unter Mitwirkung von Lehnartz, E. Berlin, Göttingen, Heidelberg 1951, Bd. 2 im Druck.

Gadamer, Toxikologie: Gadamer, J.: Lehrbuch der Chemischen Toxikologie und Anleitung zur Ausmittelung der Gifte. 2. Aufl. Göttingen 1924.

Hallmann: Hallmann, L.: Klinische Chemie und Mikroskopie. Stuttgart. 6. Aufl. 1950.

Hammarsten: Lehrbuch der Physiologischen Chemie. Hrsg. Hammarsten, O. 11. Aufl. München, Wiesbaden 1926.

Hinsberg-Lang: Hinsberg, K., u. K. Lang: Medizinische Chemie. 2. Aufl. Berlin, Wien 1951.

Houben-Weyl: Die Methoden der Organischen Chemie (Weyls Methoden). Hrsg. Houben, J. 3. Aufl. 4 Bde. Berlin 1924.

Med. Kolloidlehre: Medizinische Kolloidlehre. Hrsg. Lichtwitz, L., R. E. Liesegang u. K. Spiro. Dresden, Leipzig 1935.

Müller-Seifert: Taschenbuch der Medizinisch-Klinischen Diagnostik. 65. Aufl. Bearb. von Kress, H. v. München 1948. 66. Aufl. 1949.

Peters-van Slyke: Peters, J. P., and D. D. van Slyke: Quantitative Clinical Chemistry. 2 Bde. Baltimore 1946 und 1932.

Pincus-Thimann, Hormones: The Hormones. Hrsg. Pincus, G., and K. V. Thimann. 2 Bde. New York 1948, 1950.

Rappaport: Rappaport, F.: Mikrochemie des Blutes. Wien, Leipzig 1935.

Rosenthaler, Mikroanalyse: Rosenthaler, L.: Toxikologische Mikroanalyse. Berlin 1935.

Stepp-Kühnau-Schröder, Vitamine: Stepp, W., J. Kühnau u. H. Schröder: Die Vitamine und ihre klinische Anwendung. Stuttgart. 6. Aufl. 1944. 7. Aufl., Bd. 1. 1952.

Wuhrmann-Wunderly: Wuhrmann, F., u. C. Wunderly: Die Bluteiweißkörper des Menschen. 2. Aufl. Basel 1952.

Zeitschriften.

A.	Justus Liebigs Annalen der Chemie.
A. e. P. P.	Naunyn-Schmiedebergs Archiv für experimentelle Pathologie und Pharmakologie.
Am. Soc.	Journal of the American Chemical Society.
B.	Berichte der Deutschen Chemischen Gesellschaft. Ab Bd. 80, 1947: Chemische Berichte.
B. Z.	Biochemische Zeitschrift.
C.	Chemisches Zentralblatt.
Cr.	Comptes Rendus Hebdomadaires des Séances de l'Académie des Sciences.
D. m. W.	Deutsche Medizinische Wochenschrift.
H.	Hoppe-Seylers Zeitschrift für Physiologische Chemie.
Helv.	Helvetica Chimica Acta.
J. biol. Ch.	Journal of Biological Chemistry.
Kli. Wo.	Klinische Wochenschrift.
M. m. W.	Münchener Medizinische Wochenschrift.
Soc.	Journal of the Chemical Society, London.

Untersuchung der Körperflüssigkeiten und Ausscheidungen.

Von

K. Hinsberg, F. Bruns, H. D. Cremer, W. Geinitz und G. Schmid.

Mit 34 Abbildungen.

1. Blut.

Von

K. Hinsberg.

a) Allgemeines und physikalische Eigenschaften.

Das Blut ist, wenn es frisch entnommen ist, eine rote undurchsichtige Flüssigkeit, die aus den Erythrocyten, Leukocyten und Blutplättchen als festen Bestandteilen besteht und dem Plasma, einer Lösung verschiedener Eiweißkörper, organischer und anorganischer Stoffe in Wasser.

Das *Plasma* — sofern es ohne fremde Zusätze gewonnen worden ist — scheidet beim Stehen Fibrin ab, gerinnt, und als flüssige Phase bleibt das *Serum* übrig.

Auch das Gesamtblut gerinnt außerhalb des Körpers, wobei die zu einem Netzwerk verschlungenen Fibrinfäden die Formbestandteile des Blutes unter Bildung des *Blutkuchens* oder Cruors einschließen.

Das *spezifische Gewicht* des Blutes beträgt im Mittel 1,058 (1,045—1,075), das spezifische Gewicht des Serums 1,027—1,032, das spezifische Gewicht der roten Blutkörperchen 1,084—1,117. Die Zahlen sind für Frauen und Männer bzw. Kinder nur unwesentlich voneinander verschieden. Auch für die meisten Tiere treffen sie zu. Zwischen Serum und Plasma kann kein Unterschied gefunden werden.

Aus dem spezifischen Gewicht läßt sich der *Eiweißgehalt* nach folgender Formel berechnen:

$$\frac{\text{spezifisches Gewicht} - 1{,}007}{0{,}00276} = \text{Eiweißgehalt in Prozenten.}$$

1,007 = spezifisches Gewicht des eiweißfreien Plasmafiltrates;

0,00276 = Dichtezuwachs für je 1 g Serumeiweiß.

Messung des spezifischen Gewichtes. Es kann in Serum oder Blut mit dem Pyknometer, der MOHRschen Waage, einer Capillarmethode[1], oder der Kupfersulfatmethode nach VAN SLYKE[2] gemessen werden; nach der letztgenannten wird eine Kupfersulfatlösung von bekanntem Gehalt und bekanntem spezifischem Gewicht ausgesucht, in welcher ein Serum- oder Bluttropfen in der Schwebe bleibt.

Nach der Methode von HAMMERSCHLAG[3] wird eine Mischung aus Chloroform-Benzol hergestellt, die dem spezifischen Gewicht des zu untersuchenden Blutes entspricht. Nach BARBOUR und HAMILTON[4] wird eine Mischung aus Xylol und Brombenzol genommen. Diese Methoden haben sich zur Schnellbestimmung des Gesamteiweißgehaltes bewährt.

---

[1] KRUTZSCH, J.: Kli. Wo. 1943, 469.

[2] SLYKE, D. D. VAN, A. HILLER, R. A. PHILLIPS, P. B. HAMILTON, V. P. DOLE, R. M. ARCHIBALD and H. A. EDER: J. biol. Ch. 183, 331 (1950); [vgl. a. J. biol. Ch. 183, 305, 349 (1950)].

[3] HAMMERSCHLAG, A.: Z. klin. Med. 20, 444 (1892).

[4] BARBOUR, H. G., and W. F. HAMILTON: J. biol. Ch. 69, 625 (1926). Amer. J. Physiol. 69, 654 (1924).

Da das spezifische Gewicht der Erythrocyten größer als das des Plasmas ist, sinken außerhalb des Körpers in der Ruhe die Erythrocyten langsam zu Boden. Diese *Senkungsgeschwindigkeit/h* kann leicht gemessen werden und ist für viele Zwecke klinisch von Bedeutung. Die Ursachen der Senkungsgeschwindigkeit, d. h. der Beschleunigung oder Verzögerung, sind nicht restlos erkannt. Es spielen die elektrische Ladung der Erythrocyten, die Viscosität des Plasmas, d. h. die absolute und relative Menge der Eiweißstoffe, die Erythrocytenkonzentration und die Agglutination der Erythrocyten eine Rolle. Sie wurde zuerst von NASSE in Bonn im Jahre 1836 beschrieben und von FÅHRAEUS[1] wieder entdeckt. Die Messung erfolgt nach WESTERGREN[2] oder nach LINZENMEIER[3]. Die Normalwerte betragen nach WESTERGREN für Männer 3—7 mm, für Frauen 3—10 mm, für Kinder 1—11 mm in der ersten Stunde. Nach der zweiten Stunde liegt der Wert höher als das Doppelte des Stundenwertes. Nach WUHRMANN[4] hängen die Werte sehr stark von der Weite und Höhe der Röhrchen ab.

Die *Viscosität* des Blutes, ein Maß für die innere Reibung, hängt von der Zahl und Größe der Formbestandteile ab. Ein Drittel der Gesamtviscosität entfällt auf das Plasma, der Rest auf die Erythrocyten. Leukocyten und Thrombocyten spielen keine Rolle. Wesentlich ist das Verhältnis von Albumin zu Globulin; bei relativer Zunahme der Globuline nimmt die Viscosität stark zu. Setzt man die Viscosität des Wassers von $18°$ = 1,00, so beträgt die Viscosität des Blutes 3,5—5,5, im Mittel 4,7[5], die des Serums 1,6—2,2[6]; die Plasmawerte liegen 20—25 % höher. Unter reduzierter Viscosität versteht man die auf einen Eiweißgehalt von 10 % bezogenen Werte.

Wenn das Blut mit isotonischen Salzlösungen verdünnt wird, ändert sich die Gestalt der Formbestandteile nicht. Bei der Auswahl *isotonischer Salzlösungen* ist nicht nur die absolute Konzentration (0,85 % NaCl) ausschlaggebend, sondern auch die An- und Abwesenheit anderer Salze. Den Serumverhältnissen am ähnlichsten sind die Lösungen nach RINGER[7], nach LOCKE[8] und nach TYRODE[9].

Wird Blut mit einer hypotonischen Lösung versetzt, so quellen die Erythrocyten um so stärker, je schwächer die Lösung ist, bis eine Grenze erreicht ist, bei welcher die Erythrocytenmembran platzt und *Hämolyse* eintritt. Für das Menschenblut ist diese Grenze normalerweise bei einem Kochsalzgehalt von 0,42 % erreicht. Sie kann höher oder tiefer liegen; man spricht dann von einer verminderten oder gesteigerten Resistenz, die zur Diagnose einiger Anämien von Wichtigkeit ist. Die Hämolyse kann vollständig sein, dann wird das Blut lackfarben und verändert seine Farbe, indem es dunkler erscheint. Die übrig bleibenden Erythrocytenmembranen (Blutschatten) können abzentrifugiert werden. In reinem Wasser tritt immer eine vollständige Hämolyse ein. Außer durch hypotonische Salzlösung kann eine Hämolyse auch durch Zusatz von Äther, Chloroform, Gallensäuren, Alkalien, durch wiederholtes Gefrieren und Auftauen, auch durch Evakuieren oder durch elektrische Ströme erzeugt werden. Saponine, Toxine, Schlangengift und artfremde Sera sowie Phosphatide begünstigen ebenfalls die Hämolyse. Die Phosphatidhämolyse kann durch Cholesterin gehemmt werden.

Bei Zusatz von hypertonischen Lösungen schrumpfen die Erythrocyten und nehmen die sog. Stechapfelform an. Auch unter pathologischen Bedingungen sind derartige Formen zu beobachten.

Die *Farbe* des Blutes ist arteriell hellrot, venös dunkelrot. Der Geschmack ist salzig, es riecht schwach-fade, bei verschiedenen Tieren unterschiedlich, oft charakteristisch.

[1] FÅHRAEUS, R.: B. Z. 89, 355 (1918).
[2] WESTERGREN, A.: Ergebn. inn. Med. 26, 577 (1924). Kli. Wo. 1922 II, 1359.
[3] LINZENMEIER, G.: Zbl. Gynäk. 44, 2, 816 (1920); 46, 535 (1922).
[4] WUHRMANN, F.: Schweiz. med. Wschr. 75, 1001 (1945).
[5] NEUSCHLOSZ, S. M.: Handb. Physiol. 6/1, 619 (1928). — EVANS, P. H.: Lancet 242, 162 (1942).
[6] WEBER, H.: Z. Biol. 70, 211 (1920).
[7] RINGER, S.: J. Physiol., London 5, 247; 6, 352 (1885).
[8] LOCKE, F. S.: Zbl. Physiol. 15, 490 (1901).
[9] TYRODE, M. V.: Arch. int. Pharmacodyn. Thérap. 20, 205 (1910).

Die *Reaktion* des normalen Blutes ist schwach alkalisch. Ausgedrückt in p_H-Einheiten beträgt die Reaktion des körperwarmen und ohne Gasverlust oder Zusätze aufgefangenen Blutes p_H 7,3—7,4.

Die Messung erfolgt in jedem Falle am besten mit der Glaselektrode, weil hierbei Gasverluste vermieden werden können. Wird bei anderer als bei Körpertemperatur gemessen, so ist zu berücksichtigen, daß das Blut bei tieferer Temperatur alkalischer reagiert[1].

Zur Umrechnung auf Körpertemperatur kann man sich folgender Formeln bedienen:

$$\text{Blut } p_{H\,38} = p_{H\,t} - 0,0147 \cdot (38 - t)$$
$$\text{Plasma } p_{H\,38} = p_{H\,t} - 0,0118 \cdot (38 - t).$$

Der Korrekturfaktor ist nicht für alle Seren gleich, und es ist ein Unterschied, ob Plasma bei 38 oder bei 18° gewonnen wird. Auch colorimetrische Bestimmung ist möglich[2]. Bei Verwendung eines Absolutcolorimeters und von Phenolrot als Indicator ergeben sich 2 Absorptionsmaxima bei 420 und 565 mμ für den sauren bzw. alkalischen Bereich. Bei der colorimetrischen Messung des Serum-p_H ist der Eiweißfehler zu berücksichtigen, da bei Gegenwart von viel Eiweiß die meisten Indicatoren einen anderen Farbton zeigen als in reinen Lösungen. Näheres über die p_H-Messung s. Bd. I, Wasserstoffionenkonzentration.

Eine weitere biologisch wichtige Konstante ist das *Redoxpotential*. Die Messung ist nicht einfach, da sie mit der blanken unangreifbaren Platinelektrode erfolgen muß. Die Elektroden zeigen oft aus unbekannten Gründen wesentliche Abweichungen. Über die Technik s. [3], über die Messung mit Redoxindicatoren[4], ferner Bd. I, Redoxpotential.

Blutentnahme und Blutgewinnung. Kleinere Blutmengen, 0,1—0,2 cm³, können nach vorheriger Reinigung der Haut aus einer Stichwunde, aus der Fingerbeere, dem Ohrläppchen, bei Säuglingen aus der großen Zehe oder der Ferse entnommen werden. Größere Blutmengen werden durch Punktion einer Vene, beim Erwachsenen am Arm, beim Kleinkind in der Fontanelle entnommen. Man erhält so venöses Blut. Arterielles Blut wird nur selten benötigt, kann aber in Ausnahmefällen aus dem Herzen oder der Arteria radialis bzw. femoralis entnommen werden.

Bei Kaninchen muß die Haut durch Rasieren von Haaren befreit sein. Wenn die Gefäße, besonders am Ohr, nicht genügend hervortreten, kann man die Haut mit Toluol einreiben, wodurch eine Hyperämie erzeugt wird. Bei Ratten und Mäusen erhält man Blut durch Abschneiden eines Schwanzstückchens, wobei der Blutaustritt durch gelinden Druck begünstigt werden kann.

Die *Blutmenge* des erwachsenen Menschen beträgt 5—6 Liter. 43—50% davon sind Blutkörperchen, 50—57% Blutplasma, welches also 2,5—3,5 Liter ausmacht. Das neugeborene Kind enthält 200—300 g Blut[5].

Die *Gefrierpunktsdepression* des normalen menschlichen Plasmas liegt zwischen 0,56 und 0,58°. Sie ändert sich in geringem Maße beim Atmungsprozeß durch Ionenaustausch zwischen Plasma und Erythrocyten. Die Gefrierpunktsdepression ist ein Maß für die Konzentration der im Plasma gelösten niedermolekularen Stoffe. Die Konzentration an Eiweiß spielt keine Rolle, da ihr Molekulargewicht zu groß ist. Bestimmung s. Bd. II.

---

[1] ROSENTHAL, T. B.: J. biol. Ch. **173**, 25 (1948).

[2] RUTLEDGE, R. C.: J. Lab. clin. Med. **33**, 881 (1948).

[3] EGGERS, H., u. H. MOHR: B. Z. **302**, 211 (1939). — JØRGENSEN, H.: B. Z. **302**, 226 (1939). — SEYDERHELM, R., u. J. THYSSEN: B. Z. **304**, 436 (1940). — EGGERS, H., u. H. DIECKMANN: B. Z. **310**, 231 (1942). — GREEN, D. E.: Biochem. J. **27**, 1044 (1933). — ZERFAS, L. G., and M. DIXON: Biochem. J. **34**, 365 (1940).

[4] TILLMANS, J.: Z. Unters. Lebensm. **54**, 33 (1927).

[5] MARKOVITS, F.: Z. Kreislaufforsch. **28**, 16 (1936). — HEILMEYER, L.: B. Z. **212**, 430 (1929). — GIBSON II, J. G. jr., and W. A. EVANS jr.: J. clin. Invest. **16**, 301, 317, 851 (1937). — GIBSON II, J. G. jr., and K. A. EVELYN: J. clin. Invest. **17**, 153 (1938). — BARAC, G.: Exper. **3**, 161 (1947) (Plasmavolumen beim Hund). — MATHER, K., R. G. BOWLER, A. C. CROOKE and C. J. O. R. MORRIS: Brit. J. exp. Path. **28**, 12 (1947) [Chem. Abstr. **41**, 5913]. — NOBLE, R. P., and M. I. GREGERSEN: J. clin. Invest. **25**, 158 (1946) [Brit. Abstr. III A, **1946**, 891].

Der *osmotische Druck* des Säugetierblutes entspricht 7,71 Atm. Er geht der Gefrierpunktsdepression parallel. Die Messung erfolgt durch ein Osmometer, wie in Bd. II beschrieben ist.

Der *kolloidosmotische Druck* ist eine Größe, die von den Eiweißkörpern, und besonders von ihrer strukturellen Beschaffenheit abhängig ist. Er wird auch als Quellungsdruck bezeichnet und spielt physiologisch für die intravasale und extravasale Wasserverteilung eine bedeutende Rolle. Das Verfahren zur Messung des kolloidosmotischen Druckes beruht darauf, daß eine kleine Serummenge durch eine semipermeable Membran von einer isotonischen Salzlösung getrennt wird[1]. Man mißt den Gegendruck, der notwendig ist, um ein Ansteigen der Flüssigkeitssäule in dem mit Serum gefüllten Osmometer zu verhindern. Da auf beiden Seiten der Membran Ionengleichgewicht herrscht, ist diese Größe nur vom kolloidosmotischen Druck abhängig. Er beträgt im menschlichen normalen Blut 30—40 cm Wasser = 0,03—0,04 Atm. Der auf 1% Serumeiweiß reduzierte kolloidosmotische Druck des normalen Menschen liegt zwischen 4 und 5 cm Wasser, im Mittel bei 4,61 cm. Albumine üben in 1%iger Lösung einen kolloidosmotischen Druck von 7,9 cm Wasser aus, Globuline in gleicher Konzentration nur von 1,3 cm Wasser. Daher ist der kolloidosmotische Druck des Plasmas zu 80% auf die Albumine zu beziehen[2].

Die *Leitfähigkeit* des Serums entspricht der Konzentration der Elektrolyte, vor allem von Kochsalz. Zum Unterschied vom osmotischen Druck spielt der Kohlensäuregehalt keine Rolle. Praktisch ist die Bestimmung der Leitfähigkeit ohne Bedeutung, sie steigt bis 56° proportional der Temperatur an. Bestimmung s. Bd. I, Leitfähigkeit.

Die *Refraktion* oder das Lichtbrechungsvermögen des Blutserums ist eine häufig bestimmte Größe, da sie fast ausschließlich durch den Eiweißgehalt beeinflußt wird. Über die Bestimmung s. Bd. I, Refraktometrie und[3]. Zur Bestimmung des Eiweiß wurde sie zuerst 1900 verwendet[4] und seit 1902 als mikroanalytische Methode benutzt. Der mit dem Refraktometer gemessene Refraktionswert setzt sich aus dem Wasserwert ($n_D = 1,33320$) und dem Eiweißwert ($n_D = 0,00172$ für eine 1%ige Eiweißlösung), und dem annähernd konstanten Wert für die gelösten Nichteiweißstoffe ($n_D = 0,00277$) zusammen. Die Refraktometerwerte für Eiweiß schwanken etwas, weshalb die Bestimmungen einer gewissen Ungenauigkeit unterliegen. Zur Aufhebung der Gerinnung eignen sich nur Heparin oder Hirudin, um Werte im Plasma messen zu können. Wegen des Fibrinogengehaltes müssen die n_D-Werte um 0,00080 erhöht werden.

Die *Oberflächenspannung* des menschlichen und tierischen Serums wurde zu 45 bis 46 Dyn gefunden[5], in neueren Arbeiten werden 55—60 Dyn angegeben[6]. Es besteht kein Unterschied zwischen Männern und Frauen und keine Abhängigkeit vom Lebensalter. Der Wasserwert wird bei einer Verdünnung von 10^{-4} erreicht. Auffallenderweise haben die Gallensäuren unter physiologischen Bedingungen keinen Einfluß auf die Oberflächenspannung[7].

b) Anorganische Bestandteile.

Der *Salzgehalt des Blutes* hat eine besondere Bedeutung, da er der Aufrechterhaltung des osmotischen Gleichgewichtes dient. An dieser Regulationsaufgabe sind vor allem

---

[1] FARKAS, G. v.: Die Eiweißkörper des Blutplasmas. Bennhold-Kylin-Rusznyak. S. 144. Dresden 1938. — MEYER, P.: Der kolloidosmotische Druck. In Med. Kolloidlehre. S. 40.

[2] WUNDERLY, CH., u. F. WUHRMANN: Schweiz. med. Wschr. 77, 63 (1947). — BUBB, W.: Schweiz. med. Wschr. 77, 239 (1947). — WARREN, J. V.: J. clin. Invest. 23, 506 (1944).

[3] ALDER, A.: Refraktometrische Blutuntersuchung. Handb. Physiol. 6/1, 537 (1928).

[4] STRUBELL, A.: Verh. dtsch. Ges. inn. Med. 18, 417 (1900). Dtsch. Arch. klin. Med. 69, 521 (1901). — REISS, E.: Refraktometrische Blutuntersuchung. Handb. biol. Arb.-Meth. Abt. IV, Teil 3, S. 299. Berlin-Wien 1924.

[5] MORGAN, J. L. R., and H. E. WOODWARD: Am. Soc. 35, 1249 (1913).

[6] KÜNZEL, O.: Ergebn. inn. Med. 60, 565 (1941).

[7] BLANQUET, P., et F. TAYEAU: Bull. Soc. Chim. biol. 29, 683 (1947).

Natrium und *Kalium* als Kationen und *Chlor* als Anion beteiligt. Die Konzentrationen der anderen anorganischen Blutbestandteile sind so gering, daß sie für die osmotische Regulation nicht in Frage kommen. Ein Teil der anorganischen Stoffe gehört zu den ausgesprochenen Spurenelementen, spielt aber hinsichtlich der physiologischen Bedeutung eine immer mehr in den Vordergrund des Interesses tretende Rolle.

Von den anorganischen Bestandteilen ist ein kleiner Teil in wirklicher unbehinderter Lösung vorhanden, wie z. B. der größte Teil vom Kochsalz. Andere Kationen oder Anionen sind zum Teil an die Kolloide gebunden, wie z. B. Calcium, wieder andere sind vollständig an die Eiweißkörper adsorbiert wie z. B. Eisen. Meist sind es spezifische Eiweißkörper, welche für die Bindung verantwortlich sind.

Die *Verteilung* der anorganischen Stoffe im Blut *zwischen Plasma und Erythrocyten* ist nicht gleichmäßig. Es enthält z. B. das Plasma wesentlich mehr Natrium als die Erythrocyten, dafür enthalten diese eine wesentlich größere Menge an Kalium. Auf diese Verhältnisse wird bei Besprechung der anorganischen Bestandteile näher eingegangen werden. Es ergibt sich aus diesen Verhältnissen, daß der Elektrolytgehalt von Vollblut, Plasma oder Serum wesentliche Unterschiede aufweisen kann, die aus der weiter unten mitgeteilten Tabelle 3 ersichtlich sind.

Zur Bestimmung der anorganischen Bestandteile werden im allgemeinen die Methoden der klassischen analytischen

Tabelle 1. *Wassergehalt des Menschenblutes*[1] (in Prozenten).

	Wasser	Trockensubstanz
Vollblut[2]	80 (75—82)	18—25
Plasma[2]	90—92	8—10
Rote Blutkörperchen[2] . . .	65,2—68,4	32—35
Vollblut[3]		
Neugeborenes, ♂ und ♀ . .	74,2—73,9	25,7—26,1
1 Jahr alt, ♂ und ♀ . . .	82,3—82,6	17,5
25—35 Jahre alt, ♂ und ♀	70—80	20—30
60—90 Jahre alt, ♂ und ♀	80,5	19,5

Chemie herangezogen. Zum Teil kann die Bestimmung unmittelbar im Serum oder hämolysierten Vollblut erfolgen, für einen Teil der anorganischen Stoffe ist aber eine Veraschung notwendig. Über Veraschung und Bestimmung s. Bd. III, Anorganische Stoffe.

Wassergehalt. Das Wasser ist wie in allen tierischen Organen der Hauptbestandteil des Blutes. Seine Menge wird von dem Organismus in auffallender Weise konstant gehalten. Die Regulation erfolgt entweder durch Ausscheidung (Harn, Schweiß und Stuhl) oder in Speicherorganen, die durch Hormone oder durch das autonome Nervensystem reguliert werden. Eine Übersicht über den Wassergehalt gibt die Tabelle 1, aus der hervorgeht, daß in den verschiedenen Lebensaltern der Wassergehalt des Blutes nicht gleich ist.

Der Wassergehalt des Tierblutes ist nicht wesentlich verschieden[4]. Auch zwischen männlichen und weiblichen Tieren liegen die beobachteten Unterschiede innerhalb der Fehlergrenzen der Bestimmungsmethoden.

Wenn man den Gesamtwassergehalt des Vollblutes im Mittel mit 80% annimmt, so findet man 91—92% Wasser im Serum und 60—62% in den Erythrocyten. Unter pathologischen Bedingungen, z. B. bei der Wassersucht, nach großen Blutverlusten sowie Kachexien ist er vermehrt. Eine Verminderung des Wassergehaltes beobachtet man, wenn der Körper viel Flüssigkeit durch Erbrechen oder bei Durchfällen, sowie bei chronischem Wasserentzug erlitten hat. Unter den Drüsen mit innerer Sekretion spielen besonders die Nebenniere und die Hypophyse eine wesentliche Rolle bei der Regulierung des Wasserhaushaltes. Über Wasserbestimmung s. Bd. III, Anorganische Stoffe.

[1] DOMARUS, A. v.: Methodik der Blutuntersuchungen. S. 180. Berlin 1921.
[2] DIAZ, C. J., F. BIELSCHOWSKY u. J. R. MIÑON: Kli. Wo. 1935 II, 995. — KURODA, K.: Keijo J. Med. 5, 111 (1934). — KURODA, K., T. RYO u. R. EBINA: Keijo J. Med. 7, 612 (1936). — MILLER, jr. A. T.,: J. biol. Ch. 143, 65 (1942).
[3] RYO, T.: Keijo J. Med. 8, 71 (1937) [Ber. Physiol. 102, 577].
[4] SCHÖN, R.: Tab. biol. period. 8, 388 (1926).

Anionen und Kationen. Wenn man die Anionen und Kationen des Serums in ihrer Gesamtheit betrachtet, so findet man, daß die Kationen 0,142 n Äquivalente ausmachen, während die Anionen nur 0,130 n Äquivalente betragen. Eine Übersicht bringt die folgende Tabelle 2.

WALAAS und WALAAS[1] finden, daß die Menge der *Gesamtbasen* im Blutserum veränderlich ist. Nach Nahrungsaufnahme tritt nur eine Differenz von 2 mäq/l auf, die statistisch nicht gesichert ist. Bei schwerer Muskelarbeit beträgt die Änderung dagegen 4,5 mäq/l, nach Flüssigkeitsaufnahme beobachten sie eine Abnahme von 3,6 mäq/l.

Die Bestimmung erfolgt meist elektrometrisch, wobei die Kationen als Amalgam an eine Quecksilberkathode gebunden werden[2]. Über eine indirekte Methode s.[3].

Die spektrographische und flammenphotometrische Untersuchung der Kationen im menschlichen Plasma gibt dieselben Werte. SMITH und Mitarbeiter[4] finden im Mittel, ausgedrückt in Milliäquivalenten je Liter, für Natrium 136—158 (142), Kalium 3,4—4,92 (4,08), Eisen 0,024—0,195 (0,068), Magnesium 1,01—2,12 (1,58), Calcium 3,04 bis 5,27 (4,30).

Bestimmung der Gesamtbasen durch Elektrolyse nach KEYS[6].

Ausführung:

Die Apparatur besteht aus einem Glaszylinder von $1,5 \times 10$ cm, der am unteren Ende durch eine Cellophanmembran abgeschlossen ist, die festgebunden und mit Kollodium angekittet wird (Abb. 1). Auf die Membran werden 1,5 cm³ Quecksilber gegeben, in welches ein in Glas eingeschmolzener Platindraht eintaucht. Das Anodengefäß enthält an seiner untersten runden Stelle einen eingeschmolzenen Platindraht und wird mit 0,5 cm³ Quecksilber und der wäßrigen Versuchslösung gefüllt, in welche von oben das Kathodengefäß eintaucht. Das Anodengefäß seinerseits taucht in verdünnte Schwefelsäure ein, in welche durch einen Quecksilberkontakt die Anode eingeführt wird. Als Versuchslösung dient eine konstante Menge von 2—20 cm³ Wasser, dem 0,2 cm³ Serum oder 0,1 cm³ Harn zugesetzt werden. Bei einer Spannung von 110 Volt beginnt die Elektrolyse unter Vorschaltung eines Widerstandes von 500—1000 Ohm, der nach einigen Minuten herausgenommen werden kann. Die Elektrolyse ist nach 25 min beendet, sie wird aber aus Sicherheitsgründen erst nach 1 Std abgebrochen.

Das Basenamalgam im Kathodenraum wird durch langsames Rühren oder durch einen CO_2-freien Luftstrom (Abb. 2) mit dem Wasser gemischt und nach 5 min nach Zusatz von Methylrot mit 0,02 n Säure titriert. Bei Verwendung einer REHBERG-Bürette kann eine stärkere Säure genommen werden. Der mittlere Fehler der Bestimmung beträgt 1%.

Das zur Analyse benutzte Quecksilber muß durch 5%ige Salpetersäure von Amalgamen gereinigt werden (Abb. 3) und wird des öfteren durch Schütteln mit Wasser säurefrei gewaschen.

Weitere Methoden s. Bd. III, Anorganische Stoffe.

Tabelle 2. *Gehalt des normalen Blutserums an Mineralstoffen*[5].

	Milligramm auf 100 cm³ (Grenzwerte)	Milligramm auf 100 cm³ (Mittel)	Konzentration in Äquivalenten
Cl	320—400	355	0,100
HCO₃	—	160	0,026
SO₄	—	22	0,002
HPO₄	3—15	10	0,002
Na	280—320	300	0,130
K	16—24	20	0,005
Ca	8—16	10	0,005
Mg	1—4	2½	0,002
Summe		880	saure 0,130 bas. 0,142

[1] WALAAS, E., and O. WALAAS: Acta physiol. scand. **17**, 235 (1949).

[2] ORSKOV, S. L., and E. RATJEN: Acta physiol. scand. **13**, 238 (1947).

[3] SUNDERMAN, F. W.: Amer. J. clin. Path. **19**, 659 (1949). — HURKA, W.: B. Z. **313**, 416 (1943).

[4] SMITH, R. G., P. CRAIG, E. J. BIRD, A. J. BOYLE, L. T. ISERI, S. D. JACOBSON and G. B. MYERS: Amer. J. clin. Path. **20**, 263 (1950).

[5] HEUBNER, W.: Der Mineralstoffwechsel. Handb. Balneol. (DIETRICH-KAMINER) **2**, 181 [Thannhauser, Stoffw.-Krankh. S. 578].

[6] KEYS, A.: J. biol. Ch. **114**, 449 (1936).

Eine Übersicht über die Normalwerte im Vollblut und Plasma ist in Tabelle 3 angeführt.

Natrium. Unter den anorganischen Kationen nimmt das Natrium den ersten Platz ein. Verteilung im Blut s. Tabelle 4. Der Gehalt an Natriumionen entspricht ungefähr einer 0,1 n Lösung (= 585 mg-% NaCl) oder 130—150 mäq/l. Die Höhe des Natriumgehaltes ist experimentell nur wenig zu beeinflussen, nur bei großen Kochsalzgaben kann man eine geringe Steigerung beobachten. In der Schwangerschaft, bei tuberkulösen Pleuraexsudaten und bei Herz- und Nierenerkrankungen kann es zu einer Erhöhung, bei Pneumonie, Diabetes insipidus und Myxödem, besonders bei Nebennierenschädigung, zu einer Verminderung kommen[1].

Kalium. Der Kaliumgehalt des Serums liegt unter normalen Bedingungen zwischen 16 und 22 mg-%[2]; das ist nur $^1/_{10}$ des Kaliumgehaltes des Vollblutes und sogar nur $^1/_{20}$

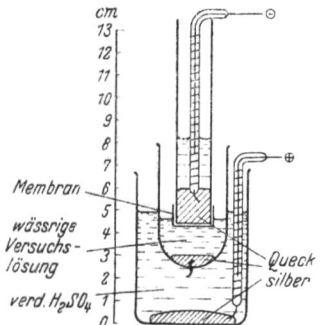

Abb. 1. Elektrolysenapparat.

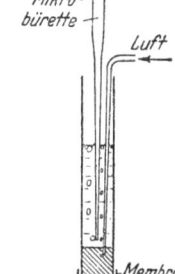

Abb. 2. Titrationsgefäß.

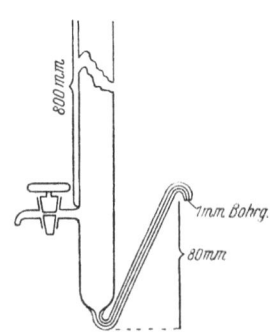

Abb. 3. Zylinder zur Reinigung von Quecksilber.

Abb. 1—3. Elektrolytische Bestimmung der Gesamtbasen nach KEYS.

Tabelle 3. *Normalwerte des Blutes an Wasser und Mineralstoffen beim Menschen*[3].

	Vollblut	Plasma bzw. Serum
Spezifisches Gewicht . . .	etwa 1,055	1,027—1,032
Blutkörperchenvolumen . .	42—48 %	
Wasser	75 82 %	89—91 %
Kationen:		
Natrium	170—200 mg-%	315—330 mg-%
Kalium	180—220 mg-%	16—22 mg-%
Calcium	5—7 mg-%	9—11 mg-%
Magnesium	3—4,6 mg-%	1,8—3,6 mg-%
Anionen:		
Chlor	290—330 mg-%	330—390 mg-%
Phosphor:		
Gesamtphosphor	35—45 mg-%	8—18 mg-%
Anorganischer Phosphor .	2—5 mg-%	2—5 mg-%
Lipoidphosphor	10—13 mg-%	6—10 mg-%
Sulfate:		
Gesamtschwefel	100 mg-%	110—160 mg-%
Sulfatschwefel	0,5 mg-%	1 mg-%
Bicarbonate		etwa 60 cm³ gebundene CO_2 in 100 cm³ Blut
Spurenelemente:		
Jod	10—16 γ-%	10—12 γ-%
Eisen		80—120 γ-%
Kupfer		80—140 γ-%

[1] MARGITAY-BECHT, A.: Kli. Wo. **1937 II**, 1353.
[2] Müller-Seifert 47. Aufl. S. 155.
[3] HINSBERG, K., u. R. MERTEN: Chemische Bestimmungsmethoden im klinischen Laboratorium. S. 11. München 1952.

Tabelle 4. *Natriumgehalt des Blutes*[1] (in mg-%).

	Gesamtblut	Plasma	Serum	Erythrocyten
Mensch[2,3] . .	170—187—250	300—323—340	300—320—350	26—41—60
				40—100[8]
Kind[4] . . .			280—320—350	
Säugetiere[5] .	260—405	336—424	336—424	32—137
Hund[6]	300[8]		354	210
Kaninchen[7] .	200		285—340	
Rind[8]	360		330	165
Schaf[8] . . .				
Ziege[8] . . .	200—270		320—330	160
Pferd[8] . . .				

des Kaliumgehaltes der Erythrocyten[3]. Wegen der Gefahr der Diffusion aus den roten Blutkörperchen ins Serum soll das Serum nach der Blutentnahme sofort abgetrennt werden. Zur Bestimmung muß das Serum hämolysefrei sein.

Eine Erniedrigung des Kaliumwertes im Serum deutet immer auf ein Kaliumdefizit hin. Bei paroxysmaler Lähmung können die Werte bis auf 10 mg-% absinken. Einen erhöhten Kaliumgehalt des Serums findet man bei Herzinsuffizienz und bei Addisonscher Erkrankung.

Eine besondere Bedeutung kommt dem Kalium-Calciumquotienten zu, der normal etwa 2 ist. Er ist deutlich erhöht bei Reizzuständen des vegetativen und peripheren Nervensystems. Er ist erniedrigt bei den sympathicotonen Formen, am auffallendsten bei der paroxysmalen Lähmung und bei der Ostitis fibrosa generalisata. Bisweilen ist eine Erniedrigung auch bei dekompensierten Herzfehlern, Verschlußikterus und bösartigen Geschwülsten zu beobachten[9]. Das Verhältnis Natrium zu Kalium wird als Alkaliquotient bezeichnet und beträgt etwa 15—17. Über den Kaliumgehalt des Blutes von wildlebenden Säugetieren s. [10].

Calcium. Der Calciumgehalt des Serums ist beim Menschen mit 9—11 mg-% äußerst konstant und experimentell nur wenig zu beeinflussen. Diese Zahlen beziehen sich auf den Gesamtcalciumgehalt. Er kann unterteilt werden in den diffusiblen Anteil, der 45—65% des Gesamtcalciumgehaltes ausmacht und zum größten Teil aus der ionisierten Form besteht, zum kleinsten Teil aus einem komplexgebundenen nichtionisierten Anteil, wie z. B. Doppelsalze von Calciumphosphat mit Calciumcarbonat und Calciumsulfat oder den Calciumsalzen organischer Phosphorsäuren oder organischer Säuren[11]. Die nichtdiffusible Form liegt kolloidal vor und ist zum größten Teil an Eiweiß gebunden. Das Verhältnis diffusibles zu nichtdiffusiblem Calcium entspricht einem physikalisch-chemischen Gleichgewicht, welches durch den Eiweißgehalt und das p_H des Serums bestimmt wird[12,13]. Bezüglich der einzelnen Calciumanteile sind die Angaben im Schrifttum nicht übereinstimmend. Eine Übersicht über eine Reihe von Werten gibt die folgende Tabelle 5.

Ein normaler Calciumspiegel findet sich oft bei Rachitis unter Änderung der Phosphatasewerte. Erniedrigt unter 9 mg-% ist das Serumcalcium bei kindlicher Tetanie,

[1] Hallmann 6. Aufl. S. 433. — Rappaport S. 66.
[2] Fortunesco, A.: C. R. Soc. Biol. **130**, 1334 (1939).
[3] Streef, G. M.: J. biol. Ch. **129**, 661 (1939).
[4] Biol. Daten (Brock) **3**, 175.
[5] Pasquier, M. A.: Cr. **209**, 360 (1939).
[6] Morgulis, C. S., and V. L. Bollman: Amer. J. Physiol. **84**, 350 (1928).
[7] Safarov, A.: Biochem. J., Kiew **13**, 331 (1939).
[8] D'Ans-Lax S. 1473.
[9] Rappaport S. 70.
[10] Urbain, A., et M. A. Pasquier: Cr. **213**, 83 (1941).
[11] Greenwald, I.: J. biol. Ch. **124**, 437 (1938).
[12] Linneweh, F.: Kli. Wo. **1939 I**, 350.
[13] Pauli, W., u. M. Samec: B. Z. **17**, 235 (1909).

Tabelle 5. *Normalgehalt des Blutes, Plasmas und Serums an Gesamtcalcium* (in mg-%).

	Gesamtblut	Plasma	Serum	Erythrocyten
Mensch[1] . . .	5,5—6,1—7,0[2]	9,5—10,2—11,0[9]	9,5—10,2—11,0[9]	0,9—1,6—2,7[10, 4]
Neugeborene[3]			10—13	
Säuglinge[3] .			10—12	
Pferd[4, 5] . .	4		8	
Kalb[6]	7		9	
Hund[7]	5,8		11	
Kaninchen[8, 5]	5		10,0	4,4

bei Spasmophilie und nach Parathyreoidektomie. Auch bei vermindertem Eiweißgehalt und bei der Urämie oder nach Oxalsäurevergiftungen kommen sehr niedrige Calciumwerte vor. Erhöht über 11 mg-% ist das Calcium bei Überdosierung der Vitamine D und B₁ sowie von AT 10, bei übermäßigen Gaben von Parathyreoideahormon, bei Morbus Cushing bis 18 mg-%, bei Ostitis fibrosa generalisata bis 20 mg-% und bei Tumoren der Nebenschilddrüse.

Eine einfache noch nicht nachgeprüfte Methode zur Titration von Calcium mit komplexbildenden Stoffen beschreiben FLASCHKA und HOLASEK[11]. Das ionisierte Calcium soll mit Hilfe von Murexid als Indicator photometrisch erfaßt werden können[12].

Magnesium. Es kommt ähnlich wie das Calcium im Serum in verschiedenen Formen vor[13]. Man kann unterscheiden

a) eine filtrierbare, adsorbierbare Form;

b) eine filtrierbare, nichtadsorbierbare Form, die wahrscheinlich ionisiert ist und beim Menschen 80—90% des diffusiblen Magnesium beträgt[14];

c) eine nichtfiltrierbare, nichtadsorbierbare Form, die wahrscheinlich den an Eiweiß gebundenen Anteil darstellt.

Im Schlaf oder nach schwerer Arbeit beobachtet man eine Vermehrung von Magnesium im Blut. Bei Myasthenie und bei progressiver Paralyse, ebenso bei Niereninsuffizienz und Tetanie ist das Magnesium ebenfalls vermehrt[15]. Es kann dabei eine Wechselwirkung zwischen Kalium und Magnesium beobachtet werden. Auch durch Prolaninjektion kann der Magnesiumgehalt im Blut gesteigert werden[16].

Beim Menschen beträgt der Magnesiumgehalt des Blutes 3—4 mg-%. Davon entfallen 2,0—2,8 mg-% (1,5—2,3 mäq) auf das Serum. Die Verteilung zwischen Erythrocyten und Serum ist nicht bei allen Tieren gleich. Bei Wiederkäuern findet man zum Teil mehr Magnesium im Serum als in den Erythrocyten. Bei der Ziege ist die Verteilung gleich. Bei Hund, Pferd und Kaninchen ist sie ungefähr so wie beim Menschen[17].

[1] Rappaport S. 74.

[2] PAULI, W., u. M. SAMEC: B. Z. **17**, 235 (1909).

[3] STEARNS, G.: Physiol. Rev. **19**, 415 (1939). — WOLFF, J.: Mschr. Kinderheilkde. **89**, 56 (1941).

[4] ERRINGTON, B. J.: Cornell Veterin. **27**, 1 (1937).

[5] D'Ans-Lax S. 1743.

[6] DAHLHAUS, H.: Diss. Hannover 1938 [Ber. Physiol. **115**, 183].

[7] MORGULIS, S., and V. L. BOLLMAN: Amer. J. Physiol. **84**, 350 (1928).

[8] LEBIODA, J.: Med. dośw. spol. **21**, 290 (1936) [Ber. Physiol. **99**, 432].

[9] THELEN, H.: H. **246**, 194 (1937). — HOLTZ, F.: M. m. W. **1939 I**, 485.

[10] STREEF, G. M.: J. biol. Ch. **129**, 661 (1939).

[11] FLASCHKA, H., u. A. HOLASEK: H. **288**, 244 (1951). — GREENBLATT, I. J., and S. HARTMAN: Analyt. Chem., Washington **23**, 1708 (1951).

[12] RAAFLAUB, J.: H. **288**, 228 (1951).

[13] BENJAMIN, H. R., A. F. HESS and J. GROSS: J. biol. Ch. **103**, 383 (1933).

[14] NORDBÖ, R.: Skand. Arch. Physiol. **81**, 265 (1939).

[15] KRÜGER, E.: Z. Kinderheilkde. **53**, 83 (1932). — Rappaport, S. 79.

[16] DELL'ACQUA, G.: Z. ges. exp. Med. **96**, 357 (1935).

[17] D'Ans-Lax S. 1743. — MANZINI, C.: Boll. Soc. ital. Biol. sperim. **9**, 421 (1934) [Ber. Physiol. **83**, 608]. — SCHMIDT, C. L. A., and D. M. GREENBERG: Physiol. Rev. **15**, 297 (1935). — GREENBERG, D. M., S. P. LUCIA, M. A. MACKEY and E. V. TUFTS: J. biol. Ch. **100**, 139 (1933).

Bei Kindern nimmt der Magnesiumgehalt des Serums mit dem Alter ab, um mit der Pubertät auf den Normalwert der Erwachsenen von 2,3 mg-% wieder anzusteigen[1]. Über die Veränderungen bei experimenteller Rachitis s.[2].

Ammoniak. Der Ammoniakgehalt des Blutes ist in vivo außerordentlich gering, nimmt aber in vitro durch enzymatische Desaminierung, vor allem von Adeninnucleotiden und -nucleosiden, sehr rasch zu. In früheren Jahren wurde die Frage der Bedeutung des präformierten Blutammoniak sehr stark diskutiert. Die in der Literatur angegebenen Normalwerte[3] schwanken sehr stark. Man muß annehmen, daß der wirkliche präformierte Ammoniakgehalt unter 0,05 mg-% NH_3-N liegt.

Bei der Bestimmung ist darauf zu achten, daß keine *Ammoniakneubildung* stattfindet. Deshalb muß das Ammoniak bei möglichst geringer Alkalität und tiefer Temperatur in Freiheit gesetzt werden. Von PARNAS[4] ist dazu eine Vakuumdestillationsapparatur angegeben worden. Bequemer scheint das Verfahren von CONWAY und O'MALLEY[5] zu sein, die das Ammoniak in einem CONWAY-Gefäß in reinster Borsäure auffangen und gegen einen Mischindicator acidimetrisch bestimmen. Zur Absorption verwendet HURKA[6] Ammoniumhexanitritokobaltiat, aus dem Niederschlag wird das Ammoniak mit der PARNASschen Apparatur abdestilliert. BLOM und SCHWARZ[7] verwenden als Absorptionsmittel Nickelammoniumsulfat. Das Salz ist in größter Reinheit erhältlich, und die Lösung kann unter Verwendung von Methylrot und Methylenblau unmittelbar titriert werden.

CONWAY und COOKE[8] haben die Ammoniakbildung während des Diffusionsvorganges in ihrer Apparatur besonders studiert, sie unterscheiden neben dem präformierten Ammoniak (α-Ammoniak) das innerhalb 3—5 Std aus Adenosintriphosphorsäure entstehende Ammoniak (β) und eine in einer 3. Phase entstehende Ammoniakmenge (γ).

Eisen. Im Vollblut kommt das Eisen in 2 Formen vor, die verschiedenen Zwecken dienen. Das Eisen im Hämoglobin dient dem Sauerstofftransport. Es macht 45—50 mg-% aus, seine Menge ist dem Hämoglobingehalt des Blutes proportional. Näheres darüber s. S. 143.

Der andere Teil des Eisen kommt im hämoglobinfreien Serum vor. Es ist die Transportform von Eisen bei dem Kreisprozeß, den es innerhalb des Körpers durchläuft. Seine Menge beträgt nur 0,08—0,14 mg-%. Die Gesamtmenge im Serum beträgt 5—7 mg, also rund 0,2—0,3% der 2,5 g Eisen, die im Hämoglobin gebunden sind. Eine Erhöhung von Serumeisen findet man bei Überschwemmung des Organismus mit anorganischem Eisen bei hyperchromen Anämien, vor allem bei der perniziösen Anämie, und bei hämolytischen Anämien. Eine Verminderung des Serumeisen findet man vor allen Dingen bei Resorptionsstörung und den damit zusammenhängenden Eisenmangelanämien. Bei Infektionen ist die Verminderung des Serumeisengehaltes bei gleichzeitigem Anstieg von Kupfer im Serum sehr charakteristisch.

Das Eisen im Serum ist vollkommen an die Globuline gebunden[9]. Es wird eine *Eisen(III)-globulinverbindung* angenommen, die durch ein spezifisches Eiweiß zustande kommt[10]. Das leicht abspaltbare Eisen ist ein Kunstprodukt, wie die Untersuchungen

[1] PAVIA, M.: Riv. Clin. pediatr. **26**, 700 (1928). — CABITTO, A.: Riv. Clin. pediatr. **30**, 384 (1932). — SHUKERS, C. F., E. M. KNOTT and F .W. SCHLUTZ: J. Nutrit. **22**, 53 (1941) [Ber. Physiol. **129**, 497].

[2] BOMSKOV, CH., u. E. KRÜGER: Z. Kinderheilkde. **52**, 47 (1931).

[3] STANOJEVIC, L.: Blutammoniak. S. 9. Dresden u. Leipzig 1938.

[4] PARNAS, J. K., u. J. HELLER: B. Z. **152**, 1 (1924). — PARNAS, J. K., u. A. KLISIECKI: B. Z. **173**, 224 (1926). — PARNAS, J. K., u. W. MOZOLOWSKI: B. Z. **184**, 399 (1927). — PARNAS, J. K.: B. Z. **274**, 158 (1934).

[5] CONWAY, E. J., and E. O'MALLEY: Biochem. J. **36**, 655 (1942).

[6] HURKA, W.: Mikrochem. **33**, 11 (1946).

[7] BLOM, J., and B. SCHWARZ: Acta chem. scand. **3**, 1439 (1949).

[8] CONWAY, E. J., and R. COOKE: Biochem. J. **33**, 457 (1939).

[9] VAHLQUIST, B.: Acta paediatr., Uppsala **28**, Suppl. 5 (1941).

[10] STARKENSTEIN, E., u. Z. HARVALIK: A. e. P. P. **172**, 75 (1933).

mit Fe^{55} und Fe^{59} ergeben haben[1]. Obwohl das Eisen vollkommen an Eiweiß gebunden ist, sollen ein nichtdialysierbarer (Eisen(III)-form) und ein dialysierbarer Anteil (Eisen-(II)-form) vorkommen[2]. Neben dem Serumeisenspiegel wird noch eine Sättigungsgrenze beschrieben[3], die beim Gesunden bei $315 \pm 3,3\,\gamma$-% liegen soll. Die Sättigungsgrenze ist in der Gravidität erhöht, während das Serumeisen erniedrigt ist; ante partum ist sie erniedrigt. Die Sättigungsgrenze wird normal nur zu 35% ausgenutzt, sie ist besonders erhöht bei Eisenmangelänamien[4]. Bei Neugeborenen ist die Sättigungsgrenze erniedrigt. Das Serumeisen beträgt bei Säuglingen, die Muttermilchernährung erhalten, ungefähr 0,1 mg-%, bei Ernährung mit Kuhmilch aber nur 0,05 mg-%[5].

Kupfer. Eine zusammenfassende Darstellung über die biologische Bedeutung von Kupfer und Eisen s. [6]. Das Kupfer kommt im Serum ausschließlich an Eiweiß gebunden vor[7]. Es konnte als blaues Hämocuprein isoliert werden[8]. Die spezifische Eiweißkomponente ist ein lipoidfreies β_1-Globulin. Der Gesamtkörper enthält ungefähr 100—150 mg Kupfer, von denen 5,3 mg im Blut enthalten sind. Der physiologische Kupfergehalt des Serums schwankt von 0,087—0,147 mg-%. Es ist zwischen Zellen und Serum gleichmäßig verteilt[9]. Unter normalen Bedingungen ist die Schwankung nur gering. Wohl aber können innerhalb eines Tages beträchtliche Schwankungen vorkommen. Während der Schwangerschaft nimmt das Kupfer im Serum erheblich zu; auch das Nabelvenenblut enthält mehr Kupfer als das entsprechende Arterienblut[10]. Es wird auch ein über 100%iger Anstieg während der Schwangerschaft berichtet, selbst im Cyclus ist am 4.—7. Tag ein Anstieg von 120 γ-% auf 132 γ-% zu verzeichnen[11]. Unter pathologischen Bedingungen findet sich meist eine Erhöhung der Kupferwerte, mäßig bei perniziöser Anämie, stärker bei aplastischer Anämie. Auf die Steigerung bei Infektionen (im Gegensatz zum Eisen) wurde oben schon hingewiesen[6]. Ferner wurden sehr starke Steigerungen bei malignen Tumoren und Geisteskrankheiten und auch bei Lebererkrankungen gefunden. Bei Beri-Beri und Ödemkrankheiten wird Kupfer vermehrt, Zink vermindert gefunden.

Nickel ist im Stierblut mit weniger als 0,2 γ-% angegeben worden[12].

Kobalt wurde mit 1 γ-% gefunden[12], im Menschenblut mit 0,5—1 γ-%[13]. Hier ist auch die gesamte Literatur über die Physiologie von Kobalt und die Beziehung zu Vitamin B_{12} zusammengefaßt. Bestimmung s. a. [13, 14].

Zink kommt hauptsächlich in den Erythrocyten vor und wurde als integrierender Bestandteil der Kohlensäureanhydratase erkannt[15]. Es kommt gleichfalls in der Uricase vor[16]. Phylogenetisch ist interessant, daß der Zinkgehalt desto niedriger und der Eisengehalt desto höher sind, je höher das Tier in der Tierreihe steht[17]. Bei Beri-Beri und Pellagra[18] ist der Zinkgehalt des Blutes herabgesetzt. Für den Menschen wird bei der chemischen Bestimmungsmethode im Gesamtblut ein Gehalt von

[1] MILLER, L., and P. HAHN: J. biol. Ch. **134**, 585 (1940).

[2] TOMPSETT, S.: Biochem. J. **34**, 959 (1940).

[3] LAURELL, C. B.: Acta physiol. scand. **14**, Suppl. 46 (1947).

[4] CARTWRIGHT, G. E., and M. M. WINTROBE: J. clin. Invest. **28**, 1 (1949).

[5] ALBERS, H.: Arch. Gynäk. **172**, 547; **173**, 324 (1942).

[6] HEILMEYER, L., W. KEIDERLING u. G. STÜWE: Kupfer und Eisen als körpereigene Wirkstoffe. Jena 1941.

[7] EISLER, B., K. G. ROSDAHL u. H. THEORELL: B. Z. **286**, 435 (1936).

[8] BOYDEN, R., and V. R. POTTER: J. biol. Ch. **122**, 285 (1937/38).

[9] KEIDERLING, W.: Kli. Wo. 1950, 460.

[10] BRAUN, L., u. L. SCHEFFER: B. Z. **304**, 397 (1940).

[11] SEGSCHNEIDER, P.: Z. Geburtsh. **130**, 142 (1949).

[12] HENDRYCH, F., u. H. WEDEN: Handb. Heffter **3**, 2, 1460.

[13] WEISSBECKER, L.: Med. Mschr. Beiheft 9, 1950.

[14] FROST, D. V., C. A. ELVEHJEM and E. B. HART: J. Nutrit. **21**, 93 (1941).

[15] HOVE, E., C. A. ELVEHJEM und E. B. HART: J. biol. Ch. **136**, 425 (1940). — KEILIN, D.: Biochem. J. **29**, 1048 (1939).

[16] HOLMBERG, C. G.: Biochem. J. **33**, 1901 (1939).

[17] YAKUSIZI, N.: Keijo J. Med. **7**, 276 (1936). — KOGA, A.: Keijo J. Med. **5**, 80 (1934). — BASSANI, B.: Arch. Sci. biol., Bologna **20**, 515 (1934).

[18] KEILIN, D., and T. MANN: Nature **144**, 442 (1939). — EGGLETON, W. G. E.: Biochem. J. **34**, 991 (1940).

0,52—0,68 mg-% angenommen[1]. Im Plasma findet man 0,29—0,37, in den Blutkörperchen 0,60 bis 0,83 mg-%. Polarographisch wird meist mehr gefunden[2]. Bei Tieren[3] ist der Gehalt ungefähr wie beim Menschen, nur bei Pferden ist er auffallend niedrig[4]. Bestimmung s. Bd. III, Anorganische Stoffe und[5].

Die Werte für den Zinkgehalt scheinen nicht sehr konstant zu sein. Sie schwanken nach den Angaben von VALLEE und GIBSON[6] innerhalb von 14 Tagen für das Gesamtblut von 6,1—11,2 γ/cm^3, für die Erythrocyten von 5,2—8,1 γ/cm^3, für das Plasma von 0,9—3,3 γ/cm^3. Am wenigsten ist in den Leukocyten vorhanden mit 0,1—0,35 γ-%.

Blei wird regelmäßig im Blut gefunden, hat aber nur in toxikologischer Hinsicht Bedeutung. Man nimmt an, daß es als Bleiphosphat kreist[7]. Es ist nicht dialysierbar und kann auch in organischer Bindung vorkommen.

Bei Menschen, die mit Blei nicht in Berührung kommen, sind die angegebenen Werte von der Methode abhängig. Sie schwanken zwischen 0 und 90 γ-%[8] oder zwischen 5 und 20 γ-%[9]. Zum Teil werden negative Resultate angegeben[10]. Untersuchungen am Hund ergaben mit der Dithizonmethode im Blut des allgemeinen Kreislaufes 7—17 γ-%, im Pfortaderblut 15—20 γ-%[11]. STRAUBE[9] nimmt an, daß bis 33 γ-% als normal zu bezeichnen ist. Bis 63 γ-% rechnet man mit Bleiaufnahme ohne Intoxikation, darüber mit Bleiaufnahme mit Intoxikation. Die Grenzen sind aber nicht scharf zu ziehen. Wesentlich ist, daß beim Menschen die Bleikonzentration im Gesamtblut 3mal so hoch ist wie im Plasma[12]. Dies trifft aber nicht für alle Tiere zu.

Quecksilber. Der Gehalt des Blutes wird beim Menschen, die mit Quecksilber nicht in Berührung kommen, mit 0,19—0,47 (0,36) γ-% angegeben[13]. Durch Amalgamblomben der Zähne sind diese Werte bei zivilisierten Völkern meist erhöht.

Aluminium. Der Gehalt im Blut wird bis 1,2 mg-% gefunden[14], gewöhnlich aber nur mit 0,2 mg-%. Schafblut soll besonders reich an Aluminium sein[15], Rinderblut besonders wenig enthalten[16]. Ob Aluminium aus Kochgeschirren aufgenommen wird, ist fraglich.

Arsen ist immer im Blut enthalten, besonders im Menstrualblut[17]. Nach Fischnahrung ist es leichter nachweisbar, weil Fische meist größere Arsenmengen enthalten[18]. Die für das Blut angegebenen Mengen schwanken zwischen 8 und 64 γ-%[19, 20]. Die Mengen ändern sich bei Frauen rhythmisch mit dem Cyclus.

Gold. Ob es im tierischen Organismus regelmäßig vorkommt, ist noch umstritten. Von BERG[21] wurden 30 γ-% im Blut gefunden.

Mangan. Das menschliche Blut enthält 130 γ-%[22], das Pferdeserum 115 γ-%[23].

Zinn ist in Mengen von 125—165 γ-% im Säugetierblut nachgewiesen worden[24]. Nach LANG[25] sollen jedoch nur 2 γ-% im Plasma vorkommen.

[1] EGGLETON, W. G. E.: Chin. J. Physiol. 15, 33 (1940). — BURSTEIN, A.: B. Z. 216, 449 (1929).

[2] BASSANI, B.: Arch. Sci. biol., Bologna 20, 515 (1934).

[3] BURSTEIN, A.: B. Z. 216, 449 (1929).

[4] EISENBRAND, J., u. M. SIENZ: H. 268, 22 (1941).

[5] WOLFF, H.: B. Z. 320, 291 (1950).

[6] VALLEE, B. L., u. J. G. GIBSON: J. biol. Ch. 176, 445 (1948).

[7] HESSE, E.: Kli. Wo. 1940, 104.

[8] BASS, E.: D. m. W. 1933 II, 1665. — WILLOUGHBY, C. E., and E. S. WILKINS jr.: J. biol. Ch. 124, 639 (1938).

[9] STRAUBE, G., u. H. BECK: Kli. Wo. 1939 I, 356.

[10] SCOTT, G. H., and J. H. McMILLEN: Amer. J. med. Sci. 195, 622 (1938).

[11] SCAGLIONI, C.: Folia med., Napoli 27, 738 (1941).

[12] TOMPSETT, S. L., and A. B. ANDERSON: Biochem. J. 35, 48 (1941).

[13] STOCK, A., u. F. CUCUEL: Angew. Chem. 47, 641, 801 (1934). — STOCK, A., u. N. NEUEN-SCHWANDER-LEMMER: B. 71, 550 (1938). — STOCK, A.: B. Z. 304, 73 (1940); 316, 118 (1943). — BODNÁR, J., Ö. SZÉP u. B. WESZPRÉMY: B. Z. 302, 384 (1939). — SZÉP, Ö.: B. Z. 307, 79 (1940/41).

[14] MULL, J. W., D. B. MORRISON and V. C. MYERS: Proc. Soc. exp. Biol. Med. 24, 476 (1927). — UNDERHILL, F. P., and F. I. PETERMAN: Amer. J. Physiol. 90, 1, 15, 72 (1929). — UNDERHILL, F. P., F. I. PETERMAN and S. L. STEEL: Amer. J. Physiol. 90, 52 (1929).

[15] LEWIS, S. J.: Biochem. J. 25, 2162 (1931).

[16] GERASSIMOW, P. N.: Bull. Biol. Méd. exp. URSS 7, 88 (1939).

[17] GUTHMANN, H., u. K. H. HENRICH: Arch. Gynäk. 172, 380 (1941).

[18] BRAHME, L.: Acta med. scand. Suppl. 5 (1923).

[19] BILLETER, O., u. E. MARFURT: Helv. 6, 780 (1923).

[20] GUTHMANN, H., u. H. GRASS: Arch. Gynäk. 152, 127 (1932).

[21] BERG, R.: B. Z. 198, 424 (1928).

[22] REIMAN, C. K., and A. S. MINOT: J. biol. Ch. 45, 133 (1920/21).

[23] ABDERHALDEN, E., u. P. MÖLLER: H. 176, 95 (1928).

[24] BERTRAND, G., et V. CIUREA: Cr. 192, 780 (1931).

[25] LANG, K.: Dtsch. med. Rdsch. 1949 II, 855.

Das Vorkommen von **Uran** im Blut ist wahrscheinlich[1]. Auch das Vorkommen von **Lithium**[2] und **Silber**[2,3] ist beschrieben worden.

Über das Vorkommen von **Bor** s.[4].

Fluor. Nach den Angaben von HARTMANN und Mitarbeitern[5] lassen sich ebenso wie beim Jod ein alkohollöslicher anorganischer Anteil und ein alkoholunlöslicher organischer Anteil beim Fluor im Blut unterscheiden.

Diese Befunde sind aber nicht immer bestätigt worden. Toxische Wirkungen kommen hauptsächlich bei Kryolitharbeitern vor[6]. Eine Übersicht über diese Frage s.[7].

Die Angaben über den Fluorgehalt des menschlichen Blutes schwanken in weiten Grenzen von 27—350 γ-%[5,8]. In der Trockensubstanz des Blutes sind 2,3 mg-% gefunden worden[9]. Die außerordentlich schwankenden Angaben über den Normalgehalt sind sicher zum Teil auf methodische Ursachen zurückzuführen. Siehe hierüber Bd. III, Anorganische Stoffe. Besonders aussichtsreich scheint die Fluorbestimmung durch Messung der Hemmung der Phosphatase zu sein.

Chlor. Den Hauptanteil der Anionen im Blut, besonders im Plasma, macht das Chlor aus. Im Schrifttum sind häufig die Chlorwerte als Kochsalz ausgedrückt, was aber nicht richtig ist. Ein kleiner Teil vom Chlor ist nicht ionisiert[10], da er an Eiweißstoffe oder an Lipoide gebunden sein soll[11].

Klinisch spielt das Verhältnis Chloride der Zellen:Chloride des Serum = 0,48—0,52 eine Rolle[12]. Eine wesentliche Verschiebung kann bei Nierenkrankheiten auftreten[13]. Eine schematische Übersicht über die Verteilung des Blutchlor im Organismus s.[14]. Die Verteilung von Chlor zwischen Erythrocyten und Plasma ist außerdem von der Kohlendioxydspannung und dem Säurebasengleichgewicht abhängig[15].

Eine Erhöhung der Chloride im Serum findet man bei Anämien, manchen Nierenerkrankungen, kardialer Dekompensation, essentieller Hypertonie, Harnretentionen und schließlich bei Hyperventilation. Ein Absinken der Chlorwerte beobachtet man bei starker Magensalzsäuresekretion, bei Erbrechen und Durchfällen oder bei Ödemen verschiedener Art. Auch Kochsalzentzug kann in diesem Sinne wirken. Experimentell sind bei Hunden Werte bis 142 mg-% beobachtet worden[16]. Die Wiederauffüllung erfolgt verhältnismäßig rasch.

Im menschlichen Serum werden, auf Kochsalz umgerechnet, 570—620 mg-% NaCl gefunden, entsprechend 100—107 mäq. Im Gesamtblut findet man 450—500 mg-%.

Über den Chloridgehalt des Blutes bei Menschen und Tieren orientiert die nachfolgende Tabelle 6.

---

[1] HOFFMANN, J.: Wien. klin. Wschr. **1941 II**, 1055. B. Z. **313**, 377 (1943).

[2] Flaschenträger-Lehnartz Bd. 1, S. 226.

[3] HEUBNER, W.: Kolloid-Z. **89**, 110 (1939) [Ber. Physiol. **125**, 477].

[4] ROST, E.: Handb. Heffter **3**, 440 (1927). — JEWSBURY, A., and G. H. OSBORN: Analyt. chim. Acta, N.Y. **3**, 481 (1949). — OLSON, L. C., and E. E. DE TURK: Soil Sci. **50**, 257 (1940) [Ber. Physiol. **128**, 127]. — HAHN, F.: Cr. **197**, 762 (1933).

[5] HARTMANN, H., E. CHYTREK u. R. AMMON: H. **265**, 52 (1940).

[6] BRUN, G. C., H. BUCHWALD u. K. ROHOLM: Nord. Med. **1941**, 810.

[7] GREENWOOD, D. A.: Physiol. Rev. **20**, 582 (1940).

[8] ZDAREK, E.: H. **69**, 127 (1910). — WULLE, H.: H. **260**, 169 (1939). — KRAFT, K., u. R. MAY: H. **246**, 233 (1937).

[9] GAUTIER, A. et P. CLAUSMANN: Cr. **157**, 94 (1913).

[10] VAVRA, R.: Spisy lek. Fak. Brno **16/3**, 1 (1937) [Ber. Physiol. **102**, 424].

[11] CHRISTENSEN, H. N., and R. C. CORLEY: J. biol. Ch. **123**, 129 (1938).

[12] CHABANIER, H., CH. O. GUILLAUMIN, M. LAUDAT, M. LEVY, M. PAGET et C. VAILLE: Bull. Soc. Chim. biol. **19**, 800 (1937).

[13] EUGSTER, A.: Z. klin. Med. **107**, 224 (1928).

[14] DIMITRIU, C. C., et L. SCHWARTZ: Bull. Acad. Méd. Roumanie **2**, 492 (1937).

[15] KARADY, S., H. SELYE and J. S. L. BROWNE: J. biol. Ch. **131**, 717 (1939). — HOFMAN, L.: Biochem. J., Kiew **15**, 419 (1940). — LANDAU, A., J. GLASS u. ST. KAMINER: Wien. Arch. inn. Med. **20**, 375 (1930).

[16] MELLINGHOFF, K.: Z. ges. exp. Med. **110**, 423 (1942).

Tabelle 6. *Chloridgehalt des Blutes* (in mg-%).

	Gesamtblut	Plasma	Serum	Blutkörperchen
Mensch . . .	275—310[1]	320—345—360[2]	330—343—360[3]	150—210[3]
Kind[4] . . .			320—355—400	
Hund[5] . . .	290—310		379—396	
Kaninchen .		385	380—400	
Ziege[6] . . .	290		370	148
Schaf[6] . . .	310		370	165
Rind[6]	310		370	181
Pferd	280		360	194

Brom. Die Angaben über den Bromgehalt des Blutes schwanken außerordentlich, weil die Methodik oft zu wünschen übrig läßt[7]. Die physiologische Bedeutung von Brom ist noch unklar. Die Angaben für die Normalwerte im Blut liegen meist zwischen 0,16 und 0,40 mg-%[8]. Es werden aber auch Werte bis zu 2 mg-% angegeben. Die Plasmawerte schwanken von 0,16—0,45 mg-%[9], es scheint eine Anhäufung in den Erythrocyten vorzuliegen[8, 10, 11]. Auch bei verschiedenen Altersstufen werden Unterschiede gefunden[12], bei Kindern Werte von 0,2—1 mg-%[13]. Bei Pferden und Rindern schwanken die Werte um 0,5 mg-%[14].

Jod. Die Höhe des Blutjodgehaltes ist von äußeren und inneren Einflüssen abhängig. Man kann deutlich zwischen einem alkohollöslichen und einem alkoholunlöslichen Anteil unterscheiden[15, 16]: Organisch gebundenes Jod (Eiweißjod und Jod in sonstiger organischer Bindung) in Alkohol unlöslich, 2—5 γ-%, anorganisches Jod in Alkohol löslich, 10—16 γ-%.

Die alkohollösliche Menge wurde noch weiter unterteilt in einen chloroformlöslichen Anteil, der mit Lipoidjod bezeichnet wurde, dessen Existenz aber wenig gesichert ist.

Im menschlichen Plasma beträgt das an Eiweiß gebundene Jod 5—8 γ-%, bei Hund, Ratte, Maus und Huhn nur 3—4 γ-%. Dagegen ist das Gesamtplasmajod bei Hunden mit 14—52 γ-% viel höher als bei Menschen mit 5,9—7,6 γ-%. Für Huhn und Maus wurden 6,4—8,4 γ-% bzw. 3,4—4,5 γ-% gefunden[17].

Das Blutjod ist erhöht nach erheblicher körperlicher Anstrengung[18], in der Gravidität und besonders bei einer Überfunktion der Schilddrüse. Diese Steigerung betrifft besonders das Eiweißjod. Von NUERNBERGK und WIDMANN[19] werden folgende Zahlen mitgeteilt.

[1] Rappaport S. 46.

[2] YAMADA, Y.: Mitt. Med. Akad. Kioto 6, 1535 (1932).

[3] THELEN, H.: H. 250, 221 (1937).

[4] Biol. Daten (BROCK) 3, 175 (1939).

[5] KAUKER, E.: Diss. Leipzig 1939 [Ber. Physiol. 118, 240].

[6] D'Ans-Lax S. 1743.

[7] BERNHARDT, H., u. H. UCKO: B. Z. 155, 174 (1925).

[8] LEIPERT, TH.: Mikrochim. Acta 3, 147 (1938).

[9] WIKOFF, H. L., R. A. BRUNNER and H. W. ALLISON: Amer. J. clin. Path. 10, 234 (1940).

[10] KARP, J., u. G. WOLFSOHN: Schweiz. med. Wschr. 69, 834 (1939).

[11] DUNN, A. L., and A. R. McINTYRE: J. Lab. clin. Med. 34, 425 (1949).

[12] IBERTI, U., e V. FABBRINI: Clin. med. ital. N.s. 72, 229 (1941).

[13] GRÜNINGER, U.: Mschr. Kinderheilkde. 74, 100 (1938).

[14] HASSELBECK, J.: Diss. Hannover 1938. — WEIR, E. G., and A. B. HASTINGS: J. biol. Ch. 129, 547 (1939).

[15] GUTZEIT, K., u. G. W. PARADE: Z. klin. Med. 133, 513 (1938). — VEIL, W. H., u. A. STURM: Arch. klin. Med. 147, 166 (1925). — LUNDE, G., K. CLOSS u. O. CHR. PEDERSEN: B. Z. 206, 261 (1929).

[16] LEIPERT, TH.: B. Z. 293, 99 (1937). — RIGGS, D. S., P. H. LAVIETES and E. B. MAN: J. biol. Ch. 143, 363 (1942). — WILMANNS, H.: Z. ges. exp. Med. 112, 1 (1943).

[17] TAUROG, A., and I. L. CHAIKOFF: J. biol. Ch. 163, 313 (1946). — KOUNTZ, W. B., M. CHIEFFI and E. KIRK: J. Gerontol. 4, 132 (1949).

[18] GUTZEIT, K., u. G. W. PARADE: Z. klin. Med. 133, 503, 513 (1938). — SWENSON, R. E., and G. M. CURTIS: J. clin. Endocrinol. 8, 934 (1948). Trans. amer. Ass. Study Goiter 1947, 145. — CURTIS, G. M., and M. B. FERTMAN: Ann. Surg. 122, 963 (1945).

[19] NUERNBERGK, H., u. E. WIDMANN: Kli. Wo. 1931 II, 1712.

Verminderte Jodwerte im Blut beobachtet man bei Myxödem, Kretinismus und Schilddrüsenentfernung[1]. Bei Zufuhr von thyreotropem Hormon steigt besonders der organische Anteil an [2].

Außer durch Alkohol wurde eine Unterteilung auch durch Aceton durchgeführt[4], dabei soll der in Aceton lösliche Anteil demjenigen Jod entsprechen, welches im Harn ausgeschieden wird.

Eine klinische Methode zur Bestimmung des an Eiweiß gebundenen Jod s. [5].

Tabelle 7. *Verteilung von anorganischem und organischem Jod im Blut*[3] (in γ-%).

	Normal	Stigmatisierte	Basedow
Anorganisches Jod .	2	14	38
Organisches Jod. . .	12	51	93

Phosphor. Die Phosphorverbindungen des Blutes sind sehr zahlreich und gehören ganz verschiedenen Körperklassen an. Eine Übersicht gibt die folgende Tabelle 8.

Tabelle 8. *Einteilung der Phosphorverbindungen im Blut*[6].

Gesamtphosphor			
Säurelöslicher Phosphor im Serumfiltrat		Säureunlöslicher Phosphor im Serumrückstand	
Anorganischer Phosphor (Phosphationen)	Phosphorsäureester (Rest-P) a) Nucleotide b) Phosphorsäureester c) Phosphagen	Organischer Phosphor a) Phosphatidphosphor (Lipoide) b) Eiweißphosphor	

Die klinisch am meisten interessierende Verbindung ist der anorganische Phosphor. Er wird meist im Serum bestimmt; um sekundäre Veränderungen zu vermeiden, muß der Blutkuchen möglichst rasch vom Serum abgetrennt werden. Schon 2—3 Std nach

Tabelle 9. *Phosphorverteilung im Gesamtblut von Mensch und Tier*[7] (in mg-%).

	Mensch 40 Jahre	Hund jung	Hund alt	Kaninchen
Gesamt-P	36	46,6	43,6	43,4
Gesamtsäurelöslicher P	19	28,7	25,4	30,4
Säurelöslicher PO_4-P	17	17,9	18,2	
Anorganischer P	3,3	6,1	2,8	2,7
Pyrophosphat-P (Adenosintriphosphorsäure)	5,4	3,1	2,0	3,3
Esterphosphat-P	6,0	3,9	4,8	6,1
Diphosphoglycerinsäure-P . . .	11,0	15,6	15,8	18,7

der Blutentnahme ist eine Vermehrung des organischen Phosphor auf Kosten des anorganischen festzustellen.

Der Gehalt an anorganischem Phosphor ist vom Lebensalter abhängig. Man findet bei Männern 2,8—4,8 mg-% (3,8), bei Frauen 3,5—4,9 (4,0) mg-%, bei Kindern 4,6—7,2 (5,7 mg-%)[8]. Die Menge des anorganischen Phosphor geht dem Phosphatasegehalt

[1] Rappaport S. 49. — Peters-van Slyke 2. Aufl. Bd. 1, S. 54.

[2] LOESER, A.: Kli. Wo. 1937 I, 913.

[3] NUERNBERGK, H., u. E. WIDMANN: Kli. Wo. 1931 II, 1712.

[4] BLUM, F., u. R. GRÜTZNER: H. 85, 429 (1913); 91, 392, 450 (1914).

[5] BARKER, S. B., M. J. HUMPHREY and M. H. SOLEY: J. clin. Invest. 30, 55 (1951).

[6] Rappaport S. 55—65. — Hinsberg-Lang 2. Aufl. S. 50. — Hallmann 6. Aufl. S. 441. — CHRISTENSEN, H. N.: J. biol. Ch. 129, 531 (1939). — ABDERHALDEN, E.: H. 23, 521 (1897). — GREENWALD, I.: J. biol. Ch. 14, 369 (1913/14).

[7] D'Ans-Lax S. 1743. — SALGUES, R.: Cr. 204, 524 (1937). Bull. Soc. Chim. biol. 20, 1223 (1938).

[8] SIMONSEN, D. G., M. WERTMAN, L. M. WESTOVER and J. W. MEHL: J. biol. Ch. 166, 747 (1946). — BOMSKOV, CH., u. H. NISSEN: Z. ges. exp. Med. 85, 142 (1932).

parallel[1]. Beim Kind sinken die anorganischen Phosphorwerte im Winter ab und steigen im Frühjahr wieder an[2]. Auch beim Kaninchen sind jahreszeitliche Schwankungen beobachtet worden[3].

Weitere Werte bei Tieren s. [4].

Eine Erhöhung des anorganischen Phosphor findet man bei Muskelarbeit[5], Tetanie, ausheilender Rachitis, Nephritiden, Heilung von Knochenbrüchen[6], ferner bei D-Hypervitaminose, Hypoparathyreoidismus und bei toxischem Eiweißzerfall. Der P-Gehalt ist vermindert bei alimentärer Hypoglykämie unter Insulinwirkung, bei florider Rachitis, Osteomalacie und Hyperparathyreoidismus[5]. Zwischen dem Calcium- und dem Phosphorstoffwechsel bestehen enge Beziehungen. Daneben sind auch bei dekompensierten Kreislaufkranken und Diabetikern Störungen beobachtet worden[7].

Über die Bestimmung von anorganischem Phosphor s. Bd. III, Anorganische Stoffe; über die Bestimmung der einzelnen Fraktionen s. Bd. IV, Organisch gebundene Phosphorsäure.

Schwefel kommt im Blut vor: 1. als anorganisches Sulfat (SO_4-Ionen), 2. als Esterschwefelsäuren, die nicht ionisiert sind und fälschlich auch als Ätherschwefelsäure bezeichnet werden (gepaarte Schwefelsäure), 3. als organisch gebundener, meist nichtoxydierter Schwefel, Eiweißschwefel oder Neutralschwefel genannt (Glutathion, Methionin und Cystein).

Die unter 1 und 2 genannten Fraktionen werden auch unter dem Namen Nichteiweißschwefel

Tabelle 10. *Schwefelverteilung in enteiweißtem menschlichem Blutserum*[9] (in mg-%).

	Mittelwerte	Grenzwerte	Mann	Frau
Gesamt-S	3,4	2,95—3,75	3,5	3,2
Sulfat-S	1,6	1,0 —1,85	1,6	1,5
Ester-S	0,4	0,25—0,65	0,4	0,4
Neutral-S	1,4	0,9 —1,95	1,5	1,3

zusammengefaßt. Ein Teil der Sulfate ist in einzelnen Seren in nichtultrafiltrierbarer Form vorhanden[8].

Der Schwefelgehalt des Blutes spielt klinisch keine große Rolle. In letzter Zeit wird besonderer Wert auf das Verhältnis der verschiedenen Schwefelanteile gelegt[9]. Über die Verteilung s. Tabelle 10.

Der Eiweißschwefel im Gesamtblut beträgt 118 mg-%[10]. Das Plasma enthält nur 66,8 mg-%, die Erythrocyten 186 mg-%. Abweichungen im Blutschwefelgehalt beobachtet man bei Nieren- und Lebererkrankungen, bei akuten Infektionen und beim Diabetes; besonders bei Sepsis sind auffallend niedrige Glutathionwerte beobachtet worden[11]. Der Neutralschwefel wird von S-haltigen Aminosäuren und deren Peptiden, von Ergothionein und Glutathion, gebildet. An letzterem fand man im Gesamtblut 35 mg-% beim Menschen, bei Kaninchen 54 mg-%, bei Hunden 24 mg-%[12]. In den Formbestandteilen des Blutes ist nur ein Teil des Nichteiweißschwefels diffusibel. Der nichtdiffusible Anteil kann auf Glutathion bezogen werden.

Bestimmung der Schwefelfraktionen s. Bd. III, Anorganische Stoffe und [13].

[1] SCHEER, K., u. A. SALOMON: Jb. Kinderheilkde. **103**, 129 (1923).

[2] RUDDER, B. DE: Umschau **42**, 1119 (1938).

[3] GRANT, J. H. B., and F. L. GATES: Proc. Soc. exp. Biol. Med. **22**, 315 (1925).

[4] MALAN, A.: 16. Rep. veterin. Res. S.-Afr. 307, 327 (1930) [Ber. Physiol. **60**, 86].

[5] Rappaport S. 63.

[6] GYÖRGY, P., u. E. SULGER: Z. ges. exp. Med. **45**, 224 (1925).

[7] GEREB, ST., u. D. LASZLO: Kli. Wo. **1932** I, 800. — MEIER, R., u. E. THOENES: A. e. P. P. **161**, 119 (1931).

[8] GUILLAUMIN, C. O.: C. R. Soc. Biol. **135**, 99 (1941).

[9] STURM, A., u. A. POTHMANN: Z. klin. Med. **137**, 467 (1940).

[10] LARIZZA, P.: Fisiol. e Med. **6**, 203 (1935).

[11] STURM, A., u. A. POTHMANN: Z. klin. Med. **137**, 467 (1940). — SCHREIBER, H.: Ergebn. Hyg. **14**, 271 (1933).

[12] D'Ans-Lax S. 1743.

[13] NALEFSKI, L. A., and F. TAKANO: J. Lab. clin. Med. **36**, 468 (1950).

Aus Rindertrockenblut wurde auffallenderweise eine sehr kleine Menge von *Dimethyl-sulfon* isoliert[1].

Rhodan kommt im Blut in Mengen von $100-200\,\gamma$-% vor[2].

Nitrite werden beim Erwachsenen in der Größenordnung von $0,8\,\gamma$-% gefunden[3].

Silicium. Der Siliciumgehalt ist nicht genau bekannt. Mit chemischen Methoden erhielt man Werte von $0,2-29$ mg-%[4]. Spektroskopisch werden zwischen $0-0,05$ mg-% auf der einen Seite[5] und bis 28 mg-% auf der anderen Seite[6] gefunden. Selbst bei Silicose ist der Kieselsäuregehalt des Blutes nicht merklich erhöht[7].

c) Organische Bestandteile.

α) Eiweiß.

Normalwerte. Der Eiweißgehalt des normalen Serums schwankt zwischen 6,5 und 8,2% und beträgt im Mittel 7,0%. Beim Säugling ist der Eiweißgehalt physiologisch auf 5,5—6,6% vermindert; er beträgt im Fetalserum mens III nur 1,55%, bei mens X 6,3%[8]. In den ersten Monaten des fetalen Lebens macht das *Albumin* 88% des Gesamteiweißgehaltes aus, das γ-Globulin 5,3%; die *α- und β-Globulinwerte* sind sehr niedrig.

Normalerweise beträgt das Albumin 55—60% vom Gesamteiweiß, d.h. 4—5% absolut, und ist vermindert unter anderem bei Nephrosen. Das Globulin macht etwa 40% des Gesamteiweiß aus, d.h. 2—3% absolut; es ist beim Myelom auf 7% vermehrt. Von den Globulinen machen die α-Globuline 13—15% des Gesamteiweiß aus, sie sind vermehrt beim nephrotischen Symptomenkomplex. Die β-Globuline machen 13—14% aus, sie sind ebenfalls beim nephrotischen Symptomenkomplex, besonders aber beim β-Plasmocytom vermehrt. Die γ-Globuline betragen normalerweise 12% des Gesamteiweiß, sie sind vermehrt bei akuten Entzündungen, Leberzellschädigungen und besonders beim γ-Plasmocytom. Das *Fibrinogen* im Plasma beträgt beim Normalen 0,2—0,25%, beim Neugeborenen aber nur 0,1—0,15%. Es kann pathologisch bei Carcinose und Infektionen bis 1,2% vermehrt sein.

Im Verlaufe eines Tages bleibt der Eiweißgehalt nicht unverändert; der Albumingehalt ist morgens am kleinsten, der Globulingehalt am höchsten, im Mittel beträgt die tägliche Schwankung 0,59%[9]. Dementsprechend ist auch der *Albumin-Globulin-quotient* im Laufe eines Tages Schwankungen unterworfen.

Im *Alter* nehmen die γ-Globuline physiologischerweise zu, und damit werden auch Flockungsreaktionen positiv, ohne daß es sich um pathologische Veränderungen handeln muß[10]. Ebenso sind die Eiweißkörper des Serums bei der Schwangerschaft und bei Toxämien verändert[11].

Außer der *Kohlenhydratkomponente* der Eiweißstoffe (s. S. 87) enthalten die Eiweißkörper auch eine Reihe von *Lipiden*, von denen besonders das Cholesterin und der Lipoidphosphor untersucht worden sind. Es werden folgende Zahlen für die elektrophoretisch abgetrennten Eiweißfraktionen angegeben[12]:

[1] RUZICKA, L., M. W. GOLDBERG u. H. MEISTER: Helv. **23**, 559 (1940).

[2] STUBER, B., u. K. LANG: Dtsch. Arch. klin. Med. **175**, 564 (1933); **176**, 213 (1933). — LANG, K.: B. Z. **259**, 243; **262**, 14 (1933).

[3] STIEGLITZ, E. J., and A. E. PALMER: Arch. internal Med., Chicago **59**, 620 (1937).

[4] FRANK, H., u. G. GERSTEL: H. **253**, 225 (1938). — KRAUT, H., u. M. WEBER: H. **275**, 127 (1942). — KRAUT, H.: H. **194**, 81 (1931). — BODNAR, J., u. T. TÖRÖK: H. **261**, 257 (1939).

[5] WEIL, H.: A. e. P. P. **188**, 377 (1938).

[6] RICHTER, C.: Arbeitsschutz **1940**, 87.

[7] WORTH, G.: Kli. Wo. **1952**, 82.

[8] EWERBECK, H., u. H. E. LEVENS: Kli. Wo. **1950**, 582.

[9] ALHA, A. L.: Ann. Med. exp. Biol. fenn. **28**, 27 (1950).

[10] BOSELLI, A., G. MARS et M. MORPURGO: Rev. méd. Liège **5**, 655 (1950).

[11] MILLER, G. H. jr., M. E. DAVIS, A. G. KING, and CH. B. HUGGINS: J. Lab. clin. Med. **37**, 538 (1951). — ROBINSON, A. R., M. E. WISEMAN, E. J. SCHOEB and I. G. MACY: J. clin. Invest. **30**, 609 (1951).

[12] BLIX, G., A. TISELIUS and H. SVENSSON: J. biol. Ch. **137**, 485 (1941).

Tabelle 11. *Lipoidgehalt der Bluteiweißkörper* (in Prozenten).

	Cholesterin	Lipoidphosphor		Cholesterin	Lipoidphosphor
Albumin . .	1,07	0,09	β-Globulin .	8,65	0,40
α-Globulin .	4,45	0,29	γ-Globulin .	0,41	0,04

Am kohlenhydratreichsten ist die α_2-Globulinfraktion.

Methoden der Eiweißbestimmung. Zur Bestimmung der Eiweißkörper im Blutserum bzw. in serösen Flüssigkeiten sind die verschiedenartigsten Methoden angegeben und mit Erfolg angewendet worden. Man muß unterscheiden zwischen einer Gesamteiweißbestimmung und einer fraktionierten Eiweißbestimmung.

Zur *Gesamteiweißbestimmung* ist die einfachste Methode die Hitzekoagulation bei schwachsaurer Reaktion in Gegenwart von Neutralsalzen. Der Eiweißniederschlag wird entweder, nachdem er ausgewaschen und getrocknet ist, gewogen, oder er wird verascht und sein Stickstoffgehalt bestimmt, wobei der Stickstoffgehalt, multipliziert mit 6,25, die Eiweißmenge ergibt unter der Voraussetzung, daß das Eiweiß 16% Stickstoff enthält[1]. Dies trifft ungefähr für das Gesamteiweiß zu, ist aber für Eiweißfraktionen nicht ohne weiteres gegeben. Der Umrechnungsfaktor wird von COHN[2] mit 6,72 angegeben und ist für die einzelnen Eiweißfraktionen folgender:

Tabelle 12. *Stickstoffgehalt von Eiweißfraktionen des normalen menschlichen Plasmas*[2].

	Albumin	Globulin			Fibrinogen	Gesamt-plasma
		α	β	γ		
Stickstoffgehalt in % . . .	15,95	11,9	14,84	16,03	16,9	14,9
Faktor zur Berechnung des Eiweißgehaltes	6,27	8,41	6,73	6,24	5,92	6,72

Es besteht schließlich noch die Möglichkeit, den Eiweißniederschlag in Lauge zu lösen und mit der unten angegebenen Biuretreaktion zu bestimmen.

Durch Sättigen mit Ammoniumsulfat lassen sich die Eiweißstoffe ausfällen oder durch steigende Ammoniumsulfatkonzentrationen fraktionieren. EFFERSØE[3] kann bei p_H 6,9 und 24° 25 Fraktionen gewinnen. Ähnlich wirken Natriumsulfat oder Schwermetallsalze (z. B. Kupfersulfat, Quecksilberchlorid); auch Komplexsalze von Kobalt und Chrom[4] sind zur Eiweißfällung herangezogen worden. Auch Kaliumquecksilberjodid und Kaliumwismutjodid in salzsaurer Lösung sind brauchbar[5].

Auf Grund der optischen Eigenschaften lassen sich die Eiweißkörper durch *Refraktometrie* oder Interferometrie bestimmen; da die Eiweißkörper eine Linksdrehung zeigen, kann auch die Polarimetrie verwendet werden (Bd. I).

In großer Verdünnung werden die Eiweißkörper kolloidal ausgefällt; die entstehende Trübung ist proportional der Eiweißmenge, so daß man *nephelometrisch* den Eiweißgehalt ermitteln kann. Dies Verfahren ist aber mit einiger Genauigkeit nur bei einheitlichen Eiweißkörpern möglich und kann praktisch daher nur zur Bestimmung von Fibrinogen oder γ-Globulinen verwendet werden, wie S. 30 und 215 beschrieben ist. Die nephelometrische Eiweißbestimmung wird unter besonderen Bedingungen empfohlen,

---

[1] SLYKE, D. D. VAN, A. HILLER, R. A. PHILLIPS, P. B. HAMILTON, V. P. DOLE, R. M. ARCHIBALD and H. A. EDER: J. biol. Ch. **188**, 331 (1950).

[2] COHN, E. J., L. E. STRONG, W. L. HUGHES jr., D. J. MULFORD, J. N. ASHWORTH, M. MELIN and H. L. TAYLOR: Am. Soc. **68**, 459 (1946).

[3] EFFERSØE, P.: Scand. J. clin. Lab. Invest. **3**, 6 (1951).

[4] MICHAEL, S. E.: Biochem. J. **33**, 924 (1939).

[5] Hammarsten 11. Aufl. S. 77. 1926.

so zu Reihenbestimmungen bei kleinen Laboratoriumstieren von SCHNEIDER[1]. Weitere Anwendungen s. [2].

Im Blutserum ist die *Viscosität* im wesentlichen von der Menge der Eiweißkörper abhängig, so daß eine Eiweißbestimmung aus einer Viscositätsmessung möglich ist. In Verbindung mit der Refraktion oder einer anderen Methode gelingt es sogar, angenähert das Albumin-Globulinverhältnis anzugeben[3].

Schließlich ist die Bestimmung des *spezifischen Gewichtes* zur Eiweißbestimmung herangezogen worden; am meisten gebraucht wird die Kupfersulfatmethode nach PHILIPPS und VAN SLYKE[4], bei welcher diejenige Kupfersulfatlösung ausgesucht wird, in welcher ein Tropfen der Eiweißlösung in der Schwebe bleibt. Eine fraktionierte Eiweißbestimmung läßt sich auf diese Weise nicht durchführen. Statt Kupfersulfatlösungen können auch Mischungen organischer Lösungsmittel verwendet werden, wie z. B. Chloroform-Benzol oder Brombenzol-Toluol. Diese Verfahren sind auch insofern variiert worden, als man nur eine Lösung vorrätig zu halten braucht und die Fallzeit eines Tropfens Serum über eine abgemessene Strecke bestimmt. Die Fallzeit ist proportional dem spezifischen Gewicht und somit auch dem Eiweißgehalt[5].

Die *Ultraviolettabsorption*, die durch den Gehalt an aromatischen Aminosäuren bedingt ist, dient oft neben einer quantitativen Bestimmung auch zum Nachweis atypischer Zusammensetzung[6].

Aus der Ausbreitungsgröße von Eiweiß auf 0,1 n Salzsäure berechnen GORTER und BLOKKER den Eiweißgehalt[7]. Eine einfache Bestimmung durch Titration mit Heparin in Gegenwart von Toluidinblau hat SEITZ[8] ausgearbeitet. Die Fällung mit Natriumperjodat und Titration des Perjodatüberschusses wird von DESNUELLE und Mitarbeitern[9] empfohlen. Die colorimetrische Bestimmung mit der Xanthoproteinreaktion nach MACHEBOEUF und Mitarbeitern[10] scheint nicht empfehlenswert.

Dagegen wird die *Fällung durch Formaldehyd* in Gegenwart von Alkohol zur gravimetrischen Bestimmung empfohlen[11]. Der Vorteil liegt darin, daß man ein lockeres, weißes, gut auswaschbares Pulver erhält.

Das Verfahren geht zurück auf eine Untersuchung von DELSAL[12], der gefunden hat, daß die entwässernde Wirkung von Formaldehyd bedeutend größer ist als die von

[1] SCHNEIDER, G.: H. 283, 112 (1948).
[2] KELLER, CH. J.: Z. ges. exp. Med. 103, 427 (1938). — MYSTKOWSKI, E. M.: B. Z. 273, 161; 274, 461 (1934). — CHOW, B. F., L. HALL, B. J. DUFFY and C. ALPER: J. Lab. clin. Med. 33, 1440 (1948). — DE LA HUERGA, J., and H. POPPER: J. Lab. clin. Med. 34, 877 (1949); 35, 459 (1950). — POPPER, H., J. DE LA HUERGA, F. STEIGMANN and M. SLODKI: J. Lab. clin. Med. 35, 391 (1950). — DE LA HUERGA, J., H. POPPER, M. FRANKLIN and J. I. ROUTH: J. Lab. clin. Med. 35, 466 (1950).
[3] Hallmann 6. Aufl. S. 286.
[4] PHILLIPS, R. A., D. D. VAN SLYKE, P. B. HAMILTON, V. P. DOLE, K. EMERSON jr. and R. M. ARCHIBALD: J. biol. Ch. 183, 305 (1950). — VAN SLYKE, D. D., A. HILLER, R. A. PHILLIPS, P. B. HAMILTON, V. P. DOLE, R. M. ARCHIBALD and H. A. EDER: J. biol. Ch. 183, 331 (1950). — VAN SLYKE, D. D., R. A. PHILLIPS, V. P. DOLE, P. B. HAMILTON, R. M. ARCHIBALD and J. PLAZIN: J. biol. Ch. 183, 349 (1950). — SCHARF, R.: Dtsch. Gesundh.-Wes. 1949, 1358. — PERROTIN, J., M. LEMAIRE et R. STOECKLIN: Presse méd. 54, 91 (1946). — SIMEONE, F. A., and S. P. SARRIS: J. Lab. clin. Med. 26, 1046 (1941). — OPPERMANN, A.: Kli. Wo. 1949, 602. — KEYSER, J. W.: Biochem. J. 44, XXIII (1949).
[5] HAMMERSCHLAG, A.: Z. klin. Med. 20, 444 (1892). — ZUNTZ, N.: Pflügers Arch. 66, 539 (1897). — BARBOUR, H. G., and W. F. HAMILTON: Amer. J. Physiol. 69, 654 (1924). J. biol. Ch. 69, 625 (1926).
[6] LÖFFLER, W., CH. WUNDERLY u. F. WUHRMANN: Schweiz. med. Wschr. 79, 595 (1949). — HAUROWITZ, F., and T. ASTRUP: Nature 143, 118 (1939). — HOLIDAY, E. R., and A. G. OGSTON: Biochem. J. 32, 1166 (1938).
[7] GORTER, E., and P. C. BLOKKER: Verh. K. Acad. Wet. Amsterdam 45, 151 (1942).
[8] SEITZ, W.: Z. ges. inn. Med. 3, 391 (1948).
[9] DESNUELLE, P., S. ANTONIN et A. CASAL: Bull. Soc. Chim. biol. 29, 694 (1947).
[10] MACHEBOEUF, M., P. LACAILLE et P. REBEYROTTE: Bull. Soc. Chim. biol. 29, 402 (1947). — MEYER, W.: Diss. Düsseldorf 1948.
[11] LERNER, A. B., and C. P. BARNUM: Arch. Biochem. 11, 505 (1946).
[12] DELSAL, J. L.: Bull. Soc. Chim. biol. 29, 690, 805 (1947).

Methylalkohol oder Äthylalkohol. Verwendet man als Fällungsmittel eine Mischung von 80 Teilen Formaldehyd und 20 Teilen Methylalkohol, so kann man durch 9 cm³ dieser Mischung aus 10 cm³ Serum alles Eiweiß niederschlagen. Werden nur 5,5 cm³ der Mischung zugegeben, so entspricht die Fällung der Globulinfraktion, die durch halbgesättigte Ammoniumsulfatlösung gefällt wird. Der Eiweißniederschlag wird mehrmals mit Formaldehyd und dann mit Äther gewaschen. Nach dem Trocknen bei 50°, dann bei 100°, ist er zur gravimetrischen Bestimmung geeignet. In dem Fällungsmittel bleiben die Lipoide des gefällten Eiweiß gelöst, während die des nichtgefällten Eiweiß nicht abgelöst werden. Man kann daher die Formaldehydlösungen und den Waschäther zur Lipoidbestimmung benutzen.

Unter den *colorimetrischen Methoden* sind zu unterscheiden jene, welche sich auf eine Farbreaktion einer bestimmten Aminosäure gründen. Hierzu sind Tyrosin, Arginin und Tryptophan herangezogen worden[1]. Die Xanthoproteinreaktion ist von französischen Autoren empfohlen worden[2]. Diese Verfahren sind aber nur in Ausnahmefällen zuverlässig, einesteils wegen des eventuell wechselnden Aminosäuregehaltes unter pathologischen Bedingungen, andererseits können zwischen nativem und denaturiertem Eiweiß Farbunterschiede auftreten, auf die HAUROWITZ und TEKMAN[3] hingewiesen haben.

Eingehend durchgearbeitet und nachgeprüft sind die Bestimmungsmethoden, welche sich auf die *Biuretreaktion* mit einer alkalischen Kupfersulfatlösung stützen. Da es auf die Peptidbindungen ankommt, sind keine Unterschiede zwischen den einzelnen Eiweißarten meßbar, und daher ist mit der Biuretreaktion sowohl eine Eiweißbestimmung einzelner Fraktionen möglich als auch eine zuverlässige Messung unter pathologischen Bedingungen.

Eine besonders wichtige Methode zur *Fraktionierung von Eiweißkörpern* ist von COHN und Mitarbeitern[4] ausgearbeitet worden, bei der das Serum bei tiefer Temperatur und geringem Salzgehalt mit Methylalkohol, Äthylalkohol oder auch Aceton gefällt wird. Dieses Verfahren hat praktisch eine große Bedeutung erlangt, weil das unter diesen Bedingungen ausgefällte Eiweiß nicht denaturiert ist und seine biologischen Eigenschaften beibehält. Es war möglich, auf diese Weise jene Eiweißfraktionen gesondert zu erhalten, die besonders reich an Antikörpern, Lipoproteinen oder Gerinnungsfaktoren, sowie Isoagglutininen waren. Zur quantitativen Bestimmung der Eiweißfraktionen werden diese Verfahren nicht angewendet. Die durch Alkohol gefällten Fraktionen stellen auch keine einheitlichen Eiweißkörper dar, sondern in den meisten Fällen ist nur eine Eiweißkomponente angereichert und fast alle Eiweißfraktionen sind nachweisbar. Insbesondere ist zu betonen, daß die nach COHN und Mitarbeitern gewonnenen Fraktionen nicht mit den elektrophoretisch bekannten Eiweißkörpern übereinstimmen.

Eine solche Untersuchung ist von ONCLEY, SCATCHARD und BROWN[5] mitgeteilt worden. Das Resultat ist aus dem nachfolgenden Diagramm ersichtlich, welches der Arbeit von EDSALL[6] entnommen ist (Abb. 4).

---

[1] ALBANESE, A. A., B. SAUR and V. IRBY: J. Lab. clin. Med. 32, 296 (1947). J. biol. Ch. 166, 231 (1946).

[2] MACHEBOEUF, M., P. LACAILLE et P. REBEYROTTE: Bull. Soc. Chim. biol. 29, 402 (1947).

[3] HAUROWITZ, F., u. S. TEKMAN: Biochim. biophysica Acta, N.Y. 1, 484 (1947).

[4] COHN, E. J., F. R. N. GURD, D. M. SURGENOR, B. A. BARNES, R. K. BROWN, G. DEROUAUX, J. M. GILLESPIE, F. W. KAHNT, W. F. LEVER, C. H. LIU, D. MITTELMAN, R. F. MOUTON, K. SCHMID and E. UROMA: Am. Soc. 72, 465 (1950). — COHN, E. J., W. L. HUGHES jr. and J. H. WEARE: Am. Soc. 69, 1753 (1947). — COHN, E. J., J. A. LUETSCHER jr., J. L. ONCLEY, S. H. ARMSTRONG jr. and B. D. DAVIS: Am. Soc. 62, 3396 (1940). — ECKER, E. E., and B. LIKOVER: J. Lab. clin. Med. 32, 1500 (1947). — ALHA, A. L.: Ann. Med. exp. Biol. fenn. 27, 189, 193 (1949); 28, 28, 33 (1950). — COHN, E. C.: Chem. Rev. 28, 395 (1941). — FASOL, A.: Exper. 5, 406 (1949). — QUIGLEY, J. J.: J. biol. Ch. 172, 713 (1948). — BOCK, J.: Acta chem. scand. 1, 739 (1947). — LEVER, W. F., F. R. N. GURD, E. UROMA, R. K. BROWN, B. A. BARNES, K. SCHMID and E. L. SCHULTZ: J. clin. Invest. 30, 99 (1951).

[5] ONCLEY, J. L., G. SCATCHARD and A. BROWN: J. physic. Colloid Chem. 51, 184 (1947).

[6] EDSALL, J. T.: Adv. Protein Chem. 3, 383 (1947).

Schließlich muß noch das besonders in der Neuzeit verwendete Verfahren der *Elektrophorese* erwähnt werden, welches von TISELIUS entwickelt wurde und später von anderen Autoren für kleinste Flüssigkeitsmengen modifiziert worden ist[1]. Durch diese Modifikationen wird nicht nur der Anwendungsbereich erweitert, sondern es werden auch die apparativen Kosten wesentlich vermindert. Eine besondere Abart der Elektrophorese ist die *Papierelektrophorese*, die besonders von TURBA und von GRASSMANN[2] weiter entwickelt worden ist. Eine Beschreibung der letztgenannten Methoden findet sich Bd. I, Elektrophorese.

Die elektrophoretisch gefundenen Eiweißfraktionen sind zwar durch die gleiche Wanderungsgeschwindigkeit der Eiweißmoleküle charakterisiert, aber in sich keineswegs einheitlich. So hat HEWITT[3] das Albumin aus Pferdeserum durch Veränderung des p_H in 2 Fraktionen teilen können: das *Crystalbumin*, welches viel Cystin und wenig Kohlenhydrate enthält, und das *Seroglykoid*, welches wenig Cystin und wenig Kohlenhydrate enthält. Eine genauere Untersuchung dieser Fraktionen auf den Aminosäure- und Stickstoffgehalt hat BÁLINT[4] mitgeteilt. Die Kohlenhydrate im Eiweiß wurden nach SØRENSEN und HAUGAARD[5] bestimmt.

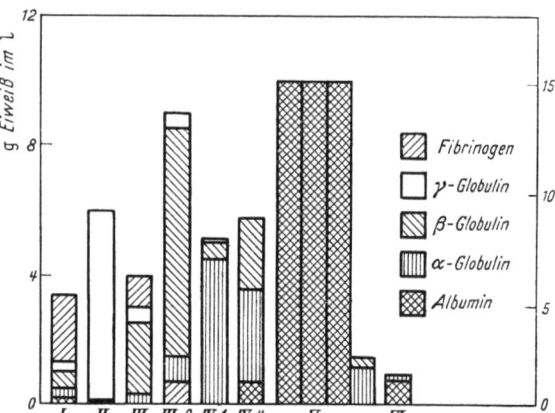

Abb. 4. Elektrophoretisch bestimmte Eiweißverteilung in den Plasmafraktionen nach COHN (nach Untersuchungen von ONCLEY, SCATCHARD und BROWN). Ordinate: links absolute Menge, rechts prozentuale Menge.

Die **Auswahl der Methode** ist abhängig
1. von der erforderlichen Genauigkeit,
2. von dem zur Verfügung stehenden Material,
3. von dem erforderlichen Zeitaufwand.

Für Reihenversuche wird man immer eine möglichst einfache Methode wählen und dafür unter Umständen einen größeren Fehler in Kauf nehmen. Übersichten über die Mikrobestimmungen von Eiweiß s.[6].

Die *Empfindlichkeit der Methoden* ist sehr verschieden. Legt man eine Extinktion von 0,07 als unterste Grenze fest, so ergeben sich die in Tabelle 13 aufgeführten Minimalwerte an Eiweiß, die noch bestimmt werden können[7].

Ein *Vergleich verschiedener Methoden* der Serumeiweißbestimmung ist vielfach durchgeführt worden. Im allgemeinen gilt die KJELDAHL-Methode als zuverlässig. Nur BERRY und PERKINS[8] berichten, daß bei der Mikro-KJELDAHL-Methode der Fehler ±10,7%

[1] TISELIUS, A.: Nova Acta R. Soc. Sci. upsal. (IV) 7, Nr 4 (1930). — Wuhrmann-Wunderly 2. Aufl. S. 82 ff. (1952). — WUHRMANN, F., CH. WUNDERLY, P. DE NICOLA u. F. HUGENTOBLER: Helv. med. Acta (A) 17, 197 (1950). — ANTWEILER. H. J.: Kolloid-Z. 115, 130 (1949). — ANTWEILER, H. J., u. H. ENGELHARD: Kolloid-Z. 117, 110 (1950). — EWERBECK, H.: Kli. Wo. 1950, 692. — WIEDEMANN, E.: Schweiz. med. Wschr. 74, 566 (1944); 75, 229 (1945); 76, 241 (1946). Exper. 3, 341 (1947). Chimia, Aarau 2, 25 (1948). — GEISSEN, W., B. SCHULER u. H. F. SCHUSTER: Kli. Wo. 1950, 751.
[2] GRASSMANN, W., K. HANNIG u. M. KNEDEL: D. m. W. 1951, 333. — GRASSMANN, W., u. K. HANNIG: Naturwiss. 37, 496 (1950). — TURBA, F., u. H. J. ENENKEL: Naturwiss. 37, 93 (1950). — CREMER, H. D., u. A. TISELIUS: B. Z. 320, 273 (1950). — ESSER, H., FR. HEINZLER, F. KAZMEIER u. W. SCHOLTAN: M. m. W. 1951, 986. — WIELAND, TH., u. E. FISCHER: Naturwiss. 35, 29 (1948).
[3] HEWITT, L. F.: Biochem. J. 30, 2229 (1936); 31, 360 (1937).
[4] BÁLINT, P.: Kli. Wo. 1943, 598. — BÁLINT, P., u. M. BÁLINT: B. Z. 306, 296 (1940).
[5] SØRENSEN, M., u. G. HAUGAARD: B. Z. 260, 247 (1933).
[6] WASITZKY, A.: Mikrochem. (N.F.) 8, 85 (1933). — COHN, E. C.: Chem. Rev. 28, 395 (1941). — KIRK, P. L.: Adv. Protein Chem. 3, 139 (1947). — GUTMAN, A. B.: Adv. Protein Chem. 4, 155 (1948). — MULFORD, D. J.: Ann. Rev. Physiol. 9, 327 (1947). — KAULLA, K. N. VON: D. m. W. 1948, 152. — EDSALL, J. T.: Ergebn. Physiol. 46, 308 (1950). — Wuhrmann-Wunderly 2. Aufl. S. 61 ff. — PELÀ, G.: Arch. Pat. Clin. med. 17, 535; 18, 155 (1938).
[7] KUNKEL, H. G., and S. M. WARD: J. biol. Ch. 182, 597 (1950).
[8] BERRY, TH., and E. PERKINS: Amer. J. clin. Path. 17, 847 (1947).

Tabelle 13. *Empfindlichkeit verschiedener Eiweißbestimmungsmethoden.*

Methode	Erfassungsgrenze für Eiweiß mg	Methode	Erfassungsgrenze für Eiweiß mg
Ninhydrin	0,02	BECKMAN-Spektrophotometer . .	0,09
Mikro-KJELDAHL, colorimetrisch . .	0,06	Phenolreagens	0,10
Biuret-Reagens	0,08	Mikro-KJELDAHL, titrimetrisch .	0,12

betrage. Bei der Bestimmung auf Grund des spezifischen Gewichtes sollen Fehler bis zu 48% des wahren Eiweißgehaltes vorkommen, während nach ihren Untersuchungen die Schwankungen bei der Biuretreaktion und einer nephelometrischen Methode in erträglichen Grenzen bleiben.

Bei einem Vergleich der Bestimmung durch Fällung mit 22,5%igem Natriumsulfat nach der Biuretmethode und der Methanolfällung ergab sich, daß man mit der letzteren den kleinsten Albumin-Globulinquotienten erhält, den höchsten mit der Biuretmethode nach KINGSLEY[1]. Eine gute Übereinstimmung zwischen der Bestimmung aus dem spezifischen Gewicht mit Kupfersulfatlösung, der KJELDAHL- und der Biuretmethode findet KEYSER[2]. Dasselbe wird von LINDEBOOM[3] berichtet. Eine gute Übereinstimmung zwischen der Refraktometrie, der Biuretreaktion und einer KJELDAHL-Bestimmung finden auch AUERSWALD und BORNSCHEIN[4]. Die fraktionierte Eiweißfällung nach HOWE mit Natriumsulfat liefert Unterfraktionen, die mit der elektrophoretischen Methode nicht verglichen werden können[5]. KINGSLEY und Mitarbeiter[6] vergleichen die Biuretmethode mit der KJELDAHL-Methode und stellen fest, daß die Albumine in der überwiegenden Zahl der Fälle nach beiden Methoden gute Übereinstimmung zeigen. Eine Ausnahme machen alle Kranken mit Leberaffektionen. Bei den Globulinen ist die Übereinstimmung nicht so gut, und zwar wird nach der Biuretmethode in der Regel zu wenig gefunden, ganz besonders ausgeprägt bei Lebererkrankungen und bei Krankheiten der Gallenblase. Weitere Arbeiten des Verfassers über dasselbe Thema s.[7]. Ein Vergleich der veralteten colorimetrischen Eiweißbestimmung nach AUTENRIETH mit der refraktometrischen und der gravimetrischen Methode ergab, daß der letzteren der Vorzug zu geben ist[8].

Fällungsmittel. In vielen Fällen der Serumuntersuchung ist es nötig, die Eiweißkörper auszufällen, um andere Serumbestandteile bestimmen zu können. Die Auswahl des Fällungsmittels ist dabei von ausschlaggebender Bedeutung; die nachfolgende Tabelle 14 gibt einen Überblick über einige wichtige Serumbestandteile, die im Filtrat erscheinen oder quantitativ mitgefällt werden.

Vergleichende Untersuchungen über die Eigenschaften der Enteiweißungsmittel findet man bei[9]. Im allgemeinen ist zu sagen, daß bei der Enteiweißung mit Trichloressigsäure außer Eiweiß keine stickstoffhaltigen Substanzen gefällt werden, dasselbe trifft auch für Perchlorsäure zu[10]. Die Trichloressigsäure hat den Vorteil, daß sie beim Kochen, ohne einen Rückstand zu hinterlassen, zu Chloroform und Kohlendioxyd zersetzt wird.

---

[1] ALHA, A. L.: Ann. Chir. Gynaec. fenn. **38**, Suppl. 3, 6 (1949).

[2] KEYSER, J. W.: Biochem. J. **44**, XXIII (1949).

[3] LINDEBOOM, G. A.: Acta brev. neerl. Physiol. **15**, 11 (1947). — MEYER, F. L., W. E. ABBOTT, M. ALLISON and C. McKAY: Arch. Biochem. **12**, 359 (1947).

[4] AUERSWALD, W., u. H. BORNSCHEIN: Wien. Z. inn. Med. **31**, 16 (1950).

[5] JAGER, B. V., T. B. SCHWARTZ, E. L. SMITH, M. NICKERSON and D. BROWN: J. Lab. clin. Med. **35**, 76 (1950).

[6] KINGSLEY, G. R., and T. E. MACHELLA: J. Lab. clin. Med. **34**, 1183 (1949).

[7] KINGSLEY, G. R.: J. biol. Ch. **131**, 197 (1939); **133**, 731 (1940); **140**, LXIX (1941). J. Lab. clin. Med. **27**, 840 (1942).

[8] URBAN, N., u. H. RIVE: Ärztl. Wschr. 1950, 870.

[9] HILLER, A., and D. D. VAN SLYKE: J. biol. Ch. **53**, 253 (1922). — WUNSCHENDORFF, H.: Bull. Soc. Chim. biol. **7**, 1158 (1925). — RAPPAPORT, F., u. J. REIFER: Mikrochim. Acta **1**, 220 (1937).

[10] NEUBERG, C., E. STRAUSS and L. E. LIPKIN: Arch. Biochem. **4**, 101 (1944).

Auch die Enteiweißung mit Wolframsäure[1] eignet sich zur Bestimmung der stickstoffhaltigen Bestandteile des Serums. Die Enteiweißung mit Uranylacetat ist zur Harnsäurebestimmung empfehlenswert, weil Nucleotide mit ausgefällt werden. Auch die anorganischen Phosphate bleiben im Niederschlag. Die Enteiweißung mit kolloidalem Eisenhydroxyd hat den Vorteil, daß dem Serum wenig Fremdstoffe zugesetzt werden, aber den Nachteil, daß man sehr wenig Filtrat erhält[2]. Die Metaphosphorsäure wird zur Enteiweißung bei Bestimmung der Milchsäure empfohlen. Es ist praktisch, auf 1 Teil Serum 1 Teil 5%iges Natriummetaphosphat und 1 Teil 0,5 n Schwefelsäure zu verwenden. Sollen die Aminosäuren bestimmt werden, so wird die Enteiweißung mit Pikrinsäure empfohlen. Bei der Eiweißfällung mit Wolframmolybdänsäure[3] werden keine niedermolekularen stickstoffhaltigen Substanzen gefällt, insbesondere bleibt Thionein in Lösung. Harnsäure, Thionein und Glutathion werden dagegen durch Fällung mit Zinkhydroxyd[4], besonders bei Fällung mit Cadmiumhydroxyd ausgefällt[5]. Die Eiweißfällung nach SCHENK[6] mit Sublimat und Salzsäure ist zwar umständlich, aber für die Erfassung der Zwischenprodukte des Kohlenhydratstoffwechsels empfehlenswert. Auch Invertseifen sind gute Eiweißfällungsmittel[7], die sogar eine quantitative titrimetrische Bestimmung ermöglichen[8]. Neutral reagierende Filtrate erhält man durch Fällung mit Dikupfer(II)-hexacyanoferrat

[1] FOLIN, O., and H. WU: J. biol. Ch. 38, 81 (1919).

[2] RONA, P., u. L. MICHAELIS: B. Z. 7, 329 (1907); 8, 356 (1908).

[3] BENEDICT, ST. R., and E. B. NEWTON: J. biol. Ch. 83, 357 (1929). — BENEDICT, ST. R.: J. biol. Ch. 92, 135 (1931).

[4] SOMOGYI, M.: J. biol. Ch. 86, 655 (1930).

[5] FUJITA, A., u. D. IWATAKE: B. Z. 242, 43 (1931).

[6] SCHENK, F.: Pflügers Arch. 47, 621 (1890); 55, 203 (1894).

[7] STEINER, A., F. URBAN u. E. S. WEST: J. biol. Ch. 98, 289 (1932). — CHINARD, F. P.: J. biol. Ch. 176, 1439 (1948).

[8] ABELIN, I., u. H. PFISTER: Helv. physiol. Acta 7, C 35 (1949).

Tabelle 14. Die wichtigsten Eigenschaften von enteiweißten Blutfiltraten[1].

Enteiweißungsmittel	Normalwerte für Rest-N mg-%	Normalwerte für Amino-N mg-%[2]	Übergang ins Filtrat					Ausbeute an Filtrat %	pH des Filtrats	Verhalten der höheren Eiweißabbauprodukte
			Harnsäure	Harnstoff	Kreatinin	Thionein	Glutathion			
Trichloressigsäure	25—40	—	++++	++++++++	+++	+	+++	79	1,0	Nur geringfügige Fällung
Wolframsäure (FOLIN-WU)	25—40	3,33	+	++	++++	0	+++	68	5,1	Starke Fällung
Uranylacetat	25—40	—								
Eisenhydroxyd	—	2,98	0		±±	+	0	57	6,4	Mittelstarke Fällung
Metaphosphorsäure	25—40	—	0	+		+	0	81	2,1	Mittelstarke Fällung
Pikrinsäure	—	3,46	0		+	0	±	86	2,2	Starke Fällung
Wolframmolybdänsäure (SOMOGYI)	25—40	—				±	0			
Zinkhydroxyd (SOMOGYI)	20—25	2,44	+			0	0			
Cadmiumhydroxyd (FUJITA-IWATAKE)	20—30	—								
Phosphorwolframsäure	10—20	2,27								Starke Fällung
Unhämolysiertes Blut nach FOLIN	15—20	—								

0 Die Substanz geht quantitativ ins Filtrat. + Die Substanz wird quantitativ gefällt. ± Die Substanz wird teilweise gefällt.

[1] Hinsberg-Lang 2. Aufl. S. 526.

[2] Bestimmt mittels der gasometrischen Carboxyl-C-Methode [HAMILTON, P. B., and D. D. van SLYKE: J. biol. Ch. 150, 231 (1943)].

(Kupferferrocyanid)[1] und alkalische Filtrate durch Fällung mit Quecksilbersalzen[2], wobei Schwermetalle durch Zusatz von Kaliumcyanid oder Natriumcyanid komplex gebunden werden können. Unter Verwendung von Natriumwolframat und Natriumsulfat in isotonischer Lösung kann das Eiweiß aus Blut ohne Hämolyse gefällt werden[3]. Dieses Verfahren besitzt für einige Spezialzwecke besondere Bedeutung. Eine Methode zur nichtdenaturierenden Entfernung der Globuline des Blutserums s. [4].

Labilitätsreaktionen. In der Klinik werden häufig sog. Labilitätsreaktionen zur Erkennung pathologischer Veränderungen der Serumeiweißkörper benutzt. Hierzu gehören die Blutsenkungsreaktion, das Koagulationsband nach WELTMANN mit dem dazugehörigen Nephelogramm, die TAKATA-Reaktion, die Cadmiumreaktion, der Thymoltrübungstest und die Kephalin-Cholesterinflockungsreaktion. Über die Ausführung s. [5].

Für die Beurteilung ist es wesentlich, daß bei einer Vermehrung der β-Globuline die Cadmiumreaktion negativ ist, das WELTMANNsche Koagulationsband verkürzt und das Nephelogramm nach links verschoben ist. Dasselbe ist im verstärkten Maße der Fall bei einer Vermehrung der α- und γ-Globuline, oder bei einer Vermehrung der α- und β-Globuline.

Sind nur γ-Globuline vermehrt, so ist die Cadmiumreaktion positiv, das WELTMANNsche Koagulationsband verbreitert und das Nephelogramm nach rechts verschoben. Näheres hierüber s. [5].

Kjeldahlometrische Eiweißbestimmung nach HILLER, PLAZIN *und* VAN SLYKE[6].

Die Autoren haben ausführliche Untersuchungen über die optimalen Veraschungsbedingungen angestellt und empfehlen den Zusatz von Quecksilber(II)-sulfat als Katalysator bei der Veraschung. Bei Verwendung von Selendioxyd als Katalysator können bei längerem Erhitzen bis zu 2% Stickstoff verlorengehen. Auch mit einer Mischung von Kaliumsulfat-Kupfersulfat können Stickstoffverluste bis zu 5% auftreten.

Reagentien:

1. K_2SO_4, pulverisiert und ammoniakfrei.
2. Quecksilber(II)-sulfatlösung: 10 g Quecksilber-(II)-oxyd werden unter Zusatz von 12 cm³ H_2SO_4 mit Wasser auf 100 cm³ gelöst.
3. H_2SO_4, konz.
4. Zinkstaub, ammoniakfrei.
5. 18 n NaOH.
6. Borsäure, 4%ig.
7. n/14 H_2SO_4.
8. n/70 H_2SO_4.
9. n/70 NaOH.

Ausführung:

Für die Makrobestimmung wird das Eiweiß mit 20 cm³ Schwefelsäure unter Zusatz von 10 g Kaliumsulfat und 10 cm³ Quecksilbersulfatlösung in einem 500 cm³ fassenden KJELDAHL-Kolben zunächst mit kleiner Flamme erhitzt, bis das Wasser verdampft ist. Dann steigert man die Temperatur, so daß die Schwefelsäure gerade zum Sieden kommt, und läßt 2 Std nach eingetretener Aufhellung bei dieser Temperatur.

Für die anschließende Destillation (s. S. 33) setzt man 2 g Zinkstaub und 50 cm³ 18 n NaOH zu. Dadurch wird das Quecksilberoxyd zu metallischem Quecksilber reduziert und auch das Stoßen der Flüssigkeit vermieden. Das Destillat wird wie üblich in einer passenden Menge einer 4%igen Borsäure aufgefangen und mit n/14 Schwefelsäure titriert.

Für die Mikrobestimmung benutzt man eine Eiweißprobe, die 0,2—2 mg Stickstoff enthält. Sie wird in einem Hartglaskolben mit 1 cm³ Schwefelsäure, 0,5 g Kaliumsulfat und 0,5 cm³ Quecksilbersulfatlösung zuerst langsam, dann stärker erhitzt, bis die Flüssigkeit schwach siedet. Nach völliger Aufhellung erhitzt man noch 30 min und führt die

[1] VLADESCO, R.: C. R. Soc. Biol. **119**, 768 (1935).
[2] HINSBERG, K., u. D. LASZLO: B. Z. **217**, 354 (1930).
[3] FOLIN, O.: J. biol. Ch. **86**, 173 (1930). — FOLIN, O., and A. SVEDBERG: J. biol. Ch. **88**, 715 (1930).
[4] MACHEBOEUF, M. A., et F. TAYEAU: C. R. Soc. Biol. **129**, 1184 (1938).
[5] Wuhrmann-Wunderly 2. Aufl. S. 123 ff., 169 ff. — Hallmann 6. Aufl. S. 304 ff. — HINSBERG, K., u. R. MERTEN: Chemische Bestimmungsmethoden im klinischen Laboratorium und ihre Auswertung in der Praxis. S. 77 ff. Berlin-München 1952.
[6] HILLER, A., J. PLAZIN and D. D. VAN SLYKE: J. biol. Ch. **176**, 1401 (1948).

Destillation in einem Apparat nach PARNAS unter Zusatz von 0,2 g Zinkstaub und Natronlauge durch. Auffangen in n/70 Schwefelsäure und Titration mit n/70 NaOH.

Wenn der Veraschungsrückstand auf ein bekanntes Volumen aufgefüllt wird, kann man davon aliquote Teile in dem Diffusionsgefäß nach CONWAY[1] bestimmen. Dies hat den großen Vorteil, daß viele Bestimmungen gleichzeitig angesetzt werden können. Die Gefäße bleiben über Nacht bei 30° stehen und können dann titriert werden. Bestimmung ohne Destillation s. [2]. Bestimmung der Eiweißfraktionen nach KJELDAHL s. [3]. Einen besonderen Durchlüftungsapparat in Anlehnung an VAN SLYKE und CULLEN zur Stickstoffbestimmung nach KJELDAHL haben LEURQUIN und DELVILLE konstruiert[4].

Gravimetrische Bestimmung von Eiweiß nach LANG[5].

Reagentien:

1. Acetatpuffer: 56 cm³ Eisessig und 118 g Natriumacetat ad 1000 cm³ Wasser.
2. Ammoniumsulfatlösung, gesättigt.
3. Mischung von Alkohol-Äther 3 : 1.
4. Äther.

Ausführung:

In einem Reagensglas wird 1 cm³ Serum mit einigen Tropfen Ammoniumsulfat und 3 cm³ Acetatpuffer vermischt und $1/_2$ Std im kochenden Wasserbad koaguliert. Das Verdampfen von Flüssigkeit muß dabei verhindert werden. Den Inhalt des Reagensglases filtriert man auf ein kleines, bei 105° zur Gewichtskonstanz getrocknetes und vorgewogenes analytisches Filter und wäscht den Niederschlag so lange mit heißem Wasser aus, bis im Filtrat keine Sulfationen mehr nachweisbar sind. Dann wird der Niederschlag mit Alkohol-Äther, zum Schluß mit Äther ausgewaschen, und bei 105° bis zur Gewichtskonstanz getrocknet. Am einfachsten ist es, das Filter über Nacht im Trockenschrank zu lassen.

Das gefundene Gewicht abzüglich Filtergewicht entspricht der Eiweißmenge von 1 cm³ Serum. Die Wägung kann bequem mit einer Torsionswaage ausgeführt werden. Auch kann ohne Genauigkeitsverlust mit kleineren Serummengen gearbeitet werden[6]. Nach den Angaben von ROBINSON und HOGDEN[7] kann man an Stelle des Papierfilters eine Glassinternutsche benutzen und den Eiweißniederschlag mit Aceton, Alkohol und Äther auswaschen. Weitere gravimetrische Methoden s. [8].

Colorimetrische Bestimmung von Gesamteiweiß und seinen Fraktionen nach GLEISS *und* HINSBERG[9] (s. a[10].). Die Fraktionierung mit Ammoniumsulfatlösung verschiedener

[1] LEVEY, ST.: Amer. J. clin. Path. 18, 435 (1948).

[2] RAPPAPORT, F., u. G. GEIGER: Kli. Wo. 1934 I, 563.

[3] GOHR, H., K. H. FALKENBACH u. H. LANGENBERG: Z. ges. inn. Med. 5, 407 (1950). — GOHR, H.. u. O. SCHOLL: Z. ges. inn. Med. 3, 748 (1948).

[4] LEURQUIN, J., et J. P. DELVILLE: Exper. 6, 274 (1950).

[5] Hinsberg-Lang 2. Aufl. S. 527.

[6] HAGEN, H.: Kli. Wo. 1950, 310.

[7] ROBINSON, H. W., and C. G. HOGDEN: J. biol. Ch. 140, 853 (1941).

[8] KNIPPING, H. W., u. H. L. KOWITZ: H. 135, 84 (1924). — BERGER, W., u. L. PETSCHACHER: Z. ges. exp. Med. 36, 258 (1923). — GUTZEIT, K.: Z. ges. exp. Med. 39, 397 (1924). — STARLINGER, W., u. K. HARTL: B. Z. 160, 129, 147 (1925). — GIGON, A., J. GUBSER u. M. NOVERRAZ: Schweiz. med. Wschr. 77, 46 (1947).

[9] GLEISS, J., u. K. HINSBERG: Z. ges. exp. Med. 116, 599 (1951).

[10] WEICHSELBAUM, T. E.: Amer. J. clin. Path. 16, 40 (1946). — GORNALL, A. G., C. J. BARDAWILL and M. M. DAVID: J. biol. Ch. 177, 751 (1949). — KINGSLEY, G. R.: J. biol. Ch. 131, 197 (1939). — ROBINSON, H. W., and C. G. HODGEN: J. biol. Ch. 135, 707, 727 (1940). — MEHL, J. W.: J. biol. Ch. 157, 173 (1945). — SIZER, I. W.: Proc. Soc. exp. Biol. Med. 37, 107 (1937). — WOLFSON, W. Q., C. COHN, E. CALVARY and F. ICHIBA: Amer. J. clin. Path. 18, 723 (1948). — WOLFSON, W. Q., C. COHN, E. CALVARY and E. M. THOMAS: J. Lab. clin. Med. 33, 1276 (1948). — KEYSER, J. W., and J. VAUGHN: Biochem. J. 44, XXII (1949). — KIBRICK, A. C.: J. Lab. clin. Med. 34, 1171 (1949). — AUERSWALD, W., u. H. BORNSCHEIN: Wien. Z. inn. Med. 1949, 248. — DODONOVA, E. V., u. N. N. IVANOV: Biochimia, Moskau 3, 723 (1938). — JOSEPHSON, B., o. H. ANDUREN: Acta paediatr., Uppsala 38, 335 (1949). — GOHR, H., K. H. FALKENBACH u. H. LANGENBERG: Z. ges. inn. Med. 5, 407 (1950). — DUSTIN, J. P.: Bull. Soc. Chim. biol. 32, 696 (1950).

Konzentrationen wird heute nicht mehr verwendet, weil die damit erzielte Trennung nicht den elektrophoretisch darstellbaren Fraktionen entspricht[1]. Mit Hilfe von Natriumsulfatlösungen von 15,75 bzw. 19,9 bzw. 27,2% kann man bei 37° im wesentlichen die γ-Globuline bzw. die β- und γ-Globuline bzw. die α-, β- und γ-Globuline fällen[2]. Eine Fraktionierung mit verschiedenen Salzen ist von vielen Seiten vorgeschlagen worden[3]. Besonders bewährt hat sich die Fällung mit Natriumsulfat, Natriumsulfit und Ammoniumsulfat-Kochsalzlösung, wobei Fraktionen erhalten werden, die weitgehend den elektrophoretisch bestimmten Eiweißen entsprechen.

Reagentien:

1. 23%ige Natriumsulfatlösung, aus 230 g wasserfreiem Na_2SO_4 in destilliertem Wasser ad 1000 cm³ bei 37° hergestellt und bei 37° aufbewahrt.

2. 28%ige Natriumsulfitlösung. 280 g wasserfreies Na_2SO_3 bei 28° lösen und auf 1000 cm³ auffüllen. Aufbewahrung bei Zimmertemperatur.

3. Kochsalz-Ammoniumsulfatlösung. 193 g Ammoniumsulfat werden in etwa 500 cm³ destilliertem Wasser gelöst und nach Zusatz von 30 g NaCl auf 1000 cm³ aufgefüllt. Durch 2—3 Tropfen 33%iger NaOH oder Ammoniak wird auf p_H 6—6,2 eingestellt.

4. Biuretreagens nach WEICHSELBAUM: Man stellt sich zuerst 0,2 n NaOH durch Auflösen von 16 g reinstem NaOH in 2000 cm³ Wasser her. Weiter löst man Kaliumnatriumtartrat in 400 cm³ der Natronlauge und setzt, nachdem Lösung eingetreten ist, 10 g $CuSO_4 \cdot 5\ H_2O$ zu; unter Umrühren wird wieder völlige Lösung abgewartet, dann werden 10 g Kaliumjodid zugefügt und mit der restlichen Natronlauge auf 2 Liter aufgefüllt. Aufbewahrung in Glasflaschen mit gewachstem Gummistopfen.

5. Äther, wasserfrei.

6. Span-Ätherreagens: 1 cm³ Span 20 der „Atlas Powder Company" in Delaware (USA) wird mit 99 cm³ Äther gemischt und durch ein mäßig festes Filter filtriert, wobei der Trichter mit einem Uhrglas zu bedecken ist. Das Filtrat wird mit Äther auf 100 cm³ aufgefüllt und in fest verschlossener Flasche aufgehoben. Statt Span 20 kann auch Arlacel (W. Moeschlin, Zürich, Schweiz) (Sorbitmonolaurinsäureester) oder Tween verwendet werden.

Zur Erstellung der *Eichkurve* werden Serumproben verwendet, deren Stickstoffgehalt nach KJELDAHL ermittelt worden ist.

Ausführung:

1. Serumeiweißbestimmung. 0,2 cm³ Serum werden mit 4,8 cm³ Aqua dest. im Reagensglas 25fach verdünnt und mit 5 cm³ Biuretreagens gut gemischt. Eine mangelhafte Mischung des Protein-Biuretgemisches verhindert die Bildung eines konstanten und stabilen Farbkomplexes. Die Vergleichscuvette wird mit einem Gemisch von 3,0 cm³ Aqua dest. + 3,0 cm³ Biuretreagens gefüllt und nach 30 min Stehen bei Zimmertemperatur mit Filter S 57 am Stufenphotometer abgelesen. Wenn die Farbstabilität erreicht ist, können die Ablesungen — wenn Verdunstung verhindert wird — noch nach mehr als 24 Std vorgenommen werden.

2. Serumalbumin + α-Globulin. Ausgefällt werden β- und γ-Globulin. 2,3 cm³ der 23%igen Na_2SO_4-Lösung werden in Reagensgläser von etwa 10 cm³ Fassungsvermögen pipettiert und 0,2 cm³ Serum zugesetzt. Dabei ist darauf zu achten, daß die kritische Temperatur von etwa 20°, bei der die Spontanaussalzung der Sulfatlösung beginnt, im Arbeitsraum nicht unterschritten wird. Wenn die Lösung unmittelbar nach der Entnahme aus dem Brutschrank in etwas vorgewärmte Gläser vorgelegt wird, kann

[1] COHN, E. J., J. A. LUETSCHER jr., J. L. ONCLEY, S. H. ARMSTRONG jr. and B. D. DAVIS: Am. Soc. 62, 3396 (1940). — MAJOOR, C. L. H.: J. biol. Ch. 169, 583 (1947). — MAJOOR, C. L. H.: Yale J. Biol. Med. 18, 419 (1946).

[2] KIBRICK, A. C., and M. BLONSTEIN: J. biol. Ch. 176, 983 (1948). — HOWE, P. E.: J. biol. Ch. 49, 109 (1921).

[3] GLEISS, J., und H. HINSBERG: Z. ges. exp. Med. 116, 599 (1951).

ein Auskrystallisieren auch bei Zimmertemperaturen unter 20° vermieden werden. Die Verwendung zu kalter Pipetten ist zu vermeiden. Serum und Fällungsmittel werden gut durchgemischt und anschließend 1 cm³ Äther zugesetzt. Nach Verschluß des Glases mit festsitzendem Gummistopfen wird genau 30 sec nach der Stoppuhr kräftig geschüttelt (etwa 90—95 Schüttelbewegungen) und anschließend 10 min bei 2000 U/min zentrifugiert. Danach wird eine 1,5 cm³-Vollpipette unter vorsichtigem Neigen des Glases zwischen der sich durch die Neigung des Glases — verbunden mit leichtem Klopfen an die Glaswand — ablösenden und horizontal einstellenden Globulinscheibe und der Glaswand eingeführt. Die Pipette wird dabei mit dem Zeigefinger am oberen Ende derart verschlossen, daß keinerlei Bestandteile der Ätherschicht in die Pipette eindringen können. Die Pipette wird so durch die Ätherschicht und dann zwischen Glaswand und Globulinscheibe in die fällungsfreie Albuminschicht durchgestoßen und 1,5 cm³ derselben aufgezogen. Die Pipette wird vorsichtig zurückgezogen, ohne daß dabei die Pipettenspitze die Globulinscheibe berührt. Bei normalem oder vermindertem Globulingehalt gelingt das leicht, bei Globulinvermehrung pflegt die Globulinscheibe an ihrer Begrenzung zur Salzlösung weicher als an der Oberseite zu sein. In solchen Fällen hat es sich bewährt, die Pipette über die Oberseite der Globulinscheibe zwischen Scheibe und Glaswand hindurch in die klare Salzlösung einzuführen, weil so eine Berührung und ein Aufwirbeln der weicheren Unterseite der Scheibe vermieden werden. Dann werden 1,5 cm³ Aqua dest. und 3 cm³ Biuretreagens in einem Reagensglas der Albumin-α-Globulinlösung zugesetzt; nach 30 min wird gegen dieselbe Vergleichslösung und mit gleichem Filter, wie bei Gesamteiweißbestimmung beschrieben, abgelesen.

3. Serumalbumin (nach elektrophoretischer, nicht nach HOWEscher Definition). 4,8 cm³ der 28%igen Na$_2$SO$_3$-Lösung werden mit 0,2 cm³ Serum gut gemischt und nach Hinzufügen von 1 cm³ Span-Äther mit festsitzendem Gummistopfen 10mal um 90° gekippt*. Danach Zentrifugieren bei 2000 U/min 10 min. Jetzt werden, wie unter 2. beschrieben, 3 cm³ des klaren und fällungsfreien Substrates (= Salzlösung + in Lösung befindliches Albumin) entnommen und mit 3 cm³ Biuretreagens gut gemischt. Die Ablesung nach 30 min erfolgt bei Filter S 57 gegen eine Vergleichslösung: 3 cm³ Biuretreagens + 3 cm³ 28%ige Na$_2$SO$_3$-Lösung.

4. Serum-γ-Globulin. Es werden nur die γ-Globuline ausgefällt: 9,6 cm³ der Ammoniumsulfat-Kochsalzlösung werden in ein Zentrifugenglas (Maße: 15 cm Länge, 2,5 cm Durchmesser) vorgelegt und mit 0,4 cm³ Serum überschichtet. Mischung durch vorsichtiges Umschwenken, bis die dabei auftretende Trübung ihr deutliches Maximum erreicht hat (1—2 min). 1,0 cm³ des Serum-Salzgemisches wird verworfen (WOLFSON) und sofort 30 min bei 2750 U/min zentrifugiert. Danach wird die über der Fällungsschicht stehende Lösung abgesaugt (Saughaken) und verworfen. Die überstehende Flüssigkeit muß nach dem Zentrifugieren völlig klar sein. Etwa noch vorhandene Trübungen können gelegentlich durch Abkühlen der Zentrifugengläser in kaltem Wasserstrahl und nachfolgendes erneutes Ausschleudern zum Schwinden gebracht werden. In etwa 0,03—0,05% aller bisher durchgeführten Untersuchungen mit der Methode beobachtet man jedoch eine Resistenz dieser Trübung gegen jeden „Behandlungsversuch", so daß die Weiterverarbeitung solcher konstant getrübter, vorwiegend von Patienten mit Lipoidnephrosen stammender Ansätze nicht durchgeführt werden darf.

Beim Absaugen des Niederschlages ist darauf zu achten, daß durch den Saughaken nichts von dem Niederschlag mitgerissen wird. Nachdem die Flüssigkeit abgesaugt ist, werden die Gläser einige Minuten umgekehrt auf Filtrierpapier gestellt und am Rand abgewischt. Die Fällung der γ-Globuline wird unter Zusatz von 3 cm³ Biuretreagens

---

* WOLFSON (schriftl. Mitt.): Die in der Originalarbeit[1] angegebene Schüttelzeit von 30 sec bei diesem Arbeitsgang führte gelegentlich zur Ausfällung von Teilen der β-Globulinfraktion, so daß die oben angeführte Ausführung von WOLFSON selbst vorgeschlagen wird.

[1] WOLFSON, W. Q., C. COHN, E. CALVARY and F. ICHIBA: Amer. J. clin. Path. 18, 723 (1948). — WOLFSON, W. Q., C. COHN, E. CALVARY and E. M. THOMAS: J. Lab. clin. Med. 33, 1276 (1948).

und 3 cm³ n NaOH durch Schütteln in Lösung gebracht und nach 15 min mit 2000 U/min zentrifugiert, um geringe Trübungen zu entfernen. Die Ablesung erfolgt im Stufenphotometer, wobei für die γ-Globuline als Kompensationslösung eine Mischung von gleichen Teilen Biuretreagens und n NaOH benutzt wird.

Berechnung:

1. Gesamteiweiß. Der im Stufenphotometer abgelesene Extinktionswert gibt den Eiweißgehalt der Probe in Milligrammen an, durch Multiplikation mit 25 ergibt sich der Gesamteiweißgehalt in Prozenten.

2. Serumalbumin. Der aus der Extinktion an Hand der Kurve ermittelte Eiweißgehalt in Milligrammen, multipliziert mit 25, ergibt den Albumingehalt in Prozenten an.

3. Serumglobulin. Entspricht dem Gesamteiweiß minus Serumalbumin.

4. α-Globulin. Wird in derselben Weise wie 3 berechnet und entspricht der Differenz von Serumalbumin $+$ α-Globulin minus Serumalbumin.

5. γ-Globulin. Da bei der Lösung des γ-Globulinniederschlages mit einer anderen Verdünnung gearbeitet worden ist, erhält man den γ-Globulingehalt nach Umrechnung des Milligrammwertes (Multiplikation mit 25) in Prozenten durch Benutzung eines Divisionsfaktors von 3.

6. β-Globulin. Wird errechnet, indem die Summe von α- und γ-Globulin vom Gesamtglobulingehalt abgezogen wird.

Die bei der colorimetrischen Bestimmung mit dem Biuretreagens gebundene Kupfermenge steht in einem bestimmten Verhältnis zur Eiweißmenge[1]. Andererseits ist Eiweiß in der Lage, in Trinatriumphosphatlösung aus Kupferphosphat einen löslichen Kupferkomplex zu bilden und man kann, anstatt die Biuretfarbe direkt zu messen, das Kupfer mit Dithiocarbaminat bestimmen.

Colorimetrische Eiweißbestimmung nach STIFF[2].

Reagentien:

1. $Na_3PO_4 \cdot 12H_2O$, 5%ig.
2. Natriumsulfatlösung, 23%ig. Herstellung und Aufbewahrung s. S. 26.
3. $Cu_3(PO_4)_2 \cdot 3H_2O$, fein gepulvert.
4. Diäthyldithiocarbaminatlösung, 0,5%ig.
5. Kupferstammlösung: 0,3026 g $CuSO_4 \cdot 5H_2O$ im Liter, von der eine 10fache Verdünnung zum Gebrauch hergestellt wird. Diese enthält 7,7 γ Kupfer/cm³ und ist 1 g Eiweiß in 100 cm³ Lösung äquivalent.

Ausführung:

In 3 konische Zentrifugengläser von 15 cm³ Inhalt gibt man 8 cm³ Natriumphosphat. Sie dienen zur Bestimmung von Gesamteiweiß, Albumin und Leerwert. In ein 4. Zentrifugenglas gibt man 9,5 cm³ Natriumsulfatlösung und 0,5 cm³ Serum, mischt durch Umschütteln und entnimmt sofort 2 cm³ zur Gesamteiweißbestimmung. Zu dem Rest gibt man 3 cm³ Äther, schüttelt heftig und zentrifugiert. Das Globulin scheidet sich in Form eines scheibenförmigen Kuchens ab. Man entnimmt 2 cm³ der klaren, wäßrigen Lösung und gibt sie in das mit Albumin bezeichnete Zentrifugenglas. Zum Leerwert gibt man 2 cm³ reine Natriumsulfatlösung. Zu jedem der 3 Gläser setzt man 200 mg Kupferphosphat zu, läßt 90 min unter gelegentlichem Schütteln stehen, zentrifugiert, mischt dann 0,5 cm³ der Flüssigkeit mit 20 cm³ Wasser und 2 cm³ Dithiocarbaminatlösung und colorimetriert bei 440 mμ.

Berechnung:

Der Gesamteiweiß- und der Albumingehalt können sofort aus einer Eichkurve entnommen werden oder werden aus der spezifischen Extinktion errechnet. Das Globulin wird berechnet. 0,6 mg Cu entsprechen 4,0% Eiweiß.

---

[1] MEHL, J. W., E. PACOVSKA and R. J. WINZLER: J. biol. Ch. **177**, 13 (1949). — BARBU, E., I. LESSIAU et M. MACHEBOEUF: Bull. Soc. Chim. biol. **31**, 1254 (1949).

[2] STIFF, H. A. jr.: J. biol. Ch. **177**, 179 (1949).

Die Methode ist nicht spezifisch für Eiweiß. Alle Substanzen, die eine Peptidbindung haben, reagieren in gleicher Weise, ebenso hydroxylhaltige Verbindungen, besonders Tartrate, Citrate, Polyalkohole und Kohlenhydrate.

Über Verfahren, die nach dem gleichen Prinzip arbeiten s. [1], über die Verwendung dieser Reaktion zur Peptidbestimmung s. [2].

Fibrinogen. Die Bestimmung von Fibrinogen setzt seine Umwandlung in *Fibrin* voraus. Da dieses wasserunlöslich ist, kann es leicht abgeschieden und durch Auswaschen von restlichem Blut oder Plasmabestandteilen abgetrennt werden. Die älteren Verfahren erforderten 10—40 cm³ Blut, welches mit einem Fischbeinstäbchen geschlagen wurde. Das um das Fischbeinstäbchen sich ansammelnde Fibrin wurde mit reichlich Kochsalzlösung, dann mit Wasser gewaschen und schließlich mit Alkohol-Äther extrahiert, um Fette, Phosphatide, Cholesterin usw. zu entfernen. Die so erhaltenen Fibrinfäden trocknete man bei 105° und stellte das Gewicht analytisch fest.

Eine titrimetrische Bestimmung ist möglich, wenn man den Gesamt-N-Gehalt nach KJELDAHL im Plasma bestimmt und in derselben Menge Plasma nach Recalcifizieren mit einer 2,5%igen CaCl₂-Lösung. Aus der Differenz kann der Fibrinogengehalt berechnet werden. Man braucht nur 1 cm³ Plasma.

Es ist auch möglich, das ausgeschiedene Fibrin aus 1 oder 2 cm³ Plasma nach dem Auswaschen in Natronlauge zu lösen und mit der Biuretreaktion zu bestimmen. Eine weitere Möglichkeit besteht darin, das im Fibrin enthaltene Tyrosin mit FOLIN-WU-Phenolreagens zu bestimmen und daraus das Fibrin zu berechnen.

Fibrinogen läßt sich aus menschlichem Plasma durch Behandlung mit 11% Äther (bezogen auf Serummenge) bei 0 bis —0,5° durch Zentrifugieren gewinnen[3]. Das anhaftende Serum wird mit Citratpuffer bei 0° ausgewaschen. Aus der überstehenden Eiweißlösung kann *Thrombin* bei p_H 5,3—5,4 mit 0,2 m Citronensäure als gelbes Pulver ausgefällt werden. Thrombin ist bei p_H 7 wieder löslich.

Fibrinogenbestimmung [4].

Reagentien:

1. Natriumcitratlösung, 3,6%ig, steril.
2. NaCl-Lösung, 0,9%ig.
3. CaCl₂, 2%ig.
4. Reagentien zur Stickstoffbestimmung nach KJELDAHL, s. S. 33.

Ausführung:

9 Teile Blut werden mit 1 Teil Natriumcitrat gemischt und zentrifugiert. Von dem Plasma gibt man 1,0 cm³ zu 10 cm³ Kochsalzlösung, wäscht die Pipette durch mehrmaliges Aufziehen und Ausblasen aus und stellt das Ganze 30 min in einen Brutschrank von 37°, nachdem 2—3 cm³ Calciumchloridlösung zugefügt sind. Nach dem Abkühlen filtriert man auf einen kleinen Pfropf mit Dichromat-Schwefelsäure gereinigter Glaswolle und wäscht den Niederschlag ungefähr 10mal mit 1 cm³ Kochsalzlösung, indem öfter mit einem kleinen Spatel das Gerinnsel ausgedrückt wird.

Glaswolle und Filterflocke bringt man in einen Veraschungskolben, verascht wie zur Bestimmung des Rest-N beschrieben ist (S. 32), und bestimmt den Stickstoffgehalt in einem aliquoten Teil des Veraschungsrückstandes. Der Stickstoffgehalt, multipliziert mit 6,25 (s. a. S. 18), ergibt den Fibrinogengehalt. Bei der Umrechnung auf Plasma ist zu berücksichtigen, daß das Blut 9:10 verdünnt wurde.

Wenn die Fibrinflocke auf einem kleinen aschefreien und nach dem Trocknen vorgewogenen Filter gesammelt wird, kann man nach dem völligen Auswaschen mit destilliertem Wasser den Niederschlag trocknen und zur Wägung bringen. Die modernen analytischen Waagen sind so genau, daß 1—2 cm³ Plasma zur Bestimmung genügen.

[1] POPE, C. G., and M. F. STEVENS: Biochem. J. **33**, 1070 (1939). — JOSEPHSON, B., o. H. ANDURÉN: Acta paediatr., Uppsala **38**, 335 (1949).
[2] KERKKONEN, H. K.: Acta chem. scand. **2**, 518 (1948).
[3] KEKWICK, R. A., M. E. MACKAY and B. R. RECORD: Nature **157**, 629 (1946).
[4] Hallmann 6. Aufl. S. 504.

Fibrinogenbestimmung nach QUICK[1].

Reagentien:

1. NaCl-Lösung, 0,9%ig.
2. CaCl$_2$-Lösung, 2,5%ig.
3. NaOH, 10%ig.
4. FOLIN-WU-Phenolreagens: 100 g Natriumwolframat und 25 g Natriummolybdat werden in 700 cm³ Wasser gelöst und mit 5 cm³ 85%iger Phosphorsäure sowie 100 cm³ konzentrierter Salzsäure angesäuert. Die Mischung wird 10 Std am Rückfluß gekocht, zum Schluß setzt man zur Entfärbung einige Tropfen Brom zu, verdampft den Überschuß und füllt nach dem Abkühlen auf 1 Liter auf.
5. Natriumcarbonatlösung, 20%ig.
6. Tyrosinstandard: 0,2500 g reinstes Tyrosin werden in 1 Liter 0,1 n Salzsäure gelöst. Hiervon nimmt man 2,0 cm³ + 5,5 cm³ dest. Wasser + 0,5 cm³ NaOH + 1 cm³ Phenolreagens und 3 cm³ Na$_2$CO$_3$-Lösung. Die Extinktion kann nach 30 min gemessen werden. Sie entspricht 0,5 mg Tyrosin.

Ausführung:

1 cm³ Oxalatplasma (durch Zusatz von festem Natriumoxalat hergestellt) wird mit 30 cm³ Kochsalzlösung verdünnt und die Gerinnung bei 37° nach Zusatz von 1 cm³ Calciumchlorid abgewartet. Das Gerinnsel wird mit einem dünn ausgezogenen Glasstab herausgehoben, abgepreßt und mit destilliertem Wasser gründlich abgespült. Es wird dann in 0,5 cm³ NaOH durch Einstellen in ein siedendes Wasserbad während 30 min gelöst und nach dem Abkühlen mit 8 cm³ destilliertem Wasser verdünnt; darauf werden 1 cm³ Phenolreagens und 3 cm³ Na$_2$CO$_3$-Lösung zugesetzt, und die Farbe bestimmt.

Die mit 10,7 multiplizierte Tyrosinmenge entspricht dem Fibrinogengehalt.

γ-**Globuline** geben mit verdünnten Schwermetallsalzlösungen, wie KUNKEL gefunden hat, eine Trübung. Um diese Trübung nephelometrisch messen zu können, verwenden VARAY und FRANTZ[2] folgende Lösung: 24 mg ZnSO$_4$ · 7 H$_2$O, 280 mg Veronal und 210 mg Veronalnatrium im Liter. Die Lösung hat ein p$_H$ von 7,5. Man nimmt einen Teil Serum, gibt das 60fache Volumen Zinksulfatlösung zu und kann nach 30 min die Trübung bei 650 mμ ablesen. Zur Eichung verwenden die Autoren eine Thymoltrübung. Die von DE LA HUERGA, POPPER und Mitarbeitern[3] angestellten Versuche, die so gefundenen γ-Globulinwerte mit elektrophoretisch gefundenen Werten zu vergleichen, ergaben sehr befriedigende Resultate.

Statt Zinksulfat kann man auch eine Lösung von 189 g Ammoniumsulfat und 29,3 g Natriumchlorid im Liter verwenden[4]. Werden von diesem Reagens 5 cm³ mit 0,1 cm³ Serum gemischt, so entsteht eine Trübung, die dem γ-Globulingehalt parallel geht und dem BEERschen Gesetz gehorcht. Die Trübung ist aber nur 10 min beständig. Nach dieser Zeit nimmt sie, wahrscheinlich infolge von Hydratation des Niederschlages, zu. Die Temperatur und das p$_H$ spielen eine bedeutende Rolle, deshalb soll die Ammoniumsulfatlösung auf p$_H$ 5,5 eingestellt sein. Die Werte werden in Einheiten angegeben. Zur Bestimmung der γ-Globuline wird von JAGER und NICKERSON[5] die Verwendung einer mit Ammoniak neutralisierten gesättigten Lösung von Ammoniumsulfat empfohlen, wobei die γ-Globuline ausgefällt und anschließend mit dem Biuretreagens bestimmt werden können.

BENCE-JONES-**Protein.** Unter den atypischen Eiweißstoffen besitzt das BENCE-JONES-Eiweiß (BJE) die größte Bedeutung. Der Nachweis im Serum ist einwandfrei

---

[1] QUICK, A.: The Hemorrhagic Diseases. S. 323. Springfield 1942. [Wuhrmann-Wunderly 2. Aufl. S. 65.]

[2] VARAY, A., et FRANTZ: Bull. Mém. Soc. méd. Hôp. Paris (IV) 65, 855 (1949).

[3] DE LA HUERGA, J., H. POPPER, M. FRANKLIN and J. I. ROUTH: J. Lab. clin. Med. 35, 466 (1950). — POPPER, H., J. DE LA HUERGA, F. STEIGMANN and M. SLODKI: J. Lab. clin. Med. 35, 391 (1950).

[4] DE LA HUERGA, J., and H. POPPER: J. Lab. clin. Med. 35, 459 (1950).

[5] JAGER, B. V., and M. NICKERSON: J. biol. Ch. 173, 683 (1948).

geglückt. Eine quantitative Bestimmung ist bis jetzt nicht durchgeführt worden, weil das BENCE-JONESsche Protein in Gegenwart von viel Albumin beim Erhitzen auf 100° nicht vollständig in Lösung geht[1]. Bei der fraktionierten Ausfällung ist gezeigt worden, daß das BJE mit den Pseudoglobulinen ausfällt[2]. Für den *Nachweis* gibt ABDERHALDEN[3] folgende Vorschrift:

Das nach spontaner Gerinnung ausgepreßte Serum wird mit der 10fachen Menge Wasser verdünnt und nach Zugabe von 10%iger Kochsalzlösung aufgekocht. Die heiße Lösung wird durch einen Heißwassertrichter in ein Gefäß filtriert, welches kochendes Wasser enthält. Beim Abkühlen tritt bei 60° Opalescenz auf, bei weiterem Abkühlen Flockung. Es gelingt aber nicht, das gesamte ausgefallene Eiweiß wieder in Lösung zu bringen; es wird deshalb von dem ungelösten Eiweiß abfiltriert.

Es konnten bis jetzt nur 0,2—0,5% BJE im Serum nachgewiesen werden und es wäre wünschenswert, diese Versuche nach der quantitativen Seite zu ergänzen. Elektrophoretisch untersucht, wandert das BJE mit dem β- und γ-Globulin[4]. Der Aminosäuregehalt des BENCE-JONES-Proteins ist durch Papierchromatographie untersucht worden. Es fehlen Methionin und Oxyprolin[5].

Mikrobestimmung von Albumin-Globulin im Serum von Meerschweinchen nach ECKER und LIKOVER[6].

Reagentien:

1. 607 cm³ Methanol + 393 cm³ Wasser werden gemischt, auf 0° abgekühlt und mit Methanol auf 1 Liter aufgefüllt.
2. Acetatpuffer: 6,8 g Natriumacetat · 3 H_2O und 10,6 cm³ n Essigsäure ad 1000 cm³ (p_H 5,4 und 0,05 Ionenkonzentration).

Ausführung:

Zu 2,9 cm³ Acetatpuffer, die sich in einem 5 cm³-Meßkolben befinden, gibt man 0,1 cm³ Serum. Davon entnimmt man 2 cm³ in ein Zentrifugenglas, so daß der Kolben noch genau 1 cm³ enthält, gibt 1 cm³ Acetatpuffer in das Zentrifugenglas und kühlt auf 0° ab. Nachdem 7 cm³ Methanolreagens zugesetzt sind, wird gut gemischt, auf 0—5° abgekühlt und bei dieser Temperatur zentrifugiert. Von der überstehenden Flüssigkeit entnimmt man 4 cm³ und bestimmt den Stickstoffgehalt.

Den Meßkolben füllt man mit Acetatpuffer auf 5 cm³ auf und bestimmt ebenfalls den Stickstoffgehalt, aus dem der Eiweißgehalt berechnet wird.

Im Blutplasma sind auch *Mucoproteine* mit Sicherheit nachgewiesen worden, und zwar elektrophoretisch im Perchlorsäurefiltrat[7] und mit der Ultrazentrifuge[8], nachdem die anderen Eiweißkörper durch Ammoniumsulfat ausgefällt waren. Die Mucoproteine finden sich vermehrt bei Krebs und Pneumonien. Es existieren mindestens 3 verschiedene Eiweißkörper, die sich durch ihren isoelektrischen Punkt unterscheiden und als in sich einheitlich charakterisiert worden sind[9]. Das *Serummucoid* ist nicht einheitlich. Es kann

---

[1] LANG, K.: A. e. P. P. **178**, 372 (1935). — MILLS, E. S., and J. E. PRITCHARD: Arch. internal Med., Chicago **60**, 1069 (1937).

[2] BUTLER, A. M., and H. MONTGOMERY: J. biol. Ch. **99**, 173 (1932). — KYDD, D. M.: J. biol. Ch. **107**, 747 (1934). — MOORE, D. H., E. A. KABAT and A. B. GUTMAN: J. clin. Invest. **22**, 67 (1943).— HARVIER, P., et M. RANGIER: Cr. **216**, 131 (1943).

[3] ABDERHALDEN, E.: H. **106**, 130 (1919). — VIGNATI, J., u. M. RAUCHENBERG: Kli. Wo. **1937 I**, 62. — MAGNUS-LEVY, A.: Z. klin. Med. **116**, 510 (1931); **119**, 307 (1932).

[4] GUTMAN, A. B., D. H. MOORE, E. B. GUTMAN, V. McCLELLAN and E. A. KABAT: J. clin. Invest. **20**, 765 (1941).

[5] PAPASTAMATIS, S. C., J. E. KENCH and J. F. WILKINSON: Nature **164**, 961 (1949).

[6] ECKER, E. E., and B. LIKOVER: J. Lab. clin. Med. **32**, 1500 (1947).

[7] MEHL, J. W., J. HUMPHREY and R. J. WINZLER: Proc. Soc. exp. Biol. Med. **72**, 106 (1949). — MEHL, J. W., F. GOLDEN and R. J. WINZLER: Proc. Soc. exp. Biol. Med. **72**, 110 (1949). — MEHL, J. W., F. GOLDEN and J. HUMPHREY: Fed. Proc. **8**, 1 (1946).

[8] WEIMER, H. E., J. W. MEHL and R. J. WINZLER: J. biol. Ch. **185**, 561 (1950). — SMITH, E. L., D. M. BROWN, H. E. WEIMER and R. J. WINZLER: J. biol. Ch. **185**, 569 (1950).

[9] STAUB, A. M., and C. RIMINGTON: Biochem. J. **42**, 5 (1948).

in 92%igem Phenol gelöst werden und wird daraus durch Alkohol, Alkohol-Chloroform oder Chloroform-Amylalkohol fraktioniert gefällt. Das Verhältnis Hexose:N steigt dabei von 1,04 im Ausgangsmaterial bis auf 17 bei der letzten Fällung. Ein Teil der Mucoide ist durch Natriumsulfat nicht fällbar. Diese Fraktion zeigt das Verhältnis Hexose:N = 3. Außer diesen sind auch noch Unterschiede im Glucosamingehalt beobachtet worden.

Eine Zusammenfassung über die quantitative Eiweißanalyse bei immunologischen Reaktionen s. [1]. Weitere Arbeiten, die besonders den *Antikörpergehalt* der γ-Globulinfraktion betreffen s. [2]. Eine immunologische Reaktion zur Bestimmung von menschlichem Albumin in biologischen Flüssigkeiten stammt von KUNKEL und WARD [3]. Mit dem zu untersuchenden Serum wird Antiserum bei einem Kaninchen hergestellt, mit Hilfe dieses Serums eine Präcipitinreaktion durchgeführt, der Niederschlag abzentrifugiert und seine Menge mit Hilfe der Ninhydrinreaktion quantitativ bestimmt. Der Vorteil liegt besonders darin, daß nur sehr kleine Substanzmengen gebraucht werden.

β) Niedermolekulare stickstoffhaltige Bestandteile.

Reststickstoff. Zur Bestimmung des Rest-N muß das Eiweiß entfernt werden, ohne daß eine der am Rest-N beteiligten Substanzen mitgerissen wird. Am besten geeignet hierzu ist die Trichloressigsäure (s. S. 23). Zur Bestimmung des Rest-N muß das eiweißfreie Filtrat in jedem Falle verascht werden. Nach den Angaben von VAN SLYKE eignet sich hierzu am besten Schwefelsäure mit Quecksilbersulfat als Katalysator. Bei den geringen Mengen von organischer Substanz, welche die eiweißfreien Blut- und Serumfiltrate enthalten, sind aber auch Kupfersulfat oder Selendioxyd zu empfehlen. Nach dem Veraschen bleibt der gesamte im Filtrat vorhandene Stickstoff als Ammoniumsulfat zurück. Er kann auf dreierlei Weise bestimmt werden.

1. Nach dem Alkalisieren wird das in Freiheit gesetzte Ammoniak durch Wasserdampf abgetrieben und in einer Vorlage, die eine bekannte Menge 0,01 n Säure enthält, aufgefangen und titrimetrisch bestimmt. Einen empfehlenswerten Apparat s. Abb. 5.

2. In dem Veraschungsrückstand oder auch in dem Destillat kann die Ammoniakmenge nach NESSLER colorimetrisch bestimmt werden. Dies setzt aber voraus, daß keine Flockung eintritt. In den meisten Fällen ist es notwendig, zur Stabilisierung der Farbe ein Schutzkolloid zuzusetzen.

3. Ammoniak kann nach den Angaben von RAPPAPORT [4] unmittelbar durch Titration mit Hypobromit titriert werden. Dieses Verfahren ist neuerdings von FEE, CRUGER und COLLIER [5] modifiziert worden. Sie bestimmen das nach Ansäuern ausgeschiedene Jod colorimetrisch.

Eine weitere Modifikation stellt die Kombination der Xanthydrolfällung mit der Hypobromittitration dar, die von DÁN und BRAUN [6] vorgeschlagen worden ist. Um die Menge Hypobromit zu bestimmen, die durch Nichtharnstoffsubstanzen verbraucht wird, wird je eine Titration vor und nach Xanthydrolfällung durchgeführt.

***Mikrobestimmung des Reststickstoff nach** PARNAS **und** WAGNER* [7]. Es werden hierzu mit Vorteil *2 Apparate* verwendet:

---

[1] TREFFERS, H. P.: Adv. Protein Chem. 1, 69 (1944).

[2] JAYLE, M. F.: Cr. 211, 574 (1940). — POLONOVSKI, M., et M. F. JAYLE: Cr. 211, 517 (1940). — EDSALL, J. T.: Ergebn. Physiol. 46, 308 (1950). — DEUTSCH, H. F., R. A. ALBERTY, L. J. GOSTING and J. W. WILLIAMS: J. Immunol. 56, 183 (1947). — HESS, E. L., and H. F. DEUTSCH: Am. Soc. 71, 1376 (1949). — WUNDERLY, CH., u. A. HÄSSIG: Helv. 32, 1554 (1949). — KUNKEL, H. G., and S. M. WARD: J. biol. Ch. 182, 597 (1950).

[3] KUNKEL, H. G., and S. M. WARD: J. biol. Ch. 182, 597 (1950).

[4] RAPPAPORT, F.: Kli. Wo. 1933 II, 1184; 1937 II, 1190. — RAPPAPORT, F., and F. EICHHORN: J. Lab. clin. Med. 32, 1034 (1947).

[5] FEE, D. A., D. CRUGER and H. B. COLLIER: J. Lab. clin. Med. 34, 873 (1949).

[6] DÁN, A., u. M. BRAUN: Wien. Z. inn. Med. 29, 409, 460 (1948). — DÁN, A.: Wien. Z. inn. Med. 29, 276 (1948).

[7] PARNAS, J. K., u. R. WAGNER: B. Z. 125, 253 (1921).

1. ein Veraschungsgestell nach Abb. 6, welches gestattet, die entweichenden Säure-
dämpfe mit einer Wasserstrahlpumpe abzusaugen, so daß die Veraschung in jedem
Raum durchgeführt werden kann,

2. eine Destillationsapparatur nach Abb. 5, die von PREGL entworfen worden ist und
sehr zuverlässig arbeitet. Das Rohr des Kühlers wird zweckmäßigerweise aus Rotosil
oder Quarz hergestellt.

Reagentien:

1. Trichloressigsäure, 20%ig.
2. H_2SO_4, konz., die 1% Kupfersulfat oder Quecksilbersulfat enthält.
3. 0,01 n H_2SO_4.
4. NaOH, 33%ig.
5. Indicator nach TASHIRO: 100 cm³ 0,03%ige alkoholische Methylrotlösung und
15 cm³ 0,1%ige Methylenblaulösung.

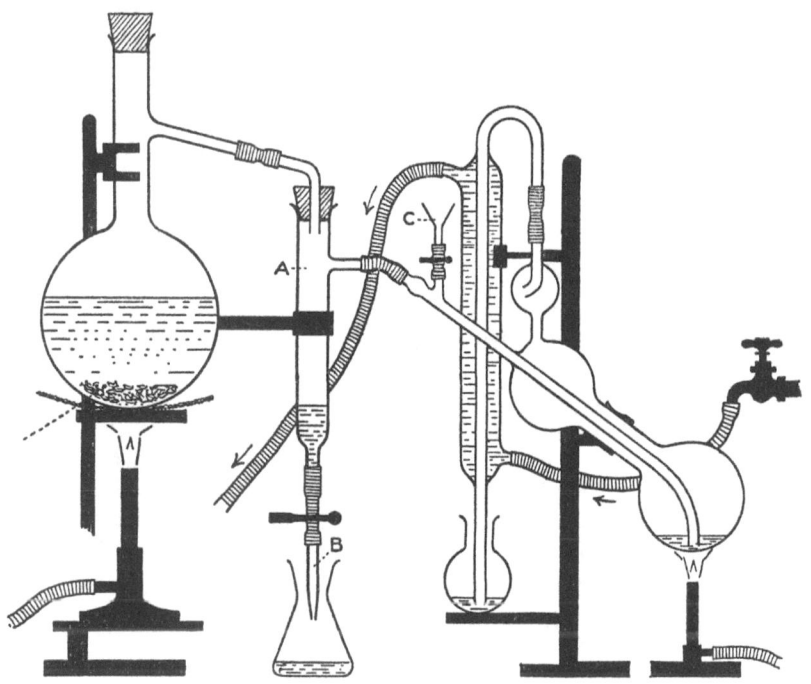

Abb. 5. Modifizierter KJELDAHL-Apparat nach PREGL. *A* Tropfenfänger; *B* Auslauf; *C* Fülltrichter.

Ausführung:

Das Blut wird mit Trichloressigsäure oder nach FOLIN-WU enteiweißt und eine Filtrat-
menge, die 1 cm³ Serum entspricht, unter Zusatz von 1 cm³ Schwefelsäure verascht.
Wenn das Wasser verdampft und die Säure wieder klar geworden ist, wird noch etwa
15 min bis zum schwachen Sieden der Schwefelsäure erhitzt, um die Veraschung zu
vollenden. Nach dem Abkühlen der Veraschungskolben wird der Inhalt, mit etwas
Wasser verdünnt, durch den Trichter *C* der Abb. 5 eingefüllt und die Gefäße mit
Wasser nachgewaschen. In die Vorlage füllt man eine abgemessene Menge, z. B. 10,0 cm³
0,01 n Schwefelsäure, fügt durch den Trichter *C* 2—3 cm³ Natronlauge nach und bläst
aus dem Dampfentwicklungskolben Dampf durch die Apparatur. Der Kühler muß in
die Schwefelsäure eintauchen. Nach 10 min ist die Destillation beendet; die Vorlage
wird so tief gesetzt, daß der Kühler nicht mehr eintaucht; es wird 10 min weiter destilliert,
um die Innenwände des Kühlers auszuspülen. Danach wird die Vorlage abgenommen,
das Kühlerrohr abgespült, und der Inhalt mit 0,01 n Natronlauge zurücktitriert. Die
Differenz gegenüber der vorgelegten Säuremenge bzw. dem Leerwert, multipliziert mit
0,14, ergibt den Stickstoffgehalt der Probe in Milligrammen. Als Indicator verwendet
man Methylrot oder den Mischindicator nach TASHIRO.

Genauer und bequemer ist es, die überschüssige Säure jodometrisch zurückzutitrieren. Man setzt einen Überschuß von Kaliumjodat und Kaliumjodid der Vorlage zu, worauf sich eine der Säure äquivalente Menge Jod abscheidet. Diese kann mit Thiosulfat unter Benutzung von Stärke als Indicator genauestens zurücktitriert werden.

Von SOBEL, YUSKA und COHEN[1] werden als Vorlage 10—15 cm³ einer 2%igen Borsäure verwendet, die mit dem Mischindicator nach TASHIRO versetzt ist. Nach beendigter Destillation wird mit 0,01 n Schwefelsäure auf den ursprünglichen Farbton der Borsäurelösung zurücktitriert. Der Indicator hat oberhalb p_H 5,6 eine grüne, unterhalb p_H 5,3 eine weinrote Farbe. Der Umschlag von grün nach rot ist sehr gut zu erkennen. Außerdem hat die Methode den Vorteil, daß nur eine 0,01 n Lösung vorrätig gehalten werden muß.

Die Destillation von Ammoniak aus dem Veraschungsrückstand kann auch mit der Destillationsapparatur nach LANG durchgeführt werden (Abb. 7)[2]. Die Veraschung mit Schwefelsäure kann unmittelbar in dem Teil B erfolgen. In A wird eine entsprechende

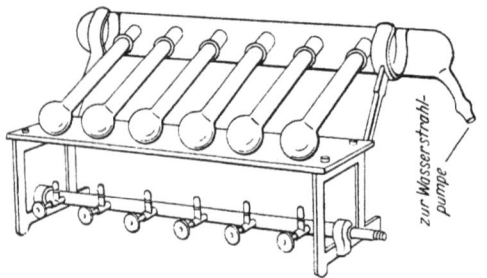

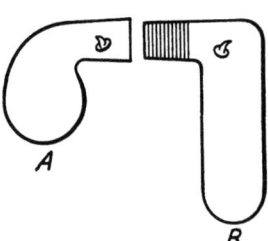

Abb. 6. Veraschungsgestell zur Rest-N-Bestimmung. Abb. 7. Destillationsapparatur nach K. LANG.

Menge 0,01 n Säure vorgelegt; die beiden Teile werden mit ihrem Schliff zusammengesetzt, nachdem zu B eine entsprechende Menge Lauge gegeben wurde und B im Wasserbad gekocht, während A durch einen Wasserstrahl gekühlt wird; das Ammoniak destilliert in kurzer Zeit über; in der Vorlage kann die überschüssige Säure nach einer obengenannten Methode bestimmt werden. Die kleine handliche Apparatur hat den Vorteil, daß sie nicht überwacht zu werden braucht, und daß Reihenversuche angesetzt werden können. Eine Modifikation wurde von BENCZE[3] angegeben.

Reststickstoffbestimmung mittels Diffusionszelle[4].

Reagentien:
1. Trichloressigsäure, 20%ig.
2. H_2SO_4, konz., mit 1% $CuSO_4$ oder 0,7% SeO_2.
3. 0,1 n HCl.
4. NaOH, 33%ig.
5. NESSLERs Reagens: 10 g HgJ_2 und 8 g KJ werden in 10 cm³ Wasser gelöst und mit 20 g NaOH (e natrio) in 90 cm³ Wasser versetzt.

Ausführung:
Die, wie auf S. 33 beschrieben, ver="asch"te Lösung wird in den äußeren Raum einer CONWAY-Zelle gegeben und mit destilliertem Wasser verdünnt. Der Innenraum enthält 0,1 n HCl. Nach Zugabe von NaOH in den Außenraum wird die Zelle mit Hahnfett gedichtet (s. S. 37), verschlossen und über Nacht in den Brutschrank gestellt. Der Inhalt des Innenraumes wird mit destilliertem Wasser in einen 25 cm³-Meßkolben übergeführt und mit Wasser auf 24 cm³ aufgefüllt. Bei der nachfolgenden Zugabe von 0,5 cm³ NESSLERs Reagens erfolgt bei diesem Vorgehen keine Trübung, so daß sich der

---

[1] SOBEL, A. E., H. YUSKA and J. COHEN: J. biol. Ch. **118**, 443 (1937).
[2] LANG, K.: Kli. Wo. **1939** I, 913.
[3] BENCZE, B.: Z. analyt. Chem. **129**, 125 (1949).
[4] Persönliche Erfahrungen des Verf. — S. a. LANG, K., G. SIEBERT, S. LUCIUS u. H. LANG: B. Z. **321**, 538 (1951).

Zusatz eines Kolloids zur Stabilisierung erübrigt. 15 min nach Zugabe von NESSLERs Reagens und Auffüllen wird mit Filter S 42 colorimetriert oder photometriert. Die Serummenge muß so gewählt werden, daß zwischen 5 und 80 γ N analysiert werden.

Harnstoff. Der normale Harnstoffgehalt des Blutes entspricht 10—15 mg-% Harnstoff-N oder 20—30 mg-% Harnstoff. Erniedrigt soll der Harnstoff sein in der Schwangerschaft und bei einigen Fällen von Nephrosen, erhöht bei der chronischen Nephritis und bei allen Erkrankungen, die mit einer Störung der Harnausscheidung einhergehen.

Zur Bestimmung steht eine große Zahl von Methoden zur Verfügung. Der eine Teil dieser Bestimmungen gründet sich auf die Zerstörung von Harnstoff durch Urease. Danach kann nach VAN SLYKE das entstandene Kohlendioxyd manometrisch ermittelt werden[1]. Nach FOLIN und SVEDBERG[2] wird durch Destillation das aus Harnstoff freigemachte Ammoniak erfaßt, welches nach KARR[3] durch direkte Nesslerisation bestimmt werden kann. MYERS[4] benutzt zum Übertreiben von Ammoniak einen Durchlüftungsapparat. Die Methode der Wahl wird heute die Ammoniakbestimmung nach Behandlung mit Urease in der Diffusionskammer nach CONWAY sein. Bei einer sehr einfachen Apparatur lassen sich eine große Zahl von Analysen nebeneinander ausführen. Bei einem Vergleich der Ureasemethode mit der colorimetrischen Methode nach ARCHIBALD[5] finden HALVORSON und SCHULTZE[6] gute Übereinstimmung.

Die Fällung von Harnstoff mit Xanthydrol kann sowohl gravimetrisch als auch colorimetrisch ausgewertet werden[7]. Schließlich reagiert Harnstoff mit Diacetyl. Die entstehende Farbe kann unter gewissen Bedingungen colorimetrisch gemessen werden[8]. Mit aromatischen Aminen entsteht eine rote Farbe, die mit einem grünen Filter colorimetriert werden kann. Die Methode ist für den Clearancetest nicht genau genug.

Die gasometrische Bestimmung von Harnstoff durch direkten Umsatz mit einer alkalischen Natriumhypobromitlösung ist nicht empfehlenswert, da alle Aminogruppen ebenfalls Stickstoff entwickeln und weiter auch, wie CHINARD[9] gezeigt hat, Guanidingruppen mitreagieren.

Es ist auch gezeigt worden, daß man Harnstoff im Autoklaven bei 121—126° in Gegenwart von Phosphorsäure in CO_2 und Ammoniak spalten kann[10]. Die so z. B. aus Blutfiltraten gewonnenen Ammoniaklösungen werden nach Zusatz von NaOH mit NESSLERS Reagens versetzt und direkt bestimmt. Die Methode erscheint umständlich und nicht sehr spezifisch für biologische Substrate zu sein.

Gravimetrische Bestimmung von Harnstoff nach WENGER, CIMERMAN *und* MAULBETSCH[7].

Reagentien:

1. Eisessig.
2. TANRETs Reagens: 2,71 g $HgCl_2$, 7,2 g KJ und 66,6 cm³ Eisessig werden mit Wasser auf 100 cm³ aufgelöst.
3. Xanthydrol, 5%ig in Methanol; täglich frisch zubereiten.
4. Alkohol, mit Dixanthylharnstoff gesättigt.
5. Wasser, mit Dixanthylharnstoff gesättigt.

Ausführung:

1 cm³ Serum, mit 5 cm³ Wasser verdünnt, wird mit 1 cm³ TANRETs Reagens gefällt, nach 5 min filtriert und 1 cm³ Filtrat mit 1 cm³ Eisessig und 0,4 cm³ Xanthydrol versetzt.

---

[1] SLYKE, D. D. VAN: J. biol. Ch. **73**, 695 (1927).
[2] FOLIN, O., and A. SVEDBERG: J. biol. Ch. **88**, 77 (1930).
[3] KARR, W. G.: J. Lab. clin. Med. **9**, 329 (1924).
[4] MYERS, C.: Practical Chemical Analysis of the Blood. St. Louis 1924.
[5] ARCHIBALD, R. M.: J. biol. Ch. **157**, 507 (1945).
[6] HALVORSON, H. O., and M. O. SCHULTZE: J. biol. Ch. **186**, 471 (1950).
[7] WENGER, P., CH. CIMERMAN et A. MAULBETSCH: Mikrochem. (N.F.) 8, 132 (1934). — LEE, M. H., and E. M. WIDDOWSON: Biochem. J. **31**, 2035 (1937).
[8] WHEATLEY, V. R.: Biochem. J. **43**, 420 (1948).
[9] CHINARD, F. P.: J. biol. Ch. **176**, 1449 (1948).
[10] KIBRICK, A. C., and S. SKUPP: Proc. Soc. exp. Biol. Med. **73**, 432 (1950).

Nach 1 Std saugt man den Niederschlag auf einer kleinen Nutsche ab, wäscht 2mal mit je 6 Tropfen Reagens 4, dann mit 4 Tropfen Reagens 5 aus, trocknet bei 105—110° bis zur Gewichtskonstanz und bestimmt das Gewicht des Niederschlages.

Berechnung:

1 mg Dixanthylharnstoff = 0,143 mg Harnstoff. Eine weitere Methode s. [1].

Colorimetrische Bestimmung von Harnstoff nach LEE und WIDDOWSON, modifiziert von ENGEL und ENGEL[2].

Reagentien:

1. Natriumwolframat, 10%ig.
2. 2/3 n H_2SO_4.
3. Eisessig.
4. Xanthydrol, 5%ig in Methanol.
5. Methanol, mit Dixanthylharnstoff gesättigt.
6. Mischung Methanol-Wasser 3:1, mit Dixanthylharnstoff gesättigt.
7. H_2SO_4, 50 Vol.-%ig.
8. Harnstoff-Standardlösung, 6 mg-%ig, die durch Verdünnen hergestellt wird; unter Toluol aufzubewahren.

Ausführung:

0,2 cm³ Blut, 1,4 cm³ Wasser und je 0,2 cm³ Wolframat und Schwefelsäure werden miteinander gemischt und zentrifugiert. 1 cm³ Zentrifugat kommt in ein zweites Zentrifugenglas, wird dort mit 1 cm³ Eisessig und 0,2 cm³ Xanthydrol gemischt und nach Stehen über Nacht im Eisschrank mit 4 cm³ Methanol aufgefüllt. Nach dem Zentrifugieren wird der Niederschlag durch 4 cm³ Methanol-Wasser ausgewaschen und in einer gemessenen Menge 50%iger Schwefelsäure gelöst. Das Volumen der Schwefelsäure schwankt zwischen 2 und 10 cm³ und wird so gewählt, daß die Farbe derjenigen einer Standardlösung möglichst entspricht. Für die colorimetrische Bestimmung wird die Verwendung eines lichtelektrischen Colorimeters vorgeschlagen.

100fach verdünnter Harn kann ebenso wie Blut behandelt werden. Eine ähnliche Methode hat BEATTIE[3] beschrieben. Der Niederschlag kann auch in starker Salpetersäure gelöst werden[4], oder es wird das Phenolreagens von FOLIN durch den Dixanthylharnstoff reduziert[5]. Der Dixanthylharnstoffniederschlag kann auch nach KJELDAHL verascht und so bestimmt werden.

Harnstoffbestimmung nach WHEATLEY[6].

Reagentien:

1. Zinksulfat, 2%ig.
2. 0,1 n NaOH.
3. Natriumsulfatlösung, 3%ig (isotonisch).
4. Diacetylmonoximlösung, 3%ig in Wasser. Im Eisschrank unbegrenzt haltbar.
5. 0,106 g N-Phenylanthranilsäure und 0,05 g Na_2CO_3 in 100 cm³ Wasser.
6. 18 n H_2SO_4.
7. Kaliumpersulfat, 1%ig, im Eisschrank 2 Monate haltbar.

Ausführung:

7,9 cm³ Natriumsulfatlösung, 0,1 cm³ Blut, 1 cm³ Zinksulfat und 1 cm³ Natronlauge werden gemischt und zentrifugiert. Zu 2 cm³ des Zentrifugates (desgleichen zu 2 cm³ einer Standardlösung bzw. Wasser) gibt man 0,2 cm³ Diacetylmonoxim, 0,25 cm³ Phenylanthranilsäure und 4 cm³ 18 n Schwefelsäure. Nach dem Mischen kocht man 10 min im Wasserbad, kühlt ab, gibt 0,2 cm³ Kaliumpersulfat zu, mischt wieder und kann

[1] KISCH, B.: B. Z. **225**, 193 (1930).
[2] ENGEL, M. G., and F. L. ENGEL: J. biol. Ch. **167**, 535 (1947).
[3] BEATTIE, F.: Biochem. J. **22**, 711 (1928).
[4] GIGON, A., u. M. NOVERRAZ: Schweiz. med. Wschr. **70**, 464 (1940).
[5] YOSHIMATSU, S. I.: Tôhoku J. exp. Med. **13**, 1 (1929).
[6] WHEATLEY, V. R.: Biochem. J. **43**, 420 (1948).

nach 15 min colorimetrieren (Maximalabsorption bei 535 mμ). Bei hohem Harnstoffgehalt, d. h. über 50 mg-%, nimmt man nur 1 cm³ Zentrifugat. Die Bestimmung gelingt noch mit 0,02 cm³ Blut, die man mit 2,5 cm³ Natriumsulfat und je 0,2 cm³ Zinksulfat und Natronlauge enteiweißt.

Harnstoffbestimmung nach FOLIN und SVEDBERG[1].

Reagentien:
1. Acetatpuffer: 15 g krystallisiertes Natriumacetat und 1 cm³ Eisessig, gelöst in Wasser ad 100 cm³.
2. Ureasepapier. Über die Reindarstellung der Urease s. S. 189.
3. Dinatriumtetraboratlösung, gesättigt.
4. 0,1 n HCl.
5. NESSLERs Reagens. Darstellung s. S. 34.

Ausführung:

5 cm³ Blutfiltrat nach FOLIN-WU (s. S. 36) werden mit 2 Tropfen Pufferlösung und einem Stückchen Ureasepapier versetzt. Unter öfterem Umschütteln läßt man den Ansatz 25 min bei Zimmertemperatur stehen, versetzt dann mit 2 cm³ Dinatriumtetraboratlösung und destilliert das entstandene Ammoniak während 5 min in 1 cm³ 0,1 n Salzsäure, die mit 1 cm³ Wasser verdünnt ist. Das überdestillierte Ammoniak kann nach der Vorschrift nach NESSLER colorimetrisch bestimmt werden (s. S. 34).

Bestimmung von Harnstoff durch Diffusion nach CONWAY[2]. Über die Konstruktion der Diffusionszelle s. Abb. 8. Der Deckel wird mit einem Gemisch aus 3 Teilen Vaseline und 1 Teil Paraffin F 55° gedichtet.

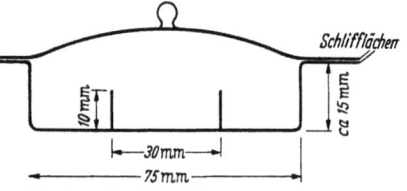

Abb. 8. Diffusionszelle nach CONWAY.

Reagentien:
1. Borsäurereagens: 5 g Borsäure werden mit 200 cm³ Alkohol und 700 cm³ Wasser gelöst, mit 10 cm³ Indicatorlösung angefärbt und durch Zusatz von Alkali auf einen schwach rötlichen Ton eingestellt. Zum Schluß wird auf 1000 cm³ aufgefüllt.
2. Indicatorlösung: 0,033 % Bromkresolgrün und 0,066 % Methylrot in Alkohol.
3. Gesättigte Lösung von Kaliummetaborat oder von Kaliumcarbonat.
4. 0,004 n HCl.
5. Urease-Phosphatlösung: 22 g Permutit werden fein gepulvert und mit 2 %iger Essigsäure gewaschen, dekantiert und 2mal mit Wasser ausgezogen. Der Permutitbrei wird mit 45 g Sojabohnenmehl und 75 cm³ Wasser angerührt und ½ Std geschüttelt. Dann versetzt man mit 225 cm³ Glycerin. Von diesem Glycerinextrakt nimmt man z. B. 1 cm³, versetzt mit 1 cm³ Phosphatpuffer und füllt mit Wasser auf 10 cm³ auf. Für 0,2 cm³ Blut benötigt man 0,5 cm³ der verdünnten Ureaselösung.
6. Phosphatpuffer: 69 g NaH_2PO_4 und 179 g krystallisiertes Na_2HPO_4 im Liter.

Ausführung:

Die äußere Kammer der CONWAY-Gefäße wird mit 0,2 cm³ Blut und 0,5 cm³ Ureaselösung, die innere Kammer mit 2 cm³ Borsäurereagens beschickt. Man läßt verschlossen 15 min bei Zimmertemperatur oder 10 min bei 38° stehen. Dann gibt man in die äußere Kammer 1 cm³ Lösung 3, mischt gut und läßt 105 min bei 38° verschlossen stehen. In dieser Zeit diffundiert das freigesetzte Ammoniak in die innere Kammer, wo es unmittelbar mit Salzsäure zurücktitriert werden kann.

Die Methode wird von ABELIN[3] empfohlen.

Kreatinin. Für die Kreatininbestimmung im Serum (oder im Liquor) ist die JAFFÉsche Reaktion mit alkalischer Pikrinsäurelösung sehr brauchbar, wenn besonders gereinigte

---

[1] FOLIN, O., and A. SVEDBERG: J. biol. Ch. **88**, 77 (1930).

[2] CONWAY, E. J.: Biochem. J. **27**, 430 (1933). — CONWAY, E. J., and E. O'MALLEY: Biochem. J. **36**, 655 (1942).

[3] ABELIN, I.: B. Z. **297**, 203 (1938).

Pikrinsäure verwendet wird[1]. 3,5-Dinitrobenzoesäure gibt eine Rotfärbung wie Kreatinin in alkalischer Lösung, es reagieren aber weniger störende Stoffe mit[2], insofern ist die Reaktion „spezifischer". Die durch Dinitrobenzoesäure erzeugte Farbe ist sehr unbeständig, auch besitzt sie eine starke Eigenfarbe. Störend ist ferner die Empfindlichkeit gegen höhere Salzkonzentrationen. Arbeitet man in schwach alkalischer Lösung, so ist die Farbe zwar beständiger und der Leerwert geringer, aber auch die Empfindlichkeit läßt nach[3].

Der wahre Kreatiningehalt läßt sich ermitteln, wenn man 2 Bestimmungen ausführt: a) direkt, b) nachdem das Kreatinin durch ein in Bodenbakterien vorkommendes spezifisches Ferment zerstört worden ist[4].

Eine nephelometrische Bestimmung von Kreatinin nach Fällung mit NESSLERs Reagens ist von BARRET[5] beschrieben und von anderer Seite[6] für quantitative Zwecke untersucht worden. Nach den Untersuchungen von STELGENS und Mitarbeitern[7] wird ein Kaliumquecksilbercyanidreagens durch Kreatinin zu metallischem Quecksilber reduziert; der Überschuß des Reagens kann mit Dithizon colorimetrisch bestimmt werden.

Ein neuartiges Prinzip ist von RIEGERT[8] eingeführt worden. Kreatinin läßt sich in alkalischer Lösung zu Methylguanidin oxydieren, das mit der SAKAGUCHI-Reaktion bestimmt werden kann.

Die Papierchromatographie ist von MAW[9] versucht worden. Er verwendet sie hauptsächlich, um kleine Mengen von Kreatin neben Kreatinin nachzuweisen.

Erythrocyten enthalten sehr viele störende Stoffe, wozu besonders Thionein und Glutathion gehören. Deshalb sind die Kreatininwerte, die für Vollblut oder Erythrocyten angegeben werden, von zweifelhaftem Wert. Im Serum sind normalerweise 0,6 bis 1,2 mg-% vorhanden, davon 80—100% wirkliches Kreatinin. Der wahre Kreatiningehalt der Erythrocyten beträgt aber nur 30—50% der nach JAFFÉ ermittelten Werte.

***Kreatininbestimmung nach* FOLIN**[10].

Reagentien:

Über die Reinigung der Pikrinsäure s. S. 193. Reinigung von Kreatininzinkchlorid: Man löst käufliches Kreatininzinkchlorid in 10 Teilen kochender 25%iger Essigsäure und versetzt heiß mit $1/10$ Volumen gesättigter alkoholischer Zinkchloridlösung, danach mit dem $1\frac{1}{2}$fachen Volumen Alkohol. Die über Nacht ausgefallenen Krystalle werden abgesaugt, mit wenig Alkohol gewaschen, ein zweites Mal umkrystallisiert und getrocknet.

1. Die Stammlösung enthält 161 mg Kreatininzinkchlorid in 100 cm³ 0,1 n HCl; dies entspricht 100 mg-% Kreatinin. Zum Gebrauch wird die Stammlösung 1:100 verdünnt.
2. Natriumpikratlösung, 1%ig.
3. NaOH, 2%ig.

Ausführung:

In ein Reagensglas gibt man 10 cm³ Serumfiltrat nach FOLIN-WU (s. S. 62), 1 cm³ Pikratlösung und 1 cm³ Lauge. Man mischt, läßt 30 min stehen und kann dann colorimetrieren.

[1] POPPER, H., E. MANDEL u. H. MAYER: B. Z. **291**, 354 (1937). — BLAIZOT, J.: Bull. Soc. Chim. biol. **32**, 136 (1950).

[2] BENEDICT, S. R., and J. A. BEHRE: J. biol. Ch. **114**, 515 (1936).

[3] LEHNARTZ, E.: H. **271**, 265 (1941). — RÖTTGER, H.: B. Z. **319**, 359 (1949).

[4] DUBOS, R., and B. F. MILLER: J. biol. Ch. **121**, 429 (1937). — MILLER, B. F., and R. DUBOS: J. biol. Ch. **121**, 447, 457 (1937). — MILLER, B. F., R. DUBOS, M. J. C. ALLISON and Z. BAKER: J. biol. Ch. **130**, 383 (1939). — BAKER, Z., and B. F. MILLER: J. biol. Ch. **130**, 393 (1939).

[5] BARRET, J.: Lancet **1936** I, 84.

[6] BARCLAY, J. A., and R. A. KENNEY: Biochem. J. **41**, 586 (1947).

[7] STELGENS, P., H. WOLF u. K. SCHREIER: H. **286**, 218 (1950).

[8] RIEGERT, A.: C. R. Soc. Biol. **132**, 535 (1939).

[9] MAW, G. A.: Biochem. J. **43**, 139 (1948). Nature **160**, 261 (1947).

[10] FOLIN, O.: H. **228**, 268 (1934).

Die Eichkurve legt man mit entsprechenden Mengen der Standardlösung an. Die Ablesung erfolgt im Stufenphotometer mit Filter S 53.

Kreatininbestimmung nach RÖTTGER[1].

Reagentien:

1. HCl, 3%ig.
2. Trichloressigsäure, 20%ig.
3. Natriumacetatlösung, 20%ig.
4. 2,5 n NaOH.
5. Dinitrobenzoesäure, 6%ig.

Die käufliche Dinitrobenzoesäure muß vor Gebrauch aus Alkohol umkrystallisiert werden, indem man 50 g in 100 cm³ siedendem 80%igem Alkohol löst, vom Ungelösten abfiltriert und auf 5° abkühlt. Nach 30 min wird abgesaugt, die Krystalle werden mit 50%igem Alkohol gewaschen. Das Umkrystallisieren ist zu wiederholen, bis die Substanz den Schmelzpunkt von 204—204,5° erreicht hat. 30 g so gereinigte 3,5-Dinitrobenzoesäure werden in 425 cm³ Wasser suspendiert und im Wasserbad auf 70—80° erhitzt. Dann gibt man 75 cm³ 10%ige Na_2CO_3-Lösung hinzu, hält 5 min auf 80°, kühlt anschließend ab und filtriert vom Ungelösten ab.

Ausführung:

4 cm³ nichthämolytisches Serum werden mit 4 cm³ Wasser, 4 cm³ Salzsäure und 4 cm³ Trichloressigsäure enteiweißt. Von dem klaren Zentrifugat nimmt man 9 cm³ und neutralisiert gegen Methylrot mit Natronlauge, ergänzt das Volumen auf 11 cm³, gibt je 5 cm³ Dinitrobenzoatlösung und Natriumacetatlösung hinzu und nochmal 0,5 cm³ Natronlauge. Genau 5 min später wird auf 25 cm³ aufgefüllt und mit Filter S 57 photometriert.

Zur Bestimmung von Gesamtkreatinin werden 9 cm³ Serumfiltrat in einem zugeschmolzenen Bombenröhrchen 3 Std auf 120° erhitzt. Die weitere Verarbeitung erfolgt wie oben beschrieben.

Kreatininbestimmung nach STELGENS, WOLF und SCHREIER[2].

Reagentien:

1. Kaliumquecksilber(II)-rhodanid: 1,267 g Quecksilberrhodanid werden mit 0,7774 g Kaliumrhodanid in 100 cm³ bidestilliertem Wasser in der Wärme gelöst. Davon entnimmt man 1 cm³, gibt ungefähr 50 cm³ Wasser hinzu, löst darin 7 g Kaliumrhodanid und füllt auf 100 cm³ auf. Diese Lösung enthält 8 mg-% Quecksilber und 7% KCNS.
2. 6 n NaOH.
3. n H_2SO_4.
4. Hydroxylaminhydrochlorid, 10%ig.
5. Dithizonstammlösung: 300 mg reinstes Dithizon werden in 1 Liter doppelt destilliertem Chloroform oder Tetrachlorkohlenstoff gelöst (Reinigung s. S. 194).

Ausführung:

Das Serum wird mit Natriumwolframat und Schwefelsäure nach FOLIN-WU enteiweißt. 3 cm³ Filtrat, die höchstens 15 γ Kreatinin enthalten dürfen, werden auf 8—10° abgekühlt und mit 2 cm³ Natronlauge und 1 cm³ Quecksilberreagens versetzt. Man schüttelt gut durch, läßt 30 min stehen, säuert dann mit Schwefelsäure schwach an, gibt 2 cm³ Hydroxylaminlösung hinzu und füllt mit Wasser auf ungefähr 50 cm³ auf. Die Mischung wird mit 10 cm³ der 10fach verdünnten Dithizonlösung 3 min lang geschüttelt. Nach dem Trennen der Schichten filtriert man die Chloroformlösung durch ein kleines Filtrierpapier, welches mit verdünnter Salpetersäure und Wasser gereinigt und bei 100° getrocknet war. Die Farbe der Dithizonlösung wird im Photometer gegen grünes Dithizon mit Filter S 50 bei 0,5 cm Schichtdicke abgelesen. Den gleichen Arbeitsgang führt man in einem Leerversuch durch, bei welchem die Extinktion genau 1,00 (= 80 γ Quecksilber) betragen soll. Aus der Differenz der beiden Ablesungen ist der

---

[1] RÖTTGER, H.: B. Z. **319**, 359 (1949).
[2] STELGENS, P., H. WOLF u. K. SCHREIER: H. **286**, 218 (1950).

Kreatiningehalt zu errechnen. Das BEERsche Gesetz ist nicht ganz erfüllt; die Werte müssen auf einer Eichkurve abgelesen werden.

Kreatin kann direkt durch die Diacetylreaktion bestimmt werden[1]. Das Verfahren ist aber nicht spezifisch für Kreatin. Durch Zusatz von α-Naphthol wird die Reaktion wesentlich empfindlicher[2], aber nicht spezifischer. Auch die Reduktion einer alkalischen Kupfersulfatlösung ist zu unspezifisch[3].

Es bleibt für die Kreatinbestimmung im allgemeinen nur übrig, das Kreatin in saurer Lösung in Kreatinin zu überführen und den Kreatingehalt aus einer Doppelbestimmung vor und nach der Säurebehandlung zu errechnen[4]. Über die optimalen Versuchsbedingungen ist eine endgültige Entscheidung noch nicht getroffen. Am bequemsten ist die Überführung bei 100° im kochenden Wasserbad[5]. Der Umsatz im Autoklaven bei 120° gelingt ebenfalls, scheint aber nicht unbedingt notwendig zu sein. Es erscheint zweifelhaft, ob eine quantitative Umwandlung bei 60° gelingt. CLARK und THOMPSON geben nach ihren Untersuchungen an, daß die Umwandlung quantitativ nur bei p_H 2,0 ± 0,05 gelingt. Sie arbeiten in Pikrinsäurelösung[6].

Die störenden Substanzen nehmen durch die Säurebehandlung zu; daher sind die für Gesamtblut angegebenen Werte nicht zuverlässig. Man rechnet für das Gesamtkreatinin mit einer Menge von 1,8—2,6 mg-%, von denen 1,1—1,3 mg-% präformiertes Kreatin sind.

Über die Bestimmung von Kreatin im Serum nach RÖTTGER s. S. 39.

Kreatinbestimmung nach EGGLETON, ELSDEN und GOUGH[7].

Reagentien:
1. Diacetyllösung: 1,6 g Dimethylglyoxim werden mit 200 cm³ 5 n H_2SO_4 destilliert. Das erste Destillat von 50 cm³ wird mit Wasser auf 100 cm³ aufgefüllt. Im Eisschrank etwa 1 Monat haltbar. Zum Gebrauch wird es 20fach verdünnt.
2. α-Naphthol, durch Wasserdampfdestillation gereinigt. Kurz vor Gebrauch wird eine 1%ige Lösung in dem Alkalireagens hergestellt.
3. Alkalireagens: 30 g NaOH und 80 g Na_2CO_3 werden in Wasser ad 500 cm³ gelöst.

Ausführung:
In einem 10 cm³-Meßkolben versetzt man die zu untersuchende Lösung, die höchstens 60 γ Kreatin enthalten soll, mit 2 cm³ Alkalireagens und 1 cm³ verdünnter Diacetyllösung. Man füllt auf 10 cm³ auf, mischt, läßt 30 min stehen und colorimetriert mit Filter S 53. Die Farbe bleibt 2 Std konstant.

Für 1 γ Kreatin beträgt bei 10 mm Schichtdicke die Extinktion 0,015. Über den Einfluß von SH-Gruppen vgl.[8].

Anwendung auf Harn und Zusammensetzung des Alkalireagens s.[9].

Guanidin. Der Guanidingehalt im Serum gesunder Menschen wird unterschiedlich angegeben: 0,07—0,15 mg-%[10], 0,02—0,19 mg-%[11] und 0,15—0,20 mg-%[12]. In einigen Fällen wird eine Vermehrung bei Hypertonien bis 0,6 mg-% gefunden[10], nicht bei essentieller Hypertonie, wohl aber bei Nephritis und N-Retention[11]. Auch bei Poliomyelitis (bis 2,0 mg-%), Spasmophilie, Muskeldystrophie, Epilepsie und Leberschäden sowie Anoxämie ist der Gehalt im Blut erhöht[12].

---

[1] HARDEN, A., and D. NORRIS: J. Physiol., London 42, 332 (1911).

[2] BARRITT, M. M.: J. Path. Bacteriology 42, 442 (1936). — EGGLETON, P., S. R. ELSDEN and N. GOUGH: Biochem. J. 37, 526 (1943).

[3] SCHAFFER, C. F.: Am. Soc. 60, 2001 (1938).

[4] HAHN, A., u. G. BARKAN: Z. Biol. 72, 305 (1920).

[5] BERENDT, H. W.: Z. ges. inn. Med. 5, 87 (1950).

[6] CLARK, L. C., jr., and H. L. THOMPSON: Analyt. Chem., Washington 21, 1218 (1949).

[7] EGGLETON, P., S. R. ELSDEN and N. GOUGH: Biochem. J. 37, 526 (1943).

[8] ENNOR, A. H., and L. A. STOCKEN: Biochem. J. 42, 557 (1948).

[9] RAAFLAUB, J., u. I. ABELIN: B. Z. 321, 158 (1950).

[10] WEBER, C. J.: Proc. Soc. exp. Biol. Med. 24, 712 (1927).

[11] MAJOR, R. H., and C. J. WEBER: Arch. internal Med., Chicago 40, 891 (1927).

[12] CASCIO, D.: N. Y. State J. Med. 49, 1685 (1949). — ANDES, J. E., E. J. VAN LIERE, E. J. ANDES and P. VAUGHN: J. Lab. clin. Med. 26, 530 (1940).

Die Bestimmung kann nach WEBER[1] erfolgen, doch soll zugesetztes Guanidin nur zu 75 bis 85 % wiedergefunden werden[2]. LEVINSON und MACFATE[3] arbeiten nach demselben Prinzip.

Für unsubstituierte Guanidine teilt SULLIVAN[4] folgende Farbreaktion mit, die spezifisch sein soll: 1 cm³ der eiweißfreien Lösung wird mit derselben Menge einer 1 %igen Lösung von 1,2-naphthochinon-4-sulfosaurem Natrium und 0,3 cm³ n NaOH 2 min im Wasserbad gekocht. Nach dem Abkühlen wird das überschüssige Chinon durch 0,2 cm³ einer 20 %igen Hydroxylaminhydrochloridlösung gebunden. Dann versetzt man mit je 0,5 cm³ konzentrierter HCl und konzentrierter HNO_3, schüttelt 1 min, gibt 3 cm³ Alkohol zu und kann die intensive rote Farbe colorimetrieren. ELLIS[5] bestimmt das Guanidin bei wirbellosen Tieren colorimetrisch mit der Phosphorwolframatmethode. Die Methode ist umständlich, die Genauigkeit kann bezweifelt werden, da Kreatinin stört.

Guanidinbestimmung nach WEBER[1].

Reagentien:

1. 10 %iges Nitroprussidnatrium, 10 %iges Trikaliumhexacyanoferrat und 10 %ige NaOH werden zu gleichen Teilen gemischt und mit 3 Volumina Wasser verdünnt. Die Mischung wird innerhalb 10 min gelb und ist dann gebrauchsfertig.

Ausführung:

50 cm³ Blutfiltrat nach FOLIN-WU werden mit 3—4 Tropfen 10 %iger NaOH und 0,5 g Tierkohle geschüttelt und filtriert. Die auf dem Filter verbleibende Tierkohle läßt man 5 min trocknen und extrahiert dann mit 25 cm³ Alkohol, dem 0,5 cm³ n HCl zugesetzt waren. Man läßt im Alkohol über Nacht stehen, filtriert dann, dampft 20 cm³ des Filtrates ein, löst den Rückstand in 5 cm³ Wasser und setzt 1 cm³ Reagens zu. Nach 10 min wird colorimetriert. Als Standard verwendet man Guanidincarbonat. Guanidin und *Methylguanidin* geben die gleiche orangerote Farbe, die nach 2 min ihr Maximum erreicht. *Dimethylguanidin* gibt nur $^2/_3$ der Farbintensität, Kreatin $^1/_{10}$ nach 5 min, Kreatinin und Harnstoff nur $^1/_{100}$—$^1/_{250}$.

Der Kreatiningehalt des Blutes wird abgezogen, indem man 1 mg Kreatinin = 0,07 mg Guanidin setzt.

Cholin kommt im Blut in Mengen von 0,2—2 mg-% vor. Der Gehalt zeigt aber, wie SCHLEGEL[6] gefunden hat, eine saisonabhängige Höhe. Er ist im Juli am niedrigsten und im Februar-März am höchsten. Es kommt in freier und gebundener Form vor, die durch Adsorptionsanalyse voneinander getrennt werden können[7]. Über Physiologie von Cholin s.[8].

Zur Bestimmung stehen zur Verfügung die Isolierung als Chloroplatinat oder Chloraurat[9], dann die Bestimmung als Enneajodid[10], die aber nicht sehr spezifisch ist und in neuerer Zeit nicht mehr gebraucht wurde. Cholin läßt sich als Reineckat fällen und entweder gravimetrisch oder colorimetrisch bestimmen[11]. Auch die Kombination der Reineckatfällung mit der Enneajodidmethode ist versucht worden[12]. Über die Löslichkeit der Reineckate und von Cholinreineckat in verschiedenen Alkoholen, Äthern u. dgl. s.[13].

[1] WEBER, C. J.: Proc. Soc. exp. Biol. Med. **24**, 712 (1927).

[2] MAJOR, R. H. and C. J. WEBER: Arch. internal Med., Chicago **40**, 891 (1927).

[3] LEVINSON, S., and R. MCFATE: Clinical and Laboratory Diagnosis 2. Aufl. S. 294. Philadelphia 1943.

[4] SULLIVAN, M. X.: J. biol. Ch. **116**, 233 (1936).

[5] ELLIS, M. M.: Biochem. J. **22**, 353 (1928).

[6] SCHLEGEL, J. U.: Proc. Soc. exp. Biol. Med. **70**, 695 (1949).

[7] DUCET, G.: Analyt. chim. Acta, N.Y. **2**, 839 (1948). — DUCET, G., et E. KAHANE: Bull. Soc. Chim. biol. **28**, 794 (1946). — DUCET, G.: Cr. **226**, 1045 (1948).

[8] JUKES, T. H.: Ann. Rev. **16**, 193 (1947).

[9] WREDE, F., E. STRACK u. E. BORNHOFEN: H. **183**, 123 (1929).

[10] ERICKSON, B. N., I. AVRIN, D. M. TEAGUE and H. H. WILLIAMS: J. biol. Ch. **135**, 671 (1940). — ROMAN, W.: B. Z. **219**, 218 (1930).

[11] KAPFHAMMER, J., u. C. BISCHOFF: H. **191**, 179 (1930). — MÜLLER, H.: H. **263**, 243 (1940). — THORNTON, M. H., and F. K. BROOME: Industr. engng. Chem., analyt. Ed. **14**, 39 (1942). — MARENZI, A. D., and C. E. CARDINI: J. biol. Ch. **147**, 363 (1943).

[12] SHAW, F. H.: Biochem. J. **32**, 1002 (1938).

[13] BLICK, D.: J. biol. Ch. **156**, 643 (1944).

Wird eine Cholinlösung in starkem Alkali oxydiert, so geht Trimethylamin über, welches in der Vorlage unmittelbar bestimmt werden kann[1].

Eine Besprechung der biologischen Bestimmungsverfahren als Acetylcholin s.[2]; sie dürfte in vielen Fällen die Methode der Wahl sein.

Über Cholinbestimmung aus Lipoiden s. S. 137.

Cholinbestimmung nach HANDLER[3].

Reagentien:

1. Methanol, absolut.
2. $Ba(OH)_2$-Lösung, gesättigt.
3. Eisessig.
4. Thymolphthalein, 1%ig in Alkohol.
5. Ammoniumreineckat, 2%ig in Methanol.
6. Wasser, bei 3° mit Cholinreineckat gesättigt.
7. Alkohol, bei 3° mit Cholinreineckat gesättigt.
8. Aceton.

Ausführung:

Die eingetrocknete Substanz, die 1—5 mg Gesamtcholin enthalten soll, wird im SOXHLET-Apparat 20 Std mit 100 cm³ absolutem Methanol extrahiert. Den Extrakt verdampft man im Vakuum zur Trockne, verseift den Rückstand 2 Std auf dem Wasserbad mit 30 cm³ $Ba(OH)_2$ und neutralisiert nach dem Erkalten mit Eisessig gegen Thymolphthalein. Von dem ausgefallenen Niederschlag filtriert man ab, wäscht den Niederschlag aus und füllt auf 50 cm³ auf. Nach Zusatz von 6 cm³ Ammoniumreineckat stellt man 3 Std in Eis, saugt das ausgefallene Cholinreineckat ($C_5H_{14}ON \cdot C_4H_6N_6S_4Cr$) auf eine eisgekühlte Glasfilternutsche und wäscht 2mal mit je 2,5 cm³ Lösung 6 und dann mit Lösung 7 aus. Nach dem Trocknen des Niederschlages wird dieser in Aceton gelöst, auf 10 cm³ aufgefüllt und bei 520 mμ photometriert. Das BEERsche Gesetz gilt von 0,2—5 mg genau.

Die Oxydation mit H_2O_2 und colorimetrische Bestimmung von Chrom bietet keine Vorteile.

Bestimmung von Cholin nach LINTZEL *und* MONASTERIO[1].

Reagentien:

1. KJELDAHL-Lauge, 32%ig.
2. Formaldehyd, 35%ig.
3. 0,02 n H_2SO_4.
4. 0,02n Trimethylaminlösung (Darstellung s. S. 195).
5. Phenolphthalein.
6. Permanganatlösung, 0,5%ig.

Ausführung:

Es wird eine Apparatur nach Abb. 9 benötigt. Der Kolben *A* enthält 10 cm³ KJELDAHL-Lauge und die Cholinlösung, die Vorlage *B*, die 24 cm lang und 4 cm weit ist, eine eisgekühlte Mischung von 5 cm³ KJELDAHL-Lauge und 10 cm³ Formaldehydlösung. Sie wird von außen durch Eis gekühlt und muß innen trocken sein. Die zweite Vorlage *C* enthält 5 cm³ Schwefelsäure und einige Tropfen Phenolphthalein. Man saugt mit einer Wasserstrahlpumpe durch das System einen möglichst starken Luftstrom, erhitzt den Kolben *A* zum Sieden und setzt aus dem Tropftrichter erst langsam, dann etwas schneller Permanganatlösung zu, die zuerst sofort bis zu Braunstein reduziert wird und erst nach Beendigung der Oxydation eine bleibende Grünfärbung annimmt. Ist dies eingetreten, wird die Flamme entfernt und der Kolben *A* vom Kühler abgetrennt; durch diesen werden weitere 10 cm³ KJELDAHL-Lauge eingefüllt; die Eiskühlung der Vorlage *B* wird entfernt. Man durchlüftet noch 1 Std weiter, während *B* langsam Zimmer-

---

[1] LINTZEL, W., u. G. MONASTERIO: B. Z. **241**, 273 (1931).
[2] BEST, C. H., and C. C. LUCAS: Vitamins & Hormones 1, 1 (1943). — ABDON, N. O., and K. LJUNG-DAHL-OSTBERG: Acta physiol. scand. 8, 103 (1944). — DUCET, G.: Cr. **226**, 1045 (1948). Analyt. chim. Acta, N. Y. 2, 839 (1948).
[3] HANDLER, P.: Biol. Symp. **12**, 361 (1947).

temperatur annimmt, und titriert dann die überschüssige Schwefelsäure in der Vorlage C mit Trimethylaminlösung zurück.

Berechnung:

1 cm³ verbrauchte Säure = 0,28 mg Trimethylamin-N bzw. Cholin-N.

Mit dieser Methode kann man auch *Lecithin* nach Verseifung bestimmen. Sie ist nicht spezifisch, da auch *Neurin, Carnitin* und *Betainaldehyd* Trimethylamin abspalten.

Acetylcholin wird in den meisten Fällen biologisch bestimmt. Eine chemische Methode stammt von SHAW[1], der durch Fällung als Reineckat, dann als Jodid eine Empfindlichkeit von 1:10⁶ erzielt hat. Seine Werte stehen in Übereinstimmung mit den biologisch gefundenen Werten. Nach HESTRIN[2] reagiert Acetylcholin mit Hydroxylamin unter Bildung einer Hydroxamsäure, die als Eisensalz colorimetrisch bestimmt werden kann. Dies Verfahren läßt leider sehr viel bezüglich der Spezifität zu wünschen übrig, da es eine allgemeine Reaktion von Estern ist.

Ergothionein (Thionein). Das Ergothionein kommt nur in den Erythrocyten vor und wurde erstmals 1925 isoliert[3]. In älteren Angaben[4] wird der normale Gehalt zwischen 4 und 15 mg-% angegeben, während nach neuen, sorgfältigen Untersuchungen der Normalgehalt etwa 4 mg-% betragen soll[5]. Bei Hyperthyreoidismus sinkt der Gehalt auf 1,25 mg-% ab. Nur 10% dieser Menge sind im Plasma enthalten.

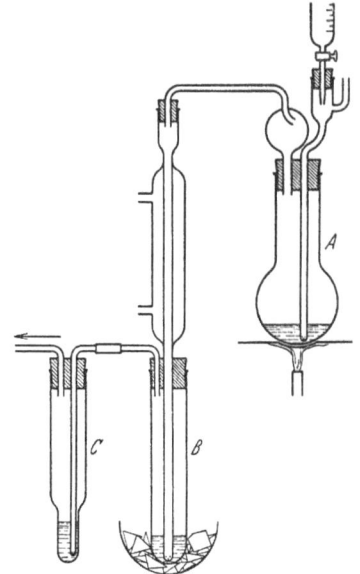

Abb. 9. Apparat nach LINTZEL und MONASTERIO zur Cholinbestimmung.

Bei der Bestimmung ist auf die Enteiweißung besondere Rücksicht zu nehmen, da durch Zinkhydroxyd oder Cadmiumhydroxyd Thionein quantitativ gefällt wird. Auch durch Wolframsäure wird es gefällt, nicht dagegen durch Molybdänsäure. Als Imidazolderivat ist es mit Diazokörpern bei alkalischer Reaktion zu kuppeln[4]. Eine spezifischere Aufarbeitung ist von HUNTER[5] angegeben worden. Er hat gefunden, daß durch Wolframsäure das Thionein nicht gefällt, sondern daß die Diazoreaktion gehemmt wird. Wird das überschüssige Wolframat mit Uranylacetat gefällt, und dieses wieder durch Phosphorsäure abgeschieden, so tritt die Reaktion prompt ein. Am besten ist die Fällung mit basischem Bleiacetat, nachdem das Eiweiß durch Kochen entfernt ist, weil auch durch Uranylacetat etwas Ergothionein mitgerissen wird.

Bestimmung von Ergothionein nach HUNTER[5].

Reagentien:

1. 0,0045 n Essigsäure für Blutanalysen.
2. 0,003 n Essigsäure für Blutkörperchenanalysen.
3. 0,0055 n Essigsäure für Plasmaanalysen.
   Die Essigsäurelösungen enthalten 160 mg Natriumoxalat im Liter.
4. GOULARDs Reagens: 220 g Bleiacetat und 140 g PbO werden in 1 Liter Wasser 30 min gekocht, filtriert und wieder auf 1000 cm³ aufgefüllt.
5. a) Diazoreagens: 9 g Sulfanilsäure + 90 cm³ 37%ige Salzsäure ad 1000 cm³ Wasser.
   b) 5%ige Natriumnitritlösung. Zum Gebrauch mischt man 1,5 cm³ Sulfanilsäure mit 1,5 cm³ Nitritlösung, gibt nach 5 min unter ständiger Eiskühlung weitere 6 cm³ Nitritlösung zu und füllt mit Wasser auf 50 cm³ auf.

[1] SHAW, F. H.: Biochem. J. **32**, 1002 (1938).
[2] HESTRIN, S.: J. biol. Ch. **180**, 249 (1949).
[3] BULMER, F. M. R., B. A. EAGLES and G. HUNTER: J. biol. Ch. **63**, 17 (1925). — HUNTER, G., and B. A. EAGLES: J. biol. Ch. **72**, 123 (1927).
[4] BEHRE, J. A., and ST. R. BENEDICT: J. biol. Ch. **82**, 11 (1929).
[5] HUNTER, G.: Canad. J. Res. (E) **27**, 230 (1949).

6. Alkalische Pufferlösung: 1 g wasserfreies Na_2CO_3 und 10 g Natriumacetat ad 100 cm³.

7. 10 n NaOH.

Ausführung:

Blutserum oder Erythrocyten werden mit Essigsäure 1:10 verdünnt und 1—2 min auf 100° erhitzt. Man kratzt die Wände ab, zentrifugiert, dekantiert, gibt zu der Flüssigkeit 0,05 cm³ GOULARDs Reagens, mischt sorgfältig und zentrifugiert wieder. Man dekantiert in ein 2. Glas, verdünnt mit dem gleichen Volumen Wasser, setzt das gleiche Volumen Diazoreagens nach KOESSLER und HANKE und das doppelte Volumen alkalische Pufferlösung zu. Nach 45 sec hat sich eine orangegelbe Farbe gebildet; man gibt schnell 5 Volumina 10 n Natronlauge zu, erwärmt in der Hand und colorimetriert, nachdem die Gasblasen entwichen sind, bei 495—550 mμ.

Glutathion. Das Glutathion spielt im Stoffwechsel als Redoxsubstanz eine Rolle. Im Blut kommt Glutathion ausschließlich in den Erythrocyten vor, und zwar rechnet man mit 28—52 mg-% Gesamtglutathion und 25—48 mg-% reduziertem Glutathion.

Für die Bestimmung von Glutathion stehen nur unspezifische Methoden zur Verfügung mit Ausnahme der Coenzymwirkung bei der Glyoxalase. Diese spezifische Reaktion wurde von WOODWARD und Mitarbeitern[1] gefunden und von ENNOR[2] zur Bestimmung von Glutathion benutzt. Man kann die aus Methylglyoxal entstandene Milchsäure manometrisch messen oder das unveränderte Methylglyoxal titrimetrisch erfassen.

Die *jodometrischen* Methoden sind nicht nur unspezifisch, sondern es laufen auch 2 Reaktionen nebeneinander.

$$2\,GSH + 2\,J = GS-SG + 2\,HJ \tag{1}$$

$$GSH + 6\,J = 3\,H_2O = GSO_3H + 6\,HJ. \tag{2}$$

Infolgedessen ist der Jodverbrauch kein zuverlässiges Maß für die Menge an reduziertem Glutathion. Man hat daher vorgeschlagen, eine Mischung von Jodid und Jodat zu verwenden[3]; BINET und WELLER[4] oxydieren das Cadmiummercaptid, wobei ausschließlich die Gl. (1) gelten soll. Die Verwendung von nascierendem Brom schlagen HARTNER und SCHLEISS[5] vor. Die *colorimetrischen* Methoden gründen sich entweder auf die Farbreaktion mit Nitroprussidnatrium[6] oder auf die Reduktion von Phosphorwolframsäurereagens[7]. Das entstandene Molybdänblau kann auch titrimetrisch erfaßt werden[8]. Ferner kann man die Sulfhydrylgruppen auch in neutralem Bicarbonatpuffer durch Trikaliumhexacyanoferrat oxydieren, wobei Kohlendioxyd frei wird, das manometrisch bestimmt werden kann[9].

Auch die *elektrometrische* Titration ist versucht worden[10]. Sie bezieht sich natürlich nicht auf Glutathion allein, sondern auf alle Sulfhydrylverbindungen. Der Endpunkt der Titration soll aber bei Benutzung einer 0,01 n AgNO₃-Lösung scharf zu erkennen sein. WEISSMAN und Mitarbeiter[10] finden im Serum 52—54 μMol SH in 100 cm³ Serum, davon den wesentlichsten Anteil von 44 μMol in der Albuminfraktion.

Bei der getrennten Bestimmung von reduziertem und oxydiertem Glutathion ist zu berücksichtigen, daß in Gegenwart von Hämoglobin reduziertes Glutathion oxydiert wird. Man kann diese sekundäre Oxydation durch Einleiten von Kohlenoxyd verhindern.

---

[1] WOODWARD, G. E.: J. biol. Ch. **109**, 1 (1935). — SCHRÖDER, E. F., and G. E. WOODWARD: J. biol. Ch. **129**, 283 (1939).

[2] ENNOR, A. H.: Austral. J. exp. Biol. med. Sci. **17**, 157 (1939).

[3] QUENSEL, W., u. K. WACHHOLDER: H. **231**, 65 (1935).

[4] BINET, L., et G. WELLER: Bull. Soc. Chim. biol. **22**, 192 (1940).

[5] HARTNER, F., u. E. SCHLEISS: Mikrochem. (N. F.) **14**, 163 (1936).

[6] FUJITA, A., u. I. NUMATA: B. Z. **300**, 246, 257 (1938/39). — UHLENBROOCK, K.: H. **236**, 192 (1935).

[7] BRAIER, B., et A. D. MARENZI: C. R. Soc. Biol. **109**, 319 (1932). — SHINOHARA K., and K. E. PADIS: J. biol. Ch. **112**, 697 (1936).

[8] JONESCO-MATIU, A., et A. POPESCO: Bull. Soc. Chim. biol. **22**, 474 (1940).

[9] HAAS, E.: B. Z. **291**, 79 (1937).

[10] BENESCH, R. E., and R. BENESCH: Arch. Biochem. **28**, 43 (1950). — WEISSMAN, N., E. B. SCHOENBACH and E. B. ARMISTEAD: J. biol. Ch. **187**, 153 (1949).

Das oxydierte Glutathion kann durch Zusatz von Cyanid reduziert werden[1] und ist dann ebenfalls durch Cadmiumlactat fällbar. Es scheint aber nicht sicher, daß die Reduktion quantitativ verläuft[2]. Nach DOHAN und WOODWARD[3] kann man auch elektrolytisch reduzieren.

Jodometrische Bestimmung von reduziertem Glutathion nach BINET *und* WELLER[4].

Das Verfahren ist zwar von verschiedenen Seiten kritisiert worden, die Autoren haben aber gezeigt, daß bei genauer Einhaltung der Arbeitsbedingungen durch Cadmiumlactat weder Cystein noch Ascorbinsäure gefällt werden. Cystein wird im Gegensatz zu Glutathion bei p_H 6,0—6,4 gefällt und kann auf diese Weise vom Glutathion abgetrennt werden.

Reagentien:

1. Trichloressigsäure, 10%ig.
2. NaOH, 50%ig.
3. NaOH, 2%ig.
4. Cadmiumlactat: Man sättigt in der Siedehitze Milchsäure mit frisch gefälltem und gut ausgewaschenem Cadmiumhydroxyd. Nach dem Erkalten wird filtriert, eingedampft und eine 2%ige Lösung hergestellt. Besser ist es, das Cadmiumlactat nach dem Erkalten mit Aceton zu fällen, die Krystalle abzusaugen und mit Alkohol oder Aceton auszuwaschen.
5. Bromthymolblau als Indicator.
6. 0,004 n Jodlösung.
7. 0,002 n Thiosulfatlösung.
8. Stärkelösung.
9. Phosphorsäure, 10%ig, die 5% NaCl enthält.

Ausführung:

Man enteiweißt 3—5 cm³ Blut mit der 2—3fachen Menge Trichloressigsäure, saugt ab und wäscht den Niederschlag 4mal mit je 5 cm³ Trichloressigsäure nach. Das Filtrat wird nach Zusatz von 3—4 Tropfen Bromthymolblau zuerst mit der starken, dann mit der schwachen Lauge neutralisiert, bis der erste blaue Farbton 2 min bestehen bleibt. Dann setzt man 2 cm³ Cadmiumlactat zu, neutralisiert wieder bis zur beginnenden Blaufärbung und zentrifugiert nach mehreren Stunden ab. Der Niederschlag wird in Phosphorsäure gelöst, mit einer gemessenen Menge der Jodlösung versetzt, und deren Überschuß nach etwa 1 min mit Thiosulfat titriert.

Berechnung:

$$\text{Glutathion in mg-\%} = \frac{(2\,n - n') \cdot 62{,}4}{P}.$$

$n = $ cm³ 0,004 n Jodlösung; $n' = $ cm³ 0,002 n Thiosulfatlösung; $P = $ Volumen der Blutprobe.

Zur Bestimmung von Gesamtglutathion wird das neutralisierte Trichloressigsäurefiltrat mit 1 cm³ 5%iger Kaliumcyanidlösung und nach 30 min mit 3%iger Cadmiumlactatlösung in 0,1 n Essigsäure bis zur Braunfärbung versetzt. Dann gibt man noch 2 cm³ 2%ige Cadmiumlactatlösung und verdünnte Lauge bis zur beginnenden Blaufärbung hinzu. Die weitere Behandlung erfolgt wie oben beschrieben.

Colorimetrische Bestimmung von Glutathion mit Nitroprussidnatrium nach GRUNERT *und* PHILLIPS[5]. Die Farbreaktion von Glutathion mit Nitroprussidnatrium ist nur 15 sec beständig. Sie wird aber wesentlich beständiger, wenn 0,067 m Natriumcyanid zugesetzt sind. Unter diesen Bedingungen soll oxydiertes Glutathion noch nicht reduziert werden.

---

[1] BINET, L., et G. WELLER: Bull. Soc. Chim. biol. 18, 358 (1936); 20, 123 (1938).

[2] WELLER, G.: Bull. Soc. Chim. biol. 29, 812 (1947).

[3] DOHAN, J. S., and G. E. WOODWARD: J. biol. Ch. 129, 393 (1939).

[4] BINET, L., et G. WELLER: Bull. Soc. Chim. biol. 16, 1284 (1934); 18, 358 (1936); 20, 123 (1938); 22, 192 (1940).

[5] GRUNERT, R. R., and P. H. PHILLIPS: Arch. Biochem. 30, 217 (1951).

Reagentien:
1. Metaphosphorsäure, 3%ig.
2. Metaphosphorsäure, 2%ig in gesättigter Kochsalzlösung.
3. Nitroprussidnatrium, 20 mg/cm³. Die Lösung ist in dunkler Flasche haltbar.
4. Natriumcarbonat-Cyanidlösung; sie enthält 1,5 m Natriumcarbonat und 0,067 m Natriumcyanid.
5. Saponin.
6. NaCl.
7. NaCl-Lösung, gesättigt.

Ausführung:

0,5 cm³ Blut werden mit 1 cm³ Wasser hämolysiert, indem man etwas Saponin zusetzt. Nach vollständiger Hämolyse fällt man die Eiweißkörper mit 2,5 cm³ 3%iger Metaphosphorsäure und 1,5 g Natriumchlorid. Der ganze Vorgang wird bei 3° durchgeführt; man erhält ein Filtrat, welches zur Analyse geeignet ist. Man entnimmt 2 cm³, gibt 6 cm³ gesättigte Kochsalzlösung hinzu sowie nach Einstellen auf 20° 1 cm³ Nitroprussidnatrium und sofort danach 1 cm³ Natriumcarbonat-Natriumcyanidlösung. Es entwickelt sich eine intensive Farbe, die innerhalb 1 min bei 520 mμ abgelesen wird. Als Leerwert dient eine 2%ige Metaphosphorsäure, die mit Kochsalz gesättigt ist und ebenso behandelt wird.

Die angegebenen Reagentien und Temperaturen müssen als optimal betrachtet werden, insbesondere ist auf Einhaltung der Cyanidkonzentration Wert zu legen.

Die Methode ist auch für Gewebe (100—200 mg) brauchbar.

Äthanolamin (Colamin) besitzt als Bestandteil von Kephalin biologische Bedeutung. Bei seiner Bestimmung ist meist die Abtrennung von gleichzeitig vorhandenem Cholin notwendig. Da sich Äthanolamin als primäre Base mit salpetriger Säure unter Stickstoffentwicklung umsetzt, kann es neben Cholin, welches keinen Stickstoff entwickelt, bestimmt werden. Trennung der beiden Basen mit Dipikrylamin s. [1]. Bestimmung in Lipoiden [2]. Mit Perjodsäure läßt sich Colamin neben anderen Basen durch Oxydation bei verschiedenem p_H bestimmen. Es entwickelt bei p_H 4 1 Molekül Ammoniak und verbraucht 1,08 Mol Perjodsäure. Die Methode ist aber nur bei großen Mengen anwendbar [3]. Eine empfindliche Farbreaktion ist folgende [4]:

Nachweis. Man versetzt eine wäßrige Lösung von Äthanolamin mit Natriumnitrit und einer 2%igen alkoholischen Lösung von p-Dimethylaminobenzaldehyd in verdünnter Salzsäure. Unter Gasentwicklung tritt eine intensive kanariengelbe Farbe auf, die auch bei Zusatz von Ammoniak oder KOH bestehen bleibt.

Bei p_H saurer als 3,2 wird Colamin mit Perjodsäure unter Entwicklung von 1 Molekül Ammoniak oxydiert (oberhalb p_H 4,5 wird Serin nicht mehr oxydiert und kann so vom Colamin unterschieden werden). Zur quantitativen Bestimmung sind aber mehrere Milligramm Colamin notwendig; eine Anwendung auf biologisches Material ist noch nicht durchgeführt worden [3].

Indoxylschwefelsäure*. Die gleichzeitige Bestimmung in Blut und Harn besitzt klinisch Interesse zur Unterscheidung einer Niereninsuffizienz von einer Störung im Verdauungstrakt. Das Indoxyl wird im Darm bakteriell aus Tryptophan gebildet und an Schwefelsäure oder Glucuronsäure gebunden. Für die quantitative Bestimmung wird fast ausschließlich eine colorimetrische Methode verwendet, die entweder auf der Oxydation zu Indigo mit OBERMEYERs Reagens nach JOLLES [5] beruht, oder auf der Bildung von Indolindolignon nach Zusatz von Thymol [6]. Ein qualitativer Test, der

---

* S. a. S. 249.

[1] ACKERMANN, D.: H. **281**, 197 (1944).
[2] BURMASTER, C. F.: J. biol. Ch. **165**, 1 (1946).
[3] FLEURY, P., J. COURTOIS et M. GRANDCHAMP: Biochim. biophysica Acta, N. Y. **3**, 336 (1949).
[4] FRÄNKEL, S., u. M. CORNELIUS: B. **51**, 1654 (1918).
[5] JOLLES, A.: H. **94**, 79; **95**, 29 (1915).
[6] HAAS, G.: M. m. W. 1917, 1363. Dtsch. Arch. klin. Med. **121**, 304 (1917). — SNAPPER, I., u. W. J. VAN BOMMEL VAN VLOTEN: Kli. Wo. 1922 I, 718.

auf einer Diazoreaktion beruht, ist von ANDREWES[1] ausgearbeitet worden. Nach dem Kochen mit Diazobenzolsulfosäure tritt nach Zusatz von Alkali eine rote, flüchtige Farbe auf, während Bilirubin unter diesen Bedingungen eine grüne Farbe gibt. Bei der Eiweißfällung ist darauf zu achten, daß durch Bleiacetatfällung, die oft vorgeschlagen worden ist, Verluste entstehen[2]. Für das Serum ist die Fällung mit Trichloressigsäure zu empfehlen. Weitere Methoden s.[3].

Bestimmung von Indoxylschwefelsäure nach JOLLES[4].

Reagentien:

1. Trichloressigsäure, 20%ig.
2. Thymollösung, 5%ig in Alkohol.
3. OBERMEYERs Reagens: 1 g Eisen(III)-chlorid in 500 cm³ konzentrierter HCl.
4. Chloroform.

Ausführung:

2 cm³ Plasma oder Serum werden mit 2 cm³ Trichloressigsäure gemischt und zentrifugiert; zu 2 cm³ des Zentrifugates gibt man 1 cm³ Thymol-Alkohol sowie 10 cm³ OBERMEYERs Reagens und läßt 20 min stehen. Dann schüttelt man mit 2 cm³ Chloroform aus, trennt die Schichten durch Zentrifugieren und colorimetriert die Farbe, wobei als Standardlösung 0,01 g synthetisches 4-Cymol-2-indolindolignon in 100 cm³ Chloroform, die entsprechend verdünnt wird, verwendet werden kann.

In vielen Fällen genügt es auch, die Reaktion als negativ bzw. mit + oder ++ oder +++ zu bezeichnen.

Indol läßt sich durch p-Dimethylaminobenzaldehyd in reinen Lösungen nachweisen. Die Reaktion ist im biologischen Material aber ganz unspezifisch[5]. Nach FEARON[6] erhält man eine rote spezifische Farbe, wenn man 0,5—1 cm³ der zu untersuchenden Lösung mit 2—5 cm³ Eisessig und 5 mg Xanthydrol aufkocht. Erfahrungen liegen mit dieser Methode noch nicht vor.

Aminosäuren. Das normale menschliche Blut enthält etwa 5—8 mg-% Aminosäure-N, daneben noch 3 mg-% Peptid-N. Über den Aminosäuregehalt im Säugetier und Vogelblut s.[7]. Der Aminosäuregehalt ist vor allem erhöht, wenn auch der Reststickstoffgehalt des Blutes übernormal ist. Auch alimentär bedingte Erhöhungen sind beobachtet worden.

Eine erschöpfende Beschreibung der vielfältigen Methoden, welche zur Bestimmung der Aminosäuren verwendet wurden, kann hier nicht gegeben werden. Wir verweisen auf die zusammenfassenden Darstellungen von WIELAND[8] und bei[9], vor allem aber auf Bd. IV, Aminosäuren.

Zum Enteiweißen des Blutes sind ungeeignet Alkohol, kolloidales Eisenhydroxyd, Metaphosphorsäure, Quecksilber(II)-chlorid, Tannin und verdünnte Trichloressigsäure. Durch Wolframsäure und Pikrinsäure werden auch höhere Peptide niedergeschlagen, am besten ist die Verwendung von 5—10%iger Trichloressigsäure[10]. Die gasometrische Bestimmung der Aminosäuren, die hauptsächlich von VAN SLYKE (s. u.) angegeben worden ist, gründet sich entweder auf die N-Bestimmung nach Umsatz mit HNO$_2$ oder

---

[1] ANDREWES, C. H.: Lancet 1924 I, 590. — HARRISON, G. A., and R. J. BROMFIELD: Biochem. J. 22, 43 (1928). — HARRISON, G. A., and L. F. HEWITT: Brit. med. J. 1927 II, 1138.

[2] EUCKER, H.: Z. ges. exp. Med. 102, 589 (1938).

[3] ZOLLER, H. F.: J. biol. Ch. 41, 25 (1920). — GARCIA, N. F.: Rev. méd. Chile 67, 123 (1939). — GARCIA-BLANCO, J., u. R. ROYO: Med. españ. 9, 39 (1943). — MONIAS, B. L., and P. SHAPIRO: Arch. internal Med., Chicago 45, 573 (1930).

[4] JOLLES, A.: H. 94, 79; 95, 29 (1915).

[5] ALLSOPP, C. B.: Biochem. J. 35, 965 (1941).

[6] FEARON, W. R.: Analyst 69, 122 (1944).

[7] CHRISTENSEN, H. N.: Biochem. J. 44, 333 (1949). — ROTHERMEL, E.: Diss. Hannover 1941. — TOMPSETT, S. L., and J. FITZPATRIK: Brit. J. exp. Path. 31, 70 (1950).

[8] WIELAND, T.: Fortschr. chem. Forsch. 1, 211 (1949).

[9] WOIWOOD, A. J.: Nature 161, 169 (1948). — Hinsberg-Lang 2. Aufl. S. 403.

[10] HILLER, A., and D. D. VAN SLYKE: J. biol. Ch. 53, 253 (1922).

auf die Carboxylbestimmung nach Reaktion mit Ninhydrin. In beiden Fällen ist es angebracht, den Harnstoff zu zerstören, entweder durch Verkochen mit Schwefelsäure oder durch Hydrolyse mit Urease (s. u.).

Sehr weit verbreitet ist die Farbreaktion der Aminosäuren mit β-Naphthochinon-sulfosäure. Das überschüssige Reagens kann durch Zusatz von Reduktionsmitteln (Formaldehyd oder Thiosulfat) ausgebleicht und die durch Kondensation mit den Aminosäuren entstandene Farbe am besten photoelektrisch gemessen werden. Bei 490 oder 520 mμ ergeben alle Aminosäuren, mit Ausnahme von Prolin und Oxyprolin, dieselben Extinktionswerte, und es können sehr kleine Mengen von 4—50 γ bestimmt werden[1]. Die Spezifität läßt aber zu wünschen übrig. Beim Umsatz der Aminosäuren mit frisch gefälltem Kupferhydroxyd nach der Methode von KOBER und SUGIURA[2] geht eine äquivalente Menge Kupfer in Lösung, die quantitativ erfaßt werden kann. Von HERRNRING und BORELLI[3] ist die jodometrische Bestimmung des freigesetzten Cu empfohlen worden.

Der Umsatz der Aminosäuren mit Ninhydrin ist in vieler Hinsicht zur quantitativen Auswertung benutzt worden. Die in saurer Lösung erfolgende Umsetzung[4] ohne Farbstoffbildung und Abspaltung von Ammoniak ist für quantitative Versuche nicht zu empfehlen, weil die Ammoniakausbeuten nicht quantitativ sind. Bei neutraler Reaktion bildet sich unter gleichzeitiger Abspaltung von Kohlendioxyd ein Farbstoff, der quantitativ gemessen werden kann (s. S. 49). Die colorimetrische Bestimmung nach Umsatz mit Ninhydrin ist erst möglich geworden, nachdem erkannt worden war, daß nur in Abwesenheit von Sauerstoff bzw. in Anwesenheit eines Reduktionsmittels eine gleichmäßige intensive blaue Farbe entsteht, die sich zur Colorimetrie eignet. Von MOORE und STEIN ist dazu Zinn(II)-chlorid, von TETZNER Ascorbinsäure empfohlen worden[5].

An Stelle des teuren Ninhydrin läßt sich gut auch Chloramin verwenden. Von MOU-BASHER und Mitarbeitern[6] ist das peri-Naphthindan-2,3,4-trionhydrat empfohlen worden; Erfahrungen liegen mit dieser Methode noch nicht vor. Die Bestimmung der beim Umsatz mit Ninhydrin entstehenden flüchtigen Aldehyde ist von VIRTANEN und Mitarbeitern[7] angegeben worden.

Für die altbewährte Formoltitration ist die Verwendung von Farbindicatoren nicht so geeignet wie die Verwendung der Glaselektrode, weil sich so der Titrationsendpunkt, auf den es bei der Aminosäurebestimmung sehr genau ankommt, besser erkennen läßt[8]. Bei Verwendung von Naphthylrot in Aceton mit alkoholischer Salzsäure kann man den Umschlag colorimetrisch bestimmen, weil zwischen 540 und 550 mμ beim Umschlagspunkt von p$_H$ 3,7 eine sehr starke Zunahme der Lichtextinktion eintritt[9].

Ein ganz neues Verfahren ist von ZEILE und OETZEL vorgeschlagen worden[10]. Sie kondensieren die Aminosäuren mit Benzolazophenylisocyanat und erhalten sehr schwer lösliche U"idosäuren, die nach einer Mitteilung von KRUCKENBERG[11] zu einer quanti-

[1] FRAME, E. G., J. A. RUSSELL and A. E. WILHELMI: J. biol. Ch. **149**, 255 (1943).

[2] KOBER, P. A., and K. SUGIURA: J. biol. Ch. **13**, 1 (1912).

[3] HERRNRING, G., u. S. BORELLI: Kli. Wo. **1948**, 420.

[4] McFADYEN, D. A.: J. biol. Ch. **159**, 507 (1944). — SOBEL, A. E., A. HIRSCHMANN and L. BESMAN: J. biol. Ch. **161**, 99 (1945).

[5] MOORE, S., and W. H. STEIN: J. biol. Ch. **176**, 367 (1948). — TETZNER, E.: Mikrochem. **28**, 141 (1940).

[6] MOUBASHER, R.: J. biol. Ch. **175**, 187 (1948). — MOUBASHER, R., and A. SINA: J. biol. Ch. **180**, 681 (1949).

[7] VIRTANEN, A. I., and N. RAUTANEN: Suom. Kemist. (B) **19**, 56 (1946). — ROINE, P., and N. RAUTANEN: Acta chem. scand. **1**, 854 (1947). — VIRTANEN, A. I., u. T. LAINE: Skand. Arch. Physiol. **80**, 392 (1938).—VIRTANEN, A. I., T. LAINE u. T. TOIVONEN: H. **266**, 193 (1940).—SCHLAYER, C.: B. Z. **297**, 395 (1938).

[8] DUNN, M. S., and A. LOSHAKOFF: J. biol. Ch. **113**, 359 (1936). — BORSOOK, H., and J. W. DUBNOFF: J. biol. Ch. **131**, 163 (1939). — JANKE, A., u. E. MIKSCHIK: Mikrochem. **27**, 176 (1939). — SISCO, R., B. CUNNINGHAM and P. L. KIRK: J. biol. Ch. **139**, 1 (1942).

[9] ZAMECNIK, P. C., G. J. LAVIN and M. BERGMANN: J. biol. Ch. **158**, 537 (1945).

[10] ZEILE, K., u. M. OETZEL: H. **284**, 1 (1949).

[11] KRUCKENBERG, W.: H. **284**, 19, 40 (1949).

tativen Bestimmung benutzt werden können. Eine endgültige Fassung dieser Methode liegt noch nicht vor.

Es muß schließlich noch auf die Möglichkeit der chromatographischen Analyse hingewiesen werden, die besonders von WIELAND[1] ausgebaut worden ist (s. Bd. I, Chromatographie). Eine einfachere Abwandlung stellt die Retentionsanalyse dar, nach welcher Aminosäureflecken auf Filtrierpapier einer aufsteigenden Kupfersalzlösung in geeignetem Lösungsmittel einen Widerstand entgegensetzen. Der ausgesparte Raum, der durch Besprühen mit Rubeanwasserstoffsäure sichtbar gemacht werden kann, ist der Aminosäuremenge proportional.

Über ein chromatographisch entdecktes Peptid im Blut[2].

Aminosäurebestimmung nach POPE und STEVENS[3] bzw. HERRNRING und BORELLI[4].

Reagentien:

1. Boratpuffer: 57,1 g Natriumborat werden in 15 cm³ Wasser gelöst, mit 100 cm³ n Salzsäure versetzt und auf 2000 cm³ aufgefüllt.
2. Kupferphosphatsuspension: 100 cm³ 2,73%ige Kupferchloridlösung werden mit 200 cm³ einer Lösung von tertiärem Natriumphosphat und nach dem Mischen mit 200 cm³ Boratpuffer versetzt. (Tertiäres Natriumphosphat, hergestellt aus 64,5 g sekundärem Natriumphosphat in 500 cm³ kohlensäurefreiem Wasser + 7,2 g NaOH, ad 1000 cm³ aufgefüllt.)
3. Thymolphthaleinlösung, 0,25%ig in Alkohol.
4. 0,1 n Natriumthiosulfat.
5. 0,01 n Kaliumjodatgemisch: 0,35675 g Kaliumjodat und 5 g Kaliumjodid ad 1000 cm³ (zur Einstellung der Thiosulfatlösung).
6. Eisessig.
7. KJ.

Ausführung:

Das Serum von morgens nüchtern entnommenem Blut wird mit 20%iger Trichloressigsäure im Verhältnis 1:1 enteiweißt und durch gehärtete Filter filtriert. Ein aliquoter Teil des Filtrates wird in einem 25 cm³-Meßkolben mit NaOH und Thymolphthalein bis zur schwachblauen Farbe neutralisiert; hierauf werden 15 cm³ Kupferphosphatsuspension zugesetzt und auf 25 cm³ mit Wasser aufgefüllt. Nachdem gut gemischt ist, wird filtriert; 5 cm³ des Filtrates werden mit 0,25 cm³ Eisessig und 0,5 g Kaliumjodid versetzt. Das ausgeschiedene Jod wird mit Thiosulfat filtriert.

Berechnung:

1 cm³ 0,01 n Thiosulfat = 0,28 mg Aminostickstoff.

Colorimetrische Bestimmung der Aminosäuren nach MOORE und STEIN[5] (nach den Angaben von WIELAND)[6].

Reagentien:

1. 0,8 g $SnCl_2 \cdot 2\ H_2O$, gelöst in 500 cm³ 0,2 m Citratpuffer, p_H 5 (Citratpuffer: 21,008 kryst. Citronensäure + 200 cm³ n NaOH, aufgefüllt ad 500 cm³ mit Wasser), werden mit einer Lösung von 20 g umkristallisiertem Ninhydrin in 500 cm³ Glykolmonomethyläther vermischt. Die Lösung ist unter Stickstoff 1 Monat haltbar.

Ausführung:

0,1 cm³ einer Lösung mit 1—10 γ Aminosäuren in wassergesättigtem Butanol oder Propanol wird mit 1—2 cm³ Reagens 20 min im Wasserbad gekocht. Nach dem Abkühlen wird je nach der Farbintensität mit einer Wasser-Propanolmischung 1:1 verdünnt und bei 570 mμ colorimetriert.

---

[1] WIELAND, TH., u. E. FISCHER: Naturwiss. **35**, 29 (1948).
[2] FUERST, R., A. J. LANDUA and J. AWAPARA: Science, N. Y. **111**, 635 (1950).
[3] POPE, C. G., and M. F. STEVENS: Biochem. J. **33**, 1070 (1939).
[4] HERRNRING, G., u. S. BORELLI: Kli. Wo. 1948, 420.
[5] MOORE, S., and W. H. STEIN: J. biol. Ch. **176**, 367 (1948).
[6] WIELAND, T.: Fortschr. chem. Forsch. **1**, 211 (1949).

Prolin und Oxyprolin geben eine rotgelbe Farbe, die wesentlich schwächer ist und bei 440 mμ gemessen wird.

Ammoniak stört und muß vorher entfernt werden. Die Methode hat sich bei der Chromatographie von Aminosäuren bewährt, die spezifische Extinktion der reinen Aminosäuren ist aber sehr unterschiedlich und muß berücksichtigt werden[1].

Gasometrische Bestimmung des Amino-N nach Kendrick und Hanke[2].

Prinzip:

Die Messung des bei dieser Methode entwickelten N erfolgt am besten manometrisch nach van Slyke[3], die Handhabung des Apparates wird vorausgesetzt (s. hierüber Bd. IV, Aminosäuren). Bei der gasometrischen Amino-N-Bestimmung reagieren alle Monoamino-monocarbonsäuren und Monoaminodicarbonsäuren mit Ausnahme des Tryptophan mit dem Gesamt-N. Von Arginin reagiert nur ein Viertel und von Lysin nur die Hälfte der N-Atome. Nicht erfaßt werden Prolin und Oxyprolin, dagegen liefern Glykokoll 103 % und Cystin 109 % der theoretischen N-Menge. Durch Zusatz von Kaliumjodid[2] wird aber die theoretische N-Menge erhalten, so daß die durch Formoltitration und die gasometrisch gefundenen Werte genau übereinstimmen. Da durch die salpetrige Säure aus dem Kaliumjodid Jod freigemacht wird, muß die Kammer des Apparates mit Thiosulfatlösung gereinigt werden.

Reagentien:

1. Gesättigte Natriumnitritlösung.
2. Eisessig mit 2 % KJ. Die Lösung ist unbeständig. Man löst 2 g KJ in 2 cm³ Wasser und füllt mit Eisessig auf 100 cm³ auf.
3. Permanganat-Phosphat-Nitratlösung. Zu 5 g KMnO$_4$, 18 g Na$_2$HPO$_4 \cdot$ 12 H$_2$O und 60 g NaNO$_3$ setzt man 100 cm³ Wasser zu und erwärmt unter Rühren, bis alles gelöst ist. Die Lösung soll bei 20° aufbewahrt werden, da sie sonst auskrystallisiert. Bei uns hat sich die folgende Lösung besser bewährt: 50 g KMnO$_4$ werden mit 1 Liter 10%iger NaOH geschüttelt, bis die Lauge mit KMnO$_4$ gesättigt ist.
4. n NaOH, gasfrei. Entgasung entweder durch Kochen oder durch wiederholtes Evakuieren in der Kammer des Apparates. Zur Aufbewahrung gasfreier Reagentien ist die von Kendrick und Hanke beschriebene Pipette praktisch (Abb. 10).

Apparatur:

Man verwendet die Kammer von Harington und van Slyke der Abb. 11.

Ausführung:

Die Entgasung der Reagentien im Apparat selbst und die Überführung in das Aufbewahrungsgefäß erfolgen wie üblich. Zur Analyse gibt man die Aminosäurelösung, gewöhnlich 5 cm³, in die Kammer (Abb. 11) und spült mit 1 cm³ Eisessig-KJ in kleinen Anteilen nach. Der Hahn wird mit Quecksilber gedichtet, dann wird evakuiert, 2 min geschüttelt und die extrahierte Luft aus der Kammer entfernt. Zur Zersetzung der Aminosäuren gibt man 2 cm³ Nitritlösung in die Kammer, worauf sofort N$_2$ und NO entstehen. Nachdem der Hahn wieder mit Quecksilber gedichtet ist, wird die Kammer evakuiert, bis das Quecksilber noch 1 oder 2 cm über der 50 cm³-Marke steht. Etwa 1 min vor Ablauf der aus dem Nomogramm (Abb. 12) ermittelten Reaktionszeit wird nochmal kräftig geschüttelt, wobei das Quecksilber nicht vollständig aus der Kammer verdrängt werden darf. Nun läßt man unter Senken des Niveaugefäßes soviel Quecksilber ablaufen, daß sich die Flüssigkeit in dem kugelförmigen Teil *b* unterhalb des Hahnes befindet und entfernt die Flüssigkeit weiter durch den Ansatz *c*. Aus dem Vorratsgefäß gibt man Natronlauge auf den Boden des Trichters, der ganz trocken sein muß. Der Hahn der Pipette wird vorsichtig geöffnet, so daß etwa 1 cm³ Lauge in 2 sec in den Trichter, der nahezu gefüllt wird, einfließt. Dann läßt man ungefähr 2 cm³ Lauge in

---

[1] Hinsberg-Lang 2. Aufl. S. 427.

[2] Kendrick, A. B., and M. E. Hanke: J. biol. Ch. 117, 161 (1937).

[3] van Slyke, D. D.: J. biol. Ch. 83, 425 (1929). B. 43, 3168 (1910); 44, 1684 (1911).

die Kammer einfließen, indem man beständig Lauge in den Trichter nachfüllt. Die ersten 2 cm³ Lauge sammelt man in der kugelförmigen Erweiterung, läßt weiter 4 cm³ nachlaufen und sorgt dafür, daß 1 cm³ Lauge, der als Luftabschluß dient, im Trichter bleibt. Der Hahn wird wieder mit 1 Tropfen Quecksilber gedichtet, die Kammer 15 sec so heftig geschüttelt, daß die Flüssigkeit gegen die Wand spritzt, damit alles ausgefallene Jod gelöst wird. Während des Schüttelns ist der Hahn des Niveaugefäßes offen und der Hahn am Boden der Kammer geschlossen. Man entfernt nun Flüssigkeit und Gas aus der kugelförmigen Erweiterung, läßt dann die Lauge aus der Kammer bis auf einen Rest von 0,1 cm³ ebenfalls abfließen und gibt durch den Trichter der Kammer mindestens 6 cm³ Permanganat-Nitratlösung in die Kammer, um die nitrosen Gase zu absorbieren.

Man schüttelt 10 sec, wobei der Flüssigkeitsspiegel nahe der Marke 2 cm³ stehen soll. Durch Heben und Senken des Niveaugefäßes wird die Permanganatlösung in der Kammer bewegt. Es ist aber wichtig, Analyse

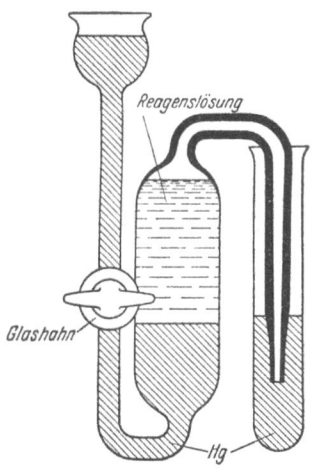

Abb. 10. Pipette zur Aufbewahrung gasfreier Reagentien.

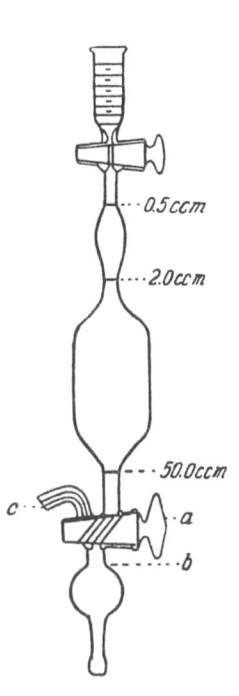

Abb. 11. Kammer nach HARINGTON und VAN SLYKE.

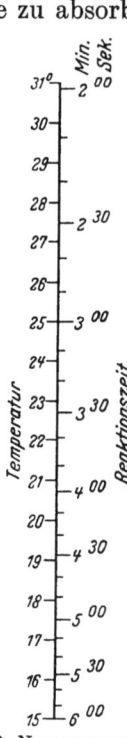

Abb. 12. Nomogramm zur Ermittlung der Reaktionszeit.

und Leerwert stets mit der gleichen Technik auszuführen. Es müssen unter allen Umständen alle nitrosen Gase absorbiert sein. Der Trichter des Apparates wird nun mit Wasser gewaschen, bis dieses ganz farblos ist. Dann werden 2 cm³ gasfreie Natronlauge in die Kammer gesaugt und, nachdem CO_2 und NO vollständig absorbiert sind (etwa 30 sec), je nach der Gasmenge auf die Marke 0,5 oder 2,0 cm³ eingestellt und der Druck p_1 gemessen. Es ist wichtig, daß dies schnell und richtig geschieht, da sonst die in der Permanganatlösung gelöste Luft extrahiert wird. Jetzt wird das Gas mit einem möglichst geringen Verlust an Flüssigkeit entfernt, nach Sicherung des Hahnes mit Quecksilber das Gasvolumen wieder auf dieselbe Marke wie vorher eingestellt und der Druck p_0 abgelesen.

Der Apparat wird durch Spülen mit Natriumnitrit, verdünnter Essigsäure und Wasser gereinigt. Die Schmutzreste in der kugelförmigen Erweiterung werden am besten durch Natriumthiosulfatlösung entfernt, wodurch gleichzeitig das Jod gebunden wird.

Berechnung:

$$P_{N_2} = p_1 - p_0 - c.$$

c = Korrektur für Verunreinigungen der Reagentien. Dieser Wert ist gesondert zu bestimmen. Er kann auch mit p_0 zusammen in einer gesonderten Leerbestimmung ermittelt werden. Der für P_{N_2} gefundene Wert muß mit dem temperaturabhängigen Faktor der Tabelle 15 multipliziert werden, um den Amino-N zu erhalten.

Nach FRAENKEL-CONRAT[1] fallen die Werte zu hoch aus, wenn im direkten Sonnenlicht gearbeitet wird. Im Blut werden während der Analyse etwa 7% des vorhandenen Harnstoffes zersetzt. Die ohne Zerstörung von Harnstoff gefundenen Amino-N-Werte liegen 0,5—1 mg-% zu hoch.

Um den *Harnstoff zu entfernen*, versetzt man 5 cm³ Blut oder Serum mit dem gleichen Volumen einer 0,6%igen KH₂PO₄-Lösung und 0,1 cm³ Ureaselösung (Darstellung s. S. 189).

Nach 1 Std enteiweißt man wie üblich mit Trichloressigsäure, füllt zur Marke auf, filtriert, kocht einen aliquoten Teil mit festem Magnesiumhydroxyd, bringt nach dem Erkalten durch vorsichtigen Zusatz von Essigsäure wieder alles in Lösung und füllt auf das alte Volumen auf.

Tabelle 15.
Faktoren zur Berechnung des Amino-N.

| Temperatur | Faktoren, mit denen die abgelesenen Millimeter P_{N_2} zu multiplizieren sind, um Milligramme Amino-N zu erhalten | |
°C	a = 0,5 cm³	a = 2,0 cm³
15	0,000390	0,001561
16	389	55
17	387	49
18	386	44
19	385	38
20	383	33
21	382	27
22	380	22
23	379	16
24	378	11
25	376	06
26	375	00
27	374	0,001495
28	372	90
29	371	85
30	370	80
31	368	74
32	367	69
33	366	64
34	365	59

Zur *Bestimmung im Urin* muß der Harnstoff entfernt werden[2]. Man erhitzt 25 cm³ Urin und 1 cm³ konzentrierte H₂SO₄ im Autoklaven 30 min auf 150°, gibt dann 2 g Ca(OH)₂ zu, füllt mit Wasser auf 50 cm³ auf, filtriert und verdampft 20 cm³ zur Trockne. Der Rückstand wird in 2—3 cm³ Wasser und 0,5 cm³ Eisessig gelöst, auf 25 cm³ aufgefüllt und zur Analyse verwendet. Eiweiß muß vor der Hydrolyse entfernt werden.

Entfernung von Harnstoff durch Urease nach VAN SLYKE und KIRK[3].

Reagentien:

1. Urease: 10%ige Lösung von Squibbs-Urease.
2. Phosphatpuffer: 5 g KH₂PO₄ und 5 g Na₂HPO₄ · 12 H₂O in 100 cm³ Wasser.
3. ZnSO₄ · 7 H₂O, 10%ig.
4. n NaOH.
5. Thymolblau, 0,1%ig in Wasser.

Ausführung:

0,5 cm³ Urease, 10 cm³ Urin und 10 cm³ Phosphatpuffer werden mit 50 cm³ Wasser gemischt, mit Toluol gesättigt und über Nacht in den Brutschrank gestellt. Dann setzt man 10 cm³ Zinksulfat zu, füllt auf 100 cm³ auf, filtriert, gibt 50 cm³ Filtrat in einen CLAISEN-Kolben und engt nach Zusatz von Thymolblau und NaOH im Vakuum auf 10 cm³ ein. Dann wird mit Essigsäure angesäuert, kurz evakuiert, um CO₂ zu entfernen, auf 25 cm³ aufgefüllt und 5 cm³ der Lösung (= 1 cm³ Urin) zur Analyse verwendet. Zuckerhaltige Urine werden nach Einwirkung der Ureaselösung mit 80 cm³ Wasser und für je 1% Zucker mit 2 cm³ 20%iger Kupfersulfatlösung versetzt. Dann alkalisiert man mit Calciumhydroxyd, füllt auf 200 cm³ auf, dampft einen Teil des Filtrates im Vakuum ein und verarbeitet wie oben beschrieben.

Die spezifische und zuverlässige Methode der *Bestimmung der Carboxylgruppen* in Aminosäuren erfordert wenig Substanz und beruht darauf, daß Ninhydrin oder andere gelinde Oxydationsmittel wie Chloramin T oder Isatin nach untenstehender Gleichung reagieren, wobei Kohlendioxyd und Ammoniak frei werden.

Es reagieren alle α-Aminosäuren, auch solche mit sekundären N-Atomen. Sie dürfen aber nicht acyliert und die Carboxylgruppe darf nicht verestert sein. β- und γ-Amino-

[1] FRAENKEL-CONRAT, H.: J. biol. Ch. 148, 453 (1943).
[2] Peters-van Slyke Bd. 2, S. 398.
[3] VAN SLYKE, D. D., and E. KIRK: J. biol. Ch. 102, 651 (1933). — Peters-van Slyke Bd. 2, S. 398.

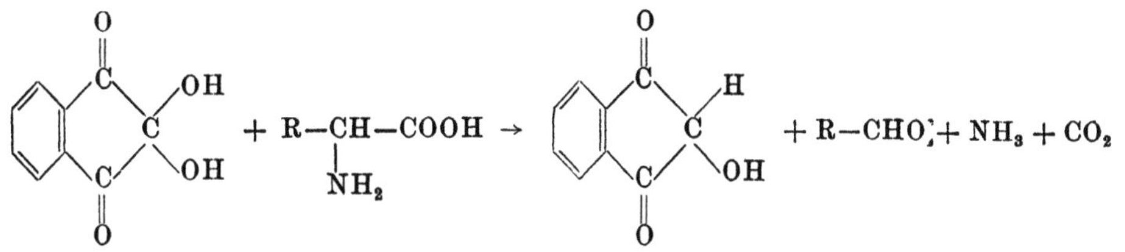

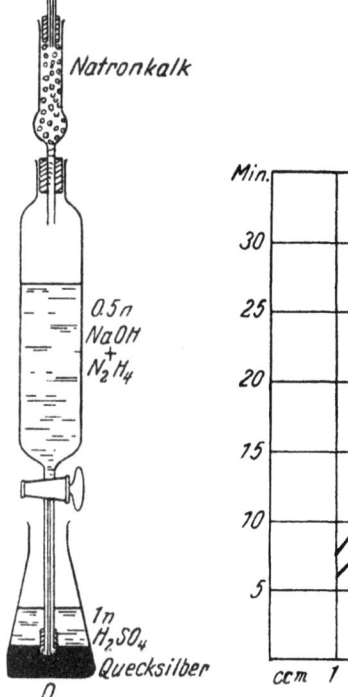

Ninhydrin + R—CH—COOH → Reduziertes Ninhydrin + R—CHO + NH$_3$ + CO$_2$

säuren stören nur wenig, Ammoniak und Amine können kein CO$_2$ entwickeln. Über die Menge des entstandenen CO$_2$ aus Aminosäuren s. Tabelle 17 (S. 56).

Gasometrische Carboxyl-C-Bestimmung der Aminosäuren nach VAN SLYKE, DILLON, McFADYEN *und* HAMILTON[1]. Außer den manometrischen Analysenapparaten nach VAN SLYKE wird ein THUNBERG-Rohr von 110 mm Länge und 21—22 mm Durchmesser benötigt. Außerdem die Apparate nach Abb. 13 und 15-17. *Reagentien:*

1. Ninhydrin in Substanz.
2. Citratpuffer p$_H$ 4,7. Man mischt 17,65 g Trinatriumcitrat (Na$_3$C$_6$H$_5$O$_7$ · 2 H$_2$O) mit 8,40 g Citronensäure (C$_6$H$_8$O$_7$ · H$_2$O), nachdem beide Substanzen zuerst getrennt fein pulverisiert wurden.
3. Citratpuffer p$_H$ 2,5 durch Mischen von 2,06 g Trinatriumcitrat und 19,15 g Citronensäure.
4. 6 m H$_3$PO$_4$ durch Mischen von 1 Volumen sirupöser

Abb. 13. Vorratsgefäß für gasfreie NaOH.

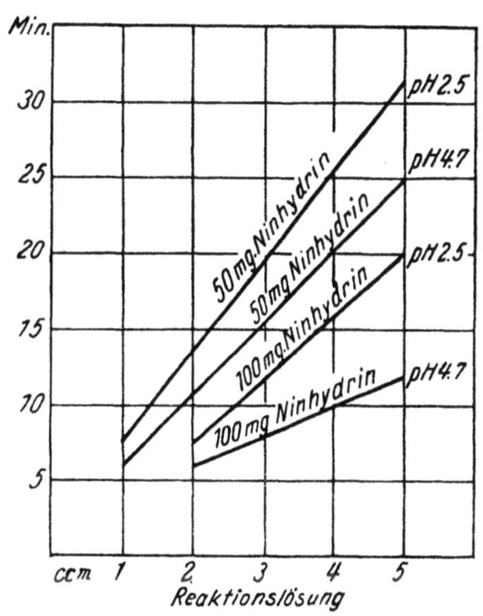

Abb. 14. Reaktionszeit zur Zersetzung der Aminosäuren.

Phosphorsäure (D = 1,72) mit 1,5 Volumina Wasser. Sie wird durch Verdünnen auf das 100fache und Titration gegen 0,1 n Lauge kontrolliert.

5. 0,5 n NaOH, die frei von CO$_2$ sein muß. Man löst festes NaOH im gleichen Volumen Wasser und läßt stehen, bis sich vorhandenes Carbonat absetzt. Die konzentrierte Lösung wird folgendermaßen eingestellt: 7 cm^3 werden in einem 250 cm^3-Meßkolben verdünnt und titriert. Zur Darstellung des Reagens füllt man einen 250 cm^3-Meßkolben zwecks Entfernung von Luft und CO$_2$ bis etwa 10 cm^3 unterhalb der Marke mit CO$_2$-freiem Wasser, gibt dann die berechnete Menge der starken Lauge zu, versetzt mit einigen Tropfen einer 1%igen Lösung von Alizarinsulfonat, füllt zur Marke auf, setzt den Stopfen auf und mischt. Man überführt dann direkt in das abgebildete Vorratsgefäß, das eine Aufbewahrung unter Abschluß von CO$_2$ erlaubt (Abb. 13).

6. Ungefähr 5 n NaOH. Sie wird dargestellt aus der unter 5. beschriebenen konzentrierten Lösung durch Verdünnen von 1 Teil mit 3 Teilen Wasser.

[1] VAN SLYKE, D. D., R. T. DILLON, D. A. McFADYEN and P. B. HAMILTON: J. biol. Ch. **141**, 627 (1941).

7. Ungefähr 2 n Milchsäure durch Verdünnen von 2 Teilen konzentrierter Milchsäure (D = 1,20) mit 10 Teilen Wasser. Um die bei der Reaktion bei Verwendung von Chloramin T und Ninhydrin entstehenden Aldehyde zu binden, setzt man

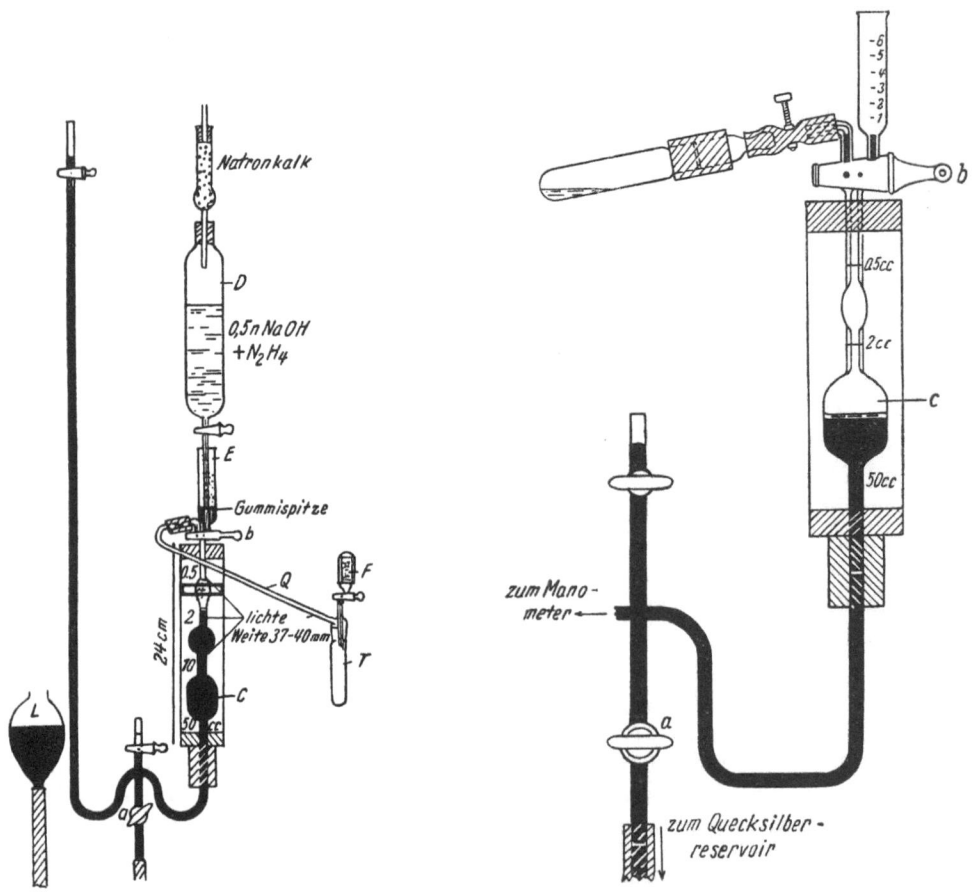

Abb. 15. Beschickung des Apparates mit NaOH. Abb. 16. Überführung der CO₂ in den Apparat.

der 2 n Milchsäure und 0,5 n Milchsäure 2 % Hydrazinsulfat zu, wodurch die durch den Aldehyd bedingten Fehler vermieden werden[1].

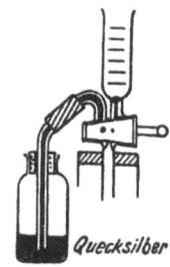

Abb.17. Füllung des Kammeransatzes mit Quecksilber.

Ausführung:

Man arbeitet gewöhnlich bei p_H 2,5 oder 4,7, die Auswahl wird nach vorstehendem Diagramm getroffen (Abb. 14). Die Lösungen sollen 0,035—0,7 mg Carboxyl-C enthalten. Stark gepufferte oder stark saure Lösungen werden zuerst auf ein p_H 3—4 eingestellt. Zur Entfernung des präformierten CO_2 kocht man 1—5 cm³ der Untersuchungslösung unter Zusatz von Siedesteinchen (Alundum) und Octylalkohol $1/_2$ min, bei Anwesenheit von Ketosäuren entsprechend länger. Das Gefäß wird verschlossen und auf unter 20° abgekühlt. Bei dieser Temperatur tritt nach Zusatz von Ninhydrin nicht sofort CO_2-Entwicklung ein. Bei 10° kann sogar ohne CO_2-Verlust evakuiert werden.

Zu der Untersuchungslösung setzt man bei einem Volumen von 1—2 cm³ 50 mg, und bei 3—5 cm³ 100 mg Ninhydrin zu. Der Schlauch wird so rasch wie möglich aufgesetzt und mit einer Pumpe evakuiert. Das Reaktionsgefäß wird senkrecht stehend im Wasserbad gekocht, die Reaktionszeit der Abb. 14 entnommen. In der Zwischenzeit ist der Absorptionsapparat mit 2 cm³ 0,5 n NaOH entsprechend der Abb. 15 beschickt worden. Das Reaktionsgefäß wird entsprechend der Abb. 16 angeschlossen

[1] HAMILTON, P. B., and D. D. VAN SLYKE: J. biol. Ch. 164, 249 (1946).

und mehrmals evakuiert. Die Lösung soll dabei 40° warm sein. Ist das Volumen der Analysenflüssigkeit 1 cm³, so genügen 6 Exkursionen, für 5 cm³ sind 10 Exkursionen notwendig. Zum Schluß wird das Quecksilber bis in die Mitte der Kammer gesenkt, das Reaktionsgefäß entfernt, und der Ansatz nach Abb. 17 mit Quecksilber gefüllt.

Durch Heben des Niveaugefäßes werden die in der Kammer befindlichen Gase (O_2 und N_2) unter Druck durch den Ansatztrichter entfernt, und der Hahn geschlossen. Unter Senken des Niveaugefäßes wird nun nach Abb. 15 1 cm³ 2 n Milchsäure in die Kammer eingeführt, das Quecksilber auf Marke 50 gesenkt, unter Schließen von Hahn a $^1/_2$ min geschüttelt, nach Regulation des Quecksilberniveaus weitere $1^1/_2$ min geschüttelt und dann unter den üblichen Kautelen, um eine Rückresorption von Kohlendioxyd zu verhindern, der Flüssigkeitsmeniscus auf die Marke 0,5 oder 2,0 eingestellt. Wichtig ist rasches Arbeiten, keine heftigen Bewegungen der Flüssigkeiten! Der Druck p_1 wird abgelesen, dann das Kohlendioxyd durch Zusatz von 0,5 cm³ 5 n NaOH absorbiert, der Flüssigkeitsmeniscus wieder auf dieselbe Marke eingestellt, und der Druck p_2 abgelesen.

Berechnung:

$$P_{CO_2} = p_1 - p_2 - c,$$

wobei c ein Korrekturfaktor für eine Leerbestimmung ist. Die Umrechnung auf Carboxyl-C in Milligrammen erfolgt nach Tabelle 16.

Vorbehandlung von Blut zur Carboxyl-C-Bestimmung nach HAMILTON und VAN SLYKE[1].

Reagentien:

1. Heparin oder Natriumoxalat.
2. Pikrinsäure, 1 %ig.
3. Äthylalkohol.
4. Ureaselösung (s. S. 189).
5. Pikrinsäure, 1 %ig mit 0,01 % Citronensäure.
6. Ninhydrin.

Tabelle 16. *Faktoren, mit denen P_{CO_2} zu multiplizieren ist, um die mg Carboxyl-C oder Carboxyl-N zu erhalten.*

Temperatur °C	Carboxyl-C		Carboxyl-N *	
	$a = 2$ $i = 1,017$	$a = 0,5$ $i = 1,037$	$a = 2$ $i = 1,017$	$a = 0,5$ $i = 1,037$
15	0,001447	0,0003688	0,001688	0,0004303
16	39	69	79	0,0004280
17	32	50	71	58
18	25	32	62	37
19	18	14	54	16
20	11	0,0003596	46	0,0004195
21	04	78	38	74
22	0,001397	61	30	54
23	91	44	23	35
24	84	28	15	16
25	78	12	08	0,0004097
26	71	0,0003496	0,001599	79
27	65	80	92	60
28	59	65	85	42
29	53	50	78	25
30	47	35	71	07
31	42	20	66	0,0003990
32	36	06	59	74
33	30	0,0003392	52	57
34	25	78	46	41
35	20	64	40	25

$$\text{* Carboxyl-N} = \frac{\text{Carboxyl-C} \cdot 14,01}{12,01}.$$

a = das Volumen, bei dem P_{CO_2} gemessen wurde.
i = der Korrektionsfaktor für die Reabsorption von CO_2.

Ausführung:

Zu einer Doppelbestimmung benötigt man 2 cm³ hämolysefreies Plasma oder 1 cm³ Vollblut. Da Erythrocyten einen 1,5—2mal so hohen Aminosäurengehalt aufweisen, muß das Plasma hämolysefrei sein. Als gerinnungshemmendes Mittel wird Heparin (0,1—0,2 mg/cm³) oder Oxalat (1 mg/cm³) empfohlen. Bei der Gerinnung werden Aminosäuren frei, so daß der Aminosäuregehalt des Serums 20 % höher als der des Plasmas ist[1].

Zur Enteiweißung werden 2 cm³ Plasma mit 10 cm³ 1 %iger Pikrinsäure (0,0437 n, titrimetrisch prüfen), oder 1 cm³ Blut (mit 1 cm³ Wasser hämolysiert) und 10 cm³ Pikrinsäure verwendet. 5 cm³ des Filtrates werden unter Zusatz von 1 Tropfen Äthylalkohol

---

[1] HAMILTON, P. B., and D. D. VAN SLYKE: J. biol. Ch. **150**, 231 (1943).

Tabelle 17. *Abspaltung von CO_2 aus Aminosäuren und Aminosäurederivaten.*

Substanz	Mole CO_2 entwickelt			
	mit Ninhydrin		mit Chloramin T	
	pH 2,5 6 min	pH 4,7 7 min	pH 2,5 10 min	pH 4,7 10 min
Glykokoll	1	0,95	0,972	1,255
Alanin	1	1	1,030	1,017
Valin	1	1	—	—
Leucin.	1	1	1,021	1,022
Serin	1	1	1,028	1,022
Threonin.	1	1	1,015	1,048
Oxyglutaminsäure	1,03	1	—	—
Glutaminsäure	1,02	1	1,063	0,996
Asparaginsäure	2	2	1,750	1,938
Phenylalanin.	1	1	0,946	1,001
Tyrosin	1	1	1,033	0,759
Tryptophan*	1	0,90	0,751	0,759
Prolin.	1	1	0,583	0,995
Oxyprolin	1	1	0,805	1,001
Cystin	1,50	1,89	1,064	0,794
Methionin	1	1	—	—
Arginin	1	1	1,023	1,006
Histidin	1	1	1,037	1,020
Lysin	1,34	1,05	1,009	1,043
Oxylysin	1,07	1,02	—	—
Homocystin	1	1	—	—
Ornithin	1,06	1,01	—	—
β-Alanin	0,16	0	—	0,025
Glycylphenylalanin	0	—	—	0,075
Glutaminyltyrosin	0	—	—	0,069
Leucylglycin	0	—	—	0,005
Glycylleucin	0	—	—	0,028
Glycylglycin	0,016	—	—	0,032
Glutathion	1	—	—	—
Kreatinin	—	—	—	0,002
Hippursäure	0	—	—	—

* Tryptophan ergibt als einzige Aminosäure mit Chloramin T eine braune Fällung.

und Siedesteinchen $^1/_2$ min gekocht und wie oben behandelt. Bei einem Harnstoffgehalt von über 20 mg-% wird der Harnstoff entweder durch Zusatz von 0,2 cm³ Ureaselösung zerstört, und anschließend das Eiweiß mit 1%iger Pikrinsäurelösung, der 0,01% Citronensäure zugesetzt ist, gefällt. Es gelingt auch, den Harnstoff durch einen großen Überschuß von Ninhydrin (200 mg je Analyse) zu binden, so daß durch nachfolgendes Kochen kein Kohlendioxyd mehr entweicht.

Bestimmung des Carboxyl-C im Plasma ohne Enteiweißung nach McFADYEN[1]. Der durch Eiweiß bedingte Fehler ist so gering, daß er als Korrektionsfaktor abgezogen werden kann. Es muß aber ein stärkerer Citratpuffer verwendet werden:

20 g Trinatriumcitrat ($Na_3C_6H_5O_7 \cdot H_2O$) und 191 g Citronensäure ($C_6H_8O_7 \cdot H_2O$) werden zu 1 Liter gelöst.

Ausführung:

Man versetzt 1 cm³ Plasma mit 2 cm³ Citronensäurepuffer sowie 1 Tropfen Äthylalkohol und evakuiert 2 min, um das Bicarbonatkohlendioxyd zu entfernen. Dann erhitzt man noch 10 min im kochenden Wasserbad, um Kohlendioxyd zu entfernen, das aus dem Plasma entstehen kann, und evakuiert nach dem Abkühlen auf 40° wieder 2 min. Die Carboxyl-C-Bestimmung erfolgt in üblicher Weise.

[1] McFADYEN, D. A.: J. biol. Ch. **145**, 387 (1942).

Berechnung:

Carboxyl-C in 100 cm³ = P_{CO_2} · Faktor — (Protein-CO₂ + Harnstoff-CO₂). Der Klammerausdruck errechnet sich nach 0,00077 Protein-N + 0,00026 Harnstoff-N, wobei der Wert als Milligramm N je 100 cm³ Plasma eingesetzt ist. Umrechnungsfaktor nach Tabelle 18.

1. Analysen nach Enteiweißung.

Tabelle 18. *Faktor, mit dem* P_{CO_2} *zu multiplizieren ist, um die mg Amino-N in 100 cm³ zu erhalten.*

Temperatur	Plasma		Vollblut		Erythrocyten	
°C	a = 0,5	a = 2,0	a = 0,5	a = 2,0	a = 0,5	a = 2,0
15	0,03350	0,1924	0,0965	0,3847	0,1447	0,577
16	37	16	61	32	41	75
17	23	09	57	16	35	72
18	08	01	53	02	29	70
19	0,03295	0,1894	49	0,3787	23	68
20	82	86	45	71	17	66
21	68	78	41	56	11	63
22	55	70	37	41	06	61
23	42	63	34	25	01	59
24	29	56	30	10	0,1395	57
25	17	49	27	0,3696	90	54
26	05	41	23	82	85	52
27	0,03190	34	19	68	79	50
28	80	27	16	54	74	48
29	68	20	12	40	69	46
30	56	13	09	26	66	44
31	45	06	05	12	58	42
32	33	0,1800	02	0,3598	53	40
33	21	93	0,0899	85	48	38
34	09	86	95	71	43	36
35	0,03098	79	92	57	38	34

2. Analysen im Plasma ohne Enteiweißung.

Tabelle 19. *Faktoren, mit denen* P_{CO_2} *zu multiplizieren ist, um die mg Carboxyl-N in 100 cm³ Plasma zu erhalten.*

Temperatur °C	a = 2,0	a = 0,5	Temperatur °C	a = 2,0	a = 0,5
15	0,001603	0,0004020	26	34	46
16	1597	04	27	28	31
17	90	3987	28	23	16
18	84	70	29	17	02
19	78	54	30	11	3787
20	71	38	31	05	72
21	65	22	32	1499	58
22	59	06	33	94	45
23	52	3890	34	88	31
24	46	75	35	82	17
25	40	61			

Bestimmung des Carboxyl-C in Erythrocyten nach HAMILTON und VAN SLYKE[1]. Die Blutzellen werden mit dem gleichen Volumen Wasser hämolysiert und mit der 5fachen Menge Pikrinsäure enteiweißt. Die Bestimmung erfolgt nach der oben angegebenen

[1] HAMILTON, P. B., and D. D. VAN SLYKE: J. biol. Ch. **150**, 231 (1943).

Tabelle 20. *Faktoren, mit denen P_{CO_2} multipliziert werden muß, um die mg Amino-N in 1 Liter Harn zu erhalten.*
(Bei Sättigung der 0,5 n NaOH und der 2 n Milchsäure mit NaCl.)

Temperatur °C	$a = 2,0$	$a = 0,5$	Temperatur °C	$a = 2,0$	$a = 0,5$
15	0,802	0,2010	25	70	30
16	0,798	02	26	67	23
17	95	0,1994	27	64	16
18	92	85	28	62	08
19	89	77	29	58	01
20	86	69	30	56	0,1894
21	82	61	31	52	86
22	80	53	32	50	79
23	76	45	33	47	72
24	73	38	34	44	66

Methode. Die unvermeidliche Reabsorption von CO_2 kann vermindert werden, wenn die Lösungen statt mit Wasser mit 25%iger CO_2-freier NaCl-Lösung angesetzt werden.

An Stelle von Ninhydrin kann man nach dem Vorschlag von SCHLAYER[1] Chloramin T verwenden. Die Bestimmung ist in der WARBURG-Apparatur ausführbar. Ein geringer Fehler, der durch die entstehenden Aldehyde besonders aus Leucinen und Valin bedingt ist, kann durch Zusatz von Hydrazinsulfat zu der 2 n Milchsäure vermieden werden[2]. Mit der gasometrischen CO_2-Bestimmung werden nach verschiedenen Autoren im Blut 3,4 bis 5,5 mg-% (4,2 mg-%) Amino-N gefunden.

Vorbehandlung von Harn zur Carboxyl-C-Bestimmung nach VAN SLYKE, McFADYEN und HAMILTON[3].

Reagentien:
1. Bromthymolblaulösung, 0,04%ig.
2. Phosphatpuffermischung p_H 6,2: 3 Gewichtsteile fein gepulvertes KH_2PO_4 (wasserfrei) und 1 Gewichtsteil Na_2HPO_4 (wasserfrei) oder 2,5 Gewichtsteile $Na_2HPO_4 \cdot 12 H_2O$.
3. Ureaselösung, 1%ig (s. S. 189).   6. Bromkresolgrünlösung, 0,04%ig.
4. Thymol in Substanz.   7. 5 n H_2SO_4.
5. Octylalkohol.   8. Citratpuffer p_H 2,5 (s. S. 53).

Ausführung:
Wird der Harn nicht sofort untersucht, so wird er mit Thymol gesättigt und im Eisschrank aufbewahrt. Er ist zur Aminosäureanalyse unter diesen Umständen bis zu 5 Monaten haltbar. Zur Zerstörung von Harnstoff werden in das Bd. II beschriebene THUN-BERG-Rohr 2,0 cm³ Harn, 1 Tropfen Thymolblaulösung, 175 mg Phosphatpuffer (p_H 6,2), 0,2 cm³ Ureaselösung und ein Krystall Thymol eingefüllt, worauf das lose verschlossene Gefäß über Nacht in den Brutschrank kommt.

Tabelle 21. *Vergleichende Bestimmung von Aminosäuren im Harn mit verschiedenen Methoden[4]* (alle Werte als mg Amino-N im Liter).

Harn-Nr.	Gasometrische CO_2-Bestimmung	Gasometrische Amino-N-Bestimmung	Formoltitration nach VAN SLYKE und KIRK
1.	98	118	127
2.	177	176	254
3.	174	236	330
4.	139	168	191

Zur weiteren Vorbereitung gibt man 1 Tropfen Bromkresolgrünlösung, 1 Tropfen Octylalkohol und vorsichtig 5 n H_2SO_4 zu, bis die Lösung eben gelb wird (p_H 3). Dann versetzt man mit 100 mg Citratpuffer p_H 2,5 und arbeitet weiter, wie oben beschrieben.

---

[1] SCHLAYER, C.: B. Z. **297**, 395 (1938).
[2] HAMILTON, P. B., and D. D. VAN SLYKE: J. biol. Ch. **164**, 249 (1946).
[3] VAN SLYKE, D. D., D. A. McFADYEN und P. B. HAMILTON: J. biol. Ch. **150**, 251 (1943).

Die vorstehende Tabelle 21 zeigt, daß bei der gasometrischen Amino-N-Bestimmung (Einwirkung von HNO_2) und bei der Formoltitration zu hohe Werte erhalten werden, da noch andere Stoffe mit reagieren.

Histamin. Eine Übersicht über die Biologie und Physiologie von Histamin s.[1], über die biologische Auswertung s. [2]. Als Normalwerte werden für das menschliche Blut nur Spuren angegeben[3]. LUBSCHEZ[4] findet 0,6—4,6 γ-%, eine Verminderung bei Asthmatikern, eine Vermehrung beim kindlichen Ekzem. Auch bei Rauchern wird eine deutliche Vermehrung festgestellt[5]. Bei Anoxämien sollen bei der Katze Werte bis zu 480 γ/cm vorkommen[6]. Der Histamingehalt im Blut von Tieren ist unterschiedlich[3].

Die Bestimmung erfolgt im allgemeinen biologisch, da die colorimetrische Bestimmung nach Kupplung mit einer Diazoverbindung zu unspezifisch ist und nur in reinen Lösungen angewendet werden kann. Eine solche Methode ist von MACIAG und SCHOENTAL[7] angegeben worden. Bei der Kupplung mit p-Nitrodiazobenzol und Extraktion mit Methylisobutylketon geht die entstandene Diazoverbindung von Histamin mit roter Farbe in Lösung. Purinderivate und Kreatinin sollen nicht stören. Harnsäure wird durch kurzes Erwärmen mit Salpetersäure zerstört. Die von ROSENTHAL und TABOR vorgeschlagene selektive Adsorption an Baumwolle-Bernsteinsäureester gelingt nach LUBSCHEZ besser an Amberlit-IRC-50. Es gelingt auf diese Weise, 0,1—0,5 γ zu isolieren, aber dem Blut zugesetztes Histamin wird nicht quantitativ wiedergefunden. Weiteres über die Eigenschaften der Diazoverbindung von Histamin s. [8]. BARAC[9] schlägt die Verwendung von Sulfanilsäure als Kupplungsreagens vor. Ältere Literatur bei [10].

Histaminbestimmung nach ROSENTHAL *und* TABOR[3].

Reagentien:

1. Trichloressigsäure, 20%ig.
2. Diazoreagens: a) p-Nitroanilin, 0,1%ig, in 0,1 n HCl; b) $NaNO_2$, 4%ig. Zum Gebrauch wird 1 Volumen a) mit $^1/_{10}$ Volumen b) versetzt.
3. Na_2CO_3, 20%ig.

4. 5 n NaOH.	7. Bleiacetatlösung, gesättigt.
5. Veronalpuffer p_H 7,7.	8. Natriumboratlösung, gesättigt.
6. 10 n H_2SO_4.	9. 0,4 n HCl.

Ausführung:

5 cm³ Blut werden mit 12,5 cm³ Trichloressigsäure und 7,5 cm³ Wasser gefällt, 10 cm³ des Extraktes mit 1 cm³ 4%iger Natriumnitritlösung 2 min im Wasserbad gekocht und in Eis gekühlt; dann wird 1 cm³ Diazoreagens hinzugegeben. Zur Alkalisierung werden 1,25 cm³ 20%iger Natriumcarbonatlösung zugesetzt, nach dem Mischen weitere 0,5 cm³, und schließlich, nachdem die Probe 1 min in Eis gestanden hat, 0,3 cm³ 5 n NaOH. Das p_H liegt jetzt bei 10,1—10,5. Man gibt 2 cm³ Methylisobutylketon zu, verschließt gut und schüttelt 25mal. Die Trennung der Schichten erfolgt in Eiswasser, eventuell durch kurzes Zentrifugieren. Die abgeheberte Ketonschicht wird mit 6 cm³ Veronalpuffer von p_H 7,7 durchgeschüttelt und mit Filter S 51 gemessen.

---

[1] COLLDAHL, H., C. G. HOLMBERG and C. B. LAURELL: Acta physiol. scand. 12, 1 (1946). — KÜPPER, A.: Ergebn. Physiol. 30, 153 (1930). — GUGGENHEIM, M.: Die biogenen Amine. 4. Aufl. Basel u. New York 1951.

[2] RIESSER, O.: A. e. P. P. 187, 1 (1937). — LAVES, W.: B. Z. 310, 185 (1942).

[3] ROSENTHAL, S. M., and H. TABOR: J. Pharmacol. exp. Therap. 92, 425 (1948).

[4] LUBSCHEZ, R.: J. biol. Ch. 183, 731 (1950).

[5] WERLE, E. u. G. EFFKEMANN: Kli. Wo. 1940, 1160.

[6] EICHLER, O., G. SPEDA u. W. WOLFF: A. e. P. P. 202, 412 (1943).

[7] MACIAG, A., u. R. SCHOENTAL: Mikrochem. 24, 243 (1938). Mikrochem. 25, 360 (1938).

[8] KESZTYÜS, L.: A. e. P. P. 205, 287 (1948).

[9] BARAC, G.: Bull. Soc. Chim. biol. 32, 287 (1950).

[10] ANREP, G. V., G. S. BARSOUM, M. TALAAT and E. WIENINGER: J. Physiol., London 95, 476 (1939). — LESURE, A.: J. Pharmacie Chimie (9) 1, 55 (1940). — BUSINCO, L.: Diagnost. Tecn. Lab. 2, 131 (1940). — EMMELIN, N., G. KAHLSON and F. WICKSELL: Acta physiol. scand. 2, 123 (1941).

Die Standardlösungen enthalten 1—10 γ Histamin, die Empfindlichkeit beträgt 0,5—1 γ, der Extinktionsverlust der Lösung in 1 Std 7%.

Zur Bestimmung im *Harn* werden 5 cm³ eventuell entsprechend verdünnter Harn mit 1 cm³ wäßriger, gesättigter Bleiacetatlösung und tropfenweise mit 5 n NaOH bis zum p_H 8,8 versetzt. Nach dem Zentrifugieren werden 5 cm³ der Lösung mit 2,5 cm³ gesättigter Natriumboratlösung gefällt und zentrifugiert; zu 4,75 cm³ der klaren Lösung gibt man 0,25 cm³ 10 n Schwefelsäure. Man kühlt ab, zentrifugiert — wenn nötig — und muß nun, weil in der starken Salzkonzentration die Diazoreaktion gehemmt ist, mit 0,4 n Salzsäure oder Schwefelsäure auf das Doppelte verdünnen. Dann wird wie oben verfahren.

Purine. Eine Bestimmung der *Gesamtpurine* im Blut ist von geringem Interesse. Eine diesbezügliche Analyse kann nach den Verfahren, die für Organe ausgearbeitet sind, durchgeführt werden. Die größte Fehlerquelle stellen die nach der Hydrolyse und Eiweißfällung mitgerissenen N-haltigen Verbindungen dar.

Dagegen besitzt die **Harnsäure** ein besonderes theoretisches und praktisches Interesse. Die meisten Bestimmungsmethoden sind wenig spezifisch; man muß daher zwischen dem „wahren" und dem „scheinbaren" Harnsäuregehalt unterscheiden. Für die Klinik wird meist der scheinbare Harnsäuregehalt angegeben, der im normalen Blut zwischen 2,0 und 4,5 mg-% liegt. Der wirkliche Harnsäuregehalt macht nur etwa $^2/_3$ dieses Wertes aus; er kann bestimmt werden, wenn eine Harnsäurebestimmung vor und nach Behandlung mit Uricase durchgeführt wird. Hierfür sind brauchbare Verfahren angegeben worden. Wolfson und Mitarbeiter[1] haben eine Reihe von Blutseren untersucht und die in Tabelle 22 angegebenen Werte gefunden.

Tabelle 22. *Harnsäure- und Chromogenwerte im Blut, Harn und Liquor*[1] (in mg-%).

	Gesamt-harnsäure	Chromogen	Wahre Harnsäure
Normalplasma, Mensch . . .	4,76	0,74	4,02
Plasma, Gicht	8,82	0,88	7,94
Harn, normal.	0,52	0,08	0,44
Harn, Gicht	0,40	0,07	0,33
Clearance	10,53	8,55	11,98
Clearance, Gicht	5,79	6,07	5,74
Liquor, normal*	0,67	0,41	0,26
Plasma, Hund, normal. . . .	1,03	0,60	0,43

* S. a. S. 325.

Da die Harnsäure meist nach einem Reduktionsverfahren bestimmt wird, stören eine Reihe von Stoffen, von denen unter physiologischen Bedingungen einige einen erheblichen Fehler verursachen. *1-Methylharnsäure* gibt 105% des Farbwertes der Harnsäure, *Ascorbinsäure 44%, Resorcin 32%, Ergothionein 24%, Harnsäure-9-ribosid 17%, Cystin* und *Glutathion 0,5%.* Die anderen Purin- und Pyrimidinbasen stören nicht. Dagegen ist darauf zu achten, ob eventuell durch Medikamente eine Störung auftreten kann.

Die einfachste Methode zur Harnsäurebestimmung stammt von Heilmeyer und Krebs[2]. Sie verwenden das Prinzip von Folin, die Reduktion von Phosphorwolframsäure in soda-alkalischer Lösung. Eine ähnliche Methode ist von Böhm und Grüner[3] angegeben worden, die statt Uranylacetat Wolframsäure zur Enteiweißung benutzen. Eine Eichkurve für die Harnsäurebestimmung ist mit reinen Lösungen nur schwierig durchführbar, weil oft Trübungen entstehen. Man kann daher, wie weiter unten angegeben ist, eine Eichkurve durch Zusatz von Harnsäure zu Serum anfertigen, wodurch gleichzeitig der Chromogenwert zum großen Teil ausgeschaltet wird. Bei der Verwendung von Arsenphosphorwolframsäure zur colorimetrischen Bestimmung der Harnsäure ist zu bedenken, daß Glucose das Reagens in Gegenwart von Harnsäure stärker reduziert als in Abwesenheit von Harnsäure[4]. Durch Borat kann dieser Einfluß der Glucose ausgeschaltet werden,

[1] Wolfson, W. Q., B. Huddlestun and R. Levine: J. clin. Invest. **26**, 995 (1947).
[2] Heilmeyer, L., u. W. Krebs: B. Z. **223**, 365 (1930).
[3] Böhm, F., u. G. Grüner: B. Z. **287**, 65 (1936).
[4] Bien, E. J., and W. Troll: Proc. Soc. exp. Biol. Med. **73**, 370 (1950).

es ist aber zu fordern, daß *alle* Ansätze Borat enthalten. Bei Verwendung von Uricase ist dies zum Teil nur in den Fermentansätzen der Fall; s. z. B. [1].

Die Reduktion von Trikaliumhexacyanoferrat bei alkalischer Reaktion ist von SILVERMAN und GUBERNICK[2] ausgearbeitet worden. Sie verwenden ein mit Gummi arabicum stabilisiertes Reagens und führen je eine Bestimmung vor und nach Einwirkung von Uricase durch. Zur Messung gelangt das entstandene Berliner Blau.

NOYONS[3] empfiehlt die Fällung der Harnsäure als Silbersalz durch Silberlactat. Dies Verfahren ist ebenso empfehlenswert wie die Verwendung von Uricase.

Historisch ist interessant, daß die Harnsäure das erste stickstoffhaltige Stoffwechselprodukt war, welches von GARROD im Jahre 1848 aus Blut isoliert wurde.

Harnsäurebestimmung nach HEILMEYER und KREBS[4].

Reagentien:

1. Uranylacetatlösung, 1,55%ig.
2. Phosphorwolframsäurereagens: 50 g Natriumwolframat werden mit 40 cm³ 85%iger Phosphorsäure und 350 cm³ Wasser mindestens 2 Std am Rückflußkühler gekocht und nach dem Erkalten auf 500 cm³ aufgefüllt.
3. Na_2CO_3, 22%ig.

Ausführung:

4 cm³ Serum werden mit 12 cm³ Wasser und 4 cm³ Uranylacetat gut durchgeschüttelt, das ausgefällte Eiweiß wird abfiltriert oder abzentrifugiert. Zu 8 cm³ Filtrat gibt man 0,4 cm³ Phosphorwolframsäurereagens sowie 3,6 cm³ Natriumcarbonatlösung und mißt die Extinktion der blauen Lösung nach 8—20 min im Stufenphotometer mit Filter S 61 gegen Wasser als Leerwert.

Berechnung:

Die Konzentration der Harnsäure errechnet sich nach der Formel

$$\text{Harnsäure mg-}\% = E \cdot 6{,}86.$$

Zur Kontrolle macht man folgenden Ansatz:

Tabelle 23.

Röhrchen	1 cm³	2 cm³	3 cm³	4 cm³
Serum	2	2	2	2
Harnsäure-Standardlösung (10 mg-%)	—	0,8	1,6	3,2
Uranylacetat.	2	2	2	2
Wasser	6	5,2	4,4	2,8
Gesamtflüssigkeit. . . . . ⸱ . . .	10	10	10	10
Harnsäurezusatz (in mg-%-Werten für Serum)	—	0,8	1,6	3,2

[nach Abzug der Harnsäure im Serum (Röhrchen 1)].

Die Proben werden, wie oben beschrieben, behandelt; wenn der Wert des Röhrchens 1 von den anderen Werten abgezogen wird, erhält man die Extinktionswerte für die zugesetzte Harnsäure, aus welcher eine Eichkurve konstruiert werden kann. Stehen nicht 8 cm³ Filtrat zur Verfügung, was häufig der Fall ist, so können die angegebenen Mengen entsprechend reduziert werden.

Enzymatische Bestimmung der Harnsäure nach BLOCK und GEIB[5].

Reagentien:

1. 7,5 g LiCl und 35 cm³ konz. HCl mit Wasser zu 1 Liter aufgefüllt.
2. $AgNO_3$-Lösung, 2,9%ig.

---

[1] BUCHANAN, O. H., W. D. BLOCK and A. A. CHRISTMAN: J. biol. Ch. **157**, 181 (1945).
[2] SILVERMAN, H., and I. GUBERNICK: J. biol. Ch. **167**, 363 (1947).
[3] NOYONS, E. C.: Ned. T. Geneeskde. **94**, 110 (1950).
[4] HEILMEYER, L., u. W. KREBS: B. Z. **223**, 365 (1930).
[5] BLOCK, W. D., and N. C. GEIB: J. biol. Ch. **168**, 747 (1947).

3. *Arsenphosphorwolframsäurereagens nach* BENEDICT: 100 g Natriumwolframat in 600 cm³ dest. Wasser werden mit 50 g As_2O_5, 25 cm³ 85%iger H_3PO_4 und 20 cm³ konz. HCl versetzt. Die Mischung wird 20 min gekocht, abgekühlt und auf 1 Liter aufgefüllt.

4. *Harnstoff-Cyanidlösung nach* FOLIN. Darstellung s. S. 63.

5. *Natriumwolframatlösung*, 10%ig.

6. $^2/_3$ n H_2SO_4.

7. *Darstellung des Uricasepräparats*: 500 g frisch eingefrorene Rindernieren werden fein zermahlen, 4mal mit je 500 cm³ Aceton jeweils 12 Std bei 4° behandelt und dann bei Zimmertemperatur getrocknet. Man extrahiert 2mal mit je 500 cm³ Petroläther, das erste Mal 12 Std, das zweite Mal 6 Std lang. Dann wird bei Zimmertemperatur getrocknet, fein zermahlen und im Exsiccator bei 4° aufbewahrt.

Herstellung einer gereinigten Enzymlösung. 10 g rohes Uricasepulver werden mit 100 cm³ eiskaltem 0,1 m Phosphatpuffer p_H 7,4 verrührt, 20 min stehengelassen und zentrifugiert. Man verwirft das Zentrifugat und verrührt den Bodensatz mit 200 cm³ 0,1 m Boratpuffer p_H 10 bei 38°. Dann wird zentrifugiert, das Zentrifugat mit dem gleichen Volumen gesättigter Ammoniumsulfatlösung versetzt und über Nacht stehen gelassen. Man zentrifugiert, verwirft das Zentrifugat und löst den Bodensatz in 100 cm³ Wasser. 1 cm³ der Enzymlösung baut 150—170 γ Harnsäure ab.

Ausführung:

4 cm³ Blut (oder Serum bzw. Plasma) werden mit 28 cm³ Wasser, 4 cm³ 10%iger Natriumwolframatlösung und 4 cm³ $^2/_3$ n Schwefelsäure enteiweißt. Nach dem Filtrieren mischt man in einem Zentrifugenglas 10 cm³ Filtrat mit 2 cm³ Lithiumchloridreagens sowie 2 cm³ Silbernitratlösung und zentrifugiert sofort. 7 cm³ des Zentrifugates werden in einem 25 cm³-Meßkolben im Intervall von je 1 min mit 2,5 cm³ Harnstoff-Cyanidlösung und 2 cm³ Arsenphosphorsäure versetzt, worauf man sofort mit Wasser zur Marke auffüllt. Nach 40 min wird bei 660 mμ photometriert.

Zur *Ermittlung der Restreduktion* inkubiert man 8 cm³ Blut mit 48 cm³ Wasser und 8 cm³ Enzymlösung 2 Std bei 45°. Darauf wird durch Zusatz von 8 cm³ Wolframat und 8 cm³ Schwefelsäure enteiweißt. 20 cm³ Filtrat werden dann mit 2 cm³ Lithiumchlorid und 2 cm³ Silbernitrat gefällt, worauf man sofort zentrifugiert und die eigentliche Bestimmung, wie oben beschrieben, anschließt. Mit dieser Methode wurden als Normalwerte im menschlichen Blut 2,53—4,42 mg-% Harnsäure gefunden. Glucose reduziert in Anwesenheit von Harnsäure Arsenphosphorwolframsäure stärker, als sie es in Abwesenheit von Harnsäure macht. Durch Zugabe von Borat wird dieser Effekt der Glucose ausgeschaltet. Bei enzymatischen Harnsäurebestimmungen, bei denen mit Boratpuffern gearbeitet wird, müssen daher alle Ansätze dieselbe Boratmenge enthalten[1].

Bestimmung der Harnsäure nach FOLIN[2].

Reagentien:

1. Harnsäurereagens.

2. Harnstoff-Cyanidlösung.

3. Wolframat-Sulfatlösung, enthaltend 20 g wasserfreies Natriumsulfat und 3 g Natriumwolframat im Liter.

4. Natriumwolframat, 10%ig.

5. $^2/_3$ n Schwefelsäure.

6. Silberreagens: Man löst 25 g Silbernitrat, 5 cm³ Milchsäure und 5 g Na_2CO_3 in 100 cm³ Wasser und kocht. Dann läßt man einige Tage im Sonnenlicht stehen und filtriert.

Herstellung des Harnsäurereagens nach FOLIN[3]. Man braucht dazu molybdatfreies Wolframat. Käufliches Wolframat muß in der folgenden Weise gereinigt werden: 1 kg Natriumwolframat wird in 2 Liter Wasser gelöst und mit HCl (1:1) genau gegen Lackmus neutralisiert. Man leitet dann 20 min lang einen mäßigen H_2S-Strom ein, läßt über Nacht stehen und filtriert. Dann setzt man

[1] BIEN, E. J., and W. TROLL: Proc. Soc. exp. Biol. Med. **73**, 370 (1950).
[2] FOLIN, O.: J. biol. Ch. **101**, 111 (1933).
[3] FOLIN, O.: J. biol. Ch. **106**, 311 (1934).

langsam unter Rühren $^2/_3$ des Volumens an Alkohol zu, läßt über Nacht stehen und saugt den Niederschlag ab. Man wäscht mit 50%igem Alkohol, bis die Waschflüssigkeit farblos wird. Den Niederschlag löst man in 1,5 Liter Wasser, setzt 2 cm³ Brom zu und rührt einige Minuten. Dann erhitzt man unter weiterem Rühren, bis das überschüssige Brom verdampft ist. Unter weiterem Erhitzen setzt man so viel gesättigte NaOH-Lösung zu, daß Phenolphthalein deutlich gerötet wird. Nach dem Abkühlen wird, falls die Lösung trübe ist, filtriert und das Filtrat mit $^2/_3$ Volumen Alkohol gefällt. Das reine Natriumwolframat wird dann abgesaugt, mit etwa 50%igem Alkohol gewaschen und getrocknet. 100 g dieses molybdatfreien Natriumwolframat werden in einem 500 cm³-Kolben mit einer Mischung von 33 cm³ 85%iger Phosphorsäure und 150 cm³ Wasser versetzt. Man kocht 1 Std heftig am Rückflußkühler. Gegen Ende der Kochperiode setzt man zum Entfärben etwas Brom zu und kocht den Überschuß weg. Nach dem Abkühlen wird mit Wasser auf 500 cm³ aufgefüllt.

Sollte das Reagens mit der Harnstoff-Cyanidlösung eine Färbung ergeben, so gibt man 3—5 g Natriumwolframat zu, kocht nochmals 10 min und entfärbt mit Brom, wie beschrieben.

Herstellung der Harnstoff-Cyanidlösung. 75 g NaCN löst man im 2 Liter-Becherglas in 700 cm³ Wasser. Dann trägt man unter Rühren 300 g Harnstoff ein. Darauf gibt man 4—5 g CaO zu und rührt 10 min. Am nächsten Tag wird filtriert, 2 g pulverisiertes Lithiumoxalat eingetragen, 10—15 min unter häufigerem Schütteln stehengelassen und nochmals filtriert.

Darstellung von Lithiumoxalat. Man löst 50 g Lithiumcarbonat und 85 g Oxalsäure in 1 Liter Wasser von 90° und rührt vorsichtig, bis die CO$_2$-Entwicklung beendet ist. Dann versetzt man mit 1 Liter Alkohol und saugt nach einigem Stehen ab.

Reinigung der Harnsäure zur Herstellung von Standardlösungen. In einem Kolben wird 1 Liter Wasser erhitzt. In einem zweiten Kolben versetzt man 750 cm³ Wasser mit 11 g Lithiumcarbonat und erwärmt auf etwa 90°. Dabei löst sich das Lithiumcarbonat zum größten Teil auf. Nun trägt man 25 g käufliche Harnsäure ein, die sich sofort löst. Man filtriert in das heiße Wasser in den ersten Kolben ein, versetzt mit 25 cm³ Eisessig, läßt 15 min stehen, gibt dann weitere 20 cm³ Eisessig zu und nach weiteren 15 min nochmals 40 cm³. 30 min später saugt man aus der noch warmen Lösung die auskrystallisierte Harnsäure ab, wäscht sie bis zur Säurefreiheit mit Wasser und trocknet sie im Vakuum. Ausbeute etwa 23 g.

Ausführung:

a) **Direkte Bestimmung der Harnsäure.** In einem Zentrifugenglas gibt man zu 0,2 cm³ Blut 4 cm³ der Wolframat-Sulfatlösung, versetzt 15 min später mit 1 cm³ Schwefelsäure (12 cm³ $^2/_3$ n Schwefelsäure auf 100 cm³ verdünnt) und zentrifugiert. 4 cm³ des Zentrifugates (entsprechend 0,154 cm³ Blut) werden in einem 25 cm³-Meßkolben mit 10 cm³ Harnstoff-Cyanidlösung und 4 cm³ Harnsäurereagens versetzt. Nach 20—30 min wird mit Wasser bis zur Marke aufgefüllt. Dann colorimetriert oder photometriert man bei Filter S 61 oder S 57.

b) **Bestimmung nach Fällung der Harnsäure.** 5 cm³ Blutfiltrat nach Folin-Wu (s. S. 62) werden in einem Zentrifugenglas mit 2 cm³ Silberreagens gefällt. Der abzentrifugierte Niederschlag wird entweder mit 1 cm³ 10%igem NaCl in 0,1 n HCl extrahiert, worauf man den Extrakt in einen 25 cm³-Meßkolben gibt, mit 4 cm³ Wasser nachspült und mit 10 cm³ Harnstoff-Cyanidlösung versetzt, oder man löst den Niederschlag in 10 cm³ Harnstoff-Cyanidlösung, überführt in einen 25 cm³-Meßkolben und spült mit 5 cm³ Wasser nach. Dann versetzt man mit 4 cm³ Harnsäurereagens, wartet 20—30 min und füllt zur Marke auf. Photometrieren oder Colorimetrieren wie oben.

Purinbasen. Die Bestimmung der Purinbasen erfolgt am besten nach Oxydation zu Harnsäure durch Xanthinoxydase. Eine derartige Vorschrift stammt von Cole und Mitarbeitern[1]. Eine ähnliche Vorschrift haben auch Krebs und Örström[2] angegeben. Das Verfahren von Edlbacher und Jucker[3] ist nicht für Blut ausgearbeitet.

Bestimmung von Xanthin und Hypoxanthin nach Cole, Ellett und Womack[1].

Prinzip:

Man überführt Xanthin und Hypoxanthin durch Xanthinoxydase in Harnsäure und bestimmt letztere.

Darstellung von Xanthinoxydase aus Milch nach Dixon und Thurlow[4].

---

[1] Cole, W. H., W. H. Ellett and N. A. Womack: J. Lab. clin. Med. **16**, 918 (1931).
[2] Krebs, H. A., and A. Örström: Biochem. J. **33**, 984 (1939).
[3] Edlbacher, S., u. P. Jucker: H. **240**, 78 (1936).
[4] Dixon, M., and S. Thurlow: Biochem. J. **18**, 971 (1924).

Man prüft zunächst in einem Vorversuch, ob die Milch gut oxydiert. Dann versetzt man sie mit dem gleichen Volumen gesättigter Ammoniumsulfatlösung und läßt einige Minuten stehen. Das ausgefallene Casein, das die Xanthinoxydase mit einschließt, wird abfiltriert und zwischen Filtrierpapier so weit wie möglich getrocknet. Die Güte des Präparates hängt wesentlich von der genauen Befolgung der folgenden Vorschrift ab: Man zerkleinert die Masse und extrahiert mit Äther unter gutem Schütteln in der Kälte. Der Äther wird abgegossen und das Material erneut zwischen Filtrierpapier abgepreßt. Es wird dann in dünner Lage ausgebreitet und im Vakuum 12 Std getrocknet. Dann wird es nochmals mit Äther extrahiert, im Vakuum getrocknet und zu einem feinen Pulver zerrieben.

Das Präparat ist gut wasserlöslich; in brauner Flasche im Eisschrank aufbewahrt, bleibt es 6 Monate brauchbar.

Reagentien:

1. Xanthinoxydase, s. oben.
2. Reagentien zur Harnsäurebestimmung, s. S. 62.

Ausführung:

In 2 Reagensgläser gibt man je 2 cm³ Oxalatblut, in eines außerdem 50 mg Fermentpulver. Dann stellt man die Gläser 24 Std in den Brutschrank. In beiden Gläsern wird dann die Harnsäure bestimmt. Die Differenz entspricht der aus Xanthin und Hypoxanthin entstandenen Harnsäure. Bei Kontrollbestimmungen mit reinem Xanthin wurden unter den genannten Bedingungen 96% in Harnsäure übergeführt. In normalem Blut beträgt die Summe von Xanthin und Hypoxanthin etwa das Doppelte der Harnsäuremenge.

Die quantitative Ausbeute ist von SCHMIDT[1] bezweifelt worden. KREBS und ÖRSTRÖM[2] haben die Reaktion nochmals eingehend studiert, sie kommen zu quantitativen Ausbeuten, wenn sie Katalase zur Zerstörung des enzymatisch entstandenen H_2O_2 zusetzen. Bei gleichzeitiger Bestimmung der entstandenen Harnsäure und des Sauerstoffverbrauches im WARBURG-Apparat gelingt es, Xanthin neben Hypoxanthin zu bestimmen, da 1 Mol Xanthin 1 Mol O_2, Hypoxanthin dagegen 2 Mol O_2 verbraucht. Die Anwesenheit von Adenin verrät sich durch eine sehr langsame Sauerstoffaufnahme, da es 20mal langsamer reagiert als Hypoxanthin. Aldehyde werden auch oxydiert, bilden aber keine Harnsäure. In biologischen Substraten stören nur Hämoglobin und seine Derivate. Die Störung kann durch Leberextrakt beseitigt werden, wenn die Hämoglobinkonzentration nicht zu groß ist. Der wäßrige Leberextrakt wird dargestellt, indem man 1 g Taubenleber mit Sand und 10 cm³ Wasser zerreibt und zentrifugiert. Die klare Lösung kann einige Wochen im Eisschrank unter Octylalkohol aufgehoben werden.

Ist die Purinkonzentration sehr gering, so können die Purine mit Kupferbisulfit[3] ausgefällt und gereinigt werden.

Pyrimidinbasen. Für *Uracil* und *Cytosin* gibt BAUDISCH[4] folgende *Farbreaktion* an:

Wenn man 50 g Eisen(II)-sulfat, in 100 cm³ Wasser gelöst, zu einer Lösung von 50 g Natriumhydrogencarbonat und 0,1 g Uracil in 1 Liter Wasser gibt, so entsteht ein weißer Niederschlag von Eisen(II)-bicarbonat, welcher beim Schütteln mit Luft bald rot wird. Das Eisen(III)-hydroxyd wird abfiltriert und das farblose Filtrat im Vakuum auf 150 cm³ eingeengt. Es wird bei der Berührung mit Luft sofort rot. Mit ammoniakalischer Silbernitratlösung erfolgt Reduktion in der Kälte, ebenso wird Phosphormolybdänsäure reduziert. Mit diazotierter Sulfanilsäure entsteht eine leuchtend rote Farbe, die bald gelb wird. Wird das Konzentrat mit Metaphosphorsäure eingedampft, so hinterbleibt ein gelber Rückstand. Die rote Verbindung soll sich von der Barbitursäure ableiten.

Es wird angenommen, daß durch Dehydrierung Isobarbitursäure entsteht, die zu dem gelben Pigment dehydriert wird.

---

[1] SCHMIDT, G.: H. **208**, 225 (1932).
[2] KREBS, H. A., and A. ÖRSTRÖM: Biochem. J. **33**, 984 (1939).
[3] KERR, ST. E., and M. E. BLISH: J. biol. Ch. **98**, 193 (1932).
[4] BAUDISCH, O.: J. biol. Ch. **60**, 155 (1924).

Uracil und *Cytosin* reduzieren Arsenwolframsäure nach vorheriger Bromierung. Ein auf diesem Prinzip aufgebautes Bestimmungsverfahren s. [1].

Colorimetrische Bestimmung von Thymin nach WOODHOUSE[2].

Reagentien:

1. Sulfanilsäure: 4,5 g werden mit 45 cm³ konzentrierter Salzsäure gelöst und mit Wasser auf 500 cm³ aufgefüllt.
2. Natriumnitrit, 5%ig.
3. 3 n NaOH.
4. 2,4%ige Na_2CO_3-Lösung.
5. 20%ige Hydroxylamin-HCl-Lösung.

Ausführung:

Zum Gebrauch mischt man je 1,5 cm³ der Lösungen *1* und *2*, gibt nach 5 min noch 6 cm³ Natriumnitritlösung hinzu und füllt dann auf 50 cm³ auf. Das Reagens ist nach 20 min brauchbar und nur einen Tag haltbar. Die Kupplung wird bei 20° ± 0,5° in einem geschlossenen Kolben im Wasserbad durchgeführt. Ammoniak und gewisse Aldehyde stören. Die Reaktionszeit muß genau eingehalten und der Ansatz in folgender Reihenfolge durchgeführt werden: 2 cm³ Na_2CO_3-Lösung werden mit 2 cm³ destilliertem Wasser und 2 cm³ Diazoreagens gemischt und dann 2 cm³ der Thyminlösung, die 12 bis 100 γ je Kubikzentimeter enthalten soll, zugesetzt. Darauf setzt man 2 cm³ 3 n Natronlauge und 0,2 cm³ 20%ige Hydroxylaminchloridlösung zu. Wenn der Test nach dieser Technik durchgeführt wird, reagiert kein anderes der bekannten Purine oder Pyrimidine. Andere Basen geben eine gelbe Farbe, die bei Verwendung entsprechender Filter nicht stört.

Nucleinsäuren, Nucleotide und Nucleoside. Eine spezielle Methode, um die obengenannten Stoffe im Blut zu bestimmen, ist nicht ausgearbeitet worden. Sie kommen aber zweifelsohne in den Formelementen des Blutes vor. Über die allgemeinen Fällungsbedingungen s. S. 222.

Bestimmungsmethoden sind nur für Gewebe, besonders für die Kalbsthymusdrüse und für Hefe ausgearbeitet worden. Über die Verfahren s. Bd. IV, Purine und Pyrimidine.

γ) *Kohlenhydrate.*

Die Hauptmenge der Kohlenhydrate im Blut besteht aus *Glucose*. Daneben sind regelmäßig kleine Mengen von *Glykogen* vorhanden, die hauptsächlich in den Leukocyten abgelagert sind.

Außerdem kommen noch größere Mengen von Monosacchariden an Eiweiß gebunden vor, der sog. *gebundene Zucker*. Die Natur dieser Monosaccharide ist nicht genau bekannt, bis jetzt sind Glucose und Galaktose nachgewiesen worden. Sie sind nur nach hydrolytischer Spaltung bestimmbar.

Außer diesen ständig im Blut vorkommenden Kohlenhydraten findet man noch gelegentlich *Fructose, Lactose, Galaktose* und einige *Pentosen*, die aber physiologisch keine große Bedeutung besitzen. Im Gegensatz dazu ist die Bestimmung der Glucosekonzentration, meist einfach als Blutzucker bezeichnet, von ausschlaggebender Bedeutung.

Glucose (Blutzucker). Der Nüchternwert schwankt bei normalen Menschen zwischen 80 und 120 mg-% und erreicht nach einer kohlenhydratreichen Mahlzeit nach 30—60 min einen Maximalwert von 160 mg-%, um dann wieder abzusinken. Auch ohne Nahrungsaufnahme schwankt der Blutzucker im Verlauf eines Tages, mehr noch bei Nahrungsaufnahme; die Menge der im Blut vorhandenen Glucose ist von der Wirkung der zuckerregulierenden Zentren und der Tätigkeit innersekretorischer Drüsen abhängig. Er ist erniedrigt unter 80 mg-% morgens nüchtern, bei Hyperinsulinismus, bei vegetativer Labilität, Magen-Darmerkrankungen und bei Insulinüberdosierung. Er ist erhöht beim Diabetes mellitus, wobei Spitzenwerte bis zu 450 mg-% vorkommen, bei Akromegalie, bei der

[1] SOODAK, M., A. PIRCIO and L. R. CERECEDO: J. biol. Ch. **181**, 713 (1949).
[2] WOODHOUSE, D. L.: Biochem. J. **44**, 185 (1949). — PIRCIO, A., and L. R. CERECEDO: Arch. Biochem. **26**, 209 (1950).

CUSHINGschen Krankheit, bei Nebennierenmarktumoren usw. Über Blutzuckertages-
kurven und Belastungskurven s. einschlägige Spezialwerke. Bei Neugeborenen in der
1. Lebenswoche beträgt der normale Blutzuckergehalt nur 35 mg-%; er ist auch bei
Jugendlichen deutlich erniedrigt gegenüber den Werten bei Erwachsenen[1]. Bei Rind
und Hund ist der Normalwert wie beim Menschen 70—130 mg-%[2, 3], bei Kaninchen
60—180 mg-%[3], bei Ratten 138[4], Mäusen 245[4], Vögeln 80—300 mg-%[4]*. Der gebundene
Zucker entspricht normal 80—165 mg-% reduzierender Substanz, er hat bis jetzt keine
diagnostische Bedeutung erlangt. STARY und Mitarbeiter[5] geben 100—140 mg-% für
gebundene Galaktose und Mannose an, aber 200—240 mg-% einschließlich Glucosamin.
Sie finden eine deutliche Abhängigkeit von der Blutkörperchensenkungsgeschwindigkeit.

Die Methoden, die zur Bestimmung der Glucose ausgearbeitet worden sind, sind außerordentlich zahlreich, woraus schon die ungeheure klinische Bedeutung der Blutzucker-
untersuchungen hervorgeht. Eine besondere Beachtung ist den sekundären Veränderungen der Glucose im Blut zuzuwenden[6]. Nach der Blutentnahme setzt sofort Glykolyse
ein, wodurch der Zucker bis zur Milchsäure abgebaut wird und sich daher der Bestimmung
entzieht. Die Glykolyse kann verhindert werden durch Zusatz von Natriumfluorid oder
dem Natriumsalz der Monojodessigsäure. Wird das Blut mit isotonischer Kupfersulfat-
Natriumsulfatlösung gemischt, so bleibt es 72 Std bei Zimmertemperatur unverändert[7].
Durch wiederholte Blutentnahmen kann besonders bei Kleintieren eine Hyperglykämie
zustande kommen[8].

Wegen der verhältnismäßig geringen Konzentration kommt eine polarimetrische
Zuckerbestimmung im Blut nicht in Frage. Unter Berücksichtigung der Carbonylgruppe
der Monosaccharide sind 2 verschiedene Bestimmungsarten denkbar: Die Bildung von
Hydrazonen und *Osazonen*, die zwar zu charakteristischen Kondensationsprodukten
führen und zur Identifizierung geeignet sind, die sich aber zur quantitativen Bestimmung
wenig eignen. Die zweite Möglichkeit besteht in der reduzierenden Eigenschaft der
Carbonylgruppe, wodurch leicht reduzierbare Stoffe wie z. B. Kupfersalze, Quecksilbersalze oder Trikaliumhexacyanoferrat reduziert werden können.

Zur Charakterisierung verschiedener Kohlenhydrate nebeneinander kann ihre Gär-
fähigkeit ausgenützt werden[9]. Es ist aber dabei zu beachten, daß die verwendete Hefe-
masse auch tatsächlich den gestellten Anforderungen entspricht, nämlich nur bestimmte
Zucker vergären zu können.

Die weitaus verbreitetste *Reduktionsmethode* ist die titrimetrische Bestimmung nach
HAGEDORN-JENSEN, die S. 68 ausführlich beschrieben ist. Die zahlreichen Modifikationen können hier nicht im einzelnen besprochen werden. Wir verweisen im einzelnen
auf[10]. Wesentlich ist, daß durch Enteiweißung mit Cadmiumhydroxyd[11] auch sulfhydryl-
haltige Verbindungen niedergeschlagen werden, die bei der Enteiweißung mit Zinkhydroxyd noch in Lösung bleiben, und dadurch einen etwas zu hohen Blutzuckergehalt
vortäuschen können. Dieser Fehler ist aber bei klinischen Untersuchungen ohne Belang.
Bei der titrimetrischen Bestimmung ist es wichtig, das überschüssige Cadmiumhydroxyd

* Blutzucker im Leichenblut s. Joos[6].
[1] RUMPF, F.: Jb. Kinderheilkde. **105**, 321 (1924).
[2] KNAPP, A.: B. Z. **287**, 342 (1936).
[3] GENESS, S. G., u. W. P. KOMISSARENKO: B. Z. **285**, 420 (1936).
[4] ERLENBACH, F.: Z. vergl. Physiol. **26**, 121 (1938). — VÖLKER, R.: Arch. Tierheilkde. **59**, 16 (1929).
[5] STARY, Z., H. BODUR u. F. BATIYOK: Schweiz. med. Wschr. **81**, 1273 (1951).
[6] JOOS, A.: Dtsch. Z. gerichtl. Med. **39**, 490 (1948).
[7] KING, E. J., S. S. PILLAI and D. BEALL: Lancet **1941** I, 310.
[8] TIDWELL, H. C., and H. E. AXELROD: J. biol. Ch. **172**, 179 (1948).
[9] SOMOGYI, M.: J. biol. Ch. **119**, 741 (1937).
[10] Hinsberg-Lang 2. Aufl. S. 190.
[11] FUJITA, A., u. D. IWATAKE: B. Z. **242**, 43 (1931). — FUJITA, A., u. K. OKAMOTO: B. Z. **225**, 368 (1930).

durch Schütteln mit feingepulvertem Bariumcarbonat zu entfernen, weil sonst der Titrationsendpunkt unscharf wird[1].

Das überschüssige Trikaliumhexacyanoferrat kann auf die verschiedenste Weise bestimmt werden. Am meisten wird die jodometrische Methode gebraucht. Es gelingt aber auch der Umsatz mit Hydrazin und Messung des entstandenen Stickstoffs[2]. Das durch Reduktion entstandene Tetrakaliumhexacyanoferrat ist sehr oft colorimetrisch bestimmt worden. Die Schwierigkeit bei diesen Methoden liegt aber darin, daß das durch Zusatz von Eisen(III)-salz entstandene Berliner Blau nur schwer in stabiler kolloidaler Lösung zu halten ist; daher ist die Colorimetrie nicht sehr zuverlässig. Als Zusätze sind zu diesem Zweck Gummi ghatti und Duponol vorgeschlagen worden[3]. Auch müssen nach den Untersuchungen von GÖPFERT[4] die äußeren Bedingungen, besonders die Zeit, genau eingehalten werden. Weitere Vorschläge zur colorimetrischen Bestimmung des Berliner Blau s. [5].

Die titrimetrischen Untersuchungen, die sich auf die Reduktion von Kupfersalzen bei alkalischer Reaktion oder von Quecksilbersalzen stützen, haben im Vergleich zu den Trikaliumhexacyanoferratmethoden keine Bedeutung erlangt. Auch die Reduktion von Heterophosphorpolysäuren ist wegen der Unspezifität nicht zu empfehlen. Wird erst Kupfer(I)-oxyd erzeugt[6] und dann z. B. Phosphormolybdänsäure durch das entstandene Kupfer(I)-oxyd reduziert, wird die Methode zu umständlich. Auf Fehlerquellen diesbezüglicher Methoden wird von FIORENTINO und GIANNETTASIO[7] hingewiesen.

Mit Hilfe von BARFOEDs Reagens ist eine Unterscheidung von Monosen und Biosen möglich[8].

Für sehr kleine Zuckermengen ist die Kondensation mit α-Naphthol, die sog. MOLISCH-Reaktion, empfohlen worden[9]. Es bestehen zahllose Modifikationen. Von BRÜCKNER[10] wird auch Orcin-Schwefelsäure verwendet, aber auch Diphenylamin, Resorcin, Indol und Carbazol sind vorgeschlagen worden[11]. Alle diese Farbreaktionen sind von äußeren Bedingungen sehr abhängig, und besonders die Schwefelsäurekonzentration scheint eine große Rolle zu spielen[12]. Bei diesen Reaktionen entstehen als Zwischenprodukte Furfurol oder Methylfurfurol und auch Naphtholsulfosäuren, von denen nur die 2- und die 4-Sulfosäure reagiert[13].

Eine weitere Farbreaktion von Kohlenhydraten mit Cystein ist von DISCHE und Mitarbeitern[14] gefunden worden. Bei verschiedener Schwefelsäurekonzentration geben die einzelnen Kohlenhydrate unterschiedliche Farben, so daß sie bei Messung im Spektrophotometer nebeneinander bestimmt werden können. Durch Reduktion von

[1] FIORENTINO, M., u. P. BONI: B. Z. **307**, 245 (1941).

[2] VAN SLYKE, D. D., and J. A. HAWKINS: J. biol. Ch. **79**, 739 (1928).

[3] SAIFER, A., F. VALENSTEIN and J. P. HUGHES: J. Lab. clin. Med. **26**, 1969 (1941). — HORVATH, S. M., and C. A. KNEHR: J. biol. Ch. **140**, 869 (1941).

[4] GÖPFERT, H.: B. Z. **320**, 25 (1949).

[5] KINGSLEY, G. R., and J. G. REINHOLD: J. Lab. clin. Med. **34**, 713 (1949). — PARK, J. T., and M. J. JOHNSON: J. biol. Ch. **181**, 149 (1949). — HERBAIN, M.: Bull. Soc. Chim. biol. **31**, 1104 (1949). — CASTAIGNE, P.: Bull. Soc. Chim. biol. **31**, 1184 (1949).

[6] POPE, J. L.: Amer. J. clin. Path. **20**, 801 (1950). — HASLEWOOD, G. A. D., and T. A. STROOKMAN: Biochem. J. **33**, 920 (1939).

[7] FIORENTINO, M., and G. GIANNETTASIO: J. Lab. clin. Med. **25**, 866 (1940). — HEIDT, L. J., and K. A. MOON: Am. Soc. **72**, 4130 (1950). — HEIDT, L. J., F. W. SOUTHAM, J. D. BENEDICT and M. E. SMITH: Am. Soc. **71**, 2190 (1949).

[8] TAUBER, H., and I. S. KLEINER: J. biol. Ch. **99**, 249 (1932). — MYRBÄCK, K., u. E. LEISSNER: B. **75**, 1739 (1942).

[9] YAMAFUJI, K., u. T. YOSHIDA: B. Z. **301**, 61 (1939).

[10] BRÜCKNER, J.: H. **277**, 181 (1943).

[11] DISCHE, Z.: B. Z. **189**, 77 (1927). Mikrochem. **8**, 4 (1930). — GURIN, S., and D. B. HOOD: J. biol. Ch. **131**, 211 (1939); **139**, 775 (1941).

[12] HOLZMAN, G., R. V. MACALLISTER and C. NIEMANN: J. biol. Ch. **171**, 27 (1947).

[13] DEVOR, A. W.: Am. Soc. **72**, 2008 (1950). — KRAINICK, H. G.: Mikrochem. **29**, 46 (1941); dort auch ältere Literatur.

[14] DISCHE, Z., L. B. SHETTLES and M. OSNOS: Arch. Biochem. **22**, 169 (1949).

Triphenyltetrazoliumchlorid durch Kohlenhydrate entsteht Triphenylformazan, eine rote wasserunlösliche Substanz, die aber in geeigneten Lösungsmitteln colorimetrisch bestimmt werden kann. Die Autoren[1] empfehlen zur Lösung eine Mischung von 100 cm³ Pyridin und 15 cm³ konzentrierter Schwefelsäure.

Auf Pikrinsäure wirken Zucker ebenfalls reduzierend, wobei die entstehende gelbrote Pikraminsäure colorimetrisch bestimmt wird. Derartige Methoden haben den Vorteil, daß sie schnell und einfach durchzuführen sind, aber den Nachteil, sehr unspezifisch zu sein; in biologischen Substraten reduzieren auch andere Stoffe, wie z. B. das Kreatinin, welches nur schwer zu entfernen ist. Eine sehr gebräuchliche Methode stammt von CRECELIUS und SEIFERT; s. a. [2], von denen das Verfahren für die pädiatrische Klinik als Überwachungsreaktion empfohlen wird. Eine Farbreaktion von Zuckern mit freier Aldehydgruppe mit Dinitrosalicylsäure gibt MOSSINI[3] an.

Bei allen angeführten Zuckerreaktionen ist zu bedenken, daß es sich um unspezifische Reaktionen handelt, und daß man die Auswirkung unspezifischer Nebenreaktionen beachten muß. Entscheidend für die Auswahl der Methode ist die geforderte Genauigkeit. Dort wo es sich um die Bestimmung relativ kleiner Konzentrationsänderungen handelt, können Nebenreaktionen von besonderer Bedeutung sein.

Auch die chromatographische Adsorption ist in den Dienst der Trennung von Kohlenhydraten gestellt worden. Die Azobenzol-p-benzoylester, welche man durch Umsetzung der Zucker mit Azobenzol-p-benzoylchlorid in Pyridin erhält, lassen sich an Silicagel adsorbieren und mit einem Gemisch von 25% Benzol und 75% Benzin entwickeln. Die Elution erfolgt mit Methanol-Chloroform. Auch durch aufsteigende Papierchromatographie können reduzierende Zucker voneinander getrennt werden. Die R_f-Werte sind hinreichend unterschiedlich. Die Flecken der Kohlenhydrate können durch Besprühen mit verschiedenen Reduktionsmitteln, z. B. Benzidin, Phloroglycin, Anilinoxalat oder ammoniakalischer Silberlösung sichtbar gemacht werden[4].

Blutzuckerbestimmung nach HAGEDORN-JENSEN[5].

Reagentien:

1. Zinksulfatlösung, 0,45%ig, hergestellt durch 100faches Verdünnen einer 45%igen Zinksulfat-Stammlösung.
2. 0,1 n NaOH.
3. 0,005 n Trikaliumhexacyanoferrat (Kaliumferricyanid der alten Nomenklatur): 1,65 g Trikaliumhexacyanoferrat und 10,6 g wasserfreies Natriumcarbonat werden im Meßkolben zu 1 Liter gelöst. Die Lösung muß in dunkler Flasche aufbewahrt werden. Länger haltbar sind konz. Lösungen, die vor Gebrauch entsprechend verdünnt werden.
4. Kaliumjodid-Zinksulfat-Kochsalzlösung: 50 g Zinksulfat und 250 g Natriumchlorid werden in 1 Liter Wasser gelöst. Vor Gebrauch wird daraus durch Zusatz von Kaliumjodid die jeweils benötigte Menge $2^1/_2$%iger Kaliumjodidlösung hergestellt.
5. Essigsäure, 3%ig.
6. 0,005 n Thiosulfatlösung.
7. Stärkelösung, 1%ig, in gesättigter Kochsalzlösung.
8. 0,005 n KJO_3 zur Titerstellung.

Ausführung:

0,1 cm³ Blut wird aus der Fingerbeere mit einer trockenen Capillarpipette entnommen und in eine frisch bereitete Zinkhydroxydlösung ausgeblasen. Die Pipette wird durch

[1] MATTSON, A. M., and C. O. JENSEN: Analyt. Chem., Washington **22**, 182 (1950).

[2] GARDNER, L. I., H. BERMAN, E. A. McLACHLAN and M. L. TERRY: J. Lab. clin. Med. **34**, 725 (1949).

[3] MOSSINI, A.: Boll. Soc. ital. Biol. sperim. **16**, 504 (1941).

[4] HORROCKS, R. H., and G. B. MANNING: Lancet **1949** I, 1042. — PARTRIDGE, S. M.: Nature **158**, 270 (1946). — FLOOD, A. E., E. L. HIRST and J. K. N. JONES: Nature **160**, 86 (1947).

[5] HAGEDORN, H. C., u. B. N. JENSEN: B. Z. **135**, 46; **137**, 92 (1923).

dreimaliges Aufziehen und Ausblasen mit der Enteiweißungsflüssigkeit ausgewaschen. Die Zinkhydroxydlösung wird aus 5 cm³ Lösung *1* und 1 cm³ Lösung *2* hergestellt. Zwecks Vermeidung der Glykolyse müssen die Proben sofort nach der Entnahme gemischt und 5 min im Wasserbad gekocht werden. Empfehlenswert ist auch, das Blut nur in 5 cm³ reine Zinksulfatlösung auszublasen, die Pipette entsprechend auszuwaschen und erst nachher die Natronlauge zuzusetzen, weil dadurch weniger Gerinnsel in der Pipette hängenbleiben. Die Proben werden nach dem Kochen in weite Gläser von 30 × 90 mm durch aschefreie Filter (Schleicher & Schüll Nr. 589) filtriert. Im allgemeinen enthalten diese Filter nur sehr wenig lösliche reduzierende Substanzen. Für genaueres Arbeiten ist es aber empfehlenswert, die Filter vorher mit heißem Wasser auszuwaschen. In die zur Enteiweißung benutzten Reagensgläser gibt man 2mal je etwa 3 cm³ heißes Wasser und wäscht damit Reagensgläser und Filter aus. Der gesamte Zucker ist damit im Filtrat vorhanden, und das ungefähr 15 cm³ messende Filtrat wird mit 2,00 cm³ Lösung *3* versetzt. Die Genauigkeit der Bestimmung hängt zum großen Teil von der genauen Abmessung dieser Lösung ab, es sind daher in diesem Falle Pipetten nicht angebracht. Alle Blutproben einschließlich 3 entsprechend angesetzten Leerwerten werden gleichzeitig in einem kochenden Wasserbad 15 min erhitzt. Nach vollständigem Abkühlen fügt man 2 cm³ Zinksulfat-Kochsalz-Kaliumjodidlösung und 2 cm³ Essigsäure zu, worauf sich das Filtrat durch Ausscheidung von Jod dunkel färbt. Unmittelbar vor der Titration gibt man einige Tropfen Stärke zu und titriert mit 0,005 n Thiosulfat, bis die blaue Farbe verschwunden ist. Die Mischung bleibt durch ausgefallenes Zinkferrocyanid getrübt. Die Zuckerwerte werden aus der nachfolgenden Tabelle 24 entnommen. Bei Verwendung von 0,1 cm³ Blut ergibt sich aus den Tabellenwerten nach Multiplikation mit 1000 der Zuckergehalt in mg-%. Der scheinbare Zuckergehalt der Leerwerte ist natürlich abzuziehen.

Tabelle 24. *Blutzuckerbestimmung nach* HAGEDORN-JENSEN
(cm³ 0,005 n $Na_2S_2O_3$ = mg Glucose).

	0	1	2	3	4	5	6	7	8	9
0,0	0,385	0,382	0,379	0,376	0,373	0,370	0,367	0,364	0,361	0,358
0,1	0,355	0,352	0,350	0,348	0,345	0,343	0,341	0,338	0,336	0,333
0,2	0,331	0,329	0,327	0,325	0,323	0,321	0,318	0,316	0,314	0,312
0,3	0,310	0,308	0,306	0,304	0,302	0,300	0,298	0,296	0,294	0,292
0,4	0,290	0,288	0,286	0,284	0,282	0,280	0,278	0,276	0,274	0,272
0,5	0,270	0,268	0,266	0,264	0,262	0,260	0,259	0,257	0,255	0,253
0,6	0,251	0,249	0,247	0,245	0,243	0,241	0,240	0,238	0,236	0,234
0,7	0,232	0,230	0,228	0,226	0,224	0,222	0,221	0,219	0,217	0,215
0,8	0,213	0,211	0,209	0,208	0,206	0,204	0,202	0,200	0,199	0,197
0,9	0,195	0,193	0,191	0,190	0,188	0,186	0,184	0,182	0,181	0,179
1,0	0,177	0,175	0,173	0,172	0,170	0,168	0,166	0,164	0,163	0,161
1,1	0,159	0,157	0,155	0,154	0,152	0,150	0,148	0,146	0,145	0,143
1,2	0,141	0,139	0,138	0.136	0,134	0,132	0,131	0,129	0,127	0,125
1,3	0,124	0,122	0,120	0,119	0,117	0,115	0,113	0,111	0,110	0,108
1,4	0,106	0,104	0,102	0,101	0,099	0,097	0,095	0,093	0,092	0,090
1,5	0,088	0,086	0,084	0,083	0,081	0,079	0,077	0,075	0,074	0,072
1,6	0,070	0,068	0,066	0,065	0,063	0,061	0,059	0,057	0,056	0,054
1,7	0,052	0,050	0,048	0,047	0,045	0,043	0,041	0,039	0,038	0,036
1,8	0,034	0,032	0,031	0,029	0,027	0,025	0,024	0,022	0,020	0,019
1,9	0,017	0,015	0,014	0,012	0,010	0,008	0,007	0,005	0,003	0,002

In apparativer Hinsicht ist von FUCHS und BUSS[1] eine wesentliche Verbesserung gebracht worden; sowohl die Anordnung der Büretten als auch der Reagensgläser usw. sind sehr gut durchgearbeitet und ersparen besonders bei Reihenanalysen viel Arbeit. Die Abbildungen müssen im Original eingesehen werden.

---

[1] FUCHS, H. J., u. W. BUSS: B. Z. **279**, 314 (1935).

Bestimmung des Blutzuckers nach FUJITA-IWATAKE ***und*** FUJITA-OKAMOTO[1].

Reagentien:

1. 13 g Cadmiumsulfat und 63,5 cm³ n Schwefelsäure werden ad 1000 cm³ gelöst.
2. 1,1 n NaOH.
3. 1,64 g Trikaliumhexacyanoferrat $+$ 140 g K_2HPO_4 $+$ 42 g K_3PO_4 werden mit Wasser auf 1000 cm³ gelöst. Die Lösung muß in brauner Flasche aufbewahrt werden.
4. HCl, 6%ig.
5. Reagentien 4, 6, 7 und 8 nach HAGEDORN-JENSEN (s. S. 68).

Ausführung:

8 cm³ Reagens 1 und 1 cm³ Blut werden vermischt, indem die Pipette 2mal ausgespült wird. Wenn die Flüssigkeit dunkelbraun geworden ist, wird 1 cm³ Reagens 2 zugegeben und so lange geschüttelt, bis der anfangs dicke Niederschlag dünnflüssig geworden ist. Durch Zentrifugieren erhält man eine wasserklare Lösung, die vorsichtshalber noch durch ein aschefreies Filter filtriert wird. Man entnimmt je 1 cm³ Filtrat, gibt 2,00 cm³ Trikaliumhexacyanoferrat und 10 cm³ destilliertes Wasser hinzu, kocht 15 min im Wasserbad, setzt dann Zinksulfat-Kaliumjodid und 6%ige Salzsäure zu und titriert mit Thiosulfat. Dabei ist darauf zu achten, daß die Salzsäure nicht zu stark ist, weil die Lösung sonst zu sauer wird und sich nicht gut titrieren läßt.

Berechnung:

Die Differenz im Thiosulfatverbrauch von Vollversuch und Leerversuch ergibt, mit 174 multipliziert, den Zuckergehalt in Milligrammprozent. Bei Verwendung abweichender Filtratmengen ist der Faktor entsprechend zu ändern.

Direkte Mikrobestimmung des Blutzuckers nach MILLER ***und*** VAN SLYKE[2].

Reagentien:

1. Cer(IV)-sulfatlösung: Etwa 110 g wasserfreies Cer(IV)-sulfat werden mit 35 cm³ konz. Schwefelsäure und 35 cm³ Wasser versetzt und unter Umrühren und Zugabe kleiner Portionen Wasser erhitzt, bis sich praktisch alles Cer(IV)-sulfat gelöst hat. Dann wird filtriert und auf 1 Liter aufgefüllt. Zur Titerstellung werden 39,214 g Eisen(II)-ammoniumsulfathexahydrat in 200—300 cm³ Wasser unter Zugabe von 25 cm³ 18 n Schwefelsäure und Auffüllen auf 1 Liter gelöst. Diese Lösung ist 0,1 normal. 15 cm³ der Cer(IV)-sulfatlösung werden in einem Becherglas mit 50 cm³ Wasser verdünnt, mit 3 cm³ 18 n Schwefelsäure angesäuert und mit der 0,1 n Eisen(II)-salzlösung titriert, bis die Farbe von Cer(IV)-sulfat fast verblaßt ist; dann gibt man 8 Tropfen Setopalinindicator (s. u.) hinzu und titriert weiter bis zum Umschlag von goldbraun in hellgelb. Der Cer(IV)-sulfatlösung wird nunmehr auf 0,1377 n eingestellt. Sie ist in dunkler Flasche mindestens 40 Wochen beständig und wird für die Blutzuckerbestimmung auf das 50fache ($= 0,002754$ n) verdünnt, indem 2 cm³ mit 5 cm³ 18 n Schwefelsäure versetzt und auf 100 aufgefüllt werden. 1 cm³ entspricht bei Verwendung von 0,1 cm³ Blut 100 mg-% Blutzucker. Der Titer der verdünnten Lösung nimmt bei Raumtemperatur in 6 Std um 5% ab.
2. Setopalinindicator: 100 mg Setopalin C werden in 100 cm³ Wasser gelöst. Die Lösung kann mehrere Monate benutzt werden. Der Umschlagspunkt ist aber um so schärfer, je frischer die Lösung ist.
3. 18 n Schwefelsäure = 81,0 gewichtsprozentig.
4. Alkalische Trikaliumhexacyanoferratlösung: 5,00 g $K_3[Fe(CN)_6]$ und 10,6 g wasserfreies Na_2CO_3 in Wasser gelöst und auf 1000 cm³ aufgefüllt.
5. 0,275 n NaOH.
6. 0,275 n H_2SO_4.
7. Bariumcarbonat, gepulvert.

Weitere Reagentien 1 und 2 der vorstehenden Methode (s. S. 68).

---

[1] FUJITA, A., u. D. IWATAKE: B. Z. **242**, 43 (1931). — FUJITA, A., u. K. OKAMOTO: B. Z. **225**, 368 (1930).
[2] MILLER, B. F., and D. D. VAN SLYKE: J. biol. Ch. **114**, 583 (1936).

Ausführung:

0,1 cm³ Blut wird wie üblich in 4 cm³ der sauren Cadmiumsulfatlösung enteiweißt und nach Braunwerden mit 2 cm³ der Natronlauge gut geschüttelt. Man erhitzt 3 min im kochenden Wasserbad, kühlt 2 min in fließendem Wasser ab, gibt etwa 0,3 g gepulvertes Bariumcarbonat zu, schüttelt 10—12 sec kräftig durch, filtriert in der üblichen Weise und wäscht 3mal mit 4 cm³ Wasser nach. Zum Filtrat fügt man 2,00 cm³ Trikaliumhexacyanoferratlösung, erhitzt 15 min im kochenden Wasserbad, kühlt 3 min im fließenden Wasser, gibt dann 1 cm³ 18 n Schwefelsäure und 7 Tropfen Indicator zu und titriert mit der 0,002754 n Cer(IV)-sulfatlösung bis zum scharfen Umschlag von goldgelb nach braun.

Zur Bestimmung des Blindwertes gibt man 2 cm³ 0,275 n Natronlauge, 2 cm³ 0,275 n Schwefelsäure, 14 cm³ Wasser und 0,3 g Bariumcarbonat zusammen, schüttelt 12 sec, zentrifugiert, filtriert und behandelt die Probe wie die eigentliche Analyse (der Zusatz von Cadmiumsulfat ist unnötig, da es den Leerwert nicht beeinflußt, und sich Cadmiumhydroxyd nur schlecht filtrieren läßt).

Berechnung:

Verbrauch an Cer(IV)-sulfatlösung, vermindert um den Blindwert, mal 100 == mg% Blutzucker.

Bestimmung von hohen Blutzuckerkonzentrationen nach WIERZUCHOWSKI, DZISIOW, SYSA und BORKOWSKI [1].

a) Bis 1700 mg-%.

Reagentien:

1. 0,01 n Trikaliumhexacyanoferratlösung: 3,3 g 3mal umkrystallisiertes Salz und 10,6 g geglühtes Natriumcarbonat werden in 1000 cm³ destilliertem Wasser gelöst.
2. Salzmischung: 250 g Natriumchlorid und 100 g Zinksulfat werden in 1 Liter Wasser gelöst. Vor Gebrauch werden auf je 100 cm³ 5 g Kaliumjodid zugesetzt.
3. Essigsäure, 6%ig.
4. 0,01 n Natriumthiosulfat.
5. Stärkelösung, 1%ig.

Ausführung:

Zu dem nach HAGEDORN-JENSEN bereiteten Blutfiltrat gibt man genau 5,00 cm³ einer 0,01 n Trikaliumhexacyanoferratlösung, erhitzt 15 min im Wasserbad, kühlt ab und versetzt unmittelbar vor der Titration mit 5 cm³ Salzmischung, 5 cm³ Essigsäure und 3 Tropfen Stärkelösung. Es wird mit 0,01 n Thiosulfat bis zur Farblosigkeit titriert. Bis zu einem Verbrauch von 4 cm³ der Trikaliumhexacyanoferratlösung besteht lineare Proportionalität zwischen Glucosemenge und Thiosulfatverbrauch.

Berechnung:

1 cm³ 0,01 n reduziertes Trikaliumhexacyanoferrat = 0,3742 mg Glucose. Durchschnittlicher Fehler ±0,3%.

b) Bis 3000 mg-%.

Reagentien:

1. 0,02 n Trikaliumhexacyanoferrat: 6,6 g rekrystallisiertes Salz und 10,6 g wasserfreies Natriumcarbonat ad 1000 cm³.
2. 0,02 n Thiosulfatlösung.
3. Salzmischung wie vorstehend.
4. Essigsäure, 6%ig.
5. Stärkelösung, 1%ig.

Ausführung:

Das nach HAGEDORN-JENSEN hergestellte Filtrat, welches etwa 14 cm³ betragen soll, wird mit 5,00 cm³ 0,02 n Trikaliumhexacyanoferrat in üblicher Weise oxydiert und titriert.

[1] WIERZUCHOWSKI, M., S. DZISIOW, J. SYSA u. Z. BORKOWSKI: H. **253**, 231 (1938).

Berechnung:

Bis zu einer absoluten Menge von 3,3 mg Glucose ist lineare Proportionalität vorhanden, d. h. 1 cm³ reduziertes 0,02 n Trikaliumhexacyanoferrat = 0,6934 mg Glucose. Durchschnittliche Abweichung ± 0,72 %.

Es müssen mindestens 0,2 cm³ Thiosulfat zur Rücktitration verbraucht werden.

Blutzuckerbestimmung in kleinsten Mengen nach SZEKESSY[1].

Reagentien:

Methode nach FUJITA-IWATAKE, s. S. 70.

Dazu 0,001 n Natriumthiosulfatlösung, die aus 0,1 n Lösung unmittelbar vor Gebrauch hergestellt wird.

Ausführung:

Das Blut wird mit einem der Länge nach halbierten Filterblättchen (Schleicher & Schüll Nr. 553) aufgesaugt und die Blutmenge auf der Torsionswaage bestimmt. Da die Filterpapiere einen Eigenreduktionswert besitzen, der im Mittel dem einer 0,05 %igen Zuckerlösung entspricht, und da das Zerschneiden der Papiere nicht absolut genau erfolgen kann, empfiehlt es sich, die Filterblättchen mit ungefähr 0,5 cm³ Trikaliumhexacyanoferratreagens zu kochen und nachher dreimal mit siedendem destilliertem Wasser auszuwaschen und zu trocknen. Der nach dieser Behandlung zurückbleibende, einer 0,007 %igen Lösung entsprechende Reduktionswert liegt unter der Fehlergrenze und kann vernachlässigt werden. Die vorbehandelten und mit Blut getränkten Filterblättchen kommen nach der Wägung in 1 cm³ Cadmiumsulfatreagens, worauf nach einigen Minuten 1 cm³ Natronlauge zugesetzt wird. Das Gemisch kommt 3 min in ein kochendes Wasserbad, wird dann in die üblichen HAGEDORN-JENSEN-Gläser abfiltriert und zweimal mit je 1 cm³ destilliertem Wasser nachgewaschen. Für die Blindversuche werden die leeren, oben beschriebenen vorbehandelten Blättchen benutzt. Zum Filtrat gibt man 0,5 cm³ Trikaliumhexacyanoferratlösung, kocht 15 min im Wasserbad und titriert nach Zusatz von 0,5 cm³ Zinksulfatkaliumjodid und 0,5 cm³ Salzsäure mit 0,001 n Thiosulfat bis zum Umschlag nach farblos.

Berechnung:

Wenn X der Thiosulfatverbrauch im Leerversuch ist, x der Thiosulfatverbrauch im Hauptversuch und w die Blutmenge in mg, so ist der

Zuckergehalt in % $= Z = \dfrac{(X-x)\cdot 3{,}48}{w}$.

Da sich bei der Verwendung derartig kleiner Substanzmengen größere Fehler durch Austrocknen usw. einschleichen können, wird empfohlen, 4—5 Parallelbestimmungen auszuführen.

Colorimetrische Zuckerbestimmung nach BENEDICT, bearbeitet von URBACH[2].

Reagentien:

1. Molybdänwolframsäurereagens: 10 g reine ammoniakfreie Molybdänsäure werden 5 min mit 50 cm³ n Natronlauge gekocht und dann filtriert. Das Filter wird mit etwa 150 cm³ heißem Wasser nachgewaschen, das Filtrat abgekühlt und mit einer Lösung von 80 g Natriumwolframat in 600 cm³ Wasser versetzt. Nach dem Schütteln und Abkühlen wird auf 1000 cm³ aufgefüllt und gemischt.
2. 0,62 n Schwefelsäure.
3. Natriumhydrogensulfitlösung, 1 %ig.
4. Kupferreagens: 15 g wasserfreies Na_2CO_3, 3 g Alanin und 2 g Seignettesalz werden in etwa 300 cm³ Wasser gelöst; hierzu wird eine Lösung von 3 g krystallisiertem Kupfersulfat in 75 cm³ Wasser unter ständigem Rühren gegeben. Die tiefblaue Lösung wird auf 500 cm³ aufgefüllt und gut vermischt; sie ist kühl aufbewahrt 6—8 Wochen haltbar.

[1] SZEKESSY, W.: B. Z. **303**, 364 (1939).
[2] BENEDICT, S. R.: J. biol. Ch. **92**, 141 (1931). — URBACH, C.: B. Z. **265**, 390 (1933).

5. Farbreagens: 150 g reinste Molybdänsäure und 75 g wasserfreies Na_2CO_3 werden in einem großen Kolben mit 500 cm³ Wasser unter dauerndem Schütteln bis zum Kochen erhitzt, um möglichst den Bodensatz in Lösung zu bringen. Man filtriert in einen 1000 cm³-Meßkolben, wäscht den unlöslichen Rest so lange in heißem Wasser aus, bis das Filtrat etwa 600 cm³ beträgt, gibt dann 300 cm³ 85%ige Phosphorsäure hinzu, kühlt ab und füllt zur Marke auf.

Ausführung:

Das Reagens *1* wird zum Gebrauch wie folgt verdünnt: 5 cm³ Reagens + 150 cm³ Wasser + 5 cm³ Schwefelsäure werden gemischt und ad 250 cm³ aufgefüllt. Die Lösung muß alle 3—5 Tage erneuert werden. In ein Zentrifugenglas gibt man 5 cm³ der verdünnten Enteiweißungslösung, bläst in diese 0,1 cm³ Blut ein und spült die Pipette durch dreimaliges Aufziehen aus. Das Röhrchen wird durch einen Korken verschlossen, kräftig geschüttelt und dann zentrifugiert. 2 cm³ des klaren Zentrifugates werden mit 1 cm³ Kupferreagens und 2 Tropfen Bisulfit 5 min im kochenden Wasserbad erhitzt, wobei durch gut schließende Stopfen für Luftabschluß zu sorgen ist. Nach dem Abkühlen unter der Wasserleitung gibt man 2 cm³ Farbreagens hinzu, verschließt das Röhrchen sofort wieder, mischt, gibt noch 3 cm³ Wasser zu und kann nach 15 min die Extinktion mit dem Filter S 61 messen.

Nach einer Mitteilung von FOLIN und BERGLUND[1] muß bei der *Bestimmung im Harn* nicht jede Spur von Kreatinin entfernt werden. Es genügt, 5 cm³ Urin mit 5 cm³ 10 n Schwefelsäure und 10 cm³ Wasser zu schütteln und 1,5 g LLOYDs Reagens (s. S. 108) zuzusetzen. Nach dem Mischen kann man filtrieren und 10 cm³ Filtrat nach Zusatz von 1 cm³ Salzsäure 75 min im Wasserbad kochen. Danach wird auf 20 cm³ aufgefüllt und genau neutralisiert, wobei kein besonderer Indicator notwendig ist. Von dieser Lösung wird ein aliquoter Teil zur Bestimmung genommen.

Als Oxydationsmittel empfiehlt POPE[2] SOMOGYIs Reagens und zur Entwicklung der Farbe NELSONs Reagens. Zur Stabilisierung der Farbe wird eine 2%ige Lösung von Gummi-ghatti in 0,25%iger Benzoesäure, die durch Filtration geklärt ist, empfohlen.

Reagentien:

1. SOMOGYI-Reagens: 28 g wasserfreies Na_2HPO_4 und 40 g K-Na-tartrat werden in 700 cm³ Wasser gelöst. Dazu gibt man zuerst 40 cm³ 10%ige NaOH, 80 cm³ 10%ige $CuSO_4 \cdot H_2O$-Lösung, und, wenn sich das ganze Kupfersalz aufgelöst hat, 180 g wasserfreies Natriumsulfat. Wenn auch dieses sich gelöst hat, wird auf 1000 cm³ aufgefüllt.

2. NELSON-Reagens: Man löst 25 g Ammoniummolybdat (81,5% MoO_3) in Wasser unter Zusatz von 21 cm³ konz. Schwefelsäure. Zu dieser Mischung setzt man 3 g $Na_2HAsO_4 \cdot 5 H_2O$ in 25 cm³ Wasser. Das Reagens ist vor Gebrauch 48 Std bei 37° in dunkler Flasche aufzubewahren.

Zur Bestimmung mischt man 1 cm³ eiweißfreies FOLIN-WU-Filtrat (normaler Liquor kann ohne Eiweißfällung verwendet werden) mit 1 cm³ SOMOGYIs Reagens, kocht 12 min im Wasserbad und kühlt unter möglichst wenig Schütteln auf 20—30° ab. Dann setzt man 1,0 cm³ NELSONs Reagens zu, mischt, verdünnt auf 25 cm³ mit Wasser und kann die entstehende blaue Farbe bei 525 mμ colorimetrieren. Eine ganz ähnliche Methode ist von FRANK und KIRBERGER[3] entwickelt worden. Weitere Methoden s. [4].

Nach Enteiweißung mit Cadmiumhydroxyd und Bariumcarbonat kann das entstandene Eisen(II)-salz durch Bildung des roten Eisen(II)-dipyridylkomplexes bestimmt werden[5].

---

[1] FOLIN, O., and H. BERGLUND: J. biol. Ch. **51**, 209 (1922).

[2] POPE, J. L.: Amer. J. clin. Path. **20**, 801 (1950).

[3] FRANK, H., u. E. KIRBERGER: B. Z. **320**, 359 (1950).

[4] KING, E. J., and R. J. GARNER: J. clin. Path. **1**, 30 (1947). — HEIDT, L. J., F. W. SOUTHAM, J. D. BENEDICT and M. E. SMITH: Am. Soc. **71**, 2190 (1949).

[5] RAMSAY, W. N. M.: Biochem. J. **47**, XII (1950).

Die Bedingungen, unter welchen eine titrimetrische Bestimmung möglich ist, sind von HEIDT und SOUTHAM[1] genau studiert worden. Nach ihren Befunden über den Reaktionsverlauf und die Reaktionsbedingungen muß ein p_H von 8,7 genauestens eingehalten werden, um reproduzierbare und stöchiometrische Ergebnisse zu erzielen. Das von ihnen verwendete Reagens hat folgende Zusammensetzung:

0,1 Mol Kupfersulfat in 100 cm³ Wasser wird mit einer Lösung von 85 g K-Na-tartrat und 25 g wasserfreiem Na_2CO_3 in 500 cm³ Wasser gemischt. Dazu gibt man 3,5 g Kaliumjodat sowie 5 g Kaliumjodid und füllt das Ganze auf ein Volumen von 980 cm³ auf. Dann muß genügend $NaHCO_3$ zugefügt werden, um das p_H auf 8,7 zu bringen, wozu ungefähr 34 g gebraucht werden.

Glucosemengen von $4 \cdot 10^{-6}$ bis $2 \cdot 10^{-4}$ m können mit diesem Reagens mit einer Genauigkeit von wenigen Zehntel Prozent bestimmt werden. Man mischt 5 cm³ der eiweißfreien Zuckerlösung mit 5 cm³ (eventuell mehr oder weniger) des Reagens, erhitzt 1 Std auf 100° und säuert nach dem Abkühlen mit 5 cm³ einer Lösung an, die aus 129 g Kaliumoxalat, 70 g Kaliumjodid und 3 cm³ 2,5 n Schwefelsäure im Liter besteht. Man mischt sorgfältig, bis eine klare Lösung von Jod entstanden ist, und titriert dann mit 0,01 n Thiosulfat in üblicher Weise. Die ausgeschiedene Jodmenge nimmt entsprechend der Reduktion durch die Zucker ab. Bei Untersuchung von Glucose, Fructose und Invertzucker ist der Jodverbrauch proportional der Zuckermenge. Bei Rohrzucker wird kein Endpunkt der Reaktion beobachtet. Wichtig ist, daß das p_H auf 8,7 bleibt, daß die Kupferkonzentration innerhalb 1% genau ist, und daß stets die gleiche Zeit erhitzt wird. Die reduzierte Kupfermenge muß zwischen 10 und 60% liegen. Es wird empfohlen, Eichkurven mit bekannten Zuckermengen anzulegen.

Ob sich die Titration mit Kalium-cupri-3-jodat und Tellurat nach BECK[2] bewährt, muß noch abgewartet werden.

Kleinste Zuckermengen von 1—12 γ lassen sich auch nach der Methode von STERN und KIRK[3] mit Trikaliumhexacyanoferrat bestimmen, wenn das gebildete Tetrakaliumhexacyanoferrat mit Eisen(III)-sulfat unter Verwendung von Setopalin C als Indicator zurücktitriert wird. Zur Abmessung der sehr kleinen Proben sind Spezialpipetten usw. notwendig.

Unter Verwendung einer alkalischen, Na-K-tartrat enthaltenden Kupfersulfatlösung ist Glucose nach SHAFFER und SOMOGYI[4] bestimmbar. Auch das LUFFsche Reagens ist brauchbar. Es besteht aus 17,3 g Kupfersulfat, 115 g Citronensäure und 185,3 g wasserfreiem Na_2CO_3 in 1000 cm³. Für größere Mengen Zucker, unter Umständen auch für Trichloressigsäurefiltrate von Blut, ist die Methode von JONESCO-MATIU und VITNER[5] ausgearbeitet worden, bei welcher eine Lösung von Quecksilberjodid und Kaliumjodid reduziert wird. Es entsteht metallisches Quecksilber, welches nach dem Prinzip der Chloridtitration (s. Bd. III) bestimmt wird. Die Reduktionswerte für verschiedene Monosaccharide und Polysaccharide werden angegeben.

Aldosen lassen sich mit alkalischer Jodlösung nach dem Prinzip von WILLSTÄTTER und SCHUDEL bestimmen. Nach den Angaben von MACLEOD und ROBISON[6] erhält man aber nur richtige Resultate, wenn die Oxydation in 30 min bei 21° durchgeführt wird. Arbeitet man in methylalkoholischer Lösung in Gegenwart von o-Phenylendiamin, so kondensiert sich die entstandene Gluconsäure zu Aldobenzimidazol, das zur Charakterisierung der Zucker herangezogen werden kann[7].

Der **Fructosegehalt** im normalen Blut ist sehr gering und spielt gegenüber dem Glucosegehalt keine Rolle. Im Fetalblut ist die Menge dagegen unter Umständen recht beträcht-

[1] HEIDT, L. J., and F. W. SOUTHAM: Am. Soc. **72**, 589 (1950).
[2] BECK, G.: Mikrochem. **35**, 169 (1950).
[3] STERN, H., and P. KIRK: J. biol. Ch. **177**, 37 (1949).
[4] SHAFFER, P. A., and M. SOMOGYI: J. biol. Ch. **100**, 695 (1933).
[5] JONESCO-MATIU, et M. VITNER: Bull. Soc. Chim. biol. **12**, 1414 (1930).
[6] MACLEOD, M., and R. ROBISON: Biochem. J. **23**, 517 (1929).
[7] MOORE, S., and K. P. LINK: J. biol. Ch. **133**, 293 (1940).

lich und offenbar um so höher, je jünger der Embryo ist. Von EYMER[1] wurden 3,7 mg-%
und mehr gefunden. Außer im Fetalblut finden BARKLAY und Mitarbeiter[2] auch noch
große Fructosemengen in der Amnion- und Allantoisflüssigkeit. Die Fructose ist leichter
oxydierbar als Glucose. Es ist daher der Versuch gemacht worden[3], mit dem üblichen
Trikaliumhexacyanoferratreagens die Fructose neben Glucose bei 60° zu oxydieren. Es
scheint aber nicht sicher, daß Glucose unter allen Umständen nicht reagiert. Die Möglichkeit der Bestimmung der Fructose neben Glucose mit Hilfe einer colorimetrischen
Reaktion ist von MARTIN[4] eingehend bearbeitet worden. Die ersten Versuche gehen auf
SELIWANOFF zurück, bei dessen Verfahren unter Verwendung von Resorcin-Salzsäure
eine einwandfreie Trennung von Glucose nicht stattfindet[5]. Die von MARTIN vorgeschlagene Methode mit Diphenylamin ist schon 1885 von IHL und PECHMANN[6] gefunden worden
und von JÖLLES und VAN CREVELD[7] benutzt worden. Von RADT[8] und von HERBERT[9]
stammen Modifikationen, die hauptsächlich den Zweck haben, den entstandenen schwer-
löslichen Farbstoff auszuschütteln oder in Lösung zu halten. In befriedigender Weise
gelingt dies nur, wie es MARTIN beschrieben hat, durch Verwendung von Propanol.
Aceton ist nicht brauchbar, weil es selbst gelb wird.

Die Reduktion von Phosphormolybdänsäure verläuft nicht vollständig und die
Anwesenheit von Glucose stört. Unter Verwendung von 2 Lösungen mit verschiedenem
p_H soll es nach STÖHR[10] möglich sein, die Bestimmung durchzuführen, indem das entstandene Molybdänblau durch Permanganat oxydiert wird. Eine Modifikation dieser Vorschrift stammt von FRANK und KIRBERGER[11], die als Indicator o-Phenanthrolin verwenden.

Eine einfache Farbreaktion für Fructose ist von MAURMEYER und Mitarbeitern[12]
beschrieben worden. Fructose und alle Kohlenhydrate, die Fructose enthalten (u. a. auch
Inulin), geben mit Phenol in Eisessiglösung eine grüne Farbe, andere Zucker gelbe bis
braune Töne, Rhamnose und Xylose eine rote Farbe. Wahrscheinlich beruht die Reaktion
auf intermediär entstandenem Oxymethylfurfurol.

Bei einem Vergleich colorimetrischer und titrimetrischer Methoden kommen LOCASCIO
und CLAAR[13] zu dem Schluß, daß bei höherem Fructosegehalt die titrimetrische, bei kleinsten Mengen aber die colorimetrische Methode empfehlenswerter ist. Eine Korrektur
unter Berücksichtigung des Blutzuckerspiegels dürfte ratsam sein.

Schließlich hat OKAMURA[14] noch eine Mikromethode unter Verwendung von Kryogenin
nach YAMADA vorgeschlagen. Vergleiche weiter[15]. Bei Tierversuchen ist wichtig, daß die
SELIWANOFF-Reaktion durch Chloralose gehemmt wird[16].

Bestimmung von Fructose neben Glucose nach MARTIN[17].

Reagentien:
  1. HCl, rauchend, 37%ig.
  2. Diphenylamin, 10%ig in absolutem Alkohol.

[1] EYMER, P.: Ärztl. Forsch. 1951 I, 442.
[2] BARKLAY, H., P. HAAS, A. ST. G. HUGGETT, K. KING and D. ROWLEY: J. Physiol., London
109, 98 (1949).
[3] STREPKOV, S. M.: B. Z. 287, 33 (1936).
[4] MARTIN, R. W.: H. 259, 62 (1939).
[5] FOLIN, O., and H. BERGLUND: J. biol. Ch. 51, 213 (1922). — KRONENBERGER, F., u. P. RADT:
B. Z. 190, 161 (1927).
[6] IHL, A., u. H. v. PECHMANN: Chem. Ztg. 1885, 451.
[7] CREVELD, S. VAN: Kli. Wo. 1927 I, 697.
[8] RADT, P.: B. Z. 198, 195 (1928).
[9] HERBERT, F. K.: Biochem. J. 32, 815 (1938).
[10] STÖHR, R.: H. 222, 261 (1933).
[11] FRANK, H., u. E. KIRBERGER: B. Z. 320, 359 (1950).
[12] MAURMEYER, R. K., E. M. LIVINGSTON and H. ZAHND: J. biol. Ch. 185, 347 (1950).
[13] LOCASCIO, R., e Z. CLAAR: Diagn. Tecn. Lab. 9, 737 (1938).
[14] OKAMURA, H.: Jap. J. med. Sci. (II) 4, 11 (1938).
[15] DISCHE, Z.: Mikrochem. 7, 33 (1929). — CORLEY, R. C.: J. biol. Ch. 81, 81 (1929).
[16] DESBORDES, J., CH. GUYOTJEANNIN et J. PEREIRA: Bull. Soc. Chim. biol. 33, 356 (1951).
[17] MARTIN, R. W.: H. 259, 62 (1939).

3. n-Propylalkohol.

4. Reagentien nach Fujita und Okamoto zur Enteiweißung (s. S. 70).

5. Zur Bestimmung der Gesamtreduktion: Glucosebestimmung nach Fujita oder Hagedorn-Jensen (s. S. 68).

Ausführung:

1,1 cm³ Blut werden einer ungestauten Vene entnommen; hiervon wird möglichst schnell 1,0 cm³ mit 8,0 cm³ Cadmiumsulfat gemischt. Nachdem die Flüssigkeit dunkelbraun geworden ist, wird 1 cm³ Natronlauge hinzu pipettiert und so lange geschüttelt, bis der anfangs dicke Niederschlag dünnflüssig geworden ist. Von dem filtrierten Zentrifugat nimmt man 4 cm³, gibt 2 cm³ Salzsäure und 0,4 cm³ Diphenylaminlösung hinzu. Eine jetzt häufig auftretende Krystallisation von Diphenylamin ist für die Farbstoffbildung ohne Belang. Die Gläser werden locker verschlossen und 15 min im siedenden Wasserbad erhitzt, dann 3 min in fließendem Wasser gekühlt und mit 4 cm³ Propanol gemischt. Nach etwa 20 min Ablesung im Stufenphotometer mit Filter S 61 bei 20 mm Schichtdicke. Das Beersche Gesetz ist erfüllt, bei 40 mg-% Fructose ergibt sich eine Extinktion von etwa 0,55.

Bestimmung der Fructose nach Reinecke[1].

Reagentien:

1. Wolframsäure: 5%iges Natriumwolframat und 0,666 n Schwefelsäure werden zu gleichen Teilen gemischt; davon verdünnt man 20 cm³ mit 480 cm³ Wasser.

2. Äthylalkohol, absolut, mit trockener HCl gesättigt.

3. Äthylalkohol, rein.

4. Skatol, rekristallisiert, 1%ig in Alkohol, mit 2 Tropfen KOH versetzt.

Ausführung:

0,05 cm³ Blut werden mit 5 cm³ Wolframsäure gemischt und 15 min zentrifugiert. 2 cm³ Filtrat + 4 cm³ Äthanol-HCl werden 30 min auf 60° erwärmt, dann 3 min in Eiswasser gekühlt und mit 0,1 cm³ Skatol versetzt. Nach 5 min gibt man 10 cm³ Äthylalkohol zu und kann nach 10—15 min bei 520 mµ colorimetrieren. Durch Verwendung von Äthanol-HCl wird die Reaktion empfindlicher. Skatol darf aber erst *nach* dem Abkühlen zugesetzt werden, weil sonst störende Farben auftreten. Bis 80 γ Glucose stören nicht, die hierdurch entstehende Färbung entspricht weniger als 1 γ Fructose.

Bestimmung der Fructose neben Glucose nach Stöhr[2].

Prinzip:

Die Methode von Stöhr beruht auf der Beobachtung, daß die Fructose im Gegensatz zur Glucose das Phosphormolybdänsäurereagens (PMSR) nach Folin-Wu[3] oder nach Folin[4] zu reduzieren vermag. Die beiden Reagentien unterscheiden sich im Aciditätsgrad, weshalb bei der Berechnung jeweils ein anderer Reduktionsfaktor zugrunde zu legen ist. Durch die Reduktion entsteht aus dem PMSR eine blaue Farbe, die in der Kälte mit 0,01 n KMnO₄ auf farblos titriert wird.

Reagentien:

1. Natriumwolframat, 10%ig.   2. ²/₃ n Schwefelsäure.

3. PMSR.A. 40 g Natriummolybdat werden in 100 cm³ Wasser gelöst.

       B. 55 cm³ Phosphorsäure, 85%ig, 40 cm³ Schwefelsäure, 25 Vol.-%ig und 20 cm³ Eisessig werden gemischt und zum Gebrauch gleiche Teile von A. und B. zusammengegeben. Das fertige Reagens ist höchstens 2—3 Tage in der Kälte haltbar.

4. 0,01 n KMnO₄.

5. Phenanthrolinindicator nach Rappaport 1,485 g o-Phenanthrolin-monohydrat und 0,695 g FeSO₄ · 7 H₂O in 100 cm³, zum Gebrauch 100fach mit Wasser verdünnt.

[1] Reinecke, R. M.: J. biol. Ch. **142**, 487 (1942).

[2] Stöhr, R.: H. **222**, 261 (1933).

[3] Folin, O., and H. Wu: J. biol. Ch. **41**, 367 (1920).

[4] Folin, O.: J. biol. Ch. **82**, 83 (1929).

Ausführung:

2 cm³ Blutfiltrat nach FOLIN-WU (= 0,2 cm³ Blut) werden mit 2 cm³ PMSR versetzt und 25 min im Wasserbad gekocht. Nur bei diesem Mischungsverhältnis gilt die unten angegebene Reduktionszahl. Nach dem Abkühlen gibt man 0,5 cm³ Indicator zu und titriert mit 0,01 n $KMnO_4$ bis farblos. Zuerst ist die Lösung blau, dann wird sie allmählich rot und schließlich farblos. Die Titration kann auch am nächsten Tage erfolgen, da das Molybdänblau luftbeständig ist.

Berechnung:

Nach FOLIN entspricht 1 mg Fructose 2,70 cm³ 0,01 n $KMnO_4$. Nach FOLIN-WU entspricht 1 mg Fructose 2,05 cm³ 0,01 n $KMnO_4$. Von 0,2 mg Glucose werden unter den Versuchsbedingungen nur 0,015 cm³ $KMnO_4$ nach FOLIN-WU und 0,023 cm³ nach FOLIN reduziert.

Im eiweißfreien Blutfiltrat, in welchem keine Fructose vorkommt, ist mit einem Leerwert von 0,05—0,06 cm³ zu rechnen. Die Größe bleibt beinahe konstant, wenn nicht größere Änderungen des Blutzuckers eintreten; man kann daher von den Titrationswerten immer diese Menge in Abzug bringen. Das Reagens ist nicht spezifisch für Fructose allein, sondern es werden auch Dioxyaceton, Methylglyoxal und Glycerinaldehyd oxydiert; da diese aber normalerweise im Blut nicht vorkommen, bzw. in sehr untergeordneter Menge, ist es erlaubt, die Reduktion auf Fructose zu beziehen.

Soll weiter noch die Glucose bestimmt werden, so ermittelt man die Gesamtreduktion nach HAGEDORN-JENSEN und zieht hiervon den Reduktionswert der gesondert bestimmten Fructose ab. Man kann mit genügender Annäherung hierbei 100 mg Fructose = 96 mg Glucose setzen.

Eine Ausführung mit 0,05 cm³ Blut und Arsenmolybdänsäure als Oxydationsmittel beschreiben FRANK und KIRBERGER[1].

Inulin ist ein Polysaccharid, das aus Fructosemolekülen aufgebaut ist und im Warmblüterorganismus nicht gespalten wird. Da es im Harn unverändert ausgeschieden wird, ist es zur Bestimmung der Nierenfunktion oft vorgeschlagen und verwendet worden. Seine Bestimmung gründet sich zum Teil auf Reduktionsmethoden, nach vorausgegangener Hydrolyse, oder auf colorimetrische Methoden, die für Fructose angegeben sind. Zur Nierenfunktionsprüfung ist stets eine gleichzeitige Bestimmung in Blut und Harn notwendig.

Die auf der Lävulosebestimmung nach Hydrolyse von Inulin aufbauenden Methoden sind meist zuverlässiger, als bei der Fructosebestimmung angegeben worden ist, weil bei einer Belastung die Inulinkonzentration relativ hoch ist. Bei der SELIWANOFF-Reaktion mit Resorcin reagiert zwar Glucose ebenfalls, aber die Farbentwicklung mit Inulin ist 12—13mal stärker als mit Glucose[2]. Man kann daher ohne Vergärung arbeiten, wenn die Glucose entsprechend in Abzug gebracht wird. Das Diphenylaminreagens ist nur einen Tag haltbar[3]. Durch Farbreaktion mit Skatol soll eine direkte Bestimmung neben Glucose möglich sein[4]. Es müssen natürlich entsprechende Leerwerte abgezogen werden. Weitere Modifikationen der colorimetrischen Methode s.[5].

Nach der hydrolytischen Aufspaltung in saurer Lösung, die verhältnismäßig leicht gelingt, kann man aus der Zunahme der Reduktionskraft nach HAGEDORN-JENSEN den Fructosegehalt berechnen, sofern man berücksichtigt, daß 100 mg Inulin 91 mg Fructose, 1,5 mg Glucose und 7,5 mg nichtreduzierende Substanzen bilden[6]. Da außerdem die

[1] FRANK, H., u. E. KIRBERGER: B. Z. **320**, 359 (1950).

[2] KRUHÖFFER, P.: Acta physiol. scand. **11**, 1 (1946).

[3] ALVING, A. S., J. FLOX, J. PITESKY and B. F. MILLER: J. Lab. clin. Med. **27**, 115 (1941). — ALVING, A. S., J. RUBIN and F. B. MILLER: J. biol. Ch. **127**, 609 (1939).

[4] RANNEY, H., and D. J. McCUNE: J. biol. Ch. **150**, 311 (1943). — JORDAN, R. CH., and J. PRYDE: Biochem. J. **32**, 279 (1938).

[5] WHITE, H. L., and P. HEINBECKER: Amer. J. Physiol. **130**, 464 (1940). — MILLER, B. F., A. S. ALVING and J. RUBIN: J. clin. Invest. **19**, 89 (1940). — HERZ, N., and B. SHAPIRO: J. Lab. clin. Med. **32**, 1159 (1947).

[6] MENNE, F., O. WETTER, L. CRÄMER u. L. FISCHER: Kli. Wo. **1952**, 603.

Fructose als Anhydrid im Inulin vorliegt, muß zur Berechnung ein Korrekturfaktor eingefügt werden (s. u.). Von den Autoren wird eine eingehende Vorschrift zur praktischen Ausführung der Clearancemessung gegeben.

Bestimmung von Inulin nach Kruhöffer [1].

Der Verfasser glaubt, daß die Diphenylaminreaktion für Inulin schlecht verwertbar ist und zieht die rote Farbe nach Seliwanoff vor; die ebenfalls rote Farbe mit Vanillin wurde nicht geprüft.

Auch Glucose reagiert mit Resorcin, aber die Reaktion mit Inulin ist 12,3—12,8mal stärker. Zugesetztes Inulin wird zu 94—99% wiedergefunden. Es werden zwei Ausarbeitungen beschrieben.

Reagentien:

1. Resorcin 100 mg $\pm$ 1 mg in 60 cm³ 96%igem Alkohol.
2. Reagentien zur Blutzuckerbestimmung nach Hagedorn-Jensen (s. S. 68).
3. Heparin.

Ausführung:

1. Ohne Vergärung, bei welcher die Glucose besonders bestimmt und der Farbwert entsprechend vermindert wird.

8 cm³ Zinksulfatlösung, 1 cm³ Plasma oder verdünnter Urin und 1 cm³ Natronlauge werden zweimal zentrifugiert und von dem Zentrifugat zweimal 1 cm³ für Glucosebestimmungen entnommen.

Für Inulin + Glucose gibt man 2,5 cm³ Zentrifugat in ein mit Salzsäure und Alkohol gereinigtes Glas, dazu 5 cm³ Resorcinreagens. Das Reagensglas wird ausgezogen, zugeschmolzen und 60 min im Wasserbad auf 100° erhitzt, dann abgekühlt und geöffnet. Nachdem die Probe 60 min im Dunkeln gestanden hat, wird die Farbe gegen einen Leerwert colorimetriert. Ablesen aus einer Eichkurve.

Berechnung:

Der Wert für Glucose wird abgezogen, indem man je 12 mg Glucose = 1 mg Inulin setzt. Da die Ausbeuten an Inulin nicht quantitativ sind, wird für Blut mit einem Faktor $\frac{100}{99,2}$, für Harn mit $\frac{100}{98,3}$ multipliziert. Die Gesamtformel ist also: $\frac{100}{99,2} -$ (Glucose mg-% $\cdot$ 0,097) = Inulin in mg-%.

2. Mit Vergärung: Brauchbar bis zu 2000 mg-%. Der Harn oder das enteiweißte Serum wird mit einer 10%igen Aufschwemmung von frischer Bäckerhefe 30 min bei 30—35° vergoren. Nach dem Zentrifugieren Aufarbeitung wie oben. Berechnung: Plasma (Inulin gemessen minus Leerwert) $\cdot \frac{100}{95,5}$ = mg-%; Harn (Inulin gemessen minus Leerwert) $\cdot \frac{100}{94}$ = mg-%.

Photometrische Inulinbestimmung nach Rannay und McCune [2].

Reagentien:

1. Wolframsäure, verdünnt s. S. 76.
2. Alkohol, mit HCl gesättigt.
3. Alkohol, rein.
4. Skatol, 1%ig in 95%igem Alkohol.

Ausführung:

5 cm³ verdünnte Wolframsäure werden mit 0,2 cm³ Serum gemischt, zentrifugiert und davon zweimal 2 cm³ mit 4 cm³ Äthanol-Salzsäure lose verschlossen 30 min bei 60° gehalten. Dann setzt man für 2—4 min in ein Eisbad, gibt 0,1 cm³ Skatol hinzu, nach 5—7 min 10 cm³ Alkohol, mischt und erwärmt 1 min auf 60°. Nach 10—15 min kann colorimetriert werden, wobei ein Filter mit dem Schwerpunkt bei 520 mμ vorgeschlagen wird. Harn wird verdünnt, bis die Probe 5—10 γ Inulin enthält, und wie oben behandelt.

---

[1] Kruhöffer, P.: Acta physiol. scand. 11, 1 (1946).

[2] Rannay, H., and D. J. McCune: J. biol. Ch. 150, 311 (1943).

Bestimmung von Inulin nach MENNE, WETTER, CRÄMER und FISCHER[1].

Reagentien:

1. 0,1 n NaOH.
2. $ZnSO_4$-Lösung, 0,45 %ig.
3. n H_2SO_4.
4. n NaOH.
5. Reagentien nach HAGEDORN-JENSEN, s. S. 68.

Ausführung:

Zur Inulinbestimung werden in Reagensgläsern je 1 cm^3 0,1 n NaOH und 5 cm^3 0,45 %ige Zinksulfatlösung mit 0,1 cm^3 Blut gemischt, die Pipetten ausgespült und die Proben 3 min im siedenden Wasserbad gekocht. Nach dem Filtrieren durch eisenfreie Filter werden Reagensglas und Filter 3mal mit je 2 cm^3 heißem destilliertem Wasser nachgespült. Das Filtrat wird durch 2 cm^3 n H_2SO_4 angesäuert, die Hydrolyse bei 75° 30 min im Wasserbad durchgeführt; nach dem Abkühlen wird unter gutem Schütteln durch 2 cm^3 n NaOH neutralisiert. Anschließend werden 2,00 cm^3 0,05 n Trikaliumhexacyanoferrat zugesetzt und die Bestimmung nach HAGEDORN-JENSEN durchgeführt (s. S. 68).

Berechnung:

Durch die Inulinaufspaltung wird der eigentliche Blutzuckerwert um 5 mg-% erniedrigt, man muß daher den Hydrolyseansätzen 5 mg-% zurechnen, bevor man den Leerwert abzieht. Da das Inulin nur 92,5% reduzierende Substanz enthält, muß der Reduktionswert von Inulin mit 1,081 multipliziert werden, um den wirklichen Reduktionswert zu berechnen. Andererseits reduziert die Fructose 1,023mal stärker als Glucose, und da außerdem die Fructose in Insulin als Anhydrid vorliegt, muß noch durch 1,023 und 1,11 dividiert werden, so daß der Gesamtreduktionsfaktor $\frac{1,081}{1\,11 \cdot 1,023} = 0,952$ ist.

Galaktose kommt im Blut nur vor, wenn es aus der Nahrung, z. B. bei Galaktosebelastung, aufgenommen wird. Die Bestimmung besitzt keine große Bedeutung; für das Blut sind die Angaben recht spärlich. FRANK und KIRBERGER[2] reduzieren ein Kupferreagens; das entstandene Kupfer(I)-oxyd reduziert seinerseits wieder Arsenmolybdänsäure, so daß man aus der Molybdänblaumenge auf den Galaktosegehalt schließen kann, wenn vergärbare Zucker vorher beseitigt worden sind. SCHRUMPF[3] fällt das Serum mit absolutem Alkohol, wodurch Galaktose, nicht aber Glucose, gefällt wird. Durch Zuckerbestimmung nach HAGEDORN-JENSEN vor und nach Alkoholfällung kann aus der Differenz die Galaktose berechnet werden.

Bestimmung der Galaktose nach SCHRUMPF[3].

Reagentien:

1. Alkohol, absolut.
2. Reagentien zur Zuckerbestimmung nach HAGEDORN-JENSEN (s. S. 68).
3. NaF in Substanz.

Ausführung:

In einem Teil der Blutprobe wird die Zuckerbestimmung in üblicher Weise nach HAGEDORN-JENSEN durchgeführt.

Einen anderen Teil der Blutprobe versetzt man mit Natriumfluorid, entnimmt dann 0,2 cm^3 und fällt im verschlossenen Zentrifugenglas mit 1,8 cm^3 absolutem Alkohol. Nach dem Abschleudern wird 1,0 cm^3 des klaren Extraktes in einem HAGEDORN-JENSEN-Gläschen eingedampft und mit 2 cm^3 Ferricyanidreagens in üblicher Weise oxydiert. Aus der Differenz der beiden Bestimmungen läßt sich unter Berücksichtigung der Reduktionskraft der beiden Zuckerarten die Galaktose berechnen, da durch absoluten Alkohol die Galaktose, nicht aber die Glucose gefällt wird.

Für die Bestimmung der Galaktose gilt folgende Umrechnungstabelle nach GALE[4]. Es entsprechen cm^3 0,005 n Thiosulfatlösung mg Galaktose in der Probe.

---

[1] MENNE, F., O. WETTER, L. CRÄMER u. L. FISCHER: Kli. Wo. 1952, 603.
[2] FRANK, H., u. E. KIRBERGER: B. Z. **320**, 359 (1950).
[3] SCHRUMPF, A.: C. R. Soc. Biol. **109**, 105 (1932).
[4] GALE, E. F.: Biochem. J. **31**, 234 (1937).

Tabelle 25. *Reduktionsvermögen von Galaktose bei der Bestimmung nach* HAGEDORN-JENSEN.

0,005 n Thiosulfat cm³	Galaktose mg	0,005 n Thiosulfat cm³	Galaktose mg	0,005 n Thiosulfat cm³	Galaktose mg	0,005 n Thiosulfat cm³	Galaktose mg
0,4	0,097	0,75	0,187	1,10	0,277	1,45	0,372
0,45	109	0,80	200	1,15	291	1,50	386
0,50	122	0,85	212	1,20	305	1,55	400
0,55	135	0,90	225	1,25	318	1,60	413
0,60	148	0,95	238	1,30	331	1,65	427
0,65	161	1,00	251	1,35	345		
0,70	174	1,05	264	1,40	359		

Lactose. Die Lactosebestimmung im Blut wird nur selten ausgeführt, wesentlich wichtiger ist die Lactosebestimmung in der Milch (s. S. 677). Ein Teil der hierfür beschriebenen Methoden kann auf das Blut übertragen werden.

HAMMOND[1] hat eine sehr präzise Methode für reine Lösungen ausgearbeitet, die darauf beruht, daß das durch Lactose entstandene Kupfer(I)-oxyd abgesaugt und nach dem Auswaschen und Lösen in Salpetersäure elektrolytisch bestimmt wird. Hierdurch vermeidet er, daß mitgerissene organische Substanzen stören, außerdem spielt eine Reoxydation von Kupfer(I)-oxyd keine Rolle mehr. Gleichzeitig anwesender Rohrzucker stört das Verfahren nicht. HOROWITZ und Mitarbeiter[2] hydrolysieren Lactose zuerst durch β-Galaktosidase und bestimmen die entstandenen Monosaccharide manometrisch mit Bäckerhefe in Gegenwart von Natriumazid in Succinatpuffer. Ihre Vorschrift gilt allerdings nur für macerierte Milchdrüsen. Eine andere Möglichkeit besteht darin, daß S. Bayanus (NRRL 966) nur Glucose, S. Carlsbergensis (NRRL 379) Glucose und Galaktose vergärt.

MALPRESS und MORRISON[3] verwenden die colorimetrische Reaktion von Lactose mit einer 10%igen Lösung von Methylamin-HCl. Sie brauchen aber 4—16 mg Zucker. Glucose gibt ebenfalls eine geringe gelbe Farbe, daher muß bei 470 und 520 mμ colorimetriert werden. Den wahren Lactosegehalt entnimmt man aus einer Eichkurve. Die genaue Absorptionskurve für die mit Methylamin entstehende Farbreaktion haben ORMSBY und JOHNSON[4] aufgenommen. Sie finden zwei ausgesprochene Maxima bei 425 und 550 mμ. Für Blut ist keine spezielle Methode ausgearbeitet.

Maltose. Zur Bestimmung der Maltose im Blut ist keine befriedigende Methode bekannt. Die von BENHAM und PETZING[5] verwendete Molybdänblaumethode ist für biologisches Material wahrscheinlich nicht anwendbar, weil sie zu unspezifisch ist. Die von KOEHLER, MARSH und HILL[6] verwendete Eigenschaft von Saccharomyces cerevisiae, leicht die Fähigkeit zu verlieren, Maltose zu vergären, während die Fähigkeit, Glucose zu vergären, erhalten bleibt, kann zur Maltosebestimmung im Blut ausgenutzt werden. Die Methode ist aber nicht für Maltose spezifisch, sondern schließt alle nichtvergärbaren Substanzen ein, kann aber bei einem Maltosetoleranztest von Nutzen sein. Die verwendete Hefe wird sehr gut ausgewaschen, bleibt 4—5 Tage im Eisschrank stehen, und wird dann von neuem ausgewaschen. Es ist dann zu prüfen, ob die Maltase zerstört und die Gärkraft gegenüber Glucose noch erhalten ist.

Saccharose (Rohrzucker). Zur Bestimmung der Saccharose kann man nach WEST und RAPOPORT[7] das Resorcinreagens nach HUBBARD und LOOMIS[8] verwenden. Es bleibt

[1] HAMMOND, L. D.: J. Res. nat. Bur. Stand. **41**, 211 (1948).
[2] HOROWITZ, M. G., H. M. DAVIDSON, F. D. HOWARD and F. J. REITHEL: Analyt. Chem., Washington **23**, 375 (1951).
[3] MALPRESS, F. H., and A. B. MORRISON: Biochem. J. **45**, 455 (1949).
[4] ORMSBY, A. A., and S. JOHNSON: J. Lab. clin. Med. **34**, 562 (1949).
[5] BENHAM, G. H., and V. E. PETZING: Analyt. Chem., Washington **21**, 991 (1949).
[6] KOEHLER, A. L., N. MARSH and E. HILL: J. biol. Ch. **128**, LIII (1939).
[7] WEST, C. D., and S. RAPOPORT: Proc. Soc. exp. Biol. Med. **70**, 141 (1949).
[8] HUBBARD, R. S., and T. A. LOOMIS: J. biol. Ch. **145**, 641 (1942).

aber in jedem Falle zu untersuchen, wieweit störende Kohlenhydrate noch vorhanden sind. Die Hydrolyse erfolgt mit starker Salzsäure bei 70° in 45 min. Bei der colorimetrischen Bestimmung nach MORSE[1] mit dem Anthronreagens ist die Farbe des Leerwertes zu groß, außerdem ist die Farbentwicklung von den äußeren Bedingungen sehr abhängig. Deshalb bestimmen STERN und KIRK[2] die Reduktionskraft einer Lösung vor und nach Hydrolyse. Die Rohrzuckerlösung wird mit dem gleichen Volumen 5%iger Salzsäure 10 min auf 69° erhitzt, dann mit Natronlauge — Na_2CO_3 alkalisiert und die Reduktion nach HAGEDORN-JENSEN unter Verwendung von Eisen(III)-sulfat bestimmt. Wird die Reduktion vor der Hydrolyse ebenfalls gemessen, so kann aus der Differenz die Saccharose berechnet werden unter der Voraussetzung, daß kein anderes Disaccharid oder Polysaccharid vorhanden ist.

Glykogen. Der Glykogengehalt des Blutes schwankt nach den Angaben von YAMAGATA[3], der die Zahlen aus Literatur zusammengestellt hat, in weiten Grenzen. Es werden Werte von 6—70 mg-% angegeben. Das Glykogen ist ausschließlich in den Leukocyten vorhanden; daher ist mit einem höheren Glykogengehalt bei vermehrtem Leukocytengehalt zu rechnen. Dies geht aus den Untersuchungen von WAGNER[4] hervor. Eine besondere Steigerung des Glykogengehaltes im Blut ist bei Krebs und Leukämie beobachtet worden[5]. Zwischen dem Glykogengehalt von Vollblut und dem isolierter Leukocyten zeigen sich oft Unterschiede[6].

Zur Bestimmung von Glykogen wird dieses nach YAMAGATA[3] isoliert und nach Hydrolyse titrimetrisch bestimmt. Zur Glykogenbestimmung im Gewebe wird von SEIFTER und Mitarbeitern[7] das Anthronreagens verwendet. Es ist aber noch zu prüfen, ob dieses Verfahren auf Blut übertragen werden kann. Das von STAUDINGER[8] ausgearbeitete polarimetrische Verfahren ist auf Blut nicht anwendbar, da die Mengen zu gering sind. Weitere Methoden s.[9].

Glykogenbestimmung nach YAMAGATA[3].

Reagentien:

1. KOH, 30%ig.	5. HCl, 5%ig.
2. Alkohol, absolut.	6. NaOH, 3%ig.
3. Petroläther.	7. NaOH, 15%ig.
4. Natriumsulfatlösung, 1%ig.	8. Blutzuckerreagentien nach FUJITA-IWATAKE (s. S. 70).

Ausführung:

0,1 cm³ Blut wird mit 0,5 cm³ KOH 1 Std im kochenden Wasserbad hydrolysiert. Danach setzt man 2 cm³ absoluten Alkohol und 0,1 cm³ Natriumsulfatlösung zu, rührt kräftig um und läßt über Nacht stehen. Nach dem Zentrifugieren wird die überstehende Flüssigkeit abgesaugt, der Niederschlag zuerst mit 1 cm³ absolutem Alkohol, dann mit 1 cm³ Petroläther gewaschen und kurz getrocknet. Die hydrolytische Spaltung des isolierten Glykogen erfolgt in 1 cm³ 5%iger HCl im kochenden Wasserbad in 60 min. Nach dem Abkühlen neutralisiert man zuerst mit 15%iger NaOH, dann genau mit 3%iger, und bestimmt die Glucose nach FUJITA-IWATAKE.

[1] MORSE, E. E.: Analyt. Chem., Washington **19**, 1012 (1947).

[2] STERN, H., and P. L. KIRK: J. biol. Ch. **177**, 37 (1949).

[3] YAMAGATA, S.: Tôhoku J. exp. Med. **51**, 285 (1949).

[4] WAGNER, R.: Blood **2**, 235 (1947). Amer. J. Dis. Children **73**, 559 (1947).

[5] SHETLAR, M. R., CH. P. ERWIN and M. R. EVERETT: Cancer Res. **10**, 445 (1950). — SHETLAR, M. R., J. V. FOSTER, K. H. KELLY, C. L. SHETLAR, R. S. BRYAN and M. R. EVERETT: Cancer Res. **9**, 515 (1949).

[6] WAGNER, R.: Amer. J. Dis. Children **73**, 559 (1947).

[7] SEIFTER, S., S. DAYTON, B. NOVIC and E. MUNTWYLER: Arch. Biochem. **25**, 191 (1950).

[8] STAUDINGER, H.: H. **275**, 122 (1942).

[9] DEANE, H. W., F. B. NESBETT and A. B. HASTINGS: Proc. Soc. exp. Biol. Med. **63**, 401 (1946). — MORRIS, D. L.: J. biol. Ch. **166**, 199 (1946). — WAGNER, R.: Arch. Biochem. **11**, 249 (1946); **12**, 156 (1947). — SUTER, E.: Helv. physiol. Acta **5**, 6 (1947).

Berechnung:

Die gefundene Menge, mit 0,942 multipliziert, ergibt den Glykogengehalt, wobei schon berücksichtigt ist, daß die Ausbeute nur 95,5 % beträgt.

Dextran, in bestimmter Weise hydrolysiert, kann als Plasmaersatzmittel gebraucht werden. Die früheren Bestimmungsmethoden gründeten sich auf die optische Aktivität, während von HINT und THORSEN[1] eine klinisch brauchbare Methode mitgeteilt wird, indem das Dextran durch Natriumhydroxyd und Kupfersulfat quantitativ gefällt wird. Der Überschuß an Kupfer wird photometrisch bestimmt.

Dextranbestimmung nach HINT und THORSEN[1].

Reagentien:

1. 0,6 n Trichloressigsäure.
2. 2,5 n NaOH.
3. Kupferreagens: 3 g $CuSO_4 \cdot 5 H_2O$ und 30 g Natriumcitrat werden in 1000 cm³ Wasser gelöst. Die Lösung wird zum Gebrauch 5fach verdünnt.
4. Carbaminatreagens: 0,2 % Diäthyldithiocarbaminat in destilliertem Wasser.

Ausführung:

0,2 cm³ Blut oder Heparinplasma werden mit 4,8 cm³ Wasser sowie 5 cm³ Trichloressigsäure gut geschüttelt und im Wasserbad 5 min auf 70—80° erwärmt. Man entnimmt 5 cm³ Filtrat, gibt dazu 2 cm³ NaOH und 2 cm³ Kupferreagens, mischt und zentrifugiert nach 4 Std. Niederschlag und Lösung müssen blau sein. Von der klaren Lösung nimmt man 6 cm³, verdünnt mit Wasser, gibt 3 cm³ Carbaminatreagens zu und füllt auf 100 cm³ auf. Colorimetriert wird mit Filter S 47; der Dextrangehalt von 0,25—2,5 % kann aus einer Eichkurve entnommen werden. Ist der Dextrangehalt geringer als 0,25 %, so muß mehr Blut genommen werden. Als Antikoagulantien können nicht Oxalate oder Citrate genommen werden. Cellulose verhält sich wie Dextran, man darf daher die alkalische Lösung nicht filtrieren. Die Methode ist auf Urin nicht anwendbar. Der Fehler beträgt bei 0,25 % Dextran etwa 10 %, bei 2,5 % etwa 0,8 %.

Pentosen. Eine Bestimmung von Pentosen mit einem Reduktionsverfahren ist meist nur bei isolierten Nucleotiden oder Nucleinsäuren möglich, weil sonst die anderen Kohlenhydrate stören. Daher ist die von HEIDT[2] empfohlene Methode mit Kupfercarbonat-Tartratreagens nur in diesen Fällen anwendbar.

Zur direkten colorimetrischen Bestimmung verwenden DISCHE und SCHWARZ[3] die BIALsche Probe mit Orcin-Salzsäure. Sie ist aber für Pentosen nicht spezifisch; Fructose gibt eine gelbe Farbe. MEJBAUM[4] hat diese Methode verfeinert, so daß noch 1—25 γ Pentosen in Nucleosiden und Nucleotiden zuverlässig bestimmt werden können.

Im allgemeinen wird von der Tatsache Gebrauch gemacht, daß durch Destillation mit starken Säuren aus Pentosen *Furfurol* abgespalten wird, das im Destillat mit Hilfe einer Farbreaktion bestimmt werden kann. Es hat sich bewährt, zur Destillation entweder 85 %ige Phosphorsäure zu verwenden, wobei die Temperatur im Kolben auf 170° steigen muß[5], oder 35 %ige Schwefelsäure[6]. Die Destillation ist so zu leiten, daß beim Durchleiten von Wasserdampf das Volumen im Destillationskolben konstant bleibt oder sich wenig vermindert. Die Ausbeuten sind keineswegs quantitativ. Wenn die Versuchsbedingungen genau eingehalten werden, sind die Ausbeuten konstant und betragen bei Xylose z. B. 82 %, bei Arabinose 85 %[6].

---

[1] HINT, H. C., and G. THORSEN: Acta chem. scand. **1**, 808 (1947).
[2] HEIDT, L. J., F. W. SOUTHAM, J. D. BENEDICT and M. E. SMITH: Am. Soc. **71**, 2190 (1949). — HEIDT, L. J., and K. A. MOON: Am. Soc. **72**, 4130 (1950).
[3] DISCHE, Z., u. K. SCHWARZ: Mikrochim. Acta **2**, 13 (1937).
[4] MEJBAUM, W.: H. **258**, 117 (1939).
[5] DUNSTAN, S., and A. E. GILLAM: Soc. **1949**, Suppl. 1, 140.
[6] BRACHET, J.: Enzymologia **10**, 78 (1941). — BRUNS, F., A. BÜLZEBRUCK u. K. HINSBERG: Z. Krebsforsch. **57**, 626 (1951).

Von Stone und Blundell[1] werden folgende Ausbeuten angegeben: Ribose 69—77%, Arabinose 58—70%, Rhamnose 54—62%, Galaktose und Glucose 14—20%. Diese großen Schwankungen können bei genauem Einhalten der Destillationsbedingungen vermieden werden.

Es empfiehlt sich, für jeden Fall die Ausbeuten zu bestimmen und auch eine eventuelle Änderung des Substrates zu berücksichtigen.

Der im Destillat vorhandene Furfuraldehyd kann auf die verschiedenste Weise bestimmt werden. Das eleganteste Verfahren ist zweifelsohne die Messung der UV-Absorption. Im Beckman-DU-Spektrophotometer zeigt Furfurol ein Absorptionsmaximum bei $276 \, m\mu$, Methylfurfurol bei $292 \, m\mu$ und Oxymethylfurfurol bei $283 \, m\mu$[1]. Von Dunstan und Gillam[2] wird die Messung bei $278,5 \, m\mu$ durchgeführt, Fuchs[3] verwendet die Wellenlänge $277 \, m\mu$. Zur Farbreaktion wird von Tracey[4] ein Spezialreagens, welches sich aus Eisessig, Oxalsäure und Anilin zusammensetzt, empfohlen. Eine ähnliche Vorschrift gibt Youngburg[5]. Die Reaktion mit α-Naphthol[6] ist sehr empfindlich, wird aber durch viele Begleitstoffe gestört.

Ohne Destillation können in Blut und Geweben die Pentosen mit einem p-Bromanilinreagens unmittelbar bestimmt werden[7]. Dische[8] beschreibt ein Verfahren, freie und gebundene Pentosen ($10—50 \, \gamma/cm^3$) mit einer Cysteinreaktion zu erfassen. Auch andere Kohlenhydrate geben gefärbte Lösungen, die Absorptionsmaxima sollen sich aber so stark voneinander unterscheiden, daß es möglich ist, verschiedene Kohlenhydrate nebeneinander zu bestimmen. Die Reaktion von Pentosen in Nucleinsäuren mit Carbazol ist von Gurin und Hood[9] angewendet worden. Die einzelnen Pentosen geben sehr verschiedene spezifische Extinktionen, es ist aber immer das Verhältnis der Extinktion E_{520} zu E_{420} charakteristisch. Barrenscheen[10] gibt eine Modifikation der Bialschen Methode, indem mit kupferchloridhaltiger Salzsäure verseift wird.

Bestimmung von Pentosen nach Barrenscheen und Peham[10].

Reagentien:

1. Kupferchlorid-Salzsäure: Stammlösung, m/2500 Lösung von krystallisiertem $CuCl_2 \cdot 2 H_2O$ in reinster konz. Salzsäure (1,19). Die Säure muß eisenfrei sein. Die Lösung ist haltbar. Aus dieser Stammlösung bereitet man sich für jeden Versuch das eigentliche Reagens, welches 0,2 g Orcin in 100 cm³ der Stammlösung enthält. Es ist nur wenige Stunden haltbar.

Ausführung:

Zur Bestimmung des Pentosewertes werden gleiche Teile der Versuchslösung und des Reagens gemischt und 10 min in einem stark kochenden Wasserbad erhitzt. Längeres Kochen bewirkt zwar eine Vertiefung der Farbe, gleichzeitig aber auch ein Ausflocken des Farbstoffes. Nach Ablauf der Kochzeit wird sofort in fließendem Wasser abgekühlt und die Farbe, die mehrere Stunden konstant bleibt, mit Filter 620 gemessen.

Die Extinktionswerte für Xylose und Arabinose, sowie für Adenosin und ATP sind nicht gleich. Für die Bestimmung in Organauszügen ist die Kurve der Adenosintriphosphorsäure zugrunde zu legen. Organe werden mit der 10fachen Menge 10%iger Trichloressigsäure enteiweißt, Blut im Verhältnis 1:4. Die Trichloressigsäure stört die Bestimmung nicht, wenn sie eisenfrei ist. Die Extraktion ist bei Eisschranktemperatur in 1 Std quantitativ. Da die Reaktion sehr empfindlich ist, genügen in den meisten Fällen 50—100 mg

[1] Stone, J. E., and M. J. Blundell: Canad. J. Res. (B) **28**, 676 (1950).
[2] Dunstan, S., and A. E. Gillam: Soc. **1949**, Suppl. 1, 140.
[3] Fuchs, L.: Mh. Chem. **81**, 70 (1950).
[4] Tracey, M. V.: Biochem. J. **47**, 433 (1950).
[5] Youngburg, G. E.: J. biol. Ch. **73**, 599 (1927).
[6] Devor, A. W.: Am. Soc. **72**, 2008 (1950).
[7] Roe, J. H., and E. W. Rice: J. biol. Ch. **173**, 507 (1948).
[8] Dische, Z.: J. biol. Ch. **181**, 379 (1949).
[9] Gurin, S., and D. B. Hood: J. biol. Ch. **139**, 775 (1941).
[10] Barrenscheen, H. K., and A. Peham: H. **272**, 81 (1942).

Organ; von Blut sind größere Mengen (0,5—1 cm³) erforderlich. Bei glykogenreichen Organen wird das mitextrahierte Glykogen durch Zusatz des gleichen Volumens Alkohol gefällt, nach Auswaschen mit 60%igem Alkohol das Filtrat eingedampft und in dem ursprünglichen Volumen Wasser aufgelöst.

Pentosebestimmung nach ROE und RICE[1]. Nach den Angaben der Autoren gelingt die Pentosebestimmung ohne Destillation im Gewebe. Blut ist bisher nicht mit der Methode untersucht worden. Bei Zusatzversuchen ergibt sich im allgemeinen eine Ausbeute von 98—101%. Die Extinktion für 100 γ/cm³ Pentose beträgt für Arabinose 0,366, für D-Ribose 0,398, für D-Xylose 0,441. Das BEERsche Gesetz gilt zwischen 6,25 und 100 γ/cm³. Das Absorptionsmaximum liegt bei ungefähr 530 mμ, die Messung erfolgt laut Vorschrift bei 520 mμ.

Reagentien:

1. p-Bromanilinreagens: 100 cm³ Eisessig werden mit Thioharnstoff gesättigt, wozu ungefähr 4 g gebraucht werden. Die Lösung wird vom Bodenkörper dekantiert und 2 g reines p-Bromanilin darin aufgelöst. Das Reagens ist in dunkler Flasche 1 Woche haltbar.
2. Zinksulfatlösung, 5%ig.
3. 0,3 n Bariumhydroxyd.
4. Zuckerstandardlösungen entsprechend der verwendeten Pentose in wäßriger, mit Benzoesäure gesättigter Lösung, 10 mg-%ig.

Ausführung:

Gewebe wird feinst zerrieben und auf das 20fache mit Wasser verdünnt. Man gibt 2 Volumina Bariumhydroxyd und nach dem Mischen 2 Volumina Zinksulfat zu. Blut muß entsprechend dem Pentosegehalt schwächer verdünnt werden. Je 1 cm³ Filtrat gibt man in 2 Reagensgläser, in 2 weitere je 1 cm³ Standardlösung. Zu allen setzt man 5 cm³ Bromanilinreagens zu, erhitzt eine Standardlösung und eine Filtratlösung 10 min im Wasserbad auf 70° und kühlt dann unter fließendem Wasser auf Raumtemperatur ab. Die beiden anderen Proben werden nicht erhitzt und dienen als Leerwerte. Man läßt alle Proben 70 min im Dunkeln stehen und colorimetriert bei 520 mμ. Von anderen Kohlenhydraten stören nur Galaktose und Gummi arabicum beträchtlich, Glucose in 10 mg-%iger Lösung zu 1%. Bei Anwendung der Orcinreaktion sind die Störungen wesentlich größer. Normalwerte werden nicht angegeben.

Bestimmung von Pentosen nach GURIN und HOOD[2].

Reagentien:

1. 0,1 n NaOH.
2. 0,1 n H_2SO_4.
3. Carbazolreagens (das käufliche Präparat muß gereinigt werden), 0,5%ige alkoholische Lösung. Sie darf in 8 Volumina eiskalter konz. Schwefelsäure und 1 Volumen Wasser keine Färbung geben.

Ausführung:

3 oder 4 mg Nucleinsäure werden in 0,1 n Natronlauge gelöst, mit der eben ausreichenden Menge 0,1 n Schwefelsäure neutralisiert und auf 10 cm³ aufgefüllt. Die Lösung wird in einer Eis-Wassermischung geschüttelt und 5 min mit einigen Tropfen Bromwasser behandelt, wodurch die Werte verbessert werden. Das überschüssige Brom wird durch einen Luftstrom (mindestens 15 min) entfernt. Von der Lösung wird 1 cm³ (0,05 bis 0,1 mg Pentose) vorsichtig auf 9 cm³ Schwefelsäurereagens geschichtet. Dieses besteht aus 1 cm³ 0,5%iger alkoholischer Carbazollösung und 8 cm³ konz. Schwefelsäure. Man mischt vorsichtig unter Kühlung und setzt dann 10 min in ein Wasserbad von 100°. Es wird abgekühlt und mit Filter 520 und 420 mμ gemessen. Aus dem Extinktionsverhältnis läßt sich die Art des Zuckers bestimmen und aus der absoluten Extinktion

---

[1] ROE, J. H., and E. W. RICE: J. biol. Ch. **173**, 507 (1948).
[2] GURIN, S., and D. B. HOOD: J. biol. Ch. **139**, 775 (1941).

die Menge. 0,167 mg Xylose zeigen dieselbe Extinktion wie 0,03 mg Desoxyribose, gemessen bei 520 mμ. Unter dieser Voraussetzung kann die Pentose auch in Thymonucleinsäure bestimmt werden. Im allgemeinen ist die Diphenylaminreaktion von DISCHE spezifischer und vorteilhafter für die Bestimmung der Desoxyribose.

Glucosamin ist im Blut bzw. im Serum zum allergrößten Teil in den Eiweißkörpern enthalten. Es kann nur nach Hydrolyse bestimmt werden.

Von JACOBS[1] wird angenommen, daß ein Gehalt von 20—30 mg-% bei einem Blutzuckergehalt von 100 mg-% normal ist. Beim Diabetes mellitus steigt der Glucosamingehalt auf 30—50 mg-% bei einem Blutzuckergehalt von 200 mg-%, und auf 50—90 mg-% bei einem Blutzuckergehalt von 300 mg-%. Das Verhältnis Glucose zu Glucosamin ist 3:1 bis 5:1. Das Serummucoid, welches besonders reich an Glucosamin ist, kann durch Ammoniumsulfatfällung in 2 Fraktionen aufgeteilt werden[2]. Davon enthält der eine Teil 70% des Gesamt-N und 40% der Glucose, während der durch Ammoniumsulfat nichtfällbare Teil das Verhältnis Hexose/N = 3:1 zeigt.

Die zur Bestimmung von Glucosamin angegebenen Verfahren sind nicht immer für Plasma oder Plasmaeiweißkörper ausgearbeitet worden. Viel verwendet wird die Methode von ELSON und MORGAN[3], die auf der Reaktion von Glucosamin mit Acetylaceton und anschließend mit EHRLICHs Reagens beruht. Unter den von den Autoren angegebenen Bedingungen bleibt die rote Farbe mehrere Stunden bestehen; sie kritisieren die Versuchsanordnung von ZUCKERKANDL und MESSINER-KLEBERMASS[4]. Die entstehende Farbe ist nicht unabhängig von dem Aminosäuregehalt[5]. Durch Änderung des p_H läßt sich aber eine colorimetrische Differenzierung durchführen. Wird bei 530 mμ gemessen, so liegt das p_H-Optimum für Glucosamin bei 9,5, für Zucker-Aminosäuremischungen bei 10,8—11,2. Ferner gibt Glucosamin keine Farbe mit EHRLICHs Reagens, wenn es mit Carbonatpuffer allein erhitzt worden ist, während Zucker-Glucosaminmischungen eine Farbe mit einem Absorptionsmaximum bei 560—570 mμ ergeben. Wenn Acetylaceton in Carbonatpuffer von p_H 9,5 mit Glucosamin erhitzt wird, so nimmt die Farbe mit der Acetylacetonkonzentration zu. Außerdem sind die Farbintensitäten für Glucosamin und Chondrosamin bei gleicher Konzentration und gleicher Methodik verschieden[6].

Eine neue Reaktion ist von DISCHE und BORENFREUND[7] gefunden worden. Wenn Hexosamin desaminiert wird, entsteht 2,5-Hexoseanhydrid. Dieses unterliegt am Kohlenstoffatom 2 einer spontanen WALDENschen Umkehrung und kondensiert sich mit Indol in verdünnter Salzsäure zu einem Farbstoff mit ausgesprochenem Absorptionsmaximum bei 492 mμ. Glucuronsäuren, Hexosen, Serumalbumin und Ascorbinsäure zeigen unter den gleichen Bedingungen ebenfalls ein Absorptionsmaximum bei 492 mμ. Da aber bei der Reaktion mit Hexosamin bei 520 mμ keine Absorption mehr auftritt, kann aus der Bestimmung der Extinktionsdifferenz die spezifische Extinktion für Hexosamin errechnet werden. Die entstandenen Anhydrohexosen verhalten sich gegen Cystein oder Diphenylamin wie Fructose. Falls das Glucosamin in Hyaluronsäure gebunden ist, kann nach der Vorschrift nach JOHNSTON und Mitarbeitern[8] verfahren werden.

***Glucosaminbestimmung nach* DISCHE *und* BORENFREUND[7].**
Reagentien:

1. NaNO$_2$, 5%ig.
2. Essigsäure, 33%ig.
3. Ammoniumsulfamat, 12,5%ig.

4. HCl, 5%ig.
5. Indollösung, 1%ig in Alkohol.
6. Alkohol, rein.

[1] JACOBS, H. R.: J. Lab. clin. Med. **34**, 116 (1950).
[2] STAUB, A. M., and C. RIMINGTON: Biochem. J. **42**, 13 (1948).
[3] ELSON, L. A., and W. T. J. MORGAN: Biochem. J. **27**, 1824 (1933).
[4] ZUCKERKANDL, F., u. L. MESSINER-KLEBERMASS: B. Z. **236**, 19 (1931).
[5] IMMERS, J., and E. VASSEUR: Nature **165**, 898 (1950).
[6] MASAMUNE, H., and Y. NAGAZUMI: J. Biochem. **26**, 223 (1937).
[7] DISCHE, Z., and E. BORENFREUND: J. biol. Ch. **184**, 517 (1950).
[8] JOHNSTON, J. P., A. G. OGSTON and J. E. STANIER: Analyst **76**, 88 (1951).

Ausführung:

0,5 cm³ der unbekannten Lösung werden mit 0,5 cm³ Natriumnitrit und 33%iger Essigsäure geschüttelt und nach 10 min mit 0,5 cm³ Ammoniumsulfamat versetzt, um das überschüssige Nitrit zu zerstören. Unter gelegentlichem Schütteln läßt man 30 min stehen. Dann entnimmt man 2 cm³, die 5—100 γ desaminiertes Hexosamin enthalten sollen, gibt je 2 cm³ Salzsäure und Indollösung hinzu und erhitzt 5 min im stark kochenden Wasserbad, wobei sich eine intensiv orange Farbe und eine leichte Trübung entwickeln, die durch Zusatz von 2 cm³ Alkohol entfernt werden kann. Die Extinktion wird bei 492 und 520 mμ gemessen, und der Hexosamingehalt errechnet. Das BEERsche Gesetz gilt, die Reaktion wird nur durch Glycerinaldehyd gestört.

Bestimmung von Glucosamin nach NILSSON[1].

Reagentien:

1. 1 cm³ Acetylaceton wird in 50 cm³ 0,5 n Na₂CO₃-Lösung gelöst; die Mischung ist in Eis 2 Tage haltbar.
2. EHRLICHs Reagens: 1,6 g p-Dimethylaminobenzaldehyd werden in 60 cm³ Alkohol gelöst und mit 60 cm³ konz. Salzsäure versetzt.

Ausführung:

2 cm³ der zu untersuchenden Lösung, die 0,1—0,3 mg Glucosamin enthalten sollen, werden in einem mit Glasstopfen versehenen Glas mit der gleichen Menge Acetylacetonlösung gemischt und 20 min im Wasserbad auf 95° erwärmt. Anschließend kühlt man unter der Wasserleitung, gibt 2 cm³ Aldehydreagens zu und kann nach 30—60 min die Farbe mit Filter S 53 photometrieren.

Eine ähnliche Vorschrift gibt SÖRENSEN[2].

Bestimmung von gebundenem Glucosamin nach JACOBS[3].

Reagentien:

1. 0,01 n HCl.
2. Acetylaceton, 2%ig in 0,5 n Na₂CO₃.
3. EHRLICHs Reagens: 0,8 g p-Dimethylaminobenzaldehyd in 30 cm³ aldehydfreiem Alkohol + 30 cm³ konz. HCl.
4. Alkohol, aldehydfrei, über Ag₂O destilliert.
5. Glucosaminstandard, 20 mg-%ig.

Ausführung:

1 cm³ Oxalatplasma und 3 cm³ Salzsäure werden im Wasserbad 3—4 min gekocht, zentrifugiert, die Flüssigkeit abgehoben und in einer Ampulle eingeschmolzen. Danach wird 24 Std bei 100° hydrolysiert. Nach dem Abkühlen öffnet man die Ampullen, entnimmt 1 cm³ Filtrat, gibt 1 cm³ Acetylaceton und 1 cm³ Wasser unter Abspülen der Glaswände zu, erhitzt 15 min auf 100°, versetzt danach mit 2 cm³ Alkohol und 3 cm³ EHRLICHs Reagens, füllt auf 10 cm³ auf und kann nach 45 min colorimetrieren.

Je ein Leerwert und ein Standardwert werden ebenso behandelt und der Glucosamingehalt daraus berechnet.

Glucosaminbestimmung nach JOHNSTON, OGSTON und STANIER[4]. (Modifikation der Methode von ELSON und MORGAN.)

Reagentien:

1. 8 n HCl.
2. Acetylaceton, 2%ig in 0,5 n Natriumcarbonat.
3. 0,8 g p-Dimethylaminobenzaldehyd in 30 cm³ aldehydfreiem Alkohol + 30 cm³ konz. HCl.

[1] NILSSON, I.: B. Z. **285**, 386 (1936).
[2] SÖRENSEN, M.: C. R. Lab. Carlsberg (I) **22**, 487 (1938).
[3] JACOBS, H. R.: J. Lab. clin. Med. **34**, 116 (1950).
[4] JOHNSTON, J. P., A. G. OGSTON and J. E. STANIER: Analyst **76**, 88 (1951). — JACOBS, H. R.: J. Lab. clin. Med. **34**, 116 (1950).

Ausführung:

1. **Hydrolyse.** 1 cm³ der Versuchslösung mit $10-80\,\gamma$ Glucosamin wird in einem Reagensglas von 12 cm Länge und 0,8 cm Durchmesser mit 1 cm³ 8 n HCl 4 Std im Wasserbad gekocht, wobei die Gläser ganz eintauchen müssen. Nach dem Abkühlen wird zentrifugiert, um die an den Wänden hängenden Flüssigkeitstropfen zu entfernen; Salzsäure und Flüssigkeit werden im Vakuumexsiccator über festem NaOH entfernt.

2. **Farbreaktion.** Der Rückstand im Reagensglas wird in 1 cm³ destilliertem Wasser gelöst und mit 0,5 cm³ Acetylacetonlösung nach dem Zuschmelzen 1 Std im Wasserbad gekocht. Dann kühlt man in Eis und öffnet die Gläser. Zu dem Inhalt der Gläser gibt man 2,9 cm³ Alkohol sowie 0,5 cm³ EHRLICHs Reagens und füllt auf 5 cm³ auf. Man stellt für 60 min in einen Thermostaten von 37° und mißt die Extinktion bei 535 mμ. Leerwert und Standard werden ebenso behandelt. Die angegebenen Zeiten sind genau einzuhalten, da sie optimale Bedingungen darstellen.

Eiweißzucker. Bei der sauren Hydrolyse von Eiweiß nimmt die Reduktionskraft der Lösung zu. Dies ist nicht allein auf *Glucose* zurückzuführen, sondern auch auf die im Eiweiß vorkommenden anderen Zucker, wie *Galaktose* und *Mannose*. Deshalb spricht man besser von hydrolysierbaren reduzierenden Substanzen. Auch ist der Kohlenhydratgehalt der verschiedenen Eiweißfraktionen des Serums nicht gleich, wie WERNER und ODIN[1] gezeigt haben. Die nach Säurehydrolyse von Serum oder Plasma auftretende Gesamtreduktion kann aufgeteilt werden in den *freien Zucker*, der zum allergrößten Teil aus Glucose besteht und 0,08—0,1% ausmacht, und den *gebundenen Zucker* (0,03—0,13%). Er besteht aus Glykogen und anderen Polysacchariden, aus Hexosephosphorsäure, Glucuronsäure sowie aus Mannose und Maltose. Es bleibt noch die Restreduktion übrig (0,01—0,03%), welche auf Kreatin, Kreatinin, Harnsäure, Ergothionein und Glutathion zu beziehen ist. Eine zusammenfassende Darstellung der Eiweißzucker s.[2], eine Zusammenstellung der verschiedensten Methoden s.[3]. Die gefundenen Werte sind sehr von der Methode abhängig, wie aus der Tabelle 26 nach MERTEN zu ersehen ist.

Tabelle 26. *Eiweißzucker bei verschiedenen Enteiweißungen*[3].

Zucker mg-%		Eiweißfällung durch		
		Zinkhydroxyd	Cadmium-hydroxyd	Quecksilber-acetat
a {	Freier	132	110	97
	Gebundener . . .	225	130	85
b {	Freier	123	120	107
	Gebundener . . .	200	146	88

Die zur Bestimmung von Eiweißzucker angeführten Verfahren unterscheiden sich im Prinzip nicht wesentlich voneinander. Es muß immer das Eiweiß zunächst ausgefällt werden. Später wird das isolierte Eiweiß mit Salzsäure hydrolysiert und der Zucker nach einer der bekannten Methoden bestimmt. BIERRY, GOUZON und MAGNAN[4] verwenden dazu die Kupferlösung nach BERTRAND. Später ist dazu die Methode von HAGEDORN-JENSEN, oder zur Bestimmung der Polysaccharide eine Tryptophanlösung verwendet worden. STARY und Mitarbeiter[5] verwenden das Orcinreagens nach [6]. Über die Differenzierung einzelner Zuckerarten s.[6]. Über den Einfluß der Aminosäuren auf die Zuckerbestimmung s.[7]. Über die Bestimmung von Glucoproteiden in Gegenwart von Glucuronsäure s.[8].

---

[1] WERNER, I., u. L. ODIN: Exper. **5**, 233 (1949). — RIMINGTON, C.: Ergebn. Physiol. **35**, 712 (1933).

[2] GREVENSTUK, A.: Ergebn. Physiol. **28**, 1 (1929). — MEYER, K.: Adv. Protein Chem. **2**, 249 (1945).

[3] MERTEN, R.: B. Z. **297**, 304 (1938).

[4] BIERRY, H., B. GOUZON et C. MAGNAN: C. R. Soc. Biol. **130**, 856 (1939).

[5] STARY, Z., H. BODUR u. F. BATIYOK: Schweiz. med. Wschr. **81**, 1273 (1951).

[6] SÖRENSEN, M., u. G. HAUGAARD: B. Z. **260**, 247 (1933).

[7] FRIEDMAN, L., and O. L. KLINE: J. biol. Ch. **184**, 599 (1950).

[8] MASAMUNE, H., u. Y. TANABE: J. Biochem. **28**, 19 (1938). — KOBAYASI, T.: J. Biochem. **28**, 31 (1938).

Bestimmung der Polysaccharide mit der Tryptophanreaktion nach Shetlar, Foster und Everett[1].

Reagentien:

1. H_2SO_4, 77 Vol.-%ig.
2. Äthylalkohol, absolut.
3. Tryptophanlösung, 1%ig in Wasser (im Eisschrank aufzuheben).

Ausführung:

Das Serum wird mit der 1—2fachen Menge physiologischer Kochsalzlösung verdünnt; 0,2 cm³ dieser Verdünnung werden tropfenweise zu 10 cm³ Alkohol gegeben. Der abzentrifugierte Niederschlag wird einmal mit 10 cm³ Alkohol gewaschen, nochmals zentrifugiert und das Glas umgekehrt auf Filtrierpapier gestellt. Der zurückbleibende Niederschlag wird mit 1 cm³ Wasser und 7 cm³ H_2SO_4 bei Raumtemperatur gelöst und dann 15 min in ein Eisbad gestellt. Jetzt wird 1 cm³ der kalten, filtrierten Tryptophanlösung, ohne zu schütteln, zugesetzt, schließlich werden alle Proben gemeinsam gemischt und 20 min in einem kochenden Wasserbad erhitzt, wobei zwischendurch einmal geschüttelt wird. Nachdem 5 min in Eis abgekühlt ist, kann man nach 25 min bei 500 mμ gegen einen Leerwert colorimetrieren. Man verwendet Standardlösungen aus gleichen Teilen von D-Galaktose und D-Mannose.

Die Dauer des Erhitzens ist bei Messung mit dieser Wellenlänge ohne große Bedeutung. Glucosamin beeinflußt die Farbbildung nur gering.

Bestimmung von gebundenem Zucker nach Braun[2].

Prinzip:

Die Eiweißfällung erfolgt nach Patein-Dufeau mit Quecksilber(II)-nitrat oder nach Neuberg mit Quecksilberacetat. Der Zucker wird nach Hagedorn-Jensen vor und nach Hydrolyse bestimmt. Es wird die Methode von Jonesco-Matiu und Vitner empfohlen.

Reagentien:

1. Pateins Reagens: 20%ige Quecksilber(II)-nitratlösung, welche mit NaOH bis zur Bildung eines gelben Niederschlages versetzt ist, oder Neuberg-Reagens: gesättigte Quecksilberacetatlösung.
2. H_2SO_4, konzentriert.
3. NaOH, verdünnt.
4. 0,1 n NaOH.
5. Reagentien zur Zuckerbestimmung nach Hagedorn-Jensen (s. S. 68).

Ausführung:

Es werden 2mal je 1 cm³ Serum für die Bestimmung des freien und des gebundenen Zuckers benötigt. Beide Proben werden mit 1 cm³ Wasser verdünnt, mit 0,25 cm³ Schwefelsäure angesäuert und die eine Probe sofort neutralisiert, auf 10 cm³ aufgefüllt und beiseite gestellt. Die andere Probe wird 2 Std im siedenden Wasserbad hydrolysiert, dann neutralisiert und auf 10 cm³ aufgefüllt; zu beiden Proben gibt man jetzt 1,6 cm³ Patein- bzw. Neuberg-Reagens, alkalisiert schwach mit verdünnter Natronlauge, gibt wieder 5 Tropfen Essigsäure zu und filtriert. Im Filtrat wird das Quecksilber durch Einleiten von Schwefelwasserstoff entfernt, der überschüssige Schwefelwasserstoff durch Luft vertrieben, das gesamte Filtrat neutralisiert und auf 50 cm³ aufgefüllt; davon werden 5 cm³ (0,1 cm³ Serum) zur Bestimmung des Zuckers verwendet. Die Differenz beider Bestimmungen ergibt den Gehalt an gebundenem Zucker.

Nach Merten wird das Quecksilber durch Schütteln mit Zinkstaub entfernt, die Ansätze müssen zu diesem Zweck 1 Std stehen bleiben. Wenn man auf die Entfernung von Quecksilber verzichtet, kann der Reduktionswert mit der Quecksilbermethode nach Jonesco-Matiu und Vitner[3] bestimmt werden.

[1] Shetlar, M., J. Foster and M. R. Everett: Proc. Soc. exp. Biol. Med. 67, 125 (1948).
[2] Braun, H.: B. Z. 275, 433 (1935).
[3] Jonesco-Matiu, et M. Vitner: Bull. Soc. Chim. biol. 12, 1414 (1930).

Bestimmung von gebundenem Zucker nach SÖRENSEN und HAUGAARD[1], *modifiziert von* STARY, BODUR *und* BATIYOK[2].

Reagentien:

1. Trichloressigsäure, 5%ig.
2. Orcin-Reagens: 3 g Orcin in 100 cm³ Wasser gelöst, mit einer Mischung von 30 cm³ Schwefelsäure und 60 cm³ Wasser (nach dem Erkalten) versetzt und mit Wasser auf 200 cm³ aufgefüllt.
3. Schwefelsäurereagens: 40 cm³ konz. H_2SO_4 + 60 cm³ Wasser.
4. Standard-Stammlösung: Je 50 mg Mannose und Galaktose in Wasser gelöst, auf 100 cm³ aufgefüllt. Zur Bereitung der Standardlösungen 2—10fach verdünnen.

Ausführung:

0,3 cm³ Serum werden mit 3 cm³ Trichloressigsäure gemischt und nach 10 min 15 min lang zentrifugiert. Die Flüssigkeit wird abgegossen, der Niederschlag 2mal mit je 3 cm³ Trichloressigsäure gewaschen, in 2 cm³ Orcinreagens und 15 cm³ Schwefelsäure gelöst, mit Wasser auf 18 cm³ aufgefüllt und 20 min auf 80° erwärmt. Nach dem Abkühlen wird im Stufenphotometer mit Filter S 53 photometriert. Berechnung der Kohlenhydrate nach einer Eichkurve.

δ) Carbonylverbindungen außer Kohlenhydraten.

Den größten Teil der flüchtigen Carbonylverbindungen des Blutes macht das *Aceton* aus. Da seine Bestimmung auch von diagnostischer Bedeutung ist, sind dafür zahlreiche Methoden ausgearbeitet worden. Praktische Bedeutung hat besonders die Verwendung von Salicylaldehyd gefunden, welcher mit Aceton oder auch mit Acetaldehyd ein rotes Kondensationsprodukt bildet. Die Reaktion ist aber nur im Destillat brauchbar[3]. Für die Abtrennung von Aceton kann man auch das Reagens nach DÉNIGÈS[4] benutzen, welches mit Aceton einen charakteristischen Niederschlag ergibt, der auf die verschiedenste Weise bestimmt werden kann. Am interessantesten ist der Vorschlag von VAN SLYKE[5], den Niederschlag durch Zusatz von Kaliumjodid und Salzsäure in einen löslichen Komplex K_2HgJ_4 überzuführen, und das überschüssige Kaliumjodid mit einer eingestellten Quecksilberchloridlösung zu titrieren. Auch die Verwendung von Bisulfitlösung ist möglich[6]. Über die Bestimmung mit dem SCOTT-WILSON-Reagens s. S. 101 und 209. Werden die Carbonylverbindungen durch Phenylhydrazin gefällt, so kann man den Überschuß an Hydrazin nach Zugabe von FEHLING-scher Lösung an der Stickstoffentwicklung quantitativ erfassen[7]. Mit 2-Carboxyphenyl-hydrazin entstehen Hydrazone, die sich leicht titrieren lassen[8]. Nach VEIBEL[9] ist aber die Verwendung der p-Carboxyphenylhydrazine besser, weil sich bei den o-Verbindungen durch Ringbildung leicht Benzpyrazolone bilden. Die Bestimmung der Aldehyde mit dem Reagens nach GIRARD und SANDULESCO ist von LEDERER und NACHMIAS[10] empfohlen worden. Diese Methode ist aber wahrscheinlich bei sehr kleinen Aldehydmengen, wie sie physiologisch vorkommen, nicht brauchbar. Es ist weiter gefunden worden, daß die Semicarbazone eine typische Absorptionsbande im UV bei 224 mμ zeigen[11]. Bei

[1] SÖRENSEN, M., u. G. HAUGAARD: B. Z. **260**, 247 (1933).

[2] STARY, Z., H. BODUR u. F. BATIYOK: Schweiz. med. Wschr. 81, 1273 (1951).

[3] TÄUFEL, K., u. H. THALER: H. **212**, 256 (1932). — KROG, P. W., and J. C. LUND: Acta physiol. scand. **12**, 141 (1947).

[4] BERG, R.: Mikrochem. **30**, 137 (1942).

[5] VAN SLYKE, D. D.: J. biol. Ch. **32**, 455 (1917). — VAN SLYKE, D. D., and R. FITZ: J. biol. Chem. **32**, 495 (1917); **39**, 23 (1919).

[6] LINDENBERG, A.: C. R. Soc. Biol. **114**, 15 (1933). — KLEIN, D.: J. biol. Ch. **135**, 143 (1940).

[7] LIEB, H., u. W. SCHÖNIGER: Mikrochem. **35**, 407 (1950).

[8] ZELLNER, M.: Mh. Chem. **80**, 330 (1949).

[9] VEIBEL, S.: Mh. Chem. **81**, 330 (1950).

[10] LEDERER, E., et G. NACHMIAS: Bull. Soc. chim. France (5) **16**, 400 (1949).

[11] BURBRIDGE, T. N., CH. H. HINE and A. F. SCHICK: J. Lab. clin. Med. **35**, 983 (1950).

einer Spaltbreite von 0,86 mm ist die Absorption quantitativ meßbar, und man erhält z. B. für Acetaldehyd bei einer Konzentration von 4 mg je Kubikzentimeter eine Extinktion von 1,4.

Werden Aldehyde, Ketone oder Acetale mit Hydroxylamin umgesetzt, so läßt sich die Menge des Reagens titrimetrisch ermitteln[1]. Als Indicator dient Bromphenolblau. Es ist aber dafür zu sorgen, daß das Volumen der Lösung und der Alkoholgehalt konstant bleiben. Allerdings erfordert die Methode verhältnismäßig große Mengen an Carbonylverbindungen.

Wird Aceton mit 2,4-Dinitrophenylhydrazin in verdünnter Salzsäure in Reaktion gebracht, so läßt sich das entstandene Hydrazon mit CCl_4 ausschütteln[2] und dessen Menge colorimetrisch bei 420 mμ bestimmen. Eine Korrektur ist notwendig. Das Reagens muß durch Schütteln mit CCl_4 gereinigt werden[3]. Es ist auch gelungen, das überschüssige Dinitrophenylhydrazin mit Titan(III)-chlorid zu reduzieren und den Überschuß an $TiCl_3$ mit Eisen(III)-ammoniumsulfat maßanalytisch zu erfassen[4].

Acetessigsäure wird im allgemeinen nach Umwandlung in Aceton bestimmt. Daher wird sie auch physiologisch zu den Ketonkörpern gerechnet. *β-Oxybuttersäure* geht verhältnismäßig leicht durch Oxydation in Acetessigsäure über und kann so ebenfalls bestimmt werden. Eine spezifische Methode zur Bestimmung der Acetessigsäure ist von ROSENTHAL[5] angegeben worden.

Weitere Methoden zur Erfassung von Acetonkörpern s. [6].

An *Normalwerten* wurden gefunden im Blut für Aceton + Acetessigsäure 1,5 bis 2,5 mg-%, vermehrt im Hunger, bei Alkalose, Schwangerschaft, besonders bei Diabetes (bis 350 mg-%); für β-Oxybuttersäure normal 1,2 mg-%, Acetessigsäure im Blut 55 bis 260 γ-%, im Plasma 80—280 γ-%.

Bei einem Vergleich von 3 verschiedenen Methoden[7] lieferte die Quecksilberkomplexmethode die niedrigsten, die Oxinmethode die höchsten Werte. Die Jodoformmethode liefert einheitlich zu hohe Werte, wahrscheinlich weil durch Formiatbildung der Jodverbrauch höher als theoretisch ist (10 Atome Jod statt 6).

Formaldehyd. Die mit Formaldehyd und fuchsinschwefliger Säure entstehende Färbung ist nicht beständig und entwickelt sich sehr langsam, so daß sie zur colorimetrischen Bestimmung nicht geeignet ist. Die Reaktion mit Chromotropsäure (1,8-Dioxynaphthalin-3,6-disulfosäure), die von EEGRIWE[8] zum qualitativen Nachweis verwendet worden ist, wird von BREMANIS[9] zur quantitativen Bestimmung benutzt. Die Reaktion ist sehr empfindlich, da noch 0,14 γ in einer Verdünnung von 1:360000 festgestellt werden können. Sie ist auch relativ spezifisch, da weder Acetaldehyd noch höhere aliphatische und aromatische Aldehyde oder Zucker mitreagieren. Auch Aceton reagiert nicht, nur Furfurol gibt in höherer Konzentration eine rosa Farbe.

Formaldehydbestimmung nach BREMANIS[9].

Reagentien:

1. Chromotropsäure, frische 0,5%ige wäßrige Lösung des Natriumsalzes.
2. H_2SO_4, annähernd 81%ig.

---

[1] MALTBY, J. G., and G. R. PRIMAVESI: Analyst 74, 498 (1949).

[2] GREENBERG, L. A., and D. LESTER: J. biol. Ch. 154, 177 (1944). — LESTER, D., and L. A. GREENBERG: J. biol. Ch. 174, 903 (1948).

[3] BENNETT, A., L. G. MAY and R. GREGORY: J. Lab. clin. Med. 37, 643 (1951).

[4] SCHÖNIGER, W., u. H. LIEB: Mikrochem. 38, 165 (1951).

[5] ROSENTHAL, S. M.: J. biol. Ch. 179, 1235 (1949).

[6] KLEIN, D.: J. biol. Ch. 135, 143 (1940). — WERCH, S. C.: J. Lab. clin. Med. 25, 414 (1940). — ABELS, J. C.: J. biol. Ch. 119, 663 (1937). — BÉNARD, H., et M. HERBAIN: C. R. Soc. biol. 187, 191 (1943). — SEIFERT, P.: Kli. Wo. 1948, 471.

[7] GREEN, M. W.: J. amer. pharmazeut. Ass., sci. Ed. 29, 33 (1940).

[8] EEGRIWE, E.: Z. analyt. Chem. 110, 22 (1937).

[9] BREMANIS, E.: Z. analyt. Chem. 130, 44 (1949).

Ausführung:

1 cm³ der Analysenlösung und 1 cm³ Chromotropsäurelösung werden mit 8 cm³ 81%iger Schwefelsäure gemischt und 20 min im Wasserbad auf 60° erwärmt. Man läßt langsam abkühlen und kann nach 1 Std die violette Farbe mit Filter S 57 colorimetrieren.

Der Fehler der Einzelbestimmung beträgt ± 6%. Steigt die Extinktion über 0,8, empfiehlt sich die Verwendung einer geringeren Schichtdicke oder von weniger Ausgangslösung.

Da das BEERsche Gesetz nicht völlig gilt, muß man eine Eichkurve anlegen mit Lösungen, die 1—10 γ Formaldehyd je Kubikzentimeter enthalten. Für 10 γ ergibt sich ungefähr eine Extinktion von 0,62.

Die gleiche Methode ist zur Bestimmung von Methylalkohol ausgearbeitet worden, nachdem dieser durch Permanganat zu Formaldehyd oxydiert worden ist[1].

Acetaldehyd. Nach den Angaben von BARKER[2] enthält das Blut von Katzen, Hunden, Meerschweinchen und Menschen 2—10 mg-% Acetaldehyd. Davon sind 90% in gebundener Form in den Erythrocyten enthalten, da sie im Filtrat nach Enteiweißung mit Trichloressigsäure, Wolframsäure oder Zinkhydroxyd nicht gefunden werden. Durch Alkohol und Kupfersulfat-Calciumhydroxyd wird der Acetaldehyd in Freiheit gesetzt. Nach Destillation ist er mit Oxydiphenyl in konz. Schwefelsäure (violette Farbe) nachweisbar. Die Bisulfitbindung entspricht dem colorimetrisch gefundenen Wert. Das 2,4-Dinitrophenylhydrazon (F 146°) und das Dimedonderivat (F 139°) wurden isoliert.

In der Kälte bleibt der Acetaldehydgehalt mehrere Tage unverändert. Später nimmt er ab. Bei Belastungsversuchen nimmt unter Bedingungen, die für den oxydativen Abbau von Zuckern ungünstig sind, der Acetaldehydgehalt ab, wenn aber die Bedingungen für die Oxydation von Zuckern günstig sind, z. B. nach Insulin, nimmt er zu[3].

Bestimmung von Acetaldehyd nach BURBRIDGE, HINE *und* SCHICK[4]. Es werden CONWAY-Gefäße (s. Abb. 8, S. 37) benötigt von 7,5 cm äußerem Durchmesser und einer inneren Kammer von 3 cm Durchmesser. Die Diffusion von Acetaldehyd erfolgt innerhalb 90 min bei Mengen bis zu 15 γ/cm³.

Reagentien:

1. Semicarbazidlösung nach CONANT und BARLETT[5], gepuffert: 0,0067 m Semicarbazidhydrochlorid in Phosphatpuffer p_H 7.
2. H_2SO_4, 0,66%ig.
3. Natriumwolframat, 10%ig.

Ausführung:

3 cm³ der gepufferten Semicarbazidlösung kommen in die innere Kammer des CONWAY-Gefäßes, in die äußere Kammer gibt man je 2 cm³ Schwefelsäure, Natriumwolframat und frisches Blut. Man mischt durch leichte rotierende Bewegung, bedeckt sofort und stellt das Gefäß 90 min in einen Brutschrank von 28—30°. Nach dieser Zeit überführt man den Inhalt der inneren Kammer quantitativ in einen 10 cm³-Kolben und bestimmt die Extinktion bei 224 mμ und 0,86 mm Spaltbreite. Als Leerwert dienen 3 cm³ der Semicarbazidlösung, die auf 10 cm³ aufgefüllt werden. Das BEERsche Gesetz gilt bis zu 5 mg Aldehyd je Kubikzentimeter. 4 mg/cm³ ergeben eine Extinktion von 1,4.

Methylglyoxal. Nach Ansicht zahlreicher Autoren[6] eignen sich zur Bestimmung von Methylglyoxal nur jene Methoden, bei denen eine Isolierung als 2,4-Dinitrophenylhydrazon vorausgeht. Es wird aber von WERLE und STIESS[7] darauf aufmerksam gemacht,

---

[1] AGNER, K., u. K. E. BELFRAGE: Acta physiol scand. **13**, 87 (1947).

[2] BARKER, S. B.: J. biol. Ch. **137**, 783 (1941).

[3] RI, K.: J. Biochem. **32**, 11 (1940).

[4] BURBRIDGE, T. N., C. H. HINE and A. F. SCHICK: J. Lab. clin. Med. **35**, 983 (1950).

[5] CONANT, J. B., and B. D. BARLETT: Am. Soc. **54**, 2881 (1932).

[6] TAKAHASHI, T.: J. Biochem. **17**, 299 (1933). — GOLDENBERG, M., F. GOTTDENKER u. C. J. ROTHBERGER: A. e. P. P. **178**, 201 (1935). — NEUBERG, C., u. M. KOBEL: B. Z. **203**, 452 (1928); **207**, 232 (1929). — BARRENSCHEEN, H. K., u. M. DREGUSS: B. Z. **233**, 305 (1931).

[7] WERLE, E., u. P. STIESS: B. Z. **321**, 485 (1951).

daß alle zur Bestimmung von Methylglyoxal angewandten Verfahren auch Acetol erfassen würden, wenn es zugegen wäre. Hierauf haben schon SATTLER und ZERBAN[1] hingewiesen.

Die Oxydation in sodaalkalischer Lösung ist nicht spezifisch[2]. Noch unspezifischer ist zweifelsohne die Reduktion des Harnsäurereagens nach BENEDICT[3]. Diese Unspezifität soll behoben werden, wenn die Reduktion mit und ohne Cyanidzusatz durchgeführt wird[4].

Colorimetrische Bestimmung von Methylglyoxal nach BARRENSCHEEN und DREGUSS[5].

Reagentien:

1. 2,4-Dinitrophenylhydrazinlösung, 1%ig in 2 n HCl.
2. HCl in 30-, 50- und 70%igem Alkohol.
3. KOH, 5%ig, alkoholisch.
4. Trichloressigsäure, 10%ig.

Ausführung:

1 Teil Blut wird mit 4 Teilen 10%iger Trichloressigsäure enteiweißt, und 5 cm³ des klaren Filtrates werden mit 1 cm³ Hydrazinreagens gefällt. Der abzentrifugierte Niederschlag wird in heißer 2 n Salzsäure aufgewirbelt und nacheinander mit n Salzsäure in 30- bzw. 50- bzw. 70%igem Alkohol auf der Zentrifuge ausgewaschen. Den verbleibenden Niederschlag löst man in 5%iger alkoholischer Kalilauge auf, füllt mit Lauge auf ein passendes Volumen auf und colorimetriert die blauviolette Farbe.

Die Erfassungsgrenze liegt in reinen Lösungen bei 10 γ. Zucker, Milchsäure und Brenztraubensäure stören selbst in mehrhundertfachen Überschüssen nicht.

Methylglyoxalbestimmung nach ARIYAMA, modifiziert nach ENDERS und SIGURDSSON[4].

Reagentien:

1. Harnsäurereagens nach BENEDICT (s. S. 62).
2. m Natriumcyanidlösung.
3. m Na₂CO₃-Lösung.
4. Trichloressigsäure, 10%ig.

Ausführung:

Die Substrate werden mit Trichloressigsäure enteiweißt, und 10 cm³ Filtrat mit 1,6 cm³ Harnsäurereagens, 0,8 cm³ Cyanidlösung und 4 cm³ Na₂CO₃-Lösung gemischt. In einem 2. Ansatz wird die Cyanidlösung durch Wasser ersetzt. Die Gemische bleiben 10 min bei Raumtemperatur stehen. Dann wird mit destilliertem Wasser auf 100 cm³ aufgefüllt und die blaue Farbe colorimetriert. Der Gehalt an Methylglyoxal ergibt sich aus der Differenz der beiden Bestimmungen und wird aus einer unter gleichen Bedingungen angelegten Eichkurve abgelesen.

Acetol läßt sich nach WERLE und STIESS[6] nach Kondensation mit o-Aminobenzaldehyd fluorometrisch bestimmen. Als Vergleichslösung dient 3-Oxychinaldin. In Zuckerdestillaten ist nach SATTLER und ZERBAN[7] bestenfalls $^1/_{500}$ der von früheren Autoren gefundenen Methylglyoxalmenge vorhanden.

Nachweis und Bestimmung von Glykolaldehyd nach DISCHE und BORENFREUND[8].

Reagentien:

1. 800 mg Diphenylamin werden in 80 cm³ reinstem Eisessig unter Zusatz von 0,55 cm³ Schwefelsäure gelöst. Das Diphenylamin muß vorher aus 70%igem Alkohol umkrystallisiert werden.
2. Trichloressigsäure, 100 g in 100 cm³.

Ausführung:

Um Glykolaldehyd nachzuweisen, mischt man 1 cm³ der Untersuchungslösung mit 2 cm³ Diphenylaminreagens. Man schüttelt heftig und kocht 30 min im Wasserbad.

[1] SATTLER, L., and F. W. ZERBAN: Am. Soc. **70**, 1975 (1948).
[2] KUHN, R., u. R. HECKSCHER: H. **160**, 116 (1926).
[3] ARIYAMA, N.: J. biol. Ch. **77**, 359 (1928).
[4] ENDERS, C., u. S. SIGURDSSON: B. Z. **317**, 26 (1944).
[5] BARRENSCHEEN, H. K., u. M. DREGUSS: B. Z. **233**, 305 (1931).
[6] WERLE, E., u. P. STIESS: B. Z. **321**, 485 (1951).
[7] SATTLER, L., and F. W. ZERBAN: Am. Soc. **70**, 1975 (1948).
[8] DISCHE, Z., and E. BORENFREUND: J. biol. Ch. **180**, 1297 (1949).

Bei Anwesenheit von mehr als 1 mg Glykolaldehyd entsteht eine grasgrüne Farbe, während Triosen eine braune, Acetaldehyd und Formaldehyd eine grünlich-gelbe Farbe geben. In Konzentrationen über 0,01 % gibt Fructose eine grünlich-blaue Farbe, während Aldohexosen, Pentosen und Methylpentosen bis 0,05 % ohne sichtbare Reaktion sind.

Zur spektrophotometrischen Bestimmung mischt man 1 cm³ mit Trichloressigsäure enteiweißter Lösung mit 0,2 cm³ Trichloressigsäure und gibt 2,4 cm³ Diphenylamin in reinem Eisessig zu. Die Menge der Trichloressigsäure soll genau 16,7 % betragen und titrimetrisch ermittelt werden. Man kocht 30 min im Wasserbad und kann die grasgrüne Farbe bei 660 mμ colorimetrieren. Um die Absorption störender Stoffe auszuschalten, wird eine zweite Messung bei 550 mμ durchgeführt und die Differenz der beiden Extinktionen als Maß für die Menge an Glykolaldehyd genommen. Nur bei Glykolaldehyd ergibt sich ein stark positiver Wert.

Bestimmung von Paraldehyd nach Levine und Bodanski[1].

Reagentien:
1. Kaliumdichromat-Schwefelsäure: Man mischt 1 Volumen 0,1 n Kaliumdichromat mit 1 Volumen konz. Schwefelsäure unter Kühlung.
2. Natriumthiosulfat: 24,82 g Natriumthiosulfat und 2 cm³ 10%ige NaOH werden ad 1000 cm³ gelöst. Hieraus wird eine 0,025 n Lösung hergestellt und gegen Kaliumjodat titriert.
3. KJ, 40%ig.
4. Stärke, 1%ig.
5. Na_2SO_4, wasserfrei.

Ausführung:
Der Boden eines Schliffkolbens wird mit 8—10 g Natriumsulfat bedeckt; hierzu werden 2 oder 1 cm³ der zu untersuchenden Lösung gegeben. Gut verschlossen kann die Analyse aufgehoben werden. Zur Bestimmung wird der Kolben mit einer Vorlage, welche 10 cm³ Dichromat-Schwefelsäure enthält, verbunden und mit einer Wasserstrahlpumpe solange evakuiert, bis Gasblasen im Destillierkolben auftreten. Der Unterdruck wird von Zeit zu Zeit durch Öffnen eines Glashahnes aufgehoben. Die Destillation ist nach 15 min beendet, das Vakuum wird aufgehoben, die Vorlage abgenommen und in ihr der Überschuß an Dichromat mit Thiosulfat nach Zusatz von Kaliumjodid titrimetrisch bestimmt. Die Ausbeuten in Blut- und Harnproben betragen 95—101 %.

Berechnung:
1 cm³ 0,025 n Thiosulfat = 0,5504 mg Paraldehyd.

Acetoin ist nach Oxydation mit Eisen(III)-chlorid als Diacetyl bestimmbar. Kunze[2] empfiehlt die Destillation mit Eisen(III)-chlorid und Bestimmung mit Nickeldimethylglyoxim.

Bestimmung der Acetonkörper in kleinen Mengen nach Engfeldt[3].

Reagentien:
1. Bleiacetatlösung, gesättigt.
2. $KAl(SO_4)_2$, 1%ig.
3. H_2SO_4 (25 cm³ konz. H_2SO_4 ad 100 cm³).
4. Dichromat-Schwefelsäure: 2 g Kaliumdichromat, 20 cm³ konz. H_2SO_4, Wasser ad 100.
5. NaOH, konz.
6. 0,01 n Jodlösung.
7. 0,01 n Natriumthiosulfatlösung.

Ausführung:
2,5 cm³ Oxalatblut werden mit 75 cm³ Wasser hämolysiert, mit 5 cm³ Bleiacetatlösung sowie 10 cm³ $KAl(SO_4)_2$-Lösung gefällt und auf 100 cm³ aufgefüllt. Nach ½ Std wird

[1] Levine, H., and M. Bodansky: J. biol. Ch. **133**, 193 (1940).
[2] Kunze, R.: Mikrochem. Molisch-Festschrift 1936, 286.
[3] Engfeldt, N. O.: Diss. Stockholm 1920.

filtriert. 80 cm³ Filtrat werden nach Zusatz von 2 cm³ Dichromat-Schwefelsäure destilliert; das Destillat wird in 2 cm³ 0,01 n Jodlösung und 2 cm³ Natronlauge aufgefangen. Nach 15 min ist die Destillation beendet. Das nicht verbrauchte Jod in der Vorlage wird nach Ansäuern durch Schwefelsäure mit Thiosulfat zurücktitriert.

Berechnung:

1 cm³ 0,01 n Jod = 0,1024 mg Gesamtaceton.

Bestimmung der Acetonkörper nach CRANDALL[1].

Reagentien:

1. 0,002 n Quecksilber(II)-nitrat: 0,2166 g Quecksilberoxyd werden in 100 cm³ Wasser unter Zusatz von 5 cm³ konz. Salpetersäure gelöst und auf 1000 cm³ aufgefüllt.
2. Modifiziertes DÉNIGÈS-Reagens: 70 g Quecksilbersulfat werden in 6 n H_2SO_4 gelöst und mit dieser auf 1000 cm³ aufgefüllt.
3. Natriumrhodanid: 900 mg NaCNS oder 1100 mg KCNS werden in 1 Liter Wasser gelöst und zur Konservierung mit 2 g Natriumbenzoat versetzt.
4. Eisen(III)-nitratlösung, 50%ig.
5. Kaliumdichromat, 5%ig.

Ausführung:

Das nach SOMOGYI (s. S. 68) enteiweißte Blutfiltrat (10 cm³) wird mit 4 cm³ DÉNIGÈS-Reagens einige Minuten am Rückflußkühler gekocht, dann 1 cm³ Dichromatlösung zugegeben und 1½ Std weitergekocht. Wenn der Kolben soweit abgekühlt ist, daß man ihn mit der Hand anfassen kann, wird auf eine kleine Filternutsche 3 G 4 abgesaugt und 3mal mit 15—20 cm³ Wasser nachgewaschen. Danach bringt man den Niederschlag in 5 cm³ kochender Salpetersäure unter Durchsaugen in Lösung und wäscht das Filter mit Wasser nach, bis das Filtrat 45 cm³ beträgt. Dazu gibt man 2 cm³ Eisen(III)-nitratlösung, füllt auf 50 cm³ auf, mischt und colorimetriert nach Zusatz von 1 cm³ Rhodanidlösung. Die Eichkurve wird mit entsprechenden Mengen Quecksilbernitrat angelegt. Eine Entfernung der Glucose ist nur notwendig, wenn der Blutzucker 300 mg-% übersteigt.

Acetonbestimmung nach NANAVUTTY[2].

Reagentien:

1. 14 n H_2SO_4 (etwa 65 gewichts-%ig).
2. Quecksilber(II)-sulfat: 45,6 g HgO werden in 1 Liter 2,5 n Schwefelsäure gelöst.
3. 0,05 m $HgCl_2$ (13,576 g ad 1000).
4. Kaliumdichromat, 2%ig.
5. n HCl.
6. Kaliumjodid, 3,3%ig: Die Lösung muß vor jeder Bestimmung gegen die Quecksilberchloridlösung eingestellt werden.
7. Natriumacetat, 40%ig.
8. Kupfersulfat, 20%ig.
9. Natriumsulfit, 10%ig.
10. Ca(OH)₂, 10%ige Aufschwemmung in Wasser.

Ausführung:

0,5 cm³ Blut werden im Meßkolben mit 20 cm³ Wasser verdünnt, mit 3 cm³ Quecksilber(II)-sulfat gefällt und mit Wasser auf 25 cm³ aufgefüllt. Nach 15 min wird filtriert; man nimmt 20 cm³ Blutfiltrat, 3 cm³ Schwefelsäure und 3 cm³ Quecksilbersulfat, erhitzt zum Kochen am Rückflußkühler und läßt 2 cm³ Dichromatlösung langsam eintropfen, kocht dann noch 30 min weiter und filtriert nach dem Abkühlen durch ein dichtes Filter. Der Niederschlag wird 5mal mit Wasser ausgewaschen und unter Erwärmen in 5 cm³ n Salzsäure aufgelöst. Nach dem Abkühlen versetzt man mit 2 cm³ Acetatlösung, 1—2 Tropfen Natriumsulfit und 5,00 cm³ Kaliumjodid. Es muß ein Überschuß an Kaliumjodid vorhanden sein, was daran zu erkennen ist, daß die Lösung farblos bleibt. Jetzt ermittelt man den Überschuß an Kaliumjodid, indem man gegen einen tiefblauen Hintergrund mit Quecksilberchloridlösung bis zum Auftreten eines bleibenden roten

---

[1] CRANDALL, L. A. jr.: J. biol. Ch. **133**, 539 (1940).
[2] NANAVUTTY, S. H.: Biochem. J. **26**, 1391 (1932).

Niederschlages titriert. Der Endpunkt der Titration ist vom p_H abhängig. Deshalb sind die Mengenverhältnisse genau einzuhalten.

Ein Leerwert wird bestimmt, indem man 5,00 cm³ Kaliumjodid mit 5 cm³ Salzsäure, 2 cm³ Natriumacetat und 1—2 Tropfen Sulfit mischt und in der gleichen Weise mit Quecksilberchlorid titriert. Die Differenz zwischen den beiden Versuchsergebnissen entspricht dem Kaliumjodidverbrauch für die Aceton-Quecksilberverbindung.

Berechnung:

1 cm³ 0,05 m $HgCl_2$ entspricht 0,65 mg Aceton oder 1,082 mg β-Oxybuttersäure.

Bestimmung der Ketonkörper nach WEICHSELBAUM und SOMOGYI [1].

Reagentien:

1. 0,3 n $Ba(OH)_2$.
2. Zinksulfat, 5%ig.
3. Bleiacetat, 25%ig.
4. Natriumphosphat (wasserfrei), 5%ig.
5. Na_2SO_4, wasserfrei.
6. 20 n H_2SO_4.
7. Natriumdichromat, 2%ig.
8. Reagentien nach NANAVUTTY (s. S. 94).

Ausführung:

5 cm³ Blut werden mit 10 cm³ Wasser hämolysiert, dann mit 10 cm³ Bariumhydroxyd und anschließend mit 10 cm³ Zinksulfat gefällt. Vom Filtrat nimmt man 21 cm³, setzt je 4,5 cm³ Bleiacetat und Phosphatlösung zu, verschließt das Gefäß und schüttelt heftig. Danach wird noch eine Messerspitze Natriumsulfat unter heftigem Schütteln aufgelöst. Nach dem Zentrifugieren werden 25 cm³ des zuckerfreien Filtrates auf 50 cm³ aufgefüllt und mit 8 cm³ Schwefelsäure und 2 cm³ Dichromat destilliert. Innerhalb 40 min gewinnt man 25 cm³ Destillat, welches das Aceton enthält. Es wird mit DÉNIGÈS-Reagens gefällt und entweder jodometrisch oder nach der oben angegebenen Methode bestimmt.

Berechnung:

1 cm³ 0,005 n Jodlösung = 0,0484 mg Aceton.

Bestimmung der Acetessigsäure nach ROSENTHAL [2].

Reagentien:

1. Kupferfreies destilliertes Wasser (auch alle Glassachen müssen kupferfrei gemacht werden).
2. Pufferlösung: eine m Lösung von Oxalsäure, K_3PO_4 und eine 50%ige Kaliumcarbonatlösung werden im Verhältnis 1:1:2 gemischt und in Eis gekühlt.
3. Diazoreagens: 4-Nitroanilin wird in der Hitze in 0,1 n Schwefelsäure zu 0,1% gelöst und abgekühlt; 10 cm³ werden mit 1 cm³ 4%igem Natriumnitrit vermischt.
4. Zinksulfat · 10 H_2O, 10%ig.
5. 0,4 n $Ba(OH)_2$.
6. 5 n NaOH.
7. n-Butanol.
8. Benzol, thiophenfrei.
9. Natronlauge, alkoholisch: 0,5 cm³ 5 n NaOH, absoluter Alkohol ad 50 cm³.

Ausführung:

5 cm³ Blut und 10 cm³ Wasser werden mit 5 cm³ Zinksulfat und Bariumhydroxyd in der vorher ermittelten Menge neutralisiert. Vom Filtrat gibt man je 5 cm³ in 2 Gläser. Das erste versetzt man mit 5 cm³ Schwefelsäure, kocht 5 min und neutralisiert nach dem Abkühlen. Das zweite wird zum Versuch verwendet, ein drittes Glas enthält nur reines Wasser und dient als Leerwert. Alle 3 Gläser werden in Eis gekühlt, mit 4 cm³ Pufferlösung und 2 cm³ Diazoreagens versetzt und nach 10 min mit 1 cm³ NaOH beschickt. Nach dem Mischen bleiben die Gläser noch 2 min in Eis stehen, dann wird mit 5 cm³ Butanol-Benzol geschüttelt; 3 cm³ des Extraktes werden mit 0,5 cm³ alkoholischer Natronlauge angesetzt und bei 620—640 mμ colorimetriert.

Eine Standardlösung bereitet man sich aus 1,35 cm³ Essigsäureäthylester + 51 cm³ 0,2 n Natronlauge, die 2 Tage im Eisschrank stehen bleibt. 1,0 cm³ dieser Lösung, auf 1000 cm³ aufgefüllt, enthält 10 γ Acetessigsäure.

---

[1] WEICHSELBAUM, T. E., and M. SOMOGYI: J. biol. Ch. **140**, 5 (1941).

[2] ROSENTHAL, S. M.: J. biol. Ch. **179**, 1235 (1949).

Oxalessigsäure, α,γ-Diketovaleriansäure und Acetylaceton geben fast dieselbe Farbintensität, während Brenztraubensäure, Acetonylaceton, Oxalbernsteinsäure, Ketoglutarsäure, Lävulinsäure und Äpfelsäure nicht stören. Für das Zustandekommen der Reaktion ist folgende Konfiguration notwendig:

$$-C-C(O)-CH_2-C(O)-$$

Mit der Methode werden im Normalblut des Menschen $55-260\,\gamma$-%, im Plasma $80-280\,\gamma$-% gefunden. Für Meerschweinchen und Mäuse gelten ähnliche Werte, für Ratten im Blut $230-380\,\gamma$-%, im Plasma $410-840\,\gamma$-%.

Bestimmung der β-Oxybuttersäure nach LANG und OPITZ[1]. Man benötigt einen Kolben mit 2 Hälsen. Durch den einen reicht eine Capillare bis auf den Boden. Sie wird an ein Luftstrahlgebläse angeschlossen, so daß $60-80$ Blasen/min durchperlen. Der zweite Hals ist mit einem Kühler verbunden, dessen Kühlrohr in einer Capillare endigt; als Vorlage dient ein 25 cm langes Reagensglas.

Reagentien:

1. Wolframatlösung: 6 g Natriumwolframat, 15 g wasserfreies Natriumsulfat ad 1000.
2. H_2SO_4, 3%ig.
3. Kaliumhydrogensulfatlösung, gesättigt.
4. 10 n H_2SO_4.
5. 0,02 n Jodlösung.
6. NaOH, 33%ig.
7. Kaliumdichromatlösung, 10%ig.
8. 0,02 n Natriumthiosulfatlösung.

Ausführung:

5 cm³ Serum werden mit 40 cm³ Natriumwolframat gemischt, das Eiweiß wird nach 10 min durch Zusatz von 5 cm³ 3%iger Schwefelsäure gefällt. Nach 10 min wird zentrifugiert; 10 cm³ des Zentrifugates werden in den Rundkolben zusammen mit 10 cm³ Kaliumbisulfat und 2 cm³ 10 n Schwefelsäure einpipettiert. Man setzt den Kühler an, dreht das Luftstrahlgebläse aus und läßt durch einen Tropftrichter 2 cm³ Kaliumdichromat eintropfen, nachdem der Inhalt des Kolbens durch eine starke Gasflamme zum Sieden erhitzt worden war. In der Vorlage befinden sich 15 cm³ Jodlösung und 5 cm³ Natronlauge, die durch ein Wasserbad auf $17-27°$ gekühlt werden. Die Destillation wird fortgesetzt, bis sich im Kolben Krystallansätze zeigen. Dann wird die Gasflamme weggenommen, die Vorlage abgenommen, sofort durch eine neue ersetzt und durch den Trichter 10 cm³ Wasser nachgefüllt. Man destilliert zum zweitenmal, versetzt beide Vorlagen unter Kühlung mit Schwefelsäure bis zur Braunfärbung und titriert das ausgeschiedene Jod mit Thiosulfat zurück.

Berechnung:

1 cm³ der verbrauchten Jodlösung entspricht 0,194 mg Aceton.

ε) Äthylalkohol.

Methylalkohol kommt physiologisch im Blut nicht vor. Seine Bestimmung ist aber in vielen Fällen notwendig. Nach Oxydation mit Permanganat zu Formaldehyd kann er nach AGNER und BELFRAGE[2] mit Chromotropsäure colorimetrisch bestimmt werden. Näheres hierfür s. S. 90.

Äthylalkohol kommt auch ohne Alkoholgenuß im menschlichen Blut vor, gewöhnlich $2-4$ mg-%, gelegentlich bis 6 mg-% steigend[3]. Nach reichlicher Kohlenhydratzufuhr sind Werte bis 5,2 mg-% beobachtet worden, nach mäßigem Genuß alkoholischer Getränke bis 45 mg-%[4]. Werte über 6 mg-% werden von gerichtlicher Seite als vermehrter Alkoholgehalt bewertet[5].

---

[1] LANG, K., u. H. OPITZ: Unveröffentlicht. — OPITZ, H.: Diss. Mainz 1950.
[2] AGNER, K., u. K. E. BELFRAGE: Acta physiol. scand. **13**, 87 (1947).
[3] GIBSON, J. G., and H. J. BLOTNER: J. biol. Ch. **126**, 551 (1938).
[4] ABELIN, I.: Schweiz. med. Wschr. **69**, 569 (1939). — BICKEL, A.: Biologische Wirkungen des Alkohols auf den Stoffwechsel. Leipzig 1936.
[5] GUTSCHMIDT, J.: Kli. Wo. **1939 I**, 58.

Bei der Bestimmung kleiner Alkoholmengen ist zu berücksichtigen, daß die Methode von WIDMARK[1] unspezifisch ist und alle flüchtigen organischen Substanzen des Blutes erfaßt. Auf diese Unspezifität ist des öfteren hingewiesen worden[2]. Es sollen bei Nahrungsaufnahme und Diabetes erhöhte Blutalkoholwerte vorgetäuscht werden. Einen Fortschritt in den Bestimmungsmethoden bedeutet das Verfahren von FRIEDEMANN und KLAAS[3], die eine doppelte Destillation vornehmen, einmal bei saurer Reaktion in Gegenwart von Quecksilber(II)-sulfat, wobei flüchtige Basen zurückgehalten werden, das zweite Mal in Gegenwart von Kaliumhydroxyd und Quecksilber(II)-sulfat, wobei alle Säuren und Carbonylverbindungen zurückbleiben. Es gehen nur noch Alkohol und indifferente Stoffe wie z. B. Äther oder flüchtige Kohlenwasserstoffe über, mit deren Anwesenheit normalerweise nicht zu rechnen ist. Der Alkoholgehalt im zweiten Destillat wird nach Oxydation mit Permanganat jodometrisch bestimmt.

An Stelle von Permanganat wird meistens Kaliumdichromat in Schwefelsäure genommen. Der Überschuß des Oxydationsmittels kann ebenfalls jodometrisch bestimmt werden. Eine andere Möglichkeit ist, das entstandene Chrom(III)-sulfat colorimetrisch zu bestimmen. Hierzu sind mehrere Vorschläge gemacht worden[4]. Sie unterscheiden sich durch die Art des Colorimeters und die verwendete Wellenlänge.

Eine Kombination der Methoden von WIDMARK und FRIEDEMANN-KLAAS beschreibt WEINIG[5]. Sie wahrt die Spezifität und benutzt auch die einfache Destillationsapparatur von WIDMARK; sie bedeutet einen wesentlichen Fortschritt.

Eine weitere spezifische Methode stammt von KLUGE[6], der das durch Kupfersulfat getrocknete Blut mit Benzol extrahiert und den Alkohol mit 1,3,5-Dinitrobenzoylchlorid verestert. Die Methode ist umständlich, besitzt aber eine hohe forensische Beweiskraft. Auch die Dehydrierung mit Diphosphopyridinproteid ist sehr spezifisch; sie wurde gleichzeitig von BÜCHER und REDETZKI[7] und von BONNICHSEN und THEORELL[8] angegeben. Über weitere Literatur, die sich mit der Alkoholbestimmung befaßt, s.[9].

Eine eingehende Studie über die Spezifität der Alkoholbestimmung und über die Alkoholbildung bei der Fäulnis hat SCHWERD[10] angefertigt. Unter sterilen Bedingungen sind alkoholhaltige Blutproben bei 3° 10—14 Tage unverändert haltbar[11].

Das Verteilungsverhältnis von Alkohol zwischen Luft, Wasser, Urin sowie Blut ist von HARGER und Mitarbeitern[12] studiert worden. Die Autoren schlagen vor, aus dem Alkoholgehalt der Exspirationsluft den Blutalkoholgehalt zu berechnen.

***Blutalkoholbestimmung nach* WEINIG[5].**

Reagentien:

1. Quecksilbersulfatlösung, 10%ig, in 2 n Schwefelsäure: 10 g Quecksilbersulfat werden in 5,6 cm³ konz. Schwefelsäure und 50 cm³ Wasser gelöst und mit Wasser auf 100 cm³ aufgefüllt.
2. Natriumwolframatlösung, 10%ig.
3. Quecksilber(II)-chloridlösung, gesättigt.
4. NaOH, 10%ig.

---

[1] WIDMARK, E. M. P.: B. Z. **131**, 473 (1922); **270**, 297 (1934).
[2] HINSBERG, K.: Chem.-Ztg. **1938**, 145. — HINSBERG, K., u. E. BREUTEL: Dtsch. Z. gerichtl. Med. **31**, 194 (1939). — GUTSCHMIDT, J.: Kli. Wo. **1939** I, 58. — KANITZ, H. R.: Diss. Berlin 1939.
[3] FRIEDEMANN, TH., and R. KLAAS: J. biol. Ch. **115**, 47 (1936).
[4] KINGSLEY, G. R., and H. CURRENT: J. Lab. clin. Med. **35**, 294 (1950). — JETTER, W. W.: Amer. J. clin. Path. **20**, 473 (1950). — WILLIAMS, M. B., and H. D. REESE: Analyt. Chem., Washington **22**, 1556 (1950).
[5] WEINIG, E.: Dtsch. Z. gerichtl. Med. **40**, 318 (1951).
[6] KLUGE, H.: Z. Unters. Lebensm. **78**, 449 (1939).
[7] BÜCHER, TH., u. H. REDETZKI: Kli. Wo. **1951**, 615.
[8] BONNICHSEN, R. K., and H. THEORELL: Scand. J. clin. Lab. Invest. **3**, 58 (1951).
[9] Hinsberg-Lang 2. Aufl. S. 144.
[10] SCHWERD, W.: Diss. Erlangen 1950.
[11] WILLEKE, H., u. G. NIGMANN: Angew. Chem. **62**, 119 (1950).
[12] HARGER, R. N., B. B. RANEY, E. C. BRIDWELL and M. F. KITCHEL: J. biol. Ch. **188**, 197 (1950).

5. 250 mg reinstes Kaliumdichromat in 1 cm³ Wasser, mit konz. Schwefelsäure ad 100 cm³ aufgefüllt. Für sehr kleine Alkoholmengen 5fach mit konz. Schwefelsäure verdünnen.

6. 0,005 n Natriumthiosulfatlösung.

7. KJ in Substanz.

Ausführung:

5 g Blut werden in einem 300—500 cm³ fassenden Rundkolben mit 5 cm³ Natriumwolframat und 25 cm³ destilliertem Wasser versetzt. Nach kurzem Umschütteln gibt man 10 cm³ Quecksilbersulfatlösung hinzu und destilliert anschließend aus einer Ganzglasapparatur mit gut wirkendem Kühler 10 cm³ langsam über. Das Destillat wird in einem Meßzylinder aufgefangen.

Nach dem Mischen des Destillates werden 3 Proben von je 0,1 cm³ in die Näpfchen von 3 WIDMARK-Kölbchen gebracht. Man gibt hierzu einen Tropfen HgCl₂-Lösung und 1 Tropfen Natronlauge. Gleichzeitig werden Blindproben mit destilliertem Wasser angesetzt. Die WIDMARK-Kölbchen sind mit 1,00 cm³ Dichromat-Schwefelsäure beschickt. Die Näpfchen werden in die Kolben eingesetzt, und die Destillation wird in $2^1/_2$ Std bei 60° durchgeführt. Danach wird der Überschuß an Kaliumdichromat nach Zusatz von Wasser, Kaliumjodid und Stärke mit 0,005 n Thiosulfatlösung zurücktitriert.

Berechnung:

Der Alkoholgehalt der Probe errechnet sich nach der Formel $X = 0{,}57 \cdot (b-a)$.

b = Verbrauch der Blindprobe in cm³ 0,005 n Thiosulfatlösung,

a = Verbrauch der Blutprobe in cm³ 0,005 n Thiosulfatlösung.

Die Dichromatkonzentration richtet sich nach dem Alkoholgehalt; es kann auch mit 0,01 n Thiosulfat titriert werden.

ζ) Organische Säuren (ohne höhere Fettsäuren).

Eine Aufteilung der Fettsäuren in *flüchtige und nichtflüchtige* ist nur in großen Zügen möglich. Bei den niedermolekularen Fettsäuren ist eine genaue Trennung zwischen flüchtigen und nichtflüchtigen nicht möglich; denn wie TABONE[1] zeigt, kann man im Wasserdampfdestillat z. B. 71% der Essigsäure, aber auch 7% der Milchsäure finden. Die Bestimmungsmethoden können also nicht nach allgemeinen Gesichtspunkten dargestellt werden. Eine Trennung der niederen Fettsäuren als Anionen gelingt durch Papierchromatographie[2]. Es wird bei alkalischer Reaktion chromatographiert und nach dem Trocknen das Papier mit Bromthymolblau besprüht. Dabei treten die Flecken der Fettsäureanionen gelb hervor, die Kationen sind dunkelblau auf grünem Grund. In einer Mischung von 50% Butanol und 50% 1,5 n Ammoniak nimmt der R_f-Wert von 0,09 für Ameisensäure auf 0,74 für n-Oktansäure kontinuierlich zu. Die einzelnen Flecken der Säuren liegen genügend weit auseinander, um nebeneinander erkannt werden zu können. Nur Ameisensäure und Essigsäure machen Schwierigkeiten. Ihre Trennung ist aber auc möglich, wenn die Chromatographiezeit auf 60 Std verlängert wird.

Ameisensäure. Um die Ameisensäure von anderen Säuren abzutrennen, fängt FINCKE[3] das Destillat in einer siedenden Aufschwemmung von Calciumcarbonat auf, nichtsaure Destillationsprodukte werden nicht zurückgehalten. RIESSER[4] reduziert durch Ameisensäure $HgCl_2$ zu Hg_2Cl_2, das jodometrisch erfaßt werden kann. DROLLER[5] reduziert die Ameisensäure durch metallisches Magnesium zu Formaldehyd und bestimmt diesen mit fuchsinschwefliger Säure. Man wird aber auch die sehr spezifische Methode mit Chromotropsäure (s. Methylalkohol und Formaldehyd, S. 90) anwenden können.

[1] TABONE, I.: Étude des Radicaux Acétyles. Paris 1941.

[2] BROWN, F.: Biochem. J. **47**, 598 (1950).

[3] FINCKE, H.: B. Z. **51**, 253 (1913).

[4] RIESSER, O.: B. Z. **142**, 280 (1923). — ZEYEN, M.: Z. klin. Med. **120**, 128 (1932).

[5] DROLLER, H.: H. **211**, 57 (1932).

Colorimetrische Bestimmung der Ameisensäure nach DROLLER[1].

Reagentien:

1. Metaphosphorsäure, 5%ig, jeden Tag frisch zu bereiten, oder 5%ige Lösung von Natriummetaphosphat und 0,666 n Schwefelsäure (3%ig), die Lösungen sind unbegrenzt haltbar.
2. Kupfersulfatlösung, gesättigt.
3. Ca(OH)$_2$ in Substanz.
4. Fuchsinschweflige Säure (s. S. 143).
5. Magnesiumband.
6. HCl, 25%ig.
7. Ammoniumformiat-Standardlösung: 1 cm^3 einer 0,100%igen Lösung = 0,7143 mg Ameisensäure.

Ausführung:

5 cm^3 Blut werden mit Metaphosphorsäure enteiweißt und 5 cm^3 Filtrat durch Zusatz von 1 cm^3 Kupfersulfatlösung und etwa 1 g Calciumhydroxyd von Kohlenhydraten befreit. Nach 1 Std wird zentrifugiert, ein gemessener Teil des eiweiß- und kohlenhydratfreien Zentrifugates mit Wasser auf 5 cm^3 aufgefüllt und nach Zusatz von 100 mg Magnesiumband und 1 cm^3 fuchsinschwefliger Säure in Eiswasser gestellt. Aus einer Mikrobürette läßt man 25%ige Salzsäure so langsam zutropfen, daß stärkere Schaumbildung vermieden wird. Man nimmt nur soviel Salzsäure, wie zur Auflösung des Magnesium notwendig ist, da ein Überschuß die Farbe deutlich abschwächt. Nach 10—24 Std kann die Farbe colorimetrisch gemessen werden. Nur eine rotviolette Farbe ist beweisend für Formaldehyd, während rostbraune oder gelbe Töne auf Verunreinigungen oder ungenügende Reduktion zurückzuführen sind.

Im Blut werden nach dieser Methode 4,8 mg-%, mit einer individuellen Schwankung von ± 25%, gefunden.

Bestimmung der Ameisensäure nach RIESSER[2].

Reagentien:

1. Quecksilber(II)-chloridlösung: 200 g HgCl$_2$, 300 g Natriumacetat und 80 g Kochsalz, in Wasser gelöst, und auf 1000 cm^3 aufgefüllt.
2. 0,1 n Jodlösung.
3. 0,1 n Thiosulfatlösung.
4. Kaliumjodid.
5. Phosphorwolframsäure, 10%ig.
6. Bleiacetatlösung, gesättigt.
7. Na$_2$CO$_3$-Lösung.

Ausführung:

20—30 cm^3 Blut werden mit Phosphorwolframsäure enteiweißt, im Filtrat wird das überschüssige Phosphorwolframat durch Zusatz von neutralem Bleiacetat gefällt. Nachdem wieder filtriert ist, destilliert man die Ameisensäure unter vermindertem Druck oder mit Wasserdampf ab und fängt sie in einer mit Na$_2$CO$_3$ beschickten Vorlage auf. Die noch alkalisch reagierende Vorlage wird eingedampft, der Rückstand in wenig Wasser gelöst, dann mit HCl schwach angesäuert und nach Zusatz von 5 cm^3 HgCl$_2$-Lösung 2 Std auf dem Wasserbad erhitzt. Nach dem Abkühlen setzt man so viel Kaliumjodid zu, bis der zuerst ausfallende Niederschlag von Quecksilberjodid wieder gelöst ist, dann gibt man einen Überschuß von Jodlösung zu, wodurch das ausgeschiedene Hg$_2$Cl$_2$ oxydiert wird, und titriert schließlich den Überschuß an Jod zurück.

Die Reduktion verläuft nach der Gleichung:

$$HCOOH + 2\,HgCl_2 = Hg_2Cl_2 + 2\,HCl + CO_2.$$

Berechnung:

1 cm^3 0,1 n Jodlösung = 2,3 mg Ameisensäure.

---

[1] DROLLER, H.: H. **211**, 57 (1932).
[2] RIESSER, O.: B. Z. **142**, 280 (1923). STEPP, W.: H. **107**, 29 (1919); **109**, 99 (1920)

Essigsäure. Bei der trockenen Destillation von Calciumacetat entsteht Aceton, welches in der Vorlage jodometrisch bestimmt werden kann[1]. Ferner gibt Essigsäure mit Lanthannitrat und Jod eine charakteristische Farbe, die eine colorimetrische Bestimmung gestattet[2]. Die Bestimmung mit dem SCOTT-WILSON-Reagens gibt CASELLI an[1], eine fraktionierte Destillation der Fettsäureester wird von CASELLI und CIARANFI[3] benutzt. Dabei soll man Ameisensäure leicht von Essigsäure, Propionsäure und Buttersäure usw. abtrennen können. Die isolierten Ester werden durch Dichromat oxydiert und durch den Dichromatverbrauch bestimmt. Organische Säuren mit geringer Dampfspannung kann man mit der Diffusionszelle nach CONWAY[4] (Abb. 8). bestimmen, wenn man 0,1 cm³ der zu untersuchenden Lösung im Mittelteil der Kammer auf dünnes Filtrierpapier gibt, mit 0,1 cm³ n Schwefelsäure ansäuert und das sich entwickelnde Kohlendioxyd 5—10 min lang entweichen läßt. Dann bedeckt man das Filterpapier mit feingepulvertem wasserfreiem Natriumsulfat und gibt in den Außenraum verdünnten Citratpuffer oder auch destilliertes Wasser. Nach 5 Std kann in der Außenflüssigkeit der Säuregehalt durch Titration gegen Phenolphthalein bestimmt werden.

Mikrobestimmung der Essigsäure mit Lanthannitrat nach HUTCHENS und KASS[2].

Reagentien:

1. 0,02 n Jodlösung (2,54 g Jod + 33,2 g Kaliumjodid ad 1000 cm³).
2. La(NO₃)₃, 2,5%ig.
3. 0,1 n NH₄OH.
4. 0,03 n AgNO₃.
5. 0,04 n Ba(OH)₂.
6. 0,04 n Ba(NO₃)₂.
7. 0,01 n KJ-Lösung.

Bei der Ausführung der Methode ist es wichtig, daß die Reagentien frisch sind, damit störende Stoffe, besonders Calcium, Magnesium, Chloride, Sulfate und Phosphate entfernt werden. Man mischt die Lösungen *2* und *3* zu gleichen Teilen. Dann nimmt man 3 cm³ der Acetatlösung, fällt mit 1 cm³ Lösung *4* und versetzt nach dem Mischen mit 1 cm³ Kaliumjodid. Es werden alles Chlor und das überschüssige Silber gefällt. Zur Fällung von Sulfat, Phosphat, Calcium und Magnesiumionen gibt man weiter 1 cm³ Lösung *5* und *6* zu, mischt gut und zentrifugiert. Die Lösung soll jetzt ein p_H von 9,5 haben. Man entnimmt davon 1 cm³, der 80—250 γ Acetat enthalten soll, mischt mit 2 cm³ der Mischung von Lösung *2* und *3* sowie 1 cm³ Lösung *1* und erwärmt 5 min auf 100°. Die Zeit darf bis zu 15 min schwanken. Es entsteht eine grüne Mischfarbe, welche sich aus dem Blau der eigentlichen Reaktion und der gelben Farbe des Jod zusammensetzt. Sie kann mit Filter 660 gemessen werden.

Buttersäure. Buttersäure ist mit Wasserdämpfen flüchtig. Bei der Destillation entsteht aber gleichzeitig aus vorhandener β-Oxybuttersäure Crotonsäure, die mitüberdestilliert und mitbestimmt werden kann. Es gelingt aber leicht, Crotonsäure durch katalytische Hydrierung gesondert zu bestimmen.

Die Bestimmung der Buttersäure erfolgt am besten nach KLINC[5]. Das Äquivalent für 1 cm³ 0,05 n Thiosulfat wird von KLINC mit 0,451 mg Buttersäure angegeben, von anderer Seite[6] mit 0,6577. Der Unterschied liegt wahrscheinlich an der Art der Destillationsapparatur.

Bestimmung der Buttersäure nach KLINC[5].

Reagentien:

1. 1,5 g Fe(III)-NH₄(SO₄)₂ · 12 H₂O in 1000 cm³ 2 n Schwefelsäure.
2. H₂O₂, 3%ig, welches in paraffinierten Flaschen aufbewahrt und daraus entnommen werden soll.

[1] CASELLI, P.: Arch. Sci. biol. Bologna **28**, 285 (1942).
[2] HUTCHENS, J. O., and B. M. KASS: J. biol. Ch. **177**, 571 (1949).
[3] CASELLI, P., e E. CIARANFI: B. Z. **313**, 11 (1942/43).
[4] CONWAY, E. J., and M. DOWNEY: Biochem. J. **47**, IV (1950).
[5] KLINC, L.: B. Z. **273**, 1 (1934).
[6] HINSBERG, K.: Z. Krebsforsch. **54**, 270 (1943).

3. Scott-Wilsons Reagens: 10 g Quecksilbercyanid + 150 g NaOH werden in 600 cm³ Wasser gelöst, abgekühlt und mit einer Lösung von 2,9 g Silbernitrat in 400 cm³ Wasser gemischt. Das Reagens ist nach einigen Tagen geklärt und brauchbar.

4. Natriummetaphosphat, 10%ig, mit 1% Natriumwolframat.

5. H₂SO₄, 3%ig.   8. NaOH, 30%ig.

6. H₃PO₄, 10%ig.   9. NaHCO₃ in Substanz.

7. Silbercarbonat in Substanz.

Ausführung:

Es wird die nachstehend abgebildete Apparatur (Abb. 18) oder eine ähnliche verwendet. 125 cm³ Serum werden mit der gleichen Menge Lösung *4* und *5* unter Zusatz von 1,6 g Silbercarbonat gefällt. Es muß tüchtig geschüttelt werden. Der Zusatz von Silbercarbonat ist empfehlenswert, weil dadurch die bei der Destillation störenden Chlorionen gebunden werden. Man entnimmt 136 cm³ Filtrat, säuert mit Phosphorsäure an, destilliert die Buttersäure durch einen Liebig-Kühler ab und fängt in einer mit Bicarbonat versetzten Vorlage auf. Das alkalische Destillat wird eingedampft, der Rückstand in wenig Wasser aufgenommen und mit 3 cm³ der Lösung *1* und 5 cm³ der Lösung *2* erneut destilliert, nachdem sie in den Kolben *A* eingefüllt sind. Die angegebenen Reagensmengen genügen zur Oxydation von 5 mg Buttersäure. Im Kolben *B* befindet sich kochende 30%ige Natronlauge. Das abdestillierende Aceton wird in der Vorlage *C* in 5 cm³ Scott-Wilsons Reagens aufgefangen. Etwa entstandener Acetaldehyd wird im Kolben *B* zerstört. Es entsteht in der Vorlage *C* eine Trübung, die unter Umständen direkt nephelometrisch bestimmt werden kann. Wird die Vorlage *C* statt mit Scott-Wilsons Reagens mit 2 cm³ 0,05 n Jodlösung und 5 cm³ 2 n NaOH beschickt,

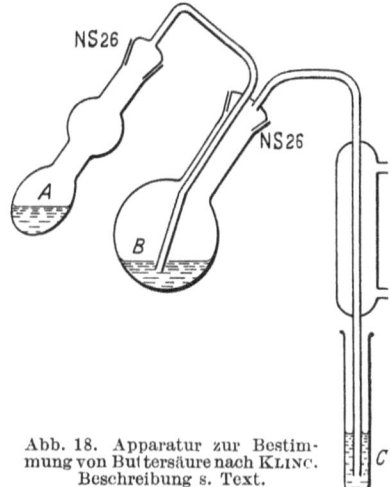

Abb. 18. Apparatur zur Bestimmung von Buttersäure nach Klinc. Beschreibung s. Text.

so wird das Aceton zu Jodoform umgesetzt; das nicht verbrauchte Jod kann nach beendeter Destillation mit Thiosulfat jodometrisch bestimmt werden. Bei kleinen Buttersäuremengen verwendet man 0,002 n Jodlösung.

Berechnung:

1 cm³ 0,002 n Jodlösung = 0,265 mg Buttersäure.

Oxalsäure. Die älteren Angaben über den Oxalsäuregehalt des Blutes sind schwankend und wahrscheinlich zu hoch, weil außer Oxalsäure noch andere Stoffe mitgefällt wurden[1]. Der Fehler kann umgangen werden, wenn die Calciumoxalatfällung bei schwach essigsaurer Reaktion durchgeführt wird[2]. Die Ätherextraktion ist in vielen Fällen unvollständig[3], man muß schon mit kontinuierlicher Extraktion arbeiten[4]. Über die Verwendung von Cer(IV)-oxalat, das von verschiedenen Seiten vorgeschlagen worden ist[5], liegen noch keine Erfahrungen vor. Eine Abtrennung von Bernsteinsäure soll durch Sublimation bei 100° gelingen[6].

Der wirkliche Gehalt des Menschenserums wird von Flaschenträger mit ungefähr 2 mg-% angegeben, der des Gesamtblutes mit 0,37 mg-%. Nach Köpplin[2] enthält das Serum 1,1—2,9 mg-%, deutlich erhöhte Werte finden sich bei Lebercirrhose und Urämie.

[1] Jürgens, R., u. E. Juergensohn: Z. ges. exp. Med. 93, 441 (1934). — Koch, K.: B. Z. 283, 422 (1936). — Schuler, B., u. F. Rennkamp: Z. ges. exp. Med. 95, 508 (1935). — Merz, W., u. S. Maugeri: H. 201, 31 (1931). — Loeper, M., et J. Tonnet: J. Méd. franç. 13, 207 (1924).

[2] Köpplin, F.: Z. ges. exp. Med. 96, 784 (1935).

[3] Leulier, A., et J. Dorche: Bull. Soc. Chim. biol. 20, 939 (1938).

[4] Flaschenträger, B., u. P. B. Müller: H. 251, 52 (1938).

[5] Suzuki, S.: Japan. J. med. Sci. (II) 3, 291 (1934). H. 244, 235 (1936). — Barett, B.: Biochem. J. 37, 254 (1943).

[6] Magerl, J. F., u. R. Rittmann: Kli. Wo. 1938 II, 1078.

Die Tagesausscheidung im Harn beläuft sich auf 20—45 mg. Bei Kaninchen ist die Ausscheidung sehr stark vom Futter abhängig.

Der *Nachweis* der Oxalsäure gelingt nach EEGRIWE[1], wenn man den Calciumoxalatniederschlag mit warmer, 2 n Schwefelsäure versetzt und etwas Magnesiumpulver und 2,7-Dioxynaphthalinreagens zusetzt. Beim Erwärmen auf dem Wasserbad tritt in Gegenwart von Oxalsäure Rotviolettfärbung auf, die für Glykolsäure charakteristisch ist.

Bestimmung der Oxalsäure nach KÖPPLIN[2].

Reagentien:

1. Trichloressigsäure, 20%ig.
2. Ammoniaklösung, 20%ig.
3. Calciumchloridlösung, gesättigt.
4. H_2SO_4, 20%ig.
5. 0,01 n Kaliumpermanganat.
6. 0,01 n Oxalsäure.

Ausführung:

5 cm³ Serum werden mit 5 cm³ Trichloressigsäure enteiweißt und 5 cm³ des Filtrates mit Ammoniak gegen Methylrot neutralisiert. Die gelbe Lösung wird auf dem Wasserbad bis auf ungefähr 3 cm³ eingedampft und mit 1 Tropfen 5%iger Essigsäure angesäuert; die Wände des Zentrifugenglases werden sorgfältig abgewischt und die Oxalsäure mit 3 Tropfen Calciumchloridlösung gefällt. Nach 12stündigem Stehen im Eisschrank wird zentrifugiert, der Niederschlag 2mal mit je 1 cm³ Wasser ausgewaschen, dann in Schwefelsäure gelöst und, wie üblich, mit Permanganat titriert. Bei der Fällung von Calcium nach VAN SLYKE und SENDROY wird Bromkresylgrün als Indicator empfohlen.

Bernsteinsäure. Bei den ältesten Methoden wird die Bernsteinsäure durch Äther extrahiert, oder nach Zerstörung der Milchsäure und anderer störender Stoffe mit Permanganat durch Silbernitrat gefällt[3]. Nach THOMAS und WEITZEL[4] werden aber nur 82,6% der Bernsteinsäure extrahiert. Die Extraktion wird erleichtert, wenn die Lösung mit Ammoniumsulfat gesättigt wird[5].

Spezifisch ist die enzymatische Bestimmung mit Succinodehydrogenase, wobei Trikaliumhexacyanoferrat als Wasserstoffacceptor verwendet werden kann[6]. Eine unspezifische Dehydrierung kann durch Zusatz von Malonsäure entdeckt werden. Am gebräuchlichsten ist die Verwendung von Methylenblau als Indicator[7].

Fumarsäure. In biologischem Material steht Fumarsäure in einem enzymatischen Gleichgewicht mit Äpfelsäure. Ihre Menge kann daher durch Bestimmung der letztgenannten errechnet werden. Auch eine Reduktion zu Bernsteinsäure ist möglich[8].

Durch Addition von Brom in KBr-Lösung entsteht Monobromäpfelsäure[9]. Der Fumarsäuregehalt läßt sich aus dem Bromverbrauch errechnen. Nach Ätherextraktion läßt sich nach STRAUB[10] Fumarsäure mit Permanganattitration bestimmen. Die Fällung mit einem Kupfer-Pyridinreagens und anschließende colorimetrische Bestimmung wird von MARSHALL und Mitarbeitern[11] beschrieben. Sie beziehen sich auf das Verfahren von STEENHAUER[12].

Bestimmung der Fumarsäure nach MARSHALL, ORTEN und SMITH[11].

Reagentien:

1. Ammoniak, 10%ig.

[1] EEGRIWE, E.: Z. analyt. Chem. **89**, 123 (1923). — PEREIRA, R. S.: Mikrochem. **36**, 398 (1951).

[2] KÖPPLIN, F.: Z. ges. exp. Med. **96**, 784 (1935).

[3] MOYLE, D. M.: Biochem. J. **18**, 351 (1924); **22**, 745 (1928).

[4] THOMAS, K., u. G. WEITZEL: H. **282**, 170 (1947).

[5] WIELAND, H., O. PROBST, H. WALCH, W. SCHWARZE u. K. RAUCH: A. **542**, 145 (1939).

[6] FORSSMAN, S.: Acta physiol. scand. **2**, Suppl. 5 (1941).

[7] BERTHO, A., u. W. GRASSMANN: Biochemisches Praktikum. S. 147. Berlin 1936.

[8] KREBS, H. A., D. H. SMYTH and A. EVANS jr.: Biochem. J. **34**, 1041 (1940).

[9] SZEGEDY, E.: Z. analyt. Chem. **109**, 95 (1937).

[10] STRAUB, F. B.: H. **236**, 42 (1935).

[11] MARSHALL, L. M., J. M. ORTEN and A. H. SMITH: Arch. Biochem. **24**, 110 (1949). J. biol. Ch. **179**, 1127 (1949).

[12] STEENHAUER, A. I.: Pharmaceut. Wbl. **72**, 667 (1935).

2. Kupfer-Pyridinreagens: 20 cm³ 20 %ige Kupfersulfatlösung werden zu 8 cm³ Pyridin gegeben.
3. Gummi ghatti: 20 g werden in 1000 cm³ Wasser suspendiert und nach 24 Std filtriert.
4. Pyridinlösung, 0,5 %ig in Wasser.
5. Pyridinlösung, 1 %ig in Wasser.
6. Diäthyldithiocarbaminat, 0,2 %ig in Wasser.
7. Citronensäure, 20 %ig.

Ausführung:

Eine Eichkurve wird hergestellt, indem man 0,2—1 cm³ einer 100 mg-%igen Fumarsäurelösung jeweils auf das Volumen von 1 cm³ auffüllt, mit 0,05 cm³ Kupfer-Pyridinreagens versetzt und, wenn Trübung eingetreten ist, weitere 0,5 cm³ zusetzt. Hat der Ansatz 1 Std im Eisschrank gestanden, wird zentrifugiert, die überschüssige Flüssigkeit vollständig entfernt, mit 2 cm³ 0,5 %igem Pyridin ausgewaschen, der Niederschlag in 9 cm³ 20 %iger Citronensäure gelöst und auf 50 cm³ aufgefüllt, nachdem mit 10 cm³ Ammoniak neutralisiert ist. Von der Mischung nimmt man 5 cm³ mit 1 cm³ Gummi ghatti und 5 cm³ Carbaminatlösung und kann nach 4 min bei 460 mμ colorimetrieren. Ein Leerwert wird in gleicher Weise angesetzt. Eiweißfreie Blut- und Gewebsextrakte werden erhalten, indem man nach Durchfrieren mit Trockeneis mit Aceton fällt. Die Filtrate werden in derselben Weise aufgearbeitet. Auch der Trockenrückstand von Chloroform- und Ätherextrakten ist verwendbar. Diese werden in 1 %igem Pyridin aufgenommen.

Die Methode ist bis 0,4 mg brauchbar.

Nach der chromatographischen Methode[1] ergibt sich im Vergleich mit der vorstehenden colorimetrischen Methode bei Mengen zwischen 2 und 3 mg gute Übereinstimmung. Nach Adsorption an Kieselsäuregel wird die Fumarsäure mit 30 %igem Amylalkohol in Chloroform eluiert, während störende Stoffe mit reinem Chloroform entfernt werden können.

Fumarsäurebestimmung nach SZEGEDY[2].

Reagentien:

1. Etwa 0,1 n Brom in n Kaliumbromidlösung.
2. 0,1 n Thiosulfatlösung.
3. 0,1 n IICl mit 15 % Kaliumjodid.
4. Stärkelösung.

Ausführung:

Der relativ hohe Kaliumbromidgehalt soll eine Änderung der Bromionenkonzentration während der Reaktion verhindern. Der Titer der Bromlösung ändert sich während des Versuches um 0,1—0,2 cm³, wodurch ein systematischer Fehler verursacht wird.

Man benötigt 3 Erlenmeyer-Kolben mit Schliffstopfen, von denen der 1. und 3. mit Wasser beschickt wird. Der 2. Kolben enthält die Probe, in 10 cm³ Wasser gelöst. Man gibt in alle 3 Kolben genau im Abstand von 4 min je 20 cm³ gut gekühlte Bromlösung, verschließt sofort, und läßt 2 Std im Eisschrank stehen. Dann gibt man 10 cm³ Salzsäure-Kaliumjodid zu und kann das ausgeschiedene Jod sofort titrieren. Das Entweichen von Bromdämpfen muß verhindert werden.

Als Leerwert dient der Titrationsmittelwert aus Kolben 1 und 3.

Milchsäure. Zur Bestimmung der Milchsäure stehen 4 verschiedene Verfahren zur Verfügung:

1. Abspaltung von CO mit H_2SO_4 unter Bildung von Acetaldehyd, der unter anderem durch Kondensation mit verschiedenen Phenolen colorimetrisch bestimmt werden kann[3]. Zum Teil sind diese Reaktionen sehr empfindlich.

[1] MARSHALL, L. M., J. M. ORTEN and A. H. SMITH: J. biol. Ch. **179**, 1127 (1949).
[2] SZEGEDY, E.: Z. analyt. Chem. **109**, 95 (1937).
[3] DISCHE, Z., u. D. LASZLO: B. Z. **187**, 344 (1927). — MILLER, B. F., and J. A. MUNTZ: J. biol. Ch. **126**, 413 (1938). — KOENEMANN, R.: J. biol. Ch. **135**, 105 (1940). — MARKUS, R.: Helv. **31**, 831 (1948).

2. Die titrimetrischen Bestimmungen beruhen alle darauf, daß die Milchsäure in saurer Lösung oxydiert wird und der abdestillierte Acetaldehyd in einer Vorlage mit Bisulfit aufgefangen wird, in der er bestimmt werden kann[1]. Bei der Oxydation ist darauf zu achten, daß der entstandene Acetaldehyd nicht weiter oxydiert wird. Hierzu haben sich besonders die Apparaturen von LIEB-ZACHERL und von FUCHS[2] bewährt. Die Auswahl des Oxydationsmittels ist von ausschlaggebender Bedeutung, wie LINHARDT und REICHOLD[3] gezeigt haben. Sie schlagen die Verwendung von Zinkmanganit vor, verwenden eine modifizierte Apparatur nach LAUERSEN und betonen, daß bei hohen Säurekonzentrationen ein Mangan(II)-sulfatzusatz nachteilig wirkt. Über weitere einfache Apparate s.[4]. In dem Bestreben, die Spezifität zu erhöhen, ist als Oxydationsmittel 10%ige Cer(IV)-sulfatlösung vorgeschlagen worden[5].

Bei der Eiweißfällung und anschließenden Entzuckerung bildet sich Acetaldehyd. Dieser Fehler kann umgangen werden, wenn auf die Entzuckerung verzichtet, der abdestillierte Acetaldehyd in Lithiumbisulfit aufgefangen und anschließend polarographisch bestimmt wird[6].

3. Über die Möglichkeit der Milchsäurebestimmung mit Milchsäuredehydrogenase s.[7].

4. Die colorimetrischen Methoden beruhen auf der Kondensation des entstandenen Acetaldehyd mit Phenolen, unter denen sich besonders Hydrochinon und p-Oxydiphenyl bewährt haben. Von MARKUS[8] wird neuerdings Guajacol empfohlen, welches durch Vakuumdestillation gereinigt werden muß. Es stören bei der Bestimmung Eiweißstoffe und Aminosäuren, nicht aber Fettsäuren, Alkohol und Ketone. Am stärksten stören Aldehyde und α-Ketosäuren. Nach einer Säurehydrolyse in der Kälte und Entzuckerung mit Kupfer-Kalk wird durch eine Wofatit-Säule filtriert, um die gefärbten Aminosäurekomplexsalze zu entfernen. Störender Formaldehyd kann durch Hydrierung mit Natriumamalgam vollständig ausgeschaltet werden, bei Acetaldehyd und Brenztraubensäure gelingt dies nur teilweise. Es wurde auch beobachtet, daß sich in Milchsäurestandardlösungen spontan Brenztraubensäure bildet.

Milchsäurebestimmung nach MARKUS[9].

Reagentien:

1. Wofatit oder Amberlit IR-100. Das Kunstharz wird zuerst fein verrieben, von den kleinsten Teilen durch Schlämmen befreit, anschließend zweimal mit 10%iger Natronlauge, dann mit Wasser, dann mit 10%iger Salzsäure und schließlich wieder mit Wasser gewaschen.
2. NaF in Substanz.
3. Trichloressigsäure, 20%ig.
4. Kupfersulfatlösung, 10%ig.
5. $Ca(OH)_2$, 10%ige Aufschwemmung.
6. H_2SO_4, konz.
7. p-Oxydiphenyllösung, 1%ig.

Ausführung:

3 cm³ Blut (oder Exsudat), welche mit 0,3% Natriumfluorid konserviert worden waren, werden nach Zusatz von 20 cm³ Wasser und 5 cm³ Trichloressigsäure enteiweißt, auf 50 cm³ aufgefüllt und filtriert. 20 cm³ Filtrat mit 6 cm³ Kupfersulfat werden mit starkem Alkali neutralisiert und schließlich mit 10 cm³ Calciumhydroxyd 4 Std sich selbst überlassen. Die Amberlitsäule wird 2mal mit je 5 cm³ des Filtrates vorgewaschen. Dann nimmt man eine 3. Portion von 5—10 cm³, die zur Analyse verwendet wird. Von dem

[1] FÜRTH, O. v., u. D. CHARNASS: B. Z. **26**, 199 (1910).
[2] LIEB, H., u. M. K. ZACHERL: H. **211**, 211 (1932). — FUCHS, H. J.: H. **221**, 271 (1933).
[3] LINHARDT, K., u. E. REICHOLD: B. Z. **320**, 241 (1949/50).
[4] HINSBERG, K., u. R. AMMON: B. Z. **284**, 343 (1936). — LANG, K., u. K. PFLEGER: Mikrochem. **36/37**, 1174 (1951).
[5] GORDON, J. J., and J. H. QUASTEL: Biochem. J. **33**, 1332 (1939).
[6] DIRSCHERL, W., u. H. U. BERGMEYER: B. Z. **320**, 46 (1949/50).
[7] LEHMANN, J.: Skand. Arch. Physiol. **80**, 237 (1938).
[8] MARKUS, R.: Helv. **31**, 831 (1948).
[9] MARKUS, R. L.: Arch. Biochem. **29**, 159 (1950).

Filtrat versetzt man unter guter Kühlung 1 cm³ mit 6 cm³ Schwefelsäure, gibt 0,05 cm³ p-Oxydiphenyllösung zu und kann nach 4 Std bei 570 mμ colorimetrieren. Standardlösung: 1,7115 g Calciumlactat · 5 H$_2$O in 1000 cm³ Wasser gleich 1,00 mg Milchsäure/cm³.

Bestimmung der Milchsäure nach LINHARDT und REICHOLD[1].

Reagentien:

1. Zinkmanganit: Man löst in einer Porzellanschale 5 g ZnSO$_4$ · 5 H$_2$O und 4 g MnSO$_4$ · 4 H$_2$O in 200 cm³ destilliertem Wasser und gibt etwa 30 g Zinkoxyd dazu. Nach Erhitzen zum Sieden läßt man langsam 2,2 g Kaliumpermanganat, in 200 cm³ heißem Wasser gelöst, zufließen. Die entstehende Suspension wird so lange mit 50 %iger Kalilauge versetzt (300—400 cm³), bis alles Zinkoxyd in Lösung gegangen ist, und bis sich die dunkelbraune Farbe des Zinkmanganit nicht mehr ändert. Dies dauert ungefähr 40 min. Man läßt absitzen, dekantiert und wäscht mit viel Wasser bis zur neutralen Reaktion. Dann sammelt man auf einer Nutsche und trocknet bei 100° (MnO$_2$-Gehalt 27—30%). Zum Gebrauch stellt man sich eine Suspension her, die etwa 1 mg MnO$_2$ im cm³ enthält.

2. Natriumhydrogensulfitlösung, 1 %ig.

3. H$_2$SO$_4$, 40 Vol.-%ig.

4. 0,005 n Jodlösung.

5. Natriumhydrogencarbonat in Substanz.

6. Enteiweißungsreagentien nach FOLIN-WU (s. S. 62).

7. CuSO$_4$ · 5 H$_2$O, 25 %ig.

8. Ca(OH)$_2$, 10 %ige Aufschlämmung.

Ausführung:

1 Teil Blut, je 3 Teile Wasser, Natriumwolframat und Schwefelsäure werden gemischt und nach ¹/₂ Std zentrifugiert. Vom Filtrat werden 15 cm³ mit 2 cm³ Kupfersulfatlösung und 4 cm³ Kalkmilch versetzt, auf 30 cm³ aufgefüllt und nach ¹/₂ Std zentrifugiert.

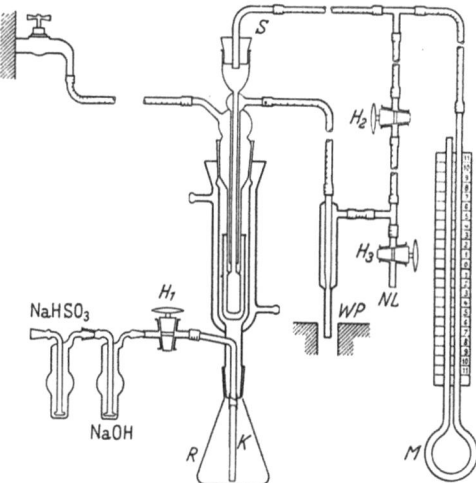

Abb. 19. Abgeänderte Apparatur zur Milchsäurebestimmung (LAUERSEN) nach LINHARDT u. REICHOLD.

Es wird der in der Abb. 19 wiedergegebene Apparat benutzt. Das Vorlagegefäß enthält 3,5 cm³ Bisulfitlösung. In den Reaktionskolben R gibt man 3 cm³ Zinkmanganitaufschwemmung und 2,5 cm³ 40 %ige Schwefelsäure, dazu noch 14 cm³ destilliertes Wasser und zuletzt 20 cm³ Blutfiltrat, entsprechend 1 cm³ Blut. Durch Anstellen der Wasserkühlung wird gleichzeitig eine Wasserstrahlpumpe in Betrieb gesetzt und ein kontinuierlicher Luftstrom, der durch den Hahn H_2 reguliert wird, durch die Apparatur gesaugt. Sobald die Durchlüftung einwandfrei arbeitet, was nötigenfalls durch Hahn H_3 weiter reguliert werden kann, wird der Reaktionskolben erhitzt. Bei fortschreitender Erwärmung sinkt der Druck in der Apparatur und man schließt H_1, damit die Flüssigkeit im Kolben R nicht in der Capillare hochsteigen und in die Vorlage entweichen kann. Bei Beginn des Siedens entsteht oft ein kurzer Überdruck. Nun öffnet man den Hahn H_1 wieder und läßt 20 min sieden. Dann trennt man die Saugleitung durch Abnehmen des Stopfens S ab, entfernt den Kolben R, hebt den Zapfenkühler hoch, spült mit wenig Wasser ab und gibt den Inhalt der Vorlage quantitativ in einen Erlenmeyer-Kolben, in dem das an Aldehyd gebundene Bisulfit in üblicher Weise jodometrisch bestimmt wird. Die beiden Waschflaschen werden mit Natriumbisulfit bzw. NaOH beschickt, um die Luft vor dem Durchströmen der Apparatur zu reinigen.

Berechnung:

1 cm³ 0,005 n Jod = 0,225 mg Milchsäure.

---

[1] LINHARDT, K., u. E. REICHOLD: B. Z. **320**, 241 (1949/50).

Milchsäurebestimmung nach FUCHS [1].

Reagentien:

1. 10 n H_2SO_4, die 10% Mangan(II)-sulfat enthält.
2. Etwa 0,01 n $KMnO_4$.
3. Natriumhydrogensulfitlösung, 1%ig.
4. Etwa 0,1 n Jodlösung.
5. 0,005 n Jodlösung.
6. 0,005 n Thiosulfat oder besser Arsenitlösung.
7. 0,1 n NaOH.
8. Kupfersulfatlösung, gesättigt.
9. $Ca(OH)_2$ in Substanz.
10. $NaHCO_3$ in Substanz.

Ausführung:

Es wird die nachstehend abgebildete Apparatur (Abb. 20) benutzt. Zur Enteiweißung bringt man in einen 50 cm³-Meßkolben 5 cm³ NaOH, 5 cm³ Kupfersulfat und 1 cm³ Blut.

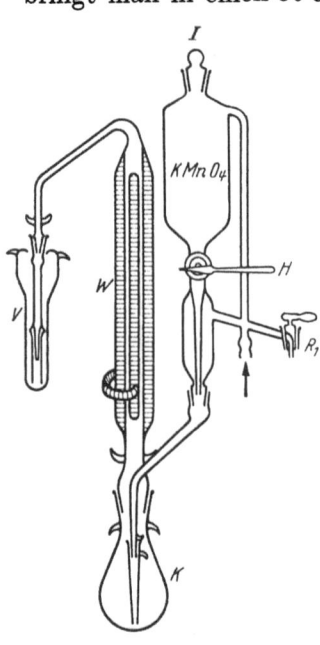

Abb. 20. Siehe Text.

Die Pipette muß ausgespült werden. Unter leichtem Umschwenken wird mit Wasser zur Marke aufgefüllt und nach ½ Std zentrifugiert. Man kann auch über Glaswolle filtrieren. Filtrierpapier ist zu vermeiden. Das Filtrat wird so lange mit Calciumhydroxyd versetzt, bis die Lösung alkalisch ist und der Niederschlag eine hellblaue Farbe hat, dann füllt man bis zur Marke auf. Man läßt unter gelegentlichem Schütteln 30 min stehen oder kann auch unbeschadet bis zum anderen Morgen aufheben. Vom klaren Filtrat kommen 35 cm³ und 30 cm³ Wasser mit 5 cm³ Lösung *1* in den Destillationskolben *K*, während die Vorlage *V* mit 7 cm³ Bisulfit beschickt ist. Man bringt den Kolbeninhalt zum Sieden und läßt gleichzeitig aus dem Tropftrichter unter Regulierung mit dem Hahn *H* Permanganatlösung zutropfen. Durch ein Gebläse wird Luft durch die Apparatur geblasen (Regulation durch Hahn R_1), so daß der entstandene Acetaldehyd sofort in die Vorlage getrieben wird, während Wasserdämpfe in dem Kühler *W* zurückgehalten werden. Ist die Oxydation beendet, was an der stahlblauen Farbe im Kolben *K* zu erkennen ist, so wird die Vorlage abgenommen und das Bisulfit in üblicher Weise titriert.

Colorimetrische Milchsäurebestimmung nach DISCHE *und* LASZLO [2].

Reagentien:

1. 0,5 n H_2SO_4.
2. Natriummetaphosphat, 5%ig.
3. $CuSO_4$, 25%ig.
4. $CuSO_4$, 10%ig.
5. $Ca(OH)_2$ in Substanz.
6. Hydrochinon, 20%ige farblose alkoholische Lösung.

Ausführung:

0,5 cm³ Blut werden der ungestauten Vene entnommen, mit 2,5 cm³ destilliertem Wasser hämolysiert und durch Zusatz von je 0,5 cm³ der Lösungen *1* und *2* enteiweißt. Der Niederschlag wird abzentrifugiert; 2,5 cm³ Filtrat werden mit 0,5 cm³ 25%igem Kupfersulfat und Calciumhydroxyd gemischt, bis die Farbe des Niederschlages rein blau ist. Nach ½ Std wird zentrifugiert, 1 cm³ des klaren Zentrifugates in einem reinen Reagensglas unter Eiskühlung mit 0,1 cm³ 10%igem Kupfersulfat, 4 cm³ konz. Schwefelsäure und 0,1 cm³ Hydrochinonlösung gut gemischt und dann 15 min im Wasserbad gekocht. Anschließend wird an der Wasserleitung abgekühlt und colorimetriert.

Eine Eichkurve wird mit reiner Lithiumlactatlösung angelegt, 0,108 g Lithiumlactat = 0,100 g Milchsäure.

---

[1] FUCHS, H. J.: H. **221**, 271 (1933).
[2] DISCHE, Z., u. D. LASZLO: B. Z. **187**, 344 (1927).

Bei dieser Art der Bestimmung der Milchsäure ist zu beachten, daß sehr viele Stoffe, sowohl natürliche als auch künstlich zugesetzte, die Reaktion stören.

Bestimmung der Milchsäure nach LANG und PFLEGER[1].

Reagentien:

1. 16 cm³ H_2SO_4, 4 g MnO_2 und 10 g Mangan(II)-sulfat werden mit Wasser auf 100 cm³ aufgefüllt.
2. Natriumhydrogensulfitlösung, 1%ig.
3. 0,005 n Jodlösung.
4. 0,005 n Natriumthiosulfatlösung.
5. Etwa 0,2 n Jodlösung.
6. $NaHCO_3$ in Substanz.

Ausführung:

Man verwendet Apparaturen, wie sie in Abb. 7, S. 34 dargestellt sind. Der Schliff des Oxydationskolbens wird über der leuchtenden Flamme erwärmt, paraffiniert und dann der Kolben mit 2 cm³ der Lösung *1* beschickt. In die Vorlage gibt man 5 cm³ Lösung *2* und in den Oxydationskolben noch 5 cm³ der zu untersuchenden eiweißfreien Lösung. Die beiden Teile werden unter Erwärmen des Schliffes zusammengesetzt und durch Feder- oder Gummizüge gesichert. Die Vorlage einschließlich Schliff wird durch einen Wasserstrahl gekühlt. Durch einen Mikrobrenner erhitzt man den Inhalt des Oxydationskolbens zum Sieden und läßt 12—15 min langsam destillieren. Dann gibt man in die Vorlage etwas Stärkelösung und fügt so lange Jod zu, bis eine blaue Farbe bestehen bleibt. Diese bringt man durch Zusatz von Natriumthiosulfat zum Verschwinden, setzt dann eine Messerspitze Natriumhydrogencarbonat zu und titriert mit der 0,005 n Jodlösung bis zur bleibenden Blaufärbung. Die Ausrechnung erfolgt wie oben (S. 105).

Brenztraubensäure. Bei der Bestimmung der Brenztraubensäure muß auf nahe verwandte Substanzen, bei denen eine Umwandlung in Brenztraubensäure möglich ist, besondere Rücksicht genommen werden. Andererseits kann auch Brenztraubensäure enzymatisch, z. B. in Milchsäure oder Acetaldehyd, verwandelt werden. Aceton, Ketoglutarsäure, Citronensäure und Derivate von Glycerinaldehyd können die Bestimmung stören.

Die Bestimmungsmöglichkeiten der Brenztraubensäure beruhen auf 3 verschiedenen Prinzipien:

1. Farbreaktionen, die mit Phenolen mit oder ohne Reduktion zu Milchsäure entstehen.
2. Jodometrische Methoden und
3. Hydrazonbildung und colorimetrische Bestimmung. Diese Verfahren scheinen am spezifischsten zu sein, während die colorimetrischen die unsichersten sind.

Eine unmittelbare Farbreaktion gibt Brenztraubensäure mit Phloroglucin-Salzsäure und Methylindol-Salzsäure[2]. Nach Reduktion zu Milchsäure entsteht mit p-Oxydiphenyl eine violette Farbe, die sehr empfindlich ist[3]. Die gangbarste colorimetrische Bestimmung ist die von STRAUB[4] mit Salicylaldehyd. Leider ist sie sehr wenig spezifisch. Acetessigsäure, Acetophenon, Acetaldehyd, Propionaldehyd, Aceton und viele andere Stoffe geben dieselbe Farbe[5]. Die Reduktion zu Milchsäure erfolgt meist mit Zink und Schwefelsäure, doch sind die Ausbeuten in vielen Fällen ungenügend. Die Verluste werden zum Teil durch Polymerisation der BTS erklärt[6]. Über jodometrische Methoden s.[7]. Die Kondensation

[1] LANG, K., u. K. PFLEGER: Mikrochem. **36/37**, 1174 (1951).

[2] POSTERNAK, TH.: C. R. Soc. Physique Hist. natur. **44**, 19 (1927). — DISCHE, Z., u. S. S. ROBBINS: B. Z. **271**, 304 (1934).

[3] EEGRIWE, E.: Z. analyt. Chem. **95**, 323 (1933).

[4] STRAUB, F. B.: H. **244**, 117 (1936). — HUSZÁK, ST.: B. Z. **307**, 184 (1940/41).

[5] THOMSON, TH.: Nature **141**, 917 (1938).

[6] FRIEDEMANN, T. E., and A. KENDALL: J. biol. Ch. **82**, 23 (1929). — FRIEDEMANN, T. E., M. COTONIO and P. A. SHAFFER: J. biol. Ch. **73**, 335 (1927).

[7] SCHRADER, G. A.: J. Lab. clin. Med. **25**, 520 (1940). — HAAG, E., u. CH. DALPHIN: Helv. **26**, 246 (1943).

mit 2,4-Dinitrophenylhydrazin ist zuerst von Lu[1] als quantitative Methode angegeben und später von FRIEDEMANN und HAUGEN[2] verbessert worden, indem sie an Stelle von Äthylacetat Toluol zur Extraktion verwenden. Eine weitere Modifikation stammt von TSAO[3]. Um andere Hydrazone auszuschalten, hatte schon KLEIN[4] versucht, den Äthylacetatniederschlag längere Zeit über Na$_2$CO$_3$-Lösung stehen zu lassen.

Nach den Angaben von MARKEES[5] werden 6—7% der Acetessigsäure als Brenztraubensäure mitbestimmt. Wird aber das Trichloressigsäurefiltrat (p$_H$ 1) 5 min im Wasserbad erhitzt, so verschwindet die Acetessigsäure. Man findet dann aber 2—9% Brenztraubensäure zu wenig. Eine Apparatur, um Brenztraubensäure in großen Reihenversuchen bequem bestimmen zu können, haben TALLQVIST und LEPPÄNEN[6] entworfen.

Eine ganz neue Reaktion ist von LEONHARDI, v. GLASENAPP und FELIX[7] entdeckt worden. Durch Kondensation des Hydrazons mit diazotiertem 4-Chlor-2-nitroanilin entsteht ein tief gefärbtes Derivat, welches sich gut zur colorimetrischen Bestimmung eignet (s. S. 202).

Die chromatographische Trennung der α-Ketosäuren ist einerseits von WIELAND und FISCHER[8], andererseits von CAVALLINI und Mitarbeitern[9] beschrieben worden.

Der Normalgehalt der Brenztraubensäure im Blut schwankt zwischen 4 und 11 γ je cm^3. Er ist bei Lebererkrankungen erhöht. Besonders ist zu beachten, daß ein wesentlicher Unterschied zwischen Capillar- und Venenblut bestehen kann[10], während eine Venenstauung fast keinen Einfluß auf den Brenztraubensäuregehalt hat. Werte über 13 γ-% werden als pathologisch angesehen[11]. Im Liquor finden sich 67—170% des Brenztraubensäuregehaltes des Blutes. Über das Verhältnis von Brenztraubensäure zu Milchsäure s.[12]. Eine Übersicht über physiologische Veränderungen s.[13].

***Bestimmung der Brenztraubensäure nach* FRIEDEMANN *und* HAUGEN[14].** Die Autoren unterscheiden zwei Verfahren, eines zur Bestimmung aller Ketosäuren, wenn mit Äthylacetat extrahiert wird, und die Bestimmung der Brenztraubensäure allein, wenn mit Xylol, Toluol oder Benzol extrahiert wird. An Stelle der von den Autoren verwendeten WRIGHTschen Capillarpipette kann man auch ein Reagensglas mit doppelt durchbohrtem Stopfen und bis auf den Boden reichendem Capillarrohr benutzen (Abb. 21). Schließt man bei *A* an die Saugpumpe an, so wird durch das System Luft gesaugt und gemischt, schließt man bei *B* an die Saugpumpe an, so kann man die unten schwimmende wäßrige Lösung absaugen.

Reagentien:

1. Trichloressigsäure, 10%ig oder Metaphosphorsäure, 10%ig.
2. LLOYDs Reagens*.
3. Xylol, Toluol oder Benzol.
4. Äthylacetat.
5. Hydrazinreagens: 2,4-Dinitrophenylhydrazin [oder 4-Nitrophenylhydrazin] in 2 n HCl.
6. Na$_2$CO$_3$, 10%ig.
7. 1,5 n NaOH.

* LLOYDs Reagens ist eine besonders gereinigte Fullererde.
[1] LU, G. D.: Biochem. J. **33**, 249 (1939).
[2] FRIEDEMANN, T. E., and G. E. HAUGEN: J. biol. Ch. **147**, 415 (1943).
[3] TSAO, M. U., and S. BROWN: J. Lab. clin. Med. **35**, 320 (1950).
[4] KLEIN, D.: J. biol. Ch. **137**, 311 (1941). — VINET, A., et Y. RAOUL: Bull. Soc. Chim. biol. **24**, 357 (1942). — FORNAROLI, P., e A. PARDI: Boll. Soc. ital. biol. sperim. **15**, 511 (1940).
[5] MARKEES, S.: Exper. **7**, 314 (1951).
[6] TALLQVIST, H., o. V. LEPPÄNEN: Scand. J. clin. Lab. Invest. **2**, 79 (1950).
[7] LEONHARDI, G., I. v. GLASENAPP u. K. FELIX: H. **286**, 28 (1950).
[8] WIELAND, T., u. E. FISCHER: Naturwiss. **36**, 219 (1949).
[9] CAVALLINI, D., N. FRONTALI and G. TOSCHI: Nature **163**, 568; **164**, 792 (1949).
[10] SCHMIDT, H. W.: Kli. Wo. **1943**, 489.
[11] WORTIS, H., E. BUEDING and W. E. WILSON: Proc. Soc. exp. Biol. Med. **43**, 279 (1940). — BUEDING, E., and H. WORTIS: Proc. Soc. exp. Biol. Med. **44**, 245 (1940).
[12] GOLDSMITH, G. A.: Amer. J. med. Sci. **215**, 182 (1948).
[13] KRUSIUS, F. E.: Acta physiol. scand. **2**, Suppl. 3 (1940).
[14] FRIEDEMANN, T. E., and G. E. HAUGEN: J. biol. Ch. **147**, 415 (1943).

Ausführung:

Das aus der Vene entnommene Blut wird in die 5fache Menge Trichloressigsäure eingetragen und nach dem Schütteln zentrifugiert. Die abpipettierte Flüssigkeit kann im Eisschrank 2 Tage ohne Brenztraubensäureverlust aufgehoben werden.

3 cm³ der klaren Lösung werden 10 min auf 25° erwärmt, dann 1 cm³ Hydrazinreagens sowie nach genau (!) 5 min 8 cm³ Toluol zugesetzt; in dem oben beschriebenen Reagensglas wird Luft durchgesaugt. Nach dem Absitzen wird die untere wäßrige Schicht durch die Capillare abgesaugt (Abb. 21); 6 cm³ Na₂CO₃-Lösung werden in das Glas eingefüllt und durch Luftdurchsaugen wieder gemischt. Während der 5 min reagiert fast ausschließlich die Brenztraubensäure mit dem Hydrazinreagens und das Hydrazon geht in die Na₂CO₃-Lösung über. Nach Absaugen der Toluolschicht werden 5 cm³ der wäßrigen Phase mit 5 cm³ 1,5 n NaOH gemischt. Die Farbintensität kann frühestens nach 5 min, spätestens nach 10 min bei 10 mm Schichtdicke mit dem Filter S 53 gemessen werden. Als Kompensationsflüssigkeit dient Wasser.

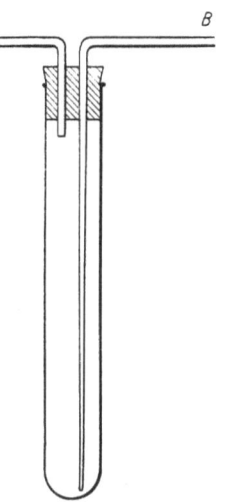

Verwendet man Äthylacetat als Extraktionsmittel an Stelle von Toluol, so bekommt man den Wert für die Hydrazone aller Ketosäuren des Blutes.

Die Methode nach FRIEDEMANN und HAUGEN wird von ZWIERS und NOYONS[1] als die zur Zeit beste Methode empfohlen.

Eine Modifikation der Methode von FRIEDEMANN und HAUGEN für sehr kleine Blut- und Harnmengen ist von TSAO und BROWN[2] beschrieben worden. Sie verwenden 0,1 cm³ Blut, das sie aus der Fingerbeere, die mit Vaseline eingeschmiert ist, gewinnen. Durch Zusatz von 0,5 cm³ Trichloressigsäure wird enteiweißt, und 0,1 cm³ des eiweißfreien Zentrifugates mit 35 mm³ Hydrazinreagens umgesetzt. Die Extraktion erfolgt mit 100 mm³ Xylol nach der Vorschrift von FRIEDEMANN und HAUGEN, nur verwenden sie zur Entwicklung der Farbe 7 n NaOH statt 1,5 n NaOH. Um die kleinen Flüssigkeitsmengen abmessen zu können, sind Spezialpipetten nötig.

Abb. 21. Vorrichtung zur Brenztraubensäurebestimmung nach FRIEDEMANN und HAUGEN.

Colorimetrische Bestimmung der Brenztraubensäure nach STRAUB[3].

Reagentien:

1. Salicylaldehyd, 2%ig in 96%igem Alkohol.
2. KOH, 100 g in 60 cm³ Wasser.
3. Natriumwolframat, 10%ig.
4. H₂SO₄, 3%ig.

Ausführung:

Man enteiweißt das Blut nach FOLIN-WU (s. S. 62), entnimmt 1 cm³ von dem Filtrat und schüttelt mit 1 cm³ Kalilauge und 0,5 cm³ Salicylaldehyd gründlich durch. Dann erwärmt man 10 min im Wasserbad auf 37°, zentrifugiert nach dem Abkühlen das ausgefallene Kaliumsulfat ab und photometriert im Stufenphotometer mit Filter S 47. Bei Anwesenheit von Oxalsäure muß sehr bald colorimetriert werden.

Chromatogaphische Bestimmung der Ketosäuren nach LE PAGE[4]. Die ursprünglich für normales und neoplastisches Rattengewebe ausgearbeitete Methode ist auch für Blut anwendbar. Es werden im venösen Blut der Ratte 3,2 mg-% und im arteriellen Blut 1,19 mg-% Brenztraubensäure gefunden. Bei Oxalessigsäure und α-Ketoglutarsäure werden keine Unterschiede gefunden.

Reagentien:

1. Als Adsorptionsmittel verwendet man eine hohe Säule von 75 mm Höhe und 9 mm Durchmesser aus Hyflo-Supercel, welche schichtweise mit einem Stampfer

[1] ZWIERS, J. H. L., u. E. C. NOYONS: Ned. T. Geneeskde. **94**, 2096 (1950).

[2] TSAO, M. U., and S. BROWN: J. Lab. clin. Med. **35**, 320 (1950).

[3] STRAUB, F. B.: H. **244**, 117 (1936).

[4] LE PAGE, G. A.: Cancer Res. **10**, 393 (1950).

gleichmäßig hergestellt wird. Die Säule wird unter Druck mit wasserhaltigem Äther durchtränkt und oben mit einem kleinen Filtrierpapier abgeschlossen. Die Filtration soll ungefähr 3 cm³ je min betragen und die Raumtemperatur nicht über 24° steigen.

2. Zur Elution werden 3 Lösungen verwendet.

    a) 100 cm³ feuchter Äther + 1 cm³ 95%iger Alkohol + 2,5 cm³ 2 n HCl,
    b) 100 cm³ feuchter Äther + 2 cm³ 95%iger Alkohol + 2,5 cm³ 2 n HCl,
    c) 100 cm³ feuchter Äther + 3 cm³ 95%iger Alkohol + 2,5 cm³ 2 n HCl.

3. 2,4-Dinitrophenylhydrazin, 0,1%ig in 2 n HCl.   5. 1,25 n NaOH.

4. 4%ige Perchlorsäure.   6. Äther.

Ausführung:

Das Blut (bzw. Gewebe) wird mit der 3fachen Menge Perchlorsäure zerrieben und zentrifugiert; von dem klaren Extrakt werden 8 cm³ genommen, entsprechend 2 cm³ Blut. Diese versetzt man mit 2,4 cm³ Dinitrophenylhydrazin, läßt 20 min bei 25° stehen und extrahiert alsdann die entstandenen Hydrazone 2mal mit dem gleichen Volumen Äther. Den Extrakt gießt man auf die vorbereitete Adsorptionssäule und filtriert unter leichtem Druck. Wenn der Extrakt fast eingesogen ist, gießt man 6 cm³ Lösung *2a* nach, dann 5 cm³ Lösung *2b* und zum Schluß Lösung *2c*, mit einer Filtrationsgeschwindigkeit von 2—3 cm³/min. Die α-Ketoglutarsäure scheidet sich 5 mm vom oberen Rand ab. Dann folgt die Oxalessigsäure und zuletzt die Brenztraubensäure. Die Elution wird fortgesetzt, die Eluate getrennt aufgefangen und mit je 2,8 cm³ 1,25 n NaOH geschüttelt. Es entsteht eine wäßrige Schicht von 3,0 cm³, die zur Bestimmung der Brenztraubensäure bei 445 mμ, der Oxalessigsäure bei 450 mμ und der α-Ketoglutarsäure bei 432 mμ gemessen wird.

Bestimmung der Aconitsäure nach Johnson[1]. Aconitsäure kann in Gegenwart von Palladium-Bariumsulfat katalytisch hydriert werden. Der Katalysator ist käuflich oder kann nach der Vorschrift im Houben-Weyl[2] selbst hergestellt werden. Aus Lösungen müssen die Eiweißstoffe durch nichtreduzierbare Fällungsmittel (Metaphosphorsäure) entfernt werden. Bei 40° ist die Wasserstoffaufnahme in 50 min beendet und entspricht dem theoretischen Wert. Man nimmt die Hydrierung am besten in einer WARBURG-Apparatur vor, bei der sich die zu untersuchende Probe in dem Anhang befindet. Sobald Druckausgleich eingetreten ist, d. h. wenn der Katalysator vollständig mit Wasserstoff beladen ist, wird gemischt und aus der Druckänderung die Wasserstoffaufnahme berechnet. Im Hauptraum des WARBURG-Gefäßes befinden sich 2 cm³ Wasser, 1 cm³ 5%ige Schwefelsäure und 0,5 cm³ Palladiumsuspension, im Anhanggefäß befindet sich für den Leerwert nichts, für die Probe 1 cm³ der sauren Versuchslösung.

Über Farbreaktionen der *Aconitsäure* und auch der *Itaconsäure* und *Glutaconsäure* s.[3].

Bestimmung der Oxalessigsäure nach Straub[4]. *Prinzip.* Die colorimetrische Bestimmung beruht auf der Kondensation der Oxalessigsäure mit Hydrazin und HNO_2 zu Nitrosopyrazoloncarbonsäure, die gelbrot gefärbt ist und im Stufenphotometer mit Filter S 43 bestimmt werden kann. Die Umsetzung erfolgt nach folgender Reaktionsgleichung:

$$
\begin{array}{c}
COOH \\ | \\ C=O \\ | \\ CH_2 \\ | \\ COOH
\end{array}
\quad \underset{(HCl)}{\overset{H_2N-NH_2}{\longrightarrow}} \quad
\begin{array}{c}
COOH \\ | \\ C=N-NH_2 \\ | \\ CH_2 \\ | \\ COOH
\end{array}
\quad \longrightarrow \quad
\begin{array}{c}
COOH \\ | \\ C=N \\ H_2C \quad NH \\ C \\ \| \\ O
\end{array}
\quad \overset{HONO}{\longrightarrow} \quad
\begin{array}{c}
COOH \\ | \\ C=N \\ O=N \quad C \quad NH \\ H \\ C \\ \| \\ O
\end{array}
\quad \overset{KOH}{\longrightarrow} \quad
\begin{array}{c}
COOK \\ | \\ C=N \\ KO-N=C \quad NH \\ C \\ \| \\ O
\end{array}
$$

[1] JOHNSON, W. A.: Biochem. J. **33**, 1046 (1939).
[2] Houben-Weyl, 3. Aufl. 2, 500 (1925).
[3] DEFFNER, M., u. A. ISSIDORIDIS: B. Z. **314**, 307 (1943).
[4] STRAUB, F. B.: H 244, 121 (1936).

Acetaldehyd und Aceton stören nicht, wohl aber Acetessigsäure, deren Extinktion aber nur $1/100$ der der Oxalessigsäure ist.

Reagentien:

1. 3,5 g Hydrazinhydrochlorid in 30 cm³ Wasser werden mit 100 cm³ 96%igem Alkohol gemischt.
2. $NaNO_2$-Lösung, gesättigt.
3. KOH, 100 g in 60 cm³ Wasser.
4. Enteiweißungsreagentien nach FOLIN-WU (s. S. 62).

Ausführung:

1 cm³ eiweißfreies Filtrat nach FOLIN-WU (s. S. 62) mit maximal 2 mg Oxalessigsäure wird mit 1,4 cm³ Hydrazinreagens in einem weiten Reagensglas 15 min im Wasserbad auf 37° erwärmt. Dann kühlt man 3 min in Eiswasser, gibt 0,1 cm³ Nitritlösung zu und nach 5 min 1 cm³ KOH. Die klare, gelbrote Lösung wird bei 2,5 mm Schichtdicke und Filter S 43 colorimetriert.

Durch Decarboxylierung in saurer Lösung entsteht ein Verlust von 5,2—9,7%. Die gefundenen Werte sind also entsprechend zu korrigieren. Der mittlere Fehler beträgt rund 2%.

Die Decarboxylierung der Oxalessigsäure kann auch zu ihrer Bestimmung benutzt werden, wie OSTERN[1] gezeigt hat. Das entstandene Kohlendioxyd ist nach WARBURG meßbar. Die Reaktion verläuft aber viel schneller, wenn man in alkoholischer Lösung arbeitet und als Katalysator etwas gebräunte Anilinlösung zusetzt[2].

Citronensäure und Isocitronensäure. Die Bestimmung der Citronensäure kann nach THUNBERG[3] durch Zusatz von Citronensäuredehydrogenase erfolgen. Bei sehr kleinen Mengen müssen aber ausreichende Leerwerte und Kontrollwerte mit angesetzt werden.

Nach Oxydation zu Acetondicarbonsäure kann diese als Pentabromaceton analysiert werden[4]. Mit diesen Methoden kann man 2—60 γ Citronensäure mit einem Fehler von ±5% bestimmen. Nach TAUSSKY und SHORR[5] läßt sich das Pentabromaceton jodometrisch bestimmen; sie finden, daß 1 Mol Citronensäure 6 Atome Jod verbraucht. Eine Verbesserung wurde später insofern eingeführt[6], als das ursprünglich angegebene Hydrazinsulfat durch Eisen(II)-sulfat ersetzt wurde.

Weitere Methoden s. CARTIER und PIN[7]. Eine fluorometrische Methode beschreiben LEININGER und KATZ[8]. Wasserfreie Citronensäure gibt in Gegenwart von wasserfreiem Na_2CO_3 mit Thionylchlorid Aconitylchlorid, welches sich mit Ammoniak zu Citracinsäure umsetzt, welche fluorometrisch bestimmt werden kann. Zur Ausführung ist ein Spezialapparat erforderlich. Eine getrennte Bestimmung von Citronensäure und Isocitronensäure s.[8,9]. Sie ist nur für Pflanzenmaterial ausgearbeitet. Wird die Isocitronensäure durch Aconitase ebenfalls in Citronensäure umgewandelt, so ist erstere aus einer Differenzbestimmung zu ermitteln. Es stellt sich ein Gleichgewicht von 89% Citronensäure ein, was bei der Berechnung zu berücksichtigen ist.

[1] OSTERN, P.: H. **218**, 160 (1933).

[2] STRAUB, F. B.: H. **244**, 126 (1936).

[3] THUNBERG, T.: B. Z. **206**, 109 (1929). — ÖSTBERG, O.: Skand. Arch. Physiol. **62**, 81 (1931). — KRUSIUS, F. E.: Acta physiol. scand. **2**, Suppl. 3 (1940). — HIRSCHLAFF-LINDGREN, B.: Skand. Arch. Physiol. **76**, 15 (1937). — PUCHER, G. W., C. C. SHERMAN and H. B. VICKERY: J. biol. Ch. **113**, 235 (1936).

[4] NORDBÖ, R., u. B. SCHERSTÉN: Skand. Arch. Physiol. **63**, 124 (1931). — FIALA, A.: Z. Unters. Lebensm. **82**, 121 (1941). — KOMETIANI, P. A.: Z. analyt. Chem. **86**, 359 (1931). — WOLCOTT, G. H., and P. D. BOYER: J. biol. Ch. **172**, 729 (1948). — NATELSON, S., J. K. LUGOVOY and J. B. PINCUS: J. biol. Ch. **170**, 597 (1947).

[5] TAUSSKY, H. H., and E. SHORR: J. biol. Ch. **169**, 103 (1947).

[6] TAUSSKY, H. H.: J. biol. Ch. **181**, 195 (1949).

[7] CARTIER, P., et P. PIN: Bull. Soc. Chim. biol. **31**, 1176 (1949).

[8] LEININGER, E., and S. KATZ: Analyt. Chem., Washington **21**, 810 (1949).

[9] HARGREAVES, C. A., M. D. ABRAHAMS and H. B. VICKERY: Analyt. Chem., Washington **23**, 467 (1951).

Eine polarimetrische Methode stammt von EGGLESTON und KREBS[1]: Isocitronensäure zeigt in Gegenwart von Ammoniummolybdat eine sehr starke Drehung. Die spezifische Drehung $[\alpha]_D$ beträgt z. B. bei 0,48 mg/cm³ und 10° — 834°. Sie ist stark von der Temperatur abhängig, auch von der Konzentration. Die Unterschiede sind so groß, daß sie berücksichtigt werden müssen.

Die Pentabromacetonreaktion wird von den meisten im Blut und Harn vorkommenden Stoffen nicht gestört, insbesondere nicht von ähnlich konstituierten Säuren, auch nicht von Glycerin oder Glucose. Weitere Methoden s. [2].

Im Vollblut werden gefunden 1,3—1,67 mg-%, im Serum 1,9—2,6 mg-%. Bei Zusatzversuchen zu Blut werden im allgemeinen 95—99% wiedergefunden.

Mikrobestimmung von Citronensäure nach NATELSON, LUGOVOY und PINCUS[3].

Reagentien:

1. Citronensäurestammlösung, 1 mg/cm³.
2. 18 n H_2SO_4.
3. Bromwasser, gesättigt.
4. n KBr.
5. H_2O_2, 6%ig.
6. Trichloressigsäure, 10%ig.
7. n $KMnO_4$-Lösung.
8. Petroläther: 700 cm³ vom Kp 90—100° werden mit 100 cm³ konz. H_2SO_4 geschüttelt und über Nacht absitzen lassen. Der Petroläther wird weiter 3mal mit je 50 cm³ H_2SO_4 durchgeschüttelt, dann mehrmals mit Wasser und 1mal mit gesättigter Permanganatlösung in 0,5%iger H_2SO_4 geschüttelt und 30 min sich selbst überlassen. Das Permanganat wird abgelassen, der Petroläther mit Wasser ausgewaschen, destilliert und der zwischen 90—100° übergehende Teil verwendet. Er darf mit konz. H_2SO_4 keine Farbe geben.
9. Na_2S-Lösung, 4%ig.

Ausführung:

1,0 cm³ Blut [oder 0,02 cm³ Urin] werden schnell mit 5 cm³ 10%iger Trichloressigsäure versetzt, um einen feinen Eiweißniederschlag zu erzielen. Vom Zentrifugat entnimmt man 5 cm³ in ein Zentrifugenglas mit Marken bei 2,0, 3,0 und 5,0 cm³. Es werden 0,2 cm³ H_2SO_4 zugesetzt, geschüttelt, und im Ölbad von 110—120° auf 0,2 cm³ eingedampft. Nach dem Abkühlen werden 0,2 cm³ Bromwasser und nach einigen Minuten 0,2 cm³ Kaliumbromid zugesetzt. Das Volumen wird auf 3 cm³ ergänzt, 1 cm³ $KMnO_4$ zugegeben, und nach 10 min auf 10° abgekühlt. Nun wird die Lösung durch ein Minimum an H_2O_2 entfärbt, auf 5 cm³ aufgefüllt und mit 5,0 cm³ Petroläther 5 min auf der Schüttelmaschine extrahiert sowie dann 5 min zentrifugiert. 4,0 cm³ Extrakt kühlt man mit Eis, gibt 3,5 cm³ Natriumsulfidlösung zu, schüttelt 1—2 min und zentrifugiert dann 3 min mit Eiskühlung. Die wäßrige Phase wird in den Colorimetertrog gefüllt und gemessen. Die letzten Maßnahmen müssen in der Kälte, sicher unterhalb 15°, ausgeführt werden. Empfehlenswert ist ferner, den Petrolätherextrakt über Nacht auf Eis stehen zu lassen. Die Eichkurve ist für jede neue Natriumsulfidlösung frisch anzulegen. Sie gehorcht nicht ganz dem BEERschen Gesetz. Eine Extinktion von 0,425 entspricht etwa 50 γ Citronensäure. Die Farbe kann auch durch eine Lösung von 2 g Dinatriumtetraborat und 4 g Thioharnstoff in 100 cm³ Wasser (p_H 9,2) erzeugt werden. Die Messung erfolgt bei 445 und 650 mμ[4]. Die zweite Messung erfolgt, um Trübungen auszuschalten. Ein Leerwert muß ebenfalls bestimmt werden.

Bestimmung der Isocitronensäure nach MARTIUS und LEONHARDT[5]. Citronensäure und Aconitsäure sind optisch inaktiv. Die spezifische Drehung der Isocitronensäure wird durch

[1] EGGLESTON, L. V., and H. A. KREBS: Biochem. J. **45**, 578 (1949).

[2] TÄUFEL, K., u. F. MAYR: Z. analyt. Chem. **93**, 1 (1933). — KROG, P. W.: Acta physiol. scand. **9**, 68 (1945). — TÄUFEL, K., u. F. KRUSEN: Z. analyt. Chem. **131**, 341 (1950).

[3] NATELSON, S., J. K. LUGOVOY and J. B. PINCUS: J. biol. Ch. **170**, 597 (1947).

[4] NATELSON, S., J. B. PINCUS and J. K. LUGOVOY: J. biol. Ch. **175**, 745 (1948).

[5] MARTIUS, C., u. H. LEONHARDT: H. **278**, 208 (1943). — Siehe a. MARTIUS, C.: H. **257**, 29 (1939).

Zusatz von Ammoniummolybdat erheblich vermehrt und durch anwesende Citronensäure nochmals verstärkt. Es ergab sich eine spezifische Drehung $[\alpha]_D^{20} = -670°$.

In einem mit Aconitase eingestellten Gleichgewicht befinden sich 89,2% Citronensäure. Dies kann aus der gemessenen Enddrehung eines Gleichgewichtes gleich $-1,9825°$ $\pm 0,0415°$ geschlossen werden. Aus der Differenz gegen den auf 100% berechneten Wert ergibt sich ein Aconitsäuregehalt von 3,1%.

Bestimmung der Glycerinsäure nach RAPOPORT[1]. Mit der Farbreaktion von EEGRIWE lassen sich noch 10 γ Glycerinsäure durch die Entwicklung einer blauen Farbe mit Naphthoresorcin in konz. Schwefelsäure bestimmen. Die optimale Menge beträgt 140—400 γ.

Reagentien:

1. Trichloressigsäure, 20%ig.
2. Alkohol, 96%ig.
3. n NaOH.
4. HCl.
5. Naphthoresorcinlösung, 0,1%ig, in konz. H_2SO_4.

Ausführung:

5 cm³ defibriniertes Blut werden mit dem dreifachen Volumen Wasser verdünnt und mit 5 cm³ Trichloressigsäure enteiweißt. 15 cm³ Filtrat neutralisiert man mit Natronlauge gegen Methylorange, nimmt davon eine abgemessene Menge, die 150—500 γ Glycerinsäure enthält, und dampft nach Zusatz von 2 Tropfen konz. Salzsäure auf dem Wasserbad ein, um flüchtige Säuren zu vertreiben. Der Rückstand wird ein zweites Mal mit Salzsäure eingetrocknet, dann 2 cm³ Naphthoresorcinlösung zugesetzt, 1 Std im schwach siedenden Wasserbad erhitzt und nach dem Abkühlen mit Schwefelsäure auf 25 cm³ aufgefüllt. Zur Photometrie verwendet man das Filter S 61.

Der so erhaltene Wert entspricht der freien, nicht veresterten Glycerinsäure. Die *Phosphoglycerinsäure* wird in einem aliquoten Teil des Filtrates mit 2 cm³ Bleiacetatlösung und 10 cm³ Alkohol gefällt, nach 1 Tag zentrifugiert, mit 3 cm³ Wasser ausgewaschen, dann in 2 cm³ Wasser aufgewirbelt und mit Schwefelwasserstoff zersetzt. Man filtriert quantitativ in einen Meßkolben, füllt auf 10 cm³ auf, nimmt davon 3 cm³, die auf Zusatz von Salzsäure eingetrocknet, und, wie oben beschrieben, behandelt werden.

Nach derselben Vorschrift kann auch *Serin* bestimmt werden, welches durch Natriumnitrit desaminiert wird und dann Glycerinsäure bildet.

Äpfelsäure. In den meisten Fällen kann die Äpfelsäure polarimetrisch bestimmt werden, da nach STRAUB[2] ihre Drehung durch Zusatz von Uranylacetat erheblich verstärkt wird. Bei optimalem p_H erreicht die spezifische Drehung einen Wert von $-475°$. Äpfelsäure läßt sich auch mit Permanganat in Gegenwart von verdünnter Schwefelsäure und KBr zu einer flüchtigen Verbindung oxydieren, die mit 2,4-Dinitrophenylhydrazin ein schwer lösliches Kondensationsprodukt gibt, das in Pyridin nach Zusatz von Lauge colorimetrisch bestimmt werden kann. Da Citronensäure unter den gleichen Bedingungen Pentabromaceton gibt, muß dieses durch Petrolätherextraktion abgetrennt werden[3]. Es stören aber Tyrosin, Dioxyphenylalanin, Asparaginsäure und Asparagin, und es wird angenommen, daß alle das gleiche Zwischenprodukt, nämlich Dibromacetaldehyd liefern[4]. Eine fluorometrische Methode für die Untersuchung von Apfelsaft (Enteiweißung mit Äthanol) ist auf der Kondensation mit β-Naphthol in konz. Schwefelsäure aufgebaut[5]. Eine weitere Möglichkeit besteht in der Verwendung von Äpfelsäuredehydrogenase[6].

[1] RAPOPORT, S.: B. Z. **289**, 406; **291**, 429 (1937).

[2] STRAUB, F. B.: H. **244**, 123 (1936).

[3] PUCHER, G. W., H. B. VICKERY and A. J. WAKEMAN: J. biol. Ch. **105**, LXVIII (1934). Industr. engng. Chem., analyt. Ed. **6**, 288 (1934).

[4] ARHIMO, A. A.: Suom. Kemist. (B) **12**, 6 (1939). — SUOMALAINEN, H., u. E. ARHIMO: Z. analyt. Chem. **128**, 206 (1948).

[5] LEININGER, E., and S. KATZ: Analyt. Chem., Washington **21**, 1375 (1949).

[6] LYNEN, F., u. W. FRANKE: H. **270**, 271 (1941). — STRAUB, F. B.: H. **275**, 64 (1942).

Bestimmung der Äpfelsäure nach LEININGER ***und*** KATZ [1].

Reagentien:

1. β-Naphthol, durch Destillation gereinigt.
2. H_2SO_4, 91,5—92,5%ig (1,822—1,826).
3. 7,5 g Bleiacetat + 0,5 g Eisessig, Wasser ad 250 cm³.
4. Natriumsalicylatlösung, 0,2%ig, mit 2 Tropfen Toluol konserviert.
5. Naphtholreagens: 12 mg β-Naphthol in 100 cm³ Schwefelsäure.

Ausführung:

Man nimmt eine eiweißfreie Probe mit 1—30 γ Äpfelsäure, trocknet sie bei 105° ein und gibt 1 cm³ Naphtholreagens zu, schwenkt langsam um, um den Niederschlag zu befeuchten, und erhitzt dann 30 min im Trockenschrank auf 90—95°. Nach dem Abkühlen füllt man mit Wasser auf 100 cm³ auf und colorimetriert.

Die Eichkurve stellt man sich mit reiner, aus Äther umkrystallisierter Äpfelsäure her. Sie ist vollkommen linear. Wichtig ist, daß bei dieser Methode weder Citronensäure noch Bernsteinsäure, selbst in großem Überschuß, stören, während Weinsäure bei einem Verhältnis 1:1 zur Äpfelsäure einen Fehler von 5% verursacht.

Gentisinsäure scheint im Serum nicht vorzukommen. Bei therapeutischer Verabfolgung steigt der Wert bis auf 15 mg-%. GERALD und KAGAN verwenden eine Eisenchloridreaktion. Auf Grund ihrer reduzierenden Eigenschaften kann Gentisinsäure auch mit FOLINs Phenolreagens bestimmt werden [2]. Über die Ausführung s. S. 214.

Gentisinsäurebestimmung nach GERALD ***und*** KAGAN [3].

Reagentien:

Eisenreagens: 10 mg $FeCl_3 \cdot 6H_2O$ und 5 g $FeCl_2 \cdot 4H_2O$ in 100 cm³ 0,01 n HCl.

Ausführung:

Das Eiweiß wird in üblicher Weise mit Natriumwolframat und Schwefelsäure gefällt. Man zentrifugiert möglichst rasch, nimmt 5 cm³ vom klaren Zentrifugat, mischt mit 5 cm³ Eisenreagens und liest innerhalb 1 min bei 595 mμ ab. Die spezifische Extinktion beträgt ungefähr 131. Salicylate müssen ausgeschaltet werden. Phenylbrenztraubensäure stört nicht. Der Fehler beträgt etwa 0,43 mg-%.

Homogentisinsäure. Über die charakteristischen Reaktionen der Homogentisinsäure s. S. 212. Normal kommt im Serum keine Homogentisinsäure vor. Bei einer Alkaptonurikerin wurden 3—4 mg-% im Serum gefunden [4]. Zur Bestimmung wurde die Reduktion von Phosphorwolframsäure in alkalischer Lösung bei p_H 7,4 verwendet [4]. Unter denselben Bedingungen reduziert aber auch Harnsäure. Deshalb muß ein Leerwert angestellt werden, indem in einem 2. Teil des Serums die Homogentisinsäure bei alkalischer Reaktion durch Sauerstoff zerstört wird. Mit dieser Probe wird unter denselben Bedingungen der Harnsäurewert ermittelt und von dem zuerst gefundenen Wert abgezogen.

Die jodometrische Methode nach METZ (s. S. 213) scheint empfehlenswerter zu sein. Man verwendet 2,5 cm³ Trichloressigsäure und 5 cm³ Heparinplasma. Das auf 0° abgekühlte Filtrat, wenn nötig verdünnt, wird mit Stärke und Kaliumjodid versetzt und soviel Natriumhydrogencarbonat zugegeben, bis der p_H 7,6 beträgt. Nach Zusatz von 0,05 n Jodlösung muß eine schwache Blaufärbung vorhanden sein. Nach dem Ansäuern mi Schwefelsäure wird das ausgeschiedene Jod durch Thiosulfat zurücktitriert.

Glucuronsäure. Das Vorkommen von Glucuronsäure und von gepaarten Glucuronsäuren im Blut ist bereits 1919 von STEPP [5] beschrieben worden. Er hat sie im Menschenblut mit Hilfe der Naphthoresorcinreaktion nachgewiesen. Gleichlautende Befunde stammen von MAYER sowie von LÉPINE und Mitarbeitern [6]. Sie soll hauptsächlich in

[1] LEININGER, E., and S. KATZ: Analyt. Chem., Washington 21, 1375 (1949).
[2] MEADE, B. W., and M. J. H. SMITH: J. clin. Path. 4, 226 (1951).
[3] GERALD, P. S., and B. M. KAGAN: J. biol. Ch. 189, 467 (1951).
[4] LANYAR, F., u. H. LIEB: H. 203, 135 (1931).
[5] STEPP, W.: H. 107, 264 (1919).
[6] MAYER, P.: H. 32, 518 (1901). — LÉPINE, R., et R. BOULUD: Cr. 135, 139; 136, 1037 (1903).

den roten Blutkörperchen vorkommen. Obwohl die Glucuronsäure durch das Auftreten der mit Abbauprodukten des Steroidstoffwechsels gepaarten Glucuronsäuren erhöhte Bedeutung gewonnen hat, sind gute Methoden zu ihrer Bestimmung im Blut bisher nicht bekannt geworden. FASHENA und STIFF[1] zerstören im Wolframsäurefiltrat von einigen Liter Blut die Glucose durch gewaschene Hefe und fällen das Glutathion mit Quecksilber(II)-chlorid. Der mit Schwefelwasserstoff behandelte Rückstand wird kontinuierlich mit Alkohol und Aceton extrahiert und im Rückstand die TOLLENS-Reaktion angestellt. Es wurde ein krystallisiertes Osazon erhalten, dessen Schmelzpunkt bei 149 bis 150° lag. Damit ist die Identität der Glucuronsäure bewiesen. Die Menge übersteigt nicht 2—3 mg-%, wenn sie in Glucoseäquivalenten ausgedrückt wird. Die Reduktionswerte sind aber verschieden (vgl. KERTESZ[2]).

Für die Bestimmung kommen nur Mikromethoden in Frage, wie z. B. das Verfahren von JARRIGE[3], der die Naphthoresorcinmethode bzw. Orcin verwendet und Mengen bis zu 50 γ bestimmen kann (Ausführung s. S. 246 bei Harn). In derselben Größenordnung ist die Methode von DISCHE[4] anwendbar, der eine spezifische Farbreaktion beschrieben hat. Glucuronsäure gibt in Gegenwart von Mannose und Thioglykolsäure mit starker Schwefelsäure eine rote Farbe, die für Hexuronsäuren allgemein gilt. Glucose und Galaktose geben eine grüne bzw. grünblaue Farbe. Das Absorptionsmaximum liegt bei 540 mμ, während es für Hyaluronsäure bei 480 mμ liegt. Unter Verwendung eines BECKMAN-Spektrophotometers und Messung bei verschiedenen Wellenlängen kann die Reaktion quantitativ ausgewertet werden.

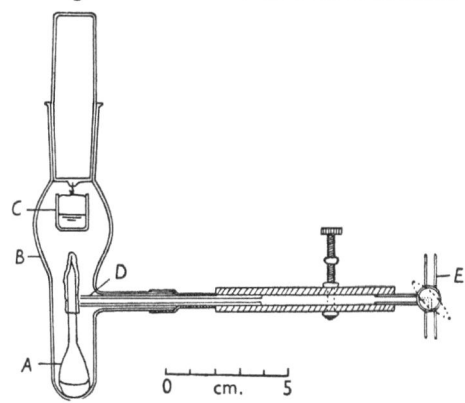

Abb. 22. Diffusionsapparatur zur Bestimmung von Glucuronsäure. *A* ist ein Kölbchen von 12 mm ⌀ und einer 40—50 mm langen Capillare. Die Kölbchen werden vor Gebrauch in verdünnter H₃PO₄ gewaschen und getrocknet, um absorbierte CO₂ zu entfernen; *B* Diffusionskammer; *C* Schale mit Ba(OH)₂; *D* verschiebbare Capillare; *E* Hahn zur Verbindung zu Vakuum und Natronkalkrohr.

Auch aus dem Reduktionswert kann Glucuronsäure bestimmt werden; für das Blut käme es auf eine Bestimmung der Restreduktion nach Vergärung der Glucose an. Die Überführung in Furfurol ist mit großen Fehlerquellen behaftet, die Ausbeuten schwanken um 50% der Theorie[5].

Durch Säuren wird aus Uronsäuren CO_2 abgespalten, deren Menge titrimetrisch erfaßt werden kann. Die von TRACEY[6] ausgearbeitete Methode ist nur für größere Mengen brauchbar. Sie ist von OGSTON und STANIER[7] für Mikromengen modifiziert worden, und wird unten näher beschrieben. Eine Halbmikromethode stammt von MAHER[8].

Glucuronsäurebestimmung nach OGSTON und STANIER[7]. Zur Bestimmung wird die in Abb. 22 wiedergegebene Apparatur gebraucht, weiter kleine Glaskugeln von etwa 12 mm Durchmesser, deren Spitze möglichst fein ausgezogen wird.

Reagentien:

1. 8 n HCl.
2. 0,01 n Ba(OH)₂.
3. 0,01 n HCl.

4. H₃PO₄, verdünnt.
5. 3,3 n HCl.

Ausführung:

Die Uronsäureprobe, die bis zu 0,2 mg in 0,4 cm³ enthalten kann, wird in eine Glaskugel eingefüllt und 8 n HCl bis zu einer Konzentration von 3,3 n zugesetzt. Die Glas-

[1] FASHENA, G. J., and H. A. STIFF: J. biol. Ch. **137**, 21 (1941).
[2] KERTESZ, Z. I.: J. biol. Ch. **108**, 127 (1935).
[3] JARRIGE, P.: Bull. Soc. Chim. biol. **29**, 461 (1947); **32**, 1031, 1038 (1950).
[4] DISCHE, Z.: J. biol. Ch. **167**, 189; **171**, 725 (1947); **183**, 489 (1950).
[5] FÜRTH, O., u. K. PESCHEK: B. Z. **287**, 365 (1936).
[6] TRACEY, M. V.: Biochem. J. **43**, 185 (1948).
[7] OGSTON, A. G., and J. E. STANIER: Biochem. J. **49**, 591 (1951).
[8] MAHER, G. G.: Analyt. Chem., Washington **21**, 1142 (1949).

capillare wird abgeschmolzen, während die Kugel evakuiert wird. Dann wird in einem Trockenschrank auf 110—120° 5 Std erhitzt.

Der in der Abb. 22 dargestellte Trog C wird mit einer ausreichenden Menge Bariumhydroxyd beschickt (0,1—0,25 cm³). Das Gefäß B wird mit verdünnter Phosphorsäure ausgespült und getrocknet. Die Glaskugel A wird eingesetzt, das Ganze durch den Seitenarm evakuiert und mehrfach mit kohlendioxydfreier Luft durchgespült. Zum Schluß wird die Capillare der Glaskugel durch den Stift D abgebrochen und der untere Teil des Apparates mit einer 40 Watt-Lampe auf 40—50° erhitzt. Nach 1 Std ist das Kohlendioxyd in die Barytlauge diffundiert und kann mit 0,01 n Salzsäure titrimetrisch erfaßt werden. Phenolphthalein als Indicator. Ein Leerwert wird mit 3,3 n HCl angesetzt. 1 Mol Glucuronsäure (Mol.-Gew. 194,14) ergibt 1 Mol CO_2.

Gluconsäure kann durch Perjodsäure oxydiert werden, wobei 1 Mol Formaldehyd, 4 Mole Ameisensäure und 1 Mol CO_2 entstehen[1]. Die Erfassung von Gluconsäure über CO_2 ist am unspezifischsten, besser ist die Bestimmung von Formaldehyd mit Hilfe von Chromotropsäure. Der Fehler beträgt höchstens 5%; die Bestimmung gelingt auch neben Milchsäure und Citronensäure. Lävulinsäure und Lactobionsäure werden nicht angegriffen.

η) Cholesterin.

Im Blut muß man zwischen freiem und verestertem Cholesterin unterscheiden. Das Verhältnis der beiden Cholesterinarten ist physiologisch wie pathologisch von großer Bedeutung, besonders bei Leberkrankheiten. Unter physiologischen Bedingungen enthält das Serum 140—200 mg-% Gesamtcholesterin, von denen 60—70% verestert sind. Die Erythrocyten enthalten fast nur freies Cholesterin. Daher kommen Schwankungen im Verhältnis von freiem zu gebundenem Cholesterin im Gesamtblut nicht so stark zum Ausdruck wie beim Serum oder Plasma. Größere Schwankungen bei 72 gesunden Medizinstudenten wurden von PEELER und Mitarbeitern[2] gefunden. Bei einem mittleren Cholesteringehalt von 194 mg-% traten Schwankungen von 140—292 mg-% auf. Über eine Schwankung von ± 100 mg-% berichtet MORRISON[3]. Die Beziehung zum Alter der Versuchspersonen ist von KORNERUP[4] dargestellt worden. Er findet außerdem eine interessante Beziehung zum Konstitutionstyp, und zwar ist der Cholesteringehalt beim Pykniker höher als beim Leptosomen. Das gleiche gilt auch für die Lipoide, wie aus nachfolgender Tabelle hervorgeht.

Tabelle 27. *Lipoidgehalt bei Leptosomen und Pyknikern im Serum[4] (in mg-%).*

	Leptosome		Pykniker		Differenz Pykniker und Leptosome
	Kinder	Erwachsene	Kinder	Erwachsene	
Gesamtcholesterin	197	216	212	241	21,0 ± 11,3
Freies Cholesterin	50	56	54	64	5,8 ± 3,6
Cholesterinester.	147	160	158	178	15,0 ± 9,3
Gesamtlipoide	735	867	805	984	97,0 ± 59,0
Phospholipoide	6,5	7,6	7,0	7,7	0,4 ± 0,48
Gesamtfettsäuren	381	461	417	547	61,0 ± 47,0

Die Zahlen wurden aus Untersuchungen von 221 Patienten gewonnen.

Der Cholesteringehalt des Serums ist — abgesehen von individuellen Schwankungen — auch bei einzelnen Individuen großen Unterschieden unterworfen. Nach SCHUBE[5], der die Cholesterinwerte von 10 Männern 16 Wochen lang wöchentlich untersucht hat, kommen Schwankungen z. B. zwischen 100 und 187 mg-% vor.

[1] COURTOIS, J., et A. WICKSTRÖM: Ann. pharmaceut. franç. 7, 288 (1949). — FLEURY, P., J. COURTOIS et A. WICKSTRÖM: Ann. pharmaceut. franç. 6, 338 (1948).

[2] PEELER, A. L., O. E. HEPLER, V. M. KINNEY, L. E. CISLER and F. T. JUNG: J. appl. Physiol. 3, 197 (1950).

[3] MORRISON, L. M., W. T. GONZALES and L. HALL: J. Lab. clin. Med. 34, 1473 (1949).

[4] KORNERUP, V.: Arch. internal Med., Chicago 85, 398 (1950).

[5] SCHUBE, P. G.: J. Lab. clin. Med. 22, 280 (1936).

Die methodischen Arbeiten, die sich mit der Bestimmung von Cholesterin und seinen Estern befaßt haben, sind sehr zahlreich. Bis 1935 waren nach KRÖNER[1] bereits über 150 Arbeiten erschienen. Weitere ausführlichere Referate über die Methoden finden sich bei WASITZKY, SCHETTLER, sowie SPERRY und BRAND[2]. Diese geben auch eine Kritik der verschiedenen Verfahren.

Die klassische Methode der Cholesterinbestimmung gründet sich auf die von WINDAUS 1932 entdeckten Fällbarkeit mit Digitonin, die allen Sterinen gemeinsam ist, die am Kohlenstoffatom 3 eine Hydroxylgruppe in β-Stellung tragen. Für Blut wurde dieses Verfahren erstmals von SZENT-GYÖRGYI angewendet. Der Cholesterin-digitonidniederschlag kann mit Chromsäure oxydiert und das Cholesterin aus dem Chromsäureverbrauch berechnet werden. Es ist auch möglich, den Niederschlag zu wägen oder nach hydrolytischer Spaltung die im Digitonin vorhandene Hexose oxydimetrisch zu bestimmen. Als letzte Möglichkeit verbleibt, das im Niederschlag vorhandene Cholesterin mit einer Farbreaktion zu messen. Es ist auch versucht worden, den Digitoninüberschuß zu bestimmen, doch ist eine quantitative Fällung von Cholesterin nur möglich, wenn ein Überschuß von 100% Digitonin vorhanden ist[3]. Die Sterindigitonide sind nicht vollkommen unlöslich, wie die folgende Tabelle 28 nach SCHÖNHEIMER und DAM[4] zeigt.

Tabelle 28. *Löslichkeit von Sterinen in Grammen je 100 cm³.*

Lösungsmittel	Freie Sterine			Digitonide von		
	Cholesterin	Dihydro-cholesterin	Koprosterin	Cholesterin	Dihydro-cholesterin	Kopro-sterin
Äthylalkohol, absolut	1,9	1,3	leichtlöslich	0,09	0,07	0,3
Äthylalkohol, 96%	1,1	0,8	leichtlöslich	0,02	0,015	0,07
Methylalkohol, absolut.	0,6	0,5	0,7	0,5	0,35	2,0

Ein modifiziertes Cholesterinreagens ist von PENTZ und Mitarbeitern[5] angegeben worden. Um die unterschiedliche Löslichkeit von Digitoninpräparaten zu umgehen, stellen sie eine 1,25%ige alkoholische Lösung bei 35—45° her, die sie kurz vor Gebrauch mit dem doppeltem Volumen Wasser verdünnen.

Von MUELLER[6] werden wesentlich geringere Löslichkeiten angegeben, wenn der Niederschlag bei 110° getrocknet worden ist.

Die bei der Fällung von Cholesterin mit Digitonin entstehende Trübung kann unter bestimmten Bedingungen nephelometrisch gemessen werden[7].

Die Sterindigitonide sind unter Umständen leicht spaltbar. Statt lange mit Xylol zu kochen oder mit Eisessig zu spalten[8], gelingt es leicht, durch Auflösen in Pyridin und Fällen mit Äther das freie Digitonin abzutrennen und auch das Cholesterin zurückzugewinnen[9]. Aus dem Cholesterin-digitonidniederschlag können das überschüssige Digitonin und auch Lipoide mit Aceton oder Petroläther extrahiert werden[10]. Auffallend ist, daß man im Oxalatplasma weniger Cholesterin (und auch Phosphatide) findet als im Heparinplasma oder Serum[11].

[1] KRÖNER, W.: Schweiz. med. Wschr. **65**, 138 (1935).

[2] WASITZKY, A.: Mikrochem. N. F. **8**, 289 (1934). — SCHETTLER, G.: Ärztl. Forsch. 1947, 232. — SPERRY, W. M., and F. C. BRAND: J. biol. Ch. **150**, 315 (1943).

[3] DAM, H.: B. Z. **194**, 177 (1928).

[4] SCHÖNHEIMER, R., u. H. DAM: H. **215**, 62 (1933).

[5] PENTZ, E. I., and E. M. McARTHUR: J. Lab. clin. Med. **37**, 151 (1951).

[6] MUELLER, J. H.: J. biol. Ch. **30**, 39 (1917).

[7] MÜHLBOCK, O., C. KAUFMANN u. H. WOLFF: B. Z. **246**, 229 (1932). — MÜHLBOCK, O., u. W. KRÖNER: Kli. Wo. 1935 II, 1794. — KONIAKOWSKY, L., u. F. KNÜCHEL: Kli. Wo. 1949, 228.

[8] YASUDA, M.: J. Biochem. **24**, 429 (1936).

[9] SCHÖNHEIMER, R., u. H. DAM: H. **215**, 59 (1933).

[10] SPERRY, W. M., and R. SCHÖNHEIMER: J. biol. Ch. **110**, 655 (1935). — POPJAK, G.: Biochem. J. **37**, 468 (1943).

[11] SCHMIDT, L.: J. biol. Ch. **109**, 449 (1935).

Die Cholesterinester sind mit Digitonin nicht fällbar. Erst nach Verseifung kann das Gesamtcholesterin bestimmt werden. Die Ansichten über Laugenkonzentration, Zeit und Temperatur, die zu vollständiger Verseifung notwendig sind, gehen sehr weit auseinander[1]. Die Verseifung mit Natriumäthylat scheint vollständig zu sein, ebenso auch die Verseifung mit wäßriger Kalilauge unter Zusatz von etwas Alkohol bei 70° in einer Stunde. Dagegen ist mit wäßriger Lauge bei Zimmertemperatur die Verseifung nach 8 Tagen noch nicht vollständig[2], wohl aber, wenn auf dem Wasserbad mit konz. Natronlauge eingedampft wird[3]. Die kürzeste Zeit wird von SCHÖNHEIMER und SPERRY angegeben[4], die eine vollständige Verseifung in 30 min bei 40° mit 30%iger KOH erreicht haben.

Die Verseifungsgeschwindigkeit in 0,1 n alkoholischer KOH bei 37° ist von PAGE und RUDY, sowie von anderen[5] gemessen worden. Über 30 Std brauchen die Ester der Isobuttersäure und Isovaleriansäure. 10—12 Std benötigen die Ester der Lignocerinsäure, Linolsäure und Linolensäure. In 1—2$\frac{1}{2}$ Std sind die Ester der Ameisensäure und Essigsäure verseift. Die übrigen Ester benötigen 4—9 Std. Wäßrige NaOH und KOH verseifen so gut wie nicht[6]. Es scheint sicher, daß bei Behandlung mit starkem Alkali das Cholesterin nicht angegriffen wird. Die Hydrolyse soll sich auch durch Benzyltrimethylammoniumhydroxyd durchführen lassen[7].

Als Ersatz für das teure Digitonin sind als Fällungsmittel auch Pyridinsulfosäure und Pyridinschwefelsäure und „Natigin" angegeben worden[8]. Erfahrungen mit diesen Substanzen fehlen noch.

Die ausgezeichnete Methode von SCHMIDT-THOMÉ und AUGUSTIN macht von der Tatsache Gebrauch, daß freies Digitonin Erythrocyten hämolysiert, während dem Cholesterin-digitonid diese Fähigkeit nicht zukommt. Man kann daher den Cholesteringehalt des Serums mit Erythrocyten titrieren.

Zur colorimetrischen Bestimmung wird vielfach die Farbreaktion nach LIEBERMANN-BURCHARD herangezogen. Die Farbentwicklung ist sehr empfindlich; es ist nicht bekannt, worauf sie beruht. Von POLANO[9] wird darauf aufmerksam gemacht, daß sehr geringe Konzentrationsunterschiede im Schwefelsäurezusatz bereits einen meßbaren colorimetrischen Fehler verursachen. An Stelle von Essigsäureanhydrid kann man auch eine Lösung von Acetylchlorid-Zinkchlorid in Eisessig nach TSCHUGAEFF[10] verwenden. In jedem Falle sind aber die Reagentien außerordentlich hygroskopisch und daher empfindlich.

Über die Extinktionskurven bei der LIEBERMANN-BURCHARDschen Reaktion bei verschiedenen Wellenlängen und verschiedener Temperatur s. [11].

Die colorimetrische Bestimmung nach LIEBERMANN-BURCHARD läßt sich wesentlich verbessern, wenn man Essigsäureanhydrid und konz. Schwefelsäure vorher mischt, auf 25° abkühlt und dann zu dem Chloroformextrakt hinzufügt[12]. Man läßt 10—15 min im

[1] DELSAL, J. L.: Bull. Soc. Chim. biol. **29**, 808 (1947). — MAN, E., and E. GILDEA: J. biol. Ch. **99**, 43 (1932). — MAN, E., and J. P. PETERS: J. biol. Ch. **101**, 685 (1933). — SCHMIDT-THOMÉ, J., u. H. AUGUSTIN: H. **275**, 190 (1942).

[2] MÜHLBOCK, O., u. C. KAUFMANN: B. Z. **233**, 222 (1931).

[3] MÜHLBOCK, O., u. W. KRÖNER: Kli. Wo. **1935 II**, 1794.

[4] SCHÖNHEIMER, R., and W. M. SPERRY: J. biol. Ch. **106**, 745 (1934).

[5] PAGE, I. H., u. H. RUDY: B. Z. **220**, 304 (1930). — YASUDA, M.: J. Biochem. **24**, 429 (1936).

[6] NOYONS, E. C., u. M. K. POLANO: B. Z. **303**, 415 (1939/40).

[7] NAHAS, G. G.: Science, N. Y. **113**, 723 (1951).

[8] SOBEL, A., I. J. DREKTER and S. NATELSON: J. biol. Ch. **115**, 381 (1936). — DELSAL, J. L.: Bull. Soc. Chim. biol. **29**, 805 (1947). C. R. Soc. Biol. **141**, 268 (1947). — SOBEL, A. E., J. GOODMAN and M. BLAU: Analyt. Chem., Washington **23**, 516 (1951).

[9] POLANO, M. K.: Arch. Derm., Berlin **174**, 417 (1936). — BLOCH, A.: B. Z. **257**, 171 (1933). — NIKOLAEW, W., u. S. KRASTELEWSKI: B. Z. **220**, 253 (1930). — MANDEL, J. A., u. C. NEUBERG: B. Z. **71**, 186 (1915).

[10] TSCHUGAEFF, L., u. A. GASTEFF: B. **42**, 4631 (1909).

[11] KENNY, A. P.: Biochem. J. **43**, XXX (1948).

[12] OUTHOUSE, E. L., and J. C. FORBES: J. Lab. clin. Med. **25**, 1157 (1940).

Dunkeln bei 25° stehen und colorimetriert nach dieser Zeit. Eine modifizierte Methode s. SAIFAR[1].

Der Bestimmung der Gesamtcholesterine muß eine Verseifung vorausgehen, weil die Ester eine viel stärkere Farbe entwickeln als freies Cholesterin[1]. Dies ist nach der TSCHUGAEFF-Reaktion (s. o.) nicht der Fall. Das Acetylchlorid kann auch durch o-Nitrobenzylchlorid ersetzt werden[2]. Die Verwendung von Acetylchlorid-Zinkchlorid scheint aber empfehlenswerter und bedeutet einen Fortschritt gegenüber der Verwendung von Essigsäureanhydrid-Schwefelsäure, wenn auch die Wasserempfindlichkeit bestehen bleibt.

Bei der Extraktion von Cholesterin aus dem Serum wird gewöhnlich die BLOORsche Mischung Alkohol-Äther 3:1 benutzt. Auch der Zusatz von Petroläther wird empfohlen. DELSAL[3] macht darauf aufmerksam, daß eine Extraktion am besten durch eine Mischung von Methylalkohol-Aceton erzielt wird. Soll nur Aceton verwendet werden, so verdünnt man das Serum mit dem gleichen Volumen Wasser und setzt dann das 10fache Volumen Aceton zu. Eine rasche quantitative Extraktion gelingt nach ZUCKERMAN und NATELSON[4] aus saurer (oder auch alkalischer) Lösung mit Chloroform, wenn auf der Schüttelmaschine geschüttelt wird: Zum Beispiel 0,1 cm³ Serum, 4,0 cm³ 10%ige H_2SO_4 und 4,0 cm³ Chloroform 30 min schütteln; dann zentrifugieren.

Eine große Zahl von Sterinen gibt mit Antimontrichlorid eine blaue Farbreaktion, die zur Identifizierung und Bestimmung gebraucht werden kann (Näheres s. S. 258, Reaktion nach PINCUS). Mit Essigsäureanhydrid (0,5 cm³) und wenig Zinkchlorid gibt *Ergosterin*, in Chloroform gelöst, bei einer Menge von 10 γ eine rosa Färbung, bei 100 γ eine Grünfärbung. Mit einem Quecksilber(II)-acetatreagens in konz. Salpetersäure, in welchem die salpetrige Säure durch Zusatz von Harnstoff zerstört ist, entsteht mit einer Reihe von Sterinen eine rosa Färbung[5]. Ergosterin und seine Ester geben eine Blaufärbung, während Cholesterin und eine Reihe von hydrierten Sterinen keine Farbe geben.

Über Farbreaktionen der Sterine mit Furfurol und Digitoxigenin s. [6], mit Benzaldehyd und Schwefelsäure s. [7].

Darstellung von reinem Cholesterin. Zur Herstellung von chemisch reinem Cholesterin, wie es für die Anlage von Eichkurven benötigt wird, wird eine heißgesättigte Lösung in absolutem Alkohol 3 Std mit Kohle am Rückflußkühler gekocht. Man filtriert heiß, kocht wieder 3 Std mit frischer Kohle und wiederholt dies noch 2mal. Das wasserklare Filtrat läßt man abkühlen, saugt die abgeschiedenen Cholesterinkrystalle ab und behandelt auf dem Filter mit wenig absolutem Alkohol. Die gereinigten Krystalle trocknet man bei 105° unter CO_2, sie zeigen einen Schmelzpunkt von 148,5° (korr.).

Aussichtsreich erscheint die chromatographische Trennung, die besonders von TRAPPE[8] durchgearbeitet worden ist und eine Bestimmung von freiem und verestertem Cholesterin ohne Verseifung gestattet.

Werden die verschiedenen Methoden miteinander verglichen, so besitzen die colorimetrischen gegenüber den gravimetrischen den Vorteil der leichteren Ausführbarkeit. Die gravimetrischen erscheinen aber genauer. Die titrimetrische Methode von SCHMIDT-THOMÉ und die chromatographische Analyse nach TRAPPE scheinen gleich gut zu sein.

Cholesterinbestimmung nach SCHMIDT-THOMÉ *und* AUGUSTIN[9], *modifiziert von* HINSBERG *und* GLEISS[10].

Die Methode ist besonders geeignet für Reihenuntersuchungen, bei denen eine hohe Genauigkeit erreicht werden soll.

---

[1] SAIFAR, A.: Amer. J. clin. Path. **21**, 24 (1951).
[2] SPERRY, W. M., and F. C. BRAND: J. biol. Ch. **150**, 315 (1943).
[3] DELSAL, J. L.: C. R. Soc. Biol. **144**, 66 (1950).
[4] ZUCKERMAN, J. I., and S. L. NATELSON: J. Lab. clin. Med. **33**, 1322 (1948).
[5] ROSENHEIM, O., and R. K. CALLOW: Biochem. J. **25**, 74 (1931).
[6] WOKER, G., u. I. ANTENER: Helv. **22**, 47, 666 (1939).
[7] SCHERRER, I.: Helv. **22**, 1329 (1939).
[8] TRAPPE, W.: B. Z. **305**, 150; **306**, 316 (1940). Kli. Wo. **1942**, 651, H. **273**, 177 (1942). — SCHETTLER, G.: Kli. Wo. **1948**, 280. — DÖNHARDT, A., u. W. WODSAK: Kli. Wo. **1949**, 341.
[9] SCHMIDT-THOMÉ, J., u. H. AUGUSTIN: H. **275**, 190 (1942).
[10] HINSBERG, K., u. J. GLEISS: H. **284**, 156 (1949).

Geräte. Es wird eine Mikrostangenbürette ohne Vorratsgefäß von 2—4 cm³ Inhalt mit Teilung $^{1}/_{100}$—$^{1}/_{50}$ cm³ gebraucht. Zur Erzielung einer konstanten Tropfengröße von 0,02 cm³ wird ein Glasrohr von 3—4 mm Durchmesser zu einer Capillare ausgezogen und mit etwas Ventilgummi an der Bürettenspitze befestigt. Die Erythrocyten werden durch Aufsaugen mittels Gummischlauch in die Bürette eingefüllt. Zum Titrieren können Präparatengläschen, sog. Stuhlröhrchen, mit flachem Boden von 6—8 cm Länge und 15—20 mm Durchmesser verwendet werden, solange der Boden nicht gewölbt oder durch starke Glasfehler die Lichtbrechung beeinträchtigt ist. Als Temperaturbad sind etwas größere runde Glasschalen brauchbar, die auf einem Asbestdrahtnetz stehen, welches durch einen Mikrobrenner erwärmt wird. Die Temperatur muß 40 ± 2° C betragen. Die Glassachen sind besonders zu reinigen, und es ist darauf zu achten, daß keine Verunreinigungen durch Cholesterin entstehen. Als Filter eignen sich Schwarzbandfilter Nr. 589 von *Schleicher & Schüll*, die nicht mit den Fingern angefaßt werden sollen. Sie werden mit einer Pinzette gefaltet, mit Äther extrahiert, getrocknet und zum Gebrauch in verschlossenen Gefäßen aufbewahrt.

Zum Absaugen des Lösungsmittels aus den Titrierröhrchen kann nebenstehende Anordnung benutzt werden (Abb. 23). Beim Absaugen der leicht flüchtigen Lösungsmittel muß die Saugwirkung der Wasserstrahlpumpe so eingestellt werden, daß die in den Titrierröhrchen sichtbaren Verdunstungswellen des Lösungsmittels die halbe Höhe der Röhrchen nicht überschreiten. Die Röhrchen dürfen dabei nicht in das kochende Wasserbad eintauchen, sondern werden *darüber* befestigt.

Reagentien:

Alle Lösungen, mit denen die Blutkörperchen zusammenkommen, müssen isotonisch sein. Zum Waschen und Verdünnen der Blutkörperchen dient eine physiologische Kochsalzlösung, die mit 1 Tropfen KOH auf p_H 7 eingestellt ist.

1. Zur Herstellung der Digitoninlösung und zur Verdünnung des Serums wird eine Mischung von physiologischer Kochsalzlösung und 0,0666 m Phosphatpuffer vom p_H 7 im Verhältnis 3:1 verwendet. Die Pufferlösung wird durch Auflösen von 3,5 g KH_2PO_4 und 7,25 g $Na_2HPO_4 \cdot H_2O$ in 1 Liter Wasser hergestellt. Das p_H der Lösung wird kontolliert und tropfenweise durch Zusatz von Kalilauge oder besser einer Lösung von tertiärem Natriumphosphat auf p_H 7 eingestellt.

2. Alkohol/Acetonmischung 1:1. Beide Lösungsmittel sind vorher zu destillieren.

3. KOH, 50%ig.

4. Essigsäure, verdünnt. Ein Teil Essigsäure wird mit 3 Teilen Kochsalz-Phosphat gemischt. Zum Gebrauch wird die verdünnte Essigsäure in eine Bürette mit Feintropfspitze gefüllt. Die Tropfengröße soll kleiner als 0,02 cm³ sein.

5. Phenolphthaleinlösung, wäßrige, die zur besseren Lösung des Indicators mit 1 Tropfen 50%iger Kalilauge versetzt wird. Die Lösung muß eine rötliche Farbe aufweisen, so daß bei der Neutralisation der Umschlagspunkt von rosa nach farblos noch zu erkennen ist.

6. Blutkörperchenaufschwemmung (BLKA): 50—60 mg Natriumcitratpulver werden in ein Zentrifugenröhrchen gebracht und möglichst auf die ganze Wandung des Röhrchens verteilt. Das Blut (10 cm³) wird am besten mit Flügelkanüle entnommen oder mit trockener Spritze in das schräggehaltene Röhrchen gebracht. Die Gesamtbluthöhe wird mit Fettstift markiert, dann wird zentrifugiert und das Plasma abpipettiert. Anschließend wird 2mal mit physiologischer Kochsalzlösung auf der Zentrifuge gewaschen; danach werden die Blutkörperchen mit NaCl-Lösung auf das 10fache des Blutvolumens aufgefüllt. Haltbarkeit im Eisschrank bis zu 6 Tagen.

7. Digitoninlösung: Man löst 150 mg Digitonin in 1 Liter Kochsalz-Phosphatpuffer, läßt 1 Woche stehen, filtriert, kocht kurz zur Sterilisation auf und bewahrt gut verschlossen im Eisschrank auf. Jeweils 100 cm³ werden in kleine Flaschen für den laufenden Bedarf abgefüllt. Die Titerbestimmung muß alle 6—8 Wochen wiederholt werden (s. S. 119).

8. Cholesterinlösung zur Titerbestimmung: Etwa 35 mg durch Umkrystallisieren gereinigtes Cholesterin werden genau im Meßkolben abgewogen und auf 100 cm³ in reinem Aceton gelöst.

Jede Titration wird in Doppelbestimmung ausgeführt. Zur *Titerstellung* der BLKA werden je 1 cm³ Digitoninlösung in zwei Titrierröhrchen abgemessen. Die Röhrchen werden in ein Wasserbad von 40° gestellt, unter welchem eine Schriftprobe liegt, wodurch der Trübungsgrad bei Durchsicht von oben beurteilt werden kann. Die BLKA wird wie oben beschrieben in die Bürette eingesaugt. Man läßt zunächst 3 Tropfen in die Digitoninlösung fallen und wartet, bis Hämolyse eingetreten ist. Dies ist dann der Fall, wenn die Schriftprobe wieder klar lesbar ist. Zur Titerstellung läßt man ungefähr 7mal 3 Tropfen einfallen und wartet bei der Weitertitration die Hämolyse nach jedem 2. Tropfen ab, bis etwa 0,4 cm³ BLKA verbraucht sind. Die Hämolysezeiten nehmen jetzt langsam zu (3—5 sec). Die folgende Titration muß nun tropfenweise durchgeführt und nach jedem Tropfen die Hämolyse abgewartet werden. Die hierzu benötigte Zeit nimmt immer mehr zu; die Titration ist beendet, wenn auch nach 2 min die Trübung bestehen, d. h. die Schriftprobe unter dem Titriergefäß verschwommen bleibt. Die 2. Digitoninprobe wird in der gleichen Weise titriert, wozu dieselbe Bürettenfüllung benutzt werden kann. Danach muß die Bürette frisch gefüllt werden, nachdem die BLKA neu gemischt ist.

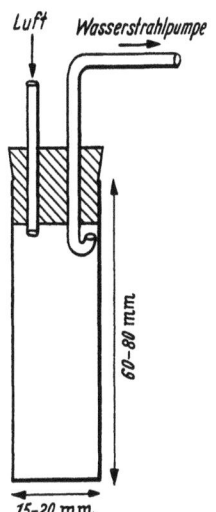

Abb. 23.
Absaugvorrichtung zur Cholesterinbestimmung.

Berechnung des BLKA-Titers: Er gibt an, wieviel γ Cholesterin in 1 cm³ BLKA enthalten sind. Wurden z. B. 0,76 und 0,74 cm³ BLKA verbraucht, im Mittel also 0,75, und betrug der Cholesterintiter (s. S. 122) der Digitoninlösung 45,5 γ, so entspricht 1 cm³ der BLKA 45,5 : 0,75 = 60,5 γ Cholesterin. Diese Bestimmung muß vor jeder Cholesterinanalyse durchgeführt werden, da jede BLKA einen anderen Titer hat und durch Alterung etwas veränderte Werte ergibt. Er stieg in dem oben angeführten Beispiel nach 6 Tagen auf ungefähr 64 γ an.

Titerstellung der Digitoninlösung. 1 cm³ der Cholesterinlösung in Aceton wird auf das 10fache verdünnt. In 6 vorher mit Diamant, nicht Fettstift, bezeichnete Titrierröhrchen gibt man je 1,00 cm³ Digitoninlösung. In die beiden ersten Röhrchen werden je 0,50 cm³ der Cholesterinlösung, in das 3. und 4. je 1,00 cm³ der Cholesterinlösung und in das 5. und 6. Röhrchen reines Aceton pipettiert (Leerversuch). Das Absaugen des Acetons erfolgt über einem kochenden Wasserbad und ist nach 3—5 min beendet. Anschließend kommen die 6 Röhrchen in den Brutschrank von 70°. Sie werden dann in der gleichen Weise titriert, wie es für die BLKA oben beschrieben worden ist. Die Acetonleerkontrolle muß bei der Titration den gleichen Wert wie reine Digitoninlösung ergeben. Sie kann also im gleichen Tropfrhythmus titriert werden. Die Cholesterin-Digitonidgemische erfordern naturgemäß weniger BLKA und die BLKA wird tropfenweise zugesetzt, sobald der Eintritt der Hämolyse länger als 3—5 sec dauert. Es ist darauf zu achten, daß die Hämolyse immer vollständig eintritt, bevor weiter titriert wird, was beim Cholesterin-Digitonidgemisch immer etwas länger zu dauern pflegt als bei reiner Digitoninlösung.

Berechnung des Titers der Digitoninlösung. Aus der Differenz des BLKA-Verbrauches der reinen Digitoninlösung und der Digitonid-Cholesterinmischung ergibt sich der Titer der BLKA; daraus wird der Titer der Digitoninlösung errechnet; dieser gibt die Cholesterinmenge an, die 1 cm³ der Lösung bindet.

Beispiel: 33,8 mg Cholesterin wurden in 100 cm³ Aceton gelöst; davon wurde 1,00 cm³ auf das 10fache verdünnt. Die Lösung hat einen Gehalt von 33,8 γ Cholesterin/cm³. Verbrauch an BLKA:

a) 1 cm³ Digitonin . . . . 0,76; 0,74 cm³; Mittel: 0,75 cm³

b) 1 cm³ Digitonin + 0,5 ccm Cholesterin (16,9 γ
   Cholesterin) . . . . 0,47; 0,47 cm³; Mittel: 0,47 cm³

c) 1 cm³ Digitonin + 1,0 cm³ Cholesterin (33,8 γ
   Cholesterin) . . . . 0,19; 0,19 cm³; Mittel: 0,19 cm³

d) 1 cm³ Digitonin + 1 cm³ Aceton . . . . 0,74; 0,74 cm³; Mittel: 0,74 cm³

Die Berechnung erfolgt so, daß aus den Differenzen des BLKA-Verbrauchs in cm³ bei den Titrationen a—c die zugesetzten Cholesterinmengen berechnet werden und dann durch Division der jeweiligen Cholesterinmenge durch die BLKA-Differenzen die 1 cm³ BLKA entsprechende Cholesterinmenge errechnet wird.

Also (gleiches Beispiel):

a—b: 0,28 cm³ BLKA: Das entspricht also 16,9 γ Cholesterin
                   1 cm³ BLKA entspricht 16,9/0,28 = 60,5 γ Cholesterin
b—c: 0,28 cm³ BLKA: Das entspricht wieder 16,9 γ Cholesterin
                   1 cm³ BLKA entspricht 16,9/0,28 = 60,5 γ Cholesterin
a—c: 0,56 cm³ BLKA: Das entspricht 33,8 γ Cholesterin
                   1 cm³ BLKA entspricht 33,8/0,56 = 60,5 γ Cholesterin

                                       Mittel: 60,5 γ Cholesterin

Danach entspricht also 1 cm³ der verbrauchten BLKA 60,5 γ Cholesterin, d. h. die BLKA hat den Titer 60,5. Da 1 cm³ der reinen Digitoninlösung (a) 0,75 cm³ BLKA verbrauchten, so hat die Digitoninlösung den Titer von 0,75 · 60,5 = 45,5 γ Cholesterin.

Diese Titerbestimmung ist sorgfältig durchzuführen. Schwankungen der Werte a, b und c unter ± 5% sind noch zulässig. Sind die Schwankungen höher, so war die Titerbestimmung ungenau und muß wiederholt werden. Meist liegt die Ursache der Ungenauigkeit in einer nur unvollkommenen Entfernung des Aceton. Es ist also darauf besonders zu achten.

Diese anscheinend umständliche Titerbestimmung nimmt kaum mehr Zeit als eine Cholesterinbestimmung mit Extraktherstellung in Anspruch. Sie wird höchstens alle 4 Wochen einmal durchgeführt. Ein starkes Absinken des Titers weist auf ein Schlechtwerden der Digitoninlösung hin, die in diesem Falle neu angesetzt werden muß. Im allgemeinen kann die Digitoninlösung bei Eisschrankaufbewahrung etwa 8 Wochen verwandt werden.

Der Titer der Digitoninlösung (in diesem Falle 45,5 γ) bleibt 4—8 Wochen konstant und dient innerhalb dieser Zeit zur Berechnung des Titers der BLKA. Werden z. B. von einer neuen BLKA für 1 cm³ Digitoninlösung 0,93 cm³ verbraucht, so errechnet sich der Titer der BLKA auf 45,5/0,93 = 48,4 γ Cholesterin.

Ausführung:

a) **Freies Cholesterin.** 1,00 cm³ des gewonnenen klaren Plasmas oder Serums (lipämisches Plasma oder Serum kann ebenfalls verwandt werden) wird in einen 10 cm³-Meßkolben pipettiert und bis zur Marke mit NaCl-Pufferlösung aufgefüllt. Von dieser Verdünnung werden je 0,5 cm² in 2 Titrierröhrchen pipettiert und beiden je 1 cm³ der Digitoninlösung zugesetzt. Die Röhrchen werden dann für 10 min in einen Brutschrank von 70° C verbracht, dann wird der Überschuß an Digitonin mit der BLKA titrimetrisch bestimmt (z. B. 0,44 cm³).

Berechnung:

Diese Menge wird von jener Menge BLKA abgezogen, die von 1,00 cm³ reiner Digitoninlösung verbraucht wurde. Die Differenz wird mit dem BLKA-Titer multipliziert. Da 0,5 cm³ 10mal verdünntes Plasma verwandt werden, muß noch mit 2000 multipliziert werden, um den Wert für freies Cholesterin in mg-% zu erhalten:

Beispiel: a) 1 cm³ Digitonin (wie oben)   0,76; 0,74 cm³; Mittel: 0,75 cm³ BLKA.
          b) 1 cm³ Digitonin + 0,5 cm³   0,44; 0,44 cm³; Mittel: 0,44 cm³ BLKA.
             Verdünnung 1:10; 10 min 70° C
             a—b = 0,31 cm³; Titer der BLKA 60,5
             60,5 · 0,31 = 18,7 γ Cholesterin; in 100 cm³ Plasma sind also 2000mal soviel, also 18,7 · 2000 = 37,4 mg-% freies Cholesterin enthalten.

Stehen nur geringe Serummengen zur Verfügung, so kann man zur Bestimmung des freien Cholesterin auch einen kleinen Teil (0,5 cm³) des Serumextraktes verwenden, der zur Bestimmung des Gesamtcholesterin hergestellt wird. Man muß nur das Lösungsmittel (Alkohol/Aceton) aus den 0,5 cm³ absaugen.

b) **Gesamtcholesterin.** In einen 10 cm³-Meßkolben gibt man etwa 6 cm³ der Alkohol-Acetonmischung, läßt mit einer 1 cm³-Meßpipette 0,25 cm³ Serum oder Plasma eintropfen, wobei das Eiweiß ausfällt, und schüttelt um. Unter weiterem Umschütteln wird nun der Extrakt auf dem Wasserbad kurz vorsichtig zum Sieden erhitzt. Nach dem Abkühlen auf Zimmertemperatur wird mit Aceton/Alkohol aufgefüllt und gut mit eingeschliffenem Stopfen umgeschüttelt. Jetzt wird der Extrakt durch ein gereinigtes Filter in ein zweites Kölbchen filtriert, das verschlossen wird. Die Filtration soll rasch vor sich gehen, damit nichts von dem Aceton verdunstet und dadurch die Konzentration der Lösung sich ändert; es genügt, einige Kubikzentimeter des Filtrats aufzufangen. Je 0,50 cm³ des Extraktes werden in 2 Titrierröhrchen pipettiert, je 1 cm³ reiner Alkohol (96%) und je 1 Tropfen der KOH zugefügt. Sodann werden die Röhrchen 30 min auf 70° C erwärmt (Brutschrank), wobei sich das Lösungsmittel größtenteils verflüchtigt. Zu dem manchmal bräunlich gefärbten Rückstand wird 1 Tropfen der Indicatorlösung zugefügt und dann behutsam mit Feintropfspitze mit der verdünnten Essigsäure neutralisiert, wozu etwa 3—5 Tropfen benötigt werden. Die Neutralisation ist bei Umschlag in farblos beendet. Es können auch Thymolblau (p_H 9,6—8,0) oder o-Kresolphthalein (p_H 9,8—8,2) verwendet werden.

Jetzt erfolgt das Absaugen der restlichen Lösungsmittel über dem Wasserbad mit der Absaugevorrichtung, wie oben beschrieben.

Nach dem Absaugen wird beiden Röhrchen je 1,00 cm³ Digitoninlösung zugesetzt und die Röhrchen wieder für 10 min in den Trockenschrank bei 70° C verbracht. Anschließend wird titriert und aus der BLKA-Differenz der Cholesteringehalt berechnet. Da wegen der durchgeführten Verdünnung mit 8000 multipliziert werden muß, ist größte Exaktheit erforderlich.

Berechnung:

Beispiel: a) 1 cm³ Digitoninlösung 0,74; 0,76 cm³; Mittel 0,75 cm³ BLKA.

b) 1 cm³ Digitonin + 0,5 cm³ Extrakt 0,44; 0,44 cm³ BLKA.

a—b = 0,31 cm³

0,31 · 60,5 (BLKA)-Titer!) = 18,7 γ

18,7 · 8000! = 149,8 mg-%.

Somit Gesamtcholesterin:	149,8 mg-%
Freies Cholesterin:	37,4 mg-%
Cholesterinester:	112,4 mg-%

Die Cholesterinester betragen also etwa 76% des Gesamtcholesterin.

Gravimetrische Cholesterinbestimmung nach MÜHLBOCK *und* KAUFMANN[1].

Reagentien:

1. Alkohol-Äther (3:1) nach BLOOR.
2. Digitoninlösung: Digitonin MERCK wird 2 Std bei 100° getrocknet und davon eine 1%ige Lösung in 96%igem Alkohol unter Erwärmen hergestellt. Sollten sich einige Flocken beim Erkalten abscheiden, so werden diese abfiltriert.
3. Äthanol.
4. Natrium, metallisch.

Ausführung:

10 cm³ Oxalatblut werden tropfenweise unter Schütteln in 250 cm³ Alkohol-Äther gegeben; man läßt einige Stunden stehen, filtriert durch ein Faltenfilter und wäscht so lange mit dem Fällungsmittel nach, bis die colorimetrische Prüfung negativ ausfällt. Das gesamte Filtrat wird eingedampft, in Äther aufgenommen, filtriert, wieder verdampft und in 25 cm³ Alkohol gelöst, wodurch ein großer Teil vom Begleitwasser ausgeschieden wird. Die klare, eventuell filtrierte Lösung wird mit 10 cm³ Digitoninlösung gefällt,

---

[1] MÜHLBOCK, O., u. C. KAUFMANN: B. Z. **233**, 222 (1931). Kli. Wo. **1930 II**, 2019.

indem man auf dem Wasserbad erwärmt. Nachdem die Fällung über Nacht gestanden hat, wird auf eine vorgewogene Mikronutsche abgesaugt, wobei man sich vorteilhaft der Anordnung von PREGL bedient, 2mal mit 1 cm³ Alkohol und 2mal mit 1 cm³ Äther gewaschen und bei 100° bis zur Gewichtskonstanz getrocknet.

Berechnung:

Das Gewicht des Niederschlages, mit 0,2431 multipliziert, gibt den Gehalt an freiem Cholesterin an.

Das Filtrat des Digitoninniederschlages wird verdampft und mit Äther aufgenommen, bis alle Cholesterinester in Lösung gegangen sind. Die ätherische Lösung wird fast vollständig verdampft, in 25 cm³ Alkohol aufgenommen und dann der Rest-Äther vertrieben. Wenn man den Äther vollkommen abdampft, so lösen sich die Cholesterinester mitunter nur schwer in Alkohol. In die alkoholische Lösung gibt man 1 g metallisches Natrium und erhitzt 4 Std mit eingeschliffenem Rückflußkühler auf dem Wasserbade. Die Lösung wird dann mit 75 cm³ Wasser verdünnt und im Extraktionsapparat nach KEMPF (SOXHLET-Apparat für Flüssigkeiten) 3 Std mit Äther extrahiert, der Äther mit Natriumsulfat mehrere Stunden getrocknet und durch Nachwaschen mit Äther auf Vollständigkeit der Extraktion der wäßrigen Lösung colorimetrisch geprüft. Die ätherischen Lösungen werden schließlich verdampft; das Natriumsulfat wird nachgewaschen, der Rückstand in 25 cm³ Alkohol aufgenommen und wie oben mit Digitonin gefällt. Der Niederschlag enthält das ursprünglich verestert gewesene Cholesterin.

Das überschüssige Digitonin kann wieder gewonnen werden, indem die Filtrate zur Trockne verdampft werden, der Rückstand in Alkohol gelöst und mit Äther gefällt wird. Der Vorgang wird 2mal wiederholt, dann ist das Digitonin wieder verwendungsfähig.

Die Autoren machen besonders auf folgende Fehlerquellen aufmerksam: Das Digitonin enthält wechselnde Mengen von Feuchtigkeit und muß deshalb getrocknet werden. Von einer nach Vorschrift angefertigten Digitoninlösung reichen 10 cm³ aus, um 10 mg Cholesterin zu fällen. Ist mehr Cholesterin vorhanden, muß auch mehr Digitonin genommen werden.

Die Verseifung mit Na-alkoholat ist erst nach 4 Std vollständig. Nach 1 Std sind erst 71%, nach 2 Std 96%, nach 3 Std 98% der Ester verseift. Weitere Verfahren s. [1].

Oxydimetrische Cholesterinbestimmung nach PETERS und VAN SLYKE [2].

Prinzip:

Eine Abwandlung der Digitoninfällungsmethode ist die Oxydation des gewaschenen Niederschlages mit einer gemessenen Menge NICLOUX-Reagens. Der Überschuß des Oxydationsmittels wird jodometrisch ermittelt und daraus der Verbrauch berechnet. Neben vielen anderen Autoren haben diese Methode PETERS und VAN SLYKE angegeben. Sie ist ausgearbeitet nach der Vorschrift von OKEY [3] in der Vereinfachung von TURNER [4].

Reagentien:

1. Digitonin, 1%ig, in Alkohol.
2. Alkohol und Äther, redestilliert.
3. n Kaliumdichromat, 49,03 g ad 1000 cm³.
4. KJ, 10%ig.
5. 0,1 n Natriumthiosulfat.
6. Stärke, 1%ig.
7. Silberdichromat nach NICLOUX: 5 g Silbernitrat werden in einem 100 cm³-Zentrifugenglas gelöst und mit 5 g $K_2Cr_2O_7$ in 50 cm³ Wasser gefällt, zentrifugiert, 2mal mit Wasser gewaschen und darauf, ohne zu trocknen, in 500 cm³ konz. Schwefelsäure gelöst.

---

[1] KUSUI, K.: J. Biochem. 18, 227, 237 (1933).—MANCKE, R.: B. Z. 231, 103 (1931). — JENDRASSIK, L., u. A. BOKRÉTÁS: B. Z. 274, 367 (1934). — BASHOUR, J. T., and L. BAUMAN: J. biol. Ch. 121, 1 (1937).
[2] Peters-van Slyke Bd. 2, S. 511 (1932).
[3] OKEY, R.: J. biol. Ch. 88, 367 (1930).
TURNER, M.: J. biol. Ch. 92, 495 (1931).

8. Petroläther, mit Schwefelsäure gereinigt und destilliert.
9. Natriumäthylat: etwa 2,3 g blankes Natrium werden in der Kälte in 100 cm³ Alkohol gelöst.
10. Schwefelsäure, verdünnt 1:3.

Ausführung:

Ein Teil des Lipoidextraktes nach BLOOR mit Alkohol-Äther, der etwa 0,5—1,5 mg freies Cholesterin enthalten soll, wird in einem Zentrifugenglas auf 6—8 cm³ eingeengt, dann mit 1 cm³ Digitonin versetzt und zur Trockne verdampft. Entweder Wasserbad von 70° oder Trockenschrank von 124°; Wasserbad ist vorzuziehen. Der Niederschlag wird erst mit Äther, um die Fette zu entfernen, gewaschen, dann mit Wasser, um das über-schüssige Digitonin und andere wasserlösliche Verunreinigungen zu lösen. Wenn die letzten Spuren von Flüssigkeit entfernt sind, wird 1mal mit 10 cm³ Äther gewaschen, ohne den Niederschlag aufzuwirbeln. Er wird dadurch flockig, und nun ist es möglich, noch 2mal mit warmem Äther unter Aufwirbeln zu waschen. Der Äther wird jedes-mal durch Dekantieren entfernt, nachdem sich der Niederschlag durch Zentrifugieren abgesetzt hatte. Die letzten Spuren Äther werden unter Erwärmen entfernt. Dann wird mit heißem Wasser gewaschen und so lange (etwa 30 min) zentrifugiert, bis das Wasser nicht mehr trübe ist, was mitunter schwierig ist, weil der Niederschlag die Eigenschaft hat, leicht kolloidal in Lösung zu gehen. Das letzte Wasser wird schließlich im Trocken-schrank entfernt; man setzt eine bekannte Menge Silberdichromat, z. B. 5,00 cm³, sowie 3,00 cm³ n Kaliumdichromat zu und bringt das Oxydationsgemisch in innigen Kontakt mit dem Niederschlag. Die Gläser kommen 5 min in einen auf 124° ± 2° geheizten Trockenschrank, werden dann umgeschüttelt und bleiben nochmal 10—15 min im Trocken-schrank. Das Oxydationsgemisch wird dabei braun; wird es grün, so muß dieselbe Menge Silberdichromat und Kaliumdichromat zugesetzt werden und die Erhitzung von neuem beginnen. (Bezüglich der Zeit vgl. S. 134.)

Ist die Oxydation beendet, wird mit 75 cm³ Wasser in einen Kolben übergespült, dann nach guter Kühlung mit 10 cm³ KJ versetzt, umgeschwenkt und das ausgeschiedene Jod mit 0,1 n Thiosulfat titriert. Mit der Titration darf erst begonnen werden, nachdem alles Dichromat sich mit dem KJ umgesetzt hat. Dabei läßt man das Thiosulfat in flottem Strahl zufließen, ohne zu stark zu schütteln; erst wenn die Hauptmenge Jod gebunden ist, wird stärker geschwenkt, das Thiosulfat tropfenweise zugesetzt und auch Stärke zugegeben.

Ein Leerwert wird in der gleichen Weise behandelt und bei der Berechnung berück-sichtigt.

Berechnung:

Die Titrationsdifferenz zwischen Voll- und Leerwert, ausgedrückt in cm³ 0,1 n Thio-sulfat unter Berücksichtigung des Titers, multipliziert mit 0,0974, ergibt Milligramme Cholesterin in der analysierten Probe. Der Faktor entspricht nicht genau der Theorie, sondern ist von OKEY empirisch gefunden worden. Der theoretische Faktor ist 0,0942.

Man kann auch so berechnen, daß 1 mg Cholesterindigitonid 10,62 cm³ 0,1 n Dichro-mat verbraucht (theoretisch 10,48 cm³).

Bestimmung von freiem und Gesamt-Cholesterin durch direkte Chloroformextraktion nach KINGSLEY und SCHAFFERT [1].

Reagentien:

1. $MgSO_4$, wasserfrei, durch langsames Erhitzen von Krystallen auf 150—200° dargestellt.
2. Digitonin, 0,4 g in 400 cm³ Chloroform, durch Erwärmen und 10 min langes Schütteln gelöst. Eine Woche bei 37° stehen lassen.
3. Mischung von 4 Teilen Essigsäureanhydrid mit 1 Teil H_2SO_4, bei 0—5° gemischt.
4. Standard-Cholesterinlösung in Chloroform.
5. Fullererde.

---

[1] KINGSLEY, G. R., and R. R. SCHAFFERT: J. biol. Ch. **180**, 315 (1949).

Ausführung:

1. **Gesamtcholesterin.** Man gibt 0,2 cm³ Serum zu 10 cm³ Chloroform in ein mit Glasstopfen verschließbares Reagensglas. In derselben Weise gibt man 0,2 cm³ Wasser zu 10 cm³ Chloroform und mischt 2 cm³ einer entsprechend verdünnten Cholesterinlösung mit 8 cm³ Chloroform. Die Proben werden 5 min mechanisch geschüttelt, dann gibt man 1,5 g wasserfreies Magnesiumsulfat zu, weiter 0,5 g Fullererde, mischt 10 sec heftig und zentrifugiert. 5 cm³ des klaren überstehenden Chloroformextraktes gibt man in eine Photometerküvette, fügt 2 cm³ Reagens *3* zu und mißt die Farbe bei 25° in Intervallen von 4—7 min, um das Maximum zu erreichen. Bei 20° sind die Zeitintervalle größer. Filter 625 mμ.

2. **Cholesterinester.** Man nimmt 0,2 cm³ Serum und entsprechend 0,2 cm³ Wasser für den Leerwert, gibt je 10 cm³ Chloroform-Digitonin zu und schüttelt 5 min mechanisch. Dann schüttelt man mit 1,5 g wasserfreiem Magnesiumsulfat 5 min weiter und mischt auf Zusatz von 0,2 cm³ Essigsäureanhydrid 10 sec lang heftig. Nach Zusatz von 0,5 g Fullererde wird zentrifugiert und weiter wie oben verfahren.

Methodisch ist zu bemerken, daß nur sehr wenig Eiweiß koaguliert wird, wenn Serum mit Chloroform geschüttelt wird. Hierdurch wird die Extraktion wesentlich erleichtert. Das Eiweiß wird erst koaguliert, nachdem das Cholesterin vom Chloroform bereits aufgenommen ist.

Eine ähnliche Vorschrift stammt von YANAGISAWA und MIZOKOSHI[1].

Colorimetrische Cholesterinbestimmung nach SPERRY und WEBB[2].

Reagentien:

1. Aceton-absoluter Alkohol 1:1.
2. Äther, peroxydfrei: Zur Kontrolle werden 10 cm³ mit 1 cm³ 10%iger Cadmium-Kaliumjodidlösung geschüttelt; im Dunkeln darf nach 1 Std keine Farbe sichtbar sein. Sonst muß der Äther mit einer angesäuerten 5%igen Eisen(II)-sulfatlösung durchgeschüttelt werden.
3. Aceton-Äther 1:2.
4. Digitoninlösung, 0,5%ig in 50%igem Alkohol.
5. KOH, 50%ig, eventuell filtriert oder zentrifugiert.
6. Eisessig, 100%ig.
7. Essigsäureanhydrid, 99—100%ig.
8. H_2SO_4, konz.
9. Essigsäureanhydridreagens: Man mischt bei 0° 1 cm³ Schwefelsäure und 20 cm³ Essigsäureanhydrid unter Schütteln.
10. Cholesterinstandard, 100 mg-%ig, aus dem entsprechende Verdünnungen hergestellt werden.

Ausführung:

In 2 cm³ Aceton-Alkohol gibt man 0,2 cm³ Serum, so daß es sich am Boden sammelt, dann mischt man durch Schütteln, erhitzt kurz zum Kochen und füllt nach dem Abkühlen auf 5 cm³ auf.

Fällung des freien Cholesterin. Zu 2 cm³ des klaren Filtrates gibt man 1 Tropfen Essigsäure und 1 cm³ Digitoninlösung. Man mischt gründlich mit einem dünnen Glasstab, der in dem Fällungsgefäß stehen bleibt, und läßt wohlverschlossen über Nacht bei Raumtemperatur stehen. Man kann 16—20 Proben gleichzeitig ansetzen, für die je 1 Glasstab vorhanden sein muß. Der Niederschlag wird 15 min abzentrifugiert, die klare Lösung abgegossen, indem man gegen eine gute Lichtquelle kontrolliert, daß keine Teilchen des Niederschlages mitgerissen werden. Der Glasstab wird während dieser Zeit auf einem Gestellchen aufbewahrt und immer wieder für dasselbe Glas verwendet. Der Nieder-

---

[1] YANAGISAWA, F., u. M. MIZOKOSHI: Jap. med. J. **3**, 137 (1950).

[2] SPERRY, W. M., and M. WEBB: J. biol. Ch. **187**, 97 (1950). — s. a. SCHÖNHEIMER, R., and W. M. SPERRY: J. biol. Ch. **106**, 745 (1934).

schlag wird unter Aufwirbeln mit dem Glasstab und Abspülen der Wände 3 mal mit 1,5—2,0 cm³ Aceton-Äther gewaschen und zum Schluß der Äther in einem mäßig warmen Wasserbad vertrieben.

Zur Fällung des Gesamtcholesterin wird 1 cm³ Filtrat mit 1 Tropfen KOH gemischt und lose bedeckt 30 min im Sandbad auf 38° erwärmt. Danach kühlt man ab, füllt mit Aceton-Alkohol auf 2 cm³ auf, neutralisiert mit 4—6 Tropfen 10%iger Essigsäure gegen Phenolphthalein, gibt 1 Tropfen Essigsäure mehr zu, fällt dann mit 1 cm³ Digitoninlösung und verfährt weiter wie für freies Cholesterin beschrieben ist, mit der Ausnahme, daß der Niederschlag 1 mal mit reinem Äther gewaschen wird. Zur Entwicklung der Farbe trocknet man bei 110—115° im Sandbad, stellt dann die Proben einschließlich einer Standardfällung mit 0,1 mg Cholesterin in ein Wasserbad von 25° und löst in 1 cm³ Eisessig auf, indem man noch 2—3 min in dem Sandbad erwärmt. Danach gibt man in jedes der abgekühlten Gläser 2 cm³ Essigsäureanhydridreagens, mischt gründlich mit dem Glasstab und läßt vor Licht geschützt stehen. Die Messung der Farbintensität muß nach 27—37 min erfolgen, am besten nach 30—31 min; die Proben sind so anzusetzen, daß die Zeit eingehalten werden kann. Ein Leerwert ist erforderlich.

Dasselbe Verfahren läßt sich auch mit 0,5 cm³ Blut und entsprechend mehr Reagentien durchführen. Die Methode ist nach persönlichen Erfahrungen zuverlässig; man kann 16 Bestimmungen in einem Tage durchführen. Nach den Erfahrungen anderer Aut ren erscheint es zweifelhaft, ob die Verseifung in der angegebenen Weise vollständig gelingt.

Von FITZ[1] ist die Methode von SCHÖNHEIMER für den Gebrauch eines gewöhnlichen Colorimeters umgearbeitet worden. FOLDES und WILSON[2] verwenden ein photoelektrisches Gerät. Für die Untersuchung der Galle und Duodenalflüssigkeit geben DEULOFEU und BAVIO[3] folgende Vorschrift:

5 g Calciumsulfat und 0,3 cm³ 30%ige Natronlauge werden mit 2 cm³ Galle od. dgl. 1 Std bei 110° getrocknet, dann pulverisiert und 90 min im Extraktionsapparat mit Äther extrahiert. Der Äther wird verjagt, der Rückstand mit Chloroform aufgenommen und weiter wie üblich verarbeitet.

Das Prinzip dieses Verfahrens war schon von BLOOR und KNUDSON[4] angegeben worden. Die oben angegebene Methodik ist eine Verbesserung dieses Verfahrens; gleichzeitig wird von SPERRY[5] der Vergleich mit einer gravimetrischen Methode geliefert. Die Beschreibung von POPJÁK[6] bezieht sich nur auf die Entfernung von mitgerissenem Digitonin durch Petrolätherextraktion. Der Digitoninniederschlag kann auch mit der TSCHUGAEFF-Reaktion gemessen werden. Es ist aber zu prüfen, ob das Digitonin selbst mit den Reagentien keine Farbe gibt[7].

Cholesterinbestimmung nach TRAPPE[8].

Reagentien:
1. Kieselsäurehydrat, rein (SCHERING).
2. Aluminiumoxyd, standardisiert nach BROCKMANN (MERCK).
3. Kieselgur, mit Säure gewaschen und geglüht (SCHERING).
4. Benzol.
5. Äthyläther.
6. Chloroform.
7. Acetylchlorid, reinst.

---

[1] FITZ, F.: J. biol. Ch. 109, 523 (1935).
[2] FOLDES, F. F., and B. C. WILSON: Analyt. Chem., Washington 22, 1210 (1950).
[3] DEULOFEU, V., et J. E. BAVIO: C. R. Soc. Biol. 110, 830 (1932).
[4] BLOOR, W., and A. KNUDSON: J. biol. Ch. 27, 107 (1916).
[5] SPERRY, W. M.: Amer. J. clin. Path., techn. Suppl. 2, 91 (1938). J. biol. Ch. 118, 377 (1937).
[6] POPJÁK, G.: Biochem. J. 37, 468 (1943).
[7] ROSE, A. R., F. SCHATTNER and W. G. EXTON: Amer. J. clin. Path. 11, techn. Suppl. 5, 19 (1941). — OBERMER, E., and R. MILTON: Biochem. J. 27, 345 (1923). J. Lab. clin. Med. 22, 943 (1937).
[8] TRAPPE, W.: Kli. Wo. 1942, 651.

8. Zinkchlorid, wasserfrei, 20%ige Lösung in Eisessig (20,0 g $ZnCl_2$ mit 76,0 cm³ Eisessig bei Zimmertemperatur in der Schüttelmaschine lösen; bei Trübung durch Glasfilter G 4 filtrieren).

9. Cholesterinstandardlösung: 0,1 oder 0,2 mg in 1,0 cm³ Chloroform. — Die Lösungsmittel müssen vollständig rein und wasserfrei sein.

Adsorption der Cholesterinfraktionen aus einer Blutverdünnung. 0,1 cm³ Vollblut, mit der Blutzuckerpipette aus der mit Alkohol entfetteten Fingerkuppe gewonnen, wird quantitativ in etwa 50 cm³ destilliertes Wasser in einem Zentrifugenglas mit rundem Boden durch Auswaschen der Pipette übergeführt und die schnell eintretende Hämolyse abgewartet. Eine bestehenbleibende Trübung ist durch Dispersitätsvergröberung von Bluteiweiß in destilliertem Wasser bedingt. Dazu werden etwa 2,5 g Kieselsäurehydrat (SCHERING) gegeben. Nach wiederholtem, kräftigem Aufschütteln des Adsorbens wird dieses scharf abzentrifugiert, die überstehende klare, farblose und eiweißfreie Flüssigkeit von dem fest am Boden sitzenden Zentrifugat abgegossen und das Zentrifugenglas umgekehrt eine Weile auf Filtrierpapier stehengelassen. Das Adsorbat wird im Vakuumexsiccator mit $CaCl_2$ oder konz. H_2SO_4 vollständig getrocknet. Bei ständigem Saugen mit einer gut ziehenden Wasserstrahlpumpe ist der Trocknungsprozeß nach etwa 10 Std beendet, schneller in einem heizbaren Vakuumexsiccator. Von den bisher untersuchten Adsorptionsmitteln eignet sich nur das Kieselsäurepräparat der Firma *Schering*, Berlin, zur quantitativen Adsorption von Cholesterin aus einer Blutverdünnung. Auch die Kieselsäure von *Merck*, Darmstadt, ist nicht brauchbar (s. hierzu auch [1]).

Einrichtung zur chromatographischen Fraktionierung. Als Adsorptionsrohr eignen sich einfache Glasrohre von etwa 20 mm Durchmesser und 150—200 mm Länge, welche unten durch eine eingeschmolzene Glasfilterplatte mit der Porenweite G 4 abgeschlossen sind und mit einem engeren, etwa 150 mm langen Ablaßrohr enden. Das Adsorptionsrohr wird auf einen gewöhnlichen Vakuumexsiccator, welcher sowohl im Deckel als auch seitlich einen Stutzen besitzt, mit Hilfe eines durchbohrten Gummistopfens gesetzt. Zum Auffangen der Eluate werden Erlenmeyer-Kolben mit Schliff von etwa 50 cm³ Inhalt verwendet. Das Ablaßrohr des Adsorptionsrohres soll in dieses hineinragen. Der Fuß des Exsiccators muß mit Sand ausgefüllt und gegen den oberen Teil durch eine Glasplatte abgeschlossen werden. Mit einem Dreiwegehahn am seitlichen Stutzen läßt sich die Verbindung mit einer Wasserstrahlpumpe nach Belieben herstellen oder das Vakuum aufheben. Die Regulation des Vakuums geschieht durch einen seitlichen Gummischlauch mit Klemmschraube (s. hierzu auch [2]).

Durchführung der chromatographischen Fraktionierung. In das Adsorptionsrohr werden 4,0 g Al_2O_3 standardisiert nach BROCKMANN gefüllt und unter Beklopfen des Rohres durch maximales Saugen mit der Wasserstrahlpumpe festgesaugt. Darüber kommt das vorher gut zerrührte, getrocknete Adsorbat aus dem Zentrifugenglas, das ebenfalls unter Beklopfen festgesaugt wird. Als fester Abschluß dient eine kleine Menge Kieselgur. Die Säule wird mit einem Stampfer unter starkem Saugen möglichst festgestanpft. Hierauf erfolgt die vollständige Durchtränkung der Säule mit Benzol, indem dieses unter maximalem Saugen „fraktioniert" eingesaugt wird, d. h. durch abwechselndes Saugen und Wiederaufheben des Vakuums. Durch diese Maßnahme wird am besten eine vollständige Durchtränkung der Säule erreicht (s. hierzu a. [2]). Nach der Durchfeuchtung der Säule werden 30 cm³ Benzol in 20—30 min durchgesaugt und einem 50 cm³-Schliffkolben aufgefangen (Cholesterinesterfraktion). Nach dem Wechseln der Vorlage werden auf die gleiche Weise 30 cm³ Äther-Chloroform 2:1 durchgesaugt (freies Cholesterin). Das Vertreiben des Elutionsmittels geschieht am besten im heizbaren Vakuumexsiccator bei etwa 50° (leicht herstellbar durch den Einbau eines elektrischen Sandbades in einen großen Vakuumexsiccator: Regulation der Temperatur durch einen Schiebewiderstand).

[1] TRAPPE, W.: B. Z. **305**, 150 (1940).
[2] TRAPPE, W.: B. Z. **306**, 316 (1940).

Farbreaktion und photometrische Messung. Der vollständig vom Elutionsmittel befreite Rückstand wird in 1,0 cm³ Chloroform gelöst. Dazu werden 3,0 cm³ eines Gemisches von zwei Teilen 20%igem ZnCl₂ in Eisessig und einem Teil Acetylchlorid, welches etwa ½ Std vor dem Gebrauch hergestellt worden ist, gegeben. Die zugesetzten Mengen müssen genau abgemessen werden. Nach 3stündigem Stehen der mit einem Schliffstopfen verschlossenen Kolben bei Zimmertemperatur werden 6,0 cm³ Chloroform zugegeben (Gesamtvolumen 10,0 cm³). Die Photometrie geschieht mit Filter S 53 in einer Küvette von 20 mm Schichtdicke gegen einen Leerwert, welcher die Reagentien der Farbreaktion enthält. Zur Berechnung ist es notwendig, 0,1 oder 0,2 mg Cholesterin einer Standardlösung mit anzusetzen, da der Extinktionskoeffizient von Cholesterin in Abhängigkeit von dem Wassergehalt der Reagentien, der sich nicht vollständig vermeiden läßt, etwas schwankt. Die Extinktion des freien Cholesterin ist oberhalb 0,300 und die des veresterten Cholesterin zwischen 0,300 und 1,500 proportional der Konzentration. Außerhalb dieses Bereiches muß zur Konzentrationsbestimmung eine Eichkurve angelegt werden. 0,1 mg Cholesterin ergibt unter den angegebenen Bedingungen eine Extinktion von etwa 0,500. Es ist ratsam, zur Kontrolle zwei getrennte Analysen gleichzeitig durchzuführen.

Die Extraktion der Lipoide gelingt nach TRAPPE[1] auch sehr elegant, wenn man 0,5 cm³ Serum unter lebhaftem Schwenken in 7,5 cm³ einer Äthylalkohol-Petroläthermischung 2:3 eintropfen läßt. Entmischt wird durch Zusatz von 2,5 cm³ einer gesättigten wäßrigen Lösung von Natriumsulfat. Den sich abscheidenden Petroläther kann man dekantieren und die Lipoide durch weiteres Extrahieren mit Petroläther quantitativ gewinnen. Der Petroläther wird in einem heizbaren Vakuumexsiccator vertrieben und der Rückstand in 4 cm³ Tetrachlorkohlenstoff aufgenommen. Diese Lösung wird an Aluminiumoxyd adsorbiert und wie oben beschrieben eluiert.

Die *Ausführung für Harn* ist folgende[2]: Aus 200 cm³ Harn (unfiltriert, weil beim Filtrieren der größte Teil des Cholesterin durch Filteradsorption verlorengeht, ein Sediment muß durch Zentrifugieren entfernt werden) werden die Cholesterinfraktionen quantitativ an 4 g Kieselsäurehydrat (SCHERING) adsorbiert, vom Adsorbat abgeschleudert und nach dem Abgießen des Harns vollständig getrocknet. Weiterverarbeitung nach S. 128.

Dieses Verfahren ist ein wesentlicher Fortschritt gegenüber der Methode von MIRSKY[3], der 700 cm³ Harn verarbeitet, oder nach BLOCH und SOBOTKA[4]. KRUCKENBERG[5] führt die chromatographische Trennung nach TRAPPE durch und bestimmt das Cholesterin nach SCHÖNHEIMER oder SCHMIDT-THOMÉ.

Cholesterin ist immer mit einem geringen Prozentsatz *Dihydrocholesterin* verunreinigt. Der Gehalt an gesättigten Sterinen beträgt gewöhnlich 1—3%, nur bei Sterinen aus Schafwolle beträgt er 14—19%. Gesättigte Sterine geben mit Digitonin ebenso unlösliche Verbindungen wie das Cholesterin selbst, Dibromcholesterin ist aber durch Digitonin nicht mehr fällbar. Ein auf diesem Verhalten aufgebautes analytisches Verfahren ist von SCHÖNHEIMER[6] ausgearbeitet worden. Will man reines Cholesterin bekommen, so verfährt man folgendermaßen[6]: 50 g Cholesterin aus Gallensteinen oder Gehirn werden im 500 cm³ Äther gelöst und unter Eiskühlung mit 16 cm³ Brom in 500 cm³ Äther versetzt. Die gekühlte Bromlösung wird unter starkem Rühren mit 250 cm³ gekühltem Eisessig versetzt, wobei der größte Teil des Cholesterin als Dibromid ausfällt. Der voluminöse Niederschlag wird, nachdem er auf einer Glasnutsche abgesaugt ist, mit einer gekühlten Mischung von Äther-Eisessig 2:1 gewaschen, bis er schneeweiß geworden ist. Die trockene Masse wird sogleich aus Alkohol umkristallisiert und mit dem halben Gewichtsteil Natriumjodid in überschüssigem Alkohol 1 Std gekocht. Die Lösung färbt sich

[1] TRAPPE, W.: H. **273**, 177 (1942).
[2] TRAPPE, W.: Z. Krebsforsch. **53**, 47 (1942).
[3] MIRSKY, A.: J. Lab. clin. Med. **18**, 1068 (1933).
[4] BLOCH, A., and H. SOBOTKA: J. biol. Ch. **124**, 567 (1938).
[5] KRUCKENBERG, W.: H. **283**, 68 (1948).
[6] SCHÖNHEIMER, R.: H. **192**, 77 (1930).

dunkelbraun und wird nach dem Abkühlen unter gutem Rühren in dünnem Strahl in ein großes Gefäß mit Natriumsulfitlösung gegossen, die das Jod aufnimmt. Das abgeschiedene Cholesterin wird abfiltriert und mit einer entsprechenden Menge Äther-Eisessig zum zweitenmal bromiert, wieder mit Natriumjodid gekocht, mit Natriumsulfit wieder ausgefällt und anschließend aus Alkohol umkrystallisiert. Die Ausbeute beträgt nur 10 bis 15 %; die so gewonnenen Präparate dürfen nach Bromierung auf Zusatz von Digitonin keine Fällung mehr geben. Durch einfaches Umkrystallisieren lassen sich Dihydrocholesterin und Koprosterin nicht vom Cholesterin abtrennen.

Bestimmung der Jodzahl von Cholesterin. Da das Cholesterin in der Stellung 5,6 eine Doppelbindung enthält, müßte es möglich sein, durch Bestimmung der Jodzahl den Gehalt an hydrierten Sterinen zu bestimmen. Mit der Jodzahlbestimmungsmethode nach WINKLER erhält man bei 0° und 2 Std Einwirkungsdauer theoretische Werte[1], ebenso auch nach ROSENMUND und KUHNHENN[2] oder KAUFMANN[3]. Die Ergebnisse nach WINKLER fallen aber zu hoch aus, wenn man bei Zimmertemperatur arbeitet.

Die gesättigten Sterine reagieren aber ebenfalls nach der WINKLERschen Methode unter Verbrauch von Brom, d. h. sie geben im Gemisch mit Cholesterin eine zu hohe Jodzahl. Dihydrocholesterin und Koprosterin geben dagegen nach der Methode von ROSENMUND bzw. KAUFMANN Jodzahlen, die zwischen 2,8 und 3,8 liegen.

Es sei noch darauf hingewiesen, daß die Doppelbindungen $\varDelta^4$, $\varDelta^5$ und $\varDelta^2$ nicht mit Rhodan reagieren, und daß man annehmen muß, daß die Doppelbindung an anderer Stelle, z. B. in $\varDelta^3$, wie im Cholesterilen, liegt, wenn eine Addition von Rhodan stattfindet.

ϑ) Gallensäuren.

Die stalagmometrische Methode ist für die Bestimmung der Gallensäuren nicht empfehlenswert, da zu viele andere Stoffe die Oberflächenaktivität stören und die Gallensäuren eine unterschiedliche Oberflächenspannung verursachen[4]. Mit konz. Schwefelsäure entsteht eine ausgesprochene grüne Fluorescenz, die zu quantitativen Messungen benutzt worden ist[5]. Es soll die Absorption bei 3850 Å spezifisch für Gallensäuren sein. Im Blut ergibt sich hiernach eine Konzentration von weniger als 0,1 mg-%. In der Pfortader werden nüchtern 0,6 mg-% Gallensäuren, nach einer Mahlzeit 1,5 mg-% gefunden[6].

Bestimmung der Gallensäuren im Blut nach MINIBECK[7].

Reagentien:
1. Alkohol, 96 %ig.
2. Ba(OH)$_2$, gesättigte Lösung mit 0,4 % Bariumacetat.
3. Calciumoxyd, feinst gepulvert, Aufschwemmung von 3 g in 90 cm³ Essigester.
4. Essigester, rein.
5. Eisessig in Schwefelsäure, 10 %ig.

Ausführung:

1 cm³ Serum wird mit 8,5 cm³ Alkohol und 0,5 cm³ Bariumhydroxyd aufgekocht, um eine vollständige Extraktion der Gallensäuren zu erreichen. Nach dem Auffüllen auf 10 cm³ filtriert man durch Schwarzbandfilter (Schleicher & Schüll Nr. 589), verdampft 3 cm³ Filtrat in einem HAGEDORN-JENSEN-Gläschen zur Trockne, gibt 4 cm³ Essigester hinzu, wirbelt den Rückstand gründlich auf, benetzt auch die Wand des Gläschens und

[1] SCHÖNHEIMER, R.: H. **192**, 77 (1930).
[2] ROSENMUND, K. W., u. W. KUHNHENN: Z. Unters. Lebensm. **46**, 154 (1923).
[3] KAUFMANN, H. P.: Studien auf dem Fettgebiet. S. 73. Berlin 1935.
[4] MÜLLER, A.: Kli. Wo. 1937 II, 1817. — KANAME, O., u. I. ISHII: Okayama-Igakkai-Zasshi **50**, 1253 (1938). [Kongr.-Zbl. inn. Med. **97**, 462.]
[5] JENKE, M., u. F. BANDOW: H. **249**, 16 (1937). — WILKEN, W.: Kli. Wo. 1937 II, 1350. — WEHINGER, H.: Diss. Freiburg 1937.
[6] JENKE, M., u. U. GRAFF: Kli. Wo. 1939 I, 125.
[7] MINIBECK, H.: B. Z. **297**, 29 (1938).

fügt 0,1 cm³ der aufgeschüttelten Calciumoxydaufschwemmung hinzu. Die Proben werden 2 min in ein Wasserbad von 90° gestellt, wodurch Cholesterin, Lecithin, Ölsäure und Fette in Lösung gehen. Man zentrifugiert, gießt den Essigester ab, extrahiert den Rückstand noch 2 mal mit je 4 cm³ siedendem Essigester und löst die im Zentrifugenglas verbleibenden Gallensäuren in 4,5 cm³ Eisessig-Schwefelsäure. Man wartet das Entweichen der Gasblasen ab und kann dann die Fluorescenz messen.

Die Autoren verwenden dazu einen eigenen Apparat, das Fluoroquant. GIGON und NOVERRAZ[1] schlagen das Stufenphotometer mit Nephelometeraufsatz vor (Filter L_2 und Vergleichsscheibe Nr. 1). Die so gemessene relative Fluorescenz muß umgerechnet werden.

Die nach diesem Verfahren gewonnenen Werte zeigen, daß der Gallensäuregehalt des Serums bei Ikterus stark ansteigt und dem Bilirubingehalt ungefähr parallel läuft. Es wurden in einem Falle 11,8 mg-% bei 15,1 mg-% Bilirubin gemessen, vgl. a.[2].

Bestimmung der Gallensäuren nach JENKE[3].

Reagentien:

1. Alkohol, 96%ig.
2. Eisessig, 96%ig.
3. Aceton, reinst.
4. H_3PO_4, konz., spez. Gew. 1,70.
5. Furfurollösung, 2%ig.

Ausführung:

Man gibt 1,5 cm³ frisches Serum zu 20 cm³ Alkohol, so daß ein feinflockiger Eiweißniederschlag entsteht, kocht im Wasserbad den Alkohol einmal auf, füllt nach dem Abkühlen auf 30 cm³ auf und dampft je 10 cm³ Filtrat in HAGEDORN-JENSEN-Gläsern zur Trockne ein. Es wird folgender Ansatz gemacht:

	I	II	III	IV
Serumextrakt	+	+	—	—
Eisessig	1 cm³	1 cm³	1 cm³	1 cm³
Aceton	1 cm³	1 cm³	1 cm³	1 cm³
Phosphorsäure	5 cm³	5 cm³	5 cm³	5 cm³
Furfurollösung	0,2 cm³			0,2 cm³

Die Gläschen stellt man 30 min in ein Wasserbad von 70° und schüttelt nochmals um, um eine vollständige Lösung zu erzielen. Dann kühlt man in Eiswasser und evakuiert die Gläschen I und II 5 min in einem Exsiccator, um die Gasentwicklung in den Photometerküvetten zu verhindern. Der Inhalt der Gläser wird in 4 Küvetten von 20 mm Schichtdicke gegossen und auf die eine Seite I und IV, auf die andere Seite II und III gesetzt. Die Ablesung erfolgt mit Filter S 59 und S 50.

Berechnung:

Die Extinktionsdifferenz, dividiert durch 0,1, ergibt den Gallensäuregehalt in mg-%.

ι) Lipoide.

Für Blut bzw. Serum finden sich folgende *Normalwerte* in der Literatur:

Gesamtlipoide 0,5—0,75%.

Gesamtfettsäuren des Serums 0,3—0,4%.

Phosphatide des Serums, als Lecithin berechnet, 0,17—0,30% (dies entspricht 6,8 bis 12 mg-% Lipoidphosphor).

Cholesterin 0,15—0,2%.

Jodzahl der gesamten Lipoide 75—95.

Jodzahl für das Blutfett 35—95 (Organfett 115—135, Depotfett 40—65).

[1] GIGON, A., u. M. NOVERRAZ: Schweiz. med. Wschr. 70, 522 (1940).
[2] JOSEPHSON, B.: Biochem. J. 29, 1519 (1935). Kli. Wo. 1939 II, 1280.
[3] JENKE, M.: Kli. Wo. 1939 I, 317.

Über den Lipoidgehalt von Blut, Plasma und Zellen s. Tabelle 29[1]; über den des Serums s. Tabelle 30[2].

Tabelle 29. *Lipoidgehalt des Blutes* (in m Mol/l)[1].

	Blut	Plasma	Zellen
Gesamtlipoide	3,2—3,5	2,7—3,1	3,5—4,3
Lecithin	1,5—2,0	2,2—2,4	0,7—1,8
Kephalin	0,6—1,0	0,1—0,25	1,2—2,2
Sphingomyelin	0,6—0,7	0,4—0,6	0,9—1,2

Tabelle 30. *Lipoidgehalt des Serums*[2].

	Gesamt-Cholesterin		Freies Cholesterin		Gesamtlipoide		Phospholipoide	
	Er-wachsene	Kinder	Er-wachsene	Kinder	Er-wachsene	Kinder	Er-wachsene	Kinder
mg 100/cm³	218,8	209,0	57,5	56,5	836	820	7,2	7,8
Mittlerer Fehler . .	±4,4	±4,1	±1,4	±1,1	±20	±16	±1,16	±0,14
Standardabweichung	47	40	15	10,6	204	158	1,60	1,33

Die Zusammensetzung der Lipoide roter Blutzellen und polymorphkerniger Leukocyten zeigt die Tabelle 31[3].

Tabelle 31. *Lipoidgehalt der Blutzellen*[3].

	Erythrocyten		Polymorphkernige Leukocyten		
	Mittelwert mg-%	Prozente der gesamten Lipoide	Mittelwert mg-%	Prozente der gesamten Lipoide	Verhältnis weiße Zellen zu rote Zellen
Cerebroside	33	6,8	41	2,3	1,24:1
Freies Cholesterin	146	30,2	234	13,3	1,60:1
Gesamtcholesterin	146	30,2	243	13,8	1,66:1
Estercholesterin	0	0	9	0,5	—
Gesamtphospholipoide	264	54,5	950	53,9	3,60:1
Gesamtfettsäuren	230	47,6	1140	64,6	4,96:1
Neutralfette	41	8,5	530	30,2	12,9:1
Gesamtlipoide	484	100,0	1764	100,0	3,65:1
Gesamtphospholipoide	264	100,0	950	100,0	3,60:1
Monoaminophospholipoide. . . .	212	80,4	670	70,6	3,16:1
Lecithin	94	35,6	300	31,6	3,19:1
Sphingomyelin	52	19,6	280	29,4	5,29:1
Cephalin	118	44,8	370	39,0	3,14:1

Weitere Angaben s.[4].

Der *Cerebrosidgehalt* im Blut beträgt nach BRÜCKNER[5] in den Blutkörperchen 34,8 mg-%, in den Leukocyten 210 mg-% Von KIRK[6] werden Schwankungen von 0—113 mg-% für das Blut angegeben. Die Zusammensetzung der *Fettsäuren* des Blutfettes ist wie folgt berechnet worden[7]:

[1] HACK, M. H.: J. biol. Ch. **169**, 137 (1947).

[2] KORNERUP, V.: Arch. internal Med., Chicago **85**, 398 (1950).

[3] BURT, N. S., and R. J. ROSSITER: Biochem. J. **46**, 569 (1950).

[4] RAMSAY, W. N., and C. P. STEWART: Biochem. J. **35**, 39 (1941). — ALBRINK, M. J.: J. clin. Invest. **29**, 46 (1950). — ARTOM, C.: J. biol. Ch. **139**, 65 (1941). — THANNHAUSER, S. J., J. BENOTTI and H. REINSTEIN: J. biol. Ch. **129**, 709 (1939). — WILSON, W. R., and A. E. HANSEN: J. biol. Ch. **112**, 457 (1936). — BOYD, E. M.: J. Lab. clin. Med. **22**, 237 (1936).

[5] BRÜCKNER, J.: H. **268**, 251 (1941).

[6] KIRK, E.: J. biol. Ch. **123**, 623 (1938).

[7] PARRY, T., and J. A. B. SMITH: Biochem. J. **30**, 592 (1936).

Tabelle 32. *Fettsäuren des Blutfettes*[1].

Palmitinsäure	10%	Linolsäure	6%
Stearinsäure	18%	Ungesättigte Fettsäuren mit C 20	33%
Höhere gesättigte Fettsäuren	3%	Ungesättigte Fettsäuren mit C 22	10%
Ölsäure	20%		

Die im Blut kreisenden Lipoide sind zum größten Teil an die α- und β-Globuline gebunden. Albumin enthält nur sehr wenig Lipoide[1].

Bestimmungsmethoden der Lipoide. Zu den Lipoiden rechnet man Fettsäuren, Neutralfette, Phosphatide, Cerebroside, Wachse, Sterine und Carotinoide.

Aus diesen Lipoiden sind folgende Bausteine erhalten worden:

1. Fettsäuren mit 16—24 C-Atomen, zum Teil gesättigt, zum Teil mit einer oder mehreren Doppelbindungen.

2. Aldehyde höherer Fettsäuren.

3. Aminoalkohole: Colamin, Cholin, Serin und Sphingosin.

4. Alkohole: Glycerin.

5. Zucker: Galaktose, Glucose.

6. Inosit.

7. Sterine, die gesondert besprochen werden (s. S. 116 und 250).

An anorganischen Bestandteilen wird vor allen Dingen die Phosphorsäure bei der Verseifung oder Verbrennung abgespalten; aus ihrer Bestimmung können Rückschlüsse auf die Zusammensetzung der Lipoide gezogen werden.

Zur Charakterisierung der Lipoide sind *Kennzahlen* eingeführt worden, die besonders für die Fette Verwendung finden. Es sind dies die *Verseifungszahl*, welche angibt, wieviel Milligramme KOH zur Neutralisation der in 1 g Substanz vorhandenen freien und gebundenen Säuren erforderlich sind. Die *Säurezahl* entspricht der Menge KOH in Milligrammen, die zur Neutralisation der freien Säuren in 1 g Substanz verbraucht wird. Die *Jodzahl* ist ein Maß für die in den Molekülen vorhandenen Doppelbindungen; sie gibt an, wieviel Milligramme Jod von 100 mg der betreffenden Fettsäure oder Substanz addiert werden. Bei der Bestimmung ist darauf zu achten, daß nur Addition, keine Substitution stattfindet. Eine kritische Betrachtung der Jodzahlmethoden s. bei GRÜN[2]. Man verwendet in den meisten Fällen freies Brom zur Addition und rechnet den Bromverbrauch in Jod um. Die zu diesem Zweck vorgeschlagenen Methoden sind sehr zahlreich[3]. Die 4fach ungesättigten Fettsäuren können auf Grund der Schwerlöslichkeit der Oktabromide gesondert bestimmt werden[4]. Einen ähnlichen Zweck wie die Jodzahl verfolgt die *Rhodanzahl*, durch die entschieden werden kann, ob 1 und 2 Doppelbindungen im Molekül vorhanden sind (vgl. hierzu KAUFMANN[5]). UV-Absorption von polyungesättigten Fettsäuren s.[6].

Durch die *Acetylzahl* oder *Hydroxylzahl* werden die in manchen Fettsäuren vorkommenden Hydroxylgruppen erfaßt. Die Bestimmungen beruhen auf der Messung des Verbrauches an Essigsäureanhydrid zur Acetylierung der Hydroxylgruppe bzw. auf der Abspaltung der Essigsäure aus den acetylierten Fettsäuren[7]. Die *Carbonylzahl* gibt an, wieviel Milligramme CO-Gruppen in 1 g der Probe enthalten sind. Ketofettsäuren kommen in der Natur meist nur als niedermolekulare Säuren vor.

[1] Wuhrmann-Wunderly 2. Aufl. S. 35.

[2] GRÜN, A.: Analyse der Fette und Wachse. S. 174. Berlin 1925.

[3] DAM, A.: B. Z. **152**, 101 (1924); **220**, 158 (1930). — RUPP, E., u. W. BRACHMANN: Z. analyt. Chem. **68**, 155 (1926) — TRAPPE, W.: B. Z. **296**, 174, 180 (1938). — PAGE, I., L. PASTERNACK u. M. L. BURT: B. Z. **223**, 445 (1930). — YASUDA, M.: J. biol. Ch. **94**, 401 (1931/32). — BOYD, E.: J. biol. Ch. **101**, 323 (1933). — McLACHLAN, P. L.: J. biol. Ch. **152**, 97 (1944). — RAPPAPORT, F., u. M. WACHSTEIN: Z. ges. exp. Med. **99**, 87 (1936).

[4] TANGL, H.: B. Z. **226**, 180 (1930).

[5] KAUFMANN, H. P.: Studien auf dem Fettgebiet. S. 43ff. Berlin 1935.

[6] O'CONNELL, P. W., and B. F. DAUBERT: Arch. Biochem. **25**, 444 (1950).

[7] LEMIEUX, R. U., and C. B. PURVES: Canad. J. Res. (B) **25**, 485 (1947). — HURKA, W., u. H. LIEB: Mikrochem. **29**, 258 (1942). — VIDITZ, F. v.: Mikrochim. Acta **1**, 326 (1937).

Über weitere charakteristische Kennzahlen der Lipoide und Fettsäuren s. Bd. III und [1].

Um die Gesamtlipoide zu bestimmen, muß man diese aus dem Blut bzw. Serum extrahieren. Die unvollständigste und am wenigsten aufschlußreiche Methode ist, den petrolätherlöslichen Rückstand zu wiegen. Sollen die natürlichen freien Fettsäuren im Extrakt bestimmt werden, so ist zu bedenken, daß durch Aktivierung der Lipasen Fette oder sonstige Lipoide gespalten und daher zu hohe Werte erhalten werden können [2].

Für die Untersuchung der freien Fettsäuren im Blut ist die Bestimmung des Alkaliverbrauches im Alkohol-Ätherextrakt herangezogen worden. Es scheint aber sicher, daß die so gefundenen Werte (18—40 mg-% für das Blut, 47—99 mg-% für das Plasma) zu hoch sind [3].

Die Bestimmung der Gesamtfettsäuren setzt eine vollständige Hydrolyse voraus, wie es von vielen Autoren mit mannigfacher Methodik vorgeschlagen worden ist [4]. Es werden die durch Säure in Freiheit gesetzten Fettsäuren extrahiert. Der Petrolätherextrakt kann direkt mit 0,02 n alkoholischer Kalilauge titriert werden. Diese Methoden werden nur selten gebraucht. Weitaus wichtiger sind die oxydimetrischen Methoden, bei welchen der Verbrauch an Oxydationsmitteln erfaßt wird, wenn die Fettsäuren vollständig zu Kohlendioxyd und Wasser verbrannt werden. Die grundlegende Arbeit stammt von BLOOR [5], weitere Modifikationen s. [6]. Fettsäuren können auch in Isopropyläther und m Phosphatpuffer mit dem Gegenstromprinzip in Säuren mit 5—8, 9—11 und 14 bis 18 Kohlenstoffatomen aufgeteilt werden. Ihre Menge ist titrimetrisch unmittelbar bestimmbar [7].

Die in den Lipoiden vorkommenden Fettsäuren verbrauchen entsprechend ihrer Kohlenstoffatomzahl und der Anzahl ihrer Doppelbindungen verschiedene Mengen Sauerstoff zur vollständigen Oxydation: Palmitinsäure 46, Linolensäure 49, Linolsäure 50, Ölsäure 51, Stearinsäure 52 Atome Sauerstoff; Cholesterin verbraucht 76 Atome Sauerstoff. Es muß daher sorgfältig abgetrennt werden. Wird in einem Gemisch das Cholesterin colorimetrisch bestimmt und sein Wert bei der oxydimetrischen Bestimmung abgezogen, so übertragen sich die Fehler der Cholesterinbestimmung auf die Fettsäureanalysen. Das Cholesterin kann auch mit Digitonin ausgefällt werden [8].

Für die oxydimetrische Bestimmung ist die Einhaltung einer bestimmten Temperatur unbedingt notwendig, einesteils um eine vollständige Oxydation zu gewährleisten, andererseits um eine Spontanzersetzung des Dichromats in Schwefelsäure zu vermeiden. Gut bewährt hat sich das Reagens von KIMMELSTIEL und BECKER [9], welches aus 2,5 g fein gepulvertem Silbersulfat und 5,16 g Kaliumdichromat, in 60 cm³ Wasser gelöst und mit konz. Schwefelsäure auf 250 cm³ aufgefüllt, besteht. Die Oxydationstemperatur beträgt 124°. Es gelingt auch, in 60 min bei 100° den theoretischen Oxydationsquotienten zu erreichen. Es ist aber empfehlenswert, stets Kontrolluntersuchungen auszuführen [10],

[1] Hinsberg-Lang 2. Aufl. S. 273.

[2] SCHMIDT, L. H.: J. biol. Ch. 109, 449 (1935). — SCHMIDT-NIELSEN, K., o. J. STENE: Norske Vid. Selsk. Forh. 11, 137 (1938).

[3] STEWART, C., and A. WHITE: Biochem. J. 23, 1263 (1929).

[4] BLOOR, W. R., K. PELKAN and D. ALLEN: J. biol. Ch. 52, 191 (1922). — STEWART, C., and A. WHITE: Biochem. J. 19, 840 (1925). — STODDARD, J., and PH. DRURY: J. biol. Ch. 84, 741 (1929). — HIMWICH, H. E., H. FRIEDMAN and M. SPIERS: Biochem. J. 25, 1839 (1931). — MAN, E., and E. GILDEA: J. biol. Ch. 99, 43 (1932/33). — ARTOM, C.: Bull. Soc. Chim. biol. 14, 1386 (1932). — SMITH, M., and M. KIK: J. biol. Ch. 103, 391 (1933). — ZINZADZE, S.: B. Z. 220, 177, 185 (1930).

[5] BLOOR, W. R.: J. biol. Ch. 77, 53 (1892); 82, 273 (1929).

[6] RAPPAPORT, F., u. H. ENGELBERG: Kli. Wo. 1932 II, 2080. — COLARUSSA, A.: Diagnost. Tec. Lab. 10, 733 (1939).

[7] BARRY, G. T., Y. SATO and L. C. CRAIG: J. biol. Ch. 188, 299 (1951).

[8] MÜHLBOCK, O., u. C. KAUFMANN: Kli. Wo. 1931 I, 1128. — KATSURA, S., u. T. HATAKEYAMA: B. Z. 234, 462 (1931).

[9] KIMMELSTIEL, P., u. H. BECKER: H. 209, 166 (1932).

[10] STAUB, H.: B. Z. 232, 128 (1931).

denn die Menge des Oxydationsmittels spielt eine große Rolle. So ist z. B. der Oxydations-
quotient für die gleiche Menge Triolein und 1 cm³ Dichromatlösung

bei 0,1 n Lösung = 1,27,

bei 0,5 n Lösung = 2,16,

bei 1,0 n Lösung = 2,27,

d. h. die letzte Zahl nähert sich am meisten dem theoretischen Faktor von 2,45.

Anstatt das verbrauchte Oxydationsreagens zu messen, kann man auch das entstandene Kohlendioxyd bestimmen[1], oder man oxydiert mit Schwefelsäure-Kaliumjodat
und fängt das abgeschiedene Jod auf[2]. Über die gasometrische Bestimmung s.[3].

Die nephelometrischen Bestimmungen haben sich nicht durchgesetzt und werden
hier nur erwähnt[4].

Colorimetrische Verfahren sind unter Zusatz von Nilblau[5] und von Carbinolbasen,
z. B. Rosanilin[6], versucht worden, da die organischen Säuren mit den farblosen Carbinolbasen intensiv gefärbte Salze bilden. Schließlich hat BLOOR noch versucht, aus der
Farbänderung der Dichromatlösung nach vollendeter Oxydation die Fettsäuremenge
direkt colorimetrisch zu bestimmen. Dieses von BLOOR angegebene Verfahren ist von
BRAGDON[7] unter Verwendung eines Spektrophotometers und der Wellenlänge 580 mμ
verfeinert worden.

Die chromatographische Analyse ist von 3 Seiten bearbeitet worden. MANUNTA[8]
versucht die Trennung der Fettsäuren auf einer Säule von Magnesiumsulfat ($^1/_2$ H₂O),
die mit Petroläther gesättigt ist. Besser ist die Verwendung von Frankonit. Von amerikanischen Autoren ist gezeigt worden, daß man Cephalin durch Adsorption an MgO von
Cholinphosphatiden trennen kann[9]. Die systematischen Untersuchungen von TRAPPE[10]
haben gezeigt, daß durch Auswahl des Adsorptionsmittels (Aluminiumsilicat, Kieselsäure, Aluminiumoxyd nach BROCKMANN und Kaolin) und durch Variation der Elutionsmittel z. B. Ölsäure, Cholesterin und Cholesterinester gut voneinander getrennt werden
können. Er hat für die verschiedenen Lösungsmittel eine eluotrope Reihe aufgestellt.
Nach dem Vorschlage von HOLMAN und HAGDAHL[11] lassen sich die Fettsäuren aus alkoholischer Lösung an besonders präparierte Kohle (Darco G 60) adsorbieren und die
niedrigen Glieder der homologen Reihe durch Zusatz der höheren Fettsäuren verdrängen.
Bis zu C 6 genügt eine wäßrige Lösung, bis zu C 12 eine 50%ige alkoholische Lösung,
bis C 16 eine 80%ige alkoholische Lösung und bis zu C 22 eine Mischung von Alkohol und
Chloroform.

Eine große Zahl von papierchromatographischen Untersuchungen zur Fettanalyse
unter gleichzeitiger Verwendung radioaktiver Stoffe und des sog. Schaumtestes stammt
von KAUFMANN und BUDWIG[12]. Eine Anwendung auf biologische Substrate ist allerdings
bisher nicht erfolgt.

---

[1] BACKLIN, E.: B. Z. **217**, 482 (1930).

[2] CLAUDATUS, I., u. A. GHEORGHIU: Mikrochem. **26**, 311 (1939).

[3] KIRK, E., I. H. PAGE and D. D. VAN SLYKE: J. biol. Ch. **106**, 203 (1934).

[4] SURÁNYI, J., u. P. VÉGHELYI: B. Z. **283**, 415 (1936). — GOIFFON, R., et SALA-ROIG: C. R. Soc.
Biol. **109**, 683 (1932). — MAN, E., and E. GILDEA: J. biol. Ch. **99**, 43 (1932/33).

[5] MILROY, J.: Biochem. J. **22**, 1206 (1928).

[6] KRAINICK, H. G., u. F. MÜLLER: Mikrochem. **30**, 7 (1942).

[7] BLOOR, W. R.: J. biol. Ch. **170**, 671 (1947). — BRAGDON, J. H.: J. biol. Ch. **190**, 513 (1951).

[8] MANUNTA, C.: Helv. **22**, 1156 (1939).

[9] FISHLER, M., C. ENTENMAN, M. MONTGOMERY and I. L. CHAIKOFF: J. biol. Ch. **150**, 47 (1943). —
REINHARDT, W. O. M. FISHLER and I. L. CHAIKOFF: J. biol. Ch. **152**, 79 (1944). — TAUROG, A., C. ENTEN-
MAN and I. L. CHAIKOFF: J. biol. Ch. **156**, 385 (1944).

[10] TRAPPE, W.: B. Z. **305**, 150; **306**, 316 (1940); **307**, 97 (1940/41).

[11] HOLMAN, R. T., and L. HAGDAHL: J. biol. Ch. **182**, 421 (1950). Arch. Biochem. **17**, 301 (1948). —
HAGDAHL, L., and R. T. HOLMAN: Am. Soc. **72**, 701 (1950). — HOLMAN, R. T.: Am. Soc. **73**, 1261
(1951).

[12] KAUFMANN, H. P.: Fette u. Seifen **52**, 331, 713 (1950). — KAUFMANN, H. P., u. J. BUDWIG:
Fette u. Seifen **52**, 555 (1950); **53**, 69, 253 (1951); **54**, 156 (1952). — KAUFMANN, H. P., J. BUDWIG u.
E. DUDDEK: Fette u. Seifen **53**, 285 (1951).

Zur Erfassung der Phosphatide und Cerebroside werden im allgemeinen die Basen dieser Lipoide bestimmt, nachdem sie in 0,1 n Salzsäure oder Schwefelsäure am Rückfluß abgespalten worden waren. Die acidimetrischen Bestimmungen nach direkter Destillation s. [1], die Ausfällung als Reineckat s. [2], über die Bestimmung des Phosphatanteiles s. [3].

Eine Abtrennung der Phospholipoide gelingt auch durch Fällung mit Magnesiumchlorid aus Acetonlösung[4]. Die quantitative Fällung ist aber nur in einem engen Konzentrationsbereich möglich.

Über die Bestimmung des Cerebrosidgehaltes im Blut s. [5].

Die Angaben älterer Autoren über das Verhältnis der 3 Phospholipoide zueinander schwanken erheblich. Die Differenzen sind auf methodische Fehler zurückzuführen. Nach dem Vorschlag von PETERSEN[6] werden 5 cm³ Plasma mit 80 cm³ Alkohol-Aceton nach SCHÖNHEIMER und SPERRY extrahiert, filtriert und in einem Teil des Extraktes Gesamtphosphorsäure und Cholin bestimmt. Die Phosphoglyceride werden durch Zusatz von 5 cm³ n KOH bei 100° in 16 Std verseift, ohne daß die Sphingomyeline dabei angegriffen werden. Man kann daher nach Zusatz von Salzsäure und Trichloressigsäure im Filtrat die Phosphorsäure bestimmen, die aus Lecithin und Cephalin stammt. Für Lecithin findet er 100—200 (156 mg-%), die Sphingomyeline schwanken von 43—80 (56 mg-%), der Cephalingehalt betrug 0—29 (9 mg-%). Cholin wird nach einer eigenen Methode durch Messung der UV-Absorption von Cholinreineckat bei 327 mμ bestimmt. Diese Methode soll genauer sein als die Messung im sichtbaren Licht[6].

Auch die ungesättigten Fettsäuren lassen sich nach Isomerisation bei 180° in Gegenwart von alkalischem Glycerin durch UV-Absorption bestimmen[7]. Es ist hierbei sogar möglich, auf Grund der Absorptionsbanden zwischen einfach, zweifach, dreifach und vierfach ungesättigten Säuren zu unterscheiden. Es scheint, daß der Normalgehalt um so konstanter ist, je mehr Doppelbindungen die Säure enthält. Eine ähnliche Vorschrift s. [8]. Eine elektrophoretische Studie zur Trennung der nach COHEN und Mitarbeitern gewonnenen Eiweißfraktionen auf ihren Lipoidgehalt s. [9].

Bestimmung der Gesamtfettsäuren im Blut nach RAPPAPORT und WACHSTEIN[10].

Reagentien:

1. Natriumäthylat und Petroläther, s. S. 142.
2. Chrom(III)-sulfatlösung, gesättigt.
3. Cer(IV)-chromatreagens: Zu 35 cm³ n Kaliumdichromat gibt man 151 cm³ Wasser, in dem 6 g Cer(IV)-sulfat gelöst oder suspendiert sind (das Cer(IV)-sulfat muß im Vakuum von anhaftender Essigsäure befreit sein). Die Mischung bringt man durch Zusatz von 314 cm³ konz. Schwefelsäure in Lösung.
4. Natriumäthylat.

Ausführung:

Normale Reagensgläser mit Schliffstopfen werden mit 0,5 cm³ Wasser beschickt, dazu kommen 0,2 cm³ Blut, oder, je nach dem Fettgehalt, entsprechende Mengen Gewebe und 2 cm³ Natriumäthylat. Zwei Leerwerte ohne Blut werden in gleicher Weise behandelt.

[1] LINTZEL, W., u. S. FOMIN: B. Z. **238**, 452 (1931). — LINTZEL, W., u. G. MONASTERIO: B. Z. **241**, 273 (1931). — MONASTERIO, G., e G. GIGLI: Rass. Fisiopat. clin. terap. **19**, 82 (1947).

[2] RAMSAY, W. N., and C. P. STEWART: Biochem. J. **35**, 39 (1941). — KIRK, E.: J. biol. Ch. **123**, 623 (1938).

[3] FLATTER: Bull. Soc. Chim. biol. **15**, 607 (1933). — KOCH, K.: B. Z. **227**, 334 (1930). — MAN, E., and J. PETERS: J. biol. Ch. **101**, 685 (1933). — NORBERG, B., u. T. TEORELL: B. Z. **264**, 310 (1933).

[4] BLOOR, W. R.: J. biol. Ch. **82**, 273 (1929). — JOWETT, M., and E. LAWSON: Biochem. J. **25**, 1981 (1931). — SINCLAIR, R. G., and M. DOLAN: J. biol. Ch. **142**, 659 (1942).

[5] BRÜCKNER, J.: H. **268**, 251 (1941).

[6] PETERSEN, V. P.: Scand. J. clin. Lab. Invest. **2**, 1444 (1950).

[7] CHEVALLIER, A., S. MANUEL, C. BURG et J. ROUILLARD: C. R. Soc. Biol. **144**, 577 (1950).

[8] O'CONNELL, P. W., and B. F. DAUBERT: Arch. Biochem. **25**, 444 (1950).

[9] DILLARD, G. H. L., H. R. PEARSALL and A. CHANUTIN: Cancer Res. **9**, 661 (1949).

[10] RAPPAPORT, F., u. M. WACHSTEIN: Z. ges. exp. Med. **99**, 85 (1936).

Alle Reagensgläser werden im Autoklaven 55 min auf 130° erhitzt und nach dem Abkühlen mit 0,3 cm³ Schwefelsäure und 1 Tropfen Chrom(III)-sulfatlösung versetzt, um die wäßrige Schicht anzufärben. Nach Zusatz von 2,5 cm³ Chloroform wird heftig geschüttelt, dann werden 10 cm³ Petroläther hinzugegeben und weiter mehrere Minuten geschüttelt. Man läßt in einem kalten Wasserbad absitzen, verdampft 10 cm³ des Extraktes auf einem Heißwasserbad, so daß alles Lösungsmittel entfernt ist, setzt dann 10 cm³ Cer(IV)-chromatreagens zu und erhitzt 20 min auf 120°. In die noch heißen Kolben gibt man 75 cm³ Wasser, 5 cm³ Kaliumjodidlösung und titriert mit 0,025 n Thiosulfat.

Berechnung:

1 cm³ 0,025 n Thiosulfat = 0,6925 mg Lipoid.

Mikrobestimmung der Serumlipoide nach WILSON und HANSEN[1].

Reagentien:

1. Alkohol-Äther 3 : 1.
2. KOH, 50%ig.
3. Hydrochinon, 0,1%ig in 95%igem Alkohol.
4. H_2SO_4, konz.

5. 0,1 n KOH in redestilliertem Alkohol.
6. Petroläther, reinst, Kp 30—58°.
7. Phenolphthalein, 2%ig in Alkohol.
8. 0,02 n NaOH.

Ausführung:

2,5—5 cm³ Serum oder Plasma werden am Rückflußkühler mit Alkohol-Äther 1 Std erhitzt, filtriert, der Rückstand ausgewaschen und mit Alkohol-Äther auf 100 cm³ aufgefüllt. Man mißt einen Teil des Extraktes, der ungefähr 1 cm³ Serum entspricht, ab, gibt 0,1 cm³ KOH sowie 0,1 cm³ Hydrochinon zu und erhitzt 1 Std auf 80°, bis das Material pastös geworden ist. Dann entfernt man die letzten Spuren von Alkohol durch einen Luftstrom, löst die Seifen in 3—5 cm³ Wasser, säuert mit Salzsäure an, bis der Niederschlag klumpig wird, und schüttelt 20 min mit 10—15 cm³ Petroläther. Der Petroläther wird abgehebert und die Extraktion durch mehrere kleinere Portionen Petroläther vervollständigt; die Extrakte werden auf 50 cm³ aufgefüllt.

Einen Teil der wäßrigen Phase benutzt man zur Bestimmung des Phosphorgehaltes. Den Petrolätherextrakt verdampft man bis auf 5 cm³, setzt 5 cm³ 0,1 n Kalilauge zu, emulgiert mit 5 cm³ Wasser und extrahiert mit Petroläther vollständig. Der Rückstand des Petroläthers stellt das *Unverseifbare* dar. Die *Jodzahl* des Unverseifbaren wird nach der Methode von ROSENMUND und KUHNHENN[2] bestimmt (s. Bd. III).

Die wäßrige Lösung, welche die Seifen enthält, wird unter Zusatz von 0,1 cm³ Hydrochinon auf dem Wasserbad verdampft, dann werden die Fettsäuren nach Zusatz von Salzsäure und Wasser mit Petroläther extrahiert; der Petroläther wird nach Zusatz von 0,1 cm³ Hydrochinon verdampft und der Rückstand gewogen. Von dem Gewicht muß 0,1 mg zur Korrektur des Hydrochinongehaltes abgezogen werden. Die Fettsäuren können nach Lösung im Alkohol mit Alkali und Phenolphthalein titriert werden.

Über eine titrimetrische Bestimmung der Gesamtlipoide einschließlich Cholesterin s. [3].

Bestimmung von Cholin aus Phospholipoiden nach RAMSAY und STEWART[4].

Reagentien:

1. $Ba(OH)_2$-Lösung, gesättigt.
2. n H_2SO_4.
3. 0,1 n H_2SO_4.
4. 0,007 n H_2SO_4.
5. Ammoniumreineckat, gesättigte Lösung.

6. Aceton, ammoniakfrei.
7. Verbrennungsreagentien nach NICLOUX (s. S. 124).
8. NaOH, 40%ig.
9. 0,007 n NaOH.

[1] WILSON, W. R., and A. E. HANSEN: J. biol. Ch. **112**, 457 (1936).
[2] ROSENMUND, K. W., u. W. KUHNHENN: Z. Unters. Lebensm. **46**, 154 (1923).
[3] KATSURA, S., T. HATAKEYAMA u. K. TAJIMA: B. Z. **269**, 231 (1934).
[4] RAMSAY, W. N., and C. P. STEWART: Biochem. J. **35**, 39 (1941).

Ausführung:

Eine abgemessene Menge der Lipoidlösung, die bis zu 0,54 mg Cholin enthalten darf, wird auf ein kleines Volumen eingedampft und mit 1 cm³ Bariumhydroxydlösung 1 Std auf 100° erhitzt. Nach Zugabe eines weiteren Kubikzentimeters wird nochmal 1 Std erwärmt, dann mit 0,1 n Schwefelsäure gegen Methylrot neutralisiert und samt Niederschlag auf 0,3—0,5 cm³ eingedampft. Die Flüssigkeit bringt man mit Hilfe einer Capillarpipette auf ein kleines, entfettetes Filter, wäscht mit insgesamt 1,5 cm³ heißem Wasser nach und gibt zu dem Filtrat, welches nicht alkalisch reagieren, aber auch nicht mehr als 0,02 n Säure enthalten darf, 1 cm³ Reineckat-Lösung. Nach 20—30 min kann der mit Eis gekühlte Niederschlag abfiltriert werden, wozu aber kein Filtrierpapier genommen werden darf. Man wäscht zuerst in Eiswasser, dann mit Äther, löst darauf in Aceton, filtriert, dampft ein, verascht und bestimmt in üblicher Weise das Ammoniak.

Berechnung:

1 Mol Cholinreineckat = 7 Mol Ammoniak, 1 cm³ 0,007 n NaOH = 0,121 mg Cholin.

Cholinbestimmung nach PETERSEN[1].

Reagentien:

1. $Ba(OH)_2$, gesättigte, wäßrige filtrierte Lösung.
2. Alkohol-Aceton 1:1.
3. Thymolphthaleinindicator in Alkohol.
4. Eisessig.
5. Ammoniumreineckat, gesättigte, wäßrige Lösung.
6. Propanol, mit Cholinreineckat gesättigt.
7. Aceton.

Ausführung:

Man gibt 0,5 cm³ Heparinplasma zu 8 cm³ einer siedenden Mischung von Alkohol-Aceton, schüttelt heftig, kocht wieder auf, filtriert und wäscht den Niederschlag noch 2mal mit 5 cm³ Alkohollösung aus. Die vereinigten Filtrate dampft man auf 0,5 cm³ ein, gibt 10 cm³ Bariumhydroxydlösung zu und kocht 2 Std verschlossen im Wasserbad. Nach dem Abkühlen wird mit Eisessig auf p_H 8—9 neutralisiert, der Niederschlag abfiltriert, mit destilliertem Wasser ausgewaschen und das Filtrat mit 10 cm³ Ammoniumreineckatlösung gefällt. Der Ansatz bleibt 12 Std im Eisschrank stehen. Dann wäscht man den Niederschlag 3mal mit 2 cm³ eiskaltem, mit Cholinreineckat gesättigtem Propanol, löst schließlich den Niederschlag in Aceton und mißt die Extinktion bei 527 mμ.

Bei Zusatzversuchen ergibt sich eine Ausbeute von 95—103%. Die Eichkurve gehorcht in Mengen von 50—200 γ Cholin genau dem BEERschen Gesetz.

Cholinbestimmung im Blut s. a. S. 42.

Bestimmung der Phospholipoide nach HACK[2].

Reagentien:

1. Chloroform-Methanol 1:1.
2. n KOH.
3. 1,5 n HCl.
4. 4,5 n HCl.
5. 0,5 n Trichloressigsäure.
6. Ammoniumreineckat, gesättigte Lösung in 0,5 n HCl.

Ausführung:

4 cm³ Blut oder Plasma werden sofort in flüssiger Luft gefroren und im Vakuum getrocknet. Der trockene Rückstand wird mit Methanol-Chloroform 6 Std extrahiert, wobei der von THANNHAUSER[3] vorgeschlagene Apparat verwendet wird. Der Extrakt wird auf 25 cm³ aufgefüllt und davon 1 cm³ zur Bestimmung des gesamten Lipoidphosphors benutzt.

[1] PETERSEN, V. P.: Scand. J. clin. Lab. Invest. **2**, 14 (1950).
[2] HACK, M. H.: J. biol. Ch. **169**, 137 (1947).
[3] THANNHAUSER, S. J., and P. SETZ: J. biol. Ch. **116**, 533 (1936).

Weitere 10 cm³ werden auf dem Wasserbad bei 60° eingedampft, mit 5 cm³ n Kalilauge versetzt und 16 Std bei 37° im Brutschrank belassen. Nach dem Abkühlen auf Zimmertemperatur werden zu der Suspension 1 cm³ 1,5 n Salzsäure und 3 cm³ Trichloressigsäure zugesetzt, nach 60 min filtriert und in einem aliquoten Teil des Filtrates die Phosphate bestimmt, die dem Lecithin und Cephalin entstammen.

Zur Cholinbestimmung werden 3 cm³ der Lösung mit 1 cm³ 4,5 n Salzsäure gemischt, nach 60 min durch Asbest filtriert und mit 2 cm³ Ammoniumreineckatlösung gefällt. Es bilden sich rot glänzende Krystalle, die nach 3 min abgesaugt und mit 2 cm³ Äthanol gewaschen werden. Nach dem Trocknen löst man in 3 cm³ Aceton und bestimmt die Farbe unmittelbar mit Filter S 53.

Mikrobestimmung der Plasmaphospholipoide durch Trichloressigsäurefällung nach ZILVERSMIT und DAVIS[1].

Reagentien:
1. Trichloressigsäure, 10%ig.
2. Perchlorsäure, 60%ig.
3. Ammoniummolybdat, 4%ig.
4. Reduktionsmittel-*Stammlösung:* 30 g Natriumhydrogensulfit, 6 g Natriumsulfit und 0,5 g 1-Amino-2-naphthol-4-sulfosäure werden gemischt und auf 250 cm³ mit Wasser aufgefüllt. Nach 2 oder 3 Std wird vom Ungelösten abfiltriert und das Filtrat in einer dunklen Flasche im Eisschrank aufgehoben. Gebrauchslösung: 2¹/₂fache Verdünnung der Stammlösung.
5. Phosphatstandardlösung: 4,391 g KH_2PO_4 im Liter (1 mg P/cm³). Sie wird mit 1 Tropfen Chloroform konserviert und zum Gebrauch 50fach verdünnt.

Ausführung:

0,2 cm³ Plasma werden mit 3 cm³ Wasser verdünnt und mit 3 cm³ Trichloressigsäure versetzt, indem man die ersten 1,5 cm³ tropfenweise unter Schütteln zugibt. Nach 1 oder 2 min wird zentrifugiert und die überstehende Flüssigkeit abgegossen. Sie wird zur Bestimmung vom anorganischen Phosphat verwendet. Danach gibt man zu dem Niederschlag 1 cm³ Perchlorsäure und erhitzt nach Zusatz eines Siedesteinchens 30 min. Nach dem Abkühlen verdünnt man mit 5 oder 6 cm³ destilliertem Wasser. Während der Erwärmung werden 2 Leerwerte mit 0,8 cm³ Perchlorsäure und 2 Standardwerte mit 0,8 cm³ Perchlorsäure und 2 cm³ Phosphatstandard angesetzt. Die weitere Verarbeitung geschieht wie folgt: Für je 20 Proben setzt man 2 Leerwerte und 2 Standardwerte an, gibt zu allen Proben 1 cm³ Ammoniummolybdat, dann 1 cm³ des verdünnten Reduktionsmittels und füllt auf 10 cm³ auf. Die sich entwickelnde blaue Farbe ist proportional der Menge Lipoidphosphor und wird wie üblich berechnet. Die mit dieser Methode gefundenen Werte weichen nur unwesentlich von den Werten ab, die durch Alkohol-Ätherextraktion gewonnen werden.

Der Phospholipoidgehalt berechnet sich aus der Differenz der beiden Phosphatbestimmungen.

Bestimmung der Phospholipoide nach BLOOR[2].

Reagentien:
1. Alkohol, 95%ig, redestilliert.
2. Seesand, gewaschen und geglüht.
3. Petroläther, mit Schwefelsäure gereinigt und redestilliert.
4. Äther, peroxydfrei.
5. $MgCl_2$, gesättigte Lösung in Alkohol.
6. Silberchromat-Schwefelsäure, s. S. 134.

Der Äther ist peroxydfrei, wenn er beim Schütteln mit Kaliumjodid und Schwefelsäure kein Jod in Freiheit setzt.

[1] ZILVERSMIT, D. B., and A. K. DAVIS: J. Lab. clin. Med. 35, 155 (1950).
[2] BLOOR, W. R.: J. biol. Ch. 82, 273 (1929).

Ausführung:

5 cm³ Vollblut werden in 75 cm³ Alkohol pipettiert, durch Schütteln gut verteilt, aufgekocht, mit Alkohol auf 100 cm³ aufgefüllt und filtriert. Aliquote Teile des Extraktes, die ungefähr 2 mg Phospholipoide enthalten sollen (etwa 20 cm³), dampft man in einem kleinen Becherglas zur Trockne und extrahiert den Rückstand 3mal mit Petroläther, der in einem Zentrifugenglas gesammelt wird. Die Trübungen werden abzentrifugiert, der Petroläther quantitativ in ein zweites Zentrifugenglas gebracht, auf 2 cm³ eingeengt und 7 cm³ Aceton und 3 Tropfen Magnesiumchloridlösung zugegeben. Den entstehenden Niederschlag zentrifugiert man ab, wobei die überstehende Flüssigkeit wasserklar sein soll. Der Niederschlag wird 1mal mit Aceton gewaschen, dann in feuchtem peroxyd-freiem Äther gelöst und Spuren ungelöster Substanz sowie 1 Tropfen Magnesiumchlorid-lösung durch Zentrifugieren entfernt. Die ätherische Lösung wird eingedampft, dann mit Dichromat-Silberreagens oxydiert und der Verbrauch an Dichromat titrimetrisch bestimmt. Die Oxydation verläuft nach der Gleichung:

$$2\,C_{42}H_{84}O_3NP + 251\,O = 84\,CO_2 + 84\,H_2O + P_2O_5 + N_2.$$

Berechnung:

1 mg Lecithin verbraucht 3,11 cm³ und 1 mg Cephalin 3,12 cm³ 0,1 n Dichromat-lösung. Da der tatsächliche Verbrauch nur 94—97% der Theorie entspricht, kann man 3 cm³ 0,1 n Dichromat = 1 mg Lipoid setzen.

Bei der Berechnung ist bereits berücksichtigt, daß 7% der Phospholipoide im Laufe der Analyse verlorengehen.

Bestimmung der Sphingomyeline nach THANNHAUSER und SETZ[1].

Reagentien:

1. P_2O_5, pulverisiert.
2. Methanol-Chloroform 1:1.
3. HCl, konz.
4. Methanol.
5. Äther.
6. Reineckesäure in Methanol.
7. Seesand.

Ausführung:

Serum oder Stromata werden mit dem Föhn soweit wie möglich getrocknet und dann im Vakuum über Phosphorpentoxyd vollständig vom Wasser befreit (die Methode ist auch für Organe brauchbar). Eine gewogene Menge der Trockensubstanz wird mit der 6fachen Menge Seesand zerrieben und mit 40 cm³ einer Mischung von Methanol-Chloroform extrahiert, wozu von den Autoren ein spezieller Apparat angegeben wird. Es ist aber jede Extraktions-vorrichtung für kleine Mengen brauchbar (vgl. z. B. [2]). Es ist wichtig, wenig Lösungs-mittel zu nehmen, da offenbar ein Teil der Sphingomyeline mit Alkoholdämpfen flüchtig ist.

Von dem Extrakt nimmt man 20—25 cm³, verdampft in einem Erlenmeyer-Kolben zur Trockne und extrahiert den Rückstand mehrfach mit Methanol. Dieses wird filtriert, Trübungen werden durch Erwärmen beseitigt. Dann versetzt man mit 3 Tropfen konz. Salzsäure und 10 cm³ Reineckesäure und sammelt den Niederschlag auf einem porösen Tiegel oder einer Glasnutsche, die ständig durch Eiswasser gekühlt ist. Man wäscht mit wenig eiskaltem Methanol, dann mit Äther, um Cholesterin zu entfernen, trocknet schließlich im Vakuum bis zur Gewichtskonstanz und wägt.

Berechnung:

Das Gewicht, multipliziert mit 0,877, ergibt die Sphingomyelinmenge. Es können aber nur Mengen über 20 mg auf diese Weise bestimmt werden.

Bestimmung der Cerebroside nach BRÜCKNER[3].

Reagentien:

1. Äthylalkohol, 36%ig.
2. Chloroformmischung: Chloroform mit 20% Methylalkohol.

[1] THANNHAUSER, S. J., and P. SETZ: J. biol. Ch. **116**, 533 (1936).
[2] NORBERG, B., u. T. TEORELL: B. Z. **264**, 310 (1933). — NORBERG, B.: B. Z. **269**, 1 (1934).
[3] BRÜCKNER, J.: H. **268**, 251 (1941).

3. Trichloressigsäure, 2 %ig.
4. 3 n H_2SO_4.
5. Chloroform, rein.
6. Reagentien zur Galaktosebestimmung (s. S. 79).

Ausführung:

1 cm³ Vollblut, Serum, Plasma oder gewaschene Erythrocyten läßt man in 15—20 cm³ Äthylalkohol einfließen, schüttelt im heißen Wasserbad, filtriert und wäscht den Niederschlag noch 2mal mit je 5 cm³ Alkohol aus. Das gesamte Filtrat wird auf einem warmen Wasserbad durch einen Luftstrom eingedampft, der Rückstand mit der Chloroformmischung extrahiert und der Extrakt in einem mit Glasstopfen versehenen Zentrifugenglas gesammelt. Der Kolben wird mit der Chloroformmischung nachgewaschen und die gesammelte Chloroformlösung mit 10 cm³ Trichloressigsäure kräftig durchgeschüttelt sowie anschließend zentrifugiert.

Die Cerebroside bilden an der Grenzschicht der beiden Flüssigkeiten ein feines, schneeweißes Häutchen. Die Trichloressigsäure wird vorsichtig abgesaugt, die Chloroformschicht samt Niederschlag noch 1mal mit Trichloressigsäure gewaschen, diese soweit wie möglich entfernt, dann der Inhalt des Zentrifugengläschens in 1 cm³ Äthanol gelöst, wobei auch die an den Seiten und am Stöpsel haftenden Cerebrosidanteile miterfaßt werden müssen.

Nach Zugabe von 3 cm³ 3 n Schwefelsäure, wodurch die Lipoide in feiner Suspension ausgefällt werden, wird im Autoklaven bei 110° 50 min hydrolysiert, darauf die Lösung wieder auf 3 cm³ ergänzt und mit 5 cm³ Chloroform ausgeschüttelt. Man trennt die Emulsion durch Zentrifugieren, entnimmt 1,5 cm³ der wasserklaren, wäßrigen Lösung, gibt 1 cm³ Orcinlösung und 4 cm³ konz. Schwefelsäure zu, läßt 3 min stehen, kühlt dann in kaltem Wasser und colorimetriert mit Filter S 50 und S 53, wobei die Kompensationscuvette mit den Reagentien beschickt ist.

Berechnung:

Der Mittelwert der Ablesungen bei den beiden Wellenlängen, multipliziert mit 9,2, ergibt den Cerebrosidgehalt für 1 cm³ Serum.

Bestimmung der Cerebroside nach KIRK[1].

Reagentien:

1. Lösungen zur Blutzuckerbestimmung nach HAGEDORN-JENSEN (s. S. 68).
2. 3 n HCl.
3. 5 n NaOH.

Ausführung:

Die Proben, die etwa 1 mg Cerebrosid enthalten sollen, werden in HAGEDORN-JENSEN-Gläsern eingedampft, 2 Proben sofort in Wasser gelöst und mit Zinkhydroxyd gefällt. Die Galaktosebestimmung erfolgt wie üblich unter Benutzung der entsprechenden Reduktionstabellen (S. 80). Zu 2 weiteren Proben gibt man 4 cm³ Salzsäure, hydrolysiert im Wasserbad 10 min bei 100°, neutralisiert mit Natronlauge (Phenolrot als Indicator), fällt wieder mit Zinkhydroxyd und bestimmt die Reduktion.

Berechnung:

Die Gesamtreduktion, vermindert um die Anfangsreduktion, ausgedrückt in Kubikzentimetern 0,005 n Thiosulfatlösung, multipliziert mit 4,6, entspricht dem Galaktosegehalt der Probe. 1 mg Galaktose = 4,53 mg Cerebroside.

Bestimmung der Jodzahl nach TRAPPE[2] *(modifiziert nach KAUFMANN).*

Reagentien:

1. Methylalkohol-Bromlösung: Stammlösung. Zu 100 cm³ reinstem Methylalkohol, der mit NaBr gesättigt ist, gibt man aus einer Mikrobürette 1 cm³ Brom.
2. 0,01 n Bromreagens: 2,5 cm³ der Stammlösung werden mit Methylalkohol, der mit NaBr gesättigt ist, auf 100 cm³ aufgefüllt und mit 0,002 n Thiosulfat titriert.

---

[1] KIRK, E.: J. biol. Ch. **123**, 623 (1938).
[2] TRAPPE, W.: B. Z. **296**, 180 (1938).

3. Chloroform.
4. KJ, 5%ig.
5. 0,005 n bzw. 0,002 n Natriumthiosulfatlösung.
6. Stärkelösung, 1%ig.

Ausführung:

Ein Lipoidextrakt, der 0,3—1,8 mg Fett entspricht, wird in einem heizbaren Vakuumexsiccator von seinem Lösungsmittel befreit. Der Rückstand wird in 1 cm³ Chloroform gelöst; 2,00 cm³ Bromreagens werden zugesetzt, und nach 1—4 Std (unter gelegentlichem sanftem Umschwenken) wird das nicht verbrauchte Brom unter Zusatz von 1 cm³ Kaliumjodid mit 0,002 n Thiosulfat zurücktitriert.

Stehen größere Fettmengen zur Verfügung, so verwendet man entsprechend mehr Bromreagens und nimmt die stärkere Thiosulfatlösung. Leerwerte müssen mit angesetzt werden.

Berechnung:

Die Titrationsdifferenz zwischen Leerwert und Probe, nach Berücksichtigung des Titers, mit 0,2538 multipliziert, gibt bei 0,002 n Thiosulfat die von der Probe verbrauchte Jodmenge an.

Die Reaktionsdauer ist ohne wesentlichen Einfluß. Auch stört Licht nicht. Es ist aber darauf zu achten, daß der Bromverbrauch nicht kleiner als 12% und nicht größer als 60% der zugegebenen Brommenge ist.

Jodzahlbestimmung nach RUPP und BRACHMANN[1].

Das Verfahren ist eine Modifikation der WINKLERschen Methode.

Reagentien:

1. WINKLERsche Lösung: 5,567 g KBrO₃ und 200 g KBr in Wasser ad 1000 cm³ gelöst.
2. Na-äthylat, 2—3%ig.
3. HCl, 1:3 verdünnt.
4. CCl₄.
5. Äther.
6. Alkohol-Äther 3:1.
7. Petroläther, Kp 30—50°, gereinigt nach S. 290.
8. 0,01 n Thiosulfat.
9. 0,01 n Kaliumdichromatlösung.
10. KJ in Substanz.
11. KJ, frische 10%ige Lösung.

Ausführung:

Die Extraktion erfolgt nach BLOOR. Soll die Jodzahl der Lipoide bestimmt werden, so erfolgt keine Verseifung und man nimmt direkt einen aliquoten Teil des Extraktes. Zur Jodzahlbestimmung der Fettsäuren verseift man 20 cm³ des BLOORschen Extraktes mit 2 cm³ Natriumäthylat, indem man auf einem Wasserbad langsam eindampft. Auf Zusatz von wenig Wasser wird dann das Cholesterin mit Äther extrahiert. Nach dem Ansäuern werden die Fettsäuren mit Petroläther ausgezogen und diese Auszüge eingedampft. Die Rückstände und ebenso 2 Leerkolben versetzt man mit 2 cm³ Salzsäure, 1 cm³ Tetrachlorkohlenstoff und 2 cm³ WINKLERscher Lösung, setzt den Schliffstopfen auf und schüttelt kräftig, um die Lipoide in Lösung zu bringen. Die Kolben bleiben 2 Std bei Zimmertemperatur im Dunkeln stehen. Sie müssen zwischendurch geschüttelt werden. Danach ist die Addition von Brom an die Doppelbindung beendet. Bevor man den Stopfen der Kolben lüftet, gießt man etwas Kaliumjodid-Lösung auf den Kolbenhals, damit die Bromdämpfe beim Öffnen des Stopfens sofort absorbiert werden und sich in das weniger flüchtige Jod umwandeln. Man gibt noch eine Messerspitze festes Kaliumjodid dazu und kann nun die ausgeschiedene Jodmenge sofort mit Thiosulfat titrieren.

Berechnung:

Die Titrationsdifferenz gegenüber dem Leerwert, multipliziert mit 1,269, ergibt den Jodverbrauch der Probe in Milligrammen.

---

[1] RUPP, F., u. W. BRACHMANN: Z. analyt. Chem. 68, 155 (1926).

Über die Jodzahlbestimmung mit einem Brom-Pyridinreagens s. [1], über die Rhodanzahlbestimmung s. [2]. Bestimmung der Hydroxylzahl von Fetten s. [3]. Bestimmung der Acetylzahl s. S. 133, Carbonylzahl s. [4].

Bestimmung von Plasmal nach LEUPOLD [5].

Reagentien:

1. Fuchsinschweflige Säure: In einem gut verschließbaren 25 cm³-Meßkolben werden 250 mg Parafuchsin (Farbwerke Bayer) in 6,25 cm³ Eisessig gelöst. Dazu gibt man 1,25 g Natriumhydrogensulfit (wasserfrei p. a.) in Wasser gelöst sowie 15 cm³ n Salzsäure und füllt mit Wasser zur Marke auf. Nach etwa 12 Std ist die Lösung bis auf einen hellgelben Ton entfärbt und gebrauchsfertig.

2. Schweflige Säure: 5 g Natriumhydrogensulfit werden in Wasser gelöst, mit 50 cm³ n HCl versetzt und auf 100 cm³ aufgefüllt.

3. Eisessig 99—100%.

4. Amylalkohol. Er wird wiederholt fraktioniert und der zwischen 130 und 134° übergehende Anteil verwendet.

5. Alkohol-Äther 2:1, peroxyd- und wasserfrei.

Ausführung:

0,4 bzw. 0,8 cm³ frisches Serum werden mit 1 cm³ Alkohol-Äther versetzt. Nach dem Umschütteln wird der Niederschlag abfiltriert und 3mal mit der gleichen Menge Alkohol-Äther ausgewaschen. Das Filtrat wird in einem birnenförmigen Normalschliffkolben aufgefangen, das Lösungsmittel auf dem Wasserbad abdestilliert und zum Schluß im Vakuum getrocknet. Den Rückstand löst man unter Erwärmen in 0,40 cm³ Eisessig und schüttelt kräftig um. Ein geringer flockiger Rückstand bleibt unberücksichtigt. Nach dem Abkühlen entnimmt man 0,30 cm³, mischt mit 0,10 cm³ Reagens *1*, verschließt mit einem Gummistopfen und läßt 18—20 Std im Brutschrank bei 50° stehen. Man achte darauf, daß nichts an den Wänden des Reagensglases hängen bleibt. Nach der genannten Zeit gibt man 2 cm³ Reagens *2* zu, nach genau 10 min 2 cm³ Amylalkohol und schüttelt unter Kühlung unter der Wasserleitung den Farbstoff 2 min aus. Danach trennt man durch Zentrifugieren und colorimetriert mit Filter 550. Man verwendet am besten eine Mikroeinrichtung. Die Berechnung erfolgt wie üblich.

Die Eichkurve wird mit freiem Palmitinaldehyd angelegt, der aus dem Thiosemicarbazon durch Destillation mit Schwefelsäure nach der Vorschrift von FEULGEN und GRÜNBERG [6] gewonnen wird.

Im menschlichen Serum wurden zwischen 0,9 und 2,2 mg-% Plasmal, als Stearal berechnet, gefunden.

Wesentlich höhere Werte geben SCHÄFER und TAUBERT [7] an, nämlich 3,9—6,9 (5,3 mg-%) bei Frauen, 2,7—6,6 (4,1 mg-%) bei Männern.

ϰ) *Pyrrolfarbstoffe und Abkömmlinge* *.

Der Blutfarbstoff der Warmblüter ist die Eisen(II)-Verbindung von Protoporphyrin IX, verbunden mit einem spezifischen Eiweiß, dem Globin, welches dem Komplex die Fähigkeit

[1] RAPPAPORT, F., u. M. WACHSTEIN: Z. exp. Med. **99**, 87 (1936).

[2] KAUFMANN, H. P.: Studien auf dem Fettgebiet. S. 73. Berlin 1935.

[3] FLASCHENTRÄGER, B.: H. **146**, 219 (1925).

[4] KAUFMANN, H. P., S. FUNKE u. FU YING LIU: Fette u. Seifen **45**, 616 (1938).

[5] LEUPOLD, F.: H. **285**, 216 (1950).

[6] FEULGEN, R., u. H. GRÜNBERG: H. **257**, 161 (1939).

[7] SCHÄFER, G., u. M. TAUBERT: Ärztl. Forsch. **4**, 593 (1950).

* Zusammenfassende Darstellungen: MÜLLER, F.: Die Bestimmung des Blutfarbstoffgehaltes. Handb. biol. Arb.-Meth., Abt. IV, Teil 3, 33 (1924). — SCHUMM, O.: Spektrographische Methoden zur Bestimmung des Hämoglobins und verwandter Farbstoffe. Handb. biol. Arb.-Meth., Abt. IV, Teil 3, 63 (1924). — HEUBNER, W.: Über Anwendung der photographischen Methode in der Spektrophotometrie des Blutes. Handb. biol. Arb.-Meth., Abt. IV, Teil 3, 127 (1924). — FEIGL, J., u. W. WEISE: Handb. biol. Arb.-Meth., Abt. IV, Teil 3, 552 (1924). — MÜLLER, F., u. W. DIEHLER:

verleiht, den durch die Atmung aufgenommenen Sauerstoff an die Gewebe abzugeben. Diese Verbindungen sind von HANS FISCHER „Häme" genannt worden, im Gegensatz zu Häminen, welche Eisen(III)-Verbindungen darstellen und keine Atmungsfunktion mehr besitzen. Der im Hämoglobin vorhandene Eiweißkörper ist artspezifisch, daher sind die verschiedenen Hämoglobine nicht miteinander austauschbar; nur die prosthetische Gruppe ist bei allen gleich.

In neuerer Zeit hat man die Begriffe „Häme", „Hämine" und auch „Hämatine" fallen gelassen und dafür in Analogie zu der Nomenklatur in der anorganischen Chemie zwischen Hämo- und Hämiverbindungen unterschieden. Nach den Angaben von LEMBERG und LEGGE[1] ergibt sich folgendes Schema der Beziehungen der alten zu der neuen Bezeichnung (Tabelle 33). Die neuen Bezeichnungen stammen im einzelnen von ANSON[2], KIESE und Mitarbeitern[3] und HOLDEN[4].

Tabelle 33. *Nomenklatur der Hämoglobinderivate.*

	Neue Bezeichnung	Alte Nomenklatur	
		KEILIN	PAULING und CORYELL
Ferroeisen, natives Protein	Hämoglobin	Hämoglobin	Ferrohämoglobin
	Oxyhämoglobin	Oxyhämoglobin	Oxyhämoglobin
	Carboxyhämoglobin	Carboxyhämoglobin	Carbonmonooxy-hämoglobin
Ferrieisen, natives Protein	Hämiglobin	Methämoglobin	Ferrihämoglobin
	Hämiglobinhydroxyd	alkalisches Methämo-globin	Ferrihämoglobin-hydroxyd
	Hämiglobincyanid	Cyanmethämoglobin	Ferrihämoglobincyanid
Ferroeisen, denaturiertes Protein	denaturiertes Globin-Hämochrom	Globin-Hämochromo-gen	denaturiertes Globin-Ferrohämochromogen
	denaturiertes Globin-CO-Hämochrom	Globin-CO-Hämochromogen	denaturiertes Globin-CO-Ferrohämochromo-gen
Ferrieisen, denaturiertes Protein	denaturiertes Globin-hämichrom	Globin-parahämatin	denaturiertes Globin-Ferrihämochromogen

Die Vorsatzsilbe „Myo" gilt für die entsprechenden Derivate des Muskelfarbstoffes.

Die Beziehung zwischen der Konstitutionsformel und dem spezifischen Namen ergibt sich aus der folgenden Zusammenstellung von LEMBERG und LEGGE.

Die Eisenverbindungen der Porphyrine reagieren außer mit dem Globin mit einer großen Anzahl anderer Basen unter Bildung sog. Hämochromogene (s. Tabelle 34), desgleichen mit Kohlenoxyd und mit gewissen schwachen Anionen wie z. B. Fluor oder Cyan zu komplexen Verbindungen. Alle diese Verbindungen zeigen typische Absorptionsspektren, für welche nachstehend 2 Beispiele für Hämiglobin, Carboxyhämiglobin, Hämoglobin, Oxyhämoglobin und Hämoglobincyanid gegeben werden.

Über den Aufbau des Hämoglobinmoleküls und seine physikalischen und chemischen Eigenschaften s. Bd. IV, Pyrrolfarbstoffe.

Übersichtsreferate über Hämoglobin und Hämoglobinstoffwechsel s. [5].

Handb. Biochem. 1, 409 (1924). — BÜRKER, K.: Handb. physiol. Meth. (TIGERSTEDT) 2. Abt. 1, 213. Leipzig 1911. — BÜRKER, K.: Handb. Physiol. 6/1, 28 (1928). — HITTMAIR, A.: Handb. Hämatol. (HIRSCHFELD-HITTMAIR) 2/1, 239 (1939). — Hinsberg-Lang 2. Aufl. 537 ff.

[1] LEMBERG, R., and J. W. LEGGE: Hematin Compounds and Bile Pigments. S. 209. New York 1949.
[2] ANSON, M. L.: J. gen. Physiol. 23, 239 (1939/40).
[3] KIESE, M., u. H. KAESKE: B. Z. 312, 121 (1942).
[4] HOLDEN, H. F.: Ann. Rev. 14, 599 (1945).
[5] DUESBERG, R.: Verh. dtsch. Ges. inn. Med. 54, 371 (1948).

Tabelle 34. *Nomenklatur der Hämatinverbindungen*[1].

Formel	Wertigkeit des Fe	Alte Bezeichnung	Spezifischer Name	Allgemeiner Name
$\begin{bmatrix} N \diagdown N \\ Fe \\ N \diagup N \end{bmatrix}^0$	2	reduziertes Hämatin, Häm	Ferroporphyrin	Häm
$\begin{bmatrix} N \diagdown N' \diagdown N \\ Fe \\ N \diagup N' \diagup N \end{bmatrix}^0$	2	Hämochromogene	z. B. Dipyridin-ferroporphyrin	Hämochrome
$\begin{bmatrix} OH \\ N \diagdown N \\ Fe \\ N \diagup N \\ OH \end{bmatrix}^0$	3	Hämatin	Ferriporphyrin-hydroxyd	Hämatin
$\begin{bmatrix} N \diagdown N \\ Fe \\ N \diagup N \end{bmatrix}^+ x^-$	3	Hämin	Ferriporphyrin-chlorid	Hämine
$\begin{bmatrix} N \diagdown N' \diagdown N \\ Fe \\ N \diagup N' \diagup N \end{bmatrix}^+ x^-$	3	Parahämatin	z. B. Dipyridin-ferriporphyrin	Hämichrome

Das Hämoglobin liegt im Blut in verschiedener Form vor.

1. Als *Hämoglobin* und als *Oxyhämoglobin*; die Menge dieser beiden Komponenten ändert sich während des Atmungsvorganges dauernd und es ist mitunter wichtig, das Verhältnis beider im strömenden Blut bestimmen zu können.

2. Als *Kohlendioxydhämoglobin*, einer Verbindung von Kohlendioxyd und Hämoglobin, welche für den Kohlendioxydtransport von den Geweben zu den Lungen von wesentlicher Bedeutung ist.

3. Als *Methämoglobin* (Hämiglobin), einer Verbindung mit 3wertigem Eisen, welche immer physiologisch in kleinen Mengen vorhanden ist und erst nach Reduktion zu Hämoglobin wieder am Atmungsprozeß teilnehmen kann.

4. Als *Kohlenoxydhämoglobin* (Carboxyhämoglobin), welches ebenfalls fast immer im Blut angetroffen wird, besonders reichlich bei Rauchern.

Es besteht also nicht nur die Aufgabe, die Gesamtmenge des im Blut vorkommenden Hämoglobin zu bestimmen, sondern es ist auch oft notwendig, die einzelnen Komponenten nebeneinander quantitativ zu erfassen.

Außer den bisher genannten Verbindungen von Hämoglobin kommt im Blut noch *Verdoglobin* vor, welches eine Porphyrinverbindung mit dem nativen Globin ist und bereits ein Zwischenprodukt beim Abbau von Hämoglobin zu Bilirubin darstellt. Über seine Bestimmung s. S. 155.

Durch gleichzeitige Einwirkung von Schwefelwasserstoff und Sauerstoff (H_2O_2) auf Hämoglobin entsteht das ebenfalls grüne *Sulfhämoglobin*, dessen Porphyrinring sich von dem Protoporphyrin durch einen Mehrgehalt von 2 S- und 4 O-Atomen unterscheidet. Es kommt nicht natürlich vor und ist früher wegen seiner grünen Farbe mit Verdoglobin verwechselt worden.

Das Molekulargewicht vom Hämoglobin der höheren Tiere beträgt etwa 66000, dies entspricht bei einem Eisengehalt von 0,34% einem Gehalt von 4 Atomen Eisen bzw.

---

[1] LEMBERG, R., and J. W. LEGGE: Hematin Compounds and Bile Pigments. S. 164. New York 1949.

4 Hämen je Mol Hämoglobin. 1 mg Fe entspricht 0,2918 g Hämoglobin. Bestimmung von Hämoglobineisen mit Thiosalicylsäure s. PETERS[1].

Vom Häm leiten sich eine Reihe von Fermenten ab, z. B. die Cytochrome, Katalase und Peroxydase. S. hierüber Bd. IV.

Über die Bestimmung des vom Hämoglobin gebundenen Sauerstoff s. Bd. II, Gasanalyse, über spektroskopische Untersuchungen des Hämoglobinmoleküls s. Bd. IV.

Über die physiologischen Beziehungen zu anderen Pyrrolfarbstoffen mit 2 und 4 Pyrrolringen s. STICH[2].

Der normale Hämoglobingehalt des Blutes wird mit 16 g in 100 cm³ angenommen. Diese 16 g werden nach SAHLI als 100% bezeichnet und höher oder niedriger liegende Werte werden häufig in „Sahliprozenten" angegeben. Diese Bezeichnungsweise ist sehr unrationell, weil Frauen physiologisch schon weniger als „100%" Hämoglobin besitzen.

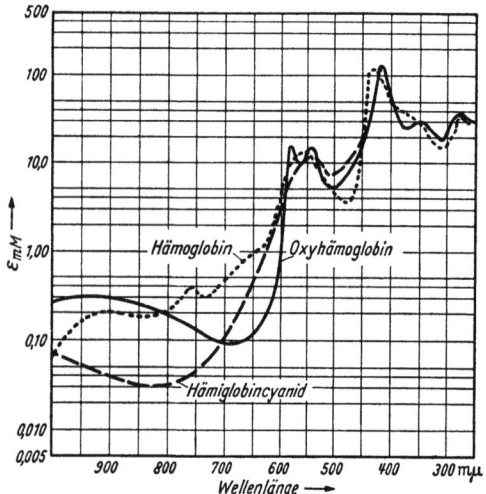

Abb. 24. Absorptionsspektren von Oxyhämoglobin, Hämoglobin und Hämiglobincyanid nach B. L. HORECKER (s. LEMBERG und LEGGE, S. 226).

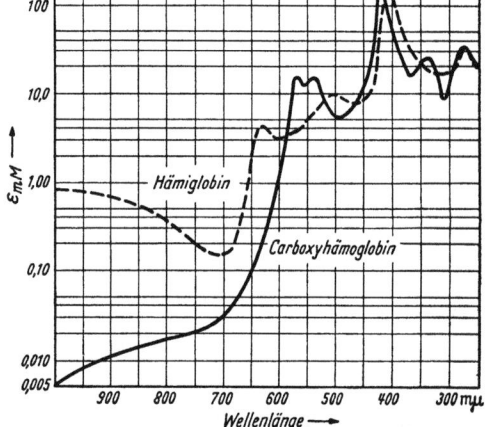

Abb. 25. Absorptionsspektren von Carboxyhämoglobin und Hämiglobin nach B. L. HORECKER (s. LEMBERG und LEGGE, S. 227).

Man sollte daher, um alle Irrtümer auszuschließen, allgemein dazu übergehen, die Hämoglobinmenge in Grammprozenten anzugeben. Da der Eisengehalt von Hämoglobin sehr konstant ist, ist auch der Vorschlag von SAVELSBERG und Mitarbeitern[3] brauchbar, den Hämoglobinbestand des Blutes durch seinen Hämoglobineisengehalt zu charakterisieren.

Die mittlere Hämoglobinkonzentration gesunder Menschen ist nach DRUCKREY und Mitarbeitern[4]

bei Männern: $15{,}45 \text{ g} \begin{array}{l} + 1{,}15 \text{ g} \\ - 1{,}40 \text{ g} \end{array}$ Hämoglobin in 100 cm³ Blut,

bei Frauen: $13{,}50 \text{ g} \begin{array}{l} + 1{,}15 \text{ g} \\ - 1{,}00 \text{ g} \end{array}$ Hämoglobin in 100 cm³ Blut.

Die Autoren bezeichnen diese Zahlen als „Medianwerte", im Gegensatz zu den weniger präzise definierten „Normalwerten". Sie finden keine Normalverteilung der Werte, sondern eine „erhebliche Schiefe" der Verteilungskurven, die bei Männern und Frauen gegensinnig verlaufen. Die Mittelwerte der Literatur schwanken bei Männern von 14,6—16,5 g-%, bei Frauen von 13,3—13,9 g-%[4].

Die von DRUCKREY und Mitarbeitern gefundenen Zahlen basieren auf ausgedehnten vergleichenden Untersuchungen mit 9 verschiedenen Methoden, wobei gleichzeitig die Fehlergrößen der verschiedenen Methoden und ihre Absolutwerte festgelegt wurden.

[1] PETERS, J. T.: Southern. med. J. 40, 924 (1947).

[2] STICH, W.: M. m. W. 1950, 1275.

[3] SAVELSBERG, W., J. HARZHEIM u. W. KÜNZER: Kli. Wo. 1951, 479.

[4] DRUCKREY, H., P. DANNEBERG, K. KAISER, I. FROMME u. H. SCHNEIDER: B. Z. 323, 535 (1952).

Der Hämoglobingehalt des Blutes ist bei Tieren zum Teil deutlich höher oder niedriger als bei Menschen; eine kurze Zusammenfassung gibt die Tabelle 35, aus der auch ersichtlich ist, daß der Hämoglobingehalt nicht der Zahl der Erythrocyten parallel geht.

Tabelle 35. *Blutkörperchenzahl und Hämoglobingehalt im Blut[1].*

	Millionen Erythrocyten in 1 mm³ Blut		g Hb/100 cm³ Blut	
	Mittel	Grenzwerte	Mittel	Grenzwerte
Männer	4,96	4,37—5,58	16,03	14,39—18,03
Frauen	4,70	—	14,7	12—16
Knaben	5,04	—	19,70	—
Mädchen	5,07	—	19,28	—
Neugeborene	5,06	4,07—6,01	19,48	15,20—23,71
Rinder	5,72	—	10,8	—
Hunde	5,6	5,0—6,2	12,0	9,0—15,1
Schweine	7,44	—	16,1	—
Ratten	8,57	—	15,2	—
Kaninchen	5,86	—	11,9	—
Pferde	6,94	—	12,4	—
Schafe	10,70	—	11,9	—
Ziegen	13,94	—	10,9	—

Zwischen dem fetalen Hämoglobin und dem Hämoglobin von Erwachsenen hat sich bei der photometrischen Bestimmung kein Unterschied nachweisen lassen[2]. Durch frühere Autoren ist ein besonderes fetales Hämoglobin nachgewiesen worden, welches sich durch das Absorptionsspektrum, die Affinität zu Sauerstoff und seine relative Stabilität gegenüber NaOH von dem Hämoglobin der Erwachsenen unterscheidet. Das fetale Hämoglobin macht beim Embryo ungefähr 80% des Gesamthämoglobin aus und ist bis zum 7. Lebensmonat nachweisbar[3].

Es ist in vielen Fällen wünschenswert, eine Hämoglobinlösung genau bekannten Gehaltes zu besitzen, um Bestimmungsmethoden nach dieser Lösung eichen zu können. Eine solche Kontrolle ist durch Messung des HÜFNERschen Quotienten (s. bei Kohlenoxydhämoglobin, S. 153) möglich. Auch WEISE[4] hat ein solches absolutes Verfahren angegeben.

HEILMEYER und SUNDERMANN[5] haben die Methode von WEISE mit einer gewichtsanalytischen Untersuchung verglichen und gute Übereinstimmung gefunden. Über die Konstanten des reduzierten Hämoglobin besteht aber weniger Einmütigkeit. Bei der Bestimmung mit der Hämatinmethode entstehen Fehlerquellen nicht nur durch die verschiedenen Vollblutarten, sondern auch durch den unterschiedlichen zeitlichen Ablauf der Hämatinbildung. Eine solche Methode stammt von SAHLI[6]. Doch muß man mit der Hämatinmethode mit einem Fehler von ± 11%, nach anderen Angaben sogar mit ± 20% rechnen[7]. Bei Verwendung künstlicher Vergleichskeile, die den Hämoglobinometern von der Fabrik mitgegeben werden, muß daran gedacht werden, daß diese nicht unbegrenzt unverändert haltbar sind.

Eine einfache und zuverlässige Methode zur *titrimetrischen Bestimmung* einer Hämoglobinlösung mit 0,001 n Trikaliumhexacyanoferrat ist von HAVEMANN und Mitarbeitern[8]

---

[1] Flaschenträger-Lehnartz Bd. 2 im Druck.

[2] SAVELSBERG, W., J. HARZHEIM u. W. KÜNZER: Kli. Wo. 1951, 479.

[3] LEMBERG, R., and J. W. LEGGE: Hematin Compounds and Bile Pigments. S. 319ff. New York 1949. — HAUROWITZ, F.: H. 194, 98 (1931); 232, 125 (1935).

[4] WEISE, W.: B. Z. 293, 64 (1937).

[5] HEILMEYER, L., u. A. SUNDERMANN: Dtsch. Arch. klin. Med. 178, 397 (1936). — HEILMEYER, L., u. I. VON MUTIUS: Dtsch. Arch. klin. Med. 182, 164 (1938).

[6] SAHLI, H.: Lehrbuch der klinischen Untersuchungsmethoden. S. 658. Wien 1905.

[7] DEUTSCH, B.: B. Z. 274, 299 (1934).

[8] HAVEMANN, R., F. JUNG, u. B. v. ISSEKUTZ jr: B. Z. 301, 116 (1939).

ausgearbeitet worden. Sie beruht darauf, daß 1 Mol Trikaliumhexacyanoferrat $^1/_4$ Mol Hämoglobin, d. h. 17000 g zu Methämoglobin oxydiert. Wird das Hämoglobin zuerst in das helle rote Cyanhämoglobin umgewandelt, so nimmt bei Zusatz von Trikaliumhexacyanoferrat, sofern das Volumen der Lösung gleichgehalten wird, die Extinktion proportional dem Hämiglobingehalt zu. Sie ändert sich nicht mehr, wenn alles Hämoglobin in Cyanmethämoglobin verwandelt ist. Werden hierzu z. B. 4,00 cm³ 0,001 n Trikaliumhexacyanoferratlösung verbraucht, so entspricht dies 67,5 mg Methämoglobin. Diese Methode ist auch für das Stufenphotometer umgearbeitet worden[1].

Verhältnismäßig einfach und zuverlässig läßt sich das Hämoglobin mit dem Oxypanhämometer bestimmen (Zeiß-Ikon-Werke). Der Vergleich erfolgt durch einen gefärbten Gelatinekeil mit einem Grünfilter, wodurch einigermaßen monochromatisches Licht erzeugt wird. Die Genauigkeit des Instrumentes entspricht den klinischen Anforderungen. Sehr zuverlässig läßt sich das Gesamthämoglobin durch gasanalytische Methoden ermitteln, wenn das Blut nach Verdünnen mit physiologischer Kochsalzlösung mit Sauerstoff gesättigt wird[2]. Es läßt sich auch eine Sättigung mit Kohlenoxyd durchführen. Da aber Methämoglobin mit Kohlenoxyd nicht reagiert, muß jenes zuerst durch Natriumhypodisulfit reduziert werden[3].

Die Verwendung von Cyanhämatin ist von KING und seinen Mitarbeitern[4] vorgeschlagen und ausgearbeitet worden. Der Gehalt der Hämatinlösung, die als Standard benutzt wird, kann aus dem Eisengehalt berechnet werden. Die aus krystallisiertem Hämin in Natriumcyanid hergestellte Lösung ist identisch mit den Lösungen, die aus Blut, Salzsäure und Natriumcyanid entstehen. Die Bestimmung als Hämatin scheint die unzuverlässigsten Werte zu ergeben. Für verschiedene Hämoglobinbestimmungsmethoden wird die „Genauigkeit" ermittelt, indem der Farbstoffgehalt von mehreren Untersuchern an verschiedenen Orten mit verschiedenen Methoden an demselben Blut bestimmt wird. Die quadratische Abweichung in Prozenten von 6144 Meßergebnissen ergab, daß mit der Verdünnungsmethode von SAHLI, HALDANE oder COWERS der Fehler um ± 10% liegt. Am besten ist die HALDANEsche Methode unter Verwendung einer Kohlenoxydhämoglobinlösung. Die Verwendung von Colorimetern verbesserte die Ergebnisse erheblich. Der geeignete Farbstoff dürfte Cyanmethämoglobin sein[5]. Die Benutzung von Oxyhämoglobin ist auch empfehlenswert. In England hat sich seit 1947 eine Gruppe von Forschern an verschiedenen Stellen des Landes um die Erforschung der Zuverlässigkeit der verschiedensten Methoden bemüht[6]. Auf die umfangreichen Untersuchungen kann hier nicht näher eingegangen werden. Die Methode von SAHLIZEISS ergab die besten Übereinstimmungen, dann folgten die photometrischen Methoden, danach erst die colorimetrischen. Unter den Photozellencolorimetern erwiesen sich die Einzellencolorimeter geeigneter als die Zweizellencolorimeter. Für die Routinemethode wird ein Graukeilcolorimeter empfohlen. Zur Herstellung von Oxyhämoglobinlösung wird Blut 200fach mit verdünnter Ammoniaklösung verdünnt und 5 min mit Luft geschüttelt (Ammoniaklösung: 0,4 cm³ konz. Ammoniak ad 1000).

Cyanmethämoglobinlösung. Blut wird 200fach mit Ammoniak wie oben verdünnt, dann 2 Vol. 2%ige Kaliumferricyanidlösung und nach 10 min 0,8 Vol. 10%iges NaCN

[1] BETKE, K., u. W. SAVELSBERG: B. Z. **320**, 431 (1950).

[2] SENDROY, J. jr.: J. biol. Ch. **91**, 307 (1931).

[3] VAN SLYKE, D. D.: J. biol. Ch. **66**, 409 (1925). — VAN SLYKE, D. D., and A. HILLER: J. biol. Ch. **78**, 807 (1928); **84**, 205 (1929).

[4] KING, E. J.: Biochem. J. **41**, XXXIII (1947). — KING, E. J., M. GILCHRIST and A. MATHESON: Brit. med. J. **1944 I**, 250. — KING, E. J., M. GILCHRIST, R. DONALDSON and R. B. SISSON: Lancet **1947 I**, 201. Vgl. auch Lancet **1947**, 563.

[5] BARKAN, G.: B. Z. **294**, 239 (1937). — MACFARLANE, R. G., E. J. KING, I. D. P. WOOTTON and M. GILCHRIST: Lancet **1948 I**, 282.

[6] KING, E. J., M. GILCHRIST, I. D. P. WOOTTON, J. R. P. O'BRIEN, H. M. JOPE, P. E. QUELCH, J. M. PETERSON, D. H. STRANGEWAYS and W. N. M. RAMSAY: Lancet **1948 I**, 478. — KING, E. J., R. J. BARTHOLOMEW, N. GEISER, S. VENTURA, I. D. P. WOOTTON, R. G. MACFARLANE, R. DONALDSON and R. B. SISSON: Lancet **1951 II**, 1044; dort weitere Literatur.

zugefügt und auf 200 cm³ aufgefüllt. Zur Berechnung des absoluten Hämoglobingehaltes wurden die Methoden unter[1] verwendet. Über die Bestimmung aus dem spezifischen Gewicht s.[2].

Die Prinzipien einer *optischen Standardisierung* von Hämoglobinometern werden von DONALDSON und Mitarbeitern[3] in einer ausführlichen Mitteilung unter Abbildung der Kurven für das sichtbare Spektrum von 6 Hämoglobinderivaten dargestellt. Sie teilen eine Versuchsanordnung mit, um die Genauigkeit einer Methode bzw. eines Apparates nachprüfen zu können. Die Genauigkeit hängt mehr von technischen und biologischen, weniger von optischen Faktoren ab. Die persönliche Erfahrung spielt eine große Rolle; ferner sind für die Auswahl einer Methode der Zeitaufwand und die erforderliche Genauigkeit entscheidend. Allgemein gültige Anweisungen können nicht gegeben werden. Es ist aber stets zu prüfen, wieweit beobachtete Hämoglobindifferenzen als echte Unterschiede oder als methodische Fehler angesehen werden müssen. Mit der Standardmethode des Medical Research Council wird von BIGGS und ALLINGTON[4] der mittlere Fehler des Colorimeters zu 1,59% des Hämoglobingehaltes errechnet. Er steigt aber bei geringem Hämoglobingehalt auf 7,44%. Auf Grund ihrer sorgfältigen Studien kommen sie zu dem Schluß, daß bei normalem Hämoglobingehalt eine Änderung erst signifikant ist, wenn sie 12% beträgt. Je kleiner der Hämoglobingehalt, desto geringer muß die Schwankung sein, um signifikant zu werden. Das heißt der Variationskoeffizient nimmt mit abnehmendem Hämoglobingehalt ab. Zwischen venösem und Capillarblut konnte kein Unterschied gefunden werden. Im Gegensatz zu älteren Untersuchungen kommen BIGGS und ALLINGTON zu dem Schluß, daß es nicht notwendig ist, stets zu derselben Zeit das Blut zu entnehmen, da die Tagesschwankungen gering sind.

Der *Oxyhämoglobingehalt* des Blutes wird im allgemeinen gasanalytisch bestimmt (s. Bd. II, Gasanalyse). Meist wird nach der Vorschrift von VAN SLYKE und HILLER[5] oder von NICLOUX[6] gearbeitet. Um das Verhältnis Oxyhämoglobin/Hämoglobin schnell zu bestimmen, kann das unter Paraffin aufgefangene Blut mit Saponin und Kochsalz hämolysiert werden. Bei einer Schichtdicke von 0,1—0,2 mm wird bei 576, 560 und 541 mμ abgelesen und aus dem Verhältnis der Extinktionen der prozentuale Anteil berechnet[7]. NAHAS[8] mißt bei 505 und 605 mμ und findet bei vollständiger O_2-Sättigung ein Extinktionsverhältnis von 0,515, bei völliger Reduktion von 0,075. Aus diesen Zahlen kann der O_2-Hämoglobingehalt des nativen Blutes berechnet werden.

Eine ähnliche Methode unter Verwendung einer Hämoglobinlampe s.[9].

Geringste Mengen von Hämoglobin im Plasma können als Hämochromogene nach Zusatz von Natronlauge oder Kalilauge bei 558,5 mμ nach Reduktion gemessen werden[10]. Unter Ausnutzung der peroxydatischen Wirksamkeit auf Benzidin erreicht VERDIN[11] eine Genauigkeit von $\pm$ 10%. ANDRY und STORCK[12] verwenden eine Lösung von Resorcin,

[1] DELORY, G. E.: Analyst 68, 5 (1943). — KING, E. J., I. D. P. WOOTTON and A. KING: Biochem. J. 44, XII (1949). — BERNHART, F. W. and L. SKEGGS: J. biol. Ch. 147, 19 (1943). — BERG, R.: Z. analyt. Chem. 76, 193 (1929).

[2] VAN SLYKE, D. D., R. A. PHILLIPS, V. P. DOLE, P. B. HAMILTON, R. M. ARCHIBALD and J. PLAZIN: J. biol. Ch. 183, 349 (1950).

[3] DONALDSON, R., R. B. SISSON, E. J. KING, I. D. P. WOOTTON and R. G. MACFARLANE: Lancet 1951 II, 874.

[4] BIGGS, R., and M. J. ALLINGTON: J. clin. Path. 4, 211 (1951).

[5] VAN SLYKE, D. D., and A. HILLER: J. biol. Ch. 84, 205 (1929).

[6] NICLOUX, M., et G. FONTÉS: Bull. Soc. Chim. biol. 6, 728 (1924).

[7] LAMBRECHTS, A., L. LEFEVRE et A. CORNIL: Acta biol. belg. 2, 109 (1942).

[8] NAHAS, G. G.: Science, N. Y. 113, 723 (1951).

[9] HICKAM, J. B., and R. FRAYSER: J. biol. Ch. 180, 457 (1949).

[10] LAMBRECHTS, A., et M. PLUMIER: Acta biol. belg. 2, 106 (1942). — WATSON, C. J.: J. biol. Ch. 146, 171 (1942). — HUNTER, F. T., M. GROVE-RASMUSSEN and L. SOUTTER: Amer. J. clin. Path. 20, 429 (1950).

[11] VERDIN, G.: Acta biol. belg. 1, 384 (1941).

[12] ANDRY, R., and J. STORCK: Ann. pharmaceut. franç. 9, 163 (1951).

Pyramidon und Pyridin in Alkohol in Gegenwart von H_2O_2, woraus in Gegenwart von Hämoglobin eine rote Lösung entsteht, die colorimetriert wird.

Das *Hämiglobin* (Methämoglobin) macht unter normalen Bedingungen 0,09—0,17% des gesamten Hämoglobin aus[1]. Auch bei Tieren sind diese Werte nicht wesentlich anders, am niedrigsten bei Meerschweinchen und Kaninchen. Die Bestimmung gelingt durch Messung der für das Hämiglobin charakteristischen Bande zwischen 600 und 660 mμ bei Überführung in Cyanhämiglobin[2]. Das Verfahren ist auch für andere elektrische Photometer bearbeitet worden[3]. Es ist darauf zu achten, daß der Methämoglobingehalt des Blutes bei Zimmertemperatur sehr rasch zunimmt. Auch durch Überführung in Fluormethämoglobin ist eine Bestimmung möglich. Für das Stufenphotometer ist ein Verfahren von GIGON und NOVERRAZ[4] ausgearbeitet worden, welches darauf beruht, daß die Extinktion bei 570 mμ für Hämiglobin kleiner als für Oxyhämoglobin ist. Noch besser ist Messung mit den Filtern S 57 und S 61. Bei Verwendung der Filter S 53 und S 61 soll die Summe der Extinktionen dem Hämiglobingehalt proportional sein[5].

Weitere Literatur s. [6], besonders bezüglich Verwendung der Ultrarotabsorption.

Der normale Gehalt an *CO-Hämoglobin* beträgt 0,04—0,188 Vol.-% CO, je nachdem ob es sich um Raucher oder Nichtraucher handelt; bei den erstgenannten kann der CO-Gehalt bis auf 0,67 Vol.-% ansteigen. Die gasanalytische Bestimmung ist mit dem Apparat nach VAN SLYKE unter Verwendung eines Zusatzgerätes zur Verbrennung des ausgetriebenen CO möglich[7]. Auch durch einfache Differenzmessung des Gasdruckes ist die CO-Bestimmung möglich; es muß der Sauerstoff absorbiert werden, für den Stickstoff setzt man die physikalischen Konstanten ein[8]. WAGNER[9] absorbiert das CO mit Hämoglobinlösung und weist es spektroskopisch nach.

Die Reaktion von CO mit $PdCl_2$ ist verschiedentlich für Bestimmungsmethoden ausgenutzt worden; titrimetrisch mit Brom[10] oder colorimetrisch durch Reduktion von alkalischer Silberoxydlösung[11], oder mit Hilfe von CONWAY-Gefäßen, bei denen das im Innenraum abgeschiedene Pd eine Lichtschwächung hervorruft, die photometrisch gemessen wird[12].

Die meisten Methoden gründen sich auf das optische Verhalten bei verschiedenen Wellenlängen. So benützt OETTEL[13] die Filter S 57 und S 53 mit dem Stufenphotometer und SALT[14] die Wellenlänge von 600 mμ vor und nach Reduktion. Eine ähnliche Vorschrift hatte schon HAVEMANN[15] gegeben. Die Verwendung von monochromatischem Licht ist in jedem Falle vorzuziehen[16]. Die Ultrarotphotometrie bzw. Photographie wird von verschiedenen Autoren empfohlen[17]. Eine fortlaufende Registrierung der CO-Mengen im Blut gelingt mit einer Photozelle[18].

---

[1] HEUBNER, W., M. KIESE, M. STUHLMANN u. W. SCHWARTZKOPFF-JUNG: A. e. P. P. **204**, 313 (1947).

[2] HAVEMANN, R., F. JUNG u. B. v. ISSEKUTZ jr.: B. Z. **301**, 116 (1939).

[3] KÜNZER, W., u. W. SAVELSBERG: Kli. Wo. **1951**, 648.

[4] GIGON, A., u. M. NOVERRAZ: Schweiz. med. Wschr. **68**, 465 (1938).

[5] NOVERRAZ, M.: Schweiz. med. Mschr. **81**, 252 (1951).

[6] SZIGETI, B.: Biochem. J. **34**, 1460 (1940). — DOGNON, A.: C. R. Soc. Biol. **134**, 178 (1940). — HORECKER, B. L., and F. S. BRACKETT: J. biol. Ch. **152**, 669 (1944). — KIESE, M.: A. e. P. P. **204**, 190 (1947).

[7] SCHMIDT, O.: Z. klin. Med. **136**, 151 (1939). Kli. Wo. **1939 I**, 938.

[8] ROUGHTON, F. J. W.: J. biol. Ch. **137**, 617 (1941).

[9] WAGNER, K.: Dtsch. Z. gerichtl. Med. **35**, 69 (1941).

[10] RUSZNYÁK, ST., u. E. B. HATZ: B. Z. **280**, 242 (1935).

[11] SCHOLTEN, C.: Dtsch. Z. gerichtl. Med. **30**, 292 (1939).

[12] MARQUARDT, W.: Dtsch. Z. gerichtl. Med. **40**, 385 (1951).

[13] OETTEL, H.: A. e. P. P. **190**, 233 (1938).

[14] SALT, H. B.: Analyst **76**, 344 (1951).

[15] HAVEMANN, R.: Kli. Wo. **1940**, 1183.

[16] SEYDEL, F.: Dtsch. Milit.-Arzt **4**, 223 (1939). — MAY, J.: Zbl. Hyg. **37**, 65 (1936). — HARTMANN, H.: Ergebn. Physiol. **39**, 413 (1937).

[17] WEINBACH, A.: Z. ges. exp. Med. **101**, 477 (1937). — MERKELBACH, O.: Schweiz. med. Wschr. **65**, 1142 (1935). — PERELLI, L.: Diagnost. Tecn. Lab. **9**, 407 (1928).

[18] MATTHES, K., u. F. GROSS: A. e. P. P. **191**, 369 (1939).

Eine Schnellmethode für nur 0,06 cm³ Blut s. [1].

OBERSTEG und Mitarbeiter [2] haben gefunden, daß eingetrocknete Bluttropfen ihren CO-Gehalt sehr lange behalten. Beim Eintrocknen gehen allerdings etwa 50% des ursprünglich in den Blutproben vorhandenen CO verloren; in gut abgeschlossenen Gefäßen aber hält sich der CO-Gehalt trotz Fäulnis sehr lange fast unverändert. Die Messung erfolgte mit einer colorimetrischen Methode mit künstlicher Vergleichslösung.

Titrimetrische Bestimmung von Hämoglobin nach BETKE und SAVELSBERG [3].

Reagentien:
1. 15 m Phosphatpuffer nach SÖRENSEN ($p_H = 6,8$).
2. 0,001 n Trikaliumhexacyanoferrat (Kaliumferricyanid).

Ausführung:
2,0 cm³ Blut werden mit 30 cm³ destilliertem Wasser hämolysiert und nach Zugabe von 15 cm³ Phosphatpuffer scharf zentrifugiert.

In 6 Reagensgläser gibt man 0,0, 0,5, 1,0, 1,5, 2,5 und 3,0 cm³ Trikaliumhexacyanoferratlösung. Das Volumen wird auf 5 cm³ ergänzt und jedes Reagensglas mit 5 cm³ der klaren Blutfarbstofflösung beschickt. Man mischt und bestimmt nach 1 Std mit Filter S 61 die Extinktion. Bei normalem Hämoglobingehalt liegen die ersten 4 Punkte auf einer schräg ansteigenden Geraden, während bei den letzten beiden Punkten keine Zunahme der Extinktion mehr beobachtet werden kann. Man verbindet die 4 ersten und die beiden letzten Punkte je durch eine Gerade; diese schneiden sich im Äquivalenzpunkt.

Berechnung:
Das Molekulargewicht des Hämoglobin wird mit 68 000 eingesetzt. In jedem Reagensglas befinden sich 0,2128 cm³ Blut. Ergibt sich aus der graphischen Darstellung, daß der Äquivalenzpunkt (m) bei 1,81 cm³ liegt, so berechnet sich der Hämoglobingehalt nach der Formel

$$x = \frac{m \cdot 17\,000 \cdot 100}{10^6 \cdot 0,2128} = m \cdot \frac{17}{2,128} = 1,81 \cdot \frac{17}{2,128} = 14,5\% \text{ Hämoglobin.}$$

Bestimmung von Hämoglobin durch Überführung in Cyanhämiglobin nach BETKE und SAVELSBERG [3].

Reagentien:
1. 0,2 g Trikaliumhexacyanoferrat (Kaliumferricyanid) werden in etwa 500 cm³ Wasser gelöst, 0,2 g Kaliumcyanid zugefügt und auf 1000 cm³ aufgefüllt.

Ausführung:
4 cm³ Reagenslösung werden in gut verschließbare kleine Glasfläschchen gefüllt (sehr geeignet sind Penicillinfläschchen mit Gummistopfen). Hierzu gibt man 0,038 cm³ Blut. Nach gleichmäßiger Durchmischung tritt sofort völlige Hämolyse und Umwandlung in das rote Cyanhämiglobin ein. Die Extinktion wird mit dem Stufenphotometer mit Filter S 53 bei 10 mm Schichtdicke gegen Wasser gemessen.

Berechnung:
Bei Verwendung von 0,038 cm³ Blut ist die Berechnung einfach. $16 \cdot E = $ g-% Hämoglobin oder $100 \cdot E = $ % Hämoglobin nach SAHLI.

Hämoglobinbestimmung nach KIESE [4]. Es wird benötigt das Photometer nach HAVEMANN mit Quecksilberspektrallampe nach Osram, dazu Filter OG 1, VG 9 und BG 20 zur Isolierung der grünen Linie und Filter OG 2 und VG 3 zur Isolierung der gelben Linie.

Reagentien:
1. 0,2 m Phosphatpuffer p_H 6,8.
2. Trikaliumhexacyanoferrat (Kaliumferricyanid) 10%ig.

[1] GRUT, A., u. H. HESSE: Nord. Med. **1942**, 3442.
[2] OBERSTEG, J. IM u. M. KANTER: Dtsch. Z. gerichtl. Med. **40**, 283 (1951).
[3] BETKE, K., u. W. SALVELSBERG: B. Z. **320**, 431 (1950).
[4] KIESE, M.: A. e. P. P. **204**, 190 (1947).

3. NH$_4$OH, 20%ig.

4. Natriumhypodisulfit in Substanz.

Ausführung:

0,01—0,02 cm^3 Blut werden in etwa 20 cm^3 Wasser hämolysiert und danach mit 2,5 cm^3 Phosphatpuffer versetzt. Die Flüssigkeit wird auf 25 cm^3 aufgefüllt und im HAVEMANN-Photometer die Extinktion folgendermaßen bestimmt:

Die erste Messung erfolgt unmittelbar nach Auflösung des Blutes, indem die Meßtrommel auf 500 Teilstriche gestellt und die Belichtung der Vergleichszelle durch Änderung der Blende vorgenommen wird. Das Galvanometer darf keinen Ausschlag zeigen. Dann wird die Cuvette entfernt und mit der Meßzelle kompensiert, wodurch ein Leerwert erhalten wird, der zur Eichung des Gerätes dient, da nach Oxydation des Hämoglobin zu Hämiglobin eine Einstellung des Gerätes mit der ursprünglichen Lösung nicht mehr möglich ist. Man kann auch den ursprünglich bei 500 Teilstrichen festgelegten Nullwert mit einer zweiten Cuvette kontrollieren.

Der zu untersuchenden Lösung wird ein Tropfen Trikaliumhexacyanoferrat zugesetzt und danach die Extinktionsverminderung durch Verschieben der Meßtrommel gemessen.

Man legt eine Eichkurve mit bekannten Hämoglobinmengen an. Da auch die Trikaliumhexacyanoferratlösung einen kleinen Extinktionsunterschied verursacht, der aber in der Eichkurve enthalten ist, darf die Trikaliumhexacyanoferratmenge nicht verändert werden.

Mit dem beschriebenen Verfahren wird nur das Hämoglobin, nicht das Hämiglobin bestimmt.

Enthält das Blut von vornherein *Kohlenoxydhämoglobin*, so kann als Ausgangsform der Messung nicht das Oxyhämoglobin genommen werden. Man muß dann die Lösung mit Kohlenoxyd sättigen. Dies ist auch dann angebracht, wenn die Hämoglobinbestimmung nicht sofort durchgeführt wird, um eine nachträgliche Hämiglobinbildung zu verhindern. Für die Bestimmung mit Kohlenoxydhämoglobin muß eine neue Eichkurve angelegt werden, und es ist zu beachten, daß die Überführung in Hämiglobin längere Zeit dauert.

Zur Bestimmung des *Gesamthämoglobin* werden 0,01 cm^3 Blut in 20 cm^3 20%igem NH$_3$ gelöst, durch Zusatz von Dithionit in Substanz reduziert und mit Wasser auf 25 cm^3 aufgefüllt. Nach 10—20 min wird colorimetriert. Das HAVEMANN-Colorimeter wird mit den Filtern VG 3, VG 9, BG 20 und OG 1 ausgerüstet. Als Lichtquelle dient eine Metallfadenlampe. Durch die Filter wird Licht im Wellenbereich 550—570 mμ ausgespart. Zur Messung wird das Instrument mit einer mit Ammoniak gefüllten Cuvette bei Stellung der Meßtrommel auf 0 kompensiert. Dann wird die Hämoglobincuvette eingesetzt und durch Drehen der Meßtrommel das Galvanometer stromlos gemacht. Aus der Zahl der Teilstriche kann in Verbindung mit einer Eichkurve der Gesamthämoglobingehalt abgelesen werden.

Eine ähnliche Schnellmethode geben WELCH und WALTHER[1] an.

Spektrophotometrische Bestimmung kleiner Hämoglobinmengen nach HUNTER, GROVE-RASMUSSEN und SOUTTER[2]. Man benötigt ein BECKMAN-Spektrophotometer, die Extinktion wird bei 560 und 580 mμ gemessen. Das Verhältnis der Extinktionen dient als Maß für den Hämochromogengehalt. Bilirubin und Trübungen stören nicht. Sie verursachen höchstens einen Fehler von 1,5%.

Reagentien:

1. NaOH, 10%ig.

2. Natriumhypodisulfit (Dithionit) in Substanz.

Ausführung:

Je nach dem Hämoglobingehalt wird das Serum 1:4—1:8 mit Natronlauge verdünnt. Man wartet die Hämochromogenbildung ab, setzt etwas Hypodisulfit zu und mißt

[1] KEMBLE, WELCH, G., and W. W. WALTHER: Lancet 1951 I, 548.

[2] HUNTER, F. T., M. GROVE-RASMUSSEN and L. SOUTTER: Amer. J. clin. Path. **20**, 429 (1950).

die Extinktion bei einer Spaltbreite, die eine Bandbreite von 4,5 mμ ergibt. Das Verhältnis der Extinktionen ist dem Hämoglobingehalt proportional, dessen Menge aus einer Eichkurve entnommen wird.

Bestimmung des Hämiglobingehaltes nach KIESE[1]. Apparate und Reagentien s. Hämoglobinbestimmung nach KIESE, S. 151.

Ausführung:

0,1 cm³ Blut wird mit 40 cm³ Wasser hämolysiert, mit 5 cm³ Phosphatlösung versetzt und auf 50 cm³ aufgefüllt. Ist der Hämiglobingehalt erhöht, wird weniger Blut genommen. Nach dem Verdünnen des Blutes wird sofort Kohlenoxyd eingeleitet und anschließend zentrifugiert, um die Stromata zu entfernen. Zur Messung werden 2 Cuvetten von 30 mm Schichtdicke gefüllt und verschlossen. In der Meßcuvette wird das Hämiglobin durch Zusatz von Hypodisulfit reduziert und gleichzeitig in Kohlenoxydhämoglobin umgewandelt. Die physikalisch gelöste Kohlenoxydmenge ist hierfür in jedem Falle ausreichend. Es wird nun die Lichtdurchlässigkeit beider Cuvetten bestimmt und die Änderung, ausgedrückt in Teilstrichen vor und nach Reduktion, errechnet. Diese ist dem Hämiglobingehalt der Lösung proportional; er kann aus einer Eichkurve entnommen werden. 400 Teilstriche entsprechen ungefähr einem Hämiglobingehalt von 0,018% im Blut.

Hämiglobinbestimmung bei Kindern nach KÜNZER **und** SAVELSBERG[2]. Es wird die Methode von HAVEMANN, JUNG und v. ISSEKUTZ[3] für die Verwendung eines lichtelektrischen Colorimeters nach LANGE umgearbeitet. Metallinterferenzfilter rot, Filterschwerpunkt 560 mμ.

Reagentien:

1. Natriumcitrat, pulverisiert.
2. 0,2 m Phosphatpuffer p_H 6,8, mit CO gesättigt.
3. KCN-Lösung, 10%ig.
4. Trikaliumhexacyanoferrat- (Kaliumferricyanid-)Lösung, 0,2%ig.
5. Aqua dest., mit CO gesättigt.

Ausführung:

1,0 cm³ Venenblut wird mit wenig Natriumcitrat ungerinnbar gemacht und sofort mit 10 cm³ destilliertem Wasser, welches mit Kohlenoxyd gesättigt ist, hämolysiert. Nach 10 min gibt man 6 cm³ Phosphatlösung zu, zentrifugiert, dekantiert die klare Blutlösung und mißt die Extinktion vor und nach Zugabe eines Tropfens KCN-Lösung. Die Differenz der Extinktionen ist ein Maß für das vorhandene Hämiglobin.

Weitere 4 cm³ der Blutlösung werden mit 6 cm³ Trikaliumhexacyanoferrat versetzt; die Extinktionszunahme wird vor und nach Zugabe eines Tropfens KCN bestimmt, wobei der Aufhellungswert ein Maß für das Gesamthämiglobin ist, welches dem Gesamthämoglobin entspricht. Aus diesen beiden Zahlen kann der Anteil des nativen Hämiglobin berechnet werden. Er ist bei Säuglingen im ersten Trimenon am höchsten.

Bestimmung von Kohlenoxydhämoglobin nach HAVEMANN[4].

Prinzip:

Die bisher bekannten colorimetrischen Methoden zur Bestimmung des Kohlenoxydhämoglobins fußen auf dem Unterschied zwischen den Absorptionsspektren von Oxyhämoglobin und Kohlenoxydhämoglobin. Besonders groß ist der Unterschied für das Licht der gelben Quecksilberlinie bei 577—579 mμ. Der Kohlenoxydhämoglobingehalt läßt sich berechnen, wenn man gleichzeitig unter Benutzung einer anderen Quecksilberlinie den Gesamthämoglobingehalt bestimmt.

Bei Verwendung von nicht streng monochromatischem Licht ist die Bestimmung mit Fehlern behaftet, andererseits ist die Verwendung der Quecksilberlampe in vielen Fällen umständlich. Unter

[1] KIESE, M.: A. e. P. P. **204**, 190 (1947).
[2] KÜNZER, W., u. W. SAVELSBERG: Kli. Wo. **1951**, 648.
[3] HAVEMANN, R., F. JUNG u. B. v. ISSEKUTZ jr.: B. Z. **301**, 116 (1939).
[4] HAVEMANN, R.: Kli. Wo. **1940**, 1183.

Verwendung einer gewöhnlichen Metallfadenlampe läßt sich aber das Kohlenoxydhämoglobin bestimmen, wenn man einerseits das Gesamthämoglobin als Methämoglobin und andererseits den Gehalt an Oxyhämoglobin durch die Zunahme der Lichtabsorption im Wellenbereich zwischen 600 und 700 mμ nach Reduktion zu Hämoglobin mißt. Das Kohlenoxydhämoglobin läßt sich bekanntlich durch Reduktionsmittel nicht in Hämoglobin und Kohlenoxyd spalten. Die Grundlagen des Verfahrens sind folgende:

Zunächst wird das gesamte Hämoglobin (Hämoglobin, O_2-Hämoglobin und CO-Hämoglobin) in Methämoglobin umgewandelt und bestimmt. In einer zweiten Probe, der etwas Kaliumcyanid zur Umwandlung des im Blut vorhandenen Methämoglobin in Cyanmethämoglobin zugesetzt ist, wird die Zunahme der Lichtabsorption, die auf Zugabe von etwas festem Natriumhypodisulfit entsteht, im Spektralbereich 600—700 mμ gemessen. Dadurch werden Oxyhämoglobin und Cyanmethämoglobin zu reduziertem Hämoglobin umgewandelt. Dies entspricht dem Gehalt des Blutes an Oxyhämoglobin und Methämoglobin, und die Differenz gegenüber dem zuerst erhaltenen Wert entspricht dem Kohlenoxydhämoglobin. Da mit großen Blutverdünnungen gearbeitet wird, kann angenommen werden, daß immer 4% des vorhandenen Oxyhämoglobin als reduziertes Hämoglobin vorhanden sind.

Reagentien:

1. Natriumcitratlösung, 3,8%ig.
2. Trikaliumhexacyanoferratlösung, 0,065%ig, gelöst in Reagens 3.
3. Phosphatpuffer, 9,078 g KH_2PO_4 und 11,876 g $Na_2HPO_4 \cdot 2H_2O$ in 2 Litern.
4. KCN-Lösung, 10%ig.
5. $Na_2S_2O_4$ in Substanz.

Das lichtelektrische Colorimeter nach HAVEMANN ist ausgerüstet mit den Filtern OG 3 und RG 1.

Ausführung:

1 cm³ Venenblut wird mit 0,2 cm³ Natriumcitrat vermischt; davon wird 1 cm³ mit 10 cm³ destilliertem Wasser versetzt. Zur Vervollständigung der Hämolyse kann etwas festes Saponin zugegeben werden. Hiervon mischt man 5 cm³ mit 50 cm³ Trikaliumhexacyanoferratlösung und mißt die Extinktion unter Einschaltung des Lichtfilters OG 3 bei 20 mm Schichtdicke. An Hand einer Eichkurve kann der Gesamthämoglobingehalt abgelesen werden, der in diesem Falle mit 145,2 zu multiplizieren ist, um die Verdünnung des Blutes zu berücksichtigen.

Ein anderer Teil der Blutverdünnung von 5 cm³ wird mit 50 cm³ Phosphatlösung versetzt. Die Mischung wird in die 20 mm-Cuvette eingefüllt und mit 2 Tropfen 10%iger Kaliumcyanidlösung versetzt. Die Cuvette wird in das Colorimeter eingesetzt und mit dem Filter RG 1 der Nullwert eingestellt; dabei steht die Meßtrommel auf 0, und der Ausgleich der Helligkeiten erfolgt mit der Kompensationsblende.

Nun wird die Cuvette aus dem Apparat herausgenommen, es werden einige Körnchen frisches Natriumhypodisulfit zugesetzt, gemischt und dann sofort wieder gemessen. Die Messung erfolgt durch Drehung der Meßtrommel, und der abgelesene Wert ergibt an Hand der beigefügten Eichkurve den Gehalt an Oxyhämoglobin + reduziertem Hämoglobin + Methämoglobin.

Berechnung:

Durch Multiplikation mit 145,2 erhält man den Wert in unverdünntem Blut und aus der Differenz gegenüber dem ersten Wert den Gehalt an Kohlenoxydhämoglobin. Bei normalem Hämoglobingehalt des Blutes beträgt die Genauigkeit der Bestimmung etwa 0,5% des CO-Hämoglobingehaltes. Bei Verwendung von Mikrocuvetten läßt sich die Bestimmung auch in 0,1 cm³ Blut ausführen.

Es ist wichtig, nach dem Zusatz von Natriumhypodisulfit nur kurz umzuschwenken und sofort zu messen, da durch Zutritt von Luft größere Meßfehler entstehen.

Approximative Kohlenoxydhämoglobinbestimmung nach MARQUARDT[1].

Reagentien:

1. H_2SO_4, 10%ig.
2. 0,01 n $PdCl_2$-Lösung in 0,01 n Salzsäure.

---

[1] MARQUARDT, W.: Dtsch. Z. gerichtl. Med. **40**, 385 (1951).

Ausführung:

An Apparaten werden CONWAY-Gefäße und eine Photozelle mit Galvanometer, die es gestattet, die Lichtschwächung im Inneren der CONWAY-Zelle unmittelbar zu messen, benötigt. Der Innenraum des CONWAY-Gefäßes mit 20 mm lichter Weite wird mit 1 cm³ Palladiumchloridlösung gefüllt. In den Außenraum gibt man eine abgemessene Blutmenge, die sich nach dem Kohlenoxydgehalt richtet, mit Wasser hämolysiert und mit einigen Tropfen Schwefelsäure angesäuert wird. Das CONWAY-Gefäß wird verschlossen; nach 30 min hat sich auf der Palladiumchloridlösung eine Palladiumschicht gebildet, deren Menge durch Schwächung des Lichtes mit einer Photozelle gemessen wird.

Bestimmung von Verdoglobin nach KIESE[1].

Reagentien:
1. Harnstofflösung, 50%ig.
2. $Na_2S_2O_4$ in Substanz.
3. Kohlenoxyd aus Stahlflaschen oder aus Leuchtgas, welches durch Natronlauge und granulierte Kohle gereinigt ist.
4. 0,2 m Kaliumphosphatlösung, p_H 6,8.

Ausführung:

In einen 50 cm³-Meßkolben mit 2—3 cm³ Wasser gibt man 0,5 cm³ des zu untersuchenden Blutes und nach Durchmischung 25 cm³ Harnstofflösung, darauf nach 10 min 5 cm³ Phosphatlösung und füllt mit Wasser auf. Den Kolben entleert man in einen 250 cm³-Erlenmeyer-Kolben und sättigt mit Kohlenoxyd, was bei Leuchtgas 3—5 min dauert. Nun wird eine kleine Menge Hypodisulfit zugegeben (etwa 20 mg) und nochmals ½ min Kohlenoxyd eingeleitet. Wird der Kolben nun verschlossen, so kann er lange Zeit aufbewahrt werden. Es ist aber wichtig, daß die Reduktion durch $Na_2S_2O_4$ erst nach Sättigung mit Kohlenoxyd erfolgt, weil aus Hypodisulfit und O_2-Hämoglobin Verdoglobin entsteht.

Die Messung der Lichtabsorption erfolgt im HAVEMANN-Photozellencolorimeter, welches mit dem Filter RG 1 ausgerüstet ist. Zum Schutz gegen Erwärmung wird noch das Filter OG 3 eingeschaltet. Die zweite Messung erfolgt im Spektralbereich, welcher durch das Filter RG 5 herausgefiltert wird. Durch Messung in beiden Spektralbereichen werden Trübungen ausgeschaltet.

Die Filter OG 3 und RG 1 bleiben während der Messung immer im Apparat. Die Lichtabsorption des Filters RG 5 kann neben diesen Filtern mit der wassergefüllten 30 mm-Cuvette bestimmt werden und gibt dann ungefähr 920 Teilstriche des Colorimeters. Für die Messung der Blutlösung wird diese in die 30 mm-Cuvette eingefüllt, die Meßtrommel auf z. B. 920 Teilstriche eingestellt und dann unter Einsatz aller 3 Filter kompensiert. Dann wird das Filter RG 5 herausgenommen und nun durch Verdrehen der Meßtrommel die veränderte Extinktion gemessen. Die Änderung in Teilstrichen, an der Meßtrommel gemessen, ist abhängig von der CO-Verdoglobinkonzentration, die aus einer Eichkurve entnommen werden kann. Im normalen Blut wurden folgende Werte gefunden:

Mensch	0,4%	Hund	0,33%
Pferd	0,5%	Ratte	0,33%
Rind	0,3%		

Die Werte streuten beim Hund z. B. von 0,25—0,60%.

Herstellung einer Standard-Verdoglobin-CN-Lösung. 200 cm³ einer etwa 10%igen Oxyhämoglobinlösung werden in eine frisch bereitete Lösung von 20 g Kaliumcyanid und 20 g Phosphorsäure in 200 cm³ Wasser eingegossen. Unter Umrühren fügt man 35 cm³ 30%iges Wasserstoffperoxyd zu und läßt das Gefäß leicht verschlossen stehen. Nach 3—4 Std wird von dem ausgefallenen Protein abgegossen und mehrere Tage in Cellophanschläuchen gegen Leitungswasser, dann anschließend mehrere Tage im

---

[1] KIESE, M.: Kli. Wo. **1942**, 565.

Eisschrank gegen destilliertes Wasser unter häufigem Wasserwechsel dialysiert. Hierbei entsteht ein grüner Niederschlag, von dem durch Filtrieren oder Zentrifugieren abgetrennt wird. Die Lösung enthält 1—3% Verdoglobin-CN mit einem Eisengehalt von 0,29%. Zu Nachweis und Bestimmung von Hämoglobin werden Verdoglobin und Hämiglobin nach Reduktion in das Pyridinchromogen übergeführt und das Pyridinhämochromogen durch seine starke Absorption bei 558 mμ bestimmt. Der Hämoglobingehalt dieser Lösung ist meist sehr gering; die Lösungen zeigen charakteristische Absorptionskurven.

Protoporphyrin[1-4]. Protoporphyrin wurde in Erythrocyten 1932 von HIJMANS VAN DEN BERGH[5] nachgewiesen. 100 cm³ enthalten unter normalen Bedingungen 2—20 γ. Es handelt sich um Protoporphyrin IX, welches in den Reticulocyten vorhanden ist[6], die später Fluorocyten genannt wurden[7] und normal 0,1% der roten Zellen ausmachen. Bei pathologischen Zuständen können bis zu 5% Fluorocyten vorkommen, bei der perniziösen Anämie, besonders unter Leberbehandlung steigt der Porphyringehalt in den Erythrocyten auf 20—60 γ-%, um bei längerer Behandlung auf 8—30 γ-% abzufallen[8]. Auch bei Bleiintoxikation steigt der Protoporphyringehalt sehr hoch an[9], zum Teil tritt Porphyrin ins Plasma über, während unter normalen Bedingungen das Plasma nur Spuren von Koproporphyrin enthält[10]. Bei Porphyrie, Ikterus und Nephritis und im Plasma von Feten wurde ebenfalls Koproporphyrin gefunden[4], unter gleichzeitigem Anstieg des Protoporphyringehaltes in den Erythrocyten[11]. Porphyrinogen wurde im Blut nicht gefunden.

Zur *Extraktion* wird Serum mit dem gleichen Volumen Äther geschüttelt, dann das gleiche Volumen Eisessig zugesetzt und weiter kräftig geschüttelt. Aus der Emulsion kann nach Zusatz von weiterem Äther eine klare gelbe Lösung abgegossen werden. Dieser Extrakt wird mit Wasser gewaschen und mit HCl extrahiert. Nach der Vorschrift von DE LANGEN[12] ist es bei der Aufarbeitung besser, Äthylacetat statt Äther zu nehmen, weil die Ausbeuten dann größer sind.

Erythrocyten werden, nachdem sie gewaschen sind, mit einer Mischung Eisessig-Essigester (1:3) 2 Std auf der Schüttelmaschine geschüttelt, abfiltriert und mit Wasser ausgewaschen; dann wird das Protoporphyrin in 10%ige Salzsäure übergetrieben. Aus der Salzsäure wird es nach Zusatz von Natriumacetat in Äther aufgenommen, und aus dem Äther wieder in 25%ige Salzsäure übergetrieben[13]. Die Extinktion wird mit dem BECKMAN-Photometer bei 411 mμ gemessen. Die Kurve ist linear, während bei nicht völlig monochromatischem Licht eine Abweichung vom BEERschen Gesetz beobachtet wird. Das Verfahren von GRINSTEIN und WATSON[14] unterscheidet sich durch die Verwendung von 5%iger HCl und lehnt sich im übrigen an die Verfahren von HIJMANS VAN DEN BERGH[15] an. HÄCKER und Mitarbeiter[16] verwenden die spektrographische Methode

[1-4] Zusammenfassende Darstellungen über das Gebiet der Porphyrine: [1] DOBRINER, K., and C. P. RHOADS: Physiol. Rev. **20**, 416 (1940). — [2] VANOTTI, A.: Porphyrine und Porphyrinkrankheiten. Berlin 1937. — [3] CARRIÉ, C.: Die Porphyrine. Leipzig 1936. — [4] LEMBERG, R., and J. W. LEGGE: Hematin Compounds and Bile Pigments. New York 1949.

[5] HIJMANS VAN DEN BERGH, A. A., W. GROTEPASS u. F. E. REVERS: Kli. Wo. **1932 II**, 1534.

[6] WATSON, C. J., and W. O. CLARKE: Proc. Soc. exp. Biol. Med. **36**, 65 (1937). — GROTEPASS, W.: Ned. T. Geneeskde. **81**, 362 (1937). — LANGEN, C. D. DE, u. W. GROTEPASS: Acta med. scand. **97**, 29 (1938). — BURMESTER, B. R.: Folia haematol., Leipzig **56**, 372 (1937).

[7] CHYTREK, E.: Kli. Wo. **1940**, 1321.

[8] WATSON, C. J., M. GRINSTEIN and V. HAWKINSON: J. clin. Invest. **23**, 69 (1944).

[9] SMYTHE, C. V.: J. biol. Ch. **90**, 251 (1931).

[10] FISCHER, H., u. W. ZERWECK: H. **132**, 12 (1924).

[11] FIKENTSCHER, R.: Kli. Wo. **1935 I**, 569.

[12] DE LANGEN, C. D.: Acta med. scand. **133**, 73 (1949).

[13] GRINSTEIN, M., and M. M. WINTROBE: J. biol. Ch. **172**, 459 (1948).

[14] GRINSTEIN, M., and C. J. WATSON: J. biol. Ch. **147**, 675 (1943).

[15] HIJMANS VAN DEN BERGH, A. A., u. A. J. HIJMAN: D. m. W. **1928 II**, 1492. — HIJMANS VAN DEN BERGH, A. A., u. W. GROTEPASS: Kli. Wo. **1933 I**, 586.

[16] HÄCKER, W., u. J. HÜHNERFELD: A. e. P. P. **184**, 723 (1937).

von SCHUMM, WEISS[1] eine Selenphotozelle zur Messung. BRUGSCH[2] hat die Porphyrinbestimmung modifiziert, um Hämoglobin messen zu können. Die Lösung des Hämoglobin in 50%iger Essigsäure wird in Gegenwart von Hydrazin-HCl kurz aufgekocht, dadurch in Protoporphyrin verwandelt und dieses mit der roten Fluorescenz bestimmt. Als Vergleichslösung dient Hämatoporphyrin des Handels.

Bilirubin[3-5]. Das im Blut bzw. Serum enthaltene Bilirubin entstammt dem Hämoglobinabbau. Es ist deshalb bei verstärktem Blutfarbstoffabbau vermehrt, insbesondere dann, wenn die Intermediärprodukte des Hämoglobinabbaues von der Leber nicht mit genügender Geschwindigkeit ausgeschieden oder umgesetzt werden können. Hierauf beruht der klinische Wert der Bilirubinbestimmung, der unbestritten ist. Das Wesen der sog. direkten und indirekten Bilirubinreaktion ist noch nicht geklärt, hat aber auf die klinische Bedeutung dieser Bestimmungen keinen Einfluß.

Die Anwesenheit von Bilirubin wurde zuerst von GILBERT und Mitarbeitern[6] im Jahre 1903 entdeckt und später von HIJMANS VAN DEN BERGH bestätigt, dem wir die erste klinisch brauchbare Bestimmungsmethode verdanken.

Bilirubin kommt im menschlichen Serum immer vor. Die ersten Angaben nahmen 0,5 mg-% als normale obere Grenze an. Bei Anwendung neuerer Methoden werden 0,75—1,5 mg-% noch als normal angesehen[7]. Der zuletzt genannte Wert ist sicher zu hoch. Die Differenz beruht auf der Methodik, denn es ist erwiesen, daß alle Methoden, die mit Eiweißfällung arbeiten, mit großen Bilirubinverlusten, die bis zu 50% betragen können, rechnen müssen. Der wirkliche normale Wert wird zwischen 0,8 und 1,2 mg-% liegen. Im Serum verschiedener Tiere wie z.B. Hunden, Kaninchen, Hasen, Meerschweinchen und Ratten kommt Bilirubin nicht vor[8]. Im Pferdeserum sind 1,9—3,1 mg-% normal. Über die Konstitution von Bilirubin s.[9]. Das Absorptionsspektrum von Bilirubin zeigt einen charakteristischen Absorptionsstreifen in $CHCl_3$ bei 450 mμ, wobei die mMol.-Extinktion 55—56 beträgt[10]. Der Absorptionsstreifen ändert sich nach Lage und Intensität bei verschiedenen Lösungsmitteln. Bilirubinnatrium zeigt z.B. ein Absorptionsmaximum bei 430 mμ, hämolytisches Serum aber bei 460 und ikterischer Harn bei 420 mμ. Durch Zusatz von Plasmaeiweiß bei p_H 7,35 wird die Absorptionsbande ebenfalls verschoben[11].

Im Serum ist das Bilirubin vollständig an Eiweiß gebunden. Selbst nach Zusatz von großen Bilirubinmengen in vitro ist nach kurzer Zeit alles gebunden. Durch Elektrophorese und mit der Ultrazentrifuge haben dies zuerst PEDERSEN und WALDENSTRÖM[12] nachgewiesen; später ist dies durch ausgedehnte Untersuchungen von WESTPHAL und Mitarbeitern u.a.[13] bewiesen worden. Nach diesen Autoren ist im ikterischen Serum das Bilirubin an Albumin und β-Globulin gebunden, im normalen Serum an Albumin und

[1] WEISS, G.: Kli. Wo. **1939 I**, 575.

[2] BRUGSCH, J.: Z. ges. inn. Med. **2**, 454 (1947).

[3] BAUMGÄRTEL, TR.: Physiologie und Pathologie des Bilirubinstoffwechsels als Grundlage der Ikterusforschung. Stuttgart 1950.

[4] LEMBERG, R.: Ann. Rev. **7**, 421 (1938).

[5] LEMBERG, R., and J. W. LEGGE: Hematin Compounds and Bile Pigments. S. 153. New York 1949.

[6] GILBERT, A., M. HERSCHER et S. POSTERNACK: C. R. Soc. Biol. **55**, 530 (1903).

[7] WITH, T. K.: Acta med. scand. **115**, 542 (1943). — POLLOCK, M. R.: Lancet **1945 II**, 626.

[8] LEMBERG, R., and J.W. LEGGE: Hematin Compounds and Bile Pigments. S. 546. New York 1949.

[9] Flaschenträger-Lehnartz Bd. 1, S. 915.

[10] LEMBERG, R., and J. W. LEGGE: Hematin Compounds and Bile Pigments. S. 122. New York 1949. — BROUWERS, J.: Ann. Méd. vét. **85**, 266 (1941).

[11] BENARD, H., M. POLONOVSKI, A. GAJDOS, R. BOURRILLON et M. TISSIER: Cr. **231**, 721 (1950).

[12] PEDERSEN, K. O., u. J. WALDENSTRÖM: H. **245**, 152 (1937).

[13] WESTPHAL, U., u. P. GEDIGK: H. **283**, 161 (1948): **284**, 274 (1949). Angew. Chem. **61**, 256 (1949). Dtsch. Arch. klin. Med. **195**, 445 (1949). — WESTPHAL, U., H. OTT u. P. GEDIGK: H. **285**, 200 (1950). — SNAPPER, I., u. W. M. BENDIEN: Acta med. scand. **98**, 77 (1938). — BARAC, G., et J. M. GERNAY: Bull. Soc. Chim. biol. **31**, 128 (1949).

α_2-Globulin. In dem einen Falle ist die mittelständige Methylengruppe des Farbstoffes reaktionsfähig, während bei dem indirekt reagierenden Bilirubin diese Gruppe erst durch Zusatz von Alkohol oder dergleichen freigemacht werden muß. Gallensäuren in physiologischen Konzentrationen haben auf die direkte oder indirekte Reaktion keinen Einfluß[1,2].

Wie oben bereits angedeutet, ist die Bestimmung von direktem und indirektem Bilirubin klinisch bedeutungsvoll zur Unterscheidung des hämolytischen Ikterus von anderen Typen der Gelbsucht. Über die Bedeutung einer einzelnen Bilirubinbestimmung für die Diagnose der Gelbsucht s. [3]. Trotz aller Verbesserungen ist bis jetzt noch keine Reaktion gefunden worden, die wertvoller wäre als die einfache Reaktion nach HIJMANS VAN DEN BERGH. Es bestehen große Diskrepanzen bezüglich der Definition der direkten Reaktion. Es wird zum Teil Ablesung nach 1 min, zum Teil nach 30 min empfohlen. Auch die Begriffe, was unter einer verzögerten oder biphasischen Reaktion gemeint ist, sind noch wenig definiert. Möglicherweise ist das indirekte Bilirubin durch Chloroform extrahierbar, während das direkte durch Äther extrahierbar sein soll. WHIDBORNE und GRAY[4] fanden eine deutliche Differenz in der Reaktionsgeschwindigkeit nur zwischen dem Serumbilirubin beim hämolytischen Ikterus einerseits oder beim Stauungsikterus oder der Hepatitis andererseits. Eine Abhängigkeit von der Bilirubinkonzentration ist unverkennbar; zudem gilt das BEERsche Gesetz nicht mehr, wenn die Konzentration 1,6 mg-% in der Endlösung übersteigt.

Bei vollständigem Gallengangsverschluß kann das Bilirubin im Serum bis auf 30 mg-% ansteigen, bei hämolytischem Ikterus bis auf 9 mg-%. Über die differentialdiagnostische Verwertung s. [3], eine kritische Untersuchung über den „1-Minutenwert" s. [5].

Die weitestgehende Unterteilung macht ELTON[6], indem er bei der Ringprobe mit Diazoreagens den Typ 1 unterscheidet, welcher sofort zu einer Farbentwicklung an der Kontaktzone führt. Dieser Typ wird noch in 5 Untergruppen geteilt. Bei dem Typ 2 soll die Farbe innerhalb 5 min, beim Typ 3 nach 5 min entstehen. Beim Typ 4 bleibt jede Farbreaktion aus. Nur der Typ 1 stellt die pathologisch und klinisch interessante Zone dar, während die anderen Reaktionen auch von einem beträchtlichen Teil normaler Personen gegeben werden. Man kann ferner einen deutlichen Unterschied zwischen Weißen und Negern finden.

Für die Bestimmung von Bilirubin ist zur Zeit die Methode nach HIJMANS VAN DEN BERGH[7] diejenige der Wahl. Sie beruht auf der Kupplung mit diazotierter Sulfanilsäure. Die vielen Modifikationen, die im Laufe der Zeit beschrieben worden sind, zeigen, daß eine befriedigende Vorschrift noch nicht gefunden worden ist. Nach der Originalvorschrift wird das Eiweiß mit Alkohol niedergeschlagen. Dies führt immer zu Verlusten, und da die Colorimetrie ohne Puffer erfolgt, entsteht eine rote Farbe, die in ihrer Nuance wechselt und schlecht zu messen ist. Die Adsorption von Bilirubin an Eiweiß versuchen HIJMANS VAN DEN BERGH und GROTEPASS[8] durch Fällung in alkalischer Reaktion zu umgehen. Der entstehende Azofarbstoff hat Indicatoreigenschaften, ist in stark saurer Lösung blau, in schwach saurer und neutraler Reaktion rot und bei stark alkalischer

[1] WESTPHAL, U., u. P. GEDIGK: H. 283, 161 (1948); 284, 274 (1949). Angew. Chem. 61, 256 (1949). Dtsch. Arch. klin. Med. 195, 445 (1949). — WESTPHAL, U., H. OTT u. P. GEDIGK: H. 285, 200 1950. — SNAPPER, I., u. W. M. BENDIN: Acta med. scand. 98, 77 (1938). — BARAC, G., et J. M. GERNAY: Bull. Soc. Chim. biol. 31, 128 (1949).

[2] COOLIDGE, TH. B.: J. biol. Ch. 128, XVII (1939). — KÜHN, H. A.: Z. ges. exp. Med. 115, 371 (1950).

[3] HOFFBAUER, F. W., E. D. RAMES and J. K. MINERT: J. Lab. clin. Med. 34, 1259 (1949). — SCHWENKENBECHER, W.: Z. klin. Med. 136, 116 (1939). — GRAY, C. H., and J. WHIDBORNE: Biochem. J. 41, 155 (1947).

[4] WHIDBORNE, J., and C. H. GRAY: Biochem. J. 39, XI, XII (1945); 40, 81 (1946).

[5] KLATSKIN, G., and V. A. DRILL: J. clin. Invest. 29, 660 (1950).

[6] ELTON, N. W.: Amer. J. clin. Path. 20, 901 (1950).

[7] HIJMANS VAN DEN BERGH, A. A.: Der Gallenfarbstoff im Blute. 2. Aufl. Leyden 1928. — HIJMANS VAN DEN BERGH, A. A., u. P. MÜLLER: Handb. biol. Arb.-Method. Abt. IV, Teil 4, 901 (1927).

[8] HIJMANS VAN DEN BERGH, A. A., u. W. GROTEPASS: Ned. T. Geneeskde. 78, 259 (1934).

Reaktion wieder blau. Zwischen p_H 3 und 4 liegt das Absorptionsmaximum bei 530 mμ, in mineralsaurer Lösung bei 580 mμ ($l_{m\,Mol} = 79$). Die von THANNHAUSER und ANDERSEN[1] vorgeschlagene Eiweißfällung mit Alkohol in Gegenwart von Ammoniumsulfat, die später von KING und COXON[2] aufgegriffen worden ist, vermeidet nicht alle Verluste, und mitunter sind die Lösungen trüb. Die Methoden, die eine Kupplung von Bilirubin ohne Eiweißfällung erreichen, verdienen deshalb den Vorzug. MALLOY und EVELYN[3] wählen die Alkoholkonzentration so gering, daß zwar eine Kupplung eintritt, aber ohne das Eiweiß zu fällen, während JENDRASSIK und CLEGHORN[4] durch Zusatz von Coffein eine Kupplung des „indirekten" Bilirubin erreichen. Von den überaus zahlreichen Bilirubinbestimmungsmethoden sind im folgenden nur wenige Beispiele herausgegriffen.

MORELAND und Mitarbeiter[5] verwenden Salicylsäureamid statt Sulfanilsäure, weil sich dann die Farbe schneller entwickeln soll. Es macht sich aber ein rasches Ausbleichen der Farbe störend bemerkbar. GURGIOLO und MORELAND[6] finden, daß die Farbe stabil bleibt, wenn man statt Coffein das Natriumbenzoat-Harnstoff-Reagens verwendet, das zuvor mit aktivierter Tierkohle behandelt wird.

Gallensäuren haben auf die Diazoreaktion von Bilirubin keinen Einfluß, sofern sie nur in physiologischen Konzentrationen vorliegen. Dies gilt wenigstens für einzelne Gallensäuren. Ob Gallensäuregemische eine Wirkung in kleinen Konzentrationen ausüben können, bleibt noch offen[7].

Eine störende, braune, durch Diazoreaktion entstehende Farbe ist im Serum bei Urämikern beobachtet worden[8]. Über Biliverdinbestimmung im Serum bei Ikterus s.[9]. Bestimmung im Nabelschnurblut s.[10].

Eine photoelektrische Methode stammt von GOODSON und SHEARD[11]. Ein Vergleich verschiedener Methoden ergab, daß der Fehler selbst ungefähr $\pm 5\%$ beträgt, und daß noch absolut 0,05 mg-% bestimmbar sind[12].

Bilirubinbestimmung nach JENDRASSIK und GRÓF (1938) in der Fassung von WITH[13].

Reagentien:

1. Coffeinlösung. 20 g Coffein + 30 g Natriumbenzoat + 50 g Na-acetat krist. ad 400 cm³ Wasser.
2. Diazomischung aus 10 cm³ „Diazo I" (5 g Sulfanilsäure + 15 cm³ konz. HCl und H_2O ad 1000 cm³) und 0,25 cm³ (6 Tropfen) „Diazo II" (0,5%iges Natriumnitrit) frisch vor dem Gebrauch zubereitet.
3. Alkalische FEHLINGsche Lösung II (10 g NaOH + 35 g K-Na-tartrat + 100 cm³ H_2O). Die Coffeinmischung wird in der Originalarbeit „Coffeinmischung 1:2 verdünnt" bezeichnet. Dies hat dazu geführt, daß die angegebene Lösung vor dem Gebrauch nochmal verdünnt wurde. Es geht aber aus verschiedenen Arbeiten hervor, daß dies nicht notwendig ist[14]. Die FEHLINGsche Lösung wird als stark alkalische Pufferlösung benötigt.

[1] THANNHAUSER, S. J., u. E. ANDERSEN: Dtsch. Arch. klin. Med. **137**, 179 (1921).

[2] KING, E. J., and R. V. COXON: J. clin. Path. **3**, 248 (1950).

[3] MALLOY, H. T., and K. A. EVELYN: J. biol. Ch. **119**, 481 (1937). — SCOTT, L. D.: Brit. J. exp. Path. **22**, 17 (1941). — DUCCI, H., and C. J. WATSON: J. Lab. clin. Med. **30**, 293 (1945).

[4] JENDRASSIK, L., u. R. A. CLEGHORN: B. Z. **289**, 1 (1936).

[5] MORELAND, F. B., W. W. O'DONNELL and J. H. GAST: Fed. Proc. **9**, 207 (1950).

[6] GURGIOLO, A. E., and F. B. MORELAND: Amer. J. clin. Path. **21**, 497 (1951).

[7] KÜHN, H. A.: Z. ges. exp. Med. **115**, 371 (1950).

[8] JENDRASSIK, L., u. M. RÉBAY-SZABÓ: B. Z. **294**, 293 (1937).

[9] LARSON, E. A., G. T. EVANS and C. J. WATSON: J. Lab. clin. Med. **32**, 481 (1947).

[10] SADOWSKY, A., Y. M. BROMBERG and A. BRZEZINSKI: Nature **160**, 192 (1947).

[11] GOODSON, W. H. jr., and CH. SHEARD: J. Lab. clin. Med. **26**, 423 (1940). — FOORD, A. G., and C. F. BAISINGER: Amer. J. clin. Path. **10**, 238 (1940).

[12] COOLIDGE, B.: J. biol. Ch. **128**, XVII (1939).

[13] WITH, T. K.: H. **278**, 120 (1943).

[14] WRETLIND, K. A. J.: Nord. Med. **7**, 1603 (1940). — Vergl. auch JENDRASSIK, L., u. P. GRÓF: B. Z. **297**, 81 (1938). — JENDRASSIK, L., u. R. A. CLEGHORN: B. Z. **289**, 1 (1936).

Ausführung:

1 cm³ Serum oder Plasma wird mit 2 cm³ Coffeinlösung gut gemischt und mit 0,5 cm³ Diazomischung versetzt. Danach wird sorgfältig geschüttelt und nach genau 10 min 1,5 cm³ FEHLINGsche Lösung hinzugefügt. Gesamtvolumen 5 cm³. Die Farbe der Reaktion ist bei geringeren Konzentrationen grünlich, bei stärkeren blau. Die grünliche Farbe bei geringem Bilirubingehalt rührt zum Teil von diazotiertem Coffein her. Man liest im Stufenphotometer mit Filter S 61 ab. Ist das Serum ganz klar, kann man die Vergleichscuvette mit Wasser füllen. Ist das Serum nicht ganz klar, so nimmt man als Leerwert denselben Ansatz, aber Wasser statt Diazomischung. Besonders bei hämolytischem Serum ist die Benutzung der genannten Vergleichslösung notwendig. Die Schichtdicke richtet sich nach der Farbkonzentration. Für 1 cm Schichtdicke und Filter S 61 errechnet sich die Konzentration an Bilirubin in Milligrammprozenten nach der Gleichung:

$$c = 5,32 \ (E-k) \quad \text{oder} \quad c = 5,35 \ (E-k-0,025).$$

k ist die Korrektur für die grünliche Farbe der Diazoreaktion von Coffein. Sie muß für jede Lieferung von Reagentien gesondert geprüft werden. Da die Farbe nur sehr schwach ist, mißt man am besten bei 50 mm Schichtdicke und berechnet die Extinktion für 10 mm. Der Wert liegt zwischen 0,006 und 0,018.

Die erste Formel gilt für Messungen mit einem Leerwert, die zweite für Wasser in der Vergleichscuvette. 0,025 ist die mittlere Absorption für die durch Nicht-Bilirubin verursachte Serumfarbe. Der Faktor kann zwischen 0,013 und 0,049 schwanken. Stark ikterische Seren sind 5—10fach mit physiologischer Kochsalzlösung zu verdünnen. In diesen Fällen genügt Wasser als Vergleichslösung.

Der Fehler der Methode wird bei Doppelanalysen in 80% der Fälle kleiner als ± 0,05 mg-% angegeben.

Eine vereinfachte Ausführung der vorstehenden Methode stammt von MERTENS und SAMLERT[1]. Sie verwenden ein Hellige-Colorimeter, dessen Ocular mit Filter S 61 der Zeiß-Werke ausgerüstet ist. Der Vergleichskeil ist mit 16,2%iger Kupfersulfatlösung und verdünnter Schwefelsäure gefüllt. Man kann auch eine Graulösung verwenden.

Quantitative Messung der direkten Diazoreaktion von Bilirubin nach JENDRASSIK und CLEGHORN, modifiziert von WITH[2].

Reagentien:

Siehe die vorstehende Methode, S. 159.

Ausführung:

Zu 1 cm³ Serum gibt man 3,5 cm³ destilliertes Wasser sowie 0,5 cm³ Diazomischung und mischt gut durch. Als Kontrollösung dient 1 cm³ Serum mit 4 cm³ destilliertem Wasser. Beide Lösungen werden möglichst schnell hintereinander mit Filter S 53 und S 43 gemessen. Die zweite Messung kann auch negative Werte ergeben; dann muß man die ursprünglich feststehende Trommel auf der Seite der Meßcuvette drehen, um gleiche Helligkeit der Gesichtsfelder zu erreichen. Aus den gemessenen Extinktionen bei 10 mm errechnet sich die Bilirubinkonzentration nach der Gleichung:

$$c = 5,62 \cdot E \ (S\,53) - 1,12 \cdot E \ (S\,43).$$

Es ist bei dieser Methode schwierig, zuerst mit dem lichtstarken Filter S 53 und später mit dem lichtschwachen Filter S 43 zu messen, ohne daß das Auge Zeit hat, sich zu adaptieren. Wird die Gesamtmenge an Bilirubin gleichzeitig nach der ersten Methode bestimmt, so kann der Anteil an direktem Bilirubin in Prozenten angegeben werden.

Um sich über den zeitlichen Ablauf der direkten Reaktion zu orientieren, wird folgendes Verfahren vorgeschlagen: 1 cm³ Serum wird mit 2 cm³ ³/₄ gesättigter Acetatlösung und 0,5 cm³ Diazoreagens gemischt. Unter Kontrolle mit der Stoppuhr wird die Diazotierung

---

[1] MERTENS, E., u. H. SAMLERT: Med. Mschr. **5**, 43 (1951).

[2] WITH, T. K.: H. **278**, 133 (1943).

zu einem beliebigen Zeitpunkt durch Zusatz von 1,5 cm³ FEHLINGscher Lösung unterbrochen und der entstandene Farbstoff mit Filter S 61 gemessen. Im Kontrollansatz befindet sich Kochsalzlösung statt Diazomischung. Durch Unterbrechung zu verschiedenen Zeitpunkten kann der Reaktionsablauf kurvenmäßig dargestellt werden. Bei Ikterus muß das Serum stark verdünnt werden. Die Reaktion ist auch mit kleineren Mengen durchführbar.

Getrennte Bestimmung von direktem und indirektem Bilirubin nach BUNGENBERG
DE JONG[1].

Prinzip:

Das direkt reagierende Bilirubin diazotiert bei einem p_H, bei welchem das indirekte Bilirubin am langsamsten koppelt. Wenn man Serum bei p_H 1,5—2 einige Minuten mit Diazoreagens zusammenbringt, hat das direkte Bilirubin reagiert. Durch Zusatz von Acetat wird das p_H auf 6—6,5 gebracht und dadurch Diazotierung des indirekten Bilirubin herbeigeführt.

Reagentien:

1. Sulfanilsäure, 1 g in 15 cm³ 25%iger Salzsäure, Wasser ad 1000.
2. Natriumnitritlösung, 0,5%ig.
3. HCl, 25%ig.
4. 0,05 n HCl.
5. Diazolösung: 10 cm³ Sulfanilsäure + 0,15 cm³ Salzsäure + 0,3 cm³ Natriumnitrit
6. Natriumacetat, 60%ig.   8. Alkohol, salzsäurehaltig.
7. Talkum.   9. Pyridin.

Ausführung:

Man gibt in 2 Zentrifugenröhrchen je 1 cm³ Serum und 1 cm³ Diazoreagens. Dem Röhrchen a fügt man nach 2 min 1 Löffel Talkum und 10 cm³ 0,05 n Salzsäure zu. Nachdem 60mal kräftig geschüttelt ist, werden 2 Tropfen Äther zugesetzt, um den Schaum zu entfernen.

Das Röhrchen b wird mit 1 cm³ 60%iger Natriumacetatlösung beschickt, mit Talkum und Wasser versetzt, wie oben beschrieben geschüttelt und der Schaum mit Äther zerstört. Beide Röhrchen werden zentrifugiert und die überstehende farblose Lösung abgegossen. Notfalls muß mit neuen Talkummengen zentrifugiert werden.

Beide Niederschläge werden mit Wasser ausgewaschen, zentrifugiert, die Zentrifugengläser umgekehrt hingestellt, um das Wasser ablaufen zu lassen, dann wird in einer abgemessenen Menge salzsäurehaltigem Alkohol suspendiert, zentrifugiert und die blaue alkoholische Lösung abgegossen. Die Extraktion wird wiederholt und die gesammelten alkoholischen Lösungen werden je Kubikzentimeter mit 1 Tropfen Pyridin versetzt, worauf die Farbe nach rot umschlägt. Ist das Volumen der Extrakte gleich, so entspricht das Verhältnis der Extinktionskoeffizienten bei Filter S 53 dem Verhältnis von direktem zu indirektem Bilirubin. Eichkurve aus Kobaltsalz- oder Rhodanidlösung.

Urobilin. Die Konzentration von Urobilin im normalen Blut ist so klein, daß im allgemeinen die SCHLESINGERsche Reaktion negativ ausfällt, obwohl oft das Gegenteil behauptet worden ist. Der Normalwert wird mit 0,0—0,4 mg-% angenommen[2].

Als Nachweisreaktion kommt für das Blut nur die Zinkacetatreaktion in Frage, bei welcher sich im positiven Fall eine starke Absorptionsbande bei 510 mμ ausbildet. Durch die Kupfersulfatreaktion (Kochen mit Kupfersulfat in ammoniakalischer Lösung) bildet sich in Gegenwart von Urobilin das Kupferkomplexsalz, welches ein 3-Bandenspektrum zeigt. Nach längerem Stehen zeigt Stercobilin dieselbe Reaktion[3]. Nach Oxydation mit Wasserstoffperoxyd tritt die Pentdyopentreaktion auf. Weiter ist brauchbar die Mesobiliviolinreaktion, auf die hier nur hingewiesen werden kann.

---

[1] BUNGENBERG DE JONG, W. J. H.: Kli. Wo. **1942**, 885.
[2] LEMBERG, R., and J. W. LEGGE: Hematin Compounds and Bile Pigments. S. 553. New York 1949.
[3] EISENREICH, F.: Kli. Wo. **1949**, 336.

Eine quantitative Bestimmung ist mit der SCHLESINGER-Reaktion möglich, wenn man durch Verdünnungsreihen den Grenzwert der Fluorescenz im UV bestimmt[1]. Er soll bei 1 γ liegen. In Gegenwart von Riboflavin kann das Urobilin durch Chloroformextraktion abgetrennt werden[2].

Urobilinogen ist im Serum bisher nicht gefunden worden. Eine quantitative Bestimmung kann nach HARRISON[3] durch Extraktion mit saurem Alkohol durchgeführt werden. Man erhitzt z. B. 5 cm³ Serum mit 10 cm³ 0,01 n HCl in Äthylalkohol, kocht einige Minuten, kühlt ab, filtriert und untersucht das Filtrat spektroskopisch, wobei sich eine charakteristische Bande zwischen dem blauen und grünen Spektrum zeigt (595—510 mμ).

Die von BLANKENHORN[4] vorgeschlagene Methode ist von HEILMEYER kritisiert worden.

Die Bestimmung im Blut hat geringere Bedeutung als die Urobilin- oder Urobilinogenbestimmung im Harn.

Urobilinogen wird durch die Leber in den Darm ausgeschieden und vom Darm wieder zurück resorbiert. Es muß angenommen werden, daß es einen Kreislauf durchmacht und schließlich im Harn ausgeschieden wird. Im allgemeinen ist dieser Anteil sehr klein, bei Lebererkrankungen können aber beträchtliche Mengen ausgeschieden werden, die auf mehr als 50% des entstandenen Urobilinogen geschätzt werden. Die normale Ausscheidung im Harn schwankt zwischen 0 und 3,5 mg je Tag, sie liegt meistens zwischen 0,5 und 1,5 mg und macht weniger als 1% des Gesamtumsatzes aus. Außer bei Leberkrankheiten (bis 35 mg-%) wurde eine Urobilinogenämie auch noch bei Herzfehlern, besonders dekompensierten mit Lungen- und Leberstauung, bei croupöser Pneumonie und bei Cholelithiasis, die mit Urobilinurie einherging, gefunden[5]. Auch bei Malaria und Nephritis ist eine Erhöhung angegeben worden[6].

Pentdyopent[7] kann auf folgende Weise im Blut nachgewiesen werden[8]:

Ungefähr 20—30 cm³ defibriniertes Blut werden scharf zentrifugiert und 2—3mal mit Kochsalzlösung gewaschen. Das so gewonnene Erythrocytensediment wird so lange mit absolutem Alkohol versetzt, bis eine klumpige Masse entsteht, das Eiweiß also völlig gefällt ist. Der Alkohol wird abfiltriert, die zurückbleibende Blutmasse bei Brutofentemperatur so lange getrocknet, bis sie zu einem mehr oder weniger feinen Pulver verrieben werden kann.

Aus dem getrockneten Blutpulver läßt sich durch Wasser außer Pentdyopent kein Farbstoff in Lösung bringen. Wenn man nach $^1/_2$—1 Std das wäßrige Filtrat eindampft und nach Zusatz von Kalilauge mit Hypodisulfit reduziert, so zeigt sich ein deutlicher Absorptionsstreifen bei 525 mμ.

Über die präparative Darstellung von Pentdyopent aus Vollblut oder Bilirubin s.[9].

λ) Gerinnungszeit des Blutes.

An der Gerinnung des Blutes sind eine große Anzahl verschiedener Faktoren beteiligt. Soweit wir den komplizierten Vorgang heute übersehen, läßt er sich folgendermaßen darstellen[10].

Es ist nicht die Aufgabe, den Gerinnungsvorgang im einzelnen zu erläutern. Besonders wichtig sind die Calciumionenkonzentration, der Gehalt an Prothrombin und an Accele-

[1] HERZFELD, E., u. A. HAEMMERLI: Schweiz. med. Wschr. **54**, 141 (1924).

[2] NAUMANN, H. N.: J. Lab. clin. Med. **32**, 1503 (1947).

[3] HARRISON, G. A.: Chemical Methods in Clinical Medicine. S. 327. New York 1947.

[4] BLANKENHORN, M.: J. biol. Ch. **80**, 477 (1928).

[5] BAUMGÄRTEL, TR.: Physiologie und Pathologie des Bilirubinstoffwechsels als Grundlagen der Ikterusforschung. S. 108. Stuttgart 1950.

[6] BECCARI, C., e A. BALDESI: Diagnost. Tecn. Lab. **9**, 720 (1938). [Ber. Physiol. **115**, 184.]

[7] Übersicht LEMBERG, R., and J. W. LEGGE: Hematin Compounds and Bile Pigments. S. 149. New York 1949. — BINGOLD, K., u. W. STICH: Med. Mschr. **1949**, 243.

[8] BINGOLD, K.: Kli. Wo. **1935 II**, 1287.

[9] BINGOLD, K.: Ergebn. inn. Med. **60**, 1 (1941).

[10] SEEGERS, W. H.: Cincinnati J. Med. **31**, 395 (1950).

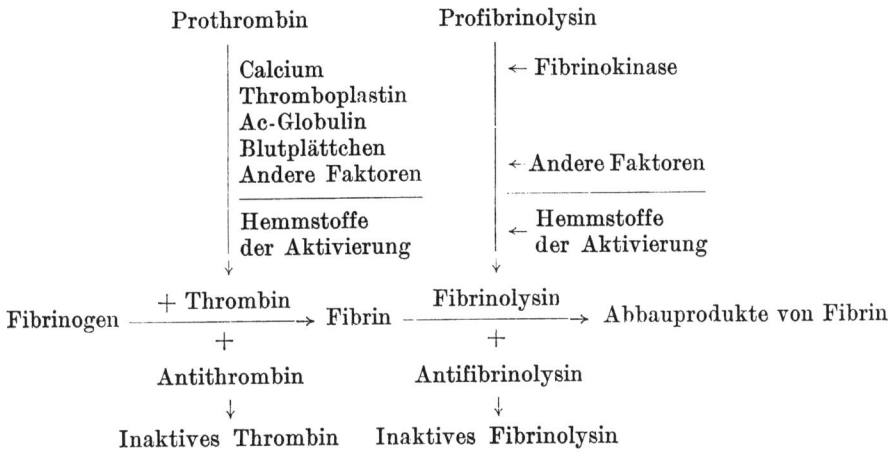

Schema des Blutgerinnungsmechanismus.

ratorglobulin, die für die Geschwindigkeit der Blutgerinnung im wesentlichen verantwortlich sind. Schemata, welche den Gerinnungsablauf nach Möglichkeit vollständig erfassen wollen, sind von vielen Autoren publiziert worden, s. z. B. [1]. Die Gerinnung kann durch zahlreiche Faktoren beeinflußt werden. Vitamin K-Belastung läßt bei verzögerter Gerinnung einen Leberschaden diagnostizieren [2]. Die Gerinnung kann ferner verzögert und aufgehoben werden durch Zusätze, die die Calciumionen binden, wie z. B. Oxalate, Citrate und Fluoride, oder die in den fermentativen Stoffwechsel der Gerinnung eingreifen, wie z. B. Heparin, Hirudin, Cumarin, Dicumarol und Germanin sowie Liquoid. Die synthetischen Produkte sind nicht vollständig aufgeführt. Beschleunigt wird die Gerinnung durch Zusätze der physiologischen Stoffe, die an der Gerinnung beteiligt sind, oder durch Temperaturerhöhung; das Maximum der Gerinnung liegt bei 56°.

Bei der Gerinnung unterscheidet man 4 Phasen:

1. die Thrombinbildung aus Prothrombin,
2. die Fibrinbildung aus Fibrinogen unter dem Einfluß von Thrombin,
3. die Kontraktion des entstandenen Gerinnungskuchens und [3]
4. die Wiederauflösung des Gerinnsels durch das Fibrinolysin (Fibrinolyse) [4].

Da die Bildung von Fibrin von der Menge des vorhandenen Thrombin abhängig ist, kann der Gerinnungsvorgang zeitlich nur gemessen werden, wenn die Thrombinbildung bereits abgeschlossen ist. Die klinisch wichtige Prothrombinbestimmung kann daher theoretisch nur in einer zweizeitigen Versuchsanordnung genau durchgeführt werden, da die Thrombinbildung aus Prothrombin viel langsamer verläuft als die Fibrinbildung aus Fibrinogen [5].

Die Gerinnungszeit des Blutes wurde zuerst von BÜRKER in einer brauchbaren Versuchsanordnung gemessen. Die Technik besteht darin, daß ein Hohlschliffobjektträger mit 1 Tropfen destilliertem Wasser und 1 Tropfen frischem Blut beschickt wird. Der Objektträger wird auf ein temperiertes Wasserbad gelegt und jede halbe Minute mit einem fein ausgezogenen Glasstab durch das Blutgemisch durchgefahren. Die Gerinnung

---

[1] POLONOVSKI, M.: Medizinische Biochemie. 2. Aufl. S. 342. Berlin, Saulgau 1951. — OLWIN, J. H., and J. L. FAHEY: Ann. Surg. 132, 443 (1950).

[2] DAM, H.: Adv. Enzymol. 2, 285 (1942). — DAM, H., and F. SCHÖNHEYDER: Biochem. J. 28, 1355 (1934). — ALMQUIST, H. J., and E. L. R. STOKSTAD: J. biol. Ch. 111, 105 (1935). — QUICK, A. J.: Ann. Rev. Physiol. 6, 301 (1944). J. biol. Ch. 161, 33 (1945).

[3] BENKÖ, A., u. I. LICHTNECKERT: Wien. klin. Wschr. 1949, 428. — GLEISS, J.: Ärztl. Wschr. 1947, 868.

[4] HALSE, T.: Fibrinolyse. Freiburg 1948.

[5] SCHULTZE, H. E.: A. e. P. P. 207, 173 (1949); dort umfassende Literaturangabe. — KNÜCHEL, F., u. I. GANTER: Kli. Wo. 1948, 557.

ist eingetreten, sobald an dem Glasstab ein Fibrinfaden hängen bleibt. Die mit dieser Methode festgestellten Normalwerte sind 4—7 min.

Apparativ einfacher ist das Verfahren von SCHULTZ[1], der ein Glasrohr benutzt, welches unten etwa 12 kleine Glashohlkugeln trägt. Das Blut wird aufgesaugt und das Glasrohr beiseitegelegt. Nach 3 min wird jede halbe Minute eine Glasperle abgeschnitten, in Wasser geworfen und beobachtet, ob sich das Wasser rot färbt. Solange noch vollständige Hämolyse eintritt, ist keine Gerinnung eingetreten, bei beginnender Gerinnung zeigen sich kleine rote Flocken, bei vollständiger Gerinnung ist die abgeschnittene Kugel durch ein festes Coagulum ausgefüllt. Mit dieser Methode findet man für die beginnende Gerinnung Zeiten von 5—9 min, für komplette Gerinnung bis zu 20 min.

Ein anderes Verfahren ist von MENGHINI[2] ausgearbeitet worden. Er stützt sich auf die ursprünglich von LEE und WHITE[3] entwickelte Methode.

Bestimmung der Gerinnungszeit nach MENGHINI[2].

Reagentien:
1. NaCl-Lösung, 0,65%ig.
2. Trinatriumcitrat, 4%ig.
3. Zum Gebrauch werden 100 cm³ Lösung *1* und 1 cm³ Lösung *2* gemischt.

Ausführung:

Man entnimmt 10 cm³ Blut aus einer Vene und füllt davon je 0,3 cm³ in eine große Reihe von Reagensgläsern, die 1 cm³ tief in ein auf 25° temperiertes Wasserbad eintauchen. 3 min — von der Blutentnahme an gerechnet — gibt man in das erste Reagensglas 4 cm³ der Lösung *3*, indem man möglichst Schaumbildung vermeidet. Je 30 sec später werden die folgenden Reagensgläser ebenso beschickt, so daß jedes Reagensglas vom Augenblick der Blutentnahme an gerechnet nach einer genau definierten Zeit mit der gerinnungshemmenden Lösung versetzt wird.

Bei der starken Verdünnung lassen sich Fibrinfäden und Gerinnsel leicht erkennen. Das 1. und 2. Reagensglas zeigen meistens homogenen Inhalt, das 3.—7. schwache Fibrinfäden, bei den folgenden sind die Fibrinfäden zahlreicher, dicker und zeigen schon beginnende Zusammenballung. Nach einer bestimmten Zeit tritt ein abgegrenztes Gerinnsel auf, das den runden Boden des Reagensglases ausfüllt. Bei vollständiger Blutgerinnung hat die Lösung die zuvor lebhafte Farbe verloren; daran kann die beendigte Gerinnung genau festgestellt werden.

Mit dieser Methode kann man den Ablauf der Gerinnung vollständig verfolgen. Zur Kontrolle empfiehlt der Verfasser, nach erfolgter Ablesung in jedes Reagensglas 2 bis 3 Tropfen Thrombin- und Calciumchloridlösung zu geben und 1 Std im Thermostaten stehen zu lassen. In jenen Gläsern, in denen die Gerinnung noch nicht vollständig war, muß jetzt Gerinnung eintreten.

Einzeitige Bestimmung der Prothrombin- und Gerinnungszeit nach QUICK-LEHMANN (modifiziert von HALSE[4]).

Prinzip:

Werden die für das Zustandekommen der Gerinnung notwendigen Faktoren Fibrinogen, Thrombokinase und Calciumionen annähernd konstant gehalten, so ist die Gerinnungszeit von dem Prothrombingehalt abhängig. Die Fibrinogenkonzentration kann zwischen 0,3 und 0,75 % schwanken, ohne daß die Gerinnungszeit meßbar geändert wird.

Reagentien:
1. Natriumcitratlösung, 3,8%ig.
2. $CaCl_2$-Lösung, 0,5%ig.

[1] Näheres s. Hallmann 6. Aufl. S. 276.
[2] MENGHINI, G.: Schweiz. med. Wschr. 80, 139 (1950).
[3] LEE, R. I., and P. D. WHITE: Amer. J. med. Sci. 145, 495 (1913).
[4] HALSE, TH.: Med. Klin. 1947, 20.

Da Calciumchlorid wegen seiner hygroskopischen Eigenschaften nicht genau abgewogen werden kann, löst man 4 g $CaCl_2$ siccum in 100 cm³ Wasser und bestimmt das spezifische Gewicht. Der Gehalt an $CaCl_2$ ergibt sich nach der Formel

$$\frac{\text{spezifisches Gewicht} - 0,9981}{0,0083} = \% \; CaCl_2.$$

Diese Lösung ist entsprechend zu verdünnen.

3. **Thrombokinase.** QUICK[1] empfiehlt folgendes *Darstellungsverfahren:* Kaninchenhirn wird von Blut und Häuten befreit, mit Aceton im Mörser zerrieben, das Aceton möglichst entfernt, schließlich im Vakuum abgedampft und das zurückbleibende trockene Pulver in Mengen von je 0,3 g in Ampullen eingeschmolzen und im Eisschrank aufbewahrt. Zum Gebrauch wird die Ampulle mit 5 cm³ physiologischer Kochsalzlösung bei 50° 15 min lang geschüttelt. Die gröberen Gewebspartikel läßt man absitzen, die milchige Flüssigkeit ist gebrauchsfertig. Aus der grauen Substanz von Menschenhirn läßt sich ebenfalls eine aktive Lösung gewinnen, wenn man diese mit feinem Sand und Ringerlösung im Mörser zerreibt und 1/2 Std bei 2° stehen läßt[2]. Dann wird zentrifugiert und im gefrorenen Zustand aufbewahrt. Der Extrakt ist so 2—3 Monate haltbar und wird zum Gebrauch 5fach verdünnt.

Ausführung:

Da der Thrombingehalt einem Tagesrhythmus unterliegt und morgens höher als mittags ist, ist als Entnahmezeit 8—9 Uhr vormittags zu wählen. Man entnimmt der Cubitalvene 1,6 cm³ Blut, die mit 0,4 cm³ Citratlösung gemischt werden. Bis zur Prothrombinbestimmung darf nicht länger als 1 Std vergehen, da der Prothrombingehalt zunimmt.

In ein Röhrchen von 0,9 cm Durchmesser und 5 cm Länge, welches in einem Wasserbad von 38° vorgewärmt war, gibt man 0,1 cm³ Citratblut und 0,1 cm³ Thrombokinasesuspension. Dann setzt man unter Durchblasen von Luft 0,1 cm³ Calciumchloridlösung zu und setzt sofort eine Stoppuhr in Gang. Um die vollständige Gerinnung festzustellen, macht man 2 Vorversuche; mit einem 3. Röhrchen wird der genaue Zeitpunkt ermittelt, d. h. man nimmt das Röhrchen erst 1—2 sec vor der erwarteten Prothrombinzeit aus dem Wasserbad und bewegt vorsichtig, bis die Gerinnung schlagartig einsetzt. Dies Verfahren ist besser, als wenn die Röhrchen die ganze Zeit geschüttelt werden. Der Durchschnittswert von 3 Einzelbestimmungen, die gewöhnlich nicht mehr als 1/2 sec voneinander differieren, wird als Prothrombinzeit genommen.

Berechnung:

Der Prothrombinindex errechnet sich nach der Formel

$$\frac{2 \cdot \sec_t \cdot 100}{\sec_p}.$$

$\sec_t$ = Gerinnungszeit des Kaninchenbluttestes. Dieser muß mit 2 multipliziert werden, da dieses nur die halbe Prothrombinzeit wie Menschenblut aufweist.

$\sec_p$ = Gerinnungszeit des Patientenblutes. Normaler Index = 80—130.

Wird derselbe Versuch mit Wasser statt Thrombokinase durchgeführt, so erhält man die Recalcifizierungszeit (Gerinnungszeit). Durch die auftretende Hämolyse wird die Ablesegenauigkeit erhöht. Die normalen Werte schwanken nach dieser Methode zwischen 55 und 65 sec. Die Fehlerbreite beträgt 1 sec.

Weitere Methoden der Prothrombinzeitbestimmung s. [3].

---

[1] QUICK, A. J.: Science, N. Y. **92**, 113 (1940).

[2] DAM, H., and J. GLAVIND: Acta path. microbiol. scand. **96**, 108 (1938).

[3] NEUWEILER, W., u. A. HESS: D. m. W. **1950**, 196. — TUFT, H. S., and R. E. ROSENFIELD: Amer. J. clin. Path. **17**, 704 (1947). — JÜRGENS, J.: Kli. Wo. **1946/47**, 216. — WITTE, S.: Z. klin. Med. **145**, 547 (1949).

Zweizeitige Bestimmung der Prothrombinzeit nach Schultze[1].

Reagentien:

1. Kaliumoxalatlösung, 1,85%ig.
2. Veronalpuffer p_H 7,6: 1,471 g Veronalnatrium + 0,971 g Natriumacetat ($3H_2O$) in 50 cm³ destilliertem Wasser gelöst und nach Zusatz von 48 cm³ 0,1 n HCl auf 250 cm³ mit Wasser aufgefüllt. Ein Zusatz von 1 Tropfen Toluol ist empfehlenswert.
3. Veronalpuffer p_H 6,7; Veronalnatrium und Natriumacetat wie oben, aber 65 cm³ 0,1 n HCl.
4. CaCl₂-NaCl-Lösung: 0,5 g krystallisiertes $CaCl_2$ + 2,14 g NaCl ad 250 cm³.
5. Thrombokinase-Ca-Lösung: Das nach obiger Vorschrift (s. S. 165) hergestellte Kaninchenhirn-Trockenpulver wird für je 40 mg mit 1 cm³ physiologischer Kochsalzlösung verrührt und mit 3 cm³ verdünnt. Die Suspension hält man 30 min auf 55° Innentemperatur unter häufigem Umrühren. Dann setzt man 4 cm³ Lösung *4* zu, rührt 5 min, zentrifugiert 5 min und filtriert durch ein kleines Filter. Das schwach opalescente Filtrat ist bei 4° 10 Tage haltbar.
6. Prothrombinstandardpräparat. Nach den Angaben des Autors kann ein Normalpräparat für Kontrollzwecke von den Behring-Werken in Marburg a. d. Lahn bezogen werden. Das gleiche gilt für Kaninchenhirn-Trockenpulver.
7. Fibrinogenlösung. Man löst 30 mg Fibrinogen (Behring-Werke, Marburg) in 2 cm³ physiologischer Kochsalzlösung unter möglichster Schonung der Kolloidstruktur. Man läßt zuerst, ohne zu rühren, 5 min bei 37° quellen und bringt dann durch weiteren Zusatz von 3 cm³ NaCl-Lösung in Lösung. 0,2 cm³ enthalten 1,2 mg Fibrinogen. Der Einfluß der Fibrinogenkonzentration auf die Gerinnungszeit ist nicht sehr groß. Bei einer Steigerung um 100% nimmt die Senkungsgeschwindigkeit des Blutes um 100% zu, die Gerinnungszeit aber nur um 10%.

An Apparaturen benötigt man einen geräumigen Thermostaten von 37—40°, an dessen Rand eine Drehvorrichtung angebracht ist, die z. B. von der Firma F. Kniese in Marbach bei Marburg geliefert wird. Man braucht weiter ein Wassergefäß von 2—5 Liter von 24°. Die Reagensgläser sollen eine glatte, gleichmäßige Bodenwölbung zeigen. Alle Glasgeräte müssen peinlichst gesäubert sein.

Ausführung:

Die Blutentnahme erfolgt mit einer sterilen 2 cm³-Spritze, die 0,2 cm³ Oxalatlösung enthält. Es wird möglichst rasch durchgemischt und nach 2—6 Std zentrifugiert. Von dem Plasma wird mit physiologischer Kochsalzlösung eine Verdünnung 1:10 und mit weiterer Kochsalzlösung eine Endverdünnung von 1:50 hergestellt. In 3—5 randlose Zentrifugengläser gibt man je 0,2 cm³ Fibrinogenlösung, 0,2 cm³ Veronalpuffer, p_H 6,7 und eine Glasperle. Zur Aktivierung des Prothrombin werden 0,5 cm³ Plasmaverdünnung und 0,5 cm³ Veronalpuffer auf 24° vorgewärmt und 1 cm³ Thrombokinaselösung zugesetzt. Nach 2—3 min werden 0,2 cm³ des Aktivierungsgemisches der Fibrinogen-Pufferlösung zugesetzt und die Stoppuhr in Gang gesetzt. Der Inhalt des betreffenden Röhrchens wird schnell gemischt und in die Drehvorrichtung eingeschoben. Sie wird erst in Tätigkeit gesetzt, wenn der zunächst wasserklare Inhalt eine Opalescenz zeigt. Der Eintritt der Gerinnung ist daran zu erkennen, daß die Glasperle mitgerissen wird. Es ist gleichgültig, welche Bewegung der Glasperle man als Endpunkt nimmt, nur muß immer derselbe Punkt gemessen werden.

Tritt im ersten Röhrchen innerhalb 55 sec keine Gerinnung ein, so wird eine zweite Probe des Aktivierungsgemisches entnommen und der vorgewärmten zweiten Fibrinogenlösung zugesetzt, wenn gerade 1 min seit Mischung der ersten Probe verstrichen ist. Die Stoppuhr wird erneut in Gang gesetzt und die Gerinnungszeit in derselben Weise bestimmt. Ist diese nach 2 min noch nicht eingetreten, so wird das 3. Röhrchen in gleicher Weise angesetzt. Im Normalfall beobachtet man die kürzeste Gerinnungszeit im 2. oder 3. Röhrchen, während sie im 4. Röhrchen etwas verlängert ist.

[1] Schultze, H. E.: A. e. P. P. **207**, 173 (1949).

Bei Verwendung von Antithrombotica ist es oft empfehlenswert, die Abstände zwischen den einzelnen Röhrchen größer zu wählen. Die gemessene Gerinnungszeit wird in Beziehung gesetzt zu der Gerinnungszeit von Normalplasma, welches von gesunden Personen gewonnen wird.

Einen grundsätzlich anderen Weg beschreiten VOORHEES und Mitarbeiter[1]. Sie messen die Heparinaktivität des geronnenen Blutes dadurch, daß sie dieses in eine Fibrinogenlösung von etwa 400 mg-% in Veronalpuffer von p_H 7,4 eindiffundieren lassen. Die Fibrinbildung kann in der Capillare mit Hilfe einer dahinter befindlichen Lichtquelle erkannt und gemessen werden. Die Methode ist besonders geeignet, um bei wiederholten Heparininjektionen die Heparintoleranz zu kontrollieren. Die Methode wird mit der von LEE und WHITE[2] verglichen.

μ) Fermente im Blut.

Amylase. Die Amylase des Blutes stammt zum größten Teil aus dem Pankreas; die Bestimmung der Amylaseaktivität hat bei Pankreaserkrankungen einen gewissen diagnostischen Wert. Bei einer akuten Pankreatitis ist sie deutlich erhöht, aber auch bei Behinderung des Sekretabflusses, solange keine Schädigung der Pankreasdrüsen eingetreten ist; bei Erkrankungen der Gallenwege, Gallenblase und Leber finden sich ebenfalls Erhöhungen. Bei chronischer Pankreatitis können die Werte sehr unterschiedlich sein[3].

Die normalen Werte schwanken sehr stark in Abhängigkeit von der verwendeten Bestimmungsmethode. Verwendet man Glykogen als Substrat nach OTTENSTEIN-BALTZER[4], so sind die Werte sehr ungleichmäßig, wahrscheinlich, weil das Leberglykogen selbst Amylase enthält. Bei Verwendung der Methode von CHROMETZKA und ERLEMANN[5] unter Benützung von Stärke als Substrat findet man 90—98 Einheiten für Fluoridblut und 70—90 Einheiten für Citratblut. Bei Verwendung von Blut muß Fluorid zugesetzt werden, um die Glykolyse zu verhindern.

Die gesamte Amylase ist im Plasma vorhanden. Ihre Identität mit der *Pankreasdiastase* ist sichergestellt[6]. Sie wird durch anorganische Ionen stark aktiviert, besonders durch Chlorionen.

Zur Bestimmung kann man verschiedene Prinzipien anwenden, indem man z. B. die nicht verdaute Stärke durch eine Farbreaktion mit Jod, wie es WOHLGEMUTH[7] schon 1908 vorgeschlagen hat, oder mit Anthron[8] ermittelt. Auch die Viscositätsänderung während der hydrolytischen Spaltung von Stärke ist verwendet worden[9]. Die reduzierenden Hydrolyseprodukte können am einfachsten wohl nach der Methode von HAGEDORN und JENSEN[10] bestimmt werden, oder indem man die Maltose mit Dinitrosalicylsäure erfaßt[11]. Die von SOMOGYI angegebene Einheit entspricht ungefähr 1 mg entstandenen Zuckers. Weitere Einzelheiten über Amylasebstimmungen s. bei LAGERLÖF[12] bzw. [3, 6, 8]. Nephelometrische Methoden[13].

[1] VOORHEES, A. B., S. GRAFF and A. H. BLAKEMORE: J. Lab. clin. Invest. **34**, 133 (1949).

[2] LEE, R. I., and P. D. WHITE: Amer. J. med. Sci. **145**, 145 (1913).

[3] BROCQ-ROUSSEU, D., et G. ROUSSEL: Le sérum normal. III. Diastases hydrolysantes. S. 34. Paris 1949. — Weitere Angaben s. GÜLZOW, M.: Kli. Wo. 1941, 237. — POPPER, H. L., and H. NECHELES: Proc. Soc. exp. Biol. Med. **43**, 220 (1940). — NOVERRAZ, M., et P. SCHNEIDER: Schweiz. med. Wschr. **78**, 898 (1948).

[4] OTTENSTEIN, B.: B. Z. **240**, 328, 350 (1931). — BALTZER, F: Kli. Wo. **1935 II**, 1395. — BRINCK, J.: Kli. Wo. **1934 II**, 1686. — BALTZER, F., u. J. BRINCK: Kli. Wo. **1935 I**, 929.

[5] CHROMETZKA, FR., u. FR. ERLEMANN: Kli. Wo. **1938 II**, 1673.

[6] Peters-van Slyke Bd. 2, S. 211 (1946).

[7] WOHLGEMUTH, J.: B. Z. **9**, 1 (1908). — ZINKER, E. P., and F. J. REITHEL: J. Lab. clin. Med. **34**, 1312 (1949). — SMITH, B. W., and J. H. ROE: J. biol. Ch. **179**, 53 (1949). — Vgl. a. TELLER, J. D.: J. biol. Ch. **185**, 701 (1950). — BAUMANN, J.: Kli. Wo. **1929 I**, 982.

[8] KIBRICK, A. C., H. E. ROGERS and S. SKUPP: J. biol. Ch. **190**, 107 (1951).

[9] Bamann-Myrbäck Bd. 2, S. 1865. — HULTIN, E.: Acta chem. scand. **1**, 269 (1947).

[10] HAGEDORN, H. C., u. B. N. JENSEN: B. Z. **135**, 46; **137**, 92 (1923).

[11] MEYER, K. H., M. FULD u. P. BERNFELD: Exper. **3**, 411 (1947).

[12] LAGERLÖF, H. O.: Acta med. scand. Suppl. **128**, **1942**.

[13] RONA, P., u. E. VAN EWEYK: B. Z. **149**, 174 (1924). — KRIJGSMAN, B. J.: H. **230**, 190 (1934).

Amylasebestimmung im Blut nach CHROMETZKA *und* ERLEMANN [1].

Reagentien:

1. NaF, sterile 1,5%ige Lösung.
2. Phosphatpuffer p_H 6,8: Man mischt $^1/_{15}$ m Lösungen von primärem Kaliumphosphat (KH_2PO_4) und sekundärem Natriumphosphat ($Na_2HPO_4 \cdot 2 H_2O$) zu gleichen Teilen.
3. Stärke, 1%ig in steriler physiologischer Kochsalzlösung.
4. Reagentien zur Blutzuckerbestimmung nach HAGEDORN-JENSEN (s. S. 68).

Ausführung:

Man entnimmt 1,60 cm³ Blut, mischt mit 0,4 cm³ Natriumfluoridlösung und versetzt 1,2 cm³ dieser Lösung mit 1,8 cm³ Phosphatpuffer und 5 cm³ Stärkelösung. Nach Zusatz einiger Tropfen Toluol wird gemischt und in 2 Leerproben von 0,1 cm³ der Reduktionswert nach HAGEDORN-JENSEN sofort bestimmt. Den restlichen Ansatz stellt man verschlossen 12 Std in den Brutschrank bei 37°, dann entnimmt man wieder 2 Proben zu je 0,1 cm³, bestimmt den Zucker nach HAGEDORN-JENSEN und berechnet die durch Fermentwirkung freigewordene Zuckermenge aus dem Differenzwert.

Berechnung:

Wurden im Leerwert 45 mg-% gefunden und nach 12 Std 135 mg-%, so enthielt die Probe von 1 cm³ 90 mg-% Glucose mehr oder absolut 0,09 mg. Diese wurden (entsprechend der Verdünnung) von 0,12 cm³ Blut freigesetzt, so daß sich der Amylasegehalt in Einheiten nach der Formel berechnet:

$$0,09 \cdot \frac{100}{0,12} = 0,09 \cdot 833 = 75 \text{ Einheiten.}$$

Die *Normalwerte* schwanken zwischen 90 und 98 Einheiten.

Amylasebestimmung im Serum nach WOHLGEMUTH [2]. Die Methode gibt nur orientierende Werte und entspricht der Bestimmung im Harn.

Reagentien:

1. Kochsalzlösung, 0,9%ig.
2. Stärkelösung, 1%ig in 0,9%iger NaCl-Lösung (aus löslicher Stärke). Zum Gebrauch 10 fach verdünnen.
3. 0,02 n Jodlösung (oder LUGOLsche Lösung).

Ausführung:

In 8 Reagensgläsern wird eine fortlaufende Serumverdünnungsreihe von 1:1 bis 1:128 mit physiologischer Kochsalzlösung hergestellt: In das 1. Röhrchen gibt man 2 cm³ Serum, in die folgenden je 1 cm³ physiologische Kochsalzlösung. Dann entnimmt man aus dem 1. Röhrchen 1 cm³, gibt ihn in das 2. Röhrchen, mischt durch Ausspülen der Pipette, gibt wieder 1 cm³ der Verdünnung in das 3. Röhrchen usw. In alle Röhrchen kommen 2,0 cm³ Stärkelösung; sie werden 30 min in ein Wasserbad von 38° oder 15 min in ein Wasserbad von 45° gestellt. Nach dieser Zeit wird schnell abgekühlt und dann jedem Röhrchen, angefangen bei dem 8., je 1 Tropfen Jodlösung zugesetzt. Blaufärbung zeigt noch unverdaute Stärkelösung an. Das Röhrchen, in welchem noch eine Blaufärbung sichtbar ist, wird als Grenzkonzentration genommen.

Berechnung:

Für die Berechnung ist das Gläschen maßgebend, in welchem eben alle Stärke verdaut ist. Die Berechnung erfolgt nach der Formel:

$$\frac{\text{cm}^3 \text{ Stärkelösung} \cdot 1}{\text{cm}^3 \text{ unverdünnter Serummenge}} = \frac{2}{\text{cm}^3 \text{ unverdünnter Serummenge}} = \text{Amylaseeinheiten.}$$

Als *Normalwert* gilt bei dieser Methode $d_{30}^{38} = 32$. Sicher pathologisch sind Werte über 128 Einheiten.

[1] CHROMETZKA, FR., u. FR. ERLEMANN: Kli. Wo. **1938 II**, 1673.
[2] WOHLGEMUTH, J.: B. Z. **9**, 1 (1908). — Vgl. MÜLLER, E.: Zbl. inn. Med. **16**, 386 (1908).

Amylasebestimmung im Plasma nach KIBRICK, ROGERS *und* SKUPP[1].

Reagentien:

1. Phosphat-NaCl-Puffer: 22,86 g KH_2PO_4, 155,1 g $Na_2HPO_4 \cdot 12 H_2O$ und 20 g NaCl werden in 1 Liter Wasser gelöst.
2. Stärkelösung: 1,25 g Stärke werden mit 5 cm³ einer Mischung aus 11 cm³ Phosphatpuffer in 100 cm³ Wasser aufgeschlämmt, der Rest der Puffermischung wird auf 90° erhitzt und unter Rühren zugegeben.
3. Trichloressigsäure, 12,5 %ig, mit Ammoniumsulfat gesättigt.
4. H_2SO_4, 92 %ig.
5. Anthronreagens: 200 mg in 100 cm³ 92 %iger H_2SO_4.
6. Glucosestandardlösung, 1 %ig in gesättigter Benzoesäure; davon 10fache Verdünnung als Vergleichslösung.

Ausführung:

Man erwärmt 3 cm³ Substratlösung im Wasserbad auf 37°, gibt 0,5 cm³ Plasma (oder verdünnten Urin) zu und erwärmt 30 min im Wasserbad auf 37°. Dann kühlt man in Eiswasser, fällt mit 3,5 cm³ Trichloressigsäure und schüttelt mit 500 mg aktivierter Tierkohle. Nach 5 min wird filtriert; man entnimmt von dem krystallklaren Filtrat, welches mit Jod keinerlei Färbung zeigen darf, 2 cm³, verdünnt mit 3 cm³ Wasser und versetzt schnell mit 10 cm³ Anthronreagens. Man mischt, kühlt 15 min ab und colorimetriert bei 620 mμ. Ein Leerwert wird angesetzt, indem man das Plasma erst nach der Trichloressigsäure zusetzt. Eine Kontrolle mit Glucose wird wie der Hauptversuch behandelt, aber nicht bebrütet.

Die *Normalwerte* liegen bei gesunden Personen zwischen 34—102 Amylaseeinheiten/ 100 cm³ Plasma, Mittelwert 58 Einheiten. Die Normalwerte für den Morgenurin liegen zwischen 154—826 Einheiten. Die Amylaseeinheit ist definiert als 1 mg entstandener Glucose je 100 cm³ Serum.

Amylasebestimmung nach MEYER, FULD *und* BERNFELD[2].

Reagentien:

1. Stärke-Puffer-NaCl-Lösung: 30 cm³ SØRENSEN-Phosphatpuffer p$_H$ 6,8, 10 cm³ m/15 NaCl-Lösung und 1 g SULKOWSKI-Stärke, die vorher in etwas warmem Wasser gelöst war, werden gemischt und auf 100 cm³ aufgefüllt.
2. Maltosereagens: 1,0 g 3,5-Dinitrosalicylsäure wird in 20 cm³ 2 n NaOH zusammen mit 30 g Kaliumnatriumtartrat gelöst und mit Wasser auf 100 cm³ aufgefüllt; meistens muß schwach erwärmt werden.

Ausführung:

Je 1 cm³ der Substratlösung wird in einer Reihe von Reagensgläsern auf 40° vorgewärmt und mit je 1 cm³ Enzymlösung (Plasma) versetzt und nach 10 min mit Maltosereagens die Fermentwirkung unterbrochen. Die Proben werden 5 min im siedenden Wasserbad erhitzt, abgekühlt, auf 20 cm³ aufgefüllt und bei 530 mμ colorimetriert.

Die Spaltung soll 30 % der eingesetzten Substratmenge nicht übersteigen. Die Genauigkeit beträgt dann ± 1 %.

Lipase. Das Blut enthält eine Reihe verschiedener Esterasen, deren Substratspezifität nicht sehr groß ist. Man kann ein spezielles Ferment zur Hydrolyse von Acetylcholin unterscheiden, welches aber auch in geringerem Maße den Propionsäure- und den Buttersäureester von Cholin spaltet. Abgesehen von der Cholinesterase können 2 Arten von Fermenten unterschieden werden, und zwar solche, die die Ester von Säuren mit kleiner Kohlenstoffatomzahl spalten, die eigentlichen Esterasen, und solche, die Ester von Säuren mit langer C-Kette spalten[3]. Hierzu gehören die Lipasen, deren Bestimmung eine klinische Bedeutung besitzt, während die Kenntnis des Gehaltes an Esterasen und Cholin-

[1] KIBRICK, A. C., H. E. ROGERS and S. SKUPP: J. biol. Ch. **190**, 107 (1951).
[2] MEYER, K. H., M. FULD u. P. BERNFELD: Exper. **3**, 411 (1947).
[3] SELIGMAN, A. M., and M. M. NACHLAS: J. clin. Invest. **29**, 31 (1950).

esterasen mehr von theoretischem Interesse ist. Die für diese Fermente ermittelten Abweichungen von der Norm unter pathologischen Bedingungen sind noch nicht zahlreich genug, um praktische Verwendung finden zu können.

Die Herkunft des Lipasefermentes im Blut ist noch nicht sicher bekannt. Als Quelle kommen alle Gewebe in Frage, auch die Leukocyten, besonders aber die Pankreasdrüse und die Leber. Normalerweise scheint nur Pankreaslipase im Serum vorzukommen. Diese ist ausgezeichnet durch ihre Resistenz gegen Atoxyl, sie wird aber durch Chinin gehemmt. Die Leberlipase verhält sich umgekehrt, sie wird durch Atoxyl gehemmt und ist resistent gegen Chinin[1]. Durch Zusatz von Atoxyl bzw. Chinin ist man in der Lage, die beiden Lipasen nebeneinander zu bestimmen.

Die Bewertung der Lipaseaktivität ist nicht einheitlich; während nach der stalagmometrischen Methode die Lipasekonstante bestimmt wird, die normalerweise bei 20° 0,005 beträgt (s. S. 171), wird sie bei anderen Methoden nach der Menge der abgespaltenen Fettsäure oder nach einer empirisch gefundenen Farbmenge berechnet, wie es SELIGMAN und NACHLAS (s. unten) tun. Eine prognostisch günstige Lipasevermehrung wird oft zu Beginn der Tuberkulose[2] beobachtet, auch bei Fettsucht, Diabetes mellitus und Rachitis. TUBA und HOARE berichten dagegen über eine geringe Verminderung, besonders bei höheren Ausgangswerten[3]. Bei akuten Lebererkrankungen nimmt die Lipase im Serum zu[4], während sie bei chronischen Lebererkrankungen unverändert bleibt. Auch beim Krebs sind Veränderungen beschrieben worden, meistens Verminderungen. Eine diagnostische Verwendbarkeit dieser Beobachtungen ist bisher noch nicht möglich.

Bei der Bestimmung der Lipase ist die Art des Substrates von ausschlaggebender Bedeutung. Am leichtesten werden Capronsäureäthylester und Tributyrin gespalten[4]. Unter den Methoden, die zur Messung der Lipaseaktivität verwendet worden sind, ist die älteste die stalagmometrische Methode nach RONA und MICHAELIS[5], die von DESBORDES und GERMAN[6] modifiziert worden ist. Sie ist sehr empfindlich, nicht nur was Temperatur und p_H betrifft, sondern auch bezüglich der Reinheit des Substrates. Die titrimetrische Methode erfaßt die abgespaltene Säure durch Titration mit NaOH gegen einen Indicator[7] oder durch elektrometrische Titration. Es ist auch manometrisch die durch die Säure aus einem Carbonatpuffer ausgetriebene CO_2 gemessen worden. SELIGMAN und NACHLAS[8] verwenden als Substrat die Ester von β-Naphthol mit Essigsäure, Laurinsäure oder Palmitinsäure und Stearinsäure. Das abgespaltene β-Naphthol wird mit Tetraazo-di-o-anisidin zu einem roten Farbstoff gekuppelt, der nach Eiweißfällung mit Trichloressigsäure mit Äthylacetat ausgeschüttelt und colorimetriert werden kann. Durch Verwendung der Ester von Essigsäure bzw. Laurinsäure nebeneinander oder durch Hemmung mit Cholat lassen sich Esterasen und Lipasen nebeneinander bestimmen. Eine Schwierigkeit besteht in der relativen Schwerlöslichkeit von β-Naphthollaurat. Eine weitere Möglichkeit besteht in der nephelometrischen Messung der trüben Substratlösung, die zuerst von RONA und KLEINMANN[9] vorgeschlagen worden ist und von LEUBNER[10] unter Verwendung des Stufenphotometers neu bearbeitet wurde. Sie wird für die Untersuchung der Duodenallipase als sehr brauchbar empfohlen, wird aber wahrscheinlich auch auf Serum anwendbar sein. Sie besitzt natürlich den Nachteil

[1] Bersin, Enzymologie 3. Aufl. S. 61.

[2] BROCQ-ROUSSEU, D., et G. ROUSSEL: Le sérum normal. III. Diastases hydrolysantes. S. 100. Paris 1949.

[3] TUBA, J., and R. HOARE: J. Lab. clin. Med. 38, 428 (1951).; s. a. [4].

[4] BROCQ-ROUSSEU D., et G. ROUSSEL: Le sérum normal. III. Diastases hydrolysantes. S. 52 ff. Paris 1949; hier ausführliche Angaben über pathologische Veränderungen.

[5] RONA, P., u. L. MICHAELIS: B. Z. 31, 345 (1911).

[6] DESBORDES, J., et A. GERMAN: Bull. Soc. Chim. biol. 32, 100 (1950).

[7] TUBA, J., and R. HOARE: Canad. J. Res. (E) 28, 106 (1950).

[8] SELIGMAN, A. M., and M. M. NACHLAS: J. clin. Invest. 29, 31 (1950).

[9] RONA, P., u. H. KLEINMANN: B. Z. 174, 18 (1926).

[10] LEUBNER, H.: Dtsch. Z. Verd.- u. Stoffw.-Krankh. 1, 155 (1938).

aller nephelometrischen Methoden, und benötigt außerdem eine sehr große Zahl reinster Chemikalien.

Der Aktivierung von Lipase durch Eiweiß wie durch Calciumsalze ist besondere Aufmerksamkeit zu widmen. Ein Vergleich der mit den verschiedenen Methoden gewonnenen Ergebnisse untereinander ist noch nicht möglich.

Stalagmometrische Lipasebestimmung nach RONA *und* MICHAELIS[1].

Prinzip:

Im Vergleich mit einer wäßrigen Tributyrinlösung nimmt mit zunehmender Spaltung die Oberflächenspannung zu; entsprechend nimmt die Tropfenzahl, die im Stalagmometer gemessen wird, ab.

Zur Messung benutzt man eine Tropfpipette nach RONA mit kugelförmiger Erweiterung, die zwischen den beiden Marken ein Fassungsvermögen von 3 cm³ hat. Sie soll mit destilliertem Wasser bei 20° etwa 90 Tropfen abgeben, die am besten gemessen werden können, wenn die Pipette in ein Stativ eingespannt wird und man ein dünnes Holzbrett mit gewachstem Linoleum zickzackförmig unter der Pipette hin und her bewegt, so daß die einzelnen Tropfen bequem gezählt werden können. Mit gesättigter Tributyrinlösung in Phosphatpuffer gibt die Pipette etwa 155 Tropfen; aus der Tropfenzahl kann sofort die prozentuale Sättigung an Substrat und damit die Spaltung durch das Enzym berechnet werden.

Reagentien:

1. Phosphatpufferlösung: 200 cm³ m H_3PO_4 werden mit 375 cm³ n NaOH gemischt und auf 600 cm³ aufgefüllt.
2. 100 cm³ destilliertes Wasser, 8 cm³ Phosphatpuffer und 20—25 Tropfen reinstes Tributyrin werden ½ Std auf der Schüttelmaschine geschüttelt und dann durch ein dickes Filter filtriert. Die ersten Anteile des Filtrates werden verworfen, da sie oft noch Tributyrin in Suspension enthalten. Die Lösung gilt als 100%ig gesättigt. Hiervon stellt man sich durch Verdünnen mit destilliertem Wasser, welches 8% Phosphatpuffer enthält, Verdünnungen von 90—60% her und mißt die Tropfenzahl stalagmometrisch. Die in einem Koordinatensystem eingetragenen Werte müssen auf einer Geraden liegen, während bei Sättigung unter 40% die Kurve nicht mehr linear verläuft.

Über die Verwendung von Tween 20 (Sorbitmonolaurat) als Substrat s.[2].

Ausführung:

Zur Lipasebestimmung mischt man 1 cm³ Serum mit 9 cm³ frisch bereiteter Tributyrinlösung und bestimmt die Tropfenzahl sofort, sowie nach 15, 30 und 40 min. Die Änderung der Tropfenzahl wird registriert.

Berechnung:

Die Berechnung erfolgt nach der Formel:

$$k = \frac{1}{t} \cdot \log \frac{a}{a_t} .$$

k = gesuchter Lipasegehalt; t = Versuchszeit; a = Konzentration der Tributyrinlösung zur Zeit 0; a_t = Konzentration der Tributyrinlösung nach der Zeit t.

Bei richtiger Versuchsanordnung wird der Wert k für alle Versuchszeiten gleich erhalten, sofern nicht mehr als 50% des Substrates gespalten sind.

Gleichzeitige Bestimmung von atoxyl- und chininresistenter Lipase nach RONA, PETOW *und* SCHREIBER[3].

Reagentien:

1. Phosphatpuffer und
2. Tributyrinlösung wie oben beschrieben.

3. Atoxyllösung, 2%ig in Wasser.
4. Chininhydrochlorid, 4%ig.

[1] RONA, P., u. L. MICHAELIS: B. Z. **31**, 345 (1911).
[2] ARCHIBALD, R. M., and S. A. PORTIS: J. biol. Ch. **165**, 443 (1946).
[3] RONA, P., H. PETOW u. H. SCHREIBER: Kli. Wo. **1922 II**, 2366.

Zur Messung der Oberflächenspannung benutzt man ein Stalagmometer nach TRAUBE mit einem Fassungsvermögen von 8 cm³, mit welchem durch eine entsprechende Graduierung auch noch Teile eines Tropfens abgelesen werden können.

Ausführung:

Man mischt in 3 Kölbchen je 1,5 cm³ Serum und 1,5 cm³ Phosphatpuffer und gibt zum 1. Kölbchen 0,2 cm³ destilliertes Wasser, zum 2. 0,2 cm³ Atoxyllösung und zum 3. 0,2 cm³ Chininlösung. Nach $^1/_2$ Std setzt man überall 25 cm³ Tributyrinlösung zu und bestimmt die Tropfenzahl sofort, sowie nach 30, 60 und 90 min bei Zimmertemperatur). Das Kölbchen 1 dient als Kontrolle, im Kölbchen 2 ist die Leberlipase gehemmt und im Kölbchen 3 die Pankreaslipase. Im normalen Serum nimmt die Tropfenzahl nur bis zu 6 Tropfen ab. Ist die Abnahme der Tropfenzahl größer, spricht dies für die Anwesenheit von Pankreaslipase im Blut.

Titrimetrische Bestimmung der Serumlipase nach TUBA und HOARE[1].

Prinzip:

Das p_H-Optimum der Spaltung in Veronalpuffer liegt für Tributyrin bei p_H 8,2, für Tripropionin bei p_H 7,8 und für Äthylbutyrat bei p_H 7,4. Die Substrate werden in 0,1 m Veronalpuffer entsprechender Acidität aufgelöst. Die Fermentwirkung wird durch Zusatz von 95%igem Äthylalkohol unterbrochen. Die in Freiheit gesetzte Säure wird mit 0,025 n NaOH titrimetrisch erfaßt. Indicator Phenolphthalein bis zur schwach roten Färbung. Als Kontrolle verwendet man ein gekochtes Serum, dem der entsprechende Puffer nachträglich zugesetzt wird. Als Einheit wird der Verbrauch von 1 cm³ 0,025 n NaOH/100 cm³ bezeichnet.

Ausführung:

In kleine Kölbchen von ungefähr 5 cm³ Inhalt gibt man 0,1 cm³ Serum, 0,2 cm³ Wasser und 1 cm³ Pufferlösung. Die Mischung wird auf 37° erwärmt, dann werden entweder 0,02 cm³ Tributyrin oder 0,025 cm³ Tripropionin oder 0,015 cm³ Äthylbutyrat zugesetzt. Die Ansätze werden in einer Warburg-Apparatur mit ungefähr 120 Exkursionen je Minute geschüttelt, wobei die Emulsion erhalten bleibt. Nach 30 min wird die Fermentwirkung durch Zusatz von 3 cm³ Äthylalkohol unterbrochen, die Mischung zentrifugiert, das klare Zentrifugat in einen Erlenmeyer-Kolben abgegossen und unter Ausschluß von Kohlendioxyd mit NaOH titriert. Als Lipaseaktivität wird der Verbrauch an NaOH, ausgedrückt in Kubikzentimetern 0,025 n NaOH, umgerechnet auf 100 cm³ Serum angegeben. Bei Verwendung von Tripropionin ist die Reaktionszeit 15 min und man fällt das Eiweiß mit 5 cm³ Alkohol. Bei Verwendung von Äthylbutyrat ist die Reaktionszeit 30 min und man verwendet 8 cm³ Alkohol. Diese Differenzierung ist notwendig, weil die Spaltungsgeschwindigkeit der Substrate verschieden ist. Es werden im Mittel nebenstehende Aktivitäten gemessen.

Geschlecht	Substrat		
	Tributyrin	Tripropionin	Äthylbutyrat
Männlich . .	596 ± 101	858 ± 120	734 ± 84
Weiblich . . .	628 ± 84	735 ± 104	737 ± 93

Die individuellen Schwankungen sind beträchtlich. Jugendliche zwischen 9 und 14 Jahren und ältere Leute zwischen 45 und 63 Jahren zeigen höhere Werte, die aber wegen der großen physiologischen Schwankungsbreite nicht signifikant verschieden sind.

Auf Tributyrinase (Lipase) bezogen geben die Autoren folgende Grenzwerte an:

Normal. . . . . . . 360—550 Einheiten/100 cm³ Serum,
Niedrig . . . . . 310—360 Einheiten/100 cm³ Serum,
Unternormal . . . 210—310 Einheiten/100 cm³ Serum,
Sehr niedrig . . . unter 200 Einheiten/100 cm³ Serum.

Bei Carcinom sind die Werte meist erniedrigt.

[1] TUBA, J., and R. HOARE: Canad. J. Res. (E) 28, 106 (1950). Canad. J. med. Sci. 29, 25 (1951). J. Lab. clin. Med. 38, 308 (1951). — HOARE, R., and J. TUBA: J. Lab. clin. Med. 38, 613 (1951).

Colorimetrische Lipase- und Esterasebestimmung im menschlichen Serum nach SELIGMAN *und* NACHLAS [1].

Reagentien:

1. β-Naphthyllaurat - Darstellung: 46 g Laurinsäure und 40 cm³ Thionylchlorid werden im offenen Erlenmeyer-Kolben erhitzt, bis alle Säure in Lösung gegangen ist, und dann noch 10 min bis nahe zum Siedepunkt erwärmt. Dann wird das überschüssige Thionylchlorid abgedampft und zu dem heißen Säurechlorid 29 g β-Naphthol in Anteilen, schließlich 20 cm³ trockenes Pyridin zugesetzt, worauf 15 min auf 80—90° erhitzt wird. Der heißen Lösung setzt man in kleinen Portionen 400 cm³ Alkohol zu, kühlt im Eisbad, saugt den ausgeschiedenen Ester ab und wäscht mit absolutem Methanol. Kp 58—60°, Ausbeute 55 g. Von dieser Substanz stellt man sich eine Stammlösung von 200 mg-% in Aceton her, die im Eisschrank aufgehoben wird. Zum Gebrauch nimmt man 5 cm³ dieser Stammlösung und läßt sie mit eingetauchter Pipette in eine Lösung von 10 cm³ Veronalpuffer und 35 cm³ Wasser einfließen. Man erhält eine kolloidale Suspension, die 0,2 mg Substrat im Kubikzentimeter enthält.

2. Tetraazo-di-o-anisidin, fein gepulvert: unmittelbar vor Gebrauch löst man 40 mg in 10 cm³ Wasser.

3. Natriumtaurocholat: 890 mg eines technischen Produktes werden in 100 cm³ Wasser gelöst und bei 4° aufgehoben.

4. 0,1 m Veronalpuffer p_H 7,4:10,3 g Veronalnatrium in 500 cm³ Wasser und 42 cm³ 0,1 n HCl. Bei 4° aufheben.

5. Trichloressigsäure, 40%ig.

6. Äthylacetat.

Ausführung:

Je 0,2 cm³ Serum werden in 4 Reagensgläser gefüllt; zu 2 Gläsern gibt man 1 cm³ Wasser, zu den anderen 1 cm³ Taurocholatlösung. Ein 5. Glas enthält 2 cm³ Wasser und dient als Kontrolle. Hierauf gibt man in alle Gläser 5 cm³ der β-Naphthyllaurat-suspension und bebrütet 5 Std bei 37,5°. Allen Proben setzt man dann 1 cm³ Tetraazo-di-o-anisidin zu und nach 2 min 1 cm³ Trichloressigsäure. Der rote Farbstoff wird mit 10 cm³ Äthylacetat durch heftiges Schütteln extrahiert, die Gefäße 5 min zentrifugiert, 5 cm³ des klaren roten Extraktes mit einer Pipette in den Colorimetertrog gefüllt und bei 540 mµ gemessen (Ablesung nach einer Eichkurve mit reinem β-Naphthol).

Im allgemeinen sind die Werte ohne Taurocholat höher als mit Taurocholat. Die Differenz ist proportional dem unspezifischen Esterasegehalt. Ist aber die Lipase erhöht, ist der Wert mit Taurocholat höher. Der Unterschied rührt daher, daß die unspezifischen Esterasen durch Taurocholat gehemmt werden, während das Taurocholat die Lipase aktiviert.

Als Einheit der Lipase gilt die Enzymmenge, die bei 37,5° in 5 Std 0,01 mg β-Naphthol in Gegenwart von Cholat abspaltet.

Im Normalserum des Menschen findet sich keine Lipase, aber 0,03 Einheiten Esterase in 0,1—0,2 cm³ Serum. Die Esterase wird zu 6—38% durch Taurocholat gehemmt. Bei Pankreatitis fand sich (neben 1400 Einheiten Amylase) 1,0 Einheit Lipase in 0,2 cm³ Serum. Bei Carcinom des Pankreas war die Menge auf 0,5 Einheiten reduziert.

Phosphatasen. Die Phosphatasen kommen im Plasma bzw. Serum, in den Erythrocyten und Leukocyten vor [2]. Als Phosphatasen werden Fermente bezeichnet, die anorganische Phosphorsäure aus Phosphorsäureestern abspalten. In der Klinik interessieren besonders die Phosphomonoesterasen, die nur Monoester der Phosphorsäure hydrolysieren. Die

---

[1] SELIGMAN, A. M., and M. M. NACHLAS: J. clin. Invest. 29, 31 (1950). — NACHLAS, M. M., and A. M. SELIGMAN: J. biol. Ch. 181, 343 (1949). — Vgl. a. SELIGMAN, A. M., M. M. NACHLAS and M. C. MOLLOMO: Amer. J. Physiol. 159, 337 (1949).

[2] ROCHE, J.: C.R. Soc. Biol. 107, 1144 (1931). — IWATSURU, R., u. K. NANJO: B. Z. 300, 422 (1939).

ersten Versuche zur Bestimmung der Phosphatase wurden von JENNER und KAY[1] und von BODANSKY[2] gemacht. Sie verwendeten als Substrat β-glycerophosphorsaures Natrium, indem sie die abgespaltene Phosphorsäure direkt bestimmten. Diese Methode hat einige Nachteile, weil die Bestimmung von anorganischem Phosphor neben labilen Phosphorsäureestern Schwierigkeiten bereiten kann. Spätere Untersucher benutzten dann Phosphorsäureester von Phenol und substituierten Phenolen[3] und HUGGINS und TALALAY[4] verwendeten das Natriumsalz einer Phenolphthaleinphosphorsäure, wobei nach Hydrolyse das abgespaltene Phenolphthalein sofort zur colorimetrischen Messung verwendet werden kann. Die Methode besitzt nur den Nachteil, daß der Phenolphthaleinester langsam gespalten wird. Auch bei der Verwendung von Nitrophenylphosphat kann das abgespaltene Nitrophenol unmittelbar colorimetriert werden. Bei Verwendung von ß-Naphthylphosphat kann das abgespaltene Naphthol nach Kupplung mit einer Diazokomponente colorimetrisch bestimmt werden[5]. Mit Adenosintriphosphat oder Adenylsäure als Substrat soll man fast dieselben Werte wie mit ß-Glycerophosphat erhalten[6].

Die mit den verschiedenen Substraten gefundenen Normalwerte, ausgedrückt in Einheiten, sind nicht gleichwertig. Sie variieren sowohl bezüglich der Zeit wie auch bezüglich der Menge gespaltenen Substrates. Eine Übersicht gibt die nachfolgende Tabelle 36.

Tabelle 36. *Phosphataseeinheiten (alkalische) für Serum bzw. Plasma.*

Angewandte Methode	Definition der Einheit (bei 37—38°)	Normale Schwankungsbreite
KAY	1 mg P freigesetzt durch 1 cm³ Plasma in 48 Std	0,17— 0,34 E bei Kindern 0,08— 0,21 E bei Erwachsenen
JENNER und KAY	1 mg P/100 cm³ Plasma in 3 Std	8,7 — 9,1 E bei Kindern 3,2 — 7,9 E bei Erwachsenen
BODANSKY	1 mg P/100 cm³ Plasma in 1 Std	5 —15 E bei Kindern 2 — 5 E bei Erwachsenen
KING und ARMSTRONG	1 mg Phenol freigesetzt durch 100 cm³ Serum in 30 min	3 —13 E
KIRBERGER und Mitarb.	1 mg Phenol durch 100 cm³ Serum in 15 min	
KING und DELORY	1 mg Nitrophenol/100 cm³ Serum in 1 min	
BESSEY und Mitarb.	1 mMol Nitrophenol/1000 cm³ Serum in 60 min	1 E = 1,8 BODANSKY-E
HUGGINS und TALALAY	1 mg Phenolphthalein/100 cm³ Serum in 60 min	9,5 HUGGINS-E
SELIGMAN und Mitarb.	10 mg β-Naphthol in 60 min, 100 cm³ Serum	

Siehe a. LINHARDT, K., u. K. WALTER: Med. Mschr. **1951**, 22.

Die Phosphatasen haben verschiedene p_H-Wirkungsoptima. Man spricht daher von alkalischer Phosphatase, wenn das Optimum bei p_H 8,4—10 liegt, und von saurer Phosphatase, wenn es zwischen p_H 4,5—5 liegt. Besonders bei letzterer wirken sich geringe p_H-Verschiebungen sehr stark auf die Wirksamkeit des Fermentes aus, die Versuchsbedingungen sind daher genau einzuhalten. Neben diesen beiden im Serum vorhandenen Phosphatasen existiert noch eine dritte in den Erythrocyten mit einem Wirkungsoptimum bei p_H 6,4, die gegenüber der sauren Serumphosphatase eine hundertfach stärkere

[1] JENNER, H. D., u. H. D. KAY: Brit. J. exp. Path. **13**, 22 (1932).

[2] BODANSKY, A.: J. biol. Ch. **101**, 93 (1933); **120**, 167 (1937).

[3] KING, E. J. and A. R. ARMSTRONG: Canad. med. Ass. J. **31**, 376 (1934). — BESSEY, O. A., O. H. LOWRY and M. J. BROCK: J. biol. Ch. **164**, 321 (1946). — KIRBERGER, E., u. G. A. MARTIN: Dtsch. Arch. klin. Med. **197**, 268 (1950). — KING, E. J., M. A. M. ABUL-FADL and P. G. WALKER: J. clin. Path. **4**, 85 (1951).

[4] HUGGINS, C., and P. TALALAY: J. biol. Ch. **159**, 399 (1945).

[5] SELIGMAN, A. M., H. H. CHAUNCEY, M. M. NACHLAS, L. H. MANHEIMER and H. A. RAVIN: J. biol. Ch. **190**, 7 (1951).

[6] BERNHARD, A., and L. ROSENBOOM: Proc. Soc. exp. Biol. Med. **74**, 164 (1950).

Wirksamkeit besitzt. Daher ist auf hämolysefreies Serum besonderer Wert zu legen. Andererseits gelingt es, z. B. durch Magnesium, die alkalische Serumphosphatase zu aktivieren[1] oder die saure Phosphatase durch Zusatz von Formaldehyd oder Alkohol zu hemmen[2]. Da die aus der Prostata in das Serum gelangte Phosphatase durch diese Zusätze gehemmt wird, ist es möglich, die wahre Serumphosphatase neben der Prostataphosphatase im Serum zu bestimmen[3]. Durch anorganische Zusätze wie KCN oder HgCl$_2$ gelingt ebenfalls eine Hemmung, die aber unspezifisch ist. Eine Reihe von körperfremden Stoffen, wie Sulfonamide[4] und Alloxan bzw. Isatin oder Ninhydrin sind von Einfluß. Die Hemmung durch Formaldehyd ist besonders wichtig zur Bestimmung der Plasmaphosphatase in hämolytischem Plasma bzw. Serum. Denn nur die Erythrocytenphosphatase wird durch CH$_2$O gehemmt[5].

Die alkalische Phosphatase im Serum ist sehr beständig, während die saure Phosphatase schon nach kurzer Zeit eine deutliche Aktivitätsabnahme zeigt. Im Eisschrank ist sie wesentlich besser haltbar[6], während von CLARK und Mitarbeitern betont wird[7], daß Kohlensäure das Ferment sehr stark hemmt.

Die normalen Werte für die Serumphosphatase sind bei ein und demselben Substrat gut definierte Größen. Eine Erniedrigung der alkalischen Phosphatase findet man nur bei Wachstumsanomalien wie Kretinismus, Skorbut, Chondrodystrophie. Eine Erhöhung ist viel häufiger, die Ursachen viel mannigfaltiger und meist mit einer gleichzeitigen Veränderung im Gehalt des Serums an anorganischem Phosphat und Calcium verbunden. Eine Übersicht gibt die folgende Tabelle 37.

Tabelle 37. *Phosphataseaktivität im Serum unter pathologischen Bedingungen.*

	Phosphatase		Anorganischer P	Ca
	alkalische	saure		
Floride Rachitis	erhöht	erhöht	erniedrigt bis 1 mg-%	normal
Renale Rachitis	erhöht		erhöht	erniedrigt
Osteomalacie	erhöht		normal	erniedrigt
Ostititis deformans	erhöht		normal	normal
Ostitis fibrosa Recklinghausen. . . .	erhöht		normal bis erniedrigt	bis über 20 mg-%
Verschlußikterus	erhöht			
Parenchymatöser Ikterus	(erhöht)			
Carcinom, Knochenmetastase	erhöht	erhöht	normal	oft erhöht
Knochensarkom, Prostatacarcinom .		erhöht		
Gravidität mens III und bei drohendem Abort	erhöht			

Ausgedrückt in BODANSKY-Einheiten bezeichnet man als leichte Erhöhung der alkalischen Phosphatase 5—20 Einheiten/100 cm³ Serum, mäßige Erhöhung 20—50 Einheiten und starke Erhöhung 50—200 Einheiten. Leichte Erhöhungen findet man bei Osteomalacie, ausgeheilten Knochenerkrankungen, Sarkomen und bei ausgeheilter Rachitis. Mäßige Erhöhungen bei Ostitis deformans, Hyperthyreosen, Knochencarcinomen, Stauungsikterus[8] und mäßiger Rachitis. Starke Erhöhung bei ausgedehnten

[1] BODANSKY, A.: J. biol. Ch. 118, 341 (1937). — BAUR, H.: Helv. med. Acta 17, 575 (1950). — KUTSCHER, W., u. H. SIEG: Naturwiss. 37, 451 (1950). — CLOETENS, R.: B. Z. 307, 352 (1941).

[2] KINTNER, E. P.: J. Lab. clin. Med. 37, 637 (1951).

[3] BENSLEY, E. H., P. WOOD and D. LANG: Amer. J. clin. Path. 18, 742 (1948). — BENSLEY, E. H., P. WOOD, S. MITCHELL, A. DRYSDALE and D. LANG: J. Lab. clin. Med. 35, 161 (1950).

[4] HAMMES, K.: Diss. Düsseldorf 1951.

[5] BENSLEY, E. H.: Amer. J. clin. Path. 18, 742 (1948).

[6] RUPPERT, F.: Kli. Wo. 1952, 184.

[7] CLARK, L. C., E. J. BECK, A. ROBINSON and M. E. WISEMAN: J. Lab. clin. Med. 36, 650 (1950).

[8] GAD, I.: Acta physiol. scand. 11, 151 (1946). — DALGAARD, J. B.: Acta physiol. scand. 13, 310 (1947); 22, 200 (1951). — VEEN, H. H. LE, L. J. TALBOT, M. RESTUCCIA and J. R. BARBERIO: J. Lab. clin. Med. 36, 192 (1950).

Knochenmetastasen und aktiver Rachitis. Bei osteoplastischen Knochenprozessen ist die Phosphatase nicht verändert[1]. Eine Übersicht s.[2].

Die saure Serumphosphatase ist ebenfalls bei vielen Knochenerkrankungen erhöht, besonders aber beim Prostatacarcinom mit Knochenmetastasen. Der Grad der Erhöhung geht meist parallel der Schwere des Krankheitsbildes[3]. Eine Erhöhung wird aber auch bei Hypertrophie der Prostata gefunden[4]. Besondere Aufmerksamkeit wurde den Phosphataseveränderungen beim Carcinom gewidmet[5]. Aus dem umfangreichen Untersuchungsmaterial läßt sich ersehen, daß beim operablen Carcinom meist keine Veränderungen im Phosphatasegehalt des Serums zu beobachten sind, dagegen deutliche Steigerungen bei inoperablen Fällen, d. h. also bei ausgedehnter Tumor- oder Metastasenbildung.

Für die Auswahl der Bestimmungsmethode lassen sich keine generellen Regeln finden. In vielen Fällen sind die Beschaffungsmöglichkeiten des Substrates oder die zur Verfügung stehende Serummenge entscheidend. Wesentlich ist in jedem Falle, daß zum Vergleich der Aktivität immer dieselbe Methode verwendet wird, oder eine Umrechnung stattfindet, die aber immer nur als Notbehelf betrachtet werden kann. Die im folgenden gegebenen Bestimmungsbeispiele gestatten es im allgemeinen, jene Methode auszusuchen, die für den speziellen Zweck am geeignetsten ist.

Bestimmung der alkalischen Plasmaphosphatase mit β-glycerophosphorsaurem Natrium nach JENNER und KAY[6].

Reagentien:

1. Substratstammlösung: 2,5 g β-glycerophosphorsaures Natrium werden in 100 cm³ Wasser gelöst. Die Lösung darf bei der colorimetrischen Prüfung auf PO_4-Ionen nur eine schwache Blaufärbung geben, also praktisch kein anorganisches Phosphat enthalten.
2. Puffer: 6,06 g Glykokoll + 4,68 g NaCl werden in 329 cm³ 0,1 n NaOH gelöst und mit Wasser auf 1000 cm³ aufgefüllt.
3. Substratlösung: Ein Teil Stammlösung und 5 Teile Puffer.
4. Trichloressigsäure, 15%ig.
5. Phosphatstandardlösung: 0,4390 g trockenes KH_2PO_4 ad 1000 cm³. Die Lösung enthält 10 mg-% P und wird zum Versuch, d. h. zur Anlage der Eichkurve, auf das 20—100fache verdünnt. Die Lösungen 1, 2 und 3 werden mit einem Tropfen Chloroform im Eisschrank aufgehoben, Lösung 5 über Chloroform bei Zimmertemperatur.
6. Kaliumoxalatlösung, 15%ig.
7. NaCl-Lösung, 0,9%ig.

Ausführung:

In ein Zentrifugenglas kommen 2 Tropfen Kaliumoxalatlösung und 5 cm³ Blut. Man mischt, zentrifugiert 10 min und entnimmt vorsichtig 2,0 cm³ Plasma. Es darf keine Erythrocyten oder Leukocyten enthalten, da diese sehr phosphatasereich sind. Diese 2 cm³ Plasma werden mit 2 cm³ NaCl verdünnt und je 0,5 cm³ (0,25 cm³ Plasma) in 4 Reagensgläser gefüllt, die genau 5,0 cm³ der Substratlösung enthalten. Zwei Gläser

[1] CADE, ST., N. F. MACLAGAN and R. F. TOWNSEND: Lancet **1940** I, 1074.

[2] BAUR, H.: Z. Vit.-Horm.-Ferm.-Forsch. 2, 507 (1948/49). — Flaschenträger-Lehnartz Bd. 2, im Druck.

[3] ROBINSON, J. N., E. B. GUTMAN and A. B. GUTMAN: J. Urol., Baltimore 42, 602 (1939). — GUTMAN, A. B., E. B. GUTMAN and J. N. ROBINSON: Amer. J. Cancer 38, 103 (1940). — HERGER, CH. C., and H. R. SAUER: J. Urol., Baltimore 46, 286 (1941). — SAUER, H. R.: Urol. Rev. 45, 283 (1941). — MEUSER, H., W. GÜTTER u. H. HASCHEK: Z. Urol. 44, 157 (1951). — DAMMERMANN, H. J., u. E. KIRBERGER: D. med. W. **1951**, 886.

[4] AABYE, R.: Nord. Med. 44, 1866 (1950).

[5] KOLLER, F., u. A. ZUPPINGER: Oncologia, Basel 2, 98 (1949). — HEJDA, B.: Čas. Lék. česk. **1939**, 705 [Z. Krebsforschg. 51, 37 (1941)]. — ASTUNI, A.: Tumori 10, 266 (1936). — SCHOONOVER, J. W., and J. O. ELY: Biochem. J. 29, 1809 (1935). — KÖHLER, F.: H. 223, 98 (1934). — WIENBECK, J.: H. 219, 164 (1933).

[6] JENNER, H. D., and H. D. KAY: Brit. J. exp. Path. 13, 22 (1932).

kommen in ein Wasserbad von 38° (oder einen Brutschrank) und bleiben dort 3 Std stehen, zwei Gläser werden sofort mit 2 cm³ Trichloressigsäure versetzt, nach 10 min durch ein phosphatfreies Filter gegossen und baldmöglichst ein Teil des Filtrates z. B. 5 cm³, zur Bestimmung des Leerwertes benutzt.

Nach 3 Std werden die anderen Proben aus dem Brutschrank genommen, ebenfalls mit 2 cm³ Trichloressigsäure gefällt und die colorimetrischen Phosphatbestimmungen angeschlossen. Verwendet man einen Brutschrank, so empfiehlt es sich, in den Brutschrank ein großes Wasserbad zu stellen, da dann der Temperaturausgleich der Proben schneller und gleichmäßiger vor sich geht. Die Leerwerte sind um so gleichmäßiger und geringer, je kälter die Trichloressigsäure und die Leeransätze sind. Am besten arbeitet man in Eiswasser mit auf 0° abgekühlter Trichloressigsäure.

Berechnung:

Die in der Vollprobe (Mittelwert) gefundene Menge Phosphor in Milligrammen, vermindert um den Betrag des Leerwertes, wird bei Einhaltung der oben angegebenen Mengen mit 600 multipliziert und ergibt dann die von 100 cm³ Plasma in 3 Std. abgespaltene Menge Phosphor, die als Gehalt in Phosphataseeinheiten angegeben wird.

Beispiel: Es werden wie oben angegeben 5 cm³ des eiweißfreien Filtrates genommen. Diese enthalten:

$$
\begin{aligned}
&\text{Im Leerwert} \ldots \ldots \ldots \text{ 0.055 mg P} \\
&\text{Nach 3 Std Bebrütung} \ldots \underline{\text{ 0,106 mg P}} \\
&\text{Abgespaltener Phosphor} \ldots \text{ 0,051 mg P}
\end{aligned}
$$

Demnach von 0,25 cm³ Plasma in 3 Std abgespalten $\dfrac{0{,}051 \cdot 7{,}5}{5{,}0}$, von 100 cm³ Plasma $\dfrac{0{,}051 \cdot 7{,}5 \cdot 100}{5{,}0 \cdot 0{,}25}$.

Die nach dieser Methode gefundenen Normalwerte sind bei Erwachsenen 5—11 Einheiten, bei Kindern 8—17, im Mittel 13 Einheiten. Die Phosphataseeinheit von BODANSKY ist halb so groß wie die von JENNER und KAY.

Die Schwierigkeit dieser Bestimmung liegt darin, daß der Endpunkt der Farbentwicklung nicht erfaßt werden kann, da labile Phosphorverbindungen stets von neuem zerfallen und mitbestimmt werden. Daher muß die Zeit der Ablesung genau eingehalten werden. Eine Verbesserung schlagen ENNOR und STOCKEN[1] auf Grund der von BERENBLUM und CHAIN[2] ausgearbeiteten Methode vor. Sie setzen dem Fermentansatz (10 cm³) 2 cm³ 5%iger NaCl-Lösung zu, säuern mit 0,5 cm³ 10 n H_2SO_4 an, geben dann 2,5 cm³ 5,0%iges Ammoniummolybdat zu und extrahieren die entstandenen Phosphormolybdänsäure nach 10 sec mit 20 cm³ Isobutanol. Nachdem die wäßrige Schicht abgetrennt ist, wird der Extrakt 2mal mit 10 cm³ n H_2SO_4 extrahiert und dann durch 30 sec langes Schütteln mit $SnCl_2$-Lösung reduziert. Die Alkoholschicht wird mit Äthanol auf ein bekanntes Volumen (25 cm³) aufgefüllt und colorimetriert. Man erhält so eine konstante Farbe. Der mittlere Fehler beträgt nur 1,4%. Zur Messung der Phosphatasen der Erythrocyten s.[3].

Bestimmung der Serumphosphatasen nach KIRBERGER und MARTINI[4].

Reagentien:

1. Pufferlösungen. a) Carbonatpuffer: 1,27 g wasserfreies Natriumcarbonat und 0,67 g Natriumbicarbonat werden in Wasser gelöst und auf 200 cm³ aufgefüllt. p_H = 9,0. b) Citronensäurepuffer: 8,4 g krystallisierte Citronensäure werden in Wasser gelöst, 7,5 cm³ n NaOH zugegeben, und auf 200 cm³ aufgefüllt. p_H 4,9. Wird eventuell durch Zusatz von n HCl oder n NaOH korrigiert.

---

[1] ENNOR, A. H., and L. A. STOCKEN: Austral. J. exper. Biol. med. Sci. **28**, 647 (1950).

[2] BERENBLUM, I., and E. CHAIN: Biochem. J. **32**, 295 (1938).

[3] ROCHE, J., et E. BULLINGER: Cr. **215**, 386 (1942).

[4] KIRBERGER, E., u. G. A. MARTINI: Dtsch Arch. klin. Med. **197**, 268 (1950). — Siehe a. GUTMAN, A. B., and E. B. GUTMAN: J. clin. Invest. **17**, 473 (1938). — LINHARDT, K., u. K. WALTER: Med. Mschr. **5**, 22 (1951). — TUBA, J., M. M. CANTOR and H. SIEMENS: J. Lab. clin. Med. **32**, 194 (1947). — RUPPERT, F.: Z. ges. exp. Med. **116**, 378 (1950). — GOMORI, G.: J. Lab. clin. Med. **34**, 275 (1949).

2. Formaldehyd: neutrale 20%ige Lösung.

3. Substratlösung: 0,436 g Dinatriumphenylphosphat (Bayerwerke Leverkusen) werden in Wasser gelöst und auf 200 cm³ aufgefüllt. Man sterilisiert 2 min im kochenden Wasserbad und konserviert dann mit einigen Tropfen Chloroform. Der Leerwert dieser Lösung muß bestimmt werden.

4. Phenolreagens nach FOLIN und CIOCALTEU: 100 g Natriumwolframat, in 700 cm³ Wasser gelöst, werden mit 50 cm³ 85%iger Phosphorsäure und 100 cm³ 37%iger Salzsäure gemischt und 10 Std am Rückfluß gekocht. Danach gibt man 150 g Lithiumsulfat in 50 cm³ Wasser und einige Tropfen Brom zu, beseitigt den Brom-überschuß, indem man 15 min im offenen Kolben kocht, und füllt nach dem Abkühlen auf 1000 cm³ auf. Zum Gebrauch wird es mit der 3fachen Menge Wasser verdünnt. Es ist dunkel aufzubewahren.

5. Natriumcarbonat, wasserfrei, 25%ige Lösung. Die Lösung muß an einem warmen Platz aufbewahrt werden.

Ausführung:

1. Alkalische Phosphatase. In einem Zentrifugenglas mischt man 2 cm³ Carbonat-puffer und 2 cm³ Substratlösung, erwärmt im Wasserbad auf 37° und mischt gründlich mit 0,2 cm³ Plasma. Der Ansatz bleibt 15 min im Wasserbad bei 37° stehen, dann versetzt man mit 1,8 cm³ Phenolreagens, schüttelt um, zentrifugiert, und entnimmt 4 cm³ der klaren, überstehenden Lösung, die mit 1 cm³ Natriumcarbonatlösung gemischt werden. Die Farbe entwickelt sich in 5 min bei 37° und wird im Stufenphotometer mit Filter S 72 gemessen. Da das Blut mit dem Phenolreagens reagierende Substanzen enthält, muß ein Leerwert angesetzt werden: 2 cm³ Pufferlösung und 2 cm³ Substrat werden 15 min im Wasserbad inkubiert, dann setzt man 0,2 cm³ Plasma und sofort 1 cm³ Phenol-reagens zu; nach Zentrifugieren arbeitet man weiter wie oben.

2. Saure Phosphatase: In ein Zentrifugenglas gibt man 2 cm³ Citratpuffer, 2 cm³ Substrat und 0,1 cm³ Formaldehyd. Man erwärmt auf 37°, setzt dann 0,2 cm³ Plasma zu, mischt gründlich und beläßt genau 60 min im Wasserbad bei 37°. Anschließend fällt man mit 1,7 cm³ Phenolreagens, zentrifugiert, entnimmt 4 cm³ der klaren, überstehenden Lösung, fügt 1 cm³ Natriumcarbonatlösung zu und wartet die Farbentwicklung 15 min bei 37° ab. Auch hier muß ein Leerwert abgezogen werden.

Herstellung der Eichkurve: Man löst 1 g frisch destilliertes Phenol in 1000 cm³ 0,1 n HCl. Von dieser Lösung wird ein aliquoter Teil mit 0,1 n Jodlösung titriert und die Stammlösung so eingestellt, daß sie genau 100 mg-%ig ist (1 cm³ 0,1 n Jod = 1,567 mg Phenol). Zur Herstellung einer 30 Phosphataseeinheiten entsprechenden Verdünnung gibt man 1 cm³ Phenolstammlösung mit 20 cm³ Phenolreagens zusammen, füllt auf 100 cm³ auf und entnimmt von der Mischung 4 cm³, die mit 1 cm³ Natriumcarbonatlösung gemischt werden. Nach Entwicklung der Farbe bei 37° wird photometriert.

Berechnung:

Als Phosphataseeinheit gilt die Fermentmenge in 100 cm³, die unter obigen Bedingungen 1 mg Phenol in Freiheit setzt. Da nach dem obigen Ansatz nach dem Enteiweißen 0,133 cm³ Blut gemessen werden, ist dieser Wert mit 750 zu multiplizieren. Die Extinktionsdifferenz Blutwert—Blindwert muß mit 28,5 multipliziert werden, um die Phosphataseeinheiten zu erhalten.

Bestimmung der alkalischen Phosphatase mit p-Nitrophenylphosphat nach BESSEY, LOWRY und BROCK[1].

Reagentien:

1. 7,5 g Glykokoll und 95 mg $MgCl_2$ werden in 700 cm³ Wasser gelöst, 85 cm³ n NaOH zugegeben und auf 1000 cm³ aufgefüllt.

---

[1] BESSEY, O. A., O. H. LOWRY and M. J. BROCK: J. biol. Ch. **164**, 321 (1946). — Vgl. a. ANDERSCH, M. A., and A. J. SZCZYPINSKI: Amer. J. clin. Path. **17**, 571 (1947). — HUDSON, P. B., H. BRENDLER and W. W. SCOTT: J. Urol., Baltimore **58**, 89 (1947). — SOLS, A., et J. MONCHE: Bull. Soc. Chim. biol. **31**, 161 (1949).

2. Dinatrium-p-nitrophenylphosphat: 0,4%ig in 0,001 n HCl. Enthält das Präparat bereits freies Nitrophenol, so muß es gereinigt werden oder die Substrate werden aus 87%igem Alkohol umkrystallisiert. Das p_H der Lösung soll zwischen 6,5—8 liegen und wird mit Säure oder Lauge entsprechend eingestellt. Um freies Nitrophenol nachzuweisen, wird 1 cm³ Reagens 2 mit 10 cm³ 0,02 n NaOH verdünnt und die Extinktion bei 415 mμ gemessen. Ist bei 1 cm Schichtdicke die Extinktion größer als 0,08, so muß das freie Nitrophenol durch Extraktion mit wasserhaltigem Butylalkohol und anschließend mit feuchtem Äther extrahiert werden. Die letzten Spuren von Äther entfernt man im Vakuum.

3. Zum Versuch werden gleiche Teile von 1 und 2 gemischt und das p_H auf 10,3—10,4 eingestellt. 2 cm³ dieses Reagens + 10 cm³ 0,02 n NaOH dürfen bei 10 mm Schicht höchstens eine Extinktion von 0,1 ergeben.

4. Als Standardlösung verwendet man eine entsprechend verdünnte Lösung von p-Nitrophenol.

5. 0,02 n NaOH.

Ausführung:

5 mm³ Serum werden mit einer Spezialpipette in ein Gläschen von 6,50 cm³ Inhalt gebracht, in Eiswasser gekühlt und 50 mm³ Reagens 3 zugegeben. Man bebrütet genau 30 min bei 38°, kühlt dann wieder in Eiswasser, gibt 0,5 cm³ 0,02 n NaOH zu und colorimetriert bei 415 mμ. Der gleiche Ansatz wird jetzt mit 2—4 mm³ Salzsäure angesäuert und wieder colorimetriert. Die Extinktionsdifferenz entspricht dem abgespaltenen Nitrophenol. Standardlösung und Leerwert gewinnt man, indem man 5 mm³ der Standardlösung bzw. destilliertes Wasser wie die Serumprobe behandelt.

Als Phosphataseeinheit wird 1 mMol Nitrophenol angesehen, welches durch 1 Liter Serum je Stunde abgespalten wird. Eine solche Einheit entspricht ungefähr 1,8 BoDANSKI-Einheiten. Bei Verwendung von 20 mm³ Serum werden die Volumina von Reagens 3 auf 200 mm³ und der NaOH auf 2 cm³ erhöht. Das p_H-Optimum liegt nach KING und DELORY[1] für p-Nitrophenylphosphat weiter im alkalischen als für Glycerophosphat. Beim menschlichen Serum wurde als p_H-Optimum p_H 10,0—10,1 gefunden; schon eine Abweichung von 0,1 ist wegen des scharfen p_H-Optimum wesentlich.

Bestimmung der Serumphosphatasen nach HUGGINS und TALALAY[2]. Bei dieser Methode müssen Eiweißkörper nicht entfernt werden. Der technische Aufwand ist gering, doch ist die Spaltung des Substrates nur schwach. Die Farbbildung ist der Enzymkonzentration nicht proportional, da 2 Phosphatgruppen vorhanden sind, die beide abgespalten werden müssen, bevor sich eine Farbe entwickeln kann.

Zur *Herstellung des Substrates* werden 32 g Phenolphthalein unter kräftigem Rühren zu einer Lösung von 50 g Phosphoroxychlorid in 50 cm³ trockenem Chloroform gegeben. Dazu gibt man unter heftigem Rühren und guter Kühlung langsam 25 cm³ trockenes Pyridin. Die Lösung darf nicht heiß werden. Man rührt 7 Std weiter, läßt über Nacht stehen, und prüft in kleinen Mengen des Reaktionsansatzes durch Zusatz von NaOH, ob noch freies Phenolphthalein vorhanden ist. Das Chloroform wird im Vakuum zum größten Teil entfernt, dann fügt man unter Rühren langsam 100 cm³ Wasser zu, wobei reichlich Salzsäure entsteht und ein weißer Niederschlag ausfällt. Durch Zufügen von 40%iger NaOH wird alkalisiert, wobei der geringe Phenolphthaleingehalt als Indicator dient, und der Niederschlag sich löst. Durch 2malige Extraktion mit Äther wird das Pyridin entfernt, eventuell unter Zusatz von Wasser, um die Viscosität zu erniedrigen (man muß aber das Volumen so klein wie möglich halten). Die wäßrige Schicht wird mit konz. Salzsäure angesäuert, bis Kongorot blau gefärbt ist. Dabei fällt die Phenolphthaleindiphosphorsäure als glitzernde klebrige Masse aus. Nach beendigter Fällung wird dekantiert und die Säure im Vakuum über Calciumchlorid getrocknet. Zur Herstellung des Natriumsalzes wird die pulverisierte rohe Säure in Methanol unter Zusatz von etwas Pyridin gelöst und mit Natriumäthylat vollständig gefällt. Man filtriert den weißen Niederschlag ab, wäscht mit Alkohol und Äther aus und trocknet. Er soll in alkalischer wäßriger Lösung keine Farbe geben und kann durch Lösen in 80 Teilen Methanol und 20 Teilen Formamid und durch erneutes Fällen mit Äthanol gereinigt werden. Kleine Verunreinigungen stören die Bestimmung der Phosphataseaktivität nicht.

[1] KING, E. J., and G. E. DELORY: Biochem. J. **33**, 1185 (1939).
[2] HUGGINS, C., and P. TALALAY: J. biol. Ch. **159**, 399 (1945). — Vgl. a. SCHREIER, K.: Kli. Wo. **1951**, 391. — JANECKE, H., u. W. DIEMAIR: Z. analyt. Chem. **130**, 56 (1949).

Reagentien:

1. Saure Pufferlösung: 11,7 g krystallisiertes Natriumacetat und 0,79 cm³ Eisessig werden in Wasser gelöst, 0,608 g Na-phenolphthaleinphosphat zugefügt und auf 1000 cm³ aufgefüllt. Nach Zugabe von 7,5 cm³ Chloroform wird im Eisschrank aufgehoben. Die Lösung ist 0,001 m bezüglich Substrat und hat ein p_H von 5,4.

2. Alkalische Pufferlösung: a) 20,6 g diäthylbarbitursaures Natrium und 0,608 Na-phenolphthaleinphosphat werden in Wasser gelöst, auf 1000 cm³ aufgefüllt und mit 7,5 cm³ Chloroform stabilisiert. p_H 9,7. b) 9,19 g Glykokoll und 7,17 g NaCl werden in Wasser gelöst, 15 cm³ konz. NaOH und 40 g pulverisiertes Natriumpyrophosphat zugegeben und auf 1000 cm³ aufgefüllt. Dieser Puffer soll ein p_H von 11,2 haben und dient zur Herstellung der Farbreaktion. Die Stabilität des Phenolphthalein ist abhängig vom p_H, die maximale Farbe entwickelt sich zwischen 10,3—11,4, oberhalb 10,9 verblaßt sie innerhalb 1 Std.

3. Standardlösung: 100 mg Phenolphthalein in 100 cm³ 95%igem Äthylalkohol. Die Eichkurve wird angelegt, indem man 2—10 cm³ Stammlösung mit destilliertem Wasser auf 1000 cm³ auffüllt und je 5 cm³ mit dem gleichen Volumen Glykokollpuffer mischt und die Farbe sofort mißt.

Ausführung:

Als Leerwert verwendet man 0,5 cm³ Serum + 5 cm³ Wasser + 4,5 cm³ Glykokollpuffer. Zur Phosphatasebestimmung gibt man 0,5 cm³ Serum zu 5 cm³ auf 37° vorgewärmter Substratpuffermischung (Reihenfolge einhalten), bebrütet 60 min bei 37° und kann nach Zugabe von 4,5 cm³ Glykokollpuffer sofort colorimetrieren. Bei hoher Phosphataseaktivität muß das Serum verdünnt werden.

Der Serumansatz mit Acetatpuffer hat ein p_H von 5,6, nach Zugabe von Glykokollpuffer p_H 10,6. Mit Barbitursäurepuffer ist das p_H 9,6, nach Zugabe von Glykokollpuffer 10,9.

Aus der Eichkurve wird die Phenolphthaleinmenge in mg/l direkt entnommen, mit 2 multipliziert, um unmittelbar die Phosphataseeinheiten zu erhalten. 10 Einheiten entsprechen 1 mg Phenolphthalein/Std.

Bei 56 normalen Personen wurden gefunden: Alkalische Phosphatase: 9,5 Einheiten/100 cm³ Serum, meistens zwischen 7—9 Einheiten; saure Phosphatase: Im Mittel 5,9 Einheiten (3—10 Einheiten), meistens 4—6 Einheiten.

Bestimmung der Serumphosphatasen nach SELIGMAN, CHAUNCEY, NACHLAS, MANHEIMER und RAVIN[1].

Darstellung von β-Naphthyl-phosphorsäure[2].

Man löst 25 g rohes β-Naphthol und 26,5 g Phosphoroxychlorid (15,5 cm³) in 90 cm³ trockenem Benzol, kocht am Rückflußkühler und tropft innerhalb 30 min 13,7 g trockenes Pyridin zu. Es scheidet sich langsam ein Niederschlag von Pyridinchlorid aus, der nach 15 min vollständig ist. Nach dem Abkühlen wird filtriert, das Lösungsmittel im Vakuum verdampft und der Rückstand im Vakuum von 1 mm destilliert (K_p 145—155°). Bei der Redestillation erhält man 27 g β-Naphthyl-phosphordichlorid (K_p 150—155; 1 mm). Dieses gießt man in eine große PETRI-Schale und stellt es im Vakuum über verdünnte wäßrige KOH. Im Verlauf von einigen Tagen erhält man die freie β-Naphthyl-phosphorsäure, F = 166—177°.

Reagentien:

1. Substratstammlösung: 20 mg-%ige Lösung von Natrium-β-naphthyl-phosphat.
2. Veronalpuffer p_H 9,1, 0,1 m: Man mischt 950 cm³ 0,1 m diäthylbarbitursaures Natrium mit 50 cm³ 0,1 n HCl.
3. Acetatpuffer p_H 4,8, 0,2 m: Man mischt 120 cm³ 0,2 m Natriumacetat mit 80 cm³ 0,2 m Essigsäure.
4. Tetraazo-di-o-anisidin: Man löst unmittelbar vor Gebrauch je 4 mg/cm³. Die Lösung ist bei Raumtemperatur 20—30 min haltbar.
5. 0,1 m Na_2CO_3.

---

[1] SELIGMAN, A. M., H. H. CHAUNCEY, M. M. NACHLAS, L. H. MANHEIMER and H. A. RAVIN: J. biol. Ch. 190, 7 (1951).

[2] FRIEDMAN, O. M., and A. M. SELIGMAN: Am. Soc. 72, 624 (1950).

6. Trichloressigsäure, 40%ig.

7. Äthylacetat, wasserfrei.

Unmittelbar vor Gebrauch mischt man 1 Volumen der Substratlösung mit 1 Volumen Acetatpuffer oder Veronalpuffer.

Ausführung:

Man nimmt 1 cm³ Serum von frisch geronnenem Blut und verdünnt mit 19 cm³ destilliertem Wasser; zu 1 cm³ dieser Verdünnung gibt man 5 cm³ der Substratpufferlösung und läßt zur Bestimmung der alkalischen Phosphatase 1 Std. bei 37,5° stehen. Für die saure Phosphatase muß man 2 Std inkubieren. Im letzteren Falle muß man nach der Bebrütung 4 Tropfen Natriumcarbonatlösung zusetzen, um das optimale p_H zur Kupplung mit dem Tetraazoanisidin zu erreichen.

Nach der Bebrütung setzt man 1 cm³ der Tetraazo-o-anisidinlösung jedem Ansatz zu, mischt gründlich und fällt nach 3 min mit 1 cm³ Trichloressigsäure. Dann schüttelt man mit 10 cm³ Äthylacetat aus, trennt die Schichten durch Zentrifugieren und colorimetriert 5 cm³ des organischen Extraktes. Die Farbe ist beständig, nimmt aber leicht durch Verdunsten zu. Zur Colorimetrie benutzt man ein grünes Filter von 540 mμ. Ein Leerwert, der Wasser statt Serumverdünnung enthält, wird abgezogen.

Die Eichkurve wird mit 0,01—0,08 mg β-Naphthol angelegt. Als Einheit wird die Enzymmenge bezeichnet, die 10 mg β-Naphthol in 1 Std bei 37,5° in Freiheit setzt. Um die Phosphataseeinheiten für 100 cm³ Serum zu erhalten, wird die im Versuch gefundene Naphtholmenge mit 2000 multipliziert, wenn 0,05 cm³ Serum verwendet wurden.

2. Harn.

Von

K. Hinsberg.

a) Allgemeines und physikalische Eigenschaften.

Der Harn stellt eine Lösung organischer und anorganischer Stoffe, zum Teil auch von Kolloiden dar, die vom Organismus ausgeschieden werden, da sie nicht weiter verwendet werden können. Die Bildung des Harns in der Niere erfolgt in dem sog. Nephron. Im *Glomerulus* werden alle im Blut gelösten Stoffe durch Ultrafiltration ausgeschieden mit Ausnahme der Eiweißkörper, welche das Glomerulusfilter nicht passieren können.

Die Angabe, daß der Glomerulus eiweißdicht ist, stimmt nicht völlig, denn einige Eiweißstoffe, wie z. B. Fermente, werden dauernd durch die Nieren ausgeschieden, andere Eiweißstoffe, wie z. B. die Albumine, zeitweise. Die Menge des im Glomerulus abgeschiedenen Ultrafiltrates ist abhängig von dem hydrostatischen Druck im Gefäß einerseits und dem onkotischen Druck der Eiweißkörper andererseits. Diese beiden Größen sind einander entgegengesetzt und bestimmen die Flüssigkeitsmenge, die austritt.

In den *Tubuli* wird ein Teil der durch den Glomerulus ausgeschiedenen Stoffe wieder rückresorbiert. Man kann unterscheiden zwischen Stoffen, welche gut rückresorbiert werden, hierzu gehören Wasser, Chloride, Natrium- und Kaliumionen, und den nicht rückresorbierbaren Stoffen. Zu diesen gehören Kreatinin, Harnstoff und an körperfremden Stoffen, die aber für die Bestimmung der Nierenleistung wichtig sind, Inulin und gewisse Farbstoffe (s. hierüber S. 77).

Aus den Tubuli gelangt der fertige Harn in die ableitenden Harnwege, die Ureteren, und von dort in die Blase. Er sammelt sich in der *Blase* an und kann unter normalen Umständen nach Belieben entleert werden.

Da der Harn in den Tubuli gegenüber dem Glomerulusultrafiltrat konzentriert wird, sind eine große Zahl von Stoffen im Harn in höherer Konzentration als im Blut vorhanden. Einen Überblick gibt die folgende Tabelle 38.

Die Quellen der wichtigsten Stoffe im Harn sind:

für Harnstoff und Ammoniumsalze die Aminosäuren und Eiweißstoffe,

für Harnsäure die Nucleinsäuren und Nucleoproteide,

für Kreatinin der Muskelstoffwechsel, unabhängig von der Nahrung,

Tabelle 38. *Konzentration einiger Stoffe im Blutplasma und im Harn* (Werte in Prozenten).

Substanz	Konzentration im		Konzen- trations- steigeruug im Harn	Substanz	Konzentration im		Konzen- trations- steigerung im Harn
	arte- riellen Blut- plasma %	Urin %			arte- riellen Blut- plasma %	Urin %	
Gesamte feste Stoffe	10	4	—	Harnsäure	0,003	0,05	—
Eiweiß	7,5—9	0,0	—	Hippursäure . . .	0,00	0,07	25—50fach
Chloride	0,37	0,6	2—5fach	Kreatinin.	0,001	0,1	100fach
Harnstoff	0,03	2,0	40—80fach	Ammoniumsalze .	0,001	0,04	
Glucose	0,1	0,0	—*				

* Bei Diabetes bis zu 30fach.

für Hippursäure und Schwefelsäureester die Bindung an im intermediären Stoffwechsel entstandene aromatische Substanzen, z. B. Benzoesäure, Phenole und Kresole mit Glykokoll oder Schwefelsäure,

für anorganische Stoffe die Mineralsalze, die mit der Nahrung aufgenommen werden, und

für Wasser das mit der Nahrung aufgenommene Wasser sowie die durch Verbrennung organischer Verbindungen im Stoffwechsel entstandenen Wassermoleküle.

Der auf natürlichem Wege entleerte Harn ist nicht *steril*, obwohl unter normalen Bedingungen der Blasenharn steril ist; nur bei Entzündungen und Infektionen sind auch in der Blase Bakterien nachweisbar. Jeder Harn wird nach einiger Zeit durch bakterielle Einwirkung zersetzt, wobei in der Hauptsache aus Harnstoff Ammoniak und Kohlendioxyd entstehen. Der Harn nimmt dadurch alkalische Reaktion an, trübt sich durch ausfallende Erdalkaliphosphate und zeigt einen typischen Geruch. Das Ammoniak kann durch rotes Lackmuspapier, welches angefeuchtet über den Harn gehalten, blau wird, nachgewiesen werden.

Zur Gewinnung von sterilem Harn ist es notwendig, ihn aus der Blase unter sterilen Bedingungen mit einem Katheter zu entleeren. Durch Katheterisierung der Ureteren kann man den Harn der beiden Nieren gesondert auffangen.

Soll der per vias naturales entleerte Harn längere Zeit aufgehoben werden, so muß man ihn *konservieren*; dies geschieht am einfachsten durch Aufbewahren bei 0° oder wenigstens in der Kälte. Andererseits kann man dem Harn auch gewisse bakterienhemmende Stoffe zusetzen, wie z.B. *Toluol* oder *Chloroform*. Es ist aber in jedem Falle zu überlegen, ob die Zusätze bei den nachfolgenden Untersuchungen nicht stören. Als Zusätze sind ferner empfohlen worden *Urotropin, Thymol* oder *Quecksilberchlorid*. In vielen Fällen genügt auch das Ansäuern des Harnes mit *Salzsäure* oder *Schwefelsäure*, wobei aber zu berücksichtigen ist, daß durch die saure Reaktion Ester gespalten, zellige Elemente zerstört und Harnsäurekrystalle niedergeschlagen werden können. Eine bindende Vorschrift zur Konservierung des Harnes läßt sich nicht geben. Sie muß den beabsichtigten Untersuchungen angepaßt sein.

Die Tagesmenge des Harnes enthält insgesamt 50—72 g *feste Stoffe*. Darin sind 10—17 g Stickstoff enthalten. Sowohl die Gesamtmenge der festen Stoffe als auch die Stickstoffmenge sind stark von der Ernährung und von der körperlichen Leistung abhängig. Durch Schwitzen werden mehr feste Stoffe und Wasser durch den Schweiß ausgeschieden, weniger durch den Harn. Es nimmt zwar das Volumen ab, dafür steigt aber die absolute Konzentration an. Aus diesem Grunde scheiden Wüstentiere einen sehr konzentrierten Harn aus, dessen Kochsalzkonzentration weit außerhalb der Grenzen von anderen Säugetieren liegen kann[1].

Die im Harn ausgeschiedenen Stoffe kann man einteilen in normale Stoffe, in solche, die vorwiegend unter pathologischen Bedingungen ausgeschieden werden, und schließlich in solche, die nur gelegentlich durch Zufuhr von Arzneimitteln, Drogen oder Giften im

[1] SCHMIDT-NIELSEN, K., B. SCHMIDT-NIELSEN and H. SCHNEIDERMAN: Amer. J. Physiol. **154**, 163 (1948).

Harn enthalten sind. Hierzu gehören auch das schwere Wasser (D_2O) und andere isotope Elemente. Die Menge der im Harn ausgeschiedenen Stoffe schwankt naturgemäß in weiten Grenzen. Einen Überblick geben die folgenden Tabellen 39 und 40.

Tabelle 39. *Normale Bestandteile und Normalwerte des Harnes* (Werte je Tag).

Gefrierpunktsdepression . .	0,075—2,5°	Gesamtstickstoff	10—17 g
		Harnstoff	25—35 g
p_H	4,8—7,4	Harnsäure, gesamt	0,2—1,0 g
		Harnsäure, endogen . . .	0,3—0,4 g
Spezifisches Gewicht . . .	1,001—1,050	Kreatinin	1,0—1,5 g
NaCl	15 g	Hippursäure	0,7 g
Na (aus NaCl)	3,0—6,0	Purinbasen	0,015—0,06 g
		Indoxylschwefelsäure . . .	0—32 mg
K	1,7—3,4 g	Glycerinphosphorsäure . .	0,07—0,12 g
Ca	0,011—0,36 g	Phenole, gesamt	0,078—0,113 g
Mg	0,03—0,18 g	Oxalsäure	0,01—0,02 g
NH_3	0,5—1,0 g	Glucuronsäure	0,04—0,4 g
Fe	weniger als 0,001 g	Steroide	0,05—0,25 g
SO_4 (gesamt)	2,0—3,5 g	Amylase	16—200 Wohl-gemuth-Einheiten
PO_4	2,5—3,5 g	Pepsin	+
NO_3	0,1 g	Trypsin	+
Cl (aus NaCl)	5,8 g		
$CaCO_3$	gelegentlich	Harnfarbstoffe Mucine	
		Reduzierende Substanzen	1,0—1,5 g

Tabelle 40. *Vorwiegend pathologische Bestandteile des Harnes* (Werte je Tag).

Flüchtige Fettsäuren	8—50 mg	Koproporphyrin	30—100 γ
Gesamtacetonkörper	20—50 mg	Uroporphyrin	200—400 γ
Aceton und Acetessigsäure . .	3—15 mg	Bilirubin	normal 0
β-Oxybuttersäure	20—30 mg	Urobilinogen	30 mg
Milchsäure	—	Diazokörper	normal 0
Homogentisinsäure	normal 0	Glucose	pathologisch bis 3%
Aminosäure-N	0,5—2% des gesamten N	Fructose	nur pathologisch
		Galaktose	nur pathologisch
Cystin	nur pathologisch	Pentosen	nur pathologisch
Leucin	} 0,4—1,0 mg N	Lactose	nur pathologisch
Tyrosin		Cholesterin	Spuren
Eiweiß	bis 50 mg normal	Gallensäuren	Spuren
Hämoglobin	0		

Die tägliche *Harnmenge* schwankt unter normalen Verhältnissen zwischen 1000 und 2000 cm³. Sie kann durch Trinken bis auf 3000 cm³ im Tage zunehmen und durch starkes Schwitzen bis auf 500 cm³ verringert werden. Unter pathologischen Verhältnissen, besonders beim Diabetes insipidus und bei Schrumpfniere, kann die Harnmenge auf sehr große Werte ansteigen. Man spricht dann von einer Polyurie, während eine Verminderung der Harnmenge Oligurie genannt wird und bei Nephritis, Anämien, Diarrhöen usw. vorkommt. Wird kein Harn entleert, spricht man von Anurie, die bei Schwermetallvergiftungen und infolge mechanischer Hindernisse im Harnleiter auftreten kann.

Parallel mit der Harnmenge ändert sich auch das *spezifische Gewicht*. Für den Gesamttagesharn schwankt es meist zwischen 1,015 und 1,020, kann aber in Einzelportionen zwischen 1,001 und 1,050 betragen. Aus dem spezifischen Gewicht läßt sich der Gehalt an festen Substanzen ungefähr berechnen; wenn man die 2. und 3. Stelle hinter dem Komma mit 2,6 multipliziert, erhält man die Menge an festen Substanzen in 1000 cm³ Harn. Ist also z. B. das spezifische Gewicht mit 1,018 bestimmt, so sind $18 \times 2,6 = 46,8$ g feste Substanzen im Liter. Dies würde bei einer Tagesharnmenge von 1120 cm³ 52,4 g feste Substanzen je Tag bedeuten.

Das spezifische Gewicht ist also ein Maß für die Konzentration der im Harn gelösten Stoffe. Es geht der Gefrierpunktserniedrigung parallel, und so findet man, daß diese zwischen 0,075 und 2,6° schwanken kann. Die normale Schwankungsbreite ist zwischen 1.3 und 2,3°.

Die *Viscosität* des Harnes entspricht der einer verdünnten wäßrigen Lösung und ist nicht sehr verschieden von der des Wassers. Sie ist von POSNER[1] bestimmt worden und beträgt 1,02 bei einem spezifischen Gewicht von 1,016 bzw. 1,14 beim spezifischen Gewicht von 1,024. Deutliche Veränderungen treten erst auf, wenn der Harn Eiweiß, Blut, Leukocyten oder Cylinder enthält. Bei Nephritis kann die Viscosität auf 1,7 steigen, beim Blutharn sogar auf 1,9. Bei Chylurie (hoher Fettgehalt) kann der Harn gallertig sein[1].

Die *Oberflächenspannung* des normalen und des pathologischen Harnes ist stets kleiner als die des Wassers. Der normale Harn des Fleisch- und Allesfressers ist in der Regel von schwach saurer *Reaktion*. Das p_H schwankt zwischen 5,5 und 7 und kann gelegentlich sogar bis auf 8,0 steigen. Es ist wichtig, wegen der oben erwähnten sekundären Zersetzungen das p_H im frischen Harn zu bestimmen. Auch Konservierung genügt in vielen Fällen nicht, um das p_H unverändert zu lassen. Nach LICHTWITZ[2] ist das p_H des Harnes ein Spiegelbild der Magen- bzw. Pankreasfunktion, und zwar wird der Harn bei Salzsäuresekretion alkalischer, bei Absonderung von Pankreassaft saurer. Gleiche Beobachtungen machten auch RUBINI[3] und GIRINO[4]. Die Reaktion des Harnes zeigt außerdem deutliche Tages- und Nachtschwankungen[5]. Das p_H des Harnes wird heute fast ausschließlich elektrometrisch gemessen. Es sind Chinhydronelektroden, Wasserstoffelektroden und Glaselektroden brauchbar. Eine photometrische Methode mit Hilfe von Bromkresolgrün oder Bromkresolpurpur bzw. Phenolrot s. [6].

Die *Titrationsacidität* des Harnes kann ebenfalls gemessen werden; sie wird als diejenige Menge 0,1 n NaOH definiert, die von 10 cm³ Harn verbraucht wird, bis Phenolphthalein dauernd gerötet bleibt. Diese Angabe ist ungefähr ein Maß für die Pufferungskapazität des Harnes[7].

Der normale zuckerfreie Harn zeigt stets eine geringe *Linksdrehung* von 0,01—0,05°. Unter normalen Bedingungen ist die Drehung nie positiv. Eiweißhaltige Harne drehen stärker links und glucosehaltige Harne, wie bekannt, proportional der Zuckermenge nach rechts. Die *Farbe* des normalen Harnes vom Menschen und von fast allen Tieren ist ein mehr oder weniger gesättigtes Gelb, welches je nach der Konzentration und in Abhängigkeit von der Nahrung stärker oder schwächer ist. Konzentrierte Harne von hohem spezifischem Gewicht haben in der Regel eine dunkelgelbe Farbe, verdünnte Harne mit niedrigem spezifischem Gewicht sind fast wasserklar. Eine Ausnahme macht der diabetische Harn, der trotz seines hohen spezifischen Gewichtes (Glucosegehalt) hell ist. Beim Eindampfen in der Hitze nimmt die Farbe stärker zu, als der zunehmenden Konzentration entsprechen würde. Auch beim Stehen an der Luft wird die Farbe meist dunkler bis hellbraun.

Die Farbe des Harnes wird durch eine Reihe unter normalen Bedingungen ausgeschiedener Farbstoffe und Pigmente in wechselnden Mengen verursacht und kann je nach der Konzentration auch physiologisch in weiten Grenzen schwanken, so daß er einmal eine dunkelgelbe Bernsteinfarbe hat, das andere Mal, besonders nach reichlicher Flüssigkeitszufuhr, fast farblos erscheint. Eine Übersicht über auftretende Harnfarben und ihre Ursachen gibt die folgende Tabelle 41.

---

[1] POSNER, C.: Berl. klin. Wschr. **1915**, 1106.
[2] LICHTWITZ, L.: Klinische Chemie. 2. Aufl. S. 450. Berlin 1930.
[3] RUBINI, R.: Fisiol. e Med. **11**, 285 (1940).
[4] GIRINO, G.: Clin. med. ital. **71**, 259 (1940).
[5] BELLUC, S., J. CHAUSSIN, H. LAUGIER et T. RANSON: Travail hum. **7**, 62 (1939).
[6] VAN SLYKE, D. D., J. R. WEISIGER and K. KELLER-VAN SLYKE: J. biol. Ch. **179**, 743 (1949).
[7] NAEGELI, O.: H. **30**, 313 (1900). — VOZARIK, A.: Pflügers Arch. **111**, 473 (1906).

Tabelle 41. *Veränderungen der Harnfarbe durch Blutfarbstoffderivate und andere Pigmente.*

Farbe des Harnes	Ursache
Bernsteinfarben	Normal durch Urochrom.
Etwa farblos	Bei großer Flüßigkeitsaufnahme; bei Polyurie (unbehandelter Diabetes, Diabetes insipidus, Nephrose, nach Diureticis).
Orange	Bei Flüssigkeitseinschränkung, nach Schwitzen und Fieber; durch Urobilin und geringe Mengen von Bilirubin; durch Pyridin und andere Drogen.
Orange bis rötlich	Gewisse Drogen (Rhabarber, Senna).
Braun und stark braun. . .	Bei Bilirubinausscheidung; bei Methämoglobinurie; durch phenolenthaltende Drogen; bei Porphyrinurie.
Rot.	Blut; Pyramidon, Pyridin, Neotropin, Prontosil, Anilinfarben.
Purpurrot	Phenolrot und Phenolphthalein in Abführmitteln bei alkalischem Harn.
Portweinfarben	Porphyrin; Mischung von Methämoglobin und Oxyhämoglobin.
Braunschwarz	Viel Hämoglobin; Phenol und Kresol; oxydiertes Melanin; Homogentisinsäure.
Grünlich	Biliverdin; Methylenblau, Indigocarmin; Phenol, Guajacol, Santonin; Flavine.
Blau	Methylenblau, Indigoblau.
Milchig	Fetttropfen oder Eiter.

Rot oder rötlich erscheint der Harn bei Anwesenheit von Porphyrin oder Hämoglobin. Auch mit der Nahrung zugeführte Farbstoffe können eine rote Farbe verursachen. Braun oder schwarzbraun ist der Harn in Gegenwart von Hämatin, Methämoglobin, Melanin (Melanosarkom) und in Gegenwart von Homogentisinsäure, Hydrochinon oder Brenzcatechin, die sekundäre dunkle Oxydationsprodukte geben. Der Gallenfarbstoff gibt dem Harn eine typische gelbbraune Farbe, die leicht in grünlich übergeht, da das Bilirubin zu Biliverdin oxydiert wird. Gelbbraune Verfärbungen können auch nach Verabfolgung von Drogen, wie Senna, Rhabarber, Chelidonium oder auch Pyramidon u. dgl. auftreten. Eine blaue Färbung oder auch ein blaues auf dem Harn schwimmendes Häutchen mit rotem metallischem Glanz oder ein Sediment von blauer Farbe zeigt die Bildung von Indigo aus Indoxylschwefelsäure oder Indoxylglucuronsäure an. Der frische Harn zeigt nie diese Verfärbung.

Auf einer Vermehrung der normalen Harnfarbstoffe, dem Urorosein oder Urobilin, kann ebenfalls eine Verfärbung des Harnes beruhen.

Der *Geruch* des Harnes ist schwach, im allgemeinen aromatisch. Er kann sehr stark beeinflußt sein durch gelegentliche Ausscheidungsprodukte, wie z. B. nach Spargel, Thymol, Nitrobenzol oder sonstigen Stoffen. Die Substanzen, welche den normalen Geruch des Harnes ausmachen, sind jedoch noch nicht isoliert worden. Man hat wohl ein gelbes Öl isoliert, welches den Harngeruch in sehr konzentrierter Form enthält[1], ohne daß man über die Konstitution oder die Zusammensetzung dieser Duftstoffe genaues aussagen kann. Der *Geschmack* des Harnes ist bitter-salzig auf Grund seines Gehaltes an Harnstoff und Kochsalz. Der diabetische Harn schmeckt süßlich, wodurch zum erstenmal die Anwesenheit von Zucker im Harn gefunden wurde.

Der normal entleerte Harn ist klar und durchsichtig mit einer leichten Opalescenz. Er zeigt aber eine ausgesprochene gelblich-weiße Fluorescenz. Beim Stehen des Harnes senkt sich zuerst ein feiner Schleier, welcher *Nubecula* genannt worden ist und aus den Harnmucoiden besteht[2]. Sie stammen aus den Harnwegen.

Bei längerem Stehen treten auch ohne sekundäre Veränderungen Niederschläge auf, besonders in der Kälte, die aus Harnsäure, Calciumphosphaten u. dgl. bestehen können. Wird der Harn durch Zersetzung gleichzeitig alkalisch, so ist der Niederschlag bedeutend umfangreicher. Er enthält dann meist auch größere Mengen von Calciumcarbonat. Die Phosphate und Carbonate können durch Zusatz von Säure wieder gelöst werden; Harnsäure löst sich meist erst beim Erwärmen wieder auf.

---

[1] DEHN, W. M., and M. HARTMANN: Am. Soc. **36**, 403 (1914).
[2] KOBAYASI, T.: J. Biochem. **30**, 451 (1939).

Wird der Harn schon trübe entleert oder tritt die Trübung sehr bald nach der Entleerung auf, so kann dies ein Zeichen für eine krankhafte Veränderung sein; es muß dann das „Sediment" untersucht werden. Der frisch entleerte Harn kann jedoch ohne eine krankhafte Veränderung trüb entleert werden, wenn seine Reaktion nicht sauer und die Konzentration der gelösten Stoffe, besonders der Salze, groß ist.

Der *Schaum*, der sich auf dem Harn beim Schütteln bildet, ist weiß, locker und unbeständig. Bei Gegenwart von Eiweiß ist er dick, feinblasig und beständig, in Gegenwart von Bilirubin gelb gefärbt.

Diazoreaktion.

Die in der Klinik viel gebrauchte Diazoreaktion des Harnes ist ihrer Natur nach unbekannt. Sie besitzt einen praktischen Wert nur in Verbindung mit anderen Symptomen. Sie ist positiv bei fieberhaften Erkrankungen, insbesondere bei Typhus, Tuberkulose und Masern, jedoch ist sie auch bei Carcinom, chronischem Rheumatismus, Erysipel, Pneumonie, Scharlach und Syphilis beobachtet worden. Die Anwesenheit von Farbstoffen, Guajacol, Heroin, Morphin und Gerbsäure stört die Reaktion.

Von HUNTER[1] werden 2 Arten der Reaktion beschrieben, von denen Typ A relativ beständig ist und sich langsam entwickelt, während Typ B rasch entsteht, dafür aber auch rasch verschwindet. Typ A soll auf der Anwesenheit von Imidazolen, Phenolen, Purinen und unbekannten Chromogenen beruhen, während Typ B besonders charakteristisch für Typhus und Masern sein soll und auf der Anwesenheit von Urochromogenen beruht.

Reagentien:

Reagens I: 0,5 g Sulfanilsäure, 5,0 g HCl, 25 %ig, Wasser ad 100 cm³.

Reagens II: $NaNO_2$, 0,5 %ig (frisch bereiten!).

Ausführung:

Man mischt 10 cm³ Reagens I gut mit 2 Tropfen Nitritlösung, setzt 10 cm³ möglichst frischen Harn zu, alkalisiert mit 10 %iger Ammoniaklösung und schüttelt gut um. Bei positiver Reaktion entsteht eine scharlachrote Färbung, die sich auch dem Schaum mitteilt. Gelbe, orange oder braune Färbung ist uncharakteristisch. Bei längerem Stehen entsteht ein blau bis schwarz gefärbter Niederschlag.

b) Anorganische Bestandteile.

Bestimmung der festen Bestandteile des Harnes. Beim Eindampfen des Harnes wird immer ein Teil des Harnstoff zu Ammoniak und Kohlendioxyd zersetzt; daher ist das Gewicht des Rückstandes, vorausgesetzt, daß er vollkommen trocken war, zu gering. Sollen die gesamten festen Bestandteile auf gravimetrischem Wege bestimmt werden, so muß man das Ammoniak quantitativ auffangen, auf Harnstoff umrechnen und dem Gewicht des Rückstandes zuzählen. Über die Bestimmung s. Bd. III, Anorganische Stoffe. In den meisten Fällen wird eine Berechnung aus dem spezifischen Gewicht genügen (s. S. 1).

Soll die *Asche* des Harnes bestimmt werden, so verascht man mit Schwefelsäure (s. Bd. III, Anorganische Stoffe) und wägt die zurückbleibenden Sulfate. Die so erhaltenen Werte sind nicht sehr aufschlußreich. Größere Bedeutung besitzt die Bestimmung der *Gesamtbasen*[2], die nach den Angaben in Bd. III, Anorganische Stoffe, ausgeführt werden kann. Man wird hierzu heute im allgemeinen eine elektrolytische Methode wählen. Auch das *Gesamtalkali*, d. h. also unter Ausschluß von Calcium und Magnesium, läßt sich nach dem von HURKA entwickelten Prinzip[3] bestimmen. Der Harn wird mit Salpeter-Schwefelsäure und Perhydrol verascht und die Schwefelsäure abgedampft; die Sulfate

[1] HUNTER, G.: Biochem. J. **19**, 25 (1925).

[2] WALAAS, E., and O. WALAAS: Acta physiol. scand. **17**, 222 (1949).

[3] HURKA, W.: H. **271**, 214 (1941). B. Z. **313**, 400, 416 (1942/43). — Vgl. auch: DWORZAK, R., u. A. FRIEDRICH-LIEBENBERG: Mikrochim. Acta **1**, 168 (1937). — VOGT, J. H.: Skand. Arch. Physiol. **75**, 275 (1937). — SNELL, C., and I. N. KUGELMASS: J. Lab. clin. Med. **23**, 274 (1937).

und Phosphate werden gelöst und mit Bariumhydroxyd gefällt. Es fallen die Sulfate und Phosphate von Calcium und Magnesium, im Filtrat entfernt man das überschüssige Bariumhydroxyd in der Hitze durch Einleiten von CO_2 und kann nun im Filtrat die als Carbonate vorliegenden Alkalien direkt mit 0,1 n HCl titrieren.

Der *qualitative Nachweis anorganischer Substanzen* im Harn besitzt keine Bedeutung, es sei denn, es handelte sich um Spurenelemente, die nach den Angaben in Bd. III, Anorganische Stoffe, nachgewiesen werden können. Alkalien, Erdalkalien und Metalle werden am einfachsten durch Flammenphotometrie nachgewiesen, s. hierzu [1]. Über die Bestimmung von Natrium, Kalium, Calcium, Magnesium sowie Chlorid s. Bd. III, Anorganische Stoffe.

Bezüglich der Bestimmung von *Schwefelsäure* und *Gesamtschwefel* liegen im Harn besondere Verhältnisse vor. Man findet nicht nur anorganische Schwefelsäure, sondern auch *Schwefelsäureester* und außerdem *Sulfidschwefel*, der gewöhnlich nach vollständiger Oxydation zu Sulfat bestimmt wird. Das Prinzip der Bestimmung der einzelnen Schwefelfraktionen ist folgendes: Die anorganischen Sulfate werden durch Bariumchloridlösung in der Kälte bei saurer Reaktion ausgefällt. Das Filtrat wird angesäuert und 20—30 min gekocht, um die Schwefelsäureester zu verseifen. Dabei fallen die aus den Estern freigesetzten Sulfate als Bariumsulfat aus und können als solches bestimmt werden.

Eine zweite Harnportion verascht man vollständig, entweder unter Zusatz von Natriumperoxyd oder von BENEDICTS Reagens [2]. Das Oxydationsgemisch besteht aus 200 g Kupfernitrat, 50 g Kaliumchlorat und 1000 cm³ Wasser. Wird der Harn mit dieser Mischung eingedampft und geglüht, so bleibt aller Schwefel als Sulfat zurück und kann nach dem Wiederauflösen in verdünnter Säure mit Bariumchlorid gefällt werden. Nach Abzug der Sulfat- und Esterschwefelsäure bleibt der Sulfidschwefel übrig. Näheres über Bestimmung der Schwefelfraktionen s. Bd. III, Anorganische Stoffe.

c) Organische Bestandteile.
α) Neutralschwefel.

Der sog. Neutralschwefel des Harnes setzt sich zusammen zu

2,6% aus HSCN,
61,4% aus organischen Sulfonsäuren,
25,0% aus Cystin und Cystinpeptiden und
11,0% aus Methionin [3].

Thiosulfat wurde nicht gefunden, obwohl es bei Typhus in einem Fall als Bestandteil des Harnes verzeichnet wurde [4]. Bestimmungsmethode s. Bd. III, Anorganische Stoffe.

β) Stickstoff und organische Basen.

Harnstoff ist das wichtigste Abbauprodukt der Eiweißstoffe und gleichzeitig die am reichlichsten im Harn vorkommende organische Substanz. Er ist bereits seit 1773 bekannt und wurde von ROUELLE im Harn entdeckt. Die Menge des im Harn ausgeschiedenen Harnstoff ist ein Maß für den Eiweißumsatz im Körper. Die quantitative Bestimmung von Harnstoff spielt normalerweise keine bedeutende Rolle, sondern nur bei Stoffwechselbilanzen oder bei Clearanceuntersuchungen.

Da die Harnstoffmenge im Harn von der Zufuhr an Eiweißkörpern in der Nahrung abhängt, schwankt die normale Ausscheidung in weiten Grenzen. Als Extreme werden 20 und 35 g je Tag genannt. Die absolute Konzentration im Harn ist ungefähr 2%. Kinder scheiden, absolut gemessen, weniger aus, dagegen mehr, wenn man auf das

---

[1] WILLEBRANDS, A. F.: Chem. Wkbl. **45**, 344 (1949). — BOYLE, A. J., T. WHITEHEAD, E. J. BIRD, T. M. BATCHELOR, L. T. ISERI, S. D. JACOBSON and G. B. MYERS: J. Lab. clin. Med. **34**, 625 (1949).

[2] BENEDICT, ST. R.: J. biol. Ch. **6**, 363 (1909).

[3] LEFÈVRE, C., et M. RANGIER: J. Pharmacie Chim. (8) **27** (13c), 204 (1938).

[4] SPAETH-KAISER: Untersuchung des Harns. S. 41. Leipzig 1936.

Körpergewicht berechnet. Zwischen 3 und 6 Jahren beträgt die tägliche Harnstoffausscheidung in 24 Std etwa 1 g/kg.

Eine Vermehrung der Harnstoffausscheidung findet man bei allen fieberhaften Erkrankungen, die mit einem Zerfall von Organeiweiß einhergehen. Eine bedeutende Vermehrung wird beim Diabetes mellitus gefunden, was zum Teil auf die reichliche Fleischernährung bezogen werden kann. Eine Verminderung der Harnstoffmenge findet man bei der akuten gelben Leberatrophie, bei welcher häufig Leucin und Tyrosin im Harn angetroffen werden. Auch bei Nierenkrankheiten kann eine verminderte Harnstoffausscheidung beobachtet werden; das hat eine Retention im Körper zur Folge, die zu einem Anstieg von Rest-N- und Harnstoffgehalt im Blute und in extremen Fällen zu urämischem Erbrechen führt. Der qualitative Nachweis von Harnstoff besitzt keine praktische Bedeutung. Die quantitative Bestimmung ist dagegen in einer Anzahl von Fällen erforderlich. Dabei führt die Hypobromitmethode („Brom-Laugenmethode")[1], bei welcher der Harnstoff oxydativ zu elementarem Stickstoff zersetzt wird, nur zu sehr ungenauen Resultaten, da nicht nur die Aminogruppen von Harnstoff mit NaOBr reagieren, sondern alle Aminogruppen, wie z. B. auch die der Aminosäuren, Ammoniak u. dgl. Eine photometrische Modifikation s.[1]. Genaue Resultate erhält man entweder durch Fällung mit Xanthydrol[2] oder durch Hydrolyse mit Urease[3], einem pflanzlichen Ferment, durch welches Harnstoff in Ammoniak und Kohlendioxyd, deren Mengen gemessen werden, zerlegt wird. Es ist notwendig, das präformierte Ammoniak besonders zu bestimmen oder zu entfernen. Weiter reagiert Harnstoff mit Ehrlichs Aldehydreagens mit Grüngelbfärbung, die colorimetrisch bestimmt werden kann[4]. Mit Furfurol und Salzsäure gibt Harnstoff eine Schiffsche Base, die besonders in Gegenwart von SnCl$_2$ eine intensive purpurrote Färbung ergibt[5]. Auch mit Diacetyl reagiert der Harnstoff, und das Kondensationsprodukt gibt mit aromatischen Aminen, besonders N-Phenylanthranilsäure, eine intensive rote Farbe[6], so daß mit dieser Reaktion noch weniger als 40 γ Harnstoff bestimmt werden können. Die Verwendung von α-Isonitrosopropiophenon[7] wird von Archibald empfohlen. Es wird mit dieser Reaktion aber weder eine größere Empfindlichkeit noch eine größere Spezifität erreicht, da Allantoin, Alloxan, Parabansäure und Eiweiß dieselbe Farbreaktion geben.

Eine besondere Erwähnung verdient die geniale Methode von E. J. Conway[8]. Nach seiner Vorschrift wird der Harnstoff durch Urease zerlegt und das entstandene Ammoniak bei schwach alkalischer Reaktion in sog. Diffusionsgefäßen in Boratlösung aufgefangen und titriert. Mit dieser Methode läßt sich eine große Reihe von Bestimmungen mit großer Genauigkeit gleichzeitig durchführen.

Bestimmung von Harnstoff durch Diffusion nach Conway[8]. Die Methode hat den Vorteil, daß man nur eine genau eingestellte Normallösung benötigt.

[1] Henriques, V., o. S. A. Gammeltoft: Skand. Arch. Physiol. 25, 153 (1911). — Van Slyke, D. D.: J. biol. Ch. 83, 449 (1929). — Fee, D. A., D. Cruger and H. B. Collier: J. Lab. clin. Med. 34, 873 (1949). — Van Slyke, D. D., and C. L. Cope: Proc. Soc. exp. Biol. Med. 29, 1169 (1932).
[2] Fosse, R.: Cr. 158, 1588; 159, 367 (1914). Ann. Chim., Paris (9) 6, 13 (1916). — Lee, M. H., and E. M. Widdowson: Biochem. J. 31, 2035 (1937). — Wenger, P., C. Cimerman et A. Maulbetsch: Mikrochem., N. F. 8, 129 (1934). — Vire, M.: Bull. Soc. Chim. biol. 22, 185 (1940). — Gigon, A., u. M. Noverraz: Schweiz. med. Wschr. 70, 464 (1940).
[3] Partos, S.: B. Z. 103, 292 (1920). — Marshall, jr., E. K.: J. biol. Ch. 14, 283 (1913). — Howell, S. F.: J. biol. Ch. 129, 641 (1939). — Rappaport, F.: Mikrochem. 14, 49 (1933). — Ohlson, W.: Acta physiol. scand. 1, 278 (1940). — Norbert, H. W.: J. Lab. clin. Med. 26, 405 (1940). — Heidermanns, C., u. P. Münzel: Z. vgl. Physiol. 25, 584 (1938). — Bock, J. C.: J. biol. Ch. 140, 519 (1941).
[4] Barrenscheen, H. K., u. O. Weltmann: B. Z. 131, 591 (1922). — Weltmann, O., u. H. K. Barrenscheen: Kli. Wo. 1922 I, 1100. — Burghardt, G.: M.m.W. 1923, 632.
[5] Nakashima, Y., u. K. Maruoka: Dtsch. Arch. klin. Med. 143, 318 (1924).
[6] Wheatley, V. R.: Biochem. J. 43, 420 (1948).
[7] Archibald, R. M.: J. biol. Ch. 157, 507 (1945).
[8] Conway, E. J.: Biochem. J. 27, 430 (1933). — Conway, E. J., and E. O'Malley: Biochem. J. 36, 655 (1942). — Gibbs, G. E., and P. L. Kirk: Mikrochem. 10, 25 (1934). — Stetter, H.: Enzymatische Analyse. S. 74. Weinheim 1951.

Reagentien:

1. Borsäurereagens: 5 g Borsäure werden mit 200 cm³ Alkohol und 700 cm³ Wasser gelöst. Man setzt dann 10 cm³ der Indicatorlösung *2* zu, stellt auf einen schwach rötlichen Ton durch Zugabe von etwas Alkali ein und füllt mit Wasser auf 1000 cm³ auf.
2. Indicatorlösung: 0,033% Bromkresolgrün und 0,066% Methylrot in Alkohol.
3. Gesättigte Lösung von Kaliummetaborat und Kaliumcarbonat.
4. 0,04 n oder 0,01 n HCl.
5. Urease-Phosphatlösung: 22 g feinst gepulverter Permutit werden mit 2%iger Essigsäure und anschließend 2mal mit Wasser gewaschen. Der zurückbleibende Brei wird mit 45 g Sojabohnenmehl und 75 cm³ Wasser angerührt, $1/2$ Std geschüttelt und mit 225 cm³ Glycerin versetzt. Zum Gebrauch nimmt man 1 cm³ des Glycerinextraktes und 1 cm³ Phosphatpuffer, der aus 69 g NaH_2PO_4 und 179 g krystallisiertem Na_2HPO_4 im Liter besteht und füllt mit Wasser auf 10 cm³ auf (p_H 6,9). Über die Form der CONWAY-Gefäße s. S. 37.

Ausführung:

Der äußere Teil des Mikrodiffusionsapparates wird mit 0,2 cm³ Lösung, die ungefähr 0,02 cm³ Harn entsprechen soll, und 0,5 cm³ Ureaselösung beschickt. Die innere Kammer enthält 2 cm³ Borsäurereagens. Man verschließt sofort und läßt 15 min bei Zimmertemperatur oder 10 min bei 38° stehen. In dieser Zeit wird der Harnstoff vollständig in Ammoniak und Kohlendioxyd gespalten. Man gibt in die äußere Kammer 1 cm³ der Lösung *3* und läßt $5/4$ Std bei Zimmertemperatur verschlossen stehen. Das in Freiheit gesetzte Ammoniak diffundiert in die innere Kammer und wird von der Borsäure aufgenommen; der Ammoniakgehalt kann unmittelbar mit Salzsäure titriert werden, wobei der Borsäuregehalt nicht stört, da der Indicator auf die schwache Borsäure nicht anspricht.

Berechnung:

1 cm³ 0,01 n HCl = 0,17 mg NH_3 oder 0,603 mg Harnstoff, s. auch NH_3-Bestimmung nach BLOM und SCHWARZ, S. 191.

Gravimetrische Bestimmung von Harnstoff nach WENGER, CIMERMAN und MAULBETSCH[1].

Reagentien:

1. Eisessig.
2. TANRETS Reagens; 2,71 g $HgCl_2$, 7,2 g KJ und 66,6 cm³ Eisessig werden mit Wasser auf ein Volumen von 100 cm³ aufgefüllt.
3. Xanthydrol, 5%ig in Methylalkohol. Das Reagens muß jeweils frisch hergestellt werden.
4. Alkohol und Wasser, beide mit Dixanthylharnstoff gesättigt.

Ausführung:

Man mischt etwa 0,1 cm³ Harn mit 5 cm³ Wasser und 1 cm³ TANRETS Reagens. Den Niederschlag filtriert man nach 5 min ab und versetzt 1 cm³ Filtrat mit 1 cm³ Eisessig sowie 0,4 cm³ Xanthydrollösung. Nach 1 Std kann der Niederschlag abgesaugt werden. Er wird 2mal mit 6 Tropfen Alkohol, dann mit 4 Tropfen Wasser ausgewaschen und bei 105—110° bis zur Gewichtskonstanz getrocknet. Die Wägung ist bei Benutzung von Dämpfungswaagen schnell durchführbar.

Berechnung:

1 mg Dixanthylharnstoff entspricht 0,143 mg Harnstoff. Weitere Methoden der Harnstoffbestimmung s. S. 35ff.

Die früher viel gebrauchte Harnstofftitrierung mit Quecksilbernitratlösung, bei welcher nicht nur der Harnstoff, sondern ein großer Teil der stickstoffhaltigen Verbindungen als Quecksilbernitrat-Quecksilberoxyddoppelsalz ausgefällt wird, wird heute nicht mehr benutzt. Der Endpunkt der Titration ist daran zu erkennen, daß überschüssiges Quecksilbernitrat mit Natriumcarbonat einen gelben Niederschlag von Quecksilberoxyd hervorruft, während die Doppelsalze weiß sind.

---

[1] WENGER, P., C. CIMERMAN u. A. MAULBETSCH: Mikrochem., N. F. **8**, 129 (1934).

Gesamtstickstoff. Neben der Bestimmung der einzelnen stickstoffhaltigen Bestandteile des Harnes ist die Kenntnis des Gesamtstickstoffgehaltes von Bedeutung. Diese
Bestimmung wird allgemein nach Veraschung nach der Methode von KJELDAHL oder nach
CONWAY ausgeführt. Über die Veraschung s. Bd. III, Anorganische Stoffe, über die Bestimmung von Ammoniak s. S. 32, für kleine Stickstoffmengen oder Eiweißbestimmung
nach KJELDAHL s. S. 33.

Die Veraschung des Harnes geht meist glatt vonstatten und ist einfacher als die von
Blut oder Geweben. Da der gesamte Stickstoff in Ammoniumsalze übergeführt wird,
bietet die Destillation keine Schwierigkeiten; es kann deshalb auf die anderen Abschnitte
verwiesen werden (s. S. 33). Eine Mikromethode zur Gesamt-N-Bestimmung bis zu
0,005 μMolen[1].

Ammoniak. Schwieriger ist die Bestimmung des im Harn enthaltenen präformierten
Ammoniak. Es wird durchweg durch Alkalisieren in Freiheit gesetzt und durch einen

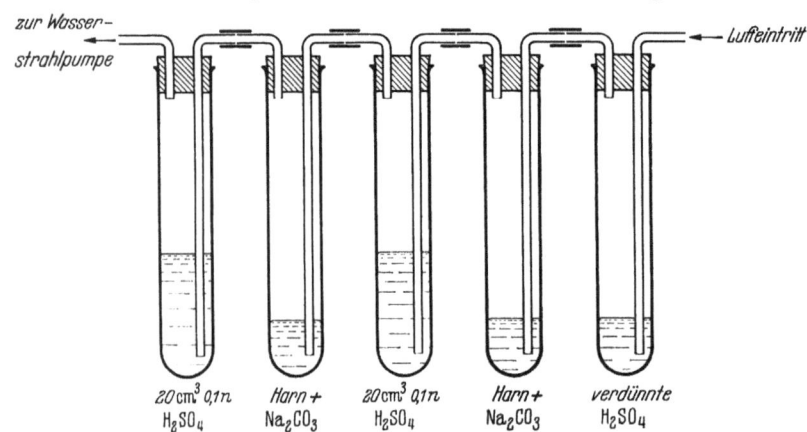

zur Wasser-strahlpumpe ← ... → *Lufteintritt*

20 cm³ 0,1 n   Harn +   20 cm³ 0,1 n   Harn +   verdünnte
H$_2$SO$_4$ Na$_2$CO$_3$ H$_2$SO$_4$ Na$_2$CO$_3$ H$_2$SO$_4$

Abb. 26. Ammoniakbestimmung nach FOLIN.

Luftstrom bei Zimmertemperatur, oder höchstens bei 37°, in eine vorgelegte Menge von
Säure übergetrieben und dort titrimetrisch ermittelt. Es sind vielfach Hydrogencarbonat,
Calciumhydroxydsuspension oder Soda bzw. auch Magnesiumoxyd zum Alkalisieren vorgeschlagen worden. Die Bedingungen müssen auf jeden Fall so gewählt werden, daß die
großen Mengen Harnstoff nicht hydrolysiert werden, wodurch zuviel Ammoniak vorgetäuscht würde.

Ammoniakbestimmung nach FOLIN[2]. *Geräte.* Benötigt werden 5 Glaszylinder, die
nach obenstehender Abb. 26 miteinander verbunden sind. Der Zylinder 1 enthält
verdünnte Schwefelsäure, um das mit der Luft eintretende Ammoniak zu binden. Die
Zylinder 2 und 4 werden mit 25,0 cm³ Harn oder Ammoniaklösung beschickt, dem 1 g
trockenes Natriumcarbonat und ein Mittel, welches das Schäumen verhindert, zugesetzt
werden. Hierzu werden Petroleum oder Toluol empfohlen. Es ist nur wichtig, daß Ammoniak aus dem Mittel weder abgespalten noch absorbiert wird. Die Zylinder 3 und 5
enthalten 20 cm³ 0,1 n Schwefelsäure und eine bestimmte Menge Wasser, um eine genügend hohe Absorptionsschicht zu erreichen. Zur Absorption haben sich die Absorptions-
glocken nach FOLIN bewährt. Die Stopfen bzw. Schliffe der Flaschen müssen absolut
dicht sitzen und, falls mit Druckluft gearbeitet wird, durch Federzug gesichert werden.

Reagentien:

1. Na$_2$CO$_3$, trocken.   4. H$_2$SO$_4$, verdünnt.
2. 0,1 n H$_2$SO$_4$.   5. Methylrot, 0,1%ig, in Alkohol.
3. 0,1 n NaOH.   6. Toluol oder Petroleum.

---

[1] BRÜEL, D., H. HOLTER, K. LINDERSTRØM-LANG and K. ROZITS: Biochim. biophysica Acta, N. Y.
1, 101 (1947).
[2] FOLIN, O.: H. **37**, 161 (1902/03).

Ausführung:

Man bläst durch das Einleitungsrohr von Zylinder 1 Luft ein oder saugt von Zylinder 5 aus Luft durch den Apparat. Hierbei wird das in 2 und 4 freigesetzte Ammoniak durch den Luftstrom nach 3 und 5 gerissen und durch die Schwefelsäure neutralisiert. Die Destillation dauert 90 min. Danach wird der Überschuß an Säure in Vorlagen 3 und 5 mit 0,1 n Alkali unter Benutzung eines geeigneten Indicators, z.B. Methylrot, zurücktitriert.

Berechnung:

1 cm³ verbrauchter 0,1 n Schwefelsäure entspricht 1,7 mg NH_3.

Bei sehr phosphatreichen Harnen ist an Stelle des Zusatzes von Natriumcarbonat ein Zusatz von 0,5—1 g NaOH und 15 g Kochsalz empfohlen worden.

Dieselbe Versuchsanordnung kann für wesentlich kleinere Harnmengen von 1—5 cm³ benutzt werden, wobei auch die Schwefelsäuremenge entsprechend zu reduzieren ist.

Ammoniakbestimmung durch Formoltitration. Eine weitere Möglichkeit ist die Anwendung der Formoltitration[1], wie sie zur Bestimmung von Aminosäuren vorgeschlagen ist.

Reagentien:

1. Kaliumoxalat in Substanz, feingepulvert.
2. Phenolphthaleinlösung, 0,1%ig in 50%igem Alkohol.
3. 0,1 n NaOH.
4. Formaldehydlösung, gegen Phenolphthalein neutralisiert.

Ausführung:

Man nimmt 25 cm³ Urin in einem 200 cm³-Erlenmeyer-Kolben, setzt 15—20 g feingepulvertes Kaliumoxalat und ein paar Tropfen Phenolphthaleinlösung zu und titriert mit 0,1 n NaOH bis zu einer bleibenden roten Farbe. Dann setzt man 10 cm³ gegen Phenophthalein neutralisierten Formaldehyd zu, mischt gut und titriert von neuem mit 0,1 n Natronlauge, bis die rote Farbe wieder erscheint. Der zuletzt gemessene Verbrauch an Natronlauge entspricht dem Ammoniakgehalt. Die im Harn enthaltenen Aminosäuren werden mitbestimmt.

Ammoniakbestimmung nach der Permutitmethode[2].

Prinzip:

Nach der Permutitmethode (s. Bd. III) wird der Harn mit Permutit geschüttelt und dadurch das Ammoniak adsorbiert. Es kann durch Alkali eluiert werden und wird in dem Eluat mit einer der bekannten Stickstoffbestimmungsmethoden bestimmt.

Reagentien:

1. Permutit.
2. NaOH, 10%ig.

Ausführung:

Man nimmt 2 g Permutit, 5 cm³ Wasser und 1—2 cm³ Harn. Diese Mischung schüttelt man 5 min in einem Scheidetrichter, spült dann die Glaswände mit 5 cm³ Wasser ab und dekantiert die Flüssigkeit. Der Niederschlag wird ein 2. Mal mit Wasser ausgewaschen und nach der Entfernung des Wassers mit 2 cm³ 10%iger Natronlauge versetzt.

Das freigesetzte Ammoniak kann entweder nach NESSLER colorimetrisch (s. Bd. III, Anorganische Stoffe) oder mit einer titrimetrischen Methode, wie oben beschrieben, bestimmt werden.

Auch die Anwendung der CONWAYschen Methode auf die Bestimmung von Ammoniak im Harn ist möglich, ebenso wie man mit der CONWAYschen Methode den Harnstoff nach fermentativer Hydrolyse und den Gesamtstickstoff nach Veraschung bestimmen kann (s. hierüber S. 37).

Die Verwendung von Borsäure als Absorptionsflüssigkeit führte nicht zu befriedigenden Ergebnissen, wie BLOM und SCHWARZ[3] berichten. Sie empfehlen als Absorbens

---

[1] MALFATTI, H.: Z. analyt. Chem. 47, 273 (1908).
[2] FOLIN, O., and R. D. BELL: J. biol. Ch. 29, 329 (1917).
[3] BLOM, J., and B. SCHWARZ: Acta chem. scand. 3, 1439 (1949).

Ammoniakate, besonders das Nickelammoniumsulfat $NiSO_4(NH_4)_2\,SO_4 \cdot 6\,H_2O$, welches Ammoniak bis zu einem p_H von 7,6 quantitativ bindet und unter Verwendung eines Methylrot-Methylenblauindicators (Umschlagspunkt p_H 5,08) direkt titriert werden kann.

Kreatin und Kreatinin. Kreatin und Kreatinin (Konstitution s. Bd. II) werden im Harn als Stoffwechselendprodukt des Muskels ausgeschieden. Im normalen Harn der männlichen Säugetiere findet sich fast ausschließlich Kreatinin neben sehr wenig Kreatin. Bei Frauen und Kindern ist das Vorkommen von Kreatin physiologisch; bei vielen Krankheiten, so bei akutem Fieber, bei Diabetes, Typhus und auch bei Lebercarcinom ist das Auftreten von Kreatin im Harn ebenfalls beschrieben worden. Besonders charakteristisch ist es bei der Muskeldystrophie. Die normale Kreatininausscheidung beträgt durchschnittlich bei gesunden Menschen von 18—33 Jahren 161 mg täglich, im Alter 185 mg; sie ist bei akutem Rheumatismus nicht verändert, bei chronischer Osteoarthritis bis zu 675 mg erhöht[1]. CUMINGS findet bei normalen Männern kein Kreatin. Die Bestimmung von Kreatinin geht auf die JAFFÉsche Reaktion[2] zurück, nach der bei alkalischer Reaktion mit Pikrinsäure eine gelbrote Farbe entsteht, die zur colorimetrischen Bestimmung benutzt wird. Die Reproduzierbarkeit hängt davon ab, daß peinlichst gereinigte Pikrinsäure verwendet wird. Bei der Reaktion mit Pikrinsäure soll Pikraminsäure entstehen. Es handelt sich um eine Reaktion, die für Kreatinin nicht spezifisch ist.

Verwendet man an Stelle von Pikrinsäure 3,5-Dinitrobenzoesäure, so wird zwar die Spezifität erhöht, gleichzeitig aber auch die Farbe unbeständiger. Glucose, Fructose, eine große Reihe von Guanidinderivaten, Cystin und Harnsäure stören, selbst in hohen Konzentrationen, nicht. Dagegen stören Aceton und Acetessigsäure, deren Konzentration aber selbst im Diabetikerharn meist noch zu gering ist, um einen wesentlichen Fehler zu verursachen. Arbeitet man nach LEHNARTZ[3] bei schwach alkalischer Reaktion in Gegenwart von Natriumacetat, so ist die Beständigkeit der Farbe besser und der Leerwert verringert. Einen entscheidenden Fortschritt für die Ausschaltung des Leerwertes bzw. unspezifischer Farbbildung brachte die Verwendung von Bodenbakterien, die nach Adaptation ein kreatininzerstörendes Fermentsystem enthalten. Mit dieser Methode kann der Leerwert vor und nach Behandlung mit den Bakterien bestimmt werden[4].

Es gelingt auch, Kreatinin mit Hilfe von $K_2[Hg(CNS)_4]$ auszufällen[5]. Ähnliche Beobachtungen hatten schon BARCLAY und KENNEY[6] mit einem Kaliumquecksilberjodidreagens in alkalischer Lösung gemacht, nachdem BARRET[7] zur Fällung NESSLERs Reagens verwendet hatte. Nach den Untersuchungen von [5] handelt es sich um einen Reduktionsvorgang, bei welchem metallisches Quecksilber erzeugt und niedergeschlagen wird und das Kreatinin selbst zu Isonitrilen abgebaut wird. Bei Verwendung von Kaliumquecksilberrhodanid gelingt es, das im Reagens vorhandene überschüssige komplexe Quecksilberion mit Dithizon zu bestimmen und aus der Verminderung der Quecksilbermenge die Kreatininmenge zu berechnen. Kreatin wird meist indirekt nach Überführung in Kreatinin bestimmt. Die Umwandlung von Kreatin in Kreatinin erfolgt in vitro in Gegenwart von Säuren bei erhöhter Temperatur. Die Bedingungen, unter welchen diese Umwandlung *quantitativ* erfolgt, sind nicht genau bekannt. Im allgemeinen wird die Umwandlung in Gegenwart von Salzsäure bei 100° durchgeführt[8], doch ist von amerikanischen Autoren[9] betont worden, daß eine quantitative Umwandlung nur bei p_H 2,0 $\pm$ 0,05 durch-

---

[1] GRANISER, L. W.: Ann. internal Med. **30**, 961 (1949).—CUMINGS, J. N.: J. clin. Path. **3**, 345 (1950).

[2] JAFFÉ, M.: H. **10**, 391 (1886). — BLAIZOT, J.: Bull. Soc. Chim. biol. **32**, 136 (1950).

[3] LEHNARTZ, E.: H. **271**, 265 (1941). — BLAIZOT, J.: Bull. Soc. Chim. biol. **32**, 136 (1950).

[4] DUBOS, R., and B. F. MILLER: J. biol. Ch. **121**, 429 (1937). — MILLER, B. F., and R. DUBOS: J. biol. Ch. **121**, 447, 457 (1937). — MILLER, B. F., R. DUBOS, M. J. C. ALLISON and Z. BAKER: J. biol. Ch. **130**, 383 (1939). — BAKER, Z., and B. F. MILLER: J. biol. Ch. **130**, 393 (1939).

[5] STELGENS, P., H. WOLF u. K. SCHREIER: Kli. Wo. **1950**, 318. H. **286**, 218 (1951).

[6] BARCLAY, J. A., and R. A. KENNEY: Biochem. J. **41**, 586 (1947).

[7] BARRET, J.: Lancet **1936** I, 84.

[8] BERENDT, H. W.: Hippokrates **20**, 517 (1949). Z. ges. inn. Med. **5**, 87 (1950).

[9] CLARK, jr., L. C., and H. L. THOMPSON: Analyt. Chem., Washington **21**, 1218 (1949).

zuführen ist; sie empfehlen die Verwendung von Pikrinsäure. Von anderen Autoren werden Temperaturen von 60° oder 120° empfohlen[1].

Direkt läßt sich das Kreatin durch Reaktion mit Acetylbenzoyl bestimmen. Es ist dies zwar eine allgemeine Guanidinreaktion, sie wird aber von Kreatinin nicht gegeben[2]. Durch Zusatz von α-Naphthol wird die Reaktion wesentlich empfindlicher[3], hat aber den Nachteil, durch Harnbestandteile gehemmt zu werden.

Die direkte Reaktion mit einem alkalischen Kupferreagens ist ebenfalls angegeben worden, aber wegen der Unspezifität nicht zu empfehlen.

Kreatininbestimmung nach Lieb und Zacherl[4].

Reagentien:

1. Reinigung der Pikrinsäure: 500 g Pikrinsäure werden in 500 cm³ Aceton unter leichtem Erwärmen gelöst, mit 20 g Tierkohle geschüttelt und filtriert. Weiter löst man 250 g wasserfreies Natriumcarbonat mit 100 g NaCl in $2^1/_2$ Liter warmem Wasser und gibt hierzu unter fortwährendem Umrühren die Lösung der Pikrinsäure in Aceton. Man wartet, bis die CO_2-Entwicklung beendet ist, läßt noch $^1/_2$ Std stehen und saugt dann scharf ab. Der Niederschlag wird mit 2 Liter 7%iger Kochsalzlösung gewaschen und so trocken wie möglich gesaugt. Den Niederschlag samt Filter suspendiert man in 2 Liter Wasser, setzt 20 g Soda zu, erhitzt und filtriert heiß. In das heiße Filtrat trägt man unter Umrühren 150 g Kochsalz ein, läßt erkalten, saugt ab, wäscht den Niederschlag zuerst mit 7%iger, dann mit 2%iger Kochsalzlösung und trocknet.

   Das so vorbereitete Natriumpikrat ist rein, es kann eventuell noch mit Methylalkohol gewaschen werden. Die Herstellung der freien Säure ist meist überflüssig. Als Reagens verwendet man eine 1,25%ige Lösung, die auf Zusatz von Natronlauge mit dem Filter S 53 im Stufenphotometer keine Absorption zeigen soll.

2. NaOH, 10%ig.

Ausführung:

Eiweiß, Aceton, Acetessigsäure und H_2S sollen aus dem Harn zuvor entfernt werden. Trübungen werden abzentrifugiert. Dann entnimmt man von dem klaren Harn 1 cm³, oder falls er sehr kreatininreich ist, eine entsprechende Verdünnung, und versetzt in einem 100 cm³-Meßkolben mit 20 cm³ Pikrinsäurelösung. Sodann setzt man 1,5 cm³ 10%ige Natronlauge zu, schüttelt um und läßt 10 min stehen. Danach füllt man bis zur Marke auf und photometriert innerhalb 5 min unter Verwendung von Filter S 53.

Kreatinbestimmung nach Berendt[5].

Reagentien:

1. 3 n HCl.
2. Pikrinsäure, 1,25%ig (s. oben).
3. NaOH, 10%ig.

Ausführung:

10 cm³ Harn werden mit 5 cm³ 3 n HCl 3 Std gut verschlossen im kochenden Wasserbad erhitzt. Dann wird in einen 25 cm³-Meßkolben filtriert, das Filter mit destilliertem Wasser ausgewaschen, und der Kolben auf 25 cm³ aufgefüllt. Von dem gemischten Filtrat gibt man 5 cm³ (entsprechend 2 cm³ Harn) in einen 100 cm³-Meßkolben. Dazu kommen 20 cm³ Pikratlösung und 3 cm³ NaOH. Die weitere Verarbeitung erfolgt wie bei der Kreatininbestimmung. Der Kreatinwert berechnet sich aus der Differenz der beiden Bestimmungen.

[1] Folin, O.: H. **41**, 223 (1904). Amer. J. Physiol. **13**, 83, 118 (1905). H. **228**, 268 (1934). — Hahn, A., u. G. Barkan: Z. Biol. **72**, 304 (1920).

[2] Harden, A., and D. Norris: J. Physiol., London **42**, 332 (1911). — Lang, K.: H. **208**, 273 (1932). — Eggleton, P., S. R. Elsden and N. Gough: Biochem. J. **37**, 526 (1943).

[3] Raaflaub, J., u. I. Abelin: B. Z. **321**, 158 (1950).

[4] Lieb, H., u. M. K. Zacherl: H. **223**, 169 (1934).

[5] Berendt, H. W.: Hippokrates **20**, 517 (1949).

Kreatininbestimmung nach STELGENS, WOLF *und* SCHREIER[1].

Reagentien:

1. Kaliumquecksilber(II)-rhodanid: 1,2670 g Quecksilber(II)-rhodanid werden mit 0,7774 g Kaliumrhodanid in 100 cm³ bidestilliertem Wasser in der Wärme gelöst. Davon wird 1 cm³ in einen 100 cm³-Meßkolben gegeben, etwa die Hälfte bidestilliertes Wasser zugesetzt und darin 7 g Kaliumrhodanid gelöst. Auffüllen bis zur Marke. Man hat dann eine Kaliumquecksilberrhodanidlösung, die 8 mg-% Quecksilber (80 γ/cm³) und 7% KCNS enthält.
2. 6 n NaOH oder KOH.
3. n H_2SO_4.
4. Hydroxylaminhydrochlorid, 10%ig.
5. Dithizonstammlösung: 300 mg Dithizon/Liter in doppelt destilliertem Chloroform (es kann auch Tetrachlorkohlenstoff verwandt werden). Die Lösung ist, dunkel und kühl und unter einer Schicht von Lösung *4* aufbewahrt, monatelang haltbar. Herstellung der Gebrauchslösung durch 10fache Verdünnung der Stammlösung.

Ausführung:

Man kühlt 3 cm³ der kreatininhaltigen Flüssigkeit mit maximal 15 γ in Eiswasser auf 8—10° ab, gibt 2 cm³ Natronlauge und 1 cm³ Quecksilberreagens zu, schüttelt gut durch und läßt 20 min stehen (bei Blutuntersuchungen 30 min). Nach dieser Zeit wird mit Schwefelsäure schwach angesäuert, mit bidestilliertem Wasser auf 40 cm³ aufgefüllt und mit 2 cm³ Hydroxylamin versetzt. Man schüttelt nun 3 min mit 10 cm³ der Dithizongebrauchslösung, filtriert nach dem Absetzen der Schichten die organische Lösung durch ein möglichst kleines trockenes Papierfilter, das vorher mit verdünnter Salpetersäure und Wasser gereinigt und bei 100° getrocknet war. Die Mischfarbe von Dithizon wird im Stufenphotometer mit Filter S 50 bei 5 mm Schichtdicke abgelesen.

Den gleichen Arbeitsgang führt man ohne Zusatz der Kreatininlösung durch und muß dann eine Extinktion von 1,00 messen, die 80 γ Quecksilber entspricht.

Glykocyamin. Glykocyamin (Guanidinoessigsäure) ist ein normaler Bestandteil des Harnes und wird täglich in einer Menge von 0,06 g von gesunden Menschen ausgeschieden. Die Ausscheidung ist vermehrt beim chromophoben und beim acidophilen Adenom, in geringem Grade vermindert bei Thyreotoxikosen[2].

Als Derivat von Guanidin gibt Glykocyamin die SAKAGUCHI-Reaktion[3]. Es ist notwendig, das Arginin vorher zu entfernen, was gleichzeitig mit Ammoniak durch Adsorption an Permutit erfolgen kann. Auch LLOYDs Reagens ist verwendet worden. Die Elution von Arginin erfolgt mit Bariumhydroxydlösung. Im Filtrat, welches soweit abgestumpft wird, daß es nicht mehr kongosauer reagiert, erfolgt eine weitere Reinigung durch Bleiacetatfällung, worauf schließlich das Glykocyamin bestimmt werden kann[4]. Eine Trennung vom Arginin gelingt nach JOHNSON auch durch Adsorption an Aluminiumoxyd (Merck)[5]. Im Filtrat kann man Glykocyamin bestimmen und das Arginin durch Elution mit Salzsäure gewinnen.

Nach einer Vorschrift von HOBERMAN[6], der sich auf Angaben von SIMS[7] stützt, kann man Arginin durch Arginase zerstören und dann das Glykocyamin bestimmen.

Bestimmung von Glykocyamin neben Arginin nach JOHNSEN[5].

Reagentien:

1. Aluminiumoxyd (Merck).	3. 0,1 n HCl.
2. Alkohol, 70%ig.	4. KOH, 10%ig.

---

[1] STELGENS, P., H. WOLF u. K. SCHREIER: H. **286**, 218 (1950).

[2] CUMINGS, J. N.: J. clin. Path. **3**, 345 (1950).

[3] DUBNOFF, J. W., and H. BORSOOK: J. biol. Ch. **138**, 381 (1941).

[4] MINOT, A. S., and H. E. FRANK: J. Pharmacol. exp. Therap. **71**, 130 (1941).

[5] JOHNSEN, V. K.: Acta physiol. scand. **15**, 314 (1948).

[6] HOBERMAN, H. D.: J. biol. Ch. **167**, 721 (1947).

[7] SIMS, E. A. H.: J. biol. Ch. **158**, 239 (1945).

5. α-Naphthollösung, 0,1 %ig in 50 %igem Alkohol.   7. Kaliumhypobromit: 2 g Brom
6. Harnstofflösung, 40 %ig.   in 100 cm³ 5 %iger KOH.

Ausführung:

Man verteilt 5 g Aluminiumoxyd in 10 cm³ Alkohol und bereitet sich eine Adsorptionssäule von 80 mm Höhe und 10 mm Durchmesser. 4 cm³ Harn, die gegen Lackmus neutralisiert und mit Alkohol auf 15 cm³ aufgefüllt sind, werden durch die Säule gesaugt; dann wird mit 30 cm³ 70 %igem Alkohol nachgewaschen. Glykocyamin geht quantitativ ins Filtrat. Nach dem Wechseln der Vorlage wird Arginin durch 15 cm³ 0,1 n HCl und anschließend mit 10 cm³ Wasser eluiert. Beide Fraktionen werden gegen Lackmus alkalisch gemacht, im Vakuum eingeengt und vom ausgefallenen Aluminiumhydroxyd abfiltriert. Dann füllt man auf 20 cm³ auf und benutzt je 10 cm³ zur getrennten Bestimmung der beiden Komponenten. Die Bestimmung von Arginin erfolgt nach der Vorschrift von MACPHERSON[1].

Die neutralisierten Lösungen werden mit 1 cm³ KOH alkalisiert, nach Zugabe von 2 cm³ Naphthollösung sowie 1 cm³ Harnstofflösung unter der Wasserleitung abgekühlt und mit 1 cm³ Hypobromit versetzt. Dabei ist durch gutes Rühren darauf zu achten, daß keine lokalen Konzentrationsunterschiede auftreten. Nach 2—3 min gibt man nochmals 1 cm³ Harnstoff und 1 cm³ Hypobromit zu, füllt auf 25 cm³ auf und kann nach 10—15 min bei 530 mμ colorimetrieren.

Da das BEERsche Gesetz nicht gilt, muß eine Eichkurve durch Zusätze bekannter Mengen zu Harn angelegt werden.

Trimethylamin und Trimethylaminoxyd. Die beiden stark alkalischen Basen sind schon sehr frühzeitig in Fischen, Muscheln und Fischkonserven nachgewiesen worden. Die Anwesenheit im Harn wurde erst 1906 von KUTSCHER und LOHMANN[2] entdeckt, s. auch [3]. Von HOPPE-SEYLER ist der Beweis erbracht worden, daß das Trimethylaminoxyd mit Canirin identisch ist[4].

Die Normalausscheidung im Harn beträgt beim Menschen 0,2—0,4 mg Trimethylamin-N und 5—16 mg Trimethylaminoxyd-N je Tag[5]. Über die Ausscheidung bei Ratten s. [6]. Bei der menstruierenden Frau ist die Ausscheidung erhöht, das Vaginalsekret soll 0,33 % Trimethylamin enthalten[7]. Bei Carcinomkranken ergab sich eine Verminderung von Trimethylaminoxyd und ein Ansteigen von Trimethylamin im Harn[8].

Das Trimethylamin wird bestimmt durch Destillation, nachdem die primären Amine durch Formaldehyd gebunden sind. Das nichtflüchtige Trimethylaminoxyd wird durch Reduktion in Trimethylamin verwandelt und eine zweite Bestimmung des gesamten Trimethylamin durchgeführt[9].

Bestimmung der Trimethylammoniumbasen nach LINTZEL[9].

1. Bestimmung von freiem Trimethylamin.

Reagentien:

1. Na₂CO₃, krystallisiert.   4. Phenolphthalein.
2. Formaldehyd (DAB 6), 35 %ig.   5. 0,02 n HCl.
3. Natriumhydroxyd, 33 %ig.   6. Amylalkohol.

7. Trimethylaminlösung: 25 cm³ der käuflichen 10 %igen Trimethylaminlösung werden mit 1 g Bariumchlorid mit Wasser auf 2100 cm³ gelöst. Genaue Titerstellung der Lösung mit 0,02 n Schwefelsäure und p-Nitrophenol als Indicator. Die

[1] MACPHERSON, H. T.: Biochem. J. **36**, 59 (1942).
[2] KUTSCHER, F., u. K. LOHMANN: H. **48**, I (1906). — KUTSCHER, F.: H. **51**, 457 (1907).
[3] DE FILIPPI, F.: H. **49**, 433 (1906). —TAKEDA, M. T.: Pflügers Arch. **129**, 82 (1909). — DORÉE, C.. and F. GOLLA: Biochem. J. **5**, 306 (1911).
[4] HOPPE-SEYLER, F. A.: H. **175**, 300 (1928).
[5] THULLEN, A.: Diss. Jena 1938.
[6] CHIANCONE, F. M.: Boll. Soc. ital. Biol. sperim. **14**, 560 (1939).
[7] ASHLEY-MONTAGU, M. F.: Nature **142**, 1121 (1938).
[8] HINSBERG, K., u. E. GANGL-REUSS: Z. Krebsforsch. **52**, 227 (1941).
[9] LINTZEL, W.: B. Z. **273**, 243 (1934).

Lösung muß in der Flasche und in der Bürette durch Natronkalk gegen den CO_2-Gehalt der Luft geschützt sein.

8. Legierung nach DEWARDA.

9. KOH in Substanz.

10. Zinkstaub.

Ausführung:

Ein etwa 500 cm³ fassender Meßzylinder, durch dessen Stopfen ein Lufteinleitungsrohr mit gelochter Kugel reicht, wird mit einer Vorlage verbunden, die mit 5 cm³ 0,02 n HCl gefüllt ist. Der Meßzylinder wird mit 15 g krystallisiertem Natriumcarbonat und 15 cm³ Formaldehyd beschickt, dem soviel KJELDAHL-Lauge zugesetzt ist, daß Phenolphthalein rot wird. Außerdem gibt man einige Kubikzentimeter Amylalkohol zu, um das Schäumen zu verhindern. Dann saugt man mit der Wasserstrahlpumpe 2—4 Std einen kräftigen Luftstrom, der vorher in einer Waschflasche mit Schwefelsäure gewaschen wird, durch die Apparatur. Nach Beendigung der Durchlüftung wird die überschüssige Säure in der Vorlage mit der Trimethylaminlösung zurücktitriert, wobei höchstens die Hälfte der Säure verbraucht sein darf.

Berechnung:

Die Differenz gegenüber einer Leertitration, ausgedrückt in Kubikzentimetern 0,02 n Säure × 0,28, ergibt den Trimethylamin-N in Milligrammen.

2. Bestimmung von Trimethylaminoxyd.

25 cm³ Harn versetzt man in einem großen Becherglas mit 5 g DEWARDAscher Legierung. Im Verlauf 1 Std gibt man 40 cm³ 1:1 verdünnter Salzsäure in kleinen Portionen zu, wobei die Temperatur auf 60—70° steigt. Dann filtriert man in einen 100 cm³-Meßkolben, wäscht das Filter mit Wasser nach und füllt auf 100 cm³ auf. In aliquoten Teilen von etwa 40 cm³ wird das Trimethylamin erneut bestimmt und aus der Differenz der Gehalt an Trimethylaminoxyd-N berechnet.

Um die *Gesamttrimethylammoniumbasen* zu bestimmen, muß das Substrat mit sehr konzentrierter KOH $4\frac{1}{2}$ Std auf 120° erhitzt werden. Dabei geht alles Trimethylamin, besonders beim Durchsaugen eines Luftstromes, in eine Vorlage über und kann dort titrimetrisch bestimmt werden.

Methylamin kann neben Ammoniak bestimmt werden, wenn das Ammoniak durch Kochen mit Quecksilberoxyd bei p_H 8—8,5 quantitativ gebunden wird[1].

Neben primären, sekundären und tertiären Aminen kann man Ammoniak bestimmen, wenn zuerst die Summe der Basen ermittelt wird. Dann wird das Ammoniak durch Kochen mit Quecksilberoxyd entfernt und die Summe der restlichen Basen titrimetrisch bestimmt. Die Differenz entspricht dem Ammoniakgehalt. Den Gehalt an primären Aminen kann man durch eine Amino-N-Bestimmung ermitteln. Da sekundäre Amine dabei gleichzeitig in Nitrosamin übergeführt werden, kann das tertiäre Amin direkt titrimetrisch bestimmt und das sekundäre errechnet werden[2].

Trigonellin. Die Umwandlung von Trigonellin in Nicotinsäure unter Entmethylierung führt nicht zu exakten Analysenwerten[3]. Dagegen wird beim Behandeln von Trigonellin mit alkoholischer Lauge Methylamin abgespalten. Das zurückbleibende Spaltprodukt gibt mit aromatischen Aminen (besonders mit Benzidin) einen Farbstoff, der für die Bestimmung geeignet ist. Es soll sich noch 1 γ Trigonellin je Kubikzentimeter Harn mit einem Fehler von ± 8% bestimmen lassen[4]. Von KÜHNAU ist die Farbreaktion des reduzierten Trigonellin mit Schwefelwasserstoff zur Bestimmung ausgenutzt worden. Da außer Trigonellin nur N-Methylnicotinsäureamid, Methylpyridiniumhydroxyd und Spuren von Co-Zymase als quaternäre Pyridiniumverbindungen vorkommen, ist die

[1] KOHN, R.: H. **200**, 191 (1931).

[2] WEBER, F. C., and J. B. WILSON: J. biol. Ch. **35**, 385 (1918).

[3] MELNICK, D., W. D. ROBINSON and H. FIELD jr.: J. biol. Ch. **136**, 131, 145 (1940).

[4] KODICEK, E., and Y. L. WANG: Nature **148**, 23 (1941). — SARETT, H. P.: J. biol. Ch. **150**, 159 (1943).

Bestimmung recht spezifisch, zumal sich Methylpyridiniumhydroxyd durch Jod ausfällen läßt. Der Tagesharn enthält 10—16 mg Trigonellin[1].

Bestimmung von Trigonellin nach KÜHNAU[1].

Reagentien:

1. 2 n NaOH.
2. 2 n HCl.
3. Lanthannitrat, 30%ig.
4. Ammoniak, 10%ig.
5. Jodreagens: 40 g KJ und 45 g Jod in 100 cm³ Wasser.
6. Schwefelwasserstoff.
7. Natriumhydrogencarbonat.
8. Natriumdithionit: 1 g $Na_2S_2O_4$ in 10 cm³ gesättigter Hydrogencarbonatlösung, nur 24 Std haltbar.
9. Natriumsulfat, wasserfrei.
10. Chloroform, destilliert und fluorescenzfrei.
11. Standardlösung von 76 mg Trigonellinhydrochlorid. 1 cm³ dieser Standardlösung wird mit 1 cm³ Dithionitlösung versetzt und nach 15 min unter Zugabe von 0,5 g Natriumsulfat und 20 cm³ Chloroform 5 min auf der Maschine geschüttelt. Das Chloroform filtriert man durch ein trockenes Schwarzbandfilter. 1 cm³ des Extraktes entspricht 0,03 mg Trigonellin und ist, im Dunkeln aufbewahrt, 14 Tage haltbar.

Ausführung:

80 cm³ Harn werden mit 5 cm³ NaOH alkalisiert und nach 2 Std mit Salzsäure eben lackmussauer gemacht. Dann fällt man durch Zusatz von 10 cm³ Lanthannitrat, füllt auf 100 cm³ auf, mischt und filtriert. Zu 75 cm³ Filtrat gibt man 5 cm³ NH_3, mischt wieder und filtriert nach 30 min. 45 cm³ dieses Filtrates werden 10 min mit CO_2 behandelt, dann 3 cm³ Jodreagens zugesetzt und frühestens nach 1 Std zentrifugiert, während welcher Zeit der Ansatz im Eisschrank gestanden hat. Das Zentrifugat wird mit Schwefelwasserstoff entfärbt, der überschüssige Schwefelwasserstoff durch einen Luftstrom vertrieben und in 30 cm³ des farblosen Filtrates 1 g Natriumhydrogencarbonat aufgelöst. Man gibt nun in 2 Schüttelzylinder von 50 cm³ Inhalt je 8,5 cm³ Filtrat (diese entsprechen 6 cm³ Harn). In den einen Schüttelzylinder gibt man 1 cm³ Natriumdithionit, läßt 10 min stehen, fügt dann 4 g wasserfreies Natriumsulfat zu und schüttelt 5 min mit 20 cm³ Chloroform aus. Das Chloroform wird abgehoben und durch ein trockenes Filter filtriert. Die zweite Probe wird ebenso behandelt, nur gibt man an Stelle von Dithionit Wasser hinzu. Die Fluorescenz wird unter einer Hanauer Quarzlampe verglichen und zum Ausgleich des Fluorescenzunterschiedes tropfenweise von der oben beschriebenen Standardlösung zugesetzt, bis die Gläser die gleiche Fluorescenzintensität zeigen.

Berechnung:

Ist x die Menge der zugetropften Standardlösung in Kubikzentimetern, so ist der Trigonellingehalt des Harnes $\dfrac{10 \cdot x}{10 + x}$ mg-%.

Bestimmung von N^1-Methylnicotinsäureamid neben Co-Zymase nach CARPENTER und KODICEK[2].

Reagentien:

1. Methyläthylketon.
2. 5 n NaOH.
3. 5 n HCl.
4. KH_2PO_4, 40%ig.

Ausführung:

Man macht in 5 Erlenmeyer-Kolben von je 50 cm³ Inhalt folgenden Ansatz: Der Kolben I dient als Leerkontrolle. Man erhitzt 4 cm³ Wasser, 0,5 cm³ HCl und 2 cm³ Keton 5 min auf dem Wasserbad, kühlt ab, gibt 15 cm³ Wasser sowie 4 cm³ Phosphatlösung zu und füllt auf 40 cm³ auf. In die Kolben II und III gibt man 2 cm³ der zu untersuchenden Lösung, die etwa 5 γ Methylnicotinsäureamid enthalten sollen, ferner 2 cm³ Wasser, 2 cm³ Keton und 1 cm³ NaOH zu. Nach genau 5 min wird mit 1,5 cm³

---

[1] KÜHNAU, J.: Vitamine u. Hormone **3**, 74 (1942).
[2] CARPENTER, K. J., and E. KODICEK: Biochem. J. **46**, 421 (1950).

HCl angesäuert, 5 min erhitzt und weiter, wie bei Kolben I beschrieben, behandelt. Die Kolben IV und V werden ebenso beschickt wie die Kolben II und III, man gibt aber an Stelle von 2 cm³ Wasser 2,5 γ Methylnicotinsäureamid, in 2 cm³ Wasser gelöst, zu. Man vergleicht nun die Fluorescenzintensitäten und berechnet aus dem Fluorescenzzuwachs des bekannten Zusatzes den Gehalt der Probe.

Durch Adsorption an Decalso (Permutit Co.) läßt sich Methylnicotinsäureamid von der *Co-Zymase* abtrennen. Die zu untersuchende Lösung wird auf p_H 5 eingestellt und durch eine 10 cm lange Säule von Decalso, die vorher mit Wasser gewaschen wurde, filtriert. Die Co-Zymase läuft quantitativ durch, das Methylnicotinsäureamid wird zurückgehalten.

Co-Zymase besitzt bei 340 mµ eine starke Absorptionsbande[1]. Mit Hilfe dieser Eigenschaft ist eine quantitative Bestimmung möglich.

Pyridinnucleotide lassen sich mit N^1-Methylnicotinsäureamid in Acetonlösung kondensieren. Die entstandene Substanz fluoresciert stark und kann ebenfalls zur quantitativen Bestimmung benutzt werden. Die älteren Verfahren beruhten entweder auf der Ermittlung des Nicotinsäureamidanteils oder der Pentose[2].

Histamin. Bestimmungsverfahren für den Harn s. S. 60.

Guanidine. Bei der Aufarbeitung des Harnes ist darauf Rücksicht zu nehmen, daß aus Kreatin Methylguanidin entstehen kann. Unter Berücksichtigung der Fehlerquellen früherer Autoren hat KUEN mit einer eigenen Methode Guanidin im Harn feststellen können[3]. Seine Methode ist aber relativ unempfindlich. Besonders bei Anoxämie soll es zur Guanidinausscheidung kommen[4]. Bei gesunden Männern wird mit einer Ausscheidung von 2—10 mg guanidinartiger Stoffe gerechnet. Nach WEBER[5] werden beim Menschen 10—20 mg, bei Kaninchen 6—10 mg und bei Hunden 10—30 mg in 24 Std ausgeschieden.

Eine Farbreaktion mit 1,2-naphthochinon-4-sulfosaurem Natrium stammt von SULLIVAN[6]. Dieselbe Methode ist von MINOT und FRANK[7] zur quantitativen Bestimmung benutzt worden. Eine Vorschrift zur quantitativen Extraktion stammt von WEBER[5].

Bestimmung von Guanidin nach WEBER[5].

Reagentien:

a) Zur Fällung:
1. Bleiacetatlösung, 40%ig.
2. NaOH, 10%ig.
3. Na₂HPO₄, gesättigte Lösung.
4. Norit, mit Säure gewaschen.
5. n HCl.
6. Alkohol.

b) Zur Farbreaktion:
7. naphthochinonsulfosaures Na, 1%ig.
8. n NaOH.
9. NH₂OH · HCl, 20%ig.
10. HCl, konzentriert.
11. HNO₃, konzentriert.
12. Alkohol.

Ausführung:

Man fällt in einem Zentrifugenglas 25 cm³ Urin mit 10 cm³ Bleiacetat und 5 cm³ NaOH. Es wird gut geschüttelt und nach 30 min zentrifugiert. Die klare überstehende Lösung kann man glatt abgießen, von ihr werden 20 cm³ in einem zweiten Zentrifugenglas mit Natriumphosphatlösung gefällt. Der aus Bleiphosphat bestehende Niederschlag wird abgeschleudert, die Lösung dekantiert und 25 cm³ mit 1 cm³ NaOH und 2 g Norit behandelt. Man filtriert am besten über Asbest, wäscht die Tierkohle 2mal mit alkalisiertem Wasser und dann mit 4mal je 10 cm³ Alkohol, der 6% n HCl enthält. Die alkoholischen Extrakte werden nach Zusatz von 5 cm³ 5 n Salzsäure zur Trockne gebracht,

---

[1] WARBURG, O.: Wasserstoffübertragende Fermente. S. 31. Berlin 1948.
[2] HÖGBERG, B., F. SCHLENK u. H. v. EULER: Ark. Kemi, Mineral. Geol. 15 (A) Nr. 18 (1942).
[3] KUEN, F. M.: B. Z. 187, 283 (1927).
[4] ANDES, J. E., E. J. VAN LIERE, E. J. ANDES and P. VAUGHN: J. Lab. clin. Med. 26, 530 (1940). — ANDES, J. E., and V. C. MYERS: J. biol. Ch. 118, 137 (1937).
[5] WEBER, C. J.: J. biol. Ch. 78, 465 (1928).
[6] SULLIVAN, M.: J. biol. Ch. 116, 233 (1936).
[7] MINOT, A. S., and H. E. FRANK: J. Pharmacol. exp. Therap. 71, 130 (1941).

der Rückstand in einer gemessenen Menge Wasser gelöst und zur colorimetrischen Bestimmung verwendet.

1 cm³ dieser Lösung wird mit 1 cm³ frischer 1 %iger naphthochinon-sulfosaurer Natriumlösung und 0,3 cm³ n NaOH 1—2 min im kochenden Wasserbad erhitzt. Nach dem Abkühlen fügt man 0,2 cm³ 20 %iges Hydroxylaminhydrochlorid zu, schüttelt um, gibt 0,5 cm³ konzentrierte Salzsäure und 0,5 cm³ konzentrierte Salpetersäure zu, verdünnt dann mit 3 cm³ Alkohol und mißt die entstandene intensive Rotfärbung.

Als Vergleich wählt man Lösungen von 0,7—2 mg-% Guanidin, die ebenso wie die Extrakte behandelt werden. Die Ablesung erfolgt frühestens nach 5 min und muß nach 9 min beendet sein.

γ) Organische Säuren.

Die Bestimmung der organischen Säuren im Harn läßt sich nicht nach allgemeinen Richtlinien zusammenfassend darstellen. Von der acidimetrischen Bestimmung kann nur in den seltensten Fällen Gebrauch gemacht werden, einesteils weil die Menge der zur Verfügung stehenden Säuren nicht groß genug ist, andererseits weil die Abtrennung von störenden Begleitstoffen nur unvollkommen gelingt. Bei der titrimetrischen Bestimmung nach VAN SLYKE und PALMER[1] muß eine Korrektur für das mitextrahierte Kreatinin eingeführt werden.

Eine Sonderstellung nehmen die flüchtigen Fettsäuren ein. Doch ist auch hier eine genaue Abgrenzung gegenüber den nichtflüchtigen nicht möglich, denn bei der Wasserdampfdestillation werden z. B. unter bestimmten Bedingungen 71 % der Essigsäure, aber auch 7 % der Milchsäure erfaßt[2]. Zu den flüchtigen Fettsäuren rechnet man im allgemeinen *Ameisensäure, Essigsäure* und *Buttersäure*. Pathologisch treten mitunter in großen Mengen *β-Oxybuttersäure* und *Acetessigsäure* auf; nur sie allein besitzen klinisches Interesse. Sie werden mit *Aceton* zusammen als Acetonkörper zusammengefaßt, weil bei der sauren Destillation Acetessigsäure Aceton liefert und β-Oxybuttersäure nach Oxydation ebenfalls in Aceton übergeführt werden kann.

Für die einzelnen Säuren sind mehr oder weniger spezifische Methoden ausgearbeitet worden. Unter diesen nehmen Essigsäure und Ameisensäure als niedrigste Glieder der Homologenreihe eine Sonderstellung ein, denn nach BROUWER und NIJKAMP[3] bestehen die flüchtigen Fettsäuren aus Harn im wesentlichen aus Ameisensäure und Essigsäure. Von ihnen kann die Ameisensäure durch Reduktion von Quecksilberchlorid bestimmt werden.

Einen besonderen Begriff haben TASMAN und SMITH[4] mit der „prozentualen Halbdestillation" eingeführt. Sie verstehen darunter die Menge Säure, die beim Abdestillieren des halben Flüssigkeitsvolumens im Destillat gefunden wird. Wird mit dem gleichen Substrat eine Destillation unter Zusatz einer bekannten Menge Essigsäure durchgeführt, so kann der wirkliche Gehalt an Essigsäure berechnet werden.

Um die *ätherlöslichen Säuren* im Harn zu bestimmen, kann man den Harn mit Äther mehrmals ausschütteln, dann den Ätherextrakt alkalisieren und aufkochen, wobei Hippursäure gespalten wird. Nach dem Wiederansäuern werden durch eine Wasserdampfdestillation die flüchtigen Fettsäuren vertrieben und die Anteile getrennt titrimetrisch bestimmt. Eine chromatographische Trennung der niederen Fettsäuren nach der Methode von ELSDEN[5] hat NIJKAMP[6] ausgearbeitet.

Bestimmung der organischen Säuren nach VAN SLYKE und PALMER[1].

Reagentien:

1. Ca(OH)₂ in Substanz.	3. HCl, 10 %ig.	5. Phenolphthalein, 1 %ig.
2. HCl, konzentriert.	4. 0,2 n HCl.	6. Tropäolin 00, 0,02 %ig.

[1] VAN SLYKE, D. D., and W. W. PALMER: J. biol. Ch. 41, 567 (1920).

[2] TABONE, I.: Etudes des Radicaux acétyles. Paris 1941.

[3] BROUWER, E., u. H. J. NIJKAMP: Acta physiol. pharmacol. neerl. 1, 44 (1950).

[4] TASMAN, A., u. L. SMITH: Recu. Trav. chim. Pays-Bas 68, 286 (1949).

[5] ELSDEN, S. R.: Biochem. J. 40, 252 (1946).

[6] NIJKAMP, H. J.: Chem. Wkbl. 45, 480 (1949).

Ausführung:

In eiweißhaltigen Harnen wird das Eiweiß durch Zusatz von 1—2 Tropfen Salzsäure und Aufkochen entfernt. Bicarbonathaltige Harne werden angesäuert und die Kohlensäure durch Kochen vertrieben. Zur Bestimmung versetzt man 100 cm³ Harn mit 2 g Calciumhydroxyd, schüttelt gelegentlich um und filtriert nach 15 min. 25 cm³ Filtrat werden in ein großes Reagensglas mit Marke bei 60 cm³ überführt und nach Zusatz von 0,5 cm³ Phenolphthalein mit 0,2 n HCl titriert, bis die Rotfärbung eben verschwindet (p$_H$ 8). Dann setzt man 5 cm³ Tropäolin zu und titriert mit HCl, bis eine Rotfärbung entsteht, die der einer Mischung von 15 cm³ Tropäolin, 0,6 cm³ 0,2 n HCl und 60 cm³ Wasser gleich ist. Nahe dem Endpunkt der Titration füllt man auf 60 cm³ auf und stellt am besten mit Hilfe eines Komparators auf Farbengleichheit ein.

Berechnung:

Von dem letzten Titrationswert zieht man 0,7 cm³ als Korrektur für die Titration von reinem Wasser ab. Der so korrigierte Wert ergibt, mit 8 multipliziert, die Milliäquivalente Säure im Liter Urin. In einer Sonderbestimmung wird das Kreatinin bestimmt und der Kreatiningehalt in mg/l, dividiert durch 113,2, von dem Rohtitrationswert abgezogen. Man erhält dann den Wert für die reinen organischen Säuren.

Bestimmung der flüchtigen Fettsäuren nach BROUWER und NIJKAMP[1].

Reagentien:

1. H_2SO_4, 10%ig.
2. Weinsäure in Substanz.
3. Magnesiumsulfat · $7H_2O$.
4. NaOH, 10%ig.
5. 0,05 n NaOH.
6. 0,1 n H_2SO_4.

Ausführung:

200 cm³ Harn werden mit 10%iger Schwefelsäure deutlich sauer gemacht und von Kohlendioxyd im Vakuum unter Durchleiten von Luft weitgehend befreit. Dann fügt man 2 g Weinsäure und 20 g Magnesiumsulfat zu, löst beides auf und fällt dadurch die Hippursäure, die auf einer Nutsche abgesaugt wird. Der p$_H$ des Filtrates wird auf 2—3 eingestellt.

25 cm³ dieser Lösung werden im Vakuum bei 20 mm Druck und 50—55° Wasserbadtemperatur destilliert; das Destillat wird in einem Überschuß von 0,05 n NaOH aufgefangen und der Überschuß mit 0,1 n Schwefelsäure zurücktitriert. Anschließend alkalisiert man das Destillat mit 0,5 cm³ 10%iger NaOH, dampft auf weniger als 47,5 cm³ ein und neutralisiert anschließend mit 2,5 cm³ n Schwefelsäure. Die Flüssigkeit wird dann kurz am Rückflußkühler erhitzt, um die letzten Spuren von Kohlendioxyd zu entfernen; unter normalem Druck werden 25 cm³ abdestilliert, das Destillat wird auf 50 cm³ aufgefüllt. Diese Lösung kann zur Bestimmung der Einzelsubstanzen dienen.

Ameisensäure. Die Ameisensäure wird durch Reduktion von Quecksilberchlorid und titrimetrische Bestimmung des entstandenen Kalomel bestimmt.

Bestimmung der Ameisensäure nach RIESSER[2].

Reagentien:

1. Quecksilber(II)-chloridlösung: 200 g $HgCl_2$, 300 g Natriumacetat und 80 g Kochsalz werden mit Wasser auf 1000 cm³ gelöst.
2. 0,1 n Jodlösung.
3. 0,1 n Thiosulfat.
4. Na_2CO_3.
5. HCl, 10%ig.
6. KJ.

Ausführung:

Die Ameisensäure wird mit Wasserdampf abdestilliert. Das Destillat wird mit etwas Natriumcarbonat beschickt und eingedampft. Man löst den Rückstand in wenig Wasser, säuert mit Salzsäure schwach an, gibt 5 cm³ Quecksilber(II)-chloridlösung zu und erhitzt

[1] BROUWER, E., u. H. J. NIJKAMP: Acta physiol. pharmacol. neerl. 1, 44 (1950).
[2] RIESSER, O.: B. Z. 142, 280 (1923).

2 Std auf dem Wasserbad. Nach dem Abkühlen setzt man soviel Kaliumjodid zu, daß sich der erst entstehende rote Niederschlag wieder löst, gibt einen Überschuß von Jodlösung zu und bestimmt das unverbrauchte Jod titrimetrisch.

Berechnung:

1 cm³ verbrauchter Jodlösung entspricht 2,3 mg Ameisensäure. Es kann ebensogut mit 0,02 n Jodlösung bzw. Thiosulfatlösung gearbeitet werden. Weitere Methoden zur Bestimmung der Ameisensäure auf Grund der Reduktion von Quecksilber(II)-chlorid s. [1-4], eine colorimetrische Methode[5].

Essigsäure. Eine qualitative Reaktion auf Essigsäure ist von PAGET und DESODT angegeben worden[6]. Eine verdünnte Lösung von Essigsäure, mit 2 Tropfen Hydrazinhydrochlorid erhitzt, abgekühlt und nach Zusatz von konzentrierter Salzsäure mit 2 Tropfen Trikaliumhexacyanoferratlösung versetzt, ergibt eine mehr oder weniger starke rote Farbe. Sie bleibt erhalten, auch wenn die Essigsäure bzw. die Acetate peinlichst gereinigt sind. Die Autoren nehmen intermediär eine Bildung von Glyoxylsäure an. Die Reaktion mit Lanthannitrat, bei welcher eine blaugrüne Farbe entsteht, ist gleichzeitig zur quantitativen Bestimmung benutzt worden[1]. In der älteren Literatur sind die Veresterung mit Äthylalkohol und der Geruch nach Essigsäureäthylester sowie der Kakodylgeruch mit Anilinacetat und As_2O_3 beschrieben worden. Im allgemeinen wird man sich mit der Bestimmung der flüchtigen Fettsäuren begnügen oder die Mikrobestimmung mit Lanthannitrat verwenden.

Bestimmung der Essigsäure nach HUTCHENS und KASS[7].

Reagentien:

1. 0,02 n Jodlösung.
2. $La(NO_3)_3$, 2,5%ig.
3. 0,1 n NH_4OH.
4. 0,03 n $AgNO_3$.
5. 0,04 n $Ba(OH)_2$.
6. 0,045 n $Ba(NO_3)_2$.
7. 0,01 n KJ-Lösung.

Ausführung:

Die Lösungen 2 und 3 werden zu gleichen Teilen gemischt. Die Mischung hat ein p_H von 8,3—8,5 und muß täglich frisch bereitet werden. Zur Fällung der Chloride versetzt man 3 cm³ Acetatlösung mit 1 cm³ Silbernitrat und, um das überschüssige Silber zu entfernen, nachdem gut gemischt ist, mit 1 cm³ Kaliumjodid. Zur Fällung der Sulfat- und Phosphat- sowie von Calcium- und Magnesiumionen gibt man weiter 1 cm³ Bariumhydroxyd und 1 cm³ Bariumnitrat zu, mischt gut und zentrifugiert. Die Lösung soll ein p_H von 9,5 haben. Man nimmt davon 1 cm³, der 80—250 γ Acetat enthalten soll, mischt mit 2 cm³ der Mischung 2 und 3 und 1 cm³ Lösung 1 und erwärmt das Ganze 5 min auf 100°. Die Zeit darf bis zu 15 min betragen. Es entsteht eine grüne Farbe, welche sich aus der blauen Farbe der eigentlichen Reaktion und der gelben Farbe von Jod zusammensetzt. Man colorimetriert mit Filter 660 in einem photoelektrischen Colorimeter.

Bei Verwendung von Fluoracetat benötigt man die 3fache Menge, ebenso, wenn ein unempfindliches Colorimeter verwendet wird.

Bernsteinsäure. Die ältesten Methoden beruhen auf einer Ätherextraktion; nach dem Verdampfen des Äthers wird die Milchsäure durch Permanganatoxydation zerstört und die nicht angegriffene Bernsteinsäure durch Silbernitrat gefällt[8]. Der Überschuß an

[1] ZEYEN, M.: Z. klin. Med. **120**, 128 (1932).
[2] FLIEG, O.: Z. Tierernähr.Futterm.-Kde. **3**, 53 (1940).
[3] RIESSER, O.: H. **96**, 355 (1915/16).
[4] DAKIN, H. D., N. W. JANNEY and A. J. WAKEMAN: J. biol. Ch. **14**, 341 (1913).
[5] DRELLER, H.: H. **211**, 57 (1932).
[6] PAGET, M., et J. DESODT: Ann. pharmaceut. franç. **7**, 422 (1949).
[7] HUTCHENS, J. O., and B. M. KASS: J. biol. Ch. **177**, 571 (1949).
[8] MOYLE, D. M.: Biochem. J. **18**, 351 (1924). — CLUTTERBUCK, P. W.: Biochem. J. **22**, 745 (1928). — GOEPFERT, G. J.: Biochem. J. **34**, 1012 (1940).

Silbernitrat wird zurücktitriert. THOMAS und WEITZEL[1] dampfen den nativen Harn auf $1/5$—$1/10$ seines Volumens ein und extrahieren nach dem Ansäuern mit Schwefelsäure erschöpfend mit Äther. Wird dieser Ätherextrakt mit 50%iger Natriumhydrogensulfatlösung geschüttelt, so bleiben Fumarsäure, Hippursäure, Phenylessigsäure und aromatische Oxysäuren im Äther, während Bernsteinsäure, Oxalsäure, Citronensäure, Äpfelsäure und Glutarsäure in die wäßrige Phase gehen. Diese wird mit Äther erneut extrahiert. Nach dem Abdampfen des Äthers wird der Rückstand mit Äthanol verestert und bei der Destillation der Oxalsäureester entfernt. Aus dem Rückstand kann der Bernsteinsäureester mit Petroläther ausgezogen werden, wodurch die restlichen aromatischen Oxysäuren entfernt werden. Zum Schluß wird wieder verseift, die Bernsteinsäure in das monomere Anhydrid übergeführt und durch Vakuumsublimation abgetrennt[2]. Nach den Angaben der Autoren werden 82,6% der Bernsteinsäure extrahiert; sie finden eine tägliche Ausscheidung von 2,5—10,8 mg. Da Bernsteinsäure gegen HNO_3 sehr resistent ist, kann man nach Extraktion die übrigen Säuren oxydieren (z. B. Milchsäure zu Oxalsäure) und die Bernsteinsäure gewichtsanalytisch oder titrimetrisch bestimmen[3].

Spezifisch für die Bestimmung der Bernsteinsäure ist die enzymatische Bestimmung mit Succinodehydrogenase, wobei Fumarsäure entsteht. Als Wasserstoffacceptor verwendet man nach FORSSMAN[4] Eisen(III)-cyanid. Die Succinodehydrogenase wird z. B. aus dem Fleisch älterer Pferde dargestellt, Näheres s. Bd. IV.

Milchsäure. Eine umfassende Beschreibung der entwickelten Methoden gibt KRUSIUS[5]. Entweder wird aus der Milchsäure durch starke Schwefelsäure Kohlenoxyd abgespalten und der entstehende Aldehyd mit einem Phenol zu einem Farbstoff kondensiert, dessen Menge colorimetrisch bestimmt wird, oder aber die Milchsäure wird oxydativ gespalten und der entstehende Acetaldehyd in der Vorlage entweder titrimetrisch oder colorimetrisch bestimmt. Als Phenole sind vorgeschlagen worden Hydrochinon, p-Oxydiphenyl, Guajacol und Veratrol. Die Methoden zur Bestimmung im Harn sind dieselben wie im Blut; es kann deshalb auf S. 103 verwiesen werden. Die tägliche Ausscheidung beim Menschen beträgt 100—600 mg.

Ebenso wie beim Blut ist auf die Entfernung von Kohlenhydraten und von Eiweiß besonderer Wert zu legen, worauf ausdrücklich DIRSCHERL hingewiesen hat[6].

Der Vorschlag, die Milchsäure von einer Milchsäuredehydrase in Brenztraubensäure überführen zu lassen, stammt von LEHMANN[7].

Brenztraubensäure. Die Bestimmung kann im allgemeinen nach denselben Prinzipien wie im Blut erfolgen. Nach den Erfahrungen von KRUSIUS[5] ist aber die Abfangmethode mit Bisulfit bei Harn nicht brauchbar. Bewährt hat sich dagegen die Isolierung der α-Ketosäure als Hydrazon, wobei gleichzeitig die Hydrazone von Brenztraubensäure, Methylglyoxal und Acetaldehyd ausfallen. Die Trennung der 3 Hydrazone erfolgt durch kalte Natriumcarbonatlösung, in der sich nur das 2,4-Dinitrophenylhydrazon der Brenztraubensäure löst. Aus der braunen wäßrigen Lösung kann es mit Salzsäure gefällt und nach dem Trocknen entweder durch Wägen oder colorimetrisch bestimmt werden. Die an sich sehr brauchbare Methode von LU[8], der das Dinitrophenylhydrazon der Brenztraubensäure mit Essigester extrahiert, ist in neuester Zeit dadurch verbessert worden, daß an Stelle von Äthylacetat Toluol verwendet wird. Hierdurch wird die Spezifität erhöht[9]. Die colorimetrische Methode von STRAUB[10] ist für Harn meistens

[1] THOMAS, K., u. G. WEITZEL: H. **282**, 170 (1947).
[2] WEITZEL, G.: H. **282**, 208 (1947).
[3] FLASCHENTRÄGER, B., u. H. HOSODA: H. **282**, 215 (1947).
[4] FORSSMAN, S.: Acta physiol. scand. **2**, Suppl. 5 (1941).
[5] KRUSIUS, F. E.: Acta physiol. scand, **2**, Suppl. 3 (1940).
[6] DIRSCHERL, W., u. H. U. BERGMEYER: B. Z. **320**, 46 (1949).
[7] LEHMANN, J.: Skand. Arch. Physiol. **80**, 237 (1938).
[8] LU, G. D.: Biochem. J. **33**, 249 (1939).
[9] FRIEDEMANN, T.E., and G. E. HAUGEN: J. biol. Ch. **147**, 415 (1943).
[10] STRAUB, F. B.: H. **244**, 117 (1936); **249**, 189 (1937).

nicht anwendbar. Die Reduktionsmethoden, die auf der Bestimmung der Milchsäure basieren, haben keine große Bedeutung erlangt[1].

Die Ausscheidung der Brenztraubensäure erreicht im Tag ungefähr 100 mg; sie ist beim Diabetiker wesentlich erhöht; vgl. auch [2].

Bestimmung der Brenztraubensäure nach Leonhardi, v. Glasenapp und Felix[3].

Reagentien:

1. 2,4-Dinitrophenylhydrazin in n HCl, frische, kaltgesättigte Lösung.
2. Äther, peroxydfrei.
3. Na_2SO_4, wasserfrei.
4. Sodalkalisches Aluminiumoxyd, standardisiert nach Brockmann: Es wird in der 3—4fachen Menge 5%iger Natriumcarbonatlösung aufgeschwemmt, dekantiert, bei 100° getrocknet, pulverisiert und nochmals getrocknet.
5. Aceton, wasserfrei.
6. Natriumacetat, gesättigte Lösung.
7. Echtrotsalz (Chlorzinkdoppelsalz von 4-Chlor-2-nitroanilin), frisch bereitete Lösung: etwa 0,7 g in doppelt destilliertem Wasser.
8. H-Säure [1-Aminonaphthol-(8)-disulfonsäure-(3,6)], 0,6%ige wäßrige Lösung.

Ausführung:

5 cm³ klarer Harn werden mit 2 cm³ Dinitrophenylhydrazinlösung versetzt und nach 1 Std 2mal mit 15 cm³ Äther ausgeschüttelt. Der Äther wird mit wasserfreiem Natriumsulfat getrocknet und auf eine Aluminiumoxydsäule von 2 cm Höhe und 1,2 cm Durchmesser, die mit Äther befeuchtet war, aufgesaugt. Man wäscht zuerst mit wasserfreiem Äther, dann mit Aceton, bis das Eluat farblos ist, und verdrängt das Aceton wieder mit Äther. Die oben haftende gelbe Zone der Harnhydrazone wird mit Natriumacetatlösung eluiert, indem man diese Zone abtrennt und in einem Zentrifugenglas mehrmals mit Acetatlösung aufwirbelt. Die abzentrifugierte gelbe Lösung filtriert man durch ein hartes Filter. Sie wird bei 0° mit Echtrotsalz gekuppelt; durch Tüpfeln gegen H-Säure wird ein Überschuß von Echtrotsalz festgestellt. Das entstandene Formacylprodukt hat nachstehende Formel

Es wird in der Kälte 2mal mit je 20 cm³ Äther extrahiert, die Ätherlösung auf eine Aluminiumoxydsäule von 18 cm Länge und 1,2 cm Durchmesser gesaugt und so lange mit Äther nachgewaschen, bis die blaue Zone des Formacylderivates sich von den anderen Schichten abgetrennt hat. Die Säule muß vor Licht geschützt werden. Man schneidet die blaue Schicht aus der Säule heraus, extrahiert quantitativ mit wasserfreiem Aceton, füllt ad 50 cm³ auf und mißt im Stufenphotometer mit Filter S 61. Die Lösung muß rein-blau sein, d. h. alkalisch reagieren.

Eine Eichkurve wird in derselben Weise mit reiner Brenztraubensäurelösung hergestellt. Die nach dieser Methode gemessene Ausscheidung im Harn schwankt innerhalb 13 Tagen zwischen 0 und 3,14 mg pro die. Der Mittelwert beträgt 2,2 ± 0,9 mg.

Die Reaktion ist für Brenztraubensäure spezifisch, da weder Aceton, noch Acetessigsäure, noch Progesteron die Reaktion geben. *p-Oxyphenylbrenztraubensäure* kann aber in gleicher Weise bestimmt werden (s. unten).

Bestimmung der Brenztraubensäure nach Friedemann und Haugen[4].

Reagentien und *Apparate* s. S. 108.

Der Harn wird in folgender Weise vorbereitet: Die 24 Std-Portion wird über 5 cm³ 20 n Schwefelsäure aufgefangen und im Eisschrank aufgehoben. Zu 2 cm³ der Urinprobe

[1] Krusius, F. E.: Acta physiol. scand. 2, Suppl. 3 (1940).
[2] Felix, K., G. Leonhardi u. I. v. Glasenapp: H. 287, 133 (1951).
[3] Leonhardi, G., I. v. Glasenapp u. K. Felix: H. 286, 28 (1950).
[4] Friedemann, T. E., and G. E. Haugen: J. biol. Ch. 147, 415 (1943).

setzt man 10 cm³ 10%iger Metaphosphorsäure oder Trichloressigsäure, filtriert und nimmt von dem Filtrat 3 cm³ bzw. bei hohem Brenztraubensäuregehalt 3 cm³ einer entsprechenden Verdünnung. Enthält der Urin Farbstoffe oder sonstiges gefärbtes Material, so werden auf je 10 cm³ 0,75 g LLOYDs Reagens zugesetzt, geschüttelt und filtriert. Der Säuregehalt muß ungefähr 0,1 n sein, da bei niedrigerer Konzentration Ketosäuren verlorengehen. Sollte nach der Behandlung mit LLOYDs Reagens noch gefärbte Substanz im Filtrat sein, so kann man sich dadurch helfen, daß man neben der Leerprobe (Wasser und Hydrazinreagens) und dem Untersuchungsmaterial (Harn und Hydrazinreagens) noch eine 3. Probe Wasser mit 1 cm³ 2 n HCl und eine 4. Probe Harn mit 1 cm³ 2 n HCl in gleicher Weise behandelt und den in der letzten Probe gefundenen Farbwert abzieht.

Wenn sowohl bei 540 mμ als auch bei 420 und 400 mμ gemessen wird, ist es möglich, die ungefähre Konzentration der verschiedenen Ketosäuren anzugeben.

Bei der Brenztraubensäurebestimmung nach FRIEDEMANN und HAUGEN entsteht durch Mitreagieren von Acetessigsäure ein Fehler von 6—7%. Wird der Trichloressigsäureauszug 5 min im Wasserbad gekocht, so ist die Acetessigsäure zerstört, man findet dann aber 3,6—7,7% zu wenig Brenztraubensäure[1].

α-Ketoglutarsäure. Die α-Ketoglutarsäure im Harn ist von anderen α-Ketosäuren nur schlecht abtrennbar. Von SIMOLA[2] wird der Umstand ausgenutzt, daß das 2,4-Dinitrophenylhydrazon der α-Ketoglutarsäure in verdünnter Natriumcarbonatlösung (5%ig) mit orangegelber Farbe leicht löslich ist und daher von den anderen Hydrazonen bei geeigneter Technik abgetrennt werden kann. KRUSIUS[3] fällt die 2,4-Dinitrophenylhydrazone gemeinsam aus, extrahiert mit Äther oder Äthylacetat und oxydiert energisch nach dem Verdampfen des Lösungsmittels mit Schwefelsäure und Kaliumpermanganat. Dabei werden das überschüssige Hydrazin und alle Hydrazone völlig oxydiert. Aus dem Hydrazon der α-Ketoglutarsäure entsteht Bernsteinsäure, die mit Äther extrahiert wird und als Silbersalz zur Wägung kommt. Das gleiche Prinzip verwendet KREBS[4]. Eine chromatographische Abtrennung nach Kondensation mit Echtrotsalz 3 GL ist von FELIX und Mitarbeitern[5] beschrieben worden.

Bestimmung der gesamten α-Ketosäuren nach CLIFT und COOK[6]. Nach dem Ausfällen der Eiweißkörper mit Trichloressigsäure und Zusatz von NaOH werden die Carbonylverbindungen durch überschüssiges Bisulfit abgefangen. Den Überschuß an Bisulfit beseitigt man durch Jodlösung, zerstört die Carbonyl-Bisulfitverbindungen durch Natriumhydrogencarbonat und titriert das frei gewordene Sulfit. Näheres s. Bd. III, Oxysäuren und Oxosäuren.

Da auf diese Weise außer den Ketosäuren auch andere Carbonylverbindungen erfaßt werden, ist vorgeschlagen worden, die Proben zuerst unter Zusatz von Alkali zu kochen, wobei nur wenige Prozente der α-Ketosäuren zerstört werden. Bei Brenztraubensäure soll aber ein Verlust bis zu 20% eintreten[3], vgl. hierzu auch [5] und S. 107.

p-Oxyphenylbrenztraubensäure. Während die p-Oxyphenylbrenztraubensäure bisher im normalen Harn nicht nachgewiesen werden konnte, tritt sie bei Leberkranken spontan auf[7]. Noch wichtiger ist, daß nach Belastung mit 2 g p-Oxyphenylbrenztraubensäure per os bei Patienten mit Leberschädigungen p-Oxyphenylbrenztraubensäure im Harn vermehrt auftritt, während gleichzeitig auch Tyrosin, Phenol und Brenztraubensäure im erhöhten Maße gefunden werden[8]. p-Oxyphenylbrenztraubensäure selbst wird jedoch

[1] MARKEES, S.: Exper. 7, 314 (1951).
[2] SIMOLA, P. E.: B. Z. 254, 229 (1932).
[3] KRUSIUS, F. E.: Acta physiol. scand. 2, Suppl. 8 (1940).
[4] KREBS, H. A.: Biochem. J. 32, 108 (1938).
[5] FELIX, K., G. LEONHARDI u. I. v. GLASENAPP: H. 287, 133 (1951).
[6] CLIFT, F. P., and R. P. COOK: Biochem. J. 26, 1788 (1932).
[7] FELIX, K., G. LEONHARDI u. I. v. GLASENAPP: H. 287, 141 (1951).
[8] FELIX, K., G. LEONHARDI u. I. v. GLASENAPP: H. 287, 133 (1951). — FELIX, K.: H. 281, 36 (1944). — FELIX, K., u. R. TESKE: H. 267, 173 (1941).

nur bei schwerer Leberschädigung ausgeschieden. Acetessigsäure nimmt nur bei Gesunden, nicht aber bei leberkranken Versuchspersonen zu.

Zur Bestimmung der p-Oxyphenylbrenztraubensäure ist neben der MILLONschen Reaktion die Chromatographie der 2,4-Dinitrophenylhydrazone vorgeschlagen worden, ein Verfahren, welches in der Praxis nicht völlig befriedigt hat[1]. Die papierchromatographische Untersuchung der 2,4-Dinitrophenylhydrazone aus dem Harn eines Patienten mit Lebercirrhose führte zur Identifizierung von p-Oxyphenylbrenztraubensäure, Brenztraubensäure und α-Ketoglutarsäure. Es wurden ferner zwei weitere, bisher nicht identifizierte Substanzen gefunden[2].

Zur quantitativen Bestimmung eignet sich am besten die Kondensation mit diazotiertem 4-Chlor-2-nitro-anilin (Echtrotsalz 3 GL), mit welchem die p-Oxyphenylbrenztraubensäure einen Farbstoff bildet, der wahrscheinlich folgende Konstitution hat:

$$HO-\langle \rangle-CH=CH-O-N=N-\langle \rangle-Cl$$
$$NO_2$$

Phenole kondensieren unter den gleichen Bedingungen ebenfalls unter Bildung eines orangegelben Azofarbstoffes, dem folgende Konstitution zukommt,

$$Cl-\langle \rangle-N=N-\langle \rangle-OH$$
$$NO_2$$

und der sich chromatographisch abtrennen läßt[3].

Eine weitere Möglichkeit zur Bestimmung der p-Oxyphenylbrenztraubensäure ist die Reduktion zu p-Oxyphenylmilchsäure, welche mit α-Nitroso-β-naphthol unter Farbbildung kondensiert werden kann[4].

Bestimmung der p-Oxyphenylbrenztraubensäure nach LEONHARDI, v. GLASENAPP und FELIX[5].

Reagentien:

1. Echtrotsalz 3 GL: 3 g in 100 cm³ doppelt destilliertem Wasser gelöst und filtriert. Man muß doppelt destilliertes Wasser verwenden, da Kupferionen stören.
2. H-Säure [1-Amino-naphthol-(8)-disulfosäure-(3,6)]: 0,3 g in 50 cm³ doppelt destilliertem Wasser.
3. Äther, peroxydfrei, wasserhaltig.
4. Na₂SO₄, wasserfrei.
5. Aluminiumoxyd, Merck (standardisiert nach BROCKMANN).
6. Chloroform.
7. Essigester, dem unmittelbar vor der Elution 1 Tropfen Eisessig je Kubikzentimeter zugesetzt wird.

Ausführung:

1—10 cm³ des zu untersuchenden Harnes, der ein p_H von 4—5 haben soll, werden mit doppelt destilliertem Wasser auf 20 cm³ verdünnt, auf 0° abgekühlt und mit der eiskalten Lösung von Echtrotsalz so lange versetzt, bis eine Probe auf Filtrierpapier, gegen H-Säure getüpfelt, eine Violettfärbung ergibt. Dies ist ein Zeichen, daß überschüssige Diazoverbindung vorhanden ist. Die H-Säure dient als empfindliches Reagens auf Echtrotsalz. Der Ansatz bleibt ½ Std stehen, während dieser Zeit wird mehrmals auf überschüssige Diazoverbindung geprüft, und schließlich wird mindestens 2mal mit

[1] CREMER, H.-D., u. H. BERGER: Kli. Wo. 1947, 222.
[2] FELIX, K., G. LEONHARDI u. I. v. GLASENAPP: H. 287, 141 (1951).
[3] LEONHARDI, G., I. v. GLASENAPP u. K. FELIX: H. 286, 19 (1950).
[4] WEGNER, E.: Kli. Wo. 1950, 347.
[5] LEONHARDI, G., I. v. GLASENAPP u. K. FELIX: H. 286, 19 (1950). — Vgl. a. FELIX, K., u. G. LEONHARDI: Exper. 6, 61 (1950).

20—30 cm³ eisgekühltem Äther ausgeschüttelt. Die Chromatographie wird sofort angeschlossen. Man verwendet hierzu ein zweiteiliges Rohr, dessen oberer und unterer Teil durch einen Glasschliff verbunden sind (Abb. 27). Das Glasrohr wird auf eine Saugflasche gesetzt, ein Wattebausch eingedrückt und unter scharfem Saugen Aluminiumoxyd bis etwa 5 cm unter den oberen Rand eingefüllt und festgestampft. Zur chromatographischen Analyse wird die Aluminiumoxydsäule mit Äther angefeuchtet und, noch ehe das Lösungsmittel vollständig eingedrungen ist, der ätherische Extrakt aufgegossen und solange mit Äther nachgewaschen, bis die Zone *6a—c* mit dem roten Farbstoff der p-Oxyphenylbrenztraubensäure vollständig unter dem Schliff sichtbar ist (s. Abb. 27). Nun wird der obere Teil der Säule abgenommen, die Zone *6a—c* mit Chloroform auseinandergewaschen, wobei sich der Farbton der p-Oxyphenylbrenztraubensäure-Zone vertieft. Sie bleibt fast an derselben Stelle haften, während die gelbe Zone *5* und die Zonen *6b* und *c* bei Verwendung von reinem Chloroform durchlaufen. Damit ist der p-Oxyphenylbrenztraubensäure-Farbstoff isoliert. Man nimmt die Säule auseinander und eluiert den Farbstoff mit Essigester, dem etwas Eisessig zugesetzt ist. Die aufgefangene Farblösung wird durch ein hartes Filter gegeben und das klare Filtrat auf ein bekanntes Volumen aufgefüllt. Die Messung erfolgt mit Filter S 47 bei 30 mm Schichtdicke. Das BEERsche Gesetz gilt, man findet die Extinktion 1 bei 0,7 mg p-Oxyphenylbrenztraubensäure in 20 cm³ Lösung.

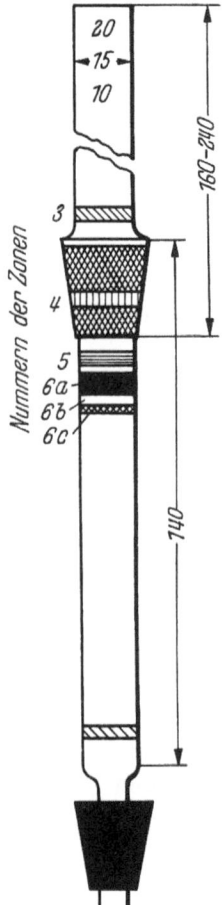

Maße in mm
Abb. 27.
Adsorptionsrohr zur chromatographischen Bestimmung der p-Oxyphenylbrenztraubensäure.

Bestimmung der p-Oxyphenylbrenztraubensäure nach WEGNER[1].

Reagentien:

1. 0,4 n H_2SO_4.
2. Zinkstaub.
3. α-Nitroso-β-naphthol, 1 %ig in Alkohol.
4. Eisen(III)-ammonsulfatlösung: 1 Teil 65 %ige HNO_3 wird mit 5 Teilen einer kalt gesättigten Eisen(III)-ammonsulfatlösung gemischt.

Ausführung:

Der 24 Std-Harn wird auf 3000 cm³ aufgefüllt, davon werden 2 Proben von je 0,3 cm³ mit je 6 cm³ 0,4 n Schwefelsäure versetzt. In das eine Kölbchen gibt man 0,4 g Zinkstaub, schüttelt genau 10 min und filtriert beide Kölbchen sofort. Das mit Zinkstaub geschüttelte Kölbchen enthält jetzt p-Oxyphenylmilchsäure, das andere unveränderte p-Oxyphenylbrenztraubensäure und dient als Leerwert. Je 0,4 cm³ der beiden Filtrate und 4 cm³ Wasser werden mit 2 Tropfen α-Nitroso-β-naphthollösung und dann mit 4 cm³ Eisen(III)-ammonsulfatlösung versetzt. Beide Ansätze werden kurz aufgekocht, dann 1 Std im Dunkeln sich selbst überlassen, filtriert oder zentrifugiert und anschließend mit einer 20 mm-Cuvette und Filter S 50 gegen einen Reagentienleerwert photometriert, der mit reinem Wasser angesetzt ist. Die Differenz der beiden Ablesungen entspricht der p-Oxyphenylmilchsäure. Die Eichkurve wird in der Weise hergestellt, daß normaler Harn mit steigenden Mengen p-Oxyphenylbrenztraubensäure versetzt wird, und die so erhaltenen Testlösungen in gleicher Weise colorimetriert werden. Da Harn die Farbentwicklung etwas abschwächt, muß die Eichkurve unbedingt mit Harn angesetzt werden.

Acetonkörper. Die Bestimmung der Acetonkörper, bestehend aus Aceton, Acetessigsäure und β-Oxybuttersäure, besaß früher größeres Interesse, als ihre Menge noch für die Beurteilung der diabetischen Stoffwechsellage ausschlaggebend war. Deshalb findet man auch in den älteren Arbeiten genaue Angaben über die getrennte Bestimmung

---

[1] WEGNER, E.: Kli. Wo. 1950, 347.

der 3 Komponenten, während heute in einzelnen Fällen noch die summarische Bestimmung von Aceton + Acetessigsäure oder der Gesamtacetonkörper verwendet wird. Eine Übersicht über die ältere Literatur s. EMBDEN und SCHMITZ[1].

Nachweis von Aceton. 1. Bei Abwesenheit von Acetessigsäure kann Aceton mit der LEGALschen Probe nachgewiesen werden. Auf Zusatz von Nitroprussidnatrium und Natronlauge im Harn entsteht eine bald abblassende, rote Farbe; auf Zusatz von viel Essigsäure entwickelt sich eine Purpur- bis Carminfarbe, die für Aceton charakteristisch ist. Die durch Kreatinin erzeugte Rotfärbung mit Natronlauge verschwindet auf Essigsäurezusatz.

2. Wenn man eine kalte wäßrige Lösung von o-Nitrobenzaldehyd mit Harn und Natronlauge zusammenbringt, so tritt nach PENZOLDT zuerst eine gelbgrüne Farbe auf, dann scheidet sich Indigo ab. In beiden Fällen ist bei kleinen Mengen vorherige Destillation und Anreicherung angebracht.

Bei Anwesenheit von Essigsäure wird der alkalische Harn mit Äther, die ätherische Schicht wieder mit Wasser ausgeschüttelt und die Reaktion im wäßrigen Extrakt angestellt.

3. Ein sehr empfindlicher Nachweis für Aceton besteht darin, daß ein mit Furfurollösung und Natronlauge angefeuchteter Wattebausch in ein Reagensglas gesteckt wird, welches 2 cm³ Harn enthält. Erhitzt man bis zum Sieden, so daß die Dämpfe den Wattebausch bestreichen, so tritt nach dem Ansäuern mit HCl eine rote Farbe auf dem Wattebausch auf. Empfindlichkeit 0,0001 % Aceton[2].

4. Einen Nachweis und zugleich eine Schätzung von Aceton im Harn führt KAISER[3] durch, indem er die Probe in einem Mikrobecher mit einem Deckglas bedeckt, welches an der Unterseite einen Tropfen 2,5 %iges p-Nitrophenylhydrazin in verdünnter Essigsäure enthält. Enthält der Harn 0,1 % Aceton, so sind schon innerhalb 1 min reichlich Krystalle zu finden. Bei 0,01 % dauert es etwa 10 min, bei 0,005 % etwa 20—25 min. Die Krystalle haben eine charakteristische Form. Zur Unterscheidung von Acetaldehyd verwendet man m-Nitrophenylhydrazin, wodurch die Krystallform verändert wird.

5. Nach BERG[4] tritt mit Aceton bzw. mit Acetaldehyd und Benzoldiazoniumsalzen in Gegenwart von Anilin und Salzsäure eine intensive Rotfärbung auf.

Über den Nachweis von Aceton neben Acetaldehyd s. [5].

Nachweis von Acetessigsäure. 1. Nach GERHARDT kann man Acetessigsäure nachweisen, wenn man den Harn mit Eisen(III)-chlorid versetzt, von dem zuerst entstandenen Niederschlag von Eisenphosphat abfiltriert und das Filtrat weiter mit Eisen(III)-chloridlösung versetzt. Es tritt eine weinrote Färbung auf.

2. Eine Modifikation des GERHARDTschen Testes gibt ZWARENSTEIN[6] an. Er erhitzt den Urin mit einer kleinen Menge konzentrierter Salpetersäure, kühlt ab und gibt dann Eisen(III)-chlorid zu. Bleibt die Probe jetzt negativ, war keine Acetessigsäure vorhanden, sondern die Farbe wurde durch Medikamente verursacht.

Die *quantitative Bestimmung* der Acetonkörper ist zuerst von HUPPERT-MESSINGER[7] durchgeführt worden. Die Methode ist später von EMBDEN und SCHMITZ verbessert und vereinfacht worden. Sie beruht darauf, daß Aceton mit alkalischer Jodlösung unter Jodverbrauch Jodoform bildet, und der Überschuß an Jod zurücktitriert wird. Eine getrennte Bestimmung der 3 Komponenten kann nach FOLIN und DENIS[8] durchgeführt werden. Das Aceton wird nach dem Ansäuern des Harnes durch Durchlüftung in eine Vorlage übergetrieben, anschließend bei 100° die Acetessigsäure und schließlich

[1] EMBDEN, G., u. E. SCHMITZ: Handb. biochem. Arb.-Meth. (ABDERHALDEN) Bd. 3, S. 913. Berlin, Wien 1910.

[2] CASTIGLIONI, A.: Z. analyt. Chem. **120**, 166 (1940).

[3] KAISER, H.: Röntgen- u. Lab. Praxis **4**, 11 (1951).

[4] BERG, R.: Mikrochem. **30**, 137 (1942).

[5] CASTIGLIONI, A.: Ann. Chim. appl., Roma **31**, 157 (1941).

[6] ZWARENSTEIN, H.: J. Lab. clin. Med. **30**, 172 (1945).

[7] HUPPERT, H., u. J. MESSINGER: Analyse des Harns. 11. Aufl. S. 254. Wiesbaden 1910.

[8] FOLIN, O.: J. biol. Ch. **3**, 177 (1907). — FOLIN, O., and W. DENIS: J. biol. Ch. **18**, 263 (1914).

nach Zusatz von Dichromat die β-Oxybuttersäure ebenfalls als Aceton in der Vorlage bestimmt. Eine Modifikation der Methode (Destillation im Vakuum) ist von KOEHLER[1] angegeben worden. Bestimmung von Aceton durch Interferometrie nach Destillation s. BAYARD[2]; Empfindlichkeit 0,0001 %.

β-Oxybuttersäure ist neben der Acetessigsäure die einzige Säure, die in großen Mengen im Harn vorkommen kann. Sie ist besonders vermehrt bei der diabetischen Acidose und kann dann je Tag mehrere Gramme ausmachen. β-Oxybuttersäure ist im Harn nicht vorhanden, wenn keine Acetessigsäure nachweisbar ist. Kann letztere nachgewiesen werden, so ist eine polarimetrisch gefundene Linksdrehung des Harnes nach Vorreinigung mit Bleiacetat charakteristisch. Die Bestimmung kann nach MAGNUS-LEVY[3] mittels Ätherextraktion erfolgen. Die spezifische Drehung der β-Oxybuttersäure beträgt $[\alpha]_D = -24,12°$.

Eine weitere Möglichkeit besteht darin, die β-Oxybuttersäure durch Kochen mit Schwefelsäure in Crotonsäure überzuführen und die Brommenge zu bestimmen, die von dieser gebunden wird[4]. Die Bestimmung beruht meist auf einer Oxydation zu Acetessigsäure, die ihrerseits in Aceton umgewandelt wird und mit einer der Methoden bestimmt wird, die S. 93 näher beschrieben sind. Harn muß mit Kupfersulfat und Calciumhydroxyd von Glucose und Eiweiß befreit werden. Bei hohem Gehalt an Glucose ist er vorher zu verdünnen. Das Filtrat wird am besten mit der FEHLINGschen Probe auf Zucker geprüft. Über die Bestimmungsmethoden s. S. 209.

GREENBERG und LESTER[5] haben eine Methode beschrieben, um Gesamtaceton und Ketonkörper mit 2,4-Dinitrophenylhydrazin bestimmen zu können. Abgesehen von der mangelnden Spezifität zeigt die Methode auch bei kleinen Acetonmengen große Schwankungen[6]. Diese können nur vermieden werden, wenn das 2,4-Dinitrophenylhydrazinreagens in 2 n HCl mit der 5fachen Menge Tetrachlorkohlenstoff ausgeschüttelt wird.

Eine fluorometrische Methode zur Acetessigsäurebestimmung stammt von LEONHARDI und v. GLASENAPP[7]. Sie kondensieren die Acetessigsäure mit Resorcin zu β-Methylumbelliferon und messen die Fluorescenz gegen einen Chininsulfatstandard.

Bestimmung der Acetessigsäure nach LEONHARDI und v. GLASENAPP[7].

Reagentien:

1. Resorcin reinst (in Substanz).
2. HCl, konzentriert.
3. Na_2CO_3, gesättigte Lösung, filtriert.
4. Boratpuffer (p_H 10): 7,32 g Borsäure, 100 cm³ n Natriumcarbonat, Wasser ad 1000 cm³.
5. Chininsulfatstandard: 51,5 mg Chininsulfat, über P_2O_5 getrocknet, werden in 25 cm³ 0,1 n H_2SO_4 gelöst. Zum Gebrauch wird 1000fach verdünnt.
6. Darstellung von Methylumbelliferon: 57 g Acetessigester und 62 g Resorcin werden in 100 cm³ konzentrierter Schwefelsäure gelöst und einige Stunden stehengelassen. Die rotgelbe Lösung tropft man auf Eisstückchen, wobei sofort ein gelblicher Niederschlag entsteht. Dieser wird abgesaugt, in verdünnter Natronlauge gelöst, erneut mit Säure gefällt und getrocknet. 1,73 mg werden in 1000 cm³ Wasser gelöst, davon 1—10 cm³ (entsprechend 1—10 γ Acetessigsäure) in 100 cm³ fassende Meßkolben pipettiert und bis zur Marke mit Boratpuffer aufgefüllt. Die Fluorescenz wird im Stufenphotometer mit Euphosfilter und Quarzlampe gemessen.

[1] KOEHLER, A. E., E. WINDSOR and E. HILL: J. biol. Ch. **140**, 811 (1941).
[2] BAYARD, P.: Bull. Soc. R. Sci. Liège **11**, 384 (1942).
[3] MAGNUS-LEVY, A.: Ergebn. inn. Med. **1**, 416 (1908).
[4] EMBDEN, G., u. E. SCHMITZ: Handb. biol. Arb.-Meth. Abtl. 4, Teil 5, S. 227. — PRIBRAM, B. O.: Z. exp. Path. Therap. **10**, 279 (1912).
[5] GREENBERG, L. A., and D. LESTER: J. biol. Ch. **154**, 177 (1944). — LESTER, D., and L. A. GREENBERG: J. biol. Ch. **174**, 903 (1948).
[6] BENNETT, A., L. G. MAY and R. GREGORY: J. Lab. clin. Med. **37**, 643 (1951).
[7] LEONHARDI, G., u. I. v. GLASENAPP: H. **286**, 145 (1951).

Eine ähnliche Eichkurve wird aufgestellt, indem 1,15 cm³ Acetessigester in 1000 cm³ Wasser gelöst werden und hiervon 1 cm³ nochmal auf 1000 cm³ verdünnt wird. 10 cm³ dieser Lösung entsprechen 10 γ Acetessigsäure. Sie werden in einem 50 cm³ fassenden Meßkolben mit 0,1 g Resorcin und 20 cm³ Salzsäure versetzt, nach 12 Std mit der Natriumcarbonatlösung zur Marke aufgefüllt und entsprechende Mengen mit Boratpuffer auf 100 cm³ gemischt und fluorometrisch gemessen.

Ausführung:

1 cm³ Harn wird mit 0,1 g Resorcin und 2 cm³ Salzsäure versetzt, nach 12 Std (im Dunkel aufbewahrt) mit Natriumcarbonatlösung neutralisiert und mit Boratpuffer auf 100 cm³ aufgefüllt. Ein gleicher Ansatz wird ohne Resorcin gemacht, um die Eigenfluorescenz des Harnes auszuschalten. Die Differenz der abgelesenen Fluorescenzwerte ergibt den Acetessigsäuregehalt des Harnes.

Nephelometrische Bestimmung kleiner Aceton-, Acetessigsäure- und β-Oxybuttersäuremengen nebeneinander nach Folin und Denis[1].

Reagentien:

1. SCOTT-WILSON-Reagens: 10 g Quecksilber(II)-cyanid werden in 600 cm³ Wasser gelöst, mit 180 g Natriumhydroxyd in 600 cm³ Wasser vermischt; eventuell kühlen! Unter beständigem Schütteln gibt man 2,9 g Silbernitrat in 400 cm³ Wasser zu, läßt 3—4 Tage stehen und hebert die gebrauchsfertige, klare Lösung ab.

2. Natriumhydrogensulfit, 2%ig.

3. Kaliumdichromat, 2%ig.

4. H_2SO_4, 35%ig.

5. H_2SO_4, 10%ig.

6. Natriumperoxyd.

7. Acetonstammlösung in 0,25 n Schwefelsäure, die, um als Vergleichslösung dienen zu können, ebenfalls wie die Analysenprobe destilliert werden muß.

Ausführung:

1. Präformiertes Aceton: 0,5—5 cm³ Harn, mit rund 0,5 mg Aceton, werden nach Zusatz von 1 cm³ 10%iger Schwefelsäure bei 35—40° durchlüftet; das Destillat wird in einer Vorlage von 10 cm³ Bisulfitlösung aufgefangen. Die Destillation ist nach 10 min beendet. Man füllt auf 50—60 cm³ auf, gibt 15 cm³ SCOTT-WILSON-Reagens zu, bringt auf 100 cm³ und mischt. Der kolloidal ausfallende Niederschlag ist nicht sehr beständig und muß sehr bald nephelometriert werden.

2. Acetessigsäure: In einer zweiten Harnprobe wird die Durchlüftung bei 100° durchgeführt, das Destillat wie oben beschrieben aufgefangen und bestimmt.

3. β-Oxybuttersäure: Der Harn wird 10—50fach verdünnt und eine Harnmenge, die 2—4 mg β-Oxybuttersäure entspricht, in einem geräumigen KJELDAHL-Kolben unter Zusatz von 200 cm³ Wasser und 5 cm³ 10%iger Schwefelsäure 10 min schwach gekocht. Dann fügt man 25 cm³ 35%ige Schwefelsäure, die 2% Kaliumdichromat enthält, zu, schließt an einen Destillationskolben an und sammelt 25 cm³ Destillat, während das Ende des Kühlrohres in 75 cm³ kaltes Wasser eintaucht.

Die Destillation in die Vorlage wird nach Zusatz von Natriumperoxyd wiederholt, das zweite Destillat auf 100 cm³ aufgefüllt und zur nephelometrischen Bestimmung ein aliquoter Teil mit 15 cm³ SCOTT-WILSON-Reagens versetzt.

Es ist bei dieser Ausführung nicht notwendig, Glucuronsäure und Zucker durch basisches Bleiacetat zu fällen, da störende Substanzen durch die Destillation mit Na_2O_2 entfernt werden (vgl. hierzu CANTONI[2]).

Acetonbestimmung nach LAUERSEN[3]. Es wird der in der Abb. 28 wiedergegebene Apparat verwendet. Die Vorlage ist so eingerichtet, daß sie durch den Dampfstrom erwärmt wird und daß die Acetondämpfe mit der Salicylaldehydlösung in innigste Berührung kommen.

---

[1] FOLIN, O., and W. DENIS: J. biol. Ch. **18**, 263 (1914).
[2] CANTONI, O.: B. Z. **279**, 201 (1935).
[3] LAUERSEN, F.: Kli. Wo. **1936 I**, 339; **1937 II**, 1187.

Reagentien:

1. Salicylaldehydlösung, 10%ig,
   in 95%igem Alkohol.
2. KOH, 60%ig.
3. H_2SO_4, 10%ig.

4. H_2SO_4, 3%ig.
5. Natriumwolframat, 10%ig.
6. Kaliumdichromat, 5%ig.

Ausführung:

Vom Harn eines normalen Menschen nimmt man 5 cm³, bei leichteren und mittelschweren Diabetikern 2 cm³. Bei einem schweren Diabetiker, besonders im Koma, wird der Harn am besten 10fach verdünnt und 1—5 cm³ der Verdünnung genommen. Sind die Färbungen in der Vorlage zu dunkel ausgefallen, so daß sich eine Ablesung nicht durchführen läßt, so kann man die Reagenslösungen nachträglich verdünnen.

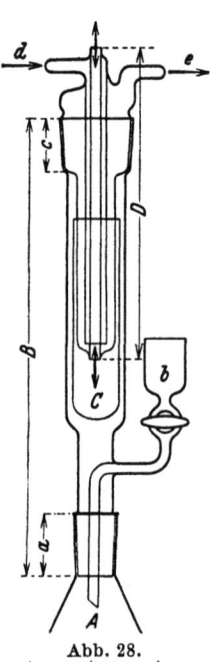

Abb. 28.
Apparat zur Acetonbestimmung
nach LAUERSEN.

In den Erlenmeyer-Kolben des abgebildeten Apparates (Abb. 28) gibt man 10 cm³ 10%ige Schwefelsäure und eine der zu erwartenden Acetonmenge entsprechende Harnprobe. Um stets gleiche Verdünnungsverhältnisse zu erhalten, wird die Flüssigkeit im Erlenmeyer-Kolben immer auf 40 cm³ aufgefüllt; einige Siedesteinchen aus unglasiertem Ton werden zugegeben. Das Vorlagegefäß wird mit 1 cm³ Salicylaldehydlösung und 2 cm³ Kalilauge beschickt und vor dem Einsetzen des Kühlrohres gut gemischt. Das Einsatzrohr muß einige Millimeter in die Vorlageflüssigkeit eintauchen. Der Erlenmeyer-Kolben wird so stark erhitzt, daß die Flüssigkeit nach 10—12 min zum gleichmäßigen Sieden kommt. Man destilliert 10 min lang, wobei die Vorlageflüssigkeit in das Ansatzstück hineingesaugt wird und mit dem Destillat in innige Berührung kommt. Nach dem Abkühlen wird der Kühler so weit herausgehoben, daß das Ansatzstück noch ein wenig in die Vorlage hineinragt, und das Kühlrohr mit einigen Kubikzentimetern Wasser abgespült. Die Vorlage wird mit einem Haken herausgezogen, bis zur Marke aufgefüllt, innig gemischt und die Farbe abgelesen.

Der Rückstand im Erlenmeyer-Kolben kann erneut nach Zusatz von 10 cm³ 5%iger Natriumdichromatlösung destilliert werden und ergibt dann das aus β-Oxybuttersäure stammende Aceton.

Die Eichkurve gehorcht nicht ganz dem BEERschen Gesetz. Für 0,079 mg Aceton findet der Autor eine Extinktion von 0,111, für 0,475 mg aber 0,611.

Soll das Aceton mit der Bisulfitmethode bestimmt werden, so können hierzu die Apparate zur Milchsäurebestimmung nach FUCHS (s. S. 106) benutzt werden.

Ähnliche Methoden sind angegeben worden von URBACH[1] und von NEUWEILER[2]. KORENMAN[3] hat die Fehlerbreite untersucht, die durch Alkohole, Acetaldehyd und Äther sowie einige Ester und Benzol entstehen. Selbst bei einem mehrhundertfachen Überschuß der zum Teil in biologischen Substraten nicht zu erwartenden Stoffe beträgt der Fehler maximal 8%.

Bestimmung von Gesamtaceton nach EMBDEN und SCHMITZ[4].

Reagentien:

1. Essigsäure, 50%ig.
2. NaOH, 33%ig.
3. HCl, 25%ig.

4. 0,1 n Jodlösung.
5. 0,1 n Natriumthiosulfatlösung.

Ausführung:

20—50 cm³ Harn werden in einem Destillationskolben mit 2 cm³ Essigsäure angesäuert und mit 150 cm³ kaltem Wasser verdünnt. Durch einen gut wirkenden Kühler destilliert

[1] URBACH, C.: B. Z. **236**, 164 (1931).
[2] NEUWEILER, W.: Kli. Wo. **1933** I, 869.
[3] KORENMAN, J. M.: Arch. Hygiene **112**, 235 (1934).
[4] EMBDEN, G., u. E. SCHMITZ: Handb. biochem. Arb.-Meth. (ABDERHALDEN) **3**, 913 (1910)

man 60 cm³ Flüssigkeit ab, die dann mit 30 cm³ Natronlauge und einem Überschuß von Jodlösung versetzt werden. Bei reichlichem Acetongehalt scheidet sich sehr bald Jodoform ab. Nach 5 min säuert man mit Salzsäure an und titriert mit Thiosulfat zurück.

Berechnung:

1 cm³ 0,1 n Jodlösung = 0,967 mg Aceton.

Acetonbestimmung nach Nanavutty[1].

Reagentien s. S. 94.

Ausführung:

Vom Urin nimmt man 1 cm³, verdünnt mit 4 cm³ Wasser, gibt je 2 cm³ Kupfersulfat und Calciumhydroxyd zu und füllt dann mit Wasser auf 10 cm³ auf. Die Reaktion muß in jedem Falle alkalisch sein. Zur Bestimmung der Gesamtacetonkörper nimmt man 4 cm³ Filtrat, 14 cm³ Wasser, 3 cm³ Schwefelsäure und 5 cm³ Quecksilbersulfatlösung, die am Rückflußkühler gekocht werden, wie es für Blut beschrieben ist.

Citronensäure. Ihre Konzentration liegt zwischen 40 und 125 mg-%, im Tag werden 1—1,5 g ausgeschieden. Neben biologischen Methoden, die auf Verwendung der Citronensäuredehydrogenase beruhen, hat sich allgemein die Überführung in Pentabromaceton durchgesetzt. Unter den zahlreichen Methoden, die für diesen Zweck beschrieben worden sind, scheint die von Natelson und Mitarbeitern für den Harn besonders brauchbar[2].

Bestimmung der Citronensäure nach Natelson, Lugovoy und Pincus[2].

Reagentien:

1. Citronensäurestammlösung, 1 mg im Kubikzentimeter.
2. 18 n H_2SO_4.
3. Bromwasser, gesättigt.
4. n Kaliumbromidlösung.
5. Wasserstoffperoxyd, 6%ig.
6. Natriumsulfid, 4%ig.
7. Petroläther Kp 90—100°, mit konzentrierter Schwefelsäure gereinigt, schließlich mit Wasser ausgeschüttelt und mit Kaliumpermanganat oxydiert. Er wird wieder mit Wasser ausgeschüttelt und ist gebrauchsfertig, wenn der zwischen 90 und 100° siedende Anteil mit konzentrierter Schwefelsäure keine Farbe mehr gibt.
8. Trichloressigsäure, 10%ig.
9. n Kaliumpermanganatlösung.

Ausführung:

0,02 cm³ Urin (bzw. 1,0 cm³ Blut) werden mit 5 cm³ 10%iger Trichloressigsäure schnell gefällt und zentrifugiert. Vom Zentrifugat nimmt man 5 cm³ in ein Zentrifugenglas mit Marken bei 2,0, 3,0 und 5,0 cm³. Man setzt 0,2 cm³ Schwefelsäure zu, schüttelt und dampft in einem auf 110—120° erwärmten Ölbad auf 2 cm³ ein. Nach dem Abkühlen setzt man 0,2 cm³ Bromwasser, nach einigen Minuten 0,2 cm³ Kaliumbromid zu, ergänzt das Volumen auf 3 cm³ und oxydiert 10 min mit 1 cm³ n Kaliumpermanganatlösung bei 10°. Die Lösung wird nun durch ein Minimum an H_2O_2 entfärbt, auf genau 5 cm³ aufgefüllt und mit 5 cm³ Petroläther auf der Schüttelmaschine 5 min geschüttelt. Nach dem Zentrifugieren entnimmt man 4 cm³ Extrakt, kühlt in Eis, gibt 3,5 cm³ Natriumsulfidlösung zu, schüttelt 1—2 min und zentrifugiert dann unter Eiskühlung 3 min. Die gefärbte wäßrige Lösung wird in den Colorimetertrog gefüllt und gemessen.

Die letzten Maßnahmen werden am besten in der Kälte ausgeführt, auf jeden Fall bei Temperaturen unter 15°. Außerdem ist es empfehlenswert, den Petrolätherextrakt über Nacht auf Eis stehen zu lassen. Die Farbentwicklung hängt sehr von der Güte der Natriumsulfidlösung ab; diese ist jedesmal neu herzustellen. Eine Extinktion von 0,425 entspricht etwa 50 γ Citronensäure.

Die Konzentration im Urin ist 20—60mal höher als im Blut.

Oxalsäure und Oxalursäure. Oxalsäure wie Oxalursäure sind normale Bestandteile des Harnes. Die normale Ausscheidung von Oxalsäure beträgt 10—20 mg je Tag; im Morgenharn findet man eine Konzentration von 2,4—6,5 mg-%.

---

[1] Nanavutty, S. H.: Biochem. J. **26**, 1391 (1932).
[2] Natelson, S., J. K. Lugovoy and J. B. Pincus: J. biol. Ch. **170**, 597 (1947).

Nachweis der Oxalsäure. Er gründet sich im allgemeinen auf die Schwerlöslichkeit des Calciumsalzes, das unter dem Mikroskop an seiner typischen Struktur erkannt werden kann. Nach EEGRIWE[1] gelingt die Reduktion zu Glykolsäure, wenn man einen Calciumoxalatniederschlag mit warmer 2 n Schwefelsäure versetzt, etwas Magnesiumpulver und 2,4-Dioxynaphthalin zusetzt. Wenn 15—25 min auf dem Wasserbad erwärmt wird, entsteht eine Rotfärbung.

Über die Fällung als Cer(IV)-oxalat s. SUZUKI[2].

Bei der *Bestimmung der Oxalsäure* ist darauf zu achten, daß sehr leicht spontan Calciumoxalatkrystalle ausfallen. Man tut daher gut daran, den Harn mit Salzsäure anzusäuern, wodurch Calciumoxalat in Lösung geht, dann zu filtrieren und unter Zusatz einiger Kubikzentimeter gesättigter Calciumchloridlösung mit Ammoniak gegen Methylrot oder Bromkresolgrün zu neutralisieren[3]. Man stellt so ein p_H von 5 ein, bei dem die Fällung von Calciumoxalat quantitativ ist, aber noch keine Calciumphosphate ausfallen. Der abzentrifugierte Niederschlag wird ausgewaschen und mit Permanganat oder Cer(IV)-sulfat titriert, wie auf S. 101 beschrieben ist. Die alte Vorschrift von SALKOWSKI-AUTENRIETH[4] geht von relativ großen Harnmengen aus, aus denen Oxalsäure als Calciumoxalat gefällt wird. Der abgesaugte Niederschlag wird in Salzsäure gelöst und die freie Oxalsäure durch erschöpfende Extraktion mit Äther von den Phosphaten getrennt. Der Ätherrückstand wird erneut mit Calciumchlorid gefällt und der Niederschlag entweder gewogen oder mit Permanganat titriert. Die Ausführung ist aber langwierig.

Eine photometrische Methode gibt PEREIRA[5]. Die Oxalsäure wird in schwefelsaurer Lösung mit 10—15 mg Magnesium zu Glykolsäure reduziert und aus dieser Formaldehyd abgespalten. Dieser wird mit 2,7-Dioxynaphthalin kondensiert, indem man 30 min oder länger im Wasserbad kocht, auf ein bekanntes Volumen auffüllt und die Farbe colorimetriert. Die Endkonzentration der Schwefelsäure muß mindestens 11 n sein. Man soll noch 2,5 γ bestimmen können. Ein anderes colorimetrisches Verfahren, das besonders für Pilzkulturen angewendet wurde, stammt von BURROWS[6], welcher den in Citratpuffer gelösten Calciumoxalatniederschlag mit einem Reagens zusammenbringt, welches aus 1 g Eisen(III)-chlorid, 4 g Ferron (7-Jod-8-oxychinolin-5-sulfosäure) in Salzsäure-Acetatpuffer besteht, und die Farbe colorimetriert.

Typische Reaktionen für *Oxalursäure* sind nicht bekannt, abgesehen von der Krystallform oder dem Nachweis von Oxalsäure nach hydrolytischer Spaltung. Auf Grund dieser Eigenschaft wird auch die getrennte Bestimmung von Oxalsäure und Oxalursäure durchgeführt.

Durch Kochen mit Salzsäure wird die Oxalursäure gespalten und durch anschließende Fällung die Gesamtoxalsäure bestimmt. Aus der Differenz berechnet sich die Oxalursäure.

Homogentisinsäure. Verfärbt sich ein Harn beim Stehen an der Luft, besonders nach Zusatz von Alkali, dunkel und reduziert er außerdem alkalische Kupferlösung in der Wärme, so ist die Anwesenheit von Homogentisinsäure sehr wahrscheinlich.

Charakteristisch ist auch die Reduktion von ammoniakalischer Silberlösung in der Kälte, worauf BAUMANN[7] seine Bestimmungsmethode gründet. Der normale Mensch scheidet keine Homogentisinsäure aus, sondern ist in der Lage, 4 g der Säure völlig zu verbrennen[8]. Die unter pathologischen Umständen ausgeschiedene Säure stammt

[1] EEGRIWE, E.: Z. analyt. Chem. 89, 123 (1932).
[2] SUZUKI, S.: H. 244, 235 (1936).
[3] KÖPPLIN, F.: Z. ges. exp. Med. 96, 784 (1935).
[4] SALKOWSKI, E.: Praktikum der physiologischen Chemie. S. 174, 268. Berlin 1912. — MACLEAN, H.: H. 60, 20 (1909).
[5] PEREIRA, R. S.: Mikrochem. 36/37, 398 (1951).
[6] BURROWS, S.: Analyst 75, 80 (1950).
[7] BAUMANN, E.: H. 16, 268 (1892).
[8] EMBDEN, H.: H. 18, 304 (1894). — KATSCH, G.: Z. klin. Med. 119, 1 (1932). — PAPAGEORGE, E. T., M. M. FRÖHLICH and H. B. LEWIS: Proc. Soc. exp. Biol. Med. 38, 742 (1938).

aus aromatischen Aminosäuren; über die Konstitution s. unten. Die Bestimmung erfolgt entweder nach BAUMANN wie oben angegeben[1], oder nach BRIGGS[2] durch Reduktion von Phosphormolybdänsäure zu Molybdänblau. Wie WIELAND 1910 entdeckt hat, kann Homogentisinsäure durch alkalische Jodlösung reversibel oxydiert werden. METZ[3] hat darauf eine einfache und zuverlässige Bestimmungsmethode ausgearbeitet. Das Verfahren ist besonders geeignet für Harn, weniger für Plasma[4].

$$\text{OH} \qquad\qquad \text{O}$$

$$-CH_2-COOH \qquad\qquad -CH_2-COOH$$

$$+ 2\,J = \qquad\qquad\qquad + 2\,HJ$$

$$\text{OH} \qquad\qquad \text{O}$$

Bestimmung der Homogentisinsäure nach METZ[3].

Reagentien:

1. Natriumhydrogencarbonat.
2. KJ, 5%ig.
3. Stärkelösung, 1%ig.
4. 0,05 n Jodlösung.
5. H_2SO_4, 1:4 verdünnt.
6. 0,05 n Thiosulfat.

Ausführung:

10 cm³ des nativen oder nach Bedarf verdünnten Harnes werden mit 0,2—0,3 g Hydrogencarbonat, 5 cm³ Kaliumjodid und 5 cm³ Stärkelösung versetzt. Darauf titriert man mit der Jodlösung, bis die Blaufärbung ½ min bestehen bleibt. Es sollen 10 bis 12 cm³ Jodlösung verbraucht werden. Die Blaufärbung ist nicht beständig, da durch Harnsäure und andere Substanzen langsam Jod verbraucht wird. Die noch blaue Harnprobe wird mit 20 cm³ Schwefelsäure versetzt und sofort das ausgeschiedene Jod mit Thiosulfat zurücktitriert.

Berechnung:

Der Verbrauch der 0,05 n Thiosulfatlösung in Kubikzentimetern, multipliziert mit 0,0042, ergibt den Homogentisingehalt der Probe in Milligrammen. Es ist notwendig, rasch zu titrieren.

Homogentisinsäurebestimmung nach NEUBERGER[4].

Reagentien:

1. Goldsollösung: 250 cm³ Wasser werden mit 6 cm³ einer 0,5%igen Goldchloridlösung und 5 cm³ einer 0,25 n Kaliumcarbonatlösung versetzt. Dann gibt man 1 cm³ einer ätherischen Lösung von gelbem Phosphor zu (die gesättigte Lösung wird mit Äther 1:5 verdünnt) und kocht nach halbstündigem Stehen 5 min am Rückflußkühler. Es entsteht ein tiefrot gefärbtes Goldsol, welches etwa 70 γ Au im Kubikzentimeter enthält. Die Lösung wird im Dunkeln aufbewahrt und zum Gebrauch 1:10 verdünnt.
2. 0,2 n Essigsäure.
3. 0,2 n Natriumacetat.
4. Gummi arabicum-Lösung, 5%ig.
5. $AgNO_3$, 1%ig.
6. Äther, peroxydfrei.

Ausführung:

2,5 cm³ Harn werden angesäuert und 4mal mit je 20 cm³ peroxydfreiem Äther ausgeschüttelt. Den gesammelten Äther trocknet man über Natriumsulfat, dampft ein und löst den Rückstand in 50 cm³ Wasser. Von dieser Lösung nimmt man einen aliquoten Teil, der nicht mehr als 200 γ Homogentisinsäure enthalten darf, gibt 1 cm³ Essigsäure, 0,5 cm³ Natriumacetat, 2 cm³ Gummi arabicum-Lösung, 1 cm³ Silbernitrat und 0,5 cm³ Goldsol zu und füllt mit Wasser auf 10 cm³ auf. Bei Gegenwart von Homogentisinsäure

[1] BAUMANN, E.: H. **16**, 268 (1892).
[2] BRIGGS, A. P.: J. biol. Ch. **51**, 453 (1922).
[3] METZ, E.: B. Z. **190**, 261 (1927). H. **193**, 46 (1930).
[4] NEUBERGER, A.: Biochem. J. **41**, 431 (1947).

entwickelt sich eine goldbraune Farbe, die nach 2 Std colorimetrisch gemessen wird. Das BEERsche Gesetz ist zwischen 20 und 200 γ annähernd erfüllt. Es ist daher empfehlenswert, Standardlösungen zum Vergleich mitanzusetzen.

Gentisinsäure. Da Gentisinsäure an Stelle von Salicylsäure mit Erfolg in der Therapie verwendet wird, ist es wünschenswert, eine einfache Bestimmungsmethode zu besitzen. Werden 12 g je Tag verabreicht, so findet man im Serum nur 4—11 mg-%. Die Gentisinsäure läßt sich mit Äthylacetat quantitativ extrahieren, wenn das Plasma bzw. der Harn mit 6 n Salzsäure angesäuert werden.

Bestimmung der Gentisinsäure nach MEADE *und* SMITH[1].

Reagentien:

1. 6 n HCl.
2. Äthylacetat.
3. Natriumhydrogencarbonatlösung, 1%ig.
4. Phenolreagens nach FOLIN und CIOCALTEU, 1:3 verdünnt (s. S. 418).
5. 1,5 n NaOH.

Ausführung:

2 cm³ Plasma oder 2 cm³ im allgemeinen 1:100 mit Wasser verdünnter Urin werden mit 0,5 cm³ HCl angesäuert und mit 10 cm³ Äthylacetat gründlich ausgeschüttelt. Sind mehr als 12 mg-% Gentisinsäure vorhanden, wird die Plasma- oder Urinmenge entsprechend vermindert. Nach dem Schütteln werden die Schichten durch Zentrifugieren getrennt und 5 cm³ der Äthylacetatlösung mit 5 cm³ Natriumhydrogencarbonatlösung extrahiert. Man entnimmt dann 4 cm³ der Hydrogencarbonatlösung und bringt sie mit 1 cm³ Reagens nach FOLIN-CIOCALTEU, das 1:3 mit destilliertem Wasser verdünnt ist, zusammen. Nachdem mit 1 cm³ NaOH alkalisiert ist, kann die Extinktion bei 660 mμ gemessen werden.

Bei stärkerer Alkalität als einer 1%igen Natriumhydrogencarbonatlösung entspricht, wird zwar die Gentisinsäure ebenfalls quantitativ extrahiert, zugleich aber teilweise zersetzt.

δ) Eiweiß und Aminosäuren.

Eiweiß. Jeder normale Harn enthält Spuren von Eiweiß, und zwar sowohl Mucine als auch Albumine und Globuline. Wenn man von den Mucinen absieht, enthält der Harn nach MÖRNER[2] 5 mg-% Eiweiß, nach GUNTON und BURTON[3] 3 mg-% bzw. nach MARRACK und JOHNS[4], die mit einer immunologischen Methode gearbeitet haben, nur 0,2—0,8 mg-%. Unter pathologischen Bedingungen können diese Werte erheblich ansteigen.

Das Prinzip der Eiweißbestimmung gründet sich entweder auf die Fällbarkeit des Eiweiß bei schwachsaurer Reaktion in der Hitze und anschließende Wägung des ausgewaschenen und getrockneten Niederschlages oder auf die Bestimmung des Proteinstickstoff. Es ist auch möglich, die Eiweißkörper durch Aussalzen abzuscheiden. Die für die Bestimmung von Gesamteiweiß im Blut angegebenen Verfahren können sinngemäß auf den Harn angewandt werden, auch wenn es sich um getrennte Bestimmung von Albuminen und Globulinen handeln sollte (s. S. 20 und 25).

Ebenso wie der Eiweißniederschlag des Serums colorimetrisch mit der Biuretmethode gemessen werden kann, ist dies auch für den Harn möglich, ein Verfahren, das schon AUTENRIETH 1917 angegeben hat und welches inzwischen weiter vervollkommnet worden ist[5]. Bei der colorimetrischen Bestimmung ist eventuell zu berücksichtigen, daß denatu-

[1] MEADE, B. W., and M. J. H. SMITH: Biochem. J. 48, XXIX (1951). J. clin. Path. 4, 226 (1951).
[2] MÖRNER, K. A. H.: Skand. Arch. Physiol. 6, 332 (1895).
[3] GUNTON, R., and A. C. BURTON: J. clin. Invest. 26, 892 (1947). — TARNOKY, A. L.: Biochem. J. 49, 205 (1951).
[4] MARRACK, J. R., and R. G. S. JOHNS: Biochem. J. 47, XXXI (1950).
[5] AUTENRIETH, W.: M. m. W. 1917, 241. — HILLER, A., R. L. GREIF and W. W. BECKMAN: J. biol. Ch. 176, 1421 (1948).

rierte Eiweißkörper eine andere Farbreaktion geben können als native[1]. Mit Hilfe von Sulfosalicylsäure bestimmt KING[2] das Harnprotein mit einem Fehler von $\pm 10\%$.

Abtrennung der Mucoproteine. Sie gelingt durch Zusatz von Essigsäure, und zwar sind die Mucoproteine in starker Essigsäure unlöslich, während die anderen Proteine gelöst bleiben. Man macht folgenden Ansatz:

In drei 25 cm³-Meßzylinder gibt man je 10 cm³ Urin, dazu in den ersten 10 cm³ Wasser, in den zweiten 8 cm³, in den dritten 5 cm³. In den 2. Meßzylinder gibt man außerdem tropfenweise 33%ige Essigsäure, bis ein Maximum der Trübung erreicht ist, und füllt mit Wasser auf 20 cm³ auf. In den 3. Zylinder gibt man 5 cm³ 33%ige Essigsäure. Dann entspricht die Trübung im 2. Meßzylinder dem Mucin und den Globulinen und die Trübung im 3. Zylinder dem Mucin allein[3].

In neuerer Zeit haben GUNTON und BURTON[4] versucht, aus der Oberflächenspannung den Eiweißgehalt des Harnes zu bestimmen. Sie verwenden dazu ein Gefäß aus Kunstharz, auf welchem die Ausbreitung eines Öltröpfchens gemessen werden kann, und berechnen aus der Oberfläche des Öltröpfchens den Eiweißgehalt. CHINARD benutzt zur Eiweißfällung eine quaternäre Ammoniumbase, indem er die Trübung mißt; er kann aber so nur Eiweißkonzentrationen über $0,4\%$ erfassen[5]. Schließlich ist noch darauf aufmerksam gemacht worden, daß mit Nitroprussidnatrium in saurer Lösung eine sehr feine Reaktion auf Eiweiß möglich ist, da eine schwache Trübung noch mit $0,005\%$ Albumin entsteht[6].

Eine besondere Beachtung hat der BENCE-JONESsche *Eiweißkörper* gefunden. Da er die Eigenschaft hat, zwischen 50 und 70° unlöslich zu sein, sich aber bei 90° vollständig zu lösen; während die anderen Eiweißkörper irreversibel unlöslich sind, kann man ihn vom Albumin trennen, wenn man den bei schwach saurer Reaktion koagulierten Urin heiß filtriert und in dem erkalteten Filtrat durch Zusatz von Trichloressigsäure oder von Sulfosalicylsäure eine Trübung hervorruft[7]. Auch durch Zusatz von Alkohol kann der BENCE-JONESsche Eiweißkörper aus dem erkalteten Filtrat abgeschieden werden[8]. Eine gravimetrische Methode stammt von FOLIN und DENIS[9].

Nachweis des BENCE-JONESschen *Eiweißkörpers.* Man verteilt 3 ganz schwach saure Harnproben auf 3 Reagensgläser, von welchen man das erste bei Zimmertemperatur beläßt. Das zweite wird auf 60°, das dritte auf 100° erhitzt; alle 3 Reagensgläser werden bei den angegebenen Temperaturen miteinander verglichen. Sofern BENCE-JONES-Eiweiß vorhanden ist, ist die Probe bei 60° am stärksten getrübt.

Nephelometrische Bestimmung des BENCE-JONESschen *Proteins nach* ENGELFRIED[10].
Reagentien:
    1. Essigsäure.   2. Sulfosalicylsäure, 3%ig.
Ausführung:
Man säuert 50 cm³ Urin mit 1 Tropfen Essigsäure an, erhitzt zum Sieden und filtriert bei 100°. Der Trichter mit dem Filter ist durch einen Gummistopfen mit einer Saugflasche verbunden, deren Absaugrohr mit einem senkrecht nach oben gerichteten Glasrohr verschlossen ist, so daß die Luft entweichen kann. Das Ganze wird in ein Becherglas mit Wasser bei 100° versenkt und der Trichter während der Filtration mit einem

[1] HAUROWITZ, F., and S. TEKMAN: Biochim. biophysica Acta, N. Y. 1, 484 (1947).
[2] KING, E. J.: Biochem. J. 48, 50 (1951).
[3] HARRISON, G. A.: Chemical Methods in clinical Medicine. S. 56. New York 1947.
[4] GUNTON, R., and A. C. BURTON: J. clin. Invest. 26, 892 (1947).
[5] CHINARD, F. P.: J. biol. Ch. 176, 1439 (1948).
[6] DELTOMBE, J., et R. BAUDIMONT: J. Pharmacie Belg. 50, 221 (1950).
[7] SCHALM, L.: Acta brev. neerl. Physiol. 9, 4 (1939). — HARVIER, P., et M. RANGIER: Cr. 216, 131 (1943). — HUGUENIN, R., R. TRUHAUT et J. L. MILLOT: Cancer, Bruxelles 25, 360 (1936). — ENGELFRIED, J. J.: J. Lab. clin. Med. 36, 137 (1950).
[8] WEISS, M.: Krebsarzt 2, 240 (1947).
[9] FOLIN, O., and W. DENIS: J. biol. Ch. 18, 277 (1914).
[10] ENGELFRIED, J. J.: J. Lab. clin. Med. 36, 137 (1950).

Uhrglas bedeckt. Auf diese Weise gelingt die Filtration, ohne daß der BENCE-JONESsche Eiweißkörper durch Abkühlung vorzeitig ausfällt. 2,5 cm³ Filtrat fällt man mit 7,5 cm³ 3 %iger Sulfosalicylsäure und vergleicht die entstandene Trübung nephelometrisch mit einer Albuminstandardlösung bekannten Gehaltes. Die Nachweisgrenze liegt bei 3 bis 5 mg-%, am besten wird bei 23° abgelesen. Die Bestimmung neben Albumin gelingt ohne weiteres.

Zur Bestimmung der *Albumine* kann man — wenn keine großen Anforderungen an die Genauigkeit gestellt werden — die Methode von ESBACH verwenden[1]. Genauer ist die gravimetrische Methode von FOLIN[2] oder die colorimetrische Methode von HILLER und Mitarbeitern[3].

Gravimetrische Bestimmung von Albumin nach FOLIN und DENIS[2].

Reagentien:

1. Essigsäure, 5 %ig.
2. Essigsäure, 0,5 %ig.
3. Äthanol, 50 %ig.

Ausführung:

Man pipettiert 10 cm³ Urin in ein konisches Zentrifugenglas, welches vorher gewogen wurde, setzt 1 cm³ 5 %ige Essigsäure hinzu und kocht 15 min im Wasserbad. Nach dem Abkühlen wird zentrifugiert, abgegossen, der Niederschlag mit 10 cm³ heißer 0,5 %iger Essigsäure ausgewaschen, wieder zentrifugiert, der Niederschlag mit 50 %igem Alkohol extrahiert und nach neuerlichem Zentrifugieren bei 100—110° getrocknet. Die Gewichtszunahme entspricht dem Eiweiß. Die Bestimmung gelingt auch durch Filtration auf vorgewogenem Filter, wie S. 25 beschrieben.

Colorimetrische Eiweißbestimmung nach HILLER, McINTOSH und VAN SLYKE[3].

Reagentien:

1. Trichloressigsäure, 10 %ig.
2. NaOH, 3 %ig.
3. NaOH, 30 %ig.
4. Kupfersulfatlösung, 20 %ig; 20 g $CuSO_4 \cdot 5H_2O$ in 100 cm³.
5. Natriumsulfatlösung, 44 %ig; (44 g wasserfreies Na_2SO_4 in 100 cm³). 50 g wasserfreies Natriumsulfat werden in 100 cm³ Wasser bei 37° gelöst. Die Lösung ist bei 33° zu 99 % gesättigt und muß bei dieser Temperatur aufgehoben werden. Gegen Lackmus muß sie neutral reagieren.
6. Standard-Biuretlösung. 0,4000 g Biuret werden in destilliertem Wasser gelöst und ad 150 cm³ aufgefüllt. Die Lösung ist im Eisschrank höchstens 1 Monat haltbar.

Ausführung:

2 cm³ Urin, die auf ungefähr p_H 7,4 eingestellt sind, werden mit dem gleichen Volumen Trichloressigsäure gemischt und nach einigen Minuten zentrifugiert. Je nach der Größe des Niederschlages nimmt man mehr oder weniger Harn. Man gießt die überstehende Flüssigkeit ab, löst den Niederschlag in 3 cm³ 3 %iger Natronlauge, spült in einen Meßkolben über, gibt 0,25 cm³ 20 %ige Kupfersulfatlösung zu und füllt mit Natronlauge auf 10 cm³ auf. Nach dem Mischen bleibt der Ansatz 10 min stehen und wird dann colorimetriert.

Das bei Serum beschriebene Verfahren nach WEICHSELBAUM mit einem modifizierten Biuretreagens erscheint genauer. Diese Methode ist jedoch nicht für Harn angegeben worden.

Wird der Harn mit dem gleichen Volumen 44 %iger Natriumsulfatlösung gefällt (bei 37°), so lassen sich in der überstehenden Flüssigkeit die Albumine allein bestimmen.

Aminosäuren. Die Ausscheidung an Aminosäuren beträgt beim normalen Erwachsenen 0,4—1 g Stickstoff. Dies macht je nach der Ernährungslage 0,5—1 % der Gesamtstickstoffausscheidung aus. Die Menge der Aminosäuren im Harn ist unter pathologischen Bedingungen stark erhöht. Besonders bekannt ist die vermehrte Ausscheidung bei Leberparenchymerkrankungen, aber auch bei der Gravidität wurden Vermehrungen festgestellt.

---

[1] ESBACH, G. H.: C. R. Soc. Biol. 1, 33 (1874). — QUICK, A. J.: J. Lab. clin. Med. 8, 615 (1923).
[2] FOLIN, O., and W. DENIS: J. biol. Ch. 18, 273 (1914).
[3] HILLER, A., J. F. McINTOSH and D. D. VAN SLYKE: J. clin. Invest. 4, 235 (1927).

An einer vermehrten Ausscheidung sind nicht alle Aminosäuren gleichmäßig beteiligt. Das bekannteste Beispiel ist die *Cystinurie*, eine Stoffwechselanomalie, bei welcher die Cystinausscheidung besonders vermehrt ist, daneben auch die von Arginin und Lysin, während Glykokoll und Histidin auf $1/5$ der Norm vermindert sind[1]. Nach den Untersuchungen von DUNN und Mitarbeitern[2] liegt die Normalausscheidung bei eiweißarmer *Ernährung* bei gesunden Männern für Glycin zwischen 500 und 1000 mg, für Histidin zwischen 44 und 136 mg und für Cystin zwischen 50 und 88 mg. Für die anderen untersuchten Aminosäuren bewegte sich die Ausscheidungsgrenze zwischen 5 und 29 mg. Bei eiweißreicher Kost steigen die Werte im Mittel um 30% an. Auch bei Aminosäurebelastungen ist die Ausscheidung recht verschieden; von Leucin werden nur 0,43, von Histidin aber 12,6% im Mittel ausgeschieden[3]. Daraus geht auch hervor, daß die *Nierenclearance* für die verschiedenen Aminosäuren sehr verschiedene Werte aufweist. Die von SHEFFNER und Mitarbeitern[3] gefundene Ausscheidungsgröße für 8 verschiedene Aminosäuren ist folgende:

Tabelle 42. *Aminosäurekonzentration im Urin und Clearancewert nach Belastung.*

	Aminosäuregehalt (mg-%)		Clearancewert (cm³ Blut/min)			Aminosäuregehalt (mg-%)		Clearancewert (cm³ Blut/min)	
	Fall 1	Fall 2	Fall 1	Fall 2		Fall 1	Fall 2	Fall 1	Fall 2
Leucin	19,8	32,2	0,44	0,52	Arginin . . .	23,3	30,0	0,82	0,69
Isoleucin . . .	15,1	20,2	0,49	0,50	Histidin . . .	142,9	387,6	5,31	13,87
Valin	19,3	23,5	0,40	0,46	Lysin.	61,8	140,5	1,32	2,00
Threonin . . .	52,6	71,5	1,24	1,19	Methionin . .	6,7	10,9	1,59	1,94

Die im Harn ausgeschiedenen Aminosäuren sind nicht alle frei, sondern zum Teil *peptidartig gebunden*, und zwar sollen nach WOODSON und Mitarbeitern[4] besonders Asparaginsäure und Glutaminsäure in gebundener Form ausgeschieden werden. Das gleiche gilt von Valin und Isoleucin. Dagegen wird Histidin nur zu 14,9% in gebundener Form ausgeschieden.

Mit Hilfe der Papierchromatographie, die für derartige Untersuchungen sehr empfohlen wird, findet DENT[5] bei einem Fall von FANCONI-Syndrom, daß die Ausscheidung der Aminosäuren der Glucosurie parallel geht. Unter anderem entdeckte er *Methioninsulfoxyd* und eine weitere Substanz, die er wegen ihrer größeren Wanderungsgeschwindigkeit „*Überglycin*" nennt, das wahrscheinlich ein Tripeptid Serylglycylglycin ist. Komplexe von Asparagin und Glutaminsäure werden ebenfalls gefunden. Bei Tuberkulosekranken besteht keine wesentliche Steigerung der Aminosäureausscheidung[6].

Grundsätzlich muß angenommen werden, daß im Harn alle auch im Serum vorhandenen Aminosäuren vorkommen. *Leucin* und *Tyrosin* sind wegen ihrer Schwerlöslichkeit leicht zu finden; Tyrosin ist wegen seines aromatischen Restes bequem nachweisbar. LAWRIE[7] hat es mit Hilfe einer Tyrosindecarboxylase nach EPPS[8] bestimmt. Die Ausscheidung beim normalen Menschen beträgt 0,9—1,8 mg-% und steigt bei Schwangeren und Lebererkrankungen, besonders bei gelber Leberatrophie, auf 11—37 mg-%. *Histidin* ist ebenfalls bei Lebererkrankungen[9] vermehrt. Es kann colorimetrisch bestimmt werden

---

[1] YEH, H. L., W. FRANKL, M. S. DUNN, P. PARKER, R. HUGHES and P. GYÖRGY: Amer. J. med. Sci. **214**, 507 (1947).

[2] DUNN, M. S., M. N. CAMIEN, S. AKAWIE, R. B. MALIN, S. EIDUSON, H. R. GETZ and K. R. DUNN: Amer. Rev. Tbc. **60**, 439 (1949).

[3] SHEFFNER, A. L., J. B. KIRSNER and W. L. PALMER: J. biol. Ch. **175**, 107 (1948).

[4] WOODSON, H. W., S. W. HIER. J. D. SOLOMON and O. BERGEIM: J. biol. Ch. **172**, 613 (1948).

[5] DENT, C. E.: Biochem. J. **41**, 240 (1947).

[6] DUNN, K. R., H. R. GETZ, M. N. CAMIEN, S. AKAWIE, R. B. MALIN and S. EIDUSON: Amer. Rev. Tbc. **60**, 448 (1949).

[7] LAWRIE, N. R.: Biochem. J. **41**, 41 (1947).

[8] EPPS, H. M. R.: Biochem. J. **38**, 242 (1944.)

[9] KAUFFMANN, F., u. R. ENGEL: Z. klin. Med. **114**, 405 (1930).

und ist auch für die Leberbelastung geeignet, da der Gesunde bei einer Belastung mit 5 g Histidin nur 0,5 g ausscheidet. Die Menge des Imidazolkomplexes ist etwas abhängig vom Eiweißgehalt der Nahrung. Auch TSCHOPP hat die Histidinausscheidung im Harn bei einer großen Zahl von Stoffwechselerkrankungen untersucht. Er bestimmt das Histidin mit der Bromwasserreaktion nach KNOOP[1].

Der *Tryptophan*gehalt des normalen menschlichen Urins soll nach ALBANESE und FRANKSTON[2] ungefähr 137—240 mg je Tag betragen. Doch werden von anderer Seite wesentlich geringere Werte angegeben, die von der angewandten Methode abhängig sind und richtiger erscheinen, nämlich 12—30 mg je Tag. Von *Arginin* wurden im Harn gesunder Männer weniger als 15 mg im Liter gefunden[3]. Die Bestimmung erfolgte mit der SAKAGUCHI-Reaktion vor und nach Behandlung mit Arginase. Etwas höhere Werte mit derselben Methode findet JOHNSEN[4].

Über die Ausscheidung von *Ergothionein* herrscht keine Einigkeit. Mit Hilfe von Papierchromatographie findet WORK[5] 130—300 mg im Liter, während LAWSON[6] unter Verwendung eines Kaliumwismutjodidreagens kein Ergothionein nachweisen konnte, auch keine Thiourocaninsäure.

Die Bestimmungsmethoden für die Aminosäuren können hier nicht im einzelnen besprochen werden, s. hierfür Bd. IV, Aminosäuren, sowie einschlägige Spezialwerke[7].

Für die *Bestimmung der Gesamtaminosäuren*, die in den meisten Fällen ausreichend ist und klinisch das größere Interesse besitzt, sind eine ganze Reihe von Methoden ausgearbeitet worden. Eines der ältesten Verfahren ist das von VAN SLYKE[8], welcher den nach *Umsatz mit salpetriger Säure* entstehenden Stickstoff erfaßt. Der im Harn reichlich vorhandene Harnstoff, der dieselbe Reaktion gibt, wird am besten durch Sojabohnen-Urease entfernt, s. hierzu S. 37. Die weiteste Verbreitung hat die *Formoltitration* nach HENRIQUES-SÖRENSEN gefunden. Sie beruht darauf, daß die Aminogruppe als Methylenverbindung gebunden wird und dadurch die Carboxylgruppe titrimetrisch erfaßt werden kann[9]. Die *Aminosäuretitration* in Acetonlösung nach LINDERSTRØM-LANG[10] oder in alkoholischer Lösung nach WILLSTÄTTER[11] ist für Harn weniger angewandt worden. Unter den colorimetrischen Methoden ist diejenige mit Ninhydrin empfohlen worden[12]; als Ersatz des teuren Ninhydrin empfiehlt MOUBASHER[13] das peri-Naphthindan-2,3,4-trionhydrat. Es wird das aus Aminosäuren in Freiheit gesetzte Kohlendioxyd manometrisch gemessen. ZEILE und OETZEL[14] haben eine quantitative Umsetzung der Aminosäuren mit Benzolazo-phenylisocyanat zu tief gefärbten Ureidosäuren erreicht und eine quantitative Bestimmung darauf aufbauend vorgeschlagen.

Formoltitration der Aminosäuren nach SØRENSEN *und Mitarbeitern*[9, 15].

Reagentien:

1. Phenolphthalein, 0,5%ig in 50%igem Alkohol.
2. Thymolphthalein, 0,05%ig in Alkohol.
3. 0,2 n Ba(OH)$_2$.
4. NaOH.

[1] TSCHOPP, W., u. H. TSCHOPP: B. Z. **298**, 206 (1938).
[2] BERG, C. P., and W. G. ROHSE: J. biol. Ch. **170**, 725 (1947). — ALBANESE, A. A., and J. E. FRANKSTON: J. biol. Ch. **157**, 59 (1945).
[3] HOBERMAN, H. D.: J. biol. Ch. **167**, 721 (1947).
[4] JOHNSEN, V. K.: Acta physiol. scand. **15**, 314 (1948).
[5] WORK, E.: Lancet **1949 I**, 652.
[6] LAWSON, A., H. V. MORLEY and L. J. WOOLF: Biochem. J. **47**, 513 (1950).
[7] Hinsberg-Lang 2. Aufl. S. 403ff.
[8] SLYKE, D. D. VAN: B. **43**, 3170 (1910); **44**, 1684 (1911). J. biol. Ch. **16**, 125 (1913).
[9] HENRIQUES, V., u. S. P. L. SØRENSEN: H. **64**, 120 (1910). — HENRIQUES, V., u. J. K. GJALDBÄK: H. **67**, 8 (1910).
[10] LINDERSTRØM-LANG, K.: H. **173**, 32 (1928).
[11] WILLSTÄTTER, R., u. E. WALDSCHMIDT-LEITZ: B. **54**, 2988 (1921).
[12] MOORE, S., and W. H. STEIN: J. biol. Ch. **176**, 367 (1948).
[13] MOUBASHER, R., and A. SINA: J. biol. Ch. **180**, 681 (1949).
[14] ZEILE, K., u. M. OETZEL: H. **284**, 1 (1949). — KRUCKENBERG, W.: H. **284**, 19, 40 (1949).
[15] SØRENSEN, S. P. L., u. H. JESSEN-HANSEN: B. Z. **7**, 407 (1907).

5. 0,2 n HCl.

6. Formaldehydlösung, die für jeden Versuch frisch bereitet werden muß: 50 cm³ konzentrierter Formaldehyd werden mit 1 cm³ Phenolphthalein und Lauge versetzt, bis ein schwacher rosa Ton bestehen bleibt, oder dieselbe Formaldehydmenge wird mit 5 cm³ Thymolphthalein, 25 cm³ Alkohol und Lauge bis zu einem grünlichblauen Ton versetzt.

7. Um den Endpunkt der Titration genau erkennen zu können, benötigt man eine Vergleichslösung, die hergestellt wird, indem man 20 cm³ ausgekochtes destilliertes Wasser mit 10 cm³ Formaldehydlösung mischt, dazu etwa halb soviel Lauge gibt, wie bei der eigentlichen Titration verbraucht werden wird, und dann mit Salzsäure zurücktitriert, bis ein rosa bzw. blauer Farbton eben bestehen bleibt (p_H 8,3). Man setzt einen weiteren Tropfen Lauge zu, die Lösung wird deutlich rot (p_H 8,8).

8. $BaCl_2$ in Substanz.

Ausführung:

Vorbehandlung des Harnes: 50 cm³ Harn werden in einem Meßkolben mit 2 g krystallisiertem Bariumchlorid versetzt und mit Bariumhydroxyd gegen Lackmus alkalisiert; nach Zugabe eines Überschußes von 5 cm³ Bariumhydroxyd wird auf 100 cm³ aufgefüllt. Nach 15 min wird filtriert, 50 cm³ Filtrat werden im Vakuum zur Entfernung von Ammoniak eingeengt, dann mit n Salzsäure angesäuert und zur Entfernung von Kohlendioxyd weiter destilliert. Zum Schluß füllt man in einen Meßkolben, neutralisiert mit CO_2-freier Natronlauge und füllt mit CO_2-freiem Wasser zur Marke auf. 20 cm³ dieser Lösung, die ungefärbt sein soll, und weder Ammoniak noch Carbonate noch Phosphate enthalten darf, werden genau gegen Lackmus neutralisiert. Dann setzt man 10 cm³ Formaldehydmischung zu, worauf die rosa bzw. blaue Farbe verschwindet, und titriert mit 0,2 n Lauge, bis Farbgleichheit mit der Vergleichslösung erreicht ist.

Berechnung:

Der Verbrauch an 0,2 n Lauge, multipliziert mit 0,28, ergibt den Amino-N-Gehalt der Probe.

Zur Entfärbung stark gefärbter Harne ist Tierkohle nicht zu empfehlen, weil dadurch Aminosäuren adsorbiert werden. Sørensen und Jessen-Hansen[2] schlagen vor, die angesäuerte Lösung mit einer 24%igen Bariumchloridlösung und dann mit Silbernitrat zu versetzen. Der entstehende Niederschlag von Silberchlorid reißt die störenden Farbstoffe nieder.

Gasometrische Bestimmung der α-Aminosäuren mit peri-Naphthindan-2,3,4-trionhydrat nach Moubasher und Sina[1].

Reagentien:

1. Puffer: 17,65 g Natriumcitrat · $2 H_2O$ und 8 g Citronensäure werden feinst pulverisiert gemischt, p_H 4,7.

2. peri-Naphthindan-trionhydrat, frisch krystallisiert und pulverisiert.

3. Etwa 0,125 n $Ba(OH)_2$ mit Zusatz von Bariumchlorid.

4. n/35 HCl.

5. Phenolphthalein, 1%ig.

6. NaOH, 10%ig.

Ausführung:

Zur Bestimmung wird ein Spezialapparat verwendet, der von van Slyke, McFadyen und Hamilton[2] angegeben worden ist. Er besteht aus 2 Erlenmeyer-Kolben, die durch ein weites U-Rohr miteinander verbunden sind und durch einen Ansatz des U-Rohres evakuiert werden können. In den einen Erlenmeyer-Kolben gibt man 2 cm³ Aminosäurelösung und ein Mikrogläschen, welches 40 mg des Puffers enthält. Man schickt durch das System einen kohlendioxydfreien Luftstrom, gibt in den Kolben eine abgemessene

---

[1] Moubasher, R., and A. Sina: J. biol. Ch. **180**, 681 (1949).
[2] Slyke, D. D. van, D. A. McFadyen and P. B. Hamilton: J. biol. Ch. **141**, 671 (1941).

Menge von Naphthindanhydrat und in den 2. Erlenmeyer-Kolben 2,00 cm³ Bariumhydroxydlösung. Man schließt die Kolben mit ihren Schliffen an das U-Rohr an, evakuiert
das Ganze und versenkt es in ein kochendes Wasserbad. Nach einiger Zeit wird der
Kolben mit Bariumhydroxydlösung in Eiswasser gekühlt, wobei der größte Teil der
Flüssigkeit aus dem ersten Kolben überdestilliert. Man füllt nun den Apparat mit kohlendioxydfreier Luft, nimmt den Kolben 2 ab und titriert den Inhalt unter Zusatz von
Phenolphthalein mit n/35 HCl. Der Minderverbrauch an Säure gegenüber dem Leerwert
entspricht dem aus der Aminosäure in Freiheit gesetzten Kohlendioxyd.

Berechnung:

1 cm³ n/35 HCl = 0,658 mg CO_2 oder 1,072 mg Alanin. Weitere gasometrische
Methoden s. S. 50ff.

Hippursäure. Seitdem die Hippursäurebelastung von QUICK[1] als Leberfunktions-
probe vorgeschlagen worden ist, hat die Bestimmung der Hippursäure bzw. der Benzoesäure im Harn an Interesse gewonnen. Die normale Ausscheidung beträgt 0,7 g je Tag.
Gibt man 6 g Natriumbenzoat per Schlundsonde oder 1,77 g intravenös, so werden unter
normalen Bedingungen in den ersten 4 Std 3—3,5 bzw. weniger als 1 g Hippursäure
ausgeschieden. Ist diese Menge kleiner als 3 g, so nimmt man eine Leberschädigung an.

Die älteren Verfahren bedienten sich einer Extraktion, wobei relativ große Mengen
von Harn benötigt wurden. Die aus dem Extrakt zur Krystallisation gebrachte Benzoesäure wurde gewogen[2]. Es gelingt auch, nach der Extraktion die Hippursäure bzw.
Benzoesäure titrimetrisch zu bestimmen[3].

Eine Vereinfachung ist es, wenn der Harn, nachdem das Eiweiß durch Kupfersulfat-
Natronlauge gefällt ist, mit viel Natriumchlorid versetzt wird, wodurch die Löslichkeit
der Hippursäure wesentlich herabgesetzt wird. Die abgeschiedenen Krystalle können
nach Lösung unmittelbar acidimetrisch bestimmt werden. Es ist aber immer eine Korrektur für die in Lösung bleibende Hippursäure anzubringen, die mit 0,1 g für je 100 cm³
Harn angesetzt wird.

Durch Einwirkung von Hypobromit auf Hippursäure entsteht ein bromiertes Benz-
amid, welches in vielen organischen mit Wasser nicht mischbaren Lösungsmitteln in
gelboranger Farbe löslich ist und so colorimetrisch bestimmt werden kann[4].

Eine Aminosäurebestimmung, die sich auf das in der Hippursäure enthaltene Glykokoll
bezieht, wird von LEUTHARDT benutzt[5]. Ältere Methoden[6] haben eine Nitrierung der
Hippursäure versucht, wobei aber sehr viel Isomere entstehen. Wenn man dagegen
in der Kälte in Gegenwart von Kaliumnitrat und konzentrierter Schwefelsäure nitriert,
entsteht nur m-Nitrobenzoesäure, die nach Reduktion und Diazotierung mit N-(1-Naph-
thyl)-äthylendiamin gekuppelt wird[7]. Sehr kleine Mengen von Hippursäure lassen sich
nach BORSOOK[8] bestimmen. Allen Methoden haftet aber wegen der relativen Löslichkeit
der Hippursäure ein ziemlicher Fehler an; auch die Spezifität läßt zu wünschen übrig. Wie
bei der Bestimmung der flüchtigen Fettsäuren gezeigt wird (s. S. 200), läßt sich Hippursäure mit $MgSO_4$ und Weinsäure niederschlagen. Diese Eigenschaft der Hippursäure
ist zur quantitativen Bestimmung noch nicht ausgenutzt worden. Eine getrennte

---

[1] QUICK, A. J.: Arch. internal Med., Chicago 57, 544 (1936. Amer. J. digest. Dis. 6, 716 (1939).
[2] BUNGE, G., u. O. SCHMIEDEBERG: A. e. P. P. 6, 233 (1877). — JAARSVELD, G. J., u. B. J. STOK-
VIS: A. e. P. P. 10, 268 (1879). — VAN DE VELDEN R., u. M. STOKVIS: A. e. P. P. 17, 190 (1883). —
HRYNTSCHAK, TH.: B. Z. 43, 315 (1912).
[3] FOLIN, O., and F. F. FLANDERS: J. biol. Ch. 11, 257 (1912). — HENRIQUES, V., u. S. P. L. SÖREN-
SEN: H. 63, 27 (1909); 64, 120 (1910).
[4] DEYSSON, G., et M. ALLIOT: Bull. Soc. Chim. biol. 29, 423 (1947).
[5] LEUTHARDT, F.: H. 270, 113 (1941).
[6] WAELSCH, H., u. G. KLEPETAR: H. 236, 92 (1935).
[7] DICKENS, F., and J. T. PEARSON: Biochem. J. 44, I (1949).
[8] BORSOOK, H., and J. W. DUBNOFF: J. biol. Ch. 131, 163 (1939); 132, 307 (1940). — ALEXANDER,
B., G. LANDWEHR and A. M. SELIGMAN: J. biol. Ch. 160, 51 (1945). — KRUEGER, R.: Helv. 32, 238
(1949).

Bestimmung von Hippursäure, Zimtsäureglucuronsäure und Benzylglucuronsäure nach Zimtsäurebelastung beschreiben SNAPPER und SALTZMAN[1]. Bestimmung der Benzoesäure s.[2].

Bestimmung der Hippursäure nach QUICK, modifiziert nach KRAUS, DULKIN und WEICHSELBAUM und PROBSTEIN[3].

Reagentien:

1. Natriumbenzoat.
2. NaCl.
3. Kupfersulfatlösung, 20%ig.
4. n NaOH.
5. Eisessig.
6. 0,1 n H_2SO_4.
7. 0,5 n NaOH.

Ausführung:

Bei eiweißhaltigen Harnen wird der gemessene Urin mit 5 cm³ 20%iger Kupfersulfatlösung und 5 cm³ n Natronlauge für je 100 cm³ Harn versetzt. Bei sehr hohem Eiweißgehalt müssen diese Mengen eventuell verdoppelt werden. Man schüttelt gut durch, erwärmt bis nahe zum Sieden, kühlt ab und filtriert. Von dem eiweißfreien Filtrat entnimmt man einen aliquoten Teil und versetzt für je 100 cm³ mit 30 g Natriumchlorid, die bei 15—20° gelöst werden. Alsdann setzt man 1,2 cm³ 0,1 n Schwefelsäure zu und reibt die Glaswände mit einem Glasstab, um die Krystallisation der Hippursäure zu fördern. Nachdem die Probe 15 min in Eiswasser gestanden hat, wird auf einer Glasnutsche abgesaugt, der Niederschlag mit kalter 30%iger Kochsalzlösung nachgewaschen und das Becherglas gleichzeitig ausgespült. Es wird so lange nachgewaschen, bis im Filtrat keine Schwefelsäure mehr nachweisbar ist. Dann löst man den Niederschlag in heißem Wasser und titriert mit 0,5 n Natronlauge mit Phenolphthalein als Indicator bis zur Rotfärbung.

Berechnung:

1 cm³ 0,5 n NaOH = 0,0725 g Natriumbenzoat aus Hippursäure. Diesem Wert muß 0,1 g Natriumbenzoat für je 100 cm³ Harn zugerechnet werden. Der Fehler beträgt ± 10 mg-%. 0,0725 ist ein empirisch ermittelter Faktor.

Bestimmung der Hippursäure nach KANZAKI[4].

Reagentien:

1. H_2SO_4, 25%ig.
2. Äther.
3. Petroläther.
4. 0,1 n NaOH.
5. Phenolphthalein.

Ausführung:

20 cm³ Harn, der, falls er eiweißhaltig ist, mit Wolframsäure zu enteiweißen ist, werden mit 1 cm³ Schwefelsäure angesäuert und dann 3 Std im Extraktionsapparat mit Äther extrahiert. Den Äther dampft man ab und wäscht die Hippursäurekrystalle mit wenig Petroläther, wobei der Kolben 3 min im Wasserbad von 85° erwärmt wird. Dann nutscht man ab, löst den Niederschlag in 10 cm³ heißem Wasser und titriert mit 0,1 n Natronlauge gegen Phenolphthalein.

Berechnung:

1 cm³ 0,1 n Natronlauge = 0,0179 g Hippursäure.

ε) Nucleotide und deren Bausteine.

Nucleinsäuren finden sich nach MÖRNER[5] in sehr kleinen Mengen im Harn. Sie lassen sich abscheiden und geben nach dem Ansäuern mit Eiweißkörpern Niederschläge. Ihre

---

[1] SNAPPER, I., and A. SALTZMAN: Arch. Biochem. **24**, 1 (1949).

[2] SNAPPER, I., and A. SALTZMAN: Amer. J. Med. **2**, 327 (1947).

[3] WEICHSELBAUM, T. E., and J. G. PROBSTEIN: J. Lab. clin. Med. **24**, 636 (1939). — KRAUS, I., and S. DULKIN: J. Lab. clin. Med. **26**, 729 (1941).

[4] KANZAKI, I.: J. Biochem. **16**, 105 (1932).

[5] MÖRNER, K. A. H.: Skand. Arch. Physiol. **6**, 378 (1895).

Identität wird durch den Nachweis von Purinbasen und Phosphorsäure nach Hydrolyse durch Mineralsäuren bewiesen. STUMPF[1] hat eine colorimetrische Methode für den Nachweis und die Bestimmung der Desoxyribonucleinsäure angegeben.

Nucleotide lassen sich aus biologischen Flüssigkeiten bzw. aus den eiweißfreien Filtraten durch Uranylacetat niederschlagen. In der überstehenden Flüssigkeit lassen sich *Nucleoside*, *Purine* und *Pyrimidine* bestimmen, indem sie mit Kupfersulfat-Bisulfit gefällt werden. Die Nucleotide im Uranylacetatniederschlag werden durch Hydrolyse gespalten; anschließend kann eine Bestimmung der Purine erfolgen.

Außer durch den Stickstoffanteil können Nucleotide und Nucleoside auch auf Grund der Pentosereaktion bestimmt werden[2], wofür eine große Anzahl von Methoden vorliegt. Genaues darüber s. unter Pentosebestimmung (S. 82 und 243).

Früher ist in den Niederschlägen entweder der Nucleotide oder der Purinbasen der Stickstoff nach KJELDAHL bestimmt worden[3]. Diese Verfahren sind heute meistens zugunsten einer spezifischen Reaktion auf Purine oder Pentosen verlassen worden. Bei der Bestimmung der Gesamtpurine aus dem N-Gehalt machen den größten Fehler die durch die Kupferbisulfitfällung mitgerissenen N-haltigen Substanzen aus. Besonders leicht werden höhere Peptide mit ausgefällt; nach einer Untersuchung von EDLBACHER und JUCKER[3] gibt eine Fällung mit Wolframsäure die niedrigsten N-Werte bei möglichst vollständiger Enteiweißung. Um Purinverluste zu vermeiden, muß der Wolframsäureüberschuß möglichst klein gehalten werden.

Die Ausfällung der Purine nach KRÜGER mit Kupferbisulfit ist quantitativ, die Ausfällung nach SALKOWSKI mit ammoniakalischer Silberlösung nach KERR und BLISH[4] nicht quantitativ, obschon sie in vielen Fällen zur Abscheidung der Purine verwendet worden ist.

Von den Pyrimidinbasen läßt sich *Thymin* durch eine Diazoreaktion bestimmen[5], wozu zuletzt die Verwendung von N-(1-Naphthyl)-äthylendiamin vorgeschlagen worden ist. *Uracil* und *Cytosin* reduzieren nach Bromierung das Harnsäurereagens von NEWTON[6]. Befriedigende und einfache Verfahren bestehen aber nicht. Zusammenfassung s. SCHMIDT[7].

Eine Trennung von Purin- und Pyrimidinderivaten läßt sich mit der Papierchromatographie durchführen[8] oder durch Ionenaustausch erzielen[9]. Weitere Trennungs- und Bestimmungsmethoden s. Bd. IV.

Zur *Trennung von Uracil und Cytosin* geben SOODAK und Mitarbeiter[10] eine Vorschrift, die sich auf die Erfahrungen von WHEELER und JOHNSON[11] stützt.

Cytosin kann aus einer neutralen Lösung an Amberlit IR-100-H adsorbiert werden. Noch besser wirkt der synthetische Zeolith Decalso, welcher 4mal mit 3 %iger Essigsäure und 1mal mit 25 %iger Kaliumchloridlösung und schließlich so lange mit destilliertem Wasser gewaschen wird, bis er keinen Leerwert mehr gibt. An Reagentien braucht man weiter das Harnsäurereagens nach NEWTON, eine 2,5 %ige Lösung von Natriumcyanid in 25 %igem Harnstoff und gesättigtes Bromwasser. Zur Bestimmung füllt man die unbekannte neutrale Lösung, die $0,05—0,3\ \mu$Mole Pyrimidine enthalten soll, mit Wasser auf 2 cm³ auf, läßt nach Zusatz von 7 Tropfen Bromwasser 5 min stehen, entfernt

[1] STUMPF, P. K.: J. biol. Ch. **169**, 367 (1947).

[2] BARRENSCHEEN, H. K., u. A. PEHAM: H. **272**, 81 (1942). — BRACHET, J.: Enzymologia **10**, 87 (1941). — BERGOLD, G., u. L. PISTER: Z. Naturforsch. **3b**, 406 (1948).

[3] EDLBACHER, S., u. P. JUCKER: H. **240**, 78 (1936).

[4] KERR, S. E., and M. E. BLISH: J. biol. Ch. **98**, 193 (1932). — PEHAM, A.: Mikrochim. Acta **2**, 65 (1937).

[5] WOODHOUSE, D. L.: Biochem. J. **44**, 185 (1949).

[6] NEWTON, E. B.: J. biol. Ch. **120**, 315 (1937).

[7] SCHMIDT, G.: H. **208**, 225 (1932); **219**, 191 (1933).

[8] MAGASANIK, B., E. VISCHER, R. DONIGER, D. ELSON and E. CHARGAFF: J. biol. Ch. **186**, 37 (1950). — VISCHER, E., and E. CHARGAFF: J. biol. Ch. **176**, 703 (1948).

[9] COHN, W. E.: Science, N. Y. **109**, 377 (1949).

[10] SOODAK, M., A. PIRCIO and L. R. CERECEDO: J. biol. Ch. **181**, 713 (1949).

[11] WHEELER, H. L., and T. B. JOHNSON: J. biol. Ch. **3**, 183 (1907).

dann das überschüssige Brom durch einen Luftstrom, spült den Hals des Kolbens mit 3 cm³ Wasser ab und setzt 5 cm³ Natriumcyanidlösung sowie 1,5 cm³ NEWTONs Reagens zu. Die Gläser bleiben 1 Std stehen, werden dann auf 25 cm³ aufgefüllt und bei 660 bis 690 mμ gemessen. Wird die Lösung zuerst über Decalso filtriert, wie oben angegeben, so wird im Filtrat nur das Uracil bestimmt.

Gibt eine bestimmte Menge Uracil die Farbtiefe 0,99, so gibt die äquivalente Menge Cytosin die Farbtiefe 0,41. Thymin und Methylcytosin geben keine Farbe. Barbitursäure und Alloxan stören nicht. Die Methode ist auch anwendbar auf Hydrolysate von Nucleinsäuren, wenn die Purine mit Palladium(III)-chlorid nach GULLAND und MACRAE ausgefällt werden[1]. Die Ausbeuten betragen fast 100%.

Mikrobestimmung der Purine nach RAEKALLIO[2].

Reagentien:

1. Natriumacetat, krystallisiert.
2. Eisessig.
3. Kupfersulfat, 5%ig.
4. Natriumhydrogensulfit, 40%ig.
5. Waschflüssigkeit, enthaltend 5 cm³ Eisessig, 4 cm³ 5%iges Kupfersulfat und 5 g Natriumsulfat in 100 cm³.
6. Die Reagentien für eine Stickstoffbestimmung nach KJELDAHL (s. S. 33).

Ausführung:

Das Eiweiß des Harnes wird zuerst durch Aufkochen nach Zusatz von Essigsäure entfernt und der Harn je nach Puringehalt verdünnt. Etwaige Sedimente werden mit einem Minimum an Lauge zum Verschwinden gebracht. In einen birnenförmigen Kolben gibt man 2 cm³ des filtrierten und entsprechend verdünnten Harnes, 0,5 cm³ Eisessig sowie etwa 0,2 g Natriumacetat. Nachdem zum Sieden erhitzt ist, wird mit 0,25 cm³ Bisulfit und 0,25 cm³ Kupfersulfat versetzt. Man hält 2 min im Sieden und überführt die heiße Mischung in ein spitz zulaufendes Zentrifugenglas von etwa 15 cm³ Inhalt. Während das Glas zentrifugiert wird, bringt man etwa 20 cm³ Waschflüssigkeit zum Sieden, saugt die überstehende Flüssigkeit aus dem Zentrifugenglas ab, gibt zu dem Niederschlag 0,25 cm³ Bisulfit und 1 cm³ kochende Waschflüssigkeit und rührt mit einem spitzen Glasrohr um, indem man gleichzeitig Luft durchbläst. Nun spült man den Kolben, in welchem die Fällung erzeugt worden war, mit 9 cm³ Waschflüssigkeit aus, spült sie in das Zentrifugenglas, spült auch das Glasrohr aus und zentrifugiert wieder. Die Flüssigkeit wird abgesaugt, das Auswaschen wiederholt und im Niederschlag der Stickstoff nach KJELDAHL bestimmt.

Bestimmung von Xanthin und Guanin nach WILLIAMS[3].

Reagentien:

1. 1 g Kupfersulfat und 5 cm³ konzentriertes Ammoniak werden in Wasser gelöst und auf 100 cm³ aufgefüllt.
2. Glucoselösung, 10%ig.
3. 5 n HCl.
4. Trikaliumhexacyanoferrat-Lösung, 1%ig.
5. Natriumcarbonatlösung, gesättigt.
6. Phenolreagens nach FOLIN (s. S. 418).
7. Xanthinstandardlösung (p_H 7,0), 40 mg-%ig.

Ausführung:

Man gibt 5 cm³ Harn in ein etwa 15 cm³ fassendes Zentrifugenglas mit einer Marke bei 5 cm³, fügt 4 cm³ Kupferreagens und 1 cm³ Glucoselösung zu, erhitzt 10 min im kochenden Wasserbad und kühlt ab. Der Niederschlag wird abzentrifugiert, 2mal mit Wasser gewaschen, dann in 1 cm³ Salzsäure gelöst und mit Wasser auf 5 cm³ aufgefüllt. Man versetzt nun mit 0,5 cm³ Trikaliumhexacyanoferrat, um die letzten Kupferspuren zu entfernen, zentrifugiert den Niederschlag ab und pipettiert 2 cm³ des Zentrifugates in ein 2. Glas, welchem 1 cm³ Phenolreagens und 5 cm³ Natriumcarbonatlösung zugesetzt werden. Die blaue Lösung wird mit Wasser auf 20 cm³ aufgefüllt und bei 660 mμ colorimetriert.

[1] GULLAND, J. M., and T. F. MACRAE: Soc. **1932**, 2231.
[2] RAEKALLIO, T.: Skand. Arch. Physiol. **81**, 1 (1939).
[3] WILLIAMS, J. N. jr.: J. biol. Ch. **184**, 627 (1950).

Bestimmung von freiem Adenin nach WOODHOUSE[1].

Reagentien:

1. Zinkstaub.
2. n H_2SO_4.
3. $NaNO_2$, 0,1 %ig.
4. Ammoniumsulfamatlösung, 0,1 %ig.
5. Reagens nach BRATTON und MARSHALL: 0,1 %ige Lösung von N-(1-Naphthyl)-äthylendiamin-dihydrochlorid in Wasser; 1 Woche in dunkler Flasche im Eisschrank haltbar.

Ausführung:

Zu 0,1 g Zinkstaub gibt man 20—30 cm³ der adeninhaltigen Lösung (5—40 γ/cm³), welche in n Schwefelsäure gelöst war. Man setzt in ein Wasserbad von 90° unter gelegentlichem Umrühren, filtriert über einen kleinen Pfropf von Baumwolle, gibt dann einen aliquoten Anteil, z. B. 2 cm³, in einen kleinen Mischzylinder, fügt 1 cm³ Natriumnitrit und nach 10 min 1 cm³ Ammoniumsulfamatlösung zu. Nachdem wieder 2 min gewartet wurde, setzt man 1 cm³ BRATTON-MARSHALL-Reagens zu, füllt auf 10 cm³ auf und colorimetriert mit ILFORD-Filter H 603. Das BEERsche Gesetz gilt. Die Reagentien geben keinen meßbaren Leerwert.

In Nucleotiden, Nucleinsäuren usw. kann das Adenin bestimmt werden, wenn die Probe in 4 n Schwefelsäure unter Zusatz von Wasser 1 Std erhitzt wird. Das Hydrolysat wird mit Wasser verdünnt, mit Zinkstaub reduziert und wie oben behandelt.

Harnsäure. Die Harnsäure ist ein normaler Bestandteil des Blutes und wird regelmäßig im Harn ausgeschieden. Die Menge ist abhängig von der Nahrung und am niedrigsten bei sog. purinfreier Kost. Die durchschnittliche Ausscheidung beträgt je Tag beim Menschen 0,7 g. Über Normalwerte s. [2] und S. 60. Über die Clearance der Harnsäure s. [3].

Die alten Verfahren zur Bestimmung der Harnsäure im Harn versuchten eine quantitative Abscheidung und gravimetrische Bestimmung[4]. Diese Verfahren sind als überholt zu bezeichnen. Auch die Fällung als Ammoniumsalz und Oxydation mit Permanganat oder die Fällung als Zinksalz und anschließende Oxydation[5] beanspruchen nur noch historisches Interesse. Das erste colorimetrische Verfahren stammt von FOLIN und WU[6], die die Reduktionskraft des als Silbersalz abgeschiedenen Urat auf Phosphorwolframsäure benutzten. Nach BENEDICT und FRANKE ist die Verwendung von Arsenphosphorwolframsäure spezifischer[7]. Eine völlig befriedigende Lösung der Harnsäurebestimmung ist bis jetzt noch nicht gefunden worden, obwohl das Verfahren von FOLIN und WU später dadurch wesentlich verbessert worden ist, daß FOLIN die Verwendung von ganz reiner Wolframsäure empfohlen hat[8].

Bestimmung der Harnsäure nach FOLIN[8].

Reagentien:

1. Kochsalz-Acetatlösung: 1% NaCl, 2% Natriumacetat krystallisiert und 1% Eisessig in Wasser.

---

[1] WOODHOUSE, D. L.: Arch. Biochem. **25**, 347 (1949).

[2] BROCHNER-MORTENSEN, KN.: Medicine, Baltimore **19**, 161 (1940). — WOLFSON, W. Q., H. D. HUNT, R. LEVINE, H. S. GUTERMAN, C. COHN, E. F. ROSENBERG, B. HUDDLESTUN and K. KADOTA: J. clin. Endocrinol. **9**, 749 (1949).

[3] WOLFSON, W. Q., and R. LEVINE: Fed. Proc. **7**, 1 (1948).

[4] SALKOWSKI, E., u. W. LEUBE: Lehre vom Harn. S. 96. Berlin 1882. — SALKOWSKI, E.: Praktikum der physiologischen und pathologischen Chemie. 4. Aufl. S. 261. Berlin 1912. — SALKOWSKI, E., u. C. LUDWIG: Med. Jb. **1884**, 597. — FOLIN, O., and P. A. SHAFFER: H. **24**, 224 (1898); **32**, 552 (1901).

[5] HOPKINS, F. G.: Proc. R. Soc. London **52**, 93 (1892). — WÖRNER, E.: H. **29**, 70 (1900). — MORRIS, J. L.: J. biol. Ch. **37**, 231 (1919).

[6] FOLIN, O., and H. WU: J. biol. Ch. **38**, 459 (1919).

[7] JACKSON jr., H., and W. W. PALMER: J. biol. Ch. **50**, 89 (1922).

[8] FOLIN, O.: J. biol. Ch. **101**, 111 (1933).

2. Silbernitratlösung, 5%ig. Man kocht die Lösung 2 Std in einem lose bedeckten Becherglas, setzt nach dem Erkalten etwa 50 mg NaCl, in wenig Wasser gelöst, zu, schüttelt um und filtriert so lange, bis die Lösung ganz klar geworden ist.

3. Harnstoff-Cyanidlösung (s. S. 63).

4. Harnsäurereagens (s. S. 62).

Ausführung:

a) **Direkte Bestimmung:** Man füllt einen 100 cm³-Meßkolben zur Hälfte mit Wasser, gibt 1 cm³ Urin zu und füllt bis zur Marke auf. 5 cm³ dieser Verdünnung werden mit 10 cm³ Harnstoff-Cyanidlösung und 4 cm³ Harnsäurereagens vermischt und weiter behandelt wie auf S. 63 beschrieben.

b) **Bestimmung nach Fällung der Harnsäure:** Man gibt in einen 100 cm³-Meßkolben etwa 50 cm³ Wasser, 1 cm³ Urin und 10 cm³ Lösung *1* und füllt nun mit Wasser auf 100 cm³ auf. 5 cm³ dieser Verdünnung werden in einem Zentrifugenglas mit 3 cm³ Silbernitrat versetzt; der Niederschlag wird abzentrifugiert. Kleine, auf der Oberfläche schwimmende AgCl-Partikelchen bleiben unberücksichtigt, da sie keine Harnsäure enthalten.

Den abgetrennten Niederschlag löst man in 10 cm³ Harnstoff-Cyanidlösung, spült in einen 25 cm³-Meßkolben, versetzt mit 4 cm³ Harnsäurereagens und verfährt weiter nach S. 63.

ζ) Blut, Blutfarbstoff und Derivate.

Man muß zwischen *Hämaturie* und *Hämoglobinurie* unterscheiden. Bei der Hämaturie sind nicht nur Hämoglobin, sondern auch rote Blutkörperchen nachweisbar, die allerdings wegen der veränderten osmotischen Bedingungen meist ihre Gestalt verändert haben. Bei der Hämoglobinurie ist der Farbstoff frei vorhanden. Der Nachweis von Hämoglobin wird mit der Benzidinreaktion oder dem Guajac-Test durchgeführt oder einem anderen Verfahren, welches auf der Anwesenheit von Peroxydase beruht (s. S. 146). Bei größeren Mengen sind spektroskopisch die typischen Absorptionsbanden von Oxyhämoglobin zu sehen, stellenweise auch die von Methämoglobin, welches sich in saurem Harn spontan bildet. Der Harn hat dann eine braune Farbe, die von dem Pigmentgehalt abhängig ist. Die HELLERsche Probe mit Kaliumhydroxyd ist meist nur bei höherem Hämoglobingehalt positiv. Auf störende Substanzen, die aus Medikamenten stammen können, ist zu achten. Bei Verletzungen des Muskels kann auch *Myoglobin* in den Harn übertreten. Durch die Lage seiner Absorptionsbanden kann es vom Hämoglobin unterschieden werden.

Eine *Hämoglobinbestimmung* im Harn ist meistens nicht notwendig, kann aber nach den Vorschriften für das Serum durchgeführt werden (s. S. 152). Eine spezielle Vorschrift zur Bestimmung als Pyridineisen(II)-hämochromogen stammt von FLINK und WATSON[1]. Ein sehr empfindlicher Nachweis stammt von ZWARENSTEIN[2], der sich auf ältere Arbeiten stützt. Er verwendet festes Toluidinhydrochlorid mit Wasserstoffperoxyd. In Gegenwart von Blut entstehen grünlich-blaue Pünktchen. Jodide und Bromide dürfen nicht vorhanden sein.

Die gleichzeitige spektrophotometrische Bestimmung von Myoglobin und Hämoglobin im Harn läßt sich nach ROSSI-FANELLI[3] auf Grund der Tatsache durchführen, daß Oxyhämoglobin in 0,05 n NaOH im Verlauf einiger Stunden völlig zerstört wird, während Oxymyoglobin praktisch unverändert bleibt. Erheblich größere Stabilitätsunterschiede zeigen sich bei Metmyoglobin und Methämoglobin; während das erstgenannte seine Absorption bei p_H 9—13 sehr lange nicht verändert, verschwinden die Banden des Hämoglobinderivates sehr rasch. Wenn man ein Gemisch der beiden Met-Derivate auf 1—2° abkühlt und mit Natriumcarbonat auf p_H 9,8 alkalisiert, so kann man unmittelbar anschließend die Extinktion beider Derivate messen. Durch Zugabe von NaOH

[1] FLINK, E. B., and C. J. WATSON: J. biol. Ch. **146**, 171 (1942).

[2] ZWARENSTEIN, H.: J. clin. Path. **2**, 145 (1949).

[3] ROSSI-FANELLI, A.: Bull. Soc. Chim. biol. **31**, 457 (1949).

wird darauf bis auf p_H 12 alkalisiert und nach 10 min bei 0° die Extinktion von neuem gemessen, die dann nur noch dem Metmyoglobin entspricht. Messung bei 580 mμ.

Bestimmung von Hämoglobin und Hämpigmenten nach FLINK und WATSON[1].

Reagentien:

1. Natriumdithionitlösung, 2%ig.
2. Pyridin.
3. NH_4OH, 10%ig.
4. Eisessig.
5. HCl, 5%ig.
6. Alkohol.
7. Äther.

Ausführung:

10—100 cm³ Urin werden mit 5 cm³ HCl angesäuert und 4mal mit je 20—30 cm³ einer Alkohol-Äthermischung 1:1 extrahiert. Die Extrakte werden mit Wasser gewaschen, die ätherische Lösung wird mit 7,5 cm³ Ammoniak, 0,5 cm³ Pyridin und 2 cm³ Dithionitlösung gemischt. Die maximale Farbe entwickelt sich nach 5 min und wird mit Filter S 55 gemessen. Die Berechnung erfolgt nach einer Eichkurve.

Porphyrine[2-4]. Unsere Kenntnisse über den Porphyringehalt des Harnes sind in letzter Zeit wesentlich erweitert worden, so daß die ältere Literatur zum größten Teil überholt ist. Während man früher nur das Vorkommen von *Koproporphyrin* und *Uroporphyrin* in den Isomeren I und III kannte, weiß man heute, daß ein erheblicher Teil der Porphyrine als *Chromogene* ausgeschieden wird, und daß weiter auch Porphyrine mit 2, 3, 5, 6 und 7 Carboxylgruppen im Harn vorkommen[5]. Eine Trennung dieser zahlreichen Homologen ist durch Chromatographie erreicht worden. Ein bindendes Verhältnis der Mengen von Isomeren I und III läßt sich nicht angeben. Offenbar überwiegt bei der kongenitalen Porphyrie im allgemeinen die Form I und bei der akuten Porphyrie die Form III[6]. Daneben gibt es noch eine ganze Reihe von anderen Erkrankungen, bei denen beide Isomere in wechselnden Mengen ausgeschieden werden, die aus der Tabelle 43 ersichtlich ist.

Wie aus den Untersuchungen von WATSON und Mitarbeitern[7] hervorgeht, macht die chromogene Vorstufe der Porphyrine einen erheblichen Anteil der Gesamtporphyrinausscheidung aus. Das Chromogen wurde von WALDENSTRÖM und VAHLQVIST[8] *Porphobilinogen* genannt; von WATSON und Mitarbeitern[7] ist gezeigt worden, daß dieses Chromogen mit der Leukoverbindung identisch ist, welche aus Koproporphyrin durch Reduktion mit Natriumamalgam entsteht. Im Harn kommt aber nicht nur ein Chromogen von Koproporphyrin, sondern auch ein Chromogen von Uroporphyrin vor. Chromogene wurden zuerst von SAILLET[9] im Jahre 1892 als *Urospectrin* erwähnt und von FISCHER bei der Untersuchung des berühmten Falles Petrie bestätigt. Es läßt sich durch Oxydation leicht in Porphyrin überführen. Quantitativ verläuft diese Oxydation durch sehr verdünnte Jodlösungen, aber auch durch Stehen an der Luft. Besonders bei saurer Reaktion oder durch UV-Bestrahlung findet eine Umwandlung in Porphyrin statt. Im allgemeinen macht das Chromogen 46% der gesamten Porphyrine aus. Seine chemischen Eigenschaften sind noch nicht völlig geklärt. Nach LEMBERG und LEGGE[10] besitzt es nur

[1] FLINK, E. B., and C. J. WATSON: J. biol. Ch. **146**, 171 (1942).

[2] CARRIÉ, C: Die Porphyrine. Leipzig 1936.

[3] VANNOTTI, A.: Porphyrine und Porphyrinkrankheiten. Berlin 1937.

[4] LEMBERG, R., and J. W. LEGGE: Hematin Compounds and Bile Pigments. New York 1949.

[5] NICHOLAS, R. E. H., and C. RIMINGTON: Biochem. J. **48**, 306 (1951). — McSWINEY, R. R., R. E. H. NICHOLAS and F. T. G. PRUNTY: Biochem. J. **46**, 147 (1950). — ERIKSEN, L.: Scand. J. clin. Lab. Invest. **3**, 121 (1951).

[6] LEMBERG, R., and J. W. LEGGE: Hematin Compounds and Bile Pigments. S. 590. New York 1949. — WATSON, C. J., PH. D. D. SUTHERLAND and V. HAWKINSON: J. Lab. clin. Med. **37**, 8 (1951).— SUTHERLAND, D. A., and C. J. WATSON: J. Lab. clin. Med. **37**, 29 (1951).

[7] WATSON, C. J., R. PIMENTA DE MELLO, S. SCHWARTZ, V. E. HAWKINSON and I. BOSSENMAIER: J. Lab. clin. Med. **37**, 831 (1951). — RAINE, D. N.: Biochem. J. **47**, XIV (1950).

[8] WALDENSTRÖM, J., u. B. VAHLQUIST: H. **260**, 189 (1939).

[9] SAILLET: Rev. Méd. **16**, 542 (1896). — MEEK, S. F., T. MOONEY and G. C. HARROLD: Industr. Med. **17**, 469 (1948).

[10] LEMBERG, R., and J. W. LEGGE: Hematin Compounds and Bile Pigments. S. 151. New York 1949.

Tabelle 43. *Ausscheidung von Koproporphyrin und Uroporphyrin bei Krankheiten.*

Krankheit	Koproporphyrin		Uroporphyrin	
	ausgeschieden in	Isomerietyp	ausgeschieden in	Isomerietyp
Hämolytische Anämie	Harn und Stuhl	I		
Perniziöse Anämie	Harn	I und III	Harn	?
	Stuhl	I		
Aplastische Anämie	Harn	I und III		
Verschiedene fieberhafte Erkrankungen	Harn	I		
Kongenitale chronische Porphyrie.	Harn und Stuhl	I und III	Harn	I und III
Akute Porphyrie.	Harn und Stuhl	III und I	Harn	III
Lebererkrankungen	Harn	I (III)		
Vergiftungen { Nitroverbindungen . . .	Harn	III		
Sulfonamide	Harn und Stuhl	III und (I)		
Quecksilber und Blei. . .	Harn	III		
Sulfonal	Harn	?	Harn	I und III
Alkoholische Lebercirrhose . . .			Harn	?

2 Pyrrolkerne und wird bei alkalischer Reaktion in ein Chromogen mit 4 Pyrrolringen verwandelt, welches zwar noch die EHRLICHSche Reaktion gibt, aber nur eine Absorptionsbande zeigt. Diese Verbindung ist wahrscheinlich identisch mit der Leukoverbindung von Porphobilin. Bei der Kondensation von Porphobilinogen mit EHRLICHs Reagens entsteht ein rotes Pigment, das chloroformunlöslich ist und 2 Absorptionsbanden zeigt, während mit Mesobilan ein chloroformlösliches rotes Pigment mit einer Absorptionsbande entsteht. Die Chromogene können durch organische Lösungsmittel aus Harn nicht extrahiert werden. Das Porphobilinogen ist keine einheitliche Substanz, sondern läßt sich in einem chloroformlöslichen und chloroformunlöslichen Anteil trennen. Beide geben aber eine positive EHRLICH-Reaktion mit einem Absorptionsstreifen bei 480 bis 500 mμ. Beim Erhitzen auf 100° bei saurer Reaktion (p$_H$ 5,2) entsteht nicht nur Porphyrin, sondern ein zweites rotes Pigment, das Porphobilin genannt wird[1].

Die Bestimmung von Porphobilinogen kann mit Hilfe von EHRLICHs Reagens nach WATSON und SCHWARZ erfolgen[2]. Diese Reaktion ist aber nicht spezifisch, da sie in gleicher Weise von Urobilinogen gegeben wird. Durch Adsorption an Aluminiumoxyd läßt sich das Porphobilinogen anreichern und mit 1%igem Ammoniak eluieren. Aus dem Eluat wird das Urobilinogen bei essigsaurer Reaktion extrahiert. Bei der unmittelbaren Bestimmung im Harn stört der Harnstoff, der die Farbreaktion mit EHRLICHs Reagens hemmt[3]. Die mit ungereinigten Porphobilinogenlösungen aufgestellten Eichkurven gehorchen nicht dem BEERschen Gesetz und müssen, um diese Störung auszugleichen, mit +10% korrigiert werden. Von VAHLQVIST ist vorgeschlagen worden, stark urobilinogenhaltige Harne mit Jod zu oxydieren und das entstandene Urobilin bei schwachsaurer Reaktion mit Äther zu extrahieren. Danach versetzt man den auf etwa das 60fache verdünnten Harn mit 4 cm³ Aldehydreagens und mißt die Extinktion im Stufenphotometer mit Filter S 55. Nach den neuesten Untersuchungen scheint dieses Vorgehen aber nicht mehr anwendbar, da auch Porphobilinogen durch Jod oxydiert werden kann. Es ist richtiger, sich nach der Vorschrift von WATSON und Mitarbeitern[4], die weiter unten mitgeteilt wird, zu richten. Im allgemeinen macht das Chromogen fast 50% der gesamten Porphyrine aus. Es bleibt nur unverändert erhalten, wenn der Harn schwach alkalisch gehalten wird. Außer dem Chromogen, welches eine starke EHRLICHsche Reaktion gibt, ist noch ein zweites Chromogen entdeckt worden, welches keine EHRLICHsche Reaktion gibt und aus dem Harn wenigstens teilweise durch Äthylacetat

---

[1] GRIEG, A., R. ASKEVOLD and S. L. SVEINSSON: Scand. J. clin. Lab. Invest. 2, 1 (1950).
[2] WATSON, C. J., and S. SCHWARTZ: Proc. Soc. exp. Biol. Med. 47, 393 (1941).
[3] VAHLQUIST, B.: H. **259**, 213 (1939).
[4] WATSON, C. J., R. PIMENTA DE MELLO, S. SCHWARTZ, V. E. HAWKINSON and I. BOSSENMAIER: J. Lab. clin. Med. **37**, 831 (1951).

extrahiert werden kann. Es ist wahrscheinlich die Vorstufe zu Uroporphyrin[1]. Eine Extraktion des Harnes läßt sich nach dem beifolgenden Schema durchführen:

100 cm³ Harn (EHRLICHs Porphobilinogenreaktion
positiv) + 5 cm³ Acetatpuffer

↓

Äthylacetat
1,5 n HCl erschöpfend ← (bis EHRLICH-Reaktion negativ)

↓ ↘

9,1 γ Koproporphyrin (ätherlöslich), 32,2 γ Uroporphyrin-Typ (ätherunlöslich)

UV-Bestrahlung 2 min. 4,4 γ Koproporphyrin (ätherlöslich), 5,0 γ Uroporphyrin-Typ (ätherunlöslich)

Waschen mit 10 cm³ Jod, 0,02 %-ig, 5,9 γ Koproporphyrin (ätherlöslich), 6,6 γ Uroporphyrin-Typ (ätherunlöslich)

Die *Porphyrinausscheidung* im Harn beträgt nach Messungen mit den alten Methoden, d. h. ohne Berücksichtigung der Chromogene, beim normalen Menschen in 90% der Fälle nicht mehr als 60 γ und überschreitet nie 100 γ in 24 Std. Bei Untersuchung eines Patienten an 8 verschiedenen Tagen wurden Schwankungen von 25—52 γ gefunden[2]. MASON und NESBITT[3] finden 5,6—85 γ beim normalen Menschen, bei Anämien bis 660 γ, beim Ikterus bis 1245 γ, bei einer idiosynkratischen Bilirubinämie 264 γ und bei einer Porphyrie 230 γ. Bei Carcinomen des Rectums und des Magens betrug die Ausscheidung nur 24—29 γ. Bei einer akuten Porphyrie mit ungewöhnlichen Erscheinungen von Neuritis und Tachykardie mit tödlichem Ausgang fand GROSSFELD[4] am Todestage 285 mg Uroporphyrin je Liter. Es ist wichtig, immer den Gesamttagesharn oder eine Mischprobe zu untersuchen, da im Frühharn die Konzentration 16mal höher sein kann als im nachfolgenden Tagesharn[5].

Unter Berücksichtigung der Chromogene wird im frischen Urin eine Gesamttagesausscheidung an Koproporphyrin von 3,4—104,4 γ gefunden. Bleibt der Harn 24 Std stehen, so ist der Chromogengehalt nur noch geringfügig. Von anderen Autoren werden mit der neuesten Literatur ähnliche Zahlen mitgeteilt, s. hierüber[6].

Nachweis der Porphyrine. Er gelingt mit Hilfe der Fluorescenz im ultravioletten Licht. Für den qualitativen Nachweis ist das p_H der Lösung nicht sehr wesentlich, wohl aber, wenn die Fluorescenz quantitativ gemessen werden soll, da jedes Porphyrin ein Optimum der Fluorescenz bei einem bestimmten p_H besitzt[7].

Die in der älteren Literatur am weitesten verbreitete Nachweismethode ist die von FISCHER[8], nach welcher das Porphyrin aus essigsaurem Harn mit Äther extrahiert wird und, nachdem dieser gründlich mit Wasser gewaschen wurde, mit 5%iger Salzsäure reextrahiert wird. Das ätherlösliche Porphyrin geht in die Salzsäure über und kann dort fluorometrisch bestimmt werden. Bei dieser Art von Aufarbeitung entsteht immer ein Verlust, weil etwas Porphyrin entsprechend dem Essigsäuregehalt des Äthers vom Wasser aufgenommen wird. Dieser Fehler kann bis zu 50% betragen, wenn die Äthermenge sehr klein ist. Wenn man zur Extraktion von 100 cm³ Harn immer 300 cm³ Äther verwendet, betragen die Verluste im Mittel 5,7% und schwanken zwischen 3,8 und 11,7%[2]. 75% der Gesamtverluste treten bereits in den ersten Waschungen auf. Es ist deshalb vorgeschlagen worden, zwecks Abstumpfung der Essigsäure mit Natriumacetatlösung zu waschen[9].

[1] WATSON, C. J., R. PIMENTA DE MELLO, S. SCHWARTZ, V. E. HAWKINSON and I. BOSSENMAIER: J. Lab. clin. Med. 37, 831 (1951).

[2] TROPP, C., u. A. HOFMANNN: B. Z. 292, 74 (1937).

[3] MASON, H. L., and S. NESBITT: J. biol. Ch. 152, 19 (1944).

[4] GROSSFELD, E.: Brit. med. J. 1951 I, 1240.

[5] KÖLBL, J.: Klin. Med., Wien 4, 763 (1949).

[6] ERIKSEN, L.: Scand. J. clin. Lab. Invest. 3, 135 (1951). — SVEINSSON, S. L., C. RIMINGTON and H. D. BARNES: Scand. J. clin. Lab. Invest. 1, 2 (1949).

[7] FINK, H., u. W. HOERBURGER: H. 218, 181; 220, 123 (1933); 225, 49 (1934); 232, 28 (1935).

[8] FISCHER, H.: H. 95, 34 (1915).

[9] SCHWARTZ, S., V. E. HAWKINSON, S. COHEN and C. J. WATSON: J. biol. Ch. 168, 133 (1947).

Weitere *Porphyrinverluste* entstehen, wenn der Harn längere Zeit aufbewahrt wird, besonders bei Belichtung. In einem Tage können so bis 46% der Porphyrine verschwinden, während bei 3° und im Dunkeln der Verlust nur 8,4% beträgt. Diese Angaben stehen im Widerspruch zu den neueren Untersuchungen über die Umwandlung von Porphobilinogen in Porphyrin. Durch Bildung eines Harnsedimentes, welches zum großen Teil aus Calciumphosphat besteht, treten ebenfalls Porphyrinverluste durch Adsorption ein. Durch Anreicherung an einen Calciumphosphatniederschlag hat GARROD[1] bereits eine Porphyrinanalyse im Jahre 1895 durchgeführt. Eine genaue Untersuchung der *Adsorptionsbedingungen* ist später von SVEINSSON und Mitarbeitern[2] und von ERIKSON[3] durchgeführt worden. Die Adsorption ist nur quantitativ, wenn alle Phosphationen durch Calcium gefällt werden. Man muß daher dem Harn Calciumchlorid zusetzen. Die Elution der Porphyrine kann mit 0,5 m NaH_2PO_4-Lösung erfolgen.

Eine Adsorption an Aluminiumoxyd führt WALDENSTRÖM[4] durch. Auch Talkum kann verwendet werden. Auf einer Säule von 5—10 cm setzen sich die Harnpigmente in typischen Schichten ab. Die Säule kann ohne Verlust von Porphyrin mit 1%iger Essigsäure gewaschen werden, während mit 20%iger Säure die Porphyrine eluiert werden. Wird das ätherlösliche Koproporphyrin vor der Adsorption durch Extraktion entfernt, so kann mit einer dieser Methoden das Uroporphyrin allein bestimmt werden. Eine ähnliche Vorschrift geben BRUGSCH[5] und BODE[6].

Die *Papierchromatographie* zur Trennung der Porphyrine ist von RIMINGTON und Mitarbeitern angewendet worden[7]. Bei einer zweidimensionalen Chromatographie mit Lutidin : NH_3/H_2O erhalten sie eine lineare Beziehung zwischen den R_f-Werten und der Zahl der Carboxylgruppen. Den größten R_f-Wert zeigen die Ester, den kleinsten das Uroporphyrin. Die Autoren haben mit ihrer Methode eine Reihe von bisher unbekannten Porphyrinen entdeckt und einen vollständigen Analysengang zur Untersuchung von pathologischen Urinproben angegeben. In der Arbeit von NICHOLAS und RIMINGTON werden auch die R_f-Werte für andere Systeme mitgeteilt.

Ein weiteres Charakteristicum für ätherlösliche Porphyrine ist die *Salzsäurezahl*. Sie gibt die Konzentration der HCl in Prozenten an, aus welcher durch das gleiche Volumen Äther $^2/_3$ der Porphyrine extrahiert werden[8]. Sie ist für die freien Porphyrine und die Methylester in der folgenden Tabelle zusammengestellt.

Weniger häufig ist die *Verteilungszahl* gebraucht worden, welche den prozentualen Anteil von Porphyrin angibt, welcher durch 100 cm³ Salzsäure von bestimmter Konzentration aus 1 Liter Ätherlösung mit 3 mg Porphyrin extrahiert wird[9].

Tabelle 44. *HCl-Zahl verschiedener Porphyrine*[10].

Porphyrin	Freies Porphyrin	Methylester	Porphyrin	Freies Porphyrin	Methylester
Porphin	1,7 (FISCHER) 3,3 (ROTHEMUND)		Deuteroporphyrin. . .	0,3—0,4	2,0
			Hämatoporphyrin . .	0,1	
Isoporphin	0,5		Koproporphyrin . . .	0,08	1,5
Protoporphyrin . . .	2—3	5,5	Uroporphyrin	—	etwa 7,0
Mesoporphyrin . . .	0,5	2,5			

[1] GARROD, A. E.: J. Physiol., London **13**, 598 (1892); **15**, 108 (1894); **17**, 349 (1895).

[2] SVEINSSON, S. L., C. RIMINGTON and H. D. BARNES: Scand. J. clin. Lab. Invest. 1, 2 (1949).

[3] ERIKSEN, L.: Scand. J. clin. Lab. Invest. 3, 121 (1951).

[4] WALDENSTRÖM, J.: Dtsch. Arch. klin. Med. **178**, 38 (1936).

[5] BRUGSCH, J.: Z. ges. inn. Med. 4, 253 (1949).

[6] BODE, O.: Ärztl. Forsch. 1950, 617.

[7] NICHOLAS, R. E. H., and C. RIMINGTON: Scand. J. clin. Lab. Invest. 1, 12 (1949). — McSWINEY, R. R., R. E. H. NICHOLAS and F. T. G. PRUNTY: Biochem. J. **46**, 147 (1950). — NICHOLAS R. E. H., and C. RIMINGTON: Biochem. J. **48**, 306 (1951).

[8] WILLSTÄTTER, R., u. M. MIEG: A. **400**, 146 (1913).

[9] KEYS, A., and J. BRUGSCH: Am. Soc. **60**, 2135 (1938).

[10] LEMBERG, R., and J. W. LEGGE: Hematin Compounds and Bile Pigments. S. 69. New York 1949.

Die p_H-*Zahl* entspricht der Salzsäurezahl, sie ist definiert als der p_H einer Pufferlösung, bei welchem die halbe Menge eines Porphyrins aus dem gleichen Volumen einer Ätherlösung extrahiert wird[1]. Die p_H-Zahl ist bis jetzt wenig gebraucht worden, vgl. aber[2].

Ist der Porphyringehalt des Harnes sehr hoch, so verrät sich dies schon an der intensiv roten Farbe des Harnes; aber auch durch die Farbe nicht auffällige Harne können wesentlich vermehrte Porphyrinmengen enthalten.

Zur Bestimmung der Porphyrine ist die Fluorescenzmethode die empfindlichste. Ein praktischer Apparat ist von VANNOTTI und NEUHAUS[3] angegeben worden. Er besteht aus einer Quarzlampe, deren Licht durch ein Quarzlinsensystem unter einem rechten Winkel auf die Cuvette eines Stufenphotometers fällt. Das im rechten Winkel abgebeugte Fluorescenzlicht kann dann unmittelbar gemessen werden. Mit dieser Methode können noch Mengen bis herunter zu 1 γ bestimmt werden. Es ist aber dabei zu berücksichtigen, worauf oben schon hingewiesen wurde, daß die Fluorescenz von dem p_H der Lösung abhängt. Das BEERsche Gesetz ist erfüllt; für eine Konzentration von 0,0812 g-% ist die Extinktion 0,893. Neben farbigen Verunreinigungen spielt bei derartigen Messungen das Lösungsmittel eine Rolle, da sich die Absorptionsbanden je nach Art des Lösungsmittels verschieben.

SCHWARTZ, ZIEVE und WATSON[4] verwenden ein spezielles Fluorometer, dessen Konstruktion und Wirkungsweise im Original eingesehen werden müssen. Sie machen genaue Angaben über die Lichtintensität und die Schaltung des Instrumentes.

Die spektrophotometrischen und spektrocolorimetrischen Methoden sind von SCHUMM[5] erstmals angewandt worden. Sie können hier nicht im einzelnen wiedergegeben werden. Die spektrocolorimetrische Methode von SCHREUS und CARRIÉ bedient sich der Kombination eines Spektroskopes mit einem AUTENRIETHschen Keilcolorimeter. Der Colorimeterkeil ist mit einer geeichten Porphyrinlösung gefüllt, der Trog des Apparates mit der unbekannten Lösung. Unter Vergleich der Absorptionsstreifen mit einem Spektroskop kann der Meßkeil so eingestellt werden, daß die Intensität der Streifen gleich ist; aus der Stellung des Meßkeiles wird der Porphyringehalt der unbekannten Lösung berechnet. Die Erfassungsgrenze dieser Methode liegt bei 5 γ in 2,5 cm³ HCl. Die Haltbarkeit der Vergleichskeile ist gut, wenn sie vor Licht geschützt aufbewahrt werden. Das BECKMAN-Spektrophotometer DU verwenden RIMINGTON und SVEINSSON[6]. Zur eigentlichen Messung wird die Wellenlänge 405 mμ verwendet; um aber die Eigenabsorption der Lösungen auszuschalten, wird gleichzeitig bei 430 und 380 mμ die Extinktion bestimmt und die dem Porphyrin allein zukommende Extinktion nach folgender Gleichung berechnet:

$$P_{405} = \frac{2\,D\,405 - (D\,430 + D\,380)}{1,844}.$$

Die Ableitung der Formel muß im Original eingesehen werden. Die spezifische Extinktion $E_{1\,cm}^{1\%}$ wird für Uroporphyrin mit 5000 angegeben. Sie wurde von GRINSTEIN und WINTROBE[7] zu 4890 berechnet.

Schließlich ist von MERTENS[8] ein einfaches Verfahren zur getrennten Bestimmung der Porphyrine angegeben worden. Sie adsorbiert die Gesamtporphyrine an Calciumphosphat, welches aus Calciumacetat und Phosphatpuffer erzeugt wird. Aus dem Niederschlag können Uroporphyrin und Koproporphyrin getrennt extrahiert werden. Es ist nach ihren Angaben wichtig, daß eine Maximalmenge von Porphyrin nicht überschritten

[1] TREIBS A., u. E. WIEDEMANN: A., **471**, 150, 222 (1929).

[2] BRUGSCH, J.: Z. inn. Med. **7**, 321 (1952). Porphyrine: Bedeutung, Stoffwechsel, Untersuchungsverfahren. Leipzig 1952.

[3] VANNOTTI, A., u. E. NEUHAUS: Z. ges. exp. Med. **97**, 398 (1936).

[4] SCHWARTZ, S., L. ZIEVE and C. J. WATSON: J. Lab. clin. Med. **37**, 843 (1951).

[5] SCHUMM, O.: Z. ges. exp. Med. **106**, 252 (1939).

[6] RIMINGTON, C., and S. L. SVEINSSON: Scand. J. clin. Lab. Invest. **2**, 209 (1950).

[7] GRINSTEIN, M., and M. M. WINTROBE: J. biol. Ch. **172**, 459 (1948).

[8] MERTENS, E.: Kli. Wo. 1944, 26.

wird, weil sonst die Porphyrinadsorption nicht quantitativ ist. Über die Menge der Porphyrine orientiert man sich am besten durch eine qualitative Vorprobe.

Die Adsorption an Calciumphosphat wird ebenfalls von ERIKSON[1] empfohlen und einer genauen Prüfung unterzogen. Über die optimalen Fällungsbedingungen s. [2].

Eine Trennung von Uroporphyrin und Koproporphyrin ist zuerst von SCHUMM im Jahre 1939 durchgeführt worden. BRUGSCH[3] extrahiert den Harn zuerst mit Äther und fällt in dem Restharn die Uroporphyrine durch Bleiacetat. Dem Niederschlag werden diese durch 25%ige Salzsäure entzogen. Eine Trennung von Koproporphyrin I und III[4] kann auf Grund der verschiedenen Löslichkeiten der Ester erfolgen. Man kann beide Ester, nachdem sie durch Chromatographie an $CaCO_3$ gereinigt wurden, in 33%igem Aceton lösen und die Fluorescenz sofort bestimmen. Bei 4° fällt der Koproporphyrin I-Ester aus, und man kann die Fluorescenz von Koproporphyrin allein messen. Eine Trennung von Koproporphyrin, Uroporphyrin I und Uroporphyrin III erreicht man[2] einesteils durch Extraktion mit Äther, andererseits bestimmt man die Gesamturoporphyrine durch Adsorption, und kann dann das Uroporphyrin III aus der Mischung durch Äthylacetat extrahieren.

Die veränderte Lichtabsorption der Cu-Komplexsalze verwenden OLIVER und RAWLINSON[5] zur Porphyrinbestimmung. Wie aus den Absorptionskurven der Originalarbeit hervorgeht, zeigen sich zwischen freiem Porphyrin und seinen Komplexsalzen bei bestimmten Wellenlängen typische Extinktionsdifferenzen. Wird zu einer sehr verdünnten Porphyrinlösung in Eisessig langsam eine 0,04 m Kupferacetatlösung zugesetzt, so kann man bei 560, 598 und 604 mμ eine kontinuierliche Abnahme der Extinktion bis zum Äquivalenzpunkt beobachten. Von da ab ändert sich die Extinktion nur noch entsprechend dem Flüssigkeitszusatz. Bei graphischer Darstellung erhält man so 2 Gerade, die sich im Äquivalenzpunkt schneiden. Bei den oben genannten Wellenlängen gelingt die Bestimmung von Protoporphyrin und Porphyrin a aus Cytochrom a. Bei der Bestimmung von Koproporphyrin muß man bei den Wellenlängen 430, 523 und 559 mμ messen. Störende Verunreinigungen können durch graphische Extrapolationen ausgeschaltet werden.

Bestimmung von Koproporphyrin nach SCHWARTZ, ZIEVE und WATSON[6].
Reagentien:

1. Na_2CO_3 in Substanz.
2. Eisessig.
3. Natriumacetat, gesättigte Lösung.
4. Äthylacetat.
5. Natriumacetat, 1%ig.
6. Jodlösung, 0,005%ig.
7. 1,5 n HCl.

1. Sammlung des Harnes. 5 g Natriumcarbonat werden in die zur Sammlung des 24 Std-Harnes bestimmte Flasche eingetragen. Unter diesen Bedingungen kann der Harn auch bei Zimmertemperatur mehrere Tage stehen, ohne daß ein Verlust eintritt.

2. Extraktion. Zu 5 cm³ des gut gemischten Harnes gibt man 5 cm³ Acetatpuffer (1 Teil Eisessig, 4 Teile gesättigte Natriumacetatlösung), 75—100 cm³ Äthylacetat und 15—20 cm³ destilliertes Wasser. Man schüttelt heftig, entfernt die wäßrige Phase, wäscht den Äthylacetatauszug 2mal mit 20—30 cm³ 1%igem Natriumacetat und 1mal mit 0,005%igem Jod, um die Chromogene zu oxydieren. Das Porphyrin wird dann aus dem Äthylacetat durch 4 Portionen von je 5 cm³ 1,5 n HCl ausgezogen, wobei die letzte HCl-Probe nicht mehr fluorescieren darf. Die Fluorescenz der gesammelten HCl-Auszüge wird mit einer Quecksilberlampe mit Licht der Wellenlänge 405 mμ erregt und in einem empfindlichen Fluorometer gemessen.

[1] ERIKSEN, L.: Scand. J. clin. Lab. Invest. 3, 121, 135 (1951).
[2] SVEINSSON, S. L., C. RIMINGTON and H. D. BARNES: Scand. J. clin. Lab. Invest. 1, 2 (1949).
[3] BRUGSCH, J.: Z. ges. inn. Med. 4, 253 (1949).
[4] SCHWARTZ, S., V. E. HAWKINSON, S. COHEN and C. J. WATSON: J. biol. Ch. 168, 133 (1947). HELWIG, F.: Z. ges. inn. Med. 4, 415 (1949).
[5] OLIVER, J. T., and W. A. RAWLINSON: Biochem. J. 49, 157 (1951).
[6] SCHWARTZ, S., L. ZIEVE and C. J. WATSON: J. Lab. clin. Med. 37, 843 (1951).

3. Bestimmung. Treten im Salzsäureextrakt Trübungen auf, so können diese durch Zusatz von 1,5 n HCl entfernt werden. Sind Uroporphyrine vorhanden, so werden diese durch Äthylacetat mitextrahiert und können aus diesem durch Waschen mit Natrium-acetat weitgehend entfernt werden; das Uroporphyrin kann durch die rote Fluorescenz in den Acetatlösungen erkannt werden.

Bestimmung von Koproporphyrin nach TROPP und HOFMANN[1].

Reagentien:

    1. Eisessig.   2. Äther.   3. HCl, 5%ig.

Ausführung:

Der frisch gelassene Harn muß möglichst sofort extrahiert werden. Man nimmt 75 cm³ Harn und 15 cm³ Eisessig in einem SOXHLET-Apparat für Flüssigkeiten und extra-hiert 1½ Std mit 200 cm³ Äther. Die Schichten werden im Scheidetrichter getrennt, mit Äther auf genau 300 cm³ aufgefüllt und so lange mit Einzelportionen von 50 cm³ destilliertem Wasser gewaschen, bis das Wasser säurefrei ist. Es sind 14—18 Ausschütte-lungen nötig. Dem Äther wird das Porphyrin durch wiederholte Extraktion mit 2 cm³ 5%iger Salzsäure entzogen, bis der letzte Extrakt keine Fluorescenz mehr zeigt. Die Salzsäureauszüge füllt man auf 20 cm³ auf und mißt die Fluorescenz gegen eine Standard-lösung, die 0,06 mg-% Koproporphyrin enthält. Dem errechneten Wert addiert man 5,7% als Korrektur für den Verlust beim Auswaschen zu.

Die Messung der Fluorescenz erfolgt nach FIKENTSCHER und FRANKE[2]. Man benötigt eine Hanauer Analysenquarzlampe mit Uviolfilter und das Zeißsche Stufenphotometer unter Vorschaltung des Filters S 41. Da die Fluorescenz nur bis zu einem Gehalt von 1 mg-% proportional der Konzentration ist, empfiehlt es sich, die Probe auf das Doppelte zu verdünnen, die Extinktion erneut zu messen und die Messungen nur zu verwenden, wenn sich die Extinktionen wie 1:2 verhalten. Nur in diesem Falle arbeitet man in günstigem Meßbereich.

Bestimmung von Uroporphyrin nach BRUGSCH[3].

Reagentien:

    1. Bleiacetat in Substanz.   3. HCl, 5%ig.   5. Toluol oder Nipagin.
    2. HCl, 25%ig.   4. Eisessig.   6. Äther.

Ausführung:

Von der in dunkler Flasche unter Zusatz von Toluol aufbewahrten Tagesharnmenge entnimmt man 50 cm³, versetzt mit 10 cm³ Eisessig und schüttelt vorsichtig 45 min lang mit 250 cm³ Äther aus. Nach dem Abtrennen des Äthers wird die Extraktion ein zweitesmal mit 100 cm³ Äther 15 min lang wiederholt. Die vereinigten Ätherauszüge werden mit Wasser ausgewaschen (essigsäurefrei, auf Rotfluorescenz achten); das Kopro-porphyrin wird in Salzsäure aufgenommen und fluorometrisch bestimmt.

Der ausgeätherte Harn wird mit einer Messerspitze Bleiacetat versetzt, gut geschüttelt und durch ein Faltenfilter filtriert, wobei das an den Bleiniederschlag adsorbierte Por-phyrin auf dem Filter bleibt. Der Niederschlag wird in 25%iger Salzsäure so lange extrahiert, bis weder im Filtrat noch auf dem Filter eine rote Fluorescenz zu erkennen ist. In den gesammelten Salzsäureauszügen kann das Uroporphyrin getrennt bestimmt werden.

Mit dieser Methode finden sich in 50 cm³ Harn 15—48 γ.

Porphyrinbestimmung nach BODE[4].

Reagentien:

    1. NaOH, 15%ig.   4. HCl, 20%ig.
    2. NaOH, 2%ig.   5. HCl, 5%ig.
    3. Calciumacetat, feingepulvert.   6. Essigester, dest.

---

[1] TROPP, C., u. A. HOFMANN: B. Z. **292**, 80 (1937).
[2] FIKENTSCHER, R., u. K. FRANKE: Kli. Wo. **1934 I**, 285.
[3] BRUGSCH, J.: Z. ges. inn. Med. **4**, 253 (1949).
[4] BODE, O.: Ärztl. Forsch. **1950**, 617.

Ausführung:

Zu 50 cm³ schwach sauer reagierendem Harn gibt man 2 g feingepulvertes Calcium-acetat und etwa 4 cm³ 15%ige Natronlauge bis zum Auftreten eines feinflockigen, dichten Niederschlages. Ist der Porphyringehalt sehr hoch, muß der Harn so weit mit H_2O ver-dünnt werden, daß in HCl bei 2 mm Schichtdicke das Porphyrinspektrum nicht mehr sichtbar ist. Der Niederschlag wird gut verrührt, der Harn, nachdem er 3 Std im Dunkeln gestanden hat, 10—15 min zentrifugiert und die Lauge dekantiert. Der Niederschlag wird in 2 n Natronlauge 3—4mal ausgewaschen, bis die Auszüge nach dem Ansäuern mit Salz-säure nur noch eine eben erkennbare Färbung aufweisen. Der gereinigte Rückstand wird mit 20%iger Salzsäure vorsichtig in Lösung gebracht und mit 5%iger Salzsäure auf 15 cm³ aufgefüllt. Die Salzsäurelösung wird im Scheidetrichter 1—2mal mit der doppelten Menge Essigester ausgeschüttelt und der so gereinigte klare Salzsäureextrakt gegen eine 0,6 mg-%ige Hämatoporphyrinlösung in 5%iger Salzsäure in einem Spektroskop mit Colorimeteraufsatz verglichen.

Das ätherlösliche Koproporphyrin wird nach einer der S. 231 geschilderten Methoden gesondert bestimmt und aus der Differenz das Uroporphyrin errechnet.

Berechnung:

Die für Koproporphyrin und Uroporphyrin mit Hilfe der Hämotoporphyrinvergleichs-lösung ermittelten Werte werden mit 0,84 bzw. 1,08 multipliziert, um die wirklichen Werte zu erhalten. Berechnungsbeispiel: Tagesharnmenge 1200 cm³. Vergleichslösung 0,6 mg-% Hämatoporphyrin in 5%iger HCl, Schichtdicke 1 cm. Salzsäureextrakt aus 50 cm³ Harn, 15 cm³, Schichtdicke 0,5 cm bei Farbgleichheit. Versuchslösung $= \frac{1 \times 0,6}{0,5} = 1,2$ mg-%; $\frac{1,2 \times 15}{50} = 0,36$ mg Gesamtporphyrin in 100 cm³ Urin, als Hämatoporphyrin berechnet. In der Tagesmenge also $0,36 \times 12 = 4,32$ mg Gesamtporphyrin.

Das ätherlösliche Koproporphyrin ergab gesondert bestimmt 0,24 mg.

Folglich Uroporphyrin $= 4,32 - 0,24 = 4,08$ mg;
Uroporphyrin wirklich $= 4,08 \times 1,08 = 4,4$ mg;
Koproporphyrin wirklich $= 0,24 \times 0,84 = 0,2$ mg;
Gesamtporphyrin wirklich $= 4,6$ mg.

Bestimmung der Porphyrine einschließlich der Chromogene nach SVEINSSON, RIMINGTON **und** BARNES[1].

Reagentien:

1. 10 n HCl.
2. $CaCl_2$, 3%ig.
3. n NaOH.
4. 0,1 n NaOH.
5. 0,5 n HCl.

Ausführung:

Der Harn wird zur Umwandlung von Porphobilinogen mit Salzsäure bis auf eine Endkonzentration von 0,25 n angesäuert und 10—20 min im Wasserbad gekocht. Von dem so vorbereiteten Harn nimmt man normalerweise 1 cm³; bei pathologischen Harnen gibt man 1 cm³ 3%ige $CaCl_2$-Lösung zu und alkalisiert durch 2 cm³ n NaOH. Der Nieder-schlag wird abzentrifugiert, mit 0,1 n NaOH gewaschen, dann in 10 cm³ 0,5 n HCl gelöst und filtriert; die Extinktionen werden spektrophotometrisch bei 380, 405 und 430 mμ gemessen. Die Konzentration errechnet sich nach der Formel S. 230.

Bilirubin. Der normale Harn enthält nur Spuren von Bilirubin, die mit einem ein-fachen Verfahren nicht nachweisbar sind. Ist das Bilirubin pathologisch vermehrt, so ist dies schon an der gelben Farbe des Harnes und auch des Schaumes zu erkennen. Das Bilirubin kann mit Erdalkaliphosphaten zusammen ausgefällt werden; die *Adsorption* ist quantitativ, wenn keine überschüssigen Phosphationen vorhanden sind. Der auf dem Filter gesammelte Niederschlag, der meist schon braun gefärbt ist, ist durch jedes Oxy-dationsmittel zu Biliverdin oder Bilicyanin oxydierbar, Farbstoffen, die durch ihre

---

[1] SVEINSSON, S. L., C. RIMINGTON and H. D. BARNES: Scand. J. clin. Lab. Invest. 1, 2 (1949).

intensive Färbung ausgezeichnet sind. Hierzu sind HNO_3, Jod, $FeCl_3$ in Trichloressigsäure[1] und OBERMEYERs Reagens brauchbar. Am besten sieht man die Verfärbung, wenn man den Calciumphosphatniederschlag auf dem Filter an einer Stelle mit dem Oxydationsmittel betupft.

Die Umwandlung in *Biliverdin* ist schon 1845 von SCHERER[2] zur quantitativen Messung von Bilirubin vorgeschlagen und von HUPPERT[3] verwendet worden. Es ist aber schwierig, ein einheitliches Oxydationsprodukt zu erhalten; man muß deshalb einen willkürlichen Endpunkt wählen; dies ist von PETERMANN und COOLEY[4] hervorgehoben worden. Auch die Oxydation mit H_2O_2 liefert kein einheitliches Oxydationsprodukt[5].

Zur Bilirubinbestimmung im Harn ist die *Diazomethode* vielfach verwendet worden. Man muß aber absolut frischen Harn verwenden, um eine Oxydation zu Biliverdin zu vermeiden[6], da letzteres mit Diazoniumsalzen nicht mehr kuppelt. Auch die Adsorption von Bilirubin an einen Bariumsulfatniederschlag mit nachfolgender Extraktion durch Alkali ist versucht worden. Es scheint aber zweifelhaft, ob dies einen Vorteil darstellt, da leicht Verluste auftreten können[7].

Auf weitere Fehlerquellen bei der Verwendung der Diazoreaktion hat WITH[8] hingewiesen; zum Teil erhält man fehlerhafte Werte, weil sich Bilirubin aus dem Harn nicht quantitativ extrahieren läßt, zum Teil werden Photometerwerte bei urobilinreichen Harnen vorgetäuscht. Bei einem Vergleich der Arbeitsvorschrift von JENDRASSIK und GRÓF[9] und der von GOODSON und SHEARD[10] kommt HALÁSZ[11] zu dem Ergebnis, daß die beiden Methoden nicht gleichwertig sind, und daß die letztgenannte Methode immer höhere Werte liefert, die durch einen Korrekturfaktor nur teilweise ausgeglichen werden können. Besondere Aufmerksamkeit ist dem Eiweißgehalt des Harnes zu widmen. Eine einfache Bestimmung beschreibt INGHAM[12]. Das Bilirubin wird an ein besonders hergestelltes Aluminiumhydroxydgel adsorbiert und mit 26%iger Trichloressigsäure, die eine Spur Eisen(III)-sulfat enthält, oxydiert. Die Oxydation soll bei diesem Vorgang auf der Stufe des Biliverdin stehenbleiben.

Bestimmung von Bilirubin nach WITH[8].

Reagentien:

1. $Na_2HPO_4 \cdot 12\,H_2O$, 11%ig.
2. $CaCl_2 \cdot 6\,H_2O$, 20%ig.
3. $CaCl_2 \cdot 6\,H_2O$, 0,2%ig.
4. Diazolösung s. bei Bilirubinbestimmung im Serum, S. 159.
5. Alkohol, 96%ig.
6. HCl, konz.

Ausführung:

1—5 cm³ Harn, je nach Bilirubingehalt, werden in einem Zentrifugenglas mit 1,5 cm³ Phosphatlösung und 0,5 cm³ 20%iger Calciumchloridlösung gemischt und nach 30 min zentrifugiert. Vorher ist keine vollständige Fällung von Bilirubin eingetreten. Die überstehende Flüssigkeit kann meistens abgegossen werden und wird verworfen. Der Niederschlag wird im Zentrifugenglas 3mal mit je 2—5 cm³ 0,2%iger Calciumchloridlösung gewaschen, durch Umrühren in 5 cm³ 96%igem Alkohol aufgeschwemmt und mit 1 cm³ Diazolösung verrührt. Ist Bilirubin vorhanden, entsteht eine rote Farbe, die zuerst durch gelbe Verfärbung verdeckt sein kann. Nach 10 min werden 2 cm³ konz. Salzsäure zugegeben, wobei sich der Niederschlag auflöst und die Flüssigkeit eine blaue Farbe annimmt

[1] THOMAS, G. E., and D. M. KITZBERGER: J. Lab. clin. Med. 33, 1189 (1948). — OSTEN, W.: Ärztl. Wschr. 1951, 252.

[2] SCHERER, J.: A. 53, 377 (1845).

[3] HUPPERT, H.: Arch. Heilkde 8, 351, 476 (1869). — BRERETON, H. G., and S. P. LUCIA: Amer. J. clin. Path. 18, 887 (1948).

[4] PETERMAN, E. A., and T. B. COOLEY: J. Lab. clin. Med. 19, 723, 743 (1933).

[5] MALLOY, H. T., and K. A. EVELYN: J. biol. Ch. 122, 597 (1937).

[6] GOODSON, W. H., and CH. SHEARD: Proc. Staff Meet. Mayo Clinic 15, 421 (1940). — GOLDEN, W. R. C., and J. G. SNAVELY: J. Lab. clin. Med. 33, 890 (1948). — SCOTT, L. D.: Brit. J. exp. Path. 22, 17 (1941).

[7] GRECO, A.: Diagnost. Techn. Lab. 2, 925 (1931). — LAEMMER, M., et J. BECK: C. R. Soc. Biol. 113, 166 (1933).

[8] WITH, T. K.: H. 275, 166 (1942).

[9] JENDRASSIK, L., u. P. GRÓF: B. Z. 296, 71 (1938).

[10] GOODSON, W. H., and CH. SHEARD: J. Lab. clin. Med. 26, 423 (1940).

[11] HALÁSZ, M.: H. 284, 257 (1949).

[12] INGHAM, J.: Lancet 1951 I, 151.

oder bei geringem Bilirubingehalt oft einen rötlichen Ton hat. Man füllt mit Alkohol auf 10 cm³ auf und mißt im PULFRICH-Photometer mit Filter S 57 bei 0,5—2 cm Schichtdicke.

Berechnung:

Unter normalen Bedingungen ergibt sich der Gehalt in mg-% durch Multiplikation von $E_{1\,cm}$ mit 3,46, wenn man von 2 cm³ Harn ausgeht.

Urobilinogen und Stercobilinogen*. Die Untersuchungen der letzten Jahre haben einwandfrei gezeigt, daß Stercobilinogen 4 Wasserstoffatome mehr enthält als Urobilinogen, und daß die beiden Stoffe durch 2 ganz verschiedene Stoffwechselvorgänge entstehen. Beide werden aus Bilirubin gebildet, das Urobilinogen intracellulär, das Stercobilinogen bakteriell im Darm. Im Harn erscheint normalerweise nur Stercobilinogen und es ist richtiger, von einer *Stercobilinogenurie* unter normalen Bedingungen zu sprechen als von einer Urobilinogenurie. Kann Urobilinogen nachgewiesen werden, so handelt es sich immer um eine pathologische Ausscheidung, die besonders bei Leberschädigungen auftritt, weil dann das Urobilinogen im Stoffwechsel nicht weiter verarbeitet werden kann. Stercobilinogen wird in der Leber nicht verändert.

Als Normalwert werden von WATSON und HAWKINSON[1] 0,2—78 mg Urobilinogen im 24 Std-Harn angegeben. Diese Zahlen decken sich mit den von anderen Autoren gefundenen Werten. Über die Ausscheidung in den Faeces s. S. 414ff.

Eine *Unterscheidung* der beiden Stoffe gelingt nach FISCHER und NIEMANN[2] durch Oxydation mit Eisen(III)-chlorid in 25%iger heißer Salzsäure. Dabei wird Urobilinogen zu Mesoviolin oxydiert, welches in Chloroform löslich ist und der Chloroformlösung durch Natriumcarbonatlösung wieder entzogen werden kann. Stercobilinogen wird nicht oxydiert, sondern bildet nur ein gelbes Eisenkomplexsalz, welches dem Chloroform nicht durch Natriumcarbonatlösung entzogen werden kann[3].

Pentdyopentreaktion. Eine Unterscheidung ist ferner möglich mit der Pentdyopentreaktion. Nach BINGOLD[4] ist das Pentdyopent das Abbauprodukt des Hämoglobinfarbstoffes, welches immer dann entsteht, wenn das Blut seines normalen Schutzfermentes Katalase beraubt ist. Dann wird im Harn das sog. Propentdyopent ausgeschieden, das folgendermaßen nachgewiesen werden kann: Der Harn wird zunächst mit 3%igem H_2O_2 oxydiert, dann setzt man Kalilauge hinzu und reduziert mit Natriumhypodisulfit (Dithionit, $Na_2S_2O_4$). Beim Erhitzen tritt eine typische Rotfärbung auf, die im Spektrum einen Absorptionsstreifen bei 525 mμ aufweist, woher der Stoff seinen Namen erhalten hat. Um störende Phosphate auszuschalten, ist es mitunter ratsam, zuerst mit Ammoniumhydroxyd zu erhitzen, die ausgefallenen Phosphate abzufiltrieren und die Reaktion im Filtrat anzustellen[5]. Stercobilinogen gibt eine negative Pentdyopentreaktion, Urobilinogen eine positive.

Als weitere Methode, Urobilinogen und Stercobilinogen zu unterscheiden, steht noch die *Polarisation* zur Verfügung, da nur Stercobilinogen ein optisch aktives Kohlenstoffatom enthält.

Die EHRLICHsche *Reaktion* mit p-Dimethylaminobenzaldehyd wird von beiden Stoffen gegeben. Es entsteht eine rote Farbe, die auch zur quantitativen Bestimmung verwendet worden ist[6].

* Siehe besonders BAUMGÄRTEL, TR.: Physiologie und Pathologie des Bilirubinstoffwechsels als Grundlage der Ikterusforschung. Stuttgart 1951.

[1] WATSON, C. J., and V. HAWKINSON: Amer. J. clin. Path. **17**, 108 (1947).

[2] FISCHER, H., u. G. NIEMANN: H. **137**, 293 (1924).

[3] BAUMGÄRTEL, T.: Med. Klin. **1947**, 231.

[4] BINGOLD, K.: Z. ges. exp. Med. **99**, 325 (1936). — BINGOLD, K., u. W. STICH: Med. Mschr. **1949**, 243.

[5] STICH, W.: D. m. W. **1946**, 137.

[6] a) YOUNG, L. E., R. W. DAVIS and J. HOGESTYN: J. Lab. clin. Med. **34**, 287 (1949). — b) KUSUI, K., and M. KOJIMA: Nagasaki Igakkai Zasshi **17**, 2064 (1939) [Ber. Physiol. **117**, 90]. — c) VOEGTLIN, W. L., M. H. MOSS and E. MARCH: Gastroenterol. Baltimore **14**, 538 (1950). — d) SIMON, F. I.: Schweiz. med. Wschr. **71**, 141 (1941).

Bleibt der Harn in Berührung mit Luft stehen, so tritt eine spontane Oxydation ein und es entstehen Urobilin bzw. Stercobilin, die ihrerseits die SCHLESINGERsche Reaktion geben. Diese besteht darin, daß in essigsaurer Lösung die Zinksalze von Urobilin bzw. Stercobilin eine schöne grüne Fluorescenz zeigen, die bei Abwesenheit fremder Farbstoffe charakteristisch ist. Über den Nachweis in Gegenwart von fluorescierenden Farbstoffen s. [1]. Mit den beiden zuletzt genannten Methoden können Stercobilin und Urobilin nicht voneinander unterschieden werden.

Eine sehr schöne Probe auf Urobilin und Urobilinogen erhält man[2], wenn man 10 cm³ Harn mit 20 Tropfen einer 10%igen Kupfersulfatlösung mischt und mit Chloroform ausschüttelt. Bei Anwesenheit von Urobilin oder Urobilinogen färbt sich das Chloroform reingelb bis orange, bei alkalischem Harn rot. Die Probe ist ein gutes Kriterium für die ersten Symptome einer Kreislaufstörung. Bei dauernden Leberveränderungen ist sie erhöht, dagegen spricht ein positiver Ausfall der Probe gegen eine primäre Nephritis.

Für eine quantitative *Bestimmung* der Urobilinoide im Harn ist es in den meisten Fällen notwendig, entweder vollständig zu oxydieren oder vollständig zu reduzieren. Als Oxydationsmittel ist Eisen(III)-chlorid schon genannt worden. Auch Jod ist vorgeschlagen worden, doch wird dagegen der Einwand erhoben, daß durch Jod etwa vorhandenes Bilirubin in Choletelin verwandelt wird, welches ebenfalls ein fluorescierendes Zinksalz bildet[3]. Diese von ADLER[4] vorgeschlagene Methode ist von anderer Seite kritisiert worden[5].

Größere Bedeutung haben die *Reduktionsmethoden*. Sie beruhen alle auf der Umwandlung von etwa vorhandenem Stercobilin oder Urobilin in die Leukoform, wozu in den meisten Fällen Eisen(II)-hydroxyd verwendet wird. Diese Methode ist zuerst von TERWEN[6] eingeführt worden. Das Verfahren ist im Laufe der Zeit sehr oft modifiziert worden; die Vorschriften von WATSON[7] und von WITH[8] erscheinen besonders zuverlässig. Man bekommt zwar in Anwesenheit von Porphobilinogen falsche positive bzw. zu hohe Resultate, die aber praktisch geringe Bedeutung besitzen[9]. Durch Messung der Absorptionsbanden ist eine Unterscheidung vom Urobilinogen leicht möglich. Indolderivate führen dagegen nach GÖSSNER[10] in der Wärme zu falschen Resultaten; diese Reaktion hängt nicht mit dem Hämoglobinstoffwechsel zusammen. Die Reduktion im Harn gelingt nach den Untersuchungen von HEILMEYER quantitativ, muß aber unter Ausschluß von Sauerstoff ausgeführt werden[11]. Andere Fehlerquellen sind starke Belichtung[12], die Anwesenheit von Phenolen, Phenacetin und Morphin[13]. Nach den Untersuchungen von VOEGTLIN und Mitarbeitern[14] gibt der einfache EHRLICHsche Test in etwa 15% der Fälle falsche negative Resultate.

Bestimmung der Urobilinoide nach WITH[8].

Reagentien:

1. Ammoniumeisen(II)-sulfat-Lösung, 16%ig (MOHRsches Salz).

---

[1] NAUMANN, H. N.: J. Lab. clin. Med. **32**, 1503 (1947).

[2] LIPP, H.: M. m. W. 1942, 627.

[3] BARRENSCHEEN, H. K., u. O. WELTMANN: B. Z. **140**, 273 (1923).

[4] ADLER, A.: Dtsch. Arch. klin. Med. **138**, 309 (1922).

[5] RUDERT, H., u. L. HEILMEYER: B. Z. **261**, 336 (1933).

[6] TERWEN, A. J. L.: Diss. Amsterdam 1924. Dtsch. Arch. klin. Med. **149**, 72 (1925).

[7] WATSON, C. J.: Arch. internal Med., Chicago **47**, 698 (1931). Amer. J. clin. Path. **6**, 458 (1936). — WATSON, C. J., S. SCHWARTZ, V. SBOROV and E. BERTIE: Amer. J. clin. Path. **14**, 605 (1944).

[8] WITH, T. K.: H. **275**, 176 (1942).

[9] NAUMANN, H. N.: J. Lab. clin. Med. **23**, 1127 (1938).

[10] GÖSSNER, W.: Kli. Wo. 1948, 567. H. **282**, 262 (1947).

[11] HEILMEYER, L., u. W. KREBS: B. Z. **231**, 393 (1931). — HEILMEYER, L.: Z. ges. exp. Med. **76**, 220 (1931).

[12] VOEGTLIN, W. L.: Amer. J. clin. Path. **18**, 84 (1948).

[13] WILSON, T. M., and L. S. P. DAVIDSON: Brit. med. J. 1949 I, 884.

[14] VOEGTLIN, W. L., M. H. MOSS and E. MARCH: Gastroenterol., Baltimore **14**, 538 (1950).

2. Aldehydreagens: 0,7 g p-Dimethylaminobenzaldehyd, gelöst in 150 cm³ konz. Salzsäure und 100 cm³ Wasser.

3. Natriumacetatlösung, gesättigt.

4. Eisessig.

5. Äther, peroxydfrei. Er wird dargestellt, indem man 1 Liter Äther mit einer Mischung von 50 cm³ Ammoniumeisen(II)-sulfatlösung, 5 g Calciumhydroxyd und 10 g reduziertem Eisen kräftig schüttelt. Er wird in brauner Flasche über dieser Mischung aufbewahrt und täglich gut durchgeschüttelt. Die Lösung ist alle 14 Tage frisch zu bereiten.

6. NaOH, 12%ig.

Ausführung:

Zu 1 Volumen Harn gibt man $^1/_4$ Volumen Ammoniumeisen(II)-sulfatlösung und $^1/_4$ Volumen 12%ige NaOH. Die Mischung findet am besten in einem Mischzylinder statt, der ganz gefüllt sein muß oder mit Paraffinöl aufgefüllt wird. Im allgemeinen genügen 80 cm³ Harn, die mindestens 1 Std im Dunkeln der Reduktionswirkung ausgesetzt werden müssen, aber auch 24 Std aufgehoben werden können, ohne daß bedeutende Verluste auftreten. Die weiter zu verarbeitende Harnmenge richtet sich nach dem Ausfall einer Vorprobe. Geben 2 cm³ der Harnverdünnung mit 2 cm³ Aldehydreagens und 5 cm³ Natriumacetat keine Farbe, so nimmt man 50 cm³ der Harnverdünnung. Ist die Farbe schwach rot, nimmt man 20 cm³, ist sie stark rot, nur 1 cm³.

Zur Extraktion wird das Eisen(II)-hydroxyd, sofern es sich noch nicht abgesetzt hat, abzentrifugiert und die benötigte Harnverdünnung in einem Scheidetrichter unter Zusatz von 1—2 cm³ Eisessig 3mal mit je 20 cm³ Äther extrahiert. Der zurückbleibende Harn darf keine positive Aldehydreaktion mehr geben. Die Ätherextrakte werden reichlich mit destilliertem Wasser gewaschen; Emulsionsbildungen lassen sich durch Zusatz von 1—2 cm³ Alkohol vermeiden.

Zu den gewaschenen Ätherextrakten setzt man 1—2 cm³ Aldehydreagens hinzu, schüttelt mehrere Sekunden kräftig und extrahiert mit 5—10 cm³ Natriumacetatlösung. Die rote wäßrige Schicht wird abgelassen, der Äther von neuem mit Aldehydreagens und Natriumacetat extrahiert, bis keine rote Farbe mehr auftritt. In der Regel genügen drei Extraktionen. Die wäßrige Lösung wird auf ein bekanntes Volumen aufgefüllt und die Farbe colorimetrisch mit Filter S 53 gemessen. Die Farbe ist nicht haltbar.

Berechnung:

$E_{1 cm} \times 1,36$ entspricht dem Urobilinogengehalt in Milligrammprozenten.

In einer großen Zahl normaler und pathologischer Urine kommen noch *Mesobilin* und *Tetrahydromesobilin* vor. Sie können auf Grund ihrer Absorptionsbanden mit dem HARTRIDGEschen Reversionsspektroskop bestimmt werden[1]. Da aber die Banden nur 20 Å auseinander liegen, sind die Werte nicht sehr exakt. Von LEGGE[2] wurde eine quantitative Methode durch Oxydation mit Eisen(III)-chlorid entwickelt, welches Tetrahydromesobilin nicht oxydiert, aber das Mesobilin in eine Mischung von Mesobiliverdin und Mesobilipurpurin überführt. Durch Messung der Absorption bei 492 mμ und 2 weiteren Wellenlängen kann der Gehalt beider Komponenten bestimmt werden.

η) Harnfarbstoffe außer Pyrrolderivaten.

Uroerythrin. Es sind Harnfarbstoffe unter den verschiedensten Namen beschrieben worden: *Skatolrot, Urorosein, Uromelanin, Purpurin, Urohämatin,* die wahrscheinlich alle mit dem *Uroerythrin* identisch sind[3]. Wahrscheinlich sind auch Urorubin und sein Chromogen in dieselbe Klasse von Farbstoffen einzureihen. Die Konstitution von

---

[1] LEMBERG, R., W. H. LOCKWOOD and R. A. WYNDHAM: Austral. J. exp. Biol. med. Sci. **16**, 169 (1938).

[2] LEGGE, J. W. (nicht publiziert), zit. nach LEMBERG, R., and J. W. LEGGE: Hematin Compounds and Bile Pigments. S. 156. New York 1949.

[3] RANGIER, M., et P. DE TRAVERSE: Cr. **208**, 1345 (1939).

Uroerythrin ist in großen Zügen bekannt. Von RANGIER und DE TRAVERS[1] wird ihm folgende Konstitution zugeschrieben:

$$\begin{array}{ccc}
S\text{----------} & \text{----------}S \\
| & | \\
CH_2 & CH_2 \\
| & | \\
\text{Peptidkette} & \text{Peptidkette} \\
| & | \\
\text{Indoxyl} & \text{Indoxyl} \\
| & | \\
\text{Glucuronsäure} & \text{Glucuronsäure}
\end{array}$$

Aus dem Molekül kann durch Oxydation Indoxyl abgespalten werden und durch Oxydation in Indorubin-Uroerythrin übergehen. Bei Nierenschädigungen findet sich nur das Chromogen, welches wahrscheinlich Indolacetursäure ist[2].

Indorubin-Uroerythrin   Indolacetursäure

Der Name „Uroerythrin" ist von SIMON[3] geprägt worden und erhalten geblieben. Der Farbstoff ist bisher nicht krystallisiert erhalten worden und auch über seine Menge wissen wir nur sehr unvollkommen Bescheid, da die zur colorimetrischen Bestimmung benutzten Vergleichslösungen nur Verhältniszahlen darstellen. Mit dem von WEISS[4] entwickelten Vergleichsverfahren ergibt sich eine tägliche *Ausscheidung* von 10—20 mg, die bei Leberschädigungen und Leberstauung deutlich erhöht ist, aber keine Beziehung zur Urobilinogenausscheidung hat.

Gewinnung. Bei Bildung eines Harnsedimentes wird das Uroerythrin mitgerissen. Man kann daher das Uratsediment als Ausgangsprodukt für die Anreicherung benutzen. Der abfiltrierte Niederschlag wird mit gesättigter Ammoniumchloridlösung gewaschen, bis alles Urobilin entfernt ist. Dann digeriert man den Niederschlag an einem dunklen Ort einige Stunden mit warmem Alkohol, filtriert, versetzt das Filtrat mit mindestens 2 Teilen Wasser und schüttelt mehrmals mit Chloroform zur Entfernung der Porphyrine aus. Fügt man jetzt einige Tropfen Essigsäure zu und schüttelt abermals mit Chloroform, so nimmt dieses das Uroerythyrin auf.

Nach BORRIEN[5] kann das Uroerythrin dem Harn oder Sediment durch Schütteln mit Talkum entzogen werden. Es wird durch schwach salzsauren Alkohol eluiert. Das Uroerythrin hat eine rosa Farbe, ist amorph und wird in seinen Lösungen durch Licht leicht gebleicht. Auch das Urobilin, welches nach WEISS[6] von dem Uroerythrin durch seine Absorptionsbanden unterscheidbar sein soll, ist sehr unbeständig.

Das mit Ammoniumsulfat fällbare *Urochrom B* soll dem Hämoglobinstoffwechsel entstammen[7], enthält aber wahrscheinlich Urobilin und Uroerythrin, aber kein Pyrrol[8].

[1] RANGIER, M., et P. DE TRAVERSE: Cr. **208**, 1345 (1939).
[2] WALDENSTRÖM, J., u. B. VAHLQUIST: H. **260**, 189 (1939).
[3] SIMON, F.: Handb. angew. med. Chemie **1**, 342 (1840).
[4] WEISS, M.: Dtsch. Arch. klin. Med. **177**, 97 (1935).
[5] BORRIEN, V.: J. Pharmacie Chim. **16**, 45 (1917) [C. **1917 II**, 473].
[6] WEISS, M.: Diagnose und Prognose aus dem Harn. S. 121. Leipzig 1936.
[7] GITTER, A., u. L. HEILMEYER: Z. ges. exp. Med. **77**, 594 (1931). — HEILMEYER, L.: Dtsch. Arch. klin. Med. **172**, 628; **173**, 128 (1932). — HEILMEYER, L., u. G. WILL: Z. ges. exp. Med. **67**, 111 (1929). — OTTO, W., u. L. HEILMEYER: Z. ges. exp. Med. **77**, 144 (1931). — BINGOLD, K.: Dtsch. Arch. klin. Med. **177**, 230 (1935). Z. ges. exp. Med. **99**, 325 (1936).
[8] FISCHER, H., u. W. ZERWECK: H. **137**, 176 (1924).

Unsere Kenntnisse über die Harnfarbstoffe sind noch recht lückenhaft[1]. Die Porphyrine und das Porphobilinogen sind zwar exakt meßbar. Die Verfahren für die anderen Harnfarbstoffe sind aber recht unsicher. Die summarische Messung von HEILMEYER[2] bezieht sich nicht auf einen definierten Farbstoff. Auch die übrigen Methoden von BÖHM, SATO, JAURE und WEISS[3] sind noch recht unvollkommen und gestatten höchstens Vergleiche anzustellen.

Extraktion. Man bedient sich allgemein der Löslichkeit in Amylalkohol, und zwar kann man das Bleiacetatfiltrat von Harn verwenden, welches mit konzentrierter Salzsäure angesäuert wird. Das ausfallende Bleichlorid wird abfiltriert, das Filtrat mit 3 bis 5 cm³ Amylalkohol versetzt, 2 Tropfen einer ¹/₂%igen Natriumnitritlösung zugefügt und einige Male geschüttelt. Die Behandlung wird nochmal wiederholt. Der Uroroseinfarbstoff geht in den Amylalkohol, der, wenn nötig, durch Zusatz von reinem Alkohol geklärt wird. Er zeigt eine starke Absorptionsbande zwischen 540 und 560 mμ. Der Vergleich im Spektrophotometer erfolgt gegen eine Vergleichslösung, deren Gehalt willkürlich mit 0,01 mg/cm³ angenommen wird. Die maximale Färbung entwickelt sich erst nach 10 bis 15 min.

Das Uroerythrin kann dem nicht-nitrithaltigen Harn, der mit 5% Eisessig versetzt ist, durch Amylalkohol unmittelbar enzogen werden. Die Extraktion ist unter Umständen zu wiederholen. Die Emulsion der Amylalkoholextrakte wird mit 1—2 cm³ Alkohol geschüttelt, die sich abscheidende Harnflüssigkeit abgelassen und der verbleibende Extrakt mit verdünnter Phosphorsäure geschüttelt. Die Phosphorsäure nimmt den größten Teil von Koproporphyrin auf; der Extrakt enthält neben Bilirubin und Urobilin das Uroerythrin und kann direkt bei 530—545 mμ gemessen werden. Bei der Aufarbeitung entsteht ein Verlust von 25%, der dem mit einem willkürlichen Standard verglichenen Wert zugerechnet werden muß.

Uropterin und Urothion. Von KOSCHARA und Mitarbeitern[4] ist im Harn ein Farbstoff, das Uropterin, gefunden worden, dessen Konstitution eingehend untersucht ist, er leitet sich von den Pteridinen ab. Ein weiterer schwefelhaltiger Farbstoff, das *Urothion*, wurde ebenfalls von KOSCHARA[5] gefunden. Für die Bestimmung dieser Farbstoffe liegen noch keine zuverlässigen Methoden vor. Es ist eine annähernde Schätzung nach folgendem Verfahren möglich:

100 cm³ Menschenharn werden 15 sec mit 0,5 g Carboraffin (eisenarm) verrührt und auf einer 6 cm großen Nutsche abgesaugt. Der Niederschlag wird mit 20 cm³ kaltem Wasser gewaschen, dann die Kohle samt Filter in 100 cm³ 0,02 n Natronlauge aufgekocht, heiß filtriert und mit 30 cm³ heißer 0,02 n Natronlauge nachgewaschen. Nachdem auf 150 cm³ aufgefüllt ist, nimmt man 2 cm³ des gut gemischten Eluates, versetzt mit 8 cm³ 0,5 n Natriumcarbonatlösung und mißt im Stufenphotometer, das mit einer Quarzlampe verbunden ist und vor der Cuvette ein Uviolglas und hinter der Cuvette ein Euphosglas hat. Es wird mit Filter L 2 gemessen und gegen einen Standard aus Uranglas ausgewertet.

Das Urothion zeigt eine moosgrüne Fluorescenz, die durch Zusatz von Permanganat in Schwefelsäure noch verstärkt wird. Die nach Oxydation verbleibende Fluorescenz ist besonders charakteristisch. Zur Bestimmung verwendet man den Rest des Kohlenadsorbates der Uropterinbestimmung. Er wird mit 5 Teilen Aceton, 4 Teilen Wasser und 1 Teil 2 n Ammoniak eluiert. Der urothionhaltige Auszug wird eingedampft und in n Schwefelsäure aufgenommen; auf je 8 cm³ Schwefelsäure wird 1 cm³ 0,1 n Kaliumpermanganat

---
[1] BINGOLD, K.: Med. Klin. **1946**, 475.

[2] HEILMEYER, L.: Z. ges. exp. Med. **60**, 648 (1928).

[3] BÖHM, G.: B. Z. **290**, 150 (1937). — SATO, A.: Kli. Wo. **1938 II**, 1108. — JAURE, G. G.: C. R. Acad. Sci. URSS **28**, 663 (1940). [Ber. Physiol. **123**, 609.] — WEISS, M.: Acta med. scand. **113**, 423 (1943).

[4] KOSCHARA, W.: H. **240**, 127 (1936); **250**, 161 (1937). — KOSCHARA W., u. A. HRUBESCH: H. **258**, 39 (1939). — KOSCHARA, W., S. VON DER SEIPEN u. P. A. ALDRED: H. **262**, 158 (1939/40).

[5] KOSCHARA. W.: H. **263**, 78 (1940); **279**, 44 (1943).

zugefügt. Nach 2 min wird durch einen Tropfen Perhydrollösung entfärbt und die Fluorescenz gegen einen Uranglasstandardwert gemessen.

Der bei der Haffkrankheit pathologisch auftretende Farbstoff stammt aus dem Myoglobin und nicht aus dem Hämoglobin[1].

Melanin und Melanogen. Die Bezeichnung „Melanin" ist eine Gruppenbezeichnung für Pigmente, die unter den verschiedensten pathologischen Bedingungen im Harn auftreten können. Am bekanntesten ist das Auftreten bei melanotischen Tumoren. Sie werden aber auch beobachtet bei Ochronosis, ADDISONscher Krankheit oder nach Arsenpigmentation.

Die Melaninpigmente sind braun bis schwarz und leiten sich von Phenolen ab. Sowohl Homogentisinsäure als auch Melanogen können zu Pigment oxydiert werden. Sie stehen in physiologischer Beziehung zu den normalen Pigmenten der Haut, Haare und Chorioidea. Ihre Zusammensetzung ist nicht konstant. Für das aus Dioxyphenylalanin durch Tyrosinase entstehende Melanin gibt MASON[2] folgende Konstitution an:

2-Carboxy-2,3-dihydroindol-5,6-chinon (Melanogen)   Polymeres Pigment nach MASON

Außer Kohlenstoff, Wasserstoff und Stickstoff enthalten sie unter Umständen noch Schwefel und Eisen. Über die Chemie und die Bedeutung von Melanin s. auch[3].

Nachweis. 1. In den meisten Fällen werden die Pigmente als Melanogene ausgeschieden, deren Nachweis durch die THORMÄHLENsche Nitroprussidreaktion gelingt. Man versetzt ungefähr 5 cm³ Urin mit 3—4 Tropfen einer frischen Nitroprussidnatriumlösung und 10—12 Tropfen 40%iger NaOH. Die stark alkalische Mischung wird geschüttelt und dann mit 33%iger Essigsäure unter Vermeidung der Erwärmung angesäuert. Ist Melanogen vorhanden, bildet sich Preußischblau. Ist der Harn stark pigmentiert, erscheint die Probe grün statt blau.

Die Probe ist ähnlich der LEGALschen Probe für Aceton, die aber beim Ansäuern einen roten Farbton gibt, während Kreatinin einen leicht braunen Ton erzeugt.

2. Charakteristisch für das Melanogen ist auch die Reduktion von ammoniakalischer Silberlösung in der Kälte. Man nimmt ungefähr 5 cm³ 3%iges Silbernitrat zu 0,5 cm³ Urin und tropfenweise 50fach verdünntes Ammoniak, bis der Niederschlag sich fast wieder gelöst hat. Wenn während des Versuches die Lösung dunkel wird, hört man mit dem Ammoniakzusatz auf; direktes Sonnenlicht muß vermieden werden.

Normaler Urin bleibt farblos oder wird leicht bräunlich, während melanogenhaltiger Harn schnell braun und dann schwarz wird. Bei geringen Mengen von Melanogen ist die Probe negativ. Enthält der Harn nur Homogentisinsäure, so ist die THORMÄHLENsche Reaktion negativ. Über die unterschiedlichen Reaktionen von Alkapton-Harn und Melanogen-Harn s. die folgende Tabelle 45.

Entgegen den früheren Annahmen findet bei einem Melanosarkom nicht immer eine Ausscheidung von Melanin oder Melanogen statt[4]. Über die Isolierung und die Chemie der Melanine s.[5], über Beziehung zum Histaminstoffwechsel[6].

---

[1] VOGT, H., u. G. GEISELER: Dtsch. Arch. klin. Med. **189**, 44 (1942).

[2] MASON, H. S.: J. biol. Ch. **168**, 433 (1947); **172**, 83 (1948).

[3] VEER, W. L. C.: Recu. Trav. chim. Pays-Bas **61**, 638 (1942). Ned. T. Geneeskde. **1941**, 61.

[4] BLACKBERG, S. N., and J. O. WANGER: J. amer. med. Ass. **100**, 334 (1933). — EPPINGER, H.: B. Z. **28**, 181 (1910).

[5] FÜRTH, O., A. FRIEDRICH u. H. KAUNITZ: Wien. klin. Wschr. **1935**, 655. — FÜRTH, O., u. A. FRIEDRICH: Wien. klin. Wschr. **1935**, 1175. — FEIGL, J., u. E. QUERNER: Dtsch. Arch. klin. Med. **123**, 107 (1917). — ROBERT, P., u. E. A. ZELLER: Schweiz. med. Wschr. **71**, 1605 (1941).

[6] ROBERT, P., u. E. A. ZELLER: Schweiz. med. Wschr. **71**, 1605 (1941).

Tabelle 45. *Reaktionen von Alkapton-Harn und Melanogen-Harn*[1].

Art der Reaktion	Alkapton-Harn	Melanogenhaltiger Harn
Stehen an der Luft	dunkelt langsam von oben nach unten	dunkelt langsam von oben nach unten
Überschuß von NaOH	dunkelt schnell	wird nicht merklich dunkler
Überschuß von HCl	unverändert	dunkelt langsam
Kochen mit BENEDICTs Reagens	ziemlich schwarz; Niederschlag zuerst braun, dann gelb	unverändert oder grauschwarz; Niederschlag bei großem Melanogengehalt
Kochen mit FEHLINGscher Lösung	schwarz; Niederschlag grauschwarz, dann rot	wie oben
Silbernitrat	schwarz in wenigen Sekunden, oft blauer Schein	unverändert oder langsam braun
Ammoniakalische Silberlösung	sofort schwarz	unverändert oder langsam braun, dann schwarz
Eisen(III)-chlorid	vorübergehend blau oder grün, bei jedem Tropfen nicht dunkel werdend, selbst nicht mit Überschuß	braun bis schwarz, nie grün, oder blau
THORMÄHLENs Reagens	negativ	blau oder grün

ϑ) Kohlenhydrate.

Jeder Harn enthält Spuren von *reduzierenden Substanzen*, die sich zum größten Teil wie Glucose verhalten und 0,05—0,15%, als Glucose berechnet, ausmachen. Ob der ganze vergärbare Anteil aus Glucose besteht, ist noch ungewiß. An anderen Zuckern können vorkommen *Fructose, Lactose* und *Pentosen* sowie Zucker, die aus dem Verdauungskanal stammen[2].

Nach einer sorgfältigen Vorreinigung des Harnes und anschließender Bromoxydation ist es wahrscheinlich gemacht worden, daß 75% des reduzierenden Materials sich wie Aldosen verhalten und daß eine kleine Menge davon Pentosen sind, von denen ein Teil Ketonnatur besitzt[3]. Untersuchungen über die Natur der reduzierenden Substanz im Hundeharn führten zu der Annahme, daß es sich zum Teil wenigstens um Polysaccharide handelte, denn nach Hydrolyse war die Reduktionskraft immer größer als vorher[4].

Es ist bei diesen Untersuchungen immer zu bedenken, daß außer Kohlenhydraten auch andere reduzierende Stoffe vorkommen, die zwar zum Teil nicht vergärbar sind (Harnsäure, Kreatinin und Salicylursäure), aber auch Glucuronide, die unter bestimmten Bedingungen vergoren werden können.

Unter pathologischen Bedingungen können die Kohlenhydrate im Harn erheblich zunehmen. Zu ihrem *Nachweis* werden im allgemeinen *Reduktionsmethoden* verwandt, wie die TROMMERsche Probe, die FEHLINGsche Probe, die alle auf der Reduktion von alkalischen Kupferlösungen und Abscheidung von Kupfer(I)-oxyd beruhen*.

Die Reduktionsproben sind vielfach abgewandelt worden, indem die alkalische Kupferlösung mit Pyrophosphat, Citrat oder dergleichen versetzt worden ist, auch Wismutsalze

---

* Das Kupfer(I)-oxyd fällt gelb oder rotbraun aus; es ist beweisend für die Reduktion. Die Farbe des Niederschlages hängt von der Beschaffenheit des Harnes ab. In Gegenwart von kolloidaler Schutzsubstanz ist der Niederschlag gewöhnlich gelb[5].

[1] HARRISON, G. A.: Chemical Methods in Clinical Medicine. S. 219. New York 1947.

[2] HAWKINS, J. A., E. M. MACKAY, and D. D. VAN SLYKE: J. biol. Ch. 78, XXIII (1928). — VAN SLYKE, D. D., and J. A. HAWKINS: J. biol. Ch. 83, 51 (1929). — EAGLES, H. S.: J. biol. Ch. 71, 481 (1926/27).

[3] NICHOLSON, T., and R. M. ARCHIBALD: Biochem. J. 33, 516 (1933).

[4] LAUG, E. P., and T. P. NASH jr.: J. biol. Ch. 108, 479 (1935).

[5] FISCHER, M. H., and M. O. HOOKER: Science, N. Y. 45, 505 (1917).

werden verwendet[1]. Weiter ist zu nennen die *Phenylhydrazinprobe* von FISCHER, die von NEUMANN[2] für den Harn ausgearbeitet worden ist, und bei der sich die typischen Osazone der betreffenden Zucker ausscheiden.

Die *Gärprobe* beruht darauf, daß frische, geeignete Bierhefe aus einigen Zuckern Kohlendioxyd in Freiheit setzt, so daß ihre Anwesenheit durch deren Bildung nachgewiesen werden kann.

Wenn es sich um größere Harnmengen handelt, benutzt man heute allgemein die *Polarisation* zur Bestimmung der Zucker; die spezifische Drehung der Glucose ist gleich $+52{,}74°$. Mit Hilfe dieser Zahl kann die Glucosekonzentration in jedem Harn berechnet werden, s. hierzu Bd. III. Die Bestimmung gibt nur dann richtige Werte, wenn der Harn keine linksdrehenden Substanzen (Eiweiß, β-Oxybuttersäure, gepaarte Glucuronsäuren, Fructose oder Cystin) enthält. Eiweiß läßt sich verhältnismäßig leicht mit Bleiacetat entfernen. Um die Anwesenheit anderer linksdrehender Substanzen festzustellen, bestimmt man die Polarisation vor und nach der Vergärung. Ergibt sich nach der Vergärung eine Linksdrehung, so ist dieser Wert dem zuerst gefundenen hinzuzuaddieren.

β-Oxybuttersäure und gepaarte Glucuronsäuren werden durch Hefe nicht verändert. Fructose wird zwar vergoren; es zeigen sich aber zwischen dem Titrationswert und dem Polarisationswert erhebliche Differenzen.

Die spezifische Drehung von Zuckern s. Bd. III, Kohlenhydrate.

Die unterschiedliche Reduktionskraft der Zucker haben WEISE und BRAND untersucht[3]. Die Differenzen erstrecken sich also nicht nur auf das Drehungsvermögen, sondern auch auf die Reduktionskraft der Zucker.

Zur *Differenzierung einzelner Zuckerarten* sind colorimetrische Methoden angegeben worden, die sich auf die Reaktion von Hexosen mit organischen Basen oder auch mit Cystein beziehen[4]. Die einzelnen Zucker geben nicht nur unterschiedliche Reaktionen, sondern die Intensität ihrer Reaktion ist ebenfalls verschieden, so daß in vielen Fällen durch Messung bei verschiedenen Wellenlängen 2 und mehr Zucker nebeneinander bestimmt werden können.

Glucose. Zur *Bestimmung der Glucose* ist die Messung der Reduktionskraft, wie sie von BERTRAND, PAVY u. a.[5] angegeben worden ist, veraltet und wird heute nicht mehr angewandt. Auch die Messung der Gärkraft des Zuckers ist veraltet. Wenn es sich um sehr kleine Zuckermengen im Harn handelt, wird am besten eine titrimetrische Methode verwendet, wie für das Blut angegeben ist (s. S. 68), unter Umständen vor und nach Vergärung. Größere Mengen bestimmt man ausschließlich durch Polarisation.

Eine modifizierte Reaktion nach SUMNER mit Dinitrosalicylsäure zur Glucosebestimmung im Harn ist von BRODERSEN und RICKETTS angegeben worden[6].

Fructose. Im diabetischen Urin kommt häufig Fructose vor, aber die Fructosurie wird auch als gesonderte Anomalie beobachtet. Sie kann mit der SELIWANOFFschen Reaktion nachgewiesen werden[7]. In Gegenwart von Salzsäure und Resorcin entwickelt sich beim Kochen eine rote Farbe, die nach dem Alkalisieren der Lösung durch Äthylacetat oder auch durch Alkohol aufgenommen werden kann.

[1] TROMMER, C.: A. **39**, 360 (1841). — LUFF, G.: C. 1898 II, 683. — BENEDICT, S. R.: J. biol. Ch. **5**, 485 (1908/09). — FOLIN, O., and McELLROY: J. biol. Ch. **33**, 513 (1918). — KINOSHITA, J.: B. Z. **9**, 208 (1908). — Thannhauser Stoffw.-Krankh. S. 250. — HEIDT, L. J., F. W. SOUTHAM, J. D. BENEDICT and M. E. SMITH: Am. Soc. **71**, 2190 (1949).

[2] NEUMANN, A.: Arch. Anat. Physiol. 1899, Suppl. S. 549.

[3] WEISE, W., u. TH. v. BRAND: B. Z. **264**, 357 (1933).

[4] DISCHE, Z.: B. Z. **189**, 77 (1927). Mikrochem. **8**, 4 (1930). — DISCHE, Z., L. B. SHETTLES and M. OSNOS: Arch. Biochem. **22**, 169 (1949). — GURIN, S., and D. B. HOOD: J. biol. Ch. **131**, 211 (1939); **139**, 775 (1941). — BRÜCKNER, J.: H. **277**, 181 (1943).

[5] BERTRAND, G.: Bull. Soc. chim. France **35**, 1285 (1906). — PAVY, F. W.: B. **13**, 1884 (1880). — KUMAGAVA, M., u. F. SUTO: SALKOWSKI-Festschrift. S. 211. Berlin 1904. — BANG, I.: Lehrbuch der Harnanalyse. Wiesbaden 1918. — BANG, I., u. G. BOHMANNSSON: H. **63**, 443 (1909).

[6] BRODERSEN, R., and H. T. RICKETTS: J. Lab. clin. Med. **34**, 1447 (1949).

[7] SELIWANOFF, TH.: B. **20**, 181a (1887).

Die Beweiskraft der SELIWANOFFschen Reaktion ist von verschiedenen Seiten angezweifelt worden[1]. Sicherer ist der Nachweis der Linksdrehung oder die Darstellung des Methylphenylosazon nach NEUBERG und STRAUSS[2].

Inulin. Enthält der Harn Inulin, so entsteht hieraus bei der Hydrolyse mit Salzsäure ebenfalls Fructose. Da Inulin als Clearancesubstanz verwendet wird, besitzen also die Bestimmung und der Nachweis von Fructose im Harn eine erhöhte Bedeutung. Eine photometrische Bestimmung, die sich auf die Überführung in Fructose stützt, s. bei [3] und unter Blut S. 77.

Galaktose. Sie kommt im Harn besonders bei nährenden Frauen vor. Zum Unterschied von den meist gleichzeitig anwesenden anderen Zuckern geben Lactose und Galaktose den Schleimsäuretest (s. S. 244). Galaktose ist vergärbar und zeigt Rechtsdrehung; die polarimetrische Bestimmung besitzt Bedeutung bei dem Galaktosetest zur Leberfunktionsprüfung. Die chemische Bestimmung im Harn gelingt nach GOHR[4]. Bei Leberfunktionsproben genügt die Polarisation.

Pentosen. Unter den im Harn vorkommenden Pentosen ist bis jetzt das Auftreten von D,L-*Arabinose* beschrieben worden. Die in der Literatur niedergelegten Werte für die optischen und chemischen Eigenschaften des als Arabinose angesprochenen Zuckers stimmen in wesentlichen Punkten nicht überein[5]. Insbesondere eine Rechtsdrehung der Pentose spricht gegen eine D,L-Arabinose. Wie LASKER zeigt, handelt es sich um eine *Xyloketose*, die besonders leicht alkalische Kupferlösung reduziert, schon bei einer Temperatur, bei der andere Zucker noch keine Reduktion oder erst nach wesentlich längerer Zeit zeigen. Bei 50—55° tritt durch Xyloketose die Reduktion der Kupferlösung nach 3—5 min schlagartig ein, während Arabinose mindestens $1/_2$ Std braucht, bevor eine Reduktion zu beobachten ist. Nach den Angaben von LASKER ist für die Xyloketose ebenfalls charakteristisch die Konstanz, mit der sie ausgeschieden wird. Die Verfasserin glaubt, daß alle bisher beschriebenen Arabinosurien in Wirklichkeit Xyloketosurien waren, da sie unter einigen 100 Urinen keine Arabinose, wohl aber 73mal Xyloketose identifizieren konnte.

Nach TRACEY lassen sich *Pentosen* in Gegenwart von Hexosen und Uronsäuren durch ein Reagens, welches Anilin, Essigsäure und Oxalsäure enthält, mittels einer intensiven Farbreaktion nachweisen[6]. Eine andere Methode für den Nachweis neben viel Hexosen s. [7]. Mikromethoden zur Pentosebestimmung nach Überführung in Furfurol s. S. 82. Colorimetrische Pentosebestimmungen s. [8], Ausscheidung von Pentosen bei Muskeldystrophie[9].

Identifizierung reduzierender Substanzen nach LASKER[5]. Wenn der Harn BENEDICTs Reagens reduziert, wird ein 1stündiger Gäransatz bei 40° angesetzt. War der Gäransatz positiv, wird eine SELIWANOFFsche Reaktion, modifiziert nach BORCHARDT, ausgeführt: Man erhitzt gleiche Teile 25%iger Salzsäure und Urin zum Kochen und setzt eine starke Messerspitze Resorcin zu, kocht nochmal 10 sec, wobei eine rotorange Färbung, später ein dunkelroter Niederschlag auftritt. Der Niederschlag ist in Amylalkohol löslich. Ist so die Anwesenheit der *Fructose* nachgewiesen, so wird mit dem Reduktionstest nach LASKER-ENKLEWITZ geprüft, der in diesem Falle 20 min beansprucht.

[1] VOIT, W.: H. **58**, 122 (1908/09); **61**, 92 (1909). — MALFATTI, H.: H. **58**, 544 (1908/09).

[2] NEUBERG, C., u. H. STRAUSS: H. **36**, 227 (1902). — NEUBERG, C.: H. **45**, 500 (1905). B. **35**, 959 (1902); **37**, 4616 (1904).

[3] Hinsberg-Lang 2. Aufl. S. 213. — RANNEY, H., and D. J. McCUNE: J. biol. Ch. **150**, 311 (1943).

[4] GOHR, H.: Kli. Wo. **1940**, 374.

[5] LASKER, M.: Amer. J. clin. Path. **20**, 485 (1950). — LASKER, M., and M. ENKLEWITZ: J. biol. Ch. **101**, 289 (1933).

[6] TRACEY, M. V.: Biochem. J. **47**, 433 (1950).

[7] BROWN, A. H.: Arch. Biochem. **11**, 269 (1946).

[8] BERGOLD, G., u. L. PISTER: Z. Naturforsch. **3b**, 406 (1948). — DISCHE, Z.: J. biol. Ch. **181**, 379 (1949).

[9] MINOT, A. S., H. FRANK, and D. DZIEWIATKOWSKI: Arch. Biochem. **20**, 394 (1949). — MINOT, A. S., and M. GRIMES: J. Nutrit. **39**, 159 (1949).

Der Reduktionstest nach LASKER-ENKLEWITZ besteht darin, daß Xyloketose BENE-DICTs Reagens schon bei einer Temperatur von 40° in 6 min und bei 60° schlagartig reduziert.

Lävulose reduziert bei 40° erst nach 60 min und bei 60° in 7 min. Aldopentosen reagieren bei 40° in 12—33 min. Glucose zeigt nach 6,5 Std bei 40° keine Reaktion. Man kann daher aus Reaktionszeit und Temperatur auf die Art des Zuckers schließen.

BENEDICTs Reagens hat folgende Zusammensetzung: 17,3 g $CuSO_4 \cdot 5H_2O$, 173 g Natriumcitrat, 200 g $Na_2CO_3 \cdot 10H_2O$, destilliertes Wasser ad 1000 cm³.

Ist die SELIWANOFFsche Probe negativ, so handelt es sich um *Glucose*.

Ist die Gärprobe negativ, so führt man die BIALsche Reaktion aus: 3—4 cm³ frisch bereitetes BIALs Reagens werden zum Kochen erhitzt und nach Entfernung der Flamme, ohne nochmal zu erwärmen, mit 3—4 Tropfen Urin versetzt. Ein breiter, blaugrüner Ring, welcher sich nach einigen Sekunden bildet, zeigt die positive Reaktion an, beim Stehen fällt ein dunkelblauer Niederschlag.

Das modifizierte BIALsche Reagens wird hergestellt, indem man 20 mg Orcin in 1 cm³ Wasser und 10 cm³ konzentrierter Salzsäure löst und mit einem Glasstab umrührt, der in eine 5 %ige Lösung von $FeCl_3$ getaucht war. Dies genügt, um dem Reagens einen feinen, grünlichen Ton zu geben.

Ist die Reaktion nach BIAL positiv, so erhitzt man nach LASKER-ENKLEWITZ 5 cm³ BENEDICTs Reagens und 1 cm³ Urin im Wasserbad auf 55° und notiert die Zeit, bis eine Reaktion eintritt. Ist die Zeit kürzer als 10 min, so ist *Xyloketose* vorhanden. Ist die Reaktionszeit länger, so handelt es sich um die Ausscheidung von *Mannoheptulose*, die aus der Nahrung stammt. Ist die SELIWANOFFsche Reaktion negativ, und dauert die Reduktion länger als 20 min, so handelt es sich um eine *Melliturie*. Man setzt dann den Naphthoresorcintest an, indem 3 cm³ Urin und 2 cm³ 50 %ige Schwefelsäure und ungefähr 100 mg Naphthoresorcin $1^1/_2$—2 min in kochendem Wasserbad erhitzt werden. Nach dem Abkühlen extrahiert man mit Äther oder Äthylacetat. Wird der Extrakt violettrot, so handelt es sich um *Glucuronsäure*verbindungen; ist dies nicht der Fall, handelt es sich um *Lactose*, welche durch den Schleimsäuretest (s. unten) nachgewiesen wird.

Eine weitere Möglichkeit, die Xyloketose nachzuweisen, besteht darin[1], daß man 5 cm³ Urin mit 1 cm³ 3 %igem H_2O_2 2 min lang schüttelt. Ist die Reduktionskraft gegenüber BENEDICTs Reagens verlorengegangen, so handelt es sich um Xyloketose.

Über den Nachweis als Osazone und Mischschmelzpunkte s. [2].

Lactose. Sie wird im Urin nur selten gefunden, ausgenommen während der Schwangerschaft und in der Stillperiode. Zum Nachweis wird meist der Schleimsäuretest verwendet.

Lactosenachweis durch den Schleimsäuretest. 50 cm³ Urin kocht man mit 12 cm³ konzentrierter Salpetersäure, bis das Volumen nur noch 10 cm³ beträgt. Nach dem Abkühlen versetzt man mit 10 cm³ Wasser und läßt über Nacht stehen. Ein feiner Niederschlag zeigt Schleimsäure an. Er kann durch mikroskopische Untersuchung identifiziert werden. Diese Methode versagt manchmal, und zwar können Harnstoff und Ammoniumsalze die Entstehung der Schleimsäure verhindern.

Durch Bleiacetatfällung und Zerlegung des Bleiniederschlages mit Schwefelsäure sowie anschließende Alkoholextraktion des konzentrierten Filtrates gelingt es, den Milchzucker soweit zu reinigen, daß er polarimetrisch bestimmt werden kann. Nach Angabe der Autoren[3] tritt ein Verlust von 10 % ein.

Im Harn läßt sich Lactose mit der bekannten Methylaminreaktion nachweisen[4].

Reagentien:
1. $H_2N—CH_3 \cdot HCl$, 0,2 %ig in Wasser.
2. NaOH, 10 %ig.

[1] ENKLEWITZ, M.: J. biol. Ch. **116**, 47 (1936).
[2] LASKER, M.: Amer. J. clin. Path. **20**, 485 (1950). — LASKER, M., and M. ENKLEWITZ: J. biol. Chem. **101**, 289 (1933).
[3] FREUND, E., u. B. LUSTIG: B. Z. **232**, 449 (1931).
[4] ORMSBY, A. A., and S. JOHNSON: J. Lab. clin. Med. **34**, 562 (1949).

Ausführung:

Zu 5 cm³ Harn gibt man 1 cm³ Methylaminlösung und 0,2 cm³ NaOH, mischt durch Kippen, bedeckt das Gefäß lose und erwärmt 30 min in Wasserbad auf 56°. Dann läßt man 1 Std bei Raumtemperatur stehen. Es entsteht in 15 min eine rote Farbe bei 0,5 % Lactose. Bei 0,05 % erscheint die Farbe nach 30 min bei Raumtemperatur. BENEDICTs Reagens wird bei dieser Lactosekonzentration nicht mehr reduziert.

Maltose stört, die meisten Monosaccharide nicht. Soll der Milchzucker durch Reduktion von Kupfertartratlösung bestimmt werden, so ist der Niederschlag wegen organischer Einschlüsse nicht direkt wägbar. Das Kupfer kann nach Auflösung in Salpetersäure elektrolytisch bestimmt werden[1] (HEIDT und Mitarbeiter[2]).

Saccharose kann im Harn nach WEST und RAPOPORT[3] bestimmt werden.

Das Vorkommen von *Methylglyoxal* im Harn wurde von PI-SUÑER und FARRÁN[4] beschrieben; sie haben es als 2,4-Dinitrophenylhydrazon isoliert.

ι) Glucuronsäuren.

Freie Glucuronsäuren kommen im Harn nur in Spuren vor. Der größte Teil erscheint als Verbindung mit Phenolen, Acetanilid, Antipyrin, Pyramidon, Morphin usw. Die freien Glucuronsäuren drehen die Ebene des polarisierten Lichtes nach rechts, die gebundenen Glucuronsäuren nach links. Neben den eben genannten Verbindungen der Glucuronsäure ist physiologisch von besonderer Bedeutung die Ausscheidung der Steroidhormone als Ester der Glucuronsäure.

Der *Nachweis* gelingt nach Spaltung in dem Ätherextrakt entweder durch alkoholische α-Naphthollösung nach GOLDSCHMIEDT[5] oder durch Darstellung der p-Bromphenylhydrazone nach MAYER und NEUBERG[6]. Um die Hydrazone darzustellen, fällt man den Harn erst mit Bleiacetat, zerlegt den Niederschlag mit Schwefelwasserstoff, hydrolysiert die Glucuronsäuren durch Kochen in verdünnter Schwefelsäure und kann in dem neutralisierten, mit Natriumacetat versetzten Filtrat die p-Bromphenylhydrazone abscheiden. Sie sind unlöslich in absolutem Alkohol und zeigen in einem Alkohol-Pyridingemisch eine Drehung von $[\alpha]_D^{20} = -369°$.

Normalwerte für die Ausscheidung von Glucuronsäuren lassen sich nicht angeben, da sie sehr stark von der Ernährung und von den Entgiftungsanforderungen, die an die Leber gestellt werden, sowie auch von der Harnmenge abhängen.

Zur quantitativen *Bestimmung* kann keine für alle Glucuronsäuren verwendbare Methode angegeben werden. Auch bei Ausnutzung der Reduktionskraft ist auf die Anwesenheit von Galakturonsäure Rücksicht zu nehmen, da die Reduktionswerte verschieden sind[7]. In sehr vielen Fällen ist von der Tatsache Gebrauch gemacht worden, daß Glucuronsäuren beim Erhitzen mit konzentrierter Salzsäure CO_2 abspalten. Das abgespaltene CO_2 kann bei geeigneter apparativer Anordnung titrimetrisch[8] oder manometrisch[9] oder direkt durch Wägung[10] bestimmt werden. Zur colorimetrischen Bestimmung von Glucuronsäure ist in den meisten Fällen die Reaktion mit Naphthoresorcin verwendet worden[11].

[1] HAMMOND, L. D.: J. Res. nat. Bur. Stand. **41**, 211 (1948).

[2] HEIDT, L. J., F. W. SOUTHAM, J. D. BENEDICT and M. E. SMITH: Am. Soc. **71**, 2190 (1949).

[3] WEST, C. D., and S. RAPOPORT: Proc. Soc. exp. Biol. Med. **70**, 140 (1949).

[4] PI-SUÑER, A., u. M. FARRÁN: B. Z. **256**, 241 (1932).

[5] GOLDSCHMIEDT, G.: H. **65**, 389; **67**, 194 (1910).

[6] MAYER, P., u. C. NEUBERG: H. **29**, 256 (1900).

[7] QUICK, A.: J. biol. Ch. **61**, 667 (1924). — KERTESZ, Z. I.: J. biol. Ch. **108**, 127 (1935).

[8] BORGSTRÖM, B.: Acta physiol. scand. **15**, 338 (1948). — MAHER, G. G.: Analyt. Chem., Washington **21**, 1142 (1949).

[9] TRACEY, M. V.: Biochem. J. **43**, 185 (1948).

[10] SAUER, J.: Kli. Wo. **1930** II, 2350.

[11] HANSON, S. W. F., G. T. MILLS and R. T. WILLIAMS: Biochem. J. **38**, 274 (1944). — MILLS, G. T.: Biochem. J. **40**, 283 (1946). — MOZOLOWSKI, W.: Biochem. J. **34**, 823 (1940). — FLORKIN, M.: C. R. Soc. Biol. **126**, 916 (1937). — FLORKIN, M., et R. CRISMER: C. R. Soc. Biol. **131**, 1277. — CRISMER, R.: C. R. Soc. Biol. **132**, 482 (1939). — JARRIGE, P.: Bull. Soc. Chim. biol. **29**, 461 (1947)

Dieses Verfahren ist sehr oft modifiziert worden. Eine Reaktion mit Thioglykolsäure bzw. mit Thioglykolsäure und Mannose beschreibt DISCHE[1], von dem auch eine Farbreaktion mit Carbazol angegeben worden ist[2]. Schließlich hat LEVVY die Diazoreaktion mit Naphthyläthylendiamin nach BRATTON und MARSHALL zur Glucuronsäurebestimmung in sehr kleinen Mengen ausgenutzt[3].

Eine besondere analytische Aufgabe ist es, z. B. Benzoylglucuronsäure neben Hippursäure zu bestimmen. Durch kurzes Kochen in alkalischer Lösung wird die Glucuronsäure gespalten, während Hippursäure nur unwesentlich angegriffen wird. Die abgespaltene Benzoesäure läßt sich mit Toluol extrahieren. Eine Korrektur für aus Hippursäure abgespaltene Benzoesäure ist notwendig[4].

Bei Verfütterung von Zimtsäure erscheinen im Harn Hippursäure, Zimtsäureglucuronsäure und Benzoylglucuronsäure. Die Größe der Ausscheidung wurde von SNAPPER und SALTZMAN bei Lebererkrankungen studiert und ein Verfahren angegeben, um die 3 Komponenten nebeneinander zu bestimmen[4].

COURTAIS und WICKSTRÖM geben an, daß Glucuronsäure mit HJO_4 unter Verbrauch von $5^1/_2$ Molen O_2 zu CH_2O, $HCOOH$ und CO_2 oxydiert wird. Die Bestimmung soll auch neben Milchsäure und Citronensäure möglich sein.

Glucuronsäurebestimmung nach JARRIGE[5].

Reagentien:

1. Naphthoresorcinlösung, 1%ig in 15%iger H_2SO_4.
2. Alkohol, 96%ig.
3. Eisessig,
4. H_2SO_4, 30%ig.

Ausführung:

2 cm³ der Glucuronsäurelösung, die bis zu 50 γ enthalten dürfen, 2 cm³ Naphthoresorcinlösung und 4 cm³ Schwefelsäure werden gemischt und 30 min im Wasserbad gekocht. Dann kühlt man auf 0° ab, setzt 1 cm³ Alkohol und 10 cm³ Eisessig zu und mißt die Extinktion bei 600 mμ. Bis zu 50 γ Glucose stören nicht, wenn 30 min erhitzt wird. Wird länger erhitzt, ist die Extinktion für Glucose meßbar. Ein Leerwert ist erforderlich. Die Genauigkeit wird mit 5% angegeben.

Bestimmung der Benzoylglucuronsäure neben Hippursäure nach BORGSTRÖM[6].

Reagentien:

1. 10 n NaOH.
2. HNO_3, konz.
3. Ammoniumsulfat in Substanz.
4. Toluol.
5. Gesättigte NaCl-Lösung.
6. Phenolphthaleinlösung, alkoholisch.
7. 0,1 n alkoholische Natronlauge, aus 5 g metallischem Natrium und 1 kg absolutem Alkohol.
8. Thymolphthaleinlösung.

Ausführung:

100 cm³ Urin werden mit Natronlauge bis zum Farbumschlag gegen Thymolphthalein versetzt, weitere 2 cm³ Natronlauge zugegeben, und 2 min zum Kochen erhitzt. Nach dem Abkühlen säuert man mit 3 cm³ konzentrierter Salpetersäure an, löst 50 g Ammoniumsulfat und bläst 30 min lang einen lebhaften Strom von reinem Stickstoff durch die Lösung, um Kohlendioxyd zu entfernen, das ebenfalls in Toluol löslich ist. Die Benzoesäure wird durch sanftes Schütteln mit 75 cm³ Toluol extrahiert, der Harn in einen 2. Scheidetrichter abgelassen und nochmal mit 75 bzw. 50 cm³ Toluol extrahiert. Die Extrakte werden gesammelt, die Scheidetrichter mit Toluol ausgespült, etwa mitgerissene

[1] DISCHE, Z.: J. biol. Ch. **171**, 725 (1947).
[2] DISCHE, Z.: J. biol. Ch. **167**, 189 (1947).
[3] LEVVY, G. A., and I. D. E. STOREY: Biochem. J. **44**, 295 (1949). — BRATTON, A. C., and E. K. MARSHALL: J. biol. Ch. **128**, 537 (1939).
[4] SNAPPER, I., and A. SALTZMAN: Arch. Biochem. **24**, 1 (1949).
[5] JARRIGE, E.: Bull. Soc. Chim. biol. **29**, 461 (1947).
[6] BORGSTRÖM, B.: Acta physiol. scand. **15**, 338 (1948).

Harnteilchen sorgfältig abgetrennt und die Extrakte zweimal mit gesättigter Kochsalzlösung gewaschen. Nach Überführung in einen Erlenmeyer-Kolben titriert man unmittelbar mit alkoholischer Natronlauge unter Zusatz von 10 Tropfen Phenolphthalein, bis die Farbe 1 min bestehen bleibt.

Berechnung:

1 cm³ 0,1 n NaOH = 19,408 mg Glucuronsäure oder 29,811 mg Benzoylglucuronsäure.

Diese Bedingungen wurden vom Autor als optimal ermittelt. Von vorgelegter Glucuronsäure werden fast theoretische Werte, selbst bei dem 10fachen Überschuß an Hippursäure, wiedergefunden. Aus 10 g Hippursäure werden unter den angegebenen Bedingungen nur 130 mg Benzoesäure abgespalten. Erst wenn das Kochen länger als 5 min fortgesetzt wird, ist die Spaltung der Hippursäure beträchtlich. Bei Mengen von 100—500 mg Benzoesäure beträgt der Fehler ± 3 mg, bei 50 mg ± 1,5 mg. Eine Korrektur von 2 mg für mitgespaltene Hippursäure wird empfohlen.

Manometrische Bestimmung von Uronsäuren nach Tracey[1].

Reagentien:

1. HCl, 12%ig.   2. Toluol.   3. 0,5 n NaOH.

Ausführung:

Man benutzt kleine Gläser von 7 mm äußerem und 5 mm innerem Durchmesser sowie 8—10 cm Länge, die gut gereinigt und getrocknet werden. In diese Gläser werden die trockenen Proben eingewogen.

Die Glucuronsäuren werden aus dem Harn extrahiert, die Extrakte verdampft und getrocknet (s. S. 246). Von diesen Proben werden kleine Mengen bis zu 50 mg in die Gläschen eingewogen und mit einer Capillarpipette 0,25 cm³ Salzsäure zugesetzt. Am oberen Ende zieht man eine feine Capillare aus, die abgeschmolzen wird. Die zugeschmolzenen Gläschen werden senkrecht stehend 5 Std in siedendem Toluol erhitzt und dann in Wasser abgekühlt. Sie werden mit einem Capillarschlauch an den van Slyke-Apparat angeschlossen; die Spitze der Capillare wird abgebrochen und das Kohlendioxyd durch zweimaliges Senken des Quecksilberspiegels evakuiert. Nach Feststellung des Druckes läßt man 0,5 cm³ Natronlauge in die Kammer einfließen, wodurch Kohlendioxyd absorbiert wird. Die weitere Bestimmung erfolgt nach den Angaben von van Slyke und Folch[2], wie Bd. III beschrieben ist.

An biologisch wichtigen Substanzen stört vor allem der Harnstoff, welcher rund 50% der theoretischen Menge an Kohlendioxyd abgibt. Auch Ascorbinsäure, Hypoxanthin und Alloxan stören. Brenztraubensäure liefert nur 4,7% der theoretischen Menge an Kohlendioxyd, Adenylsäure nur 1,8%. Bei anderen geprüften Substanzen ist der Fehler kleiner als 1%.

x) Phenole.

Die im intermediären Stoffwechsel dauernd, auch unter normalen Bedingungen, entstehenden Phenole werden im Harn als Ester der Schwefelsäure und der Glucuronsäure ausgeschieden. Es lassen sich *Phenole, Kresole, Brenzcatechin* und *Indol* nachweisen. Die im normalen Harn je Tag ausgeschiedenen Mengen schwanken zwischen 50 und 150 mg. Nach den älteren Angaben sind Kresol und Phenol ungefähr in gleichen Mengenverhältnissen vorhanden, während nach den Untersuchungen von Schmidt[3] die Kresole 87 mg, die Phenole nur 10 mg ausmachen. Unter krankhaften Bedingungen kann die Phenolausscheidung im Tag bis auf fast 1 g ansteigen.

Zum *Nachweis* der Phenole kann man im Ätherextrakt oder im Destillat die Reaktion mit neutraler Eisenchloridlösung verwenden, wobei eine blauviolette Färbung entsteht. Mit Bromwasser entsteht ein gelblich-weißer Niederschlag von Tribromphenol, und mit

[1] Tracey, M. V.: Biochem. J. **43**, 185 (1948).
[2] van Slyke, D. D., and J. Folch: J. biol. Ch. **136**, 509 (1940).
[3] Schmidt, E. G.: J. biol. Ch. **179**, 211 (1949).

MILLONscher Lösung entsteht eine Rotfärbung. Zum spezifischen Nachweis von *o-Diphenolen* empfehlen SEVILLA und DI MENZA[1] Ammoniummetavanadat, wodurch eine flüchtige rotviolette Farbe entsteht. Sie ist positiv bei Brenzcatechin, Adrenalin, Pyrogallol und Apomorphin, mit Vanillin und Morphin erst nach Hydrolyse. Keine Reaktion geben m-Diphenole und p-Diphenole. Eine weitere qualitative Probe ist von BOSCOTT[2] beschrieben worden. Nach Kupplung mit diazotierter Diäthylaminoäthyl-p-aminophenolsulfosäure können Phenole, Phenolsäuren, Oestrogene usw. in ätherischer bzw. benzolischer Lösung bei definiertem p_H zwischen dem organischen Lösungsmittel und Wasser verteilt werden. Es soll so eine weitgehende Aufteilung der Phenolfraktionen möglich sein.

Die quantitative *Bestimmung* gelingt durch Diazotierung. GOMORI[3] empfiehlt diazotiertes 5-Nitro-2-aminoanisol (,,Red B Salz"); auch die Verwendung von diazotierter Sulfanilsäure wird vorgeschlagen[4]. Wird gleichzeitig das Reagens von FOLIN-CIOCALTEU reduziert, so kann man durch Messung bei zwei verschiedenen Wellenlängen das Verhältnis von Phenol zu p-Kresol bestimmen. Die Reduktion des Reagens nach FOLIN-CIOCALTEU ist auch von FOLIN und DENIS[5] empfohlen worden. Da nur die freien Phenole reagieren, ist es möglich, vor und nach Verseifung freies und gebundenes Phenol nebeneinander zu bestimmen. Die Verwendung von 2,6-Dichlor-chinon-chlorimid soll zu colorimetrischen Bestimmungen der Phenole im Harn ebenfalls brauchbar sein[6]. Eine chromatographische Trennung, besonders für Stoffwechselstudien, wird von BRAY und Mitarbeitern empfohlen[7]. Sie verwenden als Lösungsmittel Petroläther oder Benzol, mit Ameisensäure gesättigt. Weitere Lösungsmittel s. im Original.

Eine titrimetrische Bestimmung, bei welcher die Jodierung von Phenolen mit alkalischer Jodlösung vorgenommen wird, stammt von KOSSLER und PENNY[8]. Es müssen natürlich Aceton, Acetessigsäure und Ammoniak entfernt werden. In der ursprünglichen Ausführungsform scheint sie zu hohe Resultate zu geben. Eine Kritik und Abänderung dieses Verfahrens haben SALKOWSKI sowie NEUBERG[9] angegeben. Schließlich gelingt es auch, durch direkte Nitrierung Phenole zu bestimmen, nachdem sie durch Wasserdampfdestillation abgetrennt sind. Dieses Verfahren ist sicher eines der spezifischsten und daher zu empfehlen[10].

Bestimmung der Phenole durch Nitrierung nach STOUGHTON[10].

Reagentien:

1. Äther.
2. Eisessig.
3. H_2SO_4, konz.

4. HNO_3, konz.
5. NH_4OH, konz.

Ausführung:

Die angesäuerten Substrate werden zur Abtrennung der Phenole einer Wasserdampfdestillation unterworfen. Das Destillat wird 3—4mal mit Äther ausgeschüttelt, der Äther verdampft und der Rückstand in einer bestimmten Menge Eisessig gelöst. Hiervon entnimmt man einen aliquoten Teil, füllt mit reinem Eisessig auf 5 cm³ auf, gibt 6 Tropfen konzentrierte Schwefelsäure und 2 Tropfen konzentrierte Salpetersäure hinzu und erhitzt solange auf dem Wasserbad, bis die entstehende Gelbfärbung ihr Maximum erreicht hat. Nach dem Abkühlen verdünnt man mit 10 cm³ Wasser, alkalisiert langsam mit 15 cm³ konzentriertem Ammoniak, füllt auf 50 cm³ auf und colorimetriert.

[1] SEVILLA, J., u. J. A. DI MENZA: Rev. Asoc. bioquim. argent. 14, 17 (1947).
[2] BOSCOTT, R. J.: J. Endocrinol. 7, 154 (1951).
[3] GOMORI, G.: J. Lab. clin. Med. 34, 275 (1949).
[4] SCHMIDT, E. G.: J. biol. Ch. 179, 211 (1949).
[5] FOLIN, O., and W. DENIS: J. biol. Ch. 13, 469 (1912/13).
[6] PORTEOUS, J. W., and R. T. WILLIAMS: Biochem. J. 44, 46 (1949).
[7] BRAY, H. G., H. J. LAKE, W. V. THORPE and K. WHITE: Biochem. J. 47, XIII (1950).
[8] KOSSLER, A., u. E. PENNY: H. 17, 115 (1893).
[9] NEUBERG, C.: H. 27, 123 (1899).
[10] STOUGHTON, R. W.: J. biol. Ch. 115, 293 (1936).

Bestimmung der Phenole nach Gomori[1].

Reagentien:

1. Dinatriumtetraborat, gesättigte Lösung in 15%igem Alkohol.
2. Diazotiertes 5-Nitro-2-aminoanisol („Red B Salz"), 0,25%ige wäßrige Lösung, der 1 cm³ 5%ige Schwefelsäure zugesetzt ist.

Ausführung:

Man stellt sich eine Eichkurve mit reinem Phenol her, indem man je 5 cm³ einer 50—500 γ-%igen Lösung zur Reaktion benutzt. Vom Harn nimmt man 1 cm³, mischt mit 5 cm³ Wasser und 4 cm³ Dinatriumtetraboratlösung und 0,5 cm³ Diazoreagens. Die Ablesung erfolgt gegen einen Leerwert; wenn aber das Substrat nicht farblos ist, müssen 2 Leerwerte angesetzt werden, von denen der eine kein Reagens enthält.

Bestimmung der Phenole nach Schmidt[2].

Reagentien:

1. Reagens nach Folin-Ciocalteu, s. S. 418.	3. Na_2CO_3, 1%ig.	5. Alkohol.
2. Diazotierte Sulfanilsäure.	4. Na_2CO_3, 20%ig.	6. Äther.

Ausführung:

50 cm³ eines Tagesharnes werden auf 200 cm³ verdünnt und mit Schwefelsäure bis p_H 1 angesäuert. Man kocht zuerst 30 min am Rückflußkühler, anschließend unterwirft man die Probe der Destillation und fängt 6 Fraktionen zu je 100 cm³ auf, indem man das verdampfende Wasser laufend ersetzt. Zu 10 cm³ der gemischten Destillate gibt man 1 cm³ Folin-Ciocalteu-Reagens und 2 cm³ 20%iges Natriumcarbonat, erhitzt 1 min in kochendem Wasserbad, kühlt ab und mißt mit Filter S 66. Ein anderer Teil von 2 cm³ des Destillates wird mit 5 cm³ Alkohol und 3 cm³ Äther gemischt, dann werden 2 cm³ Wasser, 1 cm³ diazotierte Sulfanilsäure und 1 cm³ 1%ige Na_2CO_3-Lösung zugegeben. Die Messung erfolgt sofort mit Filter S 42.

Da sich das Verhältnis der Extinktionen von Phenol: p-Kresol bei der ersten Messung wie 1:12 verhält, bei der zweiten Messung mit Sulfanilsäure aber wie 1:1,66, kann nach diesen Angaben der Phenolgehalt berechnet werden.

Die Reaktion von *Indoxylschwefelsäure* mit Hexylresorcin ist von Rose und Exton[3] entdeckt worden und wurde von Böhm und Grüner zu einer Bestimmungsmethode ausgearbeitet[4]. Eucker warnt vor der Verwendung von Bleiacetat zur Klärung des Harnes, weil dadurch große Indoxylschwefelsäureverluste entstehen können[5]. Die von Kumon beschriebene Reaktion von Ninhydrin mit Indoxyl[6] ist zwar sehr empfindlich, wird aber als unspezifisch abgelehnt. Zur colorimetrischen Bestimmung von *Indol* wird die Reaktion mit Xanthydrol empfohlen[7].

Bestimmung von Indoxylschwefelsäure* nach Böhm[8].

Reagentien:

1. Obermeyers Reagens: 1 g Eisen(III)-chlorid in 100 cm³ rauchender Salzsäure.	2. Hexylresorcin, 0,3%ig in Alkohol.
	3. Toluol.

Ausführung:

1 cm³ Harn wird mit 0,1 cm³ Hexylresorcin und 3 cm³ Obermeyers Reagens gemischt, nach 5 min mit 5 cm³ Toluol ausgeschüttelt, die klare Toluolschicht abgehoben und die rote Farbe mit Filter S 57 photometriert.

---

* Die im Harn vorkommende Indoxylschwefelsäure wird gewöhnlich fälschlicherweise Indican bzw. Harnindican genannt. Die Bezeichnung Indican ist aber von jeher einem pflanzlichen Glykosid, das die Vorstufe von Indigo ist, vorbehalten.

[1] Gomori, G.: J. Lab. clin. Med. **34**, 275 (1949).
[2] Schmidt, E. G.: J. biol. Ch. **179**, 211 (1949).
[3] Rose, A. R., and W. G. Exton: J. biol. Ch. **109**, LXXVI (1935).
[4] Böhm, F., u. G. Grüner: Kli. Wo. **1936** II, 1279.
[5] Eucker, H.: Z. ges. exp. Med. **102**, 589 (1938).
[6] Kumon, T.: H. **231**, 205 (1935).
[7] Fearon, W. R., and J. A. Drum: Sci. Proc. R. Dublin Soc. **25**, 295 (1951).
[8] Böhm, F.: B. Z. **290**, 137 (1937).

Colorimetrische Bestimmung von Indol mit Xanthydrol nach FEARON ***und*** DRUM[1].

Reagentien:

1. Standard-Indollösung: 100 mg-%ig
   in absolutem Alkohol.
2. Eisessig, frei von Glyoxylsäure.
3. Xanthydrol, 5%ig in absolutem Alkohol.

Ausführung:

Bei biologischen Substraten wird man im allgemeinen das Indol durch Wasserdampf-destillation abtrennen müssen. Dabei sind stark saure Lösungen zu vermeiden, die Verfasser schlagen ein p_H von 7,5 vor.

Von dem Destillat nimmt man 1 oder 2 cm³ und 10 Tropfen der frischen Xanthydrollösung, füllt auf 8 cm³ mit Eisessig auf und kocht 10 min im Wasserbad. Die Farbe wird dann in einem Colorimeter gemessen; bis 15 mg-% ist das BEERsche Gesetz erfüllt.

λ) Cholesterin.

Die ersten Angaben über den Cholesteringehalt im Harn stammen von BUTENANDT und DANNENBAUM[2]. Später wurde von amerikanischen Autoren berichtet, daß bei Carcinomträgern der Cholesteringehalt besonders erhöht sei[3]. Die eingehenden Untersuchungen von TRAPPE[4] zeigten aber, daß eine Mehrausscheidung von Cholesterin nicht von einem Carcinom, sondern nur von einer Nierenschädigung abhängig ist.

Der normale Harn enthält nur freies Cholesterin, und zwar der sedimentfreie Anteil 20—90 γ-%, mit Sediment 20—140 γ-%. Bei Nierenschäden, besonders bei Lipoidnephrose, kann der Gehalt bis auf 1,3 bzw. 1,6 mg-% ansteigen; bei Nierenschädigung tritt auch verestertes Colesterin im Harn auf, und zwar offenbar in Abhängigkeit von Nierenschäden im klaren Urin bis zu 2400 γ-%, im sedimenthaltigen Urin bis zu 2640 γ-%. Von BURCHELL und Mitarbeitern[5] werden die Befunde von TRAPPE bestätigt; umgerechnet auf den Tagesharn finden sie maximal bis zu 0,8 mg bei Frauen, bis zu 1 mg bei Männern. Ausgenommen bei Albuminurie und Pyurie ist der Cholesteringehalt des Sediments von derselben Größenordnung.

Die Methode von TRAPPE gestattet eine *getrennte Bestimmung von freiem und verestertem Cholesterin*, was mit anderer Methode nicht möglich ist. Die von ihm ausgearbeitete Vorschrift lautet: Aus 200 cm³ unfiltriertem, eventuell durch Zentrifugieren von Sediment befreitem, lackmussaurem Harn werden die Cholesterinfraktionen quantitativ an 4,0 g Kieselsäurehydrat (Schering, Berlin) adsorbiert; das Adsorbat wird abzentrifugiert und nach dem Abgießen des überstehenden Harnes im Vakuumexsiccator vollständig getrocknet. Das getrocknete Adsorbat wird in ein Adsorptionsrohr gefüllt, welches 4 g Al_2O_3, standardisiert nach BROCKMANN (Merck), enthält, und schließlich durch eine geringe Menge Kieselgur abgeschlossen. Das veresterte Cholesterin läßt sich elektiv und quantitativ durch 30 cm³ Benzol, das nichtveresterte Cholesterin quantitativ mit 30 cm³ Äthyläther, Chloroform oder Äthyläther-Methylenchlorid 2:1 eluieren. Bestimmung nach der für Blut, S. 127, beschriebenen Methode nach Vertreiben der Elutionsmittel.

SOBOTKA und BLOCH[3] extrahieren den Harn mit Dibutyläther auf der Schüttelmaschine und waschen diesen Extrakt mit Natriumcarbonatlösung, Natriumhydroxyd und Salzsäure. Der nach dem Abdampfen verbleibende Rückstand hinterläßt nach dem Verseifen, umkrystallisiert aus Methylalkohol, Cholesterin, nachdem das Unverseifbare durch Petroläther abgetrennt war. Die Bestimmung ist nur angenähert quantitativ und erfordert jeweils 100 Liter Urin.

Neuerdings wird vorgeschlagen, das Cholesterin an Aluminiumwolframat zu adsorbieren und mit Aceton zu eluieren[6]. Man gibt zu 200 cm³ Urin 10 cm³ 10%iges Natrium-

---

[1] FEARON, W. R., and J. A. DRUM: Sci. Pro. R. Dublin Soc. **25**, 295 (1951).

[2] BUTENANDT, A., u. H. DANNENBAUM: H. **248**, 151 (1937).

[3] BLOCH, E., and H. SOBOTKA: J. biol. Ch. **124**, 567 (1938). — SOBOTKA, H., and E. BLOCH: Amer. J. Cancer **35**, 50 (1939).

[4] TRAPPE, W.: Z. Krebsforsch. **53**, 47 (1942).

[5] BURCHELL, M. M., J. H. O. EARLE and N. F. MACLAGAN: Brit. J. Cancer **3**, 42 (1949). Biochem. J. **44**, IV (1949). — SOBOTKA, H., E. BLOCH and A. B. ROSENBLOOM: Amer. J. Cancer **38**, 253 (1940).

[6] BURCHELL, M. M., and N. F. MACLAGAN: Brit. J. Cancer **3**, 52 (1949).

wolframat und 10 cm³ 0,73 m Natriumaluminiumsulfat. Nach 10 min wird zentrifugiert, 2mal mit 60 cm³ heißem Wasser ausgewaschen und der gewaschene Niederschlag durch kochendes Aceton eluiert. Nach dem Vertreiben des Aceton wird der wäßrige Rückstand völlig bei 105° getrocknet, mit Petroläther extrahiert, der Petroläther verdampft und anschließend die LIEBERMANN-BURCHARD-Reaktion in Chloroformlösung ausgeführt (s. S. 126).

d) Hormone.

α) *Einleitung und Normalwerte.*

Quantitative Untersuchungen über den Gehalt des Harnes an Hormonen wurden vor etwa 30 Jahren begonnen und erst in den letzten 10 Jahren mit Erfolg durchgeführt, seitdem genügend empfindliche und zuverlässige Mikromethoden ausgearbeitet sind, um eine getrennte Bestimmung durchführen zu können.

Der Harn des Menschen und der Tiere enthält fast alle Hormone, die im Organismus vorkommen, zum Teil aber in ganz anderen Konzentrationsverhältnissen als das Blut, zum Teil ferner außer den eigentlichen Hormonen Abbau- und Umbauprodukte, die selbst nur eine sehr schwache oder keine hormonale Wirkung mehr haben. Eine Einteilung der im Harn vorkommenden Hormone kann nach 2 Gesichtspunkten erfolgen,

1. nach der physiologischen Funktion, die diese Hormone auszuüben vermögen, und

2. nach der chemischen Konstitution, auf Grund deren eine Abtrennung von anderen Hormonen oder eine Reindarstellung möglich ist.

Nimmt man die Einteilung der Hormone nach ihrer *Funktion* vor, so ergibt sich zwangsläufig, daß ihre Bestimmung mit Hilfe von biologischen Versuchen erfolgen muß. Erfolgt die Einteilung von chemischen Gesichtspunkten aus, so kann ihre Bestimmung mit mehr oder weniger spezifischen Reaktionen, die meist auf eine Farbentwicklung hinauslaufen, erfolgen.

Man kann 3 große Gruppen von Hormonen im Harn unterscheiden:

a) Die Hypophysenhormone, die alle einen eiweißartigen Charakter tragen und nur biologisch ausgewertet werden können, da die chemischen Reaktionen zu unspezifisch sind.

b) Die Steroidhormone; hierzu gehören:

1. die oestrogenen Hormone (Oestron, Oestriol und Oestradiol),

2. die androgenen Hormone (Testosteron, Androsteron und Dehydroandrosteron),

3. das Corpus luteum-Hormon (Progesteron) und

4. die Nebennierenrindenhormone (Corticosteron, Desoxycorticosteron usw.).

Als Abbauprodukt der beiden letztgenannten Hormongruppen kommt in Betracht

5. das Pregnandiol als Stoffwechselprodukt von Progesteron, vielleicht auch von anderen Sexualhormonen.

c) Eine Reihe anderer Hormone, die keiner einheitlichen chemischen oder biologischen Gruppe angehören, und zwar

1. Insulin,

2. Thyroxin,

3. Adrenalin,

4. Gewebshormone, z. B. Histamin, Cholin, Kallikrein.

Die Bestimmung der Steroidhormone im Harn hat in neuerer Zeit große Bedeutung erlangt und wird daher hier abgehandelt. Bezüglich chemischen und biologischen Nachweises aller anderen Hormone wird auf Bd. IV verwiesen.

Alle *Steroidhormone und ihre Abbauprodukte* leiten sich von dem Steran ab, einem Kohlenwasserstoff, der physiologisch aber nicht vorkommt.

Nach ihren chemischen Eigenschaften werden die Steroide in 3 große Gruppen eingeteilt,

1. Säuren, wozu die *Gallensäuren* gehören,

2. Steroide, die einen *aromatischen* Phenolring enthalten. Sie besitzen schwach saure Eigenschaften und gehen aus einem Extrakt in organischen Lösungsmitteln in wäßrige Natronlauge über,

3. die *neutralen Steroide*, die keinen aromatischen Ring mehr enthalten, wohl aber an verschiedenen Stellen des Moleküls Doppelbindungen tragen können. Die reaktiven Gruppen der neutralen Steroide sind entweder alkoholische Hydroxylgruppen oder Ketogruppen. Auf Grund dieser reaktiven Gruppen ist wieder eine Einteilung in 3 Untergruppen möglich:

    a) reine Ketone,

    b) reine Alkohole und

    c) Steroide, die sowohl alkoholische Hydroxylgruppen als auch Ketogruppen enthalten.

Die *Ausscheidung* der Steroide im Harn erfolgt selten in freier Form, viel öfter als Ester der Glucuronsäure oder Schwefelsäure. Die Steroide werden im Harn unter normalen Bedingungen nur in Bruchteilen eines Milligramms ausgeschieden; bei der Schwangerschaft oder unter gewissen pathologischen Bedingungen, wozu besonders Tumoren der Nebennieren, der Ovarien und Testes gehören, kann die tägliche Ausscheidung auf 50—100 mg und mehr steigen.

Die sich auf die chemischen Eigenschaften der Steroide stützenden *Nachweisverfahren* haben alle den Nachteil, daß sie Gruppenreaktionen sind, die mit der biologischen Aktivität des untersuchten Extraktes nicht übereinstimmen. In vielen Fällen ist aber trotzdem eine solche Reaktion von klinischer Bedeutung, weil man einen allgemeinen Anhaltspunkt für die endokrine Funktionstüchtigkeit einer Drüse gewinnen kann. Die Beziehung der einzelnen Harnsteroide zu körpereigenen Hormonen geht aus dem nebenstehenden Schema hervor.

Es geht aus dieser Zusammenstellung hervor, daß die Bestimmung von Ketosteroiden oder Steroidalkoholen für die Produktion von Progesteron oder Corticosteroiden nicht charakteristisch ist. Auch die Bildung von androgenen Hormonen ist aus einer Bestimmung der Ketosteroide nicht mit Sicherheit abzulesen. Dagegen gestattet die getrennte Bestimmung der phenolischen Steroidfraktion einen Rückschluß auf die entstandenen oestrogenen Hormone.

Schema zur Extraktion der Ketosteroide des Harnes[1].

Harn
Hydrolyse mit HCl oder H_2SO_4 und erschöpfende Extraktion
mit CCl_4, C_6H_6, C_6H_5—CH_3, Äther oder Pentan

Saure Fraktion entfernt durch Waschen mit $NaHCO_3$-Lösung	Phenolische Fraktion (Oestrogene) entfernt durch Waschen mit wäßriger 2 n NaOH	Neutrale Fraktion (für klinische Zwecke) direkte Bestimmung der Ketosteroide

Kochen mit GIRARDS Reagens T

Keton-Fraktion (Behandlung mit Digitoninlösung)	Nichtketonfraktion (gewöhnlich 10—15% der neutralen Fraktion) enthält Pregnandiol

3(α)-Oxyketone (bleiben in Lösung)	3(β)-Oxyketone (werden gefällt)

[1] ESCAMILLA, R. F.: Ann. internal Med. **30**, 249 (1949). — DOBRINER, K., S. LIEBERMAN and C. P. RHOADS: J. biol. Ch. **172**, 241 (1948).

Bei den Steroiden ist die Stellung der Hydroxylgruppe am Ringsystem von ausschlaggebender Bedeutung. Alle Steroide, die am Kohlenstoffatom 3 eine Hydroxylgruppe tragen, die vor der Bildebene liegt, werden als β-Steroide, diejenigen, bei denen die Hydroxylgruppe hinter der Bildebene liegt, als α-Steroide bezeichnet. Die β-Steroide sind mit Digitonin fällbar, die α-Verbindungen nicht[1]. Die Aufarbeitung eines Harnes erfolgt nach dem oben Gesagten nach vorstehendem Schema.

Durch unmittelbare Chloroformextraktion werden dem Harn die nichtveresterten Steroide, wie z. B. die Corticosteroide, zum Teil aber auch die oestrogenen Hormone, entzogen. Nach Hydrolyse des Restharnes mit Säure werden durch organische, mit Wasser nicht mischbare Lösungsmittel alle Steroide extrahiert. Sie geben ihre sauren Anteile, wie z. B. Pigmente und Gallensäure, an eine schwach alkalische Natriumhydrogencarbonatlösung ab, während die schwächer sauren oestrogenen Hormone durch verdünnte Natronlauge dem Lösungsmittel entzogen werden können. Die zurückbleibende, sog. neutrale Fraktion wird durch GIRARDs Reagens in Ketosteroide und in Nichtketosteroide aufgeteilt. Aus diesen Fraktionen können durch Behandlung mit Bernsteinsäureanhydrid bzw. Phthalsäureanhydrid die alkoholischen von den nichtalkoholischen Steroiden getrennt werden. Da die alkoholischen Steroide saure Ester der Bernsteinsäure bzw. Phthalsäure bilden, werden sie in wäßrigem Alkali löslich und können so von den Ketonen abgetrennt werden. Die alkoholische Fraktion schließlich kann nach Abspaltung des Säureesters durch Digitonin in α-Steroide und β-Steroide aufgeteilt werden.

GIRARDs Reagens ist das Säurehydrazid der Trimethylaminoessigsäure. Die mit den Ketonen entstehenden Hydrazone tragen also eine stark basische Gruppe und werden dadurch löslich in schwachen Säuren und Wasser. Auf diese Weise ist eine Trennung der Ketonfraktion von der Nichtketonfraktion möglich. Die Ketonkörper können durch Behandlung mit Säure zurückgewonnen werden.

[1] BAUMANN, E. J., and N. METZGER: Endocrinology 27, 664 (1940).

Tabelle 46. *Steroidausscheidung im 24 Std-Harn*[1].

Diagnose	Geschlecht	Alter	Harnvolumen	Zahl der Versuchstage	Rohextrakt Farbäquivalent für Androsteron	Ketonfraktion			Nichtketonfraktion			
						Gesamt	α	β	Gesamt	alkoholische Fraktion		nicht-alkoholische Fraktion
										mg	Äquivalente an OH-Gruppen γ	
		Jahre	Liter		mg	mg	mg	mg	mg	mg		mg
Normal	♂	21	168	114	17,1	16,7	16,2	1,1	44,6	10,8	34,2	32,0
Normal	♂	35	91	33	29,0	26,1	21,4	2,3	99,0	21,2	41,0	72,5
Normal	♀	17	140	141	15,8	16,2	13,6	0,4	34,4	6,4	28,3	30,0
Normal	♀	32	86	42	14,7	14,9	10,1	0,5	61,4	7,9	45,0	57,6
Normal	♀	33	117	171	7,0	4,5	4,2	0,1	54,2	15,6	78,0	36,4
Schwangerschaft	♀	8	134	95	62,0	65,8	62,3	3,2	135,9	50,2	188,4	84,0
Nebennierenhyperplasie .	♀	27	20	40	53,7	54,6	43,7	3,7	89,8	30,0	121,0	59,7
Nebennierenhyperplasie .	♀	19	4	14	192,8	212,1	130,7	80,6	258,4	72,6	362,0	164,9
Nebennierentumor . . .	♀	28	17	-13	71,0	41,7	30,1	11,0	129,7	38,9	195,0	86,2
Nebennierentumor . . .	♀	62	396	223	8,6	6,4	6,3	0,1	35,5	5,7	28,0	27,3
Mammacarcinom. . . .	♀	33	117	249	6,3	6,1	5,5	0,4	26,2	5,3	24,8	20,0
Mammacarcinom. . . .	♂	60	271	152	6,9	3,6	3,5	0,2	51,0	5,4	22,4	46,6
Carcinom der Prostata .	♂	65	188	200	6,6	2,8	2,6	0,01	66,0	5,3	15,3	56,9

[1] DOBRINER, K., S. LIEBERMAN and C. P. RHOADS: J. biol. Ch. 172, 241 (1948).

Einen allgemeinen Überblick über die Ausscheidungsgrößen der wichtigsten Steroide gibt die Tabelle 46.

Die *Ketosteroide* des Harnes setzen sich zusammen aus

1. Oestron, einem Keton mit aromatischem Ring,
2. 17-Ketosteroiden, und
3. 20-Ketosteroiden.

Von diesen kann durch einfaches Ausziehen des Steroidextraktes in CCl_4, Äther oder Benzol mit wäßriger Lauge das Oestron abgetrennt werden, während eine Trennung zwischen 17-Ketosteroiden und 20-Ketosteroiden mit einfachen Mitteln nicht möglich ist. Klinisch besitzen die 17-Ketosteroide die größere Bedeutung, und da ihre Farbreaktionen bei weitem stärker sind als die der 20-Ketosteroide, genügt im allgemeinen eine Bestimmung der Ketosteroide, worunter stillschweigend 17-Ketosteroide gemeint sind. Die Menge der Ketosteroide wird auf einen Androsteronstandardwert bezogen und in Milligrammen Androsteron ausgedrückt, wenn auch die tatsächliche Menge diesen Angaben nicht entspricht, und unter der stillschweigenden Voraussetzung, daß es sich nicht ausschließlich um 17-Ketosteroide handelt, die bestimmt werden.

Von Ketosteroiden sind im ganzen 42 im Harn bekannt. Sie sind von DOBRINER und Mitarbeitern[1] zusammengestellt worden; die nachfolgende Tabelle gibt eine Übersicht nach ESCAMILLA[2]. Über die Konstitution s. [1].

Tabelle 47. *Nichtaromatische α-Ketosteroide des Harnes* [2].

1. $\Delta^{3,5}$-Androstan-dienon-17
2. Δ^2 (oder [3])-Androstenon-17
3. 3-Chlor-Δ^5-androstenon-17
4. Ätiocholanol-3(α)-on-17-acetat-3
5. Δ^{11}(?)-Androstenol-3(α)-on-17-acetat-3
6. Allopregnandion-3,20
7. Pregnandion-3,20
8. Androstandion-3,17
9. Ätiocholandion-3,17
10. Δ^4-Androstendion-3,17
11. Allopregnanol-3(α)-on-20
12. Pregnanol-3(α)-on-20
13. Androsteron
14. Δ^9-Androstenol-3(α)-on-17
15. 17-iso-Pregnanol-3(α)-on-20
16. Δ^9-Ätiocholenol-3(α)-on-17
17. Ätiocholanol-3(α)-on-17
18. Androstandiol-3(α),11(β)-on-17
19. Ätiocholanol-3(α)-dion-11,17
20. Pregnandiol-3(α)-20(α)
21. Allopregnandiol-3(α),6-on-20

Tabelle 48. *Nichtaromatische β-Ketosteroide des Harnes*[2].

1. Δ^2(oder [3])-Allopregnenon-20
2. Allopregnanol-3(β)-on-20
3. Dehydroisoandrosteron
4. Isoandrosteron

Die Tabellen 47 und 48 führen die α- und β-Ketosteroide getrennt auf; die α-Ketosteroide sind viel zahlreicher und klinisch von größerer Bedeutung. Eine Übersicht über die Bestimmungsmethoden der Steroide im Harn und deren Bedeutung findet sich bei TOMPSETT[4]. Die Oestrogene, Progesteron und Androgene entstammen beim Mann der Nebennierenrinde, das Androgen vor allem den Testes, während bei der Frau die Oestrogene und das Progesteron den Ovarien und der Placenta, aber auch der Nebenniere ent-

Tabelle 49. *Klinischer Wert von Steroidanalysen* [3].

	Gesammelter Urin von folgenden Cyclustagen			
	10.—11.	15.—16.	20.—21.	25.—26.
Gonadotropin ..	C	A	B	C
Oestrogene ...	B	A	B	C
Pregnandiol ...	—	C	A	B
17-Ketosteroide .	zweimal während des Cyclus			

A = Urinprobe von hohem diagnostischen Wert;
B = Urinprobe von mittlerem diagnostischen Wert;
C = Urinprobe von geringem diagnostischen Wert.

[1] LIEBERMAN, S., K. DOBRINER, B. R. HILL, L. F. FIESER and C. P. RHOADS: J. biol. Ch. **172**, 263 (1948).
[2] ESCAMILLA, R. F.: Ann. internal Med. **30**, 249 (1949).
[3] WATTEVILLE, H. DE, S. SALINGER and R. BORTH: Brit. med. J. **13**, 352 (1949).
[4] TOMPSETT, S. L.: Analyst **74**, 6 (1949); s. auch Zitat [3].

Tabelle 50. *Ausscheidung von Ketosteroiden bzw. Androsteron im Harn.*

	Normalwerte			Normalwerte	
	Androgene IE/Tag	17-Keto-steroide mg/Tag		Androgene IE/Tag	17-Keto-steroide mg/Tag
Kinder 3—10 Jahre[1]	0,3—5,0	1,2—6,0	Kaninchen[2]		2,23
Kinder 10—15 Jahre[1]	7,0—18	2,3—12,0	Rhesusaffen, männliche		
Kinder 15—18 Jahre[1]			Junge	<0,05[3]	
Männer 17—40 Jahre[1]	38—98	9,1—22,6	Rhesusaffen, männliche		
	(20—225)		Erwachsene . . .	2,1—2,6[3]	1,6
Männer 62—88 Jahre[1]	5—20	3,4—9,4	Rhesusaffen, weibliche		
	(2—87)		Junge	< 0,05[3]	
Frauen 20—40 Jahre[1]	41—47	4,5—12,6	Rhesusaffen, weibliche		
	(2—85)		Erwachsene . . .	1,2—2,2	2,0
Frauen 42—74 Jahre[1]	9—11	16—81	Rhesusaffen, trächtige	5,9[3]	

stammen sollen. Der Wert der Bestimmung der verschiedenen Ketosteroide (und auch der gonadotropen Hormone) wird von WATTEVILLE[4] klassifiziert, wobei besonders berücksichtigt wird, in welchem Zeitraum und wie oft eine solche Probe bestimmt werden muß. Über die diagnostische Bedeutung der 17-Ketosteroide s. auch [5].

Die *normale Ausscheidung von Ketosteroiden* schwankt unter physiologischen Bedingungen bereits in erheblichen Grenzen für gesunde Männer oder gesunde Frauen, aber auch sehr stark mit dem Alter. Eine Übersicht über diese Werte, getrennt nach biologisch bestimmten Androgeneinheiten bzw. nach colorimetrisch bestimmten 17-Ketosteroiden, gibt die Tabelle 50, die nach PINCUS und THIMANN, sowie KIMELDORF[1] zusammengestellt ist. Die Normalwerte schwanken etwas von Laboratorium zu Laboratorium. Über die Ausscheidung bei Neugeborenen s. [6].

Obwohl zwischen der biologisch bestimmten Androgeneinheit und der colorimetrisch bestimmten 17-Ketosteroidmenge mitunter große Differenzen vorhanden sind, dürfte in den meisten Fällen für klinische Zwecke eine colorimetrische Ketosteroidbestimmung ausreichend sein, da der überwiegende Anteil aus Androsteron besteht[3]. Der größte Teil der Steroide wird im Harn in wasserlöslicher Form als Glucuronid oder Sulfat ausgeschieden, aber auch die freien Steroide besitzen in wäßriger Lösung wie besonders im Serum eine beträchtliche Löslichkeit, die unter anderem für den Transport der Hormone im Serum völlig ausreicht[2]. Es werden folgende Werte angegeben:

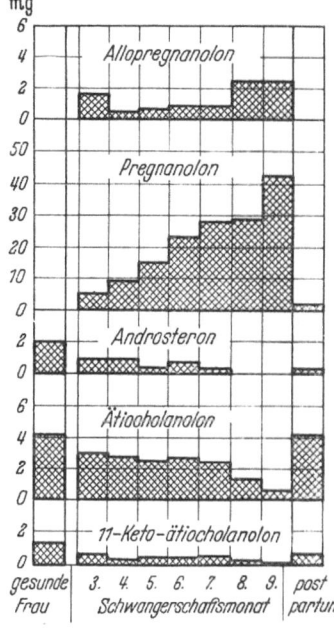

Abb. 29. Ausscheidung von Androgenen in der Schwangerschaft.

Die Ausscheidung der Ketosteroide wird außer durch pathologische Zustände auch durch die Ernährung stark beeinflußt[7]. Besonders aber bei der Schwangerschaft nimmt

[1] Pincus-Thimann, Hormones Bd. 1, S. 500. — KIMELDORF, D. J.: Amer. J. Physiol. **152**, 615 (1948). — VIALE, L., V. CARNESECCHI, E. LIVIERATO e C. RAVAZZONI: Arch. E. Maragliano Pat. **4**, 795 (1949). — KENIGSBERG, S., S. PEARSON and T. H. McGAVACK: J. clin. Endocrinol. **9**, 426 (1949).

[2] BISCHOFF, F., and H. R. PILHORN: J. biol. Ch. **174**, 663 (1948). — FORBES, T. R., and C. W. HOOKER: Science, N.Y. **107**, 663 (1948). — KAUFMANN, C., U. WESTPHAL u. J. ZANDER: Arch. Gynäk. **179**, 247 (1951).

[3] ZARROW, M. X., P. L. MUNSON and W. T. SALTER: J. clin. Endocrinol. **10**, 692 (1950).

[4] WATTEVILLE, H. DE, S. SALINGER and R. BORTH: Brit. med. J. 1949 II, 352.

[5] LANDAU, R. L.: Amer. J. clin. Path. **19**, 424 (1949). — CALLOW, N. H., and R. K. CALLOW: Biochem. J. **33**, 931 (1939).

[6] PHILIPP, E., u. M. SOETBEER: Med. Welt **1951**, 301.

[7] ESCAMILLA, R. F.: Ann. internal Med. **30**, 249 (1949). — MILLER, E. V. O., O. MICKELSEN and A. KEYS: Proc. Soc. exp. Biol. Med. **67**, 288 (1948).

Tabelle 51. *Löslichkeit von Steroidhormonen*[1].

Steroid	Lösungsmittel	Temperatur °	pH	Löslichkeit Mole/Liter
Testosteron	Wasser	37,5		$1,2 — 1,3 \times 10^{-4}$
	1% NaCl-Lösung	37,5		$1,07— 1,17 \times 10^{-4}$
	Rinderserum*	37,5	5,3	$16,9—11,9 \times 10^{-4}$
	Rattenserum**	37,5	8,3	33×10^{-4}
Progesteron	Wasser	37,5		$3,5—4,0 \times 10^{-5}$
	1% NaCl-Lösung	37,5		$3,0—4,2 \times 10^{-5}$
	Rinderserum*	37,5	5,3	$3,4 \times 10^{-4}$
	Rinderserum*	37,5	8,1	$6,2—6,8 \times 10^{-4}$
	Rattenserum**		8,5	$10,9—12,8 \times 10^{-4}$

* 3% Albumin. ** 6,6% Albumin.

Tabelle 52. *Tägliche Ausscheidung von Androgenen und 17-Ketosteroiden im Harn unter normalen und pathologischen Bedingungen*[2].

	Männer				Frauen			
	Androgene		17-Ketosteroide		Androgene		17-Ketosteroide	
	E/Tag	Prozente des Erwachsenen	mg/Tag	Prozente des Erwachsenen	E/Tag	Prozente des Erwachsenen	mg/Tag	Prozente des Erwachsenen
Kinder bis 5 Jahre	<1	3	2,4—3,6	5	0,3—2,8	5	1,2—3,0	5
Kinder bis 10 Jahre	1—5	10	4,1—8,2	10	1,0—5,0	10	3—6	15
Kinder bis 14 Jahre	5—11	20	8—13	50	7—18	25	2—12	16
Gesunde Erwachsene	16—86	100	10—34	100	2—85	100	3—22	100
Gesunde Männer im Hunger[3]				70				
Greise	1—25	15	3—12	30	unter 9—11	25	16—55	
Kastrierte	0—18	40	3—7	17				
Eunuchen.	4—65	40	3—13			33	3,5—14	
Ovariektomierte Frauen . . .				4	1—135	50	5,5—60	100
Addisonsche Erkrankung. . .	7—30	50	1—12	38	10—26	70	0,5—7,5	36
Hypophyseninsuffizienz. . . .	0,8	3	0,6—2,6	5—10	—		unter 0,5	10
Nebennierenhyperaktivität . .					8—116		3—37	
Hyperthyreoidismus	6—59	50	8,6—10,4	80	2	10	2,8—7,7	60
Myxödem	—		4,3	57	—		1,3—1,8	16
Interstitielle Zelltumoren des Hodens				10000				
Pubertas praecox	—		3,5—16				6—140	
Seminom	—			150	—			
Embryonaltumoren					—		7,3—23	
Teratoma testis	—		11—28	133				
Ovarialtumoren vor der Operat.							6,9—7,8	1000
Ovarialtumoren nach der Operat.						—	2,5—3,2	100
Chorionepitheliom								100
Hydatiforme Mole								100
Hirsutismus ohne Tumor . . .						100		200
Akromegalie	—		8,3		—		3,6—20,4	100
Makrogenitosoma (präpubertale Knaben)				100				
Cushing-Syndrom ohne Tumor					6—14	25	9—60	150
Nebennierencarcinom[4]	50—100		34—420		bis 4000		bis 20000	

[1] BISCHOFF, F., and H. R. PILHORN: J. biol. Ch. **174**, 663 (1948). — FORBES, T. R., and C. W. HOOKER: Science, N. Y. **107**, 151 (1948). — KAUFMANN, C., U. WESTPHAL u. J. ZANDER: Arch. Gynäk. **179**, 247 (1951).

[2] Pincus-Thimann, Hormones Bd. 1, S. 500ff.

[3] MILLER, E. V. O., O. MICKELSEN and A. KEYS: Proc. Soc. exp. Biol.-Med. **67**, 288 (1948).

[4] JOHNSON, H. T., and R. M. NESBIT: Surg., Gynec. Obstetr. **21**, 184 (1947). — HIRSCHMANN, H., and F. B. HIRSCHMANN: J. biol. Ch. **167**, 7 (1947). — VIALE, L., V. CARNESECCHI, E. LIVIERATO e C. RAVAZZONI: Arch. E. Maragliano Pat. **4**, 795 (1949).

die Ausscheidung stark ab. Die graphische Darstellung der Abb. 29 gibt einen Überblick nach [1]*; über die Ausscheidung bei trächtigen Stuten s.[2].

Weit größer sind die Schwankungen unter pathologischen Bedingungen. Das große bisher vorliegende Material kann nicht im einzelnen gebracht werden. Die wesentlichsten Angaben finden sich in der Tabelle 52, die dem Buch von PINCUS und THIMANN[3] entnommen ist. Weitere Angaben über die Ausscheidungen bei Pseudohermaphroditismus s.[4], bei Eunuchoidismus[5], bei ADDISONscher Krankheit[6] und bei Gicht[7], bei Lungentuberkulose[8], bei Hirsutismus und CUSHING-Syndrom[9] und beim BROWN-PEARCE-Carcinom des Kaninchens[10]. Bemerkenswert ist, daß bei Nebennierentumoren die β-Oxyverbindungen der Ketosteroide besonders vermehrt sind[11]. Eine bilaterale Splanchnicusektomie ist ohne Einfluß auf die Ketosteroidausscheidung[12].

Tabelle 53. *Hormonausscheidung bei verschiedenen Krankheiten.*

Vermehrt	Vermindert oder Null
Gonadotrope Hormone.	
Hydatiforme Mole	Hypophysäre Amenorrhoe
Chorionepitheliom	Anovulationen auf Grund hypophysärer
Hodenteratom	Erkrankung
Natürliche oder künstliche Menopause	Chromophobes Adenom
Primäre ovarielle Amenorrhoe	Kraniopharyngiom
Sexuelle Frühreife	Dystrophia adiposogenitalis
Hypophysentumor	SIMMONDSsche Erkrankung
Hypophysenbasophilismus (CUSHING)	LAURENCE-MOON-BIEDL-Syndrom
Erkrankungen des Hypothalamus	DERCUMsche Erkrankung
Unterentwicklung der Ovarien	Diabetes insipidus
	Hypophysärer Zwergwuchs
Oestrogene.	
Überfunktion der Ovarien durch Granulosa-oder Thecazellentumoren	Kastration
Follikuläre Hyperplasie	Rückbildung der Ovarien nach Menopause
Persistierende Follikel	Hypofunktion der Ovarien
Feminisierender Nebennierentumor	
Pregnandiol.	
Normale Schwangerschaft	Drohender Abort
Persistierendes Corpus luteum	Behandelter Abort
Thecazellentumoren	Anovulatorischer Cyclus
Gewisse Nebennierentumoren	Fehlen von Corpus luteum
17-Ketosteroide.	
Nebennierentumoren (β-Fraktion)	ADDISONsche Krankheit
Nebennierenhyperplasie	Chromophobes Adenom
HAND-SCHÜLLER-CHRISTIANsches Syndrom	SIMMONDSsche Erkrankung
	Myotonia dystrophica
	Hypophysärer Zwergwuchs

* Vgl. auch Tabelle 46, S. 253.

[1] DOBRINER, K., S. LIEBERMAN, C. P. RHOADS and H. C. TAYLOR jr.: Obstetr. gynec. Surv. 3, 677 (1948).

[2] KLYNE, W., B. SCHACHTER and G. F. MARRIAN: Biochem. J. 43, 231 (1948). — PATERSON, J. Y. F., and W. KLYNE: Biochem. J. 43, 614 (1948). — ZIMMERMANN, W.: Vitamine u. Hormone 5, 260 (1944).

[3] Pincus-Thimann, Hormones Bd. 1, S. 500ff.

[4] MASON, H. L., and H. S. STRICKLER: J. biol. Ch. 171, 543 (1947).

[5] DORFMAN, R. I., J. E. WISE and R. A. SHIPLEY: Endocrinology 46, 127 (1950).

[6] MILLER, A. M., R. I. DORFMAN and M. MILLER: Endocrinology 46, 105 (1950). — MICHIE, E. A., and B. E. CLAYTON: J. Endocrinol. 6, 423 (1950).

[7] TARNOPOLSKY, S., E. MONTUORI u. M. SCHERE: Prensa méd. argent. 37, 1778 (1950) [C. 1951 I, 1757].

[8] RIVOIRE, R., G. JONNESCO et J. PASZKOWSKI: Presse méd. 58, 764 (1950).

[9] JENSEN, C. C.: Nature 165, 321 (1950).

[10] KIMELDORF, D. J.: Amer. J. Physiol. 152, 615 (1948).

[11] JOHNSON, H. T., and R. M. NESBIT: Surg., Gynec. Obstetr. 21, 184 (1947). — BAUMANN, E. J., and N. METZGER: Endocrinology 27, 664 (1940).

[12] MICHIE, E. A., and B. E. CLAYTON: J. Endocrinol. 6, 423 (1950).

Von DE WATTEVILLE und Mitarbeitern[1] wird Tabelle 53 für die Änderungen der Steroidausscheidung im Harn bei Krankheiten angegeben.

β) Ketosteroide.

Sammeln und Vorbereitung des Harnes. Sofern der Harn von mehreren Tagesportionen verarbeitet werden soll, muß er im Eisschrank unter Zusatz von Toluol oder Chloroform aufgehoben werden. Harn, der ohne Vorsichtsmaßnahmen bei Zimmertemperatur aufbewahrt wird, zeigt sehr rasch eine Verminderung des Steroidgehaltes. Bindende Vorschriften für die Konservierung des Harnes lassen sich nicht geben. Die Konservierung hängt im wesentlichen davon ab, wie lange der Harn aufgehoben werden muß. Sie kann vermieden werden, wenn kleinere Teilportionen zur Untersuchung genügen[2].

Da die Steroide als Ester ausgeschieden werden, ihre Bestimmung aber meist auf den freien Steroidsubstanzen aufgebaut ist, müssen die Ester durch Hydrolyse gespalten werden. Hierzu wird der Harn mit Salzsäure oder Schwefelsäure[2] bis auf p_H 1 angesäuert und dann $1/_2$ Std am Rückflußkühler gekocht. Von einigen Autoren werden auch wesentlich kürzere Hydrolysenzeiten angegeben, z. B. 15 min; RIVOIRE und Mitarbeiter[2] setzen zuerst tertiäres Natriumphosphat und dann konzentrierte Salzsäure zu. Sie kochen auch nicht auf offener Flamme, sondern 30 min im Wasserbad und kühlen schnell ab[3]. In vielen Fällen wird die Extraktion der Steroide nach der Hydrolyse durch ein Lipoidlösungsmittel durchgeführt. Hierzu sind empfohlen worden Tetrachlorkohlenstoff, Äther, Pentan, Benzol, Toluol oder dergleichen, ohne daß dem einen oder anderen Extraktionsmittel ein Vorzug gegeben werden könnte[4]. Die Extraktion kann auch gleichzeitig mit der Hydrolyse erfolgen, indem das Extraktionsmittel, z. B. Toluol oder CCl_4, dem angesäuerten Harn zugesetzt wird. Beim Kochen erfolgt dann eine innige Durchmischung, und es sollen so sekundäre Veränderungen nach Möglichkeit vermieden werden. Eine Extraktion im KUTSCHER-STEUDEL-Apparat für 24 Std mit Äther wird von DOBRINER und Mitarbeitern[5] empfohlen. Nach TOMPSETT[4] geben die verschiedenen Methoden, wenn die 17-Ketosteroide nach ZIMMERMANN bestimmt werden, identische Resultate.

Für die ***Bestimmung*** der Ketosteroide, besonders der 17-Ketosteroide, stehen 3 Verfahren zur Verfügung.

1. Nach ZIMMERMANN: Die Ketosteroide geben mit m-Dinitrobenzol bei alkalischer Reaktion ein rotgefärbtes Kondensationsprodukt, dem von ZIMMERMANN folgende Konstitution zugeschrieben wird[6].

2. Nach PINCUS: Ketosteroide ergeben beim Erhitzen mit Antimontrichlorid in Eisessig eine blaue Farbe, die sich zur Colorimetrie eignet; im allgemeinen erhält man aber geringere Werte als mit der Reaktion nach ZIMMERMANN[7]. Kritik s.[8].

3. Besteht die Möglichkeit, Oxyketone durch Phthalsäureanhydrid[2] in die Halbester zu verwandeln und die entstehenden Carboxylgruppen titrimetrisch zu erfassen. Für

[1] WATTEVILLE, H. DE, S. SALINGER and R. BORTH: Brit. med. J. 1949 II, 352.

[2] DOBRINER, K., S. LIEBERMAN and C. P. RHOADS: J. biol. Ch. 172, 241 (1948). — SEEMAN et E. AZERAD: Presse méd. 58, 1373 (1950). — RIVOIRE, R., G. JONNESCO et J. PASZKOWSKI: Presse méd. 58, 764 (1950).

[3] CONSOLAZIO, W. V., and J. H. TALBOTT: Endocrinology 27, 355 (1940).

[4] TOMPSETT, S. L.: Analyst 74, 6 (1949).

[5] Siehe Fußnote[2], S. 252.

[6] ZIMMERMANN, W.: Kli. Wo. 1938 II, 1103.

[7] PINCUS, G.: Endocrinology 32, 176 (1943).

[8] JAFFE, H., B. SELOMON and R. H. WILLIAMS: Endocrinology 40, 443 (1947).

diese Methode sind größere Substanzmengen notwendig. Sie ist im einzelnen S. 275 beschrieben. Auch Dinitrophthalsäureanhydrid ist vorgeschlagen worden[1]. Verwendung von Bernsteinsäureanhydrid und 2-Oxy-3-naphthoesäurehydrazid[2].

Um die colorimetrische Messung der Menge der 17-Ketosteroide im Harn mit der Zimmermann-Reaktion[3, 4] durchführen zu können, ist eine hochgereinigte Androgenfraktion notwendig. Die beste Reinigung erzielt man[5] durch Abtrennung mit Girards Reagens nach Talbot und Mitarbeitern[6], da hierdurch einige Verunreinigungen entfernt werden, die mit m-Dinitrobenzol reagieren und dadurch zu hohe Resultate vortäuschen. Dieser Fehler kann über 100 % betragen und durch Messung in zwei verschiedenen Spektralbereichen korrigiert werden[4]. Eine Reinigung durch Tierkohle führt leicht zu Verlusten.

Die Reaktion mit m-Dinitrobenzol ist zuerst von Zimmermann im Jahre 1935[7] beschrieben worden, wobei aber auf die große Empfindlichkeit in bezug auf Zeit und Alkalität bereits hingewiesen worden ist. Die Brauchbarkeit der Methode ist von vielen Autoren gezeigt worden, insbesondere sind eine ganze Reihe von glücklichen Modifikationen angegeben worden, die im einzelnen nicht besprochen werden können. Wir verweisen besonders auf die Arbeiten von Callow[8], weiter auf die unter[9] angeführten Arbeiten, die aber zum Teil nichts Neues bringen. Wesentlich ist, daß das Reagens (m-Dinitrobenzol) gereinigt wird, wie von Dirscherl und Mitarbeitern[10] betont wird. Eine ausführliche Anleitung, wie sie von Tompsett[11] gegeben wird, s. unten. Der Autor hat festgestellt, daß die unspezifische braune Reaktion, die besonders nach Toluolextraktion auftritt, wahrscheinlich von unlöslichen Seifen herrührt. Sie können an der Grenzschicht Äther-Wasser angereichert und entfernt werden. Da bei der Spaltung mit Mineralsäuren die β-Oxy-17-ketosteroide unerwünschte Umlagerungen erleiden, wird die Verseifung in Acetatpuffer p_H 5,8 in Gegenwart von $BaCl_2$ oder $ZnCl_2$ empfohlen[12]. Über eine einfache Farbreaktion mit methylalkoholischer Kalilauge wird neuerdings von Krieger[13] berichtet.

Die Reinigung des rohen Extraktes der Ketosteroide ist nicht nur durch Behandlung mit Girards Reagens versucht worden, sondern auch durch Chromatographie, wozu Aluminiumoxyd, Magnesiumoxyd, Magnesiumsilicat plus Celit[14-16] vorgeschlagen worden

[1] Engel, L. L., H. R. Patterson, H. Wilson and M. Schinkel: J. biol. Ch. 183, 47 (1950).

[2] Tompsett, S. L.: Analyst 74, 6 (1949). Chem. engng. News 28, 3250 (1950) [Angew. Chem. 63, 129 (1951)].

[3] Zimmermann, W.: Kli. Wo. 1938 II, 1103.

[4] Zimmermann, W.: Vitamine u. Hormone 5, 237 (1944). H. 245, 47 (1937). — Escamilla, R. F.: Ann. internal Med. 30, 249 (1949). — Landau, R. L.: Amer. J. clin. Path. 19, 424 (1949).

[5] Baumann, E. J., N. Metzger and D. B. Sprinson: Endocrinology 30, 518 (1942).

[6] Talbot, N. B., A. M. Butler and E. McLachlan: J. biol. Ch. 132, 595 (1940).

[7] Zimmermann, W.: H. 233, 257 (1935); 245, 47 (1937). Vitamine u. Hormone 5, 237 (1944). Kli. Wo. 1938 II, 1103.

[8] Callow, N. H., R. K. Callow and C. W. Emmens: Biochem. J. 32, 1312 (1938). — Callow, N. H., R. K. Callow, C. W. Emmens and S. W. Stroud: J. Endocrinol. 1, 76 (1939).

[9] Friedgood, H. B., and H. L. Whidden: Endocrinology 27, 242, 249, 258 (1940); 28, 237 (1941). — Holtorff, A. F., and F. C. Koch: J. biol. Ch. 135, 377 (1940). — Langstroth, G. O., and N. B. Talbot: J. biol. Ch. 128, 759 (1939). — Langstroth, G. O., N. B. Talbot and A. Fineman: J. biol. Ch. 130, 585 (1939). — Cahen, R. L., and W. T. Salter: J. biol. Ch. 152, 489 (1944). — Baumann, E. J., and N. Metzger: Endocrinology 27, 664 (1940). — Seeman et E. Azerad: Presse méd. 58, 1373 (1950). — Beher, W. T., and O. H. Gaebler: Analyt. Chem., Washington 23, 118 (1951).

[10] Dirscherl, W., u. F. Zilliken: B. Z. 319, 407 (1949).

[11] Tompsett, S. L.: J. clin. Path. 2, 126 (1949).

[12] Bitman, J., and S. L. Cohen: J. biol. Ch. 179, 455 (1949).

[13] Krieger, V. I.: Med. J. Australia 4, 678 (1950).

[14] Zimmermann, W.: Vitamine u. Hormone 5, 237 (1944). — Baumann, E. E., and N. Metzger: Endocrinology 27, 664 (1940). — Baumann, E. J., N. Metzger, and D. B. Sprinson: Endocrinology 30, 489 (1942).

[15] Dobriner, K., S. Lieberman and C. P. Rhoads: J. biol. Ch. 172, 241 (1948). — Hirschmann, H., and F. B. Hirschmann: J. biol. Ch. 167, 7 (1947).

[16] Talbot, N. B., J. K. Wolfe, E. A. MacLachlan and R. A. Berman: J. biol. Ch. 139, 521 (1941). — Baumann, W.: Endocrinology 36, 391 (1945).

sind. Diese Trennung verdient in vielen Fällen den Vorzug, da die Abtrennung der Ketosteroide mit GIRARDs Reagens nicht quantitativ ist[1]. Es können aber Bildung und Verseifung von Estern auf Aluminiumoxyd vorkommen[2], zum Teil sind ungesättigte Steroide
auf der Säule unstabil. Von Al_2O_3 lassen sich die Steroide nicht immer quantitativ eluieren.
Magnesiumsilicat ist zwar nicht so selektiv wie Aluminiumoxyd, die Adsorbate lassen
sich aber besser eluieren. Bei Anwendung der Chromatographie ist also die Brauchbarkeit
in jedem Falle zu prüfen. Die Hydrazone der Ketosteroide nach GIRARD können durch
Papierchromatographie getrennt werden[3], die Entwicklung erfolgt mit wäßrigem Butanol,
die Anfärbung durch Kaliumjodplatinat, Kaliumwismutjodid oder ammoniakalische
Silbernitratlösung. Die R_f-Werte einer großen Zahl von Steroiden werden mitgeteilt.
Für die Anfärbung der Papierchromatogramme ist auch eine alkoholische Lösung
von Zinkchlorid brauchbar[4]. Die Autoren trocknen das mit der 30%igen Lösung
besprühte Chromatogramm bei 130° im Trockenschrank. Es entstehen dann an den Stellen,
an welchen sich Steriode befinden, braune Flecken. Auch die polarographische Bestimmung ist versucht worden[5]. Es sollen sich so sogar α- und β-Oxy-17-ketosteroide voneinander unterscheiden lassen.

Die Trennung und Bestimmung von Ketosteroiden mit 2-Oxy-3-naphthoesäurehydrazid
wurde von den Dajac-Laboratorien ausgearbeitet[6].

Ein Vergleich der colorimetrisch gefundenen Werte mit einer biologischen Analyse ist
vielfach durchgeführt worden[7]. Aus den obengenannten Gründen kann eine vollkommene
Übereinstimmung nicht erwartet werden. In einigen Fällen ist die Diskrepanz sehr groß,
in den meisten Fällen wird sie aber für biologische Vergleiche als tragbar angesehen.
Das Verhältnis der biologischen Bestimmung zur colorimetrischen Bestimmung wird
zu 0,73 bis 0,745 angegeben[8]. Die allgemeine Gültigkeit dieser Zahlen muß noch nachgeprüft werden. In älteren Arbeiten[9] werden weit größere Schwankungen angegeben.

Weitere Farbreaktionen von Androsteron, Oestron, Oestradiol und Oestriol mit
Nitrosonaphthol nach Voss oder mit Kieselwolframsäure nach SCHWENK und HILDE-
BRANDT s.[10]. Mit Naphthochinonsulfosäure und Nitroprussidnatrium gibt Androsteron
keine Farbreaktion; Progesteron gibt mit Dinitrobenzol nur eine schwache, schnell verblassende Farbe, mit Tetranitromethan dagegen gibt die Enolform von Testosteron
eine gelbbraune Farbe. Über Farbreaktionen mit Glyoxylsäure oder mit Glyoxylsäure
in Gegenwart von Kupfer(II)-sulfat oder Eisen(III)-ammoniumsulfat s.[11]. Diese Reaktionen werden besonders zur Unterscheidung von Testosteron oder Androsteronderivaten
empfohlen. Auch Nitrobenzaldehyd ist in Gegenwart von wäßriger Sodalösung als
Gruppenreagens geeignet.

Schließlich ist von HILMER und HESS[12] gezeigt worden, daß man die 2,4-Dinitro-
phenylhydrazone von Androsteron und Testosteron bei alkalischer Reaktion gut zur
colorimetrischen Bestimmung verwenden kann. Die Hydrazone werden nach VEITCH
und MILONE dargestellt[13].

[1] DOBRINER, K., S. LIEBERMAN and C. P. RHOADS: J. biol. Ch. **172**, 241 (1948).
[2] STAVELY, H. E.: Am. Soc. **63**, 3127 (1941). — SHOPPEE, C. W., u. D. A. PRINS: Helv. **26**, 201 (1943).
[3] ZAFFARONI, A., R. B. BURTON and E. H. KEUTMANN: J. biol. Ch. **177**, 109 (1949).
[4] NYC, J. F., J. B. GARST, H. B. FRIEDGOOD and D. M. MARON: Arch. Biochem. **29**, 219 (1950).
[5] BUTT, W. R., A. A. HENLY and C. J. O. R. MORRIS: Biochem. J. **42**, 447 (1948).
[6] DAJAC-Lab.: Chem. engng. News **28**, 3250 (1950) [Angew. Chem. **63**, 129 (1951)].
[7] ZARROW, M. X., P. L. MUNSON, and W. SALTER: J. clin. Endocrinol. **10**, 692 (1950).
[8] DORFMAN, R. I., in Pincus-Thimann, Hormones Bd. 1, S. 494. — ZARROW, M. X., P. L. MUNSON and W. T. SALTER: J. clin. Endocrinol. **10**, 692 (1950).
[9] HOLTORFF, A. F., and F. C. KOCH: J. biol. Ch. **135**, 377 (1940). — BAUMANN, E. J., and N. METZGER: Endocrinology **27**, 664 (1940).
[10] ZIMMERMANN, W.: Kli. Wo. **1938 II**, 1103.
[11] PESEZ, M.: Bull. Soc. Chim. France **14**, 911 (1947).
[12] HILMER, P. E., and W. C. HESS: Analyt. Chem., Washington **21**, 822 (1949).
[13] VEITCH, F. P. jr., and H. S. MILONE: J. biol. Ch. **158**, 61 (1945).

Bestimmung der 17-Ketosteroide nach ZIMMERMANN, ANTON und PONTIUS[1].

Reagentien:

1. HCl, konz.
2. Äther, peroxydfrei.
3. Natriumcarbonatlösung, 15%ig.
4. NaOH, 10%ig.
5. Natriumsulfat, wasserfrei.

6. Alkohol, aldehydfrei.
7. m-Dinitrobenzollösung, 2%ig, in absolutem Alkohol.
8. 3 n KOH.

Ausführung:

Der 24 Std-Harn wird unter Zusatz von 10 cm³ Salzsäure im Eisschrank gesammelt. Von der gemischten Probe nimmt man 50 cm³ unter Zusatz von 5 cm³ HCl und kocht 15 min am Rückflußkühler. Die so vorbereitete Harnprobe wird 2—3mal mit je 50 cm³ peroxydfreiem Äther ausgeschüttelt; die Ätherextrakte werden 1mal mit 25 cm³ Natriumcarbonatlösung, danach 2mal mit 25 cm³ Natronlauge ausgewaschen und schließlich mit Natriumcarbonatlösung und Wasser geschüttelt, bis dieses neutral reagiert. Der neutrale Ätherextrakt wird mit Natriumsulfat getrocknet, das Natriumsulfat ausgewaschen, im Wasserbad der Äther verdampft und der Rückstand in 5 cm³ Alkohol aufgenommen. Sowohl die Alkohol- als auch die Harnmenge können je nach Ketosteroidgehalt variiert werden, so daß die Ablesung immer im günstigsten Bereich liegt.

Der alkoholische Harnextrakt ist meist noch gelblich, eventuell schwach rötlich und kann so verwendet werden. Die Verwendung von Kohle zur Entfärbung ist nicht empfehlenswert. Zur Farbreaktion werden gleiche Teile des alkoholischen Harnextraktes, der m-Dinitrobenzollösung und der 3 n Kalilauge gemischt und 60 min im Wasserbad bei 25° vor Licht geschützt aufbewahrt. Gleichzeitig werden 2 Leerversuche angesetzt und zwar 1. aldehydfreier Alkohol, Dinitrobenzollösung und Kalilauge, 2. Harnextrakt, Kalilauge und Alkohol. Der Leerversuch 1 darf nach 60 min nur gelbbräunlich sein, andernfalls sind die Reagentien verunreinigt. Die Messungen im Stufenphotometer erfolgen mit Filter S 53 und S 43 so, daß genau auf die Zeit von 60 min interpoliert werden kann. Dies ist nötig, weil die Farbe nicht konstant ist und mit der Zeit zunimmt. Auch sind die Ansätze lichtempfindlich, deshalb muß schnell gemessen werden. Man kann in einem Ansatz alle Proben gemeinsam messen, wenn man z. B. im Photometer auf die rechte Seite den Harnextrakt und reinen Alkohol als Lösungsmittel in zwei getrennte Cuvetten setzt und auf die linke Seite die beiden Leerwerte ebenfalls in getrennten Cuvetten einsetzt.

Tabelle 54.

Temperatur	A	B
20	46,5	8,0
21	43,0	7,4
22	39,5	6,5
23	36,5	6.0
24	33,5	5,3
25	31,0	5,0

Berechnung:

Nach der Formel $A \times E_{S\,53} - B \times E_{S\,43} = mg{-}^0/_{00}$ 17-Ketosteroide im Harn (bei 10facher Anreicherung).

Die Konstanten A und B ergeben sich aus Tabelle 54.

Die Berechnung nach oben gegebener Formel ist nötig, um mitreagierende Nichtketosteroide auszuschalten; die Konstanten gelten nur für eine Schichtdicke von 10 mm.

Liegt die Extinktion unter 0,15, so nimmt man zur Extraktion entweder mehr Harn oder man löst in weniger Alkohol. Man kann auch die Trommel der Vergleichslösung zum Teil schließen (z. B. bis zur Extinktion 0,3) und nach der Messung diesen Wert abziehen.

Eine Vereinfachung ist es[1], wenn man den entstandenen Farbstoff mit Äther oder Chloroform auszieht und damit eine Abtrennung von gefärbten Verunreinigungen erreicht. Die Messung erfolgt nur noch mit Filter S 50.

Man versetzt 2,0 cm³ des alkoholischen Harnextraktes mit 2 cm³ alkoholischer Dinitrobenzollösung und 2 cm³ Kalilauge, läßt 90 min im abgedunkelten Wasserbad bei 25°

---

[1] ZIMMERMANN, W., H. U. ANTON u. D. PONTIUS: H. **289**, 91 (1952).

stehen und extrahiert dann die Farbe mit 8 cm³ Äther oder Chloroform (für beide Lösungsmittel muß je eine Eichkurve angelegt werden). Man erhält eine ätherisch-alkoholische violettrote Schicht, die möglichst schnell gemessen wird, nachdem sie durch ein weiches Filter filtriert ist. Die gelbe wäßrige Schicht wird verworfen.

Man erhält zwar keine absoluten Werte, doch sind die Resultate unter sich vergleichbar und praktisch verwendbar, wenn die Normalwerte ebenso bestimmt werden.

Bestimmung der gesamten neutralen 17-Ketosteroide im Harn nach TOMPSETT [1].

Reagentien:
1. HCl, konz.
2. Äther, peroxydfrei.
3. NaOH, 10%ig.
4. Alkohol, aldehydfrei, absolut: Man läßt 1 Liter käuflichen absoluten Alkohol mit 4 g m-Phenylendiamin-HCl 1 Woche im Dunkeln unter gelegentlichem Schütteln stehen. Der Alkohol wird danach in einer Ganzglasapparatur destilliert.
5. m-Dinitrobenzol, 2%ig in aldehydfreiem Alkohol. Auch die reinsten Präparate müssen vorher umkrystallisiert werden. Man nimmt 20 g m-Dinitrobenzol, die in einer 8 Liter fassenden Flasche in 750 cm³ 95%igem Äthylalkohol bei 40° gelöst werden und setzt so lange n NaOH zu, bis keine Farbvertiefung mehr eintritt. Nach 5 min kühlt man ab und setzt unter raschem Rühren 2,5 Liter Wasser zu. Der Niederschlag wird abgesaugt, mit großen Mengen Wasser gewaschen und 2mal aus 120 bzw. 80 cm³ Alkohol umkrystallisiert. Eine 1%ige Lösung der Krystalle in Alkohol darf durch Zusatz von wäßriger 5 n KOH nach 1 Std keine Farbe entwickeln. Zum Gebrauch wird eine 2%ige Lösung in aldehydfreiem Alkohol hergestellt. Sie muß im Dunkeln aufgehoben werden.
6. 5 n KOH.   8. Eisessig.
7. Alkohol, absolut.   9. NaOH, 30%ig.

Ausführung:

Der Tagesharn wird unter Zusatz von 10 cm³ Salzsäure gesammelt; von der gesamten Portion werden 250 cm³ mit 25 cm³ HCl 10 min gekocht, sofort abgekühlt und in einem 500 cm³-Scheidetrichter 3mal mit je 80 cm³ peroxydfreiem Äther ausgeschüttelt.

Die gesammelten Ätherfraktionen werden 2mal mit 10%iger NaOH und 2mal mit je 80 cm³ Wasser ausgeschüttelt. Der zurückbleibende Ätherextrakt wird völlig eingedampft und der Kolben zur völligen Trocknung einige Minuten im Brutschrank auf 100° erhitzt. Den Rückstand löst man in 0,5 cm³ Eisessig, setzt 30 cm³ Wasser zu und überführt nach Zusatz von 1 cm³ 30%iger NaOH in einen mit Glasstopfen verschlossenen Meßzylinder. Die wäßrige Lösung wird 3mal mit 20 cm³ peroxydfreiem Äther extrahiert, indem man die Ätherschicht jeweils mit einer Pipette absaugt, ohne daß das braune amorphe Material, welches auf der Grenzschicht schwimmt, mitgerissen wird. Der Ätherextrakt wird wieder zur Trockne gebracht, einige Minuten auf 100° erhitzt und zur colorimetrischen Bestimmung benutzt. Es müssen immer 3 Ansätze gemacht werden:

1. unbekannte Probe, bestehend aus 0,2 cm³ der alkoholischen Lösung der Harnsteroide, 0,2 cm³ m-Dinitrobenzollösung und 0,2 cm³ 5 n KOH,

2. Harnleerwert, bestehend aus 0,2 cm³ der alkoholischen Lösung der Harnsteroide, 0,2 cm³ aldehydfreiem Alkohol und 0,2 cm³ 5 n KOH,

3. Leerwert der Reagentien: 0,2 cm³ aldehydfreier Alkohol, 0,2 cm³ Dinitrobenzollösung und 0,2 cm³ 5 n KOH.

Die Gläser werden in ein Wasserbad von 25° gesetzt und nach 45 min mit 67%igem aldehydfreiem Alkohol aufgefüllt. Die Absorption wird mit einem grünen Filter gemessen (S 52) und, nachdem die Leerwerte abgezogen sind, die Menge der Ketosteroide aus einer Standardkurve, die mit 0,05—0,2 mg Androsteron in je 0,2 cm³ Alkohol angelegt worden ist, entnommen. Dehydroisoandrosteron gibt identische Werte. Oestron ist in

---

[1] TOMPSETT, S. L.: J. clin. Path. 2, 126 (1949).

den Extrakten nicht mehr anwesend, da es aus den Rohextrakten durch Behandlung mit Lauge entfernt wurde. Die Extinktionswerte für Oestron liegen 5% höher als die für Androsteron.

Nach vollständiger Abtrennung der Ketosteroide mit GIRARDs Reagens werden fast dieselben Werte wie mit der vorstehenden Methode erhalten.

Bestimmung der nichtalkoholischen 17-Ketosteroide nach TOMPSETT[1].

Reagentien:
1. Bernsteinsäureanhydrid in Substanz.
2. Pyridin.
3. Äther.
4. 0,1 n K_2CO_3-Lösung, mit 5% NaCl versetzt.

Ausführung:
Ungefähr 10 mg Gesamtketosteroide in alkoholischer Lösung, die nach der obigen Vorschrift gewonnen wurden, werden in einem Reagensglas zur Trockne eingedampft. Dann setzt man 0,5 g Bernsteinsäureanhydrid sowie 2 cm³ Pyridin zu und stellt das verschlossene Röhrchen 2 Std in ein kochendes Wasserbad. Nach Zusatz von 10 cm³ Wasser wird ½ Std weitergekocht, der Inhalt abgekühlt und 3mal mit je 15 cm³ Äther extrahiert. Die vereinigten Ätherextrakte werden 3mal mit 20 cm³ 0,1 n Kaliumcarbonat-lösung, der 5% Kochsalz zugesetzt sind, extrahiert, wodurch die Halbester der Steroide entfernt werden. Im Alkohol verbleiben die nichtalkoholischen Steroide. Der Äther wird eingedampft, nachdem er 2mal mit 10 cm³ Wasser ausgewaschen worden war. Den verbleibenden Rückstand löst man in 2 cm³ aldehydfreiem Alkohol und bestimmt die 17-Ketosteroide, wie oben beschrieben. Über die Bestimmung der alkoholischen Ketosteroide mit Hilfe von Phthalsäureanhydrid s. S. 275.

Bestimmung der α-alkoholischen und nichtalkoholischen 17-Ketosteroide nach TOMPSETT[1].

Reagentien:
1. Digitoninlösung, 2%ig in 83%igem Alkohol.
2. Äther.

Ausführung:
Eine Lösung von etwa 5 mg Gesamtketosteroiden in 2 cm³ Alkohol wird mit einer 2%igen Digitoninlösung in 83%igem Alkohol versetzt und über Nacht sich selbst überlassen. In dieser Zeit werden die β-Alkohole ausgefällt. Nach Zusatz von 10 cm³ Äther wird zentrifugiert, die Flüssigkeit entfernt und der Rückstand noch 3mal mit je 10 cm³ Äther ausgezogen; die vereinigten Ätherextrakte, welche die α-Alkohole und die nicht alkoholische Fraktion enthalten, werden 3mal mit 25 cm³ Wasser gewaschen und eingedampft. Den getrockneten Rückstand löst man in Alkohol und bestimmt die Keto-steroide mit der Dinitrobenzolreaktion.

Die *3,20-Ketosteroide*, Stoffe mit Nebennierenrindenwirkung, sind ohne Hydrolyse durch organische Lösungsmittel aus dem Harn extrahierbar. Es ist dies die einzige bekannte Steroidfraktion, welche ungekoppelt ausgeschieden wird. Zu ihrer Bestimmung wird das Reduktionsvermögen gegenüber einem alkalischen Kupferreagens verwendet. Näheres hierüber s. S. 279 unter Corticosteron.

Außer den Steroiden, die an C_3 eine β-Oxygruppe enthalten, werden nach einer Mitteilung von HASLEWOOD[2] auch gewisse Steroide mit einer Ketogruppe am C_3 durch Digitonin gefällt. Hierzu gehören z. B. Δ^4- und Δ^5-Cholestenon sowie Progesteron. Ihre Konzentration muß aber verhältnismäßig groß sein.

Dehydroisoandrosteron. Unter den Ketosteroiden ist für das Dehydroisoandrosteron eine besondere, ziemlich spezifische *Farbreaktion* angegeben worden. Sie beruht darauf, daß Dehydroisoandrosteron in alkoholischer Lösung nach Mischung mit Schwefelsäure und nach Verdünnung mit Wasser oder verdünnter Schwefelsäure eine blaue Farbe ergibt, die ein typisches Absorptionsmaximum bei 570 mµ zeigt. Diese Farbreaktion ist zuerst

---

[1] TOMPSETT, S. L.: Analyst **74**, 6 (1949).
[2] HASLEWOOD, G. A. D.: Biochem. J. **41**, 639 (1947).

von HANSEN[1] 1942 beobachtet worden, 1943 von DIRSCHERL und ZILLIKEN[2]. In der Folgezeit ist von vielen Seiten diese Reaktion zu einer quantitativen Bestimmung ausgearbeitet worden[3]. Von anderen Steroiden stören nach HANSEN[3] besonders Androstendiole, Testosteron und Desoxycorticosteron, während DIRSCHERL und ZILLIKEN betonen, daß nur Dehydroisoandrosteron und Isoandrostan-6-ol-17-on die blaue Farbreaktion geben. Von JENSEN[4] wird aber betont, daß zum mindesten 3 neutrale 17(α)-Ketosteroide und ein neutrales β-17-Ketosteroid die Farbe geben, und daß alle 4 Substanzen in erhöhten Konzentrationen im Harn bei verschiedenen endokrinen Dysfunktionen vorkommen können. Die Bestimmung von Dehydroisoandrosteron ist besonders wichtig zur Funktionsprüfung der Nebennierenrinde.

Für reine Lösungen hat JENSEN[5] eine genaue Analyse der Reaktion durchgeführt und gefunden, daß die Farbentwicklung sowohl von der Alkoholkonzentration als auch von der Zeit, der Äthermenge und der Erhitzungsdauer und -art abhängig ist. Er empfiehlt, um die Beständigkeit der Farben zu erhöhen, die Proben 2mal zu erhitzen.

Wichtig erscheint, daß man aus dem Verhältnis der Extinktionen, die bei 530 und 570 mμ gemessen werden, auf die normale oder pathologische Funktion der hormonalen Sekretion schließen kann[6]. Über die Trennung von Androsteron und Dehydroisoandrosteron mit Digitonin s.[7].

Eine weitere Farbreaktion mit reinstem Furfurol in Eisessig ist von MUNSON und Mitarbeitern[8] beschrieben worden. Die Spezifität ist nicht größer als die der Farbreaktion mit Schwefelsäure. Sie ist im Grunde genommen nichts weiter als eine Modifikation der PETTENKOFERschen Reaktion, die schon KERR und HOEHN[9] angegeben haben.

Eine colorimetrische Methode zur Bestimmung von Testosteron ist von KOENIG und Mitarbeitern[10] ausgearbeitet worden. Sie beruht darauf, daß käufliches Thiokol in konzentrierter Schwefelsäure in Gegenwart von Testosteron eine blaue Fluorescenz entwickelt. In Gegenwart von Kupfer- oder Eisensalzen, die durch Oxydation wirken, entsteht eine tiefgrüne Farbe mit einem Absorptionsmaximum von 639 mμ. Weder Dehydroisoandrosteron noch Androsteron stören die Farbe, ebensowenig Progesteron, Cholesterin oder die Oestrogene.

Bestimmung von Dehydroisoandrosteron nach DIRSCHERL *und* TRAUT[11].

Reagentien:

1. HCl, konz.
2. NaOH, 10%ig.
3. H_2SO_4, konz.; reinst.
4. Kohlefilter nach Schleicher & Schüll.
5. Benzol, chem. rein.
6. Äther, peroxydfrei.
7. Natriumcarbonatlösung, gesättigt.
8. Alkohol, absolut.

Ausführung:

100 cm³ Harn werden mit 5 cm³ konzentrierter HCl 30 min unter Rückfluß gekocht; das Hydrolysat wird nach dem Abkühlen 3mal mit je 100 cm³ Benzol ausgeschüttelt, und die Emulsion durch Zentrifugieren geklärt; die vereinigten Benzolauszüge werden zur Trockne verdampft. Der Rückstand wird im Vakuumexsiccator über Nacht getrocknet, in 150 cm³ Äther gelöst und die Lösung 3mal mit je 100 cm³ gesättigter Natriumcarbonat-

[1] HANSEN, L.: Endocrinology **46**, 207 (1950).

[2] DIRSCHERL, W., u. F. ZILLIKEN: B. Z. **320**, 57 (1949). — DIRSCHERL, W., u. H. TRAUT: Kli. Wo. **1952**, 159.

[3] THEIL NIELSEN, A.: Acta endocrinol., København 1, 121 (1948). — SAIER, E., M. WARGA and R. C. GRAUER: J. biol. Ch. **137**, 317 (1941).

[4] JENSEN, C. C.: Acta endocrinol., København 4, 374 (1950).

[5] JENSEN, C. C.: Acta endocrinol., København 4, 140 (1950).

[6] JENSEN, C. C.: Nature **165**, 321 (1950).

[7] LANGSTROTH, G. O., N. B. TALBOT and A. FINEMAN: J. biol. Ch. **130**, 585 (1939).

[8] MUNSON, P. L., M. E. JONES, P. J. McCALL and T. F. GALLAGHER: J. biol. Ch. **176**, 73 (1948).

[9] KERR, G. W., u. W. M. HOEHN: Arch. Biochem. 4, 155 (1944).

[10] KOENIG, V. L., F. MELZER, C. M. SZEGO and L. T. SAMUELS: J. biol. Ch. **141**, 487 (1941).

[11] DIRSCHERL, W., u. H. TRAUT: Kli. Wo. **1952**, 159.

lösung und 3mal mit je 75 cm³ 10%iger NaOH ausgeschüttelt. Anschließend wird mit Wasser bis zur neutralen Reaktion gewaschen. Nach dem Abdampfen des Äthers wird der Rückstand im Vakuumexsiccator getrocknet, in angewärmtem absolutem Äthanol gelöst und durch 2 alkoholfeuchte Kohlefilter und einmal durch ein gewöhnliches Filter filtriert. Das 12—15 cm³ betragende Filtrat wird in 2 gleiche Teile geteilt, die eingedampft werden.

Die eine Hälfte dient als Leerwert, die andere für die Farbreaktion. Für die Farbreaktion wird der hormonhaltige Trockenrückstand in 4 cm³ reinster Schwefelsäure gelöst, 30 sec im Wasserbad erhitzt und anschließend mit 3 cm³ Wasser aus einer Pipette überschichtet. Nachdem vorsichtig durchgemischt ist, wird durch Eiswasser in 5 min auf Zimmertemperatur abgekühlt, und die Absorption der blauen Lösung bei 570 mμ im Stufenphotometer gemessen.

Für den Leerversuch löst man den Rückstand ebenfalls in Schwefelsäure, erhitzt 30 sec, gibt dann aber 2,5 cm³ konzentrierte Schwefelsäure zu und bestimmt ebenfalls die Extinktion bei 570 mμ nach dem Abkühlen, die vom Hauptversuch abgezogen wird. Eichkurve mit reinem Dehydroisoandrosteron. Eine Korrektur für Verunreinigungen, wie sie früher vorgenommen wurde, wird als überflüssig erachtet. Bei hormonhaltigen Harnen entsteht die typische blaue Farbe, während bei hormonfreien Harnen eine braune Farbe entsteht.

Colorimetrische Bestimmung von Dehydroisoandrosteron nach HANSEN[1].

Reagentien:

    1. Alkohol, absolut.   2. H_2SO_4, konz.   3. 13,2 n H_2SO_4.

Ausführung:

Der Ätherrückstand, der nach der obigen Vorschrift gewonnen sein kann, wird in 0,4 cm³ absolutem Alkohol gelöst und mit 2 cm³ kalter konzentrierter Schwefelsäure gut gemischt. Man erhitzt 2 min im kochenden Wasserbad und kühlt 25 min im Eisbad, verdünnt alsdann mit 8 cm³ 13,2 n Schwefelsäure, mischt wieder, läßt 10 min im Eisbad stehen und mißt innerhalb 60 min mit einem Rubicon-Filter 580. Dieses gibt etwas höhere Werte als das Filter 600.

Auf die Konzentration der Schwefelsäure und auf die Qualität des Alkohols ist unbedingt zu achten. Das BEERsche Gesetz ist nicht erfüllt, die spezifische Extinktion steigt von 0,374 bei 10,0 γ auf 0,683 bei 100 γ.

Bestimmung von Dehydroisoandrosteron in reinen Lösungen und in Urinextrakten nach JENSEN[2].

Reagentien:

    1. H_2SO_4, konz.   2. Äther, absolut, peroxydfrei.

Ausführung:

Von den alkoholischen Urinextrakten, die entsprechend vorgereinigt sein müssen, nimmt man 0,1 cm³ und versetzt tropfenweise mit 2 cm³ konzentrierter Schwefelsäure. Im ganzen sollen 5—50 γ Dehydroisoandrosteron in der Lösung vorhanden sein. Das Gemisch wird 25 min auf 60° erwärmt, in Eiswasser abgekühlt und unter Umrühren 5 cm³ absoluter, peroxydfreier Äther hinzugefügt. Bei Anwesenheit von Dehydroisoandrosteron entsteht eine blaue Farbe, die bei 570 mμ colorimetriert wird. Bei Extrakten entsteht die maximale Farbstärke erst, wenn nochmal 2 min auf 100° erwärmt wird. Das BEERsche Gesetz gilt bis zu 60 γ.

Wenn 0,1 cm³ Extrakt, der $^1/_{200}$ des Tagesextraktes darstellt, eine blaue Farbe gibt, so ist dies nach JENSEN ein Zeichen, daß der betreffende Patient an einer hormonalen Störung leidet, die mit einer Mehrausscheidung von 3(β)-Oxy-17-ketosteroiden einhergeht. Eine genaue Bestimmung erfordert eine chromatographische Fraktionierung. Für orientierende Versuche ist die direkte Bestimmung aber ausreichend, zumal die pathologische Ausscheidung bei Ovarialtumoren oder bei Pubertas praecox das Vielfache der Normalausscheidung (0,2 mg je Tag) ausmacht.

---

[1] HANSEN, L.: Endocrinology **46**, 207 (1950).
[2] JENSEN, C. C.: Nature **165**, 321 (1950).

Colorimetrische Bestimmung von Testosteron nach KOENIG, MELZER, SZEGO *und* SAMUELS[1].

Reagentien:

1. Thiokol, gesättigte Lösung in Wasser.
2. Kupfersulfatlösung, 1%ig.
3. H_2SO_4, konz.
4. Alkohol, 95%ig.
5. H_2SO_4, 50%ig.

Ausführung:

In ein kleines Reagensglas, welches den Äthertrockenrückstand in 0,4 cm³ 95%igem Alkohol gelöst enthält, werden unter Kühlung im Eisbad 2 cm³ konzentrierte Schwefelsäure gegeben. Man rührt gut um, ohne daß Spritzer auftreten, erhitzt 2 min im kochenden Wasserbad, kühlt wieder im Eisbad und setzt nach 5 min 2 cm³ gesättigte Thiokollösung zu. Unter Umrühren fügt man 0,3 cm³ Kupfersulfat zu und erhitzt neuerdings 2 min im Wasserbad, indem man während dieser Zeit 3mal durchrührt. Danach kühlt man wieder im Eisbad, füllt mit 50%iger Schwefelsäure auf 10 cm³ auf und mißt die Extinktion bei 635 mµ. Es können 10—40 γ Testosteron auf diese Weise bestimmt werden.

Die Resultate sind gleichmäßiger, wenn das Thiokol zuvor aus 60%igem Alkohol umkrystallisiert wird.

γ) Oestrogene.

Zu den oestrogenen Hormonen, die im menschlichen und tierischen Harn vorkommen, gehören:

α-Oestradiol	Oestron	Equilin
β-Oestradiol	Oestronsulfat	Equilenin
Oestriol		β-Dihydroequilenin
Oestriolglucuronid		Hippulin

Sie sind gegenüber den anderen Steroiden durch einen aromatischen Ring ausgezeichnet, durch den verschiedene chemische Eigenschaften bedingt sind, die für ihre Erkennung und Bestimmung wichtig sind.

Sie sind zum Teil aus normalem, zum Teil aus Schwangerenurin isoliert worden[2]. Andere Quellen zur Gewinnung von Oestradiol, Oestriol und Oestron sind Ovarien, Placenta, Testes und Nebennieren[3]. Auch in der Galle ist Oestron nach Verabreichung von Oestron gefunden worden[4]. Die Oestrogene kommen ohne Unterschied des Geschlechtes in jedem Harn vor. Die Menge der im Harn ausgeschiedenen Oestrogene ist aber kein Maß für den wirklichen Umsatz an oestrogenen Hormonen im Körper, da nach Injektion nur ein unbedeutender Prozentsatz im Harn wiedergefunden wird[5]. 90% vom injizierten α-Oestradiol erleiden im Organismus ein unbekanntes Schicksal.

Die *Normalausscheidung* der Oestrogene wird beim Mann mit 5—15 γ je Tag, bei der Frau mit 10—36 γ und bei der schwangeren Frau mit 20.000 γ angegeben[6]. Die Beziehung zur Dauer der Schwangerschaft geht aus der graphischen Darstellung von VENNING hervor[7]. Eine Übersicht über die Physiologie der weiblichen Sexualhormone s.[8]. Die Ausscheidung der Oestrogene erfolgt in gebundener Form, zum Teil an Schwefelsäure, zum Teil an Glucuronsäure[9].

[1] KOENIG, V. L., F. MELZER, C. M. SZEGO and L. T. SAMUELS: J. biol. Ch. **141**, 487 (1941).

[2] Pincus-Thimann, Hormones Bd. 1, S. 382. — LEVIN, L.: J. biol. Ch. **178**, 229 (1949).

[3] Pincus-Thimann, Hormones Bd. 1, S. 380.

[4] LONGWELL, B. B., and F. S. McKEE: J. biol. Ch. **142**, 757 (1942).

[5] HEARD, R. D. H., and M. M. HOFFMAN: J. biol. Ch. **141**, 329 (1941). — HEARD, R. D. H., W. S. BAULD and M. M. HOFFMAN: J. biol. Ch. **141**, 709 (1941). — STIMMEL, B. F., A. GROLLMAN and M. N. HUFFMAN: J. biol. Ch. **184**, 677 (1950).

[6] TOMPSETT, S. L.: Analyst **74**, 6 (1949).

[7] VENNING, E. H.: Obstetr. gynec. Surv. **3**, 661 (1948).

[8] DONNET, V.: Presse méd. **58**, 1243, 1350 (1950). — PINCUS, G., and W. H. PEARLMAN: Vitamines & Hormones **1**, 294 (1943).

[9] BUTENANDT, A., u. H. HOFSTETTER: H. **259**, 222 (1939). — COHEN, H., and R. W. BATES: Endocrinology **44**, 317; **45**, 86 (1949).

Die Höhe der Ausscheidung ist nicht durch die Löslichkeit der Ester bzw. ihrer Salze bedingt, denn auch die freien Oestrogene besitzen eine beträchtliche Löslichkeit[1].

Die Ausscheidung der Oestrogene unter pathologischen Bedingungen ist bei weitem nicht so gut untersucht wie die der nichtphenolischen Steroide; allgemeine Angaben

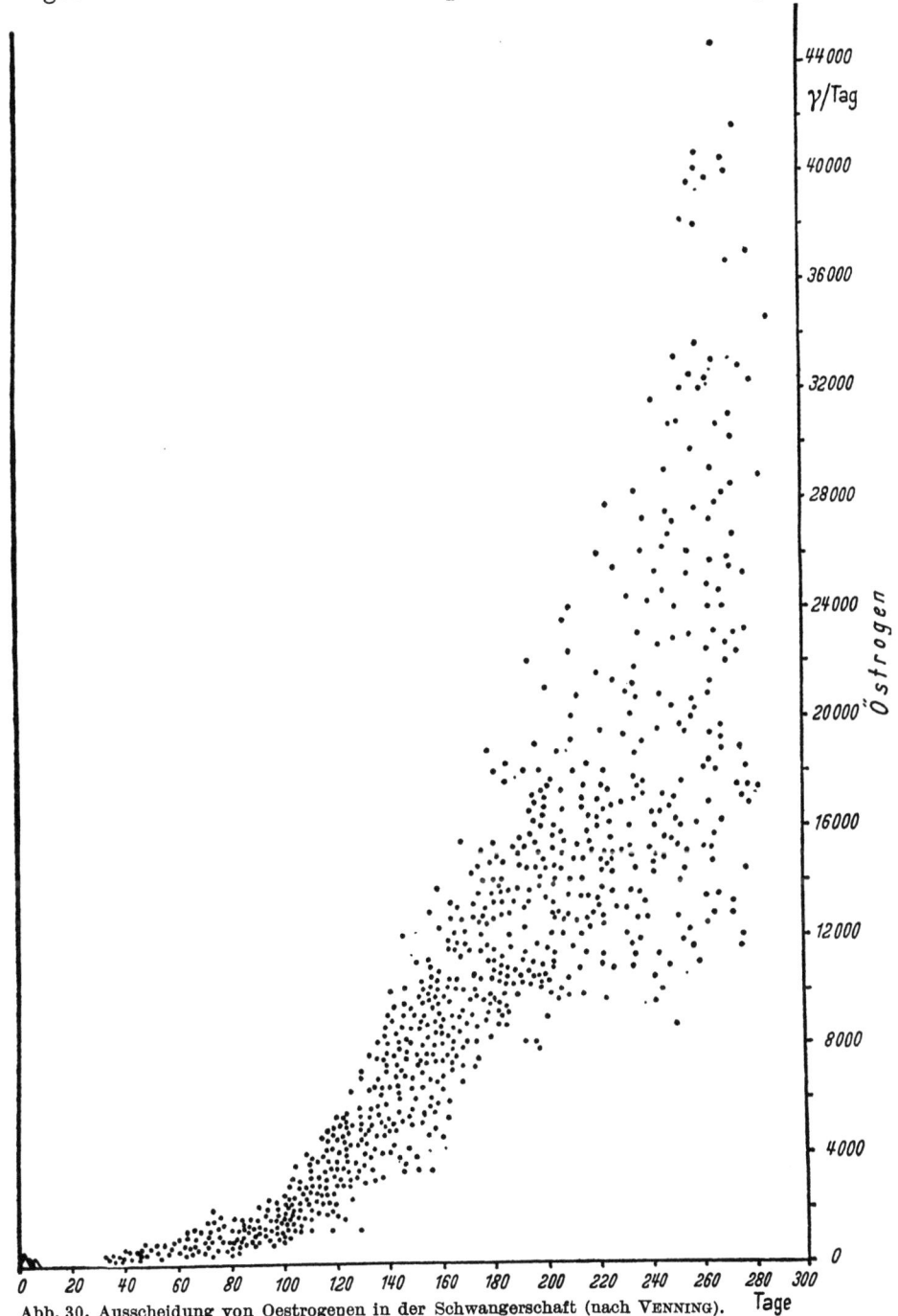

Abb. 30. Ausscheidung von Oestrogenen in der Schwangerschaft (nach VENNING).

über eine vermehrte oder verminderte Oestrogenausscheidung finden sich auf S. 257. In einem Fall von Feminismus ist Oestron, welches aus der Nebenniere stammen soll, aus dem Harn in vermehrter Menge isoliert worden[2].

[1] BISCHOFF, F., and H. R. PILHORN: J. biol. Ch. 174, 663 (1948).
[2] MONTGOMERY, E. G., and P. DE: Ind. med. Gaz. 82, 334 (1947) [Ber. Physiol. 138, 234].

Bei der *Bestimmung* der Oestrogene ist es notwendig, zuerst eine Hydrolyse des Harnes durchzuführen. Die optimalen Bedingungen sind von vielen Seiten untersucht worden[1]. Im allgemeinen werden der Zusatz von 15 Vol.-% konzentrierter Salzsäure und 10 min dauernde Hydrolyse unter Kochen am Rückflußkühler als brauchbare Methode empfohlen, ohne daß eine maximale Ausbeute unter diesen Bedingungen erzielt werden könnte[2]. Die Hydrolyse unter Druck wird von COHEN und MARRIAN empfohlen[3]. 30 min Kochen in 1,6 n HCl mit reinen Lösungen (5,6 %ig) zerstört 28 % von Oestriol, 34 % von Oestron und 34 % von α-Oestradiol, bezogen auf die biologische Wirksamkeit, ohne wesentliche Änderung der colorimetrischen Werte. Unter N_2 und mit Zusatz von 1-Amino-2-naphthol-4-sulfosäure bleibt auch die biologische Wirksamkeit erhalten. Man erhält die besten Ausbeuten, wenn in Butanollösung gearbeitet wird, d. h. wenn die Oestrogene mit Butanol extrahiert werden und die Hydrolyse in Butanol + 15 % HCl in 2 Std durchgeführt wird[2].

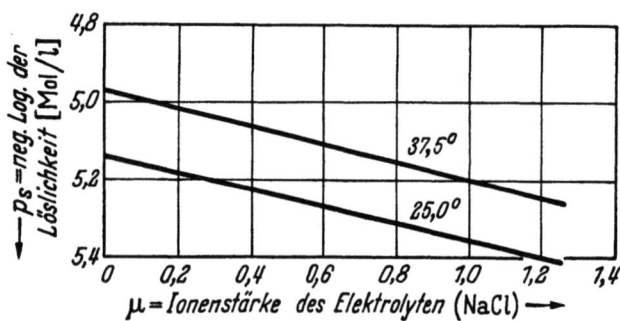

Abb. 31. Löslichkeit von Oestradiol in NaCl-Lösung[4].

Die Extraktion aus saurer wäßriger Lösung gelingt mit Äther, CCl_4, Benzol usw. gleich gut, wenn mehrfach extrahiert wird. Dagegen zeigen sich deutliche Unterschiede im Verteilungskoeffizienten[5].

Über die Verteilung von Farbstoffen aus Phenolen und Oestrogenen mit diazotierter Diäthylaminoäthyl-p-aminophenolsulfosäure zwischen Wasser und Äther bzw. Benzol bei definiertem p_H s.[6].

Tabelle 55. *Verteilungskoeffizienten oestrogener Hormone.*

System	Verteilungskoeffizient K		
	E_1	E_2	E_3
Äther: 1,5 n H_2SO_4	100	80	50
Äther: gesättigte $NaHCO_3$-Lösung	∞	∞	∞
Äther: H_2O	90	75	55
Toluol: n NaOH	0,14	0,046	0
Äther: NaOH, gesättigt mit CO_2, p_H 9	∞	∞	22

K = Konzentration obere Schicht/Konzentration untere Schicht, E_1 = Oestron, E_2 = β-Oestradiol, E_3 = Oestriol.

Auch die fermentative Hydrolyse der Oestrogenester im Harn ist versucht worden[7]. Die verwendeten Mylase und Mylase P enthalten als wirksamen Bestandteil eine Phenolsulfatase, die ziemlich spezifisch eingestellt ist und vor allen Dingen keine Phenylglucuronsäure spaltet. Durch Mylase kann man regelmäßig eine Freisetzung von Oestrogenen im Harn beobachten, die aber in weiten Grenzen (5—89 %) schwankt. Aus den Versuchen geht hervor, daß die Oestrogene im Harn als Sulfatester und auch als Glucuronsäureester ausgeschieden werden.

[1] TOMPSETT, S. L.: Analyst 74, 6 (1949). — SMITH, G. S. VAN and O. W. SMITH: Amer. J. Physiol. 112, 340 (1935). Surg., Gynec. Obstetr. 61, 27 (1935). — DINGEMANSE, E., E. LAQUEUR and O. MÜHLBOCK: Mschr. Geburtsh. Gynäk. 109, 37 (1939), weitere Literatur bei [12].

[2] BRUGGEN, J. T. VAN: J. Lab. clin. Med. 33, 207 (1948).

[3] COHEN, S. L., and G. F. MARRIAN: Biochem. J. 29, 1577 (1935).

[4] BISCHOFF, F., and H. R. PILHORN: J. biol. Ch. 174, 663 (1948).

[5] ENGEL, L. L., W. R. SLAUNWHITE jr., P. CARTER and I. T. NATHANSON: J. biol. Ch. 185, 255 (1950).

[6] BOSCOTT, R. J.: J. Endocrinol. 7, 154 (1951).

[7] COHEN, H., and R. W. BATES: Endocrinology 44, 317; 45, 86 (1949).

Eine Trennung von Oestriol, Oestradiol und Oestron ist schon früher auf Grund ihrer verschiedenen Acidität versucht worden[1]. Diese Verfahren haben nach den Angaben von FRIEDGOOD und Mitarbeitern[2] nicht zu dem gewünschten Erfolg geführt, weil die Unterschiede in der alkalischen Extraktionslösung nicht genügend definiert waren. Sie kontrollieren ihre Ergebnisse durch Messung der charakteristischen UV-Absorption und schlagen vor, eine ätherische Lösung zuerst mit 9 %iger $NaHCO_3$-Lösung zu extrahieren, den Ätherextrakt einzuengen, mit CCl_4 zu versetzen, so daß das Verhältnis Äther:CCl_4 = 1:18 ist, und dann mit n KOH zu extrahieren. In der Kalilauge löst sich die Oestrogenfraktion, die durch Wasserdampfdestillation weiter gereinigt wird; im Lösungsmittel bleiben die Androgene. Nach dem Ansäuern der KOH-Lösung werden die Oestrogene in Benzol aufgenommen und durch Extraktion mit 0,075 m Na_2HPO_4-Lösung in eine Oestriolfraktion und in eine Oestron-Oestradiolfraktion aufgeteilt. Die letztere kann durch GIRARDs Reagens wieder in Oestron und Oestradiol aufgeteilt werden.

Die erste Vorschrift zur colorimetrischen Bestimmung der Oestrogene stammt von KOBER[3] aus dem Jahre 1931. Die schwache Rotfärbung, die die Oestrogene mit reiner Schwefelsäure ergeben, kann durch Zusatz von Phenolen, Phenolsulfosäure oder α- bzw. β-Naphthol in ihrer Intensität sehr gesteigert werden. Naphthol gibt zwar eine stärkere Färbung als Phenol, letzteres bleibt aber in Schwefelsäure gelöst farblos, während die Naphthole bald eine störende Eigenfarbe annehmen. KOBER hat seine Methode später verbessert[4]. Weitere Verfahren nach der Vorschrift von KOBER s.[5]. Unter diesen ist besonders die Arbeit von SZEGO und SAMUELS hervorzuheben, die an Stelle von Phenol-Schwefelsäure die Guajacol-Schwefelsäure benutzten, wodurch die Reaktion wesentlich spezifischer geworden sein soll. Die Verwendung von Guajacol-Schwefelsäure wird ebenfalls von COHEN und BATES[6] empfohlen, während DIRSCHERL und Mitarbeiter[7] unter Änderung einiger technischer Anordnungen, die besonders das Erhitzen betreffen, die Verwendung von β-Naphthol vorziehen. Nach ihren Untersuchungen geben die Oestrogene die stärksten Extinktionen, unter ihnen das Oestron die bei weitem stärkste Färbung. Aber auch Androsteron gibt bereits eine nicht zu vernachlässigende Extinktion, Dehydroisoandrosteron reagiert nicht. Die Unterschiede in der Extinktion bei Verwendung von β-Naphthol und Guajacol-Schwefelsäure sind nicht sehr groß.

Für die Bestimmung der Oestrogene in reinen Lösungen, auch in binären Mischungen, wird von UMBERGER und CURTIS[8] die Reaktion mit reiner Schwefelsäure empfohlen, die ein ausgesprochenes und sehr gut meßbares Maximum bei 450 mμ für Oestron und β-Oestradiol liefert, während bei den anderen oestrogenen Komponenten die Maxima etwas verschoben sind. Eine differenzierte Bestimmung binärer Gemische der Oestrogene soll durch Messung in verschiedenen Spektralbezirken möglich sein.

Die KOBERsche Reaktion ist keineswegs farbbeständig und man muß sich beim Ablesen genau an die Zeit und die sonstigen Versuchsbedingungen halten. Störend ist zum Teil auch, daß Fremdstoffe mitreagieren und infolgedessen auch mitbestimmt werden. Von STEVENSON und MARRIAN[9] ist nun beschrieben worden, daß die rote Farbe von

[1] BACHMAN, C., and D. S. PETTIT: J. biol. Ch. 138, 689 (1941). — PINCUS, G.: J. clin. Endocrinol. 5, 291 (1945).

[2] FRIEDGOOD, H. B., J. B. GARST and A. J. HAAGEN-SMIT: J. biol. Ch. 174, 523 (1948). — LEVIN, L.: J. biol. Ch. 178, 229 (1949).

[3] KOBER, S.: B. Z. 239, 209 (1931).

[4] KOBER, S.: Handb. biol. Arb.-Meth., Abt. V, Teil 3 B. S. 1023. Biochem. J. 32, 357 (1938). — VENNING, E. H., K. A. EVELYN, E. V. HARKNESS and J. S. BROWNE: J. biol. Ch. 120, 225 (1937).

[5] BACHMAN, C., and D. S. PETTIT: J. biol. Ch. 138, 689 (1941). — BACHMAN, C.: J. biol. Ch. 131, 455, 463 (1939). — SZEGO, C. M., and L. T. SAMUELS: Proc. Soc. exp. Biol. Med. 43, 263 (1940). J. biol. Ch. 151, 587 (1943). — JAYLE, M., O. CRÉPY et O. JUDAS: Bull. Soc. Chim. biol. 25, 301 (1943). — WINKLER, H.: Kli. Wo. 1942, 1080.

[6] COHEN, H., and R. W. BATES: J. clin. Endocrinol. 7, 701 (1947).

[7] DIRSCHERL, W., u. F. ZILLIKEN: B. Z. 319, 407 (1949).

[8] UMBERGER, E. J., and J. M. CURTIS: J. biol. Ch. 178, 275 (1949).

[9] STEVENSON, M. F., and G. F. MARRIAN: Biochem. J. 41, 507 (1947).

Tabelle 56. *Zusammenstellung der colorimetrischen Methoden zur Bestimmung von Oestrogenen*[1].

Autor	Untersuchte Verbindung	Flüssigkeit oder Gewebe	Farbreaktion	Extraktionsmethode	Bemerkungen
COHEN und MARRIAN[2]	Oestron, Oestriol	menschlicher Harn	Erhitzen mit Phenol-Schwefelsäure, Kühlen im Eisbad, rosa Farbe messen	Saure Hydrolyse, Trennung der schwach sauren und der stark sauren Phenole	Anwendbar nur zu Ende der Schwangerschaft. Ergebnis zweifelhaft. Oestron und Oestradiol in der gleichen Fraktion
DAVID[3]	Oestriol	—	Erhitzen mit konzentrierter H_2SO_4; Verdünnen, Zusatz von arseniger Säure: Messung der blauen Farbe	—	Spezifisch für Oestriol
SOLA[4]	Oestron	Harn trächtiger Stuten	Erhitzen mit konzentrierter H_2SO_4; Messung der grünen Fluorescenz	Säurehydrolyse, Abtrennung der Harnphenole	Nur qualitativ
ZIMMERMANN[5]	Oestron	—	m-Dinitrobenzol + KOH: rote Farbe	—	Alle Ketone reagieren mit diesem Reagens, aber 17-Ketone geben eine charakteristische rote Farbe
CARTLAND, MEYER, MILLER und RUTZ[6]	Oestron	Hengstharn	Ähnlich wie COHEN und MARRIAN[2]	Butanolextraktion, Säuren entfernt, Aufteilung nach BUTENANDT[19]	Oft trübe Lösungen mit rohen Harnextrakten
SCHMULOVITZ und WYLIE[7]	Oestron	menschlicher Schwangerenharn	Zusatz von diazotiertem p-Nitroanilin zu alkoholischer Sodalösung, weinartige Farbe messen	Harn bei p_H 4 konzentriert, Äthylätherextrakt mit Na_2CO_3-Lösung gewaschen, flüchtige Phenole abdestilliert	Angewandt zur Schwangerschaftsdiagnose
PINCUS, WHEELER, YOUNG und ZAHL[8]	Oestron, Oestradiol und Oestriol	Menschen- und Kaninchenharn	a) s.[2,7]; b) s.[8,6]; c) s.[8,3]; d) Hormone in Chloroform + $ZnCl_2$ + Benzoylchlorid, erhitzen, Farbe messen	Saure Hydrolyse, Trennung der schwachen und starken Phenole	Anwendbar nur zu Ende der Schwangerschaft und besser als a), b) und c), reagieren mit nichtoestrogenen Chromogenen des Kaninchenharns; c) spezifisch, aber nicht auf gereinigte Extrakte anwendbar. d) Oestriol reagiert nicht; stimmt mit a) zu Ende der Schwangerschaft überein; starke Reaktion mit nichtoestrogenen Chromogenen des Kaninchenharns
PINCUS und ZAHL[9]	wie vorstehend	Kaninchenharn	Sulfanilsäure + $NaNO_2$ (wäßrig) zur alkoholischen Hormonlösung + NaOH; rote Farbe messen	wie vorstehend	Anwendbar nur bei farblosen Extrakten, weniger empfindlich als KOBER-Test; Oestron und Oestradiol in derselben Fraktion

Venning, Evelyn, Harkness und Browne[10]	wie vorstehend	Menschenharn	Phenolsulfosäure zum trockenen Extrakt, 20 min erhitzen, verdünnen, 10% H_2SO_4 zusetzen, rote Farbe messen	Blutanolextrakt des angesäuerten Harns, Säurehydrolyse des Butanolextraktes und Ätherextraktion des Hydrolysates	Anwendbar auf menschlichen Schwangerenharn mit mindestens 500 γ Oestrogen. Korrektur für Nichtoestrogene notwendig, Pregnandiol hemmt Farbentwicklung
Bachman, Bachman und Pettit[11,12]	wie vorstehend	Menschenharn	Nach 1 und 4, ferner Netrium-p-phenolsulfat in 85%iger Phosphorsäure 150°, Eiskühlung, violettrote Farbe	Säurehydrolyse, Abtrennung Oestriol durch 0,9 n Na_2CO_3 aus Benzol und Bestimmung von Oestron und Oestradiol in einer 2. Fraktion	Anwendbar auf Schwangerenharn von der 35. Woche ab
Talbot, Wolfe, MacLachlan, Karush und Butler[13]	Oestron	Menschenharn	2% Na_2CO_3 zur absolut äthanolischen Lösung der Ketone, diazotiertes Dianisidin; rote Farbe	Säurehydrolyse, starke Phenole entfernt, schwache Phenole nach Sulfitwaschung, Girard, Verwendung der Ketone	Schwangerenharn und anderer Frauenharn, 20—40% Verlust bei der Extraktion, keine biologischen Kontrollen
Szego und Samuels[14]	Oestron, Oestradiol und Oestriol	Endometrium von Kühen	Extrakt in absolutem Alkohol + konzentrierter H_2SO_4 unter Kühlung. Erwärmen, abkühlen, Zusatz von Guajacolsulfat, erhitzen, verdünnen mit 50%iger H_2SO_4, rote Farbe	Säurehydrolyse, Chloroformextraktion. Verteilung zwischen Pentan und Alkohol, Adsorption aus Aceton, Pentan, Mikro-Girard	Anwendbar nur bei Oestrogenen aus Endometrium; Oestrogenverlust 20—58% bei Extraktion; nicht anwendbar auf Harn
Jayle, Crepy und Judas[15]	Oestron	Menschenharn	Kober-Reaktion mit Zusatz von Aceton, wodurch die Farbe der Nichtoestrogene über Nacht bestehen bleibt, während die rote Farbe ausbleicht	Säurehydrolyse, Ätherextraktion, Oestriol durch Benzol aus Ätherextrakt entfernt. Oestron-Oestradiolgemisch bleibt	Brauchbar nur bei menschlichem Schwangerenharn mit 500 γ Oestrogen
Reifenstein und Dempsey[16]	Oestron	Menschenharn	Reaktion nach Talbot[13]	wie Talbot[13]	27—54% Oestrogenverlust bei der Extraktion, zu hohe Werte durch Nichtoestrogene
Veitch und Milone[17]	Oestron	—	2,4-Dinitrophenylhydrazon von Oestron zu 0,1 n alkoholischer Kalilauge, tiefrote Farbe	Chromatographie der Hydrazone vorgeschlagen	Anwendung auf Gewebe oder Flüssigkeiten nicht bekannt
Stimmel[18]	Oestron, Oestradiol und Oestriol	Menschenharn	Kober-Reaktion für Oestradiol, Zimmermann-Reaktion für Oestron, Bachman-Reaktion für Oestriol	Butanolextraktion, mit Säure hydrolysiert, Säuren entfernt mit Carbonat, Chromatographie des Ätherkonzentrats aus Benzol	Anwendbar auf Schwangerenharn nach der 24. Woche und in der Mitte des Cyclus mit Farbkorrektur

Literatur s. S. 272.

Oestron und Oestriol mit Phenol-Schwefelsäure durch $1^1/_2$stündiges Erhitzen auf 100° vollkommen verschwindet, während die durch ätherlösliche Phenole entstandene braune Farbe erhalten bleibt. Wird deshalb vor und nach dem $1^1/_2$stündigen Erhitzen bei 520 mμ gemessen, so läßt sich der Fehler durch Fremdstoffe ausschalten.

Außer der KOBERschen Reaktion geben die Oestrogene[1] mit Phthalsäureanhydrid rotbraune Kondensationsprodukte, deren Konstitution dem Phenolphthalein ähnelt; sie sind in Chloroform mit roter Farbe löslich und können zum Nachweis von 0,25 γ Oestron dienen. Die Reaktion der Oestrogene mit α-Nitroso-β-naphthol ist mehrfach beschrieben worden. Sie wurde aber nicht in großem Maßstabe zu quantitativen Bestimmungen herangezogen[2].

Oestron allein läßt sich mit 2,4-Dinitrophenylhydrazin fällen und als Hydrazon von dem überschüssigen 2,4-Dinitrophenylhydrazin[3] trennen. Das Verfahren stellt eine empfindliche Reaktion auf Oestron dar. Auch mit diazotiertem Dianisidin ist versucht worden, die Harnausscheidung von Oestron zu messen[4]. Oestron ist auch mit der Methode nach ZIMMERMANN (m-Dinitrobenzol) bestimmbar[5].

Die reinen oestrogenen Hormone zeigen in Schwefelsäure eine starke Fluorescenz, die ebenfalls zur Bestimmung verwendet worden ist[6]. Bei Verwendung eines Klett-Fluorometers wird das sichtbare Licht durch ein Corning-Filter 5970 ausgeschaltet und vor der Photozelle das primäre Licht durch ein Corning-Filter 3389 absorbiert. Unter diesen Bedingungen läßt sich die Konzentration der Oestrogene bestimmen. In der nachstehenden Tabelle 57 sind die Fluorescenzfarben zusammengestellt, außerdem ist die relative Intensität angegeben.

BATES und COHEN[7, 8] beschreiben weitere Filterkombinationsmöglichkeiten und apparative Einrichtungen, um auch eine fraktionierte Bestimmung der Oestrogene durchführen zu können. Die lineare Abhängigkeit der Fluorescenz wurde von JAILER unter-

[1] KLEINER, I. S.: J. biol. Ch. **138**, 783 (1941). — GARST, J. B., J. F. NYC, D. M. MARON and H. B. FRIEDGOOD: J. biol. Ch. **186**, 119 (1950).

[2] DIRSCHERL, W., u. F. HANUSCH: H. **233**, 13 (1935). — VOSS, K.: H. **250**, 218 (1937).

[3] VEITCH, F. P. jr., and H. S. MILONE: J. biol. Ch. **158**, 61 (1945).

[4] TALBOT, N. B., J. K. WOLFE, E. A. McLACHLAN, F. KARUSCH and A. M. BUTLER: J. biol. Ch. **134**, 319 (1940).

[5] TALBOT, N. B., A. M. BUTLER and E. A. McLACHLAN: J. biol. Ch. **132**, 595 (1940).

[6] BATES, R. W., and H. COHEN: Endocrinology **47**, 166 (1950).

[7] BATES, R. W., and H. COHEN: Endocrinology **47**, 182 (1950).

[8] BATES, R. W., and H. COHEN: Fed. Proc. **6**, 236 (1947). — COHEN, H., and R. W. BATES: J. clin. Endocrinol. **7**, 701 (1947).

Literatur zu Tabelle 56, S. 270 und 271.

[1] Pincus-Thimann, Hormones Bd. 1, S. 336.

[2] COHEN, S. L., and G. F. MARRIAN: Biochem. J. **28**, 1603 (1934).

[3] DAVID, K.: Acta brev. neerl. Physiol. **4**, 64 (1934).

[4] SOLA, S. L.: Rev. sud-amer. Endocrinol., Immunol., Quimioterap. **18**, 325 (1935).

[5] ZIMMERMANN, W.: H. **233**, 257 (1935).

[6] CARTLAND, G. F., R. K. MEYER, L. C. MILLER and M. H. RUTZ: J. biol. Ch. **109**, 213 (1935).

[7] SCHMULOVITZ, M. J., and H. B. WYLIE: J. Lab. clin. Med. **21**, 210 (1935).

[8] PINCUS, G., G. WHEELER, G. YOUNG and P. A. ZAHL: J. biol. Ch. **116**, 253 (1936).

[9] PINCUS, G., and P. A. ZAHL: J. gen. Physiol. **20**, 879 (1937).

[10] VENNING, E. H., K. A. EVELYN, E. V. HARKNESS and J. S. L. BROWNE: J. biol. Ch. **120**, 225 (1937).

[11] BACHMAN, C.: J. biol. Ch. **131**, 455, 463 (1939).

[12] BACHMAN, C., and D. S. PETTIT: J. biol. Ch. **138**, 689 (1941).

[13] TALBOT, N. B., J. K. WOLFE, E. A. MACLACHLAN, F. KARUSCH and A. M. BUTLER: J. biol. Ch. **134**, 319 (1940).

[14] SZEGO, C. M., and L. T. SAMUELS: J. biol. Ch. **151**, 587 (1943).

[15] JAYLE, M. F., O. CREPY et O. JUDAS: Bull. Soc. Chim. biol. **25**, 301 (1943).

[16] REIFENSTEIN, E. C. jr., and E. F. DEMPSEY: J. clin. Endocrinol. **4**, 326 (1944).

[17] VEITCH, F. P., and H. S. MILONE: J. biol. Ch. **158**, 61 (1945).

[18] STIMMEL, B. F.: J. biol. Ch. **162**, 99; **165**, 73 (1946).

[19] BUTENANDT, A.: H. **191**, 127 (1930).

Tabelle 57. *Fluorescenzeigenschaften von Steroidhormonen und synthetischen Oestrogenen.*

	Sichtbare Farbe des		Relative Fluorescenz Filter 3389
	durchfallenden Lichtes	Fluorescenzlichtes	
Oestron	gelb	blau-grün	100
α-Oestradiol	gelb	grün-blau	83
β-Oestradiol	gelb	blau-grün	94
Oestriol	gelb	blau-grün	34
β-Dihydroequilenin	orange	gelb	60
Equilin	gelb	gelb-grün	25
trans-Androstendiol-3-17	farblos	bläulich	5
Dehydroisoandrosteron	blau	bläulich	4
Progesteron	farblos	farblos	<2
Pregnandiol	farblos	farblos	<2
Testosteron	farblos	farblos	<2
Stilboestrol	gelb—orange	bläulich	3
Hexoestrol	farblos	farblos	<1
Dienoestrol	farblos	farblos	<1

sucht[1]. Sie soll nur bei einer bestimmten Schwefelsäurekonzentration erhalten sein und hauptsächlich von Oestron und Oestradiol herrühren. Die anderen geprüften Substanzen, darunter auch Cholesterin, Androsteron und Pregnandiol, fluorescieren sehr schwach oder nicht.

Die fluorometrische Methode ist auch von LEVIN und ENGEL und Mitarbeitern[2] quantitativ ausgewertet worden, während CUBONI[3] die Reaktion schon 1934 als qualitativen Test verwendet hat.

Bei der Reaktion mit Phthalsäureanhydrid im wasserfreien Medium geben die Oestrogene phenolphthaleinähnliche Verbindungen (s. S. 275), die eine Fluorescenz zeigen und dadurch bestimmt werden können. Eine auf diese Reaktion begründete Methode stammt von GARST und Mitarbeitern[4].

Die Messung der Extinktion im Ultravioletten zwischen 234 und 298 mμ wird von FRIEDGOOD und Mitarbeitern[5] zur Bestimmung ausgenutzt, indem sie gleichzeitig von der weiter oben beschriebenen Eigenschaft der Oestrogene, verschieden stark sauer zu reagieren, Gebrauch machen. Das Absorptionsmaximum für die Oestrogene liegt bei 280 mμ.

Die Benzolsulfosäureester zeigen im Ultraroten eine typische Absorption. Durch Messung bei 9,1 und 10,1 μ kann der Oestradiolgehalt einer Lösung bestimmt werden. Eine genaue Methode ist noch nicht mitgeteilt[6].

Schließlich ist auch die Papierchromatographie zur Analyse von Steroiden herangezogen worden[7]. Es wurde gefunden, daß die Hydrazone mit GIRARDs Reagens eine typische Wanderungsgeschwindigkeit in Butanollösung zeigen, und daß die gemessenen R_f-Werte umgekehrt proportional der Wasserlöslichkeit sind. Eine Änderung des R_f-Wertes von 0,59 auf 0,49 bedeutet bereits einen Abstand der Flecken von 1 cm.

Sie können sichtbar gemacht werden durch Bestäuben mit Jodplatinatlösung oder mit KRAUT-DRAGENDORFF-Reagens, wobei ersteres eine größere Beständigkeit zeigt und empfindlicher ist. Eine große Anzahl von R_f-Werten für verschiedene Ketosteroide wird angegeben. Für die papierchromatographische Trennung phenolischer Komponenten werden auch Petroläther, mit Ameisensäure gesättigt, für schnell laufende Verbindungen

[1] JAILER, J. W.: Endocrinology 41, 198 (1947). — FINKELSTEIN, M., S. HESTRIN and W. KOCH: Proc. Soc. exp. Biol. Med. 64, 64 (1947).
[2] LEVIN, L.: J. biol. Ch. 178, 229 (1949). — ENGEL, L. L., W. R. SLAUNWHITE jr., P. CARTER and I. T. NATHANSON: J. biol. Ch. 185, 255 (1950).
[3] CUBONI, E.: Kli. Wo. 1934 I, 302.
[4] GARST, J. B., J. F. NYC, D. M. MARON and H. B. FRIEDGOOD: J. biol. Ch. 186, 119 (1950).
[5] FRIEDGOOD, H. B., J. B. GARST and A. J. HAAGEN-SMIT: J. biol. Ch. 174, 523 (1948).
[6] CAROL, J.: J. amer. pharmaceut. Ass., sci. Ed. 39, 425 (1950).
[7] ZAFFARONI, A., R. B. BURTON and E. H. KEUTMANN: J. biol. Ch. 177, 109 (1949).

oder mit Ameisensäure gesättigtes Benzol bzw. Chloroform-Essigsäure-Wassergemische für langsam laufende Verbindungen empfohlen[1]. Auch Mischungen von Butanol oder Pyridin bzw. Ammoniak mit gesättigter wäßriger NaCl-Lösung sind geeignet, besonders wenn es sich um die Trennung von m- und p-substituierten Phenolen handelt.

Bestimmung der Oestrogene im Schwangerenurin nach STEVENSON und MARRIAN[2].

Reagentien:

1. HCl, konz.
2. Äther.
3. NaHCO$_3$-Lösung, 5%ig.
4. Äthanol.
5. Benzol.
6. n NaOH.
7. H$_2$SO$_4$, 10%ig.

Ausführung:

Der 24 Std-Sammelurin wird auf 2,5 Liter verdünnt; davon werden 100 cm³ nach Zusatz von 15 cm³ konzentrierter Salzsäure 30 min gekocht. Das Hydrolysat wird schnell abgekühlt, 1mal mit 100 und 2mal mit 40 cm³ Äther ausgeschüttelt. Die Ätherextrakte werden 3mal mit je 25 cm³ 5%iger Natriumhydrogencarbonatlösung gewaschen, die Bicarbonatauszüge mit 20 cm³ Äther reextrahiert und die gesamten Ätherextrakte zur Trockne eingedampft. Den Rückstand erwärmt man mit 3 cm³ Äthanol und 100 cm³ Benzol und schüttelt 1mal mit 50 und 2mal mit je 25 cm³ n Natronlauge aus. Die vereinigten Natronlaugeextrakte säuert man mit 15 cm³ Salzsäure an und extrahiert wieder 1mal mit 100 und 2mal mit 50 cm³ Äther. Diese Ätherextrakte werden wieder 2mal mit Natriumhydrogencarbonatlösung gewaschen, die Bicarbonatlösung mit 20 cm³ Äther reextrahiert und die vereinigten Ätherextrakte 3mal mit je 20 cm³ Wasser ausgewaschen. Der nach dem Verdampfen verbleibende Rückstand enthält die ätherlösliche Phenolfraktion des Harnes. Er wird in Alkohol gelöst und davon ein aliquoter Teil, der 10 bis 80 γ Oestrogene enthält, im ganzen aber nicht mehr als 2% der Oestrogene des Tagesharnes umfassen soll, entnommen und im Dampfbad zur Trockne verdampft. Dies soll in einem Reagensglas von 2 cm Durchmesser erfolgen, welches Ringmarken bei 8 und 15 cm³ trägt. Zu dem trockenen Rückstand setzt man 3 cm³ KOBER-Reagens, erhitzt 20 min im Wasserbad und setzt nach dem Abkühlen in Eis-Kochsalzmischung 3 cm³ Wasser zu. Nach dem Mischen erhitzt man wieder 3 min im Wasserbad, kühlt auf Raumtemperatur ab und füllt mit 10%iger Schwefelsäure bis auf 15 cm³ auf. In einer Probe von 7 cm³ mißt man die Absorption sofort bei 520 mμ. Den Rest des Ansatzes kocht man 1½ Std im Wasserbad, um die rote Farbe der Oestrogene zu zerstören. Dann läßt man erkalten und mißt wieder bei 520 mμ. Die Differenz der beiden Messungen entspricht der Extinktion der Oestrogene, als Oestradiol berechnet, wie aus einer Eichkurve, die mit reinen Lösungen hergestellt worden war, entnommen wird.

Colorimetrische Bestimmung der Oestrogene nach COHEN und BATES[3].

Reagentien:

1. H$_2$SO$_4$, konz.
2. Äthylalkohol, absolut.

Ausführung:

Die Methode ist für reines Oestron, Oestriol oder Oestradiol ausgearbeitet. Man nimmt die Lösung der Oestrogene in 2 cm³ absolutem Alkohol auf, erwärmt mit 20 cm³ Schwefelsäure 2 min auf 100°, verdünnt mit 10 cm³ Wasser und kocht nochmals 3 min. Bei der so erhaltenen Schwefelsäurekonzentration bis 50% liegt das Absorptionsmaximum bei 4520 Å. Bei 25%iger Schwefelsäure und geringerer Säurekonzentration ist das Absorptionsmaximum kleiner und liegt bei 5100 Å. Man muß mindestens 4 min erhitzen, kann aber auch 6—8 min kochen. Es wird folgendes Verfahren empfohlen: Man nimmt 0,4 cm³ einer alkoholischen Lösung, die 10—50 γ Oestrogen enthält, setzt unter Kühlen

---

[1] BRAY, H. G., H. J. LAKE, W. V. THORPE and K. WHITE: Biochem. J., **47**, XIII (1950).

[2] STEVENSON, M. F., and G. F. MARRIAN: Biochem. J. **41**, 507 (1947).

[3] COHEN, H., and R. W. BATES: J. clin. Endocrinol. **7**, 701 (1947). — BATES, R. W., and H. COHEN: Fed. Proc. **6**, 1 (1947).

im Eisbad 2 cm³ Schwefelsäure zu, mischt gut im Eisbad, kocht 6 min in einem Wasserbad, gibt 8 cm³ 25%ige Schwefelsäure zu, erhitzt weitere 3 min und photometriert bei 510 mμ. Für die 3 Oestrogene muß je eine besondere Eichkurve angelegt werden.

Fluorometrische Bestimmung der Oestrogene nach BATES und COHEN[1].

Reagentien:
1. H_2SO_4 (90 cm³ konz. Säure + 10 cm³ H_2O).
2. H_2SO_4 (65 cm³ konz. Säure + 35 cm³ H_2O).

Ausführung:

Die Proben, die 0,1—5 γ reine Oestrogene in 0,1—0,2 cm³ Äthanol, Toluol oder Wasser enthalten sollen, werden mit genau 1 cm³ Schwefelsäure (90 cm³ Säure + 10 cm³ Wasser) gemischt und 10—20 min im Wasserbad bei 80° ±5° gehalten. Darauf verdünnt man mit 6 cm³ Schwefelsäure (65 + 35), mischt sofort mit einem Glasstab und kann die Fluorescenz gegen einen Standardwert bestimmen.

Die Autoren verwenden ein Klett-Fluorometer, Modell 2070 und benutzen ein Corning-Filter 5970 zur Absorption des sichtbaren Lichtes vor der Meßcuvette sowie ein Corning-Filter 3389 zur Absorption des ultravioletten Lichtes vor der Photozelle. Die Fluorescenzintensität der einzelnen Oestrogene einschließlich Equilin ist sehr verschieden.

Fluorometrische Bestimmung von Oestrogenen mit Phthalsäureanhydrid nach GARST, NYC, MARON und FRIEDGOOD[2].

Reagentien:
1. Äthylalkohol.
2. Phthalsäureanhydrid, 1%ig in 95%igem Äthanol.
3. Zinkchlorid, 48%ig in absolutem Methanol.
4. Methanol, absolut.
5. Methanol—HCl (9 cm³ Methanol + 1 Tropfen konz. HCl).
6. Eisessig.

Ausführung:

Je 1 cm³ der Oestrogenlösungen in 95%igem Äthylalkohol und 4mal je 1 cm³ reiner Äthylalkohol als Leerwert kommen in Reagensgläser und werden mit 1 cm³ einer 1%igen Lösung von Phthalsäureanhydrid in 95%igem Alkohol gemischt. Der Alkohol wird auf dem Wasserbad verdampft, dann werden die Proben in einem Trockenschrank, dessen Luft durch Phosphorpentoxyd trocken gehalten wird, 10 min lang auf 148° ±2° erhitzt. Danach verschließt man mit einem Baumwollpfropfen, der die Feuchtigkeit abhalten soll, erhitzt weitere 10 min und läßt in einem Exsiccator im Vakuum erkalten. Zu den Proben gibt man 0,5 cm³ einer 48%igen Lösung von Zinkchlorid in absolutem Methanol. Das Zinkchlorid muß vor Gebrauch 6 Std bei 110° über Phosphorpentoxyd getrocknet sein. Man mischt durch Schütteln auf der Maschine und erhitzt möglichst kurz, um den Methylalkohol zu entfernen. Danach werden die Baumwollpfropfen ausgewechselt und die Proben 3 Std auf 148° gebracht; der Rückstand wird in 1 cm³ absolutem Methanol gelöst. Die Fluorescenz wird alsdann durch Zusatz von Methanol-Salzsäure oder Methanol-Essigsäure erzeugt. Bei letzterer sind die Extinktionen größer. Man verwendet entweder 9 cm³ Methanol und 1 Tropfen konzentrierte Salzsäure oder 9 cm³ reinen Eisessig. Mit letzterem ist die Extinktion größer. Die Methode ist auch für neutrale Steroide brauchbar.

Colorimetrische Bestimmung der Oestrogene nach DIRSCHERL und ZILLIKEN[3].

Reagentien:
1. β-Naphthol, frisch bereitete Lösung von 2,5 g in 100 cm³ konz. H_2SO_4.
2. Alkohol, 50%ig.

[1] BATES, R. W., and H. COHEN: Endocrinology 47, 166 (1950).
[2] GARST, J. B., J. F. NYC, D. M. MARON and H. B. FRIEDGOOD: J. biol. Ch. 186, 119 (1950).
[3] DIRSCHERL, W., u. F. ZILLIKEN: B. Z. 319, 407 (1949).

18*

Ausführung:

Eine Lösung von 2,5—10 γ Hormon oder eine entsprechende Extraktmenge in Alkohol wird zur Trockne verdampft und mit 2,0 cm³ β-Naphthollösung 2 min im siedenden Wasserbad erhitzt, wobei 45—90 sec nach Beginn der Erwärmung umgeschüttelt wird. Die Proben werden in Eiswasser gekühlt, mit 2 cm³ Wasser versetzt, umgeschüttelt und genau 20 sec im siedenden Wasserbad erwärmt. Dann gibt man 6 cm³ Alkohol auf die Oberfläche, mischt nach 1³/₄ min Abkühlung und kann sofort colorimetrieren.

An Stelle von β-Naphthol kann Guajacol genommen werden.

δ) *Nebennierenrindensteroide.*

Die Nebennierenrinde produziert Hormone der verschiedensten Art, die in 2 Gruppen geteilt werden:

1. Die Oxycorticoide, die hauptsächlich auf den Kohlenhydrat- und Eiweißstoffwechsel wirken.

2. Die Desoxycorticoide, die im wesentlichen den Elektrolytstoffwechsel beeinflussen.

Die 6 bekannten Hormone können folgendermaßen eingeteilt werden[1]:

Tabelle 58. *Einteilung der Nebennierenrindensteroide* (nach STAUDINGER und Mitarbeitern[1]).

		C_{17}	C_{11}
11-Oxycorticoide	Corticosteron (Compound B)	H	OH
	11-Dehydrocorticosteron (Compound A)	H	O
	17-Oxycorticosteron (Compound F)	OH	OH
	11-Dehydro-17-oxycorticosteron (Compound E, Cortison)	OH	O
11-Desoxycorticoide	11-Desoxy-17-oxycorticosteron.	OH	H
	11-Desoxycorticosteron (DOC), Substanz S nach REICHSTEIN	OH	H

Über die Konstitution dieser Verbindungen s. Bd. III. Außer diesen typischen Nebennierenrindenhormonen werden auch noch Androgene produziert, wahrscheinlich auch Progesteron und Oestrogene. Es ist sicher, daß aktive Corticosteroide mit dem Harn ausgeschieden werden, sowohl frei als auch als Ester. Bei der Darstellung und Bestimmung ist aber eine normale Verseifung bei 100°, wie sie zur Bestimmung der 17-Ketosteroide geübt wird, nicht anwendbar, da die Hydroxylgruppe am Kohlenstoffatom 11 säureempfindlich ist und sich leicht eine Doppelbildung C_9—C_{11} bildet.

Wird der Harn bei p_H 1 1—3 Tage bei Raumtemperatur sich selbst überlassen, ist es möglich, 11-Oxycorticosteron (bei einem Falle von CUSHING-Syndrom) zu isolieren[2].

Außer der Ausscheidung der eigentlichen Corticosteroide werden die Steroide der Nebenniere auch noch in Form zahlreicher Umwandlungsprodukte ausgeschieden, wie aus der Tabelle 59 zu ersehen ist. Übersicht über die Biologie von Cortison s. [3].

Aus der Empfindlichkeit gegenüber Säuren erklärt sich, daß unter den Harnsteroiden bei chemischer Aufarbeitung niemals C_{11}-oxydierte Verbindungen aufgefunden wurden, obwohl der biologische Test die Anwesenheit von mindestens 10 mg Desoxycorticosteron als Nebennierenstoffwechselprodukt erwies[4].

Man nimmt an, daß Urantriol, Urandiol und Uranolon, über deren Konstitution noch keine völlige Klarheit herrscht, Stoffwechselprodukte der Steroidhormone sind[5].

---

[1] PFEFFER, K. H., W. RUPPEL, HJ. STAUDINGER u. L. WEISSBECKER: A. e. P. P. 214, 165 (1952).

[2] MASON, H. L., and R. G. SPRAGUE: J. biol. Ch. 175, 451 (1948).

[3] INGLE, D. J.: J. clin. Endocrinol. 10, 1312 (1950).

[4] MASON, H. L.: J. biol. Ch. 158, 719 (1945). — MILLER, A. M., R. I. DORFMAN and E. L. SEVRINGHAUS: Endocrinology 38, 19 (1946). — Pincus-Thimann, Hormones Bd. 1, S. 617.

[5] DORFMAN, R. I., E. ROSS and R. A. SHIPLEY: Endocrinology 38, 178 (1946). — MARKER, R. E., O. KAMM, T. S. OAKWOOD, E. L. WITTLE and E. J. LAWSON: Am. Soc. 60, 1061 (1938). — MARKER, R. E., E. J. LAWSON, E. L. WITTLE and H. M. CROOKS jr.: Am. Soc. 60, 1559 (1938). — MARKER, R. E., E. ROHRMANN and E. L. WITTLE: Am. Soc. 60, 1561 (1935).

Tabelle 59. *Harnsteroide, die aus der Nebenniere stammen können*[1].

Steroide	Harnquelle
Allopregnan-3α,16,20-triol	trächtige Stute.
Allopregnan-3α,20α-diol	Mensch, Kuh, Stute (trächtig), normaler menschlicher Urin, erwachsener Stier.
Allopregnan-3β,20α-diol	Mensch, Kuh, Stute (trächtig), erwachsener Stier.
Allopregnan-3β,20β-diol	trächtige Stute.
Pregnan-3α-ol-20-on	Schwangerschaft und Neoplasma beim Menschen, trächtiges Schwein.
Allopregnan-3α-ol-20-on	Schwangerschaft und Neoplasma beim Menschen.
Allopregnan-3β-ol-20-on	Schwangerschaft beim Menschen, trächtige Stuten und Schweine.
Pregnan-3,20-dion	trächtige Stute.
Allopregnan-3,20-dion	trächtige Stute. Mensch mit Neoplasma.
Pregnan-3α-ol	Schwangerschaft.
Androstan-3β-ol-x-on	trächtige Stute.

Die *Normalausscheidung* im Harn ist sehr gering und schwankt bei Männern von 0,77—1,66 mg in 24 Std. Der errechnete Mittelwert liegt bei $1,15 \pm 0,32$ mg je Tag[2]. Bei Frauen liegen die Werte um ein geringes niedriger. Sie schwanken von 0,28—1,63 mg. Es wird ein Mittelwert von $0,84 \pm 0,29$ mg je Tag errechnet. Im allgemeinen kann man bei Männern wie bei Frauen mit 1 mg je Tag rechnen*.

Bei Kindern wird im Mittel eine Ausscheidung von 0,18 mg je Tag gefunden, die bis zum 16. Lebensjahr bis auf 0,4 mg ansteigt[3]. Für Frauen und Männer finden die Autoren etwas weniger als CORCORAN und PAGE.

Auch aus normalem Pferdeharn ist Nebennierenrindenhormon auf biologischem Wege an nebennierenlosen männlichen weißen Mäusen nachgewiesen worden[4]. Bei der Schwangerschaft ist die Ausscheidung im allgemeinen vermehrt. Sie nimmt nach Untersuchungen von VENNING 100—120 Tage nach der Konzeption bis zur Norm ab und steigt zwischen dem 140. und 160. Tage wieder an[5].

Ein großer Teil der Corticosteroide wird bei der *Bestimmung* im Harn mit den 17-Ketosteroiden erfaßt. Die höchsten Ausscheidungen findet man bei einer Hyperaktivität der Nebennierenrinde bei Nebennierenrindentumoren und besonders bei einem Krebs der Nebenniere; während bei einer Hyperplasie die Ausscheidung der 17-Ketosteroide 20—30 mg je Tag beträgt, kann sie bei Nebennierentumoren bis auf 400, bei reiferem Nebennierencarcinom bis auf 850 mg je Tag steigen[6]. In einem Einzelfalle von Nebennierenkrebs wurden sogar 2100 mg je Tag beobachtet. Eine Übersicht über die pathologischen Werte gibt die Tabelle 60. Aus ihr ist zu ersehen, daß die Normalausscheidung, nach VENNING gemessen, nur $^1/_{20}$ und $^1/_{30}$ der Steroidmenge beträgt, die von CORCORAN und PAGE angegeben worden ist. Ebenso verhält es sich mit den Zahlen für die anderen Fraktionen, so daß ein Vergleich der normalen Werte, die mit verschiedenen Methoden gewonnen wurden, im allgemeinen nicht möglich ist.

Für Stoffwechselprodukte der Nebennierenrindenhormone ergeben sich folgende Zahlen aus Tabelle 61.

---

* Nach einer persönlichen Mitteilung (CORCORAN) wurden in späteren Untersuchungen als Mittelwert gefunden bei Männern $1,04 \pm 0,39$ mg/Tag, bei Frauen $0,56 \pm 0,361$ mg/Tag.

[1] Pincus-Thimann, Hormones Bd. 1 S. 620, Tab. 26.
[2] CORCORAN, A. C., and I. H. PAGE: J. Lab. clin. Med. **33**, 1326 (1948).
[3] KING, N. B., and H. L. MASON: J. clin. Endocrinol. **10**, 479 (1950).
[4] RISLEY, E. A., A. B. SCHULTZ, W. B. RAYMOND and R. H. BARNES: Proc. Soc. exp. Biol. Med. **66**, 412 (1947).
[5] VENNING, E. H.: Endocrinology **39**, 203 (1946).
[6] Pincus-Thimann, Hormones Bd. 1, S. 513.

Tabelle 60. *Tägliche Harnausscheidung an Stoffwechselprodukten der Corticosteroide bei Krankheiten[1].*

| | 17-Keto-steroide[2] mg | Cortin[3] mg | Reduzierende Substanzen mg | | Entstanden durch HJO_4-Oxydation | |
			nach HEARD und Mitarbeitern[4]	nach TALBOT und Mitarbeitern[5]	17-Keto-steroide[6] mg	Formaldehyd[7] mg
Männlicher Mittelwert	15	0,062	1,5	0,24	} 0,4	0,5—0,8
Weiblicher Mittelwert	10	0,039	1,3	0,24		
Hypoadrenalismus.						
ADDISONsche Krankheit	0—7	0—0,015		0,02—0,26	—	0,15
Panhypopituitarismus	0—4	0	0,4—0,6	0,10—0,17		
Hyperadrenalismus.						
Hirsutismus	15—30	0,050—0,065		0,23—0,32		
CUSHINGsches Syndrom	10—40	0,2—0,7	4,8	0,90—12,0	—	21,0
Virilismus	40—250			0,15—0,57	10—16	
Schäden.						
Verbrennungen . .	20—30[8]	0,1—0,5[10]	3,0—4,0	0,34—1,70		
Postoperativ . . .	20—30[8]	0,1—0,2[10]		0,34—1,70		
Späte Schwangerschaft	10—20[9]	0,1—0,4	2,8—3,2			

[1] Pincus-Thimann, Hormones Bd. 1, S. 604, Tab. 22.
[2] Ausgedrückt in Androsteronäquivalenten.
[3] Nach VENNING berechnet als Compound E nach KENDALL.
[4] Bezogen auf Harnextraktion bei p_H 1.
[5] Bezogen auf Harnextraktion ohne Ansäuerung.
[6] Bezogen auf Butanolextraktion, anschließende Hydrolyse und Bariumchloridfällung.
[7] Berechnet als Dehydrocorticosteron.
[8] Leicht höhere Werte, aber sehr schwankend.
[9] Die oberste Grenze, bestimmt durch die ZIMMERMANN-Reaktion. Keine Erhöhung mit Antimontrichlorid.
[10] Die Werte sind abhängig von der Schwere der Schäden und können mehrere Wochen hoch sein.

Tabelle 61. *Harnausscheidung der Stoffwechselprodukte der Nebennierenrindenhormone* (mg/Tag)[1].

| Stoffwechselprodukt | Normalwert | Nebennierenschädigung | | |
		Hyperplasie	Tumor	Carcinom
$\varDelta^5$-Androsten-3(β),17(α)-diol . .	—	—	0,2—1,5	8—48
$\varDelta^5$-Androsten-3(β),16,17-triol . .	0,1	—	20	20
$\varDelta^5$-Pregnen-3(β),20α-diol	—	—	—	35
Pregnan-3(α),20α-diol	0,1	0,1—6	2—20	7—20
Pregnan-3(α),17,20-triol	—	2—20	0—3	—
Pregnan-3(α),17-diol-20-on . . .	—	3,2	0,5	—
$\varDelta^5$-Pregnen-3(β),17(β)-diol-20-on	—	—	—	5,3

Geringe Steigerung der Corticosteronausscheidung findet sich bei maligner Hypertension und beim CUSHING-Syndrom, Verminderung beim Morbus ADDISON[2]. Bei Akromegalie wurde keine Steigerung gefunden, wohl aber bei diabetischen Patienten[3].

Bestimmung:

Für die einigermaßen spezifische Bestimmung der Nebennierenrindenhormone scheint die $CO—CH_2OH$-Gruppe besonders geeignet zu sein, da sie sich leicht oxydieren läßt. Die Versuche, die STAUDINGER und SCHMEISSER[4] unternommen haben, um die Oxydation

[1] Pincus-Thimann, Hormones Bd. 1, S. 606, Tab. 23.
[2] CORCORAN, A. C., and I. H. PAGE: J. Lab. clin. Med. **33**, 1326 (1948).
[3] HARVIER, P., et J. TURIAF: C. R. Soc. Biol. **137**, 98 (1943). — TRIANTAPHYLLIDIS, E.: Sem. Hôp. 27, No. 32 (1951).
[4] STAUDINGER, HJ., u. M. SCHMEISSER: H. **283**, 54 (1948).

dieser Gruppe nach der Methode von HAGEDORN-JENSEN oder mit alkalischer Kupferoxydlösung zu bestimmen, haben nicht befriedigt, dagegen gelingt die Bestimmung gut, wenn man die Reduktion von Phosphormolybdänsäure colorimetrisch mißt. Es lassen sich so noch 20 γ Corticosteron bestimmen[1]. Die störenden, ebenfalls reduzierenden Stoffe werden in einer besonderen Bestimmung erfaßt, nachdem die Corticosteroide bei alkalischer Reaktion zerstört worden sind. Eine weitere Methode basiert darauf, daß aus der $CO-CH_2OH$-Gruppe mit Perjodsäure aus dem Molekül Formaldehyd abgespalten werden kann, der sich abdestillieren läßt und in der Vorlage durch Chromotropsäure colorimetrisch bestimmt werden kann[2]. Weiter ist vorgeschlagen worden, die durch Extraktion angereicherten und gereinigten Corticosteroide mit Phenylhydrazin umzusetzen und die gelbe Farbe der Hydrazone in Schwefelsäure zu messen[3].

Für die getrennte Bestimmung der C_{11}-Oxycorticosteroide und der C_{11}-Desoxycorticosteroide, d. h. eine Trennung der „Gluco"- bzw. „Mineralo"-corticosteroide, geben WEISSBECKER und STAUDINGER eine Vorschrift[4]. Durch Verteilung zwischen Wasser und einer Petroläther- bzw. Benzollösung gehen 80—85% des Cortison in die wäßrige Phase, während nur 8—10% des Desoxycorticosteronacetats im Wasser zu finden sind. Letzteres reichert sich im Petroläther bzw. Benzol an. Die Versuche sind aber einstweilen nur an Modellösungen durchgeführt worden. Bei gesunden Männern, die $700 \pm 50 \gamma$ Nebennierenrindenhormon ausschieden, fanden sich 120—180 γ Mineralo- und etwa 550—680 γ Glucocorticoide. Durch körperliche Belastung steigen im wesentlichen die Glucocorticoide. Das oben skizzierte Verfahren ist schon früher von LÖWENSTEIN und Mitarbeitern bzw. DAUGHADAY und Mitarbeitern[5] vorgeschlagen und von MASON und SPRAGUE[6] angewendet worden. Eine Reinigung der Rohextrakte in Chloroform mit NaOH nach TALBOT und Mitarbeitern[7] ist notwendig.

Über die papierchromatographische Trennung der Nebennierenrindenhormone s.[8]. Die Arbeit von HÜBENER und Mitarbeitern ist besonders bemerkenswert, weil neben der chromatographischen Trennung in Xylol/Formamid oder Xylol/Formamid/NH_3 die Papierstreifen im Ultraviolett photographiert werden, um die Steroide sichtbar zu machen. Nach der Elution der ausgeschnittenen Papierstreifen wird die Menge der Steroide bei 241 mμ bestimmt, weil der hier liegende Absorptionsstreifen charakteristisch für die Ketogruppe am C_3 und die Doppelbindung C_4-C_5 ist.

Bestimmung der Nebennierenrindenhormone nach STAUDINGER und SCHMEISSER[1].

Reagentien:

1. Chloroform, reinst.
2. n NaOH.
3. Petroläther.
4. Gemisch von 70 Teilen Alkohol und 30 Teilen n HCl.
5. Phosphormolybdänsäurereagens. Lösung A: 14 g MoO_3 (frei von NH_4'- und Cl'-Ionen) und 8 g NaOH werden in 50 cm³ Wasser gelöst. Lösung B: 32 cm³ 85%ige H_3PO_4 und 18 cm³ 45%ige H_2SO_4 oder 30 cm³ 89%ige H_3PO_4 und 20 cm³ 40%ige H_2SO_4. Kurz vor Gebrauch wird 1 Teil Lösung A mit 4 Teilen Lösung B gemischt.
6. n HCl.   8. 0,1 n Essigsäure.   10. 0,1 n NaOH.
7. 0,1 n H_2SO_4.   9. Permutit oder Blaugel.

[1] STAUDINGER, HJ., u. M. SCHMEISSER: B. Z. **321**, 83 (1950/51).
[2] CORCORAN, A. C., and PAGE: J. Lab. clin. Med. **33**, 1326 (1948).
[3] PORTER, C. C., and R. H. SILBER: J. biol. Ch. **185**, 201 (1950).
[4] PFEFFER, K. H., W. RUPPEL, HJ. STAUDINGER u. L. WEISSBECKER: A. e. P. P. **214**, 165 (1952). — WEISSBECKER, L., u. HJ. STAUDINGER: Kli. Wo. **1951**, 59. — PFEFFER, K. H., u. HJ. STAUDINGER: Kli. Wo. **1952**, 304, 306, 307.
[5] DAUGHADAY, W. H., H. JAFFE and R. H. WILLIAMS: J. clin. Endocrinol. 8, 166 (1948).
[6] MASON, H. L., and R. G. SPRAGUE: J. biol. Ch. **175**, 451 (1948).
[7] TALBOT, N. B., A. H. SALZMANN, R. L. WIXOM and J. K. WOLFE: J. biol. Ch. **160**, 535 (1945). — HOFMANN, H., u. HJ. STAUDINGER: B. Z. **322**, 230 (1951).
[8] STAUDINGER, HJ.: Ber. Physiol. **145**, 232 (1951). — HÜBENER, H. J., E. HOFFMANN u. F. BODE: H. **289**, 102 (1952).

Ausführung:

500 cm³ eines 24-Stundenharnes werden mit Essigsäure angesäuert und im Scheidetrichter 5mal mit je 50 cm³ Chloroform sehr intensiv ausgeschüttelt. Die sich bildende schleimige Emulsion wird durch Zentrifugieren getrennt und der zurückbleibende Schleimpfropf noch 2mal mit je 10 cm³ Chloroform ausgewaschen; die Chloroformlösungen werden 1mal mit 10 cm³ n NaOH und 1mal mit 10 cm³ n H₂SO₄ kurz, aber energisch geschüttelt. Die wäßrige Phase wird mit 10 cm³ Chloroform reextrahiert. Die Chloroformlösungen filtriert man durch ein weiches Filter und verdampft sie unter vermindertem Druck bei höchstens 50°. Der Rückstand im Kolben wird mit 40 cm³ Petroläther und 10 cm³ Alkohol-Salzsäure in einen kleinen zylindrischen Scheidetrichter gespült, gut geschüttelt und der Alkohol abgelassen. Den Petroläther extrahiert man noch 3mal mit Salzsäure-Alkohol, indem man den Kolben, in welchem das Chloroform eingedampft wurde, jeweils nachspült. 40 cm³ der alkoholischen Lösung werden mit 20 cm³ n Salzsäure verdünnt und dann 1mal mit 20 cm³ Petroläther ausgeschüttelt. Der Petroläther wird verworfen. Die alkoholische Lösung schüttelt man 4mal mit je 10 cm³ Chloroform energisch aus und extrahiert die vereinigten Chloroformauszüge mit je 10 cm³ 0,5 und 0,1 n NaOH sowie 0,1 n H₂SO₄. Dadurch werden saure und basische Bestandteile entfernt. Dann wird der Chloroformaus-

Tabelle 62.

Substanz	Wasser %	Petroläther %
Desoxycorticosteron	10 ± 5	90 ± 5
11-Desoxy-17-oxycorticosteron . .	25 ± 5	75 ± 5
Corticosteron	80 ± 10	20 ± 10
11-Dehydro-17-oxycorticosteron . .	90 ± 5	10 ± 5

zug durch 5 g Permutit oder Blaugel, das sich in einem Chlorcalciumrohr befindet, filtriert, mit 20 cm³ Chloroform nachgewaschen und die Chloroformlösung auf z. B. 60 cm³ aufgefüllt. Die eine Hälfte des Extraktes wird in einem Schliffkolben unter vermindertem Druck verdampft, die andere Hälfte in der gleichen Weise eingedampft und der Rückstand mit genau 2 cm³ 0,1 n NaOH 1 Std im kochenden Wasserbad unter Rückfluß erhitzt. Die Natronlauge neutralisiert man darauf mit genau 2 cm³ 0,1 n Essigsäure, gibt 1 Tropfen Essigsäure im Überschuß zu und verdampft auf dem Wasserbad unter Überleitung von filtrierter Luft. Den Rückstand beider Kölbchen löst man in je 4 cm³ reinstem Eisessig, gibt 0,5 cm³ Phosphormolybdänsäurereagens hinzu, kocht 1 Std unter gelegentlichem Schütteln im Wasserbad, kühlt ab, füllt auf genau 5 cm³ auf und colorimetriert im Stufenphotometer mit Filter S 52 bei 1 cm Schichtdicke. Nach den Autoren geben 100 γ Desoxycorticosteronacetat eine Extinktion von 0,85. Die gefundene Menge wird auf die Tagesmenge umgerechnet. Das Verfahren kann etwas vereinfacht werden, indem man 200 cm³ angesäuerten Harns 5mal mit 30 cm³ Chloroform gut ausschüttelt. Man trennt das Chloroform ab, gibt zu dem Schleim spatelspitzenweise Tierkohle (0,5—1g), bis sich die Emulsion gerade trennt, filtriert, wäscht den Niederschlag aus und verdampft das Chloroform unter vermindertem Druck. Weiter wird wie oben beschrieben verfahren.

Alle Lösungsmittel und Reagentien müssen äußerst rein sein. Die Methode wird von einer Vielzahl von Arzneimitteln, z. B. Morphin, Barbituraten, Pyrazolon-Derivaten, Istizin und Herzglykosiden gestört.

Getrennte Bestimmung der „Mineralocorticoide" und „Glucocorticoide" nach PFEFFER, RUPPEL, STAUDINGER **und** WEISSBECKER[1].

Prinzip:

Wie bereits aus den Arbeiten von REICHSTEIN[2] und KENDALL[3] hervorgeht, sind die Hormone der Nebennierenrinde um so wasserlöslicher, je mehr Sauerstoffgruppen sie

---

[1] PFEFFER, K. H., W. RUPPEL, HJ. STAUDINGER u. L. WEISSBECKER: A. e. P. P. **214**, 165 (1952).
[2] REICHSTEIN, T.: Ergebn. Vit.- u. Horm.-Forsch. **1**, 334 (1938).
[3] KENDALL, E. C.: Proc. Staff Meet. Mayo Clinic **12**, 136 (1937). Endocrinology **30**, 853 (1942)

tragen. Daher lassen sich die Hormone in einem System Wasser-Petroläther so verteilen, daß im Wasser im wesentlichen die Oxycorticoide, im Petroläther im wesentlichen die Desoxycorticoide vorhanden sind.

Für 4 charakteristische Hormone ergibt sich vorstehendes Verteilungsverhältnis[1] (Tabelle 62).

Die Aufteilung eines Harns erfolgt folgendermaßen:

Reagentien:

1. Chloroform.
2. n NaOH.
3. H_2SO_4, verdünnt.
4. Petroläther.
5. 0,1 n HCl.
6. Alkohol, 70%ig.
7. n HCl.
8. 0,5 n NaOH.

Ausführung:

500 cm³ eines Tagesharnes werden mit Essigsäure angesäuert und im Scheidetrichter 5mal mit je 50 cm³ Chloroform sehr intensiv ausgeschüttelt. Die schleimige Emulsion wird auf der Zentrifuge zerstört und noch 2mal mit Chloroform ausgewaschen. Die Chloroformlösung wird 1mal mit 10 cm³ n NaOH und 1mal mit verdünnter Schwefelsäure kurz, aber intensiv, geschüttelt, die wäßrige Phase mit 10 cm³ Chloroform nachgewaschen, das Chloroform durch ein weiches Filter filtriert und bei höchstens 50° unter vermindertem Druck abdestilliert. Der Kolbenrückstand wird bei 40° in 40 cm³ Petroläther gelöst und die Lösung mit 10 cm³ 0,1 n HCl im Kolben geschüttelt. Danach spült man in einen Scheidetrichter, trennt die Salzsäure ab, wäscht nochmal mit 10 cm³ 0,1 n HCl, schüttelt den Petroläther durch und vereinigt mit der ersten Salzsäureportion. Die gesamte Salzsäure wird mit dem gleichen Volumen Alkohol versetzt und mit 20 cm³ Petroläther ausgeschüttelt. Die wäßrige Lösung enthält die sog. Glucocorticoide.

Die ersten 40 cm³ Petroläther-Extrakt werden 4mal mit 10 cm³ 70%igem Alkohol ausgeschüttelt, nachdem mit jeder dieser Alkoholportionen der Kolben gut ausgespült wurde. Dann wird mit 20 cm³ HCl verdünnt und mit 20 cm³ Petroläther ausgeschüttelt. Die wäßrige Phase enthält Mineralocorticoide. Beide Fraktionen liegen in 50%ig alkoholischer Lösung vor, sie werden 4mal mit je 4 cm³ Chloroform energisch ausgeschüttelt, welches jetzt die Corticoide enthält. Die Chloroformauszüge wäscht man mit je 10 cm³ 0,5 n NaOH, 0,1 n NaOH und verdünnter H_2SO_4. Dann filtriert man über 5 g Permutit, der mit Chloroform ausgewaschen war, wäscht mit 20 cm³ Chloroform nach und füllt auf 60 cm³ auf. Man teilt in 2 genau gleiche Teile, verdampft das Chloroform bei höchstens 50° und erhitzt den einen Rückstand mit 2 cm³ 0,1 n NaOH 1 Std im kochenden Wasserbad am Rückflußkühler. Die Natronlauge wird mit 0,1 n Essigsäure neutralisiert, dann durch 1 Tropfen Essigsäure eben angesäuert und im Wasserbad unter Durchsaugen von Luft eingetrocknet. Der Inhalt beider Kölbchen mit zerstörten und unzerstörten Hormonen wird in 4 cm³ reinstem Eisessig gelöst und mit Phosphormolybdänsäurereagens wie S. 279 beschrieben behandelt und colorimetriert.

Bestimmung von Cortison und 17-Oxycorticoiden nach Schreier und Müller[2].

Reagentien:

1. H_2SO_4, d 1,63 (190 cm³ Wasser und 310 cm³ H_2SO_4).
2. Phenylhydrazin—HCl, aus Alkohol umkrystallisiert: 65 mg in 100 cm³ oben genannter Schwefelsäure gelöst.
3. Eisessig.
4. Carbo activ. sicc. puriss. Merck.
5. Chloroform.
6. Methanol.

Ausführung:

2mal 200 cm³ mit Eisessig auf p_H 4 angesäuerter Urin werden 5mal mit je 30 cm³ Chloroform kräftig ausgeschüttelt. Die Emulsionen werden gesammelt, mit 2 Teelöffeln

---

[1] Pfeffer, K. H., W. Ruppel, Hj. Staudinger u. L. Weissbecker: A.e.P.P. 214, 165 (1952).
[2] Schreier, K., u. E. Müller: D. m. W. 1952, 86.

Carbo activ. Merck geschüttelt und vom abgeschiedenen Chloroform abfiltriert. Der Kohlerückstand wird noch einmal mit Chloroform gewaschen, dann werden die vereinigten Extrakte bei 30—40° eingedampft. In den einen Kolben gibt man 1,0 cm³ Methanol und 8 cm³ Phenylhydrazinreagens, in den anderen 1,0 cm³ Methanol und 8 cm³ Schwefelsäure, um die Eigenfarbe zu bestimmen. Man erwärmt 20 min auf 60°, kühlt dann auf Raumtemperatur im Wasserbad ab und liest mit Filter S 43 ab. Die Extinktion für die Eigenfarbe wird abgezogen. Die Genauigkeit liegt bei $\pm$ 10 %.

Nach den Angaben von PORTER und SILBER[1] kann für eine Fluorescenz eine Berichtigung angebracht werden, wenn man das 1,5fache der bei 600 mμ gemessenen Extinktion von der bei 410 mμ gemessenen abzieht.

Bestimmung der Corticosteroide nach CORCORAN und PAGE[2].

Reagentien:

1. Chloroform.
2. Eisessig.
3. Alkohol/Äther 3:1.
4. Petroläther 30—60°.
5. Aceton.
6. Na_2SO_4, wasserfrei.
7. 0,1 n NaOH.
8. $MgCl_2$, wäßrige gesättigte Lösung.
9. 0,03 m KJO_4 in 0,25 m H_2SO_4.
10. 1,4 g $SnCl_2$ in 50 cm³ 2,5 n HCl. Die Lösung wird mit Stärke als Indicator mit HJO_4 titriert und so eingestellt, daß 10,2 cm³ HJO_4 = 10,0 cm³ $SnCl_2$ sind.
11. Chromotropsäure, 0,2 g in 4 cm³ H_2O gelöst und mit 15 m H_2SO_4 auf 100 cm³ aufgefüllt. Die Lösung muß täglich frisch bereitet werden.
12. etwa 9 m H_2SO_4.

Ausführung:

$^1/_4$—$^1/_6$ der Tagesharnmenge wird mit Salzsäure auf p_H 1 gebracht, mit 100 cm³ Chloroform durchgeschüttelt und kann so bis zur Weiterverarbeitung kalt aufbewahrt werden. Zur Extraktion wird 4mal mit je 100 cm³ Chloroform geschüttelt; die Schichten werden durch Zentrifugieren getrennt und der Restharn weggegossen. Die Chloroformextrakte werden gekühlt, 2mal mit je $^1/_{10}$ Volumen 0,1 n NaOH und 1mal mit Wasser gewaschen und die Waschflüssigkeiten mit Chloroform rückextrahiert. Die vereinigten Chloroformextrakte verdampft man im Vakuum unterhalb 50° bis auf 10 cm³ und verdampft hiervon 2 gleiche Teile in 2 Rundkolben völlig. Den Rückstand des ersten Kolbens löst man in 0,5 cm³ Eisessig, gibt dann 8,5 cm³ Wasser und 0,5 cm³ HJO_4 zu, läßt 30 min bei Zimmertemperatur stehen und versetzt mit 0,5 cm³ $SnCl_2$-Lösung (oxydierte Probe). Den Rückstand des 2. Kolbens versetzt man mit 9 cm³ Wasser, 0,5 cm³ $SnCl_2$-Lösung und danach mit 0,5 cm³ HJO_4-Lösung (nichtoxydierte Probe). In einem 3. Kolben setzt man den Leerwert an, welcher alle Reagentien ohne Extrakte enthält. Über einem Halbmikrobrenner werden nun 8 cm³ abdestilliert, wobei das Ende des Kühlers 1 cm tief in Wasser eintaucht. Das Destillat wird auf 10 cm³ aufgefüllt, davon werden 3 cm³ mit 5 cm³ Chromotropsäure im kochenden Wasserbad 30 min erhitzt, auf 25° abgekühlt und bei 570 mμ colorimetriert. Die Werte für den Leerwert und die nichtoxydierte Probe werden abgezogen.

Zur Bestimmung im Plasma werden 50 cm³ frisches Heparinblut tropfenweise mit dem 5fachen Volumen Alkohol-Äther gefällt, filtriert und der Niederschlag 3mal mit Alkohol-Äther nachgewaschen. Die Extrakte verdampft man im Vakuum bis auf 30 cm³, der Rückstand ist meist wäßrig. Man gibt 95 cm³ Alkohol zu und erhält so eine 70%ige alkoholische Lösung. Diese wird 3mal mit Petroläther extrahiert und der Petroläther verworfen.

Die wäßrig-alkoholische Lösung wird bis auf 5 cm³ eingedampft, mit 50 cm³ Aceton versetzt und unter Rühren 5 cm³ gesättigte $MgCl_2$-Lösung zugesetzt. Nach 1 Std dekantiert man durch eine Glasnutsche und löst den Niederschlag, der aus Phosphatiden besteht,

[1] PORTER, C. C., and R. H. SILBER: J. biol. Ch. **185**, 201 (1950).
[2] CORCORAN, A. C., and I. H. PAGE: J. Lab. clin. Med. **33**, 1326 (1948).

wieder in 3 cm³ Wasser und 15 cm³ 95%igem Alkohol, dampft darauf bis auf 1 cm³ ein, wiederholt die MgCl$_2$-Fällung und dampft schließlich die vereinigten Acetonextrakte im Vakuum bis zur Trockne ein. Ist der Niederschlag noch beträchtlich, muß die MgCl$_2$-Fällung wiederholt werden. Sonst löst man in 50 cm³ Chloroform, extrahiert mit Natronlauge und Wasser, wie oben beschrieben, trocknet den Chloroformextrakt mit Natriumsulfat und verfährt weiter, wie es oben beschrieben worden ist.

ε) Pregnandiol.

Pregnandiol ist zuerst im Schwangerenharn gefunden worden[1] und erhielt von BUTENANDT seinen Namen von pregnans = schwanger. Es wurde sehr bald erkannt, daß es ein Abbauprodukt von Progesteron ist, daß es aber nicht nur im Schwangerenharn vorkommt, sondern auch zeitweise während des Menstruationscyclus und unter pathologischen Bedingungen.

Das Pregnandiol wird nicht als freies Steroid ausgeschieden, sondern als Glucuronid, teilweise auch als Schwefelsäureester. Die Struktur des Glucuronids ist von HEARD und Mitarbeitern[2] bewiesen worden, indem sie es acetylierten und nachher spalteten, wobei ein Monoacetat vom Schmelzpunkt von 172—174° übrig bleibt, bei welchem die Acetylgruppe am Kohlenstoffatom 20 steht. Dadurch war bewiesen, daß die Glucuronsäure an C$_3$ stehen mußte. Die Aufarbeitung des Reaktionsgemisches erfolgte durch Adsorption an Aluminiumoxyd und Elution mit Benzol-Aceton. Die für das Pregnandiolglucuronid angegebene Strukturformel ist die eines β-Glucuronids[3].

Die Reindarstellung von Natriumpregnandiolglucuronid gelingt nach SUTHERLAND und MARRIAN[4]. Das wasserfreie Natriumsalz hat die Formel C$_{27}$H$_{43}$O$_8$Na und enthält 62,5% C, 8,4% H und 4,4% Na. Der Schmelzpunkt der reinen Verbindung liegt bei 283,5—284,5° corr. An feuchter Luft nimmt das Salz 3 H$_2$O auf, die bei 137° wieder verlorengehen. Das freie Pregnandiol schmilzt bei 235—237° corr.

Durch saure Verseifung kann der Glucuronsäurerest leicht abgespalten werden und es entsteht das freie Pregnandiol-3(α),20(α). Daneben wird noch Pregnan-3(α)-ol-20-on ausgeschieden, welches gewöhnlich 20% des als Glucuronid isolierten Niederschlages ausmacht (MARRIAN und GOUGH[5]). Weiterhin ist noch ein 3. Derivat, nämlich das Pregnan-3(α),17-diol-20-on, aus menschlichem Harn isoliert worden[6]. Das Pregnantriol ist von HIRSCHMANN[7] synthetisch dargestellt worden, und wurde aus dem Harn von Frauen mit Nebennierenhyperplasie isoliert[8]. Außerdem kommen noch Urantriol, Urandiol und Uranol-11-on-3 als seltenere Verbindungen vor[9].

Durch Ausschütteln mit Butanol wird das Pregnandiol langsam aus dem Harn extrahiert[10], bei neutralem Harn ist das Verteilungsverhältnis 1:13, bei alkalischem Harn 1:12. Die Extraktion gelingt am besten bei p$_H$ 10[11].

Das Pregnandiol wird im menschlichen Urin und im Urin von Schimpansen, Kühen, Stieren und Stuten gefunden. Das Glucuronid wurde nur aus menschlichem Harn und aus Kaninchenharn nach Verabfolgung von Progesteron isoliert. Das Pregnandiol-

[1] BUTENANDT, A.: B 63, 661 (1930).
[2] HEARD, R. D. H., M. M. HOFFMAN and G. E. MACK: J. biol. Ch. 155, 607 (1944).
[3] Pincus-Thimann, Hormones Bd. 1, S. 456.
[4] SUTHERLAND, E. S., and G. F. MARRIAN: Biochem. J. 41, 193 (1947).
[5] MARRIAN, G. F., and N. GOUGH: Nature 157, 438 (1946). Biochem. J. 40, 376 (1946).
[6] MASON, H. L., and H. S. STRICKLER: J. biol. Ch. 171, 543, 549 (1947). — PEARLMAN, W. H., and E. CERCEO: J. biol. Ch. 176, 847 (1948).
[7] HIRSCHMANN, H.: J. biol. Ch. 140, 797 (1941).
[8] MARKER, R. E., H. M. CROOKS jr. and R. B. WAGNER: Am. Soc. 64, 213 (1942). — SMITH, W. O., and S. SCHILLER: Proc. Soc. exp. Biol. Med. 73, 378 (1950).
[9] Pincus-Thimann, Hormones Bd. 1, S. 450.
[10] WOOLF, B., E. VIERGIVER and W. M. ALLEN: J. biol. Ch. 146, 323 (1942).
[11] JAYLE, M. F., O. CREPY et P. WOLF: Bull. Soc. Chim. biol. 25, 308 (1943).

glucuronid wurde im Harn normaler und trächtiger Kaninchen und Katzen oder bei Affen, Meerschweinchen, Schimpansen und Rhesusaffen [1] nicht gefunden.

Bei der schwangeren Frau wird Pregnandiol auch aus Cholesterin gebildet[2]. Sonst kommen als Vorläufer von Pregnandiol bei Männern, Frauen und Kaninchen Progesteron[3], Desoxycorticosteron bei Männern, Kaninchen, Schimpansen und bei Männern und Frauen mit ADDISONscher Krankheit in Frage[4].

Ein Steroid Δ^5-Pregnenol-3(β)-on-20 ist bei Frauen nach der Menopause und bei Männern und Kaninchen beobachtet worden[5].

Eine Abtrennung von den Ketosteroiden gelingt mit GIRARDs Reagens (Trimethylammoniumessigsäurehydrazid)[6]. Für quantitative Zwecke kommt diese Aufarbeitung aber nicht in Frage. Es ist auch möglich, das Pregnandiol, das freie wie das gebundene, bei p_H 2—2,5 durch Benzoesäure zu adsorbieren. Aus dem Adsorbat wird es durch 0,25 n Salzsäure in 2 Std hydrolysiert und nach dem Alkalisieren mit Toluol extrahiert. Nach dem Umkrystallisieren erhält man Krystalle vom Schmelzpunkt 237—237,5°[7].

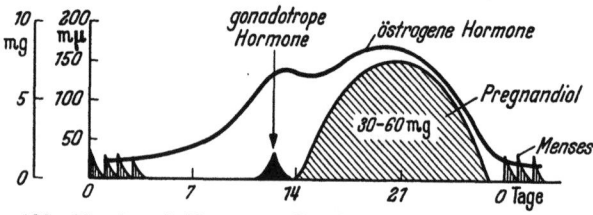

Abb. 32. Ausscheidung von Gonadotropin, Oestrogenen und Pregnandiol während des menstruellen Cyclus.

Die *Pregnandiolausscheidung* im Harn ist sehr unterschiedlich. In der Follikelphase finden sich 0,07—0,51, im Mittel 0,22 mg Pregnandiol in 100 cm³ Harn. In der Lutealphase werden 0,06—1,81, im Mittel 0,42 ± 0,344 mg gefunden[8]. Während der Schwangerschaft nimmt die Ausscheidung sehr stark zu und kann bis zu 100 mg je Tag betragen.

In der 10. Schwangerschaftswoche wurde eine Schwankung zwischen 3 und 54 mg je Tag beobachtet, ohne daß pathologische Erscheinungen, wie etwa ein drohender Abort, bemerkbar gewesen wären[9]. Eine Übersicht über den Hormongehalt während der Schwangerschaft gibt die obige Abbildung nach HOHLWEG[10].

Über die Streuung während der Schwangerschaft gibt die Abb. 33 Auskunft[11]. Von dem gleichen Autor stammt auch die Abb. 34, die die Hormon- und Pregnandiolausscheidung während eines Cyclus wiedergibt.

[1] HOFFMAN, M. M.: Canad. med. Ass. J. **47**, 424 (1942). — WESTPHAL, U., and C. L. BUXTON: Proc. Soc. exp. Biol. Med. **42**, 749 (1939). — FISH, W. R., R. I. DORFMAN and W. C. YOUNG: J. biol. Ch. **143**, 715 (1942). — ELDER, J. H.: Proc. Soc. exp. Biol. Med. **46**, 57 (1941). — STRICKLER, H. S., M. E. WALTON and D. A. WILSON: Proc. Soc. exp. Biol. Med. **48**, 37 (1941). — MARKER, R. E., and C. G. HARTMANN: J. biol. Ch. **133**, 529 (1940).

[2] BLOCH, K.: J. biol. Ch. **157**, 661 (1945).

[3] BUXTON, D. L., and U. WESTPHAL: Proc. Soc. exp. Biol. Med. **41**, 284 (1939). — HAMBLEN. E. C., W. K. CUYLER and D. V. HIRST: Endocrinology **27**, 172 (1940). — VENNING, E. H., and J. S. L. BROWNE: Endocrinology **21**, 711 (1937). — MÜLLER, H. A.: Kli. Wo. 1940, 318. — BUXTON, C. L.: Amer. J. Obstetr. Gynec. **40**, 202 (1940). — VENNING, E. H., and J. S. L. BROWNE: Endocrinology **27**. 707 (1940). — JONES, G. E. S., and R. W. TE LINDE: Amer. J. Obstetr. Gynec. **41**, 682 (1941). — HEARD, R. D. H., W. S. BAULD and M. M. HOFFMAN: J. biol. Ch. **141**, 709 (1941). — HOFFMAN, M. M., and J. S. L. BROWNE: Fed. Proc. **1**, 41 (1942). — HOFFMAN, M. M.: Canad. med. Ass. J. **47**, 424 (1942).

[4] CUYLER, W. K., C. ASHLEY and E. C. HAMBLEN: Endocrinology **27**, 177 (1940). — WESTPHAL, U.: H. **273**, 1, 13 (1942). — HOFFMAN, M. M., V. E. KAZMIN and J. S. L. BROWNE: J. biol. Ch. **147**, 259 (1943). — FISH, W. R., B. N. HORWITT and R. I. DORFMAN: Science, N. Y. **87**, 227 (1943). — HORWITT, B. N., R. I. DORFMAN, A. R. SHIPLEY and W. R. FISH: J. biol. Ch. **155**, 213 (1944). — Pincus-Thimann, Hormones Bd. 1, S. 454.

[5] PEARLMAN, W. H., and G. PINCUS: Fed. Proc. **5**, 79 (1946).

[6] SUTHERLAND, E. S., and G. F. MARRIAN: Biochem. J. **41**, 193 (1947).

[7] BEALL, D.: Biochem. J. **31**, 35 (1937).

[8] SEMMONS, E. M., and E. W. McHENRY: J. clin. Endocrinol. **9**, 852 (1949). — KAUFMANN, C. u. U. WESTPHAL: Kli. Wo. 1947, 910.

[9] HENDERSON, J., N. F. MACLAGAN, V. R. WHEATLEY and J. H. WILKINSON: J. Endocrinol. **6**, 41 (1949).

[10] HOHLWEG, W.: Kli. Wo. 1944, 45.

[11] VENNING, E. H.: Obstetr. gynec. Surv. **3**, 661 (1948). — DIBBELT, L.: Z. Geburtsh. **132**, 58 (1950). — MÜLLER, A.: Kli. Wo. 1940, 318. — DE WATTEVILLE, H.: Gynéc. et Obstétr. **49**, 155 (1950). — RAK, K.: Z. Geburtsh. **130**, 307 (1949).

Der Wert der Pregnandiolbestimmung bezüglich der endogenen Progesteronbildung wird sehr kritisch beurteilt[1]. KAUFMANN spricht nicht von Pregnandiol, sondern von „pregnandiolartigen" Verbindungen, ebenso BROOKSBANK und HASLEWOOD[2], die genauere Angaben über die Zusammensetzung des Niederschlages machen.

Die Bestimmung von Pregnandiol erfolgte erstmals durch VENNING und BROWNE[3]. Die ersten Angaben über die Ausscheidung stammen von O'DELL und MARRIAN[4]. Nach ihrer Methode wird das Pregnandiolglucuronid als Natriumsalz mit Butanol extrahiert und nach Reinigung durch Aceton gefällt, getrocknet und gewogen. Obwohl diese Methode

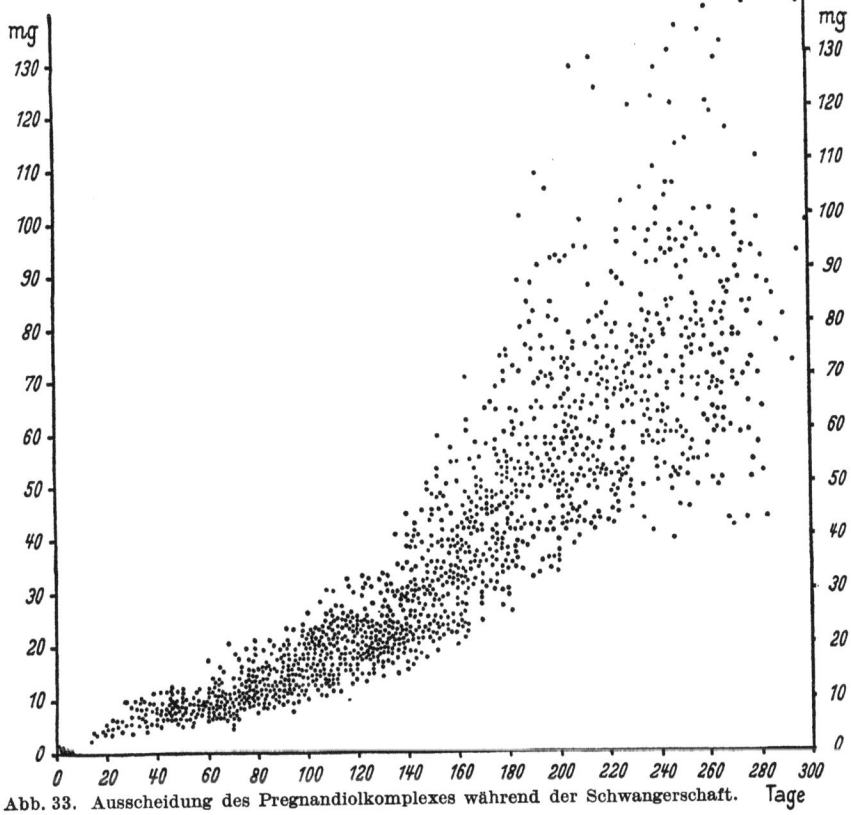

Abb. 33. Ausscheidung des Pregnandiolkomplexes während der Schwangerschaft.

sehr sorgfältig ausgearbeitet war und gute Werte in den späten Monaten der Schwangerschaft zeitigte, ist ihr Wert doch begrenzt bei früher Schwangerschaft und bei nichtgraviden Frauen, bei welchen die ausgeschiedene Pregnandiolmenge niedrig ist. Eine Verbesserung der gravimetrischen Methode wurde von WESTPHAL[5] eingeführt, indem er das Pregnandiol als Bariumsalz fällte und dadurch eine größere Genauigkeit erreichte, so daß die Methode auch bei geringen Pregnandiolmengen anwendbar war.

Eine andere, allgemein gebrauchte Methode gründet sich auf das von ASTWOOD und JONES[6] angegebene Verfahren. Sie verseifen die Pregnandiolester und fällen das mit Benzol oder Toluol extrahierte freie Pregnandiol, nachdem es von den phenolischen und sauren Steroidanteilen befreit ist, aus Alkohol durch Zusatz des 4fachen Volumens Wasser. Der Niederschlag wird gewogen. Er zeigt aber einen Schmelzpunkt von nur 205—228°. Empfindlicher ist die Methode, wenn der Niederschlag in Schwefelsäure

[1] KAUFMANN, C., U. WESTPHALU. J. ZANDER: Arch. Gynäk. 179, 247 (1951); dort weitere Literatur.

[2] BROOKSBANK, B. W. L., and G. A. D. HASLEWOOD: Biochem. J. 47, 36 (1950).

[3] VENNING, E. H., and J. S. L. BROWNE: Proc. Soc. exp. Biol. Med. 34, 792 (1936). — VENNING, E. H., K. A. EVELYN, E. V. HARKNESS and J. S. L. BROWNE: J. biol. Ch. 120, 225 (1937). — VENNING, E. H.: J. biol. Ch. 119, 473 (1937); 126, 595 (1938).

[4] O'DELL, A. O., and G. F. MARRIAN: Biochem. J. 30, 1533 (1936).

[5] WESTPHAL, U.: H. 281, 14 (1944).

[6] ASTWOOD, E. B., and G. E. S. JONES: J. biol. Ch. 137, 377 (1941).

gelöst wird und die dabei entstehende gelbe Farbe colorimetriert wird[1]. Um gleichmäßige Werte zu erzielen, müssen die Fällungsbedingungen usw. genau standardisiert
werden[2]. Dann soll sich zugesetztes Pregnandiolglucuronid, selbst bei Mengen bis zu
1 mg Pregnandiol, mit 90—100% wiederfinden lassen; auch 0,4 mg werden noch mit
70—80% wiedergefunden. Bei verschiedenen männlichen Urinproben wurden in 24 Std
nicht mehr als 0,4 mg Substanz gefunden, die wie Pregnandiol reagierten. Die Autoren
glauben daher, daß ihre Methode ziemlich spezifisch ist. Sie warnen aber vor einer Über-
schätzung des Verfahrens, weil pathologische Urine abnorm hohe Mengen von 17-Keto-
steroiden oder anderen neutralen Steroiden, die aus der Nebenniere stammen, enthalten
können, worauf oben bereits hingewiesen worden ist. Dagegen betont TOMPSETT[3], daß
20-Ketosteroide in nennenswerter Menge nur bei fortgeschrittener Schwangerschaft vorkommen, dagegen nicht bei nichtschwangeren Frauen oder in den ersten Stadien der

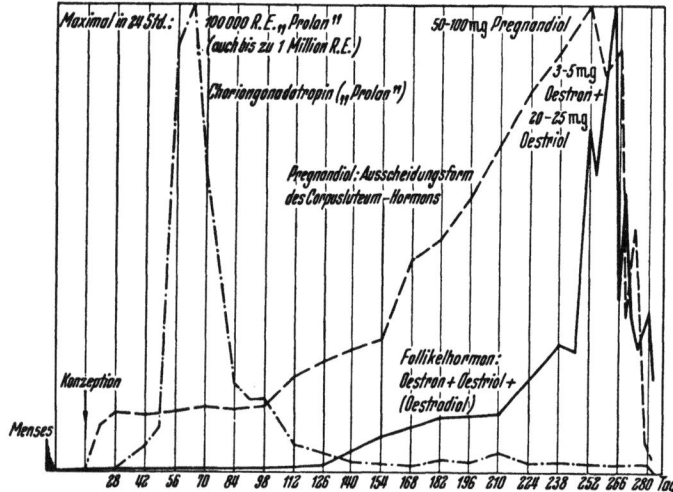

Schwangerschaft. Die von ihm verwendete Methode lehnt sich sehr
stark an die Vorschrift von SOMMER-
VILLE und Mitarbeitern an. Eine
Reinigung des Pregnandiolnieder-
schlages wird von HUBER, sowie von
ROGERS und STURGES[4] durch Chromatographie versucht. Alle diese
Methoden arbeiten einesteils sicher
mit Verlusten an Pregnandiol, andererseits können sie durch Mit-
bestimmung anderer Steroide zu
hohe Werte geben. Die Verwendnng
von Aktivkohle in sehr geringen Mengen schlagen EHRLICH - GOMOLKA
und CEKON[5] vor. Sie arbeiten aber
mit relativ großen Pregnandiolmengen.

Abb. 34. Die Ausscheidung von Choriongonadotropin („Prolan"),
Pregnandiol und Follikelhormon (Oestron, Oestriol, Oestradiol)
im Harn der schwangeren Frau.

Die colorimetrische Bestimmung unter Lösung des ausgefällten Pregnandiol in Schwefelsäure ist von GUTERMANN[6] benutzt worden, der auch versuchte, die Pregnandiolausscheidung als Schwangerschaftstest zu benutzen. Es scheint sicher zu sein, daß
die nach der Methode von GUTERMANN gefundenen Werte zu hoch liegen, und daß ange-
strebt werden muß, das Pregnandiol weiter zu reinigen, bevor es in Schwefelsäure gelöst
wird. So wird von SMITH[7] berichtet, daß bei Zusatz von analysenreinem Pregnandiol
die Ausbeute 147—150% betrug, daß aber fast theoretische Werte erhalten werden,
wenn der Niederschlag von Pregnandiol auf der Nutsche mit Petroläther gewaschen
wird. Allerdings steigt bei einem Zusatz von nur 0,5 mg der Verlust ebenfalls auf 20%.
Die Verluste bei der Extraktion setzen sich wie folgt zusammen[8]:

> Unvollständige Extraktion . . . . 0,03 mg
> Zerstörung bei der Hydrolyse . . . . 0,03 mg
> Verlust bei der Fällung aus Alkohol . . . . 0,10 mg
> Hemmung der Krystallisation durch Harnbestandteile . . 0,05 mg
> 0,21 mg

[1] TALBOT, N. B., R. A. BERMAN, E. A. McLACHLAN and J. K. WOLFE: J. clin. Endocrinol. 1, 668 (1941).
[2] SOMMERVILLE, I. F., N. GOUGH and G. F. MARRIAN: J. Endocrinol. 5, 247 (1948).
[3] TOMPSETT, S. L.: J. clin. Path. 3, 287 (1950).
[4] HUBER, D.: Biochem. J. 41, 609 (1947). — ROGERS, J., and S. H. STURGES: J. clin. Endocrinol. 10, 89 (1950).
[5] EHRLICH-GOMOLKA, H., u. F. CEKON: H. 288, 133 (1951).
[6] GUTERMANN, H. S., and M. S. SCHROEDER: J. Lab. clin. Med. 33, 356 (1948). — GUTERMANN, H. S.: J. clin. Endocrinol. 4, 262 (1944); 5, 407 (1945). J. amer. med. Ass. 131, 378 (1946).
[7] SMITH, O. W.: J. clin. Endocrinol. 10, 496 (1950).
[8] HENDERSON, J., N. F. MacLAGAN, V. R. WHEATLEY and J. H. WILKINSON: J. Endocrinol. 6, 41 (1949).

Wenn auch diese Zahlen zu hoch gegriffen erscheinen, so ist doch sicher bei Aufarbeitung von 100 cm³ Harn mit einem Verlust von 0,1—0,15 mg zu rechnen, womit die Grenze der Bestimmungsmöglichkeit gegeben ist. Die störenden Stoffe bestehen zum kleinen Teil aus Cholesterin und 17-Ketosteroiden, die die ZIMMERMANNsche Reaktion geben, in der Hauptsache aber aus Pregnan-3(α)-ol-20-on. 87% der störenden chromogenen Substanzen sind durch Digitonin nicht fällbar. Weitere Modifikation zu der GUTERMANNschen Reaktion s. [1]. Die Mißfärbungen, die durch die saure Hydrolyse auftreten, werden von RABINOVITCH[2] verhindert, indem er dem Harn Zinkstaub vor der Hydrolyse zusetzt. Man kann auch nach HOYT und LEVINE[3] Zinkgranulat zusetzen und nicht auf offener Flamme sondern im Wasserbad erhitzen. Durch die Gasentwicklung findet eine genügende Durchmischung statt, so daß das abgespaltene Pregnandiol unmittelbar von der oben befindlichen Toluolschicht aufgenommen wird. Eine Kombination der colorimetrischen Bestimmung mit Auswaschen des Niederschlages mittels Petroläther ist von DAVIS und FUGO[4] vorgeschlagen worden. Eine Reinigung mit wäßrigalkoholischer NaOH versucht SMITH[5]. Eine Reinigung der alkoholischen Pregnandiollösung durch Norit ist ebenfalls angewandt worden[6].

Die Farbreaktion von Pregnandiol mit Schwefelsäure ist unbefriedigend, weil sie zu unspezifisch ist. Deshalb hat GOLDZIEHER[7] versucht, mit Acetylchlorid unter Zusatz von Zinkchlorid in Eisessig eine Farbreaktion durchzuführen. Das Absorptionsmaximum liegt bei 390 mμ, ist aber abhängig von der Reaktionszeit. Schließlich ist auch noch versucht worden, das Pregnandiol mit 3,5-Dinitrophthalsäureanhydrid umzusetzen[8]. Der entstehende Halbester ist in alkoholischer Kalilauge mit charakteristischer Farbe löslich, die ein Absorptionsmaximum bei 510 mμ zeigt, während die überschüssige Dinitrophthalsäure unter den gewählten Bedingungen keine Absorption erkennen läßt. Man umgeht zwar mit dieser Methode die unspezifische Farbreaktion mit Schwefelsäure, aber es werden natürlich alle Steroide, die eine Hydroxylgruppe enthalten, in gleicher Weise verestert und zeigen auch annähernd den gleichen Extinktionskoeffizienten. Es gelingt auch eine quantitative Darstellung der Halbester mit Phthalsäureanhydrid[9], die entweder titrimetrisch oder gravimetrisch bestimmt werden können[10]. Es werden aber große Mengen benötigt. Verwendung von Dinitrophthalsäure s. oben.

Bei der Veresterung der Steroidalkohole mit 3,5-Dinitrophthalsäureanhydrid ist zu berücksichtigen, daß selbst unter optimalen Versuchsbedingungen die Veresterung nicht quantitativ verläuft. Es muß mindestens ein 5facher, in der Praxis ein 10facher Überschuß angewendet werden. Dabei wird Cholesterin zu 93 ± 3% verestert, Androsteron nur zu 51 ± 5%, Dehydro-epi-androsteron zu 89 ± 3% und Pregnandiol zu 77 ± 4%. Dagegen gelingt die Veresterung mit Phthalsäureanhydrid in 3 Std bei 130° quantitativ. Eine Methode zur Trennung der alkoholischen und nichtalkoholischen Steroide ist von DOBRINER und Mitarbeitern[10] ausgearbeitet worden. Der colorimetrische Vergleich erfolgt gegen eine Lösung von Cholesterin-hemidinitrophthalat. Für Harnextrakte geben die Autoren folgende Vorschrift: Die alkoholische Lösung von rund 1/10 der Tagesportion der neutralen Steroide in Alkohol wird in einem Rundkolben zur Trockne verdampft. Der Rückstand wird 3mal mit je 1 cm³ Toluol eingedampft und über Nacht im Vakuum

[1] SEMMONS, E. M., and E. W. McHENRY: J. clin. Endocrinol. 9, 852 (1949). — SOMMERVILLE, I. F., G. F. MARRIAN and R. J. KELLAR: Lancet 1948 II, 89.

[2] RABINOVITCH, J.: Nature 161, 605 (1948).

[3] HOYT, R. E., and M. G. LEVINE: J. clin. Endocrinol. 10, 101 (1950).

[4] DAVIS, M. E., and N. W. FUGO: Proc. Soc. exp. Biol. Med. 66, 39 (1947).

[5] SMITH, O. W.: J. clin. Endocrinol. 10, 496 (1950).

[6] SOMMERVILLE, I. F., G. F. MARRIAN and R. J. KELLAR: Lancet 1948 II, 89. — SOMMERVILLE, I. F., N. GOUGH and G. F. MARRIAN: J. Endocrinol. 5, 247 (1948).

[7] GOLDZIEHER, J. W.: J. Lab. clin. Med. 33, 251 (1948).

[8] ENGEL, L. L., H. R. PATTERSON, H. WILSON and M. SCHINKEL: J. biol. Ch. 183, 47 (1950).

[9] WEIDEMANN, G.: Biochem. J. 20, 685 (1926).

[10] DOBRINER, K., S. LIEBERMAN and C. P. RHOADS: J. biol. Ch. 172, 241 (1948).

über Calciumchlorid getrocknet. In jeden Kolben gibt man 24 mg Dinitrophthalsäure-anhydrid in 0,2 cm³ Pyridin und erhitzt die lose verschlossenen Kolben 15 sec im Wasser-bad. Nach dem Abkühlen wird die Mischung mit 10 cm³ 0,1 n HCl verdünnt, in einen Scheidetrichter überführt und mit 10 cm³ Äther extrahiert. Dies wird noch 4mal mit je 5 cm³ Äther wiederholt. Die gesammelten Ätherextrakte werden 3mal mit je 5 cm³ 0,1 n HCl und 5mal mit 5 cm³ Wasser gewaschen und schließlich in einem Meßkolben auf 50 cm³ mit absolutem Methanol aufgefüllt.

3 cm³ dieser Lösung werden in einen Colorimetertrog gebracht, vollständig einge-dampft, in 7 cm³ Methanol gelöst und mit 3 cm³ 5 n KOH in Methanol versetzt. Die Ablesung erfolgt gegen einen Standard mit dem Cholesterinester, der in gleicher Weise behandelt war, bei 510 mμ.

Eine weitere Möglichkeit der Pregnandiolbestimmung ist die Fällung als Barium-glucuronid nach WESTPHAL, anschließende saure Hydrolyse des Niederschlages und colori-metrische Bestimmung der Glucuronsäure mit Naphthoresorcin[1]. Diese Methode geht auf die Versuche von ALLEN und VIERGIVER[2] zurück. Da aber große Mengen anderer Glucuronide im Harn vorkommen, erhält man leicht zu hohe Resultate.

Der Einfluß der Methode auf die aus der Analyse berechneten Pregnandiolwerte ist in einer Untersuchung von SMITH hervorgehoben worden[3].

Der Wert der Pregnandiolbestimmung zur Diagnose der Schwangerschaft oder zur Kontrolle der Hormonproduktion während der Gravidität ist noch sehr umstritten[4]. BENDER[5] mißt allerdings der Pregnandiolbestimmung, besonders bei drohendem Abort, eine klinische Bedeutung bei. Durch Verabfolgung von Diäthylstilboestrol wird die Pregnandiolbestimmung im Harn nicht beeinflußt und die Pregnandiolmenge nicht geändert. Auch Testosteron ist ohne Einfluß, selbst wenn 50 mg je Tag und im ganzen 1,3 g verabfolgt werden[6].

Bestimmung von Pregnandiol nach WESTPHAL[7].

Reagentien:

1. Butanol.
2. Toluol.
3. 0,1 n NaOH.
4. Aceton.
5. Alkohol, 50%ig.
6. Bromkresolpurpurlösung in 0,034%igem Alkohol.
7. Essigsäure-Alkohol 1:10.
8. Bariumacetat, 10%ig in 50%igem Alkohol.

Ausführung:

Der 24-Stundenharn, welcher bei 0° unter Zusatz von 100 cm³ Butanol und etwas Toluol aufbewahrt wird, wird mit je einem Viertel der Gesamtmenge Butanol 4mal aus-geschüttelt, wobei die zuerst zugesetzten 100 cm³ berücksichtigt werden. Den Butanol-extrakt verdampft man im Vakuum der Wasserstrahlpumpe zur Trockne, löst den Rück-stand in 20 cm³ 0,1 n NaOH und extrahiert diese Lösung 4mal mit je 5 cm³ Butanol. Die durch Stehen geklärte Butanollösung wird 2mal mit 2 cm³ Wasser gewaschen, zur Trockne eingedampft, der Rückstand in einem Gemisch von 3 cm³ Wasser und 6 cm³ Aceton gelöst und dann mit 70 cm³ Aceton gefällt. Den abzentrifugierten Niederschlag löst man in 2 cm³ Wasser und 3 cm³ Aceton und fällt mit 67 cm³ Aceton. Den Nieder-schlag löst man nun in Alkohol, filtriert in vorgewogene Kölbchen, trocknet auf dem

[1] BISSET, N. G., B. W. L. BROOKSBANK and G. A. D. HASLEWOOD: Biochem. J. 42, 366 (1948).
[2] ALLEN, W. M., and E. VIERGIVER: J. biol. Ch. 141, 837 (1941). — JAYLE, M. F., O. CREPY et P. WOLF: Bull. Soc. Chim. biol. 25, 308 (1943). — JAYLE, M. F., et O. LIBERT: Bull. Soc. Chim. biol. 28, 372 (1946).
[3] SMITH, O. W.: J. clin. Endocrinol. 10, 496 (1950).
[4] SCHULTZ, W.: Tag.-Ber. Geburtsh. u. Frauenheilkde 9, 799 (1949). — MORROW, A. G., and R. S. BENUA: Amer. J. Obstetr. Gynec. 51, 685 (1946).
[5] BENDER, S.: Brit. Med. J. 1, 683 (1948).
[6] DAVIS, M. E., and N. W. FUGO: Proc. Soc. exp. Biol. Med. 65, 283 (1947). — SMITH, O. W., and S. SCHILLER: Proc. Soc. exp. Biol. Med. 73, 378 (1950).
[7] WESTPHAL, U.: H. 281, 14 (1944).

Wasserbad ein und bestimmt die Gewichtszunahme. Der Schmelzpunkt soll zwischen 260 und 270° liegen.

Den so gewonnenen Niederschlag löst man in kleinen Portionen von je 2 cm³ 50%igem Alkohol, indem man 20 min auf 70° erwärmt. Die durch Zentrifugieren gewonnene klare Lösung wird in vorgewogene Zentrifugengläser abgegossen, mit einem Tropfen Bromkresolpurpurlösung (0,034%ig in Alkohol) versetzt und durch verdünnten Eisessig-Alkohol (1:10) der Umschlag nach gelb herbeigeführt. Dann setzt man noch 1 Tropfen der Eisessigmischung zu und gibt 0,1 cm³ einer 10%igen Bariumacetatlösung in 50%igem Alkohol zu. Das Bariumpregnandiolglucuronid fällt in schönen Krystallen, die bei kleinen Mengen erst nach einigen Minuten zu sehen sind. Unter Umständen ist Animpfen erforderlich. Man zentrifugiert, wäscht den Rückstand mit 0,2 cm³ 50%igem Alkohol aus, trocknet vollkommen und wiegt (F 270—271° Zers.).

Pregnandiolbestimmung nach HENDERSON, MacLAGAN, WHEATLEY *und* WILKINSON[1].

Reagentien:

1. HCl, konz.	4. 0,1 n NaOH.	7. Petroläther.
2. Toluol.	5. NaOH, 2%ig in Methanol.	8. H_2SO_4, konz.
3. NaOH, 20%ig.	6. Aceton.	

Ausführung:

100 cm³ Urin, 10 cm³ konzentrierte HCl und 50 cm³ Toluol werden 15 min am Rückflußkühler gekocht, schnell auf Raumtemperatur abgekühlt und in einen Scheidetrichter gegeben. Die Harnschicht wird entfernt und das Toluol 1mal mit Wasser, 1mal mit 20%iger Natronlauge, 2mal mit 0,1 n Natronlauge und noch 1mal mit Wasser gewaschen. Darauf wird das Toluol gekocht, bis alles Wasser entfernt ist, mit 10 cm³ 2%iger methylalkoholischer NaOH versetzt und auf 15 cm³ eingedampft. Nach dem Abkühlen wird durch eine Glasnutsche filtriert; das Filtrat soll eine grüne Fluorescenz zeigen, aber keine orange und braune Farbe haben. Den Niederschlag wäscht man mehrmals mit Toluol aus, dampft dann das gesamte Toluol ab, löst den Rückstand in 2,5 cm³ heißem Aceton und fällt mit 47,5 cm³ kalter 0,1 n NaOH, bringt die Mischung zum Kochen und läßt 1 Std bei Raumtemperatur stehen.

Der Niederschlag wird auf einer Sinterplatte mit Wasser, dann mit ungefähr 5 cm³ Petroläther gewaschen und schließlich in 10 cm³ heißem Aceton gelöst. Das Aceton wird sorgsam verdampft und der erkaltete Rückstand in 10 cm³ konzentrierter Schwefelsäure aufgelöst. Die entstehende gelbe Farbe wird colorimetrisch bestimmt. Die Eichkurve mit reinem Pregnandiol entspricht nicht ganz dem BEERschen Gesetz.

Pregnandiolbestimmung nach TOMPSETT[2].

Reagentien:

1. Toluol, redestilliert.	4. 0,1 n NaOH.
2. HCl, konz.	5. Alkohol, absolut, redestilliert.
3. NaOH, 10%ig.	

Ausführung:

Der gesamte Harn von 24 Std wird in einem 2 Liter fassenden Rundkolben mit einem Zehntel seines Volumens Salzsäure versetzt, mit 200 cm³ Toluol überschichtet, 15 min am Rückflußkühler gekocht und möglichst rasch unter fließendem Wasser abgekühlt. Man trennt das Toluol im Scheidetrichter ab, extrahiert noch 2mal mit je 200 cm³ Toluol, wäscht die vereinigten Toluolextrakte mit 2 Portionen von je 100 cm³ 10%iger NaOH und 2mal mit 100 cm³ Wasser aus. Der Toluolextrakt wird im Vakuum zur Trockne verdampft, der trockene Rückstand in 10 cm³ absolutem Alkohol aufgenommen und mit 40 cm³ 70° warmer 0,1 n NaOH gefällt. Man läßt langsam auf Zimmertemperatur abkühlen und stellt über Nacht in den Eisschrank. Dann filtriert man durch

[1] HENDERSON, J., N. F. MacLAGAN, V. R. WHEATLEY and J. H. WILKINSON: J. Endocrinol. 6, 41 (1949).
[2] TOMPSETT, S. L.: J. clin. Path. 3, 287 (1950).

ein kleines Filter, wäscht den Kolben und den Niederschlag mit 40 cm³ Wasser von 5° aus, bringt dann das Filter samt Niederschlag in den Kolben zurück, löst von neuem in 10 cm³ absolutem Alkohol, fällt wieder mit 40 cm³ Wasser von 70° und sammelt am anderen Morgen, nachdem der Ansatz über Nacht im Eisschrank gestanden hat, auf einem Filter. Kolbeninhalt und Filterrückstand werden nun in ungefähr 40 cm³ Alkohol gelöst, in einen Kolben überführt und bei 100° verdampft; der Rückstand wird gewogen. Die Gewichtszunahme entspricht dem Pregnandiol.

Pregnandiolbestimmung nach SEMMONS und McHENRY[1].

Reagentien:

1. HCl, konz.	4. Aceton.	7. Äthanol.
2. Toluol.	5. 4,1 n NaOH.	8. H_2SO_4, konz.
3. Na_2SO_4, wasserfrei.	6. Petroläther.	

Ausführung:

Die Aufarbeitung erfolgt in Anlehnung an die Vorschrift von GUTERMANN. Zu 100 cm³ Harn, der mit Toluol überschichtet bis zum Sieden erhitzt wird, werden 10 cm³ konzentrierte Salzsäure hinzugefügt. Dadurch soll vermieden werden, daß das Pregnandiol unnötig lange der starken Säure ausgesetzt wird. Nach dem Abkühlen können die Wasser-Toluolemulsionen durch Zusatz von Natriumsulfat zerstört werden. Das Toluol wird abgetrennt, die Extraktion mit Toluol noch 2mal wiederholt und dann die gesammelten Toluolextrakte mit Wasser und Natronlauge gewaschen. Nach dem Verdampfen des Toluols wird der Rückstand in Aceton aufgenommen und mit dem 4fachen Volumen 4,1 n NaOH gefällt. Es ist vorteilhafter, 16 Std bei 10°, als 1 Std bei 5° stehenzulassen. Das ausgefallene Pregnandiol wird auf eine Glasnutsche gesaugt und mit 10 cm³ Petroläther gewaschen, um die 17-Ketosteroide zu entfernen.

Das zurückbleibende Pregnandiol wird schließlich in 5 cm³ Äthanol gelöst; aliquote Teile von 0,2—1 cm³ werden in einen 25 cm³-Meßkolben pipettiert, der Alkohol verdampft und schließlich 10 cm³ konzentrierte Schwefelsäure aus einer Bürette zugegeben. Die Farbe entwickelt sich innerhalb von 45—60 min und wird bei 430 mμ colorimetriert.

Pregnandiolbestimmung nach DIBBELT, HINSBERG und ESSER[2].

Reagentien:

1. 0,1 n NaOH.
2. NaOH, 2%ig, methylalkoholisch, vor Gebrauch frisch zubereiten.
3. H_2SO_4 konz., d 1,84.
4. HCl, konz., d 1,19.
5. Toluol.
6. Methylalkohol.
7. Äthylalkohol, unvergällt.
8. Aceton.
9. Petroläther, leicht siedend: Benzin wird einige Tage über reiner Schwefelsäure stehengelassen und dann destilliert. Der zwischen 30—45° übergehende Anteil wird verwendet.

Die Lösungsmittel 5—8 müssen vor Gebrauch ebenfalls destilliert werden.

Ausführung:

100 cm³ Harn werden mit 50 cm³ Toluol am Rückfluß erhitzt, beim Beginn des Kochens mit 10 cm³ konzentrierter Salzsäure versetzt und 15 min gekocht. Nach gutem Kühlen in Wasser wird der gesamte Kolbeninhalt in einen Scheidetrichter gegeben und aus diesem die wäßrige Fraktion in einen 2. Scheidetrichter übergeführt. Unter Auswaschen des Kolbens gibt man dazu 50 cm³ frisches Toluol, schüttelt 1 min kräftig, läßt nach einigen Minuten den Harn ab und vereinigt die beiden Toluolauszüge samt der Emulsion im 1. Scheidetrichter. Die erste Reinigung des Extraktes erfolgt durch Ausschütteln

---

[1] SEMMONS, E. M., and E. W. McHENRY: J. clin. Endocrinol. 9, 852 (1949).
[2] DIBBELT, L., K. HINSBERG u. H. ESSER: H. 289, 153 (1952).

mit 2mal 20 cm³ 0,1 n Natronlauge und 2mal 20 cm³ Wasser. Danach wird der Toluol-extrakt so lange destilliert, bis das Wasser verjagt ist, d. h. bis das Thermometer 109° zeigt. Die Kolben bleiben dann einige Minuten zum Abkühlen stehen. Nach Zu-fügen von 10 cm³ frisch bereiteter, 2%iger methylalkoholischer Natronlauge und etwa 40 cm³ frischem Toluol wird der gesamte Kolbeninhalt bis auf etwa 25 cm³ abdestilliert, wobei das Thermometer wieder mindestens 109° zeigen muß. Ist dies nicht der Fall, so destilliert man nach erneutem Zusatz von reinem Toluol nochmals.

Der noch heiße Toluolextrakt wird bei mäßigem Unterdruck durch ein Glasfilter 3 G 3 gesaugt, der Rundkolben 3mal mit 10 cm³ heißem Toluol nachgewaschen und das Lösungsmittel aus einem frischen Rundkölbchen bei vermindertem Druck auf dem Wasser-bad verjagt. Man löst den Rückstand in 3 cm³ warmem Methylalkohol, kühlt ab und gibt ihn unter Nachspülen des Kolbens mit 2mal 1 cm³ Methylalkohol in einen Scheide-trichter. Der Extrakt wird mit 10 cm³ Petroläther gemischt und das Ganze durch Zu-fügen von 2,5 cm³ Wasser entmischt, worauf 2 min geschüttelt wird. Nachdem Trennung der 2 Schichten eingetreten ist, wird der wäßrige Methylalkohol (untere Schicht) unter gelegentlichem Schwenken in einen 2. Scheidetrichter gebracht, der Petroläther wird verworfen und 10 cm³ frischer Petroläther durch den 1. Scheidetrichter in den 2. gegeben. Die Extraktion wird im ganzen 3mal vorgenommen und der so gereinigte wäßrige Methanolextrakt nach gründlichem Nachspülen der beiden Scheidetrichter mit Methyl-alkohol in einem Erlenmeyer-Schliffkölbchen auf dem Wasserbad verdampft.

Zur Fällung wird der Rückstand in 5 cm³ warmem Aceton gelöst, tropfenweise mit 20 cm³ Wasser versetzt und im Wasserbad von 100° 5 min erhitzt. Nach mindestens 2stündigem Stehen bei Zimmertemperatur kommen die Proben über Nacht auf Eis und werden dann bei gelindem Saugen und unter Nachwaschen mit 15 cm³ eiskaltem Wasser auf ein kleines Glasfilter 39 G 3 abgesaugt. Der Niederschlag wird in 10 cm³ warmem Äthylalkohol gelöst und der Alkohol in einem Erlenmeyer-Kölbchen auf dem Wasserbad verdampft. Zur Entfernung der letzten Feuchtigkeit werden die Proben 20 min im Exsiccator evakuiert und dann mit 5,0 cm³ konzentrierter Schwefelsäure versetzt. Die Farbentwicklung ist je nach der Menge des vorhandenen Pregnandiol in ¹/₂—1 Std beendet.

Berechnung:

Bei Ablesung im Stufenphotometer mit Filter S 43 und 10 mm Schichtdicke gilt die Formel

$$E \cdot 100/0,214 = \gamma \text{ Pregnandiol in der Probe.}$$

Im COLEMAN-Spektrophotometer wird bei $\lambda = 430$ mμ mit den Röhrchen 12×75 mm gemessen. Berechnung: $E \cdot 100/0,193$.

Tritt nach der Fällung mit Wasser sehr viel Niederschlag auf, so wird nur ein ali-quoter Teil der Äthanollösung zur Colorimetrie verwendet.

Es dürfen nur Schliffgeräte benutzt werden; Schläuche und Gummistopfen führen zu starken Farbbildungen durch Verunreinigungen. Auf eine Rückextraktion des Petrol-äthers mit verdünntem Alkohol wird verzichtet, um den Analysengang nicht zu kompli-zieren und um eine Rückextraktion der Verunreinigungen in den Alkohol zu verhüten.

Bestimmung der Alkoholgruppen in Nichtketosteroiden nach WEIDEMANN[1].

Reagentien:

1. Benzol.   3. Pyridin.   5. 0,02 n NaOH.
2. Phthalsäureanhydrid in Substanz. 4. Äthanol.

Ausführung:

Ein gewogener aliquoter Anteil der alkoholischen Fraktion, der 5—30 mg enthalten soll, wird in Benzol gelöst, das Lösungsmittel verdampft, der Rückstand im Vakuum getrocknet, mit 30 mg Phthalsäureanhydrid in 1 cm³ Pyridin versetzt und 3 Std im

[1] WEIDEMANN, G.: Biochem. J. 20, 685 (1926).

19*

Ölbad auf 130° am Rückflußkühler erhitzt, wobei Feuchtigkeit durch ein Calciumchlorid-rohr abgehalten wird. Man läßt abkühlen, setzt 5 cm³ Wasser zu und überführt nach 10 min quantitativ in ein Becherglas mit Hilfe von 25 cm³ Alkohol und 20 cm³ Wasser. Die Elektroden eines Elektrotitrationsgerätes werden eingesetzt, dann wird mit 0,02 bis 0,03 n NaOH titriert.

Berechnung:

Die μ-Äquivalente werden berechnet nach: $\mu_{\text{äqu.}} = 1000 \cdot n \cdot (\text{cm}^3{}_a - \text{cm}^3{}_b)$. n = Normalität der Natronlauge, $\text{cm}^3{}_a$ = cm³ Alkali verbraucht von 1 cm³ Pyridin + Phthal-säureanhydrid, $\text{cm}^3{}_b$ = cm³ Alkali verbraucht bei Titration der unbekannten Lösung. Der in der Klammer stehende Ausdruck ist ein Maß für die freien Carboxylgruppen der Phthalsäurehalbester und dem Gehalt an alkoholischen Steroiden proportional.

e) Fermente [*].

Amylase. Unter den im Harn vorkommenden Fermenten hat nur die Amylase dia-gnostische Bedeutung erlangt. Die normale Ausscheidung beträgt 24—76 Einheiten, nach Wohlgemuth berechnet, mit starken Schwankungen nach oben und unten bei Flüssigkeitskarenz oder Diurese. Bei nephritischen Symptomen ist die Amylase im Urin vermindert (im Serum erhöht). Sehr hohe Amylasewerte finden sich bei der Pankreas-nekrose, deutlich erhöhte Werte bei der akuten Pankreatitis sowie beim Verschluß des Ductus pancreaticus.

Zur Bestimmung wird immer die hydrolytische Kraft gegenüber einer Stärkelösung gemessen, entweder, indem man durch eine Verdünnungsreihe jene Harnmenge bestimmt, welche eben noch eine bestimmte Stärkemenge abbauen kann, oder indem der Überschuß an Stärke auf colorimetrischem Wege, meist durch Zusatz von Jod, bestimmt wird.

Colorimetrische Bestimmung der Amylaseaktivität nach Huggins und Russell[1].
Reagentien:

1. Substratlösung: 2 g Stärke werden in 25 cm³ Wasser suspendiert, durch Zugabe von 60 cm³ kochendem Wasser in Lösung gebracht und auf 100 cm³ aufgefüllt.
2. Jodreagens: 0,3 % Kaliumjodid, 0,13 % Jod und 5 % Kaliumfluorid, um die Ferment-wirkung ohne Kochen unterbrechen zu können.
3. 0,04 m Phosphatpuffer nach Sörensen p_H 7.

Ausführung:

Alle Proben werden mit Kontrollen angesetzt; in eine entsprechende Zahl von Reagens-gläsern werden 5 cm³ Puffer, 4 cm³ Stärkelösung und 1 cm³ einer entsprechend ver-dünnten Fermentlösung gegeben und umgeschüttelt. Von dem Ansatz entnimmt man sofort 0,5 cm³ und pipettiert sie zu 4 cm³ Jodlösung, die sich in einem 100 cm³-Kolben befinden. Der Rest der Proben wird im Thermostaten bei 37° gehalten; weitere Proben werden nach beliebigen Zeiten entnommen. Die colorimetrische Bestimmung erfolgt, indem die Proben mit der Jodlösung auf 100 cm³ aufgefüllt werden und mit Filter 660 die Extinktion bestimmt wird. Für je 4 mg Stärke müssen 4 cm³ Jodreagens genommen werden; alle störenden Nebenfärbungen werden durch das Filter ausgeschaltet. Als Einheit gilt jene Enzymmenge, welche 1 mg Stärke in 1 Std bei 37° in Phosphatpuffer spaltet. Es dürfen aber nicht mehr als 44 % der vorhandenen Stärke abgebaut sein.

Amylasebestimmung nach Wohlgemuth[2].
Reagentien:

1. 2 %ige Stärkelösung in 10 %igem Kochsalz. Die Stärke wird wie üblich in kochen-dem Wasser gelöst, dann das Kochsalz zugegeben, auf 100 cm³ aufgefüllt und zur Haltbarmachung mit 1 Tropfen Toluol versetzt. Zum Gebrauch wird eine 0,1 %ige Lösung mit destilliertem Wasser hergestellt.

---

[*] Es sind nur die wichtigsten Fermente berücksichtigt. Vgl. auch Abschnitt Blut, S. 167 und Bd. IV.
[1] Huggins, C., and P. S. Russell: Ann. Surg., Philadelphia **128**, 668 (1948).
[2] Wohlgemuth, J.: B. Z. **9**, 1 (1908).

2. 0,02 n Jodlösung, stets frisch aus einer 0,1 n Jodlösung zu bereiten.

3. Phosphatpuffer m/15, p_H 6,8.

Ausführung:

Der Harn wird zuerst entweder mit konzentrierter Salzsäure oder NaOH auf eine leicht saure Reaktion eingestellt. In 12 Reagensgläser füllt man von Glas 2—12 je 1 cm³ Phosphatpuffer, in Glas 1 2 cm³ Harn. Aus Glas 1 entnimmt man 1 cm³ Harn, mischt diesen mit dem Inhalt von Glas 2 und überführt 1 cm³ nach Glas 3 usw. Man erhält hierdurch Verdünnungen 1:2, 1:4, 1:8 bis zu 1:2048. Zu allen Gläsern gibt man möglichst gleichzeitig 2 cm³ der verdünnten Stärkelösung, die auf 38° vorgewärmt war. Darauf stellt man alle Gläser 30 min in einen Thermostaten von 38°, unterbricht dann den Abbau der Stärke durch Einstellen in Eiswasser und gibt in jedes Gläschen 2 Tropfen Jodlösung. Das Glas, in dem neben dem roten Farbton eine leichte blaue oder blauviolette Farbe auftritt, dient als Grundlage für die Berechnung der Amylaseeinheiten. Um die Farbe deutlicher hervortreten zu lassen, kann mit Wasser auf 5 cm³ aufgefüllt werden. Zeigt nun das Glas 4 als erstes eine Blaufärbung, so wurden bei einer Verdünnung von 1:8, d. h. durch $^1/_8$ cm³ Harn, 2 cm³ der verdünnten Stärkelösung verdaut. 1 cm³ Harn würde also 16 cm³ Stärkelösung verdauen oder, ausgedrückt in WOHLGEMUTH-Einheiten, $d\frac{38°}{30'} = 16$ Amylaseeinheiten enthalten. Als sicher pathologisch werden nach dieser Methode Werte angesehen, die über 128 WOHLGEMUTH-Einheiten liegen.

Enthält der Harn sehr viel Amylase, so muß er entsprechend dem Amylasegehalt 1:5 bis 1:10 mit NaCl-Lösung verdünnt werden. Von dieser Verdünnung ausgehend wird dann die Verdünnungsreihe angesetzt. Es ist wichtig, daß beim Pipettieren kein Speichel, der sehr amylasereich ist, in den Ansatz gelangt.

Phosphatasen. Im menschlichen Urin ist neben viel saurer Phosphatase nur wenig alkalische Phosphatase und diese in unregelmäßigen Mengen vorhanden[1]. Der Katzenharn soll besonders reich an Phosphatasen sein[2], Kaninchenharn dagegen keine Phosphatase enthalten.

Bei männlichen Individuen erhöht sich gegenüber weiblichen die Konzentration der sauren Harnphosphatase durch das beigemengte Prostatasekret[3]. Die bei Männern und Frauen vorkommende Phosphatase stammt aus den Nieren bzw. dem Blut, denn sie wird auch im Katheterharn gefunden bzw. vor der Pubertät oder nach Prostatektomie. Frauen scheiden je Tag regelmäßig ungefähr 50 Einheiten saure Phosphatase aus. Bei Männern steigt die Ausscheidung in der 4. Dekade des Lebens auf 350—400 Einheiten[4].

Die Bestimmungsmethoden unterscheiden sich nicht von denen im Plasma oder Serum und werden dort beschrieben (s. S. 173). Zusammenfassung s. [5].

Proteolytische Fermente. Sämtliche proteolytischen Fermente sind im Harn nachgewiesen worden. Zusammenfassende Darstellung über das *Harnpepsin*[6], über das *Kathepsin*[7] und über das *Trypsin*[8].

Über die Größe der Ausscheidung von Harnpepsin und Kathepsin sind wir gut unterrichtet. Das Harnpepsin wird fast während des ganzen Lebens, sofern nicht krankhafte Veränderungen seine Ausscheidung beeinflussen, in gleicher Menge ausgeschieden. Dagegen fehlt es im Harn von Neugeborenen. Eine deutliche Erhöhung findet man bei Typhus und Tuberkulose sowie bei Cholecystitis. Bei anderen Erkrankungen ließen

---

[1] FOLLEY, S. J., and H. B. KAY: Biochem. J. **29**, 1837 (1935). — ALBERS, D.: H. **265**, 129; **266**, 1 (1940). B. Z. **306**, 143 (1940). — BIGET, P.: Thèse Pharm. Paris 1943.

[2] FLOOD, C. A., E. B. GUTMAN and A. B. GUTMAN: Amer. J. Physiol. **120**, 696 (1937).

[3] SCOTT, W. W., and C. HUGGINS: Endocrinology **30**, 107 (1942).

[4] BURGEN, A. S. V.: Lancet **252**, 329 (1947). — WOLBERGS, H.: H. **238**, 23 (1936). — COURTOIS, J., et P. BIGET: Bull. Soc. Chim. biol. **25**, 103 (1943).

[5] BAUR, H.: Z. Vit.-, Horm.-Ferm.-Forsch. **2**, 507 (1948/49).

[6] BUCHER, G. R.: Gastroenterol., Baltimore **8**, 627 (1947).

[7] MERTEN, R.: Kli. Wo. **1947**, 401.

[8] BAUMANN, J.: Z. ges. exp. Med. **91**, 120 (1933). — BUADZE, S.: Fermentforsch. **14**, 56 (1935).

sich charakteristische Veränderungen nicht nachweisen[1]. Der Harn selbst enthält keinen Hemmungskörper für Pepsin[2].

Über die Ausscheidung von Kathepsin s. [1,3]. Im allgemeinen ist bei Entzündungen, Infektionen sowie bei Prozessen, die mit einer Gewebseinschmelzung einhergehen, eine Erhöhung zu beobachten, dagegen eine Erniedrigung bei chronischen Eiweißmangelschäden sowie bei chronischen Tuberkulosen.

Für das Trypsin ist eine Vermehrung bei Erkrankungen der Nachbarorgane des Pankreas nach operativen Eingriffen im Oberbauch, besonders aber bei Pankreasnekrose nachgewiesen worden[4].

Bei Verwendung von Hämoglobin als Substrat kann die proteolytische Aktivität in γ Tyrosin-N, welcher aus dem einheitlichen Hämoglobinmolekül abgespalten wird, ausgedrückt werden. Die Fermentaktivität unterliegt nicht nur einem Wechsel zwischen Tag und Nacht, sondern zeigt auch Schwankungen innerhalb eines Tages. Für den Gesamttag berechnet ergibt sich bei normalen Personen eine Schwankung von 180 bis 550 γ Tyrosin-N für das Pepsin und von 190—550 γ Tyrosin-N für das Kathepsin. Bei Typhus werden Werte bis 1300, bei Lungentuberkulose bis zu 2000 γ Tyrosin-N für das Pepsin gemessen[5,1].

Neben dem Hämoglobin als Substrat ist von WHITE und Mitarbeitern eine Caseinatlösung nach HAMMARSTEN empfohlen worden[6]. Auch Azoproteine scheinen geeignet zu sein. Die Methodik ist dieselbe, wie sie für die Bestimmung von Magensaft- und Duodenalsaftproteasen verwendet wird, und muß dort (S. 381 und 386) eingesehen werden.

Abwehrfermente. Die bisher beschriebenen Fermente sind körpereigen und ubiquitär. Im Gegensatz zu diesen findet man eine besondere Art von Fermenten, die den Namen Abwehrfermente erhalten haben; sie entstehen, wenn körperfremde Stoffe, z. B. polymere Kohlenhydrate oder Eiweißstoffe unter Umgehung des Magen-Darmkanals in den Körper gelangen. Man könnte sie auch als neuauftretende oder adaptive Fermente bezeichnen. Serum und Liquor[7] der betreffenden Tiere oder auch der Harn gewinnen dann die Fähigkeit, die betreffenden Substrate mit größerer oder geringerer Spezifität abzubauen. Diese Fermente sind schon 24 Std nach parenteraler Verabreichung der Substrate nachweisbar. Besonders untersucht sind in dieser Hinsicht die Abwehrproteasen[8-13], und ihr Nachweis hat in früherer Zeit eine große praktische Bedeutung besessen. Das p_H-Optimum der Abwehrproteinasen liegt bei 7,0; sie können aktiviert werden. Sie werden durch Kälte, Schütteln und bei 50° inaktiviert[13], durch Schwermetalle reversibel gehemmt[14] und sind nicht mit den bekannten Proteinasen wie Pepsin, Trypsin oder Kathepsin identisch[15]. Es ist gelungen, kleine Mengen von Abwehrproteinasen durch unterschwellige Trypsinmengen zu aktivieren; aus diesen Versuchen ist eine Diskussion darüber entstanden, ob die Abwehrproteinasen vielleicht ein abgewandeltes Trypsinferment darstellen, dessen Pheron verschieden ist[9].

[1] MERTEN, R.: Kli. Wo. 1947, 401; 1948, 260,

[2] MIRSKY, I. A., S. BLOCK, S. OSHER and R. H. BROH-KAHN: J. clin. Invest. 27, 818 (1948). — FRONIN, A.: C. R. Soc. Biol. 56, 204 (1904).

[3] HENSELER, A.: Diss. Köln 1944.

[4] BAUMANN, J.: Z. ges. exp. Med. 19, 120 (1933). — BUADZE, S.: Fermentforsch. 14, 56 (1935).

[5] MERTEN, R.: Kli. Wo. 1947, 401.

[6] WHITE, F. D., and J. M. BOWMAN: Canad. J. Res. 25, 153 (1947).

[7] ABDERHALDEN, E., u. S. BUADZE: Fermentforsch. 10, 111 (1929).

[8] ABDERHALDEN, E.: Schutzfermente des tierischen Körpers. 7. Aufl. Dresden, Leipzig 1944. Abwehrfermente. 6. Aufl. Dresden, Leipzig 1941.

[9] ABDERHALDEN, E.: Ergebn. Enzymforsch. 6, 189 (1937).

[10] ABDERHALDEN, E.: Bamann-Myrbäck 2, 2091 (1941). Handb. biol. Arb.-Meth. Abt. IV, Teil 2, S. 2089 (1933).

[11] MARRACK, J.: Ergebn. Enzymforsch. 7, 281 (1938).

[12] WESTPHAL, O.: Handb. Enzymol. (NORD-WEIDENHAGEN) 2, 1129 (1940).

[13] MERTEN, R.: Ergebn. inn. Med. (N. F.) 2, 49 (1951).

[14] ABDERHALDEN, E., u. S. BUADZE: Fermentforsch. 10, 111 (1929); 12, 465 (1931).

[15] MALL, G.: Allg. Z. Psychiatr. 119, 9 (1940).

Außer den Proteinasen, die als Abwehrfermente auftreten, sind auch adaptive Peptidasen gefunden worden[1]. Ihre Anwesenheit spielte lange Zeit eine große Rolle, nachdem von KÖGL und ERXLEBEN[2] bekannt gegeben worden war, daß in den Eiweißstoffen maligner Tumoren D-Aminosäuren vorkommen sollen, die als für maligne Tumoren charakteristisch angesehen wurden. Die Auffindung von D-Peptidasen bei Carcinomträgern[3] erwies sich in der Folgezeit als nicht spezifisch für maligne Tumoren, da sie auch bei gesunden Menschen, Tieren und Pflanzen vorkommen[4].

Die Spezifität der auftretenden Abwehrproteinasen im Blut läßt in vielen Fällen zu wünschen übrig. Nur in seltenen Fällen[5] wurde von einer wirklichen Spezifität berichtet. In den meisten Fällen handelt es sich um eine relative Spezifität, d. h., es wurde das zur Erzeugung der Abwehrproteinasen verabfolgte Substrat vorzugsweise abgebaut, daneben aber auch eine ganze Reihe anderer unspezifischer Substrate[6]. Diese Unspezifität hängt wahrscheinlich damit zusammen, daß in biologischen Substraten, wie in Serum und Harn, immer Trypsin oder ähnliche Proteinasen vorkommen, die vollkommen unspezifisch jedes dargebotene Eiweiß abbauen können. Das Problem ist, die spezifischen Abwehrproteinasen von den unspezifischen Proteinasen quantitativ zu trennen. Da es bis heute noch nicht gelöst ist, besitzen die Abwehrproteinasen zwar ein erhebliches theoretisches Interesse, ihre Bestimmung kann aber in der Praxis noch nicht ausgewertet werden[7]. Eine spezifische Reinigung ist von MALL[8] durchgeführt worden.

Die Herkunft der adaptiven Fermente ist noch nicht geklärt. ABDERHALDEN und MARTIN[9] glauben, daß sie in der Pankreasdrüse gebildet werden, weil sie bei einem pankreaslosen Tier die Bildung von Abwehrproteinase vermissen. Andererseits ist in den Jahren 1943—1948 während der schlechten Ernährungsbedingungen ebenfalls vielfach die Bildung von Abwehrproteinasen vermißt worden[10], so daß die Vermutung nahe liegt, daß eine allgemeine Inanitation die Fermentbildung hindert. Auch das reticuloendotheliale System und die Leukocyten sind als Bildungsort in Betracht gezogen worden. Bemerkenswerterweise sind die Abwehrproteinasen im Tierversuch übertragbar.

Die Abwehrproteinasen sind zuerst im Blutserum entdeckt worden, später im Harn. Die meisten Arbeiten haben den Harn als Ausgangsmittel benutzt, weil er größere Ausbeuten liefert als Blut und leicht zu beschaffen ist. Die Enzyme können durch Aceton und Äthylalkohol gefällt werden. Die getrockneten Niederschläge sind für lange Jahre unverändert haltbar[11]. Begleitsubstanzen lassen sich durch Adsorption an Kaolin, Aluminiumhydroxydgel Cγ[12] oder Bariumsulfat[8], oder durch fraktionierte Salzfällung[13] abtrennen. Krystalladsorbate sind von MALL und Mitarbeitern[14] zuerst dargestellt worden. Es handelt sich um Adsorbate an Phosphate, in den meisten Fällen Magnesiumammoniumphosphat mit Albuminkrystallen, die thermolabil sind, in wäßriger Lösung sehr rasch

[1] Lit. s. WALDSCHMIDT-LEITZ, E.: Ergebn. Enzymforsch. 9, 193 (1943).

[2] KÖGL, F., u. H. ERXLEBEN: H. 258, 57 (1939).

[3] WALDSCHMITZ-LEITZ, E., u. K. MAYER: H. 262, IV (1939/40). — ABDERHALDEN, E., u. R. ABDERHALDEN: H. 265, 253 (1940). — EULER, H. v., u. B. SKARZYNSKI: H. 265, 133 (1940). — Siehe auch BAYERLE, H., u. G. BORGER: B. Z. 307, 159 (1940/41).

[4] Lit. s. Flaschenträger-Lehnartz Bd. 1, S. 1170.

[5] MALL, G.: Z. Vit., Horm.-Ferm.-Forsch. 1, 381 (1947).

[6] ABDERHALDEN, E., u. S. BUADZE: Fermentforsch. 14, 76 (1934). — BUADZE, S.: Fermentforsch. 14, 56 (1934). — MERTEN, R.: Fermentforsch. 16, 359 (1938/42). — MERTEN, R., u. W. SPIEGELHOFF: Z. klin. Med. 138, 421 (1941).

[7] MERTEN, R.: Ergebn. inn. Med. (N. F.) 2, 49 (1951).

[8] MALL, G.: Z. Vit.-, Horm.-Ferm.-Forsch. 1, 257, 381 (1947).

[9] ABDERHALDEN, E., u. R. W. MARTIN: Fermentforsch. 16, 245 (1938/42).

[10] ABDERHALDEN, E.: Fermentforsch. 17, 38 (1943/45). — TETZNER, E.: Fermentforsch. 16, 317 (1938/42).

[11] ABDERHALDEN, E.: Fermentforsch. 15, 93, 321 (1937); 16, 210 (1938/42). — ABDERHALDEN, E., u. S. BUADZE: Fermentforsch. 10, 111 (1929).

[12] ABDERHALDEN, E.: Fermentforsch. 11, 361 (1930).

[13] ABDERHALDEN, E., u. R. ABDERHALDEN: Fermentforsch. 17, 344 (1943/45).

[14] MALL, G.: Allg. Z. Psychiatr. 119, 9 (1940). Z. Vit.-, Horm.-Ferm.-Forsch. 1, 257, 381 (1947).

ihre Aktivität verlieren, danach aber durch Trypsin oder Pepsinkrystalle reaktiviert werden können.

Auch die Dialyse gegen verdünnte Essigsäure[1] führt zu einer Reinigung und Aktivitätssteigerung, während durch Dialyse im Kreislaufdialysator (bei p_H 5,5—6) 2 inaktive Teile erhalten werden, die nach Wiedervereinigung fast die ursprüngliche Aktivität zeigen[2]. Der eiweißfreie Anteil kann auch durch krystallisiertes Trypsin unter Erhaltung der Spezifität aktiviert werden. Die Möglichkeit des Austausches des Apofermentes durch ein Eiweißprotein ist schon von ABDERHALDEN diskutiert worden[1, 3]. Der qualitative Nachweis der Abwehrfermente erfolgt mit der von ABDERHALDEN angegebenen qualitativen Reaktion[3], indem mit Ninhydrin im eiweißfreien Filtrat die Aminosäuren nachgewiesen werden, die aus einem völlig unlöslichen Substrat abgespalten worden sind. Als Substrat wird koaguliertes Organeiweiß, wie z. B. Placenta-, Carcinom- oder Drüseneiweiß, verwendet; der positive Ausfall der Ninhydrinreaktion zeigt die Anwesenheit eines Abwehrfermentes an. Auch die Interferometrie[4] ist zum Nachweis der Abwehrfermente herangezogen worden, doch wird jede Konzentrationsänderung registriert, also auch Veränderungen in der Lösung, die durch Verdunstung, Quellung od. dgl. entstehen. Infolgedessen ist der refraktometrische Nachweis recht unspezifisch.

Die quantitative Bestimmung der Abwehrfermente ist durch titrimetrische Erfassung der abgespaltenen Aminosäuren mit einer der bekannten Aminosäurebestimmungsmethoden[5] oder durch colorimetrische Messung der durch Ninhydrin erzeugten Farbe unter genau standardisierten Bedingungen[6] versucht worden. Es ist besondere Sorgfalt auf das p_H der Lösungen, auf Zeit und Temperatur zu legen. Auch Polarographie und Chromatographie wurden herangezogen[7]. Da in vielen Fällen Bildung und Ausscheidung von Abwehrproteinasen ungenügend sind, ist versucht worden, ihre Menge durch einen Provokationstest zu vermehren[8]. Hierfür sind verwendet worden: UV-Licht oder Röntgenstrahlen und in letzter Zeit auch Stickstofflost (Sinalost) von TETZNER[9]. Er konnte zwar in vielen Fällen eine Vermehrung der Abwehrproteinase feststellen, doch war die Spezifität nicht in allen Fällen erhalten, und es traten auch vollkommen unspezifisch abbauende Proteinasen auf. So ist zu betonen, daß der Provokationstest noch in keiner Weise die diagnostische Auswertungsmöglichkeit der Abwehrfermentbestimmung verbessert hat.

In Tierversuchen ist immerhin schon eine Unterscheidung für Organeiweißkörper und Serumeiweißkörper durchgeführt[10] und auch ein Einfluß von Vererbung, Rasse, Verwandtschaft, Alter und Geschlecht auf die Zusammensetzung von Eiweißkörpern gefunden worden[11]. Eine besondere Bedeutung schienen die Abwehrproteinasen lange Zeit für die Erkennung von Infektionen zu besitzen, da verschiedene Typen für Tuberkelbacillen[12],

---

[1] MERTEN, R., u. W. ÜBELGÜNN: Z. klin. Med. 140, 8 (1941).

[2] HINSBERG, K., u. B. SCHLEINZER: Z. Krebsforsch. 53, 35 (1942).

[3] ABDERHALDEN, E.: Abwehrfermente. 7. Aufl. Dresden, Leipzig 1944. — TETZNER, E.: Z. Krebsforsch. 50, 465 (1940).

[4] MERTEN, R.: Z. ges. exp. Med. 113, 1 (1943). — BECKER, H.: Z. ges. exp. Med. 100, 533 (1937).

[5] MALL, G., u. W. WINKLER: Z. ges. Neurol. Psychiatr. 174, 229 (1942).

[6] VIRTANEN, A. J., u. T. LAINE: Skand. Arch. Physiol. 80, 392 (1938). — VIRTANEN, A. J., T. LAINE u. T. TOIVONEN: H. 266, 193 (1940). — ABDERHALDEN, R.: Fermentforsch. 17, 352 (1943/45).

[7] PODROUŽER, W.: Fermentforsch. 17, 53 (1943/45). — BAHNER, F., u. H. WIES: B. Z. 321, 410 (1951).

[8] MERTEN, R.: Ergebn. inn. Med. (N. F.) 2, 49 (1951).

[9] TETZNER, E.: Z. Krebsforsch. 57, 637 (1951).

[10] ABDERHALDEN, E.: Fermentforsch. 11, 361 (1930); 13, 133, 137 (1932); 14, 76, 104, 215, 431, 443 (1933/35); 15, 49 (1936/38); 16, 125, 289, 309 (1938/42). — BRUNNER, E.: Fermentforsch. 14, 345 (1933/35). — BUADZE, S.: Fermentforsch. 9, 362 (1928).

[11] ABDERHALDEN, E., u. W. HERRE: Fermentforsch. 15, 49 (1936). — ABDERHALDEN, E.: Fermentforsch. 13, 166 (1932); 14, 357 (1933/35); 15, 191 (1936); 16, 125 (1936/38). Nova Acta Leopoldina, Halle 7, 59 (1939). Med. Klin. 1939 I, 14.

[12] ABDERHALDEN, E.: Fermentforsch. 16, 283 (1936/38). — ABDERHALDEN, R.: Fermentforsch. 15, 233 (1936). — ABDERHALDEN, E., u. H. MINGAZZINI: Fermentforsch. 12, 542 (1931). — MERTEN, R.: B. Z. 318, 198 (1947). — MERTEN, R., u. W. JÄGER: Z. Vit.-, Horm.-Ferm.-Forsch. 1, 27 (1947). — MERTEN, R., u. H. THANISCH: Z. Vit.-, Horm.-Ferm.-Forsch. 1, 337 (1947).

Scharlachstreptokokken[1], Pasteurellen[2], Typhus-, Paratyphus- und Enteritisbacillen[3], Pneumokokken und Meningokokken[4] sowie auch für Tabakmosaikvirus[5] beschrieben worden sind. Auch nach Injektion von Diphtherietoxin[6] (Bruchteilen von γ Stickstoff) ist Abwehrfermentbildung hervorgerufen worden. Zur Erkennung der Dysfunktion endokriner Drüsen sind Abbaureaktionen ebenfalls herangezogen worden, ohne daß diese Untersuchungen überzeugen konnten. Über das Auftreten bei Carcinomen und Sarkomen existiert eine ausgedehnte Literatur[7, 8].

Im Anschluß an diese kurze Übersicht muß auf ähnliche Fermentreaktionen hingewiesen werden, wie z. B. die Fibrinolyse[9], die durch ein spezifisches Ferment verursacht wird, welches selektiv gegen Fibrin gerichtet ist. Über eine Beschleunigung oder Hemmung der Fibrinolyse s.[6].

Auf ähnlicher Grundlage beruht auch die Carcinomreaktion nach FUCHS[10], nach welcher durch Plasma von Carcinomträgern nur das Fibrin von Nichtcarcinomträgern abgebaut werden soll. Über einen Erklärungsversuch dieses Phänomens s.[11]. Auch die Cytolyse nach FREUND und KAMINER[12] beruht darauf, daß intakte, aber nicht mehr lebensfähige Krebszellen durch Normalserum angegriffen werden können, nicht aber durch Carcinomserum. Diese Reaktion ist oft nachgeprüft worden[13], konnte aber in der Praxis nicht die daran geknüpften Hoffnungen erfüllen.

Der Nachweis oder die Bestimmung der Abwehrfermente setzt sich immer aus 3 Teilreaktionen zusammen:

    a) Darstellung und Präparation der Substrate,

    b) Anreicherung und Reinigung der Fermentlösungen,

    c) Verdauungsversuch und anschließende Auswertung des Substrat-Fermentansatzes.

Qualitativer Nachweis der Abwehrfermente nach ABDERHALDEN[14]. 1. *Darstellung der Substrate.* Für jedes Gewebe, welches auf Substrat verarbeitet werden soll, ist eine genaue pathologisch-anatomische Diagnose erforderlich. Dies gilt besonders für Tumorarten, aber auch für Drüsen der inneren Sekretion. Soweit möglich (z. B. bei Placenta), werden die Gewebe von einer Arterie aus mit Wasser durchspült, bis alles Blut ausgewaschen ist. Dann werden Fett, bindegewebige Anteile, Blutgefäße u. dgl. makroskopisch entfernt, der Rückstand mit einer Schere in kleine Teile geschnitten und nochmals mit Wasser gründlich ausgewaschen, am besten auf einem Koliertuch. Auch Schütteln mit Wasser in einer Flasche ist empfehlenswert, jedenfalls ist der Vorgang so

[1] ABDERHALDEN, E.: Fermentforsch. **17**, 157 (1943/45). — ABDERHALDEN, R.: Fermentforsch. **16**, 347, 421 (1938/42).

[2] ABDERHALDEN, R., u. A. KAIRIES: Z. Immun.-Forsch. **95**, 318 (1939). — SEIDEL, W.: Fermentforsch. **17**, 193 (1943).

[3] ABDERHALDEN, R.: Fermentforsch. **15**, 233 (1936/38).

[4] ABDERHALDEN, R.: Fermentforsch. **17**, 209 (1943/45).

[5] ABDERHALDEN, E., u. G. KAUSCHE: Fermentforsch. **17**, 228 (1943/45).

[6] MERTEN, R.: Ergebn. inn. Med. (N. F.) **2**, 49 (1951).

[7] MERTEN, R.: B. Z. **318**, 198 (1947). — MERTEN, R., u. W. JÄGER: Z. Vit.-, Horm.-Ferm.-Forsch. **1**, 27 (1947).

[8] Flaschenträger-Lehnartz, Bd. 1. S. 1169.

[9] EDSALL, J. T.: Ergebn. Physiol. **46**, 308 (1950). — ASTRUP, T.: Acta hämatol., Basel **7**, 271 (1952). Biochem. J. **50**, 5 (1951). — HALSE, TH.: Fibrinolyse. Freiburg i. Br. 1948.

[10] FUCHS, H. J.: Z. ges. exp. Med. **98**, 70 (1936). — HINSBERG, K.: Das Geschwulstproblem. Dresden, Leipzig 1942. — HINSBERG, K.: Z. angew. Chem. **53**, 356 (1942). — WILLHEIM, R., u. K. STERN: B. Z. **226**, 315 (1930).

[11] DIECKMANN, H.: Z. Krebsforsch. **50**, 41 (1940). — DIECKMANN, H., u. A. SCHMITZ: Reichsgesh.-Bl. **12**, 126 (1937).

[12] FREUND, E.: Wien. klin. Wschr. **1910**, 378. — FREUND, E., u. G. KAMINER: Wien. klin. Wschr. **1938**, 1576. Biochemische Grundlagen des Krebses. Wien 1925. B. Z. **26**, 312 (1910).

[13] CHRISTIANI, A. v.: Z. Krebsforsch. **41**, 445; **42**, 25 (1935); **44**, 467 (1936); **46**, 292 (1937); **48**, 366, 369 (1939). — CHRISTIANI, A. v., L. HOFMAN u. H. MORTH: Z. Krebsforsch. **47**, 176 (1938). — CHRISTIANI, A. v., u. H. MORTH: Z. Krebsforsch. **44**, 186 (1938). — KRETZ, J.: Carcinom-Laboratoriumsdiagnostik. Budapest 1938.

[14] ABDERHALDEN, E.: Abwehrfermente. 7. Aufl. Dresden, Leipzig 1944.

zu beschleunigen, daß autolytische Prozesse vermieden werden. Die vom Wasser möglichst befreiten Gewebsstücke werden fein zerkleinert mit einem Glasstöpsel auf einem Tuch ausgestrichen und Bindegewebsfasern, elastische Fasern, Blutgefäße usw. mit einer feinen Pinzette entfernt. Indem man den Gewebebrei immer wieder von neuem ausstreicht, sind möglichst alle oben genannten Teile zu entfernen. Das vorpräparierte Gewebe wird mit der 10fachen Menge 2%iger Essigsäure 15—20 min lang aufgekocht, die Flüssigkeit abgegossen, die gleiche Menge destilliertes Wasser dazugesetzt, wieder 10 min gekocht und dies solange fortgesetzt, bis das Wasch- und Kochwasser keine positive Ninhydrinreaktion mehr gibt. Danach läßt man den ausgekochten Gewebebrei in 0,9%iger Kochsalzlösung quellen und prüft von neuem, ob die Ninhydrinreaktion im Wasser negativ bleibt. Ist das Substrat genügend ausgekocht, wird das Wasser durch Auspressen nach Möglichkeit entfernt, dann überführt man in Aceton, nach 24 Std in Aceton-Äther 1:1 und nach weiteren 24 Std in Äther. Danach gießt man den Äther ab, trocknet bei 37° auf Filterpapier und reibt das Material durch einen feinen Satz von Sieben oder auf einer Mühle zu möglichst gleichmäßiger Korngröße. Die so verarbeiteten Substrate werden in gut verschlossenen Gläsern aufgehoben und sind unbegrenzt haltbar. Sie müssen auf Brauchbarkeit geprüft werden. Bei Harnen bekannter Herkunft, z. B. bei einem Magencarcinomträger muß ein Substrat aus Magencarcinom Abbau zeigen, darf aber nicht von Harnfermenten anderer Patienten angegriffen werden.

2. Zur *Fermentgewinnung* aus dem Harn muß der Harn frisch sein, sicher aber unzersetzt. Er darf nicht abgekühlt werden, weil die Abwehrproteinasen bei —10° inaktiviert werden. Nicht verwertbar sind eiweißhaltige Harne. Zur Fällung der Fermente wird eine entsprechende Menge Harn auf p_H 7 durch Zusatz von Säure oder Lauge eingestellt, filtriert und dann mit der gleichen Menge Aceton oder Aceton-Äthylalkohol gefällt. Der Niederschlag wird nach kurzem Stehen abgeschleudert, die überstehende Flüssigkeit abgegossen und durch Umdrehen des Zentrifugenglases soweit wie möglich entfernt. Der Rückstand wird in physiologischer Kochsalzlösung aufgeschwemmt und jene Menge zum Ansatz genommen, die bei einer Vorprobe mit Ninhydrin gerade eben ninhydrinpositiv ist. Diese Menge entspricht normalerweise ungefähr 10 cm³ Harn, kann aber auch größer oder kleiner sein; wesentlich ist, daß für alle Fermentansätze die gleiche Fermentsuspension (Vollpipette) genommen wird. Während des Pipettierens ist dafür zu sorgen, daß die Suspension erhalten bleibt.

3. *Verdauungsversuch.* Man gibt in eine entsprechende Zahl von Zentrifugengläschen die zu untersuchenden Substrate, während ein Röhrchen als Kontrollansatz ohne Substratzusatz bleibt. Die Substratmenge soll 10—30 mg betragen; die Substrate sind vor dem Versuch nochmal peinlichst auf die Abwesenheit ninhydrinpositiver Substanzen zu prüfen. Von der Fermentsuspension werden je 3 cm³ in jedes Röhrchen eingefüllt, der Ansatz durchgeschüttelt und in der Regel 16 Std (12—24 Std) bei 37° bebrütet. Danach zentrifugiert man, filtriert, und entnimmt 0,5 cm³ des Filtrates, die mit genau 0,1 cm³ einer 1%igen Ninhydrinlösung versetzt werden. Zum Abmessen der Ninhydrinlösung wird eine Spezialbürette empfohlen[1]. Es ist auch empfehlenswert, der Ninhydrinlösung nach dem Vorschlage von TETZNER 0,1%ige Ascorbinsäurelösung zuzusetzen, da dann die Farbe wesentlich gleichmäßiger ausfällt*. Die zu dem Farbansatz verwendeten Mikroröhrchen von 5 cm³ Inhalt mit Schliffstopfen kommen für jeden Ansatz in ein gemeinsames Gestell, und werden entweder im Luftbad (Brutschrank) auf 100° oder im Wasserbad auf 80° erhitzt. Es ist für gleichmäßige Erwärmung aller Proben zu sorgen. Deshalb muß die Stelle im Brutschrank, an welcher das Gestell sich befinden soll, genau markiert sein. Sobald eine deutlich violettblaue Färbung sichtbar ist, werden die Ansätze aus dem Brutschrank herausgenommen und bei Raumtemperatur abkühlen gelassen. Die ungleichmäßige und langsame Erwärmung im Brutschrank läßt sich durch Verwendung eines Wasserbades im Brutschrank umgehen.

---

* Auch andere Reduktionsmittel wie $SnCl_2$ sind empfohlen worden.
[1] HINSBERG, K.: Fermentforsch. **16**, 335 (1938/42).

Für die Beurteilung des Ausfalles der Abwehrfermentreaktion wird der Röhrchen-inhalt bezüglich der Farbe mit dem Kontrollansatz verglichen. Zeigt sich keine Verfärbung oder ist die Farbe gleich der des Kontrollansatzes, ist die Reaktion negativ. Ist die Farbe stärker, so wird dies durch + oder ++ oder +++ angedeutet. Eine schwache Verfärbung wird mit (+) bezeichnet und entspricht einer schwach positiven Reaktion, während ((+)) einer zweifelhaften Reaktion entspricht. In allen Röhrchen mit positiver Reaktion ist das Substrat abgebaut worden.

***Bestimmung der bei Abwehrfermenten mit der Ninhydrinreaktion auftretenden Blaufärbung nach R. Merten*[1].** 1. *Substratherstellung.* Die Substrate werden nach der Vorschrift von Abderhalden (s. S. 297) hergestellt und zerkleinert, bis sie ein Sieb von 0,5 mm Maschenweite passieren. Das durch mechanische Auslese nicht entfernte Bindegewebe bleibt auf dem Sieb zurück. Das so vorbereitete Substratpulver (bei sehr widerstandsfähigen Geweben kann das Absieben auch unterbleiben) wird jetzt in Benzol suspendiert und mit der Behrens-Feulgenschen Mühle zerkleinert. Hierbei wird nicht nur eine sehr gleichmäßige Korngröße erreicht, sondern das Gewebe auch gleichzeitig entfettet und damit für das Ferment leichter angreifbar. Die Substratsuspension läßt man in einem hohen Zylinder absitzen. Dieser Prozeß kann durch Zusatz von etwas Aceton beschleunigt werden. Das Lösungsmittel wird abgesaugt, der Niederschlag mit Aceton-Äther auf dem Filter gewaschen und getrocknet, er stellt eine nahezu staubförmige Masse dar. Er wird durch wiederholtes Auskochen mit Wasser von allen wasserlöslichen Substanzen (Kontrolle mit der Ninhydrinreaktion) befreit und kann als Feuchtsubstrat oder nach Trocknung über P_2O_5 im Vakuum als Trockenpulver verwendet werden.

Da die Substrate nicht gleichmäßig für Verdauungsfermente angreifbar sind, wird eine Eichung gegenüber Trypsin vorgenommen. Zu diesem Zweck wird eine abgewogene Menge des Substrates mit einer 0,05%igen Trypsinlösung in Phosphatpuffer bei 37° verdaut und die nach einer gewissen Zeit in Lösung gegangenen Aminosäuren und Peptide mit der Ninhydrinreaktion quantitativ bestimmt. Indem ein aus Eiereiweiß gewonnenes Substrat = 100 gesetzt wird, erhält man für Organsubstrate, oder auch Substrate aus Bakterien, einen Faktor, mit dem die Colorimeterablesung zu multiplizieren ist, um immer auf denselben Ablesungswert zu kommen.

2. *Herstellung der Fermentlösung.* Der neutralisierte Harn wird mit derselben Menge Aceton gefällt, der abzentrifugierte Niederschlag mit der gewünschten Menge physiologischer Kochsalzlösung gut verrieben und im Brutschrank bei 37° belassen. Danach wird durch ein gehärtetes Filter filtriert, mit Kochsalzlösung nachgewaschen und in Cellophanhülsen 18 Std gegen fließendes Leitungswasser dialysiert. Es ist zu berücksichtigen, daß das Volumen der Kochsalzlösung dabei zunimmt. Nach dem Dialysieren gibt man in entsprechende Gläser, die je 10 mg des Trockensubstrates enthalten, 5 cm³ der Fermentlösung und bebrütet 24 Std bei 37°.

3. Zur *colorimetrischen Erfassung* der Ninhydrinreaktion entnimmt man 1 cm³ des nach der Bebrütung gewonnenen Filtrates, gibt dazu 1 cm³ Pepton-Ninhydrin-Ascorbinsäuregemisch (s. u.) und kocht 30 min im Wasserbad. Nach dem Erhitzen wird in Eiswasser abgekühlt und mit 0,01 m Na_2CO_3-Lösung auf 10 cm³ aufgefüllt. Bei der alkalischen Reaktion ist die Farbe besser haltbar und weniger lichtempfindlich. Die Messung erfolgt im Photozellencolorimeter nach Havemann und wird in Teilstrichen der Trommeleinteilung angegeben. Die Verwendung einer Natriumlampe wird empfohlen. Nachdem die Ablesungen mit dem für das betreffende Substrat gültigen Faktor multipliziert sind, geben sie unmittelbar einen Vergleich über den durch die Abwehrfermente erfolgten Abbau. Das Peptongemisch setzt sich folgendermaßen zusammen: 5 Teile m/15 Phosphatpuffer nach Sörensen p_H 7,4, in welchem 0,1% Pepton aufgelöst ist, 2 Teile einer 2%igen Ninhydrinlösung und 3 Teile einer 0,1%igen L-Ascorbinsäurelösung. Es dient dazu, eine konstante Grundfärbung zu erzeugen, um die Colorimetrie zu erleichtern.

---

[1] Merten, R.: Z. ges. exp. Med. **113**, 1 (1943).

Titrimetrische Bestimmung der Abwehrfermente nach MALL *und* WINKLER[1]. 1. *Darstellung flüssiger Substratlösungen aus Organen.* Die Organe werden auf mechanischem Wege möglichst weitgehend von Blut, Bindegewebe, Fett, Nerven usw. befreit. Dann werden sie mit Seesand und Diatomeenerde verrieben und in einer Hochdruckpresse bei 350 atü ausgepreßt. Der Preßsaft wird mit Aceton gefällt, abzentrifugiert und in destilliertem Wasser aufgenommen. Die so gewonnenen Eiweißlösungen werden auf gleichen Amino-N-Gehalt eingestellt. Sie werden in Ampullen eingeschmolzen und sind nach Zusatz von Thymol lange Zeit haltbar.

2. *Fermentgewinnung.* Der gesammelte 24 Std-Urin eines Patienten wird auf p_H 7 eingestellt, filtriert und mit der gleichen Menge Aceton gefällt. Nach mehrstündigem Stehen wird der Niederschlag durch Abzentrifugieren abgetrennt und in einer schwach alkalischen wäßrigen Trypsinlösung 1:1000 aufgenommen. Die Menge der Trypsinlösung richtet sich nach der Zahl der Substrate, für jedes Substrat werden 15 cm³ Lösung benötigt, zuzüglich einem Kontrollansatz. Je 15 cm³ der Fermentsuspension werden in numerierte Wägegläschen gegeben und mit je 5 cm³ flüssigem Substrat beschickt. Der Kontrollwert enthält 5 cm³ Wasser.

3. *Fermentansatz.* Zur Bestimmung des Anfangswertes werden 9,5 cm³ Lösung sofort entnommen, 10 min zentrifugiert und 5 cm³ der klaren überstehenden Flüssigkeit mit dem gleichen Volumen 96%igem Alkohol bei 70° und 4 Tropfen alkoholischer Phenolphthaleinlösung gemischt. Man titriert aus einer Mikrobürette mit 0,1 n NaOH bis zum schwach rosa Farbumschlag.

Die Reste des Fermentansatzes werden 16 Std bei 37° bebrütet, dann abermals 9,5 cm³ entnommen, zentrifugiert und wie oben beschrieben titriert.

Zur Auswertung wird der Zuwachs an NaOH-Verbrauch um den Wert des Leerversuches vermindert. Diese Zahlen sind unmittelbar ein Maß, wieviel Aminosäuren in Freiheit gesetzt worden sind.

Die quantitative Bestimmung der Fermente kann auch mit dem Serum erfolgen. Je Ansatz benötigt man 1 cm³ Serum, man wird also im allgemeinen mit 8 cm³ Serum auskommen, die mit der 15fachen Menge Aceton gefällt werden. Der Acetonniederschlag wird wie oben beschrieben weiterbehandelt.

3. Liquor cerebrospinalis[2].

Von

K. Hinsberg und Wolfgang Geinitz.

Der Liquor cerebrospinalis ist die Flüssigkeit, die sich im Ventrikelsystem des Gehirnes und in den subarachnoidalen Räumen des Gehirnes und des Rückenmarkes befindet. Die *Menge* beträgt beim Erwachsenen 100—180 cm³, beim 10jährigen Kind 100 bis

---

[1] MALL, G., u. W. WINKLER: M. m. W. 1942, 717. Z. ges. Neurol. Psychiatr. 174, 229 (1942).
[2] **Zusammenfassende Darstellungen:** DEMME, H.: Die Liquordiagnostik in Klinik und Praxis. 2. Aufl. München-Berlin 1950. — ESKUCHEN, K.: Liquoruntersuchung. Berlin-Wien 1930. (Neue dtsch. Klin. Bd. VI). Die Lumbalpunktion. Berlin-Wien 1919. Die Zysternenpunktion. Ergebn. inn. Med. 34, 243 (1928). — GEORGI, F., u. Ö. FISCHER: Humoralpathologie der Nervenkrankheiten. Handb. Neurol. (BUMKE-FOERSTER) 7/1. Berlin 1935. — GUTTMANN, L.: Physiologie und Pathologie der Liquormechanik und Liquordynamik. Handb. Neurol. (BUMKE-FOERSTER) 7/2. Berlin 1935. — KAFKA, V.: Die Cerebrospinalflüssigkeit. Leipzig-Wien 1930. Taschenbuch der praktischen Untersuchungsmethoden der Körperflüssigkeiten bei Nerven- und Geisteskrankheiten. 5. Aufl. Basel-New York 1948. Der heutige Stand der Liquordiagnostik: Dtsch. Z. Nervenheilkde. 163, 564 (1949/50). — LÜTHY, F.: Liquor cerebrospinalis einschließlich Röntgendiagnostik der Liquorräume. Handb. inn. Med. (BERGMANN-STAEHELIN) 3. Aufl. 5/1. Berlin 1939. — MERRITT, H. H., and F. FREMONT-SMYTH: The Cerebrospinal Fluid. Philadelphia, London 1938. — MEYER, H. H.: Der Liquor, Untersuchung und Diagnostik. Berlin 1949. — RISER, R.: Le liquide céphalo-rachidien. Paris 1929. — ROEDER, F., u. O. REHM: Die Cerebrospinalflüssigkeit. Untersuchungsmethoden und Klinik für Ärzte und Tierärzte. Berlin 1942. — SPERANSKY, A. D.: Grundlagen der Theorie der Medizin. Kap. 5—13. Berlin 1950. — WALTER, F. K.: Die Blutliquorschranke. Leipzig 1929.

140 cm³, beim Säugling 40—60 cm³. Nach amerikanischen Autoren beträgt sie 120 bis 140 cm³, davon in den Seitenventrikeln je 10—15 cm³, im übrigen Ventrikelsystem 5 cm³, in den subarachnoidalen Räumen des Schädels 25 cm³ und in denen des Rückenmarkes 75 cm³ [1]. Bei atrophischen Greisenhirnen kann die Gesamtmenge bis auf 300 cm³ steigen [2]. Nach dem Tode wird der Liquor rasch resorbiert: nach 72 Std kann er bereits völlig verschwunden sein [2]. Alle Untersuchungsergebnisse, die an Leichenliquor gewonnen werden, sind mit größter Vorsicht zu bewerten, da durch die rasche Resorption, durch Änderung der Permeabilität der Blutliquorschranke und durch fermentative Vorgänge eine sehr weitgehende Veränderung der Verhältnisse eintreten kann.

Zwischen Liquor aus Ventrikel, Zisterne und Lumbalsack bestehen deutliche Unterschiede in der Zusammensetzung, so daß man den Begriff „Liquorkategorien" [3] aufgestellt hat (s. Tabelle 63). Bei normalen Verhältnissen nimmt die Konzentration des Liquors von Ventrikel über Zisterne bis zum Lumbalsack an Zellen, Eiweiß und anderen Bestandteilen zu, während sich der Zuckergehalt infolge glykolytischer Vorgänge verringert. Unter pathologischen Verhältnissen sind diese Beziehungen sehr von dem Sitze eines eventuellen Krankheitsherdes im Zentralnervensystem abhängig. Es können dann im Ventrikel- und Zisternenliquor unter Umständen gleiche oder auch höhere Konzentrationen an Zellen und Eiweiß als im Lumballiquor auftreten [4] (s. auch S. 311). Für diese Unterschiede in der Verteilung sind Sedimentierung, Liquorverschiebung durch Körperbewegung, Atmung und Puls, sowie die Liquorbildung und -resorption verantwortlich.

Normalerweise ist der Liquor eine wasserklare, farblose Flüssigkeit; auch unter pathologischen Umständen kann er das sein. Bei frischer Blutbeimengung durch pathologische oder artefizielle (durch Punktion) Blutungen ist er rot oder rötlich-bräunlich gefärbt (Erythrochromie). Nach artefizieller, durch die Punktion hervorgerufener Blutung sind die einzelnen Liquorportionen gewöhnlich verschieden stark bluthaltig. Zentrifugieren ergibt in einem solchen Fall oberhalb des Bodensatzes klare Flüssigkeit. Dagegen ist das vor der Punktion im Liquor vorhandene Blut in allen Portionen gleichmäßig vorhanden: nach Zentrifugieren ist der überstehende Liquor gelbrot (Nachweis des Blutes mittels Benzidinprobe; s. S. 408). Gelbe oder gelbrote Färbung spricht für ältere Blutung (Xanthochromie nach einer Blutung tritt frühestens nach 4 Std auf, erreicht ihr Maximum nach 4—7 Std und ist nach dem 20. Tag wieder völlig verschwunden [5]) oder für vermehrten Übertritt von Serumfarbstoffen in den Liquor. Bei sehr starkem und lang anhaltendem Ikterus kann auch der Liquor ikterisch werden (Nachweis der Gallenfarbstoffe s. S. 233). Xanthochromie kommt außer als Folge von Blutungen bei vielerlei pathologischen Zuständen vor [6]. In den ersten 3 Lebenswochen ist die Xanthochromie fakultativ, wohl durch Bilirubin bedingt, das bei Säuglingen im Blut erhöht vorhanden ist und infolge der durchlässigeren Blutliquorschranke in den Liquor übertritt [7]. Gelbgrünliche Farbe (bis zum Aussehen von Eiter) kann der Liquor bei eitrigen Meningitiden annehmen. Dunkelbraune bis schwarze Farbe wurde bei den äußerst seltenen Melanosarkommetastasen des Zentralnervensystems beobachtet [8]. Zu Verfärbung des Liquors kann es auch nach Medikamenten kommen [9].

Die Angaben über das *spezifische Gewicht* liegen zwischen 1003 und 1009, als Mittel wird 1007 angegeben [10].

---

[1] Physicians Handbook. 6. Aufl. S. 300. Palo Alto, Cal. 1950.
[2] ESKUCHEN, K.: Die Lumbalpunktion, S. 14/15. Berlin, Wien 1919.
[3] KAFKA, V.: Mschr. Psychiatr. Neurol. **102**, 129 (1940).
[4] ALAJOUANINE, TH , R. THUREL et L. DURUPT: Bull. Mém. Soc. méd. Hôp. Paris **63**, 392 (1947)
[5] NAGEL, W.: Schweiz. med. Wschr. **69**, 431 (1939).
[6] LESCHKE, E.: D. m. W. **1921 I**, 376. — RAWAK, F.: M. m. W. **1932 II**, 1589.
[7] GARRAHAN, J. P.: Rev. franç. Pédiatr. **4**, 483 (1928).
[8] DEMME, H.: Die Liquordiagnostik in Klinik und Praxis. 2. Aufl. S. 44, 148. München 1950.
[9] NAGEL, W.: Schweiz. med. Wschr. **69**, 431 (1939).
[10] Hallmann 6. Aufl. S. 442. 1950. — MEYER, H. H.: Der Liquor, Untersuchung und Diagnostik. S. 54. Berlin 1949. — Physicians Handbook. 6. Aufl. S. 300. Palo Alto, Cal. 1950. — POLONOVSKI, M.: Medizinische Biochemie. 5. Aufl. S. 387. Saulgau 1951. — ADDARII, F.: Riv. Pat. nerv. **53**, 406 (1939).

Tabelle 63. *Liquorkategorien*[1].

	Ventrikelliquor	Zisternenliquor	Lumballiquor	Peribulbärer Liquor	Cervicalliquor	Thorakalliquor
CESTAN, RISER und LABORDE						
Gesamteiweiß mg-%	5—10	—	15—25	15—25	—	—
WEIGELDT						
Spezifisches Gewicht	1002,1—1005,2	1002,3—1005,9	1004,6—1007,3	—	1005,7—1006,6	1005,9—1006,7
Gesamteiweiß mg-%	12,5—16,6	14,3—20	16,6—33,3	—	16,6—20	16,6—20
SAMSON						
Gesamteiweiß mg-%	10—16	16—20	16—24	—	—	—
Globulin mg-%...	1—4	1—6	2—6	—	—	—
Albumin mg-%...	8—14	14—16	14—18	—	—	—
Zucker mg-% ...	50—90	59—68	55—65	—	—	—
Zellen je mm³ ...	0/3—2/3	0/3—4/3	0/3—8/3	—	—	—
KAFKA (Angaben in Teilstrichen)						
Gesamteiweiß....	0,5—0,7	0,7—1,1	0,8—1,3	—	—	—
Globulin......	0,1—0,2	0,1—0,3	0,1—0,3	—	—	—
Albumin......	0,2—0,6	0,6—0,9	0,6—1,0	—	—	—
McFATE und LEVINSON						
Eiweiß mg-% ...	10	25	30	—	—	—
Zucker mg-% ...	80	70	60	—	—	—
Zellen je mm³ ...	0	1—10	1—10	—	—	—
WEISE						
Zucker mg-% ...	84	73	63	—	—	—
TROPP und Mitarbeiter						
Phosphatide mg-%.	0,005—0,012	0,012—0,024	0,011—0,048	—	—	—
SELBACH						
Alkalireserve (Vol.-% CO_2)........	51,2—57,2	—	50,6—57,3	—	—	—

Der *osmotische Druck* im Liquor ist, mit wenigen Ausnahmen, niedriger als im Blutserum (um etwa $1/2$%); es entspricht das dem DONNAN-Gleichgewicht. Bei normalen Erwachsenen wurde ein Mittelwert entsprechend einer 0,917%igen NaCl-Lösung festgestellt[2]. Die *Gefrierpunktserniedrigung* beträgt beim Menschen 0,565°[3-5]; unter pathologischen Verhältnissen kann es zu Erhöhung (bis —0,48°)[6] und zu Verminderung (bis —0,74°)[7] kommen. Der Normalwert beträgt beim Hund 0,61°[8], beim Haifisch 2,061°[9]. — Die *Viscosität*, im OSTWALDschen Viscosimeter gemessen, beträgt 1,01—1,06, im Mittel 1,05[3]. Im HÖPPLER-Viscosimeter wurden 0,725—0,808, im Mittel 0,774 gemessen[10]. *Oberflächenspannung:* Der Liquor gehört, zusammen mit Harn und Magensaft, zu den wenig aktiven physiologischen Flüssigkeiten[11]. Der dynamische Wert des normalen Liquors (gemessen mit der Ringmethode nach BRINKMANN und VAN DAM) ist 62,1—65,1, im Mittel 63,6 dyn. Erst bei einer Verdünnung von 1:512 wird der Wasserwert mit 74 dyn erreicht. Bleibt der Liquor längere Zeit stehen, so nimmt die Oberflächenspannung ab,

[1] KAFKA, V.: Taschenbuch der praktischen Untersuchungsmethoden der Körperflüssigkeiten. 5. Aufl. S. 77. Basel, New York 1948. Mschr. Psychiatr. Neurol. 102, 129 (1940). Dtsch. Z. Nervenheilkde 163, 564 (1950). — WEISE, H.: Kli. Wo. 1950, 416. — TROPP, C., O. SEUBERLING u. B. ECKARDT: B. Z. 290, 320 (1937). — SELBACH, H.: Zbl. Neurochir. 3, 27 (1938).

[2] BLEGEN, E.: Skand. Arch. Physiol. 81, 29 (1939).

[3] Hallmann 6. Aufl., S. 442.

[4] POLONOVSKI, M.: Medizinische Biochemie. 5. Aufl. S. 387. Saulgau 1951.

[5] FREMONT-SMITH, F., G. W. THOMAS, M. E. DAILEY and M. P. CARROLL: Brain 54, 303 (1931).

[6] TESCHLER, L.: Dtsch. Z. Nervenheilkde. 103, 87 (1928).

[7] DEPISCH, F., u. M. RICHTER-QUITTNER: Wien. Arch. inn. Med. 5, 321 (1923).

[8] PEGREFFI, G., e C. DORIA: Nuova Veterin. 15, 363 (1937).

[9] KAIEDA, J.: H. 188, 193 (1930).

[10] SCHWALM, H.: Arch. Gynäk. 172, 288 (1942).

[11] WWEDENSKY, N.: B. Z. 188, 270 (1927).

bis zu dem statischen Wert von 59,5—62,5, im Mittel 61,0 dyn; der Wasserwert wird jetzt bei einer Verdünnung von 1:1024 erreicht. Die Oberflächenspannung kann pathologisch vermindert sein. Der Zisternenliquor ist oberflächenaktiver, d. h. hat eine niedrigere Oberflächenspannung als der Lumballiquor[1, 2]. Die Oberflächenspannung des Liquors nimmt mit der Temperatur linear ab[3]. Nach Wiedererwärmen finden sich ganz andere Werte[1]. Mit der stalagmometrischen Methode gemessen beträgt die Oberflächenspannung 101—105 Stalagmometertropfen[4], wobei zu beachten ist, daß die in dyn umgerechneten Werte dieser Methode um etwa 10 dyn höher liegen als die Werte anderer Methoden[5].

Wasserstoffionenkonzentration: Die Reaktion des Liquors ist schwach alkalisch; sein p_H liegt zwischen 7,35 und 7,9, mit einem Mittelwert bei 7,4[6-8]. Bei Vergleich zwischen Erwachsenen und Kindern wurde für erstere ein p_H von 7,12—7,38, für letztere 7,50 bis 7,55 gefunden[9]. Beim Stehenlassen sinkt der p_H-Wert des Liquors innerhalb von 24 Std auf 8,8 durch Entweichen von CO_2[8]. Normalwerte von Tieren: Hund 7,6—7,8[10]; Kaninchen 7,40—7,55[11]; Haifisch 7,23[12]. *Elektrische Leitfähigkeit:* Die ionale Konzentration beträgt $1,31—1,38 \cdot 10^{-2}$. Die spezifische Leitfähigkeit ist immer höher als die des Serums infolge des geringeren Eiweißgehaltes[13]. Der *Refraktometerwert* beträgt 1,33494—1,33510, im Mittel 1,33502[6]. Der *Interferometerwert* beträgt 1360—1380[14].

Spektrum: Spektrophotometrische Untersuchungen im sichtbaren Bereich, 4600 bis 6800 Å, zeigten manchmal schwache Absorptionsbanden bei 4900, 5300 und 5800 Å[15]. Das Absorptionsspektrum im UV zeigt große Variabilität; die Maxima liegen zwischen 2277 und 2855 Å, die Minima zwischen 2495 und 2592 Å[16]. Ältere spektrographische Untersuchungen zeigten einen hohen Gipfel bei 2900 Å[17]. Nach Gehirnerschütterungen[18] und bei unbehandelter Schizophrenie[19] zeigt der Liquor ein spezifisches Absorptionsband bei 2650 Å, was auf Nucleotide und ihre Derivate zurückgeführt wird[20]. Dieses Absorptionsband ist bei erhöhtem Proteingehalt bis 2750 Å verschoben[21]. Die Absorptionskurve des Liquors ist als eine Interferenzkurve der einzelnen selektiv absorbierenden Komponenten zu betrachten, unter denen in erster Linie größere Eiweißmengen und die Harnsäure zur Wirkung gelangen[16], daneben auch Ascorbinsäure und andere Bestandteile, wie die chemische Analyse der spektrophotometrischen Befunde ergab[21].

Das kontinuierliche Fluorescenzspektrum des Liquors erstreckt sich von 4050 bis 5900 Å[22], mit einem Emissionsmaximum bei 4660 Å[23]. Es ist eine gewisse Ähnlichkeit

[1] KÜNZEL, O.: Dtsch. Z. Nervenheilkde. **139**, 265 (1936).
[2] KÜNZEL, O.: Ergebn. inn. Med. **60**, 565 (1941).
[3] WWEDENSKY, N.: B. Z. **188**, 270 (1927).
[4] ESKUCHEN, K.: Die Lumbalpunktion. S. 24. Wien 1919.
[5] TOMINAGA, T.: B. Z. **140**, 230 (1923).
[6] Hallmann 6. Aufl., S. 442.
[7] POLONOVSKI, M.: Medizinische Biochemie 5. Aufl. S. 387. Saulgau 1951.
[8] ESKUCHEN, K., u. F. LICKINT: D. m. W. **1927** I, 651.
[9] KLINKE, K., in: Biol. Daten (BROCK) Bd. 3. S. 177. Berlin 1939.
[10] PEGREFFI, G., e C. DORIA: Nuova Veterin. **15**, 363, 389 (1937).
[11] KASAHARA, M., u. Y. FUJISAWA: Z. ges. exp. Med. **73**, 11 (1930).
[12] KAIEDA, J.: H. **188**, 193 (1930).
[13] TESCHLER, L.: Dtsch. Z. Nervenheilkde. **103**, 87 (1928).
[14] MEYER, H. H.: Der Liquor, Untersuchung und Diagnostik. S. 37. Berlin 1949. — GEORGI, F., u. Ö. FISCHER: Humoralpathologie der Nervenkrankheiten. Handb. Neurol. (BUMKE-FOERSTER) 7/1, S. 212. Berlin 1935.
[15] MELLA, H., and M. M. BLOMBERG: J. nerv. mental Dis. **83**, 685 (1936).
[16] KARCZAG, L., u. M. HANAK: B. Z. **245**, 166 (1932). — PAIC, M.: C. R. Soc. Biol. **122**, 1029 (1936).
[17] VERAGUTH, O., u. G. OPITZ: Dtsch. Z. Nervenheilkde. **84**, 114 (1925).
[18] SPIEGEL-ADOLF, M., E. A. SPIEGEL, E. A. ASHKENAZ and A. J. LEE: J. Neuropath. exp. Neurol. **4**, 277 (1945).
[19] SPIEGEL-ADOLF, M., P. H. WILCOX and E. A. SPIEGEL: Amer. J. Psychiatr. **104**, 697 (1948).
[20] SPIEGEL-ADOLF, M.: J. nerv. mental Dis. **89**, 311 (1939).
[21] SPIEGEL-ADOLF, M., H. T. WYCIS and E. A. SPIEGEL: Science, N. Y. **109**, 335 (1949).
[22] DE LERMA, B., e P. SALVI: Acta neurol. ital. **3**, 271 (1948) [Ber. Physiol. **138**, 219].
[23] DE LERMA, B., e P. SALVI: Acta neurol. ital. **4**, 74 (1949) [Ber. Physiol. **141**, 380].

mit dem Blutserum vorhanden; die Intensitäten Serum/Liquor[1] verhalten sich angenähert wie 40:1. Eine auffällige Nachbarschaft besteht zu den Pteridinkörpern, so daß angenommen wird, daß im Liquor eine den Pteridinen sehr nahestehende Substanz, wenn nicht Xanthopterin, vorhanden ist[2].

Bei den Angaben über normale, abnorme und pathologische Werte von Liquorbestandteilen ist zu beachten, daß häufig noch keine Übereinstimmung hinsichtlich der Grenzen der Norm besteht. Die Ursache für Abweichungen von der Norm sind[3]:

1. Abnorme oder pathologische Veränderungen des Blutspiegels eines Stoffes bei meist normaler Permeabilität der Blut-Liquorschranke.

2. Veränderungen der Permeabilität.

3. Erkrankungen des Zentralnervensystems.

Anorganische Bestandteile. Normalerweise besteht der Liquor zu etwa 99% aus *Wasser* und zu etwa 1% aus gelösten Bestandteilen, von denen im Mittel 882 mg-% Mineralsalze und 118 mg-% organische Stoffe sind[4]. Menge und Art der Bestandteile können bei pathologischen Zuständen starken Abweichungen unterliegen. Normalwerte bei Tieren: Kalb 1,08—1,11% feste Bestandteile, davon 0,74—0,88% Asche[5]. Pferd 0,74—0,84% Asche[5]. Hund 1,2—1,275% feste Bestandteile, 0,98—1,00% Asche[6]. Haifisch 4,37% feste Bestandteile, 1,63% Asche[7].

Alkalireserve: Die Angaben sind nicht einheitlich und schwanken von 45—60 Vol.-%; die meisten der angegebenen Werte liegen zwischen 50 und 58 Vol.-% CO_2[8,9]. Bei Säuglingen liegen die Werte niedriger: 40,1—54, im Mittel 48,6 Vol.-% CO_2[10], bei Kindern sollen die Werte gleich oder auch höher als die Erwachsenenwerte liegen[9,11]. Unter pathologischen Umständen kann es zu Erhöhung und Verminderung dieser Werte kommen[9]; zu Verminderung kommt es auch nach Gehirnoperationen und in sehr geringem Maße nach Punktionen[9].

Die *Kohlendioxydspannung* des normalen Liquors liegt bei etwa 50 Vol.-%[12]; es werden auch Werte von 46—64 Vol.-% angegeben[13]. Unter pathologischen Umständen können Vermehrung und Verminderung dieser Werte vorkommen[13]; in einem Fall von Coma diabeticum wurde ein Wert von 6 Vol.-% bei einem Blutwert von 12 Vol.-% CO_2 gefunden[14]. Normalwert beim Hund 40,2—46,6 Vol.-% (im Blut 35,4—45,6 Vol.-%)[15]. Die *Sauerstoffspannung* des Liquors beträgt 1,02—1,66 Vol.-%[13], im Mittel 1,2 Vol.-%[12].

Natrium: Die in den letzten Jahren angegebenen Normalwerte liegen zwischen 308 und 358 mg-%[16,17,19-21]; als Mittelwert werden 325 mg-%[19] und 337 mg-%[21] angegeben. In älteren Untersuchungen hatte STARY[18] niedrigere Werte gefunden: 257—331, im

[1] DE LERMA, B., e P. SALVI: Acta neurol. ital. **3**, 271 (1948) [Ber. Physiol. **138**, 219].

[2] DE LERMA, B., e P. SALVI: Acta neurol. ital. **4**, 74 (1949) [Ber. Physiol.**141**, 380].

[3] KAFKA, V.· Dtsch. Z. Nervenheilkde. **163**, 564 (1949/50).

[4] POLONOVSKI, M.: Medizinische Biochemie. 5. Aufl. S. 387/88. Saulgau 1951.

[5] NAWRATZKI, E.: H. **23**, 532 (1897).

[6] PEGREFFI, G., e C. DORIA: Nuova Veterin. **15**, 363 (1937).

[7] KAIEDA, J.: H. **188**, 193 (1930).

[8] SELBACH, H.: Zbl. Neurochir. **3**, 27 (1938).

[9] GEORGI, F., u. Ö. FISCHER: Humoralpathologie der Nervenkrankheiten. Handb. Neurol. (BUMKE-FOERSTER) 7/1, 229. Berlin 1935.

[10] TANAKA, T., and S. OKUDA: J. orient. Med., Mukden **27**, 133 (1937) [Ber. Physiol. **105**, 589].

[11] MOSCHINI, S.: Pediatria, Riv. **43**, 407 (1935).

[12] Hallmann 6. Aufl. S. 442. 1950.

[13] GEORGI, F., u. Ö. FISCHER: Humoralpathologie der Nervenkrankheiten. Handb. Neurol. (BUMKE-FOERSTER) 7/1, 230. Berlin 1935.

[14] SCHÜRMEYER, A., u. H. SCHWARZ: Kli. Wo. **1927 II**, 2470.

[15] KASAHARA, M., u. I. YASUDA: Z. ges. Neurol. Psychiatr. **154**, 621 (1936).

[16] SHAW, C. W., and H. L. HOLLEY: J. Lab. clin. Med. **38**, 574 (1951).

[17] DEMME, H.: Die Liquordiagnostik in Klinik und Praxis. 2. Aufl. S. 44. München-Berlin 1950.

[18] KRAL, A., Z. STARY u. R. WINTERNITZ: Z. ges. exp. Med. **66**, 691 (1929).

[19] HARRISON, G. A.: Chemical Methods in Clinical Medicine. 3. Aufl. S. 423. New York 1947.

[20] MANZINI, C.: Boll. Soc. ital. Biol. sperim. **9**, 419 (1934).

[21] MOND, W.: Kli. Wo. **1952**, 87.

Mittel 295 mg-%. Die Verteilung der Na-Ionen zwischen Blutserum und Liquor entspricht vollkommen dem DONNAN-Gleichgewicht[1]. Der Serum/Liquorquotient beträgt 91%[2]. Veränderungen dieser Werte finden sich bei Meningitis tuberculosa[3]. Bestimmung wie im Blut (s. S. 7). Normalwerte bei Tieren: Hund 335—340 mg-%[4]; Haifisch 294 mg-%[5].

Kalium: Die Angaben über die Normalwerte liegen zwischen 8,5 und 16,8 mg-%[6-14], der Mittelwert wird mit 11,7 mg-%[2,6,9], 10,7 mg-%[8] und 10 mg-%[10,14] angegeben.

Zwischen den bei Erwachsenen und Säuglingen gefundenen Werten bestehen keine Unterschiede[15]. — Normalwerte bei Tieren: Pferd 10,65—14,20, im Mittel 12,66 mg-% (Liquor/Serum-Quotient 0,63—0,86, im Mittel 0,74)[16]; Hund 9,1—12 mg-%[4]; Haifisch 27,5 mg-%[5]. — Eine Erhöhung des Kaliumgehaltes im Liquor wird beim Menschen bei Urämie gefunden, extreme Verminderung bei Hirntumoren[13]. Geringere Veränderungen finden sich bei Meningitis tuberculosa[3]. Die Bestimmung von Kalium im Liquor geschieht wie im Blut (s. S. 7).

Calcium: Die Angaben über Normalwerte liegen zwischen 4,4 und 6,8 mg-%[7,8,9,12,17,18], der Mittelwert wird mit 6,07 mg-%[19] und 5 mg-%[8,10] angegeben. Der Liquorwert beträgt 41—61% des Blutplasmawertes[20]. Bei Kindern liegen die Werte im Mittel etwas höher: 6,9 mg-%[15]. Fast das gesamte Calcium liegt wegen der geringen im Liquor vorkommenden Eiweißmengen in ionisierter Form vor[21]. Normalwerte bei Tieren: Hund 5,2—5,9, im Mittel 5,3 mg-% (= 53—60% des Serumwertes)[22] oder 5,13—7,40, im Mittel 6,56 mg-%[23]; Rind 6,01—7,18, im Mittel 6,58 mg-%[23]; Pferd 5,92—7,18 mg-% (= 41 bis 55% des Serumwertes)[16]. Bei pathologischen Zuständen kommt es nur zu ganz geringgradigen Schwankungen.

Magnesium: Magnesium findet sich im Liquor regelmäßig in höherer Konzentration als im Serum[24]. Die Angaben über Normalwerte sind nicht einheitlich; teils werden Werte von nur 1,0—1,3 mg-%[7,12] angegeben, teils bis 2,7 mg-%[9,25], mit einem Mittel bei 1,8 mg-%[26]. Schließlich finden sich, vor allem im angelsächsischen Schrifttum, Angaben, die zwischen 2,2 und 4,0, mit einem Mittelwert bei etwa 3,0 mg-% liegen[10,17,19,27]. — Normalwerte bei Tieren: Hund 2,58—3,81, im Mittel 3,09 mg-%[23] oder 3,1—3,6 mg-%[4]; Rind 2,13—3,20, im Mittel 2,17 mg-%[4]. — Bei pathologischen Zuständen kann es zu

[1] BALINT, P., u. G. BENKÖ: Exper. **3**, 458 (1947).
[2] KRAL, A., Z. STARY u. R. WINTERNITZ: Z. ges. exp. Med. **66**, 691 (1929).
[3] URBAN, N.: Mschr. Kinderhlkde. **98**, 145 (1950).
[4] MANZINI, C.: Boll. Soc. ital. Biol. sperim. **9**, 419 (1934).
[5] KAIEDA, J.: H. **188**, 193 (1930).
[6] SHAW, C. W., and H. L. HOLLEY: J. Lab. clin. Med. **38**, 574 (1951).
[7] DEMME, H.: Die Liquordiagnostik in Klinik und Praxis. 2. Aufl. S. 44. München-Berlin 1950.
[8] MOND, W.: Kli. Wo. **1952**, 87.
[9] Hallmann 6. Aufl. S. 442.
[10] HARRISON, G. A.: Chemical Methods in Clinical Medicine. 3. Aufl. S. 423. New York 1947.
[11] KARLSTRÖM, F.: Acta med. scand. Suppl. **138**, 1 (1942).
[12] EISLER, B.: Z. ges. exp. Med. **61**, 549 (1928).
[13] UNGER, H.: Z. ges. Neurol. Psychiatr. **150**, 757 (1934).
[14] HELMSWORTH, J. A., and L. KEEFER: J. Lab. clin. Med. **32**, 1486 (1947).
[15] KLINKE, K., in: Biol. Daten (BROCK), Bd. 3. S. 177. Berlin 1939.
[16] BEHRENS, S., u. P. BRÜNING: Dtsch. tierärztl. Wschr. **57**, 366 (1950).
[17] MANZINI, C.: Boll. Soc. ital. Biol. sperim. **9**, 421 (1934).
[18] MEYER, H. H.: Liquor, Untersuchung und Diagnostik. S. 54. Berlin 1949.
[19] STARY, Z., A. KRAL u. R. WINTERNITZ: Z. ges. exp. Med. **66**, 671 (1929).
[20] CAMERON, A. T., and V. H. K. MOORHOUSE: J. Physiol., London **91**, 90 (1937).
[21] HARNAPP, G. O.: Kli. Wo. **1940**, 1268.
[22] HERTZ, W.: B. Z. **217**, 337 (1930).
[23] FRIEDMANN, A. P., u. W. W. PETROWA: Ark. biol. Nauč. **39**, 209 (1935) [Ber. Physiol. **94**, 447].
[24] STARY, Z., u. R. WINTERNITZ: H. **182**, 107 (1929).
[25] POPEK, K.: Spisy lék. Fak. Brno **15**, 39 (1935) [Ber. Physiol. **95**, 340].
[26] FLEISCHHACKER, H., u. G. SCHEIDERER: Dtsch. Z. Nervenheilkde **128**, 270 (1932).
[27] Physicians Handbook. 6. Aufl. S. 300. Palo Alto, Cal. 1950.

Verminderung und zu beträchtlicher Vermehrung kommen[1, 2]. Höchstwerte bis 24 mg-% wurden bei progressiver Paralyse beobachtet[3].

Bei Säuglingen wurden gleiche Werte wie bei Erwachsenen gefunden[4]. Nach anderen Untersuchungen sollen allerdings jüngere Individuen mehr Magnesium im Liquor besitzen als ältere; zwischen männlichen und weiblichen Personen fand sich kein Unterschied. Auch zwischen Ventrikel-, Zisternen- und Lumballiquor konnte kein Unterschied festgestellt werden[2]. Nachweis und Bestimmung wie im Blut (s. a. Bd. III).

Eisen: Eisen ist ein regelmäßiger Bestandteil des Liquors. Es werden Normalwerte zwischen 22 und 40 γ-% (im Serum 80—130 γ-%)[5-8], 23—52 γ-%[9] und 5—93, im Mittel 42 γ-%[10] angegeben. Die Werte sind vom Lebensalter unabhängig. Bei pathologischen Zuständen kann es zu Vermehrung und zu Verminderung[6-10] kommen. Es wird angenommen, daß verminderte Eisenwerte einem vermehrten Stoffwechsel im Gehirn entsprechen, erhöhte Werte einem verminderten Gehirnstoffwechsel[10]. Nachweis und Bestimmung wie im Blut (s. a. Bd. III).

Kupfer: Der Kupfergehalt des Liquors beträgt 14—15 γ-%; es liegt in leicht dialysabler Form vor[11]. Krankheiten, Alter, Geschlecht und andere biologische und chemische Charakteristica des Liquors, sowie intravenöse Injektion von Kupfersalzen beeinflussen den Kupfergehalt des Liquors nicht[12]. Bestimmung wie im Blut (s. a. Bd. III).

Aluminium: Der Gehalt an Aluminium beträgt 12,5 γ-% (im Blut 70 γ-%)[13]. Bestimmung wie im Blut (s. a. Bd. III).

Blei: Auch bei Menschen, die nicht gewerblich mit Blei zu tun haben oder durch sonstige besondere Umstände abnorme Bleimengen aufnehmen, ist im Liquor meist Blei zu finden, und zwar in Konzentrationen bis zu 14 γ-% (Normalwert im Blut 5—20 γ-%, im Urin 10—50 γ-%)[14], von anderer Seite werden 18—38 γ-% als normal angegeben[15]. Bei klinisch schweren Bleivergiftungen wurden Werte bis zu 493 γ-% festgestellt[15, 16]; der Blutspiegel kann dabei um mehrere 100 γ-% überstiegen werden[14, 16]. Beim Hammel sind normalerweise Liquor und Blut bleifrei[14, 17]. Nach experimenteller Bleivergiftung findet sich beim Hammel (ebenso wie bei Hund und Ziege) Blei im Liquor[17, 18]; jedoch übersteigt der Liquor-Bleigehalt beim Hammel auch bei schwerer tödlicher Vergiftung nicht den Blut-Bleigehalt, sondern bleibt im Gegenteil schließlich immer mehr hinter ihm zurück[18].

Chlor: Der Chlorionengehalt des Liquors liegt höher als der des Blutes; er beträgt etwa 123% von dem des Blutes[19]. Dieses Verhältnis ist nicht ganz konstant und verändert sich besonders unter pathologischen Verhältnissen[20, 21]. Der Normalwert liegt bei 400 bis

[1] EISLER, B.: Z. ges. exp. Med. 61. 549 (1928).
[2] POPEK, K.: Spisy lék. Fak. Brno 15, 39 (1935) [Ber. Physiol. 95, 340].
[3] FLEISCHHACKER, H., u. G. SCHEIDERER: Dtsch. Z. Nervenheilkde 128, 270 (1932).
[4] KLINKE, K., in: Biol. Daten (BROCK) Bd. 3. S. 177. Berlin 1939.
[5] HEILMEYER, L., u. G. STRÜWE: Kli. Wo. 1938 II, 925.
[6] BECK, G.: Diss. Jena 1939.
[7] VONKENNEL, J., u. TH. THILLING: Kli. Wo. 1940, 177.
[8] TAUSSIG, L., et J. PROKUPEK: Rev. neurol., Paris 33, 1 (1936) [Ber. Physiol. 95, 217].
[9] TRAMONTANA, C.: Boll. Soc. ital. Biol. sperim. 24, 615 (1948).
[10] LEHMANN, H. E., and V. A. KRAL: Arch. Neurol. Psychiatry 65, 326 (1951).
[11] YOSIKAWA, H.: Jap. J. med. Sci. (A II) 4, 219 (1939) [Ber. Physiol. 123, 91].
[12] MUNCH-PETERSEN, S.: Acta psychiatr. København 25, 251 (1950).
[13] GERASSIMOW, P. N.: Bull. Biol. Méd. exp. URSS 7, 88 (1939) [Ber. Physiol. 115, 24].
[14] STRAUBE, G., u. H. BECK: Kli. Wo. 1939 I, 356.
[15] DUENSING, F.: Dtsch. Z. Nervenheilkde. 143, 297 (1937).
[16] SCHMITT, F., u. W. BASSE: Kli. Wo. 1937 I, 65.
[17] STRAUBE, G.: Kli. Wo. 1948, 595.
[18] KASAHARA, M., u. K. ARIMICHI: Z. ges. exp. Med. 81, 696 (1932).
[19] STARY, Z., A. KRAL u. R. WINTERNITZ: Z. ges. exp. Med. 68, 441 (1929).
[20] HUBBARD, R. S., and G. M. BECK: J. Lab. clin. Med. 26, 535 (1940).
[21] KARLSTRÖM, FR.: Acta. med. scand. Suppl. 138, 1 (1942).

460 mg-% [1-3]. Säuglinge und Kinder haben höhere Chlorliquorwerte; bei Kindern fand man im Mittel 440 mg-% [3], bei Säuglingen bis zu 2 Monaten 680—850 mg-%, nach dem 3. Monat 700—770 mg-% [4]. Die Werte erscheinen allerdings etwas hoch. Unterschiede bei Liquores verschiedener Entnahmestellen wurden nicht beobachtet [3]. Unter pathologischen Verhältnissen kommen sowohl Vermehrung als auch Verminderung dieser Werte vor. — Normalwerte bei Tieren: Hund 365—475, im Mittel 415 mg-% [5] oder 412—449 mg-% [6]; Haifisch 825 mg-% [7].

Die Chloride des Liquors liegen zum überwiegenden Teil als NaCl vor; es werden Normalwerte zwischen 680 und 760 mg-% angegeben [2, 4, 8-10]. Nur ein kleiner Teil findet sich als Kaliumchlorid: Es wird ein Wert von 40 mg-% genannt [10]. — Normalwerte von Natriumchlorid bei Tieren [11]: Kaninchen 600—730; Hund 667—701; Affe 634—731; Katze 670—723; Ziege 681 mg-% (Einzelbestimmung). Bestimmung s. S. 13.

Jod: Über den mittleren Jodgehalt des normalen Liquors finden sich folgende Angaben: 7 γ-% [15], 10 γ-% (= 65% des Jodgehaltes im Blut) [12] und 18 γ-% [13]. Bei Kindern von der Geburt bis zum 7. Lebensjahr wurden bedeutend höhere Werte mitgeteilt: Bei erheblichen Schwankungen wurden Mittelwerte von 40—60 γ-% gefunden; zwischen Knaben und Mädchen fand sich kein Unterschied. Bis auf wenige Ausnahmen liegt der Liquorwert niedriger als der Blutwert; der Blut/Liquor-Quotient beträgt 1,5—5,5 [14]. Unter pathologischen Umständen können sich die Liquorjodwerte vermehren [12] und vermindern [15]. Bestimmung wie im Blut (s. S. 14).

Brom: Während sich das Brom im ganzen übrigen Organismus mit dem Chlor ins Gleichgewicht setzt, tut es das im Liquor nicht; hier erreicht seine Konzentration niemals Werte, die dem DONNAN-Gleichgewicht entsprächen [16]. Bei Hund und Katze findet sich jedoch im Gegensatz zum Menschen im Liquor dasselbe Verhältnis vom Brom zu Chlor wie im Plasma, es besteht also ein DONNAN-Gleichgewicht [17]. Der Quotient Plasma-Brom/Liquor-Brom beträgt normalerweise 2,9—3,3 [18]; bei Kindern ist er niedriger, bis 1,94, häufig um 2,5 [19]. Die Verschiedenheit der Bromverteilung in Liquor und Blut wurde als Grundlage einer Methode zur Prüfung der Permeabilität der Blutliquorschranke verwertet [18]. Die Normalwerte für Brom werden mit 100—150 γ-% [20] und mit 160 bis 400 γ-% (im Plasma 180—450 γ-%) [21] angegeben. Schließlich findet sich eine Angabe über noch höhere Normalwerte: 500—750 γ-% im Lumballiquor (niedriger als im Blut), 580—890 γ-% im Zisternenliquor (etwa gleich dem Wert im Blut) [22]. Bei Geisteskranken fanden sich beträchtliche Abweichungen nach oben wie nach unten: 58—851 γ-% [21]. In einigen Fällen von progressiver Paralyse wurde der Liquor völlig bromfrei gefunden [20]. Bestimmung wie im Blut (s. S. 14).

[1] STARY, Z., A. KRAL u. R. WINTERNITZ: Z. ges. exp. Med. **68**, 441 (1929).

[2] HARRISON, G. A.: Chemical Methods in Clinical Medicine. 3. Aufl. S. 423. New York 1947.

[3] MANZINI, C.: Boll. Soc. ital. Biol. sperim. **9**, 417 (1934).

[4] VRANOVA, B.: Čas. Lék. čes. **1939**, 709 [Ber. Physiol. 124, 607].

[5] FRIEDMANN, A. P., u. W. W. PETROWA: Ark. biol. Nauč **39**, 209 (1935) [Ber. Physiol. 94, 447].

[6] PEGREFFI, G., e C. DORIA: Nuova Veterin. **15**, 363 (1937).

[7] KAIEDA, J.: H. **188**, 193 (1930).

[8] Hallmann 6. Aufl. S. 442.

[9] DEMME, H.: Die Liquordiagnostik in Klinik und Praxis. 2. Aufl. S. 44. München-Berlin 1950.

[10] POLONOVSKI, M.: Medizinische Biochemie. 5. Aufl. S. 387/88. Saulgau 1951.

[11] KASAHARA, M., u. Y. FUJISAWA: Z. ges. exp. Med. **73**, 11 (1930).

[12] HIRSCH, O.: Dtsch. Arch. klin. Med. **168**, 331 (1930).

[13] OSBORNE, E. D.: J. amer. med. Ass. **76**, 1384 (1921).

[14] CONCAS, G.: Riv. Clin. pediatr. **34**, 882 (1936).

[15] HAHN, A., u. A. SCHÜRMEYER: Kli. Wo. **1932** I, 421.

[16] MISHKIS, M., E. B. RITCHIE, and A. B. HASTINGS: Proc. Soc. exp. Biol. Med. **30**, 473 (1933).

[17] FREY, E.: A. e. P. P. **163**, 399 (1932).

[18] WALTER, F. K.: Z. ges. Neurol. Psychiatr. **95**, 522 (1925).

[19] KRUSE, F.: Arch. Kinderhlkde. **86**, 254 (1929).

[20] ZONDEK, H., u. A. BIER: B. Z. **241**, 491 (1931).

[21] LEIPERT, TH., u. O. WATZLAWEK: B. Z. **280**, 434 (1935).

[22] URECHIA, C. I., et RETEZIANU: C. R. Soc. Biol. **115**, 312 (1934).

Rhodan: Die Rhodanwerte des Liquors sollen etwa die gleichen wie die des Blutes sein. Die Angaben sind jedoch nicht übereinstimmend. Es werden 30—60 γ-%[1], 100 bis 200 γ-%[2] und 60—290 γ-%[3] als normal angegeben. Für Rhodanverbindungen wurden Werte bis zu 2 mg-% mitgeteilt[4]. Erhöhungen um das 2—4fache des Normalwertes wurden nach Tabakgenuß beobachtet[1]. Zur Bestimmung von Rhodan ist vorherige Enteiweißung nötig: 9 Teile Liquor werden mit 1 Teil 20%iger Trichloressigsäure versetzt[2], dann wird die Bestimmung wie im Blut durchgeführt (s. S. 17).

Phosphor: Als Normalwerte für anorganischen Phosphor werden 1,0—1,85 mg-% angegeben[5-7], mit einem Mittelwert von 1,31 mg-% (= 44,4% des Serumwertes)[8] und von 1,39 mg-%[7]. HARRISON[9] gibt einen höheren Mittelwert von 2 mg-% an. Die Werte für Gesamtphosphor werden mit 1,5—2,8, im Mittel 1,8 mg-%[5], und mit 1,37—2,15 mg-%[6] angegeben. — Normalwerte bei Tieren: Hund 2,82—3,47, im Mittel 3,09 mg-%[10] oder 1,10—1,28 (im Serum 2,98—3,12 mg-%)[11]; Rind 2,15—4,06, im Mittel 3,20 mg-%[10]; Haifisch 4,36 mg-%[12].

Bei Meningitis tuberculosa wurde meist eine Steigerung des Gehaltes an anorganischem Phosphor auf im Mittel 2,5 mg-%, bei Kindern auf im Mittel 2,01 mg-% gefunden[7].

Bestimmung: Die Phosphorbestimmung im Liquor erfolgt nach den üblichen Mikromethoden (s. Bd. III, Anorganische Stoffe). Die Methode von TROPP[6] bringt keine Neuerungen von Belang. Zur Bestimmung des säurelöslichen Phosphor werden zweckmäßigerweise 1,5 cm^3 Liquor mit 1,5 cm^3 14%iger Trichloressigsäure enteiweißt und $^2/_3$ weiter analysiert. Zur Bestimmung des gesamten säurelöslichen Phosphor wird ein Teil des Filtrates in üblicher Weise verascht. Die Analyse des Lipoidphosphor erfolgt am besten mit 5 cm^3 Liquor; von ROEDER und REHM wurde eine Modifikation beschrieben[13]. Näheres über die getrennte Bestimmung einzelner Phosphorfraktionen s. Bd. IV. Die organisch gebundene Phosphorsäure und Bestimmung der einzelnen Fraktionen.

Schwefel: Über den Schwefelgehalt des Liquors liegen folgende Angaben vor: Gesamtschwefel 47,2—62,0 mg-%[14], anorganischer Schwefel 0,25—1,3 mg-% (im Serum 1—4 mg-%)[15], Gesamtsulfatschwefel 18,6—26,5 mg-%[14], Sulfatschwefel 8—9 mg-%[5], Neutralschwefel 23,9—40,3 mg-% (= 47,4—65,0 % des Gesamtschwefels)[14]. Unter pathologischen Verhältnissen können diese Werte erhöht sein. Der höchste Gehalt an Gesamt-, anorganischem und Eiweißschwefel findet sich bei Meningitis[16]; bei Meningitis tuberculosa nähert sich der Schwefelwert dem des Blutes[15]. Bei Paralyse ist vor allem der Nichteiweißschwefel erhöht, bei Hirntumoren vor allem der anorganische Schwefel[16]. Nachweis und Bestimmung wie im Blut (s. a. Bd. III).

Als Normalwert für den *Anionenrest* (organische Säuren) wurden 14—44, im Mittel 25 Millimole je Liter gefunden (im Blutserum 9 Millimole/Liter). Dieser Liquorwert ist gleich der Differenz: Gesamtbasen minus ($[Cl^-] + [HCO_3^-] + [Proteinanion^-]$)[17]. Die Bestimmung erfolgt nach VAN SLYKE und PALMER wie im Urin (s. a. S. 119).

[1] BLUM, R.: Z. klin. Med. **107**, 61 (1928).

[2] LANG, K.: B. Z. **262**, 14 (1933).

[3] STUBER, B., u. K. LANG: Dtsch. Arch. klin. Med. **176**, 213 (1934).

[4] GUBENKO, N. K.: Bull. Biol. Méd. exp. URSS **13**, 102 (1942). [Chem. Abstr. **38**, 4299].

[5] Hallmann 6. Aufl. S. 442.

[6] TROPP, C., O. SEUBERLING u. B. ECKARDT: B. Z. **290**, 320 (1937).

[7] GRAF, G.: Pediatria, Riv. **47**, 146 (1939).

[8] STARY, Z., A. KRAL u. R. WINTERNITZ: Z. ges. exp. Med. **68**, 441 (1929).

[9] HARRISON, G. A.: Chemical Methods in Clinical Medicine. 3. Aufl. S. 422. New York 1947.

[10] FRIEDMANN, A. P., u. W. W. PETROWA: Ark. biol. Nauč **39**, 209 (1935) [Ber. Physiol. **94**, 447].

[11] MANZINI, C.: Boll. Soc. ital. Biol. sperim. **9**, 417 (1934).

[12] KAIEDA, J.: H. **188**, 193 (1930).

[13] ROEDER, F., u. O. REHM: Die Cerebrospinalflüssigkeit. S. 36. Berlin 1942.

[14] FÜRTH, O., R. SCHOLL u. H. HERRMANN: B. Z. **251**, 161 (1932).

[15] WATCHORN, E., and R. A. McCANCE: Biochem. J. **29**, 2291 (1935).

[16] SILVESTRI, A.: Rass. Studi psichiatr. **29**, 218 (1940) [Ber. Physiol. **122**, 487].

[17] BROCK, J., u. H. STELTER: Kli. Wo. **1950**, 107.

Organische Bestandteile. Abhängig von der Summe aller organischen Bestandteile ist der *Gesamtkohlenstoffgehalt,* der im normalen Liquor 102—109 mg-% beträgt[1].

Eiweiß. Im allgemeinen wird angenommen, daß es sich bei den Eiweißkörpern des Liquors um liquoreigene Bestandteile handelt[2]; nur wenige Autoren vertreten die Ansicht, daß die Eiweißstoffe des Liquors mit denen des Blutes völlig identisch und Verschiedenheiten nur auf quantitative und qualitative Änderungen der Permeabilität zurückzuführen seien[3, 4]. Der isoelektrische Punkt der Eiweißkörper des Liquors liegt normal bei p_H 4,7[5].

Gesamteiweiß: Der Liquor gehört zusammen mit dem Kammerwasser des Auges und der Perilymphe des Innenohres zu den eiweißärmsten Körperflüssigkeiten. Sein Eiweißgehalt beträgt nur $^1/_{400}$—$^1/_{200}$ des Bluteiweißgehaltes. Die Angaben über Normalwerte schwanken beträchtlich: Als untere Grenze werden 10—20 mg-% angegeben, als obere Grenze 25—46 mg-%[6-13]. Von einem Untersucher werden als obere Grenze der Norm sogar 65 mg-% bei Männern, 49 mg-% bei Frauen angegeben[14]. Die Unterschiede bei diesen Angaben sind vor allem auf Anwendung verschiedener Methoden — die S. 314ff. besprochen und kritisch verglichen werden — zurückzuführen. Physiologischerweise finden sich Unterschiede zwischen Liquor aus Ventrikel, Zisterne und Lumbalsack, und zwar werden im Ventrikel die höchsten, im Lumbalsack die niedrigsten Konzentrationen gefunden (s. Tabelle 63). Unterschiede bestehen auch zwischen den Werten von Säuglingen und Kleinkindern und denen von Erwachsenen. SAMSON[15] gibt für Neugeborene Werte von 40—80 mg-% an, für ältere Kinder 16—24 mg-%. Andere Autoren[16] fanden bei Säuglingen in den ersten Wochen Werte von 15—103 mg-%, im 1. Monat 25—53 mg-%, im 3. Monat durchschnittlich 26 mg-%. Noch höhere Werte bei Säuglingen teilten DOS REIS und Mitarbeiter[17] mit: 25—158 mg%; sie fanden, daß normale Erwachsenenwerte bereits nach 3—4 Wochen erreicht werden. Nach UJSAGHY[18] jedoch, der ebenfalls erhöhte Werte bei Säuglingen, noch höhere bei Frühgeburten fand, werden die normalen Erwachsenenwerte erst im 3. Monat, bei Frühgeburten erst im 6. Monat erreicht. Einige Autoren geben verschiedene Werte auch für die verschiedenen Geschlechter an: Bei Männern sollen höhere Werte bestehen[12, 14, 19]. — Normalwerte bei Tieren in mg-%: Pferd 30—60[20]; Rind 12—18[20]; Kalb 10—30[20, 21]; Ziege etwa 30[20]; Kaninchen 15—19[21]; Hund 8—62[20-22]; Katze 8,3—16,6[21]; Affe 8,3—16,6[21].

Eiweißfraktionen: Sämtliche im normalen Blutserum vorkommenden Eiweißfraktionen kommen auch im normalen Liquor vor. Durch elektrophoretische Trennung konnten darüber hinaus 3 weitere, im Serum bisher nicht beobachtete Fraktionen dargestellt

[1] POLONOVSKI, M., et G. GALBRUN: C. R. Soc. Biol. **91**, 565 (1924).

[2] KAFKA, V.: Dtsch. Z. Nervenheilkde **130**, 197 (1933). Acta Psychiatr. Neurol. **21**, 857 (1946).

[3] SCHEID, K. F., u. L. SCHEID: Arch. Psychiatr. Nervenkrankh. **117**, 219 (1944).

[4] DUENSING, F.: Z. ges. Neurol. Psychiatr. **169**, 471 (1940).

[5] TORNU, A.: Riv. Neurol. **9**, 368 (1936).

[6] Hallmann 6. Aufl. S. 442.

[7] DOS REIS, J. B.: Arq. Serv. Assist. Psicopat. **3**, 5 (1938) [Ber. Physiol. **119**, 264].

[8] HARRISON, G. A.: Chemical Methods in Clinical Medicine. 3. Aufl. S. 422. New York 1947.

[9] ROEDER, F., u. O. REHM: Die Cerebrospinalflüssigkeit. S. 21. Berlin 1942.

[10] Physicians Handbook. 6. Aufl. S. 300. Palo Alto, Cal. 1950.

[11] MERRITT, H., and F. FREMONT-SMYTH: The Cerebrospinal Fluid. Philadelphia, London 1938.

[12] MARRON, T. U.: Amer. J. med. Sci. **202**, 330 (1941).

[13] DEMME, H.: Die Liquordiagnostik in Klinik und Praxis. 2. Aufl. S. 39. München, Berlin 1950.

[14] IZIKOWITZ, S.: Svenska Läk.-Tdg. **1943**, 491.

[15] SAMSON, K.: Z. ges. Neurol. Psychiatr. **128**, 494 (1930).

[16] VRANOVA, B.: Čas. Lék. čes. **1939**, 709 [Ber. Physiol. **124**, 607].

[17] WOISKI, J. R., J. B. DOS REIS u. H. E. V. DE BARROS: Arq. Neuro-Psiquiatr. **7**, 264 (1949).

[18] UJSAGHY, P.: Mschr. Kinderheilkde. **66**, 137 (1936).

[19] EPSTEIN, L.: Acta psychiatr. neurol., København **22**, 211 (1947).

[20] REHM, O.: Arch. Tierhlkde. **76**, 39 (1940).

[21] KASAHARA, M., u. Y. FUJISAWA: Z. ges. exp. Med. **73**, 11 (1930).

[22] PEGREFFI, G., e C. DORIA: Nuova Veterin. **15**, 363 (1937).

werden[1-4] (s. auch S. 321). Das Verhältnis Globulin zu Albumin ist 1:4 (0,1—0,4, im Mittel 0,25)[5,6], ist also von dem des Blutes verschieden (1,5—2,5). *Albumine:* Es werden folgende Werte angegeben: 15—25 mg-%[6], im Mittel 20,8 mg-%[5]; 12—20 mg-%[7]; 9,4—23,4 mg-%[8]; 11,5—14,8 mg%[9]; 0,6—1,0 Teilstriche nach KAFKA[10]. Bei Säuglingen und besonders bei Frühgeburten finden sich höhere Werte; bei Neugeborenen nach SAMSON[7] 30—56 mg-%; bei normalen Säuglingen nach UJSAGHY[11] 30 mg-%, bei Frühgeburten 40 mg-%. Über qualitative und quantitative Bestimmung s. S. 312ff.

Globuline: Es werden folgende Werte angegeben: 2,5—9 mg-%[6]; 2—6 mg-%[7]; 0,6 bis 1,6 mg-%[8]; 8,4—13,2 mg-%[9]; 0,1—0,3 Teilstriche nach KAFKA[10]; bei Neugeborenen nach SAMSON[7] 10—26 mg-%, bei nomalen Säuglingen nach UJSAGHY[11] 11 mg-%, bei Frühgeburten 18 mg-%. — Die Globuline sollen keine molekulare Lösung darstellen, sondern Molekülaggregate bilden (sphäroidförmige Globulinpartikel von 40—240 mμ Durchmesser)[12].

Fibrinogen und Euglobulin: Fibrinogen und Euglobulin sind im normalen Liquor des Erwachsenen nicht zu finden; beim Neugeborenen sind sie jedoch in meßbarer Menge vorhanden[11]. Nach anderen Untersuchungen tritt jedoch Fibrinogen auch beim Kind unter normalen Umständen nicht[13] oder nur selten[14] auf. Beim Erwachsenen können sie bei pathologischen Zuständen vorkommen; aus dem Fibrinogen kann sich beim Stehenlassen des Liquors ein Fibrinnetz abscheiden. Die Struktur des Liquorfibrin ist von der des Blutfibrin verschieden, wie durch Untersuchungen mit dem Übermikroskop festgestellt werden konnte[15].

Fibrinogennachweis mit der WALTNERschen Probe[16]: Zu 2 Teilen frischem klarem Liquor wird 1 Teil 10%ige Kalilauge oder Natronlauge zugesetzt und leicht geschüttelt. Bei Anwesenheit von Fibrinogen scheidet sich Fibrin in bläulich-grauen Flocken aus; die Luftblasen bleiben zwischen ihnen schwebend stehen oder steigen nur langsam an die Oberfläche. Die Probe gibt auch bei nur geringem Fibrinogengehalt positive Ergebnisse. Fibrinogenbestimmung nach UJSAGHY s. S. 316, Euglobulinbestimmung nach UJSAGHY s. S. 316, nach HEWITT s. S. 317.

An weiteren Globulinen sind schließlich noch die verschiedenen Antikörper zu nennen; es kommen solche gegen Diphtherie, Tetanus, Typhus, Fleckfieber, Trypanosomenerkrankungen und Tuberkulose vor, schließlich die diagnostisch sehr wichtigen WASSERMANN-Reagine.

Eine Vermehrung des Gesamteiweißes im Liquor findet sich häufig bei organischen Erkrankungen des Zentralnervensystems; sie wird ferner gefunden nach Insulinschock, spinaler Anästhesie (nach der ein Rückgang zur Norm erst innerhalb eines Jahres und länger erfolgt)[17], nach Encephalographie[18-20] und nach Hirnoperationen[21], bei Kaninchen

[1] EWERBECK, H.: Kli. Wo. **1950**, 692.

[2] FISK, A. A., A. CHANUTIN and W. O. KLINGMAN: Proc. Soc. exp. Biol. Med. 78, 1 (1951).

[3] ESSER, H., F. HEINZLER u. H. WILD: Kli. Wo. **1952**, 228.

[4] BÜCHER, T., D. MATZELT u. D. PETTE: Kli. Wo. **1952**, 325.

[5] SALMINEN, Y. V.: Finska Läk.-Sällsk. Handl. 75, 1041 (1933) [Ber. Physiol. 81, 139].

[6] Hallmann 6. Aufl. S. 442.

[7] SAMSON, K.: Z. ges. Neurol. Psychiatr. **128**, 494 (1930).

[8] DOS REIS, J. B.: Arq. Serv. Assist. Psicopat. **3**, 5 (1938) [Ber. Physiol. **119**, 264].

[9] HALPERN, F.: Med. Klin. **1929 I**, 945.

[10] KAFKA, V.: Dtsch. Z. Nervenheilkde **130**, 197 (1933). Taschenbuch der praktischen Untersuchungsmethoden der Körperflüssigkeiten. 5. Aufl. S. 77. Basel, New York 1948.

[11] UJSAGHY, P.: Mschr. Kinderheilkde **66**, 137 (1936).

[12] HELLWIG, C. A., R. L. DRAKE, H. W. VOTH and J. E. BLEICHER: Amer. J. clin. Path. 18, 852 (1948). — KABAT, E. A., D. H. MOORE and H. LANDOW: J. clin. Invest. 21, 571 (1942).

[13] RIEBELING, C.: Z. ges. Neurol. Psychiatr. **167**, 133 (1939).

[14] WOISKI, J. R., J. B. DOS REIS u. H. E. V. DE BARROS: Arq. Neuro-Psiquiatr. **7**, 264 (1949).

[15] RUSKA, H., u. C. WOLPERS: Kli. Wo. **1940 II**, 695.

[16] WALTNER, K.: Kli. Wo. **1924 II**, 1271.

[17] BLACK, M. G.: Anesthesiology 8, 382 (1947).

[18] LEVINSON, A., J. KAPLAN and D. J. COHN: J. Lab. clin. Med. 25, 225 (1939).

[19] BICKERSTAFF, E. R.: Lancet **1951 I**, 1209.

[20] BREMER, W.: Z. Kinderheilkde **63**, 151 (1942).

[21] VOZNAJA, A. Z.: Fragen der Neurochir. **12**, 41 (1948) [Dtsch. Gesundh.-Wes. 5, 354 (1950)]. — SELBACH, H.: Zbl. Neurochir. **3**, 27 (1938). — TZOVARU, S., et D. THEODORESCO: Presse méd. **1937 II**, 1039.

und Hund auch nach subduraler Lipoidinjektion[1] und nach Kurzwellenbestrahlung des Kopfes[2]. Eine Eiweißvermehrung nach Lumbalpunktionen wird von einzelnen Autoren beschrieben, von anderen abgelehnt[3]; nach Zisternenpunktion scheint es eher dazu kommen zu können. Bei Kranken mit pathologischen Eiweißwerten findet sich demgegenüber nach einer Zweitpunktion sogar eine Verminderung der Eiweißwerte[4]. Eine Eiweißverminderung (subnormaler Liquorbefund) bis zu Werten unter 5 mg-% wird bei verschiedenen pathologischen Zuständen angetroffen[5, 6]. Die Eiweißvermehrung betrifft je nach Krankheit alle Fraktionen gleichmäßig oder bestimmte Fraktionen besonders.

Methoden der Eiweißbestimmung: Unter den Bestandteilen des Liquors hat bisher das Eiweiß diagnostisch das größte Interesse gefunden. Es gibt infolgedessen eine sehr große Anzahl von Methoden zur mengenmäßigen und artmäßigen Liquoreiweißbestimmung. Bei allen Eiweißreaktionen ist die Verwendung absolut blutfreien Liquors Voraussetzung für die Gewinnung einwandfreier Resultate; denn da der Eiweißgehalt des Blutes sehr hoch gegenüber dem des Liquors ist, bringt bereits geringe durch die bei Punktion verursachte Blutbeimischung unbrauchbare Resultate. So rufen z. B. bereits 800/3—900/3 Erythrocyten bei der PANDY-Reaktion Opalescenz hervor (bei älteren Leuten noch geringere Mengen), und bei der Goldsolreaktion tritt eine typisch links verschobene Kurve bei 400/3 Erythrocyten auf[7]. Über die durch Blutbeimischung verschiedener Konzentration entstehenden Abweichungen und die bedingte Brauchbarkeit derartiger Liquorproben sind eingehende Untersuchungen ausgeführt worden[8].

Es sollen hier zunächst die *Kolloidreaktionen* erwähnt werden, bei denen es sich im allgemeinen darum handelt, daß kolloidale Lösungen durch Elektrolyte verfärbt und ausgefällt werden, was bei Zusatz bestimmter Eiweißmengen und -arten verhindert wird. Die Proben sind empirisch so eingestellt, daß sie bei normalem Eiweißgehalt des Liquors negativ ausfallen. Betreffs Ausführung und Bewertung sei auf die einschlägigen diagnostischen Taschenbücher, Handbücher und klinischen Werke verwiesen[9]. Die große Anzahl von Kolloidreaktionen unterscheiden sich letzten Endes lediglich durch die Anwendung verschiedenartiger kolloidaler Reagentien; verwendet wurden Metallsole (Gold, Silber = Kollargol), kolloidale Harzlösungen (Mastix, Benzoe, Gambojagummiharz, Myrrhenharz, Tinctura opii benzoica, Schellaksol), Farbsole (Berliner Blau, Kongorubin, Indigo), Paraffin, Kieselsäuresol, Kohlesuspension, Tuschesuspension und Kaolinsuspension[10]. Am häufigsten im Gebrauch sind die Mastix-, die Goldsol- und die Salzsäure-Kollargolreaktionen, daneben auch die Sublimat-Fuchsinreaktion nach TAKATA-ARA und selten schließlich die Schellakreaktion nach MARCHIONINI[11] und (besonders in Frankreich) die Benzoereaktion[12].

Für klinische Untersuchungen kommen einige Reaktionen in Frage, die vor allem gebraucht werden, wenn eine quantitative Bestimmung wegen zu geringer Liquormengen

[1] KASAHARA, M., SH. I. TAKAISHI u. H. TAMADA: Z. ges. exp. Med. 80, 347 (1932).

[2] GLAUNER, R., u. E. SCHORRE: Strahlentherap. 58, 286 (1937). Z. ges. Neurol. Psychiatr. 162, 551 (1938).

[3] SCHEID, W.: Z. ges. Neurol. Psychiatr. 163, 397 (1938).

[4] MEYER, H. H.: Der Liquor, Untersuchung und Diagnostik S. 155. Berlin 1949.

[5] FREMONT-SMYTH, F., and H. MERRITT: The Cerebrospinal Fluid. Philadelphia, London 1938.

[6] KAFKA, V.: Dtsch. Z. Nervenheilkde 163, 564 (1949/50); 130, 197 (1933).

[7] WORTMEIER, M.: Diss. Münster i. W. 1940.

[8] SAMSON, K., zit. von H. DEMME: Die Liquordiagnostik in Klinik und Praxis. 2. Aufl. München, Berlin 1950.

[9] Müller-Seifert 66. Aufl. — LAUBENTHAL, F.: Leitfaden der Neurologie. 4. Aufl. Stuttgart 1948. — DEMME, H.: Liquordiagnostik in Klinik und Praxis. 2. Aufl. München 1950. — MEYER, H. H.: Der Liquor, Untersuchung und Diagnostik. Berlin 1949.

[10] GEORGI, F., u. Ö. FISCHER: Humoralpathologie der Nervenkrankheiten. Handb. Neurol. (BUMKE-FOERSTER) 7/1. S. 215. Berlin 1935.

[11] MARCHIONINI, A.: Kli. Wo. 1925 I, 211.

[12] GUILLAIN, G., G. LAROCHE et P. LECHELLE: C. R. Soc. Biol. 83, 1077, 1380 (1920); 85, 4 (1921). Encéphale 15, 50 (1921). La réaction du benjoin colloidal et les réactions colloidales du liquide céphalorachidien. Paris 1922. — GUILLAIN, G., G. LAROCHE et M. MACHEBOEUF: C. R. Soc. Biol. 84, 496 (1921).

schwierig oder unmöglich ist. Es sind dies die Reaktionen nach NONNE-APELT, nach PANDY und WEICHBRODT, ferner die Albuminprobe, die BOLTZsche Probe und die Tanninreaktion nach NEWMAN.

NONNE-APELT-*Reaktion:* Bei ihr werden die Globuline, daneben auch noch andere Proteine durch Überschichten mit gesättigter Ammoniumsulfatlösung ausgefällt. Sie zeigt eine Vermehrung des Gesamteiweißes auf über 50 mg-% an.

Reagentien:

Ammoniumsulfat; etwa 85 g Ammoniumsulfat werden mit 100 cm³ Aqua dest. von 90° übergossen, die Lösung filtriert und einige Tage bei Zimmertemperatur stehengelassen. Die Lösung darf nicht sauer reagieren, gegebenenfalls muß sie mit konzentriertem Ammoniak neutralisiert werden.

Ausführung:

0,5 bzw. 1,0 cm³ Ammoniumsulfatlösung werden mit 0,5 bzw. 1,0 cm³ Liquor vorsichtig überschichtet. Nach 3 min wird gegen dunklen Hintergrund abgelesen. Keine Trübung, leichte Opalescenz oder verspätete Trübung gelten als negativ. Trübung wird mit positiv (+), Fällung als (++) bzw. (+++) bezeichnet.

PANDY-*Reaktion:* Sie besteht in einer Fällung der Globuline durch gesättigte wäßrige Phenollösung; auch starke Albuminvermehrung ergibt eine Fällung, so daß sie als eine Gesamteiweißreaktion anzusehen ist[1].

Reagentien:

Gesättigte wäßrige Phenollösung (herzustellen durch längeres Schütteln von 80 bis 100 Teilen flüssigem Phenol mit 1000 Teilen Wasser von etwa 37° und Abgießen der überstehenden klaren Lösung nach einigen Stunden).

Ausführung:

Auf ein Uhrglas 1 cm³ Reagens, dazu vom Rand her einen Tropfen Liquor fließen lassen. Ablesung wie bei NONNE-APELT.

WEICHBRODT*sche Probe:* Bei ihr fällt man die Globuline durch Überschichten mit Quecksilber(II)-chloridlösung.

Reagentien:

Quecksilber(II)-chloridlösung, 0,1%ig.

Ausführung:

0,7 cm³ Liquor werden mit 0,3 cm³ Quecksilber(II)-chloridlösung überschichtet. Die Reaktion ist positiv, wenn Trübung bzw. Ringbildung auftritt; Opalescenz ist schon pathologisch.

BOLTZ*sche Probe:*

Reagentien:

1. Essigsäureanhydrid.
2. H_2SO_4, konz.

Ausführung:

Zu 1 cm³ Liquor werden langsam 0,3 cm³ Essigsäureanhydrid gegeben und nach Schütteln tropfenweise 0,8 cm³ konzentrierte Schwefelsäure hinzugefügt. Violettfärbung bedeutet positiven Ausfall, gelblich-rosa Färbung negativen Ausfall.

Albuminprobe: Sie entspricht im Prinzip der HELLERschen Probe: Die Albumine werden durch Salpetersäure gefällt.

Reagentien:

HNO_3, konz.

Ausführung:

Liquor wird (verdünnt oder unverdünnt) mit konzentrierter Salpetersäure unterschichtet; nach 1 min tritt bei pathologischer Albuminvermehrung an der Berührungsstelle ein weißlicher Ring auf.

---

[1] SCHMITT, H.: Z. ges. Neurol. Psychiatr. **128**, 504 (1930).

Tetrakaliumhexacyanoferrat-Essigsäure-Reaktion („Ferrocyankaliprobe") nach PAWLO-
WITSCH[1]: Sie besteht in einer Fällung des Gesamteiweißes mittels angesäuerter Tetrakalium-
hexacyanoferratlösung und zeigt Vermehrung des Gesamteiweißgehaltes über 60 mg-% an[2].
Reagentien:

In 150 cm³ Aqua dest. werden 5—6 Tropfen Eisessig und 3—4 cm³ einer 10%igen
Tetrakaliumhexacyanoferratlösung gegeben; man erhält so eine etwa 0,2%ige Lösung
von Tetrakaliumhexacyanoferrat.

Ausführung:

In 5—10 cm³ der 0,2%igen Tetrakaliumhexacyanoferratlösung läßt man einige Tropfen
des zu untersuchenden Liquors fallen. Die Probe gilt als positiv, wenn der fallende Tropfen
in der Lösung eine trübe Spur hinterläßt (ähnlich wie bei der RIVALTA-Probe, s. S. 341).

Essigsäure-Vanadat-Probe[3]: Sie beruht im Prinzip auf der Eiweißfällung durch verschieden abgestufte Gemische von Essigsäure und Orthonatriumvanadatlösung.

Reagentien:

    1. 0,1 n Essigsäure.   2. 0,1 n Orthonatriumvanadatlösung.

Ausführung:

13 Röhrchen werden mit fallenden Mengen 0,1 n Essigsäure (10,0, 9,5, 9,0, ...
5,0, 4,5, 4,0) und mit steigenden Mengen 0,1 n o-Natriumvanadatlösung (0,0, 0,5, 1,0, ...
5,0, 5,5, 6,0) beschickt, je 0,7 cm³ der einzelnen Mischungen in kleine Reagensgläser
(8 × 80 mm) gegeben, und je 0,1 cm³ Liquor hinzugefügt. Bei einem Eiweißgehalt über
33 mg-% treten vom 2. Röhrchen an locker sich ballende, trübe Schlieren auf, die sich nach
einigen Stunden als gut sichtbares gelblich gefärbtes Sediment absetzen. Dieses Sediment
läßt die gefällte Eiweißmenge besser erkennen als die anfängliche Trübung, weshalb eine
Ablesung nach 12 Std vorgeschlagen wird. Die Stärke der Trübung nimmt vom 2. zum
13. Röhrchen hin ab und ist je nach Eiweißmenge auf mehr oder weniger viele Röhrchen
beschränkt.

Tannin-Reaktion[4]:

Reagentien:

Tanninsäurelösung, 5%ig.

Ausführung:

1 cm³ einer 5%igen Tanninsäurelösung wird auf einen Objektträger gegossen. Vom
Rande her läßt man einen Tropfen Liquor zulaufen. Bei pathologischer Eiweißvermehrung
kommt es zu Schleierbildung bzw. zu Trübung (nach ALI[5] auch bei normalen Liquores).
Die Reaktion erreicht innerhalb 1 min ihr Maximum.

Erwähnt seien noch einige wenig gebräuchliche Methoden:

1. Überschichtung mit 96%igem Alkohol als Globulinprobe[6].

2. Die Hitzekoagulationsprobe, bei der man nach Zugabe von $CaCl_2$ in verschiedenen
Konzentrationen die bei Erhitzen auftretenden Koagulationserscheinungen bewertet[7, 8].

3. Die Methode der Kochsalzkrystallisation, die in den Krystallformationen einer ein-
getrockneten Liquor-Kochsalzlösung einen Maßstab für den Albumingehalt sieht[9-11].

---

[1] KESSIAKOW, CH. D.: Med. Klin. **1928 II**, 1238.

[2] HEEPE, F., u. E. LAMBRECHT: Dtsch. Z. Nervenheilkde. **166**, 218 (1951).

[3] MÖSE, J., u. O. LAURENTSCHITSCH: Klin. Med., Wien **4**, 665 (1949).

[4] NEWMAN, K. O.: Lancet **234**, 1333 (1938).

[5] ALI, V.: Cervello **19**, 175 (1940) [Ber. Physiol. **122**, 517].

[6] GRIGORESKU, G.: Wien. med. Wschr. **1942**, 144.

[7] ROSEGGER, H.: Kli. Wo. **1938 I**, 498.

[8] BOCK, R., W. LEMMEN u. H. ROSEGGER: Wien. Arch. inn. Med. **33**, 113 (1939). — LOGGIA, M. LA:
Minerva med., Roma **1**, 212 (1947). — HOLZER, W., u. A. STEINBÄCKER: Wien. Z. Nervenheilkde **3**,
210 (1950).

[9] TOMESCO, P., I. COSMULESCO u. F. SERBAN: Bull. Soc. Psychiatr. Bucarest **1**, 11 (1936)
[Ber. Physiol. **104**, 614]. Bull. Acad. Méd. Roumanie **1**, 133 (1936) [Ber. Physiol. **93**, 377].

[10] WITTERMANS, A. W.: Dtsch. Z. Nervenheilkde **151**, 47 (1940).

[11] BURAK, S., and P. B. SZANTO: J. Lab. clin. Med. **26**, 483 (1940).

4. Die Ausbreitungsmethode, bei der Liquor auf verdünnter HCl-[1] oder NaCl-Lösung[2] ausgebreitet wird, und aus dem Umfang der Ausbreitung der Eiweißgehalt berechnet wird.

5. Die Nachtblau-Reaktion nach ROSENFELD als Albuminprobe[3].

6. Die BRAUN-HUSLERsche Reaktion, die durch Fällung mit n/30 Salzsäure Euglobulin über etwa 20 mg-% anzeigt[4].

Quantitative Eiweißbestimmungsmethoden.

Fast alle Methoden der quantitativen Bestimmung des Gesamteiweißes und seiner einzelnen Fraktionen im Liquor cerebrospinalis bedienen sich der Eiweißausfällung; die methodischen Unterschiede betreffen die weitere Untersuchung dieser Eiweißfällung. Es gibt hierzu mehrere Möglichkeiten:

1. Wägung (gravimetrisch).

2. Messung des Volumens (volumetrisch, sedimetrisch).

3. Messung der Trübung (nephelometrisch, diaphanometrisch).

4. Indirekt durch Ermittlung der Konzentration eines in annähernd konstanter Menge vorhandenen Bestandteiles des Eiweißmoleküls (colorimetrisch).

5. Stickstoffbestimmung nach KJELDAHL.

Schließlich wird auch die Elektrophorese zur Ermittlung der Liquoreiweißfraktionen verwendet.

1. Gravimetrische Methode. Prinzip: Fällung des Eiweißes mit Alkohol, Waschen, Trocknen auf einem Filter und Wägung des getrockneten Eiweißes. Bei großen Liquormengen ist dieses Verfahren das genaueste, und es ist früher bei Bestimmungen in Mischliquores häufig verwendet worden. Die Schwierigkeiten für die Diagnostik des Einzelliquors bestehen nicht nur in der zu kleinen Menge, die üblicherweise zur Verfügung steht, sondern auch darin, daß Niederschlag und Filter kaum ohne Übertrocknung zur Gewichtskonstanz gebracht werden können.

2. Volumetrische Methoden. Prinzip: Messung des nach Eiweißfällung sedimentierten oder zentrifugierten Bodensatzes in Teilstrichen, für die bestimmte Prozentzahlen angegeben werden. Die älteren, sehr ungenauen Methoden nach AUFRECHT und nach NISSL wurden von KAFKA und SAMSON weiter ausgebaut und zu sehr viel größerer Genauigkeit gebracht. Jedoch erhält man auch auf diese Weise — selbst bei einwandfreier Technik — keine im physiologisch-chemischen Sinne genauen Resultate[5-7].

Methode nach KAFKA *und* SAMSON[8]:

Reagentien:

1. ESBACH-Reagens (10 g Pikrinsäure + 20 g Citronensäure + 1000 cm³ Aqua dest.).

2. NONNE-APELT-Reagens (heiß gesättigte und heiß filtrierte wäßrige Lösung von Ammoniumsulfat, s. S. 312).

3. Natriumchloridlösung, 0,9%ig.

Geräte:

1. 2 Spezialröhrchen „1930a", hergestellt von A. Dargatz-Hamburg („1930b" darf nicht verwendet werden). Werden andere Spezialröhrchen verwendet, sind sie vor Gebrauch auf genaue Graduierung zu prüfen, bzw. zu eichen.

KAFKA und SAMSON[9] haben für sehr eiweißarmen Liquor ein anderes Modell eines graduierten Röhrchens empfohlen. Es ist nicht auf reine ESBACH-Lösung eingestellt, sondern auf ein Gemisch von

[1] GORTER, E., and J. J. HERMANS: Verh. K. ned. Akad. Wet. Amsterdam **45**, 902 (1942).

[2] BATEMAN, J. B.: J. cellul. comp. Physiol. **29**, 85 (1947).

[3] ROSENFELD, H.: Kli. Wo. **1927 I**, 118. — BLOCH, E., u. H. ROSENFELD: D. m. W. **1926 I**, 403.

[4] BRAUN, H., u. HUSLER: D. m. W. **1912 I**, 1179. — KAFKA, V., u. K. SAMSON: Z. ges. Neurol. Psychiatr. **120**, 744 (1929).

[5] ABELIN, I.: Schweiz. med. Wschr. **73**, 332 (1943).

[6] LINDENMEYER, E.: Diss. Zürich 1944.

[7] HINSBERG, K., u. J. GLEISS: Kli. Wo. **1950**, 444.

[8] KAFKA, V.: Mschr. Psychiatr. Neurol. **110**, 325 (1945). — KAFKA, V., C. RIEBELING u. K. SAMSON: Z. ges. Neurol. Psychiatr. **131**, 610 (1931).

[9] KAFKA, V., u. K. SAMSON: s. MEYER, H. H.: Der Liquor, Untersuchung und Diagnostik. S. 63. Berlin 1949.

ESBACH-Lösung und Sulfosalicylsäure (ESBACH-Lösung 15,0 + 10%ige Sulfosalicylsäure 85,0). Es wird hierbei auf $^1/_{10}$ Teilstrich abgelesen.

2. Lupe zum Ablesen der Teilstriche; besser, wie von KAFKA angegeben, Lupenapparatur oder eine Art Mikroskop.

Ausführung:

a) Gesamteiweiß. In ein Spezialröhrchen werden möglichst genau mit fein ausgezogener Pipette 0,6 cm³ Liquor und 0,3 cm³ ESBACH-Reagens eingefüllt, gut gemischt, $^1/_2$ Std stehengelassen, dann wieder gut gemischt und zentrifugiert (Zentrifugierdauer und Tourenzahl müssen durch Vorversuche an verschiedenen Serumverdünnungen für jede Zentrifuge festgestellt werden; sie sind dann optimal, wenn die beste Proportionalität erreicht wird). Dann wird mit einem der oben angegebenen optischen Hilfsmittel die Teilstrichzahl abgelesen. Das Gesamteiweiß wird in Teilstrichen angegeben.

b) Globulin. In ein Spezialröhrchen werden 0,6 cm³ Liquor und 0,6 cm³ Ammoniumsulfatlösung eingefüllt, leicht gemischt, mindestens 2 Std stehengelassen und dann zentrifugiert, und zwar nur halb so lange wie bei der Gesamteiweißbestimmung. Es wird abgelesen und die „zweite Zahl" erhalten, die nur theoretischen Wert hat (Hydratation der Globuline). Dieser Ammoniumsulfatniederschlag darf nicht unmittelbar mit dem ESBACH-Niederschlag des anderen Röhrchens verglichen werden, da er wasserreicher und lockerer ist. Der überstehende Liquor wird vorsichtig und möglichst genau abgehoben, zum Rückstand werden 0,6 cm³ 0,9%ige Kochsalzlösung hinzugefügt, gut durchmischt, bis der Bodensatz aufgelöst ist, dann 0,3 cm³ ESBACH-Reagens hinzugefügt und noch einmal gemischt. Man läßt wieder $^1/_2$ Std stehen und zentrifugiert danach wie bei der Gesamteiweißbestimmung. Die jetzt abgelesene Teilstrichzahl ist die Globulinzahl.

c) Albumin. Der Albumingehalt errechnet sich aus der Differenz von Gesamteiweißmenge und Globulinmenge.

d) Der Eiweißquotient ist gleich $\dfrac{\text{Albumin}}{\text{Globulin}}$.

e) Der Hydratationskoeffizient ist gleich $\dfrac{2.\,\text{Zahl}}{\text{Globulin}}$.

3. *Nephelometrische oder diaphanometrische Methoden.* Prinzip: Durch ein geeignetes Eiweißfällungsmittel wird eine homogene Trübung hervorgerufen; diese Trübung steht in einem gesetzmäßigen Verhältnis zum Eiweißgehalt, der entweder durch Vergleich mit Standardlösungen oder durch Ablesung desjenigen Verdünnungsgrades, bei dem gerade noch eine Trübung sichtbar ist, festgestellt wird. Fehlermöglichkeiten liegen darin, daß die Standardlösungen leicht ausflocken, und daß die Intensität der Eiweißtrübung nicht nur Ausdruck der Gesamteiweißkonzentration, sondern auch des Dispersitätsgrades der einzelnen Proteine ist, d. h. daß bei gleichem Eiweißgehalt die Ergebnisse mit der Globulin-Albuminrelation wechseln können.

JACOBSTHAL u. JOEL[1] fällen mit Sulfosalicylsäure und vergleichen mit einer Eiweißverdünnungsreihe.

HEMPEL und GIESE[2] fällen das Gesamteiweiß mittels verschiedener Alkoholkonzentrationen und bestimmen an Hand von Eichkurven, die mit Serumverdünnungen hergestellt werden, den Eiweißgehalt.

GÄRTNER[3] fällt mit 80%igem Alkohol und vergleicht mit Standardlösungen aus menschlichem Serum oder Normosallösung im Stufenphotometer.

BERGER[4] fällt mit Sulfosalicylsäure und vergleicht die Trübung, indem er Eiweißlösungen bekannter Konzentration tropfenweise bis zur Erreichung der gleichen Trübung zu einer bestimmten Menge Sulfosalicylsäure hinzufügt.

CUSTER[5] fällt ebenfalls mit Sulfosalicylsäure und vergleicht mit Serumverdünnungen, die durch Thymolzusatz etwa 3 Monate haltbar gemacht werden.

Neuerdings haben WAWERSIK und BÖCKLER[6] die CUSTERsche Methode elektrophotometrisch ausgewertet. Die so gefundenen Werte liegen 40—50% über den KAFKA-Werten.

---

[1] JACOBSTHAL, E., u. M. JOEL: Kli. Wo. **1927** II, 1896.

[2] HEMPEL, J., u. L. GIESE: Kli. Wo. **1936** II, 1648.

[3] GÄRTNER, ST.: Z. ges. Neurol. Psychiatr. **128**, 641 (1930).

[4] BERGER, I.: Kli. Wo. **1930** I, 888.

[5] CUSTER, M.: M. m. W. **1926** II, 1324.

[6] WAWERSIK, F., u. H. J. BÖCKLER: Kli. Wo. **1951**, 552.

HEEPE und Mitarbeiter[1] haben die durch Sulfosalicylsäure, Trichloressigsäure und Tetrakalium-hexacyanoferrat-Essigsäure hervorgerufenen Trübungen elektrophotometrisch untersucht und gefunden, daß allein die Tetrakaliumhexacyanoferrat-Essigsäuretrübung eine weitgehende Unabhängigkeit vom Dispersitätsgrad des gefällten Eiweißes besitzt; der Trichloressigsäuretrübung gegenüber hat sie auch den Vorteil der größeren Stabilität.

MESTREZAT[2] fällt mit Trichloressigsäure und vergleicht mit einer Serumverdünnungsreihe.

DENIS und AYER[3] fällen mit Sulfosalicylsäure und vergleichen im Nephelometer mit Standardserumlösungen.

KINGSBURY u. a.[4] fällen ebenfalls mit Sulfosalicylsäure und vergleichen mit einer Formazinlösung in gereinigter Gelatine, die besonders beständig sein soll. Nach neueren Untersuchungen[5] ist jedoch auch diese Formazinlösung nicht von genügender Konstanz, und es wird zum Vergleich ein neuer Glasstandard (HASLAM und SQUIRRELL)[6] vorgeschlagen.

UJSAGHY[7] bestimmt das Gesamteiweiß nach Fällung mit saurer Ammoniumsulfatlösung im Photometer, die einzelnen Eiweißfraktionen nach fraktionierter Fällung mit Ammoniumsulfat.

Die Albuminprobe nach ROBERTS-STOLNIKOW-BRANDBERG-ZALOZIECKI[8] beruht auf dem Prinzip der HELLERschen Eiweißprobe.

Ausführung:

Liquor wird zentrifugiert und 0,5 cm³ mit 4,5 cm³ physiologischer Kochsalzlösung verdünnt (1:10). Aus dieser Stammlösung werden nach untenstehendem Schema (nach GRAHE-KAFKA[9]) weitere Verdünnungen angesetzt und mit 0,5 cm³ konzentrierter Salpetersäure unterschichtet. Zur Beurteilung des Eiweißgehaltes wird das letzte Röhrchen herangezogen, das nach 3 min an der Grenzfläche einen schwachen, aber noch deutlichen Ring zeigt.

Tabelle 64. *Schema nach* GRAHE-KAFKA *zur Eiweißbestimmung im Liquor*[9].

Stammlösung 1:10 mit physiologischer Kochsalzlösung	Physiologische Kochsalzlösung	Entspricht einer Verdünnung von	Nach 3 min eben sichtbarer Ring entspricht einem Eiweißgehalt in Prozenten	Stammlösung 1:10 mit physiologischer Kochsalzlösung	Physiologische Kochsalzlösung	Entspricht einer Verdünnung von	Nach 3 min eben sichtbarer Ring entspricht einem Eiweißgehalt in Prozenten
0,5	0	1:10	0,017	0,1	0,7	1: 80	0,133
0,45	0,09	1:12	0,02	0,1	0,8	1: 90	0,15
0,4	0,2	1:15	0,025	0,1	0,9	1:100	0,167
0,3	0,3	1:20	0,033	0,1	1,1	1:120	0,2
0,2	0,4	1:30	0,05	0,1	1,25	1:135	0,225
0,2	0,6	1:40	0,067	0,1	1,4	1:150	0,25
0,1	0,4	1:50	0,084	0,1	1,55	1:165	0,275
0,1	0,5	1:60	0,1	0,1	1,7	1:180	0,3
0,1	0,6	1:70	0,117				

Als mikronephelometrische Methode zur Bestimmung von Gesamteiweiß und Globulinen ist das von SALT[10] angegebene Verfahren geeignet (s. S. 18). Der Liquor braucht im Gegensatz zum Blut nicht verdünnt werden.

4. Colorimetrische Methoden. Prinzip: Sie ermitteln die Konzentration eines möglichst konstant vorkommenden Bestandteiles des Eiweißmoleküls, um daraus den Eiweißgehalt zu errechnen. So sind eine größere Anzahl von Methoden ausgearbeitet worden, die sich

---

[1] HEEPE, F., H. KARTE u. E. LAMBRECHT: Z. Kinderheilkde. 69, 331 (1951).

[2] MESTREZAT, W.: Le liquide céphalo-rachidien etc. S. 12. Paris 1912.

[3] DENIS, W., and J. B. AYER: Arch. internal Med., Chicago 26, 436 (1920). — KAFKA, V.: Taschenbuch der praktischen Untersuchungsmethoden der Körperflüssigkeiten bei Nerven- und Geisteskrankheiten. 5. Aufl. S. 22. Basel, New York 1948.

[4] KINGSBURY, F. B., CH. P. CLARK, G. WILLIAMS and A. L. POST: J. Lab. clin. Med. 11, 981 (1926).

[5] KING, E. J.: Biochem. J. 48, 50 (1951).

[6] HASLAM, J., and D. C. M. SQUIRRELL: Biochem. J. 48, 48 (1951).

[7] UJSAGHY, P.: B. Z. 307, 264 (1940/41).

[8] ZALOZIECKI, A.: Mschr. Psychiatr. Neurol. 26, Erg.-Heft 196 (1909).

[9] KAFKA, V.: Taschenbuch der praktischen Untersuchungsmethoden der Körperflüssigkeiten bei Nerven- und Geisteskrankheiten. 5. Aufl. S. 22. Basel, New York 1948.

[10] SALT, H. B.: J. Lab. clin. Med. 35, 976 (1950).

auf die Biuretreaktion, die Xanthoproteinreaktion, die Tyrosinbestimmung usw. gründen. Es hat sich jedoch ergeben, daß lediglich die Biuretreaktion (die die in allen Eiweißbestandteilen vorkommenden CO-NH-Gruppen erfaßt) eine sichere Grundlage für den Ausbau von Bestimmungen des Gesamteiweißes gibt. Alle anderen Methoden, die sich auf den Nachweis einzelner Eiweißbestandteile stützen, sind sehr ungenau, da teils keine genügende Konstanz dieser Eiweißbestandteile besteht, teils die Reaktionen zu unspezifisch sind oder auch die Farbintensitäten der Reaktionen zu zeitabhängig und für Globulin und Albumin verschieden sind[1-3].

Auf den Tyrosingehalt des Eiweißes gründet sich die von WU angegebene Methode, die von HEWITT[4] sowie von JOHNSTON und GIBSON[5] modifiziert wurde. Die Xanthoproteinreaktion wurde von DUENSING[6], WILLCOCKS[7], MACHEBOEUF und REBEYROTTE[8] sowie EDERLE[9] zur quantitativen Eiweißbestimmung benutzt.

Methoden, die auf der Biuretreaktion beruhen: Von LEHMANN[10] wurde die Methode von KINGSLEY[11] zwecks Anwendung im Liquor weitgehend modifiziert. DITTEBRANDT[12] wendet die von WEICHSELBAUM[13] für kleine Mengen Eiweiß im Serum angegebene Bestimmungsmethode mit geringen Änderungen für den Liquor an. Der Nachteil der labilen alkalischen Kupfersalzlösung ist durch stabilisierende Zusätze von Kalium-natriumtartrat und Kaliumjodid weitestgehend beseitigt.

Reagentien:

1. Kalium-natriumtartrat.   3. $CuSO_4 \cdot 5H_2O$ in Substanz.
2. 0,2 n NaOH.   4. Kaliumjodid in Substanz.

Herstellung des Reagens: 9 g Kalium-natriumtartrat werden in etwa 400 cm³ 0,2 n NaOH gelöst, dazu werden 3,0 g krystallisiertes Kupfersulfat gegeben und durch Rühren zur Lösung gebracht. Dann werden 5 g Kaliumjodid hinzugefügt und nach Lösung im Meßkolben mit 0,2 n NaOH auf 1000 cm³ aufgefüllt. Das Reagens ist sofort verwendbar und kann in fest verschlossenen Flaschen im Eisschrank aufbewahrt werden.

Ausführung:

1 cm³ Liquor und 1 cm³ Reagens, daneben ein mit Wasser angesetzter Leerwert, werden 30 min im Wasserbad bei 37° gehalten. Dann füllt man unmittelbar in die Cuvette und colorimetriert in einem Photocolorimeter bei 555 mμ. Aus der Extinktion ergibt sich durch Vergleich mit Eichkurven bekannter Serumverdünnungen der Eiweißgehalt.

Bei erhöhtem Eiweißgehalt muß auf eine Konzentration von etwa 150 mg-% verdünnt werden. Im Vergleich mit der Mikromethode von KJELDAHL ergibt sich ein mittlerer Fehler von 1,8 %. Nach neuen Untersuchungen[14] zeigen die mit dieser Methode gefundenen Werte weitestgehende Übereinstimmung mit denen der chemischen Methode nach KJELDAHL.

5. Chemische Methoden. Prinzip: Nach Veraschung wird der Stickstoffgehalt ermittelt, und durch Multiplizieren mit dem Faktor 6,25 der Eiweißgehalt errechnet. — Auch die

[1] MEYER, W.: Diss. Düsseldorf 1949.

[2] BRUNS, T.: Z. ges. Neurol. Psychiatr. 166, 759 (1939).

[3] FUJIWARA, H., u. E. KATAOKA: H. 216, 133 (1933). — Hinsberg-Lang 2. Aufl. S. 523. — WEICHSELBAUM, T. E.: Amer. J. clin. Path. 16, 40 (1946). — GREENBERG, D. M., and T. N. MIROLUBOVA: J. Lab. clin. Med. 21, 431 (1936). — MINOT, A. S., and M. KELLER: J. Lab. clin. Med. 21, 743 (1936).

[4] HEWITT, L. F.: Brit. J. exp. Pathol. 8, 84 (1927).

[5] JOHNSTON, G. W., and R. B. GIBSON: Amer. J. clin. Path., techn. Suppl. 2, 22 (1938).

[6] DUENSING, F.: Med. Klin. 44, 740 (1949).

[7] WILLCOCKS, R. G.: Nature 163, 329 (1949).

[8] MACHEBOEUF, M., et P. REBEYROTTE: C. R. Soc. Biol. 141, 266 (1947).

[9] EDERLE, W.: D. m. W. 1949, 1411.

[10] LEHMANN, J.: Nord. med. 21, 320 (1944); 25, 609 (1945).

[11] KINGSLEY, G. R.: J. biol. Ch. 133, 731 (1940). J. Lab. clin. Med. 27, 840 (1942).

[12] DITTEBRANDT, M.: Amer. J. clin. Path. 18, 439 (1948).

[13] WEICHSELBAUM, T. E.: Amer. J. clin. Path. 10, 49 (1946).

[14] GLEISS, J., u. K. HINSBERG: Arch. Kinderhlkde. 139, 65 (1950).

KJELDAHL-Methode hat Fehlermöglichkeiten, die vor allem in der Art der Eiweißfällung. der Befreiung des Eiweißniederschlages von mitgerissenen fremden Substanzen und in der Vollständigkeit der Veraschung liegen. Ganz ungeeignet zur Fällung ist Zinkhydroxyd, da der sehr voluminöse Niederschlag stickstoffhaltige Fremdstoffe adsorbiert. die sich nur sehr schwer entfernen lassen. Auch Sulfosalicylsäure hat sich wenig bewährt. Trichloressigsäure ist das günstigste Fällungsmittel[1-3]. Auf dem KJELDAHL-Prinzip beruhende Methoden sind von KNIPPING und KOWITZ[4], ROEDER[5], ABELIN[1], IZIKOWITZ[6] und von STARY und Mitarbeitern[7] angegeben worden. Nach ABELIN[1] wird folgendermaßen vorgegangen:

Reagentien:

1. Trichloressigsäure, 20%ig.
2. Trichloressigsäure, 10%ig.
3. NaOH, 10%ig.
4. H_2SO_4, konz.
5. H_3PO_4, konz.
6. Borsäure, 2%ig.

7. 0,01 n Salzsäure.
8. Methylrot-Methylenblau-Indicator nach TASHIRO (100 cm³ 0,03%ige alkoholische Methylrotlösung + 15 cm³ 0,1%ige alkoholische Methylenblaulösung).

Ausführung:

4 oder 6 cm³ Liquor werden in einem Zentrifugenglas mit 4 bzw. 6 cm³ 20%iger Trichloressigsäurelösung gefällt und über Nacht bei 38° stehengelassen. Am nächsten Morgen wird sehr scharf abzentrifugiert, die klare Flüssigkeit mit Hilfe einer fein ausgezogenen Pipette möglichst vollständig abgesaugt, die Eiweißfällung mit 2 cm³ 10%iger Trichloressigsäure aufgerührt und dann scharf zentrifugiert. Das Waschen mit 2 cm³ 10%iger Trichloressigsäure sowie das Zentrifugieren werden wiederholt. Die so gereinigte Eiweißfällung wird in wenigen Tropfen 10%iger Natronlauge aufgelöst, die Lösung mit einigen Kubikzentimetern Wasser verdünnt und quantitativ in einen KJELDAHL-Kolben übergeführt. Das Zentrifugenglas wird wiederholt mit weiteren kleinen Wassermengen gewaschen und das Wasser jedesmal in den Verbrennungskolben gebracht. Das nach Veraschung überdestillierte Ammoniak wird am besten in etwa 20 cm³ etwa 2%iger Borsäure aufgefangen und mit 0,01 n Schwefelsäure oder Salzsäure und Anwendung des TASHIRO-Indicators titriert. Man setzt tropfenweise 0,01 n Säure hinzu, bis die ursprüngliche rotviolette Farbe wieder erreicht ist. Von der Anzahl verbrauchter Kubikzentimeter 0,01 n Säure wird der Blindwert der Reagentien abgezogen. Der so erhaltene Wert, mit dem Faktor 0,875 multipliziert, ergibt die Menge Eiweiß in dem untersuchten Volumen Liquor (0,01 n H_2SO_4 oder HCl entspricht beim Titrieren 0,14 mg N oder 0,14 × 6,25 = 0,875 mg Eiweiß).

Zur Titration kann auch 0,01 n $Na_2S_2O_3$ nach Vorlage von 0,01 n Schwefelsäure mit 0,4 %KJO_3 und einigen Krystallen KJ sowie 3—4 Tropfen einer 1%igen Stärkelösung verwendet werden[8].

IZIKOWITZ[9] gibt eine Methode an, deren Prinzip darin besteht, daß das Gesamteiweiß bei 56° mit Trichloressigsäure ausgefällt wird und in dem ausgewaschenen und veraschten Niederschlag der Stickstoff bestimmt wird. Die Globuline werden durch Halbsättigung

[1] ABELIN, I.: Schweiz. med. Wschr. **73**, 332 (1943).
[2] NAGEL, W.: Schweiz. med. Wschr. **69**, 431 (1939); **73**, 1299 (1943).
[3] KAFKA, V.: Nervenarzt **22**, 341 (1951).
[4] KNIPPING, H. W., u. H. L. KOWITZ: Kli. Wo. **1924 I**, 788.
[5] ROEDER, F.: Z. ges. Neurol., Psychiatr. **159**, 163 (1937).
[6] IZIKOWITZ, S.: Methodological and Clinical Studies on Total Proteins, Globulin and Albumin Concentration in Lumbar Fluid. Stockholm 1941.
[7] STARY, Z., R. WINTERNITZ u. A. KRAL: Z. ges. Neurol. Psychiatr. **132**, 193 (1931).
[8] GLEISS, J., u. K. HINSBERG: Arch. Kinderheilkde. **139**, 65 (1950).
[9] IZIKOWITZ, S.: Methodological and Clinical Studies on Total Proteins, Globulin and Albumin Concentration in Lumbar Fluid. Stockholm 1941. — KAFKA, V.: Taschenbuch der praktischen Untersuchungsmethoden der Körperflüssigkeiten bei Nerven- und Geisteskrankheiten. 5. Aufl. S. 29. Basel, New York 1948.

mit Ammoniumsulfat ausgefällt, der Niederschlag mit halbgesättigter Ammoniumsulfatlösung gewaschen, dann mit Trichloressigsäure, um die überschüssigen Ammoniumsalze zu entfernen, und schließlich verascht. — Die vom Autor selbst angegebene Fehlerbreite von unter 1% konnte von anderer Seite nicht bestätigt werden; es wurden bei Gesamteiweiß Fehler von 7,5%, bei Globulinen von 8,3% gefunden[1]. Von ROEDER[2] werden die mit dieser Methode erzielten sehr hohen Werte abgelehnt, da sie technischen Unzulänglichkeiten zuzuschreiben seien.

STARY und Mitarbeiter[3] geben folgende Methode zur Bestimmung von Gesamteiweiß und seinen Fraktionen an:

Reagentien:
1. Trichloressigsäure, 20%ig.
2. Trichloressigsäure, 5%ig.
3. Schwefelsäuregemisch nach FOLIN-WU (300 cm³ 85%ige Phosphorsäure und 100 cm³ Schwefelsäure mischen und einige Tage zur Klärung stehen lassen. Dann je 100 cm³ mit 10 cm³ 6%iger Kupfersulfatlösung und 100 cm³ Wasser versetzen. Vor Gebrauch mit NESSLERs Reagens auf N-Freiheit prüfen).
4. NESSLERs Reagens.
5. Ammoniumsulfatlösung, gesättigt.
6. Ammoniumsulfatlösung, halbgesättigt.
7. Natriumchloridlösung, 0,9%ig.
8. Ammoniumsulfatstandardlösung (0,754 g reines, 1 Std bei 110° getrocknetes Ammoniumsulfat in 1 Liter 0,2 n H_2SO_4 lösen. In 1 cm³ enthält diese Stammlösung 0,16 mg N, entsprechend dem N-Gehalt von 1 mg Eiweiß).

Geräte:
Graduierte Zentrifugengläser aus Hartglas von etwa 16 cm Länge (nicht unter 12 cm) und etwa 2 cm lichter Weite, die bei 17,5 und 25 cm³ markiert und oben leicht abgeschliffen sind.

Ausführung:
a) Gesamteiweiß: 1 cm³ Liquor, 5 cm³ Wasser und 2 cm³ 20%ige Trichloressigsäure werden in das oben beschriebene Zentrifugenglas gegeben und gemischt und 15 min scharf zentrifugiert. Die überstehende Lösung wird abgegossen, der Niederschlag mit 10 cm³ 5%iger Trichloressigsäure gewaschen, dann zentrifugiert, die Waschflüssigkeit dekantiert und das Sediment nach WINTERNITZ und STARY verascht: Nach Zusatz von 0,5 cm³ des Schwefelsäuregemisches nach FOLIN-WU und einem kleinen Stück Bimsstein wird bei kleiner Gasflamme (1—2 cm) zunächst das Wasser verjagt; beim Auftreten schwerer weißer Dämpfe wird das Röhrchen mit Glasplättchen zugedeckt, dann weiter erhitzt, bis die anfängliche Braunfärbung wieder vollkommen verschwunden ist. Nach Abkühlen wird etwas Wasser hinzugegeben, der Bodensatz aufgewirbelt, dann bis zu Marke 17,5 Wasser und bis Marke 25 NESSLERs Reagens hinzugefügt und mit einem Glasstab gemischt. Die auftretende mehr oder weniger intensiv gelbe Farbe wird im Colorimeter gegen eine Vergleichslösung gemessen.

b) Globuline: Gleiche, gemessene Mengen Liquor und gesättigte Ammoniumsulfatlösung werden gemischt, geschüttelt, 1/2 Std stehengelassen und zentrifugiert; die überstehende Flüssigkeit wird dann in ein 2. Glas (II) überführt. Der Niederschlag (I) wird in 5 cm³ 0,9%iger NaCl-Lösung gelöst und die Globuline mit 2 cm³ 20%iger Trichloressigsäure gefällt. (I) und (II) werden zentrifugiert, 3mal mit je 10 cm³ 5%iger Trichloressigsäure gewaschen, und die Waschflüssigkeiten nach dem Dekantieren mit NESSLERs Reagens auf Ammoniumsalze geprüft. Bei Abwesenheit von Ammoniumsalzen (kein Niederschlag, höchstens schwache Gelbfärbung) werden zu dem gewaschenen Niederschlag

[1] TROLLE, C.: Acta psychiatr. neurol., København **23**, 347 (1948).
[2] ROEDER, F.: Z. ges. Neurol. Psychiatr. **159**, 163 (1937). — ROEDER, F., u. O. REHM: Die Cerebrospinalflüssigkeit. Untersuchungsmethoden und Klinik. Berlin 1942.
[3] STARY, Z., R. WINTERNITZ u. A. KRAL: Z. ges. Neurol. Psychiatr. **132**, 193 (1931).

0,5 cm³ Schwefelsäuremischung gegeben und, wie bei Gesamteiweiß beschrieben, erhitzt und verascht. Nach dem Abkühlen wird mit Aqua dest. bis Marke 17,5 und mit Nesslers Reagens bis Marke 25 aufgefüllt und umgerührt. Die aufgetretene Gelbfärbung wird gegen eine Standardammoniumsulfatlösung colorimetriert. Man erhält so die Globulin- und die Albuminstickstoffwerte, durch Berechnung (mit 6,25 multiplizieren) die Albumin- und Globulinwerte selbst.

6. Elektrophorese: Eine elektrophoretische Untersuchung der Liquoreiweißfraktionen ist erst nach Einengung des Liquors möglich, da die optimale Eiweißkonzentration einer mittels Elektrophorese zu untersuchenden Flüssigkeit bei 1%, für die Elektrophorese in Filterpapier bei 2—5% liegt (s. auch Bd. I, Elektrophorese). Versuche ohne oder mit nur geringer (3—4facher) Einengung im Vakuum[1] brachten keine befriedigenden Ergebnisse. Zur Einengung sind verschiedene Verfahren verwendet worden: Dialyse unter Druck[2, 3]; Dialyse bei gleichzeitigem Abdampfen im Vakuum[4]; Dialyse gegen Kollidon oder Gummi arabicum[5]; Ultrafiltration[6]; Fällung der Eiweißkörper mit Aceton und Wiederauflösung in Puffer[7].

Die Dialyse gegen Kollidon oder Gummi arabicum wird folgendermaßen durchgeführt[5]: 20—30 cm³ Liquor werden in ein glockenförmiges Glasgefäß gefüllt, das oben mit einem Füllstutzen versehen und dessen große untere Öffnung mit einer Cellophanmembran verschlossen ist. Die Dialyse erfolgt unter den üblichen Dialysierbedingungen gegen 10%iges Kollidon (Polyvinylpyrrolidon) k 100 (Molekulargewicht 80000—180000), das in Veronalnatrium-Veronalpuffer (Dole) p_H 8,4 aufgelöst ist, oder gegen 50%ige Gummi arabicum-Lösung, ebenfalls in Veronalnatrium-Veronalpuffer gelöst. Die Einengung ist nach 34—35 Std auf 0,5 cm³ beendet.

Bei der Ultrafiltration geht man nach Ewerbeck[5] so vor: Bei einer Jenaer Glasfilternutsche mit abnehmbaren Fülltrichter wird auf dem Filterkopf ein eiweißdichtes Ultrafeinfilter wasserdicht eingespannt. Die Filtration erfolgt gegen Vakuum und ist bei einer Ausgangsmenge von 20 cm³ Liquor in 12 Std beendet. — Bei richtiger Durchführung der Einengung erhält man in allen Fällen 0,5 cm³ einer klaren, leicht gelblichen Flüssigkeit mit einem Eiweißgehalt von 300—600 mg-%. Der eingeengte Liquor wird anschließend noch 24 Std gegen Veronalnatriumpuffer dialysiert.

Die Einengung der Liquoreiweißkörper durch Fällung mit Aceton geschieht folgendermaßen[7]: 10 cm³ (notfalls auch 5 cm³) Liquor werden sofort nach Punktion im Eisbad gekühlt, 5 min bei 15000 Umdrehungen/min zentrifugiert, dekantiert und mit 2 cm³ einer 1%igen Lösung von Äthylendiamintetraacetat-Natriumsalz versetzt (p_H der Mischung 8,6), in eine Kältemischung gebracht und dann kurz vor dem Gefrieren unter Umrühren sehr langsam 15 cm³ gekühltes Aceton hinzugegeben; die Temperatur soll dabei auf —5° sinken. Sofort danach wird 10 min hochtourig zentrifugiert, dekantiert und der Eiweißniederschlag in 0,05—0,1 cm³ Puffer von 0° gelöst.

Die elektrophoretische Analyse erfolgt nach denselben Prinzipien wie die Serumanalyse. Von einigen Autoren ist die Tiselius-Apparatur verwendet worden[1, 3, 8, 9]; da jedoch meistens die hierfür erforderlichen Liquormengen nicht zur Verfügung stehen,

[1] Booiy, J.: Folia psychiatr. neurol. neurochir. neerl. **52**, 247 (1949); **53**, 501 (1950). Ned. T. Geneeskde. **94**, 64 (1950).

[2] Kabat, E. A., D. H. Moore and H. Landow: J. clin. Invest. **21**, 571 (1942). — Kabat, E. A., H. Landow and D. H. Moore: Proc. Soc. exp. Biol. Med. **49**, 260 (1942). — Kabat, E. A., M. Glusman and V. Knaub: Amer. J. Med. **4**, 653 (1948). — Kabat, E. A., D. A. Freedman, J. E. Murray and V. Knaub: Amer. J. med. Sci. **219**, 55 (1950).

[3] Fisk, A. A., A. Chanutin and W. O. Klingman: Proc. Soc. exp. Biol. Med. **78**, 1 (1951).

[4] Esser, H., F. Heinzler u. H. Wild: Kli. Wo. **1952**, 228.

[5] Ewerbeck, H.: Kli. Wo. **1950**, 692.

[6] Scheid, K. F., u. L. Scheid: Arch. Psychiatr. Nervenkrankh. **117**, 312 (1944).

[7] Bücher, Th., D. Matzelt u. D. Pette: Kli. Wo. **1952**, 325.

[8] Scheid, K. F., u. L. Scheid: Arch. Psychiatr. Nervenkrankh. **117**, 219, 312, 641 (1944).

[9] Kabat, E. A., D. H. Moore and H. Landow: J. clin. Invest. **21**, 571 (1942).

werden häufig Mikroelektrophoresegeräte[1,2] und die Elektrophorese in Filterpapier[3] angewandt.

Anfänglich konnte, infolge ungenügender Einengung, im normalen Liquor nur Albumin festgestellt werden, im pathologischen Liquor außerdem auch β- und γ-Globulin, jedoch kein α-Globulin[4,5]. Seitdem aber die obengenannten Einengungsverfahren zur Anwendung kommen, können sämtliche, im normalen Serum darstellbaren Fraktionen auch im normalen Liquor dargestellt werden, lediglich in etwas anderem Verhältnis[1,3,6,8]. Neueste Untersuchungen zeigten darüber hinaus das Vorhandensein weiterer, im Serum bisher nicht nachgewiesener Fraktionen: Eine vor dem Albumin wandernde Komponente[6-8], die etwa 1,3mal schneller als das Albumin wandert und 3—17, im Mittel 9% des Gesamtproteins ausmacht[6]; in einigen Fällen wurde noch eine zweite vor dem Albumin wandernde Fraktion beobachtet, die etwa 1% des Gesamteiweißes betrug[6]. Ferner wurde eine zwischen β- und γ-Globulin wandernde Fraktion festgestellt[1,8].

Niedermolekulare stickstoffhaltige Substanzen. Der *Gesamtstickstoff* im Liquor beträgt 15,7—22 mg-%, im Mittel 18,5 mg-%[9-12]. Pathologische Vermehrung bis maximal 950 mg-% ist beobachtet worden[13].

Der *Reststickstoff* im Liquor beträgt 11—20 mg-%[9-12,14-17], unter pathologischen Verhältnissen bis maximal 282 mg-% (bei Urämie und Nephritis)[11]. Im Liquor ist also der Reststickstoff sehr viel höher als der Eiweißstickstoff, während im Blut umgekehrt der Eiweißstickstoff bedeutend höher als der Reststickstoff liegt (etwa 1% Eiweißstickstoff und 25—40 mg-% Reststickstoff). Der Quotient $\frac{\text{Rest-N}}{\text{Eiweiß-N}}$ beträgt im Liquor 6,6, im Blut 0,03[18]. Das Verhältnis Reststickstoff zu Gesamtstickstoff ist im Liquor 1:1, im Blutserum 1:200[19]. — Für die Bestimmung des Reststickstoffes im Liquor soll die von LEIPERT für Blutserum angegebene Schnellbestimmung mit Hypobromit (s. a. S. 32) sehr geeignet sein[20].

Freie Aminosäuren: Es werden teils nur Spuren —1 mg-% angegeben[21], teils Aminosäure-N-Werte von 1,2—2,0 mg-%[22], 1,04—1,43 mg-%[23], 1,6—2,7 mg-%[10], 1,5 bis 3,0 mg-%[16], 2,0—12,2 mg-%[24]. Schließlich wird angegeben, daß der Liquor 6,0—11,9,

[1] EWERBECK, H.: Kli. Wo. 1950, 692.

[2] LABHART, H., u. H. STAUB: Helv. 30, 1954 (1947). — SCHAUB, F., u. A. ALDER: Schweiz. med. Wschr. 81, 483 (1951).

[3] ESSER, H., F. HEINZLER, F. KATZMEIER u. W. SCHOLTAN: M. m. W. 1951, 985. — ESSER, H., F. HEINZLER u. H. WILD: Kli. Wo. 1952, 228. — Vgl. Tagung der Deutschen Ges. Physiol. Chem. Hamburg 1952: BAUER, H.; TEPE, H. J.; STEGER, G.

[4] BOOIJ, J.: Folia psychiatr. neurol. neurochir. neerl. 52, 247 (1949); 53, 501 (1950). Ned. T. Geneeskde. 94, 64 (1950).

[5] KABAT, E. A., D. H. MOORE and H. LANDOW: J. clin. Invest. 21. 571 (1942).

[6] FISK, A. A., A. CHANUTIN and W. O. KLINGMAN: Proc. Soc. exp. Biol. Med. 78, 1 (1951).

[7] ESSER, H., F. HEINZLER u. H. WILD: Kli. Wo. 1952, 228.

[8] BÜCHER, TH., D. MATZELT u. D. PETTE: Kli. Wo. 1952, 325.

[9] DEMME, H.: Die Liquordiagnostik in Klinik und Praxis. 2. Aufl. S. 44. München-Berlin 1950.

[10] HALPERN, F.: Z. ges. Neurol. Psychiatr. 121, 283 (1929). Wien. med. Wschr. 1932 I, 364.

[11] MEYER, H. H.: Der Liquor, Untersuchung und Diagnostik. S. 91. Berlin 1949.

[12] Hallmann 6. Aufl. S. 442.

[13] GERHARTZ, H.: Handb. Biochem. 4, 174 (1925).

[14] KURTH, W.: Z. ges. Neurol. Psychiatr. 169, 459 (1940).

[15] POLONOVSKI, M.: Medizinische Biochemie. 5. Aufl. S. 387/88. Saulgau 1951.

[16] LICKINT, F.: Z. ges. Neurol. Psychiatr. 120, 148 (1929).

[17] LICKINT, F.: Arch. Psychiatr. 186, 199 (1951).

[18] KAFKA, V.: Nervenarzt 22, 341 (1951).

[19] ABELIN, I.: Schweiz. med. Wschr. 73, 332 (1943).

[20] PRUCKNER, F., u. E. MANUELDIS: Z. ges. Neurol. Psychiatr. 187, 39 (1951).

[21] KAFKA, V.: Die Cerebrospinalflüssigkeit. Leipzig. Wien 1930. — Hallmann 6. Aufl. S. 442.

[22] CHRISTENSEN, H. M., P. F. COOPER jr., R. G. JOHNSON and E. L. LYNCH: J. biol. Ch. 168, 191 (1947).

[23] WEICHMANN, E., u. M. DOMINICKE: Dtsch. Arch. klin. Med. 153, 1 (1926).

[24] REICHE, F.: Med. Klin. 1933 I, 599.

im Mittel 8,95% mg-% Glutamin enthalte, und der aus dem Glutamin stammende Stickstoff etwa 69%, d. h. mehr als die Hälfte des gesamten Aminosäure-N ausmache[1]. Für Glycin wurde $^1/_{10}$, für Alanin $^1/_{30}$ des entsprechenden Serumwertes gefunden (s. S. 321[22]). Über 11 weitere Aminosäuren, die insgesamt etwa 18% der Gesamt-Aminosäuren ausmachen sollen[2] (s. Tabelle 65). Wie Tabelle 66 zeigt, bestehen keine Unterschiede zwischen Epileptikern und Nichtepileptikern, jedoch geringe zwischen alten und jungen Patienten. In ihrem Verhältnis zueinander entsprechen die hier untersuchten freien Aminosäuren nicht den im Liquoreiweiß gebundenen[2] (s. a. Tabelle 65, letzte Spalte). — Bei Lebererkrankungen wurde Vermehrung beobachtet. Jedoch bleibt bei Anstieg des Rest-N auf vielfache Normalwerte der Aminosäure-N in der Regel normal[3].

Tabelle 65. *Freie Aminosäuren im Plasma und Liquor cerebrospinalis*[2] (in γ/cm³).

Aminosäuren	Freie Aminosäuren		Verhältnis Plasma/Liquor	Aminosäure-N im Liquoreiweiß in Prozenten des gesamten Liquoreiweiß-N
	Liquor	Plasma		
Arginin	6,0 ± 1,4	23 ± 6	4	5,42
Histidin	1,7 ± 0,5	14 ± 2	8	5,16
Isoleucin	0,98 ± 0,5	16 ± 3	15	1,75
Leucin	1,4 ± 0,2	20 ± 3	15	6,22
Lysin	2,8 ± 0,8	29 ± 4	10	13,05
Phenylalanin	1,9 ± 0,7	14 ± 3	8	3,16
Threonin	2,8 ± 0,9	20 ± 4	7	4,06
Tyrosin	2,0 ± 0,7	15 ± 4	8	1,97
Valin	2,1 ± 0,5	28 ± 3	14	5,00
Methionin	0,4 ± 0,09			
Cystin	1,8 ± 0,5			

Tabelle 66. *Freie Aminosäuren im Liquor von Epileptikern und Nichtepileptikern sowie von alten und jungen Patienten*[2] (in γ/cm³).

Mittelwerte und Abweichungen	Arginin	Histidin	Isoleucin	Leucin	Lysin	Phenylalanin	Threonin	Tyrosin	Valin	Methionin	Cystin
Nichtepileptiker	5,7	1,7	1,04	1,3	2,8	1,9	2,8	1,9	2,1	0,39	1,8
±	1,3	0,2	0,5	0,2	1,0	0,5	0,6	0,6	0,7	0,08	0,4
Epileptiker	6,6	1,8	0,87	1,4	2,6	2,0	2,9	2,2	2,0	0,42	2,1
±	0,7	0,3	0,4	0,2	0,7	0,6	0,7	0,5	0,5	0,07	0,4
Alte Patienten	5,0	1,7	0,68	1,2	2,4	1,8	2,7	2,4	1,6	0,36	1,2
Junge Patienten	2,6	0,7	0,41	0,81	1,4	0,8	1,3	1,11	1,1	0,20	0,6

Beim Kaninchen wurden 1,51—2,41, im Mittel 1,82 mg-% Aminosäuren im Liquor festgestellt (bei einem Wert im Blut von 6,39—8,51 mg-%); diese Werte nehmen postmortal auffallend zu. Bei aseptischer Meningitis liegen sie höher infolge der Zunahme der polymorphkernigen Leukocyten im Liquor[4].

Die Bestimmung der Aminosäuren im Liquor geschieht prinzipiell wie im Blut (s. S. 47ff.). Zur mikrobiologischen Bestimmung ist jedoch vorherige Enteiweißung erforderlich, die nach SOLOMON und Mitarbeitern folgendermaßen ausgeführt wird[3]: 40—80 cm³ Liquor werden mit HCl auf p_H 4,7 gebracht, dann 30 min im kochenden Wasserbad gehalten. Nach Filtration wird der Rückstand 2mal mit 5 cm³ Aqua dest. ausgewaschen, das Filtrat nochmals 2 Std in ein kochendes Wasserbad gestellt, auf weniger als $^1/_4$ des Volumens eingeengt, mit 0,1 n Natronlauge auf p_H 6,8 gebracht und dann genau auf $^1/_4$ des Ausgangsvolumens aufgefüllt. Anschließend mikrobiologische Aminosäurebestimmung in üblicher Weise.

[1] HARRIS, M.: J. clin. Invest. 22, 569 (1943).
[2] SOLOMON, J. D., S. W. HIER and O. BERGEIM: J. biol. Ch. 171, 695 (1947).
[3] LICKINT, F.: Z. ges. Neurol. Psychiatr. 120, 148 (1929).
[4] KASAHARA, M., u. T. SHINGU: Z. ges. exp. Med. 74, 698 (1930).

Tryptophan: Im Liquor von Frühgeburten kann Tryptophan öfters nachgewiesen werden[1]; im übrigen kommt es nur unter pathologischen Verhältnissen vor; es ist in allen blutigen, eitrigen oder xanthochromen Liquorproben vorhanden. Bei unbehandelten Paralysen tritt es in Konzentrationen von 0,25—1,5 mg-% auf, bei behandelten Paralysen in Spuren bis 0,4 mg-%; der höchste Wert wurde bei einer Meningitis tuberculosa mit über 2 mg-% gefunden. Parallelität zu einer Eiweißvermehrung soll nach diesen Untersuchungen nicht bestehen[2], während von anderer Seite eine Abhängigkeit der Tryptophanwerte vom Eiweißgehalt gefunden wurde[3,4].

Der Wert der Tryptophanprobe als Differentialdiagnosticum zwischen Meningitis tuberculosa und anderen nichteitrigen Meningitiden und Encephalitiden wird sehr unterschiedlich beurteilt[5], ist aber wegen seiner Unspezifität doch wohl nur sehr gering.

Nachweis mit der Reaktion nach VOISINET in der Modifikation von FÜRTH und NOBEL[6].

Reagentien:
1. Konz. Salzsäure ($d = 1,19$).
2. 2%ige Formaldehydlösung.
3. 0,06%ige wäßrige Natriumnitritlösung (*2.* und *3.* sind bis 2 Wochen verwendbar).

Ausführung:

Etwa 2—3 cm³ Liquor werden mit 15 cm³ konzentrierter Salzsäure und 2 Tropfen Formaldehydlösung einmal umgeschüttelt und nach 5 min mit etwa 2 cm³ Natriumnitritlösung überschichtet. Bei Anwesenheit von Tryptophan bildet sich an der Berührungsstelle nach einigen Minuten ein sehr zarter violetter Ring.

Bestimmung nach MEZEY und KRAUS[2]. Die Probe erfaßt sowohl das freie als auch das an Eiweiß gebundene Tryptophan. Weitere Methoden s. Bd. IV, Aminosäuren.

Xanthoprotein: Der Xanthoproteinwert des Liquors, der ebenso wie im Blut nach BECHER bestimmt wird, beträgt 6—10 (im Serum 13—28) Teilstriche. Bei Urämie und Meningitis finden sich erhöhte Werte[7]. — Im nichtenteiweißten Liquor wurden Normalwerte von 20—32 gefunden. Diese Werte stimmen in der Mehrzahl mit den übrigen Liquorbefunden überein. In 15% der Fälle wurden jedoch Abweichungen festgestellt, und zwar sowohl normale Xanthoproteinwerte bei erhöhten Eiweißwerten als auch erhöhte Xanthoproteinwerte bei sonst normalem Liquor[8].

Harnstoff: Der Harnstoff ist ein regelmäßiger Bestandteil des Liquors. Die Werte liegen niedriger als im Blut: Sie betragen im Mittel 74% des Serumwertes, 63% des Vollblutwertes[9]. Die Normalwerte liegen zwischen 10—48 mg-%[9-12], der Mittelwert beträgt nach HARRISON[12] 24 mg%. POLONOVSKI[13] gibt viel enger begrenzte Normalwerte an: 20—25 mg-%. Für Harnstoff-Stickstoff wird ein Normalwert von 6—17 mg-%, im Mittel 11,7 mg-%[9,14] angegeben.

Normalwerte bei Tieren: Im Liquor säugender Kälber werden Harnstoffkonzentrationen von 40—180 mg-%, meist 60—80 mg-% gefunden (im Blut 75—256, im Mittel

[1] OTILA, E.: Acta paediatr. Uppsala, Suppl. 77, 107 (1949).
[2] MEZEY, K., u. M. KRAUS: Kli. Wo. 1938 II, 982.
[3] GRIEP, W. A.: Ned. T. Geneeskde. 81, 5610 (1937).
[4] WALKER, B. S., and F. H. SLEEPER: J. Lab. clin. Med. 12, 1048 (1927).
[5] BOCK, H.: Mschr. Kinderheilkde. 65, 41 (1936). — BOBEFF, D. N.: Mschr. Kinderheilkde. 73, 358 (1938). — SONNEMANN, H.: Mschr. Kinderheilkde. 73, 345 (1938). — JAHNEL, F.: D. m. W. 1941 II, 1187 — s. a. [2].
[6] FÜRTH, O., u. E. NOBEL: B. Z. 109, 103 (1923). — Hallmann 6. Aufl. S. 267.
[7] LICKINT, F.: M. m. W. 1927 I, 448.
[8] BRUNS, T.: Z. ges. Neurol. Psychiatr. 166, 759 (1939).
[9] STRAUBE, G., u. R. HOFMANN: Kli. Wo. 1934 II, 1377.
[10] STRAUBE, G.: Dtsch. Z. Nervenheilkde. 134, 282 (1934).
[11] LEIPOLD, W.: Med. Klin. 1934 I, 85.
[12] HARRISON, G. A.: Chemical Methods in Clinical Medicine. 3. Aufl. S. 422/23. New York 1947.
[13] POLONOVSKI, M.: Medizinische Biochemie. 5. Aufl. S. 387/88. Saulgau 1951.
[14] DEMME, H.: Die Liquordiagnostik in Klinik und Praxis. 2. Aufl. S. 44. München, Berlin 1950.

150 mg-%)[1]. Die Selachier zeichnen sich durch besonders hohe Harnstoffkonzentration in allen Körperflüssigkeiten aus; lediglich der Harn enthält nur etwa $^1/_3$ des Gehaltes der übrigen Körperflüssigkeiten; es finden sich im Liquor 1,47—2,62% (im Blut 1,23 bis 2,61%; im Harn 0,10—0,6%)[2], [3].

Bei verschiedenen pathologischen Zuständen finden sich beträchtliche Erhöhungen der Harnstoffwerte im Liquor, die höchsten bei gewissen Nierenerkrankungen (bis 600 mg-%)[4]. Die Veränderungen im Liquor sollen denen im Blut genau parallel verlaufen, so daß man z. B. bei Säuglingen, bei denen man eine Blutentnahme vermeiden will, statt dessen Liquor untersuchen kann[5]. Es wird aber auch über Urämiefälle berichtet, bei denen die Harnstoffwerte des Liquors die des Blutes überschreiten[6]. Harnstoff geht leichter und rascher vom Liquor in das Blut über als umgekehrt[7], [8]. Bestimmung von Harnstoff wie im Blut (s. S. 35).

Ammoniak: Über das Vorkommen von Ammoniak im normalen Liquor herrscht keine Übereinstimmung. Es werden Werte von etwa 95 γ-%[9] und auch völlig negative Befunde[10] mitgeteilt. Es wird die Möglichkeit erwogen, daß NH_3 im Liquor erst sekundär, d. h. erst außerhalb des Körpers aus dem im Liquor vorhandenen Glutamin entsteht, denn schon geringe Blutbeimengungen oder kleinste Gewebsverletzungen führen zum Freiwerden von Glutaminase, die aus Glutamin NH_3 entstehen läßt. So wurden z. B. bei Schizophrenen und Epileptikern, deren Glutaminspiegel im Liquor 6,9—8,6 mg-% betrug, bei sehr vorsichtigem Arbeiten NH_3-Mengen nicht über 30 γ-% gefunden, sowohl vor als auch nach Elektroschock[11]. An anderer Stelle wird jedoch mitgeteilt, daß, bei völligem Fehlen von Ammoniak im normalen Liquor, bei Erregungszuständen bzw. pathologischen Prozessen des Stammhirnes Werte zwischen 0 und 90 γ-% $\pm$ 10 γ gefunden wurden, bei Reizerscheinungen der Großhirnzentren sogar maximal bis zu 450 γ-%[10]. Bestimmung von Ammoniak wie im Blut (s. S. 10).

Kreatin und Kreatinin kommen regelmäßig im normalen Liquor vor[12]. Die Normalwerte für Kreatin sind 0,46—1,87 mg-%, das sind 34,0% des Wertes im Vollblut (2,55 bis 6,96 mg-%) und 78,0% des Wertes im Serum (0,51—3,52 mg-%). Bei pathologischen Zuständen können Werte von 5,54 im Liquor, 12,90 im Vollblut und 10,44 mg-% im Serum erreicht werden[12]. Im Liquor des Haifisches wurden 16 mg-% Kreatin gefunden[2].

Kreatinin: Die Normalwerte für Kreatinin werden im allgemeinen mit 0,5—1,52 mg-% angegeben[9], [12-14], das sind 78% des Wertes im Serum (0,8—1,76 mg-%) und 49% des Wertes im Vollblut (1,76—2,10 mg-%)[12]. Unter pathologischen Verhältnissen kann es zu beträchtlicher Vermehrung kommen[14], als Höchstwerte werden für Liquor 8,2 mg-%, für Vollblut 29,2 mg-%, für Serum 28,8 mg-% angegeben[12].

Über die Kreatininbestimmungen und deren Verläßlichkeit s. S. 38 und 192. Bei der Bestimmung nach FOLIN in der Ausführung von LICKINT[13] wird der Liquor nicht enteiweißt, sondern eine Mischung von 1 cm³ Liquor, 1 cm³ Aqua dest., 1,5 cm³ Pikrinsäure und 0,5 cm³ n NaOH direkt colorimetriert.

Auffallenderweise verschieben sich regelmäßig die Verhältniszahlen Serum/Liquor für Harnstoff, Kreatin und Kreatinin bei pathologischen Zuständen, die infolge von Niereninsuffizienz eine Rest-N-

[1] ROSSI, P.: C. R. Soc. Biol. **130**, 1437 (1939).
[2] KAIEDA, J.: H. **188**, 193 (1930).
[3] KISCH, B.: B. Z. **225**, 197 (1930).
[4] HARRISON, G. A.: Chemical Methods in Clinical Medicine. 3. Aufl. S. 422/23. New York 1947.
[5] POLONOVSKI, M.: Medizinische Biochemie. 5. Aufl. S. 388. Saulgau 1951.
[6] MADONIK, M. J., K. BERKE and J. SCHIFFER: Arch. Neurol. Psychiatry **64**, 431 (1950).
[7] STRAUBE, G., u. R. HOFMANN: Kli. Wo. **1934 II**, 1377.
[8] RISER, M., P. VALDIGUIÉ et J. GUIRAUD: C. R. Soc. Biol. **127**, 16 (1938).
[9] DEMME, H.: Die Liquordiagnostik in Klinik und Praxis. 2. Aufl. S. 44. München, Berlin 1950.
[10] BRÜHL, H. H.: Z. Kinderheilkde. **59**, 446 (1938).
[11] RICHTER, D., R. M. C. DAWSON and L. REES: J. mental Sci. **95**, 148 (1949).
[12] STRAUBE, G.: Dtsch. Z. Nervenheilkde. **134**, 288 (1934).
[13] LICKINT, F.: Z. ges. Neurol. Psychiatr. **150**, 317 (1934).
[14] MAYDELL, R. B.: Z. ges. exp. Med. **91**, 455 (1933).

Erhöhung aufweisen; der Liquorharnstoff beträgt dann statt 73,5% nur 41,0% des Serumharnstoffwertes, das Liquorkreatin statt 78,0% nur 29,16%, das Liquorkreatinin statt 77,0% nur 54,9%. Es machen also diese 3 stickstoffhaltigen Substanzen des Liquors den Anstieg im Blut nicht mit, während jedoch der Gesamtstickstoff im Liquor dem des Blutes parallel geht. Bei Fällen von Niereninsuffizienz, die mit Liquordruckerhöhung einhergehen, kann der Rest-N im Liquor allerdings auch den des Blutes übersteigen[1].

Harnsäure: Auch die Harnsäure findet sich als regelmäßiger Bestandteil im Liquor. Die mitgeteilten Normalwerte liegen zwischen 0,3—2,1 mg-%[2-5]. Beim Haifisch beträgt der Harnsäuregehalt des Liquors 0,143 mg-%[6]. Bei Vermehrung der Harnsäure im Blut kann sie im Liquor bis auf 13 mg-% ansteigen[7] und beinahe den Wert des Blutes erreichen[5]. Gegenüber früheren Untersuchungen ist die Harnsäure im Liquor bei Paralyse nicht erhöht. Bei frischer Schizophrenie liegen die Werte über 1 mg-%[8]. — Bei der Harnsäurebestimmung mittels Uricase kann zwischen Gesamtharnsäure und wahrer Harnsäure unterschieden werden; für letztere werden 0,24 mg-% errechnet, indem von der Gesamtharnsäure (0,61 mg-%) der Wert des sog. Chromogen (0,37 mg-%) abgezogen wird; unter Chromogen werden Substanzen verstanden, die als Harnsäure reagieren, aber nicht durch Uricase zerstört werden. Das Verhältnis Liquor zu Plasma beträgt für die gesamte Harnsäure 0,13, für die wahre Harnsäure nur 0,06[9]. Bestimmung der Harnsäure im Liquor wie im Blut (s. S. 61).

Histamin findet sich im normalen Liquor in Werten von 0,2—3,0 γ-%, im Mittel 0,97 γ-%[10]. Unter pathologischen Verhältnissen wurden erhöhte Werte gefunden[10-12]; es wurden Werte von 0,5—3,0, im Mittel 1,43 γ-% beobachtet (dabei ist nicht die Art der Krankheit, sondern die Zahl der weißen Blutkörperchen für die Höhe des Histamingehaltes maßgebend)[10]. Im Tierexperiment begünstigt Histamin beim Hund den Übertritt von Fuchsin S vom Blut in den Liquor[13]. Bestimmung wie im Blut (s. S. 59).

Cholin: Der Normalwert für Cholin wird unterschiedlich angegeben: 0,009—0,037 mg-%[14] und 0,089—0,21 mg-%[15]. Unter pathologischen Verhältnissen kommt es zu Änderungen dieser Werte[16]. Nachweis und Bestimmung wie im Blut (s. S. 41).

Acetylcholin ist im normalen Liquor nicht zu finden, dagegen tritt es im pathologischen Liquor auf[12, 17, 18], z. B. bei tuberkulöser und Meningokokkenmeningitis, bei Epilepsie und bei toxischen Erkrankungen des Kindes. — Acetylcholininjektion steigert beim Frosch die Permeabilität der Blutliquorschranke[19].

Untersuchungen über *gefäßwirksame Substanzen* zeigten den normalen Liquor frei von ihnen; in pathologischen Fällen waren solche jedoch nachweisbar[20]. Im Tierexperiment wird über das Auftreten von sympathischen und parasympathischen Wirkstoffen im Liquor nach emotionellen Erregungszuständen[21], Schmerzreiz[22], Wechselstromreiz[23, 24] und nach längerem künstlichen Wachhalten[25] berichtet.

[1] STRAUBE, G.: Dtsch. Z. Nervenheilkde. **134**, 294 (1934).

[2] Hallmann 6. Aufl. S. 442.

[3] Physicians Handbook. 6. Aufl. S. 300. Palo Alto, Calif. 1950.

[4] POLONOVSKI, M.: Medizinische Biochemie. 5. Aufl. S. 388. Saulgau 1951.

[5] LICKINT, F.: Z. ges. Neurol. Psychiatr. **120**, 138 (1929).

[6] KAIEDA, J.: H. **188**, 193 (1930).

[7] FRADÀ, G.: Biochim. Terap. sperim. **25**, 464 (1938).

[8] INGVARSSON, G.: Acta psychiatr. neurol., København **12**, 61 (1937).

[9] WOLFSON, W. Q., R. LEVINE and M. TINSLEY: J. clin. Invest. **26**, 991 (1947).

[10] JACKSON, J. I., and B. ROSE: J. Lab. clin. Med. **34**, 250 (1949).

[11] ZADINA, R., u. V. PETRÁU: Neurol. Psychiatr. čes. **3**, 113 (1938).

[12] DIECKHOFF, J.: Arch. Kinderheilkde. **138**, 49 (1950).

[13] SPROCKHOFF, H.: Dtsch. Z. Nervenheilkde. **137**, 277 (1935).

[14] PAGE, I. H., u. E. SCHMIDT: H. **199**, 1 (1931).

[15] HILLER, F.: Z. ges. Neurol. Psychiatr. **109**, 263 (1927).

[16] YUHKI, K.: Arch. Psychiatr. **109**, 235 (1939).

[17] ALCOBER, T.: Arch. Psychiatr. Nervenkrankh. **180**, 202 (1948).

[18] BRECHT, K.: Kli. Wo. **1940**, 1087. — NOCHIMOWSKI, C.: J. Physiol. Path. gén. **35**, 746 (1937).

[19] GREIG, M. E., and W. C. HOLLAND: Science, N. Y. **110**, 237 (1949).

[20] UDE, H.: Nervenarzt **10**, 561 (1937).

[21] ZEITLINE, S. M., u. B. A. VOSKOBOINIKOVA: Bull. Biol. Méd. exp. URSS **4**, 71 (1937).

[22] ZEITLINE, S. M., u. B. A. VOSKOBOINIKOVA: Bull. Biol. Méd. exp. URSS **4**, 223 (1937).

[23] ZEITLINE, S. M., u. V. ROKITIANSKY: Bull. Biol. Méd. exp. URSS **4**, 75 (1937).

[24] ZEITLINE, S. M., u. E. V. BASAROVA: Bull. Biol. Méd. exp. URSS **2**, 188 (1936).

[25] STERN, L. S., N. S. VOSKRESSENSKY, E. S. LOKCHINA, M. I. NIKOLSKAIA u. L. B. OUTEVSKAIA: Bull. Biol. Méd. exp. URSS **2**, 406 (1936).

Adenin-nucleotid wurde mittels biologischen Testes am Froschherz in Mengen unter 0,1 mg-% nachgewiesen, Adenin-nucleotid-Stickstoff in Mengen unter 0,02 mg-%. Die entsprechenden Werte im Urin betrugen unter 1,0 bzw. unter 0,2 mg-%[1]. Ein Farbstoff der *Flavingruppe*, dem Vitamin B_2 nahestehend, soll im normalen Liquor vorkommen[2, 3]. Bei einer schweren Meningitis tuberculosa fand sich Gelbfärbung mit starker Fluorescenz, die durch einen Farbstoff der Flavingruppe bedingt war[4].

Chromoproteide. Hämoglobin, Bilirubin, Urobilin und Urobilinogen kommen unter pathologischen Verhältnissen im Liquor vor (s. S. 301). Postmortal fand NAUMANN[5] bis zu 9 mg-% Urobilinogen im Liquor, bei einem Wert im Blut von 27,5 mg-%.

Aldehyde und Ketone. *Bisulfitbindende Substanzen* (Aldehyde und Ketone) finden sich im normalen Liquor in einer Konzentration von 0,42—3,07 mg-% (obere Normalgrenze im Blut 5,75 mg-%). Der Quotient Liquor/Blut beträgt 0,35—0,60[6]. Während von WORTIS und Mitarbeitern[6] keine regelmäßige Vermehrung bei Fällen von Vitamin B-Mangel festgestellt werden konnte, fanden spätere Untersucher[7], daß bei akuten Nervenkrankheiten großer Gehalt an bisulfitbindenden Substanzen ein Vitamin B_1-Defizit anzeigt und umgekehrt. Bestimmung nach CLIFT und COOK wie im Blut (s. S. 81).

Aceton, *Acetessigsäure* und *β-Oxybuttersäure* kommen normalerweise im Liquor nicht vor; sie sind hier aber zu finden, sobald sie im Blut in geringen Mengen auftreten[8-10], und zwar nicht nur bei Diabetes, sondern auch bei einer großen Zahl anderer pathologischer Zustände[10]. Bei Kindern scheint der Übergang vom Blut in den Liquor nicht so leicht möglich zu sein wie bei Erwachsenen, sondern zeigt sich erst nach Schädigung der Meningen[11, 12]. Bei Diabetes wurden für Gesamtaceton (Aceton + Acetessigsäure) Werte zwischen 1—17,3 mg-% gefunden, und ein Liquor/Blut-Quotient von 0,34—0,96 errechnet. β-Oxybuttersäure wurde von weniger als 3 mg-% bis 28,4 mg-% gefunden, und ein Liquor/Blut-Quotient von 0,14—0,8 errechnet[10].

Der mittlere Wert für *Acetaldehyd* wird mit 0,1—0,2 mg-% angegeben[13]. Nachweis und Bestimmung wie im Blut (s. S. 91).

Die Bestimmung der Ketonkörper erfolgt wie im Urin (s. S. 206).

Methylglyoxal: Bei Säuglingstoxikosen wurde manchmal Methylglyoxal in Mengen von 0,2—1,0 mg-%, einmal 6,0 mg-% gefunden. Es soll ein Zusammenhang mit B-Avitaminose bestehen[14].

Lipoide. Die Lipoidwerte des Liquors sind gering; die Zusammensetzung des Lipoidkomplexes ist ganz anders als im Blut. Eine Erhöhung findet sich bei den meisten schweren Erkrankungen, bisweilen als einziger pathologischer Befund[15-17].

Bestimmung der Gesamtlipoide („Lipoidzahl" nach RIEBELING)[15]:

Reagentien:

1. Kaliumdichromat-Schwefelsäure, 0,5%ig	2. 0,01 n Thiosulfatlösung. 3. Kaliumjodidlösung, 10%ig	4. Äther p. a. 5. Stärkelösung.

[1] OSTERN, P., u. J. K. PARNAS: B. Z. **248**, 389 (1932).
[2] PLAUT, F., u. K. BOSSERT: Kli. Wo. **1934 I**, 450.
[3] PLAUT, F., K. BOSSERT u. M. BÜLOW: Kli. Wo. **1934 II**, 1455.
[4] MEYER, H. H.: Der Liquor, Untersuchung und Diagnostik. S. 123. Berlin 1949.
[5] NAUMANN, H. N.: Proc. Soc. exp. Biol. Med. **65**, 72 (1947).
[6] WORTIS, H., E. BUEDING and W. E. WILSON: Proc. Soc. exp. Biol. Med. **43**, 279 (1940).
[7] KRAVETS, V. S., u. S. M. RABINOVICH: Nevropat. i Psichiatr. **17**, 59 (1948).
[8] ESKUCHEN, K., u. F. LICKINT: Z. ges. Neurol. Psychiatr. **113**, 214 (1928).
[9] KASAHARA, M., u. T. WAKAGI: Z. ges. exp. Med. **74**, 706 (1930).
[10] STEINITZ, H.: Z. klin. Med. **117**, 19 (1931).
[11] GENOESE, G.: Pediatria, Riv. **31**, 1249 (1923).
[12] PEOLA, F.: Riv. Clin. pediatr. **27**, 422 (1929).
[13] THOMAS, P., u. E. MAFTEI: Bull. Sect. sci. Acad. roum. **10**, 16 (1926/27).
[14] GEIGER, A., u. A. ROSENBERG: Kli. Wo. **1933 II**, 1258.
[15] RIEBELING, C.: Kli. Wo. **1939 II**, 1162.
[16] KNAUER, H., u. L. HEIDRICH: Z. ges. Neurol. Psychiatr. **136**, 483 (1931).
[17] LIER, H.: Allg. Z. Psychiatr. **15**, 366 (1940).

Ausführung:

2 bzw. 4 cm³ möglichst frischen Liquors werden mit 3 bzw. 6 cm³ Äther 1 min im Schütteltrichter geschüttelt. Nach völliger Trennung von Äther und Liquor, die nach 2—3 min erfolgt ist, wird der Liquor abgelassen und zusammen mit der trüben Grenzschicht noch einmal mit Äther ausgeschüttelt. Die 3 Ätherportionen werden in einem Reagensglas vereinigt und möglichst schnell abgedampft. In das völlig trockene Glas wird 1 cm³ 0,5%ige Kaliumdichromat-Schwefelsäure (genau!) gegeben. Tritt nach Umschütteln jetzt schon Grünfärbung auf, wird sofort ein weiterer Kubikzentimeter Dichromat-Schwefelsäure hinzugegeben, dann das Reagensglas zur Oxydation der oxydablen Substanzen 2 Std in den Brutschrank gestellt, und darauf der Inhalt mit 20 cm³ Aqua dest. in einen Erlenmeyer-Kolben übergespült. Titration gegen 0,01 n Thiosulfatlösung unter Zusatz von 1 cm³ 10%iger Kaliumjodidlösung und einiger Tropfen Stärkelösung. Die Differenz zwischen dem Leerwert und dem Titrationsergebnis im Vollversuch, weiter vermindert um den Reduktionswert des reinen Ätherrückstandes, ergibt, dividiert durch die Zahl der Kubikzentimeter Liquor, die „Lipoidzahl" als Ausdruck für die ätherlöslichen oxydablen Substanzen.

Cholesterin: Die Angaben über den normalen Choleringehalt des Liquors sind nicht ganz einheitlich. Die meisten der angegebenen Werte liegen zwischen 0,05 und 0,3 mg-%[1-6]; es finden sich jedoch auch Angaben, die 0,5 mg-%[7] und 0,6 mg-%[8] noch als normal ansehen. Unter pathologischen Bedingungen kann es sowohl zur Vermehrung[1, 2, 8-10] (bis zu 12,5 mg-%) als auch zur Verminderung[2, 8] dieser Werte kommen.

Bestimmung: Sie bedient sich derselben Methoden wie im Blut (s. S. 116). DELSAL[11] gibt eine colorimetrische Mikrobestimmung für freies und verestertes Cholesterin sowie für Lipoidphosphor an:

Reagentien:

1. Methylal-Methanol (= 80 Teile Formaldehyd + 20 Teile Methylalkohol).
2. Chloroform, wasserfrei.
3. 0,1%ige alkoholische Lösung von „Natigin".
4. Äther.
5. Petroläther.
6. Reagentien zur Cholesterinbestimmung (s. S. 126).

Ausführung:

10 cm³ Liquor werden auf etwa 2 cm³ eingeengt und mit 10 cm³ Methylal-Methanol entelweißt; der Niederschlag wird 3mal mit etwas Methylal gewaschen, das Methylal wird verjagt, der Lipoidextrakt zur Trockne gebracht und die Lipoide in wasserfreiem Chloroform gelöst. Zur Fällung des freien Cholesterin wird der Chloroformextrakt nach Einengen auf etwa 0,2 cm³ mit 5 cm³ 0,1%iger alkoholischer Lösung von „Natigin" versetzt. Der Niederschlag wird mit Äther gewaschen. Die alkoholische Lösung und der Waschäther enthalten die Cholesterinester und die Phosphatide. Nach Abdampfen der Lösungsmittel nimmt man den Rückstand in 5 cm³ Alkohol auf und gibt 10 cm³ Petroläther sowie 10 cm³ Wasser hinzu. Beim Ausschütteln gehen die Cholesterinester in den Petroläther, während die Phosphatide in der alkoholischen Phase bleiben. Diese werden mit H_2SO_4—HNO_3 zur Phosphorbestimmung verascht. Die Bestimmung der beiden Cholesterinfraktionen erfolgt in üblicher Weise auf Grund der LIEBERMANN-BURCHARDschen Reaktion.

[1] KNAUER, H., u. L. HEIDRICH: Z. ges. Neurol. Psychiatr. **136**, 483 (1931).
[2] LIER, H.: Allg. Z. Psychiatr. **15**, 366 (1940).
[3] POLONOVSKI, M.: Medizinische Biochemie. 5. Aufl. S. 388. Saulgau 1951.
[4] DEMME, H.: Die Liquordiagnostik in Klinik und Praxis. 2. Aufl. S. 44. München, Berlin 1950.
[5] BROWN, W. T., E. F. GILDEA and E. B. MAN: Arch. Neurol. Psychiatry **42**, 260 (1939).
[6] PLAUT, F., u. H. RUDY: Z. ges. Neurol. Psychiatr. **146**, 228, 262 (1933).
[7] Hallmann 6. Aufl. S. 442.
[8] HOLTHAUS, B., u. B. WICHMANN: Arch. Psychiatr. **102**, 147 (1934).
[9] ESKUCHEN, K., u. F. LICKINT: Z. ges. Neurol. Psychiatr. **113**, 214 (1928).
[10] PLAUT, F.: Z. ges. Neurol. Psychiatr. **150**, 172 (1934).
[11] DELSAL, J. L.: C. R. Soc. Biol. **141**, 268 (1947).

Phosphatide: Die Phosphatidkonzentration wird unterschiedlich angegeben; einige Untersucher teilen Werte mit, die für den Lumballiquor zwischen 0,011 und 0,048 mg-% liegen, im Mittel bei 0,025 mg-%[1, 2]. Im Zisternenliquor wurden 0,012—0,024, im Mittel 0,018 mg-%, im Ventrikelliquor 0,005—0,012, im Mittel 0,009 mg-% gefunden[1]. Andere Untersucher geben Werte an, die zwischen 0,949 und 1 mg-% liegen[3, 4]; unter pathologischen Umständen werden Vermehrung bis maximal 1,3 mg-% und Verminderung beobachtet[2, 4]. Bestimmung des Lipoidphosphor nach TROPP und SEUBERLING[1] oder nach DELSAL, s. S. 327.

Fettsäuren: Als Normalwerte werden Zahlen zwischen 1 und 5 mg-% angegeben[3-6]. Bestimmung wie im Blut (s. S. 98 und 133).

Kohlenhydrate. Wenn von Zucker im Liquor gesprochen wird, ist üblicherweise die *Glucose* gemeint; denn etwa 90% der reduzierenden Substanzen des Liquors sind Traubenzucker; es wurden nur geringe Mengen reduzierender Substanzen gefunden, die nicht zur Glucosereihe gehören[7]. So wird eine Verbindung beschrieben, deren Konzentration im Liquor 2,9 mg-% (im Blut nur 0,5 mg-%) beträgt, und die fructoseähnliche Eigenschaften zeigt[8]. Nachweis mittels Resorcinprobe (s. S. 75 und 242). Die Glucose liegt im Liquor in molekulargelöster Form vor[7-9]. Die von den meisten Autoren angegebenen Werte liegen zwischen 40 und 85 mg-%[10-16], es wird jedoch auch 100 mg-% als obere Grenze der Norm angegeben[17]. Die Unterschiede sind zum Teil methodisch bedingt, sodann auch durch die Tatsache, daß Schwankungen des Blutzuckers und damit auch des Liquorzuckers bereits durch verhältnismäßig geringfügige Anlässe herbeigeführt werden können, z. B. auch durch die mit der Ankündigung einer Punktion häufig verbundene Erregung. Das Verhältnis Lumballiquorzucker/Blutzucker beträgt etwa 0,6—0,7[7, 18] (s. a. Tabelle 67).

Der Liquorzucker folgt mit einer Latenzzeit von $^1/_2$—$1^1/_2$ Std allen Schwankungen des Blutzuckers[19-21], so auch den rhythmischen Tagesschwankungen[7, 22]. Unter pathologischen Verhältnissen kann es jedoch zu einer Veränderung dieses Verhältnisses kommen; beim Diabetiker bleibt der Liquorzucker bei höheren Blutzuckerwerten schließlich hinter diesen zurück[7] (s. Tabelle 68, S. 329). Es wird allerdings auch berichtet, daß bei manchen Fällen von hochgradigem Diabetes umgekehrt der Liquorzucker höher als der Blutzucker gefunden wurde[23]. Das Verhältnis Blutzucker/Liquorzucker ändert sich auch dann, wenn es unter pathologischen Verhältnissen durch im Liquor befindliche polymorphkernige Leukocyten oder Bakterien zu einer stärkeren Glykolyse kommt; bei Meningitiden könnte auch erhöhter Zuckerverbrauch seitens der entzündeten Meningen für den verminderten Liquorzuckerspiegel verantwortlich sein[24].

---

[1] TROPP, C., O. SEUBERLING u. B. ECKARDT: B. Z. **290**, 320 (1937).
[2] ROEDER, F.: Z. ges. Neurol. Psychiatr. **168**, 519 (1940).
[3] KNAUER, H., u. L. HEIDRICH: Z. ges. Neurol. Psychiatr. **136**, 483 (1931).
[4] LIER, H.: Allg. Z. Psychiatr. **115**, 366 (1940).
[5] BROWN, W. T., E. F. GILDEA and E. B. MAN: Arch. Neurol. Psychiatry **42**, 260 (1939).
[6] SEUBERLING, O.: Z. ges. Neurol. Psychiatr. **161**, 402 (1938).
[7] STRAUBE, G.: Dtsch. Z. Nervenheilkde. **134**, 267 (1934).
[8] HUBBARD, R. S., and N. M. RUSSELL: J. biol. Ch. **119**, 647 (1937).
[9] WEISE, H.: Kli. Wo. **1950**, 416.
[10] DEMME, H.: Die Liquordiagnostik in Klinik und Praxis. 2. Aufl. S. 44. München, Berlin 1950.
[11] ESKUCHEN, K.: Die Lumbalpunktion. S. 63. Berlin, Wien 1919.
[12] MEYER, H. H.: Liquor, Untersuchung und Diagnostik. S. 69. Berlin 1949.
[13] BOETERS, H.: Z. ges. Neurol. Psychiatr. **154**, 462 (1936).
[14] Physicians Handbook. 6. Aufl. S. 300. Palo Alto, Calif. 1950.
[15] POLONOVSKI, M.: Medizinische Biochemie. 5. Aufl. S. 387. Saulgau 1951.
[16] Hallmann 6. Aufl. S. 442.
[17] HARRISON, G. A.: Chemical Methods in Clinical Medicine. 3. Aufl. S. 422. New York 1947.
[18] TESCHLER, L., u. J. SZÉL: Dtsch. Z. Nervenheilkde. **133**, 197 (1934).
[19] NIINA, T.: Z. ges. Neurol. Psychiatr. **99**, 577 (1925).
[20] DIETEL, F. G.: Z. ges. Neurol. Psychiatr. **95**, 563 (1925).
[21] MONDINI, E. M.: Clin. pediatr., Milano **22**, 193 (1940).
[22] WEISE, H.: Hab.-Schrift Düsseldorf 1950.
[23] SCHÖNE, G.: Z. ges. exp. Med. **65**, 535 (1929).
[24] RIEBELING, C.: Psychiatr.-neurol. Wschr. **39**, 167 (1937).

Die bisher angegebenen Werte gelten für den Lumballiquor. Zwischen Ventrikel-, Zisternen- und Lumballiquor finden sich jedoch regelmäßig Unterschiede[1], die mit einer glykolytischen Wirksamkeit auch des normalen Liquors erklärt werden. Die niedrigste Konzentration hat der Lumballiquor, höhere Werte werden im Zisternenliquor gefunden, die höchsten im Ventrikelliquor (s. Tabelle 67 und 63, S. 302). Das Verhältnis Blutzucker Ventrikelliquorzucker beträgt etwa 1[2]. Bei der unbehandelten Meningitis tuberculosa finden sich allerdings im Zisternenliquor niedrigere Werte als im Lumballiquor[3]. Unter-

schiede finden sich auch zwischen Erwachsenen und Kindern: Säuglinge zeigen Werte von 50 mg-%, Frühgeburten bis 40 mg-%[4], und auch bei größeren Kindern liegen sie noch niedriger als bei Erwachsenen. Nach anderen Untersuchern liegen die Normalzuckerwerte bei Neugeborenen zwischen 42 und 78 mg-%[5].

Normalwerte bei Tieren: Affe 50—60 mg-%, Hund 45,5—70,1—80 mg-%[6,7], Katze 53—67 mg-%, Ziege 49,9—57 mg-%[6], Kaninchen 50—59 mg-%[6], nach anderen Angaben 42—85 mg-%, im Mittel 68 mg-%[8], Rind 47 mg-%, Kalb 51 mg-%[7], Haifisch 24 mg-% (postmortal)[9]. Der Blut/Liquor-Quotient beträgt beim Hund venös 1,11—1,13, arteriell 1,22; beim Kaninchen 1,56; bei der Kuh 1,26; beim Pferd 1,66[10].

Tabelle 67. *Liquorzucker im Vergleich zum Blutzucker*[11] (in mg-%).

Blut	Liquor aus		
	Ventrikel	Zisterne	Lumbalsack
200	196	112	100
195	175	150	100
175	175	100	93
148	150	100	93
143	137	100	93
125	121	93	86
112	106	86	86
106	100	86	86
100	137	93	93

Unter pathologischen Verhältnissen werden beträchtliche Veränderungen des Liquorzuckergehaltes beobachtet. Zu beträchtlicher Verminderung kommt es bei Meningitiden, vor allen bei den tuberkulösen, und bei Tumoren des ZNS; der verschwundene Zucker soll sich hierbei quantitativ als Milchsäure wiederfinden; demnach stände der Liquorzucker in umgekehrtem Verhältnis zur Liquormilchsäure[12]. Diese Angaben scheinen jedoch bisher nicht nachgeprüft worden zu sein. Zu Liquorzuckerverminderung kommt es ferner nach Insulinschock[13]. Vermehrung findet sich beim Diabetiker (bis 300 mg-% und mehr), häufig bei gesteigertem Hirndruck, oft bei Urämie, fast regelmäßig bei Encephalitis lethargica, nach Encephalographie[14], Gehirnoperationen[15] und intravenöser Adrenalininjektion[16]; zu sehr beträchtlicher Vermehrung (um durchschnittlich 400 mg-%) kommt es nach spinaler Anästhesie, jedoch nur dann, wenn der Patient gleich nach dem Eingriff horizontal gelagert wird[17]. Schließlich wurde beim Hund Vermehrung nach Histaminschock[18] und beim Kaninchen eine sehr beträchtliche, bis zu 6 Monaten anhaltende Vermehrung nach Kurzwellenbestrahlung beobachtet[19].

Tabelle 68. *Blutzucker und Liquorzucker bei Diabetikern*[20] (in mg-%).

Blutzucker	Liquorzucker
142	72
170	74
260	98
269	112
400	153

[1] DEMME, H.: Die Liquordiagnostik in Klinik und Praxis. 2. Aufl. München, Berlin 1950. — SCHELLER, H.: Mschr. Psychiatr. Neurol. 95, 257 (1937). — KAFKA, V.: Die Cerebrospinalflüssigkeit. Leipzig, Wien 1930.
[2] WEISE, H.: Kli. Wo. 1950, 416.
[3] HEUCKEROTH, E.: Med. Klin. 45, 1425 (1950).
[4] KLINKE, K. in: Biol. Daten (BROCK) 3. Bd. S. 177. Berlin 1930.
[5] WOISKI, J. R., J. B. DOS REIS u. H. E. V. DE BARROS: Arq. Neuro-Psiquiatr., São Paolo 7, 264 (1949).
[6] KASAHARA, M., u. Y. FUJISAWA: Z. ges. exp. Med. 73, 11 (1930).
[7] FRIEDMANN, A. P., u. R. CH. ARKINA: Ark. biol. Nauč 39, 539 (1935) [Ber. Physiol. 95, 218].
[8] JANIK, F.: Kli. Wo. 1935 II, 1077.
[9] KAIEDA, J.: H. 188, 193 (1930).
[10] FRIEDMANN, A. P., u. R. CH. ARKINA: Ark. biol. Nauč 50, 129 (1938) [Ber. Physiol. 119, 109].
[11] HARRISON, G. A.: Chemical Methods in Clinical Medicine. 3. Aufl. S. 422. New York 1947.
[12] SCHELLER, R.: M. m. W. 1926 II, 1652.
[13] DUSSIK, K. T.: Kli. Wo. 1938 I, 769.
[14] BREMER, W.: Z. Kinderheilkde. 63, 151 (1942).
[15] TZOVARU, S., et D. THÉODORESCO: Presse méd. 1937 II, 1039.
[16] MONDINI, E. M.: Clin. pediatr., Milano 22, 193 (1940).
[17] BLACK, M. G.: Anesthesiology 8, 382 (1947).
[18] GAROFEANU, M. E., E. LUCINESCU u. J. POTOP: Bull. Acad. Méd. Roumanie 11, 132 (1941).
[19] GLAUNER, R., u. E. SCHORRE: Strahlentherap. 58, 286 (1937). Z. ges. Neurol. Psychiatr. 162, 550 (1938).
[20] STRAUBE, G.: Dtsch. Z. Nervenheilkde. 134, 267 (1934).

Bestimmung: Grundsätzlich sind dieselben Methoden wie bei anderen Körperflüssigkeiten anwendbar. Es ist jedoch zu beachten, daß die glykolytischen Prozesse innerhalb einiger Tage zu herabgesetzten oder negativen Befunden führen können. Durch Zugabe von 1% Natriumfluorid kann das verhindert werden; allerdings verändert der NaF-Zusatz die Goldsol- und Normomastixkurven im Sinne einer Sensibilisierung[1].

a) Bei der Bestimmung nach Hagedorn-Jensen (s. S. 68) werden statt 0,1 cm³ 0,2 cm³ Liquor verwendet.

b) Zur Bestimmung nach Folin-Wu (s. S. 72) gibt man zu 0,2 cm³ Liquor 3,4 cm³ Wasser hinzu, mischt mit 0,2 cm³ 10%iger Natriumwolframatlösung ($Na_2WoO_4 + 2 H_2O$) und 0,2 cm³ 2/3 n H_2SO_4, filtriert und verarbeitet weiter wie bei Blut.

c) Die colorimetrische Bestimmung mittels Osazonprobe (s. S. 347[1]) ermöglicht die Bestimmung der Glucose neben anderen reduzierenden Substanzen.

d) Nach Ujsághy[2] wird der Liquorzucker folgendermaßen bestimmt:

Reagentien:

1. α-Naphthollösung, 10%ig in Alkohol.
2. H_2SO_4, konz.

Ausführung:

Liquor filtrieren oder abzentrifugieren, davon 0,5 cm³ im Reagensglas mit Aqua dest. auf 10 cm³ auffüllen, energisch schütteln, je 2 cm³ in dickwandige Reagensgläser geben. Zu der einen Probe 0,1 cm³ 10%ige alkoholische α-Naphthollösung geben, schütteln und im schräg gehaltenen Reagensglas mit 4 cm³ konzentrierter H_2SO_4 unterschichten; dann mit 10 Schüttelbewegungen mischen, 2 min an der Luft stehen lassen und anschließend 5 min in ein kaltes Wasserbad stellen; in 10 mm-Cuvette bei Filter S 57 im Stufenphotometer ablesen.

e) Mikromethode nach Gardner und Mitarbeitern[3]:

Reagentien:

1. Natriumpikratlösung, 1%ig.
2. Lösung von wasserfreier Soda, 10%ig.
3. Standardlösung: 200 mg-%ige Glucoselösung, die zum Gebrauch verdünnt wird. Zum Vergleich werden Standardlösungen in Röhrchen gleichen Kalibers hergestellt, die aus gleichen Teilen der Glucoseverdünnung, Sodalösung und Natriumpikrat bestehen. Die Gläschen werden zugeschmolzen.

Ausführung:

0,25 cm³ Liquor werden mit 0,2 cm³ Natriumpikratlösung und 0,2 cm³ Sodalösung gemischt, 8 min im Wasserbad gekocht und dann im Komparator mit den entsprechenden Vergleichslösungen verglichen. Der Vergleich mit der Ferricyanidmethode ergibt weitgehende Übereinstimmung; Abweichungen von ± 3,5 mg-% wurden beobachtet.

Eiweißzucker: An Glykoproteiden wurden 11,7—13,0 mg-% gefunden. Bestimmung nach Lustig und Langer wie in Serum und Urin (s. S. 87).

Polysaccharide: Im pathologisch veränderten Liquor kann häufig die Blutgruppensubstanz A nachgewiesen werden[4]. Bei eitriger Meningitis wurden Bakterienkapselpolysaccharide festgestellt[5].

Organische Säuren. *Milchsäure:* Es werden im allgemeinen Normalwerte zwischen 8 und 16 mg-% angegeben[6-8], mit einem Mittelwert von 14,8 mg-%[8]. Nur ein Unter-

---

[1] Rausch, L., u. E. H. Graul: Med. Klin. **1950**, 667.

[2] Ujsághy, P.: B. Z. **298**, 141 (1938).

[3] Gardner, L. I., H. Berman, E. A. McLachlan and M. L. Terry: J. Lab. clin. Med. **34**, 725 (1949).

[4] Krah, E., u. K. Schade: Kli. Wo. **1950**, 312.

[5] Larson, D. L.: J. clin. Invest. **30**, 582 (1951).

[6] Demme, H.: Die Liquordiagnostik in Klinik und Praxis. 2. Aufl. S. 44. München, Berlin 1950.

[7] Wittgenstein, A., u. A. Gaedertz: B. Z. **187**, 137 (1927).

[8] Scheller, R.: M. m. W. **1926 II**, 1652.

sucher teilt Normalwerte von 7—25 mg-% mit[1]. Bei Kindern wurde ein Mittelwert von 16,1 mg-% festgestellt[2].

Normalwerte bei Tieren, Hund: 20 mg-%[3]; andere Autoren fanden bei absoluter Ruhe 13,5, nach Muskelarbeit 17 mg-% im Zisternenliquor des Hundes[4]. Kaninchen 13,5—16,5, im Mittel 14,4 mg-%[5]. Das Verhältnis Blutmilchsäure/Liquormilchsäure ist beim Hund 1,22, bei der Kuh 0,66, beim Pferd 0,74[7].

Vermehrung des Milchsäuregehaltes im Liquor findet sich nach Körperbewegung und Muskelarbeit[4, 5], bei bakterieller Meningitis[2] und Eklampsie[6, 8]; nach Eklampsieanfällen wurden Werte von 22—48 mg-% gefunden[8] (im Blut 13,2—50 mg-%). Bei Meningitis kann der Milchsäuregehalt des Liquors weit über den des Blutes hinausgehen und Werte bis 130 mg-% erreichen[1]. Wie bereits erwähnt (s. S. 329), soll bei Meningitis und Tumoren des Zentralnervensystems die Milchsäurevermehrung der Zuckerverminderung entsprechen[6]; andere Befunde lassen allerdings die Möglichkeit zu, daß der Milchsäuregehalt des Liquors auch von dem des Blutes abhängt[4]. Verminderte Milchsäurewerte — bei normalem Zuckergehalt — wurden im Beginn der Poliomyelitis gefunden[2].

Bestimmung: Es können die für Blut anwendbaren Methoden nach VALENTIN und nach MENDEL-GOLDSCHEIDER (s. a. S. 103) verwendet werden. Nach SCHELLER[6] werden 5 cm³ Liquor wie üblich enteiweißt; die Glucose wird nach VAN SLYKE und SALKOWSKY entfernt (s. S. 106). Sodann wird durchgeschüttelt, 10 min stehengelassen und 5 min scharf zentrifugiert. Die klare Flüssigkeit wird abgegossen, der Rückstand mit wenig Aqua dest. aufgeschwemmt und wieder zentrifugiert. In der abgegossenen Flüssigkeit befindet sich nahezu quantitativ die im Liquor vorhandene Milchsäure, die nach Neutralisation und Ansäuern mit etwa 1—2 cm³ Schwefelsäure freigemacht wird. Die weitere Bestimmung erfolgt wie im Blut nach FÜRTH und CHARNASS (s. S. 105).

Brenztraubensäure: Als Normalwert werden 1,02 ± 0,23 mg-% angegeben[9]. Die Brenztraubensäure des Liquors soll unter normalen Umständen 67—170% des Wertes im Blut betragen[10]. Im hepatischen Koma wurden 1,53 ± 0,59 mg-% gefunden; die Erhöhung in Liquor, Blut und Urin ging dabei dem Versagen der Leberfunktion parallel[9]. Vermehrung bis 9,2 mg-% im Liquor fand sich bei nervösen Erkrankungen, die mit Vitamin B$_1$-Mangel einhergingen[11]. Im Gegensatz zum Blut treten im Liquor selbst beim Stehen innerhalb 1 Std keine Verluste an Brenztraubensäure auf[10].

Bernsteinsäure: Der normale Bernsteinsäuregehalt des Liquors ist 0,3—0,4 mg-% (im Blutserum 0,6—0,7 mg-%)[12]. Bestimmung mit der THUNBERGschen Methylenblaumethode wie im Blutserum (s. Bd. IV).

Citronensäure: Der mittlere Normalwert für Citronensäure beträgt 45 γ-%. Bei verschiedenen pathologischen Zuständen wurden starke Abweichungen von dem Normalwert gefunden, von weniger als 30 γ-% bis zu 150 γ-%[13]; im Lumballiquor wurden höhere Werte als im Zisternen- und Ventrikelliquor gefunden. Die Werte bei Männern und Frauen zeigen keine Unterschiede. Mit zunehmenden Alter steigt der Citronensäuregehalt im Liquor, der immer höher als der des Blutserums ist[14]. Die höchsten Werte fanden sich bei cerebrovasculären Schäden, die niedrigsten bei Epilepsie und Hirntumoren[14]; bei Hirntumor wurde jedoch einmal auch ein sehr hoher Wert beobachtet[13].

[1] WORTIS, S. B., and F. R. MARSH: Arch. Neurol. Psychiatry **35**, 717 (1936).
[2] CHRISTOFOLI, A.: Clin. pediatr., Milano **18**, 213 (1936).
[3] SOTGIU, G.: Fisiol. e Med. **2**, 141 (1931).
[4] WITTGENSTEIN, A., u. A. GAEDERTZ: B. Z. **187**, 137 (1927).
[5] KASAHARA, M., u. T. KAI: Z. ges. exp. Med. **91**, 784 (1933).
[6] SCHELLER, R.: M. m. W. **1926 II**, 1652.
[7] FRIEDMANN, A. P., u. R. CH. ARKINA: Ark. biol. Nauč **50**, 129 (1938) [Ber. Physiol. **119**, 109].
[8] ZWEIFEL, E., u. R. SCHELLER: Kli. Wo. **1927 II**, 450.
[9] AMATUZIO, D. S., and S. NESBITT: J. clin. Invest. **29**, 1486 (1950).
[10] BUEDING, E., and H. WORTIS: Proc. Soc. exp. Biol. Med. **44**, 245 (1940).
[11] PLATT, B. S., and G. D. LU: Biochem. J. **33**, 1525 (1939).
[12] THUNBERG, T.: Acta med. scand., Suppl. **90**, 122 (1938).
[13] BENNI, B.: B. Z. **221**, 270 (1930).
[14] MÄRTENSSON, J., u. T. THUNBERG: Acta med. scand. **140**, 454 (1951).

Oxalsäure: Für die Oxalsäure wurden voneinander abweichende Werte mitgeteilt: Einerseits weniger als 0,2 mg-%[1], andererseits Werte um 2,5 mg-%, wozu als Vergleich ein Blutwert von 4 mg-% und ein Urinwert von 25—50 mg-% gegeben wird[2]. Nachweis und Bestimmung wie im Blut (s. S. 101).

Äthylalkohol. Der normale Gehalt an Äthylalkohol beträgt 2—8 mg-%, wobei der untere Wert dem Nüchternwert entspricht[3]. Als mittlerer Normalwert wird 7,3 mg-% angegeben (Vergleichswert im Blut 37,02 mg-%)[4]. Unter pathologischen Verhältnissen wurden Erhöhungen auf 30—60 mg-% gefunden[3]. Nach Alkoholkonsum hinkt der Liquoralkoholspiegel dem Blutalkoholspiegel nach; daher kann der Alkohol im Liquor länger nachgewiesen werden. Nachweis und Bestimmung wie im Blut (s. S. 96).

Hormone. Über das Vorkommen von Hormonen im Liquor liegen noch wenige gesicherte Angaben vor. Es wird angenommen, daß die Hypophyse ihre Hormone in den Liquor abgibt. Nachgewiesen wurden: eine thyreotrope Wirkung[5]; eine gonadotrope Wirkung bei Schwangerschaft, Eklampsie, Blasenmole, Chorionepitheliom und Hypertonie[6]; eine corticotrope Wirkung bei Hypertonie[7]; eine blutzuckersteigernde Wirkung (= kontrainsuläres Prinzip)[8], die jedoch nicht von allen Autoren bestätigt wurde[9]; eine die Entwicklung des Genitaltraktes der männlichen Maus hindernde Wirkung[1)]. In einer älteren Arbeit wird die Menge Hypophysenvorderlappenhormon im Ventrikel- und Zisternenliquor mit 87 γ-%, im Lumballiquor mit 58 γ-% angegeben[11]. Adrenalin konnte nicht nachgewiesen werden[12]. Oxytocische Wirkung wurde an Liquorproben von Menschen[13] und Hunden[14] beobachtet. Nachweis und Bestimmung der Hormone wie im Harn (s. S. 261). — Gewebshormone s. S. 325.

Fermente. Über das Vorkommen von Fermenten im Liquor sind die Angaben nicht übereinstimmend; das hängt zum Teil damit zusammen, daß oft nicht scharf genug zwischen normalem und pathologischem Liquor unterschieden wird. Beim Gesunden sind Fermente nur in sehr geringer Menge vorhanden, während unter pathologischen Verhältnissen sowohl Anzahl als auch Aktivität zunehmen können[15]. Ob die Fermente des normalen Liquors aus dem Blutplasma oder aus der Nervengewebsflüssigkeit stammen, konnte nicht mit Sicherheit entschieden werden; unter pathologischen Verhältnissen können sie auch den polymorphkernigen Zellen entstammen[16].

Esterasen: Lipase ist im normalen Liquor gelegentlich zu finden[16-21]; nach Elektroschock tritt sie vermehrt auf[22]. Es soll sich bei der Liquorlipase um ein im Zentralnerven-

[1] GUILLAUMIN, CH. O.: C. R. Soc. Biol. **96**, 317 (1927).

[2] CANELLI, A. F.: Med. int., Milano **1942**, 9.

[3] BAGLIONI, A.: Fisiol. e Med. **3**, 622 (1932).

[4] GABRIEL, E., u. S. NOVOTNY: Arch. Psychiatr. Nervenheilkde. **108**, 279 (1938). — GABRIEL, E.: Forsch. Alkoholfr. **46**, 64 (1938).

[5] SCHITTENHELM, A., u. B. EISLER: Z. ges. exp. Med. **95**, 121 (1935).

[6] KJELLIN, T., u. E. KYLIN: Dtsch. Arch. klin. Med. **176**, 683 (1934). — HANNAPPEL, C.: Diss. 1939. Frankfurt/Main. — BRODY, H., and E. A. HOROWITZ: Amer. J. Obstet. Gynec. **59**, 685 (1950). — ARONOWITSCH, G. D.: Endokrinologie **7**, 113 (1930). — HASHIMOTO, H.: Zbl. Gynäk. **56**, III, 2247 (1932). — KULKA, E.: Zbl. Gynäk. **56**, III, 2774 (1932).

[7] VAN BOGAERT, A., u. Fr. VAN BAARLE: Acta med. scand. **104**, 462 (1940).

[8] KOCH, W., u. P. LEHNDORFF: Wien. Arch. inn. Med. **29**, 291 (1936). — LUCKE, H., u. H. HAHNDEL: Z. ges. exp. Med. **91**, 704 (1933). — MÜLLER, J. X., u. P. C. PETROPOULOS: Mitt. Grenzgeb. Med. Chir. **45**, 192 (1942). — LUCKE, H.: Ergebn. inn. Med. **46**, 94 (1934). — PORTA, V.: Riv. Pat. nerv. **56**, 431 (1940). — KYLIN, E., T. KJELLIN u. H. KRISTENSSON: Arch. klin. Med. **177**, 130 (1935).

[9] FENZ, E., u. F. ZELL: Kli. Wo. **1938 II**, 1046.

[10] CLAUDE, H., H. SIMONNET et R. STORA: C. R. Soc. Biol. **130**, 531 (1939).

[11] ALTENBURGER, H., u. F. STERN: Z. ges. Neurol. Psychiatr. **112**, 691 (1928).

[12] PAPADATO, L., u. B. SAPKOWA: Acta med. scand. **88**, 204 (1936).

[13] UNGAR, G., A. UNGAR et J. DUBOIS: C. R. Soc. Biol. **127**, 292 (1938).

[14] GEESINK, A., u. S. KOSTER: Z. ges. exp. Med. **65**, 163 (1929).

[15] KAFKA, V.: Neurol. Zbl. **31**, 627 (1912).

[16] KAPLAN, J., D. J. COHN, A. LEVINSON and B. STERN: J. Lab. clin. Med. **24**, 1150 (1939).

[17] KALSBEEK, F., J. A. COHEN u. B. R. BOVENS: Biochim. biophysica Acta, N. Y. **5**, 548 (1950).

[18] KAPLAN, J., D. J. COHN, A. LEVINSON and B. STERN: J. Lab. clin. Med. **25**, 495 (1940).

[19] ROEDER, F., u. O. REHM: Die Cerebrospinalflüssigkeit. S. 44. Berlin 1942.

[20] HILLER, F.: Z. ges. Neurol. Psychiatr. **109**, 263 (1927).

[21] DE MICHELE, G., P. SALVI e G. SCOZ: Acta neurol. ital. **4**, 253 (1946).

[22] DE LERMA, B., e P. SALVI: Acta neurol. ital. **3**, 271 (1948).

system entstandenes Ferment handeln, nicht um ein aus dem Blut stammendes[1]. *Cholinesterase* und *Pseudocholinesterase* sind regelmäßige Bestandteile des normalen Liquors[2-7]. Die spezifische Acetylcholinesterase, die im normalen Liquor nicht vorkommen soll[8], stammt wahrscheinlich aus der Hirnsubstanz[4, 8]; andere Untersucher[9] fanden allerdings, daß die beträchtlichen Schwankungen denen im Blutserum parallel laufen. Die unspezifische Cholinesterase dagegen stammt wahrscheinlich aus dem Blut, und ihre Vermehrung ist Zeichen einer vermehrten Permeabilität der Blut-Liquorschranke[8]. *Phosphatasen* finden sich in Mengen von 0,1—0,2 BODANSKY-Einheiten im normalen Liquor[10]; nach Encephalographie sind sie bisweilen deutlich erhöht[11]. Nucleasen wurden nach Elektroschock[12] und Gehirnerschütterung nachgewiesen[13, 14]. — *Carbohydrasen: Amylase* ist im normalen Liquor vorhanden[15]. Die „Diastase"bestimmung ist zur Syphilisdiagnose herangezogen worden[16]: während nämlich im normalen Liquor 11—40 mg-% Glykogen durch Amylase abgebaut werden, schwankt dieser Wert bei Syphilis zwischen 0 und 10 mg-% und beträgt selten mehr als 10 mg-%. *Lysozym:* Der Lysozymgehalt des Liquors ist von dem des Blutes unabhängig[17], er ist bei entzündlichen Erkrankungen des ZNS vermehrt[18, 19], bei Meningitis tuberculosa vermindert[19]. Der Gehalt geht der Zahl der neutrophilen Leukocyten parallel[19]. — *Desaminasen* wurden nach Elektroschock[12] und Gehirnerschütterung[13, 14] nachgewiesen. — *Proteasen:* Eine *Dipeptidase* wird im normalen Liquor nur selten gefunden[20]. *Trypsin* wird nur unter pathologischen Verhältnissen beobachtet, so bei eitrigen und tuberkulösen Meningitiden, bei Gehirntumoren und -abscessen[21]. Auch andere Proteinasen wurden beim Gesunden nicht nachgewiesen; ihr Auftreten ist an Eiweiß- und Zellvermehrung gebunden, so daß der Nachweis wahrscheinlich auf die unter pathologischen Bedingungen entstehende Leukocytose im Liquor zurückzuführen ist. Es wurde dann ausschließlich *Kathepsin* festgestellt (vor allem bei Paralyse)[22]. Eine cerebrolytische Eigenschaft des pathologischen Liquors wurde erstmals von SPERANSKY[23] gefunden und von anderen Autoren bestätigt[24, 25]. Eine wirkliche Gehirnverdauung durch den Liquor ist jedoch selten; sie findet nur statt, wenn das Zentralnervensystem durch Intoxikation und Infektion stark geschädigt ist, und ist dann minimal. In solchen Fällen findet sich dieselbe Eigenschaft auch im Blutserum. Es sind immer nur akute, nie chronische Fälle, bei denen Proteolyse gefunden wurde[24].

[1] SALVI, P., e G. G. GIORDANO: Acta neurol. ital. 4, 49 (1949).

[2] KALSBEEK, F., J. A. COHEN und B. R. BOVENS: Biochim. biophysica Acta, N. Y. 5, 548 (1950).

[3] BENDER, M. B.: Amer. J. Physiol. 126, 180 (1939).

[4] COLLING, K. G., and R. J. ROSSITER: Canad. J. Res. (E) 27, 327 (1949).

[5] REISS, M., and R. E. HEMPHILL: Nature 161, 18 (1948).

[6] ALI, V.: Cervello 19, 241 (1940) [Ber. Physiol. 124, 634].

[7] BIRKHÄUSER, H.: Schweiz. Arch. Neurol. Psychiatr. 46, 185 (1941).

[8] WOLLEMANN, M., u. I. HUSZÁK: Wien. klin. Wschr. 61, 90 (1949). Orv. Hetil. 89, 502 (1948).

[9] PINOTTI, O., e L. TANFANI: Riv. Pat. nerv. 53, 181 (1939).

[10] FLEISCHHACKER, H. H.: Enzymologia 6, 144 (1939).

[11] LEVINSON, A., J. KAPLAN and D. J. COHN: J. Lab. clin. Med. 25, 225 (1939).

[12] DE LERMA, B., e P. SALVI: Acta neurol. ital. 3, 271 (1948).

[13] SPIEGEL-ADOLF, M., P. H. WILCOX and E. A. SPIEGEL: Amer. J. Psychiatr. 104, 697 (1948).

[14] KAFKA, V.: Dtsch. Z. Nervenheilkde. 163, 564 (1949/50).

[15] KAPLAN, J., D. J. COHN, A. LEVINSON and B. STERN: J. Lab. clin. Med. 25, 495 (1940).

[16] MARCHIONINI, A., u. B. OTTENSTEIN: Kli. Wo. 1932 II, 1345. Dtsch. Z. Nervenheilkde. 128, 86 (1932).

[17] CASELLI, P., e S. TOLONE: Acta neurol. ital. 1, 318 (1946).

[18] RABE, E. F., and E. C. CURNEN: J. Pediatr. 38, 147 (1951).

[19] CUTINELLI, C., e G. MAROTTA: Acta neurol. ital. 2, 376 (1947). — BARONE, E.: Acta neurol. ital. 3, 434 (1948).

[20] BAMANN, E., u. O. SCHIMKE: B. Z. 308, 130 (1941).

[21] KAPLAN, J., D. J. COHN, A. LEVINSON and B. STERN: J. Lab. clin. Med. 24, 1150 (1939).

[22] HEYDE, W.: Z. ges. Neurol. Psychiatr. 138, 536 (1932). Allg. Z. Psychiatr. 94, 225 (1931).

[23] SPERANSKY, A. D.: Grundlagen der Theorie der Medizin. Berlin 1950.

[24] BÜCHLER, P.: Mschr. Psychiatr. Neurol. 97, 375 (1938).

[25] Näheres s. bei KAFKA, V.: Dtsch. Z. Nervenheilkde. 130, 197 (1933).

Eine fibrinolytische Wirkung wurde von HALSE[1] nachgewiesen; sie steht im Liquor wie in den anderen Körperflüssigkeiten in einer gewissen Abhängigkeit vom Phosphatidgehalt. Bei verschiedenen neurologischen Erkrankungen wurden mit der ABDERHALDENschen Abwehrfermentreaktion *Abwehrproteinasen* festgestellt[2]. Über die bakteriolytische Wirkung des Liquors s. bei TOLONE[3] und KEMALI[4]. — *Redoxasen* wurden nur im pathologischen Liquor nachgewiesen: *Peroxydase, Katalase*[5, 6] und die Co-Enzyme I, II *(Diphosphopyridinnucleotid* und *Triphosphopyridinnucleotid)*[7]. Nach ROEDER befindet sich allerdings bereits im normalen Liquor eine Oxydase[8].

Befunde bei Tieren: Bei Hund und Kaninchen wurden fast gleiche Werte für Amylasewirkung beobachtet (0,3—0,8, im Mittel 0,5); einer Vermehrung im Blut lief eine Vermehrung im Liquor parallel[9]. Beim Haifisch fand sich (postmortal) Amylase-, Esterase- und Trypsinwirkung, aber keine Pepsin- und Ureasewirkung[10].

Vitamine. Die *Ascorbinsäure* liegt im Liquor des Menschen — wie auch in dem des Kaninchens — ausschließlich in reduzierter Form vor. Als seine Quelle wird das Gehirn angenommen[11]. Die Konzentration im Liquor läuft derjenigen im Blut deutlich parallel[12]. Die Angaben über Normalwerte liegen meist zwischen 0,3 und 2,1 mg-%[14-18]; nur zwei Autoren geben eine obere Grenze von 3,74 mg-%[19] bzw. 3,8 mg-%[13] an. Im Ventrikel wurden etwas höhere Werte gefunden[18]. Bei gesunden Brustkindern des ersten Halbjahres wurden Werte von 3,05—6,05, im Mittel 4,2 mg-% gefunden, während bei gleichaltrigen, aber künstlich ernährten Kindern ein Durchschnittswert von nur 1,6 mg-% festgestellt wurde[20]. Der Ascorbinsäuregehalt des Liquors ist ein guter Indicator für den Vitamin C-Gehalt des Körpers[21].

Vereinzelte Angaben über eine Abnahme des Ascorbinsäuregehaltes im Liquor mit zunehmendem Alter[11, 19, 22] sind sehr wahrscheinlich auf den Umstand zurückzuführen, daß mit zunehmendem Alter weniger Vitamin C-haltige Nahrung genossen wird[13], denn mehrere Autoren fanden keinerlei Beziehung des Ascorbinsäuregehaltes im Liquor zum Lebensalter[12, 13, 23], wohl aber zur Ernährung[13, 24] und zur Jahreszeit[25]. Auch bei Affen und Kaninchen ist die Ernährung für den Ascorbinsäuregehalt

[1] HALSE, TH.: Fibrinolyse. S. 131/32. Freiburg, Aulendorf 1948.

[2] ABDERHALDEN, E., u. S. BUADZE: Fermentforsch. **10**, 111 (1929). — ABDERHALDEN, E.: Abwehrfermente. 7. Aufl. Dresden, Leipzig 1944. — ABDERHALDEN, R., u. K. H. ELSÄSSER: Fermentforsch. **17**, 178, 213 (1943). — GEIGER, I., G. HARRER u. K. ROTTER: Z. Vit.-, Horm.-Ferm.-Forsch. **3**, 1 (1949). — HAASE, K. E.: Kli. Wo. **1951**, 265.

[3] TOLONE, S.: Acta neurol. ital. **2**, 545 (1947).

[4] KEMALI, D.: Acta neurol. ital. **4**, 56 (1949).

[5] HILLER, F.: Z. ges. Neurol. Psychiatr. **109**, 263 (1927).

[6] DRAGANESCU, ST., u. A. LISSIEVICI-DRAGANESCU: B. Z. **156**, 460 (1925).

[7] SCHEER, C.: J. Immunol. **38**, 301 (1940).

[8] ROEDER, F., u. O. REHM: Die Cerebrospinalflüssigkeit. S. 45. Berlin 1942.

[9] KASAHARA, M., u. S. TAKAISHI: Z. ges. exp. Med. **74**, 702 (1930).

[10] KAIEDA, J.: H. **188**, 193 (1930).

[11] PLAUT, F., u. M. BÜLOW: Kli. Wo. **1934 II**, 1744. H. **236**, 241 (1935). Z. ges. Neurol. Psychiatr. **152**, 84 (1935).

[12] WORTIS, H., J. LIEBMANN and S. B. WORTIS: Amer. J. med. Sci. **196**, 384 (1938).

[13] BOOIJ, J.: Recu. Trav. chim. Pays-Bas **59**, 713 (1940).

[14] PIJOAN, M., L. ALEXANDER et R. DÉSVEAUX: C. R. Soc. Biol. **127**, 411 (1938).

[15] ABDERHALDEN, R.: Vitamine, Hormone, Fermente. 2. Aufl. S. 77. Berlin—Wien 1944.

[16] JETTER, W. W., and T. S. BUMBALO: Proc. Soc. exp. Biol. Med. **38**, 164 (1938).

[17] CHEVALIER, A., et Y. CHORON: C. R. Soc. Biol. **125**, 65 (1937).

[18] GRISONI, R., e C. L. CAZZULO: Riv. pat. nerv. **57**, 241 (1941).

[19] POPEK, K.: Rev. Neurol. Psychiatr., Praha **33**, 679 (1936) [Ber. Physiol. **103**, 631].

[20] CAMERER, J. W.: Mschr. Kinderheilkde. **77**, 240 (1937). — MARINESCO, G., G. BUTTU u. I. OLTÉANU: Bull. Acad. Méd., Paris **114**, 803 (1935).

[21] PLAUT, F., u. M. BÜLOW: Z. ges. Neurol. Psychiatr. **154**, 481 (1936). — ROHMER, P., N. BEZSSONOFF u. R. SAEREZ: Z. Vit.-Forsch. **13**, 18 (1943).

[22] FRANKLIN, B., and F. PRESCOTT: The Vitamins in Medicine. 2. Aufl., S. 499 u. 555. London 1948.

[23] BALLIF, L., J. NITZULESCU, I. ORNSTEIN et L. E. BALLIF: C. R. Soc. Biol. **130**, 1595 (1939).

[24] PLAUT, F., u. M. BÜLOW: Kli. Wo. **1935 I**, 276.

[25] MĚLKA, J., u. Z. KLIMO: Kli. Wo. **1938 I**, 302.

des Liquors maßgebend[1, 2]. Die Normalwerte bei Tieren liegen im allgemeinen höher als beim Menschen: Affe 2,3 mg-%[3], Kaninchen 3,6 mg-%, Ziege 4,2 mg-%, Katze 4,6 mg-%, Hund 6,6 mg-%[4]. Bei pathologischen Zuständen kommt es zu Verminderung[5-10] und zu Vermehrung[5, 11, 12].

Bestimmung nach den im Blut und Urin üblichen Methoden (s. Bd. III und IV). Die biologischen Methoden stimmen mit den chemischen gut überein[13]. Die Dichlorphenol-indophenolmethode liefert im Liquor bessere Ergebnisse als im Blut, denn die Titrations-werte können ausschließlich auf Ascorbinsäure bezogen werden; nach Untersuchungen mittels Absorption im UV sind nämlich im Liquor keine anderen Substanzen vorhanden, die — wie im Blut — im gleichen Wellengebiet wie die Ascorbinsäure absorbieren[14].

Die DONAGGIO-Reaktion[15], bei der es sich nach früheren Angaben um eine Ermü-dungsreaktion handeln sollte, beruht nach neueren Untersuchungen auf der Anwesenheit von Ascorbinsäure[16]. Die DONAGGIO-Reaktion wird im Liquor früher positiv als im Urin.

Das *Aneurin* kommt im Liquor sowohl in seiner freien, nicht phosphorylierten Form vor[17] als auch als Cocarboxylase[18, 19]. Als Folge der Anwendung verschiedener Methoden differieren die Angaben über gefundene Werte zum Teil beträchtlich; so werden als Nor-malwerte, bestimmt mit der Thiochrommethode, 0,2—2,5 γ-%[20] und 1,2—1,8 γ-%[21] an-gegeben, während mit dem Phykomycestest bis 18,5 γ-% Gesamtaneurin gefunden wurde, meistens bis 10 γ-%; häufig erhielt man jedoch auch nur Spuren, manchmal sogar nega-tive Befunde[19]. Nach diesen Untersuchungen schwanken die Werte also beträchtlich, sie zeigen außerdem keine Abhängigkeit von dem Aneuringehalt des Blutes, den sie bisweilen auch übersteigen können; auch zu verschiedenen Krankheiten konnte keine Beziehung festgestellt werden[19]. Andere Autoren fanden 0,2—1,5 γ-% freies Aneurin und 0—0,5 γ-% Cocarboxylase sowohl im normalen als auch im pathologischen Liquor, vor allem beobachteten sie keine Beziehungen zu Erkrankungen des Nervensystems[22]. Bei Säuglingen und Kindern fand man höhere Werte als bei Erwachsenen (s. Tabelle 69).

Tabelle 69. *Aneuringehalt im Liquor*[18] (in γ-%).

	Aneurin	Cocarboxylase
Säuglinge 3—9 Monate . .	3,6—8,4. im Mittel 5,6	1,1—9,9, im Mittel 4,6
Kinder 1½—7 Jahre. . .	3,1—7,6, im Mittel 5,5	2,4—7,7, im Mittel 5,5

[1] KASAHARA, M., u. I. GAMMO: Z. ges. Neurol. Psychiatr. 163, 551 (1938).

[2] KASAHARA, M., T. KASAHARA u. M. HORIE: Z. ges. Neurol. Psychiatr. 160, 528 (1938).

[3] KASAHARA, M., M. TATSUMI u. H. GAMMO: Z. ges. Neurol. Psychiatr. 157, 149 (1937).

[4] KASAHARA, M., u. H. GAMMO: Z. ges. Neurol. Psychiatr. 157, 147 (1937).

[5] GRISONI, R., e C. L. CAZZULO: Riv. pat. nerv. 57, 241 (1941).

[6] CAMERER, J. W.: Mschr. Kinderheilkde. 77, 240 (1937).

[7] BALLIF, L., J. NITZULESCO, I. ORNSTEIN et L. E. BALLIF: C. R. Soc. Biol. 130, 1595 (1939).

[8] THADDEA, S., u. W. HOFFMEISTER: Z. klin. Med. 132, 379 (1937).

[9] MARINESCO, A., G. ALEXIANU-BUTTU u. I. OLTÉANU: Bull. Sect. sci. Acad. roum. 1936, 22 [GIROUD: Ergebn. Vit.- Horm.-Forsch. 1, 68 (1938)].

[10] HIRATA, Y., u. K. ZUZUKI: Orient. J. Dis. Infants 18, 83 (1935) [Ber. Physiol. 95, 217].

[11] LA MONIKA, S.: Pisani, Palermo 60, 145 (1941) [Zbl. Neurol. 100, 485].

[12] WIRTH, J.: Orv. Hetil. 1941, 571 [Zbl. Neurol. 102, 225]. D. m. W. 1942 I, 1187.

[13] FRIEDMANN, A. P., L. J. KRYJANOVSKAJA u. P. C. ARKINA: Bull. Biol. Méd. exp. URSS. 7, 85 (1939) [Ber. Physiol. 115, 77].

[14] PLAUT, F., u. M. BÜLOW: Z. ges. Neurol. Psychiatr. 152, 324 (1935). — PLAUT, F., M. BÜLOW u. F. PRUCKNER: H. 234, 131 (1935).

[15] DONAGGIO, A.: Rev. neurol., Paris 40, 155, 597 (1933). — ZIMMERMANN, F.: Helv. med. Acta 3, 606 (1936). — JEZLER, A.: Kli. Wo. 1938 II, 1245. — VARA-LOPEZ, R., u. J. SOLIS: Kli. Wo. 1942, 370.

[16] PÖHLER, H.: Arbeitsphysiol. 14, 285 (1950).

[17] SINCLAIR, H. M.: Biochem. J. 33, 1816 (1939).

[18] BOLLETINO, A.: Med. ital. 21, 343 (1940) [Ber. Physiol. 122, 360].

[19] SÄKER, G.: Kli. Wo. 1940, 99.

[20] VILLELA, G. G.: C. R. Soc. Biol. 130, 1493 (1939).

[21] BLUME u. E. PÜSCHEL: Mschr. Kinderheilkde. 98, 147 (1950).

[22] ABDERHALDEN, R., u. K. H. ELSAESSER: Pflügers Arch. 247, 24 (1943).

Tabelle 70. *Normalwerte im Liquor lumbalis und im Blutserum des Menschen.*

Bestandteil	Liquor	Serum
Acetessigsäure.	negativ	s. Aceton
Acetaldehyd	0,1—0,2 mg-%	im Blut 0,32—0,5 mg-%
Aceton.	negativ	0,8—5 mg-% (Gesamtaceton)
Adeninnucleotid.	< 0,1 mg-%	
Äthylalkohol	2—8 mg-%, i. M. 7,3 mg-%	0,2—6 (—30) mg-%
Albumin	15—25, i. M. 20 mg-%	4—6%
KAFKA-Wert	0,6—1,1, i. M. 0,8 Teilstriche	
Aluminium	0,0125 mg-%	0,07 mg-%
Ammoniak	negativ	0,004 mg-% (CONWAY);
	oder 0,096—0,097 mg-%	0,05 mg-% (VAN SLYKE);
		0,08—0,11 mg-% (FOLIN)
Aminosäuren	Amino-N: 1,6—2,7,	Amino-N: 3,4—5,5,
	i. M. 2,2 mg-%	i. M. 4,2 mg-%
Arginin.	0,60 mg-%	2,3 mg-%
Histidin	0,17 mg-%	1,4 mg-%
Isoleucin	0,098 mg-%	1,6 mg-%
Leucin	0,14 mg-%	2,0 mg-%
Lysin	0,28 mg-%	2,9 mg-%
Phenylalanin	0,19 mg-%	1,4 mg-%
Threonin	0,28 mg-%	2,0 mg-%
Tyrosin	0,20 mg-%	1,5 mg-%
Valin	0,21 mg-%	2,8 mg-%
Methionin	0,04 mg-%	0,27—0,35 mg-%
Cystin	0,18 mg-%	1,9—1,98 mg-%
Tryptophan.	negativ	7,4—10,0 mg-%
Anionenrest (organische Säuren)	14—44, i. M. 25 mMol/l	9 mMol/l
Anorganische Bestandteile . . .	882 mg-%	880 mg-%
Bernsteinsäure	0,3—0,4 mg-%	0,6—0,7 mg-%
Bisulfitbindende Substanzen . .	0,42—3,07 mg-%	bis 5,75 mg-%
Blei	0,014—0,038 mg-%	0,005—0,02 mg-%
Brenztraubensäure.	0,6—2 mg-%	0,77—1,16 mg-%
Brom	0,10—0,15 oder 0,16—0,40 mg-%	0,8—1,8 mg-%
Calcium	4,4—6,8, i. M. 5,5 mg-%	9—11 mg-%
Chlor	400—460 mg-%	320—360 mg-%;
		Kind: 320—400mg-%
Chloride, als NaCl ber.	680—760 mg-%	560—630 mg-%
	(= 265—296 mg-% Na)	(= 220—248 mg-% Na)
als KCl ber.	40 mg-% (= 20,98 mg-% K)	
Cholesterin	0,05—0,6 mg-%	100—250 mg-%
Cholin	0,009—0,037	0,05—0,7—2,0 mg-%
	oder 0,089—0,21 mg-%	
Citronensäure	45 γ	1,4—2,2 mg-%
Eisen	0,022—0,040 mg-%	0,08—0,14 mg-%
Eiweiß (gesamt).		6—8%; Säugling 5,6—6,6%
Volumetrisch	bis 31,2, i. M. 24 mg-%	
KAFKA-Wert	0,8—1,3, i. M. 1,0 Teilstriche	
Nephelometrisch	bis 41 mg-%	
Colorimetrisch.	bis 45 mg-%	
Kjeldahlometrisch	bis 35 mg-% (ABELIN);	
	bis 61,1 mg-% (IZIKOWITZ)	
Eiweißquotient $\left(\frac{\text{Albumin}}{\text{Globulin}}\right)$ . .	0,1—0,4	1,5—2,5
KAFKA-Wert	0,1—0,4	
Eiweißzucker	11,7—13,0 mg-%	im Plasma 0,03—0,13%
Euglobulin	negativ	0,1—0,4%
Feste Bestandteile.	1%	7—9%
Fermente		
Proteinasen.	negativ	+
Pseudocholinesterase	+	+
Acetylcholinesterase	+	
Amylase	+	8—32 W. E.

Tabelle 70. (Fortsetzung.)

Bestandteil	Liquor	Serum
Fermente		
Phosphatase	+	1,5—4,0 E.
Lipase	gelegentlich +	+
Fettsäuren	1—5 mg-%	290—420 mg-%
Fibrinogen	negativ	0,3—0,6% (Plasma)
Globulin	2,5—9, i. M. 5 mg-%	2—4%
KAFKA-Wert	0,1—0,3, i. M. 0,2 Teilstriche	
Hämolysin	negativ	
Harnsäure	0,3—2,1 mg-%	2—4,57 (—7) mg-%
Harnstoff	6—16 oder 10—48 mg-%	20—45 mg-%
Histamin	0,2—3,0 γ-%	2—10 γ-%
Hydratationskoeffizient		
Wert nach KAFKA	1,0—7,5, i. M. 2,0	
Indoxylschwefelsäure	negativ	0,02—0,08 mg-%
Jod	0,010—0,018 mg-%; Kind 0,04—0,06 mg-%	0,012—0,014 mg-%
Kalium	8,5—16,8, i. M. 11,7 mg-%	16—23 mg-%; Kind 16—20 mg-%
Kochsalz	680—760 mg-%	580—630 mg-%
Kohlendioxydspannung	50 Vol.-%	50—65 Vol.-%
Kohlenstoff (gesamt)	102—109 mg-%	
Kreatin	0,46—1,87 mg-%	2,4—4,3 mg-%; Kind 6,5 mg-%
Kreatinin	0,5—2,2 mg-%	4—6 mg-%; Kind 8 mg-%
Kupfer	0,014—0,015 mg-%	0,08—0,14, i. M. 0,11 mg-%
Magnesium	1,0—1,3 oder 2,2—4,0, i. M. 3,0 mg-%	1,0—3,0 mg-%
Milchsäure	8—15, i. M. 14,8 mg-%	10—20 mg-%
Natrium	308—350 mg-%	280—350 mg-%
Nitrate	Spuren	
Organische Bestandteile	118 mg-%	
Oxalsäure	> 0,2—2,5 mg-%	3—4 mg-%
β-Oxybuttersäure	negativ	0,5—3,0 mg-%
Phenole	negativ	1—2 mg-%
Phosphor, gesamt	1,37—2,8, i. M. 1,8 mg-%	7—15, i. M. 13 mg-%
anorganisch	1,0—1,85, i. M. 1,3 mg-%	2—5, i.M. 3mg-%; Kind 4—6 mg-%
Lipoid-Phosphor	0,011—0,048 oder 0,9—1 mg-%	3—7 mg-%
Rhodan	0,030—0,060 oder 0,06—0,29 mg-%	im Blut 0,1—0,2 mg-%
Sauerstoffspannung	1,2 Vol.-%	
Schwefel		
Gesamt	47,2—62 mg-%	70 mg-% oder 110—160mg-% (nicht enteiweißt)
Anorganisch	0,25—1,3 mg-%	0,5—4 mg-%
Neutralschwefel	23,9—40,3 mg-%	
Gesamtsulfat-S	18,6—26,5 mg-%	
Sulfate	8—9 mg-%	
Stickstoff		
Gesamt-N	15,7—21,5, i. M. 18,6 mg-%	1,04—1,2%
Rest-N	11—20 mg-%	20—40 mg-%
Rest-N : Eiweiß-N	6,6	0,03
Trockenrückstand	etwa 1%	8—11%
Vitamine		
Ascorbinsäure	0,3—2,1 mg-% (Brustkinder 3,05—6,05mg-%)	0,4—1,0 mg-%
Aneurin	0,2—2,5 γ-%	2—5 γ-%
Gesamtaneurin	bis 18,5 γ-%	4—8 γ-%
Nicotinsäure	10—50, i. M. 26 γ-%	310—520 γ-%
Xanthoproteinwert	6—10	13—28
In nichtenteiweißtem Liquor	20—32	
Zucker	40—85 (bis 100) mg-%	50—110 mg-%
Liquorzucker	0,6—0,7	
Blutzucker		

Tabelle 71. *Normalwerte von*

	Affe	Pferd	Rind	Kalb
Gesamteiweiß (in mg-%) .	8,3—16,6 (occipital)[2] 20—30 (lumbal)[3]	30—66[3, 4]	12—18[4]	10—30[4, 5]
Albumin (in mg-%) . . .	20—30[4]	36[4]	12—18[4]	
Globulin (in mg-%) . . .	negativ[2]	14[4]	negativ[3]	
$\frac{\text{Globulin}}{\text{Albumin}}$	0,26—0,40[4]		0,23[4]	
Zucker (in mg-%)	50—61[2]	49—76[4]	48—67[4] 47[7]	46[4] 51[7]
$\frac{\text{Blutzucker}}{\text{Liquorzucker}}$		1,66[11]	1,26[11]	
Milchsäure (in mg-%) . .				
$\frac{\text{Blutmilchsäure}}{\text{Liquormilchsäure}}$		0,74[11]	0,66[11]	
Harnstoff				40—180 mg-%[12]
NaCl (in mg-%)	690—730[4] 634—731[2]			
Feste Bestandteile				1,077—1,110[5]
Asche (in %)		0,74—0,84[5]		0,737—0,876[5]
Ascorbinsäure (in mg-%) .	2,3[15]			
Reaktion	schwach alkalisch[2]			
Spezifisches Gewicht . . .				
Gefrierpunktserniedrigung				
Zellen	1—3 (occipital)[2] 4—10 (lumbal)[3]	0—5[3]	1—5[3]	
Sonstige Angaben	K und Ca im Durchschnitt wie beim Menschen. Konzentration aller Bestandteile lumbal etwa 3mal so hoch wie occipital	K 10,65 bis 14,20 mg-%[16]; Ca 5,92 bis 7,18 mg-%[17]	Mg 2,17 mg-%; Ca 6,58 mg-%; Cl 404 mg-%; anorganischer P 3,20 mg-%[19]; Blei negativ[18]	

[1] Zusammenfassende Darstellungen: Meyer, H. H.: Der Liquor, Untersuchung und Diagnostik. S. 181. Berlin 1949. — Roeder, F., u. O. Rehm: Die Cerebrospinalflüssigkeit. S. 106 u. 175. Berlin 1942. — Rehm, O.: Schweiz. Arch. Tierheilkde. **76**, 39 (1940).

[2] Kasahara, M., u. Y. Fujisawa: Z. ges. exp. Med. **73**, 11 (1930).

[3] Meyer, H. H.: Der Liquor, Untersuchung und Diagnostik. S. 182. Berlin 1949.

[4] Rehm, O.: Schweiz. Arch. Tierheilkde. **76**, 39 (1940).

[5] Nawratzki, E.: H. **23**, 532 (1897).

[6] Pegreffi, G., e C. Doria: Nuova Veterin. **15**, 363 (1937).

[7] Friedmann, A. P., u. R. Ch. Arkina: Arch. biol. Nauč **39**, 539 (1935) [Ber. Physiol. **95**, 218].

[8] Janik, F.: Kli. Wo. **1935 II**, 1077.

[9] Nigge, nach [3].

[10] Kaieda, J.: H. **188**, 193 (1930).

[11] Friedmann, A. P., u. R. Ch. Arkina: Arch. biol. Nauč **50**, 129 (1938) [Ber. Physiol. **119**, 109].

[12] Rossi, P.: C. R. Soc. Biol. **130**, 1437 (1939).

[13] Kasahara, M., u. T. Kai: Z. ges. exp. Med. **91**, 784 (1933).

Liquorproben verschiedener Tiere[1].

Ziege	Kaninchen	Hund	Katze	Haifisch
8,3—16,6 (occipital)[2]; etwa 30 (lumbal)[4]	15—19[2]	8,3—62 (occipital)[2] 8—30[3]	8,3—16,6 (occipital)[2]	
8,3—16,6 (occipital)[2]	15—19[2]	8,3—62 (occipital)[2]	8,3—16,6 (occipital)[2]	
negativ[2]	negativ[2]	negativ[2]	negativ[2]	
80[4] 49,9—57[2]	42—90[2, 8]	54—90[2, 4, 6, 7, 9]	53—67[2]	24 (postmortal)[10]
	1,56[11]	1,11—1,13 (venös); 1,22 (arteriell)[11]		
	13,5—14,8 (bis 16,5) i. M. 14,4[13]	20,0		
		1,21 (venös); 1,22 (arteriell)[11]		
				1,47—2,62 % [10, 14]
681 (Einzel- untersuchung)[2]	600—730[2]	667—700[2]	670—723[2]	(825 Cl)[10]
		1,2—1,275 %		4,369 % (organisch 2,762 %, an- organisch wasserlöslich 1,478 %, wasserunlöslich 0,085 %)[10]
		0,98—1,0[6]		1,628[10]
4,2[15]	3,6[15]	6,6[15]	4,6[15]	
schwach alkalisch[2]	7,4—7,55[2]	7,6—7,8[6]	schwach alkalisch[2]	7,23[10]
1004[1]	1005[2]	1006—1009[2, 6]		10233[10]
		0,61—0,63°[6]		2,061°[10]
1—5[2]	0—5[2]	1—6[2]; 0—2[6]	0—5[2]	
	Menge: 1,0—1,5 cm³;[2] Aminosäuren 1,510—2,406 mg-%[20] Amylase +[26]; Aneurin 0,015 bis 0,022 mg-%[25]	CO_2 40,2—46,6 Vol-%[24]; Br/Cl wie im Plasma[22]; Ca 4,7—5,4 mg-% [23]; Mg 3,1—3,6 mg-%; Cl 412—449 mg-%; anorganischer P 1,1—1,3 mg-%[21] Amylase +[6]	Br/Cl wie im Plasma[22]	Gesamt-N 1,24 %; Rest-N 0,98 %; Kreatin 16 mg-%; Kreatinin negativ; Harnsäure 0,143 mg-%; Amylase +++; Esterase+++; Trypsin +[10]; K 27,5 mg-%; Na 294 mg-%; Ca 13,51 mg-%; Mg 5,43 mg-%; anorganischer P 4,36 mg-%; H_2SO_4 53 mg-%; Cl 825 mg-%; Si 0,938 mg-%[10]

[14] KISCH, B.: B. Z. **225**, 197 (1930).
[15] KASAHARA, M., u. H. GAMMO: Z. ges. Neurol. Psychiatr. **157**, 147 (1937).
[16] BEHRENS, H., u. P. BRÜNING: Dtsch. tierärztl. Wschr. **57**, 366 (1950).
[17] BEHRENS, H.: Dtsch. tierärztl. Wschr. **57**, 294 (1950).
[18] STRAUBE, G.: Kli. Wo. **1948**, 595.
[19] FRIEDMANN, A. P., u. W. W. PETROWA: Ark. biol. Nauč **39**, 209 (1935) [Ber. Physiol. **94**, 447].
[20] KASAHARA, M., u. T. SHINGU: Z. ges. exp. Med. **74**, 698 (1930).
[21] MANZINI, C.: Boll. Soc. ital. Biol. sperim. **9**, 417, 419, 421 (1934). — KARLSTRÖM, F.: Acta med. scand. Suppl. **138**, 1 (1942).
[22] FREY, E.: A. e. P. P. **163**, 399 (1932).
[23] HERTZ, W.: B. Z. **217**, 337 (1930).
[24] KASAHARA, M., u. I. YASUDA: Z. ges. Neurol. Psychiatr. **154**, 621 (1936). — SCHÜRMEYER, A., u. H. SCHWARZ: Kli. Wo. 1927 II, 2470.
[25] KASAHARA, M., u. F. MORI: Kli. Wo. 1940 I, 631.
[26] KASAHARA, M., u. S. TAKAISHI: Z. ges. exp. Med. **74**, 702 (1930).

Tabelle 72. *Allgemeine und physikalische Normalwerte im Lumballiquor und Serum.*

	Liquor	Serum
Gesamtmenge . . .	100—180 cm³	
Täglich neugebildete Menge.	etwa ¹/₂ Liter	
Druck (im Liegen) .	60—200 mm H_2O	
Farbe	wasserklar, farblos; in den ersten 3 Lebenswochen xanthochrom	
Temperatur	zwischen axillarer und rectaler Temperatur	
Gefrierpunktserniedrigung	0,56°	0,56°
Osmotischer Druck in % NaCl	0,917	0,921 (= 400 mm Wasser)
Spezifisches Gewicht	1003—1009, i. M. 1007	1029—1032
p_H	7,35—7,9, i. M. 7,4	7,38—7,40
Alkalireserve in Vol.-% CO_2 . . .	50,6—57,4	55—65 (Mann) 50—60 (Frau)
Wassergehalt . . .	etwa 99%	89—92%
Viscosität im OSTWALD-Viscosimeter	1,01—1,06, i. M. 1,05	1,6—2,0
im HÖPPLER-Viscosimeter . . .	0,725—0,808, i. M. 0,774	1,11—1,41, i. M. 1,22
Oberflächenspannung dynamischer Wert statischer Wert . stalagmometrisch	62,1—65,1, i. M. 63,6 dyn 59,5—62,5, i. M. 61,0 dyn 101—105 Stalagmometertropfen	55—60 dyn
Elektrische Leitfähigkeit	1,31—1,38 × 10²	1,06—1,19 × 10²
Refraktometerwert .	1,33494—1,33510, i. M. 1,33502	1,34836—1,35132
Interferometerwert .	1360—1380	1348—1350

Beim Kind wurde beobachtet, daß intravenös injiziertes Vitamin B_1 rasch in den Liquor übergeht[1]; beim Erwachsenen — wie auch beim Hund — liegen hierüber widersprechende Untersuchungsergebnisse vor[2, 3]. Beim Kaninchen beträgt der Normalwert 12,5—22 γ-%[4]. Unter pathologischen Verhältnissen kommen erhöhte[5, 6] und verminderte[2] Werte vor.

Lactoflavin kommt im normalen Liquor nicht vor[7]. Es geht, nach Untersuchungen an Hunden und Katatonikern, nicht aus dem Blut in den Liquor über, während es, intralumbal injiziert, schnell aus dem Liquor in das Blut übergeht[3].

Nicotinsäure wird regelmäßig bereits im normalen Liquor gefunden. Die Angaben über Normalwerte sind jedoch nicht einheitlich; es werden 16—20 γ-%[8], 12—35 γ-%

[1] BOLLETINO, A.: Med. ital. **21**, 343 (1940) [Ber. Physiol. **122**, 360].
[2] VILLELA, G. G.: C. R. Soc. Biol. **130**, 1493 (1939).
[3] DEMOLE, V., et H. BERSOT: Int. Congr. Neurol. **3**, 877 (1939).
[4] KASAHARA, M., u. F. MORI: Kli. Wo. **1940**, 631.
[5] BLUME u. E. PÜSCHEL: Mschr. Kinderheilkde. **98**, 147 (1950).
[6] VILLELA, G. G.: Science, N. Y. **89**, 251 (1939).
[7] Stepp-Kühnau-Schroeder, Vitamine 7. Aufl. Bd. 1, S. 233.
[8] CAZZULLO, C. L.: Boll. Soc. ital. Biol. sperim. **16**, 755 (1941) [Ber. Physiol. **132**, 94].

(im Blut 310—520, im Mittel 377,5 γ-%)[1], 10—50, im Mittel 26 γ-%[2], 36—60 γ-%[3] und Mittelwerte von 70 γ-% beim Erwachsenen, 25 γ-% beim Kind[4] angegeben. Unter pathologischen Verhältnissen kann es zu Vermehrung (bei eventuell gleichzeitiger Verminderung im Blut!) und zu Verminderung bis zu völligem Verschwinden kommen[1].

Vitamin A[5] und Vitamin E[6] konnten im Liquor bisher nicht nachgewiesen werden. Über die übrigen Vitamine wurden keine Angaben gefunden.

4. Pathologische Flüssigkeitsansammlungen.

Von

K. Hinsberg und W. Geinitz.

a) Allgemeines und Unterscheidungsmerkmale zwischen Transsudat und Exsudat.

Bereits unter physiologischen Verhältnissen wird in die von serösen Häuten ausgekleideten Hohlräume des Körpers Flüssigkeit abgesondert. Dieses „physiologische Transsudat" stimmt in seiner Zusammensetzung im wesentlichen mit der Lymphe überein. Seine Menge ist, außer in den Arachnoidalräumen und im Herzbeutel, für eine vollständige chemische Analyse zu gering.

Zu größeren Flüssigkeitsansammlungen in den präformierten Körperhöhlen (in Brusthöhle, Bauchhöhle, Herzbeutel, Gelenkspalten, zwischen den Hodenhüllen usw.) kann es unter pathologischen Verhältnissen kommen; außerdem kann es zur Bildung von Flüssigkeit in pathologisch entstandenen Hohlräumen kommen: In Cysten verschiedenster Art und Genese (Ovarialcysten, Spermatocelen, durch Cysticercusarten oder Echinococcus hervorgerufenen parasitäre Cysten und viele andere), sowie in Hautblasen, die durch Krankheiten, Allergie, Verbrennung, Vesicantien (z. B. Cantharidin) und ähnlichen, zu entzündlichem Ödem führenden Einwirkungen entstanden sind.

Für die Bildung von Ergüssen in Körperhöhlen gelten im wesentlichen dieselben Voraussetzungen wie für die Ödembildung.

Bei den pathologischen Ergüssen in präformierten Körperhöhlen wird zwischen Transsudat und Exsudat unterschieden, wobei man mit Transsudat die nichtentzündlichen, eiweißarmen Ergüsse, mit Exsudat die auf entzündlicher Grundlage entstandenen verhältnismäßig eiweißreichen Ergüsse bezeichnet. Die Grenze zwischen beiden Formen ist zwar nur künstlich gesetzt und es gibt fließende Übergänge zwischen ihnen, jedoch hat sich diese Einteilung für die Praxis als sehr brauchbar erwiesen und soll daher auch hier beibehalten werden.

Die *Probe nach* RUNEBERG *und* RIVALTA[7] beruht auf der Fällung eines nur in Exsudaten vorkommenden globulinartigen Eiweißkörpers durch Essigsäure.

Ausführung:

Ein Reagensglas wird zu $^3/_4$ mit Wasser gefüllt, dazu 1 Tropfen Essigsäure gegeben und gut gemischt. Dann läßt man in das Glas 1 Tropfen der zu untersuchenden Punktionsflüssigkeit fallen. Eine zigarettenrauchähnliche Trübung bedeutet positive Reaktion.

Die *Reaktion nach* MORELLI[8] beruht auf der Fällung eines Eiweißkörpers durch wäßrige Quecksilber(II)-chloridlösung.

---

[1] VEROTTI, I.: Pediatria, Riv. **51**, 1 (1943).
[2] CESARO, A. N.: Boll. Soc. ital. Biol. sperim. **17**, 103 (1942).
[3] MURANO, G., e V. BAFFI: Pediatria Riv. **55**, 177 (1947).
[4] Stepp-Kühnau-Schroeder, Vitamine 7. Aufl. Bd. 1, S. 288.
[5] Stepp-Kühnau-Schroeder, Vitamine 7. Aufl. Bd. 1, S. 55.
[6] FRANKLIN, B., and F. PRESCOTT: The Vitamins in Medicine. 2. Aufl. S. 715. London 1948. — COUPERUS, J.: Z. Vit.-Forsch. **13**, 193 (1943).
[7] RIVALTA, F.: Policlinico, Sez. prat. **1929 I**, 879. — Müller-Seifert 66. Aufl. S. 273.
[8] LIPP, H.: Untersuchungsverfahren für die Allgemein-Praxis. 3. Aufl. S. 109. München, Berlin 1939.

Tabelle 73. *Die hauptsächlichsten Unterscheidungsmerkmale zwischen Transsudaten und Exsudaten.*

	Transsudat	Exsudat
Spezifisches Gewicht	1003— 1015	über 1018
Formelemente	sehr wenig Zellen	viele Zellen
Eiweiß	bis 0,3 %	0,3—0,7 (—0,85) %
Fibrinogen	fehlt völlig oder ist nur in ganz geringem Grade vorhanden; keine spontane Gerinnung	reichlich vorhanden, verursacht meist spontane Gerinnung
Probe nach RUNEBERG und RIVALTA (Ausführung s. o.)	negativ	positiv
Reaktion nach MORELLI (Ausführung s. u.)	negativ	positiv (mit Ausnahme der tuberkulösen Pleuraexsudate)
Probe nach LUCCHERINI (Ausführung s. u.)	negativ	positiv
Abspaltungsvermögen für Eisen aus Hämoglobinlösung, die 24 Std bei 37° mit dem Punktat bebrütet wird[1]	gering, bis zu 7 γ	bedeutend, bis zu 275 γ

Ausführung:

In ein Reagensglas mit gesättigter wäßriger Quecksilber(II)-chloridlösung läßt man 3—4 Tropfen der zu untersuchenden Punktionsflüssigkeit fallen. Bei positivem Ausfall bildet sich an der Oberfläche ein ringförmiges gelbliches dichtes kompaktes Gerinnsel, das entweder an der Wand des Glasröhrchens haftet oder nach einiger Zeit als Ganzes auf den Grund sinkt. Bei Transsudaten bildet sich zwar auch ein Gerinnsel, dieses zerfällt aber nach einiger Zeit in zahlreiche Flocken und Stückchen, die auf den Grund sinken. — Der Wert der Probe wird dadurch beeinträchtigt, daß auch Pleuraexsudate tuberkulöser Genese stets negative Reaktion ergeben.

Auch die *Probe nach* LUCCHERINI[2] ist eine Eiweißkörperfällungsreaktion.

Ausführung:

2 cm³ 3 %iger Wasserstoffperoxydlösung werden mit 1 Tropfen der zu untersuchenden Flüssigkeit versetzt. Bei exsudativen Ergüssen tritt eine bläulich-weiße, opalescierende Trübung auf.

b) Eigenschaften und Bestandteile pathologischer Ergüsse.

α) Seröse Ergüsse.

Die nichtentzündlichen Ergüsse (= Transsudate) sind meist fast klar und farblos, eventuell von schwach gelblicher bis hellgrünlicher *Farbe*; die entzündlichen serösen Ergüsse (= seröse Exsudate) sind meist stroh- bis citronengelb. Beim Stehen an der Luft nehmen beide einen grünlichen Ton an und werden dichroid[3]: Sie zeigen gelbe Farbe im durchfallenden Licht, grüne im reflektierten. Bei Blutbeimischungen sind die Ergüsse je nach Menge der Erythrocyten mehr oder weniger rötlich. Wenn die Erythrocyten alle anderen Zellen überwiegen, wird von einem hämorrhagischen Erguß gesprochen (s. S. 348). Grüne Farbe ist auf Gallenfarbstoffe zurückzuführen, die im Erguß bei Vermehrung von Bilirubin im Blut auftreten können. GUTTMANN[3] teilte einen Fall mit, in dem das Pleurapunktat im Verlauf einiger Stunden allmählich tiefblaue Farbe annahm: Der Erguß enthielt eine indigoartige Substanz, die an der Luft zu Indigo oxydiert wurde. Der Geruch seröser Ergüsse ist indifferent, fade. Ergüsse der Bauchhöhle können bei Bacterium coli-Gehalt ausgesprochenen Fäcalgeruch haben. Die serösen Transsudate enthalten sehr wenig *Formelemente*, während die serösen Exsudate reichlich Epithelzellen,

[1] MASSHOFF, W., W. GRANER u. H. HELLMANN: Virchows Arch. 317, 114 (1949). —MASSHOFF, W., u. W. GRANER: Kli. Wo. 1949, 730.

[2] Hallmann, 6. Aufl. S. 141.

[3] GUTTMANN, P.: D. m. W. 1887, 1097.

Leukocyten, Lymphocyten, Bakterien usw. enthalten können; es gibt hier alle fließenden Übergänge bis zum eitrigen Exsudat und schließlich zum reinen Eitererguß (s. S. 349). Die Reaktion seröser Transsudate ist alkalisch, die der Exsudate meist saurer als die des Blutes[1]. Die molare Konzentration unterliegt im allgemeinen nur geringen Schwankungen und weist keinerlei charakteristische Unterschiede bei Ergüssen verschiedener Genese auf. Die *Gefrierpunktserniedrigung* beträgt 0,52° bis 0,55°, das *spezifische Gewicht* zwischen 1003 und 1030; Ergüsse mit spezifischem Gewicht bis 1015 werden den Transsudaten zugerechnet, solche mit spezifischem Gewicht über 1018 den Exsudaten. Das spezifische Gewicht ist im allgemeinen um so höher, je reichlicher der Gehalt an Eiweiß und morphologischen Bestandteilen ist; die Abhängigkeit von krystalloiden Bestandteilen ($NaCl$, Harnstoff, Harnsäure usw.) ist gering, da diese ziemlich konstant und in nur verhältnismäßig kleiner Menge vorkommen. Die *Viscosität* ist, in Abhängigkeit von der Menge kolloidaler Bestandteile und — bei entzündlichen Ergüssen — von dem Hyaluronsäuregehalt, sehr wechselnd; im HÖPPLER-Viscosimeter wurden für Ascites Werte von 1,055—1,267, im Mittel 1,105 gefunden[2]. Der kolloidosmotische Druck in Exsudaten liegt zwischen 1,6 und 4,4 mm Hg[3]. Im Ascites von Leberkranken ist der kolloidosmotische Druck trotz geringen Eiweißgehaltes verhältnismäßig hoch[4].

Der *Trockenrückstand* von Transsudaten beträgt im Mittel 3,24% und setzt sich aus 0,37% Asche und 2,87% organischen Stoffen zusammen. Im Exsudat sind es 6,73% Trockenrückstand = 0,93% Asche und 5,80% organische Stoffe[5]. Die Gesamtmenge der anorganischen Bestandteile soll in Exsudaten geringer als in Transsudaten sein[6].

Anorganische Bestandteile. Die Verteilung von Na- und Cl-Ionen zwischen Serum und Pleuraergüssen entspricht völlig dem DONNANschen Gleichgewicht[7]. Das Verhältnis der Chloride von Transsudaten zu denen des Serums soll nach LICHTWITZ[8] ebenfalls dem DONNANschen Gleichgewicht entsprechen. Andere Untersucher fanden jedoch, daß hier für die Verteilung des $NaCl$ wie auch des $NaHCO_3$ nicht das DONNAN-Gleichgewicht, sondern das DERRIENsche Gesetz Geltung habe[9]. Das molare Verhältnis Na/Cl ist im Peritonealerguß immer größer als 1[10].

Nach neueren Untersuchungen, die bei starker Ascitesbildung fast immer erniedrigte Natriumwerte in Serum und Urin, manchmal auch in Speichel und Schweiß ergaben, ist anzunehmen, daß der Organismus bei Ascitesbildung das Natrium den eigenen Körpersäften entzieht[11]. Auf diese Zusammenhänge weisen auch LAYNE und Mitarbeiter[12] hin.

Sämtliche *Kationen* sind der Blutflüssigkeit gegenüber vermindert. In 3 Pleuraexsudaten wurde ein Rhodangehalt von 45—52 γ-% gefunden, in einem Ascites 35 γ-%[13]. Der Chlorgehalt ist gleich dem des Blutes oder sogar erhöht. Die Angaben über die anderen *Anionen* sind uneinheitlich. Die Einzelwerte sind der folgenden Tabelle 74 zu entnehmen.

Nach intravenöser Injektion von Quecksilberdiureticis gehen nur verhältnismäßig geringe Mengen in die Peritoneal- und Pleuraflüssigkeit über, wie mit Hilfe von radioaktivem Quecksilber festgestellt wurde[14].

[1] LICHTWITZ, L.: Klinische Chemie. 2. Aufl., S. 629. Berlin 1930.
[2] SCHWELM, H.: Arch. Gynäk. **172**, 288 (1942).
[3] LICHTWITZ, L.: Klinische Chemie. 2. Aufl., S. 631. Berlin 1930.
[4] BUTT, H. R., A. M. SNELL and A. KEYS: Arch. internal Med., Chicago **63**, 143 (1939).
[5] LASSAR, O.: Virchows Arch. **69**, 516 (1877).
[6] Neuberg, Harn Bd. 2, S. 1129.
[7] BALINT, P., u. G. BENKÖ: Exper. **3**, 458 (1947).
[8] LICHTWITZ, L.: Klinische Chemie. 2. Aufl. S. 630. Berlin 1930.
[9] DERRIEN, Y., G. JAYLE et P. FRIZET: C. R. Soc. Biol. **126**, 366 (1937).
[10] KLODT, W., u. C. DIENST: A. e. P. P. **182**, 262 (1936).
[11] EISENMENGER, W. J., S. H. BLONDHEIM, A. M. BONGIOVANNI and H. G. KUNKEL: J. clin. Invest. **29**, 1491 (1950).
[12] LAYNE, J. H., F. R. SCHEMM and W. W. HURST: Gastroenterol., Baltimore **16**, 91 (1950).
[13] BLUM, R.: Z. klin. Med. **107**, 61 (1928).
[14] RAY, C. T., G. E. BURCH, S. A. THREEFOOT and F. J. KELLY: Amer. J. med. Sci. **220**, 160 (1950).

Tabelle 74. *Mineralstoffe in serösen Ergüssen und Blut*[1].

	Hund		Mensch			
	Transsudat	Serum	Transsudat	Serum	Exsudat	Plasma
Wasser (%)	98,9	94,5	96,7	93,7		
Trockenrückstand (%) . . .	1,1	5,5	3,3	6,3		
Eiweiß (%)	0,36	5,54	3,09	6,25		
Natrium (mg-%)	340	345	320	323	314	335
Kalium (mg-%)	19,8	19,5	13,0	17,1	21,3	26,2
Calcium (mg-%)	6,89	9,31	7,68	9,42	7,7	10,0
Magnesium (mg-%).	2,07	2,48	2,27	2,36		
Chlor (mg-%)	442	411	363	340	376	368
Anorganischer P (mg-%) . .	4,34	4,50	3,46	3,52		
CO_2 (Vol.-%).	60,4	52,7	64,8	64,6		

Bei den Hunden sind die Werte aus einem künstlich erzeugten Ascites, bei den Menschen aus Hydrothorax und Ascites Kranker ermittelt worden. Bei den unter „Exsudat" angegebenen Werten handelt es sich um ein tuberkulöses Pleuraexsudat.

In Transsudaten kommen nur kleine Mengen *Stickstoff* und Spuren *Sauerstoff* vor; es findet sich vor allem *Kohlendioxyd*. Die Kohlendioxydspannung ist größer als im Blut[2].

Organische Bestandteile. Das Transsudat enthält nur sehr geringe Mengen kolloidaler Bestandteile. Der *Eiweißgehalt* ist 0,2—3,0%. Bei längerem Bestehen können allerdings infolge der Resorption von Flüssigkeit auch bei nichtentzündlichen Ergüssen höhere Eiweißkonzentrationen erreicht werden[3]. Bei entzündlichen Prozessen steigt die Durchlässigkeit gegenüber kolloidalen und geformten Elementen, so daß Exsudate einen Eiweißgehalt von etwa 2,5—7% aufweisen; der Eiweißgehalt und der kolloidosmotische Druck des Blutes werden jedoch nur ausnahmsweise erreicht[4], z. B. bei tuberkulösen Pleuraexsudaten, bei denen Eiweißwerte bis 8,5% vorkommen[5].

Im Transsudat überwiegen die Albumine: Der Mittelwert für Albumin beträgt 2,23%, der Mittelwert für Globuline 0,595%, der Mittelwert für Fibrinogen 0,03%. Der Albumin/Globulin-Quotient beträgt 2,5—3,5:1[3]. Bei den entzündlichen Ergüssen findet sich eine Globulinvermehrung und eine Albuminverarmung[6]: Der Albumin/Globulinquotient beträgt 0,8—2,0:1[3]. Der Grund hierfür ist wahrscheinlich in der verschiedenen Molekülgröße und damit verschiedenen Diffundierbarkeit der Albumine und Globuline zu suchen. Das könnte auch die Tatsache erklären, daß ganz allgemein frische Ergüsse mehr Albumin, ältere Ergüsse mehr Globulin enthalten[7], da bei Schädigung der serösen Häute zunächst die Albumine die Möglichkeit haben, zu diffundieren. In älteren Ergüssen können die Globuline schließlich $^9/_{10}$ des Gesamteiweißes ausmachen[3]. Fibrinogen fehlt in Transsudaten völlig oder ist nur in ganz geringen Mengen vorhanden. In Exsudaten dagegen kann es sehr reichlich vorhanden sein und spontane Gerinnung verursachen.

In elektrophoretischen Untersuchungen wurde gefunden, daß die in den Ergüssen der Bauch- und Brusthöhle vorkommenden Eiweißfraktionen die gleichen wie im Blutserum sind, wobei der relative Gehalt der Albumine und Globuline gegenüber denjenigen des gleichzeitig entnommenen Serums Unterschiede von höchstens 2,5% aufweist[8].

[1] GREENE, C.H., J.L. BOLLMAN, N.M. KEITH and E.G. WAKEFIELD: J. biol. Ch. 91, 203 (1931).— ACHARD, CH., J. LÉVY et M. PACU: C. R. Soc. Biol. 107, 664 (1931).

[2] Hammarsten, 11. Aufl. S. 278.

[3] BRUNS, O., u. W. EWIG: Die physikalisch-chemischen Eigenschaften der Ergüsse. Spez. Path. Therap. inn. Krankh. (KRAUS-BRUGSCH). Bd. 3, S. 461. Berlin, Wien 1924.

[4] LICHWITZ, L.: Klinische Chemie. 2. Aufl. S. 629. Berlin 1930.

[5] POLONOVSKI, M.: Medizinische Biochemie. 5. Aufl. S. 391. Saulgau 1951.

[6] JOACHIM, J.: Pflügers Arch. 93, 558 (1903).

[7] DESBORDES, J.: C. R. Soc. Biol. 127, 784 (1938).

[8] SCHAUB, F., u. A. ALDER: Schweiz. med. Wschr. 81, 483 (1951).

Die Exsudate enthalten außer Albumin, Globulin und Fibrinogen regelmäßig einen durch Essigsäure fällbaren Eiweißkörper, auf dessen Anwesenheit die RUNEBERG-RIVALTA-Probe beruht (s. S. 341).

Eiweißzucker ist in nichtentzündlichen Ergüssen bis 0,06% vorhanden; das Verhältnis Eiweißzucker zu Gesamtstickstoff beträgt nicht über 0,12. Bei tuberkulösen Pleuraexsudaten werden Eiweißzuckerwerte von im Mittel 0,2% gefunden, und der Quotient Eiweißzucker/Gesamtstickstoff ist erhöht auf etwa 0,22[1].

Auch der BENCE-JONESsche Eiweißkörper wurde in seltenen Fällen beobachtet[2].

In entzündlichen Ergüssen findet sich ein Faktor, der Vermehrung und Ausschüttung von Leukocyten begünstigt; er ist thermostabil und in der Pseudoglobulinfraktion der Exsudate enthalten; bei Elektrophorese wurde er zwischen α_1- und α_2-Globulin gefunden[3].

In Transsudaten und Exsudaten finden sich sowohl gruppenspezifische Isohämoagglutinine als auch Heteroagglutinine und gruppenspezifische Antiagglutinine[4].

Für *Gesamtstickstoff* werden Werte von 317,8—837,2 mg-% angegeben[5]. Der *Reststickstoff* in Transsudaten zeigt Werte um 30 mg-%; er unterscheidet sich also nicht wesentlich von dem des Blutserums[6]. In Exsudaten liegen die Reststickstoffwerte etwas höher; es wurden Werte von 32,5 bis 39,5 mg-% festgestellt[5].

Über die Zusammensetzung der Reststickstofffraktion in einem Ascites s. Tabelle 75.

Nach älteren Angaben entspricht der Harnsäuregehalt der Transsudate dem des Blutes; der Harnsäurestickstoffgehalt beträgt im Mittel 4 mg-%[8]. In anderen Untersuchungen wurden 30 mg-% Harnstoff und 13 mg-% Harnsäure gefunden.

Tabelle 75. *Reststickstoff und seine Bestandteile in einem Ascites* (in mg-%)[7].

		% vom Rest-N
Rest-N	27,5	
Purin-N	0,39	1,42
Ammoniak . . .	1,20	4,37
Kreatinin . . .	2,43	8,82
Kreatin	3,20	12,07
Aminosäuren . .	6,38	23,21
Harnstoff . . .	14,39	52,31

In pleuritischen Ergüssen wurden 0,0005—2,4 mg-% *Histamin* gefunden, in peritonitischen Ergüssen 0,0005—0,0025 mg-%; es fand sich kein Zusammenhang mit dem Gesamtstickstoff des Blutes[9].

Als Folge der Wirkung proteolytischer Fermente, die mindestens zum großen Teil aus zelligen Elementen, speziell den polymorphkernigen Leukocyten stammen, kommen in den entzündlichen Ergüssen *Polypeptide* und *Aminosäuren* vor. Entsprechend der Herkunft der proteolytischen Fermente finden sich diese Eiweißabbauprodukte nicht in Transsudaten und in rein lymphocytären, z. B. tuberkulösen Exsudaten[10]. In Exsudaten finden sich außerdem noch andere Eiweißkörper: Zelleiweiße, „Paralbumine", Nucleoproteide und ähnliche Substanzen. Die Werte für Aminosäurestickstoff in entzündlichen

[1] POLONOVSKI, M.: Medizinische Biochemie. 5. Aufl., S. 391. Saulgau 1951.

[2] ELLINGER, A.: Dtsch. Arch. klin. Med. **62**, 255 (1899). — GERHARTZ, H.: Chemie der Transsudate und Exsudate. Handb. Biochem. II, 2. Abt. Jena 1909.

[3] MENKIN, V.: Arch. Path., Chicago **30**, 363 (1940); **41**, 50 (1946). Science **91**, 320 (1940). Proc. Soc. exp. Biol. Med. **64**, 448 (1947). Blood **3**, 939 (1948). Proc. Soc. exp. Biol. Med. **75**, 378 (1950). — MENKIN, V., and M. A. KADISH: Amer. J. med. Sci. **205**, 363 (1943). — MENKIN, V., M. D. MATTISON and E. ULLED: Proc. Soc. exp. Biol. Med. **61**, 318 (1946). — DILLON, M. L., G. R. COOPER and V. MENKIN: Proc. Soc. exp. Biol Med. **65**, 187 (1947).

[4] YOSIDA, K. I.: Z. ges. exp. Med. **63**, 331 (1928).

[5] APPRICH, K., u. F. F. URBAN: B. Z. **292**, 360 (1937).

[6] LUCCHERINI, T.: Arch. Farmacol. sperim. **48**, 271 (1930).

[7] LUSTIG, B., u. K. FÜRTH: B. Z. **215**, 286 (1929).

[8] Neuberg, Harn Bd. 2, S. 1128.

[9] GIBERTINI, G.: Boll. Soc. ital. Biol. sperim. **17**, 423 (1942). — Siehe a. OKADA, M.: Z. ges. exp. Med. **98**, 345 (1936).

[10] LICHTWITZ, L.: Klinische Chemie. 2. Aufl. S. 630. Berlin 1930. — PUECH, A.: Bull. Soc. Sci. méd. biol. Montpellier **7**, 170 (1926).

Perikardial-, Pleura- und Peritonealergüssen liegen zwischen 3,4 und 7,9 mg-%; das sind 63,8—88,7% des entsprechenden Wertes im Blut (s. auch Tabelle 76)[1].

Bei erhöhter Konzentration im Blut steigt der Aminosäurestickstoffgehalt in den serösen Ergüssen nicht im gleichen Maße. Sehr hohe Aminostickstoffwerte werden in eitrigen Pleuraexsudaten, in denen durch örtliche fermentative und putrefizierende Einflüsse starke Eiweißzersetzungen stattfinden können, gefunden (s. Tabelle 76)[1].

Tabelle 76. *Aminosäurestickstoff in Ergüssen und im Blut*[1].

Körperflüssigkeit	Zahl der Fälle	Mittlerer Aminosäure-stickstoffwert in mg-%		Prozente des Wertes im Blut
		Blut	Punktat	
Ascites	51	6,4 (9,8—4,4)	5,1 (6,8—3,4)	79,5
Davon bei Lebercirrhose	16	6,0 (8,0—4,9)	5,0 (6,8—3,4)	86,3
Fälle mit höchsten Amino-N-Werten im Blut .	8	8,3 (9,8—7,4)	5,7 (6,8—4,3)	68,9
Fälle mit tiefsten Amino-N-Werten im Blut . .	7	5,1 (5,2—4,9)	4,5 (5,2—4,0)	88,7
Perikarditische Ergüsse	5	6,6 (7,7—5,8)	4,2 (4,6—4,0)	63,8
Pleuraergüsse ohne Empyem	75	6,7 (10,2—5,0)	5,1 (7,9—3,6)	76,3
Empyeme	20	6,6 (8,4—4,8)	43,8 (260,0—7,0)	667,4

Der *Fettgehalt* der serösen Ergüsse ist meist nicht bedeutend, er kann auch gleich Null sein.

Der durchschnittliche *Cholesteringehalt* der Transsudate wird mit 46,2 mg-% angegeben, der der Exsudate mit 89,6 mg-%[2]. Es finden sich keine Beziehungen zum Blutcholesterin. Im Laufe einer Krankheit kommt es zu einer Cholesterinzunahme im Erguß, und in älteren chronischen Ergüssen finden sich bisweilen sogar ausgefallene Krystalle, die der Ergußoberfläche ein eigenartiges Glitzern verleihen.

HALSE[3] gibt für ein Pleuratranssudat 142 mg-% Phosphatide an, für ein Peritonealtranssudat 164 mg-%.

Lecithin wurde in Mengen von 60—150 mg-% gefunden[4].

Der *Zuckergehalt* der Transsudate ist teils gleich dem des Blutes, teils liegt er höher[5, 6].

Auch in den Exsudaten der Pleura wurden bisweilen höhere Zuckerwerte gefunden als im Blut; im allgemeinen jedoch ist in den Ergüssen, die Eiterbildner enthalten, der Zucker infolge glykolytischer Vorgänge vermindert oder sogar — besonders in tuberkulösen Pleuraergüssen — völlig verschwunden[5]. Diese Tatsache ist zur Differentialdiagnose von tuberkulösen und nichttuberkulösen Pleuraergüssen herangezogen worden[7]. Die anfängliche Angabe, daß Werte unter 60 mg-% für Tuberkulose, solche über 60 mg-% gegen Tuberkulose sprechen, konnte in dieser Form nicht bestätigt werden[8], jedoch sollen nach neuen Untersuchungen Werte unter 60 mg-% nur bei Tuberkulose, Werte über 100 mg-% fast nie bei Tuberkulose vorkommen; Werte zwischen 60 und 100 mg-% sind diagnostisch nicht verwertbar[9].

[1] REICHE, F.: Med. Klin. **1933** I, 599.
[2] EMMER, V.: Čas. Lék. čes. **1936**, 817 [Ber. Physiol. **97**, 32].
[3] HALSE, T.: Fibrinolyse. S. 131/32. Freiburg, Aulendorf 1948.
[4] BRUNS, O., u. W. EWIG: Die physikalisch-chemischen Eigenschaften der Ergüsse. Spez. Path. Therap. inn. Krankh. (KRAUS-BRUGSCH). Bd. 3, S. 461. Berlin, Wien 1924.
[5] SCHELLER, R.: M. m. W. **1926**, 1879.
[6] LICHTWITZ, L.: Klinische Chemie. 2. Aufl., S. 630. Berlin 1930.
[7] GELENGER and WIGGERS: Dis. Chest **3**, 325 (1949). Zit. von [8].
[8] ENGELBACH, K.: Tuberk.-Arzt **4**, 327 (1950).
[9] CALNAN, W. L., B. J. O. WINFIELD, H. F. CROWLEY and A. BLOOM: Brit. med. J. **1951** I, 1239.

Auch in Ergüssen werden die Zuckerwerte üblicherweise mit der Methode von HAGE-DORN-JENSEN ermittelt. Den *Glucosegehalt* kann man mittels der Osazonprobe feststellen, wobei sich deutliche Unterschiede ergeben können; in Ascites wurden 56 mg-% als Reduktionswert und 40 mg-% als Osazonwert gefunden[1].

In Exsudaten können aus Pneumokokken stammende *Polysaccharide* gefunden werden[2].

Der *Milchsäuregehalt* der Transsudate ist etwa gleich dem des Blutes, kann aber auch etwas darüber liegen; es wurden Werte von 17—32 mg-%, bei Stauungsascites Werte um 10 mg-% gefunden. In Exsudaten finden sich höhere Werte als im Blut[3]. Entsprechend dem durch Glykolyse abgebauten Zucker vermehrt sich die Milchsäure; so fanden sich sehr hohe Werte (um 40 mg-%) bei den mit völligem Zuckerschwund einhergehenden tuberkulösen Pleuraergüssen[4]. Ähnliche Verhältnisse fanden sich bei Tumorexsudaten[3,5]; es wurden unter diesen jedoch auch Punktate beschrieben, bei denen die Milchsäurewerte sehr hoch lagen (um 50 mg-%), und bei denen kein wesentlicher Zuckerschwund[3] oder kein entsprechender cytologischer Befund[5] festgestellt wurde.

In allen entzündlichen Ergüssen findet sich *Hyaluronsäure*[6], in besonders hohem Maße in den hochviscösen, durch schleimbildende Tumoren bewirkten Ergüssen der Bauch- und Brusthöhle[7].

Fermente. In entzündlichen Ergüssen konnte eine große Anzahl von Fermenten nachgewiesen werden. Ihr Vorkommen ist an die Anwesenheit von Eiterbildnern gebunden, ihre Menge steht in einem direkten Verhältnis zu der Zahl der eiterbildenden Zellen. Nachgewiesen wurden: Proteasen[8], Dipeptidasen, Kathepsin, Trypsin, Amylasen, Oxydasen, Lipasen, Esterase und Phosphatase[9].

Ferner fand sich β-Glucuronidase, die bei neoplastischen Ergüssen unabhängig vom Zellbefund erhöht sein kann[5].

Bei der Tabelle 73 erwähnten Wirkung der Erythrocytenzerstörung und der Eisenabspaltung aus Hämoglobin handelt es sich den bisherigen Befunden nach um fermentative Vorgänge[10]. Nach Untersuchungen von HALSE[11] ist in allen Ergüssen *fibrinolytische Wirkung* vorhanden. Nach anderen Autoren[12] verhalten sich jedoch Ergüsse verschiedener Genese und in verschiedenen Stadien nicht gleich; eine fibrinolytische Wirkung wurde nur in Peritonealergüssen bei Lebercirrhose und in einem Pleuraexsudat bei Lymphogranulomatose gefunden, nicht jedoch in tuberkulösen, postpneumonischen und carcinomatösen Pleuraexsudaten. Es wurden jedoch manchmal Veränderungen des Antithrombingehaltes und eine die Auflösung von Fibringerinnseln hemmende Wirkung gefunden.

---

[1] HERZFELD, E.: B. Z. **256**, 127 (1932).

[2] GARA, B. F. DE, J. G. M. BULTOWA and S. C. BUKANTZ: Amer. J. med. Sci. **203**, 376 (1942).

[3] SCHELLER, R.: M. m. W. **1926**, 1879.

[4] BARNETT, G. D. and A. C. MCKENNY jr.: Proc. Soc. exp. Biol. Med. **23**, 505 (1926).

[5] FISHMAN, W. H., R. L. MARKUS, O. B. C. PAGE, P. H. PFEIFFER and F. HOMBURGER: Amer. J. med. Sci. **220**, 55 (1950).

[6] CAMPANI, M.: Arch. ital. Med. sperim. **10**, 305 (1942). — CAMPANI, M., e P. SCHLECHTER: Policlinico, Sez. med. **54**, 189 (1947).

[7] MEYER, K., and E. CHAFFEE: J. biol. Ch. **133**, 83 (1940). — MEYER, K., and B. E. INGREEN: Green's Currents biochem. Res. S. 284. New York 1946. — HOLST, G. v.: H. **43**, 145 (1904).

[8] LENK, R., u. L. POLLAK: Dtsch. Arch. klin. Med. **109**, 305 (1913). — SCHIERGE, M., u. O. KÖSTER: Z. ges. exp. Med. **34**, 442 (1923). — WIENER, K.: B. Z. **41**, 149 (1912). — WEISS, CH., A. KAPLAN and CH. E. LARSON: J. biol. Ch. **125**, 247 (1938).

[9] JAKSCH, R. VON: H. **12**, 116 (1888). — BREUSING, R.: Virchows Arch. **107**, 186 (1887). — FLEISCHMANN, W.: B. Z. **200**, 25 (1928). — BRUNS, O., u. W. EWIG: Erkrankungen der Pleura. Spez. Path. Therap. inn. Krankh. (KRAUS-BRUGSCH). Bd. 3, S. 461. Berlin, Wien 1924. — CATTANEO, C., u. G. SCOZ: Kli. Wo. **1936 II**, 1912.

[10] MASSHOFF, W., W. GRANER u. H. HELLMAN: Virchows Arch. **317**, 114 (1949). — MASSHOFF, W., u. W. GRANER: Kli. Wo. **1949**, 730.

[11] HALSE, TH.: Schweiz. med. Wschr. **79**, 388 (1949).

[12] WALTHER, G., u. K. A. WINTER: Z. ges. inn. Med. **7**, 706 (1952). — MARX, R., u. W. LANG: Z. ges. exp. Med. **117**, 509 (1951).

Vitamine. Carotin und Vitamin A finden sich in kleinen Mengen im Transsudat, in etwas größeren Mengen im Exsudat[1]. — Stoffe, die TILMANNS Reagens reduzieren, bei denen es sich möglicherweise um Vitamin C handelt, wurden in serösen Ergüssen zu 0,5 mg-%, in eitrigen Ergüssen zu 2,0 mg-% gefunden[2]. — Über die anderen Vitamine wurden keine Angaben gefunden.

β) Hämorrhagische Ergüsse.

Von den serösen zu den hämorrhagischen Ergüssen gibt es in bezug auf die Anzahl der beigemischten Erythrocyten alle Übergänge. Von hämorrhagischem Erguß spricht man, sobald die Zahl der Erythrocyten größer ist als die der anderen Zellen. In alten Ergüssen finden sich häufig *Hämosiderinkrystalle*. Im übrigen weisen die hämorrhagischen Ergüsse den Transsudaten und Exsudaten gegenüber keine Besonderheiten auf. Die Farbe ist je nach Erythrocytenzahl mehr oder weniger rötlich oder rot bis braunrot. Ganz selten wurden lackfarbene Exsudate beobachtet[3]. In einem hämorrhagischen Ascites bei Leukämie wurden folgende Werte gefunden: Spezifisches Gewicht 1018; Gesamtstickstoff 712,6 mg-%; Reststickstoff 51,2 mg-%; Gesamtschwefel 4,83 mg-%; anorganischer Schwefel 2,01 mg-%; Eiweißschwefel 2,82 mg-%[4].

γ) Reine Blutergüsse.

Zu unterscheiden von hämorrhagischen Ergüssen sind die reinen Blutansammlungen in serösen Körperhöhlen, wie sie am häufigsten in der Pleurahöhle (Hämothorax) als Folge von Brustwandverletzungen, Lungenschüssen und Aneurysmarupturen vorkommen. Es handelt sich hierbei zunächst um reines Blut; sehr bald jedoch finden sich charakteristische Umwandlungen: Der Eiweißgehalt beträgt nur noch $^1/_2$—$^2/_3$ des Bluteiweißgehaltes. Diese Verminderung geht im wesentlichen auf Kosten der Globuline. Es tritt eine Defibrinierung des Blutes ein[5], vielleicht durch Auflagerung von Fibrin auf die serösen Häute, wahrscheinlicher aber durch proteolytische Vorgänge[6]. Jedenfalls gerinnt das Punktat in den allermeisten Fällen nicht. Während der Eiweißgehalt abnimmt, kann der Gehalt an Erythrocyten, Hämoglobin und Rest-N vermehrt gefunden werden. Bilirubin, das in den Blutergüssen selbst entstehen kann, nimmt zu, und weist schließlich viel höhere Werte als im Blut auf[7, 8] (s. Tabelle 77). — In einem Hämothorax wurden

Tabelle 77. *Einzelanalysen von Blut aus Hämothorax und Venen.*

	Blut[7]	Hämo-thorax-Blut[7]	Blut[7]	Hämothorax-Blut[7]		Hämo-thorax-Blut[8]
				frisch	mehrere Tage alt	
Hämoglobin (%)	60	90	80	89	68	
Erythrocyten (in Millionen) . .	2,3	4,98	4,43	3,3	1,8	
Gesamt-Eiweiß-N (mg-%) . . .	1040—1200	694	1135	570		658
Albumin-N (mg-%)	460—670	558	677	384	607	
Globulin-N (mg-%)	120—230	74	328	186	0	
Rest-N (mg-%)	21	28	30	27		27
Harnsäure-N (mg-%)			2,01	4,15		1,81
Zucker (mg-%)						95
Bilirubin (direkt)	negativ	Spur	negativ	negativ		negativ
Bilirubin (indirekt)	0,73	19,16	0,18	0,80		2,5
Kochsalz (mg-%)		580	610	580		572

[1] Stepp-Kühnau-Schroeder, Vitamine 7. Aufl. Bd. 1, S. 56.
[2] CATTANEO, C., u. G. SCOZ: Kli. Wo. **1936 II**, 1912.
[3] BRUNS, O., u. W. EWIG: Erkrankungen der Pleura. Spez. Path. Therap. inn. Krankh. (KRAUS-BRUGSCH). Bd. 3, S. 461. 1924.
[4] APPRICH, K., u. FR. F. URBAN: B. Z. **292**, 360 (1937).
[5] HENSCHEN, K., E. HERZFELD u. R. KLINGER: Bruns' Beitr. **104**, 196 (1917).
[6] HALSE, TH.: Schweiz. med. Wschr. **79**, 388 (1949).
[7] BAUER, H.: Z. ges. exp. Med. **107**, 321 (1940).
[8] DIRR, K., u. E. KLEMM: Z. ges. exp. Med. **107**, 338 (1940).

folgende Werte gefunden[1]: Spezifisches Gewicht 1019; Gesamtstickstoff 744,8 mg-%; Reststickstoff 42,6 mg-%; Gesamtschwefel 3,25 mg-%; anorganischer Schwefel 0,86 mg-%; Eiweißschwefel 2,01 mg-%.

δ) Eitrige Ergüsse.

Zwischen rein serösen, eiterhaltigen und reinen Eiterergüssen gibt es keine scharfen Grenzen; mit zunehmender Zellzahl ergibt sich der Übergang von den entzündlichen zu den eitrigen Ergüssen. Parallel dazu laufen Veränderungen der physikalischen Eigenschaften und der Zusammensetzung. Die *Farbe* ist gelb-grünlich. Die *Wasserstoffionenkonzentration* ist noch weiter zum sauren Bereich hin verschoben als bei den serösen Exsudaten[2]. Der *Gefrierpunkt* kann bis auf —1,1° erniedrigt sein[3], das *spezifische Gewicht* bis zu 1035 betragen. Die *Viscosität* nimmt zu. Ebenfalls nimmt der Gehalt an Eiweißkörpern und an Fermenten zu, und infolgedessen auch der Gehalt an Fetten, Milchsäure und Eiweißabbauprodukten. Vor allem die *Aminosäuren* sind stark vermehrt. So fanden sich in eitrigen Pleurapunktaten zwischen 7,0 und 260,0 mg-%, im Mittel 43,8 mg-% Aminosäurestickstoff = 667,4% des (normalgebliebenen) Blutwertes[4] (s. Tabelle 76, S. 346). In 2 Pleuraempyemen wurden folgende Werte ermittelt: Spezifisches Gewicht 1023 und 1016; Gesamtstickstoff 1034,0 und 711,2 mg-%; Reststickstoff 55,0 und 130,6 mg-%; Gesamtschwefel 5,82 und 3,40 mg-%; anorganischer Schwefel 1,16 und 1,06 mg-%; Eiweißschwefel 2,07 und 2,58 mg-%; Sulfhydrylschwefel 0,10 und 0,12 mg-%[1]. Im Eiter eines Pyothorax gangraenosus wurden mit biologischer Methode < 15,0 mg-% *Adeninnucleotid*, < 3,0 mg-% Adeninnucleotidstickstoff nachgewiesen[5]. Die polymorphkernigen Leukocyten zeigen hochgradige Verfettung, und es werden freie Fettkugeln und Fettsäurekrystalle in reichlicher Menge gefunden. Infolge der Zunahme der glykolytischen Fermente nimmt der Zuckergehalt ab — oft bis zum völligen Verschwinden — und die Milchsäure nimmt zu.

ε) Jauchige Ergüsse.

Diese enthalten oft ungeheure *Bakterienmengen*; sie sind meist dünnflüssiger als die eitrigen Ergüsse, oft untermischt mit Bröckeln und Gewebsfetzen. Die Farbe ist grünlich, grünlich-grau bis schmutzig braun oder auch schokoladenfarbig. Der *Geruch* ist faulig oder stechend aashaft, hervorgerufen durch Eiweißzersetzungsprodukte (Indol, Skatol, Schwefelwasserstoff und niedere Fettsäuren). Die zelligen Elemente sind oft völlig aufgelöst, dafür finden sich reichliche Mengen von Fettsäurenadeln, freien Fettkugeln, sowie eventuell Tyrosin und Leucin.

ζ) Milchartige Ergüsse.

Nach den Untersuchungen von GANDIN[6] gibt es keine anderen milchartigen Ergüsse als chylöse. Bei Gefäßschädigung, Zerreißung oder sonstigen Verletzungen der Lymphgefäße, vor allem des Ductus thoracicus, tritt in den serösen Körperhöhlen *Lymphe*, bzw. Chylus auf. Es kommen fließende Übergänge vor von ganz geringen Beimengungen bis zu rein chylösen Ergüssen, von nur gering milchig opalescierenden bis zu milchartigen Flüssigkeiten. Dieses Aussehen ist durch die Anwesenheit von feinst verteiltem, mikroskopisch als kleine Kügelchen sichtbarem *Fett* bedingt. Beim Stehen scheiden sich im chylösen Erguß 2 Schichten ab, eine obere, rahmartige, das Chylusfett, und eine untere, homogene, zwar durchscheinende, aber nie sich ganz klärende. Die Zusammensetzung der durch Verletzung der großen Chylusgefäße entstandenen reinen Chylusergüsse ist gleich

---

[1] APPRICH, K., u. FR. F. URBAN: B. Z. **292**, 360 (1937).

[2] LICHTWITZ, L.: Klinische Chemie. 2. Aufl. S. 629. Berlin 1930.

[3] BRUNS, O., u. W. EWIG: Erkrankungen der Pleura. Spez. Path. Therap. inn. Krankh. (KRAUS-BRUGSCH). Bd. 3, S. 461. 1924.

[4] REICHE, F.: Med. Klin. **1933** I, 599.

[5] OSTERN, P., u. J. K. PARNAS: B. Z. **248**, 399 (1932).

[6] GANDIN, S.: Ergebn. inn. Med. **12**, 218 (1913).

der der Chyluslymphe. Die Zusammensetzung der Ergüsse, die Chyluslymphe in mehr oder weniger großen Beimengungen enthalten, entspricht der der oben besprochenen Transsudate und Exsudate mit wechselnden Mengen Fett; es werden Werte von 0,7 bis 3,5% und mehr angegeben; in chylösem Ascites wurde bis zu 4,3% Fett gefunden[1]. Milchartige Trübung kann, wenn das Fett genügend fein emulgiert ist, bereits bei einem Fettgehalt von 0,01—0,1% auftreten[2]. In einem Chyloperikard wurden 1,08% Fett, 0,33% Cholesterin, 0,18% Lecithin, 7,38% Eiweiß, 0,93% Salze, 0,26% wäßrige Extraktivstoffe, insgesamt 10,36% feste Stoffe, gefunden[3]. — Auch bei Hunden, häufiger noch bei Katzen, wurden chylöse Peritonealergüsse beobachtet; der Fettgehalt eines chylösen Ascites bei einer Katze betrug 7,6%[4].

c) Ergüsse in präformierten Körperhöhlen.

Alle Ergüsse in Bauchhöhle, Brusthöhle, Herzbeutel oder Hodenhüllenraum gehören einer der vorstehend besprochenen Ergußformen an. Wesentliche Unterschiede im Hinblick auf die Körperhöhle, in der der Erguß entstanden ist, bestehen nicht.

α) Perikardialflüssigkeit.

Tabelle 73. *Bestandteile einer normalen Perikardialflüssigkeit (in Prozenten)*[5].

Wasser	96,09
Trockenrückstand	3,92
Eiweiß	2,86
Fibrinogen. . .	0,03
Globulin . .	0,6
Albumin . . .	2,2
Lösliche Salze . .	0,86
NaCl	0,73
Unlösliche Salze .	0,02
Extraktivstoffe. .	0,20
d-Milchsäure. . .	+
Kreatin	0,0008
Kreatinin	0,0035

Tabelle 79. *Eiweißgehalt der Perikardialflüssigkeit bei verschiedenen Tierarten (in Prozenten)*[7].

Hund	1,70
Kaninchen . . .	2,16
Affe	1,71
Katze	2,42
Ratte	2,07
Henne.	3,52
Ente	2,51

Die Menge der Perikardialflüssigkeit (etwa 80—100 cm³) erlaubt auch unter physiologischen Verhältnissen eine genaue Analyse. Es ist eine citronengelbe, etwas klebrige Flüssigkeit. Sie ist meist reicher an festen Stoffen als die übrigen Transsudate (s. Tabelle 78).

Die pathologischen Ergüsse des Perikards entsprechen den S. 342ff. beschriebenen Ergußformen. Es werden Mengen bis zu 3 Liter gefunden.

Beim Pferd finden sich ähnliche Werte wie beim Menschen, mit der Ausnahme, daß relativ mehr Globulin vorhanden ist[5]. Bei den Selachiern ist wie alle anderen Körperflüssigkeiten auch die Perikardflüssigkeit besonders reich an Harnstoff; es wurden Werte von 1,54—2,26% gefunden[6]. Über Eiweißwerte bei verschiedenen Tieren s. Tabelle 79.

Der Quotient Serumchlorid/Chlorid der Perikardialflüssigkeit ist beim Hund gleich etwa 0,940, beim Kaninchen etwa 0,966, bei der Ente etwa 0,927. Die Menge der Perikardialflüssigkeit beträgt beim Hund 0,5—2,5 cm³, beim Kaninchen 0,4—1,9 cm³[7]; pathologischerweise kann sie beim Hund bis zu 0,5 Liter betragen, beim Pferd bis zu 40 Liter[8].

Von der normalen Perikardialflüssigkeit des Wals liegt eine eingehende Analyse vor[9] (Tabelle 80).

β) Pleuraflüssigkeit.

Bei der Pleuraflüssigkeit handelt es sich physiologischerweise nur um eine Anfeuchtung der serösen Auskleidung des Pleuraraumes, also nicht um Flüssigkeitsmengen, die einer

[1] Hammarsten 11. Aufl. S. 280.

[2] Lichtwitz, L.: Klinische Chemie. 2. Aufl. S. 631. Berlin 1930.

[3] Hasebroek, K.: H. 12, 289 (1888).

[4] Hutyra, F. v., u. J. Marek: Spezielle Pathologie und Therapie der Haustiere. 6. Aufl. Bd. 2. S. 476. Jena 1922.

[5] Hammarsten 11. Aufl. S. 279.

[6] Kisch, B.: B. Z. 225, 197 (1930).

[7] Maurer, F. W., M. F. Warren and C. K. Drinker: Amer. J. Physiol. 129, 635 (1940).

[8] Hutyra, F. v., u. J. Marek: Spezielle Pathologie und Therapie der Haustiere. 6. Aufl. Bd. 2. S. 701. Jena 1922.

[9] Sudzuki, M.: Tohoku J. exp. Med. 2, 355 (1921).

Tabelle 80. *Analyse der Perikardialflüssigkeit vom Wal* (S. 350[9]).

Farbe	klar, nahezu farblos	Zucker	0,09—0,1 %
		Milchsäure	+
Spezifisches Gewicht	1010—1017	Fett	0,07—0,08 %
Zellen	keine	Unverseifbares	0,006—0,007 %
Reaktion	schwach alkalisch	Cholesterin	+
Gefrierpunktserniedrigung	0,69—0,70°	NH_3	0,003—0,007 %
Wasser	97,44—97,8 %	Cl	0,4—0,44 %
Trockensubstanz	2,2—2,56 %	P	0,0052—0,055 %
Gesamtstickstoff	0,29—0,32 %	S	0,02—0,024 %
Eiweiß	1,08—1,15 %	Na	0,181—0,185 %
Harnstoff	0,06—0,13 %	K	0,029—0,033 %
Harnsäure	0,003—0,004 %	Ca	0,01—0,011 %
Kreatin	0,006—0,001 %	Mg	0,0018—0,002 %
Kreatinin	0,0031—0,0038 %	Fe	Spur
Aminosäurestickstoff	0,01—0,012 %		

genauen chemischen Analyse zugänglich sind. Unter pathologischen Umständen kann es jedoch zu bedeutender Vermehrung kommen. Die pathologischen Ergüsse entsprechen den S. 342ff. beschriebenen Ergußformen.

γ) *Peritonealflüssigkeit.*

Auch die Peritonealflüssigkeit besteht physiologischerweise nur aus einer Anfeuchtung der serösen Häute der Bauchhöhle, während es unter pathologischen Bedingungen zu Flüssigkeitsansammlungen bis zu 25 Liter und mehr kommen kann. Diese pathologischen Ergüsse der Bauchhöhle (Ascites) entsprechen ebenfalls den S. 342—350 beschriebenen Ergußformen. Bei Verletzungen oder Durchbrüchen kann es auch zu Ergüssen von Galle oder Urin in die Bauchhöhle kommen. — Ein besonderes differentialdiagnostisches Interesse hat unter Umständen der Amylasegehalt des Ascites; bei akuter Pankreatitis ist nämlich die Amylase des Peritonealexsudates gegenüber der des Blutes erhöht. Bei Ergüssen anderer Genese wurde nur zweimal erhöhter Amylasegehalt beobachtet[1]. Andere Autoren fanden allerdings in etwa 33 % aller Fälle erhöhten Amylasegehalt[2].

Bei verschiedenen Tieren werden allerdings bereits unter physiologischen Verhältnissen Mengen bis zu 75 cm³ gefunden, und es liegen folgende Angaben über Bestandteile vor: Eiweißgehalt beim Hund 6,23 % (mehr als in der Perikardialflüssigkeit); beim Kaninchen 5,83 % (weniger als in der Perikardialflüssigkeit)[3]. Beim Wal wurden 10 mg-% Kreatinin festgestellt[4]. Bei Selachiern wurde in der normalen Bauchhöhlenflüssigkeit ein Harnstoffgehalt von 1,50—2,85 % gefunden; bei diesen Tieren ist also in der Periviscenalflüssigkeit wie auch in allen anderen Körperflüssigkeiten der Harnstoffgehalt außergewöhnlich hoch[5]. Die in pathologischen Ergüssen beim Menschen gefundene fibrinolytische Wirkung wurde auch in der normalen Bauchhöhlenflüssigkeit von Hund, Kaninchen und Meerschweinchen nachgewiesen[6]. — Unter pathologischen Umständen wird auch bei Haustieren Ascitesbildung beobachtet; bei Pferden wurden bis zu 170 Liter festgestellt, bei Hunden bis zu 20 Liter[7].

Die Flüssigkeit, die sich in der Leibeshöhle der Ascariden befindet, die sog. Coelomflüssigkeit, entspricht zwar ihren Funktionen nach mehr dem Blut der höheren Tiere, soll aber hier miterwähnt werden. Sie ist klar, leicht rosa; ihr p_H liegt zwischen 7,4 und 7,6; die Gefrierpunktserniedrigung beträgt 0,57—0,62°. Chemische Bestandteile: Trockenextrakt 6,97—7,90, im Mittel 7,37 %; Asche 0,90—1,01, im Mittel 0,94 %; Cl 129—156, im Mittel 143 mg-%; P 57—68, im Mittel 63 mg-%; Na 268—294, im Mittel 281 mg-%; K 239—261, im Mittel 248 mg-%; Ca 8,3—11,7, im Mittel 9,8 mg-%; Mg 4,2—6,7, im Mittel 5,8 mg-%. Organisch: Glucose 89—195, im Mittel 141 mg-%;

[1] KEITH, L. M., R. M. ZOLLINGER and R. S. McCLEERY: Arch. Surg. 61, 930 (1950).

[2] SCOTT, O. B., and H. N. HARKINS: J. Obstetr. Gynec. 59, 619 (1951).

[3] MAURER, F. W., M. F. WARREN and C. K. DRINKER: Amer. J. Physiol. 129, 635 (1940).

[4] FUSE: Jap. J. med. Sci. (A/II) 1925, 51 [C. 1926 I, 147].

[5] KISCH, B.: B. Z. 225, 197 (1930).

[6] HALSE, TH.: Fibrinolyse. S. 132/33. Freiburg, Aulendorf 1948. Schweiz. med. Wschr. 1949, 388.

[7] HUTYRA, F. v., u. J. MAREK: Spezielle Pathologie und Therapie der Haustiere. 6. Aufl. Bd. 2. S. 476. Jena 1922.

Gesamtlipoide 298—342, im Mittel 319 mg-%; Cholesterin 12,5—16,0, im Mittel 15,2 mg-%; Gesamteiweiß 4,73—5,22, im Mittel 4,89%; Albumin 2,68—3,11, im Mittel 2,83%; Globulin 1,91—2,16, im Mittel 2,06%; Albumin/Globulin-Quotient 1,37; Eiweißstickstoff 69,3 mg-%; Reststickstoff 76 bis 86, im Mittel 80,5 mg-%; Harnstoff 38—66, im Mittel 48 mg-%; Amino-N 60 mg-%. An Fermenten wurden nachgewiesen: Fructosidase, Maltase, Lactase, Amylase, Lipase, saure und alkalische Phosphatasen und Protease[1]. — In der Coelomflüssigkeit wurde ein neuer Blutfarbstoff, das Ascaricruorin gefunden, das von den bisher bekannten Hämoglobinen verschieden ist[2].

δ) Hydrocelenflüssigkeit.

Die Hodenhöhle, der capillare Raum, der von den Hodenhüllen gebildet wird, enthält physiologischerweise keine Flüssigkeit. Unter pathologischen Umständen kann es zu Flüssigkeitsansammlungen bis zu 1 Liter und mehr kommen. Die Farbe ist hell- bis dunkelgelb, bisweilen bräunlich, mit einem Stich ins grünliche. Das spezifische Gewicht liegt zwischen 1016 und 1026. Der Eiweißgehalt beträgt etwa 5% (s. Tabelle 81). Ältere Hydrocelen enthalten mehr Eiweiß als frische[4]. Nach POLONOVSKI[5] enthält Hydrocelenflüssigkeit 2,3—10,9% organische Bestandteile, davon 10% Fibrin, 0,1—0,46% Cholesterin und 0,74—0,94% Salze. Der Phosphatidgehalt betrug in einem Fall 194 mg-%[6]. — Manche Hydrocelenflüssigkeiten gerinnen spontan[4]. Demnach trifft die Angabe von HALSE[6], daß auch der Inhalt von Hydrocelen fibrinolytische Wirkung besitze, wohl nicht für alle Fälle zu. Neben den entzündlichen serösen Hydrocelen kommen auch hämorrhagische und reine Blutergüsse vor.

Tabelle 81. *Zusammensetzung von Hydrocelenflüssigkeit* (in Prozenten)[3].

Wasser	94
Trockenrückstand	6
Fibrinogen	0,06
Globulin	1,35
Serumalbumin	3,60
Ätherlösliches (Fett, Lecithin, Cholesterin)	0,40
Salze	0,93

Als besonderer, in den bisher besprochenen Ergußformen nicht anzutreffender Bestandteil kann *Bernsteinsäure* vorkommen. Durch Einmünden von Nebenhodenkanälchen können sich der Hydrocelenflüssigkeit auch Spermien beimischen[7].

ε) Subduralflüssigkeit.

Der Subduralraum enthält normalerweise nur eine minimale Menge Flüssigkeit, die beim Hund eiweißreicher als der Liquor ist[7]. Subdurale Exsudate sind im Gefolge bakterieller Meningitiden nicht ungewöhnlich; in solchen Fällen konnten bis zu 37 cm² xanthochromer Flüssigkeit entleert werden[8]. Subdurale Hämatome werden öfters beobachtet.

d) Flüssigkeitsansammlungen in pathologisch entstandenen oder durch Stauung abnorm vergrößerten Hohlräumen.

In allen Hohlorganen, Drüsen und Gefäßen sowie auch in drüsigen Organen ohne Ausgangsöffnung kann es zu Ansammlung von Flüssigkeit kommen.

Hierher gehören a) cystische Entartungen ganzer Hohlorgane: Hydrops der Gallenblase, des Processus vermiformis, der Tuben (Hydrosalpinx), der Gebärmutter (Hydrometra), des Nierenbeckens (Hydronephrose) u. a.; b) Retentionscysten von Drüsen und drüsigen Organen: Grützbeutel (Atherom), Schleimcysten, Speicheldrüsen- und Speichelgangcysten, Milchcysten (Galaktocele), Hodencysten (Spermatocele), Cysten in Pankreas, Leber, Milz, Niere, Nebenniere, Uterus, Ovar, Brustdrüse, Schilddrüse, Thymus u. a.; c) die Cysten im Gefäßsystem: Blutcysten, Lymphcysten und Chyluscysten. Schließlich kann es zu pathologischen Flüssigkeitsansammlungen auch in Knochen-

---

[1] CAVIER, R., et J. SAVEL: Bull. Soc. Chim. biol. **33**, 455 (1951). — CAVIER, R.: Bull. Soc. Chim. biol. **33**, 1391 (1951).

[2] TREIBS, A., H. MENDHEIM u. M. LORENZ: Naturwiss. **37**, 378 (1950).

[3] HUGGINS, C. B., and A. A. JOHNSON: Amer. J. Physiol. **103**, 574 (1933).

[4] Hammarsten 11. Aufl. S. 277.

[5] POLONOVSKI, M.: Medizinische Biochemie. 5. Aufl. S. 391. Saulgau 1951.

[6] HALSE, TH.: Fibrinolyse. S. 132/33. Freiburg, Aulendorf 1948. Schweiz. med. Wschr. **1949**, 388.

[7] PAVROVSKY, J.: Rozhl. Chir. Gynaek., Praha **26**, 344 (1947).

[8] KAHN, E., and M. H. SCHNIER: S. Afric. Med. **1952 I**, 212.

cysten kommen, in Gelenken, in Schleimbeuteln und Sehnenscheiden (Hygrom), in abgeschlossenen Bruchsäcken der Bauchhöhle usw., ferner in Erweichungsherden in normalem Gewebe, im Gehirn, im Bandapparat der Gelenke (Ganglien) und in Tumorgewebe. Als letztes sind die durch Echinococcus und Cysticercus gebildeten parasitären Cysten zu nennen. — Nur von den relativ häufig vorkommenden Cysten sind chemische Analysen vorgenommen worden; von einer großen Anzahl der zum Teil äußerst seltenen Cysten gibt es keine Angaben über chemische Bestandteile.

Die Untersuchungsmethoden für den Inhalt von Cysten sind dieselben wie für das Blutserum.

α) Hydronephrosenflüssigkeit.

Der Inhalt von Hydronephrosen entspricht meist einem verdünnten Harn und ist dann wasserklar; er kann aber auch durch Beimischung von Schleim, Blut oder Eiter sein Aussehen verändern. Das spezifische Gewicht liegt zwischen 1010 und 1020. Es werden wechselnde Mengen an Eiweiß und Harnbestandteilen gefunden. Zur Identifizierung einer Flüssigkeit als Hydronephroseninhalt genügt der gleichzeitige Nachweis einer größeren Menge von Harnstoff und Harnsäure; allerdings können diese beiden Harnbestandteile bei älteren, abgeschlossenen Cysten auch völlig fehlen[1].

β) Ovarialcystenflüssigkeit.

Es gibt verschiedene Formen von Ovarialcysten, die sich zum Teil auch in der Zusammensetzung ihres Inhaltes wesentlich voneinander unterscheiden. Das *spezifische Gewicht* zeigt dementsprechend große Schwankungen, meistens zwischen 1005 und 1050. Die *Farbe* ist meist hellgelb, kann aber auch gelb-grün, dunkelrot, schmutzigbraun oder schokoladenähnlich sein. Die *Viscosität*, gemessen im HÖPPLER-Viscosimeter, liegt zumeist zwischen 0,7 und 1,6, seltener werden Werte bis 4,0 gefunden. Es kommen jedoch auch wesentlich höhere Werte vor: bei einem Tumor wurde 21,008, bei einer Dermoidcyste mit breiartigem Inhalt 52,080 gemessen[2]. Am häufigsten finden sich Cysten mit schleimartigem Inhalt, der bald zäh-gallertig, bald flüssig-fadenziehend ist. Charakteristisch für den Inhalt dieser Ovarialcysten ist das *Pseudomucin* (auch Paralbumin oder Metalbumin genannt), ein Eiweißkörper, der nicht mit Essigsäure, Salpetersäure oder durch Kochen fällbar ist; dagegen wird er durch Alkohol in faserigen Flocken ausgefällt.

Nachweis[3]: 25 cm³ der zu untersuchenden Flüssigkeit werden mit 10 Tropfen alkoholischer Rosollösung erhitzt und so lange mit 0,1 n Schwefelsäure versetzt, bis die Reaktion sauer wird (Gelbfärbung). Anschließend erhitzt man bis zum Sieden und filtriert durch Faltenfilter. Ist auch das Filtrat noch getrübt, so handelt es sich um Pseudomucin. Echtes Mucin und Eiweiß werden ausgefällt und im Filter zurückgehalten.

Neben dem Pseudomucin sind in wechselnder Menge *Albumin* und *Globulin* vorhanden, jedoch niemals Fibrinogen. Diese Tatsache kann zur Differentialdiagnose zwischen Ascites- und Ovarialcystenpunktat dienen: Das im Ascites stets vorhandene Fibrinogen ist durch konzentrierte Kochsalzlösung ausfällbar. Man gibt in ein Reagensglas mit Punktat ⅓ des Volumens Kochsalz; nach Auflösung des Salzes tritt bei Anwesenheit von Fibrinogen ein flockiger Niederschlag auf[4].

Der Inhalt der anderen, selteneren Formen der Ovarialcysten ähnelt in seiner Zusammensetzung dem anderer Cysten und der Lymphflüssigkeit. In 50 % der Ovarialcysten wurde mittels Legeröhrentest *Progesteron* nachgewiesen[5].

γ) Spermatocelenflüssigkeit.

Die Spermatocelenflüssigkeit findet sich in Cysten des Nebenhodens. Sie ist meist farblos, dünnflüssig, trübe, molkenähnlich, und reagiert bisweilen schwach sauer. Das

[1] TILLMANNS, J., u. G. OHNESORGE: Praktikum der klinischen, chemischen, mikroskopischen und bakteriellen Untersuchungsmethoden. 13. Aufl. S. 482. Berlin, Wien 1940. — Müller-Seifert 45./46. Aufl. S. 233.

[2] SCHWALM, H.: Arch. Gynäk. **172**, 288 (1942).

[3] Hallmann 6. Aufl. S. 141.

[4] LIPP, H.: Untersuchungsverfahren für die Allgemeinpraxis. 2. Aufl. S. 111. München, Berlin 1939.

[5] DUYVENÉ DE WIT, J. J.: B. Z. **310**, 170 (1941).

spezifische Gewicht liegt zwischen 1002 und 1010. Dementsprechend ist der Trockenrückstand gering; er kann bis 1,3 % betragen. Der Eiweißgehalt ist gering, meist unter 1 %. An Formbestandteilen finden sich Spermien, Zelltrümmer und Fettkörnchen. Glucose und anorganischer Phosphor fehlen völlig.

Tabelle 82. *Bestandteile von Spermatocelenflüssigkeit.*

Mittelwert aus 4 Analysen (in %)[1]		Anorganische Bestandteile (in mg-%)[2]	
Wasser	99	Calcium	7,9—11,0
Trockenrückstand	1	Chloride	440—530
Globulin	0,06	Gesamtphosphor	1,0—1,8
Albumin	0,18	Anorganischer Phosphor	negativ
Ätherlösliches (Fett, Lecithin, Cholesterin)	1,08		
Glucose	negativ		

δ) Pankreascystenflüssigkeit.

Der Inhalt von Pankreascysten ist meist trübe, schleimig, sirupartig oder eitrig, nur selten wasserklar. Die Farbe ist meist lichtbraun bis kaffee- oder rotbraun, nur selten farblos, hellgelb, gelb-grün oder grünlich. Die Reaktion ist meist alkalisch, kann aber auch sauer sein. Das spezifische Gewicht liegt zwischen 1007 und 1028. Nach älteren Angaben finden sich folgende Werte: Alkoholextrakt 0,87 %, wäßriger Extrakt 0,49 %, anorganische Salze 0,57 %, Fett 0,02 %, Harnstoff 0,12 %, Eiweiß zwischen 0,56 und 10 %; außerdem können sich Cholesterinkrystalle, Schleim, selten Leucin und Tyrosin, an Fermenten Amylase, Trypsin und Lipase finden. Bei einem Diabetiker wurden 2,7 % Zucker festgestellt[3]. An Schwefel fanden sich in einer Pankreascyste 42,2 mg-% Gesamtschwefel, 19,0 mg-% Gesamtsulfatschwefel, 23,2 mg-% Neutralschwefel (= 54,9 % vom Gesamtschwefel)[4].

ε) Flüssigkeit aus Milchcysten (Galaktocelen).

Der Inhalt von Milchcysten kann unveränderte flüssige Milch von weißer oder gelblich-rahmartiger Farbe sein, er kann aber auch, nach Gerinnung der Milch und Resorption des Serums, aus mehr oder weniger festen Massen bestehen, die butter-, käse-, quark- oder leichenwachsähnliche Konsistenz haben. Hauptbestandteile sind Casein und Fett[5].

ζ) Flüssigkeit aus Milzcysten.

Während Hydatidencysten der Milz verhältnismäßig häufig vorkommen sollen[6], sind nichtparasitäre Milzcysten sehr selten: bis 1946 waren nur 163 Fälle mitgeteilt worden. Der Inhalt besteht häufig aus Blut oder blutigseröser Flüssigkeit und enthält oft Cholesterinkrystalle[7].

η) Gehirncystenflüssigkeit.

Die Bestandteile des Inhaltes von Gehirncysten zeigen in ihrem prozentualen Gehalt zum Teil eine große Schwankungsbreite. Bei der Analyse von 52 Cysten verschiedener Genese wurden folgende Werte gefunden: Gesamteiweiß 1,2—8,83, meist 1,2—6,0 %; Albumin 0,71—4,65 %; Aminosäurestickstoff 3,13—26,4, meist 4—10 mg-%; „Hämobilirubin" 0,01—1,25, meist 0,01—0,25 mg-%; Mucoprotein (als Tyrosinäquivalent) 1,5

---

[1] HUGGINS, C. B., and A. A. JOHNSON: Amer. J. Physiol. **103**, 574 (1933).
[2] HAMMARSTEN, O.: Jber. Fortschr. Tierchem. **8**, 347 (1878).
[3] OSER, L.: Die Erkrankungen des Pankreas. S. 247/49. Wien 1898. — TILLMANNS, J., u. G. OHNESORGE: Praktikum der klinischen, chemischen, mikroskopischen und bakteriologischen Untersuchungsmethoden. 13. Aufl. S. 482. Berlin, Wien 1940.
[4] FÜRTH, O., R. SCHOLL u. H. HERRMANN: B. Z. **251**, 161 (1932).
[5] SCHULTZ, A.: Handb. path. Anat. Histol. (HENKE-LUBARSCH) 7/2, 28 (1933).
[6] ARCE, J.: Arch. Surg. **43**, 789 (1941).
[7] HARMER, M., and J. A. CHALMERS: Brit. med. J. **1946** I, 521.

bis 12,0, meist 1,5—7,0 mg-%; Cholesterin 20—620, meist 65—170 mg-%; alkalische Phosphatase 0—82, meist 1,0—13,0 Einheiten; Desoxyribonucleinsäure (als Phosphat) 0,175—5,12 γ/cm^3, bei gutartigen Tumoren meist unter 1,0, bei bösartigen Tumoren meist über 1,0 γ/cm^3. Aus den Bestandteilen der Hirncystenflüssigkeit kann eine sichere Diagnose nicht gestellt werden; immerhin scheint ein hoher Cholesteringehalt für Hypophysencyste zu sprechen, ein sehr erhöhter Gehalt an alkalischer Phosphatase für Cyste einer Carcinommetastase. Cystenflüssigkeit aus bösartigen, in geringerem Maße auch aus nekrotischen Tumoren zeigen hohen Gehalt an Gesamteiweiß, Aminosäurestickstoff und Desoxyribonucleinsäure [1]. Die elektrophoretische Trennung des Eiweißes ergab 58,2% Albumin, 3,1% α_1-Globulin, 6,1% α_2-Globulin, 11,9% β-Globulin und 20,7% γ-Globulin [2]. — Untersuchungen über den Gehalt an Kalium, Natrium und Calcium sind von CUMINGS[3] und STERN[4] vorgenommen worden.

ϑ) Lymphcystenflüssigkeit.

Die Cysten des Lymphsystems enthalten Flüssigkeit, die wechselnd gefärbt, klar, gelblich, oder trübe-fibrinös sein kann. Öfters finden sich Thromben aus Blut oder Lymphe darin. Die Bestandteile sind wechselnd: Wasser 85—94%, Eiweiß 4,32—11,35%, Fett 0,23%, NaCl 0,57%, daneben Fe, Mg, Natriumphosphat u. a. Der Inhalt kann jedoch auch reine Lymphe sein (Retentionscysten) [5]. — Lymphcysten des Nebenhodens und des Samenstranges können bei Verbindung mit Nebenhodenkanälchen auch Spermien enthalten [6].

ι) Hautblasenflüssigkeit.

Die Flüssigkeit aus Hautblasen stammt ihrer Zusammensetzung nach aus dem Blut und kann nicht als Gewebsflüssigkeit bezeichnet werden [7] (s. a. Tabelle 83). Auch das bei

Tabelle 83. *Bestandteile von Hautblasenflüssigkeiten im Vergleich zu den entsprechenden Serum- und Hautbestandteilen* (in mg-%) [7].

	Flüssigkeit aus		Blutserum	Haut
Rest-N (gemischte Kost) . . .	Zugblase	39	30	72
Rest-N (Urämie).	Zugblase	301	273	216
Rest-N (purinfreie Kost) . . .	Zugblase	29	27	114
Harnsäure (purinfreie Kost) . .	Zugblase	6,5	5,2	4,8
Aminosäure-N (purinfreie Kost)	Zugblase	5,7	5,5	50,4
Zucker (gemischte Kost) . . .	Zugblase	78	97	47
NaCl	Höhensonnenblase	630	590	270
	Brandblase	528	549	290
	Zugblase	608	574	245
	Blase bei toxischem Erythem	609	578	191
	Pemphigus	590	555	548
Histamin[8]	Zugblase	0,025	0,025	0,57
		—0,05	—0,05	—1,8

Psoriasis abgesonderte seröse Exsudat entstammt dem Blutserum, wie durch mengenmäßige Bestimmung von 14 verschiedenen Aminosäuren gezeigt wurde; sein Eiweiß scheint überwiegend Albumin zu sein [9]. Die Werte vom Reststickstoff und Kochsalz sind in der Hautblasenflüssigkeit dem Blutserum gegenüber etwas erhöht. Der Gehalt

[1] CUMINGS, J. N.: Brain **73**, 244 (1950).
[2] STEGER, G.: Tagung Dtsch. Ges. Physiol. Chem., Hamburg 1952.
[3] CUMINGS, J. N.: Brain **66**, 316 (1944).
[4] STERN, K.: Brain **62**, 88 (1939).
[5] STAHEL, R.: Diagnostische Drüsenpunktion. S. 60. Leipzig 1939.
[6] DIETRICH, A.: Allgemeine Pathologie und pathologische Anatomie. 8. Aufl. Bd. 2. S. 270. Zürich 1948.
[7] URBACH, E.: Kli. Wo. **1929 II**, 2094.
[8] LEWIS, TH. and R. T. GRANT: Heart **11**, 209 (1924). — HARRIS, K. E.: Heart **14**, 161 (1927).
[9] ZORN, B.: Z. ges. inn. Med. **4**, 486 (1949).

an Harnsäure, Aminosäuren, Kochsalz, Zucker und Histamin entspricht dem des Blut-serums (s. Tabelle 83). — *Cantharidenblase:* Der Inhalt der durch Cantharidin hervor-gerufenen Zugblase ist gewöhnlich eine seröse, klare, leichtgelbliche oder auch betrübte Flüssigkeit, deren Eiweißgehalt und übrige Zusammensetzung sich während des Be-stehens der Blase ändern kann[1]. Der Eiweißgehalt beträgt 4—6,5%, das sind 70—80% des Eiweißgehaltes im Blutserum. Die Eiweißfraktionen stimmen mit denen des Blut-serums qualitativ überein und zeigen bei Krankheiten die gleichen prozentualen Ver-schiebungen, wie bei elektrophoretischen Untersuchungen gefunden wurde[2] (s. Tabelle 84).

Tabelle 84. *Vergleich der Eiweißfraktionen in Blutserum und Cantharidenblasenflüssigkeit bei verschiedenen Krankheitsbildern*[2].

	Lebercirrhose		Nephrotisches Syndrom		Makroglobulinämie	
	Serum	Canthariden-blase	Serum	Canthariden-blase	Serum	Canthariden-blase
Albumin . . .	25,1	24,5	13,7	18,3	31,9	36,4
α_1-Globulin . .	4,3	4,5	2,2	0,0	2,5	2,5
α_2-Globulin . .	5,2	4,8	54,4	58,5	4,0	3,5
β-Globulin . .	12,1	12,8	22,6	23,2	3,5	4,3
γ-Globulin . .	53,3	53,4	7,1	23,2	58,1	53,3

Der Zuckergehalt liegt bei 90 mg-%, der Milchsäuregehalt bei 10 mg-%[3]; weitere Werte s. Tabelle 83. Nach Gaben von Vitamin C steigt der Ascorbinsäuregehalt auch in der Cantharidenblase[4]. In der Cantharidenblase[5] finden sich dieselben Isoagglutinine wie im Blut. Die Wa.R ist positiv, wenn sie im Blut positiv ist[6]. Unter den zelligen Elementen finden sich bei akutem Lupus erythematodes HARGRAVES-HASERICK-Zellen (L.E.-Zellen)[7]. Nach Gaben von Penicillin übersteigt 2—3 Std später die Penicillin-konzentration in der Cantharidenblase die des Blutes[8]. — Die Flüssigkeiten aus *Brand-blasen* und *Pemphigusblasen* entsprechen in ihrem Gehalt an Trockenrückstand, Eiweiß und Kochsalz den Cantharidenblasen. Auch in den Pemphigusblasen wurden die gleichen prozentualen Verschiebungen der Eiweißfraktionen bei Krankheiten wie im Blutserum beobachtet[9]. Bei älteren Untersuchungen wurden in Brandblasen 5,03% Gesamteiweiß, 1,36% Globulin und 0,01% Fibrinogen gefunden[10]. In Pemphigusblasen werden mitunter große Mengen von Cholesterinkrystallen beobachtet[11].

ϰ) Flüssigkeit aus parasitären Cysten.

Der Inhalt von *Echinococcusblasen* ist dünnflüssig, farblos bis hellgelb, klar bis leicht opalescierend. Das spezifische Gewicht beträgt 1009—1015. Die Reaktion ist neutral bis alkalisch. Die Gefrierpunktserniedrigung ist etwa gleich der des Blutes. — Der Trocken-rückstand macht 1,4—2% aus. Eiweiß findet sich entweder gar nicht oder nur in ganz geringen Mengen. Auch Fett ist nur gering vorhanden. In älteren Echinococcusblasen finden sich — wie in allen alten Cysten — Cholesterin- und Hämatoidinkrystalle. In den Echinococcusblasen der Lunge wurden weder Glykogen noch andere Kohlenhydrate gefunden, während in denen der Leber Glykogen, jedoch keine Mono- und Disaccharide

---

[1] HAHN, H.: Kli. Wo. **1929 II**, 2258.
[2] WUHRMANN, F.: Schweiz. med. Wschr. 82, 5 (1952). — KUTZIM, H.: M. m. W. **1951**, 2603.
[3] SCHELLER, R.: M. m. W. **1926 II**, 1879.
[4] NORDAHL, J.: Svenska Läk.-Tdg. **1942**, 2967 [Ber. Physiol. **133**, 190].
[5] LENART, G., u. J. KÖNIG: Kli. Wo. **1928 I**, 549.
[6] THOMAS, E., W. ARNOLD u. K. KLEIN: M. m. W. **1922 II**, 1178.
[7] WATSON, J. B., P. A. O'LEARY and M. M. HARGRAVES: A.M.A. Arch. Derm. Syph. **63**, 328 (1951).
[8] TELLER, M.: Derm. Wschr. **1950**, 537.
[9] LEINBROCK, A.: Arch. Derm. Syph., Berlin **192**, 535 (1951).
[10] MÖRNER, K. A. H.: Skand. Arch. Physiol. **5**, 271 (1895).
[11] LICHTWITZ, L.: Klinische Chemie. 2. Aufl. S. 632. Berlin 1930.

festgestellt wurden[1]. Nach anderen Angaben findet sich jedoch öfters Glucose[2]. Fast regelmäßig finden sich Betain, Alloxurbasen, Bernsteinsäure und ihre Salze, Milchsäure, Essigsäure und n-Valeriansäure. Seltener konnten Propionsäure und Kreatinin nachgewiesen werden, Oxalsäure bisweilen in Spuren. Den Hauptanteil der Salze macht das NaCl mit 0,83—0,97% aus, daneben kommen Kalium, Calcium, Magnesium und Ammoniak als Chloride, Sulfate, Phosphate oder Carbonate vor[1]. Bei vereiterten Leberechinokokken findet sich meist massenhaft Bilirubin, das dem Eiter eine ockergelbe Farbe gibt[3].

5. Speichel.

Von

K. Hinsberg und G. Schmid.

Allgemeines und physikalische Eigenschaften. *Herkunft:* Der menschliche und auch der tierische Speichel setzen sich zusammen aus den Sekreten der drei großen Speicheldrüsenpaare der Mundhöhle: Parotis, Submandibularis und Sublingualis, sowie der vielen kleinen Drüsen der Mundschleimhaut. Der von den einzelnen Drüsenpaaren sezernierte Speichel unterscheidet sich weitgehend in seiner Konsistenz. Ganz allgemein unterscheidet man *seröse* und *muköse* Drüsen nach der Viscosität der von ihnen produzierten Sekrete. Parotis und gewisse Zungendrüsen geben einen rein serösen Speichel ab, die Sublingualis einen mukösen mit hohem Mucingehalt, Submandibularis und die anderen kleinen Drüsen der Mundschleimhaut liefern einen gemischten Speichel. Diesem funktionellen Verhalten entspricht auch der histologische Aufbau der einzelnen Drüsen, wobei also die Parotis und die sog. Spüldrüsen der Zunge nur seröse Endstücke mit runden, zentral stehenden Kernen, die Sublingualis Endstücke mit platten Kernen an der Zellbasis zeigen, während die Submandibularis sowie die kleinen Drüsen der Mundschleimhaut sowohl seröse als auch muköse Endstücke besitzen.

Eigenschaften: Der gemischte Speichel, wie er normalerweise erhalten wird, ist eine farblose, zuweilen schwach bläulich schimmernde, geruchlose, etwas trübe und mäßig zähe Flüssigkeit, in der abgestoßene Epithelien der Mundschleimhaut, Leukocyten, Lymphocyten sowie Bakterien suspendiert sind. Die Lymphocyten stammen aus dem lymphatischen Rachenring. Zusammen mit den Leukocyten werden sie als „Speichelkörperchen" bezeichnet.

Die täglich produzierte *Menge* an Speichel wird gewöhnlich mit 1—2 Litern angegeben. Es ist allerdings schwierig, genaue Messungen unter physiologischen Bedingungen durchzuführen, so daß sich die Tagesmenge nur abschätzen läßt, und zwar nach Werten, die man unter mehr oder weniger abnormen Bedingungen erhalten hat. Die Messung kann geschehen, indem man die Versuchspersonen Brot, Fleisch oder andere Nahrungsmittel, die vorher abgewogen wurden, tüchtig kauen und dann ausspucken läßt. Die Gewichtsdifferenz wird dann als Speichel berechnet. Wie bekannt, spielt aber auch der psychische Reiz bei der Nahrungsaufnahme eine sehr große Rolle, so daß diese und ähnliche Methoden nur Anhaltspunkte über die Höhe der tatsächlichen Speichelproduktion geben können.

BROWN und KLOTZ[4] fanden beim Kauenlassen von Paraffin Schwankungen von 55,9—310,5 cm³ je Stunde. Andere Autoren[5] erhielten bei ähnlichen Versuchsbedingungen 50—100 cm³ Speichel je Stunde, wobei es sich praktisch ausschließlich um Parotisspeichel handelte. BECKS und WAINWRIGHT[6] geben im Mittel 19 ± 0,54 cm³ je Stunde

---

[1] FLÖSSNER, O.: Z. Biol. 80, 255 (1924); 82, 297 (1925).
[2] LIPP, H.: Untersuchungsverfahren für die Allgemeinpraxis. 2. Aufl. S. 110. München, Berlin 1939.
[3] Müller-Seifert 45./46. Aufl. S. 233.
[4] BROWN, J. B., and N. J. KLOTZ: J. dent. Res. 14, 435 (1934).
[5] MEYER, K. H., E. H. FISCHER, A. STAUB et P. BERNFELD: Helv. 31, 2158 (1948).
[6] BECKS, H., and W. W. WAINWRIGHT: J. dent. Res. 22, 391 (1943).

bei einer maximalen Spanne von 0,5—111 cm³ je Stunde an. Die Werte waren unabhängig von Alter oder Geschlecht. Nach diesen Befunden dürfte die normale Speicheltagesmenge um 1000 cm³ liegen. Zum Vergleich seien hier noch Werte für die tägliche Speichelproduktion einiger Tierarten gegeben. Nach LENKEIT[1] produzieren das Rind 60 Liter, das Pferd 40 Liter und das Schaf 5 Liter Speichel je Tag.

Physikalische Eigenschaften: Die *Viscosität* des Speichels, die von seinem Gehalt an Mucin und Proteinen abhängt, wird nur in Einzelfällen von Interesse sein. Dagegen war die *Reaktion* des Speichels Gegenstand sehr zahlreicher älterer und auch neuerer Untersuchungen. Während bei den älteren Untersuchern der p_H-Wert am oder etwas über dem Neutralpunkt gefunden wurde, geben die neueren Daten schwach saure Werte um 6,9 an. Die Zusammensetzung der aufgenommenen Nahrung beeinflußt den p_H-Wert nicht wesentlich, bestimmt aber die Pufferungskapazität des produzierten Speichels[2].

Frischer menschlicher Speichel, unter Bedingungen gewonnen, die einen CO_2-Verlust ausschließen, zeigt einen p_H-Wert nahe dem Neutralpunkt, neigt aber mehr zur sauren als zur alkalischen Reaktion. Interessant ist auch noch der Vergleich von p_H-Werten, die mit Papiervergleichsindicatoren und mit der Glaselektrode in vivo erhalten wurden. DEWAR[3] gibt als Durchschnitt bei 250 Personen, gemessen mit Papierindicator einen p_H-Wert von $7,1 \pm 0,3$, mit Glaselektrode $6,83 \pm 0,32$ an. Diese Werte erscheinen auch deshalb als wahrscheinlich, weil in diesem Bereich, nämlich bei p_H 6,9, das Optimum der α-Amylase des Speichels liegt. SCHMIDT-NIELSEN[4] fand für Parotisspeichel ein p_H von 5,45—6,06, im Mittel 5,81, für Submandibularisspeichel einen p_H von 6,02—7,14, im Mittel 6,39, und gibt an, daß durch Verlust von CO_2 der p_H sehr rasch auf 7,9 ansteigt. Die zuerst genannten Werte scheinen sehr stark sauer. Die *Dichte* des Speichels ist mit 1,002—1,008 entsprechend dem geringen Gehalt an gelösten Bestandteilen niedriger als die des Blutes. Auch die *Gefrierpunktserniedrigung* liegt mit 0,2—0,4° unterhalb der des Blutes. Daß trotz dieser Tatsachen der Speichel aber nicht einfach filtriertes Plasma darstellt, wird erst beim Vergleich der einzelnen Bestandteile ganz klar werden. Die Drüsenzellen leisten durch Anreicherung bestimmter Bestandteile und Produktion der Eiweißkörper Arbeit, die sich auch in einem erhöhten Energieumsatz während dieser Tätigkeit kundtut.

Tabelle 85. *Durchschnittswerte für den gemischten menschlichen Speichel* (anorganische Stoffe).

K	30,8—131,0 mg-% [5—7]		P (ges.)	11,9—26,0 mg-% [5,7]
Na	29,6—115,0 mg-% [5,7]		P (org.)	0,9—15,0 mg-% [11]
NH₃	2—10 mg-% [8]		CO_2	20,0—45,0 mg-% [5]
Ca	4,5—11,0 mg-% [5,7]		SCN	11,7—33,0 mg-% [12,13]
Mg	0,3—1,0 mg-% [5,9]			
Cl	37,1—93,7 mg-% [5,7,10]			

Wassergehalt	99,4—99,5%
Trockensubstanz	0,5—0,8%
Anorganische Bestandteile	0,2—0,3%
Organische Bestandteile	0,3—0,5%

[1] LENKEIT, W.: Ergebn. Physiol. **35**, 573 (1933).
[2] DEWAR, M. R.: Neue med. Welt **1951**, 842. — ANDERSON, D. J.: J. dent. Res. **28**, 583 (1949).
[3] DEWAR, M. R.: Dent. J. Australia **21**, 113 (1950) [Chem. Abstr. **44**, 5988 g (1950)].
[4] SCHMIDT-NIELSEN, B.: Acta physiol. scand. **11**, 104 (1946).
[5] LORINCZY, E., u. K. NADOR: Orv. Hetil. **89**, 567 (1948) [Chem. Abstr. **43**, 4356f (1949)].
[6] VLADESCO, R., et L. BELLEA: C. R. Soc. Biol. **129**, 329 (1938).
[7] MATHIS, H.: Z. Stomatol. **32**, 1188, 1248 (1934).
[8] WU, D. Y., and H. WU: Proc. Soc. exp. Biol. Med. **76**, 130 (1951).
[9] MATHIS, H.: Z. Stomatol. **33**, 1345 (1935).
[10] BROWN, J. B., and N. J. KLOTZ: J. dent. Res. **14**, 435 (1934).
[11] DAVIES, M., and J. J. RAE: J. dent. Res. **27**, 167 (1948).
[12] MOGLIA, J. L.: An. Farmacia Bioquím., Buenos Aires **17**, 18 (1946) [Chem. Abstr. **41**, 2103f. (1947)].
[13] TORTORA, M.: Arch. Ostetr. Ginec. **3**, 72 (1939).

Wasser: Mit einem Gehalt von über 99 % stellt der Speichel das wasserreichste Sekret des Organismus dar. *Trockensubstanz:* Der Gehalt des Speichels an festen Bestandteilen ist ebenso wie seine Menge relativ weiten Schwankungen unterworfen. Die Zusammensetzung des Speichels variiert je nach Art der zugeführten Nahrungsstoffe, wobei Wassergehalt, Oberflächenbeschaffenheit usw. Qualität und Quantität des sezernierten Speichels bedingen. Etwa $1/3$ der Trockensubstanz ist anorganischer Natur, der Rest organisch. Die in der Literatur angegebenen Werte sind nicht einheitlich. Nach BROWN und KLOTZ[1] beträgt sie 0,13—0,51 %, allerdings an einem mit Paraffin stimulierten Speichel, der als fast reiner Parotisspeichel in seiner Zusammensetzung nicht dem Normalspeichel entspricht; nach LORINCZY und NADOR[2] ist sie für menschlichen Speichel 0,79 bis 0,91 %. Für tierischen Speichel gelten andere Zahlen. Der Gehalt an Trockensubstanz liegt höher, die anorganischen Bestandteile überwiegen. Besonders hoch ist der Carbonatgehalt. Nach MCDOUGALL[3] hat Schafspeichel 1,0—1,4 % Trockensubstanz. Dabei beträgt der N-Gehalt als Maß des Gehalts an organischer Substanz mit 9,36 mg-% nur etwa $1/6$—$1/10$ des N-Gehalts des menschlichen Speichels. Der hohe Gehalt an Alkalicarbonaten erklärt den hohen p_H-Wert von 8,4—8,7 des Schafspeichels, der auch bei den anderen Herbivoren in ungefähr der gleichen Höhe liegt.

Anorganische Bestandteile. Besonders in neuerer Zeit ist die Zusammensetzung des Speichels in bezug auf anorganische Stoffe oft untersucht worden, da man aus Änderungen der Konzentration gewisser Ionen — bisher allerdings vergeblich — einen Zusammenhang mit der Häufigkeit der Caries zu finden hoffte.

Kationen: Kalium findet sich im Speichel in weit höherer Konzentration als im Blutserum, *Natrium* kommt dagegen im Speichel in viel geringerer Konzentration als im Serum vor. Die *Calciumwerte* liegen zwischen denen des arteriellen und des venösen Blutes[4].

Anionen: Auch die für den Anionengehalt angegebenen Werte schwanken zum Teil erheblich. *Rhodan:* Das Vorkommen von Rhodan im Speichel wurde schon früh gefunden. Seine funktionelle Bedeutung ist aber noch unklar. Eine exakte Methode zu seiner Bestimmung hat LANG[5] angegeben. Das Rhodan scheint außer beim Menschen nur noch beim Hund vorzukommen. Die Konzentration im Speichel ist höher als im Blut, beim Hund bis 3 mg-%[6]. MOGLIA[7] findet den mittleren Rhodangehalt des Speichels, unabhängig von Alter und Geschlecht, indirekt proportional der produzierten Speichelmenge. Bei einem Mittelwert von 13,4 $\pm$ 1,1 mg-% sind die Werte für Nichtraucher 11,7 $\pm$ 1,0 mg-% und für Raucher 17,5 $\pm$ 2,1 mg-%. Nach TORTORA[8] beträgt der Rhodangehalt bei Nichtrauchern 17,2 mg-%, bei Rauchern 33,0 mg-%, bei Schwangeren 23,1 mg-% und nach der Geburt 17,2 mg-%.

Fluor, Brom und *Jod* werden anscheinend regelmäßig, wenn auch in schwankenden Werten, im Speichel gefunden. Fluor[9] fand sich zu 0,10—0,20 mg/l. Die Bromwerte sind sehr schwankend, 0,2 bis 7,1 mg/l, sie hängen von dem Bromgehalt der Nahrung ab[10]. Für Jod[11] wurden Werte zwischen 0,035 und 0,240 mg/l mit einem Mittelwert von 0,102 $\pm$ 0,05 mg/l gefunden.

Außer den regelmäßig vorkommenden anorganischen Bestandteilen können mit dem Speichel gelegentlich körperfremde Stoffe ausgeschieden werden, bei Vergiftung z. B.

[1] BROWN, J. B., and N. J. KLOTZ: J. dent. Res. **14**, 435 (1934).
[2] LORINCZY, E., u. K. NADOR: Orv. Hetil. **89**, 567 (1948) [Chem. Abstr. **43**, 4356f. (1949)].
[3] MCDOUGALL, E. I.: Biochem. J. **43**, 99 (1948).
[4] KESZTYÜS, L., u. J. MARTIN: Pflügers Arch. **241**, 241 (1938).
[5] LANG, K.: B. Z. **259**, 243; **262**, 14 (1933).
[6] GUBENKO, V. K.: Bull. Biol. Méd. exp. URSS. **13**, 102 (1942) [Chem. Abstr. **38**, 4299² (1944)].
[7] MOGLIA, J. L.: An. Farmacia Bioquím., Buenos Aires **17**, 18 (1946) [Chem. Abstr. **41**, 2103f. (1947)].
[8] TORTORA, M.: Arch. Ostetr. Ginec. **3**, 72 (1939).
[9] GOLDEMBERG, L., u. J. SCHRAIBER: Rev. Soc. argent. Biol. **11**, 111 (1935) [Chem. Abstr. **29**, 7451⁶ (1935)].
[10] VITTE, G.: C. R. Soc. Biol. **124**, 1227 (1937).
[11] BRUGER, M., J. W. HINTON and W. G. LOUGH: J. Lab. clin. Med. **26**, 1942 (1941).

Blei- und *Quecksilbersalze*[1]. Auch andere Schwermetalle werden gefunden. BRABANT[2] fand bei Meerschweinchen und Ratten die Ausscheidung von *Wismutverbindungen*. HILL[3] fand beim Schaf, daß auf die Haut aufgebrachtes *Arsentrioxyd* (As_2O_3) resorbiert und im Speichel ausgeschieden wurde. Fluor- und Brom-, vor allem aber Rhodansalze werden nach Zufuhr in erhöhter Menge ausgeschieden. Besonders für Jod wurde im Zusammenhang mit der Anwendung bei Hyperthyreoidismus die Ausscheidung im Speichel studiert. Nach intravenöser Injektion von 4 mC radioaktivem Jod und 0,01 mMol NaJ je Kilogramm war die Konzentration im Speichel viel höher als im Blutserum[4].

Organische Bestandteile. Die Hauptmenge der organischen Bestandteile des Speichels besteht aus *Eiweißstoffen*. Der N-Gehalt nach Parotisreizung mit Citronensäure beträgt 62—104 mg-%[5].

Der gleichzeitig gefundene Rest-N betrug 17—58 mg-%.

Fermente. Der wichtigste organische Bestandteil ist die *Amylase*, die außer beim Menschen auch bei Affen, Schwein, Ratte, Maus, Meerschweinchen, Eichhörnchen, Igel, Hamster und Kaninchen vorkommt. Keine Amylase findet sich im Speichel der Carnivoren Hund, Katze und Fuchs; auch Speichel folgender Herbivoren ist von Amylase frei: Rind, Schaf, Ziege, Reh und Pferd[6].

Die Speichelamylase ist reine α-Amylase[7] und sehr stabil. Das p_H-Optimum liegt bei 9,9, das Temperaturoptimum bei 40°. Die Aktivitätsgrenzen reichen von p_H 3,8—9,4.

Die Bestimmung der Aktivität der α-Amylase geschieht durch Ermittlung der beim Abbau freigesetzten reduzierenden Gruppen oder mit Hilfe der Jod-Stärkereaktion. Allgemein anerkannte Einheiten der Aktivitätsmessungen bestehen nicht. Näheres findet sich bei NOELTING und BERNFELD[8]. Sonst kann die Bestimmung wie im Blutserum und Urin geschehen (s. S. 167 und 292). Klinisch ist von Wichtigkeit, daß bei gewissen Affektionen der Speicheldrüsen (Verschluß der Ausführungsgänge, Entzündungen) die Amylasewerte im Blutserum und damit auch im Urin erhöht sind[9]. Über höhere Amylasewerte im Serum und Urin bei Mumps siehe[10, 11]. Außer der Amylase wurden im Speichel noch eine ganze Reihe *weiterer Fermente* gefunden; zum Teil sind diese regelmäßige Bestandteile des Speichels wie Lysozym und Mucinase, zum Teil kommen sie nur gelegentlich vor. Nach DEWAR[12] können im Speichel gefunden werden: Phosphatase, Katalase, Urease, Proteasen, Maltase, Peroxydase, Lipase, Carboanhydratase. Glykolytische Fermente fanden sich in den cellulären Bestandteilen des Speichels[13].

Bei steriler Abnahme des Speichels direkt aus den Ausführungsgängen findet man aber nur *Mucinase* und *Lysozym*. Die Mucinase ist nach ROGERS[14] an die Zellbestandteile des Speichels gebunden, so daß nur das Lysozym von der Speicheldrüse direkt gebildet wird. Auch die proteolytischen Fermente[15] und die Phosphatase[16] sind an die

---

[1] ODIER, J.: C. R. Soc. Physique Hist. natur. **58**, 256 (1941).

[2] BRABANT, H.: Arch. Biol., Paris **52**, 117 (1941).

[3] HILL, J. L.: J. Council sci. industr. Res. **19**, 251 (1946) [Chem. Abstr. **41**, 2804b (1947)].

[4] SCHIFF, L., C. D. STEVENS, W. E. MOLLE, H. STEINBERG, C. W. KUMPE and P. STEWART: J. nat. Cancer Inst. **7**, 349 (1947).

[5] PETROWA, W. W., u. N. R. SCHASTIN: J. Physiol. USSR. **30**, 484 (1941) [Ber. Physiol. **127**, 238].

[6] MEYER, K. H., E. H. FISCHER, A. STAUB et P. BERNFELD: Helv. **31**, 2158 (1948) — LENKEIT, W.: Ergebn. Physiol. **35**, 573 (1933).

[7] MEYER, K. H., F. DUCKERT et E. H. FISCHER: Helv. **33**, 207 (1950).

[8] NOELTING, G., et P. BERNFELD: Helv. **31**, 286 (1948).

[9] Anonym. Ann. Biol. clin., Paris **8**, 523 (1950) [Chem. Abstr. **45**, 3455c (1951)].

[10] LOESCHKE, A.: Arch. Kinderheilkde. **146**, 133 (1936).

[11] WOHNAN, I. J., B. EVANS, S. LASKER and K. JAEGGE: Amer. J. med. Sci. **213**, 477 (1947).

[12] DEWAR, M. R.: Neue med. Welt **1951**, 842.

[13] SREEBNY, L. M., E. R. KIRCH and R. G. KESEL: J. dent. Res. **29**, 506 (1950) [Chem. Abstr. **44**, 10857i (1950)].

[14] ROGERS, H. J.: Nature **161**, 815 (1948).

[15] WEINMANN, J.: Z. Stomatol. **34**, 1, 77 (1936).

[16] DENTAY, J. T., and J. J. RAE: J. dent. Res. **28**, 68 (1949).

Speichelkörperchen gebunden. Ein geringer Teil der oben genannten Fermente dürfte auch aus den im Mund vorhandenen Bakterien stammen.

Mucin — ein Glykoproteid — kann im Speichel bis 0,2% betragen. Es ist auch der Träger der Blutgruppensubstanzen des Speichels[1]. KABAT und Mitarbeiter[2] finden für die Blutgruppensubstanz A aus Speichel folgende Werte: N-Gehalt 3,6—7,7%; Glucosamin 21—34%; Acetat 7,2—10,2%; reduzierender Zucker 47—64%. Für das Mucin aus der Submandibularis beim Kalb gibt DOMINI[3] folgende Daten: Minimum der Löslichkeit bei $p_H = 2{,}97$; N-Gehalt 11,0%; HCl-Bindung 2 mMole/g; NaOH-Bindung 4 mMole/g. Die Mucine der verschiedenen Herkunft unterscheiden sich durch die Verschiedenheit des Proteinanteils in ihrem isoelektrischen Punkt. Die Bestimmung von Mucin erfolgt wie S. 215 beschrieben.

Niedermolekulare organische Bestandteile. Auch hier gibt es Bestandteile, die regelmäßig vorkommen, und solche, die gelegentlich oder unter pathologischen Verhältnissen im Speichel erscheinen, wobei die Speicheldrüsen als Exkretionsorgan funktionieren können.

Vitamine: Im Mittel werden von GLAVIND und Mitarbeitern[4] in 100 cm³ Speichel folgende Werte für die einzelnen Vitamine gefunden:

Tabelle 86. *Vitamingehalt des Speichels* (in γ-%).

Aneurin . . .	0,7	Pyridoxin . . .	60,0	Biotin	0,08
Lactoflavin .	5,0	Pantothensäure .	8,0	Ascorbinsäure	240,0
Nicotinsäure .	3,0	Folinsäure . . .	0,01	Vitamin K . .	1,5

Milchsäure: Sie kommt regelmäßig vor. Es wurden Werte von 4—14 mg-%[5] und 2,4—4,5 mg-% gefunden[6].

Glucose: Glucose findet sich gewöhnlich nicht im Speichel[7], bei Diabetikern dagegen in geringen Mengen (bis 20 mg-%). Nach HEBB und STAVRAKY[8] findet sich auch bei Gesunden nach Adrenalingaben Glucose im Speichel. HATA findet normalerweise beim Hund Glucose im Speichel[9] (aus Submaxillaris 25 mg-%, aus Parotis 17 mg-%). Auch andere Autoren finden im Speichel 6—27 mg-% Glucose[10], so daß die Frage nach dem Vorkommen der Glucose im Speichel heute noch nicht eindeutig beantwortet werden kann.

Citronensäure: Nach ZIPKIN[11] finden sich im Paraffinreizspeichel 0,61—1,73 mg-% Citronensäure; mit dem Alter nehmen die Werte etwas zu. Es wurden 0,20—2,00 mg-% gefunden[12].

Harnstoff: Harnstoff findet sich regelmäßig in einer Menge von 75—90% des Gehaltes im Blut im Speichel. Für kindlichen Speichel werden als Normalwerte 20—36 mg-% angegeben[13]. Pilocarpin ergibt beim Pferd einen Speichel mit 14,0—30,7 mg-% Harnstoff[14]. Beim Schaf findet McDONALD[15] 6,5—15,0 mg-% Harnstoff bei 5 Liter Tagesmenge im Speichel.

[1] REX-KISS, B.: Z. Immun.-Forsch. **101**, 405 (1942).

[2] KABAT, E. A., A. BENDICH, A. E. BEZER and S. M. BEISER: J. exp. Med. **85**, 685 (1947).

[3] DOMINI, G.: Arch. Fisiol. **41**, 36 (1941).

[4] GLAVIND, J., H. GRANADOS, L. A. HANSEN, K. SCHILLING, J. KRUSE u. H. DAM: Int. Z. Vit.-Forsch. **20**, 234 (1948).

[5] VLADESCO, R.: C. R. Soc. Biol. **121**, 275 (1936).

[6] MÖLLMANN, F.: Diss. Frankfurt 1935 [Ber. Physiol. **107**, 79].

[7] BECKER, H., u. E. KESTERMANN: Dtsch. Arch. klin. Med. **179**, 233 (1936).

[8] HEBB, C. O., and G. W. STAVRAKY: Quart. J. exp. Physiol. **26**, 141 (1936).

[9] HATA, M.: Mitt. med. Akad. Kioto **30**, 270 (1940) [Chem. Abstr. **35**, 4486⁴ (1941)].

[10] BLATT, M. L., M. KERN and C. M. CORTUEM: J. Pediatr. **27**, 71 (1945).

[11] ZIPKIN, I.: Science, N. Y. **106**, 343 (1947).

[12] ZIPKIN, I., and F. J. McCLURE: J. dent. Res. **28**, 613 (1949).

[13] SCARPULLA, G.: Riv. Clin. pediatr. **31**, 811 (1933).

[14] ROSSI, P., et DAUBARD: C. R. Soc. Biol. **130**, 1439 (1939).

[15] McDONALD, I. W.: Biochem. J. **42**, 584 (1948).

Kreatinin: Auch der Kreatiningehalt des Speichels scheint von der Höhe des Kreatininspiegels im Blut abzuhängen. LADELL[1] findet bei oraler Zufuhr von Kreatinin erhöhte Werte in Serum und Speichel.

Aminosäuren: Mit Hilfe von mikrobiologischen Methoden werden gefunden[2] Tryptophan, Arginin, Valin, Glutaminsäure, Phenylalanin, Threonin, Lysin, Glycin, Tyrosin, Prolin, Leucin, Serin, Isoleucin, Cystin, Histidin und Methionin. In einem durch Paraffin stimulierten Speichel[3] wurden außerdem noch Asparaginsäure und Taurin gefunden.

Phospholipoide: KRASNOW[4] gibt als normalen Durchschnitt 0,119 ± 0,011 mg-% an, bei Individuen über 20 Jahren mehr als bei jüngeren Jahrgängen. Auch bei physiologischer Dysfunktion findet er höhere Werte.

Theobromin und *Coffein:* Beide Verbindungen sollen bei Pferden nach Gaben zum Zwecke des „Dopings" im Speichel gefunden werden[5].

Sulfonamide: Sie finden sich bei höheren Gaben (3 g/Tag) im Speichel zu 3—6 mg-%[6].

Alkohol: Der Gehalt des Speichels an Alkohol geht dem Gehalt im Serum weitgehend parallel. Das Verhältnis Speichel/Blutserum beträgt 0,97—1,14 und steigt in der postresorptiven Phase auf etwa 1,25[7].

6. Sputum.
Von
K. Hinsberg und G. Schmid.

Allgemeines und physikalische Eigenschaften. *Herkunft:* Unter Sputum versteht man ein durch krankhafte Vorgänge in Lungen und Luftwegen abgesondertes Sekret, das durch Husten oder Räuspern in die Mundhöhle gelangt und von hier durch Spucken nach außen befördert wird. Nach seiner Herkunft kann man es in einzelnen Fällen als Lungen-, Bronchial-, Rachen- usw. Sputum unterscheiden. Das Sputum ist stets zumindest ein Zeichen eines bestehenden Reizzustandes; denn die Sekretion der gesunden Schleimhäute ist so gering, daß die Flüssigkeit von der durchstreifenden Luft jederzeit entfernt wird. Die zelligen Bestandteile werden normalerweise schon an Ort und Stelle aufgelöst oder in den Rachen befördert, wo sie ebenfalls aufgelöst oder verschluckt werden.

Menge: Die Menge des in 24 Std ausgeworfenen Sputums variiert sehr stark und ist abhängig von der Stärke des Reizzustandes sowie von dessen Ausdehnung. Sehr oft ist die Menge des Sputums auch durch Beimengungen vermehrt, so durch Speichel, Erbrochenes oder Blut. Andererseits kann die ausgeworfene Menge nur einen Teil der produzierten Menge darstellen, da ein Teil wieder resorbiert oder auch verschluckt werden kann. Bei akuten Erkrankungen ist die Menge, die täglich ausgeschieden wird, besonders schwankend, während bei chronischen Prozessen die Tageswerte relativ konstant bleiben. Bei einer Bronchitis wurden Werte von 260—516 cm³ gefunden[8]. Bei Bronchiektasien fanden sich innerhalb 8 Tagen Werte von 182—273 cm³. Im Verlauf akuter Prozesse wird zunächst eine geringe Auswurfmenge gefunden, in der Fortdauer erhöht sich dann die Menge des dünnflüssiger werdenden Sputums, schließlich sinkt sie wieder ab. In seltenen Fällen werden bis zu 2000 g Sputum entleert.

Dichte: Die Dichte des Sputums schwankt in weiten Grenzen. Ausschlaggebend ist dabei der jeweilige Gehalt an seröser Flüssigkeit und an Eiter, weniger die Konsistenz des betreffenden Auswurfs. Die Tabelle 87 gibt hierüber Auskunft.

[1] LADELL, W. S. S.: J. Physiol., London **106**, 237 (1947).
[2] KIRCH, E. R., R. G. KESEL, J. F. O'DONNEL and E. C. WACH: J. dent. Res. **26**, 297 (1947).
[3] GOLDBERG, H. J. V., J. E. GILDA and G. H. TISHKOFF: J. dent. Res. **27**, 493 (1948).
[4] KRASNOW, F.: J. dent. Res. **24**, 319 (1945).
[5] BÜHRER, N. E.: Arq. Biol. Technol. Brasil **2**, 29 (1947) [Chem. Abstr. **43**, 2666i (1949)].
[6] FICKLING, B. W., P. PINCUS and B. BOYD-COOPER: Lancet **1939 II**, 1310.
[7] ELBEL, H.: Dtsch. Z. gerichtl. Med. **39**, 538 (1949).
[8] HOESSLIN, H. v.: Das Sputum. S. 5. Berlin 1926.

Das seröse Sputum ist strenggenommen kein Sekret der Bronchialschleimhaut, sondern ein Transsudat des Blutes. Das erhöhte spezifische Gewicht des pneumonischen Sputums rührt gleichfalls von einem vermehrten Eiweißgehalt her. Außer diesen beiden genannten Fällen läßt sich aber für einen Zusammenhang zwischen Dichte und Krankheit keinerlei Anhaltspunkte erbringen, wie sich überhaupt aus der chemischen Analyse keine oder nur solche Schlüsse ziehen lassen, die sich mit viel einfacheren Mitteln ebenso sicher und zum Teil eindeutiger erhalten lassen. Dies ist auch mit ein Grund, warum seit dem Aufkommen der mikroskopischen Untersuchung und der Röntgentechnik die chemische Untersuchung stark an Bedeutung verloren hat und nur noch vom wissenschaftlichen Standpunkt aus von Interesse ist, so z. B. im Hinblick auf Stoffwechselprodukte vorhandener Erreger oder auf Veränderungen, die durch Produkte dieser Erreger hervorgerufen werden. Die Tabelle 88 gibt nach Dichte geordnet das Sputum bei verschiedenen Krankheiten.

Tabelle 87. *Dichte des Sputums in Abhängigkeit von der Beschaffenheit.*

	Minimum	Mittel	Maximum
Rein schleimige und fast rein schleimige Sputa .	1004,3	1006,0	1008,0
Schleimig-eitrige Sputa . .	1008,0	1011,0	1014,0
Eitrig-schleimige Sputa . .	1013,0	1015,5	1017,7
Fast rein eitrige Sputa . .	1015,5	1019,8	1026,0
Seröses Sputum	—	1037,5	—
Pneumoniesputum	1010,4	1014,0	1020,4

Tabelle 88. *Dichte des Sputums bei Krankheiten[1].*

	Minimum	Mittel	Maximum
Bronchitis . . .	1004,3	1008,3	1014,0
Emphysem . . .	1006,2	1010,6	1013,0
Lungenabsceß . .	1015,5	1016,7	1018,0
Vitium cordis . .	1006,0	1021,5	1037,5
Tuberkulose. . .	1008,0	1012,0	1026,0
Pneumonie . . .	1010,4	1013,9	1020,4
Bronchitis fibrinosa	—	1008,0	—

Die Dichte wird mit dem Pyknometer bestimmt. Um eine gleichmäßige Mischung zu erhalten, muß das Sputum auf etwa 60° erwärmt werden, wobei es dünnflüssiger wird und die Luftblasen entfernt werden. Das Erwärmen geschieht am Rückfluß zur Vermeidung von Flüssigkeitsverlusten.

Farbe: Die Farbe des Sputums wird von verschiedenen Faktoren bedingt. Häufig beruht sie auf dem Blutfarbstoff und seinen Umwandlungsprodukten, den Gallenfarbstoffen, in vielen Fällen ist aber die Ursache der Färbung nicht bekannt. Von Bedeutung für die Farbe sind auch Konsistenz, bedingt durch den Schleimgehalt, sowie Wassergehalt, Menge der zelligen Bestandteile und der Fettgehalt. Auch Mikroorganismen sind für die Bildung von Farbstoffen verantwortlich. Ferner hat sicherlich die durch den verschiedenen Luftgehalt bedingte unterschiedliche Brechung Einfluß auf die Farbe des Sputums. Schließlich ist auch noch das Vorkommen von fremden Pigmenten möglich, die vor der Erkrankung in größerer Menge in die Lungen aufgenommen wurden. Diese festen Bestandteile können gelegentlich größeren Umfang haben und werden dann als „Steine" bezeichnet (Lungen-, Bronchialsteine, s. S. 443 und 445).

Reaktion: Im allgemeinen ist die Reaktion des Sputums als alkalisch angegeben, seltener als neutral und nur bei Zersetzungsprozessen als sauer. Beim Stehen verändert sich der p_H nach dem Sauren hin, vermutlich durch Entweichen von Ammoniak oder durch Bildung von Säuren, die durch Zersetzung entstehen können.

Konsistenz: Die Konsistenz des Sputums ist von der Art der Grundsubstanz abhängig und wird durch die verschiedensten Beimengungen zuweilen erheblich beeinflußt. Die Viscosität ist daher bisher kaum gemessen worden.

Gefrierpunktserniedrigung: Aus der Bestimmung der Gefrierpunktserniedrigung sind ebensowenig wie aus anderen Untersuchungen diagnostische oder prognostische Aussagen möglich (Tabelle 89).

---

[1] KOSSEL, H.: Z. klin. Med. **13**, 149 (1888).

Tabelle 89. *Gefrierpunktserniedrigung von Sputumproben.*

Schleimig-eitriger Auswurf bei Tuberkulose	0,40°
Schleimig-eitriger Auswurf bei Influenzapneumonie	0,35°
Chronische Bronchitis mit Emphysem	0,41—0,47°
Rostfarbener Auswurf bei croupöser Pneumonie	0,58°

Chemische Zusammensetzung: Die Zusammensetzung des Sputums kann stark variieren. Die Tabelle 90 gibt Mittelwerte einzelner Untersucher an:

Tabelle 90. *Zusammensetzung des Sputums*[1].

Art des Sputums	In Prozenten der frischen Substanz				In Prozenten der Trockensubstanz	
	Wasser	Trockensubstanz	anorganische Stoffe	organische Stoffe	anorganische Stoffe	organische Stoffe
Bronchitis, schleimig-eitrig	97,90	2,10	0,55	1,55	26,23	73,77
Bronchitis, schleimig	95,60	4,40	0,50	3,90	11,36	88,64
Bronchitis, schleimig	94,17	5,83	—	—	—	—
Bronchitis, schleimig	97,67	2,33	0,65	1,68	28,43	71,57
Chronische Bronchitis, schleimig-eitrig	95,62	4,38	0,67	3,71	15,30	84,70
Bronchiektasie, eitrig	93,86	6,14	0,79	5,35	12,87	87,13
Bronchiektasie	94,66	5,34	0,67	4,67	12,55	87,45
Tuberkulose	94,46	5,54	0,82	4,72	14,96	85,04
Tuberkulose, eitrig	93,47	6,53	0,76	5,77	13,17	86,83
Tuberkulose, eitrig mit etwas Blut . .	90,70	9,30	0,87	8,43	11,84	88,52
Pneumonie vor der Krise, rostbraun. .	92,66	7,34	0,77	6,57	12,19	87,81
Pneumonie nach der Krise, entfärbt, schleimig-eitrig	89,03	10,97	1,58	9,39	14,36	85,64
Pneumonie, tödlich, gallertig.	94,19	5,81	1,02	4,79	21,29	78,71

Nach Tabelle 90 ist trotz aller Schwankungen im einzelnen der Wassergehalt des bronchitischen, schleimigen und schleimig-eitrigen Sputums am größten. Dem entsprechen auch die niedrigen spezifischen Gewichte. Der Gehalt an anorganischen Stoffen ist dabei meist verhältnismäßig hoch. An zweiter Stelle folgt das pneumonische und an letzter das eitrig-tuberkulöse Sputum; bei diesen Erkrankungen schwanken die Einzelwerte oft sehr stark. Der Gehalt an organischer Substanz nimmt zu mit der Zunahme der im Sputum befindlichen Zellen, ebenso auch mit dem Eiweißgehalt.

Anorganische Bestandteile. Über die Menge der anorganischen Bestandteile eines schleimigen Rachensputums gibt die Tabelle 91 Auskunft.

Tabelle 91. *Anorganische Bestandteile des Sputums*[2].

	In Prozenten, berechnet auf flüssige Substanz	In Prozenten, berechnet auf Trockensubstanz
Wasser	95,552	—
Organische Substanz . .	3,646	81,965
Anorganische Substanz .	0,770	18,035
Na	0,255	5,722
Ca	0,049	1,111
Cl	0,354	7,943
SO_4	0,027	0,595
PO_4	0,063	1,445
CO_2	0,028	0,649
SiO_2	0,026	0,570

Die Tabelle 92 gibt weiterhin den Gehalt an anorganischen Stoffen bei verschiedenen Erkrankungen wieder.

Ganz grob lassen sich aus diesen Werten 2 Gruppen von Prozessen gegeneinander abgrenzen: 1. Der katarrhalische Typus, bei dem die Sulfate über 8% der anorganischen Stoffe betragen und das Verhältnis Na zu K etwa 1:3 ist. 2. Der chronisch-entzündliche Typus mit 10—14% Phosphat, in der Hauptsache Alkaliphosphaten, und einem

---

[1] HOESSLIN, H. v.: Das Sputum. S. 213. Berlin 1926.
[2] HOESSLIN, H. v.: Das Sputum. S. 214. Berlin 1926.

Tabelle 92. *Anorganische Bestandteile des Sputums bei Krankheiten*
(in % der gesamten anorganischen Stoffe)[1].

Bestandteil	Bronchitis	Bronchiektasie	Chronische Tuberkulose	Tuberkulose-Pneumonie	Pneumonie Entzündungsstadium	Pneumonie Lösungsperiode
Cl	40,764	35,033	35,775	33,395	37,445	47,211
SO$_4$	1,246	1,611	0,701	0,801	8,371	2,617
PO$_4$	10,080	13,120	13,048	14,153	—	1,034
K	16,163	22,496	24,066	19,986	41,198	14,634
Na.	36,000	30,122	27,904	31,686	14,970	37,235
Ca	0,945	0,595	0,631	1,675	0,817	1,535
Fe.	0,034	0,016	0,033	0,052	0,381	0,156
Mg.	—	0,110	0,131	—	—	—
SiO$_2$	1,036	0,116	0,900	0,300	0,630	0,181

Verhältnis Na:K von etwa 1:1. Der Chlorgehalt ist bei beiden Typen ungefähr gleich. In anderen Fällen zeigte sich aber kein Unterschied im Natrium/Kaliumverhältnis, so daß auch hier wieder die chemische Analyse nur unsichere Unterscheidungsmöglichkeiten gibt.

Die absoluten Mengen an Wasser und Salzen, die täglich den Körper als Sputum verlassen, können relativ groß sein.

Tabelle 93. *Verlust an Wasser und anorganischen Stoffen mit dem Sputum*
(in g je Tag)[2].

Erkrankung	Wasser	Asche	NaCl	P$_2$O$_5$
Bronchitis . . .	97,62—185,23	0,48—1,11	—	—
Pneumonie . . .	14,47—147,25	0,11—1,41	—	—
Tuberkulose. . .	71,48—189,36	0,62—1,88	—	—
Bronchiektasie .	—	2,44—5,57	1,74—3,70	0,583—1,286

Der Kochsalzgehalt ist in den meisten Fällen prozentual hoch und schwankt zwischen 0,129 und 1,14%. Auch hier läßt sich eine chemisch-analytische Unterscheidung zwischen Drüsensekret und Exsudat nicht durchführen. Die erhöhte Menge der Phosphorsäure in den eitrigen Auswürfen ist auf den erhöhten Gehalt an Leukocyten zurückzuführen. Die Menge der Erdalkalien ist für die verschiedenen Erkrankungen nicht charakteristisch. Die Bestimmung, vor allem der anorganischen Bestandteile, hat sehr geringen Wert für die Diagnose.

Bestimmung des Trockenrückstandes: In einem gewogenen Tiegel dampft man bei mäßiger Wärme unter mehrmaligem Alkoholzusatz ein und trocknet einige Tage über Schwefelsäure im Vakuum zur Gewichtskonstanz.

Bestimmung der Mineralbestandteile: Man fällt das Sputum mit einem Überschuß an Alkohol, filtriert durch ein aschefreies Filter und wäscht zunächst mit heißem Alkohol, dann mit heißem Wasser aus. Man erhält dabei zwei Auszüge, einen alkoholischen und einen wäßrigen, sowie einen Rückstand. Um den alkoholischen Auszug von Phosphatiden zu befreien, verdampft man bei niedriger Temperatur im Vakuum, extrahiert den Rückstand mit warmem absolutem Alkohol, dampft das Filtrat nochmals ein und nimmt den Rückstand mit trockenem und alkoholfreiem Äther auf. Dieser löst Phosphatide, aber keine anorganischen Salze. Die in absolutem Alkohol und Äther unlöslichen Rückstände werden mit dem wäßrigen Auszug vereinigt, eingedampft und verascht. Der Filterrückstand, der die Proteine und ihre Salzverbindungen sowie die Phosphate der alkalischen Erden und eventuell Eisen enthält, wird besonders verascht. Zur Bestimmung aller anorganischen Bestandteile verascht man den Trockenrückstand im Tiegel durch Erhitzen auf Rotglut. Nach dem Erkalten nimmt man mit Wasser auf und erwärmt zum Sieden,

---

[1] HOESSLIN, H. v.: Das Sputum. S. 214. Berlin 1926.
[2] HOESSLIN, H. v.: Das Sputum. S. 216. Berlin 1926.

filtriert durch ein aschefreies Filter und wäscht gut nach. Schale, Filter und Rückstand werden im Luftbad getrocknet, auf schwache Rotglut erhitzt, nach dem Erkalten mit Wasser extrahiert und mit dem ersten Filtrat vereinigt. Man verfährt in gleicher Weise mehrmals, bis der Rückstand weiß oder fast weiß geworden ist. Die gesamten Filtrate werden vereinigt und durch Eindampfen konzentriert. Die in Wasser unlöslichen Aschebestandteile werden mit verdünnter Salzsäure erwärmt und zur Lösung auf dem Wasserbad digeriert. Zur Bestimmung der Gesamtasche vereinigt man die wäßrigen Kohleauszüge mit dem scharf geglühten Veraschungsrückstand in der Platinschale, verdampft, erhitzt nochmals bis zum schwachen Glühen, läßt erkalten und wägt.

Zur Veraschung auf feuchtem Wege erhitzt man das Sputum wie üblich mit einer Mischung von gleichen Teilen konzentrierter Schwefelsäure und konzentrierter Salpetersäure, bis die Flüssigkeit ganz hell geworden ist. Die Bestimmung der einzelnen anorganischen Bestandteile erfolgt danach in üblicher Weise (s. Bd. II, Anorganische Stoffe).

Für die *Bestimmung von Kieselsäure* in Sputum gibt in neuerer Zeit LEYTON[1] eine colorimetrische Methode.

Reagentien:

1. HCl, 10%ig.
2. Na_2CO_3 in Substanz.
3. Ammoniummolybdatlösung, 5%ig.
4. α-Naphthol, 10 mg in 1 g konz. NaOH.

Ausführung:

Durch eine der üblichen Arten des Veraschens erhält man die anorganischen Bestandteile. Die Asche wird mehrmals mit heißer 10%iger HCl abgeraucht. Hierbei hinterbleibt SiO_2, das von der Flüssigkeit durch Zentrifugieren abgetrennt werden kann. Auf diese Weise werden auch Phosphate und Arsenverbindungen entfernt, die sonst die colorimetrische Methode stören, da sie gleichfalls mit Molybdänsäure Komplexe geben. Der Rückstand wird dann mit Natriumcarbonat geschmolzen, das Produkt in Wasser gelöst und mit Salzsäure schwach angesäuert. Hierzu fügt man 10 cm³ einer 5%igen Lösung von Ammoniummolybdat und erwärmt etwa 2 min lang auf 60°. Es entsteht eine gelbe Farbe. Nach dem Abkühlen auf 15° fügt man eine Lösung von 10—20 mg α-Naphthol in 1 g konzentrierter Natronlauge zu. Es bildet sich eine blaue Farbe, die sofort abgelesen wird, da sie sich allmählich ändert. Die Empfindlichkeit ist 1:1000000, die Farbe gehorcht dem BEERschen Gesetz. Die Eichung erfolgt mit bekannten Mengen von SiO_2. Nach dieser Methode fand der genannte Autor bei Patienten mit Pneumokokkeninfektion in 5 Proben von getrocknetem und gepulvertem Sputum bei einem Gesamtaschegehalt von 9,78—26,80 % SiO_2-Werte von 0,74—2,76 %, wobei keinerlei Zusammenhang zwischen dem SiO_2-Gehalt und dem Aschegehalt bestand. Weitere Bestimmungsmethode s. Bd. II, Anorganische Stoffe.

Organische Bestandteile. Von den etwa 5—6 % Trockenrückstand des Sputums machen die organischen Bestandteile bis 80% aus. Hiervon bildet das Mucin den größten Anteil mit 2—3 % des Rückstandes, also etwa 40—60 % des Trockenrückstandes. Der Rest enthält die Proteine mit 0,1—0,5 % und die Fette mit 0,3—0,5 %.

Mucin. Der Hauptbestandteil des Sputums, das Mucin, ist das Produkt der Tätigkeit der Schleimdrüsen und Becherzellen der Schleimhäute der Atemwege. Sein N-Gehalt beträgt 10—11 %. Der hohe Aschegehalt von Mucin[1] (1,1—1,4 %) erklärt sich, wenn man annimmt, daß das Mucin normalerweise als Salz vorliegt und der Zusatz verdünnter Säuren, vor allem der Essigsäure, bei der Darstellung von Mucin die Kationen nicht von den Schwefelsäuregruppen freimacht. Die Menge an Mucin in feuchtem Sputum beträgt 2,38 %, auf Trockensubstanz berechnet 53,39 %[1]. Andere fanden 3,48 % und 3,20 % Mucin auf flüssiges Sputum berechnet. Für die Diagnose von Erkrankungen ist der Schleimgehalt ohne Wert[2].

---

[1] LEYTON, C.: An. Quím. Farmacia, 1945 (in Rev. quím. farmacéut., Santiago 1945, Nr. 35, 1) [Chem. Abstr. **40**, 2484⁶ (1946)].

[2] Nach HOESSLIN, H. v.: Das Sputum. S. 245. Berlin 1926.

Bestimmung von Mucin: Prinzip: Die Bestimmung von Mucin kann auf verschiedene Weise erfolgen. Im allgemeinen werden nach Fällung von Mucin entweder das Reduktionsvermögen nach Hydrolyse oder das Jodbindungsvermögen bestimmt. Es sei hier die Methode von GLASS[1] wiedergegeben, die sich vor allem für Reihenuntersuchungen eignet.

Reagentien:

1. NaOH, 20%ig.
2. Trichloressigsäure, 32%ig.
3. Aceton.
4. 0,1 n NaOH.
5. Neutralrotlösung, 0,3%ig.
6. Methylenblau, 0,25%ig.
7. 0,02 n HCl.
8. 0,005 n Jodlösung.
9. 0,005 n Thiosulfatlösung.
10. Stärkelösung.

Ausführung:

Man versetzt 10 cm³ Sputum in einem Meßzylinder mit 5 cm³ destilliertem Wasser und 5 cm³ 20%iger Natronlauge, verrührt kräftig mit einem Glasstab bis zu einer möglichst guten Homogenisation und füllt mit destilliertem Wasser auf 25 cm³ auf. Davon nimmt man 5 cm³, versetzt mit 5 cm³ 32%iger Trichloressigsäure, kippt mehrmals um, läßt einige Minuten stehen und filtriert durch einen kleinen Trichter mit Blaubandfilter (SCHLEICHER und SCHÜLL 589). Von dem Filtrat gibt man genau 5 cm³ in ein 12—15 cm³ fassendes Zentrifugenglas, das unten spitz zuläuft, versetzt mit 5 cm³ Aceton, verschließt mit einem Gummistopfen, kippt zweimal um und läßt dann im Thermostaten bei 37° 1¹/₂ Std lang offen stehen. Während dieser Zeit fällt das Mucin in Flocken aus. Nun zentrifugiert man 5 min auf einer gewöhnlichen Laboratoriumszentrifuge, gießt mit einem Schwung das Aceton vom Mucinniederschlag ab und trocknet den Rand des Zentrifugenglases mit Gaze ab. Der Mucinniederschlag bleibt unten im Glas zurück, wobei 1—2 Tropfen Aceton, die im Glas bleiben, ohne Bedeutung sind, weil das Jodbindungsvermögen von 0,1 cm³ Aceton weniger als 0,01 cm³ 0,005 n Jod beträgt.

Nun gibt man in das Glas 2 cm³ 0,1 n NaOH und verrührt gut mit einem Glasstab, bis sich der ganze Mucinniederschlag gelöst hat. Bei großen Mucinmengen muß man eventuell noch 1 cm³ NaOH zugeben, um das Mucin ganz zu lösen. Den Inhalt des Zentrifugenglases gießt man in ein breites Titrierglas und spült mit etwa 1 cm³ destilliertem Wasser nach. Man gibt nun 0,25 cm³ 0,3%ige Neutralrotlösung und 0,25 cm³ 0,25%ige Methylenblaulösung zu und titriert mit 0,02 n HCl auf p_H 6,8. Die HCl gibt man aus einer Mikrobürette zuerst sehr schnell und dann tropfenweise zu bis zum Umschlag der Farbe von grün nach violett. Aus einer anderen Mikrobürette fügt man jetzt genau 2 cm³ 0,005 n Jodlösung und danach noch 1 cm³ 0,25%ige Methylenblaulösung hinzu. Man läßt das Glas genau 15 min offen stehen und titriert bis zum Umschlag von grünlich-blau nach rein blau. Die Farbe soll sich bei weiterer Thiosulfatzugabe nicht mehr ändern. Die Titration muß bei Tageslicht ausgeführt werden. In den 15 min zwischen Zusatz der Jodlösung und Titration mit Thiosulfat führt man die Leerbestimmung aus. Man gibt dazu in zwei weite Titrationsgläser etwa 2 cm³ destilliertes Wasser und etwa 1 cm³ 0,1 n NaOH, im übrigen verfährt man wie oben mit dem Unterschied, daß nach Zusatz von Jodlösung und Methylenblaulösung sofort mit 0,005 n Thiosulfatlösung bis zum Umschlag von grünlich-blau zu rein blau titriert wird. Man nimmt den Mittelwert der beiden Bestimmungen und zieht davon den Thiosulfatverbrauch der Mucinlösung ab. Die Berechnung erfolgt für Mucin aus Sputum wegen der vom Speichelmucin und Mucin aus Magensaft verschiedenen Jodbindung nach Tabelle 94.

Eiweiß. Eiweißkörper findet man in verschiedenen Mengen in jedem Sputum. Bei besonderen Erkrankungen kann der Eiweißgehalt bedeutend erhöht sein, so daß sich hieraus Schlüsse auf die Art, weniger auf die Ausdehnung der Erkrankung ziehen lassen. Vor allem der beigemengte Speichel kann den Eiweißgehalt des Sputums erhöhen. Ob auch die Drüsen der Bronchialschleimhaut Eiweiß abgeben können, ist nicht sicher.

---

[1] GLASS, J. B. J.: Kli. Wo. **1938 II**, 1802.

Ein Teil stammt auch aus den zelligen Elementen, die sich immer im Sputum finden. Die Hauptmenge kommt aus dem Blut und tritt durch die Alveolen hindurch. Hierfür sprechen die hohen Zahlen bei Lungenödem und Pneumonie.

Tabelle 94. *Mucinbestimmung im Sputum nach* GLASS *mittels Jodbindung.*

Das Jodbindungs-vermögen der Lö-sung, in cm³ 0,005 n Thiosulfatlösung ausgedrückt	Entsprechender Mucingehalt der Lösung mg	Die Korrektur (in mg), die man je 0,01 cm³ verbrauchter Jodlösung zu den Mucinwerten addieren muß
0,15	0,36	0,045
0,20	0,60	0,045
0,25	0,82	0,045
0,30	1,05	0,045
0,35	1,26	0,045
0,40	1,48	0,045
0,45	1,70	0,045
0,50	1,92	0,050
0,55	2,15	0,050
0,60	2,40	0,050
0,65	2,65	0,055
0,70	2,92	0,055
0,75	3,20	0,060
0,80	3,50	0,070
0,85	3,85	0,070
0,90	4,20	0,070
0,95	4,55	0,070
1,00	4,88	0,070
1,05	5,23	0,070
1,10	5,57	0,070
1,15	5,92	0,075
1,20	6,30	0,075
1,25	6,67	0,075
1,30	7,05	0,075
1,35	7,42	0,075
1,40	7,80	0,075

Nachweis: Der Nachweis gelingt, indem man zunächst das Mucin mit 3%iger Essigsäure ausfällt. Versetzt man dann tropfenweise mit Tetrakaliumhexacyanoferrat oder kocht das Filtrat nach Versetzen mit Natriumchlorid auf, so fällt das Eiweiß aus. Bei der Mucinbestimmung nach GLASS scheidet sich das Eiweiß bei der Zugabe von 32%iger Trichloressigsäure bis zu einer Konzentration von 8% nach vorherigem Auflösen des Sputums in 20%iger NaOH aus.

Bestimmung: Zur getrennten Bestimmung von Albuminen und Globulinen wird ein abgewogenes gemischtes Quantum der Auswurfmenge mit 3%iger Essigsäure je nach Konsistenz des Sputums in wechselnden Mengen versetzt und kräftig geschüttelt, wodurch der Schleim in feine Fasern zerfällt und sich leicht filtrieren läßt. Der Niederschlag wird über Nacht filtriert und der Rückstand mit 3%iger Essigsäure gewaschen. Filtrat und Waschwasser des Mucinniederschlages werden nach sorgfältiger Neutralisation auf ein bestimmtes Volumen gebracht und zur Bestimmung von Albumin und Globulin verwendet, wie S. 25 beschrieben.

Tabelle 95. *Eiweißgehalt im Sputum bei verschiedenen Erkrankungen* (in % des frischen Materials)[1].

	Eiweiß	Albumine	Albumin-N	Rest-N
Chronische Bronchitis	—	0,319	0,050	0,100
Bronchopneumonie	0,364	—	—	—
Bronchiektasien	0,362	0,348	0,056	0,198
Tuberkulose	0,503	0,320	0,051	0,152
Infarkt	—	0,025	—	—
Gangrän	0,327	0,264	0,049	0,286
Pneumonie (vor der Krise)	1,432	0,462	0,073	0,208

Aminosäuren und ihre Abbauprodukte. Das Vorkommen von Aminosäuren, vor allem Leucin und Tyrosin, und deren Abbauprodukten im Sputum ist schon früh erkannt worden[2]. Die beiden Aminosäuren krystallisierten z. B., wenn man Sputum der Autolyse überließ. Hierbei handelte es sich immer um infiziertes Material, das meist längere Zeit gestanden hatte, während bei frischen Sputumproben größere Mengen an Aminosäuren nicht gefunden wurden[3]. Aber auch das frische, nichtinfizierte Sputum wird, wie alle Sekrete, eine geringe Menge Aminosäuren enthalten, die sich nach üblicher Enteiweißung

---

[1] HOESSLIN, H. v.: Das Sputum. S. 226. Berlin 1926.
[2] LEYDEN, E. v., und M. JAFFÉ: Dtsch. Arch. klin. Med. **2**, 488 (1867).
[3] BAMBERGER, H. v.: Würzburger med. Z. **2**, 333 (1861).

papierchromatographisch bestimmen lassen. Während das Vorhandensein der Aminosäuren im Sputum zwei Ursachen haben kann, ist das Vorkommen von Aminosäureabbauprodukten nur bei Anwesenheit von Erregern festgestellt worden. Im Sputum bei Bronchiektasie, Gangrän, Abszeß und tuberkulöser Mischinfektion mit Kavernenbildung fanden sich die typischen Fäulnisprodukte: H_2S, NH_3, Methylamin, Phenol, p-Kresol, Indol, Skatol, Cadaverin und Putrescin. Nachweis dieser Substanzen in üblicher Weise s. S. 46, 249 und Bd. III.

Außer diesen durch Bakterientätigkeit entstandenen Produkten finden sich auch stickstoffhaltige Stoffwechselprodukte des Organismus im Sputum, so bei Nephritis größere Mengen von Harnstoff.

Fette und Lipoide. Das *Fett* ist ein normaler Bestandteil des Sputums. Seine Konzentration steht aber nicht im Zusammenhang mit dem jeweiligen Krankheitsgeschehen und wird auch durch Aufnahme von Öl nicht beeinflußt[1]. Zum größten Teil stammt das Fett aus den beigemengten Leukocyten, doch findet sich das Fett in geringer Menge auch in zellarmen Auswürfen. Auch die im Sputum enthaltenen Bakterien enthalten Fett. Die größte Menge des Fettes im Sputum findet sich als Neutralfett. Die freien *Fettsäuren* entstehen durch die Tätigkeit der Bakterien, die niederen wohl aus den Kohlenhydraten, die höheren durch Spaltung der Neutralfette.

Für Sputum werden folgende Werte für den Fettgehalt angegeben:

Tabelle 96. *Fettgehalt im Sputum*[2].

Art des Sputums	Gesamtfett		Mittlere Tagesmenge g	Art des Sputums	Gesamtfett		Mittlere Tagesmenge g
	der flüssigen Substanz %	der Trockensubstanz %			der flüssigen Substanz %	der Trockensubstanz %	
Schleimig				Eitrig			
Rachensputum . . .	0,289	6,497		Tuberkulose	0,427	5,828	0,643
Chronische Bronchitis	0,103	1,697	0,073	Tuberkulose	0,611		0,544
Schleimig-eitrig				Tuberkulose	0,390	7,010	0,460
Tuberkulose	1,39	15,16	3,23	Floride Tuberkulose	0,489	6,698	0,595
Bronchiektasie . . .	0,795	15,27		Empyem	1,143	13,317	3,414
Eitrig-schleimig				Pneumonie	0,121	1,402	0,016
Bronchitis acuta . .	0,464	4,219	0,037	Pneumonie	0,026	0,450	
Bronchitis foetida . .	0,341	7,141	0,336	Serös			
				Lungenödem. . . .	0,270	1,647	0,059

Bestimmung der Fettsäuren: Die flüchtigen Fettsäuren bestimmt man durch Destillation der mit Wasser aufgeschwemmten und mit Phosphorsäure angesäuerten Probe, bis keine Säure mehr übergeht. Die Menge wird durch Titration gegen Phenolphthalein ermittelt.

Zum Nachweis der Ameisensäure wird mit NH_3 gesättigt und mit Silbernitrat gekocht, wobei bei Anwesenheit von Ameisensäure metallisches Silber gebildet wird. Zur quantitativen Bestimmung der Ameisensäure kocht man mit konzentrierter Quecksilber(II)chloridlösung; das Quecksilber(II)-chlorid wird dabei zu Quecksilber(I)-chlorid reduziert, der flockige Niederschlag auf einem Filter gesammelt, getrocknet und gewogen. Die gefundene Zahl, mit 0,1442 multipliziert, gibt die Menge von Natriumformiat an.

Zur Bestimmung der anderen niederen Fettsäuren wird das Destillat nach sorgfältiger Neutralisation durch Na_2CO_3 eingeengt und mit reinem Calciumchlorid gesättigt, wobei sich die flüchtigen Fettsäuren von der Propionsäure aufwärts in öligen Tröpfchen abscheiden, während Ameisensäure und Essigsäure gelöst bleiben. Die ölig abgeschiedenen Fettsäuren werden im Schütteltrichter abgetrennt. Eine Methode der Trennung von Fettsäuren in flüchtige und nichtflüchtige findet sich bei FRIEDEMANN und BROOK[3].

[1] NUESSLE, W. F.: Amer. J. clin. Path. **21**, 430 (1951).
[2] HOESSLIN, H. v.: Das Sputum. S. 253. Berlin 1926.
[3] FRIEDEMANN, T. E., and T. BROOK: J. biol. Ch. **123**, 161 (1938).

Für ihre Charakterisierung geben MOYLE, BALDWIN und SCARISBRICK[1] eine Methode an. Die nichtflüchtigen Säuren können nach HOWARD und MARTIN[2] isoliert und charakterisiert werden. Weitere Methoden s. Bd. III.

Cholesterin: Cholesterin, das in jedem Sputum vorkommt, läßt sich auf übliche Weise aus dem Unverseifbaren gewinnen, und findet sich vor allem bei Einschmelzungsprozessen in höheren Mengen (Bestimmung s. S. 116).

Phosphatide: Phosphatide finden sich regelmäßig im Sputum. Ihre Menge läßt sich indirekt aus dem Phosphorgehalt des Alkohol- und Ätherextraktes bestimmen. Im Ätherextrakt des eingedampften Alkoholauszuges fanden sich bei tuberkulösen Auswürfen im Mittel 13,58% an phosphorhaltigen Substanzen. Im Benzolextrakt eines bronchiektatischen Sputums fanden sich im Mittel 2,08% phosphorhaltige Substanz, das sind 30% des Gesamtphosphorgehaltes des Sputums[4].

Tabelle 97. *Cholesteringehalt des Sputums*[3].

Menge des Sputums cm³	Menge an Ätherextrakt g	Menge an Cholesterin	
		g	in Prozenten des Ätherextraktes
190—470	0,9—4,4	0,03—0,07	1,07—4,55

Die Nucleoproteide des Sputums stammen aus den immer vorhandenen Leukocyten und Epithelien. In alkalischem Milieu hängt wahrscheinlich die Konsistenz des Sputums von ihnen ab. Sie sind auch für den Phosphorgehalt der Eiweißfraktion, wie sie beim Fällen mit Alkohol zur Bestimmung des anorganischen und Phosphatidphosphor auftritt, verantwortlich.

Glucose. Die Angaben über das Vorkommen von Glucose sind nicht einheitlich. Manche Untersucher finden bis 342 mg-%, andere finden Glucose nur bei Diabetikern. HOESSLIN[5] gibt nach Enteiweißen mit Zinkhydroxyd nach der Methode von HAGEDORN-JENSEN die vorstehenden Glucosewerte an.

Tabelle 98. *Glucosegehalt von Sputum bei Krankheiten* (in mg-%)[5].

Krankheit	Auswurf	
Asthma bronchiale	schleimig	130
Asthma bronchiale	eitrig	342
Asthma bronchiale	schleimig	81
Chronische Bronchitis, Nephrose	schleimig-eitrig	72
Chronische Bronchitis, Bronchiektasen .	eitrig	52
Croupöse Pneumonie	rostfarben	66
Croupöse Pneumonie	rostfarben	32
Croupöse Pneumonie	schleimig-eitrig	166
Croupöse Pneumonie	schleimig-eitrig	88
Croupöse Pneumonie	schleimig-eitrig	226
Croupöse Pneumonie	schleimig-eitrig	48

Blutfarbstoff und Gallenfarbstoff. Die chemische Untersuchung auf Blut wird im allgemeinen nicht durchgeführt, da sich Blutfarbstoff und seine Derivate meist schon makroskopisch erkennen lassen. Spuren von Blut können sich immer finden, z. B. durch starken Hustenreiz. Bestimmung von *Blutspuren* durch die Benzidinprobe (s. a. S. 379). Allerdings ist nur der negative Ausfall dieser Methode beweisend, da wegen des Gehalts an Peroxydase der Leukocyten die Reaktion fast immer positiv ausfällt. Man vermeidet diesen Fehler, wenn man das durch Ansäuern mit Essigsäure entstandene essigsaure Hämatin mit Äther extrahiert und zu Benzidin in Eisessig sowie Wasserstoffperoxyd zugibt. Durch Bakterieneinwirkung entsteht im Sputum aus dem Blutfarbstoff Methämoglobin.

Gallenfarbstoffe: Der Bilirubingehalt des Sputums geht dem des Blutes parallel. Nachweis durch eine der gebräuchlichen Methoden nach Ausfällung der Eiweißkörper mit der gleichen Menge absolutem Alkohol (s. S. 157). So findet sich in jedem rostfarbenen pneumonischen Sputum Bilirubin.

[1] MOYLE, V., E. BALDWIN and R. SCARISBRICK: Biochem. J. 43, 308 (1948).
[2] HOWARD, G. H., and A. J. P. MARTIN: Biochem. J. 46, 532 (1950).
[3] HOESSLIN, H. v.: Das Sputum. S. 256. Berlin 1926.
[4] FALK, F.: Med. Klin. 18, 672 (1909). Ergebn. Physiol. 9, 406 (1910).
[5] HOESSLIN, H. v.: Das Sputum. S. 258. Berlin 1926.

Auch *Gallensäuren* wurden im Sputum gefunden. Nachweis s. S. 130 und Bd. III. Der Nachweis von Gallebestandteilen kann bei besonderen Fällen, wie Durchbruch eines Abscesses oder einer Echinococcusblase in die Lunge von Bedeutung sein, während er sonst keinerlei diagnostischen Wert besitzt.

Ausscheidung von organischen Stoffen und Arzneimitteln. Bei Gaben von Arzneimitteln können diese in die Bronchien ausgeschieden werden und damit ins Sputum gelangen. Die Ausscheidung von *Salicylsäure* in die Bronchien erfolgt schon nach Gaben von 2 g per os[1]. Die Größe der Ausscheidung war der Ausdehnung des Prozesses (Pneumonie) etwa proportional. Der Übertritt in die Bronchien erfolgt nur bei entzündlichen Prozessen, da z.B. bei Asthma, Bronchitis und Bronchiektasen mit Hilfe der Eisen(III)-chlorid-Reaktion kein Übertritt von Salicylsäure festgestellt werden konnte. Auch *Antipyrin* wurde mit Eisen(III)-chlorid festgestellt. *Terpenhydrat* und *Eucalyptol* sind beim Übertritt in die Bronchien am Geruch erkennbar.

Chinin geht bei Tuberkulösen in den Auswurf über[2]. Nach intravenöser Anwendung von *Trypaflavin* in einer Menge von 0,1—0,2 g fand es sich im Auswurf und erzeugte eine charakteristische Gelbfärbung. *Nachweis:* Auf Zusatz von Nitrit und starker Salzsäure färbt sich das Sputum allmählich blau[3]. *Urotropin* wird durch die Bronchien wie auch durch die Speicheldrüsen ausgeschieden[4]. *Dimethylarsinsaures Natrium* wird teilweise als Gas durch die Lungen ausgeschieden[5], *Natriumtellurit* als Methyltellurit. Von aufgenommenem *Alkohol* werden 2—5% in die Lunge abgeschieden und ausgeatmet. Weiteres s. S. 757 (Arzneimittel und Gifte). *Äther* erscheint nach subcutaner oder intravenöser Injektion nach kurzer Zeit durch die Lunge im Mund, was am Geschmack feststellbar ist. Es dürfte hierbei auch ein Teil durch den Speichel in den Mund gelangen.

Fermente. Über das Vorkommen und die Herkunft von Fermenten im Sputum herrschen verschiedene Ansichten[6]. In der Hauptsache stammen die festgestellten Fermente wohl aus den bei Krankheitsprozessen immer vorhandenen Leukocyten. Im einzelnen wurden proteolytische Fermente und Lipase[7] gefunden. Es können weiter alle in den Leukocyten gefundenen Fermente vorhanden sein.

Sputum und Stoffwechselbilanz[8]. Trotz des geringen Gehalts an den einzelnen Stoffen ist das Sputum bei Aufstellung von Stoffwechselbilanzen nicht zu vernachlässigen, vor allem, da beim Kranken bei verminderter Nahrungsaufnahme die Verluste an Bedeutung gewinnen. Der geringste Verlust an N findet sich bei einfacher Bronchitis. Bei Tuberkulose ist er außerordentlich wechselnd und kann bis 2 g täglich betragen bei einem Mittel von 0,75 g. Die Eiweißausscheidung je Tag beträgt bei Pneumonie etwa 0,80 g, bei Tuberkulose 0,37 g. Die täglich mit dem Sputum ausgeschiedene Menge an Fett beträgt 0,016—3,414 g.

Der Verlust an Gesamtasche wechselt bei verschiedenen Erkrankungen zwischen 0,11 und 1,88 g je Tag. Es

Tabelle 99. *Einnahme und Ausscheidung von N, Ca, und Mg (in g je Tag)*[9].

		N	Ca	Mg
Einnahme		71,82	13,07	1,01
Ausfuhr	Urin . . .	69,93	0,785	0,192
	Stuhl . . .	4,71	10,791	0,639
	Sputum . .	1,54	0,046	0,005

wurden auch hier Werte bis 5,57 g gefunden, in einem Fall 3,70 g NaCl und 0,28 g P_2O_5. Bei Gangrän fanden sich 4,1 g Kalium und 2,48 g Natrium im Sputum, während

---

[1] HOESSLIN, H. v.: Das Sputum. S. 266. Berlin 1926.
[2] BOECKER, E.: D. m. W. **1921** I, 1201.
[3] BOHLAND, K.: D. m. W. **1919** II, 797.
[4] ZAK, E.: Wien. klin. Wschr. **1912**, 151.
[5] RIES, J., u. M. RIES-IMCHANITZKY: Korresp.-Bl. schweiz. Ärzte **49**, 543 (1919).
[6] HOESSLIN, H. v.: Das Sputum. S. 232. Berlin 1926.
[7] SIEBER, N.: H. **55**, 177 (1908).
[8] HOESSLIN, H. v.: Das Sputum. S. 261. Berlin 1926.
[9] HOESSLIN, H. v.: Das Sputum. S. 265. Berlin 1926.

gleichzeitig im Harn 1,26 g Kalium und 2,20 g Natrium ausgeschieden wurden. Bei Einnahme von 5—10 g Kochsalz war die Ausscheidung bei gleicher Sputummenge erhöht. Interessant ist noch ein Vergleich zwischen Stoffaufnahme und -abgabe in Urin, Stuhl und Sputum.

Der Calorienverlust ist ebenfalls relativ hoch. In einem Fall schwankte er zwischen 108,9 und 195,4 kcal, was bei einem gesunden Menschen mit einem täglichen Umsatz von 30 kcal/kg Körpergewicht 7% ausmacht; beim Kranken waren es sogar 24%.

7. Magensaft und Mageninhalt.

Von

K. Hinsberg und F. Bruns.

Durch das Sekret der Magenschleimhaut, den Magensaft, werden die Nahrungsbestandteile in wenigen Stunden in einen mehr oder weniger flüssigen Brei verwandelt. Kraft oxydativer Stoffwechselreaktionen — die Magenschleimhaut oxydiert wie die parenchymatösen Organe Lactat, Pyruvat und Glucose[1], wobei Histamin fördernd wirkt — wird das Verdauungssekret bereitet und in den Magenhohlraum ausgeschieden. Ganz reiner Magensaft ist sehr schwer zu gewinnen, Speichelbeimengungen oder ein geringer Rückfluß von Duodenalinhalt können schwerlich mit Sicherheit ausgeschlossen werden. Die experimentelle Physiologie hat sich deshalb des sog. kleinen Magens nach PAWLOW, eines Blindsackes, der von der übrigen Magenhöhle durch eine Schleimhautwand abgetrennt und nach außen eröffnet wird, bedient. Recht wesentliche Erkenntnisse über den Sekretionsmechanismus und die Zusammensetzung der Verdauungssäfte wurden mit Hilfe dieser Methode gewonnen.

Reiner, von Schleimbeimengungen durch Filtration abgetrennter Magensaft ist eine klare oder wenig opalescierende, farblose und geruchlose Flüssigkeit, welche bei 58—60° gerinnt. Die Menge beträgt etwa 1,5 Liter/24 Std. Die Nüchternsekretmenge beträgt durchschnittlich 40—50 cm³ [2].

Bestimmung der Sekretmenge[3, 4, 5]: Phenolrot (40 mg/l) wird als Verdünnungsindicator mit einer Probemahlzeit verabfolgt. Die Verdünnung des Farbstoffs ist ein objektives Maß für die vom Magen abgesonderte Sekretmenge. Eine Fehlermöglichkeit besteht darin, daß z. B. bei Verabfolgung von hypertonischen Lösungen, dem Konzentrationsgefälle entsprechend, dünnes Magensekret in vermehrtem Maße abgesondert wird. Die Verdünnungsflüssigkeit soll deshalb nach Möglichkeit den gleichen osmotischen Druck aufweisen wie das Magensekret. Dieser Forderung kommen WILHELMJ und SACHS[6] nach, indem sie eine 2%ige Lösung von LIEBIGS Fleischextrakt, die 15 mg/l Phenolrot enthält, zur Ermittlung der Sekretmenge verabfolgen.

Die *Gefrierpunkterniedrigung* Δ beträgt 0,55—0,62°, auch 0,36°[7] wird angegeben. LIFSON, VARCO und VISSCHER[8] stellten den osmotischen Druck des Magensaftes als eine Funktion des Natriumgehaltes dar. Meist wird der osmotische Druck des Magensaftes etwas höher als derjenige des Blutes angegeben, was ausschließlich auf dem höheren Gehalt an Salzsäure und Chloriden beruht. Die spezifische Leitfähigkeit ist ungefähr dem Salzsäuregehalt proportional[9]. Das *spezifische Gewicht* des Magensaftes beträgt

[1] DAVENPORT, H. W.: Gastroenterol., Baltimore 9, 293 (1947). J. nat. Cancer Inst. 10, 315 (1949).

[2] NEVERMANN, H.: Diss. Hamburg 1939.

[3] HOLLANDER, F., A. PENNER, M. SALTZMAN and J. GLICKSTEIN: Amer. J. digest. Dis. 7, 199 (1940).

[4] SHAY, H., J. GERSHON-COHEN, F. L. MUNRO and H. SIPLET: J. Lab. clin. Med. 26, 732 (1941).

[5] BANDES, J., F. HOLLANDER and J. GLICKSTEIN: Amer. J. Physiol. 131, 470 (1940).

[6] WILHELMJ, CH. M., and A. SACHS: Amer. J. digest. Dis. 6, 529 (1939).

[7] GUARNASCHELLI-RAGGIO, A.: Arch. ital. Mal. Appar. diger. 9, 451 (1940).

[8] LIFSON, N., R. L. VARCO and M. B. VISSCHER: Proc. Soc. exp. Biol. Med. 47, 422 (1941).

[9] GOHR, H.: Z. klin. Med. 140, 702 (1942).

1006—1009. Mit dem Magensekret werden außer den Verdauungsfermenten vor allem Wasserstoff- und Chlorionen abgegeben. (Über den Sekretionsmechanismus s. FLASCHEN-TRÄGER-LEHNARTZ[1].)

Anorganische Bestandteile. *Salzsäure.* Der bei weitem wichtigste anorganische Bestandteil des Magensekrets ist die Salzsäure, sie bewirkt die stark saure Reaktion des Magensafts. Man versteht unter freier Salzsäure die mit p-Dimethylaminoazobenzol oder einem anderen Indicator von einem Umschlagspunkt bei einem p_H von etwa 4 titrierbare Menge. Die gesamte Salzsäure wird erhalten durch eine Titration mit Phenolphthalein als Indicator. Unter gebundener Salzsäure wird die Differenz zwischen gesamter und freier HCl verstanden.

Bei einer Bestimmung der Salzsäure ist die Anwesenheit anderer saurer Stoffe zu berücksichtigen. Außer der freien Salzsäure können bei den üblichen Neutralisationsverfahren die an basische Gruppen von Eiweißkörpern gebundene Salzsäure, saure Phosphate, Kohlensäure, Schwefelwasserstoff, Milchsäure, Essigsäure, Propionsäure und Buttersäure mit erfaßt werden. Das Nüchternsekret enthält keine freie Salzsäure und reagiert schwach sauer.

Zur Prüfung der Funktionstüchtigkeit der Magenschleimhaut hinsichtlich der HCl-Produktion wird deshalb der Mageninhalt nach Verabfolgung eines „Probefrühstücks" untersucht. In der ersten Zeit nach der Aufnahme eiweißhaltiger Speisen findet sich keine freie Salzsäure im Mageninhalt. Die Salzsäure ist an Eiweißkörper gebunden. Die Sekretion des Magensaftes schreitet aber fort. Bei gesunden Personen kann 45—60 min nach Verabfolgung eines „Probefrühstücks" nach EWALD (300 cm³ Tee mit 25 g Weißbrot) oder 3—4 Std nach Verabfolgung einer „Probemahlzeit" (ein Teller Suppe, 200 g Fleisch, 50 g Brot oder Kartoffelbrei) freie Salzsäure nachgewiesen werden. Sehr geeignet ist auch eine Untersuchung 30 min nach Verabfolgung von 300 cm³ 5%igem Alkohol. Bei Carcinom oder akutem Magenkatarrh ist häufig keine freie Salzsäure nachweisbar, weil diese an die Eiweiße (Pufferwirkung) des Tumors oder des Exsudats gebunden ist. Meist wird mit Hilfe einer Sonde alle 10 min („fraktionierte Magenausheberung") Mageninhalt für die Untersuchung entnommen.

Nachweis der freien Salzsäure: Mit Farbindicatoren, deren Umschlagspunkt so weit im sauren Bereich der p_H-Skala liegt, daß nur die stark dissoziierte freie Salzsäure, nicht aber die als schwache Säuren fungierenden übrigen anorganischen und organischen Säuren den Umschlag bewirken können, ist ihre Anwesenheit bewiesen, da andere Säuren gleicher Stärke nicht vorkommen. 1. Nach REOCH: In einer Mischung von Eisen(III)-citrat oder Eisen(III)-tartrat mit Ammoniumrhodanid entwickelt sich die blutrote Farbe von Eisenrhodanid nur bei mineralsaurer Reaktion, nicht bei Anwesenheit schwacher Säuren. 2. Mit Anilinfarbstoffen: VON DEN VELDEN benutzte für den gleichen Zweck Anilinfarbstoffe. Kongorot schlägt unterhalb p_H 3 von Rot nach Blau um, Methylviolett (hellviolette wäßrige Lösung) schlägt in einen blauen Farbton um. 3. Mit GÜNZBURGs Reagens: 2,0 g Phloroglucin in 15 cm³ Methylalkohol werden mit 1,0 g Vanillin in 15 cm³ Methylalkohol im Verhältnis 1:1 vereinigt. Einige Tropfen des Reagens werden mit der gleichen Tropfenzahl von filtriertem Magensaft eingedampft. Bei Anwesenheit freier Salzsäure entsteht ein roter Rückstand. Die Methode ist empfindlich und zeigt noch einen Gehalt von 0,01% freie Salzsäure an. Das Reagensgemisch ist nicht beständig, Zersetzung und damit Unbrauchbarkeit zeigt sich an seiner Braunfärbung.

Bestimmung der freien Salzsäure: Zweckmäßigerweise bestimmt man gleichzeitig unter Verwendung eines Indicatorgemisches die Gesamtacidität mit; 10 cm³ filtrierter Magensaft werden mit destilliertem Wasser verdünnt und mit 2 Tropfen TÖPFERs Reagens (0,5%ige alkoholische Lösung von p-Dimethylaminoazobenzol; Umschlagsbereich: p_H 2,9—4,0) sowie 2 Tropfen einer 1%igen alkoholischen Lösung von Phenolphthalein (Umschlagsbereich: p_H 8—9) versetzt. Normaler, saurer Magensaft wird bei Indicatorzusatz rot. Titration mit n/10 NaOH (1 cm³ n/10 NaOH = 0,00365 g HCl). Der Endpunkt der Titration der freien Salzsäure ist erreicht, wenn der Indicator lachsfarben wird (etwa p_H 3); die gesamte Salzsäure errechnet sich aus dem Mittel zwischen dem 2. Endpunkt (Gelbfärbung, etwa p_H 4) und dem 3. Endpunkt (Rotfärbung p_H 8),

---

[1] Flaschenträger-Lehnartz Bd. 2/1. Im Druck.

welcher die Gesamtacidität angibt. JERSIN schlägt als Indicator ein Gemisch aus gleichen Teilen alkoholischer 0,1%iger p-Dimethylaminoazobenzol-Lösung und Methylenblau vor, das von violett in grün umschlägt und bei p_H 3,6 eine graue Farbe zeigt[1]. Man drückt die Säurewerte durch eine Zahl aus, die der für 100 cm³ Magensaft verbrauchten Anzahl cm³ n/10 NaOH entspricht. Aus den angegebenen 3 Fixpunkten der Titration ergeben sich die organischen Säuren als Gesamtacidität minus gesamter Salzsäure. Normalwerte für freie HCl: 15—55. Geringerer Verbrauch zeigt Sub- oder Anacidität, höherer Laugenverbrauch Hyperacidität an. Zur Bestimmung des Salzsäuredefizits wird diejenige Menge n/10 HCl ermittelt, die zugesetzt werden muß, um im Magensaft gegen p-Dimethylaminoazobenzol einen lachsfarbenen Farbton zu erreichen.

Bestimmung der gesamten Salzsäure nach LEO: Prinzip: Die Methode beruht darauf, daß Salzsäure einschließlich der gebundenen Salzsäure durch Calciumcarbonat neutralisiert, die Acidität saurer Phosphate und anderer alkalibindender Substanzen aber durch Calciumcarbonat nicht verändert wird. Ein Teil des Magensaftes wird direkt, ein anderer nach Behandlung mit Calciumcarbonat titriert.

Reagentien:
1. CaCl₂, gesättigte Lösung.
2. 0,1 n NaOH.
3. Phenolphthalein, 1%ig in Alkohol.
4. CaCO₃, trocken, pulverisiert.

Ausführung: Man versetzt 10 cm³ des zu untersuchenden Magensekretes mit 5 cm³ konzentrierter CaCl₂-Lösung und titriert mit 0,1 n NaOH gegen Phenolphthalein. Weitere 15 cm³ des Magensaftes werden mit 1 g trockenem, pulverisiertem Calciumcarbonat verrieben und durch ein aschefreies Filter gegeben. Von dem Filtrat werden 10 cm³ durch Einleiten von Luft von Kohlensäure befreit. Nach Zufügen von 5 cm³ konzentrierter CaCl₂-Lösung wird gegen Phenolphthalein titriert. Die Differenz beider Titrationswerte entspricht der gesamten HCl, wenn man flüchtige Fettsäuren und Milchsäure durch Destillation und Extraktion mit Äther vorher entfernt.

Bestimmung der gesamten Salzsäure nach SJÖQVIST[2]: Beim Eintrocknen einer Lösung, welche organische Säuren und Salzsäure enthält, mit Bariumcarbonat liefern nach dem Veraschen des Rückstandes die organischen Säuren unlösliches Bariumcarbonat die Salzsäure jedoch lösliches Bariumchlorid. Dieses wird mit schwefelfreiem Ammoniumchromat in Bariumchromat überführt und nach Umsetzung mit salzsaurer Jodidlösung jodometrisch bestimmt.

Bestimmung der gesamten Salzsäure nach LÜTTKE[3]: Man bestimmt nach VOLHARD (s. Bd. III) die gesamte Chloridmenge, in einer 2. Probe die Chloridmenge, die nach der Veraschung zurückbleibt.

Indirekte Bestimmung freier Salzsäure nach MAURER[4, 5, 6]. Verabfolgt man einer Versuchsperson Ca⁴⁵CO₃, so findet im Magen eine von der Größe der HCl-Sekretion abhängige Umsetzung zu Ca⁴⁵Cl₂ statt. Nur das lösliche Ca⁴⁵Cl₂ wird durch die Darmwand resorbiert, der Überschuß an Ca⁴⁵CO₃ wird mit dem Kot ausgeschieden. Die Menge Ca⁴⁵ im Serum[4, 5] ist also ein Maß der HCl-Konzentration des Magensaftes. Noch einfacher ist die Bestimmung der spezifischen Aktivität von Calcium im Harn[6]. Außer Ca⁴⁵CO₃ sind prinzipiell alle Substanzen für indirekte Aciditätsmessungen des Magensaftes brauchbar, die folgende Eigenschaften besitzen:

1. Unlöslichkeit in Wasser, gute Löslichkeit in HCl.
2. Möglichst vollständige Resorption durch den Dünndarm.
3. Meßbare Ausscheidung durch den Urin.
4. Möglichkeit einer geeigneten radioaktiven Markierung.

Indirekte Bestimmung freier Salzsäure nach SEGAL, MILLER und MORTON[7]. Synthetische Bernsteinharze (Amberlite IRC—50 oder Amberlite XE—96) mit der allgemeinen Formel $R-\left(C{<}^O_{O^-H^+}\right)_n$ mit Chinin als Kation werden per os (2 g mit 50 cm³ 7%igem Alkohol) verabfolgt. Unterhalb eines p_H-Wertes von 3,2 werden die Chininionen durch H⁺ verdrängt. Na⁺, K⁺ und Ca⁺⁺ stören kaum, Mg⁺⁺ stärker. Chinin wird

[1] JERSIN, M.: Nord. Med. 1942, 1651.
[2] SJÖQVIST, J.: H. 13, 1 (1889).
[3] LÜTTKE, J.: D. m. W. 1891, 1325.
[4] ENGELS, A., A. NIKLAS u. W. MAURER: Dtsch. med. Rdsch. 1948, 13.
[5] MAURER, W., H. BASTEN, W. BECKER, A. NIKLAS u. H. PUCHTLER: Kli. Wo. 1951, 89.
[6] MAURER, W., u. A. ZIMMER: M. m. W. 1952, 1072.
[7] SEGAL, H. L., L. L. MILLER and J. J. MORTON: Proc. Soc. exp. Biol. Med. 74, 218 (1950).

durch den Dünndarm resorbiert, im Harn ausgeschieden und kann hier qualitativ auf Grund seiner Fluorescenz nachgewiesen werden. Versuchspersonen mit freier HCl im Magensaft scheiden Chinin in der 1., 2. und 3. Std nach Verabfolgung des Chinin-Bernsteinharzes aus. Bei Fehlen von freier Magen-HCl erscheint Chinin in der 2. oder häufiger erst in der 3. Std.

Die titrimetrische Ermittlung des Säuregehaltes im Magensaft ist die häufigste klinisch-chemische Methode im Dienste der Magendiagnostik. Es sei deshalb auf die Vielzahl von Faktoren hingewiesen, welche die Salzsäureproduktion beeinflussen. Abgesehen von psychischen und nervösen Faktoren und der Tageszeit spielt das Alter der zu untersuchenden Personen eine erhebliche Rolle. Kinder[1] und Greise[2-4] bilden wesentlich weniger Salzsäure als jüngere Erwachsene. Histamin fördert als natürlicher Aktivator die Säuresekretion. Eine Vielzahl bekannter pharmakologisch wirksamer Substanzen (Sympathicus- und Parasympathicusstoffe, Narkosemittel[5], Sulfanilamid, Lactoflavin[6], Curare[7]) hemmen oder fördern die Sekretion. Diese Gegebenheiten sind bei der Diagnostik zu beachten.

Mit den titrimetrischen Verfahren ermittelt man die *potentielle* Wasserstoffionenkonzentration. Mittels elektrometrischer Messung kann man die *aktuelle* Wasserstoffionenkonzentration bestimmen. Der p_H-Wert des Magensaftes beträgt 1—2, bei Kindern und Greisen um 4. Wichtig ist, daß Abkühlung einen Aciditätsverlust bedingt, und daß eine Beeinflussung der Reaktion durch den schwach sauren Duodenalsaft nur bei sehr erheblichem Rückfluß in den Magen meßbar wird. FLEXNER und KNIAZUK[8] beschreiben eine Methode zur fortlaufenden Registrierung der p_H-Werte des Magensaftes mit einer Glaselektrode, die durch einen Magenschlauch eingeführt wird und vor direkter Berührung mit der Magenschleimhaut geschützt ist. Ableitung zur Silberchlorid-Bezugselektrode erfolgt vom Körper oder mit einem nassen Faden, der durch einen dünnen Magenschlauch gezogen wird. THOMAS[9] gibt als Werte für die maximale Acidität während des Verdauungsvorganges an: Magenfundus p_H 2—3; Duodenalinhalt in Pylorusnähe p_H 3—4. Die Reaktion im Antrum ist weniger stark sauer als im Magen. Die elektrometrische p_H-Bestimmung ist die Methode der Wahl, da bei der Untersuchung des Magensaftes in erster Linie die aktuelle Reaktion interessiert (Pepsinaktivität).

Andere anorganische Bestandteile. *Schwefelwasserstoff* wurde von CHRISTENSEN und WONG[10] im Magen stets in kleinen Mengen gefunden. Da Cystein, Cystin und Methionin die Ausbeute nicht erhöhen, muß dieser Schwefelwasserstoff anderer Herkunft sein.

Der *Chloridgehalt* beträgt etwa 0,50—0,58% und ist höher, als dem Salzsäuregehalt entspräche. Der Chloridüberschuß liegt als NaCl, KCl und NH_4Cl vor. Die Asche des Magensaftes besteht fast ausschließlich aus diesen Chloriden. Die Chloride sind in Verbindung mit der Salzsäure für den im Verhältnis zum Blute höheren osmotischen Druck des Magensaftes verantwortlich. Die Chlorionen werden aktiv durch die Schleimhaut sezerniert[11]. Gesamtchlorid- und Salzsäurechloridgehalt steigen mit der Saftproduktion an[12]. Hierbei besteht eine strenge Parallelität, die von GRAY, BUCHER und HARMANN[13] mathematisch bearbeitet wurde. Der Zunahme an Chlorid steht eine Abnahme der

[1] BUCHS, S.: Ann. paediatr., Basel **156**, 1 (1940).
[2] RAFSKY, H. A., B. NEWMAN and N. JOLIFFE: J. Lab. clin. Med. **32**, 118 (1947).
[3] GIGANTE, D.: Riv. Pat. sperim. **25**, 201 (1940).
[4] BLOOMFIELD, A. L.: J. clin. Invest. **19**, 61 (1940).
[5] SCHACHTER, M.: Amer. J. Physiol. **156**, 248 (1949).
[6] LEHMANN, H., R. J. ROSSITER and J. H. WALTERS: J. Physiol., London **106**, 24 P (1947).
[7] FELDBERG, W., and B. HOLMES: J. Physiol., London **99**, 3 P (1941).
[8] FLEXNER, J., and M. KNIAZUK: Amer. J. digest. Dis. **7**, 138 (1940); **8**, 45 (1941).
[9] THOMAS, J. E.: Amer. J. digest. Dis. **7**, 195 (1940).
[10] CHRISTENSEN, B. E., and R. WONG: Proc. Soc. exp. Biol. Med. **47**, 54 (1941).
[11] BINET, L., et D. BARGETON: C. R. Congr. franç. Méd. **1939**, 169.
[12] GUDIKSEN, E.: Acta physiol. scand. **5**, 39 (1943). — HORSTMANN, P.: Acta physiol. scand. **14**, 27 (1947).
[13] GRAY, J. S., G. R. BUCHER and H. H. HARMANN: Amer. J. Physiol. **132**, 504 (1941).

Kationen Natrium und Kalium gegenüber. Das *Kalium* des Magensaftes hat durch SAEMUNDSSON[1] eine besonders eingehende Bearbeitung gefunden. Der Verfasser fand durchschnittlich 70—74,6 mg-% Kalium, strenge Beziehungen, z. B. zur Saftmenge oder zur Salzsäuremenge, ließen sich nicht nachweisen. Der *Natriumgehalt* schwankt wesentlich stärker als der Gehalt an Kalium[2], wie überhaupt die Zusammensetzung der Körpersekrete wesentlich größeren Schwankungen unterworfen ist als diejenige des Blutes.

Hinsichtlich der Methodik zur Bestimmung der Elektrolyte sei auf die üblichen Standardmethoden (s. Bd. II) verwiesen.

RECHENBERGER[3] fand mit der α,α'-Dipyridyl-Methode 3γ zweiwertiges *Eisen* je Kubikzentimeter Mageninhalt.

Gase: Die Luftblase im Magenfundus kann außer Sauerstoff und Stickstoff infolge von Bakterientätigkeit noch kleine Mengen Schwefelwasserstoff und Wasserstoff enthalten.

Organische Bestandteile. *Milchsäure:* Bei verminderter Salzsäuresekretion können sich im Magen Hefen und Bakterien ansiedeln, welche die Fähigkeit haben, Zucker zu Milchsäure abzubauen. Der mikroskopische Nachweis der Milchsäurebacillen (BOAS-OPPLERsche Stäbchen) kann als erster Hinweis dienen, doch kann auch die Magenschleimhaut, vor allem bei schweren Schleimhautentzündungen, wobei der oxydative Stoffwechsel der Magenschleimhaut von glykolytischen Prozessen begleitet oder überlagert wird, Milchsäure bilden und mit dem Schleimhautsekret absondern. Milchsäure im Mageninhalt kann auch von roten Blutzellen herrühren.

Nachweis:

a) Einige Kubikzentimeter 2—4%iger Phenollösung zeigen nach Zusatz von 1 Tropfen einer 10%igen Eisenchloridlösung eine amethystblaue Farbe. Zusatz einiger Tropfen filtrierten Magensaftes ergibt bei Anwesenheit von Milchsäure die zeisiggüne bis gelbe Farbe von Eisenlactat. Die Probe ist jedoch unspezifisch und nicht sehr zuverlässig.

b) Nach NEVER und VINKE werden einige Kubikzentimeter saurer Magensaft aufgekocht und filtriert. Das Filtrat wird mit Soda schwach alkalisiert, mit 5 Tropfen n/10 KMnO$_4$-Lösung je Kubikzentimeter versetzt und zum Sieden erhitzt, bis der entstehende Braunstein ausgefallen ist. Nach dem Filtrieren werden zu 0,2 cm³ Filtrat 2 cm³ konzentrierte Schwefelsäure gegeben, dann wird 2 min im kochenden Wasserbad erhitzt. Tritt Schwärzung durch Braunsteinbildung ein, so wird nach erneuter Zugabe einiger Tropfen KMnO$_4$-Lösung erneut filtriert. Nach Kühlen werden 2—3 Tropfen 5%iger alkoholischer Guajaclösung zugesetzt. Bei Anwesenheit von Milchsäure wird eine Rotfärbung sichtbar, die sich nach einigen Minuten noch verstärkt. Empfindlichkeit: 0,05% Milchsäure. *Bestimmung:* s. FUCHS, S. 106.

Niedere Fettsäuren: Durch Essigsäure-, Propionsäure- oder Buttersäurebakterien können unter bestimmten Bedingungen die genannten flüchtigen Fettsäuren im Magen entstehen.

Die *Buttersäure* verrät sich durch ihren charakteristischen Geruch. *Bestimmung:* s. Bd. III.

Essigsäure: Mikromethode von CASELLI *und* CIARANFI[4], die ihre Erfassung auch in Gegenwart von Ameisensäure, Propionsäure, Buttersäure, Valeriansäure, Capronsäure, Heptylsäure, Glykolsäure und Benzoesäure erlaubt.

Prinzip: Eiweiß und Kohlenhydrate der zu untersuchenden Lösung werden entfernt, das Filtrat wird alkalisch gemacht und verdampft. Die im Rückstand verbliebenen organischen Säuren werden als Methylester überdestilliert, hierbei geht die Essigsäure quantitativ über, die übrigen organischen Säuren destillieren nur unvollständig. Cystein und Cystin zersetzen sich unter Methylmercaptanbildung. Die Bestimmung der Essig-

[1] SAEMUNDSSON, J.: Acta med. scand., Suppl. **208** (1948).
[2] HALÁSZ, M.: Z. klin. Med. **140**, 206 (1942).
[3] RECHENBERGER, J.: Z. ges. inn. Med. **2**, 764 (1947).
[4] CASELLI, P., u. E. CIARANFI: B. Z. **313**, 11 (1942).

säure in Gegenwart der mitdestillierten Säuren beruht auf dem unterschiedlichen Widerstand dieser Säuren gegenüber der Oxydation mit Chromschwefelsäure. Bei der Oxydation mit Silberdichromat werden sämtliche Säuren einschließlich der Essigsäure umgesetzt. Dagegen ist die Essigsäure gegenüber der einfachen Chromschwefelsäure außerordentlich widerstandsfähig. Nach der Oxydation wird das unverbrauchte Dichromat mit MOHRschem Salz reduziert und sein Überschuß mit Kaliumpermanganat oxydiert. Nach den mitgeteilten Analysen ist die Essigsäure noch von 0,12—7,8 mg mit einem maximalen Fehler von 10% bestimmbar.

Apparatur: Rückflußkühler mit eingeschliffenem KJELDAHL-Kolben. Die obere Öffnung des Kühlers wird durch ein umgestülptes Becherglas verschlossen. Weiterhin wird eine Apparatur zur Destillation der entstandenen Ester benötigt.

Reagentien:

1. 0,5 n Dichromatlösung (24,519 g Kaliumdichromat, umkrystallisiert und getrocknet, ad 1000 cm³ in destilliertem Wasser gelöst. Hieraus werden je nach Bedarf 0,2 bis 0,02 n Lösungen hergestellt).

2. H_2SO_4, konz.

3. Silbernitratlösung, gesättigt.

4. 0,5 n Lösung von MOHRschem Salz (196,08 g Ammoniumeisen(II)-sulfat-hexahydrat ad 1000 cm³ Wasser gelöst. Hieraus werden nach Bedarf 0,2—0,02 n Lösungen hergestellt. Sie enthalten auf 1000 cm³ 50 cm³ Schwefelsäure).

5. 0,5—0,02 n $KMnO_4$-Lösung.

Tabelle 100. *Oxydationsbedingungen für Essigsäure.*

5 cm³ Reagentien Normalität	Grenzen der Verwendbarkeit	
	von	bis
	mg Essigsäure	
0,5 n	37,0	7,5
0,2 n	7,5	3,7
0,1 n	3,7	1,8
0,05 n	1,8	0,7
0,02 n	0,7	0,0

Ausführung:

Eine abgemessene Menge der Essigsäurelösung wird in den KJELDAHL-Kolben gegeben, mit Natronlauge schwach alkalisiert und eingetrocknet. Ist die Konzentration der Essigsäure größenordnungsmäßig bekannt, so wird die Oxydation mit einer Dichromatlösung entsprechend der Konzentration durchgeführt. Man benötigt die in der Tabelle 100 angegebenen Mengen.

Sind in den KJELDAHL-Kolben 5 cm³ der entsprechenden Kaliumdichromatlösung eingefüllt worden, so läßt man Silbernitratlösung eintropfen, bis die überstehende Flüssigkeit farblos ist. Darauf setzt man einige Glaskugeln sowie 8 cm³ konzentrierte Schwefelsäure zu und verbindet mit dem Rückflußkühler, indem man den Schliff mit Schwefelsäure befeuchtet. Man kocht 1 Std, kühlt ab, spült quantitativ in ein Becherglas, gibt 5,0 cm³ MOHRsches Salz hinzu und titriert mit Permanganat bis zur bleibenden Färbung. Der Umschlag erfolgt von grün nach rosa. Der erste Umschlagspunkt wird notiert. Blindproben werden in gleicher Weise angestellt und in Abzug gebracht.

Berechnung:

Der Essigsäuregehalt errechnet sich aus dem Dichromatverbrauch. Der Faktor beträgt bei 0,5 n Lösung 3,75, bei 0,1 n Lösung 0,75 und bei 0,02 n Lösung 0,15. Der Fehler überschreitet im allgemeinen die Grenze von 3—4% nicht. Sind in der Probe außer Essigsäure noch andere störende niedere Fettsäuren vorhanden, so errechnet sich der Essigsäuregehalt aus dem unterschiedlichen Dichromatverbrauch der Proben, da die eine durch Silberdichromat vollkommen, die andere durch Kaliumdichromat partiell (nämlich ohne Essigsäure) oxydiert wird. Dabei ist noch der Oxydationsprozentsatz der verschiedenen Säuren zu berücksichtigen. Ist A die verbrauchte Menge Silberdichromat in Kubikzentimetern, B die Menge Kaliumdichromat in Kubikzentimetern, p der Durchschnittswert des Oxydationsprozentsatzes und f die Normalität der benutzten Dichromatlösungen, so errechnet sich der Essigsäuregehalt nach der Formel:

$$\text{mg Essigsäure} = \left[A - \left(B \frac{100}{p} \right) \right] \cdot f.$$

Herstellung der Ester.

Reagentien:

1. Methanol, bidestilliert.
2. H_2SO_4, konz.
3. NaOH, 10%ig.
4. H_2SO_4, 12%ig.

Ausführung:

Die mit alkalischer Kupfersulfatlösung (s. S. 106) entzuckerte und enteiweißte Lösung, die schwach alkalisch reagiert, gibt man in einen Destillationskolben, fügt zwei Glaskugeln hinzu und taucht den Kolben in ein Bad, welches siedende konzentrierte Calciumchloridlösung enthält. Gleichzeitig saugt man auf die Oberfläche der Flüssigkeit im Kolben einen Luftstrom. Ist der Rückstand gut trocken, läßt man erkalten, gießt 15 cm³ Methanol und 3 cm³ konzentrierte Schwefelsäure hinzu, verbindet mit der Vorlage und destilliert 10 min auf kleiner Flamme. Das Destillat wird in 5 cm³ destilliertem Wasser und 0,5 cm³ Natronlauge aufgefangen. Ist die Destillation beendigt, stumpft man das Alkali mit 12%iger Schwefelsäure bis zu leichter Alkalität ab und trocknet das Destillat ein. Man erhält so einen Rückstand von Natriumacetat, der quantitativ der Essigsäure entspricht.

Weitere Methoden zur Bestimmung niederer Fettsäuren s. S. 98 und Bd. III.

Stickstoffhaltige Substanzen. In den Magensaft werden auch *Eiweißkörper* und eiweißartige Stoffe ausgeschieden[1-3]. Auch in reinstem Magensaft sind Eiweißkörper — wenn auch in geringer Konzentration — vorhanden. Nach NORPOTH[4] beträgt die Menge des *Gesamt-N*: Bei Gesunden (59 Fälle) 67,58 mg-%, bei Patienten mit Geschwüren oder Carcinomen 59—70 mg-%. Der *Eiweiß-N* liegt zwischen 26 und 44 mg-%; der *Rest-N* zwischen 30 und 41 mg-%. Man beobachtet bisweilen bei schweren Schleimhautveränderungen einen erhöhten Eiweiß-N-Gehalt im Magensaft, doch sind die Schwankungen schon normalerweise so erheblich (2,6—98,5 mg-%), daß Abweichungen kaum eine diagnostische Bedeutung besitzen. Dies gilt auch für den *Gastroglobulin-N*[5], dessen Anteil am Gesamteiweiß-N 7,5—90% betragen soll. GILLIGAN, MOOR und WARREN[6] geben für das Nüchternsekret folgende Werte an: Gesamtprotein bei Gesunden 0,09 bis 0,25 g-%, bei Patienten mit Magenulcus 0,21 g-%, bei Patienten mit Magencarcinom 0,44 g-%. Der Reststickstoff beträgt nach den gleichen Autoren bei Gesunden 36 (22 bis 51) mg-%, bei Patienten mit Ulcus 46 (26—71) mg-%, bei Carcinomträgern 85 (42 bis 118) mg-%[7]. Andere Untersucher berichten über gleiche oder ähnliche Werte[1, 8]. Eine besondere Rolle im Verdauungssystem spielen die *Mucine*. Sie gelten als Gleitstoffe und schützen die Magenwand vor der Selbstverdauung. Die Mucine werden im Gegensatz zu anderen Eiweißkörpern nicht durch Sulfosalicylsäure gefällt[9]. Nach Entfernen der Eiweiße durch Sulfosalicylsäure werden die Mucine mit Aceton oder Alkohol gefällt, getrocknet und gewogen. Andere Autoren machen bei der quantitativen Bestimmung der Mucine im Magensaft von der Tatsache Gebrauch, daß diese Jod binden[10, 11]. Weiterhin kann man Mucine quantitativ dadurch bestimmen, daß man aus ihnen Uronsäure freisetzt und diese bestimmt[12-14]. Wahrscheinlich existieren im Magensekret mindestens 2 Mucine, von denen das eine Mucoitinschwefelsäure als prosthetische Gruppe enthält

[1] POLLAND, W. S. ROBERTS, and A. L. BLOOMFIELD: J. clin. Invest. 5, 611 (1928).
[2] MARTIN, L.: Ann. internal Med. 6, 91 (1932).
[3] STEINITZ, H.: Arch. Verd.-Krankh. 52, 31, 249 (1932).
[4] NORPOTH, L.: Kli. Wo. 1948, 406.
[5] MARTIN, L.: Bull. Johns Hopkins Hosp. 55, 57 (1934).
[6] GILLIGAN, D. R., J. R. MOOR and S. WARREN: J. nat. Cancer. Inst. 12, 657 (1951).
[7] WARREN, S., D. R. GILLIGAN and J. R. MOOR: J. nat. Cancer Inst. 12, 677 (1951).
[8] MARTIN, L.: Bull. Johns Hopkins Hosp. 49, 286 (1931).
[9] DOMINI, G.: Arch. Fisiol. 41, 36 (1941).
[10] GLASS, J.: Mikrochem. 26, 105 (1939).
[11] MORO, M., e A. TORRINI: Boll. Soc. ital. Biol. sperim. 15, 253 (1940).
[12] DISCHE, Z.: J. biol. Ch. 167, 189 (1947).
[13] SIPLET, H., S. A. KOMAROW and H. SHAY: J. biol. Ch. 176, 545 (1948).
[14] KOMAROW, S. A., H. SHAY and H. SIPLET: Amer. J. Physiol. 158, 194 (1949).

und als Uronsäure bestimmt werden kann[1-5]. Das andere Mucin ist frei von Uronsäure und kann durch den Überschuß von Hexosamin (im Verhältnis zur Mucoitinschwefelsäure) bestimmt werden[6, 7]. Näheres über Mucinbestimmung s. S. 367 und Bd. IV, Glykoproteide. Nach Einnahme eines EWALDschen Probefrühstücks (s. S. 373) beträgt der *Aminosäuregehalt* im Mageninhalt bei Gesunden 3—5 mg-%, bei subacider Gastritis 5,5—7,4 mg-%, bei hyperacider Gastritis 9—11,5 mg-%[8]. Mit Hilfe einer zweidimensionalen Papierchromatographie[9] finden GILLIGAN, MOOR und WARREN[10, 11] 0,9 (0,6 bis 1,4) mg-% freien α-Amino-N bei gesunden Versuchspersonen. Regelmäßig werden Alanin, Asparaginsäure, Glykokoll, Leucin und Valin, meist auch γ-Aminobuttersäure, Glutaminsäure, Glutamin und Tyrosin nachgewiesen. Seltener findet man auch andere Aminosäuren. Am höchsten ist der Gehalt an Leucin, welches zusammen mit Valin und Alanin $2/3$ des gesamten α-Amino-N ausmacht. Unterwirft man die Alkoholfiltrate einer Säurehydrolyse, so ergibt sich ein mittlerer Gehalt von 12,8 mg-% α-Amino-N, was darauf hinweist, daß Magensaft relativ große Mengen von Peptiden enthält. Nach der Hydrolyse kann meist auch eine größere Anzahl Aminosäuren nachgewiesen werden. Patienten mit Ulcus ventriculi oder Ulcus duodeni weisen einen unveränderten Gehalt an freiem α-Amino-N und Peptiden auf. Bei Fällen von Magencarcinom finden sich ein erhöhter Gehalt an α-Amino-N sowie eine größere Anzahl von Aminosäuren.

Histamin ist als natürlicher Aktivator der Salzsäure- und Saftsekretion bekannt und auch im Magensekret enthalten[12-15]. Im Hundemagensaft finden sich 0,5—6 γ-% Histamin. Das Maximum der Histaminsekretion liegt zeitlich früher als das Maximum der Salzsäuresekretion.

Bestimmung: In Anlehnung an die Methode von BARSOUM und GADDUM[16]. Wenn auf Zugabe von Trichloressigsäure zum Magensaft keine Fällung erfolgt, so unterbleibt der Zusatz. 8—10 cm³ Magensaft werden mit 3—5 cm³ konzentrierter Salzsäure versetzt und im Vakuum getrocknet. Zur Beseitigung von störenden Kaliumbeimengungen wird 3mal mit Äthanol extrahiert. Die vereinten Trockenrückstände werden in Wasser gelöst, dabei wird auf die Hälfte des Ausgangsvolumens aufgefüllt und neutralisiert. Die Bestimmung wird dann biologisch am isolierten Meerschweinchendarm in 2,5 bis 3,0 cm³ Tyrodelösung, die 0,5 γ/cm³ Atropinsulfat enthält, durchgeführt.

Nach ROSENTHAL und TABOR[17]: Kupplung mit p-Nitrodiazobenzol und Extraktion mit Methylisobutylketon, in welchem diazotiertes Histamin mit roter Farbe löslich ist.

Blutnachweis. a) EDER und v. LIPPERT beschreiben ein empfindliches und spezifisches Verfahren[18]. Da der übliche Blutnachweis mittels der Peroxydasereaktion unspezifisch ist und bei Verwendung eines Eisessig-Ätherauszuges die Gefahr besteht, daß die eisenhaltigen Blutfarbstoffe durch im Äther anwesende Peroxyde zerstört werden, schlagen die Verfasser folgendes spektroskopische Verfahren vor, dessen Empfindlichkeit an diejenige der Peroxydasereaktion heranreicht:

[1] WEBSTER, D. R., and S. A. KOMAROV: J. biol. Ch. **96**, 133 (1932).
[2] KOMAROV, S. A.: J. Lab. clin. Med. **23**, 822 (1938). J. biol. Ch. **109**, 177 (1935).
[3] ALZONA, F.: B. Z. **66**, 408 (1914).
[4] KONDO, K.: B. Z. **26**, 116 (1910).
[5] LOPEZ-SUAREZ, J.: B. Z. **56**, 167 (1913).
[6] MEYER, K., E. M. SMYTH and J. W. PALMER: J. biol. Ch. **119**, 73 (1937).
[7] GROSSBERG, A. L., S. A. KOMAROV and H. SHAY: Amer. J. Physiol. **162**, 136 (1950).
[8] BELLOMO, A., e M. PESCARMONA: G. R. Accad. Med. Torino **102**, 279 (1939).
[9] WILLIAMS, R. J., and J. KIRBY: Science, N. Y. **107**, 481 (1948).
[10] GILLIGAN, D. R., J. R. MOOR and S. WARREN: J. nat. Cancer. Inst. **12**, 657 (1951).
[11] WARREN, S., D. R. GILLIGAN and J. R. MOOR: J. nat. Cancer. Inst. **12**, 677 (1951).
[12] CODE, CH. F., G. A. HALLENBECK and R. A. GREGORY: Amer. J. Physiol. **151**, 593 (1947).
[13] CODE, CH. F., and R. L. VARCO: Amer. J. Physiol. **137**, 225 (1942).
[14] BROWN, C. L., and R. G. SMITH: Amer. J. Physiol. **113**, 455 (1935).
[15] KOMAROV, S. A.: Amer. J. Physiol. **115**, 604 (1936).
[16] BARSOUM, G. S., and J. H. GADDUM: J. Physiol., London **85**, 1 (1935).
[17] ROSENTHAL, S. M., and H. TABOR: J. Pharmacol. exp. Therap. **92**, 425 (1948).
[18] EDER, R., u. CHR. v. LIPPERT: Schweiz. med. Wschr. **72**, 1245 (1942).

Reagentien:

1. n NaOH.
2. Eisessig.
3. Trichloräthylen.

4. Pyridin-Hydrazin-Reagens (1—2 Tropfen Hydrazinhydrat in 5 cm³ Pyridin).

Ausführung:

Magensaft wird neutralisiert, mit $^1/_5$ des Volumens an Eisessig versetzt und mit 2—3 cm³ Trichloräthylen geschüttelt. Es bildet sich eine Emulsion, Abtrennung durch Zentrifugieren. Hierbei scheidet sich zwischen dem obenstehenden Magensaft und dem Extraktionsmittel ein fester Schleimkuchen ab. Der überstehende Magensaft kann abgegossen werden. Anschließend wird noch einmal extrahiert. Der Schleimkuchen wird vorsichtig herausgehoben und die völlig klare Lösung zur Trockne eingedampft. Der Rückstand wird in Pyridin-Hydrazinreagens aufgenommen und spektroskopisch untersucht. Die Pyridinhämochromogenbanden liegen bei 557 und 525 mμ.

b) Nach RÖCKINGHAUSEN[1] besitzt *Phenolphthalin* zahlreiche Vorteile gegenüber den üblichen Benzidinreagentien bezüglich Schnelligkeit, Spezifität und Empfindlichkeit der Reaktion.

Reagentien:

1. Phenolphthalinlösung: 2 g Phenolphthalein und 20 g KOH in 100 cm³ Wasser werden mit 10 g Zinkstaub oder Zinkpulver bis zur Entfärbung gekocht und dann filtriert; gut verschlossen aufbewahren.
2. H_2O_2, 1%ig.

Ausführung:

1 cm³ der zu untersuchenden Lösung und 1 Tropfen Phenolphthalinlösung werden gemischt; dann läßt man 1 Tropfen H_2O_2 einfallen. Die Reaktion verläuft bei den nachstehenden Blutverdünnungen wie folgt: 1:1000000 sofortige Rotfärbung; 1:100000000 nach $^1/_2$ min Rötung, nach 1 min deutlich hellrot-violett; 1:1000000000 nach 1 min schwächere hellrot-violette Farbe; 1:10000000000 nicht mehr nachweisbar.

Bilirubin und andere Blutabbauprodukte können ebenfalls im Mageninhalt vorkommen und werden nach üblichen Verfahren quantitativ oder qualitativ bestimmt (s. S. 158).

Fermente. *Pepsin.* Die wohl wichtigste Proteinase des Magensaftes beim normalen erwachsenen Menschen ist das Pepsin, welches durch die Hauptzellen in einer fast isotonischen Lösung von Chloriden abgesondert wird. Der HCl-Gehalt läuft der Pepsinkonzentration weitgehend parallel, doch kann unter pathologischen Verhältnissen sowohl eine normale Salzsäuresekretion einen verminderten Pepsingehalt als auch umgekehrt eine verminderte Salzsäuresekretion einen normalen Pepsingehalt begleiten. Die Bestimmung der Pepsinaktivität hat deshalb eine klinisch-diagnostische Bedeutung.

Bestimmung der Pepsinaktivität. 1. Früher wurde die Aktivität von Pepsin verfolgt, indem man die Verdauung einer Fibrinflocke oder den Trübungsgrad von Edestin bzw. Casein am jeweiligen isoelektrischen Punkt beobachtete. Statt dessen stehen heute wesentlich exaktere Verfahren zur Verfügung.

2. Methode nach TOMARELLI, CHARNEY und HARDING zur Bestimmung der Pepsin- und Trypsinaktivität[2].

Prinzip: Wird ein Azoprotein der Proteolyse unterworfen, so entstehen gefärbte Spaltprodukte, die in Trichloressigsäure löslich sind. Die Farbintensität der Trichloressigsäurefiltrate ist eine Funktion der proteolytischen Aktivität der Enzymlösung.

Reagentien (Darstellung des Substrats):

1. Sulfanilsäure in Substanz.
2. NaOH.
3. Natriumnitrit in Substanz.

4. HCl.
5. Natriumhydrogencarbonat in Substanz.
6. Rinderplasma-Albumin.

---

[1] RÖCKINGHAUSEN, I.: Diss. Berlin 1943.

[2] TOMARELLI, R. M., J. CHARNEY and M. L. HARDING: J. Lab. clin. Med. **34**, 428 (1949).

Reagentien (Bestimmung der proteolytischen Aktivität):

1. Azoprotein.
2. 0,2 n HCl-Na-citratpuffer p_H 1,6.
3. Trichloressigsäure, 5 %ig.
4. 0,5 n NaOH.

Darstellung des Substrats: 0,025 Mole Sulfanilsäure werden in 200 cm³ Wasser mit 0,025 Molen NaOH gelöst, dann werden 0,025 Mole $NaNO_2$ unter Rühren zugesetzt. Nach Zugabe von 0,025 Molen HCl wird noch 2 min gerührt und mit 0,05 Molen NaOH versetzt. Es wird noch 5 sec gerührt, dann wird die Lösung auf einmal zu einer Lösung von 50 g Rinderplasma-Albumin und 10 g $NaHCO_3$ in 1,1 Liter Wasser gegeben; es wird wieder 5 min gerührt und über Nacht gegen Leitungswasser dialysiert. Die dialysierte Lösung wird gefroren und im Vakuum verdunstet. Das Absorptionsmaximum der Verbindung liegt bei 455 mμ. Die Konzentrationsabhängigkeit der Farbintensität entspricht dem BEER-schen Gesetz. Das Azoalbumin ist löslich im p_H-Gebiet < 3 und > 5. Zu den Versuchen wird es in der Konzentration von 25 mg je Kubikzentimeter Pufferlösung angewandt.

Enzymlösung: Zentrifugierter Magensaft wird 1:20 mit 0,2 n HCl-Na-Citratpuffer p_H 1,6 verdünnt.

Ausführung:

Je 1 cm³ Enzym- und Substratlösung werden gemischt und 30 min bei 38° inkubiert. Unverdautes Substrat wird durch Zugabe von 8 cm³ 5 %iger Trichloressigsäure abgeschieden und abfiltriert. Zu 5 cm³ Filtrat werden 5 cm³ 0,5 n NaOH gegeben. Bei 440 mμ wird colorimetriert oder photometriert. Der Leerwert (1 cm³ Enzymlösung + 1 cm³ destilliertes Wasser) wird in Abzug gebracht. Die Aktivität wird durch eine monomolekulare Reaktionskonstante k ausgedrückt. Bei 1 Std-Versuchen besteht lineare Proportionalität zwischen Umsatz und Zeit sowie zwischen Umsatz und Enzymkonzentration.

3. GROLL[1] bestimmt die Aktivität von Pepsin mit dem Eintauchrefraktometer. Eine refraktometrische Methode ist schon früher von HIRSCH[2] angegeben und von KUPELWIESER und RÖSLER[3] erweitert und verbessert worden (s. a. UTKIN[4]).

4. BUCHER[5] benutzt als Substrat denaturiertes Hämoglobin und bestimmt als Maß der Pepsinaktivität die Zunahme an säurelöslichem Stickstoff. Bei Benutzung von Hämoglobin als Substrat erscheint folgendes Vorgehen empfehlenswert: 1 cm³ Magensaft in der Verdünnung 1:100 wird mit 5 cm³ einer 2,5 %igen Hämoglobinlösung versetzt, die vorher mit 0,3 n HCl auf einen p_H-Wert von 1,8 gebracht wird. Ferment und Substratlösung werden vorher im Thermostaten auf 37,5° angewärmt. Die Pepsinaktivität kann dann durch Bestimmung von säurelöslichem Stickstoff nach ANSON bestimmt werden. Eine andere Möglichkeit ergibt sich durch die Bestimmung von freigesetztem Tyrosin mit dem Phenolreagens nach FOLIN und CIOCALTEU an Hand einer zuvor angelegten Eichkurve. Näheres über Bestimmung der Proteasenaktivität s. S. 293.

Kathepsin. Die Proteinase kommt in allen tierischen Zellen vor, doch spielt das Ferment neben dem Pepsin für die Eiweißverdauung im Magensaft eine bedeutende Rolle. Das Magenkathepsin ist für das Kind die wichtigste Proteinase des Magensaftes[6,7], da bei ihm die Eiweißspaltung bei p_H-Werten erfolgt, die eine wesentliche Pepsinwirkung nicht zulassen. Die optimale Eiweißspaltung durch den Magensaft jüngerer Kinder liegt bei p_H 4,7, die optimale Temperatur bei 60°, bei einer Temperatur also, bei welcher eine Pepsinwirkung schon stark abgeschwächt ist. Nach BUCHS[6,8] (s. a. MERTEN[9]) hat

[1] GROLL, J. T.: Arch. néerl. Physiol. **28**, 527 (1947).

[2] HIRSCH, P.: Z. angew. Chem. **33**, 269 (1920).

[3] KUPELWIESER, E., u. O. RÖSLER: B. Z. **136**, 38 (1923).

[4] UTKIN, L.: B. Z. **271**, 127 (1934).

[5] BUCHER, G. R.: Gastroenterol., Baltimore **8**, 5 (1947).

[6] BUCHS, S.: Die Biologie des Magenkathepsins. Basel, New York 1947.

[7] FREUDENBERG, E., u. S. BUCHS: Schweiz. med. Wschr. **70**, 249 (1940). — FREUDENBERG, E.: Enzymologia **8**, 385 (1940).

[8] BUCHS, S.: Enzymologia **13**, 208 (1949).

[9] MERTEN, R., H. RATZER u. U. KLEFFNER: Kli. Wo. **1949**, 587, 635. — MERTEN, R.: Gastroenterol., Basel **76**, 255 (1950/51).

das Enzym auch für die Proteolyse im Magen des Erwachsenen eine erhebliche Bedeutung, die um so größer ist, je weniger Salzsäure der Magensaft enthält.

1. Die Kathepsinwirksamkeit läßt sich nach FREUDENBERG[1] von der Pepsinwirkung folgendermaßen abtrennen: Der Magensaft wird 30 min nach Einnahme von Nutromalt-lösung (bei Kindern) mit Coffeinzusatz durch Aushebern gewonnen, über Glaswolle filtriert, mit 2 n HCl auf p_H 1,5 eingestellt und mit soviel NaCl in Substanz versetzt, daß dessen Konzentration 34% beträgt. Man erwärmt 15 min lang auf 40°, schließlich wird mit Bicarbonat auf einen p_H-Wert von 3 eingestellt. 5 Teile dieser Lösung, die nur noch die Kathepsinwirkung aufweist, werden mit 1 Teil Magermilch versetzt. Die Fermentaktivität kann an der Zunahme des säurelöslichen Stickstoffs im Ansatz ge-messen werden.

2. Nach ANSON[2]. Bei dieser Methode wird als Substrat eine 2—5%ige Lösung von Rinderhämoglobin benutzt. Als Maß der Enzymaktivität gilt der Zuwachs an säurelöslichem Stickstoff.

3. Nach BRAMSTEDT[3]. Die proteolytische Kathepsinwirkung wird bestimmt durch Ermittlung des freigesetzten Tryptophan (nach WINKLER). Da Pepsin kein Tryptophan abspaltet, ist die Methode für Kathepsin spezifisch.

4. Eine polarimetrische Bestimmung beschreibt LANDIS[4]. Hierbei wird die spezifische Drehung von Gelatinelösungen verfolgt.

Labferment. Das Gerinnungsferment des Magensaftes (Labferment, Chymosin), dessen Existenz lange Zeit umstritten war, ist in der Zwischenzeit von BERRIDGE[5] aus Kälbermagen krystallisiert dargestellt worden. Die krystallisierten Präparate enthalten 13—15% N und sind imstande, etwa die 10^7fache Menge Milch zu coagulieren. Die Geschwindigkeit der Gerinnung von Milch nach Mischung mit Magensaft, den man auf p_H 5,35 gebracht hat, kann als Test für die Labwirkung benutzt werden. Doch sei daran erinnert, daß auch Pepsin (Optimum der Labwirkung = p_H 5,25) und Chymo-trypsin (Optimum der Labwirkung = p_H 7,0) milchcoagulierende Enzyme sind. Eine verbesserte Methode zur Messung der Milchgerinnungszeit ist von KING und MELVILLE[6] beschrieben worden.

Urease. LUCK[7] fand in der Magenschleimhaut von Katze, Hund und Wiederkäuern (nicht bei Nagetieren), HOLLÁN[8] auch in der Fundusschleimhaut des Menschen Urease in hoher Konzentration. Tierische und pflanzliche Urease sind identisch. Beim Menschen ist der Ureasegehalt der Magenschleimhaut bei Geschwürsleiden vermindert. Im Magen-saft sind Säurewerte und Ureaseaktivität umgekehrt proportional; in stark sauren (hyperaciden) Säften ist eine Ureasewirkung nicht mehr nachweisbar. Wahrscheinlich wird Urease auch mit dem normaciden oder hyperaciden Saft sezerniert und durch HCl/Pepsin inaktiviert bzw. verdaut. Die Aktivität des Enzyms kann nach CLEGHORN und JENDRASSIK[9] bestimmt werden. Ureasebestimmung s. Bd. IV.

Lipase. Wie Versuche am Magenblindsack zeigten, enthält das Magensekret eine Lipase, die sicherlich der Magenschleimhaut entstammt und nicht auf einen Rücklauf von Duodenalinhalt zu beziehen ist. Die Lipase entstammt vor allem dem pylorischen Teil der Magenschleimhaut. Eine Bedeutung für die Fettspaltung kommt diesem Enzym jedoch wegen der sauren Reaktion des Mageninhaltes nicht zu. Bestimmung

---

[1] FREUDENBERG, E.: Ann. paediatr., Basel **156**, 124 (1941); **166**, 77 (1946).

[2] ANSON, M. L.: J. gen. Physiol. **20**, 565 (1937). — ANSON, M. L., and A. MIRSKY: J. gen. Physiol. **17**, 151 (1933/34).

[3] BRAMSTEDT, F.: Dtsch. Arch. klin. Med. **197**, 537 (1950).

[4] LANDIS, O.: Cereal Chem. **17**, 468 (1940).

[5] BERRIDGE, N.: Biochem. J. **39**, 179 (1943). — HANKINSON, C. L.: J. Dairy Sci. **26**, 53 (1943).

[6] KING, C. W., and E. M. MELVILLE: J. Dairy Res. **11**, 184 (1940).

[7] LUCK, J. M.: Biochem. J. **18**, 825 (1924.)

[8] HOLLÁN, S.: Brit. J. exp. Path. **28**, 365 (1947). — BEREND, N., u. S. HOLLÁN: Vortrag 11. Tag. Ungar. Physiol. Ges., Debrecen 1941 [Ber. Physiol. **126**, 478].

[9] CLEGHORN, R. A., u. L. JENDRASSIK: Kli. Wo. **1934**, 450.

nach Einstellen eines günstigen p_H-Bereiches s. S. 170 und 387. Eine Übersicht über *Gastrin, Secretin, Cholecystokinin, Urogastron* und andere hormonartige Wirkstoffe des Magen-Darmkanals s.[1]

Intrinsic factor: Die Erforschung des intrinsic factor befindet sich in vollem Fluß. Zusammenfassungen über den gegenwärtigen Stand der Kenntnisse s.[2]

8. Darmsaft.

Von

K. Hinsberg und F. Bruns.

Der mit der Sonde entnommene Darmsaft (Duodenalsaft) ist ein Gemisch aus dem eigentlichen Darmsaft, aus Magensaft oder Mageninhalt, Pankreassaft und Galle. Hier erhellt bereits die große Schwierigkeit, die Einzelsekrete getrennt ohne wesentliche fremde Beimischungen und ohne Anlegen einer Fistel zu gewinnen. Reiner Darmsaft kann nur durch das Tierexperiment (isoliertes, in die Bauchwand eingenähtes Darmstück) gewonnen und untersucht werden[3]. Die Klinik macht zwar Gebrauch von der Möglichkeit, die Einzelsekrete (Pankreassekret, „Lebergalle", „Blasengalle") durch selektive Reizung der Sekretionsorgane zu gewinnen. Doch sind die Meinungen über die Zusammensetzung der auf diese Weise gewonnenen Säfte, die ja auch als Duodenalinhalt dem Duodenum entnommen werden, sehr geteilt. Es werden deshalb die wichtigsten Inhaltstoffe des Duodenalsekretes, die Fermente Trypsin, Lipase und Amylase im Zusammenhang mit dem Darminhalt besprochen, obwohl Trypsin ausschließlich mit dem Pankreassaft in den Zwölffingerdarm gelangt. Ebenso wird das Bilirubin als Bestandteil des Duodenalinhaltes behandelt werden, da seine Bestimmung im Duodenalinhalt diagnostische Bedeutung hat und eine Untersuchung wirklich reiner Blasen- oder Lebergalle nur in Ausnahmefällen möglich ist.

Das eigentliche Darmsekret entstammt den BRUNNERschen Drüsen und den LIEBERKÜHNschen Krypten, seine Sekretion wird hormonal durch das Sekretin gesteuert. Das Sekret ist farblos und erhält erst durch Beimischung von Galle eine goldgelbe bis braungelbe Farbe. Darmsaft ist klar oder leicht trübe, von schwach saurer bis schwach alkalischer Reaktion. Das spezifische Gewicht beträgt 1005—1010, $\varDelta = 0,62°$.

Die *Reaktion* des Duodenalinhaltes wird um so alkalischer, je weiter vom Magenausgang entfernt der Darminhalt entnommen wird. Im pylorusnahen Teil des Duodenum herrscht noch schwach saure Reaktion. Der in das Duodenum übertretende Mageninhalt wird durch Darmsaft, Pankreassaft und Gallenflüssigkeit neutralisiert, die alle eine alkalische Reaktion haben. Die p_H-Werte betragen für den Inhalt des Duodenums 5,9—6,6, des oberen Jejunums 6,2—6,7 und des unteren Jejunums 6,2—7,3; im Ileum herrscht neutrale bis schwach alkalische Reaktion. Die Titrationsalkalität kann ganz analog der Säuremessung im Mageninhalt (vgl. Bestimmung des Säuredefizits, S. 374) mit n/10 HCl bestimmt werden. Bei Benutzung von Methylorange als Indicator verbrauchen 100 cm³ Duodenalsaft 14—125 cm³ Salzsäure. Bei Duodenalulcus ist das Vermögen des Duodenums, den sauren Mageninhalt zu neutralisieren, gestört[4].

Anorganische Bestandteile. Der Duodenalinhalt enthält etwa 1,4% *Trockensubstanz,* davon 0,41 g Asche, 0,09 g Stickstoff, 0,14 g coagulierbares Eiweiß. Der Anteil der organischen Bestandteile beträgt rund 1%. Das wichtigste Kation ist Natrium. Bemerkenswert ist der sehr hohe Hydrogencarbonatgehalt. Dieses Hydrogencarbonat

---

[1] GROSSMAN, M. I.: Physiol. Rev. **30**, 33 (1950).

[2] JUKES, T. H., and E. L. R. STOKSTAD: Vitamins & Hormones **9**, 1 (1951). — LESTER-SMITH, E.: Nutrit. Abstr. Rev. **20**, 795 (1951). — DAVIES, M.: J. Pharmacy Pharmacol. **4**, 448 (1952). — HEILMEYER, L., u. H. BEGEMANN: Handb. inn. Med. (BERGMANN-STÄHELIN) Bd. II, 257, 287, 288 (1951).

[3] Operationsmethoden s. KESTNER, O.: Die Methodik der Dauerfisteln des Magen-Darmkanals. Handb. biol. Arb.-Meth. Abt. 4, Teil 6/2. S. 1065 ff. (1932).

[4] KEARNEY, R. W., M. W. COMFORT and A. E. OSTERBERG: J. clin. Invest. **20**, 221 (1941).

entstammt zum Teil dem Pankreassaft, der in bezug auf Hydrogencarbonat fast n/10 ist. Der Darmsaft zeigt hinsichtlich der mineralischen Bestandteile eine dem Pankreassaft (s. S. 389) sehr ähnliche Zusammensetzung.

Organische Bestandteile. *Gallensäuren.*

Bestimmung: a) Nach CUNY. Ihr liegt das Prinzip der PETTENKOFERschen Reaktion zugrunde. Duodenalflüssigkeit wird mit Bleiacetat in Gegenwart von Alkohol behandelt. Das Filtrat wird mit Furfurol und Phosphorsäure erhitzt und gibt bei Anwesenheit gallensaurer Salze eine Blaufärbung.

b) Nach FRANKE und BANDA[1]. Cholsäure wurde nach der modifizierten GREGORY-PASCOE-Reaktion im Arbeitsgang nach DOUBILET unter Benutzung des Stufenphotometers ermittelt. Die Gesamtgallensäuren wurden nach Eisenfällung aus dem Eisengehalt (HARWOOD) bestimmt; die Differenz von Gesamtgallensäuren und Cholsäure ergibt den Gehalt an Desoxycholsäure. Weitere Bestimmungsmethoden s. S. 391. Werte für den Duodenalinhalt in mg-%: Cholsäure 25—302; Desoxycholsäure 17—370; Gesamtgallensäuren 74—414. Der durchschnittliche Gehalt an Gesamtgallensäuren beträgt 265 mg-%; nach Verabreichung von galletreibenden Mitteln 140—521 mg-%, im Mittel 400 mg-%. In das Duodenum werden je Tag 5—10 g Gallensäuren ausgeschieden[2]. Die Angaben über die Gallensäurekonzentration schwanken nicht zuletzt wegen des Fehlens einwandfreier Bestimmungsmethoden. MORRISON[3] fand in mit der Duodenalsonde entnommenem Duodenalinhalt Gallensäuren bis zu 1200 mg-%, bei Leberkranken lag der Wert unter 800 mg-%. Der normale Gehalt der „hellen Lebergalle" beträgt beim Gesunden 400 mg-%, bei Leberkranken weit unter 400 mg-%. Es läßt sich durch mehrfaches Abbinden des Dünndarms zeigen, daß der Gallensäuregehalt distalwärts abnimmt[4]. Der restliche Teil wird in den tieferen Darmabschnitten in Glykokoll bzw. Taurin und Cholsäure hydrolytisch gespalten. Die Spaltstücke werden rückresorbiert und gelangen über das Pfortadersystem zur Leber, werden hier wieder zu Gallensäuren gepaart und gelangen über die Galle erneut zur Ausscheidung (enterohepatischer Kreislauf der Gallensäuren). Ein Teil, etwa 12% der ausgeschiedenen Menge[5], wird mit dem Kot ausgeschieden. BAUMGÄRTEL[6] fand, daß nicht die gesamte nichtresorbierte Cholsäure ausgeschieden wird. Zumindest ein Teil wird durch enzymatisch-bakterielle Prozesse hydriert.

Niedere Fettsäuren. Nach Untersuchungen von PHILLIPSON[7] kommen im gesamten Magen-Darmkanal wasserdampfflüchtige Fettsäuren vor; bei Hund, Pferd, Schwein, Kaninchen, Ratte und Wiederkäuern bestehen keine großen Unterschiede hinsichtlich Gehalt und Zusammensetzung. Der Dickdarm enthält hauptsächlich Essigsäure und Propionsäure (50 bzw. 28—42% der flüchtigen Fettsäuren), dagegen nur wenig Buttersäure.

Für die Bestimmung von *Indol* hat ALLSOPP[8] eine sehr einfache Methode angegeben: Indol und seine Derivate werden durch ihre Farbstoffbildung mit p-Dimethylaminobenzaldehyd nachgewiesen und lassen sich photoelektrisch bis zu einer Konzentration von 2 mg-% quantitativ erfassen. 5 cm³ der zu untersuchenden Lösung werden mit Wasser verdünnt, mit 5 cm³ EHRLICH-Reagens versetzt, schnell bis zum Kochen erhitzt und sofort colorimetriert. Eine Eichkurve soll möglichst für jede Bestimmungsreihe neu angesetzt werden. Fehler: 0,5—1,6%. Die Reaktion ist jedoch unspezifisch, unter anderem gibt Indoxylschwefelsäure in der Wärme eine Färbung. FEARON[9] teilt eine

[1] FRANKE, H., u. H. BANDA: Kli. Wo. **1941**, 1003.
[2] CHABROL, E.: Presse méd. **1940 II**, 897.
[3] MORRISON, L. M.: Amer. J. digest. Dis. **7**, 527 (1940).
[4] FÜRTH, O., u. H. MINIBECK: B. Z. **237**, 139 (1931).
[5] BERMAN, A. L., E. SNAPP, A. C. IVY and A. J. ATKINSON: Amer. J. Physiol. **132**, 176 (1941).
[6] BAUMGÄRTEL, T.: Kli. Wo. **1947**, 378.
[7] PHILLIPSON, A. T.: J. exp. Biol. **23**, 346 (1947).
[8] ALLSOPP, C. B.: Biochem. J. **35**, 965 (1941).
[9] FEARON, W. R.: Analyst **69**, 122 (1944).

Reaktion mit, die in biologischem Material für Indol spezifisch sein soll: Zu 0,5—1 cm³ der zu untersuchenden Lösung gibt man 2—5 cm³ Eisessig und 5 mg Xanthydrol. Es entwickelt sich eine Rotfärbung. — Nachweis und Bestimmung von Indoxylschwefelsäure s. S. 46 und 249.

Bilirubin. Bilirubin wird mit der Galle ins Duodenum entleert. Im Darm unterliegt der Gallenfarbstoff nach BAUMGÄRTEL[1] einer bakteriell-fermentativen Reduktion. Mit der Galle wird auch Urobilinogen (Urobilin) entleert. Dieses entsteht durch die Wirksamkeit von Fermenten in der Gallenblase.

Die Bestimmung von Bilirubin in der Duodenalgalle kann mit einer Reihe von Verfahren durchgeführt werden, die entweder auf direkter Colorimetrie, auf Überführung in einen Azofarbstoff nach HIJMANS VAN DEN BERGH oder auf einer Oxydation zu Biliverdin durch Eisenchlorid in Trichloressigsäure beruhen.

Direkte Colorimetrie. Sie muß wegen der Zersetzlichkeit von Bilirubin sehr rasch durchgeführt werden. Im Reagensglas und im Duodenalinhalt verhindert Ascorbinsäure (7,5 mg-%) die mit Ausbleichung einhergehende Oxydation von Bilirubin. Direkte Colorimetrie nach BARAC[2]: Frisch entnommener Duodenalinhalt wird mit einigen Milligrammen Ascorbinsäure versetzt und mit 0,01 n NaOH auf das 20fache verdünnt. Messung im PULFRICH-Stufenphotometer mit Filter S 43. Der Extinktion 0,15 entspricht ein Gehalt von 0,3 mg-%, der Extinktion 0,89 ein solcher von 1,07 mg-%. Innerhalb dieses Meßbereiches ist die Funktion zwischen Konzentration und Extinktion linear. Carotinoide der Nahrung stören nicht. Wenn zur Förderung des Blasengallenflusses Magnesiumsulfat in den Darm gebracht wird, kann bei stärkerer Alkalität des Duodenalsekretes Magnesiumhydroxyd ausfallen (Trübung). Einige Tropfen einer konzentrierten Lösung von Ammoniumchlorid bringen die Trübung zum Schwinden.

GOETZE[3] bestimmt den Gallenfarbstoff im Duodenum mit dem lichtelektrischen Colorimeter nach LANGE, Filter GB 7. Es ist hierbei jedoch zu beachten, daß nach seinen Angaben die Funktion zwischen Farbstoffkonzentration und Extinktion nicht linear ist. Das genaueste Verfahren ist zweifellos die Kupplungsreaktion von Bilirubin mit diazotierter Sulfanilsäure (s. S. 158).

Fermente. Im Dünndarm laufen die wichtigsten enzymatischen Spaltungsvorgänge der aufgenommenen Nahrungsstoffe ab. Eiweiße und Peptide unterliegen der Aufspaltung bis zu den resorbierbaren Aminosäuren. Eine Vielzahl von Enzymen ist an diesem Eiweißabbau beteiligt. Kohlenhydrate werden bis zu einfachen Zuckern, Fette zu Glycerin und freien Fettsäuren hydrolysiert. Nuclease gelangt mit dem Pankreassaft ins Duodenum und spaltet Polynucleotide zu Mononucleotiden. Bei unzureichender Eiweißzufuhr (Eiweißmangelkrankheit) fehlen dem Organismus die exogenen Aminosäuren für die Enzymsynthesen. Die Folge ist eine „Hypofermentie" oder „Afermentie" u. a. der Verdauungssäfte[4].

Die Proteasen und Peptidasen des Darm- und Pankreassaftes. Mit dem Pankreassekret gelangt das inaktive Trypsinogen in den Darm, wo es durch die Enterokinase aktiviert, d. h. in *Trypsin* umgewandelt wird (enzymatische Hydrolyse von Trypsinogen). Eine zweite Form der Aktivierung ist autokatalytischer Natur: Kleinste Trypsinmengen vermögen beliebige Mengen Trypsinogen zu aktivieren, aktivierend wirken hierbei auch Magnesiumsulfat, Ammoniumsulfat, vor allem aber Calciumionen in Konzentrationen höher als 0,02 m. Schließlich kommt Trypsin in Form einer Trypsin-Inhibitorverbindung (= Trypsin + Polypeptid) vor; unter geeigneten Bedingungen wird die Verbindung zu aktivem Trypsin und Polypeptid zerlegt.

Bei der Caseinverdauung liegt das p_H-Optimum von Trypsin bei 8—9; im Duodenalinhalt, wo noch schwach saure Reaktion herrscht, spielen die Gallensäuren wahrscheinlich eine aktivierende Rolle. Trypsin spaltet Proteine nur, wenn diese als Anionen vorliegen.

[1] BAUMGÄRTEL, T.: Kli. Wo. 1946, 184; 1947, 315. Med. Mschr. 1948, 418. Med. Klin. 1947, 6.
[2] BARAC, G.: Bull. Soc. Chim. biol. 21, 1163 (1939).
[3] GOETZE, E.: Z. ges. inn. Med. 4, 614 (1949).
[4] HARTMANN, F., H. FEHRMANN u. W. POLA: Kli. Wo. 1948, 215.

Gleichfalls mit dem Pankreassaft wird Chymotrypsinogen sezerniert, welches nicht durch Enterokinase, wohl aber durch Spuren von Trypsin in aktives *Chymotrypsin* umgewandelt wird. Chymotrypsin besitzt eine Labwirkung. Der Pankreassaft enthält Carboxypolypeptidase, Aminopolypeptidase und Dipeptidase. Der Darmsaft enthält ein Gemisch verschiedener Peptidasen, welches früher als Erepsin bezeichnet wurde, unter anderem sind darin Aminopolypeptidase, Dipeptidasen und Prolylpeptidase enthalten. Prolylpeptidase ist kein einheitliches Enzym, es besteht aus Prolinase (Substrat: Prolylglycin, freie NH-Gruppe des Prolin) und Prolidase (Substrat: Glycylprolin). Die Zahl der angeführten, an der Eiweißspaltung beteiligten Enzyme ist nicht vollständig. Dies sei erwähnt, um die Vielzahl von Komponenten zu berücksichtigen, die bei der Prüfung der eiweißverdauenden Kraft des Darmsaftes, der sog. Proteolyse, wirksam werden.

Bestimmungsmethoden:

Die Aktivität der Proteasen kann mit verschiedenen Methoden ermittelt werden. Bei älteren Verfahren werden die durch Proteolyse freigesetzten sauren Valenzen (COOH-Gruppen) durch Formoltitration bestimmt. Ein Maß für die Wirksamkeit von Proteasen ist auch der in der Zeiteinheit freigesetzte säurelösliche Stickstoff, der nach KJELDAHL bestimmt werden kann. Verwendet man als Substrat ein Azoprotein, so entstehen beim Eiweißabbau gefärbte Spaltprodukte, die leicht photometriert werden können. Auch physikalische (polarimetrische) Verfahren sind beschrieben worden (Näheres s. Bd. IV, Hydrolasen).

a) Nach TOMARELLI, CHARNEY und HARDING: s. S. 380. Duodenalsaft wird 1:100 mit NH_4OH/NH_4Cl-Puffer p_H 9,5 verdünnt.

b) Nach CHARNEY und TOMARELLI[1]: Herstellung des diazotierten Proteins s. S. 380. Der Duodenalsaft wird bei 1500 Touren zentrifugiert und 1 cm³ des mittleren homogenen Teiles mit Bicarbonatpuffer von p_H 8,3 auf 100 cm³ verdünnt. Zum Versuch gibt man je 1,0 cm³ der Proteinlösung zu 1,0 cm³ des verdünnten Duodenalsaftes in ein Reagensglas und bebrütet bei 38°. Bei einem Leerwert wird an Stelle der Fermentlösung Puffer zugesetzt. Nach 30 min wird der Abbau durch Zugabe von 8 cm³ 5%iger Trichloressigsäure unterbrochen und zentrifugiert; von der Lösung werden 5 cm³ mit 5 cm³ 0,5 n NaOH versetzt, anschließend wird die Extinktion gemessen. Die Farbe bleibt 2 Std konstant. Die Hydrolyse verläuft nach einer Reaktionsgleichung erster Ordnung:

$$K = \frac{l}{t} \cdot 2,3 \cdot \log \frac{C_1}{C_2}.$$

C_1 und C_2 bedeuten Anfangs- und Endkonzentration des Proteins und können durch die Extinktionswerte ersetzt werden. C_1 wird ermittelt, indem man 5 cm³ 0,5 n NaOH zu 5 cm³ der 200fach verdünnten Substratlösung zusetzt und die Extinktion bestimmt. Der Wert C_2 errechnet sich aus der Differenz zwischen C_1 und dem nach der Verdauung gefundenen Extinktionswert (nach Abzug der Leerwerte). Die Methode ist schnell, einfach und genau. Sie bietet den Vorteil, daß mit Lösungen und nicht mit Suspensionen gearbeitet wird.

c) Nach KOULBERG und SAKRJEWSKY[2]: Passend verdünnter Duodenalsaft wird mit einer Gelatinelösung zusammengebracht und mit einer eingestellten Lösung von Phenolphthaleinnatrium bis zum p_H-Optimum versetzt. Nach Ablauf der Inkubationszeit unterbricht man die Reaktion durch Zusatz von Formaldehyd und titriert den noch vorhandenen Rest des Alkali mit Schwefelsäure zurück. Ein Blindversuch mit der verwendeten Gelatinelösung muß mit angesetzt werden. Der Unterschied im Amino-N-Gehalt beider Flüssigkeiten ist ein Maß für die proteolytische Aktivität des Duodenalsaftes.

d) Nach ZADINA und HERFORT[3]:

Reagentien:

1. Gelatinelösung, 1%ig.	3. 0,1 n NaOH.
2. Formaldehyd, 30—40%ig.	4. Phenolphthalein, 0,1%ig in Alkohol.

[1] CHARNEY, J., and R. M. TOMARELLI: J. biol. Ch. **171**, 501 (1947).
[2] KOULBERG, L. M., u. E. B. SAKRJEWSKY: Méd. exp. (ukrain.) **1**, 21 (1941).
[3] ZADINA, R., u. K. HERFORT: Čas. Lék. čes. **1942**, 501.

In 5 Erlenmeyer-Kolben werden je 50 cm³ 1%ige Gelatinelösung gegeben. Der 1. Kolben dient als Blindversuch, zu den anderen 4 Kolben werden 0,1, 0,25, 0,5 und 1 cm³ Duodenalsaft gegeben. Nach 1stündiger Inkubation bei 40° werden zu jedem der Kolben 10 cm³ Formaldehyd gegeben, der Inhalt wird dann mit n/10 NaOH auf p_H 8,7 (Indicator: Phenolphthalein) titriert. Farbkontrolle mit der Standardlösung. Die Resultate werden in ein Koordinatensystem eingetragen; Kubikzentimeter verbrauchte n/10 Lauge = Ordinate; log Ferment = Abszisse. Eine Einheit (E) Trypsin ist diejenige Fermentmenge, die bei p_H 8,7 und 40° in 1 Std 3 cm³ n/10 Aminosäuren freisetzt.

e) Benutzt man als Substrat eine gesättigte Caseinlösung, und titriert die durch die proteolytische Wirkung des Duodenalsaftes frei gewordenen Carboxylgruppen mit einer n/20 alkoholischen Kalilauge, so entspricht eine Trypsineinheit einem Verbrauch von 0,84 cm³ Lauge.

f) Nach HOFMANN und BERGMANN[1]: Die Molekülgröße des Substrats übt im Gegensatz zu früheren Anschauungen keinen entscheidenden Einfluß auf die Spaltbarkeit durch die eiweißspaltenden Fermente im Darmkanal aus. So sind in der letzten Zeit verschiedene niedermolekulare Körper als Substrate der Trypsinverdauung verwandt worden: Benzoyl-L-argininamid, Benzoylglycyl-L-lysinamid, Benzoyl-L-lysinamid und Benzoylglycyl-L-argininamid. Nach den Verfassern folgt die Trypsinverdauung dieser Substrate der Kinetik einer Reaktion erster Ordnung, die Reaktionskonstanten sind der Trypsinkonzentration proportional.

g) Nach LANDIS[2]: Die proteolytische Aktivität von Fermenten verschiedener Herkunft kann durch Verfolgung der spezifischen Drehung von Gelatinelösungen bestimmt werden.

Lipase. Von den Lipasen des Verdauungskanals ist die Pankreaslipase die weitaus wichtigste. Sie gelangt mit dem Pankreassekret in das Duodenum. Ihr p_H-Optimum liegt bei 8. Triglyceride werden schneller als Diglyceride und diese besser als Monoglyceride hydrolysiert. Mit der Länge der Fettsäurekette nimmt die Spaltungsgeschwindigkeit zu und erreicht beim Trilaurin ein Maximum. Besonders leicht wird Triolein verseift. Bei der Prüfung der Lipaseaktivität des Darmsaftes wird deshalb häufig reines Olivenöl als Substrat verwandt. Molekulargewicht und Jodzahl bestimmen neben Schmelzpunkt und Emulgierfähigkeit auch die Spaltungsgeschwindigkeit der Fette. Lipase spaltet nicht nur natürliche Fette, sondern auch synthetische Glyceride. Ester von β-Naphthol und Essigsäure, Laurinsäure sowie Stearinsäure können als chromogene Substrate verwandt werden (NACHLAS und SELIGMAN[3]). Das durch die Enzymwirkung freigesetzte β-Naphthol wird in einen Azofarbstoff überführt und colorimetrisch bestimmt. Die Autoren finden mit dieser Methode eine Spezifität der Esterase für Ester mit kurzer Kohlenstoffkette und eine solche der Lipase für Ester mit langer Kohlenstoffkette.

Bestimmungsmethoden: a) Nach DYCKERHOFF und MIEHLER: Die Lipaseaktivität wird stalagmometrisch bestimmt. Substrat ist Tributyrin.

Reagentien:
1. Eieralbumin, 3%ige Lösung.
2. $CaCl_2$, 2%ig.
3. Tributyrin, gesättigte wäßrige Lösung.
4. Ammoniak-Ammoniumchlorid-Puffer p_H 8,6 (2,5 n NH_4OH + 2,5 n NH_4Cl im Verhältnis 1:8 gemischt).
5. Natriumoleat, 2%ig.

Ausführung:
Duodenalsaft wird 50—100fach verdünnt. Nach Zusatz von Eieralbuminlösung (1 cm³), 0,5 cm³ Calciumchloridlösung, 56 cm³ einer gesättigten wäßrigen Tributyrinlösung,

[1] HOFMANN, K., and M. BERGMANN: J. biol. Ch. **138**, 243 (1941).
[2] LANDIS, O.: Cereal Chem. **17**, 468 (1940).
[3] NACHLAS, M. M., and A. M. SELIGMAN: J. biol. Ch. **181**, 343 (1949).

2 cm³ Puffer und 0,5 cm³ Natriumoleat wird sofort die Tropfenzahl als Anfangswert bestimmt. Man läßt anschließend 20 min bei 20° stehen und bestimmt dann erneut die Tropfenzahl. Eine Butyraseeinheit entspricht je nach den Abmessungen des Stalagmometers der Abnahme einer bestimmten Zahl von Tropfen; 1000 Butyraseeinheiten entsprechen ungefähr einer Lipaseeinheit.

b) Nach BALZER und WERNER[1]: Bei diesem Verfahren läßt sich die Fermentaktivität durch Galle, Gallensäuren oder gallensaure Salze nicht mehr steigern.

Reagentien:

1. Olivenöl.
2. Phosphatpuffer (SØRENSEN, p_H 8,0).
3. $CaCl_2$, 2%ig.
4. Calciumcarbonat in Substanz.
5. Alkohol.
6. 0,1 n Natronlauge.
7. Phenolphthalein, 0,1%ig in Alkohol.

Ausführung:

1 cm³ zentrifugierter Duodenalinhalt wird mit 2 cm³ Aqua dest., 15 cm³ Olivenöl, 3,0 cm³ Puffer, 2,5 cm³ $CaCl_2$-Lösung und 2,0 g $CaCO_3$ in Substanz versetzt. Die Reihenfolge der Zugabe muß eingehalten werden. Das dickflüssige Verdauungsgemisch wird 18—30 Std bei 38° inkubiert, dann die Fettspaltung unterbrochen und das Gemisch in einen Erlenmeyer-Kolben überführt. Die freigesetzte Fettsäuremenge wird mit NaOH gegen Phenolphthalein titriert. Ein Leerwert muß in Abzug gebracht werden (gleicher Ansatz, der ohne Substrat inkubiert wird). Bewertung durch die verbrauchten Kubikzentimeter 0,1 n NaOH. Die Normalwerte liegen zwischen 110 und 150 cm³.

Amylase und Maltase. Mit dem Pankreassaft wird Amylase, welche Glykogen und Stärke zu Disacchariden spaltet, ins Duodenum sezerniert. Maltase spaltet Maltose zu Glucose und kommt auch im eigentlichen Darmsaft vor. Bei Unterfunktion des Pankreas ist die amylatische Wirkung des Pankreassekretes vermindert. Eine derartige Hypofermentie kann mit Hilfe der geometrischen Verdünnungsreihe nach WOHLGEMUTH erfaßt werden (s. S. 292). Ein titrimetrisches Verfahren zur Bestimmung der „zuckerbildenden Kraft" des Duodenalinhaltes ist von BALZER und SCHUSTER[2] beschrieben worden.

Prinzip: Der Stärkeabbau durch Amylase (Diastase) führt über die hochmolekularen Dextrine und Polysaccharide bis zur Maltose, die durch Maltase zu Glucose gespalten wird. Dabei entstehen reduzierende Abbauprodukte. Die Reduktionskraft der Dextrine ist noch sehr gering, sie steigt aber mit zunehmender Spaltung und erreicht ein theoretisches Maximum bei der quantitativen Spaltung der Stärke zu Glucose. Die Zunahme der Reduktionsfähigkeit während der Stärkeverzuckerung wird gemessen. Hierbei ist zu beachten, daß Amylase und Maltase wirksam sind. Die WOHLGEMUTHsche Methode unterscheidet sich also wesentlich von der hier beschriebenen: Dort wird nur die amylatische Wirkung (Anfangsstufe der Stärkespaltung) gemessen, hier werden durch die Bestimmung der Reduktionskraft vornehmlich die Endprodukte der Reaktion ermittelt.

Reagentien:

1. Phosphatpuffer. 45,38 g KH_2PO_4 ad 1000 cm³ Aqua dest.; 59,38 g Na_2HPO_4 ad 1000 cm³ Aqua dest.; beide Lösungen werden im Verhältnis 1:1 gemischt.
2. Lösliche Stärke (Merck).
3. NaCl, 0,15%ig zur Herstellung einer 4%igen Stärkelösung.
4. Trikaliumhexacyanoferrat, 0,005 n, (Kaliumferricyanid) s. S. 68.
5. Kaliumjodid-Zinksulfat-Natriumchloridlösung.
6. Essigsäure, 3%ig.
7. Stärkelösung, 1%ig.
8. 0,02 n Natriumthiosulfat.

Die Lösungen 4—8 sind nach der Vorschrift der Blutzuckerbestimmungsmethode von HAGEDORN-JENSEN (s. S. 68) herzustellen.

---

[1] Persönliche Mitteilung.
[2] BALZER, E., u. K. SCHUSTER: Kli. Wo. **1948**, 559.

Ausführung:

Man gibt in ein Reagensglas 1,5 cm³ Puffer, 0,5 cm³ des 1:50 verdünnten Duodenalsaftes und 10 cm³ einer frisch bereiteten 4%igen Stärkelösung. Es wird gemischt und 30 min bei 38° inkubiert. Danach wird 1 cm³ des Verdauungsgemisches mit 3 cm³ absolutem Alkohol versetzt (zur Fällung der überschüssigen Stärke, welche die Bestimmung stört) und zentrifugiert. Die Analyse wird mit 0,1 cm³ der klaren, überstehenden Lösung durchgeführt (s. Bestimmung des Blutzuckers nach HAGEDORN-JENSEN, S. 68). Der Eigenreduktionswert der Stärkelösung, des Duodenalsaftes sowie der Reagentien wird gleichzeitig in einer Kontrollbestimmung ermittelt und vom Hauptwert in Abzug gebracht. Diese Kontrollwerte liegen im allgemeinen zwischen 10 und 20 mg-%. Bei der angegebenen Versuchsanordnung liegen die Werte nach der Bebrütung zwischen 500 und 1100 mg-%, als Höchstwerte gelten solche um 1500 mg-%.

9. Pankreassaft.

Von

K. Hinsberg und F. Bruns.

Das Pankreassekret, welches durch den Pankreasgang in das Duodenum entleert wird, ist eine durchsichtige, farb- und geruchlose Flüssigkeit. In ganz reinem Zustande kann man Pankreassaft aus Fisteln des Pankreasganges gewinnen. Diese Tatsache erklärt die spärlichen Unterlagen über die Zusammensetzung von menschlichem Pankreassekret. Im Tierversuch ist Pankreassaft durch Anlegen von Fisteln relativ leicht erhältlich. Das spezifische Gewicht beträgt etwa 1015, Δ 0,55 bis 0,65°. Der p_H liegt um 8,0[1]. Histamin stimuliert die Sekretion nicht und ist auch im Pankreassekret nicht enthalten[2].

Der Gehalt an *anorganischen Stoffen* beträgt etwa 0,9%. Die Hauptmenge hiervon entfällt auf Natriumhydrogencarbonat, wesentlich geringer ist der Gehalt an Kochsalz. Der hohe Hydrogencarbonatgehalt, der das 4—5fache des Blutwertes erreicht, ist kein Produkt des Pankreasstoffwechsels[3], entstammt vielmehr, wie Versuche mit radioaktivem Kohlenstoff zeigen, dem Blute[4].

In einer Einzelbeobachtung[5] werden folgende Werte über die Zusammensetzung von menschlichem Pankreassaft (Fistel) angegeben:

Tabelle 101. *Zusammensetzung des Pankreassaftes vom Menschen.*

Tagesmenge	800—1000 cm³
p_H	um 8,6
Spezifisches Gewicht	1,0088
Gehalt an festen Stoffen	1,07 und 1,10%
davon	0,83% Mineralien
Natrium	207 mg-%
Kalium	10,24 mg-%
Calcium	1,41 mg-%
Magnesium	0,17 mg-%
Schwefel	6,7 mg-%
Phosphor	0,2 mg-%
Chlorid	245 mg-%

Spektroskopisch fanden sich Spuren von Kupfer und Zink, eine polarographische Bestimmung der Zinkkonzentration ergab einen Gehalt von $1,295 \cdot 10^{-5}$ mMol/l

Basen	93,62 mMol/l
Säuren	73,213 mMol/l
Kieselsäure	5,15 mg-%

[1] COMFORT, M. W., and A. E. OSTERBERG: Amer. J. digest. Dis. 8, 337 (1941).
[2] HALLENBECK, G. A., M. DWORETZKY and C. F. CODE: Amer. J. Physiol. 162, 115 (1950).
[3] TUCKER, H. F., and E. G. BALL: J. biol. Ch. 139, 71 (1941).
[4] BALL, E. G., H. F. TUCKER, A. K. SOLOMON and B. VENNESLAND: J. biol. Ch. 140, 119 (1941).
[5] TRIA, E., e G. FABRIANI: Atti R. Accad. d'Italia 2, 381 (1941).

Das Pankreassekret enthält Albumine und Globuline[1-3]. Der Gesamteiweißgehalt beträgt beim Hund (Fistelsekret) meist 1,5—3,0 g-% (1—6 g-%)[4]. Die elektrophoretische Trennung ergibt wenigstens 6 Fraktionen, die mit A—F bezeichnet werden. Vom Gesamteiweiß entfallen auf Fraktion A 2%, Fraktion B 25%, Fraktion C 6%, Fraktion D 42%, Fraktion E 15%, Fraktion F 10%. Die proteolytische Aktivität ist an Fraktion B, die Amylasewirkung an Fraktion F und die Lipaseaktivität wahrscheinlich an Fraktion C gebunden[4].

Die kohlenhydrat-, eiweiß- und fettspaltenden *Enzyme* des Pankreassaftes wurden bei der Besprechung des Darmsaftes berücksichtigt.

10. Galle.

Von

K. Hinsberg und F. Bruns.

Durch den Ductus choledochus wird die Gallenflüssigkeit — ein Sekret und Exkret der Leber — in das Duodenum entleert. Zwar ist der Fermentgehalt der Galle für die Verdauungsvorgänge unwesentlich, doch werden mit dem Sekret vor allem für die Verdauung der Fette wichtige Stoffe ausgeschieden. Dazu gesellt sich eine große Anzahl von Substanzen, die über die Gallenwege als Endprodukte verschiedenster Stoffwechsel- und Entgiftungsvorgänge (unter anderem Arzneimittel) den Organismus verlassen. Die von der Leber täglich abgesonderte Gallenmenge beträgt 800 bis 1000 cm³. Lebergalle (hepatische Galle) ist goldgelb bis bräunlich, flüssig und nicht fadenziehend. Die Gefrierpunktserniedrigung liegt bei 0,55—0,57°. Der p_H-Wert beträgt 7,4—7,7, das spezifische Gewicht 1006—1040. Der Schleim (Mucin) wird der Galle erst in den ableitenden Gallenwegen und in der Gallenblase beigemengt. Blasengalle hat eine dunklere Farbe als Lebergalle und ist häufig durch Beimengung von Biliverdin grünlich gefärbt. In der Gallenblase kann durch die sich dort vollziehende Wasserresorption eine Eindickung auf das 20- bis 30fache der Lebergalle erfolgen. Hiernach ist es schwierig, über die Zusammensetzung der Gallenflüssigkeit allgemeingültige Angaben zu machen. Die wichtigsten Bestandteile sind die gallensauren Salze, Bilirubin, Lecithin und Cholesterin.

Eine ausführliche Literaturübersicht über die Zusammensetzung der Galle findet sich bei BIOLATO und GASTALDI[6].

Anorganische Bestandteile. Die Mineralzusammensetzung der Lebergalle ist der des Blutes ähnlich, doch wird in der Gallenflüssigkeit nicht die strenge Isoionie wie im Blute gewahrt. Das wichtigste Anion ist *Chlorid*. In der Lebergalle des Menschen, die mit der Duodenalsonde entnommen wurde, fand DONEDDU[7] einen Chloridgehalt von 0,58—0,67% (als NaCl berechnet; Methode: VOLHARD). Die Choledochusgalle enthielt 0,598—0,615% und die Blasengalle 0,488—0,502%. Der Gehalt der Blasengalle ist also deutlich niedriger. Weiter kommen Hydrogencarbonate und Phosphate vor. Das wichtigste Kation ist

Tabelle 102. *Zusammensetzung der Galle* (nach HAMMARSTEN)[5] in ‰.

	Lebergalle	Blasengalle
Wasser	974,6	839,8
Taurocholate	2,18	19,34
Glykocholate	6,86	67,89
Fettsäuren und Seifen	1,01	10,58
Cholesterin	1,5	8,7
Lecithin	0,65	1,41
Neutralfette	0,61	6,50
Mucin und Farbstoffe	5,15	44,37
Mineralsalze	7,5	5,4

[1] GLAESSNER, K.: H. **40**, 465 (1904).

[2] ELLINGER, A., u. M. COHN: H. **45**, 28 (1905).

[3] WOHLGEMUTH, J.: B. Z. **39**, 302 (1912).

[4] BYRNE, G. M., J. I. PHINNEY, M. SCHACHTER and E. G. YOUNG: J. biol. Ch. **192**, 683 (1951).

[5] HAMMARSTEN, O.: Ergebn. Physiol. **4**, 1 (1905).

[6] BIOLATO, D., e E. GASTALDI: Med. sperim. **9**, 665 (1941).

[7] DONEDDU, C.: Clin. med. ital. **73**, 305 (1942).

Natrium, der Kaliumgehalt der Galle ist niedrig. Der *Calciumgehalt* beträgt wie im Serum etwa 8—11 mg-%. Hinsichtlich der Methodik zur Analyse der Mineralien in der Galle sei auf die üblichen Verfahren verwiesen (s. Bd. III). Calcium verursacht in der Blasengalle häufig eine Trübung, die auf der Bildung von unlöslichem Calciumbilirubinat beruht. *Calciumbestimmung:* RIEGEL und KASINSKAS[1] veraschen deshalb Galle mit einem Salpetersäure/Perchlorsäuregemisch: Zu 1—3 cm³ Galle werden in einem Becherglas von 50 cm³ die doppelte Menge HNO_3 und die gleiche Menge $HClO_4$ gegeben. Von Blasengalle nimmt man 0,5—1,0 cm³ und die 4fache Menge HNO_3 sowie die doppelte Menge $HClO_4$. Es wird bis zur Trockne eingedampft, der Rückstand wird mit 6 cm³ Wasser gelöst. Dann wird mit Ammoniak (Indicator: Neutralrot) neutralisiert und mit 10%iger Essigsäure auf einen p_H-Wert von 4,0—4,5 eingestellt. Schließlich wird das Calcium durch 1 cm³ 4%ige Ammoniumoxalatlösung gefällt und in der üblichen Form bestimmt.

Eine Verminderung der Konzentration wasserlöslicher Salze ist ein allgemeines Charakteristicum der Blasengalle: Die Anionen und Kationen diffundieren während der Wasserresorption dem Konzentrationsgefälle gemäß in die Blutflüssigkeit. Calcium diffundiert wegen der Größe des Calciumions langsamer als Natrium und Kalium. Hierdurch erklärt sich eine geringere Abnahme des Calciumgehaltes in der Blasengalle. Ein Ausfallen von unlöslichem Calciumbilirubinat in der Blasengalle ist unter anderem für die Gallensteinbildung von Bedeutung.

Tabelle 103. *Gallensäuregehalt der Blasengalle* (in %o).

Neugeborene, Frühgeburten	2—10,7
Säuglinge.	1,8—25,7
Kinder (4—7 Jahre). . . .	15,9—54,6
Lebergesunde Erwachsene .	15,4—73,6
Leberkranke Erwachsene. .	2,2—22,7

Organische Bestandteile. Die *Gallensäuren*, welche bei der Emulgierung und Resorption der Fette eine bedeutende biologische Rolle spielen, kommen in der Galle in Form ihrer Alkalisalze vor, in der menschlichen Galle und der Galle des Rindes vor allem als Glykocholate und Taurocholate. Hierbei beträgt der Gehalt der Glykocholate etwas mehr als das 3fache der Taurocholate, doch treten erhebliche, zum Teil nahrungsbedingte Schwankungen auf. Beim Hund (Fleischfresser, Taurin) überwiegen die Taurocholate. Die gallensauren Salze sind in Wasser löslich und krystallisierbar, sie bilden die Hauptmasse der in der Gallenflüssigkeit gelösten Stoffe (Tabelle 102). In das Duodenum werden täglich 5—10 g Gallensäuren ausgeschieden[2]. In der Blasengalle ist die Konzentration der Gallensäuren bei Neugeborenen, leberkranken Erwachsenen sowie beim Säugling besonders niedrig. VENNDT und PLUM[3] geben obenstehende Werte an.

Auch MORRISON[4] gibt an, daß die Feststellung der Gallensalzkonzentration in der Fistelgalle und der Sondengalle ein empfindlicher Indicator für die Leberfunktion ist. Der Autor fand 1800 mg gallensaure Salze in 100 cm³ Fistelgalle bei normalen Versuchspersonen und 740 mg bei leberkranken Patienten. In der gemischten Blasen- und Lebergalle (Duodenalsonde) fand der Autor einen Gehalt von 1200 mg-% bei Normalen, von 800 mg-% bei Leberkranken. Der normale Gehalt der hellen Lebergalle liegt bei 400 mg-%, bei kranken Lebern liegt er weit unterhalb dieses Wertes.

Bei der Untersuchung auf Gallensäuren in biologischem Material muß man darauf achten, daß es verschiedene Gallensäuren gibt. Eine Übersicht über alle vorkommenden Gallensäuren s. Bd. III, Gallensäuren. Diese werden sowohl als freie Gallensäuren als auch in säureamidartiger Bindung an Glykokoll und Taurin (= gepaarte Gallensäuren) angetroffen. Schließlich ist noch auf eine räumliche Isomerie am Kohlenstoffatom 5 Rücksicht zu nehmen. In der menschlichen Galle und der Rindergalle besteht die Hauptmenge der Gallensäuren aus Cholsäure (3,7,12-Trioxycholansäure) und Desoxycholsäure (3,12-Dioxycholansäure). Hierzu gesellt sich in menschlicher Galle noch die

[1] RIEGEL, C., and W. KASINSKAS: J. Lab. clin. Med. 27, 113 (1941).
[2] CHABROL, É.: Presse méd. 1940, 897.
[3] VENNDT, H., u. H. PLUM: Acta med. scand. 111, 396 (1942).
[4] MORRISON, L. M.: Amer. J. digest. Dis. 7, 527 (1940).

Anthropodesoxycholsäure (3,7-Dioxycholansäure). Daneben kommt in geringerer Menge auch Lithocholsäure (3-Monoxycholansäure) vor.

Nachweis:

Gallensäuren geben mit Schwefelsäure-Rohrzucker bzw. Schwefelsäure-Furfurol eine rote Farbe, die sog. PETTENKOFERsche Reaktion. Diese ist sehr empfindlich, noch 0,01 mg Cholsäure lassen sich mit ihr nachweisen. Die Reaktion ist jedoch äußerst unspezifisch und wird von vielen anderen Stoffen gegeben[1, 2]. Trotzdem ist sie häufig als Grundlage einer quantitativen Bestimmung der Gallensäuren benutzt worden.

Bestimmung: a) Nach GRIESSMANN und FALCK[3].

Reagentien:

1. Furfurol, 0,3%ig.   2. H_2SO_4, 45%ig.

Native Galle wird 5-, 10- und 20fach verdünnt; davon gibt man je 1 cm³ in 3 Reagensgläser, dazu 1,0 cm³ 0,3%iges Furfurol und 6 cm³ 45%ige Schwefelsäure. 3 weitere Reagensgläser werden in derselben Weise beschickt, statt Furfurol wird jedoch Wasser zugegeben. Es wird gut gemischt, 30 min bei 65° im Wasserbad erhitzt und abgekühlt. Die Extinktion des roten Farbstoffs wird stufenphotometrisch bestimmt. Hierbei wird für die Messung die günstigste Verdünnung ausgewählt und gegen den entsprechenden Kontrollansatz photometriert. Für Filter S 61 (Schichtdicke 10 mm) beträgt der Faktor 0,0769, für Filter S 59 0,0667. Der Verdünnungsfaktor muß außerdem berücksichtigt werden. Das BEERsche Gesetz gilt bis zu Extinktionen von 1,6—1,8. Fehler: $\pm 2\%$. Unterhalb eines Gallensäuregehaltes von 0,02% wird die Methode ungenau, doch beanspruchen diese Werte kein biologisches und klinisches Interesse. Bei Leberschäden fanden die Autoren Werte bis 0,06% Gallensäure. In der normalen Galle findet sich ein Gehalt von 0,5—2,0% Gallensäure, selten höhere Werte bis 4%.

Die quantitative Bestimmung der Gallensäuren mittels der PETTENKOFERschen Reaktion ist zweifellos problematisch. Entweder müssen die Gallensäuren isoliert oder die Auswertung spektrophotometrisch durchgeführt werden, wie JENKE es vorschlägt[4].

b) Nach ABE[5]: ABE beschreibt eine Reaktion der Gallensäuren mit *Vanillin* in *Phosphorsäure*. Es entsteht eine rote Farbe, die im Stufenphotometer gemessen werden kann. Mit dieser Reaktion ist außerdem eine getrennte Bestimmung von Cholsäure und Desoxycholsäure möglich, da mit 89%iger Phosphorsäure sowohl Cholsäure als auch Desoxycholsäure(E_2) reagieren, während mit 78%iger Phosphorsäure nur die Cholsäure eine Farbe gibt (E_1). Das BEERsche Gesetz gilt. $E_2 - 1,07 \cdot E_1$ ergibt den Extinktionskoeffizienten für die Desoxycholsäure. Der Fehler wird mit maximal —3% bei Zusatzversuchen angegeben. In 100 cm³ Galle werden nebenstehende Mengen gefunden.

Herkunft der Gallen	Cholsäure g	Desoxy-cholsäure g
Kaninchen . .	0,69—0,82	1,88—1,94
Stier	4,0 —7,4	1,6 —1,9
Mensch	0,1 —4,1	0,4 —5,6

c) *Chromatographisch* nach GRIESSMANN und FALCK[3]: Auf eine Säule aus Aluminiumoxyd nach BROCKMANN werden 5 cm³ einer 10%igen Isovaleriansäure in Methanol gesaugt, wodurch die Säule die Fähigkeit erhält, Gallensäure zu adsorbieren. Nun wird die Gallenflüssigkeit eingesaugt. Die Gallensäuren lagern sich im oberen Teil der Säule, direkt unter den Gallenfarbstoffen ab. Sie lassen sich mit 10 cm³ n/10 Sodalösung eluieren, wobei nur sehr wenig Farbstoff mitwandert. Die Gallensäuren befinden sich dann in der Mitte der Säule und können dort mit Furfurol-Schwefelsäure nachgewiesen und auch roh bestimmt werden. Hierbei zeigt sich, daß die Gallensäuren mit dem Furfurolreagens verschiedene Färbungen geben: Cholansäure, Glykocholsäure und Taurocholsäure geben

[1] MYLIUS, F.: H. 11, 492 (1887).

[2] UDRANSKY, L. v.: H. 12, 355 (1888).

[3] GRIESSMANN, H., u. W. FALCK: Kli. Wo. 1948, 52.

[4] JENKE, M.: Kli. Wo. 1939, 317.

[5] ABE, Y.: J. Biochem. 25, 181 (1937). — ABE, Y., and S. H. KAWAGUCHI: J. Biochem. 28, 445 (1938).

eine stahlblaue Farbe, Desoxycholsäure blaßrote bis rotviolette und Lithocholsäure eine schwächere rosa Färbung. Ein ähnliches Adsorptionsverfahren wurde von CRIPPA und MAFFEI[1] angegeben.

d) *Gravimetrisch* nach BREUSCH[2]: Gallensäuren werden mit Alkohol extrahiert. Nach Verdampfen des Alkohols werden aus dem in Wasser gelösten und alkalisierten Rückstand Phosphatide und Cholesterin durch Ausschütteln mit Chloroform entfernt. Die wäßrige Phase wird verseift und angesäuert, wobei die Gallensäuren und Fettsäuren ausfallen und durch Ätherextraktion abgetrennt werden können. Nach Verdampfen des Äthers wird das Gewicht des Rückstandes (Gallensäuren + Fettsäuren) bestimmt. Durch Erhitzen im Hochvakuum werden die Fettsäuren durch Destillation abgetrennt und gewogen. Die Differenz ergibt den Gehalt an Gallensäuren. Ein ähnliches Verfahren hat auch DOMINI[3] angewandt. Der mit dieser Methode ermittelte Gehalt an gallensauren Salzen in der Galle beträgt in Prozenten: Mensch 5,1; Rind 6,46; Kalb 5,0; Schaf 5,66; Schwein 7,20; Meerschweinchen 1,9; Kaninchen 7,5; Huhn 9,5; Katze 7,37; Hund 5,5—8,2.

e) *Polarimetrische* Bestimmung:

Reagentien:

1. KOH, 15%ig.
2. 7 n HCl.

3. Mischung aus 1 Teil Petroläther und 4 Teilen Äther.
4. 7 n NaOH.

Dies ist das brauchbarste Verfahren, wenn mehr als 100 mg vorliegen. Nach JENKE[4] wird Galle mit dem doppelten Volumen Alkohol versetzt und unter öfterem Umschütteln 2 Tage stehengelassen. Es wird abgenutscht und mit Alkohol nachgewaschen. Ein aliquoter Teil des Filtrates wird zur Trockne verdampft, der Rückstand in 25 cm³ 15%iger KOH gelöst und am Rückflußkühler 12 Std lang gekocht. Man spült mit wenig Wasser nach und überführt in einen Scheidetrichter von 250 cm³, anschließend wird 3mal mit Äther extrahiert. Im Äther kann der Cholesteringehalt bestimmt werden. Nach Neutralisation mit 7 n HCl wird in einem 500 cm³-Scheidetrichter 7mal in der folgenden Weise mit Äther oder einem Gemisch von 1 Vol. Petroläther und 4 Vol. Äther ausgeschüttelt. Zunächst gibt man die Gallenflüssigkeit in den Trichter, fügt 100 cm³ Äther zu und schüttelt kräftig. Noch ehe sich die Schichten getrennt haben, wird mit 1 cm³ 7 n HCl angesäuert (Umschlag nach Kongoblau) und sofort kräftig durchgeschüttelt. Durch schnelles Arbeiten kann man das Zusammenballen der Gallensäuren zu harzigen Klumpen vermeiden, deren Extraktion sehr schwierig gelingt. Nach Trennung der Schichten läßt man die wäßrige Flüssigkeit ab, entfernt den Äther und löst die im Scheidetrichter verbliebenen Farbstoff-Gallensäureschmieren mit 1 cm³ 7 n NaOH. Nun werden 100 cm³ Äther und die wäßrige Flüssigkeit zugegeben, es wird wieder gut geschüttelt, mit 1 cm³ 7 n HCl angesäuert, wieder geschüttelt usw.

Die vereinigten Ätherextrakte werden im Vakuum zur Trockne eingedampft und in absolutem Alkohol ad 100,0 cm³ gelöst. Störende Farbstoffbeimengungen bleichen aus, wenn man sie mehrere Tage dem Tageslicht aussetzt.

Berechnung:

$$\text{Gallensäure in \%} = \frac{\alpha \cdot 100}{[\alpha]_D^{20} \cdot l}$$

α = abgelesener Drehwinkel; l = Rohrlänge in Dezimetern.

	$[\alpha]_D^{20}$
Cholsäure	+ 34,96°
Desoxycholsäure	+ 52,02°
Anthropodesoxycholsäure	+ 11,1°
Lithocholsäure	+ 32,14°

[1] CRIPPA, G. B., e S. MAFFEI: Ann. Chim. appl., Roma **31**, 453 (1941).
[2] BREUSCH, F.: H. **227**, 242 (1934).
[3] DOMINI, G.: Arch. Fisiol. **41**, 54 (1941).
[4] JENKE, M.: A. e. P. P. **130**, 280 (1928).

Da in die Berechnung die spezifische Drehung der Gallensäuren eingeht, diese jedoch für die einzelnen Gallensäuren verschieden ist, muß die Zusammensetzung der Galle hinsichtlich der Gallensäuren berücksichtigt werden. In der menschlichen Galle beträgt das Verhältnis Cholsäure zu Desoxycholsäure 3:1, in der Rindergalle bis zu 8:1, beim Hund ist fast ausschließlich Cholsäure vorhanden. Die restlichen Gallensäuren sind in so geringer Konzentration vorhanden, daß ihre Berücksichtigung bei der Berechnung unterbleiben kann.

f) *Bestimmung der Cholsäure* nach Lang und Lueken[1]: Dem Verfahren liegt die Myliussche Jodreaktion der Cholsäure zugrunde. Die Methode erlaubt eine Bestimmung der Cholsäure in Milligramm-Mengen und kann auch bei Anwesenheit der anderen Gallensäuren durchgeführt werden.

Reagentien:

1. KOH, 15%ig.
2. BaCl₂-Lösung, alkalisch. Man mischt 1 Vol. 10%iges BaCl₂ mit 2 Vol. gesättigter Barytlauge.
3. n NH₄OH.
4. n HCl.
5. 0,1 n Jodlösung.
6. KJ, 7,5%ig.
7. MgCl₂, halbgesättigte Lösung.
8. 0,005 n Natriumthiosulfat.

Ausführung:

Eine abgemessene Gallenmenge wird mit dem 3fachen Volumen konzentriertem Alkohol versetzt und unter häufigem Schütteln 48 Std stehengelassen. Es wird filtriert und eine gemessene Menge Filtrat zur Trockne eingedampft. Den Rückstand versetzt man je Kubikzentimeter Galle mit 1 cm³ 15%iger Kalilauge, verdünnt mit Wasser und verseift 12 Std lang im kochenden Wasserbad. Es wird mit soviel Wasser verdünnt, daß 1 cm³ Galle in 20 cm³ Lösung enthalten ist. Nun wird die Flüssigkeit in gut verschlossener Flasche hellem Sonnenlicht ausgesetzt, bis sie ausgebleicht oder nur noch schwach gefärbt ist. Dann gibt man 20 cm³ (= 1 cm³ Galle) in einen Extraktionsapparat mit Glasfilterplatte, setzt die notwendige Wassermenge zu und extrahiert mit Äther. Eine Emulsionsbildung kann man durch gelindes Sieden des Äthers vermeiden. Nach Extraktion des Unverseifbaren (im Ätherextrakt kann Cholesterin bestimmt werden) wird mit Schwefelsäure bis zur kongosauren Reaktion angesäuert und weiter mit frischem Äther extrahiert. Meist genügt eine Extraktionsdauer von 6 Std. Nach Abdampfen des Äthers wird der Rückstand in Wasser unter Zugabe von n Ammoniak gelöst, mit alkalischer Bariumchloridlösung versetzt und in Eiswasser abgekühlt. Setzt sich der Niederschlag gut ab, so wird filtriert, der Filtrierrückstand gut mit Wasser ausgewaschen und Filtrat und Waschwasser auf ein bestimmtes Volumen — je nach der zu erwartenden Gallensäuremenge 10—20 cm³ — aufgefüllt. In ein Zentrifugenglas gibt man 5 cm³ Filtrat, setzt 1 cm³ 7,5%iges Kaliumjodid und 2 cm³ 0,1 n Jodlösung zu und säuert mit 1 cm³ n HCl an. Die Gläser stellt man in Eiswasser.

Bei Gegenwart von Cholsäure entsteht eine massive, dunkle Fällung. Es wird zentrifugiert und der Niederschlag 2mal mit einer halbgesättigten MgCl₂-Lösung ausgewaschen. Der Niederschlag wird dann mit einigen Tropfen Eisessig gelöst, mit Wasser verdünnt und mit Thiosulfat (0,005 n) titriert. 1 cm³ 0,005 n Thiosulfat entspricht 1,02 mg Cholsäure. Die Bestimmung ist bis zu Cholsäuremengen von 0,25 mg brauchbar.

g) *Fluorometrisch* nach Minibeck[2] zur Bestimmung der Gallensäuren in der Duodenalgalle bzw. im Duodenalsaft: *Prinzip:* Hierbei wird die Gallensäure zusammen mit Lipoiden mittels Alkohol extrahiert. Die Farbstoffe werden nach Josephson[3] durch Zusatz von Bariumhydroxyd-Bariumacetat gefällt. Aus dem eingedampften Filtrat können in Gegenwart von Calciumoxyd die Lipoide durch Essigester herausgelöst werden, während die Gallensäuren im Niederschlag verbleiben. Man gewinnt die Gallensäuren durch Lösung

[1] Lang, K., u. B. Lueken: B. Z. **273**, 446 (1934).
[2] Minibeck, H.: B. Z. **297**, 216 (1938).
[3] Josephson, B.: Biochem. J. **29**, 1519 (1935). Kli. Wo. **1939**, 1280.

in Eisessig-Schwefelsäure, hierbei entwickelt sich eine Fluorescenz, die der Verfasser mit einem Apparat, der „Fluoroquant" genannt wird, bestimmt. Ebensogut läßt sich diese für Gallensäure charakteristische und spezifische Fluorescenz nach GIGON und NOVERRAZ[1] mit dem Stufenphotometer bestimmen. Nach MERKELBACH[2] unterscheiden sich die Fluorescenzspektren deutlich voneinander:

Grünfluorescenz des Cholesterin . . . . 470—650 mμ
Grünfluorescenz der Gallensäuren . . . . 500—650 mμ
Rotfluorescenz des Cholesterin (in Chloroform) . . 590—610 mμ
Rotfluorescenz der Gallensäuren . . . . 550—670 mμ

Reagentien:
1. Alkohol, 96%ig.
2. Ba(OH)$_2$, gesättigte Lösung, welche auf je 100 cm^3 Lösung 0,4 g Bariumacetat enthält.
3. Aufschwemmung von 3 g feinstpulverisiertem Calciumoxyd in 90 cm^3 Essigester Die Suspension ist vor Gebrauch zu schütteln.
4. Essigester.
5. Eisessig, 10%ig in Schwefelsäure.

Ausführung:
0,2 cm^3 Duodenalsaft werden mit 9,3 cm^3 Alkohol und 0,5 cm^3 Barytlauge [gesättigte Lösung von Ba(OH)$_2$, welche auf 100 cm^3 0,4 g Bariumacetat enthält] zum Kochen erhitzt, abgekühlt und mit Alkohol auf 10 cm^3 aufgefüllt. 3 cm^3 Filtrat werden mit 4 cm^3 Essigester und 1 cm^3 Calciumoxydaufschwemmung 2 min im Wasserbad auf 90° erhitzt, zentrifugiert und anschließend nach der von MINIBECK[3] für die Bestimmung der Gallensäuren im Blut bzw. Serum beschriebenen Methode weiterbehandelt (s. S. 130).

h) *Stalagmometrisch:* Man hat sich lange Zeit bemüht, eine Beziehung zwischen der Oberflächenspannung der Galle und ihrem Gehalt an gallensauren Salzen aufzufinden, da mit steigender Konzentration von in destilliertem Wasser gelösten Gallensäuren die Oberflächenspannung abnimmt (Regel von DOUMER). Doch zeigte sich, daß zwar die Oberflächenspannung der Gallen verschiedenster Tierarten nur wenig variiert, daß aber der Gehalt an Gallensäuren sehr verschieden sein kann. Dies tritt besonders bei einem Vergleich der Kaninchen- und Meerschweinchengalle hervor: Kaninchengalle besitzt bei einem Cholatgehalt von 7,5% eine Oberflächenspannung von 41,2 dyn/cm^2, Meerschweinchengalle bei einem Cholatgehalt von nur 1,9% eine Oberflächenspannung von 44,5 dyn/cm^2. MORRISON und SWALM[4] konnten jedoch zeigen, daß auch in Elektrolytlösungen (Urin, Galle) eine Proportionalität zwischen der Konzentration der gallensauren Salze und der Oberflächenspannung besteht, wenn der p$_H$-Wert 2 beträgt. Die Werte für die Oberflächenspannung liegen dann auf der Standardkurve der reinen Lösungen gallensaurer Salze. Durch Bestimmung der Oberflächenspannung vor und nach Zusatz von Tierkohle, welche gallensaure Salze beinahe vollständig adsorbiert, zum Substrat, und Einzeichnung der erhaltenen Werte auf eine Natriumglykocholatstandardkurve läßt sich die Menge der vorhandenen gallensauren Salze aus der Differenz der beiden Werte exakt bestimmen. Die Verfasser halten die Tierkohleadsorption, zumal für klinische Zwecke, für überflüssig, da bei einem genau auf p$_H$ 2 gebrachten Material praktisch die gesamte anwesende Gallensäuremenge stalagmometrisch bestimmt werden kann. Zur Einstellung des p$_H$-Wertes genügt eine konzentrierte Salzsäurelösung.

AHRENS und CRAIG[5] verwenden die Gegenstromverteilung bei der Extraktion der Gallensäuren. Die Autoren beschreiben ein Verfahren zur Trennung der Taurocholsäuren von den Glykocholsäuren sowie zur Trennung dieser beiden Gemische in die

[1] GIGON, A., u. M. NOVERRAZ: Schweiz. Med. Wschr. 70, 464 (1940).
[2] MERKELBACH, O.: Helv. med. Acta 10, 67 (1943).
[3] MINIBECK, H.: B. Z. 297, 29 (1938).
[4] MORRISON, L. M., and W. A. SWALM: J. Lab. clin. Med. 25, 739 (1940).
[5] AHRENS, E. H., and L. C. CRAIG: J. biol. Ch. 195, 299, 763 (1952).

einzelnen Säuren. In der Ochsengalle wurden mit dieser Methode 2 Taurocholsäuren und 5 Glykocholsäuren nachgewiesen (Verhältnis = 5:1). Freie Gallensäuren kommen nicht vor.

Gallenfarbstoffe. In der Galle von Leichen finden sich vor allem Bilirubin, Biliverdin und Urobilinogen (Urobilin). Durch fermentative Reduktion, wobei wahrscheinlich das Reticuloendothel der Leber eine bestimmende Rolle spielt, entsteht aus Bilirubin über Mesobilirubin Urobilinogen[1]. Die Reduktion kann auch chemisch erfolgen. Auf der anderen Seite bildet sich Stercobilinogen (Stercobilin) durch enterale, bakterielle Reduktionsprozesse. Letzteres kann durch chemische Reduktion nicht erhalten werden. Urobilin läßt sich mit Eisenchlorid-Salzsäure zu 2 isomeren Farbstoffen, dem violetten Mesobiliviolin und dem roten Mesobilirhodin, dehydrieren; Stercobilin, welches in der Galle nicht vorkommt, bildet mit Eisenchlorid-Salzsäure ein braun-gelbes Komplexsalz. Durch die gleiche Reaktion läßt sich fernerhin eine Vorstufe von Urobilin, Mesobilirubin, in das blaue Glaukobilin überführen[2-5]. BAUMGÄRTEL[6] hat hierauf die Mesobiliviolinreaktion aufgebaut. Am Ende dieser Reaktion liegt ein Chloroformauszug der Reaktionslösung vor, in dem die Dehydrierungsprodukte fast nie rein vorkommen, sondern eine Mischung von tiefblau über rotviolett nach rot, gelb und grün gefärbten Produkten darstellen. EISENREICH hat die einzelnen Komponenten mikrochromatographisch getrennt[7]: 2,5 mm weite mit einer 3 cm hohen Säule aus grobem Talkum gefüllte Glasröhren werden zur Trennung der in gleichen Teilen Äther und Chloroform gelösten Farbstoffe verwandt. Eine Entwicklung des Chromatogramms ist nicht möglich, jedoch sind die einzelnen, sehr scharfen Farbringe gut zu beobachten. Mit Hilfe dieser Methode wurde festgestellt, daß Blasengalle neben Biliverdin und Bilirubin nur Urobilinogen (Urobilin). jedoch kein Stercobilinogen (Stercobilin) enthält. Da Lebergalle immer urobilinogenfrei ist, Blasengalle aber immer Urobilinogen enthält, muß dieses durch Reduktionsvorgänge im Verlauf der physiologischen Stauung in den Gallenwegen aus Bilirubin entstehen. Dementsprechend enthält Normalgalle immer Mesobilirubin als Zwischenstufe der Reduktion, ferner findet sich bei Cholecystektomierten je nach Funktionstüchtigkeit des Sphincter Oddi, d. h. nach der Abflußgeschwindigkeit, eine wechselnde Mesobilirubin- oder Urobilinogenmenge in der Galle. Aus diesem Grunde sind auch die Topik der extrahepatischen Gallenwege sowie die Konsistenz der Galle selbst von Bedeutung für den Urobilinogengehalt der Galle. Das bilirubinreduzierende Ferment ist bereits in der Lebergalle enthalten, es ist hitzelabil[8]. In der Rindergalle fehlt es, wodurch sich die grüne Farbe der Herbivorengalle (Biliverdin) erklärt. Bei stärkster Gallenstauung dürfte eine Störung der Bildung jenes gallenfarbstoffreduzierenden Fermentes eintreten, wodurch der Abbau auf der Biliverdinstufe stehenbleibt und infolgedessen eine grüne Galle, Biliverdin im Urin und ein „Verdinikterus" auftreten. Schweine- und Hundegalle enthält viel Mesobilirubin im Verhältnis zur Menschengalle[9]. Die Ursache dürfte die langsame Gallenströmung bei diesen Tieren sein, welche auf den topographischen Verhältnissen des Gallengangsystems beruht und zu einer umfangreicheren Bilirubinreduktion führt.

Eine quantitative Bestimmung von Bilirubin in der Galle ist wegen der Anwesenheit von Biliverdin und Urobilin schwierig. Eine auf der Diazoreaktion beruhende Methode für die Galle haben ENRIQUES und SIVÓ[10] angegeben. HERZFELD[11] hat versucht, die Konzentration an Bilirubin durch eine einfache Verdünnungsreihe und die HAMMARSTENsche

[1] BAUMGÄRTEL, T.: Med. Mschr. 1948, 418.

[2] FISCHER, H., u. G. NIEMANN: H. 137, 293 (1924).

[3] HOESCH, K.: B. Z. 167, 110 (1925).

[4] LEMBERG, R.: Nature 134, 422 (1934).

[5] FISCHER, H., H. HALBACH u. A. STERN: A. 519, 254 (1935).

[6] BAUMGÄRTEL, T.: Kli. Wo. 1943, 92, 297, 416, 457.

[7] EISENREICH, F.: Kli. Wo. 1948, 474.

[8] BAUMGÄRTEL, T.: Kli. Wo. 1949, 27.

[9] BAUMGÄRTEL, T.: Med. Mschr. 1949, 675.

[10] ENRIQUES, E., u. R. SIVÓ: B. Z. 169, 152 (1926).

[11] HERZFELD, E.: B. Z. 251, 394 (1931).

Reaktion zu erfassen. Eine weitere Methode ist von Varela, Recarte und Rubino[1] angegeben worden. Die Zuverlässigkeit der mit diesen Methoden gewonnenen Ergebnisse konnte jedoch bisher nicht überzeugen.

Bestimmung des Bilirubingehaltes im Duodenalsaft s. S. 158 und 385.

In der Galle sind bisher auch Koproporphyrin und vielleicht Mesoporphyrin gefunden worden, jedoch nie Protoporphyrin. Kaninchengalle enthält Koproporphyrin, Hundegalle keines oder sehr wenig. Bei Bleivergiftung wird auch Protoporphyrin in der Galle gefunden. Die Ochsengalle enthält Porphyrine, die aus dem Chlorophyll entstanden sind, z. B. Phylloporphyrin und Phylloerythrin. Beim Menschen findet man nur sehr wenig Phylloerythrin in der Galle, größere Mengen in den Faeces. Literatur bei Lemberg und Legge[2].

Mucin. In der Gallenblase und weniger stark in den abführenden Gallenwegen wird durch die Sekretion des Wandepithels Mucin abgesondert. Der Mucingehalt der Galle scheint altersabhängig zu sein. Kotsovsky[3] fand z. B. bei jungen Rindern eine dünnflüssige, mucinarme Galle, bei älteren Tieren hingegen eine mucinreiche, stärker viscöse Galle.

Bestimmung: Galle wird mit dem 5fachen Volumen absolutem Äthylalkohol gefällt. Nach Zentrifugieren und Waschen der Mucinflocken mit verdünnter Essigsäure wird bei 100° getrocknet und gewogen (s. a. S. 366). Domini[4] gibt folgende mit der angeführten Methode gewonnenen Werte wieder:

Tabelle 104. *Mucingehalt der Galle* (in %).

Mensch	0,44	Meerschweinchen	0,13
Rind	0,46	Kaninchen	0,3
Kalb	0,59	Huhn	1,0
Schaf	0,18	Katze	1,5
Schwein	0,46	Hund	0,3—0,87

Kohlenhydrate und Milchsäure. Galle enthält *Zucker* und *Proteinzucker*[5]. Beim Diabetes mellitus ist der Zuckergehalt der Galle erhöht. Doch muß berücksichtigt werden, daß der Zuckergehalt vom Eindickungsgrad der Galle abhängig ist. Hata[6] fand bei Gallenfistelhunden vom Eindickungsgrad abhängige Schwankungen zwischen 130 und 451 mg-%, meist lag der Gehalt unter 300 mg-%. Nach der Nahrungsaufnahme sinkt der Zuckergehalt.

Weiterhin enthält Galle immer *Milchsäure*, deren Menge mit dem Zuckergehalt gleichsinnig zu- oder abnimmt. In der eingedickten Galle beträgt die Konzentration 13,8 bis 48 mg-%, meist unter 30 mg-%. Es muß beachtet werden, daß Galle möglicherweise ein komplettes glykolytisches Enzymsystem besitzt: beim Stehen (Zimmertemperatur) nimmt der Zuckergehalt ab, nach 4 Std um 20%, nach 7 Std um 50%. Gleichzeitig nimmt die Milchsäurekonzentration zu. Erwärmung der Galle (30 min, 70°) oder Zusatz von 0,02% Natriumfluorid verhindert die Abnahme des Zuckergehaltes. Fehler durch Anwesenheit von Erythrocyten, Granulocyten oder Lymphocyten wurden ausgeschlossen.

Alkohol. Der Alkoholgehalt der Galle entspricht dem des Blutes (0,03⁰/₀₀). Nach Injektion von 20 cm³ 33%iger Alkohollösung steigt der Wert im Blute sofort auf 0,22 bis 0,48⁰/₀₀, in der Galle auf 0,1—0,45⁰/₀₀. Bei Leberkranken (Cirrhose) sind die Alkoholwerte der Galle niedriger als im Blute, auch die Ausscheidung von Alkohol mit der Galle ist dann verzögert[7].

Lipoide, Fette, Fettsäuren. Den Lipoiden der Galle wird gleich den Gallensäuren eine bedeutende physiologische Rolle zugesprochen. Fürth und Mitarbeiter[8] fanden, daß

[1] Varela, B., P. Recarte et P. Rubino: C. R. Soc. Biol. 115, 1661 (1934).
[2] Lemberg, R., and J. W. Legge: Hematin Compounds and Bile Pigments. New York, London 1949.
[3] Kotsovsky, D.: Wien. klin. Wschr. 1942, 269.
[4] Domini, G.: Arch. Fisiol. 41, 54 (1941).
[5] Biolato, D., e E. Gastaldi: Med. sperim. 9, 665 (1941).
[6] Hata, M.: Mitt. med. Akad. Kioto 30, 279 (1940); 31, 373 (1941).
[7] Teggia, L.: Boll. Soc. ital. Biol. sperim. 17, 445, 447 (1942).
[8] Fürth, O., u. H. Minibeck: B. Z. 237, 139 (1931).—Fürth, O., u. R. Scholl: B. Z. 222, 430 (1930).

Galle bei der Fettresorption wirkungsvoller ist als Gallensäuren allein. Weiterhin besitzen Lecithin und gallensaure Salze zusammen in Chloroformextrakten eine wesentlich größere Fähigkeit, Cholesterin in Lösung zu halten, als die Gallensäuren. Möglicherweise ist ein Lecithin-Gallensäure-Komplex ein wesentlicher Faktor, der die Löslichkeit von Cholesterin in vivo beeinflußt.

Exakte Daten über den Lipoidgehalt der Galle sind jedoch sehr spärlich und wenig einheitlich. Dies liegt vor allem an analytischen Schwierigkeiten. Die meisten Untersucher benutzten die alte Methode von HOPPE-SEYLER. Diesem Verfahren haften jedoch viele Mängel an. Wie schon HAMMARSTEN[1] fand, ist es unmöglich, die Phospholipoide im alkoholischen Extrakt durch Äther von den gallensauren Salzen zu trennen. Ein großer Teil der Phospholipoide wird mit den Gallensäuren gefällt, ein anderer Teil bleibt im Alkohol-Äther-Extrakt in Lösung. Hierdurch erklären sich die in der Literatur beschriebenen niedrigen Lecithinwerte der Galle. Auf Grund von negativen Acroleinanalysen in Alkohol-Äther-Extrakten verneinen JONES und SHERBERG[2] sogar das Vorkommen von Phospholipoiden in der Galle vom Ochsen, Hund und Schwein. Hinzu kommt, daß sich gallensaure Salze und Lecithin in Gegenwart von Wasser in unkontrollierbarer Weise zwischen dem durch Äther gefällten Anteil und der flüssigen Phase verteilen. Schließlich fanden JOHNSTON, IRVIN und WALTON[3], daß Lecithin der Galle sogar bei 0° sehr schnell unter Freiwerden von Cholin gespalten wird (Leichengalle). Diese Schwierigkeiten hat ISAKSSON[4] durch ein neues Extraktionsverfahren ausgeschaltet.

Bestimmung der Lipoide in der Galle nach ISAKSSON[4]. Blasengalle wird vom Patienten während der Operation durch Punktion der Gallenblase entnommen. Die wiedergegebenen Daten betreffen nur Patienten mit gesunder Leber und Gallenblase und gesundem Gallengangsystem. Die Galle wird sofort eingefroren und bei —15° gehalten. Der Lipoidgehalt unterliegt dann auch nach einem Monat Aufbewahrung keinen Schwankungen. Gefrorene Galle wird im Vakuum eingedampft; es bleibt ein feiner puderartiger Rückstand zurück, den man leicht extrahieren kann. Absolute Trockenheit ist wesentlich; bei Benutzung flüssiger Galle ist der Rückstand meist klebrig-fest und schwer extrahierbar. Eine Hydrolyse von Lecithin findet während des Trocknens nicht statt.

Extraktion des Trockenrückstandes: 100—250 mg getrocknete Galle (entsprechend 0,5—2,0 cm³ frischer Galle) werden gewogen, in einen Glastiegel mit Sinterplatte überführt und in einem 1000 cm³ fassenden Kolben, der mit einem Rückflußkühler verbunden ist, befestigt. Zuerst wird mit 100 cm³ wasserfreiem Äther extrahiert (Wasserbad 35—50°). Der Äther, der absolut farblos sein muß, wird nun durch 100 cm³ wasserfreies Chloroform ersetzt (Wasserbad 60—70°). Schließlich wird mit absolutem Alkohol extrahiert, der die gefärbten Bestandteile aufnimmt. Die Dauer einer jeden Extraktion soll 1 Std betragen. Nach der 3. Extraktion wird der Tiegel im Vakuum über P_2O_5 getrocknet und gewogen. — Die 3 Extrakte werden getrennt im Vakuum bis zur Trockne eingedampft, der Rückstand wird in einer kleineren Menge des gleichen Lösungsmittels aufgenommen.

Nun schließen sich die gebräuchlichen analytischen Methoden an. Die unten wiedergegebenen Werte wurden mit folgenden Verfahren ermittelt. Phosphor: Gesamt-P nach FISKE-SUBBAROW[5] in der Modifikation von TEORELL[6] und BRANTE[7], alkalihydrolysierbarer P nach BRANTE[7]. Cholin: Nach BRANTE[7] oder HACK[8]. Cholesterin: Nach SCHOEN-

[1] HAMMARSTEN, O.: Ergebn. Physiol. 4, 1 (1905).
[2] JONES, K. K., and R. O. SHERBERG: Proc. Soc. exp. Biol. Med. 35, 535 (1937).
[3] JOHNSTON, C. G., J. L. IRVIN and C. WALTON: J. biol. Ch. 131, 425 (1939).
[4] ISAKSSON, B.: Acta Soc. Med. upsal. 56, 177 (1952).
[5] FISKE, C. H., and Y. SUBBAROW: J. biol. Ch. 66, 375 (1925).
[6] TEORELL, T.: B. Z. 230, 1; 232, 485 (1931).
[7] BRANTE, G.: Acta physiol. scand. 18, Suppl. 63 (1949).
[8] HACK, M. H.: J. biol. Ch. 169, 137 (1947).

HEIMER-SPERRY[1]. Cholsäure: Nach IRVIN, JOHNSTON und KOPALA[2]. Freie Fettsäuren (nur im Ätherextrakt): Eine alkoholische Lösung des Extraktes wird direkt mit NaOH titriert. Gesamtfettsäuren: Nach MCCLURE, HUNTSINGER und BLOOMBERG[3]. Nach Verseifung mit NaOH werden die Fettsäuren durch genügend HCl freigesetzt und 5mal mit heißem Benzol extrahiert. Die Benzolextrakte werden zur Trockne eingedampft, der Rückstand wird 6mal mit heißem Petroläther extrahiert, dieser enthält dann die Fettsäuren, welche nach Aufnahme in Alkohol durch Titration mit NaOH bestimmt werden. Zu einer Analyse gehört schließlich noch das Wägen des Rückstandes der Extrakte (besonders des Chloroformextraktes) und des unlöslichen Rückstandes.

Der alkoholische Extrakt enthält keine Lipoide, keinen Phosphor und nach alkalischer Hydrolyse keine Fettsäuren. Phospholipoide sind ausschließlich im Chloroformextrakt, die anderen Lipoide und Fette (Cholesterin, Neutralfett, freie Fettsäuren) ausschließlich im Ätherextrakt enthalten.

Die gleichen Verhältnisse gelten für Galle von Mensch, Hund, Kuh und Kalb. Doch geht bei tierischer Galle Cholesterin in sämtliche Extrakte über. Bei der Galle des Schweines und des Schafes finden sich dazu Phosphor und Cholin in sämtlichen Extrakten. Die Konzentration der Lipoide wird in Prozenten der Trockensubstanz angegeben.

Phospholipoide: Etwa 25% der gelösten Stoffe in der Galle sind Lipoide, davon allein 80% Lecithin, welches damit rund 20% des Trockenrückstandes der Blasengalle ausmacht. Dies entspricht einem Gehalt von 1,16—5,33% (Mittelwert: 3,1%) und damit dem 10fachen Gehalt des Blutes. Cholin liegt ausschließlich gebunden in Lecithin vor (WORM[4], JOHNSTON und Mitarbeiter[5]). Doch fanden diese Autoren niedrigere Lecithinwerte (1,0—1,6% bzw. 1,2%). Das Verhältnis Lipoidphosphor : Lipoidcholin beträgt 1,0; es liegen also alle Phospholipoide der Galle als Cholinphospholipoide vor. Hierfür spricht auch, daß der gesamte Phosphor und das gesamte Cholin der Chloroformextrakte nach BLOOR[6] mit Aceton-$MgCl_2$ gefällt werden können. Da die gesamte Phosphorsäure des Extraktes durch KOH freigesetzt wird, kann *Sphingomyelin* nur in Spuren vorliegen. Demnach wäre Lecithin das einzige Phospholipoid zumindest der menschlichen Galle. Darüber hinaus entfällt in den Chloroformextrakten die Gesamtmenge der Fettsäuren auf Lecithin. Bei der Bewertung der Befunde von HAMMARSTEN[7] über das Vorkommen von Sphingomyelin in der Galle ist zu bedenken, daß sich die Untersuchungen auf die sehr lipoidreiche Galle des Eisbären beziehen und daß es sehr schwierig ist, die Menge Sphingomyelin auf Grund des P:N-Verhältnisses zu bestimmen, da man Diaminophosphatide nur sehr schwer von stickstoffhaltigen Verunreinigungen trennen kann. — In der Galle ist Lecithin wahrscheinlich an Gallensäuren gebunden (3 Moleküle Gallensäure mit einem Molekül Lecithin). Hierfür sprechen folgende Befunde: Nach dem Abdampfen von Chloroform ist der Rückstand vollkommen unlöslich in Äther, Petroläther und Benzol, während reines Lecithin in diesen Lösungsmitteln leicht löslich ist. Andererseits löst sich der Rückstand gut und klar in Wasser, während reines Lecithin in Wasser unter Bildung einer opalescierenden kolloidalen Lösung nur sehr schwer löslich ist. Erst nach Behandlung mit Säure oder Alkali wird ein Teil durch Äther, Petroläther oder Benzol extrahierbar. Nach längerem Kochen des Chloroformextraktes erscheint ein Niederschlag, der ausschließlich aus gallensauren Salzen besteht.

Der Chloroformextrakt enthält außer gallensauren Salzen und Lecithin nur sehr wenig andere Substanzen, vor allem fehlen andere Lipoide, Eiweißkörper und anorganische

[1] SPERRY, W. M.: The Schoenheimer-Sperry Method for the Determination of Cholesterol. New York 1945.

[2] IRVIN, J. L., C. G. JOHNSTON and J. KOPALA: J. biol. Ch. **153**, 439 (1944).

[3] MCCLURE, C. W., M. E. HUNTSINGER and E. BLOOMBERG: New Engl. J. Med. **204**, 764 (1931).

[4] WORM, M.: H. **257**, 140 (1939).

[5] JOHNSTON, C. G., J. L. IRVIN and C. WALTON: J. biol. Ch. **131**, 425 (1939).

[6] BLOOR, W. R.: Biochemistry of the Fatty Acids. S. 46. New York 1943.

[7] HAMMARSTEN, O.: Ergebn. Physiol. **4**, 1 (1905).

Salze. Bilirubin kommt nur in Spuren vor. Gallensäuren sind ausschließlich im Chloroformextrakt enthalten.

Cholesterin: In der Galle kommt nur freies Cholesterin vor, der Gehalt beträgt 2,5 bis 5,2% des Trockenrückstandes. Die Gesamtmenge geht in den Ätherextrakt über. Bestimmung wie im Blute, doch ist es ratsam (s. S. 116), zuvor die Gallenfarbstoffe durch Fällung mit Bariumchlorid zu entfernen, wenn man als Untersuchungsmaterial native Galle benutzt. Speziell die Gallensäuren stören die Bestimmung mit den gebräuchlichen Mikromethoden, wie FOLDES[1] gezeigt hat. Eine kritische Übersicht über die verschiedenen Methoden findet sich bei HINSBERG und LANG[2].

Freie Fettsäuren und Neutralfette können gleichfalls im Ätherextrakt bestimmt werden. Die freien Fettsäuren machen 1—2% des Trockenrückstandes aus. Möglicherweise entstammen sie teilweise dem wenig stabilen Lecithin. Aus diesem Grunde müssen Angaben über einen höheren Gehalt mit Vorsicht aufgenommen werden. Auch der Gehalt an Neutralfett (0,7—2,0% der Trockensubstanz) ist gering. Da diese Werte errechnet sind (Trockenrückstand des Ätherextraktes minus Cholesterin minus freie Fettsäuren), dürfte der wahre Wert noch niedriger liegen. CHABROL und CHARONNAT[3] haben Fettsäuren mit der sog. Sulfo-Phospho-Vanillinreaktion nachgewiesen. Die Autoren schreiben dem Fettsäuregehalt der Galle eine klinisch-diagnostische Bedeutung zu.

Eine Vielzahl von Stoffen wurde in der Galle meist qualitativ nachgewiesen oder auch aus größeren Mengen Gallenflüssigkeit isoliert. Hierher gehört *Kreatinin*[4], welches in einer Menge von 1,28 g als Pikrat aus 28 Liter Schweinegalle isoliert wurde. Über eine Ausscheidung von Aminen in die Galle berichten LOEPER und LESURE[5]: Choledochusgalle enthält 10—13 mg-% *Tyramin*, die Blasengalle hat einen Gehalt von 14 mg-% Tyramin. In wesentlich geringeren Mengen wurde auch *Histamin* nachgewiesen. SAKAI[6] isolierte *Phenole* aus Kaninchengalle: Bei der Isolierung nach TISDALL werden Phenole und aromatische Oxysäuren durch Äther aus dem FOLIN-WU-Filtrat ausgeschüttelt und durch Soda getrennt. Es wurden die Farbreaktion von

MILLON, WEISS und FOLIN,	Empfindlichkeit 1:400000,
die Xanthoproteinreaktion	Empfindlichkeit 1:200000,
und die Bromwasserreaktion	Empfindlichkeit 1:20000

benutzt. Mit Hilfe dieser Verfahren konnte in Kaninchengalle immer freies und gebundenes Phenol nachgewiesen werden.

Viele *Pharmaka* werden durch die Galle ausgeschieden und sind in der Gallenflüssigkeit nachgewiesen worden, z. B. Salicylate[7].

Vitamine, Fermente, Hormone. Die *Vitamine A, C und D* sowie einige *B-Vitamine* wurden in der Galle nachgewiesen. Von den Fermenten sind *Phosphatasen* und *Amylase* erwähnenswert. Proteolytische und lipolytische Fermente kommen in der Gallenflüssigkeit praktisch nicht vor. Von den Hormonen werden *Oestrogene*[8] in die Galle ausgeschieden. Bei Gallenfistelhunden konnten in der unbehandelten Galle (ALLEN-DOISY-Test) 15—35% der biologischen Aktivität von injiziertem Oestron wiedergefunden werden, Urin und Faeces enthielten wesentlich kleinere Mengen. Ein Teil vom Oestron wird in der Galle als α-Oestradiol wiedergefunden. Weiterhin wird *Thyroxin* ausgeschieden. Literatur findet sich bei BIOLATO und GASTALDI[9].

[1] FOLDES, F. F.: J. Lab. clin. Med. 28, 1889 (1943).
[2] Hinsberg-Lang 2. Aufl. S. 245.
[3] CHABROL, É., et R. CHARONNAT: Presse méd. 1937, 96; 1940, 177. — CHABROL, É., R. CHARONNAT et J. BLANCHARD: Presse méd. 1941, 141, 401.
[4] MÜLLER, E.: Z. Biol. 100, 81 (1940).
[5] LOEPER, M., et A. LESURE: C. R. Soc. Biol. 131, 1008 (1939).
[6] SAKAI, K.: Jap. J. Gastroenterol. 12, 8 (1940).
[7] STEENEBRÜGGEN, A. C.: Acta biol. belg. 2, 255 (1942).
[8] PEARLMAN, W. H., A. E. RAKOFF, K. E. PASCHKIS, A. CANTAROW and A. A. WALKLING: J. biol. Ch. 173, 175 (1948).
[9] BIOLATO, D., e E. GASTALDI: Med. sperim. 9, 665 (1941).

11. Faeces.
Von
K. Hinsberg, H. D. Cremer und G. Schmid.

a) Sammeln von Faeces für Stoffwechselversuche, Vorbereitung für die chemische Analyse.

Bei Stoffwechselversuchen ist es im allgemeinen eine der Hauptaufgaben, die Menge der aufgenommenen Nahrung und ihre Ausnutzung zu bestimmen. Dabei ergibt sich der Grad der Ausnutzung aus einem Vergleich der in der Nahrung enthaltenen Bestandteile mit dem in den entsprechenden Kotpartien ausgeschiedenen. Allerdings muß man sich darüber klar sein, daß die im Kot gefundenen Substanzen, z. B. Fett, stickstoffhaltige Verbindungen, viele Mineralien, in der Regel nicht unausgenutzte Nahrungsbestandteile sind; die „wirkliche" Ausnutzung der meisten Nahrungsmittel ist vielmehr eine sehr gute, oft sogar vollständige. Doch werden, namentlich in den unteren Darmabschnitten, mehr oder weniger hochwertige Substanzen der obengenannten Art wieder in den Darm ausgeschieden. Die Abgabe dieser Stoffe wie z. B. eiweißhaltiger Darmsekrete, Fett, Calcium und anderer Salze, wie auch der Stoffbedarf für das Wachstum der Darmbakterien, stellen für den Körper einen Verlust dar, der in Abhängigkeit von der aufgenommenen Nahrung recht unterschiedlich sein kann. Ein Vergleich zwischen Nahrung und Kot gibt somit nicht die „wahre", vielmehr die „scheinbare" Ausnutzung an. Doch ist dieser Wert für Stoffwechsel- und Ausnutzungsversuche der wirklich maßgebende. So sinkt bei Verzehr ballastreicher Nahrungsmittel die scheinbare Stickstoffausnutzung, weil die hier zur Verdauung benötigten großen Mengen an Darmsekreten den Verlust an hochwertigem Sekret-N größer werden lassen als bei anderen Nahrungsmitteln mit besserer „scheinbarer" Ausnutzung.

Um einen Vergleich zwischen den mit der Nahrung aufgenommenen und im Kot ausgeschiedenen Stoffen ziehen zu können, muß man beurteilen können, welche Kotpartien der in der Zeiteinheit aufgenommenen Nahrung entsprechen. Weiterhin muß man den Kot so gewinnen und für die Analyse vorbereiten, daß die in ihm ausgeschiedenen Bestandteile nicht vor der Analyse einem weiteren Abbau unterliegen.

Sammeln der Faeces. Zur Abgrenzung der in bestimmten Versuchsabschnitten entleerten Kotpartien hat man folgende Möglichkeiten:

1. Abgrenzung nach der Zeit. Hierbei ergeben sich die geringsten Fehlermöglichkeiten, wenn man die Versuchsperioden auf 1—2 Wochen bemißt. Vor allem bedingt bei so langer Versuchsdauer eine zu große oder zu kleine Kotentleerung bei Beginn oder am Schluß der Sammelperiode keinen das Versuchsergebnis wesentlich beeinträchtigenden Fehler. Andererseits sind so lange Sammelperioden verhältnismäßig umständlich, so daß man sie gern vermeidet. Bei kürzeren Sammelperioden kann man die bestimmten Versuchstagen entsprechenden Kotmengen dadurch definieren, daß man am Abend vor dem ersten Sammeltage ein leichtes, lediglich die Dickdarmperistaltik anregendes Abführmittel verabreicht und die am nächsten Morgen unter der Wirkung dieses Mittels entleerte Kotportion noch verwirft. Der an den vorgesehenen Sammeltagen entleerte Kot wird aufgefangen. Am letzten Sammeltage wird ebenfalls wieder ein leichtes Abführmittel gegeben und die darauf am nächsten Morgen entleerte Kotportion noch zu dem zu sammelnden Kot gegeben. Eine solche nahezu physiologisch anmutende Maßnahme hat sich bei einer Reihe von Ausnutzungsversuchen an Menschen bestens bewährt und zu guten Ergebnissen geführt[1].

2. Abgrenzung durch Farbstoffe. Hierbei ist in erster Linie Carmin verwandt worden. Eine Reihe von Punkten stellen jedoch die Eignung von Carmin in Frage: Wenn auch Carmin als unresorbierbar gilt, so ist man doch nicht völlig sicher, ob nicht doch Spuren des Farbstoffes aufgenommen werden und dann zu unkontrollierbaren Gesundheits-

[1] Cremer, H. D., u. K. Lang: B. Z. **320**, 284 (1950). — Cremer, H. D., K. Lang, I. Hubbe u. U. Kulik: B. Z. **322**, 58 (1951).

störungen führen könnten. Dies ist besonders bei Versuchen an Menschen zu erwägen. Weiterhin bestehen folgende Nachteile: Der Farbstoff, der im allgemeinen in einer sich im Magen oder Darm auflösenden Kapsel gegeben wird, bleibt bisweilen während der gesamten Darmpassage auf so engem Raum, daß er in Kotballen eingeschlossen und nicht oder nur undeutlich an der Oberfläche erkennbar sein kann.

Weiterhin erscheint die Markierung keineswegs immer am Beginn oder am Schluß einer Kotportion, auch wenn man den Farbstoff morgens nüchtern verabreicht. Wenn daher der Kot nicht geformt entleert wird, ist eine Aufteilung der Kotportion in die vor und hinter der Markierung liegenden Anteile nicht möglich. Schließlich besteht die Möglichkeit, daß der Farbstoff nicht nur nicht auf engem Raum beschränkt bleibt, sondern sich infolge lebhafter Durchmischung des Darminhalts über weite Kotpartien hin verteilt. Dann ist eine Abgrenzung überhaupt unmöglich. Die gleiche Schwierigkeit besteht, wenn man etwa ein leichtes Abführmittel (Phenolphthalein, Isticin o. a.) gleichzeitig als Markierungsmittel benutzen will, indem man entweder die UV-Fluorescenz des letzteren oder die durch Alkali zu erzielende Rotfärbung des erstgenannten Mittels benutzt.

Sicherlich stellt die Verwendung namentlich der letztgenannten beiden Substanzen einen großen Fortschritt dar. Es muß jedoch auf folgende Gefahren und Fehlermöglichkeiten hingewiesen werden, über die insbesondere bei Chromtrioxyd eigene Erfahrungen vorliegen: Käufliches Cr_2O_3 ist häufig mit Spuren löslicher Chromverbindungen verunreinigt. Da diese einerseits das Versuchsergebnis fälschen, vor allem aber auch zu schweren Gesundheitsstörungen führen können, müssen sie unbedingt entfernt werden. Dies erreicht man am besten dadurch, daß man Cr_2O_3 bei 900—1000° glüht und dann durch Auswaschen etwa noch verbliebene lösliche Reste entfernt. Man verteilt dann das fein zerkleinerte Chromtrioxyd möglichst gleichmäßig im Futter, wobei in 10 g Trockenfutter je nach der zum Chromnachweis angewandten Methode 5—50 mg Cr_2O_3 enthalten sein sollen. Wenn man sehr flüssigkeitsreiche Kostformen verfüttert, muß dafür Sorge getragen werden, daß nicht etwa während der Fütterungszeit ein langsames Sedimentieren des spezifisch schwereren Cr_2O_3 einsetzt, was zu Fehlergebnissen führt. Die Freßlust der Ratte wird im allgemeinen durch Cr_2O_3-Beimengung nicht beeinträchtigt, doch erscheint es angezeigt, sich vor Versuchsbeginn auch hierüber Gewißheit zu verschaffen. Schließlich muß gerade bei Ratten noch auf folgende Fehlerquelle aufmerksam gemacht werden: Auch wenn die Ratten auf ein weitmaschiges Gitter gesetzt werden, das im allgemeinen ein sofortiges Durchfallen des Kotes garantiert, gibt es doch Tiere, die den Kot sofort vom After wegnehmen und fressen. Infolgedessen erscheinen die wiedergefundenen Cr_2O_3-Mengen zunächst zu gering, während sich später zu hohe Werte ergeben. Unter Berücksichtigung der Fehlerbreite, die für den Chromnachweis selbst in Frage kommt, ist unter Beachtung bzw. nach Ausschaltung der oben angegebenen Fehlermöglichkeiten die Verwendung von Cr_2O_3 zu empfehlen.

Für die **Chrombestimmung,** die sich in ihren Grundzügen an die Angaben von Schürch u. a.[1] anlehnt, können folgende Angaben gemacht werden: *Prinzip:* Nach trockener Veraschung der mit Cr_2O_3 versetzten Nahrung bzw. des Cr_2O_3 enthaltenden Kotes wird dieses durch Behandlung mit Na_2O_2 in Na_2CrO_4 überführt. Die gelbe Chromatfarbe der in Wasser gelösten Schmelze kann direkt colorimetrisch bestimmt werden, nachdem etwa noch sonst vorliegende farbgebende Substanzen entfernt sind.

Reagentien:

1. $Na_2O_2 + Na_2CO_3$ (1:1).   2. H_2O_2, 25%ig.

Ausführung:

Für die der Chrombestimmung vorausgehende Veraschung ergeben sich eine Reihe von Besonderheiten, deren Beachtung die Zuverlässigkeit der Methode beträchtlich erhöht[2]. Etwa 8 g der getrockneten Nahrung mit ungefähr 10 mg Cr_2O_3 bzw. eine diese Chrom-

[1] Schürch, A. F., L. E. Lloyd and E. W. Crampton: J. Nutrit. **41**, 629 (1950).
[2] Lingen, H., u. H. D. Cremer: Unveröffentlicht.

menge enthaltende Probe von Trockenkot werden in einem unglasierten (wichtig!) Porzellantiegel 6 Std lang bei 800° verascht. Die Verwendung von Nickel- bzw. von später zu verwendenden Eisentiegeln empfiehlt sich hierbei noch nicht, weil die sich bei der Veraschung bildenden dicken Oxydschichten die weitere Aufarbeitung stören und außerdem die Lebensdauer der Metalltiegel unnötig herabsetzen würden. Die Asche wird unter Verwendung von heißem Aqua dest. in einen Eisentiegel überführt, wobei die letzten Reste mit einem kleinen angefeuchteten Filterblättchen herausgewischt werden können. Das Filter kann durch kurzes Einstellen des Eisentiegels in den noch heißen Muffelofen schnell verascht werden. Der Aufschluß erfolgt nun nicht, wie von SCHÜRCH[1] empfohlen, in Nickeltiegeln, weil bei diesen die sich bildenden starken Oxydschichten beim späteren Ausspülen unkontrollierbare Chromatmengen zurückhalten können, sondern in Eisentiegeln. Dem Veraschungsgut werden 1—1,5 g des Gemisches von Na_2O_2 und Na_2CO_3 zugesetzt. Nach Auflegen des Tiegeldeckels wird unter leichtem Umschwenken über dem Bunsenbrenner bei schwacher Rotglut des Eisentiegels etwa 2 min erhitzt, bis die Schmelze zähflüssig geworden ist. Man erhitzt langsam stärker, bis man nach insgesamt etwa 10 min eine homogene Schmelze ohne körnige Bestandteile erhält. Nach Erkalten auf etwa 80° wird die Schmelze mit heißem Aqua dest. versetzt, in dem sie sich innerhalb von etwa 20 min löst. Man spült in ein 250 cm³-Becherglas über und kocht eventuell mit kleinen Wassermengen im Eisentiegel nochmals auf, bis alles in Lösung gegangen und in das Becherglas überführt ist. Das Arbeiten im Eisentiegel bringt gegenüber dem im Nickeltiegel den Nachteil mit sich, daß auch Eisensalze in Lösung gehen, und daß Teile von Chromat durch Eisen wieder reduziert werden. Durch Aufkochen unter Zusatz von H_2O_2 werden aber alle Chromsalze wieder zu Chromat oxydiert, außerdem fallen alle etwa die Färbung störenden Eisensalze als $Fe(OH)_3$ aus und können durch Filtrieren (SCHLEICHER und SCHÜLL Nr. 597) entfernt werden[2]. Die Chromatlösung wird nach Auffüllen auf 250 cm³ in einer 2 cm-Cuvette photometriert (Pulfrich-Photometer, Filter S 43). Die Auswertung erfolgt nach einer Eichkurve, die mit bekannten Chromatmengen aufgestellt ist. Der Anwendungsbereich liegt zwischen 2,5 und 20 mg Cr_2O_3, gemessen als Chromat in 250 cm³ Lösung. Da das LAMBERT-BEERsche Gesetz nicht gilt, ist eine aus vielen Meßpunkten zusammengesetzte Eichkurve zugrunde zu legen. Weitere Methoden zu Chrombestimmung s. Bd. II, Anorganische Stoffe.

3. *Unverdauliche Zusätze.* Wenn man der Nahrung kleine Mengen leicht nachweisbarer unverdaulicher Stoffe zusetzt, kann man aus der Zeit ihres Auftretens im Kot bzw. aus ihrer Konzentration oder ihrem Verhältnis zu anderen im Kot vorhandenen Stoffen bestimmte Schlüsse ziehen. So kann durch Verabreichung einer großen Menge kleinster, die Peristaltik nicht beeinflussender Mengen von *Glasperlen* jeweils zu einer bestimmten Tageszeit die „Durchgangsgeschwindigkeit" einer bestimmten Nahrung erfaßt werden. Die Verdauungszeit verschiedener Nahrungsstoffe kann nämlich recht unterschiedlich sein, auch wenn eine Veränderung der Darmmotilität, die sich etwa in Durchfall oder Obstipation ausdrücken könnte, gar nicht vorzuliegen scheint. — In Stoffwechselversuchen an Tieren ist es bisweilen schwierig, die aufgenommene Nahrung mengenmäßig zu erfassen. Es kann vielmehr leichter durchführbar sein, in der Nahrung eine bestimmte Menge eines unverdaulichen Stoffes zu verteilen, den Kot in der Versuchszeit quantitativ zu sammeln und aus der Menge des so wiedergefundenen unverdaulichen Stoffes die Nahrungsmenge zu errechnen. Der Vergleich der Quotienten der Konzentration eines solchen unverdaulichen Stoffes zu bestimmten anderen Bestandteilen in der Nahrung bzw. im Kot läßt weiterhin Aussagen über die Verdaulichkeit zu. Eine Reihe unverdaulicher Substanzen sind von verschiedenen Autoren in Versuchen an Menschen und Tieren auf ihre Eignung als Testsubstanzen geprüft. DRUCE und WILLCOX[3] vergleichen *Eisen, Kieselsäure* und *Lignin* in Versuchen an Kaninchen. Eisen erwies sich dabei als

[1] SCHÜRCH, A. F., L. E. LLOYD and E. W. CRAMPTON: J. Nutrit. 41, 629 (1950).
[2] LINGEN, H., u. H. D. CREMER: Unveröffentlicht.
[3] DRUCE, E., and J. S. WILLCOX: Empire J. exp. Agric. 17, 188 (1949).

völlig unbrauchbar, da nur 70—80% der verabreichten Menge im Kot nachgewiesen werden konnten. Bei Lignin und Kieselsäure dagegen wurden mit einer Abweichung von nur $\pm 3\%$ die zugesetzten Mengen wiedergefunden, so daß diese Substanzen als geeignet bezeichnet werden können. Auch Verdaulichkeitsuntersuchungen am Rind[1] ergaben eine gute Eignung von Lignin und ebenfalls von *Chromtrioxyd* (Cr_2O_3). Chromtrioxyd wurde von einer Reihe von Autoren in Versuchen an Menschen[2] und Ratten[3] benutzt. Weiterhin wird von FOURNIER[4] *Titandioxyd* (TiO_2) für Verdaulichkeitsuntersuchungen an Ratten empfohlen.

Vorbereitung von Faeces zur Untersuchung. Während man bei kleineren Versuchstieren, insbesondere bei Ratten, den Kot möglichst bald nach dem Absetzen im Vakuum bei mäßiger Temperatur trocknen und dann bis zur Analyse aufbewahren kann, erfordert das Sammeln von Kot bei größeren Versuchstieren und auch bei Menschen eingehende Maßnahmen, um Veränderungen, insbesondere durch Einwirkung von Bakterien zu verhindern. Der Kot von Versuchstieren ist möglichst bald nach dem Absetzen in eine der für die Verwendung bei Stoffwechselversuchen an Menschen näher beschriebenen Lösungen zu befördern. Für Stoffwechselversuche an Menschen empfiehlt sich zum Sammeln von Kot die Verwendung von großen, etwa 10 Liter fassenden Weithalsflaschen mit eingeschliffenem Stopfen. In diese werden entweder 2 Liter verdünnte Mineralsäure oder aber die entsprechende Menge Aceton oder Alkohol gegeben. Die Versuchspersonen setzen den Kot direkt in diese Flaschen ab. Bei Verwendung von Säure kann eine alsbaldige Aufarbeitung, insbesondere die N-Bestimmung erfolgen. Da man bei Stoffwechselversuchen jedoch gern Untersuchungsmaterial für die Bearbeitung etwa später noch auftauchender Fragen aufhebt, empfiehlt sich mehr die Verwendung von Alkohol oder Aceton und die Herstellung eines *Trockenpulvers*. Dabei kann man auf einem der folgenden Wege vorgehen:

1. Der in der gesamten Versuchsperiode in *Alkohol* gesammelte Kot wird möglichst fein verteilt. Wenn eine homogene Verteilung zu erreichen und eine für kurze Zeit einigermaßen stabile Suspension herzustellen ist, kann man für die Trocknung einen aliquoten Teil des gesamten Kotes verwenden. Andernfalls muß der gesamte Kot getrocknet werden. Hierzu überführt man ihn in eine Schale, in der das Eindampfen auf dem Wasserbad unter einem Abzug zu erfolgen hat. Bevor die Masse ganz trocken ist, verrührt man wieder mit Alkohol, dampft erneut ab und wiederholt dies 3—4mal, bis sich ein leicht zerbröckelndes Pulver ergibt. Die Trocknung dauert etwa 36 Std. Dieses Vorgehen, das bis vor wenigen Jahren allgemein geübt wurde[5], ist deshalb nicht sehr empfehlenswert, weil es zu einer nahezu unerträglichen Geruchsbelästigung auch der Nachbarlaboratorien führt, selbst wenn man unter dem Abzug arbeitet. Es ist deshalb besser, das Abdampfen nicht in offenen Schalen, sondern in einem 4—5 Liter-Kolben in einem geschlossenen System unter leichtem Vakuum vorzunehmen. Dies hat zudem den Vorteil, einen Teil des Lösungsmittels zurückzugewinnen. In dem Kolben kann die Kotmasse nach der Alkoholbehandlung, die der oben bei Verwendung von offenen Schalen beschriebenen entspricht, im Trockenschrank völlig getrocknet werden. Nach Feststellung des Trockengewichts, das noch im Kolben zu erfolgen hat, kann man dann eine beliebige Menge des Trockenkotes aus dem Kolben zur Analyse bzw. zur Aufbewahrung herausnehmen. Quantitativ läßt sich der Trockenkot aus dem Kolben nicht mehr entfernen.

2. Bei Verwendung von *Aceton* kann man die gesamte Kotmenge auf einer großen Porzellannutsche vom Lösungsmittel abtrennen. Wenn man den Kot noch zweimal mit Aceton behandelt, erhält man in ähnlicher Weise wie bei der Herstellung von Organtrockenpulvern eine praktisch fett- und wasserfreie Masse, die man in wenigen Stunden an der Luft völlig trocknen kann. Die Geruchsbelästigung ist außerordentlich gering.

[1] KANE, E. A., W. C. JACOBSON and L. A. MOORE: J. Nutrit. 41, 583 (1950).
[2] IRWIN, M. I., and E. W. CRAMPTON: J. Nutrit. 43, 77 (1951).
[3] SCHÜRCH, A. F., L. E. LLOYD and E. W. CRAMPTON: J. Nutrit. 41, 629 (1950).
[4] FOURNIER, P.: Cr. 231, 1243 (1950).
[5] HEUPKE, W.: Die Faeces des Menschen. Dresden, Leipzig 1939.

Ein Nachteil dieser Methode liegt allerdings darin, daß man die in Lösung gegangenen Substanzen zwar weitgehend einengen, aber nicht zur Trockne bringen kann, so daß man zur Bestimmung der im Kot enthaltenen Substanzen jeweils eine Analyse des Trockenpulvers und eine Analyse des Acetonextraktes vornehmen muß.

Die so erhaltenen Kot-Trockenpräparate bzw. der Acetonextrakt lassen sich beliebig lange aufbewahren. Sie sind geeignet zur Vornahme chemischer Analysen und für eine Calorienbestimmung. Für Vitaminbestimmungen sind nur schonend hergestellte Trockenpräparate, wie sie für Rattenkot beschrieben sind, geeignet (s. a. S. 420 ff.).

b) Eigenschaften und Untersuchung von Faeces.

Allgemeines und physikalische Eigenschaften. *Entstehung:* Die Faeces entstehen im Dickdarm aus dem Speisebrei durch Resorption des Wassers und durch bakterielle Zersetzung. Bei der bakteriellen Einwirkung auf die unverdaulichen oder nichtresorbierten Nahrungsstoffe spielen vor allem zwei teilweise antagonistische Gruppen von Bakterien eine Rolle. In den oberen Colonabschnitten überwiegen die Gärungserreger. Sie überführen die noch vorhandenen Kohlenhydrate in der Hauptsache in niedere Fettsäuren. Diese Produkte verhindern auch zunächst das Überhandnehmen der *Fäulniserreger.* Diese wiederum entfalten ihre Tätigkeit in den tieferen Abschnitten, nachdem der Darminhalt an Kohlenhydraten verarmt ist. Sie bewirken vor allem Decarboxylierung und Desaminierung von Aminosäuren. Während aber die Produkte der Gärungserreger nicht schädlich sind und vom Organismus noch verwertet werden können, sind die Produkte der Fäulniserreger der tieferen Darmabschnitte für den Organismus meist schädlich und müssen nach etwaiger Resorption in der Leber wieder entgiftet werden. Die Produkte der Gärungs- und der Fäulniserreger geben den Faeces auch ihren charakteristischen Geruch und ihre Farbe.

Bestandteile: Die normalen Faeces enthalten die nichtresorbierten und nichtverdauten Nahrungsbestandteile wie Cellulose, Pflanzenzellen, Seifen, Reste von Muskelfasern usw. Ferner finden sich in ihnen die Sekrete des Verdauungstraktes, soweit sie nicht wieder resorbiert werden, sowie auch die Exkrete desselben, die hauptsächlich aus Phosphaten verschiedener Metalle bestehen. Zellelemente und unter pathologischen Verhältnissen auch Blut, Eiter, Schleim, Serum und Parasiten finden sich ebenso in ihnen. Die Nahrungsreste machen normalerweise nur etwa $1/4$ bis die Hälfte der Trockensubstanz der Faeces aus, während die restlichen Anteile aus den Absonderungen und Abstoßungen des Verdauungstraktes sowie vor allem aus den Mikroorganismen bestehen. Die ständige Abschilferung und Absonderung hat zur Folge, daß auch bei Hunger immer noch Kot gebildet wird.

Allgemeingültige Durchschnittswerte für die Zusammensetzung von Faeces lassen sich, wie leicht einzusehen ist, kaum geben, denn diese hängen ja von der Zusammensetzung und Verwertbarkeit der aufgenommenen Nahrungsstoffe ab. Der Gehalt an anorganischen Bestandteilen ist sehr hoch (etwa $1/3$). Sie bestehen hauptsächlich aus Calciumphosphat und Magnesiumphosphat. Die relativ hohe Ausscheidung an Lipoiden ($1/5$—$1/6$) und Eiweißstoffen ($1/3$) könnte eine schlechte Verwertung der Nahrungsstoffe vermuten lassen, doch besteht der größte Teil der organischen Bestandteile der Faeces aus abgeschilferten Zellen des Darmepithels, sowie aus abgestorbenen Mikroorganismen.

Menge und Konsistenz: Die Menge des in 24 Std ausgeschiedenen Kotes ist natürlich stark von Art und Menge der aufgenommenen Nahrungsstoffe abhängig. Schlackenreiche Pflanzennahrung ergibt eine weit höhere Kotmenge als Zufuhr hochwertiger und daher voll verwertbarer Nahrungsmittel wie Fleisch, Eier, Milch, Käse, Makkaroni, Reis, Weißbrot usw. Das Durchschnittsgewicht der 24stündigen Kotmenge beträgt 100 bis 250 g mit einer Trockensubstanz von 20—50 g. Der Zustand der Verdauungsorgane spielt hierbei eine große Rolle. Pathologische Veränderungen können die Kotmenge vermehren oder vermindern. Dabei vermehrt Behinderung des Gallenzuflusses zum

Darm die Kotmenge beträchtlich, ebenso auch der Ausfall des Pankreas. Die Konsistenz der Faeces wird hauptsächlich vom Wassergehalt bestimmt, während andere Bestandteile wie Fett, Ballaststoffe, Schleim und Gase vor allem die Kohärenz der Faeces beeinflussen. Der Wassergehalt beträgt normal 65—85%. Man unterscheidet geformte, breiige und flüssige Faeces. Bei 90% Wassergehalt sind sie flüssig, bei 85% breiig, bei 80% weich geformt und ab 75% fest geformt.

Die Abhängigkeit von Kotmenge und Trockensubstanz von der Art der zugeführten Nahrungsstoffe gibt Tabelle 105 wieder.

Tabelle 105. *Menge des Kotes in Abhängigkeit von der Nahrung* (in g/kg)[1].

	Frisch	Trocken		Frisch	Trocken
Fleisch.	64	17	Reis	195	27
Eier.	64	13	Schwarzbrot. . .	815	116
Milch	174	40	Erbsen	927	124
Weißbrot	109	29	Kartoffeln. . . .	635	94

Nach WOLLAEGER und Mitarbeitern[2] schwanken aber selbst bei gleicher Nahrungsmenge und Zusammensetzung die Werte für Kotmenge, Fett-, Stickstoff- und Caloriengehalt sehr stark. Sie finden an Trockenkot 13,6—39,1 g, im Mittel 27,6 g im Tag.

Farbe: Die Farbe der Faeces wird unter normalen Bedingungen durch die Gallenfarbstoffe und ihre Umwandlungsprodukte bedingt. Vor allem finden sich beim Erwachsenen das Stercobilin, bei stark beschleunigter Darmpassage auch Bilirubin und Biliverdin, die beim Säugling wegen der noch fehlenden oder schwachen Bakterienflora allein angetroffen werden. Weiterhin finden sich noch verschiedene Abbauprodukte der Gallenfarbstoffe, die zum Teil aus nur 2 Pyrrolkernen bestehen, wie die *Koprochrome*[3], die mit *Mesobilifuscinen* Ähnlichkeit zeigen. Sie sind nach neueren Untersuchungen zusammen mit den oben genannten neben dem *Kopronigrin* und *Kopromesobiliviolin*, die eine geringere Rolle für die Farbe der Faeces spielen[4], die hauptsächlichsten Träger der Kotfarbe. Sie sind wie das Stercobilin durch Hydroperoxyd nicht entfärbbar. Unter bestimmten Verhältnissen können die Faeces natürlich noch durch die verschiedensten Farbstoffe gefärbt sein, so durch Pflanzensäfte (Heidelbeeren) schwarz, durch Chlorophyll (Spinat) grün, durch Eisen- und Wismutverbindungen schwarz, und durch Blut aus den oberen Darmabschnitten oder durch bluthaltige Nahrungsmittel pechschwarz.

Reaktion: Unter Normalbedingungen ist die Reaktion der Faeces schwach alkalisch. WAKEFIELD und POWER[5] finden normal p_H 7,01—8,77. Bei Anwendung von Laxantien geben sie p_H-Werte von 6,35—6,75 an. Auch beim Säugling ist die Reaktion mit p_H 7,4 bis 7,8 schwach alkalisch[6].

Anorganische Bestandteile. In den Faeces finden sich vor allem Calcium und Magnesium, und zwar als Phosphate; in geringerer Menge die Kationen Kalium, Natrium und Eisen, sowie die Anionen Sulfat, Carbonat und Chlorid.

Durchschnittswerte lassen sich natürlich hier noch weniger geben als bei den organischen Bestandteilen. Für die Bestimmung der anorganischen Bestandteile muß zur Erlangung genauer Werte von den getrockneten Faeces (s. S. 404) ausgegangen werden. Soll Ammoniak bestimmt werden, so wird vor dem Eindampfen mit Säure vermischt. Zur Bindung von H_2S empfehlen CUTHBERTSON und TURNBULL[7] den Zusatz von Kupferacetatlösung vor dem Trocknen. Sollen gleichzeitig H_2S und Ammoniak bestimmt werden,

---

[1] HEUPKE, W.: Die Faeces des Menschen. S. 15. Dresden, Leipzig 1943.
[2] WOLLAEGER, E. E., M. W. COMFORT and A. E. OSTERBERG: Gastroenterol., Baltimore **9**, 272 (1947).
[3] STICH, W.: Kli. Wo. 1948, 474.
[4] WATSON, C. J.: H. **221**, 145 (1933).
[5] WAKEFIELD, E. G., and M. H. POWER: Amer. J. digest. Dis. **6**, 308 (1939).
[6] GIRAUD, A., et M. VIDAL: Nourrisson **27**, 1 (1939) [Ber. Physiol. **114**, 237].
[7] CUTHBERTSON, D. P., and A. K. TURNBULL: Biochem. J. **28**, 837 (1934).

so muß im geschlossenen Kolben getrocknet werden unter Einleiten des flüchtigen Ammoniak in Säure. Zur Bestimmung der anderen anorganischen Stoffe kann in üblicher Weise verascht werden. So bestimmt LICHTENSTEIN[1] Calcium und Phosphor nach Veraschen im Tiegel. Eine Bestimmung von Calcium ohne Veraschen gibt VIALE[2] an, hierbei werden 3 g Faeces mit 30 cm^3 H_2O homogenisiert und mit 5 cm^3 Salpetersäure-Perchlorsäure (1:1) digeriert; der Rückstand wird mit 3 cm^3 H_2O und 2 Tropfen konzentrierter HCl ausgekocht, nach dem Abkühlen zentrifugiert und in der Lösung Calcium in üblicher Weise bestimmt. Hierbei wird praktisch das ganze Calcium gefunden. Beim üblichen *Veraschen* mit Schwefelsäure werden Salzsäure und CO_2 ausgetrieben. Will man diese Umstände vermeiden, so ist es vorteilhaft, zuerst mit überschüssigem Alkohol zu fällen. Nach Filtration durch ein aschefreies Filter wäscht man zunächst mit heißem Alkohol und dann mit heißem Wasser. Man erhält so 2 Auszüge, einen alkoholischen sowie einen wäßrigen, und den Filterrückstand.

Um den *alkoholischen Auszug* von Phosphatiden zu befreien, wird im Vakuum eingedampft. Der Trockenrückstand wird mit absolutem Alkohol in der Wärme extrahiert und wieder im Vakuum zur Trockne verdampft. Durch Behandeln mit Äther entfernt man die Phosphatide, während die anorganischen Bestandteile zurückbleiben und mit dem wäßrigen Extrakt vereinigt werden. Die Alkohol- und die Ätherextrakte werden eingedampft und verascht. MARENZI[3] bestimmt so Kalium nach Extraktion mit 40- bis 50%igem Alkohol (Endkonzentration).

Faeces werden auf das 20fache ihres Volumens homogen suspendiert. Zur noch heißen Suspension gibt man 3 cm^3 Ammoniak. Dann wird auf 15 cm^3 für je 2 g Faeces eingeengt. Man bringt in ein Zentrifugenglas mit Waschflüssigkeit aus Wasser und Alkohol, so daß auf 2 g Faeces 50 cm^3 Alkohol kommen bei einer Endkonzentration von 40—50%, läßt 5—6 Std stehen, zentrifugiert, nimmt ein Äquivalent entsprechend 1 g Faeces und dampft ein. Man verascht im KJELDAHL-Kolben mit einem Gemisch aus 2 Teilen Salpetersäure und 1 Teil Perchlorsäure, bis der Rückstand rein weiß ist. Kalium löst sich so ganz auf. Bei Rattenfaeces wurden 93—97% von zugesetztem Kalium wiedergefunden.

Die Bestimmung des in verschiedenartiger Bindung vorliegenden Phosphor beschreiben BARAC und BRULL[4]. Bei 110° getrocknete Faeces werden mit Chloroform extrahiert, der Rückstand nach dem Verdampfen des Chloroform entweder verascht oder mit 10%iger Salzsäure hydrolysiert. Der gesamte säurelösliche Phosphor wird bestimmt durch Veraschen der Trichloressigsäureextrakte. Der anorganische Phosphor ist der in absolutem Alkohol unlösliche Teil. Die Summe dieser Phosphorfraktionen macht 60% des gesamten Phosphorgehalts aus. Der Rest ist vermutlich Proteidphosphor.

Auch Fluor[5] und Jod[6] wurden in den Faeces bestimmt.

Organische Bestandteile. Nucleoproteide, Mucin und Serumalbumin können in gelöster Form vorliegen. Nucleoproteide und Mucin sind mit Essigsäure fällbar, ihre Konzentration ist in pathologischen Fällen erhöht.

Nachweis der Nucleoproteide[7]: Die Tagesmenge der Faeces wird unter langsamer Zugabe von Wasser gut verrieben und bis zur flüssigen Konsistenz (etwa 500 Volumina) verdünnt. Man läßt einige Stunden stehen, filtriert durch ein doppeltes Faltenfilter und klärt die Flüssigkeit, indem man sie durch ein mit wenig reinem Kieselgur beschicktes Filter gibt. Durch sehr vorsichtigen Zusatz von 30%iger Essigsäure werden die Nucleoproteide ausgefällt. Da der Niederschlag in überschüssiger Essigsäure löslich ist, muß die

[1] LICHTENSTEIN, A.: Ned. T. Geneeskde. **77**, 4336 (1933).

[2] VIALE, A. V. R.: Rev. As. bioquím. argentina **12**, 287 (1945) [Chem. Abstr. **40**, 2485[5] (1946)].

[3] MARENZI, A. D.: C. R. Soc. Biol. **129**, 1241 (1938).

[4] BARAC, G., et L. BRULL: Bull. Soc. Chim. biol. **21**, 134 (1939).

[5] GOLDEMBERG, L., y J. SCHRAIBER: Rev. Soc. argent. Biol. **11**, 111 (1935) [Chem. Abstr. **29**, 7451[6] (1935)].

[6] PHILLIPS, F. J., and G. M. CURTIS: Amer. J. clin. Path. **4**, 346 (1934).

[7] HEUPKE, W.: Die Faeces des Menschen. S. 81. Dresden, Leipzig 1943.

Essigsäure tropfenweise zugesetzt werden. Der Niederschlag läßt sich durch den Phosphor-gehalt näher charakterisieren.

Nachweis von Mucin[1]: Das Mucin der normalen Faeces ist an die festen Bestandteile adsorbiert und findet sich deshalb nicht im Filtrat. In pathologischen Fällen, bei denen das Mucin stark vermehrt ist, findet sich manchmal Mucin auch im Filtrat und kann durch Ausfällung mit Essigsäure nachgewiesen werden. Näheres über Mucine s. S. 366 und Bd. IV, Glykoproteide.

Nachweis von Serumalbuminen[2]: Diese finden sich nur unter pathologischen Ver-hältnissen in den Faeces. Man stellt einen Extrakt her wie zum Nachweis der Nucleo-proteide und fällt diese mit 30%iger Essigsäure aus (s. o.). Mit dem Filtrat führt man die Kochprobe aus und kontrolliert durch weitere Eiweißreaktionen. PINCUSSEN[3] gibt hierzu noch eine serologische Methode, die gleichzeitig zum Blutnachweis dienen kann. Mit für menschliches Serum spezifischem Kaninchen-Antiserum kann Serumeiweiß nachge-wiesen werden. Nimmt man noch ein zweites Kaninchenserum, das auf menschliches Hämoglobin spezifisch ist, so läßt sich eine Blutung in den Darm von einem rein exsu-dativen Prozeß unterscheiden. Positiver Ausfall mit beiden Seren ist für Blutung charakte-ristisch, positiver Ausfall mit dem Serum-Antiserum spricht für exsudativen Prozeß.

Aminosäuren und Abbauprodukte: Die im Dickdarm vorhandenen Bakterien spalten Eiweiß in die Bestandteile. Die Fäulniserreger verändern die freien Aminosäuren weiter durch Desaminierung und Decarboxylierung. Um freie Aminosäuren zu bestimmen, wird eine Aufschlämmung von Faeces (1:10) wie üblich enteiweißt und im Filtrat die Aminosäuren mikrobiologisch oder papierchromatographisch bestimmt (Näheres s. Bd. IV, Aminosäuren).

Gesamte Aminosäuren: Der Gehalt der Faeces an Aminosäuren wurde von SHEFFNER und Mitarbeitern[4] nach Hydrolyse mit 4 n Salzsäure und 10 Std Dauer bei 120° mikro-biologisch bestimmt. Sie fanden trotz großer Unterschiede in der Aufnahme der ein-zelnen Aminosäuren eine sehr konstante Ausfuhr und schließen daraus, daß diese aus den Fermenten und sonstigen Sekreten des Verdauungstraktes stammen. Vorbereitung zur Bestimmung: Die ohne wesentliche Zersetzung im Eisschrank aufbewahrten Faeces werden im Waring-Blendor homogenisiert; eine Probe von 2,5—3 g wird mit 20 cm³ 4 n HCl 10 Std bei 120° hydrolysiert. Nach Klärung und Filtration mit Tierkohle wird im Filtrat die Bestimmung der einzelnen Aminosäuren mikrobiologisch durchgeführt.

Putrescin und *Cadaverin*, die Decarboxylierungsprodukte von Lysin und Ornithin, finden sich regelmäßig in den Faeces[5]. Derselbe Autor fand auch Arginin und Lysin sowie γ-Butyrobetain.

Blut im Stuhl. Zu seinem Nachweis gibt es 3 Wege:
1. Chemisch-katalytische Methoden.
2. Spektroskopische Methoden.
3. Serologische Methoden.

Die chemisch-katalytischen Methoden beruhen auf der Katalasewirkung des Por-phyrin-Eisen-Komplexes. Die beiden wichtigsten sind die Guajac- und die Benzidinprobe.

Benzidinprobe: Die Faeces werden in dünner Schicht auf einem Objektträger mit einem Spatel ausgestrichen. Man schwemmt eine erbsengroße Menge Benzidin in einem Reagensglas mit 2 cm³ Eisessig auf und setzt 3 oder 4 Tropfen 30%ige Wasserstoff-peroxydlösung hinzu. Dann übergießt man die Stuhlprobe mit dem Reagens und erhält bei positivem Ausfall in spätestens 1—2 min eine intensive Blaufärbung. Aus der Schnelligkeit des Eintretens der Blaufärbung kann man die Menge des vorhandenen Blutes ungefähr abschätzen.

[1] GOIFFON, R., O. AGUIAR et M. GOMEZ: Arch. Mal. Appar. digest. **37**, 523 (1948).
[2] HEUPKE, W.: Die Faeces des Menschen. S. 81. Dresden, Leipzig 1943.
[3] PINCUSSEN, L.: J. Lab. clin. Med. **26**, 1030 (1941).
[4] SHEFFNER, A. L., J. B. KIRSNER and W. L. PALMER: J. biol. Ch. **176**, 89 (1948).
[5] BUCHARD, H.: B. Z. **272**, 74 (1934).

Die Guajacprobe: Eine haselnußgroße Kotprobe wird in einer Reibschale mit einigen Kubikzentimetern 7%iger NaCl-Lösung und der gleichen Menge Eisessig sowie mit 7—8 cm³ Äther verrieben. Die überstehende Ätherschicht wird vorsichtig in ein Reagensglas gefüllt. In einem zweiten Gläschen löst man eine kleine Messerspitze Guajac-Harz in 5 cm³ 96%igem Alkohol und gibt 1—2 Tropfen Hydroperoxyd zu. Nun wird vorsichtig der Ätherextrakt mit der Guajaclösung unterschichtet. Bei Anwesenheit von Blut bildet sich ein blauer Ring an der Berührungsfläche.

Die Benzidinprobe ist sehr empfindlich und nur ihr negativer Ausfall beweisend. Bei positivem Ausfall muß noch die Guajacprobe angestellt werden, deren positiver Ausfall erst die Anwesenheit von Blut sicher erweist. Diskussion der einzelnen Methoden und ihre klinische Brauchbarkeit[1] s. S. 379.

Bei Anwesenheit von Eisen und Eisensalzen in den Faeces können diese mit im Darm vorhandenen Porphyrinen reagieren und zu einer positiven Benzidinprobe führen. Hierauf weist GRAF[2] hin und umgeht die Schwierigkeit folgendermaßen: 1 g Faeces wird mit 10 cm³ einer Mischung von Alkohol-Äther (1:1) im Mörser zerrieben, durch ein glattes weiches Filter filtriert, der Filterrückstand noch zweimal mit je 5 cm³ Alkohol-Äther nachgewaschen. Filtrat samt Rückstand werden auf ein hartes, gleich großes Filter gebracht und mit einer Mischung aus 0,5 cm³ 15%iger KOH und 5 cm³ 90%igem Alkohol sorgsam verrührt. Das Filtrat läßt man in einen 50 cm³-Scheidetrichter fließen, gibt dazu 4 cm³ Eisessig, 10 cm³ Äther und 10 cm³ H_2O. Man schüttelt durch, läßt die wäßrige Flüssigkeit abfließen, wäscht nochmals mit 5 cm³ H_2O und führt dann in der ätherischen Lösung die Benzidinprobe durch.

Eine quantitative Methode zur Bestimmung von Porphyrin-Eisen-Komplexen mittels Messung der Fluorescenz gibt BRUGSCH[3] an.

Stickstoffbestimmung. Zur Verfolgung des Eiweißstoffwechsels wird der Stickstoffgehalt nach KJELDAHL bestimmt. Die Makromethode ist sicherer wegen der Schwierigkeit einer gleichmäßigen Probenahme. Die Herkunft der stickstoffhaltigen Substanzen ist sehr mannigfach: Es können Reste des Nahrungseiweißes vorliegen; in der Hauptmenge stammt der Stickstoff aber aus den Abscheidungen des Organismus und aus den Bakterien. Die N-Ausscheidung läuft der Ausscheidung an flüchtigen Fettsäuren parallel, was auf deren Bildung durch die Gärungserreger des Darmes hinweist[4]. Bei gleicher Nahrungsmenge schwanken die Werte für Kotmenge, Fettgehalt, Stickstoff und Caloriengehalt sehr stark.

Bei Verabreichung einer Diät von 102 g Fett, 117 g Eiweiß und 270 g Kohlenhydrat mit einem Caloriengehalt von 2463 finden WOLLAEGER und Mitarbeiter[5] an Trockensubstanz: 13,6—39,1 g (Mittel 27,6 g); Fett: 1,8—6,7 g (Mittel 4,1 g); N: 0,8—2,5 g (Mittel 1,7 g); kcal: 35,8—117,6 (Mittel 78,7).

Kohlenhydrate. Die Kohlenhydrate der Faeces sind verschiedenartiger Natur; die wichtigsten sind *Stärke* und *Cellulose.* Zucker werden im Darm sehr rasch resorbiert; sie finden sich daher kaum im Stuhl.

Die *Stärke* der Nahrungsstoffe wird durch die Darmfermente sehr weitgehend aus den Zellen herausgelöst. Die Reste werden dann von den Gärungsbakterien umgesetzt, so daß in den Faeces normalerweise nur noch Spuren von Stärke zu finden sind. Man kann sie mit der Jodreaktion nachweisen. Zur Bestimmung wird sie den getrockneten Faeces nach vorheriger mehrmaliger Extraktion mit Alkohol durch $CaCl_2$-Lösung (1:1) entzogen. Sie kann dann anschließend nach einer der üblichen Methoden bestimmt werden, z. B. nach Hydrolyse als Glucose[6]. Da Cellulose in ganz verdünnter HCl nicht

[1] HOERR, S. O., W. B. BLISS and J. KAUFFMAN: J. amer. med. Ass. 141, 1213 (1949).
[2] GRAF, H. E.: Dtsch. Z. Verd.- u. Stoffw.-Krankh. 2, 274 (1939).
[3] BRUGSCH, J.: Z. ges. inn. Med. 2, 454 (1947).
[4] FOURNIER, P.: Bull. Soc. Chim. biol. 31, 407 (1949).
[5] WOLLAEGER, E. E., M. W. COMFORT and A. E. OSTERBERG: Gastroenterol., Baltimore 9, 272 (1947).
[6] TERRIER, J., et J. DESHUSSES: Mitt. Lebensm.-Unters. Hyg. 31, 249 (1940).

hydrolysiert wird, kann man die trockenen Faeces nach STRASBURGER[1] mit 2%iger HCl hydrolysieren. Hierzu werden 2 g getrocknete Faeces mit 100 cm³ 2%iger HCl versetzt und $1^1/_2$ Std am Rückfluß gekocht. Man neutralisiert mit 33%iger NaOH, filtriert, wäscht nach und bringt Filtrat und Waschwasser auf 200 cm³. Zuckerbestimmung s. S. 68.

Cellulose: Die vom Menschen aufgenommene Cellulose wird nur zum Teil wieder ausgeschieden. Zu ihrer Bestimmung verfährt man nach SCHEUNERT und LÖTSCH[2] folgendermaßen: 1—2 g feingemahlener Kot werden mit 100 cm³ kaltem Wasser verrührt; nach und nach werden 100 g KOH eingetragen. Nach dessen Lösung erhitzt man 1 Std auf dem siedenden Wasserbad, filtriert durch eine Glasfritte und wäscht so lange mit heißem Wasser nach, bis das Filtrat farblos abfließt. Man wägt den Rückstand, nachdem man mit 5%iger Essigsäure dreimal, mit heißem Wasser bis zum Verschwinden der sauren Reaktion, und mit Alkohol-Äther gewaschen hat. Das Gewicht der Asche wird abgezogen.

Bei einer anderen Methode nach SCHMIDT-OTT[3] hydrolysiert man vorher die Stärke mit 2%iger Säure und verfährt anschließend, wie oben beschrieben. Bei Faecesrückständen darf die Flüssigkeit 300 cm³ nicht übersteigen.

Fette und Fettsäuren. Die Bestimmung der Fette und Fettsäuren ist von Wichtigkeit bei Untersuchungen über die Verwertung von Fetten im Verdauungstrakt. Weiterhin spielt sie auch bei der Diagnose verschiedener Krankheiten eine Rolle. So ist bei der Sprue, Cöliakie und der cystischen Fibrose die Bestimmung von Fett in den Faeces von Wert. Wie schon erwähnt, ist nur von vorher getrockneten Proben ein exakter Wert zu erhalten. Demgegenüber können beim Trocknen flüchtige Fettsäuren verloren gehen. Die Bestimmung in frischen Faeces hat vor allem bei Reihenuntersuchungen den Vorteil der Schnelligkeit.

Das Fett der Faeces besteht in der überwiegenden Menge aus freien Fettsäuren bzw. deren Seifen. Nur etwa 10% sind Neutralfette. Nach HEUPKE[4] läßt sich die Bestimmung folgendermaßen durchführen: Das *Neutralfett* wird mit einem der üblichen Fettlösungsmittel extrahiert, z. B. Trichloräthylen, das nur minimale Mengen von Wasser aufnimmt und so andere Stoffe nicht verschleppt. Das *Gesamtfett* wird nach Durchfeuchten mit 10%iger H_2SO_4, Trocknen auf dem Wasserbad und anschließender Extraktion bestimmt.

Zur Bestimmung des *Unverseifbaren* löst man den Extrakt in Petroläther, schüttelt im Scheidetrichter mit alkoholischer Kalilauge und fügt später ebensoviel Wasser hinzu, wie vorher Kalilauge. Nach nochmaligem Schütteln setzt sich die das *Koprosterin* enthaltende Petrolätherschicht über der Alkoholschicht ab. Diese wird nochmals mit Petroläther ausgeschüttelt. Das Unverseifbare beträgt 12—14% der Lipoide und besteht aus Koprosterin.

In neuester Zeit wurden folgende Werte gefunden[5]: 34% Unverseifbares, davon 10% Sterine, von denen 88% in freier Form vorliegen. Die *Fettsäuren* wurden nach FRIEDEMANN[6] getrennt in flüchtige und nichtflüchtige. Die flüchtigen bestehen aus Essigsäure, Propionsäure, Buttersäure, Valeriansäure, Capronsäure und höheren Fettsäuren, charakterisiert nach MOYLE, BALDWIN und SCARISBRICK[7]. Die nichtflüchtigen Säuren betragen 37% der Gesamtlipoide und enthalten 25% an in Petroläther (Kp 40—60°) unlöslichen Säuren. Die petrolätherlöslichen Fettsäuren enthielten 47% feste Säuren und 29% flüssige Säuren nach TWITCHELL-Trennung. Fraktionierte Destil-

---

[1] STRASBURGER, J.: Pflügers Arch. 84, 173 (1901).
[2] SCHEUNERT, A., u. E. LÖTSCH: H. 65, 219 (1910).
[3] SCHMIDT-OTT, A.: Arch. Verd.-Krankh. 59, 143 (1936).
[4] HEUPKE, W.: Die Faeces des Menschen. S. 90. Dresden, Leipzig 1943.
[5] COOKS, R. P., and D. C. EDWARDS: Biochem. J. 49, XLI (1951).
[6] FRIEDEMANN, T. E., and T. BROOK: J. biol. Ch. 123, 161 (1938).
[7] MOYLE, V., E. BALDWIN and R. SCARISBRICK: Biochem. J. 43, 308 (1948).

lation der Methylester und Chromatographie nach HOWARD und MARTIN[1] zeigten die Gegenwart von Myristinsäure, Palmitinsäure, Stearinsäure und höheren Säuren. Ölsäure ist der Hauptbestandteil der flüssigen Fettsäuren.

Eine Methode zur Bestimmung von Fettsäuren und Neutralfett geben auch CLOSS und PIHL[2]. Hierbei wird eine kleine Menge Faeces mit bestimmten Mengen Salzsäure und Natriumsulfat vermischt und mit Äther mehrfach extrahiert. Nach Eindampfen, Trocknen, Extrahieren mit Petroläther oder absolutem Äther, erneutem Abdampfen und Lösen in Alkohol oder Benzol wird mit 0,1 n alkoholischer Kalilauge gegen Phenolphthalein als Indicator titriert.

Bestimmung von Fett und Fettsäuren nach ZUCKERMAN, ZYMARIS und NATELSON[3].

Reagentien:
1. n HCl aus konzentrierter (12 n) HCl durch Verdünnen auf das 12fache.
2. Petroläther-Äther-Mischung 1:1. Durch Mischen gleicher Mengen von redestilliertem Petroläther (70—90°) und redestilliertem Äther.
3. Äthylalkohol, 96%ig (redestilliert).
4. 0,1 n NaOH, täglich frisch gegen 0,1 n H_2SO_4 eingestellt.

Ausführung:
Nach dem Trocknen bei 60° über Nacht werden zweimal 500 mg Faeces in saubere, trockene 15 cm³-Reagensgläser mit Schliffstopfen eingewogen. Zu jedem Reagensglas werden zugefügt: 5 cm³ n HCl, 5 cm³ Petroläther-Äther-Mischung und 1 Tropfen 96%iger Äthylalkohol. Die Reagensgläser werden dann 25 min auf der Maschine geschüttelt. Beschreibung der Maschine mit einem speziellen Halter[4].

Es bilden sich ein fester Bodensatz, darüber eine wäßrige Schicht, über dieser die Ätherschicht. Falls eine Emulsionsschicht zwischen Äther und Wasser entsteht, wird nochmals etwas Alkohol zugetropft und wieder geschüttelt. Der Äther wird in ein Becherglas abgesaugt, das vorher gewogen ist. Der Reagensglasinhalt wird nochmals geschüttelt, der Äther gleichfalls abgesaugt und auf dem Wasserbad abgedampft. Nach Trocknen im Vakuumexsiccator wird gewogen. Ein Leerwert läuft mit und sollte zu vernachlässigende Werte geben.

Bei mehr als 0,2 mg Leerwert müssen die Lösungsmittel destilliert werden. Wenn die freien Fettsäuren bestimmt werden sollen, werden 10 cm³ Alkohol zum Becherglasinhalt gegeben und bis knapp unterhalb des Siedepunktes erwärmt. Das Fett löst sich auf und die Lösung wird noch heiß mit 0,1 n NaOH titriert. Als Indicator dient eine 1%ige Lösung von Phenolphthalein in Alkohol. Die Titration kann auch elektrometrisch erfolgen.

Da das Trocknen der Faeces Nachteile hat: 1. Möglichkeit der Zersetzung, 2. Verdampfen von flüchtigen Fettsäuren, 3. lange Dauer des Trocknens, wurde von VAN DE KAMER und Mitarbeitern[5] eine Methode zur Bestimmung von Fett in wasserhaltigen Faeces ausgearbeitet. Wenn hierbei aber nicht die Trockensubstanz extra bestimmt wird, dürfte diese Methode kaum vergleichbare Werte geben, da der Wassergehalt der Faeces stets schwankt. Bestimmt werden A: Die Gesamtfettmenge, B: Fettsäuren und Neutralfett getrennt.

Bestimmung von Gesamtfett.

Reagentien:
1. Äthanol, 96%ig, mit 0,4% Amylalkohol.
2. Äthanol, neutral gegen Thymolblau, 96%ig.
3. KOH, 33%ig.
4. HCl, 25%ig (Dichte 1,13).

---

[1] HOWARD, J. A., and A. J. P. MARTIN: Biochem. J. 46, 532 (1950).
[2] CLOSS, K., u. A. PIHL: Kli. Wo. 1941, 224.
[3] ZUCKERMAN, J. L., M. C. ZYMARIS and S. NATELSON: J. Lab. clin. Med. 34, 282 (1949).
[4] ZUCKERMAN, J. L., and S. NATELSON: J. Lab. clin. Med. 33, 1322 (1948).
[5] KAMER, J. H. VAN DE, H. TEN BOKKEL HUININK and H. A. WEYERS: J. biol. Ch. 177, 347 (1949).

5. Petroläther (Kp 60—80° oder 40—60°).

Darf beim Verdampfen zur Trockne keinen Rückstand geben, der mit Alkali verseift oder titriert werden kann.

6. 0,1 n NaOH.

7. Thymolblau, 2%ig in 50%igem Äthanol.

Ausführung:

Etwa 5 g Faeces werden in einen 150 cm³-Erlenmeyer-Kolben eingewogen. Nach Zufügen von 10 cm³ 33%iger KOH sowie von 40 cm³ Äthanol mit 0,4% Amylalkohol wird die Mischung 20 min am Rückfluß gekocht; nach Abkühlen werden mit einem Meßzylinder 17 cm³ der 25%igen HCl zugefügt. Hierauf wird wieder gekühlt. Dann werden genau 50 cm³ Petroläther zugefügt, der Kolben wird mit einem Gummistopfen verschlossen und 1 min lang heftig geschüttelt. Nach vollständiger Trennung werden 25 cm³ der Petrolätherschicht unter Benutzung einer Druckpipette (25 cm³-Pipette in Erlenmeyer-Kolben mit doppelt durchbohrtem Gummistopfen; die zweite Bohrung enthält ein gebogenes Glasrohr, das zum Füllen der Pipette durch Einblasen dient) in einen kleinen Erlenmeyer-Kolben überführt. Nach Zufügen eines Stückes Filterpapier wird der Petroläther verdampft und 10 cm³ neutrales Äthanol zugefügt. Die Fettsäuren werden mit 0,1 n NaOH aus einer Mikrobürette bis zum Umschlag nach gelb gegen Thymolblau titriert. Wenn 0,1 n isobutylalkoholische KOH verfügbar ist, können die Fettsäuren ohne vorheriges Verdampfen des Petroläthers titriert werden.

Berechnung nach der Formel:

$$\frac{A \cdot 284 \cdot 1,04 \cdot 2 \cdot 100}{10\,000\,Q} = 5,907\,\frac{A}{Q} = \text{Fettsäuren in Grammen je 100 g Faeces.}$$

Hierbei sind A = cm³ bei der Titration verbrauchte 0,1 n NaOH; Q = g Faeces; 284 = durchschnittliches Molekulargewicht der Fettsäuren; 1,04 = Faktor, der verwendet werden muß, da die Petrolätherschicht beim Schütteln um 1% des Volumens zunimmt, und 3% der Fettsäuren in der sauren alkoholischen Schicht bleiben.

Getrennte Bestimmung von Fettsäuren und Neutralfett.

Reagentien:

1. HCl, 2,5%ig (Dichte 1,013), dazu 250 g NaCl je Liter.

2. Äthanol, 96%ig, 0,4% Amylalkohol enthaltend.

3. Äthanol, 96%ig; neutral gegen Thymolblau.

4. Petroläther (Kp 60—80° oder 40—60°).

5. Isobutylalkoholische KOH, 0,1 n (Isobutylalkohol wird 3 Std lang mit 20 g NaOH je Liter gekocht, dann abdestilliert und die Fraktion zwischen 105 und 108° gesammelt. Zu 5 Liter dieser Fraktion fügt man 15 g einer 50%igen KOH-Lösung, verdünnt mit 20 cm³ Methylalkohol. Die KOH-Lösung wird bereitet durch Lösen von festem KOH in der gleichen Menge Wasser. Nach mehrtägigem Stehen wird die klare Lösung abdekantiert. Die verdünnte isobutylalkoholische Lösung von KOH wird mit 0,1 n HCl gegen Thymolblau bis zum Umschlag nach gelb titriert.

6. HCl, 0,1 n.

7. Thymolblau, 2%ig in 50%igem Äthanol.

Ausführung:

Etwa 5 g Faeces werden in zylindrische Gläser (30 cm Länge und 4 cm Durchmesser, versehen mit einem 50 cm-Rückflußkühler mit Schliff und Glasstopfen, ferner mit 25 cm³-Pipette mit Gummistopfen zum Füllen unter Druck) eingewogen. Nach Zufügen von 22 cm³ HCl mit NaCl und einigen Milligrammen Bimsstein wird die Mischung 1 min lang gekocht und dann gut gekühlt. 40 cm³ 96%iger Alkohol mit 0,4% Amylalkohol werden mittels eines Meßzylinders zugefügt, ebenso genau 50 cm³ Petroläther mit einer Pipette. Dann wird das Glas mit einem Schliffstopfen verschlossen und 1 min heftig geschüttelt. Die Trennung der Schichten kann durch Drehen des Glases erleichtert werden. 25 cm³ Petroläther werden dann in einen 100 cm³-Erlenmeyer-Kolben übergeführt. Nach Zugabe eines Stückchens Filterpapier wird der Petroläther verdampft, 2 cm³ neutrales Äthanol werden zugefügt und die freien Fettsäuren mit 0,1 n isobutyl-alkoholischer KOH gegen Thymolblau bis zum Umschlag nach blau titriert. Nach Zugabe von 10 cm³ 0,1 n isobutylalkoholischer KOH wird die Lösung 15 min schwach gekocht. Hierbei wird der Kolben mit einer Glaskugel als Rückflußkühler versehen. Zur heißen Lösung werden 10 cm³ neutrales Äthanol gefügt; dann wird sofort der Überschuß an Alkali bis zum Umschlag der blauen Farbe nach gelb titriert.

Berechnung:

Für Fettsäuren wird das Molekulargewicht 284, für Fett 297 zugrunde gelegt. Die Berechnung für die Fettsäuren ist dieselbe wie oben beschrieben. Für Neutralfett gilt die Formel:

$$\frac{(B-C)\cdot 297\cdot 1,01\cdot 2\cdot 100}{10\,000\,Q} = 5,999\,\frac{(B-C)}{Q} = \text{Neutralfett in Grammen je } 100\,\text{g Faeces.}$$

A = cm³ 0,1 n Alkali, bei der Titration der Fettsäuren verbraucht.

B = cm³ 0,1 n HCl, im Leerwert bei der Titration von 10 cm³ isobutylalkoholischer Kalilauge verbraucht.

C = cm³ 0,1 n HCl, verbraucht bei der Titration der Fettsäuren.

Q = g Faeces, die bei der Analyse verwendet wurden.

1,01 = Faktor für Neutralfett, da in diesem Fall nur die Volumenzunahme vom Petroläther berücksichtigt werden muß.

Approximative Bestimmung von Fetten und Seifen[1].

Die Menge des mit den Faeces ausgeschiedenen Fettes beträgt beim Hund 2,11 bis 3,99% der mit der Nahrung zugeführten Fettmenge[2]. Bei Gaben von Fett in höheren Mengen zeigt das Kotfett keine Beeinflussung seiner Zusammensetzung, da es normalerweise nicht aus dem Nahrungsfett stammt, wie mit Hilfe der Jodzahlbestimmung und markierter Substanzen gefunden wurde. Die Resorption, nicht aber die Verdauung ist abhängig von der Höhe des Schmelzpunktes des verwandten Fettes[3], wie bei Ratten gefunden wurde. Das nichtresorbierte Fett liegt dann im Kot als freie Fettsäuren oder deren Seifen vor.

Cholesterin, β-Cholestanol, Koprosterin und Phytosterine. Beim Erwachsenen findet man im Unverseifbaren in der Hauptsache das Koprosterin. Es entsteht aus dem Cholesterin der Sekrete oder der zugeführten Nahrungsstoffe durch die Wirkung von anaerob und aerob wachsenden Bakterien im Colon[4]. β-Cholestanol oder Dihydrocholesterin findet sich nach WINDAUS und UIBRIG[5] regelmäßig in den Faeces. Es entsteht nicht[4] enteral, sondern durch Einwirkung der Hydrogenasen der Organe. Im Gegensatz zum Cholesterin werden Koprosterin, Dihydrocholesterin und die Phytosterine im Darm nicht resorbiert[6].

Nachweis der Sterine: Nachweis und Trennung der verschiedenen Sterine in den Faeces sind von SCHÖNHEIMER[7] durchgeführt worden. Qualitativ lassen sich die ungesättigten Sterine durch die Reaktion nach SALKOWSKI von den gesättigten Sterinen unterscheiden: Die Sterine werden in Chloroform gelöst und dann mit dem gleichen Volumen konzentrierter H_2SO_4 versetzt. Bei ungesättigten Sterinen färbt sich die Chloroformschicht rot, die Schwefelsäure zeigt eine intensiv gelb-fluorescierende Verfärbung; bei gesättigten Sterinen bleibt die Chloroformschicht völlig farblos, die Schwefelsäure färbt sich leicht gelb. Bei Anwesenheit von Ergosterin ist die Schwefelsäure rot gefärbt und die Chloroformschicht farblos. Die quantitative Trennung der Sterine

[1] GOIFFON, R.: Arch. Mal. Appar. digest. **30**, 512 (1941).

[2] COFFEY, R. J., F. C. MANN and J. L. BOLLMAN: Amer. J. digest. Dis. **7**, 141 (1940).

[3] CROCKETT, M. E., and H. J. DEUEL: J. Nutrit. **33**, 187 (1947).

[4] BAUMGÄRTEL, T.: Kli. Wo. **1943**, 297.

[5] WINDAUS, A., u. CL. UIBRIG: B. **48**, 857 (1915).

[6] SCHÖNHEIMER, R., u. H. v. BEHRING: H. **192**, 102 (1930).

[7] SCHÖNHEIMER, R.: H. **192**, 77 (1930).

beruht auf ihrem Verhalten gegen Digitonin. Alle in den Faeces normalerweise vorkommenden gesättigten und ungesättigten Sterine werden durch Digitonin gefällt. Durch Behandeln mit n alkoholischer Bromlösung werden die ungesättigten Sterine — besonders das Cholesterin — in ihre Dibromide überführt. Die Differenz der Werte ergibt das Cholesterin. Die Methode eignet sich besonders für Proben, bei denen viel gesättigte Sterine neben geringen Mengen ungesättigter vorliegen, wie dies in den normalen Faeces der Fall ist. Die gesättigten Sterine, Dihydrocholesterin und Koprosterin, lassen sich nur schwer trennen, am besten mit Petroläther, in dem Koprosterin leicht löslich ist. 59,3—68,4% des Unverseifbaren bestehen aus Sterinen, davon sind 89,4% bis 97,8% gesättigt. Im Kot der Säuglinge findet sich wegen nur geringer bakterieller Einwirkung mehr Cholesterin. Näheres über Sterinbestimmung s. Bd. III und S. 116.

Gallenfarbstoffe und deren Umwandlungsprodukte. Die in den Faeces vorkommenden Farbstoffe, die sich von den Gallenfarbstoffen ableiten, zeigen hinsichtlich des Grades der Reduktion ein den Sterinen ähnliches Verhalten. In den Faeces der Säuglinge findet sich, wegen der fehlenden bakteriellen Einwirkung, in der Hauptsache Bilirubin. Beim Erwachsenen wird dieses durch das Zusammenwirken zweier Bakterienarten, des anaeroben Bact. putrificus verucosus und des aeroben Bact. coli, weiter umgewandelt[1]. Durch die Dehydrasen der Zellen wird Bilirubin zu Urobilinogen reduziert, die Bakterien bilden Stercobilinogen. Beide werden an der Luft zu Urobilin bzw. Stercobilin oxydiert.

Bilirubin wird qualitativ mit der GMELINschen Reaktion nachgewiesen: Man oxydiert mit nitrithaltiger Salpetersäure, mit LUGOLscher Lösung, mit Jodtinktur oder mit Brom-Methanol. Hierbei entsteht eine grün-blau-violett-rot-gelbe Farbenskala durch das Auftreten von Biliverdin, Bilipurpurinen und Bilicholetelin. Die *Bilipurpurine* zeigen bei Zusatz von Zinkacetatlösung Rotfluorescenz. *Bilicholetelin* fluoresciert grün wie Urobilin bei der SCHLESINGERschen Reaktion. Die entstehenden Farbstoffe sind auch durch charakteristische Spektren ausgezeichnet.

Bestimmung von Bilirubin[2] mit der Diazoreaktion. Nach WITH[3] ist Bilirubin nur schwer extrahierbar, so daß zuerst in Alkohol diazotiert und dann der Farbstoff extrahiert wird. Die schwere Extrahierbarkeit beruht auf der Salzbildung von Bilirubin auf Grund seiner 2 Carboxylgruppen[4].

Reagentien:
1. Eisessig.
2. Na_2SO_4, wasserfrei.
3. Alkohol, 96%ig.
4. Diazolösung I: 5 g Sulfanilsäure und 15 cm³ konz. HCl mit Aqua dest. ad 1000 cm³.
5. Diazolösung II: 0,5 g Natriumnitrit mit Aqua dest. ad 100 cm³ (frisch zubereiten).

Ausführung:
0,5 g Faeces werden in einem Mörser mit einigen Tropfen Eisessig unter Zusatz von einigen Grammen wasserfreiem Na_2SO_4 zu einem trockenen, homogenen Pulver zerrieben. Danach werden 10—15 cm³ 96%iger Alkohol und 1 cm³ Diazomischung (10 cm³ Diazolösung I, 0,25 cm³ Diazolösung II) zugesetzt und mit dem Spatel energisch verrührt. Nach etwa 1 min wird die über dem Pulver stehende rote Flüssigkeit durch ein Papierfilter in ein Kölbchen dekantiert. Dasselbe wird mit etwa 10 cm³ Alkohol und 0,5—1 cm³ Diazomischung wiederholt, bis keine Rotfärbung mehr auftritt. Dann werden Filter und Pulver in einen Mörser gebracht und erneut mit 10 cm³ Alkohol und 1 cm³ Diazomischung behandelt. Man braucht normalerweise 3—5 Extraktionen, nur bei sehr bilirubinreichen Stühlen 7—10. Schließlich werden 3 Tropfen konzentrierte HCl auf je 5 cm³ zugesetzt, wobei eine schöne blaue Farbe auftritt. Die Messung erfolgt mit Filter S 57 im Stufenphotometer. Die Farbe der angesäuerten Extrakte ist fast immer

[1] KÄMMERER, H., u. K. MILLER: Dtsch. Arch. klin. Med. **141**, 318 (1923).
[2] JENDRASSIK, L., u. P. GRÓF: B. Z. **296**, 71; **297**, 81 (1938).
[3] WITH, T. K.: H. **275**, 173 (1942).
[4] MADEL, M.: Z. ges. inn. Med. **2**, 659 (1947).

rein blau. Bei *Mekonium* sind die Extrakte auch nach dem Ansäuern mehr oder weniger rötlich. Beim Chromatographieren des in Alkohol gelösten Azofarbstoffs an Al_2O_3 zeigt sich bei normalen Faeces im obersten Teil der Säule eine einige Millimeter breite hellbraune Zone, im unmittelbaren Anschluß hieran eine mehrere Millimeter breite intensiv braune Zone, und am unteren Rand eine einige Millimeter breite hellrote Zone; unter der letzten Zone, von ihr durch eine wenige Millimeter breite farblose Zone getrennt, wird ferner in den meisten Extrakten eine hellgelbe Zone beobachtet, die gewöhnlich $1/2$—1 cm breit ist. In den Mekoniumextrakten ist diese Zone sehr stark entwickelt und mehrere Zentimeter breit, während die rote Zone nur sehr schwach entwickelt und auch die intensiv braune Zone schwächer als gewöhnlich ist. Beim Pinseln der Säule mit konzentrierter HCl wird die oberste Zone schwach violett, die intensiv braune Zone intensiv violett, die rote Zone blau und die gelbe Zone rot; beim Pinseln mit Alkali werden die 3 obersten Zonen grünblau, die gelbe Zone wird fast farblos.

Urobilinogen und Stercobilinogen: Stercobilinogen findet sich immer in den Faeces, während Urobilinogen nur in geringen Mengen und nicht regelmäßig vorkommt. Beide Substanzen lassen sich mit Hilfe der EHRLICHschen Aldehydreaktion nachweisen[1]. Dieselbe Reaktion geben jedoch auch andere Pyrrole und Indole, die in den Faeces vorkommen können. Die Aldehydreaktion wird auch zur quantitativen Bestimmung benutzt.

Hierbei lassen sich andere chromogene Substanzen abtrennen, indem nach dem etwas umständlicheren Verfahren von SCHWARTZ, SBOROV und WATSON[2] Stercobilinogen und Urobilinogen mit Petroläther aus dem Filtrat der Faeces extrahiert werden. Eine vereinfachte Methode geben YOUNG, DAVIS und HOGESTYN[3].

Reagentien:
1. 20 g $FeSO_4 \cdot 7 H_2O$ + 92 cm³ H_2O (frisch bereitet).
2. NaOH, 10%ig.
3. EHRLICH-Reagens: 10 g p-Dimethylaminobenzaldehyd + 75 cm³ konz. HCl + 75 cm³ H_2O.
4. Gesättigte Natriumacetatlösung (100 cm³ H_2O lösen bei 25° etwa 50 g Natriumacetat).

Eine Stuhlprobe von 10 g wird mit 90 cm³ Wasser im Waring-Blendor oder auch im Mörser gut homogenisiert. Die erhaltene Suspension gibt man zu 100 cm³ einer frisch bereiteten 20%igen Lösung von Eisen(II)-sulfat in einem 500 cm³-Erlenmeyer-Kolben. Wenn der Stuhl nicht acholisch ist, fügt man 100 cm³ H_2O hinzu, mit dem man vorher das Gefäß spült, in dem homogenisiert wurde. 100 cm³ 10%ige NaOH werden dann unter Umschwenken langsam zu der Mischung im Erlenmeyer-Kolben gegeben. Der Kolben wird verschlossen und 1 Std oder solange, bis die überstehende Flüssigkeit fast farblos ist, im Dunkeln stehengelassen. Hierauf wird ein kleiner Teil der Lösung filtriert oder zentrifugiert. Im Filtrat wird die EHRLICH-Reaktion ausgeführt. Hierzu nimmt man, nachdem das Filtrat 1:10 verdünnt ist, je 1,25 cm³ in 2 Reagensgläser von 5 cm³. Zu dem einen Reagensglas gibt man 1,25 cm³ EHRLICH-Reagens. Nach gutem Mischen gibt man weiterhin 2,5 cm³ gesättigte Natriumacetatlösung hinzu und schüttelt erneut. Zum zweiten Reagensglas gibt man zuerst 2,5 cm³ gesättigte Natriumacetatlösung und dann langsam 1,25 cm³ EHRLICH-Reagens, um die Farbentwicklung zu verhindern. Es dient als Leerwert. Die Messung erfolgt in einem Komparator-Block. Die Vergleichslösung erhält man, indem man nach WATSON und Mitarbeitern[4] 5 mg Pontacylcarmin 2 B (Dupont) und 95 mg Pontacylviolett 6 R in 1000 cm³ 0,5%iger Essigsäure löst, hiervon 1 Vol. auf 6 Volumina verdünnt, wobei die Farbintensität dieser Verdünnung einem Gehalt von 0,6 mg Stercobilinogen je 100 cm³ äquivalent ist.

[1] WATSON, C. J., S. SCHWARTZ, V. SBOROV and E. BERTIE: Amer. J. clin. Path. 14, 605 (1944). — WATSON, C. J., and V. HAWKINSON: Amer. J. clin. Path. 17, 108 (1947).

[2] SCHWARTZ, S., V. SBOROV and C. J. WATSON: Amer. J. clin. Path. 14, 598 (1944).

[3] YOUNG, L. E., R. W. DAVIS and J. HOGESTYN: J. Lab. clin. Med. 34, 287 (1949).

[4] WATSON, C. J., S. SCHWARTZ, V. SBOROV and E. BERTIE: Amer. J. clin. Path. 14, 605 (1944).

Die *Berechnung* erfolgt nach der Gleichung:

Gefundene Konzentration der gemessenen Lösung $\cdot \dfrac{5}{1,25} \cdot \dfrac{400}{10} \cdot$ weitere Verdünnungen
= EHRLICH-Einheiten je 100 g Faeces.

Eine EHRLICH-Einheit ist also die Farbintensität, die 1 mg Stercobilinogen oder Urobilinogen geben.

Gesunde Erwachsene scheiden 50—300 EHRLICH-Einheiten je 100 g Faeces aus. Wird Wert auf größere Genauigkeit gelegt, so sammelt man Stuhl über 2—4 Tage, wodurch die Unterschiede zwischen einzelnen Stuhlportionen ausgeglichen werden.

Stercobilin und Urobilin: Die Substanzen bilden sich durch Oxydation von Stercobilinogen bzw. Urobilinogen. Der qualitative Nachweis erfolgt durch die SCHLESINGER-Reaktion mit Zinkacetat, wobei sich eine grüne Fluorescenz ausbildet[1]. Eine ähnliche Reaktion geben das Bilicholetin und andere Derivate. Näheres s. S. 235. Stercobilin unterscheidet sich von Urobilin durch seine optische Aktivität[2]. Zur Unterscheidung läßt sich weiter die Pentdyopent-Reaktion heranziehen[3]: Urobilin gibt eine positive Pentdyopent-Reaktion[4]. Die Mesobiliviolinreaktion ist nicht eindeutig, da auch Stercobilin bei geeigneter Behandlung violinartige Farbstoffe bilden kann[5]. Nur durch Chromatographie lassen sich mit der Mesobiliviolinreaktion verwertbare Ergebnisse erzielen[6].

Bestimmung von Stercobilin und Urobilin erfolgt nach Reduktion mit Eisen(II)-sulfat in alkalischer Lösung mit Hilfe der EHRLICHschen Aldehydreaktion nach WITH[7].

Reagentien:

1. Ammoniumeisen(II)-sulfatlösung, 16%ig.
2. 3 n NaOH.
3. Aldehydreagens: 0,7 g p-Dimethylaminobenzaldehyd in 150 cm³ konz. HCl gelöst, mit Aqua dest. ad 250 cm³.
4. Gesättigte Natriumacetatlösung (100 cm³ H_2O lösen bei 25° rund 50 g Natriumacetat).

Ausführung:

Die Stuhlmasse von 4 Tagen wird in verschlossenem Behälter im Eisschrank gesammelt, gewogen und so gut wie möglich durch Zerreiben im Mörser homogenisiert. Man nimmt verschiedene Proben von insgesamt genau 2 g und schlämmt in Wasser auf. Die Faecesaufschlämmung wird danach mit Wasser auf ein rundes Volumen verdünnt (z. B. 80 cm³). Zu 1 Vol. dieser Aufschlämmung gibt man $\frac{1}{4}$ Vol. frisch zubereiteter 16%iger Ammoniumeisen(II)-sulfatlösung sowie dann $\frac{1}{4}$ Vol. 12%iger NaOH und mischt gut, am besten in einem Meßzylinder mit Schliffstopfen. Man läßt dann 1—24 Std im Dunkeln stehen. Dann folgt die Extraktion, wobei man je nach Gehalt 1—50 cm³ benutzt. Die Menge ermittelt man, indem man 2 cm³ Aufschlämmung mit 2 cm³ Aldehydreagens und 5 cm³ gesättigter Natriumacetatlösung versetzt. Bei starker Reaktion nimmt man nur 1 cm³. Ehe man abpipettiert, muß man den Eisenhydroxydniederschlag durch Filtrieren oder Zentrifugieren abtrennen. Die abpipettierte Menge wird in einen 250 cm³-Scheidetrichter überführt, mit Wasser bis etwa 50 cm³ verdünnt und mit 1—2 cm³ Eisessig versetzt. Es wird mit 20 cm³ peroxydfreiem Äther 2—3mal extrahiert. Die Extrakte werden vereinigt und 2—3mal mit reichlich destilliertem Wasser gewaschen. Bei Emulsionsbildung werden 1—2 cm³ Alkohol zugefügt. Zu den gewaschenen Ätherextrakten werden 1—2 cm³ des Aldehydreagens zugesetzt und mehrere Sekunden kräftig geschüttelt, wonach 5—10 cm³ der gesättigten Natriumacetatlösung zugesetzt werden und nochmals kräftig geschüttelt wird. Die rote wäßrige Schicht wird abgetrennt und

[1] NAUMANN, H. N.: Biochem. J. **30**, 347 (1936). J. Lab. clin. Med. **32**, 1503 (1947).
[2] FISCHER, H., u. H. HALBACH: H. **238**, 59 (1936).
[3] FISCHER, H., u. H. v. DOBENECK: H. **263**, 125 (1940).
[4] STICH, W.: Kli. Wo. **1948**, 365.
[5] WATSON, C. J.: H. **233**, 39 (1935).
[6] EISENREICH, F.: Kli. Wo. **1948**, 474.
[7] WITH, T. K.: H. **275**, 180 (1942).

die Ätherphase noch einige Male mit Aldehydreagens behandelt. In der Regel sind 3 Extraktionen ausreichend. Bei stercobilinreichen Proben sind 5 Extraktionen notwendig. Die Messung erfolgt mit dem Filter S 53 im Stufenphotometer.

Berechnung nach der Gleichung $1,36 \cdot E_{1\,cm}$ = mg je 100 g Faeces unter entsprechender Berücksichtigung der angewandten Volumenverhältnisse und Verdünnungen. Der Faktor 1,36 für die spezifische Extinktion wurde von HEILMEYER und KREBS[1] mit reinem Urobilinogen bestimmt. Brauchbar als Standard ist auch die von WATSON und Mitarbeitern gegebene Standardfarbstofflösung (s. S. 235).

Außer den genannten Farbstoffen finden sich noch weitere gefärbte Substanzen in den Faeces. So fand STICH[2] nach Extraktion der Urobilinkörper nach WATSON die Farbe der Faeces nur wenig vermindert. Diese braunen Stuhlfarbstoffe sind zum Teil löslich in Wasser, zum Teil in Aceton und Chloroform, aber unlöslich in Äther. Sie zeigen Ähnlichkeit mit den Mesobilifuscinen[3, 4].

Gallensäuren. Gallensäuren kommen in den Faeces in relativ geringer Menge vor. In 3 Tagen werden etwa 0,5 g ausgeschieden, während mit der Galle etwa 30 g in den Darm gelangen. Ein Teil kann bakteriell verändert werden[5]. So entsteht aus Taurocholsäure die Desoxycholsäure.

Bestimmung nach MINIBECK[6].

Reagentien:

1. Alkohol, 96%ig.
2. Ba(OH)$_2$, gesättigte Lösung mit 0,4% Bariumacetat.
3. Aufschwemmung von 3 g feinstpulverisiertem Calciumoxyd in 90 cm^3 Essigester. Die Aufschwemmung ist vor Gebrauch zu schütteln.
4. Essigester, rein.
5. Eisessig, 10%ig in konz. H$_2$SO$_4$.

Ausführung:

1 g frischer Stuhl wird in 50 cm^3 Bariumhydroxyd und 20 cm^3 Alkohol verrührt. Nachdem der Stuhl fein zerteilt ist, wird das Gemisch 3 min zum Sieden erhitzt, nach dem Abkühlen auf 25,0 cm^3 ergänzt, filtriert und 0,5 cm^3 zur Trockne eingedampft. Zu dem Rückstand gibt man 0,05 cm^3 H$_2$O, 4,0 cm^3 Essigester und 1,0 cm^3 Calciumoxydaufschlämmung. Die Proben werden in ein Wasserbad von 90° gestellt, wobei Fette, Fettsäuren, Cholesterin und Lecithin in Lösung gehen. Dauer der Extraktion 2 min. Die Proben werden zentrifugiert; der Essigester wird abgegossen und der Rückstand zweimal mit 4 cm^3 siedendem Essigester unter Erhitzen im Wasserbad nachgewaschen. Der zuletzt im Zentrifugenglas verbleibende Rückstand enthält die Gallensäuren und wird in 4,5 cm^3 Eisessig-Schwefelsäuregemisch gelöst. Man wartet die Entwicklung der Gasblasen ab und kann dann die Fluorescenz messen. Hierfür verwendet der Autor ein Fluoroquant genanntes Zusatzgerät zum Stufenphotometer. Es kann ebenso jeder andere Trübungsmesser verwandt werden. Die Herstellung der Eichkurve erfolgt mit reiner Gallensäure. Weitere Methoden s.[7], sowie Bd. III, Gallensäuren.

Niedermolekulare Substanzen. Neben. vom Körper ausgeschiedenen Substanzen finden sich in den Faeces noch die durch die Tätigkeit der Bakterien entstandenen Produkte.

Milchsäure: Als regelmäßiges Produkt der Säurebildner der Faeces wird sie erklärlicherweise in sehr wechselnden Mengen gefunden[8].

[1] HEILMEYER, L., u. W. KREBS: B. Z. **231**, 393 (1931).
[2] STICH, W.: Kli. Wo. **1948**, 474.
[3] SIEDEL, W., W. STICH u. F. EISENREICH: Naturwiss. **35**, 316 (1948).
[4] SIEDEL, W., W. VON PÖLNITZ u. F. EISENREICH: Naturwiss. **34**, 314 (1947).
[5] BAUMGÄRTEL, T.: Kli. Wo. **1947**, 378.
[6] MINIBECK, H.: B. Z. **297**, 217 (1938).
[7] JENKE, M: A. e. P. P. **159**, 180; **163**, 175 (1931).
[8] PITTMANN, J. E., and W. H. OLMSTED: Proc. Soc. exp. Biol. Med. **29**, 479 (1932).

Bestimmung[1].

Reagentien:

1. H_2SO_4, 10%ig.
2. Quecksilbersulfat, 30%ig in 10%iger H_2SO_4.
3. NaOH, 10%ig.
4. KIPPscher Apparat zum Entwickeln von Schwefelwasserstoff.
5. $CuSO_4 \cdot 5 H_2O$, pulverisiert.
6. $Ca(OH)_2$.

Ausführung:

100 g Faeces werden sofort nach Erhalt des Untersuchungsmaterials mit 200 cm³ einer Lösung von 30% Quecksilbersulfat in 10%iger H_2SO_4 versetzt. Das Ganze wird durch ein gewöhnliches Sieb gegeben und eine 200 g-Portion genau ausgewogen. Aus einer Bürette wird unter kräftigem Rühren 10%ige NaOH langsam zugefügt. Am Ende der Zugabe soll die Reaktion der Probe eben kongosauer sein. Es sei noch erwähnt, daß die Quecksilbersulfatlösung zur Sterilisation sofort zum frischen Stuhl gegeben werden muß, während die Fällung mit NaOH dann innerhalb einiger Stunden erfolgen kann. Allzu langes Stehen ist aber auch hierbei zu vermeiden, da durch die Einwirkung der starken Schwefelsäure mit der Zeit die Menge der nach Destillation sulfitbindenden Substanzen zunimmt. Die Probe wird auf 1000 cm³ aufgefüllt, filtriert, mit 1 cm³ 10%iger H_2SO_4 versetzt und mit Schwefelwasserstoff behandelt. Das überschüssige H_2S wird mit feuchter Luft ausgetrieben. Nach dem Filtrieren wird soviel pulverförmiges Kupfersulfat zugesetzt, wie nötig ist, um eine 2,5%ige Lösung herzustellen, und Calciumhydroxyd in genügender Menge, um die Lösung alkalisch zu machen. Die alkalische Kupferfällung wird über Nacht im Kühlschrank belassen und dann das Filtrat der Fällung nach einer der üblichen Methoden auf Milchsäure untersucht (s. S. 103). In Stühlen gesunder Erwachsener bei gemischter Diät finden sich nur wenige Milligramme sulfitbindende Substanz, da Milchsäure durch die Tätigkeit der Bakterien zerstört wird. Dem Kot zugesetzte Milchsäure verschwindet nach 24stündigem Bebrüten vollständig, während in sterilisierten Faeces die gesamte Milchsäure wiedergefunden werden kann.

Phenol entsteht durch die Tätigkeit der Darmbakterien aus Tyrosin.

Bestimmung nach JONCKHEERE-DEBERGH und GOIFFON[2].

Prinzip: Die Faecesaufschlämmung wird nach FOLIN-WU (s. S. 23) enteiweißt; im eiweißfreien Filtrat werden störende Schwefelverbindungen mit Zinkchlorid entfernt, und hierauf wird das Phenol mit Phenolreagens oder nach einer der üblichen Methoden bestimmt.

Reagentien:

1. Natriumwolframatlösung, 10%ig.
2. 0,66 n Schwefelsäure.
3. Zinkchloridlösung, 2,5%ig.
4. Na_2CO_3, 20%ig.
5. Phenolreagens[3]: 100 g Natriumwolframat ($Na_2WO_4 \cdot 2 H_2O$) und 25 g Natriummolybdat ($Na_2MoO_4 \cdot 2 H_2O$) werden in 700 cm³ H_2O gelöst. Dann setzt man 50 cm³ 85%ige H_3PO_4 und 100 cm³ konz. HCl zu und kocht die Mischung 10 Std am Rückfluß. Gegen Ende der Kochzeit wird mit 150 g Lithiumsulfat, 50 cm³ H_2O und einigen Tropfen Brom versetzt. Man kocht noch etwa 15 min ohne Rückflußkühler, um das überschüssige Brom zu vertreiben. Nach dem Abkühlen wird mit Aqua dest. auf 1000 cm³ aufgefüllt. Das Reagens darf keinen grünlichen Schimmer zeigen. Es ist vor Staub geschützt aufzubewahren.

Ausführung:

Man stellt eine Aufschlämmung der Faeces von 10:100 her. Von dieser werden 5 cm³ mit 5 cm³ 10%iger Natriumwolframatlösung und 5 cm³ 0,66 n H_2SO_4 versetzt, gemischt und filtriert. In diesem eiweißfreien Filtrat sind noch Schwefelverbindungen enthalten, die mit dem Phenolreagens reagieren können. Um sie zu entfernen, werden 6 cm³ Filtrat

[1] PITTMANN, J. E., and W. H. OLMSTED: Proc. Soc. exp. Biol. Med. **29**, 479 (1932).
[2] JONCKHEERE-DEBERGH, M., et R. GOIFFON: C. R. Soc. Biol. **103**, 485 (1930).
[3] FOLIN, O., and V. CIOCALTEU: J. biol. Ch. **73**, 627 (1927).

(entsprechend 2 cm³ 10%iger Stuhlaufschwemmung) mit 5 cm³ wäßriger 2,5%iger Zinkchloridlösung und 5 cm³ 20%iger Natriumcarbonatlösung versetzt, gemischt und filtriert; 8 cm³ dieses Filtrats werden in einen 30 cm³-Meßkolben gegeben (entsprechend 1 cm³ 10%iger Stuhlaufschwemmung), 0,5 cm³ Phenolreagens zugefügt, mit destilliertem Wasser auf 25 cm³ aufgefüllt und 5 cm³ 20%ige Natriumcarbonatlösung zugesetzt. Beim Mischen bildet sich eine blaue Farbe, die ihr Maximum nach 1 Std erreicht und dann photometriert oder colorimetriert werden kann. Der Mittelwert liegt um 40 mg in 100 g Faeces bei einer Schwankungsbreite von 25—125 mg.

Indol und Skatol entstehen durch Abbau von Tryptophan im Darm.

Bestimmung.
Reagentien:

1. NaOH, 10%ig.
2. p-Dimethylaminobenzaldehyd, 2%ig in 96%igem Alkohol.
3. HCl, 25%ig.
4. NaNO₂, 0,5%ig.

Ausführung: 25 g Faeces werden mit 20 cm³ Wasser und 1—2 cm³ 10%iger NaOH im Dampfstrom destilliert, bis die EHRLICHsche Aldehydprobe im Destillat negativ ausfällt. Man gibt zum Destillat das halbe Volumen an 2%iger alkoholischer Lösung von p-Dimethylaminobenzaldehyd, darauf tropfenweise 25%ige Salzsäure, bis Rotfärbung eintritt. Nach Zugabe eines Tropfens 0,5%iger Natriumnitritlösung bildet sich bei Anwesenheit von Indol eine schöne dunkelrote Farbe, bei Skatol mit Salzsäure eine blauviolette Farbe, die mit Nitritlösung in Blau übergeht. Die Herstellung der Eichkurven geschieht mit reinen Proben von Indol und Skatol. Eine weitere Bestimmungsmethode von Indol s. [1].

Histamin findet sich gleichfalls in den Faeces. Zur Extraktion werden die Faeces mit der 4fachen Menge 10%iger Trichloressigsäure verrührt, 2 Std lang stehengelassen und zentrifugiert. Der Bodensatz wird nochmals in gleicher Weise mit Trichloressigsäure behandelt. Die nach dem Zentrifugieren überstehende Lösung wird wiederholt mit Äther ausgeschüttelt, bis sie nicht mehr kongosauer reagiert. Hierauf wird mit so viel konzentrierter HCl angesäuert, daß die Lösung 2 n an HCl ist, 2 Std auf dem Wasserbad gekocht und im Vakuum zur Trockne eingedampft. Der Rückstand wird mit 85%igem Alkohol zweimal extrahiert und im Vakuum zur Trockne gebracht. Der so erhaltene Trockenrückstand wird in absolutem Alkohol gelöst und filtriert. Die Verluste betragen bei dieser Methode 20—30%. Auswertung der Filtrate am isolierten Meerschweinchendarm. Bei normalen Personen ergab sich im Durchschnitt ein Histamingehalt von 1,3 γ/cm³ Stuhl. Bei Gärungsdyspepsien wurden 15—25 γ/cm³ Stuhl gefunden[2].

Diacetyl ist ein Produkt der in den Faeces vorkommenden Streptococcus faecalis und Streptococcus liquefaciens. Nachweis: VOGES-PROSKAUERsche Reaktion und Nickelsalz des Dioxims nach TSCHUGAEFF[3].

Bei der Tätigkeit der Bakterien des Dickdarms werden verschiedene *Gase* gebildet, so vor allem H_2S, H_2 und CH_4. Die folgende Tabelle gibt Mittelwerte von Darmgasanalysen[4].

Tabelle 106. *Zusammensetzung der Darmgase* (Mittelwerte in Prozenten).

$N_2 = 59$	$H_2 = 21$	$CO_2 = 9$
$O_2 = 4$	$CH_4 = 7$	$H_2S = 0,0001{-}0,001$

Die Gase wurden mittels eines Katheters gewonnen, das ins Rectum eingelegt war. Unter diesen Bedingungen wurden 1—1,5 cm³/min gefunden. H_2S wurde in 2%iger Essigsäure, die 2% Cadmiumacetat enthält, adsorbiert. Die anderen Gase wurden in einer Reihe hintereinandergeschalteter Gasbüretten analysiert. Der Brennwert beträgt 0,1—0,2% der zugeführten Nahrungsstoffe. Nach Rosenkohl war in den folgenden

---

[1] PIERCE, H. B., and R. B. KILBORN: J. biol. Ch. 81, 381 (1929).
[2] MYHRMAN, G., u. J. TOMENIUS: A. e. P. P. 193, 14 (1939).
[3] DAVIS, I. G., H. J. ROGERS and C. C. THIEL: Nature 143, 558 (1939).
[4] KIRK, J. E.: Gastroenterol., Baltimore 12, 782 (1949).

5—10 Std die Gasbildung erhöht und betrug 2,34 cm³/min. Durch die stärkere Peristaltik waren auch N_2 und O_2 vermehrt.

Vitamine. Vitamine finden sich regelmäßig in den Faeces. Zum Teil stammen sie aus der Nahrung, zum Teil werden sie, wie vor allem das Vitamin K und einige B-Vitamine, von der Bakterienflora des Darmes produziert.

Die Bestimmung der einzelnen Vitamine in den Faeces erfolgt im allgemeinen wie in anderen biologischen Materialien, wobei wegen der Anwesenheit von störenden Substanzen immer eine weitgehende Reinigung notwendig ist. Die Bestimmung kann sowohl in den frischen Faeces als auch nach Trocknung erfolgen, wobei im letzten Falle auf die oft geringe Beständigkeit der Vitamine gegen Hitze, Licht und Sauerstoff Rücksicht zu nehmen ist. Auch chemische Agentien können eine weitgehende Zerstörung der Vitamine hervorrufen. Bei der Bestimmung im Trockenpulver können deshalb nur im Vakuum bei niedriger Temperatur und möglichst unter N_2- oder CO_2-Atmosphäre getrocknete Faeces verwandt werden. Bei Trocknung der Faeces mit Alkohol oder Aceton findet sich der Großteil der Vitamine in diesen Lösungsmitteln vor allem dann, wenn die Faeces vorher weitgehend zerkleinert werden. Soll nur die innerhalb eines bestimmten Zeitraumes ausgeschiedene Menge an Vitaminen bestimmt werden, so ist es ratsam, vom feuchten Material auszugehen und eventuell mit Na_2SO_4 zu zerreiben, wodurch eine weitgehende Trocknung erfolgt.

Vitamin A und β-Carotin: Bei täglicher Verabreichung von 2500 IE Vitamin A werden beim Gesunden bis zu 710 IE wieder ausgeschieden[1], bei β-Carotin findet man bis zu 54% der gesamten Zufuhr in den Faeces wieder. Die Ausscheidung erfolgt hierbei ausschließlich über den Darm, denn im Harn ist kein Vitamin A oder β-Carotin nachweisbar.

Nach WITH[2] schwankt die Vitamin A-Ausscheidung zwischen 30 und 70% der mit der Nahrung zugeführten Menge, wobei die Resorbierbarkeit eine wesentliche Rolle spielt.

Bestimmung:

Prinzip: Zur Bestimmung ist wegen der relativ geringen Mengen an vorhandenem Vitamin A eine weitgehende Reinigung der Extrakte und anschließende Chromatographie unerläßlich. Nach VAN EEKELEN und Mitarbeitern[3] eignen sich zur Adsorption sowohl Aluminiumoxyd als auch Calciumhydroxyd, während bei Anwesenheit von Lycopin eine brauchbare Trennung nur mit Calciumhydroxyd erreicht wird. Die Messung erfolgt photometrisch entweder direkt oder nach Reaktion mit Antimonchlorid. Sehr geeignet ist auch der biologische Test. Einzelheiten s. Bd. III.

Reagentien:

1. Äthanol, 96%ig.
2. KOH, 60%ig.
3. Äther, peroxydfrei.
4. Petroläther, Kp 40—60°.
5. Benzol.
6. Calciumhydroxyd.
7. Aluminiumoxyd.
8. Natriumsulfat, wasserfrei.
9. Asbestfasern.
10. Seesand.

Ausführung:

10—20 g Faeces werden mit 2 g Asbestfasern gemischt und mit Seesand in Gegenwart von 150 cm³ Äthanol möglichst fein zerrieben. Die Flüssigkeit wird in einen Extraktionskolben gebracht, der Rückstand in die Extraktionshülse und auf dem Wasserbad ½—1 Std extrahiert. Hierbei werden zur Verseifung von Estern 5 cm³ 60%ige KOH zugefügt. Nach dem Erkalten wird das gleiche Volumen an destilliertem Wasser zugegeben, und die Carotinoide werden mit Äther oder Petroläther extrahiert. Bei Emulsionsbildung wird diese mit etwas Äthanol zerstört. Die vereinigten Extrakte werden mit Wasser gewaschen und über wasserfreiem Natriumsulfat getrocknet. Nach Verdampfen des Lösungsmittels im Vakuum wird der Rückstand in einer Mischung von Benzol-Petroläther (5mal 5 cm³-Portionen) aufgenommen. Bei Verwendung von Aluminiumoxyd als

[1] WAGNER, K. H.: Z. klin. Med. 137, 664 (1940).
[2] WITH, T. K.: Z. Vit.-Forsch. 11, 56, 172, 228 (1941).
[3] EEKELEN, M. VAN, CHR. ENGEL and A. BOS: Recu. Trav. chim. Pays-Bas 61, 713 (1942).

Adsorptionsmittel bei der Chromatographie beträgt das Mischungsverhältnis Benzol:Petroläther = 3:2, bei Calciumhydroxyd 1:3. Die weitere Bestimmung erfolgt, wie in Bd. III beschrieben.

Vitamin D: Das antirachitische Vitamin wird ebenso wie das fettlösliche Vitamin A normalerweise nur über den Darm ausgeschieden. Bei Verabreichung einer einmaligen hohen Menge Vitamin D_2 werden 3—14% in den ersten 3 Tagen in den Faeces wieder ausgeschieden[1].

Bestimmung[2]: Bei der Bestimmung sind 2 D-Vitamine von Bedeutung, das synthetische, durch Bestrahlung von Ergosterin gewonnene D_2 und das natürliche D_3. Beide verhalten sich chemisch gleich und zeigen nur biologisch Unterschiede bezüglich ihrer Wirkung bei verschiedenen Tierarten. Das Prinzip der Bestimmung beruht auf der Extraktion der Faeces mit Fettlösungsmitteln unter gleichzeitiger oder anschließender Verseifung und Trennung des Unverseifbaren durch Chromatographie.

Reagentien:

1. Alkohol, 96%ig.
2. KOH, 12%ige alkoholische, frisch bereitet.
3. Äther, peroxydfrei.
4. Petroläther, Kp 40—60°.
5. Äthylacetat.
6. MgO.
7. Kieselgur.
8. Seesand.
9. Na_2SO_4, wasserfrei.

Ausführung:

10—20 g Faeces werden mit Seesand fein zerrieben und wie bei Vitamin A beschrieben extrahiert. Es kann auch zuerst mit einem Fettlösungsmittel allein extrahiert werden und der Rückstand, der nach dem Verdampfen des Lösungsmittels hinterbleibt, mit der frischbereiteten 12%igen alkoholischen KOH verseift werden, wobei auf 1 g Rückstand 2,5 g KOH eingesetzt werden. Nach dem Abkühlen wird mit dem gleichen Volumen destilliertem Wasser versetzt und mit 10mal 50 cm³-Portionen reinstem Äther extrahiert. Die Extrakte werden vereinigt, mit destilliertem Wasser gegen Phenolphthalein neutral gewaschen, mit Natriumsulfat getrocknet und der Äther durch Verdampfen entfernt. Der Rückstand wird in der kleinstmöglichen Menge von Petroläther aufgenommen und an eine Adsorptionskolonne von 2×10 cm chromatographiert. Die Füllung der Kolonne besteht aus MgO und Kieselgur im Verhältnis 1:1. Den Abschluß bildet eine Schicht von 1 cm Na_2SO_4 (wasserfrei).

Im Chromatogramm bilden sich 5 Zonen aus: 1. Ein schmaler Streifen von intensiver blaß-blauer Fluorescenz; 2. ein breiter Streifen von grünlich-gelber Fluorescenz, der das Vitamin A enthält; 3. ein schmaler Streifen von hellgrauer Fluorescenz; 4. zwei schmale Streifen 2 mm nebeneinander mit bläulicher Fluorescenz; 5. ein schmaler Streifen von grau-blauer Fluorescenz (Sterinfraktion). Waschen mit Petroläther eluiert Zonen 3, 4 und 5. Die Zone 5 enthält inaktive Sterine, Zone 4 reines Vitamin D und Zone 3 Vitamin A und D nebeneinander. Zur Feststellung der Fluorescenz der einzelnen Streifen wird eine schwache UV-Lichtquelle benützt. Bei dieser Methode können Vitamin A und D nebeneinander bestimmt werden, wobei eine der hierfür üblichen Methoden angewandt wird (s. Bd. III).

Vitamin E wird als ausgesprochen fettlösliches Vitamin normalerweise ausschließlich über den Darm ausgeschieden. Bis zu 25% erscheinen bei reichlicher Zufuhr in den Faeces, während im Harn höchstens Spuren zu finden sind[3].

Bestimmung[4]: Da das Vitamin E gegen Oxydation sehr empfindlich ist, muß bei seiner Bestimmung unter Ausschluß von Sauerstoff mit sauerstofffreien Reagentien gearbeitet werden. Die Bestimmung besteht aus der Extraktion der Faeces mit Fettlösungsmittel

---

[1] Stepp-Kühnau-Schroeder, Vitamine 6. Aufl. S. 334.

[2] DE WITT, J. B., and M. X. SULLIVAN: Industr. engng. Chem., analyt. Ed. **18**, 117 (1946) [Chem. Abstr. **40**, 2486⁸ (1946)].

[3] Stepp-Kühnau-Schroeder, Vitamine 6. Aufl. S. 366.

[4] STERN, M. H., and J. G. BAXTER: Analyt. Chem., Washington **19**, 902 (1947).

unter Stickstoffatmosphäre, anschließender oder gleichzeitiger Verseifung, Extraktion des Unverseifbaren und Reinigung durch Chromatographie.

Reagentien:

1. Äthanol, 96%ig.
2. Äthanol, absolut.
3. KOH, 12%ige alkoholische, frisch bereitet.
4. Äther, peroxydfrei.
5. Petroläther, Kp 40—60°.
6. Floridin (aktive Erde) oder Al_2O_3.
7. Pyrogallollösung, 5%ig.
8. Seesand.
9. Na_2SO_4, wasserfrei.

Ausführung:

10—20 g Faeces werden mit Seesand in Gegenwart von 150 cm³ 96%igem Äthanol fein zerrieben. Nach nochmaligem Dekantieren mit derselben Menge wird der Rückstand in der Extraktionshülse 1 Std lang unter Stickstoffatmosphäre extrahiert. Die alkoholische Lösung wird unter vermindertem Druck zur Trockne verdampft. Der Rückstand wird mit 2 cm³ 5%igem Pyrogallol versetzt und die Mischung auf dem Wasserbad unter Zugabe von 12%iger alkoholischer KOH erwärmt, wobei auf 1 g Rückstand etwa 2,5 g KOH verwendet werden. Nach etwa 5 min ist die Verseifung meist beendet. Es wird nun das gleiche Volumen destilliertes Wasser zugegeben und das Unverseifbare im Scheidetrichter mit 5mal 10 cm³ Äther extrahiert. Die vereinigten Ätherextrakte werden mehrmals mit sauerstofffreiem Wasser gewaschen und mit Natriumsulfat getrocknet, sodann auf dem Wasserbad unter vermindertem Druck eingedampft. Nach Aufnahme in Äthanol kann die Lösung nun über Nacht im Eisschrank ohne Schaden aufbewahrt werden. Die Abtrennung der störenden Carotinoide erfolgt durch Adsorption an aktive Erde (Floridin) oder Al_2O_3. Dazu wird die alkoholische Lösung auf dem heißen Wasserbad unter vermindertem Druck zur Trockne verdampft, in einem geringen Volumen Petroläther plus 1% Äthanol aufgenommen und an einer Kolonne von 50 mm Länge und 10 mm Durchmesser chromatographiert. Die nach dem Eluieren mit demselben Lösungsmittel erhaltene Lösung enthält das Vitamin E, das auf übliche Weise bestimmt werden kann (s. Bd. IV).

Bei der Chromatographie an aktive Erden kann eine beträchtliche Menge von Vitamin E oxydiert werden und nicht im Filtrat erscheinen[1]. Dies läßt sich vermeiden, wenn man das Adsorptionsmittel mit einer Lösung von 0,25 g $SnCl_2$ plus 5—8 cm³ konzentrierter HCl vor der Verwendung kocht. Hierdurch werden auch größere Mengen Vitamin A und Carotin zurückgehalten. Eine ähnliche Methode s. [2].

Vitamin K in seiner natürlich vorkommenden Form ist ebenfalls fettlöslich und wird im Darm ausgeschieden. Da die normale Darmflora zur Synthese des Vitamins fähig ist, wird es auch bei vitamin K-freier Ernährung in größeren Mengen in den Faeces gefunden. Nur die Faeces der Neugeborenen zeigen wegen des Fehlens der Bakterienflora keine Vitamin K-Aktivität[3]. Das meistverwandte synthetische Vitamin K ist im Gegensatz zum natürlichen in 50%igem Alkohol löslich.

Bestimmung: Zur Bestimmung des Vitamins K eignet sich am besten der biologische Test, während die chemische Bestimmung nur beim Vorliegen reiner Präparate erfolgreich durchgeführt werden kann. Durch Extraktion mit Aceton oder Petroläther läßt sich das Vitamin K dem zu untersuchenden Material entziehen.

Reagentien:

1. Petroläther.
2. Aceton.
3. Methanol, 90%ig.
4. Essigsäure, 90%ig.
5. MgO.
6. Seesand.

Ausführung:

20 g Faeces werden mit Seesand fein zerrieben und mit Petroläther extrahiert. Die Extrakte werden vereinigt und getrocknet. Der Petroläther wird dann zur Reinigung

[1] GLAVIND, J., K. TH. KJØLHEDE o. I. PRANGE: Kem. Mbl. nord. Hand.-Bl. kem. Industr. **23**, 43 (1942) [C. **1942 II**, 555].

[2] BROWN, F.: Biochem. J. **51**, XIV (1952).

[3] GLAVIND, J., E. H. LARSEN o. P. PLUM: Acta med. scand. **112**, 198 (1942).

mit 90%igem Methanol oder 90%iger Essigsäure ausgeschüttelt, wobei das Vitamin K im Petroläther bleibt, während verunreinigende Substanzen entfernt werden. Vorhandene Farbstoffe werden durch Adsorption an MgO oder Kohle leicht entfernt, da das Vitamin hiervon nicht adsorbiert wird. Die biologische Prüfung erfolgt in üblicher Weise[1].

B-Vitamine: Ein Teil des B-Komplexes wird von den Bakterien des Darmes synthetisiert, so vor allem p-Aminobenzoesäure, Biotin, Folinsäure und Pantothensäure sowie die Pyridoxinderivate und Nicotinsäure. DENKO und Mitarbeiter[2] finden in einer Untersuchung folgende Verhältnisse: Die tägliche Ausscheidung der Vitamin B-Gruppe in den Faeces war größer als die Ausscheidung im Harn mit Ausnahme von Pantothensäure und Pyridoxin. Die täglich ausgeschiedene Gesamtmenge in Harn plus Faeces war bei Aneurin, Lactoflavin, Pyridoxin und Nicotinsäure geringer als die mit der Nahrung aufgenommene Menge, wobei aber bei Pyridoxin und Nicotinsäure nicht alle Stoffwechselprodukte erfaßt werden konnten. Bei p-Aminobenzoesäure, Biotin, Folinsäure und Pantothensäure überstieg die Gesamtausscheidung in Harn plus Faeces die mit der Nahrung aufgenommene Menge. Im einzelnen waren doppelt soviel Aneurin und Nicotinsäure in den Faeces wie im Urin, halb soviel Lactoflavin und p-Aminobenzoesäure wie im Urin. Der Biotingehalt in den Faeces war 4mal größer und der Folinsäuregehalt 70mal größer als im Urin. Die Hauptmenge von Pantothensäure und Pyridoxin (60%) erscheint im Urin der Rest (40%) in den Faeces. Einen direkten Zusammenhang zwischen der Menge der B-Vitamine in den Faeces und der Zufuhr von krystallinen B-Vitaminen und von Proteinen konnte nicht festgestellt werden[3].

Bestimmung der einzelnen B-Vitamine. *Aneurin* kann durch Kochen der feinzerriebenen Probe mit 2%iger Essigsäure extrahiert werden[4]. Hierbei wird aber die Cocarboxylase, die Hauptform des Aneurin im Organismus, nicht hydrolysiert, so daß nach Oxydation mit Trikaliumhexacyanoferrat das entstehende Thiochrom mit Isobutanol nicht extrahierbar ist und nur das freie Aneurin bestimmt wird. Deshalb verwendet man zur Hydrolyse besser 0,1 n HCl[5].

Reagentien:
1. 0,1 n HCl.
2. Diastasepräparat (Merck), und Papain oder Pepsin.
3. 2,5 m Natriumacetatlösung.
4. Floridin (aktive Erde).
5. KCl-Lösung (8,5 cm³ konz. HCl plus 25%iges KCl ad 1000 cm³).
6. Trikaliumhexacyanoferrat (3 cm³ 1%iges $K_3[Fe(CN)_6]$ und 97 cm³ 15%ige NaOH, 24 Std haltbar).
7. NaOH, 15%ig.
8. Isobutanol.
9. Na_2SO_4, wasserfrei.

Ausführung:
Eine Faecesprobe, die etwa 10—30 γ Aneurin enthält, wird genau gewogen und in einen 100 cm³-Meßkolben, der 75 cm³ 0,1 n HCl enthält, gebracht. Der Kolben wird 30 min im siedenden Wasserbad erhitzt, auf 50° abgekühlt, mit 5 cm³ Enzymlösung (6 g Diastase Merck oder ein gleich wirksames Präparat und 6 g Papain oder 6 g Pepsin mit 2,5 m Natriumacetatlösung ad 100 cm³) versetzt und 2 Std im Brutschrank bei 45—50° gehalten. Nach Abkühlen und Auffüllen mit H_2O zur Marke wird filtriert. In ein oben mit birnenförmigem 25 cm³-Reservoir versehenes Adsorptionsrohr (10 cm lang,

[1] ALMQUIST, H. J.: Biol. Symp. **12**, 508 (1947).
[2] DENKO, C. W., W. E. GRUNDY, J. W. PORTER and G. H. BERRYMAN: Arch. Biochem. **10**, 33 (1946).
[3] FREED, M., W. E. GRUNDY, C. R. HENDERSON and G. H. BERRYMAN: Gastroenterol., Baltimore **8**, 353 (1947).
[4] HENNESSY, D. J., and L. R. CERECEDO: Am. Soc. **61**, 179 (1939).
[5] Stepp-Kühnau-Schroeder, Vitamine 7. Aufl. Bd. 1, S. 126.

6—8 mm lichte Weite), welches mit Floridin gefüllt ist, werden 25 cm³ Filtrat eingefüllt und langsam durchgesaugt. Dann wird 3mal mit je 10 cm³ H_2O gewaschen und das adsorbierte Aneurin mit 2mal 10 cm³ KCl-Lösung eluiert. Das Eluat wird in einem 25 cm³-Kolben aufgefangen und mit KCl-Lösung zur Marke aufgefüllt. Je 5 cm³ werden in 2 Reagensgläser pipettiert. Zu Reagensglas *1* gibt man 3 cm³ $K_3[Fe(CN)_6]$ und zu Reagensglas *2* 3 cm³ 15%ige NaOH, sowie zu beiden Ansätzen 15 cm³ Isobutylalkohol. Es wird 90 sec stark geschüttelt, zentrifugiert, die Isobutanolschicht abgehoben, mit 2—3 g Na_2SO_4 (wasserfrei) getrocknet, filtriert und die Fluorescenz gemessen. Als Vergleich dienen Proben mit reinem Aneurin.

Lactoflavin liegt in den Faeces teilweise in gebundener Form vor. Zu seiner Bestimmung muß deshalb das Material nach möglichst weitgehender Zerkleinerung mit 0,1 n H_2SO_4 hydrolysiert werden. Die vollständige Freisetzung erfolgt durch Verdauung der erhaltenen Suspension mit Papain, Pepsin und Takadiastase[1].

Reagentien:

    1. 0,1 n H_2SO_4.

    2. 2,5 m Natriumacetatlösung.

    3. Papain-, Pepsin- und Takadiastasepräparat.

Ausführung:

Eine Menge Faeces entsprechend 20—50 γ B_2 wird nach Zerkleinerung mit 75 cm³ 0,1 n H_2SO_4 in einem 100 cm³-Meßkolben auf dem siedenden Wasserbad 30—60 min hydrolysiert. Die Suspension wird mit Natriumacetat auf p_H 5 gebracht, mit einer Lösung von Ferment (je 0,1 g in 3 cm³) versetzt und 1 Std bei 45° (oder über Nacht bei 38°) gehalten.

Nach Abkühlen und Auffüllen zur Marke wird filtriert und, wie bei Aneurin beschrieben, an Floridin chromatographiert. Zur Elution dient ein Gemisch von 20% Pyridin in 2%iger Essigsäure[2].

Die weitere Bestimmung erfolgt, wie in Bd. IV beschrieben.

Nicotinsäure wird wie die anderen B-Vitamine nach Hydrolyse mit Salzsäure bestimmt[3].

Reagentien:

    1. HCl, konz.

    2. Fullererde.

    3. 0,2 n H_2SO_4.

    4. Lloyds Reagens, s. S. 108.

    5. 0,1 n NaOH.

    6. Bleinitrat in Substanz.

    7. Na_3PO_4 in Substanz.

    8. H_3PO_4, 20%ig.

Ausführung:

Eine etwa 150 γ Nicotinsäure enthaltende Menge Faeces wird nach Zerkleinerung mit 5 cm³ konzentrierter HCl und 10 cm³ H_2O 40 min im siedenden Wasserbad erhitzt, abgekühlt, zentrifugiert, das Dekantat mit 2,5 g Lloyds Reagens oder Fullererde 1 min lang geschüttelt, zentrifugiert, die Flüssigkeit abgegossen und das Adsorbat aufbewahrt. Der unlösliche Anteil des mit HCl behandelten Materials wird mit 10 cm³ 0,2 n H_2SO_4 gewaschen, zentrifugiert und die Flüssigkeit mit dem Adsorbat vereinigt. Die Mischung wird nochmals 1 min geschüttelt, zentrifugiert und die Flüssigkeit abgegossen. Der Rückstand wird mit 10—15 cm³ 0,1 n NaOH gegen Phenolphthalein alkalisch gemacht, 1 min lang stark geschüttelt und auf 16,5 cm³ (= 15 cm³ Originalsäureextrakt) aufgefüllt. Man zentrifugiert und gibt zu dem Dekantat gepulvertes Bleinitrat und NaOH, bis der p_H-Wert 8—9 beträgt (Indicator Thymolblau, Überschuß vermeiden!), zentrifugiert wieder, gibt zur überstehenden Flüssigkeit einen Tropfen Phenolphthalein und, falls keine Rosafärbung eintritt, festes Na_3PO_4 bis zum Umschlag. 5 cm³ dieser Lösung werden mit einigen Tropfen 20%iger Phosphorsäure und gegebenenfalls festem Na_3PO_4

[1] Stepp-Kühnau-Schroeder, Vitamine 7. Aufl. Bd. 1, S. 228.

[2] FERREBEE, J. W.: J. clin. Invest. 19, 251 (1940).

[3] PERLZWEIG, W. A., E. D. LEVY and H. P. SARETT: J. biol. Ch. 136, 729 (1940).

gegen Bromthymolblau auf p_H 6,2—6,8 eingestellt und auf 25 cm³ aufgefüllt. Die weitere Bestimmung erfolgt, wie in Bd. IV beschrieben.

Pyridoxin: Die im biologischen Material enthaltenen gebundenen Formen des Vitamin B_6 müssen vor Ausführung der Bestimmung hydrolysiert werden. Dies geschieht mit Schwefelsäure im Autoklaven bei 120°[1].

Reagentien:

1. 0,04 n H_2SO_4.
2. Papain.
3. Takadiastase.
4. 2,5 m Natriumacetat.
5. Acetatpuffer p_H 4,5.
6. NaOH, 10%ig.
7. Superfiltrol.
8. Eisessig.
9. NaOH, 0,5%ig, alkoholisch.
10. Essigsäure, 12%ig.
11. Natriumwolframatlösung, 25%ig.
12. H_2SO_4, konz.

Ausführung:

1—5 g Faeces werden mit 70 cm³ 0,04 n H_2SO_4 bei 120° im Autoklaven erhitzt. Nach halbstündiger Einwirkung läßt man abkühlen, bringt mit Acetat auf p_H 4,5 und versetzt mit einer Suspension von je 0,4 g Papain und Takadiastase in 10 cm³ Acetatpuffer (p_H 4,5). Die Mischung wird 2 Std bei 40° gehalten, zentrifugiert, dekantiert und nach Versetzen mit 20 cm³ H_2O erneut zentrifugiert; die vereinigten Extrakte werden mit NaOH auf p_H 7 gebracht und auf 100 cm³ verdünnt. 35 cm³ dieser Lösung werden mit 2 cm³ 25%igem Natriumwolframat sowie 0,5 cm³ konzentrierter H_2SO_4 gemischt und nach 5 min zentrifugiert; nach Waschen des Rückstandes mit 5 cm³ H_2O werden die vereinigten Zentrifugate mit NaOH auf p_H 3 gebracht (Glaselektrode). Bei Auftreten einer Trübung wird nochmals zentrifugiert, dekantiert, das Dekantat mit 0,5 g Superfiltrol versetzt und 30 min geschüttelt. Man zentrifugiert wieder, wäscht das Superfiltrol 2mal mit je 15 cm³ Acetatpuffer (27,2 cm³ Eisessig und 55,5 g krystallisiertes Natriumacetat auf 500 cm³), eluiert mit 20 cm³ 0,4%iger alkoholischer NaOH im Wasserbad (30 min bei 60—65°) unter Umrühren, zentrifugiert, dekantiert in einen Meßzylinder, wäscht den Rückstand mit 5 cm³ alkoholischer NaOH, zentrifugiert, bringt die vereinigten Eluate mit 12%iger Essigsäure auf p_H 7,3 (Glaselektrode) und verdünnt mit absolutem Alkohol soweit, daß 10 cm³ 10—20 γ Pyridoxin entsprechen. Weitere Bestimmung s. Bd. IV.

Die Bestimmung von *Pantothensäure*[2] erfolgt nur mikrobiologisch. Hierzu muß die gebundene Form frei gelegt werden, was wegen der Säure- und Alkaliempfindlichkeit der Substanz nur durch enzymatische Hydrolyse geschehen kann. Am günstigsten ist hierzu eine Kombination von Darmphosphatase und Enzym aus Hühner- oder Taubenleber (Bicarbonatextrakt aus Acetontrockenleber). Das Ferment aus Taubenleber setzt dabei die Carboxylgruppe des Vitamins frei, die Darmphosphatase die beiden Hydroxylgruppen durch Abspaltung von Phosphat.

p-Aminobenzoesäure und *Folinsäure.* Beide Substanzen liegen in den Faeces in konjugierter Form vor und müssen durch 1-stündige Hydrolyse mit 4 n HCl im kochenden Wasserbad aufgeschlossen werden. Im erhaltenen Filtrat wird die p-Aminobenzoesäure nach üblicher Weise bestimmt (s. Bd. III). Die nicht konjugierte Form wird direkt im Filtrat der mit Trichloressigsäure behandelten Faeces bestimmt. Folinsäurebestimmung s. Bd. IV.

Vitamin B_{12} findet sich regelmäßig in den Faeces, wo es von den Darmbakterien synthetisiert wird. Seine Menge läßt sich durch Verfütterung von Kobaltsalzen erhöhen[3]. Zur Bestimmung werden die Faeces homogenisiert und mit Trypsin oder Papain (25 mg auf 0,5 g Material) 30 Std bei 37° unter Toluol behandelt. Nach Extraktion erfolgt die Bestimmung (s. Bd. IV).

Ascorbinsäure wird von MARTIN[4] nach der Methode von CHINN und FARMER[5] bestimmt. Es wurde eine durchschnittliche Ausfuhr von 3,8 bis 4,5 mg Vitamin C im Tageskot

[1] Stepp-Kühnau-Schroeder, Vitamine 7. Aufl. Bd. 1, S. 338.
[2] NELSON, M. M., F. van NOUHUYS and H. M. EVANS: J. Nutrit. **34**, 189 (1947).
[3] LEWIS, U. J., D. V. TAPPAN and C. A. ELVEHJEM: J. biol. Ch. **194**, 539 (1952).
[4] MARTIN, H.: Kli. Wo. **1941**, 287.
[5] CHINN, H., and C. J. FARMER: Proc. Soc. exp. Biol. Med. **41**, 561 (1939).

gefunden; nach intravenöser Verabreichung von 200 mg Vitamin C stieg die Ausfuhr auf 8,3 mg und nach 300 mg auf 10,4 mg.

Bestimmung: Das Prinzip der Bestimmung von Ascorbinsäure besteht in der Extraktion des zu untersuchenden Materials mit 5%iger Metaphosphorsäure und Titration des Extrakts mit einer eingestellten Lösung von Dichlorphenolindophenol. Hierbei muß die reduzierte Form der Ascorbinsäure vorliegen. Die oxydierte Form kann mit 2,4-Dinitrophenylhydrazin bestimmt werden. Näheres s. Bd. III.

Reagentien:

1. Metaphosphorsäure, 20%ig (Vorratslösung, dargestellt aus 100 g reiner Metaphosphorsäure durch Verdünnen auf 500 cm³, bei Aufbewahren im Eisschrank 1 Monat haltbar).
2. Metaphosphorsäurelösung, 5%ig aus der 20%igen Vorratslösung durch Vermischen von einem Teil mit drei Teilen Aqua dest.
3. N_2- oder CO_2-Bombe oder KIPPscher Apparat zur CO_2-Entwicklung.
4. Eisessig.
5. Bleiacetatlösung, 12,5%ig.
6. Dichlorphenolindophenollösung, erhalten durch Auflösen von 100 mg des pulverisierten Farbstoffes in 100 cm³ warmen destillierten Wassers und Verdünnen auf 500 cm³. Die Lösung hält sich 10—14 Tage im Eisschrank.
7. NaOH, 10%ig.

Ausführung:

Etwa 20 g Faeces werden gewogen und möglichst frisch mit 5%iger Metaphosphorsäure zu einem Brei verrieben, um dann mit der gleichen Phosphorsäurelösung so verdünnt zu werden, daß 1 g des ursprünglichen Stuhles 5 cm³ des Gemisches entspricht (Gesamtmenge 100 cm³). Die gesamte Menge von 100 cm³ wird scharf zentrifugiert; 50 cm³ der überstehenden Flüssigkeit werden in einen 200 cm³-Meßkolben überführt. Zur Entfernung von H_2S wird 20 min N_2 oder CO_2 durchgeleitet; danach wird bis zur Marke mit 5%iger Metaphosphorsäurelösung verdünnt, so daß jetzt 20 cm³ der Lösung 1 g Faeces entsprechen. Von dieser werden nun 5 cm³ mit 1 cm³ Eisessig und 5 cm³ 12,5%iger Bleiacetatlösung versetzt. Nach guter Mischung wird 2—5 min zentrifugiert. Das Bleimetaphosphat adsorbiert fast die ganzen Farbstoffe. 2 cm³ der überstehenden Lösung werden mit der eingestellten Dichlorphenolindophenollösung titriert. Der erhaltene Wert gibt das Gesamtreduktionsvermögen. Um die Reduktion des ascorbinsäurefreien Kotes zu bestimmen, werden von jener Lösung, bei der 20 cm³ 1 g Faeces entsprechen, 5 cm³ mit 10%iger NaOH bis zum p_H 5,5—6,0 versetzt und dann 1 cm³ von Blumenkohl-Ascorbinsäureoxydase, dargestellt nach[1], zugegeben. Das Ganze wird 30 min auf dem Wasserbad auf 45—50° erwärmt, danach werden 1 cm³ Eisessig und 5 cm³ Bleiacetatlösung zugegeben. Nach Zentrifugieren werden 2 cm³ der überstehenden Lösung mit der Dichlorphenolindophenollösung titriert. Die Differenz des ersten und zweiten Titrationswertes liefert den wahren Ascorbinsäuregehalt der Faeces. Zu Faeces zugegebene Ascorbinsäure konnte zu 98,2% wiedergefunden werden. Eine besondere Reduktion mit H_2S ist nicht erforderlich, da die Ascorbinsäure in den Faeces durch die Wirkung der Darmbakterien in reduzierter Form vorliegt.

Oestrogene. Das Vorkommen von Oestrogenen in den Faeces beträgt 60—70% der am gleichen Tage mit dem Harn ausgeschiedenen Menge[2] und geht der Ausscheidung im Harn parallel. Da von manchen Untersuchern bei Hunden große Mengen von Oestrogenen in der Galle gefunden wurden, können sie durch Sekretion der Galle in den Darm gelangen; ein Teil könnte auch durch direkten Übertritt vom Blut in den Darm ausgeschieden werden. Bei trächtigen Kühen wurden ebenfalls beträchtliche Mengen Oestrogene in den Faeces bestimmt.

---

[1] HOPKINS, F. G., and E. J. MORGAN: Biochem. J. **30**, 1446 (1936).
[2] DINGEMANSE, E., u. E. LAQUEUR: Ned. T. Geneeskde. **84**, 3287 (1940).

Fermente. In den Faeces können alle Fermente des Verdauungstraktes gefunden werden (s. S. 167 und 292). Unter normalen Bedingungen wird aber der Hauptteil der Fermente von den Bakterien wieder verdaut, so daß nur bei ungewöhnlichen Bedingungen Fermente in größerer Menge im Stuhl erscheinen und gewisse Schlüsse zulassen. Bei erhöhter Peristaltik finden sich Amylase, Trypsin und Lipase des Pankreas sowie das Peptidasegemisch des Dünndarms. Pepsin findet sich nur bei sehr starker Peristaltik. Auch Maltase und Saccharase können vorkommen.

Amylase wird meist nach WOHLGEMUTH[1] bestimmt, wobei eine wäßrige Suspension oder das Filtrat derselben benutzt wird. Näheres s. S. 292.

Über Bestimmung von *Trypsin* und *Lipase* siehe[1]. Da die Hauptmenge der Fermente im Darm wieder zerstört wird, hat ihre Bestimmung kaum praktische Bedeutung und kann nur sehr schwankende Werte geben. Über das Vorkommen von *alkalischer Phosphatase* in menschlichen Faeces berichtet KÖSTER[2]. Der Gehalt schwankt zwischen 1,2 und 7,1 BODANSKY-Einheiten je Gramm Trockengewicht. ABUL-FADL und KING[3] reinigten alkalische Phosphatase aus Hundefaeces und erhielten mit 60%igem Aceton amorphe Fällungen, die nicht krystallisierten.

12. Konkremente.

Von

K. Hinsberg und W. Geinitz.

Allgemeines und Vorkommen. Der Begriff „Konkrement" umfaßt die mannigfachsten Gebilde, denen gemeinsam ist, daß sie aus flüssigen Lösungen entstehen und mehr oder weniger fest zusammenhängende Massen von jeweils bestimmter Form bilden, ihrem Aufbau nach aber von rein krystallinischen Konglomeraten abweichen[4]. Chemische Zusammensetzung, innere Struktur und äußere Form sind außerordentlich wechselnd. Konkremente sind sehr weit verbreitet, sie kommen sowohl in der anorganischen Natur als auch im pflanzlichen, tierischen und menschlichen Organismus vor.

In der Mineralogie sind die Karlsbader Sprudelsteine, die Lothringer Roggensteine und andere geologische Konkrementbildungen bekannt[5].

Pflanzliche Konkremente, den tierischen Perlen ähnlich, hat man in Kokusnüssen, Bambus und in Farnen beobachtet[6].

Im Tierreich sind Konkremente mannigfaltiger Art anzutreffen. Bei den niederen Arten gibt es eine große Anzahl physiologischer Konkremente, die den verschiedensten Zwecken dienen. Die Statolithe kommen als Zentralkörper im Gleichgewichtsorgan der Medusen, Würmer, Krebse, Mollusken — wie auch bei Wirbeltieren und beim Menschen — vor. Sie bestehen zumeist aus krystallinem Calciumcarbonat und Calciumphosphat. Die Gastrolithe der Krebse, die ebenfalls aus Calciumcarbonat und Calciumphosphat bestehen, sind Konkremente der Nebentaschen des Magens, in denen sie als Kalkvorrat bis zur nächsten Häutung lagern (dann wird die Tasche zum Magen geöffnet und die Steine werden durch die Salzsäure des Magens gelöst). Auch die Weinbergschnecke speichert als Vorrat für die Gehäusebildung kleine Konkremente aus phosphorsaurem Kalk in ihren Mitteldarmdrüsen. In den Kalkdrüsen des Regenwurmes finden sich Kalkkonkremente bis zu 1,5 mm Durchmesser, die wohl als Vorrat zur Neutralisation der mit der Nahrung aufgenommenen Humussäure dienen[7].

Im Konkrementspeicher von Cyclosthoma elegans wurden neben anderen Konkrementen auch solche aus Harnsäure gefunden, die eventuell als pathologisch zu werten sind[8]. Ein weiteres Beispiel physiologischer Konkremente im Tierreich ist der Liebespfeil (Gypsobelum) der Schnecken, ein aus Calcium-

[1] HEUPKE, W.: Die Faeces des Menschen. S. 84. Dresden, Leipzig 1943.

[2] KÖSTER, L.: Acta med. scand. **101**, 482 (1939).

[3] ABUL-FADL, M. A. M., and E. J. KING: Biochem. J. **44**, 431 (1949).

[4] SCHADE, H.: Kolloid-Beih. **46**, 311 (1937).

[5] LEITMEIER, H.: Handbuch der Mineralchemie (DOELTER). Bd. 1. S. 340. Dresden, Leipzig 1912. — LIESEGANG, R. E.: Natur u. Museum **8**, 250 (1932).

[6] KORSCHELT, E.: Fortschr. naturwiss. Forsch. **7**, 111 (1913).

[7] SCHULZ, F. N.: Handb. Biochem. 2. Aufl. Bd. 4, S. 635. Jena 1925.

[8] QUAST, P.: Z. Anat. (I) **72**, 169 (1924).

carbonat (in der Krystallform des Aragonit[1]) bestehendes, 1,5—6 mm langes, pfeilartiges Gebilde[2]. Eines der wenigen, bei niederen Tierarten bekannten pathologischen Konkremente ist die Perle, eine Bildung bestimmter Muschelarten, die aus Calciumcarbonat (in der Krystallform des Aragonit) besteht. Die chemische Analyse einer Perle ergab 91,72% Calciumcarbonat, 5,94% organische Substanz, 2,23% Wasser (0,11% Verlust)[3].

Bei den Wirbeltieren kommen pathologische Konkremente häufig vor; sie entsprechen im allgemeinen denen, die auch beim Menschen zu finden sind, und werden dort jeweils erwähnt werden.

Wie bei Wirbellosen und den Wirbeltieren, so enthält auch beim Mensch die weitaus überwiegende Zahl aller Konkrementbildungen als hauptsächlichen Bestandteil *Kalksalze*. Im menschlichen Organismus weisen die verschiedenen Verkalkungen, von kleinen Schwankungen abgesehen, das gleiche Verhältnis Calciumphosphat zu Calciumcarbonat auf wie der normale Knochen[4]. Fast bei allen Formen der Verkalkungen: bei Harnsteinen, Speichelsteinen, Prostatasteinen, Bronchialsteinen, Venensteinen, Hirnsand, Steinen aus chronischer Bursitis, Kalkkonkrementen der Placenta, bei allen Gewebsverkalkungen und vielen anderen handelt es sich um Krystalle vom Apatittypus, im wesentlichen um Hydroxylapatit, $Ca_{10}(PO_4)_6(OH)_2$[1], in vielen Fällen auch um Carbonatapatit, $Ca_{10}(PO_4CO_3OH)_6(OH)_2$[5]. Daneben kommen vor Calciumhydrogenphosphatdihydrat, $CaHPO_4 \cdot 2H_2O$ (Brushit), Calciumoxalatmonohydrat, $CaC_2O_4 \cdot H_2O$ (Whewellit), Calciumoxalatdihydrat, $CaC_2O_4 \cdot 2H_2O$ (Wedellit), Tricalciumphosphat, $Ca_3(PO_4)_2$ (Whitlokit)[1,5]. Von den 3 Modifikationen von Calciumcarbonat: Aragonit, Calcit und Vaterit-B oder μ-Calcit sollen nach GRADWOHL[5] alle 3 im Gallenstein vorkommen; nach BRANDENBERGER und Mitarbeiter[1] findet sich jedoch im menschlichen Organismus lediglich Calcit und auch dieses nur an wenigen, ganz bestimmten Stellen. Es wurde in 4 Pankreassteinen, in der Außenschicht eines Gallensteines sowie in den menschlichen Hörsteinen gefunden. Die letzteren sind in der Hauptsache „Einkrystalle" aus Calcit (nicht Aragonit, wie teilweise noch fälschlich angegeben wird). Bei den Wirbellosen ist das Calcit dagegen die überwiegende Krystallform; es wurde ferner in den Gehörsteinen des Huhnes und im Zahnstein des Pferdes gefunden[1]. Aragonit kommt nach BRANDENBERGER[1] im menschlichen Organismus nicht vor, jedoch findet es sich in den Hörsteinen des Frosches und des Hechtes, im Liebespfeil der Schnecken und in den Perlen.

Zu den hier beschriebenen krystallchemischen Kennzeichnungen eines Stoffes genügt nicht eine chemisch-analytische Untersuchung, sondern muß ein röntgenographisches Verfahren herangezogen werden.

Physiologische Konkremente beim Menschen. Bei Menschen finden sich als physiologische Konkremente die Hörsteinchen (Otolithe, Statolithe), die auf der macula statica von Sacculus und Utriculus des Ohrlabyrinthes liegen; es sind zahlreiche kleine, 1—15 μ große, wie 6seitige Prismen geformte Gebilde[6], die zu wenigstens 75% aus Calciumcarbonat (in der Krystallform des Calcit[1]) und etwas Calciumphosphat bestehen[7]. Der Acervulus, sandartige Konkremente in der Zirbeldrüse, aus Ca-phosphat und Ca-carbonat bestehend, findet sich vom 7. Lebensjahr ab mit so großer Regelmäßigkeit, daß hier ebenfalls von einem physiologischen Konkrement gesprochen werden kann[8].

Pathologische Konkremente beim Menschen. Pathologische Konkrementbildung kommt bei Menschen in allen physiologischen und pathologisch entstandenen Hohlräumen, in Gewebslücken sowie in nischen-, buchten- und sackartigen Bildungen der Körper-

---

[1] BRANDENBERGER, E., u. R. H. SCHINZ: Helv. med. Acta, Suppl. **16**, 1 (1945).

[2] HAAS, F.: Natur u. Museum **3**, 140 (1928).

[3] SCHADE, H.: Kolloid-Beih. **46**, 311 (1937).

[4] WELLS, G.: J. med. Res. **14**, 491 (1905); **17**, 15 (1907); **22**, 501 (1910).

[5] GRADWOHL, R. B. H.: Clinical Laboratory Methods and Diagnosis. 4. Aufl. Bd. 1. S. 139. St. Louis 1948.

[6] RAUBER, R., u. F. KOPSCH: Anatomie des Menschen. 12. Aufl. Abtlg. 6. S. 558. Leipzig 1923.

[7] POLONOVSKI, M.: Medizinische Biochemie. 5. Aufl. Saulgau 1951. — Hammarsten 11. Aufl., S. 488.

[8] BERBLINGER, W.: Kalk-Konkremente der Zirbeldrüse. Handb. path. Anat. Histol. (HENKE-LUBARSCH) 8, 693 (1926).

oberfläche vor. Man findet Steine in Leber, Gallenblase, Gallengängen, Bauchhöhle, Bauchspeicheldrüse, Dünn- und Dickdarm, Nieren, Nierenbecken, Harnleiter, Blase, Harnröhre, Placenta, Prostata, Hoden, Nebenhoden, unter dem Präputium, im Pleuraraum, Herzbeutel, Lungen, Bronchien, Speicheldrüsen, Mandeln, Nase, Tränengang, Gehirn, in Cysten aller Art, in Gelenkspalten, im Unterhautgewebe, in Venen und im Nabel. Es werden im folgenden auch Steinbildungen erwähnt werden, die nach der weiter oben gegebenen Definition eigentlich nicht unter den Begriff Konkrement fallen, Bildungen aus organischen Bestandteilen, die erst durch nachträgliche, sekundäre Einlagerung von Krystalloiden steinartig werden. Ihre Genese und Zugehörigkeit ist jedoch oft erst nach genauer Untersuchung zu klären.

Harnsteine (Urolithe). Harnkonkremente finden sich außer beim Menschen bei Pferd, Esel, Rind, Schwein, Schaf, Hund, Hase, Katze, Geflügel, Ratte, Schlange, Kröte, Schildkröte, Fisch, Fischotter, Seehund, Hirsch, Reh, Wolf, Känguruh, Gemse und Nutria[1].

Entstehung: Über die Entstehungsbedingungen der Harnkonkremente gibt es zahlreiche Theorien: Es wird versucht, die formale Genese durch Vermehrung der organischen Substanz oder der krystalloiden Elemente, Veränderung des Dispersionszustandes der Harnkolloide oder Änderung der Emulsionskolloide zu erklären, die kausale Genese durch Entzündungsvorgänge im Harntrakt, Neurose mit Dyskolloidurie, allergisch-sympathische Nierenreizung, pathologische Erregungszustände im Sympathicus- bzw. Splanchnicusgebiet, Mangelernährung (besonders Vitamin A-Mangel), Störung des Kalkstoffwechsels bei Knochenerkrankungen oder Hyperparathyreoidismus, Oligurie oder Sulfonamidmedikation. Viele dieser Faktoren haben zwar einen nachgewiesenen Einfluß auf die Steinentstehung, sie sind aber nicht unbedingt pathognomisch. Eine ausführliche Übersicht über diese Theorien gibt Schultheiss[2]. Im Tierexperiment an Maus und Ratte zeigten auch die gegensätzlichen Sexualhormone Einfluß auf die Harnsteinbildung[3],[4].

Als *Orte der Bildung* kommen vor allem Niere, Nierenbecken und Blase in Betracht, daneben auch Harnleiter, Harnröhre und Prostata. Zu den eigentlichen *Nierensteinen* gehören die Harnsäureinfarkte der Neugeborenen, die aus länglichen, wulstförmigen, bei durchfallendem Licht dunkelbräunlich bis grau-schwarz erscheinenden Gebilden bestehen, die die erweiterten Sammelröhren ausfüllen. Sie sind zusammengesetzt aus verschieden großen Kügelchen, an denen bei stärkerer Vergrößerung meist eine zentrale radiäre Streifung und konzentrische Schichtung der Ränder festzustellen ist; sie haben ein feines Eiweißgerüst[5].

Sie entstehen durch Erhöhung des Harnsäuregehaltes über die Löslichkeitsgrenze infolge vermehrter Erythrocyteneinschmelzung und Nebennereneinschmelzung; beim Erwachsenen können solche Harnsäureinfarkte der Niere nach spontaner oder durch Röntgenbestrahlung hervorgerufener Einschmelzung großer myeloischer Zellmassen bei Leukämie und nach Auflösung von Exsudaten bei fibrinösen Lappenpneumonien entstehen[6].

Zu den Parenchymsteinen der Niere gehören die Marksteine, Konkremente, die in Markcysten der Niere gefunden werden[7]. Ihre Farbe ist blaß-bräunlich bis schwarz, sie sind etwas durchscheinend und bestehen aus Oxalat und Uraten.

Steine des Nierenbeckens (Nephrolithe) sind häufig; sie können einzeln und multipel vorkommen. Die Größe variiert von feinstem Grieß bis zu großen, das ganze Nierenbecken ausfüllenden Steinen. Die kleinen Steine sind meist rundlich, polyedrisch, bisweilen facettiert, die großen immer unregelmäßig geformt, manchmal mit geweihartigen Fortsätzen und Verästelungen versehen (Korallenstein). — Über Bestandteile s. S. 431ff.

Bei den *Steinen im Ureter* (Ureterolithe) handelt es sich meist um Steine, die aus dem Nierenbecken stammen. Seltener entstehen sie bei Wanderkrankungen des Harnleiters

[1] Gruber, G. B.: Harnsteine. Handb. path. Anat. Histol. (Henke-Lubarsch) 6/2, 221 (1934).—
Hutyra, F. v., u. J. Marek: Spezielle Pathologie und Therapie der Haustiere. 6. Aufl. Bd. 3. S. 57. Jena 1922.
[2] Schultheis, Th.: Z. Urol. (1950), Sonderheft Verh.-B. dtsch. Ges. Urol. S. 86. München 1949.
[3] Zit. v. Chwalla, R.: Z. Urol. (1950), Sonderheft Verh.-B. dtsch. Ges. Urol. S. 152. München 1949.
[4] Gershon-Cohen, J., H. Shay, K. E. Paschkis and S. S. Fels: Endocrinology 26, 1087 (1940).
[5] Lichtwitz, L.: Klinische Chemie. 2. Aufl. S. 602. Berlin 1930.
[6] Büchner, F.: Allgemeine Pathologie. S. 69. Berlin, München 1951.
[7] Günther, G. W.: Z. Urol. 43, 29 (1950).

primär in ihm. Sie sind dann von länglicher Form und können in präformiert weiten oder erst später atonisch gewordenen Ureteren bis zu 800 g schwer werden. Es können sich auch Steine in Ureterocelen bilden; Schober[1] teilt einen Fall mit, bei dem sich 283 Steinchen in einem Ureterocelensack befanden, die hauptsächlich aus Calciumphosphat bestanden. Daneben kommen in den Ureteren röhrenförmige Inkrustationen vor, die die ganze Länge des Harnleiters entlang entstehen können; sie können aus Calciumoxalat oder Phosphaten bestehen.

Blasensteine (Cystolithe) können in extremen Fällen ebenfalls die ganze Blase ausfüllen und bis über 1000 g schwer werden. Es sind entweder herabgewanderte Nierensteine, denen sich in der Blase eventuell neue Schichten angelagert haben, oder in der Blase selbst entstandene Steine. Außer Steinkernen, die in der Niere entstanden sind, finden sich bei Blasensteinen Kerne der mannigfachsten Herkunft: primär oder durch Wanderung sekundär in die Blase gelangte Gegenstände, wie Granatsplitter, Fäden von Operationen, Darmsteine aus durchgebrochenen Appendicitisabscessen, Gallensteine aus durchgebrochenen Gallenblasen, Bilharzia-Larven (in Ägypten häufig), sowie die unglaublichsten Gegenstände, die aus masturbatorischen oder abtreiberischen Gründen verwendet werden[2]. Über Bestandteile s. S. 431 ff. Als Seltenheit wird ein eigroßer Blasenstein erwähnt, der weich, schlaffelastisch war, konzentrische Schichten von Eiweiß und Ammonium-magnesiumphosphat aufwies und im Zentrum ein pflaumenkerngroßes leeres Lumen besaß[3]. Aschoff[4] erwähnt einen Gallenpigmentstein in der Harnblase bei schwerem Ikterus. Eine Blaufärbung von Blasensteinen wurde in einem Fall von Methylenblaumedikation beobachtet[5], metallisches Silber in einem Stein nach jahrelanger Blasenspülung mit 0,1%iger Silbernitratlösung[5]. Blasensteine kommen auch bei Hunden, Pferden, Rindern, Schafen, Ziegen, Schweinen und Katzen vor. Ein Blasenstein von einem Pferd wog 9,85 kg. Diese Steine enthalten meist viel Eisen sowie Kieselsäure, die bei bovinen Harnsteinen $9/10$ ausmachen kann[6].

Prostatasteine (Prostatolithe)[7-9,11]: Man unterscheidet echte und falsche Prostatasteine; die echten entstehen in Lacunen und pathologischen Hohlräumen der Prostata, wobei Corpora amylacea als Krystallisationszentren dienen. Die Corpora amylacea enthalten nach neuen Untersuchungen[10] in wechselnder Menge ein Polysaccharid mit einer 1,2-Glykolgruppe. Im übrigen bestehen sie zum Teil aus abgeschilferten Epithelzellen und Prostatasekret. Glykogen und Stärke sind nicht vorhanden, entgegen früheren Mitteilungen auch Nucleinsäure nicht. Die Prostatasteine weisen konzentrische Schichtung und radiäre Streifung auf und bestehen aus Eiweiß und Lecithin, inkrustiert mit Carbonaten oder Phosphaten. Meist sind sie hanfkorn- bis erbsengroß, selten bis haselnußgroß, oval oder rund polyedrisch, milchig-weiß bis braun-schwarz. Die Oberfläche ist porzellanähnlich, sehr hart, fast spröde. Sie kommen meist multipel vor — es wurden einmal 1247 Steinchen gezählt[11]. Unter falschen Prostatasteinen werden Steine verstanden, die in der Fossa prostatica der Urethra vorkommen, wohin sie aus den oberen Harnwegen gelangt sind; es können aber auch freigewordene echte Prostatasteine sein[7,8].

Harnröhrensteine[12]: Primäre Steinbildung in der Harnröhre ist selten; am häufigsten kommt sie in Divertikeln vor[7], weniger häufig hinter Strikturen. Die Größe wechselt

[1] Schober, K. L.: Z. Urol. **35**, 104 (1941).
[2] Funfack, M.: Z. Urol. **43**, 296 (1950).
[3] Rothe, G.: Zbl. Chir. **1943**, 1158.
[4] Aschoff, L.: Pathologische Anatomie. 8. Aufl. Bd. 2. S. 485. Jena 1936.
[5] Gruber, G. B.: Harnsteine. Handb. path. Anat. Histol. (Henke-Lubarsch) 6/2, 221 (1934).
[6] Gruber, G. B.: Die Harnsteine. Handb. path. Anat. Histol. (Henke-Lubarsch) 6/2. S. 239. 1934.
[7] Boeminghaus, H.: Chirurgie der Urogenitalorgane. Bd. 2. S. 118. Bad Wörishofen 1950.
[8] Droschl, H.: Z. urol. Chir. **46**, 492 (1943).
[9] Kadar, L.: Z. Urol. **36**, 143 (1942).
[10] Steele, H. D., G. Kinley and C. Leuchtenberger: A.M.A. Arch. Path. **54**, 94 (1952).
[11] Thomas, B. A., and J. T. Robert: J. Urol., Baltimore **18**, 470 (1927).
[12] Maresch, R., u. H. Chiari: Handb. path. Anat. Histol. (Henke-Lubarsch) 6/3, 378 (1934).

sehr; ein extrem großer Stein von 6×9 cm wurde in einem Divertikel gefunden. Steine von 720, 780 und 1020 g Gewicht werden beschrieben, auch diese in Divertikeln gelegen. Meist kommen die Konkremente der Harnröhre nicht solitär vor, es sind oft zahlreiche (bis zu 2170 Stück wurden gezählt) stecknadelkopf- bis erbsengroße Steine, häufig facettiert. Die Farbe ist ziegelrot (wenn viele Urate vorhanden sind) bis blaßgelb (wenn vorwiegend Phosphate vorhanden sind), selten auch schwarz. Je nach Zusammensetzung ist die Konsistenz hart oder weich. Es handelt sich meist um Mischsteine, die einen Mantel aus Phosphaten und Carbonaten und einen Kern aus Uraten und Oxalaten besitzen. Auch Ammoniummagnesiumphosphat kommt vor. Einmal wurde ein Cystinstein gefunden. — Von Periurethralsteinen spricht man, wenn es sich um in Nebensäcken der Harnröhre gelegene Steine handelt; in der Zusammensetzung gleichen sie den Urethralsteinen.

Bei Tieren wurden *Harnröhrensteine* — die auch hier steckengebliebene Nieren- oder Blasensteine sind — bei männlichen Hunden, Pferden, Eseln, Ochsen, sehr selten auch bei Kühen und Stuten, beobachtet[1].

Präputialsteine[2]: Bei den Konkrementen, die unter der Vorhaut — meist bei Phimose — gefunden werden können, können 2 Arten unterschieden werden, die Balanolithe und die Smegmolithe. Balanolithe sind harte, ausschließlich aus Harnsalzen bestehende Konkremente, die ihrer Zusammensetzung nach den Harnröhrensteinen gleichen. — In einem Fall wurde ein 1,5 g schwerer, $3,2 \times 2,6$ cm großer Stein beobachtet, in einem anderen Fall insgesamt 48 Steine mit einem Gesamtgewicht von 50 g. — Die innere Schicht der Balanolithe besteht häufig zu einem großen Teil (bis 42,58%) aus Uraten. — Die Smegmolithe bestehen vor allem aus konzentrisch geschichteten Epidermisschuppen, enthalten Fetttröpfchen, geringe Mengen Harnsalze (Calciumphosphat und Ammoniumphosphat) und fast immer Smegmabacillen. Sie sind meist von wachsartiger Konsistenz, können aber auch, wenn sie mit Harnsalzen inkrustiert sind, hart und brüchig sein. Ihr spezifisches Gewicht ist immer niedriger als das der Balanolithe, ihre Form rundlich, flach, nieren- oder bohnenförmig. Sie kommen meist multipel vor (es wurden bis zu 24 Stück gefunden).

Bei den Konkrementen des Harntraktes seien auch einige seltene Bildungen im Genitaltrakt miterwähnt: *Epididymissteine* sind sehr selten, meist mikroskopisch klein, aus Calciumcarbonat, Calciumphosphat oder Calciumoxalat bestehend. Als Ursache werden chronische Entzündung, Degeneration mit Agglutination von Spermienköpfen mit folgender Calcifikation angenommen[3]. Auch im *Hoden* kommen Steine vor: 2% aller entzündeten Testes zeigen kleine Steine. Gelegentlich finden sich im atrophierten, nicht descendierten Hoden kleine Konkremente, weniger häufig im Rete testis[3]. Freie Steine im Vas deferens sind pathologische Kuriositäten[3].

Verkalkungen in der Placenta: In älteren Placenten finden sich häufig kleine Kalkkonkremente und -inkrustationen, die vorwiegend aus Calciumphosphat bestehen. Krystallchemisch handelt es sich um Apatit[4].

Uterussteine[5]: Konkremente in der Gebärmutterhöhle können verkalkte Myome, durchgebrochene Harnsteine oder auch, bei Utero-Vesical-Fisteln, im Uterus selbst entstandene Harnsteine sein. Bei einem 1jährigen Kind wurde ein Uterusstein gefunden, der aus verkalktem Zelldetritus bestand.

Bestandteile: An der Bildung der Konkremente des Harntraktes können Harnsäure, Natriumurat, Kaliumurat und Ammoniumurat, Calciumoxalat, Phosphate und Carbonate der alkalischen Erden beteiligt sein, in seltenen Fällen Cystin, Xanthin, Homogentisinsäure, Indigo, Fette, freie Fettsäuren (Stearinsäure, Palmitinsäure und eventuell Myristinsäure), Cholesterin und Eiweiß. Jeder Harnstein enthält außer diesen eigentlichen Steinbildnern Gerüstsubstanz, die aus organischen Stoffen, meist aus Eiweiß besteht und Bakterien (Staphylokokken, Typhus- und Tuberkelbacillen) enthalten kann. Bei spektrographischen Untersuchungen wurde in allen untersuchten Harnsteinen *Blei* gefunden; in Nierensteinen waren es durchschnittlich 7,39 γ/g, in Blasensteinen 4,53 γ/g. Nach diesen Untersuchungen bestehen Beziehungen zwischen Calcium- und Bleistoffwechsel: der hohe Bleigehalt der Nierensteine geht ihrem Calciumreichtum parallel[6]. In Nieren- und Blasensteinen wurden 0,11—0,35% Citronensäure gefunden[7].

[1] GRUBER, G. B.: Harnsteine. Handb. path. Anat. Histol. (HENKE-LUBARSCH) 6/2, 221 (1934).
[2] MARESCH, R., u. H. CHIARI: Handb. path. Anat. Histol. (HENKE-LUBARSCH) 6/3, 384 (1934).
[3] HOFFMANN, C. A., and S. WERTHAMMER: J. Urol., Baltimore 64, 403 (1950).
[4] BRANDENBERGER, E., u. H. R. SCHINZ: Schweiz. med. Wschr. 73, 171 (1943).
[5] MEYER, R.: Handb. path. Anat. Histol. (HENKE-LUBARSCH) 7/1, 74 (1930).
[6] ZEGLIO, P.: Rass. Med. industr. 13, 412 (1942) [Schweiz. med. Wschr. 73, 543 (1943)].
[7] MÅRTENSSON, J.: Fysiogr. sällsk. Lund. Förh. 11, 129 (1942).

Die Nierensteine der Pflanzenfresser bestehen zu 83—87 % aus Calciumcarbonat, zu 3,6—8,9 % aus Magnesiumcarbonat und zu 4,3—5,8 % aus Calciumphosphat; der Kern ist organischer Natur oder besteht aus Calciumoxalat (2,1—17,6 %)[1]. Im Nierenstein eines Pferdes fanden sich 21 % fettfreie Trockensubstanz, 34,1 % Asche, davon 8,55 % Si, 0,55 % Al und 1,446 % Fe[1]. Der Nierenstein einer Kuh wies 0,28 % Eisen auf[2]. Auch Xanthinsteine wurden bei Pflanzenfressern beobachtet. Die Bestandteile der Harnsteine von Fleischfressern sind Ammoniummagnesiumphosphat, Calciumphosphat und Calciumcarbonat, meist auch Harnsäure. Selten werden auch Cystinsteine beobachtet[2].

Die Farbstoffe der Harnsteine entstammen sicher den Harnfarbstoffen, in manchen Fällen auch dem Hämoglobin als Folge steinbedingter Hämaturie.

Einteilung und Benennung: Die Steine des Harntraktes werden — da es im chemischen Sinne reine Steine nicht gibt — nach ihrem überwiegenden Bestandteil benannt; sie enthalten daneben immer noch mehr oder weniger andere Bestandteile. Außerdem kommen ausgesprochene Mischsteine vor, in denen verschiedene Bestandteile in ungefähr gleichem Verhältnis vorhanden sind. Man unterscheidet Uratsteine, Oxalatsteine, Phosphatsteine, Carbonatsteine, Cystinsteine, Xanthinsteine, Cholesterinsteine, Indigosteine, Eiweiß·steine und Fettsteine (Urostealithe). Bei den Mischsteinen ist der Kern von den übrigen Schichten verschieden, oft sind es auch die einzelnen Schichten untereinander; der Kern besteht meistens aus Harnsäure, selten aus Erdalkaliphosphaten und Calciumoxalat. Die Zusammensetzung des Kerns ist für die Kenntnis der Entstehung wichtig. Es werden unterschieden Harnsteine mit primärer Steinbildung (Kern besteht aus Substanzen, die aus saurem Harn sedimentieren: freie Harnsäure, Urate, Calciumoxalat, Cystin; sie entstehen in der Niere), von Harnsteinen mit sekundärer Steinbildung (Kern besteht aus Substanzen, die aus alkalischem Harn sedimentieren: Calciumphosphat, Calciumcarbonat, Magnesiumammoniumphosphat, Ammoniumurat; sie entstehen in der Blase).

Uratsteine sind die häufigsten Harnsteine. Sie sind von sehr wechselnder Größe und Form. In der Blase wurde ein Uratstein von 261 g Gewicht gefunden[3], im Nierenbecken Steine von über 1000 g Gewicht[4]. Sie sind immer gefärbt, meist gelb-grau, gelb-rötlich, gelb-braun, bis dunkelrot-braun. Die Oberfläche ist zuweilen ganz eben und glatt, zuweilen auch feinkörnig, rauh oder kleinhöckerig. Sie sind nach den Oxalatsteinen die härtesten Steine. Ihre Dichte beträgt sehr konstant 1,741[5]. Die Bruchfläche zeigt regelmäßig konzentrische, ungleich stark gefärbte Schichten, welche sich oft schalenartig ablösen lassen. Schichten von Harnsäure wechseln bisweilen mit anderen Schichten, am häufigsten mit Calciumoxalat, ab. Ammoniumuratsteine sind klein und blaß- bis dunkel-gelb. In feuchtem Zustand sind sie fast teigig-weich; trocken sind sie meist erdig, leicht zu einem blassen Pulver zerfallend. Der Krystallart nach handelt es sich um Monoammoniumurat $(NH_4)H(C_5H_2O_3N_4)$[6].

Calciumoxalatsteine sind nächst den Uratsteinen die häufigsten. Die kleinen Steine sind glatt und von heller Farbe (Hanfsamensteine), die großen — es werden bis hühnereigroße Steine beobachtet — haben eine rauhe, höckerige, selbst mit Zacken besetzte Oberfläche und sind meist, da sie leicht Blutungen hervorrufen, durch Hämoglobin dunkelbraun gefärbt (Maulbeersteine). Ihre Dichte ist 2,037[5]. Ihrer Krystallstruktur nach bestehen sie aus Whewellit = Calciumoxalat-monohydrat und Wedellit = Calciumoxalat-dihydrat[6].

Phosphatsteine: Steine aus Calciumphosphat, Magnesiumphosphat oder Ammoniummagnesiumphosphat sind weißlich, schwach gelb oder grau gefärbt, und von rauher Oberfläche. Ihre Konsistenz ist weich, kreidig; sie lassen sich zwischen den Fingern

[1] GONNERMANN, M.: H. **111**, 32 (1920).

[2] HUTYRA, F. v., u. J. MAREK: Spezielle Pathologie und Therapie der Haustiere. 6. Aufl. Bd. 3. S. 59. Jena 1922.

[3] RAČIĆ, J.: Z. urol. Chir. **46**, 248 (1943).

[4] DIETRICH, A.: Pathologische Anatomie. 8. Aufl. Bd. 2. S. 318. Zürich 1948.

[5] MIHAÉLOFF, S.: Bull. Soc. Chim. biol. **19**, 1548 (1937).

[6] BRANDENBERGER, E., u. H. R. SCHINZ: Helv. **32**, 810 (1949). — EPPRECHT, W., u. H. R. SCHINZ: Schweiz. med. Wschr. **80**, 792 (1950).

zerdrücken. Ihre Dichte, die sehr schwankt, beträgt im Mittel 1,771[1]. Der Kern besteht häufig aus Uraten oder Oxalaten. Im übrigen handelt es sich bei den Phosphatsteinen meist um Gemenge von Carbonaten und Phosphaten von Calcium oder Magnesium mit Ammoniummagnesiumphosphat, Ammoniumurat und Calciumoxalat. Lediglich aus Calciumphosphat oder Magnesiumammoniumphosphat bestehende Steine sind sehr selten. Ihrer Krystallstruktur nach bestehen sie aus Hydroxylapatit $Ca_5(PO_4)_3(OH)$, Brushit $CaH(PO_4) \cdot 2 H_2O$, Whitlokit-β $Ca_3(PO_4)_2$ und Struvit $Mg(NH_4)(PO_4) \cdot 6 H_2O$[2,3]. In einem Calciumphosphatstein wurde Schwefel festgestellt[4].

Calciumcarbonatsteine sind beim Menschen selten, beim Pflanzenfresser häufiger. Es sind meist kleine, sandkornähnliche Steinchen, selten bis zu Haselnußgröße, von schmutzig weißer Farbe mit perlartigem Glanz. Im Durchschnitt sind sie kreideweiß und fein gekörnt. Meist sind Phosphate und Calciumoxalat beigemischt. In krystallchemischen Untersuchungen wurde gefunden, daß in Nierensteinen niemals die getrennten Substanzen „Calciumcarbonat" und „Calciumphosphat" vorkommen, sondern daß es sich immer um einen zusammengesetzten Komplex von Carbonatapatit, $Ca_{10}(PO_4CO_3OH)_6(OH)_2$ handelt, und daß Calciumcarbonat, $CaCO_3$, in Nierensteinen nicht vorkommt[3].

Cystinsteine sind selten; sie setzen Cystinämie und Cystinurie voraus, sind also die Folge einer Stoffwechselanomalie. Sie kommen meist rein vor. Sie sind blaß-gelb, nicht sehr hart, ihre Dichte ist im Mittel 1,631[1]. Ihre Oberfläche ist meist glatt, ihre Bruchfläche krystallinisch, fett- oder wachsglänzend. Sie können bohnen- bis hühnereigroß werden.

Xanthinsteine sind sehr selten; bis 1950 waren in der Literatur lediglich 22 Fälle bekannt geworden[5]. Ebenso wie die Cystinsteine sind sie Folge einer Stoffwechselstörung. Sie sind gelbbraun, zimtfarben, zinnoberrot oder dunkelbraun, mäßig hart und nehmen beim Reiben Wachsglanz an. Die Bruchfläche ist amorph oder zeigt Schichten, die leicht abblättern. Die Steine können erbsen- bis hühnereigroß werden.

Die *Cholesterinsteine* sind äußerlich den Cystinsteinen ähnlich: klein, blaßgelb von wachsartiger Beschaffenheit. Sie können bis über 95% Cholesterin enthalten.

Eiweißsteine sind weiche runde Gebilde von hell- bis dunkelgrauer Farbe und deutlich konzentrischer Schichtung. Man unterscheidet Fibrinsteine, amyloide Eiweißsteine und Bakteriensteine; auch Schleim oder koaguliertes Blut können an ihrer Bildung beteiligt sein. Gelegentlich wird ein Oxalatkern oder Uratkern gefunden.

Fettsteine (Urostealithe) sind von brauner Farbe und sehr leicht; in feuchtem Zustand sind sie weich und elastisch. Beim Trocknen werden sie hart und spröde, zeigen eine amorphe Bruchfläche und Wachsglanz. Sie enthalten vorwiegend Fett, außerdem Calcium, Magnesiaseifen und Eiweiß. HORBACZEWSKI[6] hat einige Urostealithe analysiert, die 2,5% Wasser, 0,8% anorganische Stoffe, 11,7% in Äther unlösliche und 85,0% in Äther lösliche organische Stoffe enthielten, darunter 51,5% freie Fettsäuren (Stearinsäure, Palmitinsäure und wahrscheinlich Myristinsäure), 33,5% Fett und Spuren von Cholesterin.

Indigosteine sind Harnkonkremente, die durch ihren Gehalt an Indigo teilweise oder auch ganz blau bis blauschwarz gefärbt sind. Sie sind sehr selten. Einen extrem großen Stein von 1080 g hat GEE[7] beobachtet. Andere Indigosteine wurden von ORD, FORBES und CHIARI gefunden[8].

---

[1] MIHAÉLOFF, S. P.: Bull. Soc. Chim. biol. **19**, 1548 (1937).

[2] BRANDENBERGER, E., u. H. R. SCHINZ: Helv. **32**, 810 (1949). — EPPRECHT, W., u. H. R. SCHINZ: Schweiz. med. Wschr. **1950**, 792.

[3] GRADWOHL, R. B. H.: Clinical Laboratory Methods and Diagnosis. 4. Aufl. Bd. 1. S. 129. St. Louis 1948. — BRANDENBERGER, E., u. H. R. SCHINZ: Helv. med. Acta, Suppl. **16**, 1 (1945).

[4] GRADWOHL, R. B. H.: Clinical Laboratory Methods and Diagnosis. 4. Aufl. Bd. 1. S. 133. St. Louis 1948.

[5] PEARLMAN, C. K.: J. Urol., Baltimore **64**, 799 (1950).

[6] Näheres siehe Hammarsten 11. Aufl. S. 660.

[7] Näheres siehe EICHHORST, H.: Handbuch der speziellen Pathologie und Therapie. 6. Aufl. Bd. 2. S. 915. Berlin, Wien 1904.

[8] Näheres siehe SPAETH, E., u. H. KAISER: Chemische und mikroskopische Untersuchung des Harns. 6. Aufl. S. 271. Leipzig 1936.

Qualitative Untersuchung[1]:

Allgemeines: Zunächst ist die äußere Gestalt des Steines zu beachten, die eventuell Aufschluß darüber gibt, ob dieser allein vorhanden war, oder ob mehrere Steine eng zusammengelagert waren. Einzelsteine sind rundlich oval, multiple Steine meist abgeschliffen.

Für die chemische Untersuchung wird der Stein nach sorgfältiger Abspülung zerkleinert und fein zerrieben; besser aber durchsägt man den Stein, um Kern und verschiedene Schichten beobachten zu können. Wenn gemischte, nichthomogene Steine vorliegen, prüft man jede Schicht gesondert. Es werden folgende Prüfungen vorgenommen:

1. Die Probe wird auf Platinblech erhitzt. Bleibt hierbei kein oder nur ein geringer Rückstand, verbrennt das Pulver also fast ganz, so enthält der Stein fast nur organische Substanzen: Harnsäure, Ammoniumurat, Xanthin, Cystin, Eiweißsubstanzen, Fette, Cholesterin und Indigo. Es verbrennen ohne Flamme mit einem ausgesprochenen Geruch nach Blausäure: Harnsäure, Ammoniumurat und Xanthin; mit bläulicher, blaugrüner Flamme und Geruch nach schwefliger Säure: Cystin; mit gelblicher Flamme und Geruch nach verbranntem Horn: Eiweißsubstanzen; diese Steine sind löslich in Kalilauge, daraus durch Säure fällbar; mit kochender Salpetersäure erfolgt Lösung. Beim Erhitzen schmelzen, ohne zu zerfließen, mit einem starken Geruch: Bestandteile von Fettsteinen; sie sind löslich in Alkali und in Äther. Beim Erhitzen entstehen purpurrote Dämpfe und ein dunkelblaues Sublimat, das sich in Chloroform und Schwefelsäure löst: Indigo.

2. Man dampft nun eine kleine Probe des Steinpulvers mit Salpetersäure zur Trockne ein. Der Rückstand (a) gibt mit Ammoniak purpurrote Färbung (Murexidprobe) = Harnsäure und Ammoniumurat. Die ursprüngliche Substanz, im Reagensglas mit Kalilauge behandelt, entwickelt Ammoniak (ein in das Glas gehaltenes feuchtes Lackmuspapier wird blau gefärbt) = Ammoniumurat. Der Rückstand (a) gibt mit Ammoniak keine, aber mit Kalilauge eine schöne rote Färbung: Xanthin. Der Abdampfrückstand mit Salpetersäure ist bei Anwesenheit von Xanthin schön citronengelb. Der Rückstand (a) gibt weder mit Ammoniak noch mit Kalilauge eine Färbung. Der Verdampfungsrückstand oder die ursprüngliche Substanz lösen sich in Ammoniak auf. Beim langsamen Verdunsten der ammoniakalischen Lösung scheiden sich charakteristische 6seitige Krystalle ab: Cystin.

Wenn der Stein bei der Erhitzung auf dem Platinblech gar nicht verbrennt, oder doch einen sehr bedeutenden Rückstand hinterläßt, handelt es sich um anorganische Substanz. Man kocht die ursprüngliche Substanz mit heißem Wasser aus, filtriert und wäscht das Ungelöste auf dem Filter mit Wasser gut aus. Das Filtrat (b) kann enthalten: Alkaliurate, Ammoniumurat, Calciumurat und Magnesiumurat, etwas Magnesiumammoniumphosphat. Etwas von dem Filtrat wird auf dem Platinblech eingedampft und der Rückstand ausgeglüht. Hat sich etwas gelöst, so gibt man Salzsäure zum Filtrat und läßt 4—12 Std stehen. Eine Ausscheidung nach dieser Zeit ist Harnsäure (Murexidprobe anstellen). Das Filtrat (b) wird in 3 Teile geteilt. Einen Teil dampft man in einer Schale zur Trockne ein, nimmt den Rückstand mit Ammoniak auf und filtriert. Die Lösung enthält Kalium und Natrium, der Rückstand Magnesiumammoniumphosphat. Die Lösung dampft man ein, glüht schwach und weist Kalium und Natrium nach (s. Bd. III). Das Tripelphosphat wird nachgewiesen, indem man den Rückstand in Salpetersäure löst und mit Ammoniummolybdat auf Phosphorsäure prüft. Einen 2. Teil versetzt man mit Platinchlorid und läßt stehen; sind Ammoniak oder Kalium vorhanden, so entsteht ein gelber Niederschlag, den man abfiltriert, trocknet und in einem Glasröhrchen erhitzt: er gibt ein krystallinisches Sublimat von Ammoniumchlorid, wenn Ammoniak vorhanden ist. Kalium wird durch die Flammenreaktion erkannt. Den 3. Teil prüft man nach Zusatz von Ammoniak mit Ammoniumoxalat; eine weiße Fällung zeigt Calcium an. Im Filtrat

[1] Nach einem Schema von Spaeth, E., u. H. Kaiser: Chemische und mikroskopische Untersuchung des Harns. 6. Aufl. S. 268/69. Leipzig 1936.

dieses Niederschlages prüft man mit Natriumphosphat: ein Niederschlag zeigt Magnesium an. Sind Natrium, Kalium, Ammonium, Calcium und Magnesium zugegen, so waren diese als Urate vorhanden.

Der Rückstand (c) der mit heißem Wasser gekochten Substanz kann enthalten: Calciumcarbonat, Calciumsulfat, Calciumoxalat, Tripelphosphat und Phosphate von Calcium, schließlich organische Stoffe (Harnsäure, die sich nicht ganz löste, Xanthin, Cystin). Den Filterrückstand füllt man in ein Becherglas und gibt verdünnte Salzsäure hinzu. Aufbrausen zeigt Carbonate an. Die Lösung des Filterrückstandes (c) wird in 2 Teile geteilt. Von dem einen Teil werden einige Kubikzentimeter mit Platinchlorid versetzt; wenn ein goldgelber Niederschlag entsteht, wird wie angegeben auf Ammoniak geprüft. Den weiteren Rest prüft man mit Bariumchlorid auf Schwefelsäure. Den anderen größeren Teil macht man mit Ammoniak alkalisch und filtriert einen entstandenen Niederschlag, aus Phosphorsäure, Oxalsäure, Calcium, Magnesium, Eisen bestehend, von der Lösung (die Calcium und Magnesium enthalten kann) ab. In dieser Lösung prüft man auf Calcium und Magnesium wie oben angegeben. Den durch Ammoniak hervorgerufenen Niederschlag spült man in ein Becherglas und gibt Essigsäure hinzu. Ein nicht löslicher Teil wird abfiltriert, ausgewaschen, im Tiegel geglüht und mit Essigsäure behandelt; löst er sich und gibt die essigsaure Lösung mit Ammoniumoxalat eine weiße Fällung, so war im Stein Calciumoxalat vorhanden. Den in Essigsäure unlöslichen Tiegelinhalt löst man in etwas Salzsäure, verdünnt mit Wasser und prüft mit Tetrakaliumhexacyanoferrat; ein blauer Niederschlag zeigt Eisen an, das als Eisenphosphat im Stein vorhanden war. Den in Essigsäure löslichen Teil (von Calciumoxalat und Eisenphosphat) prüft man mit Ammoniumoxalat auf Calcium, erwärmt, wenn ein Niederschlag entsteht, die Lösung mit dem Niederschlag, filtriert das Calciumoxalat ab und macht das Filtrat alkalisch; entstehen Niederschläge, so sind Magnesiumphosphat und Calciumphosphat im Stein anwesend, und zwar ist, wenn Ammoniak gefunden wurde, Tripelphosphat im Stein zugegen. In dem in Salzsäure unlöslichen Teil kann der Kieselsäurenachweis versucht werden (s. Bd. III).

Quantitative Analyse:

Das möglichst fein pulverisierte Steinmaterial wird bei 100° im Luftbad getrocknet; das Entweichen von Ammoniak kann durch das S. 406 beschriebene Vorgehen vermieden werden. Sodann werden 3 Portionen abgewogen und nach 1, 2 und 3 untersucht.

1. Das trockene, abgewogene Pulver wird einige Zeit mit Wasser gekocht, heiß filtriert und mit Wasser nachgewaschen.

a) Das Filtrat wird eingeengt und mit Salzsäure stark sauer gemacht. Nach 12stündigem Stehen sammelt man die ausgeschiedene *Harnsäure* auf gewogenem Filter, wäscht mit kaltem Wasser nach, trocknet bei 120°, wägt wieder und erfährt so das Gewicht der Harnsäure. Das Filtrat wird stark eingeengt, in einem Becherglas mit Ammoniak stark alkalisch gemacht und das abgeschiedene Ammoniummagnesiumphosphat nach einigen Stunden auf kleinem aschefreien Filter gesammelt, mit verdünntem Ammoniak gewaschen und weiter nach Bd. III behandelt. Aus dem gefundenen Magnesiumpyrophosphat wird die entsprechende Menge Ammoniummagnesiumphosphat berechnet. Das Filtrat wird wieder eingeengt, in einen gewogenen Porzellantiegel gebracht, zur Trockne verdunstet, bis zur Verjagung von Ammoniumchlorid schwach geglüht und nach dem Erkalten gewogen. Man erfährt so die Menge *Alkali* (als Chloride), welche an Harnsäure gebunden war.

b) Die in kochendem Wasser unlöslichen Bestandteile werden in einem Becherglas mit verdünnter Salzsäure behandelt und 12 Std stehen gelassen.

α) Die ausgeschiedene *Harnsäure* wird auf gewogenem, aschefreiem Filter gesammelt, mit kaltem Wasser gewaschen und bei 120° getrocknet. Nachdem das Gewicht festgestellt ist, verascht man, zieht die gefundene Aschemenge ab und erfährt so das Gewicht der Harnsäure. Die Asche wird in Salzsäure gelöst und dem salzsauren Filtrat (β) zugefügt.

β) Die Untersuchung des salzsauren Filtrats (eventuell + Aschelösung α) geschieht auf die oben beschriebene Weise. Enthält der in Essigsäure unlösliche Niederschlag

Calciumoxalat und Eisen(III)-phosphat nebeneinander, so verfährt man zweckmäßig folgendermaßen: Der Niederschlag wird geglüht, mit etwas Ammoniumcarbonat versetzt, um beim Glühen ausgetriebene Kohlensäure zu ersetzen, wieder bis zur schwachen Rotglut erhitzt und gewogen. Man behandelt den Glührückstand, welcher jetzt statt Calciumoxalat Calciumcarbonat enthält, mit Essigsäure, filtriert durch ein aschefreies Filter, wäscht mit Wasser aus, glüht, wägt und erfährt so das Gewicht von Eisen(III)-phosphat. Durch Subtraktion dieses Wertes von dem vorher erhaltenen erhält man die Menge Calciumcarbonat, aus der die entsprechende Menge Calciumoxalat berechnet wird.

2. Die 2. Portion des Trockenpulvers dient zur Bestimmung des Kohlensäuregehaltes (s. Bd. II).

3. In einer 3. Portion wird die Menge an Ammoniak festgestellt. Das trockene, abgewogene Pulver wird mit verdünnter Salzsäure erwärmt und bei Anwesenheit von Harnsäure nach 12stündigem Stehen filtriert. Im Filtrat bestimmt man die Menge an Ammoniak (S. 10).

Gallensteine (Cholelithe). Konkremente im Gallensystem sind bei Menschen häufig; nach Sektionsstatistiken finden sie sich bei 11—25% aller Erwachsenen[1]. Bei Tieren dagegen werden nur selten Gallensteine beobachtet; am häufigsten bei Pferd und Rind, seltener beim Hund, nur ausnahmsweise bei Katze, Schwein, Schaf und Huhn[2]. Die Gallenblase ist bei Tieren weniger häufig betroffen als die Gallengänge. Die sog. Eindickungskonkremente in der Gallenblase des Schweines haben ein sehr hohes spezifisches Gewicht (1303—1484) und ähneln in ihrer Zusammensetzung stark der Blasengalle[3].

Für die Entstehung werden Stauung und Infektion der Gallenblase, Stoffwechselstörungen, Vitamin A-Mangel bzw. Fremdkörper (Operationsfäden, Darmparasiten und deren Eier u. a.) verantwortlich gemacht. Eine Übersicht über diese Theorien gibt LICHTWITZ[1]. Als auslösende Faktoren kommen auch schwere akute Allgemeininfektionen in Betracht[4]. Manche Autoren sehen in Störungen des sympathischen Nervensystems der Leber[5] oder der Gallenblase[6] die Ursache der Steinbildung, während andere auf auffallende Parallelität zwischen Gallenleiden und Infektionen der Harnwege aufmerksam gemacht haben[7]. Auch anatomische Abweichungen, wie gemeinsame Einmündung des Ductus pancreaticus und Ductus choledochus, sollen Steinbildung begünstigen[8], und schließlich sollen beim Menschen — gegenüber dem Tier — die besonderen Bedingungen des aufrechten Ganges, das Vorhandensein des ODDIschen Sphincters, der HEISTERschen Klappe und die abweichende kolloidchemische Struktur der Galle eine Rolle spielen[9]. Die Schwangerschaft jedoch, die früher häufig für Steinbildung in der Gallenblase verantwortlich gemacht wurde[1,10], ist nach eingehenden statistischen Untersuchungen nicht von Bedeutung[11]. In angeborenen Gallenblasendivertikeln sind die Bedingungen für die Entstehung von Gallensteinen besonders günstig[12].

Unter den Konkrementen des Gallensystems werden Lebersteine, Gallenblasensteine und Choledochussteine unterschieden.

Die *Lebersteine* in den intrahepatischen Gallengängen sind sehr selten; sie bestehen fast immer aus Bilirubin und Calcium; häufiger kommen im Lebergewebe kleine, etwa stecknadelgroße Verkalkungsherde vor.

Die *Steine der Gallenblase* sind bei weitem die häufigsten; sie können einzeln und multipel vorkommen — es wurden bis zu 7800 Steinchen in einer Gallenblase gezählt[13]. Größe und Form können, besonders auch in Abhängigkeit von der Zahl der vorhandenen Steine,

[1] LICHTWITZ, L.: Klinische Chemie. 2. Aufl. S. 586. Berlin 1930.
[2] HUTYRA, F. v., u. J. MAREK: Spezielle Pathologie und Therapie der Haustiere. 6. Aufl. Bd. 2. S. 403. Jena 1922.
[3] JOEST, E.: Handb. path. Anat. Haustiere (JOEST-FREI). 2. Aufl. Bd. 2. S. 53/54. 1936.
[4] LEMMEL, G., u. W. BÜTTNER: Arch. klin. Med. 174, 206 (1933).
[5] GAISSINSKY, B. E.: Z. ges. exp. Med. 88, 357 (1933).
[6] HERMANN, H.: Virchows Arch. 322, 17 (1952).
[7] ADLERKREUTZ, A.: Acta med. scand. 133, 19 (1949).
[8] MEHNEN, H.: Arch. klin. Chir. 192, 559 (1938).
[9] SWIETT, J. M.: Amer. J. Surg. N. S. 40, 162 (1938).
[10] LEMMEL, G.: Dtsch. Arch. klin. Med. 177, 262 (1935).
[11] WOLLESEN, J. M.: Bruns' Beitr. 173, 368 (1942).
[12] KOMMERELL, B.: Kli. Wo. 1943, 122.
[13] Näheres siehe EICHHORST, H.: Handbuch der speziellen Pathologie und Therapie. 6. Aufl. Bd. 2. S. 656. Berlin, Wien 1904.

sehr wechseln. Einzelsteine bis zu 135 g Gewicht, 15 cm Länge und 12 cm Umfang wurden beobachtet[1]. In der Farbe gibt es alle Übergänge von weiß zu grauweiß, gelb, gelbbraun bis zu grünlich und schwarzbraun. Die Konsistenz ist je nach den Bestandteilen wechselnd.

Die intramuralen Gallensteine sind Konkremente, die in der Wand der Gallenblase liegen; sie können aus Cholesterin, Cholesterinestern, Fetten, Seifen, Calcium und Bilirubin bestehen[2].

Bei den *Steinen im Ductus choledochus* handelt es sich meist um aus der Gallenblase herausgetriebene Steine; primäre Steinbildung im Gallengang ist selten. Es kann auch zu Röhrenausgüssen des Choledochus kommen, starren hohlen Zylindern, die der Gallengangswand anliegen. Bei Wiederkäuern ist diese Konkrementform, als Folge der Leberegelkrankheit, sehr häufig[3, 4]. Es wurden hier bis zu 2,5 kg schwere Ausgüsse beobachtet. Es handelt sich hierbei eigentlich nicht um Konkremente, sondern um dystrophische Verkalkungen der chronisch entzündeten Gallengangsschleimhaut. Auch die Zusammensetzung weicht von der der übrigen Gallensteine ab; es wurden 46,06% Calciumphosphat, 9,21% Calciumcarbonat, 4,26% Magnesiumcarbonat, 28,83% organische Substanz und 11,64% Wasser gefunden[5].

Zusammensetzung. Als Bestandteile können sich sämtliche in der Galle vorkommenden Stoffe finden; vor allem *Cholesterin, Bilirubin* und *Calcium,* daneben die anderen Gallenfarbstoffe, die Gallensäuren, Silicium (bis zu 33,34% der Steinasche kann SiO_2 sein[6]), Natrium, Kalium, Phosphor (als PO_4). Es wurden ferner, teils in spektrographischen Untersuchungen, teils durch Bestimmung in einer großen Menge ätherunlöslicher Rückstände vieler Gallensteine, folgende Bestandteile nachgewiesen[7-9]: Kupfer, Blei, Wismut, Eisen, Mangan, Aluminium (bis zu 90% der Steinasche können Al_2O_3 sein[6]), Chrom, Zink, Nickel, Kobalt, Quecksilber, Magnesium, Silber; fraglich ist die Anwesenheit von Zinn und Antimon (s. Tabelle 107).

Tabelle 107. *Bestandteile von Gallensteinen* (in g)[9].

	In 100 g Asche	In 1000 g Stein
Cu	0,3653	0,1499
Pb	0,1421	0,0583
Fe	0,6915	0,2837
Mn	0,0712	0,0292
Al	0,0051	0,0021
Cr	0,0109	0,0044
Zn	0,0014	0,0006
Ni	0,0003	0,0001
Co	0,0025	0,0010
Ca	33,71	13,83
Mg	0,1375	0,0564
Na	1,893	0,7767
K	0,5637	0,2313
Si	0,37	0,152
P	4,88	2,02
Sn	fraglich	
Sb	fraglich	

As, Cd, Hg, Ba, Sr konnten bei diesen Untersuchungen nicht nachgewiesen werden.

Manche dieser Bestandteile weisen gegenüber allen anderen menschlichen Organen eine sehr erhebliche Anreicherung auf. So enthält der Rückstand äther-extrahierter Cholesterin-Pigment-Calciumsteine und reiner Calciumsteine etwa 0,3—1,0% Kupfer; Zink, Eisen und Mangan sind ebenfalls, wenn auch nicht so stark angereichert[7]. Spektrographisch wurde der durchschnittliche Bleigehalt von Calciumbilirubinatsteinen mit 2,42 γ/g festgestellt[10]. Auch hier wurden Beziehungen zwischen Calcium- und Bleigehalt festgestellt (s. S. 431).

Bei Strukturuntersuchungen wurde festgestellt, daß das Cholesterin in Gallensteinen als Monohydrat vorliegt, und daß sich im krystallinischen Aufbau dem aus Schmelzen gewonnenen Cholesterin gegenüber Unterschiede finden[11]. Der zentral zerklüftete Hohlraum kann Gas enthalten; in den untersuchten Fällen handelte es sich nicht um Luft, sondern

---

[1] Näheres siehe EICHHORST, H.: Handbuch der speziellen Pathologie und Therapie. 6. Aufl. Bd. 2. S. 656. Berlin, Wien 1904.

[2] BARONI, B.: Arch. ital. Anat. Istol. pat. 5, 76 (1934).

[3] HUTYRA, F. v., u. J. MAREK: Spezielle Pathologie und Therapie der Haustiere. 6. Aufl. Bd. 2. S. 403. Jena 1922.

[4] SCHADE, H.: Kolloid-Beih. 46, 311 (1937).

[5] JOEST, E.: Handb. path. Anat. Haustiere (JOEST-FREI). 2. Aufl. Bd. 2. S. 53/54. 1936.

[6] GONNERMANN, M.: H. 111, 32 (1920).

[7] SCHÖNHEIMER, R., u. W. HERKEL: Kli. Wo. 1931I, 345.

[8] RUTHARDT, K., u. H. HIRSCHMANN: Zbl. allg. Path. 61, 275 (1934/35).

[9] MÜLLER, E.: B. Z. 286, 182 (1936).

[10] ZEGLIO, P.: Rass. Med. industr. 13, 412 (1942) [Schweiz. med. Wschr. 73, 543 (1943)].

[11] TAZAKI, H., T. KAZUMARO u. J. TATIBANA: J. Sci. Hiroshima (A) 11, 103 (1941) [Ber. Physiol. 126, 14].

um 0,5% Sauerstoff, 6—7,5% CO und um einen Rest nicht brennbaren geruchlosen Gases[1]. Der Kern kann aus organischer Substanz, z. B. aus Fibrin, bestehen[2] oder auch einen Fremdkörper enthalten, z. B. Operationsfäden, Watte, Gazeteilchen, Nadelstücke, Würmer und Wurmeier; als Kuriosum wurden bei 2 mit Quecksilberschmierkur behandelten Syphilitikern Quecksilberkügelchen gefunden[3].

Die Gallensteine der Boviden bestehen sehr häufig zum größten Teil aus Bilirubin-Calcium bzw. Bilirubin-Magnesium. Beim Europäer ist diese Steinart sehr selten, beim Japaner dagegen ist es die häufigste[4,5]. Da die Japaner meist Vegetarier sind, ist eine Abhängigkeit von der Ernährung hierdurch sehr wahrscheinlich gemacht. In Rindergallensteinen sind neben dem Hauptbestandteil Bilirubin-Calcium etwa 20 mg-% Phylloerythrin[6], sowie Carotin[7] enthalten. Die verhältnismäßig selten beobachteten Gallensteine von Schweinen bestehen hauptsächlich aus *Lithocholsäure*, die wahrscheinlich an Calcium gebunden vorliegt; andere Gallensäuren wurden nicht gefunden. Daneben wurden beobachtet kleine Mengen Farbstoff, Spuren von Cholesterin, sehr wenig Eisen, etwas amorphe Substanz sowie Calciumphosphat[8,9].

Einteilung der Gallensteine nach ASCHOFF und BACMEISTER:

1. Radiäre Cholesterinsteine, 2. geschichtete Cholesterin-Calciumsteine, 3. Cholesterin-Pigment-Calciumsteine, 4. zusammengesetzte Steine, 5. Bilirubin-Calciumsteine, 6. Calciumcarbonatsteine. Nach NISHIMURA[4] kommen noch 7. Fettsäure-Calciumsteine hinzu.

Tabelle 108. *Bestandteile von Gallensteinen*
(Teilanalyse in %)[10].

Fettfreie Trockensubstanz	2,67—14,38
Asche	0,36—2,663
Si	0,08—15,4
Al	0,82—40,8
Eisen	Spuren—4,061

Die *radiären Cholesterinsteine* sind immer Solitärsteine. Sie sind kugelig, oval, meist ein wenig abgeplattet, selten völlig rund, von weicher Konsistenz und leicht. Ihre Oberfläche ist matt glänzend, unregelmäßig, höckerig, sie sind hirsekorn- bis kirschgroß, selten bis tannenzapfengroß. Die Bruchfläche ist eigenartig glänzend und zeigt radiär geordnete krystalline Massen um ein einheitliches Zentrum aus amorphen, dunkel gefärbten nichtkrystallinen Pigmentmassen. Die Farbe ist weiß, grau-weiß oder gelblich. Bestandteil ist chemisch reines Cholesterin mit geringen Calciumspuren und einem zarten Eiweißgerüst. Sie werden im allgemeinen als völlig metallfrei angegeben; ZEGLIO[11] hat allerdings 2mal spektrographisch spärliche Mengen Blei festgestellt.

Cholesterin-Pigment-Calciumsteine sind die in Europa und Nordamerika häufigsten Gallensteine, während sie z. B. in Japan nur etwa $^1/_5$ aller Steine ausmachen. Sie können einzeln und multipel vorkommen, sind in der Form sehr wechselnd, rundlich-oval oder facettiert. Ihre Farbe ist braun, grün-braun, schwarz-braun, grau-braun, grau-weiß, rein weiß, oder weiß mit schwarz-braun gemischt, je nachdem, woraus die äußerste Schicht besteht. Sie sind hart; ihre Oberfläche ist höckerig. Immer besitzen sie einen Kern und konzentrische Schichtung. Zentral wird häufig eine sternförmige Spaltbildung gefunden. Sie enthalten Cholesterin, Calcium und Bilirubin, daneben eventuell andere Gallenfarbstoffe, Gallensäuren, Fettsäuren, Lecithin, Alkalien, Eisen, Chrom und Kupfer; spektrographisch wurden außerdem Zink, Mangan und Quecksilber festgestellt[12].

Zusammengesetzte Steine: Unter ihnen werden 5 Formen unterschieden. a) Ein radiärer Cholesterinstein oder ein reiner Pigmentstein wird von Cholesterin-Pigment-Calciumstein

[1] KOMMERELL, B., u. C. WOLPERS: Kli. Wo. **1938**, 1124.

[2] KÖHLER, R.: Acta radiol., Stockholm **33**, 535 (1951).

[3] HANSER, R.: Handb. path. Anat. Histol. (HENKE-LUBARSCH) 5/2, 825 (1934).

[4] NISHIMURA, M.: J. Biochem. **28**, 265 (1938).

[5] HANSER, R.: Handb. path. Anat. Histol. (HENKE-LUBARSCH) 5/2, 823 (1934).

[6] TREIBS, A.: H. **220**, 89 (1933). — FISCHER, H., u. R. HESS: H. **187**, 133 (1930).

[7] FISCHER, H., u. H. RÖSE: H. **88**, 332 (1913).

[8] SCHOENHEIMER, R., and CH. G. JOHNSTON: J. biol. Ch. **120**, 449 (1937).

[9] SCHENCK, M.: H. **256**, 159 (1938).

[10] GONNERMANN, M.: H. **111**, 32 (1920).

[11] ZEGLIO, P.: Rass. Med. industr. **13**, 412 (1942) [Schweiz. med. Wschr. **73**, 543 (1943)].

[12] RUTHARDT, K., u. H. HIRSCHMANN: Zbl. allg. Path. **61**, 275 (1934/35).

umschlossen, b) ein Cholesterin-Pigment-Calciumstein wird von Pigmentstein umschlossen, c) ein reiner Cholesterinstein wird von braunerdigem Pigmentstein umschlossen, d) ein reiner Cholesterinstein wird von Cholesterin-Pigment-Calciumstein und dieser wiederum von einer Schale Pigmentstein umschlossen, e) ein reiner Pigmentstein wird von braunerdigem Pigmentstein umschlossen.

Reine Pigmentsteine, *Bilirubin-Calciumsteine*, kommen immer multipel vor, meist sehr zahlreich. Sie sind bis erbsengroß, von harter, spröder Konsistenz, beim Trocknen zu grobem schwarzem Sand zerfallend. Das spezifische Gewicht beträgt 1,13—1,3. Die Schnittfläche ist schwarz, metallisch glänzend und kann konzentrische Schichtung zeigen oder auch ohne Schichtbildung sein. Bestandteile sind in der Hauptsache Calcium sowie Pigment in verschiedenen Oxydationsstufen, von Bilirubin bis Bilihumin; daneben kommen Zink, Kupfer, Blei, Eisen, Mangan und Silber vor. NISHIMURA[1] gibt folgende Zusammensetzung an: Alkoholextrakt zwischen 25,9 und 50,4%, Kern und Rinde zeigen ähnliche Schwankungen; Gallensäuren 0,62—2,9%, die Rinde ist meist ärmer; die gepaarten Gallensäuren sind meist nur ein kleiner Bruchteil der Gesamtgallensäuren. Meist etwas weniger Cholsäure als Desoxycholsäure. Fettsäure 11,1—25,9%, im Kern meist mehr. Cholesterin 10,9—28,8%, Abweichungen bald zugunsten des Kernes, bald zugunsten der Rinde. Lecithin wurde nur einmal zu mehr als 1% gefunden. Bilirubin 38,2—53,7%. Calcium 2,2—5,5%; das Verhältnis dieser beiden Größen, das theoretisch (nach den Mol.-Gewichten) 14,6:1 betragen sollte, schwankt etwa zwischen 10:1 und 20:1. Wenig Eisen; Höchstwert in einem Kern 0,35%. Außerdem in wechselnden Mengen Kupfer, Magnesium, Chrom und Mangan. Kohlensäure fehlt, Phosphorsäure, Natrium und Kalium kommen in fast allen Steinen vor.

Parasitäre Steine sind Konkremente, die im Kern Ascarisfragmente enthalten (sie machen in Japan 23,4% der Gallensteine aus[1]); sie sitzen meist im Choledochus, sind oval oder zylindrisch, von morscher Beschaffenheit, mit spezifischem Gewicht 1,145 bis 1,26. Ihre Rinde enthält 7,2—14,6% Cholesterin (im Kern mehr) und 12,8—15,5% Fettsäure (im Kern mehr); im übrigen setzen sie sich ähnlich wie die reinen Pigmentsteine zusammen.

Neben den reinen Pigmentsteinen werden *braune erdige Pigmentsteine* beobachtet, meist in den Gallengängen sitzend, nur ausnahmsweise in der Gallenblase. Es sind meist multiple Gebilde, bis kirschgroße Konkremente von kugelig-ovaler, wulstförmiger oder abgeplatteter Form, gelegentlich facettiert, die mikroskopisch Lamellen zeigen, aber keinen Kern haben. Sie bestehen aus einem Gemisch von Bilirubin-Calcium und Cholesterinkrystallen; daneben wurden spektrographisch Zink, Kupfer, Blei, Eisen und Mangan nachgewiesen[2].

In den *Calciumcarbonatsteinen* wurden spektrographisch Zink, Kupfer, Blei, Eisen und Mangan nachgewiesen[2]. MARKUS[3] berichtet von einem Konkrement, das aus einer weißen, gummiartigen Masse bestand (für die der Name „Kalkmilchgalle" vorgeschlagen wird) und über 98% Calciumcarbonat enthalten haben soll.

Von einem Eiweißstein der Gallenblase berichtet MEYER-ARENDT[4]: Er wurde mit 6 Cholesterinpigmentkalksteinen zusammen gefunden, war prallweich, gummiartig und besaß als Kern ein von der Wand der Gallenblase stammendes, aber losgelöstes Papillom, auf das sich ein dicker Mantel aus mehreren Schichten gleichartigen Eiweißes aufgelagert hatte.

Qualitative Untersuchung:

Das Steinmaterial wird möglichst fein gepulvert, zur Entfernung von Gallenresten mit Wasser ausgekocht, wieder getrocknet, mit einer Mischung von warmem Alkohol und Äther zu gleichen Teilen extrahiert und filtriert. Das Filtrat enthält *Cholesterin* (Nachweis s. S. 116). Der Filterrückstand, der die an Calcium gebundenen Gallenfarbstoffe

---

[1] NISHIMURA, M.: J. Biochem. **28**, 265 (1938).
[2] RUTHARDT, K., u. H. HIRSCHMANN: Zbl. allg. Path. **61**, 275 (1934/35).
[3] MARKUS, H.: Dtsch. Z. Chir. **238**, 492 (1933).
[4] MEYER-ARENDT, J.: Zbl. allg. Path. **89**, 29 (1952).

und die in Wasser unlöslichen *anorganischen Salze* enthält, wird mit 10%iger Salzsäure (bei Anwesenheit von Calciumcarbonat entsteht Aufbrausen) extrahiert und filtriert. Das Filtrat (II) enthält die anorganischen Bestandteile; es wird zur Trockne verdunstet, der Rückstand geglüht, in verdünnter HCl gelöst und auf anorganische Bestandteile untersucht (s. Bd. III). Der Filterrückstand (III) wird zwischen Filtrierpapier getrocknet und in heißem Chloroform gelöst. Der nach Abdünsten des Chloroform verbleibende Rückstand wird in stark verdünnter Natronlauge gelöst, und in dieser Lösung *Bilirubin* und *Urobilin* nachgewiesen (s. S. 157).

Quantitative Untersuchung[1].

Steinpulver mit 96%igem Alkohol extrahieren und filtrieren:

A.

Im Filtrat befinden sich die *Lipoide* (Cholesterin, Lecithin, Fettsäuren, Phosphatide) und Gallensäuren.

Der Alkoholextrakt wird auf dem Wasserbad zur Trockne eingedampft, der Rückstand mit Xylol behandelt. Die Lösung (I) enthält Gallensäuren suspendiert; sie werden abzentrifugiert und in Alkohol gelöst, dann wird etwas konzentriertes Ammoniak zugesetzt, mit Norit entfärbt und auf 25 cm³ aufgefüllt. Es werden 2 Portionen gebildet: a) In einem Anteil (5—15 cm³) wird die Cholsäure, in der halben Menge die Desoxycholsäure nach ABE (s. Bd. III) bestimmt. b) Im Rest der Lösung wird zur Hälfte nach Verseifung mit 15%iger NaOH, zur Hälfte ohne Verseifung der Amino-N nach VAN SLYKE bestimmt (s. S. 50). Die Differenz gibt die gepaarten Gallensäuren an. In aliquoten Teilen der Xylollösung (I) werden Cholesterin (S. 116), Fettsäuren durch Titration mit 0,02 n alkoholischer NaOH und Lecithin nach KUTTNER (s. S. 131) bestimmt.

B.

Im Rückstand befinden sich *Gallenfarbstoffe* und *anorganische Bestandteile*.

Aus dem Rückstand werden die freien Farbstoffe mit Chloroform, die gebundenen Farbstoffe abwechselnd mit heißer 20%iger Salzsäure und Chloroform extrahiert.

Die in Chloroform gelösten Gallenfarbstoffe werden, wie S. 157 beschrieben, bestimmt.

Die in HCl gelösten anorganischen Stoffe werden, wie Bd. III beschrieben, bestimmt.

Pankreassteine (Pankreolithe, Sialolithi pancreatici): Pankreaskonkremente sind bei Menschen selten; nach einer neueren Statistik wurden unter 36000 Sektionen 26mal Pankreassteine gefunden[2]. Bei Tieren werden sie sehr selten beobachtet, am häufigsten noch bei Rindern[3].

Als Ursache werden Stauungen und Entzündungen im Pankreas angenommen. Chronischer Alkoholismus soll eventuell von Einfluß sein. Bei den diffusen Verkalkungen des Pankreas finden sich sehr häufig in den Gängen Steine[4].

Die Steine des Pankreas werden meist in den Ausführungsgängen gefunden, manchmal in Divertikeln, selten im Schwanzteil der Drüse, in ampullenförmigen Höhlen der kleinsten Gänge und in Pankreascysten. Sie kommen frei beweglich, eingeklemmt oder der Wand anhaftend vor.

Selten findet man sie einzeln, meistens sind sie multipel; es wurden bis 300 Steinchen gezählt. Sie können hanfkorn- bis walnußgroß sein; man hat bis 60 g schwere Steine gefunden. Die Form kann sehr wechselnd sein: sphärisch, ovoid oder auch zackig und mit dendritisch verzweigten Fortsätzen versehen. Entsprechend kann die Oberfläche glatt, rauh, höckerig, zackig oder stachelig sein. Die Farbe ist weiß, weißgrau, gelblich oder seltener dunkel bräunlich bis schwärzlich. Papillennasensteine, d. h. Steine, die aus dem Ductus pancreaticus in den Dünndarm hineinragen, können durch Galle dunkelgelb-braun bis grünlich-schwarz gefärbt sein. Die Konsistenz ist meist weich, bröckelig, seltener hart.

[1] NISHIMURA, M.: J. Biochem. **28**, 265 (1938).
[2] EDMONDSON, H. A., W. J. BULLOK and J. W. MEHL: Amer. J. Path. **26**, 37 (1950).
[3] HUTYRA, F. v., u. J. MAREK: Spezielle Pathologie und Therapie der Haustiere. 6. Aufl. Bd. 2. S. 473. Jena 1922.
[4] PETERS, B. J., J. M. LUBITZ and M. C. F. LINDERT: A.M.A. Arch. internal Med. **87**, 391 (1951).

Bestandteile: Pankreaskonkremente bestehen im allgemeinen in der Hauptsache aus Calciumphosphat und Calciumcarbonat; daneben können sie Magnesiumcarbonat und Magnesiumphosphat und, wie GRUBER[1] mitteilt, auch Calciumsulfat und Calciumchlorid, sowie Natriumphosphat enthalten. Ausnahmsweise können auch Silicium, Aluminium, Eisen und Oxalat gefunden werden[1]. Das organische Gerüst oder auch ein organischer Kern sind strukturlose geronnene Eiweißmassen, die aus Epithelien, Gewebstrümmern, Leukocyten, Cholesterin, Fettsäurenadeln, Fibrin, Mucin, Leucin, Tyrosin, Xanthin und Guanin bestehen können; im Kern können auch Bakterien, z. B. Colibacillen, gefunden werden.

Tabelle 109. *Zusammensetzung von Pankreaskonkrementen* (in Prozenten)[1].

4 typische Steine		4 atypische Steine	
(I) Calciumphosphat	72,30	(I) Silicium	68,5
Calciumcarbonat	18,90	Aluminium	18,0
Organische Substanz	8,80	Calciumcarbonat	13,6
		Mg und Fe	Spuren
(II) Calciumcarbonat	91,65	(II) Reines Calciumoxalat	
Magnesiumcarbonat	4,15	(III) Organische Substanz und Feuch-	
Organische Substanz	3,00	tigkeit	65,3
(III) Calciumphosphat	12,70	Calcium	23,8
Calciumcarbonat	82,00	Phosphorsäure	10,0
Mg- und Cl-Salze	3,00	Kohlensäure	0,9
Cholesterin	Spuren	(IV) Wasser	3,44
(IV) Calciumcarbonat	93,14	Asche	12,67
Phosphor	0,537	Albuminoide	3,49
Organische Substanz	0,686	Freie Fettsäuren	13,39
Wasser	1,96	Neutrale Fettsäuren	12,40
		Cholesterin	7,69
		Seifen, Pigmente	40,91
		Unbestimmte Stoffe und Verlust	6,01

Die quantitative und qualitative *Untersuchung* der Pankreaskonkremente geschieht nach denselben Methoden wie die der Nieren- und Gallensteine (s. S. 434ff.).

Konkremente des Magen-Darmtraktes: Nach NEUBERG[2] sind die überwiegende Mehrheit der mit den Faeces zur Ausscheidung kommenden steinartigen Gebilde Gallensteine, die auf natürlichem Wege oder nach Absceß- oder Fistelbildung in den Darm gelangen. Seltener werden auch Pankreassteine gefunden. Konkremente, die im Magen-Darmtrakt selbst entstehen, sind verhältnismäßig selten.

Magensteine (Gastrolithe) sind äußerst selten. Es handelt sich bei ihnen nicht um echte Konkremente, sondern um mit der Nahrung aufgenommene unverdauliche Bestandteile, die aus irgendeinem Grunde länger im Magen verweilen. Trichobezoare sind Haarballen (entstanden aus verschluckten Haaren), die am häufigsten bei Kindern gefunden werden[3, 4]. Phytobezoare bestehen aus zusammengefilzten Pflanzenfasern und Kernen; es wurde einmal ein 885 g schwerer Stein beobachtet[3]. Bei trunksüchtigen Tischlern und Porzellanarbeitern wurden nach Genuß von alkoholischen Schellacklösungen oder anderen Harzlösungen Klumpen aus Schellack, bzw. den entsprechenden Harzen im Gewicht bis zu 670 g gefunden[3].

Darmsteine (Enterolithe): Von den eigentlichen Darmkonkrementen sind die Kotsteine (Koprolithe) zu unterscheiden, bei denen es sich einfach um eingedickte Kotmassen

---

[1] GRUBER, G. B.: Speicheleindickung und Speichelsteine im Pankreas. Handb. path. Anat. Histol. (HENKE-LUBARSCH) 5/2, 392 (1929).

[2] NEUBERG: Harn. 2. Teil. S. 1222 u. 1253.

[3] EICHHORST, H.: Handbuch der speziellen Pathologie und Therapie. 6. Aufl. Bd. 2. S. 254. Berlin, Wien 1904. — PETRI, E.: Handb. spez. Anat. Histol. (HENKE-LUBARSCH) 4/3, 620 (1929).

[4] HURWITZ, S., and P. McALLENEY: Amer. J. Dis. Children 81, 753 (1951).

handelt; solche Kotsteine bilden sich häufig im (entzündeten) Wurmfortsatz, bisweilen auch vor Strikturen. Die wahren Darmsteine dagegen sind beim Menschen sehr selten. Die Größe der Darmkonkremente geht meist bis zu Kastaniengröße; es wurden jedoch auch Darmsteine bis zu 23 cm Umfang und von 4 Pfund Gewicht beschrieben[1]. Darmsteine können einzeln und multipel vorkommen; sie sind von rundlicher Form, kugelig oder auch scheibenförmig plattgedrückt, können aber auch vieleckig, facettiert sein. Die Farbe ist meist braun, grau oder graugelb. Die Bruchfläche zeigt meist konzentrische Schichtung. — Bestandteile: Bei den Kotsteinen handelt es sich einfach um verhärteten Kot (Untersuchung s. S. 401). GERLACH[2] teilt einen spektrographisch untersuchten Kotstein aus einem MECKELschen Divertikel mit, der Kupfer, Eisen, Blei, Zink, Mangan, Quecksilber, Strontium und Phosphor enthielt. — Die wahren Darmsteine des Dickdarms bestehen vor allem aus Ammoniummagnesiumphosphat, Magnesiumphosphat, Calciumphosphat, Calciumcarbonat, Kieselsäure und

Tabelle 110. *Zusammensetzung von 3 Darmsteinen* (in Prozenten)[3].

Wasser	22	57,3	6,43
Ammoniummagnesiumphosphat	4,3	24,4	82,8
Calciumphosphat	60,5	6,7	5,9
Calciumcarbonat	—	—	1,6
Magnesiumphosphat	—	—	1,6
Calciumsulfat	1,1	1,3	—
Alkoholischer Ätherextrakt	0,3	0,8	0,2
Andere organische Substanzen	11,3	0,2	1,9

Aluminiumoxyd, und enthalten häufig als Kern einen mit Calciumsalzen inkrustierten Fremdkörper (Knochenstückchen, Obstkerne usw.). — Nach forcierten Ölkuren kann es zu konkrementartigen Bildungen aus Kalkseifen, die mit Gallenfarbstoffen gefärbt sind, kommen[5]. Im Dünndarm kommen die sehr seltenen *Choleinsäuresteine* vor[6]. Sie bestehen zu 70% und mehr aus Choleinsäure, der Rest kann Cholsäure, freie Fettsäuren, Neutralfett, unverseifbare Stoffe, mineralische Bestandteile (unter diesen Zink in auffallender Menge), Nahrungsreste sowie Cholesterin und Bilirubin in Spuren enthalten[7]. BLIX[8] hat einen menschlichen Dünndarmstein beschrieben, der aus 58% Calciumoxalat, 11% Choleinsäure und 1,4% Zinksulfid bestand. Der Darmstein einer Inderin enthielt über 70% Glykocholsäure[9].

Tabelle 111. *Teilanalyse von 2 Darmsteinen* (in Prozenten)[4].

Fettfreie Trockensubstanz	1,351	14,60
Asche	0,277	58,37
Si	14,07	7,04
Al	0,299	3,87
Eisen	0,010	Spuren

Für die Entstehung der gewöhnlichen, wesentlich aus Mineralstoffen bestehenden Darmsteine ist die Alkalescenz des Darminhaltes Voraussetzung. Sie entstehen im mittleren bis unteren Dünndarm und vor allem im Dickdarm. Demgegenüber ist für die Entstehung der Choleinsäuresteine saure Reaktion Vorbedingung, sie ist daher auf die obersten Dünndarmabschnitte beschränkt. Den Anlaß für Konkrementbildung im Darm geben häufig Fremdkörper, unverdauliche Speisebestandteile (besonders nach reichlichem Genuß von Haferkleiebrot bzw. Haferkleiefutter kommt es beim Menschen bzw. Pferd zu typischen Darmkonkrementen, den den Trichobezoaren zuzurechnenden Avenolithen[10]), Medikamente (Magnesiumcarbonat, Natriumhydrogencarbonat, Salol, Myrrhentinktur[5] Aluminiumhydroxyd[11]), Ascarideneier, Gallensteine und anderes.

[1] MONRO, zit. von EICHHORST, H.: Handbuch der speziellen Pathologie und Therapie. 6. Aufl. Bd. 2. S. 430. Berlin, Wien 1904.

[2] GERLACH, W.: Zbl. allg. Path. **61**, 84 (1934/35).

[3] EICHHORST, H.: Handbuch der speziellen Pathologie und Therapie. 6. Aufl. Bd. 2. S. 430. Berlin, Wien 1904.

[4] GONNERMANN, M.: H. 111, 32 (1920).

[5] Neuberg, Harn Bd. 2. S. 1222 u. 1253.

[6] MÖRNER, C. T.: H. **259**, 35 (1939). — FOWWEATHER, F. S.: Biochem. J. **44**, 607 (1949).

[7] RAPER, H. S.: Biochem. J. **15**, 49 (1921). — MÖRNER, C. T.: H. **130**, 24 (1923).

[8] BLIX, G.: Acta chir. scand. **76**, 25 (1935).

[9] CHITRE, R. G., and B. N. PURANDARE: Ind. Physician **3**, 173 (1944) [FOWWEATHER, F. S.: Biochem. J. **44**, 607 (1949)].

[10] SCHADE, H.: Die physikalische Chemie in der inneren Medizin. 3. Aufl. S. 295. Dresden, Leipzig 1923.

[11] CHILD, G. P., W. K. HALL and S. H. AUERBACH: Amer. J. digest. Dis. **14**, 63 (1947).

Konkremente des Magen-Darmtraktes kommen im Tierreich, vor allem bei Pflanzenfressern, sehr viel häufiger vor. Als physiologische Magensteine können die (S. 427 erwähnten) Gastrolithe der Krebse usw. gelten. — Im Vormagen besonders von Ziegen und Rindern werden häufig Trichobezoare gefunden, seltener Phytobezoare. Sie sind erbsen- bis kindskopfgroß, können einzeln und multipel vorkommen, sind kugelig, eiförmig oder auch walzenförmig und sehr leicht (spezifisches Gewicht 716—725). Manchmal sind diese Haarbälle noch von einem dünnen Mantel aus anorganischer Substanz (Calciumphosphat, Calciumcarbonat, Ammoniummagnesiumphosphat) umgeben[1]. — Unter den Magensteinen bei Tieren unterscheidet JOEST[1]: 1. Steine, die überwiegend (zu 92,6—94,7%) aus Ammoniummagnesiumphosphat bestehen; 2. Steine aus Calciumcarbonat; 3. Steine aus Gallensäuren. Das Konkrement aus dem Labmagen einer Ziege bestand zu 75% aus Cholsäure und zu 5% aus Choleinsäure; der Rest war amorphe Substanz, pflanzliches Material und Asche[2]. In Japan wurde Konkrementbildung im Magen durch Koagulation von Shibuol, einem Phlobatannin aus Phloroglucin und Gallussäure der Schale unreifer Dattelpflaumen, unter der Wirkung der Magensäure festgestellt[3]. Im Magenkonkrement eines Sumpfbibers wurde als Hauptbestandteil eine gekoppelte Gallensäure, die Nutriaglykocholsäure ($C_{26}H_{43}O_6N$) festgestellt[4].

Darmsteine finden sich bei Pferden häufig, bei anderen Tieren seltener. Als Kern findet sich fast immer ein Fremdkörper, sehr häufig aus Metall (Knopf, Nadel, Nagel, Draht usw.), aber auch Kerne, Holzsplitter, Sandkörner u. v. a. Die Darmsteine der Pferde bestehen meistens zu über 90% aus Ammoniummagnesiumphosphat; andere Salze (Calciumcarbonat, Calciumphosphat, Kieselsäure) machen nur 1% oder weniger aus, Natriumchlorid und Natriumphosphat fehlen fast immer; organische Substanz findet sich zu 1—3%[5]. In einem Pferdedarmstein, der beträchtliche pflanzliche Einschlüsse aufwies, wurden 2 Probophorbide (Vorstufen von Phylloerythrin), Lithoporphyrin (ein dem Phylloerythrin nahestehendes Porphyrin) und Lithochlorin festgestellt[6]. — Bei Pferden wurden Steine bis zu 9,9 kg beobachtet[7].

Bei den *Bezoarsteinen*, die im Darm von Ziege, Lama, Antilope und Schwein vorkommen, unterscheidet NEUBERG[8] 2 Formen:

1. Die „echten" Bezoare sind olivgrün, schwachglänzend, konzentrisch geschichtet und schmelzen beim Erhitzen. Hauptbestandteile sind Lithofellinsäure (74—77%; sie liegt in krystallisierter Form vor[6]) und Lithobilinsäure.

2. Die „unechten" Bezoare sind schwarzbraun bis schwarzgrün, stark glänzend, konzentrisch geschichtet und schmelzen beim Erhitzen nicht. Hauptbestandteil ist die Ellagsäure (Dilacton der Hexaoxydiphenylcarbonsäure), die mit Lösungen von Eisenchlorid in Alkohol eine tiefblaue Farbe gibt.

Daneben wurden in Bezoarsteinen Phyllosterin, Fette und Fettsäuren (Stearinsäure in freier und gebundener Form)[6] sowie Kieselsäure, Aluminiumoxyd und Eisen[9] nachgewiesen.

Ein Darmkonkrement des Pottwals ist das Ambra, dessen Hauptbestandteil Ambrain ist, ein im Wasser unlöslicher, in Alkohol, Äther und Ölen jedoch löslicher Stoff, der von siedender Kalilauge nicht angegriffen wird[8].

Speichelsteine (Sialolithe): Speichelsteine werden außer beim Menschen auch bei Pferden und anderen Tieren beobachtet. Es sind Konkrementbildungen auf der Basis von Stauungen und entzündlich-bakteriellen Vorgängen (insbesondere die Actinomycesinfektion spielt eine Rolle).

Die Steine liegen nur ausnahmsweise im Gewebe der Speicheldrüsen, in der Regel sitzen sie in den Ausführungsgängen, und zwar zu etwa 80% in denen der Submandibularis. Es sind meist sandkorn- bis erbsengroße Steine; es kommen aber auch walnuß- bis hühnereigroße Steine vor. Das Gewicht beträgt 1—2 g, seltener bis 20 g. Über extrem große Steine mit einem Gewicht von 67 g, 93,5 g und 282 g wird berichtet[10]. Das spezifische Gewicht ist gering. Es handelt sich meist um Einzelsteine, nur selten finden sich mehrere Steine. Die Form der kleinen Steine ist sehr mannigfach, die der größeren meist länglich, walzenförmig. Die Oberfläche weist meist kleine Rinnen und Kanäle auf,

---

[1] JOEST, E.: Handb. path. Anat. Haustiere (JOEST-FREY). 2. Aufl. 1, 346, 404, 582 (1926).

[2] SCHENCK, M.: H. 145, 1 (1925).

[3] IZUMI, S., K. ISIDA u. M. IWAMATO: Jap. J. med. Sci. (A II) 2, 21 (1933) [TREIBS, A.: H. 220, 89 (1933)].

[4] BRIGL, P., u. O. BENEDICT: H. 220, 106 (1933).

[5] JOEST, E.: Handb. path. Anat. Haustiere. 2. Aufl. 1, 571 (1926).

[6] TREIBS, A.: H. 220, 89 (1933).

[7] EDINGER, C., u. R. E. LIESEGANG: Natur u. Museum 62, 246 (1932).

[8] Neuberg, Harn Bd. 2. S. 1222.

[9] GONNERMANN, M.: H. 111, 32 (1920).

[10] WENZEL, F., zit. v. BRUGSCH, TH.: Die Speichelsteine. Handb. spez. Path. Therap. (KRAUS-BRUGSCH) 5/1, 120 (1921).

durch welche der Speichel die Stenose überwindet. Im übrigen ist sie meist fein- bis grobhöckerig, mit warzen- und hutpilzähnlichen Auswüchsen, nur selten glatt; manchmal sind auch dendritisch verzweigte Fortsätze vorhanden. Die Farbe der Speichelsteine ist hellgrau-weißlich, manchmal durch Blutfarbstoff dunkelbraun-rot. Einzelne Steine von schwefelgelber und roter Farbe wurden beobachtet. Die Konsistenz ist meist hart, seltener weich und bröckelig. Die Bruchfläche zeigt meist verschieden gefärbte Schichten, nur selten Homogenität. Im Zentrum können sich eine Höhle, ein Fremdkörper (Gräte. Holzstückchen, Korn, Granne) oder organische Substanz befinden.

Bestandteile: Im allgemeinen sind etwa 60—70% Calciumphosphat, 5—10% Calciumcarbonat, 10—20% organische Substanz (Bakterien, Epithelien, Mucin), außerdem Spuren von Kalium, Natrium, Chlor, Magnesium, Eisen, Phosphor, in seltenen Fällen auch Harnsäure, Cholesterin und Amylase[1, 2] zu finden. Neben den Phosphatsteinen kommen auch Carbonatsteine vor, d. h. Steine, die bis zu 80% und darüber Calciumcarbonat enthalten und nur 4—5% Calciumphosphat[3].

Die chemische Analyse von Speichelsteinen des Pferdes ergab 0,97% Wasser, 36,9% Ca, 0,054% Mg, 0,0084% Fe, 0,35% P, 38,05% CO_2, 0,024% Si und 6,72% organische Substanz[4].

Nasensteine (Rhinolithe)[5]: Die Nasensteine sitzen meist im unteren, selten im mittleren Nasengang; große Steine können in beiden lagern. Sie kommen meist einzeln vor, nur selten multipel; einmal wurden 35 Stück beobachtet. Ihre Form ist ganz verschieden, unregelmäßig, oval, spitz, kantig; oft stellen sie einen genauen Ausguß des Steinlagers dar. Die Oberfläche kann glatt oder rauh und höckerig sein. Die Bruchfläche weist meist konzentrische Schichtung auf. Ihre Farbe ist grauschwarz oder graugrün. Ihre Größe wechselnd, bis hühnereigroß. Das Gewicht beträgt 1—6 g, selten mehr; extrem wurden 110 g beobachtet. Die Konsistenz ist hart.

Die Entstehungsbedingungen sind nicht geklärt. Es können Fremdkörper (Fruchtkerne, Wollflocken, Knöpfe u. a.) den Anlaß zur Steinbildung geben. Da, wo keine Fremdkörper nachweisbar sind, macht man Sekretstauungen, vermehrte Sekretabsonderung, Mikroben oder primäre Schleimhauterkrankungen verantwortlich.

Bestandteile sind vor allem Calciumphosphat und Calciumcarbonat, daneben wechselnde Mengen Magnesiumphosphat und -carbonat, Natriumchlorid, Eisen, Oxalsäure, organische Substanz und Wasser. Besonders hoher NaCl-Gehalt ist charakteristisch für die im unteren Abschnitt des Ductus nasolacrimalis gefundenen Steine. In einem Falle wurde ein Nasenstein beschrieben, der zum größten Teil aus Eisensulfid bestand und als Kern ein kleines Stück einer Messerklinge enthielt (bei allen entzündlich eitrigen Prozessen der Nasenhöhle ist Schwefelwasserstoff nachweisbar). — Eine andere Zusammensetzung und Genese haben die Konkremente, die sich aus in der Respirationsluft suspendierten, täglich eingeatmeten und durch das Nasensekret zusammengebackenen festen Partikelchen allmählich bilden; z. B. Zementsteine bei Zementarbeitern.

Tabelle 112. *Zusammensetzung von Nasenkonkrementen* (in Prozenten)[6].

Typischer Nasenstein		Atypischer Nasenstein	
Wasser	5,4	Wasser	2,9
Calciumphosphat . . .	72,55	Organische Substanz . .	28,5
Calciumcarbonat	Spuren	Mg	2,85
Magnesiumphosphat . . .	1,40	Fe	12,55
Cl-Verbindungen	Spuren	S	1,06
Organische Substanz . .	22,05	Ca	8,53
		P	3,16

[1] LANG, F. J.: Speichelsteine. Handb. path. Anat. Histol. (HENKE-LUBARSCH) 5/2, 25 (1929).
[2] PETROU, W.: H. **144**, 97 (1925).
[3] HOESSLIN, H.: Das Sputum. 2. Aufl. S. 277. Berlin 1926.
[4] GHIGI, E.: Arch. ital. Sci. farmacol. 7, 60 (1938) [Ber. Physiol. 108, 189].
[5] Die Angaben sind zum größten Teil entnommen aus: DANISCH, F.: Nasensteine. Handb. path. Anat. Histol. (HENKE-LUBARSCH) 3/1, 271 (1928).
[6] DANISCH, F.: Nasensteine. Handb. path. Anat. Histol. (HENKE-LUBARSCH) 3/1, 271. 1928.

Konkremente in den Kieferhöhlen gleichen hinsichtlich ihrer chemischen Zusammensetzung den Nasensteinen und enthalten hauptsächlich Calciumphosphat, Magnesium, organische Substanz und Wasser[1].

Bronchialsteine (Bronchiolithe) **und Lungensteine** (Pulmolithe)[2]: Ein großer Teil der „Bronchialsteine" bildet sich entweder im Lungengewebe in Kavernen oder in den umgebenden Bronchialdrüsen und bricht erst sekundär in die Luftwege ein; sie sind also eigentlich Lungensteine. Ihre häufigste Ursache sind Tuberkulose, ferner kleine Infarkte, umschriebene Bronchopneumonien, miliare Abscesse, Pilzerkrankungen, Hydatiden, Tumoren. Es wurde auch von 3 Fällen berichtet, in denen zahlreiche Alveolarlumina von sphärisch-lamellären Kalkkonkrementen ausgefüllt waren, ohne daß irgendwelche Mikroorganismen nachweisbar waren[3].

Die eigentlichen Bronchialsteine entstehen in bronchiektatischen Aussackungen durch Stauung, Eintrocknung von Sekret oder um Fremdkörper herum, durch Anlagerung von anorganischem Material. Auch dauernde berufliche Einatmung bestimmter Staubarten kann Konkrementbildung hervorrufen; z. B. kann Schleifstaub Eisen und Sandsteinpartikel enthaltende Konkremente verursachen; auch bei der Silicose kann es zu Steinbildung kommen[4]. Es handelt sich bei den Bronchialsteinen und Lungensteinen meist um multiple Steine, von denen bis zu mehreren Hundert ausgehustet werden können. Es sind kleine Bröckel bis zu bohnengroßen Konkrementen, rundlich, vieleckig, länglich, zylindrisch, eventuell mit kleinen Fortsätzen oder dendritischen Verästelungen, von grauer, grauweißer, schwärzlicher, bräunlicher oder auch roter Farbe. Sie können hart oder bröckelig sein, weisen konzentrische Schichtung auf und haben zuweilen im Zentrum eine Höhle, die mit Flüssigkeit gefüllt sein kann.

Die *Bestandteile* sind vor allem Calciumphosphat und Calciumcarbonat, seltener Magnesiumphosphat, Natriumphosphat, Natriumsulfat, Natriumchlorid, Fett und Cholesterin. ZICKGRAF[5] beschrieb 4 Steine, die 2,21—5,83 % Silicium und 4,27—29,2 % Calcium enthielten.

Tabelle 113. *Bestandteile zweier Lungensteine* (in Prozenten)[6].

Calciumphosphat	69,92	Calciumphosphat	72,78
Calciumcarbonat	0,99	Magnesiumphosphat	0,94
Natriumsulfat	0,89	Natriumphosphat	0,54
Natriumhydrogensulfat	0,89	Calciumcarbonat	5,36
Natriumchlorid	0,89	Natriumsulfat	Spuren
Fett und Cholesterin	20,10	Natriumhydrogensulfat	Spuren
		Natriumchlorid	Spuren
		Fett und Cholesterin	7,18
		Ätherunlösliche Substanzen	2,84

Als seltene Ausnahmen wurden Bronchialsteine von Gichtpatienten beschrieben, die aus Natriumurat bestanden[7]. Schließlich wurde einmal in einer bronchiektatischen Kaverne ein bohnengroßes, weiches, grüngelbes Cystinkonkrement gefunden[8].

Ein Konkrement in der *Speiseröhre* ist einmal beschrieben worden[9]; es handelte sich um 2 walnußgroße höckerige, mäßig harte, leicht zerbröckelnde, grobgranulierte, gelbgraue Konkremente, zusammen 22 g wiegend, die aus Calciumphosphat und Calciumcarbonat bestanden.

[1] HAJEK, M.: Nebenhöhlen der Nase. 5. Aufl. S. 164. Leipzig, Wien 1926.

[2] Die Angaben sind zum Teil entnommen aus: HART, C., u. E. MAYER: Handb. path. Anat. Histol. (HENKE-LUBARSCH) 3/1, 433 (1928). — KOCH, W.: Handb. path. Anat. Histol. (HENKE-LUBARSCH) 3/2, 66 (1930).

[3] MICHAILOV, V.: Acad. bulg. Sci. Bull. Inst. Med. **57**, 294 (1951) [Zbl. inn. Med. **135**, 260].

[4] RÜTTNER, J. R., u. H. EGGENSCHWYLER: Schweiz. med. Wschr. 81, 442 (1951).

[5] ZICKGRAF: Zit. v. [6].

[6] HOESSLIN, H. V.: Das Sputum. 2. Aufl. S. 125. Berlin 1926. — Siehe auch WELLS, H. G., L. M. DEWITT and E. R. LONG: The Chemistry of Tuberculosis. 6. Aufl. S. 154. Baltimore 1923.

[7] EICHHORST, H.: Handb. spez. Pathol. u. Therapie inn. Krankheiten. 6. Aufl. Bd. 1, S. 461. Berlin, Wien 1904.

[8] LUBARSCH, O.: Zit. v. HART, C., u. E. MAYER: Handb. path. Anat. Histol. (HENKE-LUBARSCH) 3/1, 434 (1928).

[9] FISCHER, W.: Handb. path. Anat. Histol. (HENKE-LUBARSCH) 4/1, 107 (1926).

Mandelsteine (Amygdalolithe): Bei Obduktionen wurden in 1,1% der Fälle Kalkkonkremente gefunden[1]. Sie kommen meist einzeln vor, selten finden sich 2 oder mehr Steine[2]. Es handelt sich meist um Steine von wenigen Grammen Gewicht, die bis erbsengroß sind; jedoch werden selten auch bedeutend größere Steine gefunden, bis 26 g schwer[3]. Sie sind von weißlicher Farbe, je nach Zusammensetzung von harter oder auch bröckeliger Konsistenz und von schalenartiger Struktur. Ihre hauptsächlichen Bestandteile sind Calciumphosphat und Calciumcarbonat, daneben können Spuren von Na, K und Mg gefunden werden[4]. Im Zentrum finden sich bisweilen den Corpora amylacea ähnliche Kerne[5]. Auch bei Pferden, Eseln und Rindern finden sich gelegentlich Mandelsteine[6]. Die Analyse eines Mandelsteines ergab 25,0% Wasser, 50,0% Calciumphosphat, 12,5% Calciumcarbonat und 12,5% ätherunlösliche Substanzen (Schleim)[7].

Tränensteine (Dakryolithe): Steinbildungen im Tränengang sind selten, im Tränensack noch seltener. Es handelt sich um harte, schmutzig graue, graugelbe oder bräunlichgelbe kugelförmige oder ungleichmäßig geformte Steine, deren Oberfläche maulbeerartig sein kann. Sie weisen oft geschichteten Bau auf. Als Bestandteile finden sich Calciumphosphat, Calciumcarbonat, Magnesiumphosphat, Silicium, Kochsalz und organische Substanz. Als Krystallisationskern können abgestoßene Zellen gefunden werden[8]. Die sog. „Pilzkonkremente" sind bröckelig-krümelige Massen von schmutziggelber bis dunkelbrauner Farbe, die massenhaft Streptothrix, selten auch Actinomyces bovis enthalten[9].

Bei den *Konkrementen der Conjunctiva* handelt es sich um kleine, bis stecknadelkopfgroße, gelbliche bis grauweiße, mehr oder weniger harte Einlagerungen in den oberflächlichen Schichten der Conjunctiva, die aus homogener toter Drüsensubstanz, feinkörnigem Detritus, Schleim und Zerfallsmaterial degenerierter Epithelzellen bestehen; sie zeigen oft konzentrische Schichtung und kugelige maulbeerartige Form[10].

Milchsteine: In den Ausführungsgängen der Brustdrüse kommen die sog. Milchsteine vor, Konkremente, die hauptsächlich aus Calciumcarbonat und Calciumphosphat bestehen. Auch in den Ausführungsgängen des Kuheuters sind solche Steine nicht selten gefunden worden[11].

Gehirnsteine: Im Gehirn können kleine gries- oder sandartige Konkremente an mehreren Stellen vorkommen. In der Zirbeldrüse findet sich dieser Gehirnsand, auch Acervulus genannt, vom 7. Lebensjahr ab mit so großer Regelmäßigkeit, daß man fast von einem physiologischen Konkrement sprechen kann. Aber auch bei Embryonen und jungen Säuglingen wurden wiederholt kleine, konzentrisch geschichtete Kalkkonkremente im Vorderlappen der Hypophyse gefunden[12]. Als pathologisch anzusehen ist der Gehirngrieß in den Plexus chorioidei und an anderen Stellen. Bei den Sandgeschwülsten, den Psammomen der Hirnhäute, handelt es sich um eine große Anzahl von Kalkkörnchen, die durch Kalkeinlagerung und schichtweise Anlagerung in den kleinsten Gefäßen entstanden sind. Bestandteile aller dieser Konkrementbildungen sind Calciumphosphat und Calciumcarbonat. Nach krystallchemischen Untersuchungen handelt es sich um Hydroxylapatit, nicht um Calcit[13].

Weitere seltene Fundorte von Konkrementen sind:

Der *Pleuraraum*, in dem es sich meist um flache, abgeplattete, mit Kalksalzen imprägnierte Gewebsteile handelt, oft auch um verklumpte, hyalinisierte Fibrin-Detritusmassen, die konzentrische Schichtung zeigen können[14].

Der *Herzbeutel*, in dem abgeschnürte Geschwulstteile und entzündlich-bindegewebige Wucherungen verkalken können; HYRTL[15] erwähnt eine in den Herzbeutel durchgebrochene verkalkte Bronchialdrüse.

[1] BOZZI, E.: Oto-Rino-Laringol. ital. **2**, 443 (1932).

[2] FIORETTI, F.: Valsalva **7**, 581 (1931).

[3] LIFSCHITZ, B. M.: Z. usn. Bol. **12**, 235 (1935) [Zbl. Hals-, Nasen-Ohrenheilkde. **25**, 138 (1936)].

[4] CONSTANTINESCO, M.: Ann. Oto-Laryngol., Paris **8**, 714 (1937).

[5] KECSKÉS, Z.: Arb. rhino-laryngol. Klin. Budapest **1936**, 177 [Zbl. Hals-, Nasen-Ohrenheilkde. **29**, 466 (1938)].

[6] GRAU, H.: Berlin. tierärztl. Wschr. **1931 II**, 779.

[7] HOESSLIN, H. v.: Das Sputum. 2. Aufl. S. 125. Berlin 1926.

[8] SEIDEL, E.: Konkrementbildungen in den Ausführungsgängen der Tränendrüsen. Handb. path. Anat. Histol. (HENKE-LUBARSCH) 11/2, 287 (1931). — PAPOLCZYS, F. v.: Klin. Mbl. Augenheilkde. **113**, 269 (1948). — GUTZEIT, R.: Klin. Mbl. Augenheilkde. **116**, 77 (1950).

[9] MEISSNER, W.: Handb. Ophthalm. (SCHIECK-BRÜCKNER), Bd. 3, S. 407.

[10] LÖHLEIN, W.: Handb. path. Anat. Histol. (HENKE-LUBARSCH) 11/1, 163 (1928).

[11] Hammarsten 11. Aufl. S. 530.

[12] KRAUS, E. J.: Handb. path. Anat. Histol. (HENKE-LUBARSCH) 8, 847 (1930).

[13] BRANDENBERGER, E., u. H. R. SCHINZ: Helv. med. Acta, Suppl. **16**, 1 (1945).

[14] KOCH, W.: Handb. path. Anat. Histol. (HENKE-LUBARSCH) 3/2, 66 (1930).

[15] EICHHORST, H.: Handb. spez. Pathol. u. Therapie inn. Krankheiten. 6. Aufl. Bd. 1. S. 190. Berlin, Wien 1904.

Die *Bauchhöhle*, in der durchgebrochene Gallensteine und Darmsteine sowie Lithopädien (verkalkte Feten aus rupturierten Tubargraviditäten)[1] gefunden werden können.

Cysten aller Art.

Die *Venen*, in denen Thromben durch sekundäre Einlagerung von Kalksalzen zu Venensteinen (Phlebolithen) werden können.

Die *Haut*, in der sich Kalkkonkremente oft zu mehreren im Unterhautzellgewebe finden (vor allem bei Sklerodermie); es handelt sich wahrscheinlich um retinierten, später verkalkten Inhalt von Talgdrüsen[2].

Das *interstitielle Bindegewebe*, in dem bis zu fingerdicke Kalkkonkremente gefunden werden können[3].

Untersuchung der Organe.

Von

H. D. Cremer und J. Führ.

Mit 5 Abbildungen.

1. Allgemeines und Normalwerte.

Da Vorkommen und Verteilung der einzelnen chemischen Bestandteile in den verschiedenen Geweben und Körperflüssigkeiten häufig recht unterschiedlich sind, ist man bestrebt, das zu untersuchende Organ oder den Organteil möglichst weitgehend von anhängenden Resten des umgebenden Gewebes und von den im Organ befindlichen Körperflüssigkeiten, insbesondere von Blut, zu befreien. Einfache *Entblutung* des Versuchstieres entfernt das in den Organen befindliche Blut nur sehr unvollständig. Dies gelingt erst, wenn das lebende Tier in Narkose mit angewärmter, sauerstoffgesättigter Ringerlösung oder Tyrodelösung durchströmt wird. Bei Kaninchen und größeren Tieren ist dies einfach durchführbar, indem man die Spülflüssigkeit unter mäßigem Druck durch eine Glaskanüle in die Vena jugularis einströmen und aus der Carotis ausströmen läßt. Die Spülung ist beendet, wenn die ausströmende Flüssigkeit keine Rotfärbung mehr zeigt. Bei kleineren Tieren ist diese Art der Durchspülung nicht mehr möglich. Hier kann man eine Kanüle in die Herzspitze einführen und die Spülflüssigkeit aus der durchtrennten und proximal abgeklemmten Vena cava inferior abfließen lassen. Um auch die Lunge möglichst weitgehend zu durchspülen, kann man die Kanüle oberhalb des Zwerchfelles in die Vena cava inferior einführen und durch künstliche Atmung eine Durchströmung der Lunge gewährleisten. Bei Versagen des Herzens muß eine künstliche Durchströmung unter Druck erfolgen. Auf diese Weise werden Leber, Herz, Nieren und auch die Lungen praktisch blutfrei, während eine vollständige Entblutung von Milz und Gehirn nicht gelingt. Hier müssen Spezialmethoden angewandt werden, wie sie bei den einzelnen Organen beschrieben sind: z. B. Suspendieren des mit Sand verriebenen Organs in Wasser (Milz) oder Chloroforminjektion zur Erzielung von Blutleere im Gehirn.

In vielen Fällen ist die Verteilung einzelner Substanzen auch in homogenen Geweben nicht gleichmäßig. Man verwendet deshalb zur Analyse am besten einen aliquoten Teil eines größeren, möglichst fein zerkleinerten Gewebsstückes. Bei kleinen Tieren und insbesondere bei kleinen Organen, bzw. bei geringer Konzentration der zu untersuchenden Substanz, muß gegebenenfalls zunächst genügend Untersuchungsmaterial gesammelt und bis zur Analyse schonend konserviert werden. — Für viele Untersuchungen erweist sich die *Zerkleinerung* in einem sog. „Fleischwolf" mit nachfolgender Verreibung im Mörser, eventuell unter Zuhilfenahme von Sand oder ähnlichem als ausreichend. Bei blutreichen, weichen Organen wie der Milz empfiehlt sich mitunter das Verreiben mit dem mehrfachen Volumen an Wasser. Durch intensives Schütteln erhält man dann eine Gewebssuspension, die genügend lange stabil ist, um sie mit der Pipette abmessen zu können.

---

[1] GIERKE, E. v. in: Handb. path. Anat. Histol. (HENKE-LUBARSCH) 4/1, 1075 (1926).

[2] LICHTWITZ, L.: Klinische Chemie. 2. Aufl. S. 609. Berlin 1930.

[3] KOCHEN, K: Wien. Z. inn. Med. Grenzgeb. **33**, 111 (1952).

Tabelle 1. *Organgewichte bei verschiedenen Tieren* (in Prozenten vom Körpergewicht)[1].

	Katze		Hund		Kaninchen		Ratte		Huhn		Ente		Truthahn	
	1. Tier	2. Tier	1. Tier	2. Tier	1. Tier	2. Tier	1. Tier	2. Tier	1. Tier	2. Tier	1. Tier	2. Tier	1. Tier	2. Tier
Leber	3,35	4,14	3,14	2,79	2,16	3,06	3,10	2,90	2,92	1,72	1,86	1,70	1,13	0,83
Herz	0,79	0,42	0,75	0,86	0,23	0,24	0,25	0,27	0,43	0,42	0,91	0,82	0,33	0,36
Nieren	1,20	0,81	0,93	0,56	0,37	0,44	0,64	0,62	0,46	0,48	0,55	0,68	0,28	0,22
Blut (durch Ausbluten zu gewinnen) . . .	2,43	2,86	3,30	2,50	1,80	1,33	1,80	2,80	2,85	2,50	2,62	4,10	3,21	1,75
Körpergewicht in kg .	1,4	2,4	6,5	8,2	4,1	3,4	0,56	0,39	2,6	2,9	1,3	1,4	11,2	11,7

Weitere Methoden zur Zerkleinerung von Organen sind im Abschnitt: „Vorbereitung für die Bestimmung von organischen Bestandteilen" beschrieben (s. S. 454).

Die Präparation der Organe oder bestimmter Organteile dürfte in den meisten Fällen makroskopisch möglich sein. Mitunter empfiehlt es sich jedoch, durch mikroskopische Kontrolle die erfolgreiche bzw. exakte Trennung bestimmter Gewebsabschnitte zu kontrollieren. Häufig mag es dennoch schwierig sein, Nerven von umgebendem Bindegewebe oder Drüsen von anhaftendem Fett zu unterscheiden.

Eine ideale Vorbereitung für die Gewinnung von Drüsen sowie spinalen, peripheren und autonomen Nerven bei der Ratte besteht nach RICHTER[2] darin, daß man Tiere bei ganz einseitigen Kostformen hält, so daß sie nicht mehr weiter wachsen und durch Einschmelzung aller Fettreserven erheblich an Gewicht verlieren. Während Ratten bei völligem Nahrungsentzug schon nach 3—5 Tagen eingehen, kann man sie bei einer nur aus 15%iger Glucose- und 15%iger Äthanollösung bestehenden Nahrung im Durchschnitt 37 Tage am Leben erhalten. Gibt man ihnen gleichzeitig Vitamin B_1, bleiben sie bis zu 55 Tagen am Leben. Außer einer hochgradigen Abmagerung kann man keinerlei krankhafte Erscheinungen feststellen, insbesondere machen die inneren Organe sowie Zähne, Knochen, Haare und Haut einen makroskopisch und mikroskopisch normalen Eindruck, wenngleich man selbstverständlich mit einigen Veränderungen in der chemischen Zusammensetzung rechnen muß. Man findet bei den Tieren keine Spur mehr von Fett, und große Teile der Muskulatur sind so dünn und durchscheinend, daß man z. B. die Lunge durch die Thoraxmuskulatur hindurch deutlich sehen kann. Alle Nerven, auch feine Nervenäste, sind gut erkennbar und können daher leicht präpariert werden. Da sich an Drüsen keinerlei Rückbildungserscheinungen zeigen, sind auch diese leicht zu präparieren, während bei normalen Tieren ihre Unterscheidung vom Fettgewebe häufig sehr schwierig ist. Das sog. „braune Fett", das sich bei der Ratte an bestimmten Körperstellen wie zwischen den Schulterblättern, entlang der Wirbelsäule und in der Nähe der Speicheldrüsen findet, ist wie das Drüsengewebe erhalten geblieben.

Die *Trennung* einer Reihe *von Gewebe- oder Zellbestandteilen* ist erst mit Spezialmethoden möglich. Zunächst muß eine zwar schonende, jedoch möglichst intensive Zerkleinerung des Gewebes ausgeführt werden. Die endgültige Trennung kann dann z. B. auf Grund des verschiedenen spezifischen Gewichtes der verschiedenen Bestandteile durch Sedimentieren oder Zentrifugieren erfolgen. So lassen sich Spermien durch Zentrifugieren in physiologischer Kochsalzlösung in ihre verschiedenen Abschnitte zerlegen (s. Kapitel Sexualorgane). Bei anderen Geweben ist zur Trennung das Suspendieren in einer Lösung von bestimmter Dichte notwendig (z. B. Trennung von Schmelz und Dentin, s. Kapitel Zähne). Auf diesem Prinzip beruhen auch die Methoden, die zur Darstellung von Zellkernen ausgearbeitet sind.

Die *Zellkerne* machen nach dem Volumen und dem Stickstoffgehalt 6—10% der gesamten Zelle aus. Zur Trennung von Kern und Plasma sind zahlreiche chemische Methoden angegeben worden. Sie alle führen jedoch nicht nur zu Veränderungen am Plasma, sondern auch zu mehr oder weniger hochgradigen Veränderungen am Zellkern. Man kann deshalb aus den Untersuchungen, die an mit chemischer Methodik isolierten Zellkernen gewonnen sind, nicht ohne weiteres auf die Verhältnisse in vivo schließen. Deshalb ist physikalischen Methoden der Kerndarstellung der Vorzug zu geben. Unter den hier

---

[1] DUNN, M. S., M. N. CAMIEN, R. B. MALIN, E. A. MURPHY and P. J. REINER: Univ. Calif. Publ. Physiol. 8, 293 (1949).

[2] RICHTER, C. P.: Science, N. Y. 112, 20 (1950).

entwickelten zeichnet sich die von LANG und SIEBERT[1] durch besonders schonende Darstellungsweise und gute Reproduzierbarkeit der mit ihrer Hilfe gewonnenen Ergebnisse aus. Das zu untersuchende Organ wird zunächst zerkleinert. Hierfür findet ein Gerät Verwendung, das gegenüber dem von POTTER und ELVEHJEM (s. S. 455) entwickelten Homogenisator einige kleine Veränderungen aufweist. Die Zerkleinerung wird dabei, um nicht schon eine zu weitgehende Zerstörung des Gewebes zu erzielen, durch eine Auf- und Abwärtsbewegung mit der Hand erreicht. Sodann wird das Homogenat in einer Kernmühle, deren Prinzip aus der Abb. 1 ersichtlich ist, so zerkleinert, daß nur die Zellen sämtlich zerstört werden, daß aber die Zellkerne in der Hauptsache erhalten bleiben. Das vermahlene Gewebe wird mit kalter Rohrzuckerlösung so verdünnt, daß 1 g Gewebe in 3—10 cm³ Lösung enthalten ist. Das spezifische Gewicht der etwa 40%igen Rohrzuckerlösung beträgt 1,123 ± 0,003. Nach 10 min Zentrifugieren (Beschleunigung 600 g) haben sich die Kerne am Boden des Glases abgesetzt. Sie können durch nochmaliges Suspendieren in Rohrzuckerlösung und nachfolgendes Zentrifugieren weiter gereinigt werden. Zur Kontrolle der Reinheit wird ein Ausstrichpräparat angefertigt, das mit MAY-GRÜNWALD-Lösung gefärbt wird. In Zellkernen aus Rattenleber beträgt der N-Gehalt weitgehend gereinigter Kernfraktionen etwa 10,5%, der P-Gehalt 13%. Als entsprechende Zahlen für Kalbsniere werden für N 12% und für P 15% genannt. Für eine Reihe von Spurenelementen ergaben die Werte für Zellkerne der Niere und Leber vom Schwein die in der Tabelle 2 genannten. Die Autoren betonen aber, daß die hohen Werte für Aluminium in der Schweineniere vielleicht auf Verunreinigungen beruhen. Auch der Gehalt an Molybdän und Chrom in der Leber erscheint ihnen reichlich groß.

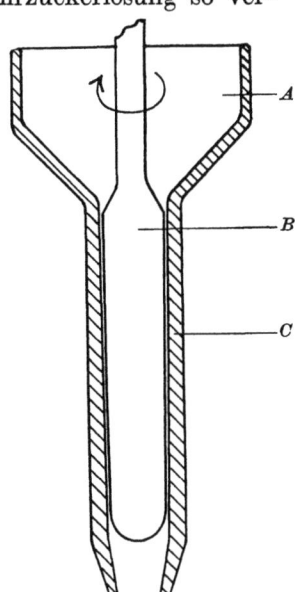

Abb. 1.
Prinzip der „Kernmühle"
nach LANG und SIEBERT[1].
A Einfülltrichter,
B Mahlkolben,
C Mahlzylinder.

Auch die Darstellung von *Mitochondrien* beruht auf einem ähnlichen Prinzip. Man entfernt die Leber von durch Dekapitation und Ausbluten getöteten Ratten möglichst schnell nach dem Tode und kühlt sie auf Eis, wie auch alle übrigen Operationen bei möglichst niedriger Temperatur, nicht über +2° C, ausgeführt werden sollen. Nach Homogenisieren (vgl. S. 455) mit der 9fachen Menge kalter, 0,88 m Rohrzuckerlösung wird mehrmals 3 min lang bei etwa 1500 g zentrifugiert. Die Mitochondrien bleiben hierbei in der überstehenden Flüssigkeit und setzen sich erst bei 20 min langem Zentrifugieren bei 18 000 g ab. Man nimmt die

Tabelle 2. *Spurenelemente in reinen Zellkernen*[2].

	Schweineniere	Schweineleber		Schweineniere	Schweineleber
	in γ-% vom Trockengewicht			in γ-% vom Trockengewicht	
Mo	140—430	210—590	Sn	0	0
Cr	750—840	600—650	Al	8400—10 200	0
Co	27—80	12,5—35	Ni	1200—1700	650—900
Zn	720—1000	560—825	Mn	0	45—150
Cu	1320—2400	505—900			

nochmals mit Rohrzuckerlösung gewaschenen Mitochondrien in eisgekühlter 0,15 m KCl-Lösung oder in Wasser auf und kann die so erhaltene Suspension für weitere Untersuchungen verwenden[3].

[1] LANG, K., u. G. SIEBERT: B. Z. **322**, 360 (1952).
[2] LANG, K., G. SIEBERT u. H. J. EICHHOFF: Unveröffentlicht.
[3] HOGEBOOM, G. H., W. C. SCHNEIDER u. G. E. PALADE: J. biol. Ch. **172**, 619 (1948).

Bestimmung der anorganischen Bestandteile. Die Bestimmung des Wassergehaltes ist eingehend bei der Behandlung der Bausteine des Körpers (s. Bd. III) beschrieben worden. Wenn man Organe in dünner Schicht bei 100—110° zur Gewichtskonstanz trocknet, dürften immer noch kleine Mengen (2—7%) Wasser im Gewebe vorhanden sein. Eine geringgradige Fehlerquelle liegt auch darin, daß es durch Oxydation von Fetten zu leichter Gewichtszunahme kommt. Um dies zu verhindern, empfiehlt sich Trocknen bei nicht zu hoher Temperatur (50—70°) in inerter Gasatmosphäre (N_2 oder CO_2). Bisweilen empfehlen sich auch Spezialverfahren wie Kochen in organischen Lösungsmitteln oder Gefriertrocknung[1].

Der Bestimmung anorganischer Bestandteile in Organen wird in der Regel eine gründliche Zerkleinerung des Gewebes (s. Vorbereitung zur Bestimmung organischer Bestandteile, S. 454) und eine Zerstörung der organischen Gewebeteile vorhergehen. Die hierzu in der Hauptsache verwandten Methoden der feuchten oder trockenen Veraschung sind im Kapitel der Bestimmung der Anionen und Kationen eingehend abgehandelt

Tabelle 3.
Gewebemengen für spektrographische Untersuchungen.

Zu erwartende Konzentration der zu bestimmenden Substanzen γ-%	Benötigte Gewebemenge Frischsubstanz g
100	0,05—0,5
10	0,5—5,0
1	5—30

worden (s. Bd. III). Für qualitative, jedoch auch für quantitative Bestimmung vieler anorganischer Stoffe, insbesondere der Spurenelemente, hat sich die spektrographische Methodik sehr bewährt. Auch diese Methodik ist bereits eingehend behandelt (s. Bd. I), so daß hier nur Angaben über die benötigten Gewebemengen, sowie die Vorbereitung der Gewebeproben notwendig sind. Liegen hohe Konzentrationen der zu untersuchenden Elemente vor, z. B. bei Vergiftungen, so kann die Untersuchung bestimmter Speicherungsorgane, wie Haut, Haare oder Nägel, direkt mit dem herauspräparierten Material erfolgen. Beträgt z. B. die zu erwartende Konzentration etwa 1 mg-%, so genügen zur Untersuchung 50—100 mg Frischgewebe. Bei geringeren Konzentrationen sind die aus der Tabelle 3 ersichtlichen Substanzmengen erforderlich.

Bei 100 mg übersteigenden Gewebemengen muß der spektrographischen Untersuchung eine Veraschung vorhergehen; diese kann feucht oder trocken vorgenommen werden. Bei den meisten Spurenelementen kommt es bei Temperaturen bis zu 500° nicht zu Substanzverlusten. Nur bei As und Hg sind wesentliche Verluste zu befürchten, während die meisten anderen Spurenelemente quantitativ in der Asche verbleiben[2]. Da jedoch auch Zn und Pb bei nicht wesentlich höheren Temperaturen zur Sublimation neigen, ist bei diesen eine vorherige Kontrolle angebracht. WOLFF gibt an, daß lediglich bei Elementen, deren Verbindungen eine hohe Temperaturresistenz besitzen, wie z. B. Ag, Co, Cu, Fe, Mn, Ni u. a. eine Veraschungstemperatur von mehr als 500° angewandt werden darf. Im einzelnen geht man bei der Trockenveraschung so vor, daß man das getrocknete, pulverisierte Untersuchungsmaterial bei der passenden Temperatur in einem Platintiegel erhitzt. Bei Analysen temperaturempfindlicher Elemente gibt man nach jedesmaligem Abkühlen einige Kubikzentimeter 50%ige HNO_3 und 3—5 Tropfen Perhydrol zu und raucht ab, bis die Asche weiß ist. Man nimmt die mineralischen Rückstände in 2 n HCl auf, trocknet ein und bringt sie zur spektrographischen Untersuchung.

Die feuchte Veraschung bewährt sich hier nur bei Aufarbeitung geringer Substanzmengen. Viele der in der Biochemie üblichen feuchten Veraschungsverfahren sind jedoch mit den Arbeitsbedingungen der Spektrochemie nicht vereinbar, so daß nach WOLFF nur folgendes Verfahren empfohlen wird: In einem KJELDAHL-Kolben wird die zu untersuchende Substanz mit Schwefelsäure-Salpetersäuregemisch und nachfolgender Zugabe von wenig Salpetersäure und einigen Tropfen Perhydrol verascht, wenn keine braunen Dämpfe mehr auftreten, abgeraucht, in 2 n HCl aufgenommen und wie oben beschrieben weiter aufgearbeitet.

---

[1] TEAGUE, D., H. GALBRAITH, F. C. HUMMEL, H. H. WILLIAMS and I. G. MACY: J. Lab. clin. Med. **28**, 343 (1942).
[2] WOLFF, H.: B. Z. **318**, 430 (1948).

Bei einzelnen Organen wird, besonders dann, wenn man die Struktur des Organs oder den Aufbau der anorganischen Bestandteile möglichst weitgehend unverändert lassen will, zur *Zerstörung der organischen Substanz* keine der genannten Methoden zur trockenen oder feuchten Veraschung verwandt. So hat sich vielmehr bei der Untersuchung der Knochen die „Veraschung" mit Glycerin und KOH besonders bewährt. In anderen Fällen, z. B. zur Bestimmung der anorganischen Bestandteile im Zahn, genügt häufig ein Auflösen des Organs in verdünnten Mineralsäuren. In besonders schonender Weise läßt sich durch Einwirkung proteolytischer Fermente die organische Substanz zerstören oder löslich machen. Dies ist einerseits das Grundprinzip der „Autolyse", andererseits wird diese Methode auch zur Entfernung der organischen Grundsubstanz aus Knochengewebe angewandt. Da die genannten Methoden bevorzugt bei einzelnen Organen oder als Vorbereitung zur Bestimmung einzelner Bestandteile angewandt werden, wird auf sie ausführlich bei der Besprechung der betreffenden Organe eingegangen.

Ein großer Teil der anorganischen Substanz läßt sich nach Behandlung mit bestimmten Lösungsmitteln, vor allem Salzlösungen, durch Ultrafiltration abtrennen. Diese Methode ist besonders auf die Untersuchungen von Gehirn angewandt worden und dort näher beschrieben.

Ebenso wie im Blut ist es bei den meisten Organen möglich, den nicht organisch gebundenen Teil der anorganischen Substanzen nach *Enteiweißung* zu bestimmen. Das möglichst fein zerkleinerte und mit Wasser verdünnte Organ wird mit einem der üblichen Enteiweißungsmittel versetzt, wie sie zur Untersuchung des Blutes verwandt werden (s. S. 22). Da von verschiedenen Enteiweißungsmitteln außer Proteinen auch einzelne niedermolekulare Substanzen gefällt werden oder aber sich an den Niederschlag adsorbieren lassen, ist das für die Bestimmung einzelner Substanzen am besten geeignete Enteiweißungsmittel sorgfältig auszuwählen. Die diesbezüglichen Angaben sind im Abschnitt „Bausteine des Körpers" oder in den einzelnen Organkapiteln bei den einzelnen Substanzen zu finden.

Man bezieht den Gehalt der Gewebe an den verschiedenen Substanzen entweder auf Frisch- oder auf Trockengewicht. Eine Reihe von anorganischen Bestandteilen läßt sich jedoch auch ohne vorherige Veraschung direkt in einem durch Alkalibehandlung hergestellten Organhomogenat bestimmen. Hier gilt als Bezugssystem dann der Gehalt an Nichtkollagen-N[1]. Näheres über diese Methode s. im Kapitel Muskel (s. S. 541).

Tabelle 4. *Mineral- und Stickstoffgehalt menschlicher Feten in verschiedenen Intervallen während der Schwangerschaft*[2] (Werte in Grammen je Fetus).

Alter (Mondalter)	Ca	Mg	Cl	Na	K	P	N
4,0	0,195	0,039	0,191	0,209	0,094	0,109	0,855
4,5	0,624	0,067	0,440	0,385	0,184	0,215	1,777
5,0	1,281	0,098	0,720	0,602	0,326	0,496	3,153
5,5	2,124	0,131	1,029	0,860	0,521	0,952	4,792
6,0	3,118	0,166	1,369	1,158	0,769	1,582	6,755
6,5	4,226	0,203	1,738	1,498	1,070	2,388	9,878
7,0	5,451	0,243	2,137	1,878	1,424	3,369	13,239
7,5	6,830	0,284	2,566	2,299	1,830	4,525	18,422
8,0	8,471	0,328	3,025	2,761	2,289	5,856	23,436
8,5	10,551	0,374	3,514	3,264	2,801	7,362	27,340
9,0	13,343	0,422	4,033	3,808	3,365	9,044	33,828
9,5	17,234	0,473	4,582	4,393	3,983	10,900	43,855
10,0	22,734	0,525	5,160	5,019	4,653	12,931	55,908

Die Tabellen 4—8 geben eine Übersicht der Körperzusammensetzung von Menschen und verschiedenen Tieren und über die Verteilung einer großen Anzahl von Substanzen.

---

[1] LILIENTHAL, I. L., K. L. ZIERLER, B. P. FOLK, R. BUKA and M. J. RILEY: J. biol. Ch. 182, 501 (1950).

[2] KELLY, H. J., R. E. SLOAN, W. HOFFMAN and C. SAUNDERS: Human Biol. 23, 61 (1951).

29*

Während bei Neugeborenen, wie die in den Tabellen 6 und 7 niedergelegten Werte beweisen, vielfach große Speciesunterschiede bestehen, ist dies bei erwachsenen Individuen weniger der Fall[1]. Doch stellen sich z. B. im erwachsenen weiblichen Organismus während der Schwangerschaft bzw. Trächtigkeit Verschiebungen in der Körperzusammensetzung ein. So finden sich im Körper von Ratten, die gerade geworfen haben, im Vergleich zu Kontrolltieren mehr Protein, Fett, K, Zn, Cu,

Tabelle 5. *Chemische Zusammensetzung des erwachsenen menschlichen Körpers*[2].

	Vom Gesamtkörper %	Wasser %	Ätherextrakt %	Rohprotein (N mal 6,25) %	Asche %	Calcium %	Phosphor %	kcal/g
Haut	7,81	64,68	13,00	22,19	0,68	0,0205	0,060	2,292
Skelet	14,84	31,81	17,18	18,93	28,91	11,02	4,83	2,497
Zähne.	0,06	5,00		23	70,90	24,42	11,81	
Quergestreifte Muskulatur	31,56	79,52	3,35	16,50	0,93	0,0099	0,116	1,239
Gehirn, Rückenmark	2,52	73,33	12,68	12,06	1,37	0,0188	0,352	1,905
Leber	3,41	71,46	10,35	16,19	0,88	0,0102	0,148	2,196
Herz	0,69	73,69	9,26	15,88	0,80	0,0078	0,113	1,824
Lunge	4,15	83,74	1,54	13,38	0,95	0,0116	0,114	0,985
Milz	0,19	78,69	1,19	17,81	1,13	0,0079	0,217	1,193
Niere	0,51	79,47	4,01	14,69	0,96	0,0130	0,174	1,326
Pankreas	0,16	73,08	13,08	12,69	0,93	0,0143	0,155	1,979
Darmtrakt	2,07	79,07	6,24	13,19	0,86	0,0125	0,115	1,339
Fettgewebe	13,63	50,09	42,44	7,06	0,51	0,0116	0,048	4,165
Übriges Gewebe . .	17,42	75,50	12,30	14,00	0,99	0,055	0,055	1,708
Darminhalt	0,80							
Galle	0,15							
Haare.	0,03							
Ganzer Körper, Gewicht 70,55 kg .	100,00	67,85	12,51	14,39	4,84	1,596	0,771	1,930

Tabelle 6. *Wasser, Eiweiß und Fett in neugeborenen Säugetieren*[3].

Species	Zahl der Analysen	Durchschnittsgewicht g	Prozente vom Frischgewicht		
			Wasser	Eiweiß	Fett
Mensch	6	3564	69,1	11,9	16,1
Schwein	16	1460	84,1	11,3	1,1
Katze	5	118	80,7	14,9	1,8
Kaninchen	12	54	84,6	11,1	2,0
Meerschweinchen .	10	80,1	70,9	14,9	10,1
Ratte	68	5,85	86,0	10,8	1,1
Maus	68	1,55	83,3	12,5	2,1

Tabelle 7. *Zusammensetzung von neugeborenen Säugetieren* (auf fettfreier Basis)[3].

	Mensch	Schwein	Katze	Kaninchen	Meerschweinchen	Ratte	Maus
Wasser % . . .	82,3	85,1	82,2	86,5	78,9	87,0	85,0
Eiweiß % . . .	14,1	11,4	15,2	11,3	16,5	10,9	12,8
Na mg-%	226	241	231	243	173	236	226
K mg-%	205	209	222	206	250	208	274
Ca mg-%	955	999	661	484	1131	306	340
Mg mg-% . . .	26,0	31,9	26,1	23,4	41,4	25,1	33,6
P mg-%	558	575	436	361	741	356	343
Fe mg-%	9,39	2,92	5,54	13,50	6,68	5,86	6,65
Cu mg-%	0,47	0,32	0,29	0,40	0,69	0,43	0,67
Zn mg-%	1,92	1,01	2,87	2,25	3,50	2,44	4,64

[1] SPRAY, C. M., and E. M. WIDDOWSON: Brit. J. Nutrit. **4**, 332 (1950).
[2] MITCHELL, H. H., T. S. HAMILTON, F. R. STEGGERDA and H. W. BEAN: J. biol. Ch. **158**, 625 (1945).
[3] WIDDOWSON, E. M.: Nature **166**, 626 (1950).

Tabelle 8. *Eisen, Kupfer und Zink in neugeborenen Säugetieren*[1].

Species	mg/100 g Leber und Milz			Fe, Cu und Zn in Leber und Milz in Prozenten vom Gehalt im Gesamtkörper		
	anorganisches Fe	Cu	Zn	anorganisches Fe	Cu	Zn
Mensch	22,1	4,2	7,0	14	44	23
Schwein	8,5	5,4	3,8	8	48	8
Katze	23,2	2,0	15,0	23	40	28
Kaninchen	84,5	2,8	9,3	33	38	22
Meerschweinchen .	4,1	5,1	4,3	5	58	9
Ratte	14,8	2,0	9,9	17	30	27
Maus	16,0	4,7	19,9	14	40	26

Ca und P. Während der Lactation geben die Muttertiere den größten Teil der gespeicherten Stoffe an die Jungtiere ab. Auch hier bestehen in der Art von Speicherung und Abgabe beträchtliche Speciesunterschiede zwischen Ratten, Mäusen und Meerschweinchen[2].

Besonderheiten bei der Bestimmung einiger anorganischer Bestandteile. Während im allgemeinen die Bestimmung der anorganischen Bestandteile in Organbrei oder in Aschelösungen nach den im Abschnitt „Bausteine des Körpers" (s. Bd. III) gegebenen Richtlinien ausgeführt werden kann, ergeben sich für einige Substanzen Besonderheiten. Es seien deshalb im folgenden einige kurze, besonders wichtige Hinweise für die Bestimmung einzelner anorganischer Bestandteile gegeben.

Eisen. Auf die Methoden zur Entblutung eines Tieres ist bereits eingegangen worden. Eine gründliche Entblutung ist vor allem dann wichtig, wenn Eisenbestimmungen vorgenommen werden sollen. Aber auch dann, wenn man ein Organ völlig blutleer gemacht hat, bleiben außer dem sog. Resteisen eine Reihe von *Häminverbindungen* (insbesondere Cytochrome, Katalase, Atmungsferment u. a.) unextrahiert. Zur Bestimmung des Nichthämineisen geht man dabei folgendermaßen vor[3]: Das Organ wird nach Entfernung aus dem ausgebluteten und durchspülten Tier mit verchromter Schere zerkleinert und im Mörser verrieben. 1—2 g Organbrei werden mit gesättigter Na-pyrophosphatlösung und 20%iger Trichloressigsäure versetzt. Man läßt 2—3 Tage stehen, zentrifugiert und wäscht noch 2—3mal mit einer Mischung aus Pyrophosphat und Trichloressigsäure aus. Insgesamt werden zur Extraktion 5—10 cm³ Pyrophosphat und 10—20 cm³ Trichloressigsäure benötigt. Alles Nichthämin-Fe wird auf diese Weise extrahiert und kann auf üblichem Wege bestimmt werden. — Die gesamten Häminverbindungen, die auch jetzt noch nicht extrahiert sind, machen 10—20% vom „Gewebseisen" aus.

Silicium. Wenn man möglichst fein zerkleinerten Organbrei 1 Std mit einer Mischung von gleichen Teilen Äther und Äthanol schüttelt, lassen sich im Extrakt beträchtliche Mengen des im Organ vorhandenen Silicium nachweisen. Nach OHLMEYER und OLPP[4] kann dieses organisch gebundene Silicium etwa 50% des im Organ vorhandenen Si ausmachen. Nähere methodische Angaben s. Kapitel „Lunge" (S. 515).

Mangan. Die in den Organen vorhandenen kleinen Manganmengen lassen sich quantitativ mit 10%iger Trichloressigsäure extrahieren. Die Veraschung dieses Extraktes ist selbstverständlich viel einfacher als die der sonst benötigten verhältnismäßig großen Gewebsmengen von 5—10 g[3].

Chlor. Bei der Bestimmung der Chloride in Organen mittels Silbernitrat muß darauf geachtet werden, daß einerseits nicht andere Halogene wie Brom oder Jod in größeren Mengen vorliegen, vor allem aber, daß es bei der Veraschung nicht zur Bildung von CN-Gruppen kommt, da unter diesen Umständen die für den Cl-Gehalt erhaltenen Werte viel zu hoch sind. Um die Bildung von CN-Gruppen auszuschließen, empfiehlt sich die

[1] WIDDOWSON, E. M.: Nature **166**, 626 (1950).
[2] SPRAY, C. M.: Brit. J. Nutrit. **4**, 354 (1950).
[3] BRÜCKMANN, G., and S. G. ZONDEK: Biochem. J. **33**, 1845 (1939).
[4] OHLMEYER, P., u. U. OLPP: H. **281**, 203 (1944).

Veraschung mit H_2SO_4 und Chromtrioxyd nach ZACHERL und KRAINICK[1]. Einige Beispiele, die LINDAHL[2] angibt, mögen dies erläutern. Berücksichtigt man die Fehlermöglichkeit nicht, so liegen die scheinbaren Cl-Werte in dialysiertem Muskelprotein bei 1,29%, in Bindegewebe bei 2,5% und in Zwischenwirbelscheiben zwischen 1,0% und 2,5%. Die wahren Werte aber liegen bei 0,07%, 0,97% und zwischen 0,4% und 0,6%.

Brom. Brom- und Chlorgehalt der verschiedenen Organe verhalten sich etwa analog. Man bestimmt den Bromgehalt nach NELL[1] auf folgende Weise: Etwa 5 g zerkleinertes Organgewebe werden nach Vereisung mit Kohlendioxyd-Äthergemisch in Gazebeuteln in einem mit konz. H_2SO_4 beschickten Exsiccator bei —15 bis —20° aufgehoben. In 24 bis 48 Std ist das Gewebe getrocknet. Nach gründlicher Zerkleinerung wird es mit 10%iger KOH versetzt, die eine kleine Menge MgO enthält. Man trocknet und verkohlt zunächst bei niederer Temperatur und verascht anschließend im Muffelofen. Die Asche wird in 40 cm³ 7,5%iger H_2SO_4 aufgenommen. In der Lösung kann Br auf übliche Weise bestimmt werden. Auch eine Chloridbestimmung ist hier möglich[3].

Radium. Die Messung der Aktivität erfolgt im Gewebe, das im Laboratorium bei 800° verascht ist, oder in Krematoriumsasche (Veraschungstemperatur bis 1100°). Die Aktivität aller Gewebe nimmt von einem je nach Vorgeschichte und Umwelt stark schwankenden Anfangswert infolge der ständigen Zufuhr aktiven Materials von außen (Nahrung, Bestrahlung u. a.) im Verlauf des Lebens nach folgender Formel zu: $Y_x = Y_0 \cdot e^{ax}$. Hierbei ist Y_0 die Anfangsaktivität, x die Dauer der Umwelteinwirkung in Jahren, a ein Zunahmekoeffizient, der für den Gesamtkörper 0,04, für menschliches Lungengewebe 0,07 beträgt. In normalen Lungen liegt die Aktivität beim Menschen zwischen 18 und 50 Jahren zwischen 30 und $100 \cdot 10^{-5}$ g Ra-Äquivalente/g Frischgewebe. Bei älteren Menschen bis zu 88 Jahren liegen die entsprechenden Werte zwischen 300 und $6500 \cdot 10^{-5}$ g Ra-Äquivalente/g Frischgewebe. Die Aktivität des Gesamtkörpers liegt zwischen 0,1 und $2,6 \cdot 10^{-8}$ g Ra-Äquivalente/g Frischgewebe[4].

Vorbereitung für die Bestimmung von organischen Bestandteilen und zur Untersuchung des Gewebsstoffwechsels. Da man bei vielen organischen Substanzen mit einer schnellen Zerstörung nach dem Tode rechnen muß, sind alle Stoffwechselprozesse in den zu untersuchenden Organen so schnell wie möglich, unter Umständen sogar bei Lebzeiten des narkotisierten Tieres, zu unterbrechen. Behandlung mit CO_2-Schnee oder mit flüssiger Luft garantiert eine sofortige *Hemmung* aller *fermentativen Vorgänge*, so daß man damit rechnen kann, bei Bestimmung auch empfindlicher Substanzen einen Wert zu erhalten, der denen beim lebenden Tier entspricht. Andererseits dürfen die zur Fixation angewandten Maßnahmen nicht zu eingreifend sein, da es sonst zu einer Zerstörung zu bestimmender Substanzen kommen kann. In anderen Fällen muß eine Schädigung der Vitalität des Gewebes ganz vermieden werden, weil sonst Stoffwechselvorgänge oder Fermentprozesse nur mehr sehr unvollkommen untersucht werden können.

Zerkleinerung. Zur quantitativen Erfassung der zu untersuchenden organischen Substanzen ist in den meisten Fällen eine möglichst feine Zerkleinerung des Organs notwendig, die im allgemeinen noch über die bei der Untersuchung der anorganischen Substanzen angewandte hinausgehen muß. Auch hier beginnt man im allgemeinen mit einer Zerkleinerung im Fleischwolf, wobei man gegebenenfalls erst ein gröberes, bei einer zweiten Behandlung ein möglichst feines Sieb in der Maschine verwendet. Ein besonders feiner Organbrei läßt sich mit der sog. Latapiemühle erhalten. Diese hat zudem den Vorzug besonders kleiner Abmessungen, so daß die Substanzverluste recht gering sind, was sich vor allem bei Verarbeitung kleiner Organe als besonders vorteilhaft zeigt.

Eine schnelle Zerkleinerung eines Organs läßt sich auch im sog. „WARING-Blendor", in Deutschland als „Multimix", „Star-Mix" oder ähnlich bekannt, erreichen. Wenn man

[1] ZACHERL, M., u. H. KRAINICK: Mikrochem. **11**, 61 (1932).
[2] LINDAHL, O.: Acta chem. scand. **4**, 712 (1950).
[3] NELL, W.: Bruns' Beitr. **171**, 206 (1940).
[4] KREBS, A.: Z. Altersforsch. **4**, 53 (1944).

die Zerkleinerung im Kühlraum vornimmt, werden viele Substanzen vor Zerstörung geschützt. Dennoch ist bei einer Umdrehungszahl der rotierenden Messer von 10000 bis 12000/min die Durchlüftung so intensiv, daß empfindliche Substanzen zerstört und viele Fermente gehemmt werden können. So lassen verschiedene Dehydrasen nur noch 10% der im unbehandelten Gewebe nachweisbaren Aktivität erkennen. Die exakte Bestimmung der Ascorbinsäureoxydase ist sogar wegen der intensiven Durchlüftung gar nicht mehr möglich[1].

Für viele Bestimmungen, besonders aber für die Untersuchungen des Gewebsstoffwechsels, werden feine Gewebsschnitte verwandt. Auf die hier angewandte Technik ist im Kapitel „Methodik der Gewebsstoffwechseluntersuchung" eingegangen (s. Bd. II). Eine noch feinere Zerkleinerung, als man sie durch Zermahlen und Mörsern erreichen kann, ergibt sich durch Behandlung mit dem von POTTER und ELVEHJEM[2] beschriebenen Homogenisator. Dieser ist von einem geschickten Glasbläser leicht selbst anzufertigen. Man verwendet ein starkwandiges, zylindrisches Reagensglas, das je nach der zu zerkleinernden Substanzmenge einen verschiedenen Durchmesser hat. Ein Capillarrohr (3 ×6 mm) wird an seinem unteren Ende so aufgeblasen, daß auf eine Strecke von etwa 20 mm eine zylindrische Erweiterung entsteht, deren Durchmesser gerade etwas kleiner als der des gewählten Reagensglases ist. Die Oberfläche der zylindrischen Erweiterung wird etwas aufgerauht, ihr unteres Ende bei Bedarf mit einer Reihe kleiner Zacken versehen. Ein gut zentrierter Motor läßt über dem mit Organbrei gefüllten unteren Reagensglasende das Capillarrohr mit dem Zylinderende jeweils für einige Sekunden sich so schnell drehen (1100—1200 U/min), daß der Organbrei zu einer ganz feinen Suspension wird. Man muß dabei jedoch bedenken, daß die hier erfolgende Zerstörung der Zell- und Gewebsstruktur auch mit einer Hemmung vieler Reaktionen verbunden ist. Außerdem kann es unter Umständen zu einer Vereinigung bestimmter Substrate mit den sie abbauenden Fermenten kommen, die bei intakter Struktur nicht miteinander Kontakt haben, so daß viele Substanzen im Homogenat schneller abgebaut werden als in einem weniger hochgradig zerkleinerten Gewebsbrei.

Gewebetrocknung. Die Trocknung von Gewebe wird nicht nur, wie an anderer Stelle eingehend beschrieben ist (s. Bd. III), zur Feststellung des Wassergehaltes durchgeführt. Sie wird vielmehr in vielen Fällen als Konservierungsmaßnahme angewandt, wenn man Organteile zur Vornahme bestimmter, später auszuführender Untersuchungen aufbewahren will. Außerdem führt die Trocknung je nach ihrer Ausführung zu mehr oder weniger hochgradiger Schädigung der Gewebsstruktur, so daß bei der nachfolgenden Aufarbeitung viele Substanzen leichter zu extrahieren sind. In vielen Fällen ist eine Trocknung an der Luft oder im Thermostaten bei mäßigen Temperaturen möglich, wenn man durch genügende Zerkleinerung, dünne Schichtdicke und ausreichende Belüftung für genügend schnelle Abfuhr des Wasserdampfes sorgt, so daß autolytische Vorgänge vermieden werden. In vielen Fällen wird aber die zur Bestimmung des Wassergehaltes übliche Temperatur von 105° angewandt werden müssen. Zur Gewinnung von Organtrockenpulver, namentlich als Ausgangsmaterial für Fermente, hat sich die Behandlung mit Aceton oder Alkohol als besonders empfehlenswert erwiesen. Die Entfernung von Wasser und Fett läßt dann eine schnelle Trocknung schon bei niederen Temperaturen zu, so daß die meisten Fermente hierbei nicht oder nur unwesentlich geschädigt werden. Bewahrt man derartige Trockenpulver unter Luftabschluß, d. h. im Exsiccator, eventuell auch im Dunkeln oder in der Kälte auf, so ist ihre Haltbarkeit durchwegs recht gut. Die bei den einzelnen Organen und zur Bestimmung der verschiedenen Substanzen bzw. Fermente am besten bewährten Methoden der Trocknung sind in den Kapiteln bei den einzelnen Organen angegeben.

Extraktion. Aus den mehr oder weniger intensiv zerkleinerten Organen lassen sich viele Substanzen durch Extraktion mit verschiedenen Salzlösungen oder organischen

[1] STERN, R., and L. H. BIRD: Biochem. J. 44, 635 (1949).
[2] POTTER, V. R., and C. A. ELVEHJEM: J. biol. Ch. 114, 495 (1936).

Lösungsmitteln gewinnen. Auf diese Weise kann man von vornherein die Hauptmenge der Organbestandteile absondern und damit eine Reihe von Störmöglichkeiten ausschalten. Die Extraktion pflegt besonders intensiv und erfolgreich zu sein, wenn die Gewebestruktur entweder durch Homogenisieren oder durch schnelles und tiefes Gefrieren z. B. in flüssiger Luft, zerstört wird. Da die Zahl der Extraktionsmöglichkeiten außerordentlich groß ist, und da sowohl die Methodik als auch das angewandte Extraktionsmittel außerordentlich von den jeweiligen Umständen (Organart, zu bestimmender Stoff) abhängen, können hier allgemeine Richtlinien nicht gegeben werden. Hier ist vielmehr in den einzelnen Organkapiteln nachzulesen. — Ebenso wie ein großer Teil anorganischer Stoffe können auch viele wasserlösliche organische Verbindungen nach Enteiweißung bestimmt werden. Hier sei auf die entsprechenden Angaben bei Blut (s. S. 22) hingewiesen.

Untersuchung bereits fixierter Organe. In vielen Fällen kann es sich als notwendig erweisen, daß an zur anatomischen Untersuchung bestimmten, also bereits fixierten Organen noch nachträglich chemische Untersuchungen vorgenommen werden sollen. Die Bestimmung des Gesamtgehaltes an anorganischen Stoffen dürfte hier im allgemeinen keine Schwierigkeiten machen, wenn man das Gewebe mit der Fixationsflüssigkeit homogenisiert und einen aliquoten Teil des entsprechenden Homogenats untersucht. Eiweißstoffe und viele organische Verbindungen sind jedoch durch das Fixationsmittel häufig so verändert, daß eine Bestimmung nicht mehr möglich ist. Dieses ist in jedem Einzelfall zu prüfen. Auf die Möglichkeit der Bestimmung von Lipoiden in mit Formalin fixierten Organen ist im Kapitel „Untersuchung des Gehirns" (s. S. 530) näher eingegangen worden.

Einwirkung von Fermenten. Auf die Möglichkeit der Zerstörung der organischen Grundsubstanz durch die Einwirkung proteolytischer Fermente, um dadurch die Bestimmung verschiedener, nunmehr löslich gewordener Substanzen zu ermöglichen, ist bereits eingegangen.

In manchen Fällen kann man Fermente direkt auf die Organsuspension oder einen Extrakt einwirken lassen, so daß eine auf chemischem Wege schwer bestimmbare Substanz in eine leichter bestimmbare (z. B. Farbreaktion, Destillation) umgewandelt wird. Dieses Prinzip wird z. B. bei der Glutaminbestimmung nach ARCHIBALD[1] angewandt (s. Kapitel Milz)[2].

Bestimmung organischer Stoffe. *Stickstoffhaltige Verbindungen.* Die Hauptmenge N-haltiger Substanzen liegt in den Organen als Eiweiß vor. Der *Eiweißgehalt* wird daher aus dem im allgemeinen mit 6,25 multiplizierten N-Gehalt berechnet. Soweit für einzelne Eiweißstoffe andere Faktoren in Frage kommen, ist dies im Kapitel Proteine (s. Bd. IV) nachzulesen. Wegen des häufig stark schwankenden Wassergehaltes der Organe empfiehlt es sich, die Eiweißwerte stets auf das Trockengewicht zu beziehen. Wenn die Menge niedermolekularer N-Verbindungen gesondert erfaßt werden soll, so ist deren Hauptmenge im Filtrat der enteiweißten Organproben zu bestimmen. Die hier angewandten Methoden entsprechen den bei der Untersuchung des Blutes beschriebenen. Eine Übersicht über den *Aminosäuregehalt* der Organe gibt Tabelle 9.

Ein wesentlicher Teil der Organeiweißkörper läßt sich durch Salzlösungen extrahieren. Je nach Art des angewandten Puffers unterscheiden sich die extrahierten Eiweißstoffe sowohl in ihrer Art als auch in ihrer Menge, wie durch chemische Analysen, durch Fällung oder mit Hilfe der Elektrophorese nachgewiesen werden kann.

Wenn man Organproteine mit Hilfe der *Elektrophorese* näher untersuchen bzw. fraktionieren will, ist es ein wesentliches Erfordernis, einen möglichst großen Anteil der Proteine in nativer Form in Lösung zu bringen. Die Vorschrift, die SOROF und COHEN[3] für die Vorbereitung von Leberproteinen geben, mag in mehr oder weniger abgeänderter Form auch für andere Organe gelten: die Leber wird in situ zunächst mit dem gleichen Puffer (0,1 m Phosphat p_H 7,8 oder 0,1 m Veronal p_H 8,6) durchströmt, mit dem anschließend

[1] ARCHIBALD, R. M.: J. biol. Ch. **154**, 643 (1944).
[2] TIGERMAN, H., and R. W. McVICAR: Proc. Soc. exp. Biol. Med. **72**, 651 (1949).
[3] SOROF, S., and P. P. COHEN: J. biol. Ch. **190**, 303 (1951).

Tabelle 9. *Aminosäurezusammensetzung des Eiweiß verschiedener Organe* (Werte im allgemeinen in Prozenten vom Gesamtprotein, berechnet auf 16% N-Gehalt. Die mit T bezeichneten Werte beziehen sich auf den Prozent-Gehalt in der Trockensubstanz).

Literaturzitat	Blut	Auge		Bindegewebe		Darm (Duodenum)	Gehirn	Rückenmark	Haut	Herz
		Cornea und Sklera	Gesamtprotein der Linse %	Kollagen (Sehne)	Elastin (Lig. nuchae, Aorta)					
	[1, 2]	[6]	[5, 6]	[3]	[3]	[2]	[2, 4]	[2]	[1]	[1, 2]
Arginin S	3,6—4,4	7,6	10,4—11,9	8,6—9,0	0,9—1,0	5,9	3,9—5,4	5,4	7,6—8,8	5,2—6,4
Arginin V	4,7—5,1								5,3—7,0	5,3—6,4
Asparaginsäure S	11—14	6,6—7,4		6,7—7,5	0,4—0,6	8,5	10,0	8,5	6,5—7,5	9,5—11
Asparaginsäure V	9,8—11									10—11
Glutaminsäure S	7,6—12	10,8—11,0	16,2—16,8	11—12	1,9—2,8	11,2	11,7	10,7	11—14	9,3—15
Glutaminsäure V	9,5—10								10—11	13—16
Glykokoll S	3,5—6,9	17,5—18,0	4,5—5,9	23—29	27—30	7,2	4,8	7,1	12—15	5,2—9,4
Glykokoll V	2,8—4,4								8,0—13	5,0—5,8
Histidin S	5,7—7,5	0,71—0,81	3,5—4,9	0,6—0,8	0,05—0,2	1,9	2,1—2,8	2,6	1,1—1,4	2,2—3,6
Histidin V	5,4—5,9								0,62—1,2	2,5—2,9
Isoleucin S	1,7—3,6	2,4—3,0	5,2—6,4	1,5—2,2	2,7—4,3	3,6	3,8	3,4	2,2—2,6	4,2—5,2
Isoleucin V	4,4—4,9								3,4—6,2	4,9—5,4
Leucin S	11—13	4,0—4,7	7,8—9,4	3,0—3,7	7,9—8,7	6,6	8,4	6,5	4,2—5,6	7,8—13
Leucin V	10—11								6,6—7,9	8,2—9,0
Lysin S	9,2—11	3,8	5,1—6,0	4,9—5,7	0,4—0,5	6,8	7,1	6,3	3,7—5,2	7,6—8,9
Lysin V	8,3—10						4,0—4,8 T		2,4—5,0	7,0—8,2
Methionin S	0,8—1,8	1,1—1,2	2,2—2,9	0,7—1,1	5,1—5,7	1,5	1,9	1,6	0,93—1,2	1,6—2,5
Methionin V	1,2—1,6								0,80—1,1	2,2—2,9
Cystin				0,1	0,1—0,2		1,2—1,5 T			
Phenylalanin S	6,6—8,0	2,3—2,9	7,8—9,2	2,3—2,6	5,1—5,7	3,4	4,9	4,3	2,3—3,0	4,2—4,9
Phenylalanin V	5,8—6,7								3,8—4,6	4,1—4,8
Threonin S	3,4—6,3	2,7—2,8	3,3—4,8	2,2—2,5	1,0—1,6	3,6	3,9	3,3	3,0—4,2	3,9—4,8
Threonin V	4,6—5,3								2,8—5,1	3,9—4,9
Valin S	7,2—8,8	3,7—3,8	5,1—6,1	2,4—3,2	15,5—18,4	4,6	5,4	4,2	3,3—4,2	4,7—5,9
Valin V	7,0—8,0								5,8—7,9	5,6—6,2
Tryptophan				<0,01	<0,01		1,0—1,3 T			
Tyrosin				0,9—1,0	1,6—2,9		3,6—4,2 T			
Serin				2,8—3,2	0,8—1,9					

[1] DUNN, M. S., M. N. CAMIEN, R. B. MALIN, E. A. MURPHY and PH. J. REINER: Univ. Calif. Publ. Physiol. 8, 293 (1949).
[2] CAMIEN, M. N., M. S. DUNN, R. B. MALIN, PH. J. REINER and J. TARBET: Univ. Calif. Publ. Physiol. 8, 327 (1949).
[3] NEUMANN, R. E.: Arch. Biochem. 24, 289 (1949).
[4] BLOCK, R. J.: J. biol. Ch. 119, 765 (1937).
[5] FISCHER, F. P.: Arch. Augenheilkde. 107, 295 (1933).
[6] SCHAEFFER, A. J., and S. SHANKMAN: Amer. J. Ophthalm. 33, 1049 (1950).

Zu Literaturzitat 1: S = *Säugetiere*: Katze, Hund, Ratte, Maus, Kaninchen. V = *Vögel*: Huhn, Ente, Truthahn.
Zu Zitat 2: Organe vom Schwein.
Zu Zitat 3: Organe vom Rind, Schaf, Schwein und Ratte.
Zu Zitat 4: Mensch und verschiedene Säugetiere.
Zu Zitat 5: Organ vom Rind.

Tabelle 9. (Fortsetzung.)

		Leber	Lunge	Magen	Milz	Muskel	Nebenniere	Niere	Ovar	Hypophyse	Pankreas	Schilddrüse	Samenblasensekret	Sperma	Zunge
Literaturzitat		1, 2	2	2	2	1	2	1, 2	2	2	2	2	³ T	³ T	2
Arginin	S	5,4—6,5	5,0	5,6	5,3	5,2—8,1	5,6	5,2—6,3	6,0	6,1	5,5	7,5	7,9	25,5	5,8
	V	5,1—6,7				5,7—6,1		5,6—6,7							
Asparaginsäure	S	8,5—12	9,0	8,6	8,8	9,7—11	8,4	9,7—11	9,1	9,4	9,6	8,4			9,3
	V	10—12				9,7—11		9,5—11							
Glutaminsäure	S	11,6—15	10,4	11,1	11,5	16—18	10,0	11—12,2	10,6	12,9	10,3	12,4	7,75	8,33	12,6
	V	14—16				16—18		11—12							
Glykokoll	S	5,2—6,5	7,3	10,5	6,4	4,3—7,1	8,0	5,4—7,3	8,6	5,5	6,1	6,2			7,4
	V	5,2—7,8				4,6—6,7		4,5—6,0							
Histidin	S	2,5—2,9	2,9	1,5	2,2	1,9—2,4	2,1	2,3—4,2	2,3	2,3	1,8	1,8	2,13	2,54	2,3
	V	2,7—3,0				2,2—2,3		2,7—3,6							
Isoleucin	S	4,4—5,7	2,9	3,7	3,6	4,3—5,3	3,4	4,0—4,8	3,5	3,4	4,1	2,8	2,79	3,42	4,1
	V	5,2—6,2				4,6—5,2		4,6—5,4							
Leucin	S	8,0—9,9	7,9	6,0	7,3	7,0—8,1	6,7	7,6—8,8	7,1	7,8	6,8	9,3	3,81	5,20	7,3
	V	9,2—10				7,3—7,8		8,3—9,4							
Lysin	S	6,0—8,2	6,6	5,4	6,5	7,7—9,0	6,0	6,7—7,7	6,9	6,9	6,2	4,3	4,86	5,08	7,8
	V	7,3—8,0				8,3—8,8		7,6—8,3							
Methionin	S	2,0—2,4	1,3	1,5	1,8	2,3—2,7	1,6	2,0—2,5	1,5	1,5	1,7	1,2	1,61	1,81	2,1
	V	2,0—2,4				2,3—2,7		2,2—2,2							
Phenylalanin	S	4,4—5,5	4,2	3,4	3,7	3,5—4,0	3,5	3,5—4,8	3,9	4,1	3,8	5,3	3,42	3,81	3,7
	V	4,8—5,1				3,7—3,9		4,7—5,3							
Threonin	S	3,3—5,0	2,9	3,0	3,2	3,9—5,0	3,1	3,5—4,8	3,6	3,0	3,6	4,0	3,20	3,78	3,8
	V	3,6—4,7				3,5—4,5		3,9—5,0							
Valin	S	5,4—6,6	5,7	4,5	5,1	4,5—5,1	4,8	5,4—6,4	5,1	4,5	4,9	5,3	3,11	3,73	4,8
	V	6,4—6,7				4,7—4,9		5,9—6,5							
Tryptophan													2,63	1,59	

¹ DUNN, M. S., M. N. CAMIEN, R. B. MALIN, E. A. MURPHY and PH. J. REINER: Univ. Calif. Publ. Physiol. 8, 293 (1949).
² CAMIEN, M. N., M. S. DUNN, R. B. MALIN, PH. J. REINER and J. TARBET: Univ. Calif. Publ. Physiol. 8, 327 (1949).
³ SHETTLES, L. B.: Amer. J. Physiol. 128, 408 (1940).

Zu Literaturzitat 1: S = *Säugetiere*: Katze, Hund, Ratte, Maus, Kaninchen. V = *Vögel*: Huhn, Ente, Truthahn.
Zu Zitat 2: Organe vom Schwein.
Zu Zitat 3: Sekrete vom Stier.

das Organ homogenisiert wird. Durch hochtouriges Zentrifugieren werden Zellreste und ungelöste Proteine entfernt. Alle Operationen werden in der Kälte, höchstens bei $+4°$, ausgeführt. Bei der anschließenden über 15—20 Std auszuführenden Dialyse soll anaerob gearbeitet werden. Schon Spuren von Sauerstoff führen zu irreversiblen Veränderungen an einzelnen Proteinfraktionen, so daß beispielsweise fast reiner Stickstoff mit nur 0,3% O_2-Gehalt nicht ausreicht, vielmehr ein Produkt von höchster Reinheit mit 99,99% N-Gehalt zu verwenden ist. Auf diese Weise gewonnene Proteine geben reproduzierbare Elektrophoresediagramme. An Stelle des ganzen Organs kann man zur Gewinnung von löslichen Proteinen auch von bestimmten Zell- oder Gewebsbestandteilen oder von definierten Proteinfraktionen[1] des Organs ausgehen. Als Extraktionsmittel eignet sich hierbei außer Pufferlösungen in vielen Fällen besonders gut eine Lösung von Plasmaalbumin[2].

Die Extrahierbarkeit der Organeiweißstoffe wechselt stark und ist nicht nur abhängig vom verwandten Organ und von der Tierart, sondern auch vom Lebensalter. So kann man bei neugeborenen Ratten mit isotonischem Phosphatpuffer p_H 7,5 aus der Muskulatur 35% der vorhandenen N-Substanzen extrahieren. Für Niere und Gehirn betragen die Mengen 44,6 und 40,7%. Bei erwachsenen Ratten aber ist die Menge an extrahierbaren N-Verbindungen erhöht, die Zahlen betragen 47,5, 55,2 und 40,9%; bei sehr alten Ratten sinken sie wieder ab (31,4, 43,9, 26,3%)[3]. Wie sich Unterschiede auch im Vorkommen definierter Proteine bei den verschiedenen Species und in verschiedenen Organen zeigen, mag am Beispiel des Ferritin nachgewiesen werden. Es findet sich in Leber, Knochenmark, Niere, Darmwand, Hoden und Milz. Bei den verschiedenen Säugern nimmt der Gehalt in folgender Reihenfolge ab: Pferd, Mensch, Hund, Meerschweinchen, Maus, Ratte, Schwein, Kaninchen, Katze[4]. Die höchste Menge findet sich jeweils in der Milz, so daß bei der Besprechung dieses Organs auf die Darstellung von Ferritin eingegangen wird (s. S. 510).

Die quantitative Bestimmung oder Darstellung der verschiedenen in den Organen vorhandenen N-haltigen Substanzen bietet im allgemeinen keine Besonderheit, so daß man sich an die bei der Besprechung der einzelnen Stoffe gegebenen Vorschriften halten kann (s. Bd. III und IV). Doch auch hier ist die Auswahl einer besonders geeigneten Tierart oder bestimmter Organe wichtig, da die vorliegenden Mengen oder die Bestimmbarkeit der einzelnen Substanzen bei Vorhandensein störender Begleitstoffe außerordentlich variieren können. Einige Beispiele mögen das erläutern. *Histamin* findet sich in den meisten Organen in so geringer Konzentration, daß sein Nachweis nur mit den in der Pharmakologie üblichen biologischen Proben (Meerschweinchendarm) möglich ist. Dieser Nachweis gestattet jedoch nicht mit Sicherheit eine Aussage darüber, ob Histamin selbst oder eine ihm in der Wirkung gleiche Substanz vorliegt. In der Rinderleber jedoch liegt Histamin in solchen Mengen vor, daß es chemisch bestimmt werden kann. Man extrahiert das Organ mit siedendem Wasser, behandelt den Extrakt mit Tannin und Phosphorwolframsäure, reinigt über das Flavianat und fällt als Pikrat[5]. Besondere Aufarbeitungsvorschriften können auch dann notwendig sein, wenn mehrere Substanzen nebeneinander im gleichen Ausgangsmaterial bestimmt werden sollen. So muß z. B. bei der Nucleinsäurebestimmung zunächst mit 10%iger NaCl-Lösung, dann mit kalter 0,2 n NaOH extrahiert werden, um die Ribonucleinsäure zu erfassen, weil diese eine Behandlung mit stärkerem Alkali und höhere Temperatur nicht verträgt. Desoxyribonucleinsäure kann jedoch aus dem gleichen Ausgangsmaterial mit 0,5 n NaOH im kochenden Wasserbad extrahiert werden[6]. Wenn sich besondere Vorschriften für die einzelnen Organe ergeben, ist dies in den betreffenden Kapiteln nachzulesen, insbesondere S. 478.

---

[1] GJESSING, E. C., and A. CHANUTIN: J. biol. Ch. **169**, 657 (1947).

[2] GJESSING, E. C., C. S. FLOYD and A. CHANUTIN: J. biol. Ch. **188**, 155 (1951).

[3] BENETATO, GR., R. OPREAN et N. MONTEANU: J. Physiol. Path. gén. **37**, 110 (1939) [Ber. Physiol. **114**, 366 (1939)].

[4] GRANICK, S.: J. biol. Ch. **149**, 157 (1943).

[5] ACKERMANN, D., u. M. MOHR: Ber. physik.-med. Ges. Würzburg, N. F. **62**, 55 (1939) [Ber. Physiol. **117**, 185 (1940)]. H. **257**, 151 (1939).

[6] EULER, H. v., and L. HAHN: Arch. Biochem. **17**, 285 (1948).

Für die Bestimmung der verschiedenen *Purinfraktionen* ergeben sich einige Besonderheiten, wenn man nicht unbeschränkte Gewebsmengen zur Verfügung hat und deshalb die Bestimmung von Gesamtpurinen sowie von freien Purinen, Nucleotiden und Nucleosiden in einer Probe ausführen muß: man verreibt etwa 1 g in flüssiger Luft gefrorenes Gewebe mit der 10fachen Menge eisgekühlter 10%iger Trichloressigsäure. Nach 2stündiger Extraktion im Eisschrank wird zentrifugiert, der Niederschlag wird noch dreimal mit je 5 cm³ 5%iger Trichloressigsäure extrahiert. Im Rückstand werden die gebundenen, in den vereinigten überstehenden Flüssigkeiten die freien Purinfraktionen mit üblicher Methodik bestimmt[1, 2]. Einzelheiten s. „Purine", Bd. IV.

Die *Aminosäurezusammensetzung* von Eiweiß oder niedermolekularen Verbindungen wird in üblicher Weise nach Abtrennung des betreffenden Stoffes und Hydrolyse mit einer der üblichen chemischen oder mikrobiologischen Methoden bestimmt[3] (s. Bd. IV). In vielen Fällen interessieren jedoch Menge und Art der im Organ *frei vorliegenden Aminosäuren*[3]. Zu ihrer Bestimmung geht man folgendermaßen vor: Bestimmte Teile der zu untersuchenden Organe (Leber, Muskel, Milz und Gehirn) werden möglichst schnell herausgeschnitten. Stückchen von etwa 10 mg Gewicht werden auf der Torsionswaage gewogen und in mit 5 cm³ heißem Wasser gefüllte Homogenisatorröhrchen gegeben. Die Röhrchen werden für 2 min im kochenden Wasserbad erhitzt, um die Wirkung proteolytischer Fermente zu unterbinden. Diese könnten nach SCHURR u. a.[4] innerhalb weniger Stunden zu einem Anstieg der Aminosäurewerte auf das Mehrfache führen, während in erhitzten Proben sich die Aminosäurewerte auch im Verlauf von 6 Std nur wenig ändern. Nach einmaligem Homogenisieren wird die zum Enteiweißen nötige Menge an Wolframatreagens (5 Teile 10%iges Na-wolframat und 7 Teile 0,6 n H₂SO₄) und nach weiterem Homogenisieren die notwendige Menge an Wasser zugesetzt. Für die einzelnen Organe empfehlen sich hierbei die folgenden Mengen (cm³/1 g Gewebe). *Leber:* Reagens 1,5; Wasser 7,5; *Gehirn:* Reagens 0,6; Wasser 3,4; *Muskel:* Reagens 1,2; Wasser 2,8; *Milz:* Reagens 0,9; Wasser 8,1. Die Proben bleiben unter gelegentlichem Schütteln 30 min bei Zimmertemperatur stehen. Der Niederschlag wird durch Zentrifugieren entfernt. Das eiweißfreie Filtrat wird mit n NaOH auf p_H 7,0 gebracht und kann unter Toluol im Eisschrank bis zur Analyse aufgehoben werden. Die Aminosäurebestimmung wird in üblicher Weise mit mikrobiologischer Methodik ausgeführt. Um auch die „gebundenen Aminosäuren" erfassen zu können, bringt man 20 cm³ vom eiweißfreien Filtrat bei einer Temperatur unter 60° bei 12 mm Druck zur Trockene und hydrolysiert mit 1,6 cm³ 3 n HCl für 5 Std bei 7 Atmosphären Druck. Nach Neutralisieren und Auffüllen zum Ausgangsvolumen kann, mit Ausnahme der von Tryptophan, auch hier die Aminosäurebestimmung durchgeführt werden[4].

Eine qualitative Übersicht über die Art vieler im Organ vorliegender Substanzen läßt sich mit Hilfe der *Papierchromatographie* erbringen. Namentlich über das Vorliegen von mit Ninhydrin reagierenden Substanzen, also in erster Linie Aminosäuren und niederer Peptide, liegen hier bereits richtige „Organspektren" vor. Man bereitet sich das Untersuchungsmaterial folgendermaßen vor: Das Gewebe wird mit dem 5fachen Volumen heißen Wassers homogenisiert. Man gibt so viel Alkohol zu, daß die Fällung quantitativ ist, und zentrifugiert. Die überstehende Flüssigkeit versetzt man mit dem 3fachen Volumen CHCl₃, zentrifugiert nochmals und hebert die wäßrige Phase von dem Alkohol-Chloroformgemisch ab. Zur chromatographischen Untersuchung muß die wäßrige Phase etwa auf ¹/₅ eingeengt werden[5]. An verschiedenen Organen hat DE VERDIER[6] derartige chromato-

[1] PEHAM, A.: Mikrochim. Acta **2**, 65 (1937).

[2] BARRENSCHEEN, H. K., u. A. PEHAM: H. **272**, 87 (1941).

[3] SOLOMON, J. D., C. A. JOHNSON, A. SHEFFNER and O. BERGEIM: J. biol. Ch. **189**, 629 (1951).

[4] SCHURR, P. E., H. T. THOMPSON, L. M. HENDERSON and C. A. ELVEHJEM: J. biol. Ch. **182**, 29 (1950).

[5] AWAPARA, J.: Arch. Biochem. **19**, 172 (1948). J. biol. Ch. **178**, 113 (1949). — AWAPARA, J., A. J. LANDUA and R. FUERST: Biochim. biophysica Acta, N. Y. **5**, 457 (1950).

[6] VERDIER, C. H. DE: Upsala Läk.-Fören. Förh. **54**, 329 (1949).

graphische Untersuchungen vorgenommen. Hier wird das Organ direkt mit 96%igem Äthanol homogenisiert, der Rückstand mit 80%igem Äthanol gewaschen, dann werden die vereinigten Extrakte zur Trockene gebracht und zur Entfernung des Fettes zweimal mit Äther extrahiert. Man löst in Wasser und behandelt mit dem von CONSDEN und GORDON beschriebenen und von DE VERDIER und ÅGREN[1] modifizierten Entsalzungsapparat. Den zur Papierchromatographie verwandten Extrakt stellt man so ein, daß etwa 1 γ Rückstand 5 mg Frischgewebe entspricht.

An Stelle von Alkohol können auch verschiedene andere Enteiweißungsmittel, z. B. Trichloressigsäure, Verwendung finden. Trichloressigsäure läßt sich aus dem Filtrat entweder durch Ausschütteln mit Äther oder, falls hitzeempfindliche Substanzen nicht untersucht werden sollen, durch Auskochen entfernen. Man kann jedoch die mit verschiedenen Enteiweißungsmitteln erzielten Ergebnisse nicht ohne weiteres miteinander vergleichen, weil Art und Menge der gefällten Substanzen keinesfalls immer gleich sind. Es bedarf also in jedem Fall eines Hinweises, welches Enteiweißungsmittel Verwendung gefunden hat.

Fette und Lipoide. Zur Extraktion der Lipoide sind in der Literatur außerordentlich viele Methoden beschrieben worden, da sich je nach Organart oder nach Art der jeweils besonders interessierenden Lipoide besondere Verfahren bewährt haben. Man kann vom frischen Organ ausgehen, indem man den Organbrei mit einem zugleich Wasser und Fett aufnehmenden Lösungsmittel behandelt. Hier kommen das bewährte BLOORsche Gemisch (Alkohol/Äther 3:1) und nach neueren Untersuchungen auch Tetrahydrofuran[2] in Frage. Nach THANNHAUSER und SETZ[3] gibt eine Extraktion mit einer Mischung von gleichen Teilen Methanol und Chloroform bessere Ergebnisse als das BLOORsche Gemisch. Bei Verwendung dieses Lösungsmittelgemisches müssen die Organe jedoch zunächst getrocknet werden. THANNHAUSER und SETZ[3] behandeln das Gewebe mit CO_2-Schnee und Äther und trocknen es im Exsiccator über P_2O_5.

Als Routinemethode erscheint das folgende Vorgehen empfehlenswert: Das zu untersuchende Organ wird aus dem durch Entbluten getöteten Tier möglichst schnell entfernt. 20—40 g Gewebe, bei kleinen Tieren bzw. bei kleinen Organen entsprechend weniger, werden mit der Schere zerkleinert und in einem mit Trockeneis beschickten Mörser zerrieben. Zu dem in gefrorenem Zustand zerkleinerten Gewebebrei wird BLOORsches Gemisch oder Tetrahydrofuran gegeben (40 cm^3 auf 1 g Frischgewebe). Auf diese Weise sollen postmortale Veränderungen auf ein Minimum reduziert werden[4]. Gewebe und Lösungsmittel werden 1¹/₂ Std am Rückflußkühler gekocht. Dann wird durch Glaswolle oder auf einer Glasfilternutsche filtriert. Man trocknet den Rückstand bei 50° und extrahiert ihn im Soxhlet 6 Std mit Chloroform. Nach dieser Behandlung lassen sich im Rückstand nur noch ganz geringe Mengen an Lipoiden nachweisen: wenn man den nicht extrahierten Anteil als Monoaminophosphatid berechnet, liegt die Menge nach McKIBBIN und TAYLOR[4] nur zwischen 0,23 und 0,63% der insgesamt extrahierten Mengen. Die vereinigten Extrakte werden im Vakuum unter Einleiten von CO_2 oder N_2 (O_2-frei) eingeengt, gegebenenfalls zur Trockene gebracht und wieder in Chloroform gelöst. Der so erhaltene Rückstand umfaßt außer wirklichen Lipoiden noch eine kleine Menge P-haltiger und eine größere Menge N-haltiger Substanzen nichtlipoider Natur. Diese lassen sich durch folgendes Vorgehen abtrennen: Aliquote Teile des Chloroformextraktes, die zwischen 0,4 und 2,0 mMol Lipoid-N enthalten, werden in einem 250 cm^3 fassenden Zentrifugenglas mit Chloroform auf 80 cm^3 verdünnt. Nach Zugabe von 80 cm^3 0,25 m $MgCl_2$-Lösung werden die mit einem Stopfen versehenen Zentrifugengläser stark geschüttelt, bis sich eine relativ stabile Emulsion ausbildet. Man läßt einige Stunden bei Zimmertemperatur stehen, zerstört die Emulsion durch Einfrieren in Trockeneis, taut auf und zentrifugiert. Die klare überstehende Flüssigkeit enthält die Hauptmenge der genannten Verunreinigungen.

[1] VERDIER, C. H. DE, o. G. ÅGREN: Acta chem. scand. **2**, 783 (1948).
[2] CREMER, H. D.: Kli. Wo. **1949**, 755. — CREMER, H. D., u. H. SCHUHLER: B. Z. **320**, 112 (1949).
[3] THANNHAUSER, S. J., and P. SETZ: J. biol. Ch. **116**, 533 (1936).
[4] McKIBBIN, J. M., and W. E. TAYLOR: J. biol. Ch. **178**, 17, 29 (1949).

Tabelle 10. *Phosphor- und Stickstoffgehalt der Organlipoide* (μMol im Gesamtextrakt).

Organ	Lipoidfreie Trockensubstanz g	Vor Behandlung mit MgCl$_2$			Nach Behandlung mit MgCl$_2$		
		P	N	N:P	P	N	N:P
Gehirn	1,786 entsprechen	1372	3039	2,22	1268	1801	1,42
Skeletmuskel . .	7,521 „	528	1515	2,87	482	506	1,05
Pankreas	2,409 „	565	943	1,67	485	509	1,05
Niere	3,109 „	611	1929	3,16	542	642	1,18
Herz	3,924 „	624	1893	3,03	590	589	1,00
Dünndarm . . .	4,728 „	553	1345	2,43	516	598	1,16
Leber	2,952 „	527	950	1,80	478	454	0,95
Lunge	2,109 „	386	797	2,06	342	421	1,23

Man wiederholt dieses Vorgehen mehrmals und erzielt dadurch, wie sich aus Tabelle 10 ergibt, eine weitgehende Reinigung.

Die Zugabe von MgCl$_2$ ist noch aus einem anderen Grunde vorteilhaft: man kann aus dem Chloroformextrakt die verschiedenen Phosphatide auf Grund ihrer verschiedenen Löslichkeit getrennt gewinnen: Kephalin ist in Alkohol, Sphingomyelin in Äther und die Gesamtphosphatide sind in Aceton schwer löslich. Diese Charakteristica gelten jedoch nicht mehr unbedingt für Mischungen, sind abhängig von der Natur der im Gemisch vorhandenen Fettsäuren und variieren stark nach der Vorbehandlung[1]. Insbesondere können im Filtrat der Acetonfällung noch 5—16% vom vorhandenen Cholin und 18—24% vom Colamin vorliegen[2]. Erst wenn man die Fällung in Gegenwart von MgCl$_2$ vornimmt, werden die genannten Substanzen quantitativ erfaßt.

Soweit sich für einzelne Organe Abweichungen von dem beschriebenen Vorgehen empfehlen, ist dies in den entsprechenden Kapiteln beschrieben. Es soll vor allem auf die methodischen Hinweise in den Kapiteln Gehirn und Milz aufmerksam gemacht werden. Die einzelnen Lipoidsubstanzen können mit den in Bd. III beschriebenen Methoden bestimmt werden, soweit sich nicht Besonderheiten für einzelne Organe oder für bestimmte Substanzen ergeben. Man kann in dem Lipoidextrakt direkt eine Cholesterinbestimmung durchführen, wie sie in einfachster Weise mit Hilfe der LIEBERMANN-BURCHARDschen Reaktion vorzunehmen ist. Da sich jedoch in dem Lipoidextrakt auch andere Substanzen finden können, die ähnliche Farbreaktionen geben, ist eine vorherige Abtrennung des Cholesterin als Digitonid empfehlenswert[3].

Eine ausführliche Zusammenstellung über die *Lipoidzusammensetzung der Organe* von Hunden und Ratten ist in den Tabellen 11—13 gegeben. Die in Tabelle 11 niedergelegten Werte sind mit vereinfachter Methodik gewonnen, die für einen Überblick über die Lipoidzusammensetzung ausreichen mag: die gefriergetrockneten Organe werden pulverisiert, erst mit heißem Äthanol, dann mit Äther extrahiert. Eine Berechnung der einzelnen Fraktionen geschieht folgendermaßen[4, 5]:

Gesamtphosphatide . . Lipoid-P $\cdot$ 23,54.

Cholinphosphatide . . . $\dfrac{\text{Äquivalente Cholin}}{\text{Äquivalente P}} \cdot$ Äquivalente Gesamtphosphatide.

Kephalin . . . . Gesamtphosphatide abzüglich Cholinphosphatide.

Lecithin . . . . Cholinphosphatide abzüglich Sphingomyelin.

Cerebroside . . . . . Galaktose $\cdot$ 4,55.

Neutralfett . . . . . . Acetonlösliches Glycerin $\cdot$ 9,62.

Cholesterinester . . . . (Gesamtcholesterin abzüglich freies Cholesterin) $\cdot$ 1,69.

Gesamtlipoide . . . Summe von Neutralfett, Phosphatiden, Cerebrosiden und Gesamtcholesterin.

Essentielle Lipoide . . Gesamtlipoide abzüglich Neutralfett.

[1] CAHN, TH., J. HOUGET et R. AGID: Bull. Soc. Chim. biol. **31**, 766 (1949).

[2] CAHN, TH., J. HOUGET et R. AGID: Cr. **228**, 275 (1949).

[3] POPJÁK, G.: Biochem. J. **37**, 468 (1943).

[4] WILLIAMS, H. H., H. GALBRAITH, M. KAUCHER, E. Z. MOYER, A. J. RICHARDS and I. G. MACY: J. biol. Ch. **161**, 475 (1946).

[5] KAUCHER, M., H. GALBRAITH, V. BUTTON and H. H. WILLIAMS: Arch. Biochem. **3**, 203 (1943).

Tabelle 11. *Lipoidzusammensetzung von Organen verschieden alter Ratten*
(in Prozenten vom Trockengewicht)[1].

Organ	Alter, Tage	Gesamt-fett	Neutral-fett	Phos-phatide	Kephalin	Lecithin	Sphingo-myelin	Cere-broside	Freies Chole-sterin	Chole-sterin-ester
Gehirn. . . .	15	32,62	2,80	21,34	10,37	7,04	3,93	3,77	4,44	0,27
	45	43,80	2,14	26,43	17,07	5,37	3,99	8,52	6,57	0,14
	70	44,63	1,95	27,19	18,05	4,87	4,27	8,42	7,05	0,02
Herz	15	19,30	2,90	12,85	5,53	6,30	1,02	2,32	0,77	0,46
	45			14,16	6,15	7,59	0,42	2,14	0,43	0,28
	70			15,38	9,01	5,89	0,48	1,37	0,45	0,21
Niere	15	19,26	4,43	11,99	5,83	5,21	0,95	1,20	1,16	0,84
	45	21,33	3,57	14,15	7,19	5,19	1,77	1,58	0,88	1,15
	70	21,59	3,16	15,19	7,40	5,96	1,83	1,30	1,00	0,94
Lunge	15	20,97	6,92	10,75	3,73	5,04	1,98	0,86	1,00	1,44
	45	21,30	5,51	12,49	3,22	7,17	2,10	1,16	1,15	0,99
	70	21,86	4,75	13,75	4,63	6,53	2,59	0,91	1,43	1,02
Testes	15	19,69	5,96	10,32	3,19	6,03	1,10	1,86	1,31	0,24
	45	22,63	2,97	14,54	7,39	6,09	1,06	3,67	0,82	0,63
	70	23,18	2,77	14,97	7,74	6,19	1,04	3,96	0,82	0,66
Leber	15	19,85	6,35	11,67	5,18	6,05	0,44	0,12	0,27	1,44
	45	17,43	3,29	12,64	6,61	5,55	0,48	0,62	0,31	0,57
	70	20,20	5,22	13,90	7,70	5,85	0,35	0,13	0,29	0,66
Thymus . . .	15	18,98	6,89	9,72	5,23	3,63	0,86	1,34	0,57	0,46
	45			11,66	7,27	3,73	0,66	0,52	0,28	0,62
	70			10,75	6,75	3,28	0,72	1,14	0,24	0,61
Milz	15	11,69	2,74	6,93	1,38	5,03	0,52	0,60	1,34	0,08
	45	13,41	2,11	9,57	5,20	3,44	0,93	0,28	0,93	0,52
	70			10,76	6,17	3,48	1,11	0,84	1,08	0,51
Skeletmuskel .	15	27,79	19,58	5,95	1,42	4,05	0,48	1,45	0,20	0,61
	45	16,61	8,77	5,17	2,71	2,30	0,16	2,41	0,09	0,17
	70	15,84	3,44	8,57	4,84	3,56	0,17	3,57	0,12	0,14

Tabelle 12. *Phosphor- und Stickstoffgehalt der Organlipoide bei Ratten*[2]
(mMol, berechnet auf kg lipoidfreies Trockengewicht).

	P	N	Cholin-N	Sphingosin-N
			in Prozent vom Lipoid-N	
Leber	159,6 ± 17,1	170,2 ± 18,3	50,4 ± 1,71	9,9 ± 0,53
Skeletmuskel . . .	79,6 ± 2,92	88,4 ± 4,10	44,6 ± 1,11	13,5 ± 1,26
Herz	159,5 ± 5,23	156,9 ± 6,20	46,7 ± 1,67	14,8 ± 1,08
Gehirn	634 ± 19,5	838 ± 38,6	31,3 ± 0,91	32,3 ± 1,37
Niere	198,3 ± 4,35	222 ± 8,20	40,9 ± 0,31	18,7 ± 0,79
Lunge.	193,7 ± 3,82	229 ± 4,94	48,7 ± 1,08	20,0 ± 0,34
Pankreas	218 ± 7,02	223 ± 10,2	53,0 ± 0,53	12,4 ± 0,60
Milz	135,5 ± 6,52	163,8 ± 6,65	42,5 ± 1,33	20,3 ± 1,72
Dünndarm.	131,1 ± 3,88	158,7 ± 5,74	42,2 ± 0,67	17,9 ± 0,69
Blutplasma	323 ± 36,5	391 ± 44,9	76,1 ± 1,01	11,9 ± 0,47

Auch Plasmalogene können mit der von FEULGEN angegebenen Reaktion direkt im Lipoidgemisch nachgewiesen werden (s. Bd. III).

Das Lipoidgemisch enthält weiterhin die im Organ vorliegenden *Gallensäuren*. Will man diese gesondert bestimmen, kann man nach MINIBECK[3] vereinfacht folgendermaßen vorgehen: Etwa 1 g Organsubstanz wird unter Zugabe von 5 cm³ Wasser mit Quarzsand verrieben und aufgekocht. Nach dem Erkalten fügt man Alkohol bis zu einem Gesamt-volumen von 45 cm³ hinzu und filtriert (Filter 589, Schleicher & Schüll, Schwarzband).

[1] WILLIAMS, H. H., H. GALBRAITH, M. KAUCHER, E. Z. MOYER, A. J. RICHARDS and I. G. MACY: J. biol. Ch. **161**, 475 (1946).

[2] MCKIBBIN, J. M., and W. E. TAYLOR: J. biol. Ch. **185**, 357 (1950).

[3] MINIBECK, H.: B. Z. **297**, 214 (1938).

Tabelle 13. *Fette und Lipoide in verschiedenen Organen vom Hund* (in mg-% vom Frischgewicht)[1].

Organ	Lipoid-P	Phos-phatide	Phos-phatid-fettsäuren	Gesamt-cholesterin	Freies Cholesterin	Gesamt-fettsäuren	Neutral-fettsäuren	Gesamt-fett
Lunge	71,4	1855	1243	477	468	3760	2510	4849
Niere	138	3580	2398	1157	515	5690	2824	8029
Darm	50,6	1318	883	246	236	4750	3860	5431
Milz	65,8	1712	1148	252	242	4910	3755	5726
Herz	83,8	2180	1461	155	147	12790	11323	13664
Aorta	33,8	880	589	174	168	—	—	—
Leber	84,5	2199	1472	287	277	5340	3861	6354
Restkörper . . .	20,8	540	362	116	109	6710	6343	7004

Zu 9 cm³ Filtrat gibt man 1 cm³ gesättigte Barytlauge, die 0,4% Ba-acetat enthält. Man erhitzt, füllt mit 96%igem Äthanol auf 10 cm³ auf und dampft 4 cm³ vom Filtrat zur Trockne ein. Die weitere Bestimmung der Gallensäuren erfolgt auf üblichem Wege (s. Bd. III).

Kohlenhydrate und organische Säuren. Die Bestimmung von Glykogen und anderen Kohlenhydraten ist ausführlich in den Kapiteln „Leber" und „Muskel" sowie auch in einigen anderen Organkapiteln behandelt. Die Bestimmung der Milchsäure ist im Kapitel „Muskel" beschrieben. Das Vorkommen weiterer Substanzen ist bei den einzelnen Organkapiteln abgehandelt.

Vitaminbestimmung in Organen. Vitamin A. 1 g Leberbrei, von Organen mit geringerem Vitamin-A-Gehalt entsprechend mehr, werden in einem Zentrifugenglas mit dem doppelten Volumen 20%iger KOH 45 min auf dem Wasserbad erhitzt. Überleiten von CO_2 oder N_2 verhütet Oxydation. Das verdampfte Wasser wird ergänzt. Nach Abkühlen auf Zimmertemperatur wird eine der KOH-Menge entsprechende Menge an 96%igem Äthanol zugesetzt und stark geschüttelt. Man gibt eine der Äthanolmenge gleiche Menge an Petroläther zu und schüttelt weiter. Die Petrolätherphase wird sorgfältig abgehebert; in gleicher Weise wird noch mehrmals mit Petroläther ausgeschüttelt. Man bringt die vereinigten Extrakte wieder unter Gaseinleitung zur Trockne, nimmt in Chloroform auf und bestimmt den Vitamin A-Gehalt in üblicher Weise auf Grund der CARR-PRICE-Reaktion mit $SbCl_3$ [2].

Aneurin. Organbrei, insbesondere möglichst fein verriebene Nerven- oder Gehirnsubstanz wird 1 Std bei 98° mit n HCl hydrolysiert. Sowohl mit der Thiochrommethode als auch mit dem Phycomycestest kann etwa 1^{-9} g freies Aneurin bestimmt werden. Die Streubreite ist bei Anwendung der letztgenannten Methode etwas größer [3].

Lactoflavin. Man extrahiert den Organbrei mehrmals mit wäßrigem Aceton (60—80%ig) oder auch unter wiederholtem Auskochen mit Wasser. Hierbei wird auch das an Protein gebundene Lactoflavin von dem kolloidalen Träger abgespalten und geht quantitativ in die wäßrige Phase, so daß es in üblicher Weise nach Umwandlung in Lumiflavin durch Fluorescenzmessung bestimmt werden kann. Andere in der Literatur empfohlene Extraktionsmethoden sind nach SCHORMÜLLER[4] nicht ausreichend. So werden mit wasserfreiem Glycerin nur etwa 60% des in der Leber vorhandenen Gesamtflavin extrahiert. Extrahiert man das mit flüssiger Luft behandelte Organ mit kaltem n/15 Phosphatpuffer, p_H 7,0, werden etwa 37%, bei Verwendung des von WEYGAND und STOCKER[5] empfohlenen Extraktionsgemisches (450 cm³ 2 n NH_3, 20 g Diammoniumphosphat, 9,5 Liter H_2O, p_H 9,7) sogar nur etwa 24% extrahiert[4].

Nicotinsäure. Da sich hier gegenüber der Bestimmung in wäßrigen Medien bei Organen eine Reihe von Besonderheiten ergeben, sei die Vorbehandlung der Gewebe ausführlich

[1] STAMLER, J., and L. N. KATZ: Circulation, N. Y. 2, 705 (1950).
[2] SKURNIK, L., u. P. SUHONEN: Z. Vit.-Forsch. 8, 316 (1939).
[3] MURALT, G. DE: Int. Z. Vit.-Forsch. 19, 74 (1947) [C. 1948 II, 867].
[4] SCHORMÜLLER, J.: Z. Unters. Lebensm. 77, 346 (1939).
[5] WEYGAND, F., u. H. STOCKER: H. 247, 167 (1937).

beschrieben. Gewebe wird möglichst fein zerkleinert, im trockenen Luftstrom von 40° getrocknet und im Mörser verrieben. 2,5 g Trockengewebe werden in einem mit Glasstopfen versehenen 10 cm³-Schüttelzylinder mit 5 cm³ 4 n NaOH versetzt. Das Gefäß wird mit einem Stopfen aus nichtsaugender Watte verschlossen und unter gelegentlichem Umschütteln für 30 min im kochenden Wasserbad gehalten. Organisches Material geht hierbei völlig in Lösung. Da bei zu starker Abkühlung Gelatinierung eintreten kann, wird nur mäßig abgekühlt, dann wird 1 cm³ 36%ige HCl zugegeben. Der Glasstopfen wird fest aufgesetzt und das Gefäß zweimal geschüttelt. Nach weiterem kurzen Kühlen wird nochmals 36%ige HCl (0,8 cm³) zugegeben und wieder geschüttelt. Wegen der auftretenden Gasbildung ist Vorsorge zu treffen, daß sich der Stopfen nicht lockert. Nach Abkühlen auf Zimmertemperatur wird mit Aqua dest. auf 10 cm³ aufgefüllt und nach kräftigem Schütteln 10 min zentrifugiert. Von der klaren bräunlichen Flüssigkeit, die sich zwischen dem Bodensatz und einer sich häufig bildenden oben schwimmenden Schicht befindet, wird 1 cm³ (entsprechend 250 mg Trockengewebe) in einem Zentrifugenglas mit 9 cm³ Aceton versetzt. Das Glas wird gut mit einem Stopfen aus acetonresistentem Material verschlossen und nach kräftigem Schütteln 3—4 min zentrifugiert. Hierbei bilden sich zwei flüssige Schichten: 1. eine stark gefärbte, sehr viscöse wäßrige Phase von etwa 0,3 cm Dicke; 2. eine mäßig gefärbte Acetonschicht. 4 cm³ dieser Acetonlösung (entsprechend 100 mg Trockengewebe) und 3 cm³ Aqua dest. werden in einen kleinen Rundkolben gegeben, das Aceton wird bei Handwärme verjagt. Der Inhalt wird dann mit 5 cm³ 2%iger KH$_2$PO$_4$-Lösung quantitativ in einen wärmeresistenten 20 cm³-Meßzylinder überführt und für 5 min im Wasserbad von 75—80° erhitzt. Die weitere Bestimmung erfolgt in üblicher Weise (s. „Pyridine", Bd. IV). Da der Acetonextrakt selbst nicht ganz farblos ist, muß eine entsprechende Korrektur vorgenommen werden[1].

Etwas einfacher ist das von RITSERT[2] empfohlene Verfahren: 10 g möglichst fein zerkleinerten und mit Sand zerriebenen Gewebes werden 2—3mal 1 Std lang mit 100 cm³ H$_2$O ausgekocht. Man filtriert, engt im Vakuum auf etwa 20 cm³ ein und erhitzt 2 Std lang mit 10 cm³ 25%iger HCl auf dem Dampfbad. Man gibt 15%ige NaOH zu, bis Kongopapier schwach violett wird, engt auf dem Dampfbad bis zu sirupöser Konsistenz ein und trocknet nach Zugabe von 10 g Na$_2$SO$_4$ und der gleichen Menge Sand zunächst auf dem Dampfbad, dann im Trockenschrank. Das trockene Pulver extrahiert man 4 Std lang heiß mit Benzol. Nach Zugabe von Wasser wird das Benzol im Vakuum abgedampft, die wäßrige Phase wird mit Butylalkohol oder Amylalkohol ausgeschüttelt und die Bestimmung in üblicher Weise durchgeführt.

Nach KARRER und KELLER[3] führt das Extraktionsverfahren mit Benzol nicht zur vollständigen Extraktion von Nicotinsäureamid. Es wird deshalb folgendes Verfahren als zuverlässiger beschrieben: Der Organbrei wird dreimal ½ Std lang mit der 3fachen Menge Wasser ausgekocht und durch mehrmaliges Ausschütteln mit Äther von Fettresten befreit. Der wäßrige Extrakt wird mit Schwefelsäure versetzt, bis die Säurekonzentration 0,1 n beträgt, und ½ Std im Sieden erhalten. Man neutralisiert mit heißer Barytlauge gegen Lackmus, nutscht das ausgefallene Bariumsulfat ab und wäscht mit wenig heißem Wasser aus. Nach Einengen auf 50 cm³ extrahiert man 5—6 Std mit Butanol in einem Flüssigkeitsextraktionsapparat und führt die Bestimmung in üblicher Weise weiter durch.

Pantothensäure. Man homogenisiert eine kleine Menge Gewebe, verdünnt mit H$_2$O zum gewünschten Volumen und erhitzt 5 min im Dampf. Nach Abkühlen und Filtrieren kann die mikrobiologische Bestimmung in üblicher Weise durchgeführt werden[4].

Inosit. Das möglichst bald nach dem Tode entfernte Gewebe wird in Gefrierschnitte zerlegt und in PETRI-Schalen im Vakuum über Silicagel in der Kälte getrocknet. Man trocknet vollständig bei 110° und pulverisiert. Eine etwa 0,5—1 mg Inosit enthaltende

[1] BANDIER, E.: Biochem. J. **33**, 1130 (1939).
[2] RITSERT, K.: Kli. Wo. **1939 II**, 934.
[3] KARRER, P., u. H. KELLER: Helv. **22**, 1292 (1939).
[4] NISHI, H., T. E. KING and V. H. CHELDELIN: J. Nutrit. **41**, 279 (1950).

Menge an Organpulver (bei Muskel etwa 1—2 g Trockensubstanz) wird mit 50 cm³ Aqua dest. ausgekocht und durch Watte abgesaugt. Man wäscht die Watte mit wenig Wasser aus und extrahiert das Organpulver noch zweimal in gleicher Weise. Die vereinigten Extrakte werden auf etwa 50 cm³ eingeengt. Nach Zugabe von Aceton bis zu einer End-konzentration von 70% wird der ausfallende Niederschlag abfiltriert. Aceton wird abdestilliert, die Flüssigkeit auf 25 cm³ eingeengt und mit Äther extrahiert. Die im Extrakt vorhandene Glucose muß durch Vergären entfernt werden. Man reinigt durch Adsorption und entfernt dabei eine Reihe störender Substanzen, insbesondere Kreatin und Kreatinin. Als besonders zuverläßliches Adsorbens wird von PLATT und GLOCK[1] „Zeolith" oder „M.P.D. Resin" empfohlen. Bei Oxydation mittels HJO_4 sollen jetzt nur noch Glycerin und Inosit reagieren. Die beiden Substanzen lassen sich durch ihre ver-schiedene Reaktionsgeschwindigkeit getrennt erfassen.

Ascorbinsäure. In Geweben kann man sowohl die gebundene als auch die freie Ascor-binsäure bestimmen und bei letzterer auch noch den Prozentsatz an Dehydroascorbin-säure erfassen. Zur Bestimmung der freien Ascorbinsäure werden 2 g Gewebe mit Quarz-sand unter Zusatz von 5%iger Salicylsäure bzw. 8%iger Trichloressigsäure im Mörser verrieben. Man überführt quantitativ in einen Meßzylinder oder ein graduiertes ent-sprechendes Zentrifugenglas und füllt mit dem Enteiweißungsmittel auf 20 cm³ auf. Die durch scharfes Zentrifugieren (4000 U) erhaltene klare überstehende Lösung wird filtriert. Die weitere Bestimmung erfolgt nach Standardmethoden. Um die Menge an gebundener Ascorbinsäure zu ermitteln, werden 2 g Gewebe mit der Schere zerkleinert und nach Zusatz von 4 cm³ n/2 HCl 10 min lang bei 100° unter CO_2-Einleitung hydrolysiert. Dann erfolgt die weitere Verarbeitung wie oben angegeben. Die Differenz der beiden Werte ergibt die Werte der gebundenen Ascorbinsäure[2]. Ein anderes Vorgehen wird von REID[3] empfohlen: Das Organmaterial wird mit 10%iger Metaphosphorsäure extrahiert. Man friert den so gewonnenen Extrakt mittels CO_2-Schnee ein, so daß man ihn ohne Verlust bis zum nächsten Tage aufheben kann. Die weitere Bestimmung erfolgt mittels der üblichen Titration mit 2,6-Dichlorphenolindophenol oder nach Zusatz von Dinitrophenyl-hydrazin gemäß den Angaben von ROE und KUETHER[4].

Fermente. Als Ausgangsmaterial zur Gewinnung von Fermenten kommt teils Frisch-gewebe, bei vielen Fermenten aber auch ein schonend hergestelltes Trockengewebe in Frage. Die verschiedenen Darstellungsmethoden sind großenteils bei der Besprechung der einzelnen Fermente, teils aber auch in den Kapiteln über die Aufarbeitung der einzelnen Organe besprochen. Anhaltspunkte für die Vorbereitung und Aufarbeitung der Organe sind den „Allgemeinen Richtlinien" zu entnehmen (s. S. 454—456).

p_H-Messungen in Organen. Die p_H-Werte im Gewebe und in der lebenden Zelle lassen sich durch Anwendung von Vitalfarbstoffen messen, wenn diese die Eigenschaft eines p_H-Indicator besitzen[5]. Die in normalem Gewebe gemessenen p_H-Werte liegen zwischen 5,0 und 8,0[6]. Bei Anwendung elektrometrischer Methoden finden sich nur wenig schwan-kende p_H-Werte um 7,3, wenn man den zum Einlegen der Glaselektrode notwendigen Schnitt ins Gewebe mit schärfsten Instrumenten unter möglichst großer Schonung der Gewebe ausführt[7]. Außer mechanischer Schädigung können auch physiologische Reize, wie sie bei stärkerer Muskeltätigkeit gegeben sind, die p_H-Werte zum Sauren verschieben. Man muß deshalb Eigenbewegungen möglichst ausscheiden. Sonst werden bei längerer Muskeltätigkeit p_H-Werte bis zu 6,5 gefunden, die sich bei Ruhigstellung wieder den Normalwerten nähern. Bei Entzündungen können die p_H-Werte bis zu 5,3 absinken, ebenso

[1] PLATT, B. S., and G. E. GLOCK: Biochem. J. **37**, 709 (1943).
[2] HOLZ, P., u. H. WALTER: H. **263**, 187 (1940).
[3] REID, M. E.: J. Nutrit. **42**, 347 (1950).
[4] ROE, J. H., and E. A. KUETHER: J. biol. Ch. **147**, 399 (1943).
[5] SPECK, J.: Kolloid-Z. **85**, 162 (1938).
[6] LISON, L.: Tab. biol. period. **19**, 2 (1941).
[7] FRUNDER, H.: Pflügers Arch. **251**, 631 (1949).

werden bei verschiedenen Stoffwechselstörungen deutliche Senkungen beobachtet[1]. Nach dem Tode verändern sich die p_H-Werte nach dem Sauren zu, insbesondere bei Organen von Leichen, bei denen die Todesursache plötzlicher Natur war. Die p_H-Verschiebung steht hier also in Beziehung zu der Stoffwechselaktivität des Organs, was durch die Anhäufung von Milchsäure leicht erklärlich ist. Bei kachektischen Leichen (reduzierter Ernährungszustand, längeres Leiden) bleiben die p_H-Werte annähernd neutral oder verschieben sich gar zu einer schwach alkalischen Reaktion[2].

2. Die einzelnen Organe.

a) Leber.

Die Leber ist wegen ihrer vielseitigen Funktionen als Bildungsstätte der Galle und Exkretionsorgan für Stoffwechselendprodukte, als Blutspeicher und ganz besonders als Zentralorgan für den intermediären Stoffwechsel großen Schwankungen in ihrer chemischen Zusammensetzung unterworfen. Ihre zentrale Stellung als Stoffwechselorgan ist dadurch bedingt, daß alle im Darm resorbierten und durch die Pfortader transportierten Stoffe die Leber passieren müssen.

Die chemische *Zusammensetzung und das Gewicht der Leber* ändern sich in gewissem Umfange tagesrhythmisch. Bei weißen Ratten wurden Tagesschwankungen des *Lebergewichtes* zwischen 3,52% (16 Uhr) und 4,2% des Körpergewichtes (6 Uhr morgens) beobachtet[3]. Diesen Gewichtsschwankungen parallel gehen z. B. Änderungen des Leberglykogengehaltes. Andere Untersucher konnten bei Meerschweinchen tageszeitliche Schwankungen der chemischen Zusammensetzung der Leber nicht beobachten[4]. Die in der Tabelle 14 aufgeführten Lebergewichte verschiedener Arten stellen Durchschnittsgewichte ohne Berücksichtigung der Tagesschwankungen dar. Die Lebergewichte des Menschen im Verlauf der körperlichen Entwicklung sind in der Tabelle 15 zusammengefaßt.

Tabelle 14. *Lebergewichte verschiedener Arten*[3] (in Prozent des Körpergewichtes).

Ratte	6,8	Hunde: Schwer.	2,48	Ochse	1,04		
Albinoratte	4,2	Katze	3,6	Stier	1,02		
Maus	5,43	Elefant	0,5—1,0	Kuh	1,21		
Meerschweinchen	3,7—5,4	Schwein	1,33—1,56	Rind: Schwerer als 250 kg	1,89		
Kaninchen	3,5—4,7	Pferd	1,17—1,43	Leichter als 250 kg	1,9		
Hunde: Leicht	3,35	Kalb	1,9	Mensch	2,75		
Mittelschwer	2,82	Jungrind	1,28	Menschl. Neugeborene	4,57		

Tabelle 15. *Lebergewicht in Prozenten des Körpergewichtes bei Menschen verschiedenen Alters*[3].

Alter in Jahren	Lebergewicht in Prozenten des Körpergewichtes	Lebergewicht in Prozenten des Körpergewichtes, auf gleichen Ernährungszustand reduziert	Alter in Jahren	Lebergewicht in Prozenten des Körpergewichtes	Lebergewicht in Prozenten des Körpergewichtes, auf gleichen Ernährungszustand reduziert
Neugeborener	4,73	5,00	11	3,39	3,30
1	3,70	4,75	12	3,11	3,20
2	3,89	4,50	13	3,59	3,60
3	3,63	4,25	14	3,29	3,40
4	4,26	4,00	15	3,13	3,30
5	3,64	3,80	16	2,77	3,20
6	3,69	3,70	17	2,75	3,00
7	3,50	3,60	18	2,78	2,90
8	3,61	3,50	19	2,79	2,80
9	3,42	2,40	20	2,99	2,75
10	3,35	3,35			

[1] FRUNDER, H.: Pflügers Arch. **252**, 500 (1950).
[2] HEISER, F.: Frankf. Z. Path. **53**, 244 (1939). — Diss. Würzburg 1939 [Ber. Physiol. **115**, 23].
[3] SLIJPER, E. J.: Tab. biol. period. **23**, 48 (1948).
[4] MARBLE, A., A. L. GRAFFLIN and R. M. SMITH: J. biol. Ch. **134**, 253 (1940).

Tabelle 16. *Wassergehalt von Lebergewebe verschiedener Säugetiere* (in Prozenten).

Ratte	67,9—71,3[1, 2]	Meerschweinchen: 5$\frac{1}{2}$—6 Monate alt .	71,4—71,9[7]
Rhesusaffe	71,5[3]	10 Wochen alt	70,0—73,2[7]
Hund	68,2[3]	Katzen: Bis 800 g schwer	73 $\pm$ 0,8[8]
Rind	78,0—81,7[4]	800—2500 g schwer	70,7 $\pm$ 1,0[8]
Kaninchen: Normal . .	66 —69[3, 5, 6]	Mensch	71 —81[9, 11]
Mit Phosphor vergiftet	62[10]		

Anorganische Bestandteile. *Wassergehalt.* Der Wassergehalt der Leber kann außerordentlich schwanken; die in der Literatur angegebenen Werte liegen zwischen 58 und 84 %. Hunger bewirkt im Tierversuch eine Abnahme des Wassergehaltes[3]. Die Bestimmung des Wassergehaltes bzw. der Trockensubstanz unterscheidet sich nicht von der in anderen parenchymatösen Organen. Einzelheiten sind bei den allgemeinen Richtlinien für die Organaufarbeitung (s. S. 455) bzw. im Kapitel „Bausteine des Körpers" (Bd. III) nachzulesen.

Mineralien. Die Bestimmung der anorganischen Bestandteile der Leber wird in analoger Weise wie bei den anderen parenchymatösen Organen vorgenommen. Die Vorbereitung der Organe zur Untersuchung ist bei den „Allgemeinen Richtlinien für die Organaufarbeitung" (s. S. 450), die einzelnen Bestimmungsmethoden sind ausführlich im Kapitel „Bausteine des Körpers" (s. Bd. III) beschrieben. Wegen der zentralen Stellung der Leber als Stoffwechsel- und Ausscheidungsorgan sowie der Speicherfähigkeit ihres Reticulums für anorganische Substanzen findet man in der Leber praktisch alle Elemente, mit denen der Organismus in Berührung kommt. Auf spektralanalytischem Wege konnten unter anderem regelmäßig Kalium, Calcium, Magnesium, Natrium, Kupfer, Zinn, Aluminium, Rubidium, Lithium, Strontium, unregelmäßig Silber, Bor, Blei, Barium und Cadmium nachgewiesen werden[12].

Die Werte für den Gehalt der Leber an anorganischen Bestandteilen sind in den Tabellen 17 und 18 zusammengefaßt.

Bei hungernden Kaninchen ist der Mineralgehalt der Leber erniedrigt[13]. Im Alter nimmt der Gehalt der menschlichen Leber an anorganischen Bestandteilen zu, und zwar bei Chlorid um 18 %, Natrium um 15 %, Calcium um 4 %, Kalium um 6 %, Magnesium um 17 % und der Asche um 1 %[14].

Aschegehalt. Die Leber enthält 5—7 % Asche in der Trockensubstanz[15, 16] bzw. 1,6 % in der Frischsubstanz[15]. Besonders sorgfältige Untersuchungen über die chemische Zusammensetzung *eines* menschlichen Körpers ergaben nur einen Aschegehalt von 0,88 %[9]. In der Trockensubstanz der menschlichen Fetenleber findet man 4,5—7,6 %[16] und in der Frischsubstanz der Kaninchenleber 1,2 % Asche[17].

[1] McKay, E. M., and H. C. Bergman: J. biol. Ch. **105**, 59 (1934).

[2] Fenn, W. O.: J. biol. Ch. **128**, 297 (1939).

[3] Bong, E., P. Junkersdorf u. H. Steinborn: Z. ges. exp. Med. **92**, 265 (1934).

[4] Gruzewska, Z., et G. Roussel: J. Physiol. Path. gén. **35**, 382 (1937) [Tab. biol. period. **23**, 199 (1948)].

[5] Chevillard, L., et A. Mayer: Ann. Physiol. Physicochim. biol. **15**, 305 (1939).

[6] Goldberg, A. Ph., M. W. Lepskaja u. D. I. Halperin: Z. ges. exp. Med. **65**, 705 (1929).

[7] Marble, A., A. L. Grafflin and R. M. Smith: J. biol. Ch. **134**, 253 (1940).

[8] Yannet, H., and D. C. Darrow: J. biol. Ch. **123**, 295 (1938).

[9] Mitchell, H. H., T. S. Hamilton, F. R. Steggerda and H. W. Bean: J. biol. Ch. **158**, 625 (1945).

[10] Schulte, K. E.: B. Z. **313**, 78 (1942).

[11] Brückmann, G., and S. G. Zondek: Biochem. J. **33**, 1845 (1939).

[12] Lundegardh, H., o. H. Bergstrand: Nova Acta R. Soc. Sci. upsal. **12**, 5 (1940).

[13] Lazard-Kolodny, S., et A. Mayer: Ann. Physiol. Physicochim. biol. **14**, 257 (1938) [C. **1939** I, 4215].

[14] Rissel, F., u. G. Wiedemann: Kli. Wo. **1940**, 953.

[15] Kishi, S., T. Fujiwara u. W. Nakahara: Gann, Tokyo **31**, 1 (1937) [Ber. Physiol. **100**, 521 (1937)].

[16] Iob, V., and W. W. Swanson: J. biol. Ch. **124**, 263 (1938).

[17] Lazard-Kolodny, S.: Ann. Physiol. Physicochim. biol. **15**, 392 (1939).

Tabelle 17. *Anorganische Bestandteile im Lebergewebe von Mensch, Rind und Hund* (in mg-%).

	Mensch		Rind		Hund	
	Trockensubstanz	Frischgewebe	Trockensubstanz	Frischgewebe	Trockensubstanz	Frischgewebe
Cl	362–1010[29]	89–219[29]	81[19]			110[3]
K	607–1300[29]	200[4]			241–276[20]	
Na		110[4]			73–106[20]	
		118[16]				
Ca	14–69[29]	3,4[16]	8,1[6]		10–28[6,21]	1,5–5,9[20]
		7,2–10,2[6,25]				
Fe*	19–250[5,7]	4–20[4,16,17]	26[5]			14—42[8]
	177–314 (c)[5,7]	10–28 (c)[9,24]				
Cu	1,5–6,0[7,10,12,13,15,23]	0,3–1,3[4,14,16,17,27]	1,3–7,7[10,11,18]		5,9–9,8[10,22,26]	
	8–38 (c)[7]	1,5–25 (b)[27]	26,28 (e)[10]			
	0,65–3,61[52]	2,0 (g)[28]	47,0 (a)[10]			
		0,16–0,85[28]	0,57–1,32 (f)[11]			
Mn	Spuren bis 2,0[7,23]	0,01–0,4[4,14,30,31,32]		0,3[33]		0,24–0,31[33,53]
				2,6–8,3 (e)[39]		
S	2380[5]		1770[5]	2,3 (d)[35]		20,2–21,2 (d)[35]
	3560 (c)[5]					
P	1280[5]	241[6]	1770[5]		512–990[6]	
	1540 (c)[5]	184–305[29]	1460 (f)[5]			
	663–1355 (b)[29]	148[25]				
Mg		14–17,6[4,6,38]		4,8–26,9 (e)[37]		
				11,9–27,3 (f)[37]		
J		0,014–0,094**[40]	0,0019–0,0087[36]			
Br		0,6–0,75[3]		0,64–0,88[41]		0,4–0,63[3]
Zn	24,5[44,15]	3,9–6,0[4,16,42]		3,6–8,3[43]		4,3[43]
		5,2–14,5[5]				
		7,0 (c)[48]				
Ti		0,003[44]		0,0028[44]		0,0022[44]
						0,002–0,03[45]
Sn	33,4–60 (b)[46]	0,06[14]		0,21–0,37[47]		
Pb	0–1,6 (h)[50]	0,04–0,463[14,15,48,49]		0,032[47]		
	0,7–10,4 (i)[50]	0,12–5,11 (i)[51]				
		0,033–0,095 (b)[48]				
Al		2–3[4,62]	0,4[16]		0,91–1,42[63]	
		0,16[64]				
U		0,0066[65]		0,008[55]	0,008[55]	
Mo	0,043[11]		0,13–0,15[11]		0,16[26]	
			0,077–0,099 (f)[11]			
Ag	Spuren[23]	0,005[14]				
Ni		0,009[62]	0,051(f)[2]			
F	0,68–0,8[57,69]	0,21–0,45[57,58]		0,001 (f)[60]		0,001[59]
Hg***		0,0006–0,273[59,60]				
Co		0,025[54,61]	0,04[2]			
Si	6–17[1,67]		4–10 (f)[1]			
	4–6 (b)[1]					
Rb	1,6–4[23]	1–1,4[4,16]				
Li		0,4[4]				
Sr		0,02[4]				
		0,6[16]				
		0,001–0,01[27]				
Ba	Nicht nachweisbar[34]					
V	Spuren[68]					
Cd		0,38[66]				
As		0,001–0,011[19,56]				

(a) Neugeborenes Rind. (b) Menschlicher Fetus. (c) Mensch, neugeboren. (d) Gesamt-SO_4. (e) Rinderfet. (f) Kalb. (g) Mensch, 1.—2. Lebensjahr. (h) Bleigefährdete Personen ohne Zeichen von Bleivergiftung. (i) Mehr oder weniger starke Bleivergiftung.

* Nichthämineisen; ** hohe Werte ab 0,08 mg-% bei „Basedow" und Schilddrüsencarcinom; *** vgl. Kapitel „Innersekretorische Drüsen", S. 655.

Literatur zu Tabelle 17.

[1] KING, E. J., and T. H. BELT: Physiol. Rev. 18, 329 (1938).

[2] CAUJOLLE, F.: Expos. ann. Biochem. méd. 7, 199 (1947).

[3] BERNHARDT, H., u. H. UCKO: B. Z. 170, 459 (1926).

[4] LUNDEGARDH, H., o. H. BERGSTRAND: Nova Acta R. Soc. Sci. upsal. 12, 3 (1940) [C. 1940 II, 3199].

[5] ARON, H.: Handb. Biochem. 7, 152 (1925).

[6] SCHMIDT, C. C. A., and D. R. GREENBERG: Physiol. Rev. 15, 297 (1935).

[7] BRÜCKMANN, G., and. S. G. ZONDEK: Biochem. J. 33. 1845 (1939).

[8] BOGNIARD, R. P., and G. H. WHIPPLE: J. exp. Med. 55, 653 (1932) [Ber. Physiol. 68, 296].

[9] WIDDOWSON, E. M.: Nature 166, 626 (1950).

[10] BALDASSI, G.: Quad. Nutriz. 7, 250 (1940) [Ber. Physiol. 124, 573].

[11] TER MEULEN, A.: Recu. Trav. chim. Pays-Bas 50, 491 (1931).

[12] CHOU, T., and H. A. ADOLPH: Biochem. J. 29, 476 (1935).

[13] DSCHANG, Y.: Diss. Hamburg 1936 [Ber. Physiol. 105, 179].

[14] KEHOE, R. A., J. CHOLAK and R. V. STORY: J. Nutrit. 19, 579 (1940).

[15] EGGLETON, W. G. E.: Biochem. J. 34, 991 (1940).

[16] LUNDEGARDH, H.: Naturwiss. 22, 572 (1934).

[17] TOMPSETT, S. L.: Biochem. J. 29, 480 (1935).

[18] GRUZEWSKA, Z., et G. ROUSSEL: C. r. Soc. Biol. 122, 13 (1936).

[19] WINTER: K. A.: Z. ges. exp. Med. 94, 663 (1934).

[20] CAHN, T., et J. HOUGET: C. R. Soc. Biol. 112, 1319 (1933).

[21] BURNS, C. M., and F. J. ELLIOTT: J. Physiol., London 84, 39 (1935).

[22] BALDANI, G.: Boll. Soc. ital. Biol. sperim. 13, 698 (1938) [Tab. biol. period. 23, 199 (1948)].

[23] SHELDON, J. H., and H. RAMAGE: Biochem. J. 25, 1608 (1931).

[24] LINTZEL, W., u. J. RECHENBERGER: Z. ges. exp. Med. 113, 591 (1944).

[25] MITCHELL, H. H., T. S. HAMILTON, F. R. STEGGERDA and H. W. BEAN: J. biol. Ch. 158, 625 (1945).

[26] BERTRAND, D.: Bull. Soc. Chim. biol. 25, 197 (1943).

[27] GERLACH, W.: Virchows Arch. 294, 171 (1934).

[28] MORRISON, D. B., and T. P. NASH jr.: J. biol. Ch. 87, XL (1930).

[29] CULLEN, G. F., W. E. WILKENS and T. R. HARRISON: J. biol. Ch. 102, 415 (1933).

[30] KUN, E.: J. biol. Ch. 170, 509 (1947).

[31] DUBUISSON, M., et F. THOMAS: Ann. Physiol. Physicochim. biol. 5, 857 (1929) [Ber. Physiol. 57, 366].

[32] REIMANN, C. K., and A. S. MINOT: J. biol. Ch. 42, 329 (1920).

[33] BERTRAND, G., et F. MEDIGRECEANU: Ann. Inst. Pasteur 26, 1013 (1912); 27, 282 (1913).

[34] KUNOWSKI, S.: Dtsch. Z. gerichtl. Med. 19, 265 (1932).

[35] DENIS, W., and St. LECHE: J. biol. Ch. 65, 561 (1925).

[36] FELLENBERG, TH. v.: Ergebn. Physiol. 25, 176 (1926).

[37] BÉRAUT, M. E., Z. GRUZEWSKA et M. G. ROUSSEL: Bull. Soc. Chim. biol. 23, 223 (1941).

[38] JAVILLIER, M. M.: Bull. Soc. Chim. biol. 12, 709 (1930).

[39] GRUZEWSKA, Z., et G. ROUSSEL: C. R. Soc. Biol. 126, 965 (1937).

[40] STURM, A., u. L. ROCKMANN: B. Z. 287, 50 (1936).

[41] MORUZZI, G.: Boll. Soc. ital. Biol. sperim. 11, 75 (1936) [Tab. biol. period. 23, 199 (1948)].

[42] GETTLER, A. O., and R. BASTIAN: Amer. J. clin. Path. 17, 244 (1947) [Ber. Physiol. 141, 8].

[43] ROST, E.: Ber. dtsch. pharmaz. Ges. 29, 549 (1919).

[44] MAILLARD, L. C., et I. ETTORI: C. R. Soc. Biol. 122, 951 (1936).

[45] CHUYKO, V., and A. VOYNAR: Biochem. J., Kiew 14, 191 (1939) [Ber. Physiol. 120, 372].

[46] MISK, E.: Cr. 176, 138 (1923) [C. 1923 I, 1600].

[47] BERTRAND, G., et V. CIUREA: Cr. 192, 780, 992 (1931) [Ber. Physiol. 61, 635].

[48] TOMPSETT, S. L., and A. B. ANDERSON: Biochem. J. 29, 1851 (1935).

[49] DSHOU, HSIANG-SCHOU: Diss. Hamburg 1933.

[50] WEYRAUCH, F., u. H. MÜLLER: Arch. Hygiene 114, 46 (1935).

[51] MINOT, A. S., and J. C. AUB: J. industr. Hyg. 6, 149 (1924).

[52] HERKEL, W.: Beitr. path. Anat. 85, 513 (1930).

[53] LUND, C. C., L. A. SHAW and C. K. DRINKER: J. exp. Med. 33, 231 (1921).

[54] DUTOIT, P., et CHR. ZBINDEN: Cr. 190, 172 (1930).

[55] HOFFMANN, J.: H. 273, 115 (1942).

[56] HANSEN, F., and K. O. MØLLER: Acta pharmacol. toxicol., København 5, 135 (1949).

[57] ZDAREK, E.: H. 69, 127 (1910).

[58] DE EDS, F.: Medicine, Baltimore 12, 1 (1933).

[59] STOCK, A.: B. Z. 304, 73 (1940); 316, 108 (1943).

[60] BODNÁR, J., O. SZÉP u. B. WESZPRÉMY: B. Z. 302, 384 (1939).

[61] BERTRAND, G., et M. MACHEBOEUF: Cr. 180, 1993 (1925).

[62] BERTRAND, G., et M. MACHEBOEUF: Cr. 180, 1380 (1925).

[63] KLINKE, K.: Tab. biol. period. 10, 209 (1935).

Tabelle 18. *Anorganische Bestandteile im Lebergewebe verschiedener Arten* (in mg-%).

	Trockensubstanz	Frischgewebe		Trockensubstanz	Frischgewebe
Cl		173 (f)[19]	P		200 (e)[17]
		78 (b)[19]			340 (i)[30]
		94—113 (a, c, e, i, k, l)[19]	Mg		32,8—40,1 (e)[18]
		163 (h)[19]			15 (k)[1]
		69 (k)[1]	J	0,029 (k)[39]	
K	994 (i)[2]	280 (i)[2]	Br	1,56 (k)[39]	0,2—0,3 (c)[24]
	1246 (k)[2]	360—428 (e, k)[1, 2, 4, 12, 31]	Zn	13,8 (c)[38]	33,9 (a)[25]
Na		80 (e)[4]		32,4 (k)[29]	3,0 (c*)[5]
		99 (h)[1]		114,3 (k*)[29]	4,9 (e)[21]
		60 (e)[17]			9,3 (e*)[5]
Ca	13—20 (i, k)[20]	6—10 (e, k)[1, 4]			15,0 (f*)[5]
	5—12 (f)[20]	3,3 (k)[26]			3,6 (h)[21]
Fe	18 (e)[33]	8,5 (c*)[5]			4,3 (i*)[5]
	4—100 (e)[9]	84,5 (e*)[5]			9,9 (k*)[5]
	34 (i)[33]	23,2 (f*)[5]			19,9 (l*)[5]
	46—78 (k)[7, 32, 33]	1,7—2,4 (f)[7]			7,8 (k)[29]
	85 (l)[33]	4,1 (i*)[5]			24,4 (k*)[29]
		14,8 (k*)[5]	Sn		0,214—0,373 (a, b)[35]
		6,1—10,3 (k)[8, 34]	Pb		0,02 (a)[36]
		16 (l*)[5]			0,026 (b)[36]
Cu	0,92—1,7 (a, e, h, i, k)[10]	5,4 (c, n)[5]	Ti		0,0068 (b)[28]
	23,66 (b)[10]	0,2—1,1 (e)[43]			
	0,3—0,44 (c)[11]	2—2,8 (e, f)*[5]			
	0,45—0,49 (h, o)[10, 13]	4,7 (i, l*)[5, 41]			
	23,28 (c**)[10]	5,1 (i*)[5]	Mo	0,124—0,152 (c)[11]	
	2,2—2,5 (f, g)[10]	1,6—1,9 (i)[3]		0,067 (h)[11]	
		2,0 (k*)[5]	F	0.61 (c*)[23]	
Mn		0,12—0,35 (e, d)[12, 14, 40]	Co	0,087 (m)[44]	0,025 (m)[44]
		0,026 (n)[42]			0,0029 (e****)[6]
S		177 (e)[15]			0,0147 (e)[6]
		197—256 (k)[16]	Si	3,2—6,5 (n)[27]	
		7,3—11,5 (k***)[16]	Ba	Spuren (e)[22]	
			As	0,012—0,031 (i)[23]	

(a) Pferd, (b) Schaf, (c) Schwein, (d) Affe, (e) Kaninchen, (f) Katze, (g) Dachs, (h) Huhn, (i) Meerschweinchen, (k) Ratte, (l) Maus, (m) Truthahn, (n) verschiedene Säugetiere, (o) Hirsch.

* Neugeborenes, ** Fetus, *** Sulfat-S, **** kobaltarm ernährte Tiere.

Literatur zu Tabelle 18.

[1] Kaunitz, H., u. L. Selzer: Z. ges. exp. Med. **102**, 349 (1938).
[2] Rodeck, H., u. W. Doden: Z. ges. exp. Med. **117**, 414 (1951).
[3] Cherbuliez, E., et S. Ansbacher: C. R. Soc. Physique Hist. natur. **46**, 144 (1929) [Ber. Physiol. **55**, 152].
[4] Lazard-Kolodny, S.: Ann. Physiol. Physicochim. biol. **15**, 392 (1949) [Ber. Physiol. **125**, 163].
[5] Widdowson, E. M.: Nature **166**, 626 (1950).
[6] Thompson, J. F., and G. H. Ellis: J. Nutrit. **34**, 121 (1947).
[7] Lintzel, W.: Ergebn. Physiol. **31**, 844 (1931).
[8] Austoni, M. E., A. Rabinowitch u. D. M. Greenberg: J. biol. Ch. **134**, 17 (1940).
[9] Aron, H.: Handb. Biochem. **7**, 152 (1925).
[10] Baldassi, G.: Quad. Nutriz. **7**, 250 (1940) [Ber. Physiol. **124**, 573)].
[11] TerMeulen, A.: Recu. Trav. chim. Pays-Bas **50**, 491 (1931).
[12] Mella, H.: Trans. amer. neurol. Ass. **49**, 131 (1923).
[13] Bertrand, D.: Bull. Soc. Chim. biol. **25**, 197 (1943).
[14] Lund, C. C., L. A. Shaw and C. K. Drinker: J. exp. Med. **33**, 231 (1921).

Literatur zu Tabelle 17 (Fortsetzung).

[64] Meunier, P.: Cr. **203**, 891 (1936).
[65] Hoffmann, J.: B. Z. **315**, 26 (1943).
[66] Malynga, D. P.: C. R. Acad. Sci. USSR **31**, 145 (1941) [C. **1942** I, 3219].
[67] McHargue, C. S.: Amer. J. Physiol. **72**, 583 (1925); **77**, 245 (1929).
[68] Boyd, T. C., and N. K. Oc: Indian J. med. Res. **20**, 709 (1933) [C. **1934** I, 69].
[69] Roholm, K.: Ergebn. inn. Med. **57**, 822 (1939).

Die Tabelle 19 enthält Werte für den Mineralgehalt der menschlichen Leber bei 170 Fällen von Sepsis, Herzkrankheiten, Carcinom und Tuberkulose.

Tabelle 19. *Mineralstoffe in der menschlichen Leber*[1] [Mittelwerte von 170 Fällen von Sepsis (S), Herzkrankheiten (H), Carcinom (Ca) und Tuberkulose (T), in mg/kg Frischgewicht].

	K	Ca	Mg	Fe	Mn	Na	Cu	Zn	Al	Al	Rb	Li	Sr
S	1877	28,9	131,3	199,4	1,48	1037	3,24	36,0	23,7	8,5	2,6	0,2	
	1990	31,7	138,6	186,5	1,26	1099	4,00	35,3	29,9	10,3	3,9	0,2	
H	2033	33,3	133,7	212	1,87	1302	4,32	28,8	23,7	14,5	1,7	0,1	
	1775	39,7	124	184	1,98	1330	4,77	28,1	18,9	15,4	—	—	
Ca	1924	46,9	150,8	241,8	2,14	1247	4,70	52,9	27,8	15,4	—	—	
T	2131	33,3	131,3	211,1	2,03	1166	7,37	38,6	33,2	12,0	4,2	0,2	
	1869	31,3	133,8	140,2	2,14	1164	6,48	56,2	28,9	12,0	4,2	0,1	

Zu den in den Tabellen 17, 18 und 19 verzeichneten Werten, die je nach der untersuchten Tierart, teilweise aber auch in Abhängigkeit von der angewandten Methodik bisweilen nicht unerheblich schwanken, seien noch einige Besonderheiten erwähnt: Bei Ermüdung verändert sich der Mineralgehalt der Leber deutlich, Kalium- und Chloridgehalt nehmen ab, während die Natrium- und Magnesiumkonzentrationen, wie aus Tabelle 20 ersichtlich ist, ansteigen[2].

Bemerkungen zu einzelnen Mineralstoffen. Kalium. Während des trauma-

Tabelle 20. *Kalium-, Natrium-, Calcium-, Magnesium- und Chloridgehalt von Rattenlebern vor und nach Ermüdung*[2] (22—26 Std Laufen in einer Trommel; in mg-% von der Frischsubstanz).

	Normale Ratten	Ermüdete Ratten		Normale Ratten	Ermüdete Ratten
K	428	350	Mg	15	20
Na	99	177	Cl	69	60
Ca	8	9	K/Na	2,55	1,76

[1] LUNDEGARDH, H., o. H. BERGSTRAND: Nova Acta R. Soc. Sci. upsal. 12, 3 (1940).
[2] KAUNITZ, H., u. L. SELZER: Z. ges. exp. Med. 102, 349 (1938).

Literatur zu Tabelle 18 (Fortsetzung).

[15] MÉDVÉDÉVA, N.: Med. Ž. 10, 793 (1940) [Ber. Physiol. 124, 415].
[16] KAMBAYASHI, Y.: B. Z. 215, 402 (1929).
[17] BOUTIRON: C. R. Soc. Biol. 94, 1151 (1926).
[18] CANNAVÓ, L., u. R. INDOVINA: B. Z. 261, 45 (1933).
[19] WINTER, K. A.: Z. ges. exp. Med. 94, 663 (1934).
[20] BURNS, C. M., and F. J. ELLIOT: J. Physiol., London 84, 39 (1935).
[21] LEINER, M., u. G. LEINER: Biol. Zbl. 62, 119 (1942).
[22] KUNOWSKI, S.: Dtsch. Z. gerichtl. Med. 19, 265 (1932).
[23] SCHAAF, E.: H. 280, 65 (1944).
[24] DIXON, TH. F.: Biochem. J. 29, 86 (1935).
[25] ROST, E.: Ber. dtsch. pharmaz. Ges. 29, 549 (1919).
[26] LINDER, G. C.: Biochem. J. 34, 1574 (1940).
[27] BODNAR, J., u. T. TÖRÖK: H. 261, 257 (1939).
[28] MAILLARD, L. C., et J. ETTORI: C. R. Soc. Biol. 122, 951 (1936).
[29] BERTRAND, M. G., et Y. BRANDT-BEAUZEMONT: Bull. Soc. Chim. biol. 13, 197 (1931).
[30] ENNOR, A. H., and L. A. STOCKEN: Biochem. J. 42, 549 (1948).
[31] GLEY, P., et C. M. LAUR: C. R. Soc. Biol. 137, 177 (1943).
[32] YABUSOE, M.: B. Z. 157, 388 (1925).
[33] LOEWY, A., u. G. CRONHEIM: B. Z. 234, 283 (1931).
[34] WAKEHAM, G., and H. F. HALENZ: J. biol. Ch. 115, 429 (1936).
[35] BERTRAND, G., et V. CIUREA: Cr. 192, 780 (1931).
[36] BERTRAND, G., et V. CIUREA: Cr. 192, 992 (1931).
[37] MEUNIER, P.: Cr. 203, 891 (1936).
[38] EMMERIE, A., u. L. K. WOLFF: Acta brev. neerl. Physiol. 1, 14 (1931).
[39] PINCUSSEN, L.: Kli. Wo. 1931, 1711.
[40] BERTRAND, G., et F. MEDIGRECEANU: Ann. Inst. Pasteur 26, 1013 (1912).
[41] BALDANI, G.: Boll. Soc. ital. Biol. sperim. 13, 698 (1938) [Tab. biol. period. 23, 199 (1948)].
[42] KUN, E.: J. biol. Ch. 170, 509 (1947).
[43] HERKEL, W.: Beitr. path. Anat. 85, 513 (1930).
[44] CAUJOLLE, F.: Expos. ann. Biochem. méd. 7, 199 (1947).

tischen Schocks kommt es beim Kaninchen zur Verminderung des Kaliumgehaltes der Leber[1, 2]). Dagegen sinkt nach Verbrühen der Extremitäten mit kochendem Wasser oder nach Verbrennen mit der Flamme der Kaliumgehalt der Kaninchenleber nicht ab[3].

Calcium. Die Calciumwerte können, wie die Tabellen 17—19 zeigen, recht großen Schwankungen unterliegen. Andererseits bleiben sie selbst bei bestimmten Calciumstoffwechselstörungen bemerkenswert konstant. So findet man bei der experimentell erzeugten Rattenrachitis normale Werte für den Calciumgehalt der Leber[4].

Kupfer. Der Kupfergehalt der Leber ändert sich bei den Säugetieren im Verlauf des fetalen und extrauterinen Lebens. Die Säugetiere kommen mit einem Kupferdepot zur Welt[5]. So besitzt die menschliche fetale Leber einen Kupfergehalt von 1,5—25 mg-% (auf Frischgewebe berechnet) (Mittelwert 6,79 mg-%)[6] bzw. 8—38,2 mg-% (Mittelwert 23 mg-%) in der Trockensubstanz[7]. Die Leber des Erwachsenen enthält dagegen durchschnittlich nur 0,75 mg-% Kupfer in der Frischsubstanz[6] bzw. 3,46 mg-% in der Trockensubstanz[7]. Derartige Unterschiede im Kupfergehalt in Abhängigkeit vom Lebensabschnitt sind von vielen Autoren bestätigt worden (s. Tabellen 17 und 18). Ein hoher Kupfergehalt über 4 mg-% in der Frischsubstanz wurde außer in fetalen Lebern bis zum 5. Monat hauptsächlich bei Lebercirrhosen nachgewiesen. Der Kupfergehalt der Leber bei typischer LAENNECscher Cirrhose schwankt zwischen dem Normalwert und 18 mg-% in der Frischsubstanz[6]. Bei einem Fall von myeloischer Leukämie war der Kupfergehalt der Leber mit 0,681 mg-% in der Frischsubstanz normal[8].

Eisen. Für die Bestimmung von Eisen in der Leber ist ebenso wie für die Eisenbestimmung in anderen Organen eine sorgfältige Entblutung des Organs erforderlich. Zweckmäßig ist das Durchströmen der Tiere mit Ringerlösung bis zur vollständigen Entblutung des Organismus[9]. Man unterscheidet bei den Eisenbestimmungen in organischem Material „Gesamteisen", „Hämineisen" und „Rest- oder Nichthämineisen". Die Eisenfraktionen kann man entweder, wie auf S. 453 und 544 beschrieben, einzeln bestimmen, oder man errechnet nach Bestimmung von Gesamteisen und einer der beiden Fraktionen die übrigbleibende Fraktion[7, 10].

Ähnlich wie der Kupfergehalt verhält sich der Eisengehalt der Leber im Verlauf der fetalen Entwicklung und des Lebens. Der absolute Eisengehalt der fetalen Leber wächst. Die Eisenkonzentration in der fett- und wasserfreien Substanz bleibt jedoch während des

Tabelle 21. *Eisengehalt der fetalen menschlichen Leber in verschiedenen Entwicklungsstadien*[11].

Leber-gewicht	Asche-gehalt	Wasser-gehalt	mg-% Eisen in der Frischsubstanz		Leber-gewicht	Asche-gehalt	Wasser-gehalt	mg-% Eisen in der Frischsubstanz	
			Rhodanid-methode	Thioglykol-säure-methode				Rhodanid-methode	Thioglykol-säure-methode
g	%	%			g	%	%		
6,4	7,42	80,0	26,7	25,6	53,0	6,65	82,4	60,8	61,8
34,0	6,94	83,3	19,8	19,7	70,5	7,56	83,0	42,0	41,1
47,5	6,12	80,6	38,4	38,5	78,0	6,63	81,2	57,4	59,4
50,0	6,50	82,4	21,9	20,8	72,0	4,51	80,0	21,4	21,6
34,0	6,16	80,3	32,8	34,0	137,0	6,31	83,3	52,8	52,0
42,5	6,38	82,2	44,0	44,7	160,5	5,61	78,8	73,7	76,1
41,0	5,62	82,8	19,4	19,2	238,0	7,48	78,7	49,8	50,2

[1] CIRENEI, A.: Boll. Soc. ital. Biol. sperim. **17**, 724 (1942) [Ber. Physiol. **133**, 629 (1943)].
[2] CREMER, H. D.: Dtsch. Milit.-Arzt **7**, 79 (1942).
[3] OJETTI, F.: Athena, Roma **11**, 4 (1942).
[4] LINDER, G. C.: Biochem. J. **34**, 1574 (1940).
[5] DANKWORTT, P. W.: Arch. Hygiene **126**, 133 (1941).
[6] GERLACH, W.: Virchows Arch. **294**, 171 (1934).
[7] BRÜCKMANN, G., and S. G. ZONDEK: Biochem. J. **33**, 1845 (1939).
[8] KOJIMA, K., u. S. KOSAKA: Nagoya J. med. Sci. **5**, 71 (1930) [Ber. Physiol. **60**, 214].
[9] BOGNIARD, R. P., and G. H. WHIPPLE: J. exp. Med. **55**, 653 (1932).
[10] YABUSOE, M.: B. Z. **157**, 388 (1925).
[11] IOB, V., and W. W. SWANSON: J. biol. Ch. **124**, 263 (1938).

Wachstums unverändert[1]. Die Werte für den Eisengehalt der fetalen, menschlichen Leber sind aus der Tabelle 21 ersichtlich.

In der Tabelle 22 sind die Werte für den Eisengehalt, daneben für den Kupfer- und Zinkgehalt von Leber und Milz neugeborener Säugetiere zusammengestellt.

Tabelle 22. *Eisen-, Kupfer- und Zinkgehalt in Leber und Milz (gemeinsam untersucht) neugeborener Säugetiere*[2].

	mg-% in der Frischsubstanz			Prozent des Gesamtgehaltes des Körpers		
	anorganisches Fe	Cu	Zn	anorganisches Fe	Cu	Zn
Mensch	22,1	4,2	7,0	14	44	23
Schwein	8,5	5,4	3,0	8	48	8
Katze	23,2	2,0	15,0	23	40	28
Kaninchen	84,5	2,8	9,3	33	38	22
Meerschweinchen .	4,1	5,1	4,3	5	58	9
Ratte	14,8	2,0	9,9	17	30	27
Maus	16,0	4,7	19,9	14	40	26

Gegen Ende der Säugeperiode ist der Eisengehalt der Leber stark herabgesetzt, wie die Tabelle 23 veranschaulicht.

Tabelle 23. *Eisengehalt von Säugetieren gegen Ende der Säugeperiode*[3].

Arten	Alter in Tagen	Gesamteisen mg/kg	Hämoglobineisen mg/kg	Lebereisen mg/kg	Milzeisen mg/kg
Schwein	12	24,2	14,8	0,16	0,08
Ziege	12	25,9	13,6	0,67	0,08
Meerschweinchen	6—16	29,8	17,1	2,00	—
Katze	27	20,5	12,5	0,86	—
Ratte	15— 19	20,1	11,4	—	—
Hund	20— 30	24,4	15,5	1,20	0,13
Mensch	180—420	37,3	15,6	1,90	0,22
Kaninchen	15— 19	21,7	13,1	0,97	0,13

Aus der Tabelle 24 sieht man, daß bei der Geburt der Eisengehalt der menschlichen Leber am größten ist, in den ersten Lebensjahren auf ein Minimum absinkt und dann bis zum 35. Lebensjahr ansteigt.

Tabelle 24. *Nichthämineisen der menschlichen Leber bei verschiedenen Altersgruppen*[4] (mg-% in der Trockensubstanz).

Alter	Zahl der Fälle	Mittelwert	Schwankungs-breite
0—15 Tage	14	177,0	36,0—290,0
3—12 Monate	4	69,0	25,0—100,0
15 Monate bis 3 Jahre. .	5	17,0	6,3— 45,0
4—12 Jahre	5	35,0	20,0— 60,0
16—22 Jahre	2	70,5	37,0—104,0
23—35 Jahre	6	104,0	54,0—200,0
36—75 Jahre	12	93,0	18,6—250,0

Der Eisengehalt anämischer Rattenlebern ist mit 2,4 mg-% gegenüber einem Normalwert von 6,1 mg-% stark erniedrigt[5]. Demgegenüber ist der Eisengehalt bei Hämochromatose oder Siderose deutlich erhöht. Schon sehr lange bekannt sind die Geschlechtsunterschiede im Eisengehalt der Leber nach Eintritt der Pubertät und damit dem Beginn der menstruellen Blutverluste. Bei der Frau findet man in der Lebertrockensubstanz einen Eisengehalt von nur 90 mg-% gegenüber einem von 230 mg-% beim Manne[6].

[1] IOB, V., and W. W. SWANSON: J. biol. Ch. **124**, 263 (1938).

[2] WIDDOWSON, E. M.: Nature **166**, 626 (1950).

[3] LINTZEL, W., u. J. RECHENBERGER: Z. ges. exp. Med. **113**, 591 (1944).

[4] BRÜCKMANN, G., and S. G. ZONDEK: Biochem. J. **33**, 1845 (1939).

[5] AUSTONI, M. E., A. RABINOVITCH and D. M. GREENBERG: J. biol. Ch. **134**, 17 (1940).

[6] LAPICQUE, L: C. R. Soc. Biol. **141**, 214 (1947).

Mangan. Die Mangankonzentration im Lebergewebe steigt im Verlauf des Embryonallebens an[1]. Die Tabelle 25 zeigt den Anstieg der Manganwerte von Rinderfeten.

Nach der Geburt schwankt der Mangangehalt der menschlichen Leber abhängig vom Alter, wie die Tabelle 26 zeigt.

Strontium. Der Strontiumgehalt der Leber verhält sich ebenso wie in den übrigen menschlichen Organen proportional dem Calciumgehalt[2].

Arsen. Kleine Mengen von Arsen sind regelmäßig in der Leber nachweisbar. Nach Beendigung einer percutanen Arsentherapie findet man in 100 g Leber am 3. Tage 0,1 mg, am 6. Tage 0,08 mg, am 18. Tage 0,025 mg und am 32. Tage 0,04 mg. Dabei ist zu berücksichtigen, daß die Dauer der Behandlung verschieden lang war. Bei der ersten Gruppe (längste Behandlungsdauer) betrug sie 37 Tage[4]. Der Wert von 0,1 mg-% Arsen nach Arsentherapie wird von anderer Seite bestätigt[5]. Nach akuter Vergiftung findet man weit höhere Werte bis zu 50 mg-%[5].

Organische Bestandteile. *Stickstoff, Phosphor und Schwefel.* Da sich Phosphor und Schwefel außer in anorganischen Verbindungen neben Stickstoff in der Leber vorwiegend in organischen Substanzen finden, ist die Besprechung dieser beiden Elemente unter dem Kapitel organische Bestimmungen abgehandelt. Ihr Nachweis in der Leber unterscheidet sich nicht von dem in anderen Organen. Werte für den Gehalt der Leber an Schwefel und Phosphor findet man in den Tabellen 17 und 18 (Leber, anorganische Bestandteile) und in den entsprechenden Tabellen für organische Bestandteile der Leber.

Tabelle 25. *Mangangehalt von fetalen Rinderlebern* (in mg-% der Trockensubstanz)[3].

Embryonal-monat	Mangan mg-%
4.	3,7
5.	2,6
6.	7,4
7.	6,4
8.	6,8
9.	8,3
Erwachsenes Tier . . .	4,2

Tabelle 26. *Mangangehalt der menschlichen Leber verschiedener Altersstufen* (in mg-% der Trockensubstanz)[6].

Alter	Mn mg-%	Alter	Mn mg-%	Alter	Mn mg-%	Alter	Mn mg-%
Neugeborener	0,48	18 Monate .	1,00	4 Jahre . .	0,74	38 Jahre . .	0,65
3 Tage . . .	0,65	20 Monate .	0,91	7 Jahre . .	1,00	44 Jahre . .	0,54
9 Tage . . .	0,82	2 Jahre . .	0,48	26 Jahre . .	0,45	70 Jahre . .	0,52
15 Tage . . .	1,00						

Tabelle 27. *Stickstoff- und Phosphorgehalt der Leberzellfraktionen von normalen und Eiweißmangelratten*[7].

	Stickstoff			Phosphor			t-Wert = Ausdruck für die Signifikanz der Differenzen zwischen den Werten der Kontrollen und Eiweiß- mangeltiere (Zahlen über 3: signifikant)
	Kontrollen	Eiweißmangeltiere		Kontrollen	Eiweißmangeltiere		
	Mittelwert	Mittelwert	t-Wert	Mittelwert	Mittelwert	t-Wert	
Homogenat	29,78	24,02	7,21	3,31	3,13	2,02	mg/g Leber
Kernfraktion	4,54	4,56	0,08	0,54	0,55	0,27	mg/g Leber
	15,30	18,90	5,35	16,00	17,50	1,32	Prozent der ges. Leber
Mitochondrienfraktion .	5,14	3,99	4,01	0,40	0,36	1,53	mg/g Leber
	17,50	16,50	1,11	11,90	11,50	0,54	Prozent der ges. Leber
Mikrosomenfraktion .	7,95	5,22	9,58	1,18	0,90	8,60	mg/g Leber
	26,80	21,70	4,95	35,30	29,00	5,07	Prozent der ges. Leber
Restcytoplasmafraktion	12,95	11,17	4,58	1,56	1,63	1,16	mg/g Leber
	43,60	46,60	3,47	46,90	52,10	3,01	Prozent der ges. Leber
Gefundene Prozente .	103,20	103,80		110,40	110,20		

[1] GRUZEWSKA, M. B., et G. ROUSSEL: Bull. Soc. Chim. biol. **21**, 730 (1939).

[2] GERLACH, W., u. R. MÜLLER: Virchows Arch. **294**, 210 (1934).

[3] GRUZEWSKA, Z., et G. ROUSSEL: C. R. Soc. Biol. **126**, 965 (1937).

[4] FUCHS, L.: Dtsch. Z. gerichtl. Med. **19**, 280 (1932).

[5] HANSEN, F., o. K. O. MØLLER: Acta pharmacol. toxicol., København 5, 135 (1949) [Ber. Physiol. **141**, 125].

[6] BRÜCKMANN, G., and S. G. ZONDEK: Biochem. J. **33**, 1845 (1939).

[7] MUNTWYLER, F., S. SEIFTER and D. M. HARKNESS: J. biol. Ch. **184**, 181 (1950).

Die Tabelle 27 bringt den Gehalt der einzelnen Leberzellfraktionen an Stickstoff und Phosphor im Vergleich zum Leberzellhomogenat bei normalen und Eiweißmangelratten. Der Stickstoffgehalt ist bei den Eiweißmangelratten besonders in *Mitochondrien-* und *Mikrosomen*fraktionen erniedrigt. Die Abnahme des Phosphorgehaltes bei Eiweißmangel betrifft vorwiegend die Mikrosomenfraktion.

Eiweiß. In den Kapiteln „Proteine" (Bd. IV) und bei den allgemeinen Richtlinien für die Organaufarbeitung (S. 456 und 459) findet man ausführliche Angaben über die Isolierung, Bestimmung und Charakterisierung der Lebereiweißkörper.

Die in der Literatur angegebenen Werte liegen beim Menschen zwischen 16 und 20%[1, 2], bei der Ratte zwischen 16,6 und 19,2%[3-5] bzw. zwischen 20,4 und 24,4%[6-8]. Beim Rind wird ein Proteingehalt von 23,7%[9], bei Rinderfeten ein solcher von 11—14%[10] genannt. Bei eiweißfreier Fütterung verlieren Rattenlebern in wenigen Tagen 20—25% ihres Eiweißgehaltes[11, 12].

Lösliche Stickstofffraktionen. Der Rest-N wird in üblicher Weise, am besten nach Enteiweißung mit der 4fachen Gewichtsmenge 5%iger Trichloressigsäure, bestimmt. Die Werte liegen erheblich höher als im Blut in einem ziemlich weiten Bereich zwischen 100 und 400 mg-%. Unter pathologischen Verhältnissen kann es zu erheblichen Steigerungen kommen, doch bleiben diese trotz gesteigerten Eiweißzerfalls häufig auch aus. So wird z. B. beim Schock eine Erhöhung der Rest-N-Werte vermißt[13].

Von einzelnen Autoren ist vorgeschlagen worden, den Peptid-N aus der Differenz der Amino-N-Werte der Trichloressigsäure- und Phosphorwolframsäurefällung zu berechnen. Da Phosphorwolframsäure auch basische Aminosäuren fällt, ergibt dieses Verfahren falsche Werte. Es empfiehlt sich vielmehr folgendes Vorgehen: Im Filtrat der Trichloressigsäurefällung wird vor und nach Hydrolyse mit 20%iger HCl der Amino-N nach VAN SLYKE bestimmt. Die die manometrische N-Bestimmung störende Trichloressigsäure wird vorher durch Auskochen entfernt. Hierbei kommt es nicht zu einer Hydrolyse der Peptide. Die Amino-N-Werte liegen zwischen 40 und 100 mg-%, die Peptid-N-Werte in der Regel zwischen 10 und 40 mg-%[13].

Aminosäuren und Peptide. Die Bestimmung von Aminosäuren und Peptiden im Lebergewebe entspricht der in anderen Organen und ist in den Kapiteln Allgemeine Organaufarbeitung, S. 456, Aminosäuren, Bd. IV und Peptide, Bd. IV, beschrieben. In den Tabellen 28 und 29 findet man Werte für den Aminosäuregehalt von Lebergewebe. In der Tabelle 28 sind neben den Werten für die freien Aminosäuren auch die für die gebundenen Nichteiweißaminosäuren aufgeführt. Aus der Tabelle 29 geht nebenbei hervor, daß verschiedene Fütterung keinen deutlichen Einfluß auf die Konzentration der gesamten freien Aminosäuren in der Rattenleber ausübt. Dagegen wird der Gehalt an essentiellen Aminosäuren der Leber durch verschiedenes Futter verändert: Im Hungerzustand und bei eiweißreicher Kost ist der Gehalt gegenüber Kohlenhydrat- und fettreicher Nahrung erhöht. Die Konzentration von Methionin, Phenylalanin und Threonin ist bei Kohlenhydratfütterung gegenüber fettreicher Ernährung deutlich erniedrigt. In der Leber ist der Gehalt an den einzelnen Aminosäuren 4—20mal größer als im Blut[14].

[1] KAPFHAMMER, J.: Tab. biol. period. **3**, 411 (1926).
[2] MITCHELL, H. H., T. S. HAMILTON, F. R. STEGGERDA and H. W. BEAN: J. biol. Ch. **158**, 625 (1945).
[3] CAMPBELL, R. M., and H. W. KOSTERLITZ: J. Endocrinol. **6**, 171 (1949).
[4] POO, L. J., W. LEW and T. ADDIS: J. biol. Ch. **128**, 69 (1939).
[5] ROSENTHAL, O., C. S. ROGERS, H. M. VARS and C. C. FERGUSON: J. biol. Ch. **187**, 831 (1951).
[6] MACKAY, E. M., and H. C. BERGMAN: J. biol. Ch. **105**, 59 (1934).
[7] FENN, W. O.: J. biol. Ch. **128**, 297 (1939).
[8] EISENBRAND, J., u. M. SIENZ: H. **268**, 1 (1941).
[9] BEACH, E. F., B. MUNKS, A. ROBINSON and I. G. MACY: J. amer. dietet. Ass. **19**, 570 (1943).
[10] GRUZEWSKA, Z., et G. ROUSSEL: J. Physiol. Path. gén. **35**, 382 (1937) [Tab. biol. period. **23**, 199 (1948)].
[11] KOSTERLITZ, H. W.: Nature **154**, 207 (1944).
[12] GURD, F. N., H. M. VARS and I. S. RAVDIN: Amer. J. Physiol. **152**, 11 (1948).
[13] CREMER, H. D.: Dtsch. Milit.-Arzt **7**, 79 (1942).
[14] WISS, O.: Helv. **32**, 1344 (1949).

Tabelle 28. *Aminosäuregehalt von Rattenlebern.*

Aminosäuren	Freie Aminosäuren in γ/g Frischgewebe	Gesamtaminosäuren = Nichteiweiß- aminosäuren nach Säurehydrolyse in γ/g Frischgewebe	Prozentuale Verteilung der Aminosäuren, wenn man die Summe der Aminosäuren = 100 % setzt	
			Freie Amino- säuren in %	Gesamtamino- säuren in % [*]
Valin	86 ± 3,4[5] 59,8[2]	64,2[2] 207[5]	10[5]	16[5]
Leucin	137 ± 4,4[5] 77,5[2]	99,6[2] 329[5]	16[5]	19[5]
Isoleucin	67 ± 2,2[5] 34,7[2]	32,2[2] 126[5]	8[5]	13[5]
Methionin	69 ± 2,0[5] 35,4[2]	30,4[2] 54[5]	8[5]	5[5]
Phenylalanin	79 ± 2,0[5] 44,5[2]	44,5[2] 167[5]	9[5]	10[5]
Histidin	122 ± 2,9[5] 55,9[2]	61,4[2] 140[5]	15[5]	4[5]
Arginin	49 ± 1,8[5] 7,4[2]	5[2] 78[5]	6[5]	11[5]
Lysin	159 ± 3,7[5] 82,4[2]	87,9[2] 180[5]	19[5]	14[5]
Tryptophan.	19 ± 0,7[5] 15,0[2]			
Threonin	72 ± 2,8[5] 113[2]	124[2] 148[5]	9[5]	8[5]
Alanin	79,3[3]			
Cystin	56 ± 2,7[5]			
Cystin-Cystein	877,9[1] Kaninchen			
Asparaginsäure	53,9[3]			
Glutaminsäure	490 ± 140[4] 61,7[3] 190[4] Maus			
Glutamin	550 ± 37[4] 350[4] Maus			
Tyrosin	50 ± 1,8[5] 47,0[2]	41,5[2]		
Prolin	86,5[2]	98,7[2]		

* Die teilweise niedrigeren Werte als für freie Aminosäuren dürften sich durch Verluste bei der Hydrolyse erklären.

Der Gesamt*glutathion*gehalt der Leber beträgt beim Kaninchenembryo am Ende der Entwicklung etwa 170 mg- %, davon entfallen etwa $^4/_5$ auf reduziertes und $^1/_5$ auf oxydiertes Glutathion. Nach der Geburt fällt der Glutathiongehalt der Leber zuerst ab, um dann bis zum Erwachsenenalter anzusteigen[6].

Nucleinsäuren. Die bisher aus tierischen Geweben isolierten und näher untersuchten Nucleinsäuren enthalten als Pentose entweder Ribose oder Desoxyribose. Ungeachtet der Möglichkeit, daß noch andere Pentosen als Bausteine tierischer Nucleotide aufgefunden werden könnten, werden im folgenden die Pentosenucleinsäuren einheitlich als Ribonucleinsäure (RNS) bzw. als Desoxyribonucleinsäure (DNS) bezeichnet.

Als N-haltige Basen kommen Adenin, Guanin, Cytosin oder Thymidin in jeweils für die Zellen spezifischen Proportionen in Frage (s. u. S. 481).

Die Darstellung von Nucleinsäuren aus Leber entspricht prinzipiell der aus anderen Organen (s. Bd. IV).

[1] UEMURA, H.: Jap. J. med. Sci. III, 5, 125 (1938) [C. **1939 I**, 1399].
[2] SCHURR, P. E., H. T. THOMPSON, L. M. HENDERSON and C. A. ELVEHJEM: J. biol. Ch. **182**, 29 (1950).
[3] AWAPARA, J.: J. biol. Ch. **178**, 113 (1949).
[4] SCHWERIN, P., S. P. BESSMANN and H. WAELSCH: J. biol. Ch. **184**, 37 (1950).
[5] SOLOMON, J. D., C. A. JOHNSON, A. L. SHEFFNER and O. BERGEIM: J. biol. Ch. **189**, 629 (1951).
[6] YAMAMOTO, K.: Mitt. med. Akad. Kioto **29**, 653 (1940) [Ber. Physiol. **123**, 62].

Doch sei von den in der Literatur niedergelegten Vorschriften für die *Isolierung* von Nucleinsäuren die von TSUBOI und STOWELL[1] angegebene ausführlich beschrieben, weil sie gestattet, aus Mäuseleber beide Arten von Nucleinsäuren aus dem gleichen Ausgangsmaterial zu gewinnen. Alle Schritte der Aufarbeitung werden hier bei niederer Temperatur und in der Nähe des Neutralpunktes durchgeführt, um p_H-bedingte Zerstörungen bzw. enzymatische Abbauvorgänge soweit wie möglich zu vermeiden. Die Aufarbeitung beginnt mit einer Trennung des sorgfältig zerkleinerten Gewebes in Kern- und Cytoplasmafraktion durch Zentrifugieren. Zur Extraktion der Ribonucleinsäure aus der Cytoplasmafraktion wird NaCl bis zu einer Endkonzentration von 10% zugesetzt. Bei 30 min langem Kochen wird RNS extrahiert, man filtriert die heiße Mischung. Der unlösliche Rückstand wird mit kleinen Mengen 10%iger NaCl-Lösung ausgewaschen. Man gießt das klare gelbe Filtrat in das doppelte Volumen von kaltem 95%igem Äthanol, wobei RNS sich als weißer flockiger Niederschlag absetzt. Man zentrifugiert, wäscht mehrmals mit einer reichlichen Menge von 95%igem Äthanol, löst dann RNS in einem kleinen Volumen Aqua dest. und schüttelt mehrmals mit Chloroform, um Proteinspuren zu entfernen. Eine weitere Reinigung der RNS erfolgt durch drei-

Tabelle 29. *Freie Aminosäuren in der Rattenleber bei Hunger, kohlenhydrat-, eiweiß- und fettreichem Futter* (in mg-%)[2].

	Hunger	Kohlenhydrat-reiches Futter	Eiweißreiches Futter	Fettreiches Futter
Valin	12,30	5,10	10,70	6,10
Leucin	7,58	5,46	9,08	5,70
Isoleucin	5,60	3,38	7,72	4,27
Methionin	2,99	0,92	2,35	1,94
Phenylalanin . . .	4,40	2,68	3,76	3,34
Histidin	6,60	8,50	7,80	7,10
Arginin	1,10	0,19	0,89	0,52
Lysin	14,10	8,30	11,60	10,10
Tryptophan	0,15	0,03	0,21	0,12
Threonin	11,60	5,10	8,90	6,70
Glykokoll	25,10	28,50	20,00	28,60
Alanin	49,40	109,00	65,50	57,70
Cystin	1,60	0,86	1,60	0,76
Serin	19,60	17,60	11,60	25,80
Asparaginsäure. . .	21,80	29,90	16,10	25,40
Glutaminsäure . . .	130,50	121,00	139,00	123,00
Tyrosin	4,25	2,36	2,84	2,87
Prolin.	6,06	4,00	6,65	4,88
Oxyprolin	1,70	0,47	1,40	0,58
	326,43	353,35	327,70	315,78

tägige Dialyse im Cellophanschlauch gegen häufig gewechseltes Aqua dest. Als Ausbeute ergibt sich eine Menge von etwa 600 mg RNS, wenn man Lebergewebe von 200 Mäusen (männlich, 4 Monate alt) aufarbeitet. Die Ausbeute entspricht etwa 40% der gesamten vorhandenen RNS.

Die DNS erhält man aus der Kernfraktion, die zunächst mit gesättigter NaCl-Lösung behandelt wird. Zwecks vollständiger Extraktion ist mehrfaches Homogenisieren im „Mixer" (Waring-Blendor) angebracht. Man zentrifugiert und verwirft die sich am Boden und an der Oberfläche absetzenden Proteinteile, nachdem diese nochmals mit gesättigter NaCl-Lösung behandelt und zentrifugiert wurden. Die erhaltenen klaren rötlichen Lösungen werden in das doppelte Volumen von 95%igem Äthanol gegossen. DNS setzt sich als gelatinöse Masse ab und kann durch Rühren mit einem Glasstab, an dem DNS haftet, aus der Lösung entfernt werden. Man löst in einem möglichst kleinen Volumen gesättigter NaCl-Lösung und entfernt die unlöslichen Proteinrückstände durch Abnutschen. Die hochviscöse Lösung wird nochmals in das doppelte Volumen von 95%igem Äthanol gegossen und DNS wiederum durch Rühren mittels Glasstab entfernt. Man löst in wenig Aqua dest., schüttelt mehrfach mit Chloroform, um Proteinspuren zu entfernen und dialysiert in gleicher Weise wie bei Aufarbeitung der RNS angegeben. Die Ausbeute ist etwas größer als bei RNS: 290 mg DNS aus 200 Mäuselebern.

[1] TSUBOI, K. K., and R. E. STOWELL: Biochim. biophysica Acta, N. Y. **6**, 192 (1950).
[2] WISS, O.: Helv. **32**, 1344 (1949).

Tabelle 30. *Nucleinsäuregehalt der Leber.*

| | Frischsubstanz | | Trockensubstanz | | | | In Prozenten des N-Gehaltes | |
| | mg-% | | mg-% | | mg-% P | | | |
	RNS	DNS	RNS	DNS	RNS	DNS	RNS	DNS
Ratte	840	270[1]	240—440	75—115[3]	532	188[2]	28	9[2]
Ratte (neugeboren)					854	441[2]		
Maus	700—900	260—400[4]	2640[14]	1120[14]				
Maus	1200[5]							

Die mit chemischen Methoden oder auf dem Wege über die UV-Absorption erhaltenen Werte für den Nucleinsäuregehalt verschiedener Organe stimmen recht gut überein[6]. Die von verschiedenen Autoren in der Leber von Ratte und Maus erhaltenen Werte sind aus Tabelle 30 zu ersehen. CHARGAFF[7] weist auf die Möglichkeit großer Speciesunterschiede hin. Der Gehalt an RNS schwankt nicht nur in der Leber, sondern auch in einer Reihe anderer Organe, abhängig von verschiedenen äußeren Umständen. Insbesondere zeigt sich ein Absinken bei ungenügender Eiweißzufuhr[8-11]. In anderen Fällen, z. B. während der Gravidität, steigt der RNS-Gehalt der Leberzelle an[12-14].

Ältere Untersuchungen haben auch ein Schwanken der DNS-Werte annehmen lassen. Neuere Untersuchungen haben hingegen ergeben, daß man, bezogen auf die Zellzahl, eine außerordentlich hohe Konstanz der DNS-Werte beobachtet. Insbesondere läßt sich bei Eiweißmangel weder in der Leber, noch in Niere, Gehirn oder Muskulatur ein Absinken des DNS-Gehaltes in der Zelle nachweisen. Dagegen wird hier in der Milz ein wirklicher Verlust der Zellkerne an DNS beobachtet, der bis zu 55 % des Normalwertes gehen kann. Bei Wiederauffütterung werden die Werte bald wieder normal[15].

Die Angaben über den Nucleinsäuregehalt der Organe, vor allem über den an DNS, sollten nicht, wie in der bisher erschienenen Literatur fast durchweg geschehen, auf Frisch- oder Trockengewicht, sondern nur noch auf die Zell- bzw. Kernzahl bezogen werden. Dabei dürften sich neue Aspekte für die Beurteilung der Veränderungen bei Lebercirrhose ergeben, bei der ein Absinken der RNS-Werte[5] und ein Anstieg der DNS-Werte[16] beschrieben wurden.

Über die Veränderungen der Nucleinsäurewerte bei Carcinom u. a. ist im Kapitel Tumoren (s. S. 707) nachzulesen.

Recht wesentlich ist es, bei Untersuchungen über den Nucleinsäuregehalt der Organe und insbesondere auch den der Leber Tiere gleichen Alters zu verwenden, da im Verlauf des *Wachstums* recht beträchtliche Schwankungen auftreten. So findet man im embryonalen Lebergewebe sehr hohe Werte für den Nucleinsäuregehalt. Nach der Geburt, d. h. mit dem Rückgang der Wachstumsintensität, nähern sich die genannten Werte langsam der Norm. Die entsprechenden Verhältnisse kann man bei anderem rasch wachsendem

[1] MUNTWYLER, E., S. SEIFTER and D. M. HARKNESS: J. biol. Ch. **184**, 181 (1950).
[2] GESCHWIND, I. I., and C. H. LI: J. biol. Ch. **180**, 467 (1949).
[3] NOVIKOFF, A. B., and V. R. POTTER: J. biol. Ch. **173**, 223 (1948).
[4] TSUBOI, K. K.: Biochim. biophysica Acta, N. Y. **6**, 202 (1950).
[5] KRETSCHMER, N., u. C. P. BARNUM: Proc. Soc. exp. Biol. Med. **70**, 153 (1949).
[6] TSUBOI, K. K., and R. E. STOWELL: Biochim. biophysica Acta, N. Y. **6**, 202 (1950).
[7] CHARGAFF, E.: Exper. **6**, 201 (1950).
[8] KOSTERLITZ, H. W.: J. Physiol., London **106**, 194 (1947).
[9] CAMPBELL, R. M., and H. W. KOSTERLITZ: J. biol. Ch. **175**, 989 (1948).
[10] CAMPBELL, R. M., and H. W. KOSTERLITZ: J. Endocrinol. **6**, 308 (1950).
[11] MANDEL, P., M. JACOB et L. MANDEL: Bull. Soc. Chim. biol. **32**, 80 (1950).
[12] DAVIDSON, J. N.: Cold Spring Harbor Symp. quant. Biol. **12**, 50 (1947).
[13] CAMPBELL, R. M., and H. W. KOSTERLITZ: J. Physiol., London **108**, 18P (1948).
[14] REDDY, D. V. N., and L. R. CERECEDO: J. biol. Ch. **192**, 57 (1951).
[15] JACOB, M., L. MANDEL et P. MANDEL: Exper. **7**, 269 (1951).
[16] GRIFFIN, A. C., H. COOK and L. CUNNINGHAM: Arch. Biochem. **24**, 190 (1949).

Gewebe, wie z. B. Tumorgewebe, feststellen[1]. Die Tabelle 31 veranschaulicht das Verhalten der Nucleinsäuren in der Rattenleber während des Wachstums vor und nach der Geburt. Nach der Geburt wird der Quotient RNS/DNS entsprechend einem rascheren Abfall des DNS-Gehaltes in der Leber größer.

Für den Gehalt des Lebergewebes an DNS konnten bei Ratten mit über 200 g Körpergewicht deutliche Geschlechtsunterschiede gefunden werden[2]. So beträgt der Gehalt an DNS-Phosphor in der Leber, berechnet auf 1 g Körpergewicht, bei männlichen Ratten $0,00518 \pm 0,000323$ mg und für weibliche Ratten $0,00803 \pm 0,000763$ mg. Dem entsprechend ist der Quotient RNS-Phosphor/DNS-Phosphor bei weiblichen Ratten etwas kleiner als bei männlichen. Die Differenz beträgt $0,107 \pm 0,025$. Während der Trächtigkeit steigt der DNS-Phosphorgehalt in der Leber, auf 1 g Körpergewicht berechnet, nach 14 Tagen um 0,362 mg an und besitzt am 21. Trächtigkeitstag immer noch einen um 0,127 mg höheren Wert als der der nichtträchtigen Tiere. Während der Lactationsperiode fällt der entsprechende Wert bis zum 5. Tag unter die Norm ab, um dann langsam anzusteigen[3].

Nucleotide, Nucleoside und freie Purine. Die Isolierung und Bestimmung der Nucleotide, Nucleoside und freien Purine wird in üblicher Weise vorgenommen (s. Bausteine des Tierkörpers, Bd. IV). Für die Isolierung von *Adenosintri-*

Tabelle 31. *Nucleinsäuregehalt der Rattenleber während der embryonalen Entwicklung und nach der Geburt*[1].

Tage vor bzw. nach der Geburt	Lebergewicht mg	$\dfrac{\text{Lebergewicht}}{\text{Körpergewicht}}$	mg-% Nucleinsäure-P in der Trockensubstanz		Verhältnis RNS/DNS
			RNS	DNS	
— 4	26	0,052	1109 ± 59	1129 ± 38	0,98
— 3	95	0,060	973 ± 63	1143 ± 67	0,85
— 2	140	0,067	1137 ± 19	1223 ± 9	0,93
— 1	175	0,060	988 ± 20	690 ± 27	1,43
0	245	0,055	854	441	1,94
+ 1	310	0,051	672	188	1,43
+ 5	450	0,035	602	370	1,62
+40	4600	0,040	532	188	2,83

phosphorsäure aus Leber sind die für Muskulatur entwickelten Verfahren im allgemeinen nicht geeignet. Mit folgender Methode gelingt die Isolierung aus Lebergewebe: 250 g Kaninchenleber werden unter Eiskühlung vermahlen; der Brei wird mit 108 g wasserfreiem Natriumsulfat in einer Porzellanschale zu einer gleichmäßigen Paste verrieben. Auf dem Wasserbad wird auf 32° erwärmt und durch ein Koliertuch in einer angewärmten Saftpresse ausgepreßt. Der vollkommen klare, leicht gelbgrün gefärbte Preßsaft (etwa 85 cm³) wird nun auf 0° abgekühlt und vom auskrystallisierten Natriumsulfat abgesaugt. Das Filtrat (etwa 28 cm³) dient als Ausgangssubstanz für die ATP-Bestimmung, die dann in üblicher Weise erfolgt[4].

In der Meerschweinchenleber findet man folgende Werte für die Nucleotid-, Nucleosid- und Purin-N-Gehalte in Milligrammprozenten des Frischgewebes: Nucleotidpurin-N 34,7 bis 46,2; Nucleosid- und freier Purin-N 8,4—24,5; Gesamtpurin-N 73,7—105,4; Nucleinsäurepurin-N 30,6—45,7.

Die Tabellen 32—34 zeigen die Nucleotidzusammensetzung der RNS des Lebergewebes verschiedener Tiere.

Die Bestimmung **tierischer Basen** ist ausführlich an anderer Stelle abgehandelt (Bd. III). Siehe dort auch Näheres über deren Darstellung[5].

Der *Histamin*gehalt der Rattenleber beträgt 0,08 mg-%[6] nach anderen Angaben 0,772 mg-% des Frischgewebes[7]. Bei Nebennierenrindeninsuffizienz nimmt der Histamin-

[1] GESCHWIND, I. I., and C. H. LI: J. biol. Ch. **180**, 467 (1949).
[2] CAMPBELL, R. M., and H. W. KOSTERLITZ: J. Endocrinol. **6**, 308 (1950).
[3] CAMPBELL, R. M., and H. W. KOSTERLITZ: J. Endocrinol. **6**, 171 (1949).
[4] BARRENSCHEEN, H. K., u. A. PEHAM: H. **272**, 87 (1942).
[5] ACKERMANN, D.: H. **281**, 197 (1944).
[6] GOTZL, F. R., and C. A. DRAGSTEDT: Proc. Soc. exp. Biol. Med. **45**, 688 (1940) [C. **1942 II**, 1476].
[7] MARSHALL, P. B.: J. Physiol., London **102**, 180 (1943).

Tabelle 32. *N- und P-Gehalt in Prozenten der Ribonucleinsäuren von Säugetierlebern*[1].

	N	P		N	P
Schwein . . .	15,8	8,7	Menschliche Carcinomleber:		
Schaf	15,1	8,4	Ungeschädigtes Gewebe .	14,9	8,5
Kalb	14,2	7,7	Metastasen	13,2	6,8
Rind	14,5	7,8			

Tabelle 33. *Nucleotidzusammensetzung der Ribonucleinsäuren von tierischem Lebergewebe* (Werte bezogen auf P in Prozenten des Gesamtnucleinsäurephosphors)[2].

	Guanylsäure	Adenylsäure	Cytidylsäure	Uridylsäure
Schwein	29,2—33,9	16,4—19,5	28,8—30,9	13,7—18,5
Schaf	32,3—34,8	19,2—19,9	25,7	10,7
Rind.	31,8—32,9	21,5—21,8	23,8	14,5
Mensch	35,5—38,8	10,8—12,1	31,1	9,0
Mensch, Carcinommetastase . .	32,7—38,6	7,9— 9,4	34,1	5,7

Tabelle 34. *Das molare Verhältnis der Nucleotide von Ribonucleinsäuren tierischen Lebergewebes* (bezogen auf Adenylsäure = 10)[1].

	Guanylsäure	Adenylsäure	Cytidylsäure	Uridylsäure	Purin/Pyrimidin
Schwein	16,3	10	10,1	7,7	1,1
Schaf	16,8	10	13,4	5,6	1,4
Kalb.	16,2	10	11,1	5,3	1,6
Rind.	14,6	10	10,9	6,6	1,4
Menschliche Carcinomleber:					
Intaktes Gewebe	32,9	10	28,8	8,3	1,1
Metastasen	41,4	10	43,2	7,2	1,0

gehalt der Rattenleber um 104,6% zu[3]. Der *Glutamin*gehalt der Leber liegt bei 98 mg-%[4]. Mit Hilfe der aus Clostridium Welchii gewonnenen Glutaminase ausgeführter Bestimmungen ergaben sich Werte zwischen 2,4 und 3,5 mg-% Glutamin-N in frischem Lebergewebe[5]. Die Leber des Hundes enthält 43—47 mg-%[6], die der Ratte 55 ± 3,7 mg-%[7] und die der Maus 35 mg-%[7] Glutamin.

Organische Säuren. Extraktion und Bestimmung von organischen Säuren in der Leber erfordern im allgemeinen eine vorherige Enteiweißung; die einzelnen Bestimmungsmethoden sind in Bd. III beschrieben. In der Leber findet man praktisch alle im intermediären Stoffwechsel eine Rolle spielenden Säuren. Der Gehalt der Leber an *Citronensäure* wird für Meerschweinchen mit 1,6 und für Kaninchen mit 2,8 mg-% angegeben[8]. Bei vergleichenden Citronensäurebestimmungen im Lebergewebe normaler und tumortragender Ratten findet man bei den tumortragenden Tieren höhere Werte (3,51 bis 10,57 mg-%) als bei den normalen (3,06—5,72 mg-%)[9]. Der *Äpfelsäure*gehalt der Leber beträgt für die Ratte 0,36 ± 0,08 mg-% und bei der Maus 1,98 ± 0,29 mg-%[10].

Kohlenhydrate. Glykogen. Bei der Bestimmung des Glykogengehaltes der Leber und bei der Beurteilung der Werte unter physiologischen und pathologischen Bedingungen

[1] CHARGAFF, E., B. MAGASANIK, E. VISCHER, G. GREEN, R. DONIGER and D. ELSON: J. biol. Ch. **186**, 51 (1950).
[2] CAMPBELL, R. M., and H. W. KOSTERLITZ: J. Endocrinol. **6**, 171 (1949).
[3] MARSHALL, P. B.: J. Physiol., London **102**, 180 (1943).
[4] TIGERMAN, H., and R. MACVICAR: J. biol. Ch. **187**, 793 (1951).
[5] KREBS, H. A.: Biochem. J. **43**, 51 (1948).
[6] HAMILTON, P. B.: J. biol. Ch. **158**, 375 (1945).
[7] SCHWERIN, P., S. P. BESSMAN and H. WAELSCH: J. biol. Ch. **184**, 37 (1950).
[8] DICKENS, F.: Biochem. J. **35**, 1011 (1941).
[9] HAVEN, F. L., C. RANDALL and W. R. BLOOR: Cancer Res. **9**, 90 (1949).
[10] MARSHALL, L. M., F. FRIEDBERG and W. A. DACOSTA: J. biol. Ch. **188**, 97 (1951).

ist noch mehr als bei dem Glykogengehalt anderer Organe mit einer außerordentlich großen *Schwankungsbreite* zu rechnen.

Bei Entnahme mehrerer Proben aus einer Kaninchenleber, die makroskopisch keine Unterschiede im Aussehen ihrer Teile zeigt, kann man Glykogenwerte feststellen, die bis um das 6fache differieren[1]. Dieser Befund zeigt, daß es notwendig ist, größere Mengen und zwar möglichst mehrere Proben aus ein und demselben Organ aufzuarbeiten, wenn man Rückschlüsse auf den Gesamtglykogengehalt der Leber ziehen will.

Von dem Glykogengehalt einer einzigen Leberprobe, die z. B. bei einer Operation entnommen wird, darf nicht auf den Gesamtglykogengehalt des ganzen Organs geschlossen werden.

Eine ganze Reihe von *Versuchsbedingungen* kann den Glykogengehalt beeinflussen, z. B. ganz geringe Unterschiede in der Diät bzw. im Futter. In Rattenversuchen konnte nachgewiesen werden, daß der Leberglykogengehalt tageszeitlichen Schwankungen unterliegt[2]. Die Schwankungen gehen parallel zur Futteraufnahme. Der höchste Gehalt wurde um 4 Uhr mit 4,74% bei männlichen bzw. um 8 Uhr mit 4,59% bei weiblichen Tieren und der niedrigste Gehalt um 16 Uhr bei männlichen Tieren mit 1,88% bzw. 1,15% um 20 Uhr bei weiblichen Ratten gefunden. Nach einer zweitägigen Fastenperiode stellt man annähernd konstante Werte fest. Der Glykogengehalt der Leber winterschlafender Tiere ist vor Beginn des Winterschlafes am höchsten und nimmt während des Winterschlafes allmählich ab[3, 4].

Auch bei der menschlichen Leber wurden große Schwankungen im Glykogengehalt (zwischen 1,1 und 7,56%) bei frisch während der Operation entnommenen und sofort in Kohlendioxydschnee-Äther-Mischung eingefrorenen Leberstücken gefunden[5]. Beim normalen Rind beträgt die Abweichung für den Glykogengehalt der Leber bis zu $\pm 40\%$ des Mittelwertes[6]. Bei den verschiedenartigsten Stoffwechselstörungen sind Änderungen des Glykogengehaltes verschiedener Organe und insbesondere der Leber gefunden worden. Bei Schilddrüsenüberfunktion sind die Glykogenwerte in der Leber erniedrigt, bei Myxödem erhöht. Bei Inselzelladenom und hepatogener Gelbsucht ist der Glykogengehalt hinwiederum erniedrigt[7].

Der Leberglykogengehalt beri-beri-kranker Tauben ist erhöht. Nach Behandlung mit Aneurin tritt gleichzeitig mit Heilung ein Abfall des Leberglykogengehaltes auf ganz geringe Werte ein. Manchmal kann man in der Leber der mit Vitamin B_1 behandelten Tiere überhaupt kein Glykogen mehr finden[8]. Bei der B_6-Avitaminose sinken die Leberglykogenwerte bei weißen Ratten bis zu 0,35% ab[9]. Bei hungernden Hunden, die nach Pankreasexstirpation gestorben waren, konnte in der Leber kein Glykogen mehr nachgewiesen werden. Nach Behandlung mit Zucker findet sich in der Leber pankreasloser Hunde, deren Leber vor Behandlung glykogenfrei war, wieder Glykogen[10]. Sensibilisierung von Meerschweinchen mit Eiweiß steigert deren Leberglykogengehalt[11]. Im anaphylaktischen Schock kommt es zu einem starken Abfall des Glykogengehaltes bei gleichzeitigem Blutzuckeranstieg[11].

In der Tabelle 35 ist der Leberglykogengehalt verschiedener Tierarten zusammengefaßt, um einen Anhalt für die gefundenen Größenordnungen zu vermitteln.

[1] GOMORI, G., and M. G. GOLDNER: Proc. Soc. exp. Biol. Med. **66**, 163 (1947) [Ber. Physiol. **138**, 149].

[2] DEUEL, H. J., J. S. BUTTS, L. F. HALLMAN, S. MURRAY and H. BLUNDEN: J. biol. Ch. **123**, 257 (1938).

[3] DWORNIKOWA, P. D.: Biochem. J., Kiew **15**, 85 (1940).

[4] ZUCKERNIK, M. W.: Biochem. J., Kiew **12**, 531 [C. **1940 II**, 2915].

[5] MACINTYRE, D. S., S. PEDERSEN, W. G. MADDOCK: Surgery **10**, 716 (1941) [Ber. Physiol. **137**, 484].

[6] FORTUZZI, R.: Nuova Veterin. **18**, 209 (1940) [Ber. Physiol. **124**, 50].

[7] HAEX, A. J. CH.: Acta med. scand. **118**, 531 (1944).

[8] WALLRAFF, J.: Z. mikroskop.-anat. Forsch. **53**, 134 (1943).

[9] MARBLE, A.: J. biol. Ch. **134**, 253 (1940).

[10] PAULESCO, N.: C. R. Soc. biol. **83**, 562 (1920).

[11] JELIN, W.: J. Physiol. USSR **24**, 921 (1938) [C. **1939 I**, 4642].

Tabelle 35. *Glykogen in Leber, Herz und Skeletmuskel des Menschen und verschiedener Säugetiere* (mg-% in der Frischsubstanz).

	Leber	Herz	Skeletmuskel
Mensch	3900—7000[1, 2]		
Hund	800—6700[4, 12]	330—520[4]	670[4]
Kaninchen.	770—4500[3, 4, 11]	390[4]	280—2200[3, 4, 11]
Rhesusaffe.	2700[4]	60[4]	230[4]
Meerschweinchen	2000—9500[5, 6, 7, 17]		850—5300[7, 13]
Ratte	200—8300[5, 8, 9, 14, 15, 17, 18]	520[5]	570—1230[5, 8, 10, 14]
Maus	220—8450[3, 16, 19]		1524—2200[3]

Bestimmung von Glykogen. Um eine Glykogenolyse nach Eintritt des Todes zu vermeiden, ist auf eine besonders rasche Aufarbeitung des Gewebes für die Glykogenbestimmung unbedingt zu achten. Zu den besten Ergebnissen kommt man, wenn man das lebensfrische Gewebe sofort nach Entnahme, oder besser noch in situ, in einer Kältemischung oder in flüssiger Luft einfriert und in gefrorenem Zustand Wägung, Pulverisierung und weitere Aufarbeitung des Gewebes vornimmt. Es empfiehlt sich folgendes Vorgehen[20]: Das zur Untersuchung gelangende Organ wird sofort nach der Tötung des Tieres in ein Kohlendioxyd-Aceton-Kältebad gebracht. Etwa 0,5—2 g Gewebe werden in 2 cm³ vorgewärmte 30%ige Kalilauge in einem Zentrifugenglas von 15 cm³ eingewogen und 2 Std im Wasserbad auf 100° erhitzt. Die Lösung wird mit etwa 10 cm³ Methanol versetzt, nochmals kurz erwärmt, wobei sich dicke Flocken von Albuminen und Glykogen ausscheiden. Danach wird abgekühlt und 2—5 min zentrifugiert (U = 3500/min). Die überstehende Lösung wird abgegossen. Der Niederschlag wird mit 2 cm³ Wasser aufgenommen, die Lösung mit 10 cm³ Methanol versetzt, und die ausgefallenen Albumin- und Glykogenflocken werden nochmals abzentrifugiert. Nach dem Verwerfen des Überstehenden wird der Niederschlag zum Enteiweißen mit 2 cm³ frisch bereiteter filtrierter Lösung aus 10 g krystallisiertem Magnesiumchlorid (MgCl₂·6H₂O) in 20 cm³ Wasser verrührt. Nach kurzem Erwärmen im Wasserbad flockt das Eiweiß aus. Das Glykogen befindet sich in Lösung. Man filtriert und wäscht mit wenig Magnesiumchloridlösung mehrere Male aus. Das Filtrat wird auf ein bestimmtes Volumen gebracht. Liegt sehr wenig Glykogen vor, so füllt man auf nur 5 cm³, sonst in der Regel auf 10 cm³ auf. Der Glykogengehalt der Lösung wird polarimetrisch in einem Mikrorohr von 20 cm Länge bestimmt (Inhalt etwa

[1] HAEX, A. J. CH.: Acta med. scand. **118**, 531 (1944).

[2] MACINTYRE, D. S., S. PEDERSEN and W. G. MADDOCK: Surgery **10**, 716 (1941) [Ber. Physiol. **130**, 484].

[3] FAZEKAS, J. G.: Acta med. Szeged **12**, 1 (1949).

[4] BONG, E., P. JUNKERSDORF u. H. STEINBORN: Z. ges. exp. Med. **92**, 265 (1934).

[5] ALBERS, D., u. D. J. ATHANASIOU: Z. ges. exp. Med. **110**, 49 (1942).

[6] MARBLE, A.: J. biol. Ch. **134**, 253 (1940).

[7] AKAWOKA, S., A. L. GRAFFLIN and R. M. SMITH: Trans. jap. path. Soc. **29**, 586 (1939) [Ber. Physiol. **118**, 407].

[8] GUEST, M. M.: J. Nutrit. **22**, 205 (1941) [Ber. Physiol. **131**, 267].

[9] HEYMANN, W., and J. L. MODIE: J. biol. Ch. **131**, 297 (1939).

[10] PERETTI, G.: Boll. Soc. ital. Biol. sperim. **17**, 327 (1942) [Ber. Physiol. **132**, 628].

[11] NASTUK, W. L.: Amer. J. Physiol. **149**, 369 (1947).

[12] HERMANN, V. SZ.: H. **272**, 171 (1942).

[13] CAHANE, M. G.: C. R. Soc. Biol. **134**, 305 (1940).

[14] BLOOM, W. L., G. T. LEWIS, M. Z. SCHUMPERT and T. M. SHEN: J. biol. Ch. **188**, 631 (1951).

[15] PARHON, C. I., et M. CAHANE: Bull. Sect. endocrinol. Soc. roum. Neurol. **5**, 30 (1939) [Ber. Physiol. **114**, 274].

[16] YOUNG, N. F., C. J. KENSLER, L. SEKI, F. HOMBURGER and C. P. RHOADS: Proc. Soc. exp. Biol. Med. **66**, 322 (1947).

[17] GOERGIADES, G., u. K. UIBERRAK: Kli. Wo. 1942 II, 1100.

[18] FENN, W. O.: J. biol. Ch. **128**, 297 (1939).

[19] MACKAY, E. M., and H. C. BERGMAN: J. biol. Ch. **105**, 59 (1934).

[20] STAUDINGER, HJ.: H. **275**, 122 (1942).

3 cm³). Die spezifische Drehung von reinem Glykogen (Merck) wurde annähernd übereinstimmend mit der Literatur gefunden; $[\alpha]_D^{20} = +195°$ statt $[\alpha]_D^{20} = +196,5°$.

Liegt reichlich und vor allem sehr hochpolymeres Glykogen vor, so sind die Lösungen
trüb-opalescierend. Man muß dann in entsprechend großer Verdünnung messen. Dies ist
vor allem bei Leberglykogen der Fall. Zur Beseitigung der Trübung kann man auch wie
folgt vorgehen, ohne die Drehwerte zu beeinflussen: Die zur polarimetrischen Messung
erforderliche Menge hochpolymeres Glykogen, in getrübter Lösung, wird mit einem
Tropfen konz. Salzsäure 1 min lang im siedenden Wasserbad erhitzt und dann gleich unter
fließendem Wasser abgekühlt. Das Glykogen wird dadurch etwas abgebaut und gibt eine
klare Lösung. Der Abbau schreitet jedoch bei diesem Verfahren nicht bis zu den Dex-
trinen fort.

Für die *Bestimmung von Glykogen* kann man auch nach Säurehydrolyse eine der
üblichen Zuckerbestimmungen, z. B. die nach HAGEDORN-JENSEN, ausführen und den
Glykogengehalt durch Multiplikation der bestimmten Zuckermenge mit dem Faktor 0,925
errechnen. Die meisten Glykogenbestimmungen sind nach dieser von PFLÜGER angegebenen Methode gemacht. Das PFLÜGERsche Verfahren wurde von einer ganzen Reihe
von Autoren modifiziert (Bd. III).

Das Unterlassen des Einfrierens in situ bringt die Gefahr fermentativen Abbaus und
damit zu geringer Werte. Trotzdem werden solche Verfahren, namentlich bei Reihenversuchen, noch häufig geübt. Man kann folgendermaßen vorgehen[1]: Frisch entnommene
Leber bzw. frisch entnommener Muskel werden sofort nach Gewichtsbestimmung in einem
Pyrexglas in 30%iger Kalilauge 20 min lang im Wasserbad aufgelöst. Man fügt
1,2 Volumina absoluten Alkohol hinzu, erhitzt weiter und kühlt anschließend auf Zimmertemperatur ab. Während des Abkühlens fällt das ganze Glykogen (ohne Dextrine und
N-haltige Stoffe) aus. Nach Zentrifugieren saugt man die Flüssigkeit über dem Niederschlag ab und wäscht den Niederschlag mit absolutem Alkohol; der größte Teil des Alkohols
wird abgesogen, den Rest läßt man im Wasserbad verdunsten.

Das Glykogen wird mit n H_2SO_4 in einem fest verschlossenen Gefäß 2—2,5 Std lang
im Wasserbad erhitzt und unter Verwendung von Lackmus als Indicator mit NaOH
neutralisiert. Nun bringt man das Ganze in einen 20 cm³-Meßkolben und ergänzt mit
Aqua dest. auf 20 cm³. Mit einem Bruchteil dieser Stammlösung werden Doppelbestim-
mungen der reduzierenden Substanzen nach HAGEDORN-JENSEN ausgeführt. Der
gewonnene Glucosewert wird mit 0,925 multipliziert, das Produkt entspricht der Glykogen-
menge.

Glykogenfraktionen. Durch Extraktion mit kalter 10%iger Trichloressigsäure gelingt
es, aus Organen wie Leber und Muskel eine säurelösliche Glykogenfraktion von einer
in Säure unlöslichen Fraktion abzutrennen[2]. Man geht bei der Fraktionierung folgendermaßen vor: Die Leber wird aus dem narkotisierten, lebenden Tier entnommen und sofort
eingefroren (mit flüssiger Luft oder Kohlendioxydschnee) und in üblicher Weise in
gefrorenem Zustand verarbeitet. Einen abgewogenen Teil des in gefrorenem Zustand
zerriebenen Lebergewebes extrahiert man mit 10%iger kalter Trichloressigsäure, zentrifugiert den Niederschlag ab und bestimmt im Extrakt das Glykogen. Zur Bestimmung
von Gesamtglykogen wird das gefrorene Organpulver mit heißer Kalilauge wie oben
beschrieben behandelt. Wie die Tabelle 36 zeigt, wird bei Ratten die „säurelösliche"
mehr als die „nichtsäurelösliche" Glykogenfraktion vom Ernährungszustand der Tiere
beeinflußt. Die „nichtsäurelösliche" Glykogenfraktion wird aus der Differenz Gesamtglykogen (=KOH-Glykogen) minus „säurelöslichem" Glykogen berechnet.

Freie Glucose. Den Gehalt der Leber an freier Glucose errechnet man aus der Differenz
von Gesamtglucose (nach Säurehydrolyse) und Glykogen-Glucose nach vorheriger Zerstörung der freien Glucose durch Kochen mit Alkali. Im Gegensatz zum Glykogen ist

---

[1] GOOD, C. A., H. KRAMER and M. SOMOGYI: J. biol. Ch. **100**, 485 (1933).
[2] BLOOM, W. L., G. T. LEWIS, M. Z. SCHUMPERT and T. SHEN: J. biol. Ch. **188**, 631 (1951).

Tabelle 36. *Glykogenfraktionen in der Rattenleber[1] bei normaler Fütterung, im Hungerzustand und nach Glucosefütterung* (in Prozenten vom Frischgewebe).

	Zahl der Tiere	Gesamtglykogen	Säurelösliches Glykogen	Nichtsäure-lösliches Glykogen	$\dfrac{\text{Säurelösliches Glykogen}}{\text{KOH-Glykogen}} \cdot 100$
Normale Ratten.	6	3,37 ±0,623	2,87 ±0,23	0,49 ±0,05	84,9
12 Std Hunger .	8	0,36 ±0,1	0,21 ±0,02	0,14 ±0,05	56,4
24 Std Hunger .	4	0,135±0,05	0,007±0,001	0,128±0,046	7,9
1 Std ⎱ nach	6	0,34 ±0,09	0,14 ±0,04	0,20 ±0,05	40,2
2 Std ⎰ Glucose-	7	1,00 ±0,22	0,64 ±0,17	0,37 ±0,07	63,8
4 Std ⎱ fütterung	6	1,84 ±0,32	1,46 ±0,33	0,37 ±0,07	79,6

der Gehalt der Leber an freier Glucose innerhalb verschiedener Tierarten ziemlich konstant[2]. Bei der B_6-Avitaminose ist die freie Glucose in der Leber von weißen Ratten auf 0,23 % erniedrigt (Normalwert 0,33 %)[3].

Lipoide. Extraktion und Bestimmung von Lipoiden in Organen sind in den Abschnitten Allgemeine Organaufarbeitung (S. 461) und Gehirn (S. 529) geschildert. In diesem Abschnitt sollen vorwiegend spezielle methodische Angaben zur Bestimmung einzelner Lipoide und Tabellen über die in der Leber gefundenen Lipoidmengen gebracht werden. Veränderungen des Lipoidgehaltes der Leber unmittelbar nach Eintritt des Todes sind nicht in dem Umfange zu erwarten wie Änderungen im Kohlenhydratgehalt. Dennoch empfiehlt sich das Einhalten der für die Glykogen- und Kohlenhydratbestimmung gegebenen Richtlinien, wenn es darauf ankommt, Fermenteinwirkungen auf die Leberlipoide nach Entnahme des Materials aus dem Organismus zu vermeiden.

Gebundenes Lipoid. Bei den üblichen Extraktionsverfahren verbleiben 5—6 % des Gesamtfettes der Leber im Rückstand. Durch 48stündige Verdauung mit Pepsin-Salzsäure wird das im Rückstand befindliche Fett, das sog. gebundene Lipoid, freigesetzt und anschließend durch erschöpfende Extraktion isoliert. Das gebundene Lipoid zeigt einen höheren Stickstoff- und niedrigeren Phosphorgehalt als das direkt extrahierbare. Säurezahl und Esterzahl sind im Vergleich zum Gesamtfett beim gebundenen Lipoid erhöht[4]. Die Tabelle 37 gibt die Zusammensetzung von normalem menschlichem Lebergewebe an direkt extrahierbarem und gebundenem Lipoid wieder.

Tabelle 37. *Zusammensetzung der Gesamtlipoidextrakte von normalem menschlichem Lebergewebe[4].*

	Direkt extrahierbares Lipoid = 3,77 % des Organs	Gebundenes Lipoid = 0,22 % des Organs		Direkt extrahierbares Lipoid = 3,77 % des Organs	Gebundenes Lipoid = 0,22 % des Organs
Phosphorgehalt . . .	0,72 %	0,29 %	Jodzahl des Gesamtverseifbaren	153,2	152,0
Stickstoffgehalt . . .	1,46 %	1,93 %			
Säurezahl.	36,0	109,1	Jodzahl des cholesterinfreien Unverseifbaren	211,3	170,2
Verseifungszahl . . .	131,1	235,0			
Esterzahl	95,1	125,9	Menge der Gesamtfettsäuren	58,33 %	69,66 %
Gesamtverseifbares .	17,04 %	11,55 %	Menge der acetonfällbaren Phosphatide	33,03 %	14,6 %
Freies Cholesterin . .	5,48 %	2,02 %			
Gesamtcholesterin . .	6,75 %	2,02 %			

Über den Lipoidgehalt von Lebergewebe verschiedener Lebewesen geben die Tabellen 45 und 46, über den Lipoidgehalt von Rattenleber-Mitochondrien gibt die Tabelle 38 Auskunft.

Der Lipoidgehalt von Lebergewebe ist unter *extremen Bedingungen*, wie z. B. Fettnahrung, Hunger und Vitaminmangel, weitgehend von der Nahrung und der Zufuhr

---

[1] BLOOM, W. L., G. T. LEWIS, M. Z. SCHUMBERT and T. SHEN: J. biol. Ch. 188, 631 (1951).
[2] DOI, N.: J. Biochem. 19, 469 (1934) [C. 1934 II, 2425].
[3] PERETTI, J.: Boll. Soc. ital. Biol. sperim. 17, 324 (1942) [Ber. Physiol. 132, 628].
[4] LUSTIG, B., u. E. MANDLER: B. Z. 249, 352 (1932).

Tabelle 38. *Lipoide von Rattenlebermitochondrien*[1] (bezogen auf Trockengewicht).

	Werte %	Mittelwerte %	Mittelwerte für ganze Leber %
Lipoid-N	0,27— 0,44	0,35	0,19
Lipoid-P	0,59— 0,77	0,69	0,38
Lipoidextrakt	19,9 —25,40	22,50	14,30
Lipoidrest (Fettsäuren und Unverseifbares).	0,8 — 9,2	6,00	0,30
	Werte in Prozenten des Lipoidextraktes		
Gesamte Fettsäuren*	60—69	64,7	66,2
Gesamte Jodzahl	119—126		
Nichtphospholipoidfettsäuren .	11—15	13,0	21,2**
Gesamtcholesterin	3,29— 4,85	4,4	4,6
Freies Cholesterin	2,28— 2,56		
Gesamtphospholipoide . . .	71,5 —84,9	78,7	66,5***
Cholinhaltige Phospholipoide .	44—60	53	57
Lecithin	40—50	45	50
Sphingomyelin.	4—16	8	7
Nichtcholinphospholipoide . .	40—56	47	43
Phosphatid	25—29		23
Phosphatidglycerin	0— 3		7

* cm^3 0,01 n $NaOH \cdot 2,8$ = mg Fettsäuren.
** Berechnet: Gesamtfettsäuren minus Phospholipoidfettsäuren.
*** mg Lipoid-P·25 = mg Phospholipoide.

lipotroper Stoffe abhängig. Im Hunger steigt bei Ratten am 1. Tage der Hungerperiode der Leberfettgehalt deutlich an, fällt am 2. Tage ab, ist aber immer noch gegenüber dem Ausgangswert erhöht. Erst vom 3. Tage ab unterschreitet der Leberfettgehalt den Normalwert. Bei Tieren, die niedriger Raumtemperatur von 3—6° ausgesetzt waren, unterblieb der Anstieg des Leberfettgehaltes zu Beginn der Hungerperiode und die Lipoidwerte fielen sofort ab. Bei Hepatomratten ist der Lipoidgehalt der Leber erniedrigt[2].

Für menschliche Lebern wird der normale Gesamtfettgehalt mit 4% angegeben. Eine ausgesprochene Fettvermehrung findet man bei der Fettleber (bis zu 25% Fett in der Frischsubstanz) und in einzelnen Fällen von Cirrhose, z. B. bei Alkoholikern mit etwa 10% Gesamtfett. Bei atrophischer Lebercirrhose und Hepatosklerie sind die Werte für den Gesamtfettgehalt vermindert[3]. Der Lipoidgehalt von pathologischen Lebern ist im einzelnen aus Tabelle 39 zu entnehmen.

Ebenso wie bei fettreicher Nahrung steigt der Leberfettgehalt beim Hunde nach Pankreatektomie an, wie die Tabelle 41 zeigt. Nach Pankreatektomie kommt es gleichzeitig zur Glykogenverarmung.

Phosphatide. Die Bestimmung der Leberphosphatide kann auf die im Kapitel „Phosphatide und Cerebroside" beschriebene Weise (Bd. III) erfolgen. Doch sei wegen der großen physiologischen Bedeutung, die gerade dem *Lecithin* und *Kephalin* in der Leber zukommt, hier das von HAHN und TYRÉN[4] empfohlene Verfahren zur Isolierung dieser Lipoidfraktionen genannt: Die Leber wird in kleine Stücke zerschnitten und mit 200 cm^3 Aceton zerrieben. Den Acetonextrakt trocknet man in CO_2-Atmosphäre und löst den Rückstand mit Äther. Der Leberrückstand wird zweimal mit 150 cm^3 Äther, einmal mit 150 cm^3 Äther-Alkoholgemisch (1:3) und schließlich mit 150 cm^3 warmem Ätheralkohol (1:3) extrahiert. Alle Äther- und Äther-Alkoholextrakte werden vereinigt, auf einem Wasserbad zur Trockene eingedampft, in CO_2-Atmosphäre nachgetrocknet und der trockene Rückstand mit 400 cm^3 Äther gelöst. Die ätherische Lösung wird zweimal mit

[1] SWANSON, M. A., and C. ARTOM: J. biol. Ch. **187**, 281 (1950).
[2] AOKI, C.: Gann, Tokyo **32**, 100 (1938) [C. **1939 II**, 4492].
[3] POLLI, E., u. G. RATTI: B. Z. **321**, 166 (1950).
[4] HAHN, L., o. H. TYRÉN: Ark. Kemi, Mineral. Geol. **21** (A), 1 (1945).

Tabelle 39. *Lipoidzusammensetzung normaler und pathologischer menschlicher Lebern*[1].

		Normal	Akute Nekrose	Fettleber	Cirrhose	Hepato-sklerie	Genuine Lipoid-nephrose
Gesamtfette	% F.S.	4,05	3,66— 5,87	24,64	2,51— 10,34	2,66	7,54[2]
Phosphor	% G.F.	1,72	0,90— 1,44	1,32	0,65— 1,83	1,60	
Fettsäuren	% F.S.	2,63	2,57— 3,57	15,76	1,39— 5,49	1,43	
	% G.F.	65,0	58,6 — 73,7	60,1	43,8 — 64,2	55,4	
Gesamtcholesterin	% F.S.	0,26	0,27— 0,31	0,71	0,14— 0,35	0,26	0,75[2]
	% G.F.	6,45	4,41— 7,73	2,94	3,44— 7,45	9,75	
Cholesterinester	% F.S.	0,13	0,1 — 0,12	0,36	0,06— 0,15	0,11	0,20[2]
	% G.F.	3,25	2,07— 2,8	1,53	1,48— 2,08	4,00	
Freies Cholesterin	% G.F.	3,20	2,33— 4,5	1,41	1,96— 4,71	5,75	
	% F.S.						0,55[2]
Phosphatide	% F.S.	1,80	1,25— 1,62	8,42	1,04— 1,74	1,20	3,36[2]
	% G.F.						48,0[2]
Säurezahl		71,5	77,8 —82	52,8	31,3 — 89,5	43,0	
Verseifungszahl		134,7	133 —188,9	135,4	128,6 —159,4	160,0	
Esterzahl		63,2	51 —109,5	82,2	55,2 —125,1	117,0	
Jodzahl		71,8	66,4 — 88,1	63,9	41,5 — 67,7	55,5	
Unverseifbare Substanzen % G.F.		18,1	20,2 — 23,3	6,6	16,6 — 26,3	20,0	
Acetonfällbare Substanzen % G.F.		40,3	27 — 30,0	26,9	20,6 — 47	50,0	

F.S = Frischsubstanz, G.F. = Gesamtfette.

Tabelle 40. *Fettsäuren von normalen und pathologischen menschlichen Lebern*[1].

Untersuchte Lebern	Normal	Akute Nekrose	Fettleber	Cirrhose	Hepato-sklerie
Flüssige Fettsäuren (% G.F.S.) .	72,0	61 — 70	77,3	65,5— 74,0	72,7
Säurezahl	120,2	139 —151	120,2	128,4—175,3	125,4
Jodzahl	156,0	122 —129	170,3	19,3—142,3	125,2
Mittleres Molekulargewicht .	466	370 —405	466	320 —438	448
Brom-Arachidonsäure (% flüssige Fettsäuren) . .	18,0	6,4— 7,4	13,9	10,8— 15,0	15,2
Feste Fettsäuren (% G.F.S.) . .	24,3	15,7— 26,0	14,5	14,0— 24,6	8,3
Säurezahl	205,4	171 —187	205	151 —187	211
Jodzahl	16,5	15,1— 17,5	15,2	12,5— 15,6	16,3
Mittleres Molekulargewicht .	273	299 —327	273	254 —373	265
Schmelzpunkt (°)	53,6	44,6— 53,8	55,3	53,8— 54,7	54,9
Verfestigungspunkt (°)	52,5	42,0— 50,7	52,5	51,0— 53,2	53,0

G.F.S. = Gesamtfettsäuren.

600 cm³ 0,1 n Salzsäure, die zur Vermeidung von Emulsionsbildung etwas Kochsalz enthält, ausgeschüttelt. Nach Einengen der ätherischen Lösung auf ein kleines Volumen gibt man 20 cm³ absoluten Alkohol zu und entfernt den Äther durch Kochen. Man läßt die Lösung über Nacht bei —15° stehen und filtriert sodann den entstandenen Niederschlag, der aus reinem Kephalin besteht, ab. Das

Tabelle 41. *Fett- und Glykogengehalt der Hundeleber vor und nach Pankreatektomie*[3] (Prozente in der Frischsubstanz).

	Vor Pankreat-ektomie	Nach Pankreat-ektomie	Nach Pankreat-ektomie und Insulininjektion
Glykogengehalt .	2,01—2,69	0,08— 0,10	1,77—2,50
Fettgehalt . . .	5,55—6,87	11,42—12,13	8,05—9,19

Filtrat wird auf etwa die Hälfte eingedampft, bei —15° über Nacht stehengelassen und der sich gegebenenfalls erneut bildende Niederschlag abfiltriert. Das Filtrat enthält die Lecithinfraktion. Zur Reinigung von Kephalin wird der Niederschlag in einer kleinen

---

[1] POLLI, E., u. G. RATTI: B. Z. **321**, 166 (1950).
[2] DEBUSMANN, M., u. A. LEIMBROCK: Kli. Wo. **1939 I**, 740.
[3] LOUBATIÈRES, A., et P. MONNIER: C. R. Soc. Biol. **130**, 854 (1939).

Menge Äther gelöst und nach Zugabe von Alkohol und Abdampfen des Äthers erneut ausgefällt. Am nächsten Tage filtriert man den Niederschlag ab, löst ihn in 3 cm³ Chloroform und versetzt ihn mit 3 cm³ absolutem Alkohol. Nach einer weiteren Nacht (die Lösung wird wieder bei —15° aufbewahrt) wird der Niederschlag (Kephalin I) abfiltriert, und zu dem Filtrat werden wiederum 3 cm³ Alkohol hinzugegeben. Man läßt erneut über Nacht bei —15° auskrystallisieren. Der erhaltene Niederschlag entspricht dem Kephalin II, während sich im Filtrat das Kephalin III gelöst befindet. Nach Veraschung der Fraktionen wird auf üblichem Wege der P-Gehalt bestimmt. Die Methode eignet sich für Stoffwechselversuche mit radioaktivem Phosphor.

Der Phosphatidgehalt ist bei Leberverfettung erhöht, bei Atrophie und Lebercirrhose erniedrigt[1] (s. Tabelle 39). Eine exzessive Vermehrung der Sphingomyeline ist bei der NIEMANN-PICKschen Krankheit nachweisbar. Bei normalem Glycerinphosphatidgehalt konnten in einem solchen Fall aus der Trockensubstanz 15,5% gereinigte Sphingomyeline isoliert werden[2]. Der normale Phosphatidgehalt von Lebergewebe verschiedener Arten ist aus den Tabellen 42 und 43 ersichtlich.

Cholesterin. Für die Cholesterinbestimmung wird der nach den allgemeinen Richtlinien hergestellte Lipoidextrakt auf die im Kapitel Sterine (Bd. III) geschilderte Weise auf-

Tabelle 42. *Zusammensetzung der mit Aceton fällbaren Lipoide normaler und pathologischer menschlicher Lebern[1].*

	Normal	Akute Nekrose	Fettleber	Cirrhose	Hepato-sklerie
Phosphor (%)	2,68	2,70— 3,35	2,85	2,17— 3,72	4,06
Stickstoff (%)	2,30	1,60— 1,75	1,66	1,34— 2,75	1,82
Fettsäuren (%)	57,5	48,4 — 52,0	59,3	48,0 — 63,3	41,0
Jodzahl	86,3	78,1 — 81,2	83,5	63,5 — 86,5	97,8
Säurezahl der Phosphatide .	94,0	83,1 —127,8	83,5	58,6 —106,5	83,0
Verseifungszahl der Phosphatide	170,6	105 —175,3	119	121,7 —165,6	133,3

Tabelle 43. *Gehalt an Cholin, Kephalin, Lecithin und Sphingomyelin von Lebergewebe verschiedener Arten* (in Prozenten der Gesamtphospholipoide)[3].

Untersucher	Species	Cholin-phosphatide	Kephaline	Lecithine	Sphingomyeline
RANNEY u. a.[3]	Huhn		$46,5 \pm 1,0$	$47,9 \pm 1,9$	$5,6 \pm 1,6$
MacLachlan u. a.[4]	Maus	58	42		
HODGE u. a.[5]	,,		42	56	
WELCH[6]	Ratte		39	45	
WILLIAMS u. a.[7]	,,		26	69	5
ARTOM[8]	,,	57	43		
ENTENMAN u. a.[9]	,,	60	40		
TAUROG u. a.[10]	Hund	58	42		
WILLIAMS u. a.[7]	,,		38	58	4
KAUCHER u. a.[11]	Rind		37	58	5

[1] POLLI, E., u. G. RATTI: B. Z. **321**, 166 (1950).

[2] KLENK, E.: H. **235**, 24 (1935).

[3] RANNEY, R. E., C. ENTENMAN and I. L. CHAIKOFF: J. biol. Ch. **180**, 307 (1949).

[4] MacLachlan, P. L., H. C. HODGE, W. R. BLOOR, E. A. WELCH, F. L. TRUAX and J. D. TAYLOR: J. biol. Ch. **143**, 473 (1942).

[5] HODGE, H. C., P. L. MacLACHLAN, W. R. BLOOR, E. A. WELCH, S. L. KORNBERG and M. FALKENSTEIN: Proc. Soc. exp. Biol. Med. **68**, 332 (1948).

[6] WELCH, E. A.: J. biol. Ch. **161**, 65 (1945).

[7] WILLIAMS, H.H., M. KAUCHER, A. J. RICHARDS, E. Z. MOYER and G. R. SHARPLESS: J. biol. Ch. **160**, 227 (1945).

[8] ARTOM, C.: J. biol. Ch. **157**, 595 (1945).

[9] ENTENMAN, G., and I. L. CHAIKOFF: Unveröffentliche Ergebnisse. Zit. nach[3].

[10] TAUROG, A., C. ENTENMAN, B. A. FRIES and I. L. CHAIKOFF: J. biol. Ch. **155**, 19 (1944).

[11] KAUCHER, M., H. GALBRAITH, V. BUTTON and H. H. WILLIAMS: Arch. Biochem. **3**, 203 (1943/44).

Tabelle 44. *Cholesteringehalt der Rattenleber bei trächtigen und Kontrolltieren unter dem Einfluß normalen und cholesterinreichen Futters[1].*

	Cholesterinarmes Futter		Cholesterinreiches Futter	
	Trächtige Tiere	Kontrollen	Trächtige Tiere	Kontrollen
Wassergehalt in Prozenten	69,1	66,2	61,5	59,3
Gesamtcholesterin	0,46	0,34	5,0	6,7
Freies Cholesterin . . . . . . in Prozenten des	0,26	0,24	0,38	0,45
Verestertes Cholesterin . . . . Feuchtgewichtes	0,20	0,10	4,6	6,25
Fettsäuren	4,1	6,4	10,0	12,5
Gesamtcholesterin in Prozenten des Trockengewichtes	1,49	1,2	12,5	16,1
Lebergewicht in Grammen	7,2	6,6	8,0	7,2
Gesamtlebercholesteringehalt der Ratte in Milligrammen	21,2	22,4	415,0	493,0

Tabelle 45. *Leberlipoide von Mensch, Rind und Ratte* (in Prozenten).

	Mensch		Rind		Ratte	
	Trockengewicht	Frischgewicht	Trockengewicht	Frischgewicht	Trockengewicht	Frischgewicht
Gesamtfettgehalt .		3,99—6,37[2, 6]	20,49—25,49[3]	6,2[4]	20,2[5]	
Neutralfett			5,62— 5,99[3]		5,22[5]	
Essentielle Lipoide = Gesamtfettgehalt abzüglich Neutralfett . . .			14,87—19,50[3]		14,18[5]	
Cerebroside. . . .					0,13[5]	
Freies Cholesterin .		0,13[6]	0,38— 0,49[3]	0,15[4]	0,29[5]	0,15—0,175[7]
		0,218—0,26[2]				0,24[1]
Verestertes Cholesterin		0,13[6]	0,43— 0,63[3]	0,045[4]	0,66[5]	0,10[1]
		0,052—0,077[2]				
Gesamtcholesterin.		0,202—0,337[2, 6, 8]	0,81— 1,12[3]	0,151—0,2[4, 8]	0,46—1,2[1, 5, 9]	0,15—0,34[1, 7]
Gesamtphosphorlipoide	9,8[10]	1,3—1,8[2, 6]	13,75[3]		13,9[5]	2,9[11]
					6,65[9]	
Serinphosphatide .					0,7[9]	
Kephalin.	4,62[10]			1,5[11]	2,3—7,7[5, 9]	
Cholinphosphatide { Gesamt	5,19[10]				6,2[5]	
Lecithin	4,81[10]			1,56[11]	5,85[5]	
					5,0[9]	
Sphingomyelin .	0,38[10]				0,35[5]	
	27,5[12] (a)				0,7[9]	
Gesamtlipoid-P . .	0,392[10]	0,07[10]		0,111[4]	0,38[9]	
Lipoid-N		0,058[2]		0,056[4]	0,19[9]	
		0,036[2]				
Rest-Unverseifbares (Unverseifbares ausschließlich Gesamtcholesterin)		0,16—0,62[2, 6, 8]		0,18[8]		
				0,22[4]		

(a) NIEMANN-PICKsche Krankheit.

[1] OKEY, R., L. S. GODFREY and F. GILLUM: J. biol. Ch. **124**, 489 (1938).

[2] LUSTIG, B., u. E. MANDLER: B. Z. **249**, 352 (1932).

[3] KAUCHER, M., H. GALBRAITH, V. BUTTON and H. H. WILLIAMS: Arch. Biochem. **3**, 203 (1943/44).

[4] HILDITCH, T. P., and F. B. SHORLAND: Biochem. J. **31**, 1499 (1937).

[5] WILLIAMS, H. H., H. GALBRAITH, W. KAUCHER, E. Z. MOYER, A. J. RICHARDS and J. G. MACY: J. biol. Ch. **161**, 475 (1946).

[6] POLLI, E., u. G. RATTI: B. Z. **321**, 166 (1950).

[7] STURGES, S., and A. KNUDSON: J. biol. Ch. **126**, 543 (1938).

[8] DIMTER, A.: H. **271**, 293 (1941).

[9] SWANSON, M. A., and C. ARTOM: J. biol. Ch. **187**, 281 (1950).

[10] THANNHAUSER, S. J., J. BENOTTI, A. WALCOTT and H. REINSTEIN: J. biol. Ch. **129**, 717 (1939).

[11] BLOOR, W. R.: J. biol. Ch. **170**, 671 (1947).　　[12] KLENK, E.: H. **235**, 24 (1935).

Tabelle 46. *Leberlipoide verschiedener Säugetiere* (in Prozenten).

	Trocken-gewicht	Frischgewicht		Trocken-gewicht	Frischgewicht
Gesamtfettgehalt . .		5,4 (b)[1]	Gesamtcholesterin .	0,208 (f)[2]	0,05 (f)[2]
		2,9			0,336
		3,4 } (c)[1]			1,452 } (h*)[4]
	9,17 (d)[3]	3,0 (d)[3]	Gesamt-P-Lipoide .		3,7 (a)[5]
		5,8 (d)[12]		4,63 (f)[2]	1,1 (f)[2]
		2,3 (f)[2]			2,9 (i)[5]
		3,42 (f)[3]	Kephalin		0,023 (i)[9]
	11,15 (f)[3]	2,01 (g)[3]			0,032 (f**)[10]
	7,01 (g)[3]	8,5 —9,3 (h)[13]	Cholinphosphatide:		
		2,53—2,63 (i)[6]	Sphingomyelin .		0,23 (e)[7]
Freies Cholesterin .		0,52	Gesamtlipoid-P . .	0,181 (f)[2]	0,043 (f)[2]
		0,672 } (d)[4]	Rest-Unverseifbares		
		0,290	(Unverseifbares		
Verestertes Chole-sterin		0,678 } (h*)[4]	ausschließlich		
		88	Gesamtcholesterin)		0,186 (a)[8]
		130 } (d)[4]			0,35 (c)[8]
		0,045			0,041 (f)[2]
		0,774 } (h*)[4]	Gesamtlipoid-P . .		0,495 (d)[11]
Gesamtcholesterin .		0,313 (a)[8]	Lipoid-N		0,238 (d)[11]
		0,34 (c)[8]	Cholin-N		0,12 (d)[11]
		0,65	Sphingosin-N . . .		0,0236 (d)[11]
		0,76 (d)[4]	Lecithin-N		0,0963 (d)[11]

(a) Pferd. (b) Schaf. (c) Schwein. (d) Hund. (e) Katze. (f) Kaninchen. (g) Rhesusaffe. (h) Maus. (i) Meerschweinchen. * bei verschiedenem Futter; ** gerinnungsaktives, hochungesättigtes Kephalin als Br-Verbindung.

gearbeitet und das Cholesterin am besten nach Fällung mit Digitonin bestimmt. Auf diese Weise können das freie Cholesterin und nach Hydrolyse das Gesamtcholesterin bestimmt und das veresterte Cholesterin aus der Differenz von gesamtem und freiem Cholesterin errechnet werden.

Im Hungerzustand kommt es bei der Maus anfangs zum Anstieg des Cholesteringehaltes der Leber. Der Cholesteringehalt fällt dann aber bis zum 6. Hungertage unter den Normalwert ab. Den Schwankungen unterliegt in erster Linie das veresterte Cholesterin[14]. Bei der Fettleber ist der Gehalt an verestertem Cholesterin in demselben Maße wie der an Gesamtcholesterin vermehrt (s. Tabelle 39). Bei unbehandelter Lebercirrhose ist der Gesamtcholesteringehalt erniedrigt. Unter pathologischen Bedingungen verschiebt sich das Verhältnis freies Cholesterin : verestertem Cholesterin mengenmäßig zugunsten des freien Anteils, besonders bei der Lebercirrhose[15] (s. Tabelle 39).

Bei Ratten steigt durch Zufütterung von Cholesterin in Höhe von 1 % des Gesamtfutters der Cholesteringehalt des Lebergewebes bis auf das 20fache des Normalwertes an, wie aus der Tabelle 44 hervorgeht[16].

[1] HILDITCH, T. P., and F. B. SHORLAND: Biochem. J. **31**, 1499 (1937).
[2] SCHULTE, K. E.: B. Z. **313**, 78 (1942).
[3] BONG, E., P. JUNKERSDORF u. H. STEINBORN: Z. ges. exp. Med. **92**, 265 (1934).
[4] SCHETTLER, G.: Ärztl. Forsch. **5**, 171 (1951).
[5] BLOOR, W. R.: Biochemistry of the Fatty Acids. New York 1943.
[6] THANNHAUSER, S. J., J. BENOTTI, A. WALCOTT and H. REINSTEIN: J. biol. Ch. **129**, 717 (1939).
[7] HUNTER, F. E.: J. biol. Ch. **144**, 439 (1942).
[8] DIMTER, A.: H. **271**, 293 (1941).
[9] SUEYOSHI, Y., and H. MICHIMOTO: J. Biochem. **30**, 155 (1939).
[10] MICHIMOTO, H.: J. Biochem. **30**, 147 (1939) [Ber. Physiol. **117**, 251].
[11] McKIBBIN, J. M., and W. E. TAYLOR: J. biol. Ch. **185**, 357 (1950).
[12] CAHN, T., et J. HOUGET: C. R. Soc. Biol. **112**, 1319 (1933).
[13] LANCZOS, A.: Pflügers Arch. **235**, 422 (1935).
[14] SCHETTLER, G.: Pflügers Arch. **251**, 398 (1949).
[15] POLLI, E., u. G. RATTI: B. Z. **321**, 166 (1950).
[16] OKEY, R., L. S. GODFREY and F. GILLUM: J. biol. Ch. **124**, 489 (1938).

Tabelle 47. *Zusammensetzung der Gesamtfettsäuren und Phosphatide von normaler und Carcinomleber beim Menschen*[1].

	Normale Lebern				Carcinomleber
	Direkt extrahierbares Lipoid. Menge: 3,77 % des Organs	Gebundenes Lipoid. Menge: 0,22 % des Organs	Direkt extrahierbares Lipoid. Menge: 6,08 % des Organs	Gebundenes Lipoid. Menge: 0,297 % des Organs	Direkt extrahierbares Lipoid. Menge: 2,63 % des Organs
1. Zusammensetzung der Gesamtfettsäuren:					
Menge der festen Fettsäuren	59,26 %	89,89 %	42,5 %	77,38 %	81,75 %
Säurezahl der festen Fettsäuren	213,8	200,0	205,6	234,0	189,5
Jodzahl der festen Fettsäuren	50,7	46,0	45,5	47,0	78,2
Schmelzpunkt der festen Fettsäuren . .	48,2°	—	53,4°	—	42,2°
Mittleres Molekulargewicht der festen Fettsäuren	250,7	280,6	272,9	239,8	295,4
Menge der flüssigen Fettsäuren	40,74 %	10,11 %	57,5 %	22,62 %	18,25 %
Säurezahl der flüssigen Fettsäuren . .	162,2	159	159,2	177,0	174,2
Jodzahl der flüssigen Fettsäuren . . .	109,5	76,0	156,4	82,5	147,6
Mittleres Molekulargewicht der flüssigen Fettsäuren	345,9	359,5	352,5	327,1	322,2
2. Zusammensetzung der Phosphatide:					
Phosphorgehalt	1,24 %	1,27 %	1,02 %	1,06 %	2,12 %
Stickstoffgehalt	1,09 %	0,7 %	2,31 %	0,9 %	1,01 %
Verseifungszahl	97,2	58,7	133,2	315,0	62,9
Gesamtfettsäuren	54,1 %	87,0 %	47,5 %	72,3 %	57,2 %
Säurezahl	—	137,0	185,7	145,0	158,5
Jodzahl	—	108,0	98,3	83,0	115,9
Mittleres Molekulargewicht	—	325,5	302,2	387,0	354,0
Feste Fettsäuren	49,68 %	—	—	—	—
Säurezahl	188,6	—	—	—	—
Jodzahl	34,6	—	—	—	—
Schmelzpunkt	53,2°	—	—	—	—
Mittleres Molekulargewicht	297,5	—	—	—	—
Flüssige Fettsäuren	50,32 %	—	—	—	—
Säurezahl	148,0	—	—	—	—
Jodzahl	129,0	—	—	—	—
Mittleres Molekulargewicht	379,1	—	—	—	—

Tabelle 48. *Verhältnis der ungesättigten Fettsäuren in normalen menschlichen Lebern*[1].

	1. Leber	2. Leber
Fettsäuren mit einer ungesättigten Bindung (Ölsäure)	47,24	22,02
Fettsäuren mit zwei ungesättigten Bindungen (Linolsäure)	39,31	46,89
Fettsäuren mit drei ungesättigten Bindungen (Linolensäure)	5,03	20,54
Fettsäuren mit vier und mehr ungesättigten Bindungen (Clupanodonsäure) .	8,42	10,55

Tabelle 49. *Kennzahlen und Zusammensetzung der Gesamtfettsäuren normaler Kaninchenlebern*[2].

Jodzahl 168,2.   Rhodanzahl 68,76.

	%
Gesättigte Fettsäuren	29,35
Ölsäure	20
Linolsäure	42
Arachidonsäure	2

[1] LUSTIG, B., u. F. MANDLER: B. Z. **249**, 352 (1932).
[2] SCHULTE, K. E.: B. Z. **313**, 78 (1942).

Tabelle 50.
Fettsäurezusammensetzung des Neutral-fettes von Rinderlebern[1].

	Feste Fettsäuren in Prozenten des Leberfettes	Flüssige Fettsäuren	
		in Prozenten des Leberfettes	Jod-zahl
C_{14}	Spuren	Spuren	—
C_{16}	25	9	—
C_{18}	20	37	114
C_{20}	Spuren	8	200
C_{22}	Spuren	1	270

Tabelle 51. *Fettsäurezusammensetzung der Phospho-lipoide von Rinderlebern[1] (Gramme Fettsäuren, isoliert aus 1800 g Phospholipoiden der Leber).*

Methyl-ester	Gesättigte Fettsäuren	Schwach unge-sättigte Fettsäuren		Hoch unge-sättigte Fettsäuren	
	g	g	Jodzahl	g	Jodzahl
C_{14}	—	—	—	Spuren	—
C_{16}	75	12	—	16	—
C_{18}	163	81	115	83	151
C_{20}	—	10	207	100	253
C_{22}	—	10	207	53	302
C_{24}	2	—	—	—	—

Tabelle 52. *Fettsäurezusammensetzung von Neutralfetten und Phosphatiden der Leber von Ochse, Kuh, Schwein und Schaf im Vergleich zur Zusammensetzung der entsprechenden Depotfette[2] (Werte in Mol-%).*

	Gesättigte Fettsäuren				Ungesättigte Fettsäuren				
	C_{14}	C_{16}	C_{18}	C_{20}	C_{14}	C_{16}	C_{18}	C_{20}	C_{22}
Ochsenleber:									
Neutralfett	1,6	32,5	5,0	—	1,5 (2,0)	11,7 (2,0)	40,3 (3,0)	7,4 (6,9)	
Phosphatide	1,5	29,7	17,0	0,2	0,6 (2,0)	1,6 (2,0)	27,7 (2,9)	21,7 (7,5)	
Depotfett	7,3	29,2	20,5	—	—	—	43,0 (2,1)	—	—
Kuhleber:									
Neutralfett	3,2	34,7	5,3	—	0,5 (2,0)	9,9 (2,0)	43,6 (2,4)	2,9 (6,0)	—
Phosphatide	—	22,9	21,2	—	—	4,4 (2,0)	46,9 (2,7)	4,6 (6,0)	—
Schweineleber:									
Neutralfett	0,1	25,8	10,3	0,2	—	9,2 (2,0)	44,1 (2,4)	9,2 (6,8)	1,1 (6,8)
Phosphatide . . .	—	13,4	15,3	1,7	—	5,3 (2,0)	40,3 (2,2)	22,4 (6,5)	1,6 (6,5)
Depotfett	1,1	28,1	9,7	—	—	—	61,1 (2,1)	—	—
Schafleber:									
Neutralfett	0,3	24,2	12,5	—	—	5,3 (2,0)	44,1 (2,8)	10,5 (7,3)	3,2 (7,8)
Phosphatide . . .	—	13,9	21,7	0,7	—	9,9 (2,0)	28,0 (3,1)	21,9 (6,9)	3,9 (10,5)
Depotfett	2,1	24,6	25,6	—	—	—	47,7 (2,2)	—	—

Die eingeklammerten Zahlen unter den Werten für ungesättigte Fettsäuren bedeuten die **Anzahl Wasserstoffatome/Molekül**, die zur Sättigung notwendig wären.

Fettsäuren. Isolierung und Bestimmung von Fettsäuren der Leberlipoide werden in derselben Weise ausgeführt wie bei anderen Lipoiden (s. Kapitel Fette, Bd. III). Nähere Angaben über die in menschlichem und tierischem Lebergewebe vorkommenden Fettsäuren sind aus den Tabellen 47—52 ersichtlich. In der Tabelle 47 sind die Werte für die Fettsäuren aus direkt extrahierbarem Lipoid denen aus gebundenem Lipoid in mensch-lichem Lebergewebe gegenübergestellt[3]. Die letzte Spalte der Tabelle zeigt die ent-sprechenden Werte für eine Carcinomleber (s. a. S. 692). Die flüssigen Fettsäuren zeichnen sich durchweg durch hohes Molekulargewicht und hohe Jodzahl aus. Im direkt extrahier-

---

[1] KLENK, E., u. O. v. SCHÖNEBECK: H. **209**, 112 (1932).

[2] HILDITCH, T. P., and F. B. SHORLAND: Biochem. J. **31**, 1499 (1937).

[3] LUSTIG, B., u. E. MANDLER: B. Z. **249**, 352 (1932).

baren Lipoid findet man einen über doppelt so hohen Gehalt an flüssigen Fettsäuren wie im gebundenen Lipoid. Über den Gehalt an ungesättigten Fettsäuren und die Fettsäurezusammensetzung normaler und pathologischer menschlicher Lebern geben die Tabellen 40 und 48 Auskunft. In der Tabelle 52 wird der Fettsäuregehalt von Leberlipoid verschiedener Tiere mit dem ihres Depotfettes verglichen.

Organische Phosphorverbindungen. Die Bestimmung und Isolierung der organischen Phosphorverbindungen in der Leber erfolgen nach den in den entsprechenden Kapiteln gegebenen Vorschriften (Bd. IV). Für die säurelöslichen Phosphorverbindungen wird anschließend ein Trennungsschema mit nachfolgender Tabelle 56 über den Gehalt der Leber an diesen Verbindungen gebracht. Werte über den Gehalt an anorganischem Phosphor und Gesamtphosphor findet man in den Tabellen 53—55 für die organischen Phosphorverbindungen und in den Tabellen 17 und 18 für die anorganischen Bestandteile der Leber. Neben den in den Tabellen 53—56 genannten Verbindungen wurden in der Leber Fructose-1-phosphat[1, 2], Fructose-6-phosphat[2] und Galaktose-1-phosphat[3] gefunden.

Tabelle 53. *Gehalt an säurelöslichen Phosphorverbindungen von Rattenlebern im Hunger[4] (in mg-% P).*

	Gesamtsäurelöslicher P	Anorganischer P	Leicht hydrolysierbarer P	Phosphoglycerin-P	Hg-unlöslicher P	Alkohollöslicher P
Gefütterte Tiere .	103,9	17,8	15,8	27,8	27,5	6,7
24 Std Hunger . .	98,2	29,3	10,4	16,5	28,6	5,8
48 Std Hunger . .	89,2	26,3	10,7	18,2	27,9	4,3

Bei *Hunger* steigt der Gehalt an anorganischem Phosphor in der Leber an, während die übrigen säurelöslichen Phosphorfraktionen abnehmen und die quecksilberunlösliche Fraktion konstant bleibt[4]. Die Tabelle 53 zeigt die genannten Veränderungen für Rattenlebern.

Aus der Tabelle 54 geht hervor, daß nach 48stündigem Hunger eine 20stündige Fütterung mit Glucose die normalen Phosphorwerte in der Leber wieder herstellt.

Tabelle 54. *Säurelösliche Phosphorverbindungen im Lebergewebe nach 20stündiger Fütterung mit verschiedenem Futter bei Ratten, die 48 Std gehungert hatten[5] (in mg-% P).*

Futter	Lebergewicht	Gesamtsäurelöslicher P	Leicht hydrolysierbarer P	Anorganischer P	Phosphoglycerin-P	Hg-unlöslicher P
Gemischt	8,5	92,6	18,7	16,2	25,0	27,7
Glucose	8,5	93,4	15,5	18,4	24,5	25,2
Casein	6,9	88,2	30,3	10,6	15,5	29,1
Olivenöl	5,3	89,3	24,9	9,6	18,6	27,4

Phosphorgehalt bei *Leberverfettung.* Nach Tetrachlorkohlenstoffvergiftung entsteht bei Meerschweinchen eine Leberverfettung mit Absinken von Gesamtphosphorgehalt und gesamtsäurelöslichem Phosphat sowie einem Anstieg der leicht hydrolysierbaren Phosphate, wie die Tabelle 55 zeigt.

Im Schock findet man bei Kaninchen verminderte Werte für den säurelöslichen organischen Phosphor bei etwa gleichbleibendem Gehalt an Gesamtphosphor und deutlich erhöhtem Gehalt an anorganischem Phosphor.

Säurelösliche Phosphorverbindungen. Die Leber wird für die Bestimmung der säurelöslichen Phosphorverbindungen aus dem narkotisierten Tier entnommen und sofort in flüssigem Stickstoff oder Äther-Trockeneis eingefroren. Die gefrorene Leber wird

[1] PANY, J.: H. **272,** 273 (1942).
[2] KJERULF-JENSEN, K.: Acta physiol. scand. **4,** 249 (1942).
[3] KOSTERLITZ, H. W., and C. M. RITCHIE: Biochem. J. **37,** 181 (1943).
[4] RAPAPORT, S., F. LEVA and G. M. GUEST: J. biol. Ch. **149,** 57 (1943).
[5] RAPAPORT, S., E. LEVA and G. M. GUEST: J. biol. Ch. **149,** 65 (1943).

Tabelle 55. *Säurelöslicher Phosphor in Fettlebern von Meerschweinchen nach Tetrachlorkohlenstoff-vergiftung*[1] *(Mittelwerte).*

	Frische Leber				Trichloressigsäureextrakt			
	Fett	N	Gesamt-P		Gesamt-P		Organischer P	
	%	%	mg/g N	%	mg/g N	mg/100 g	mg/g N	mg/100 g
Normale Tiere . .	5,4— 9,0	3,56	94	0,34	27,1	96,2	20,7	73,5
Vergiftete Tiere .	10,6—16,2	2,16	115	0,25	35,2	75,6	26,7	57,5

pulverisiert und mit etwa 5 Volumina eiskalter 10 %iger Trichloressigsäure extrahiert, indem man 15 min lang bei 0° rührt. Anschließend wird filtriert bzw. zentrifugiert. Man erhält etwa 40 cm³ Filtrat, das 5—7 g Leber entsprechen soll. Das gewonnene Filtrat enthält 4—6 mg gesamtsäurelöslichen Phosphor. Folgende Fraktionen können abgetrennt werden: Anorganisches Orthophosphat, eine Mischung von ATP und ADP, Adenylsäure, Glucose-1-phosphat, Glucose-6-phosphat, Phosphoglycerinsäure, Glycerinphosphorsäure, Propandiolphosphat und eine Co-Enzymfraktion, deren größter Teil Diphosphopyridinnucleotid (DPN) entspricht. Nach dem folgenden Trennungsschema können die einzelnen Fraktionen isoliert werden. Die Methode eignet sich für Isotopenversuche mit säurelöslichen Phosphorverbindungen[2]. Die Zusammensetzung der für die P-Bestimmungen notwendigen Reagentien, insbesondere Molybdänsäurereagens und Magnesiamischung, ist ausführlich bei den zur Bestimmung anorganischer Bestandteile beschriebenen Methoden abgehandelt (s. Bd. III).

1. Trennungsschema für die säurelöslichen Phosphorverbindungen der Leber.

40 cm³ Trichloressigsäurefiltrat + 45 cm³ 95 %igem Äthylalkohol. Mischung über Nacht im Kühlschrank stehenlassen und anschließend in gekühlter Zentrifuge (Kühlraum) zentrifugieren

Niederschlag: Glykogen

Überstehendes mit gepulvertem Ba(OH)₂ phenol-phthaleinalkalisch machen und 125 cm³ Äthanol zugeben. Die Mischung wird bei Zimmertemperatur zentrifugiert

Niederschlag: Bariumsalze, Ausgangsmaterial für Trennung nach Schema 2

Überstehendes: Co-Enzymfraktion und Propandiolphosphat. Über Nacht im Eisschrank stehenlassen und anschließend abzentrifugieren

Niederschlag: Co-Enzymfraktion. Der Niederschlag wird mit verdünnter Salpetersäure gelöst, die Lösung auf der Heizplatte auf 5 bis 10 cm³ eingeengt und mit 2 g Ammoniumnitrat und 10—15 cm³ konz. Salpetersäure versetzt. Die Mischung wird 3—4 Std auf einer Heizplatte gekocht, mit 50 cm³ Aqua dest. verdünnt und zu dieser Lösung Molybdänsäurereagens zur Phosphatfällung aus dieser Fraktion zugegeben

Überstehendes: Propandiolphosphat. Die Lösung wird mit Essigsäure angesäuert, auf 10—15 cm³ eingeengt und mit dem gleichen Volumen konz. Salpetersäure versetzt. Der entstehende Niederschlag wird abzentrifugiert und zweimal mit 1:1 verdünnter Salpetersäure gewaschen

Niederschlag: Ba(NO₂)₃

Das *Überstehende* und die *Waschlösungen* werden mit 2 g Ammoniumnitrat versetzt, 4—5 Std auf einer Heizplatte gekocht, wobei der größte Teil der Säure verdampft. Durch Zugabe von 50—60 cm³ Aqua dest. und Molybdänsäurereagens wird das Phosphat aus Propandiolphosphat gefällt

---

[1] ENNOR, A. H., and L. A. STOCKEN: Biochem. J. **42**, 549 (1948).
[2] SACKS, J.: J. Ch. biol. **181**, 655 (1949).

2. *Trennungsschema für die säurelöslichen Phosphorverbindungen der Leber.*

Niederschlag bestehend aus den Bariumsalzen des Trennungsschemas Nr. 1: Der Niederschlag wird in 20—25 cm³ eiskalter 5%iger Trichloressigsäure gelöst. Zu der Lösung gibt man bis zur Rotfärbung von Phenolphthalein gepulvertes $Ba(OH)_2$ zu und stellt mit Trichloressigsäure auf p_H 8,2 ein (Umschlagpunkt von Phenolphthalein). Man läßt die Mischung 15 min lang stehen und zentrifugiert den Niederschlag ab

---

Niederschlag: Bariumunlösliche Fraktion zusammen mit adsorbierten Anteilen der bariumlöslichen Komponenten. Der Niederschlag wird in 10—15 cm³ eiskalter Trichloressigsäure aufgelöst, wie oben mit $Ba(OH)_2$ wieder ausgefällt und abzentrifugiert

Überstehendes: Ein Teil der bariumlöslichen Fraktion mit kleinen Mengen bariumunlöslicher Bestandteile

---

Niederschlag: Die meisten bariumunlöslichen Bestandteile. Niederschlag bis zur Fällung mit Calcium (s. u.) aufheben

Überstehendes: Teil der bariumlöslichen Fraktion mit Spuren von anorganischem Phosphat, ATP und ADP. Die Lösung wird mit dem Überstehenden der ersten Bariumhydroxydfällung vereinigt und mit 2 cm³ m Calciumtrichloracetatlösung versetzt. Die Mischung läßt man über Nacht im Kühlschrank stehen und zentrifugiert anschließend

---

Niederschlag in eiskalter Trichloressigsäure lösen und mit der Lösung des Calciumniederschlages vereinigen

Niederschlag: Spuren von anorganischem Phosphat, ATP und ADP. Niederschlag in eiskalter Trichloressigsäure lösen und mit der Lösung des Bariumniederschlages vereinigen

Überstehendes: Barium- und calciumlösliche Fraktion; Ausgangslösung für das 3. Trennungsschema

Zu den *vereinigten Lösungen* (s. o.) gibt man 1 cm³ n Schwefelsäure und zentrifugiert sofort in einer eisgekühlten Zentrifuge den Niederschlag ab, den man zweimal mit eiskaltem Wasser wäscht

---

Niederschlag: $BaSO_4$

Überstehendes und *Waschwasser* werden vereinigt und mit 15 cm³ Magnesiamischung versetzt. Die Mischung läßt man 48 Std im Eisschrank stehen und filtriert anschließend

---

Niederschlag in 10 cm³ verdünnter Salpetersäure lösen und zur Fällung von anorganischem Phosphat mit Molybdänsäurereagens versetzen

Filtrat bei 60° zur Entfernung von Ammoniak durchlüften, mit Salpetersäure auf n Säuregehalt einstellen, in kochendem Wasser 20 min lang erhitzen, abkühlen und mit Ammoniak alkalisch machen. Man läßt die Mischung 48 Std im Eisschrank stehen und filtriert den Niederschlag ab

---

Niederschlag: Labiler Phosphor von ATP und ADP. Der Niederschlag wird mit verdünnter Salpetersäure gelöst und das Phosphat mit Molybdänsäurereagens gefällt

Filtrat: Stabiler Phosphor von ATP und ADP (als Ribose-5-phosphat) und Phosphoglycerinsäure. Man gibt zu dem Filtrat 4 cm³ Bariumtrichloracetat, läßt die Mischung über Nacht im Eisschrank stehen und zentrifugiert anschließend

---

Niederschlag mit 2 g Ammoniumnitrat und konz. Salpetersäure 4—5 Std auf einer Heizplatte veraschen. Anschließend gibt man Aqua dest. hinzu, zentrifugiert den Niederschlag von $BaSO_4$ ab und versetzt das Überstehende für die Fällung von Phosphat aus Phosphoglycerinsäure mit Molybdänsäurereagens

Das *Überstehende* wird mit Salpetersäure angesäuert, auf ein kleines Volumen eingeengt und 3—4 Std mit konz. Salpetersäure verascht. Nach Zugabe einer genügenden Menge Aqua dest. zum Auflösen von Bariumnitrat wird der stabile Phosphor von ATP und ADP mit Molybdänsäurereagens ausgefällt

3. Trennungsschema für die säurelöslichen Phosphorverbindungen der Leber.

Barium- und calciumlösliche Fraktionen des 2. Trennungsschemas + 4 Volumen 95 %igen Äthylalkohol (eingestellt auf p_H 8,2). Die Mischung bleibt über Nacht im Eisschrank stehen und der Niederschlag wird am folgenden Tage abzentrifugiert

---

Niederschlag: in 10 cm³ Trichloressigsäure (5 %ig) auflösen, mit 1 cm³ n Schwefelsäure versetzen und 10 min im kochenden Wasserbad erhitzen. Der entstandene Niederschlag wird abzentrifugiert und mit Wasser ausgewaschen   *Überstehendes* verwerfen

---

Niederschlag: $BaSO_4$ *Überstehendes* und *Waschwasser* vereinigen. Falls die Bestimmung von Adenylsäure, Fructosephosphat- und Glucose-1-phosphat-Phosphor gewünscht wird, füllt man die Lösung auf 25 cm³ auf und verwendet aliquote Teile für die genannten Bestimmungen sowie 20 cm³ zum Ausfällen des Phosphor aus Glucose-1-phosphat. Andernfalls nimmt man die ganze Lösung für die Phosphorfällung durch Zugabe von Magnesiamischung und läßt sie 48 Std im Eisschrank stehen, um am nächsten Tag den Niederschlag abzufiltrieren

---

Niederschlag in verdünnter Salpetersäure lösen und den Phosphor von Glucose-1-phosphat mit Molybdänsäurereagens ausfällen   *Filtrat* zur Entfernung von Ammoniak bei 60° durchlüften, mit Salpetersäure auf n Säuregehalt einstellen und 5 Std in kochendem Wasserbad erhitzen. Nach dem Abkühlen wird mit Ammoniak alkalisch gemacht und die Mischung 48 Std im Eisschrank stehengelassen. Der Niederschlag wird anschließend abfiltriert

---

Niederschlag in verdünnter Salpetersäure lösen und den Phosphor der Adenylsäurefraktion mit Molybdänsäurereagens ausfällen   Das *Filtrat* wird mit 2 cm³ m Calciumtrichloracetatlösung und 4 Volumina 95 %igem Alkohol versetzt, über Nacht im Eisschrank stehengelassen und der entstehende Niederschlag abzentrifugiert

---

Der *Niederschlag* wird mit 15 cm³ 5 %iger Trichloressigsäure gelöst und mit NaOH auf n Laugengehalt eingestellt. Die Lösung wird 3 Std im kochenden Wasserbad erhitzt und nach Abkühlen mit Salpetersäure auf 2 n gebracht. Durch Zugabe von Molybdänsäurereagens wird der Phosphor von Glucose-6-phosphat durch Stehenlassen über Nacht niedergeschlagen. Der Niederschlag wird abfiltriert   *Überstehendes* verwerfen

---

Niederschlag: Glucose-6-phosphat-Phosphor   *Filtrat:* Man gibt 5 cm³ 0,2 m HJO_4 hinzu, läßt die Mischung 1 Std bei Zimmertemperatur stehen und bringt sie mit Salpetersäure auf eine Acidität von 2,5—3 n. Die Lösung wird 1 Std in kochendem Wasser erhitzt. Der Niederschlag enthält den Phosphor von Glycerinphosphorsäure

Die in den Trennungsschemen erwähnten Phosphatbestimmungen werden wie im Kapitel „Phosphatbestimmungen" (Bd. III) beschrieben ausgeführt.

Die Werte der nach obigem Verfahren bestimmten säurelöslichen Phosphorverbindungen von Rattenlebern sind in der Tabelle 56 zusammengefaßt.

Vitamine. Methoden für die Vorbereitung der Organe einschließlich der Leber für die Bestimmung von Vitaminen findet man in dem Kapitel „Allgemeine Organaufarbeitung" (s. S. 464) und die Bestimmungsmethoden selbst in den betreffenden Abschnitten für die Bestimmung organischer Stoffe (s. Bd. III und IV).

Vitamin A. Von allen Organen besitzt die Leber den größten Vitamin A-Gehalt (Werte für den Gehalt der Leber an Vitamin A und anderen Vitaminen s. Tabelle 61). Neben den

Tabelle 56. *Säurelösliche Phosphatverbindungen von normalen Rattenlebern*[1]
(in mg-% Phosphor der Trockensubstanz).

Fraktion	„Carworth strain"-Rasse 18 Ratten		„Sprague-Dawley"-Rasse 20 Ratten	
	Werte	Mittelwerte	Werte	Mittelwerte
Gesamtsäurelöslicher P	53,9—88,0	$77,3 \pm 2,3$	66,1—99,6	$84,1 \pm 2,2$
Anorganischer P	13,1—23,9	$18,5 \pm 0,6$	14,4—26,4	$19,2 \pm 0,65$
Labiler P von ATP—ADP . .	6,9—14,3	$9,9 \pm 0,9$	8,0—14,1	$11,6 \pm 0,5$
Stabiler P von ATP—ADP . .	4,9— 9,7	$6,1 \pm 0,4$	5,2— 8,8	$6,6 \pm 0,25$
Adenylsäure	4,3— 7,3	$6,3 \pm 0,5$	2,3— 7,5	$4,1 \pm 0,3$
Phosphoglycerinsäure	1,0— 6,9	$3,7 \pm 0,35$	2,2— 3,8	$3,2 \pm 0,1$
Glycerinphosphorsäure . . .	4,1—13,7	$9,2 \pm 0,4$	5,0—13,7	$9,6 \pm 0,4$
Glucose-1-phosphat	1,4— 3,1	$1,8 \pm 0,1$	1,1— 2,6	$1,7 \pm 0,15$
Glucose-6-phosphat	1,7— 3,3	$2,7 \pm 0,1$	2,8— 7,1	$3,8 \pm 0,3$
Co-Enzym	1,4— 6,6	$3,1 \pm 0,4$	0,9— 5,3	$2,6 \pm 0,3$
Propandiolphosphat	0,7— 3,6	$1,6 \pm 0,2$	0,4— 2,5	$1,5 \pm 0,2*$
			5,1— 7,1	$6,1**$
In den Fraktionen bestimmter P, ausgedrückt in Prozent des säurelöslichen Phosphors . . .	73—93	81	71—94	80

* $^2/_4$ der Gruppe. ** $^1/_4$ der Gruppe.

im Abschnitt „Carotinoide" (Bd. III) geschilderten Verfahren hat sich für die Bestimmung von Vitamin A in der Leber folgendes Vorgehen bewährt[2]:

Das Lebergewebe wird in kleine Stücke zerteilt und in 5%iger alkoholischer Kalilauge (aldehydfrei), 4 cm³ für 1 g Leber, auf dem Wasserbad $^1/_2$ Std lang unter Rückflußkühlung verseift. Vor der Verseifung ist der Zusatz von $^1/_3$ Volumen Benzin zweckmäßig, um ein lebhaftes Kochen herbeizuführen. Nach der Verseifung werden gleiche Teile destilliertes Wasser zugesetzt und nach dem Abkühlen wird die Lösung 3—5mal mit peroxydfreiem Äther bis zur Farblosigkeit des Äthers extrahiert, wie gewöhnlich gewaschen, getrocknet und in N_2-Atmosphäre eingedampft. Die Bestimmung von Vitamin A erfolgt dann aus dem gewonnenen Extrakt in üblicher Weise.

Beim Menschen findet sich häufig eine Parallelität zwischen dem Vitamin A-Gehalt der Leber (6—140 IE/g Frischgewebe) und dem des Blutes (0—116 IE in 100 cm³ Blut)[3]. Der Vitamin A-Gehalt ist bei neugeborenen Tieren normalerweise gering und, wie die Tabelle 57 zeigt, weitgehend vom Vitamingehalt des Futters der Muttertiere abhängig[4].

Mit zunehmendem Alter steigt der Vitamin A-Gehalt des Lebergewebes junger Tiere an[5] und ist bei Schweinen und Rindern im Sommer höher gelegen als im Winter[6].

Tabelle 57. *Vitamin A-Gehalt der Leber und des Plasmas neugeborener Tiere im Vergleich zum Vitamin A-Gehalt im Colostrum der Muttertiere bei normalem Futter und nach hohen Vitamin A-Gaben*
(in γ-% des Frischgewichtes).

	Neugeborenenleber		Neugeborenenplasma		Colostrum der Muttertiere	
	a	b	a	b	a	b
Schwein	474[4]	3580[4]	6,4[4]	9,1[4]	169[4]	519[4]
Ziege	60[4]	990[4]	2,0[4]	10,0[4]	169[4]	1353[4]
Schaf			3—70[7]		800[7]	

a Normales Futter, b hohe Vitamin A-Gaben mit dem Futter.

[1] SACKS, J.: J. biol. Ch. **181**, 655 (1949).
[2] WITH, T. K.: Vitamine u. Hormone **3**, 254 (1942).
[3] VARANGOT, J.: C. R. Soc. Biol. **136**, 279 (1942).
[4] THOMAS, J. W., J. K. LOOSLI and J. P. WILLIAM: J. anim. Sci. **6**, 141 (1947) [Ber. Physiol. **137**, 187].
[5] HARMS, F.: Vitamine u. Hormone **2**, 151 (1942) [C. **1942 II**, 1708].
[6] MOORE, T., and J. E. PAYNE: Biochem. J. **36**, 34 (1942).
[7] PEIRCE, A. W.: Austral. J. exp. Biol. med. Sci. **25**, 111 (1947) [Ber. Physiol. **137**, 187].

Tabelle 58. *Vitamin A-Gehalt von Lebergewebe nach verschiedenen Krankheiten*[1].

Krankheiten	Vitamin A (IE im Gramm Leber)
Aus voller Gesundheit durch Unfall gestorbene Personen	70—460
Arteriosklerose mit Myodegeneratio cordis	50—200
Chronisches Nierenleiden, Lebercirrhose, Alkoholvergiftungen, Magenkrebs mit Lebermetastasen	8,6— 32

Bei anderen Erkrankungen sinkt der Vitamin A-Gehalt der Leber ab, wie die Tabelle 58 zeigt[1].

Vitamin C. In Leber und Muskulatur kann man zwei Ascorbinsäurefraktionen unterscheiden, die freie und die gebundene Ascorbinsäure[2]. Für die Bestimmung der freien Ascorbinsäure werden 2 g Gewebe mit Quarzsand unter Zusatz von 5%iger Sulfosalicylsäure bzw. 8%iger Trichloressigsäure im Mörser verrieben. Der Gewebebrei wird quantitativ in einen Meßzylinder überführt und mit dem Enteiweißungsmittel auf 20 cm³ aufgefüllt. Die durch scharfes Zentrifugieren bei 4000 U/min erhaltene klare überstehende Lösung wird zur titrimetrischen Bestimmung benutzt. Die Bestimmung der reduzierten und der reversibel oxydierten Ascorbinsäure erfolgt sodann auf üblichem Wege.

Zur Bestimmung der gebundenen Ascorbinsäure wird der auf die oben beschriebene Weise erhaltene Eiweißniederschlag mit 4 cm³ n/2 Salzsäure versetzt und 10 min lang in Kohlendioxydatmosphäre im siedenden Wasserbad hydrolysiert. Nach dem Abkühlen wird mit dem zuvor verwandten Eiweißfällungsmittel, Sulfosalicylsäure bzw. Trichloressigsäure, bis zu einem Gesamtvolumen von 20 cm³ aufgefüllt und durch einfaches Filtrieren oder durch Zentrifugieren ein klares Filtrat für die titrimetrische Bestimmung hergestellt.

Die Tabelle 59 gibt die auf die beschriebene Weise erhaltenen Werte für die Ascorbinsäurefraktionen in tierischem Gewebe wieder.

Tabelle 59. *Freie und gebundene Ascorbinsäure in tierischen Geweben*[2] (in mg-% des Frischgewebes).

Gewebeart	Freie Ascorbinsäure und Dehydroascorbinsäure	Gebundene Ascorbinsäure und Dehydroascorbinsäure	Gesamtascorbinsäure
Kaninchenleber	24,9	8,67	33,57
Kaninchenmuskel. . . .	2,35	2,44	4,79
Kaninchenherzmuskel .	0,38	4,79	5,17
Katzenleber	12,41	6,11	18,52
Rinderleber	14,60	4,70	23,80
Schweineleber	12,20	11,85	24,05
Meerschweinchenleber . .	9,87	7,05	16,92
Meerschweinchenmuskel .	2,44	4,98	7,42

Bei winterschlafenden Tieren, z. B. Zieseln, steigt der Vitamin C-Gehalt während des Winterschlafes in der Leber von 15 mg-% im Januar auf 27,5 mg-% im März an[3]. Während der Trächtigkeit kommt es bei Ratten zu einem Anstieg des Vitamin C-Gehaltes der Leber von 24,8 bzw. 22,1 mg-% auf 28,9 bzw. 26,2 mg-% bei verschiedenen Rassen[4]. Nach Sensibilisierung mit artfremdem Eiweiß sinkt der Vitamin C-Gehalt von Meerschweinchenlebern von 38 mg-% auf 28,4 mg-% ab. Bei akutem Schock kommt es zu keinem weiteren Absinken des Vitamin C-Gehaltes von Lebergewebe. Dagegen ruft ein verlängerter Schockzustand einen erheblichen Vitamin C-Sturz auf 25 mg-% hervor[5].

[1] Skurnik, L.: Z. Vit.-Forsch. **15**, 68 (1944).
[2] Holtz, P.: H. **263**, 187 (1940).
[3] Epstein, S. F.: Biochem. J., Kiew **12**, 543 [C. **1941 I**, 1186].
[4] Kennaway, E. L., and M. M. Tipler: Brit. J. exp. Path. **28**, 351 (1947) [Ber. Physiol. **140**, 67].
[5] Lenaz, A., e A. Milletti: Riv. Clin. med. **43**, 189 (1942) [Ber. Physiol. **132**, 277].

Über die in der Leber nachgewiesenen Vitamine geben die Tabellen 57—62 Auskunft. In der Tabelle 60 ist außerdem der Riboflavingehalt von Rattenleberfraktionen bei normalem und eiweißarmem Futter zusammengestellt. Die für das Carcinom geltenden Besonderheiten des Lactoflavingehaltes sind im Kapitel „Tumoren" (S. 723) nachzulesen.

Tabelle 60. *Lactoflavingehalt der Leberfraktionen von normalen und Eiweißmangelratten*[1].

	Kontrollen	Eiweißmangeltiere	t-Wert	
Homogenat	26,93	17,06	8,58	γ/g Leber
	0,90	0,72	4,45	mg/g Leber-N
Kernfraktion	2,89	2,21	3,60	γ/g Leber
	11,00	13,00	1,88	Prozente der gesamten Leber
	0,63	0,49	5,90	mg/g Fraktion-N
Mitochondrienfraktion	10,47	7,40	3,90	γ/g Leber
	38,70	43,90	1,62	Prozente der gesamten Leber
	2,03	1,88	1,29	mg/g Fraktion-N
Mikrosomenfraktion	7,62	4,28	5,41	γ/g Leber
	29,10	25,20	1,13	Prozente der gesamten Leber
	0,96	0,80	1,14	mg/g Fraktion-N
Restcytoplasmafraktion . . .	6,98	5,92	1,85	γ/g Leber
	26,20	35,30	2,88	Prozente der gesamten Leber
	0,54	0,54	0	mg/g Fraktion-N
Gefundene Prozente	105,00	117,40		

t-Wert = Ausdruck für die Signifikanz der Differenzen der Werte zwischen Kontroll- und Eiweißmangeltieren (s. S. 475, Tabelle 27).

Fermente und Gewebsstoffwechsel. In der Leber als dem *Zentralorgan des intermediären Stoffwechsels* läßt sich eine unübersehbare Fülle von fermentativen Vorgängen nachweisen, so daß die Leber als ein brauchbares Ausgangsmaterial für die Gewinnung vieler Fermente anzusehen ist. Es muß jedoch betont werden, daß die Aktivität einer Reihe von Fermenten in anderen Organen nicht nur beträchtlich geringer, sondern teilweise auch höher sein kann als in der Leber, und daß unter Umständen diese Organe als Ausgangsmaterial sogar besser geeignet sind. Gerade die Fülle der in der Leber vorkommenden Wirkstoffe gestaltet Abtrennung und Isolierung einzelner Fermente mitunter schwierig. Einzelheiten über die Gewinnung von Fermenten aus der Leber sind im Abschnitt „Fermente" (Bd. IV) beschrieben.

Die Fermentaktivitäten wechseln außerordentlich stark in Abhängigkeit vom Funktionszustand des Organs. Vergleichende Angaben über Fermentaktivitäten können nur von Wert sein, wenn zahlreiche Umgebungs- und Erbfaktoren, die den Fermenthaushalt der Leber verändern können, bekannt sind. Auf Einzelheiten kann im Rahmen dieses Abschnittes nicht eingegangen werden.

Über den Gewebsstoffwechsel der Leber liegen außerordentlich zahlreiche Untersuchungen vor. Man weiß, daß der Sauerstoffverbrauch bei jungen Tieren am größten ist und mit Beendigung des Wachstums einen ziemlich konstanten Wert annimmt. Wenn man den Sauerstoffverbrauch von 1 mg Lebergewebe einer erwachsenen Maus von 23 g Körpergewicht gleich 100 % setzt, so beträgt der O_2-Verbrauch der Leber einer einen Tag alten Maus mit einem Körpergewicht von 1 g 217 %, einer 5 g schweren Maus 180 %, einer Maus von 10 g Gewicht 142 % und einer 15 g schweren Maus 122 %[2]. Der absolute Sauerstoffverbrauch von Lebergewebe, als Q_{O_2} berechnet, ist im Vergleich zu anderen Organen in mittlerer Höhe gelegen und beträgt für die Meerschweinchenleber 4,8—6[3], für die Rattenleber 10[4] bzw. 11,3[5] und für die fetale Rattenleber 7,1[5].

---

[1] MUNTWYLER, F., S. SEIFTER and D. M. HARKNESS: J. biol. Ch. **184**, 181 (1950).
[2] KLEBANOWA, J. A.: J. Physiol. USSR **25**, 426 (1938) [C. **1939 II**, 4520].
[3] MEIER, R., u. E. THOENES: A.e.P.P. **169**, 655 (1933).
[4] DRABKIN, D. L.: J. biol. Ch. **182**, 317 (1950).
[5] ROSENTHAL, O.. u. A. LASNITZKI: B. Z. **196**, 340 (1928).

Tabelle 61. *Vitamingehalt der Leber verschiedener Säugetiere.*
Vitamin A (IE/g Frischgewebe).

< 30 Mensch[3], Meerschweinchen[29].
40— 100 Mensch[2, 3, 35], Kalb und Schwein[5, 29], Hund[29].
140— 200 Mensch[4], Rind[5], Schwein[35], Hund und Meerkatze[29].
250— 500 Mensch[4], Rind[6, 29, 35], Schaf[5], Kaninchen[29], Schwein[48].
600— 1500 Rind[33], Pferd und Schaf[29].
13000—18000 Polarbär und Seehund[7].

Ascorbinsäure (mg-% im Frischgewebe).

17—18,5 Katze und Meerschweinchen[24].
20—21 Rind, Pferd, Schaf[40], Meerschweinchen[26].
23—25 Rind und Schwein[24], Ratte[27, 28, 40].
26—29 Rind und Hund[40].
33,6 Kaninchen[24].
38,0 Meerschweinchen[25].

Vitamin E (mg-% im Frischgewebe) beim Menschen.

0,66—0,82 Erwachsener[8],
0,32—0,46 Fet[8],
0,46 Neugeborener[8].

Vitamin K (mg-% im Frischgewebe) beim Hund: 45—45[9].

Tabelle 62. *Gehalt der Leber verschiedener Species an B-Vitaminen* (mg%-).

	Trockengewicht	Frischgewicht		Trockengewicht	Frischgewicht
Nicotinsäure	22,4 (a)[16]	5,8 (a)[14]	Aneurin . .	3,2 (e)[37]	0,0038—0,0094 (a) Fet[10]
		6,78 (a)[16]			freies Aneurin
		7,85 (a)[17]			0,003—0,007 (a)[44]
		0,78—3,56 (a)[39] Fet			1,6 (a)[14]
		0,78—3,60 (a)[18] Fet	Lactoflavin	0,009 bis	2,85—3,45 (b)[11]
	37,7 (b)[16]	12,2 (b)[1]		0,067 (a)[35]	4,35—5,4 (d)[11]
		9—25 (b)[18]		Fet und	2,7 (e)[11]
		16 (c)[36]		Neugeborener	1,62 (m)[12]
		12,5—47 (d)[18]			1,12 (m)[12] jung
	35,4 }(e)[16] 42,1 }	11,0 }(e)[16] 12,6 }			2,5—2,9 (m)[13]
	29—32 (e)[18]	8,7—26,5 (e)[18]			0,84—0,92 (m)[13] Fet
		0,15 (g)[19]			1,3—1,5 (m)[41]
		freie Nicotinsäure	Pantothen- säure . .		
		7,85 (g)[17]			4,3 (a)[14]
		2,34—2,64 (g)[39]			4,0 (d)[14]
		4,5 (m)[19]			10,8 (l)[30]
Pyridoxin .		3,4 (m)[20]			0,38 (m)[38]
		1,0 (n)[42]			freie Pantothen- säure
Freies Cholin		8—20 (b)[21]	Biotin . . .	0,32 (b)[15]	0,074 (a)[14]
Inosit . . .		66 (a)[14]		0,339 (m)[32]	
Vitamin B$_{12}$.	0,047 (b)[22]	0,015 (b)[23]		0,203 (m)[32]	
		0,011 (k)[23]		Fet	
		0,03—0,50 (b)[45]	Folinsäure .		+ (c)[31]
					+ (e)[31]
					0,305 (k)[34]

(a) Mensch, (b) Rind, (c) Pferd, (d) Schaf, (e) Schwein, (f) Hund, (g) Kaninchen, (h) Katze, (i) Meerschweinchen, (k) Küken, (l) Maus, (m) Ratte, (n) Säugetierleber.

[1] WITH, T. K.: Vitamine u. Hormone 1, 264 (1941) [Ber. Physiol. 130, 48].
[2] PETRAJAJEWA, A. T.: Kazan. med. Ž. 35, 14 (1939) [C. 1940 I, 3807].
[3] VARANGOT, J.: C. R. Soc. Biol. 136, 279 (1942).
[4] WAGNER-HERING, E.: Hippokrates 1942, 344 [Ber. Physiol. 132, 103].
[5] MOORE, T., and J. E. PAYNE: Biochem. J. 36, 34 (1942).
[6] DONNINI, P.: Rass. Clin., Terap. 38, 7 (1939) [C. 1949 II, 1310].
[7] RODAHL, K., and T. MOORE: Biochem. J. 37, 166 (1943).
[8] ABDERHALDEN, R.: Z. Vit.-Forsch. 16, 309, 319 (1945).

b) Niere und Harnorgane.

Anorganische Bestandteile. Die Aufarbeitung der Niere zur Bestimmung der anorganischen Bestandteile sowie die üblichen Bestimmungsmethoden unterscheiden sich nicht von den bei anderen parenchymatösen Organen angewandten. Hierüber ist im Kapitel der allgemeinen Organaufarbeitung (s. S. 450) sowie bei den allgemeinen Bestimmungsmethoden (Bd. III) nachzulesen. Der Gehalt der Niere an den verschiedenen Mineralien und Spurenelementen ist aus den Tabellen 63—65 zu ersehen. Die Ergebnisse in beiden Nieren des gleichen Tieres sind praktisch identisch. Der Gehalt an Wasser, Fett, Na und Cl pflegt im Mark größer zu sein als in der Rinde.

Außer den in den Tabellen 63 und 64 aufgezählten Spurenelementen wurden Rb, Ag und V mit spektrographischer Methodik in der menschlichen Niere qualitativ nachgewiesen[1]. Dagegen war der spektrographische Nachweis von Sr, Co und Ni negativ[1], während andere Autoren die in den Tabellen verzeichneten kleinen Mengen nachgewiesen hatten. Ba wurde nicht in der menschlichen Niere[1, 2], dagegen qualitativ in der Niere verschiedener Pflanzenfresser gefunden[2].

---

[1] BOYD, T. C., and N. K. DE: Ind. J. med. Res. **20**, 789 (1933) [C. **1934** I, 69].

[2] KUNOWSKI, S.: Dtsch. Z. gerichtl. Med. **19**, 265 (1932) [Ber. Physiol. **71**, 655].

Literatur zu Tabellen 61 und 62.

[9] BALTACÉANO, G., C. VASILIU, G. PALLA et A. ANDRÉESCO: Bull. Inst. balnéol. Bucarest **12**, 29 (1941) [Ber. Physiol. **131**, 475].

[10] HILDEBRANDT, A., u. R. ABDERHALDEN: Vitamine u. Hormone **3**, 368 (1943).

[11] SAFFRY, O. B., H. S. COX, B. L. KUNERTH and M.-M. KRAMER: J. Nutrit. **20**, 169 (1940) [Ber. Physiol. **126**, 23].

[12] RANDOIN, L., A. RAFFY et A. GOURÉVITCH: C. R. Soc. Biol. **130**, 729 (1930).

[13] GIROUD, A., G. LÉVY u. J. BOISSELOT: Int. Z. Vit.-Forsch. **21**, 255 (1949) [Ber. Physiol. **144**, 169].

[14] WILLIAMS, R. J., R. E. EAKIN, E. BEERSTECHER jr. and W. SHIVE: The Biochemistry of B Vitamins. New York 1950.

[15] HOFFMANN, K., D. F. DICKEL and A. E. AXELROD: J. biol. Ch. **183**, 481 (1950).

[16] BANDIER, E.: On Nicotinic Acid. Kopenhagen 1940.

[17] RITSERT, K.: Kli. Wo. **1939** I, 934.

[18] CUNY, L., P. BOUVET et J. DEVILLERS: Bull. Soc. Chim. biol. **24**, 154 (1942) [Ber. Physiol. **131**, 250].

[19] EULER, H. V., F. SCHLENK, H. HEIWINKEL u. B. HÖGBERG: H. **256**, 208 (1938).

[20] MITOLO, M.: Boll. Soc. ital. Biol. sperim. **16**, 175 (1941) [Ber. Physiol. **127**, 113].

[21] LUECKE, R. W., and P. B. PEARSON: J. biol. Ch. **155**, 507 (1944).

[22] THOMPSON, H. T., L. S. DIETRICH and C. A. ELVEHJEM: J. biol. Ch. **184**, 175 (1950).

[23] LEWIS, M. J., M. D. REGISTER, H. T. THOMPSON and C. A. ELVEHJEM: Proc. Soc. exp. Biol. Med. **72**, 479 (1949).

[24] HOLTZ, P.: H. **263**, 187 (1940).

[25] LENAZ, A., e A. MILETTI: Riv. Clin. med. **43**, 189 (1942) [Ber. Physiol. **132**, 277].

[26] AKAWOKA, S.: Trans. jap. path. Soc. **29**, 586 (1939) [Ber. Physiol. **118**, 407].

[27] KENNEWAY, E. L.: Brit. J. exp. Path. **28**, 351 (1947) [Ber. Physiol. **140**, 67].

[28] BOWMAN, D. E., L. E. MORRIS and J. R. STACY: Proc. Soc. exp. Biol. Med. **45**, 784 (1940).

[29] WITH, T. K.: Vitamine u. Hormone **3**, 254 (1942).

[30] MELAMPY, R. M., and L. X. NORTHROP: Arch. Biochem. **30**, 180 (1951).

[31] PFIFFNER, J. J., S. B. BINKLEY, E. S. BLOOM and B. L. O'DELL: Am. Soc. **69**, 1476 (1947).

[32] WEST, P. M., and W. H. WOGLOM: Science, N.Y. **93**, 525 (1941).

[33] SAKAMOTO, T.: J. Biochem. **32**, 425 (1940) [Ber. Physiol. **126**, 492].

[34] MOORE, P. R., A. LEPP, T. D. LUCKEY, C. A. ELVEHJEM and E. H. HART: Proc. Soc. exp. Biol. Med. **64**, 316 (1947).

[35] SKRUNIK, L.: Z. Vit.-Forsch. **15**, 68 (1944).

[36] KARRER, P., u. H. KELLER: Helv. **22**, 1292 (1939).

[37] WEST, P. M., and P. W. WILSON: Science, N.Y. **88**, 334 (1938).

[38] NISHI, H., T. E. KING and V. H. CHELDELIN: J. Nutrit. **41**, 279 (1950).

[39] NEUWEILER, W.: Z. Vit.-Forsch. **15**, 76 (1944).

[40] GIROUD, A., C. P. LEBLOND, R. RATSIMAMANGA et E. GERO: Bull. Soc. Chim. biol. **20**, 1079 (1938).

[41] RAFFY, A., et R. LECOQ: C. R. Soc. Biol. **137**, 634 (1943).

[42] SARMA, P. S., E. E. SNELL and C. A. ELVEHJEM: J. Nutrit. **33**, 121 (1947) [Ber. Physiol. **135**, 84].

[43] THOMAS, J. W., J. K. LOOSLI and J. P. WILLIAM: J. anim. Sci. **6**, 141 (1947).

[44] NEUWEILER, W.: Z. Vit.-Forsch. **11**, 259 (1941) [Ber. Physiol. **128**, 581].

[45] SCHEID, H. E., M. M. ANDREWS and B. S. SCHWEIGERT: J. Nutrit. **47**, 601 (1952).

Tabelle 63. *Schwefelfraktionen und Spurenelemente in der Niere* (in mg-% der Frischsubstanz).

Cu	0,17—0,32[1, 2, 3]	F* . . .	0,5[10, 11]	Sn . . .	0,02—0,18[2, 19]
Gesamt-S. .	164[5]	Mn . .	0,06—0,17[2, 14]	Co . . .	0,025[13]
Eiweiß-S . .	114[5]	Zn . . .	2,4—6,4[15, 16, 17]	Ni . . .	0,025[12]
SH-S . . .	17[5]	Al . . .	0,04[2]	Mo . .	0,014—0,035[1, 3]
Oxyd.-S . .	33[5]	Pb . .	0,027—2,45[2, 18]	Br . . .	0,36 —0,45[4]
Fe	1,9—6,9[6, 7, 8, 9]				

Tabelle 64. *Spurenelemente in der Niere.*

In γ-% der Frischsubstanz		In mg-% der Trockensubstanz	
Hg (Huhn)	<0,1[20]	Gesamt-Fe (Normal) . . .	20 —54[27]
(Meerschweinchen) . .	3,5[21, 20]	(Anämisch) . .	15 —37[27]
(Mensch; die hohen Werte bei Amalgamträgern)	9 —58[21, 20]	Nicht-Hb-Fe (Normal) . .	9 —25[27]
		(Anämisch) .	5 —20[27]
As	14 —27[22]	Si	4 —13[28]
Ti	1,5—12[23, 24, 25]	Cu	1,1— 6,3[27, 29]
U	0,5— 1,3[26]	F*	1,3— 1,5[11, 30]
Sr	Spur[31]	Zn	18,6[29]

* Werte vermutlich zu hoch, neuere Analysen nicht vorliegend.

Organische Bestandteile. Getrocknete und entfettete Schweinenieren zeigen bei einem Wassergehalt von 5% und einem Aschegehalt von 6,75% N-Werte um 12%. Nach WETZEL u. a.[32] beträgt der *Eiweißgehalt* der Rattenniere (N·6,25) 19,2%. Zur Untersuchung der *Eiweißkörper* der Nierenrinde empfiehlt sich folgendes Vorgehen[33]: Pferdenieren werden unmittelbar nach dem Tode entfernt. Man durchströmt mit physiologischer NaCl-Lösung, um das Gewebe möglichst blutfrei zu erhalten, entfernt die Nierenrinde mit

[1] TERMEULEN, H.: Recu. Trav. chim. Pays-Bas **50**, 491 (1931).
[2] KEHOE, R. A., J. CHOLAK and R. V. STORY: J. Nutrit. **19**, 579 (1940).
[3] BERTRAND, D.: Bull. Soc. Chim. biol. **25**, 197 (1943).
[4] DIXON, TH. F.: Biochem. J. **29**, 86 (1935).
[5] MÉDVÉDÉVA, N.: Med. Ž. **10**, 793 (1940) [Ber. Physiol. **124**, 415].
[6] KENNEDY, R. P.: J. biol. Ch. **74**, 385 (1927).
[7] BOGNIARD, R. P., and G. H. WHIPPLE: J. exp. Med. **55**, 653 (1932).
[8] AUSTONI, M. E., A. RABINOWITCH and D. M. GREENBERG: J. biol. Ch. **134**, 17 (1940).
[9] LINTZEL, W.: Ergebn. Physiol. **31**, 844 (1931).
[10] DE EDS, F.: Medicine, Baltimore **12**, 1 (1933).
[11] ZDAREK, E.: H. **69**, 127 (1910).
[12] BERTRAND, G., et M. MACHEBOEUF: Cr. **180**, 1380, 1993 (1925).
[13] CAUJOLLE, F.: Expos. ann. Biochem. méd. **7**, 199 (1947).
[14] REIMAN, C. K., and A. S. MINOT: J. biol. Ch. **42**, 329 (1920).
[15] GETTLER, A. O., and R. BASTIAN: Amer. J. clin. Path. **17**, 244 (1947).
[16] DUTOIT, P., et CHR. ZBINDEN: Cr. **190**, 172 (1930).
[17] LEINER, M., and G. LEINER: Biol. Zbl. **62**, 119 (1942).
[18] MINOT, A. S., and I. C. AUB: J. industr. Hyg. **6**, 149 (1924).
[19] BERTRAND, B., et V. CIUREA: Cr. **192**, 780 (1931).
[20] KLUGE, H., H. TSCHUBEL u. A. ZITEK: Z. Unters. Lebensm. **76**, 321 (1938).
[21] BODNÁR, J., Ö. SZÉP u. B. WESZPRÉMY: B. Z. **302**, 384 (1939).
[22] SCHAAF, E.: H. **280**, 65 (1944).
[23] BERTRAND, G., et VORONCA-SPIRT: Bull. Soc. chim. France (4) **47**, 643 (1930).
[24] CHUYKO, V., u. A. VOYNAR: Biochem. Ž. (russ.) **14**, 191 (1939) [Ber. Physiol. **120**, 372].
[25] MAILLARD, L. C., et J. ETTORI: C. R. Soc. Biol. **122**, 951 (1936).
[26] HOFFMANN, J.: B. Z. **313**, 377 (1943).
[27] BRÜCKMANN, G., and S. G. ZONDEK: Biochem. J. **33**, 1845 (1939).
[28] KING, E. J., and TH. H. BELT: Physiol. Rev. **18**, 329 (1938).
[29] EGGLETON, W. G. E.: Biochem- J. **34**, 991 (1940).
[30] ROHOLM, K.: Ergebn. inn. Med. **57**, 822 (1935).
[31] SHELDON, J. H., and H. RAMAGE: Biochem. J. **25**, 1608 (1931).
[32] WETZEL, R., H. WOLLSCHITT, H. RUSKA u. TH. OESTREICHER: A. e. P. P. **179**, 86 (1935).
[33] FERRY, R. M., V. T. FERRY and M. K. CONNOLLY: J. biol. Ch. **128**, XXIX (1939).

dem Messer und hält das fein zerkleinerte Gewebe bei —10 bis —15° oder trocknet es im Vakuum. Auf diese Weise kann das Gewebe beliebig lange bis zur weiteren Aufarbeitung konserviert werden. Zur Extraktion der Proteine kann man NaCl- oder KCl-Lösungen bzw. Phosphatpuffer in einem p_H-Bereich zwischen 6,2 und 7,4 verwenden. Es zeigen sich nur geringe Unterschiede in der Menge der extrahierten Proteine. Für die Ionenstärke ist der Bereich zwischen 0,5 und 1,0 optimal, bei höheren Konzentrationen sinkt der Eiweißgehalt. FERRY u. a.[1] extrahieren mit 0,5—0,6 m Lösungen eine Proteinmenge, die etwa 30% des Gewebetrockengewichtes ausmacht. 60% hiervon sind Globuline. Extrahiert man frische Nierenrinde mit mehr alkalischem Phosphatpuffer, ergeben sich stärker viscöse und fädenbildende, dem Myosin ähnliche Extrakte. Zum Unterschied von Myosinlösungen aber zeigen diese Lösungen keine Strömungsdoppelbrechung.

Lösliche stickstoffhaltige Verbindungen. Bei kleineren Tieren wird die ganze Niere, bei größeren ein entsprechendes Gewebestück möglichst bald nach dem Tode auf der Torsionswaage gewogen und mit der 2—3fachen Menge Wasser im Homogenisator behandelt. NH_3-N kann unmittelbar, Harnstoff-N nach vorheriger Einwirkung von Urease in der Diffusionszelle nach CONWAY bestimmt werden. ROBERTS und FRANKEL[9] finden in der Niere von Mäusen 14—20 mg-% NH_3-N und 30—39 mg-% Harnstoff-N. Zur Bestimmung des α-Amino-N empfiehlt sich folgendes Vorgehen: Das Homogenisieren erfolgt in 1%iger Pikrinsäure. Das Homogenat

Tabelle 65. *Wasser- und Mineralgehalt von Niere und Blase* (Frischsubstanz).

	Mensch	Hund	Delphin[3]	Blase (Rind)[4]
H_2O %	76,5—86,4 [2]	80	82,1	
Cl mg-%		246	232	
Na mg-%	390 [5]	193	193	134
K mg-%	510 [5]	228	222	286
	242 ± 3,5 [8]			
Ca mg-%	19 [7]	10	6,1	5,7
		41,3 [7]		
Mg mg-%	21,5 [7]	12,6 [7]	15,3	11,7
P mg-%	127—192 [7]	200—300 [4]		

wird im Wasserbad auf 70—80° erhitzt und heiß filtriert. Wenn eine Aufarbeitung unmittelbar nach dem Tode nicht möglich ist, kann man das Gewebe in Aceton-Kohlendioxyd einfrieren und bei —5 bis —8° konservieren, ohne daß sich die Werte ändern. In der Hundeniere finden HANDLER und Mitarbeiter[10] für den α-NH_2-N Werte zwischen 127 und 134 mg-%.

Die im Nierengewebe von Ratten nachweisbare *Glutaminmenge* ist nach TIGERMAN und McVICAR[11] vom Eiweißgehalt des Futters abhängig. Die nach der Methode von ARCHIBALD[12] bestimmten Werte liegen bei Ratten, deren Futter 20% Protein enthält, bei 119 mg-%. Erhöht man die Eiweißzufuhr auf das Doppelte, fallen die Glutaminwerte um 10—25%. Bei sinkender Eiweißzufuhr dagegen steigen die Werte auf über 200 mg-%.

Die verschiedenen Nucleotidfraktionen werden nach den bei der allgemeinen Organaufarbeitung bzw. bei Leber (S. 477) behandelten Richtlinien bestimmt. Bei Mäusen finden sich in der Trockensubstanz je etwa 2% Desoxyribonucleinsäure und Ribonucleinsäure[13]. In der Kaninchenniere liegt der Nucleotid-Purin-N bei etwa 40 mg-% und

[1] FERRY, R. M., V. T. FERRY and M. K. CONNOLLY: J. biol. Ch. **128**, XXIX (1939).
[2] BRÜCKMANN, G., and S. G. ZONDEK: Biochem. J. **33**, 1845 (1939).
[3] EICHELBERGER, L., L. LEITER and E. M. K. GEILING: Proc. Soc. exp. Biol. Med. **44**, 356 (1940).
[4] EICHELBERGER, L., and W. G. BIBLER: J. biol. Ch. **128**, 24 (1939).
[5] BOULANGER, P.: Expos. ann. Biochem. méd. **6**, 119 (1946).
[6] WILKINS, W.: Proc. Soc. exp. Biol. Med. **31**, 1117 (1934) [Ber. Physiol. **84**, 571].
[7] SCHMIDT, C. L. A., and D. M. GREENBERG: Physiol. Rev. **15**, 297 (1935).
[8] RODECK, H., u. W. DODEN: Z. ges. exp. Med. **117**, 414 (1951).
[9] ROBERTS, E., and S. FRANKEL: Arch. Biochem. **20**, 386 (1949).
[10] HANDLER, P., H. KAMIN and J. S. HARRIS: J. biol. Ch. **179**, 283 (1949).
[11] TIGERMAN, H., and R. W. McVICAR: Proc. Soc. exp. Biol. Med. **72**, 651 (1949).
[12] ARCHIBALD, R. M.: J. biol. Ch. **154**, 643 (1944).
[13] REDDY, D. V. N., and L. R. CERECEDO: J. biol. Ch. **192**, 57 (1951).

die Summe von Nucleosid- und freiem Purin-N bei 10—20 mg-%. Dabei sind in der Rinde die Werte meist geringer als im Nierenmark[1].

Kohlenhydrate und organische Säuren. In der Rattenniere beträgt die Menge der gesamten reduzierenden Substanzen etwa 1,3%. Hiervon liegen im allgemeinen 25% als Glykogen vor. Die Milchsäuremenge beträgt 0,11%[2]. Die Bestimmungsmethoden entsprechen den in anderen parenchymatösen Organen angewandten.

Fette und Lipoide. Die Richtlinien für die Bestimmung der Lipoide sind im Kapitel der allgemeinen Organanalyse nachzulesen (s. S. 461). Der Gesamtfettgehalt der Rattenniere liegt nach WETZEL und Mitarbeitern[2] im Durchschnitt bei 2,6%. Nach THANNHAUSER und Mitarbeitern[3] finden sich in der normalen menschlichen Niere 8—9 mg-% Gesamtphosphatide (berechnet auf Trockensubstanz). Der Lipoid-P beträgt 0,32 mg-%. 0,72 mg-% sind Sphingomyeline, 3,26 mg-% Kephaline und 5,1% Lecithine. In den Lipoidextrakten kann die Cholesterinbestimmung nach einer der bewährten Methoden (s. Bd. III) vorgenommen werden. POPJÁK[4] gibt für die Rinde menschlicher Nieren 220 bis 380 mg-% an Gesamtcholesterin an. Davon liegen nur etwa 20 mg-% als Ester vor. Im Nierenmark ist die Gesamtcholesterinmenge geringer (190—250 mg-%), jedoch sind 45—65 mg-% verestert. Bei der Maus finden sich die Gesamtcholesterinwerte bei 330 mg-%; hiervon sind etwa 30 mg-% verestert[5].

Pathologische Nieren. Bei subakuter Glomerulonephritis ist im allgemeinen das Gesamtgewicht erhöht, wobei der Wassergehalt stärker zunimmt als das Trockengewicht. Auch der Fettgehalt ist erhöht, während der N-Gehalt abnimmt. Bei Schrumpfniere ist der Wassergehalt erhöht, während die übrigen genannten Größen abnehmen[6]. Hydronephrotische Hundenieren unterscheiden sich von den Nieren gesunder Hunde nur durch einen höheren Wasser- und geringeren Cl-Gehalt[7]. Bei der sog. Lipoidnephrose steigt der Fettgehalt der Niere auf 4—5%[8]. Es handelt sich hierbei jedoch nicht um eine isolierte Erkrankung der Niere, sondern um eine allgemeine Organerkrankung mit Lipoidveränderungen, die z. B. in der Leber noch sehr viel stärker sind als in der Niere. Die hierbei gefundenen Analysendaten für Lipoide und Cholesterin in den verschiedenen Organen sind von DEBUSMANN und LEIMBROCK[8] mitgeteilt.

Vitamine. Die Vitaminbestimmungen werden nach bekannten Methoden durchgeführt. Der Gehalt an Vitamin A in der Rinderniere liegt unter 20 IE/g[9]. Die Werte für Vitamin B$_1$ werden mit 3—7 γ-%[10], für Lactoflavin mit 10—15 mg-%[11] und für Adermin mit etwa 5 mg-%[12] angegeben. Die Ascorbinsäurewerte schwanken je nach angewandter Methodik bei verschiedenen Tieren nicht unbeträchtlich. So finden sich in der Niere von mit Vitamin C reichlich ernährten Meerschweinchen bei Bestimmung mit 2,6-Dichlorphenolindophenol 6,5—15 mg-%, bei Bestimmung mittels Methylenblaumethode 3—9 mg-%. In der Rinderniere liegen die mit beiden Methoden bestimmten Werte gleichmäßig zwischen 10 und 20 mg-%[13].

Stoffwechsel und Fermente. Untersuchungen über Fermentwirksamkeit und Gewebsstoffwechsel von Nierengewebe werden wie bei anderen parenchymatösen Organen an Gewebsschnitten oder im Gewebebrei bzw. im Homogenat vorgenommen. Da Phosphorylierungsvorgänge mit der Tätigkeit der Niere eng verknüpft sind, erklärt sich leicht die

[1] BARRENSCHEEN, H. K., u. A. PEHAM: H. **272**, 87 (1942).
[2] WETZEL, R., H. WOLLSCHITT, H. RUSKA u. TH. OESTREICHER: A.e.P.P. **179**, 86 (1935).
[3] THANNHAUSER, S. J., J. BENOTTI and H. REINSTEIN: J. biol. Ch. **129**, 709, 717 (1939).
[4] POPJÁK, G.: Biochem. J. **37**, 468 (1943).
[5] SCHETTLER, G.: B. Z. **319**, 349 (1949).
[6] HOPPE-SEYLER, G.: Dtsch. Arch. klin. Med. **156**, 321 (1927); **159**, 31 (1928).
[7] EICHELBERGER, L., and W. G. BIBLER: J. biol. Ch. **128**, 24 (1939).
[8] DEBUSMANN, M., u. A. LEIMBROCK: Kli. Wo. **1939** I, 740.
[9] DONINI, P.: Rass. Clin., Terap. **38**, 7 (1939) [Ber. Physiol. **113**, 18].
[10] NEUWEILER, W.: Z. Vit.-Forsch. **11**, 259 (1941) [Ber. Physiol. **128**, 581].
[11] RANDOIN, L., A. RAFFY et A. GOURÉVITCH: C. R. Soc. Biol. **130**, 729 (1939).
[12] MITOLO, M.: Boll. Soc. ital. Biol. sperim. **16**, 175 (1941).
[13] GIROUD, A., E. GERO, M. RABINOVICZ et E. HARTMANN: Bull. Soc. Chim. biol. **21**, 1021 (1939).

Anwesenheit großer Mengen von Phosphatasen. Ihre Aktivität ist so groß, daß unter optimalen Bedingungen 5—6 mg P/Std von 1 g Nierengewebe umgesetzt werden können. Die Darstellung der Fermente und ihre Reinigung sind im Kapitel Fermente (Bd. IV) nachzulesen. Es finden sich sowohl alkalische als auch saure Phosphatasen, von denen nur die sauren durch Zusatz von Fluorid gehemmt werden können[1]. Als Ausgangsmaterial zur Darstellung der alkalischen Phosphatase werden zumeist Schweinenieren genommen. Wenn diese aus wirtschaftlichen Erwägungen heraus nicht verfügbar sind, kann man vorteilhaft auch Pferdenieren verwenden[2]. Die Phosphatasen erweisen sich auch unter pathologischen Verhältnissen als recht resistent. So kann man bei verschiedenen Nierenleiden oder auch bei experimentellen Nephropathien, nach Vergiftungen mit Urannitrat, K-dichromat oder Sublimat eine Fermentinaktivierung nicht feststellen, obwohl histologisch wie funktionell schwere Nierenschädigungen vorliegen[3].

Von allen tierischen Geweben ist die Niere besonders eingehend hinsichtlich der Stoffwechselaktivität des *Zellkerns* untersucht worden. Desoxyribonuclease findet sich praktisch ausschließlich im Zellkern, sämtliche Oxydationsfermente sowie Dehydrasen des Tricarbonsäurecyclus, auf die bisher geprüft worden ist, fehlen. Ferner ist die Aktivität der D-Peptidase sehr gering gegenüber der des Cytoplasmas. Phosphatasen, Purindesaminasen, Kathepsin, verschiedene Peptidasen, Glutathionase, ATPase sowie glykolytische Fermente dagegen sind in erheblicher Aktivität nachweisbar. Nähere Einzelheiten s. [4].

Die Niere gehört zu den Organen mit dem höchsten oxidativen Stoffwechsel (s. u.). Es ist daher erklärlich, wenn im Vergleich zu anderen Geweben auch die in der Niere vorhandene Menge an *Cytochrom c* besonders hoch ist. Die Darstellung unterscheidet sich nicht von der in anderen parenchymatösen Organen und ist bei Herz, Muskel, Uterus beschrieben. DRABKIN[5] findet in der Nierenrinde von Ratten einen Q_{O_2} von 20 und 143 mg-% Cytochrom c in 100 g Trockengewebe bzw. 35 mg in 100 g Frischgewebe. Niedriger liegen die von HARNISCHFEGER und OPITZ[6] in der Niere normaler Kaninchen gefundenen Werte mit $5,2 \pm 1,15$ mg-%. Auch bei anämischen Kaninchen liegen die Cytochrom c-Werte in gleicher Größenordnung oder nur wenig höher. Dagegen findet sich eine deutliche Erhöhung bis zu 50 % der Werte bei Tieren, die man für 2—5 Monate an O_2-Mangel, entsprechend einer Höhe von 6000—9000 m, gewöhnt hat.

Vergleicht man beim Meerschweinchen den O_2-Verbrauch der Niere in situ mit dem von Nierenschnitten in der WARBURG-Apparatur, so ist letzterer nur etwa halb so groß wie der des unversehrten Organs. BECKER u. a.[7] fanden bei 37° in der Rinde Q_{O_2}-Werte zwischen 10,3 und 11,7, in Nierenmark zwischen 8,2 und 9,8. Doppelt so hoch liegen die Werte, die DRABKIN[5] in der Rattenniere findet. In der gleichen Größenordnung (20,4) liegen die Q_{O_2}-Werte von WETZEL und Mitarbeitern[8] für Rattennieren. Der respiratorische Quotient wird hier mit 0,8 angegeben.

Fermente, die den Ab- und Umbau von *Aminosäuren* und *Aminen* katalysieren, liegen in größerer Zahl im Nierengewebe vor. l-Aminosäureoxydase läßt sich aus Rattennieren darstellen[9]. Gewebsschnitte aus den Nieren verschiedener Tiere sind zur Ketonkörperbildung aus einer Reihe von Aminosäuren befähigt[10]. Abbau von Dioxyphenylalanin erfolgt durch die Wirkung der sog. Dopadecarboxylase[11]. Histidin wird durch eine Decarb-

---

[1] KALCKAR, H.: Enzymologia 5, 365 (1939).

[2] ALBERS, D.: H. 265, 129 (1940).

[3] HEPLER, O. E., J. P. SIMSONS and H. GURLEY: Proc. Soc. exp. Biol. Med. 44, 221 (1940) [C. 1943 I, 522].

[4] LANG, K., u. G. SIEBERT: In Flaschenträger-Lehnartz 2/2.

[5] DRABKIN, D. L.: J. biol. Ch. 182, 317 (1950).

[6] HARNISCHFEGER, E., u. E. OPITZ: Pflügers Arch. 252, 627 (1950).

[7] BECKER, H., S. v. HANSTEIN u. K. E. SCHÄFER: Pflügers Arch. 241, 687 (1938).

[8] WETZEL, R., H. WOLLSCHITT, H. RUSKA u. TH. OESTREICHER: A.e.P.P. 179, 86 (1935).

[9] BLANCHARD, M., D. E. GREEN, V. NOCITO and S. RATNER: J. biol. Ch. 155, 421 (1944).

[10] HEINSEN, H. A.: Z. ges. exp. Med. 106, 733 (1939).

[11] HOLTZ, P., u. R. HEISE: A.e.P.P. 191, 87 (1939).

oxylase und Histamin durch Histaminase abgebaut. Bei Stauungsniere ist die Aktivität beider Fermente deutlich vermindert[1]. Die Spaltung von Hippursäure erfolgt durch eine Hippuricase, die sich in der Schweineniere in verschiedenen Formen zeigt und in der Niere von Hund und Pferd nur in sehr geringen Konzentrationen nachgewiesen werden kann[2]. Die Glykokolloxydase, ein Ferment, das Glykokoll und Sarkosin zu Glyoxylsäure abbaut, gehört zu den Flavoproteinen[3].

Unter aeroben Bedingungen bilden Nierenschnitte im Gegensatz zu Lebergewebe *Harnsäure*. Unter anaeroben Bedingungen ist die Harnsäurebildung verringert und wird durch Zusatz von Hypoxanthin noch weiter gehemmt, während Zusatz von Brenztraubensäure eine Aktivierung der Harnsäurebildung bewirkt[4]. Eine Conjugase, die aus Pteroylheptaglutaminsäure Pteroylglutaminsäure frei macht, ist von HODSON[5] aus Schweineniere, Katalase[6] aus Pferdeniere dargestellt worden.

Gewebsextrakte aus dem Ureter, aus Blasenmuskulatur sowie aus der Schleimhaut von Blase und Urethra von Kälbern weisen einen hohen Gehalt an Cholinesterase auf, der etwa in der Größenordnung des im Pferdeserum gefundenen liegt. Acetylcholin findet sich weder im Ureter noch in der Blase. Dagegen findet man hier kleine Mengen an Histamin. Der Nachweis der beiden letztgenannten Substanzen kann nur biologisch geführt werden.

Renin. Daß sich aus frischer Kaninchenniere durch Extraktion mit physiologischer Kochsalzlösung ein blutdrucksteigerndes Prinzip extrahieren läßt, ist lange bekannt. Da die Substanz in keinem anderen Organ aufgefunden wurde, erhielt sie den Namen Renin. Man weiß jetzt, daß nicht Renin selbst die wirksame Substanz ist, sondern daß es diese („Hypertensin") aus einer zu den Plasmaglobulinen gehörenden unwirksamen Vorstufe („Hypertensinogen") entstehen läßt. Das Renin hat die Eigenschaften eines Fermentes: es ist hochmolekular und nicht dialysierbar. Seine Wirkung, die durch Erhitzen zerstört wird, entwickelt sich, wenn man es in vitro bei 37° mit Globulinen versetzt. Dieser allmählichen Entstehung in vitro entspricht die protrahierte Wirkung in vivo. „Hypertensin" ist hitzestabil und dialysierbar und hat eine prompte, kurz andauernde, adrenalinähnliche Wirkung. Renin wird nach HOLTZ und CREDNER[7] folgendermaßen dargestellt: 10 g Acetontrockenpulver aus Schweineniere werden zunächst mit 50 cm³, dann nochmals mit der halben Menge 1—2%iger NaCl-Lösung extrahiert. Inaktives Eiweiß wird aus den vereinigten Extrakten durch Zugabe von 1—1,5 cm³ Eisessig in der Kälte ausgefällt und abzentrifugiert. Die das Renin enthaltende Proteinfraktion fällt durch Halbsättigung mit Ammonsulfatlösung aus. Man dialysiert 24 Std im Cellophanschlauch gegen fließendes Wasser und setzt der reninhaltigen Lösung anschließend von einer 20%igen NaCl-Lösung soviel zu, daß der NaCl-Gehalt 0,9 % beträgt. Ungelöstes wird abzentrifugiert, das Renin ist in der klaren Lösung enthalten.

Nephrin. Einen mit Renin und den mit ihm zusammenhängenden Substanzen nicht in Beziehung stehenden, blutdrucksteigernden Faktor hat ENGER[8] aus Hundeniere dargestellt. Dieser Faktor, der sich durch eine überaus lang anhaltende blutdrucksteigernde Wirkung auszeichnet, hat den Namen Nephrin erhalten. Im Gegensatz zu dem durch Alkohol fällbaren und nicht dialysierbaren Renin ist Nephrin in Alkohol löslich und kann durch Fällung mit Sublimat-Alkohol von Begleiteiweiß sowie von aliphatischen Aminen und anderen störenden Begleitstoffen getrennt werden. Nephrin ist gut löslich in Wasser und in verdünntem Alkohol (bis 80%), in absolutem Alkohol und Aceton nur mäßig löslich. Es löst sich in Eisessig und bei stark saurer Reaktion in Äther in geringer Menge.

[1] WERLE, E., M. J. MADLENER u. H. HERRMANN: Z. ges. exp. Med. **106**, 105 (1939).
[2] BACCARI, V., e M. PONTECORVO: Boll. Soc. ital. Biol. sperim. **16**, 329 (1941) [Ber. Physiol. **128**, 207].
[3] RATNER, S., V. NOCITO and D. A. GREEN: J. biol. Ch. **152**, 119 (1944).
[4] BERNHEIM, F., and M. L. C. BERNHEIM: Arch. Biochem. **12**, 249 (1947).
[5] HODSON, A. Z.: Arch. Biochem. **16**, 309 (1948).
[6] BONNICHSEN, R. K.: Acta chem. scand. **1**, 114 (1947) [C. **1947 II**, 809].
[7] HOLTZ, P., u. K. CREDNER: A. e. P. P. **204**, 244 (1947).
[8] ENGER, R.: A. e. P. P. **204**, 217 (1947).

Dagegen ist es bei neutraler und sodaalkalischer Reaktion in Äther unlöslich. Ebenso ist es unlöslich in Petroläther, Chloroform, Dioxan und Methylenchlorid. In saurer Lösung wird es durch Kochen nicht zerstört, jedoch büßt es bei alkalischer Reaktion durch Erhitzen seine Wirksamkeit weitgehend ein. Nephrin findet sich in der Nierenrinde in höherer Konzentration als im Mark. Bei Hunden mit experimentellem Hochdruck und bei Hypertonikern und Nephritis sind geringe Konzentrationen auch im Blut nachzuweisen. In folgenden Organen wird es weder beim Menschen noch beim Hund gefunden: Herz, Lunge, Leber, Milz, Gehirn, Hypophyse, Schilddrüse, Pankreas, Hoden und Prostata.

c) Milz und lymphatische Gewebe.

Anorganische Bestandteile. Das Frischgewicht der Milz kann je nach ihrem Blutgehalt außerordentlich stark schwanken. Beim Erwachsenen liegen die Werte nach BORGER[1] zwischen 150 und 380 g. Bei Versuchstieren einheitlicher Zucht kann man mit weniger stark schwankenden Werten rechnen. So finden WETZEL und Mitarbeiter[2] das Milzgewicht der erwachsenen Ratte zu 0,32% des Körpergewichtes. Mit der Konsistenz des Organs wechselt der Wassergehalt erheblich. Die Werte für die Trockensubstanz schwanken zwischen 12,5 und 24%[1]. Nach PARHON und CAHANA[3] verändert sich der Wassergehalt der Milz bei Ratte und Meerschweinchen, der normalerweise um 75% liegt, auch nach Entfernung der Nebenniere nur wenig. Anstiege bis auf 78% wurden beobachtet.

Die Bestimmung der Mineralien im Milzgewebe wird in gleicher Weise wie bei anderen parenchymatösen Organen ausgeführt. Die Mineralwerte schwanken, abhängig vom Funktionszustand des Organs und bei verschiedenen Krankheitszuständen, sehr stark.

Natrium: 33—225 mg in 100 g Frischsubstanz[4]. *Kalium:* 166—360 mg in 100 g Frischsubstanz[4]. *Calcium:* In der Trockensubstanz finden sich beim Hund 7—32 (im Mittel 14,3±2,2) mg-%, bei der Katze 7—10 mg-%[5]. Niedrigere Werte werden beim Menschen mit etwa 9,5 mg-% in der Frischsubstanz angegeben. Häufig findet man in der Milzkapsel Verkalkungen, während bei Lymphdrüsen Verkalkungen sogar das ganze Gewebe durchsetzen können. Die entsprechenden Ca-Werte s. Abschnitt Knochen (S. 626). Die Cl-Werte liegen in der Frischsubstanz bei 200 mg-%, Br wird zu 0,4 mg-% gefunden[6].

Eisen: In Lymphdrüsen liegt der Fe-Gehalt zwischen 4 und 10 mg in 100 g Frischgewebe. Im Milzgewebe hängen die Fe-Werte von dem mehr oder weniger hohen Blutgehalt des Gewebes ab. Da zur Entfernung vom störenden Hämoglobineisen ein Auswaschen des ganzen Organs nicht durchführbar ist, ist von RECHENBERGER und SCHAIRER[7] ein Extraktionsverfahren angegeben worden, das im Kapitel Lunge eingehend beschrieben ist (s. S. 516). Die auf diese Weise gefundenen Werte liegen im Frischgewebe bei Gesunden zwischen 10,7 und 84 mg-%. Sehr viel niedriger liegen die Werte bei kardial bedingter Stauung (1,4—15,7 mg-%). Vergleicht man den Gesamteisengehalt von Milz, Lunge und Leber, so verhalten sich diese Werte beim Gesunden wie 8:28:64. Bei kardialer Stauung dagegen beträgt das Verhältnis 2:79:19[7]. Bei normalen Ratten finden sich nach AUSTONI u. a.[8] etwa 46 mg-% Eisen in der Milzfrischsubstanz. Anämische Tiere dagegen haben Werte um 15 mg-%. Vergleicht man die Eisenwerte bei Neugeborenen verschiedener Species, so sind, auf das Körpergewicht umgerechnet, die Unterschiede recht groß. Die Milz neugeborener Schweine enthält 0,08 mg Fe/kg Körpergewicht. Die entsprechenden Zahlen bei der Ziege sind 0,14, beim Hund 0,18 und beim Menschen 1,03. Nach Abschluß

[1] BORGER, G.: A.e.P.P. **164**, 469 (1932).
[2] WETZEL, R., H. WOLLSCHITT, H. RUSKA u. TH. OESTREICHER: A.e.P.P. **179**, 86 (1935).
[3] PARHON, C.I., T. et M. CAHANA: Bull. Soc. roum. Endocrinol. **5**, 379 (1939) [Ber. Physiol. **118**, 78].
[4] BOULANGER, P.: Expos. ann. Biochem. méd. **6**, 119 (1946).
[5] SCHMIDT, C.L.A., and D.M. GREENBERG: Physiol. Rev. **15**, 297 (1935).
[6] BERNHARDT, H., u. H. UCKO: B.Z. **170**, 459 (1926).
[7] RECHENBERGER, J., u. E. SCHAIRER: Z. ges. exp. Med. **112**, 559 (1943).
[8] AUSTONI, M.E., A. RABINOWITCH and D.M. GREENBERG: J. biol. Ch. **134**, 17 (1940).

der Säugeperiode sind die Werte beim Schwein gleich geblieben, bei Ziege und Hund um etwa 0,05 abgesunken und beim Menschen sogar auf 0,22 mg/kg gefallen.

Magnesium und Phosphor: Die P-Werte liegen beim Hund zwischen 682 und 1200, im Mittel bei 925±41 mg-% in der Trockensubstanz[1]. Der Mg-Gehalt der Milzfrischsubstanz wird beim Menschen mit 14 mg-% angegeben[1].

Schwefel: Der Gesamt-S-Gehalt liegt bei etwa 200 mg-%. Hiervon entfällt etwa die Hälfte auf Eiweißschwefel. 70 mg-% liegen in SH-Verbindungen und etwa 35 mg-% als oxydierter Schwefel vor[2].

Spurenelemente: Si findet sich in der Milz nur in geringen Mengen. Die Werte liegen zwischen 5 und 20 mg-% (Trockensubstanz). In Lymphknoten können die Werte ganz erheblich höher liegen und bis auf 2,5% ansteigen[3]. Der Cu-Gehalt der Milz ist häufig außerordentlich gering, kann aber auch bis 0,23 mg-% betragen[4]. Blei findet sich in Geweben von Kindern und von solchen Erwachsenen, die mit Blei keine Berührung gehabt haben, überhaupt nicht. Bei Bleivergiftungen wurden Werte bis zu 1,8 mg in 100 g Frischsubstanz gefunden. Hg findet sich in der Milz von „Hg-Fremden" nur in Mengen zwischen 0,3 und 0,5 γ-%. In Lymphdrüsen finden sich teilweise höhere Werte bis zu 2 γ-%. Amalgamträger zeigen dagegen sehr viel höhere Werte: Milz bis zu 54 γ-%, Lymphknoten bis zu 16 γ-%. Auch im lymphatischen Gewebe der Tonsillen wurde Hg nachgewiesen. Normal liegen die Werte bei 1 γ-%, bei Amalgamträgern bis zu 4 γ-% [5]. Folgende Spurenelemente wurden in der Milz mit spektographischen Methoden nicht gefunden: V, Sr, Ni, Ba, Ti[6]. Dagegen sind außer den oben genannten noch folgende Spurenelemente gefunden worden: J: 13—33 γ-% [7]. F: 0,3—0,6 mg-% [8]*. U: $9 \cdot 10^{-6}$% [9]. Mo: 0,015 bis 0,15 mg-% [10]. Co: 0,05 mg-% [11, 12]. Sn: 0,02—0,3 mg-% [13, 14]. Al: 0,13 mg-% [13]. Zn: 2 mg-% [15]. Mn: 0,02—0,05 mg-% [13, 16]). Außerdem wurde Rb qualitativ nachgewiesen[17].

Organische Bestandteile. *Stickstoffhaltige Verbindungen.* Da die Verteilung der N-haltigen Substanzen im Milzgewebe nicht ganz gleichmäßig ist, müssen verhältnismäßig große Gewebsmengen zur Analyse verwandt werden, um zuverlässige Werte zu erhalten. Man kann aber auch so vorgehen, daß man mit Hilfe einer Latapie-Mühle einen feinen Brei herstellt, den man mit der 9fachen Menge Aqua dest. aufschwemmt. Nach BORGER[18] soll sich diese Suspension mit genügender Genauigkeit pipettieren lassen. Trotz Anwendung exakter Methoden findet man aber, abhängig vom Funktionszustand des Organs und der Krankheitsart, recht verschiedene N-Werte. Sie können zwischen 2,5 und 4,1% schwanken.

Um die Zusammensetzung des *Eiweiß* von Milz und anderen lymphatischen Geweben festzustellen, sind verschiedenartige Extraktionsmethoden entwickelt worden. Tabelle 66 zeigt, wie nicht nur die Menge, sondern auch die Art des extrahierten Protein in Abhängigkeit vom Extraktionsmittel verhältnismäßig stark schwanken kann.

---

* Werte möglicherweise zu hoch. Neuere Analysen liegen nicht vor.

[1] SCHMIDT, C. L. A., and D. M. GREENBERG: Physiol. Rev. **15**, 297 (1935).

[2] MÉDVÉDÉVA, N.: Med. Ž. **10**, 793 (1940) [Ber. Physiol. **124**, 415].

[3] KING, E. J., and TH. H. BELT: Physiol. Rev. **18**, 329 (1938).

[4] TER MEULEN, H.: Recu. Trav. chim. Pays-Bas **50**, 491 (1931).

[5] STOCK, A.: B. Z. **304**, 73 (1940).

[6] BOYD, T. C., and N. K. DE: Ind. J. med. Res. **20**, 789 (1933) [C. **1934 I**, 69].

[7] STURM, A., u. L. ROCKMANN: B. Z. **287**, 50 (1936).

[8] DE EDS, F.: Medicine, Baltimore **12**, 1 (1933).

[9] HOFFMANN, J.: H. **273**, 115 (1942).

[10] TERMEULEN, H.: Nature **130**, 966 (1932).

[11] BERTRAND, G., et M. MACHEBOEUF: Cr. **180**, 1993 (1925).

[12] CAUJOLLE, F.: Expos. ann. Biochem. méd. **7**, 199 (1947).

[13] KEHOE, R. A., J. CHOLAK and R. V. STORY: J. Nutrit. **19**, 579 (1940).

[14] BERTRAND, G., et V. CIUREA: Cr. **192**, 780 (1931).

[15] LEINER, M., u. G. LEINER: Biol. Zbl. **62**, 119 (1942).

[16] REIMAN, C. K., and A. S. MINOT: J. biol. Ch. **42**, 329 (1920).

[17] BOYD, T. C., and N. K. DE: Ind. J. med. Res. **20**, 789 (1933).

[18] BORGER, G.: A. e. P. P. **164**, 469 (1932).

Tabelle 66. *Extraktion von lymphatischem Gewebe*[1].

Extraktionsmittel	Gesamt-N mg/cm³	Organisch gebundener P γ/cm³	N:P	Extraktionsmittel	Gesamt-N mg/cm³	Organisch gebundener P γ/cm³	N:P
Wasser . . .	3,19	178	17,9	0,03 m KOH . .	1,43	80	17,9
Wasser p_H 7,6.	4,12	213	19,3	0,02 m Phos-			
0,05 m Na_2SO_4	2,06	85	24,2	phatpuffer			
0,02 m NaCl .	1,51	115	13,1	p_H 7,8 . . .	1,70	92	18,5

Nach ROBERTS und WHITE[1] empfiehlt sich folgendes Vorgehen: Lymphatische Gewebe (Lymphknoten, Thymus oder Appendix) werden möglichst bald nach dem Tode der Tiere entnommen. Bei kleineren Tieren wie Kaninchen sammelt man zunächst die Organe von mehreren Tieren. Das Gewebe wird von anhaftendem Fett und Bindegewebe befreit, etwa 15 min lang in einem vorgekühlten Mörser mit Seesand möglichst fein verrieben und mit der 4fachen Gewichtsmenge an Extraktionsflüssigkeit versetzt. Zur Entfernung von Sand und von gröberen Gewebeteilen wird bei geringer Geschwindigkeit zentrifugiert. Anschließend wird zur Klärung des Extraktes 30 min lang bei 15000 Touren in einer gekühlten Zentrifuge zentrifugiert; die Temperatur soll +5° nicht übersteigen. Die in den verschiedenen Extrakten mit Standardmethoden bestimmten N- und P-Werte sind aus Tabelle 66 zu ersehen. Wie die Tabelle zeigt, erzielt man die höchsten N-Werte bei Extraktion mit Wasser, das durch Zugabe einer kleinen Menge NaOH auf p_H 7,6 gebracht ist. Das Verhältnis N:P ist in den verschiedenen Extrakten verschieden. Dies hat seine Ursache vermutlich darin, daß Nucleotide mehr oder weniger extrahiert werden. Extraktion mit verdünnter NaCl-Lösung führt zu stark viscösen Lösungen mit relativ hohen Werten an organischem P, was auf die Anwesenheit von viel Nucleotid hinweist. Daß sich mit Na_2SO_4-Lösung nur geringe P-Mengen extrahieren lassen, wie Tabelle 66 zeigt, ist auch von anderen Autoren bestätigt[2]. — Wenn man alkalische Extrakte aus lymphatischem Gewebe von Kaninchen und Ratten, aus Kalbsthymus oder aus Lymphosarkom von Mäusen elektrophoretisch untersucht, zeigen sich in allen Fällen mindestens 7 Komponenten. Beweglichkeiten und prozentuale Verteilung der verschiedenen Fraktionen sind bei den 4 von ROBERTS und WHITE untersuchten Organextrakten außerordentlich ähnlich. Zwei Fraktionen besitzen die gleiche Beweglichkeit wie β- und γ-Globulin im Serum. — Mit der von COHN entwickelten Fraktionierungsmethode mit Äthanol in der Kälte lassen sich aus Kalbsthymus 5 Fraktionen abtrennen, von denen 2 besonders reich an Nucleotiden sind.

Die Methode nach ROBERTS und WHITE berücksichtigt vielleicht nicht in genügender Weise die im lymphatischen Gewebe vorhandenen Reste an Blut und Lymphflüssigkeit. Jedenfalls kann mit anderen Methoden das Vorhandensein einer dem γ-Globulin entsprechenden Proteinkomponente nicht bestätigt werden. Man geht hier nach ABRAMS und COHEN[3] folgendermaßen vor: Das Organ wird nach Herausnahme so schnell wie möglich in dünne Schnitte zerlegt, wiederholt in 0,14 n NaCl-Lösung suspendiert und zentrifugiert, um die extracellulären Flüssigkeiten zu entfernen. Das gewaschene Gewebe wird dann bei —30° aufgehoben, um größere Gewebsmengen für die Aufarbeitung anzusammeln. Für Einzeluntersuchungen wird das Gewebe im Homogenisator zerkleinert und zentrifugiert. Zur Extraktion werden 2 verschiedene Methoden angewandt: 1. Extraktion mit einer Mischung aus KCl- und $KHCO_3$-Lösung 0,14 n, p_H 8,0. Dies ist besonders günstig, weil die alkalische Reaktion das Kathepsin hemmt. Die Elektrophoresediagramme sind bei dieser Salzkonzentration, unabhängig von der Salzart, etwa gleich. 2. 10%ige NaCl-Lösung. Dieser Extrakt enthält große Mengen an Desoxyribonucleinsäure. Die Elektrophorese zeigt die Anwesenheit einer schnell wandernden Komponente, die vermutlich einem Desoxyribonucleoproteid entspricht. Reindarstellung s. S. 478.

---

[1] ROBERTS, S., and A. WHITE: J. biol. Ch. **178**, 151 (1949).
[2] HALLIBURTON, W. D.: Brit. Ass. Adv. Sci., Rep. **57**, 145 (1887).
[3] ABRAMS, A., and P. P. COHEN: J. biol. Ch. **177**, 439 (1949).

Ein besonderes Proteid stellt das eisenhaltige *Ferritin* dar. Zu seiner Darstellung wird die Milz eines großen Tieres (Pferdemilz etwa 1,6 kg) oder werden mehrere Milzen kleinerer Tiere nach Zerkleinerung im Fleischwolf mit etwa der doppelten Menge Wasser versetzt und 2 Std bei 20° stehengelassen. Der abzentrifugierte Rückstand wird nochmals mit der gleichen Menge Wasser behandelt. Die vereinigten überstehenden Flüssigkeiten werden unter kräftigem Rühren im kochenden Wasserbad bis auf eine Temperatur von 70—80° erhitzt. Bei 68—70° fallen große Mengen von Begleitproteinen aus, die heiß abgenutscht werden. Das klare braunrote Filtrat, das das Ferritin enthält, wird zunächst mit 10%iger Ammoniumsulfatlösung versetzt; die hierbei auftretende Vorfällung wird verworfen. Ferritin selbst fällt nach Erhöhung der Ammoniumsulfatkonzentration auf 30%[1]. Zur weiteren Reinigung geht man nach Kuhn u. a.[2] folgendermaßen vor: Das amorphe Rohprodukt wird mit etwa 100 cm³ destilliertem Wasser 1 Std gerührt und eine geringe Menge Substanz, die nicht in Lösung geht, abzentrifugiert. Dann gibt man bei 0° 100 cm³ eiskalte 10%ige Cadmiumsulfatlösung zu und läßt bei etwa 20° stehen. In allen Fällen gelingt die Krystallisation von Ferritin unter diesen Bedingungen. Sie ist meist nach 24 Std beendet. Beim Zentrifugieren setzen sich die derben, tiefbraunen, spezifisch schweren Krystalle von Ferritin am Boden ab, darüber eine hellere, amorphe Schicht eines Begleitproteids, das sich durch Waschen mit 2%iger Cadmiumsulfatlösung von den Ferritinkrystallen abtrennen läßt. Die Ausbeute beträgt hier etwa 1 g Ferritin aus 1 kg frischer Milz. Eine endgültige Reinigung läßt sich durch Dialyse gegen Aqua dest. erzielen. Hierbei etwa auftretende Trübungen lassen sich durch hochtouriges Zentrifugieren beseitigen. Der mittels Elektrophorese ermittelte isoelektrische Punkt für verschiedene nach [3] und [4] hochgradig gereinigt dargestellte Ferritinpräparate ergab folgende Werte: Ferritin aus Pferdemilz 4,4, aus Hundeleber 5,2, aus menschlicher Leber 5,4[5].

Die Bestimmung verschiedener Purinverbindungen ist bei der allgemeinen Organaufarbeitung bzw. bei Leber beschrieben worden (s. S. 459 und 477). Nach Barrenscheen und Peham[6] finden sich in der Milzfrischsubstanz von Kaninchen 44 mg-% Nucleotidpurin-N und 9,2 mg-% Nucleosid- + freier Purin-N. Beim Kalb betragen die entsprechenden Werte 32 und 23 mg-%. Die Gesamtpurin-N-Menge wird in der Kälbermilz mit 113 mg-% angegeben. Bei der Maus finden sich in der Trockensubstanz etwa 4% Ribonucleinsäure und 10% Desoxyribonucleinsäure[7].

Desoxyribonucleoproteid läßt sich gut aus Ochsenmilz darstellen: Nach erschöpfender Extraktion von zerriebener Ochsenmilz mit 0,14 m NaCl kann man den Rückstand in verschiedener Weise aufarbeiten. Entweder kann man ihn in Anlehnung an die Methode zur Darstellung von Chromosin aus Kalbsmilz nach Mirsky und Pollister[8] mit NaCl-Lösung behandeln und das extrahierte Desoxyribonucleoprotein durch mehrmaliges Umfällen (Verdünnung auf 0,14 m NaCl) reinigen. Oder aber man extrahiert mit Aqua dest. und fällt das Desoxyribonucleoprotein durch Zugabe von 1 m NaCl-Lösung bis 0,14 m, löst wieder und wiederholt die Umfällung 5mal. Im Gegensatz zu dem nach der ersten Methode erhaltenen Präparat zeigen die mit Aqua dest. gewonnenen innerhalb des p_H-Bereiches der Löslichkeit von Desoxyribonucleoproteid bei der Elektrophorese einheitliche Wanderung. Das N/P-Verhältnis eines von Gajdusek[9] dargestellten Präparates betrug 3,9 (13,4% N und 3,4% P). Das UV-Spektrum hatte ein Absorptionsmaximum

[1] Laufberger, V.: Bull. Soc. Chim. biol. **19**, 1575 (1937).

[2] Kuhn, R., N. A. Sörensen u. L. Birkofer: B. **73**, 823 (1940).

[3] Mazur, A., and E. Shorr: J. biol. Ch. **176**, 771 (1948).

[4] Granick, S., and L. Michaelis: J. biol. Ch. **147**, 91 (1943). — Granick, S.: J. biol. Ch. **149**, 157 (1943).

[5] Mazur, A., I. Litt and E. Shorr: J. biol. Ch. **187**, 473 (1950).

[6] Barrenscheen, H. K., u. A. Peham: H. **272**, 81 (1948).

[7] Reddy, D. V. N., and L. R. Cerecedo: J. biol. Ch. **192**, 57 (1951).

[8] Mirsky, A. E., and A. W. Pollister: J. gen. Physiol. **30**, 117 (1946). — Gajdusek, D. C.: Biochim. biophysica Acta, N. Y. **5**, 397 (1950).

[9] Gajdusek, D. C.: Biochim. biophysica Acta, N. Y. **5**, 397 (1950).

bei 2595 Å und ein Minimum bei 2350 Å. Die Reaktionen auf Protein mit Biuret- und MILLON-Reagens waren deutlich positiv.

Die in der Milz und anderen lymphatischen Geweben vorhandenen *freien Aminosäuren* und niederen *Peptide* lassen sich mit Hilfe der Papierchromatographie nachweisen. Die Herstellung der dafür notwendigen Extrakte ist bei der allgemeinen Organaufarbeitung beschrieben worden (s. S. 460). Mit Hilfe der Papierchromatographie haben AWAPARA und Mitarbeiter[1] in einer Reihe von Rattenorganen und menschlichen Tumoren, vor allem aber in der Rindermilz einen freien Aminoäthylphosphorsäureester nachgewiesen. Sie homogenisieren dabei zunächst frisches Organgewebe unter Zusatz von 5 Volumina heißem Alkohol. Nach Zugabe von genügend Äthanol, um alles Protein zu fällen, wird zentrifugiert. Die überstehende Flüssigkeit wird mit dem 3fachen Volumen Chloroform versetzt und vor der chromatographischen Bestimmung auf mindestens $^1/_5$ des Ausgangs-volumens eingeengt[2].

Glutamin und Glutaminsäure können mittels der von KREBS u. a.[3] angegebenen Decarboxylasemethode bestimmt werden. Die Summe der beiden Substanzen liegt in der Milz in der gleichen Größenordnung wie in Herz und Großhirnrinde, zwischen 150 und 220 mg-%[4]. Nach TIGERMAN und McVICAR[5] steigen die normalerweise bei 150 mg-% liegenden Glutaminwerte mit fallendem Eiweißgehalt des Futters und erreichen bei völligem Eiweißmangel die doppelte Höhe der Normalwerte.

Lipoproteide. In alkoholischer Lösung (70—80%) fallen Lipoproteide nicht aus und werden auch zunächst nicht denaturiert. Zu ihrer Darstellung ist von MIHÁLYI[6] folgendes Verfahren ausgearbeitet worden: 1 kg frische Rindermilz wird durch den Fleischwolf gedreht und dann mit Sand fein zerrieben. Der Brei wird mit 1 Liter auf — 25° abgekühltem 96%igem Äthanol 5 min lang gut gerührt. Die alkoholische Aufschwemmung wird scharf abzentrifugiert und die klare gelbe Lösung, die das Proteid enthält, mit dem gleichen Volumen Aqua dest. verdünnt. Man säuert mit H_2SO_4 auf p_H 5 an. Der entstandene fein-flockige Niederschlag wird nach kurzem Stehen abzentrifugiert. Der Bodensatz, der vor-wiegend aus Lipoproteid besteht, wird mit 100 cm³ Aqua dest. gut verrieben und so lange mit n NaOH versetzt, bis der Neutralpunkt erreicht ist. Das Proteid geht dabei in Lösung. Es wird filtriert, und die Säurefällung sowie das Auflösen mittels Alkali werden 3—4mal wiederholt. Zuletzt wird jedoch nur in 50 cm³ Aqua dest. gelöst. Durch Gefriertrocknung kann das Reinprotein gewonnen werden. Es enthält etwa 28% Fettsäuren, 30% Lecithin, 2% Cholesterin und 1,2% P.

Fette und Lipoide. Die Methoden der Extraktion von Fetten und Lipoiden aus Milz und anderen lymphatischen Geweben unterscheiden sich im allgemeinen nicht von den bei anderen parenchymatösen Organen angewandten. Hierüber ist im Kapitel „Allgemeine Organaufarbeitung" nachzulesen. Nach WETZEL und Mitarbeitern[7] beträgt der Gesamt-lipoidgehalt bei normalen Ratten zwischen 1,44 und 2,34% (Frischsubstanz).

In der menschlichen Pathologie sind eine Reihe von sog. *Lipoidspeicherkrankheiten* bekannt, bei denen der gesamte Lipoidgehalt von Milz und anderen Organen erheblich über die Norm ansteigt und eine Reihe von Lipoiden gefunden werden können, die normalerweise gar nicht oder nur in außerordentlich geringen Mengen vorkommen. Nach KLENK und RENNKAMP[8] finden sich hier 3 verschiedene zuckerhaltige Lipoide: zwei Cere-broside und ein Gangliosid. Alle 3 enthalten bemerkenswerterweise als Kohlenhydrat nicht nur Galaktose, sondern auch Glucose, wobei die beiden Zucker recht konstant

[1] AWAPARA, J., A. J. LANDUA and R. FUERST: J. biol. Ch. **183**, 545 (1950).

[2] AWAPARA, J.: Arch. Biochem. **19**, 172 (1948).

[3] KREBS, H. A.: Biochem. J. **43**, 51 (1948).

[4] KREBS, H. A., L. V. EGGLESTON and R. HEMS: Biochem. J. **44**, 159 (1949).

[5] TIGERMAN, H., and R. W. McVICAR: Proc. Soc. exp. Biol. Med. **72**, 651 (1949).

[6] MIHÁLYI, E.: H. **282**, 72 (1947).

[7] WETZEL, R., H. WOLLSCHITT, H. RUSKA u. TH. OESTREICHER: A.e.P.P. **179**, 86 (1935).

[8] KLENK, E., u. F. RENNKAMP: H. **273**, 253 (1942).

im Verhältnis 3:2 vorkommen. Glucose wurde auch von POLONOVSKI[1] nach Hydrolyse mit 3 n HCl durch Vergärung mit Bierhefe und als Phenylglucosazon nachgewiesen. Im übrigen ist über den chemischen Aufbau dieser Lipoide im Kapitel Phosphatide und Lipoide (s. Bd. III) nachzulesen. Zu ihrer Gewinnung zerkleinert man eine größere Menge an Milzgewebe, etwa 50 kg, mit dem Fleischwolf, entwässert mit Aceton und extrahiert nacheinander mit Aceton, Äther und einer Mischung von Methanol und Chloroform (3:1), wobei an Stelle von Chloroform der weniger kostspielige Tetrachlorkohlenstoff treten kann[2]. Diese Extraktion entspricht im wesentlichen dem zur Darstellung der Gehirnlipoide üblichen Verfahren. Durch weitere Fraktionierung lassen sich die oben erwähnten Lipoide reinigen.

Zur Darstellung von Diaminophosphatiden empfiehlt es sich, nach THANNHAUSER und Mitarbeitern[3, 4] 30 kg möglichst frische Rindermilz, die von Fett und Bindegewebe befreit und zerkleinert sind, zunächst mit der gleichen Menge Aceton 48 Std stehenzulassen; das Aceton wird abgesaugt und nochmals die gleiche Menge frisches Aceton zugegeben. Das Organpulver wird bei etwa +50° im Vakuum völlig getrocknet. Nach möglichst feiner Zerkleinerung wird im SOXHLET-Apparat mit Äther extrahiert und der Extrakt nach Einengung auf ein Volumen von 3 Litern für 3—5 Tage im Eisschrank belassen. Der während dieser Zeit sich ausbildende Niederschlag, der ein Gemisch verschiedener Diaminophosphatide darstellt, wird auf der Zentrifuge mit Äther und Aceton mehrmals gewaschen und getrocknet. Die weitere Reinigung und Fraktionierung ist im Kapitel der Lipoide (s. Bd. III) besprochen. Häufig wird die Diagnose einer Lipoidspeicherkrankheit erst post mortem gestellt werden, so daß dann zur Extraktion nur mit Formalin fixierte Organe zur Verfügung stehen. Daß die Menge des sowohl mit Äther als auch mit Alkohol Extrahierbaren aus formalinfixierten Organen geringer ist als aus frischen Organen, ist schon länger bekannt[5]. BRANTE[6] hat untersucht, welche Substanzen hierbei besonders betroffen werden (s. Gehirnlipoide, S. 531, Tabelle 80).

Cholesterin läßt sich aus dem Lipoidextrakt mit bekannten Methoden nachweisen. SCHETTLER[7] findet in der Milzfrischsubstanz von Mäusen 221 mg-%, davon nur 10 mg-% verestert. Tiere, denen 21 Tage größere Mengen an Leinöl gegeben waren, wiesen einen Cholesteringehalt von 345 mg-% mit etwa 96 mg-% Estern auf.

Citronensäure, deren Nachweis wie im Knochen ausgeführt wird, findet sich auch im verkalkten lymphatischen Gewebe. Die Mengen liegen zwischen 0,35 und 0,91 %[8]. Von anderen organischen Säuren ist nur das Vorkommen von Oxalsäure im lymphatischen Gewebe der Gaumenmandel beschrieben worden[9]. Nachweismethoden s. bei organischen Säuren (Bd. III).

Vitamine. In der Milz ist das Vorkommen von Spuren an Vitamin A[10] und von 4 bis 6 mg-% Adermin[11] beschrieben worden. Der Nachweis unterscheidet sich nicht von dem in anderen parenchymatösen Organen. In den Tonsillen soll der durch Titration mit 2,6-Dichlorphenolindophenol ermittelte Ascorbinsäuregehalt bei Erwachsenen zwischen 20 und 88 mg-%, bei Kindern immer über 50 mg-% liegen[12]. Aus Tonsillen von Mensch und Rind läßt sich L-Ascorbinsäure in kristallisierter Form gewinnen: 50—100 g Tonsillengewebe werden mit Instrumenten aus nicht rostendem Stahl zerkleinert. Nach Zusatz

[1] POLONOVSKI, J.: Cr. **215**, 443 (1942).
[2] KLENK, E., u. F. RENNKAMP: H. **273**, 253 (1942).
[3] THANNHAUSER, S. J., u. J. BENOTTI: H. **253**, 217 (1938).
[4] THANNHAUSER, S. J., and P. SETZ: J. biol. Ch. **116**, 527 (1936).
[5] MLADENOVIĆ, M., u. H. LIEB: H. **181**, 221 (1929).
[6] BRANTE, G.: Acta physiol. scand. **18**, Suppl. 63 (1949).
[7] SCHETTLER, G.: B. Z. **319**, 349 (1949).
[8] MARTENSSON, J.: K. fysiogr. Sällsk. Lund. Förh. **11**, 129 (1942).
[9] CALABRESI, C.: Arch. ital. Otol., Rinol. Laringol. **51**, 447 (1939) [Ber. Physiol. **118**, 76].
[10] DONINI, P.: Rass. Clin., Terap. **38**, 7 (1939) [Ber. Physiol. **113**, 18].
[11] MITOLO, M.: Boll. Soc. ital. Biol. sperim. **16**, 175 (1941) [Ber. Physiol. **127**, 113].
[12] GOTO, S.: Tokyo-Iji-Shinshi **60**, 1966 (1936) [Zbl. Zahn-, Mund- u. Kieferheilkde. **3**, 49 (1938)].

der 4fachen Menge 10%iger Essigsäure wird in einem starkwandigen, fest verschließbaren Gefäß nach Einleitung von CO_2 6—7 min im kochenden Wasserbad erhitzt. Nach Enteiweißung mit 25%igem Quecksilberacetat, wobei gleichzeitig Glutathion und Cystein entfernt werden, wird ultrafiltriert. Hg wird durch H_2S entfernt. Nach Eindampfen im Vakuum bei 35—40° krystallisiert Ascorbinsäure nach Ausschütteln mit Aceton[1].

Fermente und Stoffwechsel. Die bei vielen Erkrankungen geradezu zerfließliche Konsistenz der Milz läßt ein hohes Autolysevermögen, d. h. eine starke Proteolyse annehmen. Die *Proteolyse* kann an einfachen Organaufschwemmungen untersucht werden, deren Herstellung bei der Methode zur Bestimmung des N-Gehaltes beschrieben ist[2] (S. 508). Unter Toluol halten derartige Extrakte im allgemeinen ihr p_H in ziemlich engen Grenzen um 5,9—6,3. Die bei Beginn um 0,3 mg-% (bezogen auf Milzfrischgewicht) liegenden Amino-N-Werte steigen in 20—100 Std auf 0,8—1,5 mg-% an. Parallelen zwischen proteolytischer Aktivität und Organkonsistenz lassen sich häufig nicht feststellen. Mit einem Glycerinauszug aus Milz (ein Teil Milzbrei mit 3 Teilen m/3 Phosphatpuffer und 3 Teilen 87%igem Glycerin verrieben und nach 24 Std zentrifugiert) lassen sich gegenüber Gelatine und Milzeiweiß zwei Wirkungsoptima bei p_H 4,0 und 8,0 nachweisen[2]. Eine bessere Reinigung erzielt man bei folgendem Vorgehen nach FRUTON und BERGMANN: 1,9 kg Rindermilz werden gemahlen, mit 3,8 Liter eiskaltem Wasser und 200 cm³ Toluol 2 Std gerührt und über Nacht stehengelassen. Nach Filtrieren durch Gaze werden die nun erhaltenen 3,9 Liter Suspension mit 190 cm³ n HCl und 220 g Ammonsulfat auf p_H 4 eingestellt und filtriert. Nach Zusatz von 500 g Ammonsulfat und Stehenlassen über Nacht wird unter Zusatz von Filter-Cel filtriert. Man erhält 3 Liter Filtrat, die durch Zugabe von 100 cm³ n NaOH auf p_H 7 eingestellt werden. Durch Zusatz von 675 g Ammonsulfat fällt ein fermenthaltiger Niederschlag aus, den man absitzen läßt. Nach Abhebern der überstehenden Flüssigkeit wird durch ein gehärtetes Filter filtriert. Der das Enzymgemisch enthaltende Niederschlag wiegt feucht 12 g. 1 g davon wird in 15 cm³ eiskaltem Wasser gelöst, 24 Std gegen 1%ige NaCl-Lösung dialysiert und auf 25 cm³ aufgefüllt. Zur Prüfung der Proteaseaktivität gibt man zu 0,2 cm³ dieser Lösung (mit 0,26 mg Protein-N) 1 cm³ m/20 Substratlösung in m/10 Citratpuffer. Der Abbau wird bei 40° untersucht. Die Bestimmung des Zuwachses an Carboxylgruppen wird nach GRASSMANN, die des Zuwachses an Aminogruppen nach VAN SLYKE durchgeführt[3, 4]. Näheres über die Milzkathepsine s. Bd. IV.

An *weiteren Fermenten* wurden nachgewiesen: Amylase in Milz, Lymphdrüsen und Tonsillen[5], β-Glucuronidase in der Milz[6], Phosphatase in den Tonsillen[6] und Cholinesterase in der Milz[7]. Im lymphatischen Gewebe des Wurmfortsatzes beschrieben REDFIELD und Mitarbeiter[8] das Vorkommen von Aconitase und Transaminase.

Gewebsstoffwechsel. Zur Messung des Gewebsstoffwechsels von lymphatischen Geweben wird von REDFIELD und Mitarbeitern[8] der Wurmfortsatz (Appendix vermiformis) des Kaninchens für besonders geeignet angesehen, da er praktisch nur aus lymphatischem Gewebe besteht. Das Organ wird oberflächlich mit Wasser gereinigt, die Serosa entfernt und das nunmehr fast rein vorliegende lymphatische Gewebe in etwa 0,4 mm dünnen Scheibchen in eisgekühlter Ringer-Phosphatlösung aufgeschwemmt. Die Gasstoffwechselversuche in der WARBURG-Apparatur werden etwa 90 min nach dem Tode begonnen. Q_{O_2} beträgt im Mittel 8,05±0,11. Diese Werte liegen in gleicher Größenordnung wie die von Kaninchenlymphknoten und die von WARBURG[9] in Tonsillen gefundenen. Für das

[1] MEYER, H. H.: B. Z. **300**, 297 (1939).
[2] BORGER, G.: A. e. P. P. **164**, 469 (1932).
[3] FRUTON, J. S., and M. BERGMANN: J. biol. Ch. **130**, 19 (1939).
[4] FRUTON, J. S., G. W. IRVING jr. and M. BERGMANN: J. biol. Ch. **141**, 763 (1941).
[5] MATSUYAMA, T.: Z. Oto.-, Rhino.-Laryngol., Tokyo **45**, 817, 850 (1939) [Ber. Physiol. **117**, 112].
[6] MILLS, G. T.: Biochem. J. **42**, 21 (1948).
[7] MARNEY, A., et L. LAPIQUE: C. R. Soc. Biol. **128**, 519 (1938).
[8] REDFIELD, R. R., and E. S. G. BARRON: Arch. Biochem. **26**, 275 (1950).
[9] WARBURG, O., K. POSENER, u. E. NEGELEIN: B. Z. **152**, 309 (1924).

Ausmaß der anaeroben Glykolyse wird durch Bestimmung der Milchsäure ein $Q_M^{N_2}$-Wert von 10 gefunden. Im Appendix ist die Milchsäurebildung auch in Gegenwart von O_2 verhältnismäßig hoch ($Q_M^{O_2}=5,3$). Dieser hohe Wert für die aerobe Glykolyse soll charakteristisch für Blutzellen und lymphatische Gewebe sein.

d) Die Lunge.

Der Wassergehalt der Lunge liegt zwischen 76,7 und 80 % [1, 2]. 19—22 % sind organische und nur etwas mehr als 1 % anorganische Bestandteile.

Anorganische Bestandteile. Vorbereitung und Veraschung der Lunge zur Bestimmung der Mineralien und Spurenelemente entsprechen denen bei den übrigen Organen (s. allgemeine Organaufarbeitung). Ca- und P-Gehalt zeigen mit und ohne Vitamin D-Behandlung große Schwankungen, wie Tabelle 67 zeigt.

Tabelle 68 gibt eine Übersicht über die verschiedenen anorganischen Stoffe, die in der Lunge nachgewiesen worden sind.

Spurenelemente sind zumeist spektrographisch nachgewiesen worden. Außer den in der Tabelle 68 genannten ist von SHELDON und RAMAGE [3] noch Rubidium in einer Menge von 0,6—1,6 mg/100 g Trockensubstanz gefunden worden. Ob Barium in der Lunge vorkommt, ist fraglich. Beim Menschen hat man es nicht nachgewiesen, jedoch fand es KUNOWSKI [5] bei pflanzenfressenden Tieren.

Tabelle 67. *Calcium- und Phosphorgehalt der Hundelunge* [4]
(mg-% Trockensubstanz).

	Ca	P
Normal	42— 221	555—1143
Mittelwert	89 ± 13	338 ± 160
Nach hohen Vitamin D-Gaben .	61—1860	509—2440
Mittelwert	338 ± 160	978 ± 164

Silicium. Bei der Analyse der Lungenasche wurde stets eine verhältnismäßig große Menge an Sand gefunden [6]. Es ist nach BURKE und KERR [7] keineswegs gesagt, daß dieser „Sand" aus Quarzpartikelchen besteht, wie man sie bei Silikose der Lunge findet. Vielmehr werden in der Lunge von Menschen, die eine gesunde oder auch tuberkulös veränderte Lunge haben, aber einer Einatmung von Quarzstaub nicht ausgesetzt waren, nur größere isotrope Aggregate kalkiger oder phosphatischer Natur nachgewiesen. Wenn freilich eine langdauernde Einatmung von Quarzstaub vorgelegen hat, kann bei der dann gefundenen Silikose der Si-Gehalt einige Potenzen über der Norm liegen. So geben KING und BELT [8] Werte zwischen 5 und 1000 mg-% Si in der Lungentrockensubstanz an. Kleine Mengen Si können in organischer Bindung vorliegen [9].

Zur Siliciumbestimmung nach OHLMEYER und OLPP [10] wird die zu untersuchende Substanz, die 20—120γ SiO_2 enthalten soll, in der Platinschale verascht. Genügt trockene Veraschung nicht, so wird dreimal Wasserstoffperoxyd oder ein Gemisch von konz. Salpetersäure und Wasserstoffperoxyd (1:2) zugegeben. Nach vollständigem Trocknen wird einmal mit 1—2 cm³ und zweimal mit 0,5 cm³ konz. Salzsäure abgeraucht und dann bei 110° wieder getrocknet. Darauf wird die Asche mit 10 cm³ n Salzsäure in der Hitze aufgenommen und in ein spitzes Zentrifugenglas übergespült. Nach 5 min Zentrifugieren wird die überstehende Flüssigkeit mit einer am Ende umgebogenen Capillare abgesaugt. Der Niederschlag wird dreimal mit je 10 cm³ 0,1 n Salzsäure, mit denen zuvor die Platinschale ausgespült war, auf der Zentrifuge gewaschen. Geben 5 cm³ des sauren Überstandes mit

[1] SIEBER, N., u. W. DZIERZGOWSKI: H. **62**, 254 (1909).
[2] LUSTIG, B.: B. Z. **284**, 367 (1936).
[3] SHELDON, J. H., and H. RAMAGE: Biochem. J. **25**, 1608 (1931).
[4] SCHMIDT, C. L. A., and D. M. GREENBERG: Physiol. Rev. **15**, 297 (1935).
[5] KUNOWSKI, S.: Dtsch. Z. gerichtl. Med. **19**, 265 (1932) [Ber. Physiol. **71**, 655].
[6] PINCUSSEN, L.: Handb. Biochem. **4**, 288 (1925).
[7] BURKE, H. E., and P. F. KERR: J. industr. Hyg. **20**, 535 (1938) [C. **1939 I**, 3030].
[8] KING, E. J., and TH. H. BELT: Physiol. Rev. **18**, 329 (1938).
[9] HOLZAPFEL, L.: Naturwiss. **34**, 189 (1947).
[10] OHLMEYER, P., u. U. OLPP: H. **281**, 203 (1944).

Tabelle 68. *Mineralgehalt der Lunge*
(in mg- % der Frischsubstanz).

Na . .	244[1]	Al . .	5,94[7]	Br . .	0,40—0,55[12]
K . . .	147[1]	Mg . .	42—56[8]	Ti . .	0,003[14]
Ca . .	18,5[2]	Ag . .	0,004[7]	Sn . .	0,045[7] (Mensch)
Fe* . .	1,25—22,2[3, 4, 5]	Cu* . .	0,11[7]		0,098—0,204[15]
Si* . .	0,3[6] (Rind)	Zn . .	2,14[9]		(verschiedene Tiere)
Cl . . .	200—350[2]	F . .	0,09 —0,17[10]	Pb . .	0,03[7]
P$_2$O$_5$ . .	270[2]	As . .	0,019—0,034[11, 13]		0—0,32[16]
Mn . .	0,022[7]				

Hg* 0,5—0,9 γ-%[17] (Hg-Fremde),
1,2—4,9 γ-%[17] (Amalgamträger),
J   22—25 γ-%[18].

* Weitere Werte s. Text.

den Reagentien für die Si-Bestimmung eine Färbung, so ist er noch nicht frei von Phosphorsäure, und das Waschen wird fortgesetzt. Der gewaschene Niederschlag wird mit Wasser in die Platinschale zurückgespült, durch Zusatz von 1 cm³ n KOH auf dem Wasserbad gelöst, fast bis zur Trockne eingedampft und in warmem Wasser aufgenommen. Nach dem Abkühlen wird die Lösung mit n H$_2$SO$_4$ gegen Phenolphthalein neutralisiert und mit den Reagentien und Wasser in einem Meßkölbchen auf 25 cm³ aufgefüllt. Die Reagentien sind: *1.* 2 cm³ Ammoniummolybdat (5%ige Lösung in n Schwefelsäure). *2.* 0,5 cm³ Eikonogen (0,5 g 1,2,4-Aminonaphtholsulfosäure, 30 g Na$_2$S$_2$O$_5$, 5,0 g Na$_2$S$_2$O$_3$ mit Wasser ad 250 cm³). Nach 5 min Stehen bei Zimmertemperatur wird colorimetriert. Die Farbe vertieft sich langsam. In jedem Versuch werden mehrere Kontrollen mit abgestuften Mengen Si gebraucht. Für diese wird Standardsilicatlösung durch mehrmaliges Behandeln von Na$_2$Si$_2$O$_5$·2H$_2$O mit n KOH auf dem Wasserbad und Auffüllen mit Wasser bereitet. Die klare Lösung, die 40 γ SiO$_2$ in 1 cm³ enthält, wird in einer paraffinierten Flasche aufbewahrt. Vor der Farbentwicklung wird auch diese Lösung nach Zugabe einer gleich großen Menge KOH wie bei der Probe mit n H$_2$SO$_4$ gegen Phenolphthalein neutralisiert.

Es ist bekannt, daß über 50 % des in der Lunge vorhandenen Si in organischer Bindung vorliegen und mit Äthanol-Äther extrahiert werden können. Zur Bestimmung dieser Menge wird das Gewebe möglichst fein zerkleinert und mit der 5fachen Menge eines Alkohol-Äthergemisches (1:1) 1 Std lang geschüttelt. Nachdem das Gewebe noch 24 Std in dem Lösungsmittel gelegen hatte, wird dieses abgegossen und nochmals mit frischem Lösungsmittel nachgewaschen. Die weitere Bestimmung erfolgt wie oben.

Eisen. Um den Eisengehalt der Lunge zu erfassen, muß zunächst das Hämoglobin entfernt werden. Da eine Durchströmung des Organs keinen vollständigen Erfolg verspricht,

[1] BOULANGER, P.: Expos. ann. Biochem. méd. **6**, 119 (1946).
[2] PINCUSSEN, L. in OPPENHEIMER, C.: Handb. Biochem. **4**, 288 (1925).
[3] AUSTONI, M. E., A. RABINOWITSCH and D. M. GREENBERG: J. biol. Ch. **134**, 17 (1940).
[4] BOGNIARD, R. P., and G. H. WHIPPLE: J. exp. Med. **55**, 653 (1932).
[5] LINTZEL, W.: Ergebn. Physiol. **31**, 844 (1931).
[6] OHLMEYER, P., u. O. OLPP: H. **281**, 203 (1944).
[7] KEHOE, R. A., J. CHOLAK and R. V. STORY: J. Nutrit. **19**, 579 (1940).
[8] CANNAVÓ, L., u. R. INDOVINA: B. Z. **261**, 45 (1933).
[9] LEINER, M., u. G. LEINER: Biol. Zbl. **62**, 119 (1942).
[10] DE EDS, F.: Medicine, Baltimore **12**, 1 (1933).
[11] SCHAAF, E.: H. **280**, 65 (1944).
[12] DIXON, TH. F.: Biochem. J. **29**, 86 (1935).
[13] BODNÁR, J., Ö. SZÉP u. V. CIELESZKY: H. **264**, 1 (1940).
[14] BERTRAND, G., et VORONCA-SPIRT: Bull. Soc. chim. France (4) **47**, 643 (1930).
[15] BERTRAND, G., et V. CIUREA: Cr. **192**, 780 (1931).
[16] MINOT, A. S., and J. C. AUB: J. industr. Hyg. **6**, 149 (1924).
[17] STOCK, A.: B. Z. **304**, 73 (1940).
[18] STURM, A., u. L. ROCKMANN: B. Z. **287**, 50 (1936).

wird nach RECHENBERGER und SCHAIRER[1] das Gewebe in einem Mörser mit Sand zerrieben und so lange mit physiologischer Kochsalzlösung extrahiert, bis diese farblos ist. Die Waschflüssigkeit wird in einem 100 cm³-Meßzylinder mit 0,4 %igem NH_3 zwecks vollständiger Hämolyse aufgefüllt. Zur Entfernung störender Trübung wird mit einer kleinen Menge Bolus alba geschüttelt und durch ein gehärtetes Filter filtriert. Die Hb-Bestimmung erfolgt nach Reduktion mit Na-hydrosulfit im PULFRICH-Photometer gemäß der von HEILMEYER[2] gegebenen Vorschrift. Die Werte für den Eisengehalt sind der Tabelle 68 zu entnehmen. Bei besonders stark blutgefüllter Lunge, vor allem bei der sog. Stauungslunge, kann der Eisengehalt bis auf 159 mg/100 g Frischgewicht ansteigen[3].

In entzündlichen Lungenherden, insbesondere bei Bronchopneumonie, ist der Eisengehalt der Lunge meist herabgesetzt, häufig sind pneumonische Herde sogar fast eisenfrei[3].

Kupfer. Auch bei der Bestimmung des Cu-Gehaltes ist eine gründliche Durchspülung des Lungengewebes unerläßlich. MARANGONI[4] zeigt, daß sich in der Lunge eines nicht-entbluteten Kaninchens, bei dem das Organ nur oberflächlich abgespült war, fast 20 γ Cu finden. Durchspült man die Lungengefäße, finden sich nur 8 γ. Entblutet man das Tier und durchspült die Gefäße außerdem, finden sich nur 4,6 γ. Bei besonders gründlicher Durchspülung des gesamten Lungengewebes werden sogar nur 1,5 γ Cu gefunden. Das Lungengewebe selbst enthält entweder kein Cu oder nur Spuren.

Quecksilber. Tabelle 68 zeigt, daß der Hg-Gehalt davon abhängig ist, ob mit Amalgam gefüllte Zähne vorhanden sind[5]. Bei Individuen, die mit Hg gar nicht in Berührung gekommen sind, kann dieses in der Lunge völlig fehlen. Andererseits wurden bei Kranken, bei denen Hg-haltige Heilmittel verwandt wurden, Mengen bis zu 50 γ-% gefunden, ohne daß Zeichen einer Hg-Vergiftung vorhanden waren.

Organische Bestandteile. Um gleichmäßige Werte für den N- und P-Gehalt der organischen Substanz zu erhalten, ist es beim Lungengewebe besonders wichtig, von verhältnismäßig großen Substanzmengen, 1—2 g, auszugehen. Veraschungs- und Bestimmungsmethoden weichen nicht wesentlich von den in anderen Organen angewandten ab.

Die *Enteiweißung* führt man nach LUSTIG[6] so durch, daß man 25—50 g Lungengewebe nach sorgfältiger Zerkleinerung mit dem 5fachen Volumen 10 %iger Na-sulfatlösung versetzt, nach kurzem Aufkochen 3—5 cm³ 20 %ige Essigsäure zugibt und noch zweimal aufkocht. Die löslichen N- und P-Verbindungen werden im Filtrat in üblicher Weise nachgewiesen. LUSTIG[6] gibt folgende Werte für die Zusammensetzung der Trockensubstanz an:

Tabelle 69. *Zusammensetzung der Lunge* (in Prozenten).	
N-Gehalt	10,95
Lipoidgehalt	11,26
Gesamtcholesterin . .	2,24
Kohlenhydratgehalt . .	1,79
Eiweiß-N	9,75
Rest-N	1,20
P-Gehalt	0,43

Tabelle 70. *Phosphorfraktionen der Lunge* (in mg-% der Trockensubstanz).	
Anorganischer P	105,3
Lipoid-P	126,6
Organischer P im Rest-N-Filtrat .	42,3
Eiweiß-P	162,9

Die Bestimmung der Nucleotide erfolgt nach den für Leber (S. 478) gegebenen Richtlinien. Für die Mäuselunge werden für die beiden Nucleinsäuren Werte um 1 % (Trockensubstanz) angegeben[7].

[1] RECHENBERGER, J., u. E. SCHAIRER: Z. ges. exp. Med. **112**, 559 (1943).
[2] HEILMEYER, L.: Medizinische Spektrophotometrie. Jena 1933.
[3] RECHENBERGER, J., u. E. SCHAIRER: Z. ges. exp. Med. **117**, 114 (1951).
[4] MARANGONI, P.: Boll. Soc. ital. Biol. sperim. **15**, 320 (1940) [Ber. Physiol. **120**, 249].
[5] STOCK, A.: B. Z. **304**, 73 (1940).
[6] LUSTIG, B.: B. Z. **284**, 367 (1936).
[7] REDDY, D. V. N., and L. R. CERECEDO: J. biol. Ch. **192**, 57 (1951).

Lipoide. Die Lipoidanalyse wird nach den für die allgemeine Organanalyse angegebenen Richtlinien ausgeführt. Es finden sich folgende Mengen in normaler Lunge (in Prozenten der Trockensubstanz): Gesamtphosphatide 6,65, Lipoid-P 0,266, Sphingomyelin 1,45, Kephalin 2,00, Lecithin 3,85[1]. Nach BINET[2] nimmt der Lipoidgehalt erheblich bis zu 50 % ab, wenn durch Einatmung von Cl_2 oder von heißem Wasserdampf ein Lungenödem künstlich hervorgerufen wird.

In den Lungen von Kaninchen, die künstlich mit Quarz bestäubt sind, ist der Gehalt an Phosphatiden sehr viel höher als in Lungen normaler Tiere. Diese Phosphatide sollen, obwohl sie keine wesentlichen Mengen an Si enthalten, zur Bildung gleichartiger Knötchen führen, wie sie durch Behandlung mit Si hervorgerufen bzw. bei Tuberkulose beobachtet werden können[3]. Derartig hohe Phosphatidwerte finden sich bei menschlicher Silikose nicht, jedoch ist hier auch das Verhältnis von Phosphatiden zu den übrigen Fetten größer als 1, während es bei normalen Lungen kleiner als 1 ist[4].

Thrombokinase. In der Lunge findet sich ein „thromboplastisches" Protein, das nach COHEN und CHARGAFF[4] folgendermaßen dargestellt werden kann: Zu 1550 g zerkleinerter Rinderlunge werden 3,1 Liter 0,85%ige NaCl-Lösung gegeben. In der Kälte 3 Std kräftig rühren und schütteln. Durch Mull filtrieren. Filtrat (2,05 Liter) bei 2500 Umdrehungen 15 min zentrifugieren. p_H durch 10%ige Essigsäure auf 5,2 bringen, über Nacht kühlen. Niederschlag abzentrifugieren, in H_2O suspendieren, n KOH langsam zugeben, bis das Volumen 400 cm³ beträgt und das p_H der tiefbraunen Lösung 8,8 ist. Abermals zentrifugieren, Lösung durch 10%ige Essigsäure auf p_H 5,2 bringen, flockigen Niederschlag nach 5 min abzentrifugieren, zweimal umfällen. Schließlich Lösung bei p_H 8,8 bei 2500 Umdrehungen 5 min zentrifugieren und über Nacht gegen fließendes Leitungswasser dialysieren. Lösung eventuell zentrifugieren, sie enthält 30 mg Protein/cm³. Die Lösung bleibt im Eisschrank für mindestens 3 Wochen aktiv. Das Protein erweist sich bei elektrophoretischer Untersuchung als einheitlich. Jedoch kann man durch Extraktion und Fraktionierung eine Lecithin- und eine Kephalinfraktion unterscheiden, die beide etwa gleich stark gerinnungsfördernd sind. Eine genaue Analyse der durch Hydrolyse abspaltbaren Fettsäuren wurde von COHEN und CHARGAFF[5] ausgeführt.

Histamin. Histamin kann in der Lunge nicht nur pharmakologisch, sondern auch chemisch nachgewiesen werden. ACKERMANN und FUCHS[6] isolierten es in der gleichen Weise wie aus der Leber und fällten es als Dipikrat. Daten über den Histamingehalt hat TRETHEWIE[7] angegeben. Er findet bei Neugeborenen in der gesamten Lunge etwa 220 γ. Aus Tierversuchen weiß man, daß der Histamingehalt bald nach der Geburt erheblich absinkt. Hier wurde jedoch die Bestimmung nicht chemisch, sondern am Meerschweinchendarm durchgeführt. In Lungen von Erwachsenen ist der Histamingehalt erheblich höher als in denen von Neugeborenen. In pneumonischem Lungengewebe sind die Histaminwerte gegenüber nichtentzündlichen Gewebeteilen herabgesetzt[8].

ACKERMANN und FUCHS[6] isolierten weiterhin im Extrakt aus Rinderlunge L-Histidin als Pikrolonat und identifizierten Lysin, Arginin, Tyrosin sowie Harnstoff, Kreatin, Methylguanidin, Cholin, Betain und Spermin. — Der *Glutathiongehalt* ist bei verschiedenen Tieren verschieden hoch. SANTAVY[9] fand beim Kaninchen etwa 100 und beim Hund zwischen 46 und 81 mg-% Gesamtglutathion (Frischsubstanz). Hierbei war fast die Gesamtmenge in der SH-Form vorhanden.

[1] THANNHAUSER, S. J., J. BENOTTI and H. REINSTEIN: J. biol. Ch. **129**, 709, 717 (1939).
[2] BINET, L., F. BOURLIÈRE et P. TANRET: Cr. **216**, 103 (1943).
[3] FALLON, I. T.: Canad. med. Ass. J. **36**, 223 (1937).
[4] COHEN, S. S., and E. CHARGAFF: J. biol. Ch. **140**, 689 (1941).
[5] COHEN, S. S., and E. CHARGAFF: J. biol. Ch. **139**, 741 (1941).
[6] ACKERMANN, D., u. H. G. FUCHS: H. **257**, 153 (1939).
[7] TRETHEWIE, E. R.: J. Immunol. **56**, 211 (1947).
[8] WERLE, E., u. A. MEITINGER: Frankf. Z. Pathol. **61**, 584 (1950).
[9] SANTAVY, F.: C. R. Soc. Biol. **132**, 285 (1939).

Citronensäure. Das Gewebe wird mit Sand verrieben und durch Zugabe von 10%iger Trichloressigsäure enteiweißt. Die im Filtrat mit üblicher Methode (s. Bestimmung der Citronensäure) gefundenen Werte liegen bei normalem und fibrös verändertem Lungengewebe bei 4 mg-%. In verkalkten tuberkulösen Lungenpartien liegen die Werte erheblich höher und können bis zu 350 mg-% betragen[1].

Kohlenhydrate. Die *Glykogenbestimmung* wird in üblicher Weise ausgeführt. Die Menge an Gesamtkohlenhydraten, die entweder nach Hydrolyse mit HCl, Enteiweißung mit Quecksilber(II)-acetat, Hg-Fällung mit H_2S und Zuckerbestimmung nach BERTRAND oder aber durch Hydrolyse mit H_2SO_4, Enteiweißung mit Wolframat und Bestimmung der reduzierenden Substanzen nach HAGEDORN-JENSEN bestimmt werden, ist im Vergleich zu Glykogen verhältnismäßig hoch[2]. Es gilt jedoch für eine exakte Glykogenbestimmung auch in der Lunge das, was ganz allgemein bei der Glykogenbestimmung in Organen gesagt war: schon in Sekunden nach dem Tode kommt es infolge der Glykolyse zu einer merklichen Glykogenverminderung. Die wirklichen Glykogenwerte in der Lunge dürften also höher liegen, als sie von GRAEBER[2] angegeben sind (s. Tabelle 71).

Tabelle 71. *Glykogengehalt von Lunge und Leber* (in Prozenten).

„Sofortige" Aufarbeitung	Lunge		Leber	
	Glykogen	Gesamt-KH	Glykogen	Gesamt-KH
Unbehandelt	0,04—0,10	0,40—0,62	—	—
Nach Traubenzucker i. v.	0,23	0,72	6,01	—
Nach Traubenzucker + Insulin .	0,22	0,65	8,0	9,5
Nach Thyroxin	0	0,15	0	0,5
Nach Thyroxin + Insulin	0,2	0,25	0,4	0,75
Nach Phlorrhizin	0	0,40	1,2	—

Aus der Tabelle 71 ist weiter ersichtlich, daß das Glykogen in der Lunge labiler zu sein scheint als das der Leber, da nicht nur nach Thyroxin-, sondern auch nach Phlorrhizingaben die Lunge glykogenfrei gefunden wird.

Der auf übliche Weise bestimmte Milchsäuregehalt liegt bei „sofortiger" Verarbeitung bei 13 mg-% und steigt nach mehr oder weniger langer Autolyse bis auf 87 mg-%.

Stellt man Heparin (s. dieses) aus Rinderlunge dar, kann durch Isolierung des Benzidinsalzes in der Heparinfraktion ein Polysaccharid mit den Eigenschaften eines *Galaktogen* gefunden werden. Dieses ist ein amorphes, geschmackloses, leicht wasserlösliches Pulver. Es reagiert nicht mit Jod und enthält kein Glykogen[3].

Vitamine. In den nach den allgemeinen Richtlinien für den Nachweis wasserlöslicher Vitamine in Organen angefertigten Extrakten finden sich 4,3 mg-% Nicotinsäure[4], 4 bis 6 mg-% Pyridoxin[5] und 0,21—0,29 mg-% Lactoflavin[6].

Gewebsstoffwechsel. Es finden sich deutlich Unterschiede zwischen der *Atmung* von Gewebsschnitten aus Rattenlunge und Gewebsbrei. Bei Schnitten beträgt der Q_{O_2} 7,7 ±0,6. Der Sauerstoffverbrauch verläuft einige Stunden hindurch ziemlich konstant und zeigt nach 4 Std einen Abfall um etwa 25%. Die Größenordnung liegt in der bei anderen Gewebsschnitten beobachteten. Q_{O_2} von Gewebsbrei ist 0,75±0,05; ein merklicher Abfall des O_2-Verbrauches ist schon während der ersten Stunde zu beobachten, nach etwa 3 Std sinkt der Sauerstoffverbrauch auf 0. Eine Erhaltung der O_2-Aufnahme durch Fumaratzusatz, wie man sie beim Muskelbrei beobachtet, kann nicht festgestellt werden. Ein Vergleich der Atmung von Lungengewebe bei verschiedenen Tierarten zeigt ein

[1] MARTENSSON, J.: K. fysiogr. Sällsk. Lund Förh. **11**, 129 (1942).
[2] GRAEBER, H.: Z. ges. exp. Med. **106**, 360 (1939).
[3] WOLFRAM, M. L., D. J. WEISBLAT, J. V. KARABINOS and O. KELLER: Arch. Biochem. **13**, 1 (1947).
[4] CUNY, L., P. BOUVET et J. DEVILLERS: Bull. Soc. Chim. bio l. **24**, 154 (1942).
[5] MITOLO, M.: Boll. Soc. ital. Biol. sperim. **16**, 175 (1941) [Ber.Physiol. **127**, 113].
[6] RANDOIN, L., A. RAFFY et A. GOURÉVITCH: C. R. Soc. Biol. **130**, 729 (1939).

Absinken in folgender Reihe: Ratte, Kaninchen, Meerschweinchen, Katze, Taube. Während durch Zusatz von Glucose, Hexose-6-monophosphat, Hexose-diphosphat, Citrat, Fumarat, Malat, Histidin sowie durch Brenztraubensäure die O_2-Aufnahme von Gewebsschnitten nicht geändert wird, findet man nach Zusatz von Alanin und Acetat eine geringgradige, nach Zusatz von Milchsäure, Bernsteinsäure, Asparaginsäure, β-Oxybuttersäure und Histamin eine deutliche Zunahme der Sauerstoffaufnahme. Die Ursache für die geringgradige Atmung von Gewebsbrei liegt vermutlich in einer Zerstörung von Diphosphopyridinnucleotid. Dieses wird durch eine Nucleotidase abgebaut, die in der intakten Zelle von den Nucleotiden getrennt bleibt, während im Gewebsbrei der Kontakt zwischen Enzym und Substrat möglich wird. Dieses Ferment soll beim Wirkungsmechanismus von Lungenreizstoffen eine Rolle spielen. Anaerobe *Glykolyse* von Schnitten: $Q_M^{N_2}$ 4,54, aerobe Glykolyse: $Q_M^{O_2}$ 1,94. Bei Gewebsbrei ist eine Glykolyse nicht nachweisbar[1].

Die Fähigkeit, aus Aminosäuren *Ketonkörper* zu bilden, haben Gewebsschnitte aus verschiedenen Organen. Für Lungengewebsschnitte ist diese Fähigkeit nach HEINSEN[2] auf D-Leucin und L-Leucin beschränkt.

Zu Versuchen über das *Diaphorase-Cytochrom-Cytochromoxydasesystem* können nach v. EULER und HELLSTRÖM[3] außer Muskel- und Milz- auch Lungenextrakte verwandt werden. Über den Gehalt der Lunge an Cytochrom c s. Tabelle 112, S. 559.

e) Magen und Darm.

Vorbereitung zur Untersuchung. Man entnimmt den Magen-Darmtrakt bei kleineren Tieren am besten in toto, bei größeren Tieren in einzelnen Teilen nach Unterbindung der vorgesehenen Schnittstellen, um ein Herausfließen des Inhalts und eine Verschmutzung der übrigen Organe zu verhindern. Man eröffnet den Magen und bei größeren Tieren auch den Darm mit einer Schere, am besten unter fließendem Wasser, um auf diese Weise die Schleimhaut von allen Nahrungsresten zu befreien. Bei kleineren Tieren, z. B. bei Ratten, empfiehlt sich zur Präparierung des Darms folgendes Vorgehen: Man durchtrennt das proximale Ende des Darms möglichst dicht am Magen. Durch vorsichtiges Ziehen läßt sich der Darm vom Mesenterium abstreifen, so daß man auf diese Weise den gesamten Dünndarm bis wenige Zentimeter oberhalb der Ileocoecalklappe erhält. Nunmehr befestigt man das proximale Ende des Darms am Ausfluß einer 50 cm³-Bürette und füllt aus dieser den Darm mit physiologischer Kochsalzlösung. Nach Füllung des Darms wird eine an seinem distalen Ende befestigte Klemme so eingestellt, daß die Flüssigkeit den Darm langsam durchströmt. Nachdem auf diese Weise etwa 200 cm³ Spülflüssigkeit durch den Darm geströmt sind, wird die Klemme gelöst, um die sich am unteren Ende ansammelnden, etwas gröberen Inhaltsstoffe herauszuspülen. Sodann wird das distale Darmende an der Bürette befestigt und die Durchspülung in gleicher Weise wiederholt. Man trocknet den Darm vorsichtig zwischen Fließpapier und kann ihn zur weiteren Untersuchung mit H_2O oder einem passenden Lösungsmittel homogenisieren.

Will man nur die Schleimhaut untersuchen, so öffnet man den Darm in der Längsrichtung, breitet ihn auf einer glatten Fläche, am besten einer Glasplatte, aus und schabt mit der Kante eines Objektträgers die Schleimhaut vorsichtig ab. Der dabei angewandte Druck muß so gewählt werden, daß gerade nur die Mucosa abgeschabt wird. Die dabei schon weitgehend zerkleinerte Mucosa kann vor weiterer Aufarbeitung gegebenenfalls noch homogenisiert werden.

Anorganische Bestandteile. Die zur Untersuchung der anorganischen Bestandteile angewandten Methoden unterscheiden sich nicht von den bei anderen Organen benutzten. Die für die einzelnen Mineralien und Spurenelemente gefundenen Werte sind der Tabelle 72

---

[1] BARRON, E. S. G., Z. B. MILLER and G. R. BARTLETT: J. biol. Ch. **171**, 791 (1947).

[2] HEINSEN, H. A.: Z. ges. exp. Med. **111**, 223 (1942).

[3] EULER, H. v., u. H. HELLSTRÖM: H. **255**, 159 (1938).

Tabelle 72. *Mineralien und Spurenelemente in der Magen- und Darmwand.* Bezogen auf Frischsubstanz.

		Magen	Darm	Dünndarm	Dickdarm
Na	mg-%		106[1]		
K	mg-%	267[1]	107[1]		
Fe	mg-%	0,53 (Katze)[2] 2,0 (Ratte)[3]		0,52[2] 0,92 (a)[2]	0,92[2] 2,2[3]
Cu	mg-%	0,06—0,1[4,5]	0,11[5]		
S	mg-%		177[6]		
Hg	γ-%	0,1 —1,9 (c)[7] 1,0 —4,6 (d)[7]	2,6[7] 32,5 (e)[7]		
Mn	mg-%	0,03[5]	0,035[5]		
Al	mg-%	0,073[5]	0,087[5]		
Pb	mg-%	0—0,64 (f)[8]		0—0,24 (f)[8]	0—0,70 (f)[8]
Ag	mg-%	0[5]	0,002[5]		
Sn	mg-%	0,04—0,16[9]		0,28—0,36[9]	0,07—0,09[9]
Co	γ-%	3[10]			
As	γ-%	0,015[11]	0,010—0,015[11]		
Ti	γ-%			1,7[15]	
Zn	mg-%			2,4[14]	
			Bezogen auf Trockensubstanz		
Säurel. P	mg-%		460[14]		
PO$_4$-P	mg-%	1125 ⎫			
Cl	mg-%	1053 ⎬ [13]			
Na	mg-%	1066			
K	mg-%	1072 ⎭			
Mo	mg-%	0,0014[4]			
Si	mg-%	5—20[12]		47[12] 10—80 (a)[12]	20—27[12] 68 (b)[12]

(a) Duodenum, (b) Appendix, (c) Hg-Fremde, (d) Amalgamträger, (e) Hg-Vergiftung, (f) hohe Werte bei Pb-Vergiftung.

zu entnehmen. Zur Phosphatbestimmung seien einige Besonderheiten angegeben: Will man die verschiedenen Fraktionen vom säurelöslichen Phosphat erfassen, entnimmt man den Darm möglichst unmittelbar nach dem Tode des Tieres. LUNDSGAARD[16] nimmt zwar an, daß nach Aufhören der Zirkulation auch bei Zimmertemperatur, jedenfalls solange die Schleimhaut intakt ist, die Phosphathydrolyse außerordentlich langsam verläuft. Trotzdem empfiehlt er vorsichtshalber folgendes Vorgehen: Die kurz mit Ringer-Lösung von etwa 0° durchspülten Darmstückchen werden auf einer eisgekühlten Metallplatte eröffnet, mit Fließpapier gereinigt und oberflächlich getrocknet. Dann wird die Schleimhaut abgekratzt und sofort in flüssige Luft befördert. Von den gefrorenen Schleimhautfetzen werden geeignete Stückchen gewogen und in üblicher Weise weiter aufgearbeitet. Die Fraktionierung der säurelöslichen Phosphate ergibt bei Rattendarmschleimhaut für

[1] BOULANGER, P.: Expos. ann. Biochem. méd. **6**, 119 (1946).
[2] LINTZEL, W.: Ergebn. Physiol. **31**, 844 (1931).
[3] AUSTONI, M. E., A. RABINOWITCH and D. M. GREENBERG: J. biol. Ch. **134**, 17 (1940).
[4] TERMEULEN, H.: Recu. Trav. chim. Pays-Bas **50**, 491 (1931).
[5] KEHOE, R. A., J. CHOLAK and R. V. STORY: J. Nutrit. **19**, 579 (1940).
[6] MÉDVÉDÉVA, N.: Med. Ž. **10**, 793 (1940) [Ber. Physiol. **124**, 415].
[7] STOCK, A.: B. Z. **304**, 73 (1940).
[8] MINOT, A. S., and I. C. AUB: J. industr. Hyg. **6**, 149 (1924).
[9] BERTRAND, G., et V. CIUREA: Cr. **192**, 780 (1931).
[10] BERTRAND, G., et M. MACHEBOEUF: Cr. **180**, 1993 (1925).
[11] SCHAAF, E.: H. **280**, 65 (1944).
[12] KING, E. J., and TH. H. BELT: Physiol. Rev. **18**, 329 (1938).
[13] INGRAHAM, R. C., and M. B. VISSCHER: Proc. Soc. exp. Biol. Med. **40**, 147 (1939).
[14] MAWSON, C. A., and M. I. FISCHER: Nature **167**, 859 (1951).
[15] BERTRAND, G., et VORONCA-SPIRT: Bull. Soc. chim. France (4) **47**, 643 (1930).
[16] LUNDSGAARD, E.: H. **261**, 193 (1939).

anorganischen P 29%, für leicht hydrolysierbaren organischen P 35% und für schwer hydrolysierbaren organischen P 37%. Ähnliche Werte bei Katze und Kaninchen[1].

Organische Bestandteile. *Stickstoffhaltige Substanzen.* Die Zusammensetzung der Proteine von Magen- und Darmwand wird nach üblichen Methoden bestimmt. Die Aminosäurezusammensetzung ist der Tabelle 9, S. 457 und 458, zu entnehmen, in der die Aminosäurezusammensetzungen der verschiedenen Organe zusammengefaßt sind.

Ferritin. Das eisenhaltige Protein Ferritin wird in der Hauptsache in Leber und Milz gefunden, so daß seine Darstellung bei Besprechung dieser Organe (s. S. 510) abgehandelt ist. Mit gleicher Methodik läßt sich auch aus menschlicher Duodenalschleimhaut Ferritin darstellen. Zwar ist die hier gefundene Menge außerordentlich gering, doch sind die Krystalle besser ausgebildet und schärfer abgegrenzt als die, die bisher aus anderen menschlichen Organen gewonnen wurden[2].

Vitamine. Zur Vitaminbestimmung finden die üblichen auch in anderen Organen angewandten Methoden Verwendung (s. allgemeine Organaufarbeitung). Quantitative Vitaminbestimmungen wurden bisher in der Magen- und Darmwand kaum ausgeführt. Nach DONINI[3] soll der Vitamin A-Gehalt der Duodenalschleimhaut vom Rind bei etwa 20 IE/g liegen. In der Magenschleimhaut vom Schwein wurde Nicotinsäure in Mengen von etwa 4 mg-% gefunden.

Wirkstoffe. *Histamin* läßt sich aus der Magenmucosa, besonders der des Fundus, mit Trichloressigsäure extrahieren. Weitere Reinigung erfolgt durch Kochen mit HCl, Zusatz von Äthanol, Eindampfen im Vakuum und Wiederaufnahme des Rückstandes in Wasser oder Extraktion mit Alkohol. Die kleinen Histaminmengen[4] erlauben nur einen biologischen Nachweis.

Acetylcholin wird in der Wand verschiedener Abschnitte des Verdauungstraktes synthetisiert[5, 6]. Auch der Acetylcholinnachweis ist nur biologisch zu führen.

Secretin läßt sich nach verschiedenen, nicht wesentlich voneinander abweichenden Methoden[7, 8] aus dem Dünndarm von Schweinen gewinnen. Man entnimmt von einer großen Anzahl von Tieren das proximale Ende des Dünndarms in etwa 2 m Länge, wäscht es unmittelbar und reinigt auch die Schleimhautseite, indem man sie nach außen kehrt. Die Darmstücke werden mit einem Überschuß von 0,4%iger kalter HCl für $\frac{1}{2}$ Std unter häufigem Rühren extrahiert. Man preßt das Gewebe aus und versetzt den sauren Extrakt unter kräftigem Schütteln mit NaCl (3 kg für je 10 Liter HCl). Man erzielt die bessere Ausbeute, wenn man diesen Teil des Verfahrens an möglichst frischen Organen, am besten also im Schlachthaus, durchführt. Nach Absaugen wird das Filtrat verworfen und der Rückstand mit aldehydfreiem Äthanol behandelt. Man benötigt hierbei für etwa 100 g des Niederschlages 450 cm³ Äthanol. Es wird filtriert und nochmals in gleicher Weise mit Äthanol extrahiert. Die vereinigten Filtrate engt man im Vakuum ein, wobei die Temperatur 37° nicht übersteigen soll, und entfernt den Alkohol völlig. Durch gelegentliche Zugabe von Wasser soll das Volumen etwa auf dem der zuerst zugegebenen Äthanolmenge gehalten werden. Man gibt NaOH zu, bis der p_H-Wert 5,4 beträgt, und filtriert. Bei p_H 5,4 schadet Erhitzung nichts, befördert jedoch die Ausbildung des Niederschlages. Das klare Filtrat wird mit 6 n Trichloressigsäure versetzt, bis die Trichloressigsäurekonzentration 5% beträgt. Man zentrifugiert den Niederschlag ab und trocknet ihn nach wiederholtem Waschen mit einer Mischung von aldehydfreiem Aceton und Äther. Die weitere Reinigung von Secretin erfolgt über eine Behandlung mit Anilin. Mit Pikrolon-

[1] LUNDSGAARD, E.: H. **261**, 193 (1939).

[2] GRANICK, S., and L. MICHAELIS: Proc. Soc. exp. Biol. Med. **66**, 296 (1947).

[3] DONINI, P.: Rass. Clin., Terap. **38**, 7 (1939) [Ber. Physiol. **113**, 18].

[4] TRACH, B., CH. F. CODE and O. H. WANGENSTEEN: Amer. J. Physiol. **141**, 78 (1944).

[5] FELDBERG, W. S., and R. C. Y. LIN: J. Physiol., London **111**, 96 (1950).

[6] FELDBERG, W. S.: Proc. R. Soc. London (B) **137**, 285 (1950) [C. **1951 I**, 2744].

[7] GERSHBEIN, L. L., and M. KRUP: Am. Soc. **74**, 679 (1952).

[8] JORPES, J. E., and V. MUTT: Biochem. J. **52**, 328 (1952).

säure kann krystallines Secretinpikrolonat gewonnen werden. Dies krystallisiert in Klumpen von festen, feinen Nadeln und hat nach zweimaligem Umkrystallisieren einen Schmelzpunkt von 234—235° C. Zum Austesten des Präparates löst man eine gewogene Menge in verdünnter Säure und extrahiert die Pikrolonsäure mit Äther. 0,075—0,08 mg entsprechen etwa einer Hundeeinheit[1].

Blutgruppen A-spezifische Substanz. Zur Isolierung einer blutgruppen A-spezifischen Substanz aus Mucin von Schweinemagenschleimhaut lassen sich verschiedene Methoden anwenden. Die besten Ergebnisse gibt die von LANDSTEINER[2] angegebene Methode der Alkoholfraktionierung bei p_H 4,4 ohne Erwärmen und scharfes Abzentrifugieren. Man erzielt auf diese Weise ein Produkt, dessen Aktivität gegenüber dem Ausgangsmaterial erhöht ist[3].

Fermente. Auf die sich in den Magen- und Darmsekreten findenden Verdauungsfermente ist an anderer Stelle ausführlich eingegangen (s. S. 380—383 und 385—389). Außer ihnen sind aus der Schleimhaut des Magens und der verschiedenen Darmteile eine Reihe von *Fermenten* gewonnen worden, deren Darstellung sich nicht wesentlich von der aus anderen Organen unterscheidet. Man kann dabei entweder von wäßrigen Extrakten, von einem aus diesen Extrakten mit Aceton gefällten Rückstand oder von einem Acetontrockenpulver des Organs ausgehen. Die günstigste Darstellungsweise kann bei den einzelnen Fermenten außerordentlich wechseln und ist daher in den entsprechenden Fermentkapiteln abgehandelt. Das Vorkommen folgender Fermente ist beschrieben worden: Verschiedene Peptidasen[4, 5], Urease[6, 7] und Nucleotidasen[8]. Ferner finden sich Dopadecarboxylase[9], Glucosidase[10]; weiterhin CO_2-Anhydratase[11], Carotinase[12] und verschiedene Phosphatasen[13, 14]. Außer den genannten Fermenten läßt sich aus der Darmschleimhaut von Rindern verschiedenen Lebensalters eine Adenosindesaminase gewinnen. Die Aktivität dieses Fermentes ist in den einzelnen Darmabschnitten recht unterschiedlich[15]. Ähnliche Aktivitätsunterschiede können sich auch bei anderen Fermenten finden, worauf bei der Darstellung zu achten ist. — Aus der Schleimhaut von Rattendärmen lassen sich nach Homogenisieren mit NaCl-Lösung, Phosphatpuffer oder 50%igem Glycerin Fermente darstellen, die sowohl Cholesterinester hydrolysieren als auch eine Veresterung von Cholesterin durchführen. Hierbei liegt das Optimum für die Hydrolyse bei p_H 6,5, für die Veresterung bei p_H 6,2[16]. — Die von LANG[17] beschriebene Fettsäuredehydrase ist in besonders hoher Aktivität aus Darmschleimhaut von Ratten zu gewinnen, während sich im Kaninchenorgan nur ein weniger aktives, beim Frosch gar kein Ferment nachweisen läßt[18].

Gewebsstoffwechsel. Die in der Literatur angegebenen Werte für Atmung und Glykolyse in der Darmschleimhaut widersprechen sich zum Teil, schwanken aber in allen Fällen recht beträchtlich. DICKENS und WEIL-MALHERBE[19] glauben die Ursache hierfür darin zu sehen, daß es während des Stoffwechselversuches zu einem mehr oder weniger hochgradigen Abbau von Schleimhautgewebe kommt. Wenn man dann, wie es bei der Unter-

[1] GREENGARD, H., and A. C. IVY: Amer. J. Physiol. **124**, 427 (1938).
[2] LANDSTEINER, K., and R. A. J. HARTE: J. exp. Med. **71**, 551 (1940).
[3] BROWN, D. H., E. L. BENNET, G. HOLZMANN and C. NIEMANN: Arch. Biochem. **13**, 421 (1947).
[4] GAILEY, F. B., and M. J. JOHNSON: J. biol. Ch. **141**, 921 (1941).
[5] SMITH, E. L., and M. BERGMANN: J. biol. Ch. **153**, 627 (1944).
[6] FOSSEL, M.: H. **282**, 164 (1947).
[7] HOLLAU, S.: Brit. J. exp. Path. **18**, 365 (1947) [Ber. Physiol. **137**, 33].
[8] LEHMANN-ECHTERNACHT, H.: H. **269**, 169 (1941).
[9] HOLTZ, P., K. CREDNER u. A. REINHOLD: A. e. P. P. **193**, 688 (1939).
[10] STEENSHOLT, G., o. St. VEIBEL: Acta physiol. scand. **6**, 62 (1943).
[11] KEILIN, D., and T. MANN: Biochem. J. **34**, 1163 (1940).
[12] THOMPSON, S. Y., J. GANGULY and S. K. KON: Brit. J. Nutrit. **3**, 50 (1949).
[13] CARVEVA, G. M.: Proc. Soc. exp. Biol. Med. **73**, 682 (1950).
[14] EULER, H. v., u. L. HAHN: Exper. **3**, 412 (1947).
[15] BRADY, T.: Biochem. J. **36**, 478 (1942).
[16] SWELL, L., J. E. BYRON and C. R. TREADWELL: J. biol. Ch. **186**, 543 (1950).
[17] LANG, K.: H. **261**, 240 (1939).
[18] CREMER, H. D.: H. **263**, 240 (1940).
[19] DICKENS, F., and H. WEIL-MALHERBE: Biochem. J. **35**, 7 (1941).

suchung anderer Gewebe üblich ist, nach Schluß des Versuches das Trockengewicht des Gewebes ermittelt, ergibt dieses einen zu niedrigen Wert, so daß es zu völlig unkontrollierbaren Fehlern bei der Berechnung der Stoffwechselgrößen kommt. Es empfiehlt sich deshalb, sofort bei Versuchsbeginn eine Probe des zu untersuchenden Gewebes zur Ermittlung des Trockengewichtes anzusetzen.

Bei kleinen Tieren (Ratte, Meerschweinchen u. a.) kann man folgendermaßen vorgehen: Ein etwa 3 cm langes Darmstück wird gereinigt und nach Aufschneiden auf einer Glasplatte ausgebreitet. Durch vorsichtiges Abtupfen mit Fließpapier entfernt man die Reste von Schleim und Spülflüssigkeit. Die Schleimhaut wird dann mit Hilfe eines Objektträgers durch Abschaben von der Muscularis getrennt, doch kann man mit einiger Übung die Schleimhaut in toto und ohne Beschädigung einfach abziehen. Man stellt auf der Torsionswaage das Frischgewicht fest und befördert direkt in das mit Bicarbonat-Ringer-Lösung oder mit inaktiviertem Serum gefüllte WARBURG-Gefäß. Ein anderes gleichartig behandeltes Schleimhautstück wird zur Ermittlung des Trockengewichtes verwandt. Bei der erwachsenen Ratte beträgt die Gesamtdicke der Wand des Jejunums etwa 0,1 mm, die des Ileums 0,078 und die des Colons 0,114 mm. Davon entfallen im Jejunum 0,064, im Ileum 0,046 und im Colon 0,035 mm auf die Schleimhaut[1]. Die Schichtdicke ist also so gering, daß man mit einer adäquaten O_2-Diffusion rechnen kann.

In der Mucosa der verschiedenen Darmabschnitte der Ratte kann man für Atmung und Glykolyse, berechnet auf „initiales" Trockengewicht, mit den in Tabelle 73 wiedergegebenen Größen rechnen.

Tabelle 73. *Stoffwechsel der Darmschleimhaut bei der Ratte*[1].

	Zeit min	Q_{O_2}	$Q_M^{O_2}$	$Q_M^{N_2}$		Zeit min	Q_{O_2}	$Q_M^{O_2}$	$Q_M^{N_2}$
Duodenum	0—20	— 8,8	11,1	10,4	Ileum .	0—20	—5,3	5,5	4,0
	20—40	— 8,1	7,8	6,9		20—40	—2,1	2,0	2,2
	40—60	— 6,0	4,7	4,9		40—60	—1,6	1,0	1,0
Jejunum .	0—20	—15,6	16,5	16,4	Colon .	0—20	—3,4	5,2	4,4
	20—40	—14,8	12,3	13,3		20—40	—3,2	3,5	1,9
	40—60	—11,9	7,0	8,9		40—60	—1,4	2,1	0,6

Die Schleimhaut im oberen Jejunum zeigt demnach eine recht beträchtliche Atmung, und auch aerobe und anaerobe Glykolyse sind hoch. Acetylcholin ist ohne erkennbare Wirkung. Der Pasteureffekt läßt sich nicht auslösen, dadurch unterscheidet sich Jejunalschleimhaut von den meisten anderen Geweben.

Bei der Maus kann man das Ausmaß des oxydativen Stoffwechsels der verschiedenen Anteile der Magenwand dadurch untersuchen, daß man den praktisch nur aus Muscularis bestehenden Vordermagen von dem Hauptmagen abtrennt und die beiden Anteile getrennt untersucht. Aus der Differenz der jeweils erhaltenen 2 Werte läßt sich die Atmung der Mucosa des Hauptmagens erschließen. Für die O_2-Aufnahme (μ Mol O_2/mg Trockengewebe/120 min) ergeben sich nach DAVENPORT[2] folgende Werte: Ohne Substrat oder mit Zusatz von Glucose oder Brenztraubensäure: 9,0—9,4; mit Zusatz von Milchsäure: 11. Zusatz von Cyanid, Jodacetat oder Arsenit hemmt erheblich (46—83%), während Fluorid weniger hemmt (17%).

p_H-Werte. Die p_H-Werte des Darminhaltes und der Verdauungssekrete sind an anderer Stelle genannt (s. S. 383). Die Messung der p_H-Werte der verschiedenen Teile der Darmwand kann nach Herausnahme des Organs in situ mit Spezialelektroden vorgenommen werden. BALL[3] gibt bei der Ratte folgende Werte an: Duodenum 6,48; Ileum 7,32; Coecum 7,28; Colon 7,15.

---

[1] DICKENS, F., and H. WEIL-MALHERBE: Biochem. J. **35**, 7 (1941).
[2] DAVENPORT, H. W.: Gastroenterol., Baltimore **9**, 293 (1947).
[3] BALL, G. H.: Amer. J. Physiol. **128**, 175 (1939).

f) Zentralnervensystem und periphere Nerven.

Allgemeines. Die Zusammensetzung des Gehirns weicht ganz wesentlich von der der übrigen parenchymatösen Organe ab. Weiterhin ist das Gehirn durch seinen Einschluß in der Schädelkapsel nur verhältnismäßig schwer bzw. nach etwas größerem Zeitaufwand zugänglich als andere Organe. Daher sind zur Vermeidung postmortaler Veränderungen besondere Verfahren für die Aufarbeitung entwickelt, über die Näheres bei der Bestimmung der einzelnen Substanzen nachzulesen ist.

Das Entbluten, für das die verschiedenen Möglichkeiten bei den allgemeinen Aufarbeitungsvorschriften beschrieben sind (s. S. 447), führt beim Gehirn nicht immer zu einer völligen Blutfreiheit, wie sie für die Bestimmung einer Reihe von Substanzen Vorbedingung ist. Bei Hunden soll sich eine völlige Blutleere im Gehirn dadurch erreichen lassen, daß man das Tier durch eine intravenöse Chloroforminjektion tötet (Einzelheiten s. unter Vitaminbestimmungen im Gehirn, S. 537).

Wenn man periphere Nerven chemisch untersuchen will, macht die präparative Darstellung häufig Schwierigkeiten. Als ideale Vorbereitung für die Darstellung von spinalen, peripheren und autonomen Nerven bei der Ratte wird angegeben, daß man die Tiere durch ein nur aus Glucose und Alkohol bestehendes Futter unter hochgradiger Abmagerung am Leben erhält[1]. Einzelheiten dieses Verfahrens sind bei der Behandlung der allgemeinen Organaufarbeitung ausführlich beschrieben (s. S. 448).

Anorganische Bestandteile. Zur Bestimmung von Mineralien und Spurenelementen wird das Gewebe auf üblichem Wege trocken oder feucht verascht. Die Bestimmung der einzelnen Substanzen wird nach Standardmethoden ausgeführt (s. Bd. III). Tabelle 74 gibt eine Übersicht über die in der Literatur niedergelegten Werte für die einzelnen Stoffe.

Der Wassergehalt von Gehirn und Nervengewebe kann in recht weiten Grenzen schwanken. Die im Gewebe enthaltene Wassermenge fällt, wie auch in anderen Organen, mit zunehmendem Lebensalter. So finden YANNET u. a.[2] im Gehirn von jungen Katzen im Gewicht bis zu 800 g einen mittleren Wassergehalt von 84,6±0,5%, während ältere Tiere im Gewicht zwischen 800 und 2500 g einen Wassergehalt von 80,8±0,4% aufweisen. Der Wasserverlust betrifft hierbei ausschließlich das extracelluläre Wasser, dessen Menge von 33,9 auf 29,8% absinkt. Grundsätzlich findet man in allen Fällen einer experimentellen Schädigung von Gehirngewebe einen Anstieg des Wassergehaltes auf der geschädigten Seite, der mit einer Senkung des N-Gehaltes auf der gesunden Seite verbunden ist. Eine Abnahme des Wassergehaltes bzw. ein starker Anstieg der Trockensubstanz finden sich bei Urämie[3]. Die Abnahme des Wassergehaltes ist im allgemeinen mit einer Zunahme des Fettgehaltes verbunden (s. S. 527). Zwischen Nervengewebe und Gehirngewebe einerseits, aber auch innerhalb der verschiedenen Gehirnabschnitte bestehen große Unterschiede im Wassergehalt (Tabelle 77), die mit zu einer „chemischen Topographie" des Gehirngewebes verwandt werden können (s. Tabelle 87, S. 536).

Calcium. Die Werte der Tabelle 74 beziehen sich auf die in der Regel im Gehirn von Menschen und Ratten gefundenen. Bei Meerschweinchen, Kaninchen, Katzen und Hunden wurden von PARHON und CAHANE[4] Werte zwischen 10,5 und 37,4 mg in 100 g Frischsubstanz gefunden (Artspezifität? Druckfehler im Original, so daß Trockensubstanz gemeint ist?). Eine außerordentlich große Schwankungsbreite der Ca-Werte geben aber auch andere Autoren an (s. Tabelle 75). Beim Menschen schwankt der Ca-Gehalt auch im Laufe des Lebens recht erheblich. So findet FREY[5] bei 1 Monat alten Säuglingen nur etwa 52% und bei 10jährigen Kindern 44% der bei Feten gefundenen Werte. Der Ca-Gehalt der

---

[1] RICHTER, C. P.: Science, N.Y. **112**, 20 (1950).

[2] YANNET, H., and D. C. DARROW: J. biol. Ch. **123**, 295 (1938).

[3] PERRET, G. E., u. H. SELBACH: Arch. Psychiatr. Nervenkrankh. **112**, 441 (1940) [Ber. Physiol. **125**, 524].

[4] PARHON, C. I., et M. CAHANE: C. R. Soc. Biol. **98**, 403 (1928).

[5] FREY, G.: Diss. Göttingen 1941 [Ber. Physiol. **130**, 80].

Tabelle 74. *Gehalt des Gehirns an Mineralien und Spurenelementen* (mg/100 g Frischgewicht).

P . . .	140 —180[22]	Fe* . .	0,68—0,93[6, 7]	Pb . .	0,008[16]
Na . .	117 —220[1, 2, 3]	Cu . .	0,05—0,40[8, 9, 10, 11]		0—0,39[17]
K* . .	340 —370[1, 2, 3]	F . . .	0,06[12]	Mn . .	0,03[9]
Cl . . .	130 —160[2, 3]	Br . .	0,2[13]	As . .	0,012 —0,018[18]
Ca* . .	3,2 — 5,8[2, 4, 22]	Zn . .	0,6—1,5[14, 15, 23]	Ti . .	0,0017—0,0043[19]
Mg* . .	6,75— 9,94[2, 5]				

Hg 0 — 8,7 γ/100 g Frischgewicht (Hg-Fremde)[20, 21],
0,5—48 γ/100 g Frischgewicht (Amalgamträger)[21].

* Siehe Text.

Tabelle 75. *Ca und P im Gehirn von Hund und Ratte*[22] (mg-% Trockensubstanz).

	Ca	P
Hund: Normal	24 —260	1125—1526
Mittelwerte.	55,4 ± 14	
Hohe Vitamin-D-Gaben	125 ± 17	312—1968
Ratte: Normal	100 —264	973—1468
Rachitisch	37 — 77,5	1100—1450
Nach Epithelkörperentfernung . . .	101 —343	1100—1400

peripheren Nerven liegt im allgemeinen zwischen 13 und 54 mg-%[24, 25]. Rein sensible Nerven (N. opticus, N. saphenus) haben beim Kaninchen einen höheren Ca-Gehalt als motorische (N. ischiadicus, N. phrenicus). Besonders hoch sind die Ca-Werte in dem hauptsächlich aus präganglionären Fasern bestehenden Halssympathicus sowie dem dazugehörigen Ganglion (27—98 mg-%). Zwischen cholinergischen und adrenergischen Nerven findet sich weder bei Hund noch bei Katze oder Kaninchen ein deutlicher Unterschied im Ca-Gehalt. Nach Vergiftung mit Tetanustoxin nimmt der Ca-Gehalt um 16—38%[26] ab. Einen Vergleich der Ca-Werte im Nerven mit dem dazugehörigen Muskel bietet Tabelle 76.

Tabelle 76. *Ca und K in Muskel und zugehörigem Nerven*[24].

	mg-% Ca	mg-% K
Katze: N. ischiadicus	13 —43	148—403
M. gastrocnemius	2,7—21	315—567
Kaninchen: N. ischiadicus . .	26 —54	174—414
M. gastrocnemius	5 —11	325—562

[1] BOULANGER, P.: Expos. ann. Biochem. méd. 6, 119 (1946).
[2] MÜLLER, L. R.: Kli. Wo. 1939 I, 113.
[3] EICHELBERGER, L., and R. B. RICHTER: J. biol. Ch. 154, 21 (1944).
[4] LINDER, G. C.: Biochem. J. 34, 1574 (1940).
[5] CANNAVO, L., u. R. INDOVINA: B. Z. 261, 45 (1933).
[6] LINTZEL, W.: Ergebn. Physiol. 31, 844 (1931).
[7] TINGEY, A. H.: J. mental. Sci. 84, 980 (1938) [Ber. Physiol. 113, 442].
[8] TER MEULEN, H.: Recu. Trav. chim. Pays-Bas 50, 491 (1931).
[9] KEHOE, R. A., J. CHOLAK and R. V. STORY: J. Nutrit. 19, 579 (1940).
[10] KOJIMA, K., and S. KOSAKA: Nagoya J. med. Sci. 5, 71 (1930) [Ber. Physiol. 60, 214].
[11] TOMPSETT, S. L.: Biochem. J. 29, 480 (1935).
[12] DE EDS, F.: Medicine, Baltimore 12, 1 (1933).
[13] DIXON, TH. F.: Biochem. J. 29, 86 (1935).
[14] ROST, E.: Ber. dtsch. pharmazeut. Ges. 29, 549 (1919).
[15] LEINER, M., u. G. LEINER: Biol. Zbl. 62, 119 (1949).
[16] Bleiaufnahme und Bleiausscheidung Kettering-Laboratorium, Cincinnati (Ohio). Berlin 1939.
[17] MINOT, A. S., and I. G. AUB: J. industr. Hyg. 6, 149 (1924).
[18] SCHAAF, E.: H. 280, 65 (1944).
[19] MAILLARD, L. C., et J. ETTORI: C. R. Soc. Biol. 122, 951 (1936).
[20] BODNAR, J., Ö. SZÉP u. B. WESZPRÉMY: B. Z. 302, 384 (1939).
[21] STOCK, A.: B. Z. 304, 73 (1940).
[22] SCHMIDT, C. L. A., and D. M. GREENBERG: Physiol. Rev. 15, 297 (1935).
[23] MAWSON, C. A., and M. I. FISCHER: Nature 167, 859 (1951).
[24] LISSÁK, K., u. T. KOVÁCS: Pflügers Arch. 245, 790 (1942).
[25] REX-KISS, B., u. K. LISSÁK: A.e.P.P. 197, 259 (1941).
[26] REX-KISS, B., u. K. LISSÁK: A.e.P.P. 196, 542 (1940).

Phosphor. Besonderheiten der Bestimmung von Gesamtphosphat ergeben sich nicht. Werte s. Tabellen 74 und 78. Die Bestimmung der einzelnen P-Fraktionen ist bei Besprechung der organischen Bestandteile abgehandelt (s. S. 527 ff.).

Kalium. Der K-Gehalt des Gehirns sinkt ebenso wie der in der Muskulatur im Laufe des Lebensalters. BENETATO und CIURDARIU[1] finden im Gehirn von 2 Jahre alten Ratten etwa 20% weniger als bei 9 Monate alten Tieren. Nach ARENSCHEIN und ALBITSKY[2] soll ein großer Teil von Kalium in organischer Bindung vorliegen. Denn wenn man aus Gehirnsubstanz fraktionierte Auszüge mit wasserfreien organischen Lösungsmitteln herstellt, findet man im Extrakt beträchtliche Mengen K-Verbindungen, die sich größtenteils nur schwer oder gar nicht in Wasser lösen.

Eisen. Die in der Literatur angegebenen Eisenwerte schwanken außerordentlich, weil es schwierig ist, das Gehirn wirklich blutfrei zu erhalten (vgl. S. 524). So liegen die von KENNEDY[3] angegebenen Werte bei „blutfrei gewaschenen" Hunden (1,6—2,5 mg/100 g Frischsubstanz) recht viel höher als die in der Tabelle 74 angegebenen. KENNEDY[3] bestimmt das Eisen nach Veraschung mit H_2SO_4 und $HClO_4$ colorimetrisch mit Rhodanid. Auch AUSTONI, RABINOWITCH und GREENBERG[4] finden bei in vivo blutfrei gewaschenen Ratten verhältnismäßig hohe Fe-Werte. Normale Tiere haben 3,7 mg-%, anämische 2,3 mg-% und Ratten, die bei Unterdruck gehalten und täglich mit $FeCl_3$ gefüttert wurden, 4,8 mg-%. In den einzelnen Gehirnteilen können die Eisenwerte stark schwanken. Im allgemeinen zeigen Corpus striatum, Pallidum und Substantia nigra den höchsten Eisengehalt[5]. Bei progressiver Paralyse zeigt die Hirnrinde einen höheren Eisengehalt. Mit zunehmendem Lebensalter soll der Eisengehalt im Gehirn steigen.

Jod. Da der Jodgehalt mit 10—35 γ-% recht niedrig ist, müssen zur Analyse, namentlich wenn nur bestimmte Gehirnteile untersucht werden sollen, mehrere Gehirne vereinigt werden. Im allgemeinen liegt der Jodgehalt der verschiedenen Gehirnteile in annähernd gleicher Größenordnung, das Zwischenhirn zeigt den geringsten Jodgehalt[6].

Silicium. In den verschiedenen Teilen des Nervensystems schwankt der Si-Gehalt beträchtlich. In der Trockensubstanz finden sich die folgenden Mengen an Si (in mg-%): Großhirnrinde 5—17; Brücke 6—22; Medulla 6—40; Kleinhirn 7; Hirnhäute (Dura mater) 5—17; periphere Nerven 5—18[7].

Sonstige Spurenelemente. Außer den in Tabelle 74 aufgeführten Spurenelementen wurden die folgenden im Gehirn (Frischsubstanz) nachgewiesen: Al 0,004 mg-%; Ag 0,003 mg-%[8]; Rb teils Spuren, teils größere Mengen bis zu 4 mg-%[9]; Ce, Co und Sn konnten mit spektrographischer Methodik teils nicht[8, 10], teils in ganz geringen Mengen nachgewiesen werden; Co 0,004 mg-%[11, 12]; Sn: Spur[13], beim Rind 0,24—0,30 mg-%[14]. Ni: Auch hier war der spektrographische Nachweis negativ[10], während BERTRAND und MACHEBOEUF[15] in menschlichen Gehirnen 0,0022 mg-% als Dimethylglyoximverbindung nachweisen. Mo findet sich nach TER MEULEN[16] im Kleinhirn in Spuren; U.: HOFFMANN[17]

[1] BENETATO, GR., et P. CIURDARIU: C. R. Soc. Biol. **132**, 177 (1939).
[2] ARENSCHEIN, E. B., u. B. L. ALBITSKY: Biochimia, Moskau **4**, 30 (1939) [Ber. Physiol. **124**, 67].
[3] KENNEDY, R. P.: J. biol. Ch. **74**, 385 (1927).
[4] AUSTONI, M. E., A. RABINOWITCH and D. M. GREENBERG: J. biol. Ch. **134**, 17 (1940).
[5] TINGEY, A. H.: J. mental Sci. **84**, 980 (1938) [Ber. Physiol. **113**, 442].
[6] LÖHR, H., u. H. WILMANNS: Z. klin. Med. **139**, 312 (1941).
[7] KING, E. J., and TH. H. BELT: Physiol. Rev. **18**, 329 (1938).
[8] KEHOE, R. A., J. CHOLAK and R. V. STORY: J. Nutrit. **19**, 579 (1940).
[9] SHELDON, J. H., and H. RAMAGE: Biochem. J. **25**, 1608 (1931).
[10] BOYD, T. C., and N. K. DE: Ind. J. med. Res. **20**, 789 (1933) [C. **1934 I**, 69].
[11] CAUJOLLE, F.: Expos. ann. Biochem. méd. **7**, 199 (1947).
[12] BERTRAND, G., et M. MACHEBOEUF: Cr. **180**, 1993 (1925).
[13] DUTOIT, P., et CHR. ZBINDEN: Cr. **190**, 172 (1930).
[14] BERTRAND, G., et V. CIUREA: Cr. **192**, 780 (1931).
[15] BERTRAND, G., et M. MACHEBOEUF: Cr. **180**, 1380 (1925).
[16] TER MEULEN, H.: Recu. Trav. chim. Pays-Bas **50**, 491 (1931).
[17] HOFFMANN, J.: B. Z. **313**, 377 (1943).

findet den U-Gehalt bei 0,0317γ %. Folgende Spurenelemente konnten bisher weder spektrographisch noch chemisch nachgewiesen werden: Ba, Sr, V [1], Au [2].

Ultrafiltrat. Das Gehirn wird möglichst bald nach dem Tode mit einer 0,5 %igen wäßrigen Lösung von NaF in der Hitze extrahiert und zentrifugiert. Wenn man es dann nach der Vorschrift von BAUDOUIN und LEWIN [3] durch eine Membran von Kollodiumacetat ultrafiltriert, lassen sich große Mengen der Mineralien direkt nachweisen: Cl 153 mg-%, Na 85 mg-%, K 227 mg-%, Mg 2,3 mg-%; die Ca-Menge ist so gering, daß eine Fällung mit Ammonoxalat nicht zu erzielen ist [4].

Wasser- und Mineralgehalt entfetteter Gehirnsubstanz. Da die verschiedenen Teile von ZNS und peripheren Nerven außerordentlich verschiedene Mengen an Lipoiden enthalten, empfiehlt es sich, Vergleiche von Wasser- und Mineralgehalt an fettfreier Substanz durchzuführen. Tabelle 77 [5] zeigt Mineralwerte peripherer Nerven und verschiedener Teile des ZNS. Zum Vergleich sind die Werte für den M. gastrocnemius mit angeführt.

Tabelle 77. *Wasser und Mineralien in Gehirngewebe und Nerven* [5].

	Frischgewebe		Fettfreies Frischgewebe					
	freies Fett %	H₂O %	H₂O %	Cl mg-%	Na mg-%	K mg-%	säurelöslicher P mg-%	Gesamt-P mg-%
Großhirn, weiß	19	70	86	153	133	421	80,6	465
Großhirn, grau	7	80	86	167	161	402	87	254
Nucleus caudatus . . .	8	77	84	138	147	336	111	354
Thalamus	14	75	88	156	159	394	90	341
Medulla, Pons	20	71	89	181	172	300	93	508
Mittelhirn	15	75	88	156	143	347	99	415
Kleinhirn	9	78	86	156	149,5	500	87	356
Rückenmark	25,0	67	89	170	182	370	83,7	730
N. ischiadicus, rechts . .	24,0	57	75	280	448	160	37,2	304
N. ischiadicus, links . . .	25,6	56	75	280	393,5	187	37,2	332
M. gastrocnemius, rechts .	2,8	75	77	62	64,4	363	124	158
M. gastrocnemius, links .	2,4	76	78	63	64,4	367	115	234

Organische Bestandteile. *Lipoide und andere P-haltige Verbindungen.* Die Bestimmung P-haltiger Substanzen im Gehirn muß sehr schnell nach dem Tode durchgeführt werden, um *postmortale Veränderungen* durch Glykolyse usw. zu verhindern. Nach KERR [6] schabt man die Gehirnsubstanz mit einem Löffel aus der Schädelhöhle und preßt sie mit einem vergoldeten Gerät, ähnlich einer Kartoffelpresse, so schnell in 20 %ige Trichloressigsäure, daß sich die Substanz 3—5 sec nach Unterbrechung der Blutzufuhr in der Säure befindet. Zur Aufarbeitung benötigt man insgesamt 300—500 g Gehirnsubstanz, eine Menge, die etwa den Gehirnen von 7—10 kleinen Hunden entspricht. Das genaue Gewicht wird erst in der vorgewogenen Trichloressigsäure ermittelt. Die Mengenverhältnisse werden so gewählt, daß die Gehirnsubstanz 1:5 verdünnt ist und die Säurekonzentration 8 % beträgt. Nach dem Filtrieren wird mit NaOH gerade neutralisiert (alkalisch gegen Methylrot, jedoch noch sauer gegen Phenolphthalein). Die weitere Aufarbeitung wird nach Standardmethoden ausgeführt. — Neben glykolytischen Vorgängen können auch Austauschvorgänge sehr schnell zu Veränderungen im Gehalt an P-haltigen Substanzen führen. Dies läßt sich mit Hilfe von P³² zeigen [7]. So weiß man auch, daß die Geschwindigkeit der Austauschvorgänge in den einzelnen Gehirnabschnitten außer-

[1] BOYD, T. C., and N. K. DE: Ind. J. med. Res, **20**, 789 (1933) [C. **1934 I**, 69].
[2] BERTRAND, G.: Cr. **194**, 409 (1932).
[3] BAUDOUIN, A., et J. LEWIN: C. R. Soc. Biol. **131**, 730 (1939).
[4] BAUDOUIN, A., et J. LEWIN: C. R. Soc. Biol. **131**, 1046 (1939).
[5] TUPIKOWA, N., and R. W. GERARD: Amer. J. Physiol. **119**, 414 (1937).
[6] KERR, ST. E.: J. biol. Ch. **140**, 77 (1941).
[7] ROEDER, F.: P³² im Nervensystem. Der Phosphataustausch des Nervensystems, untersucht mit Hilfe der Isotopenmethode. Göttingen 1948.

ordentlich verschieden groß ist, im ganzen aber doch nicht die Geschwindigkeit des Austausches im Muskelgewebe erreicht. Es erscheint nicht sicher, ob die möglichst schnelle Behandlung mit Trichloressigsäure ausreicht, um den wirklichen Gehalt an leicht hydrolysierbarem Phosphat zu bestimmen. Die in Tabelle 78 niedergelegte schnelle Änderung der P-Werte innerhalb weniger Minuten läßt dies unwahrscheinlich erscheinen[1].

Zur Erzielung einwandfreier Werte gefriert man das Gehirn in situ mit flüssiger Luft. Das Gewebe wird in einem vorgekühlten Mörser pulverisiert und im Kühlraum mit etwa der 10fachen Menge eisgekühlter 5%iger Trichloressigsäure versetzt. Es wird bisweilen umgeschüttelt und nach 15 min filtriert. STONE[1] empfiehlt, zur *Fraktionierung der P-Verbindungen* zu 20 cm³ des Trichloressigsäurefiltrates 2 Tropfen Phenolphthalein und etwa 200 mg fein gepulvertes Ca(OH)₂ zu geben. Die noch nicht vollständige Neutralisation wird durch Zugabe einer 1%igen Suspension von Ca(OH)₂ durchgeführt. Nach Zugabe von Äthanol zu einer Endkonzentration von 10% wird, falls notwendig, mit Ca(OH)₂ nachneutralisiert. Nach Abkühlen der Lösung, eventuell Einstellen in Eiswasser für 5 min, wird zentrifugiert und mit einer Mischung von Ca(OH)₂ und Trichloressigsäure in 10%igem Äthanol ausgewaschen. Die Waschwässer werden vereinigt, der Niederschlag enthält das anorganische Phosphat und große Mengen von ATP. Nach Lösen in n HCl können die weiteren Bestimmungen nach Standardmethoden ausgeführt werden.

Tabelle 78. *P-Verbindungen in Mäusegehirn*[1]
(in mg-% vom Frischgewicht).

	Anorganischer P	Phosphokreatin	Pyrophosphat	Hexosephosphat	Milchsäure
Sofort	16,9	10,1	17,2	22,5	18,5
Nach 5 min . .	47,3	2,3	9,3	23,5	98
Nach 30 min . .	49,6	1,8	10,1	17,7	101
Nach 5—30 min .	47,6	2,7	9,8	18,2	104

Nicht nur postmortale Vorgänge, sondern auch die Narkose der Versuchstiere mit Barbitursäurederivaten können zu Verschiebungen der P-Werte führen. So kommt es bei Narkose zu einem deutlichen Anstieg von Phosphokreatin und einer entsprechenden Abnahme von anorganischem Phosphat. Selbst die Dekapitierung soll Verschiebungen innerhalb der P-Fraktionen bewirken, indem sämtliche Fraktionen zugunsten des anorganischen Phosphat abnehmen. Bei winterschlafenden Tieren (Zieselmäuse) lag der Gehalt an ATP um 27% tiefer als bei normalen Tieren. Die Zerfallsvorgänge nach dem Tode verlaufen bei ihnen langsamer als bei normalen Tieren, jedoch dürfen die durch Dekapitieren oder Narkose bedingten Veränderungen nicht außer acht gelassen werden. Auch hier ergibt nur Einfrieren des Gehirns in situ exakte Werte[2].

Nach mechanischer Verletzung steigt in der Umgebung der Verletzungsstelle der Gehalt an anorganischem Phosphat ebenso wie der an Milchsäure an. Auch bei Anoxie findet man eine Zunahme an anorganischem Phosphat und eine Abnahme von Phosphokreatin[3]. Bei Mangel an Vitamin B₁ sind neben anderen Veränderungen Schwankungen im P-Gehalt charakteristisch. Im Großhirn B₁-avitaminotischer Tauben steigt der Gehalt an Gesamt-P, anorganischem P und Kreatinphosphat, während ATP, Phosphobrenztraubensäure und Hexosediphosphat absinken. Es sind dies Vorgänge, die als Ausdruck eines gestörten Kohlenhydratstoffwechsels angesehen werden dürfen[4]. Bei Mäusen, die mit Poliomyelitisvirus infiziert sind, steigt der Gehalt der Gehirnsubstanz an ATP beträchtlich, während Phosphokreatin und andere organische P-Verbindungen abnehmen[5].

Kreatin und Phosphokreatin. Zur Bestimmung der beiden Substanzen werden etwa 200 mg Gehirngewebe im eisgekühlten Mörser mit Sand verrieben und mit 2,5 cm³ 0,25 m

[1] STONE, W. E.: J. biol. Ch. **135**, 43 (1940); **149**, 29 (1943).
[2] FERDMAN, D., u. P. DVORNIKOVA: Biochem. J., Kiew **15**, 69 (1940) [Ber. Physiol. **124**, 351].
[3] STONE, W. E., C. MARSHALL and L. F. NIMS: Amer. J. Physiol. **132**, 770 (1941).
[4] BOLDYREWA, N. W.: J. Physiol. USSR **29**, 582 (1940) [C. **1945 II**, 1760].
[5] KABAT, H.: Science, N.Y. **99**, 63 (1944).

Trichloressigsäure extrahiert. Der Extrakt wird mit dem doppelten Volumen Äthanol versetzt und mit gepulvertem Ca(OH)$_2$ neutralisiert. Der Rückstand wird noch zweimal in gleicher Weise extrahiert. Das Gesamtkreatin befindet sich in der Lösung. Eine Aufspaltung von Kreatinphosphat wird durch rasches Arbeiten in der Kälte vermieden. Weitere Aufarbeitung erfolgt nach den für die Bestimmung von Kreatin und Kreatinphosphat angegebenen Verfahren. Im Großhirn der Ratte beträgt der Gesamtkreatingehalt 150—220 mg-%. Beim Hund liegt er etwas höher: weiße Substanz 211, graue Substanz 267 mg-%. 60—70% liegen jeweils als freies Kreatin vor[1]. Nach HARDING und EAGLES[2] liegen die Werte für den Kreatingehalt des Großhirns bei verschiedenen Tierarten und dem Menschen mit 103—123 mg-% in einem verhältnismäßig engen Bereich. Im Kleinhirn schwanken die Werte, abhängig von der Tierart, sehr viel stärker: Schwein, Kuh, Kalb, Schaf 118—130 mg-%; Kaninchen und Katze 140—155 mg-%; Mensch 176 mg-%.

Lipoide in Gehirn und Nerven. In ihren Grundzügen entsprechen die Methoden der Extraktion der Lipoide aus Gehirn und Nerven denen, die zur Extraktion der Lipoide aus anderen Organen angewandt werden. Da jedoch in der Zusammensetzung der Lipoide gegenüber anderen Organen teilweise recht erhebliche Unterschiede in qualitativer wie in quantitativer Hinsicht bestehen, sind für die Lipoidbestimmung in Gehirn und Nerven besondere Verfahren ausgearbeitet worden. Auf diese Weise kann man verhindern, daß einerseits bestimmte Lipoide bei der Extraktion nicht miterfaßt werden, und daß andererseits Verunreinigungen an Nichtlipoiden in den Extrakt gelangen. Besondere, von der allgemeinen Vorschrift abweichende Extraktionsverfahren sind für einzelne Lipoidsubstanzen ausgearbeitet worden. Hierüber ist im Kapitel Phosphatide bzw. Cerebroside nachzulesen (s. Bd. III). Die überaus großen Unterschiede, die in den Lipoidwerten nach Extraktion mit verschiedenen Lösungsmitteln gefunden werden, ergeben sich aus Tabelle 79[3].

Tabelle 79. *Extraktion von Lipoiden aus weißer Gehirnsubstanz mit verschiedenen Lösungsmitteln*[3] (in Prozenten der Trockensubstanz).

	Nacheinander erst Aceton, dann CHCl$_3$	Nacheinander erst Äthanol, dann CHCl$_3$	Äther	Pyridin	Gemisch von Chloroform-Äthanol
Gesamtlipoide	11,2	11,8	3,0	11,0	5,9
Phosphatide	6,72	8,04	2,38	1,75	3,32
Cholesterin	—	0	0,12	0	0
Cerebroside	2,46	1,84	0	6,75	1,46
Lecithin	2,65	0,68	0	0,01	0,24
Kephalin	3,84	5,86	2,38	1,14	1,91
Sphingomyelin	0,23	1,50	0	0,60	1,17

Zur Bestimmung der Gehirnlipoide ist folgendermaßen vorzugehen: Das Gehirn wird in üblicher Weise zerkleinert und mit einer Alkohol-Äthermischung (3:1) extrahiert. In den Extrakt gehen eine Reihe wasserlöslicher Nichtlipoide, so ist z. B. der Gesamt-P-Gehalt dieses Extraktes um etwa 5% höher, als dem wirklichen Lipoid-P entspricht. Es muß daher nach Vertreibung des Lösungsmittels eine Extraktion mit heißem *Chloroform* erfolgen. Heißes Chloroform löst alle Lipoide, deren Vorkommen im Gehirngewebe bisher beschrieben ist, vielleicht mit Ausnahme eines Teils der Ganglioside[3]. Chloroform hat allerdings den Nachteil, daß es beim Verdampfen an den Wänden der Gefäße hochkriecht und dadurch zu Lipoidverlusten führen kann. Durch Einleitung von CO$_2$ kann dies jedoch weitgehend verhindert werden. Einleiten von CO$_2$ empfiehlt sich auch beim Eindampfen des Alkohol-Ätherextraktes, um einer Oxydation ungesättigter Verbindungen vorzubeugen. Die Bestimmung des Lipoid-P gibt allerdings auch ohne CO$_2$-Einleitung

[1] GERARD, R. W., and N. TUPIKOVA: J. cellul. comp. Physiol. 12, 325 (1938) [Ber. Physiol. 112, 526].
[2] HARDING, V. J., and B. A. EAGLES: J. biol. Ch. 60, 301 (1924).
[3] BRANTE, G.: Acta physiol. scand. 18, Suppl. 63 (1949).

zuverlässige Werte[1]. Der Chloroformextrakt bleibt im allgemeinen auch nach Abkühlen auf Zimmertemperatur eine klare Lösung. Bei bestimmten Extrakten, vorwiegend solchen aus weißer Gehirnsubstanz, bildet sich nach Stunden oder Tagen an der Oberfläche eine weißliche Flockung aus, die vom Autor als Protagonfraktion bezeichnet wird. Im übrigen löst sich diese Trübung in der Hitze, man sollte sich jedoch bei Geweben, die eine derartige Trübung geben, eine möglichst schnelle Aufarbeitung der Chloroformextrakte zur Regel machen.

Kleine Mengen von Verunreinigungen durch organische oder anorganische Substanzen können auch in dem wie oben beschrieben hergestellten Extrakt noch vorhanden sein. Ihre Menge dürfte jedoch 1% der Frischsubstanz nicht übersteigen. Im einzelnen kommen hier folgende Substanzen in Frage: freie Hexosen 0,03—0,05%; Hexosemonophosphat (als Hexose berechnet) 0,06%; Glykogen 0,07—0,18%; Inosit 0,3%; Cholin 0,015%; freier Amino-N 0,1%; anorganischer P 0,06%; organischer P (Nichtlipoid- und Nichteiweiß-P) 0,01—0,05%; anorganischer S 0,003%; Neutral-S 0,01—0,02%; K 0,036%; Na 0,02%; Ca 0,0015%; Mg 0,0025%[1]. Außerdem muß man damit rechnen, daß ein Teil der lipoidlöslichen Substanzen nicht in der ursprünglichen im Gewebe vorhandenen Form, sondern als teilweise abgebaute Produkte in den Extrakt übergeht. Nach HAMMARSTEN (zit. nach BRANTE[1]) kann man annehmen, daß diese Verbindungen in der grauen Gehirnsubstanz 25—30%, in der weißen nur 5—10% der Gesamtlipoide ausmachen.

Ein Lösungsmittel, dessen Verwendung in der Lipoidanalyse in den letzten Jahren zugenommen hat, das bisher jedoch noch wenig für die Extraktion von Gehirnlipoiden verwandt worden ist, ist das *Tetrahydrofuran*. Nach den guten Erfahrungen, die man mit diesem Lösungsmittel bei der Extraktion von Serumlipoiden gemacht hat[2], sollte man es auch bei der Untersuchung des Gehirns verwenden. CREMER und SCHULER[3] geben an, daß sich in einer mit Kephalin gesättigten Tetrahydrofuranlösung 12,8 g Kephalin finden, und daß auch Lecithin und Sphingomyelin gut in Tetrahydrofuran löslich sind.

Wenn in Gehirn- und Nervengewebe nicht nur Lipoide, sondern auch andere Substanzen bestimmt werden sollen, geht der Extraktion häufig eine andere Vorbehandlung voraus. Zur Enteiweißung ist die Verwendung von Trichloressigsäure gebräuchlich. Bei lipoidreichen Organen, besonders beim Vorliegen von Acetalphosphatiden, ist die Verwendung von Trichloressigsäure unzweckmäßig, da ein Teil der Lipoide in saurem Milieu gespalten werden kann. Vorbehandlung mit kolloidalem Eisen, wie sie vor der Lipoidextraktion von Plasma gern vorgenommen wird, kann bei Nerven- und Gehirngewebe zu einem beträchtlichen Lipoidverlust führen. Um wasserlösliche Substanzen weitgehend zu entfernen und dadurch die Gefahr von Verunreinigungen herabzusetzen, kann man eine Dialyse der in H_2O suspendierten Substanzen vornehmen. Jedoch besteht, abgesehen von der Umständlichkeit des Verfahrens, auch hier die Gefahr von Abbauvorgängen oder von Besiedelung mit Mikroorganismen. Bei Bestimmung verschiedenartiger Substanzen im gleichen Ausgangsmaterial ist daher jeweils durch Vorversuche zu klären, welche Arbeitsweise die im Einzelfall am besten geeignete ist.

Von besonders hoher praktischer Bedeutung ist der Einfluß, den eine Vorbehandlung mit Formaldehyd auf die Beschaffenheit der Lipoide und ihre Extrahierbarkeit ausübt. Denn häufig wird erst der Histologe den Wunsch nach einer genaueren chemischen Analyse bestimmter Gewebe äußern; er hat dann nur mehr mit Formaldehyd konserviertes Gewebe zur Verfügung. Tabelle 80 zeigt eine Übersicht über die Zusammensetzung von Rindergehirn, das frisch und nach verschieden langem Aufbewahren in Formaldehyd untersucht wurde[1].

Ist von vornherein vorgesehen, in Gehirn- und Nervengewebe eine Lipoidanalyse auszuführen, empfiehlt es sich nach KLENK[4], die Gewebe in zerkleinertem Zustande in gut verschlossenen Gefäßen unter Aceton aufzubewahren und die weitere Analyse nach den

[1] BRANTE, G.: Acta physiol. scand. 18, Suppl. 63 (1949).
[2] CREMER, H. D.: Kli. Wo. 1949, 755.
[3] CREMER, H. D., u. H. SCHULER: B. Z. 320, 112 (1949).
[4] KLENK, E.: H. 229, 151 (1934); 262, 128 (1939).

Tabelle 80. *Lipoide in der weißen Substanz von Rindergehirn vor und nach der Behandlung mit Formaldehyd* (in Prozenten der Trockensubstanz).

	1½ Std nach dem Tode, frisch	In Formaldehyd				1½ Std nach dem Tode, frisch	In Formaldehyd		
		9 Std	7 Tage	60 Tage			9 Std	7 Tage	60 Tage
Gesamtlipoide	61,5	69,1	58,0	56,3	Kephalin	18,1	18,5	13,3	11,0
Phosphatide .	26,5	30,0	23,4	21,9	Sphingomyelin. . .	3,1	4,9	4,7	5,4
Cholesterin .	14,0	17,3	15,4	14,0	Cholinphosphatide .	8,8	11,5	10,1	11,9
Cerebroside .	14,7	19,7	16,1	16,8	Durch KOH verseifbare Phosphatide .	20,5	18,0	—	13,2
Lecithin . . .	5,3	6,6	5,4	—					

von KLENK angegebenen Vorschriften (s. besonders Untersuchung der Phosphatide und Cerebroside, Bd. III) auszuführen.

Während eine Autolyse des Gewebes eine quantitative Bestimmung der meisten organischen Substanzen unmöglich macht, spielt sie bei der Lipoidanalyse keine so große Rolle. Tabelle 81 zeigt, daß innerhalb von 15 Std die Veränderungen in den Lipoiden recht gering sind.

Tabelle 81. *Lipoide in der weißen Substanz von Rinderrückenmark vor und nach mehrstündiger Autolyse*[1] (in Prozenten der Gesamtlipoide).

	Frisch	Autolyse			Frisch	Autolyse	
		5 Std	15 Std			5 Std	15 Std
Cholesterin. . . .	23,8	23,7	27,0	Kephalin	31,1	29,5	31,1
Cerebroside . . .	29,4	31,0	27,2	Sphingomyelin .	6,5	5,8	4,6
Lecithin	9,2	8,4	9,6				

Verunreinigungen von lipoidhaltigen Chloroformextrakten mit Nichtlipoiden kann man nach McKIBBIN u. a.[2] durch Behandlung mit 0,25 m $MgCl_2$-Lösung entfernen: aliquote Teile des Chloroformextraktes mit einem Gehalt von 0,4—2,0 Millimol Lipoid-N werden in einem 250 cm^3-Zentrifugenglas mit Chloroform auf etwa 80 cm^3 aufgefüllt. Nach Zugabe von 80 cm^3 $MgCl_2$-Lösung werden die Gläser verschlossen und bis zur Ausbildung einer relativ stabilen Emulsion geschüttelt. Nach mehrstündigem Stehen bei Zimmertemperatur wird durch Einfrieren in Trockeneis, erneutes Auftauen und Zentrifugieren die Emulsion zerstört. Die überstehende klare, die Verunreinigungen enthaltende Flüssigkeit wird abgesaugt. Wenn man dies Vorgehen 6—7mal wiederholt, sind die Extrakte frei von Verunreinigungen. McKIBBIN u. a.[2] bestimmen in so gereinigten Extrakten den Sphingosin-N. Sie behandeln die gereinigten Extrakte 5—7 Std mit gesättigter $Ba(OH)_2$-Lösung und hydrolysieren mit konz. HCl. Durch mehrmalige Extraktion mit $CHCl_3$ wird Sphingosin in dem Hydrolysat von anderen N-haltigen Basen abgetrennt und durch N-Bestimmung erfaßt[2].

Die Verteilung der einzelnen Lipoidbestandteile in der grauen und weißen Gehirnsubstanz verschiedener Tiere und des Menschen ist aus der Tabelle 82 zu ersehen, die nach den Angaben von JOHNSON u. a.[3] zusammengestellt ist.

Die Zusammensetzung der *peripheren Nerven* entspricht im ganzen etwa der der weißen Gehirnsubstanz, jedoch liegen die Werte für Sphingosin im Nerven etwas höher, die für Cerebroside und Kephalin etwas niedriger. Tabelle 83 gibt eine Übersicht über die Lipoidzusammensetzung motorischer Nerven des Menschen und verschiedener Laboratoriumstiere.

Im Verlauf des Lebens kommt es, wie bereits bei der Besprechung der anorganischen Bestandteile erwähnt, mit zunehmendem Alter zu einer Abnahme des Wassergehaltes.

---

[1] BRANTE, G.: Acta physiol. scand. 18, Suppl. 63 (1949).
[2] McKIBBIN, J. M., and W. E. TAYLOR: J. biol. Ch. 178, 17, 29 (1949).
[3] JOHNSON, A. C., A. R. McNABB and R. J. ROSSITER: Biochem. J. 43, 573 (1948).

Tabelle 82. *Lipoide in normalem Gehirn*[1] (in Prozenten der Frischsubstanz).

	Cerebroside	Freies Cholesterin	Gesamt-cholesterin	Gesamt-phosphatide	Monoamino-phosphatide	Lecithin	Sphingo-myelin (a)	Kephalin (b)
Katze:								
Graue Substanz .	1,10—1,86	1,19—1,24	1,20—1,29	4,03—4,54	3,29—3,86	1,35	0,68—0,74	1,94
Weiße Substanz .	4,83—5,37	4,42—4,64	4,42—4,64	7,73—8,18	3,95—6,02	1,36	2,16—3,78	2,59
Hund:								
Graue Substanz .	1,49—1,54	1,29	1,36—1,39	4,19—4,20	3,26—3,28	0,77—1,23	0,91—0,94	2,05—2,49
Weiße Substanz .	6,79—7,42	4,86—5,39	4,86—5,39	7,99—8,95	4,66—4,95	1,62—1,65	3,04—4,29	3,01—3,33
Mensch:								
Graue Substanz .	0,63—1,20	0,96—1,00	0,79—1,00	3,12—3,48	2,82—2,93	0,61—1,16	0,30—0,55	1,77—2,21
Weiße Substanz .	4,14—4,61	3,69—3,83	3,83—4,00	6,24—6,80	3,64—4,99	0,90—1,49	1,80—2,60	2,74—3,50

(a) Berechnet als Differenz zwischen Gesamtphosphatiden und Monoaminophosphatiden.
(b) Differenz zwischen Monoaminophosphatiden und Lecithin.

Tabelle 83. *Verteilung der Phosphatide in peripheren Nerven*[2] (in Prozenten der Gesamtphosphatide).

	Lecithin	Sphingomyelin	Kephalin
Kaninchen: N. ischiadicus .	11,4—16,2	38,9—56,8	27,0—49,7
Katze: N. ischiadicus	11,6—15,2	44,8—62,0	24,0—43,0
Hund: N. ischiadicus	12,8—19,6	56,6—61,2	19,7—29,5
Mensch: N. ischiadicus . . .	11,3—16,5	60,2—68,4	17,1—28,5
N. femoralis	13,6—14,5	51,5—60,2	26,2—34,7

Tabelle 84. *Lipoide im menschlichen Gehirn*[3]
(Mittelwerte von 5 Kindern und 5 Erwachsenen in Prozenten der Trockensubstanz).

	I. Kind	II. Erwachsener	Quotient I/II
Für graue Gehirnsubstanz:			
Cerebroside	5,64±0,91	5,54±0,80	0,98 : 1
Gesamtcholesterin	5,09±0,37	6,28±0,14	1,23 : 1
Freies Cholesterin	5,03±0,35	6,17±0,20	1,23 : 1
Cholesterinester	0,06±0,04	0,10±0,05	—
Gesamtphosphatide	19,56±1,39	21,27±0,49	1,08 : 1
Monoamino-phosphatide . . .	18,26±1,36	17,96±0,59	0,98 : 1
Lecithin	7,81±0,45	6,25±0,63	0,80 : 1
Sphingomyelin	1,30±1,08	3,03±0,29	2,33 : 1
Kephalin	10,46±1,08	11,71±0,40	1,11 : 1
Für weiße Gehirnsubstanz:			
Cerebroside	6,21±0,39	16,28±0,99	2,61 : 1
Gesamtcholesterin	7,00±0,44	14,33±0,56	2,04 : 1
Freies Cholesterin	6,70±0,33	14,08±0,55	2,10 : 1
Cholesterinester	0,30±0,07	0,26±0,22	—
Gesamtphosphatide	22,04±0,59	23,84±0,73	1,08 : 1
Monoamino-phosphatide . . .	20,64±0,62	17,01±1,15	0,82 : 1
Lecithin	9,07±0,28	4,63±0,34	0,51 : 1
Sphingomyelin	1,40±0,58	6,82±0,67	4,87 : 1
Kephalin	11,57±0,58	12,39±0,83	1,07 : 1

Nach Johnson u. a.[3] sollte man deshalb bei einem Vergleich des Lipoidgehaltes der Gehirne von Kindern und Erwachsenen nicht von der Frischsubstanz, sondern von der Trockensubstanz ausgehen. Dabei zeigt es sich, wie Tabelle 84 beweist, daß recht erhebliche Unterschiede zwischen Kindern und Erwachsenen einerseits und zwischen grauer und weißer Gehirnsubstanz andererseits bestehen.

---

[1] Johnson, A. C., A. R. McNabb and R. J. Rossiter: Biochem. J. **43**, 573 (1948).
[2] Johnson, A. C., A. R. McNabb and R. J. Rossiter: Biochem. J. **43**, 578 (1948).
[3] Johnson, A. C., A. R. McNabb and R. J. Rossiter: Biochem. J. **44**, 494 (1949).

Die Darstellung von krystallisierten *Acetalphosphatiden* aus Gehirn führt man nach [1] folgendermaßen aus: 5 kg frisches Rinderhirn werden fein zerkleinert und mit Aceton getrocknet. Nachdem man unter Rühren mit 4 Liter 95%igem Alkohol bei 37° 2 Tage extrahiert hat, wird filtriert und der Rückstand nochmals mit der halben Menge Alkohol extrahiert. Die vereinigten Extrakte werden zur Trockne gebracht, dann wird nach sorgfältiger Trocknung im Exsiccator unter gelegentlichem Umschütteln mit 500 cm³ Petroläther extrahiert. Nachdem der in der Hauptsache aus Cerebrosiden bestehende unlösliche Rückstand abzentrifugiert ist, wird der Petrolätherextrakt zur Trockne gebracht, man erhält etwa 125—150 g. Man verseift durch Behandlung mit 5 Volumina n NaOH unter mechanischem Schütteln (5 Tage lang bei 37°). Dann bringt man mit Eisessig auf p_H 5, kühlt ab und fällt mit 2 Volumina Aceton. Der abfiltrierte Niederschlag wird zweimal in kaltem Aceton suspendiert und jedesmal bei +5° filtriert, man wiederholt das gleiche bei Zimmertemperatur. Die Ausbeute beträgt etwa 60—80 g. Es empfiehlt sich, bis zu diesem Punkt nochmals die gleiche Menge an Ausgangsmaterial aufzuarbeiten und dann die vereinigten Trockenpulver einer nochmaligen Verseifung zu unterwerfen. Auf diese Weise entfernt man mit Sicherheit die Gesamtmenge der Monoamino-phosphatide. Die weitere Reinigung erfolgt nach den gleichen Grundsätzen, nach denen krystallisierte Acetalphosphatide aus anderen Organen gewonnen werden (s. Bd. III). Zur Identifizierung der am Aufbau der Acetalphosphatide beteiligten Aldehyde kann man diese durch Behandlung mit $HgCl_2$ abspalten. Nach THANNHAUSER u. a.[2] hat sich aber die folgende Behandlung besser bewährt: 3 g Acetalphosphatide werden mit 120 cm³ Wasser emulgiert. Nach Zusatz von 30 cm³ Eisessig läßt man 2 Tage im Wasserbad bei 37° stehen und extrahiert dann die Aldehyde, die als flockiges Präcipitat ausgefallen sind, durch Behandlung mit Äther im Schütteltrichter. Den Ätherextrakt wäscht man mit n NaOH bis zu neutraler Reaktion (Lackmus) und trocknet mit Natriumsulfat. Man bringt im Vakuum zur Trockne und erhält als Ausbeute etwa 1,6 g Aldehydmischung. Die Aldehyde lassen sich durch fraktionierte Mikrodestillation trennen oder in die entsprechenden Fettsäuren überführen und dann als Methylester trennen. Die Acetalphosphatide aus Gehirn ergeben Palmitinsäure und Stearinsäure.

Wenn man die auf üblichem Wege dargestellten Glycerinphosphatide aus Gehirn mit methanolischer HCl am Rückflußkühler kocht, bilden sich aus den begleitenden Acetalphosphatiden Dimethylacetale, aus denen man die Aldehyde direkt darstellen kann[3]. Einzelheiten dieses Verfahrens sind bei der Besprechung der Phosphatide und Cerebroside beschrieben (s. Bd. III).

Stickstoffhaltige Substanzen. Vorkommen und Bestimmung von Kreatin bzw. Kreatinin sind gesondert zusammen mit Phosphagen (Kreatinphosphat) im Zusammenhang mit der Bestimmung P-haltiger Verbindungen besprochen. N-haltige Lipoide s. S. 531ff.

Eiweiß. Um Gehirneiweiß darzustellen, werden nach BLOCK[4] mehrere Gehirne von großen Tieren bzw. von Menschen in einer Gesamtmenge zwischen 1000 und 7000 g möglichst bald, höchstens 2 Std nach dem Tode, entnommen und auf 0° abgekühlt. Die Meningen und größeren Blutgefäße werden abpräpariert. Das Gehirn wird zerschnitten und möglichst sorgfältig mit kaltem Wasser blutfrei gewaschen. Bei kleineren Tieren wie Ratten und Meerschweinchen hebt man das Material in Aceton auf, bis die zur Aufarbeitung notwendige Menge gesammelt ist. Die weitere Aufarbeitung wird in allen Fällen folgendermaßen vorgenommen: Das Gewebe wird über Nacht in einer Kältemischung tief gefroren, wird dann bei +4° aufgetaut und in einer Zerkleinerungsmaschine, eventuell mehrmals hintereinander, möglichst fein zerkleinert. Dann wird die Masse in der 5fachen Gewichtsmenge Eiswasser suspendiert, Chloroform zugegeben und in der Kälte 48 Std stehengelassen. Der Niederschlag wird abzentrifugiert, die überstehende Flüssigkeit

[1] THANNHAUSER, S. J., N. F. BONCODDO and G. SCHMIDT: J. biol. Ch. **188**, 417 (1951).
[2] THANNHAUSER, S. J., N. F. BONCODDO and G. SCHMIDT: J. biol. Ch. **188**, 423 (1951).
[3] LEUPOLD, F.: H. **285**, 182 (1950).
[4] BLOCK, R. J.: J. biol. Ch. **119**, 765 (1937).

in der Kälte durch ein weiches Filter gegeben. Das Eiweiß wird durch Zugabe von
20%iger HPO_3 (bis p_H 3,8) ausgefällt. Der Niederschlag wird nach Abzentrifugieren und
Waschen mit verdünnter HPO_3 mit Aceton getrocknet. Das Trockenpulver wird erschöpfend extrahiert, zunächst mit einer heißen Mischung aus 95 Teilen Benzol und 5 Teilen
absolutem Alkohol, dann mit heißem Alkohol und schließlich mit Äther. Das Eiweiß
wird dann im Exsiccator und im Trockenschrank bei 110° getrocknet. Das getrocknete
Material kann bis zur Analyse beliebig lange aufgehoben werden. Der Gesamt-N-Gehalt
liegt zwischen 12,4 und 14,8%. Die chemische Bestimmung einer Reihe von Aminosäuren nach Standardmethoden (s. Bd. IV) ergibt Werte des in Tabelle 85 dargestellten
Bereichs. Die genannten Aminosäurewerte liegen in der gleichen Größenordnung bei
Menschen und Tieren, soweit sie untersucht sind (Affe, Rind, Schaf, Ratte, Meerschweinchen). Der Histidingehalt ist bei jugendlichen Individuen etwas geringer als bei älteren,
sonst finden sich keine wesentlichen vom Lebensalter abhängigen Unterschiede. Der
Lysingehalt scheint bei männlichen Individuen etwas höher zu liegen, doch sind auch
hier die Unterschiede gegenüber weiblichen Individuen gering. Bei den übrigen genannten Aminosäuren sind geschlechtsbedingte Unterschiede nicht beschrieben.

Tabelle 85. *Aminosäurezusammensetzung von Gehirnprotein*[1]
(in Prozenten).

Histidin	Lysin	Arginin	Cystin	Tryptophan	Tyrosin
2,1—2,8	4,0—4,8	4,9—5,4	1,2—1,5	1,0—1,3	3,6—4,2

Wenn man frisches Gehirn-
gewebe oder Acetontrockenpulver in der Kälte zunächst mit
Wasser, dann mit 4,5% KCl
enthaltendem Bicarbonatpuffer
vom p_H 9,1 und schließlich mit
0,1 n NaOH extrahiert, erhält

man aus grauer wie aus weißer Gehirnsubstanz drei Eiweißfraktionen. Die Proteine dieser
Fraktionen zeigen bemerkenswert konstante Eigenschaften und unterscheiden sich nur
durch den isoelektrischen Punkt. Dieser liegt sowohl für graue als auch für weiße Substanz für den wäßrigen Extrakt bei p_H 4,6, für den KCl-Extrakt bei p_H 5,6 und für den
NaOH-Extrakt bei p_H 5,2[2].

Lösliche Stickstoffverbindungen. Nach BAUDOUIN[3] kann man aus Gehirnbrei ein
Ultrafiltrat gewinnen (s. Bestimmung der anorganischen Bestandteile in Gehirn, S. 527).
In diesem eiweißfreien Filtrat finden sich folgende N-Verbindungen (in Prozenten der
Frischsubstanz): Harnsäure 0,012—0,016; Kreatinin 0,016—0,027; Kreatin + Kreatinin 0,036—0,104; Harnstoff: a) bestimmt mit Xanthydrol 0,021—0,035; b) bestimmt
mit Hypobromit 0,106—0,261; die Hypobromitwerte erscheinen zu hoch. Vermutlich
liegen im Ultrafiltrat noch andere Substanzen vor, die ebenso wie Harnstoff mit Hypobromit reagieren.

Bei der Lipoidbestimmung im Gehirn werden bei der Acetonextraktion eine Reihe
von Nichtlipoiden miterfaßt, die nicht in den Chloroformextrakt übergehen. MÜLLER[4]
hat in dem auf diese Weise anfallenden „wäßrigen" Extrakt von 69 Gehirnen, aus denen
vorher Lipoide extrahiert wurden, folgende Substanzen nachgewiesen (mg/kg Frischsubstanz): Kreatin 36,23; Kreatinin 287,3; Cholin 68,42; Lysin 28,21; Arginin 7,32.
Cholin wurde als ammoniakalisches Reineckat, Kreatinin als Pikrolonat oder Flavianat
nachgewiesen. Die Histaminmenge war zu gering, um chemisch erfaßt werden zu können.
Auch Colamin kommt in diesem Extrakt vor[5]. Da sein phosphorwolframsaures Salz
leichter löslich ist als das von Cholin, entgeht es leicht der Fällung. Einzelheiten siehe
Bestimmung der Phosphatide (Bd. III).

Freie Aminosäuren. Die Vorbehandlung von Gehirngewebe zur Bestimmung der freien
Aminosäuren entspricht der anderer Gewebe und ist im Kapitel der allgemeinen Organ-

[1] BLOCK, R. J.: J. biol. Ch. **119**, 765 (1937).
[2] PALLADIN, A. W.: J. Physiol. USSR **33**, 727 (1947) [C. **1949 I**, 217].
[3] BAUDOUIN, A., et J. LEWIN: C. R. Soc. Biol. **133**, 657 (1940).
[4] MÜLLER, E.: Z. Biol. **100**, 315 (1940).
[5] MÜLLER, E.: Z. Biol. **100**, 249 (1940).

Tabelle 86. *Freie Aminosäuremengen im Gehirn*[1] (γ/g Frischgewebe).

Leucin	$20,0 \pm 1,0$	Histidin	$17,4 \pm 1,7$	Tyrosin	$17,3 \pm 0,6$
Phenylalanin . .	$9,2 \pm 0,6$	Lysin	$27,8 \pm 1,5$	Methionin . . .	$12,0 \pm 0,9$
Tryptophan . .	$4,8 \pm 0,3$	Isoleucin . . .	$6,3 \pm 1,5$	Threonin . . .	132 ± 14
Valin	$17,8 \pm 0,5$	Prolin	$14,2 \pm 1,4$	Arginin	$33,8 \pm 0,9$

aufarbeitung (S. 460) nachzulesen. Von WILLIAMS und Mitarbeitern[1] wurden vorstehende Aminosäuremengen mikrobiologisch nachgewiesen.

Große Veränderungen zeigen sich im allgemeinen auch nicht nach körperlicher Arbeit oder starker Abkühlung. Lediglich bei Histidin, Methionin und Arginin ist ein Absinken nach körperlicher Arbeit, weniger hochgradig bei Isoleucin und Methionin nach Abkühlung zu verzeichnen.

In verschiedenen Organen, in besonders hoher Konzentration im Gehirn von Mensch, Ratte, Meerschweinchen, Kaninchen, Taube und Rind, kann freie *γ-Aminobuttersäure* gefunden werden. Sie entsteht durch Einwirkung einer Decarboxylase aus Glutaminsäure[2]. Man geht zu ihrem Nachweis folgendermaßen vor: Etwa 3 kg Gehirnsubstanz werden mit 3 Liter 95%igem Äthanol homogenisiert. Im kochenden Wasserbad werden die Proteine ausgefällt. Nach Abnutschen wird das klare Filtrat im Vakuum auf etwa 300 cm³ eingeengt. Zur Entfernung von Lipoiden schüttelt man mit rund 500 cm³ Chloroform und entmischt die Emulsion durch Zentrifugieren. Die wäßrige Phase wird nach Filtrieren auf dem Wasserbad zu einem dunkel gefärbten Sirup eingeengt. Man suspendiert in 300 cm³ absolutem Alkohol und kocht für 5 min, filtriert noch heiß, extrahiert den Filterrückstand für 8 Std mit Äthanol im SOXHLET-Apparat, vereinigt die beiden Extrakte und engt auf ein kleines Volumen ein. Man stellt in einen mit absolutem Alkohol gefüllten Exsiccator, in dem sich nach 2—3 Tagen krystallisiertes Material, das keinen Amino-N enthält, abscheidet. Einengen und Auskrystallisierenlassen können mehrmals wiederholt werden. Der endgültige konzentrierte Extrakt wird mittels Papierchromatographie untersucht und enthält außer γ-Aminobuttersäure Alanin sowie kleine Mengen von Glutaminsäure, Leucin und Glycin[3].

In alkalischen Extrakten oder im Dialysat von hitzekoaguliertem Gehirngewebe kann man die in freier Form vorliegenden Aminosäuren und Amine mittels *Papierchromatographie* nachweisen. Außer den in Tabelle 86 aufgeführten Aminosäuren und γ-Aminobuttersäure lassen sich — durch besonders hohe Konzentration auffallend — Glutaminsäure, Asparaginsäure und Taurin finden. Cystin, Serin, Glycin, Alanin und Glutamin liegen vor, in ganz geringen Mengen auch β-Alanin und Glutathion[4].

Ammoniak und Glutamin. Kleinere Tiere können durch Eintauchen in flüssige Luft getötet werden. Das Gehirn wird in einem vorgekühlten Stahlmörser zerkleinert und in ein vorgewogenes Zentrifugenglas gegeben, das 4 cm³ eisgekühlte 12%ige Trichloressigsäure enthält. Jetzt erst wird das Gewicht des Gewebes bestimmt. Die Menge des präformierten NH_3 kann durch Sofortbestimmung mittels der CONWAY-Zelle ermittelt werden. Glutamin bestimmt man entweder mit der Decarboxylasemethode nach KREBS[5], bei der nur die Summe Glutamin und Glutaminsäure erfaßt wird (Werte zwischen 146 und 220 mg-%) oder nach HARRIS[6] in der Weise, daß man die Menge NH_3 ermittelt, die unter Standardbedingungen bei Behandlung mit 10%iger Trichloressigsäure bei 70 bis 75° freigemacht wird. Normalerweise soll im Gehirn NH_3 nicht in freier Form vorkommen[7, 8]. Bei Krampfzuständen kann der NH_3-Gehalt bis auf 0,45 mg-% ansteigen[7, 8].

[1] WILLIAMS, jr., J. N., P. E. SCHURR and C. A. ELVEHJEM: J. biol. Ch. **182**, 55 (1950).
[2] ROBERTS, E., and S. FRANKEL: J. biol. Ch. **190**, 505 (1951).
[3] AWAPARA, J., A. J. LANDUA, R. FUERST and B. SEALE: J. biol. Ch. **187**, 35 (1950).
[4] ROBERTS, E., S. FRANKEL and P. J. HARMAN: Proc. Soc. exp. Biol. Med. **74**, 383 (1950).
[5] KREBS, H. A.: Biochem. J. **43**, 51 (1948).
[6] HARRIS, M. M.: J. clin. Invest. **22**, 569 (1943).
[7] BRÜHL, H. H.: Z. Kinderheilkde. **59**, 446 (1938).
[8] QUASTEL, J. H.: Ann. Rev. **8**, 435 (1939).

Geringe Mengen NH_3 finden sich nach FEINSCHMIDT[1] beim Winterschläfer. Bei ansteigender Gehirntätigkeit nach dem Aufwachen soll die NH_3-Menge ansteigen.

Purinverbindungen. Die Aufarbeitung entspricht den für die allgemeine Organvorbereitung gegebenen Richtlinien. BARRENSCHEEN und PEHAM[2] finden im Gehirn von Kaninchen folgende Mengen an Purinsubstanzen (in mg/100 g Frischsubstanz): Nucleotidpurin-N 12,0—14,6; Summe von Nucleosidpurin-N und freiem Purin-N 13,7—15,6; Gesamtpurin-N 41,4—45,0; Gesamtextrakt-N 144—151.

Stickstoffverteilung im Gehirn. In ähnlicher Weise, wie sich die verschiedenen Gehirnabschnitte durch ihre Konzentration an den einzelnen Lipoiden unterscheiden, läßt sich auch für die N-Verbindungen eine „Chemische Topographie" aufstellen. Diese ist in Tabelle 87 niedergelegt. Diese Tabelle verzeichnet der Übersichtlichkeit wegen einen Teil der Lipoidfraktionen nochmals. Dies erscheint angebracht, weil einerseits die anatomische Abgrenzung der einzelnen Gehirnabschnitte, andererseits die Begriffsbestimmung der einzelnen Substanzen und die Bestimmungsmethoden andere sein mögen, als die den Tabellen 82 und 84 zugrunde liegenden.

Tabelle 87. *Chemische Topographie des Gehirns*[3]
(mit Ausnahme des Wassergehaltes Werte in Prozenten vom Trockengewicht).

	Corona radiata Weiße Substanz (Frontallappen) Weiße Substanz (Parietallappen) Hirnstamm	Thalamus	Nucleus caudatus Frontalrinde Parietalrinde
Wasser	69,8 —71,7	75,8	83,4 — 84,1
Gesamtlipoide	54,2 —57,3	47,1	31,9 — 33,4
Phospholipoide	38,5 —40,8	33,86	24,1 — 24,7
Acetonlösliche Lipoide . .	16,1 —17,3	13,76	8,3 — 8,9
Gesamtcholesterin	13,5 —15,2	11,23	6,0 — 6,7
Freies Cholesterin	13,1 —14,4	10,87	6,0 — 6,6
Jodzahl	84 —88	95	116 —129
Lipoid-P	1,19— 1,23	1,20	1,00— 1,04
Lipoid-N	1,04— 1,11	0,96	0,92— 0,97
Säurelöslicher N	1,05— 1,22	1,44	1,62
Kreatin	0,32— 0,42	0,59	0,68
Säurelöslicher P	0,78— 0,90	0,94	0,87
Anorganischer P	0,15— 0,20	0,22	0,24
Ester-P	0,51— 0,63	0,61	0,49— 0,53
Protein-N	4,04— 4,55	5,48	7,11— 7,17
Gesamt-N	6,01— 6,58	7,65	9,57
Phospholipoidfettsäuren . .	21,5 —22,7	19,18	12,6 — 13,1

Kohlenhydrate. Wasserlösliche reduzierende Substanzen gehen in das nach BAUDOUIN und LEWIN[4] hergestellte Ultrafiltrat (s. S. 527) über. Im Filtrat aus frischer Gehirnsubstanz finden sich etwa 100 mg-% reduzierende Substanzen. Vergärung mit Hefe zeigt, daß diese zu einem großen Teil nicht Glucose sein können.

Glykogen. Die Schwierigkeit, aus Gehirnsubstanz reines Glykogen darzustellen, liegt in dem hohen Gehalt der Gehirnsubstanz an Lipoiden. Die Darstellung von Glykogen weicht daher von der bei anderen Organen üblichen Weise ab: Das Gehirn wird möglichst schnell nach dem Tode mit einer Art Kartoffelpresse in ein vernickeltes Gefäß gegeben, in dem sich 60%ige KOH (1 cm³/g Gehirn) befindet. Nach kräftigem Verrühren wird die Masse in einen Weithalskolben überführt und nach Zugabe des doppelten Volumens Äthanol 30 min auf dem Wasserbad erhitzt. Nach Stehen über Nacht wird abzentrifugiert

[1] FEINSCHMIDT, O. J.: Biochimia, Moskau 1, 450 (1936) [Ann. Rev. 8, 448 (1939)].
[2] BARRENSCHEEN, H. K., u. A. PEHAM: H. 272, 87 (1942).
[3] RANDALL, L. O.: J. biol. Ch. 124, 481 (1938).
[4] BAUDOUIN, A., et J. LEWIN: C. R. Soc. Biol. 131, 730 (1939).

und der Bodensatz mit einer Mischung aus 20 Teilen $CHCl_3$ und 80 Teilen Methanol in der Hitze viermal extrahiert, wobei die Hauptmenge der Lipoide in Lösung geht. Der Rückstand wird mit 30%iger KOH 3 Std auf dem Wasserbad erhitzt, unlösliches Material wird abzentrifugiert und das Glykogen wird wie bei anderen Organen mit Äthanol gefällt. Man erhält etwa 150 mg Glykogen aus 500 g Gehirnsubstanz[1]. Wegen der außerordentlich schnellen Glykolyse dürfte auf diese Weise der Glykogengehalt nicht quantitativ ermittelt werden. Hierzu ist es notwendig, das Gehirn in situ einzufrieren oder aber das ganze Tier durch Eintauchen des Kopfes in flüssige Luft zu töten.

Organische Säuren. Unter den im Gehirn vorkommenden organischen Säuren kommt in erster Linie *Milchsäure* in Betracht. Im Verlauf der schon unmittelbar nach dem Tode einsetzenden Glykolyse nehmen die Milchsäurewerte außerordentlich schnell zu (siehe Tabelle 78, S. 528). Für die Vorbereitung des Gehirns zur Milchsäurebestimmung gelten daher die gleichen Regeln, wie sie für die Bestimmung von P-Verbindungen bzw. von Glykogen angegeben sind. Die Milchsäurebestimmung erfolgt auf üblichem Wege (siehe Bd. III). Der normale Milchsäuregehalt liegt in der Größenordnung von 20 mg-%. Nach KABAT u. a.[2] soll es bei Mäusen, die mit Poliomyelitisvirus infiziert sind, regelmäßig zu einer Abnahme des Milchsäuregehaltes kommen.

Vitamine und andere Wirkstoffe. Aneurin. Um nicht Fehlergebnisse durch den Aneuringehalt des Blutes zu erhalten, wird möglichst blutfreie Gehirnsubstanz verwandt. Blutleere im Gehirn erreicht man nach VILLELA u. a.[3] dadurch, daß man das Versuchstier durch intravenöse Chloroforminjektion tötet. Für Hunde im Gewicht zwischen 8 und 16 kg werden etwa 2 cm³ $CHCl_3$ benötigt. 250—1000 mg Gehirnsubstanz werden im Achatmörser zu einer feinen Masse zerrieben. Nachdem mehrmals kleine Mengen 0,1 n H_2SO_4 zugegeben sind, wird im Meßkolben auf 5 cm³ mit Säure aufgefüllt. Es wird 15 min im kochenden Wasserbad erhitzt. Nach Abkühlen werden 2 cm³ 10%ige Suspension von Takadiastase zugegeben, auf p_H 4,5 gebracht und 24 Std bei 37° belassen. Die trübe Flüssigkeit wird durch Zugabe eines Adsorbens (empfohlen ist „Celite") geklärt und auf ein bekanntes Volumen aufgefüllt. Die Aneurinbestimmung erfolgt auf üblichem Wege nach der Thiochrommethode oder mit mikrobiologischer Methodik. VILLELA u. a.[3] geben als Mittelwerte aus 17 Hundegehirnen an: Graue Substanz $1,8 \pm 0,48$ γ/g, Nucleus caudatus $2,0 \pm 0,53$ γ/g, weiße Substanz $1,2 \pm 0,37$ γ/g Frischgewebe.

In ähnlicher Größenordnung liegen auch die von LISSÁK und MARTIN[4] in Ganglien und verschiedenen Teilen des vegetativen Nervensystems gefundenen Werte. Für N. saphenus werden 1,15 γ/g, für N. ischiadicus 0,54, nach Degeneration nur 0,04 γ/g angegeben. Im Rattengehirn finden diese Autoren[5] geringere als die oben angegebenen Werte: 0,13 γ/g; bei B_1-avitaminotischen Tieren sogar nur 0,05 γ/g.

Ausführlich untersuchten BYERRUM und FLOKSTRA[6] die Zusammenhänge zwischen B_1-Zufuhr und Gehalt des Rattengehirns an Vitamin B_1 und Co-Carboxylase. Die Co-Carboxylasemenge ergibt sich aus der Differenz der Aneurinwerte vor und nach Hydrolyse. Bei avitaminotischen Tieren beträgt der Vitamin B_1-Gehalt $0,10 \pm 0,06$ γ/g Frischgewicht, der an Co-Ferment $1,50 \pm 0,13$. Bei steigender Aneurinzufuhr bis zu einer Menge von 0,4 mg/100 g Futter steigen die B_1-Werte im Gehirn auf etwa 1,2, die an Co-Ferment auf Werte zwischen 2 und 4 γ/g Frischgewicht[6].

Bei der Bestimmung der üblichen Vitamine sind Abänderungen gegenüber den für die allgemeine Organaufarbeitung (s. S. 464) gegebenen Vorschriften nicht notwendig. Folgende Normalwerte für die Frischsubstanz werden genannt: Vitamin A im Gehirn

[1] KERR, S. E.: J. biol. Ch. **123**, 443 (1938).
[2] KABAT, H., D. ERICKSON, C. EKLUND and M. NICKLE: Science, N. Y. **98**, 589 (1943).
[3] VILLELA, G. G., M. V. DIAS and L. T. QEIROGA: Arch. Biochem. **23**, 81 (1949).
[4] LISSÁK, K., u. C. MARTIN: Z. Vit.-, Horm.-, Ferm.-Forsch. **3**, 497 (1950).
[5] MARTIN, C., u. K. LISSÁK: Z. Vit.-, Horm.-, Ferm.-Forsch. **3**, 494 (1950).
[6] BYERRUM, R. U., and J. H. FLOKSTRA: J. Nutrit. **43**, 17 (1951).

etwa 20 IE im Gramm, im Rückenmark etwas weniger[1]. Nicotinsäure: 4 mg-%[2]. Pyridoxin: 2,4 mg-%[3]. Vitamin C: 33—155 γ/g Meerschweinchengehirn.

Gerinnungsaktive Stoffe. Wäßrige Extrakte aus frischer oder getrockneter Gehirnsubstanz bringen nach LEATHES und MELLANBY[4] Vogelplasma zur Gerinnung. Bei p_H 5 fällt die gerinnungsaktive Substanz aus und kann durch n/500 Alkali wieder gelöst werden. Sie behält dabei ihre Aktivität. Nach WIDENBAUER und REICHEL[5] soll jedoch die Gerinnungsaktivität im Gegensatz zu Extrakten aus Lunge, Herz und Schilddrüse bei Behandlung mit Lipoidlösungsmitteln vollkommen in das Lösungsmittel übergehen. Falls diese Annahme stimmt, müßte im Gehirn der gerinnungsaktive Stoff an ein Lipoid gebunden sein.

Fermente und Stoffwechsel. Aus frischer Gehirnsubstanz sowie aus nach verschiedenen Methoden hergestelltem Trockenpulver sind die verschiedenartigsten Fermente dargestellt worden. ABDERHALDEN und CAESAR[6] finden in Gehirn und peripheren Nerven Polypeptidasen sowie zahlreiche andere Fermente des Eiweißstoffwechsels. Das Vorkommen von *Cholinesterase* in Gehirn und Rückenmark ist von NACHMANSOHN[7], BIRKHÄUSER[8], PIGHINI[9] und SPERRY u. a.[10] beschrieben worden. Sowohl alkalische als auch saure *Phosphatase* kommen im Gehirn vor[11]. Dabei soll der Quotient saurer zu alkalischer Phosphatase für die einzelnen Gehirnabschnitte charakteristisch sein. CARANDANTA[12] gibt diese Quotienten in der weißen Substanz mit 2,2, in der Großhirnrinde mit 1,4 und in Kleinhirnrinde und Rückenmark mit etwa 0,8 an. Über *Katalase* und *Cytochromoxydase* sind von MARUYAMA[13] quantitative Angaben bei geistig Normalen und bei an verschiedenen Geisteskrankheiten Leidenden gemacht worden. McILWAIN u. a.[14] finden in rohen Enzympräparaten aus Säugetiergehirnen Fermente, die Co-Zymase und Co-Enzym II, jedoch nicht die entsprechenden Dihydrosubstanzen abbauen. *Cytochrom c*, das nach den für Herz, Muskel und Uterus (S. 560) gegebenen Richtlinien nachgewiesen wird, findet sich nach DRABKIN[15] im Gehirn erwachsener Männer in Mengen von etwa 1,4 mg-% (Frischgewicht). Die bei der Ratte gefundenen Werte liegen mit 8,2 mg-% sehr viel höher.

Wie in anderen Organen kann auch im Gehirn *Co-Zymase* nachgewiesen werden. Im Gehirn läßt sich jedoch besonders gut die enzymatische Zerstörung der Co-Zymase vermeiden, die sich bei der Extraktion aus anderen Organen schnell vollzieht. Zunächst kann die Zerstörung durch Zugabe von 0,1 m Nicotinsäureamid gehemmt werden. Doch selbst dann können von zu Gehirnhomogenat in Phosphatpuffer vom p_H 6,2 zugesetzten Co-Zymasemengen bisweilen nur Bruchteile wiedergefunden werden, wenn man 15 min auf 70° erhitzt hat. Wenn man nur 2 min bei 100° hält, werden 90—94% der vorhandenen Co-Zymase bestimmt. Man geht deshalb so vor, daß man kleine Gewebestücke oder Schnitte möglichst bald nach dem Tode entnimmt, wiegt und in den auf 100° erhitzten Phosphatpuffer befördert. Man zerkleinert hierbei das Gewebe mit einem Glasstab. Das Homogenat kann direkt einpipettiert werden. Die Extraktion ist nach 2 min beendet. Die Zerstörung der Co-Zymase geht in Gehirnschnitten viel langsamer vor sich als im Homogenat. GORE u. a.[16] geben für das Gehirn verschiedener Tiere folgende Werte an

[1] DONINI, P.: Rass. Clin., Terap. **38**, 7 (1939) [Ber. Physiol. **113**, 18].

[2] CUNY, L., P. BOUVET et J. DEVILLERS: Bull. Soc. Chim. biol. **24**, 154 (1942).

[3] MITOLO, M.: Boll. Soc. ital. Biol. sperim. **16**, 175 (1941) [Ber. Physiol. **127**, 113].

[4] LEATHES, J. B., and J. MELLANBY: J. Physiol., London **96**, 38 (1939).

[5] WIDENBAUER, F., u. CH. REICHEL: B. Z. **309**, 100 (1941).

[6] ABDERHALDEN, E., u. G. CAESAR: Fermentforsch. **16**, 255 (1940) [Ber. Physiol. **119**, 299].

[7] NACHMANSOHN, D.: J. Neurophysiol. **3**, 396 (1940) [Ber. Physiol. **124**, 90].

[8] BIRKHÄUSER, H.: Schweiz. med. Wschr. **71**, 750 (1941).

[9] PIGHINI, G.: Biochim. Terap. sperim. **26**, 260 (1939) [Ber. Physiol. **118**, 293].

[10] SPERRY, W. M., and F. C. BRAND: J. biol. Ch. **137**, 377 (1941).

[11] KOTKOVA, K.: Biochimia, Moskau **13**, 19 (1939) [Ber. Physiol. **114**, 638].

[12] CARANDANTA, G.: Arch. Sci. biol., Napoli **28**, 13 (1942) [Ber. Physiol. **129**, 649].

[13] MARUYAMA, H.: Fukuoka Acta med. **32**, dtsch. Zusf. 25 (1939) [Ber. Physiol. **118**, 438 (1940)].

[14] McILWAIN, H., and R. RODNIGHT: Biochem. J. **45**, 337 (1949).

[15] DRABKIN, D. L.: J. biol. Ch. **182**, 317 (1950).

[16] GORE, M., F. IBBOTT and H. McILWAIN: Biochem. J. **47**, 121 (1950).

(γ/g Frischsubstanz): Maus 330; Ratte 158; Meerschweinchen 159; Kaninchen 103. Die Co-Zymase repräsentiert mindestens 92% der im Gehirn vorhandenen Nicotinsäure. Die Bestimmung der Co-Zymase erfolgt im WARBURG-Apparat nach dem Vorgehen von AXELROD und ELVEHJEM[1].

Eine *Glutaminsäuredecarboxylase*, durch deren Aktivität man sich das Vorkommen von γ-Aminobuttersäure (s. S. 535) erklärt, ist nachgewiesen worden[2, 3]. Das Vorliegen einer *Kephalinase* gibt TYRRELL[4] an.

Gewebsstoffwechsel. Gehirn wird möglichst schnell nach dem Tode entnommen und bei 0° zerrieben. Es hat dann ohne Glucosezusatz mit 470 mm^3/g/2 Std eine recht hohe *Atmung*[5]. Wenn das Gewebe erst gefroren wird, beträgt die O_2-Aufnahme weniger als 10% der oben genannten Werte. Gehirn baut folgende Substanzen oxydativ ab: Glucose und andere Hexosen sowie Pentosen und Inosit, verschiedene Amine, Glutaminsäure, Essigsäure, Bernsteinsäure, Milchsäure, Brenztraubensäure und verschiedene andere Ketosäuren und Oxysäuren[5]. Durch Zugabe von Phenosafranin kann man die aerobe *Milchsäurebildung* durch Gehirnschnitte auf das 3—6fache erhöhen. Die Phenosafraninwirkung beruht aber nicht auf einer Stabilisierung der Co-Zymase, denn in seiner Gegenwart fällt der Co-Zymasegehalt schnell ab[6].

Die in der Literatur angegebenen Werte für den Q_{O_2} von Gehirngewebe schwanken, vor allem in Abhängigkeit von der Versuchsanordnung, teilweise beträchtlich. Doch auch unter konstanten Versuchsbedingungen können noch Schwankungen beobachtet werden, deren Ausmaß statistisch gesichert ist: Nach WESTFALL[7] kann man jahreszeitliche Schwankungen feststellen. So liegen die Mittelwerte für den Q_{O_2} in Schnitten aus der Gehirnrinde 250 g schwerer Ratten (KREBS-RINGER-Lösung, 100 mg-% Glucose, 37°) im Oktober und November bei 10,38, im Dezember und Januar bei 11,52 und im Februar und März bei 10,69.

g) Muskel, Herz und Uterus.

Die chemische Zusammensetzung der muskulären Organe, Skeletmuskulatur, Herz und Uterus, stimmt weitgehend überein. Die Skeletmuskulatur nimmt als größtes Organsystem des Körpers $1/3$—$1/2$ des Körpergewichtes ein. Sie enthält bei einem genau analysierten Menschen 38,8% des im Gesamtorganismus vorhandenen Wassers, 19,2% der gesamten Trockensubstanz, 34,6% des Gesamteiweißbestandes, 8,1% des Körperfetts, 5,8% seines Aschegehaltes, nur 0,2% des Gesamtcalciumgehaltes, dagegen aber 4,5% des im Körper vorhandenen Gesamtphosphor[8]. Die Tabelle 88 zeigt die Gewichte der muskulären Organe.

Anorganische Bestandteile. Die Bestimmung der anorganischen Bestandteile in der Muskulatur erfolgt ebenso wie in den anderen Organen und ist im Kapitel „Allgemeine Organaufarbeitung" (S. 450ff.) sowie in den Kapiteln „Veraschung" (Bd. III) und „Anorganische Bestandteile" (Bd. III) geschildert.

Wassergehalt. Die Bestimmung des Wassergehalts muskulärer Organe wird in üblicher Weise ausgeführt (s. „Allgemeine Organaufarbeitung", S. 455). Die Muskulatur enthält ungefähr 75% Wasser.

Der Wassergehalt nimmt im ermüdeten Muskel gegenüber seiner Trockensubstanz zu[9]. Durch Training wird die Muskelmasse bei gleichbleibendem Verhältnis von Wasser zu Trockensubstanz vermehrt[9]. Nach Reizung ist der Wassergehalt im Muskel deutlich

[1] AXELROD, A. E., and C. A. ELVEHJEM: J. biol. Ch. **131**, 77 (1939).
[2] WINGO, W. J., and J. AWAPARA: J. biol. Ch. **187**, 267 (1950).
[3] ROBERTS, E., and S. FRANKEL: J. biol. Ch. **190**, 505 (1951).
[4] TYRRELL, L. W.: Nature **166**, 310 (1950).
[5] QUASTEL, J. H.: Ann. Rev. 8, 435 (1939).
[6] GORE, M., F. IBBOTT and H. MCILWAIN: Biochem. J. **47**, 121 (1950).
[7] WESTFALL, B. A.: J. cellul. comp. Physiol. **37**, 351 (1951).
[8] MITCHELL, H. H., T. S. HAMILTON, F. R. STEGGERDA and H. W. BEAN: J. biol. Ch. **158**, 625(1945).
[9] CHAGOVETZ, R.: Biochem. J., Kiew **12**, 427 (1938) [Ber. Physiol. **111**, 546].

Tabelle 88. *Gewichte muskulärer Organe.*

	Skeletmuskulatur Körpergewicht %	Herz Körpergewicht %	Herz Gewicht g	Uterus Gewicht g
Mensch	31,56[1]	0,69[1]	300[2]	49—58[2] 900—1200 ***[2]
Kaninchen.	52[3]		9[3]	
Ratte		0,34[4]	0,88[4]	0,4105 ± 0,0346 *
				0,3448 ± 0,0233 **[5]

* Während des Oestrus.   ** 60 Std nach Beendigung des Oestrus.   *** Frisch entbundene Gebärmutter.

erhöht[6]. Mit zunehmendem Alter nimmt bei Mäusen der Wassergehalt der Muskulatur
ab. Sie enthält bei 3 Monate alten Tieren 76,38%, im Alter von 5—7 Monaten 75,43%
und bei 9—12 Monate alten Mäusen 75,18% Wasser[7]. Der Wassergehalt des menschlichen Herzens ist im Alter von 70 Jahren gegenüber dem mittleren Lebensalter um
1,4% erniedrigt[8]. Einen Überblick über den Wassergehalt von Muskelgewebe vermittelt
die Tabelle 89.

Tabelle 89. *Der Wassergehalt von Muskelgewebe in Prozenten des Organgewichtes.*

Skeletmuskulatur:		Skeletmuskulatur:	
Mensch	79,5[1]	Mensch	75,3—77,5[13] (d)
Rhesusaffe . . .	73,0[9]	Rind	77,5[13]
Kaninchen . . .	72,8[9]	Kalb.	80,15[13]
	76,7[10]	Herz: Mensch . .	73,4[1]
	77,7[10] (a)		79,3—80,2[14]
Katze	78,5[11] (b)		83,4[14] (d)
	77,0[11] (c)		89,7—93,1[14] (e)
Ratte	75,5[12]	Hund	73,3[9]
Meerschweinchen	76,6[12]	Uterus: Mensch . .	80,5 (nichtgravide)
			82,0 (gravide)[15]

(a) im Schock, (b) bis 800 g schwer, (c) 800—2500 g schwer, (d) Neugeborene, (e) Totgeburten.

Asche. Die menschliche Muskulatur enthält 0,93%, das menschliche Herz 0,80%
Asche[1]. Die Bestimmung des Aschegehaltes ist in Bd. III beschrieben.

Alkali- und Erdalkalimetalle. Natrium, Kalium, Calcium und Magnesium werden
in üblicher Weise nach vorheriger Veraschung oder direkt nach Extraktion aus dem
Organmaterial, wie in Bd. III angegeben, bestimmt. Werte über den Gehalt von
Skeletmuskulatur, Herz und Uterus an Alkali- und Erdalkalimetallen findet man
zusammen mit den Werten für die übrigen anorganischen Bestandteile von Muskelgewebe in den Tabellen 97—99.

Kalium. Für die Kaliumbestimmung in der Muskulatur eignet sich besonders folgendes
Verfahren[12]: Unmittelbar nach Tötung und gründlichem Ausbluten des Tieres wird die

[1] MITCHELL, H. H., T. S. HAMILTON, F. R. STEGGERDA and H. W. BEAN: J. biol. Ch. **158**, 625 (1945).
[2] RÖSSLE, R., u. F. ROULET: Maß und Zahl in der Pathologie. Berlin 1932.
[3] LEVINE, C. J., W. MANN, H. C. HODGE, I. ARIEL and O. DU PONT: Proc. Soc. exp. Biol. Med.
47, 318 (1941) [Ber. Physiol. **128**, 362].
[4] Eigene Untersuchungen, unveröffentlicht.
[5] LEONARD, S. L., and E. KUOBIL: Endocrinology **47**, 331 (1950).
[6] FENN, W. O., D. M. COBB, J. F. MANERY and W. R. BLOOR: Amer. J. Physiol. **121**, 595 (1938).
[7] PETROWA, W. W.: Bull. Biol. Méd. exp. URSS **9**, 187 (1940) [Ber. Physiol. **124**, 35].
[8] RISSEL, E., u. G. WIEDEMANN: Kli. Wo. **1940 II**, 953.
[9] BONG, E., P. JUNKERSDORF u. H. STEINBORN: Z. ges. exp. Med. **92**, 265 (1934).
[10] MAILLARD, L. C., et J. ETTORI: C. R. Soc. Biol. **122**, 951 (1936).
[11] YANNET, H., and D. C. DARROW: J. biol. Ch. **123**, 295 (1938).
[12] RODECK, H., u. W. DODEN: B. Z. **320**, 405 (1950).
[13] FÜRTH, O.: Handb. Biochem. **4**, 297 (1925).
[14] DENNSTED, M., u. TH. RUMPF: Mitt. hambg. Staatskr.-Anst. **3**, 1 (1902).
[15] TREITE, P.: Zbl. Gynäk. **62**, 2719 (1938) [C. **1939 I**, 1784].

Muskulatur entnommen und rasch verarbeitet, um einen Kaliumverlust durch Diffusion aus den toten Zellen zu vermeiden. Der Muskel wird von Bindegewebe und Fett befreit, mit der Schere zerkleinert, im Wägegläschen ausgebreitet, eingewogen und anschließend bis zur Gewichtskonstanz im Trockenschrank getrocknet. Nach Abkühlen im Exsiccator wird nochmals gewogen und das Gewicht der Trockensubstanz bestimmt. Die getrocknete Muskelsubstanz wird in einem Mörser zu Pulver zermahlen. Das Pulver kommt für einige Zeit in den Exsiccator. Von dem Pulver wird eine 1 g Feuchtsubstanz entsprechende Menge in ein 10 cm³-Meßkölbchen eingewogen. Auf das Muskelpulver pipettiert man 8 cm³ Aqua bidest., versieht den Meßkolben mit einem Rückflußkühler mit Luftkühlung und stellt ihn für 1¹/₂ Std in ein siedendes Wasserbad. Gelegentlich ist während des Kochens umzuschütteln. Anschließend läßt man abkühlen, füllt mit Aqua bidest. auf 10 cm³ auf und schüttet nach ausgiebigem Umschütteln den gesamten Inhalt in ein Zentrifugengläschen. Aus dem Zentrifugenglas gibt man 2 cm³ Flüssigkeit nochmals in das Meßkölbchen, schüttelt kräftig um und gießt den Inhalt in das Zentrifugenglas zurück. Nunmehr wird das Zentrifugenglas kräftig geschüttelt, um die Kaliumextraktion zu vervollständigen. Statt der Extraktion durch 1¹/₂ Std langes Kochen kann man das Kalium quantitativ durch 5 Std langes Stehenlassen mit Aqua bidest. unter gelegentlichem Umschütteln extrahieren. Nach anschließender Mikroveraschung von 1 cm³ Lösung wird der Kaliumgehalt nach einem der in Bd. III genannten Verfahren bestimmt.

Mit dem beschriebenen Extraktionsverfahren wird der Gesamtkaliumgehalt der Muskulatur erfaßt. Zur Unterscheidung von freiem und gebundenem Kalium im Muskelgewebe geht man folgendermaßen vor[1]: Das Muskelgewebe wird schnell aus dem Organismus entfernt, bei + 3° gemahlen und in 100—200 cm³ Wasser suspendiert. Es wird eine Ultrafiltration der Suspension durch eine Collodiummembran angeschlossen. 1 g feuchtes Muskelgewebe enthält 3,96 ± 0,12 mg Kalium. Davon können durch Ultrafiltration bzw. Diffusion 33 ± 2,05 % nicht abgetrennt werden.

Um bei Mineralstoffwechseluntersuchungen vergleichbare Werte für den Kaliumgehalt des Muskels zu erhalten, ist es besser, als Bezugssystem nicht das Frisch- oder Trockengewicht, sondern den „Nicht-Kollagen-Stickstoff"-Gehalt zu benutzen[2], um bei dem folgenden Vorgehen eine feuchte oder trockene Veraschung einzusparen: Für die Bestimmung werden 0,3—1,5 g Muskel rasch mit einer Torsionswaage gewogen, mit dem Apparat nach POTTER und ELVEHJEM (aus kationenfreiem Material hergestellt) nach Zugabe von 3—4 cm³ destilliertem Wasser vollständig homogenisiert und mit Aqua dest. auf ein bestimmtes Volumen aufgefüllt, so daß die Verdünnung im allgemeinen 10 % (Gewicht bezogen auf Volumen) beträgt. Ein Volumen 10 %iges Muskelhomogenat wird in einem Kolben mit 10 Volumina 0,05n Natronlauge versetzt und der verschlossene Kolben 18 Std bei Zimmertemperatur stehen gelassen. Danach wird der alkalische Extrakt abfiltriert, im Filtrat der N-Gehalt als Bezugssystem und ohne weitere Vorbereitung der Kaliumgehalt flammenphotometrisch bestimmt. Mit dieser Methode erhält man für den Kaliumgehalt von Rattenmuskulatur einen Wert von 3,76 Milliäquivalenten/g NCN (Nicht-Kollagen-Stickstoff), das entspricht 121,3 Milliäquivalenten Kalium/kg Muskel. Der Nicht-Kollagen-Stickstoffgehalt des Rattenmuskels (triceps surae von 13 Ratten) beträgt 33,3 g/kg Muskel.

Natrium. Für die Extraktion von Natrium aus der Muskulatur geht man ebenso wie für die Extraktion von Kalium beschrieben vor, nur verwendet man als Extraktionsflüssigkeit statt einer 0,05 n Natronlauge eine 0,05 n Kalilauge[2]. Als Bezugssystem gilt wie für die Kaliumbestimmung der Nicht-Kollagen-Stickstoffgehalt des Muskelgewebes.

Magnesium. Für die Magnesiumbestimmung im Muskel versetzt man 5 cm³ 10 %iges Homogenat mit dem gleichen Volumen 10 %iger Trichloressigsäure, mischt gut durch, zentrifugiert den Eiweißniederschlag ab und bestimmt im Filtrat das Magnesium in üblicher Weise (s. Bd. III).

[1] STONE, D., and S. SHAPIRO: Amer. J. Physiol. **155**, 141 (1948).
[2] LILIENTHAL, J. L., K. L. ZIERLER, B. P. FOLK, R. BUKA and M. J. RILEY: J. biol. Ch. **182**, 501 (1950).

Calcium. Für die Extraktion von Calcium werden 0,8—1 g fein zerkleinertes Gewebe mit 5—8 cm³ Salzsäure (D = 1,19) versetzt, 7—8 Std auf dem Wasserbad erhitzt, abgekühlt, quantitativ in einen 10 cm³-Meßkolben überführt und mit destilliertem Wasser aufgefüllt; der Niederschlag wird abzentrifugiert. Das Überstehende dient als Ausgangslösung für die Calciumbestimmung[1], die nach einer der in Bd. III angegebenen Methoden ausgeführt wird. Man kann die Calciumextraktion auch analog der von Kalium und Natrium aus dem Muskelhomogenat vornehmen und den Nicht-Kollagen-Stickstoffgehalt als Bezugssystem wählen.

Abhängigkeit des Elektrolytgehaltes des Muskelgewebes von besonderen Bedingungen. Der Kaliumgehalt des Muskels kann schon normalerweise großen Schwankungen unterliegen. In operativ gewonnener menschlicher Bauchdeckenmuskulatur wurden für den Kaliumgehalt Werte von 210—420 mg-% gefunden[2]. Kalium- und Magnesiumgehalt sind beim Erwachsenen höher gelegen als beim Neugeborenen und Kleinkind, für den Gehalt an Calcium und Natrium gilt das umgekehrte Verhältnis[3] (s. Tabelle 90).

Tabelle 90. *Gehalt des Muskels an Calcium, Magnesium, Kalium und Natrium in Abhängigkeit vom Alter*[3] (mg-% in der Frischsubstanz).

	Neugeborenes	Kind 8 Wochen alt	Kind 4 Jahre alt	Erwachsener
Calcium . . .	14	14	7	7
Magnesium . .	18— 24	18	12	24
Kalium . . .	100—104	140	—	162
Natrium . .	63— 96	89	—	41

Bei Mäusen nehmen Magnesium- und Calciumgehalt der Muskulatur mit zunehmendem Alter ab. Der Calciumgehalt ist bei Männchen, die vom Weibchen getrennt sind, am niedrigsten und bei trächtigen Weibchen am höchsten[4] (s. Tabelle 91).

Tabelle 91. *Magnesium- und Calciumgehalt der Muskulatur von Mäusen verschiedenen Alters*[4] (mg-% in der Trockensubstanz).

Alter in Monaten	Magnesium	Calcium
3	124,3	35,18
5— 7	119,6	25,88
9—12	118,8	
Männchen vom Weibchen getrennt .		15,07
Trächtige Weibchen		54,20

Im Alter ist der Kaliumgehalt des Skeletmuskels bei der Ratte um 10,4% der Normalwerte[5] und beim Menschen um 7% erniedrigt[6]. Beim 70jährigen Menschen sind gegenüber Menschen im Alter von 30 bis 40 Jahren Chlorid-, Basen-, Natrium- und Calciumgehalt im Skeletmuskel und im Herzen erhöht, während Kalium-, Magnesium- und Phosphor- sowie Stickstoffgehalt in beiden Muskelarten erniedrigt sind, wie die Tabelle 92 zeigt[6].

Jahreszeitliche Veränderungen der chemischen Zusammensetzung des Muskels konnten beim Igel festgestellt werden. Beim männlichen Igel enthalten die Muskeln im Sommer

Tabelle 92. *Abweichungen der chemischen Zusammensetzung von Herz- und Skeletmuskulatur bei 70jährigen Menschen gegenüber Menschen im mittleren Lebensalter*[6] (in Prozenten).

	Psoasmuskel	Herz		Psoasmuskel	Herz		Psoasmuskel	Herz
Wasser . .	+ 0,8	—1,4	Ca . . .	+33	+31	P	—12	—2
Cl	+56	+2,5	K . . .	— 7	— 9	N	— 3	—4
Basen . .	+ 6	+7	Mg . . .	—11	— 2,5	Asche . .	— 1	0
Na	+62	+0,3						

[1] RETINSKI, I. D.: Lab.-Praxis (russ.) **14**, 18 (1939) [C. **1939 II**, 3857].
[2] NAVARRO, A. V.: An. Fac. Med. Montevideo **24**, 725 (1939) [Ber. Physiol. **120**, 64].
[3] FÜRTH, O.: Handb. Biochem. **4**, 297 (1925).
[4] PETROWA, W. W.: Bull. Biol. Méd. exp. URSS **9**, 187 (1940) [Ber. Physiol. **124**, 35].
[5] BENETATO, G., et P. CIURDARIU: C. R. Soc. Biol. **32**, 177 (1939) [Ber. Physiol. **118**, 380].
[6] RISSEL, E., u. G. WIEDEMANN: Kli. Wo. **1940 II**, 953.

Tabelle 93. *Änderung der chemischen Zusammensetzung des Muskels bei verschiedenen Funktionszuständen, beim Schock und nach Verbrennung.*

	Na	K	Ca	Mg	Cl	P
Trainierter Muskel, Kaninchen[1]	+	—	+	+		
Ermüdeter Muskel, Kaninchen[1]	+	++	+	+		
Ermüdeter Muskel nach vorherigem Training, Kaninchen[1]	+	+	+	+		
Nach Reizung, Rattenmuskel[2]		—			+	
Nach Reizung, Katzenmuskel[3]	+	—	u	u	+	u
Nach Reizung, Katzen- und Kaninchenmuskel[4]		—	+			
Ruhiggestellter Kaninchenmuskel[5]		—	+	—	—	
Traumatischer Schock, Kaninchen[6]		—				
Verbrennung, Kaninchen[7]		—				

+ Zunahme, ++ stärkere Zunahme, — Abnahme, u unverändert gegenüber dem Gehalt der Muskulatur normaler Tiere.

mehr Natrium, Kalium, Calcium und Magnesium als im Winter. Bei weiblichen Igeln sind die Verhältnisse umgekehrt[8].

In der Tabelle 93 sind Zu- und Abnahme einzelner Elemente bei verschiedenen Funktionszuständen, beim Schock und nach Verbrennung durch + bzw. — gekennzeichnet.

Während der tierexperimentell erzeugten Muskeldystrophie bei Kaninchen ist der Gehalt der Muskulatur an Wasser, Kalium und Phosphor erniedrigt und der Gehalt an Natrium, Calcium, Magnesium und Chlorid deutlich erhöht, wie die Tabelle 94 zeigt[9].

Tabelle 94. *Zusammensetzung der Kaninchenmuskulatur bei Muskeldystrophie* [9] (in mg-% der Trockensubstanz und in Milliäquivalenten je kg Frischgewebe).

	% H$_2$O	Na	K	Ca	Mg	Cl	P
Normale Tiere	77,34						
mg-%		181,2	1680	34,3	101,5	257,3	983
Milliäquivalente		17,9	97,2	3,9	19,2	16,5	71,5
Tiere mit Muskeldystrophie	76,3						
mg-%		451,6	1075	154,6	104,8	440,4	949
Milliäquivalente		46,3	65,1	20,7	20,7	29,4	72,3
Tiere in der Erholungsphase	77,57						
mg-%		265,3	1317	33,3	107,7	309,7	987
Milliäquivalente		25,9	75,7	3,7	20,1	19,6	71,4

Bei Kachexie ist der Kaliumgehalt der Bauchmuskulatur (operativ gewonnen) mit 100—140 mg-% gegenüber dem gesunder Menschen mit 210—420 mg-% deutlich erniedrigt[10].

Im menschlichen Uterus steigt während der Schwangerschaft der Gehalt an Kalium von 199 auf 275 mg-%, der Gehalt an Calcium von 6,4 auf 7,1 mg-%, der Gehalt an Magnesium von 3,8 auf 6,1 mg-%, während der Natriumgehalt mit 155 mg-% gegenüber einem Normalwert von 157 mg-% keine deutliche Änderung erkennen läßt[11].

Eisen. Die Eisenbestimmung im Muskel unterscheidet sich im allgemeinen nicht von der in anderen Organen (s. Bd. III). Die Hauptmenge an Eisen liegt in der

[1] KRUTSCHAKOWA, F. A.: Biochem. J., Kiew **12**, 311 (1938) [C. **1939 II**, 1318].

[2] HEPPEL, L. A.: Amer. J. Physiol. **128**, 440 (1940).

[3] FENN, W. O., D. M. COBB, J. F. MANERY and W. R. BLOOR: Amer. J. Physiol. **121**, 595 (1938).

[4] LISSÁK, K., u. T. KOVÁES: Pflügers Arch. **245**, 790 (1942).

[5] TARANTINO, A. M.: Med. sperim. **10**, 257 (1942) [Ber. Physiol. **132**, 120].

[6] CIRENEI, A.: Boll. Soc. ital. Biol. sperim. **17**, 724 (1942) [Ber. Physiol. **133**, 629].

[7] OJETTI, F.: Athena, Roma **11**, 4 (1942) [Ber. Physiol. **134**, 7].

[8] KRUTSCHAKOWA, F. A.: Biochem. J., Kiew **16**, 505 (1940) [C. **1942 I**, 893].

[9] MORGULIS, S., and W. OSHEROFF: J. biol. Ch. **124**, 767 (1938).

[10] NAVARRO, A. V.: An. Fac. Med. Montevideo **24**, 725 (1939) [Ber. Physiol. **120**, 64].

[11] TREITE, P.: Zbl. Gynäk. **62**, 2719 (1938) [C. **1939 I**, 1784].

Muskulatur im Myoglobin vor (Myoglobinbestimmung s. Kapitel Proteine Bd. IV) und gehört somit zum „Hämineisen". Hierzu rechnen wir noch das in Form verschiedener Fermente vorliegende Eisen (s. Allgemeine Organaufarbeitung S. 453). Zur Trennung des Hämineisen vom sog. Resteisen kann wie für andere Organe auch für die Muskulatur das von RECHENBERGER angegebene Verfahren (S. 516) verwandt werden. Für die Bestimmung der Muskeleisenfraktionen ist außerdem folgendes Vorgehen empfehlenswert[1]: Von dem auf übliche Weise bestimmten Gesamteisengehalt wird der Blutfarbstoffeisengehalt subtrahiert und auf diese Weise der Resteisengehalt errechnet. Zur Bestimmung des Blutfarbstoffeisengehaltes wird 1 g feuchtes Gewebe mit Sand zerrieben bzw. mit einem Homogenisator zermahlen, mit 1 cm³ n Salzsäure und 8 cm³ Methylalkohol verrührt, die Mischung zentrifugiert und das Überstehende, das das Eisen enthält, abgegossen und aufbewahrt. Den Bodenkörper extrahiert man nochmals mit 8 cm³ Methylalkohol, zentrifugiert und gibt das Überstehende mit dem ersten Extrakt zusammen.

Die vereinigten Methylalkoholextrakte werden mit 1 g fein gepulvertem Magnesiumsulfat ($MgSO_4 \cdot 7 H_2O$) 5 min lang geschüttelt, klarzentrifugiert, in einen 20 cm³-Meßkolben überführt und mit HCl-haltigem Methylalkohol (15 Teile absoluter Methylalkohol + 1 Teil n Salzsäure + 1 Teil destilliertes Wasser) auf 20 cm³ aufgefüllt. Gemessen wird im Colorimeter bei Filter 635 und 2 cm Schichtdicke gegen eine folgendermaßen zusammengesetzte Standardlösung: 10 mg Hämin werden mit 1 cm³ n Natronlauge und 50 cm³ Methylalkohol gelöst, mit 2 cm³ n Salzsäure angesäuert und mit Methylalkohol auf 100 cm³ aufgefüllt.

Bei Anwendung des obigen Extraktionsverfahrens für das Hämoglobineisen aus blutfreien Muskeln ergeben sich für den Eisengehalt verschiedener Muskeln die in der Tabelle 95 genannten Werte.

Tabelle 95. *Eisengehalt blutfreier Muskeln*[2] (mg-% in der Trockensubstanz).

	Hämoglobineisen mg-%	Resteisen mg-%
Hund	3,4	11,7
Katze	1,32	5,585
Kaninchen:		
Weiße Muskeln	0,061—0,157	1,65 —1,869
Rote Muskeln .	0,930—1,280	2,18 —3,71
Ratte	0,605—1,745	1,585—5,765

In der Muskulatur kann man als einziger Gewebsart eine durch Pyrophosphat nicht extrahierbare Eisenfraktion vom gesamten bestimmbaren Resteisen unterscheiden[3]. Man erhält den Wert für den Gehalt an Eisen, das durch Pyrophosphat nicht extrahierbar ist, indem man das Nichthämineisen (Resteisen) 1. mit Natriumpyrophosphatlösung in der Kälte und 2. mit 5n HCl in der Hitze extrahiert, in beiden Extrakten das Eisen bestimmt und die Differenz der beiden Werte bildet. Bei Ratten, die an Muskeldystrophie leiden, ist der durch Pyrophosphat nicht extrahierbare Anteil an Nichthämineisen im Muskel vermindert[4].

Tabelle 96. *Jodgehalt der Skeletmuskulatur und des Herzens*[5] (γ-% in der Frischsubstanz).

	Gesamtjod	Jodfraktionen		
		wasserlöslich		wasserunlöslich
		acetonunlöslich	acetonlöslich	
Mensch: Skeletmuskulatur				
Tod durch Unfall	23—32,9	2,8—4,2	12,5—14,5	7,5—14,5
Morbus Basedow	80 (69,0)*	10	30	29,0
Normale Kaninchenmuskulatur .	21,0	5,7	7,4	7,8
Mensch (Unfall): Herzmuskel . .	25,0 (24,2)*	2,6	12,4	9,2

* Additionswert; der erste Wert ist durch Analyse gewonnen.

---

[1] YABUSOE, M.: B. Z. **157**, 388 (1925).
[2] LINTZEL, W.: Ergebn. Physiol. **31**, 901 (1931).
[3] SCHAPIRA, G., et J. C. DREYFUS: C. R. Soc. Biol. **141**, 155 (1947).
[4] DREYFUS, J. C., et G. SCHAPIRA: C. R. Soc. Biol. **141**, 157 (1947).
[5] STURM, A., u. L. ROCKMANN: B. Z. **287**, 50 (1936).

Tabelle 97. *Anorganische Bestandteile im Skeletmuskel verschiedener Lebewesen* (in mg-%).

	Trockensubstanz	Frischsubstanz		Trockensubstanz	Frischsubstanz
Cl	137—1200 (a)[50]	32—80 (a, b, f, g, i, k, n)[1, 2, 13]	Mg	55,9—116,3 (a)[50] 119—124 (o)[52]	12—27 (a, b, g, i, n, p)[7, 8, 26, 30, 31, 32]
		174 (g)[58] in fettfreier Substanz	J		0,017—0,23 (a)[49] 0,0053—0,009 (b)[48]
K	482—1600 (a)[50] 1455—1705 (m, n)[12]	200—420 (a)[3, 4, 5, 6] 315—567 (b, i, k, q, m, n)[2, 6, 8-15, 33]			0,002 (c)[48] 0,021 (i)[49]
		1640 (g)[58] in fettfreier Substanz	Br		0,1 (g)[2]
			Zn	22,6 (a)[24]	4,7—5,2 (a, b)[33]
Na		65—156 (a)[1, 6] 42—64 (b, f, g, i, k, n, p)[1, 8, 13, 15]		0,8—1,4 (i)[34] 2—4,4 (i)[34] (trainiert)	2,6—4,3 (c, d, e, f, g)[33]
		180 (g)[58] in fettfreier Substanz	Ti		0,008 (a, d, e)[59] 0,002 (g)[35, 53]
Ca	12—69 (a, g, o)[7, 50, 52]	2,5—21 (a, b, g, i, k, l, n, p)[7, 8, 9, 15, 16]	Sn		0,15—0,19 (b, d, e)[36] 0,01 (a)[22]
Fe	11,7 (g)[57] 1,7—1,9 (i)[57] weiße Muskeln	3,7—5,9 (g)[17, 18]	Pb	0,0 (a)[53]	0,01 (a)[22]
			Al		0,015 (a)[22]
	2,2—3,7 (i)[57] rote Muskeln	1,8 (n)[20]	U		0,000004 (b)[37]
	16 (n)[56]		Mo	0,05 (Pelikan)[38]	
Cu	0,1—1,58 (a, b, c, d, k, l, n)[21-25, 38, 54]	0,13 (a)[22]	Ag	Spuren (a)[22, 54]	
			Ni		< 0,0002 (a)[39]
Mn	Spur (a)[54]	0,05 (a)[22, 26] 0,009 (q)[27]	F	0,82 (f)[55]	
			Hg**		0,0001—0,009 (a, b, f)[44, 45, 46, 47]
S		Spuren* (b)[28] 0,87* (g)[28]	Co		0,003 (a)[40, 41]
		7,2—11,5 (n)[29]	Si	5—24 (a, c)[19]	
		213—317 (n)[29]	Rb	2—6 (a)[54]	
P	409—940 (a, g)[7, 50]	100—230 (a, l, q)[5, 7, 15, 32, 51]	Sr	Spuren (a)[42]	
			As	0,008—0,013 (a)[43] 0,01—0,03 (m)[43]	

(a) Mensch, (b) Rind, (c) Kalb, (d) Pferd, (e) Schaf, (f) Schwein, (g) Hund, (i) Kaninchen, (k) Katze, (l) Vögel, (m) Meerschweinchen, (n) Ratte, (o) Maus, (p) Frosch, (q) Säugetiermuskel.

* SO₄-Schwefel. ** s. S. 655.

[1] PODOLSKY, F., u. G. MALORNY: Pflügers Arch. **236**, 339 (1935).
[2] BERNHARDT, H., u. H. UCKO: B. Z. **170**, 459 (1926).
[3] CUMINGS, J. N.: Biochem. J. **33**, 642 (1939).
[4] NAVARRO, A. V.: An. Fac. Med. Montevideo **24**, 725 (1939) [Ber. Physiol. **120**, 64].
[5] MANGUN, G., and V. C. MYERS: J. biol. Ch. **128**, LXIII (1939).
[6] BOULANGER, P.: Expos. ann. Biochim. méd. **6**, 119 (1946).
[7] SCHMIDT, C. L. A., and D. M. GREENBERG: Physiol. Rev. **15**, 297 (1935).
[8] WILKINS, W.: Proc. Soc. exp. Biol. Med. **31**, 1117 (1934).
[9] LISSÁK, K.: Pflügers Arch. **245**, 790 (1942).
[10] BOUTIRON: C. R. Soc. Biol. **94**, 1151 (1926).
[11] JANNET, H., and D. C. DARROW: J. biol. Ch. **123**, 295 (1938).
[12] RODECK, H., u. W. DODEN: B. Z. **320**, 405 (1950). — Z. ges. exp. Med. **117**, 414 (1951).
[13] CONWAY, E. J., and D. HINGERTY: Biochem. J. **42**, 372 (1948).
[14] STONE, D., and S. SHAPIRO: Amer. J. Physiol. **155**, 141 (1948).
[15] DUBUISSON, M.: Arch. int. Physiol. **52**, 439 (1942).
[16] MÜLLER, L. R.: Kli. Wo. **1939 I**, 113.
[17] KENNEDY, R. P.: J. biol. Ch. **74**, 385 (1927).
[18] BOGNIARD, R. P., and G. H. WHIPPLE: J. exp. Med. **55**, 653 (1932).
[19] KING, E. J., and T. H. BELT: Physiol. Rev. **18**, 329 (1938).
[20] AUSTONI, M. E., A. RABINOWITCH and D. M. GREENBERG: J. biol. Ch. **134**, 17 (1940).
[21] DSCHANG, Y.: Diss. Hamburg 1936 [Ber. Physiol. **105**, 179].
[22] KEHOE, R. A., J. CHOLAK and R. V. STORY: J. Nutrit. **19**, 579 (1940).
[23] CHOU, T.-P., and W. H. ADOLPH: Biochem. J. **29**, 476 (1935).

Nach Training steigt der Gesamteisengehalt der Muskulatur bei Hühnern und Kaninchen um 40—90% an[1]. Die Muskulatur trainierter Tauben enthält 5—23% mehr organisch gebundenes Eisen als die untrainierter Tiere[1].

Die Werte für den Eisengehalt von Muskelgewebe sind in den Tabellen 97—99 (anorganische Bestandteile der Skeletmuskulatur des Herzens bzw. des Uterus) zusammengestellt.

Zink. Die Zinkbestimmung im Muskel wird, wie in Bd. III beschrieben, nach vorheriger Veraschung des Gewebes vorgenommen. In der Muskulatur trainierter Kaninchen findet man einen weit höheren Zinkgehalt (2,0—4,4 mg-% in der Trockensubstanz) als in dem gleichen Gewebe normaler Tiere (0,8—1,43 mg-% in der Trockensubstanz)[2].

Kohlendioxyd. Der Kohlendioxydgehalt im Muskel wird wie in anderen Geweben in einer mit Seitenansatz versehenen VAN SLYKE-Kammer[3] bestimmt. Der Proportionalitätsfaktor, CO_2-Gehalt des Blutes/CO_2-Gehalt des Muskels, besitzt den Wert 1,94[4].

---

[1] KLIMENKO, W. G., u. P. M. ZUBENKO: Bull. Biol. Méd. exp. URSS **1938**, 31 [C. **1939** I, 716].

[2] SIMAKOV, P.: Bull. Biol. Méd. exp. URSS 9, 79 (1940) [Ber. Physiol. **123**, 300].

[3] DANIELSON, I. S., and A. B. HASTINGS: J. biol. Ch. **130**, 349 (1939).

[4] CAPRARO, V., e M. PASARGIKLIAN: Exper. **3**, 77 (1947).

Literatur zu Tabelle 97 (Fortsetzung).

[24] EGGLETON, W. G. E.: Biochem. J. **34**, 991 (1940).

[25] BALDASSI, G.: Quad. Nutriz. 7, 250 (1940) [Ber. Physiol. **124**, 573].

[26] DUBUISSON, M., et F. THOMAS: Ann. Physiol. Physicochim. biol. **5**, 857 (1929) [Ber. Physiol. 57, 366].

[27] KUN, E.: J. biol. Ch. **170**, 509 (1947).

[28] DENIS, W., and ST. LECHE: J. biol. Ch. **65**, 561 (1925).

[29] KAMBAYASHI, Y.: B. Z. **215**, 402 (1929).

[30] JAVILLIER, M. M.: Bull. Soc. Chim. biol. **12**, 709 (1930).

[31] CANNAVÓ, L., u. R. INDOVINA: B. Z. **261**, 45 (1933).

[32] LILIENTHAL, J. L., K. L. ZIERLER, B. P. FOLK, R. BUKA and M. J. RILEY: J. biol. Ch. **182**, 501 (1950).

[33] ROST, E.: Ber. dtsch. pharmaz. Ges. **29**, 549 (1919).

[34] SIMAKOV, P.: Bull. Biol. Méd. exp. URSS **9**, 79 (1940).

[35] CHUYKO, V., u. A. VOYNAR: Biochem. Ž., Kiew 14, 191 (1939) (Ukrainisch mit engl. Zusammenfassung) [Ber. Physiol. 120, 372].

[36] BERTRAND, G., et V. CIUREA: Cr. **192**, 780 (1931) [Ber. Physiol. 61, 635].

[37] HOFFMANN, J.: H. **273**, 115 (1942).

[38] BERTRAND, D.: Bull. Soc. Chim. biol. **25**, 197 (1943).

[39] BERTRAND, G., et M. MACHEBOEUF: Cr. **180**, 1380 (1925).

[40] BERTRAND, G., et M. MACHEBOEUF: Cr. **180**, 1993 (1925).

[41] CAUJOLLE, F.: Expos. ann. Biochim. méd. **7**, 199 (1947).

[42] GERLACH, W., u. R. MÜLLER: Virchows Arch. **294**, 210 (1934).

[43] SCHAAF: E.: H. **280**, 65 (1944).

[44] BODNÁR, J., Ö. SZÉP u. B. WESZPRÉMY: B. Z. **302**, 384 (1939).

[45] STOCK, A.: B. Z. **304**, 73 (1940).

[46] STOCK, A.: B. Z. **316**, 108 (1943).

[47] SZÉP, Ö.: B. Z. **307**, 79 (1941).

[48] FELLENBERG, TH. v.: Ergebn. Physiol. **25**, 176 (1926).

[49] STURM, A., u. H. EITNER: B. Z. **286**, 204 (1936).

[50] CULLEN, G. F., W. E. WILKINS and T. R. HARRISON: J. biol. Ch. **102**, 415 (1933).

[51] MITCHELL, H. H., T. S. HAMILTON, F. R. STEGGERDA and H. W. BEAN: J. biol. Ch. **158**, 625 (1945).

[52] PETROWA, W. W.: Bull. Biol. Méd. exp. URSS **9**, 187 (1940).

[53] WEYRAUCH, F., u. H. MÜLLER: Arch. Hygiene **114**, 46 (1935).

[54] SHELDON, J. H., and H. RAMAGE: Biochem. J. **25**, 1608 (1931).

[55] ROHOLM, R.: Ergebn. inn. Med. **57**, 822 (1939).

[56] YABUSOE, M.: B. Z. **157**, 388 (1925).

[57] LINTZEL, W.: Ergebn. Physiol. **31**, 901 (1931).

[58] MUNTWYLER, E., G. E. GRIFFIN, G. S. SAMUELSEN and L. G. GRIFFITH: J. biol. Ch. **185**, 525 (1950).

[59] MAILLARD, L. C., et J. ETTORI: C. R. Soc. Biol. **122**, 951 (1936).

Tabelle 98. *Anorganische Bestandteile im Herzmuskel verschiedener Lebewesen* (in mg-%).

	Trockensubstanz	Frischsubstanz		Trockensubstanz	Frischsubstanz
Cl	367—1174 (a)[1]	160 (g)[21]	J		0,0025 (a)[19]
K	756—1770 (a)[1]	264—394 (a, b, o)[2-5, 33]			0,0073 (b)[20]
Na		79—142 (a, b, i)[2, 4, 5, 33]	Br		0,55—0,63 (g)[21]
			Zn	3,3 (a)[10]	
Ca	18—68 (a)[1, 6]	7,6—7,8 (a)[6, 37]		10 (Chinesen)[11]	
	12—87 (b, g)[4, 6]	11 (o)[5]	Ti		0,0015—0,0035
Fe		2,9—7,2 (g, o)[7, 8, 9]			(a, b, e, g)[22, 40]
Cu	1,04—3,64 (a, b, c,	1,34 (Chinesen)[11]	Sn	5,35 (a)[23]	0,02 (a)[12]
	d, e, f, g, i, k, l, m,	0,19 (a)[12]		Spuren (a) yy[23]	0,15—0,24 (b, d, e)[24]
	n, o)[10, 11, 25]		Pb	Spuren (a)[39]	0,038 (a)[12]
	23—47 (r)[13]		U	0,0004—0,001 (a)[27]	
Mn	Spur[25]	0,032 (a)[12]	Al	0,225 (a)[26]	0,056 (a)[12]
		0,021—0,078 (b, h)[14, 15]	Ag	< 1 (a)[25]	
S		1,7 (g)*[16]		0,0 (a)[12]	
		192 (i)**[17]	F	0,45—0,85	0,16 (a)[28]
		136 (i)***[17]		(a, f)[28, 29, 30]	
		56 (i)****[17]			
		12 (i)*****[17]	Hg (z)	0,0001—0,0055 (a)[32]	
		44 (i) y[17]		0,025—0,03 (a)[31]	
			Si	5—13 (a)[34]	
P	513—1069 (a, g)[1, 6]	113—264 (a, g)[3, 6, 33, 37]	Rb	1,6—6,0 (a)[25]	0,038 (a)[12]
Mg	56—135 (a)[1]	15,6—23,2 (a)[6, 36]	As	0,0099 (a)[35]	
		12,5—16,1 (b, g)[4, 6, 33]		0,018—0,032 (n)[38]	
		18—32,2 (i)[18]			

(a) Mensch, (b) Rind, (c) Kalb, (d) Pferd, (e) Schaf, (f) Schwein, (g) Hund, (h) Affe, (i) Kaninchen, (k) Katze, (l) Dachs, (m) Henne, (n) Meerschweinchen, (o) Ratte, (p) Versch. Tiere, (r) Feten.

* SO_4-Schwefel, ** Gesamtschwefel, *** Eiweißschwefel, **** Restschwefel, ***** SH-Schwefel, y oxydierter Schwefel, yy menschlicher Fetus, z s. S. 655.

[1] CULLEN, G. F., W. E. WILKINS and T. R. HARRISON: J. biol. Ch. **102**, 415 (1933).

[2] BOULANGER, P.: Expos. ann. Biochim. méd. **6**, 119 (1946).

[3] MANGUN, G., and V. C. MYERS: J. biol. Ch. **128**, LXIII (1939).

[4] WILKINS, W.: Proc. Soc. exp. Biol. Med. **31**, 1117 (1934).

[5] MÜLLER, L. R.: Kli. Wo. **1939 I**, 113.

[6] SCHMIDT, C. L. A., and D. M. GREENBERG: Physiol. Rev. **15**, 297 (1935).

[7] KENNEDY, R. P.: J. biol. Ch. **74**, 385 (1927).

[8] BOGNIARD, R. P., and G. H. WHIPPLE: J. exp. Med. **55**, 653 (1932) [Ber. Physiol. **68**, 296].

[9] AUSTONI, M. E., A. RABINOWITCH and D. M. GREENBERG: J. biol. Ch. **134**, 17 (1940).

[10] CHOU, T. P., and W. H. ADOLPH: Biochem. J. **29**, 476 (1935).

[11] EGGLETON, W. G. E.: Biochem. J. **34**, 991 (1940).

[12] KEHOE, R. A., J. CHOLAK and R. V. STORY: J. Nutrit. **19**, 579 (1940).

[13] BALDASSI, G.: Quad. Nutriz. **7**, 250 (1940) [Ber. Physiol. **124**, 573].

[14] DUBUISSON, M., et F. THOMAS: Ann. Physiol. Physicochim. biol. **5**, 857 (1929) [Ber. Physiol. **57**, 366].

[15] MELLA, H.: Trans. amer. neurol. Ass. **49**, 131 (1923).

[16] DENIS, W., and ST. LECHE: J. biol. Ch. **65**, 561 (1925).

[17] MÉDVÉDÉVA, N.: Med. Ž. **10**, 793 (1940) [Ber. Physiol. **124**, 415].

[18] CANNAVÓ, L., u. R. INDOVINA: B. Z. **261**, 45 (1933).

[19] STURM, A., u. L. ROCKMANN: B. Z. **287**, 50 (1936).

[20] FELLENBERG, TH. v.: Ergebn. Physiol. **25**, 176 (1926).

[21] BERNHARDT, H., u. H. UCKO: B. Z. **170**, 459 (1926).

[22] MAILLARD, L. C., et J. ETTORI: C. R. Soc. Biol. **122**, 951 (1936).

[23] MISK, E.: Cr. **176**, 138 (1923).

[24] BERTRAND, G., et V. CIUREA: Cr. **192**, 780 (1931).

[25] SHELDON, J. H., and H. RAMAGE: Biochem. J. **25**, 1608 (1931).

[26] KLINKE, K.: Tab. biol. period. **10**, 209 (1935).

[27] HOFFMANN, J.: B. Z. **315**, 362 (1943).

[28] ZDAREK, E.: H. **29**, 127 (1910).

[29] DE EDS, F.: Medicine, Baltimore **12**, 1 (1933).

[30] ROHOLM, R.: Ergebn. inn. Med. **57**, 822 (1939).

Tabelle 99. *Anorganische Bestandteile in der Uterusmuskulatur* (in mg-%).

	Frischgewicht		Trockensubstanz
K	199 (a)[1]	Kupfer	Spuren (a)[7]
	98—114 (b)[2]	Mangan	Spuren (a)[7]
Na	157 (a)[1]	Rubidium . . .	Spuren —0,0024 (a)[7]
	216—219 (b)[2]	Silber	+ (a)[8]
Ca	6,4 (a)[1]	Blei	(+) (a)[8]
	8,2—10,7 (b)[2]	Zink	+ (a)[8]
Mg	3,8 (a)[1]	Zinn	+ (a)[8]
	6,5—9,1 (b)[2]	Titan	— (a)[8]
P (anorganisch) .	22,2 (c)[3]		
	19,0 (d)[3]		
Gesamt-P . . .	61—69 (b)[2]		
Co	0,0080 (a)[4]		
Ni	< 0,0002 (a)[5]		
As	0,4545 (a)[6]		

(a) Mensch, (b) Rind, (c) kastrierte Ratte, (d) infantiles Kaninchen, (e) menschliche Uterusschleimhaut. + nachweisbar, (+) meist nachweisbar, — nicht nachweisbar.

Jod. Die Jodbestimmung wird im Muskel ebenso wie in anderen Organen ausgeführt, dasselbe gilt für die Isolierung der einzelnen Jodfraktionen aus dem Gewebe (s. Bd. III)[9, 10].

Bei Basedowkranken sind die Werte für alle Jodfraktionen in der Muskulatur erhöht (s. Tabelle 96)[11].

Organische Bestandteile. *Organische Phosphorverbindungen.* Isolierung und Bestimmung organischer Phosphorsäureverbindungen sind auf S. 493ff. sowie in Bd. IV ausführlich abgehandelt.

In der Tabelle 100 sind die Werte für den Gehalt von Muskelgewebe an organischen Phosphorsäureverbindungen zusammengestellt.

Aus der Tabelle 100 ersieht man, daß der Gehalt an Phosphagen und ATP in der Uterusmuskulatur sehr viel niedriger gelegen ist als in der Skeletmuskulatur. Dieselbe Tabelle zeigt die Unterschiede zwischen normalen Tieren und Kaninchen im Schock, die in einer Abnahme von Phosphagen zugunsten von anorganischem Phosphat im Schock zum Ausdruck kommt. Bei vergleichenden Untersuchungen des Phosphagengehaltes der Muskulatur von Kaninchen, Meerschweinchen, Hunden und Katzen wurden

[1] TREITE, P.: Zbl. Gynäk. 62, 2719 (1938) [C. 1939 I, 1784].
[2] WILKENS, W.: Proc. Soc. exp. Biol. Med. 31, 1117 (1933/34).
[3] WALAAS, O., o. E. WALAAS: Acta physiol. scand. 21, 1 (1950).
[4] BERTRAND, G., et M. MACHEBOEUF: Cr. 180, 1993 (1925).
[5] BERTRAND, G., et M. MACHEBOEUF: Cr. 180, 1380 (1925).
[6] GUTHMANN, H., u. K. H. HENRICH: Arch. Gynäk. 172, 380 (1941).
[7] SHELDON, J. H., and H. RAMAGE: Biochem. J. 25, 1608 (1931).
[8] DUTOIT, P., et CHR. ZBINDEN: Cr. 188, 1628 (1929); 190, 172 (1930).
[9] STURM, A., u. H. EITNER: B. Z. 286, 204 (1936).
[10] LUNDE, G., u. K. WÜLFERT: Endokrinologie 7, 327 (1930).
[11] STURM, A., u. L. ROCKMANN: B. Z. 287, 50 (1936).

Literatur zu Tabelle 98 (Fortsetzung).
[31] BODNÁR, J., Ö. SZÉP u. B. WESZPRÉMY: B. Z. 302, 384 (1939).
[32] STOCK, A.: B. Z. 304, 73 (1940).
[33] WILKINS, W.: Proc. Soc. exp. Biol. Med. 31, 1117 (1933/34).
[34] KING, E. J., and T. H. BELT: Physiol. Rev. 18, 329 (1938).
[35] FUCHS, L.: Dtsch. Z. gerichtl. Med. 19, 280 (1932).
[36] JAVILLIER, M. M.: Bull. Soc. Chim. biol. 12, 709 (1930).
[37] MITCHELL, H. H., T. S. HAMILTON, F. R. STEGGERDA and H. W. BEAN: J. biol. Ch. 158, 625 (1945).
[38] SCHAAF, E.: B. Z. 280, 65 (1944).
[39] WEYRAUCH, F., u. H. MÜLLER: Arch. Hygiene 114, 46 (1935).
[40] CHUYKO, V., and A. VOYNAR: Biochem. Ž., Kiew 14, 191 (1939) (Ukrainisch mit engl. Zusammenfassung) [Ber. Physiol. 120, 372].

Tabelle 100. *Organische Phosphorsäureverbindungen in Herz, Skeletmuskel und Uterus*
(Werte in mg-% P in der Frischsubstanz).

Tier und Organ	Gesamt-P	Gesamtsäurelöslicher P	Anorganischer P	Phosphagen-P	ATP-P	Hexosemonophosphat	α-Glycerophosphat-P	β-Glycerophosphat-P	Bemerkungen
Kaninchen:									
Skeletmuskel	235 ± 19[1,2]	156 ± 28[1,2,5]	16—38[2,5]	28—65[2,5]	10—19[2,4,5]		4,1[3]	1,8[3]	normal
	225—245[2]	167—198[2]	48—69[2]	1—16[2]					Schock
Herz . . .							8,3[3]	1,8[3]	
Uterus . .		55,4 ± 1,3[5]	19 ± 1,2[5]	1,0[5]	1,4 ± 0,4[5]				
Meerschweinchenmuskel			18,5[6]	68,9[6]	27,7[6]				
Ratte: Skeletmuskel		148 ± 3,3[5]	23,3 ± 1,7[5]	50,7 ± 2,5[5]	42,4 ± 6,5[5]				
Herz . .		100[9]	34,6[9]	11[9]	20—32[9,10]		11[3]	1,6[3]	
Uterus . .		43,1 ± 1,8[5]	22,2 ± 1,8[5]	0,7 ± 0,6[5]	2,3 ± 0,8[5]				
Froschmuskel		165[7]	18[8]	67[8]	8,7[8]	5[8]			

die höchsten Phosphagengehalte beim Kaninchen, das sich durch besonders hohe Reflexschnelligkeit auszeichnet, gefunden[11]. Bei der experimentell erzeugten Muskeldystrophie von Kaninchen schwankt der Gesamtphosphorgehalt der Muskulatur stärker als bei normalen Tieren[1]. Bei Verkalkungen nehmen die Werte für den Phosphorgehalt dystrophischer Muskeln zu und bei fehlenden Verkalkungen nehmen sie im allgemeinen ab[1]. Der Gehalt an „Gesamtsäurelöslichem Phosphor" variiert schon beim normalen Muskel stärker als der Gehalt an „Gesamtphosphor". Im dystrophischen Muskel hinwiederum sind die Schwankungen noch ausgeprägter als im normalen; die Werte können bei Dystrophie mit Verkalkungen auf das Dreifache gesteigert sein und liegen bei fehlenden Verkalkungen tiefer als die Normalwerte. Die Abnahme an „Gesamtsäure löslichem Phosphor" geht mit der Stärke der Degeneration parallel[1]. Der Anstieg des Phosphorgehaltes im dystrophischen Muskel bei gleichzeitiger Verkalkung ist vorwiegend auf ein Ansteigen von anorganischem Phosphat zurückzuführen[1]. Nach 24stündigem Hungern kommt es in der Rattenmuskulatur zu einer geringen Abnahme des „Gesamtsäurelöslichen Phosphorgehaltes" bei gleichzeitigem Anstieg des Gehaltes an anorganischem Phosphor und einer Abnahme des Gehaltes an leicht hydrolysierbarem und Phosphoglycerin-Phosphor[12].

Eiweiß. Die Bestimmung, Isolierung und Charakterisierung der im Muskelgewebe vorkommenden Eiweißkörper ist in Bd. IV nachzulesen. Die Skeletmuskulatur von Rind, Kalb, Schaf und Schwein enthält 21,2—21,9 % Eiweiß[13]. Die Herzmuskulatur des Rindes besteht zu 17,5 % aus Eiweiß[13]. Die Tabelle 101 gibt einen Überblick über die in der Muskulatur vorkommenden Eiweißkörper[14].

Der *Myoglobingehalt* von Skeletmuskeln ist vom Aktivitätsgrad der betreffenden Muskeln abhängig. Rote Muskeln enthalten 0,315 % Myoglobin (z. B. der Musculus

[1] GOETTSCH, M., I. LONSTEIN and J. HUTCHINSON: J. biol. Ch. **128**, 9 (1939).
[2] MAILLARD, L. C., et J. ETTORI: C. R. Soc. Biol. **122**, 951 (1936).
[3] LEVA, E., and S. RAPOPORT: J. biol. Ch. **149**, 47 (1943).
[4] AGID, R.: Bull. Soc. Chim. biol. **29**, 572 (1947).
[5] WALAAS, O., o. E. WALAAS: Acta. physiol. scand. **21**, 1 (1950).
[6] SPOSITO, M., e G. NAVA: Rass. Fisiopat. clin. terap. **14**, 251 (1942) [Ber. Physiol. **131**, 474].
[7] DEUTICKE, H. J., u. S. HOLLMANN: H. **258**, 160 (1939).
[8] DUBUISSON, M.: Arch. int. Physiol. **52**, 439 (1942) [Ber. Physiol. **132**, 119].
[9] SCHUMANN, H.: Z. ges. exp. Med. **105**, 577 (1939).
[10] GRAUER, H.: Helv. med. Acta **14**, 394 (1947).
[11] BOY, G., et J. CHEYMOL: Bull. Soc. Chim. biol. **29**, 89 (1947).
[12] RAPOPORT, S., E. LEVA and G. M. GUEST: J. biol. Ch. **149**, 57 (1943).
[13] BEACH, E. F., B. MUNKS, A. ROBINSON and J. G. MACY: J. amer. dietet. Ass. **19**, 570 (1943).
[14] WEBER, H. H.: Biochim. biophysica Acta, N.Y. **4**, 12 (1950).

Tabelle 101. *Zusammensetzung von Muskelproteinen*[1].

Proteinfraktionen	Anteil am Gesamteiweiß %	Name des einzelnen Proteins
Albumin	20	Myogen B (80 % der Fraktion)
		Myogen A (20 % der Fraktion)
Globulin X	20	Nicht bearbeitet
Myosin	40	l-Myosin
		Actomyosine
		Actin (aktiv)
		Actin (inaktiv)
Stroma	20	Nicht bearbeitet
Summe.	100	
Proteine unbekannter Zugehörigkeit .	6	Tropomyosin

soleus des Kaninchens)[2], weiße Muskeln dagegen nur 0,2 % (Musculus tibialis posterior vom Kaninchen)[2]. Wenn man den Musculus soleus in der Weise transplantiert, daß er die Funktion des weißen Musculus tibialis posterior übernimmt, so sinkt sein Myoglobingehalt auf 0,206 % ab[2].

Lösliche N-Verbindungen. Die Methoden zur Bestimmung des Rest-N und des Amino-N entsprechen den bei der Leber angewandten (s. S. 476). Die in der Muskulatur Gesunder gefundenen Werte liegen für den Rest-N bei 100—200 mg-%, für Amino-N zwischen 40 und 60 und für Peptid-N zwischen 8 und 35 mg-%[3]. Beim Wundschock finden sich in der Skeletmuskulatur und ganz besonders im Herzmuskel erhöhte Rest-N-Werte bis zu 500—600 mg-%. Auch die Amino-N-Werte sind erhöht, während die Peptid-N-Werte bisweilen erniedrigt sind[3].

Aminosäuren. Die Bestimmung der Aminosäuren in Muskelgewebe erfolgt wie in anderen Organen und ist S. 460 sowie Bd. IV ausführlich geschildert. Im Rattenmuskel findet man $49,1 \pm 2,28$ mg-% und im Herzmuskel $41 \pm 1,34$ mg-% Aminostickstoff[4]. Der Gehalt von Muskelgewebe an Aminosäuren und ähnlichen Substanzen ist in den Tabellen 102 und 103 zusammengestellt. Bei hungernden Ratten konnte im Skeletmuskel eine Abnahme des Histidingehaltes und eine Zunahme des Gehaltes an Phenylalanin und Tryptophan festgestellt werden[5]. Nach Adrenalektomie sinkt der Gehalt an freien Aminosäuren im Blut bei gleichzeitigem Anstieg in der Muskulatur[6].

Tabelle 102. *Amino-Stickstoffgehalt von frischen Rattenorganen*[4] (mg-% N).

N-haltige Substanz	Muskel	Herz	Leber	N-haltige Substanz	Muskel	Herz	Leber
Glutathion	3,24	2,34	2,08	Alanin	6,2	2,46	1,11
Asparaginsäure . .		3,76	1,6	Taurin	16,2	19,3	3,3
Glutaminsäure . .	2,45	7,47	3,9	Glutamin	4,17	2,63	1,72
Glykokoll	8,01	2,3	3,32	„Under"-Glutaminsäure . .	1,96	1,92	0,76

Kreatin. Für die Kreatinbestimmung im Muskel hat sich eine Verbesserung des ursprünglich von LEHNARTZ[7] ausgearbeiteten Verfahrens bewährt[8]. Zur Extraktion von Gesamtkreatin aus der Muskulatur werden 0,5 g Gewebe auf einer Glasplatte fein zerkleinert und in vorgewogene kleine Glasgefäße (HAGEDORN-JENSEN-Gläschen oder weite

[1] WEBER, H. H.: Biochim. biophysica Acta, N. Y. 4, 12 (1950).
[2] BACH, L. M. N.: Proc. soc. exp. Biol. Med. 67, 268 (1948).
[3] CREMER, H. D.: Dtsch. Milit.-Arzt 7, 79 (1942).
[4] AWAPARA, J., A. J. LANDUA and R. FUERST: Biochim. biophysica Acta, N.Y. 5, 457 (1950).
[5] SCHURR, P. E., H. T. THOMPSON, L. M. HENDERSON and C. A. ELVEHJEM: J. biol. Ch. 182, 29 (1950).
[6] FRIEDBERG, F., and D. M. GREENBERG: J. biol. Ch. 168, 405 (1947).
[7] LEHNARTZ, E.: H. 271, 265 (1941).
[8] JIPP, M., u. F. MENNE: B. Z. 320, 316 (1950).

Tabelle 103. *Aminosäuregehalt der Skeletmuskulatur und des Herzens von Ratten.*

Aminosäuren	Freie Aminosäuren in γ/g Frischgewebe	Gesamtaminosäuren = Nichteiweißaminosäuren nach Säurehydrolyse in γ/g Frischgewebe	Prozentuale Verteilung der Aminosäuren, wenn man die Summe der Aminosäuren = 100 % setzt	
			Freie Aminosäuren %	Gesamtaminosäuren %
Valin	S: 32,2[2] S: 40[3] S: 35 ± 2,7[3] H: 50 ± 3,5[3]	S: 30,9[2] S: 51[3]	S: 8[3] H: 8[3]	S: 14[3] H: 14[3]
Leucin]	S: 25,9[2] S: 59[3] S: 36 ± 1,7[3] H: 82 ± 13,0[3]	S: 41,9[2] S: 59[3]	S: 8[3] H: 13[3]	S: 17[3] H: 18[3]
Isoleucin	S: 29,7[2] S: 34[3] S: 21 ± 0,9[3] H: 32 ± 2,8[3]	S: 30,9[2] S: 38[3]	S: 5[3] H: 5[3]	S: 14[3] H: 13[3]
Methionin	S: 21,8[2] S: 11[3] S: 22 ± 1,7[3] H: 35 ± 2,1[3]	S: 17,8[2] S: 11[3]	S: 5[3] H: 6[3]	S: 5[3] H: 4[3]
Phenylalanin . . .	S: 20,9[2] S: 38[3] S: 24 ± 1,5[3] H: 41 ± 4,1[3]	S: 20,9[2] S: 38[3]	S: 5[3] H: 7[3]	S: 9[3] H: 9[3]
Histidin	S: 62,5[2] S: 83[3] S: 79 ± 2,5[3] H: 31 ± 1,0[3]	S: 318[2] S: 310[3]	S: 17[3] H: 5[3]	S: 4[3] H: 4[3]
Arginin	S: 63,0[2] S: 56[3] S: 64 ± 3,1[3] H: 105 ± 11,0[3]	S: 45,1[2] S: 61[3]	S: 14[3] H: 17[3]	S: 12[3] H: 13[3]
Lysin	S: 92,1[2] S: 72[3] S: 112 ± 7,5[3] H: 161 ± 3,6[3]	S: 92,1[2] S: 72[3]	S: 24[3] H: 26[3]	S: 16[3] H: 15[3]
Tryptophan	S: 6,9[2] S: 7 ± 0,2[3] H: 8 ± 1,1[3]			
Threonin	S: 145[2] S: 64[3] S: 67 ± 3,3[3] H: 82 ± 4,1[3]	S: 140[2] S: 70[3]	S: 15[3] S: 13[3]	S: 9[3] S: 9[3]
Cystin	S: 10 ± 1,1[3] H: 16 ± 2,5[3]			
Cystin-Cystein . . .	S: 76,0[1] Kaninchen			
Glutaminsäure . . .	S: 180 ± 26[4] Maus			
Glutamin	S: 400 ± 45[4] Maus			
Tyrosin	S: 43,0[2] S: 22 ± 1,6[3] H: 31 ± 1,0[3]	S: 38,1[2]		
Prolin	S: 70,6[2]	S: 74,0[2]		

S Skeletmuskulatur, H Herz.

[1] UEMURA, H.: Jap. J. med. Sci. (III) 5, 125 (1938) [C. 1939 I, 1399].
[2] SCHURR, P. E., H. T. THOMPSON, L. M. HENDERSON and C. A. ELVEHJEM: J. biol. Ch. 182, 29 (1950).
[3] SOLOMON, J. D., C. A. JOHNSON, A. L. SHEFFNER and O. BERGEIM: J. biol. Ch. 189, 629 (1951).
[4] SCHWERIN, P., S. P. BESSMAN and H. WAELSCH: J. biol. Ch. 184, 37 (1950).

Reagensgläser) eingewogen. Sodann werden 5 cm³ Phosphatpuffer ($p_H = 7$) zugegeben. Anschließend wird mit 5 cm³ 5 oder 10%iger Trichloressigsäure in 3%iger Salzsäure enteiweißt. Die Gefäße werden mit einem Rückflußkühler versehen. Als solcher dient ein 40 cm langes Glasrohr von etwa 0,5 cm Weite, das mit einem Gummistopfen aufgesetzt wird. Die Gläser kommen sodann für 1¹/₂ Std in ein siedendes Wasserbad. Nach dem Abkühlen wird durch ein Blaubandfilter in 25 cm³-Meßkolben filtriert, mit 1%iger Salzsäure nachgewaschen und bis zur Marke aufgefüllt. 5 oder 10 cm³ Filtrat werden 1¹/₂ Std auf die gleiche Art wie der Gesamtmuskelbrei im siedenden Wasserbad erhitzt, um das Kreatin für die Bestimmung vollständig in Kreatinin zu überführen. Anschließend erfolgt die Bestimmung von Kreatin als Kreatinin in üblicher Weise (siehe Bd. III).

Zur getrennten Extraktion von Kreatin und Kreatinphosphorsäure wird das eisgekühlte im Mörser mit Sand zertrümmerte Gewebe (etwa 200 mg) mit 2,5 cm³ kalter 0,25 n Trichloressigsäure ausgezogen, das Filtrat mit dem doppelten Volumen Alkohol versetzt und mit Barytpulver neutralisiert. Der Zentrifugenrückstand wird noch zweimal auf die gleiche Weise ausgezogen. Nach Neutralisation mit Barytpulver bleibt alles Kreatin in Lösung und die gesamte Kreatinphosphorsäure wird ohne Verluste durch Aufspaltung niedergeschlagen, wenn rasch und bei 0° gearbeitet wird. Für die Kreatinbestimmung wird nach Abzentrifugieren des Niederschlags das in Lösung befindliche Kreatin durch Erhitzen auf dem Wasserbad nach Zusatz von 1 cm³ 25%iger Schwefelsäure und möglichst wenig Wasser in Kreatinin überführt. Die Kreatininbestimmung wird in üblicher Weise vorgenommen[1]. Der Gehalt an Kreatinphosphorsäure kann aus der Differenz von Gesamtkreatin minus freiem Kreatin errechnet oder infolge der leichten Hydrolysierbarkeit durch P-Bestimmung erfaßt werden (s. Bd. IV).

Für die Bestimmung des Verhältnisses vom Kreatin- zum Kreatinphosphorsäuregehalt in der Muskulatur ist das Vorgehen bei der Gewebsentnahme entscheidend. Die den natürlichen Verhältnissen am ehesten entsprechenden Werte erhält man, wenn man das Muskelgewebe vom narkotisierten Tier entnimmt und sofort in flüssige Luft einbringt, bevor man mit der weiteren Aufarbeitung beginnt. Die auf diese Weise erhaltenen Werte für den Kreatinphosphorsäuregehalt von Muskelgewebe liegen höher als bei andersartiger Gewebsentnahme[2].

Nach wiederholter Extraktion mit Trichloressigsäure (s. oben), Alkohol und Äther bleibt im Gewebe ein sog. Chromogen zurück, das genau so wie Kreatinin nach JAFFÉ reagiert, sich aber nicht wie das Kreatinin fällen läßt und auch nicht von kreatininzerstörenden Bakterienkulturen angegriffen wird[1]. Der Kreatingehalt der menschlichen Skeletmuskulatur wird mit 388—462 mg-% angegeben[3, 4]. Niedrigere Werte werden mit einem größeren Gehalt des betreffenden Muskels an Bindegewebe erklärt[4]. Bei der Ratte findet man in der Skeletmuskulatur im Durchschnitt einen Kreatingehalt von 473—495 mg-%. Bei ein und derselben Ratte können von Muskel zu Muskel Differenzen um 100 mg-% bestehen. Der niedrigste Wert wurde im Zwerchfell mit 300 mg-% festgestellt[5]. Angaben für Kaninchen[6], Huhn[6] und Frosch s.[6, 7]. Bei menschlichen Herzen, die 24 Std nach einem plötzlichen Tode aus voller Gesundheit untersucht wurden, fand man in der Muskulatur des rechten Ventrikels Kreatinwerte von 186—218 mg-% und im Durchschnitt 203 mg-%, in der Muskulatur des linken Ventrikels wurden 154 bis 185 mg-% und im Durchschnitt 165 mg-% Kreatin nachgewiesen[3]. Die Tabelle 104 zeigt den Kreatingehalt verschiedener Herzabschnitte.

[1] GERARD, R. W., and N. TUPIKOVA: J. cellul. comp. Physiol. 12, 325 (1938) [Ber. Physiol. 112, 526].
[2] KLIMENKO, V. G., et A. M. KACHPOUR: Fiziol. Ž. SSSR 26, 697 (1939) [Ber. Physiol. 118, 551].
[3] MANGUN, G. H., and V. C. MYERS: J. biol. Ch. 128, LXIII (1939); 135, 411 (1940).
[4] CORSARO, J. F., G. H. MANGUN and V. C. MYERS: J. biol. Ch. 135, 407 (1940).
[5] HORVARTH, S. M.: J. cellul. comp. Physiol. 17, 315 (1941) [C. 1943 I, 1385].
[6] RIESSER, O.: H. 120, 196 (1922).
[7] LEHNARTZ, E., u. R. JENSEN: H. 271, 275 (1941).

75% des Gesamtkreatingehaltes sollen im Herzen als Phosphagen vorliegen[1]. Durch Versuche am Froschsartorius konnte gezeigt werden, daß das Verhältnis der Kreatinfraktionen zueinander weitgehend von der Sauerstoffversorgung des Muskels abhängig ist. Bei normalem O_2-Angebot findet man 44% freies Kreatin, 52% Kreatinphosphorsäure und 4% Chromogen, wobei der Gesamtkreatingehalt 495 mg-% beträgt. Bei Sauerstoffmangel zerfallen über $^2/_3$ der Kreatinphosphorsäure[2].

Nucleinsäuren, Nucleotide, Nucleoside. Die Isolierung und Bestimmung von Nucleinsäuren, Nucleotiden und Nucleosiden aus bzw. im Muskelgewebe erfolgt, wie Bd. IV beschrieben. Die Tabelle 105 zeigt den Nucleinsäuregehalt von Rattenmuskelgewebe.

Bei Ratten, die 9 Wochen lang eiweißarm ernährt werden, sinkt der Gehalt an Ribonucleinsäuren um 20—40%, während der Gehalt an Desoxyribonucleinsäuren auf das Doppelte ansteigt[3]. Wenn man das Muskelgewicht der eiweißarm ernährten Tiere auf das normaler Tiere umrechnet und das errechnete Muskelgewicht als Bezugssystem für die Nucleinsäuren einsetzt,

Tabelle 104. *Kreatingehalt verschiedener Herzabschnitte von Mensch, Kalb und Schwein*[1] (mg-% in der Trockensubstanz).

	Mensch	Kalb	Schwein
Linker Ventrikel .	502—652	1032—1144	1116—1279
Herzohr	} 178—186	477— 611	503— 511
Vorhof.		549— 612	503— 562

ergibt sich für Ribonucleinsäuren ein weit größerer Verlust, nämlich um 70%; demgegenüber bleibt der Gehalt an Desoxyribonucleinsäuren bei dieser Berechnung praktisch unverändert.

In der Skeletmuskulatur des Meerschweinchens findet man folgende Werte für die Nucleotid-, Nucleosid- und Purin-N-Gehalte (mg-% in der Frischsubstanz): Nucleotidpurin-N 43,3—46,7, Nucleosid- + freier Purin-N 11,2—12,3, Gesamtpurin-N 62—64,6, Nucleinsäurepurin-N 5,6—7,5. Bei jüngeren Tieren findet man etwas höhere Werte für die entsprechenden N-Gehalte, nur für den Gehalt an Nucleinsäurepurin-N ist der

Tabelle 105. *Ribonucleinsäure- und Desoxyribonucleinsäuregehalt von Herz- und Skeletmuskulatur der Ratte*[3, 4] (in mg-%).

	Ribonucleinsäuregehalt		Desoxyribonucleinsäuregehalt		RNS/DRNS
	Frischsubstanz	Trockensubstanz	Frischsubstanz	Trockensubstanz	
Herz	31,4[4]	124[4]	30,6[4]	121[4]	1,03
Skeletmuskel . .	207—245[3]		40—45[3]		

Wert beim jungen wachsenden Tier doppelt so groß wie beim ausgewachsenen Meerschweinchen. Rote und weiße Muskeln desselben Tieres enthalten gleichviel Nucleosid-, Nucleotid- und Gesamtpurin-N[5].

Der Nucleotidgehalt der Muskulatur anderer Säugetiere, wie Hund[6], Katze[5] und Ratte[7], ist genau so groß wie beim Meerschweinchen[7]. Im Gegensatz zum Lebergewebe bleibt der Gehalt an *Diphosphopyridinnucleotid* auch 40—90 min nach der Entnahme der Organprobe im Muskelgewebe konstant und beträgt bei der Ratte 55 mg-%[7].

Basen. In Bd. III sind Nachweis, Bestimmung und Isolierung basischer Bestandteile beschrieben. Der Gesamtbasengehalt von Kaninchenmuskulatur wird mit $132,0 \pm 1,5$ Milliäquivalenten/kg angegeben[8].

[1] VOLLMER, H.: Z. ges. exp. Med. **65**, 522 (1929).
[2] GERARD, R. W., and N. TUPIKOVA: J. cellul. comp. Physiol. **12**, 325 (1938) [Ber. Physiol. **112**, 526].
[3] MANDEL, P., M. JAKOB et L. MANDEL: C. R. Soc. Biol. **143**, 536 (1949).
[4] EULER, H. V., and L. HAHN: Arch. Biochem. **17**, 285 (1948).
[5] BARRENSCHEEN, H. K., u. A. PEHAM: H. **272**, 87 (1942).
[6] KERR, S. E.: J. biol. Ch. **132**, 147 (1940).
[7] JANDORF, B. J.: J. biol. Ch. **150**, 89 (1943).
[8] YANG, E., and H. WU: Proc. Soc. exp. Biol. Med. **29**, 1165 (1932).

Carnosin und Anserin. Die großen Differenzen der in der Literatur aufgezeichneten Werte für den Gehalt des Muskelgewebes an den beiden basischen Bestandteilen Carnosin und Anserin sind nicht allein durch die für die Bestimmungen verwandten verschiedenen Methoden bedingt, sondern auch durch den schwankenden Gehalt des Muskelgewebes an den genannten Substanzen. Dies konnte bei Anwendung neuer, zuverlässiger Methoden, besonders durch die papierchromatische Trennung der basischen Bestandteile[1], bewiesen werden. So groß die Schwankungen auch sind, so konnten doch bei entsprechenden Versuchsbedingungen gewisse Gesetzmäßigkeiten im Gehalt von Muskelgewebe an Carnosin und Anserin festgestellt werden. Bei Kaninchen tritt am 24. Tage des Embryonallebens Carnosin in der Muskulatur auf. Der Carnosingehalt steigt im Verlauf der Entwicklung langsam bis zu einem Wert von 185 mg-% an, um später wieder abzufallen[2]. Anserin ist erst am 7. Tage nach der Geburt in der Muskulatur nachweisbar und erreicht beim erwachsenen Tier eine Konzentration von 500 mg-%[2]. Die entsprechenden Verhältnisse konnten bei der Saatkrähe gefunden werden, bei der mit dem Flüggewerden der Anserin- den Carnosingehalt der Muskulatur übertrifft[2]. In der „tonischen" Muskulatur des Frosches findet man mehr Carnosin als in der „nichttonischen"[3]. Die Tabelle 106 vermittelt einen Überblick über den Carnosin- und Anseringehalt von Muskelgewebe.

Tabelle 106. *Carnosin- und Anseringehalt von Skeletmuskulatur, Herz und Uterus*[4] (mg-% in der Frischsubstanz).

	Carnosin	Anserin		Carnosin	Anserin
Hund: Skeletmuskel .	3— 50	66—100	Ratte: Herz	20	
Pferd: Skeletmuskel. .	70—180	+	Maus: Skeletmuskel .	90	
Uterus	105		Rind: Skeletmuskel .	14	+
Katze: Skeletmuskel .	25	90	Herz	9	—
Kaninchen:			Schaf	150	350
Skeletmuskel	26—220	150—502[2]	Mensch: Skeletmuskel	164	
Ratte: Skeletmuskel .	110	19	Uterus	181	

Histamin. Der Histamingehalt im Skeletmuskel der Ratte beträgt 0,87 mg-% und im Herzen 0,55 mg-%[5]. Bei experimentell durch Nebennierenexstirpation hervorgerufener Nebenniereninsuffizienz steigt bei Ratten der Histamingehalt der Skeletmuskulatur um 17,8% und der des Herzmuskels um 22,8%[5]. (Histaminbestimmung s. Bd. III.)

Kohlenhydrate und organische Säuren. *Gesamtkohlenhydrate.* Die Bestimmung der Gesamtkohlenhydrate im Muskel wird wie in anderem Organmaterial (s. S. 481 und Bestimmung von Kohlenhydraten Bd. III) vorgenommen. Bei Stoffwechselversuchen mit Muskelgewebe hat sich folgendes Verfahren bewährt[6]:

0,3—0,5 g Muskel werden in 6 cm³ n Schwefelsäure 3 Std in zugeschmolzenen Reagensgläsern im kochenden Wasserbad hydrolysiert. Danach werden 2 cm³ 30%ige Quecksilbersulfatlösung (in 10%iger Schwefelsäure gelöst) zugegeben, und es wird auf 25 cm³ aufgefüllt sowie mit fein gepulvertem Bariumcarbonat (bei den angegebenen Mengen benötigt man 5,5 g) neutralisiert. Nach Filtration wird der Überschuß an Quecksilber und Barium durch Zinkstaub und 2 Tropfen heißgesättigter Natriumsulfatlösung entfernt. 2—4 cm³ Filtrat werden mit 4 cm³ SHAFFER-HARTMANN-Reagens (s. Bd. III) versetzt, der Zucker wird titrimetrisch bestimmt. Es empfiehlt sich, das Kaliumjodid aus dem SHAFFER-HARTMANN-Reagens wegzulassen und nach dem Kochen der Ansätze gleichzeitig mit der Schwefelsäure Kaliumjodid (2 cm³ 2,5%ige Kaliumjodidlösung + 2 cm³

[1] JUDAJEV, N. A.: C. R. Acad. Sci. URSS **68**, 119 (1949) [Ber. Physiol. **141**, 65].
[2] SEVERIN, S. E., u. N. A. JUDAJEV: C. R. Acad. Sci. URSS **68**, 353 (1949) [C. **1950** I, 431].
[3] JUDAJEV, N. A.: Biochimia, Moskau **14**, 51 (1949) [Ber. Physiol. **139**, 65].
[4] VIGNEAUD, V. DU, u. O. K. BEHRENS: Ergebn. Physiol. **41**, 917 (1939).
[5] MARSHALL, P. B.: J. Physiol., London **102**, 180 (1943) [C. **1945** I, 800].
[6] MEYERHOF, O.: B. Z. **237**, 427 (1931).

2 n Schwefelsäure) nachträglich hinzuzugeben. Auf diese Weise können noch 0,02 mg Zucker in 4 cm³ Lösung bestimmt werden.

Glykogen. Die Bestimmung von Glykogen im Muskel wird in derselben Weise wie in anderen Organen ausgeführt (s. Bd. III). Die Bestimmung des mit 10%iger Trichloressigsäure extrahierbaren „säurelöslichen Glykogen", des „nichtsäurelöslichen Glykogen" und des „Gesamtglykogen" erfolgt wie S. 484 beschrieben. Bei Ratten wurden die in Tabelle 107 zusammengestellten Werte für den Gehalt an Glykogenfraktionen im Skeletmuskel ermittelt. Werte für den Gesamtglykogengehalt im Skeletmuskel und Herzen findet man zusammen mit den Werten für den Leber-Glykogengehalt in der Tabelle 35, S. 483.

Tabelle 107. *Glykogenfraktionen im Rattenmuskel*[1] (mg-% in der Trockensubstanz).

	Gesamt-glykogen	Säurelösliches Glykogen	Nicht-säurelösliches Glykogen	$\dfrac{\text{Säurelösliches Glykogen}}{\text{Gesamtglykogen}} \cdot 100$
Normale Ratten	571 ± 15,9	318 ± 13,1	252,9 ± 10,9	55,7
Ratten nach Adrenalingabe	319 ± 18,5	51,2 ± 8,7	268,2 ± 18,6	16,4

Der Glykogengehalt der Muskulatur ist bei folgenden Zuständen erniedrigt: 1. im Hunger[2], 2. bei winterschlafenden Tieren während des Winterschlafs (Zieselmäuse)[3], 3. bei Kaninchen im statischen Kollaps (auf 285 ± 45 mg-% gegenüber einem Normalwert von 534 ± 40)[4], 4. bei Meerschweinchen im Schock[5], 5. beim pankreasdiabetischen Hund im Skeletmuskel und im Herzen[6] (bei gleichzeitigem Hunger sinken die Werte für den Glykogengehalt im Skeletmuskel auf 0 und im Herzmuskel auf 0,35% ab[6]), 6. bei beriberi-kranken Tauben[7] (nach Heilung bei ausschließlicher Behandlung mit Aneurin sinken die Glykogengehalte im Brust- und Herzmuskel bis auf 0 ab[7]), 7. bei der B₆-Avitaminose weißer Ratten sind die Werte für den Glykogengehalt auf 0,47% (Normaltiere 0,58%) bei gleichzeitigem Anstieg der freien Glucose von 0,19 auf 0,22% erniedrigt[8] (dabei sind sehr große Schwankungsbreiten zu berücksichtigen) und 8. beim Skorbut von Meerschweinchen (0,41% gegenüber einem Normalwert von 0,85%)[9]. Erhöhte Werte für den Glykogengehalt findet man bei winterschlafenden Tieren (Zieselmäusen) im Herzmuskel[3] sowie im Skeletmuskel von Meerschweinchen nach Sensibilisierung mit Eiweiß[5].

Organische Säuren. Die Bestimmung organischer Säuren im Muskelgewebe erfolgt ebenso wie in anderen Organen und ist in Bd. III geschildert.

Der *Milchsäuregehalt* im Rattenzwerchfell liegt bei 74 ± 19 mg-%[10], in der Skeletmuskulatur von Kaninchen beträgt er 89 ± 11 mg-% und steigt beim statischen Kollaps auf 211 ± 24 mg-% an[4]. Bei Ratten kommt es nach Arbeit in der Tretmühle zu einem gleichzeitigen Anstieg des Milchsäuregehaltes des Muskels und des Blutes[11]. Im Herzen findet man bei Ratten und Hunden einen Milchsäuregehalt von 46,9—59,6 mg-%[12]. Der Milchsäuregehalt im Kaninchenherzen beträgt 30—350 mg-% und im menschlichen Herzen 123—231 mg-%[13].

¹ BLOOM, W. L., G. T. LEWIS, M. Z. SCHLUMPERT and T. SHEN: J. biol. Ch. 188, 631 (1951).

² NUTTER, P. E.: J. Nutrit. 21, 477 (1941) [C. 1942 I, 1525].

³ DWORNIKOWA, P. D.: Biochem. J., Kiew 15, 85 (1940).

⁴ NASTUK, W. L.: Amer. J. Physiol. 149, 369 (1947).

⁵ JELIN, W.: J. Physiol. USSR 24, 921 (1938) [C. 1939 I, 4642].

⁶ PAULESCO, N.: C. R. Soc. Biol. 83, 562 (1920).

⁷ WALLRAFF, J.: Z. mikroskop.-anat. Forsch. 53, 134 (1943).

⁸ PERETTI, G.: Boll. Soc. ital. Biol. sperim. 17, 327 (1942).

⁹ AKAWOKA, S.: Trans. jap. path. Soc. 29, 586 (1939) [Ber. Physiol. 118, 407].

¹⁰ WALAAS, O., and E. WALAAS: J. biol. Ch. 187, 769 (1950).

¹¹ NEWMAN, E. V.: Amer. J. Physiol. 122, 359 (1938).

¹² TSCHERKESS, A. J.: Acta med. URSS 3, 155 (1940) [Ber. Physiol. 127, 306].

¹³ LIEBIG, H.: A. e.P.P. 195, 465, 617 (1940).

Tabelle 108. *Lipoidgehalt von Skeletmuskulatur* (S), *Herz* (H) *und Uterus* (U) *verschiedener Arten*
(Werte in Prozenten).

Trockensubstanz	Frischsubstanz	Trockensubstanz	Frischsubstanz
1. Gesamtlipoide		15,4 (k)[4]	
S	S	U	
8 (f, g)[2]	2,5 (e, ältere)[1]	3—4,4 (a, d, g)[5]	
	2,0 (e, jüngere)[1]	*7. Kephalin*	
H			S
15,5—17,4 (b)[3]			0,011—0,013* (g,h)[8,9]
19,9 (k)[4]		H	H
2. Neutralfett		2,06 (a)[6]	0,112* (g)[8]
H		9,0 (k)[4]	0,054* (h)[9]
3—5(b)[3]		*8. Cholinphosphatide***	
2,3 (k)[4]		S	
3. Essentielle Lipoide =		3,73 (k)[4]	
Gesamtlipoide — Neutralfett		H	
H		6,37 (k)[4]	
12,4 (b)[3]		*9. Lecithin*	
17,4 (k)[4]		S	
		3,6 (k)[4]	
4. Cerebroside		H	
S		4,5—5,9 (a, k)[4, 6]	
3,6 (k)[4]		*10. Sphingomyelin*	
H		S	S
2 (b)[3]		0,17 (k)[4]	0,075 (e)[10]
1,4 (k)[4]		H	H
5. Cholesterin		0,3—0,5 (a, k)[4, 6]	0,15 (e)[10]
Freies Cholesterin		*11. Gesamtlipoidphosphor*	
S		S	S
0,12 (k)[4]		0,25 (d)[12]	0,04—0,06
H			(b, d, g, h)[7, 11]
0,34 (b)[3]			0,093 (i)[11]
0,45 (k)[4]		H	H
Verestertes Cholesterin		0,275 (a)[6]	0,09—0,124 (b)[7]
S		0,494 (d)[12]	
0,14 (k)[4]		0,70 (a)[5]	
H		0,57 (b)[3]	
0,23 (b)[3]		0,61 (d)[5]	
0,21 (k)[4]		0,44 (e)[5]	
Gesamtcholesterin		0,57 (g)[5]	
S		0,44 (h)[5]	
0,32 (d)[5]		0,53 (k)[5]	
0,19 (e)[5]		0,66 (k)[4]	
0,17 (g)[5]		U	
0,33 (h)[5]		1,0 (a, d, g)[5]	
0,25 (k)[4, 5]		*12. Gesamtlipoidstickstoff*	
0,42 (l)[5]		S	
6. Gesamtphospholipoide		0,124 (d)[12]	
S	S	H	
8,0 (d)[5]	1,7 (c)[5]	0,22 (d)[12]	
2,5 (e)[5]		*13. Cholinstickstoff*	
1,7 (g)[5]		S	
3,3 (h)[5]	1,5 (h)[5]	0,055 (d)[12]	
3,5 (k)[5]	1,1 (k)[5]	H	
8,57 (k)[4]		0,12 (d)[12]	
6,72 (l)[5]		*14. Sphingosinstickstoff*	
H	H	S	
5,7—9,8	2,6—3,0 (h, k, c)[5, 7]	0,017 (d)[12]	
(a, b, d, e, g, h, k)[3, 5, 6]		H	
		0,032 (d)[12]	

Der *Brenztraubensäuregehalt* des Rattenmuskels ist im Durchschnitt in Höhe von 1,52 ± 0,53 mg-% gelegen[1] (2,61 ± 0,16 mg-% im Blut). Bei Tieren mit Aneurinmangel betragen die Werte für den Muskel 3,30 ± 0,96 und für das Blut 4,60 ± 1,14 mg-%[1].

Im Kaninchenmuskel findet man 2,5 und im Muskel der Maus 2,8 mg-% *Citronensäure*[2, 3]. Im Herzmuskel des Kaninchens wurden 15,5 mg-% Citronensäure nachgewiesen[3].

Lipoide. Der Lipoidgehalt von Muskelgewebe wird in derselben Weise, wie S. 461, 485 und 529 beschrieben, bestimmt. Die Tabelle 108 gibt über den Lipoidgehalt und die Lipoidzusammensetzung von Skeletmuskulatur, Herz und Uterus Auskunft. Unter pathologischen Bedingungen wie z. B. der sog. genuinen Lipoidnephrose ändert sich der Lipoidgehalt von Muskelgewebe im Vergleich zum Lebergewebe nur wenig, wie die Tabelle 109 zeigt[4].

Tabelle 109. *Lipoidgehalt von Muskel- und Lebergewebe bei genuiner Lipoidnephrose im Kindesalter*[4] (2½ Jahre altes Kind, Prozente in der Frischsubstanz).

Organ	Gesamtlipoide	Phosphatide	Cholesterin		
			Freies	Ester	Gesamt
Leber	7,54 (4,05)*	3,36 (1,8)*	0,55 (0,13)*	0,2 (0,13)*	0,75 (0,26)*
Herz	3,14 (3)	1,8 (2)	0,16 (0,1)	0,09 (0,05)	0,25 (0,15)
Skeletmuskel . .	2,93 (2)	0,87 (1,3)	0,08 (0,03)	0,02 (0,03)	0,1 (0,06)

* Die eingeklammerten Zahlen entsprechen normalen Vergleichswerten.

Tabelle 110. *Aneurinpyrophosphatgehalt des Herzens und verschiedener Skeletmuskel von Ratte und Taube*[5] (mg-% in der Frischsubstanz).

	Ratte	Taube		Ratte	Taube
Herz	0,60—1,00	0,33—0,60	Intercostalmuskel .	0,14—0,30	
Zwerchfell . . .	0,24—0,60		Beinmuskel . . .	0,05—0,15	0,11—0,26
Brustmuskel . .		0,34—0,50	Magenmuskel . . .	0,24—0,50	0,08—0,22
Biceps femoris .	0,131 ± 0,042[6]				

[1] Bollmann, J. L., and E. V. Flock: J. biol. Ch. **130**, 565 (1939).

[2] Dickens, F.: Biochem. J. **35**, 1011 (1941).

[3] Alwall, N.: A. e. P. P. **197**, 353 (1941).

[4] Debusmann, M., u. A. Leimbrock: Kli. Wo. **1939** I, 740.

[5] Westenbrink, H. G. K., H. Veldman, D. A. van Dorp and M. Gruber: Enzymologia **9**, 90 (1940) [C. **1943** II, 1815].

[6] Byerrum, R. U., and J. H. Flokstra: J. Nutrit. **43**, 17 (1951).

Literatur zu Tabelle 108.

[1] Yannet, H., and D. C. Darron: J. biol. Ch. **123**, 295 (1938).

[2] Bong, E., P. Junkersdorf u. H. Steinborn: Z. ges. exp. Med. **92**, 265 (1934).

[3] Kaucher, M., K. Galbraith, V. Button and H. H. Williams: Arch. Biochem. **3**, 203 (1943).

[4] Williams, H. H., K. Galbraith, M. Kaucher, E. Z. Moyer, A. J. Richards and I. G. Macy: J. biol. Ch. **161**, 475 (1946).

[5] Bloor, R. W.: Biochemistry of the Fatty Acids. New York 1943.

[6] Thannhauser, S. J., J. Benotti, A. Walcott and H. Reinstein: J. biol. Ch. **129**, 717 (1939).

[7] Magistris, H.: Ergebn. Physiol. **31**, 165 (1931).

[8] Michimoto, H.: J. Biochem. **30**, 147 (1939) [Ber. Physiol. **117**, 251].

[9] Sueyoshi, Y., and H. Michimoto: J. Biochem. **30**, 155 (1939) [Ber. Physiol. **117**, 251].

[10] Hunter, F. E.: J. biol. Ch. **144**, 439 (1942).

[11] Sinclair, R. G.: Physiol. Rev. **14**, 351 (1934).

[12] McKibbin, M., and W. E. Taylor: J. biol. Ch. **185**, 357 (1950).

* Gerinnungsaktives, hochungesättigtes Kephalin als Br-Verbindung.

** Vgl. Allg. Organaufarbeitung, S. 462.

S Skeletmuskel, H Herz, U Uterus.

(a) Mensch, (b) Rind, (c) Pferd, (d) Hund, (e) Katze, (f) Rhesusaffe, (g) Kaninchen, (h) Meerschweinchen, (i) Taube, (k) Ratte.

Tabelle 111. *Vitamingehalt von Skeletmuskulatur, Herz und Uterus verschiedener Arten*
(in mg-%, bei Vitamin A in IE/g).

	Trockensubstanz	Frischsubstanz		Trockensubstanz	Frischsubstanz
Vitamin A		S: + (b)[1] H: + (b)[1]	Folinsäure		S: 0,04—0,12 (m)[15] H: 0,19—0,23 (m)[15]
Vitamin E		S: 0,2—0,6 (a, h)[2, 3] H: 0,38—0,56 (a)[2] Fet 0,66—0,72 (a)[2] Neugeborener 1,35—2,20 (a)[2] U: 0,35—0,45 (a)[2]	Nicotinsäure	S: 18,8 (b, f)[8] H: 13,1 (a)[8] 23,4—29,6 (b, c, f)[8, 19]	S: 4,0—6,6 (a, b, d, f, h, k)[5, 8, 16, 17, 18] H: 0,79—2,90 (a)[6] 4,0—5,9 (a, b, c, f)[5, 8, 19] 1,2 (h)[18] 3,5 (k)[18]
Vitamin K		H: 6—20 (g)[4]	Pyridoxin		S: 0,5 (n)[25]
Freies Aneurin		S: 0,12—0,70 (a)[5,6,7] (k)[26] H: 0,3—0,8 (a)[5, 6, 7]	Inosit		S: 45 (a)[5] H: 29—98 (a, b, e, f)[5, 20]
Lactoflavin		S: 0,20—0,35 (a)[5, 9] H: 0,74—0,83 (a, k)[5, 10, 11]	Vitamin B₁₂	S: 0,0029—0,007 (b, d, f)[21] H: 0,0095 (b)[21]	S: 0,002—0,003 (b, e)[22]
Pantothen- säure		S: 1,2 (a, l)[5, 13] 0,1 (k)[12] H: 1,6 (a)[5] 0,8 (k)[12] 6,0 (l)[13]	Ascorbin- säure		S: 1,3—1,7 (b, d, g)[23] 2,6 (e)[23] 4,8 (h)[24] 7,4 (i)[24] 3,1 (k)[23]
Biotin	S: 0,19—0,22 (k)[14] H: 0,16—0,19 (k)[14]	S: 0,0035 (a)[5]			H: 3,3—3,8 (b, d, g)[23] 6,2 (e)[23] 5,2 (h)[24] 4,6 (k)[23]

(a) Mensch, (b) Rind, (c) Kalb, (d) Pferd, (e) Schaf, (f) Schwein, (g) Hund, (h) Kaninchen, (i) Meerschweinchen, (k) Ratte, (l) Maus, (m) Küken.   S Skeletmuskulatur, H Herz, U Uterus.

[1] DONNINI, P.: Rass. Clin., Terap. **38**, 7 (1939) [C. **1939 II**, 1310].

[2] ABDERHALDEN, R.: Z. Vit.-Forsch. **16**, 319 (1945).

[3] MEUNIER, P., et A. VINET: Bull. Soc. Chim. biol. **24**, 365 (1942).

[4] BALTACÉANO, G., C. VASILIU, G. PALLA u. A. ANDRÉESCO: Bull. Inst. balnéol., Bukarest **12**, 29 (1941) [Ber. Physiol. **131**, 475].

[5] WILLIAMS, R. J., R. E. EAKIN, E. BEERSTECHER jr. and W. SHIVE: The Biochemistry of B Vitamins. New York 1950.

[6] NEUWEILER, W.: Z. Vit.-Forsch. **11**, 254 (1941).

[7] HILDEBRANDT, A., u. R. ABDERHALDEN: Vitamine u. Hormone **3**, 368 (1943) [Ber. Physiol. **133**, 565].

[8] BANDIER, E.: On Nicotinic Acid. Kopenhagen 1940.

[9] AXELROD, A. E., T. I. SPIES and C. A. ELVEHJEM: Proc. Soc. exp. Biol. Med. **46**, 146 (1941) [Ber. Physiol. **126**, 340].

[10] RAFFY, A., et R. LECOQ: C. R. Soc. Biol. **137**, 634 (1943).

[11] RANDOIN, L., A. RAFFY et A. GOURÉVITCH: C. R. Soc. Biol. **130**, 729 (1939).

[12] NISHI, H., T. E. KINGAND and V. H. CHELDELIN: J. Nutrit. **41**, 279 (1950).

[13] MELANY, R. M., and L. C. NORTHROP: Arch. Biochem. **30**, 180 (1951).

[14] WEST, P. M., and W. H. WOGLOM: Science, N. Y. **93**, 525 (1941).

[15] MOORE, P. R., A. LEPP, T. D. LUCKEY, C. A. ELVEHJEM and E. B. HART: Proc. Soc. exp. Biol. Med. **64**, 316 (1947).

[16] RITSERT, K.: Kli. Wo. **1939 I**, 934.

[17] KARRER, P., u. H. KELLER: Helv. **22**, 1292 (1939).

[18] EULER, H. v., F. SCHLENK, H. HEIWINKEL u. B. HÖGBERG: H. **256**, 208 (1938).

[19] CUNY, L., P. BOUVET et J. DEVILLERS: Bull. Soc. Chim. biol. **24**, 154 (1942).

[20] WINTER, L. B.: Biochem. J. **34**, 249 (1940).

[21] THOMPSON, H. T., L. S. DIETRICH and C. A. ELVEHJEM: J. biol. Ch. **184**, 175 (1950).

[22] LEWIS, M. J., M. D. REGISTER, H. T. THOMPSON and C. A. ELVEHJEM: Proc. Soc. exp. Biol. Med. **72**, 479 (1949).

[23] GIROUD, A., E. GERO, M. RABINOWICZ et E. HARTMANN: Bull. Soc. Chim. biol. **21**, 1021 (1939).

[24] HOLTZ, P.: H. **263**, 187 (1940).

[25] SARMA, P. S., E. E. SNELL and C. A. ELVEHJEM: J. Nutrit. **33**, 121 (1947) [Ber. Physiol. **135**, 84 (1948)].

[26] BYERRUM, R. U., and J. H. FLOKSTRA: J. Nutrit. **43**, 17 (1951).

Plasmalogen. Die Phosphatide der Muskulatur sind besonders reich an Plasmalogen. 10—12% der Phosphatide bestehen aus Plasmalogen (Aldehyde der Acetalphosphatide), während in der Leber nur etwa 1% der Phosphatide mit Plasmalogen identisch ist[1]. Die Isolierung von Plasmalogen aus Muskulatur erfolgt in üblicher Weise (s. Bd. III). Als Ausgangsmaterial eignet sich am besten Rindermuskel.

Vitamine. Die Isolierung von Vitaminen aus Muskelgewebe und ihre Bestimmung werden ebenso wie bei anderen Organen vorgenommen und sind S. 464ff. beschrieben. Die Bestimmungsmethoden sind in Bd. III bzw. Bd. IV zu finden. Die Tabelle 111 gibt einen Überblick über den Vitamingehalt von Herz, Skeletmuskulatur und Uterus.

Aneurinpyrophosphat. Der Aneurinpyrophosphatgehalt von Muskelgewebe zeigt deutliche Unterschiede entsprechend der Funktion des Muskels (s. Tabelle 110)[2].

Ascorbinsäure. Für den Vitamin C-Gehalt von Muskelgewebe muß berücksichtigt werden, ob es sich um Tiere handelt, die selbst Ascorbinsäure synthetisieren können, wie z. B. Ratte und Katze, oder um solche, die auf Vitamin C-Zufuhr angewiesen sind, wie z. B. das Meerschweinchen. Bei der Ratte steigt der Vitamin C-Gehalt während der Trächtigkeit in den Organen an, während er beim Meerschweinchen absinkt. So fällt der Vitamin C-Gehalt des Skeletmuskels beim Meerschweinchen während der Trächtigkeit von 1,7—23 mg-% auf 1,4—2,4 mg-% ab[3].

Tabelle 112. *Gehalt der Organe an Cytochrom c und Cytochromoxydase.*

	Cytochrom c in mg-%				Cytochromoxydase
	Ratte		Mensch	Kaninchen	Enzymaktivität je mg Protein im Rattengewebe
	Trocken-gewicht	Frisch-gewicht	Frischgewicht	Frischgewicht	
Herz	220[8]	44,7[4]	13,6[4] 2,0[9] 0—10 Jahre 4,24[9] 3,50[9] im Alter	11,5 ± 7,9[5] 20,0[7]	218[6]
Zunge	—	—	—	7,8 ± 4,9[5]	—
Muskel	50[8]	9,8[4]	2,2[4] 0,65[9] 0—10 Jahre 1,44[9] 0,96[9] im Alter	2,5 ± 0,5[5] 2,9[7]	44[6]
Niere	—	35,2[4]	—	5,2 ± 1,15[5]	158[6]
Nierenrinde	140[8]	—	—	—	—
Gehirn	—	8,2[4]	1,4[4]	3,9 ± 1,6[5]	53,3[6]
Gehirnrinde	40[8]	—	—	—	—
Leber	60[8]	22,3[4]	1,5[4]	3,2 ± 2,8[5] 2,1[7]	62,5[6]
Bauchorgane außer Leber und Niere	—	—	0,65[4]	—	—
Lunge	—	—	1,2[4]	2,8 ± 0,9[5]	22,9[6]
Haut	—	0,8[4]	0,21[4]	—	—

[1] FEULGEN, R., u. TH. BERSIN: H. **260**, 217 (1939).

[2] WESTENBRINK, H. G. K., H. VELDMAN, D. A. VAN DORP and M. GRUBER: Enzymologia 9, 90 (1940) [C. **1943** II, 1815].

[3] BRIEGER, H.: Kli. Wo. **1942**, 491.

[4] DRABKIN, D. L.: J. biol. Ch. **182**, 317 (1950).

[5] HARNISCHFEGER, E., u. E. OPITZ: Pflügers Arch. **252**, 627 (1950).

[6] COOPERSTEIN, S. J., and A. LAZAROW: J. biol. Ch. **189**, 665 (1951).

[7] PRADER, A.: Exper. **3**, 459 (1947).

[8] STADIE, W. C., and J. B. MARSH: J. clin. Invest. **26**, 899 (1947).

[9] GOBAT, Y.: Helv. med. Acta (A) **14**, 45 (1947).

Gewebsstoffwechsel. Der Gewebsstoffwechsel von Muskelgewebe wird ebenso wie bei anderen Gewebsarten als $Q_{O_2} = \dfrac{\text{verbrauchte mm}^3\ O_2}{\text{mg trockenes Gewebe} \cdot \text{Std}}$ angegeben. Die von zahlreichen Autoren gefundenen „Normalwerte" schwanken nicht unbeträchtlich. Deshalb muß hier auf die ausführlichen Darlegungen im Kapitel „Untersuchung des Gewebsstoffwechsels" (Bd. IV) verwiesen werden.

Fermente. Die in der Muskulatur vorkommenden Fermente sind in Bd. IV ausführlich beschrieben. An dieser Stelle sei nur auf Cytochrom c und die Cytochromoxydase näher eingegangen.

Cytochrom c. Cytochrom c kann auf folgende Weise bestimmt werden: Sorgfältig von anhängendem Gewebe befreite Organstückchen werden zerkleinert und mit der halben Menge Wasser homogenisiert. Man läßt über Nacht das Homogenat zur Extraktion im Eisschrank stehen und stellt einen Preßsaft her, indem man durch Mull filtriert. Hierbei geht die Hauptmenge vom Myoglobin in den Extrakt, während Cytochrom c an das Gewebe gebunden bleibt. Erst durch Behandeln mit verdünnter Trichloressigsäure oder verdünnter Schwefelsäure läßt es sich in Lösung bringen[1]. Aus der Lösung kann es durch Behandeln mit Aceton oder besser mit 90%iger Trichloressigsäure[2] ausgefällt werden. Man löst den Niederschlag in 2 cm³ n/2 NaOH, reduziert mit $Na_2S_2O_4$ und bestimmt die Extinktionen bei 550 und 570 mμ. Der Cytochromgehalt wird nach folgender Formel berechnet: mg-% Cytochrom c $= (E_{550} - E_{570})\text{Ferrocytochrom} \cdot 92{,}2$. In der Tabelle 112 sind die Cytochromgehalte von Muskel- und anderem Gewebe zusammengestellt. In derselben Tabelle findet man auch Werte für den Gehalt der Gewebe an Cytochromoxydase.

h) Auge.

Am Aufbau des Auges sind eine große Anzahl verschiedener Gewebe beteiligt, so daß einzelne Augenteile recht große Unterschiede in ihrer Zusammensetzung aufweisen. Größtenteils drückt sich der enge funktionelle Zusammenhang der einzelnen Teile hingegen auch in ihrer Zusammensetzung aus, so daß eine Übersicht über Aufarbeitung und Zusammensetzung der einzelnen Augenabschnitte nur im Zusammenhang gegeben werden kann. Wir finden im Auge eine Reihe gefäßloser Organteile bzw. organähnlicher Flüssigkeiten. Hierzu gehören Hornhaut, Linse, Glaskörper und Kammerwasser. Sehr gefäßarm ist die Sklera. Gefäßreich sind Bindehaut und Netzhaut, während Aderhaut, Iris und Ciliarkörper so gefäßreich sind, daß eine Abtrennung der Blutgefäße bzw. ein Blutleermachen unmöglich ist, so daß die aus diesen Organteilen gewonnenen Werte zum großen Teil Blutwerte widerspiegeln.

Anorganische Bestandteile. Die einzelnen Augenteile werden durch sorgfältige Präparation voneinander getrennt, gegebenenfalls mit Aqua dest. abgespült, auf Fließpapier kurz getrocknet und frisch gewogen. 5 g Gewebe werden mit 7 cm³ HNO_3 (spezifisches Gewicht 1,4) *verascht*, bis eine klare Lösung entsteht. Dieser wird 1 cm³ H_2O_2 zur Entfärbung zugegeben. Nach Zugabe von 7 cm³ Aqua dest. wird 10 min gekocht und nach Abkühlen auf 25 cm³ aufgefüllt. In vollständig veraschten Lösungen können etwa vorhandene Trübungen nur durch Kieselsäure oder — wenn nach FISCHER[3] $AgNO_3$ als Katalysator verwendet wurde — durch AgCl bedingt sein. Im Filtrat wird die Bestimmung der anorganischen Bestandteile in üblicher Weise durchgeführt. Die von FISCHER[3] angegebenen Werte, die der Tabelle 116 zugrunde gelegt sind, zeigen angeblich nur so geringe Schwankungen, daß die vorhandenen Unterschiede signifikant sind. Um 5 g der einzelnen Gewebe zur Veraschung zu erhalten, benötigt man bei verschiedenen Schlachttieren die in der Tabelle 113 angegebene Zahl von Augen.

Der Gehalt des Auges und seiner einzelnen Teile an bestimmten *Mineralien* kann erheblichen Schwankungen unterliegen, die einerseits vom Lebensalter abhängig, anderer-

---

[1] DRABKIN, D. L.: J. biol. Ch. **182**, 317 (1950).
[2] HARNISCHFEGER, E., u. E. OPITZ: Pflügers Arch. **252**, 627 (1950).
[3] FISCHER, F. P.: Arch. Augenheilkde. **107**, 295 (1933).

Tabelle 113. *Zahl der Augen bei verschiedenen Schlachttieren, die für eine Mineralanalyse benötigt wird, um 5 g Gewebe zu erhalten*[1].

	Rind	Kalb	Schwein		Rind	Kalb	Schwein
Hornhaut	10	13—15	22	Netzhaut	4	8	25
Linse	3—4	6	12—14	Iris	10	20	50
Glaskörper	1	1	3	Ciliarkörper . . .	7—8	12—14	35
Sklera	1	2	5	Aderhaut	4	8	25

seits durch bestimmte Erkrankungen bedingt sind. Schwankungen mit dem Lebensalter werden deutlich, wenn man die Werte von Kalb und Rind in der Tabelle 116 vergleicht. Im Ca-Gehalt werden die Unterschiede noch deutlicher, wenn man den Ca-Bestand des gesamten Auges betrachtet. So liegen bei Ratten noch in einem Alter zwischen 500 und 700 Tagen die Werte bei 34 mg-%. 800—900 Tage alte Ratten haben einen Ca-Gehalt von 43 mg-%. Im Alter von 1000 Tagen betragen die Ca-Werte 238, bei 1100—1200 Tagen 499 und bei 1320 Tage alten Tieren sogar 1078 mg-%[2].

Der Gehalt der verschiedenen Augenteile an K und Na ist, wie der an anderen Mineralien, aus Tabelle 116 zu ersehen. In der Netzhaut sind die Werte abhängig davon, ob man das Organ unmittelbar nach dem Tode entfernt oder es noch wenige Stunden im Eisschrank in situ beläßt. So liegen nach TERNER u. a.[3] in der Ochsenretina die sofort bestimmten Na-Werte bei etwa 120 mg-%, der K-Gehalt bei 250—270 mg-%. Für 1—2 Std nach dem Tode entfernte Netzhäute betragen die entsprechenden Werte: Na 150—220 mg-% und K 100—200 mg-%.

Im Gesamt P-Gehalt der Linse zeigen sich Unterschiede bei Katarakt: Nach PIGNALOSA[4] liegen die Werte um 40% niedriger als normal. Es besteht die Möglichkeit, daß dies mit einem herabgesetzten Phosphorylierungsvermögen des Gewebes zusammenhängt.

Zur Bestimmung der verschiedenen Fraktionen von säurelöslichem Phosphat in der Linse wird das Organ möglichst schnell nach dem Tode entfernt, gefroren, gewogen und dann mit eisgekühlter 7%iger Trichloressigsäure in der Kälte verrieben. Die Werte der verschiedenen Fraktionen schwanken teilweise, abhängig von der Tierart, recht erheblich, wie Tabelle 114 zeigt.

Tabelle 114. *Säurelösliches Phosphat in der Linse* (in Milligrammen P je 100 g Frischsubstanz).

	Gewicht der Linse[8]	Säurelöslicher P[8]	Anorganischer P[5]	Phosphagen-P[5]	ATP-P[5]	Nucleotid-P[5]	Glycerophosphat-P[7]
Rind	2,45	41,7—43,2	5,2—6,4	2,0—2,8	7,8— 8,6	5,3—5,5	3,7—4,3
Schaf	0,9—1,1	53,2—62,5	6,9—8,3	2,4—2,9	10,2—11,8	8,2—8,7	2,7—3,1
Kaninchen . .	0,3—0,4	41,6—48,8	4,8—5,3	0,5—0,9	9,8—12,1	13,50	8,6
Ratte	0,05	69,5—77,0	5,5	3,1—4,1	8,6— 9,0	7,25	3,8

Daß sich Verschiebungen innerhalb der einzelnen Fraktionen in Abhängigkeit vom Lebensalter einstellen, zeigt Tabelle 115.

Spurenelemente. Zink. Wie in den meisten Geweben des übrigen Körpers findet sich auch in fast allen Teilen des Auges Zink. Nur Spuren hingegen liegen als lösliches Zinksalz vor. Die Hauptmenge ist an organische Stoffe gebunden. Da man weiß, daß

---

[1] FISCHER, F. P.: Arch. Augenheilkde. **107**, 295 (1933).

[2] McCAY, C. M., G. H. ELLIS, LeROY L. BARNES, C. A. H. SMITH and G. SPERLING: J. Nutrit. **18**, 15 (1939).

[3] TERNER, C., L. V. EGGLESTON and H. A. KREBS: Biochem. J. **47**, 139 (1950).

[4] PIGNALOSA, G.: Ann. Ottalm. **67**, 927 (1939) [Ber. Physiol. **120**, 289].

[5] LOHMANN, K.: B. Z. **194**, 306; **202**, 466 (1928).

[6] LEVA, E., and S. RAPPAPORT: J. biol. Ch. **142**, 47 (1943). — EULER, H. v., o. L. HAHN: Svensk kem. T. **58**, 251 (1946). — MEJBAUM, W.: H. **258**, 117 (1939).

[7] COURTOIS, J., et P. FLEURY: Bull. Soc. chim. France **8**, 397 (1941).

[8] MANDEL, P., et J. ZIMMER: C. R. Soc. Biol. **144**, 583 (1950).

Tabelle 115. *Phosphatfraktionen in der Linse*[1].

	mg-% vor Hydrolyse			In Prozenten vom säurelöslichen organischen P ist hydrolysiert				
	anorga-nischer P	Gesamt-P	säurelös-licher orga-nischer P	nach min				nicht nach 180
				7	30	60	180	
Junge Rinder . .	9,4	41,7	32,2	23,7	31,4	40,4	49,2	50,8
Alte Rinder . . .	8,8	34,7	25,6	30,2	38,0	43,6	56,2	43,8

Tabelle 116. *Mineralzusammensetzung der verschiedenen Augenteile.*

mg-% Frischsubstanz	Cl	PO_4-P	SO_4-S	Ca	Mg	K	Na	% H_2O
Hornhaut[2]: Kalb	225	16	75	7	3	101	247	84
Rind	260	13,7	94	10	3	66	263	82
Schwein	330	12,7	85	5	4	120	288	85
Linse[2]: Kalb	66	21,6	164	0,5	7	375	61	67
Rind	69	14	156	6	8	404	46	65
Schwein	116	23	123	0,4	7	284	116	69
Glaskörper[2]: Kalb	382	0,65	5	13	6	39	317	99
Rind	396	0,16	5,3	13	2	30	322	99
Schwein	397	3,6	3,7	9	3	89	350	99
Sklera[2]: Kalb	213	15	42	11	2	75	160	71
Rind	224	12,4	50	18	2	71	183	69
Schwein	276	14,4	40	8	2	89	175	68
Netzhaut[2]: Kalb	142	24	49	10	8	66	154	89
Rind	147	48	41	12	3	50	155	89
Schwein	170	23,2	29	14	4	93	150	90
Iris[2]: Kalb	214	29,4	19	38	7	102	182	77
Rind	218	25,4	9	39	3	84	189	77
Schwein	317	24,2	75	38	6	114	179	75
Ciliarkörper[2]: Kalb . . .	193	42	56	12	16	115	240	77
Rind	178	38	87	13	6	97	218	81
Schwein	262	32,3	78	25	6	99	220	77
Aderhaut[2]: Kalb	177	25,8	33	60	15	77	164	80
Rind	147	23,5	43	63	22	37	175	78
Schwein	174	25,8	49	32	9	65	103	80
Kammerwasser	400 bis 470[3]	3* bis 3,4[3]	0,23* bis 0,5[4]	6—8[3]	1,7[3]	18—22[3]	280 bis 330[3]	99[3]

* Nur anorganisch.

die auch in den Geweben des Auges vorhandene Kohlensäureanhydratase ein Zink-proteid ist, erscheint das Vorkommen von Zink erklärlich. Die im Gewebe vorhandene Menge beträgt jedoch ein Vielfaches der an das Ferment gebundenen. Tabelle 117 zeigt die in den Augengeweben vorkommenden Zinkmengen auf Grund von Untersuchungen an je einem Auge vom Huhn und vom Kaninchen und von 2 menschlichen Augen[5].

Kupfer und Eisen. Zur Bestimmung in der Linse werden 25 g Frischorgan 2—3 Tage in 125 cm³ Alkohol gehalten, nach Abdampfen des Alkohols bei 110° getrocknet und

Tabelle 117. *Zinkgehalt in Augengeweben*[5] (in mg-% vom Frischgewicht).

Hornhaut . . .	0,80—0,97	Sklera	0,48—1,43	Aderhaut . . .	2,71—4,66
Linse	0,42—1,89	Netzhaut . . .	1,17—3,63		(21,2)*
Glaskörper . .	0,04—0,07	Iris	1,25—1,87		

* Bei einem Kaninchen.

---

[1] MÜLLER, H. K.: Arch. Augenheilkde. **110**, 128 (1937).

[2] FISCHER, F. P.: Arch. Augenheilkde. **107**, 295 (1933).

[3] WEEKERS, R.: C. R. Soc. Biol. **131**, 140 (1939).

[4] KRAUSE, A. C., and A. M. YUKIN: J. biol. Ch. **88**, 471 (1930).

[5] LEINER, M., u. G. LEINER: Biol. Zbl. **62**, 119 (1942).

in üblicher Weise mit HNO_3 und Perchlorsäure verascht. Mit Standardmethoden zur Mineralbestimmung findet LEROUX[1] in Rinderlinsen 1,5—2,6 γ Cu/g Frischsubstanz, während die Werte in menschlichen Linsen zwischen 3,3 und 4,0 γ liegen. Der Fe-Gehalt fand sich in allen untersuchten Linsen zwischen 10,4 und 11,5 γ/g. Auch in Netzhaut und Aderhaut sind Spuren von Cu nachgewiesen. BARONI[2] vereinigt 2—8 Netz- bzw. Aderhäute aus Rinderaugen und findet bei Verwendung von Rubeanwasserstoff durch Tüpfelanalyse in einer Netzhaut 0,006—0,008 γ Cu, in einer Aderhaut 0,003—0,004 γ Cu. Im Kammerwasser sind die Mengen mit 0,014—0,018 mg-% etwas höher[3]. Eisen liegt im Kammerwasser in einer Konzentration von 0,1 mg-% vor[4].

An weiteren Spurenelementen sind in Teilen des Auges lediglich Strontium und Barium nachgewiesen worden. RAMAGE und SHELDON[5] finden beide Stoffe spektrographisch in der Aderhaut von Menschen und Tieren. Ba finden SCOTT u. a.[6] in der Retina von Säugetieren, während RAMAGE und SHELDON[5] angeben, daß als einziges Ba-Vorkommen in tierischen Geweben dieses im Rinderauge (Aderhaut, Netzhaut und Iris) nachzuweisen sei.

Anorganische Bestandteile von einzelnen Augenteilen. *Linse.* Bei gesunden Rindern, Katzen und Kaninchen liegt nach ELY[7] der Wassergehalt zwischen 60 und 70%. Dabei sind die vorderen Linsenschichten etwas wasserärmer als die hinteren[8]. Während der Wassergehalt mit zunehmendem Lebensalter abnimmt, nimmt das Gewicht der Linse mit dem Lebensalter zu: Die Linse eines 1 Jahr alten Rindes wiegt im Durchschnitt 1,78 g, die 5—10 Jahre alter Tiere 2,3 g. Linsen junger Kaninchen wiegen 0,25 bis 0,3 g, während das Linsengewicht im Alter von 10 Monaten im Durchschnitt 0,63 g beträgt. Bei Katzen stehen Werte um 0,35 g in den ersten 2—4 Lebensmonaten solchen um 0,74 g bei 2 Jahre alten Tieren gegenüber[7]. Gleich nach dem Tode entnommene Linsen zeigen bei dem gleichen Tier im Cl-Gehalt praktisch keinen Unterschied. Die Werte nehmen jedoch schon in den ersten Stunden nach dem Tode deutlich zu. So liegen die sofort bestimmten Cl-Werte beim Kaninchen bei 34 $\pm$ 0,8 mg-%, beim Schaf bei 36,6 $\pm$ 0,64 mg-%, die entsprechenden Werte für das noch 2—7 Std in situ belassene Organ liegen bei 39,5 $\pm$ 1,14 bzw. 42,6 $\pm$ 1,00 mg-%. Mit der Cl-Zunahme steigt auch der Na-Gehalt an. Der Quotient Na (Linse) zu Na (Glaskörper) beträgt in vivo 0,07 und steigt in 24—48 Std nach dem Tode bis auf Werte um 0,3 an.

Man kann aus den Cl-Werten den „extracellulären Raum" berechnen. Verschiedene Autoren geben einen Wert um 9% an. LAUGHAM und DAVSON[9] halten diesen Wert für zu hoch, weil die inneren Schichten der Linse zunehmend fibrös verhärten und Cl einlagern. Deshalb eignet sich zu dieser Bestimmung besser eine der folgenden Methoden: 1. Bestimmung der Cl-Menge, die aus der Linse in eine isotonische Na_2SO_4-Lösung diffundiert. 2. Diffusion von radioaktivem Na in vivo. 3. Diffusion von Rohrzucker in die Linse und Nachwaschen mit Na_2SO_4-Lösung. Die 3 genannten Methoden geben für den extracellulären Raum der Linse übereinstimmende Werte zwischen 5,5 und 6,7%[9].

Der Kaliumgehalt der Linse ist aus Tabelle 116 zu ersehen. Die Verteilung von K in den einzelnen Linsenabschnitten soll jedoch schon normalerweise außerordentlich ungleichmäßig sein: Im Kern ist die K-Konzentration nur halb so groß wie in den äußeren Schichten, wobei die hinteren Schichten noch eine etwas höhere Konzentration als die vorderen zeigen[8].

[1] LEROUX, H.: Bull. Soc. Chim. biol. **29**, 484 (1947).
[2] BARONI, E.: Mikrochim. Acta **2**, 91 (1937).
[3] NITZESCU, I. I., u. I. GEORGESCU: Kli. Wo. **1935** I, 97. C. R. Soc. Biol. **117**, 1135 (1934).
[4] NITZESCU, I. I., et I. GEORGESCU: C. R. Soc. Biol. **105**, 751 (1930).
[5] RAMAGE, H., and J. H. SHELDON: Nature **128**, 376 (1931).
[6] SCOTT, G. H., and B. CANAGA jr.: Proc. Soc. exp. Biol. Med. **44**, 555 (1940).
[7] ELY, L. O.: Amer. J. Ophthalm. **32**, 215 (1949).
[8] TRON, E. SCH.: Vestn. Oftalm. **14**, 59 (1939) [Ber. Physiol. **118**, 89].
[9] LAUGHAM, M., and H. DAVSON: Biochem. J. **44**, 467 (1949).

Obwohl die Linse keinerlei Blutversorgung hat, zeigt sie einen recht lebhaften Stoffwechsel (s. unten). Dies drückt sich auch in ihrer unter Umständen recht kurzen Überlebenszeit aus. So stirbt das Linsengewebe schon innerhalb weniger Stunden ab, wenn man es in Ringerlösung bei 37° hält. Man kann einen normalen Linsenstoffwechsel jedoch mehrere Tage hindurch beobachten, wenn man die Linse in einer abgeschlossenen Kammer hält, die von einer besonderen Nährflüssigkeit durchströmt wird. Nach BAKKER[1] gewinnt man diese auf folgende Weise: Einem Kaninchen werden 500 cm³ Ringerlösung unter leichtem Druck (etwa 1 m Fallhöhe) langsam in die Bauchhöhle injiziert. Am nächsten Tage ist das sich ausbildende zellreiche Exsudat resorbiert. Das Tier erhält erneut 500—1000 cm³ Ringerlösung. Nach 3 Std wird das Exsudat aus der Bauchhöhle abgehebert und steril aufgefangen. Das sich innerhalb von 2—3 Tagen bei 37° bildende Fibringerinnsel wird durch Abhebern entfernt. Die Flüssigkeit kann im Eisschrank längere Zeit aufbewahrt werden. Ihre Zusammensetzung ist, wie WEEKERS[2] angibt, der von Kammerwasser außerordentlich ähnlich (s. Tabelle 118).

Tabelle 118. *Vergleich der Zusammensetzung von Kammerwasser und künstlichem Nährboden für Linsen*[2].

	Bauchhöhlenflüssigkeit	Kammerwasser
Trockensubstanz (%)	1,14	1,05 —1,15
p_H (a).	7,3	7,1 —7,4
Brechungsindex	1,335	1,334—1,3358
Gesamtstickstoff . . .	27,7	20—30
Eiweißstickstoff . . .	17,1	4— 5
Nichteiweißstickstoff .	10,6	16—25
Harnstoff	16	17—30
Harnsäure	Spuren	Spuren
Glucose . . . . mg-%	42	77— 98
Natrium (b)	300	280—330
Kalium (b)	9,9	18— 22
Calcium (b)	5,5	6— 8
Chlor	425	400—470
Anorganischer P . . .	2,23	3,00—3,50

(a) Unter Paraffin aufgefangen und sofort gemessen.
(b) Spektrographisch bestimmt.

Hornhaut. In vivo ist der Wassergehalt der Cornea verhältnismäßig gering. Dieser niedrige Hydratationszustand wird dadurch aufrechterhalten, daß auf der Innenseite das hypertonische Kammerwasser und auf der Außenseite die hypertonische Tränenflüssigkeit wasserentziehend wirken. Die Durchsichtigkeit der Cornea ist von der Aufrechterhaltung dieses Normalzustandes abhängig[3]. Bei Beschädigung einer der beiden Oberflächen treten Quellung und Trübung auf. Nach COGAN[4] soll der Unterschied zwischen Cornea und Sklera im wesentlichen durch diesen Dehydratationsmechanismus bedingt sein, der bei der Sklera fehlt, und nicht durch Verschiedenheiten der Bindegewebsfasern.

Kammerwasser und Glaskörper. Die durchschnittliche Mineralzusammensetzung ist aus Tabelle 116 zu ersehen. Während im Kammerwasser beider Augen die Werte praktisch gleich sind, finden sich im Kaliumgehalt, besonders bei älteren Tieren, im Glaskörper häufig beträchtliche Unterschiede zwischen rechtem und linkem Auge. Die beim Kammerwasser starke Abhängigkeit vom Lebensalter ergibt sich aus Tabelle 119.

Tabelle 119. *Kaliumgehalt von Kammerwasser, Glaskörper und Serum bei verschieden alten Rindern*[5] (in mg-%).

Anzahl der Tiere	Alter	Kammerwasser	Glaskörper	Serum	Anzahl der Tiere	Alter	Kammerwasser	Glaskörper	Serum
5	4 Wochen	21,3	29,5	24,5	5	1 Jahr	20,1	20,5	27,0
6	6 Wochen	21,3	22,7	27,2	7	5—10 Jahre	16,5	23,4	21,6
6	8 Wochen	19,6	28,3	30,6	5	über 10 Jahre	8,5	20,5	15,3

[1] BAKKER, A.: Arch. Ophthalm. **135**, 581 (1936).
[2] WEEKERS, R.: C. R. Soc. Biol. **131**, 140 (1939).
[3] HERINGA, G. C., W. F. LEYNS u. A. WEIDINGER: Acta neerl. Morphol. **3**, 196 (1940) [Ber. Physiol. **120**, 469].
[4] COGAN, D. G., and V. E. KINSEY: Science, N. Y. **95**, 607 (1942).
[5] SALIT, P. W.: B. Z. **301**, 253 (1939).

Die Mineralwerte im Kammerwasser entsprechen den nach dem DONNAN-Gleichgewicht zu erwartenden Werten. Einige Autoren nehmen einen ungehinderten Durchtritt der Mineralien vom Plasma zum Kammerwasser an[1], andere[2] glauben dies, jedenfalls für Kalium, ablehnen zu müssen, da sie bei Hunden im Schock trotz hoher K-Werte im arteriellen Blut normale Werte im Kammerwasser fanden. Tabelle 120 zeigt, daß die Übereinstimmung beim gleichen Individuum verhältnismäßig gut ist.

Die in der Literatur angegebenen Cl-Werte zeigen häufig einen höheren Quotienten für den Chloridgehalt Kammerwasser/Plasma, als mit 1,04 nach dem DONNAN-Gleichgewicht zu erwarten wäre. Genaue Bestimmungen im venösen Plasma von Kaninchen, Hunden und Menschen zeigen jedoch einen zwischen 1,00 und 1,03 liegenden Quotienten, so daß auch für Cl ein ungehinderter Durchtritt angenommen werden muß[4].

Organische Bestandteile des Auges (ohne Lipoide und Farbstoffe; diese s. S. 570). *Reduzierende Substanzen.* Wasserlösliche reduzierende Substanzen, vor allem Glucose, lassen sich aus Linse und Hornhaut leicht extrahieren. Das Organ wird für 1 Std in 5 cm³ einer 1—2%igen NaF-Lösung bei 37° belassen. Nach Cadmiumfällung des Eiweiß können die reduzierenden Substanzen in üblicher Weise nach HAGEDORN-JENSEN bestimmt werden. Die Normalwerte für Linse, Cornea und Kammerwasser sind aus Tabelle 121 zu ersehen.

Bei experimentellen Veränderungen der Blutzuckerwerte ist das mehr oder weniger schnelle Nachfolgen der Werte in den einzelnen Augenteilen ein Maß für die Diffusionsgeschwindigkeit in diesen Organen (Tabelle 121)[6]. Auch der Glaskörper enthält freie Kohlenhydrate, die bisher jedoch nicht quantitativ bestimmt, sondern nur qualitativ mit Phenylhydrazin nachgewiesen wurden[7].

Kreatin und Kreatinin. Da die Farbreaktion mit Pikrat sich für die Gewebe des Auges nicht eignet, behandelt man die Gewebsextrakte mit 3,5-Dinitrobenzoesäure. Wesentliche Unterschiede gegenüber den anderen Körpergeweben scheinen nicht vorzuliegen. Der Kreatiningehalt der Retina beträgt nach KRAUSE und TAUBER[8] 59 mg-%, in der Linse 12,3 mg-%. Auch aus Cornea, Sklera, Iris und Nervus opticus wurde analysenreines Kreatinin isoliert.

Organische Säuren. Citronensäure[9, 10] und Äpfelsäure finden sich in den verschiedenen Augenteilen. Die Nachweismethoden unterscheiden sich nicht von denen in anderen Organen (s. Bd. III). Nach KRAUSE und STACK[10] enthalten Bindehaut 1,0 mg-%, Aderhaut 3,2 mg-% und der Sehnerv 4,2 mg-% Citronensäure. An Äpfelsäure wurden in der Bindehaut 6,5 mg-%, in der Aderhaut 23,1 mg-% und im Sehnerven 39,2 mg-% gefunden. Nach KRAUSE und WEEKERS[11] soll auch präformierte Ameisensäure im Auge

Tabelle 120. *Mineralstoffe in Kammerwasser und Serum von Pferden[3] (in mg-%).*

	Na	K	Ca	Mg
Serum	315	17,9	12,1	1,8
Kammerwasser .	348	19,6	7,6	1,7

Tabelle 121. *Zuckergehalt verschiedener Augenteile[5] (in mg-%).*

	Blutzucker	Kammerwasser	Cornea	Linse
Normal.	159	103	120	93
Hyperglykämie .	304	188	200	120
Hypoglykämie .	82	56	70	69

---

[1] CAGIANUT, B.: Schweiz. med. Wschr. 78, 200 (1948).

[2] CORDIER, D., G. CORDIER et M. BAVOUX: Exper. 7, 346 (1951).

[3] STARY, Z., u. R. WINTERNITZ: H. 212, 215 (1932).

[4] KINSEY, V. E.: J. gen. Physiol. 32, 329 (1949).

[5] WEEKERS, R.: C. R. Soc. Biol. 133, 698 (1940).

[6] WEEKERS, R.: Acta ophthalm., København 18, 259 (1940) [Ber. Physiol. 124, 620].

[7] BIANCO, M.: Ann. Ottalm. 68, 545 (1940) [Ber. Physiol. 125, 535].

[8] KRAUSE, A. C., and F. W. TAUBER: Arch. Ophthalm., Chicago 21, 1027 (1939) [Ber. Physiol. 116, 269].

[9] GRÖNVALL, H.: Acta ophthalm., København 14, 266 (1937) [C. 1939 I, 3399].

[10] KRAUSE, A. C., and A. M. STACK: Arch. Ophthalm., Chicago 22, 66 (1939) [Ber. Physiol. 116, 622].

[11] KRAUSE, A. C., et R. WEEKERS: Arch. Ophtalm., Paris 3, 225 (1939) [Ber. Physiol. 115, 614].

nachzuweisen sein: Augen von 3—4 Jahre alten Rindern werden auf Eis aufbewahrt, bis zur Analyse jedes Augenteiles 60—150 g zur Verfügung stehen. Das Gewebe wird in üblicher Weise mit Sand verrieben und enteiweißt. Aus dem Filtrat wird die Ameisensäure abdestilliert und in üblicher Weise bestimmt. Es besteht die Möglichkeit, daß ein Teil der Ameisensäure erst postmortal entsteht.

Milchsäure wird bei Kaninchen in Glaskörper (43,8 mg-%[1] bzw. 30—47 mg-%[2]) und Kammerwasser (30—57 mg-%[2]) in viel höherer Konzentration gefunden als im Plasma, vor allem aber auch als in Glaskörper und Kammerwasser vom Menschen und einer Reihe anderer Tiere (Hund, Rind, Schwein, Pferd[2]). Die Methoden zu ihrer Bestimmung unterscheiden sich nicht von den in anderen Organen angewandten.

Glutathion. Der Glutathionnachweis in enteiweißten Organextrakten unterscheidet sich nicht von dem in anderen Organen. Bei gesunden Kaninchen betragen nach SAI[3] die Glutathionwerte in der Linse 356 mg-%, im Kammerwasser 42 und im Glaskörper 17 mg-% (bei Werten von 37 mg-% im Blut). Bei Naphthalinkatarakt nehmen bei gleichbleibenden Blutwerten die Glutathionwerte in den genannten Augenteilen frühzeitig und der Kataraktentwicklung parallelgehend ab. Im Kammerwasser wird nach CARTENI[4] Glutathion nur in Spuren nachgewiesen.

Acetylcholin. Die einzelnen Augenteile werden mit Alkohol extrahiert, das Acetylcholin wird als Goldsalz oder Reineckat gefällt. Der biologische Nachweis zeigt, daß im Rinderauge Linse und Glaskörper sehr wenig, Kammerwasser gar kein Acetylcholin enthalten. In den übrigen Augenteilen kommen kleine Mengen Acetylcholin vor[5].

Organische Bestandteile von einzelnen Augenteilen. *Linse.* Für die Gewinnung der *Eiweißkörper* der Linse gelten auch heute noch die von MÖRNER[6] angegebenen und von JESS[7] weiter ausgearbeiteten Aufarbeitungsvorschriften: Man benötigt zur Aufarbeitung etwa 100 Rinderlinsen. Das Organ wird aus dem äquatorial aufgeschnittenen Auge vorsichtig entfernt und vom anhaftenden Glaskörper befreit. Die Kapsel läßt sich nach der Spaltung mit einem feinen Messer leicht abziehen, ohne daß von der Linsensubstanz selbst etwas haften bleibt. Die gesamten Linsen werden in einer Art Kartoffelpresse zerquetscht und in destilliertem Wasser aufgefangen. Die harten Linsenkerne, die in der Presse zurückbleiben, werden unter Wasserzusatz im Mörser zerrrieben. Die Wassermenge wird bei Verwendung von 100 Linsen auf etwa 2 Liter aufgefüllt. Die so erhaltene milchigweiße Flüssigkeit wird unter Zusatz von Glasperlen kräftig geschüttelt und 24 Std bei gelegentlichem Schütteln unter Chloroformzusatz in der Kälte belassen. Durch Zentrifugieren kann man das „unlösliche Albumoid" von den löslichen Eiweißkörpern, α- und β-Krystallin, abtrennen. Durch Zusatz von Essigsäure kann man ein schwefelarmes Globulin (α-Krystallin) ausfällen, während ein anderes schwefelreiches Globulin (β-Krystallin) in Lösung bleibt. Nach MÖRNER[6] besteht das gesamte Eiweiß der Linse etwa zur Hälfte aus unlöslichem „Albumoid", während etwa 20% α-Krystallin und 30% β-Krystallin sind. Außer den Globulinen soll eine kleine Menge lösliches Albumin vorhanden sein. Nach SCHAEFFER und MURRAY[8] nimmt man die Fraktionierung folgendermaßen vor: Frisch entnommene Rinderlinsen werden mit 5 cm³ Wasser je Linse verrieben. Das unlösliche Albumoid wird abzentrifugiert, mit einer kleinen Menge Wasser, anschließend mit Alkohol und Äther gewaschen und im Vakuum getrocknet. Die Ausbeute an Albumoid beträgt etwa 12% der Ausgangssubstanz. Die überstehende Flüssigkeit wird klar filtriert und mit 10%iger Essigsäure auf p_H 5,2 gebracht. Den

[1] HATA, M.: Mitt. med. Akad. Kioto **31**, 375 (1941) [C. **1942 I**, 3220].
[2] STEINDORFF, K.: Handb. Biochem. Erg.-Bd. **2**, 277 (1934).
[3] SAI, Z. U.: Jap. J. med. Sci. (X) **2**, 502 (1940) [C. **1942 I**, 1651].
[4] CARTENI, A.: Boll. Soc. ital. Biol. sperim. **12**, 689 (1937) [C. **1939 I**, 4632].
[5] LEIDIG, I. M.: Diss. Freiburg 1938 [Ber. Physiol. **116**, 269 (1940)].
[6] MÖRNER, C. TH.: H. **18**, 61 (1894).
[7] JESS, A.: Graefes Arch. Ophthalm. **105**, 428 (1921); **109**, 470 (1922).
[8] SCHAEFFER, A. J., and J. D. MURRAY: Arch. Ophthalm., Chicago **43**, 1056 (1950).

flockigen Niederschlag filtriert man ab und versetzt ihn mit 250 cm³ 10%iger Essigsäure und zentrifugiert. Das in der überstehenden Flüssigkeit enthaltene α-Krystallin wird durch Zugabe von 0,2n Sodalösung bei p_H 5,2 wieder gefällt. Man filtriert ab, wäscht den Niederschlag mit Alkohol und Äther und trocknet im Vakuum. Die Ausbeute beträgt etwa 31% der Ausgangstrockensubstanz. Das Filtrat der α-Krystallinfällung bringt man durch Zugabe von 0,2n Sodalösung auf p_H 7,2, filtriert den flockigen Niederschlag ab und dialysiert das Filtrat 7 Tage lang bei 0° gegen Wasser. Der sich bildende Niederschlag wird mit dem bei der Neutralisation erhaltenen vereinigt, das Ganze in Wasser suspendiert und nochmals dialysiert. Man wäscht wiederum mit Alkohol und Äther und trocknet im Vakuum. Die Ausbeute beträgt 51% der Ausgangstrockensubstanz (β-Krystallin). Die vereinigten Filtrate sättigt man mit NaCl und klärt durch Zentrifugieren. Aus der überstehenden Lösung fällt man das Albumin durch Zugabe von Essigsäure und reinigt es durch nochmalige Lösung und erneute Fällung. Zur Aminosäureanalyse werden die einzelnen Fraktionen in üblicher Weise hydrolysiert. Die in der älteren Literatur vorliegenden Angaben über die Aminosäurezusammensetzung beruhen auf chemischen Methoden. SCHAEFFER und SHANKMAN[1] ermitteln mit mikrobiologischer Methodik die Werte für 14 Aminosäuren. Das Verhältnis von Histidin:Lysin:Arginin ist etwa wie 1:5:10 und damit außerordentlich ähnlich der Zusammensetzung der sog. Eukeratine, wie sie von BLOCK und BOLLING[2] in Fingernägeln, Haar und Rinderhorn beschrieben werden. Für die Aminosäurezusammensetzung der Linse werden im wesentlichen die gleichen Werte gefunden, wie sie von BLOCK und SALIT[3] angegeben wurden. Ein großer Teil der Werte liegt auch in der gleichen Größenordnung der von JESS[4] mitgeteilten. Jedoch finden sich einige Abweichungen, die aus Tabelle 122 zu ersehen sind. Die Aminosäurezusammensetzung der Linse von Menschen und verschiedenen Tieren (Stier, Schwein, Kalb) unterscheidet sich geringgradig nur bei 3 Aminosäuren: Histidin: Mensch 3,8%, Tiere 4,8%; Isoleucin: 6,4% bzw. 5,5%; Leucin: 9,0% bzw. 8,0%. Bei

Tabelle 122. *Zusammensetzung der Proteine von Cornea, Sklera und Linse.*

	In Prozenten der Trockensubstanz		In Prozenten des Proteins							
	Cornea[1]	Sklera[1]	Gesamtprotein der Linse[1]	Albumoid		α-Krystallin		β-Krystallin		Albumin[6]
				◂	◂	◂	◂	◂	◂	
Arginin	7,6	7,6	10,4—11,9	10,26	10,8	8,0	10,6	7,43	11,2	11,6
Asparaginsäure .	7,4	6,6		0,5	6,3	1,2	7,5	0,4	8,6	10,2
Glutaminsäure .	11,0	10,8	16,2—16,8	4,6	8,0	3,6	11,4	2,7	13,0	11,5
Glycin	18,0	17,5	4,5— 5,9	0		0		0		
Histidin	0,71	0,81	3,5— 4,9	2,73	3,9	3,81	3,7	3,59	4,5	3,2
Isoleucin	3,0	2,4	5,2— 6,4	} 5,3	6,2	} 5,7	5,8	} 2,8	4,7	4,8
Leucin	4,7	4,0	7,8— 9,4		8,3		7,7		6,7	7,0
Lysin	3,8	3,8	5,1— 6,0	3,87	5,7	3,83	4,8	4,6	5,1	4,0
Methionin . . .	1,1	1,2	2,2— 2,9		1,8		1,6		2,5	4,0
Phenylalanin . .	2,9	2,3	7,8— 9,2	4,6	9,5	5,5	10,6	4,1	6,0	4,8
Serin	4,3	3,8	6,0— 8,4							
Tyrosin	1,4	1,3	6,4— 7,9	3,6	4,7	3,6	5,4	3,7	8,3	6,1
Threonin . . .	2,8	2,7	3,3— 4,8		6,0		4,4		3,2	5,8
Valin	3,8	3,7	5,1— 6,1	0,2	6,0	0,9	5,3	2,1	4,4	3,7
Alanin				0,8		3,6		2,6		
Prolin				1,9		1,8		1,4		
Cystin			— 1,5[5]	3,1	0,7	2,3	1,4	4,9	1,8	2,1
Tryptophan . .			3,3— 3,4[5]		2,4		2,5		1,8	1,6

[1] SCHAEFFER, A. J., and S. SHANKMAN: Amer. J. Ophthalm. **33**, 1049 (1950).
[2] BLOCK, R. J., and D. BOLLING: J. biol. Ch. **128**, 181 (1939).
[3] BLOCK, R. J., and P. W. SALIT: Arch. Biochem. **10**, 277 (1946).
[4] JESS, A.: Graefes Arch. Ophthalm. **112**, 489 (1923).
[5] BLOCK, R. J., and P. W. SALIT: Arch. Biochem. **10**, 277 (1946).
[6] SCHAFFER, A. J., and J. D. MURRAY: Arch. Ophthalm., Chicago **43**, 1056 (1950).

Katarakt sind ebenfalls nur geringe Unterschiede gegenüber den Werten bei gesunden Linsen festzustellen. Sie beziehen sich im wesentlichen auf folgende Aminosäuren: Glutaminsäure: normal 16,2—16,8%; Katarakt 13,7%; Methionin: normal 2,5—2,9%, Katarakt 3,2%; Isoleucin: normal 5,8—6,4%, Katarakt 6,6—6,9%.

Wenn man frische Rinderlinsen zerreibt, 2 Tage mit kaltem Wasser extrahiert und das Überstehende nach Zentrifugieren gegen Pufferlösung dialysiert, zeigen sich bei der Elektrophorese[1] 2 verschieden schnell wandernde Komponenten, von denen die eine mit einem isoelektrischen Punkt bei p_H 5,1 dem α-Krystallin, die andere mit einem solchen von 6,1 dem β-Krystallin von MÖRNER[2] entspricht. Diese elektrophoretischen Befunde bestätigen auch LABHART u. a.[3] bei Linsenproteinen aus Augen anderer Säugetiere. Es schwankt lediglich das Mengenverhältnis von α- zu β-Krystallin bei verschiedenen Species. Bei Pferden ist es etwa 1:1, bei Rindern und Schweinen etwa 2:3. Abweichend verhalten sich dagegen die Proteine aus Fischlinsen, bei denen mindestens 4 verschiedene Fraktionen unterschieden werden können. Extrahiert man die Linsen mit Trichloressigsäure und mit Lipoidlösungsmitteln, bleibt ein Phosphoprotein ungelöst[4], dessen Menge in der Ochsenlinse zwischen 6,5 und 8 mg-% (Frischgewicht) und in der Schaflinse zwischen 7,8 und 9,2 mg-% liegen soll. Auf fermentativem Wege kann man in diesem Protein Ribonucleinsäure nachweisen, über deren Vorkommen schon früher berichtet wurde[5].

Die *Linsenkapsel* kann man von der Linse abziehen und durch Suspendieren in mehrfach gewechseltem Wasser unter gelegentlichem Rühren anhaftende Epithelzellen und Linsenfasern entfernen. Man verarbeitet die Kapsel dann entweder frisch oder nach Trocknung mit Aceton. Der N-Gehalt des Kapselgewebes liegt bei 14%, der Kohlenhydratgehalt bei 9—10%. Etwa 1% liegt als Hexosamin vor. Die Linsenkapsel ist bei neutraler Reaktion in kochendem Wasser nicht, dafür leicht bei p_H 3 löslich. Solche Lösungen geben in ähnlicher Weise ein Gel wie Gelatine aus Haut- oder Sehnenkollagen. Die Kapsel ist ebenfalls löslich in Ameisensäure, in 0,1n NaOH oder in 40%iger Harnstofflösung bei 100°, nicht dagegen bei 37° in Harnstofflösung sowie in Formamid, Milchsäure, 10%igem $CaCl_2$ oder in 90—95%igem Phenol. Im ganzen verhält sie sich auch hier wie Kollagen. Nach Hydrolyse mit 6n HCl bei 110° ähnelt das papierchromatographische Bild dem von Gelatine und Kollagen aus Cornea, unterscheidet sich dagegen deutlich von dem von Casein. Der Tyrosingehalt liegt bei 2,1%, während der von Corneakollagen nur 1% beträgt. Zur genaueren Untersuchung der Kohlenhydratkomponenten unterwirft man die Kapselsubstanz der Behandlung mit proteolytischen Fermenten. Trotz Behandlung mit Pepsin, Trypsin oder Kollagenase werden jedoch nur etwa 5—6% der Substanz als Kohlenhydrate dialysabel, während die nichtdialysable Substanz einen Kohlenhydratgehalt von 13% behält. Erst nach 3stündiger Hydrolyse mit 0,5n HCl in kochendem Wasser liegt der Kohlenhydratgehalt im Dialysat bei 9—11% (bezogen auf Kapselsubstanz). Untersuchung mittels Papierchromatographie ergibt, daß an Kohlenhydraten im wesentlichen nur Glucose und Galaktose vorliegen[6].

Hornhaut und Lederhaut. Schon MÖRNER[2] beobachtete, daß die Sklera mit 17,43% der wasserfreien Substanz einen höheren N-Gehalt hat als die Cornea mit 15,71%. Er erklärte dies aus dem Mangel an „mucinartiger" Substanz. Es ist jedoch die Zusammensetzung des Skleraproteins nicht wesentlich anders als die des Corneaproteins, wie Tabelle 122 zeigt. Mucopolysaccharide machen etwa 20% der Hornhautsubstanz aus. Ihre Zusammensetzung soll der des Glaskörpers entsprechen[7]. Auch MEYER und CHAFFEE[8]

[1] HESSELVICK, L.: Skand. Arch. Physiol. **82**, 151 (1939).
[2] MÖRNER, C. TH.: H. **18**, 61 (1894).
[3] LABHART, H., H. SÜLLMANN u. G. VOILLIER: Exper. **3**, 418 (1947).
[4] MANDEL, P., J. NORDMANN, J. ZIMMER and S. HARTH: Nature **164**, 792 (1949).
[5] MANDEL, P.: Cr. **228**, 516 (1949).
[6] PIRIE, A.: Biochem. J. **48**, 368 (1951).
[7] KRAUSE, A. C.: Arch. Augenheilkde. **107**, 453 (1933).
[8] MEYER, K., and E. CHAFFEE: Proc. Soc. exp. Biol. Med. **43**, 487 (1940) [C. **1942 II**, 177].

weisen Hyaluronsäure in der Cornea nach. Nach WERNER und ODIN[1] finden sich in der Cornea zwei verschiedene Polysaccharide, von denen das eine aus Glucosamin, Glucuronsäure und Schwefelsäure besteht, während das andere ein aus Glucosamin, Galaktose und Mannose aufgebautes Kohlenhydrat ist.

Glaskörper. Fast der gesamte, etwa 1% ausmachende Trockenrückstand des Glaskörpers entfällt normalerweise auf Mucopolysaccharide. Unter krankhaften Bedingungen kann der Proteingehalt erheblich, bis zu 16,6%, ansteigen. Die höchsten Werte finden sich bei Panophthalmie, Iridocyclitis und Glaukom[2]. Die elektrophoretische Untersuchung der Proteinanteile zeigt 3 verschieden schnell wandernde Fraktionen, von denen die schnellste vermutlich auf Hyaluronsäure entfällt, während die beiden anderen dem Serumalbumin und dem γ-Globulin entsprechen[3]. Der normale Rest-N-Gehalt liegt in gleicher Höhe wie im Serum. Auch die Kreatininwerte liegen in der Größenordnung der im Plasma gefundenen[4].

Hyaluronsäure. Frische Glaskörpersubstanz aus etwa 200 Rinderaugen wird mit $^1/_4$ Volumen 0,1n Essigsäure versetzt und durch eine Glasfilternutsche abgesaugt. Das Filtrat wird mit 2 Volumina 95%igem Alkohol versetzt und über Nacht bei $+1$ bis $+4°$ belassen. Von der ausgefallenen Hyaluronsäure wird die überstehende Flüssigkeit durch Dekantieren oder Zentrifugieren getrennt, der Niederschlag wird bei p_H 8 mit 200 cm^3 10%iger CaCl$_2$-Lösung 15 Std geschüttelt. Nach Abzentrifugieren des Niederschlages wird ein zweitesmal bei p_H 8 mit 100 cm^3 frischer CaCl$_2$-Lösung extrahiert. Die vereinigten Extrakte werden auf p_H 6—7 gebracht und in derselben Weise, wie bei der Darstellung von Chondroitinschwefelsäure aus Knorpel verfahren wird (s. S. 640), für 18—24 Std mit einer Mischung von Chloroform und Isoamylalkohol unter Stickstoff geschüttelt. Dieses Verfahren wird abwechselnd bei p_H 4—5 und p_H 6—7 wiederholt, bis kein Protein mehr fällt. Bei Glaskörper genügt im allgemeinen 4maliges Schütteln. Hyaluronsäure wird bei p_H 6 mit 2 Volumina 95%igem Alkohol gefällt, in 50 cm^3 0,5%iger Na-acetatlösung wieder gelöst und gegen die gleiche Salzlösung, die häufig zu wechseln ist, 3 Tage lang dialysiert. Das erneut mit Alkohol gefällte Produkt muß gegen Na-acetatlösung unter Rühren mehrere Tage dialysiert werden, bis die Hyaluronsäure frei von Ca ist. Dies gelingt nicht immer. BLIX und SNELLMAN[5] geben als Ausbeute von 200 Rinderaugen etwa 0,2 g hyaluronsaures Na an. Andere Autoren gehen ähnlich vor[6-8].

Unlösliches Protein. Wenn man Glaskörper für mehrere Tage, unter Umständen bis zu 8—12 Wochen, in Kochsalzlösung suspendiert, werden Hyaluronsäure und lösliche Proteine aus der Grundsubstanz entfernt. Diese stellt ein kollagenartiges Protein dar, wie sich aus Röntgenuntersuchungen und chromatographischen Bestimmungen ergibt. Kollagenase bringt die Grundsubstanz in Lösung[9]. Die Grundsubstanz vermittelt der Hyaluronsäure die notwendige Struktur. Andererseits kann Kollagenase die Grundsubstanz nicht angreifen, so lange Hyaluronsäure an ihr verankert ist[10].

Kammerwasser. Menschliches Kammerwasser kann man durch Punktion der vorderen Augenkammer gewinnen. Der Proteingehalt ist normalerweise in beiden Augen gleich. Nephelometrisch nach Fällung des Eiweiß durch Sulfosalicylsäure gefundene Werte lagen zwischen 5 und 16 mg-%[11]. Selbst nach wiederholten Punktionen in Abständen von 3 Wochen stellt sich die Ausgangskonzentration immer wieder her. Auch bei

[1] WERNER, I., u. L. ODIN: Exper. 5, 233 (1949).
[2] RAČEVSKIJ, F. A.: Vestn. Oftalm. 16, 27 (1940) [Ber. Physiol. 122, 235].
[3] HESSELVICK, L.: Skand. Arch. Physiol. 82, 151 (1939).
[4] ALAGNA, G.: Atti Congr. Soc. ital. Oftalm. 1939, 89—100 [Ber. Physiol. 125, 304].
[5] BLIX, G., o. O. SNELLMAN: Ark. Kemi, Mineral. Geol. 19 A, Nr. 32 (1945).
[6] HADIDIAN, Z., and N. W. PIRIE: Biochem. J. 42, 260 (1948).
[7] DORFMAN, A., and M. L. OTT: J. biol. Ch. 172, 367 (1948).
[8] ALBURN, H. E., and E. C. WILLIAMS: Ann. N.Y. Acad. Sci. 52, 971 (1950).
[9] PIRIE, A., G. SCHMIDT and J. W. WATERS: Brit. J. Ophthalm. 32, 322 (1948).
[10] PIRIE, A.: Brit. J. Ophthalm. 33, 271 (1949).
[11] KRONFELD, P. C.: Amer. J. Ophthalm. 24, 1121 (1941) [C. 1945 II, 1198].

verschiedenen pathologischen Zuständen finden sich normale Eiweißwerte, während bei seniler Katarakt, vielleicht als Folge des Hineindiffundierens von Linseneiweiß, erhöhte Eiweißwerte gefunden werden[1]. Die bei Hunden mit chemischer Methodik gefundenen Eiweißwerte liegen sehr viel höher. KRAUSE und YUDKIN[2] geben für den Eiweiß-N einen Bereich zwischen 5 und 25 mg-% an. Der Nicht-Eiweiß-N liegt zwischen 12 und 40 mg-%; Harnstoff-N zwischen 4 und 15, Amino-N zwischen 8 und 10 mg-%, Kreatinin zwischen 1 und 2 mg-%. Nach vorsichtigem Eindampfen ist mit Hilfe der Papierelektrophorese eine Fraktionierung der Kammerwasserproteine möglich. Die Bilder sind denen des Serums sehr ähnlich[3].

BALAVOINE und VUATEZ[4] entfernen zunächst durch Dialyse niedermolekulare N-Verbindungen und bestimmen dann den N-Gehalt des verbleibenden Restes, also praktisch nur den Eiweiß-N mit kjeldahlometrischer Methode. Auf diese Weise wird der Eiweißgehalt im Kammerwasser von Kaninchen zwischen 20 und 50 mg-% gefunden. In ähnlicher Größenordnung liegen auch die beim Menschen normalerweise und bei verschiedenen Augenkrankheiten gefundenen Werte. In einigen Fällen, so bei Embolie der Zentralarterie und bei verschiedenen Maculaläsionen, finden sich erheblich niedrigere Werte zwischen 0 und 6 mg-%.

Fette und Lipoide. *Hornhaut.* 10% der Trockensubstanz des Corneaepithels und 1% der Substantia propria lassen sich mit Äther extrahieren. Es handelt sich hier im wesentlichen um Phosphatide und Cholesterin[5]. Im *Kammerwasser* finden sich 4 mg-%, im *Glaskörper* 7 mg-% ätherlösliche Bestandteile (Pferd)[6]. In der *Linse* steigt der Cholesteringehalt mit zunehmendem Alter an. Zusammenhänge zwischen Cholesterinablagerung und Kataraktbildung werden seit langem diskutiert[7]. *Netzhaut.* Aus Netzhaut gewonnene Sehpurpurlösungen enthalten ein Phosphatid, das an die Proteine des Sehpurpurs in ähnlicher Weise gebunden ist wie Lecithin an Euglobulin. Durch Elektrodialyse kann man es aus Sehpurpurlösungen entfernen[8]. Durch Extraktion der Netzhäute von Kücken mit Lipoidlösungsmitteln, nacheinander mit Petroläther, Schwefelkohlenstoff und Äthanol, kann man die verschiedenen Ölkugeln (grünlich-gelb: Chlorophan, ockergelb: Xanthophan, rot: Rodophan) getrennt gewinnen. Die Ölkugeln aus dem Pigmentepithel der Froschretina lassen sich mit Methanol extrahieren. Die Darstellung der einzelnen Carotinoide aus diesen Extrakten erfolgt nach Standardmethoden (s. Carotinoide, Bd. III).

Darstellung von Phospholipoiden aus Sehpurpur[8]. Frisches Netzhautgewebe von dunkeladaptierten Fröschen wird mit Petroläther behandelt und dann mit Digitoninlösung extrahiert. Man erhält einen tiefgelben Extrakt. Um die Phosphatidkonzentration zu bestimmen, wird die Lösung ausgebleicht und nach Versetzen mit Calciumcarbonat bei Zimmertemperatur zur Trockne verdampft. Der Rückstand wird mit Chloroform extrahiert, bis er praktisch frei ist von P. Der gelbe Extrakt wird eingedampft, der Rückstand in üblicher Weise naß verascht, so daß die P-Bestimmung ausgeführt werden kann.

Farbstoffe. *Linse.* Durch mildes Alkali lassen sich aus der Linse gelbbraune Farbstoffe extrahieren, die sich mit Diazoreagens rot, mit FOLINS Phenolreagens blau färben und durch Dichlorphenolindophenol entfärbt werden. Der Farbstoff, der von WALLS[9] als Lentiflavin bezeichnet wird, läßt sich durch Säure fällen, wird von Tierkohle adsorbiert und ist nicht dialysabel[10]. Der Farbstoff weicht nicht nur chemisch von Melanin ab,

[1] KRONFELD, P. C.: Amer. J. Ophthalm. **24**, 1121 (1941) [C. **1945** II, 1198].
[2] KRAUSE, A. C., and A. M. YUDKIN: J. biol. Ch. **88**, 471 (1930).
[3] WITMER, R.: Exper. **7**, 347 (1951).
[4] BALAVOINE, C., u. N. VUATEZ: Ophthalm., Basel **118**, 356 (1949).
[5] WEEKERS, R.: Ophthalm., Basel **100**, 136 (1940).
[6] PERITZ, G.: Handb. Biochem., Ergb.-Bd. **2**, 276 (1934).
[7] FEDOROW, S. A.: Nachr. Ophthalm. **29**, 43 (1950).
[8] BRODA, E. E.: Biochem. J. **35**, 960 (1941).
[9] WALLS, G. L.: Science, N.Y. **91**, 172 (1940).
[10] FISCHER, F. P.: Ophthalm., Basel **99**, 425 (1940) [Ber. Physiol. **123**, 99].

sondern erweist sich auch genetisch und physiologisch als vom Melanin unabhängig. Dies beweist sein Vorkommen auch bei albinotischen Exemplaren solcher Tierarten, bei denen er in den Augen normaler Tiere enthalten ist.

Farbstoffe aus anderen Augenteilen. In der Hühneriris finden sich 80% des Pigments als Kryptoxanthin, das zu etwa $1/3$ in veresterter Form vorliegt und nach den für die Gewinnung der Carotinoide angegebenen Vorschriften dargestellt werden kann (s. Bd. III). In den Augen von Hirudo medicinalis findet sich ein rot fluorescierender Stoff, der vermutlich als Porphyrin anzusehen ist. Seine Isolierung und Identifizierung ist wegen der kleinen Menge unmöglich, man ist auf die Absorptionsanalyse angewiesen. Es findet sich ein Absorptionsstreifen im Rot bei 605—627 mμ[1].

Vitamine. Während sich in der Netzhaut der Säugetiere an *Vitamin A* im Durchschnitt etwa 22 γ/g Trockensubstanz finden, liegt der Vitamingehalt im Froschauge mit etwa 400 γ sehr viel höher. Die *Lactoflavinwerte* liegen bei fluorometrischer Bestimmung in der Rindernetzhaut bei 1—5 γ/g Frischgewicht. In vielen Fischaugen ist der Gehalt mit 10—20 γ/g soviel höher, daß sich Lactoflavin z. B. aus den Augen von Schellfischen in krystallisierter Form darstellen läßt[2]. *Ascorbinsäure* findet sich in Linse und Kammerwasser der Augen von Menschen und Tieren. ROPES u. a.[3] finden nach der Methode von TILLMANS im Kammerwasser eines Menschenauges 4—5 mg, beim Hundeauge in Linse und Kammerwasser 6—8 mg. Bei Rind und Pferd liegen die Werte im Kammerwasser um 15—20, in der Linse um 40—56 mg. Mit dem Alter bei Katarakt soll der Ascorbinsäuregehalt abnehmen.

Zur *Aneurin*bestimmung in der Linse verreibt man diese mit krystallinem Ammoniumsulfat, nach Zusatz einer kleinen Menge Wasser zentrifugiert man und bestimmt in der überstehenden klaren Lösung das Aneurin auf üblichem Wege mit der Thiochrommethode. Die von FERRANTE[4] gefundenen Werte liegen zwischen 0,15 und 0,3 γ/g Frischsubstanz und damit sehr viel höher als die von FISCHER[5] angegebenen Werte. Dies mag darauf zurückzuführen sein, daß FISCHER bei alkalischer Reaktion arbeitete und deshalb einen Teil vom Aneurin zerstörte. Aneurin findet sich beim Frosch auch im Pigmentepithel des Auges, aber nicht in der Netzhaut. Hier geht man zur Aneurinbestimmung so vor, daß Netzhaut und Pigmentepithel in einer trockenen Petrischale — um Verluste an wasserlöslichem Aneurin zu vermeiden — voneinander getrennt werden, was im allgemeinen ohne Schwierigkeiten gelingt. Die isolierten Gewebe werden im Porzellanmörser in 3 Tropfen n/10 HCl aufgenommen, unter Zugabe einer Spur Seesand etwa 10 min lang zu einer gleichmäßig kremartigen Substanz verrieben und darauf zweimal mit je 1,5 cm^3 Acetatpufferlösung (p$_H$ 5) quantitativ in ein Zentrifugenglas übergespült. Die Eiweißfällung wird mit 2 cm^3 25%iger Trichloressigsäure bei gelinder Erwärmung im Wasserbad vorgenommen. Anschließend wird 10 min lang zentrifugiert, und die Aneurinbestimmung nach der Thiochrommethode in üblicher Weise durchgeführt[6]. In der Netzhaut konnte NOVER[6] weder bei Fröschen noch beim Menschen und beim Kaninchen Aneurin nachweisen, während sich bei Hund und Schwein Spuren und bei Hammel und Rind Mengen zwischen 0,08 und 0,4 γ in einer Netzhaut fanden. Bei Mensch und Kaninchen fand sich auch im Pigmentepithel kein Aneurin, während die Werte bei Rind, Hammel und Schwein ebenso wie bei Fröschen zwischen 0,3 und 0,9 γ im Pigmentepithel eines Auges lagen.

Nicotinsäure wurde von CAVANIGLIA[7] mit der Bromcyanmethode in verschiedenen Teilen des Auges nach alkalischer Hydrolyse bestimmt. Der Gehalt an Nicotinsäureamid

[1] BOEHM, G.: Exper. **3**, 241 (1947).

[2] KARRER, P.: Schweiz. med. Wschr. **69**, 1004 (1939).

[3] ROPES, M. W., W. v. B. ROBERTSON, E. C. ROSSMEISL, R. B. PEABODY and W. BAUER: Acta med. scand. **196**, 700 (1947).

[4] FERRANTE, A.: Ann. Ottalm. **68**, 453 (1940) [Ber. Physiol. **124**, 480].

[5] FISCHER, F. P.: Ophthalm., Basel **96**, 219 (1939) [Ber. Physiol. **114**, 289].

[6] NOVER, I.: H. **282**, 159 (1945).

[7] CAVANIGLIA, A.: Boll. Soc. ital. Biol. sperim. **16**, 770 (1941) [Ber. Physiol. **132**, 19].

im ganzen Rinderauge beträgt etwa 0,5 mg. Die Hauptmenge verteilt sich auf die Organe mit der höchsten Stoffwechselaktivität: Netzhaut und Aderhaut. Die Linse enthält nach CAVANIGLIA[1] keine Nicotinsäure, während Glaskörper, Sklera und Hornhaut nur geringe Mengen aufweisen. Abweichend hiervon betragen die von SIMONELLI[2] mit der Methode von RITSERT (s. Bestimmung der Nicotinsäure, Bd. IV) im Rinderauge gefundenen Werte der verschiedenen Gewebe (γ/g in Frischsubstanz) bei Retina: 13,2; Cornea: 11,5; Uvea: 6,8; Linse: 5,3; Sklera: 1,2; Kammerwasser: 0,38; Glaskörper: 0,34.

Fermente und Gewebsstoffwechsel. In den verschiedenen Augenteilen ist das Vorkommen zahlreicher Fermente beschrieben worden, deren Nachweis sich nicht wesentlich von dem in anderen Organen unterscheidet. SÜLLMANN[3] weist Phosphatasen in der Cornea, REIS[4] solche in der Netzhaut und Aderhaut nach. KERLY[5] stellt Hexokinase enthaltende Extrakte aus Netzhaut dar, die sich bei kühler Aufbewahrung tagelang halten. Durch Fällung mit Aceton oder Ammoniumsulfat können aus den Rohextrakten Verunreinigungen abgetrennt werden. TAWARA[6] beschreibt 37 organische Substanzen, die durch Dehydrasen der Netzhaut (nachgewiesen nach THUNBERG) abgebaut werden. — Das Ferment *Kohlensäureanhydratase* ist besonders für die Gewebe von Bedeutung, in denen trotz schlechter Blutversorgung eine große Stoffwechselintensität besteht. BAKKER[7], [8] weist das Ferment mit üblicher Methodik (s. Bd. IV) in Hornhaut und Linse in den Augen von Schafen, Rindern, Pferden, Kaninchen, Katzen und Ratten nach. Nur die Linse des Schweineauges ist verhältnismäßig arm an diesem Ferment. Bei den meisten Tieren hat auch die Retina eine hohe Kohlensäureanhydrataseaktivität. Hier machen nur die Augen von Pferden und Kaninchen eine Ausnahme. Ferner verfügt die Retina über ein Fermentsystem, das CO_2 in organische Verbindungen einbaut[9].

Die verschiedenen Fermente des intermediären Kohlenhydratabbaus lassen sich in der Linse mit üblichen Methoden nachweisen[10]. — Im Auge, vor allem im Kammerwasser, ist nicht nur Cholinesterase[11], sondern auch die Acetylcholin synthetisierende *Cholinacetylase* nachgewiesen worden[12]. Die Aktivität dieses Fermentes wird verhältnismäßig gut erhalten, wenn man von Acetontrockenpulver von Organen ausgeht. Dabei ergibt sich gleichzeitig als Vorteil, daß sich bei der Austestung der Zusatz von Physostigmin oder Tetraäthylpyrophosphat als Stabilisatoren für das entstandene Acetylcholin erübrigt, weil die Cholinesterase durch Aceton größtenteils zerstört ist. Zur Enzymdarstellung wird folgendermaßen vorgegangen: Die Augen des Tieres werden so schnell wie möglich nach dem Tode entfernt, die zu untersuchenden Gewebe präpariert und unmittelbar mit CO_2-Schnee vereist. In diesem Zustande kann das Gewebe aufgehoben werden, bis genügend Material zur Untersuchung gesammelt ist. Das Gewebe wird mit wenigen Kubikzentimetern Phosphatpuffer für 2 min homogenisiert, dann wird das Homogenat in eisgekühltes Aceton gegeben. Die Temperatur darf dabei +2° nicht übersteigen, da das Ferment sonst durch Aceton zerstört wird. Das durch Aceton gefällte Fermentpräparat wird abgenutscht und behält als Trockenpulver, in der Kälte aufbewahrt, für einige Wochen seine Aktivität. Zur Bestimmung der Fermentaktivität wird Trockenpulver in Phosphatpuffer suspendiert; folgende Substanzen müssen zugesetzt werden: Cholin, Acetat, Cystein, ATP sowie ein nicht näher bezeichnetes

[1] CAVANIGLIA, A.: Boll. Soc. ital. Biol. sperim. **16**, 770 (1941) [Ber. Physiol. **132**, 19].
[2] SIMONELLI, M.: Boll. Ocul. **20**, 163 (1941) [Ber. Physiol. **128**, 299].
[3] SÜLLMANN, H.: Z. Vit.-, Horm.-Ferm.-Forsch. **1**, 374 (1947) [Ber. Physiol. **141**, 276].
[4] REIS, J.: Arch. Ophthalm., Paris, N. S. **3**, 900 (1940) [Ber. Physiol. **124**, 634].
[5] KERLY, M.: Biochem. J. **42**, XX (1948).
[6] TAWARA, M.: Acta Soc. ophthalm. jap. **43**, 2532 (1939) [Ber. Physiol. **127**, 171].
[7] BAKKER, A.: Graefes Arch. Ophthalm. **140**, 543 (1939) [Ber. Physiol. **116**, 647)].
[8] BAKKER, A.: Ophthalm., Basel **102**, 351 (1941) [Ber. Physiol. **132**, 269].
[9] CRANE, R. K., and E. G. BALL: J. biol. Ch. **189**, 269 (1951).
[10] EULER, H. v., H. HELLSTRÖM, F. SCHLENK u. G. GÜNTHER: Graefes Arch. Ophthalm. **140**, 116 (1939) [Ber. Physiol. **114**, 290].
[11] JAFFÉ, S.: Arch. Ophthalm, Chicago **40**, 273 (1948).
[12] ROETTH jr., A. DE: Arch. Ophthalm., Chicago **43**, 849 (1950).

„Co-Ferment". Geht man von frischem Gewebehomogenat aus, muß außerdem einer der genannten Inhibitoren der Cholinesterase zugesetzt werden. Die entstandene Acetylcholinmenge wird in üblicher Weise am Musculus rectus abdominis des Frosches ausgetestet. Folgende Werte für die Fermentaktivität werden angegeben (γ Acetylcholin/g, Trockenpulver/Std): Katze: Iris 150—166; Ciliarkörper 375—562; Retina 300—562. Kaninchen: Iris 90—120; Retina 600—650[1].

Gewebsatmung. Die in der Literatur angegebenen Werte für auf Milligramm Trockengewicht berechneten Q_{O_2} der *Linse* liegen zwischen 0,058 und 0,867. Diese außerordentlich großen Verschiedenheiten werden von ELY[2] damit erklärt, daß man nicht genügend auf Definition von Temperatur, Substrat, Lebensalter des Tieres und vor allem darauf geachtet hat, ob die Linsenkapsel intakt war. Die von ELY[2] gefundenen Q_{O_2}-Werte liegen bei Linsen von 3—8 Wochen alten Kaninchen, Temperatur 37,5°, in Phosphat-Ringerlösung mit 200 mg-% Glucose zwischen 0,05 und 0,21 mit einem Mittelwert bei 0,09. Zu diesen Versuchen benutzt man besondere WARBURG-Gefäße von 10 cm³ Inhalt und einer Gefäßkonstante von 0,8—0,9 ohne zentralen Einsatz, um eine Beschädigung der Linsenkapsel zu vermeiden. Wenn die Kapsel gesprungen ist, erhöht sich der O_2-Verbrauch um das 2—4fache. Die Kapsel selbst hat keine nachweisbare O_2-Aufnahme. Dagegen wird für die Lenticularfasern ein Q_{O_2} von 0,145 (Kaninchen) und 0,168 (Rind) gefunden.

Für die *Glykolyse* in der Linse gibt PIGNALOSA[3] den $Q_M^{N_2}$ mit 0,59 an und findet ihn damit in der gleichen Größenordnung liegend wie die von ihm gefundene Atmungsintensität. Daß Glykolyse in der Linse nur bei Anwesenheit von Ca-Ionen beobachtet wird, betont WEEKERS[4]. Dabei wird die durch Fluorid, Oxalat oder Citrat bewirkte Glykolysehemmung durch $CaCl_2$-Zusatz nicht rückgängig gemacht.

Daß die Stoffwechselintensität der *Netzhaut* eine sehr hohe ist, ist bekannt. Der Q_{O_2} liegt mit Werten von über 30 an der Spitze aller Gewebe. Auch die Froschnetzhaut hat einen hohen O_2-Verbrauch. Er liegt nach LINDEMANN[5] bei 3,22 mm³ O_2/mg Trockengewicht/Std. Um die Glykolyse in Retinaextrakten zu bestimmen, entfernt man die Retina aus den Augen großer Schlachttiere (Rinder oder Pferde) möglichst bald nach dem Tode. Das Gewebe wird in gefrorenem Zustand in einem eisgekühlten Mörser mit Sand verrieben und mit der gleichen Gewichtsmenge Eiswasser versetzt. Durch wiederholtes Gefrieren und Wiederauftauen werden die Zellen zerstört. Durch Zentrifugieren trennt man die überstehende Flüssigkeit, die eine glykolytische Aktivität nicht aufweist, von dem Zellbrei. Dieser wird vor oder nach Dialyse zur Bestimmung der Glykolyse verwandt. 1 cm³ dieses Extraktes bildet bei Zusatz von 4 mg Glucose in 15 min etwa 15 mm³ CO_2. Durch Zusatz von Jodessigsäure, Natriumfluorid oder Glycerinaldehyd wird die Glykolyse gehemmt. Nach Fluoridvergiftung kann durch Zusatz von Brenztraubensäure die Milchsäurebildung wieder angeregt werden[6]. Nach LENTI[7] hemmen auch Hydrazin und Hydrogensulfit die Glykolyse.

Der Stoffwechsel der *Cornea* ist im wesentlichen davon abhängig, ob man sie bis zur Untersuchung im enucleierten Auge in situ beläßt, oder ob man sie unmittelbar nach der Enucleation excidiert und, falls eine sofortige Untersuchung nicht in Frage kommt, im Eisschrank in einer feuchten Kammer aufhebt, deren Boden mit physiologischer Kochsalzlösung bedeckt ist. O_2-Verbrauch, RQ, Kohlenhydratgehalt und Rest-N-Werte bleiben bei der excidierten Cornea bis zum 6. Tage annähernd normal, während diese Größen bei der zunächst in situ belassenen Cornea schneller Veränderungen

[1] ROETTH jr., A. DE: Arch. Ophthalm., Chicago **43**, 849 (1950).
[2] ELY, L. O.: Amer. J. Ophthalm. **32**, 220 (1949).
[3] PIGNALOSA, G.: Boll. Ocul. **17**, 646 (1939) [Ber. Physiol. **118**, 626].
[4] WEEKERS, R.: Ophthalm., Basel **100**, 257 (1940).
[5] LINDEMANN, V. F.: Physiol. Zool. **13**, 411 (1940) [Ber. Physiol. **127**, 284].
[6] KERLY, M., and M. C. BOURNE: Biochem. J. **34**, 563 (1940).
[7] LENTI, C.: Arch. Sci. biol., Bologna **25**, 455 (1939) [Ber. Physiol. **118**, 286].

aufweisen[1]. Um die Atmung der Cornea zu untersuchen, wird das excidierte Organ mit der Epithelseite nach oben auf den Boden eines besonders konstruierten WARBURG-Gefäßes gelegt. Von 2 Einsatz- bzw. Seitengefäßen enthält das eine 0,2 cm^3 10%ige NaOH, das andere $1/6$ n H_2SO_4. Die Flüssigkeiten dienen einerseits zur Absorption von CO_2 bzw. NH_3, andererseits zur Wasserdampfsättigung des Luftraumes, um Wasserverschiebungen innerhalb der Cornea möglichst zu verhindern. Der Q_{O_2} von Rindercornea liegt bei 0,6—1,0, der von Kaninchencornea zwischen 0,6 und 0,9, der von Katzencornea zwischen 0,27 und 0,4. Bestimmt man die Atmung in KREBS-RINGER-Lösung, so liegen die Werte in gleicher Größenordnung, vielleicht etwas tiefer, in einem p_H-Bereich zwischen 5,7 und 7,5 unabhängig von p_H-Veränderungen. Die O_2-Aufnahme von Homogenat aus ganzer Hornhaut oder aus Hornhautepithel bzw. -endothel kann durch Zusatz von Fumarsäure und Brenztraubensäure erhöht werden, während Zulage von Glucose nur einen geringen Einfluß hat. Auf die O_2-Aufnahme der intakten Cornea haben die genannten Zusätze keinen Einfluß[2].

Zur Bestimmung der Glykolyse wird Cornea von Rindern möglichst bald nach dem Tode entnommen, in 4 Quadranten geteilt und bei 37° in KREBS-RINGER-Lösung untersucht. Die Werte sind der Tabelle 123 zu entnehmen. Entfernt man das Epithel durch Abschaben, oder homogenisiert man es außerdem, so zeigt das durch diese Eingriffe geschädigte Epithel eine erhöhte aerobe und auch eine anaerobe Glykolyse. Dagegen ist die anaerobe Glykolyse der ganzen Cornea und damit des intakten Epithels gleich Null bzw. auch nach Zusatz von Glucose sehr schwach.

Tabelle 123. *Glykolyse von Cornea*[3] (mm^3 CO_2/mg Trockengewicht/Std).

| | Glykolyse | | | Glykolyse | |
	anaerobe	aerobe		anaerobe	aerobe
Ganze Cornea	0,70	0	Epithel, abgeschabt . . .	3,60	1,9
In 100 mg-% Glucose . .	1,40	0,25	In 100 mg-% Glucose .	4,60	2,8
Stroma	0,11	0	Epithel, homogenisiert . .	1,17	1,06
In 100 mg-% Glucose . .	0,25	0,22	In 100 mg-% Glucose .	2,28	1,93

Wasserstoffionenkonzentration. p_H-Messungen im Auge sind vor allem an Glaskörper und Kammerwasser ausgeführt worden. Die Methodik unterscheidet sich nicht von der in anderen Körperflüssigkeiten angewandten. Kammerwasser und Glaskörper zeigen leicht alkalische p_H-Werte, die je nach der angewandten Methode und bei verschiedenen Autoren, anscheinend jedoch nicht in Abhängigkeit von der Tierart, schwanken. Die angegebenen Werte liegen zwischen 7,1 und 7,8[4].

i) Sexualorgane und Fortpflanzung.

α) *Sperma*.

Gesamtsperma und Seminalplasma. Die Samenflüssigkeit, das Sperma des geschlechtsreifen Individuums, setzt sich zusammen aus den Spermien und dem Seminalplasma. Dieses Seminalplasma ist nicht einheitlich, sondern eine Mischung der Sekrete von Hoden, Nebenhoden, Samenblasen, Prostata usw. Die Zusammensetzung schwankt deshalb nicht nur bei verschiedenen Tierarten oder bei verschiedenen Individuen der gleichen Species, sondern auch beim gleichen Individuum mitunter beträchtlich. So besteht beispielsweise die Samenflüssigkeit von Schafböcken zu annähernd gleichen Teilen aus Spermien und Seminalplasma. Der Spermiengehalt ist mit 2,5—5 Millionen Spermien im Kubikmillimeter Samenflüssigkeit höher als bei den meisten anderen

[1] ROETTH jr., A. DE: Arch. Ophthalm., Chicago **44**, 659 (1950).
[2] ROETTH jr., A. DE: Arch. Ophthalm., Chicago **44**, 666 (1950).
[3] ROETTH jr., A. DE: Arch. Ophthalm., Chicago **45**, 139 (1951).
[4] STEINDORFF, K.: Handb. Biochem. Erg.-Bd. 2, 278 (1934).

Säugetieren, so daß das Ejaculat von Schafböcken zur Untersuchung von Spermien und insbesondere für Stoffwechseluntersuchungen besonders geeignet ist. Von 7 Schafböcken erhält man eine Gesamtmenge von 5—18 cm³ Samenflüssigkeit. Samenflüssigkeit von Stieren dagegen ergibt je Tier 5—6,5 cm³ Ejaculat, jedoch beträgt die Spermienzahl nur etwa 1 Million/mm³. — Das Ejaculat vom Eber ist mit etwa 250 cm³ außerordentlich voluminös, die Konzentration an Spermatozoen ist dagegen sehr gering[1]. — Beim Menschen enthält Sperma[2] etwa 150000 Spermien/mm³.

Die Methoden zur Bestimmung der *anorganischen Bestandteile* im Sperma weichen im allgemeinen nicht von den bei Blut oder Organextrakten angewandten ab. Zahlenangaben liegen, vermutlich auf Grund der außerordentlich stark wechselnden Zusammensetzung, recht spärlich vor (s. auch Tabelle 124, S. 577).

Der Na-Gehalt wird bei 270 mg-%, der K-Gehalt bei 90 mg-% und der an Ca bei 25 mg-% gefunden[3]. Zwischen dem Gehalt an Ca und Citronensäure (s. S. 583) sollen Gesetzmäßigkeiten bestehen, für die LUNDQUIST[3] folgende Gleichung angibt:

$$(Ca) = 0,183 \ (Citrat) + 3,5.$$

Hierbei sind die Werte für Ca und Citrat in Millimolen/l angegeben.

Für die Phosphatbestimmung sind besondere Methoden und zahlreiche Werte angegeben. Das Interesse am Phosphatgehalt des Sperma hat seinen Grund darin, daß das Vorkommen von Phosphatase im Sperma und besonders im Sekret der Prostata auf die Bedeutung bestimmter phosphathaltiger Verbindungen bzw. des P-Stoffwechsels für die Funktion der Spermien hinweist. Wenn man das säurelösliche Phosphat im Filtrat der Trichloressigsäurefällung bestimmt, bleibt das Filtrat häufig trübe, weil eine Reihe hochmolekularer Peptide nicht mitgefällt wird. Bisweilen ist zwar das Filtrat zunächst klar, wird jedoch nach Zugabe des zur P-Bestimmung notwendigen Ammonmolybdat wieder trübe. Wenn die Trübung durch scharfes Zentrifugieren oder Ultrafiltration entfernt werden kann, ist die P-Bestimmung auf diesem Wege noch möglich, denn die Lösung bleibt dann auch nach Zugabe des zur Entwicklung der Blaufärbung notwendigen Reduktionsmittels klar. Bei vielen P-Analysen ist jedoch eine Beseitigung der Trübung nicht ohne weiteres möglich. Es empfiehlt sich dann, den P nach LOHMANN[4] als Magnesium-ammoniumphosphat zu fällen und anschließend eine colorimetrische P-Bestimmung durchzuführen (s. auch JANDA und GÖBELL[5]). Die Schwierigkeiten, die eine entstehende Trübung der colorimetrischen Bestimmung entgegensetzt, kann man häufig in einfacher Weise auch dadurch umgehen, daß man das entstehende Molybdänblau nach ALLEN[6] mit Isobutanol-Äthanol ausschüttelt, wie es sich bei den von LANG u. a.[7] ausgeführten P-Bestimmungen in getrübten Lösungen bewährt hat. LUNDQUIST[8] findet in frischem menschlichem Sperma unmittelbar nach der Ejaculation für das anorganische Phosphat Werte um 20 mg-%. Nach 20—30 min sind die Werte bereits auf über 60 mg-%, nach 1 Tag auf 65—140 mg-% angestiegen.

Die Hauptmenge an schnell spaltbarem Phosphat liegt in frischem Sperma in Form von *Cholinphosphat* vor. Diese durch Phosphatase rasch gespaltene Substanz kann nach LUNDQUIST[8] folgendermaßen bestimmt werden: Sperma wird mit Trichloressigsäure enteiweißt, das Filtrat mit Ba(OH)₂ neutralisiert. Beim Stehen im Eisschrank bilden sich 2 Fraktionen aus, von denen die eine in Wasser unlöslich ist, während die wasserlösliche durch 2 Volumina 96 %iges Äthanol ausfällbar ist. Das Filtrat der Alkoholfällung wird im Vakuum auf etwa 10 cm³ eingeengt. Nach Klärung durch Zentrifugieren

[1] MANN, T.: Biochem. J. **39**, 451 (1945).
[2] SHETTLES, L. B.: Amer. J. Physiol. **128**, 408 (1940).
[3] LUNDQUIST, F.: Acta physiol. scand. **19**, Suppl. 66 (1949).
[4] LOHMANN, K.: B. Z. **94**, 306 (1928).
[5] JANDA, K., u. O. GÖBELL: Z. Kinderheilkde. **63**, 524 (1942).
[6] ALLEN, R. J. L.: Biochem. J. **34**, 858 (1940).
[7] LANG, K., G. SIEBERT u. W. ESTELMANN: Exper. **7**, 379 (1951).
[8] LUNDQUIST, F.: Acta physiol. scand. **13**, 322 (1947).

gibt man 9 Volumina 96%iges Äthanol und 1 Volumen gesättigte alkoholische Lösung von $HgCl_2$ zu. Der sich bei eintägigem Stehen im Eisschrank ausbildende Niederschlag wird abzentrifugiert und nach Zugabe von 10 cm³ Wasser durch H_2S-Einleiten von Hg befreit. Nach mehrmaligem Umfällen beträgt der Quotient N:P = 1. Durch einstündige Hydrolyse mit n H_2SO_4 läßt sich freies Cholin nicht abspalten. Die Abspaltung zeigt sich erst nach zweistündiger Hydrolyse mit 5n H_2SO_4. Die Cholinbestimmung erfolgt nach ROMAN[1] (s. auch Bd. III). In 1 Tag altem menschlichem Sperma werden Mengen zwischen 172 und 398 mg-% Cholinchlorid gefunden[2].

Ein kleiner Teil des wasserlöslichen, mit Alkohol ausfällbaren Ba-Salzes besteht ferner aus Argininphosphat. Das Arginin kann quantitativ bestimmt werden: 1. durch positive SAKAGUCHI-Reaktion, 2. als Argininpikrolonat (F 142°), 3. durch Harnstoffbildung bei Arginaseeinwirkung und 4. durch P-Bestimmung nach Hydrolyse von Argininphosphat.

Spermien. *Gewinnung von Spermien und Trockensperma.* Um Ausgangsmaterial für chemische Untersuchungen zu haben, stellt man sich am besten zunächst ein möglichst schonend entwässertes Trockensperma her. Falls jedoch Stoffwechselversuche an Spermien vorgenommen werden sollen, müssen sie so gewonnen und gereinigt werden, daß ihre Vitalität nicht geschädigt wird. Man gewinnt Spermien entweder durch Herauswaschen aus dem präparierten Nebenhoden oder aber aus dem Ejaculat.

Zur Gewinnung von *Trockensperma* aus dem Nebenhoden geht man nach ZITTLE und O'DELL[3] folgendermaßen vor: Aus der excidierten Cauda epididymidis werden die Spermien herausgewaschen. Durch Zentrifugieren, erneutes Suspendieren in Wasser und nochmaliges Zentrifugieren wird die anhaftende Nebenhodenflüssigkeit entfernt. Eine derartige schonende Behandlung mit Wasser verursacht an den Spermien keinerlei mikroskopisch nachweisbare physikalische Veränderungen. Hierin unterscheiden sich die Spermien von den meisten anderen Körperzellen und gleichen vielmehr den Bakterien. Weitere Manipulationen sind jedoch zu vermeiden, weil leicht Teile der Schwänze in Verlust gehen können. Waschen mit physiologischer Kochsalzlösung entfernt Reste von Globulinen, die den Spermien noch äußerlich anhaften.

Die abzentrifugierte Spermienmasse wird im SOXHLET-Apparat mehrmals erst mit Alkohol, dann mit Äther, oder aber mit Aceton und Petroläther extrahiert. Völlige Trocknung und Entfernung der Lösungsmittelreste erreicht man durch Vakuumtrocknung bei 50° und Aufbewahrung im Exsiccator. Durch Beschallung der in physiologischer Kochsalzlösung suspendierten Spermien erreicht man eine Trennung in 3 Fraktionen: Köpfe, Mittelteile und Schwänze. Bei mäßig schnellem Zentrifugieren bleiben die Schwänze in der überstehenden Flüssigkeit suspendiert, während sich im Bodensatz 2 Schichten bilden, von denen die untere im wesentlichen aus Köpfen, die obere aus Mittelteilen besteht. Durch weiteres Suspendieren und Zentrifugieren kann man die 3 Schichten vollständig voneinander trennen. Gewichtsmäßig verhalten sich die erhaltenen Fraktionen wie 51 (Köpfe) zu 16 (Mittelteile) zu 33 (Schwänze). Die Menge der aus einem Stierhoden gewonnenen Spermien liegt zwischen 24 und 63 mg (lipoidfreie Trockensubstanz). Die Zusammensetzung von Stiersperma ergibt sich aus Tabelle 126. Die ihr zugrunde liegenden Bestimmungsmethoden unterscheiden sich nicht von den bei anderen Organen angewandten.

Für Untersuchungen an lebenden Spermien soll die Samenflüssigkeit möglichst frisch, etwa innerhalb 1 Std nach der Ejaculation, verwendet werden. Durch Einfrieren kann man Spermien verhältnismäßig lange Zeit am Leben erhalten. So gelang es SHETTLES[4] nach Einfrieren auf —79°, noch nach 70 Tagen bewegliche Spermien nachzuweisen. Auch wenn man Spermien 5 min lang Temperaturen von etwa —200° aussetzte, war eine Wiederbelebung möglich.

[1] ROMAN, W.: B. Z. **219**, 218 (1930).
[2] LUNDQUIST, F.: Acta physiol. scand. **13**, 322 (1947).
[3] ZITTLE, C. A., and R. A. O'DELL: J. biol. Ch. **140**, 899 (1941).
[4] SHETTLES, L. B.: Amer. J. Physiol. **128**, 408 (1940).

Durch Zentrifugieren und mehrfaches Suspendieren in Ca-freier Ringerlösung trennt man Spermien und Seminalplasma. Schließlich werden die Spermien in einer dem ursprünglichen Volumen entsprechenden Menge an Ca-freier Ringerlösung aufgeschwemmt. Durch vorsichtige Behandlung zeigen sich keinerlei mechanische Schädigungen. Diese ereignen sich jedoch durch stärkere mechanische Eingriffe wie kräftiges Schütteln sehr leicht. Auch zu häufiges Waschen mit zu großen Volumina ist zu vermeiden. Lediglich dann, wenn man zur Untersuchung bestimmter Fermente wie der Phosphatase oder Amylase, die auch im Seminalplasma in reicher Menge vorhanden sind, eine besonders gründliche Reinigung durchführen muß, ist häufiges Waschen angezeigt. Auch die Geschwindigkeit beim Zentrifugieren kann von wesentlichem Einfluß sein. Hier haben sich die Spermatozoen vom Schafbock als resistenter erwiesen als die von Stier oder Eber[1].

Anorganische Bestandteile. Der Gehalt der Spermien an Eisen, Zink und Kupfer ist aus Tabelle 124 zu ersehen. Die Bestimmungen werden nach Standardmethoden durchgeführt[1]. Die hier angegebenen Cu-Werte liegen sehr viel höher als sie in menschlichem Sperma gefunden wurden. MUNCH-PETERSEN[2] gibt die mit einer eigenen Methode bestimmte Schwankungsbreite mit 6—24 γ-% an[3].

Der Gesamt-P-Gehalt in einer Spermiensuspension (Schafbock), die $4 \cdot 10^9$ Zellen im Kubikzentimeter enthält, wird mit 39 mg-% P angegeben. Hiervon sind 5,9 mg-% direkt mit Ammoniummolybdat bestimmbar. Durch Hydrolyse mit n HCl bei 100° werden nach 7 min 9,8 und nach 30 min 10,5 mg-% anorganischer P bestimmbar.

Tabelle 124. *Eisen, Zink und Kupfer in Spermien vom Schafbock[1] (in mg/100 cm³ Samenflüssigkeit).*

	Spermien	Plasma
Fe . .	0,68	0,16
Zn . .	0,70	0,28
Cu . .	0,12	0,05

Organische Bestandteile. *Stickstoffhaltige Substanzen.* Unter den Proteinen von menschlichem Sperma läßt sich eine nicht durch Hitze koagulierbare Fraktion abgrenzen, die Membranen von einem Durchmesser um 25 Å passiert und als *Proteose* bezeichnet wird[4]. Ein Teil dieser Fraktion läßt sich durch Sättigung mit Ammonsulfat ausfällen. Weiterhin lassen sich ein Glykoproteid mit einem Hexosamingehalt von 10,8%, jedoch ohne Uronsäuregehalt, und zwei wasserlösliche Fraktionen abtrennen. Ihre Einheitlichkeit ist elektrophoretisch nachzuweisen. Nucleoproteide finden sich im Seminalplasma in Mengen von weniger als 0,04%[4]. In der Aminosäurezusammensetzung sind sich Sperma und Samenblasensekret recht ähnlich. Lediglich in den Werten für Leucin und Tryptophan und ganz besonders für Arginin zeigen sich größere Unterschiede, wobei die hohen Argininwerte durch die Zusammensetzung der Protamine (s. Tabelle 125 sowie Abschnitt Eiweißkörper Bd. IV) erklärt sind[1].

Tabelle 125. *Aminosäuren in Sperma und Samenblasenflüssigkeit vom Stier[1]* (in Prozenten der Trockensubstanz).

	Sperma	Samen-blasen-flüssigkeit		Sperma	Samen-blasen-flüssigkeit		Sperma	Samen-blasen-flüssigkeit
Arginin . .	25,47	7,91	Phenylalanin	3,81	3,42	Isoleucin . . .	3,42	2,79
Histidin .	2,54	2,13	Methionin .	1,81	1,61	Valin	3,73	3,11
Lysin. . .	5,08	4,86	Threonin . .	3,78	3,20	Glutaminsäure	8,33	7,75
Tryptophan	1,59	2,63	Leucin . . .	5,20	3,81			

Während der N-Gehalt der nach der oben angegebenen Vorschrift (s. S. 576) gewonnenen Spermienfraktionen zwar deutliche, aber nur geringe Unterschiede zeigt, finden sich im Gehalt an verschiedenen anderen Substanzen zum Teil recht beträchtliche Differenzen (s. Tabelle 126).

[1] SHETTLES, L. B.: Amer. J. Physiol. **128**, 408 (1940).
[2] MUNCH-PETERSEN, S.: Acta med. scand. **131**, 588 (1948).
[3] MUNCH-PETERSEN, S.: Scand. J. clin. lab. Invest. **2**, 335 (1950).
[4] ROSS, V., D. H. MOORE and E. G. MILLER jr.: J. biol. Ch. **144**, 667 (1942).

Tabelle 126. *Zusammensetzung von Spermien*[1].

	Ganze Spermien	Köpfe	Mittelteile	Schwänze
Gesamtlipoide (Prozente der Trockensubstanz) . .	13	7	6	23
Phosphor	2,7 ± 0,1	4,0 ± 0,2	1,6	0,5
Nucleotid-P	27,3	40,4	16,2	5,0
Desoxyribonucleinsäure	22,6	40,5	19,4	3,6
Stickstoff	16,4 ± 0,2	18,5	16,0	13,6
Schwefel	1,6 ± 0,1	1,6	1,8	1,8
Cystin-S	1,10	1,07	1,17	0,88
Asche	1,8 ± 0,1	2,1	1,1	1,1

(Spalte 2–8: Prozente von lipoidfreier Trockensubstanz)

Protein. Das Eiweiß der Heringsspermien besteht im wesentlichen aus Clupein. Zu seiner Darstellung werden nach FELIX u. a.[2, 3] reife Heringstestikel, die mit Naphthalin konserviert sein können, nach Zerkleinerung im Fleischwolf mit dem 4fachen Volumen Wasser versetzt und 30 min lang kräftig geschüttelt. Nach Filtrieren durch Mull wird das Filtrat mit Eisessig ($^1/_{10}$ der Gewichtsmenge an Testikeln) versetzt. Dabei fallen die im wesentlichen aus Nucleoprotamin bestehenden Köpfe der Spermatozoen ab. Nach Zentrifugieren und Filtrieren wird der Niederschlag nochmals mit 1%iger Essigsäure suspendiert, filtriert und mit Wasser gewaschen. Die noch feuchten Spermienköpfe können entweder sofort weiter aufgearbeitet werden, wie im Kapitel „Proteine" (Bd. IV) beschrieben, oder sie können nach Behandlung mit Aceton und Äther getrocknet und als nahezu farbloses Präparat aufgehoben werden. Als Ausbeute geben FELIX und MAGER[2] 600 g getrocknete Spermienköpfe aus 3 kg Heringstestikel an.

Bei der Gewinnung von Nucleoprotamin aus Forellenspermien hat sich FELIX u. a.[4] eine Plasmolyse in eiskaltem Aqua dest. noch besser bewährt als die Behandlung mit Eisessig.

Spermin. Als Analoga zu dem aus Ornithin entstehenden Putrescin finden sich im Sperma die Basen Spermin und Spermidin. Der Nachweis von Spermin gelingt leicht, wenn man einen Tropfen Sperma mit einem Deckglas bedeckt und 40—60 min abwartet. Man sieht dann, daß sich spontan 0,25—2 mm lange Krystalle von Sperminphosphat bilden. Man kann auch Sperminphosphat zusammen mit dem Spermaprotein durch Alkohol ausfällen und Sperminphosphat durch Dialyse abtrennen. Zur Darstellung von reinem Sperminphosphat auch aus Organextrakten fällt man mit Bleiacetat, wobei das Spermin ins Filtrat geht. Nach Entfernung von Blei läßt sich Spermin mit Butanol extrahieren und mit Phosphorwolframsäure fällen[5]. In menschlichen Ejaculaten werden Mengen um 150 mg-% gefunden[6]. Bei verschiedenen Säugetieren sind weitaus höhere Konzentrationen nachgewiesen[7].

Desoxyribonucleinsäure. Die nach den oben genannten Vorschriften gereinigten und mit Lösungsmitteln behandelten Spermien werden in einer Bakterienmühle gemahlen. Nach tryptischer Verdauung fällt man mit Äthanol. Die entstehende weiße Fällung ist in NaCl-Lösung löslich. Nach Behandlung mit Chloroform und Octanol (9:1) kann das Na-Salz der Nucleinsäure nach den im Kapitel Nucleoproteide gegebenen Vorschriften (s. Bd. IV) weiter gereinigt werden. Die von ZAMENHOF u. a.[8] nach der genannten Vorschrift gewonnene Desoxyribonucleinsäure enthält 16% N und 8,9% P. Die spezifische Viscosität einer 0,135%igen Lösung in H_2O beträgt 7,0, die Sedimentationskonstante einer 0,22%igen Lösung in 0,2n NaCl-Lösung 5,7 S.

[1] ZITTLE, C. A., and R. A. O'DELL: J. biol. Ch. **140**, 899 (1941).
[2] FELIX, K., u. A. MAGER: H. **249**, 111 (1937).
[3] FELIX, K., H. FISCHER, A. KREKELS u. H. M. RAUEN: H. **286**, 67 (1950).
[4] FELIX, K., H. FISCHER, A. KREKELS u. R. MOHR: H. **287**, 224 (1951).
[5] GUGGENHEIM, M.: Die biogenen Amine. 4. Aufl. Basel, New York 1951.
[6] HARRISON, G. A.: Biochem. J. **27**, 1152 (1933).
[7] LUNDQUIST, F.: Acta physiol. scand. **19**, Suppl. 66 (1949).
[8] ZAMENHOF, S., L. B. SHETTLES and E. CHARGAFF: Nature **165**, 756 (1950).

Adenosintriphosphat. Die Bestimmung von ATP wird nach einer ähnlichen Methode durchgeführt, wie sie für die Bestimmung von ATP im Muskel angegeben ist[1]: 10 cm³ frischer Schafbocksamenflüssigkeit werden mit 15 cm³ Ringerlösung versetzt und zentrifugiert. Die beiden Fraktionen, Spermien und verdünntes Seminalplasma, werden mit Ringerlösung auf 20 cm³ verdünnt und nach Eiskühlung mit 10 cm³ kalter 10%iger Trichloressigsäure 2mal extrahiert. In den vereinigten Extrakten wird bei p_H 8 mit Ba-acetat gefällt und die Bestimmung der ATP in üblicher Weise durchgeführt. Mann findet folgende Werte: ATP-Amino-N im Schafbocksamen zwischen 0,5 und 1,5 mg-%. Den höchsten Gehalt der Spermatozoen an ATP findet man im Dezember als dem Höhepunkt der Springzeit, die niedrigsten Werte an ihrem Ende im April. Der ATP-Amino-N im Stierplasma wird bei 0,4 mg-% liegend angegeben[2].

Weitere Adenosinverbindungen. Außer ATP sollen sich noch andere Adenosinphosphorsäureverbindungen in Spermatozoen finden. Zu ihrer Bestimmung werden Spermien und Seminalplasma wiederum mit Trichloressigsäure extrahiert. Nach Entfernung der Trichloressigsäure durch Ätherextraktion wird mit Sodalösung und Phenolphthalein neutralisiert. Freies NH_3 kann abdestilliert werden. Die NH_3-freie Lösung wird auf p_H 7 gebracht und 2 Std bei 37° gehalten, nachdem 2 cm³ Desaminaselösung zugesetzt wurden, die man sich durch Verreiben von 50 mg Rattenherz in 0,1 m Phosphatpuffer p_H 7 herstellt. Hierbei werden Adenosin und die verschiedenen Adenylsäuren desaminiert. Mann findet 3,45 mg-% NH_2-N in den Spermien und nur 0,45 mg-% im Seminalplasma.

ATP aus Spermien gleicht in ihrer Fähigkeit, mit Actomyosin zu reagieren, ATP aus Muskel. Im Gegensatz zu Muskel-ATP vermag jedoch die ATP-Fraktion aus Sperma unter anaeroben Bedingungen bewegungslos gewordene Spermien wieder beweglich zu machen[3].

Kohlenhydrate und organische Säuren. Außer Citronensäure (s. auch S. 583) finden sich im Sperma meist mehr oder weniger große Mengen an Fructose. Obwohl Hundesperma weder Citronensäure noch Fructose enthält und Fischsperma zwar Fructose, aber keine Citronensäure, muß man doch eine Bedeutung der beiden Substanzen für den Stoffwechsel der Spermatozoen annehmen[4]. Während Fructose aus dem Blut infolge der außerordentlich aktiven Fructokinase der Leber sehr schnell verschwindet, findet sich in der Samenblase kein Fructose abbauendes Ferment. Fructose häuft sich daher an, weil sich ein Fructosephosphat hydrolysierendes Ferment bei geschlechtsreifen Individuen findet[5]. Bei kastrierten Tieren sinkt der Gehalt an Fructose sehr schnell, sie ist z. B. beim Kaninchen 2 Wochen nach der Kastration nicht mehr nachweisbar. Auch die Citronensäurewerte sinken, wenngleich erheblich langsamer, ab[4].

Die Werte für den Gehalt des Sperma verschiedener Tiere an Citronensäure und Fructose sind aus Tabelle 127 zu entnehmen.

Heptakosan. Sperma wird mit Methanol/Äthanol enteiweißt. Aus dem Filtrat, das nach Einengen eine dicke, braune Flüssigkeit darstellt, kann durch Fraktionierung mit

Tabelle 127. *Gehalt des Sperma verschiedener Species an Citronensäure und Fructose*[6]
(in mg/100 cm³).

	Citronensäure	Fructose		Citronensäure	Fructose
Stier	510—1100	700—1000	Hengst	55	
Schafbock . . .	110— 260	300— 500	Hund	0	0
Kaninchen . . .	110— 550	etwa 500	Mensch	500	350
Eber	130	9			

[1] Parnas, J. K., u. C. Lutwak-Mann: B. Z. **278**, 11 (1935).
[2] Mann, T.: Biochem. J. **39**, 451 (1945).
[3] Ivanov, I. I., B. K. Cassavina and L. D. Fomenko: Nature **158**, 624 (1946).
[4] Humphrey, G. F., and T. Mann: Nature **161**, 352 (1948).
[5] Wallenfels, K.: Naturwiss. **38**, 238 (1951).
[6] Lundquist, F.: Acta physiol. scand. **19**, Suppl. 66 (1949).

verschiedenen Lösungsmitteln (Aceton, Äthanol, Äther, Chloroform) neben einem Gemisch von Palmitinsäure und Stearinsäure reines Heptakosan gewonnen werden. Die Ausbeute ist jedoch trotz einer hohen Ausgangsmenge (18 Liter menschliches Sperma!) recht gering[1].

Vitamine. Sperma ist vielfach auf seinen Gehalt an Ascorbinsäure untersucht worden. Zu ihrer Bestimmung wird Ejaculat mit der gleichen Menge 16%iger Trichloressigsäure versetzt. Nach Abzentrifugieren des Niederschlages und Filtrieren wird mit 8%iger Trichloressigsäure zu bekanntem Volumen aufgefüllt und die Bestimmung nach Standardmethoden durchgeführt. NESPOR[2] findet mittels der Methylenblaumethode nach MARTINI und BONSIGNORE im menschlichen Ejaculat Werte zwischen 2,6 und 3,4 mg-%. Die Bestimmung nach TILLMANS ergibt höhere Werte. Nach BERG[3] stammt die Ascorbinsäure aus Hoden oder Prostata, jedenfalls nicht aus den Samenblasen. Da Ascorbinsäuremangel beim Meerschweinchen gleichzeitig zu einem Absinken der Ascorbinsäure im Sperma (s. Tabelle 129) und zu einer Abnahme der Spermienzahl von normal 6000 bis 7000/mm^3 auf etwa 1000 führt, besteht die Möglichkeit eines Zusammenhanges zwischen Ascorbinsäure und Spermatogenese bzw. Befruchtungsfähigkeit[4]. Bei verschiedenen Species schwankt der Ascorbinsäuregehalt. Insbesondere beim Hund finden sich außerordentlich niedere Werte (s. Tabelle 128)[5].

Ein Vergleich der im Sperma vorhandenen Ascorbinsäuremenge mit der in anderen Organen von normalen und avitaminotischen Meerschweinchen nachgewiesenen ergibt sich aus Tabelle 129.

Tabelle 128. *Ascorbinsäuregehalt im Sperma verschiedener Arten* (in mg-%).

Stier	Hund	Meer-schweinchen	Mensch
3—8	0,75	4,6—6,4[6] 8,3[3]	2,6—3,4[2] 12,8[3]

Tabelle 129. *Ascorbinsäuregehalt verschiedener Organe von Meerschweinchen*[4] (Titration mit 2,6-Dichlorphenolindophenol in mg-%).

	Hoden	Ejaculat	Leber	Nebennieren
Normal	31	7	50	100
21 Tage Vitamin-C-Mangel	4	0,9	4	4

Untersuchungen von JÜRGENS[7] an mehr oder weniger fruchtbaren Bullen und Ziegenböcken lassen jedoch einen derartigen Zusammenhang, etwa die Möglichkeit eines Fruchtbarkeitstestes durch Ascorbinsäurebestimmung, nicht annehmen.

Von den B-Vitaminen hat Cholin eine besondere Bedeutung als Bestandteil der Cholinphosphorsäure (s. S. 575). Beim Menschen werden Werte um 250 mg-%, beim Stier solche um 30 mg-% angegeben. Im Stiersperma wurden auch Aneurin, Lactoflavin, Pantothensäure und Niacin gefunden[5].

Stoffwechsel und Fermente. Das sich im Sperma findende Ferment Hyaluronidase[8] stammt mit Sicherheit aus den Keimdrüsen selbst, so daß auf seine Gewinnung weiter unten eingegangen wird. Die aus der Prostata stammende Phosphatase findet sich im menschlichen Ejaculat in Mengen[9] zwischen 600 und 4000 E/cm^3. Beziehungen zwischen Spermatozoenzahl und -beweglichkeit, p$_H$-Wert von Sperma sowie überhaupt zwischen Befruchtungsfähigkeit und Phosphatasewerten konnten nicht gefunden werden[10]. Kleine Mengen trypsinartiger proteolytischer Fermente mit einem p$_H$-Optimum von 7,5 wurden von HUGGINS und NEAL[11] nachgewiesen. Es ist möglich, daß die gerinnungsfördernde

[1] WAGNER-JAUREGG, TH.: H. **269**, 56 (1941).
[2] NESPOR, E.: Kli. Wo. **1939** I, 135.
[3] BERG, O. C., CH. HUGGINS and C. V. HODGES: Amer. J. Physiol. **133**, 82 (1941).
[4] ZIMMET, D.: C. R. Soc. Biol. **130**, 1476 (1939).
[5] LUNDQUIST, F.: Acta physiol. scand. **19**, Suppl. 66 (1949).
[6] ZIMMET, D., et P. SAUCER-HALL: C. R. Soc. Biol. **123**, 584 (1936).
[7] JÜRGENS, F.: Diss. Hannover 1942 [Ber. Physiol. **133**, 472].
[8] HECHTER, O., and Z. HADIDIAN: Endocrinology **41**, 204 (1947) [Ber. Physiol. **136**, 53].
[9] GUTMAN, A., and E. B. GUTMAN: Endocrinology **28**, 115 (1941) [Ber. Physiol. **128**, 534].
[10] DELORY, G. E.: Brit. med. J. **1947** I, 566 [C. **1947** I, 995].
[11] HUGGINS, C., and W. NEAL: J. exp. Med. **76**, 527 (1942).

Wirkung von Sperma — Sperma kann Fibrinogen und Thrombokinase, aber nicht Prothrombin ersetzen — auf der Wirkung proteolytischer Fermente beruht. Cholinesterasen und Mono- und Diaminooxydasen stammen vermutlich aus der Prostata. Sie finden sich mit Sicherheit nicht in den Spermien, sondern nur im Seminalplasma [1-3].

Die Fructolyse stellt nach MANN[4] die Hauptenergiequelle für den Spermatozoenstoffwechsel dar. Sie läßt sich durch NaF völlig unterdrücken, jedoch wird der O_2-Verbrauch nicht völlig aufgehoben.

Cytochrome. Die spektroskopische Cytochrombestimmung wird in einer Spermatozoensuspension vorgenommen, in der sich etwa $3 \cdot 10^9$ Zellen/cm³ befinden. Man verwendet eine Schichtdicke zwischen 0,2 und 1 cm. In einer frisch hergestellten Suspension zeigen die nur zum Teil reduzierten Cytochrome nur schwache Absorptionsbanden. Fügt man wenig Glucose zu und hält in einer N_2-Atmosphäre, werden die Cytochrome schnell völlig reduziert und zeigen alle drei deutliche Banden. Besonders deutlich erscheint die von Cytochrom a. Bei Durchleiten von CO zeigt sich die Bildung der gleichen CO-Verbindungen, die KEILIN und HARTREE[5] an Herzmuskelextrakten beschrieben haben. Bei Luftdurchleitung lassen sich die Banden zum Verschwinden bringen. Spermien von Schafbock und Stier zeigen keine Veränderung der Cytochromspektren, wenn man sie eine Woche unter anaeroben Bedingungen bei $+10°$ gehalten hat. Nach Entfernung der Spermien läßt sich im Seminalplasma kein Cytochrom nachweisen. Dies ist erst möglich, wenn die Zellen stark geschädigt sind[6].

Der Gasstoffwechsel der wie oben (S. 576) angegeben isolierten und gereinigten Spermien läßt sich in der WARBURG-Apparatur messen. Frisches Sperma zeigt nach SHETTLES einen RQ von 0,93, älteres einen solchen von 0,72. Nach SHETTLES[7] läßt sich die Beweglichkeit der Spermien in einer CO_2-Atmosphäre unterdrücken, während sie sofort wieder einsetzt, wenn man CO_2 durch N_2 oder O_2 oder Luft ersetzt. Doch mögen hier vor allem p_H-Veränderungen wesentlich sein.

MANN[8] schlägt vor, bei Spermien den O_2-Verbrauch nicht durch Q_{O_2}, sondern durch Z_{O_2} zu definieren, wobei Z_{O_2} die Menge an Kubikmillimetern O_2 darstellt, die bei $37°$ in 1 Std von 10^8 Spermien aufgenommen wird. Der Grund hierfür liegt darin, daß man bei Berechnung von Q_{O_2} die Spermien vor dem Trocknen waschen muß und dabei Inhaltsstoffe entfernt, so daß man zu unrichtigen Gewichtswerten kommt. MANN[8] findet bei Schafbockspermien für Z_{O_2} Durchschnittswerte von 20. Wenn man diese trotz der genannten Bedenken auf Q_{O_2} umrechnet, würde sich ein Wert von 8 ergeben. — Untersucht man gewaschene Spermien in völliger Abwesenheit von Seminalplasma, läßt sich eine wesentliche Milchsäurebildung nicht feststellen. Bei Zufuhr von Glucose entwickelt sich dagegen sehr schnell eine Glykolyse. Das Ausmaß von anaerober und aerober Glykolyse sowie der Quotient dieser beiden Größen zeigt sehr starke jahreszeitliche, aber auch individuelle Schwankungen. MANN[8] gibt als höchsten Wert für die Milchsäuremenge 6 mg an, die in 1 Std bei $37°$ von 1 cm³ Spermiensuspension ($3,5 \cdot 10^9$ Zellen) durch anaerobe Glykolyse gebildet wurde. Die niedrigsten von ihm gefundenen Werte betrugen dagegen nur $1/_6$ dieser Zahl.

Physikalisch-chemische Untersuchungen. Infolge der stark wechselnden Zusammensetzung von Sperma lassen sich auch für physikalisch-chemische Größen wie Viscosität u. a. keine feststehenden Angaben machen. Bei mit üblichen Methoden ausgeführter p_H-Messung werden für Kaninchensperma Werte zwischen 6,60 und 6,86 angegeben[9].

[1] ZELLER, E. A., u. C. A. JOËL: Helv. **24**, 968 (1941) [Ber. Physiol. **128**, 205 (1942)].
[2] JOËL, C. A.: Helv. med. Acta **8**, 595 (1941) [C. **1945 I**, 1383].
[3] ZELLER, E. A.: Helv. **24**, 117 (1941) [C. **1941 I**, 1969].
[4] MANN, T.: Lancet **1948 I**, 446.
[5] KEILIN, D., and E. F. HARTREE: Proc. R. Soc. London (B) **127**, 167 (1939).
[6] MANN, T.: Biochem. J. **48**, 386 (1951).
[7] SHETTLES, L. B.: Amer. J. Physiol. **128**, 408 (1940).
[8] MANN, T.: Biochem. J. **39**, 451 (1945).
[9] ZAGAMI, V.: Atti R. Accad. Lincei, R. C. (6) **28**, 270 (1938) [Ber. Physiol. **114**, 124].

Nach ZAGAMI[1] liegen die Werte für menschliches Sperma bei 7,5—7,7; beim Hund bei 6,7; beim Hahn bei 7,1.

Mittels Elektrophorese lassen sich im Seminalplasma eine Reihe von Fraktionen unterscheiden. Weiterhin ist die Reinheit mehrerer mit chemischen und physikalischen Methoden getrennter Fraktionen auf elektrophoretischem Weg nachgeprüft worden (s. S. 577)[2]. Die Beweglichkeit von Spermien von gesunden Menschen wurde bei 6 bis $9 \cdot 10^{-5}$ cm^2/sec/V gefunden (20°, p_H 7,8, Spannungsabfall 2,5 V/cm). In gleicher Größenordnung liegen die bei Menschen mit Hypozoospermie gefundenen Werte[3].

β) Akzessorische Sexualdrüsen und ihre Sekrete.

Mensch. Während Sperma aus Ejaculat auch vom lebenden Menschen gewonnen werden kann, ist man bei der Gewinnung von Prostata- und Samenblasensekret im wesentlichen auf Sektionsmaterial angewiesen. Über Untersuchung von Prostatagewebe und -sekret vgl. S. 584.

Eber. Der Nebenhoden enthält 10—20 cm^3 Sekret, das verhältnismäßig reich an Spermien ist. In den Samenblasen findet man etwa 600, mitunter sogar 800—1000 cm^3 spermienfreie Flüssigkeit. Die COWPERschen Drüsen sind beim Eber besonders stark entwickelt und enthalten große Mengen eines zähen, fadenziehenden, durchsichtigen, schwach opalescierenden Sekrets.

Stier. Das Sekret der Samenblasen ist klar, schwach gelblich, Reaktion schwach sauer, es ähnelt dem des Menschen. Die Menge beträgt wenige Kubikzentimeter, im Höchstfalle 30 cm^3, es enthält keine Spermien. Bei Zusatz von Wasser oder schwachen Säuren, dagegen nicht beim Kochen, zeigt sich eine flockige weiße Fällung, die sich im Überschuß des Fällungsmittels wieder löst. Das Sekret hemmt die Citronensäuredehydrase (s. unten). Diese Hemmung verschwindet nach stärkerer Verdünnung (1:200 bis 1:1000) oder nach 20 min langem Kochen.

Kaninchen. Die „Samenblase" dieses Tieres findet sich in der Literatur auch unter anderem Namen wie WEBERsches Organ, Uterus masculinus, Vesicula duct. def. erwähnt. Ihr schwach bräunlich oder grünlich gefärbtes, schleimiges bzw. gallertiges Sekret kann nur gewonnen werden, wenn man es absaugt, weil beim Auspressen das weiße milchige Sekret der in die dorsale Wand der Samenblase eingebetteten Prostata mitkommt.

Meerschweinchen. Die Samenblasen dieses Tieres sind weite, gekrümmte, hornähnliche Schläuche, die gewöhnlich mit einer großen Menge weißlichen, körnigen Sekrets gefüllt sind. Bei Gewinnung dieses Sekretes hüte man sich vor einer Verletzung der Prostata, die als aus 2—3 Gruppen zarter, mit wasserhellem Sekret gefüllter Drüsenschläuche bestehendes Organ in unmittelbarer Nähe liegt. Denn das Sekret der Prostata enthält das Enzym Vesiculase, durch das das Samenblasensekret zu schneller Koagulation gebracht wird (Vaginalpfropf post coitum)[4].

Eine vollständige Entleerung der Samenblasen beim Meerschweinchen kann man durch Reizung mittels Wechselstrom erzielen. Man legt eine Elektrode unter die Nackenhaut, die andere wird ins Maul eingeführt. Man läßt einen Wechselstrom von etwa 30 V für 2 sec und ebenso lange nochmals nach 1—2 min einwirken. Bei der ersten Elektrisierung bekommt das Tier starke tonische und klonische Krämpfe, im Verlauf derer es, besonders bei stark gefüllten Samenblasen, zu einer Ejaculation kommt. Bei der zweiten Elektrisierung werden die Samenblasen praktisch völlig entleert. Im Gegensatz zu weiblichen Tieren kommt es bei männlichen Meerschweinchen bei diesem Eingriff nicht zu einer Harnentleerung, selbst bei stark gefüllter Harnblase. Nach einigen Stunden hat sich das Tier völlig erholt. Man kann den Eingriff, ohne daß das Tier an Gewicht

---

[1] ZAGAMI, V.: Atti R. Accad. Lincei, R. C. (6) **28**, 270 (1938) [Ber. Physiol. **114**, 124].

[2] ROSS, V., D. H. MOORE and E. G. MILLER: J. biol. Ch. **144**, 667 (1942).

[3] JOËL, C. A., A. KATCHALSKY, O. KEDEM and N. STERNBERG: Exper. **7**, 274 (1951).

[4] SCHERSTÉN, B.: Skand. Arch. Physiol. **74**, Suppl. 9 (1936).

Tabelle 130. *Zinkgehalt der akzessorischen Sexualdrüsen (Ratte)*[1] *(γ/g Frischgewicht)*.

Vesiculardrüse: Sekret.	$2,15 \pm 0,48$	Nebenhoden	$46,20 \pm 4,60$
Gewebe	$22,10 \pm 2,64$	Coagulationsdrüse . .	$25,00 \pm 8,47$
Prostata posterior . .	$180,00 \pm 45,5$	Hoden	$28,90 \pm 1,84$
anterior	$13,70 \pm 3,24$		

Tabelle 131. *Citronensäure im Sperma und in den Sekreten der akzessorischen Sexualdrüsen*[2] *($^o/_{oo}$)*.

	Sperma	Nebenhoden	Samenblasen	Prostata
Mensch	$5,0 \pm 2,5$			$7,00 \pm 0,7$
Eber		$0,15 \pm 0,01$	$8,2 \ \pm 0,22$	$0,54 \pm 0,13$
Stier			$10,6 \ \pm 0,94$	
Kaninchen		$0,59 \pm 0,04$	$6,33 \pm 0,61$	$1,34 \pm 0,23$
Meerschweinchen . .		$< 0,1$	$3,28 \pm 0,16$	$3,55 \pm 0,54$

verliert, alle 3—4 Tage durchführen. Einwirkung von Wechselstrom auf das Lumbalmark in der Höhe der Ejaculationszentren bewirkt niemals eine Entleerung der Samenblasen[3].

Die von MAWSON und FISCHER[1] mit der Dithizonmethode nach VALLEE und GIBSON[2] im Vesiculardrüsensekret gefundenen Zn-Werte liegen, an der Grenze der Nachweisbarkeit, in gleicher Größenordnung wie die im Seminalplasma (s. Tabellen 124 und 130). Unter den akzessorischen Sexualdrüsen zeichnet sich die Prostata posterior durch einen besonders hohen Zn-Gehalt aus (Tabelle 130).

Bis auf die COWPERschen Drüsen zeigen die genannten Organe in ihren Sekreten zumeist mehr oder weniger große Mengen an Citronensäure, wie Tabelle 131 zeigt.

Durch Mangel an B-Vitaminen wird die Sekretion von Fructose und Citronensäure in den akzessori-

Tabelle 132.
Citronensäure in akzessorischen Sexualorganen (Ratte)[4].

Kostform	Citronensäure	
	Samenblase γ/Organ	Prostata γ/Organ
Vollkost	456—675	424—681
B$_1$-Mangel	64—135	136—360
Quantitative Unterernährung .	166—170	370—434

schen Sexualdrüsen männlicher Ratten stark herabgesetzt, durch Verabreichung von Testosteron oder Prolan dagegen wieder erhöht (LUTWAK-MANN[5]). Besonders stark wirkt sich dabei Mangel an Aneurin aus, wie Tabelle 132 zeigt.

γ) Hoden.

Anorganische Bestandteile. Die Bestimmung der anorganischen Bestandteile unterscheidet sich nicht von der in anderen parenchymatösen Organen. Über den Mineralgehalt liegen in der Literatur nur sehr spärliche Angaben vor. In der Trockensubstanz finden sich 4—10 mg-% Si[6] und 3,3—4,2 mg-% F[7]*. Die Werte für die folgenden Spurenelemente beziehen sich auf Frischsubstanz: Im Rattenhoden normaler Tiere finden sich etwa 2 mg-% Fe. Bei anämischen Tieren und besonders bei solchen, die im Unterdruck (300—400 mm Hg) gehalten und täglich mit 1 mg FeCl$_3$ gefüttert wurden, werden Werte um 2,5 bzw. 3,9 mg-% angegeben. Die Mg-Werte liegen bei 6,7 und 9,4 mg-%[8], Zn

* F-Werte wahrscheinlich zu hoch, da nicht mit einwandfreier Methodik erhalten.

[1] MAWSON, C. A., and M. J. FISCHER: Nature **167**, 859 (1951).
[2] VALLEE, B. L., and J. G. GIBSON: J. biol. Ch. **176**, 435 (1948).
[3] BATELLI, F.: C. R. Soc. Physique Hist. natur. **39**, 73 (1922).
[4] LUTWAK-MANN, C., and T. MANN: Biochem. J. **48**, XXVI (1951).
[5] LUTWAK-MANN, C., and T. MANN: Nature **165**, 556 (1950).
[6] KING, E. J., and TH. H. BELT: Physiol. Rev. **18**, 329 (1938).
[7] DE EDS, F.: Medicine, Baltimore **12**, 1 (1933).
[8] CANAVÓ, L., u. R. INDOVINA: B. Z. **261**, 45 (1933).

1,7 mg-%[1], Ti 2,7 γ-%[2]. Al und Sn wurden mit spektrographischer Methodik lediglich qualitativ nachgewiesen[3]. Der Schwefelgehalt liegt nach MÉDVÉDÉVA[4] bei Kaninchen um 128 mg-%. Hiervon sind 82 mg-% Eiweiß-S, 23 mg-% SH-Schwefel und 23 mg-% oxydierter S[4].

Organische Bestandteile. *Vitamine.* Der Gehalt an Vitamin A liegt unterhalb 20 IE/g[5]. Von B-Vitaminen ist lediglich das Vorkommen von Nicotinsäure beschrieben, deren Menge beim Stier 1,3 mg-%[6], beim Schwein 4,4 mg-%[7] betragen soll. Vitamin C-Gehalt s. Tabelle 129.

Fermente. An Fermenten hat wesentliche Bedeutung lediglich die Hyaluronidase, vielfach auch als Mucopolysaccharase bezeichnet, deren Wirkung mit der Befruchtungsfunktion der Spermien eng verknüpft ist. Das Ferment läßt sich nach HAHN[8] aus frischem Hodengewebe oder Organtrockenpulver darstellen. Nach gründlicher Zerkleinerung des Gewebes wird dieses mit n/10 Essigsäure extrahiert und der Extrakt durch Ammonsulfatfällungen fraktioniert. Nach FREEMAN u. a.[9] geht man am besten von gefrorenem Gewebe aus, extrahiert mit 0,1n Essigsäure und nimmt die Ammonsulfatfällung in 0,015 m Phosphat-Citratpuffer p_H 5,0 auf. Nach wiederholten Alkoholfällungen kann das Präparat ohne Wirkungsverlust gefriergetrocknet werden. WERLE u. a.[10] weisen auf die Unbeständigkeit bei Zimmertemperatur und einen Wirkungsverlust bei der Dialyse hin, der durch Abtrennung eines noch unbekannten anorganischen Bestandteiles verursacht sein soll. Als Substrat für die Fermentversuche dient Hyaluronsäure, die man sich aus Glaskörper (s. S. 569) oder Nabelschnur (s. S. 589) herstellen kann.

Auch weitgehend gereinigten Hyaluronidasepräparaten aus Stierhoden[11] geht die Fähigkeit zum Abbau von Chondroitinschwefelsäure nicht verloren. Doch ist wahrscheinlich, daß es eine besondere Chondroitinase im Hoden nicht gibt, daß vielmehr Hyaluronidase verschiedene Substrate angreifen kann (MATHEWS)[12].

δ) Prostata.

Über *anorganische Bestandteile* im Prostatagewebe liegen nur wenige Angaben vor. Si: 5 mg in 100 g Trockengewebe[13], Uran: $4 \cdot 10^{-5}$%[14]. — Zink s. Tabelle 130.

Sekret. Das Prostatasekret stellt beim Menschen und bei einem großen Teil der Wirbeltiere einen wesentlichen Anteil des Sperma dar. Über seine Zusammensetzung bei Mensch und Hund unterrichtet Tabelle 133[15].

Fermente. Das Vorkommen einer sauren Phosphatase im Prostatasekret ist von KUTSCHER und WOLBERGS[16] angegeben und von vielen Autoren bestätigt worden. Wie Tabelle 133 zeigt, ist beim Hund die Menge an saurer Phosphatase erheblich geringer als beim Menschen. Noch niedriger sind die von GUTMAN und GUTMAN[17] bei Ratte, Katze, Kaninchen und Meerschweinchen gefundenen Mengen; sie liegen in der Größen-

[1] LEINER, M., u. G. LEINER: Biol. Zbl. **62**, 119 (1942).

[2] MAILLARD, L. C., u. J. ETTORI: C. R. Soc. Biol. **122**, 951 (1936).

[3] DUTOIT, P., et CH. ZBINDEN: Cr. **190**, 172 (1930).

[4] MÉDVÉDÉVA, N.: Med. Ž. **10**, 793 (1940) [Ber. Physiol. **124**, 415].

[5] DONINI, P.: Rass. Clin., Terap. **38**, 7 (1939) [Ber. Physiol. **113**, 18].

[6] CUNY, L., P. BOUVET et J. DEVILLERS: Bull. Soc. Chim. biol. **24**, 154 (1942).

[7] BANDIER, E.: Biochem. J. **33**, 1130 (1939).

[8] HAHN, L.: B. Z. **315**, 83 (1943). Ark. Kemi, Mineral. Geol. 21 A, Nr. 1 (1945); 22, Nr. 1, Nr. 2 (1946).

[9] FREEMAN, M. E., P. ANDERSON, M. OBERG and A. DORFMAN: J. biol. Ch. **180**, 655 (1949).

[10] WERLE, E., F. TURTUR u. R. BAUEREIS: B. Z. **319**, 337 (1949).

[11] FREEMAN, M. E., P. ANDERSON, M. E. WEBSTER and A. DORFMAN: J. biol. Ch. **186**, 201 (1950).

[12] MATHEWS, B., S. ROSEMAN and A. DORFMAN: J. biol. Ch. **188**, 327 (1951).

[13] KING, E. J., and TH. H. BELT: Physiol. Rev. **18**, 329 (1938).

[14] HOFFMANN, J.: B. Z. **313**, 377 (1943).

[15] HUGGINS, C.: Physiol. Rev. **25**, 281 (1945).

[16] KUTSCHER, W., u. H. WOLBERGS: H. **236**, 237 (1935).

[17] GUTMAN, A. B., and E. B. GUTMAN: Proc. Soc. exp. Biol. Med. **39**, 529 (1938) [C. **1942 II**, 794].

Tabelle 133. *Zusammensetzung von Prostatasekret*[1].

	Mensch	Hund		Mensch	Hund
p_H	6,3— 6,45	5,29—6,16	P mg-% (säurelöslich)	2 —5,5	Spur
H_2O %	92,7—93,6	98,1 ± 0,3	CO_2-Millimole/l . . .	3,1—5,4	0,8—0,9
N mg-%	295—511	154	Glucose mg-% . . .	Spur bis 16,4	0 — 30
Nichtprotein-N mg-%	30—90	22	Ascorbinsäure mg-%	0,54	0,76
Gesamtprotein % . .	2,46—2,64	0,8	Citronensäure % . .	0,48—0,7	0,00268
Na mg-%	340—360	370	Phosphatase *, saure .	255—1727	3—286
	270[2]		alkalische	—	0—106
K mg-%	110—240	20	Gesamtfett mg-% .	286	—
	90[2]		Cholesterin mg-% .	62—105	—
Ca mg-%	110—130	1,2			
Cl mg-%	120—160	570	* KING-ARMSTRONG-Einheiten.		

ordnung von 10% der beim Hund gefundenen Werte. Dagegen wird bei auch der Ratte wie beim Hund eine höhere Aktivität der alkalischen Phosphatase beschrieben.

Zu Phosphataseuntersuchungen genügt es, Prostatasekret oder Ejaculat lediglich durch scharfes Zentrifugieren und Dialyse zu reinigen. Die noch beträchtliche Menge an zurückbleibenden Begleitstoffen stört bei Fermentuntersuchungen nicht[3].

Konkremente. Eine chemische Analyse operativ entfernter Prostatakonkremente ergab die folgenden Daten[4]: $Ca_3(PO_4)_2$ 68,23%; $CaHPO_4 \cdot 2H_2O$ 23,04%; $Mg_3(PO_4)_2$ 0,40%; Protein 8,36%.

ε) Vagina, Sekrete von Vagina und Cervix uteri, Fruchtwasser.

Die *Reaktion* des *Vaginalsekretes* ist schon beim Neugeborenen sauer, bevor es zu einer Besiedlung der Vagina mit Bakterien gekommen ist. Die saure Reaktion ergibt sich im wesentlichen aus der Anwesenheit der Milchsäure. Als Milchsäurequelle kommt das im Vaginalepithel vorhandene Glykogen in Frage, dessen Nachweis bisher nur histochemisch durchgeführt ist[5]. Die chemische Bestimmung wäre nach den gleichen Richtlinien durchzuführen, die für die Glykogenbestimmung in der Leber angegeben sind. Im kindlichen Vaginalepithel ist der Glykogengehalt verhältnismäßig gering, läßt sich aber durch Verabfolgung von Keimdrüsenhormonen steigern. Geschlechtsreife Individuen zeigen einen hohen Glykogengehalt des Epithels.

Die p_H-Werte, zu deren Bestimmung von TRUSSELL u. a.[6] eine besonders geeignete Glaselektrode angegeben ist, liegen bei gesunden Frauen zumeist um 4,5. Es sind jedoch auch Werte bis zu 3,9 einerseits und 6,3 andererseits gemessen worden, ohne daß abnorme Verhältnisse vorlagen[6]. Im Vaginalgewölbe und im Cervixkanal ist das Sekret neutral bis schwach alkalisch[7]. Bei Ratten zeigen sich cyclische p_H-Veränderungen, indem während des Prooestrus und Oestrus eine saure, während des Dioestrus eine alkalische Reaktion vorherrscht. Bei kastrierten Ratten sind diese Schwankungen nicht nachzuweisen[8]. Auch bei vielen Frauen sollen derartige Schwankungen nachweisbar sein, während andere konstante p_H-Werte zeigen[9].

Der *Eiweißgehalt* normalen Vaginalsekrets liegt bei 2—2,5% und kann in pathologischen Fällen bis auf 6% steigen. Die Rest-N-Werte liegen im allgemeinen zwischen 130 und 180 mg-%[10]. Die im Vaginalsekret nachgewiesenen *SH-Verbindungen* sind in

[1] HUGGINS, C.: Physiol. Rev. 25, 281 (1945).

[2] LUNDQUIST, F.: Acta physiol. scand. 19, Suppl. 66 (1949).

[3] OHLMEYER, P.: Z. Naturforsch. 1, 18 (1946).

[4] HEPBURN, J. S., and PH. E. YONNT: J. Franklin Inst. 243, 487 (1947).

[5] HERRNBERGER, K., u. F. H. HORSTMANN: Arch. Gynäk. 168, 451 (1939).

[6] TRUSSELL, R. E., and R. F. McDOUGALL: Amer. J. Obstet. Gynec. 39, 77 (1940).

[7] SCHOKAERT, J. A., et G. DELRUE: Bull. Acad. R. Méd. Belg. (VI) 3, 601 (1938) [Ber. Physiol. 115, 86].

[8] BEILLY, J. S.: Endocrinology 25, 275 (1939).

[9] KROUTIKOVA, K.: Akusherstvo i Ginek. 11, 49 (1939) [Ber. Physiol. 118, 453].

[10] RAAB, E.: Arch. Gynäk. 134, 519 (1928).

der Hauptsache an die Zellen im Sekret gebunden, während sie in den flüssigen Anteilen entweder ganz fehlen oder nur in kleinen Mengen vorkommen. NÜRNBERGER[1] nimmt an, daß SH-Verbindungen im wesentlichen als Glutathion vorliegen. Zur Glutathionbestimmung wird folgendermaßen vorgegangen: Unter Verwendung von nitritfreiem Wasser für alle Lösungen wird eine gewogene Menge Vaginalsekret mit destilliertem Wasser auf 5 cm³ aufgefüllt. Dann gibt man gleiche Teile 2/3 n Schwefelsäure und 10%iges Natriumwolframat zu. Zu 25 cm³ des klaren Filtrats fügt man 2 cm³ 25%ige Salzsäure und 2 cm³ 1/200 n Trikaliumhexacyanoferrat, dann 2 cm³ Zinksulfat-Kaliumjodid-Kochsalzlösung von der gleichen Zusammensetzung, wie sie bei der Blutzuckerbestimmung nach HAGEDORN-JENSEN (s. S. 68) verwendet wird. Nach Zugabe von Stärke wird der Überschuß an Trikaliumhexacyanoferrat mit n/200 Natriumthiosulfat zurücktitriert. 1,0 cm³ verbrauchtes Trikaliumhexacyanoferrat entspricht 1,25 mg Glutathion. Die Glutathionwerte schwanken innerhalb weiter Grenzen und liegen zwischen 28 und 284 mg-%.

Ferner wurde im Vaginalsekret gesunder Frauen Trimethylamin in einer Menge von 0,33% nachgewiesen[2]. Diese Menge soll bei Genitaltumoren erhöht sein. Mit dem Beginn des Klimakteriums verschwindet es aus dem Sekret.

Cervix uteri. Untersuchung und Zusammensetzung von Wand und Schleimhaut s. Abschnitt „Uterus" (S. 539). Zur Gewinnung von Cervicalsekret wird nach Reinigung des äußeren Muttermundes Cervixinhalt mittels einer an die Spritze angeschlossenen Glaskanüle aspiriert. Zur Aminosäurebestimmung wird die Probe sofort gewogen und mit 80%igem Äthanol extrahiert. Zur Gewinnung größerer Mengen an Untersuchungsmaterial kann man die Proben dann bei —22° aufheben. Der alkoholische Extrakt wird nach Konzentrierung auf einem Uhrglas in üblicher Weise chromatographisch untersucht. Das Vorkommen der einzelnen Aminosäuren ist sowohl bei verschiedenen Individuen als auch beim gleichen Individuum in verschiedenen Cyclen außerordentlich unterschiedlich. Eine streng quantitative Bestimmung ist mit papierchromatographischer Methodik schwer möglich. Die mit Ninhydrin färbbaren Flecken zeigen jedoch eine stärkere Intensität, wenn man den Schleim vor der Alkoholextraktion zunächst bei 37° hält. Dabei werden vermutlich auf fermentativem Wege größere Mengen an Aminosäuren frei. Bei insgesamt 163 Untersuchungen an 5 Frauen während insgesamt 11 Cyclen finden PEDERSON und POMMERENKE[3] die folgenden Aminosäuren und Derivate (Häufigkeit in der beschriebenen Reihenfolge abnehmend): Glutaminsäure, Taurin, Alanin, Glycin, Valin, Leucin, Asparaginsäure, Glutamin, Serin, Methionin, Lysin und Arginin.

Tabelle 134. *Zusammensetzung von Fruchtwasser beim Schaf zu verschiedenen Zeitpunkten der Gravidität*[4].

Dauer der Trächtigkeit	Gewicht des Fetus	Fruchtwassermenge	Spezifisches Gewicht	Trokkensubstanz	Asche	Organische Bestandteile	Gesamt-N	Rest-N	pH	Na	K	Ca	Mg	Cl	P (anorganisch)
Tage	g	cm³		%						mg-%					
Allantoisflüssigkeit															
28	0,47	32	1,0082	0,85	0,6	0,25	0,118	0,086	8,00	—	47	9,7	3,7	230	10,4
56	46	74	1,0156	2,3	0,6	1,7	0,315	0,210	6,87	139	38	9,3	8,7	249	7,4
112	1624	308	1,0204	4,3	1,25	3,05	0,323	0,280	4,49	—	40	9,5—46,0	34,1	43	<1
140	6226	1050	1,0233	3,9	1,15	2,75	0,360	0,350	6,46	266	141	4,6	79	42	0,5
Amnionflüssigkeit															
56	42	184	1,0074	1,15	0,9	0,25	0,038	0,033	7,47	293	57	6,3	1,3	446	2,7
84	486	675	1,0066	1,15	0,8	0,35	0,032	0,029	7,60	312	37	7,0	1,6	432	1,3
140	6226	1684	1,0078	1,2	0,75	0,45	0,072	—	8,40	279	43	5,9	3,4	382	1,3

[1] NÜRNBERGER, L.: Z. Geburtsh. 102, 1 (1932).
[2] ASHLEY-MONTAGU, M. F.: Nature 142, 1121 (1938).
[3] PEDERSON, D. P., and W. T. POMMERENKE: Fertility & Sterility 1, 527 (1950).
[4] McDOUGALL, E. J.: Biochem. J. 45, 397 (1949).

Fruchtwasser. Wenn man aus der Vagina abfließendes Fruchtwasser untersucht, sind die p_H-Werte außerordentlich verschieden. Dies beruht auf Verunreinigungen mit Cervix- oder Vaginalsekret oder aber auf CO_2-Verlusten durch den Kontakt mit der Luft. Es ist deshalb empfehlenswert, das Fruchtwasser unter Luftabschluß zu gewinnen. Die p_H-Werte liegen dann fast regelmäßig zwischen 6,95 und 7,1, während sich schon nach kurzem Kontakt mit Luft die p_H-Werte auf eine Höhe zwischen 7,1 und 7,3 einstellen[1]. Die Alkalireserve schwankt zwischen 32 und 62 Vol.-% CO_2. Auch bei Eklampsie sind die p_H-Werte nicht verändert, dagegen kann sich bei Übertragung der p_H-Wert nach dem Sauren hin verschieben[1]. Beim Schaf verschieben sich die p_H-Werte von Allantois- und Amnionflüssigkeit mit fortschreitender Trächtigkeit zum Sauren, um gegen Ende der Gravidität wieder etwas alkalischer zu werden. Die genauen Werte sowie die Zusammensetzung der beiden Flüssigkeiten sind aus Tabelle 134 zu ersehen[2].

ζ) Placenta und Nabelschnur.

Die Untersuchung der **Placenta** auf *anorganische Bestandteile* unterscheidet sich nicht von der anderer parenchymatöser Organe. Für den Mineralgehalt werden folgende Werte angegeben (in mg-% der Frischsubstanz): Na 132, K 34, Mg 8,5, Fe 12,6, Ca 15 bis 140. Die Werte sollen bei Placenten weiblicher Früchte etwas höher liegen als bei männlichen[3]. Für den Gehalt an Si geben King u. a.[4] 14 mg-% in der Trockensubstanz an.

Zur Bestimmung der *organischen Bestandteile* wird die Placenta möglichst innerhalb weniger Minuten nach der Geburt folgendermaßen aufgearbeitet[5, 6]: Man spült nach Entfernung der Nabelschnur mit physiologischer Kochsalzlösung das Gewebe sorgfältig ab und entfernt anhaftende Blutgerinnsel vorsichtig mit der Hand. Man verwende möglichst keine Instrumente, um nicht das empfindliche Placentagewebe zu verletzen. Nach Waschen mit Aqua dest. wird das Organ gewogen und im Fleischwolf zerkleinert. Man spült den Fleischwolf mit Aqua dest. nach und vereinigt das Spülwasser mit dem Gewebebrei zu einer möglichst fein verteilten Suspension. Aliquote Teile der Suspension, etwa 80—100 g Placentargewebe entsprechend, werden gefriergetrocknet und können im Vakuumexsiccator beliebig lange aufgehoben werden. Die unter Anwendung üblicher Methoden erzielten Normalwerte sind aus der Tabelle 135 zu entnehmen.

Zur Lipoidbestimmung wird das Trockengewebe zunächst mit Äthanol, dann mit Äther extrahiert. Cholesterin, Lipoid-P und Lipoid-N, Galaktose, Acetonlösliches, Glycerin und Sphingomyelin werden analytisch bestimmt. Aus den Analysen lassen sich dann folgende Größen berechnen: Gesamtphosphatide, Cholin, Kephalin, Lecithin, Cerebroside und Neutralfett.

Man kann mütterliche und fetale Anteile der Placenta weitgehend voneinander trennen[7]. Bei der Untersuchung zeigt sich, daß Glykogen mit Höchstwerten von etwa 7% in der Trockensubstanz nur in den mütterlichen Anteilen nachweisbar ist. Fett dagegen findet sich mit 16% der Trockensubstanz in den fetalen Anteilen mehr als in den mütterlichen Teilen mit 10,8%.

Placentarhormone. Wäßrige Extrakte der Placenta verlieren sehr rasch an Wirksamkeit, auch wenn sie im Eisschrank aufbewahrt werden. Dagegen läßt sich das gonadotrope Hormon in der Form des Placentapulvers sehr lange in seiner Wirksamkeit erhalten. 10—30 g der frisch gewonnenen Placenta werden in linsengroße Stückchen geschnitten und in der 10fachen Menge wasserfreiem Aceton für 24 Std belassen. Über dem Filter

---

[1] Mannherz, K. H.: Arch. Gynäk. **176**, 478 (1949).

[2] McDougall, E J.: Biochem. J. **45**, 397 (1949).

[3] Higuchi, S.: B. Z. **22**, 341 (1909).

[4] King, E. J., and Th. H. Belt: Physiol. Rev. **18**, 329 (1938).

[5] Pratt, J. P., M. Kaucher, E. Moyer, A. J. Richards and H. H. Williams: Amer. J. Obstet. Gynec. **52**, 665 (1946).

[6] Pratt, J. P., M. Kaucher, A. J. Richards, H. H. Williams and I. G. Macy: Amer. J. Obstet. Gynec. **52**, 402 (1946).

[7] Hard, W. L., O. E. Reynolds and M. Winbury: J. exp. Zool. **96**, 189 (1944).

Tabelle 135. *Zusammensetzung der Placenta beim Menschen*[1].

	Mittelwerte von 9 Placenten	Grenzwerte
Gewicht der Placenta in Grammen	583	
Kindgewicht/Placenta	6,5:1	
H₂O in Prozenten	87	85—94
Gesamtasche (Prozente Trockengewicht) . . .	8,6	
Energiegehalt (je Gramm Trockengewicht in kcal)	5,1	
Gesamt-N (Prozente Trockengewicht)	12	11—13
N · 6,25 (Prozente Frischgewicht)	10	5—12
Gesamtfett (Ätherlösliches Material):		
Prozente Frischgewicht	0,50	0,24—0,66
Prozente Trockengewicht	3,8	2,3 —4,2
Gesamtlipoide	12,36	
Neutralfett	3,51	
Cerebroside	0,53	in Pro-
Cholesterin: Gesamt	1,31	zenten der
Frei	0,99	Trocken-
Phosphatide: Gesamt	6,79	substanz
Kephalin	2,26	
Lecithin	3,55	
Sphingomyelin	0,98	

wird dann das Aceton abgegossen und für weitere 24 Std durch die gleiche Menge wasserfreies Aceton ersetzt. Die faserige Placentamasse wird über dem Filter vom Aceton getrennt, im kalten Föhnwind getrocknet und für 48 Std im Vakuumexsiccator aufbewahrt. Die Masse wird im Mörser fein zerrieben und in verschließbaren Gläsern im Vakuumexsiccator weiterhin bis zum Gebrauch aufbewahrt[2]. Testversuche können an Ratten im Gewicht von 40—50 g vorgenommen werden. Das Trockenpulver wird in physiologischer Kochsalzlösung suspendiert. Ähnlich wie bei der ASCHHEIM-ZONDEK-schen Reaktion gibt man Mengen von 0,3—0,5 cm³ subcutan. Für die Dosierung des Trockenpulvers sind folgende Zahlenangaben wertvoll:

1 g Trockenpulver erhält man aus etwa 10 g Placentagewebe mens III—IV, 9 g mens V, 8 g mens VI—VII bzw. 7 g mens VIII—X.

Vitamine. Der Vitamin A-Gehalt, der auf üblichem Wege ermittelt wird, liegt bei 20 IE/g Frischgewebe. Die Bestimmung von Vitamin B₁ wird folgendermaßen ausgeführt: Unmittelbar nach der Geburt der Placenta werden 10 g derselben fein vermahlen, dann in 100—150 cm³ Wasser bei 60° ½ Std lang erhitzt und filtriert. Das Volumen des Filtrats wird auf 100 cm³ ergänzt, bzw. im Vakuum bei 60° auf 100 cm³ eingeengt. Nach Adsorption an Fullererde kann das Vitamin in üblicher Weise bestimmt werden. DUBRAUSZKY und LAJOS[3] geben Werte zwischen 108 und 980 γ-% an. Der Nicotinsäuregehalt (Bestimmung s. S. 465) wird in der Rinderplacenta zu 3,1 mg-% gefunden[4]. Der Gehalt an Ascorbinsäure in der menschlichen Placenta schwankt zwischen 5,4 mg-% [5] und 7—14 mg-% [6].

Zur Bestimmung von Vitamin E werden 20 g gereinigtes Placentargewebe fein zerkleinert und zweimal mit der 4fachen Menge Äthanol extrahiert. Die erste Extraktion geht über 3 Std, die zweite über Nacht. Danach wird noch zweimal mit Alkohol-Benzol (1:1) extrahiert. Die Extraktionszeiten sind hierbei dieselben wie bei der Alkoholextraktion. Die vereinigten Extrakte werden im Vakuum unter N₂-Einleitung zur Trockne

[1] PRATT, J. P., M. KAUCHER, A. J. RICHARDS, H. H. WILLIAMS and I. G. MACY: Amer. J. Obstet. Gynec. **52**, 402 (1946).
[2] AUGUSTIN, E.: A.e.P.P. **197**, 292 (1941).
[3] DUBRAUSZKY, V., u. A. LAJOS: Zbl. Gynäk. **63**, 1069 (1939).
[4] CUNY, L., P. BOUVET et J. DEVILLERS: Bull. Soc. Chim. biol. **24**, 154 (1942).
[5] NICORA, G.: Ann. Ostet. Ginec. **62**, 467 (1940) [Ber. Physiol. **123**, 488].
[6] MØLLER-CHRISTENSEN, E., u. CHR. THORUP: Zbl. Gynäk. **64**, 1858 (1940) [Ber. Physiol. **124**, 90].

gebracht. Die Rohextrakte werden dann mit der 8fachen Menge einer frisch angesetzten 10%igen methylalkoholischen Kalilauge 1 Std unter N_2-Einleitung auf dem Wasserbad verseift. Dann wird mit Wasser auf das 4fache Volumen verdünnt und mit peroxydfreiem Äther dreimal ausgeschüttelt. Die ätherischen Extrakte werden erst mit Wasser, dann mehrmals mit 5%iger HCl und wieder mit Wasser bis zur neutralen Reaktion gewaschen. Der Ätherextrakt wird mit Natriumsulfat getrocknet und das Lösungsmittel unter N_2-Einleitung im Vakuum verjagt. Im Rückstand erfolgt die quantitative Bestimmung von Tocopherol nach der colorimetrischen Methode von EMMERIE und ENGEL[1].

Fermente. In der Placenta wurden an Fermenten nachgewiesen: Phosphatase[2], Aconitase[3], Histaminase[4], Cholinesterase[5, 6], Thrombokinase[7] und eine Monoaminooxydase[8].

Nabelschnur. Das Grundgewebe der Nabelschnur stellt ein gallertiges Bindegewebe dar.

Anorganische Bestandteile. Über den Gehalt an anorganischen Stoffen liegen nur wenige Mitteilungen vor. Der auf übliche Weise bestimmte Si-Gehalt liegt bei 16 mg-%, bezogen auf Trockensubstanz[9]. Zur Ca-Bestimmung werden Nabelschnurstücke im Gewicht zwischen 4 und 6 g nach dem Trocknen in üblicher Weise verascht, die Ca-Bestimmung wird nach einer der Standardmethoden durchgeführt. Bei gesunden Frauen liegen die Ca-Werte in der Nabelschnur zwischen 0,077 und 0,178% der Trockensubstanz. Bei Frauen, die während der Gravidität längere Zeit Vitamin D erhielten, liegen die Ca-Werte zwischen 0,091 und 0,375%[10].

Organische Bestandteile. Die Nabelschnur kommt neben Gelenkflüssigkeit und Glaskörper (s. S. 569) als Ausgangsmaterial für die Darstellung von *Hyaluronsäure* in Frage. Das hieraus dargestellte Produkt unterscheidet sich durch einen verhältnismäßig hohen, bei etwa 1% liegenden S-Gehalt von den aus Glaskörper und Synovia dargestellten, die entweder S-frei sind oder im Höchstfalle Mengen von 0,1% S enthalten. Ob die Hyaluronsäure hier selbst an Schwefelsäure esterartig gebunden ist oder ob es sich um Verunreinigungen mit Chondroitinschwefelsäure oder Mucoitinschwefelsäure handelt, ist noch nicht entschieden. BLIX und SNELLMAN[11] gehen bei der Darstellung der Hyaluronsäure folgendermaßen vor: Eine größere Menge Nabelschnurgewebe wird durch Behandlung mit Aceton entwässert und nach sorgfältiger Entfernung der Blutgefäße fein zerkleinert. Extraktion mit Aqua dest., dem einige Tropfen Toluol zugesetzt sind, für 12 Std unter N_2. Diese Extraktion wird 6—8mal wiederholt und aus dem Extrakt die Hyaluronsäure durch 95%igen Alkohol, der eine kleine Spur Ba-acetat enthält, gefällt. Die Niederschläge werden gesammelt und in einer 10%igen $CaCl_2$-Lösung bei p_H 7—8 gelöst. Die weitere Behandlung entspricht der bei der Darstellung aus Synovia bzw. Glaskörper beschriebenen (s. S. 569 und 642). — Mit etwas abweichenden Methoden kommen andere Autoren zu ähnlichen Ergebnissen[12-14].

Von frischer Nabelschnur ohne vorherige Acetonbehandlung gehen JEANLOZ und FORCHIELLI[15] zur Darstellung von Hyaluronsäure aus. Es werden zwei verschiedene

[1] ATHANASSIU, G.: Kli. Wo. 1946, 170.
[2] BOTELLA, L. J.: Rev. clin. esp. 2, 334 (1941) [Ber. Physiol. 127, 645].
[3] CUNHA, D. P. DA, et K.-P. JACOBSOHN: C. R. Soc. Biol. 131, 649 (1939).
[4] DANFORTH, D. N.: Proc. Soc. exp. Biol. Med. 40, 319 (1939) [Ber. Physiol. 114, 316].
[5] NAVRATIL, E.: Kli. Wo. 1939 II, 963.
[6] ORD, M. G., and R. H. S. THOMPSON: Nature 165, 927 (1950).
[7] REICHEL, CH.: Kli. Wo. 1942, 862.
[8] THOMPSON, R. H. S., and A. TICKNER: Biochem. J. 45, 125 (1949).
[9] KING, E. J., and TH. H. BELT: Physiol. Rev. 18, 329 (1938).
[10] LÉVY, M., M. SAPIR, P. WALTER, P. VELLAY et S. MIGNON: Bull. Soc. Chim. biol. 33, 170 (1951).
[11] BLIX, G., o. O. SNELLMAN: Ark. Kemi, Mineral. Geol. 19 A, Nr. 32 (1945).
[12] HADIDIAN, Z., and N. W. PIRIE: Biochem. J. 42, 260 (1948).
[13] DORFMAN, A., and M. L. OTT: J. biol. Ch. 172, 367 (1948).
[14] ALBURN, H. E., and E. C. WILLIAMS: Ann. N. Y. Acad. Sci. 52, 971 (1950).
[15] JEANLOZ, R. W., and E. FORCHIELLI: J. biol. Ch. 186, 495 (1950).

Verfahren vorgeschlagen: Entweder wird zunächst eine enzymatische Verdauung des Gewebes durch Pepsin und Trypsin ausgeführt, dann die rohe Hyaluronsäure mit Äthanol gefällt und weiter gereinigt. Die Methode ergibt eine praktisch quantitative Ausbeute und ist besonders geeignet, wenn man große Mengen von Ausgangsmaterial aufarbeiten bzw. viel Hyaluronsäure gewinnen will. Es ist jedoch außerordentlich schwer, das der Hyaluronsäure anhaftende Polysaccharid zu entfernen; auch durch Behandlung mit Pyridin und Ammonsulfat gelingt dies nicht immer vollständig (Methode A). Ein anderes Vorgehen beruht auf der Fällung der mit Salzlösungen aus der Nabelschnurgewebe extrahierten Hyaluronsäuremengen mit Ammonsulfat und Pyridin (Methode B). Im einzelnen geht man folgendermaßen vor: *Methode A.* 3000 g frische Nabelschnur vom Menschen, entsprechend etwa 410 g Trockensubstanz, werden nach Befreiung von Blut- und Placentaresten für 2—10 Wochen unter Aceton gehalten. Dann schneidet man sie in 2 cm große Stücke und wäscht zunächst mit 12 Litern Aceton, dann zweimal mit 12 Litern Aqua dest., wobei man die Waschflüssigkeit 2—4 Std einwirken läßt. Dann hält man das Gewebe für weitere 24 Std in Aqua dest., saugt ab, zerkleinert im Fleischwolf und verdünnt mit dem gleichen Volumen destillierten Wassers. Durch Zugabe von 300 cm³ 2 n HCl wird das p_H auf 2,0 gebracht. Nach Zusatz von etwa 10 g eines Pepsinpräparates hält man 24 Std bei 37° unter Toluol, wobei das p_H mehrmals wieder eingestellt wird. Nach Abschluß der Verdauung wird durch Zugabe von 90 cm³ 2 n NaOH das p_H auf 7,4 gebracht und nach Zusatz von etwa 15—20 g Trypsin erneut 24 Std bei 37° gehalten. Man entfernt das Toluol und zentrifugiert ½ Std. An Stelle des Zentrifugierens ist auch Abnutschen möglich. Die überstehende Flüssigkeit bzw. das Filtrat wird nach Abkühlen auf $+5°$ durch Zugabe von 5 n HCl auf p_H 2,0 gebracht. Die Hyaluronsäure wird durch Zusatz von 2 Volumina 95%igem Äthanol gefällt und abzentrifugiert. Nach Suspendieren in 1 Liter Aqua dest. wird der Niederschlag 24 Std gegen Leitungswasser dialysiert. Zur Enteiweißung wird zu der dialysierten Suspension eine Mischung folgender Zusammensetzung gegeben: 3,3 Liter Chloroform, 1,7 Liter Amylalkohol, 1 Liter 30%ige Na-acetatlösung und 160 g Eisessig. Die Mischung wird nach 10 min langem, kräftigem Schütteln auf der Schüttelmaschine 30 min zentrifugiert. Die wäßrige Phase enthält die Hyaluronsäure. Sie kann im Scheidetrichter abgetrennt werden und wird so lange mit der gleichen Chloroform-Amylalkoholmischung behandelt, bis an der Berührungsstelle kein Niederschlag mehr auftritt. Durch Zugabe von 2 Volumina 95%igem Äthanol wird die Hyaluronsäure aus der wäßrigen Phase erneut ausgefällt. Nach 10—15 min Zentrifugieren dialysiert man den Niederschlag in Aqua dest. zunächst 24 Std gegen Leitungswasser, anschließend für 24 Std gegen häufiger gewechseltes Aqua dest. Die Lösung, die etwa 30 g Hyaluronat enthält (Präparat I), kann nach Zusatz von Chloroform bei $+5°$ aufgehoben werden. Das Hyaluronat, das noch mit etwa 20% Polysaccharid verunreinigt ist, kann auf weiter unten beschriebenem Wege gereinigt werden.

Methode B. 1400 g frische Nabelschnur vom Menschen, entsprechend 190 g Trockengewebe, werden zunächst nach gründlicher Reinigung und Zerkleinerung in 4 Liter mit Chloroform gesättigter 0,1 n NaCl-Lösung suspendiert. Man beläßt unter gelegentlichem Rühren für 24 Std in der Kälte, dann filtriert man unter leichtem Druck durch Mull und extrahiert den Rückstand mit NaCl-Lösung in gleicher Weise ein zweites Mal. Die vereinigten Extrakte werden durch Zugabe von 180 cm³ 5 n HCl bei $+5°$ auf p_H 1,5—2 gebracht und zentrifugiert. Die Bodensätze werden mit dem oben erhaltenen Preßrückstand vereinigt und in der bei Methode A beschriebenen Weise weiter aufgearbeitet, um eine möglichst vollständige Ausbeute an roher Hyaluronsäure zu haben. Die überstehenden Flüssigkeiten dienen zur Darstellung höher gereinigter Hyaluronsäure. Man gibt unter kräftigem Rühren bei $+5°$ 2,7 kg Ammonsulfat zu und hält bei dieser Temperatur mehrere Stunden, bis die Fällung vollständig ist. Die abzentrifugierte Fällung enthält unreine Hyaluronsäure, die in der oben beschriebenen Weise durch Behandlung mit Chloroform-Amylalkohol und Dialyse weiter gereinigt werden kann. Der in der überstehenden Flüssigkeit enthaltene Anteil der Hyaluronsäure wird durch Zugabe von 500 cm³

Pyridin (kräftig rühren!) und durch Zusatz von weiteren 2,5 kg Ammonsulfat (wiederum kräftig rühren!) gefällt, wenn man für einige Stunden im Kühlschrank hält. Man saugt den Hauptteil der Flüssigkeit ab, zentrifugiert 30—60 min und saugt das überstehende Pyridin ab. Die Hyaluronsäure setzt sich in Form eines feinen Häutchens ab. Dieses wird mit 95%igem Äthanol gewaschen und zentrifugiert. Man schneidet das Häutchen in kleine Stückchen, suspendiert in Aqua dest. und dialysiert zunächst für 24 Std gegen Leitungswasser, anschließend gegen Aqua dest. Die weitere Reinigung geschieht in der oben beschriebenen Weise mit Chloroform und Amylalkohol und führt zu einer Lösung, die in 500 cm³ etwa 1 g Hyaluronat enthält (Präparat II). Die Analysendaten der verschieden gereinigten Präparate und die theoretische Zusammensetzung von reinem Hyaluronat sind aus Tabelle 136 zu ersehen. Die der Tabelle zugrunde gelegten Werte sind mit den üblichen Standardmethoden ermittelt.

Tabelle 136. *Analyse verschiedener Hyaluronatfraktionen aus Nabelschnur.*

Präparat Nr.	Stickstoff nach		Asche als		Acetyl	Schwefel
	KJELDAHL	DUMAS	SO$_4$	Na		
I	3,40	3,04	18,2		9,6	1,2
II	3,45—3,64	2,28—2,36	14,6—15,4	4,15—4,65	10,2—10,4	0,10—0,14
Theoretischer Wert .	3,49	3,49	19,7	5,73	10,73	0,0

η) Tube und Ovar.

Über die chemische Untersuchung der *Tube* liegen nur wenige Arbeiten vor. Der Gehalt an *Ascorbinsäure*, deren Bestimmung in gleicher Weise wie in anderen Organen ausgeführt wird, zeigt cyclische Schwankungen. JOËL[1] findet in der Proliferationsphase Werte zwischen 18 und 48 mg-%, in der Sekretionsphase 56—76 mg-% und während der Gravidität 63—68 mg-%. Im Eileiter des Huhnes finden sich sowohl saure als auch alkalische *Phosphatasen*, die möglicherweise etwas mit der Bildung der Kalkschalen des Eies zu tun haben[2].

Die chemische Untersuchung des *Ovariums* hat im wesentlichen im Hinblick auf die Produktion von Sexualhormonen interessiert. Eine Übersicht über die chemische Zusammensetzung verschiedener Fraktionen und insbesondere der mit Lipoidlösungsmitteln hergestellten Extrakte findet sich bei FLÖSSNER[3] sowie bei HEYL und HART[4]. Hier haben vor allem die N-haltigen Substanzen Berücksichtigung gefunden. Über die Darstellung der hormonwirksamen Stoffe ist im Kapitel „Steroide" (s. Bd. III) nachzulesen.

Eine besondere Beachtung haben weiterhin die im Ovarium häufiger auftretenden Dermoidcysten gefunden, insbesondere deren *Lipoidzusammensetzung*. Unter den Lipoiden finden sich nur wenig Phosphatide, das Unverseifbare macht 60% der Lipoidfraktion aus[5]. Ein hoher Prozentsatz des Unverseifbaren besteht aus Steroiden, von denen einige nach Bestrahlung Vitamin D-Wirkung zeigen. Stoffe mit Vitamin A-Wirkung sind dagegen nicht vorhanden[6]. Eine eingehende Analyse des Unverseifbaren zeigt, daß sich Fettsäuren mit verschiedener C-Atomzahl von Ameisensäure bis zur Arachinsäure nachweisen lassen. Weiterhin werden eine Reihe höherer Alkohole, von Steroiden Cholesterin, Dihydrocholesterin und Ergosterin nachgewiesen. Daneben findet sich der Kohlenwasserstoff Squalen in beträchtlicher Menge[7].

[1] JOËL, CH. A.: Schweiz. med. Wschr. 71, 1286 (1941).
[2] TANZI, B.: Boll. Soc. ital. Biol. sperim. 17, 641 (1942) [Ber. Physiol. 133, 632].
[3] FLÖSSNER, O.: Z. Biol. 86, 269 (1927).
[4] HEYL, F. W., and M. C. HART: J. biol. Ch. 75, 407 (1927).
[5] DIMTER, A.: H. 208, 55 (1932).
[6] BEHMEL, G.: H. 208, 62 (1932).
[7] DIMTER, A.: H. 270, 247 (1941).

3. Haut, Hautsekrete, Haare und Hornsubstanzen.

α) Haut.

Die Haut macht einen recht beträchtlichen Teil des Gesamtkörpers aus. Nach WETZEL u. a.[1] sind es bei der erwachsenen Ratte etwa 18% des Gesamtkörpergewichtes. Bei anderen Tierspecies finden wir jedoch wesentlich andere Werte. Sie schwanken zwischen 11 und 25%. Bei der Haut unterscheiden wir die bekannten 2 Schichten: Epidermis und Corium (Cutis). Die Epidermis ist das eigentliche Integument, das den Organismus nach außen abschließt, während das Corium im wesentlichen bindegewebiger Natur ist. Die verschiedenen „Anhangsgebilde" der Haut, wie Haare, Nägel, hornartige Gebilde und Federn werden gesondert abgehandelt (s. S. 606).

Zur *Gewinnung der Haut* von Tieren werden diese möglichst weitgehend entblutet und, wenn notwendig, rasiert. Nach Abziehen der Haut werden noch anhaftende Haarreste und das subcutane Fettgewebe sorgfältig, am besten durch Schaben mit einem Messer, entfernt. Zur Gewinnung der Haut von lebenden Individuen, Menschen oder Tieren, wird nach sorgfältiger Reinigung und unter Umständen ebenfalls nach Rasieren ein bestimmtes Hautstück herausgestanzt oder es werden Hautstückchen von $1/2$—1 mm Dicke mit dem Rasiermesser abgeschnitten. Die Untersuchung kleiner Hautstückchen von symmetrischen Körperstellen ist dann angezeigt, wenn man beim gleichen Individuum den Einfluß bestimmter Maßnahmen — örtliche therapeutische Maßnahmen, Ernährungseinflüsse — auf die Zusammensetzung der Haut untersuchen will.

Die Hautstückchen werden möglichst bald nach der Entnahme frisch gewogen oder aber in möglichst feine Streifen zerschnitten und bei 105° zur Gewichtskonstanz getrocknet. Hier reichen im allgemeinen 12 Std aus. Die Haut enthält auch nach Entfernen des subcutanen Fettgewebes außerordentlich wechselnde Mengen an Fett (s. S. 599). Dieses kann in bekannter Weise erfaßt werden, wenn man entweder die frische Haut nach Zerkleinerung im Fleischwolf, oder aber die trockene Haut, eventuell nach möglichst eingehender Zerkleinerung in der Kugelmühle, mit Lösungsmitteln behandelt. Will man Epidermis und Corium getrennt untersuchen, so ist bei menschlicher Haut eine Trennung dieser beiden Schichten leicht durchzuführen, wenn man die Haut 24 Std in kalter 0,1 n CH_3COOH belassen hat. Die Trennung von Epidermis und Corium läßt sich bei der Haut von Mäusen auch leicht ausführen, wenn man die Haut auf einer 50° warmen Heizplatte kurze Zeit gehalten hat[2]. Zur Extraktion wasserlöslicher Bestandteile werden zerkleinerte Haut bzw. eine der beiden getrennten Schichten 30 min mit dem 10fachen Volumen Wasser gekocht und durch Mull filtriert. Den Rückstand verreibt man mit 25%igem Äthanol im Mörser, läßt über Nacht stehen und filtriert. Er kann in üblicher Weise zu Trockenpulver aufgearbeitet werden[3].

Anorganische Bestandteile. Zur Bestimmung der anorganischen Bestandteile werden nach trockener oder feuchter Veraschung die bekannten Methoden verwandt (s. Bestimmung der anorganischen Bestandteile, Bd. III).

Wassergehalt. Der Wassergehalt der Haut unterliegt außerordentlich großen Schwankungen, die teils vom allgemeinen Zustand des Individuums und von seinem Lebensalter abhängen, insbesondere aber durch den zwischen 0,6 und 25% schwankenden Fettgehalt bedingt sind[4]. In frischer menschlicher Haut liegen die H_2O-Werte zwischen 62 und 72%. Bezieht man dagegen die Werte auf entfettete Haut, sind die Schwankungen geringer, die Werte der gleichen Hautproben liegen nur noch zwischen 69 und 74%[4]. Während im Verlauf des Wachstums der Wassergehalt erheblich abnimmt, nach KLOSE[5] von 82 bis 86% beim Neugeborenen bis zu 70% bei Erwachsenen, sind nach PAUL u. a.[6] bei Ratten

---

[1] WETZEL, R., H. WOLLSCHITT, H. RUSKA u. TH. OESTREICHER: A. e. P. P. **179**, 86 (1935).

[2] ROBERTS, E., and S. FRANKEL: Arch. Biochem. **20**, 386 (1949).

[3] MARDASCHEW, S. R.: Biochimia, Moskau **12**, 444 (1947).

[4] VOLK, R., and P. FANTL: Derm., Basel **79**, 91 (1939).

[5] KLOSE, E.: Jber. Kinderheilkde., 3. F. **41**, 157 (1920) [Ber. Physiol. **2**, 394].

[6] PAUL, H. E., M. F. PAUL, J. D. TAYLOR and R. W. MARSTERS: Arch. Biochem. **17**, 269 (1948).

Unterschiede zwischen erwachsenen Tieren verschiedenen Alters nicht mehr deutlich. Hier werden sowohl bei 3 Monate als auch bei 15 Monate alten Tieren lediglich Unterschiede zwischen männlichen und weiblichen Tieren gefunden. Für männliche Ratten liegt der Wassergehalt der Haut im Mittel bei $60,1 \pm 3,1\%$, bei weiblichen Tieren bei $54,2 \pm 3,6\%$. Bestimmt man — auch bei erwachsenen Tieren — den H_2O-Gehalt von Hautstellen, an denen nach künstlich gesetzten Wunden eine neue Epithelisierung vor sich geht, so liegt der Wassergehalt in den ersten 12 Tagen der Wundheilung zwischen 82 und 83% und zeigt erst nach 18 Tagen mit 74,7% ein Absinken auf die oben genannten Normalwerte[1]. Besonders stark sind die Schwankungen des Hautwassergehaltes bei erwachsenen Ratten, denen man Follikelhormon verabfolgt hat. Hier können die Wasserverschiebungen in der Haut bis zu 1% des Körpergewichtes ausmachen und sind erst 72 Std nach der Hormongabe wieder ausgeglichen[2]. Bei der Sklerodermie, einem Krankheitsbild, das die Haut besonders trocken erscheinen läßt, liegen nach KAETHER und SCHAEFER[3] die Werte für den H_2O-Gehalt der entfetteten Haut in dem von ihnen auch bei Gesunden gefundenen Bereich zwischen 63 und 66%.

Der Gehalt der Haut an *Mineralien* ist aus Tabelle 137 zu ersehen. Die Werte beziehen sich auf Trockensubstanz ohne vorherige Entfettung. Auffällig sind die außerordentlich unterschiedlichen Werte, die sich bei verschiedenen Species finden.

Tabelle. 137. *Mineralgehalt normaler Haut*[4, 6] (mg-% in nichtentfetteter Trockensubstanz).

	Ca	Mittelwert	Mg	Mittelwert	Na	Mittelwert	K	Mittelwert
Mensch	34—59	46	20—38	30	298—408	360	168—339	239
Hund	31—58	43	21—37	27	155—250	201	158—395	238
Kaninchen . .	51—86	74	17—52	35	116—243	181	102—188	148
Ratte	23—42	33	39—55	47				
Vögel		130		36				

Die recht großen Schwankungen innerhalb einer Species dürften jedoch auf der nicht durchgeführten Entfettung beruhen. Diese Annahme wird begründet durch die von EICHELBERGER u. a.[5] angegebenen und in Tabelle 138 niedergelegten Werte, die sich auf entfettete Frischhaut von Hunden beziehen.

Die einzelnen Mineralien. Na ist im Gewebe in der Hauptsache Bestandteil der interstitiellen Flüssigkeit. Da gerade bei der Haut der Wassergehalt großen Schwankungen unterliegt, erklären sich hieraus die in Tabelle 137 aufgeführten, stark schwankenden Na-Werte. Nach BOULANGER[7] ist in

Tabelle 138. *Wasser- und Mineralgehalt der Haut*[5].

	Hund, Frischsubstanz
HO_2 .	$70,8 \pm 2\%$
Cl . .	308 ± 9 mg-%
Na .	222 ± 10 mg-%
K . .	$87,5 \pm 10,5$ mg-%
Ca . .	$10,2 \pm 0,68$ mg-%
Mg . .	$7,2 \pm 0,9$ mg-%

Tabelle 139. *Phosphorgehalt der Haut*[6].

mg-% P in der Trockensubstanz
73—344 (Hund) Mittelwert: 152 ± 47
405—812 (Ratte) Mittelwert: 457 ± 120
160 (Vögel)

frischer menschlicher Haut der Schwankungsbereich mit Werten zwischen 118 und 408 mg-% noch sehr viel größer. — Der K-Gehalt unterliegt sehr viel geringeren Schwankungen. Die Werte liegen nach BOULANGER[7] beim Menschen zwischen 83 und 134 mg-% (Frischgewicht). — Ca: Bei Sklerodermie ist der Ca-Gehalt genau so wenig wie der H_2O-Gehalt erhöht, sondern liegt innerhalb des bei Gesunden gefundenen Bereichs (s. Tabelle 137).

[1] PAUL, H. E., M. F. PAUL, J. D. TAYLOR and R. W. MARSTERS: Arch. Biochem. 17, 269 (1948).
[2] ZUCKERMAN, S., A. PALMER and G. BURNE: Nature 143, 521 (1939).
[3] KAETHER, H., u. K. W. PH. SCHAEFER: Kli. Wo. 1940, 353.
[4] BROWN, H.: J. biol. Ch. 68, 729 (1926).
[5] EICHELBERGER, L., C. W. EISELE and D. WERTZLER: J. biol. Ch. 151, 177 (1943).
[6] SCHMIDT, C. L. A., and D. M. GREENBERG: Physiol. Rev. 15, 297 (1935).
[7] BOULANGER, P.: Expos. ann. Biochim. méd. 6, 119 (1946).

Beim gleichen Individuum können sich die Ca-Werte verschiedener Hautstellen und ebenso die symmetrischer Hautstellen verschiedener Individuen wie 1:2 verhalten. Ein Vergleich ist, wie auch bei anderen Mineralien, immer nur zwischen symmetrischen Hautstellen des gleichen Individuums möglich[1]. Bei Lupus zeigen nach Vitamin D-Behandlung geheilte Hautstellen einen höheren Ca-Gehalt gegenüber der Umgebung bzw. im Vergleich zu den Werten nicht mit Vitamin D behandelter Personen. — Cl: Die Cl-Werte in frischer, nichtentfetteter menschlicher Haut liegen zwischen 193 und 256 mg-%, auf fettfreie Trockensubstanz bezogen, zwischen 725 und 1030 mg-%[2]. Auch nach mehrwöchiger Verabfolgung chloridarmer Kost bleiben die Werte praktisch gleich. Im Chloridgehalt finden sich zwischen verschiedenen anatomisch ähnlich aufgebauten Hautpartien beim gleichen Individuum nur sehr viel geringere Schwankungen, als es von den übrigen Mineralien bekannt ist. Vergleicht man jedoch die verschiedenen Hautschichten miteinander, so zeigt sich, von der Oberfläche ausgehend, eine langsame Cl-Zunahme um etwa 20% der Werte. Nach Tarsitano[3] soll verätzte Haut mehr Cl enthalten als gesunde. — S: Die Haut enthält zwischen 1 und 2,5% S. Sie ist damit das schwefelreichste Organ des Organismus. In Abhängigkeit von einer Reihe von Erkrankungen zeigen sich Schwankungen im S-Gehalt: Bei Psoriasis ist er erhöht, bei konsumierenden Erkrankungen wie Tuberkulose und Carcinom herabgesetzt[4]. Mit zunehmendem Lebensalter nimmt der S-Gehalt normalerweise ab. 80% vom Schwefel liegen als Eiweißschwefel, ein kleiner Teil in Form freier SH-Gruppen vor[5].

Spurenelemente. Eisen. In sorgfältig entfetteter Haut läßt sich Eisen nachweisen. Lintzel[6] findet bei Katzen 1,16 mg-% (Frischgewicht). — Der Gehalt an Si zeigt in der Haut verschiedener Körperstellen recht unterschiedliche Werte (mg-% Trockensubstanz): Kopfhaut = 15—127, Bauchhaut = 20—63, Fußsohle = 5—25[7]. In getrockneter menschlicher Haut finden sich Zn-Mengen zwischen 1,2 und 5,5 mg-%[8] und F um etwa 16 mg-%. Der prozentuale F-Gehalt der Haut liegt weit über dem des Gesamtkörpers. Besonders deutlich tritt dies bei Fischen hervor: die Haut der Sardine enthält in der Frischsubstanz 5 mg-%, der ganze Fisch nur 1 mg-%. Beim Kabeljau enthält die Haut 3,3 mg-%, das Fleisch dagegen nur 0,15 mg-% F[9]. — Der Jodgehalt liegt nach Goyert[10] in frischer menschlicher Haut zwischen 300 und 500 γ-%. Nach verschiedenen Hautreizen (verdünnte Säuren, Crotonöl, UV-Bestrahlung) steigt zugleich mit sichtbar entzündlicher Reaktion der Jodgehalt an. Die von Vitte[11] mitgeteilten Br-Werte liegen in ähnlicher Größenordnung zwischen 200 und 700 γ-%. Sn ist mit spektrographischer Methodik in der Haut von Pferd, Rind und Schaf nachgewiesen worden. Die Werte liegen zwischen 0,62 und 0,95 mg-% Frischgewicht[12]. Ni wurde in frischer menschlicher Haut zu 2,5 γ-% als Dimethylglyoximverbindung gefunden[13]. Ti wurde mit 8 γ-% nur in Hundehaut bestimmt[14]. Spektrographisch wurden weiterhin Cd, Mn und Al nachgewiesen, Pb nur in Fällen von Bleivergiftungen, Ag und Au nur als Folge therapeutischer Maßnahmen[15].

Organische Bestandteile. *Stickstoffhaltige Substanzen.* Der Eiweißgehalt frischer Rattenhaut beträgt, berechnet nach dem N-Gehalt, 29%[16]. Der Gesamt-N-Gehalt der

[1] Kaether, H., u. K. W. Ph. Schaefer: Kli. Wo. 1940, 353.
[2] Volk, R., u. P. Fantl: Derm., Basel 79, 91 (1939).
[3] Tarsitano, F.: Folia med., Napoli 28, 849 (1942) [Ber. Physiol. 133, 574].
[4] Felix, K.: Arch. Derm. Syph., Berlin 184, 140 (1943).
[5] Médvédéva, N.: Med. Ž. 10, 793 (1940).
[6] Lintzel, W.: Ergebn. Physiol. 31, 844 (1931).
[7] King, E. J., and Th. H. Belt: Physiol. Rev. 18, 329 (1938).
[8] Eggleton, W. G. E.: Chin. J. Physiol. 13, 399 (1938) [Ber. Physiol. 114, 300].
[9] Fellenberg, Th. v.: Mitt. Lebensm.-Unters. Hyg. 39, 124 (1948).
[10] Goyert, K.: Arch. Derm. Syph., Berlin 182, 190 (1941).
[11] Vitte, M. G.: Bull. Soc. Pharmacie Bordeaux 78, 69 (1940) [C. 1940 II, 2908].
[12] Bertrand, G., et V. Ciurea: Cr. 192, 780 (1931) [Ber. Physiol. 61, 635].
[13] Bertrand, G., et M. Mâcheboeuf: Cr. 180, 1380 (1925) [C. 1925 II, 833].
[14] Chuyko, V., u. A. Voynar: Biochem. J., Kiew 14, 191 (1939) [Ber. Physiol. 120, 372].
[15] Dietz, W.: Diss. Jena 1939 [Ber. Physiol. 122, 499].
[16] Wetzel, R., H. Wollschitt, H. Ruska u. Th. Oestreicher: A. e. P. P. 179, 86 (1935).

nach den Vorschriften von MARDASCHEW[1] (s. S. 592) getrockneten Haut liegt bei Menschen und Ratten mit 15,12—15,16% in gleicher Größenordnung. Auch andere Autoren geben ähnliche Werte an[2, 3]. Zur Extraktion der *Hauteiweißkörper* kann man folgendermaßen vorgehen: Von Haaren und Unterhautfettgewebe sorgfältig gereinigte Hautläppchen werden mit der LATAPIE-Mühle oder im Homogenisator möglichst fein zerkleinert. Der Hautbrei wird 24 Std mit einem Puffergemisch digeriert, das aus einer Mischung von m/10 Phosphatpuffer und m/10 verschiedener organischer Säuren (Verhältnis 1:6) besteht. Das p_H hängt von dem verwandten Puffer und der Art der Säure ab und liegt im allgemeinen zwischen 3 und 4. Als organische Säuren eignen sich Citronensäure, Milchsäure, Weinsäure, Bernsteinsäure, Oxalsäure und Glutaminsäure. Durch Filtrieren werden die löslichen Eiweißbestandteile abgetrennt. Dabei kann man die Filtrationszeit durch mechanisches Rühren des zu filtrierenden Gemisches abkürzen. Dialysiert man das Filtrat bei p_H 7 gegen Wasser, fallen unregelmäßig gestaltete, meist nadelförmige Krystalle mit einem N-Gehalt von 16,1% aus. Ihre Elementarzusammensetzung ähnelt der von Kollagen[4].

Die Darstellung von *Kollagen* aus Ochsenhaut kann man nach BOWES und KENTEN[5] folgendermaßen vornehmen: Größere Stücke frisch abgezogener Rückenhaut werden erst mit Wasser, dann mit 10%iger Kochsalzlösung 30 min gewaschen. Über Nacht werden sie in frischer Kochsalzlösung stehengelassen, 30 min in dieser Lösung mechanisch bearbeitet, mehrfach mit Aqua dest. gewaschen und mit Aceton getrocknet. Die die Haarwurzeln enthaltende und mit Muskel- und elastischen Fasern durchsetzte Außenseite sowie die dünne innenliegende Schicht werden abgezogen. Die mittlere Schicht, die übrig bleibt, wird in Stückchen von 1 cm² Größe geschnitten. Die Stückchen werden zum Entfetten 6 Tage lang bei Zimmertemperatur in Petroläther (Kp 40—60°) gelegt. Anschließend wird nochmals mit Aqua dest. gewaschen und wiederum mit Aceton getrocknet. Man erhält so fast reines Kollagen, das weniger als 0,1% Fett und nur 0,03% Asche enthält. Der N-Gehalt beträgt 18,6%. Die Aminosäurezusammensetzung ist aus Tabelle 140 zu entnehmen (nach BOWES und KENTEN)[5].

Tabelle 140. *Aminosäurezusammensetzung von Kollagen*[5]
(Gesamt-N 18,6%; Aminosäuren in Prozenten vom Gesamt-N).

Glycin	26,3	Tyrosin	0,6	Methionin	0,4	Arginin	15,3
Alanin	8,0	Tryptophan	—	Prolin	9,9	Histidin	1,2
Leucin	3,2	Serin	2,5	Oxyprolin	8,0	Asparaginsäure	3,6
Isoleucin	3,2	Threonin	1,5	Lysin	4,7	Glutaminsäure	5,8
Valin	2,2	Cystin	—	Oxylysin	1,2	Amid-N	3,5
Phenylalanin	1,9						

EICHELBERGER u. a.[6] geben für frische fettfreie Haut von normalen und trächtigen Hunden einen Gehalt von 3,3% an Kollagen-N bei einem Gesamt-N-Gehalt der Haut von 4,68% an. Über die Methode zur chemischen Kollagenbestimmung ist im Kapitel Bindegewebe (s. S. 616) nachzulesen.

Genau so wenig, wie sich im Wassergehalt der Haut Unterschiede zwischen 3 bis 15 Monate alten Ratten finden, bestehen zwischen diesen beiden Altersklassen Unterschiede im *Eiweißgehalt*. PAUL u. a.[7], deren Werte im ganzen etwas tiefer als die oben genannten Werte liegen, beschreiben aber Geschlechtsdifferenzen. Bei männlichen Ratten finden sie einen Eiweißgehalt von $25,5 \pm 2,2\%$, bei weiblichen von $22,6 \pm 1,5\%$. Doch

[1] MARDASCHEW, S. R.: Biochimia, Moskau **12**, 444 (1947).
[2] WILKERSON, V. A.: J. biol. Ch. **107**, 377 (1934).
[3] WILKERSON, V. A., and V. J. TULANE: J. biol. Ch. **129**, 477 (1939).
[4] TUSTANOVSKY, A. A.: Biochimia, Moskau **12**, 285 (1947) [Ber. Physiol. **135**, 195].
[5] BOWES, J. H., and R. H. KENTEN: Biochem. J. **43**, 358 (1948).
[6] EICHELBERGER, L., C. W. EISELE and D. WERTZLER: J. biol. Ch. **151**, 177 (1943).
[7] PAUL, H. E., M. F. PAUL, J. D. TAYLOR and R. W. MARSTERS: Arch. Biochem. **17**, 269 (1948).

haben auch diese Unterschiede keine hohe statistische Sicherung. Sehr viel geringer sind die Eiweißwerte in nach künstlichen Wunden neugebildeten Hautpartien. Der Proteingehalt steigt hier von 12,5% am 3. Tage nach der Verletzung allmählich an und ist auch 28 Tage später mit Werten von etwa 20% noch nicht wieder auf die genannten Normalwerte gestiegen. Wenn man den N-Gehalt der Haut von Ratten von der Geburt an bis zu einem Alter von $1^1/_2$ Jahren verfolgt, zeigt sich, auf das Trockengewicht berechnet, eine Veränderung im Verhalten verschiedener N-haltiger Bestandteile. Sowohl Gesamt-N als auch Rest-N und die Menge der mit verschiedenen Lösungen extrahierbaren Proteinfraktionen nehmen mit zunehmendem Alter ab[1].

Ebensowenig wie sich der Gesamt-N-Gehalt der Haut des Menschen von dem bei der Ratte unterscheidet, finden sich wesentliche Unterschiede im *Aminosäuregehalt* (s. Tabelle 141). Wenn man dagegen nach den auf S. 592 gegebenen Vorschriften Epidermis und Corium trennt, ergeben sich bei den meisten Aminosäuren recht erhebliche Differenzen (Tabelle 142). Die Bestimmung der Aminosäuren im Hauthydrolysat erfolgte bei Lysin mittels enzymatischer Decarboxylierung nach GALE[2], bei den übrigen Aminosäuren mit üblichen chemischen Methoden. Mit mikrobiologischer Methodik bestimmte Werte sind in Tabelle 9, S. 457 und 458 aufgenommen.

Tabelle 141. *Aminosäurezusammensetzung des Eiweißes der Haut*[3]
(Aminosäure-N in Prozenten vom Gesamt-N).

Haut	Gesamt-N	Tyrosin	Cystin	Methionin	Tryptophan	Histidin	Arginin	Lysin
Mensch	15,12	0,87	0,65	0,52	0,40	1,95	14,0	5,15
Ratte	15,16	0,92	0,77	0,63	0,53	1,97	12,39	—

Tabelle 142. *Aminosäurezusammensetzung von Epidermis und Corium*[3]
(Aminosäure-N in Prozenten vom Gesamt-N).

	Tyrosin	Cystin	Tryptophan	Histidin	Arginin	Lysin	Phenylalanin
Epidermis	1,96	1,04	0,88	4,48	13,54	7,5	2,54
Corium	0,62	0,37	0,21	1,64	14,42	5,22	1,47

Der hohe *Schwefelgehalt* der Haut, die mit 1—2,5% S das schwefelreichste Organ des Körpers ist, erklärt sich durch die große Menge der im Hautprotein vorhandenen S-haltigen Aminosäuren. In den tieferen Schichten der Haut herrschen dabei Verbindungen mit SH-Gruppen vor, diese gehen nach der Oberfläche zu in Disulfidgruppen über. Die Hautschuppen bei Psoriasis fallen durch einen besonders niedrigen Gehalt an SH-Gruppen auf. Die Hornschicht der Fußsohle ist mit 0,53—0,64% S besonders schwefelarm. Zur Bestimmung der S-haltigen Aminosäuren empfiehlt sich folgendes Vorgehen: 3—4 g schwere Hautstückchen werden nach Entfernung des subcutanen Bindegewebes mit der Schere zerkleinert und im Vakuumexsiccator über H_2SO_4 getrocknet. Die Hydrolyse erfolgt mit 20%iger HCl, der zur Verhinderung der Huminbildung 1 g Harnstoff zugesetzt ist. Die Cystinbestimmung wird vor und nach Zusatz von Jodacetat polarographisch durchgeführt (s. Bestimmung der Aminosäuren Bd. IV). Auf diese Weise können die präformierten SH-Bindungen erfaßt werden. Die Methioninbestimmung erfolgt mit bekannter mikrobiologischer Methodik in einem mit Äther extrahierten aliquoten Teil des Hydrolysates. Das Verhältnis SS- zu SH-Bindungen beträgt unabhängig vom Alter der Tiere 4:1. Der Methioningehalt ist nach BONTING[4] mit 1,55%, der Cystingehalt mit 1,23% in der Haut von jungen Ratten erheblich höher als bei alten Tieren (Methionin = 1,16%, Cystin = 0,54%). Möglicherweise erklärt sich die Abnahme des Cystingehaltes mit dem hohen Cystingehalt der von der Haut gebildeten Haare.

---

[1] GOLOUBITZKAJA, R. L.: Méd. exp. (ukrain.) **2**, 34 (1940) [Ber. Physiol. **121**, 624].
[2] GALE, E. F.: Biochem. J. **39**, 46 (1945).
[3] MARDASCHEW, S. R.: Biochimia, Moskau **12**, 444 (1947).
[4] BONTING, S. L. jr.: Biochim. biophysica Acta, N. Y. **6**, 183 (1950).

Gewebestücke, die praktisch nur aus *Epidermis* bestehen, lassen sich von Menschen mit Dermatitis exfoliativa gewinnen. Das Gewebe wird nacheinander mit Wasser, Aceton, Alkohol und Äther behandelt, im Trockenschrank getrocknet und in der Kugelmühle staubfein vermahlen. Das Material erweist sich histologisch als einheitlich und zeigt auch bei der Elektrophorese in Phthalatpuffer eine einheitliche Wanderungsgeschwindigkeit. Der N-Gehalt der aschefreien Substanz beträgt 15,1%. Die N-Substanzen lassen sich folgendermaßen aufteilen: 2,11% säurelöslicher Humin-N, 3,60% Amid-N, 36,31% mit Phosphorwolframsäure fällbarer N, 58,44% im Filtrat von Phosphorwolframat. Der Gehalt an Aminosäuren beträgt: Cystin = 2,31%, Tyrosin = 5,70%, Tryptophan = 1,49%, Histidin = 0,59%, Lysin = 3,08%, Arginin = 10,01%; das molekulare Verhältnis der drei letztgenannten Aminosäuren kommt mit 1:5,6:15,1 dem sehr nahe, das für Keratin bekannt ist[1].

In ähnlicher Weise kann man ziemlich reines Epidermismaterial aus den Hautschuppen von Psoriasiskranken gewinnen. Hier wird von LENTI[2] folgende Fraktionierung angegeben: Gesamt-N 15,33%, Amino-N 4,68%, Humin-N 3,72%, löslicher Amino-N 5,45%, löslicher Nichtamino-N 3,73%. Die S-Verteilung: Gesamt-S 1,04%, Cystin 1,81%, Methionin 2,61%. Auch hier dürfte ein keratinartiger Eiweißkörper vorliegen.

Durch mehrstündiges Eintauchenlassen von Hand und Unterarm in Leitungswasser oder 2%ige NaCl-Lösung kann man aus der Epidermis des lebenden Menschen *Glykoproteide* extrahieren. Man engt das Waschwasser im Vakuum bei 40° auf 10—20 cm³ ein, kocht mit Alkali, fällt mit Äthanol und kann dann durch Hydrolyse mit HCl die Kohlenhydratkomponente freisetzen. Es handelt sich dabei im wesentlichen um Glucosamin und Glucuronsäure[3].

Fraktionierung von Hautproteinen. 1—2 g Hautgewebe werden nach sorgfältiger Entfernung von Haaren und subcutanem Gewebe möglichst fein zerkleinert. Um genau gleich große Hautstücke bei Versuchstieren zu gewinnen, kann man nach Entfernung der Haare die Haut mit CO_2-Schnee vereisen und mittels eines scharfen Korkbohrers Hautstückchen definierter Größe herausschneiden. Das Gewebe wird mit Quarzsand und einer kleinen Menge 0,9%iger NaCl-Lösung $1/_2$ Std im Mörser verrieben, dann mit insgesamt der 10fachen Menge NaCl-Lösung versetzt und unter gelegentlichem Schütteln 24 Std bei + 6° stehen gelassen. Man zentrifugiert und versetzt die überstehende Flüssigkeit (Fraktion I) mit der 4fachen Menge Äthanol, um wasserlösliche Proteine zu fällen (Fraktion II). Der Zentrifugenrückstand wird mit 0,03 n NaOH versetzt und zunächst für 24 Std bei + 6°, dann für 2 Std bei + 20° gehalten, um Nucleoproteide und weitere Proteine bis auf Kollagen und Elastin in Lösung zu bringen. Es wird wieder zentrifugiert, die überstehende Flüssigkeit auf p_H 7 gebracht und wiederum mit Äthanol gefällt (Fraktion III). Wenn man nach Abzentrifugieren der Fraktion III auf p_H 4,6 ansäuert, fällt erneut eine Proteinfraktion (IV) aus. Die verbleibende Flüssigkeit bildet nach Dialyse die Fraktion V. Der beim zweiten Zentrifugieren verbleibende Rückstand wird in Wasser suspendiert und auf p_H 7,0 gebracht. Der dabei auftretende Niederschlag wird wiederum abzentrifugiert und mit Äther/Äthanol (3:1), dann mit Äther behandelt. Die zunächst verbleibende überstehende Flüssigkeit bildet Fraktion VI und die nach Extraktion und erneutem Zentrifugieren verbleibende ist Fraktion VII. Der Rückstand wird wiederum mit Wasser versetzt und für $3^1/_2$ Std im Autoklaven bei etwa 20 atü erhitzt. Der hierbei in Lösung gehende Anteil bildet die Fraktion VIII, der Rückstand Fraktion IX. Die Menge an Trockensubstanz und Gesamt-P der einzelnen Fraktionen ist aus Tabelle 143 zu ersehen. Dieser liegt die Untersuchung eines Hautstückes vom Ferkel zugrunde, das ein Trockengewicht von 477 mg mit einer Gesamt-P-Menge von 785 γ hatte[4].

Harnstoff und Ammoniak. Kleine Hautstückchen von Mäusen werden — eventuell nach vorheriger Trennung in Epidermis und Corium (s. S. 592) — gewogen und in einen

[1] WILKERSON, V. A.: J. biol. Ch. **107**, 377 (1934).
[2] LENTI, C.: Arch. Sci. biol., Bologna **28**, 60 (1942) [C. **1942** II, 910].
[3] WOHNLICH, H.: B. Z. **322**, 76 (1951).
[4] ORMSBEE, R. A., F. C. HENRIQUES jr. and E. G. BALL: Arch. Biochem. **21**, 301 (1949).

Tabelle 143. *Trockensubstanz und Gesamt-P in verschiedenen Hautfraktionen*[1].

Fraktion	Trockengewicht %	Gesamt-P %	Fraktion	Trockengewicht %	Gesamt-P %	Fraktion	Trockengewicht %	Gesamt-P %
I	14,2	28,4	IV	0,5	0,0	VII	7,7	11,6
II	3,2	42,5	V	4,8	4,5	VIII	53,8	13,5
III	1,9	0,0	VI	2,8	0,0	IX	11,2	0,0

im kochenden Wasserbad befindlichen, mit 2 cm³ Aqua dest. gefüllten Homogenisator aus Glas befördert. Nach 10 min langem Erhitzen wird abgekühlt und homogenisiert. Die Bestimmung erfolgt in bekannter Weise nach CONWAY, wobei die NH_3-Bestimmung sofort, die von Harnstoff-N nach vorheriger Ureaseeinwirkung durchgeführt werden kann. Man titriert mit 0,02 n HCl mit einer Mikrobürette, die noch $3,16 \cdot 10^{-4}$ cm³ abzumessen gestattet[2].

Tabelle 144. *Harnstoff und Ammoniak in Epidermis und Corium*[2] (mg-% der Frischsubstanz).

Maus	Epidermis		Corium	
	Harnstoff-N	NH₃-N	Harnstoff-N	NH₃-N
7 Tage alt	111—131	95—106	28—40	20—29
9—12 Monate alt .	45— 87	21— 24	20—24	17—20

	Epidermis	
	Harnstoff-N	NH₃-N
Mäuseembryo, 2—3 Tage vor der Geburt .	20— 25	10— 17
Maus, 1—2 Tage alt	33— 68	17— 79
Maus, 5—9 Tage alt	114—149	95—142
Maus, 2—20 Monate alt	37— 98	16— 37
Ratte, 2 Jahre alt	44— 77	30— 45
Mensch, Brusthaut von Mamma-Amputation	17— 64	17— 46

Tabelle 144 zeigt, wie sich, abhängig vom Lebensalter, in den Werten recht beträchtliche Unterschiede ergeben. In „Hyperplasien" der Haut, wie man sie nach Behandlung mit Benzol, noch stärker mit 0,1% Crotonöl enthaltendem Benzol erhält, verändern sich die NH_3-Werte nicht, während der Harnstoff-N auf 85—145 mg-% gegenüber Kontrollwerten von 55—98 mg-% erheblich ansteigt.

Neben den Hautproteinen finden sich auch *Mucopolysaccharide*, die man nach MEYER und CHAFFEE[3] folgendermaßen darstellen kann: Etwa 2 kg Schweinehaut werden nach möglichst gründlicher Entfernung des subcutanen Fettgewebes 28 Std bei 37° mit 6 Liter n NaOH behandelt. Das nahezu verflüssigte Material wird mit 5%igem Eisessig neutralisiert und filtriert. Man fällt mit 2 Volumina Äthanol, zentrifugiert nach Stehen über Nacht und nimmt in 10%iger $CaCl_2$-Lösung (gegen Phenolphthalein alkalisch) auf. Die weitere Reinigung erfolgt in Anlehnung an die bei der Aufarbeitung von Nabelschnur, Glaskörper und Gelenkflüssigkeit gegebenen Vorschriften (S. 569, 589 u. 642).

Der Gehalt der Haut an *Histamin* ist so gering, daß es nur mit biologischen Methoden erfaßt werden kann. Nach BLOCH[4] liegt der Histamingehalt der Haut bei 20 mg/kg $\pm 20\%$. Vereisung mit Chloräthyl bringt das Histamin fast zum Verschwinden. Der Histamingehalt mechanisch gereizter Haut zeigt 10 min nach der Reizung eine beträchtliche Abnahme gegenüber der Norm. Bei Urticaria liegen die Werte in der Quaddelhaut tiefer als in unveränderter Haut[5].

---

[1] ORMSBEE, R. A., F. C. HENRIQUES jr. and E. G. BALL: Arch. Biochem. **21**, 301 (1949).
[2] ROBERTS, E., and S. FRANKEL: Arch. Biochem. **20**, 386 (1949).
[3] MEYER, K., u. E. CHAFFEE: J. biol. Ch. **138**, 491 (1941).
[4] BLOCH, W.: Derm., Basel **96**, 45 (1948).
[5] HELLERSTRÖM, S.: Arch. Derm. Syph., Berlin **189**, 225 (1949).

Kohlenhydrate und organische Säuren. *Kohlenhydrate.* Die Methoden zur Bestimmung von Gesamtkohlenhydraten, d. h. der gesamten reduzierenden Substanzen, und von Glykogen unterscheiden sich nicht von den in anderen Organen angewandten. Hierüber ist in den Abschnitten Leber (S. 481 ff.) und Muskel (S. 554 und 555) nachzulesen. Es finden sich in frischer Haut 0,92—1,4% Gesamtkohlenhydrate, davon sind etwa 25—30% *Glykogen*, d. h. der Glykogengehalt liegt zwischen 0,3 und 0,5%[1]. Die von CORNBLEET[2] in menschlicher Haut bestimmten Werte liegen mit 0,07—0,09% sehr viel tiefer. Will man die freien reduzierenden Substanzen bestimmen, so kann man eine der Blutzuckerbestimmung nach HAGEDORN-JENSEN ähnliche Methode anwenden: Hautstückchen von etwa 9 mm Durchmesser und einem Gewicht von etwa 50 mg kommen unmittelbar in ein Gefäß mit 5%iger $ZnSO_4$-Lösung. Man erhitzt 6 min im kochenden Wasserbad und gibt 1 cm³ 0,1 n NaOH sowie eine Messerspitze Fullererde hinzu. Nach intensivem Schütteln wird filtriert und im Filtrat die „Zucker"-Bestimmung entsprechend der HAGEDORN-JENSEN-Methode durchgeführt. Die Werte liegen immer etwas niedriger als der gleichzeitig bestimmte Blutzucker, normalerweise zwischen 60 und 80 mg-%.

Milchsäure. Auch hier weicht die Bestimmung nicht von der in anderen Organen ab. Man gibt Hautstückchen in flüssige Luft oder in flüssigen Stickstoff, pulverisiert das gefrorene Gewebe, enteiweißt und führt im Filtrat die Milchsäurebestimmung nach bekannten Methoden durch. WETZEL u. a.[1] finden in normaler Haut Milchsäurewerte zwischen 0,28 und 0,35%.

Fette und Lipoide. Auf die *Schwankungen des Fettgehaltes* der Haut auch bei normalen Individuen wurde bereits hingewiesen. Selbst wenn man das subcutane Gewebe sorgfältig abtrennt, kann der Fettgehalt in einzelnen Hautpartien bis auf 25% des Frischgewichtes ansteigen, während man in anderen Hautproben praktisch kein Fett findet. Die Bestimmung des Fettgehaltes der Haut bietet gegenüber anderen Organen praktisch keine Besonderheiten. TAYLOR u. a.[3] empfehlen folgendes Verfahren: Ein etwa 1 g schweres Hautstück wird nach sorgfältigem Abpräparieren der Subcutis mit der Schere möglichst weitgehend zerkleinert und im Homogenisator mit 5 cm³ 95%igem Äthanol behandelt. Man spült in einen 50 cm³-ERLENMEYER-Kolben über und füllt auf etwa 20 cm³ mit Äthanol auf. Man erhitzt 15 min im Wasserbad, dekantiert und extrahiert noch mehrmals mit Äthanol und einer Äthanol-Äthermischung (3:1). Die weitere Aufarbeitung und Trennung der einzelnen Lipoidfraktionen erfolgt in üblicher Weise. Die bei normalen Ratten gefundenen Werte sind aus Tabelle 145 zu ersehen. Bei weiblichen Tieren liegen die Werte für die Gesamtlipoide fast doppelt so hoch wie bei männlichen Tieren. Bei den Phosphatidwerten sind derartige Unterschiede gar nicht, im Cholesteringehalt sind nur geringe Unterschiede festzustellen. Hautstellen, an denen sich nach künstlich gesetzten Wunden neues Epithel gebildet hat, zeigen auch mehrere Monate nach der Verwundung noch einen wesentlich geringeren Fettgehalt. Auch bei

Tabelle 145. *Lipoidgehalt von Rattenhaut*[3] (in Prozenten vom Frischgewicht).

	Geschlecht	Gesamtlipoide	Phosphatide (P × 25)	Cholesterin	
				gesamt	frei
Normal	♂	12,5 ± 3,7	0,403 ± 0,046	0,354 ± 0,053	0,118 ± 0,009
Normal	♀	22,0 ± 2,3	0,416 ± 0,029	0,248 ± 0,020	0,132 ± 0,010
Neu epithelisiert					
6 Tage ⎫ nach	♂	2,89 ± 0,58	0,848 ± 0,017	0,208 ± 0,011	0,149 ± 0,011
131 Tage ⎰ künstlich	♂	3,58 ± 0,55	0,470 ± 0,073	0,486 ± 0,120	0,098 ± 0,008
⎰ gesetzter					
131 Tage ⎭ Wunde	♀	5,14 ± 1,21	0,308 ± 0,098	0,503 ± 0,207	0,091

[1] WETZEL, R., H. WOLLSCHITT, H. RUSKA u. TH. OESTREICHER: A. e. P. P. 179, 86 (1935).
[2] CORNBLEET, TH.: Arch. Derm. Syph., Chicago 41, 193 (1940) [Ber. Physiol. 120, 133].
[3] TAYLOR, J. D., H. E. PAUL and M. F. PAUL: Arch. Biochem. 17, 421 (1948).

Phosphatiden und Cholesterin zeigen sich nicht unbeträchtliche Abweichungen gegenüber den Normalwerten (s. Tabelle 145).

Bestimmt man den Fettgehalt der Haut am lebenden Individuum, ohne Hautstückchen zu entfernen, so beziehen sich die erhaltenen Werte je nach der angewandten Methodik teils auf das Hautsekret, teils auf eine mehr oder weniger tiefe Schicht der Hautoberfläche. CARRIÉ[1] bestimmt den Lipoidgehalt der Hautoberfläche beim Menschen. Nach sorgfältiger Reinigung der Haut setzt man einen gewöhnlichen Glastrichter mit seiner großen Öffnung fest so auf die Haut, daß ein möglichst flaches Hautstück von etwa 30 cm² Größe bedeckt wird. Man gibt durch den Trichterauslauf 15 cm³ eines Lösungsmittels — Petroläther, Chloroform oder Äther-Alkohol — auf die Haut, läßt 10 min einwirken und dann das Lösungsmittel in eine untergehaltene Schale fließen. In aliquoten Teilen kann die Bestimmung der einzelnen Lipoide durchgeführt werden. Auf einem ähnlichen Prinzip beruht die von KVORNING[2] angewandte Methode. Hier wird das Gesamtfett in Äther aufgenommen und nach Verdampfen des Lösungsmittels in Petroläther gelöst. Für die Einzelanalysen wird dann weiter wie folgt vorgegangen: C-Bestimmung nach VAN SLYKE u. a.[3]; C-Gehalt mal 1,26 ergibt Gesamtfett. Auf Grund der Glycerinbestimmung nach BLIX[4] wird der Gehalt an Neutralfetten berechnet. Die übrigen Lipoidbestandteile werden nach anderen bekannten Standardmethoden bestimmt. Man findet auf 60 cm² Hautfläche 7—19 mg Gesamtlipoide. Der Anteil der übrigen Bestandteile liegt in folgenden Bereichen (in Prozent der Gesamtlipoide): Triglyceride 25—69; Unverseifbares 2—21; Wachs 5—43; Cholesterin 2,6—6,5; Phosphatide 0—4,5.

Um das Fett von noch größeren Hautpartien erfassen zu können, kann man nach MacKENNA[5] folgende Methode anwenden: Man taucht den Unterarm genau 3 min in 2 Liter destilliertes Aceton, das sich in einem großen Zylinder befindet. Nach Abdestillieren des Acetons wird der Rückstand in Chloroform aufgenommen, um das Fett von Zellresten und Schmutz zu trennen. So findet sich eine durchschnittliche Fettmenge von etwa 0,1 g (200 Untersuchungen). Die nach dem Eintauchen der Arme in Aceton in den folgenden 3—6 Std gebildete Fettmenge liegt zwischen 10 und 25 mg/Std. Zur Analyse werden die Proben einer größeren Zahl von Versuchspersonen vereinigt. Die Fette werden verseift, das Unverseifbare chromatographisch weiter fraktioniert. 29% vom Fett liegt in Form freier Fettsäuren vor, von denen etwa ⅔ ungesättigt sind. 36% sind in Form von Wachsen oder anderen Estern als gebundene Fettsäuren vorhanden. Vom Unverseifbaren, das insgesamt 32% ausmacht, sind etwa 14% Cholesterin, 8% ungesättigte Alkohole und fast 50% Kohlenwasserstoffe. Darunter findet sich Squalen, das als Hexachlorid oder Dodekabromid isoliert werden kann. An N-Verbindungen liegen vor (g N/100 g Fett): acetonlöslich 0,98—1,03; chloroformlöslich 0,42—0,49; Harnstoff 0,24—0,89; NH_3 0,01—0,05; Lipoid-N 0,11—0,18.

Durch Fraktionierung des Unverseifbaren mittels Adsorption an Al_2O_3 ergeben sich 5 Fraktionen, von denen eine, 37—46% ausmachend, im wesentlichen aus Squalen besteht. Die zweite Fraktion besteht aus aliphatischen Alkoholen, von denen einer mit einem Schmelzpunkt von 64—65,5° ein Oxydationsprodukt von Squalen darstellt. Fraktion III, 14—19% ausmachend, ist im wesentlichen Cholesterin. Fraktion IV und V machen nur je 4—13% aus und bestehen größtenteils aus nicht identifizierbaren meist amorphen Substanzen[6].

Vitamine. Die Bestimmung von Vitaminen ist zumeist nur im Schweiß (s. S. 603) durchgeführt worden (s. S. 605). Nach MacKENNA[5] ist mit dem Vorkommen wesentlicher Mengen fettlöslicher Vitamine in der Haut selbst mit Ausnahme von geringen Anteilen

[1] CARRIÉ, C.: Arch. Derm. Syph., Berlin 188, 241 (1949).
[2] KVORNING, S. A.: Acta pharmacol. toxicol., København 5, 248 (1949).
[3] VAN SLYKE, D. D., I. H. PAGE and E. KIRK: J. biol. Ch. 102, 635 (1933).
[4] BLIX, G.: Mikrochim. Acta 1, 75 (1937).
[5] MacKENNA, R. M. B., V. R. WHEATLEY and A. WORMALL: J. invest. Derm. 15, 33 (1950).
[6] MacKENNA, R. M. B., V. R. WHEATLEY and A. WORMALL: Biochem. J. 48, XXXVIII (1951).

an *Vitamin E* nicht zu rechnen. *Vitamin B*$_6$ kommt in der Haut normaler Ratten in Mengen von etwa 0,2 mg-% vor. Bei avitaminotischen Ratten kann nur etwa $^1/_{10}$ dieser Menge aufgefunden werden. *Ascorbinsäure:* Wie bei der Bestimmung anderer Vitamine kommen auch hier grundsätzlich die gleichen Methoden wie in anderen Organen in Frage. Für die Bestimmung von Vitamin C hat sich dabei das folgende Vorgehen bewährt: Nachdem ein Hautstück von 100—200 mg von Blut und subcutanem Gewebe befreit ist, wird es auf der Torsionswaage gewogen. In einem Porzellanmörser zerkleinert man die Haut mit Schere oder Messer und mörsert mit Quarz unter langsamer Zugabe von 8%iger Metaphosphorsäure. Das Material wird in ein Zentrifugenglas überführt, und der Mörser mit 8%iger Metaphosphorsäure nachgewaschen. Die Mengen der Metaphosphorsäure, die für verschiedene Gewebsmengen gebraucht werden, sind in der Tabelle 146 angegeben[1].

Nach dem Zentrifugieren wird die überstehende Flüssigkeit mit Dichlorphenolindophenol titriert. Die Berechnung wird nach folgender Formel ausgeführt:

$$\frac{D \cdot \dfrac{M}{0,2} \cdot 0,02 \cdot 10^5}{W} = \text{mg-\%} .$$

$D =$ gebrauchte Menge an Dichlorphenolindophenol, $M =$ Titrationsvolumen, $W =$ die Menge an Gewebe in Milligrammen. In normaler Haut liegen die Ascorbinsäurewerte in 95% der Fälle zwischen 0 und 10 mg-%, selten bis 20 mg-%. Bei Hauterkrankungen sind Werte zwischen 10 und 20 mg-% häufiger. Werte bis zu 30 mg-% findet man insbesondere bei Psoriasis.

Tabelle 146. *Ascorbinsäurebestimmung in der Haut*[1].

Gewicht der Gewebeproben mg	Gebrauchte Menge an 8%iger Metaphosphorsäure cm³
50	0,8—1,0
50—100	1,2—1,4
100—200	1,6—1,8
200	2,0—2,2

Fermente. Zum Nachweis *proteolytischer Fermente* kann man sowohl von Frischextrakten als auch von solchen aus Aceton-Trockenpulver ausgehen. Etwa 30 g frische Haut werden nach sorgfältiger Reinigung in schmale Stücke geschnitten und mit etwa 100 cm³ 2%iger NaCl-Lösung 8—10 min homogenisiert. Man gibt nochmals die gleiche Menge NaCl-Lösung zu, rührt 3 Std lang bei Zimmertemperatur und filtriert zunächst durch Mull, dann durch Filtrierpapier (empfohlen ist Whatman Nr. 41). Wenn man von Acetontrockenpulver ausgeht, behandelt man 0,3 g Trockenpulver — entsprechend etwa 1 g Frischhaut — mit 5 cm³ 5%iger KCl- oder KNO$_3$-Lösung. In den so erhaltenen Extrakten findet sich eine hohe Proteinase- und eine geringe Peptidaseaktivität[2].

Eine Reihe weiterer Fermente sind mit den auch bei anderen Organen üblichen Methoden nachgewiesen worden: Ein Arginin abbauendes Enzym mit einem p_H-Optimum von 6,1. Von Leberarginase soll sich das in der Haut vorkommende Ferment dadurch unterscheiden, daß es nicht der Harnstoffbildung, sondern dem oxydativen Abbau von Arginin dient[3-5]. Das Vorkommen einer *Histidase* wird von TARANTINO[6, 7] beschrieben. *Bernsteinsäuredehydrase* und *Cytochromoxydase* finden sich in der Epidermis. Diese Hautschicht kann man gemäß der auf S. 592 gegebenen Vorschrift nach Erwärmung auf einer Heizplatte (41—42°) abpräparieren. Die Fermente werden dabei nicht geschädigt. Bei normalen Mäusen liegt die Aktivität der Bernsteinsäuredehydrase — ausgedrückt als Q_{O_2} — zwischen 2,5 und 3,9. Diese Werte ändern sich auch nicht, wenn man die Haut mit Benzol und Methylcholanthren behandelt, solange das Gewebe nicht carcinomatös verändert ist. Erst beim Manifestwerden des Tumors schnellt die Fermentaktivität auf

---

[1] JENSEN, T., o. E. POULSEN: Acta derm.-venereol., Stockholm **23**, 241 (1942).
[2] NEVILLE-JONES, D., and R. A. PETERS: Biochem. J. **43**, 303 (1948).
[3] BORGHI, B.: Riv. Biol. **30**, 262 (1940) [Ber. Physiol. **124**, 361].
[4] TARANTINO, C.: Sperimentale **93**, 489 (1939) [Ber. Physiol. **118**, 636].
[5] BORGHI, B., e C. TARANTINO: Sperimentale **93**, 137 (1939) [Ber. Physiol. **117**, 113].
[6] TARANTINO, C.: Sperimentale **92**, 572 (1938) [Ber. Physiol. **113**, 310].
[7] BORGHI, B., e C. TARANTINO: Sperimentale **92**, 89 (1938) [Ber. Physiol. **109**, 297].

den 4—5fachen Wert. Im Gegensatz dazu steigt die Aktivität der Cytochromoxydase — normale Q_{O_2}-Werte um 20—25 — schon bei Methylcholanthrenbehandlung langsam auf fast das Doppelte an und erhöht sich auch beim Manifestwerden des Tumors nicht mehr[1].

Zum Nachweis einer *Amylase* (Haut-,,Diastase") sind die verschiedensten Methoden angewandt worden. So kann man Hauttrockenpulver in physiologischer NaCl-Lösung suspendieren und direkt die Fermentaktivität bestimmen. — Aus Leichenhaut kann man sich ohne vorherige Trocknung mit Phosphatpuffer einen Extrakt herstellen, dessen Fermentaktivität in gleicher Weise bestimmt wird, wie es im Harn bei der sog. Diastaseprobe nach WOHLGEMUTH üblich ist. Es ist auch versucht worden, durch Untersuchung des Fermentgehaltes in der Flüssigkeit künstlich hervorgerufener Hautblasen Rückschlüsse auf den Fermentgehalt normaler Haut zu ziehen. Schließlich hat man die Hautoberfläche mehr oder weniger lange Zeit mit Aqua dest. oder mit bestimmten Salzlösungen behandelt und die Fermentaktivität in dem so gewonnenen ,,Hautdialysat" bestimmt. Die mit den verschiedenen Methoden gewonnenen Werte sind keinesfalls miteinander vergleichbar, großenteils erlauben sie nicht einmal Rückschlüsse auf den in normalem Gewebe vorhandenen Fermentgehalt. Am besten erscheint die von WORTMANN[2] angewandte Methode. Man vereist eine mit der Pinzette aufgehobene kleine Hautfalte von 8—10 mm² Größe mit Chloräthyl und trägt diese mit einem Skalpell oder einer gekrümmten Schere ab. Man spült kurz mit Aqua dest. ab und schneidet das Gewebe mit dem Gefriermikrotom in feine Schnitte von 5 μ Dicke. Man wägt und gibt zu je 50 mg Gewebe 2 cm³ m/15 Phosphatpuffer p_H 6,8. Man extrahiert 12 Std im Eisschrank, zentrifugiert und bestimmt die aus Stärke entstandene Maltose nach WILLSTÄTTER und WALDSCHMIDT-LEITZ. Die Fermentmenge wird durch diejenige Maltosemenge angegeben, welche durch 100 mg Haut in 24 Std aus 100 mg Stärke in 1%iger Lösung freigesetzt wird. Die mit dieser Methode bei Menschen gefundenen Normalwerte liegen bei 1,62 ± 0,94 mg. Beim Kaninchen betragen sie 3,10 ± 1,82 mg[2].

Zum Nachweis des der Pigmentbildung dienenden Fermentes *Dopaoxydase* versetzt man Homogenat aus Haut bzw. Hautextrakt mit einer 0,15%igen Lösung von Dioxyphenylalanin und Phosphatpuffer, p_H 7,0. Allmählich schwärzt sich die Lösung, besonders beim Durchleiten von Sauerstoff. Aus den nach verschiedenen Zeiten im Photometer abgelesenen Schwärzungswerten kann eine Kurve aufgestellt werden, aus der sich die Fermentaktivität ablesen läßt[3]. Es ist dabei unerläßlich, Kontrollversuche anzusetzen, in denen statt Hautextrakt Aqua dest. zugegeben wird.

Stoffwechsel. Um den O_2-*Verbrauch* der Epidermis zu bestimmen, kann man beim Lebenden mit dem Rasiermesser Epidermisschnitte von 0,12—0,18 mm Dicke und einem Gewicht von 50 mg abtragen. Wenn man die Schnitte bis zur Messung unter N_2 in Ringerlösung aufhebt, fällt der O_2-Verbrauch in den ersten beiden Stunden um höchstens 20% ab. Wenn man die Atmungsbestimmung in dieser Zeit ausführt, liegt der Fehlerbereich in der genannten Größenordnung. Der Q_{O_2} normaler Haut liegt nach HÜLLSTRUNG und OHLMEYER[4] bei 1,19—1,34. Etwas höher, bis zu 2,5, im Mittel bei 1,5 liegen die von BUHMANN[5] angegebenen Werte. Bei einer Reihe von Hautkrankheiten weichen die Werte nicht unbeträchtlich ab. So findet sich bei Vitiligo sowohl in normal pigmentierter Haut als auch in Hautpartien mit zu viel oder zu wenig Pigmentierung eine gleich große Atmung, die im Mittel bei 0,67 liegt[4]. Bei einer Reihe anderer Hautkrankheiten sind die Werte dagegen erhöht. So findet sich bei Psoriasis ein Q_{O_2} zwischen 1,4 und 5,4, im Mittel bei 3,3[5]. Auch bei einer Reihe anderer Hauterkrankungen, insbesondere bei Neurodermatitiden sind die Q_{O_2}-Werte erhöht. Da man bei der Herstellung der Hautschnitte immer auch Gewebe mit erfaßt, das mit Sicherheit eine geringere Atmungsgröße als die Epidermis

[1] CARRUTHERS, C., and V. SUNTZEFF: Cancer Res. 7, 9 (1947) [Ber. Physiol. **137**, 157].
[2] WORTMANN, F.: Derm., Basel **94**, 237 (1947).
[3] SCHUPPLI, R.: Derm., Basel **100**, 242 (1950).
[4] HÜLLSTRUNG, H., u. P. OHLMEYER: H. **280**, 118 (1944).
[5] BUHMANN, A.: B. Z. **287**, 145 (1936).

oder sogar keinerlei Stoffwechsel mehr hat (Hornschicht u. a.), bestimmt BUHMANN[1] unter dem Mikroskop den Prozentsatz an lebendem Gewebe in dem vorher auf seine Gewebsatmung geprüften Hautstück und nimmt auf Grund dieser Messung eine Korrektur vor. Der auf diese Weise „korrigierte" Q_{O_2} liegt in normaler Haut bei 2,6 und bei Psoriasis bei 4,4 (Mittelwerte).

Wenn auch die Haut im Vergleich zu anderen Organen einen verhältnismäßig geringen Q_{O_2} hat, worauf besonders FELIX[2] hinweist, so ist der Anteil des O_2-Verbrauches der Haut am O_2-Verbrauch des gesamten Organismus doch recht beträchtlich. Wenn man nach CROSTI[3] davon ausgeht, daß das Gesamttrockengewicht der Haut des erwachsenen Menschen zwischen 1450 und 1650 g liegt, und wenn man dabei einen Q_{O_2} von 2,15 zugrunde legt, so macht der O_2-Verbrauch der Haut über 20% des Gesamtverbrauches an Sauerstoff aus.

Neutralisationsvermögen der Haut. Die intakte Haut ist in der Lage, alkalische Lösungen langsam zu neutralisieren, so daß der p_H-Wert einer mit Haut in Verbindung stehenden schwach alkalischen Lösung sich langsam zum Sauren verschiebt. Wenn man dagegen saure Lösungen mit der intakten Haut in Berührung bringt, zeigen sich keinerlei p_H-Veränderungen. Zur Bestimmung dieses „Neutralisationsvorganges" kann man ein auf der Haut mit Paraffin abgedichtetes zylindrisches Gefäß mit n/50 NaOH anbringen. Ein Hautstück von 6 cm² Größe bildet dann in 10 min 0,001—0,013 Milliäquivalente Säure. Weitere Einzelheiten werden bei der Besprechung des Schweißes abgehandelt.

β) Schweiß.

Zur *Gewinnung* des Schweißes kommen verschiedene Methoden in Frage, deren Anwendung davon abhängt, ob man den von der gesamten Körperoberfläche in einer bestimmten Zeit oder nur den von bestimmten Körperteilen abgesonderten Schweiß untersuchen will. Eine gründliche Reinigung mit Wasser und Seife und ein intensives Abspülen der zu untersuchenden Körperteile haben in jedem Fall der Sammlung des Schweißes vorauszugehen. Will man nur den Schweiß von bestimmten Körperpartien sammeln und kommt eine quantitative Erfassung der gesamten Schweißmenge nicht in Frage, kann man kleine Gefäße an den betreffenden Körperpartien befestigen. Zur quantitativen Erfassung des Schweißes an Händen oder Füßen kommen Bekleidungsstücke aus Gummi in Frage. Hier muß jedoch mit einer Beeinflussung der Schweißsekretion durch das Bekleidungsstück gerechnet werden. Weiterhin ist es möglich, auf dem zu untersuchenden Körperteil Mull oder saugfähige Bandagen zu befestigen, die zur Gewinnung des Schweißes mit Wasser extrahiert werden. Will man schließlich den vom gesamten Körper abgesonderten Schweiß erfassen, muß die Versuchsperson eine Unterkleidung aus saugfähigem Stoff tragen. Die nichtbekleideten Körperteile, insbesondere das Gesicht, werden bei Bedarf mit einem Handtuch getrocknet. Bei Beendigung der für die Schweißproduktion vorgesehenen Zeit entledigt sich die Versuchsperson in einer mit etwa 50 Liter Aqua dest. gefüllten Wanne ihrer gesamten Bekleidung, die vor dem Versuch gründlichst gewaschen und gespült war, und wird mit weiteren 50 Liter Aqua dest. abgespült. Je nach Konzentration der zu untersuchenden Stoffe kann die Bestimmung direkt im Schweiß bzw. im Spülwasser oder nach schonender Einengung der betreffenden Flüssigkeit erfolgen[4]. Es empfiehlt sich jedoch, eine Filtration durchzuführen, um abgeschilferte Epithelien usw. abzutrennen. Dies jedoch hat zu unterbleiben, wenn man die Gesamtverluste an verschiedenen Substanzen durch die Haut, z. B. den N-Verlust, erfassen will.

Anorganische Bestandteile. Die im Schweiß aufgefundenen Mineralmengen sind aus Tabelle 147 zu ersehen.

---

[1] BUHMANN, A.: B. Z. **287**, 145 (1936).
[2] FELIX, K.: Arch. Derm. Syph., Berlin **184**, 140 (1943).
[3] CROSTI, A.: Arch. Derm. Syph., Berlin **184**, 261 (1943).
[4] CREMER, H. D.: Unveröffentlichte Versuche. — GEIGER, H.: Diss. Innsbruck 1944.

Für die Fe-Werte im Schweiß finden sich nicht unbeträchtliche Unterschiede in den Angaben verschiedener Autoren: MITCHELL und HAMILTON[1] sammeln den Schweiß in angehängten Glasbechern oder in aufgelegtem lockerem Baumwollgewebe. Der zwar filtrierte, aber nicht zentrifugierte Schweiß enthält dann Fe-Mengen, die zwischen 0,1 und 0,2 mg-% liegen, und die auch bei behaglicher Außentemperatur schon zu einem Eisenverlust durch die

Tabelle 147. *Mineralien und Spurenelemente im Schweiß.*

Cl	50—250 mg-%[2,3]	Mn	3,2—7,4 γ-%[1]
	35—140 mg-%[4]	Mg	0,045—0,4 mg-%[1]
Ca	1—7 mg-%[1,9]	P	0,01—0,43 mg-%[1]
Fe	Spuren—0,045 mg-%[5,6,9]	F	+ [8]
	0,1—0,2 mg-%[1]	J	0,54—1,22 γ-%[7]
Cu	4,4—8,0 γ-%[1]		

Haut von 6,5 mg in 24 Std führen. Tabelle 148 zeigt, wie sich nach MITCHELL und HAMILTON[1] die Ausscheidung von Fe, Ca und N bei verschiedener Umgebungstemperatur auf die Ausscheidung durch Haut, Nieren und Darm verteilt.

Auch ADAMS u. a.[6] finden im filtrierten Schweiß mit o-Phenanthrolin Eisenwerte zwischen 0,1 und 2 mg-%. Der Schweiß ist in diesem Zustand aber noch opalescierend

Tabelle 148. *Ausscheidungswege von N, Ca und Fe[1]* (in Prozenten der Gesamtausscheidung).

	Ausscheidung durch					
	Haut, Umgebungstemperatur		Nieren, Umgebungstemperatur		Darm, Umgebungstemperatur	
	heiß	behaglich	heiß	behaglich	heiß	behaglich
N	22,5	2,7	68,2	84,9	9,2	12,4
Ca	29,9	14,4	12,2	21,0	58,0	64,6
Fe	37,2	13,4	0,7	2,2	62,0	84,4

und enthält reichlich Epithelzellen. Wenn man den Schweiß vor der Analyse zentrifugiert, finden sich in der klaren überstehenden Flüssigkeit nur noch Fe-Mengen von 0,06 mg-%. Die höheren Werte sind daher im wesentlichen auf den Fe-Gehalt der abgeschilferten Epithelzellen zurückzuführen, während der Schweiß selbst nur Spuren an Fe enthält. Auch aus Tierversuchen (Hunde) mit Verfütterung von markiertem $FeCl_3$ läßt sich schließen, daß die im Schweiß ausgeschiedenen Fe-Mengen außerordentlich gering sind[5].

Organische Bestandteile. Die Menge der mit dem Schweiß ausgeschiedenen *stickstoffhaltigen Substanzen* ist, namentlich bei starkem Schwitzen, nicht unbeträchtlich, so daß sie bei Aufstellung von N-Bilanzen durchaus in Betracht gezogen werden muß. Die N-Bestimmung unterscheidet sich nicht von der in Blutfiltraten. Die Hauptmenge an N wird in Form von Harnstoff ausgeschieden. Daneben spielen aber auch Harnsäure und Kreatinin eine Rolle. Die Zusammensetzung des von verschiedenen Körperteilen gewonnenen Schweißes kann dabei recht verschieden sein, wie Tabelle 149 zeigt[10]. Aus ihr ergibt sich auch die Konzentration der verschiedenen Substanzen.

[1] MITCHELL, H. H., T. S. HAMILTON and W. T. KAINES: J. biol. Ch. **178**, 345 (1949).
[2] CREMER, H. D.: Unveröffentlichte Versuche. — GEIGER, H.: Diss. Innsbruck 1944.
[3] BÖTTNER, H., u. B. SCHLEGEL: Z. ges. exp. Med. **108**, 151 (1941).
[4] LEHMANN, G., u. A. SZAKÁLL: Arbeitsphysiol. **10**, 608 (1939).
[5] STEWART, W. B., R. T. SNOWMAN, C. L. YUILE and G. H. WHIPPLE: Proc. Soc. exp. Biol. Med. **73**, 473 (1950).
[6] ADAMS, W. S., A. LESLIE and M. H. LEVIN: Proc. Soc. exp. Biol. Med. **74**, 46 (1950).
[7] SPECTOR, H., H. H. MITCHELL and T. S. HAMILTON: J. biol. Ch. **161**, 137 (1945).
[8] McCLURE, F. J., H. H. MITCHELL, T. S. HAMILTON and C. A. KUISER: J. industr. Hyg. **27**, 159 (1945).
[9] JOHNSTON, F. A., TH. J. McMILLAN and E. R. EVANS: J. Nutrit. **42**, 285 (1950).
[10] MICKELSEN, O., and A. KEYS: J. biol. Ch. **149**, 479 (1943).

Tabelle 149. *Zusammensetzung des Schweißes verschiedener Körperteile einer nichtakklimatisierten Versuchsperson*[1] *(mg-%).*

	Cl	Milchsäure	Harnstoff-N	Kreatinin	Harnsäure
Rumpf	196	204	38	0,70	0,23
Gesicht	360	157	51	0,90	0,95
Oberschenkel.	267	296	60	0,75	0,35
Axilla	405	186	39	0,90	1,42
Arm	196	250	41	0,85	—

Der Schwankungsbereich für die Werte der im Schweiß ausgeschiedenen N-haltigen Substanzen liegt nach Untersuchungen an einem größeren Material zwischen 10 und 58 mg-%[2, 3]. Die von LADELL[4] mitgeteilten Werte für den mittleren Kreatiningehalt von Schweiß weichen etwas von den in Tabelle 149 mitgeteilten Werten ab.

Um die mit Perspiratio insensibilis auf der Hautoberfläche abgelagerten wasserlöslichen Stoffe in Lösung zu bringen, kann man eine bestimmte Hautfläche für einige Minuten mit einem mit Wasser getränkten Wattebausch bedecken und die Watte dann extrahieren. Unter Standardbedingungen schwanken die für die verschiedenen N-haltigen Substanzen erhaltenen Werte bei der gleichen Versuchsperson an der gleichen Körperstelle bei einer Reihe von Untersuchungen nur verhältnismäßig wenig: die Hauptmenge liegt nach Angaben von ROTHMAN u. a.[5] in Form von *Aminosäuren* vor, in abnehmender Häufigkeit folgen Harnstoff, NH_3, Kreatinin und Harnsäure. Mittels Papierchromatographie werden folgende Aminosäuren regelmäßig nachgewiesen: Asparaginsäure, Glutaminsäure, Serin, Glycin, Alanin, Citrullin, Arginin, Oxyprolin, Valin, Tyrosin und eines der Leucine. Die Anwesenheit der weiteren 5 Aminosäuren wird wahrscheinlich gemacht: Threonin, Prolin, Lysin, Oxylysin und Ornithin[6].

Organische Säuren und reduzierende Substanzen. LEAKE[7] weist ein nicht unbeträchtliches Vorkommen von *Citronensäure* im Schweiß nach. Die Konzentration schwankt, die Tagesmengen können bei 60—70 mg liegen.

Mit den üblichen Reduktionsmethoden lassen sich an *reduzierenden Substanzen* im Schweiß Mengen bis zu 150 und 200 mg-% nachweisen. Wenn man jedoch mit Hilfe der Osazonprobe die wirkliche Zuckermenge bestimmt, liegt diese nach SCHULZE[8] bei etwa 1 mg-%. Erheblich abweichend davon sind die von LOBITZ und OSTERBERG[9] mitgeteilten Befunde. Hier werden im Handschweiß reduzierende Substanzen bis zu einer Menge von 16 mg-%, dagegen wird Glucose als Osazon überhaupt nicht nachgewiesen.

Vitamine. Die spektrophotometrische Untersuchung der Lipoidanteile von Schweiß und auch der unverseifbaren Fraktion gibt, selbst nach Entfernung störender Substanzen mittels Adsorption an Al_2O_3, keinen sicheren Anhaltspunkt dafür, daß freies α-Tocopherol (Absorptionsmaximum 295 mμ) oder das Acetat (285 mμ) in wesentlicher Menge vorliegen. Ebenfalls besteht kein Anhaltspunkt für die Anwesenheit von Provitaminen D bzw. von Vitaminen A und K oder von Carotin[10]. Dagegen sind nahezu sämtliche bekannten *wasserlöslichen Vitamine* im Schweiß nachgewiesen worden. Für die Bestimmungsmethoden ergeben sich keine Besonderheiten. Die Werte sind aus Tabelle 150 zu ersehen.

[1] MICKELSEN, O., and A. KEYS: J. biol. Ch. 149, 479 (1943).
[2] CREMER, H. D.: Unveröffentlichte Versuche. — GEIGER, H.: Diss. Innsbruck 1944.
[3] BÖTTNER, H., u. B. SCHLEGEL: Z. ges. exp. Med. 108, 151 (1941).
[4] LADELL, W. S. S.: J. Physiol., London 106, 237 (1947).
[5] ROTHMAN, ST., and M. B. SULLIVAN: J. invest. Derm. 13, 319 (1949).
[6] ROTHMAN, ST., A. M. SMILJANIC and J. C. MURPHY: J. invest. Derm. 13, 317 (1949).
[7] LEAKE, C. D.: Amer. J. Physiol. 63, 540 (1923).
[8] SCHULZE, W.: Arch. Derm. Syph., Berlin 181, 471, 486 (1940).
[9] LOBITZ, W. C., and A. E. OSTERBERG: Arch. Derm. Syph., Chicago 56, 819 (1947) [Ber. Physiol. 136, 400].
[10] FESTENSTEIN, G. N., and R. A. MORTON: Biochem. J. 48, XXXIX (1951).

Tabelle 150. *Vitamingehalt von Schweiß* (in γ-%).

Ascorbinsäure[1]	15—66	Cholin[5]	2,7—15,3
Ascorbinsäure[2]	41	Folinsäure[6]	0,6— 1,3
Dehydroascorbinsäure[1] . . .	31—56	Pantothensäure[7]	2,2— 4,5
Nicotinsäure[3]	4— 5	Inosit[8]	12 —27
Pyridoxin[4]	0,08	p-Aminobenzoesäure[8] . . .	0,2— 0,5
Pyridoxal[4]	3,2	Aneurin (Phykomycestest)[9] .	1,5— 4,5

Wasserstoffionenkonzentration. Die p_H-Werte des von verschiedenen Körperpartien sezernierten Schweißes schwanken außerordentlich und liegen zwischen 4,0 und 8,0. Eine mehr alkalische Reaktion steht meist im Zusammenhang mit pathologischen Funktionszuständen der Haut. Die Messung der p_H-Werte erfolgt entweder direkt auf der Haut mit Spezialmethoden, die vor allem in der dermatologischen Praxis üblich sind, oder besser im aufgefangenen Schweiß mit üblicher Methodik (s. Bd. I).

γ) Haare und Hornsubstanzen.

Haut und Hautgebilde, wie Haare, Wolle, Federn, Nägel und andere Hornsubstanzen enthalten als charakteristische Bestandteile das sog. Keratin, das sich vor anderen Geweben durch seine recht große Resistenz nicht nur gegen die Einwirkung von Fermenten, sondern auch von verschiedenen chemischen Reagentien auszeichnet.

Anorganische Bestandteile. *Wassergehalt.* Wie viele andere Faserstoffe ist das Haar und ganz besonders das des Menschen außerordentlich hygroskopisch. Auch wenn man Haar auf 110° erhitzt hat, nimmt es, abhängig von der relativen Feuchtigkeit der umgebenden Luft, außerordentlich rasch Wasser auf. Tabelle 151 zeigt, wie der Wassergehalt verschiedener Haarproben, abhängig von der relativen Feuchtigkeit, nicht unbeträchtlich schwanken kann[10].

Tabelle 151. *Wassergehalt von Haaren bei verschiedenen relativen Feuchtigkeiten.*

Relative Feuchte	Wassergehalt in Prozenten des Trockengewichtes		
%	Nr. 1	Nr. 2	Nr. 3
74	17,8	16,9	16,2
58	12,7	11,8	11,4
32	7,9	6,9	6,5

Die Bestimmung von *Mineralien und Spurenelementen* findet entweder nach feuchter oder in den meisten Fällen nach trockener Veraschung statt. Besondere methodische Anweisungen erübrigen sich. Die einzelnen Werte sind der Tabelle 152 zu entnehmen.

Bei einer Reihe von Mineralien und Spurenelementen ergeben sich Besonderheiten. *Schwefel:* Der Schwefelgehalt von Haaren und Nägeln ist, wie Tabelle 152 zeigt, beim Menschen besonders hoch. In ähnlicher Größenordnung bewegen sich die Werte beim Affen und bei Raubtieren, während bei anderen Tieren die S-Werte sehr viel niedriger liegen[11]. Bei Männern liegt der S-Gehalt im allgemeinen etwas höher als im Frauenhaar[12]. Angeblich soll der S-Gehalt bei Menschen mit bösartigen Tumoren tiefer liegen als bei Gesunden[13]. Es bestehen Beziehungen zwischen S-Gehalt und der Keimdrüsenfunktion[14].

[1] SHIELDS, J. B., B. C. JOHNSON, T. S. HAMILTON and H. H. MITCHELL: J. biol. Ch. 161, 351 (1945).
[2] WRIGHT, I. S., and E. MCLENATHEN: J. Lab. clin. Med. 24, 804 (1939) [Ber. Physiol. 115, 403].
[3] JOHNSON, B. C., T. S. HAMILTON and H. H. MITCHELL: J. biol. Ch. 159, 231 (1945).
[4] JOHNSON, B. C., T. S. HAMILTON and H. H. MITCHELL: J. biol. Ch. 158, 619 (1945).
[5] JOHNSON, B. C., T. S. HAMILTON and H. H. MITCHELL: J. biol. Ch. 159, 5 (1945).
[6] JOHNSON, B. C., T. S. HAMILTON and H. H. MITCHELL: J. biol. Ch. 159, 425 (1945).
[7] SPECTOR, H., T. S. HAMILTON and H. H. MITCHELL: J. biol. Ch. 161, 145 (1945).
[8] JOHNSON, B. C., H. H. MITCHELL and T. S. HAMILTON: J. biol. Ch. 161, 357 (1945).
[9] DROESE, W., u. L. WILDEMANN: Arbeitsphysiol. 11, 481 (1941).
[10] LOCHTE, TH., u. H. BRAUCKHOFF: B. Z. 318, 384 (1948).
[11] WEHMEYER, P.: B. Z. 316, 351 (1944).
[12] KOSYAKOV, K. S.: J. Physiol. USSR 32, 651 (1946) [C. 1947 I, 1215].
[13] KOSYAKOY, K. S.: Bull. Biol. Méd. exp. URSS 7, 407 (1939) [Ber. Physiol. 119, 48].
[14] KOSYAKOV, K. S.: Probl. Endocrinol., Moskau 3, 63 (1938) [C. 1939 I, 3564].

Tabelle 152. *Mineralien und Spurenelemente in Haaren und Hornsubstanzen*
(soweit nichts anderes angegeben, sind die Werte auf Trockensubstanz bezogen.)

		Haare	Hornsubstanzen		Haare	Hornsubstanzen
Na		6,00—10,80[1]	4,1[2]	S %	1,84 (e)[4]	0,61 (i)[4]
K	Pro-	0,64—25,4[1]	3,3[2]	Zn mg-%	8,4—44,4[5]	12—16 (f)[5]
Ca	zente	5,6 —14,0[1]	35,0[2]			10—34 (g)[5]
Mg	in	0,8 — 1,8[1]	0,27[2]	U γ-%	0,13[6]	41,2 (f, g)[6]
Cl	der		1,4[2]	As γ-%	27—77 (m)[7]	150— 520 (m)[7]
Mn	Asche		0,72[2]		694 (n)[7]	1900—4500 (n)[7]
P			2,9[2]	Pb mg-%	0,5—4,0[8]	
Fe mg-%		13 —17[3]		Br mg-%	0,2—0,7[9]	
S %		3,6 — 3,9 (a)[4]	2,45 (f, g)[4]	F mg-% (p)	0,12—0,24[10]	0,36 (a), 2,5 (o)[10]
		3,15 (b)[4]	1,87 (h)[4]	Ti mg-%	0,28[11]	
		2,47— 3,07 (c)[4]		Hg γ-%	5 (k)[12]	
		2,30— 2,88 (d, h)[4]	1,45—2,24 (d)[4]		21,6 (l)[12]	

(a) Mensch, (b) Schwein, (c) Ratte, (d) Rind, Pferd, Schaf, (e) Ziege, (f) Fingernägel, (g) Zehennägel, (h) Kaninchen, (i) Hühneraugen und Schwielen, (k) Hg-Fremde; (l) Amalgamträger, (m) Personen ohne, (n) mit nachweisbarer As-Aufnahme, (o) Meerschweinchen, (p) Frischsubstanz.

Bei einzelnen Tierarten, insbesondere beim Schwein, soll sich aus den bei trächtigen Tieren besonders tiefen S-Werten sogar eine Trächtigkeitsdiagnose ermöglichen lassen.

Zink. Zink läßt sich mit dem für die Zinkanalyse üblichen Extraktionsverfahren mittels Dithizon (s. Bestimmung der anorganischen Bestandteile, Bd. III) aus der Asche der verschiedenen Hautgebilde extrahieren. Der Zinkgehalt vom Kopfhaar liegt dabei zwischen 8,4 und 44,4 mg-% (berechnet auf fettfreie Trockensubstanz). Fingernägel enthalten 12—16 mg-% und Zehennägel 10—34 mg-% Zink. In pigmentierten Haaren liegt im allgemeinen der Zinkgehalt höher als in nichtpigmentierten. Der Zinkgehalt von Kückenfedern liegt in derselben Größenordnung wie der von menschlichem Haar[5].

Eine Reihe von Spurenelementen wird, wenn der Organismus ihrer Einwirkung ausgesetzt ist, im Haar und in den anderen Anhangsgebilden der Haut gespeichert. Hierzu gehören besonders Arsen, Blei und Fluor. Da diese Stoffe großenteils in Staubform auf den Organismus einwirken, hat ihrer Bestimmung, insbesondere in den Haaren, eine gründliche Reinigung mit Wasser und Seife voranzugehen.

Arsen. Hier ist eine gründliche Reinigung der zu untersuchenden Haare ganz besonders notwendig, da nicht nur in arsenhaltige Substanzen verarbeitenden Betrieben die im Staub enthaltene Arsenmenge hoch ist, sondern auch der Arsengehalt im gewöhnlichen Straßenstaub bis 0,5 mg-% betragen kann[7]. Nach der Reinigung genügt zur Zerstörung der organischen Haar- bzw. Nagelsubstanz Behandlung mit Na-chlorat und HCl. Arsen kann dann nach Reduktion mit Zink und HCl als AsH_3 in üblicher Weise bestimmt werden. Die in Haaren gefundenen As-Mengen liegen zwischen 27 und 77 γ-%, in den Nägeln zwischen 150 und 520 γ-%[7]. Bei Meerschweinchen, die einer As-Einwirkung nicht ausgesetzt waren, finden sich Arsenwerte zwischen 12 und 24 γ-%. Die Haare akut

[1] ARON, H., u. R. GRALKA: Handb. Biochem. 4, 265.
[2] BABICKA, J.: Mikrochem. 31, 202 (1943).
[3] BAGDU, K. N., and H. D. GANGULY: Ann. Biochem. exp. Med., Calcutta 1, 1 (1941) [MITCHELL, H. H., and T. S. HAMILTON: J. biol. Ch. 178, 345 (1949)].
[4] WEHMEYER, P.: B. Z. 316, 351 (1944).
[5] EGGLETON, W. G. E.: Chin. J. Physiol. 13, 399 (1938) [Ber. Physiol. 114, 300].
[6] HOFFMANN, J.: H. 279, 120 (1943).
[7] SZÉP, Ö.: H. 267, 29 (1941).
[8] KRAUT, H., u. M. WEBER: B. Z. 317, 133 (1944).
[9] VITTE, M. G.: Bull. Soc. Pharmacie Bordeaux 78, 69 (1940) [C. 1940 II, 2908].
[10] FELLENBERG, TH. v.: Mitt. Lebensm.-Unters. Hyg. 39, 124 (1948).
[11] CHUYKO, V., u. A. VOYNAR: Biochem. J., Kiew 14, 191 (1939) [Ber. Physiol. 120, 372].
[12] STOCK, A.: B. Z. 304, 73 (1940).

vergifteter Tiere können einen Arsengehalt zwischen 100 und 1600 γ-%, die chronisch vergifteter sogar von 1300—3700 γ-% haben[1]. Aus dem verschieden hohen Arsengehalt des langen Kopfhaares und der kurzen, frisch gewachsenen Nackenhaare lassen sich Schlüsse auf die Zeit der Arsenaufnahme ziehen. Diese Befunde sind im allgemeinen zuverlässiger als die Blutuntersuchungen auf Arsengehalt.

Blei. Der Bleigehalt in Haaren kann nach Veraschung mit HNO_3 und Fällung mit H_2S unter Zusatz von $CuSO_4$ in bekannter Weise bestimmt werden. In Haaren von gesunden, einer abnormen Bleieinwirkung nicht ausgesetzten Männern finden sich nach KRAUT und WEBER[2] zwischen 0,5 und 4,0 mg-%, im Mittel 1,5 mg-%. Bei Frauen sind die Mittelwerte etwas höher. Bleiarbeiter zeigen dagegen wesentlich höhere Werte zwischen 30 und 385 mg-%. Doch liegen sie nach gründlicher Kopfwaschung in ähnlicher Weise wie bei As deutlich tiefer: 16—230 mg-%. Bei gesunden Meerschweinchen beträgt der Bleigehalt nur etwa 0,04—0,64 mg-%[2]. In ähnlicher Größenordnung liegen mit 0,6 mg-% die Bleiwerte in Kuhhaaren, während in gewaschener, entfetteter Schafwolle mit 1—3 mg-% etwas höhere Werte gefunden werden[3].

Fluor. Auch Fluor reichert sich in keratinhaltigen Geweben an. Die F-Bestimmung wird nach den bei der Bestimmung der anorganischen Stoffe gegebenen Richtlinien ausgeführt (Bd. III). Ihre Ausführung in Haaren und Nägeln und die so ermöglichte Feststellung gesundheitsgefährdender F-Einwirkung kann von besonderer Wichtigkeit sein, weil im Gegensatz zu Pb und As eingehende Schutzmaßregeln bei Anwendung vieler F-haltiger Substanzen noch nicht verlangt werden. SPIRA[4] findet bei fluorgeschädigten Menschen gegenüber den in Tabelle 152 niedergelegten Normalwerten erhebliche Steigerungen, z. B. in Finger- und Zehennägeln F-Mengen bis zu 2,4 mg-%. Noch höher sind die von TRUHAUT[5] in den Haaren von F-vergifteten Kaninchen mit 7—11 mg-% gefundenen Werte.

Organische Bestandteile. *Stickstoffhaltige Substanzen.* Die organische Grundsubstanz der Haare und der hornartigen Hautgebilde faßt man unter dem Sammelnamen *Keratin* zusammen. Der Begriff „Keratin" umfaßt weder chemisch noch histologisch einheitliche Substanzen, sondern ist ein Sammelname für eine große Anzahl N-haltiger Verbindungen, die sich nicht nur im Bindegewebe finden, sondern auch den Hauptbestandteil von Haaren, Federn und hornartigen Hautgebilden darstellen. Es gibt also eine große Anzahl verschiedener Keratine. Sie zeichnen sich, wie schon betont, durch eine große Widerstandsfähigkeit gegenüber mechanischen Reizen, sowie auch gegen Fermente und chemischen Substanzen aus. Von Säuren und Laugen werden sie erst in der Hitze gespalten. Der hohe S-Gehalt, der sich in Haaren findet, ist auf den Schwefelreichtum der Keratine zurückzuführen. An Aminosäuren fällt der Reichtum an Cystin und Tyrosin auf. Jedoch ist der Gehalt an diesen beiden Aminosäuren bei verschiedenen Keratinen außerordentlich wechselnd und schwankt beim Cystin von 11,55% im Menschenhaar bis zu 2,31% in den hornartigen Hautschuppen bei Psoriasis. Bei Tyrosin finden wir mit 13,6% die höchsten Werte im Schildpatt, die niedrigsten mit 2,9% in der Schafwolle[6]. — Charakteristisch für die echten Keratine ist ein bestimmtes Verhältnis der Hexonbasen Arginin, Histidin und Lysin (s. S. 611). Der uneinheitliche Charakter der verschiedenen Keratine läßt sich durch schonende Behandlung mit Laugen oder Säuren demonstrieren. Durch Behandlung mit kalter NaOH kann man eine farblose Substanz, das „*Leukokeratin*" extrahieren, das sich mit Essigsäure wieder fällen läßt. Der dunkle, unlösliche, als „*Melanokeratid*" bezeichnete Rest besteht aus Eiweiß und Haarmelanin. Dieses besitzt noch die Form und

---

[1] SCHAAF, E.: H. **280**, 65 (1944).
[2] KRAUT, H., u. M. WEBER: B. Z. **317**, 133 (1944).
[3] DANCKWORTT, P. W.: Dtsch. tierärztl. Wschr. **50**, 28 (1942) [C. **1942** I, 1644].
[4] SPIRA, L.: Acta med. scand. **130**, 78 (1948) [Ber. Physiol. **137**, 169].
[5] TRUHAUT, R.: Les fluoroses. Paris 1948 [BREDEMANN, G.: Biochemie und Physiologie des Fluors. Berlin 1951].
[6] FELIX, K.: Arch. Derm. Syph., Berlin **184**, 140 (1943).

Struktur, aber nicht mehr die Elastizität von Haaren. Leukokeratin findet sich in Haaren verschiedener Farbe in wechselnder Menge: im braunen Haar macht es 30%, im hellen Haar einen noch größeren Anteil der gesamten Substanz aus. Melanokeratid fehlt in weißem wie auch in rotem Haar. Bei diesem kann vielmehr ein besonderer Farbstoff, das „*Rhodokeratid*", mit kalter NaOH extrahiert werden. Über die „Haarfarbstoffe" s. S. 612[1].

Behandlung mit verdünnten Mineralsäuren bei mäßiger Temperatur verändert Haare in verschiedener Weise. Während ihre Struktur durch HCl und H_3PO_4 völlig zerstört wird und sich bei Behandlung mit letzterer eine zähe, gelatinöse Masse bildet, kommt es bei Behandlung mit 3 m H_2SO_4 bei 38° auch nach jahrelanger Einwirkung zu nur geringen Veränderungen im Aussehen der Haare. Die zunehmende Dunkelfärbung der Lösung zeigt aber, daß doch organische Substanzen herausgelöst und zerstört werden. Aus Tabelle 153 ist zu ersehen, welche Mengen an N- und S-haltigen Substanzen bei einer

Tabelle 153. *Teilhydrolyse von menschlichem Haar*
(Haar mit doppeltem Volumen 3 m H_2SO_4 bei 37° $3^1/_2$ Jahre stehen lassen).

	Im Filtrat nachweisbar		Im Filtrat nachweisbar
N (in Prozenten vom Haar)	8,9	Nicht-Sulfat-S (in Prozenten vom Haar) .	2,62
N (in Prozenten vom Gesamt-N) . .	64,0	Cystin-S (in Prozenten vom Nicht-Sulfat-S)	58,5
NH_2-N (in Prozenten vom Filtrat-N)	42,0		

derartigen *Teilhydrolyse* extrahiert werden[2]. Zur Bestimmung der extrahierten Substanzen wird eine größere Menge sorgfältig gereinigter und getrockneter Haare nach jahrelanger Behandlung mit H_2SO_4 filtriert oder abgenutscht, so daß nach sorgfältigem Auswaschen der Rückstand sowie die vereinigten Filtrate getrennt analysiert werden können. Im Filtrat wird die N-Bestimmung in üblicher Weise durchgeführt. Zur Bestimmung des Nicht-Sulfat-Schwefels wird mit Baryt gefällt und $BaSO_4$ durch Zentrifugieren und mehrmaliges Waschen entfernt. Die S-Bestimmung erfolgt dann in üblicher Weise nach Bombenveraschung. Freies Cystin findet sich im Filtrat gar nicht. Dagegen kann man es nach vollständiger Hydrolyse mit üblicher Methodik in den in der Tabelle angegebenen Mengen nachweisen. Im Rückstand dieser Teilhydrolyse, der gewichtsmäßig 40% des Ausgangsmaterials ausmacht, findet sich ein Gesamt-N-Gehalt von 11,9% und ein S-Gehalt von 5,2%. Wenn man den Rückstand 15 Std mit 20%iger H_2SO_4 am Rückflußkühler kocht, bildet sich eine dunkelbraun gefärbte Lösung mit einer großen Menge an unlöslichem Rest. Die Lösung kann man durch Behandlung mit Kohle klären[2].

Auch milde *Behandlung mit Alkali* kann, wie bereits oben erwähnt, zu einer Fraktionierung führen. So kann man Hornsubstanzen, z. B. sorgfältig ausgewaschene Hufe von Rindern, nach mechanischer Zerkleinerung (Korngröße 0,15—0,3 mm) einer Proteolyse mit verschieden konz. NaOH (0,5—5,0 n) bei Temperaturen zwischen 10 und 90° unterwerfen und durch getrennte Untersuchung von Filtrat und Rückstand die in Lösung gebrachten N- und S-haltigen Substanzen bestimmen[3]. Behandelt man menschliche Haare mit der 5fachen Menge 2,2 n NaOH, so ist bei 50° die Faserstruktur nach weniger als 45 min, bei 70° bereits nach 15 min völlig zerstört. Hierbei ist jedoch die Hydrolyse der Peptidbindungen noch von geringem Ausmaß, denn es finden sich nur 10—14% vom Gesamt-N als nach VAN SLYKE bestimmbarer Amino-N[4]. Es werden aber bereits 80% der Cystin-Disulfidbindungen aufgespalten. Weiterhin findet sich eine neue Thioverbindung, der Thioäther Lanthionin, und elementarer Schwefel. Auch Schafwolle kann man

[1] FELIX, K.: Arch. Derm. Syph., Berlin 184, 140 (1943).
[2] ANDREWS, J. C.: Arch. Biochem. 17, 115 (1948).
[3] KVĚTON, R.: Chem. Listy 44, 51 (1950) [C. 1951 I, 480].
[4] SCHÖBERL, A., P. RAMBACHER u. A. WAGNER: B. Z. 317, 171 (1944).

durch Behandlung mit 2,2 n NaOH bei 50° in Lösung bringen. Es bildet sich eine stark gefärbte Lösung, die aber, wie bei Haaren, noch keinesfalls ein vollständiges Hydrolysat darstellt. Wesentlich schonender als die Behandlung mit NaOH ist eine solche mit NH_3. Auch bei 2 Jahre langer Einwirkung bei Zimmertemperatur geht nur etwa $1/3$ der Wollsubstanz in Lösung, wobei sich im Filtrat elementarer Schwefel und Sulfatschwefel, jedoch fast kein SH-Schwefel und eine kleine Menge Lanthionin finden. Jedoch ist auch eine derart schonende Behandlung nicht zur Gewinnung großer Mengen ungeschädigter Fibrillen geeignet[1]. Lanthionin kann nicht nur aus Haaren und Wolle, sondern auch aus Hühnerfedern und sogar auch aus Lactalbumin gewonnen werden. Zur Isolierung eignet sich am besten 1stündiges Kochen mit 2%iger Sodalösung und anschließend Hydrolyse mit 20%iger HCl. Die Reindarstellung erfolgt dann in der früher beschriebenen Weise (s. Bd. IV)[2]. Zur Bestimmung der einzelnen Aminosäuren muß eine *vollständige Hydrolyse* von Keratin durchgeführt werden. Das Haar wird nach gründlicher Reinigung mit Wasser mehrmals zur Entfernung des Fettes mit organischen Lösungsmitteln gewaschen und schonend, am besten im Vakuum bei 65—70°, getrocknet. Um eine erneute Wasseraufnahme zu verhindern, bewahrt man das Haar am besten bis zur Analyse über P_2O_5 auf. Während CLAY u. a.[3] zur vollständigen Hydrolyse eine 10 Std lange Behandlung mit 20%iger HCl bei einer Temperatur von 124—127° für notwendig halten, kochen LUCAS und BEVERIDGE[4] das Haar nur 11 Std lang mit 9 n HCl, während FLESCH[5] sogar eine 24stündige Hydrolyse mit 2 n HCl für ausreichend erachtet. In allen Fällen bleibt ein unlöslicher Rückstand, der bei dunklen Haaren größer als bei blonden ist; der „Humin-N" dieses Rückstandes schwankt zwischen 1,3 und 6,7%, wobei sich die höchsten Werte wiederum bei dunklem Haar finden[6].

Die *Aminosäurezusammensetzung von Keratin* aus einer Reihe verschiedener Ausgangssubstanzen ist aus den Tabellen 154 und 155 zu ersehen.

Tabelle 154. *Aminosäurezusammensetzung von Keratinen (Eukeratin)*[7]
(Aminosäurewerte in Prozenten vom Gesamtprotein).

	Stickstoff %	Schwefel %	Histidin %	Lysin %	Arginin %	Cystin %	Tyrosin %	Tryptophan %	Phenylalanin %	Glykokoll %	Molekulares Verhältnis Histidin zu	Lysin zu	Arginin zu	Cystein* zu	Tyrosin zu	Tryptophan zu	Phenylalanin zu	Glykokoll zu
Menschenhaar . .	15,4	5,0	0,6	2,5	8,0	15,5	3,0	0,7	2,6	4,3	1	4	12	34	4	1	4	15
Schimpansenhaar .	16,7	4,3	0,6	2,0	8,1	15,5	3,3	1,4			1	4	12	33	5	2		
Ziegenhaar	16,2	3,1	0,7	3,2	8,1	8,9	3,0	0,9	4,6	6,3	1	6	12	19	4	1	7	22
Kuhhaar	15,3	3,7	0,7	2,0	7,5	13,4	3,3	1,4	3,9	10,3	1	4	12	27	5	2	7	38
Schafwolle	15,4	3,6	0,7	2,5	8,7	13,1	4,5	0,7	4,0	6,5	1	4	12	26	6	1	6	21
Kamelwolle . . .	15,1	3,1	0,6	2,7	8,6	11,0	3,1	0,8	4,1	9,2	1	4	12	22	4	1	6	30
Kuhhorn	16,1	2,6	0,6	2,4	8,6	8,2	3,7	0,7	4,0	9,8	1	4	12	17	5	1	6	32
Rhinozeroshorn . .	15,6	2,3	0,6	2,6	8,2	8,7	8,6	1,7	5,0	7,4	1	5	12	18	12	2	8	25
Fingernägel . . .	14,9	3,8	0,5	2,6	8,5	12,0	3,0	1,1	2,5		1	4	12	25	4	1	4	
Stachelschwein-stacheln	15,8	3,0	0,6	2,6	7,6	9,4	3,3	0,9	3,6	5,7	1	5	12	18	5	1	6	21
Hühnerfedern . .	15,5	2,3	0,3	1,6	6,0	6,8	2,2	0,7	5,3	9,5	1	4	12	17	4	1	11	44
Schlangenhaut . .	15,2	2,2	0,4	1,9	5,4	6,6	5,2	0,9	3,9	13,1	1	5	12	21	11	2	9	67

* Die Cystinwerte sind als Cystein berechnet.

[1] SCHÖBERL, A.: B. Z. **313**, 214 (1942).
[2] HORN, M. J., and D. B. JONES: J. biol. Ch. **139**, 473 (1941).
[3] CLAY, R. C., K. COOK and J. I. ROUTH: Am. Soc. **62**, 2709 (1940).
[4] LUCAS, C. C., and J. M. R. BEVERIDGE: Biochem. J. **34**, 1356 (1940).
[5] FLESCH, P.: J. invest. Derm. **14**, 157 (1950).
[6] BLOCK, W., and H. B. LEWIS: J. biol. Ch. **125**, 561 (1938).
[7] BLOCK, R. J.: J. biol. Ch. **128**, 181 (1939).

Die mit chemischen Methoden (s. Kapitel Aminosäuren, Bd. IV) bestimmten Werte der Tabelle 154 zeigen verhältnismäßig gute Übereinstimmung mit den mikrobiologisch gefundenen der Tabelle 9. Diese Tabelle gibt zugleich einen Vergleich mit den Keratinen aus Hornhaut und Sklera.

Tabelle 155. *Zusammensetzung von Eukeratinen*[1] (in Prozenten vom Gesamtprotein).

	Histidin	Lysin	Arginin	Quotient		Histidin	Lysin	Arginin	Quotient
Cornea	0,71	3,8	7,6	1:5:10	Fingernägel .	0,5	2,6	8,5	1:5:17
Sklera	0,81	3,8	7,6		Rinderhorn .	0,6	2,5	8,6	1:4:14
Menschliches Haar .	0,6	2,5	8,0	1:4:13					

Wie sich aus Tabelle 154 ergibt, ist das molekulare Verhältnis Histidin:Lysin: Arginin in fast allen Fällen 1:4:12. Dabei finden sich im Verhältnis von Histidin zu Arginin keine Ausnahmen, während die Lysinmenge bei verschiedenen Keratinen etwas größer ist. Man faßt die genannten Keratine auch als Eukeratine zusammen. In den Werten der übrigen Aminosäuren zeigen die verschiedenen Keratine recht große Differenzen. Im Cystingehalt finden sich beträchtliche Unterschiede sogar bei Keratin aus gleichartigem Ausgangsmaterial. So findet man bei gescheckten Tieren verschiedene Werte in den Haaren verschieden gefärbter Körperstellen: Bei Kaninchen liegen die von FLESCH[2] angegebenen Cystinwerte in weißem Haar zwischen 11,6 und 11,9%, in braunem bei 13,9%, in schwarzem bei 13,1%. Noch größer sind die Unterschiede beim Meerschweinchen: weiß 9,3—9,6; schwarz 12,8; braun 14,9%. Bei Hunden werden für weiße und schwarze Haare etwa gleich hohe Werte zwischen 9,1 und 9,4% gefunden. Der Grund für den bei Hunden nicht beobachteten Unterschied mag darin liegen, daß bei der Hydrolyse von schwarzem Hundehaar große Mengen eines melaninartigen Rückstandes mit hohem S-Gehalt ausfallen. Bei den dunklen Haaren der übrigen Tiere ist dieses Pigment entweder säurelöslich oder gibt nur einen ganz geringen Niederschlag. — Zur Aminosäureanalyse in Wolle ist von MARTIN und SYNGE[3] ein besonderes Verfahren ausgearbeitet worden: hier wird nach 25stündiger Behandlung der Wolle mit 6 n HCl unter Kochen am Rückflußkühler eine Trennung einer Reihe von Aminosäuren in einem nach dem Gegenstromprinzip arbeitenden Apparat ausgeführt. Dabei ergeben sich folgende Werte, ausgedrückt als NH_2-N in Prozenten vom Gesamt-N: Valin 3,4; Leucine 7,2; Phenylalanin 1,9; Prolin 4,9; Methionin 0,4.

Während *Eukeratine*, wie bereits betont, eine außerordentlich große Widerstandsfähigkeit gegen enzymatische Einflüsse zeigen, gibt es andere Keratine, als *Pseudokeratin* zusammengefaßt, die sich nach vorheriger Säurebehandlung durch Einwirkung proteolytischer Enzyme hydrolysieren lassen. Sie sind dadurch charakterisiert, daß sie bei den genannten drei Hexonbasen unterschiedliche molekulare Verhältnisse zeigen. Diese Pseudokeratine finden sich in einer Reihe von Hornsubstanzen, von denen einige in Tabelle 156 zusammengefaßt sind. Die Hydrolyse wird hier folgendermaßen durchgeführt: Nach mechanischer Zerkleinerung des Gewebes und Behandlung mit organischen Lösungsmitteln wird es über Nacht bei 37—40° mit einem großen Überschuß von etwa 10%iger HCl behandelt. Man entfernt die Säure durch Waschen zunächst mit kaltem, dann mit warmem Wasser und läßt auf den Rückstand für 24 Std HCl-Pepsin einwirken. Anschließend wird der Rückstand in Phosphatpuffer p_H 7,8 suspendiert und einer Verdauung durch Trypsin unterworfen. Die erhaltenen Aminosäurewerte sind der Tabelle 156 zu entnehmen.

Porphyrin. In Haaren und Federn finden sich kleine Mengen an Porphyrin, in den meisten Fällen jedoch nur an vor Licht geschützten Stellen. Nur in den Federn einiger

[1] SCHAEFFER, A. J., and S. SHANKMAN: Amer. J. Ophthalm. **33**, 1049 (1950).
[2] FLESCH, P.: J. invest. Derm. **14**, 157 (1950).
[3] MARTIN, A. J. P., and R. L. M. SYNGE: Biochem. J. **35**, 91 (1941).

Vögel, insbesondere bei Trappen und bei Eulen, ist die Porphyrinmenge so groß, daß eine Extraktion mit Methanol/HCl bzw. mit 5%iger HCl zu nennenswerten Mengen führt. Koproporphyrin III wurde als Tetramethylester mit einem Schmelzpunkt von 152° krystallisiert erhalten[2].

Tabelle 156. *Aminosäurezusammensetzung einiger Pseudokeratine*[1] (in Prozenten der Trockensubstanz).

	Schwamm	Schildpatt	Wal (Fischbein)	Menschliche Haut	Neurokeratin
Stickstoff . . .	13,0	14,1	14,1	14,2	13,3
Schwefel	0,7	2,3	3,4	1,7	2,0
Jod	0,84				
Histidin	0,2	1,8	1,0	0,8	1,1
Lysin	3,0	1,8	3,7	4,3	3,0
Arginin	4,3	4,2	6,2	6,5	4,1
Cystin	2,8	8,6	9,5	3,8	2,8
Tyrosin . . .	0,8	13,1	5,0	3,4	3,8
Tryptophan . .	0,0	2,3	1,0	1,8	1,1
Phenylalanin . .	3,3	5,2	2,8		4,3
Glykokoll . . .	14,4		5,2		
Dijodtyrosin . .	+				

Fette und Lipoide. Behandelt man getrocknete und gegebenenfalls zerkleinerte Haare oder Federn im SOXHLET-Apparat zunächst für 48 Std mit Äthanol, dann nacheinander für je 18 Std mit Chloroform, Äther und nochmals Äthanol, kann man aus den vereinigten Extrakten die Gesamtlipoide und mit Digitoninfällung, gegebenenfalls erst nach Verseifung, freies und gebundenes Cholesterin erfassen. Die in den Haaren von Menschen und Tieren sowie in den Federn verschiedener Vögel vorliegenden Mengen an Gesamtlipoiden und Cholesterin sind aus Tabelle 157 zu ersehen.

Durch Behandlung von Haaren mit kochendem Äther kann man die vorhandenen freien Fettsäuren erfassen[3]. Es lassen sich die auch in anderen Organen vorkommenden gesättigten und ungesättigten Fettsäuren mit einer C-Atomzahl zwischen 7 und 22 nachweisen. Unter den ungesättigten Fettsäuren überwiegen die mit einer Doppelbildung zwischen C-Atom 6 und 7, wenngleich auch andere Isomeren nachgewiesen werden.

Tabelle 157. *Gesamtlipoid- und Cholesteringehalt von Haaren bzw. Federn*[4].

	Gesamtlipoide	Cholesterin	
		frei	gesamt
	%	in Prozenten der Gesamtlipoide	
Mensch, erwachsen .	4,3—8,4	0,8— 1,4	1,2— 5,4
Kind, 2—13 Jahre . .	2,9—4,2	6,5— 7,0	8,7—11,8
Kaninchen	1,5—1,7	31 —40	34 —41
Ratte	4,3	9,6	13,3
Katze	5,3	8,7	10,3
Hund	1,8	—	30,9
Schaf	8,9—13,7	3,6—5,6	4,6—12,5
Truthahn	1,1— 1,9	—	14 —26
Gans	1,9	—	13,6
Ente	3,2	5,4	9,4

Haarfarbstoffe. Daß man mit verdünnter Lauge schon in der Kälte verschieden gefärbte Keratine aus dem Haar extrahieren kann, war einleitend bereits erwähnt worden. Besondere chromogene Substanzen finden sich außer den erwähnten 3 Keratinen im Haar nicht. Die Haarfarbe ist durch das Verhältnis der 3 verschiedenen Keratine, *Leukokeratin, Melanokeratid und Rhodokeratid* bedingt. Nach RICHTER[5] eignet sich zu ihrer Extraktion am besten eine Behandlung mit kalter n NaOH. Dieses Verfahren hat gegenüber anderen den Vorteil, daß eine stärkere Hydrolyse der Haarkeratine vermieden wird. Wenn man den nach 24 Std in NaOH übergegangenen gefärbten Teil des Haares durch Filtrieren von dem Ungelösten abtrennt, läßt sich Rhodokeratid mit Essigsäure fällen und an die Aluminiumoxydsäule adsorbieren. Während eine Eluierung mit verschiedenen organischen Lösungsmitteln

[1] BLOCK, R. J., and D. BOLLING: J. biol. Ch. **127**, 685 (1939).
[2] VÖLKER, O.: H. **258**, 1 (1939).
[3] WEITKAMP, A. W., A. M. SMILJANIC and S. ROTHMAN: Am. Soc. **69**, 1936 (1947).
[4] ECKSTEIN, H. C.: J. biol. Ch. **73**, 363 (1927).
[5] RICHTER, R.: Z. Naturforsch. **2**b, 144 (1947).

nicht gelingt, ist sie mit schwach ammoniakalischem Wasser möglich. Der zur Trockne eingedampfte Rückstand bildet eine gelbrote glasige Masse. Diese gibt eine positive Schwefelblei-, Xanthoprotein- und Millonprobe[1].

Vitamine und Fermente sind in Haaren und Hornsubstanzen nicht nachgewiesen worden.

Caloriengehalt der Haare. Der Calorienwert gründlich getrockneter Haare liegt bei den meisten Tieren zwischen 4,70 und 4,84. Davon abweichend werden beim Menschen Werte bis zu 4,96 gefunden[2].

4. Bindegewebe, Fettgewebe und Gefäße.

Sowohl chemisch als auch morphologisch finden sich nicht nur bei verschiedenen Species große Unterschiede unter den verschiedenen Arten des **Bindegewebes,** sondern auch bei dem gleichen Individuum ist, abhängig von der Funktion, die Zusammensetzung des Bindegewebes in den einzelnen Organen und an den einzelnen Körperstellen außerordentlich verschieden.

Anorganische Bestandteile. *Wassergehalt.* Die Bestimmung des Wassergehaltes ergibt in außerordentlich weiten Grenzen schwankende Werte. Wie Tabelle 158 zeigt, findet man die höchsten Werte in der Gefäßwand, die niedrigsten im Fettgewebe, während das eigentliche Bindegewebe, wie wir es in der Subcutis oder auch in Sehnen und Fascien finden, im Wassergehalt zwischen den beiden genannten Gewebsarten steht. Für die Bestimmung des Wassergehaltes ergeben sich gegenüber den bei der allgemeinen Organaufarbeitung besprochenen Richtlinien bzw. im Kapitel der Bestimmung der anorganischen Bestandteile genannten Methoden (s. Bd. III) nur beim *Fettgewebe* Abweichungen. Eine Trocknung bei 105° ist hier nicht durchführbar, weil das Fett durch Oxydationsvorgänge fortlaufend an Gewicht zunimmt. Hier empfiehlt es sich vielmehr, möglichst dünne Gewebsschnitte im Vakuum bei einer Temperatur von etwa 45° oder unter Stickstoff bis zur Gewichtskonstanz zu trocknen.

Mineralstoffe. Für die Bestimmung der verschiedenen Mineralien kann eine der auch bei den übrigen Organen angewandten Methoden der trockenen oder feuchten Veraschung (s. Bd. III) durchgeführt werden. Die Mengen einer Reihe von Mineralien schwanken, wie Tabelle 158 zeigt, außerordentlich stark. Diese Schwankungen sind vor allem durch den wechselnden Wassergehalt bedingt. Wenn man die Werte auf das Gewebswasser bezieht, zeigt sich dagegen, vor allem bei Na und Cl, eine recht gute Übereinstimmung, insbesondere bleibt das molekulare Verhältnis dieser beiden Stoffe annähernd konstant. Dagegen zeigen die K-Werte eine umgekehrte Proportionalität zu den Cl-Werten. Die absoluten Mengen liegen, bezogen auf das Gewebswasser, in folgender Größenordnung (Patellarsehne beim Kaninchen): $Na = 287$ mg-%, $Cl = 430$ mg-%, $CO_2 = 116,5$ mg-%. Aus der Konstanz dieser Werte ergibt sich weiterhin eine recht gute Konstanz der Quotienten der im Serum und der im Gewebswasser der Sehne gefundenen Werte: $Na = 0,83$, $Cl = 0,88$, $CO_2 = 1,18$[3].

Sehr groß und ohne Zusammenhänge mit anderen Mineralwerten sind die Schwankungen des *Calciumgehaltes.* Tabelle 158 zeigt, daß die Ca-Werte in der Wand der menschlichen Aorta um eine Größenordnung höher liegen als die in der Aorta des Rindes, daß aber insbesondere bei Arteriosklerose noch sehr viel höhere Werte gefunden werden. Über die Abhängigkeit des Gehaltes der Aortenwand an Ca und an verschiedenen P-Fraktionen vom Lebensalter vgl. die Abb. 2 nach BÜRGER[4]. Noch höher können die Werte in verkalkten Gewebspartien liegen, so daß sie in die Größenordnung der im Knochen gefundenen Werte kommen. Ordnet man den Mineralgehalt (Ca, Mg und Nichtlipoid-P) nach dem Grad arteriosklerotischer Veränderungen, so zeigen sich ganz klare Zusammenhänge (s. Tabelle 163).

---

[1] RICHTER, R.: Z. Naturforsch. 2b, 144 (1947).
[2] WEHMEYER, P.: B. Z. 316, 351 (1944).
[3] MANERY, J. F., I. S. DANIELSON and A. B. HASTINGS: J. biol. Ch. 124, 359 (1938).
[4] BÜRGER, M.: Verh. dtsch. Ges. inn. Med. 51, 87 (1939).

Tabelle 158. *Wasser, Mineralien und Spurenelemente in Fett- und Bindegewebe sowie in der Gefäßwand* (soweit nicht anders angegeben, sind die Werte auf Frischgewicht bezogen).

	Bindegewebe		Fettgewebe	Gefäße, besonders Aorta*
	Sehne	Fascie		
H_2O (%)	57—67 (a)[1] 49,2 (b)[1] 59 (c)[1]	56 (b)[1] 66,5 (c)[1]	5,8—25,2[1, 2]	74 (d, e)[3]
Cl (mg-%)	255—302[1, 4]	138 (b)[1] 206 (c)[1]	24—76[1]	
Na (mg-%)	175—182[1]		16,8 (f)[1]	
K (mg-%)	36—46[5]			
Ca (% Trockengewicht) . . .				0,05 — 1,00 (g)[3] 0,76 — 1,22 (g)[6] 4,6 — 8,5 (g, l)[12] 1,07 —13,2 (g, h)[6] 0,038— 0,056 (d)[3]
P (% Trockengewicht) . . .				0,2 — 0,8 (g)[3]
S (% Trockengewicht)				0,68 — 0,92[3]
SO_4 (mg-% Trockengewicht) .				120—400 (g)[6]
Si (mg-% Trockengewicht) . .	6—8 (g)[7]			7— 25 (g)[7]
F (mg-% Trockengewicht) . .	0,35[8]			
Hg (γ-%)			0,4— 1,8 (g, i)[9] 0,4—47,8 (g, k)[9]	
Ni (γ-%)			0,2 (g)[10]	
Ti (γ-%)	5,5 (g)[11]			

* Siehe auch Tabelle 163.

(a) Kaninchen, (b) Ratte, (c) Katze, (d) Rind, (e) Aorta, (f) perirenales Fett, (g) Mensch, (h) Hochdruck, (i) Hg-Fremde, (k) Amalgamträger, (l) 55—75 Jahre alt.

Organische Bestandteile. Das eigentliche Bindegewebe besteht zu etwa 40% aus organischen Stoffen. Unter diesen stehen die N-haltigen Verbindungen im Vordergrund. In der Grundsubstanz finden sich Mucopolysaccharide, wie sie in besonders hoher Konzentration in Knorpel, Gelenkflüssigkeit und Nabelschnur vorkommen (vgl. diese Organe). Für die Bestimmung der *Mucopolysaccharide* eignet sich besonders folgendes Vorgehen: Man extrahiert bei 0° mit 0,33—0,50 n NaOH, dabei wird die Kohlenhydrat-Eiweißbindung hydrolysiert. Nach Neutralisieren mit Essigsäure und Behandlung mit Amylalkohol-Chloroform wird an Fullererde oder Zinkhydroxyd adsorbiert. Falls Glykogen vorhanden ist, muß dieses durch Behandlung mit Amylase entfernt werden. Nach mehrfacher Fraktionierung der Mucopolysaccharide mit Calciumacetat-Essigsäure und Alkohol bei 0° werden Analysen auf den Gehalt an N, Hexosamin, Uronsäure und Sulfat vorgenommen; weiterhin wird die optische Drehung bestimmt. Es lassen sich 5 verschiedene Mucopolysaccharide unterscheiden: I: sulfatfreie Hyaluronsäure, spezifische Drehung

[1] MANERY, J. F., I. S. DANIELSON and A. B. HASTINGS: J. biol. Ch. **124**, 359 (1938).
[2] WETZEL, R., H. WOLLSCHITT, H. RUSKA u. TH. OESTREICHER: A. e. P.P **179**, 86 (1935).
[3] BÜRGER, M.: Verh. dtsch. Ges. inn. Med. **51**, 87 (1939).
[4] WHELAN, M., and H. A. SHOEMAKER: Amer. J. Physiol. **115**, 476 (1936).
[5] MANERY, J. F., and A. B. HASTINGS: J. biol. Ch. **127**, 657 (1939).
[6] FABER, M.: Arch. Path., Chicago **48**, 342 (1949).
[7] KING, E. J., and TH. H. BELT: Physiol. Rev. **18**, 329 (1938).
[8] DE EDS, F.: Medicine, Baltimore **12**, 1 (1933).
[9] STOCK, A.: B. Z. **304**, 73 (1940).
[10] BERTRAND, G., et M. MACHEBOEUF: Cr. **180**, 1380 (1925).
[11] MAILLARD, L. C., et J. ETTORI: C. R. Soc. Biol. **122**, 951 (1936).
[12] LANSING, A. J., E. ROBERTS, G. B. RAMASARMA, T. B. ROSENTHAL and M. ALEX: Proc. Soc. exp. Biol. Med. **76**, 714 (1951).

—70° bis —80°, schnelle enzymatische Spaltung durch Hyaluronidase aus Testes bzw. Pneumokokken. II: Chondroitinschwefelsäure A, spezifische Drehung —30°, Hydrolyse mit Hyaluronidase aus Testes, jedoch nicht aus Pneumokokken. III: Chondroitinschwefelsäure B mit gleicher Zusammensetzung wie Chondroitinschwefelsäure A, jedoch resistent gegen beide Enzyme und mit einer spezifischen Drehung von —50°. IV: Chondroitinschwefelsäure C; die Zusammensetzung entspricht der von Chondroitinschwefelsäure A, sie wird jedoch schneller enzymatisch hydrolysiert als diese, spezifische Drehung —20°. V: Hyaluronsulfat, spezifische Drehung —56°, Hydrolyse durch beide Enzyme. Als Aminozucker wird hier D-Glucosamin nachgewiesen im Gegensatz zu den drei Chondroitinschwefelsäuren, in denen D-Galaktosamin vorhanden ist. Hyaluronsulfat konnte nur im Bindegewebe der Cornea nachgewiesen werden. Das Vorkommen der übrigen Mucopolysaccharide ist aus der Tabelle 159 zu ersehen[1].

Die Hauptmenge der N-haltigen Substanzen im Bindegewebe machen hingegen zumeist Kollagen und Elastin aus. Kollagen findet sich vor allem im subcutanen Bindegewebe und in Sehnen, während Elastin in den Gefäßwänden sowie in elastischem Gewebe (z. B. im Lig. nuchae beim Rind) vorkommt.

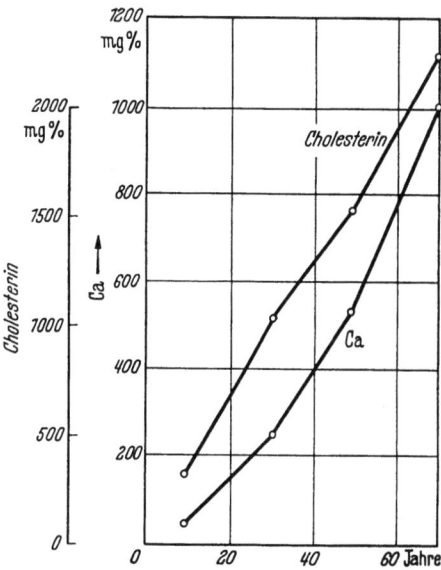

Abb. 2. Calcium- und Cholesteringehalt der menschlichen Aorta in Abhängigkeit vom Lebensalter (mg-% in der Trockensubstanz).

Das charakteristische Kennzeichen der *Kollagene* ist ihre Fähigkeit zur Doppelbrechung. Diese Doppelbrechung ist jedoch nur vorhanden, wenn die Struktur erhalten bleibt, während durch eine Reihe äußerer Einwirkungen, wie durch Erhitzung auf 70°, durch Quellen in Säuren oder Alkalien sowie durch Behandlung mit Harnstoff oder Rhodaniden die Struktur verändert und damit die Doppelbrechung aufgehoben wird. Parallel zur Änderung der Doppelbrechung ändert sich auch die Resistenz gegen enzymatische Einflüsse. Eine weitere charakteristische Eigenschaft von unverändertem Kollagen ist seine Trypsinresistenz. Die oben erwähnten, die Doppelbrechung aufhebenden Faktoren, sogar schon eine Überdehnung der Fasern, lassen dagegen Kollagen von Trypsin angreifbar werden. In jungem, etwa 2—6 Wochen altem Narbengewebe zeigen die kollagenen Fasern die gleichen Eigenschaften wie in seiner Struktur verändertes Kollagen. Dieses junge Narbengewebe wird durch Trypsin verdaut und zeigt keine Doppelbrechung. Erst älteres Narbengewebe nimmt die Eigenschaften von Kollagen an[2].

Zur Bestimmung von *Kollagen und Elastin* sind eine Reihe verschiedener Methoden angegeben worden, mit denen man auch den Bindegewebsgehalt parenchymatöser Organe bestimmen kann. Es bestehen folgende Möglichkeiten: 1. Umwandlung von Kollagen

Tabelle 159. *Vorkommen von Mucopolysacchariden*[1].

	I	II	III	IV		I	II	III	IV
Glaskörper	+	—	—	—	Sehne.	±	—	+	+
Synovialflüssigkeit	+	—	—	—	Aorta.	—	—	+	+
Mesotheliom.	+	—	—	—	Haut (Schwein und Kalb).	+	—	+	—
Hyaliner Knorpel	—	+	—	+	Nabelschnur	+	—	—	+
Herzklappen	—	—	+	+					

I = sulfatfreie Hyaluronsäure, II = Chondroitinschwefelsäure A, III = Chondroitinschwefelsäure B, IV = Chondroitinschwefelsäure C.

---

[1] MEYER, K., and M. M. RAPPORT: Science, N.Y. **113**, 596 (1951).
[2] HEGEMANN, G., I. NICKELL u. F. TISCHLER: Kli. Wo. 1950, 362.

in Gelatine und Fällung der Gelatine mit Tannin. Es ist nicht sicher, daß die Fällung hier wirklich quantitativ ist[1]. 2. Extraktion der Nichtkollagen-Substanzen mit 0,1 n NaOH bei Zimmertemperatur, Umwandlung von Kollagen in Gelatine durch Druckerhitzung. Die Kollagenmenge ergibt sich aus der Differenz der Trockengewichte. Die Fraktion, die auch bei 100° in 0,1 n NaOH nicht in Lösung geht, entspricht dem Elastin. Auch diese Methode ist nicht zuverlässig genug, da sich die Kollagene und Elastine verschiedener Organe und Gewebe verschieden verhalten[2]. 3. Bestimmung nach NEUMAN und LOGAN[3]: Das Prinzip dieser Methode besteht darin, daß Kollagen durch Druckerhitzung in Wasser in Lösung geht und so vom Elastin und anderen hier nicht löslichen Substanzen abgetrennt werden kann. Der Kollagengehalt wird aus dem Oxyprolingehalt im Säurehydrolysat dieses Extraktes berechnet. Bei Geweben, die wenig Kollagen enthalten, hat vorher eine Behandlung mit 20%iger Harnstofflösung stattzufinden[3].

Man geht folgendermaßen vor: Zu 0,1—1 g fein zerkleinertem Gewebe werden 15 cm³ Aceton gegeben. Nach 6 Std oder mehr wird das Aceton dekantiert und durch die gleiche Menge frisches Aceton ersetzt, das ebenfalls 6 Std einwirken soll. Anschließend wird für 12—16 Std mit 15 cm³ Äther extrahiert und dann bei 108° bis zur Gewichtskonstanz getrocknet. Von Organen mit hohem Kollagengehalt (Haut, Aorta, Sehne oder Knochen) werden 5—100 mg fettfreien Trockengewebes in genau abgewogener Menge in 15 cm³-Zentrifugengläsern mit 4 cm³ H₂O versetzt. Die Gläser werden mit Wattestopfen verschlossen und 3 Std bei 6 atü im Autoklaven behandelt. Die Lösung wird, wenn trübe, zentrifugiert und in Reagensgläser überführt. Der Rückstand wird nochmals mit 4 cm³ Wasser behandelt, das nach Zentrifugieren ebenfalls in die Reagensgläser gegeben wird. Der Rückstand in den Zentrifugengläsern wird nochmals mit 4 cm³ Wasser im Autoklaven behandelt. Sämtliche überstehenden Flüssigkeiten werden vereinigt und im kochenden Wasserbad durch Überleitung eines Luftstromes zur Trockne gebracht. Das so extrahierte und getrocknete Kollagen wird durch Zugabe von 6 n HCl (1 cm³ für je 50 mg Protein) und 3stündiges Erhitzen im Autoklaven bei 20—25 atü hydrolysiert, nachdem die Gläser fest verschlossen sind. Die Hydrolysate werden mit NaOH neutralisiert und so verdünnt, daß die Menge an hydrolysiertem Kollagen im Kubikzentimeter zwischen 35 und 120 γ liegt. Die Oxyprolinbestimmung wird nach der Methode von NEUMAN und LOGAN[4] ausgeführt (s. a. Aminosäurebestimmung, Bd. IV).

Organe mit niedrigem Kollagengehalt wie Niere, Muskel oder Milz erfordern eine vorherige Extraktion von Nichtkollagen-Proteinen. Hierzu werden 0,1—1,5 g Frischgewebe mit Sand unter Zugabe von 20%iger Harnstofflösung im Mörser verrieben. Man läßt die Mischung unter Zugabe von 40—45 cm³ Harnstofflösung in einem 50 cm³-Zentrifugenglas bei Zimmertemperatur 1 Std stehen und rührt gelegentlich um. Es wird zentrifugiert und der Rückstand dreimal mit 45 cm³ Wasser gewaschen, schließlich mit Hilfe einer kleinen Wassermenge in ein 15 cm³-Zentrifugenglas übergespült und zentrifugiert. Man gießt das Wasser ab, verrührt erneut mit 4—5 cm³ Wasser und erhitzt im Autoklaven in gleicher Weise wie oben beschrieben.

Der Oxyprolingehalt von Kollagen aus verschiedenen Geweben von Säugetieren und Vögeln liegt bei 13,4 ± 0,24 %. Man kann also durch Multiplikation mit dem Faktor 7,46 aus der Oxyprolinmenge den Kollagenwert errechnen. Um kleine Mengen an Nichtkollagen-Protein zu erfassen, wird im Hydrolysat der Tyrosinwert bestimmt. Die hierdurch möglichen Korrekturen verändern den Kollagenwert bei den meisten Geweben jedoch nur um Bruchteile von Prozenten. Etwas größer können die Korrekturen bei der Elastinbestimmung sein.

Zur *Elastinbestimmung* wird der Rückstand, der sich beim Zentrifugieren der im Autoklaven erhitzten Gewebesuspensionen (s. oben bei Kollagenbestimmung) ergeben hat,

---

[1] SPENCER, H. C., S. MORGULIS and V. M. WILDER: J. biol. Ch. **120**, 257 (1937).
[2] LOWRY, O., G. ROUSKE and E. M. KATERSKY: J. biol. Ch. **139**, 795 (1941).
[3] NEUMAN, R. E., and M. A. LOGAN: J. biol. Ch. **186**, 549 (1950).
[4] NEUMAN, R. E., and M. A. LOGAN: J. biol. Ch. **184**, 299 (1950).

ein drittes Mal bei 6 atü für 3 Std im Autoklaven erhitzt und wiederum mit 8 cm³ Wasser gewaschen. Es wird zentrifugiert, die überstehende Flüssigkeit verworfen und der Rückstand mit 6 n HCl für 3 Std bei 20—25 atü hydrolysiert. Auch hier wird der Oxyprolingehalt bestimmt und nach entsprechender Korrektur durch Tyrosinbestimmung auf Elastin umgerechnet. Der Oxyprolingehalt der Elastine verschiedener Tiere wechselt etwas: beim Schwein enthält Elastin 1,5% Oxyprolin, beim Rind 1,91% und bei der Ratte 2,30% (bezogen auf fettfreies Trockengewebe).

Tabelle 160. *Kollagen- und Elastingehalt von Geweben*[1] (in Prozenten).

	Kollagen	Elastin		Kollagen	Elastin
Rind, Aortenbogen	23,1	38,8	Rind, Myokard (rechter Ventrikel).	3,76	0
Schwein, Aortenbogen . . .	16,0	53,9			
Ratte, Aortenbogen.	25,6	47,35	Schwein, Myokard (rechter Ventrikel).	3,38	0
Rind, Tibia	24,2	—			
Ratte, Femur	15,1	—	Ratte, Ventrikel.	2,96	0
Rind, Chorda tendinea . . .	84,6	4,88	Rind, Milz	3,10	4,55
Schwein, Chorda tendinea . .	76,9	3,69	Schwein, Milz.	2,40	1,25
Rind, Leber	1,97	0	Ratte, Milz	3,50	0,55
Schwein, Leber	2,46	0	Ratte, Großhirn.	0,22	0
Ratte, Leber	0,64	0	Ratte, Duodenum	12,0	—
Rind, Nierenrinde	5,28	1,65	Ratte, Lunge	11,3	4,89
Schwein, Nierenrinde	3,80	0,58	Ratte, Magen (Kardia). . .	23,6	1,64
Ratte, Nierenrinde	3,33	0,45	Ratte, Magen (Pylorus) . .	13,8	1,27
Rind, Muskel (Schulter). . .	2,08	—	Ratte, Zähne (Schneide-). .	10,8	—
Ratte, Abdominalmuskel . .	5,77	—	Ratte, Haut (Seite)	67,6	—
Rind, Myokard (linker Ventrikel)	1,93	0	Hund, Haut	64,3	—
			Meerschweinchen, Haut . .	72,1	—
Schwein, Myokard (linker Ventrikel)	2,18	0	Menschliche Haut	71,9	—

Der mit der beschriebenen Methode nach NEUMAN und LOGAN[1] bestimmte Gehalt an Kollagen und Elastin in verschiedenen Geweben ist aus Tabelle 160 zu entnehmen. Der Kollagengehalt steigt nicht nur mit dem Lebensalter, sondern ist im gleichen Organ bei verschiedenen Species häufig recht verschieden. So finden sich in der Rattenleber Kollagenwerte von 0,64%, in der Leber vom Schwein von 2,46%. In ähnlicher Größenordnung wie bei der Ratte liegt der Kollagengehalt in den Organen des Menschen und des Meerschweinchens[2]. Beim Meerschweinchen ändern sich die Kollagenwerte in den meisten Organen nicht oder nur geringgradig, wenn man bei den Tieren künstlich einen Skorbut erzeugt. Lediglich in der Leber steigt der Kollagengehalt auf mehr als das Doppelte[3].

Unterschiede zwischen den in verschiedenen Bindegewebsarten vorliegenden Proteinen lassen sich durch eine Reihe verschiedener Extraktionsmittel nachweisen. Von den mit Essigsäure aus Sehnengewebe extrahierbaren Proteinen bestehen 58—63% aus Kollagen[4]. Extrahiert man Gewebe aus Aorta und Lig. nuchae nacheinander mit H_2O, mit WEBERscher Lösung (0,6 m KCl, 0,01 m Na_2CO_3 und 0,04 m $NaHCO_3$) sowie mit 30% Harnstoff enthaltender WEBERscher Lösung, so gehen bei Aortengewebe von Rind und Mensch etwa 16,5—18,5% vom Protein in Lösung, während der entsprechende Wert beim Lig. nuchae nur 2,4% beträgt. Das in den beiden ersten Lösungsmitteln gelöste Protein ist praktisch in kochender 0,1 n NaOH völlig löslich, während bei dem mit Harnstoff enthaltender WEBERschen Lösung behandelten etwa 50% ungelöst bleiben. Diese Menge soll Elastin darstellen. Aus dem Lig. nuchae lassen sich also 1,2% Elastin extrahieren, während aus der Aorta 8—9% extrahiert werden. Die Aminosäurezusammensetzung

[1] NEUMAN, R. E., and M. A. LOGAN: J. biol. Ch. **186**, 549 (1950).
[2] ELSTER, S. K., and E. L. LOWRY: Proc. Soc. exp. Biol. Med. **75**, 127 (1950).
[3] ROBERTSON, W. VAN B.: J. biol. Ch. **187**, 673 (1950).
[4] BANGA, J., J. BALÉ u. A. NOWOTNY: Int. Z. Vit.-Forsch. **2**, 408 (1949).

von Kollagen und Elastin aus den verschiedenen bindegewebigen Organen ist in der Übersicht über die Aminosäurezusammensetzung der einzelnen Organe (s. S. 457) aufgeführt.

Die Eiweißstoffe der Gefäßwände ändern ihre Eigenschaften in Abhängigkeit vom Lebensalter und von verschiedenen Erkrankungen. Durch eine Fraktionierung mit über 20 verschieden konzentrierten Ammoniumsulfatlösungen lassen sich Kurven anlegen, die beim Normalen einen etwa konstanten Verlauf und unter pathologischen Bedingungen bestimmte charakteristische Abweichungen aufweisen[1]. Diese Untersuchungen sind jedoch bei Verwendung kleinerer Tiere, z. B. Ratten, unmöglich, da die benötigten Gewebemengen erst durch eine viel zu hohe Tierzahl erreicht werden könnten. Schon bei Kaninchen muß man, um die benötigte Gewebemenge von 6—8 g zu erhalten, für die Anlegung einer Kurve 6 Tiere verwenden. Bei Verwendung größerer Tiere liegt die Schwierigkeit andererseits darin, daß das Gewebe möglichst schnell nach dem Tode aufgearbeitet werden muß, um postmortale Veränderungen zu vermeiden, andererseits jeweils nur sehr kleine Gewebemengen in einem Arbeitsgang zerkleinert werden können. Nach Zerkleinerung des Gewebes in einem eisgekühlten Mörser wird es zunächst mit der 15fachen Gewichtsmenge einer kalten Pufferlösung, p_H 8,8, extrahiert. Diese Pufferlösung hat folgende Zusammensetzung: Borsäure = 12,4 g, n NaOH = 100 cm³, Aqua dest. ad 1000 cm³, sie ist mit 0,1 n HCl auf den richtigen p_H-Wert einzustellen. Nach mehrstündigem Stehen im Eisschrank wird filtriert und das Filtrat mit Ammoniumsulfatlösungen verschiedener Konzentrationen zwischen 5 und 70% fraktioniert[1].

In der Aminosäurezusammensetzung zeigen sich im Aortengewebe, auch unter pathologischen Verhältnissen, nur geringe Schwankungen. Es fällt lediglich auf, daß bei älteren Individuen der Gehalt an Aminodicarbonsäuren höher liegt als bei jüngeren[2].

Fettgewebe. Die Menge an Fettgewebe im Organismus läßt sich gleichzeitig mit einer Bestimmung des Gesamtwassergehaltes mittels der Antipyrinmethode[3] bestimmen. So geht man z. B. beim Rind folgendermaßen vor: Tiere im Gewicht von 200—250 kg erhalten eine intravenöse Injektion von 7 g Antipyrin in 50 cm³ Lösung, schwerere Tiere entsprechend mehr, leichtere weniger. Nach $2^1/_2$, $3^1/_2$, 4 und 5 Std werden Blutproben entnommen, die Antipyrinkonzentration im Serum wird nach der von BRODY u. a.[4] angegebenen Methode bestimmt. Antipyrin wird im Körper abgebaut; um die wirkliche Konzentration zur Zeit 0 zu ermitteln, werden die gefundenen Werte in der Weise aufgetragen, daß auf der Abszisse die Zeit (linearer Maßstab), auf der Ordinate die Antipyrinkonzentration (logarithmischer Maßstab) verzeichnet ist. Der Wassergehalt in Litern ergibt sich als Quotient der verabfolgten Antipyrinmenge (in mg) und der Antipyrinmenge im Serumwasser (mg/l). Der Fettgehalt errechnet sich unter der Annahme eines konstanten Wassergehaltes der fettfreien Körpersubstanz von 73,2% nach folgender Formel:

$$\text{Prozente Fett} = 100 - \frac{\text{Prozente } H_2O}{0{,}732}.$$

Der Fettgehalt läßt sich auch nach folgender Formel ermitteln:

$$\text{Prozente Fett} = 0{,}8177\,x + 2{,}27664,$$

wobei x der prozentuale Fettgehalt eines als Test verwandten Rippenstückes (9. bis 11. Rippe, Fettgehalt chemisch bestimmt) ist. Bei Rindern schwankt der Fettgehalt zwischen 14 und 40%. Im weiblichen Organismus ist der Gesamtfettgehalt häufig größer als im männlichen[3].

---

[1] SCHÖNHOLZER, G.: Dtsch. Arch. klin. Med. 186, 27 (1940).

[2] LANSING, A. J., E. ROBERTS, G. B. RAMASARMA, T. B. ROSENTHAL and M. ALEX: Proc. Soc. exp. Biol. Med. 76, 714 (1951).

[3] KRAYBILL, H. F., O. G. HANKINS and H. L. BITTER: J. appl. Physiol. 3, 681 (1951).

[4] BRODY, B. B., J. AXELROD, R. SOBERMAN and B. B. LEVY: J. biol. Ch. 179, 25 (1949).

Im Fettgewebe ist die Menge an N-haltigen Bestandteilen recht gering. Der mittlere *Eiweißgehalt* beträgt nach WETZEL u. a.[1] 2,17%, berechnet aus N-Gehalt mal 6,25. Die Hauptmenge der organischen Substanzen besteht vielmehr aus *Neutralfetten*. Ihre Schmelzpunkte schwanken, abhängig von der Tierart, vom Lebensalter und von der Lokalisation im Körper zwischen 17 und 50°. Auf die außerordentlich großen Schwankungen des Wassergehaltes war bereits hingewiesen worden. Unter krankhaften Bedingungen, namentlich im Fettgewebe von abgemagerten Individuen, kann er sogar bis auf 70% ansteigen[2]. — Die mittlere Fettsäure-Zusammensetzung von Ochsenfett ist aus Tabelle 161 zu entnehmen[3]. Beim Menschen erweist sich die Zusammensetzung des subcutanen und retrobulbären Fettgewebes sowie des Fettes an Niere, Perikard, Mesenterium und Bauchdecken als außerordentlich konstant. Die Verseifungszahl liegt im Mittel bei 195, die Jodzahl bei 60—70 und die Säurezahl unter 1. Lediglich das Fett an der Ferse und in der Glutäalgegend zeigt eine abweichende Beschaffenheit. Es besteht zu 82—88% aus flüssigen Fettsäuren; dies mag aus Gründen der mechanischen Beanspruchung notwendig sein[4]. Die Zusammensetzung menschlichen Fettes unterscheidet sich von der von Ochsenfett namentlich dadurch, daß der Gehalt an Linolsäure und ihren Isomeren mit 8—11% beträchtlich höher liegt[5]. Die Summe von Linolsäure und Linolensäure soll bei Ratten, Meerschweinchen und zahmen Kaninchen bei 15—19%, bei Wildkaninchen sogar bei 50% der Gesamtfettsäuren liegen[6]. Die Art der Ernährung kann sich auf die Zusammensetzung des Fettes auswirken. Jedoch führt eine Zufuhr ungradzahliger Fettsäuren nicht zu wesentlichen Änderungen der Zusammensetzung von Depotfett[7]

Tabelle 161. *Fettsäuren aus Ochsenfett*[3] (in Prozenten).

Laurinsäure . .	0,1— 0,3	Tetradecensäure.	0,3— 0,4
Myristinsäure .	2,4— 4,5	Hexadecensäure	1,0— 2,1
Palmitinsäure .	32,9—41,4	Ölsäure	25,9—30,7
Stearinsäure . .	24,3—29,4	Linolsäure	0,9— 1,3
Arachinsäure .	0,5— 1,2	Ungesättigte Fettsäuren, C_{20}—C_{22}	0,1— 0,9

Bei einzelnen Tierarten finden sich an bestimmten Körperstellen Anhäufungen von Fettgewebe, denen bestimmte, zunächst nicht klar übersehbare Funktionen zugeschrieben werden. So finden wir bei der Ratte einen inguinalen und einen interscapulären Fettkörper. Die Zusammensetzung dieser beiden Fettkörper und ihre Abhängigkeit vom Lebensalter ist aus Tabelle 162 zu ersehen[8].

Zur Bestimmung der *Lipoide* im Aortengewebe werden nach Trennung von Media und Intima Streifen von etwa 0,3 cm Breite geschnitten und in feinen Stückchen in eine Extraktionshülse überführt. Man extrahiert zunächst 8—12 Std mit kochendem 95%igem Äthanol, anschließend mehrere Stunden mit heißem Äther. Aus den vereinigten Extrakten wird nach Abdampfen der Lösungsmittel der gesamte Lipoidrückstand in warmem Petroläther aufgenommen[9]. Man filtriert durch fettfreies Filterpapier oder besser, da fetthaltige Lösungsmittel zum Hochkriechen im Filter neigen und dadurch zu Verlusten führen können, durch Glasfilter. Im Lipoidextrakt aus atheromatösen Aorten kann man, was bei normalen Gefäßen nie der Fall ist, beträchtliche Mengen an peroxydierten Lipoiden finden[10]. Ihre Bestimmung kann nach HARTMANN und GLAVIND[11] erfolgen. Die übrigen

[1] WETZEL, R., H. WOLLSCHITT, H. RUSKA u. TH. OESTREICHER: A.e.P.P. 179, 86 (1935).
[2] SCHIRMER, O.: A.e.P.P. 89, 263 (1921).
[3] HILDITCH, TH. P., and K. S. MURTI: Biochem. J. 34, 1301 (1940).
[4] KALINKE, M.: Z. klin. Med. 137, 181 (1940).
[5] CRAMER, D. L., and J. B. BROWN: J. biol. Ch. 151, 427 (1943).
[6] CLEMENT, G., and M. L. MEARA: Biochem. J. 49, 561 (1951).
[7] HOCK, A.: Z. ges. exp. Med. 113, 245 (1943).
[8] HAUSBERGER, F. X., u. O. GUJOT: A.e.P.P. 187, 647 (1937).
[9] WEINHOUSE, S., and E. F. HIRSCH: Arch. Path., Chicago 29, 31 (1940).
[10] GLAVIND, J., and S. HARTMANN: Exper. 7, 464 (1951).
[11] HARTMANN. S., and J. GLAVIND: Acta chem. scand. 3, 954 (1949).

Lipoidfraktionen werden nach Standardmethoden bestimmt. Zur Bestimmung der Galaktoside werden 5 cm³ des Extraktes nach Kirk[1] hydrolysiert; im Hydrolysat wird die Galaktose mittels Cer(IV)-sulfattitration[2] bestimmt. In vielen Fällen, namentlich bei stark veränderter Aortenwand, ist eine Trennung von Media und Intima unmöglich. Man beschränkt sich dann darauf, die Adventitia abzuziehen und die übrige Gefäßwand (Intima und Media) möglichst fein zu zerkleinern und in üblicher Weise aufzuarbeiten. Wenn man die verschiedenen chemischen Befunde nach dem Grad arteriosklerotischer Veränderungen ordnet, ergeben sich ganz klare Beziehungen (s. Tabelle 164).

Die Zusammensetzung besonderer, pathologisch veränderter Stellen ist in Tabelle 163 zusammengestellt. — Insbesondere sind die Cholesterinwerte für den Funktionszustand der Gefäße kennzeichnend. In der Aorta gesunder Menschen liegen die Werte bei einem Lebensalter unter 50 Jahren zwischen 0,78 und 3,05 g in 100 g Trockensubstanz. Bei über 50 Jahre alten Menschen liegen sie zwischen 1,47 und 6,4%. Bei Hochdruck über 200 mm und in luischen Aorten erreicht der Cholesteringehalt sogar Werte bis über 10%. An

Tabelle 162. *Zusammensetzung von speziellen Fettgeweben der Ratte*[3].

Alter	Fett %	Wasser %	Fettfreie Trockensubstanz %	Glykogen %	Alter	Fett %	Wasser %	Fettfreie Trockensubstanz %	Glykogen %
			Inguinaler „Fettkörper"					Interscapulärer „Fettkörper"	
Neugeborene .	0,2	95	4,85	0,1	Neugeborene .	10,8	72,8	16,8	1,16
1—2 Tage . .	10—17	78—85	5,3—5,8	0,08	1—2 Tage . .	20—30	50—70	10—20	0,1—0,3
2 Wochen . .	79,4	18,0	2,6	0,004	2 Wochen . .	41,2	46,3	12,3	0,05
5 Wochen . .	81,4	15,5	3,12	0,02	5 Wochen . .	40—50	36—46	11—13	0,1
9 Monate . .	85,5	12,0	2,4	0,008	9 Monate . .	52,7	35,5	11,5	0,1

Tabelle 163. *Lipoide der Aortenwand*[4] (Mittelwerte aus Aorten von 25 Menschen).

Altersgruppe	H₂O %	Gesamt-lipoide	Gesamt-cholesterin	Freies Cholesterin	Gesamt-phosphatide	Ätherlösliche Phosphatide	Galaktoside	Asche	Calcium
				Media: In Prozenten vom Trockengewicht					
10—40	68,4	6,42	1,78	1,05	2,21	2,13	0,59	2,11	0,33
41—60	71,8	8,31	2,23	1,36	2,70	1,25	1,09	4,90	1,10
61—84	70,3	10,57	3,84	1,87	2,91	1,29	0,95	8,25	2,57
				Intima: In Prozenten vom Trockengewicht					
38—64	71,6	14,4	5,92	2,26	2,65	1,63	0,98	1,96	0,23
				In Prozenten der Gesamtlipoide					
			Cholesterinester					Fettsäuren, Neutralfette	
38—64	71,5	14,4*	38,6	14,2	20,1	13,7	8,0	19,1	0,23*
				Intimaläsionen: In Prozenten der Gesamtlipoide					
Lipoidherde . .	67,5	25,9*	38,5	16,2	19,0	10,8	5,8	20,5	0,86*
Fibröse Herde .	66,5	27,2*	47,5	18,1	14,9	5,9	4,5	15,0	3,94*
Calcifiziertes Gewebe . . .	38,6	12,8*	47,2	21,9	13,2	3,9	4,6	13,1	24,3*
Atheromatöse Ulcera	60,8	36,0*	42,1	27,2	16,0	5,8	4,3	10,4	10,1*

* Prozente vom Trockengewicht.

[1] Kirk, E.: J. biol. Ch. **123**, 613, 623 (1938).
[2] Miller, B. F., and D. D. van Slyke: J. biol. Ch. **114**, 583 (1936).
[3] Hausberger, F. X., u. O. Gujot: A. e. P. P. **187**, 647 (1937).
[4] Weinhouse, S., and E. F. Hirsch: Arch. Path., Chicago **29**, 31 (1940).

Stellen, an denen besonders viel Cholesterin abgelagert worden ist, finden sich auch polymere Kohlenhydratschwefelsäureester wie Heparin, Chondroitinschwefelsäure und Hyaluronsäure[1]. — Auch in Coronararterien liegt der Choleringehalt bei erkrankten Gefäßen sehr viel höher als normal. Nach Morrison und Johnson[2] finden sich bei an akuter Coronararterienthrombose Gestorbenen viermal höhere Werte als normal. Die Auffindung eines in der Aortenwand vorkommenden Fermentes, das Cholesterin synthetisiert, läßt die Pathogenese der Arteriosklerose in neuem Licht erscheinen[3].

Während sich im Bindegewebe wesentliche Mengen an Kohlenhydraten im allgemeinen nicht nachweisen lassen, finden sich im Fettgewebe der Ratte 0,14% an „Gesamtkohlenhydraten" und 0,031% Glykogen[4]. Die Bestimmungsmethoden unterscheiden sich nicht von den in anderen Organen angewandten. Etwas höher sind die Glykogenwerte in dem sog. braunen Fett der Ratte, wie es in dem interscapulären Fettkörper vorkommt. Hier kann der Glykogengehalt ähnlichen Schwankungen unterliegen wie bei der Leber[5]. Die Milchsäurewerte betragen hier zwischen 40 und 46 mg-%.

Tabelle 164. *Zusammensetzung der Aortenwand (Media und Intima)* [6, 7]
(Werte auf Frischgewicht bezogen).

	Normale Gefäßwand	Herde kleiner als 2 mm ⌀	Herde über 2 mm ⌀	
			keine Nekrose und Ulceration	mit Nekrose und Ulceration
Mittleres Lebensalter	27 Jahre	54 Jahre	65 Jahre	67 Jahre
Intimadicke (μ) mikroskopisch gemessen	126 + 17	352 + 62	1309 + 169	2088 + 378
Wasser %	76,46 ±0,88	77,75 ±0,60	74,72 ±0,95	68,99 ±2,33
Calcium %	0,120 ±0,035	0,212 ±0,047	0,801 ±0,292	3,093 ±0,912
Nichtlipoid-P %	0,085 ±0,017	0,116 ±0,024	0,369 ±0,122	1,238 ±0,323
Magnesium %	0,011 ±0,003	0,015 ±0,002	0,029 ±0,007	0,046 ±0,013
Gesamtlipoide %	1,38	2,13	5,87	8,51
Gesamtcholesterin %	0,31	0,68	2,37	3,98
in Prozenten der Gesamtlipoide	22,5	31,9	40,4	46,8
Freies Cholesterin %	0,23	0,39	1,48	2,51
in Prozenten der Gesamtlipoide	16,7	18,3	25,2	29,5
Gesamtphosphatide %	0,54	0,60	1,12	1,30
in Prozenten der Gesamtlipoide	39,1	28,2	19,1	15,3
Kephalin %	0,24	0,21	0,25	0,15
in Prozenten der Gesamtlipoide	17,4	9,9	4,3	1,8
Lecithin %	0,15	0,13	0,28	0,37
in Prozenten der Gesamtlipoide	10,9	6,1	4,8	4,4
Sphingomyelin %	0,21	0,26	0,59	0,78
in Prozenten der Gesamtlipoide	15,2	12,2	10,1	9,2
Neutralfett %	0,49	0,63	1,97	2,40
in Prozenten der Gesamtlipoide	35,5	29,6	33,6	28,2

An *Vitaminen* sind lediglich Vitamin A im Fettgewebe[8] und Ascorbinsäure in der Aorta nachgewiesen worden[9]. Methodische Besonderheiten ergeben sich hier nicht.

Aus der Aorta frisch getöteter Rinder kann man nach 2stündiger Behandlung mit saurem Alkohol bei p_H 4,5 und nach Entfernung der Lipoide durch Behandlung mit Lösungsmitteln ein Material erhalten, das nach weiterer Reinigung durch Adsorption an

[1] Faber, M.: Arch. Path., Chicago 48, 342 (1949).
[2] Morrison, L. M., and K. D. Johnson: Amer. Heart J. 39, 31 (1950).
[3] Siperstein, M. D., I. L. Chaikoff and S. S. Chernick: Science, N.Y. 113, 747 (1951).
[4] Wetzel, R., H. Wollschitt, H. Ruska u. Th. Oestreicher: A.e.P.P. 179, 86 (1935).
[5] Eger, W.: Virchows Arch. 309, 607 (1942).
[6] Buck, R. C.: Arch. Path., Chicago 51, 319 (1951).
[7] Buck, R. C., and R. J. Rossiter: Arch. Path., Chicago 51, 224 (1951).
[8] Lelesz, E.: Acta vitaminol., Milano 1, 26 (1938) [Ber. Physiol. 113, 548].
[9] Berencsi, G., u. G. Siposs: Magyar orv. Arch. 41, 376 (1940) [Ber. Physiol. 124, 199].

Fullererde eine Wirkung auf Blutgefäße und Uterus ausübt. Eine weitere Reinigung dieser Extrakte ist bisher nicht erfolgt[1].

Fermente. Über das Vorkommen von Fermenten im Bindegewebe ist wenig bekannt. In der Aortenwand finden sich dagegen verschiedene Phosphatasen[2, 3] sowie ein Cholesterin synthetisierendes Ferment[4]. Im Fettgewebe finden sich nicht nur Lipasen[5, 6], sondern auch Phosphatasen[7], Proteasen[8] sowie Fettsäuredehydrasen[9, 10]. Die Stoffwechselaktivität von Fettgewebe läßt sich entweder an Gewebeschnitten, an Gewebebrei oder wäßrigen Gewebeextrakten nachweisen[11, 12]. Die methodischen Einzelheiten entsprechen den in anderen Geweben angewandten.

5. Knochen, Knochenmark, Knorpel, Gelenke und Gelenkflüssigkeit.

α) Knochen.

Je nach Ernährungszustand des Individuums machen die *Knochen* einen verschieden hohen Prozentsatz vom *Gewicht* des gesamten Körpers aus. Für Ratten verschiedenen Alters sind von KING und SMYSER[13] Mittelwerte angegeben: männliche Tiere, 6 Wochen alt, Gewicht 124—156 g: 6,97 ± 1,36 %; 4^1/$_2$ Monate alt, Gewicht zwischen 236 und 286 g: 7,1 ± 0,6 %; 8 Monate alte Tiere im Gewicht zwischen 270 und 400 g: 6,1 ± 1,2 % vom Körpergewicht. Der Knochen besteht neben einer organischen Grundsubstanz und Wasser in der Hauptsache aus anorganischen Salzen. Die Frage, in welcher Form die Mineralsubstanz im Knochen vorliegt, ist noch nicht endgültig geklärt. Viele Autoren sind der Ansicht, so in letzter Zeit BRANDENBURGER und SCHINZ[14], daß die Calcium-, Phosphor- und Magnesiumsalze in der Hauptsache einen Hydroxylapatit, daneben auch Carbonatapatit bilden. Dagegen setzen sich DALLEMAGNE und Mitarbeiter[15] dafür ein, daß im wesentlichen ein Doppelsalz folgender Form vorliegt: $[Ca_3(PO_4)_2]_3H_2(OH)_2$. Einen Überblick über fast 200 Arbeiten, die in den Jahren 1943—1945 zu dieser Frage erschienen sind, gibt in übersichtlicher Form MURRAY[16].

Vorbereitung zur chemischen Untersuchung des Knochens. Die zu untersuchenden Knochenteile werden sorgfältig von Fett, Bindegewebe, Periost und Sehnen befreit, oberflächlich getrocknet, fein zerkleinert und schließlich nach gründlicher Trocknung pulverisiert. Nach INOUYE[17] kann man den Knochen nach der Reinigung frisch in einem Stahlmörser zerquetschen und anschließend in einem eisernen Mörser fein zermahlen. Das so zubereitete Knochenpulver wird durch ein Seidensieb (ungefähr 200—250 Maschen) in dünner Schicht auf Glanzpapier gestreut, mit Hilfe eines Elektromagneten (etwa 2000 Gauß in einer Entfernung von 2 mm) von etwa beigemengtem Eisen befreit und in einem tarierten Wägefläschchen gewogen. Die ganze Behandlung von der Entnahme des Knochens bis zum Abwiegen des Knochenpulvers ist gewöhnlich in 30 min beendet. VOGT[18]

[1] SCHMITERLÖW, C. G.: Acta physiol. scand. 15, 47 (1948) [Ber. Physiol. 136, 387].

[2] KIRK, E., and E. PRAETORIUS: Science, N.Y. 111, 334 (1950).

[3] BALÓ, J., J. BANGA u. G. JOSEPOVITZ: Int. Z. Vit.-Forsch. 2, 1 (1948) [Ber. Physiol. 140, 46].

[4] SIPERSTEIN, M. D., I. L. CHAIKOFF and S. S. CHERNICK: Science, N.Y. 113, 747 (1951).

[5] RENOLD, A. E., and A. MARBLE: J. biol. Ch. 185, 367 (1950).

[6] HAUSBERGER, F. X., u. H. K. BUBLITZ: A.e.P.P. 207, 418 (1949).

[7] SAVIANO, M.: Enzymologia 2, 43 (1937) [C. 1939 I, 4626].

[8] SAVIANO, M.: Arch. Sci. biol., Bologna 28, 83 (1942) [Ber. Physiol. 129, 651].

[9] CREMER, H. D.: H. 263, 240 (1940).

[10] SHAPIRÓ, B., and E. WERTHEIMER: Biochem. J. 37, 102 (1943).

[11] HENLE, W., u. G. SZPINGIER: A.e.P.P. 180, 672 (1936).

[12] MIRSKI, A.: Biochem. J. 36, 232 (1942).

[13] KING, E. R., and M. P. SMYSER: Texas Rep. Biol. Med. 9, 319 (1951).

[14] BRANDENBURGER, E., u. H. R. SCHINZ: Exper. 4, 59 (1948).

[15] DALLEMAGNE, M. J.: Acta biol. belg. 1, 374 (1941). — BRASSEUR, H., M. J. DALLEMAGNE u. J. MELON: Exper. 4, 421 (1948).

[16] MURRAY, P. D. F.: Ann. Rev. Physiol. 9, 103 (1947).

[17] INOUYE, T.: Tôhoku J. exp. Med. 26, 433 (1935).

[18] VOGT, J. H.: Acta med. scand. 135, 221 (1949).

beschreibt einen trepanartigen Apparat, der gestattet, am lebenden Menschen oder Tier kleine Knochenproben für Analysen zu entnehmen.

Die Zusammensetzung schwankt auch bei dem gleichen Individuum je nach der Art der Knochen außerordentlich stark. Aber auch bei der gleichen Knochenart können, wie Tabelle 165 zeigt, je nach dem Allgemeinzustand recht verschiedene Werte gefunden werden.

Tabelle 165. *Zusammensetzung des Knochens* (in Prozenten des Frischgewichtes).

	Wasser	Fett	Organische Substanz	Asche
Tibia eines gesunden Menschen[1] .	5,89	5,82	23,81	64,48
Tibia eines Unterernährten[1]. . . .	12,88	1,41	30,38	55,34
Verschiedene Knochen vom Hund[2]	14—44	1,2—26,8	15—33	27—56

Unterernährung führt zu Rückbildungserscheinungen auch am Knochen. So liegt nach FONTAINE und Mitarbeitern[3] bei Ratten, die nach 8—10 Wochen lang durchgeführter eiweißarmer Fütterung 40—45% des Körpergewichtes verloren haben, das Gewicht von Tibia und Femur nach Entfernung des Knochenmarkes um 15—25% unter dem der Normaltiere. Jedoch finden sich weder im Wassergehalt noch in der prozentualen Zusammensetzung von Ca, P und N zwischen beiden Tiergruppen Unterschiede. Es findet bei Eiweißmangel also eine Rückbildung der gesamten Knochensubstanz statt.

Als Beginn der Knochenanalyse empfiehlt es sich im allgemeinen, zunächst eine Fettextraktion des Knochenpulvers vorzunehmen. Nach SHEAR und KRAMER[4] extrahiert man 4 Std im SOXHLET-Apparat mit einer Alkohol-Äthermischung, die zwecks Vermeidung von CO_2-Verlusten durch wenige Tropfen Natronlauge alkalisch gemacht ist. Nach Trocknung bei 38° wird erneut so pulverisiert, daß die Masse ein 80-Maschensieb passiert.

Anorganische Bestandteile. *Veraschung des Knochens.* Man kann Knochen auf übliche Weise trocken im Muffelofen veraschen. Um auch den Carbonatgehalt richtig bestimmen zu können, sind für die Veraschung von Knochen besondere Verfahren angegeben. Denn wenn man trocken verascht, verändert sich der Carbonatgehalt durch das Glühen erheblich. Einmal kann es zur Neubildung von Carbonat aus organischen Substanzen kommen, vor allem aber entweicht bei höherer Temperatur der größte Teil. DALLEMAGNE[5] hat gefunden, daß Knochen ebenso wie eine Mischung von $CaCO_3$ und $Ca_3(PO_4)_2$ bei 600° in 7 Std bis auf einen kleinen, erst bei etwa 700° entweichenden Rest den gesamten Bestand an Carbonat abgibt. Weiterhin bilden sich die nach DALLEMAGNE im wesentlichen als Ca-phosphat vorliegenden Knochensalze bei 900° sehr schnell, bei tieferer Temperatur entsprechend langsamer um zu einem gemischten Carbonat- bzw. Hydroxylapatit. Strukturprobleme sind daher an trocken veraschten Knochen nicht zu lösen.

Eine Methode zur langsamen Zerstörung der organischen Knochensubstanz wird von BELL u. a.[6] angegeben. Die Autoren empfehlen, Knochenpulver zunächst 24 Std in Wasser zu kochen, dann 4—5 Tage bei p_H 8 einer Verdauung durch Trypsin zu unterwerfen. Das 24 Std in Wasser gekochte Knochenpulver verliert über 30% seines Gewichtes. Trotzdem enthält es noch 5,6 mg-% N. BEAULIEU u. a.[7] stellen aber fest, daß sich zwar die Struktur der Knochenmineralien nicht verändert, daß es aber bei dieser Methode zu einem Mineralverlust kommt, denn von 100 mg Trockenpulver gehen außer 3,8 mg N auch 3,2 mg Ca und 0,75 mg P in Lösung. Die Veraschung von Knochen wird deshalb

[1] RUIZ-GIJON, J.: B. Z. **308**, 59 (1941).
[2] ARON, H., u. F. GRALKA: Tab. biol. period. **3**, 434 (1926).
[3] FONTAINE, R., P. MANDEL et A. GRIES: C. R. Soc. Biol. **144**, 1397 (1950).
[4] SHEAR, M. J., and B. KRAMER: J. biol. Ch. **79**, 105 (1928).
[5] DALLEMAGNE, M. J.: Acta biol. belg. **1**, 374 (1941).
[6] BELL, G. H., J. W. CHAMBERS and J. M. DAWSON: J. Physiol., London **106**, 286 (1947).
[7] BEAULIEU, M., H. BRASSEUR, M. J. DALLEMAGNE et J. MELON: Arch. int. Physiol. **57**, 411 (1950).

am besten nach der von GABRIEL[1] angegebenen Methode durchgeführt: Der Knochen wird nach Reinigung und Entfettung mit kochendem Alkohol mehrere Stunden in 3% KOH enthaltendem Glycerin auf 250° erhitzt. Das Glycerin muß durch Auskochen von Wasser befreit sein. Bei dieser Veraschung behält der Knochen seine äußere Form. Nach Entfernung des Glycerin durch Waschen und nochmaliger Extraktion mit kochendem 95%igem Alkohol wird die Knochenasche bei 110° getrocknet. Die Masse zerbröckelt bei Fingerdruck, so daß die Zerkleinerung zu einem Pulver leicht gelingt. Bei dieser Methode kommt es zu einer vollständigen Zerstörung des organischen Materials, während Mineralien so gut wie gar nicht in Lösung gehen. Die Struktur des Knochens wird nicht verändert. Der von BEAULIEU u. a.[2] ausgeführte Vergleich der drei Veraschungsmethoden zeigt, daß die schon aus dem Jahre 1894 stammende Methode von GABRIEL zweifellos die am besten geeignete ist.

Die quantitative Bestimmung der Mineralien in Knochenasche, Trockenpulver oder in einer durch Anwendung von Säure hergestellten Lösung wird nach bekannten Standard-

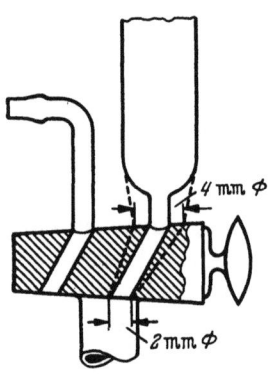

----- neue Form
Abb. 3. Modifikation am VAN SLYKE - Apparat zur CO$_2$-Bestimmung im Knochenpulver.

methoden ausgeführt. Die Einzelheiten sind im Kapitel über die Bestimmung der anorganischen Stoffe (s. Bd. III) nachzulesen. In frischen Knochen finden sich etwa 0,2—0,3% Natrium, 0,1 bis 0,4% Kalium[3], bisweilen auch mehr (s. Tabelle 167), 0,1% Chlor[4] und 0,45%[5] bis 0,5%[6] Magnesium. Die Werte für Calcium, Phosphor und CO$_2$ sind der Tabelle 168 zu entnehmen. Die *Be-stimmung von Calcium* wird nach SHEAR und KRAMER[7] in folgen-der Weise ausgeführt: Eine gewogene Menge Knochenpulver (etwa 10 mg) wird in einen trockenen 10 cm^3-Meßkolben gefüllt. Nach Zugabe von 2 cm^3 n HCl hält man 10 min im kochenden Wasser-bad. Nach Abkühlen gibt man 3 cm^3 20%ige Trichloressigsäure hinzu und füllt mit Wasser auf 10 cm^3 auf. Man filtriert durch ein Filter, das erst mit Salzsäure, dann mit Wasser gewaschen und wieder getrocknet ist. Im Filtrat wird die Ca-Bestimmung nach üblicher Methode (s. Bd. III) ausgeführt.

Phosphor. Nach GIUSEPPE[8] sind etwa 85% des im Knochen nachweisbaren P als anorganisches Salz vorhanden. An organi-schen P-Verbindungen kommen verschiedene Ester, vor allem Hexosephosphate und Glycerinphosphate vor. Phosphokreatin soll — jedenfalls bei der Ratte — nicht vor-handen sein. Die P-Bestimmung kann nach SHEAR und KRAMER[7] in dem zur Ca-Bestimmung hergestellten Trichloressigsäurefiltrat durchgeführt werden. Da es jedoch häufig nach Zugabe des Molybdatreagens zu Trübungen kommt, die die Colorimetrie stören, empfiehlt sich folgendes Vorgehen: 2 cm^3 des Trichloressigsäurefiltrates werden in einem 10 cm^3-Meßkolben mit 5 cm^3 Molybdatreagens versetzt. Nach Auffüllen läßt man 30 min stehen und filtriert. Zu einem aliquoten Teil des Filtrates wird das Reduktions-mittel gegeben, und die Bestimmung wie üblich zu Ende geführt.

Carbonat. Zur CO$_2$-Bestimmung sind verschiedene Methoden angegeben worden: Knochenpulver kann man direkt im Apparat nach VAN SLYKE untersuchen. SHEAR und KRAMER[7] empfehlen jedoch den Einfülltrichter des Apparates, so wie die Abb. 3 es zeigt, zu ändern, weil es bei der Originalausführung schwierig ist, das Knochenpulver quantitativ in die Kammer zu befördern. Man geht dann folgendermaßen vor: Auf eine etwa 3 ×4 cm große Bleifolie werden ungefähr 20 mg Knochenpulver gegeben. Man wiegt die Folie

[1] GABRIEL, S.: H. **18**, 257 (1894).
[2] BEAULIEU, M., H. BRASSEUR, M. J. DALLEMAGNE et J. MELON: Arch. int. Physiol. **57**, 411 (1950).
[3] BOULANGER, P.: Expos. ann. Biochim. méd. **6**, 119 (1946).
[4] ARON, H., u. K. KLINKE: Handb. Biochem. Erg.-Bd. **2**, 143 (1934).
[5] CANNAVÓ, L., u. R. INDOVINA: B. Z. **261**, 45 (1933).
[6] ARON, H., u. F. GRALKA: Tab. biol. period. **3**, 434 (1926).
[7] SHEAR, M. J., and B. KRAMER: J. biol. Ch. **79**, 105 (1928).
[8] GIUSEPPE, M.: Boll. Soc. ital. Biol. sperim. **16**, 725 (1941) [Ber. Physiol. **129**, 307].

erst mit dem Pulver, dann nach dem Einschütten in den Einfülltrichter, so daß man keine Fehler macht, wenn Reste des Pulvers auf der Folie bleiben. Auf das Pulver gibt man 2—3 cm^3 Quecksilber, auf dieses 2 Tropfen Wasser. Diese „Säule" nimmt nach Öffnen des Hahnes die Hauptmenge des Pulvers mit in die Kammer. Durch Wiederholung dieses Vorgehens kann man das Pulver quantitativ in die Kammer befördern, wobei man nicht mehr als insgesamt 1 cm^3 Wasser benötigt. Das Knochenpulver soll sich möglichst nur in der oberen Hälfte der Kammer befinden. Nunmehr gibt man 7 cm^3 3,5 n Schwefelsäure in den Einfülltrichter, von denen man nur 5 cm^3 in die Kammer läßt und 2 cm^3 als Hahnsicherung im Einfülltrichter verbleiben. Die Bestimmung wird wie üblich beendet und die Berechnung der CO_2-Menge nach den Tabellen von van Slyke und Sendroy[1] ausgeführt.

Einen einfachen Apparat zur Carbonatbestimmung in der nach Gabriel hergestellten Knochenasche hat Grangaud[2] angegeben: Das 30 cm lang capillar ausgezogene Rohr eines kleinen Glastrichters führt durch einen Gummistopfen in einen 100 cm^3-Erlenmeyer-Kolben. Über dem Ende der Capillare ist an einem zweiten Gummistopfen ein kleines Reagensglas befestigt, das dicht unterhalb des Stopfens 2 breite seitliche Öffnungen hat und die Substanzprobe aufnimmt. Der Erlenmeyer-Kolben wird mit 5 cm^3 n/20 Ba(OH)$_2$ und 1 Tropfen alkoholischer Phenolphthaleinlösung, der Trichter mit

Tabelle 166. *Veränderung des Ca/P-Quotienten des Knochens bei verschiedenem p_H[6].*

p_H	3,5	4,0	5,0	6,0	7,0	8,5
Ausgangswert . .	2,03	2,05	2,02	2,05	2,03	2,08
12 Std suspendiert in Pufferlösung .	0,58	0,60	0,57	1,29	1,98	2,46

4 cm^3 Phosphorsäure (D 1,71), 1 : 1 verdünnt, beschickt. Die Säure tropft durch die Capillare langsam auf das Knochenpulver. Phosphorsäure eignet sich dazu besser als Schwefelsäure, weil diese durch Gipsbildung die vollständige Zersetzung der Carbonate hemmt. Der Innenrand des Reagensgläschens wird zur Verhinderung der Schaumbildung mit einer Spur Caprylalkohol betupft. Die CO_2-Absorption ist nach 5—6 Std vollständig, am besten läßt man aber über Nacht stehen. Nach Abfiltrieren des entstandenen $BaCO_3$ titriert man unter Luftabschluß mit n/40 HCl die überschüssige Baryt-Lauge zurück. Dabei dürfte sich die zur Bestimmung des Carboxyl-C angegebene Apparatur empfehlen[3].

Nach Dallemagne[4] kann man die von Ba(OH)$_2$ gebundene CO_2-Menge auch durch Messung der Änderung der elektrischen Leitfähigkeit bestimmen.

Residualcalcium. Wenn man die Prozentzahl von CO_2 im Knochen mit dem Faktor 0,91 multipliziert, erhält man die Prozentzahl des Calcium, das als Carbonat vorhanden ist. Die Differenz gegenüber dem Gesamtcalcium wird als Residualcalcium bezeichnet. Nach Shear und Kramer[5] ist der Quotient Residualcalcium/Phosphor bei normalem Knochen recht konstant (s. Tabelle 168). Auch Verkalkungen an verschiedenen Organen zeigen hier keine wesentlichen Verschiebungen. Lediglich bei calcifierten Fibromen von menschlichem Uterus werden etwas höhere Werte gefunden.

Auch der Quotient Gesamt-Ca/P schwankt im normalen Knochen nur in mäßigen Grenzen. Suspendiert man jedoch Knochenpulver in Pufferlösungen von verschiedenem p_H, kann man den Quotienten des nicht in Lösung gehenden Anteils — vermutlich als Ausdruck der verschiedenartigen Bindung von Ca und P an das Knochenprotein — unter Umständen erheblich verändern[6].

Austauschbares Calcium und Phosphat. Wenn man Knochen in einer Lösung suspendiert, die ^{32}P oder ^{45}Ca enthält, oder wenn sich umgekehrt „aktiver" Knochen in Lösungen

[1] Slyke, D. D. van, and J. Sendroy: J. biol. Ch. **73**, 127 (1927).
[2] Grangaud, R.: C. R. Soc. Biol. **136**, 529 (1942).
[3] Slyke, D. D. van, D. A. MacFadyen and P. B. Hamilton: J. biol. Ch. **141**, 671 (1941).
[4] Dallemagne, M.: Acta biol. belg. **1**, 371 (1941).
[5] Shear, M. J., and B. Kramer: J. biol. Ch. **79**, 105 (1928).
[6] Cartier, P.: C. R. Soc. Biol. **143**, 37 (1949).

inaktiver Mineralien befindet, kann man die Austauschvorgänge beobachten[1-3]. Die Intensität der Austauschvorgänge ist davon abhängig, ob es sich um vitalen Knochen mit noch erhaltener Phosphataseaktivität, um lediglich hoch erhitzten oder um veraschten Knochen handelt. Die Mengen an austauschbaren Mineralien liegen, je nach Art der untersuchten Knochenabschnitte und in Abhängigkeit von der Vorbehandlung, zwischen 12 und 50%.

Verschiedene Tierarten. Bei den untersuchten Säugetieren liegen die Werte für die verschiedenen Mineralien im allgemeinen in gleicher Größenordnung. Das gleiche gilt für die Werte von Ca, P und Mg auch für Fische, wie Tabelle 167 mit Mineralwerten in der Knochenasche zeigt. Ca- und P-Werte für die Tibia von Ratten geben CREMER und Mitarb. an[4]. Sie finden, bezogen auf Trockensubstanz, bei 15 Monate alten Tieren 27,4 ± 1,0% Ca und 12,2 ± 0,2% P; bei 3 Wochen alten Tieren 20,6 ± 1,2% Ca und 10,4 ± 0,4% P. Der Carbonatgehalt ist beim Fisch viel geringer, so daß hier ein großer Teil von Calcium nicht als Carbonat vorliegen kann. Auch die Kaliumwerte liegen bei Fischen etwas niedriger als bei Säugetieren.

Tabelle 167. *Zusammensetzung von Säugetier-, Vogel- und Fischknochen* (in Prozenten der nach GABRIEL hergestellten Asche).

	Ca	P	Mg	CO_2	K*		Ca	P	Mg	CO_2	K*
Rind[5]	36,1	16,4	0,74	4,6	—	Huhn[5] . . .	37,2	16,4	0,51	5,5	—
Kaninchen[5] .	36,3	16,0	0,53	5,7	—	Hund[6] . . .	35,66	15,56	0,46	5,62	1,87
Ratte[5] . . .	37,5	—	0,85	—	—	Makrele[6] . .	36,74	17,42	2,76	2,79	0,20

* Der K-Gehalt schwankt bei Säugetieren zwischen 0,44 und 1,87, bei Fischen zwischen 0,20 und 1,31%.

Tabelle 168. *Zusammensetzung von Kalkgeweben*[7] (in Prozenten der fettfreien Trockensubstanz).

	Ca	P	CO_2	$\dfrac{\text{Residual-Ca}}{\text{P}}$
Normaler Knochen (Mittelwerte aus 44 menschlichen Knochen)	11,5—25,0	5,6—14,0	1,8—4,7	2,00 ± 0,06
Mittelwerte von 16 Ratten		5,1—10,3	1,0—4,1	1,99 ± 0,05
Pathologische Verkalkungen in oder an anderen Organen: Schilddrüse . . .	20,2	9,1	3,10	1,91
Tuberkulöse Lymphknoten	32,3	14,9	4,68	1,88
Aortenklappe	27,4	11,6	4,59	2,01
Milzkapsel	23,6	10,5	4,52	1,86
Lungenlymphknoten	33,2	14,8	4,83	1,95
Mesenteriale Lymphknoten	30,9	13,6	4,75	1,96
Fibrome aus menschlichen Uteri . . .	23,7	9,1	3,71	2,23
	29,8	11,7	4,10	2,23
	25,9	10,2	4,09	2,18

Im frischen menschlichen Knochen (Crista ilica) liegen nach VOGT[8] die Werte für den Ca-Gehalt zwischen 16 und 21% und zeigen einen deutlichen Anstieg mit zunehmendem Lebensalter. Der P-Gehalt schwankt zwischen 6,55 und 8,79%. Die Werte zeigen ein Maximum im Alter von 40—50 Jahren. Die häufig fehlende Proportionalität zwischen Ca und P wird damit erklärt, daß P auch in der organischen Knochenmatrix vorkommt.

[1] NEUMANN, W. F., and B. J. MULRYAN: J. biol. Ch. **185**, 705 (1950).
[2] FALKENSTEIN, M., E. E. UNDERWOOD and H. C. HODGE: J. biol. Ch. **188**, 805 (1951).
[3] WOJTA, H.: Habil.-Schr. Mainz 1953.
[4] CREMER, H. D., W. BÜTTNER, G. DITTMANN u. W. VOELKER: B. Z. 1953 im Druck.
[5] SCHMIDT, C. L. A., and D. M. GREENBERG: Physiol. Rev. **15**, 297 (1935).
[6] MORGULIS, S.: J. biol. Ch. **93**, 455 (1931).
[7] SHEAR, M. J., and B. KRAMER: J. biol. Ch. **79**, 105 (1928).
[8] VOGT, J. H., o. A. TØNSAGER: Acta med. scand. **135**, 231 (1949).

deren Zusammensetzung anders sein mag als die der Knochenmineralien. Um in einem nach GABRIEL veraschten Knochen Carbonate und Phosphate voneinander zu trennen, ist von LOGAN und TAYLOR[1] folgendes Verfahren empfohlen worden: Da in verdünnten schwachen Säuren Carbonate sehr viel leichter löslich sind als Phosphate, löst man 3 g Knochensalz in 50 cm³ $5 \cdot 10^{-4}$ m Salicylsäure und trennt nach verschiedenen Zeiten gelöste Phase und Rückstand durch Zentrifugieren voneinander. Diese Methodik erscheint wenig zuverlässig. Deshalb empfehlen DALLEMAGNE und MÉLON[2] folgendes Vorgehen: Beim Glühen der Carbonate gehen diese in Oxyde über, so daß man sie nach Lösen oder Suspendieren in Aqua dest. mit n/10 HCl quantitativ erfassen kann. Bei einer Temperatur von 550° hat $CaCO_3$ die gesamte CO_2-Menge erst in 14 Tagen abgegeben. Bei 600° dagegen erfolgt die Bildung des Oxyds bereits in wenigen Stunden. Man erhitzt daher Knochenproben auf 600°, neutralisiert die Suspension und bestimmt sowohl die im Rückstand wie die im Filtrat vorhandenen Mengen an Ca, P, Na und Mg sowie die im Ausgangsmaterial vorhandenen Mengen von diesen Stoffen. Es zeigt sich, daß praktisch die gesamte Menge an Na und Mg im Filtrat vorhanden ist. Daraus läßt sich schließen, daß Na und Mg nur als Carbonate vorliegen. DALLEMAGNE und MÉLON stellen sich vor, daß die beiden Carbonate ein Komplexsalz der folgenden Typen bilden: $Na_2Ca(CO_3)_2 \cdot 2H_2O$ und $Na_2Mg(CO_3)_2$. Für die Zusammensetzung des Knochenpulvers werden folgende Werte ausgegeben: Ca 35,07%, P 15,78%, Na 0,63%, Mg 0,42%, CO_2 5,96%.

Bestimmung der Spurenelemente. Zur Untersuchung des Knochens auf Spurenelemente wird im allgemeinen die trockene Veraschung ausgeführt. Während des Veraschungsvorganges von tierischen und menschlichen Knochen kann man die verschiedensten Leuchterscheinungen (Thermoluminescenzen) beobachten. Nach HOFFMANN[3] ist eine tief- bis zimtbraune Fluorescenz auf die Anwesenheit von Uran, Eisen, Mangan und vielleicht von organischen Resten zurückzuführen. In Asche, die im UV-Licht eine gelb- bis orangefarbige Fluorescenz zeigt, konnte von den genannten Stoffen nur Uran nachgewiesen werden. Hier soll das Uran in der Form eines Urancalciumfluorphosphates vorliegen.

Eisen. Um den Eisengehalt von Knochen zu bestimmen, muß aus diesen das Blut möglichst vollständig entfernt werden. Dies wird am besten so durchgeführt, daß man die Tiere entblutet, dann das ganze Tier mit Ringerlösung durchströmt und so Knochen und Organe blutfrei wäscht. Der Eisengehalt der Knochen kann, abhängig vom Allgemeinzustand des Organismus, recht verschieden sein. AUSTONI und Mitarbeiter[4] fanden bei normalen Ratten 2,7 mg-% Eisen im frischen Knochen. In den gleichen Knochen anämischer Tiere wurden nur 1,3 mg-% gefunden. Die von BOGNIARD und Mitarbeitern[5] in Rippen von Hunden gefundenen Werte liegen mit 7,4—32,8 mg-% (Frischgewicht) erheblich höher und zeigen eine große individuelle Schwankungsbreite.

Blei. Gereinigte Knochenstücke werden mit 1:3 verdünnter HNO_3 versetzt, bis vollständige Lösung eingetreten ist. Weiterhin wird folgende Behandlung empfohlen[6]: Die Probe wird auf der Heizplatte bei etwa 105° zur Trockne verdampft. Dann wird der Rückstand mit 50 cm³ konz. Salpetersäure und heißem Wasser aufgenommen, in eine Quarzschale gebracht, wieder zur Trockne verdampft und im elektrischen Muffelofen bei nicht mehr als 500° zu einer weißen Asche geglüht. Die Asche wird vorsichtig mit Wasser angefeuchtet, mit 50 cm³ konz. Salpetersäure behandelt und bis zur Auflösung auf die Heizplatte gestellt. Der Rückstand wird abfiltriert, abwechselnd mit heißer Salpetersäure (1:1) und heißem Wasser ausgewaschen und verworfen. Das Filtrat wird in einem 600 cm³-Pyrex-Kochbecher zur Trockne verdampft. Der Rückstand wird

[1] LOGAN, M. A., and H. L. TAYLOR: J. biol. Ch. **125**, 391 (1938).
[2] DALLEMAGNE, M. J., et J. MÉLON: Arch. int. Physiol. **58**, 188 (1950).
[3] HOFFMANN, J.: B. Z. **311**, 247 (1942).
[4] AUSTONI, M. E., A. RABINOVITCH and D. M. GREENBERG: J. biol. Ch. **134**, 17 (1940).
[5] BOGNIARD, R. P., and G. H. WHIPPLE: J. exp. Med. **55**, 653 (1932).
[6] Bleiaufnahme und Bleiausscheidung. Kettering Laboratorium, Cincinnati (Ohio). Berlin 1939.

mit 25 cm³ Salzsäure behandelt, wiederum zur Trockne verdampft und schließlich in so wenig wie möglich Salzsäure (1:1) aufgelöst. Nach Verdünnung mit Wasser auf annähernd 300 cm³ wird die übliche Analyse ausgeführt. WEINIG[1] hat eine Bleibestimmung auf polarographischem Wege vorgeschlagen. 0,2 g Knochenasche werden in einem 80 cm³ fassenden Zentrifugenglas aus schwer schmelzbarem Glas, möglichst aus Quarz, in 2 cm³ konz. HNO₃ unter Erwärmen gelöst. Falls die Lösung nicht klar ist, werden einige Tropfen Perhydrol zugesetzt. Nach Hinzufügen von 24 cm³ Aqua dest. wird die Lösung mit konz. NH₃ bis zum Farbumschlag von Methylrotpapier versetzt. Ferner werden 0,2 cm³ Essigsäure (1:1) und 20 cm³ destilliertes Wasser zugefügt. Der Niederschlag, den man nach tropfenweisem Hinzufügen von 2 cm³ gesättigter Kaliumoxalatlösung erhält. wird nach mindestens 6stündigem Stehen zentrifugiert und von der überstehenden Flüssigkeit getrennt. Nach dreimaligem Waschen mit 4%iger Ammonoxalatlösung auf der Zentrifuge wird der Niederschlag ¹/₂ Std bei 110° getrocknet und 4 Std auf höchstens 550° erhitzt. Der Rückstand wird in 1 cm³ Königswasser gelöst, auf dem Sandbad zur Trockne eingedampft und in 2 cm³ mit 1 Tropfen konz. HCl angesäuertem Wasser aufgenommen. Ein Teil der in einem besonderen Gerät durch N₂-Zufuhr innerhalb 1 min vom Luftsauerstoff befreiten Lösung wird sodann polarographiert.

Der Bleigehalt im Knochen gesunder junger Menschen beträgt nach Untersuchungen des Kettering-Laboratoriums[2] etwa 1 mg-%. Auch wenn Erwachsene keine Berührung mit der Zivilisation haben, ist bei ihnen der Bleigehalt nicht höher. Bei zivilisierten Völkern aber nimmt nach MORRIS[3] der Bleigehalt mit zunehmendem Alter zu. Die Zunahme ist in verschiedenen Knochen eine verschieden hohe und beträgt je Kilogramm frischer Knochen im Femur 0,8 mg im Jahr. Bei älteren Individuen kann auch ohne Vorliegen einer Bleivergiftung der Bleigehalt im Femur und Wirbeln bis auf 80—100 mg/kg und in der Rippe bis auf 10 mg/kg ansteigen. Noch höhere Werte (150 mg/kg und mehr) findet man in Knochen an Bleivergiftung Verstorbener[4].

Schwefel. Die Bestimmung des Schwefelgehaltes im Knochen unterscheidet sich nicht wesentlich von der in anderen biologischen Substanzen und ist bei „Bestimmung der anorganischen Stoffe" (s. Bd. III) nachzulesen. ENSELME und Mitarbeiter[5] geben für den Schwefelgehalt von Meerschweinchenknochen Werte zwischen 0,08 und 0,27% im entfetteten Knochenpulver an.

Fluor. Der Fluorgehalt der Knochen steigt mit zunehmendem Lebensalter von etwa 0,02 bis auf etwa 0,3% an, ohne daß sich Zeichen von Fluorvergiftung ergeben[6]. Bestimmung s. „Anorganische Stoffe" (Bd. III). KLEMENT[7] fand bei verschiedenen Species charakteristische Unterschiede im F-Gehalt, wie Tabelle 169 zeigt (s. auch Zähne, S. 645ff.).

Die F-Bestimmung erfolgt nach der Methode von WILLARD und WINTER[8] bzw. nach CREMER und VOELKER[9].

Tabelle 169. *Fluorgehalt von Knochen.*

	F %		F %
Mensch und Säugetiere . .	0,03—0,07	Meeresvögel.	0,10—0,60
Meerestiere	0,24—0,83	Fossiler Menschenschädel.	0,15
Landvögel	0,04—0,22	Fossile Fische und andere Tiere . . .	2,17—2,84

[1] WEINIG, E.: H. **273**, 158 (1942).
[2] Bleiaufnahme und Bleiausscheidung. Kettering Laboratium, Cincinnati (Ohio). Berlin 1939.
[3] MORRIS, H. P.: J. industr. Hyg. **22**, 100 (1940) [Ber. Physiol. **123**, 237].
[4] MINOT, A. S., and J. C. AUB: J. industr. Hyg., Baltimore **6**, 149 (1924).
[5] ENSELME, J., L. REVOL et P. TRINTIGNAC: C. R. Soc. Biol. **131**, 278 (1939).
[6] GLOCK, G. E., F. LOWATER and M. M. MURRAY: Biochem. J. **35**, 1235 (1941).
[7] KLEMENT, R.: B. **68**, 2012 (1935).
[8] WILLARD, H. H., and O. B. WINTER: Industr. engng. Chem., analyt. Ed. **5**, 7 (1933).
[9] CREMER, H. D., u. W. VOELKER: B. Z. 1953 im Druck.

Strontium. Der Sr-Gehalt im Knochen interessiert deshalb besonders, weil Sr mit dem Ca-Stoffwechsel interferiert. Man kann Sr im Knochen gut mit spektrographischer Methodik bestimmen. Der Knochen wird von anhängendem Muskel- und Sehnengewebe sorgfältig gereinigt, mit 0,1 n HCl und anschließend mit Aqua dest. abgespült und 12 Std bei 600° im Muffelofen verascht. Der weiße Rückstand wird nach Zerkleinerung durchgesiebt. Ein Teil Knochenasche wird mit 2 Teilen Spezialgraphit und 9 Teilen $CuSO_4$ gemischt. Etwa 8 mg dieser Mischung kommen zur spektrographischen Untersuchung. Die Intensität der Strontiumlinie bei 4607,34 Å wird ausgewertet: zur Eichung wird besonders gereinigtes $CaCO_3$ an Stelle von Knochenasche mit bekannten Sr-Mengen zwischen 0,01 und 0,48% versetzt. Die in der Rippe, im Wirbel, im Femur und im Scheitelbein gefundenen Werte sind in allen Fällen praktisch gleich. Sie liegen bei Feten im Mittel bei 0,016% der Asche; bei Erwachsenen bei 0,022%[1]. Die von den Autoren ebenfalls bestimmten Sr-Werte in Knochen von 12 Leichen, die seit 40 Jahren konserviert lagen, sind von der gleichen Größenordnung wie die frischer Knochen.

Nickel kann man folgendermaßen nachweisen: Einige Tropfen von in HCl gelöstem Knochenpulver werden auf einem Objektträger eingedampft. Mit 2—3 Tropfen von 4%igem reinem Collodium erzeugt man darüber ein feines Häutchen, auf das Dimethylglyoximreagens gegeben wird. Es bilden sich sofort die für den Ni-Nachweis typischen Krystalle[2].

Uran. Der Urangehalt zeigt in der Asche verschiedener Knochen nicht unbeträchtliche Unterschiede. HOFFMANN[3] gibt folgende Werte je Gramm Asche an:

Oberschenkelhöcker . . . . $1,1 \cdot 10^{-10}$ g,
Röhrenlamellen und -knochen . . . $4,8 \cdot 10^{-9}$ g,
Knochenrinde . . . . $1,3—1,6 \cdot 10^{-9}$ g.

Bor wird nach[4] mit Regelmäßigkeit in menschlicher Knochenasche gefunden. Die mit spektrographischer Methode nachgewiesenen Mengen liegen zwischen 1,6 und 14 mg-%.

Außer den genannten Stoffen sind folgende Spurenelemente im Knochen nachgewiesen worden: Molybdän[5], Mangan, Aluminium, Zinn, Silber, Kupfer[6], Arsen[7], Selen[8], Strontium, Lithium[9], Zink[10] und Silicium[11]. Barium soll nach KUNOWSKI[12] bei Pflanzenfressern vorkommen, während es beim Menschen nach GERLACH und Mitarbeitern[13] nicht gefunden wurde. Die im Knochen gefundenen Mengen und die methodischen Einzelheiten sind im Kapitel Anorganische Stoffe nachzulesen (s. Bd. III).

Organische Bestandteile. *Citronensäure und Milchsäure.* Nach DICKENS[14] und anderen Autoren[15] kommt im Knochen eine nicht unbeträchtliche Menge Citronensäure vor, die 70% des Gesamtkörperbestandes ausmacht. Zur Bestimmung der Citronensäure verreibt man nach MÅRTENSSON[16] das Knochentrockenpulver mit Sand und gibt 10%ige Trichloressigsäure hinzu. Im Filtrat wird die Bestimmung nach der üblichen Pentabromacetonmethode (s. Bd. III) durchgeführt. Außer in den Knochen, in denen nach Untersuchungen von

---

[1] HODGES, R. M., N. S. McDONALD, R. NUSBAUM, R. STEARNS, F. EZMIRLIAN, P. SPAIN and C. McARTHUR: J. biol. Ch. **185**, 519 (1950).
[2] MARTINI, A.: Mikrochem. **7**, 235 (1929) [Ber. Physiol. **52**, 696].
[3] HOFFMANN, J.: Wien. klin. Wschr. **1941 II**, 1055 [Ber. Physiol. **129**, 126].
[4] ALEXANDER, G. V., R. E. NUSBAUM and N. S. McDONALD: J. biol. Ch. **192**, 489 (1951).
[5] TER MEULEN, H.: Recu. Trav. chim. Pays-Bas **50**, 491 (1931).
[6] KEHOE, R. A., J. CHOLAK and R. V. STORY: J. Nutrit. **19**, 579 (1940).
[7] SCHAAF, E.: H. **280**, 65 (1944).
[8] GASSMANN, TH.: H. **98**, 182 (1916).
[9] DESGREZ, A., et J. MEUNIER: Cr. **185**, 160 (1927) [C. **1927 II**, 1973].
[10] MAWSON, C. A., and M. I. FISCHER: Nature **167**, 859 (1951).
[11] KING, E. J., and TH. H. BELT: Physiol. Rev. **18**, 329 (1938).
[12] KUNOWSKI, O.: Dtsch. Z. gerichtl. Med. **19**, 265 (1932).
[13] GERLACH, W., u. R. MÜLLER: Virchows Arch. **294**, 210 (1934).
[14] DICKENS, F.: Biochem. J. **35**, 1011 (1941).
[15] TÄUFEL, K., u. F. KRUSEN: B. Z. **322**, 368 (1952).
[16] MÅRTENSSON, J.: K. fysiogr. Sällsk. Lund Förh. **11**, 129 (1942).

THUNBERG[1] die Werte je nach Art des zu untersuchenden Knochens verschieden sind, findet man Citronensäure auch in anderen calcifizierten Geweben (s. Tabelle 170). Ein Zusammenhang der Citronensäurewerte mit dem Lebensalter findet sich bei den von CARTIER[2] untersuchten Tieren nicht. Dagegen liegen die Milchsäurewerte, bei älteren Tieren tiefer als bei jüngeren oder gar bei Embryonen, in folgenden Bereichen (in Prozenten der Trockensubstanz): lange Röhrenknochen vom Kaninchen: Milchsäure 0,269—0,081. Citronensäure 1,19—0,72. — Schaf, Epiphyse: Milchsäure 3,80—0,60, Citronensäure 0,1 bis 0,4, Diaphyse: Milchsäure 0,98—0,29, Citronensäure 1,0—1,5. Bei Ratten werden für den Gehalt an Citronensäure von BEAULIEU und DALLEMAGNE[3] folgende Werte angegeben (in Prozenten der Trockensubstanz): Tibia (Epiphyse und Diaphyse) sowie Femurdiaphyse: 0,34 ± 0,09 bzw. 0,37 ± 0,014. In der Femurepiphyse liegen sie mit 0,64 ± 0,06 höher.

Reduzierende Substanzen, Glucosamin und Glykogen. Frische Knochenstücke werden mit Äther extrahiert, getrocknet und pulverisiert. Durch Behandlung mit 2 n HCl wird

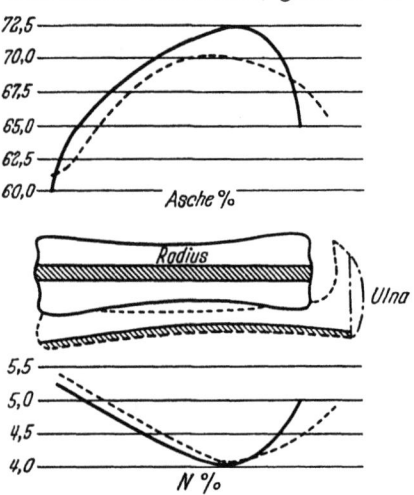

das Knochenpulver aufgelöst. Die vorhandenen Polysaccharide, die in erster Linie um die HAVERSschen Kanäle angehäuft sind (Nachweis nach HOTCHKISS[4] mittels histochemischer Methodik), sind durch die Säurebehandlung hydrolysiert. Glucose und Hexosamin werden nach Standardmethoden (s. Bd. III) bestimmt. Nach ROGERS[5] liegen die Werte für die Gesamtreduktion im fettfreien trockenen Knochen (Femur, Mensch) zwischen 2 und 4,5%. Dabei zeigt sich eine Abnahme mit zunehmendem Lebensalter, die am meisten bei Kindern bis zu 14 Jahren ausgeprägt ist. Der Hexosamingehalt, berechnet als Glucosamin-HCl, liegt zwischen 0,10 und 0,26% der Trockensubstanz. Auch hier finden sich die niedrigeren Werte bei älteren Menschen. Glykogen findet sich im Knochen in der Epiphyse. Als Mittelwerte bei jungen, 45 g schweren Ratten werden 320 mg-% (bezogen auf Frischgewicht) angegeben. Mit zunehmendem Lebensalter

Abb. 4. Asche- und Stickstoffgehalt in verschiedenen Abschnitten von Radius und Ulna vom Rind.

sinkt der Glykogengehalt: Körpergewicht 80 g, Glykogengehalt 160 mg-%. Rachitische Tiere zeigen auch in der Jugend die letztgenannten niederen Werte[6].

Stickstoffhaltige Verbindungen. Der N-Gehalt zeigt bei verschiedenen Knochen des gleichen Individuums unterschiedliche Werte. So nimmt er nach DALLEMAGNE[7] beim Hasen in der Reihenfolge Tibia, Radius, Ulna zu. Nach STROBINO und FARR[8] haben aber auch N- und Aschegehalt an verschiedenen Teilen des gleichen Knochens recht erhebliche einander entgegengesetzte Schwankungen, wie Abb. 4 zeigt. Der N-Gehalt ist an den Knochenenden, der Aschegehalt in der Mitte der Diaphyse am größten. Ähnliche Unterschiede finden sich an Knochenvorsprüngen und Gelenkhöckern. Knochenteile mit starker funktioneller Beanspruchung, z. B. eine einem Muskelansatz entsprechende Tuberositas, können einen N-Gehalt von 4,64% haben, wenige Millimeter entfernte, funktionell weniger beanspruchte Knochenteile dagegen nur 3,88%. Auch hier finden sich entgegengesetzte Schwankungen des Aschegehaltes. Zur Untersuchung des Knochens nach STROBINO[8] schneidet man Stückchen von einheitlichem Aufbau — etwa

[1] THUNBERG, T.: Acta physiol. scand. **15**, 38 (1948).

[2] CARTIER, P.: C. R. Soc. Biol. **143**, 37 (1949).

[3] BEAULIEU, M. M., et M. J. DALLEMAGNE: Arch. int. Physiol. **59**, 183 (1951).

[4] HOTCHKISS, R. D.: Arch. Biochem. **16**, 131 (1948).

[5] ROGERS, H. J.: Biochem. J. **45**, XXIV (1949).

[6] ROCHE, J., N. V. THOAI, I. GARCIA et P. PIN: Bull. Soc. Chim. biol. **33**, 286 (1951).

[7] DALLEMAGNE, M. J.: Acta biol. belg. **1**, 406 (1941).

[8] STROBINO, L. J., and L. E. FARR: J. biol. Ch. **178**, 599 (1949).

100 mg schwer — nach sorgfältiger Reinigung des Knochens mit der Säge heraus. Man trocknet diese zunächst bei Zimmertemperatur, dann 3 Tage bei 105°. Trocknet man sofort heiß, bildet sich eine gelatinöse Knochenschicht an der Oberfläche, die die weitere Aufarbeitung stört. Trockener Knochen ist sehr hygroskopisch und muß daher im Exsiccator aufbewahrt werden. — Aschegewicht nach 12stündiger Veraschung bei 600° im Muffelofen. — N-Bestimmung nach üblichen Methoden (s. Bd. III).

Tabelle 170. *Citronensäure in Knochen[1] und calcifizierten Geweben[2]*
(in Prozenten der fettfreien Trockensubstanz).

Mensch:			
Femur	1,62		
Schlüsselbein . .	1,88		
Rippen	1,75		
Wirbel (Mann) .	0,71		
Wirbel (Frau) .	1,11	Calcifikation der Aorta . . .	0,86—0,91
		Calcifikation der Coronarien.	0,74
Möve:		Calcifikation der Schilddrüse	0,66
Becken	2,08	Verkalkte tuberkulöse Lunge	0,35
Schulterblatt . .	2,63	Verkalkte Lymphdrüse . . .	0,43
Femur	1,20	Fibröses Lungengewebe sowie	
Brustbein . . .	2,67	normales Gewebe	0,004
Humerus . . .	0,60	Speicheldrüsensteine (Sub-	
Scheitelbein . .	1,75	maxillaris)	0,11 u. 0,58
Coracoid	1,57		
Halswirbel . . .	1,78		
Hering	4,27		
Frosch	0,29		

Nach Roche[3, 4] bestehen ferner gesetzmäßige Beziehungen zwischen N- und P-Gehalt. Tabelle 171 zeigt die Schwankungen in verschiedenen Abschnitten eines Knochens, vor allem aber die Verschiedenheit des P/N-Quotienten in Abhängigkeit vom Lebensalter. Verschiebungen dieses Quotienten sollen sich auch im Laufe der Heilung von Frakturen

Tabelle 171. *Gehalt der Rattenknochen an Phosphor und Stickstoff[3, 4]* (in Prozenten der Trockensubstanz).

Gewicht der Tiere g	Art des Knochens	P	N	P/N
160—180	Femur,			
	obere Epiphyse .	11,80—14,80	4,60— 5,90	2,10—2,90
	untere Epiphyse	10,80—14,20	4,40— 7,20	1,70—2,90
	Diaphyse . . .	13,30—15,00	3,60— 4,60	2,90—3,90
7— 27	Schädelknochen . .	4,09— 5,63	6,27— 9,77	1,25—1,77
145—148	Schädelknochen . .	4,72— 5,00	11,81—12,85	2,48—2,65
185—210	Schädelknochen . .	4,97— 5,95	8,56— 9,99	1,69—1,80

nachweisen lassen. Vogt und Tønsager[5] geben an, daß der N-Gehalt beim menschlichen Knochen mit steigendem Lebensalter zunimmt. Die von ihnen im frischen Knochen (Crista ilica) gefundenen Werte liegen zwischen 3,55 und 5,09 %.

Das Protein des Knochens kann man in gleicher Weise wie Zahnprotein gewinnen (s. S. 648). Pincus[6] hat nachgewiesen, daß es durch Enzyme von Bakterien abgebaut wird, die aus cariösen Zahnherden gewonnen waren.

---

[1] Thunberg, T.: Acta physiol. scand. **15**, 38 (1948).
[2] Mårtensson, J.: K. fysiogr. Sällsk. Lund Förh. **11**, 129 (1942).
[3] Roche, J., et M. Mourgue: Bull. Soc. Chim. biol. **21**, 143 (1939).
[4] Roche, A., J. Roche et Y. Marcelet: Bull. Soc. Chim. biol. **20**, 705 (1938).
[5] Vogt, J. H., o. A. Tønsager: Acta med. scand. **135**, 231 (1949).
[6] Pincus, P.: Brit. med. J. **1948** I, 687, 697.

Reststickstoff. Nach Inouye[1] kann man die Nichteiweiß-N-Verbindungen durch 15 min lange Behandlung des Knochenpulvers mit 2%iger HCl vollständig extrahieren. Nach Neutralisieren mit NaOH und Enteiweißen mit Wolframat-H_2SO_4 wird der N-Gehalt des klaren Filtrates in üblicher Weise nach Kjeldahl bestimmt. Bei Kaninchen liegen die Werte zwischen 95 und 170 mg-%.

Fermente. Von Fermenten ist im Knochen lediglich das Vorkommen von Phosphatasen beschrieben worden. Liebknecht[2] verwendet als Fermentpräparat Extrakte aus Knochenpulver nach Behandlung mit Alkohol-Äther. Vogt und Tønsager[3] geben an, daß die Phosphatase durch Behandlung mit Äther geschädigt wird. Sie extrahieren Knochenpulver 14 Std lang mit Aqua dest. und finden eine Aktivität zwischen 0,2 und 0,8 Bodansky-Einheiten/mg. Innerhalb dreier Tage nach dem Tode bleibt die Fermentaktivität etwa gleich und fällt dann steil ab. Nach Roche und Filippi[4] nimmt die Aktivität der Phosphatase nach Frakturen stark zu. Das Ferment soll nach den Angaben der gleichen Autoren[5] in erster Linie auf das Knochenwachstum von jungen Tieren wirken. Bei diesen ist die Phosphatase so aktiv, daß eine weitere Aktivierung durch Mg nicht möglich ist. Bei älteren Tieren dagegen kann die Phosphataseaktivität durch Zusatz von Mg gesteigert werden. Bei Rachitis ist nach Hennig[6] die Phosphataseaktivität herabgesetzt und dem Gehalt des Knochens an Calcium und Phosphor umgekehrt proportional. Die Aktivität einer Phosphorylase wird von Roche u. a. eingehend untersucht. Ausgedrückt in γ in 15 min freigesetztem anorganischem P liegt die Aktivität in Knochen von Schafembryonen zwischen 15 und 200. Im ganzen sind die Werte in den Epiphysen höher als in den Diaphysen, doch zeigen sich keine Beziehungen zwischen Körperlänge bzw. Lebensalter, Verkalkung und Fermentaktivität[7].

β) Knochenmark.

Die *Zusammensetzung* des Knochenmarkes schwankt, abhängig von der Art der Knochen, von der Art und dem Alter der zu untersuchenden Tiere und vor allem abhängig von der jeweiligen Funktion, außerordentlich. Dient das Mark zur *Blutbildung* (sog. rotes Mark), hängt seine chemische Zusammensetzung ganz wesentlich von der Zusammensetzung der im Mark vorkommenden Blutzellen ab. Das gelbe Mark aber ist nur noch ein mit Fett durchsetztes Bindegewebe. Es ist also wichtig, bei Angaben über die Zusammensetzung des Knochenmarkes und beim Vergleich mit anderen Ergebnissen jeweils Art und Alter des Tieres, Art des Knochens und Ort der Entnahme anzugeben. Das Markgrundgewebe ist, namentlich in den in die Spongiosa übergehenden Randpartien, nicht nur mit sichtbaren, sondern teilweise auch mit mikroskopisch kleinen Knochenbälkchen durchsetzt. Dies mag ein Grund für die Tatsache sein, daß einige Autoren, namentlich bei der Untersuchung junger Individuen, zu hohe Mineralwerte insbesondere für Calcium angeben.

Man entnimmt die zur Untersuchung benötigte Markmenge möglichst aus den zentralen Markteilen. Bei kleineren Tieren müssen gegebenenfalls 2 oder mehr Tiere verwandt werden, um die benötigte Menge aus gleichartigen Knochen zu erhalten. Das Mark wird im Mörser zu einer einheitlichen Masse verrührt und, falls Knochenstückchen erkennbar sind, durch ein feines Haarsieb gegeben. Die Veraschung erfolgt entweder trocken in üblicher Weise oder feucht. Zur Bestimmung von S und P wird dabei von Dietz[8] eine Veraschung mit HNO_3 und $HClO_4$ empfohlen. Hierzu genügen schon Markmengen von 0,1—0,4 g, zu deren Veraschung 3,5 cm³ HNO_3 und 1 cm³ $HClO_4$ ausreichen.

[1] Inouye, T.: Tôhoku J. exp. Med. **26**, 433 (1935).

[2] Liebknecht, W. L.: B. Z. **303**, 96 (1939).

[3] Vogt, J. H., o. A. Tønsager: Acta med. scand. **135**, 231 (1949).

[4] Roche, J., et A. Filippi: C. R. Soc. Biol. **129**, 322, 326 (1938).

[5] Roche, J., A. Filippi et A. Leandri: Bull. Soc. Chim. biol. **19**, 1314 (1937).

[6] Hennig, W.: A. e. P. P. **212**, 105 (1950).

[7] Roche, J., N. V. Thoai, I. Garcia et P. Pin: Bull. Soc. Chim. biol. **33**, 286 (1951).

[8] Dietz, A. A.: Arch. Biochem. **23**, 211 (1949).

Anorganische Bestandteile. Zur Untersuchung der säurelöslichen Bestandteile wird jeweils eine genau abgewogene Menge von etwa 2 g Knochenmarkbrei in einen 25 cm³-Kolben gegeben. Nach Zugabe von 10 cm³ Wasser läßt man 1 Std bei Zimmertemperatur stehen, um die Blutzellen zu hämolysieren. Nach Zugabe von 12 cm³ 20%iger Trichloressigsäure wird zur Marke aufgefüllt. Im eiweißfreien Filtrat können Rest-N (s. Tabelle 172) und säurelösliches Phosphat nach üblichen Methoden bestimmt werden. Von LUTWAK-MANN[1] wurden im Trichloressigsäurefiltrat von 100 g frischem Kaninchenknochenmark 25—30 mg Gesamt-P gefunden. Hiervon waren 3—5 mg anorganischer P; 7—11 mg waren nach 7 min, 1—2 mg zwischen 7 und 30 min und höchstens 1 mg zwischen 30 und 120 min in n HCl bei 100° hydrolysierbar. Von dem in 7 min hydrolysierbaren Phosphat wurde ein Teil, höchstens die Hälfte, als ATP identifiziert.

Zur *Bestimmung von Schwefel* benutzt DIETZ[2] eine Modifikation der Schwefelbestimmung nach MARENZI[3]. Er fällt den Schwefel als Benzidinsulfat, nachdem Phosphat durch Behandlung mit Zirkoniumoxychlorid bei p_H 9,0 entfernt wurde. Das Sulfat wird mit 0,002 n NaOH gegen Phenolrot titriert, wie POWER und WAKEFIELD[4] es für die S-Bestimmung im Serum angegeben haben. Über die Werte der einzelnen S-Fraktionen s. Tabelle 172.

Tabelle 172. *Zusammensetzung von normalem Knochenmark*[2]
(Humerus, Femur und proximales Ende der Tibia bei 10 Kaninchen).

Wasser (%)	39,0—63,5	Phosphor:	
Fettfreier Trockenrückstand (%) . .	8,7—14,3	Gesamt (mg-% P) . . .	157—323
Gesamtschwefel (mg-% S)	130—220	Anorganischer (mg-% P) .	31,0—61,1
Nichteiweißschwefel:		Stickstoff:	
Anorganisches Sulfat (mg-% S) . .	12,6—38,6	Gesamt (% N)	1,37—2,11
Ätherlösliches Sulfat (mg-% S) . .	0—10,6	Lipoid-N (mg-% N) . . .	61—131
Organischer S (mg-% S)	7,3—23,0	Rest-N (mg-% N)	216—368

Von weiteren Mineralien beanspruchen vor allem *Eisen* und *Kupfer* als für die Blutbildung wichtige Stoffe Interesse. Bei in vivo blutfrei gewaschenen Ratten fanden AUSTONI und Mitarbeiter[5] bei normalen und anämischen Tieren im frischen Mark Fe-Werte um 20 mg-%. Höher waren die Werte (45 mg-%) nur bei Tieren, die 1 Monat lang bei Unterdruck (300—400 mm Hg) gehalten waren und täglich 1 mg $FeCl_3$ erhielten. Werte für den Cu-Gehalt werden von SARATA[6] angegeben. Die Werte liegen im frischen roten Knochenmark von Menschen und Tieren zwischen 0,20 und 0,36 mg-%. Im Fettmark ist der Cu-Gehalt geringer (0,07—0,09 mg-%). Über den Gehalt an Spurenelementen, die mit üblichen Methoden, vor allem spektrographisch, nachgewiesen wurden, liegen nur Angaben über Titan: 1,9 γ-%[7] und Pb vor. Pb wird im Verlauf des Lebens im Knochen gespeichert, so daß der Gehalt der Knochenasche von 0,3—1 mg-% beim Säugling auf Werte von 5 mg-% bei älteren Individuen steigen kann (s. S. 627). In Knochenmarkasche liegen die Werte stets etwas tiefer[8].

Organische Bestandteile. Um eine Übersicht über die grobe Zusammensetzung des Knochenmarkes zu erhalten, empfiehlt sich nach DIETZ[9] folgendes Vorgehen: Von frisch entnommenem, im Mörser verriebenem Knochenmark werden 100—150 mg abgewogen. Die Trocknung erfolgt bei 110° und soll nicht länger als 4—5 Std durchgeführt werden,

---

[1] LUTWAK-MANN, C.: Biochem. J. **41**, XXX (1947).

[2] DIETZ, A. A.: Arch. Biochem **23**, 211 (1949).

[3] MARENZI, A. D., L. S. BANFI e R. F. BANFI: An. Farmacia Bioquím., Buenos Aires **15**, 113 (1944) [DIETZ, A. A.: Arch. Biochem. **23**, 211 (1949)].

[4] POWER, M. H., and E. G. WAKEFIELD: J. biol. Ch. **123**, 665 (1938).

[5] AUSTONI, M. E., A. RABINOWITSCH and D. M. GREENBERG: J. biol. Ch. **134**, 17 (1940).

[6] SARATA, U.: Jap. J. med. Sci. (II) **4**, 207 (1938).

[7] MAILLARD, L. C., et J. ETTORI: C. R. Soc. Biol. **122**, 951 (1936).

[8] BARTH, E.: Virchows Arch. **281**, 146 (1931).

[9] DIETZ, A. A.: J. biol. Ch. **165**, 505 (1946).

weil das Gewicht sonst durch Sauerstoffaufnahme der Lipoide wieder ansteigt. Die *Fettextraktion* erfolgt einmal mit Petroläther und 3—4mal mit Alkohol-Äther (3:1). Nach DIETZ[1] ist bei Kaninchen die Petrolätherextraktion nicht erforderlich. Man kann die Fettextraktion im Zentrifugenglas ausführen, wenn man in der Kälte zentrifugieren kann. Der Rückstand ist dann bei Aufbringen neuen Lösungsmittels mit einem Glasstab zu zerstoßen und zu verteilen. Die Lösungsmittel werden vereinigt und abdestilliert. Der fettfreie Rückstand kann mit üblichen Methoden auf seinen Gehalt an N und P untersucht werden.

Tabelle 173. *Zusammensetzung des Knochenmarkes eines nahezu ausgewachsenen Kaninchens* [1,2]
(in Prozenten vom Gesamtmark).

Knochenmark aus	Wasser	Fett	Asche	Gesamt-stickstoff	Lipoid-stickstoff	Knochenmark aus	Wasser	Fett	Asche	Gesamt-stickstoff	Lipoid-stickstoff
Metatarsale .	22,2	74,8	3,0	0,45	0,040	Os coxae . . .	54,1	32,8	13,1	2,05	0,233
Radius . . .	26,4	69,1	4,5	0,63	0,059	Humerus, zentral	54,8	32,6	12,6	1,94	0,189
Tibia, distal .	27,6	68,3	4,1	0,62	0,066	Femur, distal . .	55,0	33,5	11,5	1,84	0,207
Ulna	28,9	66,6	4,5	0,64	0,075	Vertebrae,					
Tibia, zentral	46,1	44,2	9,7	1,43	0,159	lumbal . . .	56,3	30,4	13,3	2,14	0,265
Humerus, distal	52,1	34,5	13,4	1,92	0,245	Femur, proximal	57,3	29,6	13,1	2,10	0,281
Femur, zentral	52,6	35,9	11,5	1,77	0,184	Humerus,					
Tibia,						proximal . . .	63,2	22,6	14,2	2,37	0,316
proximal. .	53,6	35,1	11,3	1,76	0,189	Rippen	65,0	19,8	15,2	2,37	0,437

Tabelle 173 zeigt, wie außerordentlich stark bei dem gleichen Tier der Gehalt an Wasser, Lipoiden und N je nach Art des untersuchten Knochens schwankt. Da die Hauptmenge des N an den lipoidfreien Rückstand gebunden ist, ist verständlich, daß die Werte dieser beiden Größen einen parallelen Verlauf zeigen. Außerdem zeigt sich aber, daß der Rückstand selbst mit zunehmendem Wassergehalt N-reicher wird. DIETZ[2] gibt für den N-Gehalt des Rückstandes als Mittelwert von 150 Proben von Kaninchenknochenmark $13,64 \pm 1,502\%$ an. Die Werte schwanken zwischen 10,2 bei einem Wassergehalt von 8—10% und 14,9 bei einem Wassergehalt von 70—74%. Bei allen von DIETZ[1] untersuchten Tieren — Meerschweinchen, Ratte, Katze, Rind, Schwein, Kaninchen, Hund und Frosch — finden sich für die Markbestandteile insgesamt folgende Schwankungsbereiche: Wasser 8,1—73,9%; Lipoide 5,6—90,1%; lipoidfreier Rückstand 1,8—21,1%; N 0,2—3,06% und Lipoid-N in Prozenten der Gesamtlipoide 0,03—2,13.

Wenn auch, wie die Tabellen 172—174 zeigen, die Zusammensetzung des Knochenmarkes außerordentlich großen Schwankungen unterworfen ist, so zeigen sich doch gleichsinnig lineare Beziehungen zwischen Gehalt an Wasser und fettfreiem Trockenrückstand, während entgegengesetzt lineare Beziehungen zwischen Wasser und Rückstand einerseits und dem Gehalt an Gesamtlipoiden andererseits nachgewiesen sind.

Das Knochenmark gehört zu den Organen, die auf eine Röntgenbestrahlung stark reagieren. DIETZ und STEINBERG[3] finden hier einen Anstieg im Lipoidgehalt, während die Werte für Wasser, Trockenrückstand, Nichteiweiß-S sowie für die gesamten N-Bestandteile abnehmen. Auch nach Benzolvergiftung geht der Gehalt an lipoidfreier Trockensubstanz zurück, während Wasser- und Fettgehalt die umgekehrten Ausschläge zeigen wie nach Bestrahlung, obwohl die im Blutbild bzw. Sternalpunktat auftretenden Veränderungen in beiden Fällen gleichartig sind[4].

Wenn das *Fett im Knochenmark* selbst einer genauen Analyse unterworfen werden soll, empfiehlt es sich nach KRAUSE[5], das Knochenmark bei der Gewinnung sofort in

---

[1] DIETZ, A. A.: Arch. Biochem. **23**, 211 (1949).
[2] DIETZ, A. A.: J. biol. Ch. **165**, 505 (1946).
[3] DIETZ, A. A., and B. STEINBERG: Arch. Biochem. **23**, 222 (1949).
[4] DIETZ, A. A., and B. STEINBERG: Arch. Biochem. **26**, 291 (1950).
[5] KRAUSE, R. F.: J. biol. Ch. **149**, 395 (1943).

95%igem Alkohol aufzubewahren, dann zuerst, wie oben beschrieben, in Alkohol-Äther und anschließend mit einer Mischung aus gleichen Teilen Chloroform und Methanol zu extrahieren. Der Extrakt wird im Vakuum weitgehend eingeengt und wiederholt mit Petroläther, anschließend mit Chloroform extrahiert. Die vereinigten Extrakte werden mit gesättigter NaCl-Lösung gewaschen und zu bekanntem Volumen aufgefüllt, so daß aliquote Teile zu den nach Standardmethoden auszuführenden Bestimmungen genommen werden können. KRAUSE[1] findet bei seinen Untersuchungen an normalen und an durch Phenylhydrazingaben oder durch fortlaufenden Blutentzug anämisch gemachten Katzen die in Tabelle 174 niedergelegten Werte.

Tabelle 174. *Lipoidzusammensetzung des Knochenmarkes von Katzen*[1]
(Werte in Prozenten vom frischen Knochenmark).

	Gesamt-lipoide	Wasser	Freie Fettsäuren	Phospho-lipoide	Unverseif-bares	Gesamt-cholesterin	Freies Cholesterin	Jodzahl der Gesamt-fettsäuren
Normal . .	51,6 ±10,9	35,9 ± 9,7	0,31 ±0,1	0,63 ±0,19	0,28 ±0,14	0,09 ±0,03	0,06 ±0,02	62
Anämie . .	24,5 ±11,1	59,5 ± 4,6	0,43 ±0,16	0,99 ±0,19	0,40 ±0,15	0,14 ±0,03	0,09 ±0,03	60

Wenn größere Fettmengen zum Zwecke eingehender Analyse oder zur präparativen Darstellung einzelner Bestandteile gebraucht werden, kann man nach SCHMIDT-NIELSEN und ESPELLI[2], die das Knochenmarkfett bei Rind und Schwein untersuchten, zunächst das Knochenmark im kochenden Wasserbad einige Stunden erhitzen. Nach Abkühlen kann das Fett abfiltriert und der fettarme Rückstand im SOXHLET-Apparat mit Äther extrahiert werden. Die von SCHMIDT-NIELSEN[2] gefundenen Werte für Schmelzpunkt und Jodzahl liegen in gleicher Größenordnung wie die Werte bei anderen Tieren. Auch im Mark von Rentierknochen[3] zeigen die Fette nicht einen niedrigeren Schmelzpunkt, wie man es vielleicht in schlecht isolierten Knochen von in der Kälte lebenden Tieren hätte erwarten können.

Da die großen Knochen unserer Schlachttiere einen recht erheblichen Fettgehalt von 10—16% haben, ist die hierbei anfallende Fettmenge sehr beträchtlich, wenn man bedenkt, daß der Anteil der Knochen am Schlachtgewicht bei Kälbern und Rindern zwischen 14 und 17% liegt (VIOLLIER und ISELIN[4]). Daher kommt das Markfett durchaus als Nahrungsmittel in Betracht, so daß eine Reihe von Größen bestimmt wurden, nach denen man andere Nahrungsfette charakterisiert. Für rotes und gelbes Mark von Rindern geben VIOLLIER und ISELIN[4] folgende Werte an (Tabelle 175).

In ähnlicher Größenordnung liegen auch die Zahlen, die HILDITCH u. a.[5] angegeben haben. Sie fanden an einzelnen Fettsäuren im Knochenmark von Ochsen folgende Mengen: Palmitinsäure 32,2%; Stearinsäure 15,5%; Myristinsäure 2,6%; Laurinsäure

Tabelle 175. *Fettanalysen am Knochenmark von Rindern*[4].

	Rotes Mark	Gelbes Mark		Rotes Mark	Gelbes Mark
Schmelzpunkt . . .	45,6	41	Feste Fettsäuren (%)	46,5	37,3
Säurezahl	1,5	1,0	Phosphatide als Lecithin (mg-%) .	18	4
Verseifungszahl . .	195,5	196,4	Gesättigte Fettsäuren (%)	49,4	41,1
Jodzahl	46,1	54,0	Ölsäure (%)	37,3	46,1
Unverseifbares (%) .	0,67	0,44	Linolsäure (%)	5,7	6,1

[1] KRAUSE, R. F.: J. biol. Ch. 149, 395 (1943).
[2] NIELSEN-SCHMIDT, S., o. A. ESPELLI: Kgl. norske Vid. Selsk. Forh. 14, 13 (1941).
[3] NIELSEN-SCHMIDT, S., o. A. ESPELLI: Kgl. norske Vid. Selsk. Forh. 14, 17 (1941).
[4] VIOLLIER, R., u. E. ISELIN: Mitt. Lebensm.-Unters. Hyg. 32, 255 (1941).
[5] HILDITCH, TH. P., and K. S. MURTI: Biochem. J. 34, 1299 (1940).

0,1%; Hexadecensäure 3,0%; Tetradecensäure 0,7%. BERNHARD und KORRODI[1] vergleichen das Knochenmarkfett aus menschlichem Femur mit Proben aus subcutanem und mesenterialem Fettgewebe. Extraktion und Bestimmung der einzelnen Bestandteile erfolgen nach den üblichen Methoden. Phosphatide werden im menschlichen Knochenmarkfett gar nicht oder nur spurenweise gefunden. Eine Abhängigkeit der Markfettzusammensetzung von dem Ernährungszustand wird nicht festgestellt. Im ganzen ist die Zusammensetzung des Markfettes der anderer Fette so ähnlich, daß es auf Grund seines chemischen Aufbaues und seines geringen Phosphatidgehaltes nicht als Organfett, sondern als ein von den übrigen Depotfetten nicht zu unterscheidendes Fett angesehen wird. Im unverseifbaren Rückstand, der sich nach zweimaliger Behandlung von gelbem Knochenmark frisch geschlachteter Rinder mit KOH in Isopropylalkohol ergibt, wurden von HOLMES und Mitarbeitern[2] Cholesterin und Batylalkohol (α-Octadecylglyceryläther) durch fraktionierte Krystallisation mit Methanol und Äthylacetat nachgewiesen.

Sternalpunktat. Eine recht grobe Übersicht über den Fettgehalt kann man erhalten, wenn man das Mark punktiert (Sternalpunktion) und nach BERMAN und AXELROD[3] entweder das Fettvolumen nach Zentrifugieren ausmißt oder mikroskopisch den von Fettzellen bedeckten Gesichtsfeldanteil im Okularmikrometer auszählt. Bei einer größeren Zahl von Sternalpunktaten finden die Autoren mit der volumetrischen Methode Werte zwischen 0,5 und 4%, mit der Flächenmethode zwischen 5 und 45%.

In dem blutbildenden, besonders kernreichen Knochenmark findet sich ein verhältnismäßig hoher Gehalt an Purin-N. Die Bestimmung erfolgt in üblicher Weise, z.B. nach EDLBACHER und JUCKER (s. Bd. IV). Nach der Hydrolyse kann man an Stelle von Nawolframat Eisessig und Uranylacetat als Fällungsmittel benutzen, wie PENDL[4] angibt. Der Purinquotient $\frac{\text{Purin-N} \cdot 100}{\text{Gesamt-N}}$ ist eine beim Gesunden verhältnismäßig konstante Größe: $3,21 \pm 0,11$ bei einem Purin-N-Gehalt von $0,102 \pm 0,003\%$. Bei Carcinomträgern findet PENDL[4] Purin-N-Werte von $0,256 \pm 0,042$ und einen Quotienten von $8,33 \pm 1,54$.

Der in üblicher Weise bestimmte Gehalt an Desoxyribonucleinsäure im Knochenmark gesunder Ratten liegt bei 150—180 mg-%, der an Ribonucleinsäure bei 75—95 mg-%. Futterbeschränkung senkt beide Werte um etwa 15%, Zulagen von Aneurin oder Vitamin B_{12} verursachen weder bei normalen noch bei unterernährten Tieren eine Veränderung. Hält man die Tiere bei einem Mangel von B_1 oder von sämtlichen B-Vitaminen, sinken die Werte beider Nucleinsäuren um etwa 50% ab[5].

Vitamin A. BACCARI[6] gibt folgende Methode zur Bestimmung von Vitamin A im Knochenmark an: 5—10 g Knochenmark werden zunächst mit der 10fachen Menge 2 n KOH verseift. Das Unverseifte wird mit Äther extrahiert, der Äther getrocknet und unter Stickstoffeinleitung eingedampft. Der Rückstand wird sodann in Chloroform aufgenommen, nach Anstellung der CARR-PRICE-Reaktion wird im Stufenphotometer bei Filter S 61 abgelesen. Dieselbe Probe mit Filter S 43 abgelesen ergibt den Wert für die Carotinoide. Nach Subtraktion beider Werte erhält man die Menge des reinen Vitamin A. Es wurden folgende Werte gefunden (in IE/100 g): Pferd 1144 und 430, Kuh 656, Kalb 296 und 456. Das gelbe Mark der erwachsenen Tiere enthält mehr Vitamin A als das rote der jugendlichen.

Vitamin C. Es liegen lediglich Bestimmungen über den Gehalt an Ascorbinsäure im flüssigen Sternalpunktat vor. Dieses wird durch Oxalat ungerinnbar gemacht und mit 5%iger Metaphosphorsäure enteiweißt. Bestimmung erfolgt in üblicher Weise (s. Bd. III).

[1] BERNHARD, K., u. H. KORRODI: Helv. **30**, 1786 (1947).

[2] HOLMES, H. N., R. E. CORBET, W. B. GEIGER, N. KORNBLUM and W. ALEXANDER: Am. Soc. **63**, 2607 (1941).

[3] BERMAN, L., and A. R. AXELROD: Amer. J. clin. Path. **17**, 551 (1947).

[4] PENDL, E.: Kli. Wo. **1946**, 128.

[5] LUTWAK-MANN, C.: Biochem. J. **48**, XXVI (1951).

[6] BACCARI, V.: Boll. Soc. ital. Biol. sperim. **16**, 752 (1941).

Die von FERRATA[1] gefundenen Werte liegen in der gleichen Größenordnung, jedoch etwas höher als im normalen Blut.

Fermente. Unter den Fermenten interessiert besonders die Phosphatase. Sie findet sich nach PLUM[2] beim gesunden Menschen in 20—50% aller Zellen, vor allem in den neutrophilen Leukocyten. Lymphocyten sowie basophile und eosinophile Leukocyten enthalten keine Phosphatase. Bei perniziöser Anämie ist die Anzahl phosphataseaktiver Blutzellen erhöht. Die Bestimmung der Fermentaktivität erfolgt nach Standardmethoden (WACHSTEIN)[3]. Von sonstigen Fermenten ist lediglich die Cytochromoxydase bestimmt worden (SCHULTZE)[4].

Gewebsstoffwechsel. Auf Grund von in Ringerlösung ausgeführten Messungen des Knochenmarkgewebsstoffwechsels nahm man an, daß hier der gleiche Stoffwechseltyp, der sog. Tumortyp vorliegt, wie bei Retina und Nierenmark ($Q_{O_2} : Q_M^O : Q_M^N = 1:1:2$). Wenn man aber nach WARREN[5] an Stelle von Ringerlösung sog. ,,neutralisiertes" Serum verwendet, ist der O_2-Verbrauch von Knochenmark viel größer als die aerobe Glykolyse. Der Stoffwechsel ist dann also dem anderer normal wachsender Gewebe vergleichbar.

Herstellung von ,,neutralisiertem" Serum. Gewöhnliches Serum wird mit 0,1 n HCl auf p_H 5,6 gebracht. Beim Evakuieren entweicht CO_2, so daß die Reaktion alkalischer wird und das p_H auf etwa 7,4 ansteigt. Zusatz von Phosphatpuffer p_H 7,4 stabilisiert den p_H-Wert. — Nach GOLDINGER und Mitarbeitern[6] erklärt sich die Verschiedenheit der in der Literatur angegebenen Q_{O_2}-Werte (3,5—12,9) daraus, daß man wegen des wechselnden Fettgehaltes von Knochenmark eine Beziehung auf das Trockengewicht nicht vornehmen darf. Sie führen deshalb eine neue Bezugsgröße ein: das Gewicht des frischen Gewebes wird auf einem Uhrglas festgestellt. Das Gewebe wird dann gründlich im Mörser verrieben, aliquote Teile werden zur Bestimmung von fettfreiem Trockengewicht und N-Gehalt entnommen. Zur Bestimmung des ersteren wird 1 cm³ im Zentrifugenglas bei 105° getrocknet und dann einmal mit 10 und zweimal mit 5 cm³ Petroläther extrahiert. Gründliches Rühren mit einem Glasstab ist während der Extraktion notwendig. Der Petroläther wird jeweils durch Zentrifugieren bei 3° entfernt, der Rückstand schließlich zur Gewichtskonstanz getrocknet. Als Bezugsgröße für die Stoffwechselintensität wird angenommen: $\dfrac{\text{Stickstoffgehalt}}{\text{fettfreies Trockengewicht}} \cdot 100$. Diese Größe weist bei 100 mg Ausgangsmaterial einen verhältnismäßig konstanten Wert von $11,43 \pm 0,49$ auf, während die Trockengewichts- und Stickstoffwerte größere Schwankungen zeigen[6]. Für Gewebsbrei finden die Verfasser einen Q_{O_2} von 2,10, für Gewebsschnitte einen von 3,30[6]. Diese Werte liegen in der Größenordnung anderer Gewebe mit niedrigem Stoffwechsel. BIRD und Mitarbeiter[7] nehmen als Bezugsgröße die Menge an Zellprotein. Nach ihren Angaben ist der O_2-Verbrauch zwischen p_H 6,9 und 7,3 mit 3,6 mm³/mg Zellprotein/Std einigermaßen konstant, während er geringer wird, wenn die Reaktion saurer oder alkalischer wird. Aerobe und anaerobe Glykolyse nehmen bei einer p_H-Änderung von 7,2 auf 6,3 linear ab. Die Autoren betonen, daß man bei Angabe des Verhältnisses von Atmung zu Glykolyse die jeweiligen p_H-Werte angeben muß, weil nur dann die Stoffwechselgrößen einwandfrei definiert sind.

Wenn man Knochenmark von normalen Kaninchen in Ringerlösung suspendiert und in WARBURG-Gefäßen 1 cm³ der Zellsuspension mit 1 cm³ Bicarbonat-Ringerlösung versetzt, mißt man in aeroben wie in anaeroben Versuchen normalerweise p_H-Werte zwischen 7,1 und 7,4. Durch Zugabe von 0,2 cm³ 2,5 n HCl kann die Gewebsatmung aufgehoben und der Versuch damit beendet werden. Von zugesetzter Brenztraubensäure

[1] FERRATA, L.: Haematol., Napoli (Arch.) **21**, 653 (1940).
[2] PLUM, C. M.: Nord. Med. **43**, 69 (1950).
[3] WACHSTEIN, M.: J. Lab. clin. Med. **31**, 1 (1946).
[4] SCHULTZE, M. O.: J. biol. Ch. **138**, 219 (1941).
[5] WARREN, CH. O.: Amer. J. Physiol. **128**, 455 (1940).
[6] GOLDINGER, J. M., M. A. LIPTON, E. S. G. BARRON and R. AHRENS: J. biol. Ch. **171**, 801 (1947).
[7] BIRD, R. M., J. D. EVANS and L. BECKER: J. biol. Ch. **178**, 289 (1949).

nutzt Knochenmark unter aeroben Verhältnissen etwa die Hälfte zur Milchsäurebildung aus. Der Rest wird vollständig zu CO_2 und H_2O oxydiert. Unter anaeroben Verhältnissen wird die gesamte Brenztraubensäure zur Milchsäurebildung verwendet. Der RQ von Knochenmark liegt in Gegenwart von Brenztraubensäure bei 1,11, in Abwesenheit von Brenztraubensäure oder Traubenzucker bei 0,84[1].

γ) Knorpel und Gelenke.

Der Knorpel besteht aus einer Intercellularsubstanz, in die die Knorpelzellen eingelagert sind. Knorpel, in dem die Intercellularsubstanz von fibrillären Fasern durchzogen wird, wird als Bindegewebsknorpel, von elastischen Fasern durchzogener eventuell als elastischer Knorpel bezeichnet. Knorpel ohne Fasern ist hyaliner Knorpel.

Anorganische Bestandteile. Unter den Stützgeweben, die im allgemeinen einen niedrigen Wassergehalt haben, zeichnet sich der Knorpel durch die Höchstwerte aus: LINDAHL[2] gibt für den Patellarknorpel bei Kindern einen *Wassergehalt* von über 80%, bei Erwachsenen einen solchen von über 75% an. Bei Rippenknorpel sind die entsprechenden Zahlen 76 und 60%, der Wassergehalt des Nucleus pulposus liegt zwischen 85 und 77%; bei krankhafter Knorpelerweichung kann der Wassergehalt ansteigen. Die anorganischen Bestandteile sind zum größten Teil extrahierbar. SILBER[3] findet, daß durch wäßrige Extraktion innerhalb von 3 Wochen 90% der *Knorpelmineralien* ausgelaugt sind, zugleich allerdings auch 10% der organischen Substanz. Auch nach Extraktion mit Essigsäure oder verdünnter HCl bleiben noch kleine Mengen Mineralien an die Knorpelsubstanz gebunden. Bei der Veraschung, die in üblicher Weise trocken oder feucht durchgeführt wird, findet SILBER[3] 4% Asche (bezogen auf Trockengewicht), die sich zu etwa 22% aus Na, 12% aus K, 3% aus Ca, 2% aus Mg, 40% aus SO_4, 7% aus P_2O_5 und zu 15% aus Cl zusammensetzt. Auffällig ist das starke Überwiegen von Na über K. In der Nasenscheidewand des Schweines und dem Schultergürtel des Haifisches betragen nach BUNGE[4] die Na-Werte sogar das 4fache der K-Werte. BUNGE nimmt an, daß der Knorpel, als zu den phylogenetisch ältesten Geweben gehörig, seine im Sinne der Descendenztheorie „ursprüngliche" mineralische Zusammensetzung, die dem kochsalzreichen Meerwasser als der damaligen Umgebung stark ähnelte, von allen Geweben der Wirbeltiere am längsten beibehalten habe. Dieses starke Überwiegen von Natrium ergibt sich auch aus der Tabelle 176.

Die Bestimmung der verschiedenen obengenannten Mineralien erfolgt nach Standardmethoden. An *Spurenelementen* wurden gefunden: Von KING[5] 9—18 mg-% Si und von

Tabelle 176. *Zusammensetzung von Knorpel*[6]
(Mineralwerte in mg-% der Trockensubstanz). (Mittelwerte aus 6—8 Bestimmungen.)

	Rind				Hund
	Trachea		Nasenseptum		Rippen und Gelenke
Cl	420	± 59,7	800	± 20,3	640 — 890
Na	2170	± 76	1980	±156	1850 —2200
K	340	± 77,5	757	±103	780 — 980
SO_4	1470	±125	1020	± 77	1000 —1100
Ca	243	± 17,2	155	± 10,4	180 — 220
Mg	85	± 7,8	60	± 2,6	84 — 96
Gesamt-N % .	12,01 ±	0,28	12,57 ±	0,25	12 — 13
Kollagen-N % .	8,04 ±	0,39	8,53 ±	0,25	7,0— 8,5

[1] EVANS, J. D.: J. biol. Ch. **187**, 273 (1950).
[2] LINDAHL, O.: Acta orthopaed. scand. **17**, 134 (1947).
[3] SILBER, W.: B. Z. **257**, 363 (1933).
[4] BUNGE, G. v.: H. **28**, 300, 452 (1899).
[5] KING, E. J., and TH. H. BELT: Physiol. Rev. **18**, 329 (1938).
[6] EICHELBERGER, L., T. D. BROWER and M. ROMA: Amer. J. Physiol. **166**, 328 (1951).

DE EDS[1] 0,3—1,5 mg-% F in der Knorpeltrockensubstanz. MAILLARD[2] gibt für den Titangehalt in der Frischsubstanz 5 γ-% an. Blei findet sich nicht in Knorpeln von Menschen, die niemals mit Blei in Berührung gekommen sind[3]. Jedoch bringt es die Zivilisation mit sich, daß ständig Spuren von Blei aufgenommen werden, das schon bei gesunden Kindern auf Mengen von 0,2 mg-% im Knorpel ansteigen kann. Bei älteren Individuen, vor allem bei Arbeitern in Bleibetrieben oder bei Bleivergifteten, können die Werte höher liegen.

Schwefel ist ein besonders charakteristischer Bestandteil des Knorpels und kommt teils in anorganischer, teils in organischer Bindung (als Chondroitinschwefelsäure) vor. Die Bestimmung erfolgt in üblicher Weise (s. Bd. III). POLICARD und REVOL[4] veraschen zur Bestimmung des Gesamt-S mit Perhydrol/HNO_3 und fällen nach Entfernung der Phosphate als Benzidinsulfat. Dieses wird in üblicher Weise bestimmt. Die von ihnen gefundenen Werte liegen, bezogen auf Trockensubstanz, im Gelenkknorpel zwischen 1,26 und 2,06 mg-%; im Meniscus zwischen 0,42 und 0,60 mg-% und in der Gelenkkapsel bei 0,30 mg-%. Auch im Rippen- und Trachealknorpel liegen die Werte in gleicher Größenordnung wie im Gelenkknorpel, während das Perichondrium der Rippenknorpel nur etwa 0,85 mg-% Gesamt-S enthält. Wenn man ein bestimmtes Gelenkgewebe auf seinen S-Gehalt untersuchen will, ist es wichtig, sich durch histologische Kontrolle von der Einheitlichkeit der Gewebe zu überzeugen, da gerade in den Gelenken die Übergänge zwischen Geweben verschiedenen S-Gehaltes makroskopisch nur schwer zu unterscheiden sind.

Organische Bestandteile. Die organische Knorpelsubstanz, die über 80% der Trockensubstanz ausmacht, besteht zu etwa gleichen Teilen aus *Chondroitinschwefelsäure* und einer N-haltigen, kollagenartigen Grundsubstanz, die beim Aufarbeiten in das leimartige *Glutin* übergeht. Um die Glutinmenge zu bestimmen, bringt man nach WINTER[5] 10 g Trockensubstanz für 24 Std in verdünnter HCl zum Quellen, dialysiert und kocht am Rückflußkühler in H_2O. 7% der Masse bleiben ungelöst. Im Filtrat kann das Glutin durch Phosphorwolframsäure gefällt werden. WINTER[5] gibt einen N-Gehalt des Knorpels von 6,8% entsprechend einem Glutingehalt von etwa 40% an.

Um ein genaueres Bild von der Art der N-haltigen Grundsubstanz zu gewinnen, kann man nach PARTRIDGE[6] frischen Knorpel der Nasenscheidewand vom Rind nach Reinigung und Zerkleinerung mit Aceton behandeln und bei 70° trocknen. Durch Extraktion mit Wasser bei Zimmertemperatur, bei 60—70° mit $CaCl_2$-Lösung und schließlich mit Formamid lassen sich steigende Mengen von einem Mucoid extrahieren. Dieses enthält Chondroitinschwefelsäure und ein Protein, das beim Abbau von Kollagen entsteht. Schonend extrahiertes Mucoid läßt sich elektrophoretisch untersuchen. Der Mucoid enthaltende Extrakt wird zunächst 3—4 Tage gegen Puffer dialysiert (Phosphat-NaCl, Glycin-NaCl oder Acetat-NaCl). Der Puffer ist 0,18 m in bezug auf NaCl und 0,02 m in bezug auf die übrigen Ionen. Nach abgeschlossener Dialyse wird durch Verdünnung mit Puffer die Kolloidkonzentration auf 0,25—0,5% eingestellt. Die Elektrophorese ergibt im aufsteigenden Bild drei und im absteigenden zwei Gipfel. Nach vorheriger Erhitzung der Extrakte zeigen sich deutliche Veränderungen im Elektrophoresediagramm.

Chondroitinschwefelsäure läßt sich in kleinen Mengen Knorpelgewebe nicht unmittelbar bestimmen. Man kann aus dem getrockneten Knorpelpulver durch Hydrolyse Chondrosaminhydrochlorid gewinnen. Dieses gibt mit EHRLICHs Aldehydreagens eine charakteristische Rotfärbung. Diese Reaktion ist von WEGENER[7] zu einer quantitativen Bestimmung verwandt worden. Grundsätzlich sind jedoch noch andere Möglichkeiten der

[1] EDS, F. DE: Medicine, Baltimore **12**, 1 (1933).
[2] MAILLARD, L. C., et J. ETTORI: C. R. Soc. Biol. **122**, 951 (1936).
[3] Bleiaufnahme und Bleiausscheidung. Kettering-Laboratorium, Cincinnati (Ohio). Berlin 1939.
[4] POLICARD, A., et L. REVOL: C. R. Soc. Biol. **127**, 626 (1938).
[5] WINTER, W.: B. Z. **246**, 10 (1932).
[6] PARTRIDGE, S. M.: Biochem. J. **43**, 387 (1948).
[7] WEGENER, K. H.: Diss. Hannover 1938 [Ber. Physiol. **111**, 519].

Bestimmung vorhanden. Man kann die Menge an Sulfat bestimmen, das bei saurer Hydrolyse aus Knorpel abgespalten wird. Weiterhin kann man die reduzierende Wirkung des Knorpelhydrolysates gegenüber FEHLINGscher Lösung bestimmen. Eine dritte Möglichkeit liegt in der Bestimmung der Menge der durch Hydrolyse abspaltbaren Essigsäure. Schließlich kann man die Menge des durch Phosphorwolframsäure nicht fällbaren N bestimmen. WINTER[1] findet im gleichen Knorpel mit den 4 genannten Methoden verhältnismäßig gut miteinander übereinstimmende Ergebnisse, die zwischen 37,4 und 44,1% liegen. Nach MIYAZAKI[2] ist der Gehalt an Chondroitinschwefelsäure abhängig von der Art des Knorpels. Er beträgt in hyalinem Knorpel 36—39%, in elastischem 26—30% und im Faserknorpel, z. B. im Meniscus, etwa 15%. Pathologisch erweichte Menisci können niedrigere Werte bis zu 4,7% aufweisen[3].

Darstellung von Chondroitinschwefelsäure. Aus der großen Menge der angegebenen Methoden seien zwei neuere ausführlich geschildert. FÜRTH und BRUNO[4] gehen von der Nasenscheidewand des Schweines aus: 500 g Frischknorpel (entsprechend etwa 100 g Trockensubstanz) werden nach sorgfältiger Reinigung und Zerkleinerung kurze Zeit auf dem Wasserbad mit wenig Wasser erwärmt, dann weiter mit etwa 1 Liter Wasser versetzt und $1^1/_2$ Std lang im Sieden gehalten. Nach dem Abkühlen wird mit NaOH bis zu einer Konzentration von 2% versetzt und 18 Std bei Zimmertemperatur stehen gelassen; der Knorpel geht bis auf geringe Reste in Lösung. Nach Zusatz von HCl bis zu einer Konzentration von 1% wird mit Phosphorwolframsäure ausgefällt und zentrifugiert. Die überstehende Flüssigkeit wird mit NaOH neutralisiert, schwach essigsauer gemacht, nach Zusatz einer Spur Bariumcarbonat auf etwa 400 cm³ eingeengt und in das 8fache Volumen Eisessig eingegossen. Der massenhafte Niederschlag wird abgenutscht, in 300 cm³ Wasser gelöst, noch einmal mit Eisessig gefällt und auf dem Filter mit Eisessig und Alkohol gewaschen. Der Filterinhalt wird in Wasser aufgeschwemmt, 3 Tage gegen fließendes Wasser und 1 Tag gegen destilliertes Wasser dialysiert, die Lösung auf dem Wasserbad zum Sirup eingedampft, dieser in 95%igen Alkohol eingetropft, die Fällung mit Alkohol gewaschen und im Vakuum getrocknet.

Etwas anders ist das Vorgehen von BLIX und SNELLMAN[5]. Sie zerkleinern 1 kg. Knorpel aus Rindernasenscheidewand und extrahieren einmal mit 2 Liter, ein zweites Mal mit 1,2 Liter 10%iger CaCl₂-Lösung, indem sie unter N₂ 8—10 Std schütteln. Die vereinigten Extrakte werden mit Ammonsulfat gesättigt. Nach Abzentrifugieren des Niederschlages wird die überstehende klare Lösung für 3—4 Tage gegen strömendes Leitungswasser dialysiert. Nach Einengen im Vakuum bei 20° auf ein Volumen von 800—900 cm³ wird CaCl₂ bis zu einer Konzentration von 10% zugegeben. Die Lösung wird nach Zugabe von $^1/_2$ Volumen Chloroform und $^1/_{20}$ Volumen Amylalkohol für 18—24 Std wiederum unter N₂ geschüttelt. Nach Zentrifugieren wird die oben befindliche CaCl₂-Lösung abgesaugt und auf ein p_H von etwa 7 gebracht. Mit frischen Anteilen von Chloroform und Amylalkohol wird das Schütteln abwechselnd bei p_H 7 und p_H 5 insgesamt 6mal wiederholt. Die Lösung wird mit 10 g Fullererde bzw. Frankonit behandelt, anschließend 4 Tage lang gegen häufig erneuerte 0,5%ige Na-acetatlösung dialysiert und schließlich mit dem 3fachen Volumen von 95%igem Äthanol versetzt. Der Niederschlag ist die Chondroitinschwefelsäure. Als Ausbeute werden 2—3 g angegeben.

Glykogen. Der Glykogengehalt des Knorpels ist erstaunlich hoch und kann in einzelnen Partien bis an die Größenordnung der im Muskel gefundenen Werte heranreichen. Isolierung und Bestimmung geschehen in gleicher Weise, wie es für den Muskel angegeben ist (s. S. 555). Bei jungen Individuen liegen die von HOFFMANN und Mitarbeitern[6] gefundenen

[1] WINTER, W.: B. Z. **246**, 10 (1932).
[2] MIYAZAKI, T.: J. Biochem. **20**, 211, 223 (1934).
[3] HIRSCH, C.: Nord. Med. **1943**, 16 [Ber. Physiol. **134**, 112].
[4] FÜRTH, O., u. T. BRUNO: B. Z. **294**, 153 (1937).
[5] BLIX, G., o. O. SNELLMAN: Ark. Kemi, Mineral. Geol. **19** (A), Nr. 32 (1945).
[6] HOFFMANN, A., G. LEHMANN u. E. WERTHEIMER: Pflügers Arch. **220**, 183 (1928).

Werte an der Knorpel-Knochengrenze zwischen 0,03 und 0,3%, während in peripheren Knorpelteilen der Glykogengehalt bis über 0,6% ansteigen kann. Mit zunehmender Verknöcherung auch dieser Knorpelpartien sinken hier die Glykogenwerte erheblich ab, so daß sie z. B. bei alten Hunden zwischen 0,02 und 0,08% liegen.

Stoffwechsel und Fermente. Um den Stoffwechsel und die Fermentaktivität im Knorpelgewebe zu untersuchen, eröffnet man das möglichst bald nach dem Tode gewonnene Gelenk und kratzt den Knorpel in 0,4—0,8 mm dicken Scheibchen ab. Zur Untersuchung kann entweder das Gewebe direkt oder ein Extrakt benutzt werden, der durch zweitägige Behandlung mit der 5fachen Menge Wasser unter Toluol hergestellt war. Bei p_H 7,6 sind die Extrakte in der Kälte längere Zeit haltbar[1]. Normaler Gelenkknorpel hat eine geringe O_2-Aufnahme, die durch Methylenblau auf das Mehrfache gesteigert werden kann. Nach HILLS[2] wirkt Dinitro-o-kresol ähnlich, jedoch nicht bei arthritischem Knorpel.

LUTWAK-MANN[1] wies eine Reihe dehydrierender Fermente des Kohlenhydratstoffwechsels nach. Die Tatsache, daß verkalkender Knorpel eine Verminderung des Glykogengehaltes erfährt, wird durch den Nachweis einer Glykogenphosphorylase im verkalkenden Knorpel erklärt (GUTMAN und Mitarbeiter)[3]. Wenn man Knorpelschnitte aus dem proximalen Ende der Tibia oder dem distalen Ende des Femur von mäßig rachitischen Ratten mit LUGOLscher Lösung färbt, kann man in einer bestimmten Zone die Anwesenheit von Glykogen deutlich machen. Legt man ähnliche Schnitte in eine Calcifizierungslösung ein, so läßt sich die Anwesenheit neugebildeten Knochens mit Silbernitrat in der gleichen Zone nachweisen, in der Glykogen gefunden wurde. Wenn man die Schnitte 18 Std in einer nichtcalcifizierenden Ringer-Bicarbonatlösung inkubiert oder wenn man sie für 45 min der Einwirkung von Speichelamylase aussetzt, verschwindet das Glykogen und die Verkalkung bleibt aus. Die Bedeutung von Glykogen für die Verkalkung ist somit recht wahrscheinlich[4].

Phosphatasen finden sich besonders reichlich an der Knorpel-Knochengrenze, wo sie bei der Verknöcherung mitwirken[5]. Chondroitinschwefelsäure kann durch Knochenenzyme abgebaut werden. Jedoch kommt es hier nicht wie bei in anderen Organen und Mikroorganismen nachgewiesenen Fermenten zu einer Abspaltung von H_2SO_4, sondern es werden als Zeichen der fermentativen Tätigkeit lediglich vermehrt reduzierende Substanzen nachgewiesen[6].

δ) Gelenkflüssigkeit.

Die Synovialflüssigkeit oder Gelenklymphe ist eine infolge ihres hohen Mucingehaltes hochviscöse Flüssigkeit.

Anorganische Bestandteile. Der *Wassergehalt* schwankt zwischen 96 und 99%[7]. Das spezifische Gewicht liegt zwischen 1009 und 1012. Die Werte der Gefrierpunktserniedrigung sind mit 0,509—0,556° erheblich niedriger als die von Serum. Es besteht jedoch die Möglichkeit, daß sich dieser hohe Unterschied gegenüber Serum daraus erklärt, daß die Bestimmung durch die Anwesenheit von Mucin gestört wird[8]. Im großen und ganzen ähnelt die Zusammensetzung der des Serums außerordentlich. Die p_H-Werte sind praktisch gleich. Die Methoden zur Bestimmung der Synoviabestandteile entsprechen im wesentlichen den bei Blut, Plasma und Serum angewandten. Die Elektrolyte verteilen sich zumeist so, wie nach dem DONNAN-Gleichgewicht zu erwarten ist: Anionen in höherer Konzentration in der Synovia, Kationen dagegen im Plasma. Das nach dem Eiweißgehalt zu erwartende Verteilungsverhältnis ist nach ROPES[8] 0,933. Für einen Teil der Kationen,

---

[1] LUTWAK-MANN, C.: Biochem. J. **34**, 517 (1940).

[2] HILLS, G. M.: Biochem. J. **34**, 1070 (1940).

[3] GUTMAN, A. B., F. B. WARRICK and E. B. GUTMAN: Science, N.Y. **95**, 461 (1942).

[4] MARKS, P. A., and E. SHORR: Science, N. Y. **112**, 752 (1950).

[5] ARON, H., u. K. KLINKE: Handb. Biochem., Erg.-Bd. **2**, 143 (1934).

[6] NEUBERG, C., u. W. M. CAHILL: Enzymologia **1**, 22 (1936).

[7] HORIYE, K.: Virchows Arch. **251**, 649 (1924).

[8] ROPES, M. W., A. B. GRANVILLE and W. BAUER: J. clin. Invest. **18**, 351 (1939) [Ber. Physiol. **118**, 102].

nämlich Ca, K und Mg, liegt in vielen Fällen das Verhältnis um 0,7. Dieses erklärt ROPES dadurch, daß im Serum 25—30 % der genannten Kationen in gebundener Form vorliegen. Häufig sind hingegen auch die K-Werte bis auf 30 mg-% erhöht, ohne daß entzündliche Prozesse vorliegen, während hohe Cl-Werte besonders bei Arthritiden verschiedener Ätiologie gefunden werden[1]. Im allgemeinen sind aber die Unterschiede in der Zusammensetzung der Synovia bei normalen und entzündlich erkrankten Gelenken nicht allzu groß, wie Tabelle 177 mit einem Vergleich der Werte zwischen Synovia und Serum bei Pferden zeigt[2].

Organische Bestandteile. Während in der Synovia weder Fett noch Cholesterin nachgewiesen sind, zeigen sich in vielen organischen Bestandteilen keine wesentlichen Unterschiede gegenüber dem Serum. So liegen die Werte für Harnstoff, Harnsäure und Glucose in der gleichen Größenordnung. Der Eiweißgehalt liegt dagegen im allgemeinen erheblich tiefer. Bei normalen Rindern wird er von BAUER u. a.[3] zwischen 0,4 und 1,4 % gefunden. Der Albumin-Globulinquotient liegt hier zwischen 2,5 und 5,8 mit einem Mittelwert von 3,9. Erheblich höher können die Eiweißwerte bei menschlichen Kniegelenksergüssen liegen, hier finden CAJORI und PEMBERTON[4] Werte um 5 % und einen Albumin-Globulinquotienten von 2,0.

Tabelle 177. *Chemische Zusammensetzung der Gelenk- und Sehnenscheidenflüssigkeit* (Werte in mg-%).

	Arthritis		Gesund		Sehnenscheide
	Synovia	Serum	Synovia	Serum	
Ca	10,2	12,5	10,5	11,1	11,1
Cl	617	589	637	626	620—632
P	2,37	2,28	2,61	1,98	1,7—2,33
Rest-N . .	34,9	34,2	31,6	33,2	31—33
Harnsäure	5,76	6,06	5,30	5,88	5,5—5,7
Glucose . .	80,9	63,5	83,0	86,3	83,0

Die hohe Viscosität der Synovia erklärt sich durch das Vorhandensein eines Mucopolysaccharids. Dieses wurde früher als Mucin bezeichnet, kann aber nach neueren Untersuchungen in hoch gereinigter Form als eine definierte Substanz, die *Hyaluronsäure*, angesehen werden.

„Mucin" kommt außer in der Gelenkflüssigkeit in den Schleimhautgeweben der Gelenke und ihrer unmittelbaren Nachbarschaft vor. Die Mucinkonzentration liegt in allen Gelenken, auch verschiedener Tierarten, zwischen 0,3 und 0,8 mg/100 cm³. Nur im Astragalotibialgelenk des Rindes liegt der Wert niedriger (0,14 mg/100 cm³)[5].

Darstellung von Mucin. Die Gelenkflüssigkeit wird möglichst bald nach dem Tod der Tiere entnommen und bis zur Weiterverarbeitung im Eisschrank belassen. Es wird mit der 4fachen Menge Wasser und so viel Eisessig versetzt, daß die Essigsäurekonzentration 1 % beträgt. Das ausgefällte Mucin setzt sich an der Oberfläche ab. Nach Waschen mit Aqua dest. löst man in dem halben Volumen (bezogen auf die Ausgangsmenge an Synovia) m/20 Na_2HPO_4, fällt wieder mit Essigsäure und wiederholt dies 4—5mal. Die Lösung ist unter Zusatz von Thymol oder Chloroform bei 4° haltbar. Die Elementaranalyse des so gereinigten Mucin ergibt folgende Werte: C 49—50 %, H 6—7 %, N 12,5 %, S 1 %, P Spuren. Das Mucin bildet eine zähe, fibröse Masse, die noch feucht in Salzlösungen, alkalischer als p_H 7,0 oder saurer als p_H 3,5, löslich ist. Als Trockenpulver ist die Löslichkeit erheblich geringer, doch liegt sie im gleichen p_H-Bereich wie bei feuchtem Mucin. Außer in Essigsäure ist Mucin unlöslich in Alkohol, Äther und Aceton. Aus reinen Lösungen kann Mucin durch 60 % Ammonsulfat oder 22,5 % Na-sulfat ausgesalzen werden. Durch Fällung mit Phosphorwolframsäure, Trichloressigsäure und Schwermetallen wird die Eiweißkomponente denaturiert und der Polysaccharidanteil abgespalten[5]. Reine Hyaluronsäure stellt man nach BLIX und SNELLMAN[6] aus dem mit Eisessig gefällten

---

[1] SCAPINI, A.: Policlinico, Sez. med. 48, 277 (1941).
[2] HARE, T., and H. COHEN: Proc. R. Soc. London 22, 1121 (1929).
[3] BAUER, W., M. W. ROPES and H. WAINE: Physiol. Rev. 20, 272 (1940).
[4] CAJORI, F. A., and R. PEMBERTON: J. biol. Ch. 76, 471 (1928).
[5] ROPES, M. W., W. v. B. ROBERTSON, E. C. ROSSMEISL, R. B. PEABODY o. W. BAUER: Acta med. scand. Suppl. 196, 700 (1947).
[6] BLIX, G., o. O. SNELLMAN: Ark. Kemi, Mineral. Geol. 19 A, Nr. 32 (1945).

Mucin so dar, daß man dieses mit Wasser übergießt und in einer N_2-Atmosphäre unter Zugabe von kleinen Mengen NaOH schüttelt. Das p_H darf nicht alkalischer als 8 werden. Das Mucin geht in Lösung, Hyaluronsäure wird durch Zugabe von 2 Volumina 95%igem Alkohol, der etwas Ba-acetat enthält, gefällt. Nach Auflösen in 10%iger $CaCl_2$-Lösung wird die Aufarbeitung in derselben Weise durchgeführt, wie sie beim Glaskörper (s. S. 569) beschrieben ist. Nach 5- oder 6maliger Behandlung mit Chloroform und Amylalkohol erhält man ein proteinfreies Produkt. Das von BLIX dargestellte Na-hyaluronat enthielt zwischen 3,01 und 3,47% N (berechnet 3,47%). Der Gehalt an Uronsäure schwankte zwischen 42,7 und 49,7% (berechnet 48,1%). Die Acetylwerte waren mit 12,3 und 12,9% etwas niedriger als der Berechnung (15%) entsprach. Die Hexosaminwerte lagen mit im Mittel 34% erheblich unter dem mit 44,4 berechneten Wert. Der Schwefelgehalt war im allgemeinen niedrig, etwa 0,1%.

Um die *Polysaccharidkomponente* zu isolieren, wird von ROPES[1] folgendes Vorgehen empfohlen: Man trennt zunächst das Protein durch enzymatische Spaltung ab. Ein Liter Mucinlösung wird bei 38° mit 1 g Trypsin angesetzt, bis verdünnte Essigsäure nichts mehr fällt, was nach annähernd 24 Std der Fall ist. Nach Zusatz von 4 Volumina kaltem Alkohol und starkem Schütteln setzt das Polysaccharid sich oben auf der Lösung ab. Nach dreimaliger Lösung in 1%iger HCl und Fällung mit Alkohol wird es mit Alkohol und Äther gewaschen und im Vakuum getrocknet. Auch durch Alkoholfällung einer mit $1/_3$ Volumen 0,2 n NaOH alkalisch gemachten dialysierten Mucinlösung konnte das Polysaccharid durch Zugabe von 2 Volumina Alkohol bei —20° ausgefällt werden. Man erhält so das Natriumsalz des Polysaccharids. Der Polysaccharidanteil ist eine weiße, fibröse Substanz, in Wasser, Säuren und Alkali löslich, in Alkohol und Aceton unlöslich. Er wird nicht durch die oben genannten Eiweißfällungsmittel gefällt und auch nicht ausgesalzen. Die wäßrige Lösung wird bei Konzentrationen von über 1% gelatinös, bei noch höherer Konzentration entsteht ein wirkliches Gel. Für die Zusammensetzung des Polysaccharidkomplexes werden folgende Werte angegeben: C 40,7%, H 6,3%, N 4,1%, S ist nicht und P nur in Spuren bis zu 0,5% vorhanden.

Die *Eiweißkomponente* denaturiert außerordentlich leicht und kann in schonender Weise dargestellt werden, wenn man das Mucin durch ein von ROBERTSON[2] aus Clostridium perfringens dargestelltes Enzym zerstört. Zu 1 Liter in Phosphatpuffer p_H 7,2 gelöstem Mucin werden nach ROBERTSON[2] 10 cm^3 gereinigter Mucinase und einige Tropfen Chloroform gegeben. Wenn man etwa 1 Woche bei Zimmertemperatur stehen läßt, können die wasserlöslichen Produkte bei Dialyse gegen fließendes Leitungswasser in 24 Std entfernt werden, so daß das Protein allein zurückbleibt. Durch Fraktionierung mit Ammonsulfat bei 40- bzw. 60%iger Sättigung erhält man 2 Proteinfraktionen, die sich durch Auflösen in physiologischer Kochsalzlösung und erneute Fällung reinigen lassen.

Die Viscosität, die bei etwa 4,0 liegt (im Vergleich zu Wasser = 1), nimmt nach Behandlung mit Trypsin nur wenig ab. Man kann daraus schließen, daß der Proteingehalt die Viscosität nur wenig beeinflußt. Fällt man dagegen das Mucin durch Eisessig aus, sinkt die Viscosität fast auf 1.

Die verschiedenen zur Darstellung von Hyaluronsäure aus Synovialflüssigkeit und Nabelschnur (s. S. 589) dienenden Maßnahmen sind recht eingreifend. Fällung von Mucin, Entfernung von Protein durch Schütteln mit Chloroform und Amylalkohol, enzymatischer Abbau durch Trypsin und schließlich Fällung mit Äthanol sind Faktoren, die häufig nicht die Gewinnung unveränderter Hyaluronsäure erlauben, sondern zu denaturierten Produkten führen. Nach OGSTON und STANIER[3] kann man aus Synovialflüssigkeit durch Ultrafiltration (Membranen mit einem Porendurchmesser von 0,52 μ oder Jenaer Glasfilter 5 auf 3 mit einem Porendurchmesser von etwa 0,6 μ) die Hyaluronsäure verhältnismäßig

[1] ROPES, M. W., W. v. B. ROBERTSON, E. C. ROSSMEISL, R. B. PEABODY o. W. BAUER: Acta med. scand. Suppl. **196**, 700 (1947).

[2] ROBERTSON, W. v. B., M. W. ROPES and W. BAUER: J. biol. Ch. **133**, 261 (1940).

[3] OGSTON, A. G., and J. E. STANIER: Biochem. J. **46**, 364 (1950).

rein von allen niedermolekularen Beimengungen trennen. Man erhält ein Produkt, das sich durch Untersuchung in der Ultrazentrifuge als einheitlich erweist und dessen Viscosität unverändert hoch ist. Der N-Gehalt ist 7%; Glucosamin 18—20%; der Proteingehalt beträgt etwa 30%.

Außer dem oben erwähnten Enzym aus Clostridium perfringens (ROBERTSON)[1] findet sich Hyaluronidase in verschiedenen anderen Bakterien. Ähnlich wirkende, nichtbakterielle Enzyme, die die Viscosität der Mucopolysaccharide aus Synovia, Glaskörper und Nabelschnur herabzusetzen vermögen, sind aus verschiedenen Organen isoliert worden: Säugetierhoden, Sperma, Haut, Milz, Ciliarkörper, Iris und Cornea, sowie aus Tumoren von Mäusen, Meerschweinchen und Vögeln. In vivo läßt sich die Viscosität der Synovia durch intraartikuläre Injektion von Hodenextrakten vermindern. Auf nichtenzymatischer Grundlage vermag eine Mischung von Ascorbinsäure und H_2O_2 die Viscosität herabzusetzen. Mucin vermag als Antigen zu wirken. Über seinen Stoffwechsel ist wenig bekannt.

Fermente. Eine Hyaluronidase ist auch unter krankhaften Veränderungen in der Gelenkflüssigkeit nicht nachgewiesen worden. Dagegen sollen nach PODKAMINSKY[2] Fermente auftreten, die Knochen- und Knorpelgewebe auflösen können. Durch ihre Anwesenheit erklärt man sich die geringe Heilungstendenz von Frakturen innerhalb der Gelenkkapsel. Weiterhin sind Proteasen, Amylasen und Lipasen, dagegen keine Katalase gefunden worden.

Physik.-chemische Untersuchung. Das Elektrophoresediagramm von Gelenkflüssigkeit zeigt große Ähnlichkeit mit dem von Serum. Häufig fehlt jedoch die β_2-Komponente. Eine dem Albumin vorauseilende und eine in der Nähe vom Albumin wandernde Komponente verschwinden nach Einwirkung von Hodenextrakt; sie dürften daher der Hyaluronsäure zuzuordnen sein.

6. Zähne.

Das Gewicht der Zähne bei verschiedenen Individuen auch der gleichen Species schwankt außerordentlich, wie Tabelle 178 es für menschliche Zähne zeigt.

Tabelle 178. *Gewicht menschlicher Zähne*[3]
(Durchschnittswerte von 759 Zähnen, die aus 500 000 extrahierten Zähnen als gesunde und normale herausgesucht waren, in Grammen).

	Oberkiefer	Unterkiefer			Oberkiefer	Unterkiefer
Schneidezahn . 1	0,87 —1,62	0,299—0,783	Prämolar . 2		0,87—1,38	0,79—1,51
2	0,52 —1,17	0,44 —0,93	1		1,98—3,18	1,78—3,18
Eckzahn . . .	0,85 —1,84	0,75 —1,62	Molar . . 2		1,41—2,91	1,51—2,90
Prämolar . . . 1	0,897—1,76	0,73 —1,39	3		1,07—2,44	1,51—2,81

Die Grundsubstanz des Zahnes bildet das knochenähnliche Dentin. Dieses ist mit einer dünnen Schicht Zement eng verbunden. Die Zementschicht ist echtes Knochengewebe. Der Zahnschmelz, der etwa 20—26% des Zahnes ausmacht, überzieht das Dentin an den in die Mundhöhle reichenden Zahnpartien.

Trennung von Schmelz und Dentin der Zähne[4]. Der Zahn wird nach Trocknen in einem Diamantmörser unter Zugabe von etwas Wasser zerrieben, bis die Masse ein 60 Maschensieb passiert, und anschließend wieder getrocknet. Da sich Schmelz und Dentin im spezifischen Gewicht unterscheiden, kann die Trennung der beiden Substanzen durch Aufschwemmen in einer Lösung geschehen, deren spezifisches Gewicht zwischen dem von Schmelz und Dentin liegt. Zur Durchführung der Trennung ist ein einfaches Gerät angegeben worden (s. Abb. 5).

[1] ROBERTSON, W. v. B., M. W. ROPES and W. BAUER: J. biol. Ch. **133**, 261 (1940).
[2] PODKAMINSKY, N. A.: C. R. Soc. Biol. **106**, 915 (1931).
[3] CHEYNE, V. D., and J. T. OBA: J. dent. Res. **22**, 181 (1943).
[4] MANLY, R. S., and H. C. HODGE: J. dent. Res. **18**, 133 (1939).

Von einem Zentrifugenglas wird die Spitze so abgeschnitten, daß eine Öffnung von etwa 2 mm Durchmesser entsteht. Dieses Glas wird durch die Bohrung eines 1—2 cm dicken Gummistopfens hindurchgesteckt, damit sich das präparierte Zentrifugenglas in einem etwas größeren Zentrifugenglas so hält, daß sich das Loch des inneren 2 cm über dem Boden des äußeren befindet. 8 cm³ einer Mischung von 91 Vol.-% Bromoform und 9 Vol.-% Aceton (Dichte 2,7) werden in das größere Zentrifugenglas gegeben, dann wird das kleinere eingeführt. Die gewogene Zahnmasse wird durch einen Pulvertrichter in das innere Glas gegeben. Es muß mit einem Glasstab gerührt werden, damit das Pulver gut befeuchtet wird und nicht mehr an der Glaswand haftet. Es wird 2 min bei 2200 U/min zentrifugiert. Das innere Glas wird dann wie eine Pipette mit dem Finger verschlossen und herausgehoben. Man erhält so den Schmelz zu 99 % und das Dentin mit dem daran haftenden Zement zu 97—99 % rein. Der Verlust an Substanz beträgt insgesamt etwa 4 %. Weitere Reinigung mit etwas größerem Verlust ist möglich (6—10 %), wenn man Schmelz in reinem Bromoform (d = 2,84) und Dentin in Bromoform/Aceton von der Dichte 2,42 aufschwemmt und nochmals zentrifugiert. Reinheitsbestimmung erfolgt refraktometrisch. Brechungsindex von Dentin 1,56, von Schmelz 1,60. Die dem beschriebenen Verfahren zugrunde gelegten Werte für die Dichte von Schmelz (2,7—2,8) und Dentin (2,2—2,3) beziehen sich auf menschliche Zähne. Für Rattenzähne z. B. liegen sie tiefer, daher sind andere Bromoform-Acetonmischungen zu verwenden[1]. Trennung von Dentin und Zement ist nach[2] ebenfalls möglich.

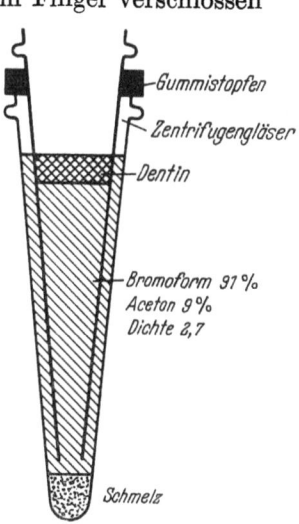

Abb. 5. Anordnung zur Trennung von Schmelz und Dentin der Zähne.

Anorganische Bestandteile. Sofort nach der Extraktion wird der Zahn in 95 %igen Alkohol gelegt. Nach Reinigung der Oberfläche wird die Pulpa entfernt und der Zahn im Mörser pulverisiert. Das Pulver wird 3 Std im SOXHLET-Apparat extrahiert mit einer Mischung von gleichen Teilen 95 %igem Alkohol und Äther, die mit 1 %iger NaOH gegen Phenolphthalein alkalisch gemacht ist. Die Trocknung erfolgt zunächst bei Zimmertemperatur und dann 24 Std bei 105°. Eine Menge von 50 mg wird 48 Std auf 600° erhitzt. Nach Lösen der Asche in n HCl werden aliquote Teile zur Bestimmung von Ca, Mg und P unter Anwendung üblicher Methoden verwandt. Die Werte für die verschiedenen Mineralien sind aus der Tabelle 179 zu ersehen. Abweichungen der Ca- und P-Werte bei Schwangerschaft wurden nicht gefunden[3]. Ebenso findet man keine Abweichungen bei cariösen Zähnen. In den Molaren 15 Monate alter Ratten liegen die Ca-Werte bei 29,1 ±1,1 %, die P-Werte bei 13,6 ±0,4 %. Im Nagezahn sind die Werte für Ca etwas niedriger, die P-Werte etwas höher (26,9 ±0,3 bzw. 14,0 ±0,8 %)[1].

Fluor. Zur F-Bestimmung in Knochen und Zähnen sind viele Methoden angegeben worden, mit der von CREMER und Mitarbeitern[1] angegebenen lassen sich 0,005 mg F in Zähnen bestimmen. Will man zur Bestimmung von Zahnasche ausgehen, kann entweder eine Veraschung nach GABRIEL (s. S. 624) oder eine Trockenveraschung bei einer Temperatur von 600° ausgeführt werden, ohne daß man F-Verluste zu befürchten hat. Wie der Ca- und P-Gehalt zeigen auch die F-Werte keinen wesentlichen Unterschied zwischen gesunden und cariösen Zähnen[4]. Wo derartige Unterschiede beschrieben werden[5], sind diese teilweise wegen der geringen Zahl der untersuchten Zähne angezweifelt; oder aber die Unterschiede sind nur vorgetäuscht, weil infolge der durch die Caries bedingten Zerstörungen eines Teiles der Krone das Massenverhältnis Wurzel : Krone verändert ist.

[1] CREMER, H. D., W. BÜTTNER, G. DITTMANN u. W. VOELKER: B. Z. 1953 im Druck.
[2] BREKHUS, P. I., and W. D. ARMSTRONG: J. dent. Res. 15, 23 (1936).
[3] DRAGIFF, D. A., and M. KARSHAN: J. dent. Res. 22, 261 (1943).
[4] McCLURE, F. J.: J. dent. Res. 27, 287 (1948).
[5] OCKERSE, T.: J. dent. Res. 22, 441 (1943).

Tabelle 179. *Zusammensetzung menschlicher Zähne* (in Prozenten).

	H₂O (a)	Asche (b)	Ca (b)	P (b)	Mg (b)	CO₂ (b)	F normal und Caries	F „gefleckt"*	N (b)	Citronensäure (b)
Milchzahn:										
Ganzer Zahn	—	—	34,9[4]	16,72[4]	—	—	0,002—0,030[2]	—	—	—
Schmelz	2,8[3]	—	36,0[3]	17,8[3]	—	—	—	—	—	—
Dentin	11,1[3]	—	33,3[3]	16,5[3]	—	—	—	—	—	—
Bleibender Zahn:										
Ganzer Zahn	8,79—11,0[4]	—	26—37[11]	16,8[4] 12,7[5]	0,46—0,83[11]	1,95—3,98[11]	0,01—0,04[13] (a)** 0,005—0,024[2]	0,025—0,10[2]	—	0,680[12]
Schmelz	—	95,38[1]	36,1[6]	17,3[6]	0,23[6]	1,957	0,0160[9] (b)	0,025—0,036[10]	0,098[6]	0,09[12]
Dentin	—	71,09[1]	25,86[6]	12,5[6]	1,24±0,25[6]	3,05[6] 3,18[8] 3,43[8]	0,0241[9] (b)	0,037—0,043[10]	3,43[6]	0,8[12]

* „Mottled enamel" bei fluorreicher Ernährung.
** Die höheren Werte entstammen Rinderzähnen.

(a) In Prozenten der Frischsubstanz, (b) in Prozenten der Trockensubstanz.

[1] BOWES, J. H., and M. M. MURRAY: Biochem. J. **29**, 2721 (1935).
[2] SCHMID, H.: Schweiz. Mschr. Zahnheilkde. **58**, 539 (1948).
[3] BIRD, M. J., E. L. FRENCH, M. R. WOODSIDE, M. I. MORRISON and H. C. HODGE: J. dent. Res. **19**, 413 (1940).
[4] LEFEVRE, M. L., and H. C. HODGE: J. dent. Res. **16**, 279 (1937).
[5] DRAGIFF, D. A., and M. KARSHAN: J. dent. Res. **22**, 261 (1943).
[6] ARMSTRONG, W. D., and P. I. BREKHUS: J. biol. Ch. **120**, 677 (1937).
[7] BOWES, J. H., and M. M. MURRAY: Biochem. J. **30**, 977 (1936).
[8] TEFT, H., E. L. FRENCH and H. C. HODGE: J. dent. Res. **20**, 45 (1941).
[9] McCLURE, F. J.: J. dent. Res. **27**, 287 (1948).
[10] ARMSTRONG, W. D., and P. I. BREKHUS: J. dent. Res. **17**, 27 (1938).
[11] ARMSTRONG, W. D.: Ann. Rev. **11**, 441 (1942).
[12] FREE, A. H.: J. dent. Res. **22**, 477 (1943).
[13] DANCKWORT, P. W.: H. **268**, 187 (1941).

Denn, wie die Tabellen 179 und 180 zeigen, finden sich beträchtliche Unterschiede im F-Gehalt der einzelnen Teile des Zahnes.

Der hohe F-Gehalt der Wurzel ist auch der Grund dafür, daß dreiwurzelige Zähne im ganzen F-reicher erscheinen als zweiwurzelige. Ebenso variiert der F-Gehalt von Milchzähnen, je nachdem, ob die Wurzel noch erhalten oder bereits resorbiert ist. In einzelnen Fällen sind bei gefüllten Zähnen, auch nach Entfernung der Füllung, F-Werte um 100—200 mg-% gefunden worden. Soweit es sich nicht um Fehler in der Methodik handelt, die namentlich einer Reihe älterer Literaturangaben zugrunde liegen, besteht folgende Möglichkeit: Eine Reihe plastischer Füllmassen weist einen F-Gehalt von 10—12% auf. Es besteht daher die Möglichkeit, daß durch Diffusion von F in die anliegenden Zahnpartien auch hier noch zu hohe F-Werte gefunden werden.

Im ganzen steigt der F-Gehalt der Zähne mit dem Lebensalter (s. Tabelle 181). Außerdem ist bei Personen, die ein Trinkwasser mit hohem F-Gehalt genießen und fleckige Zähne (mottled enamel) aufweisen können, der F-Gehalt der Zähne erhöht (s. Tabellen 179 und 181).

Bei chronischen F-Vergiftungen finden sich in Knochen und Zähnen bei Tieren und Menschen F-Mengen zwischen 30 und 60 mg-%[1]. Fossile Knochen und Zähne weisen häufig sehr viel höhere F-Mengen auf. Dies ist so zu erklären, daß sie im Laufe ihrer langen Lagerung steigende F-Mengen aus dem Grundwasser aufnehmen, die als Fluorapatit abgelagert werden. Der höchste in fossiler Knochenasche beobachtete F-Wert beträgt 3,69%,

[1] BREDEMANN, G.: Biochemie und Physiologie des Fluors. Berlin 1951.

der theoretische F-Gehalt von F-Apatit 3,77%[1]. Bei Meerestieren sind die F-Werte im Zahn auch intravital recht hoch. Man findet beim Delphin 710 mg-% und bei verschiedenen Haien Werte zwischen 690 und 1080 mg-%[1] (vgl. auch F-Gehalt im Knochen, S. 628).

Die Bestimmung von Carbonat entspricht der im Knochen (s. S. 624), für K, Na und Cl kommen übliche Methoden zur Anwendung (s. Bd. III). Der Gehalt der Zahnsubstanzen an Na, K und Cl beträgt: Na: Schmelz 0,25%, Dentin 0,19%; K: Schmelz 0,05%, Dentin 0,07%; Cl: Schmelz 0,3%, Dentin 0[3]. Die Werte für Carbonat s. Tabelle 179.

Zink. Schmelz und Dentin werden mechanisch oder nach der oben beschriebenen Methode von MANLY und HODGE (s. S. 644) getrennt. Die Zn-Bestimmung in der veraschten Substanz kann nach der Dithizon-Ferricyanid-Jodmethode von SYLVESTER und HUGHES[4] ausgeführt werden. In beiden Zahnsubstanzen liegen die Werte zwischen 18 und 21 mg-%. Die im Dentin gefundenen Werte lassen sich jedoch in zwei Gruppen teilen, die sich einmal um einen Mittelwert 17,8 ± 2,1 mg-% und weiter um 19,2 ± 2,6 mg-% ordnen lassen. Die höheren Werte findet CRUICKSHANK[5] bei Individuen, die einmal eine tuberkulöse Erkrankung durchgemacht hatten. Er setzt diesen Befund in Parallele zu den Mitteilungen anderer Autoren, die bei Tuberkulösen eine Erhöhung der alkalischen Serumphosphatase fanden. Beide Befunde lassen an Zusammenhänge mit Verkalkungsvorgängen denken.

Eisen. Die Zähne werden wie üblich gereinigt und getrocknet. Wegen des Hämoglobingehaltes der Pulpa muß diese zunächst vollständig entfernt werden. Dies ist auch nach Zerkleinerung der Zähne mechanisch nicht in genügender Weise möglich. Es werden daher die Zahnfragmente 3 Std mit n/10 NaOH erhitzt, so daß das Hämoglobin völlig extrahiert wird. Der Fe-Gehalt des Zahnes selbst nimmt durch diese Behandlung nicht ab. Derartig behandelte Zähne enthalten bei Gesunden 0,0262% Fe. Bei anämischen Personen können die Werte um 50% niedriger liegen[6].

Höhere Fe-Werte geben[7] in Rattennagezähnen an (in Prozenten der Asche): Schmelz 1,80, Dentin 0,23.

Spurenelemente[8, 9, 10]. Folgende Elemente sind spektrographisch im Zahn nachgewiesen worden: K, Na, F, Fe, Ag, Pt, Sr, Ba, Cr, Sn, Cu, Pb, Mn, Ti, Ni, V, Si, B, Li, Zn und Mg.

Organische Bestandteile. *Citronensäure*[11]. Von bei 100° getrockneter Zahnsubstanz werden 50 mg in 50 cm³ 10%iger Trichloressigsäure suspendiert. Nach Zugabe von 3 cm³ 50%iger H_2SO_4 wird bis zur völligen Lösung gekocht. Weitere Bestimmung s. Bd. III.

Tabelle 180. *Fluorgehalt von Zähnen*[2] (in mg-%).

	Ganzer Zahn	Krone	Wurzel
Intakte Zähne .	5,8	3,6	7,2
Cariöse Zähne. .	5,9	4,2	6,0—7,8

Tabelle 181. *Fluorgehalt der Zahnasche und Alter des Patienten*[2].

Alter Jahre	mg-% F in Zahnasche aus		
	Gegend mit F-Gehalt im Trinkwasser unter 0,1 mg/l	Gegend mit F-Gehalt im Trinkwasser von 0,1—0,3 mg/l	Gegend mit F-Gehalt im Trinkwasser über 0,3 mg/l
4	2	12	15
6	3	12	25
10	5	14	30
16	7	16	40
20	8	18	45— 62
40	9	20	55—110
60	11	24	135

[1] BREDEMANN, G.: Biochemie und Physiologie des Fluors. Berlin 1951.
[2] SCHMID, H.: Schweiz. Mschr. Zahnheilkde. **58**, 539 (1948).
[3] BOWES, J. H., and M. M. MURRAY: Biochem. J. **30**, 977 (1936).
[4] SYLVESTER, N. D., and E. B. HUGHES: Analyst **61**, 734 (1936).
[5] CRUICKSHANK, D. B.: Biochem. J. **44**, 299 (1949).
[6] RATNER, S.: J. dent. Res. **15**, 89 (1936).
[7] DAM, H., H. GRANADOS and L. MALTESU: Acta physiol. scand. **21**, 124 (1950).
[8] DREA, W. F.: J. dent. Res. **15**, 403 (1936).
[9] ARMSTRONG, W. D.: Ann. Rev. **11**, 441 (1942).
[10] EICHHOFF, H. J., G. DITTMANN u. H. D. CREMER: B. Z. 1953 im Druck.
[11] FREE, A. H.: J. dent. Res. **22**, 477 (1943).

Zahnprotein. Zahnsubstanz bzw. Dentin oder Schmelz werden in verdünnter HCl aufgelöst. Wenn das Protein nicht direkt ausflockt, kann es mit Trichloressigsäure gefällt und anschließend mit Wasser gewaschen werden. N-Gehalt vom *Dentin-Protein* 15,11 %[1]. Im Schmelz menschlicher Zähne finden sich 0,49—1,95 % Protein (N mal 6,25). Schneidezähne von Ratten haben einen höheren Eiweißgehalt bis zu 3 %[2]. Das *Schmelzprotein* unterscheidet sich vom Keratin durch seinen geringen Schwefelgehalt und das Fehlen der Nitroprussidreaktion. Es ist gegen Einwirkung von Trypsin und Pepsin widerstandsfähiger als menschliche Haut und als das Keratin aus Haaren und Hornorganen. Es enthält 8 % Asche. Der N-Gehalt ist 12,1 %, S: 1,2 %[3]. Läßt man 0,5 n HCl 24 Std bei Zimmertemperatur auf den Zahnschmelz einwirken, so lassen sich 2 Proteine unterscheiden: NASMYTHsche Membran, die sich in Kupfer(II)-tetramminlösung schwarz färbt, und Furchenprotein, das sich in genannter Lösung leicht löst[4]. Nach ANDERSON[5] muß man, um den Stickstoffgehalt im Schmelz exakt zu bestimmen, Verunreinigungen mit Dentin absolut vermeiden, da Spuren von 3,5 % N enthaltendem Dentin die gefundenen N-Werte ganz wesentlich heraufsetzen können. Die oben beschriebene Methode von MANLY und HODGE, die den Schmelz mit einem Reinheitsgrad von 99,4 % zu gewinnen gestattet, kann hierfür noch zu ungenau sein. Man soll vielmehr folgendermaßen vorgehen: Der extrahierte Zahn wird von innen her so ausgebohrt, daß mit Sicherheit das Dentin völlig entfernt wird und nur reiner Schmelz zurückbleibt. In so gewonnenem Schmelz gesunder Zähne, die bei verschiedenen Individuen unter 17 Jahren aus orthodontischen Indikationen entfernt waren, findet man N-Werte zwischen 0,052 und 0,110 % mit einem Mittelwert von 0,071 ± 0,015. Ähnlich liegen die Werte bei cariesfreien Zähnen älterer Personen: 0,083 ± 0,021 % N. Die Werte liegen also in der Tat tiefer als die oben genannten.

Ein Teil vom Zahnprotein geht in Lösung, wenn man das Pulver mehrmals in der 20fachen Menge Acetatpuffer aufschwemmt; dieses Protein wird als *Glutin* angesehen. Ein weiterer Proteinanteil geht erst nach mehrstündiger Behandlung im Autoklaven bei 120° in Lösung; dieses Eiweiß wird als *Kollagen* betrachtet, während das jetzt noch ungelöst bleibende Protein als *Keratin* angesehen wird. Fluor wird in der organischen Substanz nicht nachgewiesen. Der nach den Angaben von ROBERTSON bestimmte Kollagengehalt in Meerschweinchenzähnen liegt bei 17,9 ± 0,05 % (fettfreies Trockengewicht). Auch bei Skorbut sind die Werte nicht verändert[6].

Tabelle 182. *Proteinfraktionen im Zahn*[5] (in Prozenten).

	Glutin	Kollagen	Keratin	Gesamtprotein
Milchzahn:				
Schmelz . . .	6,46	2,98		9,44
Bleibender Zahn:				
Schmelz . . .	0,13—2,09	0,21—0,50	0,60—1,99	1,13— 4,03
Dentin	2,37—8,00	2,84	4,32	11,77—15,12
		bis 8,40		
Wurzel . . .	3,62—6,92	4,74	6,05	13,45—15,71
		bis 9,83		

Nach BENNEJEANT[7] lassen sich an Proteinen außer Kollagen und Keratin in vielen Fällen auch Nucleoproteide im Zahn nachweisen. Man findet sie jedoch nur, solange noch Odontoblasten im Zahn vorhanden sind.

[1] ARMSTRONG, W. D., P. I. BREKHUS u. J. W. CAVETT: J. dent. Res. 15, 312 (1936).
[2] BERLINER, F. S.: J. dent. Res. 15, 243 (1936).
[3] PINCUS, P.: Biochem. J. 33, 694 (1939).
[4] DEAKINS, M.: J. dent. Res. 20, 39 (1941).
[5] ANDERSON, D. J.: Biochem. J. 45, 31 (1949).
[6] ROBERTSON, W. VAN B.: J. biol. Ch. 187, 673 (1950).
[7] BENNEJEANT, C.: Schweiz. Mschr. Zahnheilkde. 61, 404 (1951).

Untersucht man ein Hydrolysat aus Dentin mittels Papierchromatographie, so zeigt sich kein wesentlicher Unterschied zwischen gesunden und cariösen Zähnen. Untersucht man jedoch in der Kälte hergestellte wäßrige Extrakte, so lassen sich bei cariösen Zähnen Glutaminsäure und Asparaginsäure nachweisen, während dies bei gesunden Zähnen nicht der Fall ist[1]. Möglicherweise werden im Verlauf der Caries durch proteolytische Fermente Aminosäuren frei.

Außer Protein läßt sich im Dentin ein *Mucopolysaccharid* nachweisen. Zu seiner Darstellung schwemmt man 1 g fein gepulvertes menschliches Dentin in 1 Liter 0,05 n HCl auf und dialysiert bei Zimmertemperatur 10 Tage lang unter häufigem Wechsel der Außenflüssigkeit. Wenn in der Außenflüssigkeit nur noch Spuren Ca nachweisbar sind, wird die Suspension bei p_H 6,0 für 20 min auf 80° erhitzt. Nach Schütteln mit 10%iger $CaCl_2$-Lösung wird erneut gegen Aqua dest. dialysiert. Nach Verdünnung mit Aqua dest. auf 2 Liter wird bei p_H 6 das Protein durch Schütteln mit einer Mischung von 160 cm³ $CHCl_3$ und 64 cm³ Amylalkohol abgetrennt. Die polysaccharidhaltige Lösung wird bei einer Temperatur von etwa 42° im Vakuum eingeengt und über P_2O_5 getrocknet. 1 g getrocknetes Dentin ergibt etwa 26 mg Polysaccharid. Nach der Hydrolyse sind freies Sulfat und Hexosamin nachweisbar[2].

Man kann Protein und Mucopolysaccharide auch durch Dialyse im sauren Medium und anschließende Alkoholfällung oder Gefriertrocknung trennen. Das Protein zeigt bei Untersuchung mittels Papierchromatographie, daß es in seiner Aminosäurezusammensetzung dem Kollagen ähnelt. Beim Mucopolysaccharid ergeben sich für die Elementarzusammensetzung folgende Werte: C 42%, H 6,7%, S 4,6%, Acetyl 8,1%, Asche 1,5%. Daher berechnet sich der Gehalt an Hexosamin zu 26,3%, der an Hexuronsäure zu 28,0%. Aus Proteus ähnlichen Bakterien kann man Enzyme gewinnen, die aus Dentin dargestelltes Mucopolysaccharid abbauen. Da diese in erster Linie Sulfat frei machen, das durch Benzidin titriert werden kann, sind sie als Sulfatasen anzusehen[3].

Fermente, die die organische Grundsubstanz von *Dentin abbauen*, lassen sich auch bei verschiedenen Clostridien nachweisen: man entkalkt Dentin durch Behandlung mit 0,2 n HCl. Das entkalkte Material wird säurefrei gewaschen und in einer Konzentration zwischen 0,1 und 0,4% in 4%igem Agar suspendiert. In die aus diesem Agar angefertigten Platten werden mittels Korkbohrer Löcher von 0,6 mm geschnitten. Diese werden mit der aus Clostridium hergestellten Enzymlösung gefüllt. Der sich um diese Löcher bildende mehr oder weniger große Hof ist ein Maß für die Enzymaktivität. Aus der Aktivität des Enzyms gegenüber bekannten kollagenartigen Substanzen lassen sich Schlüsse auf die Zusammensetzung der organischen Grundsubstanz von Dentin ziehen[4].

Fermente. In der Zahnsubstanz selbst ist nur eine Phosphatase nachgewiesen worden: Der sorgfältig gereinigte Zahn wird im Mörser zerrieben, das Pulver wird in der 5—20fachen Menge Wasser unter Zusatz von einigen Tropfen Chloroform aufgeschwemmt. Man läßt die Lösung verschlossen unter gelegentlichem Schütteln 2—11 Tage bei Zimmertemperatur stehen. Bei der Hydrolyse von β-Glycerophosphat ergeben sich für menschliche Zähne Aktivitätswerte von 0,03—0,22 mg P/g Zahn/6 Std. Bei der Ratte liegen die entsprechenden Werte mit 86,8 ganz erheblich höher[5].

Cariöse Zähne. In der Mineralzusammensetzung haben sich keine wesentlichen Unterschiede zwischen gesunden und cariösen Zähnen finden lassen, wenn man die cariöse Substanz selbst entfernt hat. Aus dieser aber läßt sich organisches Material gewinnen, das in gesunden Zähnen nicht nachweisbar ist[6]: Zähne können in Wasser unter Chloroformzusatz im Eisschrank aufgehoben werden, bis die zur Analyse notwendige Menge

---

[1] ATKINSON, H. F., and E. MATTHEWS: Nature **163**, 573 (1949).

[2] PINCUS, P.: Nature **166**, 187 (1950).

[3] PINCUS, P.: Exp. Med. Surg. **8**, 308 (1950).

[4] EVANS, D. G., and A. S. PROPHET: J. gen. Microbiol. **4**, 360 (1950).

[5] BERLINER, F. S.: J. dent. Res. **15**, 243 (1936).

[6] DEAKINS, M.: J. dent. Res. **20**, 39 (1941).

gesammelt ist. Das cariöse Material wird mit scharfem Löffel ausgekratzt und über Nacht in 5 %iger HCl entkalkt. Nachdem es säurefrei gewaschen ist, wird es bei 110° getrocknet und im Exsiccator aufgehoben. Etwa 20 mg des trockenen Materials werden in 1 cm³ 20 %iger HCl 24 Std bei 110° hydrolysiert. Der schwarze, unlösliche Niederschlag zeigt nach Absaugen auf Asbestfilter und Trocknen im Vakuum eine Zusammensetzung ähnlich der von Melanin: 69,51 % C, 8,31 % H, 5,06 % N und 17,01 % O.

Untersuchung der Zahnpulpa[1]. Die Zahnpulpa ähnelt in ihrer Ernährungsfunktion dem Knochenmark. Zur chemischen Untersuchung sammelt man die aus einer größeren Zahl von Zähnen mechanisch herausgekratzten Pulpamassen und stellt durch Zerreiben im Mörser eine möglichst homogene Masse her. In einem Glycerinextrakt aus Pulpa lassen sich außer einigen Fermenten des Kohlenhydratstoffwechsels Phosphatase, Lipase und Katalase nachweisen. Der Wassergehalt der Pulpa beträgt 89,8 %. Anorganische Substanz 3,84 %, Fett 1,14 %. An anorganischen Bestandteilen sind nachgewiesen (in Prozenten der Frischsubstanz): Cl 0,5425, F 0,0042, K 0,224, Na 0,597, Ca 0,232, Mg 0,066, P 0,114, S 0,0676, Si 0,0088.

Die mit Alkohol-Äther behandelte Pulpasubstanz kann man nach der Tanninmethode enteiweißen. Im Filtrat befinden sich 0,0347 % Reststickstoff.

Untersuchung von Zahnstein[2]. Man muß zwei verschiedene Arten von Zahnstein unterscheiden:

1. Speichelzahnstein. Er findet sich vor allem an den buccalen Oberflächen der oberen Molaren und an den lingualen der unteren Schneidezähne und ist feucht, zerbrechlich und von gelblicher Farbe.

2. Serumzahnstein. Er entsteht aus austretender seröser Flüssigkeit, wird vor allem unter der Gingiva abgelagert und bildet harte, dunkle, fest am Zahn haftende Krusten. Serumzahnstein enthält: 30,72 % Ca, 16,85 % P, 1,044 % Mg (Mittelwert von 5 Personen) und 0,0196 % Fe, 1,393 % Carbonat, 1,335 % N, 2,7 % Fett (1 Person).

7. Innersekretorische Drüsen.

Über die chemische Zusammensetzung der innersekretorischen Drüsen findet man in den Tabellen 184 (anorganische Bestandteile), 186 (Lipoide), 187 (Vitamine) die entsprechenden Werte zusammengestellt. Für den Gehalt des Pankreas an anorganischen Bestandteilen sind die Werte in einer besonderen Tabelle 185 aufgeführt. Der Hormongehalt der innersekretorischen Drüsen wird an dieser Stelle nicht berücksichtigt. Die Aufarbeitung innersekretorischer Drüsen für quantitative chemische Bestimmungen ebenso wie die zur Bestimmung selbst verwandten Methoden unterscheiden sich nicht von den Arbeitsbedingungen für andere Organe. Man muß lediglich beachten, daß es häufig notwendig ist, eine größere Anzahl innersekretorischer Organe zugleich zu verarbeiten, um für die Bestimmung einer in niedriger Konzentration vorliegenden Substanz die methodisch bedingte Mindestmenge nicht zu unterschreiten. Die entsprechenden Grenzwerte richten sich nach den Analysenvorschriften (Bd. III und IV). Für einige Methoden sind sie dem Kapitel „Untersuchung der Organe" (S. 447 ff.), den Hinweisen entsprechend, zu entnehmen. Der Wassergehalt der innersekretorischen Organe beträgt zwischen 70 und 79 % (s. Tabelle 183).

Tabelle 183. *Wassergehalt innersekretorischer Organe*[3] (in Prozenten).

Schilddrüse	75	Hypophysenvorderlappen .	78
Nebenschilddrüsen	78	Hypophysenhinterlappen .	79
Nebennierenmark	79	Pankreas	70
Nebennierenrinde	79		

---

[1] DESGREZ, A., et J. MEUNIER: Cr. **185**, 160 (1927).
[2] GLOCK, G. E., and M. M. MURRAY: J. dent. Res. **17**, 257 (1938).
[3] CHOAY, A.: Presse méd. **1942 II**, 611.

Tabelle 184. *Anorganische Bestandteile von Hypophse (H), Schilddrüse (S), Nebenniere (Nn), Nebenschilddrüse (Ns) und Thymus (T) verschiedener Lebewesen* (in mg-%).

	Trockensubstanz	Frischsubstanz		Trockensubstanz	Frischsubstanz
Cl		Nn: 106 (b)[1] 203 (c)[1] 210 (f)[1]	Sn Pb		Nn: + (a)[2] S: + (a)[2]
K		T: 103 (a)[2]	Al		S: 0,02—0,12 (e, f, i)[20]
Na		T: 44 (a)[2]			Nn: + (a)[2]
Cu	S: Spuren–2 (a)[12, 20] H: < 2 (a)[12, 20] Nn: 1,07 (a)[3] Chinese Spuren–2 (a)[12] T: Spuren–2 (a)[12, 20]		U		H: 0,136 (a)[11] S: 0,0452 (a)[11] Nn: 0,0206 (a)[11]
			Ag	S: < 1 (a)[12]	S: + (a)[2, 12] Nn: + (a)[2, 12]
Mn	Nn: Spuren–2 (a)[12] T: 0,11—0,35 (a)[4] Spuren (a)[12] Fet S: Spuren (a)[12] H: < 0,8 (a)[12]	Nn: 0,322 (a)[4]	Ni Fe	T: 0,0057 (c)[17] H: 10—30 (a)[19] S: 10—30 (a)[19] T: 10—30 (a)[19]	
			Hg*		H: 0,004—0,0133 (a)[13] 0,004—0,158 (a)[13]
S	Nn: 226 (g)[5] Gesamt-S 154 (g)[5] SH–S	S: 430 (g)[5] Gesamt-S 151 (g)[5] SH—S			S: 0,0005—0,0094 (a)[13] 0,0029—0,0345 (a)[13]
P	T: 2600—4500** (a)[18]				Nn: 0,0002—0,0046 (a)[13] 0,0002—0,0161 (a)[13]
Mg		S: 9,65 (a)[6]			
J		H: 0,007—0,013 (a)[7] S: 48 (a)[8] 72,2 (Tuberkulose) (a)[8] 23—468 (b)[9] 89—440 (d)[9] 377—810 (e)[9]	Co	T: 0,219 (c)[17]	T: 0,024 (a)[16] 0,047 (a, c)[17]
Br		H: 15—30 (a)[1] < 12,5 (f)[1] S: 0,9—1,4 (a)[1] 0,8—1,5 (f)[1] Nn: 1,4—1,8 (a)[1] 0,13 (b)[1] 3,3—5,0 (f)[1]	Si Rb	H: 12—30[14] S: 12—25 (a)[14] Nn: 7—40 (a)[14] Ns: 10 (a)[14] T: 38 (a)[14] S: 2 (a)[12] Nn: Spuren–4 (a)[12] T: 4—6 (a)[12] H: Spuren (a)[12]	S: + (a)[2]
Zn	Nn: 8,2 (a)[3]	S: + (a)[2]			
Ti		S: 0—0,0087 (a)[2, 10] Nn: + (a)[2] 0,01 (a)[10]	Li As	S: Spuren (a)[11] S: 0,018—0,024 (h)[15]	
Sn		S: + + (a)[2]	Cr	S: + (a)[2]	

* Siehe Hypophyse. ** Nach Entfernen aller ätherlöslichen Bestandteile.
(a) Mensch, (b) Rind, (c) Kalb, (d) Schaf, (e) Schwein, (f) Hund, (g) Kaninchen, (h) Meerschweinchen, (i) Ratte.

[1] BERNHARDT, H., u. H. UCKO: B. Z. **170**, 459 (1926).
[2] DUTOIT, P., et CHR. ZBINDEN: Cr. **190**, 172 (1930).
[3] EGGLETON, W. G. E.: Biochem. J. **34**, 991 (1940).
[4] DUBUISSON, M., et F. THOMAS: Ann. Physiol. Physicochim. biol. **5**, 857 (1929).
[5] MÉDVÉDÉVA, N.: Med. Ž. **10**, 793 (1941) [Ber. Physiol. **124**, 415].
[6] JAVILLIER, M. M.: Bull. Soc. Chim. biol. **12**, 709 (1930).
[7] BAUMANN, E. J., and N. METZGER: J. biol. Ch. **127**, 111 (1939).
[8] WILMANNS, H.: Zbl. inn. Med. **1939**, 806.
[9] TATUM, A. L.: J. biol. Ch. **42**, 47 (1920).

Tabelle 185. *Anorganische Bestandteile im Pankreas verschiedener Lebewesen* (in mg-%).

	Trockensubstanz	Frischsubstanz		Trockensubstanz	Frischsubstanz
Cl	314 (a)[20] 140 (g)[6] 560 (g)[1] 177 (i)[6]		Br		0,25—0,26 (f)[12] 0,55—0,63 (g)[13]
			Zn	7,5—8 (b)[26] 15,3 (b)[26] Fet	1,5—2 (b)[26] 19,5—25 (e)[15]
K	1044 (a)[20] 1500 (g)[1]	226 (a)[20] 500 (g)[1]		19,5 (g)[30] 13,5 (a)[8]	28,2—44,4 (b, c, f)[15] 0,7—18,7 (a)[14]
Na	272 (a)[20] 543 (g)[1]	87 (a)[20]	Ti		0,0029 (a)[16]
			Sn		0,303—0,392 (b, d, e)[27]
Ca	62 (a)[20]	14,5 (a)[20]	Pb		0,024—0,035 (b, d, e)[28]
Fe		0,42—1,82 (a)[8] 1,3 —3,2 (g)[2]	Al	1,6 (d)[29] 0,48—0,52 (b, e, f)[29]	
Cu	0,2—5,5 (a, b, c, e, g)[3, 4, 5, 7, 8, 9]	0,20—0,29 (a)[8]	U		0,0004—0,00075 (a, g)[25]
Mn	Spuren (h)[10]	0,076 (a)[5]	Mo	0,03—0,013 (g)[9]	
S		112 (k)[24] Gesamt-S 12 (k)[24] Eiweiß-S 100 (k)[24] Rest-S 35 (k)[24] SH-S 105 (k)[24] oxydierter S	Ag	< 1 (a)[17]	
			Ni		0,0041 (a)[19]
			Hg		0,0003 (a)[18]
			Co		0,02—0,05 (a, b, c, d, e, f)[19, 21]
Ge- samt- P	1007 (a)[20] 1377 (g)[1]		Si	6—15 (a)[22]	0,3 (c)[23] organisch gebunden
Mg	94 (a)[20]	17—28 (a)[20, 11]	Rb	Spuren-2,4 (a)[17]	

(a) Mensch, (b) Rind, (c) Kalb, (d) Pferd, (e) Schaf, (f) Schwein, (g) Hund, (h) Affe, (i) Katze, (k) Kaninchen.

[1] INGRAHAM, R. C., et M. B. VISSCHER: Proc. Soc. exp. Biol. Med. **40**, 147 (1939).
[2] BOGNIARD, R. P., and G. H. WHIPPLE: J. exp. Med. **55**, 653 (1932).
[3] BALDASSI, G.: Quad. Nutriz. **7**, 250 (1940) [Ber. Physiol. **124**, 573].
[4] DSCHANG, Y.: Diss. Hamburg 1936. S. 355 [Ber. Physiol. **105**, 179].
[5] REIMANN, C. K., and A. S. MINOT: J. biol. Ch. **42**, 329 (1920).
[6] WINTER, K. A.: Z. ges. exp. Med. **94**, 663 (1934).
[7] CHOU, T.-P., and W. H. ADOLF: Biochem. J. **29**, 476 (1935).
[8] TOMPSETT, S. L.: Biochem. J. **29**, 480 (1935).
[9] BERTRAND, D.: Bull. Soc. Chim. biol. **25**, 179 (1943).
[10] MELLA, H.: Trans. amer. neurol. Ass. **49**, 131 (1923).
[11] JAVILLIER, M. M.: Bull. Soc. Chim. biol. **12**, 709 (1930).
[12] DIXON, TH. F.: Biochem. J. **29**, 86 (1935).
[13] BERNHARDT, H., u. H. UCKO: B. Z. **170**, 459 (1926).
[14] EISENBRAND, J., u. M. SIENZ: H. **268**, 1 (1941).
[15] SAHYUN, M., and R. F. FELDKAMP: J. biol. Ch. **116**, 555 (1936).
[16] MAILLARD, L. C., et J. ETTORI: C. R. Soc. Biol. **122**, 951 (1936).
[17] SHELDON, J. H., and K. RAMAGE: Biochem. J. **25**, 1608 (1931).

Literatur zu Tabelle 184 (Fortsetzung).

[10] MAILLARD, L. C., et J. ETTORI: C. R. Soc. Biol. **122**, 951 (1936).
[11] HOFFMANN, J.: B. Z. **315**, 26 (1943).
[12] SHELDON, J. H., and H. RAMAGE: Biochem. J. **25**, 1608 (1931).
[13] STOCK, A.: B. Z. **316**, 108 (1943).
[14] KING, E. J., and TH. H. BELT: Physiol. Rev. **18**, 329 (1938).
[15] SCHAAF, E: H. **280**, 65 (1944).
[16] BERTRAND, G., et M. MÂCHEBOEUF: Cr. **180**, 1993 (1925).
[17] CAUJOLLE, F.: Expos. ann. Biochim. méd. **7**, 199 (1947).
[18] ZUNZ, E.: C. R. Soc. Biol. **83**, 647 (1920).
[19] BRÜCKMANN, G., and S. G. ZONDEK: Biochem. J. **33**, 1845 (1939).
[20] MACKENZIE, K.: Biochem. J. **26**, 833 (1932).

Tabelle 186. *Lipoidgehalt innersekretorischer Organe verschiedener Arten* (in Prozenten).

	Trockensubstanz	Frischsubstanz		Trockensubstanz	Frischsubstanz
Gesamtlipoide	Nn: 37,64 (c)[1] T: 30,36 (a)[3] 18,94 (e)[4]	Nn: 15,84 (d)[2]	Gesamt-P-Lipoide		Nn: 3,09 (a)[6] Rinde 2,66 (a)[6] Mark 4,03 (d)[2]
Neutralfett	T: 21,9 (a)[3] 6,89 (e)[4]	Nn: 8,56 (d)[2]	Kephalin	T: 6,75 (e)[4]	P: 0,82 (a)[2]
Essentielle Lipoide = Gesamtlipoide abzüglich Neutralfett	S: 6,17 (a)[5] P: 21,06 (a)[9] T: 8,39—8,46 (a)[3] 12,24 (e)[4]	S: 1,358 (a)[5] P: 4,36 (a)[9]	Cholinphosphatide { Gesamt — Lecithin — Sphingomyelin	T: 4,00 (e)[4] T: 3,28 (e)[4] T: 0,72 (e)[4]	P: 1,05 (a)[4]
Cerebroside	T: 0,4—0,45 (a)[3] 1,14 (e)[4]		Gesamt-Lipoid-P		H: 0,0643 (a)[5] Vorderlappen 0,0274 (a)[5] Hinterlappen
Freies Cholesterin	T: 0,3—0,58 (a)[3] 0,24 (e)[4]	Nn: 0,23 (a)[6] 0,30 (a)[6] 0,38 (d)[2] 2,70 (e)[7]		S: 0,095 (a)[9]	S: 0,021 (a)[9] 0,00507 (a)[5]
Verestertes Cholesterin	T: 0,69—1,01 (a)[3] 0,01 (e)[2]	Nn: 0,025 (a)[6] Rinde 0,054 (a)[6] Mark 2,87 (d)[2]		P: 1,1 (a)[9] 0,676 (f)[10] Nn: 0,45 (a)[9]	P: 0,226 (a)[9] Nn: 0,0425 (a)[9] 0,0924 (a)[5] T: 0,0168 (b)[5]
Gesamtcholesterin	Nn: 10,36 (c)[1]	Nn: 0,255 (a)[6] Rinde 0,354 (a)[6] Mark 3,35(e)[8] 3,1(g)[11] 5,3 (e)[7]	Lipoid-N Cholin-N Sphingosin-N	P: 0,312 (f)[10] P: 0,164 (f)[10] P: 0,0387 (f)[10]	

H Hypophyse, S Schilddrüse, P Pankreas, Nn Nebenniere, T Thymus.

(a) Rind, (b) Kalb, (c) Kaninchen, (d) Meerschweinchen, (e) Ratte, (f) Hund, (g) Mensch.

[1] Fazekas, J. G.: Acta med. Szeged **12**, 1 (1949).

[2] Bloor, W. R.: J. biol. Ch. **170**, 671 (1947).

[3] Kaucher, M., K. Galbraith, V. Button and K. K. Williams: Arch. Biochem. **3**, 203 (1943).

[4] Williams, K. K., K. Galbraith, M. Kaucher, E. Z. Moyer, A. J. Richards and I. G. Macy: J. biol. Ch. **161**, 475 (1946).

[5] Magistris, H.: Ergebn. Physiol. **31**, 165 (1931).

[6] Hartman, F. A., and K. A. Brownell: The Adrenal Gland. Philadelphia 1949.

[7] Haven, F. L., W. R. Bloor and C. Randall: Cancer Res. **9**, 511 (1949).

[8] Abelin, I.: Helv. **27**, 293 (1944).

[9] Rewald, B.: B. Z. **202**, 99 (1928).

[10] McKibbin, J. M., and W. E. Taylor: J. biol. Ch. **185**, 357 (1950).

[11] Debusmann, M., u. A. Leimbrock: Kli. Wo. **1939**, 740.

Literatur zu Tabelle 185 (Fortsetzung).

[18] Stock, A.: B. Z. **304**, 73 (1940).

[19] Bertrand, G., et M. Macheboeuf: Cr. **180**, 1993 (1925).

[20] Marx, B.: B. Z. **179**, 414 (1926).

[21] Caujolle, F.: Expos. ann. Biochim. méd. **7**, 199 (1947).

[22] King, E. J., and Th. H. Belt: Physiol. Rev. **18**, 329 (1938).

[23] Ohlmeyer, P., u. U. Olpp: H **281**, 203 (1944).

[24] Médvédéva, N.: Med. Ž. **10**, 793 (1940) [Ber. Physiol. **124**, 415].

[25] Hoffmann, J.: Naturwiss. **1942**, 279.

[26] Fischer, A. M., and D. A. Scott: Biochem. J. **29**, 1055 (1935).

[27] Bertrand, G., et V. Ciurea: Cr. **192**, 780 (1931).

[28] Bertrand, G., et V. Ciurea: Cr. **192**, 992 (1931).

[29] Meunier, P.: Cr. **203**, 891 (1936).

[30] Horvai, L.: B. Z. **308**, 301 (1941).

Tabelle 187. *Vitamingehalt verschiedener innersekretorischer Drüsen bei verschiedenen Lebewesen* (in mg-%, bei Vitamin A in IE/g).

	Trockensubstanz	Frischsubstanz		Trockensubstanz	Frischsubstanz
Vitamin A		H: Spuren (b)[1] S: 20 (b)[1] P: 20 (b)[1] Nn: 30—50 (b)[1] 48 (b)[1] Rinde T: < 20 (b)[1] Ns: 30—50 (b)[1]	Nicotin-säure	E: 16,0 (b)[8] Nn: 20,7—30,4 (b)[8] 28—46 (b)[8] Rinde 25,6 (b)[9] Rinde 43,5—51,5(b)[8] Mark 21,5 (b)[9] Mark T: 18,9—21,6(e)[8] 13,3 (f)[9] Ns: 4,3 (b)[8]	E: 2,0 (b)[8] 3,1—3,5 (e)[8] Nn: 2,4 (a)[6] 13,5 (b)[8] 6,8—8,0 (b)[8] Rinde 6,54 (b)[9] Rinde 9,2 (b)[8] Mark 4,9 (b)[9] Mark T: 3,1—3,5 (e)[8] 3,3 (f)[9] Ns: 0,9 (b)[8]
Vitamin E		H: 1,0 (b)[2] 2,2—2,83 (d)[2] 1,2 (e)[2] S: 0,8—0,935 (a)[3] P: 0,92—1,1 (a)[3] Nn: 16,75—20,38 (a)[3] 67,6 (a)[3] Neugeborener 133 (b)[3] 197,4 (d)[3] 104,5 (e)[3] 147,7 (g)[3] 294,7 (i)[3]	Inosit Ascorbin-säure		Nn: 69 (a)[6] H: 118 (b)[15] 126 (b)[10] 136 (d)[10] 139,6 (e)[10] 101 (g)[10] 106 (i)[10] S: 16,7 (b)[15] 17 (b)[10] 18 (d)[10] 31,7 (e)[10] 16,5 (g)[10] 22 (i)[10] P: 9 (b)[15] E: 21 (e)[15] Nn: 50—170 (b)[11] 118 (b)[15] 148 (b)[15] Mark 92 (b)[15] Rinde 173 (h)[12] 99—192 (h)[13] 17,9—43,9(h)[14] 11,2—35,0(h)[14] 340 (i)[16]
Vitamin K		Nn: 40—70 (g)[4]			
Aneurin		S: 0,4—0,6 (i)[5] Nn: 0,16 (a)[6] T: 0,3—0,35 (i)[5]			
Lactoflavin		Nn: 0,82 (a)[6]			
Pantothensäure		Nn: 0,8 (a)[6]			
Biotin		Nn: 0,035 (a)[6]			
Folinsäure		P: 0,04—0,15 (k)[7]			
Nicotinsäure	H: 6—13 (b)[8] S: 10,1—13 (b)[8] 10,0 (c)[9] 5,5 (f)[9] P: 13,3 (a)[9] 13,6 (f)[9] 20,8 (f)[8]	H: 1,3—2,2 (b)[8] S: 2,5—3 (b)[8] 3,01 (c)[9] 1,74 (f)[9] P: 4,33 (a)[9] 4,97 (f)[9] 5,0 (f)[8]			

H Hypophyse, S Schilddrüse, P Pankreas, E Epiphyse, Nn Nebenniere, T Thymus, Ns Nebenschilddrüse.   (a) Mensch, (b) Rind, (c) Kalb, (d) Pferd, (e) Schaf, (f) Schwein, (g) Hund, (h) Meerschweinchen, (i) Ratte, (k) Kücken.

[1] DONINI, P.: Rass. Clin., Terap. **38**, 7 (1939) [C. **1939 II**, 1310].

[2] MENNIER, P., et A. VINET: Bull. Soc. Chim. biol. **24**, 365 (1942).

[3] ABDERHALDEN, R.: Z. Vit.-Forsch. **16**, 319 (1945).

[4] BALTACÉANO, G., C. PALLA e A. ANDRÉESCO: Bull. Inst. balnéol. Bucarest **12**, 29 (1941) [Ber. Physiol. **131**, 475].

[5] SCHULTZ, A. S., R. F. LIGHT, L. J. CRACAS and L. ATKIN: J. Nutrit. **17**, 143 (1939).

[6] WILLIAMS, R. J., R. E. EAKIN, E. BEERSTECHER jr. and W. SHIVE: The Biochemistry of B Vitamins. New York 1950.

[7] MOORE, P. R., A. LEPP, T. D. LUCKEY, C. A. ELVEHJEM and E. B. HART: Proc. Soc. exp. Biol. Med. **64**, 316 (1947).

[8] CUNY, L., P. BOUVET et J. DEVILLERS: Bull. Soc. Chim. biol. **24**, 154 (1942).

[9] BANDIER, E.: On Nicotinic Acid. Copenhagen 1940.

[10] GIROUD, A., C. P. LEBLOND, R. RATSIMAMANGA et E. GERO: Bull. Soc. Chim. biol. **20**, 1079 (1938).

[11] WEITZENBERG, R.: Arch. Tierheilkde. **74**, 228 (1939).

[12] LENAZ, A., e A. MILLETTI: Riv. Clin. med. **43**, 189 (1942) [Ber. Physiol. **132**, 277].

[13] LOCATELLE, P.: Boll. Ist. cieroter. **20**, 424 (1941) [Ber. Physiol. **131**, 295].

[14] MØLLER-CHRISTENSEN, E., u. P. FØNSS-BECH: Endokrinologie **23**, 393 (1941).

[15] GIROUD, A., E. GERO, M. RABINOWICZ et E. HARTMANN: Bull. Soc. Chim. biol. **21**, 1021 (1939).

[16] BOWMAN, D. E., L. E. MORRIS and J. R. STACY: Proc. Soc. exp. Biol. Med. **45**, 784 (1940).

a) Hypophyse.

Das Gewicht der Hypophyse wird für den Menschen mit 0,6—0,8 g[1] und für das Rind mit 1,8—4,0 g[2] angegeben. Vom Gesamtgewicht des Organs entfallen drei Teile auf die Pars anterior und ein Teil auf die Pars posterior[2].

Anorganische Bestandteile. Der Gehalt der Hypophyse an anorganischen Bestandteilen ist zusammen mit den Werten für die anderen innersekretorischen Drüsen der Tabelle 184 zu entnehmen. Der Größenordnung nach unterscheiden sich die in der Hypophyse vorliegenden Konzentrationen anorganischer Bestandteile im großen ganzen nicht von denen anderer Organe. Vom *Quecksilber* weiß man, daß es außer in Niere und Leber besonders auch von der Hypophyse gespeichert wird. Die Tatsache, daß die Quecksilberkonzentration in der Hypophyse die in der Niere übersteigt, wird mit einem Zutritt des Metalls auf doppeltem Wege, nämlich über die Blutbahn und mit der Atemluft durch die Nase direkt erklärt, während die Niere als Ausscheidungsorgan das Quecksilber nur über die Blutbahn zugeführt bekommt[3]. In einem Falle konnte in der Hypophyse eine Hg-Konzentration von 158 γ-% nachgewiesen werden. Bei derselben Leiche enthielten Schilddrüse 35,4 γ-%, Nebenniere 5,3 γ-%, Niere 73 γ-%, Leber 8,1 γ-% und der Skeletmuskel 1,2 γ-% Quecksilber[3]. Die Befunde von STOCK[3] an 63 Amalgamträgern deuten darauf hin, daß Amalgamfüllungen keinen wesentlichen Einfluß auf die Höhe der Quecksilberkonzentration in den Organen ausüben. Die Tabelle 188 gibt einen Überblick über den Quecksilbergehalt einiger Organe von 63 Verstorbenen (s. a. S. 469, 502, 508 und 515).

Tabelle 188. *Hg-Gehalt menschlicher Organe*[3] (γ-% in der Frischsubstanz).

Organ	Hg	Mittelwerte	Organ	Hg	Mittelwerte
Niere	2—5624		Muskel . . .	0,2—9	0,6
Hypophyse. .	1—90	15	Leber . . .	3—273	
Riechlappen .	6—14		Schilddrüse .	10—31	

Der *Bromgehalt* der menschlichen Hypophyse beträgt mit 15—30 mg-% mehr als der anderer untersuchter Organe, wie z. B. der Leber mit 0,6—0,75 mg-%[4]. Der *Urangehalt* der menschlichen Hypophyse liegt mit 0,136 mg-% um eine bzw. mehrere Zehnerpotenzen höher als in anderen menschlichen Organen[5]. Die Hypophyse enthält schließlich mit 7—13 γ-% mehr Jod als viele andere Organe, wie z. B. Milz, Niere, Hoden und Blut[6].

Organische Bestandteile. Der *Glutathiongehalt* der Rinderhypophyse beträgt im Vorderlappen 71,3 und im Hinterlappen 70,4 mg-%[7]. Als einziges Sterin konnte *Cholesterin* aus dem Acetonextrakt einer großen Menge von Hypophysenvorderlappen isoliert werden[8].

Vitamine. Der Vitamingehalt der Hypophyse ist aus der Tabelle 187 ersichtlich. Die Stabilität von reduzierter *Ascorbinsäure* ist in der Hypophyse größer als in der Nebenniere. Während der Gehalt an reduzierter Ascorbinsäure in der Pferdehypophyse beim Aufbewahren in einer Mischung von 2,5 %iger Trichloressigsäure und 2 %iger Metaphosphorsäure nur unwesentlich abnimmt, beträgt demgegenüber der Verlust an reduzierter Ascorbinsäure in der Nebenniere unter den gleichen Bedingungen 35 % (bei einer Temperatur von 20—25°)[9].

---

[1] RÖSSLE, R., u. F. ROULET: Maß und Zahl in der Pathologie. Berlin 1932.
[2] GARM, O.: Acta endocrinol., København 2, Suppl. 3 (1949).
[3] STOCK, A.: B. Z. **304**, 73 (1940); **316**, 108 (1943).
[4] BERNHARDT, H., u. H. UCKO: B. Z. **170**, 459 (1926).
[5] HOFFMANN, J.: B. Z. **315**, 26 (1943).
[6] BAUMANN, E. J., and N. METZGER: J. biol. Ch. **127**, 111 (1939).
[7] FUJITA, A., u. I. NUMATA: B. Z. **300**, 246 (1939).
[8] MARKER, R. E., and E. L. WITTBECKER: Am. Soc. **63**, 1031 (1941).
[9] BLANCHARD, L.: Bull. Soc. Chim. biol. **21**, 407 (1939).

Fermente. Für die in der Hypophyse vorkommenden Fermente wird auf Bd. IV verwiesen. Hier sei nur auf einige für die Hypophyse charakteristische Besonderheiten des Fermentgehaltes hingewiesen. Der *Cholinesterasegehalt* der menschlichen Hypophyse zeigt im Vorderlappen hohe und im Hinterlappen niedrige Werte[1]. Einen hohen Gehalt an *alkalischer Phosphatase* findet man in den acidophilen Zellen des Hypophysenvorderlappens beim Meerschweinchen, während die basophilen Zellen nur einen geringen Gehalt aufweisen[2]. Besonders hoch ist der Phosphatasegehalt bei trächtigen Tieren[3].

b) Schilddrüse.

Die Schilddrüse wiegt beim Menschen 28—31 g[4], beim Rind 19—36 g[5], beim Kaninchen 40—150 mg[6] und bei der Ratte 20—100 mg[7]. Substanzen, die mit dem Blut transportiert werden, können in der Schilddrüse auf Grund der großen Durchblutung dieses Organs hohe Konzentrationen erreichen. Die Aufarbeitung der Schilddrüse für chemische Bestimmungen erfolgt im allgemeinen ebenso wie die anderer Organe.

Anorganische Bestandteile. Der Gehalt der Schilddrüse an anorganischen Bestandteilen ist in der Tabelle 184 zusammengefaßt. Von den anorganischen Bestandteilen kommt in der Schilddrüse dem *Jod* die größte Bedeutung zu. Die zur Jodbestimmung zur Verfügung stehenden Methoden sind im Bd. III ausführlich geschildert. Den Jodgehalt der Schilddrüse kann man innerhalb einer Stunde schnell und verhältnismäßig genau mit folgendem Verfahren bestimmen: 0,5 g Schilddrüse werden mit 10 cm³ Wasser in einen KJELDAHL-Kolben gebracht und langsam mit 10 cm³ Chromsäurelösung (165 g CrO_3 in 100 cm³ Wasser) versetzt. Nach Abklingen der Reaktion werden 50 cm³ Schwefelsäure zugesetzt. Anschließend wird solange auf 210—220° erhitzt, bis sich die Lösung blaugrün färbt. Nach dem Abkühlen wird mit 100 cm³ Wasser verdünnt und der Kolben an eine KJELDAHL-Apparatur angeschlossen. Als Vorlage verwendet man 2 cm³ n Kaliumcarbonatlösung. Man erhitzt zum Sieden, läßt dabei 10 cm³ 50 %ige Phosphorsäure in den Destillationskolben tropfen und wartet, bis 75 cm³ abdestilliert sind. Das Destillat wird auf etwa 5 cm³ eingeengt und mit 0,2 m Kaliumpermanganatlösung oxydiert, bis die Farbe auch nach Zusatz von Phosphorsäure bestehen bleibt. Sodann wird mit 1,5 n Natriumnitritlösung entfärbt und mit 8 Tropfen einer 5 m Harnstofflösung versetzt. Anschließend wird etwas Kaliumjodid zugegeben und mit n/100 Natriumthiosulfatlösung titriert[8].

Um die Verteilung von Jod zwischen Zellen und Kolloid der Schilddrüse bestimmen zu können, kann man folgendermaßen vorgehen: Auf dem Gefriermikrotom werden lebendfrische Drüsen in möglichst dünne Schnitte zerlegt, die sogleich vom Messer in Ringerlösung gespült und hierin ausgebreitet werden, wobei das Kolloid herausgeschwemmt wird. Die Schnitte werden dann mit feinen Nadeln herausgenommen oder direkt abzentrifugiert, die Flüssigkeit wird abgegossen, durch Ringerlösung wieder ersetzt und ein zweites Mal nach gutem Umrühren zentrifugiert. Die auf diese Weise kolloidfrei gemachten Schnitte werden bei 105° getrocknet und ebenso wie die nichtgeschnittenen Stücke der ganzen Drüse für die Jodbestimmung auf übliche Weise verarbeitet[9]. Die Tabelle 189 zeigt den Jodgehalt der ganzen Schilddrüse und der isolierten Zellen bei verschiedenen Lebewesen.

---

[1] LANGEMANN, H.: Helv. **25**, 464 (1942).

[2] ABOLINS, L.: Nature **161**, 556 (1948).

[3] ABOLINS, L.: Amer. J. clin. Path. **16**, 347 (1946).

[4] RÖSSLE, R., u. F. ROULET: Maß und Zahl in der Pathologie. Berlin 1932.

[5] GARM, O.: Acta endocrinol., København 2, Suppl. 3 (1949).

[6] LEVINE, C. J., W. MANN, H. C. HODGE, I. ARIEL and O. DU PONT: Proc. Soc. exp. Biol. Med. **47**, 318 (1941) [Ber. Physiol. **128**, 362].

[7] LEVINE, C. J.: J. Endocrinol. **6**, 288 (1949).

[8] NICKLAUS, C. E., and N. TIPPETT: J. amer. pharmaceut. Ass., sci. Ed. **29**, 124 (1940) [C. **1942 I**, 384].

[9] TATUM, A. L.: J. biol. Ch. **42**, 47 (1920).

Man ersieht aus der Tabelle 189 die großen Schwankungen des Jodgehaltes bei ziemlich konstanten Verhältniszahlen des prozentualen Jodgehaltes in den Zellen zu dem in der Gesamtdrüse.

Durch Messung der Aktivität von injiziertem *radioaktivem Jod* mit dem GEIGER-MÜLLER-Zählrohr kann man beim Lebenden die Speicherfähigkeit der Schilddrüse für Jod bestimmen. Die auf diesem Wege bestimmte mittlere Speicherungsgröße für Jod beträgt bei Patienten mit normaler Schilddrüsenfunktion $2,4 \pm 0,7\%$ in der Stunde, bei Patienten mit adenomatöser Struma ohne Hyperthyreoidismus $4,6 \pm 1,3\%$ und bei Patienten mit Hyperthyreoidismus $20,2 \pm 5,6\%$ in der Stunde (in Prozenten der verabfolgten Aktivitätsmenge)[1]. Bei anderen Untersuchungen fand man nach 48 Std beim Gesunden 12% des zugeführten Jod in der Schilddrüse, beim Kretin dagegen nur 1%[2]. Mit Hilfe der Isotopenmethode kann man zeigen, daß injiziertes Jod bereits $^1/_2$ Std nach der Injektion in der Schilddrüse mindestens 100mal höher als in den übrigen Organen konzentriert ist[4]. Nach Hypophysektomie verliert die Schilddrüse mit der Zeit zunehmend die Fähigkeit, Jod zu speichern[5].

Tabelle 189. *Jodgehalt der ganzen Schilddrüse und der vom Kolloid befreiten Zellen*[3] (Werte in mg-%).

	Ganze Drüsen	Zellen	%-Gehalt Jod in den Zellen / %-Gehalt Jod in der gesamten Drüse
Rind . .	23—468	9—192	0,21—0,48
Schaf . .	89—440	27—145	0,23—0,41
Schwein .	377—810	76—274	0,20—0,34

Demgegenüber soll der Jodgehalt der Schilddrüse nach Hypophysektomie und 24stündigem Hungern bei Hunden von 45,5 mg-% auf 85,6 mg-% zunehmen[6].

Der *Fluorgehalt* der Schilddrüse steigt bei chronischen Fluorvergiftungen auf das 240fache gegenüber der Norm an[7]. Menschliche Schilddrüsen mit einem Gewicht unter 20 g enthalten unter 1 γ Fluor bei einem Jodgehalt von 0,4 mg. Normale Schilddrüsen aus einer Kropfgegend mit einem Gewicht unter 30 g enthalten über 1 γ Fluor bei einem Jodgehalt von 200 γ[8].

Organische Bestandteile. Aus der Schilddrüse kann ein spezifischer Eiweißkörper, das *Thyreoglobulin*, gewonnen werden (s. Bd. IV, Proteine)[9]. In der Tabelle 190 ist die Aminosäurezusammensetzung von Schweinethyreoglobulin zusammengestellt.

Bei vergleichenden Untersuchungen der chemischen Zusammensetzung von Thyreoglobulin, das aus Schilddrüsen von Schwein, Rind und Hund gewonnen wurde, zeigten sich

Tabelle 190. *Aminosäurezusammensetzung von Schweinethyreoglobulin*[10].

Aminosäure	Im Protein %	Aminosäure	Im Protein %	Aminosäure	Im Protein %
Arginin	12,72	Tyrosin	3,12	Alanin	7,40
Histidin	2,23	Dijodtyrosin . . .	0,54	Glykokoll	3,70
Lysin	3,42	Thyroxin	0,21	Leucin	12,80
Phenylalanin . . .	6,68	Cystin	3,60	Valin	1,45
Tryptophan	2,08	Methionin	1,30	Serin	10,80

[1] KEATING, F. R. jr., J. C. WANG, T. J. LUELLEN, M. M. D. WILLIAMS, M. H. POWER and M. MCCONAHEY: J. clin. Invest. 28, 217 (1949).

[2] QUIMBY, E. H., and D. J. MCCUNE: Radiology 49, 201 (1947) [Ber. Physiol. 136, 351].

[3] TATUM, A. L.: J. biol. Ch. 42, 47 (1920).

[4] MANN, W., W. F. BALE, H. C. HODGE and S. L. WARREN: J. Pharmacol. exp. Therap. 95, 12 (1949).

[5] LEBLOND, C. P., P. SÜE et A. CHAMORRO: C. R. Soc. Biol. 133, 540 (1940).

[6] HERMANN, V.: H. 272, 171 (1942).

[7] ROHOLM, K.: Arbeitsmed. 1937, Heft 7.

[8] STRAUB, J.: 11. Tagung, Ung. Physiol. Gesellsch. 1941. Ber. Physiol. 126, 480.

[9] DERRIEN, Y., R. MICHEL et J. ROCHE: Biochim. biophysica Acta, N.Y. 2, 454 (1948).

[10] DERRIEN, Y., R. MICHEL, K. O. PEDERSEN et J. ROCHE: Biochim. biophysica Acta, N.Y. 3, 436 (1949).

große Unterschiede im Jodgehalt der verschiedenen Präparate bei guter Übereinstimmung des Aminosäuregehaltes[1]. Durch Arbeiten mit radioaktivem Jod gelingt es, nach Hydrolyse des Schilddrüsengewebes mit 2 n Natronlauge die jodhaltigen Fraktionen papierchromatographisch zu trennen und durch Kontakt-Radioautographie zur Darstellung zu bringen[2]. Auf diesem Wege kann man die Verteilung des Jod auf die einzelnen Fraktionen ermitteln. Vom Gesamtjodgehalt der Rattenschilddrüse sind 15% im *Monojodtyrosin* und 30% im *Dijodtyrosin* enthalten. In der Schilddrüse vom Huhn verteilt sich das Jod zu 20% auf das Monojodtyrosin und zu 25% auf das Dijodtyrosin[2].

Das aus Basedowstruma gewonnene Thyreoglobulin besitzt ein vermindertes spezifisches Gewicht (normal 1,60 in gelöstem Zustand und 1,26 in trockenem Zustand) und eine erhöhte Refraktion (normal 0,0017)[3]. Nähere Angaben über die jodhaltigen organischen Bestandteile von Schilddrüsengewebe findet man in Bd. IV, Proteine bzw. Aminosäuren. Der *Glutathiongehalt* von Schilddrüsengewebe beträgt beim Rind 39,5 mg-%[4].

Der *Citronensäuregehalt* der menschlichen Schilddrüse ist mit 89 ± 42 mg-% im Vergleich zu vielen anderen Organen sehr hoch. Die Hauptmenge der in üblicher Weise (s. Bd. III) bestimmten Citronensäure findet sich im Kolloid, so daß die Gesamtmenge dem Kolloidgehalt der Schilddrüse parallel geht. Bei Kindern bis zum 10. Lebensjahr liegen die Werte verhältnismäßig niedrig und erreichen zwischen dem 25. und 30. Lebensjahr ein Maximum. Sie fallen dann etwas ab, um im hohen Alter wieder anzusteigen. Bei jüngeren Mädchen ist der Citronensäuregehalt relativ höher und bei älteren Frauen niedriger als beim männlichen Geschlecht[5].

Der *Vitamingehalt* der Schilddrüse ist aus der Tabelle 187 ersichtlich. Über die in der Schilddrüse nachgewiesenen *Fermente* ist in Bd. IV nachzulesen.

Für den *Gewebsstoffwechsel* von Schilddrüsengewebe werden folgende Q_{O_2}-Werte angegeben: Mensch 2,5 (Kolloidstruma), Kaninchen 11,7, Mensch (Parenchymstruma) 8,6[6], Ratte 13[7].

c) Nebenschilddrüsen.

Die Bestimmung und der Nachweis chemischer Bestandteile in der Nebenschilddrüse erfolgt wie in den anderen Organen. Einige in der Nebenschilddrüse ermittelte Werte sind in den für die innersekretorischen Organe gemeinsam aufgestellten Tabellen 184 und 187 festgehalten. Das Gewicht der Nebenschilddrüsen wird beim Menschen für die oberen mit 0,026—0,031 g und für die unteren Drüsen mit 0,037—0,041[8], beim Rind mit 0,12 bis 0,40 g für die gesamten Drüsen angegeben[9].

d) Thymusdrüse.

Die menschliche Thymusdrüse wiegt 5—38 g[8]. Der Gesamtaschegehalt ihrer Trockensubstanz ist zwischen 3,59 und 8,69% (Mittelwert 3,57%) gelegen[10]. Die Bestimmung der anorganischen Bestandteile in der Thymusdrüse erfolgt im allgemeinen nach Extraktion aller ätherlöslichen Substanzen aus dem Organ und anschließender Trocknung bei 105°. Die Ätherextraktion ist erforderlich, um bei dem mit dem Alter zunehmenden Gehalt der Drüse an ätherlöslichen Bestandteilen zu vergleichbaren Werten zu kommen. Die Thymusdrüse enthält 80% Wasser[10].

[1] DERRIEN, Y., R. MICHEL, K. O. PEDERSEN et J. ROCHE: Biochim. biophysica Acta, N. Y. **3**, 436 (1949).

[2] TAUROG, A., W. TONG and I. L. CHAIKOFF: J. biol. Ch. **184**, 83 (1950).

[3] SCHEFFER, L.: 13. Tag. Ung. Physiol. Ges. 1943. Ber. Physiol. **134**, 187.

[4] FUJITA, A., u. I. NUMATA: B. Z. **300**, 246 (1939).

[5] BROLIN, S. E., and T. THUNBERG: Acta physiol. scand. **13**, 211 (1947).

[6] ROSENTHAL, O., u. A. LASNITZKI: B. Z. **196**, 340 (1928).

[7] WARBURG, O., K. POSENER u. E. NEGELEIN: B. Z. **152**, 309 (1924).

[8] RÖSSLE, R., u. F. ROULET: Maß und Zahl in der Pathologie. Berlin 1932.

[9] GARM, O.: Acta endocrinol., København **2**, Suppl. 3 (1949).

[10] ZUNZ, E.: C. R. Soc. Biol. **83**, 647 (1920).

Anorganische Bestandteile. Die Bestimmung der anorganischen Bestandteile erfolgt nach Ätherextraktion in der Thymusdrüse ebenso wie in anderen Organen. Die einzelnen Werte sind aus der Tabelle 184 ersichtlich.

Organische Bestandteile. Aus Kalbsthymus kann ein *Nucleoproteid* mit einem P-Gehalt von 3,8—3,9% und einem N-Gehalt von 15,1% dargestellt werden. Das Nucleoproteid besteht zu 44% aus Nucleinsäure und löst sich in 1 m NaCl-Lösung und in destilliertem Wasser. Bei einer NaCl-Konzentration von 0,14 m wird das Nucleoproteid praktisch vollständig ausgefällt. Die Isolierung von Nucleoproteid aus Kalbsthymus wird folgendermaßen ausgeführt[1]: Das Organ wird unmittelbar nach dem Schlachten entnommen und sofort mit Kohlendioxydschnee eingefroren. 200 g Gewebe werden in einer Mühle unter Zugabe von Kohlendioxydschnee zermahlen. Zu der zermahlenen Mischung von Gewebe und Kohlendioxydschnee gibt man 400 cm³ m NaCl-Lösung. Den Kohlendioxydschnee läßt man über Nacht in einem Kühlraum abdampfen. Das Gewebe liegt sodann als Gel vor. Dieses Gel wird zu 2400 cm³ destilliertem Wasser hinzugegeben, wodurch das Proteid ausgefällt wird. Der Niederschlag wird durch Umrühren von Blut befreit, das dabei in Lösung geht. Der Niederschlag wird anschließend gesammelt und mit m NaCl-Lösung gelöst. Diese neue Lösung wird bei mittlerer Geschwindigkeit in mittelgroßen Gläsern zentrifugiert. Dabei sammeln sich die unlöslichen Bestandteile zu einer leicht entfernbaren Masse auf der Lösung. Durch Zugabe von 6 Teilen Wasser erhält man einen aus Fäden bestehenden Niederschlag, den man durch Rühren mit einem Glasstab sammelt. Der Niederschlag wird erneut ausgefällt und die hochviscöse, opalescierende Flüssigkeit mit 9500 U/min 2 Std lang zentrifugiert (mittlerer Durchmesser der Zentrifuge 13 cm). Ausfällen und Auflösen werden 5—6mal wiederholt. Alle Arbeitsgänge werden im Kühlraum ausgeführt. Ausgiebiges Rühren ist erforderlich. Die m NaCl-Lösung muß mit einem 0,0125 m $NaH_2PO_4 + 0,0125$ m Na_2HPO_4-Puffer gepuffert werden.

Das p_H einer auf die geschilderte Weise hergestellten Nucleoproteidlösung bleibt sehr stabil zwischen 6,2 und 6,3. Wenn kein Puffer zugesetzt wird, ändert die Lösung leicht ihr p_H bis etwa 5,6. Das Nucleoproteidpräparat ergibt beim Gefriertrocknen ein weißes Pulver. Für analytische Zwecke wird es 12 Std bei 105° getrocknet. Das Präparat entspricht dem von MIRSKY[2] beschriebenen.

Für elektrophoretische Untersuchungen der in der Thymusdrüse enthaltenen *Eiweißkörper* empfiehlt sich folgendes Vorgehen: Kalbsthymus wird nach Herausnahme aus dem frisch geschlachteten Tier so schnell wie möglich in dünne Schnitte zerlegt, wiederholt in 0,14 m NaCl-Lösung suspendiert und zur Entfernung extracellulärer Flüssigkeit zentrifugiert. Das gewaschene Gewebe wird dann bei —30° aufgehoben, um größere Gewebsmengen für die Aufarbeitung zu sammeln. Für die eigentlichen Untersuchungen wird das Gewebe im Homogenisator zermahlen und zentrifugiert. Die überstehende Salzlösung dient mit den in ihr gelösten Eiweißkörpern als Substrat für die elektrophoretische Untersuchung. Diese kann in üblicher Weise bei p_H 8 in einer 0,14 m Lösung aus gleichen Teilen KCl und $KHCO_3$ bzw. bei einer 10%igen NaCl-Konzentration vorgenommen werden[3].

Nucleinsäuren. Die Darstellung von Nucleinsäuren aus Thymus wird in üblicher Weise wie aus anderen Organen vorgenommen (s. S. 478). Aus Kalbsthymus gewonnene Desoxyribonucleinsäure enthält als Basen 10 Moleküle Cytosin, 16 Moleküle Adenin, 13 Moleküle Guanin und 15 Moleküle Thymin[4]. Die Verteilung des N-Gehaltes der Nucleinsäurefraktionen ist aus der Tabelle 191 ersichtlich.

Aus 24 kg Kalbsthymus konnten *Cholin* und *Betain* als Chloraurate isoliert werden[5].

---

[1] FRICK, G.: Biochim. biophysica Acta, N. Y. **3**, 103 (1949).

[2] MIRSKY, A. E., and A. W. POLLISTER: Proc. nat. Acad. Sci. USA. **28**, 334 (1942).

[3] ABRAMS, A., and P. P. COEN: J. biol. Ch. **177**, 439 (1949).

[4] CHARGAFF, E., E. VISCHER, R. DONIGER, C. GREEN and F. MISANI: J. biol. Ch. **177**, 405 (1949).

[5] ACKERMANN, D., u. W. WASMUTH: H. **281**, 199 (1944).

Tabelle 191. *Nucleinsäurestickstoff in Kalbsthymus*[1].

Alter	Nucleotid-Purin-N	Nucleosid- und freier Purin-N	Gesamt-Purin-N	Nucleinsäurepurin-N	
	mg-%	mg-%	mg-%	mg-%	Gesamt-Purin-N %
1 Monat. .	32,3	31,9	297,4	233,2	78,4
1½ Jahre ·	34,8	60,6	296,5	201,1	67,8

Thymusextrakt enthält als Jod reduzierende Substanzen 65 mg-% *Glutathion*, 5 mg-% *Cystein* und 30 mg-% *Ascorbinsäure*[2].

Lipoide. Der Lipoidgehalt der Thymusdrüse ist aus der Tabelle 186 zu entnehmen. Die Isolierung der Lipoide wird in üblicher Weise ausgeführt (s. S. 461).

Vitamine. In der Tabelle 187 sind für die Thymusdrüse die Werte für den Vitamingehalt zusammen mit denen der anderen innersekretorischen Organe zusammengefaßt.

Fermente. Aus Thymusdrüsen junger Ratten kann durch Extraktion mit einer Salzlösung, die in 1000 cm³ 9 g NaCl und 2 mg Heparin enthält, eine *Dipeptidase* isoliert werden[3]. Wäßrige Organauszüge aus Thymus besitzen eine *Desoxyribonuclease*aktivität mit einem Optimum bei p_H 4,5. Thymus-*Kathepsin*-Präparate sind bei einem p_H von 5 als Ribonuclease am wirksamsten[4]. Eine *Adenosintriphosphatase*aktivität konnte für Desoxyribose-Nucleoproteid nachgewiesen werden[5].

e) Nebennieren.

Die Nebennieren wiegen beim Menschen 11—14,5 g[6], beim Rind 21—42 g[7] und beim Kaninchen 0,39—0,46 g[8,9]. Sie enthalten 79% Wasser[9,10]. Funktionell und histologisch wird das Nebennierenmark von der Nebennierenrinde unterschieden.

Anorganische Bestandteile. Der Gehalt der Nebenniere an anorganischen Bestandteilen ist der Tabelle 184 zu entnehmen. Die Bestimmung anorganischer Bestandteile erfolgt ebenso wie in anderen Organen. Die Nebenniere hat die Fähigkeit, parenteral zugeführtes Eisen zu speichern, wie bei Meerschweinchen nachgewiesen werden konnte[11]. Der Gesamtphosphorgehalt der Nebenniere, als P_2O_5 berechnet, beträgt beim Kaninchen 388,5 mg-%. Beim arbeitenden Kaninchen steigt der P-Gehalt auf 1060 mg-% an[12].

Organische Bestandteile. In der Nebenniere findet man 42 mg-% *Citronensäure*[13]. Ferner wurden 102—271 mg-% *Glutathion* (Mittelwert 172 mg-%) in der Nebenniere gefunden[14], die Verbindungen *Dimethylsulfon*, *Taurin* sowie *Äthylschwefelsäure*[15] und positive Plasmalreaktion nachgewiesen[16-18].

Lipoide. Der Lipoidgehalt der Nebenniere wird in Rinde und Mark getrennt bestimmt. Die gefundenen Werte sind in Tabelle 186 nachzulesen. In dem lipoidreichen Organ

[1] BARRENSCHEEN, H. K., u. A. PEHAM: H. **272**, 87 (1942).

[2] SCHAFFER, N. K., W. M. ZIEGLER and L. G. ROWNTREE: Endocrinology **23**, 593 (1938).

[3] PRAETORIUS, E.: C. R. Lab. Carlsberg, Sér. chim. **26**, 167 (1947). [C. **1947** II, 810].

[4] MAVER, M. E., and A. E. GRECO: J. biol. Ch. **181**, 861 (1949).

[5] STERN, K. G., G. GOLDSTEIN and H. G. ALBAUM: J. biol. Ch. **188**, 273 (1951).·

[6] RÖSSLE, R., u. F. ROULET: Maß und Zahl in der Pathologie. Berlin 1932.

[7] GARM, O.: Acta endocrinol., København 2, Suppl. 3 (1949).

[8] LEVINE, C. J., W. MANN, H. C. HODGE, I. ARIEL and O. DU PONT: Proc. Soc. exp. Biol. Med. **47**, 318 (1941) [Ber. Physiol. **128**, 362].

[9] FAZEKAS, I. G.: Acta med. Szeged **12**, 1 (1949).

[10] CHOAY, A.: Presse méd. **1942** II, 611 [Ber. Physiol. **132**, 67].

[11] BUJARD, E.: C. R. Soc. Physique Hist. natur. **58**, 263 (1941) [C. **1942** II, 1809].

[12] GOLDBERG, A. PH., M. W. LEPSKAJA u. I. HALPERIN: Z. ges. exp. Med. **65**, 705 (1929).

[13] VIALE, G.: Probl. Biol. Méd., Moscow **1935**, 600 [C. **1939** I, 1189].

[14] LOCATELLI, P.: Boll. Ist. sieroterap. milanese **20**, 424 (1941) [Ber. Physiol. **131**, 295].

[15] PFIFFNER, J. J., and H. B. NORTH: J. biol. Ch. **134**, 781 (1940).

[16] WOLF, N.: Z. mikroskop.-anat. Forsch. **50**, 502 (1941).

[17] KROCZEK, H.: Z. mikroskop.-anat. Forsch. **50**, 511 (1941).

[18] WALLRAFF, J.: Z. mikroskop.-anat. Forsch. **51**, 40 (1942).

enthält die Rinde mehr Phospholipoide und Fettsäuren als das Mark, und das Mark mehr Cholesterin als die Rinde[1] (s. Tabelle 186). Bei der genuinen Lipoidnephrose steigen der Gesamtfettgehalt auf 19,8% (in der Frischsubstanz), das Gesamtcholesterin auf 3,1%, das freie auf 0,6% und das veresterte Cholesterin auf 2,5% an[2].

Bei Ratten mit Alloxandiabetes kommt es zu einem *Cholesterin*verlust in den Nebennieren[3], bei rachitogener Fütterung von Ratten steigt der Cholesteringehalt an[4]. Bei krebstragenden Ratten sinkt der Gehalt an Gesamtcholesterin von 5,3 (normal) auf 1,9% und der an freiem Cholesterin von 2,7 auf 1,2%. Gleichzeitig beobachtet man bei Ratten mit großen Tumoren ein Absinken des Lipoidgehaltes von 9,1 auf 3%, bisweilen sogar bis auf 2%[5]. Bei hepatomgeimpften Ratten fällt das freie Cholesterin um 66% und das veresterte Cholesterin um 15% ab[6]. Röntgenstrahlen bewirken je nach der Größe der Dosis mit einer Stimulierung der Nebennieren einen Anstieg und mit Vernichtung der betroffenen Organismen einen Abfall des Cholesteringehaltes der Nebennieren[7].

Vitamine. Die Tabelle 187 vermittelt einen Überblick über den Vitamingehalt der Nebenniere und der anderen innersekretorischen Drüsen. Die Vitaminbestimmung erfolgt in den Nebennieren ebenso wie in anderen Organen.

Der *Ascorbinsäuregehalt* in Mark und Rinde von Nebennierenpaaren bei Rindern stimmt völlig überein[8]. Bei winterschlafenden Tieren wie Zieseln und Murmeltieren wächst der Vitamin C-Gehalt von 148 mg-% im Januar auf 300 mg-% im März während des Schlafes an[9]. Bei trächtigen Meerschweinchen findet man höhere Ascorbinsäurewerte (41,4 mg-%) als bei nichtträchtigen Tieren (34,9 mg-%). Bei den Feten enthalten die Nebennieren 24,8 mg-%. Gegen Ende der Trächtigkeit nimmt der Ascorbinsäuregehalt der fetalen Nebennieren ab[10]. Bei alloxandiabetischen Ratten ist der Ascorbinsäuregehalt der Nebennieren erniedrigt[3]. Bei experimenteller Coliperitonitis nimmt der Vitamin C-Gehalt stärker ab als bei hungernden oder an Skorbut erkrankten Tieren[11]. Nach Sensibilisierung mit Pferdeserum sinkt der Ascorbinsäuregehalt von Meerschweinchennebennieren von 173 auf 133 mg-%, im anaphylaktischen Schock auf 110 mg-% und beim verlängerten Schock auf 78 mg-%[12]. Bei hypophysektomierten Ratten ist der Ascorbinsäuregehalt auf 161 mg-% herabgesetzt (Normalwert: 340 mg-%)[13].

Fermente. Rhodanese liegt in der Nebenniere in weit höherer Konzentration als in allen anderen Organen vor (Rh.W. — 0,098)[14]. Nach dem Gehalt an Rhodanese geordnet folgen beim Hund hinter der Nebenniere die Leber mit einem Rh.W von 0,065, die Speicheldrüse und die Stammganglien mit einem Rh.W. von 0,027, die Schilddrüse und das Kleinhirn mit einem solchen von 0,022, sodann Magen, Hirnrinde, Niere, Milz und Pankreas[14]. Der Rhodanesegehalt verschiedener Tierarten kann außerordentlich stark differieren, wie durch den Vergleich des Fermentgehaltes der Leber von Frosch (Rh.W. = 2,8), Kaninchen (Rh.W. = 1,7), Rind (Rh.W. = 0,8), Mensch (Rh.W. = 0,3), Huhn (Rh.W. = 0,22), Taube, Katze und Hund (Rh.W. = 0,065) gezeigt werden konnte[14]. Für die Bestimmung des Rhodanesegehaltes von Organen eignen sich Homogenate besser als Gewebsschnitte. Die

[1] HARTMANN, F. A., and K. A. BROWNELL: The Adrenal Gland. Philadelphia 1949.

[2] DEBUSMANN, M., u. A. LEIMBROCK: Kli. Wo. 1989 I, 740.

[3] MAJO, S. DE: Rev. Soc. argent. Biol. 23, 46 (1947) [Ber. Physiol. 137, 118].

[4] MOURIQUAND, G., A. LEULIER et A. COEUR: Ann. Méd. 43, 165 (1938).

[5] HAVEN, F. L., W. R. BLOOR and C. RANDALL: Cancer Res. 9, 511 (1949).

[6] AOKI, C.: Gann, Tokyo 32, 100 (1938) [C. 1939 II, 4492].

[7] PATT, H. M., M. N. SWIFT, E. B. TYREE and E. S. JOHN: Amer. J. Physiol. 150, 480 (1947).

[8] LIÜOWETZKAJA, E. I.: Méd. exp. (ukrain.) 1939, 46 [C. 1940 I, 3947].

[9] EPSTEIN, S. F.: Biochem. J., Kiew 12, 543 [C. 1941 I, 1186].

[10] MØLLER-CHRISTENSEN, E., u. P. FØNSS-BECH: Endokrinologie 23, 339 (1941).

[11] MIYAGI, T.: Okayama-Igakkai-Zasshi 50, 2135 (1938) [C. 1939 I, 3211].

[12] LENAZ, A., e A. MILETTI: Riv. Clin. med. 43, 189 (1942) [Ber. Physiol. 132, 277].

[13] BOWMAN, D. E., L. E. MORRIS and J. R. STACY: Proc. Soc. exp. Biol. Med. 45, 784 (1940) [Ber. Physiol. 126, 405].

[14] LANG, K.: B. Z. 259, 243 (1933).

Aktivität von Gewebsschnitten aus Nebenniere (Kaninchen) zu dem entsprechenden Homogenat verhält sich wie 7,1 zu 109,6[1].

In der Nebenniere konnten Cholinesterase in hoher Konzentration[2], Bernsteinsäure-oxydase[3], Atropinesterase[4], Kathepsin[5], alkalische Phosphatase[6], Lipase (im Mark eine Lipase und in der Rinde eine Tributyrinase)[7], unter anaeroben Bedingungen in der Rinde die Cytochromkomponenten a, b und c, im Mark nur Cytochrom b und Peroxydase nachgewiesen werden[8].

f) Pankreas.

Das Pankreas des Erwachsenen wiegt 62—71 g[9]. Die Tabelle 192 gibt einen Überblick über das Pankreasgewicht, ausgedrückt in Prozenten vom Körpergewicht verschiedener Lebewesen.

Tabelle 192. *Pankreasgewicht in Prozenten des Körpergewichtes*[10].

Hund, leicht . . .	0,27	Katze . .	0,24—0,27	Schwein	0,2	Rind . .	0,16
Hund, mittelschwer	0,19	Ratte . .	0,5	Pferd .	0,1	Mensch .	0,1—0,15
Hund, schwer . .	0,23	Maus . .	0,64	Ziege .	0,3	Schaf . .	0,3

Das Pankreas enthält durchschnittlich 70% Wasser[11-13].

Anorganische Bestandteile. Über den Gehalt des Pankreas an anorganischen Bestandteilen liegen zahlreiche Untersuchungen vor, deren Ergebnisse in der Tabelle 184 zusammengestellt sind.

Besondere Aufmerksamkeit widmeten die Untersucher dem *Zinkgehalt* des Pankreas, um Zusammenhänge zwischen Zinkgehalt und inkretorischer Funktion des Pankreas aufzuklären. Nach Hypophysektomie steigt beim Hund der Zinkgehalt des Pankreas von 19,5 auf 23,3 mg-% in der Trockensubstanz an[14]. Auf Grund eingehender Untersuchungen konnte gezeigt werden, daß das Pankreasgewebe nach vorheriger Fettextraktion beim Gesunden und beim Diabetiker gleiche Mengen Zink enthält[15]. Beim Gesunden enthält die frische Drüse 3 mg-% (0,7—19 mg-%) und beim Diabetiker 1,9 mg-% (0,3 bis 3,6 mg-%) Zink[15]. Der Fettgehalt des Organs beträgt beim Gesunden 17 und beim Diabetiker 38%. Der große Fettgehalt des diabetischen Pankreas erklärt den mit dem gesunden Gewebe übereinstimmenden Zinkgehalt nach vorheriger Fettextraktion.

Die Zinkbestimmung im Pankreas erfolgt wie in anderen Organen (s. Bd. III, Anorganische Stoffe). Ein sehr einfaches Verfahren zur *Zinkextraktion* aus dem Pankreas besteht darin, daß man 250 g Pankreas mit dem dreifachen Volumen 4%iger Trichloressigsäure mindestens 1 Std lang tüchtig rührt und die Mischung über Nacht stehen läßt. Das am folgenden Tage gewonnene Trichloressigsäurefiltrat enthält alles Zink, das in üblicher Weise, z. B. mit Dithizon, bestimmt wird[16]. Die Zinkbestimmung wird von anderen Untersuchern nach vorheriger Veraschung des Gewebes ausgeführt[17].

[1] LANG, K.: Z. Vit.-, Horm.- u. Ferm.-Forsch. 2, 288 (1948/49).
[2] LANGEMANN, H.: Helv. 25, 464 (1942).
[3] McSHAN, W. H., R. K. MEYER and W. F. ERWAY: Arch. Biochem. 15, 99 (1947).
[4] GLICK, D., and S. GLAUBACH: J. gen. Physiol. 25, 197 (1941).
[5] BRADLEY, H. C., and S. BELFER: J. biol. Ch. 124, 331 (1938).
[6] ELFTMAN, H.: Endocrinology 41, 85 (1947).
[7] SCOZ, G., u. B. MARIANI: Enzymologia 7, 88 (1939).
[8] HUSZÁK, I.: B. Z. 312, 330 (1942).
[9] RÖSSLE, R., u. P. ROULET: Maß und Zahl in der Pathologie. Berlin 1932.
[10] SLIJPER, E. J.: Tab. biol. period. 23, 48 (1948).
[11] CHOAY, A.: Presse méd. 1942 II, 611 [Ber. Physiol. 132, 67].
[12] INGRAHAM, R. C., and M. B. VISCHER: Proc. Soc. exp. Biol. Med. 40, 147 (1939).
[13] MITCHELL, H. H., T. S. HAMILTON, F. R. STEGGERDA and H. W. BEAN: J. biol. Ch. 158, 625 (1945).
[14] HORVAI, L.: B. Z. 308, 301 (1941).
[15] EISENBRAND, J., u. M. SIENZ: H. 268, 1 (1941). — EISENBRAND, J., M. SIENZ u. F. WEGEL: H. 268, 26 (1941).
[16] SAHYUN, M., and R. F. FELDKAMP: J. biol. Ch. 116, 555 (1936).
[17] GETTLER, A. O., and R. BASTIAN: Amer. J. clin. Path. 17, 244 (1947).

Organische Bestandteile. Die Bestimmung und Isolierung organischer Bestandteile werden beim Pankreas ebenso wie bei anderen Organen ausgeführt. Beim Pankreas muß wegen der rasch nach Entfernung des Organs aus dem Organismus bzw. nach dem Tode eintretenden Proteolyse besonders schnell gearbeitet werden. Am günstigsten ist es, wenn man das Pankreas aus dem lebenden Organismus in Narkose entfernen und durch Behandeln mit einem Eiweißfällungsmittel die Proteolyse verhindern kann.

Nucleinsäuren. Das Verhältnis von Ribonucleotiden zu Desoxyribonucleotiden entspricht im Pankreas einem Wert von 97/3[1]. Die Ribonucleinsäuren enthalten im Schweinepankreas 15,4% N und 7,9% P; sie setzen sich entsprechend ihrem P-Gehalt aus folgenden Nucleotiden zusammen: 40—41% Guanylsäure, 17—19% Adenylsäure, 18—21% Cytidylsäure und 5—8% Uridylsäure. Das molare Verhältnis der Nucleotide aus Pentosenucleinsäuren von Schweinepankreas beträgt für Guanylsäure 22,5, Cytidylsäure 9,8, Uridylsäure 4,6, wenn man die molare Konzentration der Adenylsäure gleich 10 setzt. Das Verhältnis von Purinen zu Pyrimidinen beträgt 2,3[1]. Das Pankreas von einem 1 Monat alten und einem $1^1/_2$ Jahr alten Kalb enthält in der Frischsubstanz 34,3 bzw. 62,7 mg-% Nucleotidpurin-N, 18 bzw. 21 mg-% Nucleosid- und freien Purin-N, 141,1 bzw. 178,9 mg-% Gesamtpurin-N und 88,8 bzw. 95,2 mg-% Nucleinsäurepurin-N, das sind 63 bzw. 53,2% vom Gesamtpurin-N-Gehalt[2].

Der *Citronensäuregehalt* des Pankreas wird mit 0,1—0,3 mg-% angegeben[3].

Fette, Lipoide und Fettsäuren. Der Fett- und Lipoidgehalt von Pankreasgewebe ist in der Tabelle 186 aufgeführt. Für die Bestimmung der freien Fettsäuren im Pankreasfett muß man das Material einige Minuten kochen und dann mit Äther entfetten. Alle Arbeitsgänge sollen in einer Atmosphäre indifferenten Gases wie z. B. Stickstoff vorgenommen werden, um nicht zu hohe Werte für den Gehalt an freien Fettsäuren zu erhalten. Beim Einhalten der geforderten Versuchsbedingungen findet man nur 0,04% freie Fettsäuren, während man bei anderem Vorgehen wie z. B. durch Trocknen des ätherischen Fettextraktes mit Natriumsulfat, höhere Fettsäuren abspaltet und 22—24% nachweisen kann[4].

Basische Bestandteile. In Extrakten aus Schweinepankreas konnte man nach Eiweißfällung mit Phosphorwolframsäure *Spermin, Spermidin, Cadaverin* und *Uracil* nachweisen[5]. Für die *Histaminbestimmung* wird das Pankreas aus dem narkotisierten Tier entnommen, von Fettgewebe und Gefäßen soweit wie möglich befreit und im Mörser unter Zugabe von Sand und 10%iger Trichloressigsäure verrieben. Nach einstündigem Stehenlassen wird der Trichloressigsäureextrakt abgesaugt und mit einigen Kubikzentimetern konz. HCl aufgekocht. Anschließend wird der Extrakt im Vakuum getrocknet. Der Trockenrückstand wird sodann in üblicher Weise für die biologische Histaminbestimmung vorbereitet. In der Frischsubstanz befinden sich 0,31—1,34 mg-% Histamin[6].

Vitamine. Der Vitamingehalt von Pankreasgewebe ist der Tabelle 187 zu entnehmen. Die Vitaminbestimmung erfolgt im Pankreas in üblicher Weise (s. Bd. III und IV).

Fermente. Für die Untersuchung der Pankreasfermente muß man die Gewebsfermente von den Fermenten unterscheiden, die dem Pankreassaft als Verdauungsfermente beigemischt sind. Die im Pankreassaft enthaltenen Fermente sind S. 389f. beschrieben.

Der Gewebsstoffwechsel von Pankreasgewebe beträgt, als Q_{O_2} berechnet, beim Hund 3,2 und beim Kaninchen 4,6[7].

[1] CHARGAFF, E., B. MAGASANIK, E. VISCHER, C. GREEN, R. DONIGER and D. ELSON: J. biol. Ch. **186**, 51 (1950).

[2] BARRENSCHEEN, H. K., u. A. PEHAM: H. **272**, 87 (1942).

[3] SMITH, A. H., and J. M. ORTEN: J. Nutrit. **13**, 601 (1937).

[4] SCHMIDT-NIELSEN, S.: Arch. int. Physiol. **49**, 423 (1939).

[5] FUKUDA, S.: J. Biochem. **30**, 141 (1939).

[6] HALLENBECK, G. A., M. DWORETZKI and CH. F. CODE: Amer. J. Physiol. **162**, 115 (1950).

[7] WARBURG, O., K. POSENER u. E. NEGELEIN: B. Z. **152**, 309 (1924).

8. Drüsen ohne endokrine Funktion.

Außer Drüsen, denen besondere Abschnitte gewidmet sind, werden hier Aufarbeitung und Zusammensetzung einer Reihe von Drüsen abgehandelt, deren Sekrete in eigenen Kapiteln besprochen sind (z. B. Speichel, Milch u. a., s. S. 357 und 666). Die *Talgdrüsen*, die ebenfalls hier zu besprechen wären, haben mit Ausnahme der zu einem besonderen Organ ausgebildeten Bürzeldrüse der Vögel bisher keinerlei besondere Untersuchungen erfahren. Ihr Sekret ist mit bei der Besprechung der Hautfette erwähnt (s. S. 599).

a) Speicheldrüsen.

Sie bestehen zu etwa 78 % aus *Wasser* und enthalten im Mittel 20,5 % organische und 1,5 % anorganische Stoffe[1]. Die Bestimmung *anorganischer Bestandteile* wird nach den S. 450 ff. gegebenen Richtlinien durchgeführt. In den Drüsen von Kuh, Pferd, Schaf und Schwein finden sich regelmäßig Na, K, Ca, Mg, Fe, Cu und Mn. Angaben über die gefundenen Mengen liegen nicht vor[2]. Weiterhin finden sich kleine Mengen an Uran (in der Parotis $1,33 \cdot 10^{-6}$ %)[3]; auch Si wird in Spuren in der Parotis nachgewiesen[4]. Hg findet sich bei Hg-Fremden entweder gar nicht oder nur in Mengen bis zu 0,4 γ-%, während bei Amalgamträgern in der Parotis Mengen bis zu 3,4 γ-% nachgewiesen wurden[5]. Der S-Gehalt der Parotis des Kaninchens liegt nach MÉDVÉDÉVA[6] bei 142 mg-%. 53 mg-% sind an Eiweiß gebunden, SH-Gruppen liegen angeblich gar nicht vor[6]. Gelegentlich finden sich weiterhin Pb, Al, Rb und Sr, während folgende Elemente in Speicheldrüsen niemals nachgewiesen wurden: B, Ba, Cd, Co, Cr, Li, Mo, Ni, Sb[2].

Etwas eingehendere Untersuchungen hat der *Kalium*gehalt der Glandula submaxillaris von Katzen gefunden, weil der Speichel-K-Gehalt bei verschiedenartiger Reizung erheblichen Schwankungen unterliegt. In Submaxillardrüsen von Katzen (1,5—4,6 kg schwer), die ein Frischgewicht zwischen 0,7 und 1,7 g bzw. ein Trockengewicht zwischen 0,17 und 0,37 g haben, liegt der K-Gehalt der Trockensubstanz bei 1,2—1,3 %. Nach elektrischer Reizung verändert sich der K-Gehalt nicht, während er nach Pilocarpinreizung allmählich auf etwa 1 % absinkt.

Mucin. Ein mehr oder weniger großer Mucingehalt ist charakteristisch für das Sekret der verschiedenen Speicheldrüsen. Man kann das Mucin mit Vorteil aus der Drüse selbst durch Extraktion mit Wasser gewinnen. Wenn man das Drüsengewebe vor der Extraktion im Fleischwolf zerkleinert, ist jedoch die Ausbeute außerordentlich gering. Man darf vielmehr die Drüsen nur grob zerhacken und läßt sie unter Wasser im Kühlraum stehen. Man kann dann beobachten, wie aus allen kleinen Drüsengängen sich in einer Art „postmortaler Sekretion" zäher Schleim langsam ergießt und am Boden des Gefäßes sammelt[7]. Es besteht die Möglichkeit, daß bei zu starker Zerkleinerung des Gewebes ein das Mucin depolymerisierender Faktor mitextrahiert wird. Die weitere Aufarbeitung und Gewinnung von Mucin erfolgen nach den bei Besprechung der Gelenkflüssigkeit gegebenen Richtlinien (s. S. 642).

Milchsäure. Die Milchsäurebestimmung wird in gleicher Weise durchgeführt wie in anderen parenchymatösen Organen. Bei Kaninchen liegen die in Speicheldrüsen gefundenen Milchsäurewerte etwas unterhalb der Werte im Blut[8].

Fermente. An Fermenten ist außer den für den Speichel charakteristischen und dort beschriebenen Enzymen in der Parotis von Rindern und Hunden lediglich eine Kohlensäureanhydratase gefunden worden. Das Ferment läßt sich aus dem gründlich vom Blut

---

[1] SCHULZ, F. N.: Handb. Biochem. **4**, 463 (1925).

[2] PRESS, R., and W. R. FEARON: Sci. Proc. R. Dublin Soc., N. S. **22**, 157 (1939) [Ber. Physiol. **125**, 238].

[3] HOFFMANN, J.: B. Z. **315**, 362 (1943).

[4] KING, E. J., and TH. H. BELT: Physiol. Rev. **18**, 329 (1938).

[5] STOCK, A.: B. Z. **304**, 73 (1940).

[6] MÉDVÉDÉVA, N.: Med. Ž. **10**, 793 (1940) [Ber. Physiol. **124**, 415].

[7] BLIX, G.: Persönliche Mitteilung. — BRUNE, J.: Persönliche Mitteilung.

[8] HATA, M.: Mitt. med. Akad. Kioto **30**, 781 (1940) [Ber. Physiol. **124**, 182].

befreiten Organ mit NaCl-Lösung extrahieren. Seine Aktivität weist man durch Einwirkenlassen des Extraktes auf eine Mischung von Phosphatpuffer p_H 6,8 und Natriumbicarbonat nach, wobei CO_2 frei wird[1]. Über andere Fermente liegen eingehende Untersuchungen nicht vor.

b) Brustdrüse.

Für den *Mineralgehalt* der Brustdrüse gilt das gleiche, was für den der Speicheldrüsen gesagt war. Eingehende Analysen liegen nicht vor. Lediglich für den Si-Gehalt wird eine Menge von 6 mg in 100 g Trockensubstanz genannt[2].

Weiterhin finden sich einige Angaben über *Vitaminbestimmungen*, die nach den allgemeinen Richtlinien durchgeführt werden. DONINI[3] fand im Euter des Rindes 20 IE Vitamin A/g, CUNY u. a.[4] 1,9 mg-% Nicotinsäure.

Dagegen ist der intermediäre *Stoffwechsel* des Brustdrüsengewebes verschiedener Tiere näher untersucht worden. Die Werte für den Q_{O_2} der Brustdrüse liegen bei verschiedenen Tierarten in recht unterschiedlicher Höhe. Man findet im Brustdrüsengewebe lactierender Tiere als Sekretionsprodukte stets Lactose, Galaktose und Milchfette. Als Substrate zur Bildung dieser Stoffe dienen Glucose und, insbesondere bei Wiederkäuern, niedere Fettsäuren, vor allem Acetat[5, 6].

c) Bürzeldrüse.

Dorsal an der Wurzel der Schwanzfedern findet sich bei den meisten Vögeln die zweigelappte Bürzeldrüse. Das in jedem Lappen vorhandene kleine Lumen ist mit einem fettreichen Sekret gefüllt.

Die durchschnittliche Zusammensetzung der Bürzeldrüse von Enten ist nach WEITZEL und LENNERT[7] folgendermaßen: 51,1% H_2O, 30,3% ätherlösliche Substanzen, 18,6% nichtextrahierbarer Rest. Zur näheren Untersuchung der *Fettstoffe* legt man die von frisch geschlachteten oder im Kühlhaus konservierten Enten gewonnenen Drüsen nach sorgfältigem Präparieren und Entfernen der an der bindegewebigen Drüsenkapsel haftenden Fettreste für mehrere Tage in Aceton. Nach Zerkleinerung der Drüsen mit der Schere wird nochmals mit Aceton, dann im SOXHLET-Apparat mit Äther extrahiert. Etwa die Hälfte der Fettstoffe ist unverseifbar und stellt in der Hauptsache Octadecylalkohol dar. Mehr als $1/3$ der Fettsäuren ist wasserdampfflüchtig, der Hauptteil besteht aus einer Methylhexansäure[7]. Nach CATER und LAWRIE[8], die im wesentlichen mit histochemischen Methoden arbeiten, soll das Sekret der Bürzeldrüse einen in seiner Struktur noch nicht aufgeklärten Stoff von Vitamin D-Wirksamkeit enthalten. Die Autoren untersuchen die *Fermentaktivität* der Bürzeldrüse. Zu diesem Zweck wird das Gewebe mit der 20fachen Menge physiologischer Kochsalzlösung versetzt. Man findet eine Phosphatase mit einem p_H-Optimum von 4,8. Diese wird durch Fluorid gehemmt, durch Mg- und CN-Ionen nicht beeinflußt. Weiterhin läßt sich eine Esterase für niedere Fettsäuren nachweisen, während eine solche für höhere Fettsäuren sowie eine Cholinesterase nicht gefunden wurden[8]. Außerdem finden sich nach CATER und LAWRIE in der Drüse 16—63 mg-% *Ascorbinsäure*, die man nach Verreiben von Drüsengewebe mit wenig Sand und Versetzen mit 12%iger Trichloressigsäure im Filtrat bestimmen kann.

d) Tränendrüse und Tränen.

Tränen werden nicht nur von der eigentlichen Tränendrüse, sondern auch von der Bindehaut, in der sich eine Reihe kleinerer „accessorischer" Tränendrüsen befindet,

[1] HOSHI, T.: Tôhoku J. exp. Med. 52, 156 (1950).
[2] KING, E. J., and TH. H. BELT: Physiol. Rev. 18, 329 (1938).
[3] DONINI, P.: Rass. Clin., Terap. 38, 7 (1939) [Ber. Physiol. 113, 18].
[4] CUNY, L., P. POUVET et J. DEVILLERS: Bull. Soc. Chim. biol. 24, 154 (1942).
[5] FOLLEY, S. J., and T. H. FRENCH: Biochem. J. 45, 117 (1949).
[6] FOLLEY, S. J., and T. H. FRENCH: Biochem. J. 46, 465 (1950).
[7] WEITZEL, G., u. K. LENNERT: H. 288, 251 (1951).
[8] CATER, D. B., and N. R. LAWRIE: J. Physiol., London 111, 231 (1950).

sezerniert. Will man möglichst reines Sekret der eigentlichen Tränendrüsen gewinnen, macht man zunächst durch gefäßverengende Medikamente die Bindehaut blutleer und regt die Tränensekretion dann durch direkte mechanische oder durch reflektorische (Chemikalien, Licht) Reize an. Die Tränendrüse kann nach den für die Untersuchung anderer Organe gegebenen Richtlinien untersucht werden. Irgendwelche Analysendaten scheinen in der Literatur nicht vorzuliegen. Die Tränenflüssigkeit enthält bei einem Wassergehalt von 98,7—99 % wenig Epithelien, Schleim und Fett, 0,25—0,6 % Eiweiß und an Salzen im wesentlichen NaCl. Unter pathologischen Verhältnissen, vor allem bei Entzündungen der Bindehaut, kann durch Beimischungen von Bindehautsekret der Gehalt an Schleim und Eiweiß ansteigen.

Die Tränen sollen eine Substanz enthalten, die histaminähnlich wirkt[1]. Eine Reinigung oder Konzentrierung dieser Substanz ist nicht durchgeführt. Will man den p_H-Wert der Tränenflüssigkeit bestimmen, muß die Messung mit einer Glaselektrode in situ erfolgen. Die normalerweise bei $7{,}23 \pm 0{,}13$ liegenden p_H-Werte steigen nach Einsetzen der Tränensekretion auf $7{,}44 \pm 0{,}21$ an. Bei Luftzutritt steigen die p_H-Werte außerhalb des Körpers schnell auf 8,0—8,4[2,3].

Untersuchung der Milch.

Von

W. Diemair.

Mit 2 Abbildungen.

1. Beschaffenheit und Zusammensetzung.

Milch ist das aus der Milchdrüse weiblicher Säugetiere nach dem Geburtsakt längere Zeit abgesonderte Sekret, das auch für die Ernährung des Menschen Verwendung findet. Man kann in der Ernährung alle Milcharten verwenden, und zwar: Frauenmilch, Kuhmilch, Ziegenmilch, Schafsmilch, Stutenmilch, Eselinnenmilch usw. Im gewöhnlichen Leben und für den Handel versteht man unter Milch Kuhmilch, die seit den ältesten Zeiten als menschliches Nahrungsmittel dient. Die folgenden Ausführungen beziehen sich in erster Linie auf Kuhmilch, wie sie als Handels- und Marktmilch gebraucht wird.

Beschaffenheit (Geruch, Geschmack, Farbe). Die unter gewöhnlichen Umständen ermolkene Milch ist gelblich-weiß, vollständig undurchsichtig, in sehr feiner Schicht durchscheinend und gleichmäßig fließend. Noch warm zeigt sie einen schwachen, der Hautausdünstung des Tieres ähnlichen, für jede Säugetierart besonderen Geruch sowie einen individuellen schwach süßlichen Geschmack und hat die Eigenschaft, Riechstoffe aus der Umgebung sehr leicht aufzunehmen und festzuhalten. Hier scheinen auch der Geruch von Kotsubstanzen und die Tätigkeit von Bakterien mitbeteiligt zu sein. Vor allem ist es das Fett, das Geruchs- und Geschmacksstoffe aufspeichert, besonders lipoidlösliche, zu denen ätherische Öle (Terpene) aus den Futterpflanzen zählen. Die Milch des Höhenviehs hat im allgemeinen einen aromatischeren Geschmack als die Milch der Tiere mit Stallfütterung und derjenigen von den Niederungsweiden. Hier macht sich der Gehalt an Cumarin und anderen aromatischen Stoffen des Hochlandfutters geltend.

Der gelbe Farbton ist vom Fett und dessen Farbstoffgehalt abhängig. Die in das Fett gehenden Farbstoffe sind zumeist Bruchstücke von Chlorophyll, die gelben Carotinoide Carotin, Xanthophyll sowie Lutein, und möglicherweise auch veränderte und unveränderte Anthocyane. Außer diesen wohl aus dem Futter stammenden Farbstoffen kommt auch

[1] RIDLEY, F.: Trans. ophthalm. Soc. 58, 590 (1938) [Ber. Physiol. 113, 632].
[2] SWAN, K. C., R. E. TRUSSELL and J. H. ALLEN: Proc. Soc. exp. Biol. Med. 42, 296 (1939).
[3] HIND, H. W., and F. M. GOYAN: J. amer. pharmaceut. Ass. 38, 477 (1949).

noch der nicht fettlösliche Farbstoff Lactoflavin vor, das dem Milchplasma die gelblich-grüne Farbe verleiht und als Vitamin B$_2$ und Coferment der Flavinenzyme eine Bedeutung hat.

a) Bestandteile der Kuhmilch.

Zu den wichtigsten Inhaltsstoffen zählen: Fett, stickstoffhaltige Bestandteile, Kohlenhydrate, Mineralstoffe, ferner Phosphatide, Sterine, Enzyme, Vitamine, Immunkörper, Gase und Fremdstoffe.

Das Fett ist in Form kleiner Tröpfchen (Milchkügelchen) vorhanden, deren Größe zwischen 0,1 bis zu 2 μ schwanken kann. Diese Kügelchen hängen in traubenförmigen Gebilden zusammen, wodurch das Aufrahmen der Milch gefördert wird. Je nach Rasse, Lactationsstadium und Fütterung sind Zahl und Größe der Kügelchen verschieden. Der mittlere Fettgehalt schwankt zwischen 2,5 und 4,5%, Höhenrassen geben Milch mit hohem, Niederungsrassen solche mit niedrigem Fettwert. Die Frage, ob die Kügelchen eine aus einem festen Stoff bestehende hautartige Hülle besitzen, muß nach neuerer Auffassung verneint werden. Vielmehr ist man der Meinung, daß an der Kügelchen-oberfläche und der mit ihr in Berührung stehenden Hohlkugelfläche des benetzenden Plasma durch Oberflächenkräfte Spannungen und Attraktionserscheinungen entstehen, die bewirken, daß sich die Kügelchen so verhalten, als seien sie von einer festen Haut umgeben[1, 2].

Das Fett ist ein Gemenge von einfachen und gemischten Triglyceriden, Cholesterin, Farbstoffen und einigen mengenmäßig nicht hervortretenden, aber charakteristischen Begleitstoffen. Bisher sind im Milchfett die Glyceride von 4 flüchtigen Säuren (Buttersäure, Capronsäure, Caprylsäure, Caprinsäure), 4 nichtflüchtigen Säuren (Laurinsäure, Myristinsäure, Palmitinsäure und Stearinsäure) und der Ölsäure gefunden worden. Es sind nur Fettsäuren mit einer geraden Anzahl von C-Atomen. Die Annahme weiterer ungesättigter Säuren galt bisher als unwahrscheinlich. Neuerdings berichtet ENGEL[3] über das Vorkommen von Decensäure, Dodecensäure, Tetradecensäure, Palmitooleinsäure und Ölsäure. An mehrfach ungesättigten Fettsäuren wurden Linolsäure, Linolensäure, Arachidonsäure und Vaccensäure festgestellt. Die Farbe des Fettes wird durch ein Gemenge von Carotin und Xanthophyll bedingt. Unter dem Einfluß des Lichts wird das Fett allmählich weiß und nimmt eine talgige Beschaffenheit an. Direktes Sonnenlicht führt diese Veränderung in wenigen Stunden herbei. Das angenehme Aroma der Milch wird durch die Bestandteile des Fettes selbst und durch die Stoffe hervorgebracht, die während der Rahmreifung durch Kleinlebewesen gebildet werden. Das Kuhmilchfett hat einen durchschnittlichen Brennwert von 9318 cal/kg.

Die stickstoffhaltigen Bestandteile. Der Hauptanteil wird von den Proteinen eingenommen, und zwar von dem Casein, dem Lactalbumin und dem Lactoglobulin. Das Casein ist in Form eines wenig kolloidstabilen Phosphoproteins im Milchserum verteilt und wird durch ein stabiles, hydrophiles Albumin als Schutzkolloid gestützt sowie durch Citrate, Phosphate und Rhodanide als fällungshemmende Peptisatoren. Das Casein (jeder Milchart) wird durch spontane oder künstliche Säuerung gefällt. Es stellt einen weißen, nichthygroskopischen Stoff dar von schwachem bis mittlerem Säurecharakter, ist in Wasser unlöslich und bildet Alkalisalze. Der isoelektrische Punkt und das Flockungsoptimum liegen bei p$_H$ 4,6. Bei langandauernder Pepsin-Salzsäureeinwirkung entstehen freie Aminosäuren, wobei aber nur 70% des Phosphorgehaltes als o-Phosphorsäure abgespalten werden, was auf die feste Bindung derselben hinweist. Bei der Trypsinverdauung wird schon nach 24 Std der gesamte Phosphor in Lösung gebracht. Die einzelnen Aminosäuren (g Aminosäure in 100 g) des Kuhmilch-Caseins sind[4]:

[1] BLEYER, B.: Handb. Milchwirtsch. (WINKLER) **2**, S. 1. Wien 1930.
[2] MOHR, W.: Handb. Lebensm.-Chem. (BÖMER u. a.) Erg.-Bd. III. Berlin 1936. — MOHR, W. u. W. KAUFMANN: Süddtsch. Molkereiztg. **39**, 1 (1950). — MOHR, W.: Fette u. Seifen **52**, 98, 161 (1950).
[3] ENGEL, CH.: Voeding **8**, 194 (1947).
[4] WALDSCHMIDT-LEITZ, E.: Chemie der Eiweißkörper. Stuttgart 1950.

Tabelle 1. *Aminosäuregehalt von Kuhmilchcasein in Prozenten.*

Alanin	3,2	Glutaminsäure	22,0	Histidin	3,3
Valin	7,0	Prolin	10,6	Arginin	4,0
Leucin	12,1	Methionin	3,5	Lysin	8,2
Isoleucin	5,3	Phenylalanin	6,5	Cystin	0,4
Serin	5,9	Tyrosin	6,3	Oxyprolin	2,2
Asparaginsäure	6,7	Tryptophan	1,4		

Im Milchserum, dem fett- und caseinfreien Anteil der frischen Milch, finden sich Lactalbumin und Lactoglobulin. Das Albumin steht dem Serumalbumin sehr nahe und ist ein echtes, hydrophiles, ionisierbares Albumin. Gerinnungstemperatur, Fällungs-optimum, isoelektrischer Punkt, Gefrierpunktserniedrigung, Verhalten gegen Säuren und Alkalien entsprechen dem des Albumin des Blutserums. Es konnte wie das Serum-albumin krystallisiert erhalten werden[1, 2], das entgegen den bisherigen Auffassungen als ein arteigenes Protein erkannt und beschrieben wurde. Die Verteilung der Aminosäuren, berechnet als Prozent N des Gesamtstickstoffes, ist folgende:

Tabelle 2. *Stickstoffanalysen von Lactalbumin* (Prozent des Gesamt-N).

Ammoniak-N	7,2 %	Saure Aminosäuren	19,1 %
Aromatische Aminosäuren	5,6 %	Aliphatische Aminosäuren	34,7 %
Basische Aminosäuren	21,8 %	Formoltitrierbare Säuren	12,4 %

Hinsichtlich der Eiweißstoffe der Molke bestehen Sammelnamen, so bezeichnet man die durch Säuerung gewonnenen Eiweißstoffe als Quarkmolkeneiweiß und die durch Labung gewonnenen als Labmolkeneiweiß. Die Handelsbezeichnung Milcheiweiß ist irreführend, da der Verbraucher darunter hauptsächlich das Casein verstehen würde.

Neben den Haupteiweißstoffen Casein, Albumin, Globulin finden sich noch Abbau-produkte, wie Albumosen und Peptone, die wahrscheinlich durch bakterielle Tätigkeit entstandene sekundäre Umwandlungsprodukte darstellen. Man führt sie auch unter dem Namen „Reststickstoff" auf, der zwischen 23—25 mg-% N schwanken soll. Purinbasen, Harnsäure, Harnstoff, Kreatin, Kreatinin, Hippursäure, Allantoin, Schleimstoffe, Amino-säuren, Amine, Ammoniak, Phosphatide, Lactoflavin und Rhodanide gehören ebenfalls hierher. Vgl. aber Definition und Zusammensetzung der Reststickstoff-Fraktion des Blutes, S. 22f.

Die Kohlenhydrate. Das einzige Kohlenhydrat aller Milcharten ist die Lactose, der Milchzucker. Es ist dies eine Zuckerart, die nach den bisherigen Erfahrungen im übrigen sehr selten in der Natur vorkommt, allerdings vor kurzem von KUHN[3] in den Pollen-kernen der Forsythia entdeckt wurde. [Beim Nichtstillen der Frauen, beim unvoll-kommenen Ausmelken, beim Absetzen des Säuglings am Ende der Lactation und bei ungenügender *Exstirpation* der Milchdrüse tritt infolge Stauung der Milchzucker teilweise in den Harn über.] Milchzucker zählt zu den Disacchariden und findet sich in der Milch in einer α- und einer β-Modifikation. Ein gewöhnlicher Milchzucker krystallisiert mit einem Mol Krystallwasser, das bei etwa 100° nicht abgegeben wird. Bei 125° entsteht ein stark hygroskopisches α-Anhydrid, das mit Wasser wieder in das gewöhnliche Hydrat übergeht. Das β-Anhydrid erhält man durch Eindampfen einer Lösung jeder Art von Milchzucker zur Trockne. Es ist leicht löslich und schmeckt auch etwas süßlich. Bei der technischen Milchzuckerfabrikation beobachtet man dieses Anhydrid stets in Form kleiner schmieriger Krystalle, „Schleimzucker".

Lactose zeigt Mutarotation in wäßriger Lösung. Bei der Festlegung der Löslichkeits-kurve, sei es von der α- oder β-Modifikation, ergibt sich ein typischer Knickpunkt bei

[1] PALMER, A. H.: J. biol. Ch. **104**, 359 (1934).
[2] SCHRAMM, G., u. G. BRAUNITZER: Z. Naturforsch. **5**b, 6 (1950).
[3] KUHN, R.: Z. angew. Chem. **61**, 433 (1949).

93,5°. Oberhalb dieser Temperatur geht die α-Lactose in β-Lactose über. Beim Erhitzen tritt Mutarotation ein, was auf die überwiegende Bildung der β-Form zurückzuführen ist. Die Angaben, daß die β-Form des Milchzuckers vom Säugling leichter vertragen wird, bedarf einer nochmaligen experimentellen Nachprüfung, insbesondere im Hinblick auf den Einfluß der Bifidusflora. Es besteht noch kein begründeter Anlaß, sie als stichhaltig zu übernehmen (ACKER[1], MALYOTH[2]). Geringe Mengen an Ammoniak, zu einer frisch bereiteten Milchzuckerlösung zugegeben, lassen die Mutarotation rasch abklingen, so daß schnell polarisiert werden kann. Das „Deutsche Arzneibuch" verlangt von einer 10%igen Lösung ein $[\alpha]_D^{20} = 52,5°$. Die Milchzuckerwerte schwanken in der Milch zwischen 4 und 6%. Bei Erkrankung des Euters sinkt der Milchzuckergehalt. Schon kurze Zeit nach dem Melken werden durch die Lebenstätigkeit der Bakterien aus der Lactose Milchsäure, α-Oxypropionsäure und Buttersäure gebildet. Über die Bildung des Milchzuckers im tierischen Körper besteht noch Unklarheit.

Salze der Milch. Die Mineralbestandteile der Milch kommen in unterschiedlicher Menge und Verteilung vor; molekular- und iondispers gelöste Anteile des Blutes, des Drüsengewebes und des Euters wechseln mit mehr oder minder geringen, adsorptiv an Proteine gebundenen Mengen ab. Der Aschegehalt als Rohasche liegt zwischen 0,60 und 0,86%, im Mittel 0,75%. Die Hauptbestandteile sind Kalkphosphate und Alkalichloride. Die Salze der Citronensäure und anderer organischer Säuren finden sich als Ca-Verbindungen. Aus den Proteinen und Phosphatiden werden Schwefel in Schwefelsäure und Phosphor in Phosphorsäure übergeführt, die als Salze in der Asche verbleiben. Wenn man den in organischen Stoffen (Casein, Phosphatiden u. a.) gebundenen P und S auf Phosphor- und Schwefelsäure umrechnet und vom Aschewert abzieht, so erhält man die reine Asche. Die Zusammensetzung der Milchsalze geben BOSWORTH und VAN SLYKE[3] folgendermaßen an:

Tabelle 3. *Salzgehalt von Kuhmilch und Frauenmilch.*

Salze	Kuh-milch %	Frauen-milch %	Salze	Kuh-milch %	Frauen-milch %
Natriumchlorid	0,901	0,313	Tricalciumdiphosphat	—	—
Kaliumchlorid	—	—	Magnesiumhydrogenphosphat .	0,103	0,027
Calciumchlorid	—	—	Dimagnesiumdihydrogendiphosphat	—	—
Kaliumdihydrogenphosphat .	0,119	0,059			
Dikaliumhydrogenphosphat .	—	0,069	Trimagnesiumdiphosphat . . .	—	—
Dicalciumdihydrogendiphosphat	0,175	—	Natriumcitrat	0,222	0,055
			Calciumcitrat	0,052	0,103

Die Fütterung übt auf den Aschegehalt nur einen geringen Einfluß aus, dagegen aber die Lactation und eine Erkrankung des Milchtieres. Der normale und anormale Verlauf der Lactation kann durch den Quotienten Na_2O/K_2O (Alkalizahl) ausgedrückt werden (NOTTBOHM[4]).

Normale Milch hat eine mittlere Alkalizahl von 7,2—7,3. Einfache Sulfatschwefelsäure ist ein normaler Bestandteil der Asche (etwa 92 mg/l)[5]. Kieselsäure, Fluor, Calciumcarbonat sind in nur sehr geringen Mengen vorhanden. Jod ist gleichfalls ein normaler Bestandteil, seine Menge wird meist durch exogene Einflüsse bestimmt. Im Sommer werden etwa 4—6 γ-%, im Winter 2—4 γ-% in der normalen Milch gefunden. Der Mangangehalt liegt bei 58—173 γ-% Mn_2O_3. Der Eisengehalt bewegt sich um 30—700 γ-%. Spuren von Titan, Vanadin, Bor, Rubidium, Lithium, Strontium und Kupfer wurden

[1] ACKER, L.: Getreide, Mehl, Brot **3**, 196 (1949).
[2] MALYOTH, G.: Kli. Wo. **1939 II**, 1240, 1270.
[3] BOSWORTH, W., u. L. VAN SLYKE: Handb. Milchwirtsch. (WINKLER) 1, S. 73. Wien 1930.
[4] NOTTBOHM, F.: Milchwirtsch. Forsch. **4**, 336 (1927).
[5] TILLMANS, J., u. W. SUTTHOFF: Z. Unters. Lebensm. **20**, 49 (1914).

spektroskopisch nachgewiesen[1, 2]. An organischen Säuren findet man in der Hauptsache Citronensäure, und zwar in Mengen von 2,4—2,5 g Säure in 1 Liter Milch. Ihr fällt eine besondere Schutzwirkung in Form ihrer Citrate auf das labile Eiweißsystem zu (BLEYER und SCHWAIBOLD)[3]. Milchsäure, Buttersäure und Essigsäure sind Abbauprodukte des Milchzuckers.

Phosphatide. Es kommen zwei verschiedene Phosphatide vor, wahrscheinlich ein Myristolaurolecithin und ein Palmitolaurokephalin[4-6]. Nach DIEMAIR und BLEYER kommt in der Milch ein Monoaminophosphatid vor. Die Mengen bewegen sich zwischen 0,025 und 0,045 %, wobei die Meinungen über die Verteilung der Phosphatide im Milchfett und im Plasma dahin zusammengefaßt werden können, daß der größte Teil im Fett gelöst ist und mit diesem in den Rahm geht, der kleinere Teil im Plasma adsorptiv an Eiweiß gebunden ist.

Sterine. Cholesterin bzw. Dehydrocholesterin spielen vor allem bei der Milchbestrahlung eine Rolle, da hier durch die UV-Strahlen eine Umwandlung zum Vitamin D_3 erfolgt. Es wurden Mengen von 100 mg in 100 cm³ nachgewiesen mit größeren individuellen Schwankungen.

Enzyme. Für die Milchhygiene spielen Nachweis und Bestimmbarkeit der Enzyme eine bedeutende Rolle. Die vorkommenden Hydrolasen und Desmolasen sind teils originär, teils bakteriellen Ursprungs. Zu den Hydrolasen zählen Esterasen, Carbohydrasen und Proteasen, zu den Desmolasen Oxydasen, Peroxydasen und Katalasen. Der Nachweis der Desmolasen (Katalasen) und der Dehydrase, die der Rohmilch die Fähigkeit verleihen, Methylenblau auch ohne Aldehyd zu entfärben, und die STORCHsche und ROTHENFUSSERsche Peroxydaseprobe sind unentbehrlich für die Milchuntersuchung.

Vitamine. Nachgewiesen und bestimmt wurden in der Milch das Vitamin A, das sich zusammen mit dem Vitamin D_3 vorwiegend im Milchfett vorfindet, ferner das Vitamin E und die wasserlöslichen Vitamine, deren Mengen außerordentlich schwankend und abhängig sind von der Rasse der Milchtiere, der Individualität, der Ernährung, Fütterung usw. Als Durchschnittsmengen werden in 100 cm³ angegeben[7]:

Tabelle 4. *Vitamingehalt der Kuhmilch je 100 cm³.*

Vitamin A + Carotin	0,2—0,8 mg	Inosit	18 mg
Vitamin B_1	45 γ	Folinsäure	5 γ
Lactoflavin (colorimetrisch)	200 γ	Cholin	14,7 mg
Lactoflavin (biologisch)	40 γ	Vitamin C	0,5—2 mg
Nicotinsäure	85 γ	Vitamin D_3	0,2—0,4 γ
Pantothensäure	350 γ	in bestrahlter Milch	1,8—2,3 γ
Pyridoxin	67 γ	Vitamin E	20 γ
Biotin	3 γ	Vitamin K	0—4 D.-G. E.

Immunkörper. Im Blut bzw. Blutserum sich bakteriell möglicherweise bildende Immunkörper können in der Milch auftreten, wo sie als Schutzstoffe befähigt sind, die von den Krankheitserregern erzeugten Giftstoffe, Toxine, unschädlich zu machen (Antikörperbildung). Zu ihnen zählen Antigene, Agglutinine, Bakteriolysine.

Gase der Milch. Sie bestehen in der Hauptsache aus Kohlendioxyd neben Stickstoff und kleinen Mengen von Sauerstoff, und entstehen im Blut. Kohlendioxyd gelangt

[1] WRIGHT, N. C., and J. PAPISH: Science, N. Y. 69, 78 (1933) [Z. Unters. Lebensm. 65, 108 (1933)].

[2] QUAM, G., and A. HELLWIG: J. biol. Ch. 78, 681 (1925) [Z. Unters. Lebensm. 65, 108 (1933)].

[3] BLEYER, B., u. J. SCHWAIBOLD: Milchwirtsch. Forsch. 2, 260 (1925).

[4] BISCHOFF, G., R. SASAKI, R. RINJIRO, F. EISTICHI u. E. HIRATSUKA: Milchwirtsch. Forsch. 13, 31 (1932).

[5] BLEYER, B., W. DIEMAIR u. M. OTT: B. Z. 272, 119 (1934).

[6] KAUFMANN, H., J. BALTES u. B. SIBBEL: Fette u. Seifen 52, 600 (1950).

[7] ENGEL, C.: Voeding 8, 194 (1947). — DIEMAIR, W., u. W. FRESENIUS: Z. Lebensm.-Unters. u. Forsch. 87, 193 (1944). — DIEMAIR, W., u. G. MANDERSCHEID: Z. analyt. Chem. 129, 263 (1950). — MANDERSCHEID, G.: Süddtsch. Molkereiztg. 70, 1417 (1949).

beim Melken in die Milch, entweicht zum Teil wieder, und bedingt einen Rückgang der Acidität. Gefunden wurden mittlere Werte von 5,7—7,3% Kohlendioxyd, 2,3—3,2% Stickstoff und 0,4—1,1% Sauerstoff.

Fremdstoffe. Ein Übergang fremder Stoffe, die in einem eigenartigen Geruch und Geschmack zum Ausdruck kommen, kann sich auf die Gesundheit der Säuglinge und Milchverbraucher auswirken. BLEYER[1] beschreibt folgende in die Milch möglicherweise übergehende Stoffe: Bilsenkraut, Stechapfel, Euphorbium, Senf, Fenchel, Anis, Kümmel, Enzian, Aloe, Sennesblätter, Rhabarber, Opiumalkaloide (Morphin), Alkohol, Phenol, Salicylsäure, Jodide, Nitrate, Schwermetalle, Arsenverbindungen. Bei Gelbsucht gehen aber Gallenfarbstoffe und Gallensäure nicht in die Milch über.

b) Andere Milcharten.

Frauenmilch. Da eine einheitliche Milchgewinnung zum Zwecke der Milchuntersuchung recht schwierig ist, liegen noch wenig gesicherte Unterlagen über die Zusammensetzung vor[2]. Ob die Ernährung hinsichtlich der Zusammensetzung eine Rolle spielt, steht noch nicht fest, denn Beispiele aus der Kriegszeit zeigen, daß Frauenmilch von der Nahrung und der Art der Nahrung wenig beeinflußt wird. Auf die Menge der Bestandteile scheint sich die Nahrung auszuwirken. Fest steht, daß der Fettgehalt im Durchschnitt höher ist als bei der Kuhmilch. Die Reaktion der Milch ist stärker alkalisch und der Geschmack fade. Auffallend ist die Relation Casein zu Albumin mit 1:1 im Vergleich zu Kuhmilch von 6:1, d. h. daß in der Frauenmilch eine typische Albuminmilch vorliegt. Auch die hohe Milchzuckermenge mit 6% und der Citronensäuregehalt mit 1,27 g im Liter fallen auf. Der Amino-N ist gegenüber Kuhmilch erhöht. Die Farbe wechselt stark und hängt von dem schwankenden Fettgehalt ab[3-5].

Ziegenmilch und Schafsmilch. Ziegenmilch ist in der Zusammensetzung der Kuhmilch sehr ähnlich. Von allen Säugern liefert die Ziege, berechnet auf ihr Körpergewicht, die größte Milchmenge. Ziegenmilch und Schafsmilch besitzen einen eigenartigen Geruch und Geschmack; dies scheint durch schlechte Wartung, Haltung und Pflege und durch eine eigentümliche Hautausdünstung mitbedingt zu sein. Bemerkenswert sind die nach regelmäßiger Fütterung von Ziegenmilch an Säuglingen beobachteten Anämien. Die Ursachen dafür sind unbekannt.

Colostralmilch. Die zu Beginn der Lactation abgesonderte Milch, sog. Colostrum, enthält zahlreiche Colostrumkörperchen und ist ärmer an Casein, Fett und Milchzucker, aber reicher an Albumin und Globulin. Sie ist eine anormal aussehende und schmeckende Milch. Hierher gehört auch die durch abnorme Milchsekretion entstehende Hexenmilch. Auch bei diesen Milchen spielen hinsichtlich der Zusammensetzung Rasse, Fütterung, Lactationsstadium usw. eine Rolle. Über die einzelnen Inhaltsbestandteile gibt die nachfolgende Übersicht Aufschluß.

Tabelle 5. *Zusammensetzung verschiedener Milchen in Prozenten.*

	Kuhmilch	Frauenmilch	Ziegenmilch	Schafsmilch
Spezifisches Gewicht	1,0323	1,0300	1,0320	1,0361
Wassergehalt	87,60	86—87	86,88	86,30
Trockensubstanz	12,40	13—14	13,12	19,70
Fett	3,40	2—4—7	4,07	7,87
Gesamtes Eiweiß	3,50	1,30—1,90	3,76	7,95
Casein	3,00	0,60—1,00	2,60	—
Albumin + Globulin	0,50	0,20—0,80	1,16	—
Milchzucker	4,60	6,5 —7,20	4,44	4,40
Mineralbestandteile	0,75	0,20—0,36	0,85	0,75

[1] BLEYER, B.: Handb. Milchwirtsch. (WINKLER). Bd. I, Teil 1, S. 83. Wien 1930.
[2] KON, S. K., and E. H. MAWSON: Med. Res. Council, spec. Rep. Nr. 269 (1950) [C. **1951** I, 76].
[3] FRIDJUNG, J.: Milchwirtsch. Zbl. 18, 273 (1917); 19, 289 (1918); 20, 305 (1919); 21, 317 (1920).
[4] BLEYER, B., u. J. SCHWAIBOLD: Milchwirtsch. Forsch. 2, 260 (1925).
[5] KASANSKAJA, E. E. J.: Milchwirtsch. Forsch. **3**, 81 (1926).

Der Energiegehalt der Kuhmilch errechnet sich aus den einzelnen Stoffgruppen zu 678,1 kcal für 1 kg Milch (Rohcalorien). Da aber der Ausnutzungswert der Milch beim Säugling für das Fett = 97%, für das Protein = 95,5% und für die Kohlenhydrate = 99% beträgt, so kann der Rohcaloriengehalt fast gleich dem Reincalorienwert gesetzt werden.

c) Besondere Eigenschaften der Milch.

Spezifisches Gewicht. Umfassende Untersuchungen ergaben, daß die Werte der Trockenmasse sich innerhalb verhältnismäßig weiter Grenzen, diejenigen der fettfreien Trockenmasse sich zwischen engen Grenzen bewegen, so daß sich solche Schwankungen der prozentualen Zusammensetzung auf das spezifische Gewicht auswirken müssen. Ein hoher Fettgehalt senkt das spezifische Gewicht, ein hoher Gehalt an Proteinen, Milchzucker oder Mineralstoffen erhöht es. Das mittlere spezifische Gewicht ergibt sich bei 15°, bezogen auf Wasser von 15°, zu 1,032, im allgemeinen zwischen 1,027 und 1,034. Das spezifische Gewicht der Frauenmilch liegt zwischen 1,026 und 1,036; dasjenige der Magermilch hängt vom Grad der Entfettung ab.

Gefrierpunktserniedrigung. Sie wird ausschließlich durch den Gehalt an Milchzucker und Mineralstoffen bestimmt. Der mittlere Gehalt von 46 g Milchzucker/l ergab eine Gefrierpunktserniedrigung von

$$\varDelta_1 = 46 \cdot \frac{1,85}{342} = 0,24°;$$

dem mittleren Gehalt an Salzen (7,5 g/l mit Mol.-Gew. 43,2) entspricht eine Gefrierpunktserniedrigung von

$$\varDelta_2 = 7,5 \cdot \frac{1,85}{43,2} = 0,321°.$$

Die praktische Beobachtung zeigt eine Gefrierpunktserniedrigung zwischen 0,54 und 0,56°. Durch Kochen der Milch wird sie verringert, durch Säuerung erhöht. Auf die Anwendung dieser Beobachtung für die Praxis der Milchuntersuchung wird später eingegangen.

Reaktion. Gegenüber Lackmus verhält sich frisch gemolkene Milch amphoter. Gegen Phenolphthalein reagiert sie sauer und gegenüber Methylorange alkalisch. Die Anwendung von verschiedenen Indicatoren (Alizarin, Phenolrot, Bromkresolpurpur u. a.) ist für die praktische Beurteilung von Bedeutung. Von der aktuellen Reaktion ist der „Säuregrad", die Titrationsacidität, zu unterscheiden, d. h. die Menge der Alkali verbrauchenden Stoffe, die bei frischer Kuhmilch nach SOXHLET-HENKEL zwischen 5—6,85 (Erklärung s. S. 674) liegt. Der mittlere aktuelle Säuregrad liegt bei p_H 6,4—6,7.

Brechungsindex. Der Brechungsindex, über den an anderer Stelle berichtet werden soll, ist zum Nachweis der Unverfälschtheit der Milch von Wichtigkeit und liegt zwischen 1,3470 und 1,3515.

Aufrahmfähigkeit. Das Aufrahmen (und das Entrahmen) stehen in engem Zusammenhang zu Menge und Eigenschaft der verschiedenen hydrophilen Kolloide. Die Meinung, daß die Aufrahmung ausschließlich durch die verschiedenen spezifischen Gewichte des Fettes und des Milchplasmas bedingt sei, kann als widerlegt gelten durch die experimentellen Beobachtungen von RAHN[1], der auch bei künstlicher Erhöhung der Viscosität das Aufrahmen beschleunigen konnte. Auch die durch Erhitzen verhinderte Aufrahmung, die man früher der Bindung der Fettkügelchen mit koaguliertem Milcheiweiß zugeschrieben hat, kann durch Zusatz eines kolloiden Stoffes in Gang gebracht werden, so daß die Fettkügelchen sich zu Klümpchen zusammenschließen, die einen höheren Auftrieb besitzen als einzelne Kügelchen. Der Zusatz des Kolloids begünstigt das Zusammenkleben infolge der Bildung einer das traubenförmige Zusammenballen fördernden „Hüllsubstanz". Die Adhäsion der Hülle wird durch Erhitzen, Bewegung oder Homogenisierung verhindert. Wird die Milch bis auf 61° gebracht, so ist dies für die Auf

---

[1] RAHN, O., u. P. SHARP: Physik der Milchwirtschaft. Berlin 1928.

rahmung günstig, Temperaturen über 63° wirken sich um so schlechter aus, je höher die Temperaturen liegen[1]. Durch Erhitzen der Milch werden der kolloidale Zustand der Proteine und derjenige der zusammenhängenden Fetttröpfchen sowie ihre Adhäsionskraft verändert.

Gerinnung der Milch. Die Gerinnung der Milch, die Ausscheidung von Casein, kann durch spontane Säuerung (Überführung des Milchzuckers durch Milchsäuregärung in Milchsäure), durch künstliche Säuerung und durch Labung herbeigeführt werden. Bei der spontanen und künstlichen Säuerung wird durch die entstandene bzw. zugesetzte Säure ein Zuwachs an Wasserstoffionen bedingt und dadurch eine Verminderung der an sich geringen Dissoziation von Casein. Dieses mühsam gestützte Eiweißsystem (s. S. 667) — eine suspensionskolloide Ca-Verbindung, die durch das hydrophile Albumin als Schutzkolloid sowie Citrate und Phosphate als fällungshemmende Peptisatoren gestützt wird — bricht zusammen. Es findet eine Entionisierung der Albuminteilchen und eine Vernichtung der peptisierenden Ionen statt und das Albuminsystem fällt als Gel aus. Anders ist die Einwirkung des Labfermentes. Hier findet, wie aus dem umfangreichen Schrifttum hervorgeht, etwa folgender Vorgang statt: Das Casein wird durch das Lab in Paracasein und andere Proteinbruchstücke mit relativ niedrigerem Stickstoffgehalt zerlegt. Das Paracasein als besonders fällungsempfindlich fällt bei Gegenwart von löslichen Kalksalzen als Calciumparacaseinat (Käsestoff) aus.

Die Gerinnung der Frauenmilch durch Labferment erfolgt nur unvollständig in Form zarter dünner Flöckchen oder gar nicht. Dies wird verständlich, wenn man bedenkt, daß es sich hier um den Typus einer Albuminmilch handelt, bei dem das Casein mengenmäßig zurücktritt, während das Albumin als Schutzkolloid hervortritt. Dazu kommt noch, daß das Casein der Frauenmilch an sich hydrophiler und quellungsfähiger ist[2].

2. Untersuchungsmethoden*.

Bestimmung des Reinheitsgrades. 500 cm³ Milch werden durch ein Watte- oder Stoff-filter ohne Druck filtriert; der Rückstand wird unter Verwendung entsprechender Vergleichstafeln beurteilt. Für je 100 cm³ Milch sollte die Filterfläche 1 cm³ betragen, so daß das Filter für ½ Liter einen Durchmesser von 2,5 cm aufweisen muß. Neuerdings bedient man sich auch physikalischer Meßmethoden und fein entwickelter Meßeinrichtungen[3].

Bestimmung der Dichte. Da bei der praktischen Untersuchung der Milch die Abweichungen der Wichte (spezifisches Gewicht) und der Dichte innerhalb der Fehlergrenzen liegen, wird im nachfolgenden allgemein nur der Begriff Dichte verwendet (THIEL-STROHECKER-PATZSCH[4]). Sie kann mit dem Pyknometer, der MOHRschen oder WESTPHALschen Waage oder mit dem Aräometer vorgenommen werden. Sie soll spätestens 5 Std nach dem Melken erfolgen, da sonst keine einwandfreien Ergebnisse erhalten werden.

Die verbreitetste Methode ist diejenige mit Hilfe der Milchspindel bei Temperaturen von 10—20°. Die Spindelgrade beziehen sich auf die Eichtemperatur von 15° und müssen bei anderen Temperaturen korrigiert werden. Für jeden Temperaturgrad

---

* Berücksichtigt werden hier im wesentlichen Methoden, die bei der praktischen Untersuchung der Milch eine Rolle spielen und sich bewährt haben, Methoden, die teils aus dem Handbuch SCHWARZ, G., u. B. HAGEMANN: Die chemischen und bakteriellen Untersuchungsverfahren für Milch, Milcherzeugnisse und Molkereihilfsstoffe. Radebeul-Berlin 1950, sowie der Zusammenstellung von PFIZENMAIER, K.: Die Untersuchung von Milch und Molkereiprodukten, sowie von Molkereihilfsstoffen. Stuttgart 1930 entnommen sind, teils in dem eigenen Untersuchungsamt entwickelt wurden. Für wissenschaftliche Untersuchungen wird auf die entsprechenden Abschnitte dieses Werkes verwiesen, in denen die betreffenden Substanzen systematisch abgehandelt sind.

[1] WEIGMANN, H.: Süddtsch. Molkereiztg. 47, 1253 (1926); 48, 197 (1927).
[2] BLEYER, B.: Handb. Milchwirtsch. (WINKLER) s. S. 667.
[3] P. Funke & Co. G.m.b.H., Berlin; Dr. N. Gerber G.m.b.H., München.
[4] THIEL, A., R. STROHECKER u. H. PATZSCH: Taschenbuch für die Lebensmittelchemie. Berlin 1949.

oberhalb 15° sind zu den abgelesenen Spindelgraden 0,2° zuzuzählen, für jeden Temperaturgrad unterhalb 15° 0,2° abzuziehen. Die Ablesung erfolgt an dem Punkt, bis zu welchem die Milch am Spindelhals emporsteigt. Zur Bestimmung wird die Milch nach gutem Durchmischen unter Vermeidung des Schäumens in den Glaszylinder gegossen und die saubere trockene Spindel vorsichtig eingesetzt. Die Milchspindel muß hierbei frei in der Milch schwimmen. Die Ablesung erfolgt nach 2 min. Bei Anwendung der ROEDER-Spindel gießt man die Milch in einen kardanisch aufgehängten Zylinder, der mit einem Heber versehen ist. Nach vorsichtigem Einsetzen der Spindel wird selbsttätig so viel Milch abgehebert, daß sich eine bestimmte Flüssigkeitshöhe einstellt. Die Ablesung erfolgt nicht am Flüssigkeitsmeniscus, sondern an einer besonderen Ringmarke, die mit der Skala der Spindel und dem hinteren Teil der Marke in eine gerade Linie zu bringen ist. Maßgeblich ist der Punkt, in dem die Linie die Skala schneidet.

Bestimmung des Säuregrades (Gesamtsäure). Die in Deutschland ausschließlich angewendete Methode nach SOXHLET-HENKEL wird in der Weise ausgeführt, daß 50 cm³ Milch in einem ERLENMEYER-Kölbchen oder Filtrierstutzen mit alkoholischer 2%iger Phenolphthaleinlösung versetzt werden. Hierauf titriert man mit 0,25 n NaOH vorsichtig unter dauerndem Umrühren bis zur bleibenden schwach rötlichen Färbung. Den Säuregrad für 100 cm³ Milch ermittelt man durch Multiplikation der verbrauchten Kubikzentimeter Lauge mit 2 (S.H.). Der normale S.H.-Wert bewegt sich zwischen 6—7 S.H. Daneben wird auch die Alizarin-, Rotelaugen- und Alkoholprobe ausgeführt, die letztere vor allem bei der laufenden Kontrolle der Milch. Normale frische Milch zeigt bei der Alkoholprobe keine Gerinnung, während Milch von 9 Säuregraden bei der einfachen und Milch von 8 Säuregraden bei der doppelten Alkoholprobe gerinnt. Colostral- und Krankenmilch können auch bei normalen oder niedrigen Säuregraden gerinnen. Bei der einfachen Alkoholprobe werden gleiche Teile Milch und Alkohol (68 Vol.-%ig) gemischt; die Gerinnung wird nach etwa 1 min beobachtet. Der verwendete Alkohol muß säurefrei sein und darf kein ungeeignetes Vergällungsmittel (Pyridin) enthalten.

Bestimmung des Gefrierpunktes. Etwa 30 cm³ der zu untersuchenden Milch werden in einer Gefrierröhre, die einen seitlichen Tubus besitzt, durch Einstellen in Eiswasser vorgekühlt. Nach Einbringen eines Rührers und des in $1/_{100}°$ geteilten BECKMANNschen Thermometers in die Milch wird die Gefrierröhre direkt (ohne Luftmantel) in die Kältemischung, die eine Temperatur von etwa —3 bis —6° aufweisen soll, eingesetzt. Unter ständigem, gleichmäßigem, am besten automatischem Rühren wird die Milch auf etwa 0,5° unter den zu erwartenden Gefrierpunkt abgekühlt. Zur Aufhebung der Unterkühlung gibt man dann durch den Tubus der Gefrierröhre ein höchstens erbsengroßes Stück von gefrorener Milch hinzu. Nach dem Animpfen beginnt der Quecksilberfaden plötzlich zu steigen. Man klopft nun mehrmals entweder mit dem Finger oder einem kleinen Gummihammer leicht an das Thermometer und liest den höchsten Stand der Quecksilbersäule ab. Da bei der ersten Bestimmung nur ein annähernder Gefrierpunkt erhalten wird, wiederholt man sie mit der wiederaufgetauten Milch noch 1—2mal. In der gleichen Weise führt man einen Blindversuch mit destilliertem Wasser durch. Die Differenz zwischen dem scheinbaren Gefrierpunkt des Wassers und dem erhaltenen Gefrierpunkt der Milch ergibt den wahren Gefrierpunkt der untersuchten Milchprobe. Der mit 100 multiplizierte gefundene Gefrierpunkt wird unter Fortlassung des Vorzeichens als Gefrierzahl (Δ) angegeben.

Da der Gefrierpunkt erheblich vom Säuregrad der zu untersuchenden Milch abhängig ist, werden Gefrierpunktsbestimmungen grundsätzlich nur bis zum Säuregrad 9 nach SOXHLET-HENKEL durchgeführt. Stärker gesäuerte Milchproben sind auch unter Anwendung von Korrekturfaktoren nicht mehr auf ihren Gefrierpunkt zu untersuchen.

Sofern keine Stallprobe zur Verfügung steht, ist zur Berechnung einer etwa stattgefundenen Verwässerung die Gefrierzahl 53,0 auch bei entrahmter Milch als Bezugswert heranzuziehen. Grundsätzlich sind Angaben über den Umfang einer nachgewiesenen Verfälschung höchstens in ganzen Prozenten anzugeben.

Bestimmung der Trockenmasse. Sie kann rechnerisch aus der ermittelten Dichte und dem Fettgehalt nach der Formel von FLEISCHMANN festgestellt werden.

$$t = 1,2 \cdot f + 2,665 \cdot \frac{100 \varrho - 100}{\varrho}$$

t Trockenmasse, f Fettgehalt, ϱ Dichte.

Auch die Formel von HERZ liefert brauchbare Werte:

$$t = 1,2 \cdot f + \frac{d}{4} + 0,25,$$

wobei d den Spindelgraden entspricht.

Die fettfreie Trockenmasse erhält man durch Subtraktion des Fettgehaltes von dem Gehalt der gefundenen oder errechneten Trockenmasse. Die fettfreie Trockenmasse kann nach der Formel berechnet werden:

$$r = 2,665 \cdot \frac{100 \varrho - 100}{\varrho} + 0,2 \cdot f.$$

Es existieren Tabellen von FLEISCHMANN[1], welche die Berechnung erleichtern. Die Trockenmasse kann auch gravimetrisch bestimmt werden, indem man 2—3 g Milch in einer Nickel- oder Porzellanschale mit Deckel einwiegt und auf dem Wasserbad eindampft. Um die Bildung einer Milchhaut zu vermeiden, empfiehlt es sich, der Milch einige Tropfen Alkohol zuzugeben. Nach dem Eindampfen wird bis zur Gewichtskonstanz im Trockenschrank bei 105° getrocknet. Ist die Dichte der Milch bekannt, so genügt es, 5 cm³ Milch mit einer Pipette in die mit gereinigtem und geglühtem Seesand beschickte Schale zu bringen und wie oben zu verfahren. Das angewandte Gewicht wird durch Multiplikation des Volumens mit der Dichte der Milch errechnet.

Bestimmung des Fettes. Die heute ausschließlich verwandten Verfahren sind dasjenige von RÖSE-GOTTLIEB und die GERBERsche acidobutyrometrische Methode.

Das RÖSE-GOTTLIEB-Verfahren beruht darauf, daß eine abgewogene oder abgemessene Menge Milch nacheinander mit Ammoniak, Alkohol, Äther und Petroläther geschüttelt und ein aliquoter Teil der ätherischen Fettlösung verdampft und gewogen wird. Etwa 10 g Milch werden in einem EICHLOFF-GRIMMER-Kölbchen genau eingewogen, mit 1 cm³ Ammoniak $d = 0,96$ versetzt und durchgemischt. Dann fügt man nacheinander 10 cm³ Alkohol (96%ig)*, 25 cm³ Äther und 25 cm³ Petroläther (Kp 30—50°) hinzu, mischt nach diesem Zusatz gut durch und läßt etwa 5 Stunden stehen. Die das Fett enthaltende Äther-Petrolätherschicht, die vollkommen klar sein muß, wird in einen gewogenen Kolben von etwa 150 cm³ abgehebert, der verbliebene Rückstand ein zweites Mal mit 50 cm³ eines Äther-Petroläthergemisches ausgeschüttelt, wieder vom Lösungsmittel abgehebert und mit dem ersten Fettauszug vereinigt. Nach dem Abdunstenlassen des Lösungsmittels auf dem Wasserbad wird der Rückstand bei 105° getrocknet und gewogen. Nach dieser Methode erfaßt man auch Fettbegleitstoffe (z. B. Phosphatide), die man mit etwa 0,03% in Anrechnung bringen darf.

Beim *butyrometrischen Verfahren* werden die Eiweißstoffe der Milch durch konz. Schwefelsäure und andere Mittel gelöst und das Fett in kalibrierten Röhrchen gemessen. Für Serienbestimmungen wurden neuzeitliche Apparate geschaffen, die das Arbeiten mit konz. Schwefelsäure wesentlich erleichtern. In die Butyrometer werden 10 cm³ reine Schwefelsäure ($d = 1,82$) bei 15° gefüllt. Außerdem gibt man 11 cm³ Milch von 15° und 1 cm³ Amylalkohol hinzu. Die Öffnung wird mit einem Gummistopfen geschlossen und durch vorsichtiges Schütteln eine Mischung und Lösung der Nichtfettanteile bewirkt. Es tritt hierbei eine unerhebliche Erwärmung und Bräunung des Inhalts ein. Man stellt die Röhrchen kurzzeitig in ein Wasserbad von 65° und zentrifugiert etwa 3—4 min lang.

---

* Es kann auch mit Methanol oder Petroleumbenzin vergällter Alkohol verwendet werden. Der Äther muß peroxydfrei sein, was man durch Behandlung mit Titanreagens nachweisen kann; vgl. SEPPER, W.: Chem.-Ztg. **66**, 314 (1942).

[1] FLEISCHMANN, W., u. H. WEIGMANN: Lehrbuch der Milchwirtschaft. Berlin 1932.

Alsdann setzt man die Röhrchen noch etwa 10 min lang in das gleiche Wasserbad und liest nun die Fettschicht an der Teilung ab. Beträgt z. B. die Höhe der Fettsäule 3,2, so ist der Fettgehalt 3,2 g für 100 g Milch. Neben diesen Verfahren haben sich noch das Sinacid-, das Sal-, das Neusal- und das Morsinverfahren, sowie andere gewichtsanalytische und Ausschüttelungsverfahren eingeführt, die aber an Bedeutung den vorstehend beschriebenen nachstehen.

Bestimmung von Gesamtstickstoff. Man geht immer mehr von der Makromethode zur Halbmikromethode über, die ein Arbeiten mit geringen Mengen Milch mit gleicher Genauigkeit der Ergebnisse gestattet. 5 cm³ Milch werden mit destilliertem Wasser in einem 100 cm³-Meßkölbchen aufgefüllt; von dieser Mischung werden 10 cm³ in einem Mikro-KJELDAHL-Kölbchen mit 1,5 cm³ konz. Schwefelsäure unter Zugabe einer kleinen Messerspitze von Selenpulver aufgeschlossen. Um das Stoßen und Überschäumen zu vermeiden, gibt man einige Stückchen geraspeltes Paraffin hinzu. Nach dem Aufschluß wird der Inhalt des Kölbchens in den Mikro-KJELDAHL-Apparat nach PARNAS-WAGNER übergespült, mit 10 cm³ 30%iger NaOH versetzt und etwa 4 min mit eingetauchtem und 1 min mit herausgezogenem Kühlerende in eine Vorlage destilliert, die mit 2 cm³ 0,01 n Schwefelsäure beschickt ist. Die Vorlage wird mit 0,01 n Natronlauge unter Verwendung des TASHIRO-Indicators oder von Bromkresolgrün titriert.

Bestimmung der Gesamtproteine nach RITTHAUSEN[1]. 25 g Milch werden mit etwa 400 cm³ Wasser verdünnt und mit 10 cm³ FEHLINGscher Kupfersulfatlösung (34,63 g Kupfersulfat in 500 cm³ Wasser) versetzt. Alsdann setzt man 4,0 cm³ n Kalilauge oder Natronlauge hinzu, rührt gut durch und läßt absitzen. Die Flüssigkeit muß nach dem Absitzen noch schwach sauer reagieren; eine alkalische Reaktion ist zu vermeiden, da dabei nicht alle Proteine gefällt werden. Nach dem Absitzen wird die überstehende Flüssigkeit durch ein Filter gegossen und der Niederschlag durch Dekantieren mehrmals ausgewaschen. Alsdann bringt man ihn auf das Filter, wäscht gut aus und verbrennt ihn nach KJELDAHL. Der gefundene Stickstoffgehalt wird mit 6,37 multipliziert.

Bestimmung von Casein nach SCHLOSSMANN[2]. 10 cm³ Milch werden mit 50 cm³ Wasser verdünnt und im Wasserbad von 40° erwärmt. Zu der erwärmten Mischung setzt man unter Umrühren 1 cm³ und, falls sich noch nicht alles Casein abgeschieden hat, tropfenweise weitere 0,5 cm³ gesättigte Kalium-Alaunlösung hinzu, bis sich der Niederschlag rasch absetzt. Dieser wird filtriert, mit Wasser gut ausgewaschen und ohne vorheriges Trocknen nach KJELDAHL verbrannt. Faktor für Casein = 6,45.

Diese Methode läßt sich nicht bei Frauenmilch und Milch von Einhufern verwenden, da man hier meistens ein nicht filtrierbares Gerinnsel erhält. Zweckmäßigerweise verwendet man bei Frauenmilch für 100 cm³ 60—80 cm³ 0,1 n Essigsäure und verdünnt das Gemisch auf 500 cm³. Bei Eselsmilch ist ein Zusatz von 150—180 cm³ Essigsäure und eine Verdünnung auf 400 cm³ zu empfehlen. Das Gemisch wird etwa 2—3 Std lang auf 3—4° gehalten, auf dem Wasserbad von 40° erwärmt und dann wie oben weiterbehandelt.

Bestimmung von Albumin und Globulin. In dem von Casein befreiten Filtrat lassen sich Albumin und Globulin zusammen bestimmen. Dem Filtrat setzt man 6—10 cm³ Gerbsäurelösung nach ALMEN[3] zu. Nach dem Absetzenlassen wird der Niederschlag auf einem Filter gesammelt und nach KJELDAHL verbrannt. Aus dem ermittelten Stickstoff lassen sich Albumin und Globulin durch Multiplizieren mit dem Faktor 6,34 errechnen. Man kann auch das Filtrat durch Zusatz von Phosphorwolframsäurelösung (20 %ig) fällen. Man säuert hierzu mit verdünnter Salzsäure an und fügt tropfenweise Phosphorwolframsäure hinzu, bis keine Fällung mehr erfolgt.

Um das *Globulin* allein zu bestimmen, bedient man sich der Methode von SEBELIEN[4], indem in einer gleichgroßen Milchmenge (etwa 25 g) Casein und Globulin durch Zugabe

---

[1] RITTHAUSEN, H.: Z. analyt. Chem. 17, 241 (1879).

[2] SCHLOSSMANN, A.: Z. physik. Chem. 22, 197 (1897).

[3] 4 g Gerbsäure, 8 cm³ Essigsäure (25 %ig) und 190 cm³ Alkohol (30 %ig).

[4] SEBELIEN, J.: Z. physik. Chem. 13, 135 (1889).

von 40 cm³ kalt gesättigter Magnesiumsulfatlösung und Zusatz von so viel Magnesiumsulfat, daß die Lösung gesättigt ist, ausgefällt werden. In dem auf dem Filter gesammelten und mit gesättigter Magnesiumsulfatlösung ausgewaschenen Niederschlag wird der Stickstoff bestimmt. Zieht man von dem ermittelten Wert denjenigen von Casein ab, so erhält man das Globulin. Nach Abzug des Globulins von dem gefundenen Wert Albumin + Globulin erhält man das Albumin.

Der Reststickstoff wird durch Subtraktion des Eiweißstickstoffes von dem Gesamtstickstoff ermittelt.

Bestimmung des Milchzuckers. Neben dem polarimetrischen Verfahren werden das gravimetrische und das maßanalytische vorwiegend angewandt. Bei der gewichtsanalytischen Bestimmung werden 10 cm³ Milch nach CARREZ in einem 100 cm³-Meßkolben mit Wasser auf 50 cm³ verdünnt, mit 2 cm³ Tetrakaliumhexacyanoferratlösung (etwa 150 g/l), sowie 2 cm³ Zinksulfatlösung (300 g/l) versetzt und gut durchgeschüttelt. Nach Neutralisation mit Natronlauge unter Verwendung von Phenolphthalein als Indicator füllt man bis zur Marke auf und filtriert durch ein trockenes Filter.

40 cm³ des Filtrates werden in ein Becherglas pipettiert, in dem sich 25 cm³ FEHLING-Lösung I und 25 cm³ FEHLING-Lösung II sowie 60 cm³ Wasser befinden, und aufgekocht. Nach einer Kochzeit von 6 min wird das ausgeschiedene Kupfer(I)-oxyd durch eine Glasfritte (Schott 15a G4) filtriert. Der Rückstand wird mit heißem Wasser, hierauf mit Alkohol und Äther gewaschen und 20 min lang bei 105° getrocknet. Die der gefundenen Menge Kupfer(I)-oxyd entsprechende Milchzuckermenge wird der Tabelle nach SOXHLET u. a. entnommen[1].

Bestimmung der Citronensäure. Die Citronensäure ist eine Substanz, die in der tierischen und pflanzlichen Natur weit verbreitet vorkommt. Sie ist an der biologischen Oxydation im Tricarbonsäurecyclus beteiligt, dem auch bei der Milch und Milchbildung erhöhte Aufmerksamkeit geschenkt werden muß[2]. Citronensäure ist für die Pufferung der Milch, die Dispergierung und die Peptisation bestimmter Milchbestandteile verantwortlich und ist infolge ihres raschen bakteriellen Zerfalles auch für die Veränderung des komplizierten Milchsystems verantwortlich (s. S. 667). Zur Bestimmung haben sich die Verfahren von BEAU[3], KUNZ[4], TÄUFEL und MAYER[5] sowie von BLEYER und SCHWAIBOLD[6] eingeführt, von denen das TÄUFEL-MAYERsche und das BLEYER-SCHWAIBOLDsche Verfahren den Vorzug verdienen.

Das TÄUFEL-MAYERsche Verfahren arbeitet im Prinzip so, daß die Citronensäure von den in der Milch entstandenen störenden Substanzen durch Ausfällung mit Zinklösung abgetrennt, der Niederschlag nach genau definierten Bedingungen zu Aceton oxydiert und letzteres jodometrisch erfaßt wird.

Verfahren nach BLEYER-SCHWAIBOLD. 10 g Milch bringt man in ein 50 cm³-Kölbchen und fügt der Reihe nach hinzu 2 cm³ Schwefelsäure (50%ig), 1 cm³ Kaliumbromidlösung (40%ig), dann 4 cm³ Phosphorwolframsäurelösung [120 g Natriumphosphat und 200 g Natriumwolframat in einem Gemisch von 1 Liter Wasser und 100 cm³ Schwefelsäure (30%ig) zu 1 Liter gelöst] und füllt auf 50 cm³ auf. 5 cm³ des Filtrates werden in ein TROMMSDORF-Röhrchen gebracht und in ein Wasserbad von 40° gestellt. Außerdem gibt man tropfenweise unter Umschütteln so viel gesättigte Kaliumpermanganatlösung hinzu, bis eine braune Abscheidung von Mangandioxydhydrat eintritt. Man stellt das Röhrchen wieder in das Wasserbad, nimmt es nach kurzer Zeit heraus, fügt rasch so viel gesättigte schwach schwefelsaure Eisen(II)-sulfatlösung hinzu, bis die Lösung eben

[1] THIEL, A., R. STROHECKER u. H. PATZSCH: Taschenbuch für die Lebensmittelchemie. S. 32. Berlin 1949.

[2] KNOOP, F.: M. m. W. **1944**, 252. — TÄUFEL, K.: Z. Unters. Lebensm. **89**, 341 (1949). — BLEYER, B.: Handb. Milchwirtsch. (WINKLER) **2**, S. 75. Wien 1930.

[3] BEAU, M.: Rev. gén. Lait **3**, 385 (1904). [Z. Unters. Nahr.- u. Genußm. **9**, 560 (1905)].

[4] KUNZ, R.: Z. Unters. Lebensm. **32**, 147 (1916).

[5] TÄUFEL, K., u. F. MAYER: Z. analyt. Chem. **93**, 1 (1933).

[6] BLEYER, B., u. J. SCHWAIBOLD: Milchwirtsch. Forsch. **2**, 301 (1925).

wieder farblos geworden ist, und löst dann den Inhalt aus dem Röhrchen heraus. Nach 20—30 min langem Absetzenlassen des entstandenen Niederschlages (Pentabromaceton) werden die Kölbchen kurze Zeit geschleudert. Die an der Glaswand anhaftenden Teile des Niederschlages werden mit einem kleinen Gummiwischer losgelöst und durch erneutes kurzes Schleudern mit dem Hauptteil des Niederschlages in der Capillare vereinigt. Nun wird der Niederschlag mittels eines dünnen Glasstabes wiederholt zur Entfernung von Lufträumen und zur Herbeiführung einer gleichmäßigen Krystallgröße aufgelockert, kurz geschleudert, bis das Volumen des Niederschlages auch bei 2 min langem Schleudern konstant bleibt, was meist bei 3—5maligem Ausschleudern und Auflockern gelingt. Das ausgeschiedene Pentabromaceton hat einen Fließpunkt von 73°. Zur Kontrolle, ob der ausgeschleuderte Niederschlag auch rein ist, kann die Schmelzprobe in den Schleuder-röhrchen selbst gemacht werden (Einstellen in ein Wasserbad von 75°). Die Feststellung der Citronensäuremenge geschieht durch Ablesung der Teilstriche des capillaren Meß-raumes, der mit bekannter Citronensäuremenge ein für alle Male geeicht worden ist. Bei einer Tourenzahl von 10000/min muß 2 min lang geschleudert werden. Auch bei sehr kleinen Mengen (niederste Grenze 0,2 mg Citronensäure) können wenigstens 98% der vorhandenen Menge erfaßt werden. In der Frischmilch ist mit einem ursprünglichen Gehalt von 2,5—2,8 g Citronensäure/l zu rechnen.

Bestimmung der Asche. 25 g Milch werden in einer Platin- oder Quarzschale auf dem Wasserbade zur Trockne eingedampft, wobei man, um die Bildung eines Milchhäutchens zu verhindern, einige Tropfen Alkohol hinzufügt. Nach dem Abdampfen wird im Trockenschrank vorgetrocknet und dann zunächst sehr vorsichtig auf dem Pilzbrenner erhitzt. Die restlose Verkohlung wird im elektrischen Veraschungsofen bei 400° vor-genommen. Die löslichen Bestandteile werden mehrfach mit heißem Wasser ausgezogen, der Rückstand wird filtriert und zusammen mit dem Filter bei 800° verascht und gewogen. Dann gibt man die ausgezogenen Bestandteile wieder hinzu, dampft auf dem Wasserbad ein und trocknet bei 130° bis zur Gewichtskonstanz.

Soll die Alkalität der Asche bestimmt werden, so verfährt man nach TILLMANS und BOHRMANN[1]. Die Asche darf keine Körnchen oder Stückchen enthalten. Man versetzt sie mit mindestens 50 cm³ 0,1 n Salzsäure und spült in ein Becherglas über. Geht die Lösung der Asche nicht schnell genug vor sich, so wird noch weitere Säure zugesetzt. Darauf läßt man etwa $^1/_4$ Std in der Kälte stehen, gibt einige Löffel fein gepulvertes, chemisch reines Kochsalz hinzu und schüttelt den Inhalt des Becherglases zur Vertreibung von Kohlen-dioxyd kräftig um. Dabei setzt man so viel Kochsalz zu, bis die Lösung gesättigt ist. Das über der Flüssigkeit befindliche Kohlendioxyd wird zweckmäßigerweise mittels eines Gummigebläses entfernt. Darauf werden 30 cm³ einer 40%igen Calciumchlorid- sowie 0,2 cm³ Phenolphthaleinlösung (1%ig) zugesetzt. Nach dem Abkühlen auf 14° wird mit 0,1 n Natronlauge auf Rotfärbung titriert. Man läßt die Flüssigkeit im verschlossenen Meßkölbchen 2 Std lang bei 14° stehen und, falls nach dieser Zeit Entfärbung eingetreten sein sollte, titriert man nochmals bis zur Rotfärbung. Die Differenz zwischen Säure- und Laugenverbrauch gibt die Alkalität an.

Bereitung des Milchserums. Das Milchserum ist die Milchflüssigkeit ohne Fett und koagulierende Stickstoffsubstanzen. Das spezifische Gewicht des Serums ist für die Beur-teilung der Marktmilch von größter Bedeutung, da der Gehalt der Milch an Milchzucker und Mineralstoffen im Serum konstant ist und daher eine Verdünnung oder Wässerung leicht nachweisbar ist. Wesentlich ist die Art der Serumgewinnung, da der Fettgehalt und der Gehalt an Stickstoffsubstanzen maßgeblich davon abhängt. Die gebräuchlichsten Serumgewinnungsverfahren sind:

Essigsäureserum (20%ig). 2 cm³ Essigsäure werden zu 100 cm³ Milch von 40° gegeben, nach $^1/_2$ Std durch ein feines Haarsieb gegossen und dann das trübe Filtrat 3—4mal durch ein dichtes Papierfilter wasserhell filtriert. Man füllt im Meßkolben auf 500 cm³ auf und verarbeitet einen ali-quoten Teil.

---

[1] TILLMANS, J., u. A. BOHRMANN: Handb. Lebensm.-Chem. (BÖMER u. a.) 2, S. 1217. Berlin 1935.

Quecksilbersulfatserum (nach Rothenfusser). 50 cm³ Milch werden mit etwa 75 cm³ Wasser verdünnt, mit 50 cm³ Quecksilbersulfatlösung unter Umschütteln gefällt und mit Wasser auf 200 cm³ aufgefüllt. Es wird solange durch dasselbe Filter filtriert, bis ein blankes Filtrat erhalten wird.

Tetraserum[1]. Durch Fällung mit Tetrachlorkohlenstoff und Essigsäure in der Kälte wird ein Albumin- und Globulinserum, in der Hitze ein von Albumin und Globulin freies Serum erhalten.

Trichloressigsäureserum[2]. 100 g Milch werden mit einer Lösung von 2 g Trichloressigsäure in 100 cm³ Wasser bei 40° versetzt, kurze Zeit kräftig geschüttelt und filtriert. Das Filtrat wird auf 500 cm³ aufgefüllt. Zur Ausschaltung der Bakterientätigkeit werden einige Krystalle Thymol zugesetzt.

Eisenserum. Man kocht 50 cm³ Milch auf dem Wasserbad und fügt 38 cm³ kolloidale Eisenhydroxydlösung (Liquor Ferri oxydati dialysati, DAB 5) hinzu. Nach öfterem Umschütteln wird durch ein relativ grobporiges Filter abfiltriert und das Filtrat auf 200 cm³ aufgefüllt.

Neben diesen Seren gibt es noch das Chlorcalciumserum[3] und dasjenige, das durch Spontansäuerung erhalten wird.

Nachweis der Milcherhitzung. Zum Nachweis der amtlich zugelassenen und für die Milchhygiene unentbehrlichen Erhitzungsverfahren: Hocherhitzung (85°), Kurzzeiterhitzung (71—74°), Dauererhitzung (63° 30 min) und der Auswirkung auf die Inhaltsbestandteile der Milch gibt G. Schwarz[4] folgende Verfahren an:

a) Hocherhitzung. *Amtliches Guajacreagens ,,Neu".* 5 cm³ Milch werden mit 0,5 cm³ Reagens versetzt und gut durchgeschüttelt. Nach 3 min wird die entstandene Färbung beobachtet. Als positiv wird die Peroxydasereaktion bezeichnet, wenn eine Blaufärbung auftritt. Ist die Peroxydase zerstört, so erhält man nur eine gelbliche bis bräunliche Färbung. Das verwendete Reagens darf nicht älter als 6 Monate sein und ist zweckmäßigerweise von Zeit zu Zeit auf seine Wirksamkeit zu prüfen.

Es ist oft beobachtet worden, daß eine bei 85° vorschriftsmäßig pasteurisierte Milch, obwohl sie sofort nach der Erhitzung geprüft, guajacnegativ reagierte, nach einigen Stunden bei Wiederholung der Guajacprobe eine deutliche Blaufärbung zeigte. Diese Wiederkehr der positiven Reaktion ist durch eine teilweise Regeneration der Peroxydase zu erklären. Nach eingetretener Säuerung der Milch verschwindet diese Erscheinung wieder. Aus diesem Grunde ist bei einem positiven Ausfall der Peroxydasereaktion die verdächtige Probe der Spontansäuerung zu überlassen und dann die Guajacreaktion nochmals durchzuführen. Tritt auch nach der Spontangerinnung eine Blaufärbung ein, so muß die Milch als ungenügend erhitzt betrachtet werden.

,,Hocherhitzungsreagens N 3". Das zum Nachweis der Hocherhitzung von Milch amtlich vorgeschriebene Guajacreagens ,,Neu" ist seit längerer Zeit nicht mehr erhältlich, da Guajacharz eingeführt werden muß. Das Chemische Institut der Forschungsanstalt für Milchwirtschaft, Kiel, hat daher ein neues Reagens zum Nachweis der Hocherhitzung entwickelt, das an die Stelle des früheren Guajacreagens ,,Neu" treten kann[5]. Die für die Durchführung des Hocherhitzungsnachweises in Milch notwendigen Reagentien und Gläser sind in einem Taschenbesteck untergebracht.

Arbeitsvorschrift. Zum Nachweis der Hocherhitzung von Milch wird die zu untersuchende Probe in eines der beiden zum Taschenbesteck gehörenden starkwandigen Reagensgläser bis zur Marke eingefüllt (5 cm³). Hierauf gibt man je eine der die Reagenslösung bzw. das Peroxyd enthaltenden und sich durch ihren verschiedenfarbigen Lacküberzug unterscheidenden Ampullen hinzu, zerdrückt beide mit dem beigefügten Glasstab und mischt damit gut durch. Nach 3 min wird der Farbton der Probe mit der Farbtafel verglichen und beurteilt.

Um sicher zu gehen, daß bei einem positiven Ausfall der Reaktion diese nicht auf eine Regeneration der Peroxydase zurückzuführen ist, wobei eine nicht ordnungsgemäß hocherhitzte Milch vorgetäuscht werden könnte, untersucht man die Milch nochmals nach erfolgter Spontansäuerung. Tritt auch dann noch eine positive Reaktion mit dem ,,Hocherhitzungsreagens N 3" ein, so liegt eine nicht ordnungsgemäß hocherhitzte Milch vor.

Das amtliche Guajacreagens ,,Neu" oder das ihm hinsichtlich seiner Empfindlichkeit weitgehend angepaßte ,,Hocherhitzungsreagens N 3" können nur zum Nachweis der

[1] Pfyl, P., u. R. Turnau: Arb. Kais. Gesundh.-Amt **40**, 245 (1912).
[2] Sanders, G.: J. Ass. agric. Chem. **16**, 140 (1939).
[3] Ackermann, E.: Z. Unters. Lebensm. **13**, 186 (1907).
[4] Schwarz, G., u. B. Hagemann (s. S. 673, Fußnote).
[5] Schwarz, G., u. G. Sydow: Milchwiss. **2**, 424 (1947).

stattgefundenen Hocherhitzung der Milch, nicht jedoch zum Nachweis der Kurzzeit-
bzw. Dauererhitzung der Milch herangezogen werden.

Von den Oxydase-Peroxydasereaktionen ist die als Guajacreaktion bekannte ARNOLD-
sche Methode zu erwähnen.

Guajacreaktion. Zu 10 cm³ auf 12° abgekühlter Milch, die sich in einem graduierten
Zylinder befindet, setzt man einige Tropfen Wasserstoffperoxyd (3%ig) hinzu, schüttelt
gut um, fügt alsdann mittels einer Pipette 2 cm³ Guajaclösung (5%ig Guajacharzlösung
in Alkohol oder Aceton) langsam in der Weise zu, daß die Lösung am Zylinderhals
herunterläuft, um eine Schichtreaktion in Form eines kleinen scharf begrenzten Ringes
zu erhalten. Man kann auch mischen, wodurch sich bei Rohmilch die ganze Flüssigkeit
blau färbt. Beim Stehenlassen nimmt die Färbung zu.

STORCHsche Reaktion. Da sich die p-Phenylendiaminlösung nach STORCH[1] sehr schnell
zersetzt, hat TILLMANS[2] folgende Änderung empfohlen: Zu 10—20 cm³ Milch, die sich
in einem kleinen Becherglas befinden, setzt man aus einer Streubüchse (Salz- und Pfeffer-
büchse) eine Prise p-Phenylendiamin zu, das vorteilhafterweise mit der gleichen Menge
Seesand vermischt ist, und streut aus einer zweiten Büchse gepulvertes Bariumperoxyd
als Sauerstoffspender auf. Schüttelt man alsdann die Milch um, so tritt bei roher Milch
in wenigen Minuten eine tiefblaue Färbung auf. Hat man zu viel Bariumperoxyd zugesetzt, so entsteht infolge einer eintretenden alkalischen Reaktion eine Rotfärbung.
Gekochte Milch bleibt während 10—20 min völlig farblos.

Neben dieser Methode gibt es noch die ROTHENFUSSERsche[3], die GUTHRIEsche[4] und
die Jodidstärkereaktion[5].

b) Kurzzeit- und Dauererhitzung. Zum Nachweis dieser schonenden Erhitzungsverfahren dient die Phosphataseprobe in der von O. FISCHER[6] angegebenen Form:

1 g Dinatriumphenylphosphat (phenolfrei!), 1 g Natriumcarbonat und 9 g Natriumhydrogencarbonat werden in Wasser gelöst und zu 1 Liter aufgefüllt. Je 10 cm³ dieser
Lösung bringt man in ein Reagensglas, setzt 0,5 cm³ der zu untersuchenden Milchprobe
hinzu, mischt durch und bewahrt die Proben 4 Std in einem Brutschrank bei 38° auf.
Hierauf wird der Inhalt der Reagensgläser mit je 10 Tropfen einer alkoholischen Lösung
von 2,6-Dibromchinonchlorid (man löst 10 mg der Verbindung in 1 cm³ reinem 96%igem
Alkohol) versetzt und 15 min stehen gelassen. Färbt sich in dieser Zeit die Lösung blau,
so kann auf eine ungenügende Erhitzung bzw. Zumischung von Rohmilch geschlossen
werden. Je schneller und kräftiger die beobachtete Farbreaktion eintritt, um so unzureichender war die Erhitzung. Um einen zuverlässigen Vergleichsmaßstab für die Beurteilung der Proben zu erhalten, sind unbedingt ein Blindversuch mit aufgekochter Milch
und einige Vergleichsversuche mit Milchproben, die man durch Vermischen von roher
und aufgekochter Milch erhalten hat, anzusetzen.

Zu diesem Zweck mischt man:

	0,2	0,5	1,0	2,0 Teile Rohmilch
mit	99,8	99,5	99,0	98,0 Teilen aufgekochter Milch.

Der Blindversuch (ohne Rohmilchzusatz) darf keine, die Vergleichsproben mit 0,2,
0,5, 1,0 und 2,0% Rohmilchgehalt müssen aber eine deutliche Blaufärbung ergeben.
Steht ein PULFRICH-Photometer zur Verfügung, so gestatten Remissionsmessungen bei
den Untersuchungs- und Vergleichsproben die genaue Feststellung einer mehr oder
weniger starken Unterschreitung der gesetzlich vorgeschriebenen Mindesterhitzungstemperatur.

[1] STORCH, V.: Z. Unters. Nahr.- u. Genußm. **2**, 239 (1899).
[2] TILLMANS, I.: Z. Unters. Nahr.- u. Genußm. **24**, 246 (1912).
[3] ROTHENFUSSER, S.: Z. Unters. Nahr.- u. Genußm. **16**, 68 (1908); **21**, 425 (1911).
[4] GUTHRIE, R. G.: Am. Soc. **53**, 242 (1921).
[5] GRONOVER, A.: Handb. Lebensm.-Chem. (BÖMER u.a.) Bd. 3. S. 153. Berlin 1936.
[6] FISCHER, O.: Süddtsch. Molkereiztg. **63**, 520 (1942). Milchwiss. **3**, 41 (1948).

Die Inaktivierung der Phosphatase wurde von SANDER und SAGER[1] untersucht und eine vollständige Hemmung bei einer Erhitzungsdauer von

37,5 sec bei 61—62°	24 sec bei 71°
30 sec bei 62°	15 sec bei 72°

gefunden.

Mit Hilfe dieser Phosphatasemethode läßt sich eine Unterschreitung der gesetzlich vorgeschriebenen Mindesterhitzungstemperatur bei der Kurzzeiterhitzung um 2° und bei der Dauererhitzung um 1° nachweisen. Eine Zumischung von 0,2% Rohmilch zu einwandfrei erhitzter Milch ist mit Sicherheit zu erkennen.

In Ermangelung eines entsprechenden optischen Instrumentes kann man auch durch einen einfachen Vergleich der nach 15 min zu beobachtenden Färbungen entscheiden, ob die fragliche Probe ausreichend oder ungenügend erhitzt, und ob die gesetzlich vorgeschriebene Mindesterhitzungstemperatur nur wenig oder beträchtlich unterschritten wurde.

Bestimmung des Vitamin D_3. Ohne hier auf das Für und Wider der Milchbestrahlung und der durch Zusatz von Vitaminpräparaten vitaminierten Milch einzugehen[2], soll ein chemisches Verfahren näher beschrieben werden, das sich in den letzten Jahren bei der Milchuntersuchung gut bewährt hat.

Das aus 2 Liter bestrahlter Vollmilch (mit bekanntem Fettgehalt) durch Zentrifugieren gewonnene Fett wird in einem Rundkolben mit 350 cm³ n alkoholischer Kalilauge 45 min lang unter Rückflußkühlung gekocht und dann die erhaltene Seifenlösung sofort mit 350 cm³ Wasser verdünnt. Die kalte Seifenlösung wird sodann in einem Scheidetrichter dreimal mit je 200 cm³, 150 cm³ und 100 cm³ Petroläther ausgeschüttelt. Die Petrolätherauszüge werden vereinigt, mit Wasser gewaschen und 2 Std lang über Natriumsulfat getrocknet. Unter Einleiten von Stickstoff wird der Petroläther auf dem Wasserbad abdestilliert.

Die petrolätherische Lösung wird an Aluminiumoxyd (BROCKMANN) adsorbiert, das 2 Std lang im Trockenschrank auf 160° erhitzt wurde. Das Adsorptionsrohr hat eine Länge von 10 cm und einen Durchmesser von 0,9 cm. Vor dem Einfüllen des im Exsiccator erkalteten Aluminiumoxyd verschließt man die eine Seite des Rohres mit einem Gummistopfen, gibt darauf eine 1 cm hohe Watteschicht und füllt nun langsam unter leichtem Klopfen in dünnem, gleichmäßigem Strahl das Aluminiumoxyd ein. Die Aluminiumoxydschicht wird mit einer 1 cm hohen Watteschicht abgedeckt, die Säule mit Petroläther befeuchtet und vorsichtig das Unverseifbare, das man in 3—5 cm³ Petroläther aufgelöst hat, aufgegossen. Den Kolben spült man einige Male mit wenig Petroläther nach. Man läßt durch die Säule abtropfen (nicht saugen), bis noch $1/_2$ cm³ der Lösung über der oberen Watteschicht steht und achtet darauf, daß die Säule nie trocken wird. Das Chromatogramm wird nun mit einem Gemisch aus gleichen Volumenteilen Petroläther: Benzol + 0,25% Methanol entwickelt.

Das Chromatogramm zeigt meist folgendes Bild (Abb. 1):

Vitamin D_3 befindet sich in Schicht 2. Die entstandenen Farbringe nimmt man mit einem Draht oder Glasstab, der an einem Ende leicht gebogen ist, einzeln heraus und bringt sie getrennt in Reagensgläser. Mit einem Gemisch von Benzol-Methanol (4:1) eluiert man dreimal die abgetrennten Schichten bis zur völligen Entfärbung des Aluminiumoxyds und filtriert vorsichtig durch Trichter (Durchmesser 2,5 cm) in kleine Abdampfschalen (Durchmesser 5 cm). Auf dem Wasserbad läßt man im Stickstoffstrom das Lösungsmittel verdampfen und trocknet die einzelnen Rückstände über Nacht unter Stickstoff im Exsiccator. Die jeweils erhaltenen Rückstände werden in 2 cm³ Chloroform gelöst, einzeln in Reagensgläser gegeben, mit 0,8 cm³ einer 20%igen Antimontrichloridlösung in Chloroform und 5 Tropfen einer 5%igen Guajacollösung in Chloroform

[1] SANDER, G. P., and O. S. SAGER: J. Dairy Sci. 10, 845 (1948). — Vgl. JANECKE, H.: Dtsch. Lebensm.-Rdsch. 46, 202 (1950).

[2] DIEMAIR, W., u. G. MANDERSCHEID: Z. analyt. Chem. 129, 154 (1949); 130, 254 (1949). — MANDERSCHEID, G.: Süddtsch. Molkereiztg. 70, 1416 (1949).

versetzt und nach dem Verschließen mit Korkstopfen 10 min lang im Wasserbad von 60° erwärmt. Sodann läßt man 10 min lang abkühlen. Bei Anwesenheit von Vitamin D_3 tritt ein von der Vitamin D_3-Konzentration abhängiger grüner Farbton auf, dessen Extinktion im Stufenphotometer mit Filter S 75 in einer 1 cm-Küvette gemessen wird. Als Vergleichslösung dienen Chloroform, Wasser oder eine Blindprobe.

Der Vitamin D_3-Gehalt wird dann an der festgelegten Eichkurve abgelesen. Die Bezeichnung b_2 bezieht sich auf die fünffache Menge Vitamin D. Bei Verwendung von reinstem Chloroform und reinstem $SbCl_3$ bleibt die Lösung 3—4 Wochen lang beständig, wenn sie unter Luftabschluß im Dunkeln aufbewahrt wird (b). Werden diese Bedingungen nicht eingehalten, so können sich die Werte gemäß der Linie b_1 verschieben (Abb. 2).

Bestimmung der Milchphosphatide. Über das Auftreten und die Bedeutung von Phosphatiden in der Milch liegen zahl-

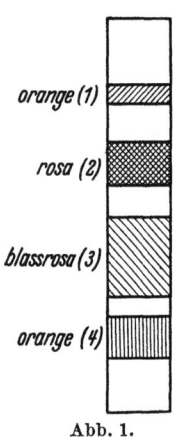

orange (1)

rosa (2)

blassrosa (3)

orange (4)

Abb. 1.

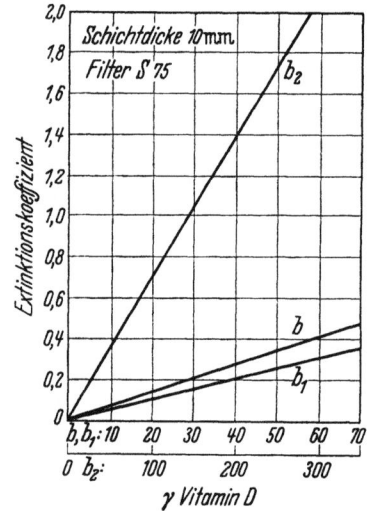

Abb. 2. Eichkurve zur Bestimmung von Vitamin D mit Antimontrichlorid-Guajacol.

reiche Untersuchungen vor[1], die neuerdings durch Befunde von KAUFMANN, BALTES und ZIBBEL ergänzt werden konnten.

Während man über die am Aufbau der Phosphatide sich beteiligenden Fettsäuren geteilter Auffassung war, konnten DIEMAIR, BLEYER und OTT die Befunde von OSBORN und WECKERMANN bestätigen, wonach ein Monoaminophosphatid in der Milch vorkommt, das als gesättigte Fettsäuren Palmitinsäure und Stearinsäure und die ungesättigte Ölsäure aufweist. Die Basenanteile werden von Cholin und Colamin vertreten. Nach LOBSTEIN und FLATER[2] sollen die Phosphatide zur Hälfte aus Lecithin und daneben aus 25% Kephalin und 25% Sphingomyelin bestehen.

Zur Bestimmung des Phosphatidgehaltes haben sich 2 Verfahren bewährt und zwar das von GROSSFELD und ZEISSET[3] und das neue von KAUFMANN und Mitarbeitern, das sich eng an dasjenige von GROSSFELD anschließt und folgendermaßen arbeitet:

Phosphatidbestimmung. 10 g Milch werden mit 50 cm³ Äthylalkohol versetzt und 25 min lang in gelindem Sieden gehalten. Nach dem Überspülen dieser Mischung in einen 100 cm³-Meßkolben wird nach dem Abkühlen mit Benzol aufgefüllt. Nach gutem Durchmischen bleibt die Mischung 12 Std stehen, dann filtriert man ab und dampft 50 cm³ des Filtrates in einem 100 cm³-Schliffkolben unter Luftausschluß zur Trockne ab. Auch die letzten Wasserspuren müssen beseitigt werden. Dann wird der Rückstand am Rückflußkühler mit etwa 25 cm³ Benzol 2 Std lang extrahiert und die Lösung filtriert. Nach dem Eindampfen des Filtrates wird dasselbe in einer Platinschale unter Zusatz von 2,5 g Magnesiumoxyd verascht und das Phosphat bestimmt. Der Umrechnungsfaktor für Lecithin beträgt 26,04, berechnet als Oleo-palmito-lecithin.

[1] DIEMAIR, W., B. BLEYER u. M. OTT: B. Z. **272**, 119 (1934), hier umfassende Literaturübersicht.

[2] LOBSTEIN, J., et M. FLATER: Lait **20**, 129 (1940) [Z. Unters. Lebensm. **83**, 305 (1942)].

[3] GROSSFELD, J., u. W. ZEISSET: Z. Unters. Lebensm. **85** 321 (1943).

Untersuchung von Tumoren.

Von

C. Dittmar.

1. Einleitung und vollständige Analysen.

Seit der Begründung der Cellularpathologie durch VIRCHOW ist die histologische Untersuchung von Tumorgeweben eine der wichtigsten Aufgaben der Pathologie. Nur durch histologische Untersuchung läßt sich an der Art des Wachstums die Entscheidung treffen, ob ein Tumor bösartig ist oder nicht. Mit wenigen Ausnahmen (z. B. beim Prostatacarcinom: Phosphatasebestimmungen im Serum und beim Myelom: BENCE-JONES-Eiweiß im Urin) haben Diagnosemethoden chemischer Natur bei der Erkennung maligner Tumorerkrankungen versagt. Nur am histologischen Gesamtbild im Gewebsverband kann man feststellen, ob ein bösartiger Tumor vorliegt oder nicht, die einzelne Tumorzelle unterscheidet sich oft gar nicht von den Zellen gutartiger Tumoren, ja häufig nicht einmal von den normalen Zellen des Ausgangsgewebes. PAPANICOLAOU[1] beschreibt zwar eine Methodik zur cytologischen Diagnostik von Tumorzellen, die sich bei der Untersuchung von Sekreten und Exsudaten bei Tumorerkrankungen bewährt haben soll, die sichere Erkennung einer Tumorerkrankung ist aber auch mit dieser Methode nicht möglich. Durch Spezialfärbungen werden Besonderheiten in den Tumorzellen wie abnorme Kerngröße im Verhältnis zum Cytoplasma, vergrößerte Nucleolen, grobschollige, ungleiche Chromatinverteilung im Kern, Mitosen usw. hervorgehoben, die aber nicht allein bei ihnen vorkommen. Noch schwieriger ist es, durch chemische Untersuchungen Tumorzellen gegen normale Zellen abzugrenzen. Man fand nur quantitative, aber keine qualitativen Unterschiede zwischen Tumorzellen und normalen Körperzellen in ihrer chemischen Zusammensetzung; irgendwelche besonderen Stoffe konnten in Tumorgeweben bisher nicht nachgewiesen werden, die nicht auch in normalen Körpergeweben vorkommen. Eine Ausnahme von dieser Regel dürften nur das tumorerzeugende Agens des ROUS-Sarkoms, des Kaninchenpapilloms und Fibroms und das BITTNERsche Milchagens beim Mammacarcinom der Maus sein. Es soll darum nicht gesagt sein, daß auch die Proteine, die aus Tumorzellen stammen und sich nach ihrem Aminosäuregehalt oft kaum von anderen ähnlichen Proteinen unterscheiden, mit diesen identisch sein müssen. Ihr Aufbau kann verschieden sein, nur sind wir chemisch noch nicht so weit gekommen, diesen aufzuklären.

Eine zusammenfassende Darstellung der Biochemie des Krebses findet sich in folgenden Werken[2-5].

Bei der Untersuchung von Tumorgewebe hat man folgendes zu beachten:

1. Jeder Zelltyp hat seinen spezifischen chemischen Charakter. Verschiedene Typen maligner Zellen entstehen aus verschiedenen Typen normaler Gewebe. Eine Änderung im chemischen Aufbau, die mit diesem Vorgang verbunden ist, läßt sich nur dann erkennen, wenn man Tumorgewebe mit seinem Ausgangsgewebe vergleicht (z. B. Mammacarcinom mit Brustdrüsengewebe, Carcinom der Lungenalveolen mit Lungengewebe); dabei hat man noch zu berücksichtigen, daß diese Organe aus verschiedenartigen Zellen zusammengesetzt sind und der Tumor nur von *einer* Zellart ausgeht, die aus dem normalen Gewebe nur selten isolierbar ist.

---

[1] PAPANICOLAOU, G. N.: J. amer. med. Ass. **131**, 372 (1946).

[2] EULER, H. v., u. B. SKARZYNSKI: Biochemie der Tumoren. Stuttgart 1942.

[3] GREENSTEIN, J. P.: Biochemistry of Cancer. New York 1947.

[4] HINSBERG, K.: Das Geschwulstproblem in Chemie und Physiologie. Dresden u. Leipzig 1942.

[5] BAUER, K. H.: Das Krebsproblem. Einführung in die allgemeine Geschwulstlehre. Berlin, Göttingen, Heidelberg 1949.

2. Menschliche Carcinome bestehen nur zum Teil aus typischem Carcinomgewebe, sie enthalten daneben noch andere Zellarten und Nekrosen, die bei der Analyse des Tumorgewebes stören (zur Korrektion der dadurch entstehenden Fehler hat CHALKLEY[1] ein mikroskopisches Testverfahren angegeben, durch das sich der prozentuale Anteil an Tumorzellen ermitteln läßt). Geeigneter für solche Untersuchungen sind Impftumoren, die meistens homogen aus Tumorzellen zusammengesetzt sind. Die histologische Kontrolle des untersuchten Gewebsmaterials ist unerläßlich.

3. Alle Gewebe verändern sich post mortem rasch durch Autolyse; darum ist es zweckmäßig, die Untersuchungen (vor allem die Extraktionen) bei niederer Temperatur vorzunehmen.

4. Bei der Extraktion von Fermenten aus Tumorgeweben wird oft die Eiweißstruktur der Apofermente zerstört, ebenso werden manchmal empfindliche Cofermente durch andere Fermente unwirksam gemacht (z. B. Zerstörung der Cozymase in Tumorextrakten, daher keine Glykolyse). Jedenfalls geben Fermentextrakte von der Aktivität der Fermente in dem mehrphasigen System der Zelle oft kein wirkliches Bild.

5. Die Gesamtanalyse eines Gewebes gibt kein klares Bild von der Lokalisierung der Zellveränderungen. Es müßte histochemisch nachgewiesen werden, in welchen Zellen diese Veränderungen anzutreffen sind (z. B. histochemischer Nachweis von Phosphatase nach GOMORI, FEULGEN-Reaktion zum Nachweis der Thymonucleinsäure. Nachweis von Nucleinsäuren durch UV-Licht nach CASPERSSON), und cytochemisch, wie sich die Zellbestandteile (Kern, Mitochondrien, Mikrosomen) verhalten.

6. Rasch wachsendes Gewebe verändert sich dauernd, man findet in Zwischenräumen von mehreren Stunden Perioden des Wachstums und Perioden des Stillstandes. Darum ist es wichtig zu wissen, *wann* das Gewebe zur Untersuchung entnommen wurde, d. h. in einer Periode der Mitose oder im Ruhestadium.

Spezielle Methoden zur chemischen Untersuchung von Tumoren fehlen bisher. Die meisten Arbeiten haben sich nur den Vergleich von Tumorgewebe mit normalen Geweben nach den üblichen Methoden der physiologischen Chemie zum Ziel gesetzt. Wir beschränken uns daher auf die Wiedergabe dieser Ergebnisse. Die nähere Versuchsanordnung ist unter der angegebenen Literatur und in den entsprechenden Abschnitten dieses Werkes nachzulesen.

Tabelle 1. *Chemische Analyse von normalen Lungen und Lungentumoren des Menschen.*

	Normale Lunge %	Lungencarcinom %	Lungensarkom %		Normale Lunge %	Lungencarcinom %	Lungensarkom %
Trockengewicht . . .	21,9	18,4	15,8	Stickstoffverteilung			
bezogen auf Trockengewicht				Diaminosäuren (Prozent von Rest-N) .	2,3	6,8	4,6
Stickstoff	10,9	10,79	10,07	Monoaminosäuren (Prozent von Rest-N) .	83,9	72,8	17,2
Phosphor	0,43	0,51	0,49				
Lipoide	11,26	8,89	7,25	Kohlenhydratverteilung in mg-% des Trockengewichts			
Cholesterin	2,24	2,2	1,35				
Kohlenhydrat	1,79	2,76	2,28	Freier Zucker	108,0	0	32,9
Protein-N	9,75	9,75	8,86	Gebundener Nichtproteinzucker . . .	358,5	1348,0	316,4
Rest-N	1,20	1,38	1,20				
Stickstoffverteilung				Gebundener Proteinzucker	1323,0	1502,0	173,1
Protein-N (Prozent von Gesamt-N) . .	89,2	86,9	88,0	Phosphorverteilung in mg-% des Trockengewichts			
Rest-N (Prozent von Gesamt-N)	10,8	13,1	12,0	Anorganischer P . .	105,3	114,6	127,8
Proteose (Prozent von Rest-N)	14,7	23,7	78,2	Lipoid-P	126,6	74,1	42,9
				Protein-P	162,9	263,1	196,3

[1] CHALKLEY, H. W.: J. nat. Cancer Inst. 4, 47 (1943).

Vollständige Analysen von Tumoren und des entsprechenden normalen Gewebes wurden für Lungentumoren von Lustig[1] und für Lebertumoren von Kishi, Fujiwara und Nakahara[2] gemacht (Tabellen 1 und 2).

Tabelle 2. *Chemische Analyse von Rattenlebern und Impfhepatomen von Ratten* (Werte in Prozenten).

	Normale Leber		Hepatom	
	Frischgewicht	Trockengewicht	Frischgewicht	Trockengewicht
Wasser	71,38	—	81,93	—
Asche	1,634	5,71	1,391	7,70
N	3,200	11,18	2,315	12,81
P	0,321	1,12	0,253	1,40
S	0,264	0,92	0,207	1,148
Na	0,305	1,064	0,314	1,737
K	0,029	0,101	0,089	0,422
Ca	0,009	0,031	0,0034	0,019
Mg	0,019	0,066	0,023	0,126
Fe	0,0035	0,0121	0,0014	0,008
J	0,0025	0,009	0,0018	0,0098
Cl	0,161	0,564	0,180	0,998
Phosphatide	0,60	9,06	1,48	8,17
Gesamtcholesterin	0,269	0,938	0,357	1,976
Freies Cholesterin	0,184	0,643	0,233	1,289
Fettsäuren	3,09	10,81	1,09	6,00
Gesamt-P (d)	0,321	1,120	0,253	1,400
Anorganischer P (a)	0,063	0,221	0,064	0,354
Säurelöslicher P (b)	0,094	0,326	0,104	0,576
Lipoid-P (c)	0,103	0,360	0,059	0,327
Protein-P (d—b+c)	0,124	0,434	0,090	0,498
Organischer P (d—a)	0,258	0,899	0,189	1,046
Nichtprotein-N	0,172	0,601	0,227	1,256
Amino-N	0,107	0,374	0,138	0,764
Kreatinin	0,005	0,017	0,003	0,017
Kreatin	0,005	0,017	0,005	0,028
Harnstoff	0,030	0,105	0,041	0,227
Harnsäure	0,014	0,049	0,020	0,111

2. Wasser und Mineralbestandteile.

a) Wasserstoffionenkonzentration.

Der p_H in Tumoren ist gegenüber normalen Geweben erniedrigt nach Untersuchungen (mit einer Capillarglaselektrode im lebenden Gewebe) von Voegtlin, Fitch, Kahler, Johnson und Thompson[3]. Der p_H tierischer Tumoren (Jensen-Sarkom, Walker-Carcinom und spontane Mäusetumoren) beträgt im Durchschnitt 6,9 (20 Bestimmungen) gegen p_H 7,4 in normalem Gewebe (12 Bestimmungen).

Nach parenteraler Zufuhr von Glucose sinkt der p_H in Tumoren noch weiter auf 6,3. Der Abfall des p_H ist auf Milchsäurebildung zurückzuführen. Dagegen verändert sich das p_H in der Umgebung des Tumors kaum (p_H 7,2). Kahler, Johnson und Robertson[4] untersuchten die Wasserstoffionenkonzentration in normaler Leber und in Lebercarcinomen (Hepatomen): Leber p_H 7,4, Hepatom 7,0. Bei reichlicher Glucosefütterung sinkt der p_H in Hepatomen auf 6,4, bleibt aber in der Leber unverändert. Außer Milchsäure beeinflussen auch andere Säuren, vor allem Phosphorsäure, den p_H.

---

[1] Lustig, B.: B. Z. **284**, 367 (1936).

[2] Kishi, S., T. Fujiwara, u. W. Nakahara: Gann, Tokyo **31**, 151, 355, 556 (1937); **32**, 469 (1938).

[3] Voegtlin, C., R. H. Fitch, H. Kahler, J. M. Johnson and J. W. Thompson: Nat. Inst. Hlth. Bull. Nr. 164, 1 (1935).

[4] Kahler, H., J. M. Johnson and W. B. Robertson: J. nat. Cancer Inst. **3**, 495 (1943).

VLÈS und DE COULON[1] machten mit der Indicatorenmethode p_H-Bestimmungen an normalen Geweben von Mäusen und Tumoren, außerdem bestimmten sie den ungefähren isoelektrischen Punkt der Proteine in diesen Geweben aus ihrer Wanderungsrichtung und -geschwindigkeit im elektrischen Feld in Pufferlösungen von verschiedenem p_H.

SOLOWIEWA[2] bestimmte nach der Methode von PISCHINGER den I.P. von Zellkernen in Gewebsschnitten.

Elektrometrische p_H-Messungen in normalen Lebern von Ratten ergaben bei 12 Tieren p_H-Werte von 7,18—7,51, in Impfhepatomen (10 Fälle) von 6,81—7,10[3].

b) Wasser.

Der Wassergehalt normaler Gewebe ist im allgemeinen schwankend, aber das Tumorgewebe überschreitet die normale Variationsbreite und enthält im Durchschnitt bedeutend mehr Wasser als sein Ausgangsgewebe. WOLTER[4] fand im Durchschnitt aus zahlreichen Untersuchungen für Tumorgewebe 82,3% Wasser und für normales Gewebe 79,3%, LEWIS[5] bei einem gutartigen Ovarialtumor 81% Wasser, bei einem bösartigen 82% und in normalen Ovarien 75,8% Wasser. Bei den Untersuchungen des Wassergehaltes von ROUS-Sarkomen und dem umgebenden Muskel fand MORÁVEK[6] eine starke Erhöhung des Wassergehaltes der Tumoren gleichzeitig mit einer Steigerung ihres Aschengehaltes. Impfhepatome haben nach KISHI (Tabelle 2, S. 685) einen Wassergehalt von 81,9%, die Leber enthält nur 71,4% Wasser.

Osmotische Verhältnisse in Tumorgeweben. Bringt man Schnitte von Organ- und Tumorgeweben in Aqua dest., so kommt es innerhalb 1 Std zu einer Gewichtszunahme, die proportional der Quadratwurzel der Zeit ist (das Gesetz ist bedingt durch Abnahme des Konzentrationsgefälles, so daß mit Abnahme dieses Gefälles immer weniger Wasser aufgenommen wird); später hört durch Aufhebung der Semipermeabilität der Zellmembran die Gewichtszunahme auf. Um das Eindringen von Wasser in die Zellen und damit eine Gewichtszunahme überhaupt zu verhindern, sind höhere Konzentrationen als die blutisotonischen notwendig (z. B. bei Leberzellen doppelt isotonische Kochsalzlösungen). Tumorschnitte unterscheiden sich von Schnitten normaler Gewebe dadurch, daß sie in Aqua dest. sehr rasch ihre normale Färbbarkeit (vor allem der basophilen Strukturen) verlieren. Das Quadratwurzelgesetz gilt nur für kurze Zeit, denn es wird bald durch Zerstörung der Struktur der Zellmembran und durch Veränderung des Cytoplasmas kein Wasser mehr aufgenommen. Es genügen auch geringere Salzkonzentrationen zur Verhinderung der Gewichtszunahme als bei normalen Geweben (z. B. 0,16 m NaCl bei Hepatomen gegen 0,34 m bei Lebergewebe)[7].

c) Mineralstoffe.

Eingehende Untersuchungen über Mineralbestandteile von Tumoren wurden von WATERMAN[8], ROFFO[9] und von MORÁVEK[10] gemacht. Angaben von Normalwerten in menschlichen und tierischen Geweben sind bei KLINKE[11] nachzulesen (s. S. 447—666).

Natrium. MORÁVEK findet in ROUS-Sarkomen von Hühnern einen höheren Na-Gehalt als in der umgebenden Muskulatur (0,3% gegen 0,1% des Frischgewichtes). Der Na-

[1] VLÈS, F., et A. DE COULON: Arch. Physique biol. **4**, 43 (1925).
[2] SOLOWIEWA, M.: Acta cancrol. **2**, 321 (1936).
[3] KAHLER, H., and W. B. ROBERTSON: J. nat. Cancer Inst. **3**, 495 (1943).
[4] WOLTER, B.: B. Z. **55**, 260 (1913).
[5] LEWIS, C. M.: J. Cancer Res. **11**, 16 (1927).
[6] MORÁVEK, V.: Z. Krebsforsch. **35**, 429 (1933).
[7] OPIE, E. L.: J. exp. Med. **89**, 185, 202 (1949).
[8] WATERMAN, N.: Arch. néerl. Physiol. **5**, 305 (1921).
[9] ROFFO, A. E.: Bol. Inst. Med. exp. Cancer, Buenos Aires **1**, 307 (1927).
[10] MORÁVEK, V.: Z. Krebsforsch. **35**, 492, 509, 626 (1932); **36**, 386, 529, 537 (1933). B. Z. **258**, 340 (1933).
[11] KLINKE, J.: Tab. biol. period. **10**, 209 (1935).

Gehalt der Asche von ROUS-Sarkomen betrug 30%, der der Muskulatur nur 9%. Hydratisierung und Natriumgehalt der Gewebe sollen parallel gehen. Ebenso fand auch KISHI (Tabelle 2, S. 685) höhere Werte für Natrium in Lebertumoren (Hepatomen) als in der Leber von Ratten (1,74% gegen 1,06%, bezogen auf Trockengewicht).

Kalium. Wie schon frühere Untersuchungen zeigten[1], enthalten die meisten Tumoren sehr viel Kalium. Zwischen der Wachstumstendenz eines Tumors und seinem K-Gehalt sollen Beziehungen bestehen. Wie ROHDENBURG und KREHBIEL[2] angeben, hatte von 4 verschiedenen Typen eines Rattensarkoms der Stamm mit dem schnellsten Wachstum auch den höchsten K-Gehalt. Dies stimmt auch mit neueren Untersuchungen von DE LONG, COMAN und ZEIDMAN[3] überein, nach denen erhöhter Kaliumgehalt und Zellvermehrung eines Gewebes parallel gehen, wie bei der Regeneration eines Leberlappens gezeigt wurde. Auch Leberhepatome von Ratten haben nach KISHI (Tabelle 2, S. 685) einen höheren K-Gehalt als Lebergewebe (0,089% gegen 0,029%, bezogen auf Frischgewicht). Deshalb haben auch Tumoren, die wenig Stroma enthalten, einen höheren K-Gehalt als solche mit viel Stroma. Nach EPSTEIN[4] sollen verschiedene Tumoren sich auch je nach ihrer Lokalisation verschieden verhalten:

Einen sehr niederen K-Gehalt fand MORÁVEK[5] im ROUS-Sarkom (46 mg-% im Tumor gegen 300 mg-% K in der Muskulatur der Umgebung). Es fragt sich, ob der hohe K-Gehalt nur für epitheliale Tumoren (Carcinome) charakteristisch ist, während sich die Sarkome anders verhalten, oder ob die von MORÁVEK untersuchten ROUS-Sarkome sehr bindegewebsreich waren.

Calcium. Im Gegensatz zu dem hohen Kaliumgehalt der Carcinome findet man beinahe regelmäßig wenig Calcium im frischen Tumorgewebe. Da bekannt ist, daß zwischen beiden Ionen ein Antagonismus auf verschiedenen Gebieten der Physiologie besteht, glaubte man, daß das Überwiegen von Kalium über das Calcium für die Funktion der Tumorzelle von Bedeutung sei. Bei rasch wachsenden Tumoren ist das Verhältnis Kalium/Calcium relativ hoch. Besonders WATERMAN[6] wies auf diese Zusammenhänge und auf den niederen Calciumgehalt der Tumoren hin, durch POLICARD und PILLET[7] wurde dies durch Aschenanalysen bestätigt. KISHI (Tabelle 2, S. 685) findet ebenfalls bei Lebertumoren (Hepatomen) im Vergleich zu Rattenleber einen viel niedrigeren Calciumgehalt (Hepatom 0,003%, Leber 0,009%). Neuere Untersuchungen von DE LONG, COMAN und ZEIDMAN[3] ergaben bei 12 Darmcarcinomen eine Senkung des Calciumgehaltes um 44% im Vergleich zur Darmmucosa, und daneben eine Erhöhung des Kaliumgehaltes um 60%. Während aber das Kalium auch bei anderen rasch wachsenden Geweben vermehrt ist, findet man eine Calciumverarmung nur im Krebsgewebe. Nach LANSING, ROSENTHAL und KAMEN[8] sollen die Plattenepithelcarcinomzellen im Gegensatz zu den Epithelzellen der Mäusehaut nicht fähig sein, radioaktives Calcium aufzunehmen, was von den Autoren auf eine Veränderung der calciumbindenden Proteine der Zellmembran zurückgeführt wird. Die Folge der Calciumverarmung ist ein mangelnder Zusammenhang der Krebszellen untereinander. Da die Carcinomzellen zu amöboiden Bewegungen befähigt sind, können sie ins Nachbargewebe eindringen und durch den Blut- und Lymphstrom weiter verschleppt werden[9]. Interessant sind die Untersuchungen von SUNTZEFF und CARRUTHERS[10], nach

Tabelle 3. *Kaliumgehalt verschiedener Tumoren.*

Carcinomart	K-Gehalt %
Hautkrebs . .	0,36
Brustkrebs . .	0,59
Uteruskrebs .	0,67
Magenkrebs . .	0,92

[1] BEEBE, S. P.: Amer. J. Physiol. 12, 167 (1905).
[2] ROHDENBURG, G. L., and O. F. KREHBIEL: J. Cancer Res. 7, 417 (1922).
[3] DE LONG, R. P., D. R. COMAN and I. ZEIDMAN: Cancer, N. Y. 3, 718 (1950).
[4] EPSTEIN, A.: Z. Krebsforsch. 38, 63 (1932).
[5] MORÁVEK, V.: Z. Krebsforsch. 35, 626 (1932).
[6] WATERMAN, N.: Arch. néerl. Physiol. 5, 305 (1921).
[7] POLICARD, A., et D. PILLET: C. R. Soc. Biol. 92, 273 (1925).
[8] LANSING, A. I., T. B. ROSENTHAL and M. D. KAMEN: Arch. Biochem. 19, 177 (1949).
[9] ZEIDMAN, I.: Cancer Res. 7, 386 (1947).
[10] SUNTZEFF, V., and C. CARRUTHERS: Cancer Res. 3, 431 (1943). J. biol. Ch. 153, 521 (1943).

denen in der hyperplastischen Haut von Mäusen bereits nach nur dreimaliger Behandlung mit Methylcholanthren das Calcium stark abfällt, um dann im entstandenen Plattenepithelcarcinom ein Minimum zu erreichen. MILLER und CARRUTHERS[1] nehmen an, daß das Verschwinden des Calciums in der hyperplastischen Haut mit der Bildung einer komplexen Calciumcitratverbindung im Zusammenhang stehe, die durch veränderte Permeabilitätsverhältnisse aus der Zelle abdiffundiere, da der relativ hohe Citronensäuregehalt der Haut durch Methylcholanthrenbehandlung genau parallel mit dem Calciumgehalt abfällt. Auffälligerweise findet man in den nekrotischen Teilen eines Tumors einen bedeutend höheren Calciumgehalt[2]. MORÁVEK[3] fand z. B. im nekrotischen Zentrum eines ROUS-Sarkoms 0,02 % Calcium, während die Muskulatur in der Umgebung nur 0,006 % enthielt.

Magnesium. Der Mg-Gehalt von Tumoren scheint nicht wesentlich von der Norm abzuweichen. KISHI (Tabelle 2, S. 685) findet zwar bei Bezug auf das Trockengewicht bei Hepatomen höhere Werte als bei der Rattenleber (0,126 % gegen 0,066 %). Bei Bezug auf das Frischgewicht sind jedoch beide Werte beinahe gleich (0,023 % gegen 0,019 %). Auch BOLAFFI[4], KIMURA[5] und EICHHOLTZ[6] fanden keine von normalen Geweben abweichende Werte (bei Mäusecarcinomen 23—24 mg-% bezogen auf Frischgewicht, 118 bis 123 mg-% bezogen auf Trockengewicht). Sehr niedere Mg-Werte hatten nach MORÁVEK[7] die nekrotischen zentralen Teile von ROUS-Sarkomen (5,8 mg-%); auch der aus frischem Gewebe bestehende Geschwulstrand enthielt weniger Mg als die umgebende Muskulatur (13—16 mg-% gegen 25—31 mg-% Frischgewicht). Es sei auf die Bedeutung von Mg als Aktivator verschiedener Fermentsysteme hingewiesen. Über die Induktion osteogener Sarkome durch *Beryllium* bei Kaninchen s. HOAGLAND, GRIER und HOOD[8]. Be ist ein Antagonist von Mg und hemmt die alkalische Phosphatase.

Eisen. Die Hauptmenge des Fe im Organismus trifft man im Hämoglobin, kleine Mengen sind im Gewebe an Fermentsysteme gebunden (Cytochrom, Cytochromoxydase, Katalase). Da eine vollständige Entblutung eines Gewebes vor der Untersuchung nicht möglich ist, sind nur solche Untersuchungen brauchbar, bei denen neben der Bestimmung des Gesamt-Fe eine Hämoglobinbestimmung gemacht und der daraus berechnete Fe-Wert in Abzug gebracht wurde. Bei der Bestimmung des Gesamt-Fe im ROUS-Sarkom fand MORÁVEK[9] am Tumorrand relativ hohe Fe-Werte (0,055 %), die höher waren als in der umgebenden Muskulatur (0,023 %) und in direkter Beziehung zu den Blutextravasaten standen. Die Fe-Bestimungen von LÖWENTHAL und PROBST[10], bei denen das Hämoglobin-Fe vom Gesamt-Fe abgezogen wurde, bringen für den Fe-Gehalt von menschlichen und tierischen Tumoren eindeutigere Ergebnisse (Tabelle 4).

Auch bei Ratten haben Lebertumoren (Hepatome) nach KISHI (Tabelle 2, S. 685) einen niedrigeren Fe-Gehalt als normales Lebergewebe (0,0014 % gegen 0,0035 % vom Frischgewicht).

Kupfer. Über den Cu-Gehalt menschlicher und tierischer Tumoren und seine Beziehung zum Cu-Gehalt von Organen wurden von GERLACH[11] und von EDLBACHER und GERLACH[12] Untersuchungen ausgeführt. Die Cu-Bestimmungen wurden spektralanalytisch gemacht nach dem Prinzip der homologen Linienpaare in Tumorgewebe, Milz, Leber und Niere. Der Cu-Gehalt maligner Tumoren schwankte bei verschiedenen Tumoren

---

[1] MILLER, H., and C. CARRUTHERS: Cancer Res. **10**, 636 (1950).
[2] BUCHWALD, K. W.: J. Cancer Res. **14**, 536 (1930).
[3] MORÁVEK, V: Z. Krebsforsch. **36**, 527 (1932).
[4] BOLAFFI, A.: Tumori **4**, 420 (1930).
[5] KIMURA, Y.: J. Biochem. **8**, 469 (1928).
[6] EICHHOLTZ, F.: B. Z. **235**, 170 (1931).
[7] MORÁVEK, V.: Z. Krebsforsch. **36**, 529 (1932).
[8] HOAGLAND, M. B., R. S. GRIER and M. B. HOOD: Cancer Res. **10**, 629 (1950).
[9] MORÁVEK, V.: Z. Krebsforsch. **36**, 537 (1932).
[10] LÖWENTHAL, S., u. H. PROPST: Z. Krebsforsch. **42**, 222 (1935).
[11] GERLACH, W.: Z. Krebsforsch. **42**, 290 (1935).
[12] EDLBACHER, S., u. W. GERLACH: Z. Krebsforsch. **42**, 272 (1935).

Tabelle 4. *Eisengehalt in Tumoren und normalen Geweben.*

	Fe-Gehalt in γ/g Muttergewebe	Tumor*		Metastasen*	
Normale Magenschleimhaut	25,0	—		—	
Magenschleimhaut mit Carcinom	35,0	16,5	(5)	15,6	(5)
Lunge mit Carcinom	30,2	39,4	(6)	23,8	(4)
Ösophaguscarcinom	37,8	33,4	(3)	11,6	(1)
Leber, normal	182,4	—		—	
Leber mit Magencarcinommetastasen	58,1	21,3		20,4	
Mammacarcinom	—	28,5	(5)	—	
Uteruscarcinom	—	18,4	(6)	9,8	(1)
Sarkome	—	11,2	(2)	—	

* In Klammern Zahl der Versuche.

Der Tumor ist also im allgemeinen Fe-ärmer als das Muttergewebe, was wohl zum Teil mit seinem Mangel an Cytochrom und Cytochromoxydase zusammenhängt; der geringere Fe-Gehalt der Leber bei Magencarcinom entspricht dem Abfall von Cytochrom und Cytochromoxydase in der Leber von Tieren mit Tumoren.

stark zwischen 0,5—30 γ/g Frischgewicht, den höchsten Wert hatte ein Uteruscarcinom (30 γ); Tumornekrosen enthielten etwa fünfmal so viel Cu wie das frische Gewebe. Mit dem Alter eines Tumors gingen die Cu-Werte zurück (im frischen Gewebe wie in den Nekrosen). Die Metastasen hatten den gleichen Cu-Gehalt wie die Primärtumoren. Gutartige Tumoren hatten einen niedrigeren Cu-Gehalt (1—3 γ/g). In normalen Geweben kommen große Schwankungen selbst in denselben Organen vor (in der Leber z. B. 1—6 γ/g). Weitere Untersuchungen über den Cu-Gehalt von Tumoren: SÜMEGI[1], WHITE[2], HIEGER[3], SUGAI[4].

Neuere Untersuchungen über den Cu-Gehalt von Lebergewebe und von Hepatomen (wobei das Kupfer colorimetrisch als Diäthyldithiocarbamat bestimmt wurde) ergaben eine Senkung des Cu-Gehaltes der Hepatome gegenüber der normalen Leber. Andererseits wurde in der Leber von Tieren mit Impftumoren ein erhöhter Cu-Gehalt beobachtet, z. B. in der Leber von Ratten mit JENSEN-Sarkom 4 mg Cu/100 g Trockengewicht in normalen Rattenlebern nur 2,5 mg Cu/100 g[5, 6]. Da man bei Erkrankungen mit sekundären Anämien manchmal eine Vermehrung von Cu und Fe in Leber und Milz findet als Ausdruck einer mangelnden Verwendung dieser Metallionen zur Synthese von Hämoglobin und Fe-Fermenten, so dürfte die Cu-Vermehrung in der Leber von Tieren mit Impftumoren wohl damit zusammenhängen. Bei der Entstehung von Tumoren durch carcinogene Stoffe senkt sich, wie CARRUTHERS und SUNTZEFF[7] nachweisen konnten, in der durch Methylcholanthren hyperplastisch gemachten Haut der Cu-Gehalt zunächst sehr stark, bleibt einige Zeit konstant und erreicht dann in den entstehenden Tumoren ein Minimum. Eisen, Zink und Calcium verhalten sich ähnlich[8].

Zink. Nach den Untersuchungen von CHRISTOL[9] und von SUGAI[10] enthalten normale Gewebe nur Spuren von Zn, dagegen sind größere Zn-Mengen in entzündeten Geweben und vor allem in Tumoren nachweisbar; maligne Tumoren enthalten mehr Zn als benigne. SUGAI fand in gutartigen Tumoren im Durchschnitt 0,93 mg-% Zn, bezogen auf Frischgewebe, bzw. 4,07 mg-% bezogen auf Trockengewicht, bei malignen 1,68 mg-% bzw. 8,43 mg-%. Ob der Zn-Gehalt etwas mit dem Tumorwachstum zu tun hat, ist nicht bekannt.

[1] SÜMEGI, S.: Frankf. Z. Path. **48**, 35 (1935).
[2] WHITE, C. P.: Lancet **1921 II**, 701.
[3] HIEGER, I.: Biochem. J. **20**, 232 (1926).
[4] SUGAI, M.: Mitt. med. Akad. Kioto **29**, 314 (1940).
[5] GREENSTEIN, J. P., and J. W. THOMPSON: J. nat. Cancer Inst. **3**, 405 (1943).
[6] SANDBERG, M., H. GROSS and O. M. HOLLY: Arch. Path., Chicago **33**, 834 (1942).
[7] CARRUTHERS, C., and V. SUNTZEFF: J. biol. Ch. **159**, 647 (1945).
[8] WICKS, L. F., and V. SUNTZEFF: J. nat. Cancer Inst. **3**, 221 (1942).
[9] CHRISTOL, P.: Bull. Soc. Chim. biol. **5**, 23 (1923).
[10] SUGAI, M.: Mitt. med. Akad. Kioto **21**, 1197, 1298 (1937); **29**, 187 (1940).

Barium. Barium wurde in melanotischen Tumoren nachgewiesen. Es soll im Zusammenhang mit der Pigmentbildung stehen[1, 2].

Chlor. MORÁVEK[3] bestimmte den Cl-Gehalt von ROUS-Sarkomen in verschiedenen zeitlichen Abständen nach der Impfung; in den Tumoren stieg er 23 Tage nach der Impfung auf das vierfache des Cl-Gehaltes der umgebenden Muskulatur. Parallel dazu stiegen auch der H_2O-Gehalt und der Na-Gehalt (Muskel 105 mg-% Cl, Tumorrand 132 mg-% Cl, Tumormitte 207 mg-% Cl, bezogen auf Feuchtgewicht). Auch im Leberhepatom ist der Cl-Gehalt höher als im Lebergewebe von Ratten (KISHI, Tabelle 2, S. 685): 0,998% gegen 0,564%, bezogen auf Trockengewicht.

Jod. Nach den Angaben von TOYODA, KISHI und NAKAHARA[4] soll in vielen experimentellen Tiertumoren mehr Jod nachweisbar sein als in der Leber und der Muskulatur der Tiere, außerdem soll bei Tumortieren die Schilddrüse einen geringeren Jodgehalt haben. STURM und ROCKMANN[5] wiesen nach, daß neben anderen Geweben mit gesteigertem Stoffwechsel auch Carcinome wasserlösliche Jodeiweißverbindungen enthalten. KISHI (Tabelle 2, S. 685) findet allerdings keine Unterschiede des Jodgehaltes zwischen Hepatomen und Rattenlebern, wenn der Jodgehalt auf Trockengewicht bezogen wird (0,0098% gegen 0,009%), bei Bezug auf Feuchtgewicht eher etwas niedere Werte für das Hepatom (0,0018% gegen 0,0025%). Nach einer älteren Angabe[6] sollen die Knochenmetastasen eines Schilddrüsencarcinoms den gleichen Jodgehalt wie der Primärtumor gehabt haben.

Versuche über die Jodaufnahme normaler Ratten und solcher mit WALKER-Carcinom (mit J^{131}-haltigem NaJ) ergaben, daß die Tumortiere in allen Organen (auch in die Schilddrüse) weniger Jod aufnehmen als die normalen Kontrollen[7]. Zu ähnlichen Ergebnissen kamen SCOTT, BOSTICK, SHIMKIN und HAMILTON[8] nach der Injektion von J^{131}-haltigem Thyreoglobulin bei Mäusen und Ratten mit verschiedenen Tumoren (Fibrosarkome, Adenocarcinome, Lymphome, Hepatome). In den meisten Organen und in allen Tumoren war nur eine sehr geringe Aktivität nachweisbar, dagegen hatte die Haut der Tumortiere eine höhere Aktivität als die der Kontrollen; die Ursache soll eine Dysfunktion des gesamten Organismus der Tumortiere sein.

Nach den Angaben von FRIEDMANN und RUTENBURG[9] werden dagegen Jodacetamid und Jodacetylderivate von Tryptophan, Leucin und Phenylalanin (mit J^{131}) in Mäusesarkome und in die Organe von Mäusen leicht aufgenommen; die Tumoren sollen sogar stärker aktiv sein als die Leber.

Phosphorsäure. FRANKS[10] bringt in Tabelle 5 Angaben über die P-Verteilung in Muskulatur und Sarkomen von Mäusen.

In der Muskulatur findet man durchwegs höhere P-Werte als in den Sarkomen.

BOYLAND[11] vergleicht den P-Gehalt von Benzpyrensarkomen mit dem von JENSEN-Sarkomen von Ratten. Die P-Werte beider Tumoren sind einander sehr ähnlich.

Tabelle 5. *Phosphorsäurehaltige Fraktionen in Muskel und Sarkom von Mäusen* (in mg-% P).

	Kreatin-phosphorsäure	Freie H_3PO_4	Lösliche H_3PO_4-Ester	Unlösliche H_3PO_4-Ester	$H_4P_2O_7$
Mäusesarkom . . .	1,5— 2,7	15—32	3,8—13,3	7,9—18,1	2,5—7,6
Mäusemuskel . . .	19,5—22,0	58—72	18,0—20,5	14—18	34—39

[1] DINGWALL, A.: Amer. J. Cancer **16**, 1499 (1932).
[2] GERLACH, W., u. R. MÜLLER: Virchows Arch. **296**, 588 (1936).
[3] MORÁVEK, V.: Z. Krebsforsch. **37**, 293, 305 (1932).
[4] TOYODA, H., S. KISHI u. W. NAKAHARA: Gann, Tokyo **29**, 29 (1935).
[5] STURM, A., u. L. ROCKMANN: B. Z. **287**, 50 (1936).
[6] GIERKE, E.: Hofmeisters Beitr. **3**, 286 (1905).
[7] STEVENS, C. D., P. H. STEWART, P. M. QUINLAN and M. A. MEINKIN: Cancer Res. **9**, 488 (1949).
[8] SCOTT, K. G., W. L. BOSTICK, M. B. SHIMKIN and J. G. HAMILTON: Cancer, N. Y. **2**, 692 (1949).
[9] FRIEDMANN, O. M., and A. M. RUTENBURG: Cancer Res. **9**, 599 (1949).
[10] FRANKS, W. R.: Amer. J. Physiol. **74**, 195 (1932).
[11] BOYLAND, E.: Amer. J. Physiol. **75**, 136 (1932).

Tabelle 6. *Phosphorsäurefraktionen verschiedener Sarkome* (in mg-% P).

P-Fraktion	Benzpyren-Sarkome	JENSEN-Sarkome	P-Fraktion	Benzpyren-Sarkome	JENSEN-Sarkome
Gesamt	254	235	Hexosediphosphorsäure . .	0,5	—
Gesamt, säurelöslich . .	52	56	Hexosemonophosphorsäure	8,0	—
Freie H_3PO_4	25	22	Nucleinsäure + Adenyl-		
Kreatinphosphorsäure .	1,7—2,5	1,2	säure	7,0	—
Pyrophosphorsäure . .	11,5	12,2	Nucleoprotein	196	152

MORÁVEK[1] findet im ROUS-Sarkom eine Verminderung der anorganischen Phosphate gegenüber der Muskulatur, gleichzeitig einen Anstieg der Phosphatwerte im Serum. Er glaubt deshalb, daß aus dem Tumor Phosphorsäure ins Blut ausgeschwemmt wird (Tumor-mitte 65 mg-%, Tumorrand 135 mg-%, anliegender Muskel 180 mg-% P). Nach KISHI (Tabelle 2, S. 685) unterscheiden sich Rattenhepatom und Rattenleber nach Gesamt-P-Gehalt (d), nach Gehalt an anorganischem P (a), an säurelöslichem P (b) und an organischem P (d—a) nicht wesentlich voneinander, wenn der P-Gehalt auf Frischgewicht bezogen wird; bei Bezug auf Trockengewicht ist der P-Gehalt des Hepatoms entsprechend seinem höheren Wassergehalt scheinbar etwas höher. Der Lipoid-P dagegen ist beim Hepatom, wenn er auf das Feuchtgewicht bezogen wird, niederer als in der Leber, da der Phosphatid-gehalt der Leber höher ist als der des Hepatoms.

BUCHWALD[2] untersuchte die verschiedenen P-Fraktionen im Mammacarcinom der Maus, im JENSEN-Sarkom der Ratte und zum Vergleich in Muskulatur, Leber und Niere bei der Ratte. Seine Resultate stimmen relativ gut mit denen von FRANKS überein.

Tabelle 7. *Phosphorsäurefraktionen in Tumoren und normalen Geweben* (in mg-% P).

	Ortho-phosphat	Pyro-phosphat	Unlösliche Ester	Lösliche Ester	Gesamt-P	Lipoid-P
Mammacarcinom (Maus) . .	37,1	10,1	9,6	30,2	85	51,6
Ratte, JENSEN-Sarkom . . .	26,5	8,5	12,1	19,7	68,8	66,6
Ratte, Muskel	30,5	40,0	13,6	13,7	141,1	—
Ratte, Leber	18,9	5,2	8,6	47,6	98,7	87,0
Ratte, Niere	31,5	5,5	13,1	27,5	85,0	95,0

Methode. Extraktion mit Trichloressigsäure, dann Fällung mit $Ba(OH)_2$. Im Nieder-schlag: Orthophosphat, Adenylsäure, Pyrophosphat; in der Lösung: Hexosephosphor-säure, Kreatinphosphor-säure. In der Lösung wurde Orthophosphat direkt be-stimmt. Pyrophosphat = Phosphat nach 7 min Hy-drolyse in n HCl bei 100° als Orthophosphat. Un-lösliche Phosphatester-P = Gesamt-P — (Ortho-phosphat-P + Pyrophos-phat-P). Lipoid-P aus Extraktion des gewasche-

Tabelle 8. *Phosphorsäureester in JENSEN-Sarkom und Rattenleber* (mg P in 100 g Gewebe).

Hydrolysenzeit (n HCl bei 100°)	JENSEN-Sarkom	Leber	
		Normal-ratte	Sarkom-ratte
Nach 0 min freier P säurelöslich . .	40	33	44
Nach 7 min	45	41	51
Nach 30 min	50	48	60
Nach 180 min	57	56	67
Gesamt-P	260		

nen Trichloressigsäureniederschlages mit Alkohol-Äther. Über den Gehalt von Tumoren an leicht hydrolysierbaren organischen Phosphaten (CORI-Ester, Kreatinphosphorsäure, Phosphobrenztraubensäure) machte HÖGBERG[3] Untersuchungen. JENSEN-Sarkom zeigte gegenüber normaler Rattenleber keine wesentlichen Unterschiede (Tabelle 8).

---

[1] MORÁVEK, V.: Z. Krebsforsch. **37**, 305 (1932).
[2] BUCHWALD, K. W.: J. Cancer Res. **14**, 536 (1930).
[3] HÖGBERG, B., nach v. EULER, H., u. B. SKARZYNSKI: Biochemie der Tumoren. S. 49. Stuttgart 1942.

3. Lipoide.

Es bestehen große Unterschiede im Lipoidgehalt von frischem Tumorgewebe und Tumornekrosen. Außerdem schwanken auch verschiedene Tumoren und normale Gewebe in ihrem Lipoidgehalt. Darum ist nur ein Vergleich des Lipoidgehaltes eines Tumors mit dem seines Ausgangsgewebes brauchbar. Untersuchungen von Lustig[1] ergaben bei normaler Lunge (4 Best.) einen höheren Lipoidgehalt als bei Lungentumoren (3 Best.) (11,26 % Lipoide gegen 8,07 % Lipoide, bezogen auf Trockengewicht). Fujiwara, Nakahara und Kishi[2] kamen bei normalem Lebergewebe und Hepatomen von Ratten zu einem ähnlichen Ergebnis (Tabelle 9).

Es sind also die Fettsäuren vermindert, das freie und gebundene Cholesterin erhöht, während der Lipoidphosphor unverändert

Tabelle 9. *Lipoidgehalt für Leber und Hepatom* (in Prozenten des Trockengewichts).

	Gesamt-lipoide	Cholesterin (frei)	Cholesterin-ester	Lipoid-P
Normale Leber .	9,1	0,6	0,3	0,4
Hepatom	8,2	1,3	0,7	0,4

bleibt. Nach Christol, Monier und Lacerge[3] schwankt der Lipoidgehalt eines Tumors je nach seinem Entwicklungsgrad (Tabelle 10).

In den Tumornekrosen sind die Gesamtlipoide stark herabgesetzt, während das freie Cholesterin unverändert bleibt.

Cholesterin. Im allgemeinen enthalten maligne Tumoren mehr Cholesterin als normale Gewebe und gutartige Tumoren. So findet z. B. Jowett[4] folgende Werte für Gesamtcholesterin (Tabelle 11).

Nach Angaben von Yasuda und Bloor[5] beträgt der Gesamtcholesteringehalt (ber. auf Trockengewicht) zahlreicher gutartiger menschlicher Tumoren im Durchschnitt

Tabelle 10. *Lipoidgehalt in Tumoren* (in Prozenten des Feuchtgewichtes).

	Gesamt-lipoide	Freies Cholesterin	Gesamt-fettsäuren
Frischer Tumor . . .	2,6	0,27	1,27
Gehemmter Tumor. .	4,5	0,24	2,5
Nekrotischer Tumor .	1,7	0,22	0,91

Tabelle 11. *Cholesteringehalt von Tumoren* (in Prozenten des Trockengewichtes).

Normaler Uterusmuskel .	0,788
Uterusfibromyom . . .	0,753
Uterussarkom	1,667

0,76 %, der maligner Tumoren dagegen 1,89 %, wobei besonders das *gebundene* Cholesterin stark erhöht ist. Nach Bierich, Detzel und Lang[6] sind von dem Gesamtcholesterin in menschlichen Tumoren 15—39 %, in homologen Normalgeweben dagegen nur 12 % gebunden. Langsam wachsende Jensen-Sarkome enthalten besonders viel Cholesterin in veresterter Form[7]. Die Bösartigkeit menschlicher Tumoren soll parallel mit der Erhöhung an Gesamtcholesterin gehen (das Material wurde bei Operationen gewonnen, die Lebensdauer der Patienten nach der Operation verhielt sich umgekehrt wie der Gesamtcholesteringehalt des Tumors). Eine Erklärung hierfür dürfte die verschiedene Verteilung von Cholesterin im Tumorparenchym und im Stroma (Bindegewebe) sein, da Bindegewebe im allgemeinen nur wenig Cholesterin enthält[8]. Tierische Tumoren mit geringem Stromagehalt, z. B. Mäusecarcinome, haben konstante hohe Cholesterinwerte (Tabelle 12).

Verfüttertes Cholesterin wird im Tumor nicht gestapelt[9]. Cholesterinfütterung hat auch keinen Einfluß auf das Tumorwachstum. Bestrahlung der Haut mit UV-Licht steigert den

[1] Lustig, B.: B. Z. **284**, 367 (1936).

[2] Fujiwara, I., W. Nakahara u. S. Kishi: Gann, Tokyo **31**, 51 (1937).

[3] Christol, P., Monier et Lacerge: Trav. Soc. Chim. biol. **23**, 1080 (1941).

[4] Jowett, M.: Biochem. J. **25**, 1991 (1931).

[5] Yasuda, M., and W. R. Bloor: J. clin. Invest. **11**, 677 (1932).

[6] Bierich, R., A. Detzel u. A. Lang: H. **201**, 157 (1931).

[7] Bierich, R., u. A. Lang: H. **216**, 217 (1933).

[8] Bierich, R., u. A. Lang: Kli. Wo. **1936 I**, 667.

[9] Breusch, F. L.: Amer. J. Cancer **36**, 609 (1939).

Gehalt der Haut an freiem und verestertem Cholesterin. Hauttumoren, die durch Bestrahlung mit ultraviolettem Licht entstanden waren, hatten nach KNUDSON und Mitarbeiter[1] einen besonders hohen Cholesteringehalt. In nekrotischen Tumoren steigt der Gehalt an Cholesterin und Neutralfetten, dagegen nehmen die Phosphatide ab, während die Gesamtfettsäuren ziemlich konstant bleiben (Umesterung der Fettsäuren?)[2] (Tabelle 13).

Phosphatide. Über den Phosphatidgehalt von Tumoren findet man in der Literatur verschiedene Angaben. Nach WOLTER[3] zeigen menschliche Lebercarcinome einen niedrigeren Phosphatidgehalt als normales menschliches Lebergewebe (0,36% Lipoid-P gegen 0,56%, bezogen auf Trockensubstanz). Zu ähnlichen Resultaten kam KISHI bei Rattenhepatomen und Rattenleber (s. Tabelle 2, S. 685).

Tabelle 12. *Cholesteringehalt (in mg-%) in Tumoren und normalen Geweben.*

Mäusetumor	Muskel	Leber	Haut
285	90	350	500

Ein höherer Phosphatidgehalt wurde dagegen in Mammatumoren im Vergleich zu normalen Brustdrüsen gefunden[4]. Der Phosphatidgehalt von Tumoren soll nach BULLOCK und CRAMER[5] mit ihrem Wachstum parallel ansteigen. Damit stimmen auch die Ergebnisse von YASUDA und BLOOR[6] überein, die für benigne menschliche Tumoren einen mittleren Phosphatidgehalt von 2,46% und für maligne von 5,89% der Trockensubstanz fanden. Die Untersuchungen von BIERICH,

Tabelle 13. *Lipoidgehalt in nekrotischen Tumoren (in mg-%).*

	Phosphatide	Cholesterin		Gesamt-fettsäuren	Neutralfette
		frei	gesamt		
JENSEN-Sarkom, normal	1788	255	295	1502	230
JENSEN-Sarkom, nekrotisch	507	501	848	1717	1109

DETZEL und LANG[7] ergaben ebenfalls für bösartige Tumoren einen höheren Phosphatidgehalt als für gutartige (1083 mg-% gegen 577 mg-% im Durchschnitt bei 117 Bestimmungen, bezogen auf Frischgewicht).

Nach WITANOWSKI[8] soll in Phosphatiden aus Tumoren beinahe ebensoviel Kephalin wie Lecithin enthalten sein (Tabelle 14).

Im Zusammenhang damit ist von Interesse, daß OUTHOUSE[9] aus malignen Tumoren einen Phosphorsäureester von Colamin isolierte. COLOWICK und CORI[10] fanden jedoch

Tabelle 14. *Cholin und Colamin in Tumoren (in mg-% der Trockensubstanz).*

	Freies Cholin	Gesamtcholin	Gesamtcolamin
JENSEN-Sarkom	17,5	172,1	151,6
FLEXNER-JOBLING-Carcinom	13,1	213,4	165,0

diese Verbindung auch im Rattendarm. Neuerdings konnten AWAPARA, LANDUA und FUERST[11] beinahe in allen Rattengeweben den freien Aminoäthanolphosphorsäureester nachweisen, am meisten fanden sie in der Milz, im Pankreas, in Lymphknoten und im Thymus, außerdem in allen untersuchten menschlichen Tumoren. CHARGAFF und KESTON[12]

[1] KNUDSON, A., S. STURGES and W. R. BRYAN: J. biol. Ch. **128**, 721 (1939).
[2] BIERICH, R., u. A. LANG: H. **216**, 217 (1933). — HAVEN, F. L.: Amer. J. Cancer **29**, 57 (1937).
[3] WOLTER, B.: B. Z. **55**, 260 (1913).
[4] ENSELME, D., et J. ENSELME: Bull. Soc. Chim. biol. **9**, 1017 (1927).
[5] BULLOCK, W. E., and W. CRAMER: Proc. R. Soc. London (B) **87**, 236 (1914).
[6] YASUDA, M. and W. R. BLOOR: J. clin. Invest. **11**, 676 (1932).
[7] BIERICH, R., A. DETZEL u. A. LANG: H. **201**, 157 (1931).
[8] WITANOWSKI, W. R.: Bull. int. Acad. pol., Cl. Méd. **1931**, Nr. 4/6 [Z. Krebsforsch. **36**, 114 (1932)].
[9] OUTHOUSE, E. L.: Biochem. J. **30**, 197 (1936).
[10] COLOWICK, S. P., and C. F. CORI: Proc. Soc. exp. Biol. Med. **40**, 586 (1939).
[11] AWAPARA, J., A. J. LANDUA and R. FUERST: J. biol. Ch. **183**, 545 (1950).
[12] CHARGAFF, E. G., and A. S. KESTON: J. biol. Ch. **184**, 515 (1940).

fanden, daß ^{32}P-haltiger Aminoäthanolphosphorsäureester bei Ratten am schnellsten in die Phosphatide von Tumorgeweben aufgenommen wird.

Über die *Verteilung der Lipoide* in normalen Zellen und Tumorzellen gibt Tabelle 15 von GRAFFI und JUNKMANN[1] Auskunft.

Tabelle 15. *Lipoidverteilung in normalen und in Tumorzellen* (in Prozenten des Trockengewichtes).

	Ascites-carcinom der Maus	JENSEN-Sarkom der Ratte	Leber		
			Maus	Ratte	Hund
Ganze Zellen	—	16,3	—	14,2	—
Kerne (H$_2$O)	7,1	—	—	—	—
Kerne (Citronensäure)	7,7	—	—	—	—
Mitochondrien	34,2	39,8	36,7	34,6	36,8
Lösliche Proteine	4,4	4,4	—	—	—

Tabelle 16. *Lipoidfraktionen in Zellbestandteilen* (in Prozenten des Trockengewichtes).

	Rattenleber		Rattenmuskel Mitochondrien	JENSEN-Sarkom (Ratte)	
	Mitochondrien	Gesamtzelle		Mitochondrien	Gesamtzelle
Fettgehalt	34,3	17,5	43	37,8	16,7
Phosphatide	13,2	6,5	6,2	13,2	5,7
Cholesterin	2,8	0,93	1,7	5,1	2,2
Neutralfett	17,5	9,8	34,5	19,0	8,5
Jodzahl der Fettsäuren.	100	98	33	80	52

Danach sind die Mitochondrien besonders lipoidreich. Zum gleichen Ergebnis kam DITTMAR[2] (Tabelle 16).

Der Vergleich des Lipoidgehaltes von Mitochondrien aus Tumorzellen und normalen Gewebszellen zeigt, daß zwischen beiden Zellarten kein wesentlicher Unterschied besteht. Der Lipoidgehalt der Mitochondrien der JENSEN-Sarkomzellen liegt zwischen dem der Rattenleberzellen und dem der Muskulatur. Die Mitochondrien der Ascites-Carcinomzellen der Maus unterscheiden sich nur unwesentlich in ihrem Lipoidgehalt von den Mitochondrien der Leberzellen. Untersucht man die Zusammensetzung der Lipoide in den Mitochondrien, so fällt ihr hoher Cholesteringehalt auf. Beim JENSEN-Sarkom ist der Cholesteringehalt in den Mitochondrien wie im Gesamthomogenat gegenüber der Rattenleber beinahe um das Doppelte erhöht. Auch der Phosphatidgehalt der Mitochondrien ist höher als der der Gesamtzelle und beim JENSEN-Sarkom ebenso hoch wie bei der Rattenleber. Auffällig ist auch die relativ hohe Jodzahl der Fettsäuren in den Mitochondrien der JENSEN-Sarkomzellen im Vergleich zu jener der Fettsäuren der Gesamttumorzelle.

HAVEN, BLOOR und RANDALL[3] fanden, daß WALKER-Carcinome mehr ungesättigte Fettsäuren enthalten als das übrige Körpergewebe der Ratte.

4. Kohlenhydrate und Intermediärprodukte des Kohlenhydratstoffwechsels.
a) Glykogen.

Eingehende Untersuchungen über den Glykogengehalt von Tumoren machte schon 1890 LANGHANS[4]: Der Glykogengehalt von Tumoren schwankt sehr stark. Tumoren, die aus einem glykogenreichen Muttergewebe stammen, enthalten auch viel Glykogen, z.B. fand LANGHANS in Enchondromen und Knochensarkomen bis zu 1,14%, aber auch andere Geschwülste wie Hodentumoren haben reichlich Glykogen, obwohl Hodengewebe selbst beinahe glykogenfrei ist. Sehr wenig Glykogen fand er in den Tumoren der Mamma,

[1] GRAFFI, A., u. K. JUNKMANN: Kli. Wo. 1946, 78.
[2] DITTMAR, C.: Z. Krebsforsch. 52, 46 (1941).
[3] HAVEN, F. L., W. R. BLOOR and C. RANDALL: Cancer Res. 11, 254 (1951).
[4] LANGHANS, T. H.: Virchows Arch. 120, 129 (1890).

in Magen- und Darmkrebsen, in Ovarialtumoren, Fibromen, Lipomen und Myomen. Den geringen Glykogengehalt der Mammatumoren (0,02 %) bestätigte später BERNHARD[1]. Bekannt ist, daß das Portiocarcinom des Uterus im Frühstadium weniger Glykogen enthält als sein Muttergewebe (eine Methode zur Diagnose dieses Carcinoms ist das Betupfen mit Jodlösung, wobei sich nur das Muttergewebe, aber nicht der Tumor braun färbt). Andererseits fand BERNHARD in anderen bösartigen Uterustumoren zehnmal soviel Glykogen (0,49 %) wie in gutartigen Myomen. Glykogen lagert sich nur in ruhenden Zellen an und verschwindet bei der Mitose[2].

Nach KISHI, FUJIWARA und NAKAHARA[3] schwankte der Glykogengehalt eines verimpfbaren Rattenhepatoms je nach dem Fütterungsgrad der Tiere. Glykogen soll vorwiegend peripher in der Wachstumszone der Tumoren vorkommen. Tumoren, die im Wachstum gehemmt sind, enthalten weniger Glykogen[4]. Den geringen Glykogengehalt von Sarkomen (JENSEN-Sarkom) führen EDLBACHER und BAUMANN[5] auf die Wirkung einer sehr aktiven Amylase zurück.

b) Milchsäure.

Der Milchsäuregehalt von Tumoren und normalen Geweben wurde von BIERICH[6] bestimmt und gegenüber normalen Geweben stark erhöht gefunden. Ein JENSEN-Rattensarkom, das 1 min nach der Entnahme mit HCl + HgCl$_2$ fixiert war, hatte einer Milchsäuregehalt von 91 mg-%, nach 3 Std Liegen bei 28° betrug der Gehalt 221 mg-%. CORI und CORI[7] fanden, daß Tumorschnitte nach WARBURG in einer RINGER-Lösung bei Zusatz von 0,04 % Glucose in 1 Std 1 % ihres Gewichtes an Milchsäure bilden; Mäusecarcinom aber enthält nur 0,034 % Milchsäure bei einem Glucosegehalt von 0,05 % im Tumor (bei Tieren im Hungerzustand), da dauernd Milchsäure in den Blutstrom abgegeben wird. Nach reichlicher Glucosefütterung stieg die Milchsäure im Tumor auf 0,137 % an und ebenso der Glucosegehalt auf 0,22 %, der Glykogengehalt der Tumoren betrug 0,196 %. Der Milchsäuregehalt eines Tumors ist also abhängig von der Höhe der Zufuhr von Kohlenhydraten. BIERICH und ROSENBOHM[8] wiesen nach, daß die aus einem Tumor abführenden Gefäße mehr Milchsäure enthalten als die zuführenden.

c) Phosphorsäureester der Kohlenhydrate.

Neuerdings untersuchten GOLDFEDER und ALBAUM[9] den Gehalt an phosphorylierten Zwischensubstanzen bei Mammacarcinomen. Beide Tumoren waren bei 2 Mäusestämmen entstanden (C3H und dbr B) und wurden dann weitergeimpft. Die beiden Tumorarten unterschieden sich voneinander im Wachstum, im Stoffwechsel und in der Strahlenempfindlichkeit.

Tabelle 17. *Stoffwechselgrößen in Mammacarcinomen.*

	Q_{O_2}	$Q_{CO_2}^{O_2}$		Q_{O_2}	$Q_{CO_2}^{O_2}$
dbr B . .	5,9	24,3	C3H . .	3,6	8,5

Der bösartigere Tumor (dbr B) hatte nur eine Latenzzeit von 4—6 Tagen bis zum Angehen, der andere (C3H) von 14—18 Tagen. Atmung und aerobe Glykolyse waren ebenfalls bei jedem verschieden (Tabelle 17).

Signifikant waren nach der Berechnung der Verfasser nur die Unterschiede des Gehaltes an anorganischem P, Glucose-1-phosphat-P und Adenosintriphosphat bei beiden Tumoren. Der höhere Glucose-1-phosphatgehalt des dbr B-Tumors weist nach den Verfassern auf

[1] BERNHARD, F.: Kli. Wo. 1925 I, 11, 84.
[2] STRONG, L. C., and G. M. SMITH: Bull. Ass. franç. Cancer 26, 694 (1937).
[3] KISHI, S., T. FUJIWARA u. W. NAKAHARA: Gann, Tokyo 31, 556 (1937).
[4] BRAULT, A.: Bull. Ass. franç. Cancer 27, 208 (1938).
[5] EDLBACHER, S., u. W. BAUMANN: Z. Krebsforsch. 47, 191 (1937).
[6] BIERICH, R.: H. 155, 244 (1926).
[7] CORI, C. F., and G. T. CORI: J. biol. Ch. 64, 10 (1925).
[8] BIERICH, R., u. A. ROSENBOHM: H. 214, 271 (1933).
[9] GOLDFEDER, A., and H. G. ALBAUM: Cancer Res. 11, 118 (1951).

einen vermehrten Glykogenabbau hin; die Erhöhung des Gehaltes an Adenosintriphosphor-säure ist dagegen ein Zeichen dafür, daß dem dbr B-Tumor ein höherer Energievorrat zur Verfügung steht. Trotzdem unterscheiden sich beide Tumoren in ihrem Milchsäuregehalt kaum voneinander, der nach der bei Tumorschnitten gemessenen aeroben Glykolyse beim dbr B-Tumor dreimal so hoch sein müßte wie beim C3H-Tumor. Die Verfasser nehmen an, daß der Milchsäureüberschuß bei der starken Gefäßversorgung der Tumoren durch die Blutbahn entfernt wird, und daß außerdem im Tumor ein leistungsfähiges Puffersystem vorkommt, das ein Absinken des p_H unter eine bestimmte Grenze verhindert. Im übrigen sollen die in der Tabelle 18 aufgeführten phosphorylierten Zwischenprodukte etwa in der gleichen Menge in normalen Geweben vorkommen. Das EMBDEN-MEYER-HOF-System zeigt also im Tumorgewebe mit Ausnahme der erhöhten Milchsäurewerte keine Besonderheiten[1].

Tabelle 18. *Analysen verschiedener Mammacarcinome* (in mg-% des Frischgewichtes).

	C 3 H-Tumor	dbr B-Tumor
Wassergehalt in Prozenten .	81,5	85,5
Gesamtphosphor	55,8 ± 3,29	52,1 ± 1,34
Anorganischer Phosphor . .	28,2 ± 2,78	15,9 ± 1,12
Phosphokreatin-P	31,6 ± 4,50	27,6 ± 3,65
Milchsäure	98,8 ± 4,65	100,7 ± 4,51
Phosphoglycerinsäure-P . .	22,9 ± 2,43	25,2 ± 1,49
Glykogen	14,1 ± 1,66	18,8 ± 2,27
Hexosediphosphat-P . . .	9,3 ± 0,90	8,1 ± 1,00
Fructose-6-phosphat-P . . .	4,9 ± 0,95	3,7 ± 0,31
Glucose-1-phosphat-P . . .	6,2 ± 0,57	10,8 ± 1,68
Adenylsäure-P	10,6 ± 1,77	13,5 ± 1,16
Adenosindiphosphat-P . . .	24,2 ± 4,80	21,7 ± 4,91
Adenosintriphosphat-P . . .	18,0 ± 2,73	43,4 ± 4,30
Coenzym I	15,3 ± 3,02	10,4 ± 1,10

d) Citronensäure.

Mit Ausnahme des Plattenepithelcarcinoms der Haut haben viele Tumoren einen höheren Citronensäuregehalt als ihr Ausgangsgewebe. So soll das WALKER-Carcinom der Ratte relativ viel Citronensäure enthalten[2]. Besonders große Unterschiede im Citronensäuregehalt werden bei Hepatomen von 2 Mäusestämmen und der Leber dieser Tiere angegeben[3]. Dies dürfte im Zusammenhang mit den Untersuchungen von WEIN-HOUSE[4] von Interesse sein, der mit Glucose-^{14}C in Schnitten von Mäusehepatomen eine achtmal so hohe Citronensäurebildung nachweisen konnte wie in Leberschnitten; auch Schnitte von Mammacarcinomen und von

Tabelle 19. *Citronensäuregehalt von Tumoren und ihren Ausgangsgeweben*[3].

		γ Citronensäure/ g Feuchtgewicht
C-Stamm-Mäuse:	Leber	11,2
	Hepatom	130,5
	Blut	29,1
leaden-C-Stamm-Mäuse:	Leber	37,9
	Hepatom	64,8
C3H-C-Stamm-Mäuse:	Muskel	30,0
	Rhabdomyosarkom . .	68,0
Swiss-C-Stamm-Mäuse:	Haut	465
	Plattenepithelcarcinom .	73,9

Rhabdomyosarkomen sollen im Intermediärstoffwechsel relativ viel Citronensäure bil-den. Die Ursache dürfte nach WEINHOUSE die hohe Aktivität des „kondensierenden Fermentes" in Tumoren sein, das Acetylreste mit Oxalacetat zu Citronensäure verknüpft.

Dagegen enthalten Plattenepithelcarcinome der Haut viel weniger Citronensäure als normale Haut. Der sehr hohe Citronensäuregehalt der Haut soll schon nach dreimaliger

---

[1] GROTH und Mitarbeiter wiesen nach, daß Pyruvat (mit C^{14}) durch Tumorhomogenate anaerob hauptsächlich in Milchsäure übergeführt wird, daneben werden aber auch andere Reduktionsprodukte gebildet (Propandiolphosphat und seine Vorstufe Acetolphosphat). GROTH, D. R., G. A. LE PAGE, C. HEIDELBERGER and P. A. STOESZ: Canc. Res. **12**, 529 (1952).

[2] HAVEN, F., H. T. RANDALL and W. R. BLOOR: Cancer Res. **9**, 90 (1949).

[3] MILLER, H., and C. CARRUTHERS: Cancer Res. **10**, 636 (1950).

[4] WEINHOUSE, S.: Cancer Res. **11**, 585 (1951).

Behandlung mit Methylcholanthren im hyperplastischen Gewebe auf die Hälfte absinken und dann konstant bleiben, um beim Erscheinen der Tumoren noch weiter herunter zu gehen. Da sich der Calciumgehalt in der normalen und hyperplastischen Haut und in Hautcarcinomen genau so verhält, glauben MILLER und CARRUTHERS, daß Beziehungen zwischen dem Calcium- und dem Citronensäuregehalt der normalen und der hyperplastischen Haut und des Plattenepithelcarcinoms der Haut bestehen (Bildung eines Calciumkomplexsalzes der Citronensäure und Abdiffusion dieses Salzes durch Veränderung der Permeabilität der Zellwände, s. S. 688).

5. Proteine und Aminosäuren.

a) Proteine.

Eines der wichtigsten Probleme der Krebsforschung ist die Zusammensetzung und die Struktur der Eiweißstoffe in Tumoren. Wieweit stimmen diese mit denen ihres Ausgangsgewebes überein und wodurch unterscheiden sie sich von ihnen? Leider sind wir von der Beantwortung dieser Fragen, die wohl auch mit der Ätiologie der Tumoren zusammenhängen, noch weit entfernt. Welche immunbiologische Verschiedenheiten zwischen den Tumoren und ihren Ausgangsgeweben bestehen, läßt sich noch nicht übersehen, da die artspezifischen und organspezifischen Komponenten stark überwiegen[*]. Man darf wohl annehmen, daß einige Proteine der Tumorzelle abgewandelt sind, während andere die Struktur der Mutterzelle behalten haben. Dies konnte z. B. bei Fermentproteinen nachgewiesen werden: Denn eine katheptische Proteinfraktion, die aus einem Rattenhepatom gewonnen wurde, war immunbiologisch einer ähnlichen Fraktion aus einem JENSEN-Sarkom der Ratte verwandter als einer Fraktion aus Rattenleber (d. h. ein Antiserum gegen das Hepatomkathepsin präcipitierte das katheptische Antigen aus JENSEN-Sarkom bei einer viel höheren Verdünnung als solches aus Rattenleber, während umgekehrt Antiserum gegen Rattenleber das Hepatomantigen nicht stärker präcipitiert als das Antigen des JENSEN-Sarkoms). Bei der malignen Entartung der Leberzelle ist also ein Fermentprotein entstanden, das verschieden ist von dem der Leberzelle, aber Ähnlichkeit hat mit dem des JENSEN-Sarkoms[1]. Dagegen ist nach KUBOWITZ und OTT[2] das Fermentprotein der *Milchsäuredehydrase* aus dem JENSEN-Sarkom der Ratte identisch mit dem aus Rattenmuskulatur (s. S. 717).

Auch eine Untersuchung der chemischen Zusammensetzung von Proteinen führt nicht zum Ziel, denn es gibt Proteine, die sich nach ihrem N-, S- und P-Gehalt und nach ihrer prozentualen Zusammensetzung aus Aminosäuren kaum voneinander unterscheiden und doch nicht identisch sind. Dies gilt vor allem für Proteine aus homologen Geweben verschiedener Tierarten[3]. Jedoch können unter Umständen kleine Unterschiede in der Zusammensetzung für das besondere Verhalten eines Proteins maßgebend sein. In früheren Analysen wurden bei den Aminosäuren immer Cystin und Cystein gemeinsam bestimmt. Doch zeigte ihre getrennte Bestimmung, daß der Quotient Cystin/Cystein aller Gewebsproteine für jede Tierart einen charakteristischen Wert hat. Kanincheneiweiß z. B. enthält mehr Cystein als Cystin (der Quotient ist 0,7), während im Ratteneiweiß das Cystin überwiegt (Quotient 3,1). Den für eine Tierart charakteristischen Quotienten trifft man aber auch bei den Tumoren der betreffenden Tierart, z. B. haben das Hepatom, das JENSEN-Sarkom, das WALKER-Carcinom und das FLEXNER-JOBLING-Carcinom der Ratte den Quotienten 3,1, während der BROWN-PEARCE-Tumor des Kaninchens den Quotienten 0,7 hat. Die Artspezifität bleibt in diesem Fall auch bei den Tumoren erhalten[4]. Für den

[1] MAVER, M. E., and M. K. BARETT: J. nat. Cancer Inst. 2, 305 (1941).

[2] KUBOWITZ, F., u. P. OTT: B. Z. 314, 94 (1943).

[3] Für Myosin: BAILEY, K.: Biochem. J. 31, 1406 (1937). — Für Gehirnproteide: BLOCK, R. J.: J. biol. Ch. 119, 765; 120, 467 (1933).

[4] GREENSTEIN, J. P., and F. M. LEUTHARDT: J. nat. Cancer Inst. 5, 111 (1945).

[*] Siehe auch BARETT, M. K.: Cancer Res. 12, 535 (1952). — SNELL, G. D.: Cancer Res. 12, 543 (1952).

verschiedenen Aufbau von Tumorproteinen gegenüber den normalen im Körper vorkommenden Proteinen spricht eine Arbeit von A. FISCHER. Frühere Untersuchungen dieses Autors und seiner Mitarbeiter[1] beschäftigten sich unter anderem auch mit dem Nährstoffbedarf von Gewebekulturen (Myoblasten und Osteoblasten von Hühnerembryonen). Die Kulturen wurden in dialysiertem Plasma und dialysiertem Embryonalextrakt angelegt und zeigten ohne Zusatz komplementärer Substanzen wie Aminosäuren, Glucose, Phosphat usw. kein Wachstum. Außer diesen niedermolekularen Substanzen wirkten auch höhermolekulare Peptide, die durch Pepsinverdauung von Blutplasma gewonnen wurden, wachstumsanregend, und zwar viel stärker als ein Gemisch von Aminosäuren der gleichen Zusammensetzung, wie sie in Hydrolysaten von Blutproteinen vorkommen. Die stärkere Wirksamkeit fand sich nur, wenn homologes Plasma (Hühnerplasma) mit Pepsin verdaut wurde, Peptide aus heterologem Blutplasma hatten nur eine geringe Wachstumswirkung[2]. FISCHER[3] untersuchte auch die Wachstumswirkung von Peptiden aus Huhnmuskulatur und von solchen aus einem Sarkom, das beim gleichen Huhn durch Methylcholanthren in der Muskulatur entstanden war, also von Peptiden aus autologen Geweben, auf Huhnmyoblasten: Während die *Peptide aus Hühnermuskulatur* das Wachstum der Kulturen stark anregten, war dies bei den *Peptiden aus dem Sarkom* nicht der Fall.

Tabelle 20. *Zusammensetzung von Extrakten aus Leber und Sarkom* (in Prozenten des Frischgewichts).

	Leber	JENSEN-Sarkom
Gewebsprotein . .	14,1	3,3
Nucleoproteid . .	1,7	0,6
Albumin-Globulin .	0,6	0,3

Proteinfraktionen von Tumoren und normalen Geweben. Die ersten vergleichenden Untersuchungen stammen von WOLFF[4]. Er bestimmte im Preßsaft verschiedener Tumoren und normaler Gewebe den N-Gehalt der Gesamtproteine (nach Fällung mit Essigsäure in der Hitze) sowie von „Euglobulin", „Pseudoglobulin" (Niederschlag nach $1/3$ bzw. $2/3$ Sättigung mit Ammonsulfat) und „Albumin" (nach Koagulation des Filtrats).

SCHENCK[5] extrahierte mit kalter 1%iger Kochsalzlösung JENSEN-Sarkome und normale Rattenlebern. Den entfetteten Rückstand bezeichnete er als „Gewebsprotein", den Niederschlag, der beim Ansäuern des Extrakts ausfiel, als „Nucleoproteid" und das Hitzekoagulat aus dem Filtrat als „Globulin + Albumin". Er findet für die getrockneten Fraktionen obige Werte (Tabelle 20).

In neuerer Zeit wurden einige Untersuchungen veröffentlicht, bei denen durch modernere Methoden (Elektrophorese, Differentialzentrifugierung, Viscositätsmessungen usw.) eine bessere Charakterisierung der Proteine erreicht wurde.

MILLER, GREEN, KOLB und MILLER[6] berichten über Versuche, bei denen Proteine aus Impfrhabdomyosarkomen von Mäusen mit Proteinen aus Mäusemuskulatur verglichen wurden. Das zerriebene Gewebe wurde bei 4° mit 0,45 m KCl-Lösung ($+ 0,05$ m $NaHCO_3$) und anschließend mit 0,1 n NaOH-Lösung extrahiert (bei der Muskulatur unter Zugabe von $Na_4P_2O_7$, um Actomyosin in lösliches Actin $+$ Myosin überzuführen, was beim Tumor nicht notwendig ist). Aus dem Rhabdomyosarkom wurden 80% des Gesamtstickstoffes bei der ersten Extraktion in Lösung gebracht und 15% bei der zweiten Extraktion, im Rückstand blieben 5%. Bei der Muskulatur gingen mit KCl nur 68% in Lösung, mit NaOH 26% und 6% waren unlöslich.

[1] FISCHER, A., u. T. ASTRUP: Pflügers Arch. **245**, 633 (1942). — ASTRUP, T., A. FISCHER u. M. VOLKERT: Acta physiol. scand. **9**, 134 (1945). — ASTRUP, T., u. A. FISCHER: Acta physiol. scand. **9**, 183 (1945); **11**, 187 (1946). — ASTRUP, T., A. FISCHER u. V. OEHLENSCHLÄGER: Acta physiol. scand. **13**, 267 (1947). — EHRENSVÄRD, G., A. FISCHER u. R. STJERNHOLM: Acta physiol. scand. **18**, 218 (1949).
[2] FISCHER, A.: Acta physiol. scand. **2**, 143 (1941). Biochem. J. **43**, 491 (1948).
[3] FISCHER, A.: Enzymologia **14**, 15 (1950).
[4] WOLFF, H.: Z. Krebsforsch. **3**, 95 (1905).
[5] SCHENCK, E. G.: A. e. P. P. **175**, 401 (1934).
[6] MILLER, G. L., E. U. GREEN, J. J. KOLB and E. E. MILLER: Cancer Res. **10**, 141 (1950).

Der Wasser- und der N-Gehalt des Rhabdomyosarkoms stimmte mit dem des embryonalen Muskels überein (Tabelle 21). Da Myosin in 0,02 m KCl unlöslich ist, wurde es durch Verdünnen der KCl-Lösung ausgefällt, das ausgefällte Myosin dialysiert und durch nochmalige Lösung, Ausfällen usw. gereinigt. Die Myosinausbeute betrug 38—44% vom Gesamt-N des Muskels, dagegen nur 4,7% vom Gesamt-N des Tumors. Die Löslichkeit der Myosinfraktion aus Muskel und Tumor war die gleiche. Zur Abtrennung nicht in Lösung gegangener Zellbestandteile wurden die Extrakte bei 8000 g zentrifugiert. Aus den Muskelextrakten wurde nur eine Spur schweren Materials abgeschieden, bei den Tumorextrakten dagegen bis zu 8,5% des Gesamt-N. Das Zentrifugat aus der ersten Tumorfraktion enthielt viel Ribonucleat, entstammte also dem Cytoplasma, während der viscöse, thymonucleathaltige Niederschlag der zweiten Fraktion aus Kernnucleoproteinen bestand. Die physikalische Untersuchung der Extrakte ergab folgendes: Durch Elektrophorese waren in den Tumorextrakten 7 Komponenten, in den Muskelextrakten nur 3 nachweisbar. Mit einer Ausnahme (?) war keine der Tumorkomponenten mit entsprechenden Muskelkomponenten zu identifizieren, auch die Myosinkomponenten aus Muskel und Tumor waren verschieden; die Viscositätsmessung beider Myosine ergab trotz gleicher Löslichkeit Verschiedenheiten. Dagegen war das ribosehaltige schwere Material aus Tumorgewebe elektrophoretisch einheitlich[1].

BARRY[2] untersuchte das elektrophoretische Verhalten von Extrakten aus 2 Rattenfibrosarkomen, von denen das eine mit Benzpyren,

Tabelle 21. *Analysen von Muskel- und Sarkomextrakten* (Werte in Prozenten).

	Muskulatur	Rhabdomyosarkom
Wassergehalt . . .	74,4	83
Aschegehalt . . .	5,3	7,6
N-Gehalt	14,8	12,8
P-Gehalt	5,3	7,6

das andere mit Methylcholanthren induziert war, die sich aber histologisch gleichartig verhielten. Die Gewebshomogenate wurden mit 0,5 m NaCl + 0,03 m NaHCO$_3$ extrahiert, der nichtextrahierte Gewebsrückstand bei niederer Tourenzahl, die Mitochondrien und Mikrosomen bei hoher Tourenzahl abzentrifugiert und die klare obenstehende Flüssigkeit elektrophoretisch untersucht. Gesamt-N und P waren bei beiden Tumoren gleich (N 14,19% ± 0,57%; P 2,27% ± 0,01% bezogen auf Trockengewicht). Im Extrakt des Benzpyrentumors waren elektrophoretisch 4 Komponenten nachweisbar, im Methylcholanthrentumor nur 3. Das Plasma von Tumorratten war bis auf eine geringe Abnahme von γ-Globulin (etwa 8%) nicht verschieden von dem normaler Ratten. Plasma und Tumorextrakte ergaben keine gleichartigen Kurven, aber doch verhielten sich einige Komponenten des Plasmas und der Tumorextrakte ähnlich in ihrer Beweglichkeit.

Von großer Bedeutung für die Ätiologie der Lebertumoren sind die Arbeiten von SOROF und COHEN[3] über die löslichen Proteine aus Rattenhepatomen. Die Autoren untersuchten elektrophoretisch und in der Ultrazentrifuge die löslichen Proteine aus Rattenhepatomen, die mit Buttergelb und anderen carcinogenen Azofarbstoffen induziert waren, und verglichen ihr Verhalten mit dem der löslichen Proteine aus normaler und präneoplastischer Leber: Während die Proteine aus präneoplastischer Leber die gleichen Eigenschaften hatten wie solche aus normalem Lebergewebe, zeigten die löslichen Proteine aus Hepatomen ebenso wie die aus ihren Metastasen eine merkliche Verminderung der langsam wandernden h-Komponenten und eine Vermehrung der A- und N-Komponenten (Veronalpuffer 0,1 μ p$_H$ 8,6). Die Eigenschaften der löslichen Proteine aus Hepatomen waren sehr ähnlich denen aus JENSEN-Sarkomen, WALKER-Carcinosarkomen und FLEXNER-JOBLING-Carcinomen. Das langsam wachsende verimpfbare Mäusehepatom 112B stand nach seinem Verhalten in der Mitte zwischen den oben genannten Tumoren und der nicht neoplastischen Leber. In der Ultrazentrifuge sedimentierten die löslichen Proteine des Lebergewebes aus der Umgebung der Hepatome ebenso schnell wie die aus

[1] MILLER, G. L., E. U. GREEN, E. E. MILLER and J. J. KOLB: Cancer Res. 10, 148 (1950).
[2] BARRY, G. T.: Cancer Res. 10, 694 (1950).
[3] SOROF, S., and P. P. COHEN: Cancer Res. 11, 376 (1951).

gesunder Leber. Dagegen hatten die löslichen Proteine aus Hepatomen 2 schnell sedi-
mentierende Komponenten, die in den nicht neoplastischen Leberextrakten nur in sehr
geringer Menge vorkamen und undeutlich definiert waren.

Nachdem sich durch frühere Arbeiten von MILLER, MILLER und Mitarbeitern[1] gezeigt
hatte, daß in der Leber von Ratten, die mit Buttergelb gefüttert wurden, proteingebun-
dener Farbstoff nachweisbar war, in den später entstehenden Hepatomen dagegen nicht
mehr, konnte aus diesem Verhalten geschlossen werden, daß die Proteine der Hepatome
qualitativ von denen der normalen Leber abweichen. Über die Hälfte des Farbstoffes
wird an lösliche Proteine gebunden. Darum untersuchten SOROF, COHEN, MILLER und
MILLER[2] das elektrophoretische Verhalten der löslichen Eiweißstoffe, an die dieser Farbstoff und andere ähnliche carcinogene Azofarbstoffe gebunden waren (3'-Methyl-4-dime-
thylaminoazobenzol, 4'-Methyl-4-dimethylaminoazobenzol, 2'-Methyl-4-dimethylamino-
azobenzol). Es zeigte sich, daß diese löslichen Proteine ausschließlich mit den langsamen
h-Komponenten wandern. Da nun gerade die h-Komponenten in den später entstehenden
Hepatomproteinen stark vermindert sind, kann auf einen ursächlichen Zusammenhang
zwischen Farbstoffbindung und Hepatomentstehung geschlossen werden.

b) Aminosäuren und Peptide.

Eiweißfreie Filtrate aus Lungentumoren (nach Fällung der Proteine mit Gerbsäure
und Essigsäure) haben nach LUSTIG[3] einen höheren N-Gehalt als die gleichen Filtrate
aus normalem Lungengewebe, d. h. ihr N-Gehalt betrug 2,1—9,4% des Gesamt-N gegenüber 1,4—1,9% (4 Lungentumoren, 4 normale menschliche Lungen). Entsprechend war
auch der N-Gehalt der Fraktion der freien Diaminosäuren (nach Phosphorwolframsäurefällung) erhöht (0,6—1,4% gegen 0,2—0,3%). Zu einem ähnlichen Ergebnis kamen auch
KISHI, FUJIWARA und NAKAHARA[4] beim Vergleich eines Impfhepatoms der Ratte mit
normaler Rattenleber. Während der Gesamt-N beim Hepatom im Vergleich zur Leber
nur wenig erhöht war, waren Aminosäure-, Kreatin-, Harnstoff-N und Nichtproteinstick-
stoff beinahe doppelt so hoch wie in der Leber, wenn auf das Trockengewicht bezogen
wurde; bei Bezug auf das Feuchtgewicht war kein Unterschied (Tabelle 2, S. 685). Damit
stimmen auch Untersuchungen von GREENSTEIN[5] überein, der keinen Unterschied im
Kreatingehalt der normalen und regenerierenden Leber und von Impfhepatomen bei
Ratten und Mäusen fand (mit der spezifischen enzymatischen Kreatinbestimmungs-
methode von MILLER und DUBOS[6]).

Glutathion. Da es zahlreiche Glutathion-Bestimmungsmethoden gibt, bei denen neben
Glutathion noch andere reduzierende Substanzen mitbestimmt werden, sind oft die Ergebnisse nicht einheitlich und daher nicht miteinander vergleichbar. So finden z. B. FUJI-
WARA, NAKAHARA und KISHI[7] durch eine jodometrische Bestimmung der gesamtredu-
zierenden Substanzen nach Abzug des Ascorbinsäureanteils bei einem Impfhepatom der
Ratte (Ikabo) einen um 40% höheren Glutathiongehalt als in der Rattenleber (Mittel von
16 Bestimmungen: Hepatom 0,243%, Leber 0,171% bezogen auf Frischgewicht). IKI[8]
dagegen findet bei Buttergelbhepatomen von Ratten und Rattenlebern keinen Unter-

---

[1] MILLER, E. C., and J. A. MILLER: Cancer Res. 7, 468 (1947). — MILLER, E. C., R. W. SAPP
and G. M. WEBER: Cancer Res. 9, 336 (1949). Am. Soc. 70, 3458 (1948). — PRICE, J. M., E. C.
MILLER and G. M. WEBER: Cancer Res. 9, 398 (1949); 10, 18 (1950). — PRICE, J. M., J. A. MILLER,
E. C. MILLER and G. M. WEBER: Cancer Res. 9, 96 (1949).
[2] SOROF, S., P. P. COHEN, E. C. MILLER and J. A. MILLER: Cancer Res. 11, 383 (1951). — Siehe a.
MILLER, E. C., and J. A. MILLER: Cancer Res. 12, 547 (1952). — CREECH, H. J.: Cancer Res. 12.
557 (1952). — Vgl. dagegen HOFFMAN, H. E., and A. M. SCHLECHTMAN: Cancer Res. 12, 129 (1952).
ferner: ELDREDGE, N. T., and J. M. LUCH: Cancer Res. 12, 201 (1952).
[3] LUSTIG, B.: B. Z. 284, 367 (1936).
[4] KISHI, S., T. FUJIWARA u. W. NAKAHAKA: Gann, Tokyo 31, 355 (1937).
[5] GREENSTEIN, J. P.: J. nat. Cancer Inst. 3, 287 (1942).
[6] MILLER, B. F., and R. DUBOS: J. biol. Chem. 121, 457 (1937).
[7] FUJIWARA, T., W. NAKAHARA u. S. KISHI: Gann, Tokyo 32, 107, 115 (1938).
[8] IKI, H.: Gann, Tokyo 33, 216 (1939).

schied im Glutathiongehalt (0,214% gegen 0,217%) und nach Kinosita[1] und nach Greenstein[2] enthalten primäre Hepatome bei Ratten um 11% und Impfhepatome um 24% weniger Glutathion als Rattenlebern (Glutathiongehalt der Leber 0,204—0,270%). In Tumornekrosen ist der Glutathiongehalt gegenüber frischem Gewebe stark vermindert[3, 4].

Freie Aminosäuren. Roberts und Tishkoff[5] untersuchten mit einer papierchromatographischen Methode[6] den Gehalt an freien Aminosäuren in normaler und hyperplastischer Mäusehaut und in der Haut neugeborener Mäuse und fanden die höchsten Werte in der Haut neugeborener Mäuse und in der hyperplastischen Haut, die niedersten in Plattenepithelcarcinomen der Haut.

Roberts und Frankel[7] beobachteten, daß dem Abfall des freien Arginin in Plattenepithelcarcinomen der Haut eine Zunahme der Arginaseaktivität vorausging. In einer weiteren Untersuchung[8] wurde für verschiedene Impftumoren und ihre Ausgangsgewebe papierchromatographisch das Vorherrschen und Verschwinden bestimmter Aminosäuren ermittelt. Die normale Mäusehaut enthielt viel freie Aminosäuren; im Plattenepithelcarcinom waren diese stark reduziert; nicht mehr nachweisbar waren: Glutamin, Glutaminsäure und Prolin; Cystin und Taurin dagegen waren vermehrt. Muskel und Rhabdomyosarkom waren beide reich an Taurin, sonst waren im Tumor mehr freie Aminosäuren als im Muskel; vermehrt waren vor allem Glutathion, „Unterglutaminsäure" (ein Polypeptid, das aus 10 Aminosäuren besteht), Glutaminsäure, Glykokoll, Alanin, Prolin, Serin, Cystin. Lymphknoten und Lymphosarkom enthalten beide viel Taurin, gleich viel Glutathion, „Unterglutaminsäure", Glutaminsäure. Lymphknoten enthalten mehr Asparaginsäure Lymphosarkome mehr Glykokoll, Alanin, Prolin, Serin und Cystin. Hepatome und Leber haben gleichen Taurin-, Alanin- und Valingehalt, in den Hepatomen ist mehr Glutaminsäure, Asparaginsäure, Prolin, Leucin, Glykokoll, Serin und Cystin, aber weniger Glutamin. Die Chromatogramme vom Impfsarkom 180 und spontanen Mammacarcinom waren ähnlich. Die neoplastischen Gewebe haben alle eine ähnliche Zusammensetzung an freien Aminosäuren, ob sie aus einem Gewebe mit einem hohen Aminosäuregehalt (wie der Haut) oder einem mit niederem Aminosäuregehalt entstehen. Normale Gewebe dagegen weichen stark voneinander ab, jeder Typ hat seinen charakteristischen Aminosäuregehalt.

Aminosäuregehalt der Tumorproteine. Die Angaben von Kocher[9] über eine starke Erhöhung der *Diaminosäurefraktion* im Hydrolysat von Tumorproteinen konnten durch umfangreiche Untersuchungen von Drummond[10] nur zum Teil bestätigt werden. Drummond untersuchte 12 menschliche Brustcarcinome, 1 menschliches Lymphosarkom, 20 Rous-Sarkome und 12 normale Gewebe von Menschen und Huhn. Das Material wurde gewonnen durch Hitzekoagulation des zerkleinerten Gewebes, Fällung der löslichen Proteine mit Alkohol und Hydrolyse des getrockneten Niederschlags nach Extraktion mit Äther (Tabelle 22).

Es ergab sich, daß der Diaminosäuregehalt auch in normalen Geweben recht hoch sein kann, z. B. in der Milz. Allerdings sind mit Ausnahme des Lymphosarkoms in den Tumorgeweben höhere Werte zu beobachten als bei den Vergleichsgeweben und zwar um so höhere, je bösartiger ein Tumor ist, was auch für den Histidingehalt eines Gewebes gilt. Dies soll vor allem mit der raschen Vermehrung der Zellen zusammenhängen, denn in bindegewebsreichen, langsam wachsenden Tumoren findet man weniger Hexonbasen.

[1] Kinosita, R.: J. Jap. Gastroenterol. Ass. 87, 513 (1938) (zit. nach Greenstein, J. P.: Biochemistry of Cancer, S. 282, zit. 130).
[2] Greenstein, J. P.: J. nat. Cancer Inst. 3, 61 (1942).
[3] Voegtlin, C., and J. W. Thompson: J. biol. Ch. 70, 801 (1926).
[4] Woodward, H. Q.: Biochem. J. 29, 2405 (1935).
[5] Roberts, E., and G. H. Tishkoff: Science, N. Y. 109, 14 (1949).
[6] Dent, C. E.: Biochem. J. 43, 169 (1949).
[7] Roberts, E., and S. Frankel: Cancer Res. 9, 231 (1949).
[8] Roberts, E., and S. Frankel: Cancer Res. 9, 645 (1949).
[9] Kocher, B. A.: J. biol. Ch. 22, 299 (1909).
[10] Drummond, J. C.: Biochem. J. 10, 473 (1916).

Tabelle 22. *Basische Aminosäuren in normalen und Tumorproteinen* (in Prozenten des Gesamt-N).

	Arginin-N	Histidin-N	Lysin-N	Diamino-säure-N
Huhn:				
ROUS-Sarkom				28
langsam wachsend	12,1	9,3	11,7	33,8
schnell wachsend	11,5	10,6	12,0	35,8
Mensch:				
Mamma, normal	10,1	3,7	12,9	26,7
Scirrhuscarcinom, langsam wachsend	11,2	5,9	11,2	28,3
Brustcarcinom, rasch wachsend	10,1	7,3	12,9	30,3
Brustcarcinom, Drüsenmetastasen	10,5	8,1	13,3	31,9
Milz	12,5	13,5	11,0	38,1
Lymphosarkom	11,9	8,9	16,3	38,2

Neuere Untersuchungen über den Gehalt von Gewebsproteinen an basischen Aminosäuren stammen von ZBARSKII, ZBARSKII und MARDASHEV[1]; dabei wurden Carcinome und Sarkome der Maus mit Muskulatur und Leber verglichen. Das zerkleinerte Gewebe wurde gewaschen und gekocht. Die im wäßrigen Extrakt gelösten Proteine wurden mit verdünnter Essigsäure bei 100° gefällt und der Niederschlag zusammen mit dem gekochten Gewebe verarbeitet. Die getrockneten Proteine wurden 3 Std unter 3 Atmosphären Druck mit 20%iger Salzsäure hydrolysiert. Die Diaminosäuren wurden nach der Modifikation von CAVETT der VAN SLYKEschen Methode bestimmt. Argininbestimmung colorimetrisch nach der SAKAGUCHI-Methode. Die Resultate wurden für Wasser-, Asche- und Fettgehalt korrigiert (Tabelle 23).

Tabelle 23.
Basische Aminosäuren in normalen und Tumorproteinen der Maus (in Prozenten des Gesamt-N).

		Diamino-N	Arginin-N	Histidin-N	Lysin-N
Carcinom	(9)	33,7 ± 0,9	15,9 ± 0,3	4,5 ± 0,2	13,2 ± 0,3
Sarkom	(3)	31,6 ± 0,7	14,3 ± 0,7	4,4 ± 0,2	13,8 ± 0,2
Muskel	(6)	30,4 ± 0,9	13,9 ± 0,5	4,2 ± 0,2	12,4 ± 0,5
Leber	(6)	30,1 ± 1,2	13,9 ± 0,3	4,9 ± 0,5	11,2 ± 0,7

Im Gegensatz zu DRUMMOND wird beim Carcinom mehr Arginin gefunden als bei den normalen Geweben, dagegen besteht kein Unterschied im Histidin- und Lysingehalt.

Tabelle 24. *Arginin in normalen und Tumorproteinen* (Werte in Prozenten).

	Gesamt-arginin	Freies Arginin	Eiweiß-arginin
JENSEN-Sarkom . . .	4,4	0,48	3,95
Muskel von Sarkomtier	4,5	0,52	4,00
Muskel, normal	5,2	0,17	5,05

KLEIN und ZIESE[2] fanden dagegen bei der Untersuchung verschiedener Tumoren (EHRLICHs Mäusecarcinom, JENSEN-Sarkom und FLEXNER-JOBLING-Sarkom der Ratte und ROUS-Sarkom des Huhns) nur in wenigen Fällen, d. h. bei einigen rasch wachsenden EHRLICH-Carcinomen, einen höheren Gesamtarginingehalt als in der Muskulatur; dagegen waren das freie Arginin (gewonnen durch Heißwasserextraktion aus dem Gewebe) und die Arginase (auch in der Muskulatur der Tumortiere) in den Tumoren stark erhöht (Tabelle 24).

Vergleiche dazu die Untersuchungen über den Arginasegehalt hyperplastischer Haut und von Hauttumoren von ROBERTS und FRANKEL[3] (s. S. 701). ANNAU und GÖZSY[4]

[1] ZBARSKII, B. I., I. B. ZBARSKII u. S. P. MARDASHEV: Biochimia, Moskau 9, 161 (1944).
[2] KLEIN, G., u. W. ZIESE: Z. Krebsforsch. 37, 323 (1932).
[3] ROBERTS, E., and S. FRANKEL: Cancer Res. 9, 231 (1949).
[4] ANNAU, E., u. B. GÖZSY: Z. Krebsforsch. 40, 572 (1934).

untersuchten ebenfalls den Arginingehalt von JENSEN-Sarkomen und Rattenlebern, sie fanden im Durchschnitt von 10 Untersuchungen in den Sarkomen einen Arginingehalt von 4,46 %, in den Lebern von 3,16 %, dagegen nur Spuren von löslichem Arginin und keine Arginase in den Tumoren.

Proteinschwefel. Frühere Untersuchungen über den S-Gehalt von Geweben ergaben oft zu niedrige Werte, da bei einigen Methoden der S-Bestimmung der Methioninschwefel infolge ungenügender Oxydation nicht ganz miterfaßt wird und deshalb die S-Werte zu niedrig werden. NAKAHARA, FUJIWARA und KISHI[1] verwandten zur Bestimmung des S-Gehaltes von Rattenleber und Hepatomen das LIEBIGsche Verfahren, bei dem das getrocknete Gewebe mit $KNO_3 + KOH$ geschmolzen wird (dieses Verfahren gibt auch bei dem methioninreichen Casein einwandfreie Werte) (Tabelle 25).

Es besteht also scheinbar eine Erhöhung des S-Gehaltes der Hepatome. Wird der S-Gehalt jedoch auf die N-Werte von Leber und Hepatom (11,2 bzw. 12,8 %) bezogen, so sind beide Werte beinahe identisch.

Tryptophan. Der Tryptophangehalt von Tumoren wurde von verschiedenen Seiten untersucht. FÜRTH, KAUNITZ und SCHERF[2] machten Tryptophanbestimmungen in normalem menschlichem Lebergewebe und in Lebermetastasen von Tumoren. Der Gewebebrei wurde mit Trichloressigsäure behandelt, der Niederschlag ausgewaschen, mit Alkohol-Äther extrahiert und das getrocknete Gewebspulver mit NaOH hydrolysiert (Tryptophanbestimmung nach FÜRTH und DISCHE)[3]. Der Tryptophan-

Tabelle 25. *Schwefelgehalt der Proteine aus Leber und Hepatom* (in Prozenten des Trockengewichtes).

Hepatom (16 Best.) . . .	$1,24 \pm 0,17$
Leber (14 Best.)	$0,98 \pm 0,12$

gehalt in den Lebermetastasen war im allgemeinen gegenüber der normalen Leber nicht verändert, dagegen hatten Melanommetastasen einen bis zu 50 % erniedrigten Tryptophangehalt. FÜRTH nimmt an, daß dies damit zusammenhänge, daß Tryptophan in den Melanomen als Chromogen für das Tumorpigment verbraucht werde. Bei Untersuchungen über Serumproteine von Krebskranken fiel LANG[4] der niedere Tryptophangehalt der Proteine der Albuminfraktion auf. Ein Vergleich des Tryptophangehaltes von menschlichen Carcinomen mit Muskulatur von Menschen ergab bei den Carcinomen ebenfalls einen niederen Tryptophanwert (0,74 % gegen 1,39 %), auch war im frischen Tumorgewebe des JENSEN-Sarkoms weniger Tryptophan nachzuweisen als in der Muskulatur von Ratten (0,91 % gegen 1,22 %), die Tumornekrosen hatten dagegen einen höheren Tryptophanwert (1,24 %). ZBARSKII u. a. (s. S. 702) finden ebenfalls in EHRLICH-Carcinomen weniger Tryptophan als in Muskulatur und Leber von Mäusen.

Wenn bei diesen Untersuchungen zum Vergleich mit den aus ihnen entstandenen Tumoren auch keine homologen Gewebsarten verwandt wurden, so wurde doch in den Tumoren stets weniger Tryptophan gefunden. Vielleicht steht dies mit dem Kernreichtum des rasch wachsenden Tumorgewebes im Zusammenhang, da nach MIRSKY und POLLISTER[5] die Histone der Zellkerne kein Tryptophan enthalten sollen.

D-Glutaminsäure. 1939 berichtete KÖGL über das Vorkommen von D-Glutaminsäure in Tumorproteinen. Die höchsten Werte wurden nach KÖGL und ERXLEBEN in menschlichen Ovarialtumoren und in Netzmetastasen des BROWN-PEARCE-Carcinoms von Kaninchen gefunden (bis zu 44 % D-Glutaminsäure). Nachprüfungen dieser auch für die Ätiologie der Tumoren außerordentlich wichtigen Mitteilung hatten sehr widersprechende Ergebnisse (s. S. 705). Viele Autoren konnten sie nicht bestätigen, andere berichten auch über positive Resultate. Auch KÖGL selbst und Mitarbeiter suchten die Richtigkeit ihrer

[1] NAKAHARA, W., T. FUJIWARA u. S. KISHI: Gann, Tokyo **30**, 499 (1936).
[2] FÜRTH, O., H. KAUNITZ u. F. SCHERF: B. Z. **272**, 88 (1934).
[3] FÜRTH, O., u. Z. DISCHE: B. Z. **146**, 275 (1924).
[4] LANG, A.: B. Z. **284**, 44 (1936).
[5] MIRSKY, A. E., and A. W. POLLISTER: Proc. nat. Acad. Sci. USA **28**, 344 (1942).

Untersuchungen zu beweisen. Im einzelnen auf die sehr umfangreiche Literatur einzugehen, ist hier nicht möglich. Neuere zusammenfassende Arbeiten s. [1], [2].

Aminosäuregehalt von Tumoren und normalen Geweben. Analysen, in denen sämtliche Aminosäuren in Tumoren und entsprechenden Vergleichsgeweben quantitativ ermittelt wurden, sind bisher nicht bekannt; dagegen sind neuerdings einige Arbeiten erschienen, in denen über die wichtigsten Aminosäuren berichtet wird. ROBERTS und Mitarbeiter[3] untersuchten den Gehalt von normaler Mäuseepidermis, von nach Methylcholanthrenbehandlung hyperplastischer Mäusehaut, und von danach entstandenen Hautcarcinomen an 12 Aminosäuren (Lysin, Arginin, Histidin, Leucin, Isoleucin, Valin, Threonin, Phenylalanin, Glutaminsäure, Methionin, Cystin und Tryptophan). In der hyperplastischen Haut und in den Hautcarcinomen stieg die Gesamtmenge dieser Aminosäuren im Vergleich zur normalen Haut, aber abgesehen von einer kleinen Erhöhung des Cystingehaltes und Verminderung des Methionin, verursacht durch das als Lösungsmittel verwandte Benzol, kam es nicht zu einer Verschiebung in der Verteilung der Aminosäuren. Die präcanceröse Epidermis hatte die gleiche Aminosäurezusammensetzung wie die Hautcarcinome. DUNN, FEAVER und MURPHY[4] bestimmten bei Ratten ebenfalls 12 Aminosäuren im normalen Bindegewebe und in einem Fibrosarkom, das durch subcutane Injektion von Methylcholanthren entstanden war und dann weiter verimpft wurde. Das Gewebe wurde 24 Std mit der fünffachen Menge 8 n HCl hydrolysiert, die Aminosäuren wurden im Hydrolysat nach einem von DUNN[5] angegebenen Verfahren bestimmt (Tabelle 26).

Tabelle 26. *Aminosäureanalysen von Bindegewebe und Sarkom von Ratten*
(Werte in Prozenten des Gesamtaminosäuregehaltes).

	Normales Bindegewebe	Fibrosarkom		Normales Bindegewebe	Fibrosarkom		Normales Bindegewebe	Fibrosarkom
Arginin	2,8	5,9	Histidin . .	4,0	2,5	Methionin .	2,5	1,8
Asparaginsäure.	10	8,6	Isoleucin . .	4,8	4,5	Phenylalanin	4,0	3,8
Glutaminsäure .	11	12	Leucin . . .	8,5	7,5	Threonin . .	2,8	3,8
Glykokoll . . .	0	4,5	Lysin. . . .	7,6	7,5	Valin	4,8	5,2

Demnach sind im Fibrosarkom Arginin, Glykokoll und Threonin erhöht, Histidin und Methionin vermindert.

SAUBERLICH und BAUMANN[6] bestimmten 18 Aminosäuren in verschiedenen Rattentumoren (und Rattengeweben). Die getrockneten Gewebe wurden mit 4 n HCl bzw. NaOH 8 Std hydrolysiert und im Hydrolysat nach einem von den Verfassern beschriebenen Verfahren mit Kulturen von Leuconostoc mesenteroides P-60, Leuconostoc citrovorum 8081 und Streptococcus faecalis 16 Aminosäuren bestimmt (zur Bestimmung von Tryptophan und Tyrosin wurden alkalische Hydrolysate verwandt)[7]. Die Resultate wurden in Prozenten des Gesamtaminosäuregehaltes im fettfreien Rückstand, korrigiert auf 16 % N, ausgedrückt (Tabelle 27).

Mit Ausnahme des Fibrosarkoms haben die untersuchten Tumoren einen sehr ähnlichen Gehalt an Aminosäuren. Die höchsten Werte findet man für Glutaminsäure (11,7 bis 13,3 %), Asparaginsäure (8,3—9,1 %), Leucin (7,2—8,9 %) und Lysin (6,5—8,3 %), die niedrigsten für Tryptophan (0,9—1,0 %) und Methionin (1,9—2,0 %). Jedoch sind die Differenzen im Aminosäuregehalt verschiedener Tumoren nicht größer als die Schwan-

[1] KÖGL, F.: Exper. 5, 173 (1949).

[2] BURK, D., and R. J. WINZLER: Ann. Rev. 13, 487 (1944).

[3] ROBERTS, E., A. L. CALDWELL, G. H. A. CLOWES, V. SUNTZEFF, C. CARRUTHERS and E. V. COWDRY: Cancer Res. 9, 350 (1949).

[4] DUNN, M. S., E. R. FEAVER and E. A. MURPHY: Cancer Res. 9, 306 (1949).

[5] DUNN, M. S.: Univ. Calif. Publ. Physiol. 8, 293 (1949).

[6] SAUBERLICH, H. E., and C. A. BAUMANN: Cancer Res. 11, 67 (1951).

[7] STEELE, R., H. E. SAUBERLICH, M. S. REYNOLDS and C. A. BAUMANN: J. biol. Ch. 177, 533 (1949).

Tabelle 27. *Aminosäuregehalt normaler Rattengewebe und verschiedener Tumoren*
(in Prozenten des Gesamtaminosäuregehaltes).

	Muskel	Leber	FLEXNER-JOBLING-Carcinom	Sarkom MC	Hepatom	Mamma-fibro-sarkom	Schwankungsbreiten	
							4 gleiche Tumoren	Normale Rattengewebe
Alanin	7,5	4,7	6,4	7,4	7,6	8,0		
Arginin	6,0	5,0	5,8	5,4	5,5	6,8	5,4—6,2	5,0—6,0
Asparaginsäure . .	8,6	7,6	8,8	8,3	9,1	6,7		
Cystin	2,0	1,6	1,1	2,2	2,1	1,9		
Glutaminsäure . .	15,0	12,3	11,7	12,2	13,3	10,2	11,7—13,3	10,4—15,0
Glykokoll	5,6	5,4	5,2	5,0	5,1	17,1	5,1—6,3	4,9—6,1
Histidin	2,0	2,0	1,9	2,2	2,7	1,2	1,9—2,7	2,0—2,4
Isoleucin	5,2	4,9	5,3	5,0	4,3	2,5	4,3—5,6	4,8—5,2
Leucin	7,7	8,2	7,9	8,9	7,2	4,7	7,2—8,9	7,3—9,1
Lysin	8,3	5,2	8,3	7,4	6,5	5,2	6,5—8,3	6,5—8,3
Methionin	2,5	2,2	2,0	2,0	1,9	1,2	1,9—2,0	2,2—2,5
Phenylalanin . . .	3,6	4,3	3,7	3,8	4,4	3,5	3,7—4,4	3,4—4,5
Prolin	4,1	4,1	4,3	5,4	4,7	9,8		
Serin	3,9	4,7	4,8	5,2	5,6	4,7		
Threonin	4,1	3,8	3,1	5,1	4,5	2,4	3,1—5,1	3,5—4,1
Tryptophan . . .	1,2	1,3	0,9	1,0	1,0	0,3	0,9—1,0	1,2—1,4
Tyrosin	3,1	3,6	3,5	3,4	3,6	1,7		
Valin	4,3	5,2	5,3	4,4	4,9	3,2	4,5—5,3	4,3—6,1

kungen, die bei gleichartigen Tumoren vorkommen. Auch die Unterschiede gegenüber normalem Rattengewebe, das selbst große Schwankungen zeigt, sind sehr gering. Das Fibrosarkom verhält sich jedoch wesentlich anders: Alanin und Arginin sind etwas erhöht, Prolin auf das Doppelte und Glykokoll auf das Dreifache (17,1 %) vermehrt, die meisten anderen Aminosäuren sind mehr oder weniger vermindert, am stärksten Tryptophan (0,26 %). Die Ursache dafür dürfte nach der Ansicht der Autoren nicht eine andersartige Zusammensetzung der Sarkomzellen, sondern der Reichtum des Tumors an kollagenen Fasern sein, da Kollagen sehr reich an Glykokoll ist und kein Tryptophan enthält.

Die Angaben von KÖGL über das Vorkommen von D-Glutaminsäure in Tumoren werden durch Befunde der Autoren nicht gestützt: Glutaminsäure wurde sowohl mit Leuconostoc mesenteroides, das nur die natürliche L-Form angreift als auch mit L. lycopersii, das auch mit der racemischen Form reagiert, bestimmt. In Leberhydrolysaten wurde mit L. lyco-persii 14,7—14,2 % Glutaminsäure, in den Tumoren 13,5—13,3 % nachgewiesen; in letzterem Fall wäre nach KÖGL mehr Glutaminsäure zu erwarten gewesen und weniger mit L. mesenteroides.

Die gleichartige Zusammensetzung der Proteine aus Tumoren und aus normalen Geweben schließt nicht aus, daß zwischen beiden durch einen verschiedenen Aufbau aus den Aminosäuren Unterschiede bestehen. Eine andere Möglichkeit wäre die, daß nur ein Teil der Proteine in der Tumorzelle abgewandelt wird, und daß diese Veränderung zu gering ist oder aber durch entgegengesetzte Veränderungen anderer Zellbestandteile kompensiert wird, so daß sie in der Gesamtanalyse des Gewebes nicht in Erscheinung tritt. Darum sind Untersuchungen an getrennten Zellbestandteilen (Zellkerne, Mitochondrien, Mikrosomen und lösliche Fraktion) besonders wichtig. Papierchromatographische Unter-suchungen von LI und ROBERTS[1] über freie Aminosäuren in Mitochondrien verschiedener Gewebe und Tumoren ergaben keine wesentlichen Unterschiede. Dagegen gibt eine Arbeit von SCHWEIGERT, GUTHNECK, PRICE, MILLER und MILLER[2] Anhaltspunkte dafür, daß nicht nur Proteine verschiedener Zellbestandteile eine verschiedene Aminosäurezusammen-setzung haben, sondern daß auch Unterschiede bestehen zwischen den Proteinen homo-loger Zellbestandteile von Tumoren und ihren Ausgangsgeweben. Untersucht wurden

[1] LI, C. H., and E. ROBERTS: Science, N.Y. 110, 559 (1949).
[2] SCHWEIGERT, B. S., B. T. GUTHNECK, J. M. PRICE, J. A. MILLER and E. C. MILLER: Proc. Soc. exp. Biol. Med. 72, 495 (1949).

normale Rattenleber, Leber von Ratten, die einige Zeit Buttergelb im Futter erhalten
hatten, und Hepatome, die durch Buttergelbfütterung entstanden waren. Die Homogenate daraus wurden in Kerne, Mitochondrien, Mikrosomen und lösliche Fraktion aufgeteilt und die Hydrolysate der Proteine der einzelnen Fraktionen auf Aminosäuren untersucht. Die Kernfraktion aus normaler Leber enthielt mehr Glykokoll, dagegen weniger
Histidin, Tryptophan, Phenylalanin und Cystin als die Proteine des Gesamthomogenats
der Leber; die Proteine der Mitochondrienfraktion der Leber ebenfalls weniger Histidin,
die der Mikrosomenfraktion weniger Methionin und Glykokoll, dagegen mehr Tryptophan;
in der überstehenden Flüssigkeit war mehr Cystin, aber weniger Tryptophan als im
Homogenat. Nach Buttergelbfütterung veränderte sich zum Teil die Aminosäurezusammensetzung der einzelnen Leberfraktionen: in der Kernfraktion war mehr Glutaminsäure, in der Mitochondrienfraktion mehr Arginin und in der löslichen Fraktion mehr
Cystin und Tryptophan nachweisbar. Die Proteine der einzelnen Fraktionen des Hepatoms unterschieden sich von denen der normalen Leber durch folgendes: in jeder Fraktion
war Methionin vermindert, dagegen Cystin vermehrt, die Kernfraktion enthielt außerdem
mehr Glutaminsäure und Glykokoll und in der löslichen Fraktion war der Seringehalt
erhöht.

Aminosäureaustausch. Da bestimmte, durch isotope Atome markierte Aminosäuren
nach Injektion oder peroraler Eingabe rasch in die Proteine von Körpergeweben eingebaut
werden und später daraus wieder verschwinden, wurden diese Vorgänge außer in verschiedenen Geweben des Körpers auch bei Tumoren verfolgt. Allerdings ist dabei zu
berücksichtigen, daß in vivo nicht die gesamten Aminosäuren in die Proteine des Körpers
eingebaut werden, sondern daß auch vorher Desaminierungen, Austausch von Aminogruppen und weitere Abbauvorgänge vorkommen können, und daß manche Aminosäuren
oder deren Bruchstücke zur Synthese anderer Körperbestandteile verwandt werden (wie
z. B. Glykokoll zur Synthese von Purinen und des Blutfarbstoffes). Demnach können
nur solche Untersuchungen beweiskräftig sein, bei denen die Aktivitätsmessungen an
isolierten Aminosäuren und nicht an dem Gewebe selbst vorgenommen werden. Zu
diesen Versuchen wurden verwandt: Glykokoll mit ^{15}N und ^{14}C, Alanin mit ^{14}C, Tyrosin
mit ^{14}C und Methionin mit ^{35}S. Glykokoll mit ^{15}N wurde bei Ratten mit Sarkomen 3 Tage
lang im Futter gegeben und nach 10 Tagen der Isotopengehalt der Organe und der
Tumoren bestimmt. Glykokoll wurde ebenso schnell vom Tumor wie von der Leber
aufgenommen, verschwindet aber langsam aus ihm (die halbe Lebensdauer der Tumorproteine ist nach diesen Versuchen 12 Tage, die der Leberproteine nur 7 Tage); die
Proteine der Haut und des Muskels haben jedoch eine höhere halbe Lebensdauer als die
des Tumors. Versuche mit Methionin mit ^{35}S ergaben das gleiche Resultat [1, 2]. Ähnliche
Versuche mit ^{15}N-Glykokoll bei Ratten mit primären Hepatomen zeigten, daß die Proteine
dieses Tumors die Aminosäure nicht so schnell aufnehmen wie die der Leber, und daß
sie auch länger zurückgehalten wird, der Eiweißabbau im Hepatom ist also geringer als
in der Leber [3].

Die In vitro-Versuche von Zamecnik und Frantz [4] führten bei Verwendung von Hepatom-
und Leberschnitten und mit Alanin und Glykokoll mit ^{14}C in der Carboxylgruppe zu
anderen Ergebnissen: beide Aminosäuren wurden von Hepatomschnitten stärker aufgenommen als von Leberschnitten. Für eine erhöhte Aufnahme von Glykokoll mit ^{14}C
in Proteine anderer Tumoren sprechen auch Versuche von Le Page und Heidelberger [5].
Es wurden Ratten mit Flexner-Jobling-Carcinomen verwandt, die Tiere wurden
12, 24 und 48 Std nach Eingabe der Aminosäure getötet, die Tumorproteine waren

[1] Shemin, D., and D. Rittenberg: J. biol. Ch. **152**, 401 (1944).
[2] Kremen, A., S. W. Hunter and G. E. Moore: Cancer Res. **9**, 174 (1949).
[3] Griffin, A. C., E. S. Bloom, K. G. Cunningham, A. H. Tracy and J. M. Luck: Cancer, N.Y.
3, 316 (1950).
[4] Zamecnik, P. C., and I. D. Frantz: Cold Spring Harbor Symp. quant. Biol. **14**, 199 (1949).
[5] Le Page, G. A., and C. Heidelberger: Fed. Proc. **9**, 195 (1950).

aktiver als die der Leber und der Lunge. Dagegen wurde Tyrosin mit ^{14}C bei Ratten mit einem Lymphosarkom vom Tumor weniger aufgenommen als von anderen Körpergeweben (Untersuchung 6 Std und 3 Tage nach der Injektion)[1].

6. Nucleotide und Nucleoproteide.

Nucleotidphosphor. Bei der Bestimmung des P-Gehalts von Geweben wird nach Extraktion der Lipoide und nach Abzug der Werte für anorganischen und säurelöslichen Phosphor hauptsächlich der Nucleinsäure-P erfaßt, da der Gehalt der Gewebe an Phosphoproteid-P unerheblich ist[2]. NAKAHARA, KISHI und FUJIWARA[3] fanden in Hepatomen gegenüber normaler Leber eine geringe P-Erhöhung (1,4% gegen 1,12% P); wird der P-Gehalt aber auf den N-Gehalt bezogen, so ist der Unterschied unwesentlich (P/N = 4,9 bzw. 4,5 in Atom-%). LUSTIG[4] untersuchte bei 3 Carcinomen und einem Sarkom der Lunge und bei normalem Lungengewebe den P-Gehalt des Gesamtproteins und einer Nucleoproteidfraktion, die durch Extraktion der Gewebe mit 1%iger Sodalösung und Fällung mit verdünnter Essigsäure gewonnen wurde. Das Gesamtprotein wurde durch Hitzekoagulation des Gewebes mit 10%igem Na_2SO_4 + verdünnter Essigsäure dargestellt [in einer besonderen Probe wurde im Lipoidextrakt (mit Alkohol-Äther) der Lipoid-P bestimmt und vom P des Koagulums in Abzug gebracht].

Tabelle 28. *P-Gehalt* (mg-%) *des Gesamtproteins und einer Nucleoproteidfraktion von Lungentumoren und normaler menschlicher Lunge.*

	Lungencarcinome	Durchschnitt	Lungensarkom	Normale Lunge	Durchschnitt
Gesamtprotein . . .	280 266 243	(263)	196	166 194 130 172	(163)
„Nucleoprotein". . .	530 650 640	(603)	460	430 740 890 580	(660)

Der P-Gehalt des Gesamtproteins der Lungencarcinome ist also gegenüber dem der normalen Lunge deutlich erhöht (durch Vermehrung des Nucleoproteidanteils des Carcinomgewebes), während die Nucleoproteidfraktion der verschiedenen Gewebe einen ziemlich einheitlichen P-Gehalt hat. Lungengewebe ist jedoch kein geeignetes Vergleichsgewebe für Tumoren (bei denen nicht angegeben wird, ob es primäre Lungentumoren waren).

In einer von TOENNIES[5] nach den Untersuchungen einiger Autoren[6,7] zusammengestellten Tabelle wird der Gesamtproteinphosphorgehalt verschiedener Tumorgewebe mit dem von normalen Geweben verglichen.

Tabelle 29. *Gehalt verschiedener Gewebe und Tumoren an Gesamtproteinphosphor* (in Prozenten vom Trockengewicht).

			Mittelwert				Mittelwert
Ratte: JENSEN-Sarkom	(6)	0,52—0,84	0,68	Normale Leber (Ratte)	(8)	0,27—0,38	0,34
Buttergelbhepatom .	(8)	0,51—0,68	0,58	Regenerierende Leber			
Buttergelbhepatom .	(5)	0,54 ± 0,04		(Ratte)	(9)	0,51 ± 0,01	
Maus: Spontanhepatom	(4)	0,30—0,53	0,44	Embryonale Leber			
Huhn: Chemisch induzierter Tumor . . .	(5)	0,53 ± 0,02		(Ratte)	(8)	0,91 ± 0,10	
ROUS-Sarkom . . .	(12)	0,46 ± 0,05		Normale Leber (Maus)	(4)	0,28—0,52	0,41
Menschliche Tumoren .	(5)	0,14—0,53		Muskel (Huhn). . . .	(4)	0,13 ± 0,02	
				Gehirn, Leber, Herz			
				(Huhn)		0,12—0,41	

[1] WINNICK, T., F. FRIEDBERG and D. GREENBERG: Arch. Biochem. **15**, 160 (1947).

[2] DAVIDSON, J. N., and C. WAYMOUTH: Biochem. J. **38**, 39 (1944).

[3] NAKAHARA, W., S. KISHI u. T. FUJIWARA: Gann, Tokyo **30**, 499 (1936).

[4] LUSTIG, B.: B. Z. **284**, 367 (1936).

[5] TOENNIES, G.: Cancer Res. **7**, 203 (1947).

[6] DAVIDSON, J. N., and C. WAYMOUTH: Brit. J. exp. Path. **25**, 164 (1944). Biochem. J. **38**, 379 (1945).

[7] SCHNEIDER, W. C.: Cancer Res. **5**, 717 (1945).

Rasch wachsendes Gewebe (Tumoren, embryonale und regenerierende Leber) ist reich an Nucleinsäure. Dies gilt aber nicht für Tumoren, die viel Bindegewebe enthalten, da Bindegewebe sehr arm an Zellkernen und darum auch beinahe frei von Nucleinsäure ist. Darum sollte bei einem Tumor neben der chemischen auch eine histologische Analyse gemacht werden. ROSENTHAL und DRABKIN[1] fanden z. B. mit der von CHALKLEY[2] angegebenen Testmethode bei 5 verschiedenen Rattentumoren 30—100% und bei 9 menschlichen Tumoren 30—95% Tumorgewebe, der Rest des Gewebes bestand aus Bindegewebe.

Purine, Nucleoside und Nucleotide. Auch durch die Bestimmung der Abbauprodukte der Nucleinsäuren läßt sich der Nucleinsäuregehalt verschiedener Gewebe ermitteln. Man kann durch vorsichtige Hydrolyse die Purine frei machen, sie nach Entfernung der Proteine als Kupfer(I)-salze fällen und ihren N-Gehalt bestimmen. Auch eine Differenzierung des Purin-N ist möglich durch eine getrennte Bestimmung des N der in Nucleotiden und Nucleosiden gebundenen Purine und des freien Purin-N. Die freien Nucleotide werden nach Entfernung der Proteine und Nucleoproteide als unlösliche Uransalze gefällt, der Niederschlag hydrolysiert und die frei gemachten Purine nach Entfernung von Uran als Kupfer(I)-salze gefällt, ebenso werden aus dem Filtrat der Uranfällung nach Hydrolyse die an die Nucleoside gebundenen Purine und die freien Purine bestimmt[3].

Tabelle 30. *Purinstickstoffgehalt normaler und maligner Rattengewebe* (in Prozenten des Gesamt-N).

Normale Leber (Ratte) . .	$4{,}6 \pm 0{,}2$ (13 Best.)
Embryonale Leber (Ratte) .	$7{,}0 \pm 0{,}3$ (2 Best.)
JENSEN-Sarkom (Ratte) . .	$6{,}9 \pm 0{,}8$ (8 Best.)

Der Puringehalt ist erhöht in embryonalem Gewebe und im JENSEN-Sarkom[4,5] (Tabelle 30) (hier[5] ausführliche Beschreibung der Purinbestimmung). BARRENSCHEEN und PEHAM[6] untersuchten bei verschiedenen Geweben den Purin-N der freien Purine und Nucleoside und den der Nucleotide und den Gesamtpuringehalt.

Tabelle 31. *Puringehalt normaler und maligner Gewebe* (Purin-N in Prozenten des Feuchtgewichtes).

	n	Gesamt-purin	Nucleoside + freies Purin	Nucleotide
Mensch: Mammacarcinom	(2)	0,050	0,025	0,013
Magencarcinom	(1)	0,079	0,021	0,013
Maus: EHRLICH-Carcinom	(2)	0,125	0,016	0,018
Ratte: JENSEN-Sarkom	(1)	0,143	0,012	0,015
FLEXNER-Carcinom	(1)	0,121	0,017	0,008
Huhn: ROUS-Sarkom	(1)	0,079	0,016	0,016
Quergestreifter Muskel.	(5)	0,069	0,011	0,050
Glatter Muskel	(3)	0,051	0,008	0,029
Meerschweinchenleber	(4)	0,094	0,017	0,039
Kaninchenniere	(3)	0,077	0,015	0,041
Kaninchengehirn	(2)	0,043	0,015	0,013
Kaninchenmilz	(2)	0,114	0,016	0,038
Kalb: Thymus	(2)	0,297	0,047	0,034
Pankreas	(2)	0,160	0,020	0,049
Meerschweinchen: Embryo	—	—	0,008	0,019

Aus der Tabelle 31 ersieht man, daß die untersuchten tierischen Impftumoren mit Ausnahme des ROUS-Sarkoms einen hohen Gesamtpuringehalt haben; bei den menschlichen

[1] ROSENTHAL, O., and D. L. DRABKIN: Cancer Res. **4**, 487 (1944).

[2] CHALKLEY, H. W.: J. nat. Cancer Inst. **4**, 47 (1943).

[3] KERR, S. E., and M. E. BLISH: J. biol. Ch. **98**, 193 (1932).

[4] EULER, H. v., u. G. SCHMIDT: H. **223**, 215 (1934).

[5] EDLBACHER, S., P. JUCKER u. E. DOERFLINGER: H. **240**, 78 (1936).

[6] BARRENSCHEEN, H. K., u. A. PEHAM: H. **272**, 87 (1941).

Carcinomen trifft dies nicht zu, was bei ihrem scirrhösen Charakter erklärlich ist. Ferner fällt auf, daß in den Tumoren etwa ebensoviel freies Purin (zusammen mit dem Nucleosidpurin bestimmt) wie Nucleotidpurin vorkommt, während in den normalen Geweben das Nucleotidpurin überwiegt (mit Ausnahme des Gehirns). Die Ursache dürfte das Vorkommen einer sehr wirksamen Adenosintriphosphatase in Tumoren sein, welche die Nucleotide aufspaltet (s. S. 731).

Die folgende Tabelle 32 wurde nach den Angaben von Davidson und Waymouth[1] zusammengestellt.

Tabelle 32. *Purin- und Nucleotidgehalt normaler und maligner Gewebe*
(Purin-N in Prozenten, bezogen auf Feuchtgewicht).

	Zahl der Untersuchungen	Freies Purin	Lösliche Nucleotide	Nucleoproteid
Huhn: Chemisch induzierter Tumor .	(4)	0,009	0,020	0,100
Rous-Sarkom	(12)	0,007	0,010	0,060
Muskel	(11)	0,011	0,034	0,035
Ratte: Fibroadenom	(1)	0,006	0,007	0,045
Hepatom	(5)	0,010	0,017	0,145
Leber, normal	(16)	0,010	0,031	0,168
Leber, embryonal	(6)	0,007	0,017	0,197
Leber, regenerierend	(8)	0,011	0,036	0,173
Mensch: Lymphosarkom	(1)	0,019	0,009	0,081
Hypernephrom	(1)	0,010	0,016	0,071
Coloncarcinom	(1)	0,010	0,011	0,028
Fibrosarkom	(1)	0,013	0,021	0,111
Netzcarcinomatose	(1)	0,009	0,005	0,031

Auch hier sind die löslichen Nucleotide bei den Tumoren im Vergleich zu den normalen Geweben herabgesetzt. Embryonale Leber hat mehr Ähnlichkeit mit dem Hepatom, regenerierende Leber dagegen verhält sich wie normale Leber.

Polynucleotide. Von besonderem Interesse ist die Frage, ob die in Tumoren und in normalen Geweben vorkommenden Nucleinsäuren miteinander identisch sind oder nicht. Stern und Willheim[2] isolierten Thymonucleinsäure aus verschiedenen menschlichen Tumoren, aus menschlicher Leber und aus Kalbsthymus. Sie wandten dabei die Methode von Levene und Bass[3] an: Extraktion der Nucleinsäure mit Lauge, Fällung der Proteine mit kolloidalem $Fe(OH)_3$, Fällen der Nucleinsäure mit Alkohol, Reinigen der Niederschläge durch Lösen in Lauge und Umfällen mit Säure. Die aus den Tumoren isolierte Nucleinsäure hatte einen niedrigeren N-Gehalt (8,3—11,9% N und 7,5—10,7% P) als Nucleinsäure aus Leber oder Thymus (14,0—14,6% N und 8,3—9,8% P). Daraus schlossen die Verfasser, daß die aus den Tumoren isolierte Nucleinsäure eine andere Zusammensetzung haben müsse als die Thymonucleinsäure.

Klein und Beck[4] prüften diese Angaben nach, konnten sie aber nicht bestätigen. Die Isolierung der Nucleinsäure wurde nach der gleichen Methode vorgenommen, nur wurde das Endprodukt noch weiter gereinigt, indem aus der Na-Nucleinatlösung noch vorhandene Verunreinigungen durch Alkohol ausgefällt wurden. Dadurch wurden auch aus Tumoren reine Nucleinsäurepräparate erhalten, die sich in ihrem N/P-Verhältnis (1,77) nicht von der Nucleinsäure aus Kalbsthymus unterschieden. Aus der Tumornucleinsäure konnten Guanin, Adenin, Thymin und Cytosin isoliert werden. Guanin und Thymin wurden durch Schmelzpunkt, Krystallform und N-Gehalt charakterisiert, Adenosin und

[1] Davidson, J. N., and C. Waymouth: Brit. J. exp. Path. 25, 164 (1944). Biochem. J. 38, 39, 379 (1944).
[2] Stern, K., u. S. Willheim: B. Z. 272, 180 (1934).
[3] Levene, P. A., and L. W. Bass: Nucleic Acids. New York 1931.
[4] Klein, G., u. J. Beck: Z. Krebsforsch. 42, 163 (1935).

Cytosin durch die Pikrate. Auch Desoxyribose wurde durch FEULGEN-Reaktion und Reaktion nach DISCHE nachgewiesen. Zum gleichen Ergebnis gelangte VOWLES[1] für eine Nucleinsäure, die aus JENSEN-Sarkomen isoliert wurde, und BRUES, TRACY und COHN[2] für eine Nucleinsäure aus Hepatomen.

Demnach sind die aus normalen Geweben und aus Tumoren isolierten Desoxyribonucleinsäuren gleichartig zusammengesetzt. Für die Ribonucleinsäurepräparate trifft dies aber nicht zu. So finden BEALE, HARRIS und ROE[3] für Nucleinsäuren aus Hefe, Pankreas, Leber und aus einem Hühnersarkom die folgende Zusammensetzung.

Tabelle 33. *Zusammensetzung von Ribonucleinsäuren.*

Herkunft der Nucleinsäure	N %	P %	N/P	$\frac{\text{Purin}}{\text{Pyrimidin}}$	Adenin	Guanin	Cystosin	Uracil
Hefe	15,3	8,0	1,9	2,9	3,2	3,1	3,0	1
Pankreas	15,4	7,9	1,95	4,0	3,6	8,8	4,5	1
Leber	15,0	7,5	2,1	1,4	—	—	—	—
Tumor	13,8	8,2	1,7	2,8	1,1	3,7	2,2	1

Die aus dem Tumor isolierte Nucleinsäure weicht in ihrem N-Gehalt von anderen Nucleinsäuren ab, außerdem ist auch das Verhältnis Purin zu Pyrimidin anders. Guanin überwiegt über die anderen Purine und Pyrimidine. Die Darstellung der Ribonucleinsäure erfolgte über das Ba-Salz nach JORPES[4] bzw. nach DAVIDSON und WAYMOUTH[5]. Die protein- und thymonucleinsäurefreie Substanz wurde nach SCHMIDT und THANNHAUSER[6] einer vorsichtigen alkalischen Hydrolyse unterworfen und die frei gemachten Nucleotide mit saurer Phosphatase quantitativ dephosphoryliert. Die Nucleoside wurden chromatographisch durch Adsorption an eine Stärkesäule nach STEIN und MOORE[7] getrennt, und die eluierten Fraktionen spektrophotometrisch untersucht.

CHARGAFF, MAGASANIK, VISCHER, GREEN und DONIGER[8] untersuchten die Purin- und Pyrimidinverteilung in einer Ribonucleinsäure aus menschlicher Leber und aus einer Lebermetastase eines Coloncarcinoms. Zur Entfernung der Hauptmenge der Thymonucleinsäure wurde vorher die Kernfraktion in 0,05 m Citronensäure abzentrifugiert, die weitere Darstellung der Ribonucleinsäuren erfolgte über die Ba-Salze. Aus den Nucleinsäuren wurden durch alkalische Hydrolyse die Nucleotide frei gemacht und die Nucleotide papierchromatographisch (mit Isobuttersäure—Isobutyrat p_H 3,6) getrennt, die Pyrimidinnucleotide mit Phosphatpuffer p_H 7,1, Guanylsäure und Adenylsäure mit 0,1 n HCl eluiert, die Eluate spektrophotometrisch im UV-Licht bei verschiedenen Wellenlängen untersucht und aus der Extinktion die relativen Mengen bestimmt.

Tabelle 34. *Zusammensetzung von Ribonucleinsäuren* (relative Mengen, Adenylsäure = 10).

	Guanylsäure	Adenylsäure	Cytidylsäure	Uridylsäure	$\frac{\text{Purin}}{\text{Pyrimidin}}$
Mensch: Leber	32,9	10	28,8	8,3	1,1
Metastase von Coloncarcinom .	41,4	10	43,2	7,2	1,0
Ochse: Leber	14,6	10	10,9	6,6	1,4
Schwein: Leber	16,3	10	16,1	7,7	1,1
Pankreas	22,5	10	9,8	4,6	2,3
Hefe	9,7	10	6,1	7,0	1,5

[1] VOWLES, R. B.: Ark. Kemi, Mineral. Geol. **14** B, Nr. 10 (1940).
[2] BRUES, A. M., M. M. TRACY and W. E. COHN: J. biol. Ch. **155**, 619 (1944).
[3] BEALE, H. P., R. S. HARRIS and J. H. ROE: Soc. **1950**, 1397.
[4] JORPES, E : Biochem. J. **28**, 2102 (1934).
[5] DAVIDSON, J. N., and C. WAYMOUTH: Biochem. J. **38**, 375 (1944).
[6] SCHMIDT, G., and S. J. THANNHAUSER: J. biol. Ch. **161**, 83 (1945).
[7] STEIN, W. H., and S. MOORE: J. biol. Ch. **176**, 337 (1948).
[8] CHARGAFF, E., B. MAGASANIK, E. VISCHER, C. GREEN, R. DONIGER and D. ELSON: J. biol. Ch. **186**, 51 (1950).

Beide Präparate (aus Leber und aus dem Tumor) enthalten nur etwa $^1/_3$—$^1/_6$ soviel Adenylsäure und Uridylsäure wie Guanylsäure und Cytidylsäure. Hefenucleinsäure hat eine wesentlich davon verschiedene Zusammensetzung.

Vergleichende Untersuchungen über den Gehalt an Desoxyribonucleinsäure von Leber und Hepatomen, die mit Buttergelb induziert waren, machten bei Ratten MASAYAMA und YOKOYAMA[1]. Sie fanden bei den Hepatomen einen höheren Gehalt als in der Leber. SCHNEIDER[2] kommt etwa zum gleichen Ergebnis (Trichloressigsäureextraktion zur Trennung von den Proteinen und colorimetrische Bestimmung nach DISCHE) (Tabelle 35).

Tabelle 35. *Gehalt von Leber und Hepatom an Desoxyribonucleinsäure* (berechnet als P).

	Bezogen auf Trocken-gewicht %	Bezogen auf Feuchtgewicht %		Bezogen auf Trocken-gewicht %	Bezogen auf Feuchtgewicht %	
Hepatom	0,21	0,044	Hepatom	0,26	0,051	
Leber . .	0,08	0,023 } nach MASAYAMA	Leber . .	0,079	0,021 } nach SCHNEIDER	

DAVIDSON und WAYMOUTH[3] untersuchten normale, regenerierende und embryonale Rattenleber und Rattenhepatome auf ihren Desoxyribonucleinsäure- und Ribonucleinsäuregehalt. Das Gewebepulver wurde entfettet, mit 10%iger NaCl-Lösung extrahiert und Desoxyribonucleinsäure nach DISCHE colorimetrisch bestimmt. Ribonucleinsäure wurde mit Lanthanacetat gefällt, das Na-nucleinat durch Na_2CO_3 aus dem Lanthan-niederschlag in Lösung gebracht und Ribonucleinsäure mit der Orcinreaktion colorimetrisch bestimmt (Tabelle 36).

Der Unterschied im Desoxyribonucleinsäure-(DNS)-Gehalt zwischen Hepatom und Leber ist nicht so groß wie bei den oben erwähnten Autoren. Da das Hepatom gleichzeitig weniger Ribonucleinsäure (RNS) als Leber enthält, ist das Verhältnis DNS/RNS bedeutend höher als bei Leber.

Tabelle 36. *Nucleinsäuregehalt von Leber und Hepatom* (Prozenten P, bezogen auf Trockengewicht).

	Desoxyribo-nucleinsäure a	Ribo-nucleinsäure b	a/b
Normale Leber	0,10	0,61	0,16
Hepatom	0,14	0,55	0,26
Embryonale Leber . . .	0,58	1,20	0,48
Regenerierende Leber . .	0,12	0,62	0,20

Das relativ hohe DNS/RNS-Verhältnis soll typisch für Tumoren und rasch wachsende Gewebe (embryonale Leber) sein, bei menschlichen Tumoren wurde ein DNS/RNS-Verhältnis von 0,29—0,83 gefunden[4]. Der geringere RNS-Gehalt der Tumoren steht scheinbar im Widerspruch zu dem Befund von CASPERSSON, NYSTRÖM und SANTESSON[5], nach dem das erhöhte Wachstum von Zellen mit einem erhöhten RNS-Gehalt verbunden sein soll. Dieser Befund gilt jedoch nur für die schnell wachsenden Zellen an der Peripherie eines Tumors (A-Zellen), während die Zellen mehr im Innern der Tumors (B-Zellen) und die Nekrosen nur Spuren von RNS enthalten. Die Gesamtanalyse eines Tumors kann also die besonderen Verhältnisse seines Wachstums nicht erfassen*.

Da Desoxyribonucleinsäure nur in Zellkernen vorkommt, Zellkerne aber für jede Tierart einen bestimmten DNS-Gehalt haben[6], und die Kerne von Hepatomen und

---

* Nach histochemischen Untersuchungen über die Verteilung von DNS und RNS in Schnitten von menschlichen Tumoren und ihren Ausgangsgeweben mit Hilfe des für Nucleinsäuren spezifischen Gallocyanin-Chromalaun-Verfahrens von EINARSON [Acta path. microbiol. scand. 28, 82 (1951)] ist DNS in allen Tumoren erhöht, RNS vor allem in Magen-Darm-Carcinomen, Hypernephromen und Carcinomen der Thyreoidea, in Plattenepithelcarcinomen nur in einigen Fällen (in der A-Zellenschicht). Lebercarcinome und kleinzellige Bronchialcarcinome enthalten jedoch weniger RNS als ihre Ausgangsgewebe. — SANDRITTER, W.: Frankf. Z. Path. 63, 387 (1952).

[1] MASAYAMA, T., u. T. YOKOYAMA: Gann, Tokyo 34, 174 (1940).
[2] SCHNEIDER, W. C.: J. biol. Ch. 161, 293 (1945).
[3] DAVIDSON, J. N., and C. WAYMOUTH: Biochem. J. 38, 379 (1944).
[4] DAVIDSON, J. N., and C. WAYMOUTH: Brit. J. exp. Path. 25, 164 (1944).
[5] CASPERSSON, T., C. NYSTRÖM u. L. SANTESSON: Naturwiss. 29, 29 (1941).
[6] VENDRELY, C., et R. VENDRELY: Cr. 230, 670 (1950).

Cholangiomen gleich viel DNS enthalten wie die aus normaler Rattenleber ($6 \cdot 10^{-6}\,\gamma$/Zellkern[1]), ist die Kernzahl der Hepatome die Ursache der DNS-Zunahme, nicht der höhere DNS-Gehalt der Kerne. Dafür spricht auch, daß bei der Fraktionierung von Gewebshomogenaten die Kernfraktion aus einem Hepatom mehr DNS (bezogen auf Trockengewicht) enthält als die aus Leber[2].

PRICE, MILLER, MILLER und WEBER[3] wiesen nach, daß in der Leberkernfraktion von Ratten, die Buttergelb im Futter erhielten, bereits vor Erscheinen eines Tumors die Kernzahl parallel mit Protein- und DNS-Gehalt zunimmt, während der DNS-Gehalt des einzelnen Zellkerns konstant bleibt. Der Prozeß der Tumorbildung muß also bei den Azofarbstoffen irgendwie mit der Zellzunahme in Verbindung stehen; allerdings nur bei diesen, denn Acetylaminofluoren z. B. bewirkt bei den damit gefütterten Ratten kaum eine wesentliche Zellvermehrung in der Leber, und der DNS-Gehalt der leukämischen Milz soll sogar geringer sein als der der normalen Milz[4].

Untersuchungen von KLEIN[5] über den DNS- und RNS-Gehalt von Carcinomzellen aus der Ascitesflüssigkeit von Mäusen ergaben, daß der DNS-Gehalt der Kerne dieser Zellen etwa doppelt so hoch war wie der normaler Mäusezellen ($14,5 \cdot 10^{-6}\,\gamma$/Zellkern)[*], auch der RNS-Gehalt der Zellen war viel höher als der anderer Zellen (z. B. Exsudatzellen bei steriler Peritonitis) ($26,2 \cdot 10^{-6}\,\gamma$/Zelle gegen $4,4 \cdot 10^{-6}\,\gamma$/Zelle). Der hohe DNS-Gehalt der Zellkerne mag damit zusammenhängen, daß viele polyploide Kerne im Ascites vorkommen und außerdem viele Zellkerne, die sich unmittelbar vor der Teilung oder im Teilungsstadium befinden. Die starke Erhöhung des RNS-Gehaltes des Cytoplasmas weist auf eine gesteigerte Wachstumsintensität der Zellen hin. Nach KLEIN[6] sollen die Carcinomzellen im Ascites den „A-Zellen" von CASPERSSON entsprechen, die man in der Wachstumszone eines Tumors antrifft und in der Umgebung von Gefäßen, wo die Ernährungsbedingungen für die Carcinomzellen am günstigsten sind[6]. PRICE und LAIRD[7] untersuchten den DNS- und RNS-Gehalt und den Gehalt an Protein-N von normaler und regenerierender Leber und von Buttergelbhepatomen bei Ratten. Es wurden dabei Homogenate und Zellfraktionen (Kerne, Mitochondrien, Mikrosomen und überstehende Flüssigkeit) verwandt und die Regeneration der Leber in verschiedenen Zeiträumen nach Entfernung eines Leberlappens untersucht.

Die ursprüngliche Kernzahl der Leber war 131 Millionen je Gramm Leber und ging dann am ersten Tag nach der Hepatektomie auf 98 Millionen zurück, dann nahm in 3 Tagen die Kernzahl rasch auf 183 Millionen zu, ein langsamer Rückgang schloß sich an, so daß 23 Tage nach der Hepatektomie wieder die Norm erreicht wurde. Der DNS-Gehalt ist bei der *normalen Leber* im Durchschnitt $10 \cdot 10^{-12}$ g je Zellkern. Er steigt 12 Std *nach der Hepatektomie* auf ein Maximum von $18 \cdot 10^{-12}$ an, um dann mit Einsetzen der Zellteilung zuerst schnell, dann langsam wieder auf die Norm zurückzugehen (in 23 Tagen). Es muß betont werden, daß es sich dabei um Durchschnittswerte von DNS je Kern handelt, da in der Leber ja verschiedene Größenklassen von Kernen vorkommen mit einem höheren und niederen DNS-Gehalt. Der Protein-N-Gehalt der Leberzelle nimmt im Durchschnitt am ersten Tag der Regeneration um 17% zu (vor allem in den Kernen und Mikrosomen), in den nächsten 3 Tagen fällt der Protein-N in der Leberzelle (ausschließlich im Cytoplasma, und zwar in den Mitochondrien und Mikrosomen, die nur 50% des Protein-N im Vergleich zur normalen Leberzelle enthalten) auf 68% ab, der Zellkern enthält dann trotzdem noch übernormale Protein-N-Werte. Erst in 23 Tagen wird wieder der normale durchschnittliche Protein-N-Gehalt der Zelle erreicht. Der *RNS-Gehalt der regenerierenden Leberzelle* steigt am ersten Tag der Regeneration um 62% (parallel mit dem DNS-Gehalt des Zellkerns) vor allem in den Mikrosomen und in der überstehenden Flüssigkeit (deren RNS-Gehalt um 93% bzw. 125% ansteigt). Vom zweiten bis zum sechsten Tag fällt dann der RNS-Gehalt wieder auf die Norm ab. Der RNS-Gehalt der Mitochondrien, die wenig RNS enthalten, verändert sich dabei nicht.

[1] MARK, D. D., and H. RIS: Proc. Soc. exp. Biol. Med. 71, 727 (1949).

[2] SCHNEIDER, W. C.: Cancer Res. 6, 685 (1946).

[3] PRICE, J. M., E. C. MILLER, J. A. MILLER and G. M. WEBER: Cancer Res. 10, 18 (1950).

[4] PETERMANN, M. L., and R. ALFIN-SLATER: Cancer, N.Y. 2, 510 (1949).

[5] KLEIN, G.: Cancer, N.Y. 3, 1052 (1950). — LEUCHTENBERGER, C., G. KLEIN and E. KLEIN: Cancer Res. 12, 480 (1952).

[6] CASPERSSON, T., u. L. SANTESSON: Acta radiol., Stockholm Suppl. 46 (1942).

[7] PRICE, J. M., and A. K. LAIRD: Cancer Res. 10, 650 (1950).

[*] Diese Beobachtung wurde jedoch nur bei dieser Art von Tumorzellen gemacht.

Die *Hepatomzelle*, die nach ihrem schnellen Wachstum Ähnlichkeit mit der regenerierenden Leberzelle haben müßte, verhält sich nach RNS- und Protein-N-Gehalt sehr verschieden von dieser. Die *Kerne* haben durchschnittlich den gleichen *DNS-Gehalt* wie die der normalen Leberzellen. Dagegen ist der Protein-N-Gehalt der allerdings kleineren Hepatomzellen viel niederer als der der normalen Leberzellen und auch der regenerierenden Leberzellen (23 % der normalen und 34 % der regenerierenden Leberzellen). Diesen Abfall des Protein-N-Wertes beobachtet man bei allen Zellfraktionen, am meisten aber bei den Mitochondrien, die nur noch 6 % des Protein-N der normalen Leberzellen enthalten, während der Protein-N der Hepatomkerne nur auf 50 % fällt. Der *RNS-Gehalt der Hepatomzelle* beträgt nur 36 % der normalen Leberzelle. Dieser RNS-Verlust trifft im wesentlichen Mikrosomen und Mitochondrien, während in der obenstehenden Flüssigkeit sogar mehr RNS als bei den normalen Leberzellen vorkommt. Man sieht aus diesen Ergebnissen, daß sich bei der malignen Entartung einer Leberzelle ihr Protein- und RNS-Gehalt und die RNS-Verteilung in der Zelle wesentlich verändern. Diese Veränderungen entsprechen jedoch nicht denen in der regenerierenden Leberzelle, mit der die Hepatomzelle in ihrer Wachstumsintensität Ähnlichkeit hat[1].

Nucleoproteide. Eine scharfe Abtrennung der Nucleoproteide von anderen Proteinen ist bisher nicht möglich. Die aus Geweben durch Extraktion mit Neutralsalzlösungen und mit verdünnten Alkalien gewonnenen „Nucleoprotein"-Fraktionen haben darum je nach der Extraktionsmethode einen verschiedenen N- und P- bzw. DNS-Gehalt, man hat es darum kaum mit einheitlichen Nucleoproteiden zu tun. Während man z. B. nach v. EULER, AHLSTRÖM und HASSELQUIST[2] durch Hitzeextraktion von entfettetem, getrocknetem Lebergewebe nach JAVILLIER und ALLAIRE[3] mit 12,5 %iger NaCl-Lösung und Fällen des Extrakts mit HCl bei p_H 3 Präparate mit einem hohen DNS-Gehalt (bis 40 %) bekommt, enthalten die Präparate, die bei niederer Temperatur extrahiert und gefällt wurden, viel weniger DNS (etwa 20 %); v. EULER nimmt darum an, daß die natürlichen Nucleoproteide einen relativ niederen DNS-Gehalt besitzen, und daß viele Nucleoproteidfällungen mehr oder weniger Kunstprodukte sind, deren Zusammensetzung abhängig ist von der Acidität der Lösungen und von den isoelektrischen Punkten ihrer Komponenten.

Wie oben erwähnt, gewann LUSTIG[4] aus Lungentumoren und normalem menschlichem Lungengewebe durch Extraktion mit einer 0,1 m Sodalösung, Fällen mit Essigsäure und darauffolgende Alkohol-Ätherextraktion der Lipoide „Nucleoprotein"-Fraktionen, die sich nach N- und P-Gehalt bei den Tumoren und den normalen Geweben nicht wesentlich voneinander unterschieden (15,2—17,2 % N und 0,4—0,9 % P, P/N = 1,3—2,3 in Atom-%). GREENSTEIN und JENRETTE[5] extrahierten normales Lebergewebe von Ratten und Hepatome mit kalter 0,5 m KCl + 0,03 m NaHCO₃-Lösung bei p_H 8, fällten bei p_H 4,2 und bekamen schließlich nach wiederholter Lösung und Fällung und Extraktion der Lipoide in einer Ausbeute von 5 % eine „Nucleoprotein"-Fraktion mit einem N-Gehalt von 15,5—16 % und einem P/N = 2,0—2,5 (in Atom-%). RONDONI[6] gewann aus Benzpyrensarkomen von Ratten und zur Kontrolle aus Rattenhaut (Epithel + subcutanes Bindegewebe) nach folgendem Verfahren 2 „Nucleoprotein"-Fraktionen: 5stündige Extraktion des Gewebsbreies im 10fachen Volumen 10 %iger NaCl-Lösung in der Kälte, dann 16stündige Extraktion im 5fachen Volumen, darauf wurde der Rückstand mit 0,06 n NaOH zweimal in der Kälte extrahiert. Aus den Extrakten wurden durch Ansäuern (p_H 3,9) die Nucleoproteide ausgefällt, durch mehrmaliges Lösen und Umfällen gereinigt und durch Alkohol-

---

[1] Nach den Untersuchungen von ALLARD und Mitarbeiter enthält Rattenleber je Gramm Frischgewicht 31,84—34,18 · 10¹⁰ Mitochondrien, Hepatome enthalten bis 36,8 · 10¹⁰ Mitochondrien. Dagegen ist das Mitochondriengewicht der Hepatome bezogen auf Protein oder RNS niederer als das der Leber, demnach sind die Mitochondrien der Hepatome kleiner als die der Leber. Außerdem soll die Zahl der Mitochondrien in der normalen Leberzelle im Durchschnitt größer sein als in der Hepatomzelle und der regenerierenden Leberzelle (2500 gegen 1400 bzw. 1700). — ALLARD, C., R. MATHIEU, G. DE LAMIRANDE and A. CANTERO: Cancer Res. **12**, 407 (1952). — ALLARD, C., G. DE LAMIRANDE and A. CANTERO: Cancer Res. **12**, 580 (1952).

[2] EULER, H. v., L. AHLSTRÖM u. H. HASSELQUIST: Svensk kem. T. **56**, 239 (1944).

[3] JAVILLIER, M., et H. ALLAIRE: Bull. Soc. Chim. biol. **13**, 676 (1931).

[4] LUSTIG, B.: B. Z. **284**, 367 (1936).

[5] GREENSTEIN, J. P., and W. V. JENRETTE: J. nat. Cancer Inst. **2**, 305 (1941).

[6] RONDONI, P.: H. **265**, 102 (1940).

Ätherextraktion von den Lipoiden befreit. Den Gehalt beider Fraktionen in Milligramm-prozenten gibt Tabelle 37 wieder.

Man ersieht aus dieser Tabelle, daß im Sarkomgewebe die durch NaOH extrahierbare Nucleoproteidfraktion mehr P enthält als die gleiche Fraktion aus Haut und darum nucleinsäurereicher ist, außerdem ist diese Fraktion gegenüber der NaCl-Fraktion im Gegensatz zur Haut beim Sarkom vermehrt.

KELLEY[1] extrahierte zerkleinertes Gewebe von Rattencarcinomen und Sarkomen und von Thymus mit dem $2^1/_2$fachen Volumen Wasser bei 4°

Tabelle 37. *Analysen von Nucleoproteidfraktionen* (Werte in mg-%).

		NaCl-Extrakt		NaOH-Extrakt	
		Protein-N	Protein-P	Protein-N	Protein-P
Sarkom .	(12)	23 ± 5	$4,7 \pm 1,0$	29 ± 7	$4,6 \pm 0,7$
Haut . . .	(5)	30 ± 5	$4,6 \pm 0,8$	21 ± 6	$2,6 \pm 0,4$

2—3 Tage lang und fällte das gelöste „Nucleoprotein" aus dem Extrakt bei p_H 4—4,5. Der Niederschlag wurde gewaschen und in verdünnter NaOH bei p_H 9—10 gelöst, dann wieder gefällt und mit Alkohol-Äther extrahiert (Ausbeute 3% des Tumorgewebes, 7% des Thymusgewebes). Für jedes Gewebe wurden 4 Bestimmungen gemacht, die ziemlich übereinstimmende Resultate ergaben.

Tabelle 38. *Analysen von Nucleoproteidfraktionen* (in Prozenten des Frischgewichtes).

	N	P	S	P/N Atom-%	S/N Atom-%	I. P.
Philadelphia-Sarkom	16,29	1,06	1,06	2,9	2,8	4,65
WALKER-Carcinom	16,18	1,65	1,16	4,6	3,1	4,4
Thymus (Ratte)	17,05	2,89	0,68	7,7	1,8	4,25

Es fällt auf, daß der P-Gehalt der Extrakte dem des p_H ihres I.P. umgekehrt proportional ist. Zwischen P- und S-Gehalt bestehen keine quantitativen Beziehungen. Der Verfasser nimmt an, daß die isolierten „Nucleoproteine" nach ihrer Anfärbbarkeit mit basischen Farbstoffen bei konstantem p_H (3,5) große Ähnlichkeit mit Kernnucleoproteinen in mit Alkohol fixierten histologischen Präparaten haben.

7. Fermente und Stoffwechsel.

a) Fermente der biologischen Oxydation.

α) Atmung und Glykolyse.

Während im Tumor und in Tumorschnitten die Zugabe von Glucose eine starke Milch-säurebildung zur Folge hat, findet man in Tumorextrakten, wie die fehlende Milchsäure-bildung zeigt, so gut wie keine Glykolyse im Gegensatz zu Muskelextrakt. Dies ist nach BOYLAND und BOYLAND[2] eine Folge der Zerstörung der Cozymase und der ATP durch Fermente, die bei der Extraktherstellung aus Kernen von Tumorzellen freiwerden. WILLHEIM und SCHMERLER[3] fanden in Tumorsuspensionen gleichzeitig mit der Abnahme der Glucose ein Ansteigen der freien anorganischen Phosphorsäure.

Nach MEYERHOF und WILSON[4] hängt das Ansteigen vom freien Phosphat mit der hohen Aktivität der Adenosintriphosphatase in den Tumorextrakten zusammen. Dagegen bleibt die Hexokinase in ihrer Aktivität zurück. Es wird also mehr Adenosintriphosphorsäure abgebaut als regeneriert. Die Folge ist eine Störung der Milchsäurebildung in den Tumor-extrakten. Nach den Angaben von BOYLAND[5] wird auch aus Glykogen durch Extrakte aus Mäusecarcinomen Milchsäure gebildet, wenn Cozymase, Adenylsäure und Spuren von

---

[1] KELLEY, E. G.: J. biol. Ch. **127**, 55 (1939).
[2] BOYLAND, F., and M. E. BOYLAND: Biochem. J. **29**, 1097 (1935).
[3] WILLHEIM, R., u. J. SCHMERLER: B. Z. **254**, 355 (1932).
[4] MEYERHOF, O., and J. R. WILSON: Arch. Biochem. **21**, 1 (1949).
[5] BOYLAND, F.: Biochem. J. **32**, 221 (1938).

Hexosediphosphat zugesetzt werden, dagegen nicht in Schnitten von Tumorgeweben, da Glykogen nicht diffusibel ist. Außer den anderen für die Glykolyse notwendigen Fermenten enthalten Tumoren reichlich Zymohexase (Aldolase), jedoch weniger als in der Muskulatur.

GREENSTEIN[1] gibt einen Überblick über die Atmung und Glykolyse verschiedener Gewebe.

Tabelle 39. *Stoffwechselgrößen normaler und maligner Gewebe.*

	Q_{O_2}	$Q_{CO_2}^{N_2}$	$Q_{CO_2}^{O_2}$	M.Q.	W.Q.	$Q_{CO_2}^{N_2} - 2\,Q_{O_2}$
Niere (Ratte)	21	3	0	0,13	0	— 39
Thyreoidea (Ratte)	13	2	0	0,13	0	— 24
Leber (Ratte)	12	3	0,6	0,20	0,05	— 21
Darmmucosa (Ratte)	12	4	1,6	0,30	0,13	— 20
Milz (Ratte)	12	8	2	0,50	0,17	— 16
Hoden (Ratte).	12	8	0	0,7	0	— 16
Thymus (Ratte)	6	8	0,6	1,2	0,1	— 4
Hirnrinde (Ratte)	11	19	2,5	1,5	0,2	— 3
Pankreas (Kaninchen)	5	3	0	0,7	0	— 7
Submaxillaris (Kaninchen)	4	3	0	0,7	0	— 5
Pankreas (Hund)	3	4	0	1,2	0	— 2
Lymphknoten (Mensch).	4	5	2	0,7	0,5	— 3
Embryo (Ratte)	13	23	6	1,3	0,6	— 3
Retina (Ratte)	31	88	45	1,4	1,5	+ 26
Placenta (Ratte).	7	14	10	0,6	1,4	0
JENSEN-Sarkom (Ratte)	9	34	17	1,9	2,0	+ 16
FLEXNER-JOBLING-Carcinom . . .	7	31	25	0,9	3,6	+ 17
Spontantumor (Maus)	14	25	8	1,2	0,6	— 3
Teercarcinom (Maus)	20	25	15	0,5	0,8	— 15
Sarkom 37 (Maus)	15	28	12	1,1	0,8	— 2
Melanom (Maus)	9	16	6	1,1	0,7	— 2
YALE-Tumor (Maus)	7	16	7	1,3	0	+ 2
ROUS-Sarkom (Huhn)	5	30	20	2,0	4,0	+ 20
Blasencarcinom (Mensch)	10	36	24	1,2	2,4	+ 16
Sarkom (Mensch)	5	28	16	2,4	3,2	+ 18
Larynxcarcinom (Mensch).	8	19	15	0,5	2,0	+ 3

M. Q. = MEYERHOF-Quotient; W. Q. = WARBURG-Quotient.

Tumorgewebe haben also gegenüber normalen Geweben eine herabgesetzte Atmung, eine hohe anaerobe und aerobe Glykolyse, einen WARBURG-Quotienten, der über 2 liegt, und einen Gärungsüberschuß ($Q_{CO_2}^{N_2} - 2\,Q_{O_2}$). Jedoch fallen manche normalen Gewebe und auch Tumorgewebe aus diesem Rahmen, z. B. glykolysiert die Retina von Warmblütern außerordentlich stark. Nach NEGELEIN[2] ist dies aber auf eine Schädigung des empfindlichen Gewebes bei der Präparation zurückzuführen. Einige Spontantumoren und ein Teertumor der Maus dagegen verhalten sich ganz anders, als man es bei malignen Geweben erwarten sollte: ihr $Q_{CO_2}^{N_2}$ ist wohl ebenso hoch wie bei anderen Tumoren, sie besitzen aber gleichzeitig auch eine hohe Atmungsgröße Q_{O_2}, die man sonst bei malignen Geweben nicht antrifft. Möglicherweise hängt dies damit zusammen, daß diese Gewebe neben Tumorzellen noch normales hyperplastisches Gewebe enthalten, das ja bekanntlich eine hohe Atmungsgröße besitzt.

Von besonderem Interesse sind Untersuchungen von POTTER und LYLE[3] über die Beziehungen zwischen Phosphorylierung und Oxydation bei isotonischen Homogenaten von normalen Geweben und Tumorgeweben. Zu diesen Versuchen wurden Leber, Herz, Niere, Gehirn und WALKER-Carcinome von Ratten verwandt. Untersucht wurden der O_2-Verbrauch der Homogenate nach Zusatz von Oxalacetat, die Abnahme des Substrates,

---

[1] GREENSTEIN, J. P.: Biochemistry of Cancer. S. 274. New York 1947.
[2] NEGELEIN, E.: B. Z. **165**, 122 (1925).
[3] POTTER, V. R., and G. G. LYLE: Cancer Res. **11**, 355 (1951).

die Bildung und das Verschwinden von Citrat und Malat im KREBS-Cyclus und das Frei-werden von anorganischem Phosphat und NH_3 aus ATP. Während in Homogenaten normaler Gewebe das zugesetzte Substrat unter O_2-Verbrauch allmählich verschwindet und anorganisches Phosphat und NH_3 erst gegen Ende des Versuches frei werden, findet man bei Tumorhomogenaten kaum einen O_2-Verbrauch und vom Substrat wird nur ganz am Anfang des Versuches eine kleine Menge abgebaut (solange noch genügend ATP zur Verfügung steht); dagegen werden schon bei Beginn des Versuches das gesamte an ATP gebundene Phosphat und NH_3 frei. Bei normalen Geweben besteht ein Gleichgewicht zwischen der Bildung energiereicher Phosphatbindungen (ATP) mit Hilfe oxydativer Enzymsysteme und ihrer Zerstörung durch Phosphatasen, bei Tumoren überwiegt die Phosphatabspaltung über die oxydative Phosphorylierung; die Folge ist, daß das Substrat nicht weiter abgebaut wird. Über Störungen des KREBS-Cyclus im Stoffwechsel von Tumorgeweben berichteten schon früher ELLIOTT, BENOY und BAKER[1] sowie BREUSCH[2,3].

Auch der Einbau von Phosphorsäure in Nucleotide ist in normalen Geweben mit Oxydationsvorgängen verbunden, wie bei Leber- und Nierenschnitten mit ^{32}P nach-gewiesen werden konnte[4]. Bei Inkubation unter anaeroben Bedingungen sind 70% weniger ^{32}P in der Nucleotidfraktion von normalem Gewebe nachzuweisen als bei Gegen-wart von Sauerstoff. Bei Schnitten von WALKER-Carcinomen war die Hemmung der ^{32}P-Aufnahme nur 15%. Tumorgewebe bezieht also die zum Einbau von ^{32}P notwendige Energie auch aus glykolytischen Prozessen.

β) Dehydrogenasen.

v. EULER, MALMBERG und GÜNTHER[5] untersuchten mit der THUNBERG-Methode die Entfärbungszeit einer Methylenblaulösung durch Tumor- und Embryonalextrakte in Gegenwart verschiedener Substrate. Da die Gewebsextrakte relativ viel Eigensubstanzen enthielten, wurden sie in einem Parallelversuch durch Dialyse von niedermolekularen Substanzen befreit und dann mit den notwendigen Komponenten des Dehydrasesystems (Cozymase und Flavinenzym) ergänzt[6]. Ansatz im THUNBERG-Rohr: 2 cm³ Gesamt-volumen. Cozymase und Flavinenzym im Überschuß, Substrate in 0,5 m Lösung, 0,25 cm³ Methylenblau (1:5000); 30°; Phosphatpuffer p_H 7.

Tabelle 40. *Dehydrogenasen in Tumoren und wachsenden Geweben* (Entfärbungszeit in Minuten).

	JENSEN-Sarkom	Embryo-nales Gewebe		JENSEN-Sarkom	Embryo-nales Gewebe		JENSEN-Sarkom	Embryo-nales Gewebe
Ohne Zusatz .	105	52	Natriumfumarat	—	24	Glykokoll .	—	68
Natriumlactat	19	19	Hexosediphos-			Natrium-		
Natriummalat	21	20	phat	44	—	nucleinat	120	76
Natriumcitrat	—	22	Glycerophosphat	12	14	Arginin . .	23	16

Extrakte aus JENSEN-Sarkomen enthalten also reichlich Dehydrasen für Milchsäure, Äpfelsäure, Glycerophosphat und Arginin; Nucleinsäure dagegen wird nicht dehydriert. Das System der Milchsäure- und Äpfelsäuredehydrase unterscheidet sich nach v. EULER in den Sarkomextrakten nicht von dem in Muskelextrakten bezüglich des Gleichgewichtes und der p_H-Abhängigkeit. Der Sarkomextrakt enthält dagegen kleinere Mengen Äpfel-säuredehydrase als der Muskelextrakt. Nach neueren Untersuchungen[7] sollen Tumor-extrakte eine höhere Dehydraseaktivität besitzen als Extrakte aus Muskel, Milz und

[1] ELLIOTT, K. A. C., M. P. BENOY and Z. BAKER: Biochem. J. 29, 1937 (1935).
[2] BREUSCH, F. L.: B. Z. 295, 125 (1938).
[3] S. a. WILLIAMS-ASHMAN, H. G., and E. P. KENNEDY: Cancer Res. 12, 415 (1952).
[4] MANN, W., and J. GRUSCHOW: Proc. Soc. exp. Biol. Med. 71, 658 (1949).
[5] EULER, H. v., M. MALMBERG u. G. GÜNTHER: Z. Krebsforsch. 45, 427 (1937).
[6] EULER, H. v.: Ark. Kemi, Mineral. Geol. 12B, Nr. 15 (1936).
[7] RIEHL, M. A., and M. P. LENTA: Cancer Res. 9, 42 (1949).

Gehirn und eine schwächere als Leber und Niere. Nach HÖLSCHER[1] erkennt man an der Reduktion von Tetrazoliumderivaten zu Formazan, daß folgende Substanzen gute Substrate für Tumordehydrasen sind: Glucose, Bernsteinsäure, Phenylalanin, Tryptophan, Xanthin, Brenztraubensäure, Glutaminsäure, Asparaginsäure, Valin, Serin, Threonin und Tyrosin.

Die Coenzyme der Dehydrasen, Diphosphopyridinnucleotid (Cozymase) und Triphosphopyridinnucleotid (Codehydrase II), kommen in Tumor- und in Muskelextrakten in etwa gleichem Verhältnis vor[2].

Tabelle 41. *Codehydrasengehalt in Tumoren und normalen Geweben (γ/g Frischgewicht).*

	Cozymase	Codehydrase II		Cozymase	Codehydrase II
JENSEN-Sarkom .	160	80	Rattenleber . . .	265	30
Rattenmuskel . .	160	80	Rattenblut . . .	45	40

Die Gesamt-Cozymase, d. h. Cozymase und ihr Hydrierungsprodukt (CoH$_2$), wurde durch heißes Wasser extrahiert und im System der alkoholischen Gärung nach MYRBÄCK (s. Bd. IV) bestimmt, ebenso die Codehydrase II im WARBURG-Apparat durch Dehydrierung von Hexosemonophosphorsäure (s. Bd. IV). Die getrennte Bestimmung von Cozymase (Co) und Dihydro-cozymase (CoH$_2$) ist dadurch möglich, daß Co in schwach saurem Medium und CoH$_2$ in schwach alkalischem Medium beständig ist. Außerdem läßt sich CoH$_2$ auch spektrophotometrisch bestimmen, da sie bei 3400 Å ein Absorptionsband hat. Werden beide nebeneinander bestimmt, so zeigen sich nach v. EULER Unterschiede zwischen Sarkom- und Muskelextrakten.

JENSEN - Sarkom enthält einen großen Überschuß an Dihydro-cozymase. v. EULER nimmt an, daß die Ursache dieser verschiedenen Verteilung

Tabelle 42. *Verhältnis Cozymase zu Dihydro-cozymase in Sarkom und Muskel (γ/g Frischgewicht).*

	Co	CoH$_2$	CoH$_2$/Co	CoH$_2$ + Co
JENSEN-Sarkom .	20	125	6,2	145
Rattenmuskel . .	89	58	0,65	147

eine Hemmung der Wasserstoffübertragung durch einen Mangel des Diaphorase- und Cytochromsystems sei; denn nach Injektion von Lactoflavin und Cytochrom bzw. durch Brenztraubensäure war es bei Tumormäusen möglich, in den Tumoren das Verhältnis CoH$_2$:Co beinahe auf die Norm zu senken. Zahlreiche Dehydrasen sind in Tumoren enthalten; ihre Wirksamkeit weicht jedoch oft von der normaler Gewebe ab. Daß die in Tumoren vorkommenden Dehydrasen identisch mit denen in normalen Geweben sind, konnte bisher nur für das „reduzierende Gärungsferment" von WARBURG nachgewiesen werden[3]. Die Fermentproteine aus JENSEN-Sarkom und aus Muskulatur hatten, als Quecksilbersalze isoliert, die gleiche Krystallform. Die spezifische Drehung war für das Protein aus Tumoren [α] = — 34,5° und für das Protein aus Muskeln [α] = — 32,5°. Ihre Absorptionskurven stimmten im UV-Bereich zwischen 235 und 320 mμ überein. Die Elementaranalyse ergab:

Tabelle 43. *Elementaranalyse von Tumor- und Muskeleiweiß.*

	C	H	N	S
Protein aus Tumoren	52,97 %	7,46 %	16,99 %	1,05 %
Protein aus Muskeln	53,35 %	7,19 %	17,00 %	1,17 %

[1] HÖLSCHER, H. A.: Z. Krebsforsch. **56**, 587 (1950).
[2] EULER, H. v., F. SCHLENK, H. HEIWINKEL u. B. HÖGBERG: H. **256**, 208 (1938).
[3] KUBOWITZ, F., u. P. OTT: B. Z. **314**, 94 (1943).

Wesentlicher aber für den Beweis der Identität als die weitgehende Übereinstimmung der spezifischen Drehungen, der Absorptionsspektren und der Elementaranalyse erscheint, daß die katalytische Wirksamkeit beider Proteine bei allen Variationen der äußeren Bedingungen zahlenmäßig gleich war (der Mol-Umsatz je Minute betrug je 100000 g bei 39° für beide Proteine 73000), und daß Immunplasma von Kaninchen gegen das eine Fermentprotein auch das andere Fermentprotein im Gärungsansatz hemmt.

Außerdem isolierten WARBURG und CHRISTIAN[1] von den Gärungsfermenten das „oxydierende Gärungsferment" (die Apodehydrase von 1,3-Diphosphoglycerinaldehyd), die Enolase und die Zymohexase in krystallisiertem Zustand.

Die **Zymohexase,** die Hexosediphosphat in Aldo- und Ketotriosephosphat spaltet, kommt nach WARBURG in überwiegender Menge in der Muskulatur vor: 1 g Rattenmuskel enthält 1,5 mg Zymohexase, 1 g JENSEN-Sarkom dagegen nur 0,09 mg. Blutserum enthält auch geringe Mengen von Zymohexase ($0,3 \gamma/cm^3$), im Serum von Tumortieren findet man bedeutend mehr Zymohexase (bis zum 20fachen der Norm), und zwar geht die Vermehrung parallel mit der Größe des Tumors. WARBURG nimmt an, daß die Zymohexase durch einen Reiz des Tumors von der Muskulatur ausgeschieden und vom Tumor als Gärungsferment ausgenützt wird. Es sei möglich, daß die Tumoren ihre Gärungs-fermente nicht selbst aufbauen, sondern sie auf dem Blutweg von der Muskulatur beziehen, wofür auch die Identität des Fermentproteins des reduzierenden Gärungsfermentes aus Tumoren mit dem aus Muskulatur sprechen würde[2].

Milchsäuredehydrase. Nachdem KUBOWITZ und OTT die Identität des Apofermentes der Milchsäuredehydrase aus JENSEN-Sarkom und aus Muskulatur der Ratte erwiesen hatten, war bisher wenig über das quantitative Vorkommen dieses Fermentes in Tumorgeweben und normalen Geweben bekannt. Nach v. EULER, ADLER und GÜNTHER[3] haben dialysierte Extrakte aus JENSEN-Sarkomen und Rattenmuskeln etwa die gleiche Aktivität, während ELLIOTT, BENOY und BAKER[4] mit Schnitten des Philadelphia-Sarkoms keine Oxydation von Lactat zu Pyruvat feststellen konnten. Neuerdings hat nun MEISTER[5] die Dehydraseaktivität zahlreicher Impf- und Spontantumoren der Maus mit ihren Ausgangsgeweben verglichen. Die Enzymaktivität wurde gemessen durch laufende Bestimmung der Abnahme der Lichtabsorption bei 3400 Å beim Übergang von Dyhydropyridinnucleotid in Pyridinnucleotid, wenn Pyruvat durch das Enzym zu Lactat reduziert wird.

Tabelle 44. *Lacticodehydrogenaseaktivität in normalen und Tumorgeweben*
($Mol \cdot 10^{-8}$ red. Pyruvat/min/mg N des Homogenats).

Maus:			Tumor	
Leber	430	Impfhepatom 112B	669
Niere	370	Impfhepatom 13/8	381
Muskel	970	Rhabdomyosarkom	250
Magenmucosa	201	Magenadenocarcinom	336
Milz	140		
Submaxillardrüse	136	Myoepitheliom	492
Thymus	189	Thymom	316
Lymphknoten	206	Lymphom	292
Ovar	116	Granulosazelltumor	257
Lactierende Brust	373	Mammacarcinom	389
Testis	188	Interstitialtumor	190
Lunge	82	Primärer Lungentumor	466—561

Milchsäuredehydrase kommt also in allen normalen und neoplastischen Mäusegeweben vor. Die höchste Aktivität hat die Muskulatur, die geringste die Lunge. Maligne Gewebe haben im allgemeinen eine mittlere Aktivität mit geringerer Schwankungsbreite als

[1] WARBURG, O., u. W. CHRISTIAN: B. Z. **298,** 150 (1938).
[2] WARBURG, O.: Abh. dtsch. Akad. Wiss., Math.-Naturwiss. Kl. **1947,** Nr. 3.
[3] EULER, H. v., E. ADLER u. G. GÜNTHER: H. **247,** 65 (1937).
[4] ELLIOTT, K. A. C., M. P. BENOY and Z. BAKER: Biochem. J. **29,** 1937 (1935).
[5] MEISTER, A.: J. nat. Cancer Inst. **10,** 1263 (1950).

normale Gewebe, eine Besonderheit, die man auch bei anderen Fermenten antrifft. Weniger aktiv als sein Ausgangsgewebe (Muskel) war das Rhabdomyosarkom, während die anderen Tumoren höhere Werte hatten als ihre Ausgangsgewebe, vor allem die primären Lungentumoren und ein Myoepitheliom der Submaxillardrüse.

γ) Häminproteide.

Cytochrom. Cytochrom c und Cytochromoxydase werden nach KEILIN und HARTREE[1] aus Herzmuskulatur isoliert. Reine Cytochrompräparate bekommt man durch Elektrophorese[2].

Die Cytochrom- und Cytochromoxydasebestimmung ergab bei verschiedenen normalen und Tumorgeweben folgende Werte[3].

Tabelle 45. *Cytochromoxydase und Cytochrom c in normalen und Tumorgeweben.*

	Cytochromoxydase Einheiten/mg trockenes Gewebe*	Cytochrom c mg/g trockenes Gewebe	Quotient Cytochromoxydase/Cytochrom c
Herz (Ratte)	9,7	2,34	4,15
Niere (Ratte)	4,7	1,36	3,46
Skeletmuskel (Ratte). . .	2,3	0,68	3,38
Leber (Ratte)	1,7	0,24	7,10
Milz (Ratte)	1,6	0,21	7,63
Lunge (Ratte)	1,3	0,14	9,30
Gehirn (Ratte)	3,5	0,35	10,0
Embryo (Ratte)	1,1	0,03	46,7
Tumor R 256 (Ratte) . .	2,9	0,02	145
Spontantumor (Maus) . .	2,4	0,01	240

* 1 Einheit = O_2-Mehrverbrauch in 10 mm³/Std.

Der Cytochrom c-Gehalt von Tumor- und Embryonalgewebe ist also sehr stark erniedrigt, während der Cytochromoxydasegehalt die Norm nicht unterschreitet; deshalb ist der Quotient Cytochromoxydase/Cytochrom c bei Tumoren sehr hoch. In Zusammenhang stehen damit auch die Befunde von SALTER und Mitarbeitern[4], von KIDD, WINZLER und BURK[5] und von ROSENTHAL und DRABKIN[6]. Es wurde mit der WARBURG-Apparatur die Atmung von Gewebsschnitten ohne Substrat und nach Zugabe von p-Phenylendiamin bzw. Succinat gemessen. Die prozentuelle Atmungszunahme nach Zugabe der Substrate war bei cytochromreichen Geweben sehr groß (z. B. bei Zwerchfellmuskulatur das 7- bis 8fache), während die cytochromarmen Tumoren nur eine geringe Zunahme zeigten.

Tabelle 46. *Atmungsgröße normaler und maligner Gewebe*
(prozentuale Zunahme des Q_{O_2} nach Substratzusatz).

	Zugabe von			Zugabe von	
	p-Phenylendiamin	Succinat		p-Phenylendiamin	Succinat
Muskel (Zwerchfell) .	7360	8900	Milz.	122	94
Muskel (Herz) . . .	1510	—	V₂-Carcinom	69	36
Muskel (Skelet) . .	845	—	BROWN-PEARCE-Tumor (Kaninchen)	85	34
Leber	430	900	Sarkom (Maus)	119	28
Gehirn	330	390	Viruspapillom (Kaninchen)	63	22
Niere	300	287	Virusfibrom	64	29
Lunge	195	67	Haut	198	136

---

[1] KEILIN, D., and E. F. HARTREE: Proc. R. Soc. London (B) **122**, 298 (1937); **125**, 171 (1938).
[2] THEORELL, H.: Science, N.Y. **90**, 67 (1939).
[3] STOTZ, E.: J. biol. Ch. **181**, 555 (1939).
[4] CRAIG, F. N., A. M. BASSET and W. T. SALTER: Cancer Res. **1**, 869 (1941).
[5] KIDD, J. G., R. J. WINZLER and D. BURK: Cancer Res. **4**, 547 (1944).
[6] ROSENTHAL, O., and D. L. DRABKIN: Cancer Res. **4**, 487 (1944).

Von Interesse ist, daß benigne Tumoren (Viruspapillom und -fibrom des Kaninchens) im Gegensatz zu der Haut, aus der sie sich gebildet haben, ebenso wie maligne nur eine geringe Zunahme der Atmung zeigen, obwohl ihre Glykolyse zwischen der normaler Haut und der von Hautcarcinomen liegt, wie aus folgender Tabelle 47 ersichtlich ist[1].

Tabelle 47. *Stoffwechselgrößen von Hauttumoren.*

	$Q_{CO_2}^{N_2}$	$Q_{CO_2}^{O_2}$	Q_{O_2}	R.Q.
Normale Haut	1,5	1,4	1,0	0,89
SHOPE-Papillom	6,9	2,8	3,0	0,84
Hautcarcinom (aus Papillom entstanden) . . .	10,2	4,6	3,2	0,67

Nach ROSENTHAL und DRABKIN[2] zerfallen normale epitheliale Gewebe in 2 Klassen: 1. Solche Gewebe, die nach Zusatz von p-Phenylendiamin mit einer starken Q_{O_2}-Zunahme reagieren (Muskulatur, Leber, Nierenrinde, Gehirn). 2. Solche mit geringerer Reaktion (Darmmucosa, Lunge, Haut, Mamma, Lymphknoten). GREENSTEIN[3] konnte nachweisen, daß diese Eigenschaft mit dem Cytochromgehalt der Gewebe zusammenhängt. Er bestimmte die Sauerstoffaufnahme einer Gewebssuspension mit p-Phenylendiamin als Substrat mit und ohne Zugabe eines Cytochromüberschusses (V_{max} und v). Nach der Gleichung von MICHAELIS und MENTEN

$$v = \frac{V_{max} \cdot S}{K_m + S}$$

[V_{max} = größte O_2-Aufnahme bei Cytochromüberschuß; v = O_2-Aufnahme bei einem Cytochromgehalt der Konzentration S (mol/l); K_m = Dissoziationskonstante des Cytochrom-Cytochromoxydase-komplexes ($6 \cdot 10^{-6}$)] läßt sich v aus V_{max} (d. h. der maximalen O_2-Aufnahme bei Cytochromüberschuß) und aus der Cytochromkonzentration S bestimmen und umgekehrt aus v und V_{max} der Cytochromgehalt S der Gewebssuspension.

Wie aus folgender Tabelle 48 ersichtlich, findet sich Cytochrom in keinem Gewebe im Überschuß. Nach weiterer Zugabe von Cytochrom steigt die O_2-Aufnahme, bis die im Gewebe enthalten Cytochromoxydase das Maximum ihrer Aktivität erreicht. Diejenigen Gewebe, die am wenigsten Cytochrom enthalten, reagieren am stärksten auf Cytochromzugabe, während cytochromreiche Gewebe nur eine geringe Reaktion zeigen. Die prozentuale Reaktion läßt sich durch folgende Formel berechnen:

$$\text{Reaktion in Prozenten} = \frac{V_{max} - v}{v} \cdot 100 = \frac{K_m}{S} \cdot 100.$$

GREENSTEIN teilt die tierischen Gewebe nach ihrer „Reaktion" auf Cytochrom in 3 Klassen ein:

1. Gewebe mit einer Reaktion von 100—400% (Herz, Muskulatur, Leber, Niere und Gehirn). Die Gewebe sind sehr cytochromreich und enthalten auch relativ viel Cytochromoxydase. Primäre Tumoren kommen bei diesen Geweben relativ selten vor.

2. Gewebe mit einer Reaktion von 600—1200% (Darm, Lunge, Prostata, Milz, Uterus, Blase, Magen, Nebenniere, Pankreas, Thyreoidea). Cytochrom- und Cytochromoxydasegehalt sind niedrig, Neoplasmen trifft man bei diesen Geweben relativ häufig. Außerdem trifft man in dieser Klasse auch benigne Tumoren und manchmal auch maligne Tumoren in ihren Anfangsstadien. (Prostatahypertrophie, frühe Prostataadenocarcinome, Adenome der Thyreoidea, Granulosazelltumoren des Ovars, Fibromyome des Uterus, Riesenzelltumoren, Chondrosarkome, Parotistumoren, Desmoidtumoren, Synoviome, frühe Magenadenocarcinome und Adenome des Rectums.)

---

[1] KIDD, J. G., R. J. WINZLER and D. BURK: Cancer Res. **4**, 547 (1944).
[2] ROSENTHAL, O., and D. L. DRABKIN: Cancer Res. **4**, 487 (1944).
[3] GREENSTEIN, J. P.: J. nat. Cancer Inst. **5**, 55 (1944).

Tabelle 48. *Cytochromsystem in normalen und Tumorgeweben nach* GREENSTEIN.

	V_{max}	v	Cytochrom mg-%	% $R = K_m/S \cdot 100$
Herzmuskel	8,2	4,0	10,2	100
Leber	2,8	0,6	2,3	400
Niere	3,6	0,8	2,4	375
Gehirn	3,9	2,3	2,3	400
Darm	0,5	0,06	0,9	857
Lunge	0,4	0,03	0,7	1200
Prostata	0,2	0,02	0,8	1000
Prostatahypertrophie	0,4	0,04	0,9	644
Prostatacarcinom	0,32	0,03	0,8	1200
Spindelzellsarkom	0,48	0,02	0,7	1500
Bronchogenes Carcinom	0,42	0,01	0,3	3000
Lymphosarkom	0,22	0,01	0,3	3000
Mammacarcinom	0,24—0,48	0—0,02	0,2—0,4	3000—6000

3. Gewebe mit einer Reaktion von 1500—6000%, ihr Cytochromgehalt ist noch weiter gesenkt. Dazu gehören ausschließlich maligne Tumoren (Spindelzellsarkome, maligne Melanome, Carcinome der Haut, der Brustdrüse, der Bronchien, maligne Meningiome, Lymphosarkome, Adenocarcinome des Magens, des Colons und Rectums).

Maligne Gewebe haben also nicht nur einen sehr niederen Cytochromgehalt, sondern es besteht auch ein Mißverhältnis zwischen Cytochromoxydase und Cytochrom. Cytochromoxydase ist noch in großem Überschuß gegenüber Cytochrom, wenn auch stark erniedrigt, vorhanden.

Nach GREENSTEIN, WERNE, ESCHENBRENNER und LEUTHARDT[1] ist bei allen Mäusehepatomen unabhängig vom Mäusestamm, vom Alter der Tiere und von der Wachstumsintensität der Tumoren die Cytochromoxydaseaktivität gegenüber der der normalen Leber etwa auf die Hälfte gesenkt, obgleich ihre Atmung nicht herabgesetzt ist. SHACK[2] nimmt daher an, daß ruhendes bzw. regenerierendes Leberepithel gegenüber dem Hepatomgewebe eine große Rerserve an Cytochromoxydase besitzt[3].

Katalase, ein Ferment, das ebenso wie die Cytochromoxydase zu den Fe-haltigen Enzymen gehört und vor allem in Leber und Niere vorkommt, ist auch in Tumoren gegenüber dem Ausgangsgewebe stark herabgesetzt.

Von großem Interesse ist, daß auch Tumoren, die nicht in der Leber wachsen, eine Fernwirkung auf den Katalasegehalt der Leber ausüben. BRAHN[4] fiel der geringe Katalasegehalt in Lebern von Krebskranken auf, auch wenn keine Metastasen nachweisbar waren.

Tabelle 49. *Katalaseaktivität normaler und maligner Gewebe* (in cm³ O_2/sec bei 25°)[5].

Mäuse, Leber	8,00	Mäuse, Muskel	0,01
Mäusehepatom	0,6—0,05	Mäuse, Rhabdomyosarkom	0,00
Mäuse, Niere	3,20	Mäuse, hyperplastische Mamma . . .	0,02
Mäuse, Lunge	0,22	Mäuse, Mammacarcinom	0,01
Mäuse, Lungentumor	0,00	Ratte, Leber	2,0
Mäuse, Milz	0,12	Ratte, Leber (von Tier mit Tumor) .	0,2
Mäuse, Lymphknoten . . .	0,02	Ratte, primäres Hepatom	0,1
Mäuse, Lymphom	0,01	Ratte, Impfhepatom	0,0

[1] GREENSTEIN, J. P., J. WERNE, A. B. ESCHENBRENNER and F. M. LEUTHARDT: J. nat. Cancer Inst. 5, 55 (1944).

[2] SHACK, J.: J. nat. Cancer Inst. 3, 389 (1943).

[3] Neuere Untersuchungen über das Coenzym I-Oxydasesystem in Tumoren s. LENTA, M. P., and M. A. RIEHL: Cancer Res. 12, 498 (1952).

[4] BRAHN, B.: S.-B. preuß. Akad. Wiss. 1916, 478.

[5] GREENSTEIN, J. P., W. V. JENRETTE, G. B. MIDER and H. B. ANDERVONT: J. nat. Cancer Inst. 2, 293 (1941). — GREENSTEIN, J. P.: J. nat. Cancer Inst. 3, 491 (1943). — GREENSTEIN, J. P., and F. M. LEUTHARDT: J. nat. Cancer. Inst. 6, 197, 203, 211 (1946).

GREENSTEIN und Mitarbeiter[1] fanden bei Ratten mit Impftumoren eine Senkung des Katalasegehaltes der Leber, die proportional der Tumorgröße war, sobald das Tumorgewicht 5% des Körpergewichtes überschritten hatte. Gutartige Tumoren haben nach DICKINSON[2] nur einen geringen Einfluß auf die Leberkatalase (bei Mammafibroadenom der Ratte nur eine Senkung um 10% gegenüber 50% bei malignen Rattentumoren).

NAKAHARA und Mitarbeiter[3] isolierten aus Carcinomen und Sarkomen eine wasserlösliche, thermostabile Substanz (ein Polypeptid?), die nach der Injektion bei Mäusen die Leberkatalase stark senkte; aus normalen Geweben konnte dieser Stoff nicht isoliert werden. Dagegen fanden JOHNSON und Mitarbeiter[4], daß ein tryptisches Verdauungsprodukt aus Hämoglobin, das „Sanguinin" von ANIGSTEIN[5], bei Mäusen 24 Std nach der Injektion die gleiche Wirkung hatte. Versuche, aus menschlichen Krebsseren nach der Methode von NAKAHARA die katalasesenkende Substanz zu isolieren und sie im Testversuch bei Mäusen nachzuweisen, mißlangen.

v. EULER und HELLER[6] untersuchten die Verteilung der Katalaseaktivität in Leberfraktionen normaler und sarkomtragender Ratten. Das Leberhomogenat wurde nach HOGEBOOM, SCHNEIDER und PALLADE[7] in kalter 30%iger Rohrzuckerlösung + Pufferlösung p_H 7,4 hergestellt und durch Differentialzentrifugierung in eine Kernfraktion, eine Mitochondrienfraktion und überstehende Flüssigkeit + Mikrosomen getrennt und die Katalaseaktivität im Totalhomogenat und in den einzelnen Fraktionen mittels des titrimetrischen Permanganatverfahrens von v. EULER und JOSEPHSON[8] bestimmt. Die Ergebnisse waren:

1. Die Masse der Aktivität der Katalase ist im Cytoplasma enthalten. 2. In der normalen Rattenleber ist die Katalaseaktivität des Cytoplasmas gleichermaßen zwischen den Mitochondrien und der mikrosomenhaltigen Zellflüssigkeit verteilt. 3. Die Verminderung der Aktivität der Leberkatalase beim Tumorwachstum betrifft zunächst hauptsächlich den extramitochondralen Katalaseanteil. Erst nachdem rasch wachsende Tumoren eine gewisse Größe erreicht haben, tritt auch eine Senkung der Katalaseaktivität der Mitochondrien ein. 4. Da die Mitochondrien nur etwa $1/4$ der cytoplasmatischen Substanz der Leber darstellen, entfällt der überwiegende Teil der Katalaseaktivität der Zelle auf die extramitochondrale Fraktion des Cytoplasmas.

δ) Gelbe Fermente.

Ähnlich wie die Enzyme, die als prosthetische Gruppen Fe-haltige Porphyrinverbindungen (wie die Cytochromoxydase und die Katalase) enthalten, in Tumoren stark herabgesetzt sind, findet man auch eine Verminderung von solchen Fermenten, die Alloxazinadeninnucleotide als prosthetische Gruppe besitzen (D-Aminosäureoxydase, Bernsteindehydrase)[9].

D-Aminosäureoxydase. Die prosthetische Gruppe der D-Aminosäureoxydase Alloxazinadenindinucleotid wurde von WARBURG und CHRISTIAN[10] isoliert, das Fermentprotein von NEGELEIN und BRÖMEL[11] in reiner Form aus Nierengewebe dargestellt. Als Testreaktion diente die Oxydation von D-Alanin zu Brenztraubensäure. Die Bestimmung der

---

[1] GREENSTEIN, J. P., W. V. JENRETTE and J. WHITE: J. nat. Cancer Inst. 2, 283 (1941). — GREENSTEIN, J. P., and H. B. ANDERVONT: J. nat. Cancer Inst. 2, 345 (1942); 4, 283 (1943).

[2] DICKINSON, T. E.: Cancer Res. 11, 244 (1951).

[3] NAKAHARA, W., u. F. FUKUOKO: Gann, Tokyo 60, 45 (1949); s. auch HARGREAVES, A. B., and H. F. DEUTSCH: Cancer Res. 12, 720 (1952).

[4] JOHNSON, R. B., E. SCHOLTZ and C. M. WEBB: Cancer Res. 11, 243 (1951).

[5] ANIGSTEIN, L.: Proc. Soc. exp. Biol. Med. 74, 346 (1950).

[6] EULER, H. v., u. L. HELLER: Z. Krebsforsch. 56, 393 (1949).

[7] HOGEBOOM, G. H., W. C. SCHNEIDER and G. E. PALLADE: J. biol. Ch. 172, 619 (1947).

[8] EULER, H. v., u. K. JOSEPHSON: B. 56, 1749 (1923).

[9] Über den Diaphorasegehalt von Tumoren s. LENTA, M. P., and M. A. RIEHL: Cancer Res. 12, 498 (1952).

[10] WARBURG, O., u. C. CHRISTIAN: B. Z. 298, 150 (1938).

[11] NEGELEIN, E., u. H. BRÖMEL: B. Z. 300, 225 (1939).

prosthetischen Gruppe und des Fermentproteins erfolgt im WARBURG-Apparat nach der von den Autoren angegebenen Methode. WARBURG und CHRISTIAN fanden für die prosthetische Gruppe von Rattengeweben folgende Werte (Tabelle 50).

Es besteht also eine starke Verminderung der prosthetischen Gruppe bei Tumoren gegenüber normalen Geweben. Da jedoch die gleiche prosthetische Gruppe auch in anderen Fermenten vorkommt, besteht kein Zusammenhang zwischen dem Gehalt einer Zellart an Aminosäureoxydase und an Dinucleotid. Neuere Untersuchungen über den D-Aminosäureoxydasegehalt von Rattengeweben wurden von SHACK[1] ausgeführt. SHACK kommt zum Schluß, daß sowohl die prosthetische Gruppe als auch die Proteinkomponente der D-Aminosäureoxydase in Tumoren stark vermindert sind (Tabelle 51).

Der D-Aminosäureoxydasegehalt der Leber und Niere wird ebenso wie der Katalasegehalt durch entfernt wach-

Tabelle 50. *Alloxazin-adenin-dinucleotid in Rattengeweben* (in mg/kg Gewebe).

Rattenherz	60 mg
Rattenleber	45 mg
Rattenniere	20 mg
Rattentumor (JENSEN-Sarkom)	4 mg

sende Tumoren beeinflußt, bei großen Tumoren kann eine Senkung bis auf $1/3$ der ursprünglichen Aktivität erfolgen[2,3]. Die Ursache ist nicht ein verminderter Lactoflavingehalt.

Xanthindehydrase ist nach den Untersuchungen von GREENSTEIN[3] bei den meisten Mäusetumoren (mit Ausnahme des Hepatoms) gegenüber ihrem Ausgangsgewebe vermehrt (Tabelle 52).

Tabelle 51. D-*Aminosäureoxydasegehalt von Rattengeweben.*

	mm³ O₂-Ver-brauch/mg Feucht-gewicht/Std	Flavin-adenin-dinucleotid γ/g		mm³ O₂-Ver-brauch/mg Feucht-gewicht/Std	Flavin-adenin-dinucleotid γ/g
Normale Leber	0,24	61	Impfhepatom 31	0,022	10,2
Regenerierende Leber	0,19	52	JENSEN-Sarkom	0,00	7,5
Fetale Leber	0,035	11,5	Normale Niere	1,61	60

Tabelle 52. *Xanthindehydrogenaseaktivität in Mäusegeweben und -tumoren* (Methylenblauentfärbung bei 25° in min).

Leber	10	Muskel	92	Mammacarcinom	30
Lymphknoten	240	Hepatom	10	Lungentumor	25
Mamma	45	Lymphom	25	Rhabdomyosarkom	42
Lunge	300				

Die höhere Aktivität der Xanthindehydrase hängt mit dem höheren Nucleinsäuregehalt der malignen Gewebe zusammen. Die Purinkomponenten der Nucleinsäuren sind nur über Xanthin bzw. Hypoxanthin weiter oxydierbar[4].

ε) *Bernsteinsäuredehydrogenase.*

Bernsteinsäuredehydrogenase ist nach den Untersuchungen von SCHNEIDER und POTTER[5] bei Rattengeweben in Tumoren vermindert.

Tabelle 53. *Succinodehydrogenaseaktivität in Rattengeweben und -tumoren* (Q_{O_2} mit Ascorbinat oder Succinat als Substrat; Überschuß an Cytochrom c).

Herz	219	Muskel	36	FLEXNER-JOBLING-Carcinom	16
Niere	195	Lunge	18	WALKER-Carcinom	9
Leber	88	Hepatom	24	JENSEN-Sarkom	18

[1] SHACK. J.: J. nat. Cancer Inst. **3**, 389 (1942).

[2] WESTPHAL, U.: H. **278**, 213 (1943). — WESTPHAL, U., u. K. LANG: H. **276**, 205 (1942).

[3] GREENSTEIN, J. P.: Ann. Rev. **14**, 643 (1945). — SUMNER-MYRBÄCK: Enzymes 2/2, 1131 (1952).

[4] EULER, H. v. et., W. SOLODKOWSKA: Bull. Soc. Chim. biol. **29**, 382 (1947).

[5] SCHNEIDER:, W. C. and J. S. POTTER: Cancer Res. **3**, 353 (1943).

b) Hydrolasen.

α) Fermente des Eiweißstoffwechsels.

Arginase. Nach GREENSTEIN und Mitarbeitern[1, 2] ist der Arginasegehalt verschiedener Mäusetumoren gegenüber dem Ausgangsgewebe zum Teil erhöht (Mammacarcinom, Plattenepithelcarcinom des Magens, Rhabdomyosarkom), zum Teil herabgesetzt (Hepatom, Lungentumor), zum Teil bleibt er unverändert (Lymphom).

Tabelle 54. *Arginaseaktivität in Mäusegeweben und -tumoren*

$$\left(\frac{\text{Prozent Argininhydrolyse in 2 Std bei } 38°}{\sqrt[3]{\text{Total-N/cm}^3} \text{ Gewebsextrakt}} \right).$$

Leber	246	Haut	27
Hepatom	40	Hyperplastische Brust	67
Niere	42	Mammacarcinom	114
Lunge	50	Muskel	4
Lungentumor	29	Rhabdomyosarkom	28
Lymphknoten	20	Magenmucosa	4
Lymphom	28	Magen-Plattenepithelcarcinom	52

Die Herabsetzung des Arginasegehaltes des Hepatoms gegenüber der Leber deutet darauf hin, daß die Harnstoffsynthese gestört ist. Da nach TUNG und COHEN[3] in Hepatomen die Citrullinsynthese aus Carbaminylglutaminsäure, NH_3 und Ornithin gegenüber der Leber auf 14—30 % abfällt, ist schon die Bildung der Vorstufe von Harnstoff gehemmt. Andererseits weist der hohe Arginasegehalt der hyperplastischen Mamma und noch mehr der des Mammacarcinoms auf starke Wachstumsvorgänge hin, da nach EDLBACHER[4] Arginase neben der Harnstoffbildung in der Leber auch eine Funktion bei der Eiweißsynthese ausübt. Damit dürfte auch zusammenhängen, daß in der Haut von Mäusen, die mit Methylcholanthren behandelt wurden, die Aktivität der Arginase auf das 3fache und in den daraus entstehenden Carcinomen auf das 18fache der Norm ansteigt[5]. Gleichzeitig fällt der relativ hohe Gehalt der Haut an freiem Arginin im Tumor auf Null ab; der Arginasegehalt eines Gewebes scheint also maßgebend dafür zu sein, wieviel Arginin zur Eiweißsynthese aufgenommen wird. Von Interesse ist, daß der Arginasegehalt von Leber, Niere und Milz nach Verimpfung eines Tumors (EHRLICH-Carcinom) bei Mäusen auf etwa $1/_5$ der Norm abfällt, während die Arginase in der Muskulatur, die sonst beinahe frei davon ist, ansteigt[6, 7]. Bei Leberregeneration verdoppelt sich die Arginaseaktivität am ersten Tag nach der Operation in der Leber parallel mit dem Auftreten von Mitosen[8].

Transaminase, ein Ferment, das Aminogruppen bestimmter Aminosäuren auf Ketosäuren überträgt, nimmt nach Dimethylaminoazobenzolfütterung in der Leber von Ratten progressiv ab und erreicht in den entstehenden Hepatomen einen sehr niederen Spiegel[9]. Bei der Umaminierung entstehen aus D,L-Glutaminsäure und Brenztraubensäure, D,L-Alanin und α-Ketoglutarsäure. In Tumorextrakten soll im Gegensatz zu Extrakten von normalen Rattenorganen die stark wirksame L-Aminopherase stark vermindert sein, die weniger wirksame D-Aminopherase dagegen nicht.

Nach v. EULER und Mitarbeitern[10] verhält sich L-Aminopherase/D-Aminopherase im Muskel wie 8,9/1, im JENSEN-Sarkom wie 1,7/1; dies dürfte im Hinblick auf die Untersuchungen von KÖGL über das Vorkommen von D-Aminosäuren in Tumoren von Interesse sein.

[1] GREENSTEIN, J. P., W. V. JENRETTE, G. B. MIDER and J. WHITE: J. nat. Cancer Inst. 1, 687 (1941).
[2] GREENSTEIN, J. P., and J. W. THOMPSON: J. nat. Cancer Inst. 4, 63, 271, 275 (1943).
[3] TUNG, T. C., and P. P. COHEN: Cancer Res. 10, 793 (1950).
[4] EDLBACHER, S.: Schweiz. med. Wschr. 68, 959 (1938).
[5] ROBERTS, E., and S. FRANKEL: Cancer Res. 9, 231 (1949).
[6] EDLBACHER, S., u. K. W. MERZ: H. 171, 252 (1927).
[7] KLEIN, G., u. W. ZIESE: Z. Krebsforsch. 37, 323 (1932).
[8] ROSENTHAL, O., C. S. ROGERS and J. C. FAHL: Cancer Res. 10, 237 (1950).
[9] COHEN, P. P.: Cancer Res. 5, 626 (1945).
[10] EULER, H. v., H. HELLSTRÖM, G. GÜNTHER, L. ELLIOT u. S. ELLIOT: H. 259, 201 (1934).

Cystindesulfurase spaltet Cystin in Brenztraubensäure, Schwefelwasserstoff und Ammoniak. Cystindesulfurase kommt nur in Leber, Niere und Pankreas vor und ist ein sehr aktives Ferment, verschwindet aber vollständig, wenn aus Lebergewebe ein Hepatom entsteht[1, 2]. Cystin am einen Ende einer Peptidkette wird ebenfalls angegriffen. Das dabei entstehende Dehydropeptid wird dann durch eine Dehydropeptidase weiter aufgespalten.

Dehydropeptidasen. Dehydropeptide, die eine freie Aminogruppe in der Seitenkette R des Acylaminorestes besitzen, werden von einer Dehydropeptidase aufgespalten (Dehydropeptidase I), die in allen Geweben, auch in Tumoren vorkommt. Dehydropeptidase I übertrifft an Aktivität alle bisher bekannten peptidspaltenden Fermente (z. B. wird Glycyldehydroalanin durch Gewebsextrakte in 1 Std gespalten, dagegen braucht man zur Spaltung von Glycylalanin mehrere Tage). Dehydropeptidase II spaltet nur solche Dehydropeptide, die in R keine freie Aminogruppe haben, sie kommt wie die Cystindesulfurase lediglich in Leber, Niere und Pankreas vor, in Hepatomen findet sie sich nur in Spuren. Eine Bestimmungsmethode der Dehydropeptidasen beruht darauf, daß Dehydropeptide durch ihre Doppelbindung charakteristische Absorptionsbanden im UV-Licht haben[3].

Tabelle 55. *Aktivität der Dehydropeptidasen[2, 3] und einer Peptidase[4].*

	Dehydro-peptidase I	Dehydro-peptidase II	Pepti-dase		Dehydro-peptidase I	Dehydro-peptidase II	Pepti-dase
Maus: Leber .	18	15		Maus: Darmadenocarci-			
Hepatom . .	18	0		nom	19	0	
Niere	21	23		Tumor CR 180	20	0	
Muskel . . .	16	0		Plattenepithelcarcinom	17	0	
Pankreas . .	20	4		Ratte: Leber	20	20	0,18
Darmmucosa	20	2		Hepatom	20	0	0,40

Die Zahlen bedeuten für Dehydropeptidasen I und II Abspaltung von NH_3 (Mol·10^{-6}) aus Glycyldehydroalanin bzw. Chloracetyldehydroalanin (25·10^{-6} Mol) als Substrat für 1 cm³ Extrakt (= 166 mg Gewebe) nach 2 Std bei 37°; für Peptidase: Verbrauch von Kubikzentimetern 0,1 n NaOH bei der Formoltitration; 0,05 m D,L-Leucylglycin als Substrat.

Kathepsin. Nach den Untersuchungen von KLEINMANN[5], KREBS[6] sowie MASCHMANN[7] ist die proteolytische Wirksamkeit von Glycerinextrakten aus Tumorgeweben nicht größer, sondern eher kleiner als die von Extrakten aus normalen Geweben, auch fanden sie keine größeren Glutathionmengen in den Tumoren als Aktivatoren. Dasselbe stellten auch KISHI, FUJIWARA und NAKAHARA[8] bei Extrakten aus Hepatomen und normaler Leber fest. OREKHOWICH[9] glaubt, daß die geringere Wirksamkeit von Tumorextrakten gegenüber Organextrakten auf die Verwendung artfremder Substrate (Gelatine und Casein) zurückzuführen sei. Denn wurde an Stelle von Gelatine Muskelgewebe von sarkomtragenden Ratten als Substrat verwandt, so hatten Tumorextrakte eine stärkere proteolytische Wirksamkeit als Extrakte aus Rattenleber, die gegenüber Gelatine wirksamer waren. Das dürfte insofern von Interesse sein, als z. B. Kathepsin aus Rattenhepatomen serologisch verschieden ist von Kathepsin aus Rattenleber und in seiner Spezifität mehr dem Kathepsin aus JENSEN-Sarkom gleicht (nach Präcipitinreaktion, Komplementfixierung und

[1] SMYTHE, C. V.: J. biol. Ch. **142**, 387 (1942).

[2] GREENSTEIN, J. P., and F. M. LEUTHARDT: J. nat. Cancer Inst. **5**, 209, 223, 249 (1944).

[3] CARTER, C. E., and J. P. GREENSTEIN: J. nat. Cancer Inst. **7**, 29 (1946).

[4] KISHI, S., T. FUJIWARA u. W. NAKAHARA: Gann, Tokyo **31**, 1, 51, 355, 556 (1931); **32**, 469 (1938).

[5] KLEINMANN, H.: B. Z. **241**, 108, 181 (1931).

[6] KREBS, H. A.: B. Z. **238**, 174 (1931).

[7] MASCHMANN, E., u. E. HELMERT: H. **216**, 218 (1933).

[8] KISHI, S., T. FUJIWARA u. W. NAKAHARA: Gann, Tokyo **32**, 469 (1938).

OREKHOWICH, V. N.: Biochimia, Moskau **3**, 465 (1938).

anaphylaktischem Test)[1]. MAVER und DUNN[2] finden mit Extrakten aus Mäusegeweben bei Hämoglobin als Substrat an freigesetztem Tyrosin:

Tabelle 56. *Kathepsinaktivität von Mäusegeweben und -tumoren* (mg Tyrosin/mg N der Extrakte). in 10 min p_H 4,6).

Milz	0,22	Muskel	0,05	Sarkom 180	0,07
Leber	0,07	Darm	0,04	Darmadenocarcinom	0,11
Embryonale Leber	0,14	Lymphknoten	0,20	Mammacarcinom	0,15
Niere	0,08	Knochenmark	0,13	Melanom	0,16
Lunge	0,09	Hepatom	0,14		

Nach MAVER und DUNN[2] ist der Kathepsingehalt spontaner Tumoren höher als der von Impftumoren und kommt dem Gehalt von Organen höchster Aktivität wie Milz und Lymphknoten nahe, aber es besteht keine Beziehung zwischen Tumorgröße bzw. Wachstumsgeschwindigkeit und Kathepsingehalt eines Tumors. Der Kathepsingehalt nimmt zu, wenn ein Gewebe neoplastisch wird (z. B. Leber und Hepatom). In neuerer Zeit wird als Substrat für Trypsin und Kathepsin Benzoylargininamid verwandt[3]. Durch Trypsin wie durch Kathepsin wird Benzoylargininamid bei p_H 7 desaminiert; die Desamidaseaktivität von Kathepsin wird zwar nicht wie seine Aktivität bei der Proteolyse durch SH-Verbindungen gesteigert, aber die Wirksamkeit der verschiedensten Organextrakte gegen Benzoylargininamid geht absolut parallel ihrer katheptischen Wirksamkeit.

Tabelle 57.
Kathepsinaktivität der Rattenleber unter verschiedenen Bedingungen
(gespaltenes Benzoylargininamid in Mol·10^{-9}/min/mg Gesamt-N).

Rattenleber: Normal	46 ± 16
Regenerierend	48 ± 2
Fetal	56 ± 6
Präcancerös	69 ± 17
Hepatom	120 ± 17

ZAMECNIK und STEPHENSON[4] untersuchten die Aktivität von Extrakten aus Leber, fetaler Leber, regenerierender Leber, Leber von Ratten, die mit Dimethylaminoazobenzol gefüttert waren und von Hepatomen (Tabelle 57).

Die Autoren nehmen an, daß die bedeutend erhöhte Wirksamkeit der Hepatomextrakte auf eine Änderung des Enzymproteins zurückzuführen ist. Oft wird auch ein erhöhter Kathepsingehalt in Leber und Milz eines Wirtstieres durch die Fernwirkung eines Tumors gefunden.

D-Peptidase. Die Angaben von KÖGL und ERXLEBEN[5] über das Vorkommen von D-Aminosäuren in Tumorproteinen veranlaßten zahlreiche Untersuchungen darüber, ob in Gewebsextrakten (vor allem in solchen von Tumoren) und im Serum von Krebskranken auch Peptidasen vorkommen, die D-Aminosäuren aus Polypeptiden herausspalten, und ob ihre Aktivität in Tumorgeweben und normalen Geweben verschieden ist[6-10].

Es zeigte sich, daß die Aktivität der Peptidasen in normalen und Tumorgeweben nicht wesentlich verschieden ist, daß sich das Verhältnis von L-Peptidasen/D-Peptidasen in Krebsgeweben oder im Serum von Krebskranken nicht verändert, und daß D-Peptidasen aus normalen und aus Tumorgeweben durch Mangan und Cystein gleich stark aktivierbar sind.

β) Esterasen.

BERNHARD[11] fand eine Vermehrung von atoxylresistenter Lipase im Serum von Krebspatienten, die nach Entfernung eines Tumors wieder zurückgehen soll. Da aber bei älteren

---

[1] MAVER, M. E.: J. nat. Cancer Inst. 4, 65 (1943).
[2] MAVER, M. E., and T. B. DUNN: J. nat. Cancer Inst. 6, 49 (1945).
[3] BERGMANN, M., J. S. FRUTON and M. S. POLLACK: J. biol. Ch. 127, 643 (1939).
[4] ZAMECNIK, P. C., and M. L. STEPHENSON: Cancer Res. 7, 326 (1947).
[5] KÖGL, E., u. H. ERXLEBEN: H. 258, 57 (1939).
[6] EULER, H. v., u. B. SKARZYNSKI: H. 265, 133 (1940).
[7] HERKEN, H.: Z. Krebsforsch. 52, 455 (1942).
[8] BAMANN, E., u. O. SCHMINKE: B. Z. 310, 119, 131, 302 (1941).
[9] MASCHMANN, E.: B. Z. 313, 129, 151, 156 (1942).
[10] WALDSCHMIDT-LEITZ, E.: Ergebn. Enzymforsch. 9, 193 (1943).
[11] BERNHARD, F.: Z. Krebsforsch. 38, 450 (1933).

Tumoren später die Lipasewerte ebenfalls zurückgehen und außerdem auch bei anderen Erkrankungen wie Prostatahypertrophie und Mastitis chronica erhöhte Werte gefunden wurden, läßt sich der Nachweis eines erhöhten Gehaltes an atoxylresistenter Lipase im Serum nicht zur Tumordiagnose verwenden.

BERNHARD glaubt, daß die Lipase vom Tumor in den Blutkreislauf abgegeben wird, da nach seinen Angaben Extrakte aus verschiedenen menschlichen Tumoren höhere Lipasewerte hatten als Extrakte aus normalen Geweben. Untersuchungen von FALK, NOYES und SUGIURA[1] über den Lipasegehalt verschiedener Organe und Tumoren, wobei mehrere Ester als Substrate verwandt wurden, und die Bestimmung der frei gemachten Säuren titrimetrisch erfolgte, ergaben für Tumorgewebe eine relativ niedere Lipaseaktivität, etwa der des Muskelgewebes entsprechend.

LASNITZKI[2] untersuchte im WARBURG-Apparat Extrakte von Rattenorganen und Tumoren (FLEXNER-JOBLING-Carcinom) mit Monobutyrin und Tributyrin als Substrat, wobei das durch die frei gemachte Buttersäure ausgetriebene CO_2 gemessen wurde.

EDLBACHER und NEBER[3] fanden nach der gleichen Methode auch in Extrakten von Organen tumortragender Rat-

Tabelle 58. *Lipaseaktivität in Rattenorganen und -tumoren* (entstandene Buttersäure, mMol/mg Trockensubstanz)[2].

Tumoren (10 Best.) . .	1,1	Lunge (5 Best.) . . .	7,0
Leber (10 Best.). . . .	6,2	Muskel (1 Best.) . . .	0,3
Milz (5 Best.)	0,8		

ten gegenüber solchen normaler Ratten (Leber, Gehirn, Blut) eine starke Herabsetzung der Lipaseaktivität; die fermentative Störung scheint also nicht auf die Tumoren selbst beschränkt zu sein.

Neuere vergleichende Esterasebestimmungen mit Mäusegeweben und entsprechenden Tumoren wurden von GREENSTEIN[4] ausgeführt.

Tabelle 59. *Esteraseaktivität von Mäuseorganen und -tumoren*
[Verbrauch von cm³ 0,1 n alkoholischer KOH-Lösung·10^{-4} je cm³ Extrakt (entsprechend 1 mg Feuchtgewicht) nach 2 Std bei 37°, Methyl-n-Butyrat als Substrat].

Pankreas	1820	Lunge	68	Darmadenom . . .	11
Leber	411	Lungentumor . . .	6	Magenmucosa . . .	48
Hepatom	172	Lymphknoten. . .	25	Muskel.	13
Niere	108	Lymphom	8	Sarkom	6
Milz	106	Darmmucosa . . .	973	Gehirn	7

Nach diesen Untersuchungen ist die Aktivität der Esterase in Tumoren gegenüber den Ausgangsgeweben bedeutend herabgesetzt. Auch histochemisch konnte in zahlreichen menschlichen Tumoren im Vergleich zum Gewebe der Umgebung nur sehr wenig Esterase nachgewiesen werden, nur einige Carcinome der Thyreoidea hatten eine hohe Aktivität[5]. So fanden auch LANGEMANN und KENSLER[6], daß die Tributyrin spaltende Esterase in Hepatomen von Ratten gegenüber der Esterase aus Rattenleber nur etwa 10% ihrer Wirksamkeit hatte. Dagegen ist nach den gleichen Autoren in Übereinstimmung mit den Befunden von VIOLLIER und WASER[7] die Cholinesterase (eine spezifische Esterase) in Hepatomen wirksamer als in normalem Lebergewebe. Bei der Fraktionierung von Gewebshomogenaten trifft man die Tributyrase wie auch die Cholinesterase in der überstehenden Flüssigkeit.

---

[1] FALK, K., H. M. NOYES and K. SUGIURA: J. biol. Ch. **59**, 183 (1924).

[2] LASNITZKI, A.: Z. Krebsforsch. **22**, 531 (1925).

[3] EDLBACHER, S., u. M. NEBER: H. **233**, 265 (1935).

[4] GREENSTEIN, J. P.: J. nat. Cancer Inst. **5**, 31 (1944).

[5] COHEN, R. B., M. N. NACHLAS and A. M. SELIGMAN: Cancer Res. **11**, 709 (1951).

[6] LANGEMANN, H., and C. J. KENSLER: Cancer Res. **11**, 265 (1951).

[7] VIOLLIER, G., u. H. WASER: Helv. physiol. Acta **8**, 39 (1950).

Phosphatasen. Vergleichende Untersuchungen über den Phosphatasegehalt machte GREENSTEIN[1].

Tabelle 60. *Aktivität der sauren und der alkalischen Phosphatase in Ratten- und Mäusegeweben* (Hydrolyse von Phenylphosphat in Prozenten je mg Gesamt-N je cm³ Gewebsextrakt nach 1 Std bei 38°).

	Saure Phosphatase pH 4,6	Alkalische Phosphatase pH 9,5		Saure Phosphatase pH 4,6	Alkalische Phosphatase pH 9,5
Maus: Leber	12	4	Maus: Haut	30	5
Hepatom	22	4	Darmmucosa	34	2789
Niere	15	1072	Darmadenocarcinom	19	3
Milz	73	17	Gehirn	15	12
Lymphknoten	49	8	Mamma	18	9
Lymphom	12	6	Mammacarcinom	21	22
Knochen	50	420	Ratte: Leber	25	4
Osteogenes Sarkom	135	1100	Impfhepatom	52	542
Lunge	33	36	Muskel	16	2
Lungentumor	11	1	JENSEN-Sarkom	22	44
Muskel	19	2	Carcinom	32	18
Rhabdomyosarkom	8	24			

Die *saure Phosphatase* zeigt bei verschiedenen Geweben keine großen Schwankungen, ihre Aktivität ist in Tumoren gegenüber dem Ausgangsgewebe mit einigen Ausnahmen etwas herabgesetzt, in osteogenen Sarkomen und in Hepatomen findet man eine Erhöhung der Aktivität.

Die *alkalische Phosphatase* schwankt sehr stark bei verschiedenen Geweben; sehr hohe Werte findet man in der Darmmucosa, in der Nierenrinde und im Knochen. Tumoren haben zum Teil höhere, zum Teil niedrigere Phosphatasewerte als ihr Ausgangsgewebe. Besonders aktiv ist das Impfhepatom der Ratte gegenüber der Rattenleber, weitere Erhöhungen der Aktivität trifft man beim osteogenen Sarkom, beim Rhabdomyosarkom und beim Mammacarcinom. Besonders stark herabgesetzt ist die Phosphataseaktivität im Darmadenocarcinom gegenüber der Darmmucosa und im Lungentumor gegenüber der Lunge.

Die höchste Aktivität der *sauren* Phosphatase wurde im menschlichen Prostatagewebe nachgewiesen. GUTMAN[2] fand Werte von über 2000 E (alkalische Phosphatase 0,8 bis 1,3 E, also keine Erhöhung dieser Phosphatase). Die Aktivität erhöht sich noch auf das 1½fache dieses Wertes im Prostatacarcinom und seinen Metastasen[3, 4], und außerdem wird bei ausgebreitetem Prostatacarcinom vom Tumorgewebe saure Phosphatase ins Blut ausgeschieden. Die saure Phosphatase im Serum erhöht sich von 0,5—2,5 der Norm auf über 3 E[5].

Durch die fortlaufende Bestimmung der sauren Phosphatase im Blut ist nicht nur eine Diagnose des Prostatacarcinoms möglich, sondern es läßt sich auch der Erfolg einer Behandlung mit östrogenen Hormonen kontrollieren. Nach Kastration oder einer erfolgreichen Hormonbehandlung sinkt der Spiegel der sauren Phosphatase nach einiger Zeit auf die Norm, steigt aber wieder bei Rezidiven. Die alkalische Phosphatase ist, wie oben erwähnt, im Prostatacarcinom nicht erhöht, trotzdem findet man bei ausgebreitetem Prostatacarcinom auch eine Erhöhung der alkalischen Phosphatase im Serum, deren Ursache wohl ein Reiz der Knochenmetastasen auf das knochenbildende Gewebe ist. Bei der Hormonbehandlung steigt zunächst die alkalische Phosphatase im Serum noch weiter an und fällt dann nach längerer Zeit langsam zur Norm ab[6]. Eine geringe Erhöhung

---

[1] GREENSTEIN, J. P.: J. nat. Cancer Inst. 2, 511 (1942). Ann. Rev. 14, 643 (1945).
[2] GUTMAN, A. B., and E. B. GUTMAN: Proc. Soc. exp. Biol. Med. 39, 529 (1938).
[3] GUTMAN, A. B., and E. B. GUTMAN: J. clin. Invest. 17, 473 (1938).
[4] GUTMAN, A. B., E. E. SPROUL and E. B. GUTMAN: Amer. J. Cancer 28, 485 (1936).
[5] ROBINSON, R., A. B. GUTMAN and E. B. GUTMAN: J. Urol., Baltimore 42, 602 (1939).
HUGGINS, C., and C. V. HODGES: Cancer Res. 1, 293 (1941). — HUGGINS, C.: J. amer. med. Ass. 131, 576 (1946). — GRÜNING, W.: Kli. Wo. 1950, 644.

der sauren Phosphatase im Serum trifft man auch bei Knochenmetastasen von Lungen-
und Mammacarcinomen, aber die Werte sind viel niedriger als beim ausgebreiteten
Prostatacarcinom. Gegen Knochenerkrankungen und osteogene Sarkome läßt sich das
Prostatacarcinom leicht abgrenzen, da dort die alkalische Phosphatase und weniger die
saure erhöht ist.

Die hohe Aktivität von Knochentumoren vom osteoplastischen Typ ist insofern
interessant, als daraus hervorgeht, daß die Osteoblasten schon im jugendlichen, nicht
ausdifferenzierten Stadium, bevor osteoides Gewebe gebildet wird, zur Phosphatase-
synthese befähigt sind[1]. Die alkalische Phosphatase gelangt in den Blutkreislauf und ihr
Spiegel erhöht sich im Serum. Eine Methode zur Diagnose dieser Tumoren läßt sich jedoch
darauf nicht gründen, da auch Knochenmetastasen anderer Tumoren und Knochenerkrankungen mit osteoklastischen Prozessen (PAGETsche Erkrankung) und ebenso
Erkrankungen mit verändertem Calcium- und Phosphatstoffwechsel wie Rachitis und
Osteoporose, ferner kachektische Zustände und Gravidität zu starken Erhöhungen der
alkalischen Phosphatase im Blut führen können.

Über die Erhöhung der Phosphataseaktivität in Muskulatur, Niere und im Serum von
Tumorträgern berichten[2-7].

Histochemische Phosphataseuntersuchungen. Durch eine histochemische Methode
(Abspaltung von Phosphorsäure aus β-Naphthylphosphat, Diazotierung und Kupplung
mit Naphtholsulfosäure zu einem Azofarbstoff) wiesen MANHEIMER und SELIGMAN[8]
nach, daß die Wandungen der Blutgefäße in Tumoren weniger alkalische Phosphatase
enthalten als die der Blutgefäße in anderen Geweben. Sehr viel Phosphatase fanden sie
in Knochensarkomen und Ovarialtumoren, dagegen keine in Mammacarcinomen und in
den Carcinomen des Gastrointestinaltraktes. ARNOLD und OECH[9] untersuchten nach der
Methode von GOMORI das Vorkommen saurer Phosphatase in verschiedenen menschlichen
Tumoren. Sie fanden, daß das Vorkommen von Phosphatase in einem Tumor reichlicher
ist als in seinem Muttergewebe; maßgebend ist nach ihnen auch der Funktionszustand eines Gewebes, denn frische Tumorzellen enthalten mehr Phosphatase als nekro-
biotische und nekrotische. Oft findet man auch in dem Gewebe in der Umgebung eines
Tumors eine starke Phosphataseaktivität, die von dem Tumor induziert wird, vor allem
bei Tumormetastasen in Lunge und Leber.

γ) Fermente des Nucleotidstoffwechsels.

Ribonucleinsäure wird ebenso wie Desoxyribonucleinsäure durch Extrakte aus den
verschiedensten normalen und Tumorgeweben nach Depolymerisierung unter Desaminierung und Dephosphorylierung gespalten; dabei sind dialysierte Extrakte wirksamer als
frische. Die Desoxyribonucleinsäurespaltung muß durch Zusatz von Salzen reaktiviert
werden[10-14].

Die nachfolgende Tabelle 61 enthält darüber einige Zahlenangaben[14].

[1] FRANSEEN, C. C., and R. McLEAN: Amer. J. Cancer 24, 299 (1935).
[2] EDLBACHER, S., u. W. KUTSCHER: H. 199, 201 (1931).
[3] WIENBECK, J.: H. 219, 164 (1933).
[4] WALDSCHMIDT-LEITZ, E., E. u. M. MacDONALD: H. 219, 115 (1933).
[5] KAY, H. D.: J. biol. Ch. 89, 135 (1930).
[6] LUBENSTEIN, H.: Z. ges. exp. Med. 100, 456 (1937).
[7] KÖHLER, F.: H. 223, 98 (1933).
[8] MANHEIMER, L. H., and A. M. SELIGMAN: J. nat. Cancer Inst. 9, 181 (1949).
[9] ARNOLD, W., u. S. OECH: Z. Krebsforsch. 56, 543 (1950).
[10] GREENSTEIN, J. P.: J. nat. Cancer Inst. 2, 357 (1942); 4, 55 (1943).
[11] LASKOWSKI, M., and M. K. SEIDEL: Arch. Biochem. 7, 465 (1945).
[12] McCARTY, M.: J. gen. Physiol. 29, 123 (1946).
[13] GREENSTEIN, J. P., and H. W. CHALKLEY: J. nat. Cancer Inst. 6, 61 (1945).
[14] GREENSTEIN, J. P., C. E. CARTER, H. W. CHALKLEY and F. M. LEUTHARDT: J. nat. Cancer Inst.
7, 9 (1946).

Tabelle 61. *Desaminierung und Dephosphorylierung von Nucleinsäuren durch Gewebs- und Tumorextrakte*
[Abspaltung von γ Ammoniak N bzw. γ H_3PO_4 P aus 1 cm³ Gewebsextrakt ($= 166$ mg Gewebe) $+ 1$ cm³ Nucleatlösung (5 mg/cm³) nach 5 Std bei 37° (Salzkonzentration 0,01 m)].

	Ribonucleinsäure				Desoxyribonucleinsäure			
	frische Extrakte		dialysierte Extrakte		frische Extrakte		dialysierte Extrakte + Salze	
	N	P	N	P	N	P	N	P
Ratte: Leber	20	55	56	124	5	40	20	130
Niere.	80	225	92	228	58	180	102	220
Milz	96	25	96	65	80	6	90	180
Muskel	0	0	0	11	0	0	0	0
Maus: Leber	16	25	46	110	6	28	20	120
Hepatom 587 . . .	50	60	—	40	50	66	—	60
Hepatom 98/15 . .	70	60	—	—	54	60	—	—

Extrakte aus Hepatomen spalten mehr NH_3 und H_3PO_4 ab als Extrakte aus Leber, durch Dialyse werden sie aber im Gegensatz zu Extrakten aus normalen Geweben nicht aktiver.

GREENSTEIN nimmt an, daß bei der Dialyse normaler Gewebsextrakte hemmende Substanzen oder Acceptoren für PO_4 entfernt werden, die in den Hepatomextrakten fehlen.

Aus der vorhergehenden und aus der folgenden Tabelle 62 ist ersichtlich, daß Desoxyribonucleat durch Organextrakte langsamer desaminiert wird als Ribonucleat.

Tabelle 62. *Desaminierung von Nucleinsäuren und Perinen durch Extrakte aus normalen Geweben und Tumoren* (in mg $N \cdot 10^{-3}$ bei der Desaminierung von 5 mg Nucleat bzw. dem Äquivalent Purin durch wäßrige Extrakte von 160 mg Gewebe. $150 \cdot 10^{-3}$ mg N entsprechen bei der Desaminierung 3 Atomen Amino-N im Nucleat, $50 \cdot 10^{-3}$ mg N der vollständigen Desaminierung der Purine. Inkubationszeit 5 Std bei 37°).

	Ribonucleat	Desoxyribonucleat	Adenylsäure	Adenin	Guanylsäure	Cytidylsäure	Guanin	Guanosin
Ratte: Leber	20	4	40	0	48	0	48	50
Leber, fetal	32	8	50	0	48	0	0	30
Primäres Hepatom. . .	22	5	—	—	—	—	—	—
Impfhepatom	58	38	42	0	50	0	50	50
Niere	80	60	48	0	50	0	40	44
Milz	96	84	50	0	47	0	48	50
Muskel	0	0	0	0	30	0	0	42
JENSEN-Sarkom	52	0	—	—	—	—	—	—
Maus: Leber	16	7	40	0	48	0	43	50
Hepatom 587	50	42	48	0	48	0	45	48
Lunge	34	0	—	—	—	—	—	—
Lungentumor	34	0	—	—	—	—	—	—
Thymus	55	14	40	0	43	0	50	50
Thymom	41	1	50	0	50	0	43	48
Lymphknoten	60	25	52	0	—	0	54	48
Lymphom	60	25	50	0	—	0	55	48
Darm	10	5	50	0	42	0	48	42
Darmadenocarcinom . .	10	2	50	0	52	0	48	48

Die Tabelle 62 zeigt, daß mit Ausnahme des Mäusehepatoms 587 und des Impfhepatoms der Ratte die Desaminierung der Nucleate bei Tumoren und Ausgangsgeweben zum Teil gleich schnell erfolgt, zum Teil ist allerdings die Desaminierungsaktivität von Tumorextrakten gegenüber Extrakten des Ausgangsgewebes erheblich herabgesetzt (z. B. bei der Desaminierung von Desoxyribonucleat durch Thymomextrakte). Adenin- und Guaninnucleotide und -nucleoside werden von allen Gewebsextrakten (mit Ausnahme des Muskelextraktes) vollständig desaminiert, freies Adenin dagegen nicht, ebensowenig Cytidylsäure. Die höhere Aktivität der Hepatomextrakte gegenüber Leberextrakten führt GREENSTEIN[1] auf Hemmungsstoffe in der Leber zurück, da nach Dialyse Leberextrakte ebenso wirksam sind wie Hepatomextrakte. Extrakte aus Muskulatur normaler Ratten und Mäuse desaminieren Nucleinsäuren nicht und enthalten nur Spuren von Nucleophosphatase, bei Ratten und Mäusen mit Impftumoren dagegen ist die Nucleophosphatase auf über das 10fache vermehrt[2, 3].

McFADYEN[4] gibt an, daß der Gehalt an Polynucleotidasen in Extrakten aus ROUS-Sarkomen ihrer tumorerzeugenden Kraft parallel gehe, Extrakte von geringer Wirkung sollen Hemmstoffe gegen Tumorbildung und gegen die Nucleotidase enthalten. Er stellte Extrakte her aus getrocknetem Tumorpulver in Phosphatpuffer unter Zusatz von 0,3% Phenol; als Substrat wurde Hefenucleinsäure verwandt, die Ansätze blieben 1 Woche bei 37,0° stehen. Nach bakteriologischer Kontrolle wurde die überschüssige Nucleinsäure mit 10%iger Trichloressigsäure und 1,25%igem Uranylchlorid gefällt; im Niederschlag (gelöst in n Sodalösung) und Filtrat wurden N und H_3PO_4 bestimmt. Gleichzeitig wurden die zu untersuchenden Extrakte intramuskulär Hühnern injiziert und die Größe der entstehenden Sarkome nach 3 Wochen bestimmt.

δ) Hyaluronidase.

Hyaluronidase ist ein Ferment, das komplexe Mucopolysaccharide depolymerisiert. Nachdem bekannt wurde, daß Streptokokken einen Stoff ausscheiden, der die Ausbreitung der Infektion im subcutanen Bindegewebe durch fermentativen Abbau von Mucinsubstanzen begünstigt („spreading factor") und daß dieser Faktor identisch mit der Hyaluronidase ist, wurden Untersuchungen darüber angestellt, ob nicht das gleiche Ferment das infiltrative Wachstum der malignen Tumoren fördert[5, 6]. Von allen tierischen Geweben enthält Hodengewebe am meisten Hyaluronidase[7, 8]. Tumorextrakte dagegen sollen nur wenig aktiv sein[9, 10]. ROUS-Sarkome geben sehr mucinreiche Extrakte, enthalten aber nur Spuren von mucinspaltenden Fermenten[11]. Die lokale Injektion von Hyaluronidase aus Hodengewebe an der Basis von Impftumoren soll das infiltrative Wachstum der Tumoren fördern und zur Zerstörung der Muskulatur in der Umgebung der Tumoren führen, auch die Metastasierung der Tumoren soll begünstigt werden[12]. In elektrophoretisch aus menschlichem Serum dargestelltem Albumin kommt ein Inhibitor für Hyaluronidase aus Rinderhoden vor. Dieses thermolabile Protein soll bei malignen Erkrankungen im menschlichen Serum vermehrt sein[13]. Neuere Untersuchungen von KIRILUK, KREMEN und GLICK[14] an gutartigen und bösartigen menschlichen Tumoren und Mammacarcinomen von Mäusen machen es wahrscheinlich, daß sterile Tumoren überhaupt keine Hyaluronidase enthalten, die früher in Tumoren gefundene Hyaluronidase soll von Bakterien in infizierten Tumoren stammen.

ε) Glucuronidase.

Glucuronidase macht aus Glucuronsäureverbindungen Glucuronsäure frei. Eine Bestimmungsmethode wurde von FISHMAN, SPRINGER und BRANDT[15] ausgearbeitet, die auf der colorimetrischen Bestimmung von aus Phenolphthalein-β-glucuronid abgespaltenem

[1] GREENSTEIN, J. P.: Biochemistry of Cancer. S. 211 New York 1947.
[2] EDLBACHER, S., u. W. KUTSCHER: H. 199, 201 (1931).
[3] WIENBECK, J.: H. 129, 164 (1933).
[4] McFADYEN, D. A.: Amer. J. Cancer 22, 597 (1934).
[5] CHAIN, E., and A. DUTHIE: Brit. J. exp. Path. 21, 324 (1940).
[6] MEYER, K., E. CHAFFEE, G. L. HOBBY and M. H. DAWSON: J. exp. Med. 73, 309 (1941).
[7] MADINAVEITIA, J., and T. H. H. QUIBALL: Biochem. J. 34, 625 (1940).
[8] McCLEAN, D., and C. W. HALE: Biochem. J. 35, 159 (1941).
[9] DURAN-REYNALS, F., and H. L. STEWART: Amer. J. Cancer 15, 2790 (1931).
[10] BOYLAND, E., and D. McCLEAN: Brit. J. exp. Path. 41, 560 (1935).
[11] PIRIE, A.: Brit. J. exp. Path. 23, 277 (1942).
[12] SIMPSON, M. E.: Cancer Res. 7, 11 (1947).
[13] MOORE, D. H., and R. S. HARRIS: J. biol. Ch. 179, 377 (1949).
[14] KIRILUK, L. B., A. J. KREMEN and D. GLICK: J. nat. Cancer Inst. 10, 993 (1950). — Dagegen: BALACS, E. A., and J. v. EULER: Cancer Res. 12, 326 (1952).
[15] FISHMAN, J. B., R. SPRINGER and C. BRANDT: J. biol. Ch. 173, 449 (1948).

Phenolphthalein beruht. Bei Schwangerschaft ist der Glucuronidasegehalt des Blutes erhöht; auch in Uterus, Ovar, im Mammagewebe und in der Placenta findet man die Glucuronidaseaktivität erhöht, was damit zusammenhängen dürfte, daß aus der Östriolglucuronsäureverbindung aktives Östriol durch die Gucuronidase frei wird und Wachstumsprozesse einleitet. Umgekehrt nimmt die Glucuronidase in der Menopause in Uterus und Vagina ab. Von besonderem Interesse ist es, daß in den meisten Tumoren, auch solchen, die nicht in Beziehung zu Fortpflanzungsorganen stehen (Magen-, Colon-, Lungen-, Brust-, Uterus-, Ovar- und Penistumoren wurden untersucht), eine hohe Glucuronidaseaktivität nachgewiesen wurde, die weit über die der nicht befallenen Umgebung hinausging. Zum Beispiel

Mammacarcinom . . 900—2000 E   Umgebung höchstens 200 E
Magencarcinom. . . 800—3000 E   Umgebung höchstens 900 E

1 E = Glucuronidasemenge, die je Gramm Gewebe (Feuchtgewicht) in 1 Std bei 38° 1 mg Phenolphthalein frei macht[1].

c) Aktivität von Fermenten in der Leber und in Hepatomen.

GREENSTEIN[2] teilt Fermente und Cofermente nach ihrem Vorkommen in der Leber von Ratten und Mäusen und in primären und weiter verimpften Hepatomen, die spontan oder durch Zugabe von Dimethylaminoazobenzol zum Futter aus Lebergewebe entstanden waren, in folgende Gruppen ein[3]:

1. Fermente, die in primären Hepatomen aktiver oder weniger aktiv sind als in Lebergewebe: Cytochrom c (—), Cytochromoxydase (—), Katalase (—), Bernsteinsäureoxydase (—), Diphosphopyridinnucleotid (—), Transaminase (—), Arginase (—), Cystindesulfurase (0), Dehydropeptidase II (—), Histidase (0), Esterase (—), alkalische Phosphatase (+).

2. Fermente, die in primären und Impfhepatomen gegenüber normalem Lebergewebe ihre Aktivität nicht verändern: saure Phosphatase, Ribonucleodesaminase, Desoxyribonucleodesaminase, Dehydropeptidase I, das Dehydrogenasesystem der Methylenblauentfärbung, Benzoylargininamid-Desamidase, Adenosintriphosphatase, Amylase, Ribonuclease, Desoxyribonuclease.

3. Fermente, die sich bei Verimpfung des Primärhepatoms noch weiter in ihrer Aktivität gegen Lebergewebe verändern: Arginase (—), Katalase (—), Dehydropeptidase II (—), alkalische Phosphatase (+).

4. Fermente, die in den primären Hepatomen und in den Impfhepatomen gleiche Veränderungen gegenüber Lebergewebe zeigen: Cystindesulfurase (0), Bernsteinsäuredehydrogenase, Cytochromoxydase, Cytochrom c, Esterase.

5. Fermente, die in ihrer Aktivität in den primären Hepatomen gleich bleiben gegenüber Lebergewebe, deren Aktivität sich aber bei der Verimpfung verändert: saure Phosphatase (+), Ribonucleodesaminase (+), Desoxyribonucleodesaminase (+), das Dehydrogenasesystem der Methylenblauentfärbung (+), Benzoylargininamid-Desamidase (+).

Bei dem Vergleich des Fermentgehaltes von Leber und Hepatomen muß man in Betracht ziehen, daß die Leber sehr fermentreich ist, und daß die Differenz zwischen Leber und Hepatomen daher für die einzelnen Fermente, soweit sie in den Hepatomen in ihrer Aktivität herabgesetzt sind, relativ groß ist; für andere fermentärmere Gewebe sind die Unterschiede nicht so groß, ja es kann vorkommen, daß Tumoren, die von einem fermentarmen Gewebe ausgehen, eine viel höhere Aktivität haben als dieses. Man hat überhaupt den Eindruck, als ob bei der malignen Entartung ein Zelltyp von gleichartigerem

---

[1] FISHMAN, J. B., and W. H. FISHMAN: J. biol. Ch. **152**, 487 (1944); **169**, 7 (1947). Science, N. Y. **105**, 646 (1947). Cancer Res. **7**, 808 (1947).

[2] GREENSTEIN, J. P.: Biochemistry of Cancer. S. 268 New York 1947.

[3] + und — bedeutet: der Fermentgehalt der Hepatome liegt über bzw. unter dem der Leber; 0: die Hepatome enthalten im Gegensatz zur Leber dieses Ferment nicht.

Fermentgehalt entsteht, denn die Schwankungen des Fermentgehaltes verschiedener Tumoren sind lange nicht so groß wie die bei verschiedenen Ausgangsgeweben:

Arginase . . . . Tumoren 25—52, normale Gewebe 2— 264
Katalase . . . . „ 0—0,8 „ „ 0— 8
Saure Phosphatase . . „ 6—23 „ „ 5— 73
Alkalische Phosphatase. „ 0—24 „ „ 1—2789
Xanthindehydrase . . . „ 0—42 „ „ 6— 300

d) Verteilung der Fermente in der Tumorzelle.

Vergleichende Untersuchungen über die *Verteilung von Fermenten in Tumorzellen* und Zellen von Vergleichsgeweben wurden bisher bei folgenden Fermenten gemacht: Cytochromoxydase, Bernsteinsäuredehydrogenase, Adenosintriphosphatase, Fettsäureoxydase und Diphosphopyridin-Cytochrom-c-Reduktase. Außerdem wurde das Vorkommen von Tyrosinase, Dopaoxydase, Cytochromoxydase und Bernsteinsäuredehydrogenase in melanotischen und nichtmelanotischen Granula von Melanomen untersucht.

Über *Cytochromoxydase* und *Bernsteinsäuredehydrogenase* berichten SCHNEIDER und HOGEBOOM[1]. Sie verwandten bei ihren Untersuchungen Homogenate aus Lebern und Hepatomen von Mäusen, die nach CLAUDE[2] bzw. HOGEBOOM, SCHNEIDER und PALADE[3] fraktioniert wurden. Es ergab sich, daß der Gesamt-N-Gehalt der Hepatome in den Homogenaten niederer war als der in der Leber, was auf den geringeren Mitochondriengehalt der Hepatomzellen zurückzuführen ist.

Darum wird bei den folgenden Versuchsresultaten neben der Gesamtaktivität der Fermente (bezogen auf 100 mg Frischgewicht) auch die spezifische Aktivität Q_{O_2} je Milligramm N angegeben. Die Bestimmung erfolgte für beide Fermente im WARBURG-Apparat

Tabelle 63. *Stickstoffverteilung auf Zellfraktionen*
(in mg Gesamt-N/100 mg Frischgewicht).

	Homogenat	Mito-chondrien
Leber . .	3,19	0,749
Hepatom .	2,30	0,300

Tabelle 64. *Intracelluläre Verteilung von Succinodehydrogenase und Cytochromoxydase in Mäuseleber und -hepatom.*

	Mäuseleber			Hepatom		
	Gesamt mm³ O₂/Std je 100 mg	Q_{O_2} mm³ O₂/Std je mg N	Aktivität %	Gesamt mm³ O₂/Std je 100 mg	Q_{O_2} mm³ O₂/Std je mg N	Aktivität %
Bernsteinsäuredehydrogenaseaktivität.						
Homogenat	4250	1340	100	755	325	100
Kernfraktion	842	1650	19,8	128	239	17,0
Mitochondrien	2400	3180	56,5	445	1220	58,6
Lösliche Fraktion.	184	91	4,3	58	37	7,7
Homogenat ohne Cytochrom.	2300	—	54,1	693	—	91,7
Mitochondrien ohne Cyto-chrom	1450	—	34,1	308	—	40,8
Cytochromoxydaseaktivität.						
Homogenat	6860	2060	100	1520	633	100
Kernfraktion	1360	2440	19,8	195	378	12,8
Mitochondrien	5390	6460	78,6	964	3300	63,4
Mikrosomen	292	351	4,1	247	624	16,3
Lösliche Fraktion.	0	0	0	0	0	0

[1] SCHNEIDER, W. C., and G. H. HOGEBOOM: J. nat. Cancer Inst. 10, 969 (1950).
[2] CLAUDE, A.: J. exp. Med. 84, 51 (1946).
[3] HOGEBOOM, G. H., W. C. SCHNEIDER and G. E. PALADE: J. biol. Ch. 172, 619 (1948).

nach einer von SCHNEIDER und POTTER[1] angegebenen Methode (bei der Bernsteinsäure-dehydrogenase mit und ohne Cytochromzugabe).

Bei beiden Fermenten ist die Verteilung in den einzelnen Fraktionen von Leber und Hepatom etwa gleich. Die Gesamtaktivität der Enzyme ist aber viel höher in der Leber als im Hepatom, sowohl im Homogenat als auch bei den einzelnen Fraktionen, besonders bei den Mitochondrien, deren Aktivität in der Leber etwa 5,5mal so hoch ist wie im Hepatom; bezieht man die Aktivität auf Milligramm N, so ist sie in der Leber nur 2,5mal so hoch. Bei der Bernsteinsäuredehydrogenase bekommt man ohne Cytochromzugabe in der Leber im Homogenat wie bei den Mitochondrien eine niedere Aktivität, im Hepatom nur bei der Mitochondrienfraktion, dort ist also weniger Cytochrom verfügbar. Die Verfasser nehmen an, daß die Cytochromoxydase wahrscheinlich nur in den Mitochondrien vorkommt, die geringe Aktivität der übrigen Fraktionen sei wohl auf eine Verunreinigung mit Mitochondrien zurückzuführen.

Untersuchungen von SCHNEIDER, HOGEBOOM und ROSS[2] über die Verteilung der *Adenosintriphosphatase* in normalen Leberzellen und Hepatomzellen, wobei die Aktivität nach einem von DU BOIS und POTTER[3] angegebenen Verfahren in Gegenwart von Ca-Ionen bestimmt wurde, gaben folgende Resultate.

Tabelle 65. *ATPase-Aktivität in Mäuselebern und Hepatomfraktionen* (in γ anorganischem P aus ATP je 100 mg Frischgewicht in 15 min).

	Mäuseleber			Hepatom		
	γ P	Q_{P*}	Aktivität %	γ P	Q_{P*}	Aktivität %
Homogenat	1580	485	100	907	379	100
Kernfraktion	495	822	31,3	342	606	37,8
Mitochondrien	790	1050	50,0	117	392	12,9
Mikrosomen	240	316	15,2	318	690	35,4
Lösliche Fraktion.	80	63	5,1	125	122	13,8

* Bezogen auf 1 mg N im Extrakt.

Das Hepatomhomogenat besitzt nur 60% der Aktivität des Leberhomogenats. Auffallend ist die Abnahme der Aktivität in der Mitochondrienfraktion des Hepatoms und die Zunahme in den Mikrosomen und in der löslichen Fraktion. Die Verteilung der Aktivität auf die einzelnen Fraktionen ist demnach bei Hepatom und Leber verschieden. In der Leber findet man relativ die größte Aktivität in den Mitochondrien und in der Kernfraktion, im Hepatom bei den Mikrosomen und der Kernfraktion.

Von besonderem Interesse sind die Befunde von HOGEBOOM und SCHNEIDER[4] über die Verteilung von *Diphosphopyridinnucleotid-Cytochrom c-Reductase* bei Leber- und Hepatomzellen. Dieses Ferment ist neben Cytochromoxydase und Bernsteinsäuredehydrase das

Tabelle 66. *DPN-Cytochrom c-Reductaseaktivität bei Leber und Hepatom.*

	Leber			Hepatom		
	Gesamt	Q	%	Gesamt	Q	%
Homogenat	6,95	2,14	100	8,80	3,82	100
Kernfraktion	0,63	1,10	9,1	1,30	2,54	14,8
Mitochondrien	1,97	2,56	28,3	2,40	7,48	27,3
Mikrosomen	4,12	5,49	59,3	4,56	9,22	51,8
Lösliche Fraktion	0,24	0,19	3,5	0,69	0,65	7,8

[1] SCHNEIDER, W. C., and J. S. POTTER: J. biol. Ch. **149**, 217 (1943).
[2] SCHNEIDER, W. C., G. H. HOGEBOOM and H. E. ROSS: J. nat. Cancer Inst. **10**, 977 (1950).
[3] DU BOIS, K. P., and V. R. POTTER: J. biol. Ch. **150**, 185 (1943).
[4] HOGEBOOM, G. H., and W. C. SCHNEIDER: J. nat. Cancer Inst. **10**, 983 (1950).

dritte an Cytochrom c gebundene Atmungsferment, es vermittelt die H_2-Übertragung von Dihydro-Cozymase auf oxydiertes Cytochrom c. Die Bestimmung des Fermentes erfolgte nach einer von HOGEBOOM[1] beschriebenen Methode.

DPN-Cytochrom c-Reductase kommt also in der Leber- und in der Hepatomzelle hauptsächlich in den Mikrosomen vor. Die Aktivität dieses Fermentes ist im Gegensatz zu den anderen 3 Fermenten im Hepatom höher als in der Leber, vor allem ist die spezifische Aktivität der Mikrosomen und Mitochondrien des Hepatoms bedeutend höher als die der Leber.

Fettsäureoxydase. Nach den Untersuchungen von KENNEDY und LEHNINGER[2] ist die Oxydation der Fettsäuren zu Kohlendioxyd bzw. Acetacetat nur über den Citronensäurecyclus von KREBS möglich. Als Cofaktoren werden gebraucht ATP, Mg-Salze, Cytochrom c und Malat oder Succinat. Die Fettsäureoxydase ist in den Leberzellen an die Mitochondrien gebunden. BAKER und MEISTER[3] verglichen die Oxydaseaktivität von Homogenaten aus Rattenleber und Hepatomen miteinander und fanden in den Homogenaten aus Hepatomen eine bedeutend herabgesetzte Aktivität. Das gleiche fanden sie auch in einer Mitochondrienfraktion aus Mammacarcinom- und Thymomzellen von Mäusen, dagegen verhält sich die Leber von Ratten, die längere Zeit mit Buttergelb gefüttert wurden, wie normale Leber. Homogenate aus Lebergewebe mit leukämischen Infiltraten oxydieren nach VESTLING und Mitarbeitern[4] Fettsäuren um so weniger, je ausgedehnter diese Infiltrate sind.

Cholinoxydase. Auch die Cholinoxydase kommt in den Rattenleberzellen in der Hauptsache in den Mitochondrien vor. Da diese auch reichlich Cytochrom c enthalten, findet man in der Mitochondrienfraktion der Leber auch ohne Cytochromzusatz noch 50% der maximalen Oxydaseaktivität, in derselben Fraktion von Buttergelbhepatomen nach KENSLER und LANGEMANN[5] dagegen nur noch 10%. Da nach DUBNOFF[6] die Methylgruppen von Cholin erst dann verwertbar werden, wenn Cholin durch Cholinoxydase zu Betain oxydiert ist, hat Cholinoxydasemangel ähnliche Folgeerscheinungen wie Cholinmangel, der unter bestimmten Ernährungsbedingungen bei Ratten zur Bildung von Hepatomen führt[7]. Auch Lactoflavinmangel, durch den die Hepatombildung nach Azofarbstofffütterung begünstigt wird[8], soll eine Senkung der Cholinoxydaseaktivität in der Leber verursachen[9].

Citrullin- und p-Aminohippursäuresynthese. Nach einem Bericht von TUNG und COHEN[10] ist die Synthese von Citrullin aus Ornithin, CO_2 und NH_3 bei Gegenwart von Glutaminsäure und die der p-Aminohippursäure aus p-Aminobenzoesäure und Glykokoll in Lebertumoren gegenüber normaler Leber erheblich herabgesetzt, wie Versuche mit Homogenaten aus Hepatomen und Rattenleber zeigten. Die Citrullinsynthese wurde nach

Tabelle 67. *Citrullin- und p-Aminohippuratsynthese in Leber und Hepatom* (in μMol/mg N).

	Citrullin-bildung	p-Amino-hippur-säurebildung
Normale Leber (12 Best.) . .	0,76	1,03
Hepatom (10 Best.)	0,11	0,12

[1] HOGEBOOM, G. H.: J. biol. Ch. 177, 847 (1949).
[2] KENNEDY, E. P., and A. L. LEHNINGER: J. biol. Ch. 185, 275 (1950).
[3] BAKER, C. G., and A. MEISTER: J. nat. Cancer Inst. 10, 1191 (1950).
[4] VESTLING, C. S., J. N. WILLIAM, S. KAUFMAN, R. E. MAXWELL and H. QUASTLER: Cancer Res. 9, 639 (1949).
[5] KENSLER, C. J., and K. LANGEMANN: Cancer Res. 11, 264 (1951).
[6] DUBNOFF, J. W.: Arch. Biochem. 24, 251 (1949).
[7] SALMON, W. D., and D. H. COPELAND: Amer. J. Path. 22, 1059 (1946).
[8] KENSLER, C. J., N. T. YOUNG, C. R. HALTER and C. P. RHOADS: Science, N. Y. 93, 308 (1941).
[9] VIOLLIER, G.: Helv. 31, 387 (1948).
[10] TUNG, T. C., and P. P. COHEN: Cancer Res. 10, 793 (1950).

einem Verfahren von COHEN und GRISOLIA[1] untersucht in WARBURG-Gefäßen (Citrullinbestimmung nach ARCHIBALD)[2], die p-Aminohippursäurebestimmung nach COHEN und McGILVERY[3].

8. Tumorerregende Agentien.

ROUS-Agens. Das ROUS-Agens ist ein lipoidhaltiges Nucleoproteid (mit Ribosenucleinsäure). Mittels Ultrafiltrationsversuchen durch Kollodiummembranen mit bekannter Porengröße wurde die Größe der filtrierbaren Partikel des ROUS-Agens auf 70 mμ geschätzt[4]. Durch Sedimentation mit der Ultrazentrifuge im Schwerefeld wurde die gleiche Größe gefunden und das Molekulargewicht zu $14 \cdot 10^7$ bestimmt[5]. Neuerdings konnten elektronenoptisch auch in Zellen von Gewebskulturen des Hühnersarkoms I (des ursprünglichen ROUS-Sarkoms) und des Hühnertumors Nr. 10 kleine Körper von der Größe 67—84 mμ nachgewiesen werden (beim Tumor Nr. 10 in Flecken zusammenliegend, beim Hühnersarkom I einzeln oder in Paaren). Verfasser nehmen an, daß es sich dabei um Teilungsformen handelt[6]. RILEY[7] stellte neuerdings fest, daß die Partikelgröße des chromatographisch gereinigten ROUS-Agens elektronenoptisch gemessen nur 20—70 mμ, im Durchschnitt 40 mμ, ist. Auch die minimale infektiöse Dosis seiner Präparate lag weit unter der früher ermittelten; er nimmt an, daß bei der Reinigung unwirksame Lipoide entfernt wurden.

Die Konzentration und die Reinigung des ROUS-Agens gelangen CLAUDE durch Differentialzentrifugieren, es wurden dadurch Präparate von hoher Wirksamkeit gewonnen: durch Injektion von $4 \cdot 10^{-13}$ g (d. h. von 200 Partikeln, M.G. $= 14 \cdot 10^7$) entstehen nach 14 Tagen Tumoren an der Injektionsstelle[8]. Es zeigte sich bei der Reinigung, daß in der aktiven Fraktion Verunreinigungen eines normalen submikroskopischen Bestandteiles des Cytoplasmas vorkommen von annähernd gleicher Größe wie das Tumoragens, die darum sehr schwer abtrennbar sind[9]. Die gleichen, nichtaktiven cytoplasmatischen Partikel (Mikrosomen) konnten durch Differentialzentrifugieren auch aus Hühner- und Mäuseembryonen und aus Mäusetumoren isoliert werden[10]. Das ROUS-Agens ist sehr empfindlich gegen äußere Einflüsse und verliert rasch seine tumorerzeugende Aktivität bei längerem Stehen selbst bei niederer Temperatur[11]. Durch Bestrahlung mit UV-Licht zerfällt es in ein inaktives Protein und in Nucleinsäure, wobei die Wellenlänge von 2600 Å, die am stärksten von der Nucleinsäure absorbiert wird, am wirksamsten ist[12, 13].

Agens des Kaninchenpapilloms. BEARD, BRYAN und WYCKOFF[14] isolierten aus Papillomen von Wildkaninchen ein Protein, das sich in der Ultrazentrifuge als monodispers und elektrophoretisch homogen erwies. Das Molekulargewicht ist $47 \cdot 10^6$. Es ist biologisch sehr aktiv (10^6 Moleküle genügen zur Infektion) und gegen äußere Einflüsse widerstandsfähiger als das ROUS-Agens, bei 5° behält es mehrere Monate seine Infektiosität. Im Gegensatz zu anderen Virusarten und Agentien enthält es nicht Ribonucleinsäure, sondern Desoxyribonucleinsäure[15-17].

[1] COHEN, P. P., and S. GRISOLIA: J. biol. Ch. **182**, 747 (1950).

[2] ARCHIBALD, R. M.: J. biol. Ch. **156**, 121 (1944).

[3] COHEN, P. P., and R. W. McGILVERY: J. biol. Ch. **171**, 121 (1946).

[4] ELFORD, W. J., and C. H. ANDREWES: Brit. J. exp. Path. **17**, 422 (1936).

[5] CLAUDE, A.: J. exp. Med. **66**, 59 (1937). — LEDINGHAM and W. E. GYE: Lancet **1935 I**, 376.

[6] CLAUDE, A., T. PORTER and E. G. PICKELS: Cancer Res. **7**, 421 (1947).

[7] RILEY, V.: J. nat. Cancer Inst. **11**, 229 (1951).

[8] CLAUDE, A.: Science, N.Y. **90**, 213 (1939).

[9] CLAUDE, A.: Proc. Soc. exp. Biol. Med. **39**, 398 (1938).

[10] CLAUDE, A.: Science, N.Y. **91**, 77 (1940).

[11] CLAUDE, A.: Science, N.Y. **87**, 467 (1938).

[12] STERN, K., and F. DURAN-REYNALS: Science, N.Y. **89**, 609 (1939).

[13] CLAUDE, A., and A. ROTHEN: J. exp. Med. **71**, 619 (1940).

[14] BEARD, J. W., W. R. BRYAN and R. G. WYCKOFF: J. infect. Dis. **65**, 43 (1939).

[15] BEARD, J. W., A. R. TAYLOR and D. G. SHARP: Surg., Gynec. Obstet. **74**, 509 (1942).

[16] NEURATH, H., G. R. COOPER, D. G. SHARP, A. R. TAYLOR, D. BEARD and J. W. BEARD: J. biol. Ch. **140**, 293 (1941).

[17] TAYLOR, A. R., D. BEARD, D. G. SHARP and J. W. BEARD: J. infect. Dis. **71**, 110 (1942).

Die Größe der Teilchen des Agens des Kaninchenpapilloms beträgt nach neueren elektronenoptischen Untersuchungen 66 mμ [1].

Milchfaktor von BITTNER. Der Milchfaktor ist bei Mäusestämmen neben der erblichen Disposition und dem hormonalen Faktor, der die Brustdrüse zur Entwicklung bringt, der Hauptfaktor für die Entstehung von Mammacarcinomen. Mäusestämme, die frei von diesem Faktor sind, bekommen selten Brustcarcinome. Der Faktor ist aber durch die Milch von belasteten Stämmen auf freie Stämme übertragbar und führt dann bei Tieren, bei denen die Disposition dafür vorhanden ist und die Brustdrüse hormonal zur Entwicklung kommt, später zu Mammacarcinomen [2]. Der Milchfaktor kommt nicht nur in der Milch, sondern im ganzen Körpergewebe, im Blut und in Tumoren vor, besonders hoch ist seine Konzentration in den Brustdrüsen. Die Placenta ist jedoch anscheinend nicht durchgängig für diesen Faktor oder er wird dort zerstört, denn Nachkommen von belasteten Tieren nehmen diesen Faktor nur in der Milch auf, nicht, wenn sie gleich nach der Geburt von faktorfreien Ammen gesäugt werden. Durch Differentialzentrifugieren wurden aus

Tabelle 68. *Analysen tumorerregender Viren und Partikel aus Tumoren und embryonalem Gewebe.* (Werte in Prozenten des Trockengewichtes.)

	Ausbeute	Nuclein-säure	Lipoide	Gesamt		Fettfrei		M. G.	I. P.
				N	P	N	P		
Agens des Hühnertumor I .	2,9	15—17	36,5	8,6	1,5	12,7	1,2	$14 \cdot 10^7$	3,5
Hühnerembryofraktion . .	12,4	15—17	51,0	8,2	2,1	13,8	1,2		
Mäuseembryofraktion . . .	9,1	15—17	46,0	8,5	2,1	14,3	1,4		
Mäusesarkomfraktion (spontan)	6,6	15—17	49,1	8,0	1,5	14,5	1,2		
Mäusesarkomfraktion (induziert)	7,2	15—17	42,4	9,3	1,9	14,9	1,2		
Kaninchenpapillomagens . .	0,001—0,1 (Frischgewicht)	9	3	15,0	0,9			$47 \cdot 10^6$	
Mäusemilchfaktor								$4 \cdot 10^6$	4,8—5,1

Mäusemilch und aus Gewebs- und Tumorextrakten Nucleoproteid-Lipoidkomplexe isoliert mit Sedimentationskonstanten von 62 S und 92 S (entsprechend einem M.G. von 3—4·10⁶ und 5·10⁶ [3]. Elektronenoptisch konnten ebenfalls Teilchen von verschiedener Größe (20—35 mμ und größere bis zu 120 mμ), die bei 120000 g und 60000 g sedimentierten, in der Milch und in den Organen belasteter Stämme nachgewiesen werden; sie fehlten im Mammagewebe nichtbelasteter Stämme und auch in Tumoren anderer Genese (Methylcholanthrentumoren) [4]. Der Milchfaktor ist relativ beständig im p_H-Bereich zwischen 5 und 10, er wird erst durch 30 min langes Erhitzen auf 60° zerstört, durch Fettlösungsmittel wird er nicht inaktiviert [5]. Tabelle 68 gibt einen Überblick über Nucleoproteide, die in Tumoren und embryonalen Geweben vorkommen, und die Bestandteile von tumorerregenden Virusarten sind [6-8].

[1] SHARP, D. G., A. R. TAYLOR, A. E. HOOK and J. W. BEARD: Proc. Soc. exp. Biol. Med. **61**, 259 (1946).

[2] Nach neueren Untersuchungen von BITTNER [Cancer Res. **12**, 387 (1952)] ist der Milchfaktor auch durch Männchen auf deren Nachkommen übertragbar, ja der Faktor kann manchmal bei Tieren auftreten, deren Eltern frei davon waren.

[3] KAHLER, H., and W. R. BRYAN: J. nat. Cancer Inst. **4**, 37 (1943).

[4] PASSEY, R. D., L. DMOCHOWSKI, W. T. ASTBURY, R. REED and R. M. JOHNSON: Nature **162**, 759 (1948).

[5] BARNUM, C. P., Z. B. BALL and J. J. BITTNER: Science, N.Y. **100**, 575 (1944).

[6] CLAUDE, A.: Science, N.Y. **91**, 77 (1940).

[7] BEARD, J. W., W. R. BRYAN and R. G. WYCKOFF: J. infect. Dis. **65**, 43 (1939).

[8] NEURATH, H., G. R. COOPER, D. G. SHARP, A. R. TAYLOR, D. BEARD and J. W. BEARD: J. biol. Ch. **140**, 293 (1941).

Nachweis wichtiger Arzneimittel und Gifte.

Von

Konrad Gemeinhardt †.

Mit 3 Abbildungen.

A. Vorbemerkungen und Allgemeines.

> „Alle Dinge sind Gift, und nichts ist ohne Gift;
> allein die Dosis macht, daß ein Ding kein Gift ist"
> (PARACELSUS).
> „Gifte sind chemische, nicht organisierte, oder
> chemische Stoffe abscheidende organische Körper,
> die an oder in den menschlichen Leib gebracht, die-
> sen unter bestimmten Bedingungen krank machen
> oder zum Tode führen" (LEWIN).

Toxikologie ist die Lehre von den Giften. Der chemische Nachweis dieser Gifte ist die besondere Aufgabe der chemischen Toxikologie, die sich aber nicht allein chemischer, sondern auch physikalischer Methoden bedient. Toxikologie leitet sich ab von dem griechischen τοξικòν = Pfeilgift. Zur Erhärtung der Ergebnisse der Isolierung und des chemischen Nachweises eines Giftes dient der Tierversuch.

Die Isolierung und der Nachweis von Giften ist von Wichtigkeit zur Aufklärung von Morden, Mordversuchen, Selbstmorden, Selbstmordversuchen, von zufälligen Vergiftungen, sowie von unerlaubter oder mißbräuchlicher oder selbstmörderischer Anwendung von Arzneimitteln. Von den letztgenannten hat in neuerer Zeit besonders die Fülle der synthetischen Mittel mit betäubender oder schlafbringender Wirkung über ihre eigentliche Verwendung als Heilmittel hinaus eine trotz aller einengenden Anwendungsvorschriften und gesetzlichen Bestimmungen große Verbreitung als Mittel zum Selbstmord bzw. Selbstmordversuch gefunden. Diese Arzneimittel nehmen deshalb in einer Behandlung der Isolierung und des Nachweises neben den sonst nach der obigen Begriffsbestimmung als Gifte zu bezeichnenden Stoffe einen breiten Raum ein.

Wenn auch in vielen Fällen auf das schon in vorhergehenden Abschnitten Gesagte wird zurückgegriffen werden können, wird oftmals doch das Wichtigste anzuführen und auf das Schrifttum zu verweisen sein.

Um den Gang einer chemisch-toxikologischen Analyse mit allen ihren Erfordernissen darzutun, erscheint es zweckmäßig, wo es geboten ist, über die Begriffe der Isolierung und des Nachweises wichtiger Gifte und Arzneimittel hinausgehend, auch auf andere Materialien außer Organen und Körperflüssigkeiten einzugehen, die dem Zweck, nämlich der Isolierung des Giftes, dem Nachweis und dem Beweis der Vergiftung, dienen können.

Zur *Untersuchung* können außer etwa noch gefundenen Resten der die Vergiftung verursachenden Stoffe (Pulver, Salze, Lösungen, Flüssigkeiten, Lebensmittel und deren Zubereitungen, Genußmittel, Desinfektionsmittel, Schädlingsbekämpfungsmittel, Arzneizubereitungen verschiedenster Art usw.) besonders Körperflüssigkeiten und -ausscheidungen (Blut, Harn, Kot, Magen- und Darminhalt oder Erbrochenes) gelangen. Bei Todesfällen sind außerdem hauptsächlich bei der Obduktion entnommene Leichenteile (innere Organe wie Leber, Lunge, Niere, Milz, Herz, Hirn), in besonderen Fällen auch Haare, der Untersuchung auf Gifte zu unterziehen.

Wichtig ist also, daß alle diese Stoffe in einwandfreier Weise sichergestellt, verpackt, bezeichnet und mit den Angaben über den Grund der Untersuchung, wenn möglich auch mit Mitteilungen über die Art des vermuteten Giftes, sowie die Personalien des Betroffenen dem Untersucher übergeben werden. Diese Angaben sind notwendig, da sie dem Untersucher für den Gang der Untersuchung Weg und Richtung geben und dadurch abkürzend wirken können.

Selbstverständlich ist, daß die zur Aufnahme der Untersuchungsobjekte zu verwendenden Gefäße vollständig sauber sind. Es wird sich bei festen und halbfesten, breiigen Stoffen meist um Glashäfen handeln, bei Flüssigkeiten um nicht zu enghalsige Flaschen. Die Gefäße sind nicht ganz zu füllen, am besten nur etwa zur Hälfte, mit doppeltem Pergamentpapier, besser Schweineblase, zu überbinden und sorgfältig zu beschriften.

Es darf kein fäulniswidriger Stoff, besonders auch kein Formalin, zugesetzt werden!

Solche Zusätze würden die Feststellung der Gifte erschweren, ja vielleicht verhindern bzw. unmöglich machen und Irrtümer hervorrufen.

Zu beachten ist ferner, daß nicht zu geringe Mengen der aus dem menschlichen Organismus stammenden Stoffe zur chemischen Untersuchung zugewiesen werden. Unbeschadet der vorzüglichen chemischen Mikromethoden zum Nachweis der Gifte, handelt es sich zunächst darum, die oft nur in ganz geringen Mengen (mg-% und weniger) vorhandenen Gifte aus den Organen usw. zu isolieren, ehe die Mikromethoden erfolgreich angewandt werden können.

So werden zweckmäßig Mengen und Teile des Darms von mindestens 500 g Gewicht in einem Glas untergebracht, in weiteren Gläsern etwa 200 g Leber, die Milz, eine Niere, ein Stück Lunge, das halbe Hirn und endlich in einem letzten Glas möglichst viel Blut. Der in der Blase vorhandene Harn wird bei der Sektion mit einer Pipette entnommen und in einer Flasche untergebracht.

Der Transport der zur Untersuchung bestimmten Stoffe ist möglichst zu beschleunigen, die Einwirkung höherer Temperatur durch Eispackung möglichst zu verhindern. Die Aufbewahrung hat im Eisschrank stattzufinden und die Bearbeitung ist, um die bei manchen Giften schnell eintretende Zersetzung zu verhindern, unverzüglich einzuleiten.

Liegen Anhaltspunkte oder begründete Vermutungen für das Vorhandensein bestimmter Gifte vor, so ist auf diese bevorzugt zu prüfen. Ist das nicht der Fall, so muß auf alle in Frage kommenden Gifte gefahndet werden. Immer, namentlich aber, wenn das zur Verfügung stehende Material nicht sehr reichlich oder gar knapp ist, muß damit sparsam umgegangen werden.

Nach Feststellung des Gewichtes der einzelnen Untersuchungsstoffe wird je $1/3$ für eine spätere Nachuntersuchung sichergestellt. Etwa der 10. Teil der verbleibenden $2/3$ dient für die Vorproben. Der Rest wird in 6 gleiche Teile geteilt. Davon dienen nach der weiter unten zu gebenden Beschreibung

3 Teile zur Untersuchung nach den 3 Hauptgruppen,

1 Teil zur Untersuchung auf Gifte, die in diesen Hauptgruppen nicht erfaßt werden,

1 Teil zur quantitativen Bestimmung und

1 Teil für notwendige Kontrolluntersuchungen.

Wenn nur wenig Material vorhanden ist, wird man dies für Untersuchung der 3 Hauptgruppen nacheinander verwenden, muß dabei aber bedenken, daß durch die mehrmalige, verschiedenartige Behandlung manche der in der 2. Hauptgruppe zu ermittelnden Gifte (Alkaloide wie Atropin, Cocain) geschädigt werden können. Im Notfall wird man für die Kontrolluntersuchungen auf das zunächst zurückbehaltene 1. Drittel der Gesamtmenge zurückgreifen. Immer muß der Untersucher sich darüber klar sein, daß das Material einmalig, nicht nachzubeschaffen, also unersetzlich ist! Er muß bestrebt sein, auch aus kleinsten Mengen möglichst viel herauszuholen.

Getrennt eingehende Organteile sollen auch möglichst getrennt untersucht werden. Das ist schon allein deshalb zweckmäßig, weil bestimmte Gifte in bestimmten Organen (Leber, Hirn) besonders stark gespeichert werden.

Immerhin wird man zum qualitativen Nachweis der Gifte aliquote Mengen der Organe gemischt untersuchen, und nur die quantitative Ermittelung, wenn möglich, auf die Einzelorgane einrichten.

47*

B. Vorproben.

In jedem Falle werden die Vorproben, die — wie gesagt — mit kleinen Mengen durchzuführen sind, Hinweise und Anhaltspunkte für das Vorhandensein eines Giftes oder eines für die Vergiftung verantwortlichen Stoffes geben.

a) Äußere Beurteilung des Untersuchungsmaterials.

Hierzu gehört die Feststellung der Beschaffenheit (fest, flüssig, breiig, schleimig usw.), ferner der Gleichmäßigkeit oder Ungleichmäßigkeit (feste Stoffe verteilt in flüssigen), der Farbe, des Geruchs (sauer, faulig nach flüchtigen Stoffen wie Alkohol, Chloroform, Benzol, Phenol usw.) und der Reaktion (sauer, alkalisch). Zur Feststellung und Erkennung bestimmter, anormaler Beimischungen z. B. im Erbrochenen oder im Mageninhalt ist auch die Lupe und das Mikroskop zu Hilfe zu nehmen.

1. Auffällige pflanzliche Bestandteile (Coniferennadeln, Drogenpulver) werden zu pflanzlich-anatomischer bzw. pharmakognostischer Untersuchung isoliert.

2. Unlösliche weiße oder gefärbte Substanzen (Körner, Pulver) können aus Metallgiften, wie Verbindungen von Blei, Quecksilber, Arsen, Antimon, Zinn, Kupfer usw. bestehen, größere weiße oder gefärbte Teile auf Arzneitabletten (Morphium, Veronal, Sublimat, Quecksilbercyanid usw.) hinweisen.

3. Gleichmäßige starke Färbungen etwa des Magen- oder Darminhaltes können harmloser Natur sein, also von Spinat oder Heidelbeeren herrühren. Andererseits weist aber eine Gelbfärbung, bei der die Magen- oder Darmwand besonders stark gefärbt ist, auf Stoffe hin, die mit Eiweiß reagieren, wie Pikrinsäure oder Viktoriagelb oder auch Salpetersäure[1].

Blaue Färbungen können auch auf Cyanverbindungen, grüne auf Kupfer-, Arsen- oder Chromverbindungen hinweisen. Quecksilber(II)-oxyd, Quecksilberjodid, Mennige färben rot, Kupferoxyd, Quecksilber(I)-oxyd und Gerbsäureverbindungen schwarz. Starke Färbungen sind immer verdächtig und erfordern deshalb besondere Beachtung!

Mit Lupe und Pinzette isolierte Bestandteile sind mikroskopisch (1) zu untersuchen oder chemisch (2, 3) einfachen Vorproben zu unterziehen.

Bei letzteren prüft man das Verhalten beim Erhitzen (Sublimation), beobachtet den Schmelzpunkt, gegebenenfalls auch den des Sublimats, dessen Krystallform, ferner die Flammenfärbung, das Verhalten gegen Ammoniumsulfid (Metalle), gegen allgemeine Alkaloidreagentien usw.

4. Die Wasserstoffionenkonzentration stellt man mit Lackmuspapier fest. Bei trockenem Material wird das Lackmuspapier mit destilliertem Wasser angefeuchtet und aufgedrückt. Es ist dabei zu bedenken, daß sowohl saure als auch alkalische Reaktion nicht immer bedeutungsvoll zu sein braucht.

Magensaft und Mageninhalt reagieren infolge des Salzsäuregehaltes von sich aus sauer, alkalische Reaktion kann durch eingetretene Zersetzung des Untersuchungsmaterials bedingt sein. Andererseits kann eine stark saure Reaktion durch freie Säuren (Mineralsäuren) oder auch saure Salze (z. B. Kaliumhydrogenoxalat-Kleesalz) oder stark hydrolytisch dissoziierende Salze (Zinksulfat) hervorgerufen sein, die stark alkalische Reaktion aber durch Ätzalkalien (Kalilauge, Natronlauge oder Ammoniakflüssigkeit).

5. Die Geruchsprobe kann sehr aufschlußreich sein, da viele organische Stoffe einen charakteristischen Geruch besitzen. Dabei ist jedoch zu beachten, daß der natürliche Geruch des Untersuchungsmaterials, namentlich bei eingetretener Fäulnis, die Wahrnehmung anderer Gerüche sehr beeinträchtigen kann. Andererseits kann die Fäulnis durch solche Stoffe und auch nicht riechende hintangehalten, ja verhindert werden. So erhält z. B. ein hoher Gehalt an arseniger Säure, wie er bei Selbstmorden oft beobachtet wird, Mageninhalt, Organteile usw. lange Zeit frisch.

---

[1] GADAMER, J.: Lehrbuch der Chemischen Toxikologie. 2. Aufl. S. 23. Göttingen 1924. In der Folge zitiert als Gadamer, Toxikologie.

Zur Geruchsprobe erwärmt man etwas von dem Untersuchungsmaterial nach Ansäuern mit verdünnter Schwefelsäure in einem mit einem Uhrglas bedeckten Becherglase auf etwa 40—50° C (Wasserbad) und riecht nach Anheben des Uhrglases. Den Geruch von Blausäure (eigenartig stechend bis bittermandelähnlich), von Alkohol, Äther, Chloroform, Phenolen, Kresolen (Lysol), ätherischen Ölen u. a. m. wird man meist so wahrnehmen können.

Bei der Beobachtung im Dunkeln wird man hierbei, namentlich beim Umrühren mit einem Glasstab, auch Phosphor durch Leuchten erkennen können.

6. Starkes Schäumen wäßriger Flüssigkeiten und Gemische beim Schütteln weist auf Saponine hin.

b) Isolierung nicht unmittelbar erkennbarer, fremder Bestandteile.

Lassen sich mit bloßem Auge oder mit der Lupe keine besonders auffälligen Bestandteile im Untersuchungsgut ausmachen oder sind sie so klein und fein verteilt, daß sie sich nicht herauslesen lassen, versucht man sie durch ihr — meist höheres — spezifisches Gewicht auszusondern, indem man das Material, wenn es pulverförmig ist, mit verschiedenen Flüssigkeiten (Äther, Alkohol, Wasser, Chloroform, Wasser-Alkoholgemisch) schüttelt. Schwerere Anteile (Gifte) werden sich dabei am Boden absetzen. Bei guter Trennung, die oft mit Chloroform gelingt, verwendet man einen Scheidetrichter und läßt die abgesetzten Stoffe durch den Hahn ab, wäßrige Anschüttelungen oder trübe Flüssigkeiten gibt man in ein Spitzglas und trennt vom Bodensatz durch Dekantieren.

Die so abgeschiedenen Stoffe können sowohl anorganischer als auch organischer Art sein, also: Arsen-, Blei-, Quecksilber-, Kupfer- oder Chromverbindungen und andere oder auch schwerlösliche organische Verbindungen (Alkaloide, synthetische Arzneimittel, vgl. auch S. 738).

Durch das Anschütteln, Anreiben, Aufschlämmen wird man auch pflanzliche und tierische verdächtige Bestandteile isolieren können. Diese werden besonders bei einer Chloroformbehandlung meist auf der Oberfläche schwimmen. Manche davon, wie *Stechapfelsamen*, *Tollkirschenbestandteile (Fruchthaut)* und andere wird man leicht erkennen und isolieren können, ebenso etwaige *tierische* Reste, wie etwa die auffällig grün schillernden Bruchstücke der Flügeldecken der „spanischen Fliege" (Lytta vesicatoria, die keine Fliege, sondern ein Käfer ist).

So gewonnene Objekte können nicht nur zur weiteren Untersuchung und Identifizierung dienen, sondern auch als „*Corpus delicti*" vor Gericht.

c) Die mikroskopische Prüfung.

Sie dient vor allen Dingen der einwandfreien Feststellung der isolierten pflanzlichen Stoffe. Besonders, da es sich dabei auch oft um Drogenpulver handeln wird, gehören pflanzlich-anatomische und pharmakognostische Kenntnisse dazu, um diese Aufgabe sicher lösen zu können. Es ist dabei auf die einschlägigen pharmakognostischen Atlanten zu verweisen[1].

Besondere Bedeutung kommt der pharmakognostischen Identifizierung in den Fällen zu, in denen charakteristische chemische Reaktionen fehlen oder zum mindesten im Gange der forensischen Analyse unsicher sein können.

Als Beispiele seien die folgenden angeführt:

1. Giftige Pilze, z. B. Knollenblätterschwamm.

2. Mutterkorn (Sklerotium von Secale cornutum), dessen feinmaschiges, pseudoparenchymatisches Gewebe in den wandständigen Pseudozellen ein dunkelviolettes Pigment enthält, welches freilich durch Einwirkung der Magensäure den Farbstoff (Sklererythrin) dann auf das ganze Gewebe abgibt.

3. Bei Blättern von Digitalis, Samen der Herbstzeitlose, Brechwurz, Sadebaum, Schierlingsblättern u. a. wird der mikroskopische, d. h. pharmakognostisch-anatomische Nachweis oft beweisend sein[2].

---

[1] KOCH, L.: Atlas der mikroskopischen Analyse der Drogenpulver. Leipzig 1901. — MOELLER, I.: Pharmakognostischer Atlas der in Pulverform gebräuchlichen Drogen. Berlin 1892.

[2] SABALITSCHKA, Th., in: Handb. prakt. wiss. Pharmazie (THOMS). Bd. 2, S. 501. Berlin-Wien 1925.

d) Schnellnachweis häufig vorkommender Gifte.

Durch die Vorproben wird man oft veranlaßt werden, auf häufig vorkommende Gifte direkt im Untersuchungsmaterial zu prüfen, um so rasch ihr Vorhandensein oder Fehlen festzustellen. Hierbei kommen besonders in Betracht:

1. Arsen. Der direkte Nachweis nach GUTZEIT[1] gelingt, wenn durch die beschriebene Isolierungsmethode (Auslesen, Aufschlemmen usw.) in Form von arseniger Säure, Arsensäure oder deren Salzen oder als metallisches Arsen vorliegendes Material gewonnen werden konnte.

2. Phosphor. Gelber Phosphor wird sich durch das Leuchten im Dunkeln, besonders beim Umrühren mit einem Glasstab zu erkennen geben (s. S. 741). Chemisch wird man ihn durch die Vorprobe von SCHERER[2] zu erfassen suchen.

Das zu einem Brei angerührte Material wird in einem Kolben, an dessen Kork ein Silbernitrat- und ein Bleiacetatpapierstreifen (besonders empfindlich sind Papierstreifen mit alkalischer Bleisalzlösung, Bleiacetatlösung und Natronlauge) frei aufgehängt sind, einige Minuten auf dem Wasserbad auf 40° erwärmt und im Dunkeln stehen gelassen. Schwärzt sich der Silbernitratstreifen, während der Bleiacetatstreifen sich nicht verändert, so ist die Anwesenheit von Phosphor wahrscheinlich. Werden beide schwarz, so ist das auf Schwefelwasserstoff zurückzuführen. Den Schwefelwasserstoff kann man durch Zusatz von Cadmiumsulfat binden. Den geschwärzten Silbernitratstreifen behandelt man mit Königswasser, nimmt das eingedampfte Filtrat mit 1 Tropfen Wasser auf und versetzt mit 2 Tropfen Ammoniummolybdatlösung. War Phosphor zugegen, so entsteht gelbes Ammonium-molybdänphosphat. Schwärzung kann auch durch andere reduzierende Stoffe, z. B. Formaldehyd, verursacht sein.

SCHERER-Probe negativ: Abwesenheit von Phosphor. SCHERER-Probe positiv: P-Anwesenheit möglich!

3. Quecksilbersalze. Färbt sich das Untersuchungsmaterial auf Zusatz von Kalilauge oder Ammoniak schwarz, so ist mit der Anwesenheit von Quecksilber(I)-salzen (z. B. Kalomel) zu rechnen. Färbt Kalilauge das Material gelbrot, so ist ein Quecksilber(II)-salz (z. B. Sublimat) anzunehmen. Beide Quecksilbersalze können so leicht erkannt und unterschieden werden.

4. Hg-, Pb-, Bi-, Cu- und Ag-Salze färben sich mit Ammoniumsulfidlösung schwarz.

5. Morphium und Codein spielen bei versehentlichen oder absichtlichen Vergiftungen eine große Rolle. In nicht zu dunkel gefärbten Pulvern oder Tabletten ist *Morphium* meist gut mit Formalin-Schwefelsäure (frische Mischung von 2 Tropfen Formaldehydlösung + 2 cm³ konz. Schwefelsäure, MARQUIS' Reagens, s. S. 823) nachzuweisen.

Ausführung: Uhrglas + 1 Tropfen Reagens und Morphin = pupurrote, später blauviolette Färbung.

Codein ebenso: Ähnliche Färbung, aber von vornherein *blau*.

Von Lösungen kleine Probe auf dem Wasserbade (Uhrglas) eindampfen; mit dem Rückstand die Prüfung ausführen.

6. Blausäure und Cyanide (Kaliumcyanid). Die Vorprobe nach SCHÖNBEIN-PAGEN-STECHER beweist bei negativem Ausfall die Abwesenheit von Blausäure oder zersetzlichen Cyaniden; fällt sie positiv aus, so können diese vorhanden sein, es können aber auch andere oxydierende Stoffe wie Ozon, Salpetersäure, Chlor, Ammoniak, Ammonsalze u. a. die Reaktion bewirken. Zur *Ausführung* wird eine Probe in einem Kölbchen mit Weinsäure angesäuert und am Korken ein Streifen Guajakharz-Kupfersulfatpapier darüber aufgehängt, der sich bei positivem Ausfall blaugrün bis blau färbt. $12\,HCN + 3\,H_2O + 9\,CuSO_4 = 9\,H_2SO_4 + 3\,Cu(CN)_2 + O_3$. Blausäure + $CuSO_4$ bilden Ozon, das auf das Guajakharz einwirkt.

Herstellung des Guajakharz-Kupfersulfatpapiers: Schmale Streifen Filterpapier werden nacheinander mit einer frisch bereiteten alkoholischen Guajakharzlösung (1:10) und mit einer 0,1%igen Kupfersulfatlösung befeuchtet.

7. Phenole, Kresole, Lysol u. dgl. erkennt man an dem Verhalten gegen Eisen(III)-chlorid. Phenole färben sich blau bis blauviolett, Kresole (Lysol) blau, blauviolett bis grün.

---

[1] GUTZEIT, H.: Pharmaz. Ztg. **24**, 263 (1879).

[2] SCHERER, J.: A. **112**, 214 (1859).

Ausführung: Eine Probe wird mit Weinsäure angesäuert und mit wenig Wasser vermischt; aus kleinem Fraktionierkolben werden einige Kubikzentimeter abdestilliert. Im Destillat läßt meist schon der Geruch die Stoffe erkennen, nach Abkühlen die Reaktion mit stark verdünntem Eisen(III)-chlorid.

Die weitere Bestimmung der hier angeführten Gifte wird später in dem Untersuchungsgang beschrieben.

C. Hauptprüfung auf die wichtigsten Gifte.

Für die Hauptprüfung hat sich eine als zweckmäßig erwiesene Einteilung der Gifte in Gruppen herausgebildet. Demgemäß wurden bei der Einteilung des zur Verfügung stehenden Untersuchungsgutes (s. S. 739) auch 3 Teile zur Untersuchung nach den 3 Hauptgruppen sichergestellt, sowie ein weiterer Teil für unmittelbar auszusondernde Gifte.

A. Flüchtige, d. h. mit Wasserdampf flüchtige Stoffe.

Weißer Phosphor,	Alkohole,	Benzin,
Blausäure und ihre Salze,	Nitrobenzol,	Anilin und Homologe,
Äther,	Phenol und seine Homologen,	Chloralhydrat,
Chloroform und andere Halogen-	Ameisensäure und Essigsäure,	Formaldehyd,
verbindungen,	Kohlenwasserstoffe wie Benzol	Schwefelkohlenstoff,
Aceton,	und Homologe,	ätherische Öle u. a. m.

B. Ausschüttelungsgifte.
(Nicht mit Wasserdampf flüchtige, in saurem Alkohol lösliche Stoffe.)

Alkaloide,	Strophanthin,	Pyrazolonderivate wie Antipyrin,
Arzneimittel,	Morphin,	Pyramidon,
synthetisch-organische Gifte,	Veratrin u. a. m.,	Phenacetin,
Atropin,	ferner Barbitursäureabkömm-	Lokalanästhetica wie Anästhe-
Strychnin,	linge wie Veronal,	sin,
Brucin,	Luminal,	Novocain,
Cocain,	Phanodorm usw.,	Sulfonamide usw.
Scopolamin,		

C. Metallgifte.

Arsen,	Quecksilber,	Zink,
Antimon,	Wismut,	Kobalt,
Zinn,	Cadmium,	Nickel,
Kupfer,	Thallium,	Barium,
Blei,	Chrom,	Uran u. a.

D. Gifte, die durch Ausziehen unmittelbar aus dem Untersuchungsgut ausgesondert werden können.

Mineralsäuren,	Nitrate,	Oxalate,
Alkalien und Borate,	Nitrite,	Tri-o-kresylphosphat u. a.
Chlorate,		

1. Erste Hauptgruppe. Flüchtige Gifte.

Bei der Untersuchung auf flüchtige Gifte ist stets die Wasserdampfdestillation bei weinsaurer Reaktion des Untersuchungsgutes anzuwenden. Reagiert dieses an sich sauer, so ist mit Soda zu neutralisieren und mit Weinsäure wieder anzusäuern.

Feste Stoffe (Organteile, Magen- und Darmwand) sind möglichst zu zerkleinern, am besten durch Passieren eines Fleischwolfes, mit der gleichen Menge Wasser anzurühren und mit Weinsäure bis zur deutlich sauren Reaktion zu versetzen. Halbfeste, breiige Massen werden nötigenfalls mit Wasser verdünnt und ebenso behandelt. Flüssigkeiten (Harn, Blut) werden mit Weinsäure angesäuert und direkt verwendet. Zur Wasserdampfdestillation ist zweckmäßig eine Apparatur zu verwenden, wie sie die Abb. 1 zeigt.

Bei der Destillation (langsames Erhitzen) kann man durch Wechseln der Vorlage eine Trennung der Stoffe auf Grund ihrer verschiedenen Flüchtigkeit vornehmen (5, 10, 10 cm³). Die am leichtesten flüchtigen Stoffe (Blausäure, Äther, Chloroform usw.) (unter 100° siedenden) werden sich in den ersten Fraktionen, die schwerer mit Wasserdampf flüchtigen (erst über 100° siedenden) in den späteren finden. Wegen der geringen Flüchtigkeit mancher der Stoffe ist die Destillation unter Umständen 1—2 Std fortzusetzen.

Sind die Fraktionen homogen, so können wasserlösliche Stoffe (Gifte) im Destillat enthalten sein (Blausäure, Alkohole, Formaldehyd, Chloralhydrat u. a., auch Phenol und Anilin in kleinen Mengen). Wasserunlösliche Stoffe sammeln sich nach ihrem spezifischen Gewicht auf oder unter dem Wasser (auf dem Wasser z. B. Äther, Kohlenwasserstoffe, unter dem Wasser z. B. Phosphor, Chloroform, Anilin, Nitrobenzol, Schwefelkohlenstoff).

Phenole, Kresole und Anilin trüben meist das Destillat. Auch feste Stoffe können sich abscheiden wie Jodoform, Naphthalin. Meist wird in den Fraktionen ein typischer Geruch auf den einen oder anderen der flüchtigen Stoffe hinweisen.

Zu beachten ist, daß Quecksilber mit Wasserdämpfen in beträchtlicher Menge flüchtig ist. Auch Quecksilbersalze wie Sublimat geben mit organischen Stoffen vermischt bei

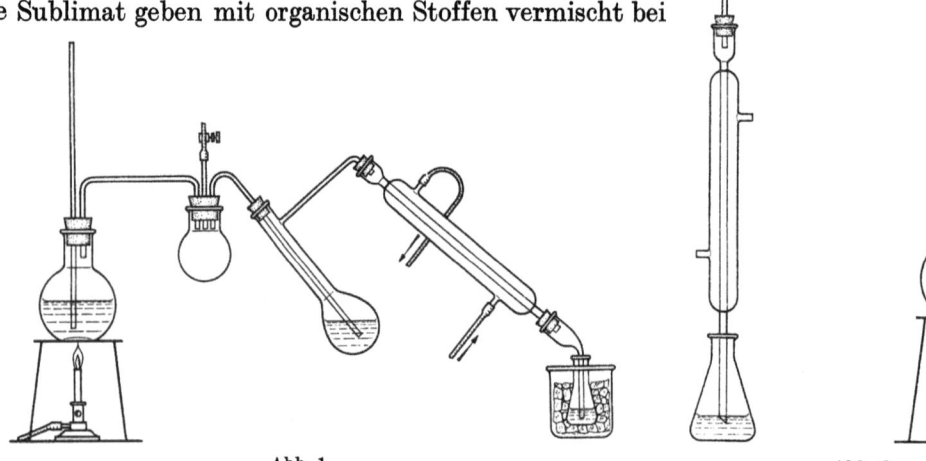

Abb. 1.   Abb. 2.

der Wasserdampfdestillation merkliche Mengen Quecksilber in das Destillat. Dieses zeigt sich entweder als ein schwarzgraues Häutchen auf der Oberfläche des Destillats oder ist fein suspendiert in der Flüssigkeit, oder es schlägt sich am Boden nieder.

Die sorgfältige Beobachtung dieser Dinge gibt wertvolle Hinweise. Man begnügt sich nicht mit einem Nachweis, sondern sucht ein positives Ergebnis mehrfach zu bestätigen.

Phosphor. Der Nachweis von Phosphor im Erbrochenen, im Magen- oder Darminhalt hat nur in den ersten Tagen nach eingetretener Vergiftung Aussicht auf Erfolg, solange nämlich, wie das zu beobachtende Leuchten anzeigt, daß der Phosphor noch nicht oxydiert ist. Als erste Stufe der Oxydation tritt phosphorige Säure auf, die sich hauptsächlich im Destillat neben anderen Säuren findet. Nach Oxydation mit Salpetersäure weist man die Phosphorsäure nach der Molybdatmethode nach.

1. Nachweis nach MITSCHERLICH. Haben die Beobachtung des Untersuchungsgutes im Dunkeln und die SCHERERsche Vorprobe die Anwesenheit von gelbem Phosphor wahrscheinlich gemacht, so führt man die Prüfung nach MITSCHERLICH durch.

Zur Erzeugung der Leuchterscheinung gehören nur sehr geringe Mengen — nach HILGER sind 0,06—0,3 mg Phosphor in 200 cm³ Wasser noch deutlich zu erkennen.

Zur Destillation verwendet man ein Gerät, wie es Abb. 2 wiedergibt. Das vom Destillierkolben aufsteigende, zweimal rechtwinklig gebogene Glasrohr verbindet ihn mit dem senkrechten LIEBIG Kühler. In letzterem tritt das Leuchten an der Stelle auf, wo der Wasserdampf kondensiert wird und Luft hinzutritt.

Salze von Quecksilber, Silber oder Kupfer können ebenso wie Oxydationsmittel den Phosphor in nicht flüchtige Verbindungen überführen, Alkohol, Äther, Chloroform, Benzin sowie Terpentinöl, flüchtige Phenole u. a. verhindern durch ihre Anwesenheit das Leuchten. Terpentinöl, verharztes, wird als Gegengift bei Phosphorvergiftungen gegeben, kann also aus diesem Grunde im Untersuchungsmaterial vorhanden sein. Sind diese Stoffe nur in geringer Menge zugegen, kann das Leuchten noch verspätet auftreten.

Die Gegenwart von unverändertem Phosphor wird sich meist im Untersuchungsgut und im Destillat durch den Geruch anzeigen. Das Destillat dient weiter zum Nachweis und zur Bestimmung des Phosphors. Mit viel gesättigtem Chlorwasser oder Bromwasser oder mit wenig rauchender Salpetersäure wird es auf dem Wasserbad in einer Porzellanschale zur Trockne gebracht, der Rückstand mit Wasser aufgenommen und aliquote Teile mit Ammonmolybdat in salpetersaurer Lösung bzw. mit Magnesiamixtur gefällt.

2. Nachweis nach LIEB[1]. Um auf das Leuchten beim Nachweis des Phosphors verzichten zu können, destilliert man im Wasserdampfstrom, nachdem vorher durch Kohlensäure aus einem KIPPschen Apparat die Luft verdrängt wurde. Die Apparatur gleicht grundsätzlich der nach MITSCHERLICH, bis auf das Zuführungsrohr für Kohlensäure und Dampf und ein durch Quetschhahn verschlossenes T-Stück in dem waagerechten Glasrohrstück zwischen Kolben und Kühler. So kann durch Luftzuführung auch hier das Aufleuchten des Phosphors gezeigt werden. Das Destillat wird in einer etwa 0,7%igen Lösung von Silbersulfat oder Silberacetat aufgefangen, in der sich der Phosphor und auch Phosphorwasserstoff als schwarzes, unlösliches Silberphosphid oder auch als metallisches Silber abscheiden.

3. Nachweis nach DUSART[2]-BLONDLOT[3]-HILGER-NATTERMANN[4]. Der schwarze Silberniederschlag [von 2)] wird auf Asbestwolle gesammelt und mit dieser in Wasser aufgeschwemmt. Der Nachweis beruht darauf, daß in nascierendem Wasserstoff, aus arsen- und phosphorfreiem Zink und Schwefelsäure hergestellt (1:3), *Phosphorwasserstoff entwickelt* wird, der beim Anzünden des auftretenden Gasgemisches (H + PH$_3$) mit charakteristischer smaragdgrüner Flamme (Flammenkern) verbrennt. Im Dunkeln und durch Niederdrücken der Flamme durch einen kalten Porzellandeckel oder -schale wird die smaragdgrüne Flamme besonders deutlich. Die Filtrate vom Silberniederschlag prüft man ebenfalls auf Phosphorsäure (H$_3$PO$_4$) und phosphorige Säure (H$_3$PO$_2$) oder Tetraphosphortrisulfid (P$_4$S$_3$).

4. Nachweis in fetten Ölen[5]. Man schüttelt 10 cm³ des Öles mit 5 cm³ einer 1%igen Kupfersulfatlösung. Je nach der Menge an Phosphor entsteht sofort oder nach spätestens 2 Std eine tiefschwarze bis hellbraune Färbung des Gemisches. Der Phosphor bildet zunächst schwarzes Kupfer(II)-phosphid (Cu$_3$P$_2$), das als Sauerstoffüberträger die Oxydation des noch vorhandenen Phosphor in Phosphorsäure bewirkt, die in die wäßrige Lösung übergeht und dort nachgewiesen werden kann (s. a. Bd. III, Anorganische Stoffe). Über eine jodometrische Bestimmung s.[6].

Wenn auch die Bedeutung von Phosphor als Gift in den letzten Jahrzehnten ständig zurückgetreten ist, wenigstens als Giftmordmittel, kann gerade der Nachweis von Phosphor in Ölen, wie konzentrierten Phosphorölen oder Phosphorlebertranen, von praktischer Bedeutung sein.

Die beschriebenen Methoden nach MITSCHERLICH und LIEB werden in den meisten Fällen zum Nachweis von Phosphor ausreichen. Die sehr viel längere Zeit in Anspruch nehmenden Nachweise nach DUSART-BLONDLOT-HILGER-NATTERMANN, die noch mehrfach ergänzt und erweitert wurden, werden nur zur Bestätigung und bei völliger Oxydation von Phosphor zur Erfassung niedriger Oxydationsprodukte (phosphorige Säure) als Beweis Anwendung finden.

Nach einer akuten Phosphorvergiftung konnten noch 4 Wochen nach dem Tode fast 14 mg elementarer Phosphor im Magen-Darmkanal nachgewiesen werden[7].

Blausäure. Zur Prüfung auf Blausäure und Cyanide (KCN, NaCN) kommen in erster Linie Magen- und Darminhalt, blutreiche Organe, wie Leber, Herz, Gehirn sowie auch

---

[1] LIEB, H.: Der gerichtlich-chemische Nachweis von Giften. Handb. biol. Arb.-Meth. Abt. IV, Teil 12/1, Bd. 2. 1938.

[2] DUSART: Cr. **43**, 1126 (1856).

[3] BLONDLOT: Cr. **52**, 1197 (1861).

[4] NATTERMANN, H., u. A. HILGER: Forschungsberichte über Lebensmittel und ihre Beziehungen. Z. Hyg. Infekt.-Krankh. **4**, 241 (1897).

[5] STRAUB, W., u. J. KATZ: Arch. Pharmazie **242**, 121 (1904).

[6] ENELL, H., u. O. FREY: Pharmaz. Mh. **3**, 101 (1922).

[7] ALPERS, K.: Pharmaz. Ztg. **58**, 127 (1913).

Blut und Harn in Frage. Die Untersuchung ist beschleunigt vorzunehmen. Ist viel Blausäure vorhanden, wird der typische stechende, mitunter an Bittermandelgeruch erinnernde Geruch wahrzunehmen sein. Reine HCN riecht nicht nach bitteren Mandeln, sondern eigenartig stechend. Vorsicht!

Nachweis. 1. Vorprobe nach SCHÖNBEIN-PAGENSTECHER (s. S. 742). Sie ist sehr empfindlich, aber nicht spezifisch. Bei der Wasserdampfdestillation in weinsaurer Lösung findet sich die Blausäure wegen ihrer großen Flüchtigkeit in den ersten Fraktionen der Destillate.

2. Berlinerblau-Reaktion. 2—3 cm³ Destillat werden mit 2 Tropfen Kalilauge oder Natronlauge (alkalische Reaktion) versetzt, 1 Tropfen frische Eisen(II)-sulfatlösung zugegeben, nach Umschütteln auf etwa 40° C erwärmt (Wasserbad) und vorsichtig mit verdünnter Salzsäure angesäuert. Sind größere Mengen Blausäure vorhanden, so entsteht sofort ein tiefblauer Niederschlag; bei kleinen Mengen treten erst grüne, dann blaue Färbung und erst nach Stunden blaue Flocken auf (Niederschlag und Flocken als Corpus delicti benutzen).

Empfindlichkeit der Probe etwa 1:5000000.

3. Rhodanreaktion. 2—3 cm³ Destillat werden mit Kalilauge bis zur alkalischen Reaktion und mit wenig gelbem Ammonsulfid versetzt und in einem Porzellanschälchen zur Trockne verdampft (Wasserbad). Der Rückstand, in wenig Wasser aufgenommen, wird mit Salpetersäure angesäuert und durch Filtration vom ausgeschiedenen Schwefel befreit. Auf Zusatz von Eisen(III)-chloridlösung färbt sich die Flüssigkeit bei Gegenwart von Blausäure rötlich bis blutrot (s. a. Bd. III, Anorganische Stoffe).

4. Nitroprussidreaktion[1]. Einige Kubikzentimeter Destillat werden mit einigen Tropfen Kaliumnitritlösung, ebensoviel Eisenchloridlösung und mit verdünnter Schwefelsäure versetzt, bis eine hellgelbe Färbung entsteht. Im erhitzen Gemisch wird mit Ammoniak das überschüssige Eisen gefällt und dem Filtrat vom Eisenniederschlag 2 Tropfen sehr verdünnte Ammoniumsulfidlösung zugesetzt. Violette, bald ins Blau, Grün und Gelb übergehende Färbung zeigt Blausäure an. Spuren von Blausäure geben nur eine blaugrüne Färbung.

Empfindlichkeit der Reaktion: 1:300000.

5. Pikrinsäurereaktion nach WALLER[2]. Gleiche Mengen des Destillates und einer Lösung von 0,05% Pikrinsäure und 0,5% Natriumcarbonat geben, wenn man die Mischung 1 Std bei etwa 40° C im Brutschrank stehen läßt, bei Gegenwart von Blausäure eine Rotfärbung infolge Bildung von isopurpursaurem Kalium.

Nicht spezifisch, da auch andere reduzierende Stoffe (Aldehyde, Aceton, Schwefelwasserstoff, schweflige Säure usw.) die gleiche Reaktion geben! Der negative Ausfall der Reaktion ist also wertvoller als der positive!

6. Quantitative Bestimmung. α) Destillat wird in einem Gemisch von 100 cm³ Wasser und 1 cm³ Ammoniakflüssigkeit aufgefangen. Nach Zusatz von Kaliumjodidlösung wird mit n/10-Silbernitratlösung bis zur gelblichen Opalescenz titriert:

$$1 \text{ cm}^3 \text{ n/10 AgNO}_3 = 0,0054 \text{ g HCN}.$$

β) Im Stickstoffstrom wird aus der mit Weinsäure angesäuerten Probe, die dabei im Destillationskolben auf dem Wasserbad auf 50—60° erwärmt wird, die Blausäure ausgetrieben und in n/10-Silbernitratlösung aufgefangen. Der Blausäuregehalt wird maßanalytisch oder gewichtsanalytisch bestimmt[3].

7. Nachweis der Blausäure neben komplexem Cyanid[4]. Die an sich kaum giftigen Blutlaugensalze spalten bei der Destillation in weinsaurer Lösung freie Blausäure ab. Man prüft das zu einem Brei angerührte Untersuchungsgut auf Blutlaugensalz, indem man das Filtrat von dem Brei nach Ansäuern mit Eisen(II)-sulfat und mit Eisen(III)-chlorid

¹ VORTMANN, G.: Mh. Chem. 7, 416 (1886).
² WALLER, A. D.: Proc. R. Soc. London (B) 82, 574 (1910).
³ KOLTHOFF, I. M.: Maßanalyse. II. Teil. S. 181. Berlin 1928.
⁴ AUTENRIETH, W.: Arch. Pharmazie 231, 99 (1893). Handb. biol. Arb.-Meth. Abt. IV, Teil 7, S. 21f.

versetzt. Wurde so rotes oder gelbes Blutlaugensalz festgestellt, so destilliert man nach Zusatz von viel Natriumhydrogencarbonat, wobei nur freie Blausäure oder solche aus einfachen Cyaniden (KCN oder NaCN) übergeht.

8. Nachweis von Quecksilbercyanid[1]. Weder bei der Destillation aus weinsaurer Lösung noch bei Zusatz von Natriumhydrogencarbonat wird Quecksilbercyanid zersetzt. Auf Zusatz von frischem Schwefelwasserstoffwasser geht in beiden Fällen die Blausäure ins Destillat über.

9. Blausäurenachweis neben Rhodanverbindungen. Rhodanwasserstoffsäure findet sich in geringen Konzentrationen in allen Geweben und Körperflüssigkeiten (s. a. Bd. III, Anorganische Stoffe). Bei Temperaturen über 60° C werden diese Rhodanide aufgespalten und geben freie Blausäure. In Zweifelsfällen, wenn also bei der Wasserdampfdestillation kleine oder kleinste Mengen Blausäure gefunden wurden, ist die oben (S. 746 bei β) beschriebene Destillation im Stickstoffstrom durchzuführen, wobei die Temperatur im Destillierkolben 60° C keinesfalls überschreiten darf.

Chloroform. Infolge seiner großen Flüchtigkeit entzieht sich das Chloroform sehr schnell dem Nachweis. Dieser ist deshalb beschleunigt durchzuführen. Die größte Wahrscheinlichkeit des Nachweises von Chloroform bieten Blut und Gehirn. Im Mageninhalt finden sich höchstens geringe Mengen, im Harn nur Spuren von unverändertem Chloroform. Es geht mit Wasserdämpfen leicht über und findet sich in den ersten Anteilen des Destillats.

Nachweis. 1. Isonitrilreaktion nach A. W. HOFMANN. Das chloroformhaltige Destillat wird mit 1—2 Tröpfchen Anilin und 1—2 cm³ Kalilauge erhitzt. Es entsteht das an dem sehr widerlichen, durchdringenden Geruch leicht zu erkennende Phenylisonitril:

$$CHCl_3 + 3KOH + C_6H_5NH_2 = C_6H_5NC + 3KCl + 3H_2O.$$

Der Geruch ist auch nach dem Erkalten noch deutlich. Es wird noch in einer Verdünnung von 1:6000 Chloroform sicher erkannt. Kontrollprobe! Auch andere halogensubstituierte Kohlenwasserstoffe geben die Isonitrilprobe: Chloral, Chloralhydrat, Bromal, Bromoform, Jodoform und Tetrachlorkohlenstoff.

2. Resorcinreaktion[2]. Zu einer mit Natronlauge alkalisch gemachten Lösung von 0,1 g Resorcin in 2 cm³ Wasser gibt man einige Kubikzentimeter Destillat und erhitzt zum Sieden. Gelbrosa Färbung des Gemisches und auch bei starker Verdünnung deutliche gelbgrüne Fluorescenz zeigen Chloroform an. Chloral, Bromal, Jodoform und Bromoform geben die gleiche Reaktion.

3. Cyanprobe. In einem starkwandigen, zugeschmolzenen Glasrohr, das nur zur Hälfte gefüllt sein soll, erhitzt man die Probe mit festem Ammoniumchlorid und alkoholischer Kalilauge mehrere Stunden im Wasserbad. Es bildet sich Cyanid, das durch Überführen in Berlinerblau nachgewiesen wird (s. S. 746).

$$CHCl_3 + 2NH_3 + 3KOH = NH_4CN + 3KCl + 3H_2O.$$

4. Naphtholreaktion[3]. Erwärmt man eine Lösung von 0,1 g α- oder β-Naphthol in starker Kalilauge (1:2) auf etwa 50° C und gibt das chloroformhaltige Destillat hinzu, so färbt sich das Gemisch blau bis blaugrün, bald braun. Beim Ansäuern der noch blaugefärbten Flüssigkeit fällt ein ziegelroter Niederschlag. α-Naphthol ist geeigneter als β-Naphthol! Auch diese Reaktion geben Chloral, Bromal, Bromoform und Jodoform!

5. Reduktionsproben. Die beim Erwärmen wäßriger Chloroformlösung mit FEHLINGscher Lösung und mit ammoniakalischer Silbernitratlösung auftretenden Reaktionen sind nicht spezifisch oder beweisend, sondern unterstützen nur den Befund.

6. Quantitative Bestimmung. Aliquote Mengen des Untersuchungsgutes werden solange in weinsaurer Lösung destilliert, bis das Destillat die Isonitrilreaktion nicht mehr gibt. Das Destillat wird mit etwas Calciumcarbonat neutralisiert, dann saugt man bei

---

[1] AUTENRIETH, W.: Arch. Pharmazie **231**, 99 (1893). Handb. biol. Arb.-Meth. Abt. IV, Teil 7, S. 21f.

[2] SCHWARZ, C.: Z. analyt. Chem. **27**, 668 (1888).

[3] LUSTGARTEN, S.: Mh. Chem. **3**, 715 (1882).

etwa 60° C einen Strom gewaschener Luft hindurch, die durch ein glühendes Verbrennungsrohr geleitet und in einer salpetersauren Silbernitratlösung aufgefangen wird. Das ausgeschiedene Silberchlorid wird gravimetrisch bestimmt.

Chloralhydrat. Wegen seiner dem Chloroform ähnlichen Reaktionen kann es zu Verwechslungen Anlaß geben. Während Chloroform in Wasser sehr wenig löslich und flüssig ist, ist Chloralhydrat in Wasser leicht löslich und bildet farblose, monokline Krystalle, die bei etwa 97,5° schmelzen. Während Chloroform mit Wasserdämpfen leicht flüchtig ist, geht Chloralhydrat bei der Destillation nur langsam über. Da es mit Alkali schon in der Kälte in Chloroform und Formiat zerfällt (CCl_3—$CHO + NaOH = CHCl_3 + HCOONa$), gibt es die in alkalischer Reaktion anzustellenden Reaktionen von Chloroform.

Der Nachweis gelingt wegen der leichten Zersetzlichkeit von Chloralhydrat nur kurze Zeit nach dem Tode, am besten aus dem Mageninhalt oder Erbrochenen. Im Blut und Harn sind höchstens Spuren zu finden. Im Harn findet sich die Hauptmenge von Chloralhydrat als Urochloralsäure wieder (s. u.).

Nachweis und Unterscheidung von Chloroform. *1. Gelbes Ammonsulfid* gibt beim Erwärmen des Destillates Rotfärbung bis rötlichen Niederschlag.

2. NESSLERs *Reagens* (s. S. 824) erzeugt mit Chloralhydrat einen erst ziegelroten, später heller und schließlich gelbgrün werdenden Niederschlag.

3. Durch Zink und Schwefelsäure führt man das Chloralhydrat in Acetaldehyd über. Ein mit Nitroprussidnatrium und Piperazinlösung befeuchteter Filtrierpapierstreifen wird durch dessen Dämpfe allmählich blau gefärbt.

4. Nachweis der Urochloralsäure im Harn. Ein „Chloralharn" reduziert wie Zuckerharn FEHLINGsche Lösung, unterscheidet sich aber durch deutliche Linkspolarisation[1]. Man isoliert die Urochloralsäure aus Harn durch Eindampfen und Ausziehen mit Äther-Alkohol, Reinigen mit Bleiacetat oder Silberoxyd, Schwefelwasserstoff, Barytwasser, Schwefelsäure usw. und schließlich durch Auskochen mit Äther in Form von farblosen, seidenglänzenden Krystallen (Nadeln), in Wasser und Alkohol leicht löslich, löslich in Äther-Alkoholgemisch, unlöslich in reinem Äther, F 142°[2, 3]. Urochloralsäure = Trichloräthylglucuronsäure reduziert beim Kochen alkalische Kupfer-, Silber- und Wismutoxydlösung und färbt durch Natriumcarbonat schwach alkalische Indigolösung gelb. Sie wird durch basisches Bleiacetat, jedoch nicht durch neutrales Bleiacetat, gefällt, sie bräunt sich beim Kochen mit Kalilauge (Caramelbildung, Geruch). Das Kaliumsalz hat für gelbes Licht ein spezifisches Drehungsvermögen von $[\alpha]_D = -60°$. Auch die meisten als Heilmittel verwendeten Chloralderivate, wie Chloralammoniak, Chloralformamid, Chloralurethan u. a., spalten bei der Destillation in schwach alkalischer Lösung Chloroform ab und erscheinen im Harn in Form von Urochloralsäure.

Das *Butylchloralhydrat* (Hypnoticum, Antineuralgicum)

$$CH_3—CHCl—CCl_2—CH(OH)_2$$

geht bei der Destillation aus weinsaurer Lösung leicht in das Destillat über. Durch Alkali wird jedoch kein Chloroform abgespalten, auch tritt die Isonitrilreaktion nicht ein. Mit NESSLERs Reagens (s. S. 824) gibt es einen ähnlichen roten Niederschlag wie das Chloralhydrat. Im Harn erscheint es als Urobutylchloralsäure, die sich wie die Urochloralsäure isolieren läßt. Sie löst sich leicht in Wasser, Alkohol und Äther, dreht das polarisierte Licht nach links und reduziert erst nach Kochen mit verdünnten Säuren FEHLINGsche Lösung.

5. Quantitative Bestimmung von Chloralhydrat aus Blut und Geweben[4]. Nach langer, unter Umständen doppelter Destillation mit der gleichen Gewichtsmenge 20%iger Phosphorsäure wird das aus dem Untersuchungsgut (Blut, Gehirn) erhaltene Destillat zur

---

[1] MERING, J. v., u. MUSCULUS: B. 8, 662 (1875).

[2] MERING, J. v.: H. 6, 480 (1882).

[3] KÜLZ, E., u. R. KÜLZ: Pflügers Arch. 33, 227 (1884).

[4] ARCHANGELSKY, C.: A. e. P. P. 46, 347 (1901).

Spaltung des Chloralhydrat in Chloroform und Ameisensäure mit 50 cm³ Natronlauge versetzt und auf dem Wasserbade auf etwa 20 cm³ eingedampft. Nach genauer Neutralisation wird mit überschüssiger Quecksilber(II)-chloridlösung 6 Std auf dem Wasserbade erhitzt und das gefällte Quecksilber(I)-chlorid gravimetrisch bestimmt. Umrechnungsfaktor: HgCl × 0,3504 = Chloralhydrat.

Jodoform. Jodoform ist mit Wasserdämpfen leicht flüchtig. Das Destillat ist milchig weiß getrübt und besitzt Jodoformgeruch. Man isoliert es durch Ausäthern des Destillates. Nach Verdunstung des Äthers bleibt es in Form gelber, hexagonaler Plättchen zurück, mit denen man in alkoholischer Lösung Identitätsreaktionen ausführt, wie die Reaktion nach LUSTGARTEN[1], die Resorcin- und die Isonitrilreaktion (s. S. 747).

Zur Ermittlung eignen sich in erster Linie Mageninhalt, dann Nieren, Gehirn, Blut, schließlich Harn und Kot. Im Harn und Kot findet sich das Jod aus den im Körper abgebauten Jodoform.

Nachweis im Harn. Liegt der Verdacht der Jodoformvergiftung vor, und ist dieses als solches nicht mehr nachzuweisen, versucht man wenigstens, den Jodnachweis im Harn zu erbringen. Möglichst 100 cm³ Harn werden mit Natriumcarbonat stark alkalisch gemacht und nach Zusatz von 1—2 g Kaliumnitrat zur Trockne verdampft. Der Rückstand wird vorsichtig geschmolzen, bis die entstandene Kohle verbrannt ist. Die kalte Schmelze wird mit Wasser ausgezogen, mit Chloroform unterschichtet und mit verdünnter Schwefelsäure angesäuert. Beim Schütteln geht vorhandenes Jod mit violetter Farbe in das Chloroform über. Das Jod kann selbstverständlich auch aus einem anderen jodhaltigen Arzneimittel stammen (KJ, NaJ u. a.).

Andere halogenierte Kohlenwasserstoffe. Eine große Anzahl anderer halogenierter Kohlenwasserstoffe, die als Schlaf- oder Rauschmittel (Hypnotica, Anaesthetica) oder als technische Lösungsmittel Verwendung finden, können als Gifte in Frage kommen. Es sind dieses neben anderen: Methylenchlorid (CH_2Cl_2), Tetrachlorkohlenstoff (CCl_4), Äthylchlorid (C_2H_5Cl), Äthylenchlorid ($CH_2Cl—CH_2Cl$), Trichloräthylen ($CHCl = CCl_2$) usw., ferner Bromoform ($CHBr_3$), Avertin = Tribromäthylalkohol ($CBr_3—CH_2OH$) u. a.

Diese sind zu unterscheiden nach den bei LEHMANN und FLURY[2] oder WEBER[3] angegebenen Vorschriften oder den Angaben des Deutschen Arzneibuches, des Ergänzungsbuches zu diesem, und besonderen Vorschriften.

Zum allgemeinen Nachweis der mit Wasserdämpfen flüchtigen Halogenverbindungen durch die bekannte blaugrüne bis grüne Halogenkupferfärbung einer Wasserstoffflamme haben VITALI und TORNANI[4] einen besonderen Apparat beschrieben, der von J. STANIUS[5] verbessert wurde.

JONE WEBER[6] gibt einen Vakuumdestillierapparat zur Isolierung flüchtiger Stoffe aus Geweben an, der bei Zimmertemperatur auch die Destillation von Tetrachlorkohlenstoff ohne dessen teilweise Umwandlung in Chloroform gestattet.

Schwefelkohlenstoff. Schwefelkohlenstoff findet ebenfalls als technisches Lösungsmittel und als Schädlingsbekämpfungsmittel Verwendung und kann besonders durch Einatmen der Dämpfe zu Vergiftungen führen.

Im Destillat ist es meist schon an dem eigentümlichen, unangenehmen Geruch zu erkennen. Schwerer als Wasser, setzt es sich bei größerer Menge in stark lichtbrechenden Tropfen am Boden ab.

Nachweis. 1. Beim Erhitzen des Destillates mit gleichen Teilen alkoholischer Bleiacetatlösung oder mit Bleiacetat und Ammoniak gibt Schwefelkohlenstoff einen schwarzen Niederschlag von Bleisulfid.

2. Mit alkoholischer Ammoniaklösung auf dem Wasserbad eingedampft, entsteht bei Gegenwart von Schwefelkohlenstoff Ammoniumrhodanid, das durch Rotfärbung mit Eisenchlorid und andere Reaktionen erkannt wird (s. a. Bd. III, Anorganische Stoffe).

[1] LUSTGARTEN, S.: Mh. Chem. **3**, 715 (1882).
[2] LEHMANN, H. B., u. F. FLURY: Toxikologie und Hygiene der technischen Lösungsmittel. Berlin 1938.
[3] WEBER, H. H.: Chem.-Ztg. **57**, 836 (1933).
[4] VITALI, D., u. E. TORNANI: Arch. Pharmazie **223**, 234 (1885).
[5] STANIUS, J.: Pharmacia, Tallinn **12** (1923).
[6] WEBER, J.: J. Lab. clin. Med. **26**, 719 (1941).

3. Wird 1 cm³ Destillat mit alkoholischer Kalilauge (30 + 100) schwach erwärmt, mit 1 Tropfen 1%iger Kupfersulfatlösung versetzt und mit 30%iger Essigsäure angesäuert, so entsteht durch Schwefelkohlenstoff gelbe Färbung oder gelber Niederschlag von Kaliumxanthogenat

$$CS_2 + C_2H_5OK \rightarrow C \overset{OC_2H_5}{\underset{SK}{\lessgtr}} S$$

Empfindlichkeitsgrenze: 1:90000, Erfassungsgrenze 11 γ CS_2[1].

4. Tüpfelreaktion[2]. 1 Tropfen Probelösung (Destillat) und 2—3 Tropfen Formalin werden auf einer Tüpfelplatte mit 1 Tropfen alkalischer Plumbitlösung (durch Auflösen von PbO in NaOH:NaHPbO$_2$) verrührt. Schwefelkohlenstoff erzeugt braunes bis schwarzes Bleisulfid. Enthält die Probe Schwefelwasserstoff, so entfernt man diesen auf der Tüpfelplatte durch Zusatz von Bromwasser und beseitigt einen Überschuß des letzteren durch ein Kryställchen Sulfit.

Grenzkonzentration ohne Schwefelwasserstoff: 1:14200. Erfassungsgrenze: 3,5 γ. Im Reagensglas durchgeführt: Grenzkonzentration 1:500000. Erfassungsgrenze: 2 γ CS_2/1 cm³.

Die Wasserstoffflamme wird durch Schwefelkohlenstoff blaßblau gefärbt (VITALISche Vorprobe, s. S. 749).

Aceton. Aceton (CH_3—CO—CH_3) ist mit Wasserdämpfen ziemlich leicht flüchtig. Beim Nachweis ist besonders auf die sichere Unterscheidung von Alkohol zu achten (s. S. 758).

Nachweis. *1. Jodoformreaktion nach* LIEBEN[3]. Das Destillat versetzt man mit einigen Kubikzentimetern Jod-Jodkaliumlösung oder einem kleinen Jodkrystall und gibt Kalilauge tropfenweise bis zur schwachen Gelbfärbung hinzu. Bei Gegenwart von Aceton entstehen ein gelblichweißer Niederschlag oder eine Trübung von Jodoform, bei sehr kleinen Mengen wenigstens der typische Jodoformgeruch.

$$CH_3—CO—CH_3 + 3KJO = CH_3—CO—CJ_3 + 3KOH$$
$$CH_3—CO—CJ_3 + KOH = CH_3—COOK + CHJ_3.$$

Während beim Aceton die Reaktion schon in der Kälte erfolgt, tritt sie beim Alkohol meist erst nach Erwärmen auf. Verwendet man aber statt Jod-Jodkali und Kalilauge Jod-Jodammonium und Ammoniak, so tritt beim Aceton, nicht aber beim Alkohol die Jodoformbildung ein. Auch Acetaldehyd gibt diese Reaktion.

2. Nitroprussidprobe nach LEGAL. Einige Tropfen frisch bereitete Nitroprussidnatriumlösung rufen in dem mit Kalilauge alkalisch gemachten Destillat bei Gegenwart von Aceton eine rotgelbe, rote bis braunrote Färbung hervor. Beim Übersättigen mit Essigsäure geht die Farbe in Carmin- bis Purpurrot, beim Erwärmen in Violett über.

Alkohol gibt diese Probe nicht. Acetaldehyd und p-Kresol rufen nur die erste Rotfärbung hervor, wohingegen die Essigsäure ein Verblassen, das Erwärmen eine grüne Färbung bewirken.

Aceton dient als Vergällungsmittel für Spiritus und kann so z. B. bei mißbräuchlichem oder irrtümlichem Genuß zur Vergiftung führen. Zum Nachweis von Aceton im Spiritus schreibt das DAB die unten bei Methylalkohol (a) wiedergegebene Apparatur und dasselbe Verfahren zur Gewinnung von 1 cm³ Destillat vor, mit dem die Nitroprussidprobe nach LEGAL auszuführen ist.

Methylalkohol. Der Methylalkohol (Methanol = CH_3OH) gibt meist Veranlassung zu Vergiftungen durch Genuß von alkoholischen Getränken, die mit methylalkoholhaltigem Sprit oder reinem Methylalkohol hergestellt bzw. verfälscht wurden.

Kleine Mengen Methylalkohol entstehen bei der normalen alkoholischen Gärung immer und sind deshalb in fast allen alkoholischen Getränken enthalten. Deshalb ist nach den Technischen Bestimmungen zu den Ausführungsbestimmungen zum Gesetz über das Branntweinmonopol v. 8.4.1922[4] der Gehalt an kleinsten Mengen Methylalkohol (nämlich 0,05%) im Spiritus zulässig.

[1] LIEB, H.: Handb. biol. Arb.-Meth. Abt. IV, Teil 12/1, Bd. 2, S. 1321.
[2] FEIGL, F. u. WEISSELBERG: Z. analyt. Chem. **83**, 93 (1931).
[3] LIEBEN, A.: A., Suppl. **7**, 218 (1870).
[4] Herausgegeben v. Reichsmonopolamt für Branntwein B 1933.

Der Nachweis von Methylalkohol kommt außer in Leichenteilen usw. besonders auch in Resten der angeblich für die Vergiftung verantwortlichen alkoholischen Getränke aller Art in Frage.

a) Isolierung und Nachweis aus alkoholischen Flüssigkeiten. Nach der amtlichen deutschen Vorschrift ist dabei wie folgt zu verfahren: 10 cm³ der zu prüfenden Flüssigkeit werden aus einem 50 cm³ fassenden Rundkölbchen, das durch einen Gummistopfen mit einem zweimal rechtwinklig gebogenen Glasrohr von etwa 70 cm Länge verbunden ist, destilliert. Der durch den Gummistopfen aufsteigende und der parallel gerichtete absteigende Teil des Glasrohres sind je 25 cm lang, das beide verbindende Querstück 20 cm. Als Vorlage dient ein kleines ERLENMEYER-Kölbchen oder besser ein kleiner Meßzylinder, in einem mit Eis gekühlten Stutzen. Der Destillierkolben steht auf einem doppelten Drahtnetz, die Erwärmung erfolgt durch eine kleine Flamme, so daß in 4—5 min 1 cm³ übergeht (Abb. 3).

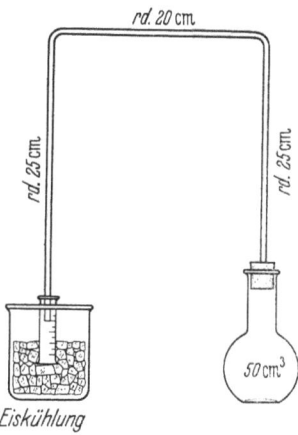

Abb. 3.

Der *Nachweis* von Methylalkohol im Destillat erfolgt nach der von FENDLER und MANNICH[1] angegebenen Reaktion mit geringer Abänderung: Das Destillat (1 cm³) wird in einem weiten Reagensglas mit 4 cm³ Schwefelsäure (20 g H_2SO_4 in 100 g) versetzt, dann wird 1 g fein gepulvertes Kaliumpermanganat in kleinen Teilmengen unter kräftigem Schütteln zugefügt, wobei zweckmäßig unter dem laufenden Wasserhahn gekühlt wird, um eine Erwärmung über 50° C zu vermeiden. Nach Beendigung der Umsetzung wird durch ein kleines trockenes Filter unter Zurückgießen der ersten Tropfen in ein starkwandiges Reagensglas filtriert und das meist rötlich gefärbte Filtrat gut verschlossen weggestellt, bis es völlig farblos geworden ist. Dann wird in Eiswasser gekühlt, 2 cm³ reine Schwefelsäure (1,84) zugesetzt und durch Rühren mit einem Glasstab gemischt. Zur abgekühlten Mischung gibt man 1 cm³ einer Lösung von 0,2 g Morphin oder Morphinsulfat in 10 cm³ Schwefelsäure (1,84). Eine sofort oder allmählich (nach 10—20 min) auftretende violettrote Färbung, die manchmal rasch mißfarbig wird, zeigt Methylalkohol an. Blindversuch!

Tritt eine violette Färbung erst nach ¹/₂ Std auf, so ist sie bedeutungslos. Enthält das Destillat nur wenig oxydierbare Substanzen, so z. B. wenig Alkohol, so ist mit der Zugabe des gepulverten Kaliumpermanganats, die in kleinen Mengen und allmählich erfolgen soll, aufzuhören, wenn die Mischung sich nicht mehr entfärbt. Nötigenfalls ist eine völlige Entfärbung durch Zugabe kleinster Mengen Äthylalkohol zu erreichen. Erhält man beim Mischen des Destillats mit der Schwefelsäure durch vorhandene ätherische Öle eine Trübung, so setzt man etwas Kieselgur zu und filtriert.

Nachweis nach PFYL, REIF *und* HANNER[2]. An Stelle von Morphin verwendet man zum Nachweis des Methylalkohol Guajakol. Die Destillation und Behandlung des Destillats erfolgen in derselben Weise wir vorstehend beschrieben bis zur Zugabe der Morphin-Schwefelsäure.

Auf ein Uhrglas auf weißer Unterlage werden 0,5 cm³ einer gekühlten Lösung von 0,02 g Guajakol in 10 cm³ reiner Schwefelsäure (1,84), die nicht älter als 3 Tage ist, mit einer Pipette gegeben. Dazu wird tropfenweise auf die Mitte der Guajakollösung mit einer Pipette 0,1 cm³ der völlig entfärbten, oxydierten Lösung zugefügt. War ursprünglich Methylalkohol, der durch die Behandlung (Oxydation) in Formaldehyd umgewandelt ist, vorhanden, so tritt in der Guajakollösung sofort oder allmählich eine ziemlich beständige rote Farbe auf, deren Tiefe der vorhandenen Formaldehydmenge entspricht. Wird die Mischung nur gelblich, so war kein oder nur sehr wenig Methylalkohol vorhanden. (Diese auch im DAB 6 enthaltene Probe erfaßt Methylalkohol unter 0,3 % nicht!)

[1] FENDLER, G., u. C. MANNICH: Arb. pharmaz. Inst. Berlin **3**, 243 (1906).
[2] PFYL, B., G. REIF u. A. HANNER: Chem.-Ztg. **45**, 1220 (1921). Süddtsch. Apoth.-Ztg. **62**, 107 (1922). Z. Unters. Nahr.- u. Genußm. **42**, 218 (1921).

Nachweis nach Denigès[1], Kolthoff[2], v. Fellenberg[3]. Der wie oben erhaltene Kubikzentimeter Destillat wird mit 2 Tropfen 25 %iger Phosphorsäure und 25 Tropfen 3 %iger Kaliumpermanganatlösung vermischt, dann unter öfterem Schütteln etwa $^1/_4$ Std stehen gelassen. Durch tropfenweisen Zusatz von 10 %iger Oxalsäure wird die Lösung entfärbt, wozu etwa 10 Tropfen erforderlich sind und mit 5 cm³ verdünnter Schwefelsäure vermischt. 5 cm³ fuchsinschweflige Säure (s. S. 823) bewirken in längstens $^1/_4$ Std eine blauviolette Färbung, wenn in dem ursprünglichen Destillat Methylalkohol vorhanden war, der durch die Oxydation in Formaldehyd verwandelt wurde (Erfassungsgrenze: 0,05 % Methylalkohol).

Nachweis nach Mohr[4]. Der durch Oxydation aus dem Methylalkohol entstandene Formaldehyd wird durch Behandlung mit Ammoniumchlorid zu Hexamethylentetramin kondensiert. Von dem nicht reagierenden, aus vorhandenem Äthylalkohol stammenden Acetaldehyd wird das Kondensat durch Eindampfen getrennt, wobei der Acetaldehyd sich verflüchtigt. Aus dem neben viel Ammoniumsalzen vorhandenen Hexamethylentetramin wird der Formaldehyd durch Destillation mit Schwefelsäure frei gemacht und in der Vorlage mit Dimethyldihydroresorcin (Methon[5]) zu einem praktisch unlöslichen Produkt von charakteristischer Krystallform (feine Nadeln) kondensiert.

Auch Acetaldehyd gibt ein Methon-Kondensationsprodukt, wenn auch von anderer Krystallform, so daß die Trennung durch die Hexamethylentetraminbildung zweckmäßig ist. Das Verfahren ist zur Erfassung kleinster Mengen von Methylalkohol bis zu 0,1 % und darunter geeignet. Bei einem so niedrigen Gehalt ist nach Lieb[6] wie folgt zu verfahren:

Die auf Methylalkohol zu prüfende Flüssigkeit wird mit Wasser auf einen Gesamtalkoholgehalt von etwa 5 % eingestellt. Zur Oxydation werden 5 cm³ mit 0,3 cm³ 85 %iger Phosphorsäure und 2 cm³ 3 %iger Kaliumpermanganatlösung versetzt. Dann wird durch 1 cm³ 10 %iger Oxalsäurelösung und nach 2 min durch weiteren tropfenweisen Zusatz entfärbt und schließlich in ein eisgekühltes Reagensglas destilliert, das 5 cm³ 2,5 %ige Ammonchlorid- oder Ammonacetatlösung enthält. Nach $^1/_2$stündigem Stehenlassen (ohne Eiskühlung) wird auf dem Wasserbade zur Trockne verdampft, der Rückstand mit Wasser aufgenommen und nach Ansäuern mit Schwefelsäure destilliert. Das Destillat wird in ein eisgekühltes Gemisch von etwa 1 cm³ 0,5 %iger Lösung von Dimethyldihydroresorcin (Methon), die mit 1 Tropfen Natronlauge alkalisch gemacht wurde, destilliert. Nach Ansäuern mit Essigsäure fällt je nach dem Gehalt an Methylalkohol sofort oder später das entstandene Formaldimethon aus (bei 1 % CH_3OH und darüber sofort, unter 0,05 % erst beim Eintrocknen auf dem Objektträger, wenn am Tropfenrand das überschüssige Methon sich auszuscheiden beginnt).

Es gelingt, noch 0,05 % Methylalkohol im Äthylalkohol zu erfassen.

Nachweis mit Chromotropsäure[7]. Die Oxydation von Methylalkohol wird in phosphorsaurer Lösung mit Kaliumpermanganat, die Entfärbung mit Natriumbisulfit durchgeführt. Nach Zusatz von Schwefelsäure ruft Chromotropsäure (Merck) beim Erwärmen auf 60° C im Wasserbad innerhalb 10 min eine Violettfärbung hervor, wenn Formaldehyd bzw. Methylalkohol zugegen war. Die violette Färbung vertieft sich beim Abkühlen. Die Durchführung erfordert kleinste Mengen Destillat. 1 Tropfen Destillat wird mit 1 Tropfen 5 %iger Phosphorsäure und 1 Tropfen 5 %iger Kaliumpermanganatlösung 1 min stehen gelassen. Durch Zugabe von feinkörnigem Natriumbisulfit (unter Umschwenken) wird entfärbt. Die restlose Lösung des Braunsteinniederschlags ist durch Zusatz eines weiteren Tropfens Phosphorsäure und Natriumbisulfit zu erreichen.

Dann werden 4 cm³ 72 %iger Schwefelsäure und etwas fein gepulverter Chromotropsäure zugesetzt. Nach Einstellen in ein Wasserbad von 60° C wird nach 10 min die Färbung festgestellt.

---

[1] Denigès, G.: Cr. **150**, 832 (1910).

[2] Kolthoff, J. M.: Cr. **150**, 529, 832 (1910).

[3] Fellenberg, Th. v.: B.Z. **85**, 45 (1918). Siehe auch v. Fellenberg: Mitt. Lebensm.-Unters. Hyg. **32**, 53 (1941).

[4] Mohr, O.: Mikrochem. **8**, 154 (1930).

[5] Vorländer, D.: Z. analyt. Chem. **77**, 241 (1929).

[6] Lieb, W.: Handb. biol. Arb.-Meth. Abt. IV, Teil 12/1, Bd. 2, S. 1324.

[7] Éegriwe, E.: Mikrochim. Acta **2**, 329 (1937). Z. analyt. Chem. **110**, 22 (1937).

Empfindlichkeitsgrenze: 1:13600. Nachweisgrenze: 3,5 γ Methylalkohol.

Der Nachweis läßt sich unschwer quantitativ gestalten durch Vergleich der Intensität der Violettfärbung abgestufter Vergleichsproben mit reinem Methylalkohol.

Nachweis mit p-Brombenzoylchlorid[1]. In verdünnter wäßriger Lösung gibt Methylalkohol mit p-Brombenzoylchlorid (C_6H_4Br—COCl) den gut krystallisierenden p-Brombenzoesäuremethylester (C_6H_4Br—CO—OCH_3) bei alkalischer Reaktion.

Zu etwa 50 cm³ wäßriger Lösung mit nur etwa 0,5% Methylalkohol gibt man 10 cm³ 10%iger Natronlauge, erwärmt in einer Glasstöpselflasche auf 40—50° C, fügt 1—3 g zerriebenes p-Brombenzoylchlorid hinzu und schüttelt bis zum Erkalten. Die alkalische Reaktion ist mit Lackmuspapier nachzuprüfen und — wenn nötig — mit Natronlauge wiederherzustellen. Der bei Gegenwart von Methylalkohol sich als weißes Pulver abscheidende p-Brombenzoesäuremethylester wird abfiltriert, mit kaltem Wasser gewaschen und auf dem Tonteller oder im Vakuumexsiccator getrocknet. Der Schmelzpunkt liegt bei 78—79° C. Durch Umkrystallisieren aus Äthylalkohol oder Aceton erhält man den Ester in glänzenden Plättchen, aus Methylalkohol in feinen Nadeln, aus heißer Benzollösung auf Zusatz von Petroläther in glänzenden Plättchen. In Alkohol ist er wenig (zu 2,3%), in Aceton leichter löslich.

Äthylalkohol gibt unter gleichen Bedingungen den auch bei niedriger Temperatur flüssig bleibenden p-Brombenzoesäureäthylester.

b) Bestimmung von Methylalkohol neben Äthylalkohol in alkoholischen Flüssigkeiten mit dem ZEISSschen Eintauchrefraktometer. Der Brechungsexponent von Äthylalkohol ($n_D^{17,5}$) beträgt 1,3623, der von Methylalkohol 1,3297, entsprechend 93,35 und 6 Skalenteilen des ZEISSschen Eintauchrefraktometers. Es wurden mehrere Verfahren für die Bestimmung des Methylalkoholgehaltes in Gemischen mit Äthylalkohol angegeben[2]. Die *genaue* Bestimmung wäre einfach, wenn es gelänge, wasserfreie Gemische der Alkohole abzuscheiden. Die Schwierigkeit haben LANGE und REIF[3] ausgeschaltet, indem sie die Lichtbrechungsexponenten in Gemischen der beiden Alkohole mit einem bestimmten Wassergehalt festlegten. Es ist hierbei zunächst der Gesamtalkoholgehalt des Gemisches zu ermitteln; dies wird erleichtert, da sich die spezifischen Gewichte der beiden Alkohole in verdünntem Zustand nur wenig unterscheiden, und namentlich bei 50%igem Alkoholgehalt einander sehr nahe liegen.

Ausführung: Handelt es sich um extraktfreie oder -arme Flüssigkeiten, genügt die Bestimmung des Alkoholgehaltes mit der Weingeistspindel, andernfalls muß destilliert und das spezifische Gewicht des Destillates bestimmt werden, nachdem die Menge des Destillates durch Wasser der angewandten Probemenge gleichgebracht wurde.

Darauf werden 100 cm³ der Flüssigkeit mit 5—10 cm³ Lauge unter Verwendung einer VIGREUXschen oder ähnlichen Destillationsaufsatzes langsam und vorsichtig bei kleiner Flamme destilliert. Das Destillat wird in einem schlanken, eisgekühlten, möglichst geeichten Meßzylinder aufgefangen, bis man — nach der vorher festgestellten Alkoholkonzentration — sicher sein kann, daß aller Alkohol übergegangen ist. Thermometes dabei beobachten! Die Hauptmenge Methylalkohol geht je nach der Konzentration bei 68—70°, die des Äthylalkohols bei 72—76° C über. Die Destillation erfordert mindestens 1¹/₂ Std! Ist das Thermometer auf 90° C gestiegen, wird die Destillation abgebrochen. Nach Einstellen der Vorlage (Meßzylinder) in Wasser von 15° C mißt man genau die Menge des Destillats und bestimmt im REISCHAUERschen Pyknometer den Alkoholgehalt. Nach dem so gefundenen Alkoholgehalt entnimmt man einer hierfür bestimmten Tabelle (2) die zur Verdünnung auf 50%igen Alkoholgehalt erforderliche Menge Wasser. Nachprüfung durch erneute Pyknometermessung! Nach Feststellung der so erhaltenen Flüssigkeitsmenge wird bei genau 17,5° C die Refraktometerablesung vorgenommen.

---

[1] AUTENRIETH, W.: Arch. Pharmazie **258**, 1 (1920).

[2] SABALITSCHKA, TH.: Handb. biol. Arb.-Meth. Abt. IV, Teil 7, S. 675.

[3] LANGE, W., u. G. REIF: Z. Unters. Nahr.- u. Genußm. **41**, 216 (1921).

Aus einer Tabelle (1) kann nach den so festgestellten Skalenteilen im Eintauch-refraktometer der Methylalkoholgehalt in Hundertteilen der auf 50 % Gesamtalkohol-gehalt eingestellten Flüssigkeit entnommen werden. Aus diesen wird unter Berück-sichtigung der vorgenommenen Verdünnung die Methylalkoholmenge im Destillat errechnet, die gleich der in 100 cm³ der Ausgangsflüssigkeit enthaltenen ist.

Tabelle 1. *Skalenteile des* ZEISS*schen Eintauchrefraktometers für Äthylalkohol-Methylalkohol-Wasser-gemische mit einem Gesamtalkoholgehalt von 50 Vol.-% (entsprechend dem spezifischen Gewicht 0,9345 bei 15° C).*

Skalenteile bei 17,5°	Gehalt an Methyl-alkohol Vol.-%	Skalenteile bei 17,5°	Gehalt an Methyl-alkohol Vol.-%	Skalenteile bei 17,5°	Gehalt an Methyl-alkohol Vol.-%	Skalenteile bei 17,5°	Gehalt an Methyl-alkohol Vol.-%	Skalenteile bei 17,5°	Gehalt an Methyl-alkohol Vol.-%
85,6	0	75,7	11	66,6	21	57,6	31	48,5	41
84,7	1	74,8	12	65,7	22	56,7	32	47,5	42
83,8	2	73,9	13	64,8	23	55,8	33	46,6	43
82,8	3	73,0	14	64,0	24	54,9	34	45,7	44
81,9	4	72,0	15	63,0	25	54,0	35	44,8	45
81,0	5	71,1	16	62,1	26	53,0	36	43,9	46
80,1	6	70,2	17	61,2	27	52,1	37	42,9	47
79,2	7	69,3	18	60,2	28	51,2	38	42,0	48
78,3	8	68,5	19	59,3	29	50,3	39	41,1	49
77,6	9	67,6	20	58,5	30	49,4	40	40,2	50
76,7	10								

Die Genauigkeit der Methode ist mit 0,2 % Fehlergrenze sehr groß. Bei Flüssig-keiten mit sehr geringem Gehalt an Methylalkohol geht man zweckmäßig von größeren Mengen aus, um durch Destillation den Methylalkohol anzureichern. Dabei beobachtet man genau das Thermometer und unterbricht, nachdem die Temperatur den Siedepunkt von Methylalkohol übersteigt, um neben dem Methylalkohol nur wenig Äthylalkohol im Destillat zu haben, das dann in der beschriebenen Art weiter verarbeitet wird.

c) Bestimmung von Methylalkohol in Leichenteilen. Zur Isolierung von Methyl-alkohol aus Leichenteilen verfährt man wie folgt:

Wenn möglich, werden größere Mengen der Leichenteile (1000 g und mehr) möglichst fein zerkleinert, mit 15—20 % Kochsalz vermengt, mit Phosphorsäure angesäuert und destilliert, wobei man zuletzt in einem Paraffinbad die Temperatur bis 150° C steigert. Überhitzen und Überschäumen sind peinlichst zu vermeiden. Man destilliert bis etwa zur Hälfte des Gewichtes der angewandten Leichenteile über. Das Destillat wird auf Abwesenheit von Formalin geprüft. Durch Filterung, wenn nötig unter Zusatz von Kiesel-gur, wird das kalte Destillat von Fettsäuren befreit, erneut mit 20 % Kochsalz versetzt und nochmals etwa ⅓ abdestilliert. Durch weitere fraktionierte Destillation, zum Schluß unter Verwendung eines VIGREUXschen oder ähnlichen Destillationsaufsatzes, wird eine weitere Anreicherung der Alkohole bzw. des Methylalkohols erreicht. Das Enddestillat wird dann nach den oben angegebenen Verfahren auf Methylalkohol geprüft und dieser gegebenenfalls mengenmäßig bestimmt.

Auf ein anderes Verfahren zur Bestimmung von Methylalkohol in Leichenteilen sei hingewiesen[1]. Nachdem das erhaltene Enddestillat zur quantitativen Bestimmung von Methylalkohol mit dem ZEISSschen Eintauchrefraktometer in der oben beschriebenen Weise nach LANGE und REIF benutzt wurde, verwendet man es zur Identifizierung des Methylalkohols nach den oben angegebenen Verfahren. In sinngemäßer Anwendung der Destillationsmethoden isoliert man den Methylalkohol auch aus Mageninhalt, Blut und Harn.

Aus Harn gelingt die Isolierung schon in der eingangs beschriebenen Weise unter Ver-wendung der in Abb. 3 (S. 751) wiedergegebenen Apparatur unter Zusatz von 20 cm³

---

[1] JANSCH, H: Vjschr. gerichtl. Med. **62**, 1 (1921).

Tabelle 2. *Verdünnung von Methylalkohol-Äthylalkohol-Wassergemischen mit einem geringeren spezifischen Gewicht auf ein solches von 0,9346, entsprechend 50 Vol.-% bei 15° C.*

Das spezifische Gewicht entspricht einem verdünnten Äthylalkohol Vol.-%	Zu 100 cm³ des Gemisches sind zuzusetzen cm³ Wasser	Das spezifische Gewicht entspricht einem verdünnten Äthylalkohol Vol.-%	Zu 100 cm³ des Gemisches sind zuzusetzen cm³ Wasser	Das spezifische Gewicht entspricht einem verdünnten Äthylalkohol Vol.-%	Zu 100 cm³ des Gemisches sind zuzusetzen cm³ Wasser	Das spezifische Gewicht entspricht einem verdünnten Äthylalkohol Vol.-%	Zu 100 cm³ des Gemisches sind zuzusetzen cm³ Wasser
50,1	0,2	55,1	10,6	60,1	21,0	65,1	31,5
50,2	0,4	55,2	10,8	60,2	21,2	65,2	31,7
50,3	0,6	55,3	11,0	60,3	21,4	65,3	31,9
50,4	0,8	55,4	11,3	60,4	21,6	65,4	32,2
50,5	1,1	55,5	11,5	60,5	21,8	65,5	32,4
50,6	1,3	55,6	11,7	60,6	22,0	65,6	32,6
50,7	1,5	55,7	11,9	60,7	22,2	65,7	32,8
50,8	1,7	55,8	12,1	60,8	22,4	65,8	33,0
50,9	1,9	55,9	12,3	60,9	22,6	65,9	33,2
51,0	2,1	56,0	12,5	61,0	22,8	66,0	33,4
51,1	2,3	56,1	12,7	61,1	23,0	66,1	33,6
51,2	2,5	56,2	12,9	61,2	23,2	66,2	33,8
51,3	2,7	56,3	13,1	61,3	23,4	66,3	34,1
51,4	2,9	56,4	13,3	61,4	23,6	66,4	34,3
51,5	3,1	56,5	13,5	61,5	23,8	66,5	34,5
51,6	3,3	56,6	13,7	61,6	24,0	66,6	34,7
51,7	3,5	56,7	13,9	61,7	24,2	66,7	34,9
51,8	3,7	56,8	14,1	61,8	24,4	66,8	35,1
51,9	3,9	56,9	14,3	61,9	24,6	66,9	35,3
52,0	4,1	57,0	14,5	62,0	24,9	67,0	35,5
52,1	4,3	57,1	14,7	62,1	25,1	67,1	35,7
52,2	4,5	57,2	14,9	62,2	25,3	67,2	35,9
52,3	4,7	57,3	15,2	62,3	25,5	67,3	36,1
52,4	4,9	57,4	15,4	62,4	25,7	67,4	36,3
52,5	5,2	57,5	15,6	62,5	25,9	67,5	36,5
52,6	5,4	57,6	15,8	62,6	26,1	67,6	36,7
52,7	5,6	57,7	16,0	62,7	26,3	67,7	36,9
52,8	5,8	57,8	16,2	62,8	26,5	67,8	37,1
52,9	6,0	57,9	16,4	62,9	26,8	67,9	37,3
53,0	6,2	58,0	16,6	63,0	27,0	68,0	37,5
53,1	6,4	58,1	16,8	63,1	27,2	68,1	37,7
53,2	6,6	58,2	17,1	63,2	27,4	68,2	37,9
53,3	6,8	58,3	17,3	63,3	27,6	68,3	38,1
53,4	7,0	58,4	17,5	63,4	27,8	68,4	38,3
53,5	7,2	58,5	17,7	63,5	28,0	68,5	38,5
53,6	7,4	58,6	17,9	63,6	28,2	68,6	38,7
53,7	7,6	58,7	18,1	63,7	28,4	68,7	38,9
53,8	7,8	58,8	18,3	63,8	28,6	68,8	39,1
53,9	8,0	58,9	18,5	63,9	28,8	68,9	39,4
54,0	8,2	59,0	18,7	64,0	29,1	69,0	39,6
54,1	8,4	59,1	18,9	64,1	29,3	69,1	39,8
54,2	8,6	59,2	19,1	64,2	29,5	69,2	40,0
54,3	8,8	59,3	19,3	64,3	29,7	69,3	40,3
54,4	9,0	59,4	19,6	64,4	29,9	69,4	40,5
54,5	9,3	59,5	19,8	64,5	30,2	69,5	40,7
54,6	9,5	59,6	20,0	64,6	30,4	69,6	40,9
54,7	9,7	59,7	20,2	64,7	30,6	69,7	41,1
54,8	9,9	59,8	20,4	64,8	30,8	69,8	41,4
54,9	10,1	59,9	20,6	64,9	31,1	69,9	41,6
55,0	10,4	60,0	20,8	65,0	31,3	70,0	41,8

Tabelle 2. (Fortsetzung.)

Das spezifische Gewicht entspricht einem verdünnten Äthylalkohol Vol.-%	Zu 100 cm³ des Gemisches sind zuzusetzen cm³ Wasser	Das spezifische Gewicht entspricht einem verdünnten Äthylalkohol Vol.-%	Zu 100 cm³ des Gemisches sind zuzusetzen cm³ Wasser	Das spezifische Gewicht entspricht einem verdünnten Äthylalkohol Vol.-%	Zu 100 cm³ des Gemisches sind zuzusetzen cm³ Wasser	Das spezifische Gewicht entspricht einem verdünnten Äthylalkohol Vol.-%	Zu 100 cm³ des Gemisches sind zuzusetzen cm³ Wasser
70,1	42,0	75,1	52,6	80,1	63,3	85,1	74,1
70,2	42,2	75,2	52,8	80,2	63,5	85,2	74,3
70,3	42,4	75,3	53,0	80,3	63,7	85,3	74,5
70,4	42,6	75,4	53,2	80,4	63,9	85,4	74,8
70,5	42,8	75,5	53,4	80,5	64,1	85,5	75,0
70,6	43,0	75,6	53,6	80,6	64,3	85,6	75,2
70,7	43,2	75,7	53,9	80,7	64,5	85,7	75,4
70,8	43,5	75,8	54,1	80,8	64,7	85,8	75,6
70,9	43,7	75,9	54,3	80,9	65,0	85,9	75,9
71,0	43,9	76,0	54,5	81,0	65,2	86,0	76,1
71,1	44,1	76,1	54,7	81,1	65,4	86,1	76,3
71,2	44,3	76,2	54,9	81,2	65,6	86,2	76,5
71,3	44,5	76,3	55,2	81,3	65,8	86,3	76,7
71,4	44,7	76,4	55,4	81,4	66,1	86,4	76,9
71,5	44,9	76,5	55,6	81,5	66,3	86,5	77,2
71,6	45,1	76,6	55,9	81,6	66,5	86,6	77,4
71,7	45,3	76,7	56,1	81,7	66,7	86,7	77,6
71,8	45,5	76,8	56,3	81,8	66,9	86,8	77,8
71,9	45,7	76,9	56,5	81,9	67,1	86,9	78,1
72,0	45,9	77,0	56,7	82,0	67,3	87,0	78,3
72,1	46,1	77,1	56,9	82,1	67,5	87,1	78,5
72,2	46,3	77,2	57,1	82,2	67,7	87,2	78,7
72,3	46,5	77,3	57,4	82,3	67,9	87,3	78,9
72,4	46,7	77,4	57,6	82,4	68,2	87,4	79,1
72,5	46,9	77,5	57,8	82,5	68,4	87,5	79,4
72,6	47,2	77,6	58,0	82,6	68,6	87,6	79,6
72,7	47,4	77,7	58,2	82,7	68,8	87,7	79,8
72,8	47,7	77,8	58,4	82,8	69,0	87,8	80,0
72,9	47,9	77,9	58,6	82,9	69,3	87,9	80,2
73,0	48,1	78,0	58,8	83,0	69,5	88,0	80,4
73,1	48,3	78,1	59,0	83,1	69,7	88,1	80,6
73,2	48,5	78,2	59,2	83,2	69,9	88,2	80,8
73,3	48,7	78,3	59,4	83,3	70,2	88,3	81,1
73,4	48,9	78,4	59,6	83,4	70,4	88,4	81,3
73,5	49,1	78,5	59,8	83,5	70,6	88,5	81,5
73,6	49,3	78,6	60,0	83,6	70,8	88,6	81,7
73,7	49,5	78,7	60,2	83,7	71,0	88,7	81,9
73,8	49,7	78,8	60,4	83,8	71,2	88,8	82,1
73,9	49,9	78,9	60,6	83,9	71,4	88,9	82,3
74,0	50,2	79,0	60,9	84,0	71,7	89,0	82,5
74,1	50,4	79,1	61,1	84,1	71,9	89,1	82,8
74,2	50,6	79,2	61,3	84,2	72,1	89,2	83,0
74,3	50,8	79,3	61,5	84,3	72,3	89,3	83,2
74,4	51,0	79,4	61,8	84,4	72,6	89,4	83,4
74,5	51,2	79,5	62,0	84,5	72,8	89,5	83,6
74,6	51,4	79,6	62,2	84,6	73,0	89,6	83,9
74,7	51,6	79,7	62,4	84,7	73,2	89,7	84,1
74,8	51,9	79,8	62,6	84,8	73,5	89,8	84,3
74,9	52,1	79,9	62,9	84,9	73,7	89,9	84,5
75,0	52,4	80,0	63,1	85,0	73,9	90,0	84,7

Tabelle 2. (Fortsetzung.)

Das spezifische Gewicht entspricht einem verdünnten Äthylalkohol Vol.-%	Zu 100 cm³ des Gemisches sind zuzusetzen cm³ Wasser	Das spezifische Gewicht entspricht einem verdünnten Äthylalkohol Vol.-%	Zu 100 cm³ des Gemisches sind zuzusetzen cm³ Wasser	Das spezifische Gewicht entspricht einem verdünnten Äthylalkohol Vol.-%	Zu 100 cm³ des Gemisches sind zuzusetzen cm³ Wasser	Das spezifische Gewicht entspricht einem verdünnten Äthylalkohol Vol.-%	Zu 100 cm³ des Gemisches sind zuzusetzen cm³ Wasser
90,1	84,9	91,4	87,8	92,7	90,7	93,9	93,5
90,2	85,1	91,5	88,0	92,8	90,9	94,0	93,7
90,3	85,3	91,6	88,3	92,9	91,1		
90,4	85,6	91,7	88,5	93,0	91,4	94,1	93,9
90,5	85,8	91,8	88,7			94,2	94,1
90,6	86,0	91,9	88,9	93,1	91,6	94,3	94,4
90,7	86,2	92,0	89,2	93,2	91,8	94,4	94,6
90,8	86,5			93,3	92,0	94,5	94,8
90,9	86,7	92,1	89,4	93,4	92,3	94,6	95,0
91,0	86,9	92,2	89,6	93,5	92,5	94,7	95,3
		92,3	89,8	93,6	92,7	94,8	95,5
91,1	87,2	92,4	90,0	93,7	93,0	94,9	95,7
91,2	87,4	92,5	90,2	93,8	93,2	95,0	95,9
91,3	87,6	92,6	90,5				

gesättigter Kaliumdichromatlösung und 3 cm³ verdünnter Schwefelsäure. Das Destillat wird in Anteilen von je etwa 4 cm³ getrennt aufgefangen und diese mit je 10 Tropfen einer 0,5%igen Lösung von Morphinhydrochlorid versetzt. War Methylalkohol vorhanden, so entsteht bei vorsichtigem Unterschichten mit konz. Schwefelsäure ein violetter Farbring.

Gelb oder rotbraun gefärbte Zonen deuten nur auf Acetaldehyd oder Aldehyde höherer Alkohole. Bei kleinen Mengen tritt die Reaktion verzögert ein. Bei sehr kleinen Mengen ist die Verwendung eines kleinen Destillationskölbchens (10—15 cm³) bei entsprechend kleineren Mengen Harn und Reagentien angezeigt. Das Destillat wird in kleinen Proberöhrchen (UHLENHUTH-Röhrchen) aufgefangen. Es gelang so in Proben mit nur 0,3 mg Methylalkohol der Nachweis durch einen schwach violetten Farbring[1].

Schließlich sei hier noch auf den *Nachweis von Methylalkohol mit dem SCHIFFschen Reagens* (s. S. 824) hingewiesen. Er unterscheidet sich im wesentlichen von dem Nachweis mit fuchsinschwefliger Säure nur dadurch, daß ein bestimmtes Fuchsin (Rosanilinhydrochlorid) verwendet wird. 0,2 cm³ Destillat werden mit 5 cm³ Kaliumpermanganatlösung versetzt und nach 15 min mit Oxalsäure-Schwefelsäure entfärbt. Die farblose Flüssigkeit färbt sich bei Gegenwart von Methylalkohol auf Zusatz von 5 cm³ SCHIFFschem Reagens blaßblau bis violett (vgl. S. 752: Nachweis nach DENIGÈS, KOLTHOFF, v. FELLENBERG).

Zur quantitativen Bestimmung von Methylalkohol im Blut sind die Nachweise mit fuchsinschwefliger Säure oder SCHIFFschem Reagens und mit Chromotropsäure besonders geeignet. Für Chromotropsäure sei auf die Methode von BREMANIS[2] verwiesen.

Äthylalkohol. Der Nachweis von Äthylalkohol aus Leichenteilen kommt selten in Betracht, da er sich stets in geringen Mengen im Organismus findet und schon bei mäßigem Genuß alkoholischer Getränke in beträchtlicher Menge nachweisbar ist.

Zur Bestimmung des Alkoholgehaltes im Blut, der mit fortschreitender Motorisierung besonders an Bedeutung gewonnen hat, dient in der Hauptsache, ja fast ausschließlich die quantitative Methode nach WIDMARK[3] mit ihren vielfachen Ergänzungen und Abänderungen. Es kann hier nur auf das reiche Schrifttum verwiesen werden. Bestimmung s. S. 758.

---

[1] LIEB, H.: Handb. biol. Arb.-Meth. Abt. IV, Teil 12/1, Bd. 2, S. 1327.
[2] BREMANIS, E.: Z. Lebensm.-Unters. Forsch. **93**, 1 (1951).
[3] WIDMARK, E. M. P.: Die theoretischen Grundlagen und die praktische Verwendbarkeit der Alkoholbestimmung in der gerichtlichen Medizin. Berlin 1932. Handb. biol. Arb.-Meth. Abt. IV, Teil 12/II, S. 695 ff. (1934).

Die Isolierung von Äthylalkohol aus den Untersuchungsobjekten erfolgt nach dem oben beim Methylalkohol angegebenen Verfahren. Als Ausgangsstoffe kommen außer alkoholischen Flüssigkeiten besonders noch Mageninhalt und Harn in Betracht.

Zum *Nachweis* kleiner Mengen dienen die folgenden Reaktionen, die schon zum Teil beschrieben wurden.

1. LIEBENsche Jodoformprobe. Die Reaktion läßt sich verschärfen, wenn 10 cm³ der Probe (Destillat) mit etwa 2 cm³ 10%iger Natronlauge, etwa 0,15 g Kaliumjodid und 0,2 g Kaliumpersulfat auf 50—60° C (Wasserbad) erwärmt werden[1].

Die Probe ist auch hier nicht spezifisch, da viele organische Stoffe, besonders Aldehyde, Ketone, primäre Alkohole außer Methylalkohol usw., sie in ähnlicher Weise eintreten lassen (Jodoformbildung).

2. Essigesterprobe. Beim Mischen des Destillates (Probe) mit dem gleichen Volumen konz. Schwefelsäure und Zusatz von wenig Natriumacetat tritt beim Erwärmen Bildung von Essigsäureester ein, der sich durch den Geruch zu erkennen gibt.

$$C_2H_5OH + H_2SO_4 = (C_2H_5)SO_4H + H_2O,$$
$$CH_3COONa + (C_2H_5)SO_4H = CH_3COOC_2H_5 + NaHSO_4.$$

3. Benzoesäureäthylesterprobe nach BERTHELOT. Durch Zusatz von einigen Tropfen Benzoylchlorid und 10%iger Natronlauge im Überschuß bis zum Verschwinden des stechenden Geruchs von Benzoylchlorid tritt beim kräftigen Schütteln bei Gegenwart von Äthylalkohol der aromatische Geruch des Benzoesäureäthylesters auf.

Bei größeren Mengen erfolgen Trübung und Abscheidung des gut krystallisierten, bei 57° C schmelzenden Esters.

$$C_6H_5\text{--}COCl + C_2H_5OH + NaOH = C_6H_5\text{--}C\underset{OC_2H_5}{\overset{O}{<}} + NaCl + H_2O.$$

4. Kaliumdichromat und Kaliumpermanganat bilden beim Erwärmen nach Zusatz von Schwefelsäure Acetaldehyd, der am Geruch erkannt wird. Auf der Oxydation von Äthylalkohol durch Kaliumdichromat und Schwefelsäure zu Acetaldehyd beruht auch die quantitative Bestimmungsmethode im Blut nach WIDMARK[2].

Die Darstellung von reinem Äthylalkohol gelingt nach einem Verfahren nach GETTLER, NIEDERL und BENEDETTI-PICHLER[3], das wohl umständlich, aber sehr genau ist.

Formaldehyd. Wegen seiner großen Reaktionsfähigkeit mit vielen Stoffen, so besonders auch mit Eiweißkörpern, ist der Formaldehyd in Leichenteilen ziemlich lange nachweisbar. Er ist mit Wasserdämpfen nur langsam flüchtig und findet sich deshalb auch in den späteren Fraktionen bei der Destillation. Bei größeren Mengen ist er schon an dem stechenden Geruch des Destillates zu erkennen.

Nachweis. Er ist nachzuweisen durch die oben bei Methylalkohol beschriebenen Methoden, die auf dessen Umwandlung in Formaldehyd beruhen.

1. Hexamethylentetraminbildung. Beim Eindampfen des Destillates mit Ammoniak bilden sich Krystalle von Hexamethylentetramin:

$$6 HCOH + 4 NH_3 = (CH_2)_6N_4 + 6 H_2O.$$

Von den in wenig Wasser gelösten Krystallen gibt man je einen Tropfen auf Objektträger und prüft einmal mit 1 Tropfen Quecksilberchloridlösung, zum anderen mit 1 Tropfen Kaliumquecksilberjodidlösung und wenig verdünnter Salzsäure. Im ersten Falle entsteht ein krystallinischer Niederschlag aus mehrstrahligen Sternen, später aus Oktaedern, im zweiten Falle aus hellgelb gefärbten hexagonalen Sternen (Mikroskop!).

2. Morphin-Schwefelsäurereaktion. Ein unter Kühlung hergestelltes Gemisch aus 1 cm³ Destillat und 4 cm³ reiner Schwefelsäure wird nach völligem Erkalten mit 2 cm³ frisch bereiteter Morphin-Schwefelsäure (0,2 g Morphinsulfat + 10 cm³ konz. Schwefelsäure) durch Umrühren mit einem Glasstab vermischt. Bei Gegenwart von Formaldehyd tritt sofort oder innerhalb 15 min Violettfärbung ein.

---

[1] KUNZ, R.: Z. analyt. Chem. **59**, 302 (1924).

[2] Vgl. Fußnote [3] S. 757.

[3] GETTLER, A. O., I. B. NIEDERL u. A. A. BENEDETTI-PICHLER: Mikrochem. **11**, 167 (1932).

Empfindlichkeitsgrenze: 1:100000. Erfassunggrenze: 10γ HCOH (vgl. S. 751).

3. Methonreaktion. Mit Dimethyldihydroresorcin (Methon) gibt Formaldehyd Formaldimethon, F 188° C, in Form praktisch unlöslicher, feiner Nadeln (vgl. Methylalkohol S. 752). In kleinsten Mengen Flüssigkeit ist der Nachweis nach KOFLER und HILBCK[1] zu führen.

4. Guajakol-Schwefelsäurereaktion (vgl. S. 751).

5. Phloroglucinreaktion[2]. 2 cm³ der zu prüfenden Flüssigkeit werden mit einem frisch hergestellten Gemisch von 2 cm³ 0,1%iger Phloroglucinlösung und 1 cm³ Kalilauge versetzt. Bei einer Formaldehydkonzentration von 0,01—1% tritt eine schwachrote bis stark ziegelrote Färbung ein, die nach einiger Zeit verschwindet. Bei Abwesenheit von Formaldehyd färbt sich das Gemisch allmählich violett. Bei stärkeren Konzentrationen versagt die Reaktion.

6. Reaktion mit p-Nitrophenylhydrazin[3]. Mit Formaldehyd kondensiert p-Nitrophenylhydrazin (1:70 in 40%iger CH_3COOH) zu tiefgelben bis braungelben Krystallen des p-Nitrohydrazons, F 181°. Auf Zusatz von Kalilauge tritt rotviolette Färbung auf.

7. Nachweis mit Chromotropsäure (vgl. S. 752). 1 Tropfen des Destillats wird im Reagensglas mit 2 cm³ 72%iger Schwefelsäure und einigen Körnchen Chromotropsäure (Merck) versetzt. Bei Gegenwart von Formaldehyd tritt nach 10 min langem Erwärmen auf 60° C (Wasserbad) hellviolette, beim Erkalten stärker werdende Färbung auf.

Empfindlichkeitsgrenze: 1:360000. Erfassungsgrenze: $0,14 \gamma$ HCOH.

Ameisensäure. Wenn in Leichenteilen usw. Formaldehyd oder Methylalkohol gefunden wird, so ist auch zum Beweis und zur nachträglichen Erfassung auf Ameisensäure zu prüfen.

Durch die saure Reaktion und den stechenden Geruch des Destillates wird sich Ameisensäure oder auch Essigsäure anzeigen. Ameisensäure ist mit Wasserdämpfen schwerer flüchtig als Essigsäure.

Ameisensäure gehört in geringen Mengen zu den normalen Bestandteilen des Harns. Methylalkoholgenuß oder Formaldehydvergiftung erhöhen aber den Gehalt des Harns an Ameisensäure bedeutend.

Es ist deshalb auch die quantitative Bestimmung der Ameisensäure notwendig, die am besten im Harn durchgeführt wird.

1. *Qualitativer Nachweis.*

α) *Eisen(III)-chlorid* färbt das durch Na_2CO_3 neutralisierte Destillat blutrot. Essigsäure reagiert ebenso!

β) *Quecksilber(I)-nitratlösung* wird durch Ameisensäure in der Wärme zu metallischem Quecksilber reduziert.

γ) *Quecksilber(II)-chlorid* wird beim Kochen zu Quecksilber(I)-chlorid (Kalomel) reduziert. Durch vorheriges Eindampfen nach Zusatz von Calciumcarbonat wird die Einwirkung von Aldehyden (Formaldehyd, Acetaldehyd, Furfurol), die die gleiche Reaktion geben, ausgeschaltet.

2. *Quantitative Bestimmung* im Harn[4]. Die Bestimmung, die allerdings größere Mengen Harn (300 cm³) erfordert, beruht auf der Reduktion von Quecksilber(II)-chlorid zu Quecksilber(I)-chlorid durch die Ameisensäure, nachdem das durch Destillation mit Phosphorsäure gewonnene Destillat durch Eindampfen mit Calciumcarbonat von den störenden Aldehyden befreit wurde. Das entstandene Quecksilber(I)-chlorid wird gravimetrisch bestimmt.

Umrechnungsfaktor: $HgCl \times 0,0977$ = Ameisensäure.

Auf eine weitere Methode von STEPPHUHN und SCHELLBACH[5] zur Bestimmung der Ameisensäure in Organen und Harn sei hingewiesen. Hier wird an Stelle des Calciumcarbonatzusatzes das Destillat

[1] KOFLER, L., u. H. HILBCK: Mikrochem. 8, 117 (1930).

[2] SABALITSCHKA, TH.: Anleitung zum chemischen Nachweis der Gifte. S. 46. Berlin 1923. Pharmaz. Zentr.-Halle 67, 289 (1926).

[3] LIEB, H.: Handb. biol. Arb.-Meth. Abt. IV, Teil 12/1, Bd. 2, S. 1330.

[4] SCALA, A.: Gazz. chim. ital. 20, 393 (1860). — LIEBEN, A.: Mh. Chem. 14, 747 (1893).

[5] STEPPHUHN, O., u. H. SCHELLBACH: H. 80, 274 (1912).

mit Natronlauge neutralisiert und dann nach Zusatz von Quecksilber(II)-chlorid, Natriumacetat und Natriumchlorid durch mehrstündiges Kochen die Reduktion bewirkt.

Benzol. Benzol bleibt im Organismus lange Zeit unverändert erhalten und wird nur langsam zu Phenol oxydiert. Im Harn wird die Menge der Phenolschwefelsäure bei Benzolvergiftung erheblich vermehrt. Zur Isolierung und Bestimmung in Leichenteilen sind besonders Gehirn und Rückenmark geeignet.

Sehr empfindlich ist der Nachweis von Benzol durch Überführung in Nitrobenzol (s. u.) durch ein Gemisch von 2 Teilen konz. Salpetersäure und 3 Teilen konz. Schwefelsäure. Für weitere Benzolnachweise wird auf das Schrifttum verwiesen[1], für den Nachweis in Leichenteilen auf JOACHIMOGLU[2], ferner für den spektralanalytischen Nachweis im Blut und in Organen auf die Bestimmung nach MAYER[3].

Das nach dem Verfahren von JOACHIMOGLU durch Behandeln mit Nitriersäure aus dem Benzol erhaltene m-Dinitrobenzol wird durch die beim Schütteln der alkoholischen Lösung mit einigen Tropfen 30%iger Natronlauge und wenig Aceton auftretende Violettfärbung der Acetonschicht identifiziert. Erfassungsgrenze: 0,5 γ!

Ist viel Dinitrobenzol vorhanden, so kann nach Umkrystallisieren der Schmelzpunkt bestimmt werden. Mit Zinn und Salzsäure wird es durch Reduktion in Diaminobenzol übergeführt, das durch Diazotierung in Bismarckbraun übergeht.

Nitrobenzol. Zum Nachweis eignen sich besonders Magen und Darm, Leber, Lunge, Gehirn und Blut. In dem Wasserdampfdestillat gibt es sich durch Trübung oder Abscheidung öliger, stark lichtbrechender Tröpfchen am Boden und vor allen Dingen durch den bittermandelartigen Geruch zu erkennen. Dieser ist bei Vergiftungen oft schon vom Obduzenten an der Leiche festzustellen. Aus dem Destillat wird das Nitrobenzol durch Äther ausgeschüttelt, nach dessen Abdunsten es in Form von öligen Tropfen von charakteristischem Geruch zurückbleibt.

Nachweis. *1. Farbreaktion.* Wird Nitrobenzol mit Resorcin oder Phenol und konz. Schwefelsäure bis zur violetten Färbung (Entweichen von SO_3-Dämpfen) erhitzt, nach dem Erkalten mit Wasser verdünnt und mit Soda neutralisiert, so gibt die (filtrierte) soda-alkalische Lösung gelbrote Fluorescenz, auf der Bildung von Resorufin beruhend. Die hauptsächlich als gewerbliche Gifte in Frage kommenden Homologen von Nitrobenzol verhalten sich ähnlich.

2. Reduktion zu Anilin. Mit einigen Stückchen Zink und konz. Salzsäure werden das Destillat oder die isolierten Öltröpfchen geschüttelt, bis der Geruch nach Nitrobenzol verschwunden ist. Nach Abgießen von ungelöstem Zink und Zusatz von Natronlauge im Überschuß wird mit Äther ausgeschüttelt. Nach Verdunsten des Äthers an der Luft bleiben Anilintröpfchen zurück. Diese werden in der unten angegebenen Weise geprüft.

Gilt es Nitrobenzol neben Anilin nachzuweisen, so muß aus den im Destillat enthaltenen Öltröpfchen erst durch Behandeln mit Salzsäure das Anilin gelöst werden. Der vom Anilin befreite ölige Rückstand ist dann in der oben beschriebenen Weise auf Nitrobenzol zu prüfen.

3. Die quantitative spektralanalytische Bestimmung in Blut und Organteilen gelingt nach MAYER[4] mit $\pm 2\%$ Genauigkeit.

Anilin und die homologen Toluidine. Mit Wasserdämpfen gehen Anilin und verwandte Verbindungen aus weinsaurer Lösung nur langsam über. Durch Ausäthern und Verdunsten des Äthers erhält man das Anilin als öligen, sich bald braunfärbenden Rückstand von bestimmtem Geruch.

Nachweise. 1. Isonitrilreaktion (vgl. bei Chloroform, S. 747). Durch Erhitzen des Destillates oder seines öligen Ätherrückstandes mit wenig Chloroform und Kalilauge erhält man das stark und unangenehm riechende Phenylisonitril (allgemeine Reaktion der primären Amine).

---

[1] GEMEINHARDT, K.: Veröff. Heeres-San.-Wes. **1937**, H. 103. Draeger-H. **1938**, Nr. 194, 3752.
[2] JOACHIMOGLU, G.: B.Z. **70**, 98 (1915).
[3] MAYER, FR. X.: Mikrochem. **24**, 29 (1938).
[4] MAYER, FR. X.: Dtsch. Z. gerichtl. Med. **32**, 398 (1940).

2. Indophenolreaktion. Setzt man dem Destillat oder der aus dem Ätherrückstand durch Verreiben mit Wasser erhaltenen Lösung tropfenweise verdünnte Chlorkalklösung zu, so erhält man bei Gegenwart von Anilin eine blauviolette bis purpurviolette Färbung, die auf Zugabe von ammoniakalischer, wäßriger Phenollösung in ein ziemlich beständiges Blau übergeht. Empfindlichkeitsgrenze: 1:66 000.

3. Oxyazoreaktion[1]. Macht man eine saure Lösung von Anilin nach Zusatz von etwas Natriumnitrit alkalisch, so entsteht bei Gegenwart von Anilin auf Zugabe einer alkalischen Lösung von α-Naphthol eine tiefrote Farbe (Oxyazokörper).

4. Tribromanilinreaktion. Bromwasser erzeugt in einer wäßrigen Anilinlösung einen schwach hellrosa bis fleischfarbenen Niederschlag von Tribromanilin.

Empfindlichkeitsgrenze: 1:66 000!

Die homologen Toluidine geben ähnliche Reaktionen wie das Anilin.

Phenol. Das Phenol (Carbolsäure) hat neben Kresol (s. S. 762) von allen Phenolen in toxikologischer Hinsicht die größte Bedeutung. Es ist mit Wasserdämpfen flüchtig und im Destillat schon durch den Geruch zu erkennen. Größere Mengen zeigen sich durch im Destillat schwimmende farblose oder rötliche Tröpfchen an, geringe Mengen trüben die Flüssigkeit milchig. Besonders der Harn ist zur Auffindung von Phenol durch chemische Untersuchung geeignet.

Von Säuren, die ähnliche Reaktionen geben, wie besonders von Salicylsäure, die mit Wasserdämpfen etwas flüchtig ist, trennt man Phenol durch Ausäthern der mit Natriumhydrogencarbonat versetzten Lösung, wobei es in den Äther übergeht.

Nachweis. 1. Millonsche *Reaktion.* Wird eine wäßrige Phenollösung mit dem halben Raumteil von Millons Reagens (s. S. 824) erwärmt, so tritt auch bei kleinen Mengen Phenol eine Rotfärbung auf, bei größeren schon in der Kälte.

Empfindlichkeitsgrenze: 1:100 000!

Auch Kresole, Salicylsäure, Anilin u. a. geben mit Millons Reagens ebenfalls Rotfärbung, dagegen nicht mehrwertige Phenole, die entweder andere Färbungen oder eine Abscheidung von metallischem Quecksilber hervorrufen.

Auf den Nachweis kleinster Mengen von Phenolen mit Hilfe von Millonschem Reagens durch Einschließen kleinster Mengen der Probeflüssigkeit (0,008 cm³) und der Reagentien in einer Glascapillare und Erhitzen im Wasserbad ist hinzuweisen[2].

2. Azofarbstoffreaktion[3]. Eine etwa 1%ige Lösung von Anilin in Salzsäure gibt, mit einigen weiteren Tropfen konz. Salzsäure und nach Abkühlen auf 5° C mit wenig 1- bis 2%iger Natriumnitritlösung versetzt, nach Zugabe von Natronlauge bis zur alkalischen Reaktion und der schwach alkalischen Phenollösung rötlichbraune Färbungen oder Fällungen, die auf Zusatz von Salzsäure schön rot werden.

3. Reaktion mit Eisensalzen. α) Auf tropfenweisen Zusatz einer sehr verdünnten Eisenchloridlösung zu einer wäßrigen Phenollösung entsteht blaue bis blauviolette Färbung, die auf Zusatz von Alkohol und Salzsäure verschwindet, bei Salicylsäure aber bestehen bleibt. Empfindlichkeitsgrenze: 1:1000.

β) Mit wenigen Tropfen 1%iger Eisen(II)-sulfatlösung und Wasserstoffsuperoxyd (verdünnt) gibt wäßrige Phenollösung Grünfärbung, die mit Natronlauge in Rot umschlägt.

4. Formalin-Schwefelsäurereaktion. Wird eine mit etwas Formalin versetzte Phenollösung mit konz. Schwefelsäure unterschichtet, so entsteht ein roter Ring, beim Umschütteln färbt sich das ganze Gemisch rot. Salicylsäure gibt die gleiche Reaktion[4]!

5. Benzaldehydprobe[5]. 1 cm³ Destillat wird mit 2 cm³ konz. Schwefelsäure und 1 bis 2 Tropfen Benzaldehyd kurz aufgekocht, wobei sich die gelbbraune Flüssigkeit dunkelrot

[1] Lieb, H.: Handb. biol. Arb.-Meth. Abt. IV, Teil 12/1, S. 1333.

[2] Schmalfuss, H., u. H. Barthmeyer: Mikrochem. 8, 251 (1930).

[3] Lieb, H.: Handb. biol. Arb.-Meth. Abt. IV, Teil 12/1, S. 1335.

[4] Pougnet, J.: Bull. Sci. pharmacol. 16, 142 (1909). Schweiz. Wschr. Chem. Pharmazie 1909, 350. — Autenrieth, W.: Handb. biol. Arb.-Meth. Abt. IV, Teil 7, S. 29.

[5] Melzer, H.: Z. analyt. Chem. 37, 345 (1898).

färbt und bei nicht zu kleinen Phenolmengen rote Harzflocken sich ausscheiden. Wird nach dem Erkalten mit 10 cm³ Wasser verdünnt und mit Kalilauge alkalisch gemacht, so schlägt die Farbe in blauviolett um. Nach Ansäuern kann der blaue Farbstoff mit Äther ausgeschüttelt werden. Nach dem Verdunsten des Äthers löst er sich in Alkohol mit Lauge blau und wird durch Säurezusatz entfärbt. Sehr empfindliche Probe! Erfassungsgrenze: 0,0005 g Phenol!

6. Bromwasserreaktion. Mit Bromwasser im Überschuß versetzt, gibt Phenol in wäßriger Lösung einen gelblich weißen, krystallinischen Niederschlag von Tribromphenol-hypobromit ($Br_3C_6H_2OBr$). Auch Salicylsäure, Salicylaldehyd und Salicylalkohol geben Tribromphenol-hypobromit. Kresole und Anilin geben ähnliche, aber nach Form und Farbe unterscheidbare Niederschläge mit Bromwasser.

Auf die gewichtsanalytische Bestimmung von Phenol als Tribromphenol-hypobromit[1] und die maßanalytische[2] sei hingewiesen.

Kresole. In Form zahlreicher kresolhaltiger Desinfektionsmittel wie Lysol, Kreolin, Liq. Cresoli saponatus u. a. geben die Kresole häufig Anlaß zu Vergiftungen. Bei der Wasserdampfdestillation verhalten sich die Kresole ähnlich den Phenolen, besonders im Harn werden sie zu suchen sein.

Die Nachweise sind denen der Phenole ähnlich.

Aus dem Destillat isoliert man sie durch Ausäthern, Ausschütteln des Ätherrückstandes mit Natronlauge und Petroläther und schließlich aus der wäßrigen alkalischen Phase durch Freimachen mit Säure.

Nachweis. *1. Eisenchloridreaktion.* o-Kresol färbt sich mit verdünnter Eisenchloridlösung blau, doch schlägt die Farbe schnell in Grün um.

m-Kresol gibt nur eine kurzdauernde blaue Färbung, die unter Trübung in schmutzig-grünlich-braun umschlägt.

p-Kresol gibt eine beständige blauviolette Farbe.

2. MELZERs *Benzaldehydprobe* (vgl. Phenol: S. 761) ist nur mit o-Kresol positiv.

3. MILLONsche *Reaktion* (vgl. Phenol: S. 761) verläuft mit Kresolen wie bei Phenolen positiv.

Auch durch Kresole wird der Gehalt an gepaarter Schwefelsäure (Esterschwefelsäure) im Harn erheblich erhöht.

Bestimmung der gepaarten Schwefelsäure im Harn. In etwa 50 cm³ wird erst die Gesamtschwefelsäure bestimmt[3]. Dann stellt man den Gehalt an gepaarter Schwefelsäure in folgender Weise fest[4]:

100 cm³ Harn werden mit der gleichen Menge einer Mischung kalt gesättigter Lösungen von Bariumhydroxyd (2 Teile) und Bariumchlorid gefällt. 100 cm³ des Filtrates, entsprechend 50 cm³ Harn, werden dann mit Salzsäure angesäuert und bis zum Sieden erhitzt; nach längerem Stehen auf dem Wasserbade wird das nunmehr ausgeschiedene Bariumsulfat gravimetrisch bestimmt. Die so erhaltene Menge der gepaarten Schwefelsäure zieht man von der Gesamtschwefelsäure ab und erhält so die Menge der Sulfatschwefelsäure. Weitere Bestimmungsmethoden für freies und verestertes Sulfat s. Bd. III, Anorganische Stoffe.

Schwefelkohlenstoff. Mit Wasserdämpfen geht Schwefelkohlenstoff (CS_2) nur langsam ins Destillat über und findet sich erst in der 2. und 3. Fraktion. Er macht sich durch seinen eigentümlichen, unangenehmen Geruch bemerkbar und sammelt sich bei genügender Menge als farblose, stark lichtbrechende Flüssigkeit am Boden der Vorlage an.

---

[1] AUTENRIETH, W., u. FR. BEUTTEL: Arch. Pharmazie 248, 112 (1910). Handb. biol. Arb.-Meth. Abt. IV, Teil 7, S. 30.

[2] BECKURTS, H.: Arch. Pharmazie 224, 556 (1886).

[3] AUTENRIETH, W.: Handb. biol. Arb.-Meth. Abt. IV, Teil 7, S. 37. — BAUMANN, E.: H. 1, 70 (1877/78).

[4] SALKOWSKI, E.: Virchows Arch. 79, 552. — AUTENRIETH, W.: Handb. biol. Arb.-Meth. Abt. IV, Teil 7, S. 38f.

Nachweis. 1. *Bleisulfidfällung*. Auf Zusatz von etwas Bleiacetatlösung zum schwefel-kohlenstoffhaltigen Destillat entstehen weder eine Färbung noch ein Niederschlag (Unterscheidung von Schwefelwasserstoff). Erst nach Zugabe von Kalilauge im Überschuß fällt beim Kochen schwarzes Bleisulfid aus. Die Probe ist sehr empfindlich!

2. *Rhodanreaktion*. Beim Kochen des Destillates mit starkem Ammoniak und wenig Alkohol während einiger Minuten bildet sich außer Ammonsulfid auch Ammonrhodanid. Nach Eindampfen auf 1 cm³ (Wasserbad) und Ansäuern mit Salzsäure erzeugt 1 Tropfen verdünnter Eisenchloridlösung Rotfärbung.

Nach AUTENRIETH[1] sind noch 0,05 g CS₂ in dem 1 cm³ Lösung nachzuweisen.

$$CS_2 + 4NH_3 \rightarrow C{\displaystyle\mathop{<}^{N}_{S}}\!\!-NH_4 + (NH_4)_2S$$
$$3NH_4CNS + FeCl_3 \rightarrow Fe(CNS)_3 + 3NH_4Cl.$$

3. *Xanthogenreaktion*. Nach Schütteln des schwefelkohlenstoffhaltigen Destillates mit der dreifachen Menge gesättigter alkoholischer Kalilauge, schwachem Ansäuern mit Essig-säure rufen einige Tropfen Kupfersulfatlösung einen braunschwarzen Niederschlag hervor, der bald in gelbe Flocken von xanthogensaurem Kupfer(I)-oxyd, $CS(SCu)(OC_2H_5)$, übergeht.

Ätherische Öle. Mit den Wasserdämpfen gehen auch ätherische Öle in das Destillat über. Besonders aus Magen- und Darminhalt gewonnene Destillate eignen sich zur Erfassung solcher Öle. Durch Ausschütteln mit völlig reinem Petroläther gelingt es, im Verdunstungsrückstand die Öle zu isolieren. Der den meisten ätherischen Ölen eigene Geruch ist oft das einzige sichere Kennzeichen.

DRAGENDORFF hat zur weiteren Erkennung chemische Reaktionen angegeben, die nur mit Vergleichsreaktionen verwertbar sind[2].

Das ätherische Öl von Juniperus sabina, das *Sadebaumöl*, findet als solches oder in Form von Abkochungen der Zweigspitzen als Abortivmittel Verwendung und führt häufig zu tödlichen Vergiftungen.

Es enthält 10% Sabinol und etwa 40% Sabinylacetat. Im Destillat macht es sich durch den scharfen, durchdringenden Geruch bemerkbar. Auch der *Harn* riecht nach dem Öl und enthält Sabinylglucuronsäure, die nach HÄMÄLAINEN[3] isoliert werden kann.

Das Sadebaumöl gibt die DRAGENDORFFschen *Farbreaktionen*[2], die im Vergleich mit reinem Sadebaumöl seine Erkennung fördern.

Läßt man ein kräftig geschütteltes Gemisch von 1 Tropfen Sadebaumöl mit 20 cm³ Wasser 12 Std stehen, behandelt dann mit 0,3 g Magnesiumcarbonat und schichtet das Filtrat über verdünnte Schwefelsäure, so entsteht an der Berührungszone ein grünlich-gelber Ring. Wird 1 Tropfen Sadebaumöl, in 4 cm³ 90%igem Alkohol gelöst, auf verdünnte Schwefelsäure geschichtet, so entsteht ein roter Ring. Am sichersten ist die mikroskopisch-pharmakognostische Untersuchung, wenn es gelingt, aus Magen- oder Darminhalt Pflanzenteile zu isolieren (s. Vorproben a, b und c, S. 740 f.). Die Zweigspitzen von Juniperus sabina tragen vierzeilig geordnete Blättchen, die auf dem Rücken eine Ölfurche erkennen lassen (Lupe, Mikroskop).

Die Abkochungen von Juniperus sabina sind mehr oder weniger rot gefärbt und riechen aromatisch. Auf Baumwolle hinterlassen sie rote bis rotbraune Flecken. Durch Säuren wird die Abkochung hellgelb, durch Alkalien noch etwas stärker rot. Eisenchlorid erzeugt einen schwarzen, Silbernitrat und basisches Bleiacetat (Bleiessig) einen rötlichen, NESSLERs Reagens einen braunen Niederschlag.

Nachweis des Sadebaumöles nach JAWOROWSKI[4]. In 2 Reagensgläser werden je 6 cm³ verdünnte Schwefelsäure und 5 Tropfen Milchsäure gegeben, zu einem Glasinhalt ferner

[1] AUTENRIETH, W.: Handb. biol. Arb.-Meth. Abt. IV, Teil 7, S. 55.
[2] Vgl. LIEB, H.: Handb. biol. Arb.-Meth. Abt. IV, Teil 12/1, Bd. 2, S. 1336.
[3] HÄMÄLAINEN, J.: B.Z. 41, 241 (1912).
[4] JAWOROWSKI: Pharmazeut. Z. (russ.) 33, 374. [LIEB, H.: Handb. biol. Arb.-Meth. Abt. IV, Teil 12/1, Bd. 2, S. 1337.]

1 Tropfen Ol. sabinae. Beide Gläser werden im Wasserbad erwärmt, bis die ölfreie Flüssigkeit gelb ist, dann läßt man die ölhaltige Lösung abkühlen, gibt 5 cm³ Wasser zu und schüttelt mit Benzol oder Äther aus. Benzol: grün mit gelbem oder bläulichem Schein. Äther: braun, wäßrige Flüssigkeit zeigt grüne Fluorescenz. Wird zur ätherischen Ausschüttelung vorsichtig Benzol gegeben, so färbt sich die obere Ätherschicht grün und eine braune Substanz fällt als brauner, klarer Ring nach unten.

Terpentinöl, das zum gleichen Zweck wie Ol. sabinae genommen wird, gibt dem Harn veilchenartigen Geruch.

Allylsenföl (Isothiocyanallyl C_3H_5CNS) ruft örtliche Entzündungen und Reizungen hervor. Ausscheidung erfolgt durch Lungen und Harn, der danach riecht. Geruch und Hautzerstörung (Versuch!) sind charakteristisch! Beim Schütteln und Erwärmen von Senföl mit 90%igem Alkohol und 10%igem Ammoniak entsteht eine klare Lösung, die nach Verdunsten auf dem Wasserbad krystallisiertes Thiosinamin (Allylthioharnstoff) zurückläßt: in reinem Zustand geruchlos, zeigt es meist schwach lauchartigen, nicht scharfen Geruch nach Allyloxythiourethan und ist in Wasser zu neutraler, bitter schmeckender Flüssigkeit löslich, die mit ammoniakalischer Silberlösung Silbersulfid (Ag_2S) abscheidet: F 74°. Durch Licht und Luft rötlich gefärbtes Senföl gibt mit ätherischer $FeCl_3$-Lösung die Rhodaneisenreaktion.

Auch Inhaltsstoffe von ätherischen Ölen können von Bedeutung sein. Es seien folgende kurz angeführt:

Menthol ($C_{10}H_{20}O$) reizt Schleimhäute, kleine Dosen wirken anästhesierend (Kältegefühl), größere Dosen blutdruckerhöhend; Anregung der Herztätigkeit. F 43°, Kp 212°.

Borneol (Borneocampher $C_{10}H_{18}O$) findet sich in den Stämmen von Dryobalanops camphora (Borneo und Sumatra), im Rosmarinöl, Lavendelöl und anderen ätherischen Ölen. Kleine, weiche Krystalle von campher- und zugleich pfefferartigem Geruch, F 203°, Kp 212°. Alkoholische Lösung rechtsdrehend; leichter als Wasser (Handelsborneol mit etwa 20% Isoborneol, schmilzt bei 206—207°).

Carvon ($C_{10}H_{14}O$), sauerstoffhaltiger Bestandteil des Kümmelöles und des Dillsamenöles. Farblose, kümmelartig riechende Flüssigkeit, Kp 224—225°, $[\alpha]_D = +62°$. Carvon mit der Hälfte Alkohol gelöst, mit Schwefelwasserstoff gesättigt und mit starkem Ammoniak versetzt, gibt geruch- und farblose Nadeln ($C_{10}H_{12}O)_2 \cdot H_2S$, F 187°. 4 g Kümmelöl können Kopfschmerzen, Delirien, Schwindel erzeugen.

Anethol ($C_{10}H_{12}O$). Hauptbestandteil des Anisöles; ist auch im Sternanis- und Fenchelöl enthalten. Weiße, glänzende anisartig riechende Krystalle, F 21—22°, Kp 233°. Spezifisches Gewicht etwa gleich dem des Wassers, in dem es kaum löslich ist. Beim Altern oft unter Schmelzpunkt und selbst unter 0° flüssig.

Campher ($C_{10}H_{16}O$) und seine Lösungen sind giftig. Arzneilich oder als Abtreibungsmittel genommene zu große Dosen und eingeatmete Dämpfe haben zum Tode geführt. Für Kinder schon 1 g tödlich. Campher wird von Schleimhäuten und Wunden aus resorbiert. Ausscheidung durch Lungen und Milch und Harn (Glucuronsäure). Entzündet Schleimhäute, reizt Krampf-, Schweiß- und Atemzentrum. Rauschartiger Zustand. Stärkere Dosen: Brennen im Mund und Magen, Erbrechen, Kopfschmerzen, Krämpfe, Delirien. F 175°, Kp 204°. In Alkohol und Äther leicht löslich. Charakteristischer Geruch, Lösung rechtsdrehend.

Im Harn, der dann oft rote und weiße Blutkörperchen enthält, wird linksdrehende *Camphoglucuronsäure* ausgeschieden. Durch Erhitzen mit Säuren wird rechtsdrehendes Campherol abgespalten.

Nach Vergiftungen mit ätherischen Ölen und deren Bestandteilen enthält der Harn gepaarte Glucuronsäuren und wirkt reduzierend. Durch Säuren erfolgt Aufspaltung der Glucuronsäuren. Nach Ausschütteln mit Petroläther und Verdunsten zeigen die Rückstände meist den charakteristischen Geruch der ätherischen Öle.

Nach **Copaivabalsam** enthält der Harn einen nach Ansäuern ausschüttelbaren Körper, der sich in Säuren mit roter Farbe löst. Er kann oft schon durch Mischen des Harns mit

Mineralsäuren durch zuerst rosa, dann purpurrote Färbung nachgewiesen werden. Auch Copaivaöl, nicht aber reines Copaivaharz, geben die gleiche Reaktion.

2. Zweite Hauptgruppe. Ausschüttelungsgifte.

Organische, in saurem Alkohol lösliche, mit Wasserdämpfen nichtflüchtige Stoffe. Pflanzengifte (Alkaloide, Glykoside, Bitterstoffe), synthetisch-organische giftige Stoffe und stark wirkende Arzneimittel.

a) Vorbemerkungen und Allgemeines.

Das Untersuchungsmaterial. Meist wird es sich um die Isolierung sehr geringer Mengen (Milligramme) aus größeren Mengen Untersuchungsgut handeln. Weitgehende Reinigung, möglichst Krystallisation, ist oft die Vorbedingung für die eindeutige Erkennung. Außer Leichenteilen (Organen, Knochen usw.) kommen als Untersuchungsgut in Frage: Erbrochenes, Magen- und Darminhalt, Blut, Harn, Nahrungs- und Genußmittel (Speisereste, Getränke aller Art, wie Wasser, Milch, Kaffee, Tee, Branntwein, Liköre, Wein, Bier), ferner auch Reste von pulverförmigen oder flüssigen Arzneimitteln (Tabletten, Teegemische, Ampullen usw.), die bei den Toten oder Kranken gefunden wurden.

Außer dem Harn, in den die meisten der hier in Betracht kommenden Stoffe oft sehr schnell durch die Nieren ausgeschieden werden, sind es bei Leichenteilen besonders die blutreichen Organe (Herz, Leber, Lunge, Milz, Niere, seltener Gehirn), in denen sich die Gifte vorfinden. Die sorgfältige Isolierung und Reinigung erspart viel spätere Arbeit und Zweifel!

Isolierung der Gifte aus Organen. Größere Mengen der vorliegenden Organe, möglichst 200 g oder mehr, werden auf höchstens Bohnengröße zerkleinert und in einem großen Rundkolben mit der doppelten bis dreifachen Menge starkem Alkohol (96 %) und mit Weinsäure bis zur deutlich sauren Reaktion versetzt. Am Rückflußkühler wird dann auf dem siedenden Wasserbade unter häufigem kräftigem Umschwenken wenigstens 1 Std ausgezogen. Nach vollständigem Abkühlen werden die flüssigen Teile von den festen durch eine Saugnutsche getrennt und der Rückstand nochmals in der gleichen Weise mit Alkohol und Weinsäure ausgezogen. Der Weinsäureüberschuß darf nicht zu groß sein, doch müssen andererseits die Auszüge noch sauer reagieren.

Die meist noch stark getrübten und gefärbten Auszüge werden durch Destillation — am besten im Vakuum — auf dem Wasserbade bis fast zur Trockne eingeengt. Um starkes, störendes Schäumen zu verhindern, läßt man — unter Ausnutzung des Vakuums — die vereinigten alkoholischen Auszüge durch ein dünnes bis in die Mitte des Kolbens reichendes Glasrohr zutropfen, und zwar in kleinen Mengen, die der abdestillierenden Alkoholmenge entsprechen.

Der verbleibende, nicht ganz trockene Rückstand wird mit Zusatz kleiner Mengen starkem Alkohol unter leichtem Erwärmen allmählich wieder in Lösung gebracht, dann unter häufigem Schütteln durch Einstellen in kaltes Wasser stark abgekühlt. Dadurch kommen noch vorhandene, zähe und schleimige Stoffe des Extraktes zur Ausscheidung und werden unter Nachwaschen mit Alkohol abfiltriert.

Zur Entfernung der letzten Wasserreste wird diese Lösung zur Trockne verdampft (Wasserbad), der Rückstand mit wenig absolutem Alkohol versetzt und destilliert, wobei das Wasser mit dem Alkohol entfernt wird. Die letzte Prozedur wird, wenn nötig, noch mehrmals wiederholt. Der Rückstand wird schließlich mit Wasser aufgenommen und mit Petroläther (Kp 50° C) unter kräftigem Schütteln mehrmals ausgezogen. Noch vorhandene Fettstoffe lösen sich im Petroläther. Die vereinigten Petrolätherauszüge werden mit Wasser mehrfach ausgeschüttelt, um etwaige Mengen wasser- und petrolätherlöslicher Stoffe zurückzugewinnen. Durch Vereinigung dieser wäßrigen Auszüge mit der erstgewonnenen sauren Lösung erhält man eine genügend gereinigte Lösung der zu suchenden Stoffe. Die immerhin umständliche und auch nicht ganz unbedenkliche Reinigung durch Petroläther wird sich oft vermeiden lassen, wenn man die beschriebene Behandlung mit

Wasser und Alkohol möglichst oft wiederholt und endlich den Rückstand allmählich unter Schütteln mit 50—60 cm³ Wasser versetzt, nach schwachem Erwärmen (50—60° C auf dem Wasserbad) in Eiswasser stark abkühlt und nach mehrstündigem Stehen durch ein angefeuchtetes Papierfilter vom ausgeschiedenen erstarrten Fett befreit.

Auf die Notwendigkeit der unbedingten Reinheit aller Chemikalien und Lösungsmittel und der Prüfung vor der Verwendung sei besonders hingewiesen. Das oben angegebene Reinigungsverfahren soll nicht als strenges Schema dienen. Man wird von Fall zu Fall über Abkürzungen oder Verschärfungen oder auch Abänderungen der Reinigung zu entscheiden haben.

Isolierung der Gifte aus Blut, Harn und Liquor. a) Blut. Nach dem Ansäuern mit Schwefelsäure wird das Blut stark geschüttelt und nach etwa 2 Std mit dem 4—5fachen Volumen Alkohol wiederum unter starkem Schütteln versetzt. Das nach 24stündigem Stehen erhaltene Filtrat ist dann wie ein nach obiger Angabe erhaltener alkoholischer Extrakt aus Leichenteilen weiter zu reinigen. Diese Reinigung geht in der Regel einfacher vonstatten, als oben angegeben, und wird sich abkürzen lassen.

b) Harn. Wenn der zu untersuchende Harn nicht außergewöhnlich, also z. B. durch Blut, stark verunreinigt erscheint, kann er ohne weiteres der Ausschüttelung unterzogen werden.

c) Liquor. Die Reinigung und Isolierung ist in der bei Blut angegebenen Weise durchzuführen.

Auf die bei der Fahndung auf bestimmte Gifte (Schlafmittel) in Blut, Harn und Liquor anzuwendenden einfachen Verfahren mit kleinen Mengen wird an der betreffenden Stelle eingegangen.

Handelt es sich darum, aus anderem flüssigen Untersuchungsgut wie Getränken u. ä. (Bier, Kaffee, Suppen, Tee, Wein), das zu einer Vergiftung geführt hat, ausschüttelbare Stoffe zu isolieren, so wird nach Eindampfen des mit Weinsäure angesäuerten Gutes zur Sirupdicke (Wasserbad oder Vakuumdestillation) durch mehrfaches Behandeln mit Alkohol in der gleichen Weise, wie oben beschrieben, die Reinigung vorgenommen. Milch wird erst durch schwaches Ansäuern mit sehr dünner Essigsäure zum Gerinnen gebracht und dann mit Alkohol ausgezogen. Arzneitabletten, Pastillen und Pulvergemische werden in schwach weinsaurem Wasser gelöst. Das Filtrat vom Unlöslichen kann unmittelbar zur Ausschüttelung dienen.

Größte Reinheit bzw. sorgfältigste Reinigung aller zur Anwendung kommenden Lösungsmittel ist unerläßliche Voraussetzung bei der Durchführung der chemisch-toxikologischen Untersuchungen[1].

Vorproben auf Alkaloide. Von dem nach dem Reinigen mit Alkohol schließlich erhaltenen Rückstand löst man einen kleinen Teil in 2%iger Schwefelsäure unter schwachem Erwärmen und bringt auf 3 Uhrgläser mit einem Glasstab je 1 Tropfen dieser Lösung. Auf schwarzem Untergrund (schwarzes Glanzpapier) setzt man neben den Tropfen auf den Uhrgläsern je 1 Tropfen Gerbsäurelösung (wäßrig), Phosphomolybdänsäurelösung (SONNENSCHEINs Reagens) und Kaliumwismutjodidlösung (nach DRAGENDORFF, s. S. 824).

Waren Eiweißstoffe und Peptone restlos durch die Alkoholreinigung entfernt, so zeigt ein bei dem durch Neigen der Uhrgläser bewirkten Zusammenfließen der beiden Tropfen entstehender Niederschlag an, daß ein Alkaloid oder ein anderer durch Alkohol in saurer Lösung ausziehbarer Stoff (Arzneimittel) vorhanden ist.

a) Gerbsäurelösung gibt mit Alkaloiden in neutraler oder schwach saurer Lösung weiße oder gelbliche Färbungen.

b) Phosphomolybdänsäure erzeugt in schwefelsauren Lösungen der meisten Alkaloide einen gelblichweißen bis gelblichbraunen Niederschlag, der sich manchmal bläulichgrün verfärbt. Sehr empfindliches Reagens!

c) Kaliumwismutjodid ruft in schwefelsaurer Lösung vieler Alkaloide eine orangerote bis braune flockige Fällung hervor. Außer diesen gebräuchlichen allgemeinen Alkaloidreagentien gibt es noch eine größere Anzahl anderer, auf die weiter unten einzugehen sein wird.

---

[1] LIEB, H.: Handb. biol. Arb.-Meth. Abt. IV, Teil 12/1, Bd. 2, S. 1341.

Das Ausschüttelungsverfahren. Das zuerst von JEAN SERVAIS STAS[1] und FR. J. OTTO[2] angewandte Ausschüttelungsverfahren beruht darauf, daß die in Frage kommenden organischen Stoffe bei Gegenwart freier Säure (meist Weinsäure) löslich sind und diesen Lösungen entweder direkt oder nach Zusatz von Alkalien ($NaOH$, Na_2CO_3, $NaHCO_3$ oder NH_4OH) durch Ausschütteln mit Lösungsmitteln, die mit Wasser nicht mischbar sind, entzogen werden können. Das Verfahren ist vielfach abgeändert und namentlich bezüglich der auf diese Weise zu isolierenden synthetischen Arzneimittel mit giftiger Wirkung sind besondere Untersuchungsgänge angegeben worden[3]. Grundsätzlich aber ist allen diesen Untersuchungsgängen die stufenweise Ausschüttelung der Gifte mit Lösungsmitteln, die mit Wasser nicht mischbar sind, gemeinsam. Zweckmäßig beschränkt man sich aber auf die alten erprobten Lösungsmittel, nämlich Äther, Chloroform oder Mischungen von Chloroform mit Alkohol, und wendet andere nur in Sonderfällen an.

Die Ausschüttelungen werden am besten in schlanken birnenförmigen Scheidetrichtern vorgenommen, die zum Hahn stark verjüngt sind. Zur Ausschüttelung verwendet man meist jeweils halb soviel Lösungsmittel wie auszuschüttelnde Flüssigkeit. Starkes Schütteln ist zu vermeiden, um Emulsionsbildung zu verhindern. Tritt eine solche trotz vorsichtigen Schüttelns, am besten durch kreisförmiges Schwenken, doch ein, so kann man die Trennung der Schichten durch Zugabe einiger Tropfen Alkohol beschleunigen.

In manchen Fällen bedient man sich bei schwer ausschüttelbaren Stoffen besonderer „Perforatoren", die je nach dem Verhältnis der spezifischen Gewichte des Lösungsmittels zu dem der auszuziehenden Flüssigkeit verschieden eingerichtet sind. Ihre Verwendung ist jedoch auf Sonderfälle beschränkt.

Vorbedingung für die Möglichkeit der Ausschüttelung der in Frage kommenden Stoffe (Arzneimittel, Gifte) ist außer ihrer Löslichkeit in dem angewandten Extraktionsmittel (Äther, Chloroform u. a.), ob es sich um Stoffe mit saurem oder basischem Charakter handelt, dem die Wasserstoffionenkonzentration der auszuschüttelnden Lösung angepaßt sein muß. Durch Einstellen der wäßrigen Lösung auf einen bestimmten p_H-Wert (1 bis 4—8—10) unter Wechsel der Ausschüttelungsmittel kann so eine weitgehende Aufteilung in mehrere Gruppen erreicht werden. Für die erste Untersuchung wird mit Ausschüttelungen mit Äther oder Chloroform aus weinsaurer Lösung (p_H 4), bzw. natronalkalischer Lösung (p_H 8) auszukommen sein. Erweist sich das Vorhandensein mehrerer zu identifizierender Stoffe, so wird auf die z. B. bei DIETZEL, PAUL und TUNMANN, WINTERFELD, BÜRGIN angegebenen Analysengänge zurückzugreifen sein. Im hier folgenden Text wird deshalb nur auf besondere Abweichungen bei den einzelnen Stoffen verwiesen werden. Sind die Ausschüttelungsrückstände infolge sorgfältiger Reinigung (vgl. S. 765) rein, so kann die Feststellung physikalischer Konstanten wie des Schmelzpunktes und eines Mikrosublimats wertvolle Aufschlüsse geben, namentlich wenn die „Mikromethoden zur Kennzeichnung organischer Stoffe und Stoffgemische" von L. und A. KOFLER[4] (s. Beitrag KOFLER, Bd. I) herangezogen werden.

---

[1] STAS, J. S.: J. Chim. méd. (3) **7**, 458 (1851). A. **84**, 379 (1852).

[2] OTTO, FR. J.: A. **100**, 44 (1856).

[3] GADAMER, J.: Lehrbuch der Chemischen Toxikologie und Anleitung zur Ausmittlung der Gifte. 2. Aufl. Göttingen 1924. — LIEB, H.: Der gerichtlich-chemische Nachweis von Giften. Handb. biol. Arb.-Meth. Abt. IV, Teil 12/1, Bd. 2. — REUTER, F., H. LIEB u. G. WEYRICH: Gifte und Vergiftungen in der gerichtlichen Medizin. Berlin-Wien 1938. — STAUDINGER, H.: Anleitung zur organischen qualitativen Analyse. 5. Aufl. Mit W. KERN. Berlin 1948. — ROJAHN, C. A. u. Mitarb.: Beiträge zur pharmazeutischen Analyse. Hefte 1—13. Halle 1935—1939. — DIETZEL, R., W. PAUL u. P. TUNMANN: Analyse organischer Arzneimittel. Z. Unters. Lebensm. **79**, 82 (1940). — AUTENRIETH, W.: Die Auffindung der Gifte und stark wirkenden Arzneistoffe. Zum Gebrauch in chemischen Laboratorien. 6. Aufl. von K. H. BAUER. Dresden u. Leipzig 1943. In der Folge zitiert als Autenrieth-Bauer. — WINTERFELD, K.: Einführung in die organisch-präparative pharmazeutische Chemie. Mit einem Anhang: Einführung in die chemische Arzneimittelanalyse. 3. Aufl. Dresden u. Leipzig 1950. — BÜRGIN, A.: Über den Nachweis der Sulfonamide im Rahmen der pharmazeutisch-chemischen Analyse. Pharmaceut. Acta helv. **23**, 231 (1948). — BAMANN, E., u. E. ULLMANN: Chemische Untersuchungen von Arzneigemischen, Arzneispezialitäten und Giftstoffen. München 1951.

[4] KOFLER, L., u. A. KOFLER: Mikromethoden zur Kennzeichnung organischer Stoffe und Stoffgemische. Innsbruck 1948.

b) Ausschüttelung der weinsauren Lösung mit Äther oder Chloroform.

In der Regel schüttelt man mit je etwa 15 cm³ Äther dreimal aus. Aus der weinsauren Lösung gehen in den Äther (und auch das Chloroform) nur Stoffe mit saurem oder schwach basischem Charakter über, also in der Hauptsache organische Säuren, Nitroverbindungen, Phenole, Bitterstoffe und Glykoside, Schlafmittel (Barbitursäurederivate und Ureide, Sulfonal u. ä.) und Aminoverbindungen, auch schwache Basen des Pflanzenreiches. Viele sind in Chloroform besser als in Äther löslich (Coffein, Antipyrin u. a.). Die abgetrennten Ätherphasen werden in einer Glasschale auf dem Wasserbad vorsichtig zur Trockne abgedunstet. Form, Farbe und Geschmack des Rückstandes geben oft bereits Anhaltspunkte für die Art des betreffenden Stoffes. Aus dem Gesagten sich ergebende Abänderungen bei der Isolierung der als wahrscheinlich vorhanden erkannten Stoffe und die zur Erzielung größter Reinheit erforderliche Reinigung werden jeweils angegeben werden. Oft ist die Sublimation die beste Reinigungsmethode (s. dazu LIEB[1]).

Vorproben. Außer mit den schon erwähnten allgemeinen Alkaloidreagentien prüft man den Rückstand noch mit folgenden:

1. LUGOLsche *Jod-Jodkaliumlösung* s. S. 823. In neutralen oder schwefelsauren wäßrigen Alkaloidlösungen entstehen braune Niederschläge.

2. MAYERS *Quecksilberjodid-Jodkaliumlösung* s. S. 824. In wäßrigen schwachsauren Lösungen der meisten Alkaloide entstehen weiße bis gelbliche Fällungen oder Trübungen.

3. SCHEIBLERS *Phosphorwolframsäurelösung* s. S. 824.

4. *Pikrinsäurelösung* erzeugt in stärkeren Alkaloidlösungen gelbe, bald krystallinisch werdende Niederschläge (Pikrate).

5. *Pikrolonsäurelösung.* Die meisten Alkaloide werden als schwer lösliche gelbe bis rotgelbe krystallisierte Pikrolonate gefällt.

6. *Styphninsäurelösung* gibt gelb bis orange gefärbte krystallinische Niederschläge (Styphnate).

Pikrate, Pikrolonate und Styphnate dienen durch Feststellung ihrer meist charakteristischen Schmelzpunkte, bzw. der dabei zu beobachtenden Vorgänge zur Identifizierung der Alkaloide (KOFLER) und auch zu deren quantitativen Bestimmung.

7. *Tetrachlorogoldsäure, Hexachloroplatin(IV)-säure* und auch *Quecksilberchlorid* geben in 5%iger Lösung mit stärkeren wäßrigen Lösungen basischer Stoffe flockige, später krystallinisch werdende Fällungen.

Pikrotoxin. Zu bis 5% als giftige, glykosidische Molekülverbindung von Pikrotoxinin ($C_{15}H_{16}O_6$) und Pikrotin ($C_{15}H_{18}O_7$) in den Kokkelskörnern (Samen von Anamirta cocculus, Menispermaceae) enthalten. Wegen der betäubenden Wirkung zum Fischfang verwendet (verboten!). Als Hopfenersatz wegen des stark bitteren Geschmacks zur Bierbereitung verwendet, haben sie früher Anlaß zu Vergiftungen gegeben. Starkes, leicht resorbierbares Krampfgift. Dosis letalis: sehr klein, in einem Fall waren schon 2,4 g Samen tödlich!

Isolierung. Ausscheidung erfolgt zum Teil unverändert durch den Harn. Dieser deshalb in erster Linie zum Nachweis geeignet. Ausschüttelung durch Chloroform besser als durch Äther. Pikrotoxin bleibt nach Verdunsten des Lösungsmittels als dicker, erst allmählich krystallinisch werdender Sirup zurück.

Nachweis. Schmelzpunkt der wenig beständigen, farblosen Nadeln: 199—200°.

1. Mit *ammoniakalischer Silberlösung* kochen: Ausscheidung von schwarzem Ag (Spuren nur Braunfärbung).

2. LANGLEYsche *Reaktion.* Auf dem Uhrglas mit der dreifachen Menge Salpetersäure und wenig Schwefelsäure vermischt, ergibt Natronlauge im Überschuß Rotfärbung.

3. MELZERsche *Reaktion.* Auf dem Uhrglas mit 1—2 Tropfen Benzaldehyd-Alkoholgemisch (1+1) und 1 Tropfen Schwefelsäure entstehen beim Bewegen des Uhrglases erst rote Streifen, beim Vermischen Rotfärbung. Noch 0,05 mg Pikrotoxin nachzuweisen! Veratrin gibt gleiche Reaktion! Ebenso Morphin, das hier jedoch nicht zugegen sein kann!

---

[1] LIEB, H.: Handb. biol. Arb.-Meth. Abt. IV, Teil 12/1, S. 1360ff.

4. Beim vorsichtigen *Erwärmen* einer Lösung in stark verdünnter Natronlauge mit einigen Tropfen FEHLINGscher *Lösung* wird diese reduziert (Kupfer(I)-oxydausscheidung).

5. *Konz. Schwefelsäure* löst mit orange, später gelber Farbe. Ein darauf gegebener Tropfen einer Kaliumdichromatlösung erzeugt einen rotbraunen Rand, beim Vermischen geht die Farbe der Flüssigkeit von braun in grün über.

6. In physiologischer Kochsalzlösung gelöst wirkt Pikrotoxin im physiologischen Versuch (Fische, Crustaceen) hämolytisch.

Colchicin ($C_{22}H_{25}O_6N$), das in allen Teilen der Herbstzeitlose (Colchicum autumnale, Liliaceae) sich findende Alkaloid (Samen bis 0,8%, Knollen bis 0,5%, Blüten und Blätter meist weniger). Vergiftungen durch colchicinhaltige Gichtmittel, aus der Pflanze hergestellt, waren früher häufig; jetzt entstehen sie durch ebenfalls als Gichtmittel angewendetes Colchicin selbst, das als ein vom Phenanthren sich ableitendes Säureamid im Gegensatz zu den anderen Pflanzenalkaloiden mit Säuren keine Salze zu bilden vermag.

Dosis letalis: 3 mg töteten Erwachsene.

Colchicin ist ein choleraähnliche Brechdurchfälle, dann Krämpfe und Lähmung des ZNS hervorrufendes Capillargift, das schlecht resorbiert wird und daher verzögert wirkt!

Isolierung. Zur Untersuchung in erster Linie Magen- und Darminhalt, Erbrochenes und Kot, in zweiter Linie Blut, Harn und Nieren geeignet. Gegen Fäulnis bis 6 Monate widerstandsfähig! Aus weinsaurer Lösung mit Chloroform ausschütteln (in Äther nur wenig löslich).

Der nicht krystallisierte, gelb gefärbte und stark bitter schmeckende Rückstand schmilzt — nach Sintern bei etwa 135° — bei 150° und löst sich mit gelblicher Farbe in Wasser, die sich auf Zusatz von Salzsäure oder Schwefelsäure vertieft.

Nachweis. 1. Die gelbe Lösung in einigen Tropfen Schwefelsäure färbt sich durch 1 Tropfen *Salpetersäure* grün, dann blau, violett, zuletzt blaßgelb. Kalilauge im Überschuß erzeugt dann orange Färbung.

2. Die durch Lösen in rauchender Salzsäure erhaltene stark gelbe Lösung färbt sich nach Zusatz von 2 Tropfen *Eisenchloridlösung* durch 2 Minuten langes Kochen dunkel. Nach Erkalten färbt sich die Lösung beim Verdünnen mit dem gleichen Volumen Wasser grün bis olivgrün[1].

3. Eine Lösung in verdünnter Salzsäure färbt sich nach $^1/_2$stündigem Erhitzen in kochendem Wasserbade auf tropfenweisen Zusatz von *Eisenchloridlösung* grün. Nach dem Erkalten mit Chloroform geschüttelt färbt sich dieses gelbrot bis tiefrot.

4. *Phosphorwolframsäure* (10%ig) und konz. Salzsäure erzeugen sofort gelbe krystalline Fällungen. Sehr empfindlich! Tierversuch mit weißen Mäusen: 0,1 mg Colchicin töteten nach 24 Std.

Pikrinsäure (2,4,6-Trinitrophenol). Pikrinsäure ist eine starke einbasische Säure, die charakteristische Salze (Pikrate) bildet. Selbst stark citronengelb, erzeugt Pikrinsäure innerlich erst auffallende Gelbfärbung der Conjunctiva, dann der ganzen Haut. Bild des sog. Pikrinsäure-Ikterus. Das als Sprengstoff dienende Ammoniumpikrat ruft bei Arbeitern in Munitionsfabriken häufig diese Erkrankung hervor. Auch zur Vortäuschung einer Gallenerkrankung (Ikterus) hat sie vielfach gedient. Durch die teilweise Umbildung im Organismus zu Pikraminsäure ($C_6H_2(NO_2)_2(NH_2)OH$), die den Harn hochrot bis rotbraun (Ikterusharn) färbt, wird die Täuschung verstärkt. Auch Selbstmorde durch Pikrinsäure sind bekannt geworden.

Isolierung. Die Ausscheidung erfolgt langsam durch den Harn; auch im Kot ist reichlich Pikrinsäure nachzuweisen. Das gesamte Untersuchungsmaterial, alle wäßrigen, alkoholischen und ätherischen Auszüge sind gelb oder gelbgrün. Leichenteile (Selbstfärbung der Magen- und Darmwände besonders auffallend) werden mit salzsäurehaltigem Alkohol am Rückflußkühler ausgekocht, die Auszüge auf dem Wasserbad eingedampft und gereinigt. Zur Ausschüttelung mit Salzsäure oder Schwefelsäure (p_H 1) ansäuern.

---

[1] SABALITSCHKA, TH.: Anleitung zum chemischen Nachweis der Gifte. S. 56. Berlin 1923.

Nachweis. 1. Die gelbe wäßrige Lösung wird durch Salzsäure oder Schwefelsäure nicht verändert (Unterschied von Colchicin).

2. Die wäßrige Lösung färbt weiße Wollfäden dauerhaft gelb, während Baumwollfäden und andere pflanzliche Fasern den Farbstoff beim Spülen mit Wasser wieder abgeben.

3. Wäßrige Lösung färbt sich durch Erwärmen auf 50—60° C mit *Kaliumcyanidlösung* rot (isopurpursaures Kalium) (1:5000 noch deutliche Rotfärbung).

4. Wäßrige Lösung mit einigen Tropfen Natronlauge und *Ammonsulfid* erwärmt, gibt ebenfalls Rotfärbung durch Bildung von Pikraminsäure (vgl. o.).

5. Mit einigen Tropfen *ammoniakalischer Kupfersulfatlösung* entsteht ein Niederschlag aus gelbgrünen nadelförmigen hexagonalen Krystallen (auch als Mikroreaktion durchführbar).

Cantharidin ($C_{10}H_{12}O_4$), das Anhydrid einer Dimethyl-oxycyclohexandicarbonsäure, deren von GADAMER[1] aufgeklärte Konstitution durch v. BRUCHHAUSEN und BERSCH[2] bestätigt wurde.

Cantharidin ist ein farbloser, krystalliner Körper, F 218°, und ist in Wasser fast unlöslich; besser löslich in Äther, Alkohol, Benzol und Chloroform, leicht löslich in Aceton, konz. Ameisensäure und Schwefelsäure. Die Ausschüttelung aus weinsaurer Lösung ist mehrmals durchzuführen. Durch Alkalien wird es in die wasserlöslichen Alkalisalze der entsprechenden Dicarbonsäure (Cantharidinsäure) umgewandelt.

Cantharidin ist das im Blut, den Drüsen der männlichen Geschlechtsorgane und in den Eiern des als „Spanische Fliege" bekannten Käfers Lytta vesicatoria enthaltene Gift. Die getrockneten, 15—25 mm langen, etwa 0,1 g schweren Käfer sind durch die glänzend grüne, blauschimmernde Färbung aller chitinisierten Hautskeletteile (außer Fühlern und Beinen) sehr auffällig. Der starke Geruch und scharfe Geschmack und die auch im Cantharidenpulver nicht zu übersehenden blaugrünen Chitinteilchen sind wertvolle Erkennungsmerkmale. Der Gehalt an Cantharidin in der Droge beträgt 0,6—0,9%. Cantharidin findet sich aber nicht nur in der genannten Käferart, sondern noch in etwa 250 anderen Arten verschiedener Familien in Mengen von Spuren bis 2%. Die aus Zentralasien stammende Lytta menetriesi enthielt 0,66% Cantharidin[3].

In letzter Zeit gelangt auch Mylabris cichorii auf den europäischen Drogenmarkt. Ihr Gehalt an Cantharidin ist dem von Lytta vesicatoria mindestens gleich. Dieser Käfer unterscheidet sich aber äußerlich auffällig besonders durch eine andere Zeichnung der Flügeldecken.

Im ganzen ist er größer, bis 4 cm lang, etwa 1,5 cm breit. Kopf, Brust und Hinterleib sind schwarz und behaart. Die keulenförmigen Fühler sind viermal kürzer als der Körper. Die schwarzen Flügeldecken haben breite, bräunlichgelbe Querbänder, deren oberstes nicht durchgehend ist. Der in Ostindien und China sowie auf Java gesammelte Käfer wird in manchen Ländern an Stelle von Lytta verwendet (offizinell im Colonial Addendum Brit. Pharm.). Der Gehalt an Cantharidin wurde in mehreren Drogen verschiedener Herkunft mit 0,72—1,1% festgestellt[4]. Mit der Verwendung der Mylabrisdroge an Stelle von Lytta muß gerechnet werden.

Cantharidin ist ein reines Zellgift (HEUBNER[5]) mit hauptsächlich nierenschädigender Wirkung. Innerlich wirkt schon 1 g Cantharidenpulver, also etwa 10 mg Cantharidin, stark giftig.

Die Resorption ist im Magen wie auch durch die unverletzte Haut (bei Behandlung mit Salben u. ä.) ziemlich schnell. Vergiftungen wurden auch nach Genuß von Fleisch von Tieren, die Canthariden gefressen hatten (z. B. Hühner), beobachtet.

Ausscheidung als cantharidinsaures Salz durch den Harn, bei Zufuhr per os auch durch den Darm.

---

[1] GADAMER, J.: Arch. Pharmazie **255**, 277 (1917); **258**, 171 (1920); **260**, 199 (1922).

[2] BRUCHHAUSEN, F. v., u. H. W. BERSCH: Arch. Pharmazie **266**, 697 (1928).

[3] JARETZKY, R.: Lehrbuch der Pharmakognosie. 2. Aufl. Braunschweig 1929.

[4] SIERING, O.: Süddtsch. Apoth.-Ztg. **1949**, Nr. 3 u. 18.

[5] HEUBNER, W.: A.e.P.P. **167**, 129 (1925).

Isolierung. Magen- und Darminhalt, Erbrochenes, Blut, Organe werden mit Kalilauge bis zur stark alkalischen Reaktion versetzt und erwärmt (Bildung von cantharidinsaurem Kalium). Nach dem Erkalten zur Entfernung von Fett u. a. mit Chloroform ausschütteln, dann die wäßrige Phase mit Schwefelsäure angesäuert mit der fünffachen Menge Alkohol $^1/_2$ Std am Rückflußkühler kochen (Rückbildung von Cantharidin). Vom nach dem Erkalten erhaltenen Filtrat wird der Alkohol abdestilliert, der Rückstand mit Chloroform ausgeschüttelt und das Lösungsmittel verdunstet.

Durch mehrfaches Wiederauflösen des nicht gut krystallisierten, meist harzigen und dunkelgefärbten Rückstandes in Kalilauge oder Natronlauge, Ansäuern mit Salzsäure oder Schwefelsäure und Ausschütteln mit Chloroform werden meist noch etwas gelb bis grünlich gefärbte Krystalle erhalten, namentlich wenn der Rückstand viele Stunden (über Nacht) im Exsiccator verbleibt. Weitere Reinigung durch Mikrosublimation. Auch aus stark verwestem Material ist die Isolierung infolge der Alkalibeständigkeit von Cantharidin möglich.

Nachweis. 1. Charakteristische *chemische Reaktionen* sind noch nicht bekannt. Die oben angegebenen Löslichkeitsverhältnisse (Wasser, Säuren, Alkalien, Lösungsmittel) geben Anhaltspunkte. Die in Wasser gelösten Alkalisalze geben mit Barium-, Calcium-, Blei-, Silber-, Quecksilber-, Kupfer-, Nickel- und Kochsalzlösungen Niederschläge.

Nach KLEIN entsteht durch Übergießen der Substanz (Mikrosublimat) mit konz. Schwefelsäure nach Zugabe von etwas seleniger Säure (Natriumselenit) und Erhitzen bis fast zum Siedepunkt der Schwefelsäure eine rotviolette Färbung. Nach GADAMER[1] nicht eindeutig.

2. *Physikalische Methoden.* Durch Erwärmen auf 60—70° einer durch Zerlegen einer Cantharidinsäurealkalisalzlösung mit Säuren erhaltenen Lösung von Cantharidinsäure erfolgt Rückbildung von Cantharidin, welches ausfällt.

F 218° (korr.), darüber unzersetzt sublimierend (Mikroschmelzpunkte).

Zur Isolierung und Nachweis des Cantharidins durch physikalische Methoden (Mikroschmelzpunkt von cantharidinsaurem Barium und Sublimation) hat FISCHER[2] ein besonderes Verfahren angegeben.

3. *Mikroskopische Untersuchung* der durch Auslesen oder Ausschütteln mit Wasser oder Chloroform gewonnenen tierischen Bestandteile des Untersuchungsmaterials (vgl. Vorproben). Nachdem jetzt nicht mehr Lytta vesicatoria allein als Ausgangsdroge in Frage kommt, muß die Untersuchung auch andere als blaugrün gefärbte Chitinskeletttrümmer einbeziehen.

4. *Physiologischer Versuch.* Der bei der Isolierung gewonnene Chloroformlösungsrückstand wird mit pflanzlichem Öl angerieben auf Leinwandlappen auf der Haut (Brust, Arm) befestigt. Rötung, Pustel- bis Blasenbildung weist auf Cantharidin, kann jedoch auch durch andere Drogenpulver (Pfeffer, Paprika) hervorgerufen sein, die ähnliche Stoffe enthalten.

5. *Nachweis im Harn.* Nach Ansäuern mit Schwefelsäure mit Chloroform ausschütteln und weiter wie oben (Isolierung) angegeben behandeln. Rückstand wie bei a), b) und d) verwenden.

Coffein (1,3,7-Trimethylxanthin) $C_8H_{12}O_3N_4$, **Theophyllin**-Theocin (synthetisch) (1,3-Dimethylxanthin) und **Theobromin** (3,7-Dimethylxanthin) werden wegen ihrer chemisch nahen Verwandtschaft (Purinderivate), ihrer vielfach gemeinsamen Herkunft und in der Hauptsache gleichgerichteten Wirkung zusammen behandelt. Alle drei sind auch therapeutisch wichtig.

Die trockenen, ungerösteten Kaffeebohnen enthalten 0,65—2% Coffein, die gerösteten 1,0—1,5%.

In den nach besonderen Verfahren aufbereiteten Blättern des Teestrauches Camellia sinensis (Theaceae) und deren zahlreichen Abarten, die als „chinesischer oder russischer Tee" in den Handel kommen, ist das Coffein (früher Thein genannt) zu 2—5% — neben geringen Mengen Theophyllin — enthalten.

---

[1] Gadamer, Toxikologie S. 414.
[2] FISCHER, R.: Arch. Pharmazie **267**, 31 (1929).

Der höchste Coffeingehalt findet sich in der Pasta Guarana, der aus dem Samen der südamerikanischen Schlingpflanze Paullinia cupana (Sapindaceae) gewonnenen dunkelrotbraunen Masse. Er beträgt bis 8 % (4—5 % im Durchschnitt). Guarana-Paste wird zur Herstellung coffeinhaltiger Arzneimittel verwendet.

Die Colanüsse, die getrockneten Samen einiger Cola-Arten (Sterculiaceae) enthalten außer sehr wenig Theobromin (unter 1 %) ebenfalls 1,5—2,5 % Coffein.

Neben ihrer direkten Verwendung als anregende Genußmittel dienen die genannten Drogen der Gewinnung von reinem Coffein. Ein Teil des arzneilich verwendeten Coffein wird heute aus Teeabfällen und als „Nebenprodukt" bei der Herstellung von „coffeinfreiem" Kaffee durch Extraktion mit Lösungsmitteln gewonnen. Synthetisches Coffein wird heute nach mehreren Verfahren hergestellt. Synthetisches Theophyllin-Theocin wird schon seit 50 Jahren nach verschiedenen Verfahren gewonnen.

Theobromin findet sich hauptsächlich in den Samen (Bohnen) des tropischen Kakaobaumes Theobroma cacao (Sterculiaceae) zu 0,9—3 % im Kern neben 0,05—0,36 % Coffein, in geringerer Menge (0,5—1,8 %) auch in den Samenschalen, in jungen, lufttrockenen Blättern bis 0,55 %, während alte Blätter praktisch davon frei sind. Theobromin wirkt kaum oder wenig anregend, aber stark diuretisch. Dem verdankt es seine arzneiliche Verwendung in Form von Salzen (Theobromino-natriumsalicylat, „Diuretin" und Theobromino-natriumbenzoat).

Alle drei Purinderivate (Coffein, Theophyllin, Theobromin) wirken qualitativ gleichartig auf das ZNS und die quergestreiften Muskeln. Ersteres wird bis zu Starrkrampf und Lähmungserscheinungen erregt, letztere werden steif wie bei der Totenstarre. Tod durch Herzlähmung. Toxicität von Coffein zu der von Theobromin wie 1:1,7. Im Organismus werden alle drei teilweise entmethyliert. Nur größere (mißbräuchliche) Dosen führen zu Ausscheidung unzersetzter Substanz im Harn.

Isolierung. Coffein geht aus weinsaurer Lösung nur schwer in Äther, leichter in Chloroform über. Bei unvollkommener Ausschüttelung findet man es deshalb, namentlich wenn größere Mengen vorliegen, auch noch später bei der Ausschüttelung aus natronalkalischer Lösung mit Äther. Theobromin und Theophyllin lassen sich aus saurer Lösung in Äther überhaupt nicht, mit kaltem Chloroform Theophyllin gut, Theobromin besser, jedoch gut mit Chloroform mit 10 % Alkohol ausschütteln. Aus alkalischer Lösung dagegen geht in Chloroform nur das Coffein über, nicht aber Theophyllin und Theobromin.

Nachweis. Unterscheidung von Coffein und Theobromin. 1. Aus neutraler Lösung wird Theobromin durch *Silbernitrat* als Theobrominsilber ausgefällt. Nachdem aus dem Filtrat durch Natriumchlorid der Überschuß an Silbernitrat als Silberchlorid ausgefällt und dieses abfiltriert wurde, wird außerdem vorhandenes Coffein durch Chloroform ausgeschüttelt.

2. Coffeinlösung (1—2 cm³) mit NESSLERs *Reagens* (s. S. 824) 1 min im Wasserbad erwärmt: intensiv rotbrauner Niederschlag. Theobromin gibt nur schwach braune Färbung.

3. Coffein sublimiert bei etwa 180° und schmilzt bei 234—235°, im Mikroschmelzpunktapparat nach KOFLER bei 236,5°. Es sublimiert in langen, seidig glänzenden, monoklinen, am Ende zugespitzten Nadeln oder Bändern. Theobromin sublimiert, ohne vorher zu schmelzen, erst bei 290° C in weißen, feinen Nadeln.

Theophyllin schmilzt bei 264—265° (nach KOFLER 272°) und sublimiert aus der grüngelblichen Schmelze in langen weißen, glänzenden Nadeln. Alle drei haben stark bitteren Geschmack.

Chemische Nachweisreaktionen. *1. Murexid- oder Amalinsäurereaktion.* Beim Eindampfen kleiner Mengen von Coffein, Theobromin oder Theophyllin auf einem Uhrglas (Wasserbad) mit starkem Chlorwasser oder Bromwasser, oder mit Salpetersäure (25 %) und 1 Tropfen Salzsäure oder 3 %igem Wasserstoffsuperoxyd und 1 Tropfen Salzsäure entsteht ein gelb- oder bis rotbrauner Abdampfrückstand. Wird dann das Uhrglas über ein zweites, das Ammoniakflüssigkeit enthält, „linsenförmig" gestülpt, so verfärbt sich der Rückstand nach purpur- bis violettrot. Je nach Art des vorliegenden Purinderivates und Menge variieren die auftretenden Farbtöne. Theobromin und Theophyllin erfordern größere Mengen der Oxydationsmittel als Coffein. Die Lösung des Abdampfrückstandes (oder auch nach der Einwirkung von Ammoniak) in Kalilauge ist bei Coffein farblos, bei Theophyllin gelb und nur bei Theobromin blau (wie bei der Murexidreaktion mit Harnsäure).

Tabelle 3.

	Abdampfrückstand mit den Oxydationsmitteln	Einwirkung von Ammoniak	Lösung in Kalilauge
Coffein	rot bis braunrot	violett	farblos
Theobromin . . . . . . : . .	hell bis rotbraun	rosa bis purpurrot	blau
Theophyllin	gelb bis braun	über violett in purpurrot	gelb
Harnsäure	gelbbraun bis orange	purpurrot	blau

Über die Variationsmöglichkeiten dieser Reaktion und der auftretenden Färbungen, sowie eine ähnliche Reaktion mit Pyramidon vgl.[1].

Theophyllin gibt mit Diazoreagens eine Rotfärbung, Coffein und Theobromin jedoch nicht[2].

2. Coffein-Mikroreaktion nach MARTINI[3]. Ein Tropfen Coffeinlösung mit je einem kleinen Tropfen einer 5%igen Kaliumjodidlösung und einer 1%igen Wismutchloridlösung (Objektträger) ergeben sofort einen Niederschlag, der sich beim Erwärmen löst, um beim Abkühlen wieder aufzutreten. Die Empfindlichkeitsgrenze dieser für Coffein spezifischen Reaktion beträgt 0,4 γ.

Herzglykoside (Herzgifte). Zu ihnen gehören aus der weit im Pflanzenreich verbreiteten Stoffklasse der Glykoside (durch Hydrolyse oder Fermente werden sie in Zucker und andere organische Verbindungen gespalten) die herzwirksamen Stoffe verschiedener Fingerhutarten (Digitalis ambigua, D. lanata, D. lutea, D. purpurea), der Strophanthusarten (Strophanthus gratus, Str. hispidus, Str. Kombé), der Meerzwiebel [Urginea (Scilla) maritima], des Maiglöckchens (Convallaria majalis), des Oleanders (Nerium Oleander), der Uzarawurzel (von mehreren Gomphocarpusarten) u. a. Am häufigsten sind Vergiftungen durch Digitalis- und Strophanthus-Glykoside vorgekommen, meist durch mißbräuchliche, unbeabsichtigte oder falsche Dosierung. Auch Selbstmorde und Morde durch arzneiliche Zubereitungen und die reinen Glykoside sind erwiesen.

Die Resorption erfolgt sehr schnell, die Speicherung hauptsächlich im Herzen und auch im Gehirn (Strophanthin). Im Harn treten sie selten auf. In faulenden Substanzen sind sie lange (Wochen bis Monate) widerstandsfähig.

Zur *Isolierung* dienen am besten Erbrochenes und Mageninhalt, aus Organen am besten Herz und Gehirn. Das möglichst zerkleinerte Material wird mit Essigsäure schwach angesäuert und mit 50%igem Alkohol (siedend) ausgezogen. Nach Eindampfen zur Sirupdicke wird zur Fällung (Eiweiß, Salze) starker Alkohol zugesetzt und das Filtrat eingedampft, der Rückstand in 10%igem Alkohol gelöst und nach Alkalisierung mit Ammoniak mit Chloroform ausgeschüttelt. Der Chloroformrückstand wird zur weiteren Reinigung wiederum in Chloroform gelöst, mit einem Äther-Petroläthergemisch (etwa 1:7) gefällt und nach 2 Tagen das Filtrat zur Trockne gebracht.

Harn wird bei schwach alkalischer Reaktion zur Sirupdicke eingedampft, mit der fünffachen Menge absolutem Alkohol geschüttelt, dann mit der gleichen Menge Benzol-Chloroformgemisch versetzt und mit basischem Bleiacetat gefällt. Nach Absetzen wird filtriert, das Filter mit Alkohol-, Chloroform-, Benzolgemisch (5 + 1 + 1) nachgewaschen, das gelbe Filtrat mit Schwefelwasserstoff entbleit und zum dünnen Sirup eingedampft. Nach Aufnehmen mit 10%igem Alkohol wird mit Ammoniak schwach alkalisch gemacht, mit Chloroform-Benzol (3:1) ausgeschüttelt und diese Lösung verdunstet[4]. Gefärbte Lösungen können vorher durch Schütteln mit Tierkohle entfärbt werden. Besonders geeignet sind Reste von vorgefundenen Arzneimitteln (Infuse, Pillen, Tropfen) und Blätter (Tee), letztere auch zur mikroskopischen Untersuchung.

---

[1] GEMEINHARDT, K.: Pharmaz. Ztg. **85**, 219 (1949).
[2] Gadamer, Toxikologie S. 460.
[3] MARTINI, A.: Schweiz. Apoth.-Ztg. **80**, 114 (1942). Mikrochem. **29**, 170 (1941).
[4] Gadamer, Toxikologie S. 437—439.

Nachweis. 1. BRUNNER-PETTENKOFER*sche Reaktion* zum allgemeinen Nachweis von Glykosiden, also auch Herzglykosiden. Prüfsubstanz und etwas gereinigte Ochsengalle (Fel tauri depurat.) werden in etwas Wasser gelöst und mit dem gleichen Volumen konz. Schwefelsäure unterschichtet: ein blutroter Ring an der Schichtzone, beim Umschwenken Rotfärbung der ganzen Flüssigkeit zeigen Glykoside an. Nur negativer Ausfall beweisend, da alle Glykoside die positive Reaktion geben.

2. LEGAL-*Test.* Mit Ausnahme der Scillaglykoside für die Herzglykoside charakteristisch. Durchführung: Werden einige Milligramm der Prüfsubstanz in Alkohol oder Pyridin gelöst und mit gleichem Volumen frisch bereiteter 5%iger alkoholischer Lösung von Nitroprussidnatrium versetzt, so entsteht auf Zusatz von Alkali Rotfärbung.

3. D i g i t a l i s - G l y k o s i d e. Meist wird man sich, namentlich bei Organen, auf den Nachweis von Digitoxin beschränken, das in keiner Digitaliszubereitung fehlen dürfte. Digitoxin kann auch manchmal im Harn nachgewiesen werden (Isolierung aus diesem wie oben).

Reaktion nach O. KELLER *und* H. KILIANI. Der Rückstand wird in 3—4 cm³ eisenhaltigem Eisessig [10 cm³ Eisessig + 0,1 cm³ 5%ige Eisen(III)-sulfatlösung] gelöst und mit 3 cm³ eisenhaltiger Schwefelsäure [10 cm³ konz. Schwefelsäure + 0,1 cm³ 5%ige Eisen(III)-sulfatlösung] unterschichtet. Bei Gegenwart auch nur von Spuren Digitoxin entsteht eine dunkle Berührungszone, über dieser nach etwa 2 min ein blauer Streifen. Später färbt sich die ganze Eisenschicht tief indigoblau, dann blaugrün.

Liegt ein Tee oder eine pulverförmige Droge als Untersuchungsgut vor, deren mikroskopische (pharmakognostische) Untersuchung das Vorhandensein von Fol. digitalis als wahrscheinlich oder sicher erscheinen läßt, so wird erst ein Kaltwasserauszug hergestellt, aus dem durch Ausschütteln mit Chloroform Gitalin, ein weiteres der Glykoside, isoliert werden kann. Aus dem mit kaltem Wasser ausgezogenen Material wird durch Auszug mit 70% Alkohol das Digitoxin aufgenommen. Der Rückstand des Alkoholauszuges wird wie der auf andere Weise (z. B. aus Organen) gewonnene Ätherrückstand zur Reaktion nach KELLER-KILIANI verwendet.

4. S t r o p h a n t h u s - G l y k o s i d e. Von den 3 arzneilich verwendeten Strophanthus-Glykosiden ist zwar zur Zeit nur das aus Strophanthus gratus gewonnene g-Strophanthin in Deutschland offizinell, das mit dem aus Strophanthus glaber und Acocanthera ouabaia gewonnenen Ouabain identisch ist, doch muß auch mit der Verwendung von k-Strophanthin (Kombetin) von Strophanthus Kombé und h-Strophanthin von Strophanthus hispidus gerechnet werden. Namentlich k-Strophanthin wird vielfach angewandt.

Da es sich meist um kleinste, parenteral einverleibte Mengen der Glykoside handeln wird, ist bei der Isolierung und Reinigung ganz besondere Sorgfalt anzuwenden, um größte Reinheit der endlichen Rückstände aus den Organen zu erzielen.

α) g-Strophanthin ist krystallisiert. Es bildet farblose, atlasglänzende, quadratische Tafeln. F: Bei 105° verliert es das Krystallwasser (20,5—22%) und schmilzt bei 185 bis 188° C (im KOFLERschen Mikroschmelzpunktapparat 180—183°). Konz. *Schwefelsäure* löst es mit roter Farbe, die mit Wasser in grün umschlägt. In wenig Wasser gelöst und mit konz. Schwefelsäure unterschichtet färbt sich die Schwefelsäure allmählich rot, die wäßrige Schicht schmutzig grün.

β) k-Strophanthin (Kombetin) ist sehr fein krystallinisch bis amorph. F (wasserfrei) 170—172° C. In konz. Schwefelsäure mit smaragdgrüner Farbe löslich. Mit *Resorcin in konz. Salzsäure* gelöst, entsteht in der Kälte langsam, beim Erwärmen rasch rote Färbung. Eine Lösung in *Nitroprussidnatriumlösung* färbt sich auf Zusatz einiger Tropfen Natronlauge vorübergehend schön rot, dann chromgelb. *Gerbsäurelösung* fällt es aus seinen Lösungen.

γ) h-Strophanthin ist ebenfalls amorph bis sehr fein krystallinisch. F 179° C [= (Pseudo-) Strophanthin].

Das wichtigste Erkennungsmittel für alle Herzglykoside ist der physiologische Versuch am Froschherz.

Bezüglich Erkennung und Nachweis der anderen Herzglykoside wird auf GADAMER[1] verwiesen.

---

[1] Gadamer, Toxikologie S. 437—439.

Saponine. Nach KOFLER[1] enthalten viele Pflanzenfamilien in mehreren hundert Arten Saponine, eine Gruppe von Glykosiden, die bei hydrolytischer Spaltung in ihre Aglykone, die Sapogenine, und verschiedene Zuckerarten gespalten werden. Sie sind zum Teil neutrale Verbindungen, die sich leicht in Wasser lösen, teils schwache Säuren, die in Wasser nicht, aber in verdünnten Alkalien löslich sind. Die meisten Saponine lösen sich leicht in heißem Alkohol, schwer in Methanol und absolutem Alkohol; in Äther, Benzol, Chloroform, Petroläther u. a. sind sie unlöslich. Ihre hervorstechendste Eigenschaft ist ihr starkes Schaumbildungsvermögen. Die meisten Saponine besitzen toxische Eigenschaften. Wegen ihrer schweren Resorbierbarkeit ist ihre Giftwirkung bei Verabreichung per os ungleich geringer als bei direkter Einführung in die Blutbahn, wobei sie Hämolyse hervorrufen. Cholesterin, mit dem die Saponine Molekularverbindungen eingehen, wirkt entgiftend[2]. Für Vergiftungen mit Saponinen kommen unter anderen die folgenden Drogen bzw. Pflanzen in Betracht:

Seifenwurzel (Saponaria officinalis), Quillajarinde (Quillaja saponaria), Senegawurzel (Polygala senega), Kornrade (Agrostemma githago, als Verunreinigung der Getreidemehle) u. a. m.[3]

Isolierung. Als Untersuchungsmaterial sind Lebensmittel oder Drogen und Arzneizubereitungen am geeignetsten, da die Isolierung aus Mageninhalt oder Obduktionsmaterial meist nicht möglich ist. Das Untersuchungsmaterial wird mit Magnesiumcarbonat bis zur schwach sauren Reaktion neutralisiert und dann mit Alkohol ausgekocht. Das Filtrat wird durch Eindampfen vom Alkohol befreit und mit Äther oder Petroläther ausgeschüttelt (zur Reinigung). (Weitere Reinigung durch Fällung mit Bleiacetat und Bleiessig oder Bariumhydroxyd nach GADAMER[4].)

Im STAS-OTTO-Gang gehen sie aus saurer Lösung in Chloroform über.

Nachweis. Von den zur Erkennung der Saponine angegebenen Farbreaktionen sind die folgenden am geeignetsten:

1. *Konz. Schwefelsäure* löst mit gelber bis rotgelber, später in Rot, Rotviolett übergehender, allmählich mißfarbiger Färbung.

2. Nach Verreiben mit wenigen Tropfen *Essigsäureanhydrid* ruft ein von der Seite zugesetzter Tropfen konz. Schwefelsäure sofort deutliche hellrote Färbung hervor.

3. FRÖHDES *Reagens* färbt nach etwa 15 min blauviolett, nach einer weiteren Viertelstunde in fast reines Grün übergehend.

4. Wie alle Glykoside geben auch die Saponine die BRUNNER-PETTENKOFERsche *Gallenreaktion* (s. o. Herzglykoside, S. 773).

Der sicherste Nachweis der Saponine beruht auf ihrer *hämolytischen Wirkung.* Capillarisiert man eine Saponin enthaltende Lösung in der üblichen Weise auf einen Filtrierpapierstreifen, so sammeln sich die Saponine am oberen Ende des Capillarbildes an. Bei Einlegen dieses Streifenendes in Blutgelatine zeigt sich je nach Konzentration und Hämolysefähigkeit des betreffenden Saponins um das Papier mehr oder weniger schnell ein kleinerer oder größerer hämolytischer Hof.

KOFLER und Mitarbeiter[5] haben unter Ausnutzung der Bildung von Molekularverbindungen mit Cholesterin (s. o.) und Festlegung der Versuchsbedingungen das Capillarverfahren ausgebaut.

Der 1,5—2 cm breite, etwa 30 cm lange Filtrierpapierstreifen (SCHLEICHER und SCHÜLL, Nr. 598) wird etwa 3 cm vom unteren Rand oder auf einer durch seitliches Ausschneiden in gleicher Höhe geschaffene „Brücke" von 1 cm Breite und etwa 2 cm Länge mit 1%iger alkoholischer Cholesterinlösung durch mehrmaliges Auftropfen und Verdunstenlassen des Alkohols mit Cholesterin imprägniert. In dieser Brücke wird dann beim Capillarisieren das Saponin zurückgehalten und gebunden. Nach 2 Tagen wird die Brücke herausgeschnitten, noch feucht mit Wasser gewaschen, getrocknet, in einem kleinen Kölbchen mit Steigrohr (Acetylierungskolben) mit etwas Xylol 2 Std gekocht, dann mit Äther gewaschen, getrocknet und in Blutgelatine (3% Gelatine und 4% defibriniertes Blut) gelegt.

Solanin, $C_{54}H_{90}O_{18}N_2 \cdot H_2O$, ein Glucoalkaloid (Saponin) in Pflanzen der Gattungen Solanum und Scopolia, besonders bekannt durch Vergiftungen mit den beerenartigen

[1] KOFLER, L.: Die Saponine. Wien 1927.
[2] RANSON, F.: D. m. W. **1901**, 194. — KOBERT, R.: Die Saponine. Stuttgart 1904. — WINDAUS, A.: B. **42**, 238 (1909).
[3] S. a.: Gadamer, Toxikologie S. 440 ff.
[4] Gadamer, Toxikologie S. 443.
[5] KOFLER, L.: Die Saponine. S. 83. Wien 1927. — FISCHER, R.: Arch. Pharmazie **267**, 685 (1929). S.-B. Akad. Wiss. Wien, math.-naturwiss. Kl., Abt. I, **139**, 321 (1930). — KOFLER, L., R. FISCHER u. H. NEWESELEY: Pharmaz. Presse **38**, 113 (1933).

Früchten, den chlorophyllreichen Keimen, aber auch den scheinbar normalen Knollen der Kartoffelpflanze, Solanum tuberosum[1]. Es bildet weiße, bitter schmeckende Krystallnadeln, die selbst in heißem Wasser sehr schwer, auch in Alkohol und Äther ziemlich schwer löslich sind. F bei 220° hellbraun, bis 280° dunkler braun werdend, bei 285° aufschäumend. Mineralsäuren spalten das Solanin in sein Aglykon Solanidin ($C_{40}H_{61}NO_2$ oder $C_{34}H_{57}NO_2$; F 207°) und verschiedene Zuckerarten. Gegen organische Säuren weniger empfindlich.

Isolierung. Das Untersuchungsmaterial wird nach SCHMIDT[2] in der Kälte mit weinsäurehaltigem Wasser ausgezogen, das Filtrat mit Magnesiumoxyd neutralisiert, zur Trockne eingedampft, der Rückstand mit Alkohol gekocht und heiß filtriert. Bei größeren Solaninmengen gelatiniert der alkoholische Auszug beim Erkalten, dünnere Lösungen sind einzudampfen.

Kartoffeln werden nach v. MORGENSTERN[3] zu Brei zerrieben und abgepreßt. Aus dem Preßsaft werden mit wenig Essigsäure unter Erwärmen die Eiweißstoffe abgeschieden und aus dem zur Sirupdicke eingedampften Filtrat durch allmählichen Zusatz von starkem Alkohol Zucker, Dextrin usw. ausgeschieden; die alkoholische Lösung wird zur Trockne verdampft, der Rückstand mit wenig essigsäurehaltigem Wasser aufgenommen und aus der Lösung das Solanin mit Ammoniak in Flocken abgeschieden. Aus getrockneten und gepulverten solaninhaltigen Teilen der Kartoffeln muß man im SOXHLET-Apparat mit 96%igem Alkohol extrahieren, um einen krystallinen Rückstand zu erhalten[4].

Nachweis. 1. Solaninlösung gibt mit *Phosphomolybdänsäure* gelbe Fällung (Solanidin gibt auch mit anderen Alkaloidreagentien Fällungen).

2. *Selen-Schwefelsäure* löst Solanin und Solanidin mit himbeerroter Farbe (Beschleunigung durch leichtes Erwärmen).

3. *Vanadin-Schwefelsäure* löst ebenfalls beide Stoffe mit orangegelber, bald roter, endlich blauvioletter Farbe.

4. Beim Unterschichten alkoholischer Lösungen beider Stoffe mit *konz. Schwefelsäure* entsteht eine rote, nach unten gelbe Zone.

5. MARQUIS' *Reagens* gibt mit Solanin eine intensive Violettfärbung, die quantitativ colorimetrisch ausgewertet werden kann[4, 5].

Santonin ($C_{15}H_{18}O_3$). Der Bitterstoff aus dem „Wurmsamen", den Blütenknospen von Artemisia maritima (Flores cinae), ist ein methyliertes γ-Lacton einer hydrierten Naphtholcarbonsäure, das als Anthelminthicum angewandt wird. Farblose bis gelbliche, glänzende rhombische Krystalle, stark bitter schmeckend. F 170° (Mikro-F 174°).

Es wird im Organismus schnell umgewandelt und ist nur kurze Zeit in Organen nachzuweisen. Im Harn wird es zum Teil unverändert ausgeschieden (stark gelbe Färbung, die, mit Alkalilauge in Rot übergehend, mit Chloroform ausgeschüttelt in dieses übergeht).

Isolierung. Erbrochenes, Magen- und Darminhalte sind besonders geeignet, außerdem Harn; wenig geeignet sind Organe und Blut (Reinigung nach DRAGENDORFF, vgl. LIEB[6]). Es ist aus saurer Lösung mit Äther oder Chloroform auszuschütteln.

Nachweis. 1. *Konz. Schwefelsäure* färbt allmählich, namentlich bei schwachem Erwärmen, gelb bis rot. Etwa 65%ige Schwefelsäure wird durch Erhitzen mit Santonin gelb, eine nach Abkühlen auf Zusatz von sehr wenig Eisenchlorid entstehende Trübung gibt bei erneutem Erhitzen eine violette Färbung.

2. Mit *Kaliumcyanid* bildet Santonin eine tiefrote Schmelze, die sich in Alkalien oder Wasser zu einer grün fluorescierenden Flüssigkeit löst.

3. Je einige Tropfen alkoholische Santoninlösung und 2%ige alkoholische *Furfurollösung* geben beim Erwärmen mit 2 cm³ konz. Schwefelsäure (Wasserbad) eine purpurrote, dann violette bis dunkelblaue Färbung (Pikrotoxin gibt sofort eine beständige violette Färbung.)

[1] GRIEBEL, C.: Z. Unters. Nahr.- u. Genußm. **45**, 175 (1923).

[2] SCHMIDT, E.: Lehrbuch der pharmazeutischen Chemie, organischer Teil. 4. Aufl. Braunschweig 1901.

[3] MORGENSTERN, F. v.: Landwirtsch. Vers.-Stat. **65**, 301 (1907).

[4] ARNOLD, W.: Pharmazie **5**, 490 (1950).

[5] ROCHELMEYER, H.: Habil.-Schr. Frankfurt a. M. 1939.

[6] LIEB, H.: Handb. biol. Arb.-Meth. Abt. IV, Teil 12/1, Bd. 2, S. 1419.

Salicylsäure. o-Oxybenzoesäure $(C_6H_4(OH)—COOH)$ entsteht durch Oxydation des in der Rinde der Weiden (Salix) enthaltenen Glykosides Saligenin, findet sich als Methylester im Wintergrünöl (von Gaultheria procumbens) und frei in mehreren Spireaarten. Ihre synthetische Darstellung durch KOLBE (1874) durch Einwirken von Kohlensäure auf Phenolnatrium war die erste Arzneimittelsynthese.

Vergiftungen bei peroraler Anwendung von Salicylsäurepräparaten (Natriumsalicylat) wurden festgestellt, obgleich die Dosis letalis mit etwa 30 g (per os) angegeben wird. Auch zu Selbstmorden sind Salicylsäure und ihre Salze mit Erfolg verwendet worden (Ungarn). Resorption und Ausscheidung durch den Harn erfolgen sehr schnell. Salicylsäure findet sich im Harn zum Teil unverändert, teils mit Glykokoll oder Glucuronsäure gepaart und als Esterschwefelsäure.

Salicylsäure ist mit Wasserdämpfen etwas flüchtig und kann sich deshalb im Destillat bei den „flüchtigen Giften" finden. Zur Trennung von Phenol und Homologen wird das Destillat mit Natriumhydrogencarbonat in geringem Überschuß behandelt, das Phenol mit Äther ausgeschüttelt und die wäßrige Lösung nach Ansäuern mit Salzsäure ausgeäthert.

Isolierung. Durch Ausschütteln mit Äther nach Ansäuern mit Salzsäure erhält man aus Blut und Harn die unveränderte Salicylsäure. Zur Erfassung der Gesamtsäure kocht man den Harn mit konz. Salzsäure $^1/_2$ Std am Rückflußkühler. Zur Reinigung des Ätherrückstandes wird er mit Natriumcarbonatlösung gelöst und nach abermaligem Ansäuern mit Salzsäure mehrmals mit Äther ausgeschüttelt. Wenn nötig, ist weiter der Rückstand aus heißem Wasser unter Verwendung von Tierkohle umzukrystallisieren.

Die farblosen monoklinen Nadeln und Prismen der Salicylsäure sublimieren bei etwa 85° und schmelzen bei 157°.

Nachweis. 1. Salicylsäure und ihre Salze geben in wäßriger Lösung durch wenig *Eisenchlorid* eine blaue bis violette, auf Zusatz von Salzsäure gelbe Farbe. Mineralsäuren und Alkalien verhindern die Reaktion, andere organische Säuren (Milchsäure, Weinsäure) stören, Benzoesäure gibt braune Flocken.

2. Mit MILLONs *Reagens* färbt sich die wäßrige Lösung beim Erwärmen tiefrot.

3. Aus verdünnter wäßriger Lösung fällt *Bromwasser* im Überschuß gelbliches krystallinisches Tribromphenol-hypobromit $(Br_3C_6H_2 \cdot OBr)$. Die Reaktionen a), b), c) sind für Salicylsäure nur bei Abwesenheit von Phenol und Homologen beweisend.

4. Beim Erwärmen von Salicylsäure mit *Methylalkohol und konz. Schwefelsäure* entsteht der charakteristisch riechende Methylester (Ol. Gaultherii).

5. Gesättigte wäßrige Lösungen geben mit *Quecksilber(I)-nitrat* nadel- oder stäbchenförmige, mit *p-Nitrodimethylanilin* büschlige braune Krystalle.

Salicylsäurederivate. 1. Acetylsalicylsäure, Aspirin $(CH_3—CO—O—C_6H_4—COOH)$, ein weißes, süßlichsauer schmeckendes krystallines Pulver. F 137°, Mikroschmelzpunkt (KOFLER) 130—136°.

Durch Verseifung im Darm wird sie in ihre Komponenten (Salicylsäure und Essigsäure) gespalten. Die Ausscheidung von Salicylsäure im Harn erfolgt wie bei dieser.

Isolierung wie bei Salicylsäure aus saurer Lösung mit Äther oder Chloroform.

Nachweis. Das unzersetzte reine Präparat gibt mit *Eisenchlorid* keine Färbung.

1. Mit Wasser und Calciumcarbonat geschüttelt gibt das nach Beendigung der Kohlendioxydentwicklung erhaltene Filtrat mit *Eisenchlorid* einen hellbraunen, mit Bleiacetat einen weißen und mit Kupfersulfat einen blaugrünen Niederschlag.

2. Mit starker (33 %iger) Natronlauge 2—3 min gekocht und nach dem Erkalten mit verdünnter Schwefelsäure angesäuert, entsteht bei Gegenwart von Salicylsäure eine vorübergehende Violettfärbung, dann scheidet sich weiße, krystalline *Salicylsäure* aus (Kontrolle F 157°, Violettfärbung der wäßrigen Lösung durch Eisenchlorid). Das Filtrat vom Salicylsäureniederschlag riecht, wenn ursprünglich Acetylsalicylsäure vorlag, nach Essigsäure. Diese wird am Essigestergeruch erkannt, wenn das Filtrat mit gleichen Mengen Alkohol und Schwefelsäure gekocht wird.

2. Salicylsäurephenyläther, Salol $(C_6H_4(OH)—CO—O—C_6H_5)$, ein schwach aromatisch riechendes und schmeckendes, farbloses krystallines Pulver, aus Lösungsmitteln auch aus rhombischen Tafeln bestehend. F 42—42,5°, bei der Sublimation zunächst gebildete Tröpfchen erstarren zu eckigen (rautenförmigen) Plättchen.

Isolierung. Salol ist schon mit Wasserdämpfen flüchtig und kann so im Destillat der „flüchtigen Gifte" auftreten[1]. Im Organismus wird es in Phenol und Salicylsäure gespalten. Der Harn ist deshalb wie Phenolharn olivgrün bis dunkelbraun gefärbt.

Nachweis. 1. Harn wird, wie bei Salicylsäure angegeben, zur Trennung von Phenol und Salicylsäure behandelt und diese nachgewiesen.

2. Unzersetztes Salol gibt in alkoholischer Lösung, jedoch nicht in wäßriger, mit *Eisenchlorid* eine schmutzige violette Färbung. In Natronlauge, durch Erwärmen gelöst, fällt beim Ansäuern mit Salzsäure Salicylsäure aus; Phenol gibt sich durch den Geruch zu erkennen (Trennung wie oben, S. 777, angegeben).

Acetanilid, Antifebrin $(C_6H_5—NH—CO—CH_3 + H_2O)$. Weiße, glänzende, geruchlose Krystalle von schwach brennendem Geschmack, in kaltem Wasser schwer, in heißem leichter, gut in Weingeist und Chloroform, schwerer in Äther löslich.

F 113—114°, Mikroschmelzpunkt (KOFLER) 115°.

Isolierung. Aus weinsaurer Lösung mit Äther, besser mit Chloroform auszuschütteln. Im Harn nur in geringer Menge unverändert (s. Phenacetin).

Nachweis. 1. Isonitrilreaktion. Beim Kochen mit Chloroform und alkoholischer Kalilauge: Widerlicher Isonitrilgeruch.

2. Indophenolreaktion. Nach Kochen mit etwa 4 cm³ Salzsäure, Eindampfen auf etwa $^1/_2$ cm³ und Erkalten tritt auf Zugabe von 5%igem Phenol und von Chlorkalklösung oder Chlorwasser (tropfenweise) eine schmutzig violette, beim Umschütteln stärker werdende violette Färbung auf. Beim Überschichten mit Ammoniak färbt sich die obere Schicht indigoblau. Beweisend für Acetanilid und andere Anilinderivate nur, wenn vorher die violette Färbung auftrat, da Phenol mit Chlor (oder Hypochlorit) und Ammoniak allein eine blaue Färbung gibt. Auch Phenacetin gibt die Indophenolreaktion.

3. Essigsäurenachweis. Nach Erwärmen mit konz. Schwefelsäure und Alkohol im Wasserbade tritt namentlich nach Verdünnen mit etwas Wasser der charakteristische Geruch des Essigsäureäthylesters auf.

Phenacetin. p-Acetphenetidin $(C_2H_5O—C_6H_4—NH—OC—CH_3—(1,4))$. Farblose, glänzende Krystallblättchen, in kaltem Wasser sehr schwer, in heißem leichter, besser in Alkohol löslich.

F 134—135°, Mikroschmelzpunkt (KOFLER) 135°.

Isolierung. Derivate von Anilin und p-Aminophenol (Acetanilid, Phenacetin, Lactophenin u. a.) werden im Organismus umgesetzt und im Harn nur in geringer Menge unverändert ausgeschieden. Die Hauptmenge erscheint gepaart mit Schwefelsäure oder Glucuronsäure oder als freies p-Aminophenol. Auch aus Leichenteilen ist die Auffindung unveränderter Substanz unsicher.

Zum Nachweis von p-Aminophenol werden die gepaarten Säureverbindungen hydrolytisch gespalten, indem größere Mengen Harn (etwa 300—500 cm³) mit 10 cm³ konz. Salzsäure am Rückflußkühler gekocht, dann mit Soda übersättigt und mit Äther (mehrmals größere Mengen) ausgeschüttelt werden. p-Aminophenol gibt einen bräunlich bis rötlich gefärbten öligen Rückstand, der in Wasser gelöst die Indophenolreaktion gibt.

Nach Einnahme größerer Mengen von Phenacetin ist der Harn stark gelb gefärbt, durch Zusatz von Oxydationsmitteln (Eisenchlorid, Chlorkalk, Chromsäure) färbt er sich rotbraun bis grünschwarz. Er reduziert FEHLINGsche Lösung und dreht das polarisierte Licht nach links. Phenacetinharn gärt nicht. Oft gibt solcher Harn schon direkt, stets nach Kochen mit konz. Salzsäure, die Indophenolreaktion und die Azofarbstoffreaktion.

---

[1] Trennungsgang s. DIETZEL, R., W. PAUL u. P. TUNMANN: Analyse organischer Arzneimittel. Z. Unters. Lebensm. **79**, 82 (1940).

Durchführung: Mit konz. Salzsäure stark einkochen (auf 2 cm³), auf 0⁰ abkühlen, einige Tropfen 5%ige Kaliumnitritlösung zugeben, mit Natronlauge im Überschuß versetzen und mit alkalischer β-Naphthollösung überschichten: rote Zone.

Unverändert läßt sich Phenacetin mehr oder weniger vollständig aus saurer, die Umwandlungsprodukte (z. B. Phenetidin) aus alkalischer Lösung ausschütteln. Wegen geringer Löslichkeit von Phenacetin in saurer Lösung muß mehrmals sorgfältig ausgeschüttelt werden.

Vorsicht und Sorgfalt bei der Reinigung und Aufbereitung. Es besteht Gefahr, daß das Phenacetin im unlöslichen Rückstand verbleibt.

Nachweis. *1. Salpetersäure* färbt gelb bis orange und gibt ebensolche Lösung. Beim Kochen mit etwa 10%iger Salpetersäure krystallisiert aus der gelben bis orangeroten Lösung Nitrophenacetin (F 103°) in langen gelben Nadeln aus (Acetanilid und Antipyrin gehen farblos in Lösung).

2. Indophenolreaktion verläuft positiv (wie bei Acetanilid).

3. Chromsäurereaktion. Mit einigen Kubikzentimetern konz. Salzsäure 1 min gekocht, mit der 5—10fachen Menge Wasser verdünnt und nach Erkalten filtriert, wird das Filtrat auf Zusatz von Chromsäurelösung bei Gegenwart von Phenacetin rubinrot gefärbt (Acetanilid: gelb, allmählich grün werdend).

4. Essigsäurenachweis wie bei Acetanilid.

5. Isonitrilreaktion verläuft negativ (Unterschied von Acetanilid).

Lactophenin, Lactyl-p-phenetidin ($C_2H_5O—C_6H_4—NH—OC—CH(OH)—CH_3$). Farblose, durchscheinende und geruchlose Krystallnädelchen von schwach bitterem Geschmack, in kaltem Wasser schwer, in siedendem leichter, in Weingeist leicht, in Äther und Chloroform reichlich löslich.

F 117—118°, Mikroschmelzpunkt (KOFLER) 118°.

Isolierung. Veränderungen und Ausscheidung in Organismus und Harn verhalten sich analog Acetanilid und Phenacetin.

Nachweis. *1. Indophenol-* und *Azofarbstoffreaktion* nach hydrolytischer Spaltung mit HCl (vgl. Phenacetin).

2. Unterscheidung von Phenacetin.

a) In alkoholischer Lösung färbt *Eisenchlorid* rötlich braun.

b) Die Lösung in verdünnter Schwefelsäure entfärbt rasch eine *Kaliumpermanganatlösung*. Bei schwachem Erwärmen tritt der Geruch von Acetaldehyd auf.

c) Die wäßrige Lösung gibt mit *Bromwasser* einen weißen Niederschlag.

Antipyrin, Phenyldimethylpyrazolon ($C_{11}H_{12}ON_2$). Tafelförmige, farblose Krystalle, kaum riechend und schwach bitter schmeckend, sehr leicht in Wasser, Weingeist und Chloroform, schwerer in Äther löslich. F 110—112°, Mikroschmelzpunkt (KOFLER) 111,5°.

Isolierung. Verteilt sich schnell im Organismus und ist in allen Organen nachzuweisen. Findet sich im Harn unverändert oder an Schwefelsäure gebunden. Antipyrin geht aus weinsaurer Lösung in Chloroform, nicht aber in Äther über. Wird mit Äther ausgeschüttelt, so findet man es erst bei der Ausschüttelung aus alkalischer (Natriumcarbonat) Lösung.

Aus dem Harn und anderen Lösungen wird es in schwefelsaurer Lösung mit Kaliumwismutjodid gefällt, der Niederschlag mit Natriumcarbonat und Natriumhydroxyd oder besser mit Silbercarbonat zerlegt, dann mit Chloroform ausgeschüttelt und der Rückstand aus Benzol umkrystallisiert[1].

Nachweis. 1. Etwas Antipyrin (Rückstand) in wenig Wasser auf dem Uhrglas gelöst und mit 1—2 Tropfen *Eisenchloridlösung* versetzt, gibt eine tiefrote, auf Zusatz von Schwefelsäure in hellgelb übergehende Farbe.

2. Wird die wäßrige Lösung mit 1—2 Tropfen *rauchender Salpetersäure* versetzt, so entsteht durch Bildung von Nitrosoantipyrin ($C_{11}H_{11}—(NO)—ON_2$) intensivgrüne Färbung. Zum Sieden erhitzt, geht diese nach Zusatz eines weiteren Tropfens rauchender Salpetersäure und nochmaligem kurzem Aufkochen in Rot über.

---

[1] THOMS, H., u. D. JONESCU: Ber. dtsch. pharmaz. Ges. **16**, 130 (1906).

3. Antipyrin gibt mit den gebräuchlichen *Alkaloidfällungsmitteln* (z. B. MILLONS Reagens) starke Niederschläge.

Aus weinsaurer Lösung gehen noch eine große Anzahl von Arzneimitteln mit starker (Gift-) Wirkung in den Äther oder auch in Chloroform über. Um eine Unterteilung und bessere Unterscheidung herbeizuführen, läßt DIETZEL[1] die aus weinsaurer Lösung erhaltenen Ätherausschüttelungen dreimal mit je 15 cm³ 2 %iger Sodalösung behandeln, wodurch die Stoffe teils in die Sodalösung übergehen, teils in der Ätherphase verbleiben. Von den in der Ätherphase verbleibenden sind außer schon behandelten Mitteln die folgenden aufzuführen:

Sulfonal. Diäthylsulfondimethylmethan und **Trional** und **Tetronal,** vom Sulfonal abgeleitet durch Ersatz einer bezw. beider Methylgruppen durch eine Äthylgruppe. Alle drei sind Schlafmittel (Tetronal heute bedeutungslos). Sulfonal bildet farb-, geruch- und geschmacklose, prismatische Krystalle, sehr schwer in kaltem, leicht in siedendem Wasser, schwer in kaltem, sehr leicht in siedendem Alkohol, schwer in Äther und leicht in Chloroform löslich, F 125—126°. Trional (Methylsulfonal): Farb- und geruchlose, glänzende Krystalle, in Äther und Weingeist leicht, in Wasser sehr schwer mit bitterem Geschmack löslich, F 76°.

Isolierung. Magen- und Darminhalt, Organteile und Harn sind zur Darstellung beider Mittel geeignet. Sie sind gegen Fäulnis sehr beständig. Im Harn finden sie sich zum Teil unverändert, zum Teil als Methylsulfonsäure. Sulfonal wird infolge seiner Löslichkeitsverhältnisse viel langsamer als das Trional resorbiert und durch den Harn ausgeschieden. Daher hat es stärkere kumulative Wirkung, die namentlich bei längerem Sulfonalgebrauch zu Hämatoporphyrinurie (bei Trional sehr selten festgestellt) führt (s. u.).

Nachweis. 1. Eine kleine Menge des Rückstandes mit Kohlepulver im Probierrohr erhitzt gibt den widerlichen, unverkennbaren *Mercaptangeruch.*

2. Beim Schmelzen mit *Kaliumcyanid* im Probierrohr entsteht neben Mercaptan auch Kaliumrhodanid. Das erste wird wie bei 1. am Geruch, das Kaliumrhodanid an der Rotfärbung der Lösung aus der Schmelze durch Eisen(III)-chlorid nach Ansäuern mit Salzsäure erkannt.

3. Mit *Kaliumdichromat und sirupöser Phosphorsäure* erhitzt entsteht eine Grünfärbung. Nach Verdünnen mit Wasser, sowie Zugabe von Natronlauge und etwas Jod tritt bei gelindem Erwärmen Jodoformgeruch auf (Wirkung der Äthylgruppen). Eine Unterscheidung von Sulfonal und Trional ist durch die sehr verschiedenen Schmelzpunkte und Löslichkeitsverhältnisse möglich.

4. *Nachweis im Harn.* Zur Abscheidung wird eine größere Menge Harn (etwa 1 Liter) auf $^1/_{10}$ seines Volumens eingedampft und dann wiederholt mit ziemlich viel Äther ausgeschüttelt. Nach Absitzenlassen der vereinigten Ätherauszüge wird filtriert und der Äther abdestilliert. Der Rückstand wird mit 20—30 cm³ Natronlauge (10 %ig) auf dem Wasserbad zur Trockne gebracht, wobei störende Extraktstoffe beseitigt werden, das Sulfonal (Trional) sich aber nicht verändert. Durch Äther erhält man aus dem alkalischen Rückstand eine Lösung, die nach Verdunsten des Äthers einen farblosen, zur Schmelzpunktbestimmung und Durchführung der Reaktionen genügend reinen Rückstand hinterläßt.

Nachweis von Hämatoporphyrin im Harn bei Sulfonalvergiftung. Während sich hämatoporphyrinähnliche Farbstoffe in normalem Harn oft nur in Spuren finden, ist nach Sulfonal-Intoxikationen der Harn durch Hämatoporphyrin oder diesem ähnlichen Farbstoffe häufig rot, braun- bis kirschrot gefärbt.

Nachweis. 250—300 cm³ Harn werden tropfenweise mit Natronlauge bis zur stark alkalischen Reaktion, dann mit wenig Bariumchlorid versetzt. Der entstandene, den Farbstoff enthaltende Niederschlag wird abfiltriert und nach Auswaschen mit Wasser auf dem Filter mit heißem, wenige Tropfen verdünnte Schwefelsäure enthaltenden Alkohol ausgezogen. Die sauren Hämatoporphyrinlösungen sind violett bis kirschrot gefärbt. In neutralen, sauren und alkalischen Lösungen, letztere erhalten

---

durch Übersättigen der sauren Lösung mit Ammoniak oder Natronlauge, zeigt das Hämatoporphyrin im Spektrum charakteristische Linien bzw. Bänder.

Adalin. Bromdiäthylacetylcarbamid. $C_7H_{13}O_2N_2Br$. Farblose, fast geruch- und geschmacklose Nadeln und Prismen. Schwer löslich in kaltem, leichter in heißem Wasser, aber mit Wasserdämpfen flüchtig. Leicht löslich in Alkohol, Aceton und Benzol. Sublimiert bereits in geringem Maße bei 60—80°, im Stufenrohr bei 95—100° in Nadeln. F 116 bis 118°, Mikroschmelzpunkt (KOFLER) 120°.

Nachweis. 1. Beim Erhitzen mit wenig *Natronlauge* (1—3 cm³ im engen Probierrohr) entwickelt sich Ammoniak.

2. Mit einer Mischung von 10 Tropfen Natronlauge und 5 cm³ Wasser gekocht bis zur Lösung, nach dem Erkalten filtriert, mit wenigen Tropfen *Chloraminlösung* und etwas *Chloroform* versetzt, färbt sich nach Ansäuern mit Essigsäure das Chloroform beim Umschütteln gelb bis braun (Bromnachweis).

Bromural (α-Bromisovalerianylcarbamid). $C_6H_{11}O_2N_2Br$. Farbloses, schwach bitter schmeckendes, krystallinisches Pulver. In kaltem Wasser schwer, in siedendem unter Zersetzung löslich. Leicht löslich in Alkohol und Äther. Sublimiert bei 120—140° in langen dünnen Nadeln und feinsten Nädelchen. F 147—149°, Mikroschmelzpunkt (KOFLER) 152°.

Nachweis. 1. Beim Erhitzen mit *Salpetersäure* oder *Schwefelsäure* (50%ig) entsteht die an Geruch erkennbare Isovaleriansäure.

2. Mit *Natronlauge* (10%ig) erhitzt entwickelt sich Ammoniak.

3. Nach Verreiben gleicher Mengen Bromural, *β-Naphthol und Alkohol* entsteht auf Zugabe einiger Tropfen konz. Schwefelsäure Grünfärbung.

Außer Adalin und Bromural finden sich hier auch noch andere Harnstoffderivate (Ureide) wie Nirvanol, Phenyläthylhydantoin [Mikroschmelzpunkt (KOFLER) 199°], Acetylnirvanol [Mikroschmelzpunkt (KOFLER) 177—180°], Sedormid, Allyl-isopropyl-acetyl-carbamid (Mikroschmelzpunkt 193°).

Die von der ursprünglichen Ätherausschüttelung abgetrennte Natriumcarbonatlösung (s. o. S. 780) wird mit Essigsäure schwach angesäuert und dreimal mit je 10 cm³ Äther ausgeschüttelt; die vereinigten Ätherauszüge werden vorsichtig eingedampft.

Barbitursäurederivate. Als wichtigste Stoffe finden sich im eben erhaltenen Rückstand die Abkömmlinge der Barbitursäure (Barbitale). Da meist größere Mengen der Barbitale eingenommen werden und auch isoliert werden können, empfiehlt es sich, zur Identifizierung durch Sublimation zu reinigen und die einzelnen Derivate durch die Schmelzpunktbestimmung des Sublimats zu identifizieren, da es wenige spezifische chemische Nachweisreaktionen gibt. Auflösen in siedendem Wasser, mit wenig Natronlauge alkalisch machen, nach Erkalten filtrieren und das Filtrat mit Äther ausschütteln, Stehenlassen der mit wenig Tierkohle geschüttelten alkalischen Lösung (12 Std) und Ausschütteln des Filtrats mit Äther nach Ansäuern mit Salzsäure dient zur Reinigung vor der Sublimation des Ätherrückstandes[1].

Gruppenprüfung auf Barbitale. 1. Durch *Säuren* werden sie aus ihren alkalischen Lösungen (vgl. o.: Natriumcarbonatlösung) ausgeschieden, ebenso meist schon durch Ammoniumphosphat.

2. 200—300 mg in 1 cm³ absolutem Alkohol gelöst, mit 1 cm³ etwa 5%iger *Natriumnitritlösung* und 1 cm³ konz. Schwefelsäure (cave!) vermischt, werden nach Abkühlen in 5 cm³ 30%ige Natronlauge unter Schütteln eingegossen. Es entsteht gelbe bis orange Färbung, die nach Ansäuern mit Salzsäure und Schütteln mit Chloroform in dieses übergeht.

3. *Reaktion nach* ZWIKKER[2]. Einige Milligramme Barbitursäurederivate in wasserfreiem Methanol gelöst und mit einer 1%igen Lösung von Kobaltchlorid oder Kobaltnitrat in Methanol bis zur Blaßrosa-Färbung versetzt, ergeben auf Zusatz einer gesättigten Lösung von Bariumoxyd in Methanol bis zur alkalischen Reaktion eine tiefblaue Färbung.

[1] STRZYZOWSKI, C.: Ann. Méd. lég. Criminol. **13**, 49 (1933) [C. **1934** I, 3627].
[2] ZWIKKER, J. J. L.: Pharmaceut. Wbl. **68**, 975 (1930); **69**, 1178 (1931).

Abänderungen dieser Reaktion: a) BODENDORF[1] verwendet Kobaltnitrat und Kaliumhydroxyd, sowie als Lösungsmittel absoluten Alkohol. Die sehr beständige rötlichviolette Farbe geht auf Zusatz von Wasser oder größeren Mengen alkoholischer Kalilauge in graue Fällung über. Sehr empfindlich (unter 1 mg). b) FLOTOW[2] läßt das Barbital in Kobalt-Methanol lösen und mit 5 mg trockenem Dinatriumtetraborat aufkochen. Die veilchenblaue, schwach fluorescierende und sehr beständige Färbung schlägt auf Zusatz von 1 Tropfen Pyridin in kräftiges Rotviolett um.

4. Durch *Quecksilber(II)-nitrat* oder Quecksilber(II)-sulfat werden fast alle Barbitale gefällt, die Niederschläge lösen sich im Überschuß des Reagens wieder auf. Auch Quecksilber(II)-chlorid fällt in gesättigter Lösung einige Barbitursäurederivate.

5. Einige Barbitale rufen, in einer Mischung von 1 cm³ *Formaldehydlösung* (10 %ig) und 4 cm³ *konz. Schwefelsäure* gelöst, nach etwa 2 min Färbungen und Fluorescenz hervor[3].

6. Zur Identifizierung der Barbitursäurederivate sind in mehrfacher Variation ihre *Xanthylverbindungen* (bzw. deren Schmelzpunkte) herangezogen worden, gewonnen durch Fällung mit Xanthydrol[4-6]. Die Schmelzpunkte liegen oft sehr nahe beieinander oder sind manchmal nicht sehr distinkt. Ebenso dürften die mit p-Nitrobenzylchlorid in natronalkalischer Lösung entstehenden p-Nitrobenzylderivate der Barbitale und ihre Schmelzpunkte nur in Sonderfällen zur eindeutigen Feststellung geeignet sein[7].

7. 5 %ige *Kupfersulfatlösung*, mit Äthylendiamin bis zur tiefblauvioletten Farbe versetzt, führt mit festen Barbitalen zur Bildung charakteristischer Krystalle auf dem Objektträger unter dem Mikroskop[8].

Isolierung. Als Untersuchungsmaterial geeignet sind Harn und Liquor cerebrospinalis, sowie Mageninhalt. Nicht alle Barbitale werden unverändert durch den Harn ausgeschieden. Während Veronal zu etwa 70—80 % unverändert im Harn erscheint, werden z. B. Luminal und Noctal zum größten Teil zu Phenylacetylharnstoff bzw. Acetonylbarbitursäure oxydiert.

Zum Nachweis von therapeutischen Dosen in Blut und Liquor machten FISCHER und REICH[9, 10] Angaben. Organe werden mit Weinsäure angesäuert und mit Aceton extrahiert; der Acetonrückstand wird mit Ammoniumsulfat gelöst, filtriert und mit Äther ausgeschüttelt[11]. Veronal widersteht lange der Fäulnis. Es konnte noch nach $1\frac{1}{2}$ Jahren in Leichenteilen nachgewiesen werden[12].

Phanodorm. Cyclohexenyl-äthylbarbitursäure $C_{12}H_{16}O_3N_2$. Farblose Krystallschollen, sehr schwer in Wasser, leicht in Alkohol, Äther und Alkalien löslich. F 171—173°, Mikroschmelzpunkt (KOFLER) 173°.

Nachweis. 1.Mit FRÖHDES *Reagens* (s. S. 823) gibt Phanodorm eine rotbraune Färbung.

2. Nach Erhitzen mit *Resorcin und konz. Schwefelsäure* bis zum Auftreten weißer Nebel, Erkalten, und Verdünnen mit Wasser ruft Übersättigen mit Ammoniak eine carminrote Färbung und rotgrüne Fluorescenz hervor.

3. Im Harn kaum unverändert nachzuweisen. Es erscheint hauptsächlich als *Äthylcyclohexenonylbarbitursäure*, eine aus Wasser in sechskantigen, prismatischen Täfelchen krystallisierende Verbindung, F 220—222°. Unverändert ist Phanodorm am besten aus dem Liquor zu isolieren.

[1] BODENDORF, K.: Arch. Pharmazie **270**, 210 (1932).
[2] FLOTOW, E.: Pharmaz. Zentr.-Halle **88**, 198 (1949).
[3] Autenrieth-Bauer S. 268.
[4] FABRE, R.: J. Pharmacie Chimie (7) **26**, 241 [C. **1923 II**, 441].
[5] JASPERSEN, J. C., o. K. THOUDOL-LARSEN: Dansk. T. Farmaci 8, 212 (1935).
[6] McLUTCHEON, R., and E. M. PLEIN: J. amer. pharmaceut. Ass., sci. Ed. **38**, 34 (1949) [Pharmaz. Zentr.-Halle **89**, 163 (1950)].
[7] Autenrieth-Bauer S. 269.
[8] WAGENAAR, G. H.: Pharmaceut. Wbl. **78**, 345 (1941).
[9] FISCHER, R., u. O. REICH: Mikrochem. **10**, 409 (1932).
[10] FISCHER, R.: Z. ges. exp. Med. **95**, 739 (1935).
[11] CHÉRAMY, P., et R. LOBO: J. Pharmacie Chimie (8) **20**, 400 (1934) [C. **1935 I**, 758].
[12] BRÜNING, A., u. KRAFT: Arch. Pharmazie **265**, 712 (1927).

Veronal. Diäthylbarbitursäure, Diäthylmalonylharnstoff $C_8H_{12}O_3N_2$. Farblose, bittere Krystallblättchen, die bei 105—136° in feinen prismatischen Nadeln sublimieren.

F 190—191°, Mikroschmelzpunkt (KOFLER) 190°.

Schwer löslich in kaltem, leichter in heißem Wasser. In Alkohol und Äther leicht, in Chloroform schwerer löslich. Bei der Ausschüttelung aus weinsaurer Lösung mit Chloroform geht es deshalb nicht quantitativ in dieses über, doch ist der Rückstand reiner. Als Medinal ist das Natriumsalz von Veronal als Arzneimittel eingeführt. Es gibt die gleichen Nachweisreaktionen wie Veronal.

Nachweis. 1. Wäßrige Lösungen geben mit MILLONs *Reagens* (s. S. 824) einen gallertigen, gelblichweißen Niederschlag, der im Überschuß des Fällungsmittels löslich ist.

2. Beim Erhitzen von wenig Substanz mit MECKES *Reagens* (s. S. 824) entsteht eine intensive Grünfärbung.

3. Wird Substanz in die zehnfache Menge schmelzendes *Alkali* (Nickelschale) eingetragen, so entweicht Ammoniak und Diäthylessigsäure wird gebildet. Diese wird aus der wäßrigen Lösung der Schmelze nach Ansäuern mit verdünnter Schwefelsäure und Ausäthern im Ätherrückstand in Form öliger, nach ranziger Butter riechender Tröpfchen erhalten, deren wäßrige Lösung sich mit Eisenchlorid weinrot färbt.

4. In sodaalkalischer Veronallösung werden durch *Jodjodkaliumlösung* braune oder graue viereckige Tafeln und Prismen oder kaum gefärbte Kugeln bzw. Drusen ausgeschieden.

5. *Kupfer-Pyridinlösung* nach ZWIKKER (s. S. 824) färbt rasch violett unter Bildung von Rauten, Prismen und Drusen. Der Niederschlag geht mit violetter Farbe in Chloroform über und kann so zur colorimetrischen Bestimmung verwendet werden[1].

Veronalnachweis im Harn. Wenn möglich, werden 500 cm³ Harn (oder mehr) mit dem 10. Teil neutraler Bleiacetatlösung gefällt, das Blei wird im Filtrat durch Schwefelwasserstoff entfernt, aus dem bleifreien Filtrat durch Einkochen auf das halbe Volumen der Schwefelwasserstoff entfernt und nach Verdünnen mit Wasser mit Tierkohle erwärmt. Das Filtrat wird nach Eindampfen auf $^1/_5$ mit Kochsalz gesättigt und mit Äther ausgeschüttelt. Der Ätherrückstand wird in heißem Wasser gelöst, heiß mit Kohle geschüttelt und heiß filtriert. Beim Erkalten scheidet sich das Veronal krystallinisch ab. Weitere Reinigung durch Sublimation (andere Verfahren s. [2]).

Auf dieselbe Weise können auch aus Blut (5 cm³) und Liquor (3—5 cm³) Veronal und viele andere Barbitursäurederivate isoliert und durch chemische Reaktion, am besten durch Bestimmung des Mikroschmelzpunktes, identifiziert werden[3].

Zu einer „Schätzungsweisen Schnellbestimmung von Barbitursäurederivaten im Harn" baute ÖTTEL[4] die ZWIKKERsche Kobalt-Alkalibestimmung[5] aus.

Durchführung: 10 cm³ Harn werden mit wenig 0,1 n Salzsäure angesäuert und mit 20 cm³ Chloroform 15 sec kräftig geschüttelt. Von der durch ein mit Chloroform befeuchtetes Hartfilter erhaltenen Chloroformlösung werden je 2 cm³ in 3 Reagensgläser gegeben und mit 0,05, 0,1 bzw. 0,15 cm³ (A, B, C) einer 0,2%igen Kobaltacetatlösung in Chloroform (wasserfrei) versetzt und umgeschüttelt. Dann werden den 3 Gläsern wiederum 0,05, 0,1 bzw. 0,15 cm³ einer 2%igen absolut-methylalkoholischen Lithiumhydroxydlösung zugesetzt. Ergebnis:

1. Blaufärbung in A, B und C, oder nur in B und C: der Harn enthält mehr als 20 mg-% eines Barbitursäurederivates (1 cm³ der Chloroformlösung etwa 0,1 mg).

2. Blaufärbung in A und B (C negativ oder bald verschwindend): etwa 10 mg-% Barbitursäurepräparat (1 cm³ Chloroformlösung = etwa 0,05 mg).

3. Blaufärbung deutlich nur in A (schon in B rasch verschwindend): etwa 5 mg-% Barbitursäurederivat (1 cm³ Chloroformlösung = 0,025 mg). Sind alle 3 Proben (A, B, C) oder nur B und C positiv, so wird die Chloroformlösung 1:1 mit Chloroform verdünnt und die Prüfung wiederholt und entsprechend umgerechnet. Mit der sehr empfindlichen Probe kann nur der Befund „Barbitursäurepräparat" erhoben werden. Auch therapeutische Mengen sind damit längere Zeit nachzuweisen.

[1] FLOTOW, E.: Pharmaz. Zentr.-Halle **88**, 198 (1949).

[2] Autenrieth-Bauer S. 272.

[3] S. a. BRUNDAGE, I. T., and CH. M. GRUBER: J. Pharmacol. exp. Therap. **59**, 379 (1937).

[4] ÖTTEL, H.: Arch. Pharmazie **247**, 1 (1936).

[5] ZWIKKER, J. J. L.: Pharmaceut. Wbl. **270**, 210 (1932).

Die *quantitative Bestimmung* der Barbitursäurepräparate wird meist nach sorgfältiger Reinigung, Ausschüttelung und Wägung des isolierten Derivates durchgeführt.

Für Veronalnatrium und Luminalnatrium haben Poethke[1] eine acidimetrische und Budde[2] eine argentometrische Methode angegeben.

Salipyrin. Phenyldimethylpyrazolonsalicylat $(C_{11}H_{12}ON_2)C_7H_6O_3$. Weißes krystallinisches Pulver oder gröbere sechseckige Tafeln, von schwach süßlichem Geschmack, in kaltem Wasser schwer, in siedendem leichter, leicht in Alkohol, Äther und Chloroform löslich. F 91—92°, Mikroschmelzpunkt (Kofler) 92°.

Isolierung. Aus weinsaurer Lösung in Äther übergehend, bei der Behandlung der Ätherlösung mit Natriumcarbonatlösung[3] in diese übergehend, aus der es nach Ansäuern mit Essigsäure durch dreimal je 10 cm³ Äther wieder ausgeschüttelt wird.

Nachweis. Wird die wäßrige Lösung mit Natronlauge alkalisch gemacht und mit Chloroform geschüttelt, so sind im Chloroform das Antipyrin (Phenyldimethylpyrazolon, s. S. 779) und in der Alkalilösung die Salicylsäure (s. S. 777) nachzuweisen.

Atophan. 2-Phenylchinolin-4-carbonsäure $(C_{16}H_{11}O_2N)$. Gelbliches, krystallinisches Pulver, unlöslich in Wasser, löslich in Alkohol, Aceton und Essigäther. Alkalisalze in Wasser löslich. F 208—213°, Mikroschmelzpunkt (Kofler) 213°.

Isolierung. Aus weinsaurer Lösung durch Ausschütteln mit Chloroform in dieses besser als in Äther übergehend.

Nachweis. 1. In *Schwefelsäure* mit gelber Farbe löslich.

2. Wird ein Gemisch von etwa 0,1 g Substanz mit 5 cm³ Salzsäure (25%ig) erwärmt, so entsteht in der gelben Lösung auf Zusatz der gleichen Menge *Bromwasser* ein orangeroter Niederschlag.

3. Werden zu 0,01—0,1 g Substanz 0,02—0,1 cm³ rauchende Salzsäure gegeben und mit 0,02—0,1 cm³ *α-Naphthollösung* (5%ig) im Uhlenhuth-Röhrchen überschichtet, so entsteht ein blutroter Farbring[4].

Ähnlich wie das Atophan verhalten sich auch seine Abkömmlinge, z. B. Novatophan (Methylester von Atophan; F 58—60°).

Die Mutterkornalkaloide gehen aus weinsaurer Lösung in Chloroform über, aus sodaalkalischer aber auch in Äther. Sie sollen deshalb bei der Hauptmenge der Alkaloide unter den aus sodaalkalischer Lösung zu isolierenden Stoffen besprochen werden.

c) Ausschüttelung aus alkalischer Lösung mit Äther.

Die ursprüngliche weinsaure, zur Ausschüttelung mit Äther oder Chloroform benutzte Lösung wird mit Natriumcarbonat schwach alkalisch gemacht und mehrmals mit je 15—20 cm³ Äther ausgeschüttelt. Zum Trocknen läßt man die vereinigten Ätherauszüge 1—2 Std über frisch geglühtem Natriumsulfat stehen, filtriert und entfernt den Äther durch Destillation oder Verdunsten. Ein dabei erhaltener Rückstand kann aus einer großen Zahl von Giften, natürlichen und synthetischen, sowie stark wirkenden Arzneistoffen bestehen. Es können sich hier auch noch wieder Stoffe finden, die aus weinsaurer Lösung nur schwer in Äther übergehen, aus alkalischer aber leichter, wie z. B. das Coffein u. a. Hauptsächlich finden sich hier Alkaloide, wie Coniin und Nicotin, die in öligen Tropfen zurückbleiben, ferner Strychnin, Brucin, Eserin, Veratrin, Emetin, Cocain, Codein, Chinin, Atropin (Hyoscyamin), Homatropin, Narcotin u. a., sowie synthetische Stoffe, wie Lokalanästhetica, Analgetica u. a. Zur weiteren Reinigung des Ätherrückstandes kann dieser in verdünnter Salzsäure ohne Erwärmen gelöst und mit Äther zur Entfernung von Verunreinigungen ausgeschüttelt werden. Nach Abtrennung der Ätherschicht wird die wäßrige Phase mit Natronlauge alkalisch gemacht und wiederum mit

---

[1] Poethke, W.: Pharmaz. Zentr.-Halle **82**, 581 (1941).

[2] Budde, H.: Apoth.-Ztg. **49**, 295 (1934).

[3] Dietzel, R., W. Paul u. P. Tunmann: Analyse organischer Arzneimittel. Z. Unters. Lebensm. **79**, 82 (1940).

[4] Ekkert, L.: Pharmaz. Zentr.-Halle **68**, 797 (1937).

Äther ausgeschüttelt. Der Rückstand dieser Ätherlösung enthält die isolierten Stoffe in genügender Reinheit.

Coniin. Hexahydro-n-propylpyridin (α-n-Propylpiperidin). $C_8H_{17}N$. Es ist das Hauptalkaloid von Conium maculatum, dem gefleckten Schierling und in reifen Früchten bis 0,9 %, in Blättern weniger enthalten; es soll sich auch in anderen Pflanzen finden (Aethusa cynapium ?, Sambucus nigra ?). Coniin ist eine farblose, an der Luft sich dunkelfärbende Flüssigkeit, von unangenehmem Geruch, namentlich in Verdünnung (nach Mäuseharn). Es ist mit Wasserdämpfen, ja schon an der Luft flüchtig, und in kaltem Wasser besser als in heißem löslich. Leicht löslich in Alkohol, Äther und Chloroform. Kp 166°; $n_D = 1,4505$; $[\alpha]\,19_D = +15,7°$.

Isolierung. Die aus alkoholischer Lösung erhaltene Ätherausschüttelung versetzt man, um eine Verflüchtigung von Coniin beim Abdunsten des Äthers zu verhindern, mit salzsäurehaltigem Wasser oder leitet wenig Chlorwasserstoffgas in die mit geglühtem Natriumsulfat getrocknete Ätherlösung, wobei in beiden Fällen Coniinhydrochlorid nach Eindampfen bzw. Abdunsten des Äthers in farblosen bis schwach gelblichen nadelförmigen Krystallen ausfällt. Diese Krystalle sind zum physiologischen Versuch zu verwenden (s. u.).

Die zuerst doppelbrechenden Coniinhydrochloridkrystalle lagern sich allmählich in eine nicht doppelbrechende Form um. Dieses Verhalten dient auch zur Unterscheidung von Nicotin.

Zur weiteren Reinigung wird in stark alkalischer Lösung mit Wasserdampf destilliert. Das charakteristisch (Mäuseharn) riechende Destillat wird mit reinem Petroläther extrahiert.

Nachweis. 1. Die allgemeinen *Alkaloidfällungsreagentien* geben noch in starken Verdünnungen Niederschläge, die üblichen Farbreagentien geben keine Färbungen.

2. Coniin gibt mit 2 Tropfen *Schwefelkohlenstoff* und 2 cm³ Alkohol ein thiocarbaminsaures Salz, das mit verdünnten Lösungen von Kupfersulfat oder Eisenchlorid unspezifische braune Färbungen gibt[1].

3. Eine durch *Nitroprussidnatrium* allmählich auftretende Rotfärbung, die mit Acetaldehyd, nötigenfalls durch Erwärmen im Wasserbad, in Violett und Blau übergeht und bei weiterem Erwärmen wieder verschwindet, ist ebenso wie die Reaktion nach MELZER[1] für sekundäre Basen allgemein gültig (GABUTTI)[2].

4. Mit einigen Tropfen einer 0,5 %igen Lösung von *Kaliumpermanganat* mittels Glasstab verrührt, entsteht eine grüne, in beständiges Violett übergehende Farbe[3].

5. Beim Eindampfen von Coniin mit *konz. Salpetersäure* verbleibt ein dunkelgelber, aromatisch riechender Rückstand, der mit einigen Tropfen Kalilauge in ein rotbraunes Öl von charakteristischem Coniingeruch übergeht, beim völligen Eintrocknen braunschwarz wird, sich dann in konz. Schwefelsäure farblos löst und mit Wasser und Ammoniak im Überschuß eine gelbe Lösung gibt[3].

6. Über Krystallfällungen nach WAGENAAR mit Phosphomolybdänsäure, Kaliumwismutjodid, Kaliumantimonjodid und Kaliumferrocyanid s.[2].

(Die Nebenalkaloide von Coniin geben ähnliche Reaktionen.)

7. Zur Charakterisierung von Coniin ist möglichst der *physiologische Versuch* heranzuziehen, wenn mindestens 10 mg Coniinhydrochlorid verfügbar sind, die, einem Frosch subcutan injiziert, Curarewirkung hervorrufen.

Bei der Isolierung von Coniin aus Leichenteilen ist dieser Versuch zum Beweis erforderlich, da häufig sog. Leichenconiine (meist das Cadaverin-pentamethylendiamin) isoliert wurden, die keine curareähnliche Wirkung besitzen. Ein schon von SCHWANERT isoliertes „Leichenconiin" gab — im Gegensatz zu Coniin — mit FRÖHDES Reagens (s. S. 823) beim Erwärmen Blaufärbung[4].

---

[1] MELZER, H.: Z. analyt. Chem. **37**, 345, 357 (1898); **41**, 327 (1902).
[2] ROSENTHALER, L.: Toxikologische Mikroanalyse. S. 288. Berlin 1935. In der Folge zitiert als: Rosenthaler, Mikroanalyse.
[3] VITALI, D., u. C. STROPPA: Orosi **23**, 73 (1900) [C. **1900 II**, 114].
[4] Gadamer, Toxikologie S. 588.

8. Da die meisten Vergiftungen durch Verwechslung von Conium maculatum mit Küchenkräutern (Petersilie u. a., vgl. o.) auftreten, wird, wenn möglich, die mikroskopische botanisch-pharmakognostische Untersuchung heranzuziehen sein.

Nicotin. α-Pyridyl-β-tetrahydro-N-methylpyrrol. $C_{10}H_{14}N_2$. Farblose, an der Luft verharzende und braun werdende Flüssigkeit von eigenartigem Geruch und brennendem Geschmack, mit Wasserdämpfen langsam flüchtig und bei 246—247° siedend. In kaltem Wasser in jedem Verhältnis mit stark alkalischer Reaktion löslich, in warmem Wasser nur bis etwa 2% löslich (stärkere Lösungen werden in der Wärme getrübt). Laugen scheiden die Nicotinbase aus wäßriger Lösung als Öl ab. In Alkohol, Äther und Petroläther gut löslich.

Nicotin findet sich nicht nur in der Tabakpflanze, Nicotiana tabacum und ihren Abarten, sondern wurde neuerdings auch in einer Lycopodiumart (Bärlapp) in USA festgestellt.

Isolierung. Zur Isolierung sind außer Tabakzubereitungen, z. B. solchen, die zur Schädlingsbekämpfung Anwendung finden und durch Verwechslung oft zu Vergiftungen geführt haben, besonders geeignet: Harn, Blut, Magen- und Darminhalt, sowie Leber und Lunge.

Nachweis. 1. Qualitative Nachweise[1]. a) Wäßrige Lösung gibt mit einigen Tropfen angesäuerter 12%iger *Kieselwolframsäurelösung* Trübung bzw. Niederschlag.

b) 2 cm³ der Lösung werden mit einigen Kubikzentimetern *Chlordinitrobenzol* gekocht. Nach Abkühlen ruft alkoholische Kalilauge (1%ig) Violettfärbung hervor. (Nicht spezifisch; jeder nicht blockierte Pyridinkern gibt diese Reaktion.)

c) Wäßrige Lösung, mit gleicher Menge gesättigter wäßriger *Pikrinsäurelösung* über Nacht stehen gelassen, ergibt krystallinisches Nicotindipikrat, F 218°.

2. Kleinste Mengen von Nicotin in pflanzlichem Material lassen sich durch Fällung als Nicotinstyphnat mit wäßriger *Styphninsäure* (s. S. 824) (2,3,6-Trinitroresorcin) im „Hängetropfen" unter dem Mikroskop nachweisen. Nach Absaugen überschüssiger Reagenslösung mit Fließpapier, Trocknen des Krystallbreies auf dem Heiztisch bei 80 bis 100° wird die eutektische Temperatur des Styphninsäure-Nicotinstyphnatgemisches bestimmt. Sie beträgt 128°[2].

3. In verdünnter *Salzsäure* gelöst hinterläßt Nicotin beim Verdunsten einen gelben Firnis von Nicotinhydrochlorid, der zunächst amorph, nach längerem Lagern im Exsiccator über Schwefelsäure undeutlich krystallinisch erscheint (Unterschied von Coniin).

(Die *quantitative Bestimmung* erfolgt als Pikrat aus ätherischen Lösungen[3].)

Strychnin ($C_{21}H_{22}O_2N_2$) und **Brucin** ($C_{23}H_{26}O_4N_2 \cdot 4 H_2O$) finden sich beide in vielen Strychnosarten, besonders in Strychnos nux vomica und Str. Ignatii. Andere enthalten nur Strychnin oder nur Brucin. Beide sind tertiäre Basen mit Lactamcharakter, daher Säuren gegenüber einsäurig, z. B.: $C_{21}H_{22}O_2N_2 \cdot HNO_3$ = Strychninnitrat.

Isolierung. Infolge ihres stark basischen Charakters gehen Strychnin und Brucin nur aus alkalischer Lösung in Äther oder besser in Chloroform oder ein Gemisch aus beiden über. Als Untersuchungsmaterial sind Magen- und Darminhalt, sowie Harn, in dem 50—75% nach größeren Dosen gefunden wurden, und Leber und Niere brauchbar. Auch im ZNS wird Strychnin unverändert gespeichert. Der Leichenfäulnis widersteht Strychnin sehr lange (1—2 Jahre) und wird sehr langsam reduziert. Brucin dürfte weniger widerstandsfähig sein[4].

Strychnin erscheint als Verdunstungsrückstand aus Chloroform-Äther in Krystallen. F 265—268°, Mikroschmelzpunkt (KOFLER) 283—285°. In Wasser fast unlöslich, schwer löslich in Äther und Petroläther, leichter in Alkohol, Benzol und Chloroform mit sehr intensivem bitterem Geschmack. Brucin verbleibt beim Verdunsten der Chloroformlösung

---

[1] WENUSCH, A.: Tabakrauch. S. 42. Bremen 1939. Fachl. Mitt. öst. Tabakregie **1932**, H. 2/3. Z. Unters. Lebensm. **67**, 601 (1934).

[2] OPFER-SCHAUM, R., u. M. PIRISTI: Mikrochem. **32**, 148 (1945).

[3] PFYL, B., u. O. SCHMITT: Z. Unters. Lebensm. **54**, 60 (1927).

[4] Gadamer, Toxikologie S. 590.

als amorpher Lack, der nach Lösen in verdünntem Alkohol beim Verdunsten des Lösungsmittels krystallinisch wird.

Gemische von Strychnin und Brucin, um die es sich bei toxikologisch-forensischen Fällen oft handelt, hinterlassen beim Verdunsten des Chloroforms einen amorphen Rückstand.

Trennung von Strychnin und Brucin. Bringt man ein in verdünntem Alkohol gelöstes Gemisch zur Krystallisation, so fallen zuerst derbe, fast reine Strychninkrystalle aus, die mit Alkohol oder Aceton und Wasser abgespült, zur Durchführung von Strychninreaktionen dienen (s. u.). Ferner fällt aus essigsaurer Lösung des Gemisches mit Kaliumdichromat gelbes Strychninchromat aus, während das Brucinchromat in Lösung bleibt und erst beim Verdunsten erhalten wird (s. u. Strychninreaktionen mit Kaliumdichromat und Schwefelsäure: Blaufärbung).

Nachweisreaktionen für Strychnin. 1. Strychnin löst sich in Schwefelsäure farblos auf. Führt man einen kleinen Krystall *Kaliumdichromat* mit dem Glasstab (auf Uhrglas) in der Lösung herum, so entstehen blaue bis blauviolette Streifen und Schlieren, bald in Rot, später in Schmutziggrün übergehend. Salpetersäure und Nitrat verhindern die Reaktion; deshalb ist sie mit Strychninnitrat undeutlich.

Bei sehr wenig Material dieses mit stark verdünnter Kaliumdichromatlösung übergießen, nach einiger Zeit überstehende Lösung abgießen und das am Glas haftende Strychninchromat mit Fließpapier abtupfen. Ein Tropfen Schwefelsäure darauf gegeben erzeugt vorrübergehende blauviolette Färbung.
Nicht spezifisch für Strychnin. Die Reaktion wird auch von Acylderivaten von Anilin und Chinolin, deren p-Stellung nicht besetzt ist, und anderen gegeben (vgl. u. Brucin).

2. FRÖHDEs und ERDMANNs *Reagens* (s. S. 823) geben mit reinem, brucinfreiem Strychnin keine Färbung (Unterschied von Brucin).

3. Mit *rauchender Salpetersäure* eingedampft färbt sich der Rückstand mit alkoholischer Kalilauge violett (unbeständig).

4. Mit *Pikrolonsäure* entsteht ein krystallinisches Pikrolonat, das sich bei 256° dunkel färbt und bei 275° schmilzt. Pikrinsäure und Styphninsäure geben amorphe Fällungen.

5. Strychninsalzlösungen geben mit den meisten allgemeinen *Alkaloidreagentien* auch in starken Verdünnungen farblose oder gefärbte Fällungen[1].

6. *Physiologischer Versuch.* Strychninhydrochlorid, in wäßriger Lösung in den Lymphsack eines Frosches eingespritzt, ruft noch mit 0,02—0,05 mg tetanische Krämpfe hervor. Der beweisende physiologische Versuch ist notwendig, da aus bereits verwesenden Leichen von MECKE[2] ein dem Strychnin ähnliches, krystallisierendes Ptomain isoliert wurde, das aber weniger bitter als Strychnin und ungiftig ist und am Frosch nicht tetanisierend wirkt.

Brucin. Farblose, stark bittere monokline Tafeln, die leicht (bei 100°) ihr Krystallwasser abgeben. Nachdem die Krystallwasserabgabe beendet ist (100—140°), krystallisiert aus der Schmelze das wasserfreie Brucin aus, um dann bei 175—178° zu schmelzen (KOFLER).

In absolutem Alkohol fast unlöslich, in kaltem Wasser schwer, in warmem besser löslich, in Alkohol (90%ig), Aceton und Chloroform leicht löslich. Isolierung: Wie bei Strychnin, meist mit diesem (vgl. o.).

Nachweis. 1. In konz. Salpetersäure mit blutroter, bald in rotgelb und gelb übergehender Farbe löslich. Auf tropfenweisen Zusatz von *Zinn(II)-chlorid-* oder *Natriumthiosulfatlösung* entsteht vorübergehende Violettfärbung, die beim Erwärmen mit 1 Tropfen Salpetersäure goldgelb wird und auf erneuten Zusatz von Zinn(II)-chlorid oder Thiosulfat wieder auftritt. Möglichst wenig Salpetersäure verwenden!

Abänderung nach MAUCH[3]: Wird ½ cm³ Brucinlösung in 60%iger Chloralhydratlösung mit sehr wenig verdünnter Salpetersäure vermischt und das Gemisch auf das dreifache Volumen konz. Schwefelsäure geschichtet, so tritt sofort an der Zone gelbrote bis tiefrote Färbung auf, die nach einiger Zeit

---

[1] Autenrieth-Bauer S. 110.
[2] MECKE, A. u. WIMMER: Pharmaz. Ztg. **43**, 300 (1898).
[3] MAUCH, R.: Festgabe des „Deutschen Apothekervereins". Straßburg 1907.

in Gelbfärbung der oberen Schicht übergeht. Wird diese mit wenig verdünnter Zinn(II)-chloridlösung in Salzsäure (1:10) überschichtet, so tritt an der Berührungszone eine violette Färbung auf, die sich beim leichten Bewegen verstärkt.

2. Die allgemeinen *Alkaloidreagentien* gaben auch mit Brucin Niederschläge. Teilweise ist die Empfindlichkeit noch größer als bei Strychnin[1]. Da Brucin die Strychninreaktionen (z. B. die Kaliumdichromatreaktion) stört, muß das Brucin in Gemischen zum Strychninnachweis zerstört werden (vgl. o. Trennung):

Man läßt das Alkaloidgemisch, in verdünnter Schwefelsäure (2 cm³) gelöst, mit 2 Tropfen konz. Salpetersäure einige Stunden stehen, wodurch das Brucin zerstört wird. Dann wird mit Natronlauge alkalisch gemacht, mit Äther ausgeschüttelt, und der Ätherrückstand zur Durchführung der Strychninreaktionen verwendet.

Zur adsorptionsanalytischen Bestimmung von Strychnin neben Brucin durch Lösen in Trichloräthylen und Elution mit einem Gemisch von Tetrachlorkohlenstoff und Aceton (Strychnin) bzw. mit Äthanol (Brucin) geben FISCHER und BUSCHEGGER[2] eine genaue, auch quantitativ auszuwertende Methode an.

Physostigmin = Eserin, $C_{15}H_{21}O_2N_3$, ist das wichtigste Alkaloid der Kalabarbohne (Samen von Physostigma venenosum), in ihnen zu etwa 0,1% enthalten. Es ist eine einsäurige Base und krystallisiert in rhombischen Blättchen. F 105°, Mikroschmelzpunkt (KOFLER) 106°.

Isolierung. Die Hauptmenge von Physostigmin wird im Organismus zerstört. Nachweis ist im Harn, Blut und auch in Organen möglich.

Zur direkten Isolierung von Physostigmin aus dem Untersuchungsmaterial (Harn) versetzt man mit Natriumhydrogencarbonat und schüttelt mit Äther aus. Im Untersuchungsgang nach STAS-OTTO verwendet man zum Ausziehen des Materials kalten weinsauren Alkohol. Zur weiteren Schonung sind Licht und Luft nach Möglichkeit fernzuhalten; das Eindunsten ist im Vakuum vorzunehmen.

Nachweis. 1. Beim Eindampfen mit *Ammoniaklösung* auf dem Wasserbad bleibt bei kleinsten Mengen ein grüner, bei größeren Mengen ein blauer, in Alkohol mit blauer Farbe löslicher Rückstand. Beim Ansäuern wird die blaue Lösung im durchfallenden Licht lackmusviolett, im auffallenden rot, und fluoresciert eosinrot. Der blaue Abdampfrückstand (s. o.) löst sich in konz. Schwefelsäure mit grüner Farbe, die beim Verdünnen mit Alkohol in rot übergeht. *Empfindlichkeitsgrenze* nach MEYER[3] etwa 50 γ.

2. In einer klaren Lösung des Alkaloids in verdünnter Salzsäure (wenn nötig filtrieren) erzeugt *Bariumhydroxydlösung* im Überschuß zugegeben, einen weißen, beim Kochen und Schütteln in rot übergehenden Niederschlag. Über weitere Nachweise und quantitative Bestimmungen in Lösungen, Blut, Harn und tierischen Organen s. [3].

Veratrin, $C_{32}H_{49}O_9N$. Das handelsübliche und offizinelle Veratrin ist ein Gemisch von Veratrin oder Cevadin und Veratridin, das neben anderen Alkaloiden in den Sabadillsamen (von Sabadilla officinalis)[4] enthalten ist. Es ist ein weißes, lockeres Pulver oder eine weiße amorphe Masse. Verstäubt löst es heftigen Niesreiz aus. Selbst in siedendem Wasser ist es nur wenig, gut in Alkohol und besonders in Chloroform, weniger gut in Äther löslich.

Isolierung. Geeignetes Untersuchungsmaterial sind Mageninhalt, Erbrochenes, sowie Harn, Blut und blutreiche Organe. Im Darm scheint das Veratrin zersetzt zu werden; im Kot wurde es unzersetzt noch nicht festgestellt.

Infolge des schwach basischen Charakters geht Veratrin bereits aus schwach saurer Lösung, wenn auch nur in geringem Maße, in Äther, Chloroform usw. über, besser aus alkalischer Lösung, wobei hohe Alkalikonzentrationen zu vermeiden sind. Der Rückstand nach Verdunsten des Lösungsmittels ist amorph.

Nachweis. 1. Konz. *Schwefelsäure* löst Veratrin mit gelber, bald orange werdender Farbe mit grüner Fluorescenz, dann wird die Lösung rot und nach etwa ¹/₂ Std bleibend

[1] Autenrieth-Bauer S. 113.
[2] FISCHER, R., u. E. BUSCHEGGER: Pharmaz. Zentr.-Halle **89**, 146 (1950).
[3] MEYER, F.: Pharmazie **5**, 111 (1950).
[4] DAB. 6.: Schoenocaulon officinale (SCHLECHTENDAHL et CHAMISSO) Asa Gray.

carminrot. Wird dann mit Wasser verdünnt, so wird die Lösung wieder gelb, um beim Eindampfen wieder in Rot umzuschlagen. Zusatz von Oxydationsmitteln (Bromwasser, Salpetersäure) erzeugt in der gelben schwefelsauren Lösung sofort kirschrote Farbe. [ERDMANNs, FRÖHDEs und MANDELINs Reagens (s. S. 823f.) verhalten sich gegen Veratrin fast ebenso wie Schwefelsäure.]

2. Die durch Kochen mit *konz. Salzsäure* auftretende schöne rote Färbung ist wochenlang beständig (Corpus delicti).

3. Wird Veratrin mit der etwa vierfachen Menge *Rohrzucker* und dann mit wenig *konz. Schwefelsäure* zu einer Paste verrieben, so entsteht erst grüne, dann rein blaue Färbung, die auf Zusatz von Wasser verschwindet. Wird soviel Schwefelsäure genommen, daß die Veratrin-Zuckerverreibung flüssig wird, so tritt das mit Schwefelsäure allein auftretende Farbenspiel (s. o.: 1.) ein, während suspendierte Veratrinteilchen sich erst grün, dann blau färben (WEPPENs Reaktion).

Zur Abänderung dieser auf Furfurolwirkung beruhenden Reaktion sind mehrfach, so von MYLIUS und URDANSKY, sowie LAVES[1], Vorschriften mit Furfurol-Schwefelsäure anstatt des Zuckers gegeben worden. Sie bieten keine Vorteile.

Da auch „Leichen-Veratrine" (Ptomaine) mehrfach isoliert wurden, die zum Teil ähnliche chemische Reaktionen wie Veratrin gaben[2], empfiehlt es sich, im Zweifelsfalle den physiologischen Versuch durch Injektionen von mindestens 0,5 mg der fraglichen Substanz in schwach essigsaurer Lösung am Frosch heranzuziehen. Es zeigen sich bei Gegenwart von Veratrin — freilich auch von anderen Giften — auffällige Veränderungen an den Bewegungen des Frosches, die durch die Ptomaine nicht hervorgerufen werden.

Emetin ist ein Gemisch der Alkaloide Emetin (rein), Cephaelin und Psychotrin, die sich insgesamt zu etwa 2—3% in der getrockneten Wurzel von Uragoga ipecacuanha, der Ipecacuanhawurzel, finden.

Emetin (rein), $C_{29}H_{40}O_4N_2$, ist amorph, meist schwach gelblich, herb und bitterschmeckend. F. 68°. Hydrochlorid: F 205—215° (KOFLER).

Cephaelin, $C_{22}H_{38}O_4N$, krystallinisch, selbst im Dunkeln gelb werdend, F 96—102°.

Psychotrin, $C_{28}H_{36}O_4N_2 \cdot 4 H_2O$ (unwichtig, dient aber zur Erkennung der Ipecacuanhaalkaloide, s. u.). Bei toxikologisch-forensischen Untersuchungen dürfte meist das Gemisch vorliegen.

Isolierung. Als starke zweisäurige Basen gehen die Ipecacuanhaalkoide nicht aus saurer, sondern nur aus alkalischer Lösung in die Ausschüttelungsmittel (Äther, Chloroform) über und geben nach Verdunsten einen amorphen Rückstand.

Immer findet sich die Hauptmenge der Alkaloide in Darm und Magen, besonders aber im Kot. Im Harn finden sich schon nach kurzer Zeit (etwa 20—40 min) sehr kleine Mengen Emetin. Im Blut findet sich meist kein Emetin, da es von den Organen schnell aus diesen aufgenommen und gespeichert wird.

Nachweis. 1. Gemische der 3 Alkaloide: a) FRÖHDEs *Reagens* löst mit mehr oder weniger blaugrüner Farbe, die auf Zusatz von wenig Natriumchlorid oder Salzsäure in tiefblau übergeht (s. u. Cephaelin). b) Mit *Perhydrol-Schwefelsäure* entsteht dunkelorangerote Färbung. In Salzsäure gelöst geben die gemischten Alkaloide mit *Chlorkalklösung* eine rotgelbe Färbung oder einen solchen Niederschlag.

2. Die reinen Alkaloide: a) Emetin färbt sich mit FRÖHDEs *Reagens* schmutziggrün, auf Zusatz von Natriumchlorid oder Salzsäure hellgrasgrün. b) Cephaelin dagegen gibt mit FRÖHDEs *Reagens* eine purpurrote Lösung, die auf Zusatz von NaCl oder HCl eine intensive Preußischblaufärbung annimmt (vgl. 1a). c) Psychotrin (s. o.) färbt sich bei gleicher Behandlung dunkelpurpurrot bzw. blaßgrün. d) Schüttelt man die Chloroformlösung des Alkaloidgemisches mit schwach essigsaurem Wasser aus und setzt diese Lösung nach Einengen Ammoniakdämpfen aus, so scheiden sich charakteristische Psychotrinkrystalle aus[3].

[1] LAVES, E.: Pharmaz. Ztg. **37**, 328 (1892).
[2] STÜBER, W.: Z. Unters. Nahr.- u. Genußm. **6**, 1137 (1903).
[3] ALLEN, A. H., and G. E. SCOTT-SMITH: Pharmaceut. J. [4] **15**, 552 (1902).

Häufig werden Ipecacuanha-Infus oder Pulvis ipecacuanhae opiatus (DOVERsches Pulver) den Anlaß einer Vergiftung geben, so daß zur Untersuchung ein Alkaloidgemisch durch Ausschüttelung vorliegen wird.

Cocain, $C_{17}H_{21}O_4N$, ist der Doppelester der Tropincarbonsäure, des Ekgonin, mit Benzoesäure und Methylalkohol. Es findet sich in den Blättern des südamerikanischen Strauches Erythroxylon Coca neben 6 anderen Alkaloiden, von denen das Tropacocain genannt sei, zu 0,2—0,8%. Aus heißem Alkohol oder Petroläther umkrystallisiert bildet es große, farblose monokline Prismen, die — auch im Mikroschmelzpunktapparat (KOFLER) — bei 98° schmelzen. In Wasser ist es schwer, in Alkohol, Äther, Benzol, Chloroform und Essigester leicht löslich.

Isolierung. Im tierischen Organismus und im Arbeitsgang nach STAS-OTTO wird das Cocain weitgehend zersetzt. Es entsteht Ekgonin. Beim Menschen soll es nach größeren Dosen unzersetzt im Blut, Harn und in Organen auftreten. BRÜNING[1] gelang der Cocainnachweis nur im Magen. Die erhaltene weinsaure Lösung wird am besten nicht mit Natriumcarbonat, sondern mit Natriumhydrogencarbonat vor der Ausschüttelung alkalisiert, um eine Spaltung des Esters hintanzuhalten. Meist wird es darauf ankommen, das Ekgonin zu fassen.

Nachweis. 1. Aus möglichst konzentrierter salzsaurer Lösung wird durch *Kalilauge* im Überschuß unter starker Kühlung das Cocain ausgeschieden. Je reiner die Salzlösung, um so reiner das Cocain. F 98°.

2. Aus der gleichen salzsauren Lösung wird durch gesättigte *Kaliumpermanganatlösung* violettes, krystallinisches Cocainpermanganat in Form von Drusen und Rosetten ausgefällt.

3. Cocain in Substanz, mit Alkohol und konz. Schwefelsäure im siedenden Wasserbade erwärmt, gibt nach Erkalten auf tropfenweisen Wasserzusatz Ausscheidung von *Benzoesäure*, bei weiterem Erwärmen vor Wasserzusatz den Geruch nach Benzoesäureäthylester. (Die Reaktionen 1—3 erfordern größere Mengen von Cocain.)

4. *Farbreaktion nach* RATHENASINKAM[2]. Etwa 0,5 mg Cocain werden mit etwa 100 mg Kaliumnitrat und 10 Tropfen konz. Schwefelsäure im siedenden Wasser (Reagensglas) 10 min erhitzt. Nach Abkühlen und Zugabe von 30 cm³ Wasser wird einmal mit Chloroform zur Reinigung ausgeschüttelt (Chloroformauszug verwerfen). Nach Alkalisieren mit Ammoniak wird wiederum mit Chloroform ausgezogen, das Chloroform verdampft, der Rückstand in 2 cm³ Aceton gelöst und 1—2 Tropfen Natronlauge (10%ig) zugesetzt. 250 γ Cocainhydrochlorid geben noch eine starke, 50 γ eine entsprechend schwächere Purpurfärbung. (Atropin gibt intensive Violettfärbung. Homatropin, Procain, Benzocain und Amylocain geben andere bzw. keine Reaktion.)

5. Gesättigte *Pikrinsäurelösung* fällt aus Cocainlösungen feine, gelbe, büschelförmige Nadeln von Cocainpikrat. F 150—160° (KOFLER).

6. Durch *Goldchloridlösung* erzeugt man sofort oder nach Eindunsten, letzteres unter Zusatz von etwas Natriumbromid, gekreuzte oder gegabelte Nadeln von Cocainaurat (Reaktionen 5 und 6 sehr empfindlich).

7. Aus Leichenteilen isoliertes Ekgonin (s. o.) ist nach BRÜNING[1] am sichersten mit REINECKE-*Salz* zu identifizieren.

8. *Physiologische Versuche.* Anästhesie der Zunge und mydriatische Wirkung am Auge. Sehr empfindlich.

Tropacocain, $C_{15}H_{19}O_2N$, neben Cocain namentlich in japanischen Cocablättern, bildet weiße, fettglänzende Tafeln. F 49°. Hydrochlorid, F 285—288° (KOFLER). Löslichkeit usw., Isolierung wie bei Cocain.

Nachweis. 1. Gesättigte *Kaliumpermanganatlösung* erzeugt in schwefelsaurer Lösung violette, nadelförmige Krystalle (vgl. Cocain).

2. Gesättigte *Pikrolonsäurelösung* (in 20%igem Alkohol) läßt in der feuchten Kammer sternförmige oder lamellenartige Krystalle entstehen. F 136—138°.

---

[1] BRÜNING, A.: FÜHNER-WIELANDs Samml. Vergift.-Fälle A **9**, 65 (1938). Z. Unters. Lebensm. **79**, 93 (1940).

[2] RATHENASINKAM, E.: Analyst **75**, 169 (1950) [C. **1951 I**, 1349].

3. Einige Mikrofällungsreaktionen von Tropacocain gibt ROSENTHALER[1] an.

Im Anschluß an Cocain und Tropacocain sind die zum Ersatz des erstgenannten hauptsächlich verwendeten Lokalanästhetica zu behandeln.

Synthetische Lokalanästhetica. Sie werden im STAS-OTTO-Gang aus natronalkalischer Lösung vom Lösungsmittel aufgenommen. Sie rufen, ähnlich dem Cocain, auf der Zunge Gefühllosigkeit hervor und geben mit den allgemeinen Alkaloidreagentien Niederschläge. Zur Unterscheidung von Larocain, Novocain, Percain, Pantocain, Psicain und Tutocain hat MERZ[2] einige Farb-, Fällungs- und Geruchsreaktionen angegeben, ROSENTHALER[1] eine größere Anzahl von Mikrofällungsreaktionen für Larocain, Novocain und Tutocain. Sehr charakteristisch und zur Identifizierung der Lokalanästhetica geeignet sind die Schmelzpunkte von 13 Lokalanästhetica (einschließlich Cocain), der krystallisierten Fällungen mit Trinitroresorcin (Styphninsäure), Trinitrobenzoesäure, Platinchlorid und Pikrinsäure, sowie die Art und Form der Krystalle[3].

Die folgende Tabelle 4 gibt dies Verhalten der genannten Reagentien nach FISCHER[4] wieder.

Tabelle 4. *Krystallisierte Derivate der Lokalanästhetica.*

Aussehen der Fällung	Schmelzpunkt des Produktes °C	Stoff
Fällung mit Trinitroresorcin (Styphninsäure), F 177°*		
Tropfen, dann grobe Krystalle und Prismen	97—99	Pantocain
Sechseckige und polygonale flache Blättchen	138—139	Stovain
Kantige, verwachsene Krystalle	149—150	Larocain
Quadratische und rechteckige, dendritische, flache Krystalle	159	Novocain
Kurze, dicke, prismatische Krystalle	193	Tutocain
Schöne, lange, dünne Nadeln	176	Cocain
Kurze Nadeln und rechteckige Blättchen	207—208	Alypin
Kurze, kleine Nadeln	234	Eucain
Fällung mit Trinitrobenzoesäure, F 190—210°*		
Lange Nadeln und Drusen (Reiben zweckmäßig)	116—117	Percain
Tropfen, feinste Nadeln und Drusen	119—120	Psicain neu
Drusen und feine Nadeln, zuerst Tropfen	133	Panthesin
Nadeln und flache, gelbe Blättchen	145	Pantocain
Fällung mit Platinchlorid		
Nadeln und Sterne	170—174	Psicain neu
Nadeln und Einzelkrystalle	179	Percain
Sterne aus kleinen, kurzen Nädelchen	215—216	Holocain
Garben von Nadeln	222	Psicain
Flache, prismatische Krystalle, Sphärokrystalle	um 260	Larocain
Schöne Krystalle mit spitzen Winkeln	Verkohlt über 320	Cocain
Fällung mit Pikrinsäure, F 122°*		
Lange, tiefbraune Nadeln und rechtwinkelige Krystalle	110—120	Pantocain
Schöne Nadeln	115—116	Stovain
Stengelige, prismatische Krystalle	156	Novocain
Feinste lange Nadeln	166	Cocain
Meist flache, oft sternförmig angeordnete viereckige Blättchen, seltener Nadeln	166	Larocain
Kleine, schlecht ausgebildete Krystalle	um 195	Alypin
Grobe Nadeln	230—231	Eucain

* Mikroschmelzpunkte nach KOFLER (s. a. Gadamer, Toxikologie S. 569ff.: Künstliche Cocainersatzmittel).

---

[1] Rosenthaler, Mikroanalyse S. 336 u. 338ff.
[2] MERZ, K. W.: Arch. Pharmazie **270**, 97 (1932).
[3] FISCHER, R.: Arch. Pharmazie **271**, 446 (1933).
[4] FISCHER, R.: Arch. Pharmazie **271**, 466 (1933), etwas abgeändert.

Die Solanaceen-Alkaloide (Atropin, Hyoscyamin und Scopolamin). **Atropin,** $C_{17}H_{23}O_3N$, ist der Ester des Basenalkohols Tropin mit racemischer Tropasäure, ist also optisch inaktiv. Es entsteht hauptsächlich aus dem Ester der l-Tropasäure, dem Hyoscyamin, bei der Verarbeitung der Pflanzenteile von Atropa belladonna, der Tollkirsche, die den Ester zu 0,4—0,8% in allen Teilen enthält. Atropin bildet glänzende Nadeln. F 115 bis 116° (KOFLER). Es ist in Wasser schwer, in Äther leichter, in Chloroform sehr leicht löslich.

Isolierung. Atropin wird durch den Harn und Kot bald, aber langsam ausgeschieden. Harn, Magen-Darminhalt, Blut und blutreiche Organe sind zur Untersuchung geeignet. Es widersteht lange der Fäulnis, sogar jahrelang in der Leiche[1]. Aus der natronalkalischen Lösung läßt es sich mit Äther, besser jedoch mit Chloroform ausschütteln.

Nachweis. 1. VITALIsche *Reaktion*[2]. Der nach Eindampfen mit Salpetersäure (Wasserbad) verbleibende gelbe Trockenrückstand färbt sich beim Befeuchten mit alkoholischer Kalilauge vorübergehend (!) rotviolett. Empfindlichkeitsgrenze: 1 γ. Hyoscyamin und Scopolamin geben die gleiche, Apomorphin, Colchicin, Strychnin und Veratrin ähnliche Reaktionen.

2. GULIELMOs *Geruchsprobe*[3]. Nach Erwärmen mit konz. Schwefelsäure bis zur beginnenden Bräunung entsteht bei vorsichtiger Zugabe von Wasser zur heißen Lösung ein angenehmer, blüten- bis honigartiger Geruch, hervorgerufen von der durch Zersetzung der Tropasäure entstandenen Phenylacrylsäure (Empfindlichkeitsgrenze: 10 mg).

3. Mit 1 Tropfen einer Lösung von 0,2 g *p-Dimethylaminobenzaldehyd* in 6 g konz. Schwefelsäure und 0,4 g Wasser erwärmt (Wasserbad), gibt eine Spur Atropin eine starke rote, kirsch- bis violettrote Färbung. Sehr empfindliche Reaktion[4].

4. *Alkoholische Pikrinsäurelösung* bildet mit Atropin plattenförmige, rechtwinkelige Pikratkrystalle, F 162—177°.

5. Über Krystallfällungen mit *Jodjodkalium-* und *Brombromkaliumlösung* (1 g Brom und 2 g Kaliumbromid in 20 g Wasser) s. LIEB[5].

6. *Physiologischer Versuch* durch mydriatische Wirkung am Menschen- oder Rattenauge. Noch bei 1:130000 lange anhaltende Pupillenerweiterung (Vorsicht!).

l-Hyoscyamin ($C_{17}H_{23}O_3N$) findet sich hauptsächlich im Bilsenkraut (Hyoscyamus niger), gibt die gleichen Reaktionen wie Atropin. F 104—107° (KOFLER). (Atropin: F 115—116°.)

l-Scopolamin = Hyoscin, als Ester des Basenalkohols Scopin mit Tropasäure dem Atropin nahe verwandt, findet sich ebenfalls in vielen Solanaceen, besonders in den Blättern von Duboisia myoporoides, weniger in den Wurzeln von Scopolia carniolica und anderen Scopoliaarten. Es bildet farblose, in Wasser etwas besser als Atropin, in Alkohol, Äther, Chloroform besser lösliche, aus einem zunächst dicken, zähen Sirup schwer sich abscheidende Krystalle (F 59°), die über Schwefelsäure aufbewahrt, eine farblose, durchscheinende amorphe Masse bilden. In alkoholischer Lösung geht l-Scopolamin durch Zusatz von wenig Natronlauge allmählich in racemisches Scopolamin (vgl. Atropin) über [Mikroschmelzpunkt (KOFLER) 48—55°]. Scopolamin gibt ebenfalls die Reaktionen wie Atropin (VITALI[2], WASICKY[4], GULIELMO[3]). Identifizierung durch die Schmelzpunkte der Base, der Goldchlorid- und Goldbromidsalze (Vergleich!).

Homatropin, $C_{16}H_{31}O_3N$, der synthetische Tropinester der Mandelsäure, findet als Hydrobromid arzneiliche Verwendung ($C_{16}H_{21}O_3N \cdot HBr$). Die schwer krystallisierende Base ist optisch inaktiv. F (KOFLER) 100°. Das Hydrobromid stellt ein weißes, krystallinisches, in Wasser leicht, in Alkohol schwer lösliches Pulver dar. F (KOFLER) 215—217°.

Nachweis. 1. Die VITALIsche *Reaktion* gibt orange bis gelbbraune Färbungen[2].

[1] IPSEN, C.: Vjschr. gerichtl. Med. **31**, 308 (1906).
[2] VITALI, D.: Orosi 1880, Nr. 8. Arch. Pharmazie (3) **18**, 307 (1881).
[3] GULIELMO: Schweiz. Wschr. Chem. Pharmazie **1863**, 146. Z. analyt. Chem. **2**, 404 (1863).
[4] WASICKY, R.: Z. analyt. Chem. **54**, 393 (1915).
[5] LIEB, H.: Handb. biol. Arb.-Meth. Abt. IV, Teil 12/1, Bd. 2, S. 1393.

2. Mit der gleichen Menge *Chloramin* und wenigen Tropfen rauchender Salzsäure zur Trockne verdampft, gibt der Rückstand mit etwa 10 mg Codein und 0,5 cm³ konz. Schwefelsäure beim Erwärmen eine blutrote bis carminrote Färbung.

3. Über Mikrofällungsreaktionen von Homatropin mit Jodjodkalium, Brombromkalium, Goldchlorid, Pikrinsäure und alizarinsulfosaurem Natrium s. [1].

Chinin, $C_{20}H_{24}O_2N_2 \cdot 3\,H_2O$, das wichtigste der Chinaalkaloide, die sich in der Rinde verschiedener Cinchonaarten finden, wird in den meisten Fällen zur Erkennung der Anwesenheit von Chinabasen überhaupt herangezogen werden können. Auch arzneilich verwendete Chininderivate wie Aristochin (Dichininkohlensäureester), Euchinin (Chininäthylkohlensäureester) werden im Organismus (Magen, Darm) zu Chinin abgebaut. Chinin stellt ein weißes, krystallinisches, leicht verwitterndes und sehr bitteres Pulver dar, das bei etwa 57° in seinem Krystallwasser, nach dessen Verdunstung als wasserfreie Verbindung bei 177° (KOFLER) schmilzt. Es ist in Wasser schwer, in Alkohol, Äther und Chloroform leicht löslich (Chininhydrochlorid F 146—154°, Chininsulfat F 218—219° nach KOFLER).

Isolierung. Als Untersuchungsmaterial sind Magen- und Darminhalt, besonders aber Harn geeignet, in dem die Ausscheidung schon nach 10—15 min beginnt, um sich unter Umständen tagelang hinzuziehen. Bei intravenöser Injektion verteilt sich das Chinin auf Serum und Blutkörperchen. Während letztere es fester halten, wird es aus dem Serum schnell durch den Harn ausgeschieden. In Leichen sind die Chinaalkaloide nur wenige Wochen nachzuweisen. Im STAS-OTTO-Gang sind sie aus alkalischer Lösung gut in Äther oder Chloroform überzuführen. (Manche der Nebenalkaloide, wie das Cinchonin, gehen besser in Chloroform als in Äther über.) Aus Äther hinterläßt Chinin einen harzigen Firnis.

Nachweis. 1. Von den allgemeinen *Alkaloidreagentien* wird das Chinin am besten durch Kaliumwismutjodidlösung gefällt.

THOMS und JONESCU [2] schieden mit diesem Reagens das Chinin quantitativ aus Gemischen, indem sie den gelbroten Niederschlag mit Natronlauge behandelten und das Chinin wiederum mit Äther ausschüttelten.

2. Im Harn führten GIEMSA und HALBERKANN [3] direkt den Chininnachweis durch Fällung mit *Kaliumquecksilber(II)-jodid*.

3. In verdünnter Schwefelsäure oder Essigsäure gelöst, zeigt sich Chinin durch eine schöne blaue *Fluorescenz* an, die noch bei Verdünnung 1:100000 unter der Quarzanalysenlampe wahrzunehmen ist. Halogenwasserstoffsäuren löschen diese Fluorescenz schon nach Zusatz kleiner Mengen.

4. *Thalleiochinreaktion.* Die Lösung eines Chininsalzes oder eine Chininlösung in Essigsäure gibt mit Bromwasser oder Chlorwasser und Ammoniak eine schöne grüne Färbung (Thalleiochin, ϑάλλος = grüner Zweig) oder grüne Fällung; beim Schütteln mit Chloroform geht die grüne Farbe in dieses über. Coffein, Antipyrin und Pyramidon verhindern die Reaktion.

5. *Erythrochinreaktion.* Fügt man zu 10 cm³ einer wäßrigen, schwach sauren Chininlösung je 1 Tropfen Bromwasser, Trikaliumhexacyanoferrat (10%) und Ammoniak (10%), so tritt eine, ebenfalls mit Chloroform ausschüttelbare Rotfärbung auf. (Erythrochin, ἐρυθρός = rot. Empfindlicher als die vorhergehende!)

6. *Herapathitreaktion.* Von einem Gemisch aus 30 Tropfen Essigsäure, 20 Tropfen absolutem Alkohol und 1 Tropfen Schwefelsäure (20%ig) erhitzt man 20 Tropfen mit etwa 10 mg Chinin zum Sieden und setzt 1 Tropfen Jodtinktur (10%ig) oder 2 Tropfen 0,1 n Jodlösung hinzu. Es scheiden sich — allmählich — grüne, metallisch glänzende Krystallblättchen (sog. Herapathit) aus, die sich aus siedendem Alkohol umkrystallisieren lassen.

Zur Durchführung der Reaktionen 3—6 im Harn muß aus diesem das Chinin zuvor durch Ausäthern, nachdem mit Natronlauge alkalisch gemacht wurde, isoliert werden.

---

[1] Rosenthaler, Mikroanalyse S. 268.

[2] THOMS, H., u. D. JONESCU: Ber. dtsch. pharmaz. Ges. **16**, 130 (1906).

[3] GIEMSA, G., u. J. HALBERKANN: D. m. W. **1917**, 1501 [C. **1918 II**, 770].

Quantitative Bestimmung von Chinin durch Fällung der möglichst reinen ätherischen Chininlösung mit ätherischer Citronensäurelösung als Chinincitrat ($C_{20}H_{24}O_2N_2 \cdot C_6H_8O_7$), das abfiltriert, getrocknet und gewogen wird.

Atebrin und Plasmochin. Im Anschluß an das Chinin sei auch kurz auf den Nachweis dieser beiden, das Chinin bei der Malariabehandlung ablösenden synthetischen Mittel eingegangen. Beide werden unverändert im Harn und Stuhl ausgeschieden. Besonders der Nachweis im Harn ist leicht durchführbar. Der alkalische Harn wird mit Äther ausgeschüttelt.

Atebrinnachweis. Der gelbe Ätherrückstand wird in verdünnter Schwefelsäure gelöst. Die gelbe Lösung zeigt starke, auch bei kleinsten Mengen deutliche Fluorescenz.

Plasmochinnachweis. 1. In 100 cm³ plasmochinhaltiger Flüssigkeit gelingt noch in Verdünnung 1:2000000 die *Quecksilberjodid-Jodkaliumreaktion.*

2. Ebenso empfindlich ist der chemische Nachweis von Plasmochin nach SCHULEMANN, SCHÖNHÖFER und WINGLER[1] mit *Chloranil* (Tetrachlor-p-chinon), wobei ein blauschwarzer Farbstoff durch Kondensation von 2 Molekülen Plasmochin mit einem Mol Chloranil gebildet wird, der in organische Lösungsmittel übergeht.

3. Wird die ausgeschüttelte Plasmochinbase mit 1 cm³ benzolischer Lösung von *Tetramethyldiaminobenzophenon* = MICHLERs Keton (1:5000) eingedampft, dann mit 3 Tropfen Phosphoroxychlorid versetzt und $^1/_2$ Std im Wasserbade erhitzt, so entsteht auf Zusatz von wenig Wasser eine intensiv blaue Lösung. Noch mit 0,1 mg Plasmochin ist die Reaktion deutlich.

4. Mit EHRLICHs *Diazoreagens* gibt Plasmochin noch in Verdünnung 1:100000 eine gelbrote Färbung, in stärkeren Lösungen eine rote Fällung. Im Harn direkt ist die Probe nicht durchführbar, da der Harn an sich diese Diazoreaktion gibt. Nicht spezifisch.

Pilocarpin, $C_{11}H_{16}O_2N_2$, das Hauptalkaloid der echten Jaborandiblätter (Fol. Jaborandi von Pilocarpus pennatifolius), in denen es etwa zu 1% enthalten ist. Die freie Base stellt meist eine halbflüssige, klebrige, nicht flüchtige Masse dar, die sehr schwer krystallisiert, in Wasser wenig, in Alkohol, Äther, Chloroform leicht, in Benzol unlöslich ist. Meist in Form des offizinellen salzsauren Salzes vorliegend, das weiße, hygroskopische, etwas bitter schmeckende Krystalle bildet, leicht löslich in Wasser und Alkohol, schwer in Äther und Chloroform. F 200° (KOFLER).

Isolierung. Im Gang nach STAS-OTTO ist das Pilocarpin in der mit Natronlauge alkalisierten, vorher weinsauren Lösung als pilocarpinsaures Natrium enthalten, das beim Ansäuern als Pilocarpinhydrochlorid in Lösung bleibt. Aus dieser Lösung läßt sich die freie Base, nachdem mit Ammoniak oder Natriumhydrogencarbonat alkalisch gemacht wurde, mit Äther oder Chloroform ausschütteln.

Nachweis. 1. Die allgemeinen *Alkaloid-Fällungs- und Farbreaktionen* verlaufen negativ.

2. *Reaktion nach* HELCH[2]. Werden im Reagensglas 1 Körnchen Kaliumdichromat und 1—2 cm³ Chloroform mit etwas Pilocarpin (Substanz oder Lösung) und 1 cm³ Wasserstoffperoxyd (3%ig) mehrere Minuten geschüttelt, so färbt sich das anfangs gelbliche Reaktionsgemisch allmählich (etwa 5 min) schwarzbraun, das Chloroform je nach Menge an Pilocarpin blauviolett, dunkelblau bis indigoblau, während die Farbe der wäßrigen Phase verblaßt (0,01 g Pilocarpin blau, 0,001 g und weniger violett). (Nicht eindeutig, da Apomorphin, Strychnin, Antipyrin u. a. ähnliche, wenn auch schwächere Färbungen geben.)

3. *Reaktionen nach* EKKERT[3]. Gleiche Mengen etwa 1%iger Pilocarpinhydrochloridlösung, 2%iger Nitroprussidnatriumlösung und n-Natronlauge (je etwa 1 cm³) werden in der angegebenen Reihenfolge gemischt; das Gemisch wird nach einigen Minuten mit verdünnter Salzsäure angesäuert. Es entsteht sofort noch bei weniger als 1 mg eine deutliche rote, bei größeren Mengen weinrote bis rubinrote Färbung. Wird weiter eine Hälfte dieser

---

[1] Abh. Auslandskde, Hamburg **26**, Reihe D. Medizin, Bd. 2 (Festschrift NOCHT). [Nach ANDERSAG, H.: Über Plasmochin-Nachweis. Med. u. Chem. Bd. 3, S. 69. Leverkusen 1936.]

[2] HELCH, H.: Pharmaz. Post **35**, 289, 498 (1902); **39**, 373 (1906).

[3] EKKERT, L.: Pharmaz. Zentr.-Halle **66**, 36 (1925).

roten Lösung mit Natriumthiosulfatlösung versetzt, so färbt sie sich grün, die andere Hälfte auf Zusatz von Wasserstoffperoxyd carminrot.

4. MARQUIS' *Reagens* (Formalin-Schwefelsäure) färbt sich beim Erwärmen mit Pilocarpin gelb, gelbbraun bis blutrot.

5. Über Mikro-Krystallfällungen s. [1].

6. *Physiologischer Nachweis* durch miotische Wirkung am Katzen- oder Menschenauge. (Auch Muscarin, Nicotin und Phyostigmin wirken pupillenverengend.)

Yohimbin, $C_{21}H_{26}O_3N_2$, das Hauptalkaloid aus der afrikanischen Yohimberinde (Pausinystalia Yohimbe), in der es zu etwa 1,5% enthalten ist, bildet weiße, leicht gelb werdende Nadeln. Es ist in Wasser kaum, in Alkohol, Äther, Chloroform leicht löslich. F 215—225° (KOFLER, Zersetzung). *Hydrochlorid:* weißes, ebenfalls sich leicht gelblich färbendes Krystallmehl, ziemlich schwer in kaltem, leichter in heißem Wasser und heißem Alkohol löslich. F 265—280° (KOFLER), ab 250° Tröpfchen und Braunfärbung, Schmelze zäh, schwarzbraun. Entwicklung von Gasblasen.

Isolierung der Base durch Ausschütteln mit Äther aus alkalischer Lösung.

Nachweis. Zum Yohimbinnachweis sind sehr viele Reaktionen angegeben worden.

1. Die allgemeinen *Alkaloidfällungsreagentien* geben fast alle mehr oder weniger intensive Fällungen: hervorgehoben sei, daß Eisen(III)-chlorid keine Farbänderung oder Fällung hervorruft [2].

2. *Pikrinsäure, Pikrolonsäure und Styphninsäure* geben amorphe Fällungen. Das gelbe Pikrat färbt sich bei 140° orange und gibt bei 150—152° eine braune, zähe Schmelze [2].

3. Mit MARQUIS', ERDMANNs, MELZERs und FRÖHDEs *Reagens* verhalten sich Yohimbinbase und -hydrochlorid in Substanz (auf der Tüpfelplatte) teilweise verschieden.

a) MARQUIS' *Reagens.* Base und Hydrochlorid verhalten sich gleich. Erst oliv- bis graugrün, später grau, dann bräunlich bis violett.

b) ERDMANNs *Reagens.* Base: schmutzig braungelb, allmählich rötlich. Hydrochlorid: erst nach einiger Zeit gelb, später grünlich. Die anfänglichen Farbtöne sind typischer als die späteren.

c) MELZERs *Reagens.* Base: nach Lösung in 1 Tropfen Reagens, ruft 1 Tropfen konz. Schwefelsäure dunkelgelbe bis hellbraune, später am Rande schwach rötliche Färbung hervor. Hydrochlorid (ebenso behandelt): dunkelbraune, dann vom Rande kirschrote, schließlich violette Färbung.

d) FRÖHDEs *Reagens.* Base und Hydrochlorid ergeben erst blaue, dann gelbe, grüne bis olivgrüne Färbung. In wäßriger Hydrochloridlösung verläuft die Reaktion ebenso, doch sind die Farben weniger klar und schön.

Über diese und weitere Reaktionen, die auch zur Unterscheidung von anderen Stoffen (Lokalanästhetica, Alkaloide, wie Strychnin und Morphin) dienen, und Literatur s. [2].

Zur Identifizierung von Yohimbinbase und -hydrochlorid ist das Verhalten bei der Schmelzpunktsbestimmung im KOFLERschen Mikroschmelzpunktapparat [3] besonders charakteristisch.

Hydrastin und Hydrastinin. Hydrastin, $C_{21}H_{21}O_6N$, findet sich zu etwa 2—3,5% im Rhizom von Hydrastis canadensis (neben Berberin). Es bildet rhombische Prismen, unlöslich in Wasser, leicht in Chloroform und Benzol, weniger leicht in Alkohol und Äther löslich. F 132°. Durch Oxydationsmittel (z. B. HNO_3) und auch bei Aufbereitung der Droge geht es unter Abspaltung von Opiansäure in Hydrastinin, $C_{11}H_{13}O_3N$, über, das farblose, in Wasser schwer, in Alkohol, Äther und Chloroform leicht lösliche Nadeln bildet. F 116—117°. *Hydrastinhydrochlorid* F 148—150° (KOFLER). *Hydrastininhydrochlorid* F 208—210°, in Wasser leicht mit bläulicher Fluorescenz löslich.

Isolierung. Aus natronalkalischer oder ammoniakalischer Lösung durch Ausschütteln mit Äther oder Chloroform.

[1] Rosenthaler, Mikroanalyse S. 315.
[2] GEMEINHARDT, K.: Apoth.-Ztg. **62,** 1 (1950).
[3] KOFLER, L., u. A. KOFLER: Mikromethoden. Innsbruck 1948.

Nachweis. 1. Hydrastin löst sich in konz. *Schwefelsäure* farblos, bei vorsichtigem Erwärmen tritt Violettfärbung auf.

2. Wird einer Lösung von Hydrastin in verdünnter Schwefelsäure eine sehr verdünnte *Kaliumpermanganatlösung* tropfenweise zugesetzt, so tritt eine blaue Fluorescenz auf (Hydrastinin).

3. Beim Erwärmen von 0,1 cm³ alkoholischer Hydrastinlösung mit 2 cm³ konz. Schwefelsäure und 0,1 cm³ *alkoholischer Tanninlösung* (5%ig) färbt sich das Gemisch erst smaragdgrün, dann blau. Hydrastinin und Narcotin verhalten sich ebenso.

4. Mit *Arsen-Schwefelsäure* (s. S. 823) geben Hydrastin und Hydrastinin in der Kälte blaue Fluorescenz, beim Erwärmen eine orangerote Färbung.

5. Hydrastin löst sich in FRÖHDEs *Reagens* (s. S. 823) grün, allmählich braun werdend.

6. MANDELINs *Reagens* (s. S. 824) löst mit rosa, bald in orangerot übergehender, allmählich verblassender Farbe.

7. Mikrofällungsreaktionen mit Kaliumhexacyanoferrat (III), Pikrolonsäure u. a.[1].

Berberin, $C_{20}H_{17}O_4N$ oder $C_{20}H_{19}O_5N$, findet sich in Berberisarten, in der Hydrastiswurzel (vgl. o.) und mehreren anderen Pflanzen (Ranunculaceen, Rutaceen und Leguminosen). Es ist eine quartäre Ammoniumbase, die durch OH-Ionen leicht in eine Pseudobase übergeführt wird. Es bildet gelbe, in kaltem Wasser unlösliche, in Alkohol leicht, in Äther und Chloroform schwerer lösliche Nadeln. F 160—173° (KOFLER), ab 120° sich dunkler färbend, Schmelze dunkelrot, zähflüssig.

Isolierung. Aus alkalischer Lösung am besten mit Äther ausschütteln oder aus der gereinigten stark alkalischen Lösung durch Erwärmen mit dem halben Volumen Aceton auf 50° fällen. Es scheiden sich nach Stehenlassen (24 Std) gelbbraune Krystalle von Aceton-Berberin aus, die durch Mineralsäure zerlegt werden[2]. Ein Hinweis auf Berberin ist die gelbe Farbe der Lösungen, oft des Untersuchungsmaterials und der Salze, deren wäßrige Lösungen Wolle und Seide intensiv gelb färben. (Es gibt jedoch auch andere gelbe Pflanzenbasen, z. B. aus der Colombowurzel!)

Nachweis. 1. Die *Mineralsalze*, besonders das Nitrat, sind *schwerlöslich*. Aus der wäßrigen oder essigsauren Lösung fällt man durch Salpetersäure, aus anderen Salzlösungen durch Kaliumnitrat das schwerlösliche Berberinnitrat in aus Nadeln gebildeten Aggregaten von schwärzlicher, braun-blaßgelber Farbe. Erfassungsgrenze in wäßriger Lösung 0,7 γ.

2. KLUNGEsche *Reaktion.* Berberinsalzlösung färbt sich auf Zusatz von Chlorwasser oder Chlorkalk und Salzsäure rot.

3. Durch Zusatz von *Jodjodkalium* erhält man in alkoholischer Lösung einen grünglänzenden Niederschlag von Nadeln und Stäbchen. Erfassungsgrenze 0,6 γ (KLEIN und BERTOSCH). Noch intensiver ist diese Reaktion (nach BEHRENS) durch gelindes Erwärmen mit Kaliumjodid und Wasserstoffperoxyd. *Erfassungsgrenze* 0,004 γ.

4. Weitere Fällungs- und Mikroreaktionen s.[3].

Im Gang nach STAS-OTTO gehen aus alkalischer Lösung auch einige der Opiumalkaloide (Narcotin, Papaverin, Thebain und Codein) in Äther über, während Morphin und Narcein gelöst bleiben.

Narcotin, $C_{22}H_{22}O_7N$, ist im Opium zu 4—8% enthalten. Es steht dem Hydrastin sehr nahe und wird ähnlich diesem in Cotarnin und Opiansäure (z. B. durch Salpetersäure) gespalten. (In Spuren auch in Citronen, vielleicht auch in anderen Pflanzen enthalten.) Es bildet farblose Nadeln, unlöslich in Wasser, löslich in Alkohol, Chloroform, Essigester, Benzol, schwerer in Äther. F 176° (nach KOFLER 174°).

Isolierung. Da die Ausscheidung durch Darm und Harn erfolgt, ist neben letzterem auch Darminhalt zur Untersuchung geeignet. DRAGENDORFF fand es auch in Magen,

[1] Rosenthaler, Mikroanalyse S. 270. — LIEB, H.: Handb. biol. Arb.-Meth. Abt. IV, Teil 12/1, Bd. 2, S. 1382f.

[2] Gadamer, Toxikologie S. 520.

[3] LIEB, H.: Handb. biol. Arb.-Meth. Abt. IV, Teil 12/1, Bd. 2, S. 1376. — Rosenthaler, Mikroanalyse S. 242.

Leber und Milz. Während es von Äther als alkalischer Lösung aufgenommen wird, geht es infolge der schwach basischen Eigenschaften schon aus saurer Lösung in Chloroform über. Der Verdunstungsrückstand der Lösungsmittel ist erst firnisartig, später allmählich krystallinisch.

Nachweis. 1. Narcotin löst sich in *konz. Schwefelsäure* mit grünlichgelber Farbe. Setzt man auf 10 Tropfen Schwefelsäure 1 Tropfen Rohrzuckerlösung (1%ig) hinzu und erwärmt, so tritt braune, braunviolette und endlich blauviolette Färbung auf[1].

2. Mit *Arsen-Schwefelsäure* (s. S. 823) erwärmt ergibt Narcotin (wie Hydrastinin) eine orangerote Färbung.

3. Gibt man zu einer Narcotinlösung in *konz. Schwefelsäure* nach 2 Std eine Spur *Salpetersäure*, so färbt sie sich langsam stärker werdend schön rot. ERDMANNs Reagens verhält sich ähnlich (weitere Farbreaktionen s. [2]).

4. *Pikrolonsäure*, in fester Form einer Narcotinhydrochloridlösung zugesetzt, bildet nach starkem Erwärmen feine, verzweigte und zusammengesetzte Nadeln, die unter Sublimation bei 210—212° schmelzen.

Pikrinsäure und Styphinsäure geben amorphe Fällungen.

Lobelin, $C_{22}H_{27}O_2N$, das Hauptalkaloid von Lobelia inflata (Nordamerika), farbloses, amorphes Pulver. F 118—125° (KOFLER).

Isolierung. Aus alkalischer Lösung durch Ätherausschüttelung im STAS-OTTO-Gang.

Nachweis. Konz. Salpetersäure löst farblos, Schwefelsäure und MECKEs Reagens (s. S. 824) erst farblos, allmählich rötliche, später bräunliche, schwache Färbung.

MARQUIS' Reagens (s. S. 823) gibt beständige, tief violette bis kirschrote Lösung, FRÖHDEs Reagens (s. S. 823) fast farblos, später schwach rosa mit grünlichbraunem Randsaum.

Pikrinsäurelösung fällt gelbes krystallinisches Pikrat, Pikrolonsäure aber gibt eine schmierige, amorphe Fällung. Kaliumwismutjodid erzeugt rotbraunen, aus derben Krystallen bestehenden Niederschlag. Jodsäure wird nicht reduziert.

Quecksilber(II)-chlorid fällt aus Lobelinsalzlösung (Auflösen des Ätherrückstandes in sehr verdünnter Salzsäure) schwer lösliche amorphe Doppelsalze[3].

Nach Vergiftungen mit Lobelintinktur oder mit der Droge wird ein unreiner Ätherrückstand erhalten, der unter Umständen noch nach dem Lobelinkraut riecht und sich gegen Reagentien anders als reines Lobelin verhält. Die schwach salzsaure Lösung wird durch Kaliumquecksilberjodid, Kaliumwismutjodid und Phosphomolybdänsäure gefällt. Nach GADAMER[4] färbt sich solches unreines Lobelin mit FRÖHDEs Reagens (s. S. 823) nach 2 min violett, innerhalb 1—2 Std stärker werdend und später in Braun oder Gelb übergehend.

Cotarnin, $C_{12}H_{15}O_4N$, ein Oxydationsspaltstück von Narcotin (s. o.), findet als Hydrochlorid (Styptizin) und Phthalat (Styptol) arzneilich Verwendung. Es bildet gelblichweiße, bittere Blättchen, in kaltem Wasser unlöslich, in heißem schwer, leicht in Alkohol und Äther löslich. F 125—132°. [*Hydrochlorid* F 183—188° (KOFLER), *Phthalat* F 102—105°.]

Isolierung. Geht am besten aus stark alkalischer Lösung in Äther über. Der Verdunstungsrückstand ist ein gelber, amorpher Firnis.

Nachweis. Cotarnin gibt mit den üblichen Farbreagentien keine eindeutigen, charakteristischen Färbungen. Im Gegensatz zum Hydrastinin, dem es sich sonst ähnlich verhält, reduziert Cotarnin in der Kälte nicht NESSLERs Reagens (s. S. 824), sondern erst beim Erwärmen. (Hydrastinin reduziert bei Zimmertemperatur sofort.) Sicherste Unterscheidungsmöglichkeit bieten die Schmelzpunkte der Basen und Salze (Farb- und Fällungsreaktionen s. [5]).

---

[1] WANGERIN, A.: Pharmaz. Ztg. **1903**, 667.
[2] Gadamer, Toxikologie S. 529.
[3] WIELAND, H.: B. **54**, 1784 (1921).
[4] Gadamer, Toxikologie S. 623.
[5] Gadamer, Toxikologie S. 530.

Papaverin, $C_{20}H_{21}O_4N$, im Opium zu 0,5—1% enthalten, bildet farb- und geschmack-lose Nadeln oder Schüppchen, in Wasser fast unlöslich, in kaltem Alkohol und Äther schwer, in heißem Alkohol und besonders Chloroform leicht löslich. F 146° (KOFLER).

Isolierung. Geht als schwache Base teilweise schon aus saurer Lösung in Chloroform über, vollständig aus ammoniakalischer Lösung. Aus alkalischer Lösung wird es leicht von Äther aufgenommen.

Nachweis. 1. MECKEs *Reagens* (s. S. 824) gibt erst grünliche, dann stahlblaue Färbung, die in der Wärme orangerot bis violett wird.

2. MARQUIS' *Reagens* (s. S. 823) färbt erst rosa, dann weinrot, braunrot und schließlich tieforange.

3. Beim Erwärmen mit konz. Schwefelsäure, die auf 10 cm³ 1 Tropfen *Eisenchlorid-lösung* enthält, entsteht blaue in blaurot übergehende Färbung.

4. FRÖHDEs *Reagens* (s. S. 823) färbt in der Kälte grün, in der Wärme blau.

5. MANDELINs *Reagens* (s. S. 824) färbt blaugrün bis blau.

6. Der durch *Quecksilberchlorid* erzeugte Niederschlag löst sich beim Erwärmen, um beim Abkühlen in quadratischen Täfelchen wieder aufzutreten.

7. *Pikrinsäure, Pikrolonsäure, Styphninsäure* (s. S. 824) erzeugen amorphe bis kry-stallinische Fällungen.

Eupaverinhydrochlorid, $C_{19}H_{15}O_4N \cdot HCl + H_2O$,   1-(3,4)-Methylendioxybenzol-3-methyl-6,7-me-thylendioxyisochinolinhydrochlorid. Weiße, fast geruch- und geschmacklose Nadeln, in Wasser ziemlich schwer löslich. F 158° (unscharf).

Nachweis. Während Papaverinhydrochloridlösung durch *Eisennitratlösung* (5%ig) nicht verändert wird, fällt dieses aus Eupaverinhydrochloridlösung — ohne Färbung — das schwerlösliche Nitrat. Durch *Jodlösung* wird das Perjodid gefällt. Auf dem Wasserbade erwärmt geben 3—5 mg *α-Naphthol* und 1 cm³ konz. *Schwefelsäure* schon mit 1 mg Substanz bald eine gelbbraune, stark grün fluorescierende Lösung (wie bei Cotarnin: Nachweis der Dioxymethylengruppe).

Thebain, $C_{19}H_{21}O_3N$, in kleinen Mengen im Opium enthalten, bildet rhombische Blättchen oder Prismen, die in Wasser fast unlöslich, leicht löslich in Alkohol, Äther und Chloroform sind. F 190—196° (KOFLER).

Isolierung. Es geht aus alkalischer Lösung in Äther über, ebenso in Chloroform.

Nachweis. 1. In *Schwefelsäure* löst es sich mit blutroter, allmählich gelbrot werdender Farbe auf. ERDMANNs Reagens, FRÖHDEs und MANDELINs Reagens (s. S. 823f.) ver-halten sich ähnlich. MECKEs Reagens löst es mit orangeroter, bald verblassender Farbe, in der Wärme dunkelbraun werdend. Mit MARQUIS' Reagens (s. S. 823) färbt es sich gelbrot bis braun, mit konz. Salpetersäure gibt es eine gelbe Lösung.

2. *Pikrinsäure, Pikrolonsäure und Styphninsäure* (s. S. 824) geben amorphe Nieder-schläge.

Codein, $C_{18}H_{21}O_3N$ (Morphinmethyläther), ist im Opium bis zu 0,8% enthalten. Aus Wasser oder wasserhaltigem Äther krystallisiert es in farblosen durchsichtigen, klaren, bitter schmeckenden Krystallen, die in Wasser, namentlich in heißem, ziemlich leicht löslich sind (Unterschied von Morphin); löslich in Alkohol, Äther und Chloroform. Schmelzpunkt mit Wasser 64—67°, nach Wasserverlust (wasserfrei) 155° (Morphin: 247—254°. Beide nach KOFLER).

Aus seinen Salzlösungen wird es durch Alkalilauge nahezu quantitativ ausgeschieden, jedoch nicht durch Ammoniak.

Isolierung. Aus alkalischer Lösung geht Codein leicht in Äther, Amylalkohol, Chloro-form und Benzol über. Im STAS-OTTO-Gang schüttelt man es am besten aus der mit Natronlauge alkalisch gemachten Lösung mit Äther aus.

Nachweis. 1. Mit *eisenhaltiger Schwefelsäure* [1 Tropfen Eisen(III)-chloridlösung auf 10 cm³ konz. Schwefelsäure] erwärmt, gibt Codein eine blaue Färbung, die auf Zusatz von wenig (1—2 Tropfen) konz. Salpetersäure in blutrot übergeht.

2. MARQUIS' *Reagens* (s. S. 823) färbt Codein erst rotviolett, dann blauviolett.

3. Nach Versetzen einer Codeinlösung mit etwas *Chloralhydratlösung* (50%ig) und einigen Tropfen Zuckersirup oder verdünnter *Furfurollösung* entsteht beim Unterschichten

mit konz. Schwefelsäure eine carminrote Ringzone. Sofortiges Schütteln färbt die ganze Flüssigkeit rot.

4. Von den allgemeinen Fällungsreagentien geben *Jodjodkalium*, *Phosphomolybdänsäure* und *Kaliumquecksilberjodid* besonders gute Niederschläge.

5. PELLAGRI*sche Reaktion*. In konz. Salzsäure gelöst und mit 2—3 Tropfen konz. Schwefelsäure auf dem Wasserbade nach Entfernung der Salzsäure noch 15 min erwärmt, hinterläßt Codein einen schmutzigrotvioletten Rückstand. Wird dieser in 2—3 cm³ Wasser und einigen Tropfen Salzsäure gelöst, dann mit Natriumhydrogencarbonat neutralisiert, so tritt auf Zusatz weniger Tropfen alkoholischer Jodlösung nach gutem Umschütteln eine smaragdgrüne Färbung auf. Schüttelt man mit Äther, so färbt dieser sich rot, während die wäßrige Phase grün bleibt. (Beruht auf der Bildung von Apomorphin, das aus Codein ebenso wie aus Morphin durch Einwirkung der Mineralsäure entsteht.)

6. Zum Unterschied von Morphin macht Codein aus Jodsäure kein Jod frei. Auch gibt es mit *Eisenchlorid und Trikaliumhexacyanoferrat* keine Blaufärbung; neutrale Codeinsalzlösungen färben sich mit neutraler Eisenchloridlösung nicht blau.

7. Über Mikro-Krystallfällungsreaktionen von Codein s.[1].

Ein „Leichencodein", das aus alkalischer Lösung in Äther überging, gab wohl wie Codein beim Eindampfen der salzsauren Lösung mit Schwefelsäure einen roten Rückstand, jedoch *nicht* die weitere PELLAGRISCHE Reaktion.

Eukodal, $C_{18}H_{21}O_4N \cdot HCl$ (Hydrochlorid von Dihydrooxycodeinon). Weißes, krystallinisches, in heißem Wasser sehr leicht, in heißem absolutem Alkohol schwer lösliches Pulver. F 230—255° (KOFLER). Die freie Base (Dihydrooxycodeinon) wird durch Alkalien aus der Eukodallösung ausgefällt. F 218—222°, schwer in Äther, leicht in Chloroform löslich.

Isolierung. Eukodal hält sich in der Leiche ziemlich lange. Es wird aus alkalischer Lösung von Äther und Chloroform aufgenommen[2].

Nachweis. 1. *Schwefelsäure* und ERDMANNs *Reagens* geben eine farblose, Salpetersäure eine gelbe Lösung.

2. MARQUIS' *Reagens* (s. S. 823) färbt erst gelb, dann braun, rot, endlich violett.

3. FRÖHDEs *Reagens* (s. S. 823) färbt ebenfalls erst gelb, dann grünlich und allmählich vom Rand her bläulich bis schmutzig violett.

4. *Perhydrol-Schwefelsäure* färbt orange, in braun übergehend.

5. Über Mikro-Krystallfällungen s.[3].

Paracodin, das salzsaure oder weinsaure Salz von Dihydrocodein ($C_{18}H_{23}O_3N \cdot H_2O$). Die freie Base bildet farblose, bitter schmeckende, prismatische Krystalle, die erst im Krystallwasser bei etwa 65°, dann wasserfrei bei 111—112° schmelzen. Das Hydrochlorid schmilzt bei 250—255°, das Bitartrat bei 189—190° (KOFLER).

Isolierung. Aus alkalischer Lösung durch Äther oder Chloroform auszuschütteln.

Nachweis. 1. MARQUIS' *Reagens* gibt in der Kälte (Eiskühlung) rotviolette, blauviolette bis blaue Färbung.

2. *Konz. Schwefelsäure* löst farblos. Eisenchlorid-Schwefelsäure und Eisenchlorid-Trikaliumhexacyanoferrat färben nicht blau.

3. Über Krystallfällungen von Paracodinhydrochlorid mit Quecksilberchlorid (fest) und DRAGENDORFFs Reagens s.[4].

Dicodid, das Hydrochlorid oder Bitartrat von Dihydrocodeinon. Weiße, bitter schmeckende Kryställchen. *Base* ($C_{18}H_{21}O_3N$): F 193—194°, *Bitartrat:* F 115—123° (KOFLER), *Hydrochlorid:* F 175—180° (KOFLER).

Isolierung. In alkalischer Lösung mit Äther ausschütteln.

Nachweis. Keine sicher auswertbaren Farbreaktionen. Identifizierung durch Schmelzpunkte der Base und der Salze.

[1] Rosenthaler, Mikroanalyse S. 280.
[2] BRÜNING, A., u. E. SZÉP: FÜHNER-WIELANDS Samml. Vergift.-Fälle 8, 105 (1937).
[3] Rosenthaler, Mikroanalyse S. 261.
[4] Rosenthaler, Mikroanalyse S. 312.

Dionin $(C_{19}H_{23}O_3N \cdot HCl + H_2O)$. Äthylmorphinhydrochlorid bildet farblose, feine Nadeln. F (zwischen 110—120° entweicht unter Sintern das Krystallwasser) 149—156° (KOFLER). Die freie Base bildet glänzende prismatische Krystalle, die nach Sintern zwischen etwa 88—91° bei 110—115° schmelzen. Hydrochlorid in Wasser und Alkohol leicht löslich, die Base schwer in Wasser, besser in Äther, leicht in Alkohol löslich.

Isolierung. Im STAS-OTTO-Gang geht Dionin (wie Codein) aus alkalischer Lösung in Äther über.

Nachweis. 1. MARQUIS' *Reagens* (s. S. 823) färbt zunächst deutlich grün, dann blau, endlich blauviolett.

2. MECKES *Reagens* (s. S. 824) gibt olivgrüne, beim Erwärmen schnell in Braungrün übergehende Färbung. Im übrigen verhält sich Dionin wie Codein, namentlich auch bezüglich der Unterscheidung von Morphin.

Acedicon, $C_{17}H_{17}O—(OCH_3)_2N \cdot HCl$, Enolacetat von Dihydrocodeinhydrochlorid. Weiße, bitter schmeckende Krystalle. F 233°. Beim Erhitzen mit 50%iger Schwefelsäure und wenigen Tropfen Alkohol entsteht am Geruch erkennbarer Essigester.

Über eine Farbreaktion mit Diazobenzolsulfosäure zum Nachweis und zur Unterscheidung von Dicodid, Acedicon, Eukodal und Dilaudid s.[1].

Mutterkornalkaloide. In dem Mutterkorn, den Sklerotien des die Getreidekörner befallenden Pilzes Claviceps purpurea, finden sich eine größere Anzahl von Alkaloiden, deren Identität zum Teil ebenso wie ihre chemische Struktur noch nicht völlig geklärt ist. Man unterscheidet wasserlösliche und wasserunlösliche. Teilweise bilden sie Doppelverbindungen untereinander, wodurch weitere Unklarheiten über ihre Identität hervorgerufen werden. Von den wasserunlöslichen kennen wir das Ergotinin, das durch Säure in Ergotoxin übergeht, welches sich auch als solches vorfindet. Ferner das Ergotamin und das ihm isomere Ergotaminin, sowie Ergosin und Ergosinin, Ergocristin und Ergocristinin. Wasserlöslich sind Ergometrin und Ergometrinin. (Ergocin, Ergobasin und Ergostetrin sind als dem Ergometrin identisch erkannt.)

Die Mutterkornalkaloide zeigen im chemischen wie im physiologischen Verhalten weitgehende Übereinstimmung. (Ergotinin = $C_{35}H_{39}O_5N_5$, Ergotoxin = $C_{35}H_{41}O_6N_5$, Ergotamin und Ergotaminin = $C_{33}H_{35}O_5N_5$.)

Isolierung. Als amphotere Substanzen sind sie in Säuren und Laugen löslich. Aus alkalischen Lösungen werden sie schon durch Kohlensäure unverändert frei gemacht. Wie schon oben gesagt wurde, können sie im Gang nach STAS-OTTO sowohl aus saurer Lösung mit Chloroform ausgeschüttelt werden, als auch aus alkalischer Lösung, am besten mit Äther. Doch gelingt ihr Nachweis aus Mageninhalt (Erbrochenes) oder gar auch Leichenteilen meist nicht.

Nachweis. Die Vergiftung durch Mutterkorn wird, wie oben schon (Abschnitt Bc, S. 741) hervorgehoben wurde, nach Möglichkeit durch Isolierung von Teilchen von Mutterkornpulver und mikroskopische Untersuchung (aus Erbrochenem und Kot) zu führen sein. Auch muß versucht werden, den in der äußeren Schicht des Mutterkornes enthaltenen charakteristischen Farbstoff Sklererythrin festzustellen. Die durch Umschütteln und Stehenlassen mit Äther (durch Schwefelsäure angesäuert) aus dem Material erhaltene ätherische Lösung färbt sich beim Schütteln mit einer gesättigten Lösung von Natriumhydrogencarbonat violett. Nach dem gleichen Prinzip gelingt auch der Sklererythrinnachweis in Leichenteilen[2].

Farbreaktionen. 1. Ergotinin und Ergotoxin geben mit *konz. Schwefelsäure* eine erst gelbe, dann violette, später blaue Lösung.

2. In *eisenchloridhaltiger* (Spuren) *Schwefelsäure* lösen sich die Alkaloide mit erst orangeroter, dann über Tiefrot bläulicher bis grünlicher Farbe.

3. Eine Lösung der Alkaloide (Spuren) in *Essigester* mit wenig Essigsäure oder in Eisessig[3] und 1 Tropfen *Eisenchloridlösung* ergibt beim Unterschichten mit konz. Schwefelsäure oder konz. Salpetersäure eine kornblumenblaue Zone[3].

[1] WEGNER, E.: Dtsch. Apoth.-Ztg. **91**, 109 (1951).

[2] KLUGE, H.: Z. Unters. Lebensm. **68**, 645 (1934) [Z. analyt. Chem. **103**, 239 (1935)].

[3] OEHM, G.: Pharmaz. Nachr. **2**, 520 (1950).

4. Eine ebensolche blaue Färbung erhält man, wenn eine wäßrige Lösung der Alkaloide mit einer Lösung von *p-Dimethylaminobenzaldehyd* (0,25 %ig) in konz. Schwefelsäure gemischt (1:2) und belichtet oder mit einer Spur Eisenchlorid versetzt wird[1].

5. Auf eine Farbreaktion mit *Vanillin-Schwefelsäure* sei hingewiesen[2], ebenso auf die Möglichkeit der quantitativen Bestimmung auf colorimetrischem Wege unter Benutzung dieser Reaktion[3].

Die vorbeschriebenen Nachweise von Mutterkornalkaloiden und Sklererythrin werden in ähnlicher Weise auch im Mehl und Brot angewendet. Die sauren Extrakte dienen nach POHL[4] auch zum biologischen Nachweis der Alkaloide durch die pupillenerweiternde und vasoconstrictorische Wirkung am Frosch.

Pyramidon, $C_{13}H_{17}ON_3$ (4-Dimethylamino-antipyrin), bildet farblose, rechteckige oder rhombische Blättchen oder auch Zwillingskrystalle, die löslich in Wasser, gut löslich in Alkohol, Äther und Chloroform sind und unter normalem Druck in derben, längsgestreiften Krystallen und sechswinkeligen Blättchen sublimieren. F 108° (auch nach KOFLER).

Isolierung. Im Gegensatz zum Antipyrin (vgl. o.) geht Pyramidon aus saurer Lösung überhaupt nicht in Äther über, sondern aus alkalischer Lösung in Äther oder Chloroform. Aus weinsaurer Lösung läßt es sich teilweise auch mit heißem Chloroform ausschütteln[5]. Von Leichenteilen sind als Untersuchungsmaterial besonders Magen und Leber geeignet[6]. Im Harn findet sich auch nach großen Dosen kein unverändertes Pyramidon. Schon nach therapeutischen Dosen ist der Harn durch Rubazonsäure, die sich neben Antipyrylharnstoff und einer veresterten Glucuronsäure aus dem Pyramidon bildet, hellpurpurrot gefärbt.

Bei längerem Stehen des Harns scheidet sich die Rubazonsäure in roten Nädelchen aus. Nach Ansäuern des Harns kann man sie mit Äther, Chloroform oder am besten durch Essigester, die sich rot färben, ausschütteln.

Nachweis. 1. Pyramidon gibt mit den meisten *Alkaloidfällungsreagentien* Niederschläge, zum Unterschied von Antipyrin jedoch nicht mit MILLONS Reagens.

2. Wird die wäßrige Lösung mit verdünnter Schwefelsäure angesäuert und mit einer *Kaliumnitritlösung* versetzt, so tritt eine bald verschwindende violette Färbung auf. Zeigt sich dann eine grüne Farbe, so beweist das gleichzeitige Anwesenheit von Antipyrin (Nitrosoantipyrinbildung).

3. Pyramidon *wirkt* viel stärker *reduzierend* als Antipyrin.

a) Silbernitrat färbt die wäßrige Lösung sofort blau, bald schwarz unter Ausscheidung von metallischem Silber.

b) Tetrachlorogold(III)-säure wird von Pyramidon schon in der Kälte reduziert, von Antipyrin erst beim Kochen.

4. Beim Überschichten eines durch Rubazonsäure rot gefärbten Pyramidonharns tritt an der Zonengrenze eine violette Färbung auf.

Es sei darauf hingewiesen, daß Pyramidon eine der Amalinsäurereaktion von Coffein usw. ähnliche, auf der Bildung von Rubazonsäure beruhende Reaktion gibt[7].

Cardiazol (Pentamethylentetrazol), $C_6H_{10}N_4$. Weißes, in Wasser und den meisten organischen Lösungsmitteln sehr leicht lösliches Krystallpulver. F 56—58° (KOFLER 59°).

Isolierung und Nachweis. Cardiazol geht aus saurer und alkalischer Lösung gut in Chloroform über. Geeignetes Untersuchungsmaterial: Harn, Blut, Organe. Aus Harn: Versetzen mit 10% Bleiacetatlösung (20 %ig), das klare Filtrat mit Ammoniumsulfat

[1] URK, VAN: Pharmaceut. Wbl. 1929, H. 23.
[2] FREUDWEILER, R.: L'Ergot de seigle, ses principes actives et leurs dosages. Zürich 1932.
[3] SCHLEMMER, F., P. H. A. WIRTH u. H. PETERS: Arch. Pharmazie 274, 22 (1936).
[4] POHL, J.: In STARKENSTEIN, E., E. ROST u. J. POHL: Toxikologie. Berlin-Wien 1929.
[5] DIETZEL, R., W. PAUL u. P. TUNMANN: Z. Unters. Lebensm. 79, 82 (1940).
[6] WAGNER, K.: FÜHNER-WIELANDS Samml. Vergift.-Fälle (A) 2, 111 (1931).
[7] GEMEINHARDT, K.: Pharmaz. Ztg. 85, 219 (1949).

sättigen, gesättigte Lösung dreimal mit Chloroform ausschütteln. Organteile: Zum Ausziehen mit Alkohol des fein zerkleinerten Materials mit Schwefelsäure schwach ansäuern.
Der Rückstand der vereinigten Alkoholauszüge wird mehrmals abwechselnd mit Alkohol
und Wasser aufgenommen (filtrieren, sorgfältig auswaschen!). Die zum Schluß nur noch
schwach gelbe, schwach saure Lösung dreimal mit Chloroform ausschütteln, die Auszüge
mit geglühtem Natriumsulfat trocknen, den Chloroformrückstand mit schwach saurem
Wasser aufnehmen, filtrieren, alkalisieren und mit Chloroform ausschütteln. Bei sorgfältigem Arbeiten kann der Chloroformrückstand durch Wägen zur quantitativen Bestimmung benutzt werden (zur Kontrolle: Schmelzpunkt). Die angesäuerte wäßrige
Lösung des Chloroformauszuges (s. o.) gibt mit Quecksilberchloridlösung einen gut
krystallisierten Niederschlag. Nach Stehenlassen im Eisschrank (über Nacht) abfiltrieren,
mit wenig eisgekühltem Wasser nachwaschen, trocknen und wägen.

1 g der Quecksilberchloridverbindung = 0,337 g Cardiazol. F 175—176°[1].

Salzsaure Kupfer(I)-chloridlösung erzeugt noch in Cardiazollösungen 1:40000 gut
krystallisierte Niederschläge[2].

Polamidon, $C_{21}H_{27}ON \cdot HCl$, 2-Dimethylamino-4,4-diphenylheptanon-5-hydrochlorid.
Weißes, bitter schmeckendes, in Wasser, Alkohol, Chloroform lösliches Pulver. F
Hydrochlorid 236°, Base 78—79°.

Isolierung. Im Analysengang nach STAS-OTTO durch Extraktion mit Äther in alkalischer Lösung und Umwandlung der Ketonbase (Ätherrückstand) mit wenig verdünnter
Salzsäure (Abdampfen) in das wasserlösliche Hydrochlorid. Aus Lösungen oder Tabletten
durch Ausschüttelung mit Chloroform als Hydrochlorid.

Durch den Harn werden nur etwa 5,7—13% des Polamidon unverändert ausgeschieden. Der salzsaure Harn wird zunächst mit Äther (Entfernung aus saurer
Lösung in Äther übergehender Stoffe) ausgeschüttelt, nach Abtrennung des Äthers die
wäßrige Phase mit Lauge übersättigt und mehrfach mit Äther ausgeschüttelt. Nach
Waschen mit wenig Wasser wird der Äther mit entwässertem Natriumsulfat getrocknet,
die Hauptmenge des Äthers abdestilliert, der Rest verdunstet. Das mit wenig verdünnter
Salzsäure erhaltene Hydrochlorid wird in wenig Wasser gelöst[3].

Nachweis. 1. *Pikrinsäure* in gesättigter wäßriger Lösung ruft eine gelbe Fällung
hervor.

2. *Goldchloridlösung* (2 Tropfen) gibt eine citronengelbe Fällung. NESSLERs Reagens
ergibt eine milchigweiße, später schmutziggraue Fällung.

3. *Kaliumquecksilberchloridlösung* ruft sofort eine milchige Trübung hervor.

4. Verdünnte wäßrige *Kobaltnitratlösung* gibt mit dem halben Volumen Kalilauge
(15%ig) und Stärkelösung einen blauen gallertigen Niederschlag, der stundenlang bestehen
bleibt (Blindversuch. Der hierbei schmutzigbraune Niederschlag wird später blaßrosa)[4].

5. *Mikrochemische Reaktionen*[5]. Ein Tröpfchen wäßriger Polamidonlösung (1%ig—0,1%ig) gibt
auf dem Objektträger die folgenden Mikroreaktionen (angewandte Menge Polamidon 50 bzw. 5 γ):

a) Sublimatlösung 5%ig. Erst körnige Fällung, bald strahlige bis strauchartige verzweigte Krystallverbände, nach kurzer Zeit den gesamten Niederschlag umfassend. (Dolantin gibt ohne Krystallbildung amorphe, bald in Tröpfchen übergehende Fällung, erst nach längerer Zeit geringe Menge
strauchartig verzweigter Krystalle.)

b) LUGOL*sche Lösung* (s. S. 823). Mit Polamidonlösung 1:1000 zunächst braune Fällung, bald
sehr kleine farblose Krystalle, oft mit Zwillingsbildung und Abscheidung brauner Tröpfchen. In 1%iger
oder noch konz. Polamidonlösung derbere, kurzprismatische farblose Krystalle vermischt mit den
kleineren Zwillingskrystallen und viele braune Tropfen, die bei Jodüberschuß die Krystalle weitgehend verdecken können. (Dolantin ergibt ohne Krystallbildung braune Tropfen. Aus konz.
Lösungen schließlich große spießige farblose Krystalle, wie sie auch mit Kaliumjodid entstehen.)

c) Platinchloridlösung. Sofort amorphe Fällung, nach wenigen Minuten in sehr kleine rundliche,
allmählich größer werdende Sphärokrystalle von gelblichgrauer Farbe übergehend. Nur bei stärkerer

[1] ESSER, A., u. A. KÜHN: Dtsch. Z. gerichtl. Med. **21**, 474 (1933).
[2] SCHULTE, M. J.: Apoth.-Ztg. **1935**, 608; **1941**, 6.
[3] CRONHEIM, G., and P. A. WARE: J. Pharmacol. exp. Therap. **92**, 98 (1948).
[4] HÄUSSLER, A.: Süddtsch. Apoth.-Ztg. **90**, 424 (1950).
[5] GRIEBEL, C.: Pharmaz. Ztg. **85**, 757; **86**, 757 (1949).

Vergrößerung erkennbar, beim Eintrocknen des Präparates verschwindend. (Dolantin gibt nach anfänglich amorpher Fällung blattartig gelappte aus kleinsten Krystallnädelchen zusammengesetzte Gebilde. Daneben in geringer Menge Verbände strahlig angeordneter Prismen oder Tafeln.)

d) Kaliumjodid. Einige Körnchen fein zerriebenes Kaliumjodid geben in Polamidonlösung eine weiße amorphe Fällung, aus der nur wenige Büschel prismatischer Krystalle sich entwickeln; bei sehr dünner Polamidonlösung (1:1000) erst später am Rande des Tröpfchens solche Krystallgruppen. (Aus Dolantinlösungen scheiden sich nach kurzer Zeit große nadelförmige bis spießige Krystalle ab.)

e) Pikrolonsäure in kalt gesättigter wäßriger Lösung ruft mit Polamidonlösung eine gelbliche amorphe, nicht krystallinisch werdende Fällung hervor. (Dolantin gibt einen amorphen Niederschlag, nach einiger Zeit strauchartig verzweigte Krystallverbände oder dichtstrahlige Nadeln- oder Prismenverbände.)

Während die Mikroreaktionen nach GRIEBEL mit Lösungen von Polamidonhydrochlorid aus Tabletten oder Ampullen oder Substanz gut vor sich gehen, gelingen sie mit aus Harn gewonnenem Polamidon nur mangelhaft, unsicher oder gar nicht. Besondere Bedeutung haben sie aber wegen der durch sie möglichen sicheren Unterscheidung des Polamidon vom Dolantin.

Bestimmung. 1. CRONHEIM und WARE[1] messen die Farbintensität einer *mit Bromkresolpurpur* und Natronlauge hergestellten Polamidonlösung (0,01—0,1 mg in 10 cm³), unter Ausschüttelung mit Benzol, im Colorimeter mit 580 mμ-Filter und 40 mm-Zelle.

Zur Bestimmung des Leerwertes im Urin wird das Polamidon durch Adsorption an „Superfiltrol" (Filtrol-Corporation, Los Angeles, Cal.-USA) aus dem Urin vor der weiteren Behandlung entfernt.

2. SOEHRING und LÖHR jr[2]. verwenden unter Abänderung des Arbeitsganges von CRONHEIM und WARE zur Polamidonbestimmung im Urin unter Vorpufferung mit n HCl auf p_H 5,5 Phosphatpuffer nach SØRENSEN mit einem p_H-Wert von 5,29 und messen die Farbintensität der *mit Bromkresolpurpur* auftretenden blauvioletten Farbe im PULFRICH-Photometer bei Filter S 59 und 20 mm Schichtdicke. Für eine halbquantitative Bestimmung geben die gleichen Autoren ein papierchromatographisches Verfahren mit 2 mm breitem Filterpapierstreifen (SCHLEICHER und SCHÜLL Nr. 1101, 598 g oder 602 h : P) in Blutsenkungsröhrchen nach WESTERGREEN an, das für wäßrige Polamidonlösungen und auch für Urin nach entsprechender Vorbehandlung (Pufferung und Benzolextraktion) geeignet ist.

3. VIDIC[3] gibt bei dem Verfahren von CRONHEIM und WARE zum Nachweis von Polamidon mit Hilfe von Sulfophthaleinen an Stelle von Bromkresolpurpur in einem abgekürzten Arbeitsgang die Verwendung von *Bromkresolgrün* als vorteilhaft an, das auch für Dolantin (s. u.) anwendbar ist.

Da das Verfahren zur nephelometrischen Morphinbestimmung nach DECKERT[4], SOEHRING und FRAHM[5] durch Polamidon nicht gestört wird, und andererseits Morphin nach CRONHEIM-WARE nicht reagiert, sei schon hier das von SOEHRING und LÖHR[2] angegebene Schema zur Trennung von Morphin, Polamidon und Dolantin nach diesen beiden Verfahren angegeben:

DECKERT:	CRONHEIM-WARE:	
positiv,	positiv	= Dolantin,
positiv,	negativ	= Morphin,
negativ,	positiv	= Polamidon.

Dolantin, 1-Methyl-4-phenylpiperidin-4-carbonsäureäthylester-hydrochlorid bildet weiße, bittere und anästhesierende Krystalle, die in Wasser leicht löslich sind. F 187—188°.

Isolierung. Aus wäßrigen Lösungen wird durch Ammoniak, Alkalihydroxyd oder -carbonat der freie Ester abgeschieden. Er läßt sich mit Äther ausschütteln und bleibt nach Verdunsten des Äthers als ölige, in Wasser ziemlich schwer lösliche Flüssigkeit zurück. Aus dem Urin wird es in derselben Weise wie Polamidon isoliert.

[1] CRONHEIM, G., and P. A. WARE: J. Pharmacol. exp. Therap. **92**, 98 (1948).
[2] SOEHRING, K., u. H. LÖHR jr.: Pharmazie **5**, 569 (1950).
[3] VIDIC, E.: A.e.P.P.: **212**, 339 (1951).
[4] DECKERT, W.: A.e.P.P.: **180**, 656 (1936).
[5] SOEHRING, K., u. M. FRAHM: Kli. Wo. **1949**, 513.

Nachweis. In dem Abschnitt über Polamidon wurde das von diesem unterschiedliche Verhalten von Dolantin bereits weitgehend berücksichtigt und geschildert. Es sei deshalb hier noch auf die oben genannten Arbeiten von CRONHEIM und WARE, SOEHRING und Mitarbeitern, GRIEBEL und VIDIC verwiesen. Eine Zusammenstellung sehr vieler Fällungsreaktionen von Dolantin ist auch von VITOLO[1] gegeben worden.

Die sichere Unterscheidung von Polamidon und Dolantin vom Morphin ist auch sonst einwandfrei und bereitet keine Schwierigkeiten. Im Analysengang nach STAS-OTTO werden sie aus alkalischer Lösung in Äther übergeführt, während das Morphin in der alkalischen wäßrigen Phase verbleibt. Bei der Untersuchung von aus Pulvern, Tabletten, Ampullen gewonnenem Hydrochlorid scheidet der negative Verlauf der das Morphin kennzeichnenden Reaktionen (Violettfärbung mit MARQUIS-Reagens oder Molybdän-Schwefelsäure, Rotfärbung mit konz. Salpetersäure, Reduktion von Jodsäure) dieses von vornherein aus.

Weckmittel (Weckamine). Benzedrin (Elastonon): Phenylisopropylaminsulfat. **Aktedron:** Sekundäres Phenylisopropylaminphosphat. **Pervitin** (Isophen): Phenylisopropylmethylaminhydrochlorid.

Bezüglich der ausländischen Bezeichnungen der wichtigsten Weckamine Benzedrin und Pervitin, ihre Beziehungen zu den körpereigenen und synthetischen Sympathicomimetica s. GRAF[2].

Benzedrin. Die freie Base ($C_9H_{13}N$) ist ein farbloses oder schwach gelbliches Öl, das in Wasser schwer, in Alkohol leichter, in Säuren, Äther, Amylalkohol, Essigester und Chloroform gut löslich ist und bei 63—64°/7 mm, 102—104°/22 mm siedet. Das Chlorid, Sulfat und Tartrat sind gut krystallisierbar und in Wasser löslich. F: *Hydrochlorid* 149—150° (sehr hygroskopisch), *Sulfat* (übliche Handelsform) höher als 295°. Das im Handel befindliche Benzedrin ist das Racemat.

Nachweis. 1. Beim kurzen Erhitzen von 1—2 mg Benzedrin mit 1 cm³ *Schwefelkohlenstoff* und etwa 0,2 g *Quecksilberchlorid* tritt Senfölgeruch auf (Pervitin und auch Ephedrin geben kein Senföl).

2. Eine Lösung von 1—2 mg Benzedrin in 1 cm³ konz. Schwefelsäure wird auf Zusatz einer Lösung von 5 mg *p-Dimethylaminobenzaldehyd* in 1 cm³ konz. Schwefelsäure ziegelrot gefärbt (Pervitin und Ephedrin bleiben farblos).

3. Nach Verdünnen einiger Tropfen einer 1%igen Lösung mit der gleichen Menge Wasser, Zugabe von 1 Tropfen Aceton, 1 (!) Tropfen gesättigter *Nitroprussidnatriumlösung* und 1 Tropfen 2%iger Kalilauge tritt bei Gegenwart von Benzedrin eine rotviolette (Permanganat-) Farbe in etwa 1 min auf.

4. Werden etwa 5 mg Substanz in 5 cm³ Wasser gelöst, mit einigen Körnchen *Natriumnitrit* versetzt und mit verdünnter Essigsäure angesäuert, so ist nach 1 Std nach Ausblasen der im Reagensglas stehenden Stickoxyde der charakteristische süßlicharomatische Geruch von Phenylisopropylalkohol wahrzunehmen und die Flüssigkeit durch feine Tröpfchen getrübt. Zur Unterscheidung von Phenylisopropylalkohol von dem ähnlich riechenden, aus Bis-norephedrin entstehenden Phenyläthylenglykol wird nun mit alkoholfreiem Äther ausgeschüttelt, die Ätherlösung zweimal mit schwach salzsaurem Wasser ausgeschüttelt und der Äther vollständig verdunstet. Wird der Ätherrückstand mit 20%iger Kalilauge und einigen Jodkrystallen versetzt, so treten entweder direkt oder nach schwachem Erwärmen Jodoformgeruch, Gelbfärbung und Abscheidung gelber Jodoformkrystalle auf.

Pervitin. Die Base ($C_{10}H_{15}N$) ist bezüglich Aussehen, Geruch, Löslichkeit usw. dem Benzedrin ähnlich. Sie siedet bei 78—80°/6 mm, 95°/20 mm und 105°/30 mm. Da das rechtsdrehende Pervitin ein leicht lösliches, das linksdrehende aber ein schwer lösliches Salz bildet, befindet sich im Handel nur das durch Antipodentrennung mit methanolischer Weinsäure erhaltene rechtsdrehende Pervitinhydrochlorid. F 171—172° (bei 169° tritt Erweichen ein). Die optische Drehung der 10%igen Lösung beträgt im 100 mm-Rohr bei $[\alpha]_D^{20} = +1,8°$.

---

[1] VITOLO, A. E.: Boll. chim.-farmaceut. **1949**, 104 [Apoth.-Ztg. **62**, 90 (1950)].
[2] GRAF, E.: Pharmazie **5**, 108 (1950).

Nachweis. 1. In einer etwa 2—3 mg enthaltenden Lösung von Pervitin ruft Zusatz von *Chlorkalk* einen rosenähnlichen Geruch (β-Phenylaldenol) hervor. Wird das Filtrat nach Zusatz von Kalilauge und 1 Tropfen Chloroform erwärmt, so tritt der widerliche Isonitrilgeruch auf.

2. Werden einige Tropfen einer 0,1%igen Lösung mit etwa 0,5 cm³ Wasser verdünnt, mit 2—3 Tropfen *Acetaldehyd* und 1 Tropfen halbgesättigter *Nitroprussidnatriumlösung* vermischt und durch tropfenweisen Zusatz 2%iger Kalilauge unter jedesmaligem Schütteln alkalisiert, so tritt eine tiefblaue, bald verblassende, auf erneuten Laugezusatz wieder auftretende Färbung auf, die bei Laugenüberschuß in blutrot übergeht. Nur die Blaufärbung deutet aber auf Pervitin[1].

3. Eine wäßrige Pervitinlösung wird mit etwas *Natriumnitrit* und einigen Tropfen verdünnter Essigsäure versetzt und nach etwa 1 Std das entstandene Nitrosamin durch Schütteln mit Äther in diesen übergeführt. Nach Waschen mit Wasser läßt man die Ätherlösung verdunsten und versetzt den öligen Rückstand mit Spuren von Resorcin oder Phloroglucin sowie mit einigen Tropfen konz. Schwefelsäure und erhitzt. Die entstehende blaue Lösung, die beim Abkühlen in Rot, bei erneutem Erhitzen wieder in Blau übergeht, wird in etwa 5 cm³ Wasser eingegossen und unter Kühlung mit 20%iger Kalilauge alkalisiert, wobei eine klare, tiefrot- bis blauviolette Lösung mit brauner Fluorescenz entsteht. Zur Unterscheidung von Benzedrin und Pervitin ist die Bestimmung der Schmelzpunkte der Pikrolonate im Mikroschmelzpunktapparat nach KOFLER besonders geeignet.

Unter der Vakuumglocke des KOFLERschen Apparates werden aus den Salzen von Benzedrin und Pervitin die Basen mittels Natronlauge in einen hängenden Tropfen einer gesättigten Lösung von Pikrolonsäure in 30%igem Alkohol sublimiert. Es entstehen gelbe, krystalline Pikrolonatniederschläge, deren Schmelzpunkte dann nach KOFLER bestimmt werden. Schmelzpunkt: *Benzedrinpikrolonat* 195—196°, *Pervitinpikrolonat* 183°.

p-Aminosalicylsäure (PAS), $C_7H_7O_3N$. Die freie p-Aminosalicylsäure ist ein weißes bis schwach gelbliches oder graustichiges, geruchloses, amorphes Pulver von bitterlichem Geschmack, schwer löslich in Wasser (etwa 1:1000), in Methanol und Äthanol zu etwa 5%, in Äther etwa zu 2%, in Chloroform sehr schwer (etwa 1:4000) löslich.

F 145—146° (das Schmelzröhrchen wird erst in den Schmelzpunktapparat eingeführt, wenn die Temperatur bereits 125° erreicht hat). Das handelsübliche Natriumsalz, $C_7H_7O_3NNa + 2H_2O$ (PAS-Na), stellt ein fast reinweißes krystallinisches, geruchloses Pulver mit salzig-bitterlichem, hinterher schwach süßlichem, auf der Zunge kühlendem Geschmack dar. Es ist leicht löslich in Wasser (etwa 1:2), in Äthanol etwa zu 4%, in Isopropanol etwa 1:4000, in Äther und Chloroform praktisch unlöslich, F bei 180° beginnende, ständig zunehmende Braunfärbung, bei 240—250° Schmelzen unter Zersetzung.

Isolierung. Da Lösungen von PAS und deren Salzen schon von 80° an eine Zersetzung unter Abspaltung von Kohlendioxyd erleiden, ist das Material, soweit nicht wäßrige Lösungen vorliegen, mit Wasser, das mit Natriumcarbonat auf etwa p_H 8,5 eingestellt wurde, bei Zimmertemperatur auszuziehen[2]. Aus wäßrigen Lösungen wird durch tropfenweisen Zusatz von HCl (10%ig) bis auf etwa p_H 4 die freie PAS abgeschieden, abfiltriert, mit kaltem Wasser bis zur Chloridfreiheit gewaschen und vorsichtig getrocknet.

Nachweis. 1. F: PAS = 145°, PAS-Na = 240—250°.

2. Alkoholische Lösungen (etwa 1%ig) von PAS und auch PAS-Na geben mit *Eisenchloridlösung* (1—2 Tropfen) eine lilarötliche Färbung.

3. Wäßrige Lösungen oder wäßrige Suspensionen werden nach Ansäuern mit Salzsäure mit *Natriumnitritlösung* und alkalischer *β-Naphthollösung* versetzt. PAS und PAS-Na ergeben hierbei eine dunkelweinrote Färbung.

4. Beim *Kochen* von etwa 0,25—0,5 g Substanz (PAS oder PAS-Na) mit 0,1 n *Salzsäure* entwickelt sich ein Gas, das in Kalkwasser geleitet dieses unter Ausscheidung von

---

[1] HOUBEN, J.: Houben-Weyl 4, 582 (1941).
[2] BERSCH, H.-W.: Pharmaz. Zentr.-Halle 88, 167 (1949) (dort auch zahlreiche Literaturangaben).

Calciumcarbonat trübt (CO_2-Entwicklung unter Bildung von m-Aminophenol). Nachdem durch längeres Kochen die Bildung von m-Aminophenol durch Decarboxylierung vollständig durchgeführt wurde, wird es aus der mit Natriumhydrogencarbonat alkalisierten Lösung mit Äther ausgeschüttelt. Der farblose krystallisierte Ätherrückstand zeigt den F 121—124° von m-Aminophenol[1].

Da das m-Aminophenol toxische Eigenschaften besitzt, sind PAS-Präparate auf dieses, entstanden durch teilweise Decarboxylierung, zu prüfen[2-4].

5. Wäßrige Lösungen von PAS und PAS-Na geben mit EHRLICHs *Reagens* gelbrote Färbung bzw. Fällung. Über die Verwendung dieser Reaktion zum Nachweis von PAS im Harn und ihre Beeinflussung durch Pyramidon und Sulfonamide vgl. [5, 6]. MALLUCHE berichtet über das Positivwerden der Zuckerreaktionen nach NYLANDER oder TROMMER im Harn durch PAS in ähnlicher Weise wie durch Pyramidon[7].

6. MARQUIS' *Reagens* (s. S. 823) ruft mit PAS und PAS-Na (reine Substanzen) eine starke gelbgrüne Färbung hervor, die bei PAS besonders ausgeprägt ist[8].

7. Wäßrige Lösungen von PAS und ihren Salzen geben mit MILLONS *Reagens* (s. S. 824) starke weiße Fällungen, die nach längerem Stehen und Erwärmen bräunlich werden[9].

8. *Jod-Jodkaliumlösung* (verdünnt) wird durch wäßrige Lösungen von PAS und PAS-Na entfärbt. Bromwasser wird nicht entfärbt[10].

9. Konz. Schwefelsäure, konz. Salpetersäure, FRÖHDEs, MANDOLINs, MECKEs, SCHAERs und NESSLERs Reagens (s. S. 824) geben mit PAS oder deren Salzen keine charakteristischen Färbungen.

10. Im Serum bestimmt man die PAS in stark alkalischer Lösung mit diazotierter *Sulfanilsäure* colorimetrisch. Im Urin ist sie bei stark saurer Reaktion durch die lila- bis violettrote Färbung mit *Eisenchlorid* nachzuweisen, wobei natürlich die Anwesenheit von Salicylsäure stört[11].

Zur Analytik der p-Aminosalicylsäure s. a. [10, 11].

d) Ausschüttelung aus ammoniakalischer Lösung mit Äther bzw. mit Chloroform.

In den Äther geht eigentlich nur das Apomorphin über, mitunter findet man aber hier geringe Mengen von Morphin, das in der Hauptmenge erst in Chloroform (am besten heißes) übergeht. Andererseits kommt es mitunter vor, daß das Apomorphin sich schon in der Ätherausschüttelung aus natronalkalischer Lösung (c) findet. Es verrät sich meist schon vorher durch eine grüne Färbung des weinsauren und rote bis violette Färbung des alkalischen Auszuges. In der Ausschüttelung mit (heißem) Chloroform finden sich außer dem Morphin noch das Narcein und einige wenige andere Stoffe.

Die zuletzt mit Äther ausgeschüttelte sodaalkalische oder natronalkalische Lösung wird mit Salzsäure deutlich lackmussauer gemacht und dann mit Ammoniak bis zur deutlich alkalischen Reaktion versetzt, um erst dreimal mit Äther (je etwa 15 cm³) auszuschütteln. Ist die Anwesenheit von Apomorphin durch die Farbe der Auszüge angezeigt, so werden diese durch Verdunsten von Äther befreit. Der Rückstand, meist grün gefärbt, dient zum Nachweis von Apomorphin. Ist dieses nicht vorhanden, oder durch die Ausschüttelung entfernt, so wird die ammoniakalische Phase ebenso mit (heißem) Chloroform ausgeschüttelt.

[1] Nach Mitteilung der Chem. pharm. Fabrik Burgthal, G.m.b.H. in Boppard a. Rh., der wir auch andere analytische Daten verdanken, die bestätigt werden konnten.

[2] VONKENNEL, J.: Med. Mschr. **1949**, 499.

[3] KOFLER, A.: Naturwiss. **38**, 46 (1951).

[4] PATZSCH, H.: Dtsch. Apoth.-Ztg. **91**, 149 (1951).

[5] LENT, W.: Med. Klin. **1950**, 1059.

[6] OTTO, F. M. G., u. W. LENT: Med. Klin. **1951**, 21.

[7] MALLUCHE, H.: Med. Klin. **1951**, 61.

[8] RANGNICK, G. F.: Nicht veröffentlicht. Pharmaz. Inst. der Fr. Univ. Berlin 1951.

[9] DICKENSON, H. G., u. W. KELLY: Lancet **1949** I, 349 [Med. Klin. **1950**, 1386].

[10] BRUCHHAUSEN, F., v., H. KARBE u. W. KUNZ: Arch. Pharmazie **283**, 110 (1950).

[11] HABERLAND, G.: Arzneim.-Forsch. **1**, 71 (1951).

α) Ätherausschüttelung.

Apomorphin, $C_{17}H_{17}O_2N$, aus Morphin durch Austritt eines Moleküls Wasser entstehend, ist frisch dargestellt ein weißes, amorphes Pulver, an der Luft leicht grünlichgrau werdend. Es ist wenig löslich in Wasser, leicht löslich in Alkohol, Äther und Chloroform (letzteres Unterschied zu Morphin).

Das Apomorphinhydrochlorid bildet weiße bis grauweiße Kryställchen, die namentlich an feuchter Luft und im Licht sich leicht grün färben. Es ist zu etwa 2% in Wasser und Alkohol löslich. Es schmilzt unter Verkohlung, ohne Braunfärbung grau und schließlich tiefschwarz werdend, bei 220—270° (KOFLER).

Isolierung (s. o.). Zur Untersuchung sind besonders Erbrochenes oder Mageninhalt geeignet.

Nachweis. 1. Apomorphin wirkt stark reduzierend auf *Jodsäure* (Jodausscheidung) und *Tetrachlorogold(III)-säure* (Purpurfärbung durch Reduktion zu Gold).

2. Konz. *Schwefelsäure* löst farblos, auf Zusatz eines Tropfens konz. Salpetersäure tritt vorübergehend violette, bald blutrote und schließlich gelbrote Färbung auf. Konz. Salpetersäure allein löst das Apomorphin erst violettrot, bald rotbraun bis braunrot.

3. PELLAGRI*sche Reaktion.* Apomorphin in verdünnter Salzsäure oder Schwefelsäure gelöst, dann mit Natriumhydrogencarbonat schwach alkalisch gemacht, wird durch tropfenweisen Zusatz von Jodtinktur smaragd bis blaugrün. Beim Ausschütteln mit Äther färbt sich dieser rot, die wäßrige Phase bleibt grün (vgl. Codein, s. S. 798f.).

4. Wäßrige Lösung von Apomorphinhydrochlorid färbt sich mit verdünnter *Eisenchloridlösung* blauviolett, schließlich schwarz (1:10000)[1].

5. Wäßrige Lösung von Apomorphinhydrochlorid wird mit 3 Tropfen *Trikaliumhexacyanoferratlösung* (1%ig) versetzt und mit 1 cm³ Benzol geschüttelt. Die amethystfarbene Benzollösung färbt sich auf Zusatz einiger Tropfen verdünnter Natriumcarbonatlösung und Umschütteln violettrot, später schön violett. Noch 30 γ in 1 cm³ Lösung geben die Reaktion, die durch Morphin und andere Opiumalkaloide nicht gestört wird[2].

6. Wird 1 cm³ wäßriger Lösung mit 4 Tropfen *Kaliumdichromatlösung* (0,3%ig) 1 min geschüttelt, so färbt sich die Mischung tief dunkelgrün, beim Schütteln mit Essigester färbt sich dieser violett. Auf weiteren Zusatz von 5 Tropfen Zinn(II)-chloridlösung (1 g $SnCl_2 \cdot 2H_2O$ in 50 cm³ 25%iger Salzsäure gelöst und nach Erkalten mit 10%iger Salzsäure auf 100 cm³ aufgefüllt) und Schütteln wird die Essigesterschicht grün, auf weiteren Zusatz von Kaliumdichromatlösung wieder violett[3].

7. *Pikrinsäure, Pikrolonsäure und Styphninsäure* geben amorphe Fällungen. Über weitere Mikro-Krystallfällungen s.[4].

β) Chloroformausschüttelung.

Da das Morphin auch in heißem Chloroform wenig löslich ist, behandelt man die ammoniakalische Lösung, zweckmäßig in einem Kolben mit Rückflußkühler, auf dem Wasserbade unter häufigem Schütteln mehrmals mit nicht zu wenig Chloroform, das 10% Alkohol enthält. Die abgetrennten Chloroformlösungen trocknet man mit frisch geglühtem Natriumsulfat und filtriert dann durch ein mit Chloroform angefeuchtetes Filter. Den in einer Glasschale durch Verdunsten des Chloroforms auf dem Wasserbade erhaltenen Rückstand reinigt man weiter durch Auflösen in heißem Amylalkohol und Ausschütteln mit sehr verdünnter Schwefelsäure. Nach Abtrennen im Scheidetrichter wird die schwefelsaure Lösung wiederum mit Ammoniak alkalisch gemacht und mit heißem Chloroform mehrmals ausgeschüttelt. Der Rückstand dieser Chloroformlösung ist meist rein weiß, amorph, selten krystallinisch werdend, firnisartig und schmeckt stark bitter. Er enthält Morphin und Narcein.

[1] SCHMIDT, E.: Apoth.-Ztg. **23**, 657 (1908).
[2] FEINBERG, M.: H. **84**, 363 (1912).
[3] WANGERIN, A.: Pharmaz. Ztg. **47**, 599, 739 (1902).
[4] Rosenthaler, Mikroanalyse S. 236.

Morphin, $C_{17}H_{19}O_3N \cdot H_2O$, findet sich neben den vielen anderen als Hauptalkaloid bis zu etwa 15 % im Opium an Schwefelsäure und Mekonsäure gebunden. Es ist auch in kleineren Mengen in allen Teilen der Mohnpflanze, Papaver somniferum, enthalten und wird heute auch aus diesen (Mohnstroh) gewonnen. Es krystallisiert aus verdünntem Alkohol in farblosen, glänzenden Prismen, ist in Wasser wenig, in Äther und Benzol unlöslich; besser löslich ist in Amylalkohol, Isobutylalkohol, heißem Chloroform und Essigester das amorphe Alkaloid. F 247—254° (KOFLER). Das Morphinhydrochlorid schmilzt bei 290—300° (KOFLER).

Vorprobe. Die nach Ausschüttelung mit Äther aus alkalischer Lösung verbleibende wäßrige Lösung wird mit verdünnter Schwefelsäure angesäuert, mit einigen Tropfen verdünnter Jodsäurelösung versetzt und mit Chloroform ausgeschüttelt. Eine auftretende Violettfärbung des Chloroforms weist auf das mögliche Vorhandensein von Morphin hin. Auch Apomorphin gibt die gleiche Reaktion, doch wird dieses sich schon durch die grüne bzw. rote bis violette Färbung der sauren bzw. alkalischen Lösung vorher zu erkennen geben (s. o.).

AUTENRIETH erhielt bei der Isolierung aus Leichenteilen Rückstände, die ebenfalls — bei sicherer Abwesenheit von Morphin — die gleiche Reaktion ergaben. Diese kann also nur als Hinweis gewertet werden.

Isolierung. Das Morphin wird in manchen Organen gespeichert und verschwindet deshalb aus dem Blut ziemlich rasch[1]. Von Leichenteilen sind Leber, Nieren und Gehirn als Untersuchungsmaterial geeignet. Das resorbierte Morphin wird teilweise mit Glucuronsäure und Schwefelsäure verestert, teilweise oxydiert und zum geringen Teil unverändert ausgeschieden. Medizinale Dosen von Morphin können im Harn meist nicht nachgewiesen werden, wohingegen bei Morphinisten unverändertes Morphin im Harn auftritt. Bei subcutaner Injektion wird ein erheblicher Teil von Morphin durch die Drüsen des Magen-Darmkanals (bis zu 50 %) ausgeschieden. Liegt eine akute Morphinvergiftung vor, so sind Erbrochenes, Magen und Inhalt, Darm, Kot und besonders Harn zur Untersuchung geeignet. Im Speichel ist dann auch das Morphin leicht nachzuweisen. Gegen Leichenfäulnis ist das Morphin sehr beständig. Es konnte noch nach $2^1/_2$ Jahren mit Sicherheit nachgewiesen werden[2]. Isolierungsverfahren s. o.

Nachweis. 1. Von den allgemeinen *Alkaloidreagentien* sind gegen Morphinsalze besonders empfindlich: Jodjodkalium, Kaliumquecksilber(II)-jodid, Kaliumwismutjodid, Phosphormolybdänsäure. Platinchlorwasserstoffsäure gibt nur mit konz. Lösungen und erst nach längerer Zeit einen körnigen, orangegelben Niederschlag.

2. MARQUIS' *Reagens* (s. S. 823) löst das Morphin mit purpurroter, in Violett und endlich in Blau übergehender Farbe, die in einem engen Reagensgläschen (wenig Luftzutritt) ziemlich lange bestehen bleibt. Codein, Apomorphin und Narcotin ergeben ebenfalls violette Färbungen, die aber bei letzterem erst in Olivgrün, dann in Gelb übergehen.

3. FRÖHDEs *Reagens* (s. S. 823) gibt erst eine schön violette, dann blaue, schmutziggrüne, schließlich schwachrote Färbung.

4. Durch *konz. Salpetersäure* wird Morphin erst blutrot, allmählich gelb werdend gelöst. Zum Unterschied von Brucin tritt auf Zusatz von Zinn(II)-chloridlösung oder Ammonsulfid keine violette Färbung auf.

5. Die PELLAGRIsche *Reaktion* verläuft ebenso positiv wie bei Codein (vgl. S. 799). Zum Nachweis von Apomorphin neben Morphin verwendet AWE[3] bei der Durchführung der Reaktion an Stelle von Jodlösung eine 0,5—1%ige Lösung von Kaliumdichromat.

6. HUSEMANNsche *Reaktion.* Sie beruht ebenfalls wie die PELLAGRIsche Probe auf der Umwandlung von Morphin in Apomorphin. Auf dem Uhrglas in etwas konz. Schwefelsäure gelöste Substanz läßt man entweder 24 Std im Exsiccator stehen oder erwärmt sie auf dem Wasserbade, bis reichlich weiße Dämpfe auftreten. Gibt man zu der rötlich

---

[1] MARQUIS, E.: Arb. pharmakol. Inst. Dorpat **14** (1896).
[2] GRUTTERINK, ADIDE, u. W. VAN RIJN: Pharmaceut. Wbl. **52**, 423 (1915).
[3] AWE, W.: Pharmaz. Zentr.-Halle **86**, 164 (1947).

bis bräunlich gefärbten Lösung 1 Tropfen konz. Salpetersäure, so färbt sie sich rotviolett, blutrot bis gelbrot. Es ist besser, 24 Std im Exsiccator stehen zu lassen und anschließend noch 15 min auf dem Wasserbad zu erwärmen, ehe man den Tropfen Salpetersäure zugibt.

7. Eine neutrale Morphinsalzlösung wird auf Zusatz von einigen Tropfen möglichst säurefreier *Eisenchloridlösung* blau gefärbt, allmählich verblassend.

8. Wird eine Lösung in verdünnter Schwefelsäure mit einigen Tropfen einer wäßrigen *Jodsäurelösung* oder einer Lösung von Kaliumjodat (jodidfrei) und etwas Chloroform geschüttelt, so färbt sich dieses violett. (Nicht charakteristisch, da auch andere reduzierende Substanzen, z. B. Ptomaine, die gleiche Reaktion geben. Da Codein aber die Reaktion nicht gibt, kann sie zur Unterscheidung von diesem dienen.)

9. Mit *Pikrolonsäure* gibt Morphin nadel- bis walzenförmige oder sphärolithische Krystalle. F 190—191° (KOFLER).

Bestimmung. Zur quantitativen Bestimmung von Morphin im Harn auf colorimetrischem Wege dient die Bildung von Azofarbstoffen, beruhend auf dem Phenolcharakter von Morphin, mit Diazobenzolsulfosäure[1]. Die nepholometrische Morphinbestimmung im Harn nach DECKERT[2] läßt sich auch bei Gegenwart von Polamidon ohne Störung durch letzteres mit einer Empfindlichkeit von 10 γ durchführen[3].

Zur quantitativen Bestimmung von Morphin nach MANNICH[4] wird es mit 4-Chlor-1,3-dinitrobenzol in alkalischer Lösung zu dem schwer löslichen, schön krystallisierenden Dinitrophenyläther umgesetzt, der gravimetrisch oder titrimetrisch bestimmt wird.

Heroin, Diacetylmorphin, $C_{17}H_{17}ON(OCO—CH_3)_2$. Die Base bildet weiße prismatische Krystalle von schwach bitterem Geschmack. Sie ist in Wasser fast unlöslich, in Äther und kaltem Alkohol schwer, in heißem Alkohol, Chloroform und in Benzol leicht löslich. F 170—172° (KOFLER).

Isolierung. Schon durch Kochen mit Wasser oder verdünnten Säuren, besonders durch Alkalilauge wird Heroin in Morphin und Essigsäure gespalten. Deshalb findet sich wenigstens ein Teil von Heroin im Gang nach STAS-OTTO als Morphin. Als solches kann Heroin aus dem Untersuchungsmaterial gewonnen werden, indem dieses mit Natriumcarbonat schwach alkalisch gemacht und sofort mit Chloroform ausgeschüttelt wird.

Nachweis. 1. In neutraler Lösung von salzsaurem Heroin entsteht mit *Eisenchlorid* (säurefrei) keine Blaufärbung (Unterschied von Morphin).

2. *Jodsäurelösung* wird durch Heroin nicht reduziert.

3. Ein Gemisch von *Trikaliumhexacyanoferratlösung* und *Eisen(III)-chloridlösung* wird im Gegensatz zu Morphin durch Heroin nicht sofort, sondern erst nach längerem Stehen infolge hydrolytischer Spaltung von Heroin blau gefärbt.

4. Heroin gibt mit FRÖHDEs, MARQUIS' und MECKEs *Reagens* (s. S. 823f.) die gleichen Reaktionen wie Morphin, ebenso die PELLAGRIsche und HUSEMANNsche *Reaktion*.

5. Beim Verreiben einer Spur Heroin mit einigen Tropfen *konz. Salpetersäure* löst es sich mit gelber Farbe, bei vorsichtigem Erwärmen tritt eine von der Mitte zum Rande fortschreitende, bald wieder zu gelb verblassende grünblaue Färbung auf[5].

6. *Nachweis der Acetylgruppen.* a) Beim Erhitzen mit Schwefelsäure und Alkohol (nacheinander) tritt der Geruch nach Essigester auf[5].

b) Wird Heroin nacheinander mit je 1 Tropfen gesättigter, alkoholischer Hydroxylaminhydrochloridlösung und gesättigter, alkalischer Kalilauge über kleiner Flamme erwärmt, bis eine Reaktion durch schwaches Aufbrausen erkennbar ist, und dann mit alkoholischer Salzsäure angesäuert und 1 Tropfen wäßrige Eisenchloridlösung zugesetzt, so tritt eine mehr oder minder intensive violette Färbung auf. Morphin und Codein geben diese Reaktion nicht[6].

---

[1] LAUTENSCHLÄGER, L.: Arch. Pharmazie **257**, 13 (1919). S. a. Autenrieth-Bauer S. 144—145.

[2] DECKERT, W.: A. e. P. P. **180**, 656 (1936).

[3] SOEHRING, K., u. M. FRAHM: Kli. Wo. **1949**, 513.

[4] MANNICH, C.: Arch. Pharmazie **273**, 97 (1935); **386**, 19 (1942).

[5] ZERNIK, F.: Nach Autenrieth-Bauer S. 299.

[6] FREHDEN, O., u. CHAO HUA HUANG: Pharmaz. Mh. **18**, 73 (1937).

Dilaudidhydrochlorid, $C_{17}H_{19}O_3N \cdot HCl$, Dihydromorphinonhydrochlorid. Weißes, geruchloses, bitter schmeckendes Krystallmehl. Die Base ist löslich in Lauge und Säure. F: *Base* 259—260°. Durch Eisennitratlösung färbt sich die wäßrige Lösung blaugrün. Mit Jodlösung entsteht ein ziemlich schwerlösliches Perjodid.

Nachweis. Mit MARQUIS' *Reagens* (s. S. 823) färbt es sich rotviolett, jedoch weniger kräftig als Morphin. Eisen-Schwefelsäure färbt auch in der Wärme nicht blau (Unterschied von Morphin). *Trikaliumhexacyanoferrat* färbt wie bei Morphin blau. *Silbernitratlösung* fällt sich verfärbendes Silberchlorid, ebenso ruft Ammoniak sofort Abscheidung von Silber hervor (wie bei Morphin).

Narcein ($C_{23}H_{27}O_8N \cdot 3H_2O$) findet sich im Opium zu 0,1—0,4%. Aus heißem Wasser und heißem Alkohol krystallisiert es in langen, weißen, meist büschelförmig angeordneten Krystallen. Schwer in kaltem, gut in heißem Wasser löslich; in Äther, Benzol, Petroläther praktisch unlöslich, in kaltem Alkohol, Amylalkohol und Chloroform wenig löslich, F (nach Sintern bei etwa 108°) 145—160° (KOFLER).

Isolierung. Die Ausscheidung von Narcein erfolgt hauptsächlich durch den Harn. DRAGENDORFF fand es auch im Blut und blutreichen Organen. Im Gang nach STAS-OTTO findet man es am besten in der Ausschüttelung aus ammoniakalischer Lösung mit heißem Chloroform (wie Morphin).

Nachweis. 1. Die allgemeinen *Alkaloidreagentien* wie Jodjodkalium, Kaliumquecksilberjodid, Kaliumwismutjodid, Phosphormolybdänsäure usw. sind sehr empfindlich.

2. Mit *konz. Schwefelsäure* gibt Narcein eine gelbe bis gelbbraune Lösung, die nach Stunden oder beim Erwärmen sofort in Blutrot übergeht.

3. *Konz. Salpetersäure* löst mit gelber Farbe.

4. Auf dem Wasserbade mit *verdünnter Schwefelsäure* eingedampft, entsteht bei Erreichung einer gewissen Konzentration eine schöne violette, bei weiterem Erhitzen kirschrote Färbung. Nach dem Erkalten ruft eine Spur Salpetersäure (Glasstab) blauviolette Streifen hervor.

5. FRÖHDEs *Reagens* (s. S. 823) färbt zuerst braungrün, dann blaugrün, in reines Grün übergehend, schließlich in Rot. Erwärmen beschleunigt den Ablauf. Beim Erkalten färbt sich dann die Lösung vom Rande her schön kornblumenblau.

6. Durch *Jodwasser* oder Joddämpfe wird festes Narcein blau gefärbt.

7. Werden einige Milligramme Narcein mit etwa 10—20 mg *Resorcin* und 10 Tropfen *konz. Schwefelsäure* verrieben, so entsteht eine gelbe Färbung, die beim Erwärmen unter Umrühren (Wasserbad) in Karmesin- bis Kirschrot übergeht und beim Erkalten vom Rande her über Blutrot orangegelb wird.

Mekonsäure, $C_7H_4O_7 \cdot 3H_2O$, Oxypyrondicarbonsäure. Im Opium ist das Morphin zum Teil an Mekonsäure gebunden. Ihr Nachweis kann deshalb bei Opiumvergiftungen zur Erhärtung des Morphinbefundes von Bedeutung sein. Sie wird deshalb hier in derselben Gruppe wie das Morphin angeführt, obgleich ihre Isolierung anders durchgeführt wird.

Sie bildet rhombische Krystalltafeln oder -platten. Schwer löslich in kaltem Wasser, Äther und Alkohol, leichter in heißem Wasser und heißem Alkohol, leicht in Methanol und Essigäther löslich. Schmelzpunkt: Bei etwa 100—110° wird das Krystallwasser ausgetrieben, ab 260° Zersetzung unter Braunfärbung, ab 270° rasches Verdampfen unter Zurückbleiben verkohlter Teilchen. Bei *raschem* Erhitzen schmilzt sie unter heftigem Aufbrausen und völliger Verkohlung zwischen 280—290° (KOFLER).

Isolierung und Nachweis. Das Untersuchungsmaterial wird mit wenig Salzsäure enthaltendem Alkohol ausgezogen, das Filtrat nach Eindampfen bis fast zur Trockne mit Wasser durchgerührt. Das dann erhaltene Filtrat wird mit Magnesiumoxyd im Überschuß *heiß* geschüttelt und noch heiß filtriert. Das wiederum auf ein kleines Volumen eingedampfte Filtrat wird mit Salzsäure schwach angesäuert. Auf Zusatz von einigen Tropfen Eisen(III)-chloridlösung entsteht eine blutrote bis braunrote Färbung, die auf weiteren Zusatz von Mineralsäure auch beim Erhitzen bestehen bleibt (Unterschied zu

Essigsäure). Ebenso verändert Tetrachlorogoldsäure (s. S. 824) nicht die Färbung (Unterschied zu Rhodanwasserstoffsäure). Im Harn gelingt der Nachweis auf gleiche Weise.

Die wäßrige Mekonsäurelösung wird durch wenig Natronlauge (Kalilauge) schnell gelb gefärbt. Silbernitratlösung ruft einen weißen bis gelbstichigen Niederschlag hervor, der auf Zusatz von 1 Tropfen Ammoniak stark gelb wird.

Oxydimorphin (Pseudomorphin), $C_{34}H_{36}O_6N_2$, in kleinen Mengen im Opium enthalten und als Umwandlungsprodukt von Morphin im menschlichen Organismus im Harn auftretend. Weißes, krystallinisches, in Wasser, Alkohol, Äther und Chloroform fast unlösliches Pulver.

Isolierung. Am besten (nach KOBERT) durch Ausschüttelung mit ammoniakalischem Isobutylalkohol.

Nachweis. In vielen Reaktionen verhält sich das Oxydimorphin ähnlich wie das Morphin: Neutrales Eisenchlorid ergibt Blaufärbung, konz. Salpetersäure gibt erst blutrote, dann gelbe Färbung und aus Jodsäurelösung wird Jod abgeschieden.

FRÖHDES Reagens (s. S. 823) ruft erst eine blaue, dann violette, später rotbraune, endlich grüne Färbung hervor (Morphin färbt zuerst violett). Mit MARQUIS' Reagens (s. S. 823) erhält man eine starke Gelbrotfärbung (Morphin violettblau). Konz. Schwefelsäure und Rohrzucker rufen Blaufärbung, übergehend in Grünfärbung hervor (Morphin färbt rot). Während Morphin in konz. Schwefelsäure sich farblos löst, tritt mit Oxydimorphin erst gelbe, bei gelindem Erwärmen intensive grüne Färbung auf (mit Morphin aber rote Färbung). Die erkaltete grüne Lösung färbt sich auf Zusatz einiger Tropfen Wasser rosa. Verdünnt man weiter mit Wasser bis zur Farblosigkeit, so rufen sowohl konz. Salpetersäure als auch Natriumnitritlösung (5%) oder Natriumhypochloritlösung eine dunkelviolette Färbung hervor (Morphin rot).

Beim Verreiben von Oxydimorphin mit Natriumhypochloritlösung tritt eine schnell in hellgelb übergehende Safrangelbfärbung auf, die auf Zusatz von konz. Schwefelsäure und Verreiben in schön Smaragdgrün übergeht (Morphin kaum verändert, Codein himmelblau).

Sulfonamide. Eine wichtige Gruppe moderner Chemotherapeutica, die *Sulfonamide*, sei hier angefügt, obwohl sie, abgesehen von kleinen Mengen, nicht durch Ausschüttelung im STAS-OTTO-Gang mit Äther oder Chloroform gefunden werden, sondern in der Hauptmenge sich in der ammoniakalischen wäßrigen Phase nach der Ausschüttelung der Stoffe der Morphingruppe mit Chloroform finden.

Die Sulfonamide sind im allgemeinen in kaltem Wasser schwer, in heißem aber leicht löslich. Aceton löst fast alle Sulfonamide leicht. In Äther und Chloroform sind fast alle Sulfonamide unlöslich, mindestens sehr schwer löslich. Während die Ausschüttelungsrückstände aus stark saurer oder alkalischer Lösung mit Äther keine Sulfonamide enthalten, kann der Rückstand der Chloroformlösung nach Ausschüttelung in weinsaurer Lösung einige Sulfonamide in *kleineren* Mengen enthalten. Man trennt sie von anderen hier sich findenden Stoffen, indem der Rückstand in etwa n Natronlauge gelöst und mit Äther ausgeschüttelt wird, wobei das Sulfonamid in der alkalischen Lösung verbleibt. Bringt man diese mit Essigsäure auf p_H 4—5, so scheidet sich das Sulfonamid nach einiger Zeit aus, kann abfiltriert, und mit wenig Tierkohle aus heißem Wasser umkrystallisiert werden. Der *Hauptanteil* der Sulfonamide bleibt aber im Analysengang bis zum Schluß in der wäßrigen Phase der Ausschüttelungen, also in der wäßrigen ammoniakalischen Lösung. Aus dem Abdampfrückstand dieser Lösung werden die Sulfonamide mit Aceton im SOXHLET-Apparat extrahiert, vom Unlöslichen durch Filtern getrennt und das Filtrat vom Aceton befreit. Es bleibt ein mehr oder weniger stark gelb gefärbter Rückstand, mit dem die orientierende, aber nicht spezifische *Diazoreaktion* mit den Sulfonamiden, die eine freie primäre Aminogruppe besitzen, durchgeführt werden kann.

Etwa 10 mg des Rückstandes werden mit 2 Tropfen 2 n Salzsäure versetzt und in etwa 1 cm³ Wasser gelöst. Werden nacheinander 2 Tropfen n Natriumnitritlösung und tropfenweise eine Lösung von 0,1 g α- oder β-Naphthol in 2 cm³ 2 n Natronlauge zugesetzt, so entsteht ein oranger Niederschlag, dann eine tiefrote bis violettrote Färbung.

Fällt die Diazoreaktion positiv aus, so wird der Acetonrückstand mit Tierkohle aus heißem Wasser umkrystallisiert, so daß er gereinigt zu weiteren Bestimmungen, z. B. des Schmelzpunktes, dienen kann.

Siehe BÜRGIN[1]: „Über den Nachweis der Sulfonamide im Rahmen der pharmazeutisch-chemischen Analyse." Mit einer kritischen Bewertung der vielfachen Abwandlungen des Analysenganges nach

---

[1] BÜRGIN, A.: Pharmaceut. Acta helv. **23**, 231 (1948) (wichtige Literaturzitate).

STAS-OTTO verbindet der Verfasser eine weitere Modifikation, die durch Berücksichtigung der p_H-Werte der wäßrigen Phasen bei den Ausschüttelungen mit Lösungsmitteln eine weitergehende Aufteilung der Arzneistoffe in Gruppen gestattet.

Zeigt der Verlauf der Untersuchung, daß außer Sulfonamiden keine anderen Stoffe vorhanden sein dürften, oder liegen z. B. Tabletten vor, so kann eine einfachere Art der Entfernung der Ballaststoffe durchgeführt werden. Liegen saure oder alkalische Lösungen der Sulfonamide vor, so sind diese wie oben gesagt mit Essigsäure auf p_H 4—7 zu puffern, wodurch die Sulfonamide ausfallen und — wenn nötig umkrystallisiert — zur weiteren Bestimmung dienen können. Tabletten extrahiert man mit Aceton (vgl. o.).

Die große Anzahl der zur Zeit gebrauchten Sulfonamide macht es unmöglich, sie einzeln bezüglich ihrer Identifizierung zu behandeln. Ebenso kann aus der großen Zahl der Abhandlungen, die sich mit den Sulfonamiden, ihrem Nachweis und ihrer Identifizierung beschäftigen, nur auf eine Auswahl aus den letzten Jahren hingewiesen werden[1-17].

Zum *Schnellnachweis* und zur Kontrolle des Sulfonamidgehaltes im Harn sei auf den sog. „Lignintest"[18] hingewiesen: Wird 1 Tropfen wäßriger Sulfonamidlösung auf holzhaltiges Papier (etwa Zeitungspapier) gegeben und dann 1 Tropfen konz. Salzsäure, so ergeben sich schon bei geringen Konzentrationen gelbe, bei höheren aber deutlich orange Färbungen. Durch Verwendung von Vergleichslösungen kann die Reaktion annähernd quantitativ ausgewertet werden[18].

Für eine Reaktion zum *Nachweis* von Sulfonamiden *mit Hilfe von Oxydationsmitteln* wurde als am brauchbarsten ein frisch bereitetes Reagens folgender Zusammensetzung angegeben: 100 cm³ einer 10%igen Nitroprussidnatriumlösung mit 2% Natriumhydroxyd werden mit 5 cm³ Kaliumpermanganatlösung (3,1%ig) vermischt. Ein entstehender Niederschlag wird abfiltriert.

Ausführung. 5 cm³ der 1%igen Sulfonamidlösung werden mit 5 cm³ Reagens versetzt und die entstehenden Färbungen nach $1/2$, 2 und 10 min festgestellt[19].

Da der Schmelzpunkt, wie bereits gesagt, einen wertvollen Anhalt zur Identifizierung eines vorliegenden Sulfonamids gibt, sind in der folgenden Tabelle 5 die Schmelzpunkte

Tabelle 5. *Schmelzpunkte von Sulfonamiden.*

	F	Nach KOFLER F		F	Nach KOFLER F
Albucid	177	184	L 30, Elkosin . . .	240—242	
Badional	180		Marbadal	179—181	
Debenal, Pyrimal . .	254—256		Marfanil	265	
Debenal M	233—234		Prontalbin	165	166
Eleudron, Cibazol . .	200—202	201	Prontosil rubr. . . .	226	223—230
Eubasin	191—193	192	Resulfon, Ruocid . .	189	
Euvernil	156—158		Uliron		195
Globucid	184		Neo-Uliron		151

Neuere Literatur zum Nachweis und zur Bestimmung von Sulfonamiden[1-17]:

[1] JAUERNECK, A., u. W. GUEFFROY: Kli. Wo. 1937 II, 1544.
[2] MARSHALL, E. K. jr.: J. biol. Ch. 122, 263 (1937) [C. 1938 I, 2925].
[3] LUTZ, W.: Kli. Wo. 1939, 996.
[4] KREBS, K. B., u. H. FRANKE: Kli. Wo. 1939, 1248.
[5] YAKOWITZ, M. L.: J. Ass. agric. Chem. 21, 351 (1938) [Pharmaceut. Wbl. 76, 79 (1939)].
[6] MIKO, G. v.: Pharmaz. Zentr.-Halle 80, 198 (1933).
[7] PIPER, H. G.: Kli. Wo. 1941, 152.
[8] BURKAT, S. E.: Pharmaceut. J. 12, 28 (1939) [C. 1940 II, 2783].
[9] WERNER, A. E. A.: Dtsch. Apoth.-Ztg. 56, 594 (1941).
[10] HOFFMANN, W.: Pharmaz. Ztg. 83, 65 (1947); 85, 637 (1949). Pharmazie 2, 396 (1947); 3, 252, 367 (1948); 4, 376 (1949). Süddtsch. Apoth.-Ztg. 88, 217 (1948).
[11] HOFFMANN, W., u. G. WILKENS: Pharmazie 1, 201, 301 (1946); 2, 74 (1947); 4, 454 (1949).
[12] HACKMANN, C.: D. m. W. 1947, 71.
[13] MIETZSCH, F.: Chemie. Beih. Nr. 54. 1945.
[14] KÜHNAU, W. W.: Kli. Wo. 1938, 116.
[15] WERNER, A. E. A.: Lancet 236, 18, 20 (1939).
[16] WOJAHN, H.: Arch. Pharmazie 281, 129, 289 (1943). Süddtsch.Apoth.-Ztg. 88, 395 (1948).
[17] BERGNER, K. G.: Süddtsch. Apoth.-Ztg. 89, 490 (1949).
[18] SMITH, F. C.: Sulfonamide Therapy in Medical Practice. Philadelphia 1944.
[19] ROUX, A.: Boll. chim.-farmaceut. 1949, 185 [Apoth.-Ztg., N. F. 3, 11 (1951)].

wenigstens der am häufigsten gebrauchten Sulfonamide angegeben. Dem Beispiel HOFF-MANNs folgend, werden sie der besseren Übersicht wegen mit den wortgeschützten Namen angegeben.

Zum *Nachweis von Schwefel* hat HOFFMANN[1] Vorschriften gegeben. KÜHNAU und WERNER[2] gaben Verfahren zur Bildung von SCHIFFschen Basen mit p-Dimethylamino-benzaldehyd, MIETZSCH[3] mit p-Dimethylamino-zimtaldehyd, die colorimetrisch auswertbar sind. Das verschiedene Verhalten der Sulfonamide gegen Ammoniak, Formaldehyd, Silbernitrat, Kaliumquecksilberjodid u. a. Reagentien wird zu ihrer Unterscheidung benutzt (HOFFMANN und Mitarbeiter). Zur quantitativen Bestimmung dienen die nach WOJAHN[4] mit den meisten Sulfonamiden zu erhaltenden gut definierten Bromierungsprodukte.

3. Dritte Hauptgruppe. Metallgifte.

Um charakteristische Nachweisreaktionen der Metallgifte zu erhalten, muß vorerst die organische Substanz, im besonderen die Eiweißstoffe, zerstört werden. Vollständige Zerstörung ist nur dann notwendig, wenn es sich — wie z. B. beim Arsen — um kleinste Mengen handelt, die mit Schwefelwasserstoff keine Fällung mehr ergeben und deshalb direkt aus der Asche nachgewiesen werden müssen.

a) Zerstörungsverfahren[*].

Nach FRESENIUS und v. BABO[5]. Bei Materialknappheit kann hierfür der Destillations-rückstand von der Prüfung auf die mit Wasserdampf flüchtigen Gifte verwendet werden. Sonst wird das Untersuchungsmaterial möglichst zerkleinert mit Wasser zu einem dünnen Brei angerührt. Der Brei wird in einem geräumigen Glaskolben auf dem kochenden Wasserbad mit 15—20 cm³ konz. Salzsäure und etwa 1—2 g Kaliumchlorat unter häufigem Schwenken und Schütteln erhitzt. Man setzt dann in Abständen von wenigen Minuten je etwa 0,5 g Kaliumchlorat unter häufigem Schütteln zu, bis sich der Kolben-inhalt zur weingelben Farbe aufgehellt hat, wobei er klar oder trübe sein kann, und bei weiterem Zusatz von Kaliumchlorat keine Veränderung mehr erleidet. Man arbeitet unter einem gut ziehenden Abzug.

THOMS[6] empfiehlt zur Zerstörung den Verschluß des Zerstörungskolben mit einem doppelt durchbohrten Kork, durch den ein Tropftrichter und ein durch zweimalige Biegung an diesem vorbeiführendes Steigrohr angebracht ist. Später wurde das Steigrohr ersetzt, indem THOMS einen Fraktionierkolben verwendete, dessen Abflußrohr aufwärts gebogen ist. In den Kolben wird die mit 12,5 %iger Salzsäure zu Brei angerührte Substanz mit 1 g Kaliumchlorat gegeben und auf dem Wasserbad erhitzt. Dann läßt man aus dem Tropftrichter allmählich unter *häufigem Schütteln* eine 5 %ige Lösung von Kaliumchlorat zutropfen, bis die Zerstörung (weingelbe Färbung) beendet ist (Vorsicht! Explosions-gefahr!). JESERICH und SONNENSCHEIN[7] empfahlen, statt Kaliumchlorat Chlorsäure mit Salzsäure zu verwenden.

Vor der Verwendung von Überchlorsäure ist dringend zu warnen![8]

ORFILA[9] und andere empfahlen, die Zerstörung der organischen Substanz nur mit Salpetersäure durchzuführen. Bei vegetabilischem Material ist dies mitunter angezeigt.

[*] Siehe a. Bd. III, Anorganische Stoffe.
[1] Siehe Fußnoten 812[10] und 812[11].
[2] KÜHNAU, W. W.: Kli. Wo. 1938, 116. — WERNER, A. E. A.: Lancet 236, 18, 20 (1939).
[3] MIETZSCH, F.: Die Chemie. Beih. Nr. 54. 1945.
[4] WOJAHN, H.: Arch. Pharmazie 281, 129, 289 (1943). Süddtsch. Apoth.-Ztg. 88, 395 (1948).
[5] FRESENIUS, R., u. L. v. BABO: A. 49, 287, 308 (1844).
[6] THOMS, H.: Einführung in die praktische Lebensmittelchemie. S. 163. Leipzig 1899.
[7] JESERICH, P.: Repert. analyt. Chem. 2, 379 (1882).
[8] KAHANE, E.: C. R. Soc. Biol. 193, 1018 (1931). Z. analyt. Chem. 91, 160 (1933). Chem.-Ztg. 66, 321 (1942).
[9] ORFILA, M.: Lehrbuch der Toxikologie. S. 295. Nach der 5. Aufl. deutsch bearbeitet von G. KRUPP. Braunschweig 1854.

Animalisches Material (Leichenteile) wird am besten nach Fresenius und v. Babo oder diesem ähnliche Verfahren zerstört.

Bang[1] und andere[2] geben der Zerstörung mit Schwefelsäure und Salpetersäure im Kjeldahl-Kolben unter Zutropfen der Salpetersäure den Vorzug[3]. Eine direkte Veraschung über die Flamme wird nur in Ausnahmefällen anzuwenden sein, da eine Anzahl der Metallgifte bei starker Hitze flüchtig ist (Hg, As).

Nach Baumert ist eine direkte Veraschung auch bei Vorhandensein von Arsen durchführbar, wenn die Substanz mit Magnesiumoxyd sorgfältig vermischt wird. Lockemann[4] empfiehlt namentlich bei kleinsten Arsenmengen die feuchte Veraschung in Porzellanschalen.

b) Analysengang.

Allgemein kann für den Nachweis der Metalle auf die Lehrbücher der analytischen Chemie verwiesen werden. Bei dem meist angewandten Zerstörungsverfahren nach Fresenius-Babo mit Kaliumchlorat und Salzsäure finden sich im Untersuchungsmaterial enthaltene Metalle zum überwiegenden Teil in dem meist noch weingelb gefärbten Filtrat der verbleibenden Zerstörungsflüssigkeit, zum Teil in dem unlöslichen Rückstand. In letzterem ist alles Silber als Silberchlorid, ein Teil des aus Quecksilber(I)-verbindungen entstandenen Quecksilber als Quecksilber(I)-chlorid enthalten. Blei und Barium finden sich je nach dem Sulfatgehalt des Ausgangsmaterials ganz oder teilweise im Rückstand oder ebenso in der Lösung. Der ursprüngliche Sulfatgehalt kann durch Oxydation von Schwefel aus den Eiweißkörpern erhöht worden sein. Im Rückstand kann auch Thallium als schwerlösliches Chlorid enthalten sein.

Es ist zu beachten, daß eine große Anzahl der auch toxikologisch wichtigen Metallgifte sich in Spuren im menschlichen Organismus und so in Leichenteilen findet, wie Arsen, Kupfer, Quecksilber, Zink usw. Sie können sogar durch vorübergehende therapeutische Anwendung in Mengen, die über die der „normalen" Spurenelemente hinausgehen, in Organen, besonders aber auch in Knochen, Haaren usw. angereichert und abgelagert sein[5].

Nach Beendigung der Zerstörung im Filtrat meist noch enthaltenes freies Chlor entfernt man durch längeres Durchleiten von Kohlendioxyd. Eine zu hohe Salzsäurekonzentration, die ebenso wie freies Chlor die Fällung einzelner Metalle durch Schwefelwasserstoff hintanhalten würde, beseitigt man durch Verdünnen auf 2 % bis höchstens 5 %. Dann Einleiten von Schwefelwasserstoff bis zur sicheren Sättigung, am besten mit Steigrohr, um unter geringem Druck zu arbeiten. Auf 40—50° erwärmen (um alles As als Trisulfid auszufällen). Wiederholung bis keine Fällung mehr entsteht.

Der *durch H_2S erhaltene Niederschlag* enthält an forensisch wichtigen Metallen (Sulfiden): As, Sn, Cd (gelb), Sb (orange), Bi (braunschwarz), Hg (Ag), Pb, Cu (schwarz). Der mit H_2S-Wasser gewaschene Niederschlag wird feucht mit gelbem, mit NH_3-Wasser verdünntem Ammonsulfid behandelt.

Die Lösung enthält: As, Sb, Sn (Au, Pt) als Ammonsalze der Sulfosäuren. Sie wird auf dem Wasserbad zur Trockne verdampft, der Rückstand mit rauchender Salpetersäure eingedampft (Wiederholung, bis Rückstand gelb ist). Dann wird mit wenig Natronlauge aufgeweicht, wasserfreies Na_2CO_3 und $NaNO_3$ zugegeben und in einem Silbertiegel auf dem Wasserbad, dann auf einer Asbestplatte vorsichtig getrocknet und weiter vorsichtig erwärmt, bis der Inhalt klar schmilzt. (Graufärbung kann von kleinen Mengen CuO herrühren.) Durch den Schmelzprozeß entstehen Na_3AsO_4 (Arsenat), $NaSbO_3$ (Metantimoniat) und Na_2SnO_3 (Stannat). Die Schmelze wird bei gelinder Wärme mit Wasser behandelt.

---

[1] Bang, I.: B. Z. **161**, 195 (1925). — Kleinmann, H., u. F. Pangritz: B. Z. **185**, 14, 44 (1927).

[2] Neumann, A.: H. **37**, 115 (1903); **43**, 32 (1904).

[3] Gadamer, Toxikologie S. 104ff.

[4] Lockemann, G.: Z. angew. Chem. 1905—1935 (zahlreiche Veröffentlichungen). B. Z. **35**, 490 (1911).

[5] Lang, K.: Die Spurenelemente und ihre Bedeutung für den Menschen. Pharmazeut. Industr. **1942**, H. 5. S. a. Lang, K.: Dieses Werk, Bd. III.

Arsenat ist leicht, Metantimoniat gar nicht, Stannat schwer löslich. Die klare (As) oder trübe Flüssigkeit wird mit $NaHCO_3$ und CO_2 behandelt. Zinnoxyd SnO_2 fällt aus und wird mit dem nicht gelösten Antimoniat vom Arsen durch ein kleines Filter getrennt. Der Rückstand wird mit einer Mischung von Wasser und Alkohol gewaschen (Zinn ist in reinem Wasser etwas löslich).

Rückstand (Sn, Sb) trocknen, mit Filter im Porzellantiegel veraschen, Asche mit Kaliumcyanid schmelzen: Antimon und Zinn werden als Metall abgeschieden.

Unterscheidung: Sn in chlorfreier Salzsäure löslich, Antimon erst auf Zusatz von Salpetersäure.

Der Rückstand vom Ammonsulfid enthält die Sulfide von Hg, Ag, Bi, Cu und Cd (kann noch organische Substanz enthalten: In Porzellanschale mit 65%iger HNO_3 und 20%igem H_2O_2 abdampfen!). Die Sulfide werden mit wenig chlorfreier 30%iger HNO_3 erwärmt: HgS bleibt ungelöst.

Lösung mit Ammoniak: Pb und Bi werden als Hydroxyde gefällt.

Filterrückstand (Hydroxyde) in wenig HNO_3 lösen und mit verdünnter H_2SO_4 und C_2H_5OH versetzen: $PbSO_4$ fällt aus. Wismut bleibt in Lösung. Lösung vom NH_3-Niederschlag durch Kupfer blau. Wenn farblos (oder durch KCN in komplexe farblose Cu-Cyanverbindung übergeführt), gibt H_2S gelben Niederschlag von CdS.

Filtrat vom H_2S-Niederschlag: Fe, Ni, Co, Mn, Zn (Al meist) mit NH_3 (Vorprobe!): Fe, Ni, Co = schwarz (nur selten Anlaß von Vergiftungen). Mn = fleischfarben. Zn = weiß, allmählich auftretend. Al = gallertartig.

a) $^1/_3$ des Filtrats erwärmen und CO_2 durchleiten (H_2S vertreiben), mit wenig HNO_3 (zur Eisenoxydierung) kochen, nach Erkalten mit NH_3: Fe. Filtrat essigsauer und H_2S: weißes ZnS. (Schwarzer Niederschlag: Co, Ni und verdecktes Zink.) Ameisensäure verhindert die Fällungen von Co und Ni, während Zn durch H_2S in der Wärme fällt.

b) $^1/_3$ des Filtrats eingedampft (H_2S entfernen), mit NH_3 schwach alkalisch gemacht, zeigt ein auf Zusatz von KJ entstehender gelber Niederschlag Thallium (ThJ) an. In salzsaurer Lösung fällt Schwefelsäure Barium als $BaSO_4$.

c) $^1/_3$ des Filtrats fast zur Trockne dampfen, mit Na_2CO_3 neutralisieren, mit viel KNO_3 eindampfen. In kleinen Portionen Rückstand im Eisentiegel schmelzen: gelbe Schmelze zeigt Chrom als Na-chromat oder K-chromat an.

Bei der Zerstörung unlöslicher Rückstand: AgCl, $PbSO_4$, $BaSO_4$[1] (unter Umständen auch Thallium als Chlorid).

Nach Trocknen und Verreiben mit $NaNO_3$ und Na_2CO_3 (sicc.) mischen, vorsichtig in glühenden Porzellantiegel eintragen und schmelzen. Nach Abkühlen mit H_2O aufweichen, in Kolben gießen (muß wiederholt durchgeführt werden). Unfiltriert kryst. Na_2CO_3 bis zur Sättigung zugeben, CO_2 einleiten (um NaOH in Na_2CO_3 überzuführen) und 10 min kochen. Nach Absitzen dekantieren und mit Wasser solange aufschwemmen und dekantieren, bis das Waschwasser Cl- und SO_3-frei ist:

Aus $PbSO_4$ wurde $PbCO_3$, aus AgCl wurde Ag, aus $BaSO_4$ wurden $BaSO_4$ und $BaCO_3$.

Rückstand mit HNO_3 erwärmen. Dabei löst sich das Ag unter Entwicklung von NO-Dämpfen (Stickoxyd): $3 Ag + 4 HNO_3 = 3 AgNO_3 + 2 H_2O + NO$. Aufbrausen deutet auf $PbCO_3$ und $BaCO_3$. Pb, Ag und Ba (soweit Carbonat) werden gelöst, während $BaSO_4$ zurückbleibt. Die Lösung wird eingedampft (HNO_3 verjagen):

a) HCl fällt AgCl und $PbCl_2$. AgCl in NH_3 leicht löslich, $PbCl_2$ nicht.

b) H_2SO_4 fällt $PbSO_4$ und $BaSO_4$. $PbSO_4$ ist in Ammontartrat löslich und wird mit H_2SO_4 wieder gefällt. $BaSO_4$ ist unlöslich.

In den vorstehenden Ausführungen über die Zerstörungsverfahren und die Analyse auf anorganische Stoffe („Metallgifte") wurden die Verhältnisse berücksichtigt, wie sie bei der normalen forensisch-toxikologischen Analyse vorliegen. Darüber hinaus werden namentlich beim Vorliegen kleinerer Mengen an Untersuchungsmaterial besondere Arbeitsgänge verschiedenster Art anzuwenden sein.

---

[1] Gadamer, Toxikologie S. 120.

Hierzu s. K. LANG, dieses Werk, Bd. III. Ebenso sind dort die meisten der den Metallgiften zuzurechnenden Stoffe bezüglich der Isolierungs- und Nachweisverfahren und die wichtigsten Nachweisreaktionen behandelt.

Unter wiederholtem Hinweis auf die Lehrbücher der analytischen Chemie und die mehrfach zitierten chemisch-toxikologischen Lehrbücher werden deshalb hier nur analytische Angaben über einige Metallgifte gemacht werden, die von K. LANG nicht behandelt wurden.

Antimon. *Isolierung.* Als Untersuchungsmaterial am geeignetsten sind Erbrochenes, Magen- und Darminhalt, in zweiter Linie Harn und Organe, namentlich Leber. Anreicherung in Knochen und Haaren, weniger in Organen, im Gehirn im Gegensatz zu Arsen gar nicht. Veraschung nach FRESENIUS-BABO (s. S. 813).

Die aus der MEYERschen Schmelze nach Abtrennung von Zinn erhaltene salpetersaure Lösung wird zur Trockne abgedampft (Wasserbad) und der Rückstand in Salzsäure aufgenommen. Aus dem Harn kann das Antimon nach Ansäuern direkt mit Schwefelwasserstoff als Sulfid gefällt werden.

Nachweis. 1. Auf Zusatz von *Wasser* zur salzsauren Lösung fällt reines basisches Antimontrichlorid, das in Weinsäure löslich ist. Das durch Einleiten von Schwefelwasserstoff ausfallende orangerote Antimonsulfid ist in konz. Salzsäure löslich.

2. Auf einem Platintiegeldeckel ruft ein Körnchen *Zink* in der salzsauren Lösung einen schwarzen, in chlorfreier Salzsäure unlöslichen Fleck hervor.

3. Der durch Antimon im MARSHschen Apparat (s. LANG bei Arsen, Bd. III) erzeugte samtschwarze *Metallspiegel* tritt auch schon vor der Glühstelle auf. Der in der Wasserstoffflamme des MARSHschen Apparat auf einer kalten Porzellanschale auftretende schwarze Antimonfleck ist in Natriumhypochlorit nicht löslich (Unterschied von Arsen).

4. Läßt man den im Reagensglas aus salzsaurer Lösung mit Zink entwickelten Antimonwasserstoff (SbH$_3$) gegen ein mit 10%iger *Silbernitratlösung* befeuchtetes Filtrierpapier streichen, das sich etwa 1 cm über der Öffnung des Reagensglases befindet, so tritt Schwarzfärbung auf (SbH$_3$ + 3 AgNO$_3$ = SbAg$_3$ + 3 HNO$_3$). Dabei in der Lösung entstandene schwarze Flocken von met. Antimon werden abfiltriert, getrocknet und im Glühröhrchen mit kleiner Flamme erhitzt. An der kalten Glaswand bildet sich ein farbloser amorpher Beschlag, der mit Schwefelwasserstoffwasser befeuchtet sich orangerot färbt (Sb$_2$S$_3$).

Bestimmung von Antimon durch Fällung mit Schwefelwasserstoff als Trisulfid (Sb$_2$S$_3$) gravimetrisch oder elektrolytisch.

Thallium. *Isolierung* von Thallium am besten aus Harn. Bei Sektionsmaterial ist das meiste Thallium im Dünn- und Dickdarm, außerdem sind größere analytisch faßbare Thalliummengen auch im Magen, in Leber und Niere zu erwarten. Soll das Thallium in Handelspräparaten (Schädlingsbekämpfungsmitteln) bestimmt werden, so verascht man in flachen Porzellanschalen im elektrischen Ofen oder über der Gasflamme und löst das Thallium aus der Asche mit heißer 10—15%iger Schwefelsäure heraus[1]. Da hierbei Verluste entstehen, empfiehlt LANG[2] die feuchte Veraschung mit Schwefelsäure nach LEPPER, MACH und DONARAN unter Zusatz von kleinen Mengen Natriumnitrat zur Abkürzung des Veraschungsvorganges. Bei der Zerstörung von biologischem Material (Organen) nach FRESENIUS-BABO mit Kaliumchlorat und Salzsäure kann bei Vorliegen großer Mengen Thallium ein Teil davon als schwerlösliches Thalliumchlorid im unlöslichen Rückstand verbleiben. Über die weitere Aufbereitung der Veraschungslösungen wird auf LANG (s. Bd. III) verwiesen.

Nachweis. 1. *Schwefelwasserstoff* fällt aus sauren Lösungen meist das Thallium nicht vollständig als Tl$_2$S aus. Ein Zusatz von Natriumacetat fördert die Fällung. Durch Ammonsulfid gefälltes schwarzes Thalliumsulfid ist im Überschuß unlöslich, leicht löslich in Salpetersäure, schwerer in Salzsäure und Schwefelsäure. Konz. Salzsäure fällt weißes TlCl.

---

[1] BODNAR, J., u. A. TERÉNYI: Z. analyt. Chem. **69**, 29 (1926).
[2] LANG, K.: Handb. analyt. Chem. (FRESENIUS-JANDER), 3. Teil, Bd. 3, S. 650.

2. *Kaliumjodid* fällt gelbes Thallium(I)-jodid (TlJ). Dieses dient zur quantitativen Bestimmung nach LEPPER[1] und KLUGE[2]. 1 g TlJ = 0,6169 g Tl.

3. *Platinchlorid* ruft gelben krystallinen Niederschlag von Thalliumplatinchlorid (Tl_2PtCl_6) hervor.

4. *Kaliumchromat* fällt gelbes Thallium(I)-chromat. Über die gravimetrische Bestimmung als Chromat sowie über weitere Bestimmungsmethoden wird auf LANG[3] verwiesen. 1 g Tl_2CrO_4 = 0,779 g Tl.

Der eleganteste und einwandfreie Nachweis von Thallium ist der spektrographische. Im Emissionsspektrum zeigt sich Thallium durch eine leuchtende grüne Linie zwischen D und E (5350 Å) an.

Auch die nichtleuchtende Gasflamme wird durch Thalliumverbindungen schön grün gefärbt. Aus dieser Erscheinung ergab sich der Name Thallium, abgeleitet von ϑάλλος = grüner Zweig.

Cadmium. Der nach Veraschung des Untersuchungsmaterials in schwach salzsaurer Lösung erhaltene gelbe Niederschlag von Cadmiumsulfid ist in Ammonsulfid unlöslich, in verdünnter Salpetersäure leicht löslich.

Nachweis. 1. Beim *Glühen* des Sulfids mit Soda auf der Kohle in der Oxydationsflamme bildet sich ein ausgedehnter Beschlag mit blauem Randsaum.

2. *Kalilauge oder Natronlauge* fällen aus Cadmiumsalzlösungen weißes, amorphes Cadmiumhydroxyd ($Cd(OH)_2$), das — im Gegensatz zu Bleihydroxyd und Zinnhydroxyd — im Überschuß des Fällungsmittel unlöslich ist. Der durch Ammoniak zunächst entstehende Hydroxydniederschlag löst sich bei Ammoniakzugabe im Überschuß wieder auf (lösliches Komplexsalz).

3. *Kaliumcyanid* fällt amorphes Cyanid, das im Überschuß des Fällungsmittels sich leicht löst. Beim Einleiten von Schwefelwasserstoff in diese Lösung fällt gelbes Cadmiumsulfid (Unterschied zu Kupfer).

Uran. *Isolierung.* Geeignetes Untersuchungsmaterial ist allein Magen-Darminhalt; im Harn finden sich meist nur Spuren. Uran wird in der Niere abgelagert. Im Filtrat vom Schwefelwasserstoffniederschlag fällt Ammonsulfid braunes Uranylsulfid (UO_2)S, löslich in verdünnten Säuren und Ammoncarbonatlösung.

Nachweis. 1. *Ammoniak* fällt aus Uransalzlösungen gelbes Ammoniumuranat.

2. *Natriumphosphat* fällt gelblichweißes Uranylphosphat, unlöslich in Essigsäure, löslich in Mineralsäuren.

3. *Tetrakaliumhexacyanoferrat* fällt braunes Uranylcyanoferrat. Kleinste Uranmengen geben nur rotbraune Färbung.

4. Uransalze sind in wäßriger Lösung gelb bis gelbgrün gefärbt. Sie werden in saurer Lösung durch Zink (Wasserstoff) zu grünen Uransalzen reduziert.

4. Vierte Hauptgruppe.
Gifte, die besonders isoliert und nachgewiesen werden müssen.

Hierher gehören eine große Anzahl von Stoffen, die nach den vorbeschriebenen Methoden nicht erfaßt werden können und aus dem Untersuchungsmaterial nach besonderen Methoden isoliert und erkannt werden müssen. Ihre Abtrennung wird entweder durch Extraktion oder durch Dialyse erreicht. Manche werden sich in der ammoniakalischen oder bicarbonatalkalischen wäßrigen Phase von der Extraktion mit Chloroform, durch die Apomorphin, Morphin, Narcein usw. in dieses übergeführt werden, finden, wie z. B. das Tri-o-kresylphosphat.

Zu dieser letzten Gruppe (4) gehören: Mineralsäuren, Fluorwasserstoffsäure und ihre Salze, Kieselfluorwasserstoffsäure, Halogene, Oxalsäure und ihre Salze, freie Alkalien und Ammoniak, Kaliumchlorat, salpetrige Säure und Nitrit usw., schließlich gasförmige

---

[1] LEPPER, W.: Z. analyt. Chem. **79**, 321 (1930).
[2] KLUGE, H.: Z. Unters. Lebensm. **76**, 158 (1938).
[3] LANG, K.: Handb. analyt. Chem. (FRESENIUS-JANDER). 3. Teil, Bd. 3, S. 650ff.

Stoffe, wie z. B. Schwefelwasserstoff, Kohlenoxyd u. a. Soweit alle diese Gifte nicht schon von LANG behandelt wurden, sollen hier einige besonders wichtige bezüglich ihres Nachweises besprochen werden.

Kieselfluorwasserstoffsäure, H_2SiF_6. *Isolierung.* Untersuchungsmaterial: Magen- und Darminhalt, Erbrochenes, Harn, Leichenteile.

LIEB[1] verweist zum Nachweis und zur Bestimmung der Kieselfluorwasserstoffsäure und ihres Natriumsalzes auf ein Verfahren von SCHISKE zu deren Isolierung bzw. Abtrennung der organischen Balaststoffe hin. Das zerkleinerte oder breiförmige Untersuchungsmaterial wird mit wenig Essigsäure, Natriumacetat und Wasser auf dem Wasserbad digeriert, dann mit nochmaligem Zusatz von Essigsäure kurz aufgekocht, heiß auf einer Nutsche abgesaugt und ausgewaschen. Ein Gemisch gleicher Teile gesättigter Bleiacetatlösung und Eisessig wird tropfenweise zum Filtrat zugesetzt, solange eine Trübung auftritt. Nach längerem Stehen wird filtriert; in das Filtrat wird nach Zusatz von wenig Salzsäure erst in der Wärme, dann in der Kälte Schwefelwasserstoff bis zur völligen Sättigung eingeleitet. Zur Erhaltung eines klaren Filtrats vom Bleisulfidniederschlag erhitzt man unter Zusatz von festem Natriumacetat vor der Filterung. Der Schwefelwasserstoff wird durch Kochen, der ausgeschiedene Schwefel durch Filtern entfernt.

Nachweis und Bestimmung. Das eingeengte Filtrat wird mit verdünnter Salzsäure schwach angesäuert und mit Bariumchlorid in geringem Überschuß und mit der doppelten Menge 95%igem Alkohol versetzt. Nach 12 Std wird das ausgeschiedene Bariumsilicofluorid abfiltriert (Papierfilter oder GOOCH-Tiegel), mit Alkohol gewaschen, getrocknet und gewogen.

Identifizierung von Bariumsilicofluorid: 1. Mikroskopisch erkennbar sind typische Krystallformen, wie rhomboedrische Prismen mit geraden Kanten und scharfen Endflächen, sowie Säulen, Stäbchen und Nadeln in Rosettenform, außerdem mitunter kugelige Formen, ovale Blättchen in Kleeblattform. Charakteristisch sind die erst beschriebenen Prismen.

2. Ätzprobe (s. LANG, Bd. III).

3. Tetrafluoridprobe (s. LANG, Bd. III).

4. Löslichkeit von Bariumsilicofluorid in Salzsäure (Unterschied von Bariumsulfat).

Für weitere Bestimmungen sei auf die Abschnitte Fluor und Kieselsäure (s. LANG, Bd. III) verwiesen.

Fluorwasserstoffsäure (HF). Forensisch ist der Nachweis der wasserlöslichen Alkalifluoride von Bedeutung.

Isolierung. Das Untersuchungsmaterial, am geeignetsten ist Magen- und Darminhalt, wird mit Wasser ausgezogen. Das so erhaltene Filtrat wird mit Calciumchlorid gefällt. Das weiß und schleimig ausfallende Calciumfluorid ist schwer löslich in Salzsäure und Salpetersäure, praktisch unlöslich in Essigsäure. Durch Zugabe von Calciumcarbonat im Überschuß bei der Fällung erhält man eine besser filtrierbare Fällung von Calciumfluorid, gemischt mit Calciumcarbonat.

Nach Abfiltrieren, Trocknen und Glühen wird der Niederschlag mit verdünnter Essigsäure behandelt. Es bleibt das unlösliche Calciumfluorid zurück, das nach dem Trocknen zum Nachweis der Fluorwasserstoffsäure dient.

Nachweis. Durch die Ätz- und Tetrafluoridproben (s. LANG, Bd. III sowie [2]).

Zum Nachweis in Organen s. a. BRÜNING und QUAST[3].

Freie Halogene (Cl, Br, J). *Isolierung und Nachweis.* 1. Bei großen Mengen sind freies Chlor und Brom schon am *Geruch* des Untersuchungsmaterials zu erkennen. Dann gelingt auch meist die Austreibung aus dem Untersuchungsmaterial (zerkleinert und mit Wasser verdünnt) durch einen durchgeleiteten Luftstrom, den man in Wasser leitet, das *Kaliumjodid und Stärkelösung* enthält. Auftretende Blaufärbung infolge Ausscheidung von Jod aus dem Kaliumjodid durch freies Chlor oder Brom. Um freies Jod auf dieselbe

[1] LIEB, H.: Handb. biol. Arb.-Meth. Abt. IV, Teil 12/1, Bd. 2, S. 1487.

[2] LIEB, H.: Handb. biol. Arb.-Meth. Abt. IV, Teil 12/1. Bd. 2, S. 1484.

[3] BRÜNING, A., u. H. QUAST: Z. angew. Chem. 44, 650 (1931).

Weise aus dem Untersuchungsmaterial auszutreiben, muß dieses erwärmt werden (im Durchleitungskolben auf dem Wasserbad). Der austretende Luftstrom färbt vorgelegte Stärkelösung (verdünnt) blau. Wird Chloroform als Vorlage genommen, so wird dieses durch übergetriebenes Jod violett gefärbt.

Jod ist in organischem Material beständiger als Chlor und Brom und färbt dieses braun. Ist eine vorhandene Braunfärbung durch Jod bedingt, so tritt auf Zusatz von Natriumthiosulfat Entfärbung ein.

2. Kleinere Mengen von Chlor und Brom sind meist nur als Cl- bzw. Br-Ion oder Substitutionsprodukte nachzuweisen. Da Chloride überdies normale Bestandteile sind, ist der Nachweis von freiem Chlor auf diesem Wege schwer, ja oft unmöglich. Auch der Nachweis von Jod gelingt nicht immer direkt, sondern nur als Jod-Ion (Jodid).

3. Zur Untersuchung auf Bromid und Jodid wird das Untersuchungsmaterial mit Wasser ausgezogen und das Filtrat mit verdünnter Salpetersäure und *Silbernitrat* versetzt: Bromide fallen als schwach gelbes Silberbromid, Jodide als kanariengelbes Silberjodid. (Weitere Nachweise und Identifizierung s. LANG, Bd. III.)

Kohlenoxyd (CO). Der Nachweis erfolgt fast ausschließlich im Blut als Kohlenoxydhämoglobin. Daneben ist der Nachweis in der Luft häufig bedeutungsvoll.

Nachweis im Blut. 1. Direkte Nachweise. Kohlenoxyd (Kohlenoxydhämoglobin) enthaltendes Blut ist hellkirschrot bis violett gefärbt. Der beim Schütteln entstehende Schaum ist mehr oder weniger deutlich violett gefärbt.

a) Beim *Erhitzen* im Wasserbad (Reagensglas) bildet sich ein ziegelrotes Koagulum, ein graubraunes in normalem Kontrollblut.

b) *Probe nach* HOPPE-SEYLER[1]. In zwei flachen Porzellanschälchen je etwas des Probeblutes und des Kontrollblutes mit je einigen Tropfen Natronlauge (33%ig) versetzt, ruft in CO-Blut ein hellrotes Gerinnsel, in CO-freiem Kontrollblut eine schwarzbraune Fällung hervor.

c) *Tanninprobe nach* KUNKEL[1]. In dem mit destilliertem Wasser auf das fünffache Volumen verdünnten Blut ruft Zusatz der gleichen Menge Tanninlösung (3%ig) bei Gegenwart von CO ein hell- bis dunkelcarminrotes Gerinnsel hervor, dessen Farbe auch bei längerem Stehen (24 Std) erhalten bleibt. In normalem Blut nimmt die rote Fällung meist schon nach einigen Stunden eine graubraune bis graue Färbung an.

d) *Probe nach* WASCHHOLZ-SIERADSKI[1]. Dem wie bei c) verdünnten Blut setzt man auf etwa 10 cm³ etwa 20 Tropfen Trikaliumhexacyanoferratlösung (10%ig) zu, wodurch das CO in der Lösung absorbiert bleibt und Methämoglobin entsteht.

Von der nun in zwei Hälften geteilten Probe werden der einen Hälfte einige Tropfen Ammonsulfid zugefügt, wodurch aus dem Met-Hb über Oxy-Hb wieder CO-Hb entsteht. Auf Zugabe der gleichen Menge Tanninlösung entsteht nach Umschütteln wiederum hellrotes Gerinnsel (weniger intensiv als bei c). Die zweite Hälfte wird zur Austreibung des in der Flüssigkeit absorbierten CO kräftig geschüttelt und ebenso wie die nicht geschüttelte Probenhälfte behandelt, wobei sofort ein grauweißes bis gelblichweißes Gerinnsel entsteht. Trotz der unter Umständen längeren Wartezeit ist die KUNKELsche Probe (c) vorzuziehen.

e) 1 Tropfen gesättigte *Kupfersulfatlösung* ruft in einer Mischung von 2 cm³ CO-Blut mit 2 cm³ Wasser einen ziegelroten Niederschlag hervor, während in Normalblut ein grünbraun gefärbter entsteht.

f) Sehr dünne Blutlösung (2%ig) in Wasser färbt sich bei Gegenwart von CO auf Zusatz von 4—5 Tropfen *Ammonsulfid* und 5—6 Tropfen Essigsäure (3%ig) rosa, Normalblut graugrün.

g) *Spektroskopischer Nachweis.* CO-Blut und Normalblut zeigen im Absorptionsspektrum bei etwa 550—600 mμ zwei sehr ähnliche Absorptionsstreifen, die beim CO-Blut etwas schmaler und schwächer sind. Im Normalblut verschwinden auf Zusatz von reduzierenden Stoffen (Ammonsulfid, Hydrazinhydrat, Natriumdithionit u. a. m.) unter gleich-

---

[1] REUTER, F.: Handb. biol. Arb.-Meth. Abt. IV, Teil 12/1, Bd. 2, S. 1161.

zeitigem Übergang der roten Blutlösungsfarbe in eine violette die beiden Streifen des Oxy-Hb und es erscheint etwa zwischen 550 und 580 mμ ein neuer Absorptionsstreifen an der Stelle der vorher vorhandenen Lücke zwischen den beiden Streifen. Beim CO-Blut tritt diese Reduktionswirkung nicht, oder doch erst nach langer Zeit auf. Es bleibt der Doppelabsorptionsstreifen bei etwa 530—555 mμ bzw. etwa 565—580 mμ bestehen.

Dieser beste und leichteste CO-Nachweis im Blut ist schon mit dem einfachen Taschenspektroskop sicher durchzuführen. Über weitere und genauere spektroskopische und spektrophotometrische Untersuchungen des Blutes bei Kohlenoxydvergiftungen und andere dadurch auftretende Stoffe im Blut (CO-Hämochromogen) wird auf das einschlägige Schrifttum verwiesen[1]. Es können so weniger als 5% CO-Hb bestimmt werden.

2. Indirekter Nachweis. a) Der Blutprobe werden entweder durch Erwärmen (Auskochen) oder Evakuieren die Gase entzogen und durch entsprechende Absorptionsmittel das Gas (CO) bestimmt. Die hierfür bekannten *gasanalytischen Methoden* und Apparate gestatten eine Bestimmung selbst kleinster CO-Mengen. Zu der von WEHRLI und NICLOUX angegebenen und von anderen für den quantitativen CO-Nachweis ergänzten Jodpentoxydmethode muß auf das Schrifttum verwiesen werden[2]. Die Methode beruht auf der Feststellung der aus Jodpentoxyd durch CO freiwerdenden Jodmengen: $5\,CO + J_2O_5 = J_2 + 5\,CO_2$.

b) Leitet man ein CO-haltiges Gasgemisch aus Blut durch eine Lösung von *Palladium(II)-chlorid*, so wird unter Dunkelfärbung der gelben Lösung das Palladium(II)-chlorid zu metallischem Palladium reduziert. Die sehr empfindliche Probe dient noch vielfach zur Feststellung undichter Gasleitungen unter Verwendung von „Erdsonden" und Palladium(II)-chlorid-Reagenspapier.

Diese wegen ihrer großen Intensität für die forensische Praxis weniger geeignete Probe wird zur Erkennung und quantitativen Schätzung von CO-Mengen bis zu 0,1% abwärts bei Anwendung von 3—5 cm³ Blut benutzt[3].

Die Blutprobe wird in einem dem VAN SLYKEschen Apparat ähnlichen nach Zusatz von Kaliumhexacyanoferrat ($K_3Fe(CN)_6$) entgast. Aus dem abgetrennten Gas werden zunächst O_2 und CO_2 durch Absorption entfernt und dann das Kohlenoxyd durch Palladium(II)-chloridpapier oder auch aktivierte Phosphormolybdänsäure nachgewiesen. Aus der Intensität der Färbung läßt sich die Menge des vorhandenen Kohlenoxyd mit hinreichender Genauigkeit schätzen. Einzelheiten über das Entgasungsgerät, die Reagentien, Durchführung des Nachweises und Leistungsfähigkeit des Verfahrens sind der Orginalarbeit zu entnehmen.

3. Nachweis von Kohlenoxyd in der Luft. An Stelle der oftmals zu empfindlichen Palladium(II)-chloridmethode verwendet man heute zur Feststellung des CO-Gehaltes der Luft in geschlossenen Räumen und im Freien eine Anzahl von Spezialgeräten, die auch eine approximative quantitative Bestimmung zulassen. Mit Hilfe von kleinen Luftpumpen werden aliquote Luftmengen durch Prüfröhrchen mit Reagensmassen gesaugt und die auftretenden Verfärbungen (gelb bis braun, blaßgrün, blaugrün bis blau) an entsprechenden Vergleichsfarbskalen ausgewertet.

Die Geräte der Auer A G. Berlin und des Drägerwerks Lübeck arbeiten nach der oben genannten Jodpentoxydmethode. Sie gestatten noch die Feststellung von weniger als 1 Vol.-$^o/_{oo}$ CO in der Luft. Laufend registrierende oder abzulesende Geräte zeigen den CO-Gehalt der Luft durch die infolge elektrischer Verbrennung von Kohlenoxyd auftretende Temperaturerhöhung an, wobei die Verbrennung katalytisch durch „Hopcalite" (Manganperoxyd-Kupferoxyd-Katalysatoren) gefördert wird (Dräger-CO-Meßgeräte)[4].

Oxalsäure $(COOH)_2$. *Isolierung.* Als Untersuchungsmaterial geeignet sind Speisereste, Erbrochenes, Mageninhalt, Kot, Harn, Blut, blutreiche Organe, besonders Leber.

Das notfalls zerkleinerte Material wird, um vorhandenes Calciumoxalat zu lösen, am besten mit durch Salzsäure deutlich sauer gemachtem Wasser unter Zusatz von Alkohol ausgezogen.

[1] REUTER, F.: Handb. biol. Arb.-Meth. Abt. IV, Teil 12/1, Bd. 2, S. 1150ff.
[2] LEDERER, E.: Handb. biol. Arb.-Meth. Abt. IV, Teil 16. S. 809.
[3] GEILMANN, W., u. W. GEBAUHR: Z. analyt. Chem. **132**, 81 (1951).
[4] Dräger-H. Nr. **217**, 4648 (1950).

GADAMER[1] läßt aus zerkleinerten Organen die Oxalsäure durch 24stündiges Stehen-lassen mit salzsaurem Alkohol und anschließendes 5—6stündiges Erwärmen am Rück-flußkühler ausziehen. Die filtrierten Auszüge werden durch Destillation entgeistet, die verbleibende Lösung wird nach Filtration mit Salzsäure stark sauer gemacht (15—20% HCl) und im Perforator mit Äther extrahiert. Der Ätherrückstand wird zur Zerstörung etwa entstandenen Oxalsäureäthylesters mit wenig Sodalösung auf dem Wasserbad ver-seift; dann wird mit Essigsäure angesäuert, filtriert und das Filtrat mit $CaCl_2$ wie unten behandelt. Die Filtrate der Auszüge werden eingeengt (Wasserbad) und mehrmals mit Äther ausgeschüttelt, die ätherischen Schichten filtriert und der Äther abgedunstet.

Zum Oxalsäurenachweis im Harn versetzt man 500 cm³ unfiltriert mit Ammoniak und Calciumchlorid, dampft ohne zu filtrieren stark ein, gibt Alkohol zu, solange eine Fällung eintritt, filtriert, wäscht den Filterrückstand erst mit Alkohol, dann mit Äther und löst ihn trocken in verdünnter Salzsäure. Die Lösung wird mehrmals mit Äther-Alkohol-gemisch (9 + 1) ausgeschüttelt, die vereinigten Ätherschichten abgedunstet und der Rückstand weiter behandelt.

Für die Mikrobestimmung von Oxalsäure in Harn und Blut haben FLASCHENTRÄGER und MÜLLER[2] ein Verfahren angegeben.

Bestimmung und Nachweis. Der Ätherrückstand wird in wenig Wasser gelöst, mit Essigsäure angesäuert und mit Calciumchlorid die Oxalsäure wie üblich als $Ca(COO)_2$ gefällt und gewogen oder in heißer 5%iger Schwefelsäure gelöst und die Oxalsäure mit 0,1 n oder 0,01 n Kaliumpermanganat titriert. Etwa 10 mg des gefällten Calciumoxalat werden zur Identifizierung im Porzellanschälchen mit etwa 2 mg Resorcin erhitzt. Nach Erkalten ruft 1 Tropfen konz. Schwefelsäure eine erst dunkelblaue, dann grüne Färbung hervor.

Chlorsäure und Chlorate ($HClO_3$, $KClO_3$). *Isolierung.* Aus Organen (Leber, Milz, Niere) durch Eintragen in kochendes Wasser und Aufkochen nach Ansäuern mit Essig-säure. Das Filtrat wird eingeengt (Wasserbad) und in einem flachen Dialysator gegen Wasser im äußeren Behälter 5—6 Std ohne Wasserwechsel dialysiert. Magen- und Darm-inhalt wird ebenso mit kochendem Wasser behandelt und dialysiert.

Das Dialysat wird stark eingeengt (Wasserbad), der Rückstand mit wenig heißem Wasser aufgenommen und filtriert. Aus dem Filtrat scheiden sich bei längerem Stehen in der Kälte oft Krystalle aus, die gesammelt werden. Diese oder die Lösung werden untersucht.

Harn wird nach Ansäuern mit Essigsäure durch Aufkochen enteiweißt und das Filtrat eingedampft. Der so erhaltene noch feuchte Rückstand wird auf einem Tonteller abge-preßt und abgeschiedene Krystalle untersucht.

Nachweis. 1. In Filtraten aus Dialysaten und Krystallösungen. Nach Ansäuern mit verdünnter Schwefelsäure und Zusatz von einigen Tropfen *Indigolösung* verschwindet auf Zusatz einiger Tropfen *schwefliger Säure* die Blaufärbung und geht in eine gelbgrüne über (Empfindlichkeit etwa 10 mg $KClO_3$). Nach Zugabe von Silbernitrat im Überschuß wird der durch die vorhandenen Chloride bedingte Niederschlag von AgCl abfiltriert. In dem klaren Filtrat rufen nun einige Tropfen schweflige Säure einen erneuten Nieder-schlag von AgCl, vermischt mit Ag_2S, hervor. Während letzteres in heißer Salpetersäure löslich ist, bleibt der für Chlorate beweisende Niederschlag aus AgCl bestehen. Wird eine Chlorsäure oder Chlorate enthaltende Lösung mit starker Salzsäure erhitzt, so scheidet das entwickelte Chlor aus Kaliumjodid Jod aus (Blaufärbung nach Zusatz von Stärkelösung).

2. In Harn direkt. Harn mit einem Gehalt an $KClO_3$ unter 0,5 g/l färbt sich auf Zugabe des vierfachen Volumens *Salzsäure* (1,12) noch bleibend rot (Chromogen-Purpur-färbung). Verwendet man statt der Salzsäure eine 50%ige Lösung von *Anilinhydro-chlorid* in Salzsäure (1,12), so tritt bei einem höheren Chloratgehalt zunächst kurz die Chromogen-Purpurfärbung auf, die bald in eine blaue, dann grüne Färbung übergeht.

[1] GADAMER, J.: FÜHNER-WIELANDS Samml. Vergift.-Fälle B 2, 51 (1931).
[2] FLASCHENTRÄGER, B., u. P. B. MÜLLER: H. 251, 52 (1938).

Bei Chloratgehalt unter 0,5 g/l bleibt es bei der Purpurfärbung. Die Methode läßt sich annähernd quantitativ colorimetrisch auswerten.

Eine quantitative Bestimmung der Chlorate im Dialysat auf titrimetrischem Wege hat SCHOLTZ[1] angegeben.

Es wird darauf hingewiesen, daß der Nachweis von Chloraten in Leichenteilen infolge Umwandlung der Chlorate in Chloride durch Leichenfäule mitunter nicht mehr gelang, obwohl sie zweifelsohne zu der Vergiftung Anlaß gegeben hatten.

Trikresylphosphat $(C_6H_4CH_3O)_3PO$. Von den 3 Isomeren des Trikresylphosphat ist in erster Linie die ortho-Verbindung für die Giftwirkung des handelsüblichen Stoffes verantwortlich[2], in dem sie zu etwa 30% enthalten ist. Dieser stellt eine ölige, farblose und geruchlose Flüssigkeit dar, unlöslich in Wasser, mit den meisten organischen Lösungsmitteln mischbar. Nur in reinem Zustand besitzt das Trikresylphosphat eine bläuliche Fluorescenz.

Physikalische Konstanten: D_4^{20}:1,179, Brechungsexponent bei 20°: 1,561—1,563. Kp 430—440°, F etwa 11° und Flammpunkt etwa 240°.

Isolierung. 1. Aus Gummistopfen, Schläuchen, Schweißbändern u. a. Gegenständen nach Zerschneiden in kleine Stückchen (2—3 mm ∅ oder Länge) durch Kochen mit Alkohol am Rückflußkühler und weitere Behandlung des Filtrats.

2. Im Harn findet sich das Trikresylphosphat in öligen Kügelchen im Sediment. Möglichst 500 cm³ des gutgemischten Tagesdurchschnittharns werden mit Äther ausgeschüttelt; aus der abgetrennten Ätherschicht wird der Äther abdestilliert und der Rückstand mit wenig Alkohol aufgenommen.

3. Technische Öle und „Speise“-Öle werden nach bestimmten Verfahren behandelt[3,4] und ähnlich wie bei 1. und 2. weiterbehandelt.

Nachweis. Mangels direkter charakteristischer Nachweise dient *als Vorprobe der Kresolnachweis*[3]. Man verfährt wie folgt: Etwa 0,2 g Substanz werden im Reagensglas mit wenig Alkohol (1 cm³) oder Benzol, Toluol, Methanol und 0,2—0,3 g festem KOH (Plätzchen) über kleiner Flamme erhitzt, bis die Hauptmenge Alkohol usw. verflüchtigt ist. Verkohlung darf nicht eintreten. Der gelblichweiße Rückstand wird in etwa 10 cm³ Wasser gelöst und zum Sieden erwärmt. Mit je $^1/_3$ der erkalteten Lösung werden folgende Reaktionen durchgeführt:

1. Mit verdünnter *Schwefelsäure* ansäuern und kurz aufkochen. Es tritt typischer Kresolgeruch auf.

2. Ebenso angesäuert wird kurz aufgekocht und nach Erkalten filtriert (Fettsäuren). Das Filtrat wird in salpetersaurer Lösung mit Ammonmolybdat auf *Phosphorsäure* geprüft. (Nicht beweisend, da P_2O_5 aus Phosphatiden aus Öl oder Fett stammen kann.)

3. Mit einigen Tropfen einer salzsauren, mit Natriumacetat versetzten Lösung von *diazotiertem p-Nitranilin* entsteht bei Gegenwart von Trikresylphosphat sofort eine tiefrote Färbung. Die alkalische Reaktion des Gemisches muß erhalten geblieben sein.

Herstellung des p-Nitranilin-Diazo-Reagens: I. 0,1 g p-Nitranilin gelöst in 0,5 cm³ Salzsäure (25%ig) und 95 cm³ Wasser. II. Wäßrige Natriumnitritlösung (5%ig). Zum Gebrauch gleiche Mengen I und II vermischen. Nach eingetretener Entfärbung verwendungsfähig. Die Natriumnitritlösung ist stets frisch zu bereiten.

Je 1 cm³ der aus festen Gegenständen (Isolierung 1) und aus Harn (Isolierung 2) erhaltenen alkoholischen Lösungen wird mit festem KOH (3 Plätzchen) im Reagensglas erhitzt und nach Verdünnen mit Wasser wie oben mit einigen Tropfen Diazoreagens versetzt. Rotfärbung bei positivem Ergebnis.

Zur Untersuchung von Ölen (Isolierung 3) werden einige Tropfen mit etwa $^1/_2$ cm³ Alkohol und etwa 0,2 g festem KOH bis zur Lösung und Verseifung erhitzt und mit 5 cm³ Wasser verdünnt. Auf Zusatz von 1—2 cm³ Diazoreagens entstehende Rotfärbung zeigt

[1] SCHOLTZ, M.: Arch. Pharmazie **213**, 353 (1905).
[2] GROSS, E., u. A. GROSSE: A.e.P.P. **168**, 473 (1932).
[3] MITCHELL, C. A.: Analyst **63**, 813 (1938).
[4] TSCHIRCH, E.: Chem.-Ztg. **7**, 125 (1944). Pharmaz. Zentr.-Halle **88**, 389 (1949).

Trikresylphosphat an. Noch 0,01 % werden im Öl mit Sicherheit festgestellt, 1 % Trikresylphosphat im Öl gibt leuchtend rote Farbe. Blindversuch mit garantiert reinem Öl erforderlich!

Nur negative Ergebnisse sind auch hierbei beweisend, da die positive Diazoreaktion auch von Phenol, Guajacol, Thymol usw. gegeben wird und ebenso auch natürlich von den weniger giftigen Tri-m-kresylphosphat und Tri-p-kresylphosphat, die aber sämtlich in Speiseölen nicht enthalten sein dürfen.

Quantitative Bestimmung. 1. Kresole. Das ältere Verfahren zur Spaltung von Trikresylphosphat durch 36stündiges Verseifen mit alkoholischer Kalilauge mit nachfolgender Phenolbestimmung nach SCHWALBE[1], BUCHERER[2], CHAPIN[3] wurde von TSCHIRCH[4] durch Verseifung mit äthylenglykolischer Kalilauge am Rückflußkühler (2 Std) und anschließende Destillation aus schwefelsaurer Lösung in Natronlauge abgekürzt. TSCHIRCH isoliert die Kresole aus dem angesäuerten Destillat mit Äther, entzieht sie diesem wieder mit schwacher NaOH, um sie nach nochmaligem Ansäuern durch Bromierung zu bestimmen unter Zugrundelegung eines Gemisches gleicher Mengen der 3 Isomeren.

2. Phosphorsäure. Der schwefelsaure Destillationsrückstand dient nach Ausätherung zur Phosphorsäurebestimmung (theoretischer Gehalt an P_2O_5 19,29 %).

Ein älteres Verfahren zur quantitativen P_2O_5-Bestimmung durch Erhitzen von 5 g Öl mit Salzsäure (20 %ig) im Einschlußrohr auf 245° (14—24 Std) und nachfolgende Ausätherung als Magnesiumpyrophosphat ersetzte TSCHIRCH[4] durch ein Zerstörungsverfahren im KJELDAHL-Kolben mit Schwefelsäure, Salpetersäure unter Zugabe von Kupfersulfat, sowie Fällung und Wägung der Phosphorsäure nach dem Citratverfahren als Magnesiumammoniumphosphat.

D. Verzeichnis gebräuchlicher Reagentien.

Arsen-Schwefelsäure. 1,0 g arsensaures Kalium in 100 g konz. Schwefelsäure gelöst.

Brom-Bromkaliumlösung. Eine Lösung, die in 20 cm³ Wasser 1 g Brom und 2 g Kaliumbromid enthält. Beim Aufbewahren entweicht leicht Brom aus dem Reagens, wodurch dessen Wirksamkeit vermindert wird oder ganz verloren geht.

Chlorkalklösung. Bei Bedarf ist 1 Teil Chlorkalk mit 9 Teilen Wasser anzureiben und die Mischung zu filtrieren.

Diazo-Reagens (EHRLICH). *Lösung I* ist eine Lösung von 0,5 g Sulfanilsäure und 5 g Salzsäure in 100 g Wasser. *Lösung II* ist eine 0,5 %ige Natriumnitritlösung. Zum Gebrauche werden 10 cm³ der Lösung I mit 2 Tropfen von Lösung II gemischt.

ERDMANNs Reagens. Salpetersäurehaltige Schwefelsäure. 20 cm³ reine konz. Schwefelsäure werden mit 10 Tropfen einer Mischung aus 10 Tropfen konz. Salpetersäure und 100 cm³ Wasser versetzt.

Formalin-Schwefelsäure. MARQUIS' Reagens. 2—3 Tropfen 35 %iger Formaldehyd solutum (Formalin 40 %ig) werden vor dem Gebrauche mit 3 cm³ reiner konz. Schwefelsäure gemischt.

FRÖHDEs Reagens. Eine Auflösung von Molybdänsäure in Schwefelsäure. 5 mg Molybdänsäure oder Natriummolybdat werden in 1 cm³ reiner konz. Schwefelsäure unter gelindem Erwärmen gelöst. Diese Lösung, die farblos sein soll, ist nicht lange haltbar.

Fuchsin-Schwefligsäure nach G. DENIGÈS. Man vermischt eine Lösung von 1 g Fuchsin in 1 Liter Wasser mit 50 cm³ gesättigter Natriumhydrogensulfitlösung und säuert mit 1 cm³ reiner konz. Schwefelsäure an (s. a. SCHIFFsches Reagens).

Gerbstofflösung. Bei Bedarf werden 5—10 g Tannin in 100 cm³ Wasser gelöst.

Jod-Jodkaliumlösung (LUGOL). 12,7 g Jod mit 20 g Kaliumjodid werden in wenig Wasser gelöst, dann auf 1 Liter aufgefüllt (etwa 0,1 n Jodlösung).

[1] SCHWALBE, C.: B. **38**, 3071 (1905).
[2] BUCHERER, H. T.: Z. angew. Chem. **201**, 877 (1907).
[3] CHAPIN, R. M.: J. industr. Chem. **12**, 568 (1920) [C. **1920 IV**, 337].
[4] TSCHIRCH, E.: Pharmaz. Zentr.-Halle **88**, 340 (1949).

Kalium-Quecksilber(II)-jodid, Mayers Reagens. 1,35 g Quecksilber(II)-chlorid und 5,0 g Kaliumjodid werden in 10 cm³ Wasser gelöst; diese Lösung wird mit Wasser auf 100,0 cm³ aufgefüllt.

Kalium-Wismutjodid, Dragendorffs Reagens. Durch Auflösen von 80 g Wismut-subnitrat in 200 cm³ Salpetersäure von 1,18 spezifischem Gewicht (30 %ige HNO₃) und Eingießen dieser Lösung in eine konz. Lösung von 272 g Kaliumjodid in wenig Wasser. Nach dem Auskrystallisieren des Salpeters gießt man nach einigen Tagen von diesem ab und verdünnt mit Wasser auf 1 Liter. Das Reagens ist vor Licht geschützt aufzubewahren.

Mandelins Reagens, Vanadin-Schwefelsäure. 1 Teil fein zerriebenes vanadinsaures Ammoniumvanadat wird kalt in 200 Teilen reiner konz. Schwefelsäure gelöst.

Meckes Reagens. Selenigsäure-Schwefelsäure[1]. Eine Auflösung von 1 g seleniger Säure in 200 g reiner konz. Schwefelsäure.

Millonsches Reagens. Man löst 1 Teil metallisches Quecksilber unter Abkühlen in 1 Teil kalter rauchender Salpetersäure oder in 1 Teil Salpetersäure vom spezifischen Gewicht 1,4, zuletzt unter mäßiger Erwärmung, und verdünnt die auf die eine oder andere Weise erhaltene Lösung mit 2 Teilen destillierten Wassers. Nach dem Absetzen gieße man die klare Flüssigkeit von dem etwa abgeschiedenen krystallinischen Niederschlag ab.

Morphin-Schwefelsäure. Man löst 0,2 g salzsaures Morphin in 10 cm³ kalter, reiner konz. Schwefelsäure. Das Reagens ist nicht haltbar und muß daher stets frisch bereitet werden.

Nesslers Reagens. In eine Lösung von 10,0 g Kaliumjodid in 25,0 cm³ Wasser wird solange Quecksilber(II)-jodid in kleinen Anteilen eingetragen, bis nichts mehr in Lösung geht, dann werden 100 cm³ Wasser und 175 cm³ Kalilauge zugefügt. Nach dem Absitzen wird durch Asbest oder Glaswolle filtriert.

Nitroprussidnatrium. Bei Bedarf wird 1 Teil frisch gepulvertes Nitroprussidnatrium in 100 Teilen Wasser gelöst.

Phosphormolybdänsäure, Sonnenscheins Reagens. Eine mit Molybdänsäure gesättigte Lösung von Na₂CO₃ wird mit je 1 g Na₂HPO₄·12 H₂O auf je 5 g Molybdänsäure versetzt, zur Trockne eingedampft, der Rückstand im Porzellantiegel geschmolzen, die erkaltete Schmelze zu 10 % in Wasser gelöst und filtriert. Dem Filtrat wird HNO₃ bis zur gold-gelben Färbung zugesetzt.

Phosphorwolframsäure, Scheiblers Reagens. Man löst 10 g käufliches Natrium-wolframat und 7 g Dinatriumphosphat in 50 g Wasser auf und säuert die Lösung mit Salpetersäure an.

Pikrinsäurelösung. Eine gesättigte, wäßrige Auflösung von Pikrinsäure (etwa 1 %ig).

Pikrolonsäurelösung. Pikrolonsäure 0,1 g, Alkohol 8 g, Wasser 7 g.

Quecksilberchloridlösung. Eine Lösung von 1 Teil Quecksilber(II)-chlorid in 19 Teilen Wasser.

Schaers Alkaloidreagens, Perhydrol-Schwefelsäure. Man vermischt 1 Volumen reines, 30 %iges Perhydrol-Merck vorsichtig mit 10 Volumen konz. Schwefelsäure. Das Reagens muß jeweils frisch bereitet werden.

Schiffsches Reagens. 0,1 g Rosanilinhydrochlorid wird in 50 cm³ Wasser heiß gelöst, nach Abkühlen mit einer Lösung von 1 g wasserfreiem Natriumsulfit in 10 cm³ Wasser und 1 cm³ Salzsäure (1,126) versetzt und mit Wasser auf 100 cm³ aufgefüllt.

Styphninsäure-Lösung. Gesättigte wäßrige Lösung (etwa 1 %ig).

Tetrachlorogold(III)-säure. Goldchlorid-Chlorwasserstoffsäure. 1 Teil krystalli-siertes Goldchlorid wird in 19 Teilen Wasser gelöst und die Lösung mit wenig Salzsäure versetzt.

Tetrachloroplatin(IV)-säure. Platinchlorid-Chlorwasserstoffsäure. 1 g Platinchlorid wird in 50 cm³ Wasser gelöst und mit Salzsäure angesäuert.

Zwickers Kupfer-Pyridinreagens. 4 cm³ Kupfersulfatlösung (10 %ig), 1 cm³ Pyridin, 5 cm³ Wasser.

---

[1] Mecke, E.: Z. öffentl. Chem. **5**, 351 (1899).

E. Tabelle der Mikroschmelzpunkte und besonderen Kennzeichen.

Tabelle 6. Geordnet nach der Höhe der Schmelzpunkte, entnommen den „Mikromethoden" von L. KOFLER und A. KOFLER, Innsbruck 1948.

Substanz	Schmelzpunkt °C	Besondere Kennzeichen *
Ephedrin	30—37	Schmilzt langsam unter Hüpfen der Krystalle. Erstarrt meist nicht
Phenol	36—39	Geruch. Ab 25° Tröpfchen, Nadeln
Salol (= Salicylsäurephenyläther)	42,5	Ab 35° Tröpfchen
Scopolamin inakt. + H_2O	40—55	Kleine Teilchen schmelzen schon ab 40°
Chloralhydrat	50—63	Geruch. Ab 35° Körner, Blättchen
Cardiazol	59	Ab 45° Tröpfchen
Novatophan	59	
Codein + H_2O	55—65	
Cocainnitrat	50—70	Erweicht langsam
Thiosinamin	71	
Pellidol	71	Gelbrot. Schmelze braungelb
Trional	76	Ab 65° rechtwinklige Blättchen
Compral	76	
Hedonal	80	Ab 50° Nadeln, Stengel
Trigemin (= Pyramidonbutylchloralhydrat)	83	Ab 65° Nadeln
Guajacolcarbonat	89	
Anästhesin (= p-Aminobenzoesäureäthylester)	90,5	Ab 75° kleine rechteckige Blättchen, später Tröpfchen
Euchinin	92	Ab 65° Nadeln
Salipyrin (= Antipyrinsalicylat)	92	Ab 75° Tröpfchen
Scopolaminhydrobromid + H_2O	90—100	Vgl. Scopolaminhydrobromid bei 194—197°
Scopolaminhydrochlorid + H_2O	90—100	Vgl. Scopolaminhydrochlorid bei 190—205°
Cocain	98	Ab 70° Körner, Nadeln
Homatropin	100	
Novocainnitrat	102—103	
Hyoscyamin	104—107	Ab 100° winzige Nadeln
Physostigmin	106	
Pyramidon	108	Ab 80° Nadeln, Blättchen, Balken
Resorcin	110,5	Ab 90° Körner
Abasin (= Acetylbromdiäthylacetylcarbamid)	111	Aromatischer Geruch. Ab 85° Blättchen und Stäbchen
Antipyrin	111,5	Ab 85° Nadeln, Stengel, Blättchen
Acetanilid (= Antifebrin)	115	Ab 60° Körner, später reichlich Nadeln und Prismen
Atropin	115—116	
Lactophenin	118	Ab 110° Tröpfchen, Nadeln, Blättchen, Stengel
Adalin	120	Ab 70° Nadeln, Stengel, Balken
Dicodidbitartrat	115—125	Die Krystalle erweichen unter Bildung von Gasblasen
Lobelin	115—125	
Jodoform	123	Geruch. Gelb. Ab 70° sechseckige Blättchen
Uliron C (= Sulfanilamidbenzolsulfonamid)	112—134	Schmilzt langsam, zuerst kleine Krystalle
Chloralformamid	124	
Soneryl (= Neonal = Butyl-äthylbarbitursäure)	126	Ab 60° Nadeln, später Tröpfchen
Sulfonal	126,5	Ab 80° Körner, rechteckige und quadratische Blättchen
Äthyl-1-methylbutyl-barbitursäure (= Pentobarbital = Nembutal)	129	Ab 70° spärliche Sublimation

* Für weitere Kennzeichen sowie eutektische Temperaturen und Brechung des Glases wird auf die Originalarbeit verwiesen.

Tabelle 6. (Fortsetzung.)

Substanz	Schmelzpunkt °C	Besondere Kennzeichen
Idobutal (= Allyl-N-butylbarbitursäure)	129	Ab 100° Nadeln, Stengel und Tröpfchen
Allylpropylbarbitursäure	127—131	Ab 115° Nadeln, Blättchen, Tröpfchen
Pernocton (= sek. Butyl-β-bromallylbarbitursäure)	130—132	Ab 115° Tröpfchen
Hydrastin	130—133	
Pantocainnitrat	132	
Acetylsalicylsäure (= Aspirin)	130—136	Ab 100° Tröpfchen, später Nadeln und Stengel
Phenacetin	135	Ab 100° Balken, Nadeln, Blättchen
Sandoptal (= Isobutylallylbarbitursäure)	139	Ab 100° kurze, dicht gelagerte Nadeln
Cyclopentenylallylbarbitursäure	140	Ab 105° Nadeln, die sich zu verfilzten Büscheln zusammenlegen
Numal (= Allylisopropylbarbitursäure)	142	Ab 80° Körner, später Nadeln und Tröpfchen
Colchicin	140—146	60—90° leichtes Dunkelwerden der Krystalle
Äthylpropylbarbitursäure	146	Ab 95° Nadeln, Blättchen, Körnchen
Papaverin	146	Ab 130° Tröpfchen, bisweilen kleine Blättchen
Evipan (= N-Methylcyclohexenylmethylbarbitursäure)	146	Ab 110° kurze Nadeln
Chininhydrobromid	142—150	
Pantocain	147	
Proponal	148	Ab 110° Nadeln, Nadelbüschel, Balken
Veratrin	145—153	Niesenerregende Wirkung. Erweicht langsam zu einer zähen Schmelze, die glasig erstarrt
Hydrastinhydrochlorid	148—150	Erweicht langsam zu zähflüssiger Schmelze
Chininhydrochlorid	146—154	Zwischen 90° und 100° entweicht das Krystallwasser. Krystallnadeln werden etwas dunkler, bekommen kleine Risse und hüpfen bisweilen auf. Schmilzt unter langsamem Erweichen
Eupaverin + H$_2$O	144—157	
Neo-Uliron (= Sulfanilamidbenzolsulfonmethylamid)	151	Schmilzt teilweise bei 146°, wandelt sich teilweise in rechtwinklige und schiefwinklige Krystalle um
Hyoscyaminhydrochlorid	148—154	
α-Bromisovalerianylharnstoff (= Bromural)	152	Ab 110° Nadeln, Blättchen, Spieße und Büschel, ab 125° Tröpfchen
Dionin (= Äthylmorphinhydrochlorid)	149—156	Zwischen 110 und 120° entweicht das Krystallwasser ohne auffallende Erscheinungen. Kurz vor dem Schmelzen Tröpfchen. Zerfließt langsam zu einer zähflüssigen Schmelze
Narcein + 3 H$_2$O	145—165	Bei 70—90° Entweichen des Krystallwassers unter Schwärzung der größeren Krystalle. Schmelze gelb. Beim Erhitzen über den Schmelzpunkt bilden sich in der Schmelze Blättchen
Chininbisulfat	153—158	Entweichen des Krystallwassers ab 60° unter Gasblasenbildung und Dunkelfärbung. Manchmal bei 90° Schmelzen vereinzelter Hydratkrystalle. Die Substanz erweicht langsam zwischen 153—158°. Schmelze gelb
Novocainhydrochlorid	156	Ab 135° Tröpfchen
Codein	156	Ab 70° Körner, später Nadeln, Prismen, Tröpfchen
Amytal (= Isoamyläthylbarbitursäure)	156	Ab 100° Tröpfchen. Ab 145° träges Schmelzen. Gleichzeitig entstehen Nadeln, Spieße, Stengel, die dann ein Gleichgewicht bei 156° geben

Tabelle 6. (Fortsetzung.)

Substanz	Schmelzpunkt °C	Besondere Kennzeichen
Salicylsäure	157	Ab 65° Nadeln, Balken mit schiefen Enden, kurze Prismen. Stark flüchtig
Allylphenylbarbitursäure	159	Ab 140° Nadeln, Stengel
Coffeincitrat	155—164	Ab 120° Nadeln, Spieße und Körner. In der Schmelze können winzige Krystallreste verbleiben, die dann gewöhnlich zwischen 165 und 175° schmelzen
Dormin (= Äthylallylbarbitursäure).	160	Ab 110° Körner, Rauten, Tröpfchen
Alypinnitrat	163,5	Ab 140° Tröpfchen und Nadeln
p-Amino-phenylsulfonamid (= Prontalbin)	166	Ab 140° Blättchen, Körner
Berberin	160—173	Gelbbraun. Wird ab etwa 120° dunkler. Schmilzt zu einer zähflüssigen dunkelroten Masse
Alypinhydrochlorid	170	Geruch. Zwischen 80—90° Krystallwasserverlust unter Schwarzfärbung. Ab 125° Körner
Atropinhydrochlorid	170	Ab 120° Körner, später Tröpfchen
Heroin	170—172	Ab 150° Tröpfchen, viereckige Blättchen
Dormovit (= Furylisopropylbarbitursäure).	172	Ab 120° Nadeln, Stengel
Phanodorm	173	Ab 130° Nadeln, Stengel und Prismen
Santonin	174	Ab 120° Nadeln, Tröpfchen, Blättchen. Schmelzbeginn oft ab 150°
Narcotin	174	Ab 165° Tröpfchen
Dial (= Diallylbarbitursäure) . . .	174	Ab 130° grobe Körner, kurze Prismen und Rauten
Pervitin	174	Ab 125° Nadeln, Körner
Pilocarpinnitrat	170—178	Bei 155° Hüpfen und Bewegen der Krystalle. Ab 160° Tröpfchen. Schmelze gelb
Brucin	170—180	Erstarrt glasig. Bei 140° aufgelegt, sofortiges Schmelzen des Hydrats und Auskrystallisieren von wasserfreiem Brucin
Luminal (= Phenyläthylbarbitursäure)	174	Ab 135° Nadeln, Rauten, Tröpfchen
Isopropyl-n-propylbarbitursäure . .	175	Ab 120° Nadeln, Stengel
Chinin	176	Ab 125° Nadeln, später verfilzte Nadelbüschel
Arecolinhydrobromid	177	Ab 165° Tröpfchen, kleine Nadeln
Lobelinphosphat	170—185	Schmilzt unter Zersetzung und Braunfärbung. Erstarrt glasig
Chinindihydrobromid	170—185	Ab 80° Entweichen des Krystallwassers unter Dunkelfärbung und Hüpfen der Krystalle. In der Schmelze verbleiben geringe Krystallreste bis 220°. Die Schmelze ist bräunlich und erstarrt glasig
Prominal (= N-Methyläthylphenylbarbitursäure)	179	Ab 145° Tropfen, Stengel und Prismen
Physostigminsalicylat	179	Ab 150° Körner und Tröpfchen
Dicodidhydrochlorid	175—185	Ab 165° beginnendes Erweichen
Lobelinhydrochlorid	175—185	Schmilzt unter Zersetzung und Braunfärbung
g-Strophanthin	180—183	Schmilzt unter langsamem Erweichen
Noctal (= Isopropylbrompropenylbarbitursäure)	183,5	Ab 160° wenig Blättchen, Nadeln, Tröpfchen
Albucid	184	Ab 160° Körner, Tröpfchen
Cotarninhydrochlorid	183—188	Gelb. Zwischen 70—90° entweicht Krystallwasser unter Schwarzfäbung. Schmelze rotbraun, starke Gasentwicklung
Berberinhydrochlorid	182—188	Gelb. Ab etwa 150° werden die Krystalle dunkel. Schmilzt träge unter Zersetzung und Gasblasenbildung. Schmelze rotbraun
Thebainhydrochlorid	180—193	Ab 65° Entweichen des Krystallwassers unter Hüpfen und Dunkelfärbung der Krystalle

Tabelle 6. (Fortsetzung.)

Substanz	Schmelzpunkt °C	Besondere Kennzeichen
Hyoscyaminsulfat	180—195	Beginnt bei etwa 110° zu erweichen. Bleibt dann bis etwa 184° unverändert
Paracodinbitartrat	189—190	Ab 185° Tröpfchen
Cocainhydrochlorid	189—191	Ab 170° Nadeln, Körner, Prismen, Blättchen, ab 175—180° Braunfärbung. Einige Grade vor dem Schmelzen lebhafte Gasentwicklung
Veronal (= Diäthylbarbitursäure) .	190	Ab etwa 100° Körner, häufig Umwandlung zu beobachten
Narceinhydrochlorid	180—200	Ab 155° teilweises Schmelzen von Hydratkrystallen, zum Teil wieder Auskrystallisieren der wasserfreien Form. Schmilzt unter Gelbfärbung
Atropinsulfat	190—193	Aromatischer Geruch beim Schmelzen. Ab 110° Nadeln, später verfilzte Stengel und Balken
2-Sulfanilamidpyridin (= Eubasin) .	192	Ab 180° Tropfen, seltener kleine Krystalle
Narcotinhydrochlorid	190—194	Ab 180° Nadeln und Tröpfchen
Thebain	193	Ab 150° quadratische und rechteckige Blättchen, Körner
Uliron (= Sulfanilamidbenzolsulfondimethylamid)	195	
Scopolaminhydrobromid	194—197	Ab 90° Schmelzen des Hydrates und teilweise Auskrystallisieren der wasserfreien Form. Ab 180° Tröpfchen. Schmelze gelbbraun, erstarrt glasig
Scopolaminhydrochlorid.	190—205	Ab 90° Schmelzen des Hydrates und langsames Auskrystallisieren der wasserfreien Form. Ab 150° Nadeln und Stengel und später reichlich Tröpfchen
Brucinhydrochlorid	190—205	Winzige Krystalle bleiben bis 250° in der Schmelze erhalten. Schmelze zäh und bräunlich. Erstarrt glasig
Larocain	197—199	Ab 160° dreieckige Blättchen mit leicht auswärts gekrümmten Kanten
Nirvanol (= Phenyläthylhydantoin)	199	Ab 160° wenig Spindeln, Spieße, später Tröpfchen
Pilocarpinhydrochlorid	200	Ab 140° Körner, Blättchen, Nadeln, Tröpfchen, aus denen größere Krystallaggregate entstehen
Pikrotoxin	200—201	Ab 170° Tröpfchen. Schmelze braun
Sulfathiazol (= Sulfanilamidthiazol, Eleudron, Cibazol)	201 (174)	Ab etwa 160° Pseudomorphose. Nicht umgewandelte Krystalle F 174°
Ipral (= Äthyl-isopropylbarbitursäure).	204	Ab 140° Nadeln und Spieße
Propylbarbitursäure	205	Ab 140° Nadeln, Blättchen
Butylbarbitursäure	200—208	Ab 130° Tröpfchen, Blättchen, Spieße
Adrenalin	203—208	Ab 180° Braunfärbung. Zersetzung
Emetinhydrochlorid	205—215	Erweicht langsam zu einer zähen gelben Schmelze
Atophan (= 2-Phenylchinolin-4-carbonsäure)	213	Ab 165° Nadeln und Balken einzeln und in Büscheln, später Tröpfchen
Psicain-Neu	210—220	Ab 130° Nadeln und Stengel. Schmelze gelb
Homatropinhydrobromid	215—217	Ab 200° Tröpfchen. Schmilzt unter leichter Braunfärbung
Eldoral (= Piperidin-äthylbarbitursäure).	217	Ab 140° Stengel, Prismen, Körner und Tröpfchen
Hydrastininhydrochlorid	200—235	Schmilzt unter Braunfärbung
Papaverinhydrochlorid	215—220	Ab 160° kurze Prismen und Tröpfchen. Braunfärbung und Gasentwicklung teilweise schon vor dem vollständigen Schmelzen

Tabelle 6. (Fortsetzung.)

Substanz	Schmelzpunkt °C	Besondere Kennzeichen
Cantharidin	218	Ab 100° Grieß, Blättchen, daraus Prismen und Balken, später Zusammentreten der Subl.
Chininsulfat	218—219	Verliert zwischen 70—105° das Krystallwasser unter Hüpfen und Schwärzung. Schmelzpunkt stark abhängig vom Erhitzungstempo. Schmelze leicht braun gefärbt, rasch in Rot übergehend
Yohimbin	215—225	Schmilzt unter Zersetzung. Schmelze orange
Eupaverin	210—230	Ab 150° Schmelzen des Hydrates; bei ungefähr 170° Wiederauskrystallisieren von wasserfreien Krystallen, die ab 205° unter Zersetzung und Braunfärbung schmelzen
Ergotinin	225—227	Schmelze dunkelbraun
Rutonal (= Methylphenylbarbitursäure).	226	Ab 150° Nadeln, Stengel, Blättchen. Kurz vor dem Schmelzen Tröpfchen
Novalgin	226	Ab 100° entweicht Wasser unter Hüpfen und Schwarzwerden. Schmilzt unter Gasblasenbildung und Braunfärbung
Prontosil	223—230	Rot. Ab 215° nimmt die Durchsichtigkeit zu, schmilzt unscharf
Codeinphosphat	220—235	Schmilzt unter Gelbfärbung und Gasblasenbildung
Homatropinhydrochlorid	225—230	Ab 170° Nadeln, Blättchen, Sphärolithe, Tröpfchen
Brucinnintrat	220—244	Ab 185° reichliche Tröpfchen, ab 208° Auftreten kleiner nadelförmiger Auswüchse an den Substanzpartikelchen. Schmelze dunkelrotbraun, Gasblasenbildung
Coffein	236	Ab 95° Nadeln, später Spieße und Balken, straßenpflasterartiges Aussehen
Sulfamethylthiazol (= 2-Sulfanilamid-4-methylthiazol)	244	Ab etwa 60° Umwandlung. Ab 230° sublimieren kleine kurze Nadeln, Stengel, Blätter und Tropfen
Apomorphinhydrochlorid	220—270	Silbergrau glänzende Nädelchen. Verkohlung zwischen 220 und 270°, wobei die Substanz ohne vorausgehende Braunfärbung zuerst grau und schließlich tief schwarz wird
Eukodal	235—260	Ab 70° Entweichen des Krystallwassers unter Hüpfen und Dunkelfärbung. Ab 150° wachsen aus den Krystallen Nadeln, später fliederartige Blättchen. Ab 180° vereinzelte Tröpfchen, Schmelze zäh und bräunlich
Morphin	245—255	Zwischen 115—140° entweicht Wasser unter Hüpfen und Schwarzfärbung der Krystalle. Ab 175° Körner. Schmilzt unter Zersetzung. Schmelze braun
Paracodinhydrochlorid	250—255	Ab 180° Körner und Prismen. Ab 230° Tröpfchen, die dann so groß werden, daß der Schmelzpunkt schwer zu bestimmen ist. Schmelze braun
Marfanil	250—255	Ab 165° Körner, Nadeln, später verfilzend. Schmilzt träg unter Zersetzung und Gelbfärbung
Barbitursäure	252—254	Ab 180° Körner. In der Schmelze bleiben braune Rückstände und winzige Krystalle erhalten. Zersetzung
Emodin	262	Orange. Ab 160° Nadeln, Stäbchen, Stengel

Tabelle 6. (Fortsetzung.)

Substanz	Schmelzpunkt °C	Besondere Kennzeichen
Codeinhydrochlorid	260—270	Teilweises Schmelzen bei 165—170°. Ab 230° Braunfärbung
Mekonsäure	260—280	Zwischen 90—110° entweicht Krystallwasser. Ab 260° Zersetzung und Braunfärbung. Ab 270° rasches Verdampfen unter Zurücklassung verkohlter Teilchen. Bei raschem Erhitzen schmilzt Mekonsäure unter stürmischem Aufbrausen und totaler Verkohlung bei etwa 280—290°
Yohimbinhydrochlorid	265—280	Ab 250° Tröpfchen. Gleichzeitig Braunfärbung. Schmelze zäh, braun und Gasblasen
Theophyllin	274	Zwischen 70—80° entweicht Krystallwasser unter Schwarzfärbung. Ab 140° feine Nadeln, Blättchen, daraus große unregelmäßig gezackte Blättchen, aus denen später dicht gelagerte Prismen und Stengel entstehen
β-Eucain (= Eucainhydrochlorid). .	275—279	Ab 170° Nadeln. Starke Sublimation. Schmilzt unter Zersetzung. Schmelze braun
Berberinsulfat	275—280	Gelb. Ab 200° Bräunung. Schmelze dunkelschmutziggrün
Strychnin	280—285	Ab 220° Prismen und Körner
Strychninhydrochlorid	275—295	Ab 70° entweicht das Krystallwasser unter Dunkelfärbung einzelner Krystalle. Ab 175° vereinzelte Körner und Blättchen. Ab 220° starke Sublimation. Schmilzt unter Zersetzung und Dunkelfärbung
Tropacocainhydrochlorid	285—288	Ab 160° Prismen, allmählich reichliche Sublimate. Schmilzt unter Gasentwicklung und leichter Braunfärbung
Morphinhydrochlorid	285—300	Schmelzpunkt nur bei raschem Erhitzen, sonst Verkohlung. Ab 210° kurze Prismen. Dimorph. Bei 150° aufgelegt, teilweises Schmelzen des Hydrates und Auskrystallisieren der wasserfreien Form
Strychninnitrat	280—310	Ab 230° Tröpfchen, meist viereckige Blättchen. Ab 250° Braunfärbung. Ab 280° beginnen die Krystalle an ihrer Oberfläche allmählich zu zerfließen. Reste bleiben bis 320° erhalten und verkohlen oberhalb dieser Temperatur
Dilaudidhydrochlorid	300—330	Braunfärbung und langsame Verkohlung
Theobromin	320—340	Zuweilen Hüpfen der Krystalle bei 100°. Körner und Platten. Bei 220° starke Sublimation. Schmelzen unter starker Braunfärbung und Verkohlung

Namenverzeichnis.

Aabye, R. 176.
Abbott, W. E. s. Meyer, F. L. 22.
Abderhalden 207, 210.
— E. 15, 31, 294, 295, 296, 297, 334.
— u. R. Abderhalden 295.
— u. S. Buadze 294, 295, 334.
— u. G. Caesar 538.
— u. W. Herre 296.
— u. G. Kausche 297.
— u. R. W. Martin 295.
— u. H. Mingazzini 296.
— u. P. Möller 12.
— R. 296, 297, 500, 558, 654.
— ú. K. H. Elsässer 334, 335.
— u. A. Kairies 297.
— s. Abderhalden, E. 295.
— s. Hildebrandt, A 501, 558.
Abdon, N. O., u. K. Ljungdahl-Ostberg 42.
Abe, Y. 392.
— u. S. H. Kawaguchi 392.
Abelin, I. 37, 96, 314, 318, 321, 653.
— u. H. Pfister 23.
— s. Raaflaub, J. 40, 193.
Abels, J. C. 90.
Abolins, L. 656.
Abrahams, M. D. s. Hargreaves, C. A. 111.
Abrams, A., u. P. P. Cohen 509, 659.
Abul-Fadl, M. A. M. s. King, E. J. 174.
— u. E. J. King 427.
Achard, Ch., J. Lévy u. M. Pacu 344.
Acker, L. 669.
Ackermann, D. 46, 480.
— u. H. G. Fuchs 517.
— u. M. Mohr 459.
— u. W. Wasmuth 659.
— E. 679.
Adams, W. S., A. Leslie u. M. H. Levin 604.
Addarii, F. 301.
Addis, T. s. Poo, L. J. 476.
Adler, A. 236.
— E. s. Euler, H. v. 718.
Adlerkreutz, A. 436.
Adolph, H. A. s. Chou, T. 470, 545, 547, 652.

Agid, R. 549.
— s. Cahn, Th. 462.
Agner, K., u. K. E. Belfrage 91, 96.
Ågren, G. s. Verdier, C. H. de 461.
Aguiar, O. s. Goiffon, R. 408.
Ahlström, L. s. Euler, H. v. 713.
Ahrens, E. H., u. L. C. Craig 395.
— R. s. Goldinger, J. M. 637.
Akawie, S. s. Dunn, K. R. 217.
— s. Dunn, M. S. 217.
Akawoka, S. 501, 555.
— A. L. Grafflin u. R. M. Smith 483.
Alagna, G. 569.
Alajouanine, Th., R. Thurel u. L. Durupt 301.
Albanese, A. A., u. J. E. Frankston 218.
— B. Saur u. V. Irby 20.
Albaum, H. G. s. Goldfeder, A. 695.
— s. Stern, K. G. 660.
Albers, D. 293, 505.
— u. D. J. Athanasiu 483.
— H. 11.
Alberty, R. A. s. Deutsch, H. F. 32.
Albitsky, B. L. s. Arenschein, E. B. 526.
Albrink, M. J. 132.
Alburn, H. E., u. E. E. Williams 569, 589.
Alcober, T. 325.
Alder, A. 4.
— s. Schaub, F. 321, 344.
Aldred, P. A. s. Koschara, W. 239.
Alex, M. s. Lansing, A. J. 614, 618.
Alexander, B., G. Landwehr u. A. M. Seligman 220.
— G. V., R. E. Nusbaum u. N. S. McDonald 629.
— L. s. Pijoan, M. 334.
— W. s. Holmes, H. N. 636.
Alexiami-Buttu, G. s. Marinesco, A. 335.
Alfin-Slater, R. s. Petermann, M. L. 712.

Alha, A. L. 17, 20, 22.
Ali, V. 313, 333.
Allaire, H. s. Javillier, M. 713.
Allard, C., G. de Lamirande u. A. Cantero 713.
— R. Mathieu, G. de Lamirande u. A. Cantero 713.
Allen, A. H., u. G. E. Scott-Smith 789.
— D. s. Bloor, W. R. 134.
— J. H. s. Swan, K. C. 666.
— R. J. L. 575.
— W. M., u. E. Viergiver 288.
— s. Woolf, B. 283.
Allington, M. J. s. Biggs R., 149.
Alliot, M. s. Deysson, G. 220.
Allison, H. W. s. Wikoff H. L. 14.
— M. s. Meyer, F. L. 22.
— M. J. C. s. Miller, B. F. 38, 192.
Allsopp, C. B. 47, 384.
Almquist, H. J. 423.
— u. E. L. R. Stokstad 163.
Alper, C. s. Chow, B. F. 19.
Alpers, K. 745.
Altenburger, H., u. F. Stern 332.
Alving, A. S., J. Flox, J. Pitesky u. B. F. Miller 77.
— J. Rubin u. B. F. Miller 77.
— s. Miller, B. F. 77.
Alwall, N. 557.
Alzona, F. 379.
Amatuzio, D. S., u. S. Nesbitt 331.
Ammon, R. s. Hartmann, H. 13.
— s. Hinsberg, K. 104.
Andersag, H. 794.
Andersch, M. A., u. A. J. Szczypinski 178.
Andersen, E. s. Thannhauser, S. J. 159.
Anderson, A. B. s. Tompsett, S. L. 12, 470.
— D. J. 358, 648.
— P. s. Freeman, M. E. 584.
Andervont, H. B. s. Greenstein, J. P. 721, 722.
Andes, E. J. s. Andes J. E. 40, 198.

Andes, J.E., E.J. van Liere, E.J. Andes u. P. Vaughn 40, 198.
— u. V. C. Myers 198.
Andréesco, A. s. Baltacéano, G. 501, 558, 654.
Andrewes, C. H. 47.
— s. Elford, W. J. 736.
Andrews, J. C. 609.
— M. M. s. Scheid, H. E. 501.
Andry, R., u. J. Storck 149.
Anduren, H. s. Josephson, B. 25, 29.
Anigstein, L. 722.
Annau, E., u. B. Gözsy 702.
Anrep, G. V., G. S. Barsoum, M. Talaat u. E. Wieninger 59.
Ansbacher, S. s. Cherbuliez, E. 471.
Anson, M. L. 144, 382.
— u. A. Mirsky 382.
Antener, I. s. Woker, G. 119.
Anton, H. U. s. Zimmermann, W. 261.
Antonin, S. s. Desnuelle, P. 19.
Antweiler, H. J. 21.
— u. H. Engelhard 21.
Aoki, C. 486, 661.
Apprich, K., u. F. F. Urban 345, 348, 349.
Arce, J. 354.
Archangelsky, C. 748.
Archibald, R. M. 35, 188, 456, 503, 736.
— u. S. A. Portis 171.
— s. Nicholson, T. 241.
— s. Phillips, R. A. 19.
— s. Slyke, D. D. van 1, 18, 19, 149.
Ardide s. Grutterink 808.
Arenschein, E. B., u. B. L. Albitsky 526.
Arhimo, A. A. 113.
— E. s. Suomalainen, H. 113.
Ariel, I. s. Levine, C. J. 540, 656, 660.
Arimichi, K. s. Kasahara, M. 306.
Ariyama, N. 92.
Arkina, R. Ch. s. Friedmann, A. P. 329, 331, 335, 338.
Armistead, E. B. s. Weissman, N. 44.
Armstrong, A. R. s. King, E. J. 174.
— jr., S. H. s. Cohn, E. J. 20, 26.
— W. D. 646.
— u. P. I. Brekhus 645, 646.
— — u. J. W. Cavett 648.
Arnold, W. 776.
— u. S. Oech 729.
— s. Thomas, E. 356.
Aron, H. 470, 471.
— u. R. Gralka 607, 623, 624.

Aron, H., u. K. Klinke 624, 641.
Aronowitsch, G. D. 332.
Artom, C. 132, 134, 488.
— s. Swanson, M. A. 486, 489.
Aschoff, L. 430.
Ashkenaz, E. A. s. Spiegel-Adolf, M. 303.
Ashley, C. s. Cuyler, W. K. 284.
Ashley-Montagu, M. F. 195, 586.
Ashworth, J. N. s. Cohn, E. J. 18.
Askevold, R. s. Grieg, A. 227.
Astbury, W. T. s. Passey, R. D. 737.
Astrup, T. 297.
— u. A. Fischer 698.
— — u. V. Oehlenschläger 698.
— — u. M. Volkert 698.
— s. Fischer, A. 698.
— s. Haurowitz, F. 19.
Astuni, A. 176.
Astwood, E. B., u. G. E. S. Jones 285.
Athanasiu, D. J. s. Albers, D. 483.
Athanassiu, G. 589.
Atkin, L. s. Schultz, A. S. 654.
Atkinson, A. J. s. Berman, A. L. 384.
— H. F., u. E. Matthews 649.
Aub, J. C. s. Minot, A. S. 470, 502, 515, 520, 525, 628.
Auerbach, S. H. s. Child, G. P. 442.
Auerswald, W., u. H. Bornschein 22, 25.
Augustin, E. 588.
— H. s. Schmidt-Thomé, J. 118, 119.
Austoni, M. E., A. Rabinowitch u. D. M. Greenberg 471, 474, 502, 507, 515, 520, 526, 545, 547, 627, 633.
Autenrieth, W. 214, 746, 747, 753, 761, 767.
— u. Fr. Beuttel 762.
Avrin, I. s. Erickson. B. N. 41.
Awapara, J. 460, 477, 511.
— A. J. Landua u. R. Fuerst 460, 511, 550, 693.
— — — u. B. Seale 535.
— s. Fuerst, R. 49.
— s. Wingo, W. J. 539.
Awe, W. 808.
Axelrod, A. E., u. C. A. Elvehjem 539.
— T. I. Spies u. C. A. Elvehjem 558.
— A. R. s. Berman, L. 636.
— s. Hoffmann, K. 501.
— H. E. s. Tidwell, H. C. 66.
— J. s. Brody, B. B. 618.
Ayer, J. B. s. Denis, W. 316.
Azerad, E. s. Seeman 258, 259.

Baarle, Fr. van s. Bogaert, A. van 332.
Babicka, J. 607.
Babo, L. v. s. Fresenius, R. 813.
Baccari, V. 636.
— u. M. Pontecorvo 506.
Bach, L. M. N. 550.
Bachman, C. 269, 272.
— u. D. S. Pettit 269, 272.
Backlin, E. 135.
Baffi, V. s. Murano, G. 341.
Bagdu, K. N., u. H. D. Ganguly 607.
Baglioni, A. 332.
Bahner, F., u. H. Wies 296.
Bailey, K. 697.
Baisinger, C. F. s. Foord, A. G. 159.
Baker, C. G., u. A. Meister 735.
— Z. u. B. F. Miller 38, 192.
— s. Elliott, K. A. C. 716. 718.
— s. Miller, B. F. 38, 192.
Bakker, A. 564, 572.
Balacs, E. A., u. J. v. Euler 731.
Balavoine, C., u. N. Vuatez 570.
Baldani, G. 470, 472.
Baldassi, G. 470, 471, 546, 547, 652.
Baldesi, A. s. Beccari, C. 162.
Baldwin, E. s. Moyle, V. 370, 410.
Bale, W. F. s. Mann, W. 657.
Bálint, M. s. Bálint, P. 21.
— P. 21.
— u. M. Bálint 21.
— u. G. Benkö 305, 343.
Ball, E. G., H. F. Tucker, A. K. Solomon u. B. Vennesland 389.
— s. Crane, R. K. 572.
— s. Ormsbee, R. A. 597, 598.
— G. H. 523.
— s. Tucker, H. F. 389.
— Z. B. s. Barnum, C. P. 737.
Ballif, L., J. Nitzulescu, I. Ornstein u. L. E. Ballif 334, 335.
— L. E. s. Ballif, L. 334, 335.
Baló, J., J. Banga u. G. Josepovitz 622.
— s. Banga, J. 617.
Baltacéano, G., C. Palla u. A. Andréesco 654.
— C. Vasiliu, G. Palla u. A. Andréesco 501, 558.
Baltes, J. s. Kaufmann, H. 670.
Baltzer, F. 167.
Balzer, E., u. K. Schuster 388.
Bamann, E., u. O. Schimke 333, 726.
— u. E. Ullmann 767.
Bamberger, H. v. 366.
Banda, H. s. Franke, H. 384.
Bandes, J., F. Hollander u. J. Glickstein 372.

Bandier, E. 465, 501, 558, 584, 654.
Bandow, F. s. Jenke, M. 130.
Banfi, L. S. s. Marenzi, A. D. 633.
— R. F. s. Marenzi, A. D. 633.
Bang, I. 242, 814.
— u. G. Bohmannsson 242.
Banga, J., J. Baló u. A. Nowotny 617.
— s. Baló, J. 622.
Barac, G. 3, 59, 385.
— u. L. Brull 407.
— u. J. M. Gernay 157, 158.
Barberio, J. R. s. Veen, H. H. Le 175.
Barbour, H. G., u. W. F. Hamilton 1, 19.
Barbu, E., I. Lessiau u. M. Macheboeuf 28.
Barclay, J. A., u. R. A. Kenney 38, 192.
Bardawill, C. J. s. Gornall, A. G. 25.
Barett, B. 101.
— M. K. s. Maver, M. E. 697.
Bargeton, D. s. Binet, L. 375.
Bargmann, M. s. Zamecnik, P. C. 48.
Barkan, G. 148.
— s. Hahn, A. 40, 193.
Barker, S. B. 91.
— M. J. Humphrey u. M. H. Soley 15.
Barklay, H., P. Haas, A. St. G. Huggett, K. King u. D. Rowley 75.
Barlett, B. D. s. Conant, J. B. 91.
Barnes, B. A. s. Cohn, E. J. 20.
— s. Lever, W. F. 20.
— H. D. s. Sveinsson, S. L. 228, 229, 231, 233.
— L. s. McCay, C. M. 561.
— R. H. s. Risley, E. A. 277.
Barnett, G. D., u. A. C. McKenny jr. 347.
Barnum, C. P., Z. B. Ball u. J. J. Bittner 737.
— s. Kretschmer, N. 479.
— s. Lerner, A. B. 19.
Barone, E. 333.
Baroni, B. 437.
— E. 563.
Barrenscheen, H. K., u. M. Dreguss 91, 92.
— u. A. Peham 83, 222, 460, 480, 504, 510, 536, 553, 660, 663, 708.
— u. O. Weltmann, 188, 236.
— s. Weltmann, O. 188.
Barret, J. 38, 192.
Barritt, M. M. 40.
Barron, E. S. G. s. Goldinger, J. M. 637.

Barron, E. S. G., Z. B. Miller u. G. R. Bartlett 519.
— s. Redfield, R. R. 513.
Barros de, H. E. V. s. Woiski, J. R. 309, 310, 329.
Barry, G. T. 699.
— Y. Sato u. L. C. Craig 134.
Barsoum, G. S. s. Anrep, G. V. 59.
— u. J. H. Gaddum 379.
Barth, E. 633.
Barthmeyer, H. s. Schmalfuss, H. 761.
Bartholomew, R. J. s. King, E. J. 148.
Bartlett, G. R. s. Barron, E. S. G. 519.
Basarova, E. V. s. Zeitline, S. M. 325.
Bashour, J. T. u. L. Bauman 124.
Bass, E. 12.
— L. W. s. Levene, P. A. 709.
Bassani, B. 11, 12.
Basse, W. s. Schmitt, F. 306.
Basset, A. M. s. Craig, F. N. 719.
Basten, H. s. Maurer, W. 374.
Bastian, R. s. Gettler, A. O. 470, 502, 662.
Batchelor, T. M. s. Boyle, A. J. 187.
Batelli, F. 583.
Bateman, J. B. 314.
Bates, R. W., u. H. Cohen 272, 274, 275.
— s. Cohen, H. 266, 268, 269, 272, 274.
Batiyok, F. s. Stary, Z. 66, 87, 89.
Baudimont, R. s. Deltombe, J. 215.
Baudisch, O. 64.
Baudouin, A., u. J. Lewin 527, 534, 536.
Bauer, H. 321, 348.
— K. H. 683, 767.
— W. s. Robertson, W. B. v. 643, 644.
— — u. H. Waine 642.
— s. Ropes, M. W. 571, 641, 642, 643.
Bauereis, R. s. Werle, E. 584.
Bauld, W. S. s. Heard, R. D. H. 266, 284.
Baumann, C. A. s. Sauberlich, H. E. 704.
— s. Steele, R. 704.
— E. 212, 213, 762.
— E. J. u. N. Metzger 253, 257, 259, 260, 651, 655.
— — u. D. B. Sprinson 259.
— J. 167, 293, 294.
— L. s. Bashour, J. T. 124.
— W. 259.
— s. Edlbacher, S. 695.

Baumgärtel, T. 157, 162, 235, 384, 385, 396, 413, 417.
Baur, H. 175, 176, 293.
Bavio, J. E. s. Deulofeu, V. 127.
Bavoux, M. s. Cordier, D. 565.
Baxter, J. G. s. Stern, M. H. 421.
Bayard, P. 208.
Bayerle, H., u. G. Borger 295.
Beach, E. F., B. Munks, A. Robinson u. I. G. Macy 476, 549.
Beale, H. P., R. S. Harris u. J. H. Roe 710.
Beall, D. 284.
— s. King, E. J. 66.
Bean, H. W. s. Mitchell, H. H. 452, 468, 470, 476, 539, 540, 546, 548, 662.
Beard, D. s. Neurath, H. 736, 737.
— s. Taylor, A. R. 736.
— J. W., W. R. Bryan u. R. G. Wyckoff 736, 737.
— A. R. Taylor, u. D. G. Sharp 736.
— s. Neurath, H. 736, 737.
— s. Sharp, D. G. 737.
— s. Taylor, A. R. 736.
Beattie, F. 36.
Beau, M. 677.
Beaulieu, M., H. Brasseur, M. J. Dallemagne u. J. Melon 623, 624.
— M. M., u. M. J. Dallemagne 630.
Beccari, C., u. A. Baldesi 162.
Beck, E. J. s. Clark, L. C. 175.
— G. 74, 306.
— G. M. s. Hubbard, R. S. 306.
— H. s. Straube, G. 12, 306.
— J. s. Klein, G. 709.
— s. Laemmer, M. 234.
Becker, H. 296.
— S. v. Hanstein u. K. E. Schäfer 505.
— u. E. Kestermann 361.
— s. Kimmelstiel, P. 134.
— L. s. Bird, R. M. 637.
— W., s. Maurer, W. 374.
Beckman, W. W. s. Hiller, A. 214.
Becks, H., u. W. W. Wainwright 357.
Beckurts, H. 762.
Beebe, S. P. 687.
Beerstecher jr., E. s. Williams, R. J. 501, 558, 654.
Begemann, H. s. Heilmeyer, L. 383.
Beher, W. T., u. O. H. Gaebler 259.
Behmel, G. 591.
Behre, J. A., u. S. R. Benedict 43.
— s. Benedict, S. R. 38.

Behrens, H. 339.
— u. P. Brüning 305, 339.
— O. K. s. Vigneaud, V. du 554.
Behring, H. v. s. Schönheimer, R. 413.
Beilly, J. S. 585.
Beiser, S. M. s. Kabat, E. A. 361.
Belfer, S. s. Bradley, H. C. 662.
Belfrage, K. E. s. Agner, K. 91, 96.
Bell, G. H., J. W. Chambers u. J. M. Dawson 623.
— R. D. s. Folin, O. 191.
Bellea, L. s. Vladesco, R. 358.
Belloma, A., u. M. Pescarmona 379.
Belluc, S., J. Chaussin, H. Laugier u. T. Ranson 184.
Belt, Th. H. s. King, E. J. 470, 502, 508, 514, 520, 526, 545, 548, 583, 584, 587, 589, 594, 614, 629, 638, 652, 653, 664, 665.
Bénard, H., u. M. Herbain 90.
— M. Polonovski, A. Gajdos, R. Bourrillon u. M. Tissier 157.
Bencze, B. 34.
Bender, M. B. 333.
— S. 288.
Bendich, A. s. Kabat, E. A. 361.
Bendien, W. M. s. Snapper, I. 157, 158.
Benedetti-Pichler, A. A. s. Gettler, A. O. 758.
Benedict, J. D. s. Heidt, L. J. 67, 73, 82, 242, 245.
— O. s. Brigl, P. 443.
— S. R. 23, 72, 187, 242.
— u. J. A. Behre 38.
— u. E. B. Newton 23.
— s. Behre, J. A. 43.
Benesch, R. s. Benesch, R. E. 44.
— R. E., u. R. Benesch 44.
Benetato, G., u. P. Ciurdariu 526, 542.
— R. Oprean u. N. Monteanu 459.
Benett, M. K. 697.
Benham, G. H., u. V. E. Petzing 80.
Benjamin, H. R., A. F. Hess u. J. Gross 9.
Benkö, A., u. I. Lichtneckert 163.
— G. s. Balint, P. 305, 343.
Bennejeant, C. 648.
Bennett, A., L. G. May u. R. Gregory 90, 208.
— E. L. s. Brown, D. H. 522.

Benni, B. 331.
Benotti, J. s. Thannhauser, S. J. 132, 489, 490, 504, 512, 517, 557.
Benoy, M. P. s. Elliott, K. A. C. 716, 718.
Bensley, E. H. 175.
— P. Wood u. D. Lang 175.
— — S. Mitchell, A. Drysdale u. D. Lang 175.
Benua, R. S. s. Morrow, A. G. 288.
Béraut, M. E., Z. Gruzewska u. M. G. Roussel 470.
Berblinger, W. 428.
Berenblum, I., u. E. Chain 177.
Berencsi, G., u. G. Siposs 621.
Berend, N., u. S. Hollán 382.
Berendt, H. W. 40, 192, 193.
Berg, C. P., u. W. G. Rohse 218.
— O. C., Ch. Huggins u. C. V. Hodges 580.
— R. 12, 89, 149, 207.
Bergeim, O. s. Solomon, J. D. 322, 460, 477, 551.
— s. Woodson, H. W. 217.
Berger, H. s. Cremer, H. D. 205.
— I. 315.
— W., u. L. Petschacher 25.
Berglund, H. s. Folin, O. 73.
Bergman, H. C. s. McKay, E. M. 468, 476, 483.
Bergmann, M. s. Fruton, J. S. 513.
— J. S. Fruton u. M. S. Pollack 726.
— s. Hofmann, K. 387.
— s. Smith, E. L. 522.
Bergmeyer, H. U. s. Dirscherl, W. 104, 202.
Bergner, K. G. 812.
Bergold, G., u. L. Pister 222, 243.
Bergstrand, H. s. Lundegardh, H. 468, 470, 472.
Berke, K. s. Madonik, M. J. 324.
Berliner, F. S. 648, 649.
Berman, A. L., E. Snapp, A. C. Ivy u. A. J. Atkinson 384.
— H. s. Gardner, L. I. 68, 330.
— L., u. A. R. Axelrod 636.
— R. A. s. Talbot, N. B. 259, 286.
Bernfeld, P. s. Meyer, K. H. 167, 169, 357, 360.
— s. Noelting, G. 360.
Bernhard, A., u. L. Rosenboom 174.
— F. 695, 726.
— K., u. H. Korrodi 636.
Bernhardt, H., u. H. Ucko 14, 470, 507, 545, 547, 651, 652, 655.

Bernhart, F. W., u. L. Skeggs 149.
Bernheim, F., u. M. L. C. Bernheim 506.
— M. L. C. s. Bernheim, F. 506.
Berridge, N. 382.
Berry, Th., u. E. Perkins 21.
Berryman, G. H. s. Denko, C. W. 423.
— s. Freed, M. 423.
Bersch, H.-W. 805.
— s. Bruchhausen, F. v. 770.
Bersin, Th. s. Feulgen, R. 559.
Bersot, H. s. Demole, V. 340.
Bertho, A., u. W. Grassmann 102.
Bertie, E. s. Watson, C. J. 236, 415.
Bertrand, D. 470, 471, 502, 546, 652.
— G. 242, 526, 527.
— u. Y. Brandt-Beauzemont 472.
— u. V. Ciurea 12, 470, 472, 502, 508, 515, 520, 526, 546, 547, 594, 653.
— u. M. Macheboeuf 470, 502, 508, 520, 526, 546, 548, 594, 614, 652, 653.
— u. F. Medigreceanu 470, 472.
— u. Voronca-Spirt 502, 515, 520.
Besman, L. s. Sobel, A. E. 48.
Bessey, O. A., O. H. Lowry u. M. J. Brock 174, 178.
Bessmann, S. P. s. Schwerin, P. 477, 481, 551.
Best, C. H., u. C. C. Lucas 42.
Betke, K., u. W. Savelsberg 148, 151.
Beuttel, Fr. s. Autenrieth, W. 762.
Beveridge, J. M. R. s. Lucas, C. C. 610.
Bezer, A. E. s. Kabat, E. A. 361.
Bezssonoff, N. s. Rohmer, P. 334.
Bianco, M. 565.
Bibler, W. G. s. Eichelberger, L. 503, 504.
Bickel, A. 96.
Bickerstaff, E. R. 310.
Bielschowsky, F. s. Diaz, C. J. 5.
Bien, E. J., u. W. Troll 60, 62.
Bier, A. s. Zondek, H. 307.
Bierich, R. 695.
— A. Detzel u. A. Lang 692, 693.
— u. A. Lang 692, 693.
— u. A. Rosenbohm 695.
Bierry, H., B. Gouzon u. C. Magnan 87.

Biget, P. 293.
— s. Courtois, J. 293.
Biggs, R., u. M. J. Allington 149.
Billeter, O., u. E. Marfurt 12.
Binet, L., u. D. Bargeton 375.
— F. Bourlière u. P. Tanret 517.
— u. G. Weller 44, 45.
Bingold, K. 162, 235, 238, 239.
— u. W. Stich 162, 235.
Binkley, S. B. s. Pfiffner, J. J. 501.
Biolato, D., u. E. Gastaldi 390, 397, 400.
Bird, E. J. s. Boyle, A. J. 187.
— s. Smith, R. G. 6.
— L. H. s. Stern, R. 455.
— M. J., E. L. French, M. R. Woodside, M. I. Morrison u. H. C. Hodge 646.
— R. M., J. D. Evans u. L. Becker 637.
Birkhäuser, H. 333, 538.
Birkofer, L. s. Kuhn, R. 510.
Bischoff, C. s. Kapfhammer, J. 41.
— F., u. H. R. Pilhorn 255, 256, 267, 268.
— G., R. Sasaki, R. Rinjiro, F. Eistichi u. E. Hiratsuka 670.
Bisset, N. G., B. W. L. Brooksbank u. G. A. D. Haslewood 288.
Bitman, J., u. S. L. Cohen 259.
Bitter, H. L. s. Kraybill, H. F. 618.
Bittner, J. J. s. Barnum, C. P. 737.
Black, M. G. 310, 329.
Blackberg, S. N., u. J. O. Wanger 240.
Blaizot, J. 38, 192.
Blakemore, A. H. s. Voorhees, A. B. 167.
Blanchard, J. s. Chabrol, É. 400.
— L. 655.
— M., D. E. Green, V. Nocito u. S. Ratner 505.
Blankenhorn, M. 162.
Blanquet, P., u. F. Tayeau 4.
Blatt, M. L., M. Kern u. C. M. Cortuem 361.
Blatzer, F., u. Brinck, J. 167.
Blau, M. s. Sobel, A. E. 118.
Blegen, E. 302.
Bleicher, J. E. s. Hellwig, C. A. 310.
Bleyer, B. 667, 671, 673, 677.
— W. Diemair u. M. Ott 670.
— u. J. Schwaibold 670, 671, 677.
— s. Diemair, W. 682.

Blick, D. 41.
Blish, M. E. s. Kerr, St. E. 64, 222, 708.
Bliss, W. B. s. Hoerr, S. O. 409.
Blix, G. 442, 600, 664.
— u. O. Snellman 569, 589, 640, 642.
— A. Tiselius u. H. Svensson 17.
Bloch, A. 118.
— E., u. H. Rosenfeld 314.
— u. H. Sobotka 129, 250.
— s. Sobotka, H. 250.
— K. 284.
— W. 598.
Block, R. J. 457, 533, 534, 610, 697.
— u. P. W. Salit 567.
— u. D. Bolling 567, 612.
— S. s. Mirsky, I. A. 294.
— W., u. H. B. Lewis 610.
— W. D. s. Buchanan, O. H. 61.
— u. N. C. Geib 61.
Blokker, P. C. s. Gorter, E. 19.
Blom, J., u. B. Schwarz 10, 189, 191.
Blomberg, M. M. s. Mella, H. 303.
Blondheim, S. H. s. Eisenmenger, W. J. 343.
Blondlot, 745.
Blonstein, M. s. Kibrick, A. C. 26.
Bloom, A. s. Calnan, W. L. 346.
— E. S. s. Griffin, A. C. 706.
— s. Pfiffner, J. J. 501.
— W. L., G. T. Lewis, M. Z. Schumpert u. T. M. Shen 483, 484, 485, 555.
Bloomberg, E. s. McClure, C. W. 399.
Bloomfield, A. L. 375.
— s. Polland, W. 378.
Bloor, W. R. 119, 125, 134, 135, 136, 139, 142, 399, 489, 490, 557, 653.
— K. Pelkan u. D. Allen 134.
— s. Fenn, W. O. 540, 543.
— s. Haven, F. L. 481, 653, 661, 694, 696.
— s. Hodge, H. C. 488.
— s. MacLachlan, P. L. 488.
— s. Yasuda, M. 692, 693.
— W., u. A. Knudson 127.
Blotner, H. J., s. Gibson, J. G. 96.
Blum, F., u. R. Grützner 15.
— R. 308, 343.
Blume u. E. Püschel 335, 340.
Blundell, M. J. s. Stone, J. E. 83.
Blunden, H. s. Deuel, H. J. 482.

Bobeff, D. N. 323.
Bock, C. J. 188.
— H. 323.
— R., W. Lemmen u. H. Rosegger 313.
Bodansky, A. 174, 175.
— M. s. Levine, H. 93.
Bode, F. s. Hübener, H. J. 279.
— O. 229, 232.
Bodendorf, K. 782.
Bodnár, J., Ö. Szép u. V. Cieleszky 515.
— — u. B. Weszpremy 12, 470, 502, 525, 546, 548.
— u. A. Terényi 816.
— u. T. Török 17, 472.
Bodur, H. s. Stary, Z. 66, 87, 89.
Boecker, E. 371.
Böckler, A. J. s. Wawersik, F. 315.
Böhm, F. 249.
— u. G. Grüner 60, 249.
— G. 239, 571.
Boeminghaus, H. 430.
Boeters, H. 328.
Böttner, H., u. B. Schlegel 604, 605.
Bogaert, A. van, u. Fr. van Baarle 332.
Bogniard, R. P., u. G. H. Whipple 470, 473, 502, 515, 545, 547, 627, 652.
Bohland, K. 371.
Bohmannsson, G. s. Bang, I. 242.
Bohrmann, A. s. Tillmans, J. 678.
Du Bois, K. P., u. V. R. Potter 734.
Boisselot, J. s. Giroud, A. 501.
Bokkel Huinink, H. ten s. Kamer, J. H. van de 411.
Bokrétás, A. s. Jendrassik, L, 124.
Bolaffi, A. 688.
Boldyrewa, N. W. 528.
Bolletino, A. 335, 340.
Bolling, D. s. Block, R. J. 567, 612.
Bollman, J. L., u. E. V. Flock 557.
— s. Coffey, R. J. 413.
— s. Greene, C. H. 344.
— s. Morgulis, S. 8, 9.
Bommel van Vloten, W. J. van s. Snapper, I. 46.
Bomskov, Ch., u. E. Krüger 10.
— u. H. Nissen 15.
Boncoddo, N. F. s. Thannhauser, S. J. 533.
Bong, E., P. Junkersdorf u. H. Steinborn 468, 483, 490, 540, 557.

Bongiovanni, A. M. s. Eisenmenger, W. J. 343.
Boni, P. s. Fiorentino, M. 67.
Bonnichsen, R. K. 506.
— u. H. Theorell 97.
Bonting jr., S. L. 596.
Booij, J. 320, 321, 334.
Borelli, S. s. Herrnring, G. 48, 49.
Borenfreund, E. s. Dische, Z. 85, 92.
Borger, G. 507, 508, 513.
— s. Bayerle, H. 295.
Borghi, B. 601.
— u. C. Tarantino 601.
Borgström, B. 245, 246.
Borkowski, Z. s. Wierzuchowski, M. 71.
Bornhofen, E. s. Wrede, F. 41.
Bornschein, H. s. Auerswald, W. 22, 25.
Borrien, V. 238.
Borsook, H., u. J. W. Dubnoff 48, 220.
— s. Dubnoff, J. W. 194.
Borth, R. s. Watteville, H. de 254, 255, 258.
Bos, A. s. Eckelen, M. van 420.
Boscott, R. J. 248, 268.
Boselli, A., G. Mars u. M. Morpurgo 17.
Bossenmaier, I. s. Watson, C. J. 226, 227, 228.
Bossert, K. s. Plaut, F. 326.
Bostick, W. L. s. Scott, K. G. 690.
Bosworth, W., u. L. van Slyke 669.
Botella, L. 589.
Boulanger, P. 503, 507, 515, 520, 525, 545, 547, 593, 624.
Boulud, R. s. Lépine, R. 114.
Bourlière, F. s. Binet, L. 517.
Bourne, M. C. s. Kerly, M. 573.
Bourrillon, R. s. Benard, H. 157.
Boutiron 472, 545.
Bouvet, P. s. Cuny, L. 501, 518, 538, 558, 584, 588, 654.
Bovens, B. R. s. Kalsbeek, F. 332, 333.
Bowes, J. H., u. R. H. Kenten 595.
— u. M. M. Murray 646, 647.
Bowler, R. G. s. Mather, K. 3.
Bowman, D. E., L. E. Morris u. J. R. Stacy 501, 654, 661.
— J. M. s. White, F. D. 294.
Boy, G., u. J. Cheymol 549.
Boyd-Cooper, B. s. Fickling, B. W. 362.
Boyd, E. M. 132, 133.
— T. C., u. N. K. De 471, 501, 508, 526, 527.
Boyden, R., u. V. R. Potter 11.

Boyer, P. D. s. Wolcott, G. H. 111.
Boyland, E. 690.
— u. D. McClean 731.
— F. 714.
— u. M. E. Boyland 714.
— M. E. s. Boyland, F. 714.
Boyle, A. J., T. Whitehead, E. J. Bird, T. M. Batchelor, L. T. Iseri, S. D. Jacobson u. G. B. Myers 187.
— s. Smith, R. G. 6.
Bozzi, E. 446.
Brabant, H. 360.
Brachet, J. 82, 222.
Brachmann, W. s. Rupp, E. 133, 142.
Brackett, F. S. s. Horecker, B. L. 150.
Bradley, H. C., u. S. Belfer 662.
Brady, T. 522.
Bragdon, J. H. 135.
Brahme, L. 12.
Brahn, B. 721.
Braier, B., u. A. D. Marenzi 44.
Bramstedt, F. 382.
Brand, F. C. s. Sperry, W. M. 117, 119, 538.
— Th. v. s. Weise, W. 242.
Brandenberger, E., u. H. R. Schinz 428, 431, 432, 433, 446, 622.
Brandt-Beauzemont, Y. s. Bertrand, M. G. 472.
Brandt, C. s. Fishman, J. B. 731.
Braute, G. 398, 512, 529, 530, 531.
Brasseur, H., M. J. Dallemagne u. J. Melon 622.
— s. Beaulieu, M. 623, 624.
Bratton, A. C., u. E. K. Marshall 246.
Brauckhoff, H. s. Lochte, Th. 606.
Brault, A. 695.
Braun, H. 88.
— u. Husler 314.
— L., u. L. Scheffer 11.
— M. s. Dán, A. 32.
Braunitzer, G. s. Schramm, G. 668.
Bray, H. G., H. J. Lake, W. V. Thorpe u. K. White 248, 274.
Brecht, K. 325.
Bredemann, G. 647.
Brekhus, P. I., u. W. D. Armstrong 645, 648.
— s. Armstrong, W. D. 646.
Bremanis, E. 90, 757.
Bremer, W. 310, 329.
Brendler H. s. Hudson, P. B. 178.

Brereton, H. G., u. S. P. Lucia 234.
Breusch, F. L. 393, 692, 716.
Breusing, R. 347.
Breutel, E. s. Hinsberg, K. 97.
Brezezinski, A. s. Sadowsky, A. 159.
Bridwell, E. C. s. Harger, R. N. 97.
Brieger, H. 559.
Briggs, A. P. 213.
Brigl, P., u. O. Benedict 443.
Brinck, J. 167.
— s. Baltzer, F. 167.
Brochner-Mortensen, Kn. 224.
Brock 8, 14.
— J., u. H. Stelter 308.
— M. J. s. Bessey, O. A. 174, 178.
Brocq-Rousseu, D., u. G. Roussel 167, 170.
Broda, E. E. 570.
Brodersen, R., u. H. T. Ricketts 242.
Brody, B. B., J. Axelrod, R. Soberman u. B. B. Levy 618.
— H., u. E. A. Horowitz 332.
Brömel, H. s. Negelein, E. 722.
Broh-Kahn, R. H. s. Mirsky, I. A. 294.
Brolin, S. E., u. T. Thunberg 658.
Bromberg, Y. M. s. Sadowsky, A. 159.
Bromfield, R. J. s. Harrison, G. A. 47.
Brook, T. s. Friedemann, T. E. 369, 410.
Brooksbank, B. W. L., u. G. A. D. Haslewood 285.
— s. Bisset, N. G. 288.
Broome, F. K. s. Thornton, M. H. 41.
Brouwer, E., u. H. J. Nijkamp 199, 200.
Brouwers, J. 157.
Brower, T. D. s. Eichelberger, L. 638.
Brown, A. s. Oncley, J. L. 20.
— A. H. 243.
— C. L., u. R. G. Smith 379.
— D. s. Jager, B. V. 22.
— D. H., E. L. Bennet, G. Holzmann u. C. Niemann 522.
— E. L. s. Smith, E. L. 31.
— F. 98, 422.
— H. 593.
— J. B., u. N. J. Klotz 357, 358, 359.
— s. Cramer, D. L. 619.
— R. K. s. Cohn, E. J. 20.
— s. Lever, W. F. 20.

Brown, S. s. Tsao, M. N. 108, 109.
— W. T., E. F. Gildea u. E. B. Man 327, 328.
Browne, J. S. L. s. Hoffman, M. M. 284.
— s. Karady, S. 13.
— s. Venning, E. H. 269, 272, 284, 285.
Brownell, K. A. s. Hartman, F. A. 653, 661.
Bruchhausen, F. v., u. H. W. Bersch 770.
— H. Karbe u. W. Kunz 806.
Brückmann, G., u. S. G. Zondek 453, 468, 470, 473, 474, 475, 502, 503, 652.
Brückner, J. 67, 132, 136, 140, 242.
Brüel, D., H. Holter, K. Linderstrøm-Lang u. K. Rozits 190.
Brühl, H. H. 324, 535.
Brüning, A. 790.
— u. Kraft 782.
— u. H. Quast 818.
— u. E. Szép 799.
— P. s. Behrens, H. 305, 339.
Brues, A. M., M. M. Tracy u. W. E. Cohn 710.
Bruger, M., J. W. Hinton u. W. G. Lough 359.
Bruggen, J. T. van 268.
Brugsch, J. 157, 229, 230, 231, 232, 409.
— s. Keys, A. 229.
— Th. 443.
Brull, L. s. Barac, G. 407.
Brun, G. C., H. Buchwald u. K. Roholm 13.
Brundage, I. T., u. Ch. M. Gruber 783.
Brune, J. 664.
Brunner, E. 296.
— R. A. s. Wikoff, H. L. 14.
Bruno, T. s. Fürth, O. 640.
Bruns, F., A. Bülzebruck u. K. Hinsberg 82.
— O., u. W. Ewig 344, 346, 347, 348, 349.
— T. 317, 323.
Bryan, R. S. s. Shetlar, M. R. 81.
— W. R. s. Beard, J. W. 736, 737.
— s. Kahler, H. 737.
— s. Knudson, A. 693.
Buadze, S. 293, 294, 295, 296.
— s. Abderhalden, E. 294, 295, 334.
Bubb, W. 4.
Bublitz, H. K. s. Hausberger, F. X. 622.
Buchanan, O. H., W. D. Block u. A. A. Christman 61.

Buchard, H. 408.
Bucher, G. R. 293, 381.
— s. Gray, J. S. 375.
Bucherer, H. T. 823.
Buchs, S. 375, 381.
— s. Freudenberg, E. 381.
Buchwald, H. s. Brun, G. C. 13.
— K. W. 688, 691.
Buck, R. C. 621.
— u. R. J. Rossiter 621.
Budde, H. 784.
Budwig, J. s. Kaufmann, H. P. 135.
Bücher, Th., D. Matzelt u. D. Pette 310, 320, 321.
— u. H. Redetzki 97.
Büchler, P. 333.
Büchner, F. 429.
Bueding, E., u. H. Wortis 108, 331.
— s. Wortis, H. 108, 326.
Bührer, N. E. 362.
Bülow, M. s. Plaut, F. 326, 334, 335.
Bülzebruck, A. s. Bruns, F. 82.
Bürger, M. 613, 614.
Bürgin, A. 767, 811.
Bürker, K. 144.
Büttner, W. s. Cremer, H. D. 626, 645.
— s. Lemmel, G. 436.
Buhmann, A. 602, 603.
Bujard, E. 660.
Buka, R. s. Lilienthal, J. L. 451, 541, 546.
Bukantz, S. C. s. Gara, B. F. de 347.
Bukantz, S. C. s. Gara, B. F. de 347.
Bullinger, E. s. Roche, J. 177.
Bullock, W. E., u. W. Cramer 693.
Bullok, W. J. s. Edmondson, H. A. 440.
Bulmer, F. M. R., B. A. Eagles u. G. Hunter 43.
Bultowa, G. M. s. Gara, B. F. de 347.
Bumbalo, T. S. s. Jetter, W. W. 334.
Bunge, G. v. 638.
— G., u. O. Schmiedeberg 220.
Bungenberg de Jong, W. J. H. 161.
Burak, S., u. P. B. Szanto 313.
Burbridge, T. N., Ch. H. Hine u. A. F. Schick 89, 91.
Burch, G. E. s. Ray, C. T. 343.
Burchell, M. M., J. H. O. Earle u. N. F. Maclagan 250.
— u. N. F. Maclagan 250.
Burg, C. s. Chevallier, A. 136.
Burgen, A. S. V. 293.
Burghardt, G. 188.
Burk, D. s. Kidd, J. G. 719, 720.

Burk, D., u. R. J. Winzler 704.
Burkat, S. E. 812.
Burke, H. E., u. P. F. Kerr 514.
Burmaster, C. F. 46.
Burmester, B. R. 156.
Burne, G. s. Zuckerman, S. 593.
Burns, C. M., u. F. J. Elliott 470, 472.
Burrows, S. 212.
Burstein, A. 12.
Burt, M. L. s. Page, I. 133.
— N. S., u. R. J. Rossiter 132.
Burton, A. C. s. Gunton, R. 214, 215.
— R. B. s. Zaffaroni, A. 260, 273.
Buschegger, E. s. Fischer, R. 788.
Businco, L. 59.
Buss, W. s. Fuchs, H. J. 69.
Butenandt, A. 272, 283.
— u. H. Dannenbaum 250.
— u. H. Hofstetter 266.
Butler, A. M., u. H. Montgomery 31.
— s. Talbot, N. B. 259, 272.
Butt, H. R., A. M. Snell u. A. Keys 343.
— W. R., A. A. Henly u. C. J. O. R. Morris 260.
Button, V. s. Kaucher, M. 462, 488, 489, 557.
Butts, J. S. s. Deuel, H. J. 482.
Buttu, G. s. Marinesco, G. 334.
Buxton, C. L. 284.
— u. U. Westphal 284.
— s. Westphal, U. 284.
Byerrum, R. U., u. J. H. Flokstra 537, 557, 558.
Byrne, G. M., J. I. Phinney, M. Schachter u. E. G. Young 390.
Byron, J. E. s. Swell, L. 522.

Cabitto, A. 10.
Cade, St., N. F. Maclagan u. R. F. Townsend 176.
Caesar, G. s. Abderhalden, E. 538.
Cagianut, B. 565.
Cahane, M. G. 483.
— M. s. Parhon, C. I. 483, 507, 524.
Cahen, R. L., u. W. T. Salter 259.
Cahill, W. M. s. Neuberg, C. 641.
Cahn, T., u. J. Houget 470, 490.
— u. R. Agid 462.
Cajori, F. A., u. R. Pemberton 642.
Calabresi, C. 512.
Caldwell, A. L. s. Roberts, E. 704.
Callow, N. H., u. R. K. Callow 255.

Callow, N. H., R. K. Callow u. C. W. Emmens 259.
— — C. W. Emmens u. S. W. Stroud 259.
— R. K. s. Callow, N. H. 255, 259.
— s. Rosenheim, O. 119.
Calnan, W. L., B. J. O. Winfield, H. F. Crowley u. A. Bloom 346.
Calvary, E. s. Wolfson, W. Q. 25, 27.
Camerer, J. W. 334, 335.
Cameron, A. T., u. V. H. K. Moorhouse 305.
Camien, M. N. s. Dunn, M. S. 217, 448, 457, 458.
— M. S. Dunn, R. B. Malin, Ph. J. Reiner u. J. Tarbet 457, 458.
Campani, M. 347.
— u. P. Schlechter 347.
Campbell, R. M., u. H. W. Kosterlitz 476, 479, 480, 481.
Canaga, B. jr. s. Scott, G. H. 563.
Canelli, A. F. 332.
Cannavó, L., u. R. Indovina 472, 515, 525, 546, 547, 583, 624.
Cantarow, A. s. Pearlman, W. H. 400.
Cantero, A. s. Allard, C. 713.
Cantoni, O. 209.
Cantor, M. M. s. Tuba, J. 177.
Capraro, V., u. M. Pasargiklian 546.
Carandanta, G. 538.
Cardini, C. E. s. Marenzi, A. D. 41.
Carnesecchi, V. s. Viale, L. 255, 256.
Carol, J. 273.
Carpenter, K. J., u. E. Kodicek 197.
Carrié, C. 156, 226, 600.
— s. Schreus 230.
Carroll, M. P. s. Fremont-Smith, F. 302.
Carruthers, C., u. V. Suntzeff 602, 689.
— s. Miller, H. 688, 696.
— s. Roberts, E. 704.
— s. Suntzeff, V. 687.
Carteni, A. 566.
Carter, P. s. Engel, L. L. 268, 273.
— C. E., u. J. P. Greenstein 725.
— s. Greenstein, J. P. 729.
Cartier, P. 625, 630.
— u. P. Pin 111.
Cartland, G. F., R. K. Meyer, L. C. Miller u. M. H. Rutz 272.

Cartwright, G. E., u. M. M. Wintrobe 11.
Carveva, G. M. 522.
Casal, A. s. Desnuelle, P. 19.
Cascio, D. 40.
Caselli, P. 100.
— u. E. Ciaranfi 100, 376.
— u. S. Tolone 333.
Caspersson, T., C. Nyström u. L. Santesson 711.
— u. L. Santesson 712.
Cassavina, B. K. s. Ivanov, I. I. 579.
Castaigne, P. 67.
Castiglioni, A. 207.
Cattaner, C. 347.
— u. G. Scoz 348.
Cater, D. B., u. N. R. Lawrie 665.
Caujolle, F. 470, 472, 502, 508, 526, 546, 652, 653.
Cavallini, D., N. Frontali u. G. Toschi 108.
Cavaniglia, A. 571, 572.
Cavett, J. W. s. Armstrong, W. D. 648.
Cavier, R. 352.
— u. J. Savel 352.
Cazzullo, C. L. 340.
— s. Grisoni, R. 334, 335.
Cekon, F. s. Ehrlich-Gomolka, H. 286.
Cerceo, C. s. Pearlman, W. H. 283.
Cerecedo, L. R. s. Hennessy, D. J. 423.
— s. Pircio, A. 65.
— s. Reddy, D. V. N. 479, 503, 510, 516.
— s. Soodak, M. 65, 222.
Cesaro, A. N. 340.
Chabanier, H., Ch. O. Guillaumin, M. Laudat, M. Levy, M. Paget u. C. Vaille 13.
Chabrol, É. 384, 391.
— u. R. Charonnat 400.
— R. Charonnat u. J. Blanchard 400.
Chaffee, E. s. Meyer, K. 347, 568, 598, 731.
Chagovetz, R. 539.
Chaikoff, I. L. s. Entenman, G. 488.
— s. Fishler, M. 135.
— s. Ranney, R. E. 488.
— s. Reinhardt, W. O. 135.
— s. Siperstein, M. D. 621, 622.
— s. Taurog, A. 14, 135, 488, 658.
Chain, E. s. Berenblum, I. 177.
— u. A. Duthie 731.
Chalkley, H. W. 684, 708.
— s. Greenstein, J. P. 729.
Chalmers, J. A. s. Harmer, M. 354.

Chambers, J. W. s. Bell, G. H. 623.
Chamorro, A. s. Leblond, C. P. 657.
Chapin, R. M. 823.
Chanutin, A. s. Dillard, G. H. L. 136.
— s. Fisk, A. A. 310, 320, 321.
— s. Gjessing, E. C. 459.
Chargaff, E. 479.
— B Magasanik, E. Vischer, C. Green, R. Doniger u. D. Elson 481, 663, 710.
— s. Vischer, E. 222.
— E. Vischer, R. Doniger, C. Green u. F. Misani 659.
— s. Cohen, S. S. 517.
— s. Magasanik, B. 222.
— s. Zamenhof, S. 578.
— E. G. u. A. S. Keston 693.
Charnass, D. s. Fürth, O. v. 104.
Charney, J., u. R. M. Tomarelli 386.
— s. Tomarelli, R. M. 380.
Charonnat, R. s. Chabrol, É. 400.
Chauncey, H. H. s. Seligman, A. M. 174, 180.
Chaussin, J. s. Belluc, S. 184.
Cheldelin, V. H. s. Nishi, H. 465, 501, 558.
Chéramy, P., u. R. Lobo 782.
Cherbuliez, E., u. S. Ansbacher 471.
Chernick, S. S. s. Siperstein, M. D. 621, 622.
Chevalier, A., u. Y. Choron 334.
Chevillard, L., u. A. Mayer 468.
Chevallier, A., S. Manuel, C. Burg u. J. Rouillard 136.
Cheymol, J. s. Boy, G. 549.
Cheyne, V. D., u. J. T. Oba 644.
Chiancone, F. M. 195.
Chieffi, M. s. Kountz, W. B. 14.
Child, G. P., W. K. Hall u. S. H. Auerbach 442.
Chinard, F. P. 23, 35, 215.
Chinn, H., u. C. J. Farmer 425.
Chirari, H. s. Maresch, R. 430, 431.
Chitre, R. G., u. B. N. Purandare 442.
Choay, A. 650, 660, 662.
Cholak, J. s. Kehoe, R. A. 470, 502, 508, 515, 520, 525, 526, 545, 547, 629.
Choron, Y. s. Chevalier, A. 334.
Chou, T., u. H. A. Adolph 470, 545, 547, 652.
Chow, B. F., L. Hall, B. J. Duffy u. C. Alper 19.
Christensen, B. C., u. R. Wong 375.

Christensen, H. M., P. F. Cooper jr., R. G. Johnson u. E. L. Lynch 321.
— H. N. 15, 47.
— u. R. C. Corley 13.
Christian, W. s. Warburg, O. 718, 722.
Christiani, A. v. 297.
— L. Hofman u. H. Morth 297.
Christman, A. A. s. Buchanan, O. H. 61.
Christofoli, A. 331.
Christol, P. 689.
— Monier u. Lacerge 692.
Chrometzka, Fr., u. Fr. Erlemann 167, 168.
Chuyko, V., u. A. Vaynar 470, 502, 546, 548, 594, 607.
Chwalla, R. v. 429.
Chytrek, E. 156.
— s. Hartmann, H. 13.
Ciaranfi, E. s. Caselli, P. 100, 376.
Cieleszky, V. s. Bodnár, J. 515.
Cimerman, Ch. s. Wenger, P. 35, 188, 189.
Ciocalteu, V. s. Folin, O. 418.
Cirenei, A. 473.
Cisler, L. E. s. Peeler, A. L. 116.
Ciurdariu, P. s. Benetato, Gr. 526, 542.
Ciurea, V. s. Bertrand, G. 12, 470, 472, 502, 508, 515, 520, 526, 546, 547, 594, 653.
Claar, Z. s. Locascio, R. 75.
Clark, Ch. P. s. Kingsbury, F. B. 316.
— L. C., E. J. Beck, A. Robinson u. M. E. Wiseman 175.
— jr., u. H. L. Thompson 40, 192.
Clarke, W. O. s. Watson, C. J. 156.
Claudatus, I., u. A. Gheorghiu 135.
Claude, A. 733, 736, 737.
— T. Porter u. E. G. Pickels 736.
— u. A. Rothen 736.
— H., H. Simonnet u. R. Stora 332.
Clausmann, P. s. Gautier, A. 13.
Clay, R. C., K. Cook u. J. I. Routh 610.
Clayton, B. E. s. Michie, E. A. 257.
Cleghorn, R. A., u. L. Jendrassik 382.
— s. Jendrassik, L. 159.
Clement, G., u. M. L. Meara 619.
Clift, F. P., u. R. P. Cook 204.
Cloetens, R. 175.
Closs, K. s. Lunde, G. K. 14.
— u. A. Pihl 411.
Clowes, G. H. A. s. Roberts, E. 704.

Clutterbuck, P. W. 201.
Cobb, D. M. s. Fenn, W. O. 540, 543.
Code, Ch. F., G. A. Hallenbeck u. R. A. Gregory 379.
— u. R. L. Varco 379.
— s. Hallenbeck, G. A. 389, 663.
— s. Trach, B. 521.
Coffey, R. J., F. C. Mann u. J. L. Bollman 413.
Cogan, D. G., u. V. E. Kinsey 564.
Coeur, A. s. Mouriquand, G. 661.
Cohen, H., u. R. W. Bates 266, 268, 269, 272, 274.
— s. Bates, R. W. 272, 274, 275.
— s. Hare, T. 642.
— J. A. s. Kalsbeek, F. 332, 333.
— s. Sobel, A. E. 34.
— P. P. 724.
— u. R. W. McGilvery 736.
— u. S. Grisolia 736.
— s. Abrams, A. 509, 659.
— s. Sorof, S. 456, 699, 700.
— s. Tung, T. C. 724, 735.
— R. B., M. N. Nachlas u. A. M. Seligman 727.
— S. s. Schwartz, S. 228, 231.
— S. L. u. G. F. Marrian 268, 272.
— u. E. Chargaff 517.
— s. Bitman, J. 259.
Cohn, C. s. Wolfson, W. Q. 25, 27, 224.
— D. J. s. Kaplan, J. 332, 333.
— s. Levinson, A. 310, 333.
— E. C. 20, 21.
— E. J., F. R. N. Gurd, D. M. Surgenor, B. A. Barnes, R. K. Brown, G. Derouaux, J. M. Gillespie, F. W. Kahnt, W. F. Lever, C. H. Liu, D. Mittelman, R. F. Mouton, K. Schmid u. E. Uroma 20.
— W. L. Hughes jr. u. J. H. Weare 20.
— J. A. Luetscher jr., J. L. Oncley, S. H. Armstrong jr. u. B. D. Davis 20, 26.
— L. E. Strong, W. L. Hughes jr., D. J. Mulford, J. N. Ashworth, M. Melin u. H. L. Taylor 18.
— M. s. Ellinger, A. 390.
— W. E. 222.
— s. Brues, A. M. 710.
Colarussa, A. 134.
Cole, W. H., W. H. Ellett u. N. A. Womack 63.
Colowick, S. P., u. C. F. Cori 693.
Colldahl, H., C. G. Holmberg u. C. B. Laurell 59.

Collied, H. B. s. Fee, D. A. 32, 188.
Colling, K. G., u. R. J. Rossiter 333.
Coman, D. R. s. De Long, R. P. 687.
Connolly, M. K. s. Ferry, R. M. 502, 503.
Comfort, M. W. u. A. E. Osterberg 389.
— s. Kearney, R. W. 383.
— s. Wollaeger, E. E. 406, 409.
Conant, J. B., u. B. D. Barlett 91.
Concas, G. 307.
Conway, E. J., u. R. Cooke 10.
— u. M. Downey 100.
— u. D. Hingerty 545.
— u. E. O'Malley 10, 37, 188.
Consolazio, W. V., u. T. H. Talbott 258.
Constantinesco, M. 446.
Cook, H. s. Griffin, A. C. 479.
— K. s. Clay, R. C. 610.
— R. P. s. Clift, F. P. 204.
Cooke, R. s. Conway, E. J. 10.
Cooks, R. P., D. C. Edwards 410.
Cooley, T. B. s. Peterman, E. A. 234.
Coolidge, T. B. 158, 159.
Cooper, G. R. s. Dillon, M. L. 345.
— s. Neurath, H. 736, 737.
— jr., P. F. s. Christensen H. M. 321.
Cooperstein, S. J., u. A. Lazarow 559.
Cope, C. L. s. Slyke, D. D. van 188.
Copeland, D. H. s. Salmon, W. D. 735.
Corbet, R. E. s. Holmes, H. N. 636.
Corcoran, A. C. 277.
— u. I. H. Page 277, 278, 279, 282.
Cordier, G. s. Cordier, D. 565.
— D., G. Cordier u. M. Bavoux 565.
Cori, C. F. u. G. T. Cori 695.
— s. Colowick, S. P. 693.
— G. T. s. Cori, C. F. 695.
Corley, R. C. 75.
— s. Christensen, H. N. 13.
Cornbleet, Th. 599.
Cornelius, M. s. Fleury, P. 46.
Cornil, A. s. Lambrechts, A. 149.
Corsaro, J. F., G. H. Mangun u. V. C. Myers 552.
Cortuem, C. M. s. Blatt, M. L. 361.
Cotonio, M. s. Friedemann, T. E. 107.

Coulon, A. de s. Vlès, F. 686.
Couperus, J. 341.
Courtois, J., u. P. Biget 293.
— u. P. Fleury 561.
— u. A. Wickström 116.
— s. Fleury, P. 46, 116.
Cowdry, E. V. s. Roberts, E. 704.
Cox, H. S. s. Saffry, O. B. 501.
Coxon, R. V. s. King, E. J. 159.
Cracas, L. J. s. Schultz, A. S. 654.
Crämer, L. s. Menne, F. 77, 79.
Craig, F. N., A. M. Basset u. W. T. Salter 719.
— L. C. s. Ahrens, E. H. 395.
— s. Barry, G. T. 134.
— P. s. Smith, R. G. 6.
Cramer, D. L., u. J. B. Brown 619.
— W. s. Bullock, W. E. 693.
Crampton, E. W. s. Irwin, M. I. 404.
— s. Schürch, A. F. 402, 403, 404.
Crandall jr., L. A. 94.
Crane, R. K., u. E. G. Ball 572.
Credner, K. s. Holtz, P. 506, 522.
Creech, H. J. 700.
Cremer, H. D. 461, 473, 476, 522, 530, 550, 603, 604, 605, 622.
— u. H. Berger 205.
— W. Büttner, G. Dittmann u. W. Voelker 626, 645.
— s. Eichhoff, H. J. 647.
— u. K. Lang 401.
— — I. Hubbe u. U. Kulik 401.
— u. H. Schuhler 461, 530.
— u. A. Tiselius 21.
— u. W. Voelker 628.
— s. Lingen, H. 402, 403.
Crepy, O. s. Jayle, M. 269, 272, 283, 288.
Creveld, S. van 75.
Crippa, G. B., u. S. Maffei 393.
Crismer, R. 245.
— s. Florkin, M. 245.
Crockett, M. E., u. H. J. Deuel 413.
Cronheim, G., u. P. A. Ware 802, 803.
— s. Loewy, A. 472.
Crooke, A. C. s. Mather, K. 3.
Crooks jr., H. M. s. Marker, R. E. 276, 283.
Crosti, A. 603.
Crowley, H. F. s. Calnan, W. L. 346.
Cruger, D. s. Fee, D. A. 32, 188.
Cruickshank, D. B. 647.
Cuboni, E. 273.
Cucuel, F. s. Stock, A. 12.
Cullen, G. F., W. F. Wilkins u. T. R. Harrison 470, 546, 547.

Cumings, J. N. 192, 194, 355, 545.
Cosmulesco, I. s. Tomesco, P. 313.
Cunha, D. P. da, u. K.-P. Jacobsohn 589.
Cunningham, B. s. Sisco, R. 48.
— L. s. Griffin, A. C. 479, 706.
Cuny, L., P. Bouvet u. J. Devillers 501, 518, 538, 558, 584, 588, 654, 665.
Curnen, E. C. s. Rabe, E. F. 333.
Current, H. s. Kingsley, G. R. 97.
Curtis, G. M., u. M. B. Fertman 14.
— s. Phillips, F. J. 407.
— s. Swenson, R. E. 14.
— J. M. s. Umberger, E. J. 269.
Custer, M. 315.
Cuthbertson, D. P., u. A. K. Turnbull 406.
Cutinelli, C., u. G. Marotta 333.
Cuyler, W. K., C. Ashley u. E. C. Hamblen 284.
— s. Hamblen, E. C. 284.

Da Costa, W. A. s. Marshall, L. M. 481.
Dahlhaus, H. 9.
Dailey, M. E. s. Fremont-Smith, F. 302.
Dakin, H. D., N. W. Janney u. A. J. Wakeman 201.
Dalgaard, J. B. 175.
Dallemagne, M. J. 622, 623, 625, 630.
— u. J. Mélon 627.
— s. Beaulieu, M. 623, 624, 630.
— s. Brasseur, H. 622.
Dalphin, Ch. s. Haag, E. 107.
Dam, A. 133.
— H. 117, 163.
— u. J. Glavind 165.
— H. Granados u. L. Maltesu 647.
— u. F. Schönheyder 163.
— s. Glavind, J. 361.
— s. Schönheimer, R. 117.
Dammermann, H. J., u. E. Kirberger 176.
Dán, A. 32.
— u. M. Braun 32.
Danckwortt, P. W. 473, 608, 646, 647.
Danforth, D. N. 589.
Danielson, I. S., u. A. B. Hastings 546.
— s. Manery, J. F. 613, 614.
Danisch, F. 444.
Danneberg, P. s. Druckrey, H. 146.
Dannenbaum, H. s. Butenandt, A. 250.

Darrow, D. C. s. Yannet, H. 468, 524, 540, 545, 557.
Daubard s. Rossi, P. 361.
Daubert, B. F. s. O'Connell, P. W. 133, 136.
Daughaday, W. H., H. Jaffe u. R. H. Williams 279.
Davenport, H. W. 372, 523.
David, K. 272.
— M. M. s. Gornall, A. G. 25.
Davidson, H. M. s. Horowitz, M. G. 80.
— J. N. 479.
— u. C. Waymouth 707, 709, 710, 711.
— L. S. P. s. Wilson, T. M. 236.
Davies, M. 383.
— u. J. J. Rae 358.
Davis, A. K. s. Zilversmit, D. B. 139.
— B. D. s. Cohn, E. J. 20, 26.
— I. G., H. J. Rogers u. C. C. Thiel 419.
— M. E., u. N. W. Fugo 287, 288.
— s. Miller, G. H. jr. 17.
— R. W. s. Young, L. E. 235, 415.
Davson, H. s. Laugham, M. 563.
Dawson, J. M. s. Bell, G. H. 623.
— M. H. s. Meyer, K. 731.
— R. M. C. s. Richter, D. 324.
Dayton, S. s. Seifter, S. 81.
De, N. K. s. Boyd, T. C. 501, 508, 526, 527.
— P. s. Montgomery, E. G. 267.
Deakins, M. 648, 649.
Deane, H. W., F. B. Nesbett u. A. B. Hastings 81.
Debusmann, M., u. A. Leimbrock 487, 504, 557, 653, 661.
Deckert, W. 803, 809.
Deffner, M., u. A. Issidoridis 110.
Dehn, W. M., u. M. Hartmann 185.
Dell'Acqua, G. 9.
Delory, G. E. 149, 580.
— s. King, E. J. 179.
Delrue, G. s. Schokaert, J. A. 585.
Delsal, J. L. 19, 118, 119, 327.
Deltombe, J., u. R. Baudimont 215.
Delville, J. P. s. Leurquin, J. 25.
Demme, H. 300, 301, 304, 305, 307, 309, 311, 321, 323, 324, 327, 328, 329, 330.
Demole, V., u. H. Bersot 340.
Dempsey, E. F. s. Reifenstein jr., E. C. 272.
Deniges, G. 752.
Denis, W., u. J. B. Ayer 316.
— s. Folin, O. 207, 209, 215, 216, 248.

Denis, W., u. St. Leche 470, 546, 547.
Denko, C. W., W. E. Grundy, J. W. Porter u. G. H. Berryman 423.
Dennsted, M., u. Th. Rumpf 540.
Dent, C. E. 217, 701.
Dentay, J. T., u. J. J. Rae 360.
Depisch, F., u. M. Richter-Quittner 302.
Derouaux, G. s. Cohn, E. J. 20.
Derrien, Y., G. Jayle u. P. Frizet 343.
— R. Michel u. J. Roche 657.
— — K. O. Pedersen u. J. Roche 657, 658.
Desbordes, J. 344.
— u. A. German 170.
— Ch. Guyotjeannin u. J. Pereira 75.
— s. German, A. 170.
Desgrez, A., u. J. Meunier 629, 650.
Deshusses, J. s. Terrier, J. 409.
Desnuelle, P., S. Antonin u. A. Casal 19.
Desodt, J. s. Paget, M. 201.
Désveaux, R. s. Pijoan, M. 334.
Detzel, A. s. Bierich, R. 692, 693.
Deuel, H. J., J. S. Butts, L. F. Hallman, S. Murray u. H. Blunden 482.
— s. Crockett, M. E. 413.
Deulofeu, V., u. J. E. Bavio 127.
Deuticke, H. J., u. S. Hollmann 549.
Deutsch, B. 147.
— H. F., R. A. Alberty, L. J. Gosting u. J. W. Williams 32.
— s. Hargreaves, A. B. 722.
— s. Hess, E. L. 32.
Devor, A. W. 67, 83.
Devillers, J. s. Cuny, L. 501, 518, 538, 558, 584, 588, 654, 665.
Dewar, M. R. 358, 360.
Deysson, G., u. M. Alliot 220.
Dias, M. V. s. Villela, G. G. 537.
Diaz, C. J., F. Bielschowsky u. J. R. Miñon 5.
Dibbelt, L. 284.
— K. Hinsberg u. H. Esser 290.
Dickel, D. F. s. Hoffmann, K. 501.
Dickens, F. 481, 557, 629.
— u. J. T. Pearson 220.
— u. H. Weil-Malherbe 522, 523.
Dickenson, H. G., u. W. Kelly 806.
Dickinson, T. E. 722.
Dieckhoff, J. 325.

Dieckmann, H. 297.
— u. A. Schmitz 297.
— s. Eggers, H. 3.
Diehler, W. s. Müller, F. 143.
Diemair, W. s. Bleyer, B. 670.
— B. Bleyer u. M. Ott 682.
— u. W. Fresenius 670.
— u. G. Manderscheid 670, 681.
— s. Janecke, H. 179.
Dienst, C. s. Klodt, W. 343.
Dietel, F. G. 328.
Dietrich, A. 355, 432.
— L. S. s. Thompson, H. T. 501, 558.
Dietz, A. A. 632, 633, 634.
— u. B. Steinberg 634.
— W. 594.
Dietzel, R., W. Paul u. P. Tunmann 767, 778, 780, 784, 801.
Dillard, G. H. L., H. R. Pearsall u. A. Chanutin 136.
Dillon, M. L., G. R. Cooper u. V. Menkin 345.
— R. T. s. Slyke, D. D. van 53.
Dimitriu, C. C., u. L. Schwartz 13.
Dimter, A. 489, 490, 591.
Dingemanse, E., u. E. Laqueur 426.
— — u. O. Mühlbock 268.
Dingwall, A. 690.
Dirr, K., u. E. Klemm 348.
Dirscherl, W., u. H. U. Bergmeyer 104, 202.
— u. F. Hanusch 272.
— u. H. Traut 264.
— u. F. Zilliken 259, 264, 269, 275.
Dische, Z. 75, 83, 115, 242, 243, 246, 378.
— u. E. Borenfreund 85, 92.
— u. D. Laszlo 103, 106.
— u. S. S. Robbins 107.
— u. K. Schwarz 82.
— L. B. Shettles u. M. Osnos 67, 242.
— s. Fürth, O. 703.
Dittebrandt, M. 317.
Dittmann, G. s. Cremer, H. D. 626, 645.
— s. Eichhoff, H. J. 647.
Dittmar, C. 694.
Dixon, M., u. S. Thurlow 63.
— s. Zerfas, L. G. 3.
— Th. F. 472, 502, 515, 525, 652.
Dmochowski, L. s. Passey, R. D. 737.
Dobeneck, H. v. s. Fischer, H. 416.
Dobriner, K., S. Lieberman u. C. P. Rhoads 252, 253, 258, 259, 260, 287.
— — — u. H. C. Taylor jr. 257.
— s. Lieberman, S. 254.

Dobriner, K., u. C. P. Rhoads 156.
Doden, W. s. Rodeck, H. 470, 503, 540, 545.
Dodonova, E. V., u. N. N. Ivanov 25.
Dönhardt, A., u. W. Wodsak 119.
Doerflinger, E. s. Edlbacher, S. 708.
Dognon, A. 150.
Dohan, J. S., u. G. E. Woodward 45.
Doi, N. 485.
Dolan, M. s. Sinclair, R. G. 136.
Dole, V. P. s. Phillips, R. A. 19.
— s. Slyke D. D. van 1, 18, 19, 149.
Domarus, A. v. 5.
Domini, G. 361, 378, 393, 397.
Dominicke, M. s. Weichmann, E. 321.
Donaggio, A. 335.
Donaldson, R., R. B. Sisson, E. J. King, I. D. P. Wootton u. R. G. MacFarlane 149.
— s. King, E. J. 148.
Doneddu, C. 390.
Donnet, V. 266.
Doniger, R. s. Chargaff, E. 481, 659, 663, 710.
— s. Magasanik, B. 222.
Donini, P. 500, 504, 512, 521, 538, 558, 584, 654, 665.
Dorche, J. s. Leulier, A. 101.
Dorée, C., u. F. Golla 195.
Dorfman, A., u. M. L. Ott 569, 589.
— s. Freeman, M. E. 584.
— s. Mathews, B. 584.
— R. I. 260.
— E. Ross u. R. A. Shipley 276.
— J. R. Wise u. R. A. Shipley 257.
— s. Fish, W. R. 284.
— s. Horwitt, B. N. 284.
— s. Miller, A. M. 257, 276.
Doria, C. s. Pegreffi, G. 302, 303, 304, 307, 309, 338.
Dorp, D. A. van u. Westenbrink, H. G. K. 557, 559.
Dos Reis, J. B. 309, 310.
— s. Woiski, J. R. 309, 310, 329.
Downey, M. s. Conway, E. J. 100.
Drabkin, D. L. 499, 505, 538, 559, 560.
— s. Rosenthal, O. 708, 719, 720.
Draganescu, St., u. A. Lissievici-Draganescu 334.
Dragiff, D. A., u. M. Karshan 645, 646.

Dragstedt, C. A. s. Gotzl, F. R. 480.

Drake, R. L. s. Hellwig, C. A. 310.

Drea, W. F. 647.

Dreguss, M. s. Barrenscheen, H. K. 91, 92.

Drekter, I. S. s. Sobel, A. 118.

Dreller, H. 201.

Dreyfus, J. C., u. G. Schapira 544.

— s. Schapira, G. 544.

Drill, V. A. s. Klatskin, G. 158.

Drinker, C. K. s. Lund, C. C. 470, 471.

— s. Maurer, F. W. 350, 351.

Droese, W., u. L. Wildemann 606.

Droller, H. 98, 99.

Droschl, H. 430.

Druce, E., u. J. S. Willcox 403.

Druckrey, H., P. Danneberg, K. Kaiser, I. Fromme u. H. Schneider 146.

Drum, J. A. s. Fearon, W. R. 249, 250.

Drummond, J. C. 701.

Drury, Ph. s. Stoddard, J. 134.

Drysdale, A. s. Bensley, E. H. 175.

Dschang, Y. 470, 545, 652.

Dshou, Hsiang-Schou 470.

Dubnoff, J. W. 735.

— s. Borsook, H. 48, 194, 220.

Dubois, J. s. Ungar, G. 332.

Dubos, R., u. B. F. Miller 38, 192, 700.

— s. Miller, B. F. 38, 192, 700.

Dubrauszky, V., u. A. Lajos 588.

Dubuisson, M. 545, 549.

— u. F. Thomas 470, 546, 547, 651.

Ducci, H., u. C. J. Watson 159.

Ducet, G. 41, 42.

— u. E. Kahane 41.

Duckert, F. s. Meyer, K. H. 360.

Duddek, E. s. Kaufmann, H. P. 135.

Duensing, F. 306, 309, 317.

Duesberg, R. 144.

Duffy, B. J. s. Chow, B. F. 19.

Dulkin, S. s. Kraus, I. 221.

Dunn, A. L., u. A. R. McIntyre 14.

— K. R., H. R. Getz, M. N. Camien, S. Akawie, R. B. Malin u. S. Eiduson 217.

— s. Dunn, M. S. 217.

— M. S. 458.

— M. N. Camien, S. Akawie, R. B. Malin, S. Eiduson, H. R. Getz u. K. R. Dunn 217.

— — — E. A. Murphy u. P. J. Reiner 448, 457, 458.

— s. Camien, M. N. 457.

Dunn, M. S., u. A. Loshakoff 48.

— s. Yeh, H. L. 217.

— E. R. Feaver u. J. B. Murphy 704.

— T. B. s. Maver, M. E. 726.

Dunstan, S., u. A. E. Gillam 82, 83.

Duran-Reynals, F., u. H. L. Stewart 731.

— s. Stern, K. 736.

Durupt, L. s. Alajouanine, Th. 301.

Dusart 745.

Dussik, K. T. 329.

Dustin, J. P. 25.

Duthie, A. s. Chain, E. 731.

Dutoit, P., u. Chr. Zbinden 470, 502, 526, 548, 584, 651.

Duyvené de Wit, J. J. 353.

Dvornikova, P. s. Ferdman, D. 528.

— P. 482, 555.

Dworetzky, M. s. Hallenbeck, G. A. 389, 663.

Dworzak, R., u. A. Friedrich-Liebenberg 186.

Dziewiatkowski, D. s. Minot, A. S. 243.

Dzierzgowski, W. s. Sieber, N. 514.

Dzisiow, S. s. Wierzuchowski, M. 71.

Eagles, B. A. s. Bulmer, F. M. R. 43.

— s. Harding, V. J. 529.

— s. Hunter, G. 43.

— H. S. 241.

Eakin, R. E. s. Williams, R. J. 501, 558, 654.

Earle, J. H. O. s. Burchell, M. M. 250.

Ebina, R. s. Kuroda, K. 5.

Eckardt, B. s. Tropp, C. 302, 308, 328.

Ecker, E. E., u. B. Likover 20, 31.

Eckstein, H. C. 612.

Ederle, W. 317.

Eder, H. A. s. Slyke, D. D. van 1, 18, 19.

— R., u. Chr. v. Lippert 379.

Edinger, C., u. R. E. Liesegang 443.

Edlbacher, S. 724.

— u. W. Baumann 695.

— u. W. Gerlach 688.

— u. P. Jucker 63, 222.

— — u. E. Doerflinger 708.

— u. W. Kutscher 729, 731.

— u. K. W. Merz 724.

— u. M. Neber 727.

Edmondson, H. A., W. J. Bullok u. J. W. Mehl 440.

Eds, F. de 470, 502, 508, 515, 525, 547, 583, 614, 639.

Edsall, J. T. 20, 21, 32, 297.

Edwards, D. C. s. Cooks, R. P. 410.

Eegriwe, E. 90, 102, 107, 113, 212, 752.

Eekelen, M. van, Chr. Engel u. A. Bos 420.

Effkemann, G. s. Werle, E. 59.

Effersøe, P. 18.

Eger, W. 621.

Eggers, H., u. H. Dieckmann 3.

— u. H. Mohr 3.

Eggleston, L. V., u. H. A. Krebs 112.

— s. Krebs, H. A. 511.

— s. Terner, C. 561.

Eggleton, P., S. R. Elsden u. N. Gough 40, 193.

— W. G. E. 11, 12, 470, 502, 546, 547, 594, 607, 651.

Ehrensvärd, G., A. Fischer u. R. Stjernholm 698.

Ehrlich-Gomolka, H., u. F. Cekon 286.

Eichhoff, H. J., G. Dittmann u. H. D. Cremer 647.

— s. Lang, K. 449.

Eichholtz, F. 688.

Eichhorn, F. s. Rappaport, F. 32.

Eichhorst, H. 433, 436, 441, 442, 445, 446.

Eichelberger, L., u. W. G. Bibler 503, 504.

— T. D. Brower u. M. Roma 638.

— C. W. Eisele u. D. Wertzler 593, 595.

— L. Leiter u. E. M. K. Geiling 503.

— u. R. B. Richter 525.

Eichler, O., G. Speda u. W. Wolff 59.

Eiduson, S. s. Dunn, K. R. 217.

— s. Dunn, M. S. 217.

Eisele, C. W. s. Eichelberger, L. 593, 595.

Eisenbrand, J., u. M. Sienz 12, 476, 652, 662.

— — u. F. Wegel 662.

Eisenmenger, W. J., S. H. Blondheim, A. M. Bongiovanni u. H. G. Kunkel 343.

Eisenreich, F. 161, 396, 416.

— s. Siedel, W. 417.

Eisler, B. 305, 306.

— K. G. Rosdahl und H. Theorell 11.

— s. Schittenhelm, A. 332.

Eistichi, F. s. Bischoff, G. 670.

Eitner, H. s. Sturm, A. 546, 548.

Ekkert, L. 784, 794.

Eklund, C. s. Kabat, H. 537.

Elbel, H. 362.

Elder, J. H. 284.

Elford, W. J., u. C. H. Andrewes 736.
Elftman, H. 662.
Ellett, W. H. s. Cole, W. H. 63.
Ellinger, A. 345.
— u. M. Cohn 390.
Elliott, F. J. s. Burns, C. M. 470, 472.
— K. A. C., M. P. Benoy u. Z. Baker 716, 718.
— L. s. Euler, H. v. 724.
Ellis, G. H. s. McCay, C. M. 561.
— s. Thompson, J. F. 471.
— M. M. 41.
Elsässer, K. H. s. Abderhalden, R. 334, 335.
Elsden, S. R. 199.
— s. Eggleton, P. 40, 193.
Elson, D. s. Chargaff, E. 481, 663, 710.
— s. Magasanik, B. 222.
— L. A., u. W. T. J. Morgan 85.
Elster, S. K., u. E. L. Lowry 617.
Elton, N. W. 158.
Elvehjem, C. A. s. Axelrod, A. E. 539, 558.
— s. Frost, D. V. 11.
— s. Hove, E. 11.
— s. Lewis, U. J. 425, 501, 558.
— s. Moore, P. R. 501, 558, 654.
— s. Potter, V. R. 456.
— s. Sarma, P. S. 501, 558.
— s. Schurr, P. E. 460, 477, 550, 551.
— s. Thompson, H. T. 501, 558,
— s. Williams jr., J. N. 535.
Ely, J. O. s. Schoonover, J. W. 176.
— L. O. 563, 573.
Embden, G. 212.
— u. E. Schmitz 207, 208, 210.
Emerson jr., K. s. Phillips, R. A. 19.
Emmelin, N., G. Kahlson u. O. F. Wicksell 59.
Emmens, C. W. s. Callow, N. H. 259.
Emmer, V. 346.
Emmerie, A., u. L. K. Wolff 472.
Enders, C., u. S. Sigurdsson 92.
Enell, H., u. O. Frey 745.
Enenkel, H. J. s. Turba, F. 21.
Engel, Ch. 667, 670.
— Chr. s. Eekelen, M. van 420.
— F. L. s. Engel, M. G. 36.
— L. L., H. R. Patterson, H. Wilson u. M. Schinkel 259, 287.
— W. R. Slaunwhite jr., P. Carter u. I. T. Nathanson 268, 273.

Engel, M. G. u. F. L. Engel 36.
— R. s. Kauffmann, F. 217.
Engelbach, K. 346.
Engelberg, H. s. Rappaport, F. 134.
Engelfried, J. J. 215.
Engelhardt, H. s. Antweiler, H. J. 21.
Engels, A., A. Niklas u.W. Maurer 374.
Enger, R. 506.
Engfeldt, N. O. 93.
Enklewitz, M. 244.
— s. Lasker, M. 243, 244.
Ennor, A. H. 44.
— u. L. A. Stocken 40, 177, 472, 494.
Enriques, E., u. R. Sivó 396.
Enselme, D., u. J. Enselme 693.
— J. s. Enselme, D. 693.
— L. Revol u. P. Trintignac 628.
Entenman, C. s. Fishler, M. 135.
— s. Ranney, R. E. 488.
— s. Taurog, A. 135, 488.
— u. I. L. Chaikoff 488.
Eppinger, H. 240.
Epps, H. M. R. 217.
Epprecht, W., u. H. R. Schinz 432, 433.
Epstein, A. 687.
— L. 309.
— S. F. 498, 661.
Erickson, B. N., I. Avrin, D. M. Teague u. H. H. Williams 41.
— D. s. Kabat, H. 537.
Eriksen, L. 226, 228, 229, 231.
Erlemann, Fr. s. Chrometzka, Fr. 167, 168.
Erlenbach, F. 66.
Errington, B. J. 9.
Erway, W. F. s. McShan, W. H. 662.
Erwin, Ch. P. s. Shetlar, M. R. 81.
Erxleben, H. s. Kögl, F. 295, 726.
Esbach, G. H. 216.
Escamilla, R. F. 252, 254, 255, 259.
Eschenbrenner, A. B. s. Greenstein, J. P. 721.
Eskuchen, K. 300, 301, 303, 328.
— u. F. Lickint 303, 326, 327.
Espelli, A. s. Nielsen-Schmidt, S. 635.
Esser, A., u. A. Kühn 802.
— H. s. Dibbelt, L. 290.
— Fr. Heinzler, F. Kazmeier u. W. Scholtan 21, 321.
— — u. H. Wild 310, 320, 321.
Estelmann, W. s. Lang, K. 575.
Ettori, J. s. Maillard, L. C. 470, 472, 502, 525, 540, 546, 547, 549, 584, 614, 633, 639, 652.

Eucker, H. 47, 249.
Eugster, A. 13.
Euler, H. v. 716.
— E. Adler u. G. Günther 718.
— L. Ahlström u. H. Hasselquist 713.
— u. L. Hahn 459, 522, 553, 561.
— u. L. Heller 722.
— u. H. Hellström 519.
— — G. Günther, L. Elliot u. S. Elliot 724.
— — F. Schlenk u. G. Günther 572.
— u. K. Josephson 722.
— M. Malmberg u. G. Günther 716.
— F. Schlenk, H. Heiwinkel u. B. Högberg 501, 558, 717.
— u. G. Schmidt 708.
— u. B. Skarzynski 295, 683, 691, 726.
— u. W. Solodkowska 723.
— s. Högberg, B. 198.
— J. v. s. Balacs, E. A. 731.
Evans jr., A. s. Krebs, H. A. 102.
— B. s. Wohnan, I. J. 360.
— D. G., u. A. S. Prophet 649.
— E. R. s. Johnston, F. A. 604.
— G. T. s. Larson, E. A. 159.
— H. M. s. Nelson, M. M. 425.
— J. D. 638.
— s. Bird, R. M. 637.
— P. H. 2.
— jr., W. A. s. Gibson II jr., J. G. 3.
Evelyn, K. A. s. Gibson II jr., J. G. 3.
— s. Malloy, H. T. 159, 234.
— s. Venning, E. H. 269, 272, 285.
Everett, M. R. s. Shetlar, M. R. 81, 88.
Ewerbeck, H. 21, 310, 320, 321.
— u. H. E. Levens 17.
Eweyk, E. van s. Rona, P. 167.
Ewig, W. s. Bruns, O. 344, 346, 347, 348, 349.
Exton, W. G. s. Rose, A. R. 127, 249.
Eymer, P. 75.
Ezmirlian, F. s. Hodges, R. M. 629.

Fabbrini, V. s. Iberti, U. 14.
Faber, M. 614, 621.
Fabre, R. 782.
Fabriani, G. s. Tria, E. 389.
Fahey, J. L. s. Olwin, J. H. 163.
Fahl, J. C. s. Rosenthal, O. 724.
Fåhraeus, R. 2.
Falck, W. s. Griessmann, H. 392.

Falk, F. 370.
— K., H. M. Noyes u. K. Sugiura 727.
Falkenbach, K. H. s. Gohr, H. 25.
Falkenstein, M., E. E. Underwood u. H. C. Hodge 626.
— s. Hodge, H. C. 488.
Fallon, I. T. 517.
Fantl, P. s. Volk, R. 592, 594.
Farkas, G. v. 4.
Farmer, C. J. s. Chinn, H. 425.
Farr, L. E. s. Strobino, L. J. 630.
Farrán, M. s. Pi-Suñer, A. 245.
Fashena, G. J. u. H. A. Stiff 115.
Fasol, A. 20.
Fayeau, F. s. Macheboeuf, M. A. 24.
Fazekas, J. G. 483, 653, 660.
Fearon, W. R. 47, 384.
— u. J. A. Drum 249, 250.
— s. Press, R. 664.
Feaver s. Dunn, P. 704.
Fedorow, S. A. 570.
Fee, D. A., D. Cruger u. H. B. Collier 32, 188.
Fehrmann, H. s. Hartmann, F. 385.
Feigl, F., u. Weisselberg 750.
— J. u. E. Querneo 240.
— u. W. Weise 143.
Feinberg, M. 807.
Feinschmidt, O. J. 536.
Feldberg, W. S. 521.
— W. u. B. Holmes 375.
— W. S., u. R. C. Y. Lin 521.
Feldkamp, R. F. s. Sahyun, M. 652, 662.
Felix, K. 204, 594, 603, 608, 609.
— H. Fischer, A. Krekels u. R. Mohr 578.
— — — u. H. M. Rauen 578.
— u. G. Leonhardi 205.
— u. I. v. Glasenapp 203, 204, 205.
— u. A. Mager 578.
— u. R. Teske 204.
— s. Leonhardi, G. 108, 203, 205.
Fellenberg, Th. v. 470, 546, 594, 607, 752.
Fels, S. S. s. Gershon-Cohen, J. 429.
Fendler, G., u. C. Mannich 751.
Fenn, W. O. 468, 476, 483.
— D. M. Cobb, J. F. Manery u. W. R. Bloor 540, 543.
Fenz, E., u. F. Zell 332.
Ferdmann, D., u. P. Dvornikova 528.
Ferguson, C. C. s. Rosenthal, O. 476.

Ferrante, A. 571.
Ferrata, L. 637.
Ferrebee, J. W. 424.
Ferry, V. T. s. Ferry, R. M. 502, 503.
— R. M., V. T. Ferry u. M. K. Connolly 502, 503.
Fertman, M. B. s. Curtis, G. M. 14.
Festenstein, G. N., u. R. A. Morton 605.
Feulgen, R., u. Th. Bersin 559.
— u. H. Grünberg 143.
Fiala, A. 111.
Fickling, B. W., P. Pincus u. B. Body-Cooper 362.
Field jr., H. s. Melnick, D. 196.
Fieser, L. F. s. Lieberman, S. 254.
Fikentscher, R. 156.
— u. K. Franke 232.
Filippi, F. de 195.
— A. s. Roche, J. 632.
Fincke, H. 98.
Fineman, A. s. Langstroth, G. O. 259, 264.
Fink, H., u. W. Hoerburger 228.
Finkelstein, M., S. Hestrin u. W. Koch 273.
Fiorentino, M., u. P. Boni 67.
— u. G. Giannettasio 67.
Fioretti, F. 446.
Fischer, A. 698.
— u. T. Astrup 698.
— s. Astrup, T. 698.
— s. Ehrensvärd, G. 698.
— A. M., u. D. A. Scott 653.
— E. s. Wieland, Th. 21, 49, 108.
— E. H. s. Meyer, K. H. 357, 360.
— F. P. 457, 560, 561, 562, 570, 571.
— H. 144, 228, 229.
— u. H. v. Dobeneck 416.
— u. H. Halbach 416.
— u. A. Stern 396.
— u. R. Hess 438.
— u. G. Niemann 235, 396.
— u. H. Röse 438.
— u. W. Zerweck 156, 238.
— s. Felix, K. 578.
— L. s. Menne, F. 77, 79.
— M. H., u. M. O. Hooker 241.
— M. I. s. Mawson, C. A. 520, 525, 583, 629.
— O. 680.
— Ö. s. Georgi, F. 300, 303, 304, 311.
— R. 771, 775, 782, 791.
— u. E. Buschegger 788.
— u. O. Reich 782.
— s. Kofler, L. 775.
— W. 445.

Fish, W. R., R. I. Dorfman u. W. C. Young 284.
— B. N. Horwitt u. R. I. Dorfman 284.
— s. Horwitt, B. N. 284.
Fishler, M., C. Entenman, M. Montgomery u. I. L. Chaikoff 135.
— s. Reinhardt, W. O. 135.
Fishman, J. B., u. W. H. Fishman 732.
— R. Springer u. C. Brandt 731.
— R. L. Markus, O. B. C. Page, P. H. Pfeiffer u. F. Homburger 347.
— W. H. s. Fishman, J. B. 732.
Fisk, A. A., A. Chanutin u. W. O. Klingman 310, 320, 321.
Fiske, C. H., u. Y. Subbarow 398.
Fitch, R. H. s. Voegtlin, C. 685.
Fitz, F. 127.
— R. s. Slyke, D. D. van 89.
Fitzpatrik, J. s. Tompselt, S. L. 47.
Flanders, F. F. s. Folin, O. 220.
— Flaschenträger, B. 143.
— u. H. Hosoda 202.
— u. E. Lehnartz 147, 157.
— u. P. B. Müller 101, 821.
Flaschka, H., u. A. Holasek 9.
Flater, M. s. Lobstein, J. 682.
Flatter 136.
Fleischhacker, H. H. 333.
— H., u. G. Schneider 305, 306.
Fleischmann, W. 347.
— u. H. Weigmann 675.
Flesch, P. 610, 611.
Fleury, P., J. Courtois u. M. Grandchamp 46.
— — u. A. Wickström 116.
— s. Courtois, J. 561.
Flexner, J., u. M. Kniazuk 375.
Flock, E. V. s. Bollman, J. L. 557.
Flössner, O. 357, 591.
Flieg, O. 201.
Flink, E. B., u. C. J. Watson 225, 226.
Flokstra, J. H. s. Byerrum, R. U. 537, 557, 558.
Flood, C. A., E. B. Gutman u. A. B. Gutman 293.
— A. E., E. L. Hirst u. J. K. N. Jones 68.
Florkin, M. 245.
— u. R. Crismer 245.
Flotow, E. 782, 783.
Flox, J. s. Alving, A. S. 77.
Floyd, C. S. s. Gjessing, E. C. 459.

Flury, F. s. Lehmann, H. B. 749.

Foldes, F. F. 400.
— u. B. C. Wilson 127.

Folin, O. 24, 36, 38, 62, 76, 77, 190, 193, 207, 223, 224.
— u. R. O. Bell 191.
— u. H. Berglund 73, 75.
— u. V. Ciocalteu 418.
— u. W. Denis 207, 209, 215, 216, 248.
— u. McEllroy 242.
— u. F. F. Flanders 220.
— u. P. A. Schaffer 224.
— u. A. Svedberg 24, 35, 37.
— u. H. Wu 23, 76, 224.

Folk, B. P. s. Lilienthal, J. L. 451, 541, 546.

Folley, S. J., u. T. H. French 665.
— u. H. B. Kay 293.

Fomenko, L. D. s. Ivanov, I. I. 579.

Fomin, S. s. Lintzel, W. 136.

Føus-Bech, P. s. Møller-Christensen, E. 654, 661.

Fontaine, R., P. Mandel u. A. Gries 623.

Fontés, G. s. Nicloux, M. 149.

Foord, A. G. u. C. F. Baisinger 159.

Forbes, J. C. s .Outhouse, E. L. 118.
— T. R., u. C. W. Hooker 255, 256.

Forchielli, E. s. Jeanloz, R. W. 589.

Fornaroli, P., u. A. Pardi 108.

Forssinan, S. 102, 202.

Fortunesco, A. 8.

Fortuzzi, R. 482.

Fosse, R. 188.

Fossel, M. 522.

Foster, J. V. s. Shetlar, M. R. 81, 88.

Fournier, P. 404, 409.

Fowweather, F. S. 442.

Fradà, G. 325.

Fraenkel-Conrat, H. 52.

Frahm, M. s. Soehring, K. 803, 809.

Frame, E. G., J. A. Russell u. A. E. Wilhelmi 48.

Frank, H., u. G. Gerstel 17.
— u. E. Kirberger 73, 75, 77, 79.
— H. E. s. Minot, A. S. 194, 198, 243.

Franke, H., u. H. Banda 384.
— s. Krebs, K. B. 812.
— K. s. Fikentscher, R. 232.
— W. s. Lynen, F. 113.

Frankel, S. s. Roberts, E. 503, 535, 539, 592, 598, 701, 702, 724.

Frankl, W. s. Yeh, H. L. 217.

Franklin, B., u. F. Prescott 334, 341.
— M. s. Huerga, J. de la 19, 30.

Franks, W. R. 690.

Frankston, J. E. s. Albanese, A. A. 218.

Franseen, C. C., u. R. McLean 729.

Frantz s. Varay, A. 30.
— I. D. s. Zamecnik, P. C. 706.

Frayser, R. s. Hickam, J. B. 149.

Free, A. H. 646, 647.

Freed, M., W. E. Grundy, C. R. Henderson u. G. H. Berryman 423.

Freedman, D. A. s. Kabat, E. A. 320.

Freeman, M. E., P. Anderson, M. Oberg u. A. Dorfman 584.
— — M. E. Webster u. A. Dorfman 584.

Frehden, O., u. Chao Hua Huang 809.

Fremont-Smyth, F. s. Merritt, H. H. 300, 309, 311.
— G. W. Thomas, M. E. Dailey u. M. P. Carroll 302.

French, E. L. s. Bird, M. J. 646.
— s. Teft, H. 646.
— T. H. s. Folley, S. J. 665.

Fresenius, R., u. L. v. Babo 813.
— W. s. Diemair, W. 670.

Freudenberg, E. 381, 382.
— u. S. Buchs 381.

Freudweiler, R. 801.

Freund, E. 297.
— u. G. Kaminer 297.
— u. B. Lustig 244.

Frey, E. 307, 339, 524.
— O. s. Enell, H. 745.

Frick, G. 659.

Fridjung, J. 671.

Friedberg, F., u. D. M. Greenberg 550.
— s. Marshall, L. M. 481.
— s. Winnick, T. 707.

Friedemann, T. E., u. T. Brook 369, 410.
— M. Cotonio u. P. A. Shaffer 107.
— u. G. E. Haugen 108, 202, 203.
— u. A. Kendall 107.
— Th., u. R. Klaas 97.

Friedgood, H. B., J. B. Garst u. A. J. Haagen-Smit 269, 273.
— u. H. L. Whidden 259.
— s. Garst, J. B. 272, 273, 275.
— s. Nyc, J. F. 260.

Friedman, H. s. Himwich, H. E. 134.
— O. M., u. A. M. Seligman 180.

Friedemann, A. P., u. R. Arkina 329, 331, 338.
— L. J. Kryjanovskaja u. P. C. Arkina 335.
— u. W. W. Petrowa 305, 307, 308, 339.
— L., u. O. L. Kline 87.
— O. M., u. A. M. Rutenburg 690.

Friedrich, A. s. Fürth, O. 240.

Friedrich-Liebenberg, A. s. Dworzak, R. 186.

Fries, B. A. s. Taurog, A. 488.

Frizet, P. s. Derrien, Y. 343.

Fröhlich, M. M. s. Papageorge, E. T. 212.

Fromme, I. s. Druckrey, H. 146.

Fronin, A. 294.

Frontali, N. s. Cavallini, D. 108.

Frost, D. V., C. A. Elvehjem u. E. B. Hart 11.

Frunder, H. 466, 467.

Fruton, J. S., u. M. Bergmann 513.
— G. W. Irving jr. u. M. Bergmann 513.
— s. Bergmann, M. 726.

Fuchs, H. G. s. Ackermann, D. 517.
— H. J. 104, 106, 297.
— u. W. Buss 69.
— L. 83, 475, 548.

Fuerst, R., A. J. Landua u. J. Awapara 49.
— s. Awapara, J. 460, 511, 535, 550, 693.

Fürth, K. s. Lustig, B. 345.
— O. 540, 542.
— u. T. Bruno 640.
— u. D. Charnass 104.
— u. Z. Dische 703.
— u. A. Friedrich 240.
— — u. H. Kaunitz 240.
— H. Kaunitz u. F. Scherf 703.
— u. H. Minibeck 384, 397.
— u. E. Nobel 323.
— u. K. Peschek 115.
— u. R. Scholl 397.
— — u. H. Herrmann 308, 354.

Fugo, N. W. s. Davis, M. E. 287, 288.

Fujisawa, Y. s. Kasahara, M. 307, 309, 329, 338.

Fujita, A., u. D. Iwatake 66, 70.
— u. I. Numata 44, 655, 658.
— u. K. Okamoto 66, 70.

Fujiwara, H., u. E. Kataoka 317.
— T. s. Kishi, S. 468, 685, 695, 700, 725.

Fujiwara, T. s. Nakahara, W. 703, 707.
— W. Nakahara u. S. Kishi 692, 700.
Fukuda, S. 663.
Fukuoko, F. s. Nakahara, W. 722.
Fuld, M. s. Meyer, K. H. 167, 169.
Funfack, M. 430.
Funke, S. s. Kaufmann, H. P. 143.
Fuse, 351.
Fu Ying Liu s. Kaufmann, H. P. 143.

Gabriel, E. 332.
— u. S. Novotny 332.
— S. 624.
Gad, I. 175.
Gadamer, J. 740, 767, 770, 821.
Gaddum, J. H. s. Barsoum, G. S. 379.
Gaebler, O. H. s. Beher, W. T. 259.
Gaedertz, A. s. Wittgenstein, A. 330, 331.
Gärtner, St. 315.
Gailey, F. B., u. M. J. Johnson 522.
Gaissinsky, B. E. 436.
Gajdos, A. s. Benard, H. 157.
Gajdusek, D. E. 510.
Galbraith, H. s. Kaucher, M. 462, 488, 489, 557.
— s. Teague, D. 450.
— s. Williams, H. H. 462, 489, 653.
— s. Williams, H. H. 557, 653.
Galbrun, G. s. Polonovski, M. 309.
Gale, E. F. 79, 596.
Gallagher, T. F. s. Munson, P. L. 264.
Gammeltoft, S. A. s. Henriques, V. 188.
Gammo, H. s. Kasahara, M. 335, 339.
— I. s. Kasahara, M. 335.
Gandin, S. 349.
Gangl-Reuss, E. s. Hinsberg, K. 195.
Ganguly, H. D. s. Bagdu, K. N. 607.
— J. s. Thompson, S. Y. 522.
Ganter, I. s. Knüchel, F. 163.
Gara, B. F. de, J. G. M. Bulto-wa u. S. C. Bukantz 347.
Garcia-Blanco, J., u. R. Royo 47.
Garcia, I. s. Roche, J. 630, 632.
— N. F. 47.
Gardner, L. I., H. Berman, E. A. McLachlan u. M. L. Terry 68, 330.

Garm, O. 655, 656, 658, 660.
Garner, R. J. s. King, E. J. 73.
Garofeanu, M. E., E. Lucinescu u. J. Potop 329.
Garrahan, J. P. 301.
Garrod, A. E. 229.
Garst, J. B., J. F. Nyc, D. M. Maron u. H. B. Fried-good 272, 273, 275.
— s. Friedgood, H. B. 269, 273.
— s. Nyc, J. F. 260.
Gassmann, Th. 629.
Gast, J. H. s. Moreland, F. B. 159.
Gastaldi, E. s. Biolato, D. 390, 397, 400.
Gasteff, A. s. Tschugaeff, L. 118.
Gates, F. L. s. Grant, J. H. B. 16.
Gautier, A., u. P. Clausmann 13.
Gebauhr, W. s. Geilmann, W. 820.
Gedigk, P. s. Westphal, N. 157, 158.
Geesink, A., u. S. Koster 332.
Geib, N. C. s. Block, W. D. 61.
Geiger, A., u. A. Rosenberg 326.
— G. s. Rappaport, F. 25.
— H. 603, 604, 605.
— I., G. Harrer u. K. Rotter 334.
— W. G. s. Holmes, H. N. 636.
Geiling, E. M. K. s. Eichelber-ger, L. 503.
Geilmann, W., u. W. Gebauhr 820.
Geiseler, G. s. Vogt, H. 240.
Geissen, W., B. Schuler u. H. F. Schuster 21.
Geiser, N. s. King, E. J. 148.
Gelenger u. Wiggers 346.
Gemeinhardt, K. 760, 773, 795, 801.
Genoese, G. 326.
Geness, S. G., u. W. P. Komis-sarenko 66.
Georgescu, I. s. Nitzescu, I. I. 563.
Georgi, F., u. Ö. Fischer 300, 303, 304, 311.
Gerald, P. S., u. B. M. Kagan 114.
Gerard, R. W., u. N. Tupikova 527.
— s. Tupikova, N. 529, 552, 553.
Gerassimow, P. N. 12, 306.
Gereb, St., u. D. Laszlo 16.
Gerhartz, H. 321, 345.
Gerlach, W. 442, 470, 473, 688.
— s. Edlbacher, S. 688.
— u. R. Müller 475, 546, 629, 690.
Gernay, J. M. s. Barac, G. 157, 158.
Gero, E. s. Giroud, A. 501, 504, 558, 654.

Gershbein, L. L., u. M. Krup 521.
Gershon-Cohen, J., H. Shay, K. E. Paschkins u. S. S. Fels 429.
— s. Shay, H. 372.
Gerstel, G. s. Frank, H. 17.
Geschwind, I. I., u. C. H. Li 479, 480.
Gettler, A. O., u. R. Bastian 470, 502, 662.
— I. B. Niederl u. A. A. Bene-detti-Pichler 758.
Getz, H. R. s. Dunn, K. R. 217.
— s. Dunn, M. S. 217.
Gheorghiu, A. s. Claudatus, I. 135.
Ghigi, E. 444.
Giannettasio, G. s. Fiorentino, M. 67.
Gibbs, G. E., u. P. L. Kirk 188.
Gibertini, G. 345.
Gibson, J. G., u. H. J. Blotner 96.
— s. Vallee, B. L. 12, 583.
— R. B. s. Johnston, G. W. 317.
— II, J. G. jr., u. W. A. Evans jr. 3.
— u. K. A. Evelyn 3.
Giemsa, G., u. J. Halberkann 793.
Gierke, E. 690.
— E. v. 447.
Giese, L. s. Hempel, J. 315.
Gigante, D. 375.
Gigli, G. s. Monasterio, G. 136.
Gigon, A., J. Gubser, u. M. No-verraz 25.
— u. M. Noverraz 36, 131, 150, 188, 395.
Gilbert, A., M. Herscher u. S. Posternack 157.
Gilchrist, M. s. MacFarlane, R. G. 148.
— s. King, E. J. 148.
Gildea, E. s. Man, E. 118, 134, 135.
— E. F. s. Brown, W. T. 327, 328.
— J. E. s. Goldberg, H. J. V. 362.
Gillam, A. E. s. Dunstan, S. 82, 83.
Gillespie, J. M. s. Cohn, E. J. 20.
Gilligan, D. R., J. R. Moor u. S. Warren 378, 379.
— s. Warren, S. 378, 379.
Gillum, F. s. Okey, R. 489, 490.
Giordano, G. G. s. Salvi, P. 333.
Giraud, A., u. M. Vidal 406.
Girino, G. 184.
Giroud, A., E. Gero, M. Rabino-wicz u. E. Hartmann 504, 558, 654.
— C. P. Leblond, R. Ratsima-manga u. E. Gero 501, 654.

Giroud, A., G. Lévy u. J. Boisselot 501.
Gitter, A., u. L. Heilmeyer 238.
Giuseppe, M. 624.
Gjaldbäk, J. K. s. Henriques, V. 218.
Gjessing, E. C., u. A. Chanutin 459.
— C. S. Floyd u. A. Chanutin 459.
Glaessner, K. 390.
Glasenapp, I. v. s. Felix, K. 203, 204, 205.
— s. Leonhardi, G. 108, 203, 205, 208.
Glass, J. B. 367, 378.
— J. s. Landau, A. 13.
Glaubach, S. s. Glick, D. 662.
Glauner, R., u. E. Schorre 311, 329.
Glavind, J., H. Granados, L. A. Hansen, K. Schilling, J. Kruse u. H. Dam 361.
— u. S. Hartmann 619.
— K. Th. Kjølhede u. I. Prange 422.
— E. H. Larsen u. P. Plum 422.
— s. Dam, H. 165.
— s. Hartmann, S. 619.
Gleiss, J. 163.
— u. K. Hinsberg 25, 26, 317, 318.
— s. Hinsberg, K. 119, 314.
Gley, P., u. C. M. Laur 472.
Glick, D., u. S. Glaubach 662.
— s. Kiriluk, L. B. 731.
Glickstein, J. s. Bandes, J. 372.
— s. Hollander, F. 372.
Glock, G. E., F. Lowater u. M. M. Murray 628.
— u. M. M. Murray 650.
— s. Platt, B. S. 466.
Glusman, M. s. Kabat, E. A. 320.
Gobat, Y. 559.
Godfrey, L. S. s. Okey, R. 489, 490.
Göbell, O. s. Janda, K. 575.
Göpfert, H. 67.
Goeppert, G. J. 201.
Goergiades, G., u. K. Uiberrak 483.
Gössner, W. 236.
Goettsch, M., I. Lonstein u. J. Hutchinson 549.
Goetze, E. 385.
Gözsy, B. s. Annau, E. 702.
Gohr, H. 243, 372.
— K. H. Falkenbach und H. Langenberg 25.
— u. O. Scholl 25.
Goiffon, R. 413.
— O. Aguiar u. M. Gomez 408.
— s. Jonckheere-Debergh, M. 418.

Goiffon, R., u. Sala-Roig 135.
Goldberg, A. Ph., M. W. Lepskaja u. D. I. Halperin 468, 660.
— H. J. V., J. E. Gilda u. G. H. Tishkoff 362.
— M. W. s. Ruzicka, L. 17.
Goldfeder, A., u. H. G. Albaum 695.
Goldemberg, L., u. J. Schraiber 359, 407.
Golden, F. s. Mehl, J. W. 31.
— W. R. C., u. J. G. Snavely 234.
Goldenberg, M., F. Gottdenker u. C. J. Rothberger 91.
Goldinger, J. M., M. A. Lipton, E. S. G. Barron u. R. Ahrens 637.
Goldner, M. G. s. Gomori, G. 482.
Goldschmidt, G. 245.
Goldsmith, G. A. 108.
Goldstein, G. s. Stern, K. G. 660.
Goldzieher, J. W. 287.
Golla, F. s. Dorée, C. 195.
Goloubitzkaja, R. L. 596.
Gomez, M. s. Goiffon, R. 408.
Gomori, G. 177, 248, 249.
— u. M. G. Goldner 482.
Gonnermann, M. 432, 437, 438, 442, 443.
Gonzales, W. T. s. Morrison, L. M. 116.
Good, C. A., H. Kramer u. M. Somogyi 484.
Goodman, J. s. Sobel, A. E. 118.
Gordon, J. J., u. J. H. Quastel 104.
Goodson, W. H., u. Ch. Sheard 159, 234.
Gore, M., F. Ibbott u. H. McIlwain 538, 539.
Gornall, A. G., C. J. Bardawill u. M. M. David 25.
Gorter, E., u. P. C. Blokker 19.
— u. J. J. Hermans 314.
Gosting, L. J. s. Deutsch, H. F. 32.
Goto, S. 512.
Gottdenker, F. s. Goldenberg, M. 91.
Gotzl. F. R., u. C. A. Dragstedt 480.
Gough, N. s. Eggleton, P. 40, 193.
— s. Marrian, G. F. 283.
— s. Sommerville, I. F. 286, 287.
Gourévitch, A. s. Randoin, L. 501, 504, 518, 558.
Gouzon, B. s. Bierry, H. 87.
Goyan, F. M. s. Hind, H. W. 666.

Goyert, K. 594.
Gradwohl, R. B. H. 428, 433.
Graeber, H. 518.
Graf, E. 804.
— G. 308.
— H. E. 409.
Graff, S. s. Voorhees, A. B. 167.
— U. s. Jenke, M. 130.
Graffi, A., u. K. Junkmann 694.
Grafflin, A. L. s. Akawoka, S. 483.
— s. Marble, A. 467, 468.
Gralka, R. s. Aron, H. 607, 623, 624.
Granados, H. s. Dam, H. 647.
— s. Glavind, J. 361.
Graner, W. s. Masshoff, W. 342, 347.
Grangaud, R. 625.
Granick, S. 459, 510.
— u. L. Michaelis 510, 521.
Graniser, L. W. 192.
Grant, J. H. B., u. F. L. Gates 16.
— R. T. s. Lewis, Th. 355.
Granville, A. B. s. Ropes, M. W. 641.
Grass, H. s. Guthmann, H. 12.
Grassmann, W., u. K. Hannig 21.
— — u. K. Knedel 21.
— s. Bertho, A. 102.
Grau, H. 446.
Grauer, H. 549.
— R. C. s. Saier, E. 264.
Graul, E. H. s. Rausch, L. 330.
Gray, C. H., u. J. Whidborne 158.
— s. Whidborne, J. 158.
— J. S., G. R. Bucher u. H. H. Harmann 375.
Greco, A. 234.
— A. E. s. Maver, M. E. 660.
Green, C. s. Chargaff, E. 481, 659, 663, 710.
— D. E. 3.
— s. Blanchard, M. 505.
— s. Ratner, S. 506.
— E. U. s. Miller, G. L. 698, 699.
— M. W. 90.
Greenberg, D. M., S. P. Lucia, M. A. Mackey u. E. V. Tufts 9.
— u. T. N. Mirolubova 317.
— s. Austoni, M. E. 471, 474, 502, 507, 515, 520, 526, 545, 547, 627, 633.
— s. Friedberg, F. 550.
— s. Schmidt, C. L. A. 9, 470, 503, 507, 508, 514, 525, 545, 547, 593, 626.
— s. Winnick, T. 707.

Greenberg, L. A., u. D. Lester 90, 208.
— s. Lester, D. 90, 208.
Greenblatt, I. J., u. S. Hartman 9.
Greene, C. H., J. L. Bollman, N. M. Keith u. E. G. Wakefield 344.
Greengard, H., u. A. C. Ivy 522.
Greenstein, J. P. 683, 700, 701, 715, 720, 721, 722, 727, 728, 729, 731, 732.
— u. H. B. Andervont 722.
— u. H. W. Chalkley 729.
— C. E. Carter, H. W. Chalkley u. F. M. Leuthardt 729.
— u. W. V. Jenrette 713.
— — G. B. Mider u. J. White 724.
— — u. H. B. Andervont 721.
— — u. J. White 722.
— u. F. M. Leuthardt 697, 721, 725.
— u. J. W. Thompson 689, 723, 724.
— J. Werne, A. B. Eschenbrenner u. F. M. Leuthardt 721.
— s. Carter, C. E. 725.
Greenwald, I. 8, 15.
Greenwood, D. A. 13.
Gregersen, M. I. s. Noble, R. P. 3.
Gregory, R. A. s. Code, Ch. F. 379.
— R. s. Bennett, A. 90, 208.
Greif, R. L. s. Hiller, A. 214.
Greig, M. E., u. W. C. Holland 325.
Grevenstuk, A. 87.
Griebel, C. 776, 802.
Grieg, A., R. Askerold u. S. L. Sveinsson 227.
Griep, W. A. 323.
Grier, R. S. s. Hoagland, M. B. 688.
Gries, A. s. Fontaine, R. 623.
Griessmann, H., u. W. Falck 392.
Grigoresku, G. 313.
Griffin, A. C., S. Bloom, L. Cunningham, J. D. Teresy u. J. M. Luck 706.
— H. Cook u. L. Cunningham 479.
— G. E. s. Muntwyler, E. 546.
Griffith, L. G. s. Muntwyler, E. 546.
Grimes, M. s. Minot, A. S. 243.
Grinstein, M., u. C. J. Watson 156.
— u. M. M. Wintrobe 156, 230.
— s. Watson, C. J. 156.
Grisolia, S. s. Cohen, P. P. 736.
Grisoni, R., u. C. L. Cazzulo 334, 335.

Grönvall, H. 565.
Gróf, P. s. Jendrassik, L. 159, 234, 414.
Groll, J. T. 381.
Grollman, A. s. Stimmel, B. F. 266.
Gronover, A. 680.
Gross, E., u. A. Grosse 822.
— s. Matthes, K. 150.
— H. s. Sandberg, M. 689.
— J. s. Benjamin, H. R. 9.
Grossberg, A. L., S. A. Komarov u. H. Shay 379.
Grosse, A. s. Gross, E. 822.
Grossfeld, E. 228.
— J., u. W. Zeisset 682.
Grossmann, M. I. 383.
Groth, D. R., G. A. Le Page, C. Heidelberger u. P. A. Stoesz 696.
Grotepass, W. 156.
— s. Hijmans van den Bergh, A. A. 156, 158.
— s. Langen, C. O. de 156.
Grove-Rasmussen, M. s. Hunter, F. T. 149, 152.
Gruber, G. B. 429, 430, 431.
— Ch. M. s. Brundage, I. T. 783.
— M. s. Westenbrink, H. G. K. 557, 559.
Grün, A. 133.
Grünberg, H. s. Feulgen, R. 143.
Grüner, G. s. Böhm, F. 60, 249.
Grüning, W. 728.
Grüninger, U. 14.
Grützner, R. s. Blum, F. 15.
Grundy, W. E. s. Denko, C. W. 423.
— s. Freed, M. 423.
Grunert, R. R., u. P. H. Phillips 45.
Gruschow, J. s. Mann, W. 716.
Grut, A., u. H. Hesse 151.
Grutterink, Adide u. W. van Rijn 808.
Gruzewska, Z., u. G. Roussel 468, 470, 475, 476.
— s. Béraut, M. E. 470.
Guarnaschelli-Raggio, A. 372.
Gubenko, N. K. 308, 359.
Gubernick, I. s. Silverman, H. 61.
Gubser, J. s. Gigon, A. 25.
Gudiksen, E. 375.
Gueffroy, W. s. Jauerneck, A. 812.
Günther, G. s. Euler, H. v. 572, 716, 718, 724.
— G. W. 429.
Guest, G. M. s. Rapoport, S. 493, 549.
— M. M. 483.
Gütter, W. s. Meuser, H. 176.
Guggenheim, M. 59, 578.

Guillain, G., G. Laroche u. P. Lechelle 311.
— — u. M. Macheboeuf 311.
Guiraud, J. s. Riser, M. 324.
Guillaumin, C. O. 16, 332.
— s. H. Chabanier 13.
Gujot, O. s. Hausberger, F. X. 619, 620.
Gulland, J. M., u. T. F. Macrae 223.
Gulielmo 792.
Gunton, R., u. A. C. Burton 214, 215.
Gurd, F. R. N. s. Cohn, E. J. 20.
— s. Lever, W. F. 20.
— F. N., H. M. Vars u. I. S. Ravdin 476.
Gurgiolo, A. E., u. F. B. Moreland 159.
Gurley, H. s. Hepler, O. E. 505.
Gurin, S., u. D. B. Hood 67, 83, 242.
— s. Hood, D. B. 84.
Guterman, H. S. s. Wolfson, W. Q. 224.
Gutermann, H. S. 286.
— u. M. S. Schroeder 286.
Guthmann, H., u. H. Grass 12.
— u. K. H. Henrich 12, 548.
Guthneck, B. T. s. Schweigert, B. S. 705.
Guthrie, R. G. 680.
Gutman, A. B. 21.
— u. E. B. Gutman 176, 177, 580, 584, 728.
— D. H. Moore, E. B. Gutman, V. McClellan u. E. A. Kabat 31.
— E. E. Sproul u. E. B. Gutman 728.
— F. B. Warrick u. E. B. Gutmann 641.
— s. Flood, C. A. 293.
— s. Moore, D. H. 31.
— s. Robinson, R. 728.
— E. B. s. Flood, C. A. 293.
— s. Gutman, A. B. 31, 176, 177, 580, 584, 641, 728.
— s. Robinson, J. N. 176, 728.
Gutschmidt, J. 96, 97.
Guttmann, L. 300.
— P. 342, 347.
Gutzeit, H. 742.
— K. 25.
— u. G. W. Parade 14.
— R. 446.
Guyotjeannin, Ch. s. Desbordes, J. 75.
Gye, W. E. s. Ledingham 736.
György, P., u. E. Sulger 16.
— s. Yeh, H. L. 217.

Haag, E., u. Ch. Dalphin 107.
Haagen-Smit, A. J. s. Friedgood, H. B. 269, 273.

Haas, E. 44.
— F. 428.
— G. 46.
— P. s. Barklay, H. 75.
Haase, K. E. 334.
Haberland, G. 806.
Hack, M. H. 132, 138, 398.
Hackmann, C. 812.
Hadidian, Z., u. N. W. Pirie 569, 589.
— s. Hechter, O. 580.
Häcker, W., u. J. Hühnerfeld 156.
Hämäläinen, J. 763.
Haemmerli, A. s. Herzfeld, E. 162.
Hässig, A. s. Wunderly, Ch. 32.
Häussler, A. 802.
Haex, A. J. Ch. 482, 483.
Hagdahl, L., u. R. T. Holman 135.
— s. Holman, R. T. 135.
Hagedorn, H. C., u. B. N. Jensen 68, 167.
Hagemann, B. s. Schwarz, G. 673, 679.
Hagen, H. 25.
Hahn, A., u. G. Barkan 40, 193.
— u. A. Schürmeyer 307.
— H. 356.
— L. 584.
— u. H. Tyrén 486.
— s. Euler, H. v. 459, 522, 553, 561.
— P. s. Miller, L. 11.
Hahndel, H. s. Lucke, H. 332.
Hajek, M. 445.
Halász, M. 234, 376.
Halbach, H. s. Fischer, H. 396, 416.
Halberkann, J. s. Giemsa, G. 793.
Hale, C. W. s. McClean, D. 731.
Halenz, H. F. s. Wakeham, G. 472.
Hall, L. s. Chow, B. F. 19.
— s. Morrison, L. M. 116.
— W. K. s. Child, G. P. 442.
Hallenbeck, G. A., M. Dworetzky u. C. F. Code 389, 663.
— s. Code, Ch. F. 379.
Haller, C. R. s. Kensler, C. J. 735.
Halliburton, W. D. 509.
Hallman, L. F. s. Deuel, H. J. 482.
Halperin, D. I. s. Goldberg, A. Ph. 468, 660.
Halpern, F. 321.
Halse, T. 163, 164, 297, 334, 346, 347, 348, 352.
Halvorson, H. O., u. M. O. Schultze 35.
Hamblen, E. C., W. K. Cuyler u. D. V. Hirst 284.
— s. Cuyler, W. K. 284.

Hamilton, J. G. s. Scott, K. G. 690.
— P. B. 481.
— s. Phillips, R. A. 19.
— u. D. D. van Slyke 23, 54, 55, 57, 58.
— s. Slyke, D. D. van 1, 18, 19, 53, 58, 149, 218, 625.
— T. S. s. McClure, F. J. 604.
— s. Johnson, B. C. 606.
— s. Mitchell, H. H. 452, 468, 470, 476, 539, 540, 546, 548, 604, 607, 662.
— s. Shields, J. B. 606.
— s. Spector, H. 604, 606.
— W. F. s. Barbour, H. G. 1, 19.
Hammarsten, O. 354, 390, 398, 399.
Hammerschlag, A. 1, 19.
Hammes, K. 175.
Hammond, L. D. 80, 245.
Hanak, M. s. Karczag, L. 303.
Handler, M. E. s. Kendrick, A. B. 50.
— H. Kamin u. J. S. Harris 503.
— P. 42.
Hankins, O. G. s. Kraybill, H. F. 618.
Hankinson, C. L. 382.
Hannappel, C. 332.
Hanner, A. s. Pfyl, B. 751.
Hannig, K. s. Grassmann, W. 21.
Hansen, A. E. s. Wilson, W. R. 132, 137.
— F., u. K. O. Møller 470, 475.
— L. 264, 265.
— L. A. s. Glavind, J. 361.
Hanser, R. 438.
Hanson, S. W. F., G. T. Mills u. R. T. Williams 245.
Hanstein, S. v. s. Becker, H. 505.
Hanusch, F. s. Dirscherl, W. 272.
Hard, W. L., O. E. Reynolds u. M. Winbury 587.
Harden, A., u. D. Norris 40, 193.
Harding, M. L. s. Tomarelli, R. M. 380.
— V. J., u. B. A. Eagles 529.
Hare, T., u. H. Cohen 642.
Harger, R. N., B. B. Raney, E. C. Bridwell u. M. F. Kitchel 97.
Hargraves, M. M. s. Watson, J. B. 356.
Hargreaves, A. B., u. H. F. Deutsch 722.
— C. A., M. D. Abrahams u. H. B. Vickery 111.
Harkness, E. V. s. Venning, E. H. 269, 272, 285.

Harkness, D. M. s. Muntwyler, F. 475, 479, 499.
Harkins, H. N. s. Scott, O. B. 351.
Harman, P. J. s. Roberts, E. 535.
Harmann, H. H. s. Gray, J. S. 375.
Harmer, M., u. J. A. Chalmers 354.
Harms, F. 497.
Harnapp, G. O. 305.
Harnischfeger, E., u. E. Opitz 505, 559, 560.
Harrer, G. s. Geiger, I. 334.
Harris, J. S. s. Handler, P. 503.
— K. E. 355.
— M. 322.
— M. M. 535.
— R. S. s. Beale, H. P. 710.
— s. Moore, D. H. 731.
Harrison, G. A. 162, 215, 241, 304, 305, 307, 308, 309, 323, 324, 328, 329, 578.
— u. R. J. Bromfield 47.
— u. L. F. Hewitt 47.
— T. R. s. Cullen, G. F. 470, 546, 547.
Harrold, G. C. s. Meek, S. F. 226.
Hart, C., u. E. Mayer 445.
— E. B. s. Frost, D. V. 11.
— s. Hove, E. 11.
— s. Moore, P. R. 501, 558, 654.
— M. C. s. Heyl, F. W. 591.
Harte, R. A. J. s. Landsteiner, K. 522.
Harth, S. s. Mandel, P. 568.
Hartl, K. s. Starlinger, W. 25.
Hartman, L. s. Greenblatt, I. J. 9.
Hartmann, C. G. s. Marker, R. E. 284.
— E. s. Giroud, A. 504, 558, 654.
— F. A., u. K. A. Brownell 653, 661.
— F., H. Fehrmann u. W. Pola 385.
— H. 150.
— E. Chytrek u. R. Ammon 13.
— M. s. Dehn, W. M. 185.
— S., u. J. Glavind 619.
— s. Glavind, J. 619.
Hartner, F., u. E. Schleiss 44.
Hartree, E. F. s. Keilin, D. 581, 719.
Harvalik, Z. s. Starkenstein, E. 10.
Harvier, P., u. M. Rangier 31, 215.
— u. J. Turiaf 278.
Harzheim, J. s. Savelsberg, W. 146, 147.

Haschek, H. s. Meuser, H. 176.
Hasebrock, K. 350.
Hashimoto, H. 332.
Haslam, J., u. D. C. M. Squirrell 316.
Haslewood, G. A. D. 263.
— u. T. A. Strookman 67.
— s. Bisset. N. G. 288.
— s. Brooksbank, B. W. L. 285.
Hasselbeck, J. 14.
Hasselquist, H. s. Euler, H. v. 713.
Hastings, A. B. s. Danielson, I. S 546.
— s. Deane, H. W. 81.
— s. Manery, J. F. 613, 614.
— s. Mishkis, M. 307.
— s. Weir, E. G. 14.
Hata, M. 361, 397, 566, 664.
Hatakeyama, T. s. Katsura, S. 134, 137.
Hatz, E. B. s. Rusznyák, St. 150.
Haugaard, G. s. Sörensen, M. 21, 87, 89.
Haugen, G. E. s. Friedemann, T. E. 108, 202, 203.
Haurowitz, F. 147.
— u. T. Astrup 19.
— u. S. Tekman 20, 215.
Hausberger, F. X., u. H. K. Bublitz 622.
— u. O. Gujot 619, 620.
Havemann, R. 150, 153.
— F. Jung u. B. v. Issekutz jr. 147, 150, 153.
Haven, F. L. 693.
— W. R. Bloor u. C. Randall 653, 661, 694, 696.
— C. Randall u. W. R. Bloor 481.
Hawkins, J. A., E. M. MacKay u. D. D. van Slyke 241.
— s. Slyke, D. D. van 67, 241.
Hawkinson, V. E. s. Schwartz, S. 228, 231.
— V. s. Watson, C. J. 156, 226, 227, 228, 235, 415.
Heard, R. D. H., W. S. Bauld u. M. M. Hoffman 266, 284.
— u. M. M. Hoffman 266.
— — u. G. E. Mack 283.
Hebb, C. O., u. G. W. Stavraky 361.
Heckscher, R. s. Kuhn, R. 92.
Hechter, O., u. Z. Hadidian 580.
Heepe, F., H. Karte, E. Lambrecht 316.
— u. E. Lambrecht 313.
Hegemann, G., I. Nickell u. F. Tischler 615.
Heidelberger, C. s. Groth, D. R. 696.
— s. Le Page, G. A. 706.
Heidermanns, C., u. P.Münzel 188.

Heidrich, L. s. Knauer, H. 326, 327, 328.
Heidt, L. J., u. K. A. Moon 67, 82.
— u. F. W. Southam 74.
— — J. D. Benedict u. M. E. Smith 67, 73, 82, 242, 245.
Heilmeyer, L. 3, 236, 238, 239, 516.
— u. H. Begemann 383.
— W. Keiderling u. G. Stüwe 11.
— u. W. Krebs 60, 61, 236, 417.
— u. I. von Mutius 147.
— u. A. Sundermann 147.
— u. G. Strüwe 306.
— u. G. Will 238.
— s. Gitter, A. 238.
— s. Otto, W. 238.
— s. Rudert, H. 236.
Heinbecker, P. s. White, H. L. 77.
Heinsen, H. A. 505, 519.
Heinzler, F. s. Esser, H. 21, 310, 320, 321.
Heise, R. s. Holtz, P. 505.
Heiser, F. 467.
Heiwinkel, H. s. Euler, H. v. 501, 558, 717.
Hejda, B. 176.
Helch, H. 794.
Heller, J. s. Parnas, J. K. 10.
— L. s. Euler, H. v. 722.
Hellerström, S. 598.
Hellmann, H. s. Masshoff, W. 342, 347.
Hellström, H. s. Euler, H. v. 519, 572, 724.
Hellwig, A. s. Quam, G. 670.
— C. A., R. L. Drake, H. W. Voth u. J. E. Bleicher 310.
Helmert, E. s. Maschmann, E. 725.
Helmsworth. J. A., u. L. Keefer 305.
Helwig, F. 231.
Hempel, J., u. L. Giese 315.
Hemphill, R. E. s. Reiss, M. 333.
Hems, R. s. Krebs, H. A. 511.
Henderson, C. R. s. Freed, M. 423.
— J., N. F. MacLagan, V. R. Wheatley u. J. H. Wilkinson 284, 286, 289.
— L. M. s. Schurr, P. E. 460, 477, 550, 551.
Hendrych, F., v. H. Weden 11.
Henle, W., u. G. Szpingier 622.
Henly, A. A. s. Butt, W. R. 260.
Hennessy, D. J., u. L. R. Cerecedo 423.
Henning, W. 632.
Henrich, K. H. s. Guthmann, H. 12, 548.

Henriques jr., F. C. s. Ormsbee, R. A. 597, 598.
— V., u. S. A. Gammeltoft 188.
— u. J. K. Gjaldbäk 218.
Henriques-Sørensen u. S. P. L. Sørensen 218, 220.
Henschen, K., E. Herzfeld u. R. Klinger 348.
Henseler, A. 294.
Hepburn, J. S., u. Ph. E. Yonnt 585.
Hepler, O. E., J. P. Simsons u. H. Gurley 505.
— s. Peeler, A. L. 116.
Heppel, L. A. 543.
Herbain, M. 67.
— s. Bénard, H. 90.
Herbert, F. K. 75.
Herfort, K. s. Zadina, R. 386.
Herger, Ch. C., u. H. R. Sauer 176.
Heringa, G. C., W. F. Leyns u. A. Weidinger 564.
Herkel, W. 470, 472.
— s. Schönheimer, R. 437.
Herken, H. 726.
Hermann, H. 436.
— V. 483, 657.
Hermans, J. J. s. Gorter, E. 314.
Herscher, M. s. Gilbert, A. 157.
Herre, W. s. Abderhalden, E. 296.
Herrmann, H. s. Fürth, O. 308, 354.
— s. Werle, E. 506.
Herrnberger, K., u. F. H. Horstmann 585.
Herrnring, G., u. S. Borelli 48, 49.
Herz, N., u. B. Shapiro 77.
Herzfeld, E. 347, 396.
— u. A. Haemmerli 162.
— s. Henschen, K. 348.
Hertz, W. 305, 339.
Hess, A. s. Neuweiler, W. 165.
— A. F. s. Benjamin, H. R. 9.
— E. L., u. H. F. Deutsch 32.
— R. s. Fischer, H. 438.
— W. C. s. Hilmer, P. E. 260.
Hesse, E. 12.
— H. s. Grut, A. 151.
Hesselvick, L. 568, 569.
Hestrin, S. 43.
— s. Finkelstein, M. 273.
Heubner, W. 6, 13, 143, 770.
— M. Kiese, M. Stuhlmann u. W. Schwartzkopff-Jung 150.
Heuckeroth, E. 329.
Heupke, W. 404, 406, 407, 408, 410, 427.
Hewitt, L. F. 21, 317.
— s. Harrison, G. A. 47.
Heyde, W. 333.
Heyl, F. W., u. M. C. Hart 591.

Heymann, W., u. J. L. Modie 483.

Hickam, J. B., u. R. Frayser 149.

Hieger, I. 689.

Hier, S. W. s. Salomon, J. D. 322.

— s. Woodson, H. W. 217.

Higuchi, S. 587.

Hijmans van den Bergh, A. A. 157, 158.

— u. W. Grotepass 156, 158.

— — u. F. E. Revers 156.

— u. A. J. Hijman 156.

— u. P. Müller 158.

Hijman, A. J. s. Hijmans van den Bergh, A. A. 156.

Hilbek, H. s. Kofler, L. 759.

Hildebrandt, A., u. R. Abderhalden 501, 558.

Hilditch, T. P., u. K. S. Murti 619, 635.

— u. F. B. Shorland 489, 490, 492.

Hilger, A. s. Nattermann, H. 745.

Hill, B. R. s. Lieberman, S. 254.

— E. s. Koehler, A. L. 80, 208.

— J. L. 360.

Hiller, A., u. D. D. van Slyke 22, 47.

— R. L. Greif u. W. W. Beckman 214.

— J. F. McIntosh u. D. D. van Slyke 216.

— J. Plazin u. D. D. van Slyke 24.

— s. Slyke, D. D. van 1, 18, 19, 148, 149.

— F. 325, 332, 334.

Hills, G. M. 641.

Hilmer, P. E., u. W. C. Hess 260.

Himwich, H. E., H. Friedmann u. M. Spiers 134.

Hind, H. W., u. F. M. Goyan 666.

Hine, Ch. H. s. Burbridge, T. N. 89, 91.

Hingerty, D. s. Conway, E. J. 545.

Hinsberg, K. 97, 100, 297, 298, 683.

— u. R. Ammon 104.

— u. E. Breutel 97.

— u. E. Gangl-Reuss 195.

— u. J. Gleiss 119, 314.

— u. D. Laszlo 24.

— u. R. Merten 7, 24.

— u. B. Schleinzer 296.

— s. Bruns, F. 82.

— s. Dibbelt, L. 290.

— s. Gleiss, J. 25, 26, 317, 318.

Hint, H. C., u. G. Thorsen 82.

Hinton, J. W. s. Bruger, M. 359.

Hirata, Y., u. K. Zuzuki 335.

Hiratsuka, E. s. Bischoff, G. 670.

Hirsch, C. 640.

— E. F. s. Weinhouse, S. 619, 620.

— O. 307.

— P. 381.

Hirschlaff-Lindgren, B. 111.

Hirschmann, A. s. Sobel, A. E. 48.

— F. B. s. Hirschmann, H. 256, 259.

— H. 283.

— u. F. B. Hirschmann 256, 259.

— s. Ruthardt, K. 437, 438, 439.

Hirst, D. V. s. Hamblen, E. C. 284.

— E. L. s. Flood, A. E. 68.

Hittmair, A. 144.

Hoagland, M. B., R. S. Grier u. M. B. Hood 688.

Hoare, R., u. J. Tuba 170, 172.

— s. Tuba, J. 170, 172.

Hobby, G. L. s. Meyer, K. 731.

Hoberman, H. D. 194, 218.

Hock, A. 619.

Hodge, H. C., P. L. MacLachlan, W. R. Bloor, E. A. Welch, S. L. Kornberg u. M. Falkenstein 488.

— s. Bird, M. J. 646.

— s. Falkenstein, M. 626.

— s. Lefevre, M. L. 646.

— s. Levine, C. J. 540, 656. 660.

— s. MacLachlan, P. L. 488.

— s. Manly, R. S. 644.

— s. Mann, W. 657.

— s. Teft, H. 646.

Hodgen, C. G. s. Robinson, H. W. 25.

Hodges, C. V. s. Berg, O. C. 580.

— s. Huggins, C. 728.

— R. M., N. S. McDonald, R. Nusbaum, R. Stearns, F. Ezmirlian, P. Spain u. C. McArthur 629.

Hodson, A. Z. 506.

Högberg, B. 691.

— F. Schlenk u. H. v. Euler 198.

— s. Euler, H. v. 501, 558, 717.

Hoehn, W. M. s. Kerr, G. W. 264.

Hölscher, H. A. 717.

Hoerburger, W. s. Fink, H. 228.

Hoerr, S. O., W. B. Bliss u. J. Kauffman 409.

Hoesch, K. 396.

Hoesslin, H. v. 362, 364, 365, 366, 368, 369, 370, 371, 444, 445, 446.

Hoffbauer, F. W., E. D. Rames u. J. K. Minert 158.

Hoffman, H. E., u. A. M. Schlechtman 700.

— M. M. 284.

— u. J. S. L. Browne 284.

— V. E. Kazmin u. J. S. L. Browne 284.

— s. Heard, R. D. H. 266, 283, 284.

— W. s. Kelly, H. J. 451.

Hoffmann, A., G. Lehmann u. E. Wertheimer 640.

— C. A., u. S. Werthammer 431.

— E. s. Hübener, H. J. 279.

— J. 13, 470, 471, 502, 508, 526, 546, 547, 584, 607, 627, 629, 652, 653, 655, 664.

— K., D. F. Dickel u. A. E. Axelrod 501.

— W. 812.

— u. G. Wilkens 812.

Hoffmeister, W. s. Thaddea, S. 335.

Hofman, L. 13.

— s. Christiani, A. v. 297.

Hofmann, A. s. Tropp, C. 228, 232.

— H., u. H. J. Staudinger 279.

— K., u. M. Bergmann 387.

— R. s. Straube, G. 323, 324.

Hofstetter, H. s. Butenandt, A. 266.

Hogden, C. G. s. Robinson, H. W. 25.

Hogeboom, G. H. 735.

— u. W. C. Schneider 734.

— W. C. Schneider u. G. E. Palade 449, 722, 733.

— s. Schneider, W. C. 733, 734.

Hogestyn, J. s. Young, L. E. 235, 415.

Hohlweg, W. 284.

Holasek, A. s. Flaschka, H. 9.

Hollán, S. 382.

— s. Berend, N. 382.

Holland, W. C. s. Greig, M. E. 325.

Hollander, F., A. Penner, M. Saltzman u. J. Glickstein 372.

— s. Bandes, J. 372.

Hollau, S. 522.

Holden, H. F. 144.

Holiday, E. R., u. A. G. Ogston 19.

Holley, H. L. s. Shaw, C. W. 304, 305.

Hollmann, S. s. Deuticke, H. J. 549.

Holly, O. M. s. Sandberg, M. 689.

Holmes, B. s. Feldberg, W. 375.

Holmberg, C. G. 11.

— s. Colldahl, H. 59.

Holman, R. T. 135.

— u. L. Hagdahl 135.

Holman, R. T. s. Hagdahl, L. 135.
Holmes, H. N., R. E. Corbet, W. B. Geiger, N. Kornblum u. W. Alexander 636.
Holst, G. v. 347.
Holter, H. s. Brüel, D. 190.
Holtorff, A. F., u. F. C. Koch 259, 260.
Holthaus, B., u. B. Wichmann 327.
Holtz, F. 9.
— P. 498, 501, 558.
— u. K. Credner 506.
— — u. A. Reinhold 522.
— u. R. Heise 505.
Holz, P., u. H. Walter 466.
Holzapfel, L. 514.
Holzer, W., u. A. Steinbäcker 313.
Holzman, G., R. V. MacAllister u. C. Niemann 67.
Holzmann, G. s. Brown, D. H. 522.
Homburger, F. s. Fishman, W. H. 347.
— s. Young, N. F. 483.
Hood, D. B. s. Gurin, S. 67, 83, 242.
— M. B. s. Hoagland, M. B. 688.
Hook, A. E. s. Sharp, D. G. 737.
Hooker, C. W. s. Forbes, T. R. 255, 256.
— M. O. s. Fischer, M. H. 241.
Hopkins, F. G. 224.
— u. E. J. Morgan 426.
Hoppe-Seyler, F. A. 195.
— G. 504.
Horecker, B. L., u. F. S. Brackett 150.
Horie, M. s. Kasahara, M. 335.
Horiye, K. 641.
Horn, M. J., u. D. B. Jones 610.
Horowitz, E. A. s. Brody, H. 332.
— M. G., H. M. Davidson, F. D. Howard u. F. J. Reithel 80.
Horrocks, R. H., u. G. B. Manning 68.
Horstmann, F. H. s. Herrnberger, K. 585.
— P. 375.
Horvai, L. 653, 662.
Horvath, S. M. 552.
— u. C. A. Knehr 67.
Horwitt, B. N., R. I. Dorfman, A. R. Shipley u. W. R. Fish 284.
— s. Fish, W. R. 284.
Hoshi, T. 665.
Hosoda, H. s. Flaschenträger, B. 202.

Hotchkiss, R. D. 630.
Houben, J. 805.
Houget, J. s. Cahn, Th. 462, 470, 490.
Hove, E., C. A. Elvehjem u. E. B. Hart 11.
Howard, F. D. s. Horowitz, M. G. 80.
— G. A., u. A. J. P. Martin 370, 411.
Howe, P. E. 26.
Howell, S. F. 188.
Hoyt, R. E., u. M. G. Levine 287.
Hrubesch, A. s. Koschara, W. 239.
Hryntschak, Th. 220.
Huang, Chao Hua s. Frehden, O. 809.
Hubbard, R. S., u. G. M. Beck 306.
— u. T. A. Loomis 80.
— u. N. M. Russell 328.
Hubbe, I. s. Cremer, H. D. 401.
Huber, D. 286.
Huddlestun, B. s. Wolfson, W. Q. 60, 224.
Hudson, P. B., H. Brendler u. W. W. Scott 178.
Hübener, H. J., E. Hoffmann u. F. Bode 279.
Hühnerfeld, J. s. Häcker, W. 156.
Hüllstrung, H., u. P. Ohlmeyer 602.
Huerga, J. de la, u. H. Popper 19, 30.
— — M. Franklin u. J. I. Routh 19, 30.
— s. Popper, H. 19, 30.
Huffman, M. N. s. Stimmel, B. F. 266.
Hugentobler, F. s. Wuhrmann, F. 21.
Huggelt, A. St. G. s. Barklay, H. 75.
Huggins, C. 584, 585, 728.
— u. C. V. Hodges 728.
— u. W. Neal 580.
— u. P. S. Russell 292.
— u. P. Talalay 174, 179.
— s. Scott, W. W. 293.
— C. B., u. A. A. Johnson 352, 354.
— Ch., s. Berg, O. E. 580.
— Ch. B. s. Miller jr., G. H. 17.
Hughes, E. B. s. Sylvester, N. D. 674.
— J. P. s. Saifer, A. 67.
— R. s. Yeh, H. L. 217.
— jr. W. L. s. Cohn, E. J. 18, 20.
Huguenin, R., R. Truhaut u. J. L. Millot 215.

Hultin, E. 167.
Hummel, F. C. s. Teague, D. 450.
Humphrey, J. s. Mehl, J. W. 31.
— G. F., u. T. Mann 579.
— M. J. s. Barker, S. B. 15.
Hunt, H. D. s. Wolfson, W. Q. 224.
Hunter, F. E. 490, 557.
— F. T., M. Grove-Rasmussen u. L. Soutter 149, 152.
— G. 43, 186.
— u. B. A. Eagles 43.
— s. Buhner, F. M. R. 43.
— S. W. s. Kremen, A. 706.
Huntsinger, M. E. s. McClure, C. W. 399.
Huppert, H. 234.
— u. J. Messinger 207.
Hurka, W. 6, 10, 186.
— u. H. Lieb 133.
Hurst, W. W. s. Layne, J. H. 343.
Hurwitz, S., u. P. McAlleney 441.
Husler s. Braun, H. 314.
Huszák, I. 662.
— s. Wollemann, M. 333.
— St. 107.
Hutchens, J. O., u. B. M. Kass 100, 201.
Hutchinson, J. s. Goettsch, M. 549.
Hutyra, F. v., u. J. Marek 350, 351, 429, 432, 436, 437, 440.

Ibbott, F. s. Gore, M. 538, 539.
Iberti, U., u. V. Fabbrini 14.
Ichiba, F. s. Wolfson, W. Q. 25, 27.
Ihl, A., u. H. v. Pechmann 75.
Iki, H. 700.
Immers, J., u. E. Vasseur 85.
Indovina, R. s. Cannavó, L. 472, 515, 525, 546, 547, 583, 624.
Ingham, J. 234.
Ingle, D. J. 276.
Ingraham, R. C., u. M. B. Visscher 520, 652, 662.
Ingreen, B. E. s. Meyer, K. 347.
Ingvarsson, G. 325.
Inouye, T. 622, 632.
Iob, V., u. W. W. Swanson 468, 473, 474.
Ipsen, C. 792.
Irby, V. s. Albanese, A. A. 20.
Irvin, J. L., C. G. Johnston, u. J. Kopala 399.
— s. Johnston, C. G. 398, 399.
Irving jr., G. W. s. Fruton, J. S. 513.
Irwin, M. I., u. E. W. Crampton 404.

Isaksson, B. 398.
Iselin, E. s. Viollier, R. 635.
Iseri, L. T. s. Boyle, A. J. 187.
— s. Smith, R. G. 6.
Ishii, I. s. Kaname, O. 130.
Isida, K. s. Izumi, S. 443.
Issekutz jr., B. v. s. Havemann, R. 147, 150, 153.
Issidoridis, A. s. Deffner, M. 110.
Ivanov, I. I., B. K. Cassavina u. L. D. Fomenko 579.
— N. N. s. Dodonova, E. V. 25.
Ivy, A. C. s. Berman, A. L. 384.
— s. Greengard, H. 522.
Iwamato, M. s. Izumi, S. 443.
Iwatake, D. s. Fujita, A. 23, 66, 70.
Iwatsuru, R., u. K. Manjo 173.
Izikowitz, S. 309, 318.
Izumi, S., K. Isida u. M. Iwamato 443.

Jaarsveld, G. J., u. B. J. Stokvis 220.
Jackson jr., H., u. W. W. Palmer 224.
— J. I., u. B. Rose 325.
Jacob, M., L. Mandel u. P. Mandel 479.
— s. Mandel, P. 479, 553.
Jacobs, H. R. 85, 86.
Jacobsohn, K.-P., s. Cunha, D. P. 589.
Jacobson, S. D. s. Boyle, A. J. 187.
— s. Smith, R. G. 6.
— W. C. s. Kane, E. A. 404.
Jacobsthal, G., u. M. Joel 315.
Jäger, W. s. Merten, R. 296, 297.
Jaegge, K. s. Wohnan, I. J. 360.
Jaffe, H., B. Selomon u. R. H. Williams 258.
— s. Daughaday, W. H. 279.
Jaffé, M. 192.
— s. Leyden, E. v. 366.
— S. 572.
Jager, B. V., u. M. Nickerson 30.
— T. B. Schwartz, E. L. Smith, M. Nickerson u. D. Brown 22.
Jahnel, F. 323.
Jailer, J. W. 273.
Jaksch, R. v. 347.
Janda, K., u. O. Göbell 575.
Jandorf, B. J. 553.
Janecke, H. 681.
— u. W. Diemair 179.
Janik, F. 329, 338.
Janke, A., u. E. Mikschik 48.
Jannet, H., u. D. C. Darrow 545.

Janney, N. W. s. Dakin, H. D. 201.
Jansch, H. 754.
Jaretzky, R. 770.
Jarrige, P. 115, 245, 246.
Jaspersen, J. C., u. K. Thoudol-Larsen 782.
Jauerneck, A., u. W. Gueffroy 812.
Jaure, G. G. 239.
Javillier, M. M. 470, 546, 548, 651, 652.
— M., u. H. Allaire 713.
Jaworowski, 763.
Jayle, G. s. Derrien, Y. 343.
— M. F. 32.
— O. Crepy u. O. Judas 269, 272.
— — u. P. Wolff 283, 288.
— u. O. Libert 288.
— s. Polonovski, M. 32.
Jeanloz, R. W., u. E. Forchielli 589.
Jelin, W. 482, 555.
Jendrassik, L., u. A. Bokrétás 124.
— u. R. A. Cleghorn 159.
— u. P. Gróf 159, 234, 414.
— u. M. Rébay-Szabó 159.
— s. Cleghorn, R. A. 382.
Jenke, M. 131, 392, 393, 417.
— u. F. Bandow 130.
— u. N. Graff 130.
Jenner, H. D., u. H. D. Kay 174, 176.
Jenrette, W. V. s. Greenstein, J. P. 713, 721, 722, 724.
Jensen, B. N. s. Hagedorn, H. C. 68, 69, 167.
— C. C. 257, 264, 265.
— C. O. s. Mattson, A. M. 68.
— s. Lehnartz, E. 552.
— T., u. E. Poulsen 601.
Jersin, M. 374.
Jeserich, P. 813.
Jess, A. 566, 567.
Jessen-Hansen, H. s. Sörensen, S. P. L. 218.
Jetter, W. W. 97.
— u. T. S. Bumbalo 334.
Jewsbury, A., u. G. H. Osborn 13.
Jezler, A. 335.
Jipp, M., u. F. Menne 550.
Joachim, J. 344.
Joachimoglu, G. 760.
Joël, C. A. 581, 591.
— A. Katchalsky, O. Kedem u. N. Sternberg 582.
— s. Zeller, E. A. 581.
Joel, M. s. Jacobsthal, E. 315.
Joest, E. 436, 437, 443.
John, E. S. s. Patt, H. M. 661.
Johns, R. G. S. s. Marrack, J. R. 214.

Johnsen, V. K. 194, 218.
Johnson, A. A. s. Huggins, C. B. 352, 354.
— A. C., A. R. McNabb u. R. J. Rossiter 531, 532.
— B. C., T. S. Hamilton u. H. H. Mitchell 606.
— H. H. Mitchell u. T. S. Hamilton 606.
— s. Shields, J. B. 606.
— C. A. s. Solomon, J. D. 460, 477, 551.
— H. T., u. R. M. Nesbit 256, 257.
— J. M. s. Voegtlin, C. 685.
— K. D. s. Morrison, L. M. 621.
— M. J. s. Gailey, F. B. 522.
— s. Park, J. T. 67.
— M. s. Kahler, H. 685.
— R. B., E. Scholz u. C. M. Webb 722.
— R. G. s. Christensen, H. M. 321.
— R. M. s. Passey, R. D. 737.
— S. s. Ormsby, A. A. 80, 244.
— T. B. s. Wheeler, H. L. 222.
— W. A. 110.
Johnston, C. G. s. Irvin, J. L. 399.
— J. L. Irvin u. C. Walton 398, 399.
— s. Schoenheimer, R. 438.
— F. A., Th. J. McMillan u. E. R. Evans 604.
— G. W., u. R. B. Gibson 317.
— J. P., A. G. Ogston u. J. E. Stanier 85, 86.
Joliffe, N. s. Rafsky, H. A. 375.
Jolles, A. 46, 47.
Jonckheere-Debergh, M., u. R. Goiffon 418.
Jones, D. B. s. Horn, M. J. 610.
— G. E. S., u. R. W. Te Linde 284.
— s. Astwood, E. B. 285.
— J. K. N. s. Flood, A. E. 68.
— K. K., u. R. O. Sherberg 398.
— M. E. s. Munson, P. L. 264.
Jonnesco, G. s. Rivoire, R. 257, 258.
Jonesco-Matiu, A., u. A. Popesco 44.
— u. M. Vitner 74, 88.
Jonescu, D., s. Thoms, H. 779, 793.
Joos, A. 66.
Jope, H. M. s. King, E. J. 148.
Jordan, R. Ch., u. J. Pryde 77.
Jørgensen, H. 3.
Jorpes, E. 710.
— J. E., u. V. Mutt 521.
Josephson, B. 131, 394.

Josephson, B., u. H. Andurén 25, 29.
— K. s. Euler, H. v. 722.
Josepovitz, G. s. Baló, J. 622.
Jowett, M. 692.
— u. E. Lawson 136.
Jucker, P. s. Edlbacher, S. 63, 222, 708.
Judajev, N. A. 554.
— s. Severin, S. E. 554.
Judas, O. s. Jayle, M. F. 269, 272.
Jürgens, J. 165, 580.
— R., u. E. Juergensohn 101.
Juergensohn, E. s. Jürgens, R. 101.
Jukes, T. H. 41.
— u. E. L. R. Stokstad 383.
Jung, F. s. Havemann, R. 147, 150, 153.
— F. T. s. Peeler, A. L. 116.
Junkersdorf, P. s. Bong, E. 468, 483, 490, 540, 557.
Junkmann, K. s. Graffi, A. 694.

Kabat, E. A., A. Bendich, A. E. Bezer u. S. M. Beiser 361.
— D. A. Freedman, J. E. Murray u. V. Knaub 320.
— M. Glusman u. V. Knaub 320.
— H. Landow u. D. H. Moore 320.
— D. H. Moore u. H. Landow 310, 320, 321.
— s. Gutman, A. B. 31.
— s. Moore, D. H. 31.
— H. 528.
— D. Erickson, C. Eklund u. M. Nickle 537.
Kachpour, A. M. s. Klimenko, W. G. 552.
Kadar, L. 430.
Kadish, M. A. s. Menkin, V. 345.
Kadota, K. s. Wolfson, W. Q. 224.
Kaeda, J. 334.
Kämmerer, H., u. K. Miller 414.
Kaeske, H. s. Kiese, M. 144.
Kaether, H., u. K. W. Ph. Schaefer 593, 594.
Kafka, V. 300, 301, 302, 304, 309, 310, 311, 314, 318, 321, 329, 332, 333.
— C. Riebeling u. K. Samson 314.
— u. K. Samson 314.
Kagan, B. M. s. Gerald, P. S. 114.
Kahane, E. 813.
— s. Ducet, G. 41.
Kahler, H., u. W. R. Bryan 737.
— J. M. Johnson u. W. B. Robertson 685.
— u. W. B. Robertson 686.
— s. Voegtlin, C. 685.

Kahlson, G. s. Emmelin, N. 59.
Kahn, E., u. M. H. Schnier 352.
Kahnt, F. W. s. Cohn, E. J. 20.
Kai, T. s. Kasahara, M. 331, 338.
Kaieda, J. 302, 303, 304, 305, 307, 308, 324, 325, 329, 338.
Krainick, H. s. Zacherl, M. 454.
Kaines, W. T. s. Mitchell, H. H. 604.
Kairies, A. s. Abderhalden, R. 297.
Kaiser, H. 207.
— s. Spaeth, E. 187, 433, 434.
— K. s. Druckrey, H. 146.
Kalckar, H. 505.
Kambayashi, Y. 472, 546.
Kamen, M. D. s. Lansing, A. I. 687.
Kamer, J. H. van de, H. Ten Bokkel Huinink u. H. A. Weyers 411.
Kamin, H. s. Handler, P. 503.
Kaminer, G. s. Freund, E. 297.
— St. s. Landau, A. 13.
Kamm, O. s. Marker, R. E. 276.
Kaname, O., u. I. Ishii 130.
Kane, E. A., W. C. Jacobson u. L. A. Moore 404.
Kanitz, H. R. 97.
Kanter, M. s. Obersteg, J. 151.
Kanzaki, I. 221.
Kapfhammer, J. 476.
— u. C. Bischoff 41.
Kaplan, A. s. Weiss, Ch. 347.
— J., D. J. Cohn, A. Levinson u. B. Stern 332, 333.
— s. Levinson, A. 310, 333.
Karabinos, J. V. s. Wolfram, M. L. 518.
Karady, S., H. Selye u. J. S. L. Browne 13.
Karbe, H. s. Bruchhausen, F. v. 806.
Karczag, L., u. M. Hanak 303.
Karlström, F. 305, 306, 339.
Karp, J., u. G. Wolfsohn 14.
Karr, W. G. 35.
Karrer, P. 571.
— u. H. Keller 465, 501, 558.
Karshan, M. s. Dragiff, D. A. 645, 646.
Karte, H. s. Heepe, F. 316.
Karusch, F. s. Talbot, N. B. 272.
Kasahara, M., u. K. Arimichi 306.
— u. Y. Fujisawa 303, 307, 309, 329, 338.
— u. H. Gammo 335, 339.
— u. I. Gammo 335.
— u. T. Kai 331, 338.
— T. Kasahara u. M. Horie 335.
— u. F. Mori 339, 340.

Kasahara, M., u. T. Shingu 322, 339.
— u. S. Takaishi 339.
— Sh. I. Takaishi u. H. Tamada 311.
— M. Tatsumi u. H. Gammo 335.
— u. T. Wakagi 326.
— u. I. Yasuda 304, 339.
— T. s. Kasahara, M. 335.
Kasanskaja, E. E. J. 671.
Kalinke, M. 619.
Kalsbeek, F., J. A. Cohen u. B. R. Bovens 332. 333.
Kasinskas, W. s. Riegel, C. 391.
Kass, B. M. s. Hutchens, J. O. 201.
Kaucher, M., H. Galbraith, V. Button u. H. H. Williams 462, 488, 489, 557, 653.
— s. Pratt, J. P. 587, 588.
— s. Williams, H. H. 462, 463. 488, 489, 557, 653.
Kauffman, J. s. Hoerr, S. O. 409.
Kauffmann, F., u. R. Engel 217.
— u. U. Westphal 284, 285.
— — u. J. Zander 255, 256.
— H. P. 130, 133, 135, 143.
— J. Baltes u. B. Sibbel 670.
— u. J. Budwig 135.
— — u. E. Duddek 135.
— S. Funke u. Fu Yung Lu 143.
Kaufmann, C. s. Mühlbock, O. 117, 118, 123, 134.
— S. s. Vestling, C. S. 735.
— W. s. Mohr, W. 667.
Kauker, E. 14.
Kaulla, K. N. v. 21.
Kaunitz, H. s. Fürth, O. 240, 703.
— u. L. Selzer 471, 472.
Kausche, G. s. Abderhalden, E. 297.
Kataoka, E. s. Fujiwara, H. 317.
Katchalsky, A. s. Joël, C. A. 582.
Katersky, E. M. s. Lowry, O. 616.
Katsch, G. 212.
Katsura, S., u. T. Hatakeyama 134.
— — u. K. Tajima 137.
Katz, J. s. Straub, W. 745.
— L. N. s. Stamler, K. 464.
— S. s. Leininger, E. 111, 113, 114.
Katzmeier, F. s. Esser, H. 321.
Kawaguchi, S. H. s. Abe, Y. 392.

Kay, H. D. 729.
— s. Folley, S. J. 293.
— s. Jenner, H. D. 174, 176, 177.
Kazumaro, T. s. Tazaki, H. 437.
Kazmeier, F. s. Esser, H. 21.
Kazmin, V. E. s. Hoffman, M. M. 284.
Kearney, R. W., M. W. Comfort u. A. E. Osterberg 383.
Keating jr, F. R., J. C. Wang, T. J. Luellen, M. M. D. Williams, M. H. Power u. M. McConahey 657.
Kecskés, Z. 446.
Kedem, O. s. Joël, C. A. 582.
Keefer, L., s. Helmsworth, J. A. 305.
Kehoe, R. A., J. Cholak u. R. V. Story 470, 502, 508, 515, 520, 525, 526, 545, 547, 629.
Keiderling, W., 11.
— s. Heilmeyer, L. 11.
Keilin, D. 11.
— u. E. F. Hartree 719, 581.
— u. T. Mann 11, 522.
Keith, L. M., R. M. Zollinger u. R. S. McCleery 351.
— N. M. s. Greene, C. H. 344.
Kekwick, R. G., M. E. Mackay u. B. R. Record 29.
Kellar, R. J. s. Sommerville, I. F. 287.
Keller, Ch. J. 19.
— H. s. Karrer, P. 465, 501, 558.
— M. s. Minot, A. S. 317.
— O. s. Wolfram, M. L. 518.
Keller- van Slyke, K. s. Slyke, D. D. van 184.
Kelley, E. G. 714.
Kelly, F. J. s. Ray, C. T. 343.
— H. J., R. E. Sloan, W. Hoffmann u. C. Saunders 451.
— K. H. s. Shetlar, M. R. 81.
— W. s. Dickenson, H. G. 806.
Kemali, D. 334.
Kemble, G. Welch u. W. W. Walther 152.
Kench, J. E. s. Papastamatis, S. C. 31.
Kendall, A. s. Friedemann, T. E. 107.
— E. C. 280.
Kendrick, A. B., u. M. E. Hanke 50.
Kenigsberg, S., S. Pearson u. T. H. McGavack 255.
Kennedy, E. P., u. A. L. Lehninger 735.
— s. Williams-Ashman, H. G. 716.
— R. P. 502, 526, 545, 547.
Kennaway, E. L., u. M. M. Tipler 498.

Kenneway, E. L. 501.
Kenney, R. A. s. Barclay, J. A. 38, 192.
Kenny, A. P. 118.
Kensler, C. J. s. Langemann, H. 727.
— u. H. Langemann 735.
— N. T. Young, C. R. Haller u. C. P. Rhoads 735.
— s. Young, N. F. 483.
Kenten, R. H. s. Bowes, J. H. 595.
Kerkkonen, H. K. 29.
Kerly, M. 572.
— u. M. C. Bourne 573.
Kern, M. s. Blatt, M. L. 361.
— W. 767.
Kerr, G. W., u. W. M. Hoehn 264.
— P. F. s. Burke, H. E. 514.
— St. E. 527, 537, 553.
— u. M. E. Blish 64, 222, 708.
Kertesz, Z. I. 115, 245.
Kesel, R. G. s. Kirch, E. R. 362.
— s. Sreebny, L. M. 360.
Kessiakow, Ch. D. 313.
Kestermann, E. s. Becker, H. 361.
Kestner, O. 383.
Keston, A. S. s. Chargaff, E. G. 693.
Kesztyüs, L. 59.
— u. J. Martin 359.
Keutmann, E. H. s. Zaffaroni, A. 260, 273.
Keys, A. 6.
— u. J. Brugsch 229.
— s. Butt, H. R. 343.
— s. Mickelsen, O. 604, 605.
— s. Miller, E. V. O. 255, 256.
Keyser, J. W. 19, 22.
— s. J. Vaughn 25.
Kibrick, A. C. 25.
— u. M. Blonstein 26.
— H. E. Rogers u. S. Skupp 167, 169.
— u. S. Skupp 35.
Kidd, J. G., R. Winzler u. D. Burk 719, 720.
Kiese, M. 150, 151, 153, 155.
— u. H. Kaeske 144.
— s. Heubner, W. 150.
Kik, M. s. Smith, M. 134.
Kilborn, R. B. s. Pierce, H. B. 419.
Kimeldorf, D. J. 255, 257.
Kimmelstiel, P., u. H. Becker 134.
Kimura, Y. 688.
King, A. s. King, E. J. 149.
— A. G. s. Miller, G. H. jr. 17.
— C. W., u. E. M. Melville 382.
— E. J. 148, 215, 316.
— M. A. M. Abul-Fadl u. P. G. Walker 174.
— s. Abul-Fadl, M. A. M. 427.

King, E. J., u. A. R. Armstrong 174.
— R. J. Bartholomew, N. Geiser, S. Ventura, I. D. P. Wootton, R. G. MacFarlane, R. Donaldson u. R. B. Sisson 148.
— u. T. H. Belt 470, 502, 508, 514, 520, 526, 545, 548, 583, 584, 587, 589, 594, 614, 629, 638, 652, 653, 664, 665.
— u. R. V. Coxon 159.
— u. G. E. Delory 179.
— u. R. J. Garner 73.
— M. Gilchrist, R. Donaldson u. R. B. Sisson 148.
— — u. A. Matheson 148.
— — I. D. P. Wotton, J. R. P. O'Brien, H. M. Jope, P. E. Quelch, J. M. Peterson, D. H. Strangeways u. W. N. M. Ramsay 148.
— S. S. Pillai u. D. Beall 66.
— I. D. P. Wootton u. A. King 149.
— s. Donaldson, R. 149.
— s. MacFarlane, R. G. 148.
— E. R., u. M. P. Smyser 622.
— K. s. Barklay, H. 75.
— N. B., u. H. L. Mason 277.
— T. E. s. Nishi, H. 465, 501.
Kingand, T. E. s. Nishi, H. 558.
Kingsbury, F. B., Ch. P. Clark, G. Williams, u. A. L. Post 316.
Kingsley, G. R. 22, 25, 317.
— u. H. Current 97.
— u. T. E. Machella 22.
— u. J. G. Reinhold 67.
— u. R. R. Schaffert 125.
Kinley, G. s. Steele, H. D. 430.
Kinney, V. M. s. Peeler, A. L. 116.
Kinoshita, J. 242.
Kinosita, R. 701.
Kinsey, V. E. 565.
— s. Cogan, D. G. 564.
Kinter, E. P. 175.
Kirberger, E., u. G. A. Martini 174, 177.
— s. Dammermann, H. J. 176.
— s. Frank, H. 73, 75, 77, 79.
Kirby, J. s. Williams, R. J. 379.
Kirch, E. R., R. G. Kesel, J. F. O'Donnel u. C. C. Wach 362.
— s. Sreebny, L. M. 360.
Kiriluk, L. B., A. J. Kremen u. D. Glick 731.
Kirk, E. 132, 136, 141, 620.
— I. H. Page u. D. D. van Slyke 135.
— u. E. Praetorius 622.
— s. Kountz, W. B. 14.
— s. Slyke, D. D. van 52, 600.
— J. E. 419.
— P. L. 21.

Kirk, P. L., s. Gibbs, G. E. 188.
— s. Sisco, R. 48.
— s. Stern, H. 74, 81.
Kirsner, J. B. s. Sheffner, A. L. 217, 408.
Kisch, B. 36, 324, 339, 350, 351.
Kishi, S., T. Fujiwara u. W. Nakahara 468, 685, 695, 700, 725.
— s. Fujiwara, T. 692, 700.
— s. Nakahara, W. 703, 707.
— s. Toyoda, H. 690.
Kitchel, M. F. s. Harger, R. N. 97.
Kitzberger, D. M. s. Thomas, G. E. 234.
Kjellin, T., u. E. Kylin 332.
— s. Kylin, E. 332.
Kjerulf-Jensen, K. 493.
Kjølhede, K. Th. s. Glavind, J. 422.
Klaas, R. s. Friedemann, Th. 97.
Klatskin, G., u. V. A. Drill 158.
Klebanowa, J. A. 499.
Kleffner, U. s. Merten, R. 381.
Klein, D. 89, 90, 108.
— G. 712.
— u. J. Beck 709.
— u. W. Ziese 702, 724.
— s. Leuchtenberger, C. 712.
— K. s. Thomas, E. 356.
Kleiner, I. S. 272.
— s. Tauber, H. 67.
Kleinmann, H. 725.
— u. F. Pangritz 814.
— s. Rona, P. 170.
Klemm, E. s. Dirr, K. 348.
Klement, R. 628.
Klenk, E. 488, 489, 530.
— u. F. Rennkamp 511, 512.
— u. O. v. Schönebeck 492.
Klepetar, G. s. Waelsch, H. 220.
Klimenko, W. G., u. A. M. Kachpour 552.
— u. P. M. Zubenko 546.
Klimo, Z. s. Mělka, J. 334.
Klinc, L. 100.
Kline, O. L. s. Friedman, L. 87.
Klinger, R. s. Henschen, K. 348.
Klingman, W. O. s. Fisk, A. A. 310, 320, 321.
Klinke, J. 686.
— K. 303, 305, 306, 329, 471, 547.
— K. s. Aron, H. 624, 641.
Klisiecki, A. s. Parnas, J. K. 10.
Klose, E. 592.
Klotz, N. J. s. Brown, J. B. 357, 358, 359.

Kluge, H. 97, 800, 817.
— H. Tschubel u. A. Zitek 502.
Klyne, W., B. Schachter u. G. F. Marrian 257.
— s. Paterson, J. Y. F. 257.
Knapp, A. 66.
Knaub, V. s. Kabat, E. A. 320.
Knauer, H., u. L. Heidrich 326, 327, 328.
Knüchel, F., u. I. Ganter 163.
— s. Koniakowsky, L. 117.
Knedel, M. s. Grassmann, W. 21.
Knehr, C. A. s. Horvath, S. M. 67.
Kniazuk, M. s. Flexner, J. 375.
Knipping, H. W., u. H. L. Kowitz 25, 318.
Knoop, F. 677.
Knott, E. M. s. Skukers, C. F. 10.
Knudson, A., S. Sturges u. W. R. Bryan 693.
— s. Bloor, W. 127.
— s. Sturges, S. 489.
Kobayasi, T. 87, 185.
Kobel, M. s. Neuberg, C. 91.
Kober, P. A., u. K. Sugiura 48.
— S. 269.
Kobert, R. 775.
Koch, F. C. s. Holtorff, A. F. 259, 260.
— K. 101, 136.
— L. 741.
— W. 445, 446.
— u. P. Lehndorff 332.
— s. Finkelstein, M. 273.
Kochen, K. 447.
Kocher, B. A. 701.
Kodicek, E. u. Y. L. Wang 196.
— s. Carpenter, K. J. 197.
Kodt, W., u. C. Dienst 343.
Kögl, F. 704.
— u. H. Erxleben 295, 726.
Koehler, A. E., N. Marsh u. E. Hill 80.
— E. Windsor u. E. Hill 208.
Köhler, F. 176, 729.
— R. 438.
Kölbl, J. 228.
Koenemann, R. 103.
Koenig, V. L., F. Melzer, C. M. Szego u. L. T. Samuels 264, 266.
König, J. s. Lenart, G. 356.
Köpplin, F. 101, 102, 212.
Köster, L. 427.
— O. s. Schierge, M. 347.
Kofler, A. 806.
— s. Kofler, L. 767, 795.
— L. 775.
— R. Fischer u. H. Neweseley 775.

Kofler, L., u. H. Hilbck 759.
— u. A. Kofler 767, 795.
Koga, A. 11.
Kohn, R. 196.
Kojima, K., u. S. Kosaka 473, 525.
— M. s. Kusui, K. 235.
Kolb, J. J. s. Miller, G. L. 698, 699.
Koller, F., u. A. Zuppinger 176.
Kolthoff, I. M. 746, 752.
Komarov, S. A. 379.
— H. Shay u. H. Siplet 378.
— s. Grossberg, A. L. 379.
— s. Siplet, H. 378.
— s. Webster, D. R. 379.
Kommerell, B. 436.
— u. C. Wolpers 438.
Kometiani, P. A. 111.
Komissarenko, W. P. s. Geness, S. G. 66.
Kon, S. K., u. E. H. Mawson 671.
— s. Thompson, S. Y. 522.
Kondo, K. 379.
Koniakowsky, L., u. F. Knüchel 117.
Kopala, J. s. Irvin, J. L. 399.
Kopsch, F. s. Rauber, R. 428.
Korenman, J. M. 210.
Kornberg, S. L. s. Hodge, H. C. 488.
Kornblum, N. s. Holmes, H. N. 636.
Kornerup, V. 116, 132.
Korrodi, H. s. Bernhard, K. 636.
Korschelt, E. 427.
Kosaka, S. s. Kojima, K. 473, 525.
Koschara, W. 239.
— u. A. Hrubesch 239.
— S. von der Seipen u. P. A. Aldred 239.
Kossel, H. 363.
Kossler, A., u. E. Penny 248.
Koster, S. s. Geesink, A. 332.
Kosterlitz, H. W. 476, 479.
— u. C. M. Ritchie 493.
— s. Campbell, R. M. 476, 479, 480, 481.
Kosyakoy, K. S. 606.
Kotkova, K. 538.
Kotsovsky, D. 397.
Koulberg, L. M., u. E. B. Sakrjewsky 386.
Kountz, W. B., M. Chieffi und E. Kirk 14.
Kovács, T. s. Lissák, K. 525, 543.
Kowitz, H. L. s. Knipping, H. W. 25, 318.
Kraft s. Brüning, A. 782.
— K., u. R. May 13.
Krah, E., u. K. Schade 330.

Krainick, H. G. 67.
— u. F. Müller 135.
Kral, A., Z. Stary u. R. Winternitz 304, 305.
— s. Stary, Z. 305, 306, 307, 308, 318, 319.
— V. A. s. Lehmann, H. E. 306.
Kramer, B. s. Shear, M. J. 623, 624, 625, 626.
— H. s. Good, C. A. 484.
— M.-M. s. Saffry, O. B. 501.
Krasnow, F. 362.
Krastelewski, S. s. Nikolaew, W. 118.
Kraus, E. J. 446.
— I., u. S. Dulkin 221.
— s. Mezey, K. 323.
Krause, A. C. 568.
— u. A. M. Stack 565.
— u. F. W. Tauber 565.
— u. R. Weekers 565.
— u. A. M. Yudkin 562, 570.
— R. F. 634, 635.
Kraut, H. 17.
— u. M. Weber 17, 607, 608.
Kravets, V. S., u. S. M. Rabinovich 326.
Krebs, A. 454.
— H. A. 204, 481, 511, 535, 725.
— L. V. Eggleston u. R. Hems 511.
— u. A. Örström 63, 64.
— D. H. Smyth u. A. Evans jr. 102.
— s. Eggleston, L. V. 112.
— s. Terner, C. 561.
— K. B., u. H. Franke 812.
— W. s. Heilmeyer, L. 60, 61, 236, 417.
Krehbiel, O. F. s. Rohdenburg, G. L. 687.
Krekels, A. s. Felix, K. 578.
Kremen, A., S. W. Hunter u. G. E. Moore 706.
— A. J. s. Kiriluk, L. B. 731.
Kretschmer, N., u. C. P. Barnum 479.
Kretz, J. 297.
Krieger, V. I. 259.
Krijgsman, B. J. 167.
Kristensson, H. s. Kylin, E. 332.
Kroczek, H. 660.
Kröner, O. s. Mühlbock, O. 117, 118.
— W. 117.
Krog, P. W. 112.
— u. J. C. Lund 89.
Kronenberger, F., u. P. Radt 75.
Kronfeld, P. C. 569, 570.
Kroutikova, K. 585.
Kruckenberg, W. 48, 129, 218.

Krueger, R. 220.
Krüger, E. 9.
— s. Bomskov, Ch. 10.
Kruhöffer, P. 77, 78.
Krup, M. s. Gershbein, L. L. 521.
Kruse, F. 307.
— J. s. Glavind, J. 361.
Krusen, F. s. Täufel, K. 112, 629.
Krusius, F. E. 108, 111, 203, 203, 204.
Krutzsch, J. 1.
Krutschakowa, F. A. 543.
Kraybill, H. F., O. G. Hankins u. H. L. Bitter 618.
Kryjanovskaja, L. J. s. Friedmann, A. P. 335.
Kubowitz, F., u. P. Ott 697, 717.
Kühn, A. s. Esser, A. 802.
— H. A. 158, 159.
Kühnau, J. 197.
— W. W. 812, 813.
Külz, E., u. R. Külz 748.
— R. s. Külz, E. 748.
Kuen, F. M. 198.
Künzel, O. 4, 303.
Künzer, W., u. W. Savelsberg 150, 153.
— s. Savelsberg, W. 146, 147.
Küpper, A. 59.
Kuether, E. A. s. Roe, J. H. 466.
Kugelmass, I. N. s. Snell, C. 186.
Kuhn, R. 668.
— u. R. Heckscher 92.
— N. A. Sörensen u. L. Birkofer 510.
Kuhnhenn, W. s. Rosenmund, K. W. 130, 137.
Kuiser, C. A. s. McClure, F. J. 604.
Kulik, U. s. Cremer, H. D. 401.
Kulka, E. 332.
Kumagava, M., u. F. Suto 242.
Kumon, T. 249.
Kumpe, C. W. s. Schiff, L. 360.
Kun, E. 470, 472, 546.
Kunerth, B. L. s. Saffry, O. B. 501.
Kunkel, H. G. u. S. M. Ward 21, 32.
— s. Eisenmenger, W. J. 343.
Kunowski, O. 629.
— S. 470, 472, 501, 514.
Kunz, R. 677, 758.
— W. s. Bruchhausen, F. v. 806.
Kunze, R. 93.
Kuobil, E. s. Leonard, S. L. 540.
Kupelwieser, E., u. O. Rösler 381.

Kuroda, K. 5.
— T. Ryo u. R. Ebina 5.
Kurth, W. 321.
Kusui, K. 124.
— u. M. Kojima 235.
Kutscher, F. 195.
— u. K. Lohmann 195.
— W. u. H. Sieg 175.
— u. H. Wolbergs 584.
— s. Edlbacher, S. 729, 731.
Kutzim, H. 356.
Kvéton, R. 609.
Kvorning, S. A. 600.
Kydd, D. M. 31.
Kylin, E., T. Kjellin u. H. Kristensson 332.
— s. Kjellin, T. 332.

Labhart, H., u. H. Staub 321.
— H. Süllmann u. G. Viollier 568.
Lacaille, P. s. Macheboeuf, M. 19, 20.
Lacerge s. Christol, P. 692.
Ladell, W. S. S. 362, 605.
Laemmer, M., u. J. Beck 234.
Lagerlöf, H. O. 167.
Laine, T. s. Virtanen, A. J. 48, 296.
Laird, A. K. s. Price, J. M. 712.
Lajos, A. s. Dubrauszky, V. 588.
Lake, H. J. s. Bray, H. G. 248, 274.
Lambrecht, E. s. Heepe, F. 313, 316.
Lambrechts, A., L. Lefevre u. A. Cornil 149.
— u. M. Plumier 149.
Lamirande, G. de s. Allard, C. 713.
Lanczos, A. 490.
Landau, A., J. Glass u. St. Kaminer 13.
— R. L. 255, 259.
Landis, O. 382, 387.
Landow, H. s. Kabat, E. A. 310, 320, 321.
Landsteiner, K., u. R. A. J. Harte 522.
Landua, A. J. s. Awapara, J. 460, 511, 535, 550, 693.
— s. Fuerst, R. 49.
Landwehr, G. s. Alexander, B. 220.
Lang, A. 703.
— s. Bierich, R. 692, 693.
— D. s. Bensley, E. H. 175.
— F. J. 444.
— H. s. Lang, K. 34.
— K. 12, 17, 31, 34, 193, 308, 359, 522, 661, 662, 814, 816, 817.
— u. B. Lueken 394.
— u. H. Opitz 96.
— u. K. Pfleger 104, 107.

Lang, K., u. G. Siebert 449, 505.
— — u. H. J. Eichhoff 449.
— — u. W. Estelmann 575.
— — S. Lucius u. H. Lang 34.
— s. Stuber, B. 17, 308.
— s. Westphal, U. 723.
— W. s. Marx, R. 347.
Lange, W., u. G. Reif 753.
Langemann, H. 656, 662.
— u. C. J. Kensler 727.
— s. Kensler, C. J. 735.
Langen, C. D. de 156.
— u. W. Grotepass 156.
Langenberg, H. s. Gohr, H. 25.
Langhans, T. H. 694.
Langstroth, G. O., u. N. B. Talbot 259.
— — u. A. Fineman 259, 264.
Lansing, A. J., E. Roberts, G. B. Ramasarma, T. B. Rosenthal u. M. Alex 614, 618.
— T. B. Rosenthal u. M. D. Kamen 687.
Lanyar, F., u. H. Lieb 114.
Lapicque, L. 474.
Laqueur, E. s. Dingemanse, E. 268, 426.
Larizza, P. 16.
Laroche, G. s. Guillain, G. 311.
Larsen, E. H. s. Glavind, J. 422.
Larson, Ch. E. s. Weiss, Ch. 347.
— D. L. 330.
— E. A., G. T. Evans u. C. J. Watson 159.
Lasker, M. 243, 244.
— u. M. Enklewitz 243, 244.
— S. s. Wohnan, I. J. 360.
Laskowski, M. u. M. K. Seidel 729.
Lasnitzki, A. 727.
— s. Rosenthal, O. 499, 658.
Lassar, O. 343.
Laszlo, D. s. Dische, Z. 103, 106.
— s. Gereb, St. 16.
— s. Hinsberg, K. 24.
Laubenthal, F. 311.
Laudat, M. s. Chabanier, H. 13.
Lauersen, F. 209.
Laufberger, V. 510.
Laug, E. P., u. T. P. Nash jr. 241.
Laugham, M., u. H. Davson 563.
Laugier, H. s. Belluc, S. 184.
Laur, C. M. s. Gley, P. 472.
Laurell, C. B. 11.
— s. Colldahl, H. 59.
Laurentschitsch, O. s. Möse, J. 313.
Lautenschläger, L. 809.
Laves, E. 789.
— W. 59.

Lavietes, P. H. s. Riggs, D. S. 14.
Lavin, G. J. s. Zamecnik, P. C. 48.
Lawrie, N. R. 217.
— s. Cater, D. B. 665.
Lawson, A., H. V. Morley u. L. J. Woolf 218.
— E. s. Jowett, M. 136.
— E. J. s. Marker, R. E. 276.
Layne, J. H., F. R. Schemm u. W. W. Hurst 343.
Lazard-Kolodny, S. 468, 471.
— u. A. Mayer 468.
Lazarow, A. s. Cooperstein, S. J. 559.
Leake, C. D. 605.
Leandri, A. s. Roche, J. 632.
Leathes, J. B., u. J. Mellanby 538.
Lebioda, J. 9.
Leblond, C. P., P. Süe u. A. Chamorro 657.
— s. Giroud, A. 501, 654.
Leche, St. s. Denis, W. 470, 546, 547.
Lechelle, P. s. Guillain, G. 311.
Lecoq, R. s. Raffy, A. 501, 558.
Lederer, E. 820.
— u. G. Nachmias 89.
Ledingham u. W. E. Gye 736.
Lee, A. J. s. Spiegel-Adolf, M. 303.
— M. H., u. E. M. Widdowson 35, 188.
— E. I., u. P. D. White 164, 167.
Lefèvre, C., u. M. Rangier 187.
Lefevre, L. s. Lambrechts, A. 149.
— M. L., u. H. C. Hodge 646.
Legge, J. W. 237.
— s. Lemberg, R. 144, 145, 147, 156, 157, 161, 162, 226, 229, 237, 397.
Lehmann, G. s. Hoffmann, A. 640.
— u. A. Szakáll 604.
— H., R. J. Rossiter u. J. H. Walters 375.
— H. B., u. F. Flury 749.
— H. E., u. V. A. Kral 306.
— J. 104, 202, 317.
Lehmann-Echternacht, H. 522.
Lehnartz, E. 38, 192, 550.
— u. R. Jensen 552.
Lehndorff, P. s. Koch, W. 332.
Lehninger, A. L. s. Kennedy, E. P. 735.
Leidig, I. M. 566.
Leimbrock, A. s. Debusmann, M. 487, 504, 557, 653, 661.
Leinbrock, A. 356.
Leiner, G. s. Leiner, M. 472, 502, 508, 515, 525, 562, 584.

Leiner, M., u. G. Leiner 472, 502, 508, 515, 525, 562, 584.
Leininger, E., u. S. Katz 111, 113, 114.
Leipert, Th. 14.
— u. O. Watzlawek 307.
Leipold, W. 323.
Leissner, E. s. Myrbäck, K. 67.
Leiter, L. s. Eichelberger, L. 503.
Leitmeier, H. 427.
Lelesz, E. 621.
Lemaire, M. s. Perrotin, J. 19.
Lemberg, R. 157, 396.
— u. J. W. Legge 144, 145, 147, 156, 157, 161, 162, 226, 229, 237, 397.
— W. H. Lockwood u. R. A. Wyndham 237.
Lemieux, R. U., u. C. B. Purves 133.
Lemmel, G. 436.
— u. W. Büttner 436.
Lemmen, W. s. Bock, R. 313.
Lenart, G., u. J. König 356.
Lenaz, A., u. A. Milletti 498, 501, 654, 661.
Lenk, R., u. L. Pollak 347.
Lenkeit, W. 358, 360.
Lennert, K. s. Weitzel, G. 665.
Lent, W. 806.
— s. Otto, F. M. G. 806.
Lenta, M. P., u. M. A. Riehl 721, 722.
— s. Riehl, M. A. 716.
Lenti, C. 573, 597.
Leonard, S. J., u. E. Kuobil 540.
Leonhardi, G., u. I. v. Glasenapp 208.
— — u. K. Felix 108, 203, 205.
— s. Felix, K. 203, 204, 205.
Leonhardt, H. s. Martius, C. 112.
Lépine. R., u. R. Boulud 114.
Lepp, A. s. Moore, P. R. 501, 558, 654.
Leppänen, V. s. Tallqvist, H. 108.
Lepper, W. 817.
Lepskaja, M. W. s. Goldberg, A. Ph. 468, 660.
De Lerma, B., u. P. Salvi 303, 332, 333.
Lerner, A. B., u. C. P. Barnum 19.
Leroux, H. 563.
Leschke, E. 301.
Leslie, A. s. Adams, W. S. 604.
Lessiau, I. s. Barbu, E. 28.
Lester, D., u. L. A. Greenberg 90, 208.
— s. Greenberg, L. A. 90, 208.
Lester-Smith, E. 383.

Lesure, A. 59.
— s. Loeper, M. 400.
Leube, W. s. Salkowski, E. 224.
Leubner, H. 170.
Leuchtenberger, C., G. Klein u. E. Klein 712.
— s. Steele, H. D. 430.
Leulier, A., u. J. Dorche 101.
— s. Mouriquand, G. 661.
Leupold, F. 143, 533.
Leurquin, J., u. J. P. Delville 25.
Leuthardt, F. 220.
— F. M. s. Greenstein, J. P. 697, 721, 725, 729.
Leva, E., u. S. Rapoport 549, 561.
— s. Rapoport, S. 493, 549.
Levene, P. A., u. L. W. Bass 709.
Levens, H. E. s. Ewerbeck, H. 17.
Lever, W. F., F. R. N. Gurd, E. Uroma, R. K. Brown, B. A. Barnes, K. Schmid u. E. L. Schultz 20.
— s. Cohn, E. J. 20.
Levey, St. 25.
Levin, L. 266, 269, 273.
— M. H. s. Adams, W. S. 604.
Levine, C. J. 656.
— W. Mann, H. C. Hodge, I. Ariel u. O. du Pont 540, 656, 660.
— H., u. M. Bodansky 93.
— M. G. s. Hoyt, R. E. 287.
— R. s. Wolfson, W. Q. 60, 224, 325.
Levinson, A., J. Kaplan u. D. J. Cohn 310, 333.
— s. Kaplan, J. 332, 333.
— S., u. R. McFate 41.
Levvy, G. A., u. I. D. E. Storey 246.
Levy, B. B. s. Brody, B. B. 618.
— E. D. s. Perlzweig, W. A. 424.
— M. s. Chabanier, H. 13.
Lévy, G. s. Giroud, A. 501.
— J. s. Achard, Ch. 344.
— M., M. Sapir, P. Walter, P. Vellay u. S. Mignon 589.
Lew, W. s. Poo, L. J. 476.
Lewin, J. s. Baudouin, A. 527, 534, 536.
Lewis, C. M. 686.
— G. T. s. Bloom, W. L. 483, 484, 485, 555.
— H. B. s. Block, W. 610.
— s. Papageorge, E. T. 212.
— S. J. 12.
— Th., u. R. T. Grant 355.
— U. J., M. D. Register, H. T. Thompson u. C. A. Elvehjem 501, 558.

Lewis, U. J., D. V. Tappan u. C. A. Elvehjem 425.
Leyden, E. v., u. M. Jaffé 366.
Leyns, W. F. s. Heringa, G. C. 564.
Leyton, C. 366.
Li, C. H. s. Geschwind, I. I. 479, 480.
— u. E. Roberts 705.
Libert, O. s. Jayle, M. F. 288.
Lichtenstein, A. 407.
Lichtneckert, I. s. Benkö, A. 163.
Lichtwitz, L. 184, 343, 344, 345, 346, 349, 350, 356, 429, 436, 447.
Lickint, F. 321, 322, 323, 324, 325.
— s. Eskuchen, K. 303, 326, 327.
Lieb, H. 745, 750, 752, 757, 759, 761, 763, 766, 767, 768, 776, 792, 796, 818.
— u. W. Schöniger 89.
— u. M. K. Zacherl 104, 193.
— s. Hurka, W. 133.
— s. Lanyar, F. 114.
— s. Mladenović, M. 512.
— s. Reuter, F. 767.
— s. Schöniger, W. 90.
Lieben, A. 750, 759.
Lieberman, S., K. Dobriner, B. R. Hill, L. F. Fieser, u. C. P. Rhoads 254.
— s. Dobriner, K. 252, 253, 257, 258, 259, 260, 287.
Liebig, H. 555.
Liebknecht, W. L. 632.
Liebmann, J. s. Wortis, H. 334.
Lier, H. 326, 327, 328.
Liere, E. J. van s. Andes, J. E. 40, 198.
Liesegang, R. E. 427.
— s. Edinger, C. 443.
Lifschitz, B. M. 446.
Lifson, N., R. L. Varco u. M. B. Visscher 372.
Light, R. F. s. Schultz, A. S. 654.
Likover, B. s. Ecker, E. E. 20, 31.
Lilienthal, J. L., K. L. Zierler, B. P. Folk, R. Buka u. M. J. Riley 451, 541, 546.
Lin, R. C. Y. s. Feldberg, W. S. 521.
Lindahl, O. 454, 638.
Te Linde, R. W. s. Jones, G. E. S. 284.
Lindeboom, G. A. 22.
Lindemann, V. F. 573.
Lindenberg, A. 89.

Lindenmeyer, E. 314.
Linder, G. C. 472, 473, 525.
Linderstrøm-Lang, K. 218.
— s. Brüel, D. 190.
Lindert, M. C. F. s. Peters, B. J. 440.
Lingen, N., u. H. D. Cremer 402, 403.
Linhardt, K., u. E. Reichold 104, 105.
— u. K. Walter 174, 177.
Link, K. P. s. Moore, S. 74.
Linneweh, F. 8.
Lintzel, W. 195, 471, 502, 515, 520, 525, 544, 546, 594.
— u. S. Fomin 136.
— u. G. Monasterio 136.
— u. J. Rechenberger 470, 474.
Linzenmeier, G. 2.
Lipkin, L. E. s. Neuberg, C. 22.
Lipp, H. 236, 341, 353, 357.
Lippert, Chr. v. s. Eder, R. 379.
Lipton, M. A. s. Goldinger, J. M. 637.
Lison, L. 466.
Lissák, K. 545.
— u. T. Kovács 525, 543.
— u. C. Martin 537.
— s. Martin, C. 537.
— s. Rex-Kiss, B. 525.
Lissievici-Draganescu, A. s. Draganescu, St. 334.
Litt, I. s. Mazur, A. 510.
Liu, C. H. s. Cohn, E. J. 20.
Liůowetzkaja, E. I. 661.
Livierato, E. s. Viale, L. 255, 256.
Livingston, E. M. s. Maurmeyer, R. K. 75.
Ljungdahl-Ostberg, K. s. Abdon, N. O. 42.
Lloyd, L. E. s. Schürch, A. F. 402, 403, 404.
Lobitz, W. C., u. A. E. Osterberg 605.
Lobstein, J., u. M. Flater 682.
Lobo, R. s. Chéramy, P. 782.
Locascio, R., u. Z. Claar 75.
Locatelli, P. 654, 660.
Lochte, Th., u. H. Brauckhoff 606.
Locke, F. S. 2.
Lockemann, G. 814.
Lockwood, W. H. s. Lemberg, R. 237.
Löffler, W., Ch. Wunderly u. F. Wuhrmann 19.
Löhlein, W. 446.
Löhr jr., H. s. Soehring, K. 803.
— H., u. H. Wilmanns 526.
Loeper, M., u. A. Lesure 400.
— u. J. Tonnet 101.
Loeschke, A. 360.
Loeser, A. 15.

Lötsch, E. s. Scheunert, A. 410.
Löwenthal, S., u. H. Propst 688.
Loewy, A., u. G. Cronheim 472.
Logan, M. A., u. H. L. Taylor 627.
— s. Neuman, R. E. 616, 617.
Loggia, M. La 313.
Lohmann, K. 561, 575.
— s. Kutscher, F. 195.
Lokchina, E. S. s. Stern, L. S. 325.
Long, E. R. s. Wells, H. G. 445.
De Long, R. P., D. R. Coman u. I. Zeidman 687.
Longwell, B. B., u. F. S. McKee 266.
Lonstein, I. s. Goettsch, M. 549.
Loomis, T. A. s. Hubbard, R. S. 80.
Loosli, J. K. s. Thomas, J. W. 497, 501.
Lopez-Suarez, J. 379.
Lorenz, M. s. Treibs, A. 352.
Lorinczy, E., u. K. Nador 358, 359.
Loshakoff, A. s. Dunn, M. S. 48.
Loubatières, A., u. P. Monnier 487.
Lough, W. G. s. Bruger, M. 359.
Lowater, F. s. Glock, G. E. 628.
Lowry, E. L. s. Elster, S. K. 617.
— O., G. Rouske u. E. M. Katersky 616.
— O. H. s. Bessey, O. A. 174, 178.
Lu, G. D. 108, 202.
— s. Platt, B. S. 331.
Lubarsch, O. 445.
Lubenstein, H. 729.
Lubitz, J. M. s. Peters, B. J. 440.
Lubschez, R. 59.
Lucas, C. C., u. J. M. R. Beveridge 610.
— s. Best, C. H. 42.
Luccherini, T. 345.
Lucia, S. P. s. Brereton, H. G. 234.
— s. Greenberg, D. M. 9.
Lucinescu, E. s. Garofeanu, M. E. 329.
Lucius, S. s. Lang, K. 34.
Luck, J. M. 382.
— s. Griffin, A. C. 706.
Lucke, H. 332.
— u. H. Hahndel 332.
Luckey, T. D. s. Moore, P. R. 501, 558, 654.
Ludwig, C. s. Salkowski, E. 224.
Luecke, R. W., u. P. B. Pearson 501.
Lueken, B. s. Lang, K. 394.
Luellen, T. J. s. Keating, jr., F. R. 657.

Lüthy, F. 300.
Luetscher jr., J. A. s. Cohn, E. J. 20, 26.
Lüttke, J. 374.
Luff, G. 242.
Lugovoy, J. K. s. Natelson, S. 111, 112, 211.
Lund, C. C., L. A. Shaw u. C. K. Drinker 470, 471.
— J. C. s. Krog, P. W. 89.
Lunde, G., K. Closs und O. Chr. Pedersen 14.
— u. K. Wülfert 548.
Lundegardh, H. 470.
— u. H. Bergstrand 468, 470, 472.
Lundquist, F. 575, 576, 578, 579, 580, 585.
Lundsgaard, E. 520, 521.
Lustgarten, S. 747, 749.
Lustig, B. 514, 516, 685, 692, 700, 707, 713.
— u. K. Fürth 345.
— u. E. Mandler 485, 489, 491, 492.
— s. Freund, E. 244.
Lutwak-Mann, C. 633, 636, 641.
— u. T. Mann 583.
— s. Parnas, J. K. 579.
Lutz, W. 812.
Lyle, G. G. s. Potter, V. R. 715.
Lynch, E. L. s. Christensen, H. M. 321.
Lynen, F., u. W. Franke 113.

MacAllister, R. V. s. Holzman, G. 67.
MacDonald, E. s. Waldschmidt-Leitz, E. 729.
MacFarlane, R. G. s. Donaldson, R. 149.
— E. J. King, I. D. P. Wootton u. M. Gilchrist 148.
— s. King, E. J. 148.
Macheboeuf, M., P. Lacaille u. P. Rebeyrotte 19, 20.
— u. P. Rebeyrotte 317.
— u. F. Tayeau 24.
— s. Barbu, E. 28.
— s. Bertrand, G. 470, 502, 508, 520, 526, 546, 548, 594, 614, 652, 653.
— s. Guillain, G. 311.
Machella, T. E. s. Kingsley, G. R. 22.
Maciag, A., u. R. Schoental 59.
MacIntyre, D. S., S. Pedersen u. W. G. Maddock 482, 483.
Mack, G. E. s. Heard, R. D. H. 283.
Mackay, M. E. s. Kekwick, R. A. 29.

MacKay, E. M. s. Hawkins, J. A. 241.
MacKenna, R. M. B., V. R. Wheatley u. A. Wormall 600.
Mackenzie, K. 652.
Mackey, M. A. s. Greenberg. D. M. 9.
MacLachlan, E. A. s. Talbot, N. B. 259.
— P. L., H. C. Hodge, W. R. Bloor, E. A. Welch, F. L. Truax u. J. D. Taylor 488.
— s. Hodge, H. C. 488.
Maclagan, N. F. s. Burchell, M. M. 250.
— s. Cade, St. 176.
— s. Henderson, J. 284, 286, 289.
Maclean, H. 212.
Macleod, M., u. R. Robison 74.
Macpherson, H. T. 195.
Macrae, T. F. s. Gulland, J. M. 223.
Macy, I. G. s. Beach, E. F. 476, 549.
— s. Pratt, J. P. 587, 588.
— s. Robinson, A. R. 17.
— s. Teague, D. 450.
— s. Williams, H. H. 462, 463, 489, 557, 653.
Maddock, W. G. s. MacIntyre, D. S. 482, 483.
Madel, M. 414.
Madinaveitia, J., u. T. H. H. Aniball 731.
Madlener, M. J. s. Werle, E. 506.
Madonik, M. J., K. Berke u. J. Schiffer 324.
Maffei, S. s. Crippa, G. B. 393.
Maftei, E. s. Thomas, P. 326.
Magasanik, B., E. Vischer, R. Doniger, D. Elson u. E. Chargaff 222.
— s. Chargaff, E. 481, 663, 710.
Mager, A. s. Felix, K. 578.
Magerl, J. F., u. R. Rittmann 101.
Magistris, H. 557.
Magnan, C. s. Bierry, H. 87.
Magnus-Levy, A. 31, 208.
Maher, G. 115, 245.
Malmberg, M. s. Euler, H. v. 716.
Maillard, L. C., u. J. Ettori 470, 472, 502, 525, 540, 546, 547, 549, 584, 616, 633, 639, 652.
Majo, S. de 661.
Majoor, C. L. H. 26.
Major, R. H., u. C. J. Weber 40, 41.
Malan, A. 16.
Malfatti, H. 191, 243.
Malin, R. B. s. Camien, M. N. 457, 458.
— s. Dunn, K. R. 217.
— s. Dunn, M. S. 217, 448, 457, 458.

Mall, G. 294. 295.
— u. W. Winkler 296, 300.
O'Malley, E. s. Conway, E. J. 37, 188.
Malloy, H. T., u. K. A. Evelyn 159, 234.
Malluche, H. 806.
Malorny, G. s. Podolsky, F. 545.
Malpress, F. H., u. A. B. Morrison 80.
Maltby, J. G., u. G. R. Primavesi 90.
Maltesu, L. s. Dam, H. 647.
Malynga, D. P. 471.
Malyoth, G. 669.
Man, E. B. s. Brown, W. T. 327, 328.
— s. Riggs, D. S. 14.
— E., u. E. Gildea 118, 134, 135.
— u. J. P. Peters 118, 136.
Mancke, R. 124.
Mandel, E. s. Popper, H. 38.
— J. A., u. C. Neuberg 118.
— L. s. Jacob, M. 479.
— s. Mandel, P. 479, 553.
— P. 568.
— M. Jacob u. L. Mandel 479, 553.
— J. Nordmann, J. Zimmer u. S. Harth 568.
— u. J. Zimmer 561.
— s. Fontaine, R. 623.
— s. Jacob, M. 479.
Mandler, E. s. Lustig, B. 485, 489, 491, 492.
Manderscheid, G. 670, 681.
— s. Diemair, W. 670, 681.
Manery, J. F., I. S. Danielson u. A. B. Hastings 613, 614.
— u. A. B. Hastings 614.
— s. Fenn, W. O. 540, 543.
Mangun, G. H., u. V. E. Myers 545, 547, 552.
— s. Corsaro, J. F. 552.
Manheimer, L. H., u. A. M. Seligman 729.
— s. Seligman, A. M. 174, 180.
Manly, R. S., u. H. C. Hodge 664.
Mann, F. C. s. Coffey, R. J. 413.
— T. 575, 579, 581.
— s. Humphrey, G. F. 579.
— s. Keilin, D. 11, 522.
— s. Lutwak-Mann, C. 583.
— W., W. F. Bale, H. C. Hodge u. S. L. Warren 657.
— u. J. Gruschow 716.
— s. Levine, C. J. 540, 656, 660.
Mannherz, K. H. 587.
Mannich, C. 809.
— s. Fendler, G. 751.
Manning, G. B. s. Horrocks, R. H. 68.

Manuel, S. s. Chevallier, A. 136.
Manueldis, E. s. Pruckner, F. 321.
Manunta, C. 135.
Manzini, C. 9, 304, 305, 307, 308, 339.
Marangoni, P. 516.
Marble, A. 482, 483.
— A. L. Grafflin u. R. M. Smith 467, 468.
— s. Renold, A. E. 622.
Marcelet, Y. s. Roche, A. 631.
March, E. s. Voegtlin, W. L. 235, 236.
Marchionini, A. 311.
— u. B. Ottenstein 333.
Mardaschev, S. R. 592, 595, 596.
— s. Zbarskii, B. I. 702.
Marek, J. s. Hutyra, F. v. 350, 351, 429, 432, 436, 437, 440.
Marenzi, A. D. 407.
— L. S. Banfi u. R. F. Banfi 633.
— u. C. E. Cardini 41.
— s. Braier, B. 44.
Maresch, R., u. H. Chirari 430, 431.
Marfurt, E. s. Billeter, O. 12.
Margitay-Becht, A. 7.
Mariani, B. s. Scoz, G. 662.
Marinesco, A., G. Alexianu-Buttu u. I. Oltéanu 335.
— G., G. Buttu u. I. Oltéanu 334.
Mark, D. D., u. H. Ris 712.
Markees, S. 108, 204.
Marker, R. E., H. M. Crooks jr. u. R. B. Wagner 283.
— u. C. G. Hartmann 284.
— O. Kamm, T. S. Oakwood, E. L. Wittle u. E. J. Lawson 276.
— E. J. Lawson, E. L. Wittle u. H. M. Crooks jr. 276.
— E. Rohrmann u. E. L. Wittle 276.
— u. E. L. Wittbecker 655.
Marks, P. A., u. E. Shorr 641.
Markus, H. 439.
— R. 103, 104.
— R. L. 104.
— s. Fishman, W. H. 347.
Marney, A. 513.
Maron, D. M. s. Garst, J. B. 272, 273, 275.
— s. Nyc, J. F. 260.
Marotta, G. s. Cutinelli, C. 333.
Marquardt, W. 150, 154.
Marquis, E. 808.
Marrack, J. 294.
— J. R., u. R. G. S. Johns 214.
Marrian, G. F. s. Cohen, S. L. 268, 272.

Marrian, G. F., u. N. Gough 283.
— s. Klyne, W. 257.
— s. O'Dell, A. O. 285.
— s. Sommerville, I. F. 286, 287.
— s. Stevenson, M. F. 269, 274.
— s. Sutherland, E. S. 283, 284.
Marron, T. U. 309.
Mars, G. s. Boselli, A. 17.
Marsh, F. R. s. Wortis, S. B. 331.
— J. B. s. Stadie, W. C. 559.
— N. s. Kochler, A. L. 80.
Marshall, C. s. Stone, W. E. 528.
— jr. E. K. 188, 812.
— s. Bratton, A. C. 224, 246.
— L. M., F. Friedberg u. W. A. DaCosta 481.
— J. M. Orten u. A. H. Smith 102, 103.
— P. B. 480, 481, 554.
Marsters, R. W. s. Paul, H. E. 592, 593, 595.
Mårtensson, J. 431, 512, 518, 629, 631.
— u. T. Thunberg 331.
Martin, A. J. P., u. R. L. M. Synge 611.
— s. Howard, G. A. 370, 411.
— C. s. Lissák, K. 537.
— u. K. Lissák 537.
— H. 425.
— J. s. Kesztyüs, L. 359.
— L. 378.
— R. W. 75.
— s. Abderhalden, E. 295.
Martini, A. 629, 773.
— G. A. s. Kirberger, E. 174, 177.
Martius, C. 112.
— u. H. Leonhardt 112.
Maruoka, K. s. Nakashima, Y. 188.
Maruyama, H. 538.
Marx, B. 653.
— R., u. W. Lang 347.
Masamune, H., u. Y. Nagazumi 85.
— u. Y. Tanabe 87.
Masayama, T., u. T. Yokoyama 711.
Maschmann, E. 726.
— u. E. Helmert 725.
Mason, H. L. 240, 276.
— u. S. Nesbitt 228.
— u. R. G. Sprague 276, 279.
— u. H. S. Strickler 257, 283.
— s. King, N. B. 277.
Masshoff, W., u. W. Graner 342, 347.
— — u. H. Hellmann 342, 347.
Mather, K., R. G. Bowler, A. C. Crooke und C. J. O. Morris 3.
Matheson, A. s. King, E. J. 148.
Mathews, B., S. Roseman u. A. Dorfman 584.
Mathieu, R. s. Allard, C. 713.

Mathis, H. 358.

Matsuyama, T. 513.

Matthes, K., u. F. Gross 150.

Matthews, E. s. Atkinson, H. F. 649.

Mattison, M. D. s. Menkin, V. 345.

Mattson, A. M. u. C. O. Jensen, 68.

Matzelt, D. s. Bücher, T. 310, 320, 321.

Mauch, R. 787.

Maugeri, S. s. Merz, W. 107.

Maulbetsch, A. s. Wenger, P. 35, 188, 189.

Maurer, F. W., M. F. Warren u. C. K. Drinker 350, 351.

— W., H. Basten, W. Becker, A. Niklas u. H. Puchtler 374.

— u. A. Zimmer 374.

— s. Engels, A. 374.

Maurmeyer, R. K., E. M. Livingston u. H. Zahnd 75.

Maver, M. E. 726.

— u. M. K. Barett 697.

— u. T. B. Dunn 726.

— u. A. E. Greco 660.

Maw, G. A. 38.

Mawson, C. A., u. M. I. Fischer 520, 525, 583, 629.

— E. H. s. Kon, S. K. 670.

May, J. 150.

— L. G. s. Bennett, A. 90, 208.

— R. s. Kraft, K. 13.

Maydell, R. B. 324.

Mayer, A. s. Chevillard, L. 468.

— s. Lazard-Kolodny, S. 468.

— E. s. Hart, C. 445.

— Fr. X. 760.

— H. s. Popper, H. 38.

— K. s. Waldschmidt-Leitz, E. 295.

— P. 114.

— u. C. Neuberg 245.

Mayr, F. s. Täufel, K. 112, 677.

Maxwell, R. E. s. Vestling, C. S. 735.

Mazur, A., I. Litt u. E. Shorr 510.

— u. E. Shorr 510.

McAlleney, P. s. Hurwitz, S. 441.

McArthur, C. s. Hodges, R. M. 629.

— E. M. s. Pentz, E. I. 117.

McCall, P. J. s. Munson, P. L. 264.

McCance, R. A. s. Watchorn, E. 308.

McCarty, M. 729.

McCay, C. M., G. H. Ellis, Le Roy L. Barnes, C. A. H. Smith u. G. Sperling 561.

McClean, D., u. C. W. Hale 731.

— s. Boyland, E. 731.

McCleery, R. S. s. Keith, L. M. 351.

McClellan, V. s. Gutman, A. B. 31.

McClure, C. W., M. E. Huntsinger u. E. Bloomberg 399.

— F. J. 645, 646.

— H. H. Mitchell, T. S. Hamilton u. C. A. Kuiser 604.

— s. Zipkin, I. 361.

McConahey, M. s. Keating, F. R. jr. 657.

McCune, D. J. s. Quimby, E. H. 657.

— s. Ranney, H. 77, 78, 243.

McDonald, I. W. 361.

— N. S. s. Alexander, G. V. 629.

— s. Hodges, R. M. 629.

McDougall, E. J. 359, 568, 587.

— R. F. s. Trussell, R. E. 585.

McEllroy s. Folin, O. 242.

McFadyen, D. A. 48, 56, 731.

— s. Slyke, D. D. van 53, 58, 219, 625.

McFate, R. s. Levinson, S. 41.

McGavack, T. H. s. Kenigsberg, S. 255.

McGilvery, R. W. s. Cohen, P. P. 736.

McHargue, C. S. 471.

McHenry, E. W. s. Semmons, E. M. 284, 287, 290.

McIlwain, H., u. R. Rodnight 538.

— s. Gore, M. 538, 539.

McIntosh, J. F. s. Hiller, A. 216.

McIntyre, A. R. s. Dunn, A. L. 14.

McKay, C. s. Meyer, F. L. 22.

— E. M., u. H. C. Bergman 468, 476, 483.

McKee, F. S. s. Langwell, B. B. 266.

McKenny jr., A. C. s. Barnett, G. D. 347.

McKibbin, J. M., u. W. E. Taylor 461, 463, 490, 531, 557, 653.

McLean, R. s. Franseen, C.C.729.

McLachlan, E. A. s. Gardner, L. I. 68, 330.

— E. s. Talbot, N. B. 259, 272, 286.

— P. L. 133.

McLenathen, E. s. Wright, I. S. 606.

McLutcheon, R., u. E. M. Plein 782.

McMillan, Th. J. s. Johnston, F. A. 604.

McMillen, J. H. s. Scott, G. H. 12.

McNabb. A. R. s. Johnson, A. C. 531, 532.

McShan, W. H., R. K. Meyer u. W. F. Erway 662.

McSwiney, R. R., R. E. H. Nicholas u. F. T. G. Prunty 226, 229.

McVicar, R. W. s. Tigerman, H. 456, 481, 503, 511.

Meade, B. W., u. M. J. H. Smith 114, 214.

Meara, M. L. s. Clement, G. 619.

Mecke, A., u. Wimmer 787.

— E. 824.

Medigreceanu, F. s. Bertrand, G. 470, 472.

Médvédéva, N. 472, 502, 508, 520, 547, 584, 594, 651, 653, 664.

Mehl, J. W. 25.

— F. Golden u. J. Humphrey 31.

— — u. R. J. Winzler 31.

— J. Humpherey u. R. J. Winzler 31.

— E. Pacovska u. R. J. Winzler 28.

— s. Edmondson, H. A. 440.

— s. Simonsen, D. G. 15.

— s. Weimer, H. E. 31.

Mehnen, H. 436.

Mehring, J. v., u. Musculus 748.

Meier, R., u. E. Thoenes 16, 499.

Meinkin, M. A. s. Stevens, C. D. 690.

Meissner, W. 446.

Meister, A. 718.

— s. Baker, C. G. 735.

— H. s. Ruzicka, L. 17.

Meitinger, A. s. Werle, E. 517.

Mejbaum, W. 82, 561.

Melampy, R. M., u. L. C. Northrop 501, 558.

Melin, M. s. Cohn, E. J. 18.

Mölka, J., u. Z. Klimo 334.

Mella, H. 471, 547. 652.

— u. M. M. Blomberg 303.

Mellanby, J. s. Leathes, J. B. 538.

Mellinghoff, K. 13.

Melnick, D., W. D. Robinson u. H. Field jr. 196.

Melon, J. s. Beaulieu, M. 623, 624.

— s. Dallemagne, M. J. 622, 627.

Melville, E. M. s. King, C. W. 382.

Melzer, F. s. Koenig, V. L. 264, 266.

— H. 761, 762, 763, 785.

Meek, S. F., T. Mooney u. G. C. Harrold 226.

Mendheim, H. s. Treibs, A. 352.

Menghini, G. 164.

Menkin, V. 345.

— s. Dillon, M. L. 345.

Menkin, V., u. M. A. Kadish 345.
— M. D. Mattison u. E. Ulled 345.
Menne, F., O. Wetter, L. Crämer u. L. Fischer 77, 79.
— s. Jipp, M. 550.
Mennièr, P., u. A. Vinet 654.
Menza, J. A. di s. Sevilla, J. 248.
Mering, J. v. 748.
Merkelbach, O. 150, 395.
Merritt, H. H., u. F. Fremont-Smyth 300, 309, 311.
Merten, R. 87, 293, 294, 295, 296, 297, 299, 381.
— u. W. Jäger 296, 297.
— H. Ratzer u. U. Kleffner 381.
— u. W. Spiegelhoff 295.
— u. H. Thanisch 296.
— u. W. Übelgünn 296.
— s. Hinsberg, K. 7, 24.
Mertens, E. 230.
— u. H. Samlert 160.
Merz, K. W. 791.
— s. Edlbacher, S. 724.
— W., u. S. Maugeri 101.
Messiner-Klebermass, L. s. Zuckerkandl, F. 85.
Messinger, J. s. Huppert, H. 207.
Mestrezat, W. 316.
Metz, E. 213.
Metzger, N. s. Baumann, E. J. 253, 257, 259, 260, 651, 655.
Meunier, J. s. Desgrez, A. 629, 650.
— P. 471, 472, 653.
— u. A. Vinet 558.
Meuser, H., W. Gütter u. H. Haschek 176.
Meyer, F. 788.
— F. L., W. E. Abbott, M. Allison und C. McKay 22.
— H. H. 300, 301, 303, 305, 311, 321, 326, 328, 338, 513.
— K. 87.
— K., u. E. Chaffee 347, 568, 598.
— — G. L. Hobby u. M. H. Dawson 731.
— u. B. E. Ingreen 347.
— u. M. M. Rapport 615.
— E. M. Smyth u. J. W. Palmer 379.
— K. H., F. Duckert u. E. H. Fischer 360.
— E. H. Fischer, A. Straub u. P. Bernfeld 357, 360.
— M. Fuld u. P. Bernfeld 167, 169.
— P. 4.
— R. 431.
— R. K. s. Cartland, G. F. 272.
— s. McShan, W. H. 662.
— W. 19, 317.

Meyer-Arendt, J. 439.
Meyerhof, O. 554.
— u. J. R. Wilson 714.
Mezey, K., u. M. Kraus 323.
Michael, S. E. 18.
Michaelis, L. s. Granick, S. 510, 521.
— s. Rona, P. 23, 170, 171.
Michailov, V. 445.
Michel, R. s. Derrien, Y. 657, 658.
Michele, G. de, P. Salvi u. G. Scoz 332.
Mickelsen, O., u. A. Keys 604, 605.
— s. Miller, E. V. O. 255, 256.
Michie, E. A., u. B. E. Clayton 257.
Michimoto, H. 490, 557.
— s. Sueyoshi, Y. 490, 557.
Mider, G. B. s. Greenstein, J. P. 721, 724.
Mieg, M. s. Willstätter, R. 229.
Mietzsch, F. 812, 813.
Mignon, S. s. Lévy, M. 589.
Mihaéloff, S. P. 432, 433.
Mihályi, E. 511.
Miko, G. v. 812.
Mikschik, E. s. Janke, A. 48.
Miller, A. T. jr. 5.
— A. M., R. I. Dorfman u. M. Miller 257.
— — u. E. L. Sevringhaus 276.
— B. F. s. Alving, A. S. 77.
— A. S. Alving u. J. Rubin 77.
— u. R. Dubos 38, 700.
— — M. J. C. Allison u. Z. Baker 38, 192.
— u. J. A. Muntz 103.
— u. D. D. van Slyke 70, 620.
— s. Baker, Z. 38, 192.
— s. Dubos, R. 38, 192.
— E. C., u. J. A. Miller 700.
— R. W. Sapp u. G. M. Weber 700.
— s. Price, J. M. 700, 712.
— s. Schweigert, B. S. 705.
— s. Sorof, S. 700.
— E. E. s. Miller, G. L. 698, 699.
— E. G. jr. s. Ross, V. 577, 582.
— E. V. O., O. Mickelsen u. A. Keys 255, 256.
— G. H. jr., M. E. Davis, A. G. King u. Ch. B. Huggins 17.
— G. L., E. U. Green, J. J. Kolb u. E. E. Miller 698, 699.
— H., u. C. Carruthers 688, 696.
— J. A. s. Miller, E. C. 700.
— s. Price, J. M. 700, 712.
— s. Schweigert, B. S. 705.
— s. Sorof, S. 700.
— K. s. Kämmerer, H. 414.

Miller, L., u. P. Hahn 11.
— L. C. s. Cartland, G. F. 272.
— L. L. s. Segal, H. L. 374.
— M. s. Miller, A. M. 257.
— Z. B. s. Barron, E. S. G. 519.
Milletti, A. s. Lenaz, A. 498, 501, 654, 661.
Millot, J. L. s. Huguenin, R. 215.
Mills, E. J., u. J. E. Pritchard 31.
— G. T. 245, 513.
— s. Hanson, S. W. F. 245.
Milone, H. S. s. Veitch, F. P. jr. 260, 272.
Milroy, J. 135.
Milton, R. s. Obermer, E. 127.
Minert, J. K. s. Hoffbauer, F. W. 158.
Mingazzini, H. s. Abderhalden, E. 296.
Minibeck, H. 130, 384, 394, 395, 397, 417, 463.
Miñon, J. R. s. Diaz, C. J. 5.
Minot, A. S., u. J. C. Aub 470, 502, 515, 520, 525, 628.
— u. H. E. Frank 194, 198.
— — u. D. Dziewiatkowski 243.
— u. M. Grimes 243.
— u. M. Keller 317.
— s. Reiman, C. K. 12, 470, 502, 508, 652.
Mirolubova, T. N. s. Greenberg, D. M. 317.
Mirski, A. 129, 622.
— u. A. W. Pollister 510, 659, 703.
— I. A., S. Block, S. Osher u. R. H. Broh-Kahn 294.
— s. Amon, M. L. 382.
Misani, F. s. Chargaff, E. 659.
Mishkis, M., E. B. Ritchie u. A. B. Hastings 307.
Misk, E. 470, 547.
Mitchell, C. A. 822.
— H. H. u. T. S. Hamilton 607.
— — u. W. T. Kaines 604.
— — F. R. Steggerda u. H. W. Bean 452, 468, 470, 476, 539, 540, 546, 548, 662.
— s. Johnson, B. C. 606.
— s. McClure, F. J. 604.
— s. Spector, H. 604, 606.
— s. Shields, J. B. 606.
— S. s. Bensley, E. H. 175.
Mittelman, D. s. Cohn, E. J. 20.
Mitolo, M. 501, 504, 512, 518, 538.
Miyagi, T. 661.
Miyazaki, T. 640.
Mizokoshi, M. s. Yanagisawa, F. 126.

Mladenović, M., u. H. Lieb 512.
Modie, J. L. s. Heymann, W. 483.
Moeller, I. 741.
Möller, P. s. Abderhalden, E. 12.
Möllmann, F. 361.
Mörner, C. Th. 442, 566, 568.
— K. A. H. 214, 221, 356.
Möse, J., u. O. Laurentschitsch 313.
Moglia, J. L. 358, 359.
Mohr, H. s. Eggers, H. 3.
— M. s. Ackermann, D. 459.
— O. 752.
— R. s. Felix, K. 578.
— W. 667.
— u. W. Kaufmann 667.
Molle, W. E. s. Schiff, L. 360.
Møller, K. O. s. Hansen, F. 470, 475.
Møller-Christensen, E., u. P. Føuss-Bech 654, 661.
— u. Chr. Thorup 588.
Mollomo, M. C. s. Seligman, A. M. 173.
Monasterio, G., u. G. Gigli 136.
— s. Lintzel, W. 136.
Monche, J. s. Sols, A. 178.
Mond, W. 304, 305.
Mondini, E. M. 328, 329.
Monias, B. L., u. P. Shapiro 47.
Monier s. Christol, P. 692.
Monika, S. La 335.
Monnier, P. s. Loubatiéres, A. 487.
Monro 442.
Monteanu, N. s. Benetato, Gr. 459.
Montgomery, E. G., u. P. De 267.
— H. s. Butler, A. M. 31.
— M. s. Fishler, M. 135.
Montuori, E. s. Tarnopolsky, S. 257.
Moon, K. A. s. Heidt, L. J. 67, 82.
Mooney, T. s. Meek, S. F. 226.
Moor, J. R. s. Gilligan, D. R. 378, 379.
— s. Warren, S. 378, 379.
Moore, D. H., u. R. S. Harris 731.
— s. Gutman, A. B. 31.
— E. A. Kabat u. A. B. Gutman 31.
— s. Kabat, E. A. 310, 320, 321.
— s. Ross, V. 577, 582.
— G. E. s. Kremen, A. 706.
— L. A. s. Kane, E. A. 404.
— P. R., A. Lepp, T. D. Lukkey, C. A. Elvehjem u. E. B. Hart 501, 558, 654.
— S., u. K. P. Link 74.
— u. W. H. Stein 48, 49, 218.
— s. Stein, W. 710.

Moore,T., u. J.E. Payne 497,500.
— s. Rodahl, K. 500.
Moorhouse, V. H. K. s. Cameron, A. T. 305.
Morávek, V. 686, 687, 688, 690, 691.
Moreland, F. B., W. W. O'Donnell u. J. H. Gast 159.
— s. Gurgiolo, A. E. 159.
Morgan, E. J. s. Hopkins, F. G. 426.
— J.L.R., u. H. E.Woodward 4.
— W. T. J. s. Elson, L. A. 85.
Morgenstern, F. v. 776.
Morgulis, C. S., u. J. L. Bollman 8, 9.
— S. 626.
— u. W. Osheroff 543.
— s. Spencer, H. C. 616.
Mori, F. s. Kasahara, M. 339, 340.
Morley, H. V. s. Lawson, A. 218.
Moro, M., u. A. Torrini 378.
Morpurgo, M. s. Boselli, A. 17.
Morris, C. J. O. R. s. Butt, W. R. 260.
— s. Mather, K. 3.
— D. L. 81.
— H. P. 628.
— L. E. s. Bowman, D. E. 501, 654, 661.
Morrison, A. B. s. Malpress, F. H. 80.
— D. B. s. Mull, J. W. 12.
— u. T. P. Nash jr. 470.
— L. M. 384, 391.
— W. T. Gonzales u. L. Hall 116.
— u. K. D. Johnson 621.
— u. W. A. Swalm 395.
— M. I. s. Bird, M. J. 646.
Morrow, A. G., u. R. S. Benua 288.
Morse, E. E. 81.
Morth, H. s. Christiani, A. v. 297.
Morton, J. J. s. Segal, H. L. 374.
— R. A. s. Festenstein, G. N. 605.
Moruzzi, G. 470.
Moschini, S. 304.
Moss, M. H. s. Voegtlin, W. L. 235, 236.
Mossini, A. 68.
Moubasher, R. 48.
— u. A. Sina 48, 218, 219.
Mourgue, M. s. Roche, J. 631.
Mouriquand, G., A. Leulier u. A. Coeur 661.
Mouton, R. F. s. Cohn, E. J. 20.

Moyer, E. s. Pratt, J. P. 587.
— E. Z. s. Williams, H. H. 462, 463, 488, 489, 557, 653.
Moyle, D. M. 102, 201.
— V., E. Baldwin u. R. Scarisbrick 370, 410.
Mozolowski, W. 245.
— s. Parnas, J. K. 10.
Mühlbock, O., u. C. Kaufmann 118, 123, 134.
— — u. H. Wolff 117.
— u. W. Kröner 117, 118.
— s. Dingemanse, E. 268.
Mueller, J. H. 177.
Müller, A. 130, 284.
— E. 168, 400, 437, 534.
— s. Schreier, K. 281.
— F. 143.
— u. W. Diehler 143.
— s. Krainick, H. G. 135.
— H. A. 284.
— H. 41.
— s. Weyrauch, F. 470, 546, 548.
— H. K. 562.
— J. X., u. P. C. Petropoulos 332.
— L. R. 525, 545, 547.
— P. s. Hijmans van den Bergh 158.
— P. B. s. Flaschenträger, B. 101, 821.
— R. s. Gerlach, W. 475, 546, 629, 690.
Münzel, P. s. Heidermanns, C. 188.
Mulford, D. J. 21.
— s. Cohn, E. J. 18.
Mull, J. W., D. B. Morrison u. V. C. Myers 12.
Mulryan, B. J. s. Neuman, W. F. 626.
Munch-Petersen, S. 306, 577.
Muncks, B. s. Beach, E. F. 476, 549.
Munro, F. L. s. Shay, H. 372.
Munson, P. L., M. E. Jones, P. L. McCall u. T. F. Gallagher 264.
— s. Zarrow, M. X. 255, 260.
Muntwyler, E., G. E. Griffin, G. S. Samuelsen u. L. G. Griffith 546.
— S. Seifter u. D. M. Harkness 475, 479, 499.
— s. Seifter, S. 81.
Muntz, J. A. s. Miller, B. F. 103.
Muralt, G. de 464.
Murano, G., u. V. Baffi 341.
Murphy, E. A. s. Dunn, M. S. 48, 457, 458, 704.
— J. C. s. Rothman, St. 605.

Murray, J. D. s. Schaeffer, A. J. 566, 567.
— J. E. s. Kabat, E. A. 320.
— M. M. s. Bowes, J. H. 646, 647.
— s. Glock, G. E. 628, 650.
— P. D. F. 622.
— S. s. Deuel, H. J. 482.
Murti, K. S. s. Hilditch, Th. P. 619, 635.
Musculus s. Mering, J. v. 748.
Mutius, I. von s. Heilmeyer, L. 147.
Mutt, V. s. Jorpes, J. E. 521.
Myers, C. 35.
— G. B. s. Boyle, A. J. 187.
— s. Smith, R. G. 6.
— V. C. s. Andes, J. E. 198.
— s. Corsaro, J. F. 552.
— s. Mangun, G. 545, 547, 552.
— s. Mull, J. W. 12.
Myhrman, G., u. J. Tomenius 419.
Mylius, F. 392.
Myrbäck, K., u. E. Leissner 67.
Mystkowski, E. M. 19.

Nachlas, M. M., u. A. M. Seligman 173, 387.
— s. Cohen, R. B. 727.
— s. Seligman, A. M. 169, 170, 173, 174, 180.
Nachmansohn, D. 538.
Nachmias, G. s. Lederer, E. 89.
Nador, K. s. Lorinczy, E. 358, 359.
Naegli, O. 184.
Nagazumi, Y. s. Masamune, H. 85.
Nagel, W. 301, 318.
Nahas, G. G. 118, 149.
Nakahara, W., T. Fujiwara u. S. Kishi 703.
— u. F. Fukuoko 722.
— S. Kishi u. T. Fujiwara 707.
— s. Fujiwara, T. 692, 700.
— s. Kishi, S. 468, 685, 695. 700, 725.
— s. Toyoda, H. 690.
Nakashima, Y., u. K. Maruoka 188.
Nalefski, L. A., u. F. Takano 16.
Nanavutty, S. H. 94, 211.
Nanjo, K. s. Iwatsuru, R. 173.
Nash jr., T. P. s. Laug, E. P. 241.
— s. Morrison, D. B. 470.
Nastuk, W. L. 483, 555.
Natelson, S., J. K. Lugovoy u. J. B. Pincus 111, 112, 211.
— J. B. Pincus u. J. K. Lugovoy 112.
— s. Sobel, A. 118.
— s. Zuckerman, J. L. 119, 411.
Nathanson, I. T. s. Engel, L. L. 268, 273.

Nattermann, H., u. A. Hilger 745.
Naumann, H. N. 162, 236, 326, 416.
Nava, G. s. Sposito, M. 549.
Navarro, A. V. 542, 543, 545.
Navratil, E. 589.
Nawratzki, E. 304, 338.
Neal, W. s. Huggins, C. 580.
Neber, M. s. Edlbacher, S. 727.
Necheles, H. s. Popper, H. L. 167.
Negelein, E. 715.
— u. H. Brömel 722.
— s. Warburg, O. 513, 658, 663.
Nell, W. 454.
Nelson, M. M., F. van Nouhuys u. H. M. Evans 425.
Nemura, H. 477.
Nesbett, F. B. s. Deane, H. W. 81.
Nesbit, R. M. s. Johnson, H. T. 256, 257.
Nesbitt, S. s. Amatuzio, D. S. 331.
— s. Mason, H. L. 228.
Nespor, E. 580.
Neuberg, C. 243, 248, 441, 442, 443.
— u. W. M. Cahill 641.
— u. M. Kobel 91.
— E. Strauss u. L. E. Lipkin 22.
— u. H. Strauss 243.
— s. Mandel, J. A. 118.
— s. Mayer, P. 245.
Neuberger, A. 213.
Neuenschwander-Lemmer, N. s. Stock, A. 12.
Neuhaus, E. s. Vannotti, A. 230.
Neuman, R. E. 457.
— u. M. A. Logan 616, 617.
— W. F., u. B. J. Mulryan 626.
Neumann, A. 242, 814.
Neurath, H., G. R. Cooper, D. G. Sharp, A. R. Taylor, D. Beard u. J. W. Beard 736, 737.
Neuschlosz, S. M. 2.
Neuweiler, W. 210, 501, 504, 558.
— u. A. Hess 165.
Nevermann, H. 372.
Neville-Jones, D., u. R. A. Peters 601.
Neweseley, H. s. Kofler, L. 775.
Newman, B. s. Rafsky, H. A. 375.
— E. V. 555.
— K. O. 313.
Newton, E. B. 222.
— s. Benedict, St. R. 23.
Nicholas, R. E. H., u. C. Rimington 226, 229.
— s. McSwiney, R. R. 226, 229.

Nicholson, T., u. R. M. Archibald 241.
Nickell, I. s. Hegemann, G. 615.
Nickerson, M. s. Jager, B. V. 22, 30.
Nicklaus, C. E., u. N. Tippett 656.
Nickle, M. s. Kabat, H. 537.
Nicloux, M., u. G. Fontés 149.
Nicola, P. de s. Wuhrmann, F. 21.
Nicora, G. 588.
Niederl, I. B. s. Gettler, A. O. 758.
Nielsen-Schmidt, S., u. A. Espelli 635.
Niemann, C. s. Brown, D. H. 522.
— s. Holzman, G. 67.
— G. s. Fischer, H. 235, 396.
Nigge 338.
Nigmann, G. s. Willeke, H. 97.
Niina, T. 328.
Nijkamp, H. J. 199.
— s. Brouwer, E. 199, 200.
Niklas, A. s. Engels, A. 374.
— s. Maurer, W. 374.
Nikolaew, W., u. S. Krastelewski 118.
Nikolskaia, M. I. s. Stern, L. S. 325.
Nilsson, I. 86.
Nims, L. F. s. Stone, W. E. 528.
Nishi, H., T. E. King u. V. H. Cheldelin 465, 501, 558.
Nishimura, M. 439, 440.
Nissen, H. s. Bomskov, Ch. 15.
Nitzescu, I. I., u. I. Georgescu 563.
Nitzulescu, J. s. Ballif, L. 334, 335.
Nobel, E. s. Fürth, O. 323.
Noble, R. P., u. M. I. Gregersen 3.
Nochimowski, C. 325.
Nocito, V. s. Blanchard, M. 505.
— s. Ratner, S. 506.
Noelting, G., u. P. Bernfeld 360.
Norberg, B. 140.
— u. T. Teorell 136, 140.
Norbert, H. W. 188.
Nordahl, J. 356.
Nordbö, R. 9.
— u. B. Scherstén 111.
Nordmann, J. s. Mandel, P. 568.
Norporth, L. 378.
Norris, D. s. Harden, A. 40, 193.
North, H. B. s. Pfiffner, J. J. 660.
Northrop, L. C. s. Melampy, R. M. 501, 558.
Nottbohm, F. 669.
Nouhuys, F. van s. Nelson, M. M. 425.
Nover, I. 571.

Noverraz, M. 150.
— u. P. Schneider 167.
— s. Gigon, A. 25, 36, 131, 150, 188, 395.
Novic, B. s. Seifter, S. 81.
Novikoff, A. B., u. V. R. Potter 479.
Novotny, S. s. Gabriel, E. 332.
Nowotny, A. s. Banga, J. 617.
Noyes, H. M. s. Falk, K. 727.
Noyons, E. C. 61.
— u. M. K. Polano 118.
— s. Zwiers, J. H. L. 109.
Nürnberger, L. 586.
Nuernbergk, H., u. E. Widmann 14, 15.
Nuessle, W. F. 369.
Numata, I. s. Fujita, A. 44, 655, 658.
Nusbaum, R. s. Hodges, R. M. 629.
— R. E. s. Alexander, G. V. 629.
Nutter, P. E. 555.
Nyc, J. F., J. B. Garst, H. B. Friedgood u. D. M. Maron 260.
— s. Garst, J. B. 272, 273, 275.
Nyström, C. s. Caspersson, T. 711.

Oakwood, T. S. s. Marker, R. E. 276.
Oba, J. T. s. Cheyne, V. D. 644.
Oberg, M. s. Freeman, M. E. 584.
Obermer, E., u. R. Milton 127.
Obersteg, J., u. M. Kanter 151.
O'Brien, J. R. P. s. King, E. J. 148.
Ockerse, T. 645.
O'Connell, P. W., u. B. F. Daubert 133, 136.
O'Dell, A. O., u. G. F. Marrian 285.
— B. L. s. Pfiffner, J. J. 501.
— R. A. s. Zittle, C. A. 576, 578.
Odier, J. 360.
Odin, L. s. Werner, I. 87, 569.
O'Donnel, J. F. s. Kirch, E. R. 362.
O'Donnell, W. W. s. Moreland, F. B. 159.
Oech, S. s. Arnold, W. 729.
Oehlenschläger, V. s. Astrup, T. 698.
Oehm, G. 800.
Örström, A. s. Krebs, H. A. 63, 64.
Östberg, O. 111.
Oestreicher, Th. s. Wetzel, R. 502, 504, 505, 507, 511, 592, 594, 599, 614, 619.

Oettel, H. 150, 783.
Oetzel, M. s. Zeile, K. 48, 218.
Ogston, A. G., u. J. E. Stanier 115, 643.
— s. Holiday, E. R. 19.
— s. Johnston, J. P. 85, 86.
Ohlmeyer, P. 585.
— u. U. Olpp 453, 514, 515, 653.
— s. Hüllstrung, H. 602.
Ohlson, W. 188.
Ohnesorge, G. s. Tillmanns, J. 353, 354.
Ohnsted, W. H. s. Pittmann, J. E. 417, 418.
Ojetti, F. 473, 543.
Okada, M. 345.
Okamoto, K. s. Fujita, A. 66, 70, 76.
Okamura, H. 75.
Okey, R. 124.
— L. S. Godfrey u. F. Gillum 489, 490.
Okuda, S. s. Tanaka, T. 304.
O'Leary, P. A. s. Watson, J. B. 356.
Oliver, J. T., u. W. A. Rawlinson 231.
Olpp, U. s. Ohlmeyer, P. 453, 514, 515, 653.
Olson, L. C., u. E. E. de Turk 13.
Oltéanu, I. s. Marinesco, A. 334, 335.
Olwin, J. H., u. J. L. Fahey 163.
O'Malley, E. s. Conway, E. J. 10.
Oncley, J. L., G. Scatchard u. A. Brown 20.
— s. Cohn, E. J. 20, 26.
Opfer-Schaum, R., u. M. Piristi 786.
Opie, E. L. 686.
Opitz, E. s. Harnischfeger, E. 505, 559, 560.
— G. s. Veraguth, O. 303.
— H. 96.
— s. Lang, K. 96.
Oppermann, A. 19.
Oprean, R. s. Benetato, Gr. 459.
Ord, M. G., u. R. H. S. Thompson 589.
Orekhowich, V. N. 725.
Orfila, M. 813.
Ormsbee, R. A., F. C. Henriques jr. u. E. G. Ball 597, 598.
Ormsby, A. A., u. S. Johnson 80, 244.
Ornstein, I. s. Ballif, L. 334, 335.
Orskov, S. L., u. E. Ratjen 6.
Orten, J. M. s. Marshall, L. M. 102, 103.
— s. Smith, A. H. 663.

Osborn, G. H. s. Jewsbury, A. 13.
Osborne, E. D. 307.
Oser, L. 354.
Osher, S. s. Mirsky, I. A. 294.
Osheroff, W. s. Morgulis, S. 543.
Osnos, M. 67.
— s. Dische, Z. 242.
Osten, W. 234.
Osterberg, A. E. s. Comfort, M. W. 389.
— s. Kearney, R. W. 383.
— s. Lobitz, W. C. 605.
— s. Wollaeger, E. E. 406, 409.
Ostern, P. 111.
— u. J. K. Parnas 326, 349.
Otila, E. 323.
Ott, H. s. Westphal, U. 157, 158.
— M. s. Bleyer, B. 670.
— s. Diemair, W. 682.
— M. L. s. Dorfman, A. 569, 589.
— P. s. Kubowitz, F. 697, 717.
Ottenstein, B. 167.
— s. Marchionini, A. 333.
Otto, F. M. G., u. W. Lent 806.
— Fr. J. 767.
— W., u. L. Heilmeyer 238.
Outevskaia, L. B. s. Stern, L. S. 325.
Outhouse, E. L. 693.
— u. J. C. Forbes 118.

Pacovska, E. s. Mehl, J. W. 28.
Pacu, M. s. Achard, Ch. 344.
Padis, K. E. s. Shinohara, K. 44.
Le Page, G. A. 109.
— u. C. Heidelberger 706.
— s. Groth, D. R. 696.
Page, I., L. Pasternack u. M. L. Burt 133.
— I. H. s. Corcoran, A. C. 277, 278, 279, 282.
— u. H. Rudy 118.
— u. E. Schmidt 325.
— s. Kirk, E. 135.
— s. Slyke, D. D. van 600.
— O. B. C. s. Fishman, W. H. 347.
Paget, M. u. J. Desodt 201.
— s. Chabanier, H. 13.
Paic, M. 303.
Palade, G. E. s. Hogeboom, G. H. 449, 722, 733.
Palla, G. s. Baltacéano, G. 501, 558, 654.
Palladin, A. W. 534.
Palmer, A. s. Zuckerman, S. 593.
— A. E. s. Stieglitz, E. J. 17.
— A. H. 668.
— J. W. s. Meyer, K. 379.
— W. L. s. Sheffner, A. L. 217, 408.

Palmer, W. W. s. Jackson, H. jr. 224.
— s. Slyke, D. D. van 199.
Pangritz, F. s. Kleinmann, H. 814.
Pany, J. 493.
Papadato, L., u. B. Sapkowa 332.
Papageorge, E. T., M. M. Fröhlich u. H. B. Lewis 212.
Papanicolaou, G. N. 683.
Papastamatis, S. C., J. E. Kench u. J. F. Wilkinson 31.
Papish, J. s. Wright, N. C. 670.
Papolczys, F. v. 446.
Parade, G. W. s. Gutzeit, K. 14.
Pardi, A. s. Fornaroli, P. 108.
Parhon, C. I., u. M. Cahane 483, 507, 524.
Park, J. T., u. M. J. Johnson 67.
Parker, P., s. Yeh, H. L. 217.
Parnas, J. K. 10.
— u. J. Heller 10.
— u. A. Klisiecki 10.
— u. C. Lutwak-Mann 579.
— u. W. Mozolowski, 10.
— u. R. Wagner 32.
— s. Ostern, P. 326, 349.
Parry, T., u. J. A. B. Smith 132.
Partos, S. 188.
Partridge, S. M. 68, 639.
Pasargiklian, M. s. Capraro, V. 546.
Paschkis, K. E. s. Gershon-Cohen, J. 429.
— s. Pearlman, W. H. 400.
Pasquier, M. A. 8.
— s. Urbain, A. 8.
Passey, R. D., L. Dmochowski, W. T. Astbury, R. Reed u. R. M. Johnson 737.
Pasternack, L. s. Page, I. 133.
Paskowski, J. s. Rivoire, R. 257, 258.
Paterson, J. Y. F., u. W. Klyne 257.
Patt, H. M., M. N. Swift, E. B. Tyree u. E. S. John 661.
Patterson, H. R. s. Engel, L. L. 259, 287.
Patzsch, H. 806.
— s. Thiel, A. 673, 677.
Paul, H. E., M. F. Paul, J. D. Taylor u. R. W. Marsters 592, 593, 595.
— s. Taylor, J. D. 599.
— M. F. s. Paul, H. E. 592, 593, 595.
— s. Taylor, J. D. 599.
— W. s. Dietzel, R. 767, 778, 780, 784, 801.
Paulesco, N. 482, 555.
Pauli, W., u. M. Samec 8, 9.
Pavia, M. 10.
Pavrovsky, J. 352.

Pavy, F. W. 242.
Payne, J. E. s. Morre, T. 497, 500.
Peabody, R. B. s. Ropes, M. W. 571, 642, 643.
Pearlman, W. H., u. E. Cerceo 283.
— u. G. Pincus 284.
— A. E. Rakoff, K. E. Paschkis, A. Cantarow u. A. A. Walkling 400.
— s. Pincus, G. 266.
Pearlmann, C. K. 433.
Pearsall, H. R. s. Dillard, G. H. L. 136.
Pearson, J. T. s. Dickens, F. 220.
— P. B. s. Luecke, R. W. 501.
— S. s. Kenigsberg, S. 255.
Pechmann, H. v. s. Ihl, A. 75.
Pedersen, K. O., u. J. Waldenström 157.
— s. Derrien, Y. 657, 658.
— O. Chr. s. Lunde, G. 14.
— S. s. MacIntyre, D. S. 482, 483.
Pederson, D. P., u. W. T. Pommerenke 586.
Peeler, A. L., O. E. Hepler, V. M. Kinney, L. E. Cisler u. F. T. Jung 116.
Pegreffi, G., u. C. Doria 302, 303, 304, 307, 309, 338.
Peham, A. 222, 460.
— s. Barrenscheen, H. K. 83, 222, 460, 480, 504, 510, 536, 553, 660, 663, 708.
Peirce, A. W. 497.
Pelà, G. 21.
Pelkan, K. s. Bloor, W. R. 134.
Pemberton, R. s. Cajori, F. A. 642.
Pendl, E. 636.
Penner, A. s. Hollander, F. 372.
Penny, E. s. Kossler, A. 248.
Pentz, E. I., u. E. M. McArthur 117.
Peola, F. 326.
Pereira, J. s. Desbordes, J. 75.
— R. S. 102, 212.
Perelli, L. 150.
Peretti, G. 483, 485, 555.
Peritz, G. 570.
Perkins, E. s. Berry, Th. 21.
Perlzweig, W. A., E. D. Levy u. H. P. Sarret 424.
Perret, G. E., u. H. Selbach 524.
Perrotin, J., M. Lemaire u. R. Stoecklin 19.
Pescarmona, M. s. Bellomo, A. 379.
Peschek, K. s. Fürth, O. 115.
Pesez, M. 260.
Peterman, E. A., u. T. B. Cooley 234.
— F. I. s. Underhill, F. P. 12.

Petermann, M. L., u. R. Alfin-Slater 712.
Peters, B. J., M. Lubitz u. M. C. F. Lindert 440.
— H. s. Schlemmer, F. 801.
— J. P. s. Man, E. 118, 136.
— J. T. 146.
— R. A. s. Neville-Jones, D. 601.
Petersen, V. P. 136, 138.
Peterson, J. M. s. King, E. J. 148.
Petow, H. s. Rona, P. 171.
Petrajajewa, A. T. 500.
Petráu, V. s. Zadina, R. 325.
Petri, E. 441.
Petropoulos, P. C. s. Müller, L. X. 332.
Petrou, W. 444.
Petrowa, W. W. 540, 542, 546.
— u. N. R. Schastin 360.
— s. Friedmann, A. P. 305, 307, 308, 339.
Petschacher, L. s. Berger, W. 25.
Petzing, V. E. s. Benham, G. H. 80.
Pette, D. s. Bücher, Th. 310, 320, 321.
Pettit, S. D. s. Bachman, C. 269, 272.
Pfeffer, K. H., W. Ruppel, H. J. Staudinger u. L. Weissbecker 276, 279, 280, 281.
— u. H. J. Staudinger, 279.
Pfeiffer, P. H. s. Fishman, W. H. 347.
Pfiffner, J. J., S. B. Binkley, E. S. Bloom u. B. L. O'Dell 501.
— u. H. B. North 660.
Pfister, H. s. Abelin, I. 23.
Pfizenmaier, K. 673.
Pfleger, K. s. Lang, K. 104, 107.
Pfyl, B., G. Reif u. A. Hanner 751.
— u. O. Schmitt 786.
— P., u. R. Turnau 679.
Philipp, E., u. M. Soetbeer 255.
Phillips, F. J., u. G. M. Curtis 407.
— P. H. s. Grunert, R. R. 45.
— R. A. s. Slyke, D. D. van 1, 18, 19, 149.
— D. D. van Slyke, P. B. Hamilton, V. P. Dole, K. Emerson jr. u. R. M. Archibald 19.
Phillipson, A. T. 384.
Phinney, J. I. s. Byrne, G. M. 390.
Pickels, E. G. s. Claude, A. 736.
Pierce, H. B., u. R. B. Kilborn 419.
Pighini, G. 538.

Pignalosa, G. 561, 573.

Pihl, A. s. Closs, K. 411.

Pijoan, M., L. Alexander u. R. Désveaux 334.

Pilhorn, H. R. s. Bischoff, F. 255, 256, 267, 268.

Pillai, S. S. s. King, E. J. 66.

Pillet, D. s. Policard, A. 687.

Pimenta de Mello, R. s. Watson, C. J. 226, 227, 228.

Pin, P. s. Cartier, P. 111.

— s. Roche, J. 630, 632.

Pincus, G. 258, 269, 631, 648, 649.

— u. W. H. Pearlman 266.

— G. Wheeler, G. Young u. P. A. Zahl 272.

— u. Zahl, P. A. 272.

— s. Pearlman, W. H. 284.

— J. B. s. Natelson, S. 111, 112, 211.

— P. s. Fickling, B. W. 362.

Pincussen, L. 408, 472, 514, 515.

Pinotti, O., u. L. Tanfani 333.

Piper, H. G. 812.

Pircio, A., u. L. R. Cerecedo 65.

— s. Soodak, M. 65, 222.

Pirie, A. 568, 731.

— G. Schmidt u. J. W. Waters 569.

— N. W. s. Hadidian, Z. 569, 589.

Piristi, M. s. Opfer-Schaum, R. 786.

Pister, L. s. Bergold, G. 222, 243.

Pi-Suñer, A., u. M. Farrán 245.

Pitesky, J. s. Alving, A. S. 77.

Pittmann, J. E., u. W. H. Olmsted 417, 418.

Platt, B. S., u. G. E. Glock 466.

— u. G. D. Lu 331.

Plaut, F. 327.

— u. K. Bossert 326.

— — u. M. Bülow 326.

— u. M. Bülow 334, 335.

— — u. F. Pruckner 335.

— u. H. Rudy 327.

Plazin, J. s. Hiller, A. 24.

— s. Slyke, D. D. van 19, 149.

Plein, E. M. s. McLutcheon, R. 782.

Plum, C. M. 637

— H. s. Venndt, H. 391.

— P. s. Glavind, J. 422.

Plumier, M. s. Lambrechts, A. 149.

Podkaminsky, N. A. 644.

Podolsky, F., u. G. Malorny 545.

Podroužev, W. 296.

Pöhler, H. 335.

Pölnitz, W. v. s. Siedel, W. 417.

Poethke, W. 784.

Pohl, J. 801.

— s. Starkenstein, E. 801.

Pola, W. s. Hartmann, F. 385.

Polano, M. K. 118.

— s. Noyons, E. C. 118.

Policard, A., u. D. Pillet 687.

— u. L. Revol 639.

Pollack, M. S. s. Bergmann, M. 726.

Pollak, L. s. Lenk, R. 347.

Polland, W., S. Roberts u. A. L. Bloomfield 378.

Polli, E., u. G. Ratti 486, 487, 488, 489, 490.

Pollister, A. W. s. Mirsky, A. E. 510, 659, 703.

Pollock, M. R. 157.

Polonovski, J. 512.

— M. 163, 301, 302, 303, 304, 307, 321, 323, 324, 325, 327, 328, 344, 345, 352, 428.

— u. G. Galbrun 309.

— u. M. F. Jayle 32.

— M. s. Benard, H. 1507.

Pommerenke, W. T. s. Pederson, D. P. 586.

Pont, O. du s. Levine, C. J. 540, 656, 660.

Pontecorvo, M. s. Baccari, V. 506.

Pontius, D. s. Zimmermann, W. 261.

Poo, L. J., W. Lew u. T. Addis 476.

Pope, C. G., u. M. F. Stevens 29, 49.

— J. L. 67, 73.

Popek, K. 305, 306, 334.

Popesco, A. s. Jonesco-Matiu, A. 44.

Popják, G. 117, 127, 462, 504.

Popper, H., J. de la Huerga, F. Steigmann u. M. Slodki 19, 30.

— E. Mandel u. H. Mayer 38.

— s. Huerga, J. de la 19, 30.

— H. L., u. H. Necheles 167.

Porta, V. 332.

Porteous, J. W., u. R. T. Williams 248.

Porter, C. C., u. R. H. Silber 279, 282.

— J. W. s. Denker, C. W. 423.

— T. s. Claude, A. 736.

Portis, S. A. s. Archibald 171.

Posener, K. s. Warburg, O. 513, 658, 663.

Posner, C. 184.

Post, A. L. s. Kingsbury, F. B. 316.

Posternack, S. s. Gilbert, A. 157.

Posternak, Th. 107.

Pothmann, A. s. Sturm, A. 16.

Potop, J. s. Garofeanu, M. E. 329.

Potter, J. S. s. Schneider, W. C. 723, 734.

Potter, V. R. u. C. A. Elvehjem 455.

— u. G. G. Lyle 715.

— s. Du Bois, K. P. 734.

— s. Boyden, R. 11.

— s. Novikoff, A. B. 479.

Pougnet, J. 761.

Poulsen, E. s. Jensen, T. 601.

Pouvet, P. s. Cuny, L. 665.

Power, M. H., u. E. G. Wakefield 633.

— s. Keating, F. R. jr. 657.

— s. Wakefield, E. G. 406.

Prader, A. 559.

Praetorius, E. 660.

— s. Kirk, E. 622.

Prange, I. s. Glavind, J. 422.

Pratt, J. P., M. Kaucher, E. Moyer, A. J. Richards u. H. H. Williams 587.

— — A. J. Richards, H. H. Williams, u. I. G. Macy 587, 588.

Prescott, F. s. Franklin, B. 334, 341.

Press, R., u. W. R. Fearon 664.

Pribram, B. O. 208.

Price, J. M., u. A. K. Laird 712.

— E. C. Miller u. G. M. Weber 700.

— J. A. Miller, E. C. Miller u. G. M. Weber 700, 712.

— s. Schweigert, B. S. 705.

Primavesi, G. R. s. Maltby, J. G. 90.

Prins, D. A. s. Shoppee, C. W. 260.

Pritchard, J. E. s. Mills, E. S. 31.

Probst, O. s. Wieland 102.

Probstein, J. G. s. Weichselbaum, T. E. 221.

Prokupek, J. s. Taussig, L. 306.

Prophet, A. S. s. Evans, D. G. 649.

Propst, H. s. Löwenthal, S. 688.

Pruckner, F., u. E. Manueldis 321.

— s. Plaut, F. 335.

Prunty, F. T. G. s. McSwiney, R. R. 226, 229.

Pryde, J. s. Jordan, R. Ch. 77.

Pucher, G. W., C. C. Sherman u. H. B. Vickery 111.

— H. B. Vickery u. A. J. Wakeman 113.

Puchtler, H. s. Maurer, W. 374.

Puech, A. 345.

Püschel, E. s. Blume 335, 340.

Purandare, B. N. s. Chitre, R. G. 442.

Purves, C. B. s. Lemieux, R. U. 133.

Qeiroga, L. T. s. Villela, G. G. 537.

Quam, G., u. A. Hellwig 670.

Quast, H. s. Brüning, A. 818.

— P. 427.

Quastel, J. H. 535, 539.

— s. Gordon, J. J. 104.

Quastler, H. s. Vestling, C. S. 735.

Quelch, P. E. s. King, E. J. 148.

Quensel, W., u. K. Wachholder 44.

Querner, E. s. Feigl, J. 240.

Quiball, T. H. H. s. Madinaveitia, J. 731.

Quick, A. 245.

— A. J. 30, 163, 165, 216, 220.

Quigley, J. J. 20.

Quimby, E. H., u. D. J. McCune 657.

Quinlan, P. M. s. Stevens, C. D. 690.

Raab, E. 585.

Raaflaub, J. 9.

— u. I. Abelin 40, 193.

Rabe, E. F., u. E. C. Curnen 333.

Rabinovich, S. M. s. Kravets, V. S. 326.

Rabinovitch, J. 287.

Rabinowicz, M. s. Giroud, A. 504, 558, 654.

Rabinowitch, A. s. Austoni, M. E. 471, 474, 502, 507, 515, 520, 526, 545, 547, 627, 633.

Račevskij, F. A. 569.

Račić, J. 432.

Radt, P. 75.

— s. Kronenberger, F. 75.

Rae, J. J. s. Davies, M. 358.

— s. Dentay, J. T. 360.

Raekallio, T. 223.

Raffy, A., u. R. Lecoq 501, 558.

— s. Randoin, L. 501, 504, 518, 558.

Rafsky, H. A., B. Newman u. N. Joliffe 375.

Rahn, O., u. P. Sharp 672.

Raine, D. N. 226.

Rak, K. 284.

Rakoff, A. E. s. Pearlman, W. H. 400.

Ramage, H., u. J. H. Sheldon 563.

— s. Sheldon, J. H. 470, 502, 514, 526, 546, 547, 548, 652.

Ramasarma, G. B. s. Lansing, A. J. 614, 618.

Rambacher, P. s. Schoberl, A. 609.

Rames, E. D. s. Hoffbauer, F. W. 158.

Ramsay, W. N., u. C. P. Stewart 132, 136, 137.

— W. N. M. 73.

— s. King, E. J. 148.

Randall, C. s. Haven, F. L. 481, 653, 661, 694, 696.

— L. O. 536.

Randoin, L., A. Raffy u. A. Gourévitch 501, 504, 518, 558.

Rangier, M., u. P. de Traverse 237, 238.

— s. Harvier, P. 31, 215.

— s. Lefèvre, C. 187.

Rangnick, G. F. 806.

Raney, B. B. s. Harger, R. N. 97.

Ranney, H., u. D. J. McCune 77, 78, 243.

— R. E., C. Entenman u. I. L. Chaikoff 488.

Ranson, F. 775.

— T. s. Belluc, S. 184.

Raoul, Y. s. Vinet, A. 108.

Rapoport, S. 113.

— E. Leva u. G. M. Guest 493, 549.

— s. Leva, E. 561.

— s. West, C. D. 80, 245.

Raper, H. S. 442.

Rappaport, F. 32, 188.

— u. H. Engelberg 134.

— u. F. Eichhorn 32.

— u. G. Geiger 25.

— u. F. Reifer 22.

— u. M. Wachstein 133, 136, 143.

Rapport, M. M. s. Meyer, K. 615.

Rathenasinkam, E. 790.

Ratjen, E. s. Orskov, S. L. 6.

Ratner, S. 647.

— V. Nocito u. D. E. Green 506.

— s. Blanchard, M. 505.

Ratsimamanga, R. s. Giroud, A. 501, 654.

Ratti, G. s. Polli, E. 486, 487, 488, 489, 490.

Ratzer, H. s. Merten, R. 381.

Rauber, R., u. F. Kopsch 428.

Rauch, K. s. Wieland, H. 102.

Rauchenberg, M. s. Vignati, J. 31.

Rauen, H. M. s. Felix, K. 578.

Rausch, L., u. E. H. Graul 330.

Rautanen, N. s. Roine, P. 48.

— s. Virtanen, A. I. 48.

Ravazzoni, C. s. Viale, L. 255, 256.

Ravdin, I. S. s. Gurd, F. N. 476.

Ravin, H. A. s. Seligman, A. M. 174, 180.

Rawak, F. 301.

Rawlinson, W. A. s. Oliver, J. T. 231.

Ray, C. T., G. E. Burch, S. A. Threefoot u. F. J. Kelly 343.

Raymond, W. B. s. Risley, E. A. 277.

Rébay-Szabó, M. s. Jendrassik, L. 159.

Rebeyrotte, P. s. Macheboeuf, M. 19, 20, 317.

Recarte, P. s. Varela, B. 397.

Rechenberger, J. 376.

— u. E. Schairer 507, 516.

— s. Lintzel, W. 470, 474.

Record, B. R. s. Kekwick, R. A. 29.

Reddy, D. V. N., u. L. R. Cerecedo 479, 503, 510, 516.

Redetzki, H. s. Bücher, Th. 97.

Redfield, R. R., u. E. S. G. Barron 513.

Reed, R. s. Passey, R. D. 737.

Rees, L. s. Richter, D. 324.

Reese, H. D. s. Williams, M. B. 97.

Register, M. D. s. Lewis, M. J. 501, 558.

Rehm, O. 309, 338.

— s. Roeder, F. 300, 308, 309, 319, 332, 334, 338.

Reich, O. s. Fischer, R. 782.

Reiche, F. 321, 346, 349.

Reichel, Ch. 589.

— s. Widenbauer, F. 538.

Reichold, E. s. Linhardt, K. 104.

Reichstein, T. 280.

Reid, M. E. 466.

Reif, G. s. Lange, W. 753.

— s. Pfyl, B. 751.

Reifenstein, E. C. jr., u. E. F. Dempsey 272.

Reifer, J. s. Rappaport, F. 22.

Reinhardt, W. O., M. Fishler u. I. L. Chaikoff 135.

Reinhold, A. s. Holtz, P. 522.

— J. G. s. Kingsley, G. R. 67.

Reiman, C. K. u. A. S. Minot 12, 470, 502, 508, 652.

Reinecke, R. M. 76.

Reiner, P. J. s. Dunn, M. S. 448, 457, 458.

— s. Camien, M. N. 457, 458.

Reinstein, H. s. Thannhauser, S. J. 132, 489, 490, 504, 517, 557.

Reis, J. 572.

Reiss, E. 4.

— M., u. R. E. Hemphill 333.

Reithel, F. J. s. Horowitz, M. G. 80.

— s. Zinker, E. P. 167.

Rennkamp, F. s. Klenk, E. 511, 512.
— s. Schuler, B. 101.
Renold, A. E., u. A. Marble 622.
Restuccia, M. s. Veen, H. H. Le 175.
Réterianu s. Urechia, C. I. 307.
Retinski, I. D. 542.
Reuter, F. 819, 820.
— H. Lieb u. H. Weyrich 767.
Revers, F. E. s. Hijmans van den Bergh, A. A. 156.
Revol, L. s. Enselme, J. 628.
— s. Policard, A. 639.
Rewald, B. 653.
Rex-Kiss, B. 361.
— u. K. Lissák 525.
Reynolds, O. E. s. Hard, W. L. 587.
— M. S. s. Steele, R. 704.
Rhoads, C. P. s. Dobriner, K. 156, 252, 253, 257, 258, 259, 260, 287.
— s. Kensler, C. J. 735.
— s. Lieberman, S. 254.
— s. Young, N. F. 483.
Ri, K. 91.
Rice, E. W. s. Roe, J. H. 83, 84.
Richards, A. J. s. Pratt, J. P. 587, 588.
— s. Williams, H. H. 462, 463, 488, 489, 557, 653.
Richter, C. 17.
— C. P. 448, 524.
— D., R. M. C. Dawson u. L. Rees 324.
— R. 612, 613.
— R. B. s. Eichelberger, L. 525.
Richter-Quittner, M. s. Depisch, F. 302.
Ricketts, H. T. s. Brodersen, R. 242.
Ridley, F. 666.
Riebeling, C. 310, 326, 328.
— s. Kafka, V. 314.
Riegel, C., u. W. Kasinskas 391.
Riegert, A. 38.
Riehl, M. A., u. M. P. Lenta 716.
— s. Lenta, M. P. 721, 722.
Ries, J., u. M. Ries-Imchanitzky 371.
Ries-Imchanitzky, M. s. Ries, J. 371.
Riesser, O. 59, 98, 200, 201, 522.
Riggs, D. S., P. H. Lavietes u. E. B. Man 14.
Rijn, W. van s. Grutterink 808.
Riley, M. J. s. Lilienthal, J. L. 451, 541, 546.
— V. 736.
Rimington, C. 87.
| s. McSwiney, R. R. 226.

Rimington, C., s. Nicholas, R. E. H. 226, 229.
— s. Sveinsson, S. L. 228, 229, 230, 231, 233.
— s. Staub, A. M. 31, 85.
Ringer, S. 2.
Rinjiro, R. s. Bischoff, G. 670.
Ris, H. s. Mark, D. D. 712.
Riser, M., P. Valdiguié u. J. Guiraud 324.
Risley, E. A., A. B. Schultz, W. B. Raymond u. R. H. Barnes 277.
Rissel, E., u. G. Wiedemann 468, 540, 542.
Ritchie, C. M. s. Kosterlitz, H. W. 493.
— E. B. s. Mishkis, M. 307.
Ritsert, K. 465, 501, 558.
Rittenberg, D. s. Shemin, D. 706.
Ritthausen, H. 676.
Rittmann, R. s. Magerl, J. F. 101.
Rivalta, F. 341.
Rive, H. s. Urban, N. 22.
Rivoire, R., G. Jonnesco u. J. Paszkowski 257, 258.
Robbins, S. S. s. Dische, Z. 107.
Robert, J. T. s. Thomas, B. A. 430.
— P., u. E. A. Zeller 240.
Roberts, E., A. L. Caldwell, G. H. A. Clowes, V. Suntzeff, C. Carruthers u. E. V. Cowdry 704.
— u. S. Frankel 503, 535, 539, 592, 598, 701, 702, 724.
— — u. P. J. Harman 535.
— u. G. H. Tishkoff 701.
— s. Lansing, A. J. 614, 618.
— s. Li, C. H. 705.
— u. A. White 509.
— S. s. Polland, W. 378.
Robertson, W. B. van 617, 648.
— M. W. Ropes u. W. Bauer 643, 644.
— s. Kahler, H. 686.
— s. Ropes, M. W. 571, 642, 643.
Robinson, A. s. Beach, E. F. 476, 549.
— s. Clark, L. C. 175.
— A. R., M. E. Wiseman, E. J. Schoeb, u. I. G. Macy 17.
— H. W., u. C. G. Hogden 25.
— J. N. s. Gutman, A. B. 176.
— E. B. Gutman u. A. B. Gutman 176.
— R., A. B. Gutman u. E. B. Gutman 728.
— W. D. s. Melnick, D. 196.
Robison, R. s. Macleod, M. 74.

Roche, A., J. Roche u. Y. Marcelet 631.
— J. 173.
— u. E. Bullinger 177.
— u. A. Filippi 632.
— — u. A. Leandri 632.
— u. M. Mourgue 631.
— N. V. Thoai, I. Garcia u. P. Pin 630, 632.
— s. Derrien, Y. 657, 658.
— s. Roche, A. 631.
Rochelmeyer, H. 776.
Rockmann, L. s. Sturm, A. 470, 508, 515, 544, 547, 548, 690.
Röckinghausen, I. 380.
Rodahl, K., u. T. Moore 500.
Rodeck, H., u. W. Doden 471, 503, 540, 545.
Rodnight, R. s. McIlwain, H. 538.
Roe, J. H., u. E. A. Kuether 466.
— u. E. W. Rice 83, 84.
— s. Beale, H. P. 710.
— s. Smith, B. W. 167.
Roeder, F. 318, 319, 527.
— u. O. Rehm 300, 308, 309, 319, 328, 332, 334, 338.
Roetth, A. de, jr. 572, 573, 574.
Roffo, A. E. 686.
Rogers, C. S. s. Rosenthal, O. 476, 724.
— H. E. s. Kibrick, A. C. 167, 169.
— H. J. 360, 630.
— s. Davies, I. G. 419.
— J., u. S. H. Sturges 286.
Rohdenburg, G. L., u. O. F. Krehbiel 687.
Rohmer, P., N. Bezssonoff u. R. Saerez 334.
Roholm, K. 471, 502, 657.
— s. Brun, G. C. 13.
— R. 546, 547.
Rohrmann, E. s. Marker, R. E. 276.
Rohse, W. G. s. Berg, C. P. 218.
Roine, P., u. N. Rautanen 48.
Rojahn, C. A. 767.
Roma, M. s. Eichelberger, L. 638.
Roman, W. 41, 576.
Rona, P., u. R. van Eweyk 167.
— u. H. Kleinmann 170.
— u. L. Michaelis 23, 170, 171.
— H. Petow u. H. Schreiber 171
Rondoni, P. 713.
Ropes, M. W., A. B. Granville u. W. Bauer 641.
— W. v. B. Robertson, E. C. Rossmeisl, R. B. Peabody u. W. Bauer 571, 642, 643.
— s. Bauer, W. 642.
— s. Robertson, W. B. v. 643, 644.

Röse, H. s. Fischer, H. 438.
Rösler, O. s. Kupelwieser, E. 381.
Rössle, R., u. F. Roulet 540, 655, 656, 658, 660, 662.
Rosdahl, K. G. s. Eisler, B. 11.
Rose, A. R., u. W. G. Exton 249.
— F. Schattner u. W. G. Exton 127.
— B. s. Jackson, J. I. 325.
Rosegger, H. 313.
— s. Bock, R. 313.
Roseman, S. s. Mathews, B. 584.
Rosenberg, A. s. Geiger, A. 326.
— E. F. s. Wolfson, W. Q. 224.
Rosenbohm, A. s. Bierich, R. 695.
Rosenbloom, A. B. s. Sobotka, H. 250.
Rosenboom, L. s. Bernhard, A. 174.
Rosenfeld, H. 314.
— s. Bloch, E. 314.
Rosenfield, R. E. s. Tuft, H. S. 165.
Rosenheim, O., u. R. K. Callow 119.
Rosenmund, K. W., u. W. Kuhnhenn 130, 137.
Rosenthal, O., u. D. L. Drabkin 708, 719, 720.
— u. A. Lasnitzki 499, 658.
— C. S. Rogers u. J. C. Fahl 724.
— — H. M. Vars u. C. C. Ferguson 476.
— S. M. 90, 95.
— u. H. Tabor 59, 379.
— T. B. 3.
— s. Lansing, A. J. 614, 618, 687.
Rosenthaler, L. 785.
Ross, E. s. Dorfman, R. I. 276.
— H. E. s. Schneider, W. C. 734.
— V., D. H. Moore u. E. G. Miller jr. 577, 582.
Rossi-Fanelli, A. 225.
Rossi, P. 324, 338.
— u. Daubard 361.
Rossiter, R. J. s. Buck, R. C. 621.
— s. Burt, N. S. 132.
— s. Colling, K. G. 333.
— s. Johnson, A. C. 531, 532.
— s. Lehmann, H. 375.
Rossmeisl, E. C. s. Ropes, M. W. 571, 642, 643.
Rost, E. 13, 470, 472, 525, 546.
— s. Starkenstein, E. 801.
Röttger, H. 38, 39, 40.
Rothe, G. 430.
Rothberger, C. J. s. Goldenberg, M. 91.

Rothen, A. s. Claude, A. 736.
Rothenfusser, S. 680.
Rothermel, E. 47.
Rothman, S. s. Weitkamp, A. W. 612.
— A. M. Smiljanic u. J. C. Murphy 605.
— u. M. B. Sullivan 605.
Rotter, K. s. Geiger, I. 334.
Roughton, F. J. W. 150.
Rouillard, J. s. Chevallier, A. 136.
Roulet, F. s. Rössle, R. 540, 655, 656, 658, 660, 662.
Rouske, G. s. Lowry, O. 616.
Roussel, G. s. Brocq-Rousseu, D. 167, 170.
— s. Gruzewska, Z. 468, 470, 475, 476.
— M. G. s. Béraut, M. E. 470.
Roth, J. I. s. Clay, R. C. 610.
— s. Huerga, J. de la 19, 30.
Roux, A. 812.
Rowley, D. s. Barklay, H. 75.
Rowntree, L. G. s. Schaffer, N. K. 660.
Royo, R. s. Garcia-Blanco, J. 47.
Rozits, K. s. Brüel, D. 190.
Rubin, J. s. Alving, A. S. 77.
— s. Miller, B. F. 77.
Rubini, R. 184.
Rubino, P. s. Varela, B. 397.
Rudder, B. de 16.
Rudert, H., u. L. Heilmeyer 236.
Rudy, H. s. Page, I. H. 118.
— s. Plaut, F. 327.
Rüttner, J. R., u. H. Eggenschwyler 445.
Ruiz-Gijon, J. 623.
Rumpf, F. 66.
— Th. s. Dennsted, M. 540.
Rupp, E., u. W. Brachmann 133, 142.
Ruppel, W. s. Pfeffer, K. H. 276, 279, 280, 281.
Ruppert, F. 175, 177.
Ruska, H., u. C. Wolpers 310, 504, 505, 507, 511, 592, 594, 599, 614, 619, 621.
— s. Wetzel, R. 502.
Russell, J. A. s. Frame, E. G. 48.
— N. M. s. Hubbard, R. S. 328.
— P. S. s. Huggins, C. 292.
Rusznyák, St. u. E. B. Hatz 150.
Rutenburg, A. M. s. Friedmann, O. M. 690.
Ruthardt, K., u. H. Hirschmann 437, 438, 439.
Rutledge, R. C. 3.

Rutz, M. H. s. Cartland, G. F. 272.
Ruzicka, L., M. W. Goldberg u. H. Meister 17.
Ryo, T. 5.
— s. Kuroda, K. 5.

Sabalitschka, Th. 741, 753, 759, 769.
Sachs, S. s. Wilhelmj, Ch. M. 372.
Sacks, J. 494, 497.
Sadowsky, A., Y. M. Bromberg u. A. Brzezinski 159.
Säker, G. 335.
Saemundsson, J. 376.
Saerez, R. s. Rohmer, P. 334.
Safarov, A. 8.
Saffry, O. B., H. S. Cox, B. L. Kunerth u. M.-M. Kramer 501.
Sager, O. S. s. Sander, G. P. 681.
Sahli, H. 147.
Sahyun, M., u. R. F. Feldkamp 652, 662.
Sai, Z. U. 566.
Saier, E., M. Warga u. R. C. Grauer 264.
Saifar, A. 119.
Saifer, A., F. Valenstein u. J. P. Hughes 67.
Saillet 226.
Sakai, K. 400.
Sakamoto, T. 501.
Sakrjewsky, E. B. s. Koulberg, L. M. 386.
Sala-Roig s. Goiffon, R. 135.
Salgues, R. 15.
Salinger, S. s. Watteville, H. de 254, 255, 258.
Salit, P. W. 564.
— s. Block, R. J. 567.
Salkowski E. 212, 224, 762.
— u. W. Leube 224.
— s. C. Ludwig 224.
Salminen, Y. V. 310.
Salmon, W. D., u. D. H. Copeland 735.
Salomon, A. s. Scheer, K. 16.
Salt, H. B. 150, 316.
Salter, W. T. s. Cahen, R. L. 259.
— s. Craig, F. N. 719.
— s. Zarrow, M. X. 255, 260.
Saltzman, A. s. Snapper, I. 221, 246.
— M. s. Hollander, F. 372.
Salvi, P., u. G. G. Giordano 333.
— s. de Lerma, B. 303, 304, 332, 333.
— s. de Michele, G. 332.
Salzmann, A. H. s. Talbot, N. B. 279.

Samec, M. s. Pauli, W. 8, 9.
Samlert, H., s. Mertens, E. 160.
Samson, K. 309, 310, 311.
— s. Kafka, V. 314.
Samuels, L. T. s. Koenig, V. L. 264, 266.
— s. Szego, C. M. 269, 272.
Samuelsen, G. S. s. Muntwyler, E. 546.
Sandberg, M., H. Gross u. O. M. Holly 689.
Sander, G. P., u. O. S. Sager 681.
Sanders, G. 679.
Sandritter, W. 711.
Santavy, F. 517.
Santesson, L. s. Caspersson, T. 711, 712.
Sapir, M. s. Levy, M. 589.
Sapkowa, B. s. Papadato, L. 332.
Sapp, R. W. s. Miller, E. C. 700.
Sarata, U. 633.
Sarett, H. P. 196.
— s. Perlzweig, W. A. 424.
Sarma, P. S., E. E. Snell u. C. A. Elvehjem 501, 558.
Sarris, S. P. s. Simeone, F. A. 19.
Sasaki, R. s. Bischoff, G. 670.
Sato, A. 239.
— Y. s. Barry, G. T. 134.
Sattler, L., u. F. W. Zerban 92.
Sauberlich, H. E., u. C. A. Baumann 704.
— s. Steele, R. 704.
Saucer-Hall, P. s. Zimmet, D. 580.
Sauer, H. R. 176.
— s. Herger, Ch. C. 176.
— J. 245.
Saunders, C. s. Kelly, H. J. 451.
Saur, B. s. Albanese, A. A. 20.
Savel, J. s. Cavier, R. 352.
Savelsberg, W., J. Harzheim u. W. Künzer 146, 147.
— s. Betke, K. 148, 151.
— s. Künzer, W. 150, 153.
Saviano, M. 622.
Sborov, V. s. Schwartz, S. 415.
— s. Watson, C. J. 236, 415.
Scaglioni, C. 12.
Scala, A. 759.
Scapini, A. 642.
Scarisbrick, R. s. Moyle, V. 370, 410.
Scarpulla, G. 361.
Scatchard, G. s. Oncley J. L. 20.
Schaaf, E. 472, 502, 515, 520, 525, 546, 548, 608, 629, 652.
Schachter, B. s. Klyne, W. 257.
— M. 375.
— s. Byrne, G. M. 390.

Schade, H. 427, 428, 437, 442.
— K. s. Krah, E. 330.
Schäfer, G., u. M. Taubert 143.
— K. E. s. Becker, H. 505.
Schaefer, K. W. Ph. s. Kaether, H. 593, 594.
Schaeffer, A. J., u. J. D. Murray 566, 567.
— u. S. Shankman 457, 567, 611.
Schaffer, C. F. 40.
— N. K., W. M. Ziegler u. L. G. Rowntree 660.
Schaffert, R. R. s. Kingsley, G. R. 125.
Schalm, L. 215.
Schairer, E. s. Rechenberger, J. 507, 516.
Schapira, G., u. J. C. Dreyfus 544.
— s. Dreyfus, J. C. 544.
Scharfe, R. 19.
Schastin, N. R. s. Petrowa, W. W. 360.
Schattner, F. s. Rose, A. R. 127.
Schaub, F., u. A. Alder 321, 344.
Scheer, C. 334.
— K., u. A. Salomon 16.
Scheffer, L. 658.
— s. Braun, L. 11.
Scheid, H. E., M. M. Andrews u. B. S. Schweigert 501.
— K. F., u. L. Scheid 309, 320.
— L. s. Scheid, K. F. 309, 320.
— W. 311.
Schellbach, H. s. Stepphuhn, O. 759.
Scheller, H. 329.
— R. 329, 330, 331, 346, 347, 356.
— s. Zweifel, E. 331.
Schemm, F. R. s. Layne, J. H. 343.
Schenck, E. G. 698.
— M. 438, 443.
Schenk, F. 23.
Schere, M. s. Tarnopolsky, S. 257.
Scherer, J. 234, 742.
Scherf, F. s. Fürth, O. 703.
Scherrer, I. 119.
Scherstén, B. 582.
— s. Nordbö, R. 111.
Schettler, G. 117, 119, 490, 504, 512.
Scheunert, A., u. E. Lötsch 410.
Schick, A. F. s. Burbridge, T. N. 89, 91.
Schierge, M., u. O. Köster 347.
Schiff, L., C. D. Stevens, W. E. Molle, H. Steinberg, C. W. Kumpe u. P. Stewart 360.
Schiffer, J. s. Madonik, M. J. 324.

Schiller, S. s. Smith, W. O. 283, 288.
Schilling, K. s. Glavind, J. 361.
Schimke, O. s. Bamann, E. 333, 726.
Schinkel, M. s. Engel, L. L. 259, 287.
Schinz, H. R. s. Brandenberger, E. 428, 431, 432, 433, 446, 622.
— s. Epprecht, W. 432, 433.
Schirmer, O. 619.
Schittenhelm, A., u. B. Eisler 332.
Schlayer, C. 48, 58.
Schlechter, P. s. Campani, M. 347.
Schlechtman, A. M. s. Hoffman, H. E. 700.
Schlegel, B. s. Böttner, H. 604, 605.
— J. U. 41.
Schleinzer, B. s. Hinsberg, K. 296.
Schleiss, E. s. Hartner, F. 44.
Schlemmer, F., P. H. A. Wirth u. H. Peters 801.
Schlenk, F. s. Euler, H. v. 501, 558, 572, 717.
— s. Högberg, B. 198.
Schlossmann, A. 676.
Schlumpert, M. Z. s. Bloom, W. L. 555.
Schlutz, F. W. s. Shukers C. F. 10.
Schmalfuss, H., u. H. Barthmeyer 761.
Schmerler, J. s. Willheim, R. 714.
Schmid, H. 646, 647.
— K. s. Cohn, E. J. 20.
— s. Lever, W. F. 20.
Schmidt, C. L. A., u. D. M. Greenberg 9, 470, 503, 507, 508, 514, 525, 545, 547, 593, 626.
— E. 776, 807.
— s. Page, I. H. 325.
— E. G. 247, 248, 249.
— G. 64, 222.
— u. S. J. Thannhauser 710.
— s. Euler, H. v. 708.
— s. Pirie, A. 569.
— s. Thannhauser, S. J. 533.
— H. W. 108.
— L. 117.
— L. H. 134.
— O. 150.
Schmidt-Nielsen, B. 358.
— s. Schmidt-Nielsen, K. 182.
— K., B. Schmidt-Nielsen u. H. Schneiderman 182.
— u. J. Stene 134.
— S. 663.
Schmidt-Ott, A. 410.

Schmidt-Thomé, J., u. H. Augustin 118, 119.
Schmiedeberg, O. s. Bunge, G. 220.
Schmiterlöw, C. G. 622.
Schmitt, F., u. W. Basse 306.
— H. 312.
— O. s. Pfyl, B. 786.
Schmitz, A. s. Dieckmann, H. 297.
— E. s. Embden, G. 207, 208, 210.
Schmulovitz, M. J., u. H. B. Wylie 272.
Schneider, G. 19.
— H. s. Druckrey, H. 146.
— P. s. Noverraz, M. 167.
— W. C. 707, 711, 712.
— u. G. H. Hogeboom 733.
— — u. H. E. Ross 734.
— u. J. S. Potter 723, 734.
— s. Hogeboom, G. H. 449, 722, 733, 734.
Schneiderer, G. s. Fleischhacker, H. 305, 306.
Schneiderman, H. s. Schmidt-Nielsen, K. 182.
Schnier, M. H. s. Kahn, E. 352.
Schober, K. L. 430.
Schoeb, E. J. s. Robinson, A. R. 17.
Schöberl, A. 610.
— P. Rambacher u. A. Wagner 609.
Schön, R. 5.
Schoenbach, E. B. s. Weissman, N. 44.
Schöne, G. 328.
Schönebeck, O. v. s. Klenk, E. 492.
Schönheimer, R. 127, 129, 130, 413.
— u. H. v. Behring 413.
— u. H. Dam 117.
— u. W. Herkel 437.
— u. Ch. G. Johnston 438.
— u. W. M. Sperry 118, 126.
— s. Sperry, W. M. 117.
Schönheyder, F. s. Dam, H. 163.
Schönholzer, G. 618.
Schöniger, W., u. H. Lieb 90.
— s. Lieb, H. 89.
Schoental, R. s. Maciag, A. 59.
Schokaert, J. A., u. G. Delrue 585.
Scholl, O. s. Gohr, H. 25.
— R. s. Fürth, O. 308, 354, 397.
Scholtan, W. s. Esser, H. 21, 321.
Scholten, C. 150.
Scholtz, E. s. Johnson, R. B. 722.
— M. 822.

Schoonover, J. W., u. J. O. Ely 176.
Schormüller, J. 464.
Schorre, E. s. Glauner, R. 311, 329.
Schrader, G. A. 107.
Schraiber, J. s. Goldemberg, L. 359, 407.
Schramm, G., u. G. Braunitzer 668.
Schreiber, H. 16.
— s. Rona, P. 171.
— K. 179.
Schreier, K., u. E. Müller 281.
— s. Stelgens, P. 38, 39, 192, 194.
Schröder, E. F., u. G. E. Woodward 44.
Schroeder, M. S. s. Gutermann, H. S. 286.
Schrumpf, A. 79.
Schube, P. G. 116.
Schürch, A. F., L. E. Lloyd u. E. W. Crampton 402, 403, 404.
Schürmeyer, A., u. H. Schwarz 304, 339.
— s. Hahn, A. 307.
Schuhler, H. s. Cremer, H. D. 461, 530.
Schuler, B., u. F. Rennkamp 101.
— s. Geissen, W. 21.
Schultheis, Th. 429.
Schulte, K. E. 468, 490, 491.
— M. J. 802.
Schultz, A. 354.
— A. B. s. Risley, E. A. 277.
— A. S., R. F. Light, L. J. Cracas u. L. Atkin 654.
— E. L. s. Lever, W. F. 20.
— W. 288.
Schultze, H. E. 163, 166.
— M. O. 367.
— s. Halvorson, H. O. 35.
Schulz, F. N. 427, 664.
Schulze, W. 605.
Schumann, H. 549.
Schumm, O. 143, 230.
Schumpert, M. Z. s. Bloom, W. L. 483, 484, 485.
Schuppli, R. 602.
Schurr, P. E., H. T. Thompson, L. M. Henderson u. C. A. Elvehjem 460, 477, 550, 551.
— s. Williams, J. N. jr. 535.
Schuster, H. F. s. Geissen, W. 21.
— K. s. Balzer, E. 388.
Schwaibold, J. s. Bleyer, B. 670, 677.
Schwalbe, C. 823.
Schwalm, H. 302, 353.
Schwartz, L. s. Dimitriu, C. C. 13.

Schwartz, S., V. E. Hawkinson, S. Cohen u. C. J. Watson 228, 331.
— V. Sborov u. C. J. Watson 415.
— L. Zieve u. C. J. Watson 230, 231.
— s. Watson, C. J. 226, 227, 228, 236, 415.
— T. B. s. Jager, B. V. 22.
Schwartzkopff-Jung, W. s. Heubner, W. 150.
Schwarz, B. s. Blom, J. 10, 191.
— C. 747.
— G., u. B. Hagemann 673, 679.
— u. G. Sydow 679.
— H. s. Schürmeyer, A. 304, 339.
— K. s. Dische, Z. 82.
Schwarze, W. s. Wieland, H. 102.
Schweigert, B. S., B. T. Guthneck, J. M. Price, J. A. Miller u. E. C. Miller 705.
— s. Scheid, H. E. 501.
Schwelm, H. 343, 353.
Schwenkenbecher, W. 158.
Schwerd, W. 97.
Schwerin, P., S. P. Bessmann u. H. Waelsch 477, 481, 551.
Scott, D. A. s. Fischer, A. M. 653.
— G. H., u. B. Canaga jr. 563.
— u. J. H. McMillen 12.
— K. G., W. L. Bostick, M. B. Shimkin u. J. G. Hamilton 690.
— L. D. 159.
— O. B., u. H. N. Harkins 351.
— W. W. s. Hudson, P. B. 178.
— u. C. Huggins 293.
Scott-Smith, G. E. s. Allen, A. H. 789.
Scoz, G., u. B. Mariani 662.
— s. Cattaneo, C. 348.
— s. Michele, G. de 332.
Seale, B. s. Awapara, J. 535.
Sebelien, J. 676.
Seegers, W. H. 162.
Seeman u. E. Azerad 258, 259.
Segal, H. L., L. L. Miller u. J. J. Morton 374.
Segschneider, P. 11.
Seidel, E. 446.
— M. K. s. Laskowski, M. 729.
— W. 297.
Seifert, P. 90.
Seifter, S., S. Dayton, B. Novic u. E. Muntwyler 81.
— s. Muntwyler, E. 475, 479, 499.
Seipen, S. von der, s. Koschara, W. 239.
Seitz, W. 19.

Seki, L. s. Young, N. F. 483.
Selbach, H. 302, 304, 310.
— s. Perret, G. E. 524.
Seligman, A. M. s. Alexander, B. 220.
— H. H. Chauncey, M. M. Nachlas, L. H. Manheimer u. H. A. Ravin 174, 180.
— u. M. M. Nachlas 169, 170, 173.
— — u. M. C. Mollomo 173.
— s. Cohen, R. B. 727.
— s. Friedman, O. M. 180.
— s. Manheimer, L. H. 729.
— s. Nachlas, M. M. 173, 387.
Seliwanoff, Th. 242.
Selomon, B. s. Jaffe, H. 258.
Selye, H. s. Karady, S. 13.
Selzer, L. s. Kaunitz, H. 471, 472.
Semmons, E. M., u. E. W. Mc-Henry 284, 287, 290.
Sendroy jr., J. 148.
— J. s. Slyke, D. D. v. 625.
Sepper, W. 675.
Serban, F. s. Tomesco, P. 313.
Setz, P. s. Thannhauser, S. J. 138, 140, 461, 512.
Seuberling, O. 328.
— s. Tropp, C. 302, 308, 328.
Severin, S. E., u. N. A. Judajev 554.
Sevilla, J., u. J. A. di Menza 248.
Sevringhaus, E. L. s. Miller, A. M. 276.
Seydel, F. 150.
Seyderhelm, R., u. J. Thyssen 3.
Shack, J. 721, 723.
Shaffer, P. A., u. M. Somogyi 74.
— s. Folin, O. 224.
— s. Friedemann, T. E. 107.
Shankman, S. s. Schaeffer, A. J. 457, 567, 611.
Shapiró, B., u. E. Wertheimer 622.
— s. Herz, N. 77.
Shapiro, P. s. Monias, B. L. 47.
— S. s. Stone, D. 541, 545.
Sharp, D. G., A. R. Taylor, A. E. Hook u. J. W. Beard 737.
— s. Beard, J. W. 736.
— s. Neurath, H. 736, 737.
— s. Taylor, A. R. 736.
— P. s. Rahn, O. 672.
Sharpless, G. R. s. Williams, H. H. 488.
Shaw, C. W., u. H. L. Holley 304, 305.
— F. H. 41, 43.
— L. A. s. Lund, C. C. 470, 471.
Shay, H., J. Gershon-Cohen, F. L. Munro u. H. Siplet 372.
— s. Gershon-Cohen, J. 429.

Shay, H., s. Grossberg, A. L. 379.
— s. Komarow, S. A. 378.
— s. Siplet, H. 378.
Shear, M. J., u. B. Kramer 623, 624, 625, 626.
Sheard, Ch. s. Goodson jr. W. H. 159, 234.
Sheffner, A. L., J. B. Kirsner u. W. L. Palmer 217, 408.
— s. Solomon, J. D. 460, 477, 551.
Sheldon, J. H., u. H. Ramage 470, 502, 514, 526, 546, 547, 548, 652.
— s. Ramage, H. 563.
Shemin, D., u. D. Rittenberg 706.
Shen, T. M. s. Bloom, W. L. 483, 484, 485, 555.
Sherberg, R. O. s. Jones, K. K. 398.
Sherman, C. C. s. Pucher, G. W. 111.
Shetlar, C. L. s. Shetlar, M. R. 81.
— M. R., Ch. P. Erwin u. M. R. Everett 81.
— J. V. Foster u. M. R. Everett 88.
— K. H. Kelly, C. L. Shetlar, R. S. Bryan u. M. R. Everett 81.
Shettles, L. B. 458, 575, 576, 577, 581.
— s. Dische, Z. 67, 242.
— s. Zamenhof, S. 578.
Shields, J. B., B. C. Johnson, T. S. Hamilton u. H. H. Mitchell 606.
Shimkin, M. B. s. Scott, K. G. 690.
Shingu, T. s. Kasahara, M. 322, 339.
Shinohara, K., u. K. E. Padis 44.
Shipley, A. R. s. Horwitt, B. N. 284.
— R. A. s. Dorfman, R. I. 257, 276.
Shive, W. s. Williams, R. J. 501, 558, 654.
Shoemaker, H. A. s. Whelan, M. 614.
Shoppee, C. W., u. D. A. Prins 260.
Shorland, F. B. s. Hilditch, T. P. 489, 490, 492.
Shorr, E. s. Marks, P. A. 641.
— s. Mazur, A. 510.
— s. Taussky, H. H. 111.
Shukers, C. F., E. M. Knott u. F. W. Schlutz 10.
Sibbel, B. s. Kaufmann, H. 670.
Sieber, N. 371.
— u. W. Dzierzgowski 514.

Siebert, G. s. Lang, K. 34, 449, 505, 575.
Siedel, W., W. v. Pölnitz u. F. Eisenreich 417.
— W. Stich u. F. Eisenreich 417.
Sieg, H. s. Kutscher, W. 175.
Siemens, H. s. Tuba, J. 177.
Sienz, M. s. Eisenbrand, J. 12, 476, 652, 662.
Siering, O. 770.
Sigurdsson, S. s. Enders, C. 92.
Silber, R. H. s. Porter, C. C. 279, 282.
— W. 638.
Silverman, H., u. I. Gubernick 61.
Silvestri, A. 308.
Simakov, P. 546.
Simeone, F. A., u. S. P. Sarris 19.
Simola, P. E. 204.
Simon, F. I. 235, 238.
Simonelli, M. 572.
Simonnet, H. s. Claude, A. 332.
Simonsen, D. G., M. Wertman, L. M. Westover u. J. W. Mehl 15.
Simpson, M. E. 731.
Sims, E. A. H. 194.
Simsons, J. P. s. Hepler, O. E. 505.
Sina, A. s. Moubasher, R. 48, 218, 219.
Sinclair, H. M. 335.
— R. G. 557.
— u. M. Dolan 136.
Siperstein, M. D., I. L. Chaikoff u. S. S. Chernick 621, 622.
Siplet, H., S. A. Komarow u. H. Shay 378.
— s. Komarow, S. A. 378.
— s. Shay, H. 372.
Siposs, G. s. Berencsi, G. 621.
Sisco, R., B. Cunningham u. P. L. Kirk 48.
Sisson, R. B. s. Donaldson, R. 149.
— s. King, E. J. 148.
Sivó, R. s. Enriques, E. 396.
Sizer, I. W. 25.
Sjöqvist, J. 374.
Skarzynski, B. s. Euler, H. v. 295, 683, 691, 726.
Skeggs, L. s. Bernhart, F. W. 149.
Skupp, S. s. Kibrick, A. C. 35, 167, 169.
Skurnik, L. 498, 501.
— u. P. Suhonen 464.
Slaunwhite, jr., W. R. s. Engel, L. L. 268, 273.
Sleeper, F. H. s. Walker, B. S. 323.

Slijper, E. J. 467, 662.
Sloan, R. E. s. Kelly, H. J. 451.
Slodki, M. s. Popper, H. 19, 30.
Slyke, D. D. van 35, 50, 89, 148, 150, 188, 218, 247.
— u. C. L. Cope 188.
— R. T. Dillon, D. A. McFadyen u. P. B. Hamilton 53.
— u. R. Fitz 89.
— u. J. A. Hawkins 67, 241.
— u. A. Hiller 148, 149.
— — R. A. Phillips, P. B. Hamilton, V. P. Dole, R. M. Archibald u. H. A. Eder 1, 18, 19.
— u. E. Kirk 52.
— D. A. McFadyen u. P. B. Hamilton 58, 219, 625.
— I. H. Page u. E. Kirk 600.
— u. W. W. Palmer 199.
— R. A. Phillips, V. P. Dole, P. B. Hamilton, R. M. Archibald u. J. Plazin 19, 149.
— u. J. Sendroy, 102, 625.
— J. R. Weisiger u. K. Keller-van Slyke 184.
— s. Hamilton, P. B. 23, 54, 55, 57, 58.
— s. Hawkins, J. A. 241.
— s. Hiller, A. 22, 24, 47, 216.
— s. Kirk, E. 135.
— s. Miller, B. F. 70, 620.
— s. Phillips, R. A. 19.
— L. van s. Bosworth, W. 669.
Smiljanic, A. M. s. Rothman, St. 605.
— s. Weitkamp, A. W. 612.
Smyser, M. P. s. King, E. R. 622.
Smith, A. H., u. J. M. Orten 663.
— s. Marshall, L. M. 102, 103.
— B. W., u. J. H. Roe 167.
— C. A. H. s. McCay, C. M. 561.
— E. L., u. M. Bergmann 522.
— D. M. Brown, H. E. Weimer u. R. J. Winzler 31.
— s. Jager, B. V. 22.
— F. C. 812.
— G. S. van, u. O. W. Smith 268.
— G. M. s. Strong, L. C. 695.
— J. A. B. s. Parry, T. 132.
— L. s. Tasman, A. 199.
— M., u. M. Kik 134.
— M. E. s. Heidt, L. J. 67, 73, 82, 242, 245.
— M. J. H. s. Meade, B. W. 114, 214.
— O. W. 286, 287, 288.
— s. Smith, G. S. van 268.
— R. G., P. Craig, E. J. Bird, A. J. Boyle, L. T. Iseri, S. D. Jacobsen u. G. B. Myers 6.
— s. Brown, C. L. 379.

Smith, R. M. s. Akawoka, S. 483.
— s. Marble, A. 467, 468.
— W. O., u. S. Schiller 283, 288.
Smyth, D. H. s. Krebs, H. A. 102.
— E. M. s. Meyer, K. 379.
Smythe, C. V. 156, 725.
Snapp, E. s. Berman, A. L. 384.
Snapper, I., u. W. M. Bendien 157, 158.
— u. W. J. van Bommel van Vloten 46.
— u. A. Saltzman 221, 246.
Snavely, J. G. s. Golden, W. R. C. 234.
Snell, A. M. s. Butt, H. R. 343.
— C., u. I. N. Kugelmass 186.
— E. E. s. Sarma, P. S. 501, 558.
— G. D. 697.
Snellman, O. s. Blix, G. 569, 589, 640, 642.
Snowman, R. T. s. Stewart, W. B. 604.
Sobel, A. E., J. Goodman u. M. Blau 118.
— A. Hirschmann u. L. Besman 48.
— H. Yuska u. J. Cohen 34.
— A., I. J. Drekter u. S. Natelson 118.
Soberman, R. s. Brody B. B. 618.
Sobotka, H. u. E. Bloch 250.
— — u. A. B. Rosenbloom 250.
— s. Bloch, E. 129, 250.
Soehring, K., u. M. Frahm 803, 809.
— u. H. Löhr jr. 803.
Sörensen, M. 86.
— u. G. Haugaard 87, 89.
— N. A. s. Kuhn, R. 510.
Soetbeer, M. s. Philipp, E. 255.
Sola, S. L. 272.
Soley, M. H. s. Barker, S. B. 15.
Solis, J. s. Vara-Lopez, R. 335.
Solodkowska, W. s. Euler, H. v. 723.
Solomon, A. K. s. Ball, E. G. 389.
— J. D., C. A. Johnson, A. L. Sheffner u. O. Bergeim 460, 477, 551.
— S. W. Hier u. O. Bergeim 322.
— s. Woodson, H. W. 217.
Solowiewa, M. 686.
Sols, A. u. J. Monche 178.
Sommerville, I. F., N. Gough u. G. F. Marrian 286, 287.
— G. F. Marrian u. R. J. Kellar 287.
Somogyi, M. 23, 66.
— s. Good, C. A. 484.
— s. Shaffer, P. A. 74.
— s. Weichselbaum, T. E. 95.

Sonnemann, H. 323.
Soodak, M., A. Pircio u. L. R. Cerecedo 65, 222.
Sørensen, M., u. G. Haugaard 21.
— S. P. L., u. H. Jessen-Hansen 218.
— s. Henriques, V. 218, 220.
Sorof, S., u. P. P. Cohen 456, 699.
— — E. C. Miller u. J. A. Miller 700.
Sotgiu, G. 331.
Southam, F. W. s. Heidt, L. J. 67, 73, 74, 82, 242, 245.
Soutter, L. s. Hunter, F. T. 149, 152.
Spaeth, E., u. H. Kaiser 187, 433, 434.
Spain, P. s. Hodges, R. M. 629.
Speck, J. 466.
Spector, H., T. S. Hamilton u. H. H. Mitchell 606.
— H. H. Mitchell u. T. S. Hamilton 604.
Speda, G. s. Eichler, O. 59.
Spencer, H. C., S. Morgulis u. V. M. Wilder 616.
Speransky, A. D. 300, 333.
Sperling, G. s. McCay, C. M. 561.
Sperry, W. M. 127, 399.
— u. F. C. Brand 117, 119, 538.
— u. R. Schönheimer 117.
— u. M. Webb 126.
— s. Schönheimer, R. 118, 126.
Spiegel, E. A. s. Spiegel-Adolf, M. 303, 333.
Spiegel-Adolf, M. 303.
— E. A. Spiegel, E. A. Ashkenaz u. A. J. Lee 303.
— P. H. Wilcox u. E. A. Spiegel 303, 333.
— H. T. Wycis u. E. A. Spiegel 303.
Spiegelhoff, W. s. Merten, R. 295.
Spiers, M. s. Himwich, H. E. 134.
Spies, T. I. s. Axelrod, A. E. 558.
Spira, L. 608.
Sposito, M., u. G. Nava 549.
Sprague, R. G. s. Mason, H. L. 276, 279.
Spray, C. M. 453.
— u. E. M. Widdowson 452.
Springer, R. s. Fishman J. B. 731.
Sprinson, D. B. s. Baumann, E. J. 259.
Sprockhoff, H. 325.
Sproul, E. E. s. Gutman, A. B. 728.

Squirrell, D. J. M. s. Haslam, J. 316.

Sreebny, L. M., E. R. Kirch u. R. G. Kesel 360.

Stack, A. M. s. Krause, A. C. 565.

Stacy, J. R. s. Bowman, D. E. 501, 654, 661.

Stadie, W. C., u. J. B. Marsh 559.

Stahel, R. 355.

Stamler, J., u. L. N. Katz 464.

Stanier, J. E. s. Johnston, J. P. 85, 86.

— s. Ogston, A. G. 115, 643.

Stanius, J. 749.

Stanojevic, L. 10.

Starkenstein, E., u. Z. Harvalik 10.

— E. Rost u. J. Pohl 801.

Starlinger, W., u. K. Hartl 25.

Stary, Z., H. Bodur u. F. Batiyok 66, 87, 89.

— A. Kral u. R. Winternitz 305, 306, 307, 308.

— u. R. Winternitz 305, 565.

— — u. A. Kral 318, 319.

— s. Kral, A. 304, 305.

Stas, J. S. 767.

Staub, A. s. Meyer, K. H. 360.

— A. M., u. C. Rimington 31, 85.

— H. 134.

— s. Labhart, H. 321.

Staudinger, H. 81, 279, 483.

— u. M. Schmeisser 278, 279.

— s. Hofmann, H. 279.

— s. Pfeffer, K. H. 276, 279, 280, 281.

Stavely, H. E. 260.

Stavraky, G. W. s. Hebb, C. O. 361.

Stearns, G. 9.

— R. s. Hodges, R. M. 629.

Steel, S. L. s. Underhill, F. P. 12.

Steele, H. D., G. Kinley u. C. Leuchtenberger 430.

— R., H. E. Sauberlich, M. S. Reynolds u. C. A. Baumann 704.

Steenebrüggen, A. C. 400.

Steenhauer, A. I. 102.

Steensholt, G., u. St. Veibel 522.

Steger, G. 321, 355.

Steggerda, F. R. s. Mitchell, H. H. 452, 468, 470, 476, 539, 540, 546, 548, 662.

Steigmann, F. s. Popper, H. 19, 30.

Stein, W. H. s. Moore, S. 48, 49, 218, 710.

Steinbäcker, A. s. Holzer, W. 313.

Steinberg, B. s. Dietz, A. A. 634.

— H. s. Schiff, L. 360.

Steinborn, H. s. Brug, E. 468, 483, 490, 540, 557.

Steindorff, K. 566, 574.

Steiner, A., F. Urban, u. E. S. West 23.

Steinitz, H. 326, 378.

Stelgens, P., H. Wolf u. K. Schreier 38, 39, 192, 194.

Stelter, H. s. Brock, J. 308.

Stene, J. s. Schmidt-Nielsen, K. 134.

Stephenson, M. L. s. Zamecnik, P. C. 726.

Stepp, W. 99, 114.

Stepphuhn, O., u. H. Schellbach 759.

Stern, A. s. Fischer, H. 396.

— B. s. Kaplan, J. 332, 333.

— F. s. Altenburger, H. 332.

— H., u. P. Kirk 74, 81.

— K. 355.

— u. F. Duran-Reynals 736.

— u. R. Willheim 709.

— s. Willheim, R. 297.

— K. G., G. Goldstein u. H. G. Albaum 660.

— L. S., N. S. Voskressensky, E. S. Lokchina, M. I. Nikolskaia u. L. B. Outevskaia 325.

— M. H., u. J. G. Baxter 421.

— R., u. L. H. Bird 455.

Sternberg, N. s. Joël, C. A. 582.

Stetter, H. 188.

Stevens, C. D. s. Schiff, L. 360.

— P. H. Stewart, P. M. Quinlan u. M. A. Meinkin 690.

— M. F. s. Pope, C. G. 29, 49.

Stevenson, M. F., u. G. F. Marrian 269, 274.

Stewart, C., u. A. White 134.

— C. P. s. Ramsay, W. N. 132, 136, 137.

— H. L. s. Duran-Reynals, F. 731.

— P. s. Schiff, L. 360.

— P. H. s. Stevens, C. D. 690.

— W. B., R. T. Snowman, C. L. Yuile u. G. H. Whipple 604.

Stich, W. 146, 235, 406, 416, 417.

— s. Bingold, K. 162, 235.

— s. Siedel, W. 417.

Stieglitz, E. J., u. A. E. Palmer 17.

Stiess, P. s. Werle, E. 91, 92.

Stiff, H. A. jr. 28.

— s. Fashena, G. J. 115.

Stimmel, B. F. 272.

— A. Grollman u. M. N. Huffman 266.

Stjernholm, R. s. Ehrensvärd, G. 698.

Stock, A. 12, 470, 508, 515, 516, 520, 525, 546, 548, 607, 614, 652, 653, 655, 664.

— u. F. Cucuel 12.

— u. N. Neuenschwander-Lemmer 12.

Stocken, L. A. s. Ennor, A. H. 40, 177, 472, 494.

Stocker, H. s. Weygand, F. 464.

Stoddard, J., u. Ph. Drury 134.

Stoecklin, R. s. Perrotin, J. 19.

Stöhr, R. 75, 76.

Stoerz, P. A. s. Groth, D. R. 696.

Stokstad, E. L. R. s. Almquist, H. J. 163.

— s. Jukes, T. H. 383.

Stokvis, B. J. s. Jaarsveld, G. J. 220.

— M. s. van de Velden, R. 220.

Stone, D., u. S. Shapiro, 541, 545.

— J. E., u. M. J. Blundell 83.

— W. E. 528.

— C. Marshall u. L. F. Nims 528.

Strookman, T. A. s. Haslewood, G. A. D. 67.

Stora, R. s. Claude, H. 332.

Storch, V. 680.

Storck, J. s. Andry, R. 149.

Storey, I. D. E. s. Levvy, G. A. 246.

Story, R. V. s. Kehoe, R. A. 470, 502, 508, 515, 520, 525, 526, 545, 547, 629.

Stotz, E. 719.

Stoughton, R. W. 248.

Stowell, R. E. s. Tsuboi, K. K. 478, 479.

Strack, E. s. Wrede, F. 41.

Strangeways, D. H. s. King, E. J. 148.

Strasburger, J. 410.

Straub, A. s. Meyer, K. H. 357.

— F. B. 102, 107, 109, 110, 111, 113, 202.

— J. 657.

— W., u. J. Katz 745.

Straube, G. 323, 324, 325, 328, 329, 339.

— u. H. Beck 12, 306.

— u. R. Hofmann 323, 324.

Strauss, E. s. Neuberg, C. 22.

— H. s. Neuberg, C. 243.

Streef, G. M. 9.

Strepkov, S. M. 75.

Strickler, H. S., M. E. Walton u. D. A. Wilson 284.

— s. Mason, H. L. 257, 283.

Strobino, L. J., u. L. E. Farr 630.

Strohecker, R. s. Thiel, A. 673, 677.

Strong, L. C., u. G. M. Smith 695.
— L. E. s. Cohn, E. J. 18.
Stroppa, C. s. Vitali, D. 785.
Stroud, S. W. s. Callow, N. H. 259.
Strubell, A. 4.
Strzyzowski, C. 781.
Stuber, B., u. K. Lang 17, 308.
Stüber, W. 789.
Stüwe, G. s. Heilmeyer, L. 11, 306.
Stuhlmann, M. s. Heubner, W. 150.
Stumpf, P. K. 222.
Sturges, S., u. A. Knudson 489.
— s. Knudson, A. 693.
— S. H. s. Rogers, J. 286.
Sturm, A., u. H. Eitner 546, 548.
— u. A. Pothmann 16.
— u. L. Rockmann 470, 508, 515, 544, 547, 548, 690.
— s. Veil, W. H. 14.
Subbarow, Y. s. Fiske, C. H. 398.
Sudzuki, M. 350.
Süe, P. s. Leblond, C. P. 657.
Süllmann, H. 572.
— s. Labhart, H. 568.
Sümegi, S. 689.
Sueyoshi, Y., u. H. Michimoto 490, 557.
Sugai, M. 689.
Sugiura, K. s. Falk, K. 727.
— s. Kober, P. A. 48.
Suhonen, P. s. Skurnik, L. 464.
Sulger, E. s. György, P. 16.
Sullivan, M. 41, 198.
— M. B. s. Rothman, St. 605.
— M. X. s. de Witt, J. B. 421.
Sunderman, F. W. 6.
Sundermann, A. s. Heilmeyer, L. 147.
Suntzeff, V., u. C. Carruthers 687.
— s. Carruthers, C. 602, 689.
— s. Roberts, E. 704.
— s. Wicks, L. F. 689.
Suomalainen, H., u. E. Arhimo 113.
Surányi, J., u. P. Véghelyi 135.
Surgenor, D. M. s. Cohn, E. J. 20.
Suter, E. 81.
Sutherland, D. A., u. C. J. Watson 226.
— E. S., u. G. F. Marrian 283, 284.
— Ph. D. O. s. Watson, C. J. 226.
Suto, F. s. Kumagava, M. 242.
Sutthoff, W. s. Tillmans, J. 669.
Suzuki, S. 101, 212.
Svedberg, A. s. Folin, O. 24, 35, 37.

Sveinsson, S. L., C. Rimington u. H. D. Barnes 228, 229, 231, 233.
— s. Grieg, A. 227.
— s. Rimington, C. 230.
Svensson, H. s. Blix, G. 17.
Swalm, W. A. s. Morrison, L. M. 395.
Swan, K. C., R. E. Trussell u. J. H. Allen 666.
Swanson, M. A., u. C. Artom 486, 489.
— W. W. s. Iob, V. 468, 473, 474.
Swell, L., J. E. Byron u. C. R. Treadwell 522.
Swenson, R. C., u. G. M. Curtis 14.
Swiett, J. M. 436.
Swift, M. N. s. Patt, H. M. 661.
Sydow, G. s. Schwarz, G. 679.
Sylvester, N. D., u. E. B. Hughes 647.
Synge, R. L. M. s. Martin, A. J. P. 611.
Sysa, J. s. Wierzuchowski, M. 71.
Szakáll, A. s. Lehmann, G. 604.
Szanto, P. B. s. Burak, S. 313.
Szegedy, E. 102, 103.
Szego, C. M. s. Koenig, V. L. 264, 266.
— u. L. T. Samuels 269, 272.
Szekessy, W. 72.
Szép, E. s. Brüning, A. 799.
— Ö. 12, 546, 607.
— s. Bodnár, J. 12, 470, 502, 515, 525, 546, 548.
Szezypinski, A. J. s. Andersch, M. A. 178.
Szigeti, B. 150.
Szpingier, G. s. Henle, W. 622.

Tabone, I. 98, 199.
Tabor, H. s. Rosenthal, S. M. 59, 379.
Täufel, K. 677.
— u. F. Krusen 112, 629.
— u. F. Mayer, 112, 677.
— u. H. Thaler 89.
Tajima, K. s. Katsura, S. 137.
Takahashi, T. 91.
Takaishi, Sh. I. s. Kasahara, M. 311, 334, 339.
Takano, F. s. Nalefski L. A. 16.
Takeda, M. T. 195.
Talaat, M. s. Anrep, G. V. 59.
Talalay, P. s. Huggins, C. 174, 179.
Talbot, L. J. s. Veen, H. H. Le 175.
— N. B., R. A. Berman, E. A. McLachlan u. J. K. Wolfe 286.

Talbot, N. B., A. M. Butler u. E. A. McLachlan 259, 272.
— A. H. Salzmann, R. L. Wixom u. J. K. Wolfe 279.
— J. K. Wolfe, E. A. McLachlan, F. Karusch u. A. M. Butler 272.
— — — u. R. A. Berman 259.
— s. Langstroth, G. O. 259, 264.
Talbott, J. H. s. Consolazio, W. V. 258.
Tallqvist, H. u. V. Leppänen, 108.
Tamada, H. s. Kasahara, M. 311.
Tanabe, Y. s. Masamune, H. 87.
Tanaka, T., u. S. Okuda 304.
Tanfani, L. s. Pinotti, O. 333.
Tangl, H. 133.
Tanret, P. s. Binet, L. 517.
Tanzi, B. 591.
Tappan, D. V. s. Lewis, U. J. 425.
Tarantino, A. M. 543.
— C. 601.
— s. Borghi, B. 601.
Tarbet, J. s. Camien, M. N. 457. 458.
Tarnoky, A. L. 214.
Tarnopolsky, S. E. Montuori u. M. Schere 257.
Tarsitano, F. 594.
Tasman, A., u. L. Smith 199.
Tatibana, J. s. Tazaki, H. 437.
Tatsumi, M. s. Kasahara, M. 335.
Tatum, A. L. 651, 656.
Tauber, F. W. s. Krause, A. C. 565.
— H., u. I. S. Kleiner 67.
Taubert, M. s. Schäfer, G. 143.
Taurog, A., u. I. L. Chaikoff 14.
— C. Entenman u. I. L. Chaikoff 134.
— B. A. Fries u. I. L. Chaikoff 488.
— W. Tong u. I. L. Chaikoff 658.
Taussig, L., u. J. Prokupek 306.
Taussky, H. H. 111.
— u. E. Shorr 111.
Tawara, M. 572.
Tayeau, F. s. Blauquet, P. 4.
Taylor, A. R., D. Beard, D. G. Sharp u. J. W. Beard 736.
— s. Beard, J. W. 736.
— s. Neurath, H. 736, 737.
— s. Sharp, D. G. 737.
— H. C. jr. s. Dobriner, K. 257.
— H. L. s. Cohn, E. J. 18.
— s. Logan, M. A. 627.
— J. D., H. E. Paul u. M. F. Paul 599.
— s. MacLachlan, P. L. 488.

Taylor, J. D., s. Paul, H. E. 592, 593, 595.
— W. E. s. McKibbin, J. M. 461, 463, 490, 531, 557, 653.
Tazaki, H., T. Kazumaro u. J. Tatibana 437.
Teague, D., H. Galbraith, F. C. Hummel, H. H. Williams u. I. G. Macy 450.
— D. M. s. Erickson, B. N. 41.
Teft, H., E. L. French u. H. C. Hodge 646.
Teggia, L. 397.
Tekman, S. s. Haurowitz, F. 20, 215.
Teller, J. D. 167.
— M. 356.
Teorell, T. 398.
— s. Norberg, B. 136, 140.
Tepe, H. J. 321.
Terényi, A. s. Bodnar, J. 816.
Ter Meulen, H. 470, 471, 502, 508, 520, 525, 526, 629.
Terner, C., L. V. Eggleston u. H. A. Krebs 561.
Terrier, J., u. J. Deshusses 409.
Terry, M. L. s. Gardner, L. I. 68, 330.
Terwen, A. J. L. 236.
Teschler, L. 302, 303, 328.
Teske, R. s. Felix, K. 204.
Tetzner, E. 48, 295, 296.
Thaddea, S., u. W. Hoffmeister 335.
Thaler, H. s. Täufel, K. 89.
Thanisch, H. s. Merten, R. 296.
Thannhauser, S. J. 242.
— u. E. Anderson 159.
— u. J. Benotti 512.
— — u. H. Reinstein 132, 504, 517.
— — A. Walcott u. H. Reinstein 489, 490, 557.
— N. F. Boncoddo u. G. Schmidt 533.
— u. P. Setz 138, 140, 461, 512.
— s. Schmidt, G. 710.
Theil Nielsen, A. 264.
Thelen, H. 9, 14.
Theodoresco, D. s. Tzovaru, S. 310, 329.
Theorell, H. 719.
— s. Bonnichsen, R. K. 97.
— s. Eisler, B. 11.
Thiel, A. R., Strohecker u. H. Patzsch 673, 677.
— C. C. s. Davis, I. G. 419.
Thilling, Th. s. Vonkennel, J. 306.
Thoai, N. V. s. Roche, J. 630, 632.
Thoenes, E. s. Meier, R. 16, 499.
Thomas, B. A., u. J. T. Robert 430.
— E., W. Arnold u. K. Klein 356.

Thomas, E. M. s. Wolfson, W. Q. 25, 27.
— F. s. Dubuisson, M. 470, 546, 547, 651.
— G. E., u. D. M. Kitzberger 234.
— G. W. s. Fremont-Smith, F. 302.
— J. E. 375.
— J. W., J. K. Loosli u. J. P. William 497, 501.
— K., u. G. Weitzel 102, 202.
— P., u. E. Maftei 326.
Thompson, J. F., u. G. H. Ellis 471.
— H. L. s. Clark, L. C. jr. 40, 192.
— H. T., L. S. Dietrich u. C. A. Elvehjem 501, 558.
— s. Lewis, M. J. 501, 558.
— s. Schurr, P. E. 460, 477, 550, 551.
— J. W. s. Greenstein, J. P. 689, 723, 724.
— s. Voegtlin, C. 685, 701.
— R. H. S., u. A. Tickner 589.
— s. Ord, M. G. 589.
— S. Y., J. Ganguly u. S. K. Kon 522.
Thoms, H. 813.
— u. D. Jonescu 779, 793.
Thomson, Th. 107.
Thornton, M. H., u. F. K. Broome 41.
Thorpe, W. V. s. Bray, H. G. 248, 274.
Thorsen, G. s. Hint, H. C. 82.
Thorup, Chr. s. Møller-Christensen, C. 588.
Thoudol-Larsen, K. s. Jaspersen, J. C. 782.
Threefoot, S. A. s. Ray, C. T. 343.
Thullen, A. 195.
Thunberg, T. 111, 331, 630, 631.
— s. Brolin, S. E. 658.
— s. Mårtensson 331.
Thurel, R. s. Alajouanine, Th. 301.
Thurlow, S. s. Dixon, M. 63.
Thyssen, J. s. Seyderhelm, R. 3.
Tickner, A. s. Thompson, R. H. S. 589.
Tidwell, H. C., u. H. E. Axelrod 66.
Tigerman, H., u. R. W. McVicar 456, 481, 503, 511.
Tillmans, I. 680.
— J. 3.
— u. A. Bohrmann 678.
— u. W. Sutthoff 669.
Tillmanns, J., u. G. Ohnesorge 353, 354.

Tingey, A. H. 525, 526.
Tinsley, M. s. Wolfson, W. Q. 325.
Tipler, M. M. s. Kennaway, E. L. 498.
Tippett, N. s. Nicklaus, C. E. 656.
Tiselius, A. 21.
— s. Blix, G. 17.
— s. Cremer, H. D. 21.
Tischler, F. s. Hegemann, G. 615.
Tishkoff, G. H. s. Goldberg, H. J. V. 362.
— s. Roberts, E. 701.
Tissier, M. s. Benard, H. 157.
Toennies, G. 707.
Toivonen, T. s. Virtanen, A. I. 48, 296.
Török, T. s. Bodnar, J. 17, 472.
Tolone, S. 334.
— s. Caselli, P. 333.
Tomarelli, R. M., J. Charney u. M. L. Harding 380.
— s. Charney, J. 386.
Tomenius, J. s. Myhrman, G. 419.
Tomesco, P., I. Cosmulesco u. F. Serban 313.
Tominaga, T. 303.
Tompsett, S. L. 11, 254, 258, 259, 262, 263, 266, 268, 286, 289, 470, 525, 652.
— u. A. B. Anderson 12, 470.
— u. J. Fitzpatrik 47.
Tong, W. s. Taurog, A. 658.
Tonnet, J. s. Loeper, M. 101.
Tønsager, A. s. Vogt, J. H. 626, 631, 632.
Tornani, E. s. Vitali, D. 749.
Tornu, A. 309.
Torrini, A. s. Morr, M. 378.
Tortora, M. 358, 359.
Toschi, G. s. Cavallini, D. 108.
Townsend, R. F. s. Cade, St. 176.
Toyoda, H., S. Kishi u. W. Nakahara 690.
Tracey, M. V. 83, 115, 243, 245, 247.
Trach, B., Ch. F. Code u. O. H. Wangsteen 521.
Tracy, M. M. s. Brues, A. M. 710.
— s. Griffin, A. C. 706.
Tramontana, C. 306.
Trappe, W. 119, 127, 128, 129, 133, 135, 141, 250.
Traut, H. s. Dirscherl, W. 264.
Traverse, P. de s. Rangier, M. 237, 238.
Treadwell, C. R. s. Swell, L. 522.
Treffers, H. P. 32.
Treibs, A. 438, 443.
— H. Mendheim u. M. Lorenz 352.

Treibs, A., u. E. Wiedemann 230.
Treite, P. 540, 543, 548.
Trethewie, E. R. 517.
Tria, E., u. G. Fabriani 389.
Triantaphyllidis, E. 278.
Trintignac, P. s. Enselme J. 628.
Troll, W. s. Bien, E. J. 62.
Trolle, C. 319.
Trommer, C. 242.
Tron, E. Sch. 563.
Tropp, C., u. A. Hofmann 228, 232.
— O. Seuberling u. B. Eckardt 302, 308, 328.
Truax, F. L. s. MacLachlan, P. L. 488.
Truhaut, R. 608.
— s. Huguenin, R. 215.
Trussell, R. E., u. R. F. McDougall 585.
— s. Swan, K. C. 666.
Tsao, M. N., u. S. Brown 108, 109.
Tscherkess, A. J. 555.
Tschirch, E. 822, 823.
Tschopp, H. s. Tschopp, W. 218.
— W., u. H. Tschopp 218.
Tschubel, H. s. Kluge, H. 502.
Tschugaeff, L., u. A. Gasteff 118.
Tsuboi, K. K. 479.
— u. R. E. Stowell 478, 479.
Tuba, J., M. M. Cantor u. H. Siemens 177.
— u. R. Hoare 170, 172.
— s. Hoare, R. 172.
Tucker, H. F., u. E. G. Ball 389.
— s. Ball, E. G. 389.
Tuft, H. S., u. R. E. Rosenfield 165.
Tufts, E. V. s. Greenberg, D. M. 9.
Tulane, V. J. s. Wilkerson, V. A. 595.
Tung, T. C., u. P. P. Cohen 724, 735.
Tunmann, P. s. Dietzel, P. 767, 778, 780, 784, 801.
Tupikova, N., u. R. W. Gerard 527.
— s. Gerard, R. W. 529, 552, 553.
Turba, F., u. H. J. Enenkel 21.
Turiaf, J. s. Harvier, P. 278.
Turk, E. E. de s. Olson, L. C. 13.
Turnau, R. s. Pfyl, P. 679.
Turnbull, A. K. s. Cuthbertson, D. P. 406.
Turner, M. 124.
Turtur, F. s. Werle, E. 584.
Tustanovsky, A. A. 595.
Tyree, E. B. s. Patt, H. W. 661.

Tyrén, H. s. Hahn, L. 486.
Tyrode, M. Y. 2.
Tyrrell, L. W. 539.
Tzovaru, S., u. D. Theodoresco 310, 329.

Ubelgünn, W. s. Merten, R. 296.
Ucko, H. s. Bernhardt, H. 14, 470, 507, 545, 547, 651, 652, 655.
Ude, H. 325.
Udransky, L. v. 392.
Uemura, H. 551.
Uhlenbroock, K. 44.
Uiberrak, K. s. Goergiades, G. 483.
Uibrig, Cl. s. Windaus, A. 413.
Ujsaghy, P. 309, 310, 316, 330.
Ulled, E. s. Menkin, V. 345.
Ullmann, E. s. Bamann, E. 767.
Umberger, E. J., u. J. M. Curtis 269.
Underhill, F. P., u. F. I. Peterman 12.
— — u. S. L. Steel 12.
Underwood, E. E. s. Falkenstein, M. 626.
Ungar, A. s. Ungar, G. 332.
— G., A. Ungar u. J. Dubois 332.
Unger, H. 305.
Urbach, C. 72, 210.
— E. 355.
Urbain, A., u. M. A. Pasquier 8.
Urban, F. s. Steiner, A. 23.
— F. F. s. Apprich, K. 345, 348, 349.
— N. 305.
— u. H. Rive 22.
Urechia, C. I., u. Retezianu 307.
Urk, van 801.
Uroma, E. s. Cohn, E. J. 20.
— s. Lever, W. F. 20.
Utkin, L. 381.

Vahlquist, B. 10, 227.
— s. Waldenström, J. 226, 238.
Vaille, C. s. Chabanier, H. 13.
Valdiguié, P. s. Riser, M. 324.
Valenstein, F. s. Saifer, A. 67.
Vallee, B. L., u. J. G. Gibson 12, 583.
Vannotti, A. 156, 226.
— u. E. Neuhaus 230.
Vara-Lopez, R., u. J. Solis 335.
Varangot, J. 497, 500.
Varay, A., u. Frantz 30.
Varco, R. L. s. Code, Ch. F. 379.
— s. Lifson, N. 372.
Varela, B., P. Recarte u. P. Rubino 397.
Vars, H. M. s. Gurd, F. N. 476.
— s. Rosenthal, O. 476.

Vasiliu, C. s. Baltacéano 501, 558.
Vasseur, E. s. Immers, J. 85.
Vaughn, J. s. Keyser, J. W. 25.
— P. s. Andes, J. E. 40, 198.
Vavra, R. 13.
Veen, H. H. Le, L. J. Talbot, M. Restuccia u. J. R. Barberio 175.
Beer, W. L. C. 240.
Véghelyi, P. s. Suganyi, J. 135.
Veibel, S. 89.
— St. s. Steenholt, G. 522.
Veil, W. H., u. A. Sturm 14.
Veitch, F. P. jr., u. H. S. Milone 260, 272.
Velden, R. van de u. M. Stokvis 220.
Veldman, H. s. Westenbrink, H. G. K. 557, 559.
Vellay, P. s. Lévy, M. 589.
Vendrely, C., u. R. Vendrely 711.
— R. s. Vendrely, C. 711.
Venndt, H. u. H. Plum 391.
Vennesland, B. s. Ball, E. G. 389.
Venning, E. H. 277.
— u. J. S. L. Browne 284, 285.
— K. A. Evelyn, E. V. Harkness u. J. S. L. Browne 269, 272, 285.
Ventura, S. s. King, E. J. 148.
Veraguth, O., u. G. Opitz 303.
Verdier, C. H. de 460.
— u. G. Ågren 461.
Verdin, G. 149.
Verotti, I. 341.
Vestling, C. S., J. N. William, S. Kaufman, R. E. Maxwell u. H. Quastler 735.
Viale, A. V. R. 407.
— G. 660.
— L., V. Carnesecchi, E. Livierato u. C. Ravazzoni 255, 256.
Vickery, H. B., s. Hargreaves, C. A. 111.
— s. Pucher, G. W. 111, 113.
Vidal, M. s. Giraud, A. 406.
Vidic, E. 803.
Viditz, F. v. 133.
Viergiver, E. s. Allen, W. M. 288.
— s. Woolf, B. 283.
Vignati, J., u. M. Rauchenberg 31.
Vigneaud, V. du, u. O. K. Behrens 554.
Villela, G. G. 335, 340.
— M. V. Dias u. L. T. Qeiroga 537.
Vinet, A. s. Munier, P. 553, 654.
— u. Y. Raoul 108.
Viollier, G. 735.

Viollier, G., u. H. Waser 727.
— s. Labhart, H. 568.
— R., u. E. Iselin 635.
Vire, M. 188.
Virtanen, A. I., u. T. Laine 48, 296.
— — u. T. Toivonen 48, 296.
— u. N. Rautanen 48.
Vischer, E., u. E. Chargaff 222.
— s. Chargaff, E. 481, 659, 663, 710.
— s. Magasanik, B. 222.
Visscher, M. B. s. Ingraham, R. C. 520, 652, 662.
— s. Lifson, N. 372.
Vitali, D. 792.
— u. C. Stroppa· 785.
— u. E. Tornani 749.
Vitner, M. s. Jonesco-Matiu 74, 88.
Vitolo, A. E. 804.
Vitte, G. 359.
— M. G. 594, 607.
Vladesco, R. 24, 361.
— u. L. Bellea 358.
Vlès, F., u. A. de Coulon 686.
Voegtlin, C., R. H. Fitch, H. Kahler, J. M. Johnson u. J. W. Thompson 685.
— u. J. W. Thompson 701.
— W. L. 236.
— M. H. Moss u. E. March 235, 236.
Völker, R. 66, 612.
Voelker, W. s. Cremer, H. D. 626, 628, 645.
Vogt, H., u. G. Geiseler 240.
— J. H. 186, 622.
— u. A. Tønsager 626, 631, 632.
Voit, W. 243.
Volk, R., u. P. Fantl 592, 594.
Volkert, M. s. Astrup, T. 698.
Vollmer, H. 553.
Vonkennel, J. 806.
— u. Th. Thilling 306.
Voorhees, A. B., S. Graff u. A. H. Blakemore 167.
Vorländer, D. 752.
Voronca-Spirt s. Bertrand, G. 502, 515, 520.
Vortmann, G. 746.
Voskoboinikova, B. A. s. Zeitline, S. M. 325.
Voskressensky, N. S. s. Stern, L. S. 325.
Voss, K. 272.
Voth, H. W. s. Hellwig, C. A. 310.
Vowles, R. B. 710.
Voynar, A. s. Chuyko, V. 470, 502, 546, 548, 594, 607.
Voznaja, A. Z. 310.
Vozarik, A. 184.
Vranova, B. 307, 309.
Vuatèz, N. s. Balavoine, C. 570.

Wach, E. C. s. Kirch, E. R. 362.
Wachholder, K. s. Quensel, W. 44.
Wachstein, M. 637.
— s. Rappaport, F. 133, 136, 143.
Waelsch, H., u. G. Klepetar 220.
— s. Schwerin, P. 477, 481, 551.
Wagenaar, G. H. 782.
Wagner, A. s. Schöberl, A. 609.
— K. 150, 420, 801.
— R. 81.
— s. Parnas, J. K. 32.
— R. B. s. Marker, R. E. 283.
Wagner-Hering, E. 500.
Wagner-Jauregg, Th. 580.
Waine, H. s. Bauer, W. 642.
Wainwright, W. W. s. Becks, H. 357.
Wakagi, T. s. Kasahara, M. 326.
Wakefield, E. G., u. M. H. Power 406.
— s. Greene, C. H. 344.
— s. Power, M. H. 633.
Wakeham, G., u. H. F. Halenz 472.
Wakeman, A. J. s. Dakin, H. D. 201.
— s. Pucher, G. W. 113.
Walaas, E., u. O. Walaas 6, 186.
— s. Walaas, O. 548, 549, 555.
— O., u. E. Walaas 548, 549, 555.
— s. Walaas, E. 6, 186.
Walch, H. s. Wieland, H. 102.
Walcott, A. s. Thannhauser, S. J. 489, 490, 557.
Waldenström, J. 229.
— u. B. Vahlquist 226, 238.
— s. Pedersen, K. O. 157.
Waldschmidt-Leitz, E. 295, 667, 726.
— u. M. MacDonald 729.
— u. K. Mayer 295.
— s. Willstätter, R. 218.
Walker, B. S., u. F. H. Sleeper 323.
— P. G. s. King, E. J. 174.
Walkling, A. A. s. Pearlman, W. H. 400.
Wallenfels, K. 579.
Waller, A. D. 746.
Wallraff, J. 482, 555, 660.
Walls, G. L. 570.
Walter, F. K. 300, 307.
— H. s. Holz, P. 466.
— K. s. Linhardt, K. 174, 177.
— P. s. Lévy, M. 589.
Walters, J. H. s. Lehmann, H. 375.
Walther, G., u. K. A. Winter 347.
— W. W. s. Kemble, G. W. 152.
Waltner, K. 310.

Walton, C. s. Johnston, C. G. 398, 399.
— M. E. s. Strickler, H. S. 284.
Wang, J. C. s. Keating, F. R. jr. 657.
— Y. L. s. Kodicek, E. 196.
Wangensteen, O. H. s. Trach, B. 521.
Wanger, J. O. s. Blackberg, S. N. 240.
Wangerin, A. 797, 807.
Warburg, O. 198, 718.
— u. W. Christian 718, 722.
— K. Posener u. E. Negelein 513, 658, 663.
Ward, S. M. s. Kunkel, H. G. 21, 32.
Warga, M. s. Saier, E. 264.
Ware, P. A s. Cronheim, G. 802, 803.
Warren, Ch. O. 637.
— J. V. 4.
— M. F. s. Maurer, F. W. 350, 351.
— S., D. R. Gilligan u. J. R. Moor 378, 379.
— s. Gilligan, D. R. 378, 379.
— S. L. s. Mann, W. 657.
Warrick, F. B. s. Gutman, A. B. 641.
Waser, H. s. Viollier, G. 727.
Wasicky, R. 792.
Wasitzky, A. 21, 117.
Wasmuth, W. s. Ackermann, D. 659.
Watchorn, E., u. R. A. McCance 308.
Waterman, N. 686, 687.
Waters, J. W. s. Pirie, A. 569.
Watson, C. J. 149, 236, 406, 417.
— u. W. O. Clarke 156.
— M. Grünstein u. V. Hawkinson 156.
— u. V. Hawkinson 235, 415.
— R. Pimenta de Mello, S. Schwartz, V. E. Hawkinson u. I. Bossenmeier 226, 227, 228.
— u. S. Schwartz 227.
— — V. Sborov u. E. Bertie 236, 415.
— Ph. D. D. Sutherland u. V. Hawkinson 226.
— J. B., P. A. O'Leary u. M. M. Hargraves 356.
— s. Ducci, H. 159.
— s. Flink, E. B. 225, 226.
— s. Grinstein, M. 156.
— s. Larson, E. A. 159.
— s. Schwartz, S. 228, 230, 231, 415.
— s. Sutherland, D. A. 226.
Watteville, H. de 284.
— S. Salinger u. R. Borth 254, 255, 258.

Watzlawek, O. s. Leipert, Th. 307.

Wawersik, F., u. A. J. Böckler 315.

Waymouth, C. s. Davidson, J. N. 707, 709, 710, 711.

Weare, J. H. s. Cohn, E. J. 20.

Webb, C. M. s. Johnson, R. B. 722.

— M. s. Sperry, W. M. 126.

Weber, C. J. 41, 198.

— s. Major, R. H. 40.

— F. C., u. J. B. Wilson 196.

— G. M. s. Miller, E. C. 700.

— s. Price, J. M. 700, 712.

— H. 2.

— H. H. 549, 550, 749.

— J. 749.

— M. s. Kraut, H. 17, 607, 608.

Webster, D. R., u. S. A. Komarov 379.

— M. E. s. Freeman, M. E. 584.

Weden, H. s. Hendrych, F. 11.

Weekers, R. 562, 564, 565, 570, 573.

— s. Krause, A. C. 565.

Wegel, F. s. Eisenbrand, J. 662.

Wegener, K. H. 639.

Wegner, E. 205, 206, 800.

Wehinger, H. 130.

Wehmeyer, P. 606, 607, 613.

Weichmann, E., u. M. Dominicke 321.

Weichselbaum, T. E. 25, 317.

— u. J. G. Probstein 221.

— u. M. Somogyi 95.

Weidemann, G. 287, 291.

Weidinger, A. s. Heringer, G. C. 564.

Weigmann, H. 673.

— s. Fleischmann, W. 675.

Weil, H. 17.

Weil-Malherbe, H. s. Dickens, F. 522, 523.

Weimer, H. E., J. W. Mehl u. R. J. Winzler 31.

— s. Smith, E. L. 31.

Weinbach, A. 150.

Weinhouse, S. 696.

— u. E. F. Hirsch 619, 620.

Weinmann, J. 360.

Weinig, E. 97, 628.

Weir, E. G., u. A. B. Hastings 14.

Weisblat, D. J. s. Wolfram, M. L. 518.

Weise, H. 302, 328, 329.

— W. 147.

— u. Th. v. Brand 242.

— s. Feigl, J. 143.

Weisiger, J. R. s. Slyke, D. D. van 184.

Weiss, Ch., A. Kaplan u. Ch. E. Larson 347.

— G. 157.

— M. 215, 238, 239.

Weissbecker, L. 11.

— u. H. J. Staudinger 279.

— s. Pfeffer, K. H. 276, 279, 280, 281.

Weisselberg, s. Feigl, F. 750.

Weissmann, N., E. B. Schoenbach u. E. B. Armistead 44.

Weitkamp, A. W., A. M. Smiljanic u. S. Rothman 612.

Weitzel, G. 202.

— u. K. Lennert 665.

— s. Thomas, K. 102, 202.

Weitzenberg, R. 654.

Welch, E. A. 488.

— s. Hodge, H. C. 488.

— s. MacLachlan, P. L. 488.

— G. Kemble 152.

Weller, G. 45.

— s. Binet, L. 44, 45.

Wells, G. 428.

— H. G. s. de Witt, L. M. 445.

— L. M. de Witt u. E. R. Long 445.

Weltmann, O., u. H. K. Barrenscheen 188.

— s. Barrenscheen, H. K. 188, 236.

Wenger, P., C. Cimerman u. A. Maulbetsch 35, 188, 189.

Wenusch, A. 786.

Wenzel, F. 443.

Werch, S. C. 90.

Werle, E., u. G. Effkemann 59.

— M. J. Madlener u. H. Herrmann 506.

— u. A. Meitinger 517.

— u. P. Stiess 91, 92.

— F. Turtur u. R. Bauereis 584.

Werne, J. s. Greenstein, J. P. 721.

Werner, A. E. A. 812, 813.

— I., u. L. Odin 87, 569.

Werthammer, S. s. Hoffmann, C. A. 431.

Wertheimer, E. s. Hoffmann, A. 640.

— s. Shapiró, B. 622.

Wertman, M. s. Simonsen, D. G. 15.

Wertzler, D. s. Eichelberger, L. 593, 595.

West, C. D., u. S. Rapoport 80, 245.

— E. S. s. Steiner, A. 23.

— P. M., u. W. H. Woglom 501, 558.

— u. P. W. Wilson 501.

Westenbrink, H. G. K., H. Veldman, D. A. van Dorp u. M. Gruber 557, 559.

Westergren, A. 2.

Westfall, B. A. 539.

Westover, L. M. s. Simonsen, D. G. 15.

Westphal, O. 294.

— U. 284, 285, 288, 723.

— u. C. L. Buxton 284.

— u. P. Gedigk 157, 158.

— u. K. Lang 723.

— H. Ott u. P. Gedigk 157, 158.

— s. Buxton, C. L. 284.

— s. Kaufmann, C. 255, 256, 284, 285.

Weszpremy, B. s. Bodnár, J. 12, 470, 502, 525, 546, 548.

Wetter, O. s. Menne, F. 77, 79.

Wetzel, R., H. Wollschitt, H. Ruska u. Th. Oestreicher 502, 504, 505, 507, 511, 592, 594, 599, 614, 619, 621.

Weygand, F., u. H. Stocker 464.

Weyers, H. A. s. Kamer, J. H. van de 411.

Weyrauch, F., u. H. Müller 470, 546, 548.

Weyrich, G. s. Reuter, F. 767.

Wheatley, V. R. 35, 36, 188.

— s. Henderson, J. 284, 286, 289.

— s. MacKenna, R. M. B. 600.

Wheeler, G. s. Pincus, G. 272.

— H. L., u. T. B. Johnson 222.

Whelan, M., u. H. A. Shoemaker 614.

Whidborne, J., u. C. H. Gray 158.

— s. Gray, C. H. 158.

Whidden, H. L. s. Friedgord, H. B. 259.

Whipple, G. H. s. Bogniard, R. P. 470, 473, 502, 515, 545, 547, 657, 662.

— s. Stewart, W. B. 604.

White, A. s. Roberts, S. 509.

— s. Stewart, C. 134.

— C. P. 689.

— F. D., u. J. M. Bowman 294.

— H. L., u. P. Heinbecker 77.

— J. s. Greenstein, J. P. 722, 724.

— K. s. Bray, H. G. 248, 274.

— P. D. s. Lee, R. I. 164, 167.

Whitehead, T. s. Boyle, A. J. 187.

Wichmann, B. s. Holthaus, B. 327.

Wicks, L. F., u. V. Suntzeff 689.

Wicksell, O. F. s. Emmelin, N. 59.

Wickström, A. s. Courtois, J. 116.

— s. Fleury, P. 116.

Widdowson, E. M. 452, 453, 470, 471, 474.

— s. Lee, M. H. 35, 188.

— s. Spray, C. M. 452.

Widenbauer, F., u. Ch. Reichel 538.

Widmann, E. s. Nuernbergk, H. 14, 15.
Widmark, E. M. P. 97, 757.
Wiedemann, E. 21.
— s. Treibs, A. 230.
— G. s. Rissel, E. 468, 540, 542.
Wieland, H. 797.
— O. Probst, H. Walch, W. Schwarze u. K. Rauch 102.
— T. 47, 49.
— u. E. Fischer 21, 49, 108.
Wienbeck, J. 729, 731.
Wiener, K. 347.
Wieninger, E. s. Anrep, G. V. 59.
Wierzuchowski, M., S. Dzisiow, J. Sysa u. Z. Borkowski 71.
Wies, H. s. Bahner, F. 296.
Wiggers s. Gelenger 346.
Wikoff, H. L., R. A. Brunner u. H. W. Allison 14.
Wilcox, P. H. s. Spiegel-Adolf, M. 303, 333.
Wild, H. s. Esser, H. 310, 320, 321.
Wildemann, L. s. Droese, W. 606.
Wilder, V. M. s. Spencer, H. C. 616.
Wilhelmi, A. E. s. Frame, E. G. 48.
Wilhelmj, Ch. M., u. A. Sachs 372.
Wilken, W. 130.
Wilkens, G. s. Hoffmann, W. 812.
Wilkerson, V. A. 595, 597.
— u. V. J. Tulane 595.
Wilkins jr., E. S. s. Willoughby, C. E. 12.
— W. 545, 547, 548, 503.
— W. E. s. Cullen, G. F. 470, 546, 547.
Wilkinson, J. F. s. Papastamatis, S. C. 31.
— J. H. s. Henderson, J. 284, 286, 289.
Will, G. s. Heilmeyer, L. 238.
Willard, H. H., u. O. B. Winter 628.
Willcocks, R. G. 317.
Willebrands, A. F. 187.
Willeke, H., u. G. Nigmann 97.
Willcox, J. S. s. Druce, E. 403.
Willheim, R., u. J. Schmerler 714.
— u. K. Stern 297.
— s. Stern, K. 709.
Williams, E. C. s. Alburn, H. E. 569, 589.
— G. s. Kingsbury, F. B. 316.
— H. H. s. Erickson, B. N. 41.

Williams, H. H., H. Galbraith, M. Kaucher, E. Z. Moyer, A. J. Richards u. I. G. Macy 462, 463, 489, 557, 653.
— M. Kaucher, A. J. Richards, E. Z. Moyer u. G. R. Sharpless 488.
— s. Kaucher, M. 462, 488, 489, 557.
— s. Pratt, J. P. 587, 588.
— s. Teague, D. 450.
— jr., J. N. 223.
— P. E. Schurr u. C. A. Elvehjem 535.
— s. Vestling, C. S. 735.
— J. P. s. Thomas, J. W. 497, 501.
— J. W. s. Deutsch, H. F. 32.
— M. B., u. H. D. Reese 97.
— M. M. D. s. Keating, F. R. jr. 657.
— R. H. s. Daughaday, W. H. 279.
— s. Jaffe, A. 258.
— R. J., R. E. Eakin, E. Beerstecher jr. u. W. Shive 501, 558, 654.
— u. J. Kirby 379.
— R. T. s. Hanson, S. W. F. 245.
— s. Porteous, J. W. 248.
Williams-Ashman, H. G., u. E. P. Kennedy 716.
Willstätter, R., u. M. Mieg 229.
— u. E. Waldschmidt-Leitz 218.
Willoughby, C. E., u. E. S. Wilkins jr. 12.
Wilmanns, H. 14, 651.
— s. Löhr, H. 526.
Wilson, B. C. s. Foldes, F. F. 127.
— D. A. s. Strickler, H. S. 284.
— H. s. Engel, L. L. 259, 287.
— J. B., u. F. C. Weber 196.
— J. R. s. Meyerhof, O. 714.
— P. W. s. West, P. M. 501.
— T. M., u. L. S. P. Davidson 236.
— W. E. s. Wortis, H. 108, 326.
— W. R., u. A. E. Hansen 132, 137.
Wimmer s. Mecke, A. 787.
Wienbeck, J. 176.
Winbury, M. s. Hard, W. L. 587.
Windaus, A. 775.
— u. Cl. Uibrig 413.
Winfield, B. J. O. s. Calnan, W. L. 346.
Wingo, W. J., u. J. Awapara 539.
Winkler, H. 269.
— W. s. Mall, G. 296, 300.
Winnick, T., F. Friedberg u. D. M. Greenberg 707.

Winter, K. A. 470, 472, 652.
— s. Walther, G. 347.
— L. B. 558.
— O. B. s. Willard, H. H. 628.
— W. 639, 640.
Winterfeld, K. 767.
Winternitz, R. s. Kral, A. 304, 305.
— s. Stary, Z. 305, 306, 307, 308, 318, 319, 565.
Wintrobe, M. M. s. Cartwright, G. E. 11.
— s. Grinstein, M. 156, 230.
Windsor, E. s. Koehler, A. E. 208.
Winzler, R. s. Kidd, J. G. 719, 720.
— R. J. s. Burk, D. 704.
— s. Meld, J. W. 28, 31.
— s. Smith, E. L. 31.
— s. Weimer, H. E. 31.
Wirth, J. 335.
— P. H. A. s. Schlemmer, F. 801.
Wise, J. E. s. Dorfman, R. I. 257.
Wiseman, M. E. s. Clark, L. C. 175.
— s. Robinson. A. R. 17.
Wiss, O. 476, 478.
Witanowski, W. R. 693.
With, T. K. 157, 159, 160, 234, 236, 414, 416, 420, 497, 500.
Witmer, R. 570.
Witt, J. B. de, u. M. X. Sullivan 421.
— L. M. de s. Well, H. G. 445.
Wittbecher, E. L. s. Marker, R. E. 655.
Witte, S. 165.
Wittermans, A. W. 313.
Wittgenstein, A., u. A. Gaedertz 330, 331.
Wittle, E. L. s. Marker, R. E. 276.
Wixon, R. L. s. Talbot, N. B. 279.
Wodsack, W. s. Dönhardt, A. 119.
Wörner, E. 224.
Woglom, W. H. s. West, P. M. 501, 558.
Wohlgemuth, J. 167, 168, 292, 390.
Wohnan, I. J., B. Evans, S. Lasker u. K. Jaegge 360.
Wohnlich, H. 597.
Woiski, J. R., J. B. Dos Reis u. H. E. V. de Barros 309, 310, 329.
Woiwood, A. J. 47.
Wojahn, H. 812, 813.
Wojta, H. 626.
Woker, G., u. I. Antener 119.
Wolbergs, H. 293.
— s. Kutscher, W. 584.

Wolcott, G. H., u. P. D. Boyer 111.
Wolf, H. s. Stelgens, P. 38, 39, 192, 194.
— N. 660.
— P. s. Jayle, M. 283, 288.
Wolfe, J. K. s. Talbot, N. B. 259, 272, 279, 286.
Wolff, H. 12, 450, 698.
— s. Mühlbock, O. 117.
— J. 9.
— L. K. s. Emmerie, A. 472.
— W. s. Eichler, O. 59.
Wolfram, M. L., D. J. Weisblat, J. V. Karabinos u. O. Keller 518.
Wolfsohn, G. s. Karp, J. 14.
— W. Q., C. Cohn, E. Calvary u. F. Ichiba 25, 27.
— — — u. E. M. Thomas, 25, 27.
— B. Huddlestun u. R. Levine 60.
— H. D. Hunt, R. Levine, H. S. Guterman, C. Cohn, E. F. Rosenberg, B. Huddlestun u. K. Kadota 224.
— u. R. Levine 224.
— — u. M. Tinsley 325.
Wollaeger, E. E., M. W. Comfort u. A. E. Osterberg 406, 409.
Wollemann, M., u. I. Huszák 333.
Wollesen, J. M. 436.
Wolpers, C. s. Ruska, H. 310.
Wollschitt, H. s. Wetzel, R. 502, 504, 505, 507, 511, 592, 594, 599, 614, 619, 621.
Wolter, B. 686, 693.
Womack, N. A. s. Cole, W. H. 63.
Wong, R. s. Christensen, B. E. 375.
Wood, P. s. Bensley, E. H. 175.
Woodhouse, D. L. 65, 222, 224.
Woodside, M. R. s. Bird, M. J. 646.
Woodson, H. W., S. W. Hier, J. D. Solomon u. O. Bergeim 217.
Woodward, G. E. 44.
— s. Dohan, J. S. 45.
— s. Schröder, E. F. 44.
— H. E. s. Morgan J. L. R. 4.
— H. Q. 701.
Woolf, B., E. Viergiver u. W. M. Allen 283.
— L. J. s. Lawson, A. 218.
Wootton, I. D. P. s. Donaldson, R. 149.
— s. King, E. J. 148.
— s. MacFarlane, R. G. 148.
Work, E. 218.

Worm, M. 399.
Wormall, A. s. MacKenna, R. M. B. 600.
Worth, G. 17.
Wortis, H., E. Bueding u. W. E. Wilson 108, 326.
— J. Liebmann u. S. B. Wortis 334.
— s. Bueding, E. 108, 331.
— S. B., u. F. R. Marsh 331.
— s. Wortis, H. 334.
Wortmann, F. 602.
Wortmeier, M. 311.
Wrede, F., E. Strack u. E. Bornhofen 41.
Wretlind, K. A. J. 159.
Wright, I. S., u. E. McLenathen 606.
— N. C., u. J. Papish 670.
Wu, D. Y. u. H. Wu 358.
— H. s. Folin, O. 23, 76, 224.
— s. Wu, D. Y. 358.
— s. Yang, E. 553.
Wülfert, K. s. Lunde, G. 548.
Wuhrmann, F. 2, 356.
— Ch. Wunderly, P. de Nicola u. F. Hugentobler 21.
— s. Löffler, W. 19.
— u. Wunderly, Ch. 4.
Wulle, H. 13.
Wunderly, Ch., u. A. Hässig 32.
— u. F. Wuhrmann 4.
— s. Löffler, W. 19.
— s. Wuhrmann, F. 21.
Wunschendorff, H. 22.
Wwedensky, N. 302, 303.
Wycis, H. T. s. Spiegel-Adolf, M. 303.
Wyckoff, R. G. s. Beard, J. W. 736, 737.
Wylie, H. B. s. Schmulovitz, M. J. 272.
Wyndham, R. A. s. Lemberg, R. 237.

Yabusoe, M. 472, 473, 544, 546.
Yakowitz, M. L. 812.
Yakusizi, N. 11.
Yamada, Y. 14.
Yamafuji, K., u. T. Yoshida 67.
Yamagata, S. 81.
Yamamoto, K. 477.
Yanagisawa, F., u. M. Mizokoshi 126.
Yang, E., u. H. Wu 553.
Yannet, H., u. D. C. Darrow 468, 524, 540, 557.
Yasuda, I. s. Kasahara, M. 304, 339.
— M. 117, 118, 133.
— u. W. R. Bloor 692, 693.

Yeh, H. L., W. Frankl, M. S. Dunn, P. Parker, R. Hughes u. P. György 217.
Yokoyama, T. s. Masayama, T. 711.
Yonnt, Ph. E. s. Hepburn, J. S. 585.
Yoshida, T. s. Yamafuji, K. 67.
Yoshimatsu, S. I. 36.
Yosida, K. I. 345.
Yosikawa, H. 306.
Young, E. G. s. Byrne, G. M. 390.
— G. s. Pincus, G. 272.
— L. E., R. W. Davis u. J. Hogestyn 235, 415.
— N. F., C. E. Kensler, L. Seki, F. Homburger u. C. P. Rhoads 483.
— N. T. s. Kensler, C. J. 735.
— W. C. s. Fish, W. R. 284.
Youngburg, G. E. 83.
Yudkin, A. M. s. Krause, A. C. 562, 570.
Yuhki, K. 325.
Yuile, C. L. s. Stewart, W. B. 604.
Yuska, H. s. Sobel, A. E. 34.

Zacherl, M., u. Krainick 454.
— M. K. s. Lieb, H. 104, 193.
Zadina, R., u. K. Herfort 386.
— u. V. Petráu 325.
Zaffaroni, A., R. B. Burton u. E. H. Keutmann 260, 273.
Zagami, V. 581, 582.
Zahl, P. A. s. Pincus, G. 272.
Zahnd, H. s. Maurmeyer, R. K. 75.
Zak, E. 371.
Zaloziecki, A. 316.
Zamecnik, P. C., u. I. D. Frantz 706.
— G. J. Lavin u. M. Bergmann 48.
— u. M. L. Stephenson 726.
Zamenhof, S., L. B. Shettles u. E. Chargaff 578.
Zander, J. s. Kaufmann, C. 255, 256.
Zarrow, M. X., P. L. Munson u. W. T. Salter 255, 260.
Zbarskii, B. I., I. B. Zbarskii u. S. P. Mardashev 702.
— I. B. s. Zbarskii, B. I. 702.
Zbinden, Chr. s. Dutoit, P. 470, 502, 526, 548, 584, 651.
Zdarek, E. 13, 470, 502, 547.
Zeglio, P. 438.
Zeidman, I. 687.
— s. De Long, R. P. 687.
Zeile, K., u. M. Oetzel 48, 218.

Zeisset, W. s. Grossfeld, J. 682.
Zeitline, S. M., u. E. V. Basarova 325.
— u. B. A. Voskobinikova 325.
Zell, F. s. Fenz, E. 332.
Zeller, E. A. 581.
— u. C. A. Joël 581.
— s. Robert, P. 240.
Zellner, M. 89.
Zerban, F. W. s. Sattler, L. 92.
Zerfas, L. G., u. M. Dixon 3.
Zernik, F. 809.
Zerweck, W. s. Fischer, H. 156, 238.
Zeyen, M. 98, 99, 201.
Zickgraf 445.
Ziegler, W. M. s. Schaffer, N. K. 660.
Zierler, K. L. s. Lilienthal, J. L. 451, 541, 546.
Ziese, W. s. Klein, G. 702, 724.
Zieve, L. s. Schwartz, S. 230.
Zilliken, F. s. Dirscherl, W. 259, 264, 269, 275.

Zilversmit, D. B., u. A. K. Davis 139.
Zimmer, A. s. Maurer, W. 374.
— s. Mandel, P. 561, 568.
Zimmermann, F. 335.
— W. 257, 258, 259, 260, 272.
— H. U. Anton u. D. Pontius 261.
Zimmet, D. 580.
— u. P. Saucer-Hall 580.
Zucker, E.P., u. F.J. Reithel 167.
Zinzadze, S. 134.
Zipkin, I. 361.
— u. F. J. McClure 361.
Zitek, A. s. Kluge, H. 502.
Zittle, C. A., u. R. A. O'Dell 576, 578.
Zoller, H. F. 47.
Zollinger, R. M. s. Keith, L. M. 351.
Zondek, H., u. A. Bier 307.
— S. G. s. Brückmann, G. 453, 468, 470, 473, 474, 475, 502, 503, 652.

Zorn, B. 355.
Zubenko, P. M. s. Klimenko, W. G. 546.
Zuckerkandl, F. u. L. Messiner-Klebermass 85.
Zuckerman, J. L., u. S. L. Natelson 119, 411.
— M. C. Zymaris u. S. Natelson 411.
— S., A. Palmer u. G. Burne 593.
Zuckernik, M. W. 482.
Zuns, E. 652, 658.
Zuntz, N. 19.
Zuppinger, A. s. Koller, F. 176.
Zuzuki, K. s. Hirata, Y. 335.
Zwarenstein, H. 207, 225.
Zweifel, E., u. R. Scheller 331.
Zwiers, J. H. L., u. E. C. Noyons 109.
Zwikker, J. J. L. 781, 783.
Zymaris, M. C. s. Zuckerman, J. L. 411.

Sachverzeichnis.

Abasin s. Arzneimittel und Gifte.
Abwehrfermente s. Fermente.
Acedicon s. Arzneimittel und Gifte.
Acervulus s. Konkremente.
Acetaldehyd im Blut 336.
    Bestimmung 91.
    im Liquor 326, 336.
Acetalphosphatide s. Lipoid.
Acetanilid s. Arzneimittel und Gifte.
Acetessigsäure im Blut 90, 336.
    Bestimmung 95.
    im Harn 183.
    Bestimmung 207—209.
    im Liquor 326, 336.
Acetoin, Bestimmung 93.
Acetol, Nachweis 92.
Aceton s. a. Arzneimittel und Gifte.
    im Blut 89, 90, 336.
    Bestimmung 94.
    im Harn 183.
    Bestimmung 209—211.
    Nachweis 207.
    im Liquor 326, 336.
Acetonkörper im Blut, Bestimmung 93.
    im Harn 183.
    Bestimmung 206—211.
p-Acetphenetidin s. Phenacetin.
Acetylbromdiäthyl-acetylcarbamid s. Abasin.
Acetylcholin im Auge 566.
    im Blut 43.
    im Darm 521.
    im Liquor 325.
Acetylcholinesterase s. Fermente.
Acetylnirvanol s. Arzneimittel und Gifte.
Acetylsalicylsäure s. Arzneimittel und Gifte.
Aconitsäure, Bestimmung 110.
Aconitase s. Fermente.
Actin s. Eiweiß.
Actomyosin s. Eiweiß.
Adalin s. Arzneimittel und Gifte.
Adenin s. Purine.
Adenosindesaminase s. Fermente.
Adenosindiphosphorsäure s. Nucleotide.
Adenosintriphosphorsäure s. Nucleotide.

Adenylsäure s. Nucleotide.
Adenylsäuredesaminase s. Fermente.
Aderhaut s. Auge.
Adermin s. Vitamine.
Adrenalin s. Hormone.
Äpfelsäure in Aderhaut 565,
    in Bindehaut 565,
    im Blut, Bestimmung 113,
    in Leber 481, im Sehnerv 565.
Äthanol s. a. Arzneimittel und Gifte.
    s. a. Reagentien.
    im Blut 336.
    Bestimmung 96—98.
    in Galle 397.
    im Liquor 332, 336.
    in Milch 671.
    im Speichel 362.
    im Sputum 371.
Äthanolamin s. Colamin.
Äther s. Arzneimittel und Gifte, s. a. Reagentien.
Ätherische Öle s. Arzneimittel und Gifte.
Äthylalkohol s. Äthanol.
Äthylallylbarbitursäure s. Dormin.
Äthylchlorid s. Arzneimittel und Gifte.
Äthylenchlorid s. Arzneimittel und Gifte.
Äthylisopropylbarbitursäure s. Arzneimittel und Gifte.
Äthyl-1-methylbutyl-barbitursäure s. Arzneimittel und Gifte.
Äthylmorphinhydrochlorid s. Dionin.
Äthyl-propylbarbitursäure s. Arzneimittel und Gifte.
Äthylschwefelsäure in Nebennieren 660.
Ätiocholan-Derivate s. Steroide.
Aktedron s. Arzneimittel und Gifte.
Alanin s. Aminosäuren.
β-Alanin s. Aminosäuren.
Albucid s. Arzneimittel und Gifte.
Albumoid s. Eiweiß.
Aldehyde im Liquor 326.
Aldolase s. Ferment.
Alkalireserve im Liquor 304.

Alkaloide s. Arzneimittel und Gifte.
Alkohole s. unter den einzelnen Stoffen.
Allantoisflüssigkeit s. Fruchtwasser.
Alloxazin-adenin-dinucleotid s. Fermente.
Alloxurbasen in Echinococcusblasen 357.
Allyl-N-butylbarbitursäure s. Idobutal.
Allylisopropylbarbitursäure s. Numal.
Allylphenylbarbitursäure s. Arzneimittel und Gifte.
Allylpropylbarbitursäure s. Arzneimittel und Gifte.
Allylsenföl s. Arzneimittel und Gifte.
Aloe s. Arzneimittel und Gifte.
Aluminium s. a. Arzneimittel und Gifte.
    im Blut 12, 336.
    im Darm 520.
    in Darmsteinen 442.
    in Gallensteinen 437, 438.
    im Gehirn 526.
    in Harnsteinen 432.
    in Haut 594.
    im Herz 547.
    im Hoden 584.
    im Knochen 629.
    in Leber 468, 469, 471, 472.
    im Liquor 306, 336.
    in Lunge 515.
    im Magen 520.
    in Milz 508.
    im Muskel 545.
    in Nebennieren 651.
    in Niere 502.
    in Nierenzellkernen 449.
    im Pankreas 652.
    in Pankreassteinen 441.
    in Schilddrüsen 651.
    in Speicheldrüsen 664.
Alypin s. Arzneimittel und Gifte.
Ameisensäure s. a. Arzneimittel und Gifte.
    im Auge 565.
    im Blut, Bestimmung 98.
    im Harn, Bestimmung 200.
    im Sputum, Nachweis 369.

p-Aminobenzoesäure s. Vitamine.
p-Aminobenzoesäureäthylester s. Anästhesin.
γ-Aminobuttersäure s. Aminosäuren.
p-Aminophenylsulfonamid s. Prontalbin.
Aminopherase s. Fermente.
Aminosäuren, Alanin in Casein 668.
  in Cervicalschleim 586.
  im Gehirn 535.
  im Herz 550.
  in Kollagen 595.
  in Leber 477, 478, 550.
  in Lebereiweiß 705.
  in Linsenproteinen 567.
  im Liquor 322.
  im Muskel 550.
  in Muskeleiweiß 705.
  im Schweiß 605.
  in Thyreoglobulin 657.
  in Tumoreiweiß 705.
β-Alanin im Gehirn 535.
γ-Aminobuttersäure im Gehirn 535.
Arginin in Bindegewebseiweiß 704.
  im Blut 322, 336.
  in Bluteiweiß 457.
  in Brustdrüseneiweiß 702.
  in Casein 668.
  im Cervicalsekret 586.
  in Corneaeiweiß 457.
  im Darmeiweiß 457.
  in Elastin 457.
  im Gehirn 534, 535.
  in Gehirneiweiß 457, 534.
  im Harn 217, 218.
  in Hauteiweiß 457, 596, 597.
  im Herz 551.
  in Herzeiweiß 457.
  in Hornhauteiweiß 567, 611.
  in Hypophyseneiweiß 458.
  in Keratin 610, 611, 612.
  in Kollagen 457, 595.
  in Leber 477, 478.
  in Lebereiweiß 458, 702, 703, 705.
  in Linsenproteinen 457, 567.
  im Liquor 322, 336.
  in Lunge 517.
  in Lungeneiweiß 458.
  in Mageneiweiß 458.
  in Milzeiweiß 458, 702.
  im Muskel 551.
  in Muskeleiweiß 458, 702, 705.
  in Nebenniereneiweiß 458.

Aminosäuren, Arginin in Niereneiweiß 458.
  in Ovareiweiß 458.
  in Pankreaseiweiß 458.
  in Rückenmarkeiweiß 457.
  in Samenblasen 577.
  in Schilddrüseneiweiß 458.
  im Schweiß 605.
  in Skleraeiweiß 457, 567, 611.
  im Sperma 577.
  in Spermaeiweiß 458.
  in Thyreoglobulin 657.
  in Tumoreiweiß 702, 703, 704, 705.
  in Zungeneiweiß 458.
Asparaginsäure in Bindegewebseiweiß 704.
  in Bluteiweiß 457.
  in Casein 668.
  im Cervicalsekret 586.
  in Corneaeiweiß 457.
  in Darmeiweiß 457.
  in Elastin 457.
  im Gehirn 535.
  im Gehirneiweiß 457.
  im Hauteiweiß 457.
  im Herz 550.
  im Herzeiweiß 457.
  im Hornhauteiweiß 567.
  in Hypophyseneiweiß 458.
  in Kollagen 457, 595.
  in Leber 477, 478, 550.
  in Lebereiweiß 458, 705.
  in Linsenproteinen 567.
  in Lungeneiweiß 458.
  in Mageneiweiß 458.
  in Milzeiweiß 458.
  in Muskeleiweiß 458, 705.
  in Nebenniereneiweiß 458.
  in Niereneiweiß 458.
  in Ovareiweiß 458.
  in Pankreaseiweiß 458.
  in Rückenmarkeiweiß 457.
  in Schilddrüseneiweiß 458.
  im Schweiß 605.
  in Skleraeiweiß 457, 567.
  in Tumoreiweiß 704, 705.
  in Zungeneiweiß 458.
  im Blut 47—59, 336, 355.
    colorimetrische Bestimmung 49.
    gasometrische Bestimmung 50.
    jodometrische Bestimmung 49.
    Normalwerte 346.
Citrullin im Schweiß 605.
Cystein in Leber 477.

Aminosäuren, Cystein im Muskel 551.
  in Thymus 660.
Cystin im Blut 322, 336.
  in Bronchialsteinen 445.
  in Casein 668.
  in Elastin 457.
  im Gehirn 535.
  in Gehirneiweiß 457, 534.
  im Haar 608, 609.
  im Harn 183, 187.
  in Harnsteinen 431, 432.
    Nachweis 434.
  in Hauteiweiß 596, 597.
  im Herz 551.
  in Keratin 610, 611, 612.
  in Kollagen 457.
  in Leber 477, 478.
  in Lebereiweiß 705.
  in Linsenproteinen 567.
  im Liquor 322, 336.
  im Muskel 551.
  in Muskeleiweiß 705.
  im Sperma 578.
  in Thyreoglobulin 657.
  in Tumoreiweiß 705.
Diaminosäuren in Tumoren 701.
Dijodtyrosin in Hornsubstanzen 612.
  in Schilddrüsen 658.
  in Thyreoglobulin 657.
Ergothionein im Blut 43.
  im Harn 218.
  in Ergüssen 345, 346, 349, 351, 352.
  in Erythrocyten, gasometrische Bestimmung 57.
  in Faeces 408.
  in Gehirncysten 354.
Glutaminsäure in Bindegewebseiweiß 704.
  in Bluteiweiß 457.
  in Casein 668.
  im Cervicalsekret 586.
  in Corneaeiweiß 457.
  in Darmeiweiß 457.
  in Elastin 457.
  im Gehirn 535.
  in Gehirneiweiß 457.
  in Hauteiweiß 457.
  im Herz 550.
  in Herzeiweiß 457.
  in Hornhauteiweiß 567.
  in Hypophyseneiweiß 458.
  in Kollagen 457, 595.
  in Leber 477, 478, 550.
  in Lebereiweiß 458, 705.
  in Linsenproteinen 457, 567.
  in Lungeneiweiß 458.
  in Mageneiweiß 458.
  in Milz 511.

Aminosäuren, Glutaminsäure
  in Milzeiweiß 458.
  im Muskel 550, 551.
  in Muskeleiweiß 458, 705.
  in Nebenniereneiweiß
    458.
  in Niereneiweiß 458.
  in Ovareiweiß 458.
  in Pankreaseiweiß 458.
  in Rückenmarkeiweiß
    457.
  in Samenblasen 577.
  in Schilddrüseneiweiß
    458.
  im Schweiß 605.
  in Skleraeiweiß 457, 567.
  im Sperma 577.
  in Spermaeiweiß 458.
  in Tumoreiweiß 704, 705.
  im Zungeneiweiß 458.
D-Glutaminsäure in Tumo-
  ren 703, 705.
Glykokoll in Bindegewebs-
  eiweiß 704.
  in Bluteiweiß 457.
  im Cervicalsekret 586.
  in Corneaeiweiß 457.
  in Darmeiweiß 457.
  in Elastin 457.
  im Gehirn 535.
  in Gehirneiweiß 457.
  in Hauteiweiß 457.
  im Herz 550.
  in Herzeiweiß 457.
  in Hornhauteiweiß 567.
  in Hypophyseneiweiß
    458.
  in Keratin 610, 612.
  in Kollagen 457, 595.
  in Leber 478, 550.
  in Lebereiweiß 458, 705.
  in Linsenproteinen 457,
    567.
  im Liquor 322.
  in Lungeneiweiß 458.
  in Mageneiweiß 458.
  in Milzeiweiß 458.
  im Muskel 550.
  in Muskeleiweiß 458, 705.
  in Nebenniereneiweiß
    458.
  in Niereneiweiß 458.
  in Ovareiweiß 458.
  in Pankreaseiweiß 458.
  in Rückenmarkeiweiß
    457.
  in Schilddrüseneiweiß
    458.
  im Schweiß 605.
  in Skleraeiweiß 457, 567.
  in Thyreoglobulin 657.
  in Tumoreiweiß 704, 705.
  in Zungeneiweiß 458.
  im Harn 183, 216—220.
    Bestimmung 218, 219.

Aminosäuren im Harn, gasometrische Bestimmung
  52.
  in Haut 355.
  in Hautblasen 355.
Histidin in Bindegewebs-
  eiweiß 704.
  im Blut 322, 336.
  in Bluteiweiß 457.
  in Brustdrüseneiweiß
    702.
  in Casein 668.
  in Corneaeiweiß 457.
  in Darmeiweiß 457.
  in Elastin 457.
  im Gehirn 535.
  in Gehirneiweiß 457, 534.
  im Harn 217.
  in Hauteiweiß 457, 596,
    597.
  im Herz 551.
  in Herzeiweiß 457.
  in Hornhauteiweiß 567,
    611.
  in Hypophyseneiweiß
    458.
  in Keratin 610, 611, 612.
  in Kollagen 457, 595.
  in Leber 477, 478.
  in Lebereiweiß 458, 702,
    705.
  in Linsenproteinen 457,
    567.
  im Liquor 322, 336.
  in Lunge 517.
  in Lungeneiweiß 458.
  in Mageneiweiß 458.
  in Milzeiweiß 458, 702.
  im Muskel 550, 551.
  in Muskeleiweiß 458,
    702, 705.
  in Nebenniereneiweiß
    458.
  in Niereneiweiß 458.
  in Ovareiweiß 458.
  in Pankreaseiweiß 458.
  in Rückenmarkeiweiß
    457.
  in Samenblasen 577.
  in Schilddrüseneiweiß
    458.
  in Skleraeiweiß 457, 567,
    611.
  im Sperma 577.
  in Spermaeiweiß 458.
  in Thyreoglobulin 657.
  in Tumoreiweiß 702, 704,
    705.
  in Zungeneiweiß 458.
Isoleucin in Bindegewebs-
  eiweiß 704.
  im Blut 322, 336.
  in Bluteiweiß 457.
  in Casein 668.
  in Corneaeiweiß 457.

Aminosäuren, Isoleucin im
  Darmeiweiß 457.
  in Elastin 457.
  im Gehirn 535.
  in Gehirneiweiß 457.
  im Harn 217.
  in Hauteiweiß 457.
  im Herz 551.
  in Herzeiweiß 457.
  in Hornhauteiweiß 567.
  im Hypophyseneiweiß
    458.
  in Kollagen 457, 595.
  in Leber 477, 478.
  in Lebereiweiß 458, 705.
  in Linsenproteinen 457,
    567.
  im Liquor 322, 336.
  in Lungeneiweiß 458.
  in Mageneiweiß 458.
  in Milzeiweiß 458.
  im Muskel 551.
  in Muskeleiweiß 458,
    705.
  in Nebenniereneiweiß
    458.
  in Niereneiweiß 458.
  im Ovareiweiß 458.
  im Pankreaseiweiß 458.
  in Rückenmarkeiweiß
    457.
  in Samenblasen 577.
  im Schilddrüseneiweiß
    458.
  in Skleraeiweiß 457, 567.
  im Sperma 577.
  im Spermaeiweiß 458.
  in Tumoreiweiß 704,
    705.
  im Zungeneiweiß 458.
  im Kammerwasser 570.
  in Leber 476—478, 685.
Leucin in Bindegewebs-
  eiweiß 704.
  im Blut 322, 336.
  in Bluteiweiß 457.
  in Casein 668.
  in Corneaeiweiß 457.
  in Cervicalsekret 586.
  in Darmeiweiß 457.
  in Elastin 457.
  im Gehirn 535.
  in Gehirneiweiß 457.
  im Harn 183, 217.
  in Hauteiweiß 457.
  im Herz 551.
  in Herzeiweiß 457.
  in Hornhauteiweiß 567.
  im Hypophyseneiweiß
    458.
  in Kollagen 457, 595.
  in Leber 477, 478.
  in Lebereiweiß 458, 705.
  im Linseneiweiß 457,
    567.

Aminosäuren, Leucin im Liquor 322, 336.
  im Lungeneiweiß 458.
  im Mageneiweiß 458.
  im Milzeiweiß 458.
  im Muskel 551.
  in Muskeleiweiß 458, 705.
  im Nebenniereneiweiß 458.
  im Niereneiweiß 458.
  im Ovareiweiß 458.
  im Pankreaseiweiß 458.
  in Rückenmarkeiweiß 457.
  in Samenblasen 577.
  im Schilddrüseneiweiß 458.
  im Schweiß 605.
  in Skleraeiweiß 457, 567.
  im Sperma 577.
  im Spermaeiweiß 458.
  in Thyreoglobulin 657.
  in Tumoreiweiß 704, 705.
  in Wolle 611.
  im Zungeneiweiß 458.
 im Liquor 321, 336, 339.
 in Lunge 684.
Lysin in Bindegewebseiweiß 704.
  im Blut 322, 336.
  in Bluteiweiß 457.
  in Brustdrüseneiweiß 702.
  in Casein 668.
  im Cervicalsekret 586.
  in Corneaeiweiß 457.
  in Darmeiweiß 457.
  in Elastin 457.
  im Gehirn 534, 535.
  in Gehirneiweiß 457, 534.
  im Harn 217.
  in Hauteiweiß 457, 596, 597.
  im Herz 551.
  in Herzeiweiß 457.
  in Hornhauteiweiß 567, 611.
  im Hypophyseneiweiß 458.
  in Keratin 610, 611, 612.
  in Kollagen 457, 595.
  in Leber 477, 478.
  in Lebereiweiß 458, 702, 705.
  in Linsenproteinen 457, 567.
  im Liquor 322, 336.
  in Lunge 517.
  im Lungeneiweiß 458.
  im Mageneiweiß 458.
  im Milzeiweiß 458, 702.
  im Muskel 551.
  im Muskeleiweiß 458, 702 705.

Aminosäuren, Lysin im Nebenniereneiweiß 458.
  im Niereneiweiß 458.
  im Ovareiweiß 458.
  im Pankreaseiweiß 458.
  in Rückenmarkeiweiß 457.
  in Samenblasen 577.
  im Schilddrüseneiweiß 458.
  in Skleraeiweiß 457, 567, 611.
  im Sperma 577.
  im Spermaeiweiß 458.
  in Thyreoglobulin 657.
  in Tumoreiweiß 702, 704, 705.
  im Zungeneiweiß 458.
 im Magensaft 379.
 Monojodtyrosin in Schilddrüsen 658.
Methionin in Bindegewebseiweiß 704.
  im Blut 322, 336.
  in Bluteiweiß 457.
  in Casein 668.
  im Cervicalsekret 586.
  in Corneaeiweiß 457.
  in Darmeiweiß 457.
  in Elastin 457.
  im Gehirn 535.
  in Gehirneiweiß 457.
  im Harn 187, 217.
  in Hauteiweiß 457, 596, 597.
  im Herz 551.
  in Herzeiweiß 457.
  in Hornhauteiweiß 567.
  im Hypophyseneiweiß 458.
  in Kollagen 457, 595.
  in Leber 476, 477, 478.
  im Lebereiweiß 458, 705.
  in Linsenproteinen 457, 567.
  im Liquor 322, 336.
  im Lungeneiweiß 458.
  im Mageneiweiß 458.
  im Milzeiweiß 458.
  im Muskel 551.
  im Muskeleiweiß 458, 705.
  im Nebenniereneiweiß 458.
  im Niereneiweiß 458.
  im Ovareiweiß 458.
  im Pankreaseiweiß 458.
  in Rückenmarkeiweiß 457.
  in Samenblasen 577.
  im Schilddrüseneiweiß 458.
  in Skleraeiweiß 457, 567.
  in Spermaeiweiß 458.

Aminosäuren, Methionin in Thyreoglobulin 657.
  in Tumoreiweiß 704, 705.
  in Wolle 611.
  in Zungeneiweiß 458.
 in Niere 503.
 in Organen, freie, Bestimmung 460.
 Papierchromatographie 460.
Oxylysin in Kollagen 595.
Oxyprolin in Casein 668.
 in Elastin 616.
 in Kollagen 595, 616.
 in Leber 478.
 im Schweiß 605.
Phenylalanin in Bindegewebseiweiß 704.
  im Blut 322, 336.
  in Casein 668.
  in Corneaeiweiß 457.
  in Darmeiweiß 457.
  in Elastin 457.
  im Gehirn 535.
  in Gehirneiweiß 457.
  in Hauteiweiß 457, 596, 597.
  im Herz 551.
  in Herzeiweiß 457.
  in Hornhauteiweiß 567.
  im Hypophyseneiweiß 458.
  in Keratin 610, 611, 612.
  in Kollagen 457, 595.
  in Leber 476, 477, 478.
  im Lebereiweiß 458, 705.
  in Linsenproteinen 457, 567.
  im Liquor 322, 336.
  im Lungeneiweiß 458.
  im Mageneiweiß 458.
  im Milzeiweiß 458.
  im Muskel 550, 551.
  in Muskeleiweiß 458, 705.
  im Nebenniereneiweiß 458.
  im Niereneiweiß 458.
  im Ovareiweiß 458.
  im Pankreaseiweiß 458.
  in Rückenmarkeiweiß 457.
  in Samenblasen 577.
  im Schilddrüseneiweiß 458.
  in Skleraeiweiß 457, 567.
  im Sperma 577.
  im Spermaeiweiß 458.
  in Thyreoglobulin 657.
  in Tumoreiweiß 704, 705.
  in Wolle 611.
  im Zungeneiweiß 458.
Prolin in Casein 668.
  im Gehirn 535.
  in Kollagen 595.
  in Leber 477, 478.

Aminosäuren, Prolin in Lebereiweiß 705.
in Linsenproteinen 567.
im Muskel 551.
in Muskeleiweiß 705.
in Tumoreiweiß 705.
in Wolle 611.
Serin, Bestimmung 113.
in Casein 668.
im Cervicalsekret 586.
in Elastin 457.
im Gehirn 535.
in Gehirneiweiß 457.
in Hornhauteiweiß 567.
in Kollagen 457, 595.
in Leber 478.
in Lebereiweiß 705.
in Linsenproteinen 567.
in Muskeleiweiß 705.
im Schweiß 605.
in Skleraeiweiß 567.
in Thyreoglobulin 657.
in Tumoreiweiß 705.
im Speichel 362.
im Sputum 368, 369.
Threonin in Bindegewebs-
eiweiß 704.
im Blut 322, 336.
in Bluteiweiß 457.
in Corneaeiweiß 457.
in Darmeiweiß 457.
in Elastin 457.
im Gehirn 535.
im Gehirneiweiß 457.
im Harn 217.
in Hauteiweiß 417.
im Herz 551.
in Herzeiweiß 457.
in Hornhauteiweiß 567.
im Hypophyseneiweiß
458.
in Kollagen 457, 595.
in Leber 476, 477, 478.
in Lebereiweiß 458, 705.
in Linsenproteinen 457,
567.
im Liquor 322, 336.
in Lungeneiweiß 458.
in Mageneiweiß 458.
in Milzeiweiß 458.
im Muskel 551.
im Muskeleiweiß 458,
705.
im Nebenniereneiweiß
458.
im Niereneiweiß 458.
im Ovareiweiß 458.
im Pankreaseiweiß 458.
in Rückenmarkeiweiß
457.
in Samenblasen 577.
im Schilddrüseneiweiß
458.
in Skleraeiweiß 457, 567.
im Sperma 577.

Aminosäuren, Threonin im
Spermaeiweiß 458.
in Tumoreiweiß 704, 705.
im Zungeneiweiß 458.
Tryptophan im Blut 336.
in Casein 668.
in Elastin 457.
im Gehirn 535.
im Gehirneiweiß 457,
534.
im Harn 218.
in Hauteiweiß 596, 597.
im Herz 551.
in Keratin 610, 612.
in Kollagen 457.
in Leber 477, 478.
in Lebereiweiß 705.
in Linsenproteinen 567.
im Liquor 323, 336.
im Muskel 550, 551,
703.
in Muskeleiweiß 705.
in Samenblasen 577.
im Samenblasensekret
458.
im Sperma 577.
im Spermaeiweiß 458.
in Thyreoglobulin 657.
in Tumoren 703.
im Tumoreiweiß 704,
705.
in Tumoren 684, 685, 701
bis 707.
Umsatz 706.
Tyrosin im Blut 322, 336.
in Casein 668.
in Elastin 457.
im Gehirn 535.
im Gehirneiweiß 457,
534.
im Haar 608.
im Harn 183, 217.
in Hauteiweiß 596, 597.
im Herz 551.
in Hornhauteiweiß 567.
in Keratin 610, 612.
in Kollagen 457, 595.
in Leber 477, 478.
in Lebereiweiß 705.
in Linsenkapsel 568.
in Linsenproteinen 567.
im Liquor 322, 336.
in Lunge 517.
im Muskel 551.
in Muskeleiweiß 705.
im Schweiß 605.
in Skleraeiweiß 567.
in Thyreoglobulin 657.
in Tumoreiweiß 705.
Valin in Bindegewebseiweiß
704.
im Blut 322, 336.
in Bluteiweiß 457.
in Casein 668.
im Cervicalsekret 586.

Aminosäuren, Valin in Corneaeiweiß 457.
in Darmeiweiß 457.
in Elastin 457.
im Gehirn 535.
in Gehirneiweiß 457.
im Harn 217.
in Hauteiweiß 457.
im Herz 551.
in Herzeiweiß 457.
in Hornhauteiweiß 567.
im Hypophyseneiweiß
458.
in Kollagen 457, 595.
in Leber 477, 478.
im Lebereiweiß 458, 705.
in Linsenproteinen 457,
567.
im Liquor 322, 336.
im Lungeneiweiß 458.
im Mageneiweiß 458.
im Milzeiweiß 458.
im Muskel 551.
im Muskeleiweiß 458,
705.
im Nebenniereneiweiß
458.
im Niereneiweiß 458.
im Ovareiweiß 458.
im Pankreaseiweiß 458.
in Rückenmarkeiweiß
457.
in Samenblasen 577.
im Schilddrüseneiweiß
458.
im Schweiß 605.
in Skleraeiweiß 457, 567.
im Sperma 577.
im Spermaeiweiß 458.
in Thyreoglobulin 657.
in Tumoreiweiß 704, 705.
in Wolle 611.
im Zungeneiweiß 458.
Aminosäureoxydase s. Fer-
mente.
p-Aminosalicylsäure s. Arzneimittel und Gifte.
Aminoxydase s. Fermente.
Ammoniak im Blut 10, 182, 336.
in Echinococcusblasen 357.
in Ergüssen 345, 351.
im Gehirn 535.
im Harn, Bestimmung 110,
191.
Normalwerte 182, 183.
in Haut 597, 598.
im Liquor 324, 336.
in Niere 503.
im Schweiß 605.
im Speichel 358.
Ammoniummagnesiumphos-
phat in Darmsteinen 442.
Ammoniumsalze in Harnsteinen
432.
Nachweis 434.

Amnionflüssigkeit s. Fruchtwasser.
Amygdalolithe s. Konkremente.
Amylase s. Fermente.
Amytal s. Isoamyl-äthylbarbitursäure.
Anästhesin s. Arzneimittel und Gifte.
Androsten-Derivate s. Steroide.
Androsteron s. Steroide.
Anethol s. Arzneimittel und Gifte.
Aneurin s. Vitamine.
Aneurinpyrophosphat s. Fermente.
Anilin s. Arzneimittel und Gifte.
Anionen im Blut 6, 7.
    s. a. unter den einzelnen Ionen.
Anis s. Arzneimittel.
Anserin s. Peptide.
Anthropodesoxycholsäure s. Gallensäuren.
Antifebrin s. Acetanilid.
Antimon s. Arzneimittel und Gifte.
Antipyrin s. Arzneimittel und Gifte.
Antipyrinsalicylat s. Salipyrin.
Aorta s. Gefäße.
Apomorphin s. Arzneimittel und Gifte.
Apparat, Acetonbestimmung nach LAUERSEN 210.
    gasometrische Amino-N-Bestimmung 51—54.
    Ammoniakbestimmung nach FOLIN 190.
    Buttersäurebestimmung 101.
    Cholinbestimmung 43.
    Diffusionsapparatur für Glucuronsäurebestimmung 115.
    Diffusionszelle 37.
    Elektrolyseapparat zur Gesamtbasenbestimmung 7.
    Homogenisator 455.
    Kernmühle nach LANG und SIEBERT 449.
    KJELDAHL-Apparat 33.
    Kohlendioxydbestimmung im Knochen 624.
    Mikrodestillation 34.
    Milchsäurebestimmungsapparatur 105, 106.
    Quecksilberreinigung 7.
    Veraschungsgestell 34.
Appendix s. Darm.
Arabinose s. Kohlenhydrate.
Arachidonsäure s. Fett.
Arecolin s. Arzneimittel und Gifte.
Arginin s. Aminosäuren.

Argininphosphat s. Phosphorsäureester.
Arginase s. Ferment.
Aristochin s. Arzneimittel und Gifte.
Arsen s.a.Arzneimittel und Gifte.
    im Blut 12.
    im Darm 520.
    im Gehirn 525.
    im Haar 607.
    im Herz 547.
    im Knochen 629.
    in Leber 469, 471, 475.
    in Lunge 515.
    im Magen 520.
    im Muskel 545.
    in Niere 502.
    in Schilddrüse 651.
    im Speichel 360.
    im Uterus 548.
Arsenphosphorwolframsäure s. Reagentien.
Arsen-Schwefelsäure s. Reagentien.
Arzneimittel und Gifte 738—830.
    Abasin, Nachweis 825.
    Acedicon, Nachweis 800.
    Acetanilid, Nachweis 776, 825.
    Aceton, Nachweis 743, 750.
    p-Acetphenetidin, Nachweis 743, 778, 779.
    Acetylnirvanol, Nachweis 781.
    Acetylsalicylsäure, Nachweis 777, 826.
    Adalin, Nachweis 781, 825.
    Äthanol, Nachweis 757, 758.
    Äther, Nachweis, 741, 743.
        im Sputum 371.
    Ätherische Öle, Nachweis 743, 763, 764.
    Äthylchlorid, Nachweis 749.
    Äthylenchlorid, Nachweis 749.
    Äthylisopropylbarbitursäure, Nachweis 828.
    Äthyl-1-methylbutyl-barbitursäure, Nachweis 825.
    Äthyl-propylbarbitursäure, Nachweis 826.
    Aktedron, Nachweis 804.
    Albucid, Nachweis 812, 827.
    Alkaloide, Vorproben 743, 766, 768.
    Allylphenylbarbitursäure, Nachweis 827.
    Allylpropylbarbitursäure, Nachweis 826.
    Allylsenföl, Nachweis 764.
    Aloe in Milch 671.
    Aluminium, Nachweis 815.
    Alypin, Nachweis 791, 827.
    Ameisensäure, Nachweis 743, 759.

Arzneimittel und Gifte, p-Aminosalicylsäure, Nachweis 805, 806.
    Anästhesin, Nachweis 825.
    Anethol, Nachweis 764.
    Anilin, Nachweis 743, 760, 761.
    Anis in Milch 671.
    Antimon, Nachweis, 740, 743, 814, 816.
    Antipyrin, Nachweis, 779, 780, 825.
        im Sputum 371.
    Apomorphin, Nachweis 807, 829.
    Arecolin, Nachweis 827.
    Aristochin, Nachweis 793.
    Arsen, Nachweis 740, 741, 742, 743, 814.
    Arsenverbindungen in Milch 671.
    Atebrin, Nachweis 794.
    Atophan, Nachweis 784, 828.
    Atropin, Nachweis 743, 792, 825, 827, 828.
    Ausschüttelungsverfahren 767.
    Avertin, Nachweis 749.
    Badional, Nachweis 812.
    Barbitursäuren, Nachweis 781—784, 829.
    Barium, Nachweis 743, 814, 815.
    Benzedrin, Nachweis 804, 805.
    Benzol, Nachweis 743, 760.
    Berberin, Nachweis 796, 827 830.
    Bilsenkraut in Milch 671.
    Blausäure, Nachweis 741, 742, 743, 745—747.
    Blei, Nachweis 740, 741, 742, 743, 814, 815.
    Bor, Nachweis 743.
    Borneol, Nachweis 764.
    Brechwurz, Nachweis 741.
    Bromid, Nachweis 818, 819.
    Bromoform, Nachweis 749.
    Bromural, Nachweis 781, 826.
    Brucin, Nachweis 743, 786 bis 788, 827, 828, 829.
    Butylbarbitursäure, Nachweis 828.
    Butylchloralhydrat, Nachweis 748.
    Cadmium, Nachweis 743, 814, 815, 817.
    Campher, Nachweis 764.
    Cantharidin, Nachweis 770, 771. 829.
    Cardiazol, Nachweis 801, 802, 825.
    Carvon, Nachweis 764.

Arzneimittel und Gifte, Cephaelin, Nachweis 789, 790.

Chinin, Nachweis 793, 794, 826, 827, 829.

im Sputum 371.

Chloralformamid, Nachweis 825.

Chloralhydrat, Nachweis 743, 748, 749, 825.

Chlorid, Nachweis, 818, 819.

Chloroform, Nachweis 741, 743, 747, 748.

Chlorsäure, Nachweis, 743, 821, 822.

Chrom, Nachweis, 740, 741, 743, 815.

Cocain, Nachweis 743, 790, 791, 825, 828.

Codein, Nachweis 742, 798, 799, 825, 826, 829, 830.

Coffein, Nachweis 771—773, 827, 829.

im Speichel von Pferden 362.

Colchicin, Nachweis 769, 826.

Compral, Nachweis 825.

Coniin, Nachweis 785, 786.

Copaivabalsam, Nachweis 764.

Cotarnin, Nachweis 797, 827.

Cyanid, Nachweis 740, 742, 745—747.

Cyclopentenyl-allylbarbitursäure, Nachweis 826.

Debenal, Nachweis 812.

Dial, Nachweis 827.

Dicodid, Nachweis 799, 825, 827.

Digitalis, Nachweis 741, 773, 774.

Dilaudid, Nachweis 810, 830.

Dimethylarsinat im Sputum 371.

Dionin, Nachweis 800, 826.

Dolantin, Nachweis 803, 804.

Dormin, Nachweis 827.

Dormovit, Nachweis 827.

Eisen, Nachweis 815.

Eldoral, Nachweis 828.

Eleudron, Nachweis 812, 828.

Elkosin, Nachweis 812.

Emetin, Nachweis 789, 790, 828.

Emodin, Nachweis 829.

Enzian in Milch 671.

Ephedrin, Nachweis 825.

Ergocristin, Nachweis 800.

Ergometrin, Nachweis 800.

Ergosin, Nachweis 800.

Ergotamin, Nachweis 800.

Ergotinin, Nachweis 800, 829.

Ergotoxin, Nachweis 800.

Arzneimittel und Gifte, Eserin, Nachweis 788.

Eubasin, Nachweis 812, 828.

Eucain, Nachweis 791, 830.

Eucalyptol im Sputum 371.

Euchinin, Nachweis 793, 825.

Eukodal, Nachweis 799, 829.

Eupaverin, Nachweis 798, 826, 829.

Euphorbium in Milch 671.

Euvernil, Nachweis 812.

Evipan, Nachweis 826.

Fenchel in Milch 671.

Fluorid, Nachweis 818.

Formaldehyd, Nachweis 743, 758, 759.

Gerbsäure, Nachweis 740.

Globucid, Nachweis 812.

Guajacol, Nachweis 825.

Hedonal, Nachweis 825.

Heroin, Nachweis 809, 827.

Herzglykoside, Nachweis 773, 774.

Holocain, Nachweis 791.

Homatropin, Nachweis 792, 793, 825, 828, 829.

Hydrastin, Nachweis 795, 796, 826.

Hydrastinin, Nachweis 795, 796, 828.

Hyoscyamin, Nachweis 792, 825, 826, 828.

Idobutal, Nachweis 826.

Isoamyl-äthylbarbitursäure, Nachweis 826.

Isopropyl-n-propylbarbitursäure, Nachweis 827.

Jod, Nachweis 818, 819.

Jodoform, Nachweis 749, 825.

Kieselfluorwasserstoffsäure, Nachweis 818.

Kobalt, Nachweis 743, 815.

Knollenblätterschwamm, Nachweis 741.

Kohlenoxyd, Nachweis 819, 820.

Kornrade, Nachweis 775.

Kresol, Nachweis 741, 742, 762.

Kümmel in Milch 671.

Kupfer, Nachweis 740, 741, 742, 743, 814, 815.

Lactophenin, Nachweis 779.

Larocain, Nachweis 791, 828.

Lobelin, Nachweis 797, 825, 827.

Lokalanaesthetica 743, 791.

Luminal, Nachweis 743, 784, 827.

Lytta vesicatoria, Nachweis 741.

Mangan, Nachweis 815.

Marbadal, Nachweis 812.

Arzneimittel und Gifte, Marfanil, Nachweis 812, 829.

Mekonsäure, Nachweis 810, 830.

Menthol, Nachweis 764.

Metallgifte 813—817.

Methanol 750—757.

Bestimmung 753—757

Nachweis 751—753.

Methylenchlorid, Nachweis 749.

Morphin in Milch 671.

Nachweis 740, 742, 743, 808, 809, 829, 830.

Mutterkornalkaloide, Nachweis 741, 800, 801.

Narcein, Nachweis 810, 826, 828.

Narcotin, Nachweis 796, 797, 827, 828.

Neotropin und Harnfarbe 185.

Neo-Uliron, Nachweis 812, 826.

Nickel, Nachweis 743, 815.

Nicotin, Nachweis 786.

Nirvanol, Nachweis 781, 828.

Nitrobenzol, Nachweis 743, 760.

Noctal, Nachweis 827.

Novalgin, Nachweis 829.

Novatophan, Nachweis 825.

Novocain, Nachweis 743, 791, 825, 826.

Numal, Nachweis 826.

Opiumalkaloide in Milch 671.

Oxalsäure, Nachweis 740, 743, 820, 821.

Oxydimorphin, Nachweis 811.

Panthesin, Nachweis 791.

Pantocain, Nachweis 791, 826.

Papaverin, Nachweis 798, 826, 828.

Paracodin, Nachweis, 799, 828, 829.

Pellidol, Nachweis 825.

Pernocton, Nachweis 826.

Percain, Nachweis 791.

Pervitin, Nachweis 804, 805, 827.

Phanodorm, Nachweis 743, 782, 827.

Phenacetin, Nachweis 826.

Phenol, Nachweis 741, 742, 743, 761, 762, 825.

Phenyläthylhydantoin, Nachweis 781.

Phosphor, Nachweis 741, 742, 743, 744, 745.

Physostigmin, Nachweis 788, 825, 827.

Arzneimittel und Gifte, Pikrin-
    säure, Nachweis 740,769,
    770.
Pikrotoxin, Nachweis 768,
    769, 828.
Pilocarpin, Nachweis 794,
    795, 827, 828.
Plasmochin, Nachweis 794.
Polamidon, Nachweis 802,
    803.
Prominal, Nachweis 827.
Prontalbin, Nachweis 812,
    827.
Prontosil, Nachweis 812,829.
    und Harnfarbe 185.
Proponal, Nachweis 826.
Propylbarbitursäure, Nach-
    weis 828.
Psicain, Nachweis 791, 828.
Psychotrin, Nachweis 789,
    790.
Pyramidon, Nachweis 743,
    801, 825.
    und Harnfarbe 185.
Pyramidonbutylchloral-
    hydrat, Nachweis 826.
Quecksilber, Nachweis 740,
    741, 742, 743, 814, 815.
Quillajarinde, Nachweis 775.
Resulfon, Nachweis 812.
Rhabarber in Milch 671.
Rubazonsäure, Nachweis
    801.
Rutonal, Nachweis 829.
Sabinol, Nachweis 763.
Sadebaumöl, Nachweis 741,
    763, 764.
Salicylsäure in Milch 671.
    Nachweis 777, 827.
    im Sputum 371.
Salicylsäurephenyläther,
    Nachweis 778, 825.
Salipyrin, Nachweis 784,
    825.
Sandoptal, Nachweis 826.
Santonin, Nachweis 776,827,
    und Harnfarbe 185.
Saponine, Nachweis 741,
    775.
Schierling, Nachweis 741.
Schwefelkohlenstoff, Nach-
    weis 743, 749, 750, 762,
    763.
Scopolamin, Nachweis 743,
    792, 825, 828.
Sedormid, Nachweis 781.
Seifenwurzel, Nachweis 775.
Senegawurzel, Nachweis
    775.
Senf in Milch 671.
Sennesblätter in Milch 671.
Silber, Nachweis 742, 814,
    815.
Sklererythrin, Nachweis
    741, 800, 801.

Arzneimittel und Gifte, Solanin,
    Nachweis 775, 776.
Soneryl, Nachweis 825.
Stechapfel in Milch 671.
Stechapfelsamen, Nachweis
    741.
Stovain, Nachweis 791.
Strophanthin, Nachweis
    743, 773, 774, 827.
Strychnin, Nachweis 743,
    786—788, 830.
Sulfanilamid-4-methyl-
    thiazol, Nachweis 829.
Sulfonal, Nachweis 780, 825.
Sulfonamide 743, 811—813.
    im Speichel 362.
Terpenhydrat im Sputum
    371.
Terpentinöl, Nachweis 764.
Tetrachlorkohlenstoff,
    Nachweis 749.
Thallium, Nachweis 743,
    814, 815, 816, 817.
Thebain, Nachweis 798, 827,
    828.
Theobromin, Nachweis
    771—773, 830.
    im Speichel von Pferden
    362.
Theophyllin, Nachweis
    771—773, 830.
Thiosinamin, Nachweis 825.
Tollkirsche, Nachweis 741,
    792.
Toluidine, Nachweis 760,
    761.
Trichloräthylen, Nachweis
    749.
Trikresylphosphat, Nach-
    weis 743, 822, 823.
Trional, Nachweis 780, 825.
Tropacocain, Nachweis 790,
    791, 830.
Trypaflavin im Sputum 371.
Tutocain, Nachweis 791.
Uliron, Nachweis 812, 825,
    828.
Uran, Nachweis 743, 817.
Urochloralsäure, Nachweis
    748.
Urotropin im Sputum 371.
Veraschungsverfahren 813,
    814.
Veratrin, Nachweis 743, 788,
    789, 826.
Veronal, Nachweis 740, 743,
    783, 828.
Viktoriagelb, Nachweis 740.
Wismut, Nachweis, 742, 743,
    814, 815.
Yohimbin, Nachweis 795,
    829, 830.
Zink, Nachweis 740, 743,
    815.
Zinn, Nachweis 740,743,814.

Asche s. unter den einzelnen
    Substanzen.
Ascites s. Ergüsse.
Ascorbinsäure s. Vitamine.
Asparaginsäure s. Aminosäuren.
Aspirin s. Acetylsalicylsäure.
Atebrin s. Arzneimittel und
    Gifte.
Atophan s. Arzneimittel und
    Gifte.
Atropin s. Arzneimittel und
    Gifte.
Atropinesterase s. Ferment.
Auge 560—574.
    Acetylcholingehalt 566.
    Aderhaut, Äpfelsäuregehalt
        565.
        Calciumgehalt 562.
        Citronensäuregehalt 565.
        Chloridgehalt 562.
        Gewicht 561.
        Kaliumgehalt 562.
        Kupfergehalt 563.
        Magnesiumgehalt 562.
        Natriumgehalt 562.
        Nicotinsäuregehalt 572.
        Phosphatasengehalt 527.
        Phosphorgehalt 562.
        Schwefelgehalt 562.
        Wassergehalt 562.
        Zinkgehalt 562.
    Ameisensäuregehalt 565.
    Bariumgehalt 563.
    Bindehaut, Äpfelsäuregehalt
        565.
    Citronensäuregehalt 565.
    Calciumgehalt 561.
    Ciliarkörper, Calciumgehalt
        562.
        Chloridgehalt 562.
        Cholinacetylase 573.
        Gewicht 561.
        Kaliumgehalt 562.
        Magnesiumgehalt 562.
        Natriumgehalt 562.
        Phosphorgehalt 562.
        Schwefelgehalt 562.
        Wassergehalt 562.
    Glaskörper, Albumingehalt
        569.
        Calciumgehalt 562.
        Chloridgehalt 562.
        Gewicht 561.
        γ-Globulingehalt 569.
        Glutathiongehalt 566.
        Hyaluronsäure, Darstel-
            lung 569.
        Kaliumgehalt 562, 564.
        Kreatiningehalt 569.
        Lipoidgehalt 570.
        Magnesiumgehalt 562.
        Milchsäuregehalt 566.
        Mucopolysaccharid-
            gehalt 615.
        Natriumgehalt 562.

Auge, Glaskörper, Nicotinsäure-
gehalt 572.
p -Wert 574.
Phosphorgehalt 562.
Protein, unlösliches 569.
Reststickstoffgehalt 569.
Schwefelgehalt 562.
Wassergehalt 562, 569.
Zinkgehalt 562.
Hornhaut, Calciumgehalt
562.
Chloridgehalt 562.
Cholesteringehalt 570.
Eiweiß, Aminosäure-
zusammensetzung 457,
567.
basische Aminosäu-
ren 611.
Gewicht 561.
Glucosegehalt 565.
Glykolysewerte 573, 574.
Hyaluronsäuregehalt
569.
Kaliumgehalt 562.
Kohlensäureanhydratase
572.
Magnesiumgehalt 562.
Mucopolysaccharid-
gehalt 568.
Natriumgehalt 562.
Nicotinsäuregehalt 572.
Phosphatasengehalt 572.
Phosphatidgehalt 570.
Phosphorgehalt 562.
Polysaccharidgehalt 569.
Sauerstoffverbrauch 573,
574.
Schwefelgehalt 562.
Stickstoffgehalt 568.
Wassergehalt 562.
Zinkgehalt 562.
Iris, Calciumgehalt 562.
Chloridgehalt 562.
Cholinacetylase 573.
Gewicht 561.
Kaliumgehalt 562.
Kryptoxanthingehalt
571.
Magnesiumgehalt 562.
Natriumgehalt 562.
Phosphorgehalt 562.
Schwefelgehalt 562.
Wassergehalt 562.
Zinkgehalt 562.
Kammerwasser, Amino-
säuregehalt 570.
Ascorbinsäuregehalt 571.
Brechungsindex 564.
Calciumgehalt 562, 564,
565.
Chloridgehalt 562, 564,
565.
Cholinacetylasegehalt
572.
Cholinesterasegehalt 572.

Auge, Kammerwasser, Eisen-
gehalt 563.
Eiweißgehalt 564, 569,
570.
Glucosegehalt 564, 565.
Glutathiongehalt 566.
Harnsäuregehalt 564.
Harnstoffgehalt 564, 570.
Kaliumgehalt 562, 564,
565.
Kupfergehalt 563.
Kreatiningehalt 570.
Lipoidgehalt 570.
Magnesiumgehalt 562,
565.
Milchsäuregehalt 566.
Natriumgehalt 562, 564,
565.
Nicotinsäuregehalt 572.
p -Wert 564, 574.
Phosphorgehalt 562, 564.
Reststickstoffgehalt 546,
570.
Schwefelgehalt 562.
Stickstoffgehalt 564.
Wassergehalt 562, 564.
Linse, Adenosintriphosphat-
gehalt 561.
Albumin, Aminosäure-
zusammensetzung 567.
Albumoid, Aminosäure-
zusammensetzung 567.
Aneuringehalt 571.
Ascorbinsäuregehalt 571.
Calciumgehalt 562.
Chloridgehalt 562, 563.
Cholesteringehalt 570.
Eisengehalt 562, 563.
Eiweiß, Aminosäure-
zusammensetzung 457,
567.
Darstellung 566 bis
568.
Elektrophorese 568.
Farbstoffe 570.
Gewicht 561, 563.
Glucosegehalt 565.
Glutathiongehalt 566.
Glycerophosphatgehalt
561.
Glykolysewerte 573.
Kaliumgehalt 562, 563.
Kohlensäureanhydra-
tase 572.
Kreatiningehalt 565.
α-Krystallin, Amino-
säurezusammen-
setzung 567
β-Krystallin, Amino-
säurezusammen-
· setzung 567.
Kupfergehalt 562, 563.
Magnesiumgehalt 562.
Nährflüssigkeit 564.
Natriumgehalt 562, 563.

Auge, Linse, Nicotinsäuregehalt
572.
Nucleotidgehalt 561.
Phosphokreatingehalt
561.
Phosphorgehalt 561, 562.
Sauerstoffverbrauch 573.
Schwefelgehalt 562.
Wassergehalt 562, 563.
Zinkgehalt 562.
Linsenkapsel, Galaktose-
gehalt 568.
Glucosegehalt 568.
Hexosamingehalt 568.
Kohlenhydratgehalt 568.
Stickstoffgehalt 568.
Tyrosingehalt 568.
Netzhaut, Aneuringehalt
571.
Calciumgehalt 562.
Chloridgehalt 562.
Cholinacetylase 573.
Dehydrogenasen 572.
Gewicht 561.
Glykolysewerte 573, 715.
Hexokinasegehalt 572.
Kaliumgehalt 561, 562.
Kohlensäureanhydratase
572.
Kreatiningehalt 565.
Kupfergehalt 563.
Lactoflavingehalt 571.
Magnesiumgehalt 562.
Natriumgehalt 561, 562.
Nicotinsäuregehalt 572.
Phosphatasengehalt 572.
Phosphatidgehalt 570.
Phosphorgehalt 562.
Sauerstoffverbrauch 573,
715.
Schwefelgehalt 562.
Vitamin A-Gehalt 571.
Wassergehalt 562.
Zinkgehalt 562.
Sehpurpur, Phospholipoide
570.
Sklera, Calciumgehalt 562.
Chloridgehalt 562.
Eiweiß, Aminosäure-
zusammensetzung 457,
567.
basische Amino-
säuren 611.
Gewicht 561.
Kaliumgehalt 562.
Magnesiumgehalt 562.
Natriumgehalt 562.
Nicotinsäuregehalt 572.
Phosphorgehalt 562.
Schwefelgehalt 562.
Stickstoffgehalt 568.
Wassergehalt 562.
Zinkgehalt 562.
Strontiumgehalt 563.
Veraschung 560.

Auge, Zinkgehalt 561, 562.
Avertin s. Arzneimittel und Gifte.
Avenolithe s. Konkremente.
Azoprotein s. Reagentien.

Badional s. Arzneimittel und Gifte.
Barbitursäure s. Arzneimittel und Gifte.
Barium s. a. Arzneimittel und Gifte.
    im Auge 563.
    im Knochen 629.
    in Leber 468, 469, 471.
    in Lunge 514.
    in Niere 501.
    in Tumoren 690.
    in Zähnen 647.
Batylalkohol im Knochenmark 636.
BENCE-JONES-Protein s. Eiweiß.
BENEDICTS Reagens s. Reagentien.
Benzedrin s. Arzneimittel und Gifte.
Benzol s. Arzneimittel und Gifte.
Benzoylglucuronsäure im Harn, Bestimmung 246.
Berberin s. Arzneimittel und Gifte.
Bernsteinsäure im Blut 336.
    Bestimmung 102.
    in Echinococcusblasen 357.
    im Harn 201.
    im Liquor 331, 336.
Bernsteinsäuredehydrogenase s. Ferment.
Betain in Lunge 517.
    in Thymus 659.
Bezoare s. Konkremente.
BIALS Reagens s. Reagentien.
Bicarbonat s. Hydrogencarbonat.
Bilirubin s. Pyrrolfarbstoffe.
Biliverdin s. Pyrrolfarbstoffe.
Bilsenkraut s. Arzneimittel.
Bindegewebe 613—622.
    Chloridgehalt 613, 614.
    Chondroitinschwefelsäure 615.
    Eiweiß, Aminosäurezusammensetzung 704.
    Elastin, Aminosäurezusammensetzung 457.
    Elastingehalt 615—617.
    Fluoridgehalt 614.
    Hyaluronsäure 615.
    Kaliumgehalt 614.
    Kohlendioxydgehalt 613.
    Kollagengehalt 615—617.
    Kollagen, Aminosäurezusammensetzung 457.

Bindegewebe, Mucopolysaccharid 614, 615.
    Natriumgehalt 613, 614.
    Siliciumgehalt 614.
    Titangehalt 614.
    Wassergehalt 613, 614.
Bindehaut s. Auge.
Biotin s. Vitamine.
Biuretreagens s. Reagentien.
Blasenstein s. Konkrement.
Blausäure s. Arzneimittel und Gifte.
Blei s. a. Arzneimittel und Gifte.
    im Blut 12, 336.
    in Darmsteinen 442.
    in Gallensteinen 437, 439.
    im Gehirn 525.
    im Harn 607, 608.
    in Harnsteinen 431.
    im Herz 547.
    im Knochen 627, 628.
    im Knochenmark 633.
    im Knorpel 639.
    in Leber 468, 469, 471.
    im Liquor 306, 336.
    in Lunge 515.
    im Magen 520.
    in Milz 508.
    im Muskel 545.
    in Niere 502.
    im Pankreas 652.
    in Schilddrüse 651.
    im Speichel 360.
    in Speicheldrüsen 664.
    im Uterus 548.
    in Zähnen 647.
Blinddarm s. Darm.
Blut 1—181.
    s. a. Arzneimittel und Gifte.
    Normalwerte 336, 337, 340.
    Acetaldehydgehalt 336.
        Bestimmung 91.
    Acetessigsäuregehalt 90, 336.
        Bestimmung 95.
    Acetongehalt 89, 90, 336.
        Bestimmung 94.
    Acetonkörper, Bestimmung 93.
    Acetylcholingehalt 43.
    Adenosintriphosphatgehalt 15.
    Äpfelsäure, Bestimmung 113.
    Äthanolamin, Nachweis 46.
    Äthanolgehalt 336.
    Albumingehalt 17, 336, 348.
    Aldolasegehalt 718.
    Aluminiumgehalt 12, 336.
    Ameisensäure, Bestimmung 98.
    Aminosäuregehalt 336, 346, 355.
        Bestimmung 47—59.
    Ammoniakgehalt 10, 182, 336.

Blut, Amylasegehalt 167, 336.
    Bestimmung 168, 169.
    Aneuringehalt 337.
    Anionengehalt 6, 7.
    Argininigehalt 322, 336.
    Arsengehalt 12.
    Ascorbinsäuregehalt 337.
    BENCE-JONES-Protein 30.
    Bernsteinsäuregehalt 336.
        Bestimmung 102.
    anorganische Bestandteile 1—17.
    Bilirubingehalt 157, 158, 348.
        Bestimmung 159—161.
    Bleigehalt 12, 336.
    Borgehalt 13.
    Bromidgehalt 14, 336.
    Brenztraubensäuregehalt 557.
        Bestimmung 107—110.
    Buttersäure, Bestimmung 100.
    Calciumgehalt 6, 7, 8, 9, 336, 344, 642.
    Carboxyhämoglobingehalt 150.
        Bestimmung 153, 154.
    Citronensäuregehalt 336, 696.
        Bestimmung 111.
    Cerebrosidgehalt 132.
        Bestimmung 140, 141.
    Chloridgehalt 6, 7, 13, 14, 182, 336, 344, 348, 355, 642.
    Cholesteringehalt 116—130, 131—132, 336.
        Bestimmung 119—130.
        Fraktionen, Normalwerte 116.
    Cholingehalt 336.
        Bestimmung 41.
        aus Lipoiden, Bestimmung 137, 138.
    Cystingehalt 322, 336.
    Dimethylsulfongehalt 17.
    Dextran, Bestimmung 82.
    Diphosphopyridinnucleotidgehalt 717.
    Eisengehalt 7, 10, 336.
    Eiweiß, Aminosäurezusammensetzung 457.
        Bestimmung 18—32.
    Eiweißfraktionen, Normalwerte 21.
    Eiweißgehalt 1, 17, 182, 336, 344, 348.
    Eiweißkörper, Stickstoffgehalt 18.
        Lipoidgehalt 18.
    Eiweißzuckergehalt 87.
    Enteiweißung 22.
    Entnahme 3.
    Ergothionein, Bestimmung 43.

Blut, Erythrocyten, Amino-
    säurebestimmung 57.
  Cerebrosidgehalt 132.
  Essigsäure, Bestimmung
    100.
  Farbe 2.
  in Faeces, Nachweis 408,
    409.
  Fermente 167—181.
  Fettgehalt, einzelne Fett-
    säuren 133.
  Fettsäuregehalt 116, 131,
    132, 337.
  Bestimmung 136.
  Fibrinogengehalt 17, 337.
  Fluoridgehalt 13.
  Formaldehyd, Bestimmung
    90.
  Fructose, Bestimmung 74
    bis 77.
  Fumarsäure, Bestimmung
    102.
  Galaktose, Bestimmung 79.
  Gallensäuren, Bestimmung
    130.
  Gefrierpunktserniedrigung 3.
  Gentisinsäure, Bestimmung
    114.
  Gerinnung 162—167.
  Gesamtbasen 6.
  Globulingehalt 17, 337, 348.
  Glucosamin, Bestimmung
    85.
  Glucosegehalt 65, 66, 182,
    337, 348, 355, 642.
  Bestimmung 68—74.
  Glucuronsäure, Bestimmung
    114.
  Glutathiongehalt 16, 44, 566.
  Bestimmung 44.
  Glycerinsäure, Bestimmung
    113.
  Glykogen, Bestimmung 81.
  Glykolaldehyd, Bestimmung
    92.
  Goldgehalt 12.
  Guanidin, Bestimmung 40.
  Hämiglobin, Bestimmung
    153.
  Hämoglobingehalt 146, 147,
    150, 348.
  Bestimmung 151, 152.
  Harnsäuregehalt 60, 182,
    337, 348, 355, 642.
  Bestimmung 61.
  Harnstoffgehalt 182, 337.
  Bestimmung 35—37.
  Histamingehalt 337, 355.
  Bestimmung 59.
  Histidingehalt 322, 336.
  Hippursäuregehalt 182.
  Homogentisinsäure, Bestim-
    mung 114.
  Hyluronidase-Inhibitor 731.
  Hydrogencarbonat 6, 7.

Blut, Hypoxanthin, Bestimmung
    63.
  Indol, Nachweis 47.
  Indoxylschwefelsäure 46.
  Inulin, Bestimmung 77.
  Isocitronensäure, Bestim-
    mung 111.
  Isoleucingehalt 322, 336.
  Jodgehalt 7, 17, 337.
  Jodzahl, Bestimmung 141.
  Kaliumgehalt, Normalwerte
    5, 6, 7, 337, 344, 564.
  Kationengehalt 6, 7.
  Kephalingehalt 132, 136.
  α-Ketoglutarsäure, Bestim-
    mung 109.
  Ketonkörper, Bestimmung
    95.
  Kobaltgehalt 11.
  Kohlendioxydgehalt 344.
  Kohlenhydrate 65—89.
  Kohlenoxyd, Nachweis 819,
    820.
  kolloidosmotischer Druck 4.
  Kreatingehalt 337.
  Bestimmung 40.
  Kreatiningehalt 182, 337.
  Bestimmung 37.
  Kupfergehalt 7, 11, 337.
  Labilitätsreaktionen 24.
  Lactose, Bestimmung 80.
  Lecithingehalt 132, 136.
  Leucingehalt 322, 336.
  Leukocyten, Cerebrosid-
    gehalt 132.
  Lipasegehalt 170—173, 337.
  Bestimmung 171—173.
  Lipoidgehalt 116, 131, 132,
    463.
  Bestimmung 133—143.
  Lipoidphosphorgehalt 7, 136,
    337.
  Linolsäure im Blutfett 133.
  Lithiumgehalt 13.
  Lysingehalt 322, 336.
  im Magensaft, Nachweis 379,
    380.
  Magnesiumgehalt 6, 7, 9,
    337, 344.
  Maltose, Bestimmung 80.
  Mangangehalt 12.
  Menge 448.
  Methioningehalt 322, 336.
  Methylglyoxal, Bestimmung
    91.
  Milchsäuregehalt 337.
  Bestimmung 103—107.
  Natriumgehalt 5, 6, 7, 8, 337,
    344, 355.
  Nickelgehalt 11.
  Nicotinsäuregehalt 337.
  Nitritgehalt 17.
  Oberflächenspannung 4.
  Ölsäure im Blutfett 133.
  osmotischer Druck 4.

Blut, Oxalessigsäure, Bestim-
    mung 109, 110.
  Oxalsäuregehalt 337.
  Bestimmung 101.
  β-Oxybuttersäuregehalt 90,
    337.
  Bestimmung 96.
  Palmitinsäure im Blutfett
    133.
  Paraldehyd, Bestimmung 93.
  Pentdyopent, Nachweis 162.
  Pentose, Bestimmung 82 bis
    85.
  D-Peptidase 726.
  Peptidgehalt 47.
  Phenolgehalt 337.
  Phenylalaningehalt 322, 336.
  Phosphatasegehalt 174—175,
    337, 728, 729.
  Bestimmung 176—181.
  Phosphatidgehalt 131, 132.
  Phosphoglycerinsäure, Be-
    stimmung 113.
  Phospholipoidgehalt, Nor-
    malwerte 116, 132.
  Bestimmung 138, 139.
  Phosphorgehalt 6, 7, 15, 337,
    344, 642.
  Plasmal, Bestimmung 143.
  Polysaccharid, Bestimmung
    88.
  Proteinasen, Vorkommen
    336.
  Prothrombinzeit, Bestim-
    mung 164—166.
  Protoporphyringehalt 156.
  Pseudocholinesterase, Vor-
    kommen 336.
  Pyrrolfarbstoffe 143—162.
  Quecksilbergehalt 12.
  Refraktion 4.
  Reststickstoffgehalt 23, 337,
    642.
  Bestimmung 32.
  Rhodanidgehalt 17, 337.
  Schwefelgehalt 6, 7, 16, 337.
  Silbergehalt 13.
  Siliciumgehalt 17.
  Sphingomyelin, Bestim-
    mung 140.
  Sphingosingehalt 132, 136,
    463.
  Stearinsäure im Blutfett 133.
  Threoningehalt 322, 336.
  Triphosphopyridinnucleo-
    tidgehalt 717.
  Tryptophangehalt 336.
  Tyrosingehalt 322, 336.
  Urangehalt 13.
  Urobilingehalt 161.
  Urobilinogen, Nachweis 162.
  Valingehalt 322, 336.
  Veraschung 32.
  Verdoglobin, Bestimmung
    155.

Blut, Vitamin A-Gehalt 497.
    Wassergehalt 5, 7, 344.
    Wasserstoffionenkonzentra-
      tion 3.
    Xanthin, Bestimmung 63.
    Xanthoprotein-Wert 337.
    Zinkgehalt 11.
    Zinngehalt 12.
Blutergüsse 348, 349.
Blutgruppen A-spezifische Sub-
    stanz im Darm 522.
Blutgruppensubstanz A im
    Speichel 361.
Blutzucker s. Glucose.
Bor s. a. Vergiftung.
    im Blut 13.
    im Knochen 629.
    in Leber 468.
    in Milch 669.
    in Zähnen 647.
Borneol s. Arzneimittel und
    Gifte.
Borsäure s. Reagentien.
Brandblasen 356.
BRATTON-MARSHALL-Reagens s.
    Reagentien.
Brechwurz s. Arzneimittel und
    Gifte.
Brenztraubensäure im Blut 336,
    557.
      Bestimmung 107—110.
    im Harn 202.
      Bestimmung 203.
    im Liquor 108, 331, 336.
    im Muskel 557.
p-Bromanilin s. Reagentien.
Brom-Bromkaliumlösung s.
    Reagentien.
Bromid s. a. Arzneimittel und
    Gifte.
    Bestimmung in Organen 454.
    im Blut 14, 336.
    im Gehirn 525.
    im Harn 607.
    in Haut 594.
    im Herz 547.
    in Hypophyse 651, 655.
    in Leber 469, 471.
    im Liquor 307, 336, 339.
    in Lunge 515.
    in Milz 507.
    im Muskel 545.
    in Nebennieren 651.
    in Niere 502.
    im Pankreas 652.
    in Schilddrüse 651.
    im Speichel 359.
α-Bromisovalerianylharnstoff s.
    Bromural.
Bromoform s. Arzneimittel und
    Gifte.
Bromural s. Arzneimittel und
    Gifte.
Bronchialsteine s. Konkre-
    mente.

Brucin s. Arzneimittel und Gifte.
Brushit s. Calciumsalze.
Brustdrüse, Eiweiß, Aminosäure-
    zusammensetzung 702.
    Milchsäuredehydrogenase
      718.
    Phosphatasen 728.
    Xanthindehydrogenase 723.
    Zusammensetzung 665.
Bürzeldrüse, Zusammensetzung
    665.
Buttersäure im Blut, Bestim-
    mung 100.
Butyl-äthylbarbitursäure s.
    Soneryl.
Butylbarbitursäure s. Arznei-
    mittel und Gifte.
Butyl-β-bromallylbarbitursäure
    s. Pernocton.
Butylchloralhydrat s. Arznei-
    mittel und Gifte.
γ-Butyrobetain in Faeces 408.

Cadaverin in Faeces 408.
    im Pankreas 663.
Cadmium s. a. Arzneimittel und
    Gifte.
    in Haut 594.
    in Leber 468, 469.
Cadmiumhydroxyd, Enteiwei-
    ßung von Blut 23.
Cadmiumlactat s. Reagentien.
Calcium in Aderhaut 562.
    im Blut 6, 7, 8, 9, 336, 344,
      642.
    in Bronchialsteinen 445.
    im Ciliarkörper 562.
    in Darm 452, 687.
      Ausscheidung 604.
    in Darmsteinen 442.
    in Echinococcusblasen 357.
    in Ergüssen 344, 351.
    in Faeces, Bestimmung 407.
    im Fetus 451.
    im Fettgewebe 452.
    im Fruchtwasser 586.
    in Galle, Bestimmung 391.
    in Gallensteinen 437, 439.
    in Gefäßen 613, 614, 615,
      620, 621.
    im Gehirn 452, 524, 525.
    in Gelenkflüssigkeit 642.
    in verkalkten Geweben 626.
    im Glaskörper 562.
    im Haar 607.
    im Harn 183.
    in Haut 452, 593.
    im Herz 452.
    in Hornhaut 562.
    in Iris 562.
    im Kammerwasser 562,
      564, 565.
    im Knochen 452, 625, 626, 627.
      Bestimmung 624.
      im Knorpel 638.

Calcium in Leber 452, 468, 469,
    471, 472, 473, 685, 687.
    in Linse 562.
    im Liquor 305, 336, 338, 339.
    in Lunge 452, 514, 515.
    in Mandelsteinen 446.
    in Milch 669.
    in Milchsteinen 446.
    in Milz 452, 507.
    im Muskel, 452, 525, 539,
      542, 543, 545, 688.
    in Nabelschnur 589.
    in Nasensteinen 444.
    in Nerven 525.
    in Netzhaut 562.
    in Neugeborenen 452.
    in Niere 452, 503.
      Ausscheidung 604.
    im Pankreas 452, 652.
    im Pankreassaft 389.
    in Pankreassteinen 441.
    in Placenta 587.
    im Prostatasekret 585.
    im Prostatastein 585.
    im Schweiß 604.
    in Sklera 562.
    im Speichel 358, 359.
    in Speicheldrüsen 444, 664.
    im Sperma 575.
    in Spermatocelen 354.
    im Sputum 364, 365.
      Ausscheidung 371.
    in Tränensteinen 446.
    in Tumoren 685, 687, 688.
    im Uterus 543, 548.
    in Zähnen 452, 645, 646.
    in Zahnpulpa 650.
Calciumcarbonatsteine s. Kon-
    kremente.
Calciumoxalatsteine s. Konkre-
    mente.
Calciumsalze in Harnsteinen
    431, 432.
    Nachweis 435.
    in Konkrementen, Kristall-
      formen 428.
    in Perlen 428.
    in Statolithen und Otolithen
      428.
Campher s. Arzneimittel und
    Gifte.
Cantharidenblasenflüssigkeit
    356.
Cantharidin s. Arzneimittel und
    Gifte.
Caprinsäure s. Fett.
Capronsäure s. Fett.
Caprylsäure s. Fett.
Carboanhydratase s. Fermente.
Carbonate in Bronchialsteinen
    445.
    in Darmsteinen 442.
    in Gallensteinen 437.
    in Harnsteinen 431, 432.
      Nachweis 435.

Carbonate in Mandelsteinen 446.
in Milchsteinen 446.
in Nasensteinen 444.
in Pankreassteinen 441.
in Speichelsteinen 444.
in Tränensteinen 446.
Carbonatapatit s. Calciumsalze.
Carbonylverbindungen s. unter den einzelnen Stoffen.
Carboxyhämoglobin s. Pyrrolfarbstoffe.
Cardiazol s. Arzneimittel und Gifte.
Carcinom s. Tumor.
Caries s. Zahn.
Carnosin s. Peptide.
β-Carotin in Faeces, Bestimmung 420.
Carotinase s. Fermente.
Carvon s. Arzneimittel und Gifte.
Casein s. Eiweiß.
Cellulose s. Kohlenhydrate.
Cephaelin s. Arzneimittel und Gifte.
Cer im Gehirn 526.
Cer(IV)-chromat s. Reagentien.
Cerebroside s. Lipoide.
Chinin s. Arzneimittel und Gifte.
Chloralformamid s. Arzneimittel und Gifte.
Chloralhydrat s. Arzneimittel und Gifte.
3-Chlor-Δ^5-androstenon-17 s. Steroide.
Chlorid s. a. Arzneimittel und Gifte.
in Aderhaut 562.
Bestimmung in Organen 453.
in Bindegewebe 613, 614.
im Blut 6, 7, 13, 14, 182, 336, 334, 348, 355, 642.
in Bronchialsteinen 445.
im Ciliarkörper 562.
in Echinococcusblasen 357.
in Ergüssen 344, 348, 350, 351.
in Fettgewebe 614.
im Fetus 451.
im Fruchtwasser 586.
in Galle 390.
im Gehirn 525, 527.
in Gelenkflüssigkeit 642.
im Glaskörper 562.
im Haar 607.
im Harn 182, 183.
in Haut 355, 593, 594.
in Hautblasen 355.
im Herz 542, 547.
in Hornhaut 562.
in Iris 562.
im Kammerwasser 562, 564, 565.

Chlorid im Knochen 624.
im Knorpel 638.
in Leber 468, 469, 471, 685, 690.
in Linse 562, 563.
im Liquor 306, 307, 336, 338, 339.
in Lunge 515.
in Lymphcysten 355.
im Magen 520.
im Magensaft 375.
in Milch 669.
in Milz 507.
im Muskel 527, 542, 543, 545, 690.
in Nasensteinen 444.
in Nebennieren 651.
in Nerven 527.
in Netzhaut 562.
in Niere 503.
im Pankreas 652.
im Pankreassaft 389.
in Pankreassteinen 441.
im Prostatasekret 585.
im Schweiß 604, 605.
in Sklera 562.
im Speichel 358.
in Speichelsteinen 444.
in Spermatocelen 354.
im Sputum 364, 365.
in Tränensteinen 446.
in Tumoren 685, 690.
in Zähnen 647.
in Zahnpulpa 650.
Chlorkalklösung s. Reagentien.
Chloroform s. Arzneimittel und Gifte.
Chlorsäure s. Arzneimittel und Gifte.
Choleinsäure s. Gallensäuren.
Cholelithe s. Konkremente.
β-Cholestanol s. Steroide.
Cholesterin s. Steroide.
Cholesterinesterase s. Fermente.
Cholesterinsteine s. Konkremente.
Cholin s. a. unter Lipoiden.
im Blut 41, 336.
Bestimmung 41.
aus Lipoiden, Bestimmung 137, 138.
im Gehirn 534.
in Leber 500.
im Liquor 325, 336.
in Lunge 517.
in Milch 670.
im Schweiß 606.
im Sperma 580.
in Thymus 659.
in Tumoren 693.
Cholinacetylase s. Fermente.
Cholinesterase s. Fermente.
Cholinphosphat s. Phosphorsäureester.
Cholinphosphatide s. Lipoide.

Cholsäure s. Gallensäuren.
Chondroitinschwefelsäure s. Mucopolysaccharide.
Chrom s. a. Arzneimittel und Gifte.
in Faeces, Bestimmung 402.
in Gallensteinen 437, 439.
in Leberzellkernen 449.
in Nierenzellkernen 449.
in Schilddrüse 651.
in Zähnen 647.
Chromtrioxyd s. Reagentien.
Chymotrypsin s. Fermente.
Cibazol s. Eleudron.
Ciliarkörper s. Auge.
Citronensäure in Aderhaut 565.
in Bindehaut 565.
im Blut 336, 696.
Bestimmung 111.
im Harn, 211.
in Harnsteinen 431.
in Haut 696.
im Herz 557.
im Knochen 629, 630, 631.
in Leber 481, 696.
im Liquor 331, 336.
in Lunge 518.
in Milch 669, 670, 671.
Bestimmung 677, 678.
in Milz 512.
im Muskel 557, 696.
im Nebenhoden 583.
in Nebennieren 660.
in verkalkten Organen 631.
im Pankreas 663.
in Prostata 583.
im Prostatasekret 585.
in Samenblasen 583.
in Schilddrüsen 658.
im Schweiß 605.
im Sehnerv 565.
im Speichel 361.
im Sperma 575, 579, 583.
in Tumoren 696, 697.
in Zähnen 646, 647.
Clupanodonsäure s. Fette.
Cocain s. Arzneimittel und Gifte.
Cocarboxylase s. Fermente.
Coelomflüssigkeit s. Ergüsse.
Codein s. Arzneimittel und Gifte.
Codehydrase s. Fermente.
Coenzym s. Fermente.
Coffein s. Arzneimittel und Gifte.
Colamin im Blut 46.
im Gehirn 534.
in Tumoren 693.
Colchicin s. Arzneimittel und Gifte.
Colon s. Darm.
Colostrum s. Milch.
Compral s. Arzneimittel und Gifte.

Coniin s. Arzneimittel und Gifte.
Conjugase s. Fermente.
Copaivabalsam s. Arzneimittel und Gifte.
Corium s. Haut.
Cornea s. Auge.
Corticosteroide s. Steroide.
Cortin s. Steroide.
Cortison s. Steroide
Cotarnin s. Arzneimittel und Gifte.
Cozymase s. Fermente.
Cutis s. Haut.
Cyanid s. Arzneimittel und Gifte.
Cyclohexenyl-äthylbarbitur-säure s. Phanodorm.
Cyclopentenyl-allylbarbitur-säure s. Arzneimittel und Gifte.
Cystein s. Aminosäuren.
Cystenflüssigkeit s. Ergüsse.
Cystin s. Aminosäuren.
Cystindesulfurase s. Fermente.
Cystinsteine s. Konkremente.
Cystolithe s. Konkremente.
Cytidylsäure s. Nucleotide.
Cytochrome s. Fermente.
Cytochromoxydase s. Fermente.

Dakryolithe s. Konkremente.
Darm 519—523.
    Acetylcholingehalt 521.
    Adenosindesaminase 522.
    Adenylsäuredesaminase 730.
    Aluminiumgehalt 520.
    Arsengehalt 520.
    Aschegehalt 452.
    Bleigehalt 520.
    Blutgruppen A-spezifische Substanz 522.
    Calciumgehalt 452, 687.
    Carotinase 522.
    Cholesterinesterase 522.
    Cholesteringehalt 464.
    Cytochromgehalt 721.
    Dehydropeptidasen 725.
    Dopadecarboxylase 522.
    Eisengehalt 520.
    Eiweiß, Aminosäurezusammensetzung 457.
    Eiweißgehalt 452.
    Esterase 727.
    Ferritingehalt 459, 521.
    Fettgehalt 464.
    Fettsäuregehalt 464.
    Fettsäuredehydrogenase 522.
    Gewicht 452.
    Glucosidase 522.
    Glykolysewerte 523, 715.
    Guanindesaminase 730.
    Guanosindesaminase 730.
    Guanylsäuredesaminase 730.

Darm, Kaliumgehalt 520.
    Kathepsin 726.
    Kohlensäureanhydratase 522.
    Kollagengehalt 617.
    Kupfergehalt 520.
    Lipoidgehalt 452, 462, 463, 464.
    Mangangehalt 520.
    Natriumgehalt 520.
    Nucleotidasen 522.
    Peptidasen 522.
    p_H-Wert 523.
    Phosphatasen 522, 728.
    Phosphatidgehalt 464.
    Phosphorgehalt 452, 520.
    Quecksilbergehalt 520.
    Sauerstoffverbrauch 523, 715.
    Schwefelgehalt 520.
    Secretin, Darstellung 521.
    Siliciumgehalt 520.
    Sphingosingehalt 463.
    Titangehalt 520.
    Urease 522.
    Vitamin A-Gehalt 521.
    Vorbereitung zur Untersuchung 519.
    Wassergehalt 452.
    Zinkgehalt 520.
    Zinngehalt 520.
Darminhalt s. Arzneimittel und Gifte.
Darmgase 419.
Darmsaft 383—389.
    Amylase, Bestimmung 388.
    Aschegehalt 383.
    Bilirubin, Bestimmung 385.
    Cholsäuregehalt 384.
    Chymotrypsin 386.
    Desoxycholsäuregehalt 384.
    Eiweißgehalt 383.
    Fermentgehalt 385—389.
    Fettsäuregehalt 384.
    Gallensäuren, Bestimmung 384.
    Lipase, Bestimmung 387, 388.
    Maltase, Bestimmung 388.
    p_H-Wert 383.
    Proteasen, Bestimmung 385 bis 387.
    spezifisches Gewicht 383.
    Trypsin 385.
    Wassergehalt 383.
Darmsteine s. Konkremente.
Debenal s. Arzneimittel und Gifte.
Dehydroisoandrosteron s. Steroide.
Dehydroascorbinsäure s. Vitamine.
11-Dehydro-17-oxycorticosteron s. Steroide.
Dehydropeptidase s. Fermente.

DÉNIGÈS-Reagens s. Reagentien.
Dentin s. Zahn.
Desaminase s. Fermente.
Desoxycholsäure s. Gallensäuren.
Desoxycorticosteron s. Steroide.
11-Desoxy-17-oxycorticosteron s. Steroide.
Desoxyribonuclease s. Fermente.
Desoxyribonucleinsäure s. Nucleotide.
Deuteroporphyrin s. Pyrrolfarbstoffe.
Diacetyl s. a. Reagentien.
    in Faeces 419.
Diacetylmorphin s. Heroin.
Diäthylbarbitursäure s. Veronal.
Dial s. Arzneimittel und Gifte.
Diallylbarbitursäure s. Dial.
Diaminophosphatide s. Lipoide.
Diaminosäuren s. Aminosäuren.
Diaminoxydase s. Fermente.
Diazoreagens s. Reagentien.
Diazoreaktion in Harn 186.
Dicodid s. Arzneimittel und Gifte.
Dickdarm s. Darm.
Dienoestrol, Fluorescenz 273.
Digitalis s. Arzneimittel und Gifte.
Dihydrocholesterin s. Sterine und Steroide.
Dihydro-diphospho-pyridinnucleotid s. Fermente.
β-Dihydroequilenin s. Steroide.
Dihydromorphinon s. Dilaudid.
Dihydrooxycodeinon s. Eukodal.
Dijodtyrosin s. Aminosäuren.
Dilaudid s. Arzneimittel und Gifte.
Dimethylsulfon im Blut 17.
    in Nebennieren 660.
m-Dinitrobenzol s. Reagentien.
Dionin s. Arzneimittel und Gifte.
Dipeptidase s. Fermente.
Diphosphoglycerinsäure s. Phosphorsäureester.
Diphosphopyridinnucleotid s. Fermente.
Diphosphopyridinnucleotid-Cytochrom c-Reductase s. Fermente.
Dolantin s. Arzneimittel und Gifte.
Dopadecarboxylase s. Fermente.
Dopaoxydase s. Fermente.
Dormin s. Arzneimittel und Gifte.
Dormovit s. Arzneimittel und Gifte.

DRAGENDORFFS Reagens s.
Reagentien.
Dünndarm s. Darm.
Duodenum s. Darm.

Echinococcusblasenflüssigkeit
356, 357.
EHRLICHS Reagens s. Reagentien.
Eisen s. a. Arzneimittel und
Gifte.
im Blut 7, 10, 336.
im Darm 520.
Ausscheidung 604.
in Darmsteinen 442.
Entblutung zur Bestimmung
in Organen 453.
in Ergüssen 351.
in Gallensteinen 437, 438,
439.
im Gehirn 525, 526.
im Haar 607.
im Harn 183.
in Harnsteinen 432.
Nachweis 435.
in Haut 594.
im Herz 547.
im Hoden 583.
in Hypophyse 651.
im Kammerwasser 563.
im Knochen 627.
im Knochenmark 633.
in Leber 453, 469, 471, 472,
473, 474, 685, 688, 689.
in Linse 562, 563.
im Liquor 306, 336.
in Lunge 515, 516.
in Lymphcysten 355.
im Magen 520, 689.
im Magensaft 375.
in Milch 669.
in Milz 453, 474, 507.
im Muskel 543, 544, 545, 546,
688.
in Nasensteinen 444.
in Neugeborenen 452.
in Niere 502.
Ausscheidung 604.
im Pankreas 652.
in Pankreassteinen 441.
in Placenta 587.
in Schilddrüse 651.
im Schweiß 604.
in Speicheldrüsen 664.
in Speichelsteinen 444.
im Sperma 577.
im Sputum 365.
in Thymus 651.
in Tumoren 685, 688, 689.
in Zähnen 647.
Eisenhydroxyd, Enteiweißung
von Blut 23.
Eiterergüsse 349.

Eiweiß, Actin im Muskel 550.
Actomyosin im Muskel 550.
Azoprotein, Darstellung
381.
Albumin im Blut 17, 336,
348, 356.
Lipoidgehalt 18.
in Cantharidenblasen
356.
in Ergüssen 344, 348,
350, 352.
in Gehirncysten 354,
355.
in Gelenkflüssigkeit 642.
in Glaskörper 569.
in Harn, Bestimmung
216.
in Linse, Aminosäure-
zusammensetzung 567.
im Liquor 310, 336, 338,
339.
Bestimmung 315, 316.
in Ovarialcysten 353.
im Pankreassaft 390.
im Sputum, Bestimmung
368.
Albumoid in Linse, Amino-
säurezusammensetzung
567.
BENCE-JONES-Protein im
Blut 30.
in Ergüssen 345.
im Harn, Bestimmung
215.
colorimetrische Bestimmung
im Blut 25.
gravimetrische Bestimmung
im Blut 25.
kjeldahlometrische Bestimmung im Blut 24.
Bestimmungsmethoden im
Blut 18—32.
in Bindegewebe, Aminosäu-
rezusammensetzung 704.
im Blut 1, 17, 182, 336, 344,
348, 457.
Aminosäurezusammen-
setzung 457.
Stickstoffgehalt der Fraktionen 18.
in Brustdrüse, Aminosäurezusammensetzung 702.
Casein, Aminosäurezusam-
mensetzung 668.
in Milch 667, 668, 671.
Bestimmung 676.
Clupein, Darstellung 578.
in Cornea, Aminosäurezu-
sammensetzung 457.
im Darm 452.
Aminosäurezusammen-
setzung 457.
im Darmsaft 383.
Elastin, Aminosäurezusam-
mensetzung 457.

Eiweiß, Elastin in Bindegewebe
615—617.
in Organen 617.
Oxyprolingehalt 616.
in Ergüssen 344, 348, 350,
352.
Nachweis 341—342.
Euglobulin im Blut 336.
im Liquor 310, 336.
Eukeratin im Haar 610, 611.
Fällungsmittel für Blut 22.
Ferritin im Darm 521.
in Milz, Darstellung 510.
in Organen 459.
im Fettgewebe 452, 619.
Fibrinogen, Bestimmung 29.
im Blut 17, 337.
in Brandblasen 356.
in Ergüssen 342, 350,
352.
im Liquor 310, 337.
Gastroglobulin im Magen-
saft 378.
in Gefäßen 618.
im Gehirn 452, 536.
Aminosäurezusammen-
setzung 457, 534.
Darstellung 533, 534.
Extrahierbarkeit 459.
in Gehirncysten 354, 355.
in Gelenkflüssigkeit 642.
im Glaskörper 569.
Globulin im Blut 17, 337,
348.
Lipoidgehalt 18.
in Ergüssen 344, 348,
350, 352.
in Gelenkflüssigkeit 642.
im Liquor 310, 337, 338,
339.
Bestimmung 315, 319.
in Ovarialcysten 353.
im Pankreassaft 390.
in Spermatocelen 354.
im Sputum, Bestimmung
368.
γ-Globulin im Blut, Bestimmung 30.
im Glaskörper 569.
Globulinfraktionen im Blut
356.
in Cantharidenblasen
356.
in Gehirncysten 355.
Glutin im Knorpel 639.
in Zähnen 648.
im Harn 182, 183, 214—216.
Bestimmung 216.
in Harnsteinen 431.
in Haut 452, 594—597.
Aminosäurezusammen-
setzung 457, 596.
im Herz 452.
Aminosäurezusammen-
setzung 457.

Eiweiß in Hornhaut, basische
Aminosäuren 611.
Aminosäurezusammen-
setzung 567.
in Hypophyse, Aminosäure-
zusammensetzung 458.
im Kammerwasser 564, 569,
570.
Keratin, Aminosäurezusam-
mensetzung 610—612.
im Haar 608—612.
in Zähnen 648.
im Knochen 452, 631.
Kollagen, Aminosäurezu-
sammensetzung 457,
595.
in Bindegewebe 615 bis
617.
in Haut 595.
im Knorpel 638.
in Organen 617.
Oxyprolingehalt 616.
in Zähnen 648.
α-Krystallin in Linse, Ami-
nosäurezusammen-
setzung 567.
β-Krystallin in Linse, Ami-
nosäurezusammen-
setzung 567.
Lactalbumin, Bestimmung
676.
in Milch 657, 668, 671.
Lactoglobulin, Bestimmung
676.
in Milch 667, 668, 671.
in Leber 452, 476, 698, 699.
Albumin-Globulin-
Quotient 698.
Aminosäurezusammen-
setzung 458, 702, 705,
706.
Elektrophorese 456.
Schwefelgehalt 703.
Leukokeratin im Haar 608.
in Linse, Aminosäurezusammensetzung 457, 567.
Darstellung 566—568.
im Liquor 309—311, 336,
338, 339.
Bestimmung 314—319.
Elektrophorese 320.
Nachweis 312—314.
in Lunge 452, 516, 684.
Aminosäurezusammen-
setzung 458.
in Lymphcysten 355.
in Magen, Aminosäurezu-
sammensetzung 458.
im Magensaft 378.
Melanokeratid im Haar 608.
in Milch 671.
Bestimmung 676.
in Milz 452.
Aminosäurezusammen-
setzung 458, 702.

Eiweiß in Milz, Extraktion 508,
509.
Molkeneiweiß in Milch 668.
aus Mucin in Gelenkflüssigkeit 643.
im Muskel 452, 539, 549,
550, 698, 699.
Aminosäurezusammen-
setzung 458, 702, 705.
Extrahierbarkeit 459.
Zusammensetzung 550.
Myogen im Muskel 550.
Myosin im Muskel 550.
in Nebennieren, Amino-
säurezusammensetzung
458.
in Neugeborenen 452.
Nichtkollagen-Stickstoff im
Muskel 541.
in Niere 452, 502.
Aminosäurezusammen-
setzung 458.
Extrahierbarkeit 459.
in Organen, Bestimmung
456.
in Ovar, Aminosäurezusam-
mensetzung 458.
im Pankreas 452.
Aminosäurezusammen-
setzung 458.
in Pankreascysten 354.
im Pankreassaft, Frak-
tionen 390.
in Placenta 588.
Plasmafraktionen 21.
im Prostatastein 585.
im Prostatasekret 585.
Proteose in Lunge 684.
im Sperma 577.
in Tumoren 684.
Pseudokeratin, Aminosäurezusammensetzung 612.
Rhodokeratid im Haar 609.
in Rückenmark, Amino-
säurezusammensetzung
457.
in Samenblasensekret,
Aminosäurezusammen-
setzung 458.
in Schilddrüse, Aminosäurezusammensetzung 458.
Serumalbumin in Faeces,
Nachweis 408.
in Sklera, Aminosäurezu-
sammensetzung 457,
567.
basische Aminosäuren
611.
im Speichel 360.
im Sperma 577.
Aminosäurezusammen-
setzung 458.
in Spermatocelen 354.
im Sputum 366, 367, 368.
in Thymus 659.

Eiweiß, Thyreoglobulin, Amino-
säurezusammen-
setzung 657.
in Schilddrüse 657, 658.
in Tränen 666.
Tropomyosin im Muskel 550.
in Tumoren 684, 697—700,
713.
Albumin-Globulin-
Quotient 698.
Aminosäurezusammen-
setzung 701—706.
Cystin-Cystein-Quotient
697.
Schwefelgehalt 703.
im Vaginalsekret 585.
in Wolle, Aminosäuregehalt
611.
im Zahn 452, 648.
in Zunge, Aminosäurezu-
sammensetzung 458.
Eiweißsteine s. Konkremente.
Ellagsäure in Darmsteinen 443.
Elastin s. Eiweiß.
Eldoral s. Arzneimittel und
Gifte.
Elkosin s. Arzneimittel und
Gifte.
Eleudron s. Arzneimittel und
Gifte.
Embryo s. Fetus.
Emetin s. Arzneimittel und
Gifte.
Emodin s. Arzneimittel und
Gifte.
Enterolithe s. Konkremente.
Enzian s. Arzneimittel und Gifte.
Ephedrin s. Arzneimittel und
Gifte.
Epidermis s. Haut.
Epididymissteine s. Konkre-
mente.
Epiphyse, Ascorbinsäuregehalt
654.
Nicotinsäuregehalt 654.
Equilin s. Steroide.
ERDMANNs Reagens s. Reagen-
tien.
Ergocristin s. Arzneimittel und
Gifte.
Ergometrin s. Arzneimittel und
Gifte.
Ergosin s. Arzneimittel und
Gifte.
Ergotamin s. Arzneimittel und
Gifte.
Ergothionein s. Aminosäuren.
Ergotinin s. Arzneimittel und
Gifte.
Ergotoxin s. Arzneimittel und
Gifte.
Ergüsse 341—352.
Adeninnucleotidgehalt 349.
Albumingehalt 344, 348, 350,
352.

Ergüsse, Aminosäuregehalt 345, 346, 349, 351, 352.
Ammoniakgehalt 345, 351.
Amylasegehalt 347, 352.
anorganische Bestandteile 343, 350.
Ascorbinsäuregehalt 348.
BENCE-JONES-Protein 345.
Bilirubingehalt 348.
Calciumgehalt 344, 351.
Chloridgehalt 344, 348, 350, 351.
Cholesteringehalt 346, 351, 352.
Dipeptidasegehalt 347.
Eiweißgehalt 342, 344, 348, 350, 351.
Nachweis 341—342.
Eisengehalt 351, 352.
Esterasegehalt 347.
Fettgehalt 350, 351.
Fibrinogengehalt 342, 350, 352.
Fructosidasegehalt 352.
Gefrierpunktserniedrigung 343, 349, 351.
Globulingehalt 344, 348, 350, 352.
β-Glucuronidasegehalt 347.
Glucosegehalt 346, 347, 348, 351.
Glykoproteidgehalt 345.
Hämoglobingehalt 348.
Harnsäuregehalt 345, 348, 351.
Harnstoffgehalt 345, 350, 351, 352.
Histamingehalt 345.
Hyaluronsäuregehalt 347.
Kaliumgehalt 344, 351.
Kathepsingehalt 347.
Kohlendioxydgehalt 344.
kolloidosmotischer Druck 343.
Kreatingehalt 345, 350, 351.
Lactasegehalt 352.
Lecithingehalt 346.
Lipasegehalt 347, 352.
Lipoidgehalt 352.
Magnesiumgehalt 344, 351.
Maltasegehalt 352.
Milchsäuregehalt 347, 350.
Natriumgehalt 344, 351.
p-Wert 349, 351.
Phosphatasegehalt 347, 352.
Phosphatidgehalt 352.
Phosphorgehalt 344, 351.
Probe nach LUCCHERINI 342.
nach MORELLI 341.
nach RUNEBERG und RIVALTA 341.
Proteasegehalt 347, 352.
Puringehalt 345.
Reststickstoffgehalt 345, 348, 349, 352.

Ergüsse, Rhodanidgehalt 343.
Schwefelgehalt 348, 349, 351.
spezifisches Gewicht 342, 343, 348, 349, 351.
Stickstoffgehalt 349, 351.
Trypsingehalt 347.
Vitamin A-Gehalt 348.
Viscosität 343.
Wassergehalt 344, 359, 351, 352.
Erythrocyten, Calciumgehalt 9.
Natriumgehalt 8.
Wassergehalt 5.
ESBACHs Reagens s. Reagentien.
Eserin s. Arzneimittel und Gifte.
Essigsäure, Bestimmung 376.
im Blut, Bestimmung 100.
in Echinococcusblasen 357.
im Harn, Bestimmung 201.
Esterase s. Fermente.
Esterschwefelsäure im Harn, Bestimmung 762.
Estersulfat s. a. Schwefel.
Eubasin s. Arzneimittel und Gifte.
Eucain s. Arzneimittel und Gifte.
Eucalyptol s. Arzneimittel und Gifte.
Euchinin s. Arzneimittel und Gifte.
Eukeratin s. Eiweiß.
Eukodal s. Arzneimittel und Gifte.
Eupaverin s. Arzneimittel und Gifte.
Euphorbium s. Arzneimittel und Gifte.
Euvernil s. Arzneimittel und Gifte.
Evipan s. Arzneimittel und Gifte.
Exsudat s. Ergüsse.

Faeces 401—427.
s. a. Arzneimittel und Gifte.
p-Aminobenzoesäure, Bestimmung 425.
Aminosäuregehalt 408.
Amylasegehalt 427.
Aneurin, Bestimmung 423.
Ascorbinsäure, Bestimmung 425.
Benzidinprobe 408.
Bilirubin, Bestimmung 414.
Blutnachweis 408, 409.
Cadaveringehalt 408.
Calcium, Bestimmung 407.
β-Carotin, Bestimmung 420.
Cellulose, Bestimmung 410.
β-Cholestanol, Nachweis 413.
Cholesterin, Nachweis 413.
Darmgase 419.
Diacetyl, Vorkommen 419.
Fermentgehalt 427.

Faeces, Fett, Bestimmung 410 bis 413.
Fettsäuren, Bestimmung 410—413.
Folsäure, Bestimmung 425.
Gallenfarbstoffgehalt 414—416.
Gallensäuren, Bestimmung 417.
Guajacprobe 409.
Histamin, Extraktion 419.
Indol, Bestimmung 419.
Kalium, Bestimmung 407.
Koprochromgehalt 406.
Kopromesobiliviolingehalt 406.
Kopronigringehalt 406.
Koprosterin, Abtrennung 410.
Nachweis 413.
Lactoflavin, Bestimmung 424.
Lipasegehalt 427.
Menge 405, 406.
Milchsäure, Bestimmung 417, 418.
Mineralgehalt 406.
Mucin, Nachweis 408.
Nicotinsäure, Bestimmung 424.
Nucleoproteid, Nachweis 407.
Oestrogengehalt 426.
Pantothensäure, Bestimmung 425.
Phenole, Bestimmung 418.
Phosphatasegehalt 427.
Phosphor, Bestimmung 407.
Phytosterin, Nachweis 413.
Putrescingehalt 408.
Pyridoxin, Bestimmung 425.
Sammeln 401—402.
Serumalbumin, Nachweis 408.
Skatol, Bestimmung 419.
Stärke, Bestimmung 409.
Stercobilin, Bestimmung 416.
Stercobilinogen, Bestimmung 415.
Stickstoffgehalt 409.
Tokopherol, Bestimmung 421.
Trockenpulver, Herstellung 404.
Trypsingehalt 427.
Unverseifbares 410.
Urobilin, Bestimmung 416.
Urobilinogen, Bestimmung 415.
Vitamine, Bestimmung 420—426.
Vitamin A, Bestimmung 420.

Faeces, Vitamin B_{12}, Bestimmung 425.
Vitamin D, Bestimmung 421.
Vitamin K, Bestimmung 422.
Fascie s. Bindegewebe.
Federn s. Haare.
FEHLINGS Reagens s. Reagentien.
Fenchel s. Arzneimittel.
Fermente, Abwehrfermente im Harn 294—300.
Acetylcholinesterase im Liquor 336.
Aconitase in Placenta 589.
Adenosindesaminase im Darm 522.
Adenylsäuredesaminase in Geweben 730.
Adenosintriphosphatase in Leber 734.
in Thymus 660.
in Tumoren 734.
Aldolase im Blut 718.
im Muskel 718.
in Tumoren 718.
D-Aminosäureoxydase in Leber 723.
in Niere 723.
in Tumoren 722, 723.
L-Aminosäureoxydase in Niere 505.
Amylase im Blut 167, 336.
Bestimmung 168,169.
im Darmsaft 388.
in Ergüssen 347, 352.
in Faeces 427.
in Galle 400.
in Gelenkflüssigkeit 644.
im Harn 183.
Bestimmung 292.
in Haut 602.
im Liquor 333, 336, 339.
in Milz 512.
in Pankreascysten 354.
im Speichel 360.
in Speichelsteinen 444.
Aneurinpyrophosphat im Herz 557.
im Magen 557.
im Muskel 557.
Anwendung zu analytischen Zwecken 456.
Arginase in Haut 601, 724.
in Leber 724,
in Lunge 724.
in Lymphknoten 724.
im Magen 724.
in Milz 724.
im Muskel 724.
in Niere 724.
in Tumoren 724, 733.
Atropinesterase in Nebennieren 662.

Fermente, Bernsteinsäuredehydrogenase in Geweben 723.
in Haut 601.
in Leber 733.
in Tumoren 733.
Bernsteinsäureoxydase in Nebennieren 662.
im Blut 167—181.
Carotinase im Darm 522.
Cholesterinesterase im Darm 522.
Cholinacetylase im Ciliarkörper 573.
in Iris 573.
im Kammerwasser 572.
in Netzhaut 573.
Cholinesterase im Gehirn 538.
in Harnwegen 506.
in Hypophyse 656.
im Kammerwasser 572.
im Liquor 333.
in Milz 513.
in Nebennieren 662.
in Placenta 589.
im Sperma 581.
Cholinoxydase in Leber 735.
in Tumoren 735.
Chymotrypsin im Darmsaft 386.
Cocarboxylase s. a. Aneurinpyrophosphat.
im Gehirn 537.
im Liquor 335.
Coenzymfraktion aus Leber 494, 497.
Conjugase in Niere 506.
Cozymase s. Diphosphopyridinnucleotid.
Cystindesulfurase in Leber 725.
in Niere 275.
im Pankreas 725.
in Tumoren 725.
Cytochrom in Haut 559.
in Nebenniere 662.
im Sperma 581.
Cytochrom c im Gehirn 538, 559, 719, 721.
in Geweben 719—721.
im Herz 559, 719, 721.
in Leber 559, 719, 721.
in Lunge 559, 719, 721.
im Muskel 559, 560, 719.
in Niere 559, 719, 721.
Cytochromoxydase im Gehirn 538, 559, 719.
in Geweben 719.
in Herz 559, 719.
im Knochenmark 636.
in Leber 559, 719, 733.
in Lunge 559, 719.
im Muskel 559, 719.
in Niere 559, 719.
in Tumoren 719, 733.

Fermente im Darmsaft 385—389.
Dehydrogenasen in Netzhaut 572.
in Tumoren 716—719.
Dehydropeptidasen in Geweben 725.
Dephosphorylierung von Nucleinsäuren in Geweben 730.
Desaminasen im Liquor 333.
für Nucleinsäuren in Geweben 730.
Desoxyribonuclease in Thymus 660.
Diaminoxydase im Sperma 581.
Dihydro-diphospho-pyridinnucleotid im Muskel 717.
in Tumoren 717.
Dipeptidase in Ergüssen 347.
im Liquor 333.
in Thymus 660.
Diphosphopyridinnucleotid im Blut 717.
im Gehirn 538.
in Leber 717.
im Liquor 334.
im Muskel 553, 717.
in Tumoren 696, 719.
Diphosphopyridinnucleotid-Cytochrom c-Reductase in Leber 734.
in Tumoren 734.
Dopadecarboxylase im Darm 522.
in Niere 505.
Dopaoxydase in Haut 602.
Esterase s. a. Lipase.
in Bürzeldrüse 665.
im Darm 727.
in Ergüssen 347.
im Gehirn 727.
in Leber 727.
im Liquor 339.
in Lunge 727.
in Lymphknoten 727.
im Magen 727.
in Milz 727.
im Muskel 727.
in Niere 727.
in Pankreas 727.
in Tumoren 727.
in Faeces 427.
Fettsäuredehydrogenase im Darm 522.
in Fettgewebe 622.
Fettsäureoxydase in Leber 735.
in Tumoren 735.
Flavin-adenin-dinucleotid im Herz 723.
in Leber 723.
in Niere 723.
in Tumoren 723.

Fermente, Fructosidase in Ergüssen 352.
Glucosidase im Darm 522.
Glucuronidase in Tumoren 731, 732.
β-Glucuronidase in Ergüssen 347.
in Milz 513.
Glutaminsäuredecarboxylase im Gehirn 539.
Glykokolloxydase in Niere 506.
Guanindesaminase in Geweben 730.
Guanosindesaminase in Geweben 730.
Guanylsäuredesaminase in Geweben 730.
Hexokinase in Netzhaut 572.
Hippuricase in Niere 506.
Histaminase in Niere 506.
in Placenta 589.
Hyaluronidase im Hoden 584, 731.
in Tumoren 731.
Hyaluronidaseinhibitor im Blut 731.
Katalase im Gehirn 538.
in Geweben 721.
im Liquor 334.
in Niere 506.
in Tumoren 733.
in Zahnpulpa 650.
Kathepsin im Darm 726.
in Ergüssen 347.
im Harn 293, 294.
im Knochenmark 726.
in Leber 726.
im Liquor 333.
in Lunge 726.
in Lymphknoten 726.
im Magensaft 381, 382.
in Milz 726.
im Muskel 726.
in Nebennieren 662.
in Niere 726.
in Thymus 660.
in Tumoren 725, 726.
Kephalinase im Gehirn 539.
Kohlensäureanhydratase im Darm 522.
in Hornhaut 572.
in Linse 572.
in Netzhaut 572.
in Speicheldrüsen 664.
Lab im Magensaft 382.
Lactase in Ergüssen 352.
in Leber, Aktivitätsverhältnisse 732.
Lipase im Blut 170, 337.
Bestimmung 171 bis 173.
im Darmsaft, Bestimmung 387, 388.

Fermente, Lipase in Ergüssen 347, 352.
in Faeces 427.
in Fettgewebe 622.
in Gelenkflüssigkeit 644.
in Leber 727.
im Liquor 332, 337.
in Lunge 727.
im Magensaft 382.
in Milz 727.
im Muskel 727.
in Nebennieren 662.
in Pankreascysten 354.
in Tumoren 727.
in Zahnpulpa 650.
im Liquor 332—334.
Lysozym im Liquor 333.
im Speichel 360.
im Magensaft 380—382.
Maltase im Darmsaft 388.
in Ergüssen 352.
in Milch 670.
Milchsäuredehydrogenase in Brustdrüse 718.
im Hoden 718.
in Leber 718.
in Lunge 718.
in Lymphknoten 718.
im Magen 718.
in Milz 718.
im Muskel 717, 718.
in Niere 718.
im Ovar 718.
in Speicheldrüsen 718.
in Thymus 718.
in Tumoren 717, 718.
Monoaminoxydase in Placenta 589.
im Sperma 581.
Mucinase im Speichel 360.
Nucleotidasen im Darm 522.
im Gehirn 538.
Pepsin im Harn 183, 293, 294.
im Magensaft, Bestimmung 380, 381.
Peptidasen im Darm 522.
in Leber 725.
in Tumoren 725.
D-Peptidase im Blut 726.
in Tumoren 726.
Peroxydase im Liquor 334.
in Nebennieren 662.
Phosphatasen in Aderhaut 572.
im Blut 174, 175, 337, 728.
Bestimmung 176—181.
in Brustdrüse 728.
in Bürzeldrüse 665.
im Darm 522, 728.
Einheiten 174.
in Ergüssen 347, 352.
in Fettgewebe 622.

Fermente, Phosphatasen in Galle 400.
im Gehirn 538, 728.
in Gefäßen 622.
im Harn 293.
in Haut 728.
in Hornhaut 572.
in Hypophyse 656.
im Knochen 632, 728.
im Knochenmark 636.
im Knorpel 641.
in Leber 728.
im Liquor 333, 337.
in Lunge 728.
in Lymphknoten 728.
in Milch, Nachweis 680.
in Milz 728.
im Muskel 728.
in Nebennieren 662.
in Netzhaut 572.
in Niere 505, 728.
in Placenta 589.
in Prostata 584, 728.
im Prostatasekret 585.
im Sperma 580.
in Tonsillen 513.
in Tube 591.
in Tumoren 728, 733.
in Zähnen 649.
in Zahnpulpa 650.
alkalische, in Faeces 427.
in Gehirncysten 355.
Phosphorylasen im Knochen 632.
im Knorpel 641.
Polypeptidase im Gehirn 538.
Proteasen im Darmsaft, Bestimmung 385—387.
in Ergüssen 347, 352.
in Fettgewebe 622.
in Gelenkflüssigkeit 644.
in Haut 601.
in Milz 513.
im Sperma 580.
Proteinasen im Blut 336.
Pseudocholinesterase im Blut 336.
im Liquor 333, 336.
Rhodanese im Gehirn 661.
in Leber 661.
in Magen 661.
in Milz 661.
in Nebennieren 661.
in Niere 661.
im Pankreas 661.
in Schilddrüse 661.
in Speicheldrüse 661.
im Sputum 371.
Thrombokinase, Darstellung 165.
aus Lunge, Darstellung 517.
in Placenta 589.
Transaminasen in Leber 724.
im Muskel 724.

Fermente, Transaminasen in Tumoren 724.
Tributyrinase s. Lipase.
Triphosphopyridinnucleotid im Blut 717.
in Leber 717.
im Liquor 334.
im Muskel 717.
in Tumoren 717.
Trypsin im Darmsaft 385.
in Ergüssen 347.
in Faeces 427.
im Harn 183, 293.
im Liquor 333, 339.
in Pankreascysten 354.
in Tumoren, Aktivitätsverhältnisse 732.
Urease s. a. Reagentien.
im Darm 522.
Darstellung 189.
im Magensaft 382.
Uricasepräparat zur Harnsäurebestimmung 62.
Xanthindehydrogenase in Geweben 723.
in Tumoren 733.
Xanthinoxydasepräparat zur Xanthinbestimmung 63.
Ferritin s. Eiweiß.
Fett in Aorta 464.
Arachidonsäure in Leber 491.
in Milchfett 667.
Arachinsäure in Fettgewebe 619.
in Bronchialsteinen 445.
Buttersäure in Milchfett 667.
Caprinsäure in Milchfett 667.
Capronsäure in Milchfett 667.
Caprylsäure in Milchfett 667.
Clupanodonsäure in Leber 491.
im Darm 464.
in Ergüssen 350, 351.
in Faeces, Bestimmung 410—413.
in Fettgeweben 492, 618, 619, 620.
Fettsäuren in Aorta 464.
im Blut 116, 131, 132, 337.
Bestimmung 136.
in Bürzeldrüse 665.
im Darm 464.
im Darmsaft 384.
in Darmsteinen 442.
in Faeces, Bestimmung 410—413.
in Galle 310.
in Gallensteinen 439, 440.
im Haar 612.
im Harn 183.
Bestimmung 200.

Fett, Fettsäuren in Harnsteinen 431.
im Herz 464.
im Knochenmark 635.
in Leber 464, 486, 487, 489, 491, 492, 685.
im Liquor 328, 337.
in Lunge 464.
in Milchfett 667.
in Milz 464.
in Niere 464.
im Pankreas 663.
in Pankreassteinen 441.
in Tumoren 685, 693.
in Galle 390, 397—400.
in Gefäßen 620, 621.
in Gehirn 463, 527.
in Harnsteinen 431.
in Haut 599, 600.
im Herz 463, 464, 556.
Hexadecensäure in Fettgewebe 619.
im Knochenmarksfett 636.
im Hoden 463.
Jodzahl, Bestimmung im Blut 141, 142.
im Knochen 623.
im Knochenmark 634—636.
Fettsäurezusammensetzung 635, 636.
Laurinsäure in Fettgewebe 619.
im Knochenmarksfett 635.
in Milchfett 667.
in Leber 463, 464, 486, 489, 491, 494.
Linolsäure im Blutfett 133.
in Fettgewebe 619.
im Knochenmarksfett 635.
in Leber 491.
in Milchfett 667.
Linolensäure in Leber 491.
in Milchfett 667.
in Lunge 463, 464.
in Lymphcysten 355.
Methylhexansäure in Bürzeldrüse 665.
in Milch 667, 671.
Bestimmung 675.
in Milz 463, 464.
in Mitochondrien 694.
im Muskel 463, 527.
Myristinsäure in Fettgewebe 619.
in Harnsteinen 431.
im Knochenmarksfett 635.
in Milchfett 667.
in Nebennieren 653, 661.
in Nerven 527.
in Neugeborenen 452.

Fett in Niere 463, 464, 504.
Ölsäure im Blutfett 133.
in Fettgewebe 619.
im Knochenmarksfett 635.
in Leber 491.
in Milchfett 667.
in Organen, Extraktion 461.
Palmitinsäure im Blutfett 133.
in Fettgewebe 619.
in Harnsteinen 431.
im Knochenmarksfett 635.
in Milchfett 667.
im Pankreas 662.
in Pankreascysten 354.
in Placenta 587, 588.
im Prostatasekret 585.
in Spermatocelen 354.
im Sputum 366, 369.
Stearinsäure im Blutfett 133.
in Fettgewebe 619.
in Harnsteinen 431.
im Knochenmarksfett 635.
in Milchfett 667.
Tetradecensäure in Fettgewebe 619.
im Knochenmarksfett 636.
in Thymus 463, 653.
in Tumoren 693.
Vaccensäure in Milchfett 667.
n-Valeriansäure in Echinococcusblasen 357.
in Zahnpulpa 650.
Fettgewebe 613—622.
Aschegehalt 452.
Calciumgehalt 452.
Chloridgehalt 614.
Eiweißgehalt 452, 619.
Fettgehalt 492, 618, 619, 620.
Fettsäuredehydrogenase 622.
Gewicht 452.
Glykogengehalt 620, 621.
Lipase 622.
Lipidgehalt 452.
Milchsäuregehalt 621.
Nickelgehalt 614.
Phosphatasen 622.
Phosphatidgehalt 492.
Phosphorgehalt 452.
Proteasen 622.
Quecksilbergehalt 614.
Trockensubstanz, fettfreie 620.
Vitamin A-Gehalt 621.
Wassergehalt 452, 613, 614, 618, 620.
Fettsäuren s. Fett.

Fettsäuredehydrogenase s.
　Ferment.
Fettsteine s. Konkremente.
Fetus, Cytochrom c-Gehalt 719.
　Cytochromoxydase 719.
　Glykolysewerte 715.
　Kathepsin in Leber 726.
　Mineralzusammensetzung
　　451.
　Nucleinsäuren in Leber 711.
　Phosphorgehalt in Leber 707.
　Puringehalt 708.
　Sauerstoffverbrauch 715.
Fibrinogen s. Eiweiß.
Flavin und Harnfarbe 185.
Flavin-adenin-dinucleotid s.
　Fermente.
Fluorid s. a. Arzneimittel und
　Gifte.
　in Bindegewebe 614.
　im Blut 13.
　im Gehirn 525.
　im Haar 607, 608.
　in Haut 594.
　im Herz 547.
　im Hoden 583.
　im Knochen 628.
　im Knorpel 639.
　in Leber 469, 471.
　in Lunge 515.
　in Milz 508.
　in Milch 669.
　im Muskel 545.
　in Niere 502.
　in Schilddrüse 657.
　im Schweiß 604.
　im Speichel 359.
　in Zähnen 645, 646, 647.
　in Zahnpulpa 650.
Folsäure s. Vitamine.
Formaldehyd s. a. Arzneimittel
　und Gifte.
　im Blut, Bestimmung 90.
Formalin-Schwefelsäure s.
　Reagentien.
Frauenmilch s. Milch.
FRÖHDES Reagens s. Reagentien
Fruchtwasser, Zusammen-
　setzung 586, 587.
Fructosidase s. Fermente.
Fructose s. Kohlenhydrate.
Fructose-1-phosphat s. Phos-
　phorsäureester.
Fructose-6-phosphat s. Phos-
　phorsäureester.
Fuchsin-Schwefligesäure s.
　Reagentien.
Fumarsäure im Blut, Bestim-
　mung 102.
Furylisopropylbarbitursäure s.
　Dormovit.

Galaktogen s. Kohlenhydrate.
Galaktose s. Kohlenhydrate.

Galaktose-1-phosphat s. Phos-
　phorsäureester.
Galaktoside s. Lipoide.
Galle 390—400.
　Amylasegehalt 400.
　Äthanolgehalt 397.
　Bilirubingehalt 396.
　Biliverdingehalt 396.
　Calciumgehalt 391.
　Chloridgehalt 390.
　Cholesteringehalt 390, 400.
　Cholsäuregehalt 392.
　　Bestimmung 394.
　Desoxycholsäuregehalt 392.
　Fettgehalt 390, 397—400.
　Fettsäuregehalt 390.
　Gallensäuregehalt 391.
　　Bestimmung 392—395.
　　Lecithinbindung 399.
　Gallenfarbstoff 396.
　Gefrierpunktserniedrigung
　　390.
　Glucosegehalt 397.
　Glykocholsäuregehalt 390.
　Histamingehalt 400.
　Hydrogencarbonatgehalt
　　390.
　Kreatiningehalt 400.
　Lecithinbindung an Gallen-
　　säuren 399.
　Lecithingehalt 390.
　Lipoidgehalt 397—400.
　Milchsäuregehalt 397.
　Mineralgehalt 390.
　Mucingehalt 390, 397.
　Natriumgehalt 391.
　Oestrogengehalt 400.
　p_H-Wert 390.
　Phenolgehalt 400.
　Phosphatasegehalt 400.
　Phospholipoidgehalt 399.
　Phosphorgehalt 390.
　Porphyringehalt 397.
　Sphingomyelingehalt 399.
　Taurocholsäuregehalt 390.
　Thyroxingehalt 400.
　Tyramingehalt 400.
　Urobilinogengehalt 396.
　Vitamingehalt 400.
　Wassergehalt 390.
Gallensäuren, Anthropodesoxy-
　cholsäure, optische Dre-
　hung 393.
　im Blut, Bestimmung 130.
　Choleinsäure in Darmsteinen
　　442.
　Cholsäure im Darmsaft 384.
　　in Darmsteinen 442.
　　in Galle 392.
　　　Bestimmung 394.
　　in Gallensteinen, Abtren-
　　　nung 440.
　　optische Drehung 393.
　im Darmsaft, Bestimmung
　　384.

Gallensäuren in Darmsteinen
　443.
　Desoxycholsäure im Darm-
　　saft 384.
　　in Galle 392.
　　in Gallensteinen, Abtren-
　　　nung 440.
　　optische Drehung 393.
　in Faeces, Bestimmung 417.
　in Galle 391.
　　Bestimmung 392—395.
　in Gallensteinen 437, 439,
　　440.
　Glykocholsäure in Darm-
　　steinen 442.
　　in Galle 390.
　　im Harn 183.
　Lithobilinsäure in Darm-
　　steinen 443.
　Lithocholsäure in Gallen-
　　steinen 438.
　　optische Drehung 393.
　Lithofellinsäure in Gallen-
　　steinen 443.
　Nutriaglykocholsäure in
　　Darmsteinen 443.
　in Organen, Bestimmung 463.
　im Sputum 371.
　Taurocholsäure in Galle 390.
Gallensteine s. Konkremente.
Gefäße 613—622.
　Aschegehalt 620.
　Ascorbinsäuregehalt 621.
　Calciumgehalt 613, 614, 615,
　　620, 621.
　Cholesteringehalt 615, 620,
　　621.
　　in Aorta 464.
　Eiweißgehalt 618.
　Elastingehalt 617.
　Fettgehalt 620, 621.
　　in Aorta 464.
　Fettsäuregehalt in Aorta
　　464.
　Galaktosidgehalt 620.
　Kephalingehalt 621.
　Kollagengehalt 617.
　Lecithingehalt 621.
　Lipoidgehalt 619, 620, 621.
　　in Aorta 464.
　Magnesiumgehalt 621.
　Mucopolysaccharidgehalt
　　615.
　Phosphatasen 622.
　Phosphatidgehalt 620, 621.
　　in Aorta 464.
　Phosphorgehalt 614, 621.
　Schwefelgehalt 614.
　Siliciumgehalt 614.
　Sphingomyelingehalt 621.
　Wassergehalt 613, 614, 621.
Gehirn 524—539.
　s. a. Arzneimittel und Gifte.
　Acetalphosphatide, Darstel-
　　lung 533.

Gehirn, Adenosintriphosphat-
  gehalt 528.
  Alanin, Vorkommen 535.
  β-Alanin, Vorkommen 535.
  Aluminiumgehalt 526.
  γ-Aminobuttersäure, Nach-
    weis 535.
  Aminosäuren, freie, Bestim-
    mung 460.
  Ammoniakgehalt 535.
  Aneuringehalt 537.
    Bestimmung 464.
  Arginingehalt 534, 535.
  Arsengehalt 525.
  Aschegehalt 452.
  Ascorbinsäuregehalt 538.
  Asparaginsäuregehalt 535.
  Bleigehalt 525.
  Bromidgehalt 525.
  Calciumgehalt 452, 524,
    525.
  Cerebrosidgehalt 463, 529,
    531, 532.
  Cergehalt 526.
  Chloridgehalt 525, 527.
  Cholesteringehalt 463, 529,
    531, 532, 536.
  Cholinesterase 538.
  Cholingehalt 534.
  Cholinphosphatidgehalt 531.
  Cocarboxylasegehalt 537.
  Colamingehalt 534.
  Cozymasegehalt 538.
  Cystin, Vorkommen 535.
  Cytochrom c-Gehalt 538,
    559, 719, 721.
  Cytochromoxydase 538, 559,
    719.
  Eisengehalt 525, 526.
  Eiweiß, Aminosäurezusam-
    mensetzung 457, 534.
    Darstellung 533, 534.
    Extrahierbarkeit 459.
    Gehalt 452, 536.
  Esterase 727.
  Fettgehalt 463, 527.
  Fluoridgehalt 525.
  Gewicht 452.
  Glutamingehalt 535.
  Glutaminsäuregehalt 535.
  Glutaminsäuredecarboxy-
    lase 539.
  Glutathiongehalt 535.
  Glykokoll, Vorkommen 535.
  Glykogen, Darstellung 536.
  Glykolysewerte 715.
  Harnsäuregehalt 534.
  Harnstoffgehalt 534.
  Hexosephosphatgehalt 528.
  Histidingehalt 535.
  Isoleucingehalt 535.
  Jodgehalt 526.
  Kaliumgehalt 525, 526,
    527.
  Katalase 538.

Gehirn, Kephalinase 539.
  Kephalingehalt 463, 529, 531,
    532.
  Kobaltgehalt 526.
  Kollagengehalt 617.
  Kreatingehalt 528, 529, 534,
    536.
  Kupfergehalt 525.
  Lecithingehalt 463, 529, 531,
    532.
  Leucingehalt 535.
  Lipidgehalt 452.
  Lipoidgehalt 462, 463, 529
    bis 533, 534, 535, 536.
    Bestimmung 521, 530.
  Magnesiumgehalt 525, 527.
  Mangangehalt 525.
  Methioningehalt 535.
  Milchsäuregehalt 528, 537.
  Molybdängehalt 526.
  Natriumgehalt 525, 527.
  Nickelgehalt 526.
  Nicotinsäuregehalt 538.
  Nucleotidasen 538.
  Nucleotidgehalt 536.
  Phenylalaningehalt 535.
  Phosphatasen 538, 728.
  Phosphatidgehalt 463, 529,
    531, 532.
  Phosphokreatingehalt 528,
    529.
  Phosphor in Nucleotiden
    707.
  Phosphorgehalt 452, 525,
    527, 528, 536.
  Phosphorsäureester 536.
  Polypeptidase 538.
  postmortale Veränderungen
    527.
  Prolingehalt 535.
  Puringehalt 536, 708.
  Pyridoxingehalt 538.
  Pyrophosphatgehalt 528.
  Quecksilbergehalt 525.
    in Riechlappen 655.
  Reststickstoffgehalt 536.
  Rhodanesegehalt 661.
  Rubidiumgehalt 525.
  Sauerstoffverbrauch 539,
    715, 719.
  Serin, Vorkommen 535.
  Silbergehalt 526.
  Siliciumgehalt 526.
  Sphingomyelingehalt 463,
    529, 531, 532.
  Sphingosingehalt 463.
  Stickstoffgehalt 536.
  Tauringehalt 535.
  Threoningehalt 535.
  Titangehalt 525.
  Tryptophangehalt 535.
  Tyrosingehalt 535.
  Urangehalt 527.
  Valingehalt 535.
  Vitamin A-Gehalt 537.

Gehirn, Wassergehalt 452, 524,
    527, 536.
  Zinkgehalt 525.
  Zinngehalt 526.
Gehirncystenflüssigkeit 354, 355.
Gehirnsteine s. Konkremente.
Gelenke, Zusammensetzung 638
  bis 641.
Gelenkflüssigkeit 641—644.
  Elektrophorese 644.
  Fermente 644.
  Gefrierpunktserniedrigung
    641.
  Hyaluronsäure 642—644.
  Mineralgehalt 641, 642.
  Mucin 642, 643.
  Mucopolysaccharidgehalt
    615.
  p_H-Wert 641.
  spezifisches Gewicht 641.
Gentisinsäure im Blut, Bestim-
  mung 114.
  im Harn, Bestimmung 214.
Gerbsäure s. Arzneimittel und
  Gifte.
Gerbstofflösung s. Reagentien.
Geschwulst s. Tumor.
Gifte s. Arzneimittel und Gifte.
Glaskörper s. Auge.
Globinhämochrom s. Pyrrol-
  farbstoffe.
Globucid s. Arzneimittel und
  Gifte.
Glucocorticoide s. Steroide.
Gluconsäure, Bestimmung 116.
Glucosamin im Blut, Bestim-
  mung 85.
  im Knochen 630.
Glucose s. Kohlenhydrate.
Glucose-1-phosphat s. Phos-
  phorsäureester.
Glucose-6-phosphat s. Phos-
  phorsäureester.
Glucosidase s. Fermente.
β-Glucuronidase s. Fermente.
Glucuronsäure im Blut, Be-
  stimmung 114.
  im Harn 183.
    Bestimmung 246, 247.
    Nachweis 244.
Glutamin im Cervicalsekret 586.
  im Gehirn 535.
  im Herz 550.
  in Leber 477, 481, 550.
  im Liquor 322.
  in Milz 511.
  im Muskel 550, 551.
  in Niere 503.
Glutaminsäure s. Aminosäuren.
Glutaminsäuredecarboxylase s.
  Fermente.
Glutathion s. Peptide.
Glutin s. Eiweiß.
Glycerinsäure im Blut, Bestimmung 113.

Glycerinphosphorsäure s. Phosphorsäureester.

Glycin s. Aminosäuren.

Glykocholsäure s. Gallensäuren.

Glykocyamin im Harn, Normalwerte und Bestimmung 194.

Glykokoll s. Aminosäuren.

Glykokolloxydase s. Ferment.

Glykolaldehyd im Blut, Bestimmung 92.

Glykoproteide s. Proteide.

Gold im Blut, Normalwerte 12.

Goldchlorid-Chlorwasserstoffsäure s. Reagentien.

Goldsol s. Reagentien.

Gonadotropin s. Hormone.

GOULARDS Reagens s. Reagentien.

Großhirn s. Gehirn.

Guajacol s. a. Arzneimittel und Gifte.
und Harnfarbe 185.

Guajakharz-Kupfersulfatpapier s. Reagentien.

Guanidin im Blut, Bestimmung 40.
im Harn 198.

Guanin s. Purine.

Guanindesaminase s. Fermente.

Guanosindesaminase s. Fermente.

Guanylsäure s. Nucleotide.

Guanylsäuredesaminase s. Fermente.

GÜNZBURGS Reagens s. Reagentien.

Haare und Horn 606—613.
Arsengehalt 607.
Bleigehalt 607, 608.
Bromidgehalt 607.
Calciumgehalt 607.
Caloriengehalt 613.
Chloridgehalt 607.
Cholesteringehalt 612.
Cystingehalt 608, 609.
Eisengehalt 607.
Eukeratin 610, 611.
Farbstoffe 612.
Fettsäuregehalt 612.
Fluoridgehalt 607, 608.
Kaliumgehalt 607.
Keratingehalt 608—612.
Aminosäurezusammensetzung 610—612.
Leukokeratin 608.
Lipoidgehalt 612.
Magnesiumgehalt 607.
Mangangehalt 607.
Melanokeratid 608.
Natriumgehalt 607.
Phosphorgehalt 607.
Porphyringehalt 611, 612.
Pseudokeratin, Aminosäurezusammensetzung 612.

Haare und Horn, Quecksilbergehalt 607.
Rhodokeratid 609.
Schwefelgehalt 606, 607, 609, 610, 612.
Titangehalt 607.
Tyrosingehalt 608.
Urangehalt 607.
Wassergehalt 606.
Zinkgehalt 607.

Hämatoporphyrin s. Pyrrolfarbstoffe.

Häminproteide s. Pyrrolfarbstoffe.

Hämoglobin s. Pyrrolfarbstoffe.

Hämorrhagische Ergüsse 348.

Harn 181—300.
s. a. Arzneimittel und Gifte.
Abwehrfermente 294—300.
Acetongehalt 183.
Acetonkörpergehalt 183.
Bestimmung 206—211.
Acetessigsäuregehalt 183.
Bestimmung 207—209.
Adenin, Bestimmung 224.
Ätiocholandion-3,17, Vorkommen 254.
Ätiocholanol-3(α)-dion-11,17, Vorkommen 254.
Ätiocholanolon, Ausscheidung 255.
Ätiocholanol-3(α)-on-17, Vorkommen 254.
Ätiocholanol-3(α)-on-17-acetat-3, Vorkommen 254.
Δ⁹-Ätiocholenol-3(α)-on-17, Vorkommen 254.
Albumin, Bestimmung 216.
Ameisensäure, Bestimmung 200.
Aminosäuregehalt 183, 216 bis 220.
Bestimmung 218, 219.
gasometrische 52, 58.
Ammoniakgehalt 182, 183.
Bestimmung 190, 191.
Amylasegehalt 183.
Bestimmung 292.
Androgene, Ausscheidung 256.
Δ³,⁵-Androstandienon-17, Vorkommen 254.
Androstandiol-3(α)-11(β)-on-17, Vorkommen 254.
Androstandion-3,17, Vorkommen 254.
Androstan-3(β)-ol-x-on, Vorkommen 277.
Δ⁵-Androsten-3(β),17(α)-diol, Ausscheidung 278.
Δ⁴-Androstendion-3,17, Vorkommen 254.
Δ⁹-Androstenol-3(α)-on-17, Vorkommen 254.

Harn, Δ¹¹-Androstenol-3(α)-on-17-acetat-3, Vorkommen 254.
Δ² (oder ³)-Androstenon-17, Vorkommen 254.
Δ⁵-Androsten-3(β),16,17-triol, Ausscheidung 278.
Androsteron, Ausscheidung 255.
Vorkommen 254.
iso-Androsteron, Vorkommen 254.
Arabinose, Nachweis 243.
Arginingehalt 217, 218.
BENCE-JONES-Protein, Bestimmung 215.
Benzoylglucuronsäure, Bestimmung 246.
Bernsteinsäure, Bestimmung 201.
Bilirubingehalt 183.
Bestimmung 233, 234.
Brenztraubensäure 202, 203.
Calciumgehalt 183.
3-Chlor-Δ⁵-androstenon-17, Vorkommen 254.
Chloridgehalt 182, 183.
Cholesteringehalt 183.
Bestimmung 129, 250.
Citronensäure 211.
Corticosteroidgehalt 277, 278.
Bestimmung 278—282.
Cortin, Ausscheidung 278.
Cortison, Bestimmung 281.
Cystingehalt 183, 187.
Dehydroisoandrosteron, Bestimmung 263—265.
Vorkommen 254.
Diazoreaktion 186.
Eisengehalt 183.
Eiweißgehalt 182, 183, 214 bis 216.
Bestimmung 216.
Ergothioneingehalt 218.
Essigsäure, Bestimmung 201.
Esterschwefelsäure, Bestimmung 762.
Farbe 184, 185.
Fettsäuregehalt 183.
flüchtige, Bestimmung 200.
Fructose, Nachweis 242, 243.
Gallensäuregehalt 183.
Galaktose, Nachweis 243.
Gefrierpunktserniedrigung 183.
Gentisinsäure, Bestimmung 214.
Glucocorticoide, Bestimmung 280.
Glucosegehalt 183.
Bestimmung 73, 242, 244.

Harn, Glucuronsäuregehalt 183.
Bestimmung 246, 247.
Nachweis 244.
Glycerinphosphorsäure-
gehalt 183.
Glykocyamingehalt, Bestim-
mung 194.
Gonadotropine, Aus-
scheidung 257, 284, 286.
Guanidin, Bestimmung 198.
Guanin, Bestimmung 223.
Hämatoporphyrin, Nach-
weis 780.
Hämoglobin, Bestimmung
226.
Harnsäuregehalt 60, 182, 183.
Bestimmung 224.
Harnstoffgehalt 182, 183,
187.
Bestimmung 188, 189.
Hippursäuregehalt 182, 183,
220.
Bestimmung 221.
Histamin, Bestimmung 60.
Histidingehalt 217.
Homogentisinsäuregehalt
183.
Bestimmung 212, 213.
Hormone 251—292.
Indol, Bestimmung 250.
Indoxylschwefelsäuregehalt
183.
Bestimmung 249.
Inulin, Nachweis 243.
Isoleucingehalt 217.
Kaliumgehalt 183.
Kathepsin 293, 294.
11-Keto-ätiocholanolon,
Ausscheidung 255.
α-Ketoglutarsäure 204.
α-Ketosäuren, Bestimmung
204.
17-Ketosteroide, Ausschei-
dung 256, 257, 278.
Ketosteroide, Bestimmung
258—263.
Extraktion 252.
Vorkommen 254, 255.
Kohlenhydrate 241—245.
Konservierung 182.
Koproporphyringehalt 183,
227, 228.
Bestimmung 231, 232.
Kreatin, Bestimmung 192,
193.
Kreatiningehalt 182, 183.
Bestimmung 192—194.
Kresolgehalt 247.
Lactose, Nachweis 244.
Leucingehalt 183, 217.
Lysingehalt 217.
Magnesiumgehalt 183.
Mannoheptulose, Nachweis
244.
Melanin, Nachweise 240, 241.

Harn, Melliturie, Nachweis 244.
Menge 183.
Methioningehalt 187, 217.
Methylamin, Bestimmung
196.
Methylglyoxal, Isolierung
245.
N^1-Methylnicotinsäureamid,
Bestimmung 197.
Milchsäure, Bestimmung
202.
Mineralocorticoide, Bestim-
mung 280.
Mucoprotein, Abtrennung
215.
Natriumgehalt 183.
Natriumchloridgehalt 183.
Nitratgehalt 183.
Nucleotide 221—225.
Oberflächenspannung 184.
Oestradiol, Bestimmung 270,
271.
Oestriol, Bestimmung 270,
271.
Oestrogene, Ausscheidung
257, 266, 267, 284, 286.
Bestimmung 268—275.
Vorkommen 254.
Oestron, Bestimmung 270,
271.
optische Drehung 184.
organische Säuren, Bestim-
mung 199.
Oxalsäuregehalt 183, 211.
Bestimmung 212.
Oxalursäure, Bestimmung
212.
β-Oxybuttersäuregehalt 183.
Bestimmung 209.
17-Oxycorticoide, Bestim-
mung 281.
p-Oxyphenylbrenztrauben-
säure, Bestimmung 204
bis 206.
Pentosen, Nachweis 243.
Pepsingehalt 183, 293, 294.
p_H-Wert 183.
Phenolgehalt 183, 247—250.
Bestimmung 248, 249.
Phosphatasen 293.
Pregnandiol, Ausscheidung
257, 284—286.
Bestimmung 285—290.
Eigenschaften 283, 284.
Pregnandiol-3(α),20(α), Vor-
kommen 254.
Ausscheidung 278.
allo-Pregnan-3(α), 20(α)-diol,
Vorkommen 277.
allo-Pregnan-3(β),20(α)-diol,
Vorkommen 277.
allo-Pregnan-3(β),20(β)-diol,
Vorkommen 277.
Pregnan-3(α),17-diol-20-on,
Ausscheidung 278.

Harn, allo-Pregnandiol-3(α),6-
on-20, Vorkommen 254.
Pregnan-3,20-dion, Vorkommen 254, 277.
allo-Pregnan-3,20-dion, Vorkommen 254, 277.
Pregnan-3(α)-ol, Vorkommen
277.
Pregnanolon, Ausscheidung
255.
allo-Pregnanolon, Ausschei-
dung 255.
Pregnan-3(α)-ol-20-on, Vor-
kommen 254, 277.
allo-Pregnan-3(α)-ol-20-on,
Vorkommen 254, 277.
allo-Pregnan-3(β)-ol-20-on,
Vorkommen 254, 277.
17-iso-Pregnanol-3(α)-on-20,
Vorkommen 254.
Pregnan-3(α),17,20-triol,
Ausscheidung 278.
allo-Pregnan-3(α),16,20-
triol, Vorkommen 277.
Δ⁵-Pregnen-3(β),20(α)-diol,
Ausscheidung 278.
Δ⁵-Pregnen-3(β),17(β)-diol-
20-on, Ausscheidung 278.
Δ²-(oder ³)-allo-Pregnenon-
20, Vorkommen 254.
Porphyringehalt 227, 228.
Bestimmung 232, 233.
Nachweis 228.
Extraktion 228.
Puringehalt 183.
Bestimmung 223.
Pyrrolfarbstoffe 225—237.
reduzierende Stoffe 183.
Rhodanidgehalt 187.
Schwefelfraktionen 187.
spezifisches Gewicht 183.
Stercobilinogengehalt 235.
Bestimmung 236.
Steroidgehalt, Normalwerte
183, 253.
Stickstoffgehalt 183.
Bestimmung 190.
Sulfonsäuregehalt 187.
Sulfatgehalt 183.
Testosteron, Bestimmung
266.
Threoningehalt 217.
Titrationsacidität 184.
Trigonellingehalt 197.
Trimethylamingehalt 195.
Trimethylaminoxydgehalt
195.
Bestimmung 196.
Trockenrückstand, Bestim-
mung 186.
Trypsingehalt 183.
Ausscheidung 293.
Tryptophangehalt 218.
Tyrosingehalt 183, 217.

Harn, Urobilingehalt 162.
  Urobilinogengehalt 235.
    Bestimmung 236.
  Uroerythrin, Darstellung
    und Eigenschaften 237
    bis 239.
  Uroporphyringehalt 183,
    227, 228.
    Bestimmung 232.
  Uropterin 239.
  Urothion 239.
  Valingehalt 217.
  Viscosität 184.
  Xanthin, Bestimmung 223.
  Xyloketose, Nachweis 244.
Harnröhrensteine s. Konkre-
  mente.
Harnsäure s. Purine.
Harnsäurereagens s. Reagen-
  tien.
Harnsteine s. Konkremente.
Harnstoff im Blut 35, 182, 337.
  Bestimmung 35.
  in Ergüssen 345, 350, 351,
    352.
  im Gehirn 534.
  im Harn 182, 183, 187.
    Bestimmung 188, 189.
  in Haut 597, 598.
  im Kammerwasser 564, 570.
  in Leber 685.
  im Liquor 323, 324, 337, 338,
    339.
  in Lunge 517.
  in Pankreascysten 354.
  im Schweiß 605.
  im Speichel 361.
  in Tumoren 685.
Harnstoff-Cyanidlösung s.
  Reagentien.
Haut 592—603.
  Aluminiumgehalt 594.
  Aminosäuregehalt 355.
  Ammoniakgehalt 597, 598.
  Amylasegehalt 602.
  Arginasegehalt 601, 724.
  Aschegehalt 452.
  Ascorbinsäuregehalt 601.
  Bernsteinsäuredehydroge-
    nase 601.
  Bromidgehalt 594.
  Cadmiumgehalt 594.
  Calciumgehalt 452, 593.
  Chloridgehalt 355, 593, 594.
  Cholesteringehalt 599, 600,
    693.
  Citronensäuregehalt 696.
  Cytochrom c-Gehalt 559.
  Dopaoxydase 602.
  Eisengehalt 594.
  Eiweißgehalt 452, 594—597.
    Aminosäurezusammen-
    setzung 457, 596.
  Fettgehalt 599, 600.
  Fluoridgehalt 594.

Haut, Gewicht 452.
  Gewinnung 592.
  Glucosegehalt 355.
  Glykogengehalt 599.
  Glykolysewerte 720.
  Glykoproteidgehalt 597.
  Harnsäuregehalt 355.
  Harnstoffgehalt 597, 598.
  Histamingehalt 355, 598.
  Jodgehalt 594.
  Kaliumgehalt 593.
  Kohlenhydratgehalt 599.
  Kohlenwasserstoffe 600.
  Kollagen, Aminosäurezu-
    sammensetzung 595.
    Darstellung 595.
    Gehalt 595, 617.
  Lipidgehalt 452.
  Lipoidgehalt 599.
  Magnesiumgehalt 593.
  Mangangehalt 594.
  Milchsäuregehalt 599.
  Mucopolysaccharid, Dar-
    stellung 598.
    Gehalt 615.
  Natriumgehalt 355, 593.
  Neutralisationsvermögen
    603.
  Nickelgehalt 594.
  Nucleoproteidgehalt 714.
  Phosphatasen 728.
  Phosphatidgehalt 599, 600.
  Phosphorgehalt 452, 593,
    598.
  Proteasen 601.
  Pyridoxingehalt 601.
  Sauerstoffverbrauch 602,
    719, 720.
  Schwefelgehalt 594, 596.
  Squalengehalt 600.
  Stickstoffgehalt 594.
  Titangehalt 594.
  Wachsgehalt 600.
  Wassergehalt 452, 592, 593,
    598.
  Zinkgehalt 594.
  Zinngehalt 594.
Hautblasenflüssigkeit 355, 356.
Hautsteine s. Konkremente.
Hedonal s. Arzneimittel und
  Gifte.
Hefe, Ribonucleinsäure, Zu-
  sammensetzung 710.
Hepatom s. Tumor.
Heptakosan im Sperma 579.
Herbstzeitlose s. Colchicin.
Heroin s. Arzneimittel und
  Gifte.
Herz 539—560.
  s. a. Arzneimittel und Gifte.
  Adenosintriphosphatgehalt
    549.
  Alaningehalt 550.
  Aluminiumgehalt 547.
  Aneuringehalt 558.

Herz, Aneurinpyrophosphat-
  gehalt 557.
  Arginingehalt 551.
  Arsengehalt 547.
  Aschegehalt 452, 540, 542.
  Ascorbinsäuregehalt 498,
    558.
  Asparaginsäuregehalt 550.
  Basengehalt 542.
  Bernsteinsäuredehydro-
    genase 723.
  Biotingehalt 558.
  Bleigehalt 547.
  Bromidgehalt 547.
  Calciumgehalt 452.
  Carnosingehalt 554.
  Cerebrosidgehalt 463, 556.
  Chloridgehalt 542, 547.
  Cholesteringehalt 463, 464,
    556, 557.
  Citronensäuregehalt 557.
  Cystingehalt 551.
  Cytochrom c-Gehalt 559,
    719, 721.
  Cytochromxydase 559, 719.
  Desoxyribonucleinsäure-
    gehalt 553.
  Eisengehalt 547.
  Eiweißgehalt 452.
    Aminosäurezusammen-
    setzung 457.
  Fettgehalt 463, 464, 556.
  Fettsäuregehalt 464.
  Flavin-adenin-dinucleotid-
    gehalt 723.
  Fluoridgehalt 547.
  Folsäuregehalt 558.
  Gewicht 448, 452, 540.
  Glutamingehalt 550.
  Glutaminsäuregehalt 550.
  Glutathiongehalt 550.
  Glycerophosphatgehalt 549.
  Glykogengehalt 483, 555.
  Glykokollgehalt 550.
  Histidingehalt 551.
  Inositgehalt 558.
  Isoleucingehalt 551.
  Jodgehalt 544, 547.
  Kaliumgehalt 542, 547.
  Kephalingehalt 463, 556.
  Kollagengehalt 617.
  Kreatingehalt 553.
  Kupfergehalt 547.
  Lactoflavingehalt 558.
  Lecithingehalt 556.
  Leucingehalt 551.
  Lipidgehalt 452.
  Lipoidgehalt 462, 463, 464,
    556, 557.
  Lipoidphosphorgehalt 556.
  Lysingehalt 551.
  Magnesiumgehalt 542, 547.
  Mangangehalt 547.
  Methioningehalt 551.
  Milchsäuregehalt 555.

Herz, Mucopolysaccharidgehalt
   615.
   Natriumgehalt 542, 547.
   Nicotinsäuregehalt 558.
   Pantothensäuregehalt 558.
   Phenylalaningehalt 551.
   Phosphatidgehalt 463, 464.
   Phosphokreatingehalt 549.
   Phospholipoidgehalt 556.
   Phosphorgehalt 452, 542,
      547, 549.
   in Nucleotiden 707.
   Quecksilbergehalt 547.
   Ribonucleinsäuregehalt 553.
   Rubidiumgehalt 547.
   Schwefelgehalt 547.
   Silbergehalt 547.
   Siliciumgehalt 547.
   Sphingomyelingehalt 463,
      556.
   Sphingosingehalt 463.
   Stickstoffgehalt 542.
   Tauringehalt 550.
   Threoningehalt 551.
   Titangehalt 547.
   Tokopherolgehalt 558.
   Tryptophangehalt 551.
   Tyrosingehalt 551.
   „Under"-Glutaminsäure-
      gehalt 550.
   Urangehalt 547.
   Valingehalt 551.
   Vitamin A-Gehalt 558.
   Vitamin B_{12}-Gehalt 558.
   Wassergehalt 452, 540, 542.
   Zinkgehalt 547.
   Zinngehalt 547.
Herzbeutelsteine s. Konkre-
   mente.
Herzglykoside s. Arzneimittel
   und Gifte.
Hexokinase s. Ferment.
Hexosamin in Linsenkapsel
   568.
   in Zähnen 648.
Hexosephosphat s. Phosphor-
   säureester.
Hexoestrol, Fluorescenz 273.
Hexuronsäure in Zähnen 648.
Hippuricase s. Ferment.
Hippursäure im Blut 182.
   im Harn 182, 183, 220.
   Bestimmung 221.
Hirn s. Gehirn.
Histamin im Blut 59, 337, 355.
   in Ergüssen 345.
   in Faeces, Extraktion 419.
   in Galle 400.
   in Haut 355, 598.
   in Hautblasen 355.
   in Leber 480.
      Bestimmung 459.
   im Liquor 325, 337.
   in Lunge 517.
   im Magen 521.

Histamin im Magensaft, Be-
   stimmung 379.
   im Muskel 554.
   im Pankreas 663.
Histaminase s. Ferment.
Histidin s. Aminosäuren.
Hoden, Aluminiumgehalt 584.
   Ascorbinsäuregehalt 580.
   Cerebrosidgehalt 463.
   Cholesteringehalt 463.
   Eisengehalt 583.
   Ferritingehalt 459.
   Fettgehalt 463.
   Fluoridgehalt 583.
   Glykolysewerte 715.
   Hyaluronidasegehalt 584,
      731.
   Kephalingehalt 463.
   Lecithingehalt 463.
   Lipoidgehalt 463.
   Magnesiumgehalt 583.
   Milchsäuredehydrogenase
      718.
   Nicotinsäuregehalt 584.
   Phosphatidgehalt 463.
   Sauerstoffverbrauch 715.
   Schwefelgehalt 584.
   Siliciumgehalt 583.
   Sphingomyelingehalt 463.
   Titangehalt 584.
   Vitamin A-Gehalt 584.
   Zinkgehalt 583.
   Zinngehalt 584.
Hodensteine s. Konkremente.
Holocain s. Arzneimittel und
   Gifte.
Homatropin s. Arzneimittel und
   Gifte.
Homogentisinsäure im Blut,
   Bestimmung 114.
   im Harn 183.
      Bestimmung 212, 213.
   und Harnfarbe 185.
   in Harnsteinen 431.
Hormone, Adrenalin, Schmelz-
   punkt 828.
   gonadotropes Hormon in
      Placenta 587.
      im Harn, Ausscheidung
         254, 257, 284, 286.
   im Harn 251—292.
   im Liquor 332.
   Steroidhormone s. Steroide.
   Thyroxin in Galle 400.
      in Thyreoglobulin 657.
Horn s. Haar.
Hornhaut s. Auge.
Hyaluronsäure s. Mucopolysac-
   charide.
Hydrastin s. Arzneimittel und
   Gifte.
Hydrastinin s. Arzneimittel
   und Gifte.
Hydrocelenflüssigkeit s. Er-
   güsse.

Hydrogencarbonat im Blut,
   Normalwerte 6, 7.
   in Galle 390.
   im Pankreassaft 389.
Hydronephrosenflüssgikeit 353.
Hydroxylapatit s. Calciumsalze.
Hyoscyamin s. Arzneimittel
   und Gifte.
Hypernephrom s. Tumoren.
Hypophyse, Ascorbinsäuregehalt
   654, 655.
   Bromidgehalt 651, 655.
   Cholesteringehalt 655.
   Cholinesterase 656.
   Eisengehalt 651.
   Eiweiß, Aminosäurezusam-
      mensetzung 458.
   Gewicht 655.
   Glutathiongehalt 655.
   Jodgehalt 651, 655.
   Kupfergehalt 651.
   Mangangehalt 651.
   Nicotinsäuregehalt 654.
   Phosphatase 656.
   Phospholipoidgehalt 653.
   Quecksilbergehalt 651, 655.
   Rubidiumgehalt 651.
   Siliciumgehalt 651.
   Tokopherolgehalt 650.
   Urangehalt 651.
   Vitamin A-Gehalt 654.
   Wassergehalt 650.

Idobutal s. Arzneimittel und
   Gifte.
Ileum s. Darm.
Indigo in Harnsteinen 431.
Indigosteine s. Konkremente 433.
Indol im Blut 47.
   im Darmsaft, Nachweis 384.
   in Faeces, Bestimmung 419.
   im Harn, Bestimmung 250.
Indoxylschwefelsäure im Blut
   46, 337.
   im Harn 183.
      Bestimmung 249.
Inosit s. Vitamine.
Intrinsic factor 383.
Inulin s. Kohlenhydrate.
Ipral s. Äthylisopropylbarbitur-
   säure.
Iris s. Auge.
Isocitronensäure im Blut, Be-
   stimmung 111.
Isoamyl-äthylbarbitursäure s.
   Arzneimittel und Gifte.
Isobutyl-allylbarbitursäure s.
   Sandoptal.
Isoleucin s. Aminosäuren.
Isoporphin s. Pyrrolfarbstoffe.
Isopropyl-brompropenylbarbi-
   tursäure s. Noctal.
Isopropyl-n-propylbarbitur-
   säure s. Arzneimittel und
   Gifte.

Jauchige Ergüsse 349.
Jejunum s. Darm.
Jod s. a. Arzneimittel und Gifte.
  im Blut 7, 14.
    anorganisches 15.
    organisch gebundenes 15.
  im Gehirn 526.
  in Haut 594.
  im Herz 544, 547.
  in Hornsubstanzen 612.
  in Hypophyse 651, 655.
  in Leber 469, 471, 685, 690.
  im Liquor 307, 337.
  in Lunge 515.
  in Milch 669.
  im Muskel 544, 545, 548.
  in Schilddrüse 651, 656, 657.
  im Schweiß 604.
  im Speichel 359, 360.
  in Tonsillen 508.
  in Tumoren 685, 690.
Jod-Jodkaliumlösung s.
  Reagentien.
Jodid in Milch 671.
Jodoform s. Arzneimittel und
  Gifte.

Kalium in Aderhaut 562.
  in Bindegewebe 614.
  im Blut 5, 6, 7, 337, 344, 564,
  im Ciliarkörper 562.
  im Darm 520.
  in Echinococcusblasen 357.
  in Ergüssen 344, 351.
  in Faeces, Bestimmung 407.
  im Fetus 451.
  im Fruchtwasser 586.
  in Gallensteinen 437, 439.
  im Gehirn 525, 526, 527.
  in Gelenkflüssigkeit 642.
  im Glaskörper 562, 564.
  im Harn 183, 607.
  in Harnsteinen, Nachweis
    434.
  in Haut 593.
  im Herz 542, 547.
  in Hornhaut 562.
  in Iris 562.
  im Kammerwasser 562, 564,
    565.
  im Knochen 624, 626.
  im Knorpel 638.
  in Leber 468, 469, 471, 472,
    685, 687.
  in Linse 562, 563.
  im Liquor 305, 337, 338, 339.
  in Lunge 515.
  im Magen 520.
  im Magensaft 375.
  in Mandelsteinen 446.
  in Milch 669.
  in Milz 507.
  im Muskel 525, 527, 540,
    541, 542, 543, 545, 687.
  in Nerven 527.

Kalium in Netzhaut 561, 562.
  in Neugeborenen 452.
  in Niere 503.
  im Pankreas 652.
  im Pankreassaft 389.
  in Placenta 587.
  im Prostatasekret 585.
  in Sklera 562.
  im Speichel 358, 359.
  in Speicheldrüsen 664.
  in Speichelsteinen 444.
  im Sperma 575.
  im Sputum 365.
    Ausscheidung 371.
  in Thymus 651.
  in Tumoren 685, 687.
  im Uterus 543, 548.
  in Zähnen 646.
  in Zahnpulpa 650.
Kalium-quecksilber(II)-jodid s.
  Reagentien.
Kaliumquecksilber(II)-
  rhodanid s. Reagentien.
Kalium-wismutjodid s. Reagentien.
Kammerwasser s. Auge.
Kaninchenpapillomagens s. Tumoren.
Katalase s. Fermente.
Kathepsin s. Fermente.
Kationen s. a. unter den einzel-
  nen Ionen.
  im Blut 6, 7.
Kephalin s. Lipoide.
Kephalinase s. Fermente.
Keratin s. Eiweiß.
α-Ketoglutarsäure im Blut, Be-
  stimmung 109.
  im Harn 204.
Ketone im Liquor 320.
Ketonkörper im Blut, Bestim-
  mung 95.
Ketosäuren s. unter den einzel-
  nen Säuren.
Ketosteroide s. Steroide.
Kieselfluorwasserstoffsäure s.
  Arzneimittel und Gifte.
Kieselsäure s. Silicium.
KIMMELSTIEL-BECKER - Reagens
  s. Reagentien.
Kleinhirn s. Gehirn.
Knochen 622—632.
  Aluminiumgehalt 629.
  Arsengehalt 629.
  Aschegehalt 452, 623, 630.
  Bariumgehalt 629.
  Bleigehalt 627, 628.
  Borgehalt 629.
  Calciumgehalt 452, 625, 626.
    627.
    Bestimmung 624.
  Chloridgehalt 624.
  Citronensäuregehalt 629,
    630, 631.
  Eisengehalt 627.

Knochen, Eiweißgehalt 452, 631.
  Fettextraktion 623.
  Fettgehalt 623.
  Fluoridgehalt 628.
  Gewicht 452, 622.
  Glucosamingehalt 630.
  Glucosegehalt 630.
  Glykogengehalt 630.
  Kaliumgehalt 624, 626.
  Kohlendioxydgehalt 626, 627.
    Bestimmung 624, 625.
  Kollagengehalt 617.
  Kupfergehalt 629.
  Lipidgehalt 452.
  Lithiumgehalt 629.
  Magnesiumgehalt 624, 626,
    627.
  Mangangehalt 629.
  Milchsäuregehalt 629, 630.
  Mineralarten 622.
  Molybdängehalt 629.
  Natriumgehalt 624, 627.
  Nickelgehalt 629.
  Phosphatasen 632, 728.
  Phosphorgehalt 452, 624,
    625, 626, 627, 631.
  Phosphorylase 632.
  Reststickstoffgehalt 631.
  Schwefelgehalt 628.
  Selengehalt 629.
  Silbergehalt 629.
  Siliciumgehalt 629.
  Stickstoffgehalt 630, 631.
  Strontiumgehalt 629.
  Untersuchung, Vorbereitung
    622.
  Urangehalt 627, 629.
  Veraschung 451, 623.
  Wassergehalt 452, 623.
  Zinkgehalt 629.
  Zinngehalt 629.
Knochenmark 632—638.
  Adenosintriphosphatgehalt
    633.
  Aschegehalt 634.
  Ascorbinsäuregehalt 636.
  Batylalkohol 636.
  Bleigehalt 633.
  Cholesteringehalt 635, 636.
  Cytochromoxydase 636.
  Desoxyribonucleinsäure im
    Sternalpunktat 636.
  Eisengehalt 633.
  Ferritingehalt 459.
  Fettgehalt 634—636.
    Fettsäurezusammenset-
      zung 635, 636.
  Fettsäuregehalt 635.
  Glykolysewerte 636.
  Kathepsin 726.
  Kupfergehalt 633.
  Lipoidgehalt 633, 634, 635.
  Phosphatase 636.
  Phosphatidgehalt 635.
  Phospholipoidgehalt 635.

Knochenmark, Phosphorgehalt 633.
  Purine im Sternalpunktat 636.
  Reststickstoffgehalt 633.
  Ribonucleinsäure im Sternalpunktat 636.
  Sauerstoffverbrauch 636.
  Schwefelgehalt 633.
  Stickstoffgehalt 633, 634.
  Titangehalt 633.
  Untersuchung, Vorbereitung 632.
  Vitamin A, Bestimmung 636.
  Wassergehalt 633, 634, 635.
Knollenblätterschwamm s. Arzneimittel und Gifte.
Knorpel 638—641.
  Aschegehalt 638.
  Chondroitinschwefelsäure 639, 640.
  Fermente und Stoffwechsel 641.
  Mineralgehalt 638, 639.
  Mucopolysaccharidgehalt 615.
  Sauerstoffverbrauch 641.
  Stickstoffgehalt 638.
Kobalt s. a. Arzneimittel und Gifte.
  im Blut 11.
  in Gallensteinen 437.
  im Gehirn 526.
  in Leber 469, 471.
  in Leberzellkernen 449.
  im Magen 520.
  in Milz 508.
  im Muskel 545.
  in Niere 502.
  in Nierenzellkernen 449.
  im Pankreas 652.
  in Thymus 651.
  im Uterus 548.
Kohlendioxyd in Bindegewebe 613.
  im Blut 344.
  in Darmgasen 419.
  in Ergüssen 344.
  in verkalkten Geweben 626.
  im Knochen 624, 625, 626, 627.
  im Liquor 304.
  in Milch 669, 671.
  im Muskel 546.
  im Prostatasekret 585.
  in Speichel 358.
  im Sputum 364.
  in Zähnen 646.
Kohlendioxydspannung im Liquor 337.
Kohlenhydrate, Arabinose im Harn 243.
  im Blut 65—89.
  Cellulose in Faeces, Bestimmung 410.

Kohlenhydrate, Dextran im Blut, Bestimmung 82.
  Eiweißzucker im Blut 87.
  Fructose im Blut 74—77.
    im Harn, Nachweis 242, 243.
    im Sperma 579.
  Galaktogen in Lunge 518.
  Galaktose im Blut, Bestimmung 79.
    im Harn 243.
    in Linsenkapsel 568.
  Glucose im Blut 65, 66, 182, 337, 348, 355, 642.
    Bestimmung 68—74.
    in Cantharidenblasen 356.
    in Ergüssen 346, 347, 348, 351.
    in Galle 397.
    in Gelenkflüssigkeit 642.
    im Harn 183.
      Bestimmung 73.
      Nachweis 242, 244.
    in Haut 355.
    in Hautblasen 355.
    in Hornhaut 565.
    im Kammerwasser 564, 565.
    im Knochen 630.
    in Leber 484.
    in Linse 565.
    in Linsenkapsel 568.
    im Liquor 328, 329, 337, 338, 339.
      Bestimmung 330.
    in Pankreascysten 354.
    im Prostatasekret 585.
    im Speichel 361.
    in Sputum 370.
  Glykogen im Blut, Bestimmung 81.
    in Echinococcusblasen 356.
    in Fettgewebe 620, 621.
    im Gehirn, Darstellung 536.
    in Haut 599.
    im Herz 483, 555.
    im Knochen 630.
    im Knorpel 640, 641.
    in Leber 481—483, 485, 486, 518.
      Bestimmung 483, 484.
    in Lunge 518.
    im Muskel 483, 555.
    in Niere 504.
    in Placenta 587.
    in Tumoren 694, 695, 696.
  in Haut 599.
  im Harn 241—245.
  Inulin im Blut, Bestimmung 77.
    im Harn 243.

Kohlenhydrate, Lactose im Blut, Bestimmung 80.
    im Harn, Nachweis 244.
    in Milch 668, 669, 671.
      Bestimmung 677.
    in Leber 481—485, 518.
    in Linsenkapsel 568.
    im Liquor 328—330.
    in Lunge 516, 518, 684.
  Maltose im Blut, Bestimmung 80.
  Mannoheptulose im Harn, Nachweis 244.
    im Muskel, Bestimmung 554.
  Pentosen im Blut 82—85.
    im Harn 243.
  Polysaccharide im Blut, Bestimmung 88.
    in Hornhaut 569.
    im Liquor 330.
    aus Mucin in Gelenkflüssigkeit 643.
  Saccharose, Bestimmung 80.
    im Schweiß 605.
  Stärke in Faeces, Bestimmung 409.
    in Tumoren 684.
  Xyloketose im Harn, Nachweis 244.
Kohlenoxyd s. Arzneimittel und Gifte.
Kohlensäureanhydratase s. Fermente.
Kohlenwasserstoffe in Haut 600.
Kollagen s. Eiweiß.
Konkremente 427—447.
  Acervulus, Zusammensetzung 428.
  Aluminium in Darmsteinen 442.
    in Gallensteinen 437, 438.
    in Harnsteinen 432.
    in Pankreassteinen 441.
  Ammoniumsalze in Harnsteinen 432.
    Nachweis 434.
  Amylase in Speichelsteinen 444.
  Avenolithe 442.
  Bezoare 443.
  Bilirubin in Darmsteinen 442.
    in Gallensteinen 437, 439.
    Nachweis 440.
  Blasensteine 430.
  Blei in Darmsteinen 442.
    in Gallensteinen 437, 439.
    in Harnsteinen 431.
  Bronchialsteine 445.
  Calciumgehalt 626.
    in Bronchialsteinen 445.
    in Darmsteinen 442.
    in Gallensteinen 437, 439.
    in Mandelsteinen 446.
    in Milchsteinen 446.

Konkremente, Calciumgehalt in Nasensteinen 444.
in Pankreassteinen 441.
in Speichelsteinen 444.
in Tränensteinen 446.
Calciumcarbonat in Perlen 428.
in Statolithen und Otolithen 428.
Calciumcarbonatsteine 433.
Calciumoxalatsteine 432.
Calciumsalze, in Harnsteinen 431, 432.
Nachweis 435.
Kristallformen 428.
Carbonate in Bronchialsteinen 445.
in Darmsteinen 442.
in Gallensteinen 437.
in Harnsteinen 431, 432.
Nachweis 435.
in Mandelsteinen 446.
in Milchsteinen 446.
in Nasensteinen 444.
in Pankreassteinen 441.
in Speichelsteinen 444.
in Tränensteinen 446.
Citronensäure in Harnsteinen 431.
Chlorid in Bronchialsteinen 445.
in Nasensteinen 444.
in Pankreassteinen 441.
in Speichelsteinen 444.
in Tränensteinen 446.
Choleinsäure in Darmsteinen 442.
Cholesterin in Bronchialsteinen 445.
in Darmsteinen 442.
in Gallensteinen 437, 439.
Nachweis 439, 440.
in Harnsteinen 431.
in Pankreassteinen 441.
in Speichelsteinen 444.
Cholesterinsteine 433.
Cholsäure in Darmsteinen 442.
in Gallensteinen, Abtrennung 440.
Chrom in Gallensteinen 437, 439.
Cystin in Bronchialsteinen 445.
in Harnsteinen 431, 432.
Nachweis 434.
Cystinsteine 433.
Darmsteine 441—443.
Wassergehalt 442.
Desoxycholsäure in Gallensteinen, Abtrennung 440.
Eisen in Darmsteinen 442.
in Gallensteinen 437, 438, 439.

Konkremente, Eisen in Harnsteinen 432.
Nachweis 435.
in Nasensteinen 444.
in Pankreassteinen 441.
in Speichelsteinen 444.
Eiweiß in Harnsteinen 431.
Eiweißsteine 433.
Ellagsäure in Darmsteinen 443.
Epididymissteine 431.
Fett in Bronchialsteinen 445.
in Harnsteinen 431.
Fettsäuren in Darmsteinen 442.
in Gallensteinen 439, 440.
in Harnsteinen 431.
in Pankreassteinen 441.
Fettsteine 433.
Gallensäuren in Darmsteinen 443.
in Gallensteinen 437, 439. 440.
Gallensteine 436—440.
Aschegehalt 438.
Einteilung 438.
spezifisches Gewicht 436, 439.
Wassergehalt 437.
Gehirnsteine 446.
Glykocholsäure in Darmsteinen 442.
Harnröhrensteine 430, 431.
Harnsteine 429—436.
Bestimmungsmethoden 435, 436.
Nachweisverfahren 434, 435.
Harnsäure, Vorkommen 427.
in Harnsteinen 431, 432.
Bestimmung 435.
Nachweis 434.
in Speichelsteinen 444.
Hautsteine 447.
Herzbeutelsteine 446.
Hodensteine 431.
Homogentisinsäure in Harnsteinen 431.
Indigo in Harnsteinen 431.
Indigosteine 433.
Kalium in Gallensteinen 437, 439.
in Harnsteinen, Nachweis 434.
in Mandelsteinen 446.
in Speichelsteinen 444.
Kobalt in Gallensteinen 437.
Kohlendioxydgehalt 626.
Kupfer in Darmsteinen 442.
in Gallensteinen 437, 439.
Lebersteine 436.
Lecithin in Gallensteinen 439, 440.
Lithobilinsäure in Darmsteinen 443.

Konkremente, Lithochlorin in Darmsteinen 443.
Lithocholsäure in Gallensteinen 438.
Lithofellinsäure in Darmsteinen 443.
Lithoporphyrin in Darmsteinen 443.
Lungensteine 445.
Magensteine 441.
Magnesium in Darmsteinen 442.
in Gallensteinen 437, 439.
in Mandelsteinen 446.
in Nasensteinen 444.
in Pankreassteinen 441.
in Speichelsteinen 444.
in Tränensteinen 446.
Magnesiumsalze in Harnsteinen 432.
Nachweis 435.
Mandelsteine 446.
Wassergehalt 446.
Mangan in Darmsteinen 442.
in Gallensteinen 437, 439.
Milchsteine 446.
Myristinsäure in Harnsteinen 431.
Nasensteine 444.
Wassergehalt 444.
Natrium in Bronchialsteinen 445.
in Gallensteinen 437, 439.
in Harnsteinen, Nachweis 434.
in Mandelsteinen 446.
in Nasensteinen 444.
in Speichelsteinen 444.
in Tränensteinen 446.
Nickel in Gallensteinen 437.
Nierensteine 429.
Nutriaglykocholsäure in Darmsteinen 443.
Otolithe, Zusammensetzung 428.
Oxalsäure in Harnsteinen 432.
Nachweis 435.
in Nasensteinen 444.
in Pankreassteinen 441.
Palmitinsäure in Harnsteinen 431.
Pankreassteine 440, 441.
Aschegehalt 441.
Wassergehalt 441.
Perlen, Wassergehalt 428.
Phosphatsteine 432.
Phosphorgehalt 626.
in Bronchialsteinen 445.
in Darmsteinen 442.
in Gallensteinen 437, 439.
in Harnsteinen 431, 432.
Nachweis 434.
in Nasensteinen 444.
in Mandelsteinen 446.

Konkremente, Phosphorgehalt
in Milchsteinen 446.
in Pankreassteinen 441.
in Speichelsteinen 444.
in Tränensteinen 446.
Phylloerythrin in Gallen-
steinen 438.
Phyllosterin in Darmsteinen
443.
Phytobezoare 443.
Placentasteine 431.
Pleurasteine 446.
Präputialsteine 431.
Prostatasteine 430, 585.
Quecksilber in Darmsteinen
442.
in Gallensteinen 437.
Schwefel in Bronchialsteinen
445.
Schwefelwasserstoff in
Darmsteinen 442.
in Nasensteinen 444.
Silber in Gallensteinen 437,
439.
Silicium in Bronchialsteinen
445.
in Darmsteinen 442.
in Gallensteinen 437, 438.
in Harnsteinen 432.
in Pankreassteinen 441.
in Speichelsteinen 444.
in Tränensteinen 446.
Speichelsteine 443—444.
Statolithe, Vorkommen 427.
Zusammensetzung 428.
Stearinsäure in Harnsteinen
431.
Strontium in Darmsteinen
442.
Tränensteine 446.
Trichobezoare 443.
Uratsteine 432.
Uretersteine 429, 430.
Urobilin in Gallensteinen,
Nachweis 440.
Uterussteine 431.
Venensteine 447.
Wismut in Gallensteinen
437.
Xanthin in Harnsteinen
431, 432.
Nachweis 434.
Xanthinsteine 433.
Zahnsteine, 650.
Zink in Darmsteinen 442.
in Gallensteinen 437,
439.
Koprochrom s. Pyrrolfarbstoffe
406.
Kopromesobiliviolin s. Pyrrol-
farbstoffe.
Kopronigrin s. Pyrrolfarbstoffe.
Koproporphyrin s. Pyrrolfarb-
stoffe.
Koprosterin s. Steroide.

Kornrade s. Arzneimittel und
Gifte.
Kot s. Faeces.
Kreatin im Blut 40, 337.
Bestimmung 40.
in Ergüssen 345, 350, 351.
im Gehirn 528, 529, 534, 536.
im Harn, Bestimmung 192,
193.
im Herz 553.
in Leber 685.
im Liquor 324, 337, 339.
in Lunge 517.
im Muskel, Bestimmung
550—553.
in Tumoren 685, 700.
Kreatinin im Blut 37—39, 182,
337.
in Echinococcusblasen 357.
in Ergüssen 345, 350, 351.
in Galle 400.
im Gehirn 534.
im Glaskörper 569.
im Harn, 182, 183.
Bestimmung 192—194.
im Kammerwasser 570.
in Leber 685.
in Linse 565.
im Liquor 324, 337.
in Netzhaut 565.
im Schweiß 605.
im Speichel 362.
in Tumoren 685.
Kreatininzinkchlorid, Reinigung 37.
Krebs s. Tumor.
Kresol s. a. Arzneimittel und
Gifte.
im Harn, Normalwerte 247.
und Harnfarbe 185.
Kryptoxanthin in Iris 571.
α-Krystallin s. Eiweiß.
β-Krystallin s. Eiweiß.
Kümmel s. Arzneimittel.
Kuhmilch s. Milch.
Kupfer s. a. Arzneimittel und
Gifte.
in Aderhaut 563.
im Blut 7, 11, 337.
im Darm 520.
in Darmsteinen 442.
in Gallensteinen 437, 439.
im Gehirn 525.
im Herz 547.
in Hypophyse 651.
im Kammerwasser 563.
im Knochen 629.
im Knochenmark 633.
in Leber 453, 468, 469, 471,
472, 473, 474.
in Leberzellkernen 449.
in Linse 562, 563.
im Liquor 306, 337.
in Lunge 515, 516.
im Magen 520.

Kupfer in Milch 669.
in Milz 453, 474, 508.
im Muskel 545.
in Nebennieren 651.
in Netzhaut 563.
in Neugeborenen 452.
in Niere 502.
in Nierenzellkernen 449.
im Pankreas 652.
in Schilddrüse 651.
im Schweiß 604.
in Speicheldrüsen 664.
im Sperma 577.
in Thymus 651.
in Tumoren 688, 689.
im Uterus 548.
in Zähnen 647.

Lab s. Fermente.
Lactalbumin s. Eiweiß.
Lactase s. Fermente.
Lactoflavin s. Vitamine.
Lactoglobulin s. Eiweiß.
Lactophenin s. Arzneimittel
und Gifte.
Lactose s. Kohlenhydrate.
Larocain s. Arzneimittel und
Gifte.
Laurinsäure s. Fett.
Leber 467—500.
s. a. Arzneimittel und Gifte.
Adenosindiphosphorsäure
495, 497.
Adenosintriphosphatase
734.
Adenosintriphosphorsäure
495, 497.
Bestimmung 480.
Adenylsäure 496, 497.
Adenylsäuredesaminase 730.
Äpfelsäuregehalt 481.
Alaningehalt 477, 478, 550.
Aluminiumgehalt 468, 469,
471, 472.
in Zellkernen 449.
p-Aminohippuratsynthese
735.
Aminosäuregehalt 476—478,
685.
Aminosäuren, freie, Bestim-
mung 460.
D-Aminosäureoxydase 723.
Aneuringehalt 500.
Arachidonsäuregehalt 491.
Arginase 724.
Arginingehalt 477, 478.
Arsengehalt 469, 471, 475.
Aschegehalt 452, 468, 473,
685.
Ascorbinsäuregehalt 498,
500, 580.
Asparaginsäuregehalt 477,
478, 550.
Bariumgehalt 468, 469, 471.

Leber, Bernsteinsäuredehydrogenase 723, 733.
Biotingehalt 500.
Bleigehalt 468, 469, 471.
Borgehalt 468.
Bromidgehalt 469, 471.
Cadmiumgehalt 468, 469.
Calciumgehalt 452, 468, 469, 471, 472, 473, 685, 687.
Cerebrosidgehalt 463, 489.
Chloridgehalt 468, 469, 471, 685, 690.
Cholesteringehalt 463, 464, 485, 486, 488, 489, 490, 557, 685, 692, 693.
Cholin, freies 500.
Cholingehalt in Phospholipoiden 488.
Cholinoxydase 735.
Cholinphosphatidgehalt 488.
Chrom in Zellkernen 449.
Citronensäuregehalt 481, 696.
Citrullinsynthese 735.
Clupanodonsäuregehalt 491.
Cytochrom c-Gehalt 559, 719, 721.
Cytochromoxydase 559, 719, 733.
Cysteingehalt 477.
Cystindesulfurase 725.
Cystingehalt 477, 478.
Dehydropeptidasen 725.
Desaminasen für Nucleinsäuren 730.
Desoxyribonucleinsäure, Isolierung 478.
Desoxyribonucleinsäuregehalt 479, 480, 711.
in Zellkernen 712.
Diphosphopyridinnucleotidgehalt 717.
Diphosphopyridinnucleotid-Cytochrom c-Reductase 734.
Eisengehalt 453, 469, 471, 472, 473, 474, 685, 688, 689.
Eiweißgehalt 452, 476, 698, 699.
Eiweiß, Albumin-Globulin-Quotient 698.
Aminosäurezusammensetzung 458, 702, 705, 706.
Elektrophorese 456.
Schwefelgehalt 703.
Esterase 727.
Ferritingehalt 459.
Fermente, Aktivitätsverhältnisse 732.
Fettgehalt 463, 464, 486, 489, 491, 494.
Fettsäuregehalt 464, 486, 487, 489, 491, 492, 685.

Leber, Fettsäureoxydase 735.
Flavin-adenin-dinucleotidgehalt 723.
Fluoridgehalt 469, 471.
Folsäuregehalt 500.
Fructose-1-phosphat, Vorkommen 493.
Fructose-6-phosphat, Vorkommen 493.
Galaktose-1-phosphat, Vorkommen 493.
Gewicht 448, 452, 467.
Glucosegehalt 484.
Glucose-1-phosphat 496, 497.
Glucose-6-phosphat 496, 497.
Glutamingehalt 477, 481, 550.
Glutaminsäuregehalt 477, 478, 550.
Glutathiongehalt 477, 550, 700.
Glycerinphosphorsäure 496, 497.
Glykogengehalt 481—483, 485, 486, 518.
Bestimmung 483, 484.
Glykokollgehalt 478, 550.
Glykolysewerte 715.
Guanindesaminase 730.
Guanosindesaminase 730.
Guanylsäuredesaminase 730.
Hämineisengehalt 474.
Histamingehalt 480.
Bestimmung 459.
Histidingehalt 477, 478.
Harnsäuregehalt 685.
Harnstoffgehalt 685.
Inositgehalt 500.
Isoleucingehalt 477, 478.
Jodgehalt 469, 471, 685, 690.
Kaliumgehalt 468, 469, 471, 472, 685, 687.
Katalase 721, 722.
Kathepsin 726.
Kephalin, Isolierung 486.
Kephalingehalt 463, 488, 489, 490.
Kobaltgehalt 469, 471.
in Zellkernen 449.
Kohlenhydratgehalt 481—485, 518.
Kollagengehalt 617.
Kreatingehalt 685.
Kreatiningehalt 685.
Kupfergehalt 453, 468, 469, 471, 472, 473, 474.
in Zellkernen 449.
Lactoflavingehalt 499, 500.
Bestimmung 464.
Lecithingehalt 463, 486, 488, 489, 490.
Leucingehalt 477, 478.

Leber, Linolensäuregehalt 491.
Lipase 727.
Lipidgehalt 452.
Lipoidgehalt 462, 463, 464, 485—493, 557, 692, 694.
in Mitochondrien 694.
Zusammensetzung 485.
Lithiumgehalt 468, 469, 472.
Lysingehalt 477, 478.
Magnesiumgehalt 468, 469, 471, 472, 685, 688.
Mangangehalt 469, 471, 472, 475.
in Zellkernen 449.
Methioningehalt 476, 477, 478.
Milchsäuredehydrogenase 718.
Mitochondrienzahl 713.
Molybdängehalt 469, 471.
in Zellkernen 449.
Natriumgehalt 468, 469, 471, 472, 685, 687.
Nickelgehalt 469.
in Zellkernen 449.
Nicotinsäuregehalt 500.
Nucleinsäuren 477—480.
Nucleoproteidgehalt 698, 709.
Nucleotidgehalt 480, 709.
Ölsäuregehalt 491.
Oxyprolingehalt 478.
Pantothensäuregehalt 500.
Peptidase 725.
Peptidgehalt 476.
Phenylalaningehalt 476, 477, 478.
Phosphatasen 728.
Phosphatidgehalt 463, 464, 485, 486, 487, 488, 491, 492, 557, 693.
Phosphoglycerinsäure 495, 497.
Phospholipoidgehalt 486, 492.
Phosphorgehalt 452, 469, 471, 685, 691.
anorganischer 493, 494.
organisch gebundener, Bestimmung 493—496.
in Mikrosomen 475.
in Mitochondrien 475.
in Nucleotiden 707.
in Zellkernen 475.
Phosphorsäureestergehalt 691.
Prolingehalt 477, 478.
Propandiolphosphat 494, 497.
Puringehalt 480, 481, 708, 709.
Pyridoxingehalt 500.
Pyrimidingehalt 481.

Leber, Pyrophosphatgehalt 691.
Quecksilbergehalt 469, 655.
Reststickstoffgehalt 476,
685.
Rhodanesegehalt 661.
Ribonucleinsäuregehalt 479,
480, 481, 711.
Ribonucleinsäure, Isolie-
rung 478.
Zusammensetzung 710.
Nucleotidverhältnis 481.
Ribose-5-phosphat, Isolie-
rung 495.
Rubidiumgehalt 468, 469,
472.
Sauerstoffverbrauch 499,
715, 719.
Schwefelgehalt 469, 471,
685.
Seringehalt 478.
Serinphosphatidgehalt 489.
Silbergehalt 468, 469.
Siliciumgehalt 469, 471.
Sphingomyelingehalt 463,
486, 488, 489, 490.
Sphingosingehalt 463, 490.
Stickstoffgehalt 475, 494,
685.
in Mikrosomen 475.
in Mitochondrien 475,
733.
in Zellkernen 475.
Strontiumgehalt 468, 469,
472, 475.
Tauringehalt 550.
Threoningehalt 476, 477,
478.
Titangehalt 469, 471.
Tokopherolgehalt 500.
Transaminasen 724.
Triphosphopyridinnucleotid-
gehalt 717.
Tryptophangehalt 477, 478.
Tyrosingehalt 477, 478.
„Under"-Glutaminsäure-
gehalt 550.
Urangehalt 469.
Vanadiumgehalt 469.
Valingehalt 477, 478.
Vitamingehalt 497—500.
Vitamin A-Gehalt 496, 497,
498, 500.
Bestimmung 464, 497.
Vitamin B_{12}-Gehalt 500.
Vitamin K-Gehalt 500.
Wassergehalt 452, 468, 473,
685.
Xanthindehydrogenase 723.
Zinkgehalt 453, 469, 471,
472, 474.
in Zellkernen 449.
Zinngehalt 468, 469, 471.
in Zellkernen 449.
Lebersteine s. Konkremente.
Lecithin s. Lipoide.

Lederhaut s. Auge.
Leucin s. Aminosäuren.
Leukokeratin s. Eiweiß.
Linolsäure s. Fette.
Linolensäure s. Fette.
Linse s. Auge.
Lipase s. Fermente.
Lipide s. a. Fett, s. a. Lipoid.
im Darm 452.
im Fettgewebe 452.
im Gehirn 452.
in Haut 452.
im Herz 452.
im Knochen 452.
in Leber 452.
in Lunge 452.
in Milz 452, 511.
im Muskel 452.
in Niere 452.
im Pankreas 452.
im Zahn 452.
Lipoide, Acetalphosphatide im
Gehirn, Darstellung 533.
in Aorta 464.
im Blut 116, 131, 132, 463.
Bestimmung 133—143.
in Bürzeldrüse 665.
Cerebroside im Blut 132.
Bestimmung 140,141.
im Gehirn 463, 529, 531,
532.
im Herz 463, 556.
im Hoden 463.
in Leber 463, 489.
in Lunge 463.
in Milz 463.
im Muskel 463, 556.
in Niere 463.
in Placenta 588.
im Rückenmark 531.
in Thymus 463, 653.
Cholin in Leberphospho-
lipoiden 488.
in Organlipoiden 463.
Cholinphosphatide im
Gehirn 531.
in Leber 488.
im Darm 462, 463, 464.
Diaminophosphatide in
Milz, Darstellung 512.
in Ergüssen 352.
Galaktoside in Gefäßen 620.
in Galle 397—400.
in Gefäßen 619, 620, 621.
im Gehirn 462, 463, 529 bis
533, 536.
Bestimmung 529, 530.
im Glaskörper 570.
im Haar 612.
in Haut 599.
im Herz 462, 463, 464, 556,
557.
im Hoden 463.
Jodzahl, Bestimmung im
Blut 141, 142.

Lipoide im Kammerwasser 570.
in Kaninchenpapillomagens
737.
Kephalin im Blut, 132, 136.
in Gefäßen 621.
im Gehirn 463, 529, 531,
532.
im Herz 463, 556.
im Hoden 463.
in Leber 463, 488, 489,
490.
Isolierung 486.
in Lunge 463, 517.
in Milz 463.
im Muskel 463, 556.
in Nerven 532.
in Niere 463, 504.
in Placenta 588.
im Rückenmark 531.
in Thymus 463.
im Knochenmark 633, 634,
635.
in Leber 462, 463, 464, 485
bis 493, 557, 692, 694.
Lecithin im Blut 132, 136.
in Ergüssen 346.
in Galle 390.
in Gallensteinen 439, 440.
in Gefäßen 621.
im Gehirn 463, 529, 531,
532.
im Herz 463, 556.
im Hoden 463.
in Leber 463, 486, 488,
489, 490.
in Lunge 463, 517.
in Milz 463.
im Muskel 463, 556.
in Nerven 532.
in Niere 463, 504.
in Placenta 588.
im Rückenmark 531.
in Spermatocelen 354.
in Thymus 463, 653.
Lipoidphosphor im Blut 7,
136, 337.
im Bluteiweißkörpern 18.
im Herz 556.
im Liquor 337.
in Lunge 516.
im Muskel 556.
im Uterus 556.
im Liquor, Bestimmung 352.
in Lunge 462, 463, 464, 516,
517, 684, 692.
in Milz 463, 464.
im Muskel 462, 463, 556, 557.
in Nebennieren 653.
in Niere 462, 463, 464.
in Organen, Extraktion
461.
im Pankreas 462, 463, 653.
Phosphatide in Aorta 464.
in Blut 131, 132.
im Darm 464.

Lipoide, Phosphatide in Ergüssen 352.
in Fettgewebe 492.
in Gefäßen 620, 621.
im Gehirn 463, 529, 531, 532.
in Haut 599, 600.
im Herz 463, 464, 557.
im Hoden 463.
in Hornhaut 570.
im Knochenmark 635.
in Leber 463, 464, 485, 486, 487, 488, 491, 492, 557, 570, 685, 693.
in Liquor 328.
in Lunge 463, 464, 517.
in Milch 670.
Bestimmung 682.
in Milz 463, 464.
im Muskel 463, 557.
in Niere 463, 464, 504.
im Ovar 591.
in Placenta 588.
im Sputum 370.
in Thymus 463.
in Tumoren 685, 693.
Phospholipoide im Blut 116, 132.
Bestimmung 138, 139.
in Galle 399.
im Herz 556.
in Hypophyse 653.
im Knochenmark 635.
in Leber 486, 492.
im Muskel 556.
in Nebennieren 653.
im Pankreas 653.
in Schilddrüse 653.
in Sehpurpur 570.
in Thymus 653.
im Uterus 556.
in Placenta 588.
Plasmal im Blut 143.
in Nebennieren 660.
Plasmalogen im Muskel 559.
in Rous-Agens 737.
in Schilddrüse 653.
Serinphosphatid in Leber 489.
im Speichel 362.
Speicherkrankheiten 511.
Sphingomyelin im Blut 132, 136.
Bestimmung 140.
in Galle 399.
in Gefäßen 621.
im Gehirn 463.
im Herz 463, 556.
im Hoden 463.
in Leber 463, 486, 488, 489, 490.
in Lunge 463, 517.
in Milz 463.
im Muskel 463, 556.

Lipoide, Sphingomyelin in Nerven 532.
in Niere 463, 504.
in Placenta 588.
im Rückenmark 531.
in Thymus 463, 653.
Sphingosin im Herz 556.
in Leber 490.
im Muskel 556.
in Organlipoiden 463.
im Sputum 369.
in Thymus 463, 653.
in Tumoren 684, 685, 691, 692—694.
in tumorerregenden Partikeln 737.
Wachs in Haut 600.
Lipoproteide s. Proteide.
Liquor cerebrospinalis 300—341.
s. a. Arzneimittel und Gifte.
Zusammensetzung 336—340.
Acetongehalt 326, 336.
Acetaldehydgehalt 326, 336.
Acetessigsäuregehalt 326, 336.
Acetylcholingehalt 325.
Acetylcholinesterasegehalt 336.
Adeninnucleotidgehalt 326, 336.
Äthanolgehalt 332, 336.
Alaningehalt 322.
Albumingehalt 310, 336, 338, 339.
Bestimmung 315, 316.
Nachweis 312.
Aldehydgehalt 326.
Alkalireserve 304, 340.
Aluminiumgehalt 306, 336.
Aminosäuregehalt 336, 339.
Aminosäuren, freie 321.
Ammoniakgehalt 324, 336.
Amylasegehalt 333, 336, 339.
Aneuringehalt 335, 337, 339.
Arginingehalt 322, 336.
Ascorbinsäuregehalt 334, 335, 337, 338, 339.
Bernsteinsäuregehalt 331, 336.
Bleigehalt 306, 336.
Boltzsche Probe 312.
Bromidgehalt 307, 336, 339.
Brenztraubensäuregehalt 108, 331, 336.
Calciumgehalt 305, 336, 338, 339.
Chloridgehalt 306, 307, 336, 338, 339.
Cholesteringehalt 327, 336.
Bestimmung 327.
Cholinesterasegehalt 333.
Cholingehalt 325, 336.
Citronensäuregehalt 331, 336.

Liquor, Cocarboxylasegehalt 335.
Cystingehalt 322, 336.
Desaminasegehalt 333.
Dipeptidasegehalt 333.
Diphosphopyridinnucleotidgehalt 334.
Druck 340.
Eisengehalt 306, 336.
Eiweißgehalt 309—311, 336, 338, 339.
Bestimmung 314—319.
Elektrophorese 320.
Nachweis 312—314.
Enteiweißung 322.
Esterasegehalt 339.
Euglobulingehalt 310, 336.
Farbe 340.
Fermentgehalt 332—334.
Ferrocyankaliprobe 312.
Fettsäuregehalt 328, 337.
Fibrinogengehalt 310, 337.
Gefrierpunktserniedrigung 302, 339—340.
Globulingehalt 310, 337, 338, 339.
Bestimmung 315, 319.
Glucosegehalt 328, 329, 337, 338, 339.
Bestimmung 330.
Glutamingehalt 322.
Glykokollgehalt 322.
Glykoproteidgehalt 330.
Harnsäuregehalt 60, 325, 337, 339.
Harnstoffgehalt 323, 324, 337, 338, 339.
Histamingehalt 325, 337.
Histidingehalt 322, 336.
Hormongehalt 332.
Interferometerwert 340.
Isoleucingehalt 322, 336.
Jodgehalt 307, 337.
Kaliumgehalt 305, 337, 338, 339.
Katalasegehalt 334.
Kategorien 302.
Kathepsingehalt 333.
Ketongehalt 326.
Kochsalzgehalt 338, 339.
Kohlendioxydspannung 304, 337, 339.
Kohlenhydratgehalt 328 bis 330.
Kohlenstoffgehalt 309, 337.
Kreatingehalt 234, 337, 339.
Kreatiningehalt 324, 337.
Kupfergehalt 306, 337.
Lactoflavingehalt 340.
Leitfähigkeit 303, 340.
Leucingehalt 322, 336.
Lipasegehalt 332, 337.
Lipoide, Bestimmung 326.
Lipoidphosphorgehalt 337.
Lysingehalt 322, 336.

Liquor, Lysozymgehalt 333.
Magnesiumgehalt 305, 337, 338, 339.
Menge 340.
Methioningehalt 322, 336.
Methylglyoxalgehalt 326.
Milchsäuregehalt 330, 337, 338, 339.
Bestimmung 331.
Natriumgehalt 304, 305, 337, 339.
Neubildung 340.
Neutralschwefelgehalt 337.
Nicotinsäuregehalt 337, 340, 341.
Nitratgehalt 337.
NONNE-APELT-Reaktion 312.
Oberflächenspannung 302, 340.
osmotischer Druck 302, 340.
Oxalsäuregehalt 332, 337.
β-Oxybuttersäuregehalt 326, 337.
p_H-Wert 303, 338—340.
PANDY-Reaktion 312.
Peroxydasegehalt 334.
Phenolgehalt 337.
Phenylalaningehalt 322, 336.
Phosphatasegehalt 333, 337.
Phosphatidgehalt 328.
Phosphorgehalt 308, 337, 338, 339.
Proteinasegehalt 336.
Pseudocholinesterasegehalt 333, 336.
Polysaccharidgehalt 330.
Refraktometerwert 340.
Reststickstoffgehalt 321, 337, 339.
Rhodanidgehalt 308, 337.
Säuren, organische 308, 330—332.
Sauerstoffspannung 304, 337.
Siliciumgehalt 339.
Schwefelgehalt 308, 337, 339.
spezifisches Gewicht 301, 338—340.
Stickstoffgehalt 321, 337.
Sulfatschwefelgehalt 337.
Tannin-Reaktion 312.
Threoningehalt 322, 336.
Triphosphopyridinnucleo-tidgehalt 334.
Trypsingehalt 333, 339.
Tryptophangehalt 323, 336.
Tyrosingehalt 322, 336.
Valingehalt 322, 336.
Viscosität 302, 340.
Vitamingehalt 337.
WEICHBRODTsche Probe 312.
Xanthoproteinwert 323, 337.

Lithium im Blut 13.
im Knochen 629.
in Leber 468, 469, 472.
in Milch 669.
in Schilddrüsen 651.
in Zähnen 647.
Lithiumoxalat s. Reagentien.
Lithobilinsäure s. Gallensäuren.
Lithochlorin s. Pyrrolfarbstoffe.
Lithocholsäure s. Gallensäuren.
Lithofellinsäure s. Gallensäuren.
Lithoporphyrin s. Pyrrolfarb-stoffe.
Lobelin s. Arzneimittel und Gifte.
Lokalanaesthetica s. Arzneimit-tel und Gifte.
Luminal s. Arzneimittel und Gifte.
Lunge 514—519.
Adenylsäuredesaminase 730.
Aluminiumgehalt 515.
Aminosäuregehalt 684.
Arginase 724.
Arginin, Vorkommen 517.
Arsengehalt 515.
Aschegehalt 452.
Bariumgehalt 514.
Bernsteinsäuredehydro-genase 723.
Betaingehalt 517.
Bleigehalt 515.
Bromidgehalt 515.
Calciumgehalt 452, 514, 515.
Cerebrosidgehalt 463.
Chloridgehalt 515.
Cholesteringehalt 463, 464, 516, 684.
Cholingehalt 517.
Citronensäuregehalt 518.
Cytochrom c-Gehalt 559, 719, 721.
Cytochromoxydase 559, 719.
Eisengehalt 515, 516.
Eiweißgehalt 452, 516, 684.
Aminosäurezusammen-setzung 458.
Elastingehalt 617.
Esterase 727.
Fettgehalt 463, 464.
Fettsäuregehalt 464.
Fluoridgehalt 515.
Galaktogen, Isolierung 518.
Gewicht 452.
Glutathiongehalt 517.
Glykogengehalt 518.
Glykolysewerte 519.
Guanindesaminase 730.
Guanosindesaminase 730.
Guanylsäuredesaminase 730.
Harnstoffgehalt 517.
Histamingehalt 517.
Histidin, Vorkommen 517.
Jodgehalt 515.

Lunge, Kaliumgehalt 515.
Katalase 721.
Kathepsin 726.
Kephalingehalt 463, 517.
Kohlenhydratgehalt 516, 518, 684.
Kollagengehalt 617.
Kreatingehalt 517.
Kupfergehalt 515, 516.
Lactoflavingehalt 518.
Lecithingehalt 463, 517.
Lipase 727.
Lipidgehalt 452.
Lipoidgehalt 462, 463, 464, 516, 517, 684, 692.
Lipoidphosphorgehalt 516.
Lysin, Vorkommen 517.
Magnesiumgehalt 515.
Mangangehalt 515.
Methylguanidingehalt 517.
Milchsäuredehydrogenase 718.
Milchsäuregehalt 518.
Natriumgehalt 515.
Nicotinsäuregehalt 518.
Nucleinsäuregehalt 516.
Phosphatasen 728.
Phosphatidgehalt 463, 464, 517.
Phosphor in Nucleotiden 707.
organisch gebundener 516.
Phosphorgehalt 452, 514, 515, 516, 684.
Proteosegehalt 684.
Pyridoxingehalt 518.
Quecksilbergehalt 515, 516.
Radiumgehalt 454.
Reststickstoffgehalt 516, 684.
Rubidiumgehalt 514.
Sauerstoffverbrauch 518, 719.
Silbergehalt 515.
Silicium 514, 515.
Spermingehalt 517.
Sphingomyelingehalt 463, 517.
Sphingosingehalt 463.
Stickstoffgehalt 516, 684.
Thrombokinase, Darstellung 517.
Titangehalt 515.
Tyrosin, Vorkommen 517.
Wassergehalt 452, 514, 684.
Xanthindehydrogenase 723.
Zinkgehalt 515.
Zinngehalt 515.
Lungensteine s. Konkremente.
Lymphatische Gewebe 507—514.
Aconitase 513.
Adenylsäuredesaminase 730.

Lymphatische Gewebe, Amylasegehalt 513.
Arginase 724.
Esterase 727.
Glykolysewerte 715.
Guanindesaminase 730.
Guanosindesaminase 730.
Guanylsäuredesaminase 730.
Katalase 721.
Kathepsin 726.
Milchsäuredehydrogenase 718.
Phosphatasen 728.
Quecksilbergehalt 508.
Sauerstoffverbrauch 715.
Transaminase 513.
Xanthindehydrogenase 723.
Lymphcystenflüssigkeit 355.
Lysin s. Aminosäuren.
Lysol s. Kresol.
Lysozym s. Fermente.
Lytta vesicatoria s. Arzneimittel und Gifte.
Magen 519—523.
Aluminiumgehalt 520.
Aneurinpyrophosphatgehalt 557.
Arginase 724.
Arsengehalt 520.
Bleigehalt 520.
Chloridgehalt 520.
Eisengehalt 520, 689.
Eiweiß, Aminosäurezusammensetzung 458.
Elastingehalt 617.
Esterase 727.
Histamingehalt 521.
Kaliumgehalt 520.
Kobaltgehalt 520.
Kollagengehalt 617.
Kupfergehalt 520.
Mangangehalt 520.
Milchsäuredehydrogenase 718.
Molybdängehalt 520.
Natriumgehalt 520.
Nicotinsäuregehalt 521.
Phosphorgehalt 520.
Quecksilbergehalt 520.
Rhodanesegehalt 661.
Siliciumgehalt 520.
Zinngehalt 520.
Mageninhalt s. a. Arzneimittel und Gifte.
Magensaft 372—383.
Aminosäuregehalt 379.
Bilirubin, Vorkommen 380.
Blut, Nachweis 379, 380.
Chloridgehalt 375.
Eisengehalt 375.
Eiweißgehalt 378.
Essigsäure, Bestimmung 376.
Fermentgehalt 380—382.

Magensaft, Gastroglobulin 378.
Gefrierpunktserniedrigung 372.
Histamin, Bestimmung 379.
Indol, Nachweis 384.
intrinsic factor 383.
Kaliumgehalt 375.
Kathepsingehalt 381, 382.
Labgehalt 382.
Lipasegehalt 382.
Menge 372.
Milchsäuregehalt 375.
Mucingehalt 378.
Natriumgehalt 375.
Pepsingehalt, Bestimmung 380, 381.
Peptidgehalt 379.
p_H-Wert 375.
Probefrühstück 373.
Reststickstoffgehalt 378.
Salzsäure, Bestimmung 373 bis 375.
Nachweis 373.
Schwefelwasserstoffgehalt 375.
spezifisches Gewicht 372.
Ureasegehalt 382.
Magensteine s. Konkremente.
Magnesium in Aderhaut 562.
im Blut 6, 7, 9, 337, 344.
im Ciliarkörper 562.
in Darmsteinen 442.
in Echinococcusblasen 357.
in Ergüssen 344, 351.
im Fetus 451.
im Fruchtwasser 586.
in Gallensteinen 437, 439.
in Gefäßen 621.
im Gehirn 525, 527.
in Gelenkflüssigkeit 642.
im Glaskörper 562.
im Haar 607.
im Harn 183.
in Haut 593.
im Herz 542, 547.
im Hoden 583.
in Hornhaut 562.
in Iris 562.
in Kammerwasser 562, 565.
im Knochen 624, 626, 627.
im Knorpel 638.
in Leber 468, 469, 471, 472, 685, 688.
in Linse 562.
im Liquor 305, 337, 338, 339.
in Lunge 515.
in Lymphcysten 355.
in Mandelsteinen 446.
in Milch 669.
in Milz 508.
im Muskel 541, 542, 543, 545, 688.
in Nasensteinen 444.
in Netzhaut 562.
in Neugeborenen 452.

Magnesium in Niere 503.
im Pankreas 652.
im Pankreassaft 389.
in Pankreassteinen 441.
in Placenta 587.
im Prostatastein 585.
in Schilddrüsen 651.
im Schweiß 604.
in Sklera 562.
im Speichel 358.
in Speicheldrüsen 664.
in Speichelsteinen 444.
im Sputum 365.
Ausscheidung 371.
in Tränensteinen 446.
in Tumoren 685, 688.
im Uterus 543, 548.
in Zähnen 646.
in Zahnpulpa 650.
Magnesiumsalze in Harnsteinen 432.
Nachweis 435.
Maltase s. Fermente.
Maltose s. Kohlenhydrate.
Mamma s. Brustdrüse.
MANDELINS Reagens s. Reagentien.
Mandelsteine s. Konkremente.
Mangan s. a. Arzneimittel und Gifte.
im Blut 12.
im Darm 520.
in Darmsteinen 442.
Extraktion aus Organen 453.
in Gallensteinen 437, 439.
im Gehirn 525.
im Haar 607.
in Haut 594.
im Herz 747.
in Hypophyse 651.
im Knochen 629.
in Leber 461, 471, 472, 475.
in Leberzellkernen 449.
in Lunge 515.
im Magen 520.
in Milch 669.
in Milz 508.
im Muskel 545.
in Nebennieren 651.
in Niere 502.
im Pankreas 652.
in Schilddrüse 651.
im Schweiß 604.
in Speicheldrüsen 664.
in Thymus 651.
im Uterus 548.
in Zähnen 647.
Mannoheptulose s. Kohlenhydrate.
Marbadal s. Arzneimittel und Gifte.
Marfanil s. Arzneimittel und Gifte.

MARQUIS' Reagens s. Reagentien.

MAYERS Reagens s. Reagentien.

MECKES Reagens s. Reagentien.

Mekonium, Bilirubingehalt 415.

Mekonsäure s. Arzneimittel und Gifte.

Melanin im Harn, Nachweis 240, 241.
    und Harnfarbe 185.

Melanokeratid s. Eiweiß.

Melliturie, Nachweis 244.

Menthol s. Arzneimittel und Gifte.

Mesoporphyrin s. Pyrrolfarbstoffe.

Mesotheliom s. Tumor.

Metaphosphorsäure, Enteiweißung von Blut 23.

Methan in Darmgasen 419.

Methanol s. Arzneimittel und Gifte.

Methionin s. Aminosäuren.

N-Methyläthylphenylbarbitursäure s. Prominal.

Methylamin im Harn 196.

N-Methylcyclohexenylmethylbarbitursäure s. Evipan.

Methylenchlorid s. Arzneimittel und Gifte.

Methylglyoxal im Blut, Bestimmung 91.
    im Harn 245.
    im Liquor 326.

Methylguanidin in Lunge 517.

Methylhexansäure s. Fette.

Methylphenylbarbitursäure s. Rutonal.

Methylumbelliferon s. Reagentien.

Mikrosomen in Leber, Adenosintriphosphatase 734.
    Cytochromoxydase 733.
    Diphosphopyridinnucleotid-Cytochrom c-Reductase 734.
    Lactoflavingehalt 499.
    Phosphorgehalt 475.
    Stickstoffgehalt 475.
    in Tumoren, Adenosintriphosphatase 734.
    Cytochromoxydase 733.
    Diphosphopyridinnucleotid-Cytochrom c-Reductase 734.

Milch 666—682.
    Alkalizahl 669.
    Aneuringehalt 670.
    Aschegehalt 669.
        Bestimmung 678.
    Ascorbinsäuregehalt 670.
    Aufrahmfähigkeit 672.
    Biotingehalt 670.
    Brechungsindex 672.
    Borgehalt 669.

Milch, Calciumgehalt 669.
    Carbonatgehalt 669.
    Caseingehalt 667, 668, 671.
        Bestimmung 676.
    Citronensäuregehalt 669, 670, 671.
        Bestimmung 677, 678.
    Chloridgehalt 669.
    Cholesteringehalt 670.
    Cholingehalt 670.
    Colostrum 671.
    Dehydrocholesteringehalt 670.
    Eisengehalt 669.
    Eiweißgehalt 671.
        Bestimmung 676.
    Energiegehalt 672.
    Enteiweißung 678, 679.
    Erhitzung, Nachweis 679 bis 681.
    Fermentgehalt 670.
    Fettgehalt 667, 671.
        Bestimmung 675.
    Fluoridgehalt 669.
    Folsäuregehalt 670.
    Frauenmilch 671.
    Fremdstoffe, Übergang 671.
    Gefrierpunktserniedrigung 672.
        Bestimmung 674.
    Gerinnung 673.
    Inositgehalt 670.
    Jodgehalt 669.
    Kaliumgehalt 669.
    Kohlendioxydgehalt 671.
    Kupfergehalt 669.
    Lactalbumingehalt 667, 668, 671.
        Bestimmung 676.
    Lactoflavingehalt 670.
    Lactoglobulingehalt 667, 668, 671.
        Bestimmung 676.
    Lactosegehalt 668, 669, 671.
        Bestimmung 677.
    Lithiumgehalt 669.
    Magnesiumgehalt 669.
    Mangangehalt 669.
    Mineralbestandteile 671.
    Molke 668.
    Natriumgehalt 669.
    Nicotinsäuregehalt 670.
    Pantothensäuregehalt 670.
    p_H-Wert 672.
    Phosphataseprobe 680.
    Phosphatidgehalt 670.
        Bestimmung 682.
    Phosphorgehalt 669.
    Pyridoxingehalt 670.
    Reinheitsgrad 673.
    Reststickstoffgehalt 668.
    Rubidiumgehalt 669.
    Sauerstoffgehalt 671.
    Säuregrad, Bestimmung 674.
    Schafsmilch 671.

Milch, Schwefelgehalt 669.
    Siliciumgehalt 669.
    spezifisches Gewicht 671, 672, 673, 674.
    Stickstoffgehalt 671.
        Bestimmung 676.
    Strontiumgehalt 669.
    Titangehalt 669.
    Tokopherolgehalt 670.
    Trockensubstanz 671.
        Bestimmung 675.
    Vanadiumgehalt 669.
    Vitamin A-Gehalt 670.
        in Colostrum 497.
    Vitamin D-Gehalt 670.
    Vitamin D_3, Bestimmung 681.
    Vitamin K-Gehalt 670.
    Wassergehalt 671.
    Ziegenmilch 671.

Milchartige Ergüsse 349, 350.

Milchcystenflüssigkeit 354.

Milchfaktor s. Tumoren.

Milchsäure im Blut 337.
        Bestimmung 103—107.
    in Cantharidenblasen 356.
    in Echinococcusblasen 357.
    in Ergüssen 347, 350.
    in Faeces, Bestimmung 417, 418.
    in Fettgewebe 621.
    in Galle 397.
    im Gehirn 528, 537.
    in Glaskörper 566.
    im Harn 202.
    in Haut 599.
    im Herz 555.
    in Kammerwasser 566.
    im Knochen 629, 630.
    im Liquor 330, 331, 337, 338, 339.
    in Lunge 518.
    im Magensaft 375.
    im Muskel 555.
    in Niere 504.
    im Schweiß 605.
    im Speichel 361.
    in Speicheldrüsen 664.
    in Tumoren 615, 696.

Milchsteine s. Konkremente.

MILLONS Reagens s. Reagentien.

Milz 507—514.
    Adenylsäuredesaminase 730.
    Aluminiumgehalt 508.
    Aminosäuren, freie, Bestimmung 460.
    Amylasegehalt 513.
    Arginase 724.
    Aschegehalt 452.
    Bleigehalt 508.
    Bromidgehalt 507.
    Calciumgehalt 452, 507.
    Cerebrosidgehalt 463.

Milz, Chloridgehalt 507.
Cholesteringehalt 463, 464, 512.
Cholinesterase 513.
Citronensäuregehalt 512.
Cytochrom c-Gehalt 719.
Cytochromoxydase 719.
Desaminasen für Nucleinsäuren 730.
Desoxyribonucleinsäuregehalt 510.
Desoxyribonucleotid, Darstellung 510.
Diaminophosphatid, Darstellung 512.
Eisengehalt 453, 474, 507.
Eiweiß, Aminosäurezusammensetzung 458, 702.
Extraktion 508, 509.
Eiweißgehalt 452.
Esterase 727.
Elastingehalt 617.
Ferritingehalt 459.
Ferritin, Darstellung 510.
Fettgehalt 463, 464.
Fettsäuregehalt 464.
Fluoridgehalt 508.
Gesamtlipidgehalt 511.
Gewicht 452, 507.
β-Glucuronidasegehalt 513.
Glutamingehalt 511.
Glutaminsäuregehalt 511.
Glykolysewerte 514, 715.
Guanindesaminase 730.
Guanosindesaminase 730.
Guanylsäuredesaminase 730.
Jodgehalt 508.
Kaliumgehalt 507.
Katalase 721.
Kathepsin 726.
Kephalingehalt 463.
Kobaltgehalt 508.
Kollagengehalt 617.
Kupfergehalt 453, 474, 508.
Lecithingehalt 463.
Lipase 727.
Lipidgehalt 452.
Lipoidgehalt 463, 464.
Lipoidspeicherkrankheiten 511.
Lipoproteid, Darstellung 511.
Magnesiumgehalt 508.
Mangangehalt 508.
Milchsäuredehydrogenase 718.
Molybdängehalt 508.
Natriumgehalt 507.
Nucleotidgehalt 510.
Oxalsäuregehalt 512.
Phosphatasen 728.
Phosphatidgehalt 463, 464.
Phosphor, organisch gebundener 509.
Phosphorgehalt 452, 508.
Proteasen 513.

Milz, Puringehalt 510, 708.
Pyridoxingehalt 512.
Quecksilbergehalt 508.
Rhodanesegehalt 661.
Ribonucleinsäuregehalt 510.
Rubidiumgehalt 508.
Sauerstoffverbrauch 513, 715, 719.
Schwefelgehalt 508.
Siliciumgehalt 508.
Sphingomyelingehalt 463.
Sphingosingehalt 463.
Stickstoffgehalt 508.
Urangehalt 508.
Vitamin A-Gehalt 512.
Wassergehalt 452, 507.
Zinkgehalt 453, 474, 508.
Zinngehalt 508.
Milzcystenflüssigkeit 354.
Mineralien s. unter den einzelnen Substanzen.
Mineralocorticoide s. Steroide.
Mitochondrien, Darstellung 449.
in Leber 713.
Adenosintriphosphatase 734.
Bernsteinsäuredehydrogenase 733.
Cytochromoxydase 733.
Diphosphopyridinnucleotid-Cytochrom c-Reductase 734.
Lactoflavingehalt 499.
Lipoidgehalt 694.
Lipoidzusammensetzung 486.
Phosphorgehalt 475.
Stickstoffgehalt 475, 733.
aus Muskel, Lipoidgehalt 694.
in Tumoren 713.
Adenosintriphosphatase 734.
Bernsteinsäuredehydrogenase 733.
Cytochromoxydase 733.
Diphosphopyridinnucleotid-Cytochrom c-Reductase 734.
Lipoidgehalt 694.
Stickstoffgehalt 733.
Molke s. Milch.
Molybdän im Gehirn 526.
im Knochen 629.
in Leber 469, 471.
in Leberzellkernen 449.
im Magen 520.
in Milch 508.
im Muskel 545.
in Niere 502.
in Nierenzellkernen 449.
im Pankreas 652.
Molybdänwolframsäure s. Reagentien.
Monoaminoxydase s. Fermente.

Morphin s. Arzneimittel und Gifte.
Morphin-Schwefelsäure s. Reagentien.
Mucinase s. Fermente.
Mucin s. Mucoide.
Mucoide, Mucin in Faeces, Nachweis 408.
Eiweißanteil 643.
in Galle 390, 397.
in Gelenkflüssigkeit 642, 643.
im Magensaft 378.
Polysaccharidanteil 643.
im Speichel 361.
in Speicheldrüsen 664.
im Sputum, Bestimmung 366, 367.
im Knorpel 639.
Mucoproteid in Gehirncysten 354.
im Harn, Abtrennung 215.
Pseudomucin in Ovarialcysten, Nachweis 353.
Mucopolysaccharide im Bindegewebe 614, 615.
Chondroitinschwefelsäure in Bindegewebe 615.
im Knorpel 639, 640.
in Gefäßen 615.
in Gelenkflüssigkeit 615.
im Glaskörper 615.
in Haut 598, 615.
im Herz 615.
in Hornhaut 568.
Hyaluronsäure in Bindegewebe 615.
in Ergüssen 347.
in Gelenkflüssigkeit 642 bis 644.
im Glaskörper, Darstellung 569.
in Hornhaut 569.
in Nabelschnur 589 bis 591.
im Knorpel 615.
in Nabelschnur 615.
im Tumor 615.
in Zähnen 649.
Mucoproteid s. Mucoide.
Muskel 539—560.
Adenosintriphosphatgehalt 549.
Adenylsäuredesaminase 730.
Alaningehalt 550.
Aldolasegehalt 718.
Aluminiumgehalt 545.
Aminosäure, freie, Bestimmung 460.
Aneuringehalt 558.
Aneurinpyrophosphatgehalt 557.
Anseringehalt 554.
Arginase 724.

Muskel, Arginingehalt 551.
 Arsengehalt 545.
 Aschegehalt 452, 539, 540, 542.
 Ascorbinsäuregehalt 498, 558, 559.
 Basengehalt 542, 553.
 Bernsteinsäuredehydrogenase 723.
 Biotingehalt 558.
 Bleigehalt 545.
 Bromidgehalt 545.
 Brenztraubensäuregehalt 557.
 Calciumgehalt 452, 525, 539, 542, 543, 545, 688,
 Carnosingehalt 554.
 Cerebrosidgehalt 463, 556.
 Chloridgehalt 527, 542, 543, 545, 690.
 Cholesteringehalt 463, 556, 557, 693.
 Citronensäuregehalt 557, 696.
 Cysteingehalt 551.
 Cystingehalt 551.
 Cytochrom c-Gehalt 559, 560, 719.
 Cytochromoxydase 559, 719.
 Dehydropeptidasen 725.
 Desaminasen für Nucleinsäuren 730.
 Desoxyribonucleinsäuregehalt 553.
 Dihydro-diphosphopyridinnucleotidgehalt 717.
 Diphosphopyridinnucleotidgehalt 553, 717.
 Eisengehalt 543, 544, 545, 546, 688.
 Eiweiß, Aminosäurezuammensetzung 458, 550, 702, 705.
 Extrahierbarkeit 459.
 Eiweißgehalt 452, 539, 549, 550, 698, 699.
 Esterase 727.
 Fettgehalt 463, 527.
 Fluoridgehalt 545.
 Folsäuregehalt 558.
 Gewicht 452, 539, 540.
 Glutamingehalt 550, 551.
 Glutaminsäuregehalt 550, 551.
 Glutathiongehalt 550.
 Glycerophosphatgehalt 549.
 Glykogengehalt 483, 555.
 Glykokollgehalt 550.
 Guanindesaminase 730.
 Guanosindesaminase 730.
 Guanylsäuredeasminase 730.
 Hexosephosphatgehalt 549.
 Histamingehalt 554.
 Histidingehalt 550, 551.

Muskel, Inositgehalt 558.
 Bestimmung 466.
 Isoleucingehalt 551.
 Jodgehalt 544, 545, 548.
 Kaliumgehalt 525, 527, 540, 541, 542, 543, 545, 687.
 Katalase 721.
 Kathepsin 726.
 Kephalingehalt 463, 556.
 Kobaltgehalt 545.
 Kohlendioxydgehalt 546.
 Kohlenhydratgehalt, Bestimmung 554.
 Kollagengehalt 617.
 Kreatin, Bestimmung 550 bis 553.
 Kupfergehalt 545.
 Lactoflavingehalt 558.
 Lecithingehalt 463, 556.
 Leucingehalt 551.
 Lipase 727.
 Lipidgehalt 452.
 Lipoidgehalt 462, 463, 556, 557.
 in Mitochondrien 694.
 Lipoidphosphorgehalt 556.
 Lysingehalt 551.
 Magnesiumgehalt 541, 542, 543, 545, 688.
 Mangangehalt 545.
 Methioningehalt 551.
 Milchsäuredehydrogenase 717, 718.
 Milchsäuregehalt 555.
 Mitochondrien, Lipoidgehalt 694.
 Molybdängehalt 545.
 Myoglobingehalt 549.
 Natriumgehalt 527, 541, 542, 543, 545, 687.
 Nichtkollagen-Stickstoffgehalt 541.
 Nickelgehalt 545.
 Nicotinsäuregehalt 558.
 Nucleoproteidgehalt 709.
 Nucleotidgehalt 553, 709.
 Pantothensäuregehalt 558.
 Peptidgehalt 550.
 Phenylalaningehalt 550, 551.
 Phosphatasen 728.
 Phosphatidgehalt 463.
 Phosphokreatingehalt 549. 553, 690.
 Phospholipoidgehalt 556.
 Phosphor in Nucleotiden 707.
 Phosphorgehalt 452, 527, 539, 542, 543, 545, 548, 549, 690, 691.
 Phosphorsäureestergehalt 690, 691.
 Plasmalogengehalt 559.
 Prolingehalt 551.
 Puringehalt 553, 708, 709.

Muskel, Pyridoxingehalt 558.
 Pyrophosphatgehalt 690, 691.
 Quecksilbergehalt 545, 655.
 Reststickstoffgehalt 550.
 Ribonucleinsäuregehalt 553.
 Rubidiumgehalt 545.
 Sauerstoffverbrauch 560, 719.
 Schwefelgehalt 545.
 Silbergehalt 545.
 Siliciumgehalt 545.
 Sphingomyelingehalt 463, 556.
 Sphingosingehalt 463.
 Stickstoffgehalt 542.
 Strontiumgehalt 545.
 Tauringehalt 550.
 Threoningehalt 551.
 Titangehalt 545.
 Tokopherolgehalt 558.
 Transaminasen 724.
 Triphosphopyridinnucleotidgehalt 717.
 Tryptophangehalt 550, 551 703.
 Tyrosingehalt 551.
 „Under"-Glutaminsäuregehalt 550.
 Urangehalt 545.
 Valingehalt 551.
 Vitamin A-Gehalt 558.
 Vitamin B_{12}-Gehalt 558.
 Wassergehalt 452, 527, 539, 540, 542, 543.
 Xanthindehydrogenase 723.
 Zinkgehalt 545, 546.
 Zinngehalt 545.
Mutterkornalkaloide s. Arzneimittel und Gifte.
Myogen s. Eiweiß.
Myoglobin s. Pyrrolfarbstoffe.
Myom s. Tumoren.
Myosin s. Eiweiß.
Myristinsäure s. Fette.

Nabelschnur, Zusammensetzung 589—591.
 Mucopolysaccharidgehalt 615.
Nagel s. Haar.
β-Naphthyllaurat s. Reagentien.
β-Naphthylphosphat s. Reagentien.
Narcein s. Arzneimittel und Gifte.
Narcotin s. Arzneimittel und Gifte.
Nasensteine s. Konkremente.
Natrium in Aderhaut 562.
 in Bindegewebe 613, 614.
 im Blut 5, 6, 7, 8, 337, 344, 355.
 in Bronchialsteinen 445.

Natrium im Ciliarkörper 562.
  im Darm 520.
  in Echinococcusblasen 357.
  in Ergüssen 344, 351.
  im Fetus 451.
  in Fruchtwasser 586.
  in Galle 391.
  in Gallensteinen 437, 439.
  im Gehirn 525, 527.
  im Glaskörper 562.
  im Haar 607.
  im Harn 183.
  in Harnsteinen, Nachweis 434.
  in Haut 355, 593.
  in Hautblasen 355.
  im Herz 542, 547.
  in Hornhaut 562.
  in Iris 562.
  im Kammerwasser 562, 564, 565.
  im Knochen 624, 627.
  im Knorpel 638.
  in Leber 468, 469, 471, 472, 685, 687.
  in Linse 562, 563.
  im Liquor 304, 305, 337, 339.
  in Lunge 515.
  in Lymphcysten 355.
  im Magen 520.
  im Magensaft 375.
  in Mandelsteinen 446.
  im Muskel 527, 541, 542, 543, 545, 687.
  in Milch 669.
  in Milz 507.
  in Nasensteinen 444.
  in Nerven 527.
  in Netzhaut 561, 562.
  in Neugeborenen 452.
  in Niere 503.
  im Pankreas 652.
  im Pankreassaft 389.
  in Placenta 587.
  im Prostatasekret 585.
  in Sklera 562.
  im Speichel 358, 359.
  in Speicheldrüsen 664.
  in Speichelsteinen 444.
  im Sperma 575.
  im Sputum 364, 365.
  Ausscheidung 371.
  in Thymus 651.
  in Tränensteinen 446.
  in Tumoren 685, 686, 687.
  im Uterus 543, 548.
  in Zähnen 647.
  in Zahnpulpa 650.
Natriumchlorid im Harn, Normalwerte 183.
Nebenhoden, Citronensäuregehalt 583.
  Sekretmenge 582.
  Zinkgehalt 583.

Nebennieren 660—662.
  Äthylschwefelsäuregehalt 660.
  Aluminiumgehalt 651.
  Aneuringehalt 654.
  Ascorbinsäuregehalt 580, 654, 661.
  Biotingehalt 654.
  Bromidgehalt 651.
  Chloridgehalt 651.
  Cholesteringehalt 653, 661.
  Citronensäuregehalt 660.
  Dimethylsulfongehalt 660.
  Eiweiß, Aminosäurezusammensetzung 458.
  Fermentgehalt 661, 662.
  Fettgehalt 653, 661.
  Gewicht 660.
  Glutathiongehalt 660.
  Inositgehalt 654.
  Kupfergehalt 651.
  Lactoflavingehalt 654.
  Lipoidgehalt 653.
  Mangangehalt 651.
  Nicotinsäuregehalt 654.
  Pantothensäuregehalt 654.
  Phospholipoidgehalt 653.
  Phosphorgehalt 660.
  Plasmalgehalt 660.
  Quecksilbergehalt 651.
  Rubidiumgehalt 651.
  Schwefelgehalt 651.
  Silbergehalt 651.
  Siliciumgehalt 651.
  Tauringehalt 660.
  Titangehalt 651.
  Tokopherolgehalt 654.
  Urangehalt 651.
  Vitamin A-Gehalt 654.
  Vitamin K-Gehalt 654.
  Wassergehalt 650, 660.
  Zinkgehalt 651.
  Zinngehalt 651.
Nebennierenrindensteroide s. Steroide.
Nebenschilddrüsen 658.
  Nicotinsäuregehalt 654.
  Siliciumgehalt 651.
  Vitamin A-Gehalt 654.
  Wassergehalt 650.
NELSONs Reagens s. Reagentien.
Nembutal s. Äthyl-1-methylbutylbarbitursäure.
Neonal s. Soneryl.
Neotropin s. Arzneimittel und Gifte.
Neo-Uliron s. Arzneimittel und Gifte.
Nephrin s. Niere.
Nephrolithe s. Konkremente.
Nerven 524—539.
  Aneuringehalt 537.
  Bestimmung 464.
  Äpfelsäure im Sehnerv 565.
  Calciumgehalt 525.

Nerven, Chloridgehalt 527.
  Citronensäuregehalt im Sehnerv 565.
  Fettgehalt 527.
  Kaliumgehalt 527.
  Kephalingehalt 532.
  Lecithingehalt 532.
  Natriumgehalt 527.
  Phosphorgehalt 527.
  Siliciumgehalt 526.
  Sphingomyelingehalt 532.
  Wassergehalt 524, 527.
NESSLERS Reagens s. Reagentien.
Netzhaut s. Auge.
NEUBERGS Reagens s. Reagentien.
Neutralschwefel s. a. Schwefel.
  in Ergüssen 348, 349.
  im Liquor 337.
  in Pankreascysten 354.
Niacin s. Nicotinsäure.
Nickel s. a. Arzneimittel und Gifte.
  im Blut 11.
  in Fettgewebe 664.
  in Gallensteinen 437.
  im Gehirn 526.
  in Haut 594.
  im Knochen 629.
  in Leber 469.
  in Leberzellkernen 449.
  im Muskel 545.
  in Niere 502.
  in Nierenzellkernen 449.
  im Pankreas 652.
  in Thymus 651.
  im Uterus 548.
  in Zähnen 647.
Nicotin s. Arzneimittel und Gifte.
Nicotinsäure s. Vitamine.
Niere 501—507.
  s. a. Arzneimittel und Gifte.
  Adenylsäuredesaminase 730.
  Aluminiumgehalt 502.
    in Zellkernen 449.
  α-Amino-N-Gehalt 503.
  L-Aminosäureoxydase, Darstellung 505.
  D-Aminosäureoxydase 723.
  Ammoniakgehalt 503.
  Arginase 724.
  Arsengehalt 502.
  Aschegehalt 452, 502.
  Ascorbinsäuregehalt 504.
  Barium, Vorkommen 501.
  Bernsteinsäuredehydrogenase 723.
  Bleigehalt 502.
  Bromidgehalt 502.
  Calciumgehalt 452, 503.
  Chrom in Zellkernen 449.
  Cerebrosidgehalt 463.
  Chloridgehalt 503.

Niere, Cholesteringehalt 463, 464, 504.
Conjugasegehalt 506.
Cystindesulfurase 725.
Cytochrom c-Gehalt 559, 719, 721.
Cytochromoxydase 559, 719.
Dehydropeptidasen 725.
Desaminasen für Nuclein-säuren 730.
Desoxyribonucleinsäure-gehalt 503.
Dopadecarboxylase 505.
Eisengehalt 502.
Eiweiß, Aminosäurezusam-mensetzung 458.
Extrahierbarkeit 459.
Eiweißgehalt 452.
Elastingehalt 617.
Esterase 727.
Ferritingehalt 459.
Fettgehalt 463, 464, 504.
Fettsäuregehalt 464.
Flavin-adenin-dinucleotid-gehalt 723.
Fluoridgehalt 502.
Gewicht 448, 452.
Glutamingehalt 503.
Glykogengehalt 504.
Glykokolloxydase 506.
Glykolysewerte 715.
Guanindesaminase 730.
Guanosindesaminase 730.
Guanylsäuredesaminase 730.
Hippuricase 506.
Histaminase 506.
Kaliumgehalt 503.
Katalasegehalt 506, 721.
Kathepsin 726.
Kephalingehalt 463, 504.
Kobaltgehalt 502.
in Zellkernen 449.
Kollagengehalt 617.
Kupfergehalt 502.
in Zellkernen 449.
Lactoflavingehalt 504.
Lecithingehalt 463, 504.
Lipidgehalt 452.
Lipoidgehalt 462, 463, 464.
Magnesiumgehalt 503.
Mangangehalt 502.
in Zellkernen 449.
Milchsäuredehydrogenase 718.
Milchsäuregehalt 504.
Molybdängehalt 502.
in Zellkernen 449.
Natriumgehalt 503.
Nephrin 506.
Nickelgehalt 502.
in Zellkernen 449.
Phosphatasen 505, 728.
Phosphatidgehalt 463, 464, 504.

Niere, Phosphorgehalt 452, 503, 691.
Phosphorsäureestergehalt 691.
Puringehalt 503, 708.
Pyridoxingehalt 504.
Pyrophosphatgehalt 691.
Quecksilbergehalt 502, 655.
Renin, Darstellung 506.
Rhodanesegehalt 661.
Ribonucleinsäuregehalt 503.
Rubidium, Vorkommen 501.
Sauerstoffverbrauch 715, 719.
Schwefelgehalt 502.
Silber, Vorkommen 501.
Siliciumgehalt 502.
Sphingomyelingehalt 463, 504.
Sphingosingehalt 463.
Strontiumgehalt 502.
Titangehalt 503.
Urangehalt 502.
Vanadium, Vorkommen 501.
Vitamin A-Gehalt 504.
Wassergehalt 452, 503.
Zellkerne, Untersuchung 505.
Zinkgehalt 502.
in Zellkernen 449.
Zinngehalt 502.
in Zellkernen 449.
Nierensteine s. Konkremente.
Ninhydrin s. Reagentien.
Nitrat im Blut 337.
im Harn 183.
im Liquor 337.
in Milch 671.
Nitrit s. salpetrige Säure.
Nitrobenzol s. Arzneimittel und Gifte.
Nitroprussidnatrium s. Rea-gentien.
Nirvanol s. Arzneimittel und Gifte.
Noctal s. Arzneimittel und Gifte.
NONNE-APELT-Reagens s. Rea-gentien.
Novalgin s. Arzneimittel und Gifte.
Novatophan s. Arzneimittel und Gifte.
Novocain s. Arzneimittel und Gifte.
Nucleinsäure s. Nucleotide.
Nucleoproteide s. Nucleotide.
Nucleoside s. Nucleotide.
Nucleotidasen s. Fermente.
Nucleotide, Adeninnucleotid in Ergüssen 349.
im Liquor 326, 336.
Adenosindiphosphorsäure in Leber 495, 497.
in Tumoren 696.
Adenosintriphosphorsäure im Blut 15.

Nucleotide, im Gehirn 528.
im Herz 549.
im Knochenmark 633.
Adenosintriphosphorsäure in Leber 495, 497.
Bestimmung 480.
in Linse 561.
im Muskel 549.
im Sperma 579.
in Tumoren 696.
im Uterus 549.
Adenosinverbindungen im Sperma 579.
Adenylsäure in Leber 496, 497.
in Leberribonucleinsäure 481.
in Tumoren 696.
Cytidylsäure in Leberribo-nucleinsäure 481.
Desoxyribonucleinsäure im Herz 553.
in Leber 479, 480, 711.
Isolierung 478.
in Milz 510.
im Muskel 553.
in Niere 503.
im Sperma 578.
im Sternalpunktat 636.
in Thymus 659, 660.
in Tumoren 709, 710, 711, 712, 713.
Desoxyribonucleoproteid in Milz, Darstellung 510.
Desoxyribonucleotide in Ge-hirncysten 355.
im Pankreas 663.
im Gehirn 536.
Guanylsäure in Leberribo-nucleinsäure 481.
im Harn 221—225.
in Leber 480, 709.
in Linse 561.
in Milz 510.
im Muskel 553, 709.
Nucleinsäure in Kaninchen-papillomagens 737.
in Leber 477—480.
in Lunge 516.
in ROUS-Agens 737.
in tumorerregenden Par-tikeln 737.
Nucleoproteide in Faeces, Nachweis 407.
in Haut 714.
in Leber 698, 709.
in Muskel 709.
in ROUS-Agens 736.
im Sperma 577.
im Sputum 370.
in Thymus 659, 714.
in Tumoren 698, 709, 713, 714.
Nucleoside in Leber 480.

Nucleotide, Ribonucleinsäure in Hefe, Zusammensetzung 710.
im Herz 553.
in Leber 479, 480, 481, 710, 711.
Isolierung 478.
in Milz 510.
im Muskel 553.
in Niere 503.
im Pankreas, Zusammensetzung 710.
im Sternalpunktat 636.
in Tumoren 710, 711, 712, 713.
Ribonucleotide im Pankreas 663.
im Sperma 578.
in Tumoren 709.
Uridylsäure in Leberribonucleinsäure 481.
Numal s. Arzneimittel und Gifte.
Nutriaglykocholsäure s. Gallensäuren.

OBERMEYERS Reagens s. Reagentien.
Octadecylalkohol in Bürzeldrüse 665.
Ölsäure s. Fette.
Oestradiol s. Steroide.
Oestriol s. Steroide.
Oestrogene s. Steroide.
Oestron s. Steroide.
Opiumalkaloide s. Arzneimittel.
Orcinreagens s. Reagentien.
Organe s. a. unter den einzelnen Organen 447—666.
Extraktion 455.
pH-Messung 466.
Trocknung 455.
Zerkleinerung 454.
Otolithe s. Konkremente.
Ovar 591.
Eiweiß, Aminosäurezusammensetzung 458.
Milchsäuredehydrogenase 718.
Ovarialcystenflüssigkeit 353.
Oxalessigsäure im Blut, Bestimmung 109, 110.
Oxalsäure s. a. Arzneimittel und Gifte.
im Blut 337.
Bestimmung 101.
in Echinococcusblasen 357.
im Harn 183, 211.
Bestimmung 212.
in Harnsteinen 432.
Nachweis 435.
im Liquor 332, 337.
in Milz 512.
in Nasensteinen 444.
in Pankreassteinen 441.

Oxalursäure im Harn, Bestimmung 212.
β-Oxybuttersäure im Blut 90, 337.
Bestimmung 96.
im Harn 183.
Bestimmung 209.
im Liquor 326, 337.
17-Oxycorticoide s. Steroide.
Oxydase s. Fermente.
Oxydimorphin s. Arzneimittel und Gifte.
Oxyhämoglobin s. Pyrrolfarbstoffe.
Oxylysin s. Aminosäuren.
p-Oxyphenylbrenztraubensäure im Harn, Bestimmung 204 bis 206.
Oxyprolin s. Aminosäuren.

Pankreas 662—663.
Aluminiumgehalt 652.
Aschegehalt 452.
Ascorbinsäuregehalt 654.
Bleigehalt 652.
Bromidgehalt 652.
Cadaveringehalt 663.
Calciumgehalt 452, 652.
Chloridgehalt 652.
Citronensäuregehalt 663.
Cystindesulfurase 725.
Dehydropeptidasen 725.
Desoxyribonucleinsäuregehalt 663.
Eisengehalt 652.
Eiweißgehalt 452.
Aminosäurezusammensetzung 458.
Esterase 727.
Fettgehalt 662.
Fettsäuregehalt 663.
Folsäuregehalt 654.
Gewicht 452, 662.
Glykolysewerte 715.
Histamingehalt 663.
Kaliumgehalt 652.
Kobaltgehalt 652.
Kupfergehalt 652.
Lipidgehalt 452.
Lipoidgehalt 462, 463, 653.
Magnesiumgehalt 652.
Mangangehalt 652.
Molybdängehalt 652.
Natriumgehalt 652.
Nickelgehalt 652.
Nicotinsäuregehalt 654.
Phospholipoidgehalt 653.
Phosphorgehalt 452, 652.
Puringehalt 663, 708.
Quecksilbergehalt 652.
Rhodanesegehalt 661.
Ribonucleinsäuregehalt 663.
Zusammensetzung 710.
Rubidiumgehalt 652.

Pankreas, Sauerstoffverbrauch 663, 715.
Schwefelgehalt 652.
Silbergehalt 652.
Siliciumgehalt 652.
Spermidingehalt 663.
Spermingehalt 663.
Sphingosingehalt 463.
Titangehalt 652.
Tokopherolgehalt 654.
Uracil, Nachweis 663.
Urangehalt 652.
Vitamin A-Gehalt 654.
Wassergehalt 452, 650, 662.
Zinkgehalt 652, 662.
Zinngehalt 652.
Pankreascystenflüssigkeit 354.
Pankreassaft 389—390.
Albumingehalt 390.
Aschegehalt 389.
Calciumgehalt 389.
Chloridgehalt 389.
Eiweißfraktionen 390.
Globulingehalt 390.
Hydrogencarbonatgehalt 389.
Kaliumgehalt 389.
Magnesiumgehalt 389.
Natriumgehalt 389.
pH-Wert 389.
Phosphorgehalt 389.
Schwefelgehalt 389.
Siliciumgehalt 389.
spezifisches Gewicht 389.
Trockensubstanz 389.
Zinkgehalt 389.
Pankreassteine s. Konkremente.
Panthesin s. Arzneimittel und Gifte.
Pantocain s. Arzneimittel und Gifte.
Pantothensäure s. Vitamine.
Papaverin s. Arzneimittel und Gifte.
Paracodin s. Arzneimittel und Gifte.
Paraldehyd im Blut, Bestimmung 93.
PATEINS Reagens s. Reagentien.
Pellidol s. Arzneimittel und Gifte.
Pemphigusblasen 356.
Pentdyopent s. Pyrrolfarbstoffe.
Pentamethylentetrazol s. Cardiazol.
Pentobarbital s. Äthyl-1-methylbutyl-barbitursäure.
Pentosen s. Kohlenhydrate.
Pepsin s. Fermente.
Peptide, Anserin im Muskel 554.
im Blut 47.
Carnosin im Herz 553.
im Muskel 554.
im Uterus 554.
Glutathion im Blut 16, 566.
Bestimmung 44.

Peptide, Glutathion im Gehirn 535.
  im Glaskörper 566.
  im Herz 550.
  im Kammerwasser 566.
  in Hypophyse 655.
  in Leber 477, 550, 700.
  in Linse 566.
  in Lunge 517.
  im Muskel 550.
  in Nebennieren 660.
  in Schilddrüse 658.
  in Thymus 660.
  in Tumoren 700.
  im Vaginalsekret 586.
  in Leber 476.
  im Magensaft 379.
  im Muskel 550.
  „Under"-Glutaminsäure in Organen 550.
Percain s. Arzneimittel und Gifte.
Perikardialflüssigkeit s. Ergüsse.
Peritonealflüssigkeit s. Ergüsse.
Perle s. Konkremente.
Pernocton s. Arzneimittel und Gifte.
Peroxydase s. Fermente.
Pervitin s. Arzneimittel und Gifte.
Petroläther s. Reagentien.
Phanodorm s. Arzneimittel und Gifte.
Phenacetin s. Arzneimittel und Gifte.
Phenol s. a. Arzneimittel und Gifte.
  im Blut 337.
  in Faeces, Bestimmung 418.
  in Galle 400.
  im Harn 183, 247—250.
    Bestimmung 248, 249.
  und Harnfarbe 185.
  im Liquor 337.
  in Milch 671.
Phenolphthaleindiphosphat s. Reagentien.
Phenolphthalin s. Reagentien.
Phenolreagens s. Reagentien.
Phenyläthylbarbitursäure s. Luminal.
Phenyläthylhydantoin s. Arzneimittel und Gifte.
Phenylalanin s. Aminosäuren.
2-Phenylchinolin-4-carbonsäure s. Atophan.
Phenyldimethylpyrazolon s. Arzneimittel und Gifte.
Phenyldimethylpyrazolonsalicylat s. Salipyrin.
Phenylphosphat s. Reagentien.
Phlebolithe s. Konkremente.
Phosphagen s. Phosphorsäureester.
Phosphatasen s. Fermente.

Phosphatide s. Lipoide.
Phosphatsteine s. Konkremente.
Phosphoglycerinsäure s. Phosphorsäureester.
Phosphokreatin s. Phosphorsäureester.
Phosphor s. a. Arzneimittel und Gifte.
  s. a. Lipoidphosphor.
  in Aderhaut 562.
  anorganischer, im Blut 15.
    in Leber 493, 494.
  im Blut 6, 7, 15, 337, 344, 642.
  in Bronchialsteinen 445.
  im Ciliarkörper 562.
  im Darm 452, 520.
  in Darmsteinen 442.
  in Echinococcusblasen 357.
  in Ergüssen 344, 351.
  in Faeces, Bestimmung 407.
  im Fettgewebe 452.
  im Fetus 451.
  im Fruchtwasser 586.
  in Galle 390.
  in Gallensteinen 437, 439.
  in Gefäßen 614, 621.
  im Gehirn 452, 525, 527, 528, 536.
  in Gelenkflüssigkeit 642.
  im Glaskörper 562.
  im Haar 607.
  in Harnsteinen 431, 432.
    Nachweis 434.
  in Haut 452, 593, 598.
  im Herz 452, 542, 547, 549.
  in Herz-Nucleotiden 707.
  in Hornhaut 562.
  in Iris 562.
  im Kammerwasser 562, 564.
  in Kaninchenpapillomagens 737.
  im Knochen 452, 624, 625, 626, 627, 631.
  im Knochenmark 633.
  im Knorpel 638.
  in Leber 452, 469, 471, 685, 691.
  in Leber-Nucleotiden 707.
  in Linse 561, 562.
  im Liquor 308, 337, 338, 339.
  in Lunge 452, 514, 515, 516, 684.
  in Lungen-Nucleotiden 707.
  in Lymphcysten 355.
  im Magen 520.
  in Mandelsteinen 446.
  in Milch 669.
  in Milchsteinen 446.
  in Milz 452, 508.
  im Muskel 452, 527, 539, 542, 543, 545, 548, 549, 690, 691.
  in Muskel-Nucleotiden 707.
  in Nasensteinen 444.

Phosphor in Nebennieren 660.
  in Nerven 527.
  in Netzhaut 562.
  in Neugeborenen 452.
  in Niere 452, 503, 691.
  organisch gebundener, in Leber, Bestimmung 493—496.
  in Lunge 516.
  in Milz 509.
  im Pankreas 452, 652.
  im Pankreassaft 389.
  in Pankreassteinen 441.
  im Prostatasekret 585.
  im Prostatastein 585.
  in Rous-Agens 737.
  säurelöslicher, im Blut 15.
  im Schweiß 604.
  in Sklera 562.
  im Speichel 358.
  in Speichelsteinen 444.
  im Sperma 577, 578.
    Bestimmung 575.
  in Spermatocelen 354.
  im Sputum 364, 365.
    Ausscheidung 371.
  in Thymus 651.
  in Tränensteinen 446.
  in Tumoren 684, 685, 690, 691, 696.
  in tumorerregenden Partikeln 737.
  in Tumor-Nucleotiden 707.
  im Uterus 548, 549.
  in verkalkten Geweben 626.
  in Zähnen 452, 645, 646.
  in Zahnpulpa 650.
Phosphormolybdänsäure s. Reagentien.
Phosphorsäureester, Aminoäthanolphosphat in Tumoren 693, 694.
  Argininphosphat im Sperma 576.
  in Blut 15.
  Cholinphosphat im Sperma, Bestimmung 575.
  Fructose-1-phosphat in Leber 493.
  Fructose-6-phosphat in Leber 493.
    in Tumoren 696.
  im Gehirn 536.
  Galaktose-1-phosphat in Leber 493.
  Glucose-1-phosphat in Leber 496, 497.
    in Tumoren 696.
  Glucose-6-phosphat in Leber 496, 497.
  Glycerinphosphorsäure im Harn 183.
    im Herz 549.
    in Leber 496, 497.
    in Linse 561.

Phosphorsäureester, Glycerin-phosphorsäure im Muskel 549.
Hexosediphosphat in Tumoren 696.
Hexosephosphat im Gehirn 528.
im Muskel 549.
in Leber 691.
im Muskel 690, 691.
in Niere 691.
Propandiolphosphat in Leber 494, 497.
Phosphoglycerinsäure im Blut, Bestimmung 113.
in Leber 495, 497.
in Tumoren 696.
Phosphokreatin im Gehirn 528, 529.
im Herz 549.
in Linse 561.
im Muskel 549, 553, 690.
in Tumoren 690, 691, 696.
im Uterus 549.
Ribose-5-phosphat in Leber, Isolierung 495.
in Tumoren 690, 691, 695, 696.
Phosphorwolframsäure s. a. Reagentien.
Enteiweißung von Blut 23.
Phosphorylase s. Fermente.
Phylloerythrin s. Pyrrolfarbstoffe.
Phyllosterin s. Steroide.
Physostigmin s. Arzneimittel und Gifte.
Phytobezoare s. Konkremente.
Phytosterine s. Steroide.
Pikrinsäure s. a. Arzneimittel und Gifte.
s. a. Reagentien.
Enteiweißung von Blut 23.
Pikrolonsäure s. Reagentien.
Pikrotoxin s. Arzneimittel und Gifte.
Pilocarpin s. Arzneimittel und Gifte.
Piperidin-äthylbarbitursäure s. Eldoral.
Placenta, Fermentgehalt 589.
Glykolysewerte 715.
gonadotropes Hormon 587.
Mineralgehalt 587.
Sauerstoffverbrauch 715.
Vitamingehalt 588.
Zusammensetzung 587—589.
Placentasteine s. Konkremente.
Plasma s. Blut.
Plasmal s. Lipoide.
Plasmalogen s. Lipoide.
Plasmochin s. Arzneimittel und Gifte.

Platin in Zähnen 647.
Platinchlorid-Chlorwasserstoffsäure s. Reagentien.
Pleuraflüssigkeit s. Ergüsse.
Pleurasteine s. Konkremente.
Polamidon s. Arzneimittel und Gifte.
Polypeptidase s. Fermente.
Porphin s. Pyrrolfarbstoffe.
Porphyrin s. Pyrrolfarbstoffe.
Präputialsteine s. Konkremente.
Pregnan-Derivate s. Steroide.
Pregnen-Derivate s. Steroide.
Progesteron s. Steroide.
Prolin s. Aminosäuren.
Prominal s. Arzneimittel und Gifte.
Prontalbin s. Arzneimittel und Gifte.
Prontosil s. Arzneimittel und Gifte.
Propandiolphosphat s. Phosphorsäureester.
Propionsäure in Echinococcusblasen 357.
Proponal s. Arzneimittel und Gifte.
Propylbarbitursäure s. Arzneimittel und Gifte.
Prostata, Citronensäuregehalt 583.
Cytochromgehalt 721.
Phosphatase 584, 728.
Siliciumgehalt 584.
Urangehalt 584.
Zinkgehalt 583.
Prostatasekret, Zusammensetzung 585.
Prostatasteine s. Konkremente.
Proteasen s. Fermente.
Proteide, Glykoproteide in Ergüssen 345.
in Haut 597.
im Liquor 330.
im Sperma 577.
Lipoproteid in Milz, Darstellung 511.
Protein s. Eiweiß.
Proteinasen s. Fermente.
Proteose s. Eiweiß.
Protoporphyrin s. Pyrrolfarbstoffe.
Pseudocholinesterase s. Fermente.
Pseudokeratin s. Eiweiß.
Pseudomucin s. Mucoid.
Psicain s. Arzneimittel und Gifte.
Psychotrin s. Arzneimittel und Gifte.
Pteridine, Uropterin im Harn 239.
Urothion im Harn 239.
Pulmolithe s. Konkremente.

Purine, Adenin im Harn, Bestimmung 224.
im Embryo 708.
in Ergüssen 345.
im Gehirn 536, 708.
Guanin im Harn, Bestimmung 223.
im Harn 183.
Bestimmung 223.
Harnsäure im Blut 60, 182, 337, 348, 355, 642.
in Ergüssen 345, 348, 351.
im Gehirn 534.
in Gelenkflüssigkeit 642.
im Harn 60, 182, 183.
Bestimmung 224.
in Harnsteinen 431, 432.
Bestimmung 435.
Nachweis 434.
in Haut 355.
in Hautblasen 355.
im Kammerwasser 564.
in Konkrementen 427.
in Leber 685.
im Liquor 60, 325, 337, 339.
Nachweis 773.
Reinigung 63.
im Schweiß 605.
in Speichelsteinen 444.
in Tumoren 685.
Hypoxanthin im Blut 63.
in Leber 480, 481, 708, 709.
Methylxanthine s. Arzneimittel und Gifte.
in Milz 510, 708.
im Muskel 553, 708, 709.
in Niere 503, 708.
in Organen, Bestimmung 460.
im Pankreas 663, 708.
im Sternalpunktat 636.
in Thymus 708.
in Tumoren 708, 709.
Xanthin im Blut 63.
im Harn, Bestimmung 223.
in Harnsteinen 431, 432.
Nachweis 434.
Purpurin s. Uroerythrin.
Putrescin in Faeces 408.
Pyramidon s. Arzneimittel und Gifte.
Pyramidonbutylchloralhydrat s. Arzneimittel und Gifte.
Pyridin und Harnfarbe 185.
Pyridoxin s. Vitamine.
Pyrimal s. Debenal.
Pyrimidine, Cytosin, Nachweis 64.
in Leber 481.
Thymin, Bestimmung 65.
Uracil, Nachweis 64.
im Pankreas 663.

Pyrophosphat im Gehirn 528.
in Leber 691.
im Muskel 690, 691.
in Niere 691.
in Tumoren 690, 691.
Pyrrolfarbstoffe, Bilirubin im
Blut 157, 158, 348.
Bestimmung 159 bis
161.
im Darmsaft, Bestimmung 385.
in Darmsteinen 442.
in Ergüssen 348.
in Faeces, Bestimmung
414.
in Galle 396.
in Gallensteinen 437, 439.
Nachweis 440.
im Harn 183.
Bestimmung 233, 234.
und Harnfarbe 185.
im Magensaft 380.
im Sputum 370.
Biliverdin in Galle 396.
und Harnfarbe 185.
in Blut 143—162.
Blutfarbstoffe im Sputum
370.
Carboxyhämoglobin, Absorptionsspektrum 146.
im Blut, Normalwerte
150.
Bestimmung 153, 154.
Deuteroporphyrin, HCl-Zahl
229.
Gallenfarbstoffe in Galle 396.
Hämatoporphyrin, HCl-
Zahl 229.
im Harn, Nachweis 780.
Hämiglobin, Absorptionsspektrum 146.
im Blut 150.
Bestimmung 153.
und Harnfarbe 185.
Hämiglobincyanid, Absorptionsspektrum 146.
Hämineisen in Leber 474.
Hämoglobin, Absorptionsspektrum 146.
in Blut 146, 147, 348.
Bestimmung 151,
152.
in Ergüssen 348.
im Harn, Bestimmung
226.
im Harn 225—237.
Isoporphin, HCl-Zahl 229.
Koprochrome in Faeces 406.
Kopromesobiliviolin in
Faeces 406.
Kopronigrin in Faeces 406.
Koproporphyrin, HCl-Zahl
229.
im Harn 183, 227, 228.
Bestimmung 231, 232.

Pyrrolfarbstoffe, Lithochlorin in
Darmsteinen 443.
Lithoporphyrin in Darmsteinen 443.
Mesoporphyrin, HCl-Zahl
229.
Myoglobin im Muskel 549.
Nomenklatur 144, 145.
Oxyhämoglobin, Absorptionsspektrum 146.
und Harnfarbe 185.
Phylloerythrin in Gallensteinen 438.
Pentdyopent im Blut, Nachweis 162.
Porphin, HCl-Zahl 229.
Porphyrin in Galle 397.
im Haar 611, 612.
im Harn 227, 228.
Bestimmung 232,
233.
Extraktion 228.
Nachweis 228.
und Harnfarbe 185.
Protoporphyrin, HCl-Zahl
229.
im Blut 156.
Stercobilin in Faeces, Bestimmung 416.
Stercobilinogen in Faeces,
Bestimmung 415.
im Harn 235.
Bestimmung 236.
Urobilin im Blut 161.
in Faeces, Bestimmung
416.
in Gallensteinen, Nachweis 440.
im Harn 162.
und Harnfarbe 185.
Urobilinogen im Blut 162.
in Faeces, Bestimmung
415.
in Galle 396.
im Harn 235.
Bestimmung 236.
Uroporphyrin, HCl-Zahl
229.
im Harn 183, 227, 228.
Bestimmung 232.
Verdoglobin im Blut, Bestimmung 155.
Verdoglobincyanid-Standard, Herstellung 155.

Quecksilber s. a. Arzneimittel
und Gifte.
im Blut 12.
in Darmsteinen 442.
in Fettgewebe 614.
in Gallensteinen 437.
im Gehirn 525.
im Haar 607.

Quecksilber im Herz 547.
in Hypophyse 651, 655.
in Leber 469, 655.
in Lunge 515, 516.
in Lymphdrüsen 508.
im Magen 520.
in Milz 508.
im Muskel 545, 655.
in Nebennieren 651.
in Niere 502, 655.
im Pankreas 652.
in Riechlappen 655.
in Schilddrüse 651, 655.
im Speichel 360.
in Speicheldrüsen 664.
in Tonsillen 508.
Quecksilberchloridlösung s.
Reagentien.
Quecksilberreinigung 7.
Quillajarinde s. Arzneimittel
und Gifte.

Radium, Bestimmung in Organen 454.
Reagentien, Alkohol, aldehydfreier 262.
Arsenphosphorwolframsäurereagens nach
BENEDICT 62.
Arsen-Schwefelsäure 823.
Äther, peroxydfreier 126
237.
Azoprotein für Proteinasenachweis, Darstellung
381.
BENEDICTS Reagens 244.
BIALS Reagens 244.
Biuretreagens 26.
nach WEICHSELBAUM
317.
Borsäurereagens für Stickstoffbestimmung 37, 189.
BRATTON-MARSHALL-
Reagens 224.
p-Bromanilinreagens für
Pentosebestimmung 84.
Brom-Bromkaliumlösung
823.
Cadmiumlactat, Darstellung
45.
Cer(IV)-chromatreagens zur
Fettsäurebestimmung
136.
Chlorkalklösung 823.
Chromtrioxyd, Reinigung
402.
DÉNIGÈS-Reagens, modifiziertes 94.
Diacetyllösung 40.
Diazoreagens für Acetessigsäurebestimmung 95.
für Bilirubinbestimmung
159, 414.

Reagentien, Diazoreagens nach EHRLICH 823.
für Ergothioneinbestimmung 43.
für Histaminbestimmung 59.
Dinatriumphenylphosphat, Reinigung 179.
m-Dinitrobenzol, Reinigung 262.
DRAGENDORFFS Reagens 824.
EHRLICHS Reagens 86, 415.
ERDMANNS Reagens 823.
ESBACH-Reagens 314.
FEHLINGsche Lösung II 159.
Formalin-Schwefelsäure 823.
FRÖHDES Reagens 823.
Fuchsin-Schweflige Säure 823.
Gerbstofflösung 823.
Goldchlorid-Chlorwasserstoffsäure 824.
Goldsollösung zur Homogentisinsäurebestimmung 213.
GOULARDS Reagens 43.
Guajac-Harz-Kupfersulfatpapier 742.
GÜNZBURGS Reagens 373.
Harnsäurereagens nach FOLIN 62.
Harnstoff-Cyanidlösung zur Harnsäurebestimmung 63.
Indicator nach TASHIRO 33, 318.
Jod-Jodkaliumlösung 823.
Kaliumquecksilber(II)-jodid 824.
Kaliumquecksilber(II)-rhodanid, Darstellung 39, 194.
Kalium-Wismutjodid 824.
KIMMELSTIEL-BECKERS Reagens 134.
Lithiumoxalat, Darstellung 63.
MANDELINS Reagens 824.
MARQUIS' Reagens 823.
MAYERS Reagens 824.
MECKES Reagens 824.
Methylumbelliferon, Darstellung 208.
MILLONS Reagens 824.
Molybdänwolframsäurereagens für Glucosebestimmung 72.
Morphin-Schwefelsäure 824.
β-Naphthyllaurat, Darstellung 173.
β-Naphthylphosphat, Darstellung 180.
NELSONS Reagens 73.
NESSLERS Reagens 34, 824.

Reagentien, NEUBERGS Reagens 88.
Nitroprussidnatrium 824.
Ninhydrinreagens nach MOORE und STEIN 49.
NONNE-APELT-Reagens 314.
OBERMEYERS Reagens 47, 249.
Orcinreagens für gebundenen Zucker 89.
PATEINS Reagens 88.
Petroläther, Reinigung 112, 211.
Phenolphthalin, Darstellung 380.
Phenolphthaleindiphosphat, Darstellung 179.
Phenolreagens nach FOLIN und CIOCALTEU 178, 418.
nach FOLIN-WU 30.
Phosphormolybdänsäurereagens 279, 824.
nach FOLIN 76.
Phosphorwolframsäure 824.
für Harnsäurebestimmung 61.
Pikrinsäure, Reinigung 193.
Pikrolonsäurelösung 824.
Platinchlorid-Chlorwasserstoffsäure 824.
Quecksilberchloridlösung 824.
SCHAERS Reagens 824.
SCHEIBLERS Reagens 824.
Schwefelsäuregemische nach FOLIN-WU 319.
SCOTT-WILSONS Reagens 101, 209.
Selenigsäure-Schwefelsäure 824.
Semicarbazidlösung nach CONANT und BARTLETT 91.
Silberdichromat nach NICLOUX, Darstellung 124.
SOMOGYIS Reagens 73.
SONNENSCHEINS Reagens 824.
TANRETS Reagens 35, 189.
Tetrachlorogold(III)-säure 824.
Tetrachloroplatin(IV)-säure 824.
TÖPFERS Reagens 373.
Urease-Phosphatlösung für Harnstoffbestimmung 37.
Vanadin-Schwefelsäure 824.
WINKLERsche Lösung für Jodzahlbestimmung 142.
Zinkmanganit, Darstellung 105.
ZWICKERS Reagens 824.
Renin s. Niere.
Resorcin, Nachweis 825.

Reststickstoff im Blut 23, 337, 642.
Bestimmung 32.
in Ergüssen 345, 348, 349, 352.
in Fruchtwasser 586.
im Gehirn 536.
in Gelenkflüssigkeit 642.
im Glaskörper 569.
in Hautblasen 355.
im Kammerwasser 564, 570.
im Knochen 632.
im Knochenmark 633.
in Leber 476, 685.
im Liquor 321, 337.
in Lunge 516, 684.
im Magensaft 378.
in Milch 668.
im Muskel 550.
im Prostatasekret 585.
in Speichel 360.
im Sputum 368.
in Tumoren 684, 685, 700.
im Vaginalsekret 585.
Resulfon s. Arzneimittel und Gifte.
Retina s. Auge.
Rhabarber s. Arzneimittel.
Rhabdomyosarkom s. Tumoren.
Rhinolithe s. Konkremente.
Rhodanid im Blut 17, 337.
in Ergüssen 343.
im Harn 187.
im Liquor 308, 337.
im Speichel 358, 359.
Rhodokeratid s. Eiweiß.
Ribonucleinsäure s. Nucleotide.
Ribose-5-phosphat s. Phosphorsäureester.
ROUS-Agens s. Tumoren.
Rubazonsäure s. Arzneimittel und Gifte.
Rubidium im Gehirn 526.
im Herz 547.
in Hypophyse 651.
in Leber 468, 469, 472.
in Lunge 514.
in Milch 669.
in Milz 508.
im Muskel 545.
in Nebennieren 651.
in Niere 501.
im Pankreas 652.
in Schilddrüse 561.
in Speicheldrüsen 664.
in Thymus 651.
im Uterus 548.
Rückenmark s. a. Gehirn.
Cerebrosidgehalt 531.
Cholesteringehalt 531.
Eiweiß, Aminosäurezusammensetzung 457.
Kephalingehalt 531.
Lecithingehalt 531.
Sphingomyelingehalt 531.

Ruocid s. Resulfon.
Rutonal s. Arzneimittel und
    Gifte.

Sabinol s. Arzneimittel und
    Gifte.
Sadebaumöl s. Arzneimittel und
    Gifte.
Salicylsäure s. Arzneimittel und
    Gifte.
Salicylsäurephenyläther s. Arz-
    neimittel und Gifte.
Salipyrin s. Arzneimittel und
    Gifte.
Salol s. Salicylsäurephenyläther.
Salpetrige Säure im Blut 17.
Salzsäure im Magensaft, Be-
    stimmung 373—375.
    Nachweis 373.
Samenblasen Arginingehalt 577.
    Citronensäuregehalt 583.
    Glutaminsäuregehalt 577.
    Histidingehalt 577.
    Isoleucingehalt 577.
    Leucingehalt 577.
    Lysingehalt 577.
    Methioningehalt 577.
    Phenylalaningehalt 577.
    Sekretmenge 582.
    Threoningehalt 577.
    Tryptophangehalt 577.
    Valingehalt 577.
    Zinkgehalt 583.
Samenblasensekret, Eiweiß,
    Aminosäurezusammenset-
    zung 458.
Sandoptal s. Arzneimittel und
    Gifte.
Santonin s. Arzneimittel und
    Gifte.
Saponine s. Arzneimittel und
    Gifte.
Sarkom s. Tumor.
Sauerstoff in Darmgasen 419.
    im Liquor 304.
    in Milch 671.
Sauerstoffspannung im Liquor
    337.
Säuren s. unter den einzelnen
    Stoffen.
SCHAERS Reagens s. Reagentien.
Schafsmilch s. Milch.
SCHEIBLERS Reagens s. Rea-
    gentien.
Schierlingsblätter s. Arzneimit-
    tel und Gifte.
Schilddrüse 656—658.
    Aluminiumgehalt 651.
    Aneuringehalt 654.
    Arsengehalt 651.
    Ascorbinsäuregehalt 654.
    Bleigehalt 651.
    Bromidgehalt 651.
    Chromgehalt 651.
    Citronensäuregehalt 658.

Schilddrüse, Dijodtyrosingehalt
    658.
    Eisengehalt 651.
    Eiweiß, Aminosäurezusam-
        mensetzung 458.
    Fluoridgehalt 657.
    Gewicht 656.
    Glutathiongehalt 658.
    Glykolysewerte 715.
    Jodgehalt 651.
    Kupfergehalt 651.
    Lipoidgehalt 653.
    Lithiumgehalt 651.
    Magnesiumgehalt 651.
    Mangangehalt 651.
    Monojodtyrosingehalt 658.
    Nicotinsäuregehalt 654.
    Phospholipoidgehalt 653.
    Quecksilbergehalt 651, 655.
    Rhodanesegehalt 661.
    Rubidiumgehalt 651.
    Sauerstoffverbrauch 658,
        715.
    Schwefelgehalt 651.
    Silbergehalt 651.
    Siliciumgehalt 651.
    Thyreoglobulin 657, 658.
    Titangehalt 651.
    Tokopherolgehalt 654.
    Urangehalt 651.
    Vitamin A-Gehalt 654.
    Wassergehalt 650.
    Zinkgehalt 651.
    Zinngehalt 651.
Schmelz s. Zahn.
Schwefel in Aderhaut 562.
    im Blut 6, 7, 337.
    in Bronchialsteinen 445.
    im Ciliarkörper 562.
    im Darm 520.
    in Echinococcusblasen 357.
    in Ergüssen 351.
    in Gefäßen 614.
    im Glaskörper 562.
    im Haar 606, 607, 609, 610,
        612.
    im Harn 183.
    in Haut 594, 596.
    im Herz 547.
    im Hoden 584.
    in Hornhaut 562.
    in Iris 562.
    im Kammerwasser 562.
    im Knochen 628.
    im Knochenmark 633.
    im Knorpel 638, 639.
    in Leber 469, 471, 685.
    in Lebereiweiß 703.
    in Linse 562.
    im Liquor 337, 339.
    in Milch 669.
    in Milz 508.
    im Muskel 545.
    in Nebennieren 651.
    in Netzhaut 562.

Schwefel in Niere 502.
    im Pankreas 652.
    in Pankreascysten 354.
    im Pankreassaft 389.
    in Schilddrüse 651.
    in Sklera 562.
    in Speicheldrüsen 664.
    im Sperma 578.
    im Sputum 364, 365.
    Sulfatschwefel in Ergüssen
        348, 349.
        im Liquor 337.
        in Pankreascysten 354.
    in Tumoren 685.
    in Tumoreiweiß 703.
    in Zahnpulpa 650.
Schwefelfraktionen im Blut 7,
    16.
    in Ergüssen 348, 349.
    im Harn 187.
    im Liquor 308.
Schwefelkohlenstoff s. Arznei-
    mittel und Gifte.
Schwefelsäuregemisch s. Rea-
    gentien.
Schwefelwasserstoff in Darm-
    gasen 419.
    in Darmsteinen 442.
    im Magensaft 375.
    in Nasensteinen 444.
Schweiß 603—606.
    Ausscheidungsfunktion 604.
    Gewinnung 603.
    Mineralbestandteile 604.
    organische Bestandteile 604,
        605.
    p_H-Wert 606.
    Stickstoffgehalt 605.
    Vitamingehalt 605, 606.
Scopolamin s. Arzneimittel und
    Gifte.
SCOTT-WILSONS Reagens s. Rea-
    gentien.
Secretin im Darm, Darstellung
    521.
Sedormid s. Arzneimittel und
    Gifte.
Sehne s. Bindegewebe.
Sehnenscheide, Bestandteile
    642.
Sehpurpur s. Auge.
Seifenwurzel s. Arzneimittel und
    Gifte.
Selen im Knochen 629.
Selenigsäure-Schwefelsäure s.
    Reagentien.
Semicarbazid s. Reagentien.
Senegawurzel s. Arzneimittel
    und Gifte.
Senf s. Arzneimittel und Gifte.
Sennesblätter s. Arzneimittel.
Serin s. Aminosäuren.
Serinphosphatid s. Lipoid.
Serum s. Blut.
Sialolithe s. Konkremente.

Silber s. a. Arzneimittel und Gifte.
  im Blut 13.
  im Darm 520.
  in Gallensteinen 437, 439.
  im Gehirn 526.
  im Herz 547.
  im Knochen 629.
  in Leber 468, 469.
  in Lunge 515.
  im Muskel 545.
  in Nebennieren 651.
  in Niere 501.
  im Pankreas 652.
  in Schilddrüse 651.
  im Uterus 548.
  in Zähnen 647.
Silberdichromat s. Reagentien.
Silicium in Bindegewebe 614.
  im Blut 17.
  in Bronchialsteinen 445.
  in Brustdrüse 665.
  im Darm 520.
  in Darmsteinen 442.
  in Gallensteinen 437, 438.
  in Gefäßen 614.
  im Gehirn 526.
  in Harnsteinen 432.
  im Herz 547.
  im Hoden 583.
  in Hypophyse 651.
  im Knochen 629.
  im Knorpel 638.
  in Leber 469, 471.
  im Liquor 339.
  in Lunge, Normalwerte und Bestimmung 514, 515.
  im Magen 520.
  in Milch 669.
  in Milz 508.
  im Muskel 545.
  in Nabelschnur 589.
  in Nebennieren 651.
  in Nebenschilddrüsen 651.
  in Nerven 526.
  in Niere 502.
  in Organen, Extraktion 453.
  im Pankreas 652.
  im Pankreassaft 389.
  in Pankreassteinen 441.
  in Placenta 587.
  in Prostata 584.
  in Schilddrüse 651.
  in Speicheldrüsen 664.
  in Speichelsteinen 444.
  im Sputum 364, 365.
    Bestimmung 366.
  in Thymus 651.
  in Tränensteinen 446.
  in Zähnen 647.
  in Zahnpulpa 650.
Skatol in Faeces, Bestimmung 419.
Skatolrot s. Uroerythrin.

Skelet s. Knochen.
Skeletmuskel s. Muskel.
Sklera s. Auge.
Sklererythrin s. Arzneimittel und Gifte.
Solanin s. Arzneimittel und Gifte.
SOMOGYIS Reagens s. Reagentien.
Soneryl s. Arzneimittel und Gifte.
SONNENSCHEINS Reagens s. Reagentien.
Speichel 357—362.
  Äthanolgehalt 362.
  Aminosäuregehalt 362.
  Ammoniakgehalt 358.
  Amylasegehalt 360.
  Aneuringehalt 361.
  Arsengehalt 360.
  Ascorbinsäuregehalt 361.
  Biotingehalt 361.
  Bleigehalt 360.
  Blutgruppensubstanz A, Zusammensetzung 361.
  Bromidgehalt 359.
  Calciumgehalt 358, 359.
  Chloridgehalt 358.
  Citronensäuregehalt 361.
  Coffein, Vorkommen 362.
  Eiweißgehalt 360.
  Fluoridgehalt 359.
  Folsäuregehalt 361.
  Gefrierpunktserniedrigung 358.
  Glucosegehalt 361.
  Harnstoffgehalt 361.
  Jodgehalt 359, 360.
  Kaliumgehalt 358, 359.
  Kohlendioxydgehalt 358.
  Kreatiningehalt 362.
  Lactoflavingehalt 361.
  Lipoidgehalt 362.
  Lysozymgehalt 360.
  Magnesiumgehalt 358.
  Menge 357.
  Milchsäuregehalt 361.
  Mucinasegehalt 360.
  Mucingehalt 361.
  Natriumgehalt 358, 359.
  Nicotinsäuregehalt 361.
  Pantothensäuregehalt 361.
  p -Wert 358.
  Phosphorgehalt 358.
  Pyridoxingehalt 361.
  Quecksilbergehalt 360.
  Reststickstoffgehalt 360.
  Rhodanidgehalt 358, 359.
  spezifisches Gewicht 358.
  Sulfonamidgehalt 362.
  Tauringehalt 362.
  Theobromin, Vorkommen 362.
  Viscosität 358.
  Vitamin K-Gehalt 361.

Speichel, Wassergehalt 358, 359.
  Wismutgehalt 360.
Speicheldrüsen, Glykolysewerte 715.
  Milchsäuredehydrogenase 718.
  Rhodanesegehalt 661.
  Sauerstoffverbrauch 715.
  Zusammensetzung 664, 665.
Speichelsteine s. Konkremente.
Spektrographische Analyse, Gewebemengen 450.
Sperma 574—582.
  Adenosintriphosphatgehalt 579.
  Adenosinverbindungen 579.
  Aneuringehalt 580.
  Arginingehalt 577.
  Argininphosphat 576.
  Aschegehalt 578.
  Ascorbinsäuregehalt 580.
  Calciumgehalt 575.
  Citronensäuregehalt 575, 579, 583.
  Cholinesterasegehalt 581.
  Cholingehalt 580.
  Cholinphosphat, Bestimmung 575.
  Clupein, Darstellung 578.
  Cystingehalt 578.
  Cytochromgehalt 581.
  Desoxyribonucleinsäure 578.
  Diaminoxydase 581.
  Eisengehalt 577.
  Eiweißgehalt 577.
    Aminosäurezusammensetzung 458.
  Elektrophorese 582.
  Fructosegehalt 579.
  Glutaminsäuregehalt 577.
  Glykolysewerte 581.
  Glykoproteidgehalt 577.
  Heptakosangehalt 579.
  Histidingehalt 577.
  Isoleucingehalt 577.
  Kaliumgehalt 575.
  Kupfergehalt 577.
  Lactoflavingehalt 580.
  Leucingehalt 577.
  Lysingehalt 577.
  Monoaminoxydase 581.
  Natriumgehalt 575.
  Nicotinsäuregehalt 580.
  Nucleoproteidgehalt 577.
  Nucleotidgehalt 578.
  Pantothensäuregehalt 580.
  p$_H$-Wert 581.
  Phenylalaningehalt 577.
  Phosphatasegehalt 580.
  Phosphorgehalt 577, 578.
    Bestimmung 575.
  Proteasegehalt 580.
  Proteosegehalt 577.
  Sauerstoffverbrauch 581.
  Schwefelgehalt 578.

Sperma, Spermien, Gewinnung 576.
  Spermiengehalt 574.
  Spermingehalt 578.
  Stickstoffgehalt 578.
  Threoningehalt 577.
  Trockensperma, Gewinnung 576.
  Tryptophangehalt 577.
  Valingehalt 577.
  Zinkgehalt 577.
Spermatocelenflüssigkeit 353, 354.
Spermidin im Pankreas 663.
Spermin in Lunge 517.
  in Pankreas 663.
  im Sperma 578.
Sphingomyelin s. Lipoide.
Sphingosin s. Lipoide.
Sputum 362—372.
  Äthanol, Ausscheidung 371.
  Äther, Ausscheidung 371.
  Albumingehalt 368.
  Aminosäuregehalt 368, 369.
  Antipyrin, Ausscheidung 371.
  Bilirubingehalt 370.
  Blutfarbstoff, Vorkommen 370.
  Calciumgehalt 364, 365.
    Ausscheidung 371.
  Chinin, Ausscheidung 371.
  Chloridgehalt 364, 365.
  Cholesteringehalt 370.
  Dimethylarsinat, Ausscheidung 371.
  Eisengehalt 365.
  Eiweißgehalt 366, 367, 368.
  Eucalyptol, Ausscheidung 371.
  Fermentgehalt 371.
  Fettgehalt 366, 369.
  Gallensäuregehalt 371.
  Gefrierpunktserniedrigung 363, 364.
  Globulingehalt 368.
  Glucosegehalt 370.
  Kaliumgehalt 365.
    Ausscheidung 371.
  Kohlendioxydgehalt 364.
  Lipoidgehalt 369.
  Magnesiumgehalt 365.
    Ausscheidung 371.
  Menge 362.
  Mineralien, Bestimmung 365.
  Mucingehalt, Bestimmung 366, 367.
  Natriumgehalt 364, 365.
    Ausscheidung 371.
  Nucleoproteidgehalt 370.
  p$_H$-Wert 363.
  Phosphatidgehalt 370.
  Phosphorgehalt 364, 365.
    Ausscheidung 371.

Sputum, Reststickstoffgehalt 368.
  Salicylsäure, Ausscheidung 371.
  Schwefelgehalt 364, 365.
  Siliciumgehalt 364, 365.
    Bestimmung 366.
  spezifisches Gewicht 362, 363.
  Stickstoff, Ausscheidung 371.
  Tellurit, Ausscheidung 371.
  Terpenhydrat, Ausscheidung 371.
  Trypaflavin, Ausscheidung 371.
  Urotropin, Ausscheidung 371.
  Wassergehalt 364, 365.
Squalen in Haut 600.
  im Ovar 591.
Stärke s. Kohlenhydrate.
Statolithe s. Konkremente.
Stechapfel s. Arzneimittel und Gifte.
Stercobilin s. Pyrrolfarbstoffe
Stercobilinogen s. Pyrrolfarbstoffe.
Sterine s. Steroide.
Sternalpunktat s. Knochenmark.
Steroide, Ätiocholandion-3,17 im Harn 254.
  Ätiocholanol-3(α)-dion-11,17 im Harn 254.
  Ätiocholanolon im Harn, Ausscheidung 255.
  Ätiocholanol-3(α)-on-17 im Harn 254.
  Ätiocholanol-3(α)-on-17-acetat-3 im Harn 254.
  Δ^9-Ätiocholenol-3(α)-on-17 im Harn 254.
  $\Delta^{3,5}$-Androstandienon-17 im Harn 254.
  Androstandiol-3(α),11(β)-on-17 im Harn 254.
  Androstandion-3,17 im Harn 254.
  Androstan-3(β)-ol-x-on im Harn 277.
  Δ^5-Androsten-3(β),17(α)-diol im Harn 278.
  trans-Androstendiol-3,17, Fluorescenz 273.
  Δ^4-Androstendion-3,17 im Harn 254.
  Δ^9-Androstenol-3(α)-on-17 im Harn 254.
  Δ^{11}-Androstenol-3(α)-on-17-acetat-3 im Harn 254.
  Δ^2- (oder ^{3}) Androstenon-17 im Harn 254.
  Δ^5-Androsten-3(β),16,17-triol im Harn 278.

Steroide, Androsteron im Harn 254, 255, 256.
  iso-Androsteron im Harn 254.
  3-Chlor-Δ^5-androstenon-17 im Harn 254.
  β-Cholestanol in Faeces 413, 414.
  Cholesterin in Aorta 464.
    im Blut 116—130, 336.
      Bestimmung 119 bis 130.
    in Bluteiweißkörpern 18.
    in Bronchialsteinen 445.
    im Darm 464.
    in Darmsteinen 442.
    in Echinococcusblasen 356.
    in Ergüssen 346, 351, 352.
    in Faeces 413, 414.
    Fraktionen im Blut, Normalwerte 116.
    in Galle 390, 400.
    in Gallensteinen 437, 439.
      Nachweis 439, 440.
    in Gefäßen 615, 620, 621.
    im Gehirn 463, 529, 531, 532, 536.
    in Gehirncysten 355.
    im Haar 612.
    im Harn 183, 250.
      Bestimmung 250.
    in Harnsteinen 431.
    in Haut 599, 600, 693.
    im Herz 463, 464, 556, 557.
    im Hoden 463.
    in Hornhaut 570.
    in Hypophyse 655.
    Jodzahlbestimmung 130.
    im Knochenmark 635, 636.
    in Leber 463, 464, 485, 486, 488, 489, 490, 557, 685, 692, 693.
    in Linse 570.
    im Liquor 327, 336.
      Bestimmung 327.
    Löslichkeit 117.
    in Lunge 463, 464, 516, 684.
    in Milch 670.
    in Milz 463, 464, 512.
    in Mitochondrien 694.
    im Muskel 463, 556, 557, 693.
    in Nebennieren 653, 661.
    in Niere 463, 464, 504.
    in Pankreascysten 354.
    in Pankreassteinen 441.
    in Pemphigusblasen 356.
    in Placenta 588.
    im Prostatasekret 585.
    Reinigung 119, 129.

Steroide, Cholesterin in Rückenmark 531.
   in Speichelsteinen 444.
   in Spermatocelen 354.
   im Sputum 370.
   in Thymus 463, 653.
   in Tumoren 684, 685, 692, 693.
   Corticosteroide im Harn, Bestimmung 278 bis 282.
      Normalwerte 277, 278.
   Corticosteron, Verteilungskoeffizient 280.
   Cortin im Harn, Ausscheidung 278.
   Cortison im Harn, Bestimmung 281.
   Dehydrocholesterin in Milch 670.
   Dehydroisoandrosteron im Harn 254.
      Bestimmung 263 bis 265.
      Fluorescenz 273.
   11-Dehydro-17-oxy-corticosteron, Verteilungskoeffizient 280.
   Desoxycorticosteron, Verteilungskoeffizient 280.
   11-Desoxy-17-oxycorticosteron, Verteilungskoeffizient 280.
   Dihydrocholesterin 129.
      Löslichkeit 117.
   β-Dihydroequilenin, Fluorescenz 273.
   Equilin, Fluorescenz 273.
   Ergosterin, Nachweis 119.
   Glucocorticoide im Harn, Bestimmung 280.
      im Harn, Normalwerte 183, 253.
   11-Keto-ätiocholanolon im Harn, Ausscheidung 255.
   17-Ketosteroide im Harn 254, 257, 278.
   Ketosteroide im Harn, Ausscheidung 255—257.
      Bestimmung 258 bis 263.
      Extraktion 252.
   Koprosterin in Faeces, Abtrennung 410.
      Nachweis 413.
      Löslichkeit 117.
   Mineralocorticoide im Harn, Bestimmung 280.
   Nichtketosteroide, Alkoholgruppen, Bestimmung 291.
   Oestradiol im Harn, Bestimmung 270, 271.
      Löslichkeit 268.

Steroide, Oestradiol, Verteilungskoeffizienten 258.
   α-Oestradiol, Fluorescenz 273.
   β-Oestradiol, Fluorescenz 273.
   Oestriol im Harn, Bestimmung 270, 271.
      Fluorescenz 273.
      Verteilungskoeffizenten 268.
   Oestrogene in Faeces 426.
      in Galle 400.
      im Harn 254, 257, 266, 267, 284, 286.
      Bestimmung 268 bis 275.
   Oestron im Harn, Bestimmung 270, 271.
      Fluorescenz 273.
      Verteilungskoeffizienten 268.
      im Ovar 591.
   17-Oxycorticoide im Harn, Bestimmung 281.
   Phyllosterin in Darmsteinen 443.
   Phytosterine in Faeces 413.
   Pregnandiol im Harn 254.
      Ausscheidung 257, 284—286.
      Bestimmung 285 bis 290.
      Eigenschaften 283, 284.
      Fluorescenz 273.
   Pregnan-3(α),20(α)-diol im Harn 254, 278.
   allo-Pregnan-3(α),20(α)-diol im Harn 277.
   allo-Pregnan-3(β)-20(α)-diol im Harn 277.
   allo-Pregnan-3(β),20(β)-diol im Harn 277.
   Pregnan-3(α),17-diol-20-on im Harn 278.
   allo-Pregnandiol-3(α),6-on-20 im Harn 254.
   Pregnan-3,20-dion im Harn 254, 277.
   allo-Pregnan-3,20-dion im Harn 254, 277.
   Pregnan-3(α)-ol im Harn 277.
   Pregnanolon im Harn, Ausscheidung 255.
   Pregnan-3(α)-ol-20-on im Harn 254, 277.
   allo-Pregnanolon im Harn, Ausscheidung 255.
   allo-Pregnan-3(α)-ol-20-on im Harn 254, 277.
   allo-Pregnan-3(β)-ol-20-on im Harn 245, 277.

Steroide, 17-iso-Pregnanol-3(α)-on-20 im Harn 254.
   Pregnan-3(α),17,20-triol im Harn 278.
   allo-Pregnan-3(α),16,20-triol im Harn 277.
   Δ⁵-Pregnen-3(β),20(α)-diol im Harn 278.
   Δ⁵-Pregnen-3(β),17(β)-diol-20-on im Harn 278.
   Δ²- (oder ³) allo-Pregnenon-20 im Harn 254.
   Progesteron, Fluorescenz 273.
      Löslichkeit 256.
      in Ovarialcysten 353.
   Sterindigitonide, Löslichkeit 117.
   Testosteron im Harn, Bestimmung 266.
      Fluorescenz 273.
      Löslichkeit 256.
Stickstoff in Darmgasen 419.
   in Milch 671.
Stickstoffgehalt im Fetus 451.
   im Liquor 337.
Stilboestrol, Fluorescenz 273.
Stovain s. Arzneimittel und Gifte.
Strontium im Auge 563.
   in Darmsteinen 442.
   im Knochen 629.
   in Leber 468, 469, 472, 475.
   in Milch 669.
   im Muskel 545.
   in Niere 502.
   in Speicheldrüsen 664.
   in Zähnen 647.
Strophanthin s. Arzneimittel und Gifte.
Strychnin s. Arzneimittel und Gifte.
Stuhl s. Faeces.
Subduralflüssigkeit s. Liquor.
Sublimat s. Quecksilberchlorid.
Succindehydrogenase s. Fermente.
Sulfamethylthiazol s. Sulfanilamid-4-methylthiazol.
Sulfanilamid-benzolsulfonamid s. Uliron.
Sulfanilamid-benzolsulfonmethylamid s. Neo-Uliron.
Sulfanilamid-4-methylthiazol s. Arzneimittel und Gifte.
Sulfanilamidpyridin s. Eubasin.
Sulfat s. Schwefel.
Sulfathiazol s. Eleudron.
Sulfhydryl- s. Schwefel.
Sulfonal s. Arzneimittel und Gifte.
Sulfonamide s. Arzneimittel und Gifte.
Sulfosäuren im Harn 187.
Synovia s. Gelenke.

TANRETS Reagens s. Reagentien.

TASHIRO-Indicator s. Reagentien.

Taurin im Cervicalsekret 586.
im Gehirn 535.
im Herz 550.
in Leber 550.
im Muskel 550.
in Nebennieren 660.
im Speichel 362.

Taurocholsäure s. Gallensäuren.

Tellurit im Sputum 371.

Terpenhydrat s. Arzneimittel und Gifte.

Terpentinöl s. Arzneimittel und Gifte.

Testis s. Hoden.

Testosteron s. Steroide.

Tetrachlorkohlenstoff s. Arzneimittel und Gifte.

Tetrachlorogold(III)-säure s. Reagentien.

Tetrachloroplatin(IV)-säure s. Reagentien.

Thalamus s. Gehirn.

Thallium s. Arzneimittel und Gifte.

Thebain s. Arzneimittel und Gifte.

Theobromin s. Arzneimittel und Gifte.

Theophyllin s. Arzneimittel und Gifte.

Thiosinamin s. Arzneimittel und Gifte.

Threonin s. Aminosäuren.

Thrombokinase s. Fermente.

Thymonucleinsäure s. Nucleotide.

Thymus 658—660.
Adenylsäuredesaminase 730.
Aneuringehalt 654.
Aschegehalt 658.
Ascorbinsäuregehalt 660.
Betaingehalt 659.
Cerebrosidgehalt 463, 653.
Cholesteringehalt 463, 653.
Cholingehalt 659.
Cysteingehalt 660.
Desoxyribonucleinsäure 659, 660.
Eisengehalt 561.
Eiweißgehalt 659.
Fermentgehalt 660.
Fettgehalt 463, 653.
Gewicht 658.
Glutathiongehalt 660.
Glykolysewerte 715.
Guanindesaminase 730.
Guanosindesaminase 730.
Guanylsäuredesaminase 730.
Kaliumgehalt 651.
Kephalingehalt 463.
Kobaltgehalt 651.

Thymus, Kupfergehalt 651.
Lecithingehalt 463, 653.
Lipoidgehalt 463, 653.
Mangangehalt 651.
Milchsäuredehydrogenase 718.
Natriumgehalt 651.
Nickelgehalt 651.
Nicotinsäuregehalt 654.
Nucleoproteidgehalt 714.
Isolierung 659.
Phosphatidgehalt 463.
Phospholipoidgehalt 653.
Phosphorgehalt 651.
Puringehalt 708.
Rubidiumgehalt 651.
Sauerstoffverbrauch 715.
Siliciumgehalt 651.
Sphingomyelingehalt 463, 653.
Vitamin A-Gehalt 654.
Wassergehalt 658.

Thyreoglobulin s. Eiweiß.

Thyroxin s. Hormone.

Titan in Bindegewebe 614.
im Darm 520.
im Gehirn 525.
im Haar 607.
in Haut 594.
im Herz 547.
im Hoden 584.
im Knochenmark 633.
im Knorpel 639.
in Leber 469, 471.
in Lunge 515.
in Milch 669.
im Muskel 545.
in Nebennieren 651.
in Niere 502.
im Pankreas 652.
in Schilddrüse 651.
in Zähnen 647.

TÖPFERS Reagens s. Reagentien.

Tokopherol s. Vitamine.

Tollkirsche s. Arzneimittel und Gifte.

Toluidine s. Arzneimittel und Gifte.

Tonsillen, Amylasegehalt 513.
Ascorbinsäure 512.
Phosphatasegehalt 513.
Quecksilbergehalt 508.

Tränen und Tränendrüse, Zusammensetzung 665, 666.

Tränensteine s. Konkremente.

Transaminase s. Fermente.

Transsudat s. Ergüsse.

Trichloräthylen s. Arzneimittel und Gifte.

Trichloräthylglucuronsäure s. Urochloralsäure.

Trichloressigsäure, Enteweißung von Blut 23.

Trichobezoare s. Konkremente.

Trigemin s. Pyramidonbutylchloralhydrat.

Trigonellin im Harn, Normalwerte und Bestimmung 197.

Trikresylphosphat s. Arzneimittel und Gifte.

Trimethylamin im Harn, Normalwerte und Bestimmung 195.
im Vaginalsekret 586.

Trimethylaminoxyd im Harn 195.
Bestimmung 196.

Trional s. Arzneimittel und Gifte.

Triphosphopyridinnucleotid s. Fermente.

Tropacocain s. Arzneimittel und Gifte.

Tropomyosin s. Eiweiß.

Trypaflavin s. Arzneimittel und Gifte.

Trypsin s. Fermente.

Tryptophan s. Aminosäuren.

Tube, Zusammensetzung 591.

Tumoren 683—737.
Adenosindiphosphatgehalt 696.
Adenosintriphosphatase 734.
Adenosintriphosphatgehalt 696.
Adenylsäuredesaminase 730.
Adenylsäuregehalt 696.
Aldolasegehalt 718.
Aminoäthanolphosphat 693, 694.
p-Aminohippuratsynthese 735.
Aminosäuregehalt 684, 685, 701—707.
Umsatz 706.
D-Aminosäureoxydase 722, 723.
Arginase 724, 733.
Bariumgehalt 690.
Bernsteinsäuredehydrogenase 723, 733.
Calciumgehalt 685, 687, 688.
Citronensäuregehalt 696, 697.
Citrullinsynthese 735.
Chloridgehalt 685, 690.
Cholesteringehalt 684, 685, 692, 693.
Cholingehalt 693.
Cholinoxydase 735.
Colamingehalt 693.
Cystindesulfurase 725.
Cytochrom c-Gehalt 719, 721.
Cytochromoxydase 719, 733.
Dehydrogenasegehalt 716 bis 719.
Dehydropeptidasen 725.

Tumoren, Desaminasen für Nucleinsäuren 730.
Desoxyribonucleinsäuregehalt 709, 710, 711, 712, 713.
Dihydro-diphospho-pyridin-nucleotidgehalt 717.
Diphosphopyridinnucleotidgehalt 696, 717.
Diphosphopyridinnucleotid-Cytochrom c-Reductase 734.
Eisengehalt 685, 688, 689.
Eiweißgehalt 684, 697 bis 700, 713.
Albumin-Globulin-Quotient 698.
Aminosäurezusammensetzung 701—706.
Cystin-Cystein-Quotient 697.
Diaminosäuregehalt 701.
Schwefelgehalt 703.
Esterase 727.
Fermente, Aktivitätsverhältnisse 732.
Fettgehalt 693.
Fettsäuregehalt 685, 693.
Fettsäureoxydase 735.
Flavin-adenin-dinucleotidgehalt 723.
Fructose-6-phosphatgehalt 696.
Glucose-1-phosphatgehalt 696.
Glucuronidase 731, 732.
D-Glutaminsäure 703, 705.
Glutathiongehalt 700.
Glykogengehalt 694, 695, 696.
Glykolysewerte 695, 714 bis 716.
Guanindesaminase 730.
Guanosindesaminase 730.
Guanylsäuredesaminase 730.
Harnsäuregehalt 685.
Harnstoffgehalt 685.
Hexosediphosphatgehalt 696.
Hyaluronidase 731.
Jodgehalt 685, 690.
Kaliumgehalt 685, 687.
Kaninchenpapillomagens, Eigenschaften 736, 737.
Katalase 721, 722, 733.
Kathepsin 725, 726.
Kohlenhydratgehalt 684.
Kreatingehalt 685, 700.
Kreatiningehalt 685.
Kupfergehalt 688, 689.
Lipase 726, 727.
Lipoidgehalt 684, 685, 691, 692—694.
Magnesiumgehalt 685, 688.

Tumoren, Milchfaktor, Eigenschaften 737.
Milchsäuredehydrogenase 717, 718.
Milchsäuregehalt 695, 696.
Mitochondrien, Lipoidgehalt 694.
Stickstoffgehalt 733.
Zahl 713.
Mucopolysaccharidgehalt 615.
Natriumgehalt 685, 686, 687.
Nucleoproteidgehalt 698, 709, 713, 714.
Nucleotidgehalt 709.
osmotischer Druck 686.
Peptidase 725.
D-Peptidase 726.
p_H-Wert 685, 686.
Phosphatasen 728, 733.
Phosphatidgehalt 685, 693.
Phosphoglycerinsäuregehalt 696.
Phosphokreatingehalt 690, 691, 696.
Phosphor in Nucleotiden 707.
Phosphorgehalt 684, 685, 690, 691, 696.
Phosphorsäureestergehalt 690, 691, 695, 696.
Proteosegehalt 684.
Puringehalt 708, 709.
Pyrophosphatgehalt 690, 691.
Reststickstoffgehalt 684, 685, 700.
Ribonucleinsäuregehalt 710, 711, 712, 713.
Zusammensetzung 710.
ROUS-Agens, Eigenschaften 736, 737.
Sauerstoffverbrauch 695, 714—716, 719, 720.
Schwefelgehalt 685.
Stickstoffgehalt 684, 685.
Transaminasen 724.
Triphosphopyridinnucleotidgehalt 717.
Tryptophangehalt 703.
Wassergehalt 684, 685, 686, 696.
Xanthindehydrogenase 723, 733.
Zellkern, Desoxyribonucleinsäuregehalt 712.
Zinkgehalt 689.
Tutocain s. Arzneimittel und Gifte.
Tyramin in Galle 400.
Tyrosin s. Aminosäuren.

Uliron s. Arzneimittel und Gifte.
„Under"-Glutaminsäure s. Peptid.

Uracil s. Pyrimidine.
Uran s. a. Arzneimittel und Gifte.
im Blut 13.
im Gehirn 527.
im Haar 607.
im Herz 547.
in Hypophyse 651, 655.
im Knochen 627, 629.
in Leber 469.
in Milz 508.
im Muskel 545.
in Nebennieren 651.
in Niere 502.
im Pankreas 652.
in Prostata 584.
in Schilddrüse 651.
in Speicheldrüsen 664.
Uranylacetat, Enteiweißung von Blut 23.
Uratsteine s. Konkremente.
Urease s. Fermente.
Uretersteine s. Konkremente.
Uridylsäure s. Nucleotide.
Urin s. Harn.
Urobilin s. Pyrrolfarbstoffe.
Urobilinogen s. Pyrrolfarbstoffe.
Urochloralsäure s. Arzneimittel und Gifte.
Urochrom und Harnfarbe 185.
Uroerythrin im Harn, Darstellung und Eigenschaften 237—239.
Urohämatin s. Uroerythrin.
Urolithe s. Konkremente.
Uromelanin s. Uroerythrin.
Uronsäuren s. Glucuronsäure.
Uroporphyrin s. Pyrrolfarbstoffe.
Uropterin s. Pteridine.
Urorosein s. Uroerythrin.
Urothion s. Pteridine.
Urotropin s. Arzneimittel und Gifte.
Uterus 539—560.
Adenosintriphosphatgehalt 549.
Arsengehalt 548.
Bleigehalt 548.
Calciumgehalt 543, 548.
Carnosingehalt 554.
Cervicalsekret, Zusammensetzung 586.
Gewicht 540.
Kaliumgehalt 543, 548.
Kobaltgehalt 548.
Kupfergehalt 548.
Lipoidphosphorgehalt 556.
Magnesiumgehalt 543, 548.
Mangangehalt 548.
Natriumgehalt 543, 548.
Nickelgehalt 548.
Phosphokreatingehalt 549.
Phospholipoidgehalt 556.
Phosphorgehalt 548, 549.

Uterus, Rubidiumgehalt 548.
    Silbergehalt 548.
    Vitamin E-Gehalt 558.
    Wassergehalt 540.
    Zinkgehalt 548.
    Zinngehalt 548.
Uterussteine s. Konkremente.

Vaccensäure s. Fette.
Vaginalsekret, Zusammen-
    setzung 585, 586.
Valeriansäure s. Fette.
Valin s. Aminosäuren.
Vanadin-Schwefelsäure s.
    Reagentien.
Vanadium in Leber 469.
    in Milch 669.
    in Niere 501.
    in Zähnen 647.
Venensteine s. Konkremente.
Veratrin s. Arzneimittel und
    Gifte.
Verdoglobin s. Pyrrolfarbstoffe.
Veronal s. Arzneimittel und
    Gifte.
Vesiculardrüsen s. Samen-
    blasen.
Viktoriagelb s. Arzneimittel und
    Gifte.
Vitamine, Vitamin A im Blut
    497.
        in Brustdrüse 665.
        in Colostrum 497.
        im Darm 521.
        in Ergüssen 348.
        in Faeces, Bestimmung
        420.
        in Fettgewebe 621.
        im Gehirn 537.
        im Herz 558.
        im Hoden 584.
        in Hypophyse 654.
        im Knochenmark 636.
        in Leber 496, 497, 498,
        500.
            Bestimmung 464, 497.
        in Milch 670.
        in Milz 512.
        im Muskel 558.
        in Nebennieren 654.
        in Nebenschilddrüsen
        654.
        in Netzhaut 571.
        in Niere 504.
        im Pankreas 654.
        in Placenta 588.
        in Schilddrüse 654.
    p-Aminobenzoesäure in
        Faeces, Bestimmung
        425.
        im Schweiß 606.
    Aneurin im Blut 337.
        in Faeces, Bestimmung
        423.

Vitamine, Aneurin im Gehirn
    537.
        Bestimmung 464.
    im Herz 558.
    in Leber 500.
    in Linse 571.
    im Liquor 335, 337, 339.
    in Milch 670.
    im Muskel 558.
    in Nebennieren 654.
    in Nerven 537.
        Bestimmung 464.
    in Netzhaut 571.
    in Placenta 588.
    in Schilddrüse 654.
    im Schweiß 606.
    im Speichel 361.
    im Sperma 580.
    in Thymus 654.
  Ascorbinsäure im Blut 337.
    in Bürzeldrüse 665.
    in Cantharidenblase 356.
    in Epiphyse 654.
    in Ergüssen 348.
    in Faeces, Bestimmung
    425.
    in Gefäßen 621.
    im Gehirn 538.
    in Haut 601.
    im Herz 498, 558.
    im Hoden 580.
    in Hypophyse 654, 655.
    im Kammerwasser 571.
    im Knochenmark 636.
    in Leber 498, 500, 580.
    in Linse 571.
    im Liquor 334, 335, 337,
    338, 339.
    in Milch 670.
    im Muskel 498, 558, 559,
    in Nebennieren 580, 654.
    661.
    in Niere 504.
    in Organen, Bestimmung
    466.
    im Pankreas 654.
    in Placenta 588.
    im Prostatasekret 585.
    in Schilddrüse 654.
    im Schweiß 606.
    im Speichel 361.
    im Sperma 580.
    in Thymus 660.
    in Tonsillen 512.
    in Tube 591.
  Vitamin B_{12} in Faeces, Be-
    stimmung 425.
    im Herz 558.
    in Leber 500.
    im Muskel 558.
  Biotin im Herz 558.
    in Leber 500.
    in Milch 670.
    im Muskel 558.
    in Nebennieren 654.

Vitamine, Biotin im Speichel 361.
    im Blut 337.
  Vitamin D in Faeces, Be-
    stimmung 421.
    in Milch 670.
  Vitamin D_3 in Milch, Be-
    stimmung 681.
  Dehydroascorbinsäure im
    Schweiß 606.
    in Faeces, Bestimmung 420
    bis 426.
  Folsäure in Faeces, Bestim-
    mung 425.
    im Herz 558.
    in Leber 500.
    in Milch 670.
    im Muskel 558.
    im Pankreas 654.
    im Schweiß 606.
    im Speichel 361.
    in Galle 400.
  Inosit im Herz 558.
    in Leber 500.
    in Milch 670.
    im Muskel 558.
    in Nebennieren 654.
    in Organen, Bestimmung
    464.
    im Schweiß 606.
  Vitamin K in Faeces, Be-
    stimmung 422.
    in Leber 500.
    in Milch 670.
    in Nebennieren 654.
    im Speichel 361.
  Lactoflavin in Faeces, Be-
    stimmung 424.
    im Herz 558.
    in Leber 499, 500.
    im Liquor 340.
    in Lunge 518.
    in Milch 670.
    im Muskel 558.
    in Nebennieren 654.
    in Netzhaut 571.
    in Niere 504.
    in Organen, Bestimmung
    464.
    im Speichel 361.
    im Sperma 580.
  in Leber 496—500.
  im Liquor 337.
  N^1-Methylnicotinsäureamid
    im Harn, Bestimmung
    197.
  in Nebennieren 654.
  Nicotinsäure in Aderhaut
    572.
    im Blut 337.
    in Brustdrüse 665.
    in Epiphyse 654.
    in Faeces, Bestimmung
    424.
    im Gehirn 538.
    in Glaskörper 572.

Vitamine, Nicotinsäure im Herz 558.
im Hoden 584.
in Hornhaut 572.
in Hypophyse 654.
in Kammerwasser 572.
in Leber 500.
in Linse 572.
im Liquor 337, 340, 341.
in Lunge 518.
im Magen 521.
in Milch 670.
im Muskel 558.
in Nebennieren 654.
in Nebenschilddrüsen 654.
in Netzhaut 572.
in Organen, Bestimmung 464.
im Pankreas 654.
in Placenta 588.
in Schilddrüse 654.
im Schweiß 606.
in Sklera 572.
im Speichel 361.
im Sperma 580.
in Thymus 654.
Pantothensäure in Faeces, Bestimmung 425.
im Herz 558.
in Leber 500.
in Milch 670.
im Muskel 558.
in Nebennieren 654.
in Organen, Bestimmung 465.
im Schweiß 606.
im Speichel 361.
im Sperma 580.
Pyridoxin in Faeces, Bestimmung 425.
im Gehirn 538.
in Haut 601.
in Leber 500.
in Lunge 518.
in Milch 670.
in Milz 512.
im Muskel 558.
in Niere 504.
im Schweiß 606.
im Speichel 361.
in Schilddrüse 654.
in Thymus 654.
Tokopherol in Faeces, Bestimmung 421.
im Herz 558.
in Hypophyse 654.
in Leber 500.
in Milch 670.
im Muskel 558.
im Pankreas 654.
in Placenta 588.
im Uterus 558.

Wassergehalt in Aderhaut 562.
in Bindegewebe 613, 614.
im Blut 5, 7, 344.
in Bürzeldrüse 665.
im Ciliarkörper 562.
im Darm 452.
im Darmsaft 383.
in Ergüssen 344, 350, 351, 352.
in Fettgewebe 452, 613, 614, 618, 620.
im Fruchtwasser 586.
in Galle 390, 452.
in Gallensteinen 437.
in Gefäßen 613, 614, 621.
im Gehirn 452, 524, 527, 536.
in Gelenkflüssigkeit 641.
im Glaskörper 562, 569.
im Haar 452, 606.
in Haut 452, 592, 593, 598.
in Herz 452, 540, 542.
in Hornhaut 562.
in Hypophyse 650.
in Iris 562.
im Kammerwasser 562, 564.
in Knochen 452, 623.
im Knochenmark 633, 634, 635.
im Knorpel 638.
in Leber 452, 468, 473, 685.
in Linse 562, 563.
in Lunge 452, 514, 684.
in Milch 671.
in Milz 452, 507.
im Muskel 452, 527, 539, 540, 542, 543.
in Nasensteinen 444.
in Nebenniere 650, 660.
in Nebenschilddrüse 650.
in Nerven 524, 527.
in Netzhaut 562.
von Neugeborenen 452.
in Niere 452, 503.
im Pankreas 452, 650, 662.
in Pankreassteinen 441.
in Perlen 428.
in Placenta 588.
im Prostatasekret 585.
in Schilddrüse 650.
in Sklera 562.
im Speichel 358, 359, 360.
in Speicheldrüsen 664.
in Spermatocelen 354.
im Sputum 364, 365.
in Thymus 658.
in Tränen 666.
in Tumoren 684, 685, 686, 696.
im Uterus 540.
in Zähnen 452, 646.
in Zahnpulpa 650.
Wasserstoff in Darmgasen 419.
Wasserstoffionenkonzentration in Organen, Messung 466.
Wedellit s. Calciumsalze.

Whewellit s. Calciumsalze.
Whitlokit s. Calciumsalze.
WINKLERsche Lösung s. Reagentien.
Wismut s. a. Arzneimittel und Gifte.
in Gallensteinen 437.
im Speichel 360.
Wolframsäure, Enteiweißung von Blut 23.
Wolframmolybdänsäure, Enteiweißung von Blut 23.
Wolle s. Haare.

Xanthin s. Purine.
Xanthinsteine s. Konkremente.
Xanthoproteinwert im Blut 337.
im Liquor 323, 337.
Xyloketose s. Kohlenhydrate.

Yohimbin s. Arzneimittel und Gifte.

Zähne 644—650.
Aschegehalt 452, 646.
Bariumgehalt 647.
Bleigehalt 647.
Borgehalt 647.
Calciumgehalt 452, 645, 646.
Caries, Veränderungen 649, 650.
Chloridgehalt 647.
Chromgehalt 647.
Citronensäuregehalt 646, 647.
Dentin, Abtrennung 644.
Eisengehalt 647.
Eiweißgehalt 452, 648.
Fluoridgehalt 645, 646, 647.
Gewicht 452, 644.
Glutingehalt 648.
Hexosamingehalt 649.
Hexuronsäuregehalt 649.
Kaliumgehalt 647.
Kreatingehalt 648.
Kohlendioxydgehalt 646.
Kollagengehalt 617, 648.
Kupfergehalt 647.
Lithiumgehalt 647.
Magnesiumgehalt 646.
Mangangehalt 647.
Mucopolysaccharide 649.
Natriumgehalt 647.
Nickelgehalt 647.
Phosphatase 649.
Phosphorgehalt 452, 645, 646.
Platingehalt 647.
Pulpa, Zusammensetzung 650.
Schmelz, Abtrennung 644.
Silbergehalt 647.

Zähne, Siliciumgehalt 647.
  Stickstoffgehalt 646.
  Strontiumgehalt 647.
  Titangehalt 647.
  Vanadiumgehalt 647.
  Wassergehalt 452, 646.
  Zahnstein, Zusammen-
    setzung 650.
  Zinkgehalt 647.
  Zinngehalt 647.
Zellkerne, Darstellung 448, 449.
  in Leber, Adenosintriphos-
    phatase 734.
    Desoxyribonucleinsäure-
      gehalt 712.
    Lactoflavingehalt 499.
    Lipoidgehalt 694.
    Phosphorgehalt 475.
    Spurenelemente 449.
    Stickstoffgehalt 475.
  in Nieren, Fermentgehalt
    505.
    Spurenelemente 449.
  in Tumoren, Adenosintri-
    phosphatase 734.
    Desoxyribonucleinsäure-
      gehalt 712.
    Lipoidgehalt 694.
Ziegenmilch s. Milch.
Zink s. a. Arzneimittel und
  Gifte.
  in Aderhaut 562.

Zink im Auge 561, 562.
  im Blut, Normalwerte 11.
  im Darm 520.
  in Darmsteinen 442.
  in Gallensteinen 437, 439.
  im Gehirn 525.
  in Glaskörper 562.
  im Haar 607.
  in Haut 594.
  im Herz 547.
  im Hoden 583.
  in Hornhaut 562.
  in Iris 562.
  im Knochen 629.
  in Leber 453, 469, 471, 472,
    474.
  in Leberzellkernen 449.
  in Linse 562.
  in Lunge 515.
  in Milz 453, 474, 508.
  im Muskel 545, 546.
  in Nebenhoden 583.
  in Nebennieren 651.
  in Netzhaut 562.
  in Neugeborenen 452.
  in Niere 502.
  in Nierenzellkernen 449.
  im Pankreas 652, 662.
  im Pankreassaft 389.
  in Prostata 583.
  in Samenblasen 583.
  in Schilddrüse 651.
  in Sklera 562.

Zink im Sperma 577.
  in Tumoren 689.
  im Uterus 548.
  in Zähnen 647.
Zinkhydroxyd, Enteiweißung
  von Blut 23.
Zinkmanganit s. Reagentien.
Zinn s. a. Arzneimittel und
  Gifte.
  im Blut, Normalwerte 12.
  im Gehirn 526.
  in Haut 594.
  im Herz 547.
  im Hoden 584.
  im Knochen 629.
  in Leber 468, 469, 471.
  in Lunge 515.
  im Magen 520.
  in Milz 508.
  im Muskel 545.
  in Nebennieren 651.
  in Niere 502.
  im Pankreas 652.
  in Schilddrüse 651.
  im Uterus 548.
  in Zähnen 647.
Zirbeldrüse s. Epiphyse.
Zucker s. Kohlenhydrate.
Zunge, Eiweiß, Aminosäurezusammensetzung 458.
Zwickers Reagens s. Reagentien.
Zymohexase s. Fermente.

MIX
Papier aus verantwortungsvollen Quellen
Paper from responsible sources
FSC® C105338

If you have any concerns about our products,
you can contact us on
ProductSafety@springernature.com

In case Publisher is established outside the EU,
the EU authorized representative is:
Springer Nature Customer Service Center GmbH
Europaplatz 3, 69115 Heidelberg, Germany

Printed by Libri Plureos GmbH
in Hamburg, Germany